（第三版）

# 化学实验室手册

HANDBOOK OF CHEMICAL LABORATORY

■ 夏玉宇 主编 ■ 朱燕 李洁 副主编



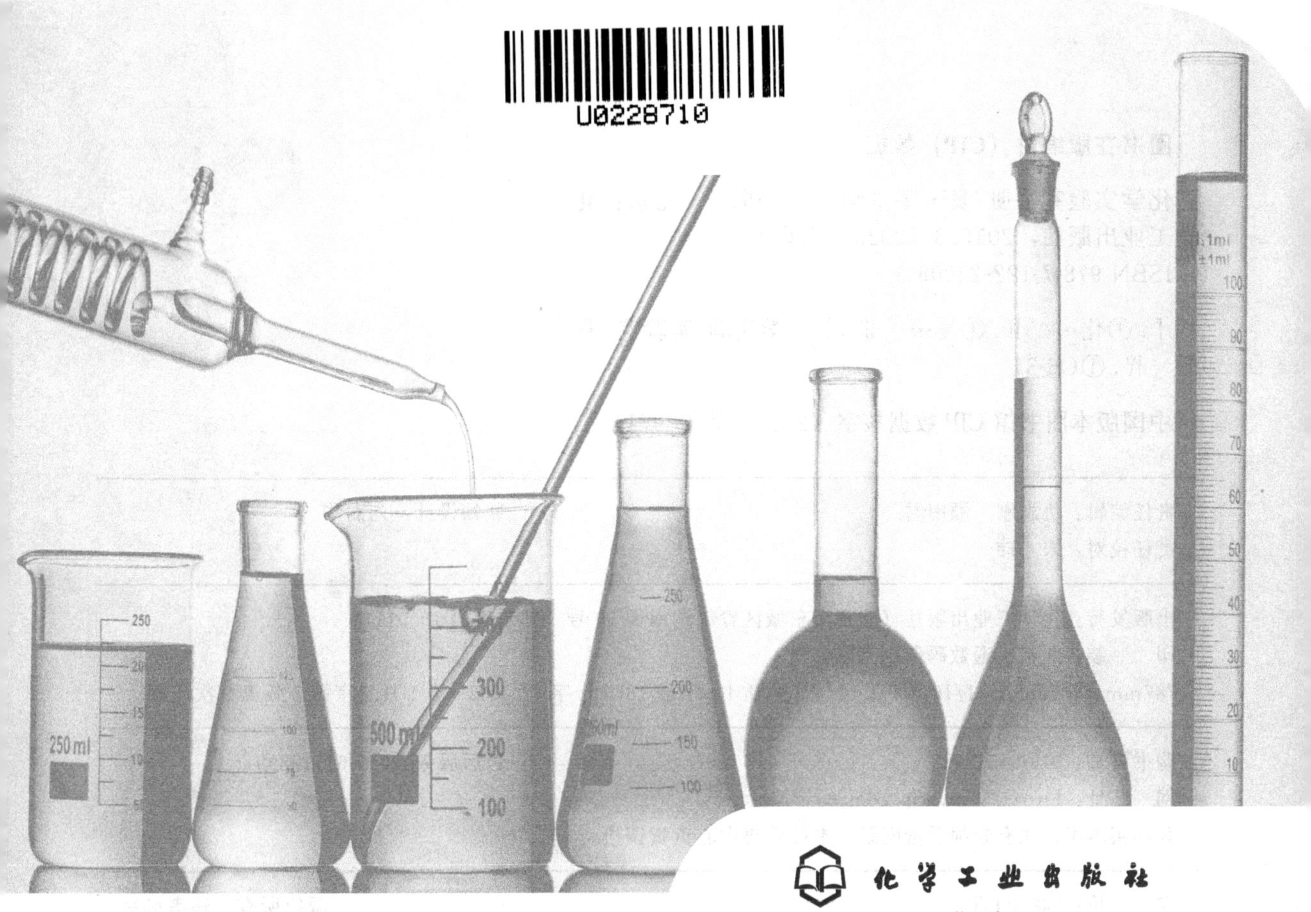

化学工业出版社

·北京·

本书包括七章：第一章汇集了大量、必需，最新、常用的理化常数与特性。第二章介绍了化学实验室的仪器、设备、试剂、安全与管理方面的内容。第三章介绍了法定计量单位与非法定计量单位，以及各种计量单位间的换算；提供了最新有关化学的国家标准方法，各行业常用的标准物质。第四章提供了酸、碱、盐溶液、饱和溶液、特殊试剂溶液、指示剂溶液、缓冲溶液等的配制方法及注意事项；还提供了 pH 标准溶液、离子标准溶液。滴定分析标准溶液配制与标定方法。第五章叙述了有关误差、有效数字、数据表达、数据处理、实验方法可靠性的检验等内容。第六章介绍理化常数及物质量的测定方法。第七章分离和富集方法，包括：重结晶、升华、沉淀和共沉淀、挥发和蒸馏、冷冻浓缩；萃取；柱色谱；薄层色谱、薄层电泳、毛细管电泳；膜分离；浮选分离法；热色谱法；低温吹捕集法；流动注射分离法等。

本书内容丰富全面、简明实用、查阅方便，是化工、环保、食品、冶金、石油、地质、农林、材料、医药等行业的化学（理化）实验室及其工作人员必备的工具书。同时也是与化学有关的师生及科研人员的必备用书。

**图书在版编目（CIP）数据**

化学实验室手册/夏玉宇主编. —3 版. —北京：化学工业出版社，2015.3（2023.1重印）
ISBN 978-7-122-23006-5

Ⅰ.①化… Ⅱ.①夏… Ⅲ.①化学实验-实验室-手册 Ⅳ.①O6-31

中国版本图书馆 CIP 数据核字（2015）第 029711 号

责任编辑：仇志刚 顾南君　　装帧设计：刘丽华
责任校对：宋 玮

出版发行：化学工业出版社（北京市东城区青年湖南街 13 号 邮政编码 100011）
印　　装：北京盛通数码印刷有限公司
787mm×1092mm 1/16 印张 59¼ 彩插 1 字数 1873 千字 2023 年 1 月北京第 3 版第 9 次印刷

购书咨询：010-64518888　　售后服务：010-64518899
网　　址：http://www.cip.com.cn
凡购买本书，如有缺损质量问题，本社销售中心负责调换。

**定　　价：248.00 元**

# FOREWORD 前言

2001年初，化学工业出版社及顾南君编审向我提出编写《化学实验室手册》（简称手册），以满足广大化学工作者的需求。《化学实验室手册》于2003年出版，2008年再版，十余年来，《手册》的质量得到广大读者的认可，发行量一直维持较好的水平，这是作者最为欣慰的事。

《手册》第三版的编写是在第二版的基础上进行部分的修改与补充，《手册》第三版仍为七章，并做了如下的部分修改与补充。

(1) 第一、第四章内容没有大变动。

(2) 计算机技术与网络技术神速发展及广泛应用，技术工作者天天离不开计算机与网络技术，我认为在《手册》第三版中再写计算机一节就没有必要了，因此删除《手册》第二版第二章第六节计算机全部内容。删除《手册》第二章中陈旧的、过时的仪器设备与用具的型号、生产厂家与销售公司等内容，如表头显示万用表。

(3)《手册》第二版的第三章中，曾从我国颁布的现行的各专业数万个国标中，摘选了有关化学方面6000多个国家标准方法，按专业列表（标准编号与标准名称），读者可方便找到你要的国家标准。鉴于标准变化较大而且现在在网络上查阅也比较方便，这一部分内容没有再入录。

(4)《手册》第三版第五章增加了误差的转递、准确值和近似值、正态分布、置信概率、格拉布斯检验法、狄克逊检验法、一元非线性回归、测量不确定度等内容。

(5)《手册》第六章增加了红外测温法、扭摆振动法与落球法测定液体黏度、计算机系统测定液体黏度、用Origin软件处理化学实验室数据、微机控制溶解热的测定、表面活性剂临界胶束浓度的测定方法、热分析法联用技术、示差分光光度法、分光光度滴定法、导数光谱法、双波长分光光度法、动力学分光光度法、色谱峰面积测定法等。

(6)《手册》第七章增加了萃取常数、半萃取pH值、萃取体系主要类型、连续萃取、超临界流动萃取草药有效成分、分子蒸馏原理特点与应用等内容。

(7)《手册》第三版目录列出的层次改为“章”“节”“一”“1”四级。

参加《手册》第三版的编写人员有：朱燕（第一、五、七章）李洁（第七章）夏玉宇（第二、三、四章），全书由夏玉宇负责编纂与定稿。

最后要再次感谢第一版前言中提到的单位与个人，特别要感谢王俊卿老师在第一版中留下的辛劳与汗水。

夏玉宇

2014年12月于北京

# CONTENTS 目录

## 第一章 元素和化合物的理化常数与特性 1

## 第三章 计量单位、标准、标准方法与标准物质 350

## 第四章 溶液及其配制 391

## 第五章 误差、有效数字与数据处理 436



## 第六章 物理与化学常数（数据）及物质量的测定 477

# 第一章

# 元素和化合物的理化常数与特性

## 第一节　基本物理常数与元素的理化常数与特性

### 一、基本物理常数

基本物理常数见表 1-1。

**表 1-1　基本物理常数表**（1986 年国际标准）

| 名　称 | 符号与数值 | 名　称 | 符号与数值 |
|---|---|---|---|
| 圆周率 | $\pi=3.1415927$ | 玻耳兹曼常数 | $k=1.380658\times10^{-23}$J/K(焦耳/开尔文) |
| 自然对数的底 | e=2.7182818 | | |
| 真空中光速 | $c=299792458$m/s(米/秒) $=299792458\times10^{2}$cm/s(厘米/秒) | 水的三相点温度 | $t_0=273.16$K(开尔文)=0.01℃ |
| | | 热力学零度 | $T=-273.15$℃ |
| 电子电荷 | $e=1.60217733\times10^{-19}$C(库仑) | 热功当量 | J=4.184J/cal(焦耳/卡) |
| 普朗克常数 | $h=6.6260755\times10^{-34}$J·s(焦耳·秒) | 标准大气压 | atm=101325Pa(帕) |
| 阿伏加德罗常数 | $N_A=6.0221367\times10^{23}$mol$^{-1}$(摩尔$^{-1}$) | 电子伏特 | eV=$1.60217733\times10^{-19}$J(焦耳) |
| | | 质子质量与电子质量之比 | $m_p/m_e=1836.15201$ |
| 原子质量单位 | $u=1.660540\times10^{-27}$kg(千克) | | |
| 电子静止质量 | $m_e=9.1093897\times10^{-31}$kg(千克) | 理想气体摩尔体积 | $V_{m,0}=22.41410$L/mol(升/摩尔) |
| 质子静止质量 | $m_p=1.6726231\times10^{-27}$kg(千克) | | |
| 中子静止质量 | $m_n=1.6749286\times10^{-27}$kg(千克) | 水的密度(275.15K 时) | $\rho=0.999972$kg/m$^3$(千克/立方米) |
| 法拉第常数 | $F=96485.309$C/mol(库仑/摩尔) | | |
| 摩尔气体常数 | $R=8.314510$J/(mol·K)[焦耳/(摩尔·开尔文)] | | |

### 二、元素的名称、符号、相对原子质量、熔点、沸点、密度和氧化态

元素的名称、符号、相对原子质量、熔点、沸点、密度和氧化态见表 1-2。

**表 1-2　元素的名称、符号、相对原子质量（2001）、熔点、沸点、密度和氧化态**

| 符号 | 中文名 | 原子序数 | 相对原子质量 | 熔点/℃ | 沸点/℃ | 密度/g·cm$^{-3}$ | 氧化态 |
|---|---|---|---|---|---|---|---|
| Ac | 锕 | 89 | 227.03 | 1050 | 3200±300 | — | +3 |
| Ag | 银 | 47 | 107.8682(2) | 961.93 | 2212 | 10.5 | +1 |
| Al | 铝 | 13 | 26.981538(2) | 660.37 | 2467 | 2.702 | +3 |
| Am | 镅 | 95 | (243.06) | 994±4 | 2607 | — | +3,+4,+5,+6 |
| Ar | 氩 | 18 | 39.948(1) | −189.2 | −185.7 | 1.784g/L | 0 |
| As | 砷 | 33 | 74.92160(2) | 817(28×10$^5$Pa) | 613(升华) | 5.727(灰) | +3,+5,−3 |
| At | 砹 | 85 | (209.99) | 302 | 337 | — | |
| Au | 金 | 79 | 196.96655(2) | 1064.43 | 2807 | 19.3 | +1,+3 |
| B | 硼 | 5 | 10.811(7) | 2300 | 2550(升华) | 2.34 | +3 |

续表

| 符号 | 中文名 | 原子序数 | 相对原子质量 | 熔点/℃ | 沸点/℃ | 密度/g·cm$^{-3}$ | 氧 化 态 |
|---|---|---|---|---|---|---|---|
| Ba | 钡 | 56 | 137.327(7) | 725 | 1640 | 3.51 | +2 |
| Be | 铍 | 4 | 9.012182(3) | 1278±5 | 2970 | 1.85 | +2 |
| Bi | 铋 | 83 | 208.98038(2) | 271.3 | 1560±5 | 9.80 | +3,+5 |
| Bk | 锫 | 97 | (247.07) | — | — | — | +3,+4 |
| Br | 溴 | 35 | 79.904(1) | −7.2 | 58.78 | 3.119 | +1,+5,−1 |
| C | 碳 | 6 | 12.0107(8) | 3652(升华)~3550 | 4832 | 2.25(石墨) | +2,+4,−4 |
| Ca | 钙 | 20 | 40.078(4) | 839±2 | 1484 | 1.54 | +2 |
| Cd | 镉 | 48 | 112.411(8) | 320.9 | 765 | 8.642 | +2 |
| Ce | 铈 | 58 | 148.116(1) | 798±3 | 3257 | 6.657(六方) | +3,+4 |
| Cf | 锎 | 98 | (251.08) | — | — | — | +3 |
| Cl | 氯 | 17 | 35.453(2) | −100.98 | −34.6 | 3.214g/L | +1,+5,+7,−1 |
| Cm | 锔 | 96 | (247.07) | 1340±40 | — | — | +3 |
| Co | 钴 | 27 | 58.933200(9) | 1495 | 2870 | 8.9 | +2,+3 |
| Cr | 铬 | 24 | 51.9661(6) | 1857±20 | 2670 | 7.20 | +2,+3,+6 |
| Cs | 铯 | 55 | 132.90545(2) | 28.40±0.01 | 678.4 | 1.8785 | +1 |
| Cu | 铜 | 29 | 63.546(3) | 1083.4±0.2 | 2567 | 8.92 | +1,+2 |
| Dy | 镝 | 66 | 162.500(1) | 1409 | 2335 | 8.5500 | +3 |
| Er | 铒 | 68 | 167.259(3) | 1522 | 2510 | 9.006 | +3 |
| Es | 锿 | 99 | (252.08) | — | — | — | +3 |
| Eu | 铕 | 63 | 151.964(1) | 822±5 | 1597 | 5.2434 | +2,+3 |
| F | 氟 | 9 | 18.9984032(5) | −219.62 | −188.14 | 1.69g/L | −1 |
| Fe | 铁 | 26 | 55.845(2) | 1535 | 2750 | 7.86 | +2,+3 |
| Fm | 镄 | 100 | (257.10) | — | — | — | +3 |
| Fr | 钫 | 87 | (223.02) | (27) | (677) | — | +1 |
| Ga | 镓 | 31 | 69.723(1) | 29.78 | 2403 | 5.904 | +3 |
| Gd | 钆 | 64 | 157.25(3) | 1311±1 | 3233 | 7.004 | +3 |
| Ge | 锗 | 32 | 72.64(2) | 937.4 | 2830 | 5.35 | +2,+4 |
| H | 氢 | 1 | 1.00794(7) | −259.14 | −252.67 | 0.0899g/L | +1,−1 |
| He | 氦 | 2 | 4.002602(2) | −272.2(26×10$^5$Pa) | −268.934 | 0.1785g/L | 0 |
| Hf | 铪 | 72 | 178.49(2) | 2227±20 | 4602 | 13.31 | +4 |
| Hg | 汞 | 80 | 200.59(2) | −38.87 | 356.58 | 13.5939 | +1,+2 |
| Ho | 钬 | 67 | 164.93032(2) | 1470 | 2720 | 8.7947 | +3 |
| I | 碘 | 53 | 126.90447(3) | 113.5 | 184.35 | 4.93 | +1,+5,+7,−1 |
| In | 铟 | 49 | 114.818(3) | 156.61 | 2080 | 7.30 | +3 |
| Ir | 铱 | 77 | 192.217(3) | 2410 | 4130 | 22.421 | +3,+4 |
| K | 钾 | 19 | 39.0983(1) | 63.65 | 774 | 0.86 | +1 |
| Kr | 氪 | 36 | 83.798(2) | −156.6 | −152.30±0.10 | 3.736g/L | 0 |
| La | 镧 | 57 | 138.9055(2) | 920±5 | 3454 | 6.1453(α) | +3 |
| Li | 锂 | 3 | 6.941(2) | 180.54 | 1347 | 0.534 | +1 |
| Lr | 铹 | 103 | (260.11) | — | — | — | +3 |
| Lu | 镥 | 71 | 174.967(1) | 1656±5 | 3315 | 0.8404 | +3 |
| Md | 钔 | 101 | (258.10) | — | — | — | +2,+3 |
| Mg | 镁 | 12 | 24.3050(6) | 648.8±0.5 | 1090 | 1.74 | +2 |
| Mn | 锰 | 25 | 54.938049(9) | 1244±3 | 1962 | 7.20 | +2,+3,+4,+7 |
| Mo | 钼 | 42 | 95.94(2) | 2617 | 4512 | 10.2 | +6 |
| N | 氮 | 7 | 14.0067(2) | −209.86 | −105.8 | 1.2506g/L | +1,+2,+3,+4,+5,−3 |
| Na | 钠 | 11 | 22.989770(2) | 97.81±0.03 | 882.9 | 0.97 | +1 |
| Nb | 铌 | 41 | 92.90638(2) | 2468±10 | 4742 | 8.57 | +3,+5 |
| Nd | 钕 | 60 | 144.24(3) | 1010 | 3127 | 7.004(六方) | +3 |
| Ne | 氖 | 10 | 20.1797(6) | −248.67 | −246.042 | 0.9002 | 0 |
| Ni | 镍 | 28 | 58.6934(2) | 1453 | 2731 | 8.90 | +2,+3 |
| No | 锘 | 102 | (259.10) | — | — | — | +2,+3 |
| Np | 镎 | 93 | 237.05 | 640±1 | 3902 | 20.45(α) | +3,+4,+5,+6 |

续表

| 符号 | 中文名 | 原子序数 | 相对原子质量 | 熔点/℃ | 沸点/℃ | 密度/g·cm$^{-3}$ | 氧　化　态 |
|---|---|---|---|---|---|---|---|
| O | 氧 | 8 | 15.9994(3) | −218.2 | −182.962 | 1.429g/L | −2 |
| Os | 锇 | 76 | 190.23(3) | 3045±30 | 5027±100 | 22.48 | +3,+4 |
| P | 磷 | 15 | 30.973761(2) | 44.1(白),590(红) | 280(白) | 1.82(白) | +3,+5,−3 |
| Pa | 镤 | 91 | 231.03588(2) | <1600 | — | 15.37 | +5,+4 |
| Pb | 铅 | 82 | 207.2(1) | 327.502 | 1740 | 11.3437 | +2,+4 |
| Pd | 钯 | 46 | 106.42(1) | 1552 | 3140 | 12.02 | +2,+4 |
| Pm | 钷 | 61 | (144.91) | 1080 | 2406(?) | — | +3 |
| Po | 钋 | 84 | (208.98) | 254 | 962 | 9.4(β) | +2,+4 |
| Pr | 镨 | 59 | 140.90765(2) | 931±1 | 3212 | 6.773 | +3 |
| Pt | 铂 | 78 | 195.078(2) | 1772 | 3827±100 | 21.45 | +2,+4 |
| Pu | 钚 | 94 | (244.06) | 641 | 3232 | 19.84 | +3,+4,+5,+6 |
| Ra | 镭 | 88 | 226.03 | 700 | 1140 | 5 | +2 |
| Rb | 铷 | 37 | 85.4678(3) | 38.89 | 688 | 1.532 | +1 |
| Re | 铼 | 75 | 186.207(1) | 3180 | 5627 | 20.53 | +4,+6,+7 |
| Rh | 铑 | 45 | 102.90550(2) | 1966±3 | 3727±100 | 12.4 | +3 |
| Rn | 氡 | 86 | (222.02) | −71 | −61.8 | 9.73g/L | 0 |
| Ru | 钌 | 44 | 101.07(2) | 2310 | 3900 | 12.30 | +3 |
| S | 硫 | 16 | 32.065(5) | 112.8(α),119.0(β) | 444.674 | 2.07(α) | +4,+6,−2 |
| Sb | 锑 | 51 | 121.760(1) | 630.74 | 1750 | 6.684 | +3,+5,−3 |
| Sc | 钪 | 21 | 44.955910(8) | 1539 | 2832 | 2.9890 | +3 |
| Se | 硒 | 34 | 78.96(3) | 217 | 684.9±1.0 | 4.81 | +4,+6,−2 |
| Si | 硅 | 14 | 28.0855(3) | 1410 | 2355 | 2.32～2.34 | +2,+4,−4 |
| Sm | 钐 | 62 | 150.36(3) | 1072±5 | 1778 | 7.520 | +2,+3 |
| Sn | 锡 | 50 | 118.710(7) | 231.9681 | 2270 | 5.75(灰) | +2,+4 |
| Sr | 锶 | 38 | 87.62(1) | 769 | 1384 | 2.6 | +2 |
| Ta | 钽 | 73 | 180.9479(1) | 2996 | 5425±100 | 16.6 | +5 |
| Tb | 铽 | 65 | 158.92534(2) | 1360±4 | 3041 | 8.2394 | +3 |
| Tc | 锝 | 43 | (97.907) | 2172 | 4877 | — | +4,+6,+7 |
| Te | 碲 | 52 | 127.60(3) | 449.5±0.3 | 989.8±3.8 | 6.00 | +4,+6,−2 |
| Th | 钍 | 90 | 232.0381(1) | 1750 | 4790 | 11.7 | +4 |
| Ti | 钛 | 22 | 47.867(1) | 1660±10 | 3287 | 4.5 | +2,+3,+4 |
| Tl | 铊 | 81 | 204.3833(2) | 303.5 | 1457±10 | 11.85 | +1,+3 |
| Tm | 铥 | 69 | 168.93421(2) | 1545±15 | 1727 | 9.3208 | +3 |
| U | 铀 | 92 | 238.02891(3) | 1132.3±0.8 | 3818 | 19.05 | +3,+4,+5,+6 |
| V | 钒 | 23 | 50.9415 | 1890±10 | 3380 | 5.96 | +2,+3,+4,+5 |
| W | 钨 | 74 | 183.84(1) | 3410±20 | 5660 | 19.35 | +6 |
| Xe | 氙 | 54 | 131.293(6) | −111.9 | −107.1±3 | 5.887g/L | 0 |
| Y | 钇 | 39 | 88.90585(2) | 1523±6 | 3337 | 4.4689 | +3 |
| Yb | 镱 | 70 | 173.04(3) | 824±5 | 1193 | 6.9654 | +2,+3 |
| Zn | 锌 | 30 | 65.409(4) | 419.58 | 907 | 7.14 | +2 |
| Zr | 锆 | 40 | 91.224(2) | 1852±2 | 4377 | 6.49 | +4 |

注：1. 表中相对原子质量栏内括号中的数字是放射性元素半衰期最长的同位素的相对原子质量。

2. 相对原子质量末位数的准确度加注在其后的括号内。

## 三、元素周期表与原子的电子层排布

1. 元素周期表

元素周期表见本书末页。

2. 原子的电子层排布

原子的电子层排布见表 1-3。

**表 1-3 原子的电子层排布**

| 周期 | 元素 | | | 电子层排布 | | | | | | | | | | | | | | | | | |
|---|---|---|---|---|---|---|---|---|---|---|---|---|---|---|---|---|---|---|---|---|---|
| | 原子序数 | 符号 | 名称 | K 1 | L 2 | | M 3 | | | N 4 | | | | O 5 | | | | P 6 | | | Q 7 |
| | | | | s | s | p | s | p | d | s | p | d | f | s | p | d | f | s | p | d | s |
| 1 | 1 | H | 氢 | 1 | | | | | | | | | | | | | | | | | |
| | 2 | He | 氦 | 2 | | | | | | | | | | | | | | | | | |
| 2 | 3 | Li | 锂 | 2 | 1 | | | | | | | | | | | | | | | | |
| | 4 | Be | 铍 | 2 | 2 | | | | | | | | | | | | | | | | |
| | 5 | B | 硼 | 2 | 2 | 1 | | | | | | | | | | | | | | | |
| | 6 | C | 碳 | 2 | 2 | 2 | | | | | | | | | | | | | | | |
| | 7 | N | 氮 | 2 | 2 | 3 | | | | | | | | | | | | | | | |
| | 8 | O | 氧 | 2 | 2 | 4 | | | | | | | | | | | | | | | |
| | 9 | F | 氟 | 2 | 2 | 5 | | | | | | | | | | | | | | | |
| | 10 | Ne | 氖 | 2 | 2 | 6 | | | | | | | | | | | | | | | |
| 3 | 11 | Na | 钠 | 2 | 2 | 6 | 1 | | | | | | | | | | | | | | |
| | 12 | Mg | 镁 | 2 | 2 | 6 | 2 | | | | | | | | | | | | | | |
| | 13 | Al | 铝 | 2 | 2 | 6 | 2 | 1 | | | | | | | | | | | | | |
| | 14 | Si | 硅 | 2 | 2 | 6 | 2 | 2 | | | | | | | | | | | | | |
| | 15 | P | 磷 | 2 | 2 | 6 | 2 | 3 | | | | | | | | | | | | | |
| | 16 | S | 硫 | 2 | 2 | 6 | 2 | 4 | | | | | | | | | | | | | |
| | 17 | Cl | 氯 | 2 | 2 | 6 | 2 | 5 | | | | | | | | | | | | | |
| | 18 | Ar | 氩 | 2 | 2 | 6 | 2 | 6 | | | | | | | | | | | | | |
| 4 | 19 | K | 钾 | 2 | 2 | 6 | 2 | 6 | | 1 | | | | | | | | | | | |
| | 20 | Ca | 钙 | 2 | 2 | 6 | 2 | 6 | | 2 | | | | | | | | | | | |
| | 21 | Sc | 钪 | 2 | 2 | 6 | 2 | 6 | 1 | 2 | | | | | | | | | | | |
| | 22 | Ti | 钛 | 2 | 2 | 6 | 2 | 6 | 2 | 2 | | | | | | | | | | | |
| | 23 | V | 钒 | 2 | 2 | 6 | 2 | 6 | 3 | 2 | | | | | | | | | | | |
| | 24 | Cr | 铬 | 2 | 2 | 6 | 2 | 6 | 5[①] | 1 | | | | | | | | | | | |
| | 25 | Mn | 锰 | 2 | 2 | 6 | 2 | 6 | 5 | 2 | | | | | | | | | | | |
| | 26 | Fe | 铁 | 2 | 2 | 6 | 2 | 6 | 6 | 2 | | | | | | | | | | | |
| | 27 | Co | 钴 | 2 | 2 | 6 | 2 | 6 | 7 | 2 | | | | | | | | | | | |
| | 28 | Ni | 镍 | 2 | 2 | 6 | 2 | 6 | 8 | 2 | | | | | | | | | | | |
| | 29 | Cu | 铜 | 2 | 2 | 6 | 2 | 6 | 10[①] | 1 | | | | | | | | | | | |
| | 30 | Zn | 锌 | 2 | 2 | 6 | 2 | 6 | 10 | 2 | | | | | | | | | | | |
| | 31 | Ga | 镓 | 2 | 2 | 6 | 2 | 6 | 10 | 2 | 1 | | | | | | | | | | |
| | 32 | Ge | 锗 | 2 | 2 | 6 | 2 | 6 | 10 | 2 | 2 | | | | | | | | | | |
| | 33 | As | 砷 | 2 | 2 | 6 | 2 | 6 | 10 | 2 | 3 | | | | | | | | | | |
| | 34 | Se | 硒 | 2 | 2 | 6 | 2 | 6 | 10 | 2 | 4 | | | | | | | | | | |
| | 35 | Br | 溴 | 2 | 2 | 6 | 2 | 6 | 10 | 2 | 5 | | | | | | | | | | |
| | 36 | Kr | 氪 | 2 | 2 | 6 | 2 | 6 | 10 | 2 | 6 | | | | | | | | | | |
| 5 | 37 | Rb | 铷 | 2 | 2 | 6 | 2 | 6 | 10 | 2 | 6 | | | 1 | | | | | | | |
| | 38 | Sr | 锶 | 2 | 2 | 6 | 2 | 6 | 10 | 2 | 6 | | | 2 | | | | | | | |
| | 39 | Y | 钇 | 2 | 2 | 6 | 2 | 6 | 10 | 2 | 6 | 1 | | 2 | | | | | | | |
| | 40 | Zr | 锆 | 2 | 2 | 6 | 2 | 6 | 10 | 2 | 6 | 2 | | 2 | | | | | | | |
| | 41 | Nb | 铌 | 2 | 2 | 6 | 2 | 6 | 10 | 2 | 6 | 4[①] | | 1 | | | | | | | |
| | 42 | Mo | 钼 | 2 | 2 | 6 | 2 | 6 | 10 | 2 | 6 | 5 | | 1 | | | | | | | |
| | 43 | Tc | 锝 | 2 | 2 | 6 | 2 | 6 | 10 | 2 | 6 | 5 | | 2 | | | | | | | |
| | 44 | Ru | 钌 | 2 | 2 | 6 | 2 | 6 | 10 | 2 | 6 | 7 | | 1 | | | | | | | |
| | 45 | Rh | 铑 | 2 | 2 | 6 | 2 | 6 | 10 | 2 | 6 | 8 | | 1 | | | | | | | |

续表

| 周期 | 元素 | | | 电子层排布 | | | | | | | | | | | | | | | | | |
|---|---|---|---|---|---|---|---|---|---|---|---|---|---|---|---|---|---|---|---|---|---|
| | 原子序数 | 符号 | 名称 | K 1 | L 2 | | M 3 | | | N 4 | | | | O 5 | | | | P 6 | | | Q 7 |
| | | | | s | s | p | s | p | d | s | p | d | f | s | p | d | f | s | p | d | s |
| 5 | 46 | Pb | 钯 | 2 | 2 | 6 | 2 | 6 | 10 | 2 | 6 | 10[①] | | | | | | | | | |
| | 47 | Ag | 银 | 2 | 2 | 6 | 2 | 6 | 10 | 2 | 6 | 10 | | 1 | | | | | | | |
| | 48 | Cd | 镉 | 2 | 2 | 6 | 2 | 6 | 10 | 2 | 6 | 10 | | 2 | | | | | | | |
| | 49 | In | 铟 | 2 | 2 | 6 | 2 | 6 | 10 | 2 | 6 | 10 | | 2 | 1 | | | | | | |
| | 50 | Sn | 锡 | 2 | 2 | 6 | 2 | 6 | 10 | 2 | 6 | 10 | | 2 | 2 | | | | | | |
| | 51 | Sb | 锑 | 2 | 2 | 6 | 2 | 6 | 10 | 2 | 6 | 10 | | 2 | 3 | | | | | | |
| | 52 | Te | 碲 | 2 | 2 | 6 | 2 | 6 | 10 | 2 | 6 | 10 | | 2 | 4 | | | | | | |
| | 53 | I | 碘 | 2 | 2 | 6 | 2 | 6 | 10 | 2 | 6 | 10 | | 2 | 5 | | | | | | |
| | 54 | Xe | 氙 | 2 | 2 | 6 | 2 | 6 | 10 | 2 | 6 | 10 | | 2 | 6 | | | | | | |
| 6 | 55 | Cs | 铯 | 2 | 2 | 6 | 2 | 6 | 10 | 2 | 6 | 10 | | 2 | 6 | | | 1 | | | |
| | 56 | Ba | 钡 | 2 | 2 | 6 | 2 | 6 | 10 | 2 | 6 | 10 | | 2 | 6 | | | 2 | | | |
| | 57 | La | 镧 | 2 | 2 | 6 | 2 | 6 | 10 | 2 | 6 | 10 | | 2 | 6 | 1 | | 2 | | | |
| | 58 | Ce | 铈 | 2 | 2 | 6 | 2 | 6 | 10 | 2 | 6 | 10 | 1[①] | 2 | 6 | 1 | | 2 | | | |
| | 59 | Pr | 镨 | 2 | 2 | 6 | 2 | 6 | 10 | 2 | 6 | 10 | 3 | 2 | 6 | | | 2 | | | |
| | 60 | Nb | 钕 | 2 | 2 | 6 | 2 | 6 | 10 | 2 | 6 | 10 | 4 | 2 | 6 | | | 2 | | | |
| | 61 | Pm | 钷 | 2 | 2 | 6 | 2 | 6 | 10 | 2 | 6 | 10 | 5 | 2 | 6 | | | 2 | | | |
| | 62 | Sm | 钐 | 2 | 2 | 6 | 2 | 6 | 10 | 2 | 6 | 10 | 6 | 2 | 6 | | | 2 | | | |
| | 63 | Eu | 铕 | 2 | 2 | 6 | 2 | 6 | 10 | 2 | 6 | 10 | 7 | 2 | 6 | | | 2 | | | |
| | 64 | Gd | 钆 | 2 | 2 | 6 | 2 | 6 | 10 | 2 | 6 | 10 | 7 | 2 | 6 | 1 | | 2 | | | |
| | 65 | Td | 铽 | 2 | 2 | 6 | 2 | 6 | 10 | 2 | 6 | 10 | 9[①] | 2 | 6 | | | 2 | | | |
| | 66 | Dy | 镝 | 2 | 2 | 6 | 2 | 6 | 10 | 2 | 6 | 10 | 10 | 2 | 6 | | | 2 | | | |
| | 67 | Ho | 钬 | 2 | 2 | 6 | 2 | 6 | 10 | 2 | 6 | 10 | 11 | 2 | 6 | | | 2 | | | |
| | 68 | Er | 铒 | 2 | 2 | 6 | 2 | 6 | 10 | 2 | 6 | 10 | 12 | 2 | 6 | | | 2 | | | |
| | 69 | Tm | 铥 | 2 | 2 | 6 | 2 | 6 | 10 | 2 | 6 | 10 | 13 | 2 | 6 | | | 2 | | | |
| | 70 | Yb | 镱 | 2 | 2 | 6 | 2 | 6 | 10 | 2 | 6 | 10 | 14 | 2 | 6 | | | 2 | | | |
| | 71 | Lu | 镥 | 2 | 2 | 6 | 2 | 6 | 10 | 2 | 6 | 10 | 14 | 2 | 6 | 1 | | 2 | | | |
| | 72 | Hf | 铪 | 2 | 2 | 6 | 2 | 6 | 10 | 2 | 6 | 10 | 14 | 2 | 6 | 2 | | 2 | | | |
| | 73 | Ta | 钽 | 2 | 2 | 6 | 2 | 6 | 10 | 2 | 6 | 10 | 14 | 2 | 6 | 3 | | 2 | | | |
| | 74 | W | 钨 | 2 | 2 | 6 | 2 | 6 | 10 | 2 | 6 | 10 | 14 | 2 | 6 | 4 | | 2 | | | |
| | 75 | Re | 铼 | 2 | 2 | 6 | 2 | 6 | 10 | 2 | 6 | 10 | 14 | 2 | 6 | 5 | | 2 | | | |
| | 76 | Os | 锇 | 2 | 2 | 6 | 2 | 6 | 10 | 2 | 6 | 10 | 14 | 2 | 6 | 6 | | 2 | | | |
| | 77 | Ir | 铱 | 2 | 2 | 6 | 2 | 6 | 10 | 2 | 6 | 10 | 14 | 2 | 6 | 7 | | 2 | | | |
| | 78 | Pt | 铂 | 2 | 2 | 6 | 2 | 6 | 10 | 2 | 6 | 10 | 14 | 2 | 6 | 9 | | 1 | | | |
| | 79 | Au | 金 | 2 | 2 | 6 | 2 | 6 | 10 | 2 | 6 | 10 | 14 | 2 | 6 | 10 | | 1 | | | |
| | 80 | Hg | 汞 | 2 | 2 | 6 | 2 | 6 | 10 | 2 | 6 | 10 | 14 | 2 | 6 | 10 | | 2 | | | |
| | 81 | Tl | 铊 | 2 | 2 | 6 | 2 | 6 | 10 | 2 | 6 | 10 | 14 | 2 | 6 | 10 | | 2 | 1 | | |
| | 82 | Pb | 铅 | 2 | 2 | 6 | 2 | 6 | 10 | 2 | 6 | 10 | 14 | 2 | 6 | 10 | | 2 | 2 | | |
| | 83 | Bi | 铋 | 2 | 2 | 6 | 2 | 6 | 10 | 2 | 6 | 10 | 14 | 2 | 6 | 10 | | 2 | 3 | | |
| | 84 | Po | 钋 | 2 | 2 | 6 | 2 | 6 | 10 | 2 | 6 | 10 | 14 | 2 | 6 | 10 | | 2 | 4 | | |
| | 85 | At | 砹 | 2 | 2 | 6 | 2 | 6 | 10 | 2 | 6 | 10 | 14 | 2 | 6 | 10 | | 2 | 5 | | |
| | 86 | Rn | 氡 | 2 | 2 | 6 | 2 | 6 | 10 | 2 | 6 | 10 | 14 | 2 | 6 | 10 | | 2 | 6 | | |
| 7 | 87 | Fr | 钫 | 2 | 2 | 6 | 2 | 6 | 10 | 2 | 6 | 10 | 14 | 2 | 6 | 10 | | 2 | 6 | | 1 |
| | 88 | Ra | 镭 | 2 | 2 | 6 | 2 | 6 | 10 | 2 | 6 | 10 | 14 | 2 | 6 | 10 | | 2 | 6 | | 2 |
| | 89 | Ac | 锕 | 2 | 2 | 6 | 2 | 6 | 10 | 2 | 6 | 10 | 14 | 2 | 6 | 10 | | 2 | 6 | 1 | 2 |
| | 90 | Th | 钍 | 2 | 2 | 6 | 2 | 6 | 10 | 2 | 6 | 10 | 14 | 2 | 6 | 10 | | 2 | 6 | 2 | 2 |
| | 91 | Pa | 镤 | 2 | 2 | 6 | 2 | 6 | 10 | 2 | 6 | 10 | 14 | 2 | 6 | 10 | 2[①] | 2 | 6 | 1 | 2 |
| | 92 | U | 铀 | 2 | 2 | 6 | 2 | 6 | 10 | 2 | 6 | 10 | 14 | 2 | 6 | 10 | 3 | 2 | 6 | 1 | 2 |
| | 93 | Np | 镎 | 2 | 2 | 6 | 2 | 6 | 10 | 2 | 6 | 10 | 14 | 2 | 6 | 10 | 4 | 2 | 6 | 1 | 2 |
| | 94 | Pu | 钚 | 2 | 2 | 6 | 2 | 6 | 10 | 2 | 6 | 10 | 14 | 2 | 6 | 10 | 6[①] | 2 | 6 | | 2 |
| | 95 | Am | 镅 | 2 | 2 | 6 | 2 | 6 | 10 | 2 | 6 | 10 | 14 | 2 | 6 | 10 | 7 | 2 | 6 | | 2 |
| | 96 | Cm | 锔 | 2 | 2 | 6 | 2 | 6 | 10 | 2 | 6 | 10 | 14 | 2 | 6 | 10 | 7[①] | 2 | 6 | 1 | 2 |
| | 97 | Bk | 锫 | 2 | 2 | 6 | 2 | 6 | 10 | 2 | 6 | 10 | 14 | 2 | 6 | 10 | 9 | 2 | 6 | | 2 |
| | 98 | Cf | 锎 | 2 | 2 | 6 | 2 | 6 | 10 | 2 | 6 | 10 | 14 | 2 | 6 | 10 | 10 | 2 | 6 | | 2 |

续表

| 周期 | 元素 | | | 电子层排布 | | | | | | | | | | | | | | | | | |
|---|---|---|---|---|---|---|---|---|---|---|---|---|---|---|---|---|---|---|---|---|---|
| | 原子序数 | 符号 | 名称 | K 1 | L 2 | | M 3 | | | N 4 | | | | O 5 | | | | P 6 | | | Q 7 |
| | | | | s | s | p | s | p | d | s | p | d | f | s | p | d | f | s | p | d | s |
| | 99 | Es | 锿 | 2 | 2 | 6 | 2 | 6 | 10 | 2 | 6 | 10 | 14 | 2 | 6 | 10 | 11 | 2 | 6 | | 2 |
| | 100 | Fm | 镄 | 2 | 2 | 6 | 2 | 6 | 10 | 2 | 6 | 10 | 14 | 2 | 6 | 10 | 12 | 2 | 6 | | 2 |
| | 101 | Md | 钔 | 2 | 2 | 6 | 2 | 6 | 10 | 2 | 6 | 10 | 14 | 2 | 6 | 10 | 13 | 2 | 6 | | 2 |
| | 102 | No | 锘 | 2 | 2 | 6 | 2 | 6 | 10 | 2 | 6 | 10 | 14 | 2 | 6 | 10 | 14 | 2 | 6 | | 2 |
| | 103 | Lr | 铹 | 2 | 2 | 6 | 2 | 6 | 10 | 2 | 6 | 10 | 14 | 2 | 6 | 10 | 14 | 2 | 6 | 1 | 2 |
| | 104 | Rf | 𬬻 | 2 | 2 | 6 | 2 | 6 | 10 | 2 | 6 | 10 | 14 | 2 | 6 | 10 | 14 | 2 | 6 | 2 | 2 |
| 7 | 105 | Db | 𬭊 | 2 | 2 | 6 | 2 | 6 | 10 | 2 | 6 | 10 | 14 | 2 | 6 | 10 | 14 | 2 | 6 | 3 | 2 |
| | 106 | Sg | 𬭳 | 2 | 2 | 6 | 2 | 6 | 10 | 2 | 6 | 10 | 14 | 2 | 6 | 10 | 14 | 2 | 6 | 4 | 2 |
| | 107 | Bn | 𬭛 | 2 | 2 | 6 | 2 | 6 | 10 | 2 | 6 | 10 | 14 | 2 | 6 | 10 | 14 | 2 | 6 | 5 | 2 |
| | 108 | Hs | 𬭶 | 2 | 2 | 6 | 2 | 6 | 10 | 2 | 6 | 10 | 14 | 2 | 6 | 10 | 14 | 2 | 6 | 6 | 2 |
| | 109 | Mt | 鿏 | 2 | 2 | 6 | 2 | 6 | 10 | 2 | 6 | 10 | 14 | 2 | 6 | 10 | 14 | 2 | 6 | 7 | 2 |
| | 110 | Ds | 𫟼 | 2 | 2 | 6 | 2 | 6 | 10 | 2 | 6 | 10 | 14 | 2 | 6 | 10 | 14 | 2 | 6 | 8 | 2 |
| | 111 | Rg | 𬬭 | 2 | 2 | 6 | 2 | 6 | 10 | 2 | 6 | 10 | 14 | 2 | 6 | 10 | 14 | 2 | 6 | 9 | 2 |

① 为不规则排布。

## 四、稳定同位素与天然放射性同位素

1. 稳定同位素及其相对丰度

稳定同位素及其相对丰度见表 1-4。

**表 1-4　稳定同位素及其相对丰度**

| 原子序数 | 同位素 | 丰度/% | 原子序数 | 同位素 | 丰度/% | 原子序数 | 同位素 | 丰度/% |
|---|---|---|---|---|---|---|---|---|
| 1 | $^{1}H$ | 99.985 | 14 | $^{28}Si$ | 92.2 | 22 | $^{48}Ti$ | 73.8 |
| | $^{2}H$ | 0.015 | | $^{29}Si$ | 4.7 | | $^{49}Ti$ | 5.5 |
| 2 | $^{3}He$ | 0.00013 | | $^{30}Si$ | 3.1 | | $^{50}Ti$ | 5.3 |
| | $^{4}He$ | ca. 100 | 15 | $^{31}P$ | 100 | 23 | $^{50}V^{*}$ | 0.25 |
| 3 | $^{6}Li$ | 7.4 | 16 | $^{32}S$ | 95.0 | | $^{51}V$ | 99.8 |
| | $^{7}Li$ | 92.6 | | $^{33}S$ | 0.76 | 24 | $^{50}Cr$ | 4.3 |
| 4 | $^{9}Be$ | 100 | | $^{34}S$ | 4.2 | | $^{52}Cr$ | 83.8 |
| 5 | $^{10}B$ | 18.7 | | $^{36}S$ | 0.021 | | $^{53}Cr$ | 9.5 |
| | $^{11}B$ | 81.3 | 17 | $^{35}Cl$ | 75.5 | | $^{54}Cr$ | 2.4 |
| 6 | $^{12}C$ | 98.9 | | $^{37}Cl$ | 24.5 | 25 | $^{55}Mn$ | 100 |
| | $^{13}C$ | 1.1 | 18 | $^{36}Ar$ | 0.34 | 26 | $^{54}Fe$ | 5.8 |
| 7 | $^{14}N$ | 99.6 | | $^{38}Ar$ | 0.063 | | $^{56}Fe$ | 91.6 |
| | $^{15}N$ | 0.37 | | $^{40}Ar$ | 99.6 | | $^{57}Fe$ | 2.2 |
| 8 | $^{16}O$ | 99.8 | 19 | $^{39}K$ | 93.1 | | $^{58}Fe$ | 0.33 |
| | $^{17}O$ | 0.037 | | $^{40}K^{*}$ | 0.012 | 27 | $^{59}Co$ | 100 |
| | $^{18}O$ | 0.20 | | $^{41}K$ | 6.9 | 28 | $^{58}Ni$ | 67.9 |
| 9 | $^{19}F$ | 100 | 20 | $^{40}Ca$ | 96.6 | | $^{60}Ni$ | 26.2 |
| 10 | $^{20}Ne$ | 90.9 | | $^{42}Ca$ | 0.64 | | $^{61}Ni$ | 1.2 |
| | $^{21}Ne$ | 0.26 | | $^{43}Ca$ | 0.14 | | $^{62}Ni$ | 3.7 |
| | $^{22}Ne$ | 8.8 | | $^{44}Ca$ | 2.1 | | $^{64}Ni$ | 1.0 |
| 11 | $^{23}Na$ | 100 | | $^{46}Ca$ | 0.0032 | 29 | $^{63}Cu$ | 69.1 |
| 12 | $^{24}Mg$ | 78.6 | | $^{48}Ca^{*}$ | 0.18 | | $^{65}Cu$ | 30.9 |
| | $^{25}Mg$ | 10.1 | 21 | $^{45}Sc$ | 100 | 30 | $^{64}Zn$ | 48.9 |
| | $^{26}Mg$ | 11.3 | 22 | $^{46}Ti$ | 8.0 | | $^{66}Zn$ | 27.8 |
| 13 | $^{27}Al$ | 100 | | $^{47}Ti$ | 7.3 | | $^{67}Zn$ | 4.1 |

续表

| 原子序数 | 同位素 | 丰度/% | 原子序数 | 同位素 | 丰度/% | 原子序数 | 同位素 | 丰度/% |
|---|---|---|---|---|---|---|---|---|
| 30 | $^{68}Zn$ | 18.6 | 44 | $^{101}Ru$ | 17.0 | 54 | $^{132}Xe$ | 26.9 |
| | $^{70}Zn$ | 0.62 | | $^{102}Ru$ | 31.6 | | $^{134}Xe$ | 10.5 |
| 31 | $^{69}Ga$ | 60.4 | | $^{104}Ru$ | 18.6 | | $^{136}Xe$ | 8.9 |
| | $^{71}Ga$ | 39.6 | 45 | $^{103}Rh$ | 100 | 55 | $^{133}Cs$ | 100 |
| 32 | $^{70}Ge$ | 20.6 | 46 | $^{102}Pd$ | 0.96 | 56 | $^{130}Ba$ | 0.10 |
| | $^{72}Ge$ | 27.4 | | $^{104}Pd$ | 11.0 | | $^{132}Ba$ | 0.097 |
| | $^{73}Ge$ | 7.8 | | $^{105}Pd$ | 22.2 | | $^{134}Ba$ | 2.4 |
| | $^{74}Ge$ | 36.5 | | $^{106}Pd$ | 27.3 | | $^{135}Ba$ | 6.6 |
| | $^{76}Ge$ | 7.7 | | $^{108}Pd$ | 26.7 | | $^{136}Ba$ | 7.8 |
| 33 | $^{75}As$ | 100 | | $^{110}Pd$ | 11.8 | | $^{137}Ba$ | 11.3 |
| 34 | $^{74}Se$ | 0.87 | 47 | $^{107}Ag$ | 51.4 | | $^{138}Ba$ | 71.7 |
| | $^{76}Se$ | 9.0 | | $^{109}Ag$ | 48.6 | 57 | $^{138}La^{*}$ | 0.089 |
| | $^{77}Se$ | 7.6 | 48 | $^{106}Cd$ | 1.2 | | $^{139}La$ | 99.9 |
| | $^{78}Se$ | 23.5 | | $^{103}Cd$ | 0.89 | 58 | $^{136}Ce$ | 0.19 |
| | $^{80}Se$ | 49.8 | | $^{110}Cd$ | 12.4 | | $^{138}Ce$ | 0.25 |
| | $^{82}Se$ | 9.2 | | $^{111}Cd$ | 12.8 | | $^{140}Ce$ | 88.5 |
| 35 | $^{79}Br$ | 50.5 | | $^{112}Cd$ | 24.1 | | $^{142}Ce$ | 11.1 |
| | $^{81}Br$ | 49.5 | | $^{113}Cd$ | 12.3 | 59 | $^{141}Pr$ | 100 |
| 36 | $^{78}Kr$ | 0.35 | | $^{114}Cd$ | 28.8 | 60 | $^{142}Nd$ | 27.1 |
| | $^{80}Kr$ | 2.3 | | $^{116}Cd$ | 7.6 | | $^{143}Nd$ | 12.2 |
| | $^{82}Kr$ | 11.6 | 49 | $^{113}In$ | 4.2 | | $^{144}Nd^{*}$ | 23.9 |
| | $^{83}Kr$ | 11.5 | | $^{115}In^{*}$ | 95.8 | | $^{145}Nd$ | 8.3 |
| | $^{84}Kr$ | 56.9 | 50 | $^{112}Sn$ | 1.0 | | $^{146}Nd$ | 17.2 |
| | $^{86}Kr$ | 17.4 | | $^{114}Sn$ | 0.65 | | $^{148}Nd$ | 5.7 |
| 37 | $^{85}Rb$ | 72.2 | | $^{115}Sn$ | 0.35 | | $^{150}Nd$ | 5.6 |
| | $^{87}Rb^{*}$ | 27.8 | | $^{116}Sn$ | 14.2 | 61 | (Pm) | |
| 38 | $^{84}Sr$ | 0.56 | | $^{117}Sn$ | 7.6 | 62 | $^{144}Sm$ | 3.1 |
| | $^{86}Sr$ | 9.9 | | $^{118}Sn$ | 24.0 | | $^{147}Sm^{*}$ | 15.1 |
| | $^{87}Sr$ | 7.0 | | $^{119}Sn$ | 8.6 | | $^{148}Sm$ | 11.3 |
| | $^{88}Sr$ | 82.6 | | $^{120}Sn$ | 32.8 | | $^{149}Sm$ | 13.9 |
| 39 | $^{89}Y$ | 100 | | $^{122}Sn$ | 4.8 | | $^{150}Sm$ | 7.5 |
| 40 | $^{90}Zr$ | 51.5 | | $^{124}Sn$ | 6.0 | | $^{152}Sm$ | 26.6 |
| | $^{91}Zr$ | 11.2 | 51 | $^{121}Sb$ | 57.2 | | $^{154}Sm$ | 22.5 |
| | $^{92}Zr$ | 17.1 | | $^{123}Sb$ | 42.8 | 63 | $^{151}Eu$ | 47.8 |
| | $^{94}Zr$ | 17.4 | 52 | $^{120}Te$ | 0.089 | | $^{153}Eu$ | 52.2 |
| | $^{96}Zr$ | 2.8 | | $^{122}Te$ | 2.5 | 64 | $^{152}Gd$ | 0.20 |
| 41 | $^{93}Nb$ | 100 | | $^{123}Te$ | 0.89 | | $^{154}Gd$ | 2.2 |
| 42 | $^{92}Mo$ | 15.1 | | $^{124}Te$ | 4.6 | | $^{155}Gd$ | 14.8 |
| | $^{94}Mo$ | 9.3 | | $^{125}Te$ | 7.0 | | $^{156}Gd$ | 20.6 |
| | $^{95}Mo$ | 15.8 | | $^{126}Te$ | 18.7 | | $^{157}Gd$ | 15.7 |
| | $^{96}Mo$ | 16.5 | | $^{128}Te$ | 31.8 | | $^{158}Gd$ | 24.8 |
| | $^{97}Mo$ | 9.6 | | $^{130}Te$ | 34.5 | | $^{160}Gd$ | 21.7 |
| | $^{98}Mo$ | 24.0 | 53 | $^{127}I$ | 100 | 65 | $^{159}Tb$ | 100 |
| | $^{100}Mo$ | 9.7 | 54 | $^{124}Xe$ | 0.095 | 66 | $^{156}Dy$ | 0.052 |
| 43 | (Tc) | | | $^{126}Xe$ | 0.088 | | $^{158}Dy$ | 0.090 |
| 44 | $^{96}Ru$ | 5.5 | | $^{128}Xe$ | 1.9 | | $^{160}Dy$ | 2.3 |
| | $^{98}Ru$ | 1.9 | | $^{129}Xe$ | 26.2 | | $^{161}Dy$ | 18.9 |
| | $^{99}Ru$ | 12.7 | | $^{130}Xe$ | 4.1 | | $^{162}Dy$ | 25.5 |
| | $^{100}Ru$ | 12.7 | | $^{131}Xe$ | 21.2 | | $^{163}Dy$ | 25.0 |

续表

| 原子序数 | 同位素 | 丰度/% | 原子序数 | 同位素 | 丰度/% | 原子序数 | 同位素 | 丰度/% |
|---|---|---|---|---|---|---|---|---|
| 66 | $^{164}$Dy | 28.2 | 73 | $^{181}$Ta | 99.99 | 80 | $^{198}$Hg | 10.0 |
| 67 | $^{165}$Ho | 100 | 74 | $^{180}$W | 0.13 | | $^{199}$Hg | 16.8 |
| 68 | $^{162}$Er | 0.14 | | $^{182}$W | 26.3 | | $^{200}$Hg | 23.1 |
| | $^{164}$Er | 1.5 | | $^{183}$W | 14.3 | | $^{201}$Hg | 13.2 |
| | $^{166}$Er | 33.4 | | $^{184}$W | 30.7 | | $^{202}$Hg | 29.8 |
| | $^{167}$Er | 22.9 | | $^{186}$W | 28.6 | | $^{204}$Hg | 6.8 |
| | $^{168}$Er | 27.1 | 75 | $^{185}$Re | 37.1 | 81 | $^{203}$Tl | 29.5 |
| | $^{170}$Er | 14.9 | | $^{187}$Re* | 62.9 | | $^{205}$Tl | 70.5 |
| 69 | $^{169}$Tm | 100 | 76 | $^{184}$Os | 0.018 | 82 | $^{204}$Pb | 1.5 |
| 70 | $^{168}$Yb | 0.14 | | $^{186}$Os | 1.6 | | $^{206}$Pb | 23.6 |
| | $^{170}$Yb | 3.0 | | $^{187}$Os | 1.6 | | $^{207}$Pb | 22.6 |
| | $^{171}$Yb | 14.3 | | $^{188}$Os | 13.3 | | $^{208}$Pb | 52.3 |
| | $^{172}$Yb | 21.9 | | $^{189}$Os | 16.1 | 83 | $^{209}$Bi | 100 |
| | $^{173}$Yb | 16.2 | | $^{190}$Os | 26.4 | 84 | (Po) | |
| | $^{174}$Yb | 31.8 | | $^{192}$Os | 41.0 | 85 | (At) | |
| | $^{176}$Yb | 12.6 | 77 | $^{191}$Ir | 38.5 | 86 | (Rn) | |
| 71 | $^{175}$Lu | 97.4 | | $^{193}$Ir | 61.5 | 87 | (Fr) | |
| | $^{176}$Lu* | 2.6 | 78 | $^{190}$Pt* | 0.012 | 88 | (Ra) | |
| 72 | $^{174}$Hf | 0.18 | | $^{192}$Pt | 0.78 | 89 | (Ac) | |
| | $^{176}$Hf | 5.2 | | $^{194}$Pt | 32.8 | 90 | $^{232}$Th | 100 |
| | $^{177}$Hf | 18.5 | | $^{195}$Pt | 33.7 | 91 | (Pa) | |
| | $^{178}$Hf | 27.1 | | $^{196}$Pt | 25.4 | 92 | $^{234}$U* | 0.0056 |
| | $^{179}$Hf | 13.8 | | $^{198}$Pt | 7.2 | | $^{235}$U* | 0.72 |
| | $^{180}$Hf | 35.2 | 79 | $^{197}$Au | 100 | | $^{238}$U* | 99.3 |
| 73 | $^{180}$Ta* | 0.012 | 80 | $^{196}$Hg | 0.15 | | | |

注：1. * 表示一种同位素其半衰期＞$10^4$ 年。

2. 元素符号加括号者为放射性元素。

## 2. 天然同位素及其相对丰度

天然同位素及其相对丰度见表 1-5。

**表 1-5 天然同位素及其相对丰度**

| 原子序数 $Z$ | 同位素 | 丰度/% | 原子序数 $Z$ | 同位素 | 丰度/% | 原子序数 $Z$ | 同位素 | 丰度/% |
|---|---|---|---|---|---|---|---|---|
| 1 | $^{1}$H① | 99.985(1) | 8 | $^{16}$O | 99.762(15) | 15 | $^{31}$P | 100 |
| | $^{2}$H(D) | 0.015(1) | | $^{17}$O | 0.038(3) | 16 | $^{32}$S | 95.02(9) |
| | $^{3}$H(T) | *③ | | $^{18}$O | 0.200(12) | | $^{33}$S | 0.75(4) |
| 2 | $^{3}$He | 0.000137(3) | 9 | $^{19}$F | 100 | | $^{34}$S | 4.21(8) |
| | $^{4}$He | 99.999863(3) | 10 | $^{20}$Ne | 90.48(3) | | $^{36}$S | 0.02(1) |
| 3 | $^{6}$Li | 7.5(2) | | $^{21}$Ne | 0.27(1) | 17 | $^{35}$Cl | 75.77(7) |
| | $^{7}$Li | 92.5(2) | | $^{22}$Ne | 9.25(3) | | $^{37}$Cl | 24.23(7) |
| 4 | $^{9}$Be | 100 | 11 | $^{23}$Na | 100 | 18 | $^{36}$Ar | 0.337(3) |
| 5 | $^{10}$B | 19.9(2) | 12 | $^{24}$Mg | 78.99(3) | | $^{38}$Ar | 0.063(1) |
| | $^{11}$B | 80.1(2) | | $^{25}$Mg | 10.00(1) | | $^{40}$Ar | 99.600(3) |
| 6 | $^{12}$C | 98.90(3) | | $^{26}$Mg | 11.01(2) | 19 | $^{39}$K | 93.2581(44) |
| | $^{13}$C | 1.10(3) | 13 | $^{27}$Al | 100 | | $^{40}$K② | 0.0117(1) |
| | $^{14}$C | *③ | 14 | $^{28}$Si | 92.23(1) | | $^{41}$K | 6.7302(44) |
| 7 | $^{14}$N | 99.634(9) | | $^{29}$Si | 4.67(1) | 20 | $^{40}$Ca | 96.941(18) |
| | $^{15}$N | 0.366(9) | | $^{30}$Si | 3.10(1) | | $^{42}$Ca | 0.647(9) |

续表

| 原子序数 Z | 同位素 | 丰度/% |
|---|---|---|
| 20 | $^{43}Ca$ | 0.135(6) |
| | $^{44}Ca$ | 2.086(12) |
| | $^{46}Ca$ | 0.004(3) |
| | $^{48}Ca$ | 0.187(4) |
| 21 | $^{45}Sc$ | 100 |
| 22 | $^{46}Ti$ | 8.0(1) |
| | $^{47}Ti$ | 7.3(1) |
| | $^{48}Ti$ | 73.8(1) |
| | $^{49}Ti$ | 5.5(1) |
| | $^{50}Ti$ | 5.4(1) |
| 23 | $^{50}V$ | 0.250(2) |
| | $^{51}V$ | 99.750(2) |
| 24 | $^{50}Cr$ | 4.345(13) |
| | $^{52}Cr$ | 83.789(18) |
| | $^{53}Cr$ | 9.501(17) |
| | $^{54}Cr$ | 2.365(7) |
| 25 | $^{55}Mn$ | 100 |
| 26 | $^{54}Fe$ | 5.8(1) |
| | $^{56}Fe$ | 91.72(30) |
| | $^{57}Fe$ | 2.1(1) |
| | $^{58}Fe$ | 0.28(1) |
| 27 | $^{59}Co$ | 100 |
| 28 | $^{58}Ni$ | 68.077(9) |
| | $^{60}Ni$ | 26.223(8) |
| | $^{61}Ni$ | 1.140(1) |
| | $^{62}Ni$ | 3.634(2) |
| | $^{64}Ni$ | 0.926(1) |
| 29 | $^{63}Cu$ | 69.17(3) |
| | $^{65}Cu$ | 30.83(3) |
| 30 | $^{64}Zn$ | 48.6(3) |
| | $^{66}Zn$ | 27.9(2) |
| | $^{67}Zn$ | 4.1(1) |
| | $^{68}Zn$ | 18.8(4) |
| | $^{70}Zn$ | 0.6(1) |
| 31 | $^{69}Ga$ | 60.108(9) |
| | $^{71}Ga$ | 39.892(9) |
| 32 | $^{70}Ge$ | 21.23(4) |
| | $^{72}Ge$ | 27.66(3) |
| | $^{73}Ge$ | 7.73(1) |
| | $^{74}Ge$ | 35.94(2) |
| | $^{76}Ge$ | 7.44(2) |
| 33 | $^{75}As$ | 100 |
| 34 | $^{74}Se$ | 0.89(2) |
| | $^{76}Se$ | 9.36(11) |
| | $^{77}Se$ | 7.63(6) |
| | $^{78}Se$ | 23.78(9) |
| | $^{80}Se$ | 49.61(10) |
| | $^{82}Se$ | 8.73(6) |
| 35 | $^{79}Br$ | 50.69(7) |

| 原子序数 Z | 同位素 | 丰度/% |
|---|---|---|
| 35 | $^{81}Br$ | 49.31(7) |
| 36 | $^{78}Kr$ | 0.35(2) |
| | $^{80}Kr$ | 2.25(2) |
| | $^{82}Kr$ | 11.6(1) |
| | $^{83}Kr$ | 11.5(1) |
| | $^{84}Kr$ | 57.0(3) |
| | $^{86}Kr$ | 17.3(2) |
| 37 | $^{85}Rb$ | 72.165(20) |
| | $^{87}Rb$② | 27.835(20) |
| 38 | $^{84}Sr$ | 0.56(1) |
| | $^{86}Sr$ | 9.86(1) |
| | $^{87}Sr$ | 7.00(1) |
| | $^{88}Sr$ | 82.58(1) |
| 39 | $^{89}Y$ | 100 |
| 40 | $^{90}Zr$ | 51.45(3) |
| | $^{91}Zr$ | 11.22(4) |
| | $^{92}Zr$ | 17.15(2) |
| | $^{94}Zr$ | 17.38(4) |
| | $^{96}Zr$ | 2.80(2) |
| 41 | $^{93}Nb$ | 100 |
| 42 | $^{92}Mo$ | 14.84(4) |
| | $^{94}Mo$ | 9.25(3) |
| | $^{95}Mo$ | 15.92(5) |
| | $^{96}Mo$ | 16.68(5) |
| | $^{97}Mo$ | 9.55(3) |
| | $^{98}Mo$ | 24.13(7) |
| | $^{100}Mo$ | 9.63(3) |
| 43 | $^{98}Tc$ | *③ |
| 44 | $^{96}Ru$ | 5.52(6) |
| | $^{98}Ru$ | 1.88(6) |
| | $^{99}Ru$ | 12.7(1) |
| | $^{100}Ru$ | 12.6(1) |
| | $^{101}Ru$ | 17.0(1) |
| | $^{102}Ru$ | 31.6(2) |
| | $^{104}Ru$ | 18.7(2) |
| 45 | $^{103}Rh$ | 100 |
| 46 | $^{102}Pd$ | 1.02(1) |
| | $^{104}Pd$ | 11.14(8) |
| | $^{105}Pd$ | 22.33(8) |
| | $^{106}Pd$ | 27.33(3) |
| | $^{108}Pd$ | 26.46(9) |
| | $^{110}Pd$ | 11.72(9) |
| 47 | $^{107}Ag$ | 51.839(7) |
| | $^{109}Ag$ | 48.161(7) |
| 48 | $^{106}Cd$ | 1.25(4) |
| | $^{108}Cd$ | 0.89(2) |
| | $^{110}Cd$ | 12.49(12) |
| | $^{111}Cd$ | 12.80(8) |
| | $^{112}Cd$ | 24.13(14) |

| 原子序数 Z | 同位素 | 丰度/% |
|---|---|---|
| 48 | $^{113}Cd$ | 12.22(8) |
| | $^{114}Cd$ | 28.73(28) |
| | $^{116}Cd$ | 7.49(12) |
| 49 | $^{113}In$ | 4.3(2) |
| | $^{115}In$ | 95.7(2) |
| 50 | $^{112}Sn$ | 0.97(1) |
| | $^{114}Sn$ | 0.65(1) |
| | $^{115}Sn$ | 0.34(1) |
| | $^{116}Sn$ | 14.53(1) |
| | $^{117}Sn$ | 7.68(7) |
| | $^{118}Sn$ | 24.23(11) |
| | $^{119}Sn$ | 8.59(4) |
| | $^{120}Sn$ | 32.59(10) |
| | $^{122}Sn$ | 4.63(3) |
| | $^{124}Sn$② | 5.79(5) |
| 51 | $^{121}Sb$ | 57.36(8) |
| | $^{123}Sb$ | 42.64(8) |
| 52 | $^{120}Te$ | 0.096(2) |
| | $^{122}Te$ | 2.603(4) |
| | $^{123}Te$ | 0.908(2) |
| | $^{124}Te$ | 4.816(6) |
| | $^{125}Te$ | 7.139(6) |
| | $^{126}Te$ | 18.95(1) |
| | $^{128}Te$ | 31.69(1) |
| | $^{130}Te$② | 33.80(1) |
| 53 | $^{127}I$ | 100 |
| 54 | $^{124}Xe$ | 0.10(1) |
| | $^{126}Xe$ | 0.09(1) |
| | $^{128}Xe$ | 1.91(3) |
| | $^{129}Xe$ | 26.4(6) |
| | $^{130}Xe$ | 4.1(1) |
| | $^{131}Xe$ | 21.2(4) |
| | $^{132}Xe$ | 26.9(5) |
| | $^{134}Xe$ | 10.4(2) |
| | $^{136}Xe$ | 8.9(1) |
| 55 | $^{133}Cs$ | 100 |
| 56 | $^{130}Ba$ | 0.106(2) |
| | $^{132}Ba$ | 0.101(2) |
| | $^{134}Ba$ | 2.417(27) |
| | $^{135}Ba$ | 6.592(18) |
| | $^{136}Ba$ | 7.854(36) |
| | $^{137}Ba$ | 11.23(4) |
| | $^{138}Ba$ | 71.70(7) |
| 57 | $^{138}La$ | 0.0902(2) |
| | $^{139}La$ | 99.9098(2) |
| 58 | $^{136}Ce$ | 0.19(1) |
| | $^{138}Ce$ | 0.25(1) |
| | $^{140}Ce$ | 88.48(10) |
| | $^{142}Ce$ | 11.08(10) |

续表

| 原子序数 $Z$ | 同位素 | 丰度/% |
|---|---|---|
| 59 | $^{141}Pr$ | 100 |
| 60 | $^{142}Nd$ | 27.13(12) |
| | $^{143}Nd$ | 12.18(6) |
| | $^{144}Nd$ | 23.80(12) |
| | $^{145}Nd$ | 8.30(6) |
| | $^{146}Nd$ | 17.19(9) |
| | $^{148}Nd$ | 5.76(3) |
| | $^{150}Nd$ | 5.64(3) |
| 61 | $^{145}Pm$ | * |
| 62 | $^{144}Sm$ | 3.1(1) |
| | $^{147}Sm$ | 15.0(2) |
| | $^{148}Sm$ | 11.3(1) |
| | $^{149}Sm$ | 13.8(1) |
| | $^{150}Sm$ | 7.4(1) |
| | $^{152}Sm$② | 26.7(2) |
| | $^{154}Sm$ | 22.7(2) |
| 63 | $^{151}Eu$ | 47.8(15) |
| | $^{153}Eu$ | 52.2(15) |
| 64 | $^{152}Gd$ | 0.20(1) |
| | $^{154}Gd$ | 2.18(3) |
| | $^{155}Gd$ | 14.80(5) |
| | $^{156}Gd$ | 20.47(4) |
| | $^{157}Gd$ | 15.65(3) |
| | $^{158}Gd$ | 24.84(12) |
| | $^{160}Gd$ | 21.86(4) |
| 65 | $^{159}Tb$ | 100 |
| 66 | $^{156}Dy$ | 0.06(1) |
| | $^{158}Dy$ | 0.10(1) |
| | $^{160}Dy$ | 2.34(6) |
| | $^{161}Dy$ | 18.9(2) |
| | $^{162}Dy$ | 25.5(2) |
| | $^{163}Dy$ | 24.9(2) |
| | $^{164}Dy$ | 28.2(2) |
| 67 | $^{165}Ho$ | 100 |
| 68 | $^{162}Er$ | 0.14(1) |
| | $^{164}Er$ | 1.61(2) |
| | $^{166}Er$ | 33.6(2) |
| 68 | $^{167}Er$ | 22.95(15) |
| | $^{168}Er$ | 26.8(2) |
| | $^{170}Er$ | 14.9(2) |
| 69 | $^{169}Tm$ | 100 |
| 70 | $^{168}Yb$ | 0.13(1) |
| | $^{170}Yb$ | 3.05(6) |
| | $^{171}Yb$ | 14.3(2) |
| | $^{172}Yb$ | 21.9(3) |
| | $^{173}Yb$ | 16.12(21) |
| | $^{174}Yb$ | 31.8(4) |
| | $^{176}Yb$ | 12.7(2) |
| 71 | $^{175}Lu$ | 97.41(2) |
| | $^{176}Lu$② | 2.59(2) |
| 72 | $^{174}Hf$ | 0.162(3) |
| | $^{176}Hf$ | 5.206(5) |
| | $^{177}Hf$ | 18.606(4) |
| | $^{178}Hf$ | 27.297(4) |
| | $^{179}Hf$ | 13.629(6) |
| | $^{180}Hf$ | 35.100(7) |
| 73 | $^{180}Ta$ | 0.012(2) |
| | $^{181}Ta$ | 99.988(2) |
| 74 | $^{180}W$ | 0.13(4) |
| | $^{182}W$ | 26.3(2) |
| | $^{183}W$ | 14.3(1) |
| | $^{184}W$ | 30.67(15) |
| | $^{186}W$ | 28.6(2) |
| 75 | $^{185}Re$ | 37.40(2) |
| | $^{187}Re$ | 62.60(2) |
| 76 | $^{184}Os$ | 0.02(1) |
| | $^{186}Os$ | 1.58(30) |
| | $^{187}Os$② | 1.6(3) |
| | $^{188}Os$ | 13.3(7) |
| | $^{189}Os$ | 16.1(8) |
| | $^{190}Os$ | 26.4(12) |
| | $^{192}Os$ | 41.0(8) |
| 77 | $^{191}Ir$ | 37.3(5) |
| | $^{193}Ir$ | 62.7(5) |
| 78 | $^{190}Pt$ | 0.01(1) |
| | $^{192}Pt$ | 0.79(6) |
| | $^{194}Pt$ | 32.9(6) |
| | $^{195}Pt$ | 33.8(6) |
| | $^{196}Pt$ | 25.3(6) |
| | $^{198}Pt$ | 7.2(2) |
| 79 | $^{197}Au$ | 100 |
| 80 | $^{196}Hg$ | 0.15(1) |
| | $^{198}Hg$ | 9.97(8) |
| | $^{199}Hg$ | 16.87(10) |
| | $^{200}Hg$ | 23.10(16) |
| | $^{201}Hg$ | 13.18(8) |
| | $^{202}Hg$ | 29.86(20) |
| | $^{204}Hg$ | 6.87(4) |
| 81 | $^{203}Tl$ | 29.524(14) |
| | $^{205}Tl$ | 70.476(14) |
| 82 | $^{204}Pb$ | 1.4(1) |
| | $^{206}Pb$ | 24.1(1) |
| | $^{207}Pb$ | 22.1(1) |
| | $^{208}Pb$ | 52.4(1) |
| 83 | $^{209}Bi$ | 100 |
| 84 | $^{209}Po$ | *③ |
| 85 | $^{210}At$ | *③ |
| 86 | $^{222}Rn$ | *③ |
| 87 | $^{223}Fr$ | *③ |
| 88 | $^{226}Ra$ | *③ |
| 89 | $^{227}Ac$ | *③ |
| 90 | $^{232}Th$② | 100 |
| 91 | $^{231}Pa$ | *③ |
| 92 | $^{234}U$② | 0.0055(5) |
| | $^{235}U$② | 0.7200(12) |
| | $^{238}U$② | 99.2745(60) |
| 93 | $^{237}Np$ | *③ |
| 94 | $^{239}Pu$ | *③ |
| | $^{244}Pu$ | *③ |

① 自然界中$^3H$：$^1H$的浓度比例约等于1∶$10^{14}$（大气）；1∶$10^{18}$（雨水）；1∶$10^{20}$（海水）。

② 为半衰期$>10^5$年的放射性同位素。

③ *表示自然界不存在的放射性同位素，或变异太大而不能确定有意义的天然丰度。

## 五、常见放射性元素的性质

1. 常见放射性同位素

衰变类型栏内，α代表α粒子；$\beta^-$代表$\beta^-$粒子或电子；$\beta^+$代表$\beta^+$粒子或正电子；EC代表电子捕获；IT代表同质异能跃迁。

常见放射性同位素见表1-6。

**表 1-6 常见放射性同位素**

| 符号 | 半衰期 | 衰变类型 | 符号 | 半衰期 | 衰变类型 | 符号 | 半衰期 | 衰变类型 |
|---|---|---|---|---|---|---|---|---|
| $^{3}_{1}H$ | 12.26a | $\beta^-$ | $^{90}_{39}Y$ | 64.2h | $\beta^-$ | $^{185}_{74}W$ | 75.8d | $\beta^-,\gamma$ |
| $^{7}_{4}Be$ | 53.37d | EC,$\gamma$ | $^{95}_{40}Zr$ | 65d | $\beta^-,\gamma$ | $^{187}_{74}W$ | 24h | $\beta^-,\gamma$ |
| $^{10}_{4}Be$ | $2.5\times10^{6}$a | $\beta^-$ | $^{97}_{40}Zr$ | 17h | $\beta^-$ | $^{188}_{75}Re$ | 16.7h | $\beta^-,\gamma$ |
| $^{11}_{6}C$ | 20.3min | $\beta^+$ EC | $^{95}_{41}Nb$ | $(35.15\pm0.03)$d | $\beta^-,\gamma$ | $^{185}_{76}Os$ | 94d | EC |
| $^{14}_{6}C$ | 5730a | $\beta^-$ | $^{99}_{42}Mo$ | $(66.69\pm0.06)$h | $\beta^-,\gamma$ | $^{191}_{76}O$ | 15d | $\beta^-,\gamma$ |
| $^{13}_{7}N$ | 10.1min | $\beta^+$ | $^{97}_{43}Tc$ | $2.6\times10^{6}$a | EC | $^{192}_{77}Ir$ | 74d | $\beta^-$,EC,$\beta^+,\gamma$ |
| $^{15}_{8}O$ | 124s | $\beta^+$ | $^{99}_{43}Tc$ | $2.12\times10^{5}$a | $\beta^-$ | | | |
| $^{19}_{9}F$ | 109.7min | $\beta^+$ EC | $^{97}_{44}Ru$ | 2.9d | EC | $^{193}_{77}Ir$ | | |
| $^{22}_{11}Na$ | 2.602a | EC,$\beta^+,\gamma$ | $^{105}_{45}Rh$ | 35.9h | $\beta^-,\gamma$ | $^{194}_{77}Ir$ | 17.4h | $\beta^-,\gamma$ |
| $^{27}_{12}Mg$ | 9.5min | $\beta^-,\gamma$ | $^{108}_{46}Pd$ | 17d | EC,$\gamma$ | $^{197}_{78}Pt$ | 18h | $\beta^-,\gamma$ |
| $^{29}_{13}Al$ | 6.6min | $\beta^-,\gamma$ | $^{110}_{47}Ag$ | 24.4s | $\beta^-,\gamma$ | $^{198}_{78}Au$ | $(26.693\pm0.005)$d | $\beta^-,\gamma$ |
| $^{31}_{14}Si$ | 2.64h | $\beta^-,\gamma$ | $^{111}_{47}Ag$ | 7.5d | $\beta^-,\gamma$ | $^{199}_{79}Au$ | 3.15d | $\beta^-,\gamma$ |
| $^{32}_{15}P$ | 14.3d | $\beta^-$ | $^{115}_{48}Cd$ | 43d | IT,$\beta^-$ | $^{197}_{80}Hg$ | 24h | IT,EC |
| $^{35}_{16}S$ | 88d | $\beta^-$ | $^{115}_{48}Cd$ | 53.5h | $\beta^-,\gamma$ | $^{197}_{80}Hg$ | 65h | EC |
| $^{36}_{17}Cl$ | $3.1\times10^{5}$a | $\beta^-$ | $^{114}_{49}In$ | 72s | $\beta^+$,EC,$\beta^-$ | $^{204}_{81}Tl$ | 3.8a | $\beta^-$,EC |
| | | $\beta^+$,EC | $^{118}_{50}Sn$ | 115d | EC,$\gamma$ | $^{210}_{82}Pb$ | 21a | $\beta^-$ |
| $^{38}_{17}Cl$ | 37.3min | $\beta,\gamma$ | $^{122}_{51}Sb$ | 2.8d | $\beta^-$,EC,$\beta^+,\gamma$ | | | $\alpha,\gamma$ |
| $^{37}_{18}Ar$ | 35d | EC | $^{124}_{51}Sb$ | $(60.3\pm0.2)$d | $\beta^-,\gamma$ | $^{210}_{83}Bi$ | 5.01d | $\beta^-,\alpha$ |
| $^{41}_{18}Ar$ | 1.83h | $\beta^-,\gamma$ | $^{125}_{51}Sb$ | 2.7a | $\beta^-,\gamma$ | $^{210}_{83}Bi$ | $(2.6\times10^{6})$a | $\alpha,\beta^-$或 IT |
| $^{40}_{19}K$ | $1.28\times10^{9}$a | $\beta^-$ | $^{127}_{52}Te$ | 9.4h | $\beta^-$ | $^{214}_{83}Bi$ | 1182s | $\alpha,\beta,\gamma$ |
| $^{45}_{20}Ca$ | 165d | $\beta^-$ | $^{129}_{52}Te$ | 69min | $\beta^-$ | $^{208}_{84}Po$ | 2.93a | $\alpha$ |
| $^{46}_{21}Sc$ | 83.80d | $\beta^-,\gamma$ | $^{131}_{53}I$ | $(8.070\pm0.009)$d | $\beta^-,\gamma$ | $^{209}_{84}Po$ | 约 103a | $\alpha,\gamma$,EC |
| $^{48}_{21}Sc$ | 1.83d | $\beta^-,\gamma$ | $^{131}_{54}Xe$ | 12d | IT | $^{210}_{85}At$ | 0.345d | $\alpha,\gamma$,EC |
| $^{48}_{23}V$ | 16.0d | $\beta^+$,EC,$\gamma$ | $^{134}_{55}Cs$ | 2.05a | $\beta^-,\gamma$ | $^{211}_{86}Rn$ | 0.666d | $\alpha$,EC |
| $^{51}_{24}Cr$ | 27.8d | EC,$\gamma$ | $^{137}_{55}Cs$ | $(30.23\pm0.16)$a | $\beta^-$ | $^{219}_{86}Rn$ | 3.92s | $\alpha,\gamma$ |
| $^{52}_{25}Mn$ | 5.72d | $\beta^+$,EC,$\gamma$ | $^{131}_{56}Ba$ | 12d | EC,$\gamma$ | $^{212}_{87}Fr$ | 1158s | $\alpha$,EC |
| $^{54}_{25}Mn$ | 303d | EC,$\gamma$ | $^{140}_{56}Ba$ | 12.8d | $\beta^-,\gamma$ | $^{223}_{87}Fr$ | 1260s | $\beta^-,\gamma$ |
| $^{55}_{26}Fe$ | 2.6a | EC | $^{140}_{57}La$ | $(40.22\pm0.1)$h | $\beta^-,\gamma$ | $^{223}_{88}Ra$ | 11.7d | $\alpha,\gamma$ |
| $^{59}_{26}Fe$ | $(45.1\pm0.5)$d | $\beta^-,\gamma$ | $^{144}_{58}Ce$ | 33d | $\beta^-,\gamma$ | $^{225}_{88}Ra$ | 14.8d | $\beta^-,\gamma$ |
| $^{56}_{27}Co$ | 77a | $\beta^+$,EC | $^{142}_{59}Pr$ | 19.2h | $\beta^-,\gamma$ | $^{228}_{89}Ac$ | 0.255d | $\beta^-,\gamma$ |
| $^{60}_{27}Co$ | $(5.26\pm0.01)$a | $\beta^-,\gamma$ | $^{143}_{59}Pr$ | 13.76d | $\beta^-$ | $^{225}_{90}Th$ | 480s | $\alpha$,EC |
| $^{63}_{28}Ni$ | 92a | $\beta^-$ | $^{147}_{60}Nd$ | 11.1d | $\beta^-,\gamma$ | $^{227}_{90}Th$ | 18.2d | $\alpha,\gamma$ |
| $^{64}_{29}Cu$ | 12.9h | $\beta^-,\gamma$ | $^{147}_{61}Pm$ | 2.5a | $\beta^-$ | $^{231}_{90}Th$ | 1.068d | $\beta^-,\gamma$ |
| | | $\beta^+$,EC | $^{153}_{62}Sm$ | $(46.8\pm0.1)$h | $\beta^-,\gamma$ | $^{228}_{91}Pa$ | 0.916d | $\alpha,\gamma$,EC |
| $^{65}_{30}Zn$ | $(243.6\pm0.1)$d | $\beta^+$,EC,$\gamma$ | $^{154}_{63}Eu$ | 16a | $\beta^-$ | $^{231}_{91}Pa$ | $3.43\times10^{4}$a | $\alpha,\gamma$ |
| $^{63}_{30}Zn$ | $(58\pm2)$min | $\beta^-$ | $^{155}_{63}Eu$ | 1.81a | $\beta^-,\gamma$ | $^{232}_{91}Pa$ | 1.32d | $\beta^-,\gamma$ |
| $^{66}_{31}Ga$ | 9.45h | $\beta^+$,EC,$\gamma$ | $^{153}_{64}Gd$ | 242d | EC,$\gamma$ | $^{231}_{92}U$ | 4.3d | $\alpha,\gamma$,EC |
| $^{72}_{31}Ga$ | 14.1h | $\beta^-,\gamma$ | $^{160}_{65}Tb$ | 73d | $\beta^-,\gamma$ | $^{235}_{92}U$ | $7.13\times10^{8}$a | $\alpha,\gamma$ |
| $^{71}_{32}Ge$ | 11.4d | EC | $^{165}_{66}Dy$ | 2.3h | $\beta^-,\gamma$ | $^{238}_{92}U$ | $4.51\times10^{9}$a | $\alpha,\gamma$ |
| $^{77}_{32}Ge$ | $(11.3\pm0.01)$h | $\beta^-,\gamma$ | $^{166}_{67}Ho$ | 26.9h | $\beta^-,\gamma$ | $^{239}_{92}U$ | 1412.4s | $\beta^-,\gamma$ |
| $^{76}_{33}As$ | 26.5h | $\beta^-,\gamma$ | $^{171}_{68}Er$ | 7.82h | $\beta^-,\gamma$ | $^{238}_{93}Np$ | 2.10d | $\beta^-,\gamma$ |
| $^{77}_{33}As$ | $(38.83\pm0.05)$h | $\beta^-$ | $^{170}_{69}Tu$ | $(128.6\pm0.3)$d | $\beta^-,\gamma$ | $^{239}_{93}Np$ | 2.33d | $\beta^-,\gamma$ |
| $^{75}_{34}Se$ | 120.4d | EC,$\beta^-,\gamma$ | $^{175}_{70}Yb$ | 108h | $\beta^-,\gamma$ | $^{238}_{94}Pu$ | 89.6a | $\alpha,\gamma$ |
| $^{82}_{35}Br$ | 35.87h | $\beta^-,\gamma$ | $^{177}_{71}Lu$ | 6.75d | $\beta^-,\gamma$ | $^{243}_{94}Pu$ | 0.207d | $\beta^-,\gamma$ |
| $^{85}_{36}Kr$ | 10.76a | $\beta^-,\gamma$ | $^{181}_{72}Hf$ | $(42.4\pm0.2)$d | $\beta^-,\gamma$ | $^{241}_{95}Am$ | 461a | $\alpha,\gamma$ |
| $^{86}_{37}Rb$ | 18.66d | $\beta^-,\gamma$ | $^{182}_{73}Ta$ | 115d | $\beta^-,\gamma$ | $^{242}_{96}Am$ | 0.666d | $\beta^-,\gamma$,EC,IT |
| $^{89}_{38}Sr$ | 52d | $\beta^-$ | | | | $^{243}_{96}Cm$ | 约 100a | $\alpha,\gamma$ |
| $^{90}_{38}Sr$ | 28.1a | $\beta^-$ | | | | $^{243}_{97}Bk$ | 0.192d | $\alpha,\gamma$,EC |

续表

| 符号 | 半衰期 | 衰变类型 | 符号 | 半衰期 | 衰变类型 | 符号 | 半衰期 | 衰变类型 |
|---|---|---|---|---|---|---|---|---|
| $^{246}_{98}Cf$ | 1.5d | α,γ | $^{254}_{99}Es$ | 2a | $β^-$ | $^{253}_{102}No$ | 2～40s | α |
| $^{252}_{98}Cf$ | 2.2a | α | $^{254}_{100}Fm$ | 0.133d | α,γ | $^{257}_{103}Lr$ | 8s | α |
| $^{254}_{99}Es$ | 1.583d | α | $^{255}_{101}Md$ | 约 1800s | α,EC | | | |

2. 天然放射系

天然放射系见表 1-7。

**表 1-7 天然放射系**

| 钍　系 | 镎　系 | 铀　系 | 锕　系 |
|---|---|---|---|

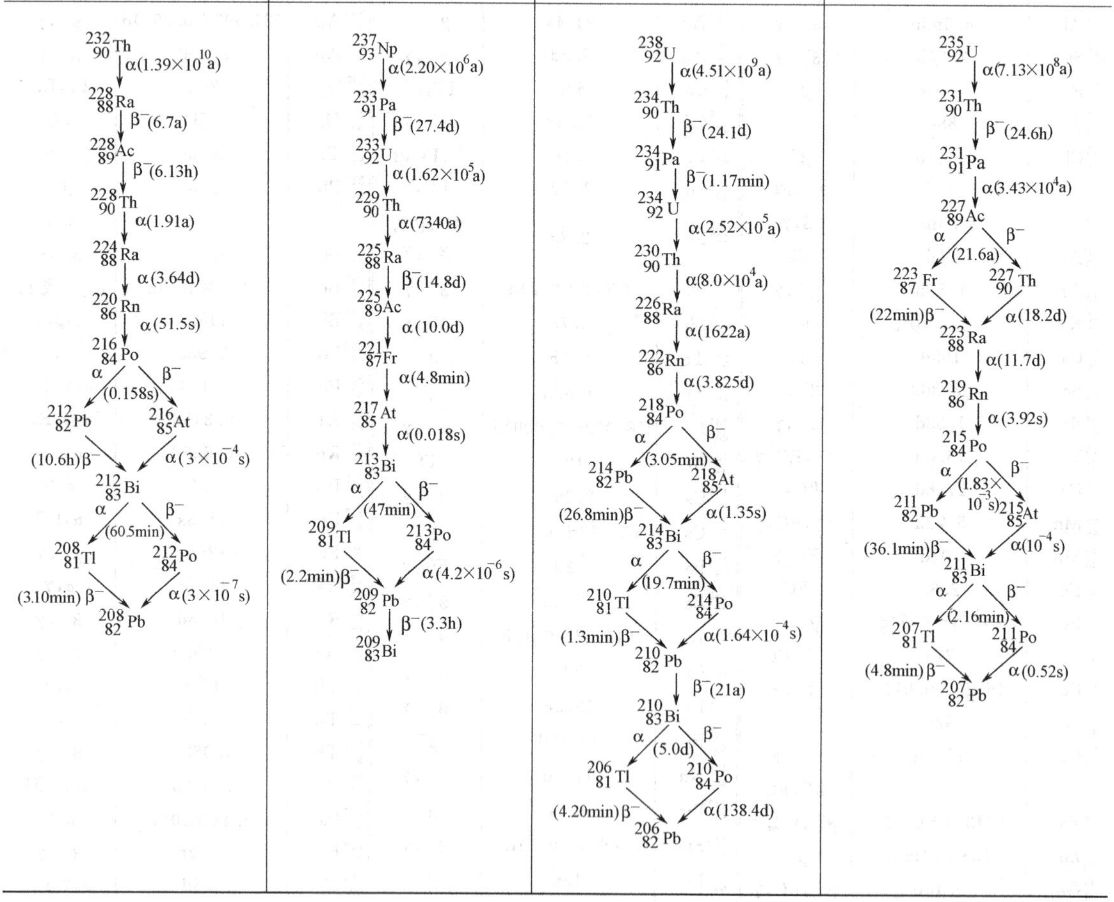


由放射系发射出的粒子表示如下：α 表示 α 粒子，$β^-$ 表示 β 粒子。括号中的数字表示半衰期。符号 s、min、h、d 和 a 分别表示秒、分（1min＝60s）、小时（1h＝3.6ks）、天（1d＝86.4ks）和年（1a≈31.6Ms）。

## 六、原子半径、元素的电离能、电子的亲和能、元素的电负性

1. 原子半径

表 1-8 列出了金属的原子半径（配位数为 12）。

表 1-9 列出了原子的共价半径。

2. 元素的电离能

元素的第一至第七电离能如表 1-10 所列，表中所列电离能的单位为 eV。

**表 1-8 金属的原子半径**（配位数为 12） 单位：nm

| | | | | | | | | | | | | | | |
|---|---|---|---|---|---|---|---|---|---|---|---|---|---|---|
| Li<br>0.157 | Be<br>0.112 | | | | | | | | | | | | | |
| Na<br>0.191 | Mg<br>0.160 | Al<br>0.143 | | | | | | | | | | | | |
| K<br>0.235 | Ca<br>0.197 | Sc<br>0.164 | Ti<br>0.147 | V<br>0.135 | Cr<br>0.129 | Mn<br>0.137 | Fe<br>0.126 | Ce<br>0.125 | Ni<br>0.126 | Cu<br>0.128 | Zn<br>0.137 | Ca<br>0.153 | Ge<br>0.139 | |
| Rb<br>0.250 | Sr<br>0.215 | Y<br>0.182 | Zr<br>0.160 | Nb<br>0.147 | Mo<br>0.140 | Tc<br>0.135 | Ru<br>0.134 | Rh<br>0.134 | Pd<br>0.137 | Ag<br>0.144 | Cd<br>0.152 | In<br>0.167 | Sn<br>0.158 | Sb<br>0.161 |
| Cs<br>0.272 | Ba<br>0.224 | La<br>0.188 | Hf<br>0.159 | Ta<br>0.147 | W<br>0.141 | Re<br>0.137 | Os<br>0.135 | Ir<br>0.136 | Pt<br>0.139 | Au<br>0.144 | Hg<br>0.155 | Tl<br>0.171 | Pb<br>0.175 | Bi<br>0.182 |

镧系：Ce Lu (Eu 0.206, Yb 0.194)
0.182 0.172

锕系：Th Pa U Np Pu
0.180 0.163 0.156 0.156 0.164

**表 1-9 原子的共价半径** 单位：nm

(A)正常半径

| | | | | | | | | |
|---|---|---|---|---|---|---|---|---|
| | H | Li | Be | B | C | N | O | F |
| 单键 | 0.030 | 0.134 | 0.090 | 0.088 | 0.077 | 0.074 | 0.074 | 0.072 |
| 双键 | — | | | 0.076 | 0.067 | 0.062 | 0.062 | 0.054 |
| 三键 | — | | | 0.068 | 0.060 | 0.055 | 0.050 | |
| | | Na | Mg | Al | Si | P | S | Cl |
| 单键 | | 0.154 | 0.130 | 0.118 | 0.117 | 0.110 | 0.104 | 0.099 |
| 双键 | | | | | 0.107 | 0.100 | 0.094 | 0.089 |
| 三键 | | | | | 0.100 | 0.093 | 0.087 | |
| | | K | Ca | Ga | Ge | As | Se | Br |
| 单键 | | 0.196 | 0.174 | 0.126 | 0.122 | 0.121 | 0.117 | 0.114 |
| 双键 | | | | | 0.112 | 0.111 | 0.107 | 0.104 |
| | | Rb | Sr | In | Sn | Sb | Te | I |
| 单键 | | 0.211 | 0.192 | 0.144 | 0.140 | 0.141 | 0.137 | 0.133 |
| 双键 | | | | | 0.130 | 0.131 | 0.127 | 0.123 |
| | | Cs | Ba | Tl | Pb | Bi | | |
| 单键 | | 0.225 | 0.198 | 0.148 | 0.147 | 0.146 | | |

(B)四面体半径($sp^3$ 杂化)

| | | | | | | |
|---|---|---|---|---|---|---|
| | Be<br>0.106 | B<br>0.088 | C<br>0.077 | N<br>0.070 | O<br>0.066 | F<br>0.064 |
| | Mg<br>0.140 | Al<br>0.126 | Si<br>0.117 | P<br>0.110 | S<br>0.104 | Cl<br>0.099 |
| Cu<br>0.135 | Zn<br>0.131 | Ga<br>0.126 | Ge<br>0.122 | As<br>0.118 | Se<br>0.114 | Br<br>0.111 |
| Ag<br>0.152 | Cd<br>0.145 | In<br>0.144 | Sn<br>0.140 | Sb<br>0.136 | Te<br>0.132 | I<br>0.128 |
| Au<br>0.150 | Hg<br>0.148 | Tl<br>0.147 | Pb<br>0.146 | Bi<br>0.146 | | |

(C)八面体半径($d^2sp^3$ 杂化)

| | | | | | | | | | |
|---|---|---|---|---|---|---|---|---|---|
| $Fe^{II}$<br>0.123 | $Co^{II}$<br>0.132 | $Ni^{II}$<br>0.139 | $Ru^{II}$<br>0.133 | | | $Os^{II}$<br>0.133 | | | |
| | $Co^{III}$<br>0.122 | $Ni^{III}$<br>0.130 | | $Rh^{III}$<br>0.132 | | | $Ir^{III}$<br>0.132 | | |
| $Fe^{IV}$<br>0.120 | | $Ni^{IV}$<br>0.121 | | | $Pd^{IV}$<br>0.131 | | | $Pt^{IV}$<br>0.131 | $Au^{IV}$<br>0.140 |

$sp^3d$ 杂化

| | | | | |
|---|---|---|---|---|
| $Ti^{IV}$<br>0.136 | $Zr^{IV}$<br>0.148 | $Sn^{IV}$<br>0.145 | $Te^{IV}$<br>0.152 | $Pb^{IV}$<br>0.150 |

**表 1-10 元素的电离能** 单位：eV

| 原子序数 | 元素 | Ⅰ | Ⅱ | Ⅲ | Ⅳ | Ⅴ | Ⅵ | Ⅶ |
|---|---|---|---|---|---|---|---|---|
| 1 | H | 13.59844 | | | | | | |
| 2 | He | 24.58741 | 54.41778 | | | | | |
| 3 | Li | 5.39172 | 75.64018 | 122.45429 | | | | |
| 4 | Be | 9.32263 | 18.21116 | 153.89661 | 217.71865 | | | |
| 5 | B | 8.29803 | 25.15484 | 37.93064 | 259.37521 | 340.22580 | | |
| 6 | C | 11.26030 | 24.38332 | 47.8878 | 64.4939 | 392.087 | 489.99334 | |
| 7 | N | 14.53414 | 29.6013 | 47.44924 | 77.4735 | 97.8902 | 552.0718 | 667.046 |
| 8 | O | 13.61806 | 35.11730 | 54.9355 | 77.41353 | 113.8990 | 138.1197 | 739.29 |
| 9 | F | 17.42282 | 34.97082 | 62.7084 | 87.1398 | 114.2428 | 157.1651 | 185.186 |
| 10 | Ne | 21.56454 | 40.96328 | 63.45 | 97.12 | 126.21 | 157.93 | 207.2759 |
| 11 | Na | 5.13908 | 47.2864 | 71.6200 | 98.91 | 138.40 | 172.18 | 208.50 |
| 12 | Mg | 7.64624 | 15.03528 | 80.1437 | 109.2655 | 141.27 | 186.76 | 225.02 |
| 13 | Al | 5.98577 | 18.82856 | 28.44765 | 119.992 | 153.825 | 190.49 | 241.76 |
| 14 | Si | 8.15169 | 16.34585 | 33.49302 | 45.14181 | 166.767 | 205.27 | 246.5 |
| 15 | P | 10.48669 | 19.7694 | 30.2027 | 51.4439 | 65.0251 | 220.421 | 263.57 |
| 16 | S | 10.36001 | 23.3379 | 34.79 | 47.222 | 72.5945 | 88.0530 | 280.948 |
| 17 | Cl | 12.96764 | 23.814 | 39.61 | 53.4652 | 67.8 | 97.03 | 114.1958 |
| 18 | Ar | 15.75962 | 27.62967 | 40.74 | 59.81 | 75.02 | 91.009 | 124.323 |
| 19 | K | 4.34066 | 31.63 | 45.806 | 60.91 | 82.66 | 99.4 | 117.56 |
| 20 | Ca | 6.11316 | 11.87172 | 50.9131 | 67.27 | 84.50 | 108.78 | 127.2 |
| 21 | Sc | 6.56144 | 12.79967 | 24.75666 | 73.4894 | 91.65 | 110.68 | 138.0 |
| 22 | Ti | 6.8282 | 13.5755 | 27.4917 | 43.2672 | 99.30 | 119.53 | 140.8 |
| 23 | V | 6.7463 | 14.66 | 29.311 | 46.709 | 65.2817 | 128.13 | 150.6 |
| 24 | Cr | 6.76664 | 16.4857 | 30.96 | 49.16 | 69.46 | 90.6349 | 160.18 |
| 25 | Mn | 7.43402 | 15.63999 | 33.668 | 51.2 | 72.4 | 95.6 | 119.203 |
| 26 | Fe | 7.9024 | 16.1878 | 30.652 | 54.8 | 75.0 | 99.1 | 124.98 |
| 27 | Co | 7.8810 | 17.083 | 33.50 | 51.3 | 79.5 | 102.0 | 128.9 |
| 28 | Ni | 7.6398 | 18.16884 | 35.19 | 54.9 | 76.06 | 108 | 133 |
| 29 | Cu | 7.72638 | 20.29240 | 36.841 | 57.38 | 79.8 | 103 | 139 |
| 30 | Zn | 9.39405 | 17.96440 | 39.723 | 59.4 | 82.6 | 108 | 134 |
| 31 | Ga | 5.99930 | 20.5142 | 30.71 | 64 | | | |
| 32 | Ge | 7.900 | 15.93462 | 34.2241 | 45.7131 | 93.5 | | |
| 33 | As | 9.8152 | 18.633 | 28.351 | 50.13 | 62.63 | 127.6 | |
| 34 | Se | 9.75238 | 21.19 | 30.8204 | 42.9450 | 68.3 | 81.7 | 155.4 |
| 35 | Br | 11.81381 | 21.8 | 36 | 47.3 | 59.7 | 88.6 | 103.0 |
| 36 | Kr | 13.99961 | 24.35985 | 36.950 | 52.5 | 64.7 | 78.5 | 111.0 |
| 37 | Rb | 4.17713 | 27.285 | 40 | 52.6 | 71.0 | 84.4 | 99.2 |
| 38 | Sr | 5.69484 | 11.03013 | 42.89 | 57 | 71.6 | 90.8 | 106 |
| 39 | Y | 6.217 | 12.24 | 20.52 | 60.597 | 77.0 | 93.0 | 116 |
| 40 | Zr | 6.63390 | 13.13 | 22.99 | 34.34 | 80.348 | | |
| 41 | Nb | 6.75885 | 14.32 | 25.04 | 38.3 | 50.55 | 102.057 | 125 |
| 42 | Mo | 7.09243 | 16.16 | 27.13 | 46.4 | 54.49 | 68.8276 | 125.664 |
| 43 | Tc | 7.28 | 15.26 | 29.54 | | | | |
| 44 | Ru | 7.36050 | 16.76 | 28.47 | | | | |
| 45 | Rh | 7.45890 | 18.08 | 31.06 | | | | |
| 46 | Pd | 8.3369 | 19.43 | 32.93 | | | | |
| 47 | Ag | 7.57624 | 21.49 | 34.83 | | | | |
| 48 | Cd | 8.99367 | 16.90832 | 37.48 | | | | |
| 49 | In | 5.78636 | 18.8698 | 28.03 | 54 | | | |
| 50 | Sn | 7.34381 | 14.63225 | 30.50260 | 40.73502 | 72.28 | | |

续表

| 原子序数 | 元素 | Ⅰ | Ⅱ | Ⅲ | Ⅳ | Ⅴ | Ⅵ | Ⅶ |
|---|---|---|---|---|---|---|---|---|
| 51 | Sb | 8.64 | 16.53051 | 25.3 | 44.2 | 56 | 108 | |
| 52 | Te | 9.0096 | 18.6 | 27.96 | 37.41 | 58.75 | 70.7 | 137 |
| 53 | I | 10.45126 | 19.1313 | 33 | | | | |
| 54 | Xe | 12.12987 | 21.20979 | 32.1230 | | | | |
| 55 | Cs | 3.89390 | 23.15745 | | | | | |
| 56 | Ba | 5.21170 | 10.00390 | | | | | |
| 57 | La | 5.5770 | 11.060 | 19.1773 | 49.95 | 61.6 | | |
| 58 | Ce | 5.5387 | 10.85 | 20.198 | 36.758 | 65.55 | 77.6 | |
| 59 | Pr | 5.464 | 10.55 | 21.624 | 38.98 | 57.53 | | |
| 60 | Nd | 5.5250 | 10.73 | 22.1 | 40.4 | | | |
| 61 | Pm | 5.55 | 10.90 | 22.3 | 41.1 | | | |
| 62 | Sm | 5.6437 | 11.07 | 23.4 | 41.4 | | | |
| 63 | Eu | 5.6704 | 11.241 | 24.92 | 42.7 | | | |
| 64 | Gd | 6.1500 | 12.09 | 20.63 | 44.0 | | | |
| 65 | Tb | 5.8639 | 11.52 | 21.91 | 39.79 | | | |
| 66 | Dy | 5.9389 | 11.67 | 22.8 | 41.4 | | | |
| 67 | Ho | 6.0216 | 11.80 | 22.84 | 42.5 | | | |
| 68 | Er | 6.1078 | 11.93 | 22.74 | 42.7 | | | |
| 69 | Tm | 6.18431 | 12.05 | 23.68 | 42.7 | | | |
| 70 | Yb | 6.25416 | 12.1761 | 25.05 | 43.56 | | | |
| 71 | Lu | 5.42585 | 13.9 | 20.9594 | 45.25 | 66.8 | | |
| 72 | Hf | 6.82507 | 14.9 | 23.3 | 33.33 | | | |
| 73 | Ta | 7.89 | | | | | | |
| 74 | W | 7.98 | | | | | | |
| 75 | Re | 7.88 | | | | | | |
| 76 | Os | 8.7 | | | | | | |
| 77 | Ir | 9.1 | | | | | | |
| 78 | Pt | 9.0 | 18.563 | | | | | |
| 79 | Au | 9.22567 | 9.225 | | | | | |
| 80 | Hg | 10.43750 | 18.756 | 34.2 | | | | |
| 81 | Tl | 6.10829 | 20.428 | 29.83 | | | | |
| 82 | Pb | 7.41666 | 15.0322 | 31.9373 | 42.32 | 68.8 | | |
| 83 | Bi | 7.289 | 16.69 | 25.56 | 45.3 | 56.0 | 88.3 | |
| 84 | Po | 8.41671 | | | | | | |
| 85 | At | | | | | | | |
| 86 | Rn | 10.74850 | | | | | | |
| 87 | Fr | | | | | | | |
| 88 | Ra | 5.27892 | 10.14716 | | | | | |
| 89 | Ac | 5.17 | 12.1 | | | | | |
| 90 | Th | 6.08 | 11.5 | 20.0 | 28.8 | | | |
| 91 | Pa | 5.89 | | | | | | |
| 92 | U | 6.19405 | | | | | | |
| 93 | Np | 6.2657 | | | | | | |
| 94 | Pu | 6.06 | | | | | | |
| 95 | Am | 5.993 | | | | | | |
| 96 | Cm | 6.02 | | | | | | |
| 97 | Bk | 6.23 | | | | | | |
| 98 | Cf | 6.30 | | | | | | |
| 99 | Es | 6.42 | | | | | | |
| 100 | Fm | 6.50 | | | | | | |
| 101 | Md | 6.58 | | | | | | |
| 102 | No | 6.65 | | | | | | |

3. 电子的亲和能

表 1-11～表 1-13 分别列出了原子、双原子分子和三原子分子的电子亲和能（*Y*）。表中 nt 表示不稳定。

**表 1-11 原子的电子亲和能**

| 序 数 | 原 子 | *Y*/eV | 序 数 | 原 子 | *Y*/eV | 序 数 | 原 子 | *Y*/eV |
|---|---|---|---|---|---|---|---|---|
| 1 | D | 0.754593 | 24 | Cr | 0.666 | 49 | In | 0.3 |
| | H | 0.754195 | 25 | Mn | nt | 50 | Sn | 1.112 |
| | | 0.754209 | 26 | Fe | 0.151 | 51 | Sb | 1.07 |
| 2 | He | nt① | 27 | Co | 0.662 | 52 | Te | 1.9708 |
| 3 | Li | 0.6180 | 28 | Ni | 1.156 | 53 | I | 3.059038 |
| 4 | Be | nt | 29 | Cu | 1.235 | 54 | Xe | nt |
| 5 | B | 0.277 | 30 | Zn | nt | 55 | Cs | 0.471626 |
| 6 | C | 1.2629 | 31 | Ga | 0.3 | 56 | Ba | 0.15 |
| 7 | N | nt | 32 | Ge | 1.233 | 57 | La | 0.5 |
| 8 | O | 1.4611103 | 33 | As | 0.81 | 72 | Hf | −0 |
| 9 | F | 3.401190 | 34 | Se | 2.020670 | 73 | Ta | 0.322 |
| 10 | Ne | nt | 35 | Br | 3.363590 | 74 | W | 0.815 |
| 11 | Na | 0.547926 | 36 | Kr | nt | 75 | Re | 0.15 |
| 12 | Mg | nt | 37 | Rb | 0.48592 | 76 | Os | 1.1 |
| 13 | Al | 0.441 | 38 | Sr | 0.11 | 77 | Ir | 1.565 |
| 14 | Si | 1.385 | 39 | Y | 0.307 | 78 | Pt | 2.128 |
| 15 | P | 0.7465 | 40 | Zr | 0.426 | 79 | Au | 2.30863 |
| 16 | S | 2.077104 | 41 | Nb | 0.893 | 80 | Hg | nt |
| 17 | Cl | 3.61269 | 42 | Mo | 0.746 | 81 | Tl | 0.2 |
| 18 | Ar | nt | 43 | Tc | 0.55 | 82 | Pb | 0.364 |
| 19 | K | 0.50147 | 44 | Ru | 1.05 | 83 | Bi | 0.946 |
| 20 | Ca | 0.0184 | 45 | Rh | 1.137 | 84 | Po | 1.9 |
| 21 | Sc | 0.188 | 46 | Pd | 0.557 | 85 | At | 2.8 |
| 22 | Ti | 0.079 | 47 | Ag | 1.302 | 86 | Rn | nt |
| 23 | V | 0.525 | 48 | Cd | nt | 87 | Fr | 0.46 |

① "nt" 表示不稳定。

**表 1-12 双原子分子的电子亲和能**

| 分 子 | *Y*/eV | 分 子 | *Y*/eV | 分 子 | *Y*/eV | 分 子 | *Y*/eV |
|---|---|---|---|---|---|---|---|
| $Ag_2$ | 1.023 | $Co_2$ | 1.110 | IBr | 2.55 | NaBr | 0.788 |
| $Al_2$ | 1.10 | CoD | 0.680 | IO | 2.378 | NaCl | 0.727 |
| $As_2$ | 0 | CoH | 0.671 | $K_2$ | 0.493 | NaF | 0.520 |
| AsH | 1.0 | CrD | 0.568 | KBr | 0.642 | NaI | 0.865 |
| $Au_2$ | 1.938 | CrH | 0.563 | KCl | 0.582 | NiD | 0.477 |
| BO | 3.12 | CrO | 1.222 | KI | 0.728 | NiH | 0.481 |
| BeH | 0.7 | $Cs_2$ | 0.469 | LiCl | 0.593 | $O_2$ | 0.451 |
| $Br_2$ | 2.55 | CsCl | 0.455 | MgCl | 1.589 | OD | 1.825548 |
| BrO | 2.353 | $Cu_2$ | 0.836 | MgH | 1.05 | OH | 1.827670 |
| $C_2$ | 3.269 | $F_2$ | 3.08 | MgI | 1.899 | $P_2$ | 0.589 |
| CH | 1.238 | FO | 2.272 | MnD | 0.866 | PH | 1.028 |
| CN | 3.821 | $Fe_2$ | 0.902 | MnH | 0.869 | PO | 1.092 |
| CS | 0.205 | FeD | 0.932 | NH | 0.370 | PtN | 1.240 |
| CaH | 0.93 | FeH | 0.934 | NO | 0.026 | $Rb_2$ | 0.498 |
| $Cl_2$ | 2.38 | FeO | 1.493 | NS | 1.194 | RbCl | 0.544 |
| ClO | 2.275 | $I_2$ | 2.55 | $Na_2$ | 0.430 | $Re_2$ | 1.571 |

续表

| 分子 | Y/eV | 分子 | Y/eV | 分子 | Y/eV | 分子 | Y/eV |
|---|---|---|---|---|---|---|---|
| $S_2$ | 1.670 | SO | 1.125 | $Si_2$ | 2.176 | TeO | 1.697 |
| SD | 2.315 | $Se_2$ | 1.94 | SiH | 1.277 | ZnH | ≤0.95 |
| SF | 2.285 | SeH | 2.212520 | $Te_2$ | 1.92 | | |
| SH | 2.314344 | SeO | 1.456 | TeH | 2.102 | | |

**表 1-13 三原子分子的电子亲和能**

| 分子 | Y/eV | 分子 | Y/eV | 分子 | Y/eV | 分子 | Y/eV |
|---|---|---|---|---|---|---|---|
| $Ag_3$ | 2.32 | $C_2O$ | 1.848 | HCO | 0.313 | $O_3$ | 2.1028 |
| $Al_3$ | 1.4 | COS | 0.46 | $HCl_2$ | 4.896 | $O_2Ar$ | 0.52 |
| $AsH_2$ | 1.27 | $CS_2$ | 0.895 | HNO | 0.338 | OClO | 2.140 |
| $Au_3$ | 3.7 | $CoD_2$ | 1.465 | $HO_2$ | 1.078 | OIO | 2.577 |
| $BO_2$ | 3.57 | $CoH_2$ | 1.450 | $K_3$ | 0.956 | $PH_2$ | 1.271 |
| $BO_2$ | 4.3 | $CrH_2$ | >2.5 | $MnD_2$ | 0.465 | $PO_2$ | 3.8 |
| $C_3$ | 1.981 | $Cs_3$ | 0.864 | $MnH_2$ | 0.444 | $Pt_3$ | 1.87 |
| $CCl_2$ | 1.603 | $Cu_3$ | 2.11 | $N_3$ | 2.70 | $Pd_3$ | <1.5 |
| $CD_2$ | 0.645 | DCO | 0.301 | $NH_2$ | 0.771 | $Rb_3$ | 0.920 |
| CDF | 0.535 | DNO | 0.330 | $N_2O$ | 0.22 | $S_3$ | 2.093 |
| $CF_2$ | 0.179 | $DO_2$ | 1.089 | $NO_2$ | 2.273 | $SO_2$ | 1.107 |
| $CH_2$ | 0.652 | $DS_2$ | 1.912 | (NO)R | R=Ar,Kr,Xe | $S_2O$ | 1.877 |
| CHBr | 1.454 | $HS_2$ | 1.907 | $Na_3$ | 1.019 | $SeO_2$ | 1.823 |
| CHCl | 1.210 | FeCO | 1.26 | $Ni_3$ | 1.41 | $SiH_2$ | 1.124 |
| CHF | 0.542 | $FeD_2$ | 1.038 | NiCO | 0.804 | | |
| CHI | 1.42 | $FeH_2$ | 1.049 | $NiD_2$ | 1.926 | | |
| $C_2H$ | 2.969 | $GeH_2$ | 1.097 | $NiH_2$ | 1.934 | | |

4. 元素的电负性

表 1-14 列出了元素的电负性（$X$）。

**表 1-14 元素的电负性**

| 元素 | | | X | 元素 | | | X | 元素 | | | X |
|---|---|---|---|---|---|---|---|---|---|---|---|
| 序数 | 符号 | 名称 | | 序数 | 符号 | 名称 | | 序数 | 符号 | 名称 | |
| 1 | H | 氢 | 2.20 | 21 | Sc | 钪 | 1.3 | 37 | Rb | 铷 | 0.8 |
| 3 | Li | 锂 | 1.0 | 22 | Ti | 钛 | 1.5 | 38 | Sr | 锶 | 1.0 |
| 4 | Be | 铍 | 1.5 | 23 | V | 钒 | 1.6 | 39 | Y | 钇 | 1.3 |
| 5 | B | 硼 | 2.0 | 24 | Cr | 铬 | 1.6 | 40 | Zr | 锆 | 1.6 |
| 6 | C | 碳 | 2.60 | 25 | Mn | 锰 | 1.5 | 41 | Nb | 铌 | 1.6 |
| 7 | N | 氮 | 3.05 | 26 | Fe(Ⅱ) | 铁 | 1.8 | 42 | Mo | 钼 | 1.8 |
| 8 | O | 氧 | 3.50 | | Fe(Ⅲ) | | 1.9 | 43 | Tc | 锝 | 1.9 |
| 9 | F | 氟 | 4.00 | 27 | Co | 钴 | 1.8 | 44 | Ru | 钌 | 2.2 |
| 11 | Na | 钠 | 0.90 | 28 | Ni | 镍 | 1.8 | 45 | Rh | 铑 | 2.2 |
| 12 | Mg | 镁 | 1.2 | 29 | Cu(Ⅰ) | 铜 | 1.9 | 46 | Pd | 钯 | 2.2 |
| 13 | Al | 铝 | 1.5 | | Cu(Ⅱ) | | 2.0 | 47 | Ag | 银 | 1.9 |
| 14 | Si | 硅 | 1.90 | 30 | Zn | 锌 | 1.6 | 48 | Cd | 镉 | 1.7 |
| 15 | P | 磷 | 2.15 | 31 | Ga | 镓 | 1.6 | 49 | In | 铟 | 1.7 |
| 16 | S | 硫 | 2.60 | 32 | Ge | 锗 | 1.90 | 50 | Sn(Ⅱ) | 锡 | 1.8 |
| 17 | Cl | 氯 | 3.15 | 33 | As | 砷 | 2.00 | | Sn(Ⅳ) | | 1.90 |
| 19 | K | 钾 | 0.8 | 34 | Se | 硒 | 2.45 | 51 | Sb | 锑 | 2.05 |
| 20 | Ca | 钙 | 1.0 | 35 | Br | 溴 | 2.85 | 52 | Te | 碲 | 2.30 |

续表

| 序数 | 符号 | 名称 | X | 序数 | 符号 | 名称 | X | 序数 | 符号 | 名称 | X |
|---|---|---|---|---|---|---|---|---|---|---|---|
| 53 | I | 碘 | 2.65 | 77 | Ir | 铱 | 2.2 | 87 | Fr | 钫 | 0.65 |
| 55 | Cs | 铯 | 0.7 | 78 | Pt | 铂 | 2.2 | 88 | Ra | 镭 | 0.9 |
| 56 | Ba | 钡 | 0.9 | 79 | Au | 金 | 2.4 | 89 | Ac | 锕 | 1.1 |
| 57～71 | La～Lu | 镧～镥 | 1.1～1.2 | 80 | Hg | 汞 | 1.9 | 90 | Th | 钍 | 1.3 |
| 72 | Hf | 铪 | 1.3 | 81 | Tl | 铊 | 1.8 | 91 | Pa | 镤 | 1.5 |
| 73 | Ta | 钽 | 1.3 | 82 | Pb | 铅 | 1.8 | 92 | U | 铀 | 1.7 |
| 74 | W | 钨 | 1.7 | 83 | Bi | 铋 | 1.9 | 93～102 | Np～No | 镎～锘 | 1.3 |
| 75 | Re | 铼 | 1.9 | 84 | Po | 钋 | 2.0 | | | | |
| 76 | Os | 锇 | 2.2 | 85 | At | 砹 | 2.2 | | | | |

（表头：每组“元素”下分序数、符号、名称三列）

# 第二节　无机化合物的理化常数

无机化合物的物理、化学常数（化学式和名称、相对分子质量、颜色与晶型、密度、熔点、沸点、溶解度等）见表1-15。下面为表1-15的说明。

（1）表中化合物按化学式的第一、第二个元素符号的字母顺序排列。

（2）相对分子质量根据1989年国际原子量计算。

（3）密度项对于气体来说，通常是指标准状况（0℃，$1.013\times10^5$Pa）下的密度g/L（克/升），个别为接近标准状况时的密度；对于固体和液体的密度，为g/cm³或g/mL（克/厘米³或克/毫升），通常是取20℃左右的数值，有的采用该物质在20℃左右与4℃同体积水的比值。凡与上述情况相差较远者，用括号注明。

（4）熔点和沸点项的数值，通常指常压或接近常压时的常值，特殊情况另行注明。在数值后有“失$H_2O$”、“失O”、“转”等字样，表示在该温度时发生失去结晶水、失氧、晶型转变等；若仅注以上字样，而无数据，表示在相应的温度时发生的变化。

（5）溶解性项里的易溶、溶、微溶等字样表示该化合物的溶解度的大小。在100g水中，溶解溶质100g以上者列入“易溶”；溶解溶质在10～99.9g之间者列入“溶”；溶解溶质0.1～9.9g者列入“微溶”；溶解溶质小于0.1g者列入“难溶”。若溶于某溶剂并与溶剂起反应者，给予注明。若与水发生反应者，注“遇水分解”。

**表1-15　无机化合物的理化常数**

| 化学式和名称 | 相对分子质量 | 颜色、晶型或状态 | 密度/g·cm$^{-3}$ | 熔点/℃ | 沸点/℃ | 溶解性及其他 |
|---|---|---|---|---|---|---|
| $AcCl_3$ 氯化锕 | 333.36 | 白色六方 | 4.81 | 960升华 | | |
| $Ac_2O_3$ 氧化锕 | 502 | 白色六方 | 9.19 | | | 难溶于水 |
| $Ac(OH)_3$ 氢氧化锕 | 278.02 | 白色 | | | | 难溶于水 |
| Ag 银 | 107.87 | 银白色 | 10.5 | 961 | 2210 | 不溶于水 |
| AgBr 溴化银 | 187.78 | 淡黄色立方 | 6.473 | 432 | >1300分解 | 难溶于水，溶于氰化钾或硫代硫酸钠溶液 |
| AgCN 氰化银 | 133.84 | 白色六方 | 3.95 | 320分解 | | 难溶于水，溶于氨水、氰化钾溶液 |
| $Ag_2CO_3$ 碳酸银 | 275.75 | 黄色粉末 | 6.077 | 218分解 | | 难溶于水，溶于氨水、硫代硫酸钠溶液 |
| AgCl 氯化银 | 143.32 | 白色立方 | 5.56 | 455 | 1550 | 难溶于水，溶于氨水、硫代硫酸钠、氰化钾溶液 |
| AgF 氟化银 | 126.87 | 黄色立方 | 5.852 | 435 | 约1159 | 易溶于水，潮解 |

续表

| 化学式和名称 | 相对分子质量 | 颜色、晶型或状态 | 密度/g·cm$^{-3}$ | 熔点/℃ | 沸点/℃ | 溶解性及其他 |
|---|---|---|---|---|---|---|
| $Ag_2HPO_4$ 磷酸氢二银 | 311.75 | 白色立方 | 1.8036 | 110 分解 | | |
| AgI 碘化银 | 234.77 | $\alpha$:黄色六方<br>$\beta$:橙色立方 | 5.683<br>6.010 | 146 转 $\beta$<br>558 | <br>1506 | 难溶于水，微溶于氨水，溶于氰化钾溶液 |
| $AgNO_2$ 亚硝酸银 | 153.88 | 白色正交 | 4.453 | 140 分解 | | 微溶于水 |
| $AgNO_3$ 硝酸银 | 169.87 | 无色正交 | 4.352 | 212 | 444 分解 | 易溶于水 |
| $Ag_2O$ 氧化银 | 231.74 | 棕黑色立方 | 7.143 | 230 分解 | | 难溶于水，溶于酸、氨水、乙醇或氰化钾溶液 |
| AgOCN 氰酸银 | 149.89 | 无色 | 4.00 | 分解 | | 微溶于冷水，溶于热水 |
| $AgPO_3$ 偏磷酸银 | 186.84 | 白色无定形粉末 | 6.37 | 约 482 | | 难溶于水 |
| $Ag_3PO_4$ 磷酸银 | 418.58 | 黄色立方 | 6.370 | 849 | | 难溶于水 |
| $Ag_2S$ 硫化银 | 247.80 | 黑色立方 | 7.317 | 825 | 分解 | 难溶于水，溶于氰化钾溶液、浓硫酸、浓硝酸 |
| AgSCN 硫氰酸银 | 165.95 | 无色晶体 | | 分解 | | 难溶于水，溶于氨水 |
| $Ag_2SO_3$ 亚硫酸银 | 295.80 | 白色晶体 | | 100 分解 | | 难溶于水 |
| $Ag_2SO_4$ 硫酸银 | 311.80 | 白色正交 | 5.45 | 652 | 1085 分解 | 微溶于水 |
| $Ag_2S_2O_3$ 硫代硫酸银 | 327.87 | 白色晶体 | | 分解 | | 微溶于水，溶于氨水、硫代硫酸钠溶液 |
| $AlB_2$ 二硼化铝 | 48.60 | 铜红色六方 | 3.19 | | | |
| $AlBr_3$（或 $Al_2Br_6$）溴化铝 | 266.71 | 无色正交 | 2.64(熔) | 97.5 | 263.3 | 溶于水、乙醇、乙酸或二硫化碳，潮解 |
| $Al_4C_3$ 碳化铝 | 143.96 | 黄绿色六方 | 2.36 | 至 1400 稳定 | 2200 分解 | 遇水放出甲烷 |
| $AlCl_3$(或 $Al_2Cl_6$)氯化铝 | 133.34 | 无色至白色六方 | 2.44(熔) | 190<br>(253.3kPa) | 182.7<br>(177.8 升华) | 溶于水、乙醚或四氯化碳，潮解 |
| $AlCl_3 \cdot 6H_2O$ 六水合氯化铝 | 241.43 | 无色正交 | 2.398 | 100 分解 | | 溶于水，潮解 |
| $AlF_3$ 氟化铝 | 83.98 | 无色三斜 | 2.882 | 1291 升华 | | 微溶于冷水，溶于热水 |
| $Al_4[Fe(CN)_6]_3 \cdot 17H_2O$ 十七水合亚铁氰化铝 | 1050.05 | 棕色粉末 | | | | 微溶于水，溶于稀酸 |
| $AlI_3$（或 $Al_2I_6$）碘化铝 | 407.69 | 棕色片状固体 | 3.98 | 191 | 360 | 溶于水、乙醇、乙酸或二硫化碳，潮解 |
| AlN 氮化铝 | 40.99 | 白色六方 | 3.26 | >2200<br>(在 $N_2$ 中) | 2000 升华 | 遇水放出氨 |
| $Al(NO_3)_3 \cdot 9H_2O$ 九水合硝酸铝 | 375.13 | 无色正交 | | 73.5 | 150 分解 | 溶于水，潮解 |
| $Al_2O_3$ 氧化铝 | 101.96 | 无色六方 | 3.965 | 2072 | 2980 | 难溶于水，溶于酸或碱 |
| $Al(OH)_3$ 氢氧化铝 | 78.00 | 白色单斜 | 2.42 | 300 失 $H_2O$ | | 难溶于水，溶于酸或碱 |
| $3Al_2O_3 \cdot 2SiO_2$ 硅酸铝 | 426.05 | 无色正交 | 3.156 | 1920 | | 难溶于水 |
| $AlPO_4$ 磷酸铝 | 121.95 | 白色正交 | 2.566 | >1500 | | 难溶于水 |
| $Al_2S_3$ 硫化铝 | 150.16 | 黄色六方 | 2.02 | 1100 | 1500<br>(在 $N_2$ 中)<br>升华 | 遇水分解 |
| $Al_2(SO_4)_3$ 硫酸铝 | 342.15 | 白色粉末 | 2.71 | 770 分解 | | 溶于水 |
| $Al_2(SO_4)_3 \cdot 18H_2O$ 十八水合硫酸铝 | 666.43 | 无色单斜 | 1.69 | 86.5 分解 | | 溶于水 |
| $AmCl_3$ 氯化镅 | 349.49 | 玫瑰色六方 | 5.78 | 850 升华 | | 溶于水 |
| $Am_2O_3$ 氧化镅 | 534.26 | 浅红棕色立方或六方 | | | | 溶于酸 |
| As 砷 | 74.92 | 灰($\alpha$) | 5.9 | 817 | 613 升华 | 不溶于水 |
| | | 黄($\gamma$) | 2.0 | 358(分解) | | 不溶于水 |

续表

| 化学式和名称 | 相对分子质量 | 颜色、晶型或状态 | 密度/g·cm$^{-3}$ | 熔点/℃ | 沸点/℃ | 溶解性及其他 |
|---|---|---|---|---|---|---|
| $AsCl_3$ 三氯化砷 | 181.28 | 油状液体或针状晶体 | 2.163(液) | −8.5 | 130.2 | 遇水分解 |
| $AsF_3$ 三氟化砷 | 131.92 | 油状液体 | 2.666(液) | −8.5 | 63 | 溶于乙醇、醚、苯或氨水，遇水分解 |
| $AsF_5$ 五氟化砷 | 169.91 | 无色气体 | 7.71 | −80 | −53 | 溶于水、醇或醚 |
| $AsH_3$ 砷化氢 | 77.95 | 无色气体 | 2.695(气)<br>1.689(液) | −116.3 | −55<br>(300分解) | 溶于氯仿或苯 |
| $As_2O_3$ 三氧化二砷 | 197.84 | 白色无定形粉末 | 3.738 | 312.3 | | 毒，溶于水或碱 |
| | | 无色立方 | 3.865 | 193升华 | | 毒，溶于水或碱 |
| | | 无色单斜 | 4.15 | 193<br>(312.3升华) | 457.2 | 毒，溶于水或碱 |
| $As_2O_5$ 五氧化二砷 | 229.84 | 白色无定形 | 4.32 | 315分解 | | 易溶于水，溶于碱或乙醇，潮解 |
| AsP 磷化砷 | 105.90 | 棕红色粉末 | | 分解，升华 | | 溶于硫酸或盐酸，遇水分解 |
| $As_2S_2$ 二硫化二砷 | 213.97 | 红棕色单斜 | 3.506($\alpha$) | 267转$\beta$ | 565 | 难溶于水，溶于碳酸氢钠或硫化钾溶液 |
| $As_2S_3$ 三硫化二砷 | 246.04 | 红或黄色单斜 | 3.43 | 300 | 707 | 难溶于水 |
| $As_2S_5$ 五硫化二砷 | 310.16 | 黄色固体 | — | 500分解升华 | — | 难溶于水 |
| Au 金 | 196.47 | 黄色固体 | 19.3 | 1063 | 2707 | 溶于王水、KCN、热硫酸 |
| AuCN 氰化亚金 | 222.98 | 亮黄色晶状粉末 | 7.12 | 分解 | | 难溶于水，溶于氨水或氰化钾溶液 |
| AuCl 氯化亚金 | 232.42 | 黄色晶体 | 7.4 | 170分解为$AuCl_3$ | 289.5分解 | 遇热水分解 |
| $AuCl_3$(或$Au_2Cl_6$)氯化金 | 303.33 | 紫红色晶体 | 3.9 | 254分解 | 265升华 | 溶于水 |
| $Au_2O_3$ 氧化金 | 441.93 | | | 160失O | 250失3个O | 难溶于水，溶于盐酸、浓硫酸或氰化钠溶液 |
| $Au_2S_3$ 硫化金 | 490.13 | 棕黑色粉末 | 8.754 | 197分解 | | 难溶于水，溶于硫化钠溶液 |
| B 硼 | 10.81 | 黄色固体($\beta$) | 2.3 | 2030 | 3900 | 不溶于水 |
| $B_4C$ 碳化四硼 | 55.26 | 黑色菱形 | 2.52 | 2350 | >3500 | 难溶于水或酸 |
| $BCl_3$ 氯化硼 | 117.17 | 无色发烟液体 | 1.349 | −107.3 | 12.5 | 水解成盐酸和硼酸 |
| $B_2H_6$ 乙硼烷 | 27.67 | 无色气体 | 0.447(液) | −165.5 | −92.5 | 遇水生成硼酸和氢气 |
| BN 氮化硼 | 24.82 | 白色六方 | 2.25 | 约3000升华 | — | 难溶于水 |
| $B_2O_3$ 氧化硼 | 69.62 | 正交 | 2.46±0.01 | 450±2 | 约1860 | 溶于水 |
| $B_3Si$ 硅化三硼 | 60.52 | 黑色正交 | 2.52 | | | 难溶于水 |
| Ba 钡 | 137.33 | 银白固体 | 3.5 | 714 | 1640 | 遇水起反应 |
| $BaC_2$ 碳化钡 | 161.36 | 灰色四方 | 3.75 | | | 遇水放出乙炔 |
| $BaCO_3$ 碳酸钡 | 197.35 | 白色六方 | 4.43 | 1740<br>(9.12MPa) | 分解 | 难溶于水 |
| $BaCl_2$ 氯化钡 | 208.25 | 无色单斜 | 3.856 | 转立方 | 1560 | 溶于水 |
| | | 无色立方 | 3.917 | 963 | 1560 | |
| $BaCl_2\cdot 2H_2O$ 二水合氯化钡 | 244.28 | 无色单斜 | 3.097 | 113失$2H_2O$ | 35.7 | 溶于水 |
| $BaCrO_4$ 铬酸钡 | 253.33 | 黄色正交 | 4.498 | | | 难溶于水 |
| $BaCr_2O_7\cdot 2H_2O$ 二水合重铬酸钡 | 389.36 | 亮红黄色针状晶体 | | 120失$2H_2O$ | | 遇水分解，溶于铬酸 |
| $BaH_2$ 氢化钡 | 139.36 | 灰色晶体 | 4.21 | 675分解 | | 遇水生成氢氧化钡和氢气 |
| $BaHPO_4$ 磷酸氢钡 | 233.32 | 白色正交 | 4.165 | 410分解 | | 微溶于水，溶于酸或氯化铵溶液 |

续表

| 化学式和名称 | 相对分子质量 | 颜色、晶型或状态 | 密度/$g \cdot cm^{-3}$ | 熔点/℃ | 沸点/℃ | 溶解性及其他 |
|---|---|---|---|---|---|---|
| $Ba(H_2PO_4)_2$ 磷酸二氢钡 | 331.31 | 三斜 | 2.9 | | | 溶于酸 |
| $BaMnO_4$ 锰酸钡 | 256.28 | 灰绿色六方 | 4.85 | | | 微溶于水，溶于酸 |
| $Ba(MnO_4)_2$ 高锰酸钡 | 375.21 | 棕紫色晶体 | 3.77 | 200 分解 | | 溶于水，遇乙醇分解 |
| $Ba_3N_2$ 氮化钡 | 440.03 | 黄棕色 | 4.783 | | 1000（真空中） | 遇水分解 |
| $Ba(N_3)_2$ 叠氮化钡 | 221.38 | 棱柱状单斜 | 2.936 | 120 失 $N_2$ | 爆炸 | |
| $Ba(NO_2)_2$ 亚硝酸钡 | 229.35 | 无色六方 | 3.23 | 217 分解 | | 溶于水 |
| $Ba(NO_3)_2$ 硝酸钡 | 261.35 | 无色立方 | 3.24 | 592 | 分解 | 溶于水 |
| BaO 氧化钡 | 153.34 | 浅黄色粉末或无色立方 | 5.72 | 1918 | 约 2000 | 溶于水 |
| $BaO_2$ 过氧化钡 | 169.34 | 浅灰色粉末 | 4.96 | 450 | 800 失 O | 在水中分解 |
| $Ba(OH)_2 \cdot 8H_2O$ 八水合氢氧化钡 | 315.48 | 无色单斜 | 2.18 | 78 | 78 失 $8H_2O$ | 溶于水 |
| $Ba_3(PO_4)_2$ 磷酸钡 | 601.96 | 白色立方 | 4.1 | | | 难溶于水，溶于酸 |
| BaS 硫化钡 | 169.40 | 无色立方 | 4.25 | 1200 | | 在水中分解 |
| $BaSO_3$ 亚硫酸钡 | 217.4 | 无色立方或六方 | | 分解 | | 难溶于水，溶于盐酸 |
| $BaSO_4$ 硫酸钡 | 233.40 | 白色正交或单斜 | 4.50 | 1580 | 1149 转单斜 | 难溶于水 |
| $BaTiO_3$ 钛酸钡 | 233.24 | 四方 | 6.017 | | | |
| | | 六方 | 5.806 | | | |
| Be 铍 | 9.01 | 灰色 | 1.9 | 1280 | 2480 | 不溶于水 |
| $BeCl_2$ 氯化铍 | 79.92 | 无色针状 | 1.899 | 405 | 520(488) | 潮解，溶于水 |
| $BeH_2$ 氢化铍 | 11.03 | 无色晶体 | | 125 分解 | | 在水中分解 |
| BeO 氧化铍 | 25.01 | 白色六方 | 3.01 | 2530±30 | 约 3900 | 难溶于水，溶于浓硫酸 |
| $BeO \cdot xH_2O$ 含水氧化铍 | | 白色无定形粉末 | | 分解 | | 难溶于水 |
| $BeSO_4 \cdot 4H_2O$ 四水合硫酸铍 | 177.14 | 无色四方 | 1.713 | 100 失 $2H_2O$ | 400 失 $4H_2O$ | 溶于水 |
| Bi 铋 | 208.98 | 白色固体 | 9.8 | 271 | 1560 | 不溶于水 |
| $BiCl_3$ 三氯化铋 | 315.34 | 白色晶体 | 4.75 | 230～232 | 447 | 在水中分解成氢氧化铋，潮解 |
| $Bi(NO_3)_3 \cdot 5H_2O$ 五水合硝酸铋 | 485.07 | 无色三斜 | 2.83 | 30 开始分解 | 80 失 $5H_2O$ | 略吸湿水解 |
| BiO 一氧化铋 | 224.97 | 暗灰色粉末 | 7.15 | 约 180 分解转 $Bi_2O_3$ | | |
| $Bi_2O_3$ 三氧化二铋 | 465.96 | 黄色正交 | 8.9 | 825±3 | 1890(?) | 难溶于水 |
| | | 灰黑色立方 | 8.20 | 704 转 | | 难溶于水 |
| $Bi_2O_5$ 五氧化二铋 | 497.96 | 暗红或棕色 | 5.10 | 150 失 O | 357 失 2O | 难溶于水 |
| $(BiO)_2CO_3$ 碳酸氧铋 | 509.97 | 白色粉末 | 6.86 | | 分解 | 难溶于水，溶于酸 |
| BiOCl 氯氧化铋 | 260.43 | 白色晶体或粉末 | 7.72 | 红热 | | 难溶于水 |
| $Bi(OH)_3$ 氢氧化铋 | 260.00 | 白色无定形粉末 | 4.36 | 100 失 $H_2O$<br>415 分解 | 400 失 $1\frac{1}{2}H_2O$ | 难溶于冷水，遇热水分解 |
| $Bi_2S_3$ 硫化铋 | 514.15 | 棕黑色正交 | 7.39 | 685 分解 | | 难溶于水 |
| $Bi_2(SO_4)_3$ 硫酸铋 | 706.14 | 白色针状 | 5.08 | 450 分解 | | 遇水分解 |
| $Br_2$ 溴 | 159.81 | 红色液体 | 9.1 | −7 | 58 | 微溶于水 |
| BrCl 氯化溴 | 115.36 | 浅红色液体或气体 | | 约−66 | 约 5 | 遇水分解 |
| BrF 氟化溴 | 98.91 | 红棕色气体 | | 33 分解 | 20 | |

续表

| 化学式和名称 | 相对分子质量 | 颜色、晶型或状态 | 密度/g·cm$^{-3}$ | 熔点/℃ | 沸点/℃ | 溶解性及其他 |
|---|---|---|---|---|---|---|
| $Br_2 \cdot 10H_2O$ 十水合溴 | 339.97 | 红色八面体 | 1.49 | 6.8分解 | | 溶于水 |
| $BrN_3$ 叠氮化溴 | 121.93 | 晶体或红色液体 | | 约45 | 爆炸 | |
| $Br_2O$ 一氧化二溴 | 175.82 | 深棕色 | | −17～−18 | | 在四氯化碳中溶解并分解 |
| $Br_3O_3$ 或 $(Br_3O_3)_n$ 三氧化三溴 | 367.72 | 白色 | | −40稳定 | | |
| $BrO_2$ 二氧化溴 | 111.91 | 亮黄色晶体 | | 0分解 | | |
| C 碳 | 12.01 | 石墨(黑色) | 2.3 | 3730 | 4830 | 不溶于水 |
| | | 金刚石(白色) | 3.5 | 73550 | | 不溶于水 |
| $(CN)_2$ 氰 | 52.04 | 无色气体 | 2.335 | −27.9 | −20.7 | 剧毒,溶于水 |
| CO 一氧化碳 | 28.01 | 无色气体 | 1.250 | −199 | −191.5 | 难溶于水,溶于乙醇、苯、乙酸、氯化亚铜溶液 |
| $CO_2$ 二氧化碳 | 44.01 | 无色气体或无色液体 | 气:1.997<br>液:1.101<br>固:1.56 | −56.6<br>(526.9kPa) | −78.5升华 | 微溶于水,溶于乙醇或丙酮 |
| Ca 钙 | 40.08 | 银白色固体 | 1.6 | 838 | 1490 | 遇水起反应 |
| $Ca_3(AsO_4)_2$ 砷酸钙 | 398.08 | 无色无定形粉末 | 3.620 | | | 难溶于水 |
| $CaBr_2$ 溴化钙 | 199.90 | 无色针状正交 | 3.353 | 730略有分解 | 806～812 | 易溶于水 |
| $CaC_2$ 碳化钙 | 64.10 | 无色四方 | 2.22 | 2160 | 2300 | 遇水分解,生成乙炔和氢氧化钙 |
| $CaCN_2$ 氰氨基化钙 | 80.10 | 无色六方 | | 1300<br>>1150升华 | | 遇水分解,放出氨气 |
| $Ca(CN)_2$ 氰化钙 | 92.12 | 白色粉末 | | >350分解 | | 遇水分解 |
| $CaCO_3$ 碳酸钙 | 100.09 | 无色正交 | 2.930 | 520转方解石 | 825分解 | 难溶于水 |
| $CaCO_3 \cdot MgCO_3$ 碳酸镁钙 | 184.41 | 无色三方 | 2.872 | 730～760分解 | | 难溶于水 |
| $CaCl_2$ 氯化钙 | 110.99 | 无色立方 | 2.15 | 782 | >1600 | 潮解,溶于水 |
| $CaCl_2 \cdot 2H_2O$ 二水合氯化钙 | 147.02 | 无色晶体 | 1.835 | | | 溶于水 |
| $CaCl_2 \cdot 6H_2O$ 六水合氯化钙 | 219.08 | 无色三方 | 1.71 | 29.92 | 30失$4H_2O$<br>200失$6H_2O$ | 潮解,易溶于水 |
| $Ca(ClO)_2$ 次氯酸钙 | 142.98 | 白色粉末 | 2.35 | 100分解 | | 难溶于水 |
| $CaF_2$ 氟化钙 | 78.08 | 无色立方 | 3.180 | 1423 | 约2500 | 难溶于水 |
| $CaH_2$ 氢化钙 | 42.10 | 白色正交 | 1.9 | 816<br>(在$H_2$中)<br>约600分解 | | 遇水分解,生成氢氧化钙和氢气 |
| $CaHPO_4 \cdot 2H_2O$ 二水合磷酸氢钙 | 172.09 | 白色三斜 | 2.306 | 109失$H_2O$ | | 微溶于水 |
| $Ca(H_2PO_4)_2$ 磷酸二氢钙 | 234.06 | 灰白色单斜 | | 分解 | | 微溶于水 |
| $Ca(H_2PO_4)_2 \cdot H_2O$ 一水合磷酸二氢钙 | 252.07 | 无色三斜 | 2.220 | 109失$H_2O$ | 203分解 | 潮解,溶于水 |
| $Ca(HSO_3)_2$ 亚硫酸氢钙 | 202.22 | 淡黄晶体 | | | | 溶于水 |
| $Ca_3N_2$ 氮化钙 | 148.25 | 棕色六方 | 2.63 | 1195 | | 遇水分解 |
| $Ca(N_3)_2$ 叠氮化钙 | 124.12 | 无色正交 | | 144～156爆炸 | | 吸湿,溶于水 |
| $Ca(NO_3)_2$ 硝酸钙 | 164.09 | 无色立方 | 2.504 | 561 | | 吸湿,易溶于水 |
| $Ca(NO_3)_2 \cdot 4H_2O$ 四水合硝酸钙 | 236.15 | 无色单斜 | $\alpha$:1.896<br>$\beta$:1.82 | 42.7<br>39.7 | 132分解 | 潮解,易溶于水 |
| CaO 氧化钙 | 56.08 | 无色立方 | 3.25～3.38 | 2614 | 2850 | 微溶于水 |
| $CaO_2$ 过氧化钙 | 72.08 | 白色四方 | 2.92 | 275分解 | | 微溶于水 |

续表

| 化学式和名称 | 相对分子质量 | 颜色、晶型或状态 | 密度/g·cm$^{-3}$ | 熔点/℃ | 沸点/℃ | 溶解性及其他 |
|---|---|---|---|---|---|---|
| $Ca(OH)_2$ 氢氧化钙 | 74.09 | 无色六方 | 2.24 | 580 失 $H_2O$ | 分解 | 微溶于水 |
| $Ca_3P_2$ 磷化钙 | 182.19 | 灰色块状固体 | 2.51 | 约 1600 | | 遇水分解，放出磷化氢 |
| $Ca_3(PO_4)_2$ 磷酸钙 | 310.18 | 白色无定形粉末 | 3.14 | 1670 | | 难溶于水 |
| CaS 硫化钙 | 72.14 | 无色立方 | 2.5 | 分解 | | 微溶于水并分解 |
| $CaSO_4$ 硫酸钙 | 136.14 | 无色正交或单斜 | 2.61 | 1450(单斜) | 1193 正交转单斜 | 微溶于水 |
| $CaSO_4\cdot\frac{1}{2}H_2O$ 熟石膏 | 145.15 | 白色粉末 | | 163 失 $\frac{1}{2}H_2O$ | | 微溶于水 |
| $CaSO_4\cdot 2H_2O$ 生石膏 | 172.17 | 无色单斜 | 2.32 | 128 失 $1\frac{1}{2}H_2O$ | 163 失 $2H_2O$ | 微溶于水 |
| $CaSiO_3$ 偏硅酸钙(α) | 116.16 | 无色单斜 | 2.905 | 1540 | | 难溶于水 |
| $CaWO_4$ 钨酸钙 | 287.93 | 白色四方 | 6.062 | | | 难溶于水 |
| Cd 镉 | 112.41 | 银白色 | 8.7 | 321 | 705 | 不溶于水 |
| $CdCO_3$ 碳酸镉 | 172.41 | 白色三方 | 4.258 | <500 分解 | | 难溶于水 |
| $CdCl_2$ 氯化镉 | 183.32 | 无色六方 | 4.047 | 568 | 960 | 易溶于水 |
| $CdI_2$ 碘化镉 | 366.21 | 黄绿色粉末 | 5.670 | 387 | 796 | 溶于水 |
| $Cd(NO_3)_2\cdot 4H_2O$ 四水合硝酸镉 | 308.47 | 白色针状棱柱 | 2.455 | 59.4 | 132 | 潮解，易溶于水 |
| CdO 氧化镉 | 128.40 | 棕色立方 | 6.95 | >1500 | 900～1000 分解 | 难溶于水，溶于酸或铵盐 |
| CdS 硫化镉 | 144.46 | 黄橙色六方 | 4.82 | 1750 (100atm) | 980 (在 $N_2$ 中升华) | 难溶于水，溶于酸 |
| $CdSO_4$ 硫酸镉 | 208.46 | 白色正交 | 4.691 | 1000 | | 溶于水 |
| $3CdSO_4\cdot 8H_2O$ 八水合三硫酸镉 | 769.50 | 无色单斜 | 3.09 | 41.5 失部分 $H_2O$ | | 易溶于水 |
| Ce 铈 | 140.12 | 灰色固体 | 6.8 | 795 200 着火 | 3470 | 不溶于水 |
| $CeCl_3$ 氯化铈 | 246.48 | 无色晶体 | 3.92 | 848 | 1727 | 潮解，易溶于水 |
| $Ce_2O_3$ 氧化铈 | 328.24 | 灰绿色三方 | 6.86 | 1692 | | 难溶于水，溶于硫酸 |
| $CeO_2$ 二氧化铈 | 172.12 | 浅棕色立方 | 7.132 | 约 2600 | | 难溶于水 |
| $Ce(OH)_3$ 氢氧化铈 | 191.14 | 白色凝胶状沉淀 | | | | 溶于酸或碳酸铵溶液 |
| $Ce_2(SO_4)_3$ 硫酸铈 | 568.42 | 无色至绿色单斜或正交 | 3.912 | 920 分解 | | 溶于水 |
| $Cl_2$ 氯 | 70.91 | 黄色气体 | 1.6(液) | −101 | −35 | 微溶于水 |
| ClF 氟化氯 | 54.45 | 无色气体 | 1.62 (−100℃) | −154±5 | −100.8 | 遇水分解 |
| $Cl_2\cdot 8H_2O$ 八水合氯 | 215.03 | 亮黄色正交 | 1.23 | 9.6 分解 | | 难溶于水 |
| $ClN_3$ 叠氮化氯 | 77.48 | 气体 | | | | 易爆炸，遇水分解 |
| $Cl_2O$ 一氧化二氯 | 86.91 | 黄红色气体或红棕色液体 | 3.89(气) | −20 | 3.8 爆炸 | 易爆炸，溶于水并分解 |
| $ClO_2$ 二氧化氯 | 67.45 | 黄红色气体或红色晶体 | 3.09(气) | −59.5 | 9.9 | 易爆炸，易溶于水 |
| $Cl_2O_7$ 七氧化二氯 | 182.90 | 无色油状物 | | −91.5 | 82 | 溶于冷水并分解 |
| $ClO_4$(或 $Cl_2O_8$)四氧化氯 | 99.45 | | | | 分解 | 溶于冷水并分解 |
| $ClSO_3H$ 氯磺酸 | 116.52 | 无色发烟液体 | 1.766 | −80 | 158 | 遇水分解成盐酸和硫酸 |
| Co 钴 | 58.93 | 灰色固体 | 8.9 | 1490 | 2900 | 不溶于水 |

续表

| 化学式和名称 | 相对分子质量 | 颜色、晶型或状态 | 密度/$g \cdot cm^{-3}$ | 熔点/℃ | 沸点/℃ | 溶解性及其他 |
|---|---|---|---|---|---|---|
| $CoCl_2$ 二氯化钴 | 129.84 | 蓝色六方 | 3.356 | 724(在HCl气中) | 1049 | 吸湿，溶于水 |
| $CoCl_2 \cdot 2H_2O$ 二水合氯化钴 | 165.87 | 红紫色单斜 | 2.477 | | | 溶于水 |
| $CoCl_2 \cdot 6H_2O$ 六水合氯化钴 | 237.93 | 红色单斜 | 1.924 | 86 | 110 失 $6H_2O$ | 溶于水，易溶于醇 |
| $CoCl_3$ 三氯化钴 | 165.29 | 红色晶体或黄色晶体 | 2.94 | 升华 | | 溶于水 |
| $Co(NH_3)_6Cl_2$ 二氯化六氨合钴(Ⅱ) | 232.02 | 玫瑰红色八面体 | 1.497 | 分解 | | 遇水分解，难溶于无水乙醇 |
| $Co(NH_3)_6Cl_3$ 三氯化六氨合钴(Ⅲ) | 267.46 | 酒红色单斜 | 1.710 | 215 失 $NH_3$ | | 溶于水，难溶于乙醇 |
| CoO 氧化亚钴 | 74.93 | 绿棕色立方 | 6.45 | 1795±20 | | 难溶于水 |
| $Co_2O_3$ 三氧化二钴 | 165.86 | 黑灰六方或正交 | 5.18 | 895 分解 | | 难溶于水 |
| $Co_3O_4$ 四氧化三钴 | 240.80 | 黑色立方 | 6.07 | 900～950 转变为 CoO | | |
| Cr 铬 | 52.00 | 灰色固体 | 7.2 | 1900 | 2640 | 不溶于水 |
| $CrCl_2$ 氯化亚铬 | 122.90 | 白色针状固体 | 2.878 | 824 | | 潮解，易溶于水 |
| $CrCl_3$ 氯化铬 | 158.35 | 紫色三方 | 2.76 | 约 1150 | 1300 升华 | 微溶于热水 |
| CrO 氧化亚铬 | 68.00 | 黑色粉末 | | | | 难溶于水 |
| $Cr_2O_3$ 三氧化二铬 | 151.99 | 绿色六方 | 5.21 | 2266±25 | 400 | 难溶于水 |
| $CrO_3$ 三氧化铬 | 99.99 | 红色正交 | 2.70 | 196 | 分解 | 潮解，溶于水 |
| $Cr(OH)_2$ 氢氧化亚铬 | 86.01 | 黄棕色 | | 分解 | | 遇水分解 |
| CrS 硫化亚铬 | 84.06 | 黑色粉末六方 | 4.85 | 1550 | | 难溶于水 |
| $Cr_2(SO_4)_3$ 硫酸铬 | 344.18 | 浅绿色固体 | 2.2 | 分解 | | |
| $Cr_2(SO_4)_3 \cdot 18H_2O$ 十八水合硫酸铬 | 716.45 | 蓝紫色立方 | 1.7 | 100 失 $12H_2O$ | | 易溶于水，溶于醇 |
| Cs 铯 | 132.91 | 银白色固体 | 1.9 | 29 | 690 | 遇水起反应 |
| $Cs_2CO_3$ 碳酸铯 | 325.82 | 无色晶体 | | 610 分解 | | 潮解，易溶于水 |
| CsCl 氯化铯 | 168.36 | 无色立方 | 3.988 | 645 | 1290 | 潮解，易溶于水 |
| CsH 氢化铯 | 133.91 | 白色立方 | 3.41 | 分解 | | 遇水分解，放出氢气 |
| $Cs_2O$ 氧化铯 | 281.81 | 橙色针状固体 | 4.25 | 490(在 $N_2$ 中) | | 易溶于冷水，遇热水分解 |
| $Cs_2O_2$ 过氧化铯 | 297.81 | 苍黄色针状 | 4.25 | 400 分解 | 650 失 O | 溶于冷水，遇热水分解 |
| $Cs_2O_3$ 三氧化二铯或倍半氧化铯 | 313.81 | 棕色立方 | 4.25 | 400 | | 遇水分解 |
| CsOH 氢氧化铯 | 149.91 | 亮黄色晶体 | 3.675 | 272.3 | | 潮解，易溶于水 |
| $Cs_2SO_4$ 硫酸铯 | 361.87 | 无色正交或六方 | 4.243 | 1010 | 600 转六方 | 易溶于水 |
| Cu 铜 | 63.55 | 红色固体 | 9.0 | 1083 | 2600 | 不溶于水 |
| $CuBr_2$ 溴化铜 | 223.31 | 黑色单斜 | 4.77 | 498 | | 潮解，易溶于水 |
| $Cu(C_2H_3O_2)_2 \cdot 3Cu(AsO_2)_2$ 巴黎绿 | 1013.77 | 绿色粉末 | | | | 难溶于水 |
| $CuCO_3 \cdot Cu(OH)_2$ 碱式碳酸铜 | 221.11 | 暗绿色单斜 | 4.0 | 200 分解 | | 难溶于水，遇热水分解 |
| CuCl(或 $Cu_2Cl_2$)氯化亚铜 | 98.99 | 白色立方 | 4.14 | 430 | 1490 | 难溶于水 |
| $CuCl_2$ 氯化铜 | 134.44 | 棕黄色粉末 | 3.386 | 620 | 993 分解成 CuCl | 吸湿，溶于水 |
| $CuCl_2 \cdot 2H_2O$ 二水合氯化铜 | 170.47 | 蓝绿色正交 | 2.54 | 100 失 $2H_2O$ | 分解 | 潮解，易溶于水 |
| $Cu_2Fe(CN)_6 \cdot xH_2O$ 亚铁氰化铜 | | 棕红色 | | | | 难溶于水 |

续表

| 化学式和名称 | 相对分子质量 | 颜色、晶型或状态 | 密度/$g\cdot cm^{-3}$ | 熔点/℃ | 沸点/℃ | 溶解性及其他 |
|---|---|---|---|---|---|---|
| $[Cu(NH_3)_4]SO_4\cdot H_2O$ 一水合硫酸四氨络铜 | 245.74 | 深蓝色正交 | 1.81 | 150 分解 | | 溶于水 |
| $Cu(NO_3)_2\cdot 3H_2O$ 三水合硝酸铜 | 241.60 | 蓝色晶体 | 2.32 | 114.5 | 170 失 $HNO_3$ | 潮解，易溶于水 |
| $Cu(NO_3)_2\cdot 6H_2O$ 六水合硝酸铜 | 295.64 | 蓝色晶体 | 2.074 | 26.4 失 $3H_2O$ | | 潮解，易溶于水 |
| $Cu_2O$ 氧化亚铜 | 143.08 | 红色正交 | 6.0 | 1235 | 1800 失 O | 难溶于水，溶于盐酸、氯化铵溶液或氨水 |
| CuO 氧化铜 | 79.54 | 黑色单斜 | 6.3～6.49 | 1326 | | 难溶于水，溶于酸、氯化铵或氰化钾溶液 |
| $Cu(OH)_2$ 氢氧化铜 | 97.56 | 蓝绿色晶体或粉末 | 3.368 | 分解失 $H_2O$ | | 难溶于水，遇热水分解 |
| $Cu_2S$ 硫化亚铜 | 159.14 | 黑色正交 | 5.6 | 1100 | | 难溶于水，溶于硝酸或氨水 |
| CuS 硫化铜 | 95.60 | 黑色单斜或六方 | 4.6 | 103 转变 | 220 分解 | 难溶于水，溶于硝酸、氰化钾溶液、浓盐酸或硫酸 |
| CuSCN 硫氰化亚铜 | 121.62 | 白色固体 | 2.843 | 1084 | | 难溶于水 |
| $Cu(SCN)_2$ 硫氰化铜 | 179.70 | 黑色 | | 100 分解 | | 遇水分解 |
| $CuSO_4$ 硫酸铜 | 159.60 | 浅绿色正交 | 3.603 | 约 200 略有分解 | 650 分解出 CuO | 溶于水 |
| $CuSO_4\cdot 5H_2O$ 五水合硫酸铜 | 249.68 | 蓝色三斜 | 2.284 | 110 失 $4H_2O$ | 150 失 $5H_2O$ | 溶于水 |
| DCl 氯化氘 | 37.47 | 无色气体 | | −114.8 | −81.6 | 溶于水 |
| $D_2O$ 重水 | 20.031 | 无色液体或六方晶体 | 1.105 | 3.82 | 101.42 | |
| $DyCl_3$ 氯化镝 | 268.85 | 鲜黄色固体 | 3.67 | 718 | 1500 | 溶于水 |
| $Dy(NO_3)_2\cdot 5H_2O$ 五水合硝酸镝 | 438.58 | 黄色晶体 | | 88.6 | | 溶于水 |
| $Dy_2O_3$ 氧化镝 | 373.00 | 白色粉末 | 7.31 | 2340±10 | | |
| $Dy_2(SO_4)_3\cdot 8H_2O$ 八水合硫酸镝 | 757.31 | 亮黄色晶体 | | 110 稳定 | 360 失 $8H_2O$ | 溶于水 |
| $Er_2O_3$ 氧化铒 | 382.56 | 玫瑰红色粉末 | 8.640 | 不熔 | | 难溶于水 |
| $Er_2(SO_4)_3\cdot 8H_2O$ 八水合硫酸铒 | 766.87 | 玫瑰红色单斜 | 3.217 | 400 失 $8H_2O$ | | 溶于水 |
| $EuCl_3$ 氯化铕 | 258.32 | 黄色针状固体 | 4.89 | 850 | | |
| $Eu_2O_3$ 氧化铕 | 351.92 | 苍玫瑰色粉末 | 7.42 | — | | |
| $Eu_2(SO_4)_4\cdot 8H_2O$ 八水合硫酸铕 | 736.23 | 苍玫瑰色晶体 | 4.95 (无水的) | 375 失 $8H_2O$ | | 微溶于水 |
| $F_2$ 氟 | 38.00 | 黄色气体 | 1.5(液) | −220 | −188 | 遇水起反应 |
| $F_2O$ 氟化氧 | 54.00 | 无色气体或黄棕色液体 | 1.90(液) | −223.8 | −144.8 | 微溶于水，并分解 |
| $F_2O_2$ 二氟化二氧 | 70.00 | 棕色气体、红色液体、橘红色固体 | 1.45(液) 1.912(固) | −163.5 | −57 | |
| Fe 铁 | 55.85 | 银白色固体 | 7.9 | 1540 | 3000 | 不溶于水 |
| FeAs 砷化铁 | 130.77 | 白色固体 | 7.83 | 1020 | | 难溶于水 |
| $FeBr_3\cdot 6H_2O$ 六水合溴化铁 | 403.38 | 暗绿色 | | 27 | | 易溶于水 |
| $Fe_3C$ 碳化三铁 | 179.55 | 灰色立方 | 7.694 | 1837 | | 难溶于水 |
| $FeCO_3$ 碳酸亚铁 | 115.85 | 灰色三方 | 3.8 | 分解 | | 难溶于水 |
| $Fe(CO)_4$ 四羰基铁 | 167.89 | 暗绿色闪光四方 | 1.996 | 140～150 分解 | | 难溶于水，溶于有机溶剂 |
| $Fe(CO)_5$ 五羰基铁 | 195.90 | 黄色黏稠液体 | 1.457(液) | −21 | 102.8 | 难溶于水，溶于乙醇 |

续表

| 化学式和名称 | 相对分子质量 | 颜色、晶型或状态 | 密度/g·cm$^{-3}$ | 熔点/℃ | 沸点/℃ | 溶解性及其他 |
|---|---|---|---|---|---|---|
| $Fe_2(CO)_9$ 九羰基二铁 | 363.79 | 黄色带金属光泽六方 | 2.085 | 80 分解 | | 难溶于水，溶于乙醇或甲醇 |
| $FeCl_2$ 氯化亚铁 | 126.75 | 绿至黄色六方 | 3.16 | 670～674 | 升华 | 潮解，溶于水 |
| $FeCl_2 \cdot 4H_2O$ 四水合氯化亚铁 | 198.81 | 蓝绿色单斜 | 1.93 | | | 潮解，易溶于水 |
| $FeCl_3$（或 $Fe_2Cl_6$）氯化铁 | 162.21 | 暗棕色六方 | 2.898 | 306 | 315 分解 | 溶于水，易溶于乙醇、乙醚或甲醇 |
| $FeCl_3 \cdot 6H_2O$ 六水合氯化铁 | 270.30 | 棕黄色晶体 | | 37 | 280～285 | 易潮解，溶于水 |
| $Fe_2(Cr_2O_7)_3$ 重铬酸铁 | 759.66 | 红棕色粒状 | | | | 溶于水 |
| $Fe_2[Fe(CN)_6]$亚铁氰化亚铁 | 323.65 | 浅蓝色无定形 | 1.601 | 100 分解 | 430 分解（在真空中） | 难溶于水 |
| $Fe_4[Fe(CN)_6]_3$ 亚铁氰化铁 | 859.25 | 暗蓝色晶体 | | 分解 | | 难溶于水，溶于盐酸或硫酸 |
| $Fe_3[Fe(CN)_6]_2$ 铁氰化亚铁 | 591.45 | 深蓝色固体 | | 分解 | | |
| $Fe[Fe(CN)_6]$ 柏林绿 | 267.80 | 立方 | | | | |
| $Fe(NO_3)_2 \cdot 6H_2O$ 六水合硝酸亚铁 | 287.95 | 绿色正交 | | 60.5 | | 溶于水 |
| $Fe(NO_3)_3 \cdot 9H_2O$ 九水合硝酸铁 | 404.02 | 无色至苍紫色单斜 | 1.684 | 47.2 | 125 分解 | 潮解，溶于水 |
| FeO 氧化亚铁 | 71.85 | 黑色立方 | 5.7 | 1369±1 | | 难溶于水，溶于酸 |
| $Fe_3O_4$ 四氧化三铁 | 231.54 | 黑色立方或红黑色粉末 | 5.18 | 1594±5 | | 难溶于水，溶于酸 |
| $Fe_2O_3$ 三氧化二铁 | 159.69 | 红棕色至黑色立方 | 5.24 | 1565 | | 难溶于水，溶于酸 |
| $Fe_2O_3 \cdot xH_2O$ 含水氧化铁 | | 红棕色无定形粉末或胶状物 | 2.44～3.60 | 350～400 失 $H_2O$ | | 难溶于水，溶于乙醇 |
| FeO(OH) 碱式氧化铁 | 88.85 | 棕色微黑正交 | 4.28 | 136 失 $\frac{1}{2}H_2O$ | | 溶于盐酸 |
| $Fe(OH)_2$ 氢氧化亚铁 | 89.86 | 苍绿色六方或白色无定形 | 3.4 | 分解 | | 难溶于水 |
| $Fe_3P$ 磷化三铁 | 198.51 | 灰色 | 6.74 | 1100 | | 难溶于水 |
| $Fe_2P$ 磷化二铁 | 142.67 | 蓝灰色晶体或粉末 | 6.56 | 1290 | | 难溶于水 |
| FeP 磷化铁 | 86.82 | 正交 | 6.07 | | | |
| FeS 硫化亚铁 | 87.91 | 黑棕色六方 | 4.74 | 1193～1199 | 分解 | 难溶于水，溶于酸 |
| $FeS_2$ 二硫化亚铁 | 119.98 | 黄色正交 | 4.87 | 450 转变 | 分解 | 难溶于水，在硝酸中分解 |
| | | 立方 | 5.0 | 1171 | | 难溶于水，在硝酸中分解 |
| $Fe_2S_3$ 三硫化二铁 | 207.87 | 黄绿色 | 4.3 | 分解 | | 在冷水中微分解，在热水中分解生成硫化亚铁和硫 |
| $Fe(SCN)_2 \cdot 3H_2O$ 三水合硫氰化亚铁 | 226.06 | 绿色正交 | | 分解 | | 易溶于水 |
| $Fe(SCN)_3$ 硫氰化铁或 $Fe_2(SCN)_6$ | 230.09 | 暗红色正交 | | | | 潮解，易溶于水，在热水中分解 |
| $FeSO_4 \cdot 7H_2O$ 七水合硫酸亚铁 | 278.05 | 蓝绿色单斜 | 1.898 | 90<br>64 失 $6H_2O$ | 300 失 $7H_2O$ | 溶于水 |
| $Fe_2(SO_4)_3 \cdot 9H_2O$ 九水合硫酸铁 | 562.01 | 正交 | 2.1 | 175 失 $7H_2O$ | | 潮解，易溶于水 |
| FeSi 硅化铁 | 83.93 | 黄灰色八面体 | 6.1 | | | 难溶于水 |
| Ga 镓 | 69.72 | 银白色固体 | 5.9 | 30 | 2400 | 不溶于水 |

续表

| 化学式和名称 | 相对分子质量 | 颜色、晶型或状态 | 密度/g·cm$^{-3}$ | 熔点/℃ | 沸点/℃ | 溶解性及其他 |
|---|---|---|---|---|---|---|
| GaAs 砷化镓 | 144.64 | 暗绿色立方 | | 1238 | | |
| $GaCl_2$ 二氯化镓 | 140.63 | 白色晶体 | | 164 | 535 | 潮解，遇水分解 |
| $GaCl_3$ 三氯化镓 | 176.03 | 白色针状晶体 | 2.47 | 77.9±0.2 | 201.3 | 潮解，易溶于水 |
| $Ga_2O$ 氧化亚镓 | 155.44 | 黑棕色粉末 | 4.77 | >660 | >500 升华 | 难溶于水，溶于酸或碱 |
| $Ga_2O_3$ 氧化镓 α | 187.44 | 白色六方或正交 | 6.44 | 1900 (600 转 β) | | 难溶于水 |
| β | 187.44 | 白色单斜或正交 | 5.88 | 1795±15 | | 难溶于水 |
| $Ga(OH)_3$ 氢氧化镓 | 120.74 | 白色 | | 440 分解 | | 难溶于水，溶于酸 |
| $GdCl_3$ 三氯化钆 | 263.61 | 无色单斜 | 4.52 | 609 | | 溶于水 |
| $Gd_2O_3$ 氧化钆 | 362.50 | 白色无定形粉末 | 7.407 | 2330±20 | | 吸湿，难溶于水 |
| Ge 锗 | 72.59 | 灰色固体 | 5.3 | 937 | 2830 | 不溶于水 |
| $GeCl_4$ 四氯化锗 | 214.41 | 无色液体 | 1.8443 | −49.5 | 84 | 遇水分解 |
| $GeH_4$ 锗化氢 | 76.64 | 无色气体 | 1.523 (−142℃) | −165 | −88.5 350 分解 | 难溶于水 |
| GeO 一氧化锗 | 88.61 | 黑色晶体或粉末 | | 710 升华 | | 难溶于水 |
| $GeO_2$ 二氧化锗 | 104.61 | 无色六方或四方 | 六方：4.228 | 1115.0±4 | | 微溶于水 |
| | | | 四方：6.239 | 1086±5 | | 难溶于水 |
| GeS 一硫化锗 | 104.67 | 黄红色无定形或正交 | 无定形：3.31 正交：4.01 | 530 | 430 升华 | 微溶于水 |
| $(HO)AsO_2$ 偏砷酸 | 123.93 | 白色 | | 分解 | | 吸湿 |
| $HAuCl_4 \cdot 4H_2O$ 四水合氯金酸 | 411.85 | 亮黄色针状晶体 | | 分解 | | 潮解，溶于水 |
| $HBO_2$ 偏硼酸 | 43.82 | 白色立方 | 2.486 | 236±1 | | 难溶于水 |
| $H_3BO_3$ 硼酸 | 61.83 | 无色三斜 | 1.435 | 169±1 转 $HBO_2$ | 300 失 $1\frac{1}{2}H_2O$ | 溶于水 |
| $H_2B_4O_7$ 四硼酸 | 157.26 | 透明或白色粉末 | | | | 溶于水 |
| $H_3Bi$(或 $BiH_3$)铋化氢 | 212.00 | 液体 | | | 22 | 很不稳定 |
| $HBiO_3$ 铋酸 | 257.99 | 红色 | 5.75 | 120 失 $H_2O$ | 357 失 2 个 O | 难溶于水 |
| HBr 溴化氢 | 80.92 | 无色气体或苍黄色液体 | 3.5(气) 2.77(液) | −88.5 | −67.0 | 易溶于水 |
| HBr(47%)+$H_2O$ 氢溴酸 | | 无色液体 | 1.49 | −11 | 126 | |
| HBrO 次溴酸 | 96.92 | 仅存在于溶液中无色至黄色 | | 40(真空中) | | 溶于水 |
| $HBrO_3$ 溴酸 | 128.92 | 仅存在于溶液中无色至微黄色 | | 100 分解 | | 易溶于水，热水中分解 |
| HCN 氰化氢 | 27.03 | 无色液体或气体 | 0.901(气) 0.699(液) | −14 | 26 | 毒，与水互溶 |
| $H_2CO_3$ 碳酸 | 62.03 | 只存在于溶液中 | | | | |
| HCl 氯化氢 | 36.46 | 无色气体或无色液体 | 1.187(液) 1.00095(气) | −114.8 | −84.9 | 易溶于水 |
| HCl(20.24%)+$H_2O$ 盐酸 | | 无色液体 | 1.097 | | 110 | |
| $HCl \cdot H_2O$ 一水合氯化氢 | 54.48 | 无色液体 | 1.48 | −15.35 | | 与水互溶 |
| $HCl \cdot 2H_2O$ 二水合氯化氢 | 72.49 | 无色液体 | 1.46 | −17.7 | 分解 | 与水互溶，遇水分解 |

续表

| 化学式和名称 | 相对分子质量 | 颜色、晶型或状态 | 密度/$g\cdot cm^{-3}$ | 熔点/℃ | 沸点/℃ | 溶解性及其他 |
|---|---|---|---|---|---|---|
| $HCl\cdot 3H_2O$ 三水合氯化氢 | 90.51 | 无色液体 | | −24.4 | 分解 | 与水互溶 |
| $HClO_3\cdot 7H_2O$ 七水合氯酸 | 210.57 | 存在无色溶液中 | 1.282 | <−20 | 40 分解 | 易溶于水 |
| $HClO_4$ 高氯酸 | 100.46 | 无色液体 | 1.764 | −112 | 39 (58) | 不稳定，与水互溶 |
| HF 氟化氢 | 20.01 | 无色发烟液体或气体 | 0.987(液) 0.991(气) | −83.1 | 19.54 | 与水互溶 |
| HF (35.35%) + $H_2O$ 氢氟酸 | | 无色液体 | | | 120 | |
| $H_4Fe(CN)_6$ 亚铁氰氢酸 | 215.99 | 白色正交 | | 分解 | | 溶于水 |
| $H_3Fe(CN)_6$ 铁氰氢酸 | 214.98 | 棕黄色针状 | | 分解 | | 潮解，溶于水 |
| HI 碘化氢 | 127.91 | 无色气体或苍黄色液体 | 5.66(气) 2.85(液) | −50.8 | −35.38 (405.3kPa) | 易溶于水 |
| HI(57%)+$H_2O$ 氢碘酸 | | 无色液体或苍黄色发烟液体 | 1.70 | | 127 | |
| $HIO_3$ 碘酸 | 175.91 | 无色或苍黄色正交 | 4.629 | 110 分解 | | 易溶于水 |
| $HIO_4$ 高碘酸 | 191.91 | 无色 | | 110 升华 | 138 分解 | 易溶于水 |
| $HMnO_4$ 高锰酸 | 119.94 | | | | | 易溶于水 |
| $H_2MoO_4$ 钼酸 | 161.95 | 白色或微黄色六方 | 3.112 | 70 失 $H_2O$ | | 微溶于水 |
| $HN_3$ 叠氮酸 | 43.03 | 无色液体 | 1.09 | −80 | 37 | 与水互溶 |
| $HNO_2$ 亚硝酸 | 47.01 | 仅存在于溶液中(浅蓝) | | | | 溶于水 |
| $HNO_3$ 硝酸 | 63.01 | 无色液体 | 1.5027 | −42 | 83 | 腐蚀性，有毒，与水互溶 |
| 68% $HNO_3$ + 32% $H_2O$ 硝酸 | | 无色液体 | 1.41 | | 120.5 | |
| $H_2O$ 水 | 18.0153 | 无色液体或六方晶体 | 1.000 | 0.000 | 100.000 | 与乙醇互溶 |
| $H_2O_2$ 过氧化氢 | 34.01 | 无色液体 | 1.4422 | −0.41 | 150.2 | 与水互溶 |
| $H_4P_2$ (或 $P_2H_4$) 联磷 | 65.98 | 无色液体 | 1.012 | −90 | 57.5 | 难溶于水 |
| $H_3P$ (或 $PH_3$) 磷化氢 | 34.00 | 无色气体或液体 | 1.529(气) | −133.5 | 87.4 | 毒，可燃，难溶于水 |
| $HPO_2$ 偏亚磷酸 | 63.98 | 羽毛状晶体 | | | | 遇水分解 |
| $H_2(HPO_3)$ 亚磷酸 | 82.00 | 浅黄色晶体 | 1.651 | 73.6 | 200 分解 | 潮解，易溶于水 |
| $H(H_2PO_2)$ 次亚磷酸 | 66.00 | 无色油状液体或可潮解的晶体 | 1.493 | 26.5 | 130 分解 | 溶于水，易溶于乙醇 |
| $HPO_3$ 偏磷酸 | 79.98 | 无色玻璃状体 | 2.2～2.5 | 升华 | | 潮解 |
| $H_3PO_3$ 磷酸 | 98.00 | 无色液体或正交晶体 | 1.834 | 42.35 | 213 失 $\frac{1}{2}H_2O$ | 潮解，易溶于水 |
| $H_4P_2O_5$ 焦亚磷酸 | 145.98 | 针状 | | 38 | 120 分解 | 遇水分解 |
| $H_4P_2O_7$ 焦磷酸 | 177.98 | 无色针状晶体或液体 | | 61 | | 吸湿，易溶于水 |
| $H_2PtCl_6\cdot 6H_2O$ 六水合氯铂酸 | 517.92 | 红棕色晶体 | 2.431 | 60 | | 溶于水，水解 |
| $H_2S$ 硫化氢 | 34.08 | 无色气体 | 1.539 | −85.5 | −60.7 | 可燃，易溶于水 |
| $H_2S_2$ 二硫化氢 | 66.14 | 黄色油状液体 | 1.334 | −89.6 | 70.7 | 在水中分解 |
| $H_2S_3$ 三硫化氢 | 98.21 | 亮黄色液体 | 1.496 | −52 | 90 分解 | |
| $H_2S_4$ 四硫化氢 | 130.27 | 亮黄色液体 | 1.588 | −85 | | |
| $H_2S_5$ 五硫化氢 | 162.34 | 清亮黄色油状液体 | 1.67 | −50 | 50 | |

续表

| 化学式和名称 | 相对分子质量 | 颜色、晶型或状态 | 密度/g·cm$^{-3}$ | 熔点/℃ | 沸点/℃ | 溶解性及其他 |
|---|---|---|---|---|---|---|
| $H_2SO_3$ 亚硫酸 | 82.08 | 仅存在于溶液中 | 约 1.03 | | | 溶于水 |
| $H_2SO_4$ 硫酸 | 98.08 | 无色液体 | 1.841 (96%～98%) | 10.36 (100%) | 338 (98.3%) | 吸湿，溶于水 |
| $H_2SO_4 \cdot H_2O$ 一水合硫酸 | 116.09 | 无色液体或单斜 | 1.788 | 8.62 | 290 | 与水互溶 |
| $H_2SO_4 \cdot 2H_2O$ 二水合硫酸 | 134.11 | 无色液体 | 1.650 | −38.9 | 167 | 与水互溶 |
| $H_2SO_4 \cdot 4H_2O$ 四水合硫酸 | 170.14 | | | −27 | | 与水互溶 |
| $H_2SO_4 \cdot 6H_2O$ 六水合硫酸 | 206.17 | 液体 | | −54 | | 易溶于水 |
| $H_2SO_4 \cdot 8H_2O$ 八水合硫酸 | 242.20 | 液体 | | −62 | | 易溶于水 |
| $H_2S_2O_3$ 硫代硫酸 | 114.14 | 仅存在于溶液中 | | 45 分解 | | |
| $H_2S_2O_7$ 焦硫酸 | 178.14 | 无色晶体 | 1.9 | 35 | 分解 | 吸湿，遇水分解 |
| $H_2S_2O_8$ 过二硫酸 | 194.14 | 晶体 | | 65 分解 | 分解 | 吸湿，遇水分解 |
| $H_4Sb_2O_7$ 焦锑酸 | 359.13 | 白色无定形 | | 200 失 $H_2O$ | | 微溶于水 |
| $H_2Se$ 硒化氢 | 80.98 | 无色气体 | 3.664(气) | −60.4 | −41.5 | 毒，溶于水 |
| $H_2SeO_3$ 亚硒酸 | 128.97 | 无色六方 | 3.004 | 70 分解 | 失 $H_2O$ | 潮解，易溶于水 |
| $H_2SeO_4$ 硒酸 | 144.97 | 白色六方棱柱 | 3.004 | 58(易过冷) | 260 分解 | 吸湿，易溶于水，有毒 |
| $H_2SiF_6 \cdot 2H_2O$ 二水合氟硅酸 | 180.12 | 白色晶体 | | 分解 | | 潮解，发烟，溶于水 |
| $H_2SiO_3$ 偏硅酸 | 78.10 | 无色无定形 | | 室温分解 | | 难溶于水 |
| $H_2SiO_5$ 缩二硅酸 | 138.18 | 无色晶体 | | 150 分解 | | 难溶于水 |
| $H_2Te$ 碲化氢 | 129.62 | 无色气体或黄色针状固体 | 5.81(气) 2.57(液) | −49 | −2 | 溶于水，不稳定 |
| $H_2TeO_4 \cdot 2H_2O$ 或 $Te(OH)_6$ 二水合碲酸 | 229.64 | 白色单斜棱柱 | 3.158 | 136 | | 溶于水 |
| $H_2WO_4$ 钨酸 | 249.86 | 黄色粉末 | 5.5 | 100 失 $H_2O$ | 1473 | 难溶于水 |
| Hf 铪 | 178.49 | 锡白色固体 | 13.3 | 2225 | 5200 | 溶于氢氟酸 |
| $HfCl_4$ 四氯化铪 | 320.30 | 白色 | | 319 升华 | | 遇水分解 |
| $HfO_2$ 二氧化铪 | 210.49 | 白色立方 | 9.68 | 2758±25 | 约 5400(?) | 难溶于水 |
| Hg 汞 | 200.59 | 灰色液体 | 13.6 | −39 | 357 | 不溶于水 |
| $Hg(CN)_2$ 氰化汞 | 252.63 | 无色四方或白色粉末 | 3.996 | 分解 | | 溶于水，毒 |
| $Hg_2CO_3$ 碳酸亚汞 | 461.19 | 黄棕色晶体 | | 130 分解 | | 难溶于水 |
| $HgCO_3 \cdot 2HgO$ 碱式碳酸汞 | 693.78 | 棕红色固体 | | | | 难溶于水 |
| $Hg_2Cl_2$ 氯化亚汞 | 472.09 | 白色四方 | 7.150 | 400 升华 | | 难溶于水 |
| $HgCl_2$ 氯化汞 | 271.50 | 无色正交或白色粉末 | 5.44 | 276 | 302 | 溶于水，毒 |
| $Hg_2I_2$ 碘化亚汞 | 654.99 | 黄色四方或无定形粉末 | 7.70 | 140 升华 | 290 分解 | 难溶于水，溶于碘化钾溶液或氨水 |
| $HgI_2$ 碘化汞 | 454.90 | α:红色四方<br>β:黄色正交晶体或粉末 | 6.36<br>6.094 | 127 转 β<br>259 | <br>354 | 难溶于水<br>难溶于水 |
| $Hg(NO_3)_2 \cdot \frac{1}{2}H_2O$ 硝酸汞 | 333.61 | 浅黄色晶体或粉末 | 4.39 | 79 | 分解 | 潮解，易溶于水 |
| $Hg_2O$ 氧化亚汞 | 417.18 | 黑色或棕黑色粉末 | 9.8 | 100 分解 | | 难溶于水，溶于硝酸 |
| HgO 氧化汞 | 216.59 | 黄色或红色正交或粉末 | 11.1 | 500 分解 | | 难溶于水 |

续表

| 化学式和名称 | 相对分子质量 | 颜色、晶型或状态 | 密度/$g\cdot cm^{-3}$ | 熔点/℃ | 沸点/℃ | 溶解性及其他 |
|---|---|---|---|---|---|---|
| $Hg(ONC)_2$ 雷酸汞 | 284.62 | 白色立方 | 4.42 | 爆炸 | | 微溶于水,溶于乙醇或氨水 |
| $Hg_2S$ 硫化亚汞 | 433.24 | 黑色 | | 分解 | | 难溶于水 |
| HgS 硫化汞 | 232.65 | α:红色六方或粉末 | 8.10 | 583.5 升华 | | 难溶于水,溶于硫化钠溶液或硝酸 |
| | | β:黑色正交 | 7.73 | | | |
| $Hg_2SO_4$ 硫酸亚汞 | 497.24 | 无色单斜或浅黄色粉末 | 7.56 | 分解 | 分解 | 难溶于水 |
| $HgSO_4$ 硫酸汞 | 296.65 | 无色正交或白色粉末 | 6.47 | 分解 | | 遇水分解 |
| $HoCl_3$ 三氯化钬 | 271.29 | 亮黄色固体 | | 718 | 1500 | 溶于水 |
| $Ho_2O_3$ 氧化钬 | 377.86 | 褐色固体 | | | | 难溶于水 |
| $I_2$ 碘 | 253.81 | 紫色固体 | 4.9 | 114 | 183 | 微溶于水 |
| ICl 氯化碘 α | 162.36 | 红棕色油状液体或暗红色针状立方 | 3.1822 | 27.2 | 97.4 | 遇水分解,生成碘、盐酸和碘酸 |
| β | 162.36 | 棕红色正交六边体 | 3.24(液) | 13.92 | 97.4 (100 分解) | |
| $IO_2$(或 $I_2O_4$)二氧化碘 | 158.90 | 柠檬黄色晶体 | 4.2 | 低于 75 分解 | | 遇水生成碘酸与碘 |
| $I_2O_5$ 五氧化二碘 | 333.81 | 白色棱柱 | 4.799 | 300～350 分解 | | 易溶于水 |
| In 铟 | 114.83 | 银白色固体 | 7.3 | 156 | 2000 | 不溶于水 |
| InCl 氯化亚铟 | 150.27 | 黄色或暗红色固体 | 4.19 黄 4.18 红 | 225±1 | 608 | 潮解,遇水分解 |
| $InCl_2$ 二氯化铟 | 185.73 | 黄色正交 | 3.655 | 235 | 550～570 | 潮解,遇水分解 |
| $In_2O$ 一氧化二铟 | 245.64 | 黑色晶体 | 6.99 | 565～700 真空中升华 | | |
| InO 一氧化铟 | 130.81 | 浅灰色固体 | | | | 难溶于水 |
| $In_2O_3$ 三氧化二铟 | 277.64 | 红棕色六方,苍黄色立方,无定形或三方 | 7.179 | | 850 挥发 | 难溶于水 |
| $In(OH)_3$ 氢氧化铟 | 165.84 | 白色沉淀 | | <150 失 $H_2O$ | | 难溶于水 |
| $In_2(SO_4)_3$ 硫酸铟 | 517.83 | 浅灰色单斜或粉末 | 3.438 | | | 吸湿,溶于水 |
| InSb 锑化铟 | 236.57 | 晶体 | | 535 | | 半导体 |
| $IrF_6$ 六氟化铱 | 306.19 | 黄色玻璃状四方 | 6.0 | 44.4 | 53 | 遇水分解 |
| $IrCl_2$ 二氯化铱 | 263.11 | 黑灰色晶体(?) | | 773 分解 | | 溶于水 |
| $IrCl_4$ 四氯化铱 | 334.01 | 暗棕色无定形 | | 分解 | | 吸湿,溶于水 |
| $IrO_2$ 二氧化铱 | 224.20 | 黑或蓝色四方 | 11.665 | 1100 分解 | | 难溶于水 |
| $Ir(OH)_4$ 或 $IrO_2\cdot 2H_2O$ 氢氧化铱 | 260.23 | 靛蓝色晶体 | | 350 失 $2H_2O$ | | 难溶于水 |
| K 钾 | 39.10 | 银白色固体 | 0.9 | 64 | 760 | 遇水起反应 |
| $K[Ag(CN)_2]$ 银氰化钾 | 199.01 | 无色立方 | 2.36 | | | 溶于水 |
| $KAl(SO_4)_2\cdot 12H_2O$ 硫酸钾铝 | 474.39 | 无色立方、单斜或六方 | 1.757 | 92.5 64.5 失 $9H_2O$ | 200 失 $12H_2O$ | 溶于水 |
| $K[Au(CN)_4]\cdot 1\frac{1}{2}H_2O$ 金氰化钾 | 367.16 | 无色片状 | | 200 分解 | | 溶于水 |
| KBr 溴化钾 | 119.01 | 无色立方 | 2.75 | 734 | 1435 | 微吸湿,溶于水 |
| KCN 氰化钾 | 65.12 | 无色立方或白色粒状 | 1.52 | 634.5 | | 潮解,剧毒,溶于水 |
| $K_2CO_3$ 碳酸钾 | 138.21 | 无色单斜 | 2.428 | 891 | 分解 | 吸湿,易溶于水 |

续表

| 化学式和名称 | 相对分子质量 | 颜色、晶型或状态 | 密度/$g\cdot cm^{-3}$ | 熔点/℃ | 沸点/℃ | 溶解性及其他 |
|---|---|---|---|---|---|---|
| KCl 氯化钾 | 74.56 | 无色立方 | 1.984 | 770 | 1500 升华 | 溶于水 |
| $KCl\cdot MgCl_2\cdot 6H_2O$ 光卤石 | 277.86 | 无色正交 | 1.61 | 265 | | 潮解，溶于水 |
| KClO 次氯酸钾 | 90.55 | 仅存在于溶液中 | | 分解 | | 易溶于水 |
| $KClO_3$ 氯酸钾 | 122.55 | 无色单斜 | 2.32 | 356 | 400 分解 | 溶于水 |
| $KClO_4$ 高氯酸钾 | 138.55 | 无色正交 | 2.52 | 610±10 | 400 分解 | 微溶于水 |
| $K_2CrO_4$ 铬酸钾 | 194.20 | 黄色正交 | 2.732 | 968.3 | | 溶于水 |
| $K_2Cr_2O_7$ 重铬酸钾 | 294.19 | 红色单斜或三斜 | 2.676 | 398<br>241.6<br>三斜转单斜 | 500 分解 | 溶于水 |
| $KCr(SO_4)_2\cdot 12H_2O$ 铬钾矾 | 499.41 | 紫红色正交 | 1.826 | 89 | 100 失 $10H_2O$<br>400 失 $12H_2O$ | 溶于水 |
| KF 氟化钾 | 58.01 | 无色立方 | 2.48 | 858 | 1505 | 潮解，溶于水 |
| $KF\cdot 2H_2O$ 二水合氟化钾 | 94.13 | 无色单斜棱柱 | 2.454 | 41 | 156 | 潮解，易溶于水 |
| $K_3Fe(CN)_6$ 铁氰化钾 | 329.26 | 红色单斜 | 1.85 | 分解 | | 溶于水 |
| $K_4Fe(CN)_6\cdot 3H_2O$ 三水合亚铁氰化钾 | 422.41 | 柠檬黄色单斜 | 1.85 | 70 失 $3H_2O$ | 分解 | 溶于水 |
| $KFe(SO_4)_2\cdot 12H_2O$ 铁钾矾 | 599.32 | 绿色正交 | 1.83 | 33 | | 溶于水 |
| KH 氢化钾 | 40.11 | 白色针状 | 1.47 | 分解 | | 遇水分解 |
| $KHCO_3$ 碳酸氢钾 | 100.12 | 无色单斜 | 2.17 | 100～200<br>分解 | | 溶于水 |
| $K_2HPO_4$ 磷酸氢二钾 | 174.18 | 白色无定形 | | 分解 | | 潮解，易溶于水 |
| $KH_2PO_2$ 次亚磷酸二氢钾 | 104.09 | 白色六方 | | 分解 | | 潮解，易溶于水 |
| $KH_2PO_3$ 亚磷酸二氢钾 | 120.09 | 白色晶体 | | 分解 | | 潮解，易溶于水 |
| $KH_2PO_4$ 磷酸二氢钾 | 136.09 | 无色四方 | 2.338 | 252.6 | | 潮解，溶于水 |
| KHS 硫氢化钾 | 72.17 | 黄色正交 | 1.68～1.70 | 455 | | 潮解，遇水分解 |
| $KHSO_3$ 亚硫酸氢钾 | 120.17 | 无色晶体 | | 190 分解 | | 溶于水 |
| $KHSO_4$ 硫酸氢钾 | 136.17 | 无色正交 | 2.322 | 214 | 分解 | 潮解，溶于水 |
| KI 碘化钾 | 166.01 | 无色或白色立方 | 3.13 | 681 | 1330 | 易溶于水 |
| $KIO_3$ 碘酸钾 | 214.00 | 无色单斜 | 3.93 | 560 | >100 分解 | 溶于水 |
| $KIO_4$ 高碘酸钾 | 230.00 | 无色四方 | 3.618 | 582 | 300 失 O | 溶于热水 |
| $KMnO_4$ 高锰酸钾 | 158.04 | 紫色正交 | 2.703 | <240 分解 | | 溶于水 |
| $K_2MnO_4$ 锰酸钾 | 197.14 | 绿色正交 | | 190 分解 | | 遇水分解 |
| $KNH_2$ 氨基化钾 | 55.12 | 无色至白色或黄绿色 | | 335 | 400 升华 | 遇水分解 |
| $KNO_2$ 亚硝酸钾 | 85.11 | 淡黄白色棱柱 | 1.915 | 440 | 分解 | 潮解，易溶于水 |
| $KNO_3$ 硝酸钾 | 101.11 | 无色正交或三方 | 2.109 | 334<br>129 转三方 | 400 分解 | 溶于水 |
| $K_2O$ 氧化钾 | 94.20 | 无色立方 | 2.32 | 350 分解 | | 吸湿，易溶于水 |
| $K_2O_2$ 过氧化钾 | 110.20 | 白色无定形 | | 490 | 分解 | 潮解 |
| $K_2O_3$ 三氧化二钾 | 126.20 | 红色 | | 430 | | 与水反应，放出氧气 |
| $KO_2$ 超氧化钾 | 71.10 | 黄色叶片立方 | 2.14 | 380 | 分解 | 易溶于水 |
| KOCN 氰酸钾 | 81.12 | 无色四方 | 2.056 | 700～900<br>分解 | | 溶于水 |
| KOH 氢氧化钾 | 56.11 | 白色正交 | 2.044 | 360.4±0.7 | 1320～1324 | 潮解，易溶于水或乙醇 |

续表

| 化学式和名称 | 相对分子质量 | 颜色、晶型或状态 | 密度/$g\cdot cm^{-3}$ | 熔点/℃ | 沸点/℃ | 溶解性及其他 |
|---|---|---|---|---|---|---|
| $K_3PO_4$ 磷酸钾 | 212.28 | 无色正交 | 2.564 | 1340 | | 潮解，溶于水 |
| $K_3PO_3\cdot 4H_2O$ 四水合亚磷酸钾 | 229.24 | 无色正交 | | 40 | 150 失 $4H_2O$ | 易溶于水 |
| $(KPO_3)_4\cdot 2H_2O$ 二水合偏磷酸钾 | 508.33 | 无色晶体 | 100 失 $2H_2O$ | | | 易溶于水 |
| $K_4P_2O_7\cdot 3H_2O$ 三水合焦磷酸钾 | 384.40 | 无色 | 2.33 | 180 失 $2H_2O$ | 300 失 $3H_2O$ | 溶于水 |
| $K_2[PtCl_6]$氯铂酸钾 | 486.01 | 黄色立方 | 3.499 | 250 分解 | | 微溶于水 |
| $K_2S$ 硫化钾 | 110.27 | 黄棕色立方 | 1.805 | 840 | | 潮解，溶于水 |
| KSCN 硫氰化钾 | 97.18 | 无色正交 | 1.886 | 173.2 | 500 分解 | 潮解，易溶于水 |
| $K_2SO_3\cdot 2H_2O$ 二水合亚硫酸钾 | 194.30 | 淡黄色六方 | | 分解 | | 易溶于水 |
| $K_2S_2O_8$ 过二硫酸钾 | 270.33 | 无色三斜 | 2.477 | <100 分解 | | 微溶于水 |
| $K_2S_2O_7$ 焦硫酸钾 | 254.33 | 无色针状 | 2.512 | >300 | 分解 | 溶于水 |
| $K_2SO_4\cdot Fe_2(SO_4)_3\cdot 24H_2O$ 硫酸铁钾 | 1006.51 | 苍黄绿色单斜 | 1.806 | 28 | 33 分解 | |
| $K_2SO_4\cdot UO_2SO_4\cdot 2H_2O$ 铀酰硫酸钾 | 576.39 | 黄色单斜 | 3.363 | 120 失 $2H_2O$ | | 溶于水 |
| $K_2SiO_3$ 硅酸钾 | 154.29 | 无色正交(?) | | 976 | | 溶于水 |
| $KVO_3$ 钒酸钾 | 138.04 | 无色晶体 | | | | 微溶于水 |
| La 镧 | 138.91 | 白色固体 | 6.2 | 920 | 3470 | 溶于盐酸 |
| $LaCl_3$ 氯化镧 | 245.27 | 白色晶体 | 3.842 | 860 | >1000 | 潮解，易溶于水 |
| $La_2O_3$ 氧化镧 | 325.82 | 白色正交或无定形 | 6.51 | 2307 | 4200 | 难溶于水 |
| $La(OH)_3$ 氢氧化镧 | 189.93 | 白色粉末 | | 分解 | | 难溶于水 |
| Li 锂 | 6.94 | 银白色固体 | 0.5 | 180 | 1330 | 遇水起反应 |
| $LiAlH_4$ 氢化铝锂 | 37.95 | 白色结晶状粉末 | 0.917 | 125 分解 | | 遇水分解 |
| LiBr 溴化锂 | 86.85 | 白色立方 | 3.464 | 550 | 1265 | 潮解，易溶于水 |
| $LiCO_3$ 碳酸锂 | 73.89 | 白色单斜 | 2.11 | 723 | 1310 分解 | 微溶于水 |
| LiCl 氯化锂 | 42.39 | 白色立方 | 2.068 | 605 | 1325～1360 | 溶于水 |
| LiF 氟化锂 | 25.94 | 白色立方 | 2.635 | 845 | 1676 | 微溶于水 |
| LiH 氢化锂 | 7.95 | 白色晶体 | 0.82 | 680 | | 遇水分解 |
| LiI 碘化锂 | 133.84 | 白色立方 | 3.494±0.015 | 449 | 1180±10 | 易溶于水 |
| $Li_2O$ 氧化锂 | 29.88 | 白色立方 | 2.013 | >1700 | 1200 | 溶于水 |
| LiOH 氢氧化锂 | 23.95 | 白色四方 | 1.46 | 450 | 924 分解 | 溶于水 |
| $LuBr_3$ 溴化镥 | 414.70 | | | 1025 | 1400 | 溶于水 |
| $LuCl_3$ 氯化镥 | 281.33 | 无色晶体 | 3.98 | 905 | 750 升华 | 溶于水 |
| $LuF_3$ 氟化镥 | 231.97 | | | 1182 | 2200 | 难溶于水 |
| $LuI_3$ 碘化镥 | 555.68 | | | 1050 | 1200 | 溶于水 |
| $Lu_2O_3$ 氧化镥 | 397.94 | 立方 | 9.42 | | | |
| $Lu_2(SO_4)_3\cdot 8H_2O$ 八水合硫酸镥 | 782.25 | 无色晶体 | | | | 溶于水 |
| Mg 镁 | 24.31 | 银白色固体 | 1.7 | 650 | 1110 | 不溶于水 |
| $MgBr_2$ 溴化镁 | 184.13 | 白色六方 | 3.72 | 700 | | 潮解，易溶于水 |
| $MgCO_3$ 碳酸镁 | 84.32 | 白色三方 | 2.958 | 350 分解 | 900 失 $CO_2$ | 难溶于水 |
| $MgCO_3\cdot Mg(OH)_2\cdot 3H_2O$ 三水合碱式碳酸镁 | 196.69 | 白色正交 | 2.02 | | | |
| $MgCl_2$ 氯化镁 | 95.22 | 白色闪光六方 | 2.316～2.33 | 714 | 1412 | 溶于水 |
| $MgCl_2\cdot 6H_2O$ 六水合氯化镁 | 203.31 | 无色单斜 | 1.569 | 116～118 分解 | 分解 | 潮解，易溶于水 |

续表

| 化学式和名称 | 相对分子质量 | 颜色、晶型或状态 | 密度/g·cm$^{-3}$ | 熔点/℃ | 沸点/℃ | 溶解性及其他 |
|---|---|---|---|---|---|---|
| $MgH_2$ 氢化镁 | 26.33 | 白色四方 | | 280 分解（真空中） | | 遇水剧烈分解 |
| $Mg(H_2PO_4)_2 \cdot 6H_2O$ 六水合磷酸二氢镁 | 262.38 | 白色双四方体 | 1.59 | 100 失 $5H_2O$ | 180 失 $6H_2O$ | 溶于水 |
| $Mg_3N_2$ 氮化镁 | 100.95 | 黄绿色粉末或块状 | 2.712 | 800 分解 | 700 升华（在真空中） | 遇水分解 |
| $Mg(NO_3)_2 \cdot 6H_2O$ 六水合硝酸镁 | 256.41 | 白色单斜 | 1.6363 | 89 | 330 分解 | 潮解，易溶于水 |
| MgO 氧化镁 | 40.31 | 无色立方 | 3.58 | 2852 | 3600 | 难溶于水 |
| $Mg(OH)_2$ 氢氧化镁 | 58.33 | 无色六方 | 2.36 | 350 失 $H_2O$ | | 难溶于水 |
| $Mg_3P_2$ 磷化镁 | 134.88 | 黄绿色立方 | 2.055 | | | 遇水分解 |
| $MgSO_4$ 硫酸镁 | 120.37 | 无色正交 | 2.66 | 1124 分解 | | 溶于水 |
| $MgSO_4 \cdot 7H_2O$ 七水合硫酸镁 | 246.48 | 无色正交或单斜 | 1.68 | 150 失 $6H_2O$ | 200 失 $7H_2O$ | 溶于水 |
| $Mg_2Si$ 硅化镁 | 76.71 | 蓝色立方 | 1.94 | 1102 | | 难溶于水 |
| $MgSiO_3$ 硅酸镁 | 100.40 | 白色单斜 | 3.192 | 1557 分解 | | 难溶于水 |
| Mn 锰 | 54.94 | 灰色固体 | 7.4 | 1250 | 2100 | 遇水起反应 |
| $Mg_3C$ 碳化三锰 | 176.83 | 四方 | 6.89 | | | 遇水分解 |
| $MnCO_3$ 碳酸锰 | 114.95 | 玫瑰色正交 | 3.125 | — | 分解 | 难溶于水 |
| $MnCl_2$ 二氯化锰 | 125.84 | 粉红色立方 | 2.977 | 650 | 1190 | 潮解，溶于水 |
| $MnCl_2 \cdot 4H_2O$ 四水合二氯化锰 | 197.91 | 玫瑰色单斜 | 2.01 | 58 | 106 失 $H_2O$<br>198 失 $4H_2O$ | 潮解，易溶于水 |
| $Mn(NO_3)_2 \cdot 4H_2O$ 四水合硝酸亚锰 | 251.01 | 无色或玫瑰色晶体 | 1.82 | 25.8 | 192.4 | 易溶于水 |
| MnO 氧化亚锰 | 70.94 | 绿色立方 | 5.43～5.46 | | | 难溶于水 |
| $Mn_3O_4$ 四氧化三锰 | 228.81 | 黑色正交 | 4.856 | 1564 | | 难溶于水 |
| $Mn_2O_3$ 三氧化二锰 | 157.87 | 黑色四方 | 4.50 | 1080 失 O | | 难溶于水 |
| $MnO_2$ 二氧化锰 | 86.94 | 黑色正交或棕黑色粉末 | 5.026 | 535 失 O | | 难溶于水 |
| $MnO_3$ 三氧化锰 | 102.94 | 微红色 | | 分解 | | 潮解，溶于水 |
| $Mn_2O_7$ 七氧化二锰 | 221.87 | 暗红色油状物 | 2.396 | 5.9 | 55 分解<br>95 爆炸 | 吸湿，易溶于水 |
| $Mn(OH)_2$ 氢氧化亚锰 | 88.95 | 浅粉红色三方 | 3.258 | 分解 | | 难溶于水 |
| $MnSO_4$ 硫酸亚锰 | 151.00 | 微红色 | 3.25 | 700 | 850 分解 | 溶于水 |
| Mo 钼 | 95.94 | 灰色固体 | 10.2 | 2610 | 5560 | 不溶于水 |
| $MoO_3$ 三氧化钼 | 143.94 | 无色或淡黄色正交 | 4.692 | 795 | 1155 升华 | 微溶于水 |
| $Mo(OH)_3$ 氢氧化钼或 $Mo_2O_3 \cdot 3H_2O$ | 146.96 | 黑色粉末 | | 分解 | | 微溶于水 |
| $MoS_2$ 二硫化钼 | 160.07 | 黑色发亮六方 | 4.80 | 1185 | 450 升华<br>于空气中分解 | 难溶于水 |
| $N_2$ 氮 | 28.01 | 无色气味 | 0.8(液) | −210 | −196 | |
| $NCl_3$ 三氯化氮 | 120.37 | 黄色油状物或正交 | 1.653 | <−40 | <71<br>95 爆炸 | 难溶于水，在热水中分解 |
| $ND_3$ 重氨 | 20.05 | | | −74 | −30.9 | |
| $NH_3$ 氨 | 17.03 | 无色气体或液体 | 0.771(液) | −77.7 | −33.35 | 易溶于水，溶于乙醇或乙醚 |
| $N_2H_4$ 肼 | 32.05 | 无色液体 | 1.0 | 1 | 114 | 易溶于水 |
| $NH_3 \cdot H_2O$ 氨水 | 35.05 | 仅存在于溶液中 | | −77 | | 溶于水 |
| $NH_4Al(SO_4)_2 \cdot 12H_2O$ 铝铵矾 | 453.33 | 无色立方 | 1.64 | 93.5 | 120 失 $10H_2O$ | 溶于水 |

续表

| 化学式和名称 | 相对分子质量 | 颜色、晶型或状态 | 密度/$g \cdot cm^{-3}$ | 熔点/℃ | 沸点/℃ | 溶解性及其他 |
|---|---|---|---|---|---|---|
| $NH_4Br$ 溴化铵 | 97.95 | 无色立方 | 2.429 | 452 升华 | 235（真空中） | 潮解，溶于水、丙酮、乙醚或液氨 |
| $NH_4CN$ 氰化铵 | 44.06 | 无色立方 | 1.02 | 36 分解 | 40 升华 | 易溶于水 |
| $(NH_4)_2CO_3 \cdot H_2O$ 碳酸铵 | 114.10 | 无色立方 |  | 58 分解 |  | 易溶于水 |
| $NH_4Cl$ 氯化铵 | 53.49 | 无色立方 | 1.527 | 340 升华 | 520 | 溶于水 |
| $(NH_4)_2CrO_4$ 铬酸铵 | 152.08 | 黄色单斜 | 1.91 | 180 分解 |  | 溶于水 |
| $(NH_4)_2Cr_2O_7$ 重铬酸铵 | 252.06 | 橘红色单斜 | 2.15 | 170 分解 |  | 溶于水 |
| $NH_4Cr(SO_4)_2 \cdot 12H_2O$ 铬铵矾 | 478.34 | 绿色或紫色立方 | 1.72 | 94<br>100 失 $9H_2O$ |  | 溶于水或乙醇 |
| $NH_4F$ 氟化铵 | 37.04 | 无色六方 | 1.009 | 升华 |  | 潮解，易溶于水 |
| $NH_4Fe(SO_4)_2 \cdot 12H_2O$ 铁铵矾 | 482.19 | 紫色立方 | 1.71 | 39～41 | 230 失 $12H_2O$ | 易溶于水 |
| $NH_4HCO_3$ 碳酸氢铵 | 79.06 | 无色正交或单斜 | 1.58 | 107.5<br>36～40 分解 | 升华 | 溶于水 |
| $NH_4HF_2$ 氟氢化铵 | 57.04 | 白色正交或四方 | 1.50 | 125.6 |  | 潮解，易溶于水 |
| $NH_4H_2PO_4$ 磷酸二氢铵 | 115.03 | 无色四方 | 1.803 | 190 |  | 溶于水 |
| $(NH_4)_2HPO_4$ 磷酸氢二铵 | 132.05 | 无色单斜 | 1.619 | 155 分解 | 分解 | 溶于水 |
| $NH_4HS$ 硫氢化铵 | 51.11 | 白色正交 | 1.17 | 118 | 88.4（1.93MPa） | 易溶于水 |
| $NH_4HSO_3$ 亚硫酸氢铵 | 99.10 | 正交 | 2.03 | 150 升华（$N_2$ 中） |  | 潮解，溶于水 |
| $NH_4HSO_4$ 硫酸氢铵 | 115.11 | 无色正交 | 1.78 | 146.9 | 分解 | 易溶于水 |
| $NH_4I$ 碘化铵 | 144.94 | 无色立方 | 2.514 | 551 升华 | 220（真空中） | 吸湿，易溶于水 |
| $NH_4MnO_4$ 高锰酸铵 | 136.97 | 紫色正交 | 2.208 | 110 分解 |  | 溶于水 |
| $(NH_4)_2MoO_4$ 钼酸铵 | 196.01 | 无色单斜 | 2.276 | 分解 |  | 溶于水 |
| $NH_4N_3$ 叠氮化铵 | 60.06 | 无色片状 | 1.346 | 160 | 134 升华爆炸 | 溶于水 |
| $NH_4NCS$ 异硫氰化铵 | 76.12 | 无色晶体（92℃时单斜变正交） | 1.305 | 149.6 | 170 分解 | 溶于水、乙醇、甲醇或丙酮，不溶于氯仿 |
| $NH_4NO_2$ 亚硝酸铵 | 64.04 | 浅黄色晶体 | 1.69 | 60～70 爆炸 | 30 升华（真空中） | 易溶于水 |
| $NH_4NO_3$ 硝酸铵 | 80.04 | 无色正交 | 1.725 | 169.6 | 210 | 易溶于水，溶于甲醇或丙酮 |
| $NH_4OCN$ 氰酸铵 | 60.06 | 白色晶体 | 1.342 | 60 分解 |  | 易溶于水 |
| $NH_2OH$ 羟氨 | 33.03 | 白色针状或无色液体 | 1.204 | 33.05 | 56.5 | 溶于水，在热水中分解 |
| $(NH_4)_3PO_4 \cdot 3H_2O$ 三水合磷酸铵 | 203.12 | 白色棱柱 |  |  |  | 溶于水 |
| $(NH_4)_2S$ 硫化铵 | 68.14 | 无色微黄晶体 |  | 分解 |  | 吸湿，易溶于水 |
| $NH_4SCN$ 硫氰化铵 | 76.12 | 无色单斜 | 1.305 | 149.6 | 170 分解 | 潮解，溶于水、乙醇、丙酮或液氨 |
| $(NH_4)_2SO_3 \cdot H_2O$ 一水合亚硫酸铵 | 134.15 | 无色单斜 | 1.41 | 60～70 分解 | 150 升华 | 溶于水 |
| $(NH_4)_2SO_4$ 硫酸铵 | 132.14 | 无色正交 | 1.769 | 235 分解 |  | 溶于水 |
| $(NH_4)_2S_2O_8$ 过二硫酸铵 | 228.18 | 无色单斜 | 1.982 | 120 分解 |  | 溶于水 |

续表

| 化学式和名称 | 相对分子质量 | 颜色、晶型或状态 | 密度/$g \cdot cm^{-3}$ | 熔点/℃ | 沸点/℃ | 溶解性及其他 |
|---|---|---|---|---|---|---|
| $(NH_4)_2SO_4 \cdot FeSO_4 \cdot 6H_2O$ 六水合硫酸亚铁铵 | 392.14 | 绿色单斜 | 1.864 | 100～110 分解 | | 溶于水 |
| $(NH_4)_2SO_4 \cdot NiSO_4 \cdot 6H_2O$ 硫酸镍铵 | 395.00 | 暗黑绿色单斜 | 1.923 | | | 溶于水 |
| $NH_4VO_3$ 钒酸铵 | 116.98 | 浅黄色或无色晶体 | 2.326 | 200 分解 | | 微溶于水 |
| $N_2O$ 一氧化二氮 | 44.01 | 无色气体、液体或立方 | 1.977(气) | −90.8 | −88.5 | 溶于水 |
| NO 一氧化氮 | 30.01 | 无色气体或蓝色液体 | 1.3402(气) 1.269(液) | −163.6 | −151.8 | 微溶于水 |
| $N_2O_3$ 三氧化二氮 | 76.01 | 红棕色气体或蓝色液体 | 1.447(液) | −102 | 3.5 分解 | 溶于水 |
| $NO_2$ 二氧化氮 | 46.01 | 黄色液体或棕色气体 | 1.4494(气) | −11.20 | 21.2 | 溶于水 |
| $N_2O_5$ 五氧化二氮 | 108.01 | 白色正交或六方 | 1.642 | 30 | 47 分解 | 溶于水，与水生成硝酸 |
| $NO_3$ 三氧化氮 | 62.00 | 微棕色气体 | | 普通温度下分解 | | 溶于乙醚 |
| NOCl 氯化亚硝酰 | 65.46 | 黄色气体，黄红色液体或晶体 | 2.99(气) 1.417(液) | −64.5 | −5.5 | 遇水分解 |
| $NO_2Cl$ 氯化硝酰 | 81.46 | 苍黄棕色气体 | 2.57(气) 1.32(液) | <−31 | 5 | 遇水分解 |
| Na 钠 | 22.99 | 银白色固体 | 1.0 | 98 | 892 | 遇水起反应 |
| $Na_3AlF_6$ 氟铝酸钠(冰晶石) | 209.94 | 无色单斜 | 2.90 | 1000 | | 微溶于水 |
| $NaAlO_2$ 偏铝酸钠 | 81.97 | 白色无定形粉末 | | 1800 | | 吸湿，溶于水 |
| $NaAl(SO_4)_2 \cdot 12H_2O$ 铝钠矾 | 458.28 | 无色立方 | 1.6754 | 61 | | 溶于水 |
| $NaAsO_2$ 偏亚砷酸钠 | 129.91 | 灰白色粉末 | 1.87 | | | 易溶于水，有毒 |
| $NaAsO_3$ 偏砷酸钠 | 145.91 | 正交 | 2.301 | 615 | | 易溶于水，风化 |
| $NaAuCl_4 \cdot 2H_2O$ 氯金酸钠 | 397.80 | 黄色正交 | | 100 分解 | | 易溶于水 |
| $NaBO_2$ 偏硼酸钠 | 65.80 | 无色六方 | 2.464 | 966 | 1434 | 溶于水 |
| $Na_2B_4O_7 \cdot 10H_2O$ 四硼酸钠(硼砂) | 381.37 | 无色单斜 | 1.73 | 75 60 失 $8H_2O$ | 320 失 $10H_2O$ | 溶于水，风化 |
| NaBr 溴化钠 | 102.90 | 无色立方 | 3.203 | 747 | 1390 | 吸湿，易溶于水 |
| $NaBr \cdot 2H_2O$ 二水合溴化钠 | 138.93 | 无色单斜 | 2.176 | 51 失 $2H_2O$ | | 溶于水 |
| $NaBrO_3$ 溴酸钠 | 150.90 | 无色立方 | 3.339 | 381 | | 溶于水 |
| $NaBiO_3$ 铋酸钠 | 279.97 | 黄棕色粉末(商品)黄色(纯品) | | | | 难溶于水 |
| $Na_2C_2$ 碳化钠 | 70.00 | 白色粉末 | 1.575 | 约 700 | | 遇水分解 |
| NaCN 氰化钠 | 49.01 | 无色立方 | | 563.7 | 1496 | 潮解，剧毒 |
| $Na_2CO_3$ 碳酸钠 | 105.99 | 白色粉末 | 2.532 | 851 | 分解 | 吸湿，溶于水 |
| $Na_2CO_3 \cdot H_2O$ 一水合碳酸钠 | 124.00 | 无色正交 | 2.25 | 100 失 $H_2O$ | | 潮解，溶于水 |
| $Na_2CO_3 \cdot 7H_2O$ 七水合碳酸钠 | 232.10 | 白色正交 | 1.51 | 32 失 $H_2O$ | | 溶于水，风化 |
| $Na_2CO_3 \cdot 10H_2O$ 十水合碳酸钠 | 286.14 | 白色单斜 | 1.44 | 32.5～34.5 | 33.5 失 $H_2O$ | 溶于水，风化 |
| $Na_2CO_3 \cdot NaHCO_3 \cdot 2H_2O$ 二水倍半碳酸钠 | 226.03 | 无色单斜 | 2.112 | 分解 | | 溶于水 |

续表

| 化学式和名称 | 相对分子质量 | 颜色、晶型或状态 | 密度/g·cm$^{-3}$ | 熔点/℃ | 沸点/℃ | 溶解性及其他 |
|---|---|---|---|---|---|---|
| NaCl 氯化钠 | 58.44 | 无色立方 | 2.165 | 801 | 1413 | 溶于水，微溶于乙醇 |
| NaClO 次氯酸钠 | 74.44 | 仅存在于溶液中 | | | | |
| $NaClO_2$ 亚氯酸钠 | 90.44 | 白色晶体 | | 180～200 分解 | | 吸湿，溶于水 |
| $NaClO_3$ 氯酸钠 | 106.44 | 无色正交或三方 | 2.490 | 248～261 | 分解 | 溶于水或乙醇 |
| $NaClO_4$ 高氯酸钠 | 122.44 | 白色正交 | | 482 分解 | 分解 | 吸湿，溶于水或乙醇 |
| $Na_3Co(NO_2)_6$ 钴亚硝酸钠 | 403.94 | 黄褐色晶体或粉末 | | | | 易溶于水 |
| $Na_2CrO_4 \cdot 10H_2O$ 十水合铬酸钠 | 342.13 | 黄色单斜 | 1.483 | 19.92 | | 潮解，溶于水 |
| $Na_2Cr_2O_7 \cdot 2H_2O$ 二水合重铬酸钠 | 298.00 | 红色单斜、棱柱 | 2.52 | 100 失 $2H_2O$ | 400 分解 | 潮解，易溶于水 |
| NaF 氟化钠 | 41.99 | 无色正交或四方 | 2.558 | 993 | 1695 | 溶于水 |
| NaH 氢化钠 | 24.00 | 银色针状 | 0.92 | 800 分解 | | 遇水分解 |
| $NaHCO_3$ 碳酸氢钠 | 84.00 | 白色单斜、棱柱 | 2.159 | 270 失 $CO_2$ | | 溶于水 |
| $Na_2HPO_4 \cdot 12H_2O$ 十二水合磷酸氢二钠 | 358.14 | 无色正交或单斜 | 1.52 | 35.1 失 $5H_2O$ | 100 失 $12H_2O$ | 溶于水，易风化 |
| $NaH_2PO_4 \cdot 2H_2O$ 二水合磷酸二氢钠 | 156.01 | 无色正交 | 1.91 | 60 | | 易溶于水 |
| NaHS 硫氢化钠 | 56.06 | 无色正交或白色粒状 | | 350 | | 易溶于水 |
| $NaHSO_3$ 亚硫酸氢钠 | 104.06 | 白色单斜 | 1.48 | 分解 | | 易溶于水 |
| $NaHSO_4$ 硫酸氢钠 | 120.06 | 无色三斜 | 2.435 | ＞315 | 分解 | 溶于水 |
| NaI 碘化钠 | 149.89 | 无色立方 | 3.667 | 661 | 1304 | 易溶于水 |
| $NaIO_3$ 碘酸钠 | 197.89 | 白色正交 | 4.277 | 分解 | | 溶于水 |
| $NaIO_4$ 高碘酸钠 | 213.89 | 无色四方 | 4.174 | 300 分解 | | 溶于水 |
| $Na_3N$ 氮化钠 | 82.98 | 暗灰色 | | 300 分解 | | 遇水分解 |
| $NaN_3$ 叠氮化钠 | 65.01 | 无色六方 | 1.846 | 分解为 Na 和 $N_2$ | 分解（真空中） | 溶于水 |
| $NaNH_2$ 氨基化钠 | 39.01 | 白色贝壳体 | | 210 | 400 | 遇水分解 |
| $NaNH_4SO_4 \cdot 2H_2O$ 硫酸铵钠 | 173.12 | 白色正交 | 1.63 | 80 分解 | | 溶于水 |
| $NaNO_2$ 亚硝酸钠 | 69.00 | 无色或黄色正交 | 2.168 | 271 | 320 分解 | 吸湿，溶于水 |
| $NaNO_3$ 硝酸钠 | 84.99 | 无色三方或菱形 | 2.261 | 306.8 | 380 分解 | 吸湿，溶于水、乙醇或甲醇 |
| $Na_2O$ 氧化钠 | 61.98 | 浅灰色固体 | 2.27 | 1275 升华 | | 潮解，遇水生成 NaOH |
| $Na_2O_2$ 过氧化钠 | 77.98 | 浅黄色粉末 | 2.805 | 460 分解 | 657 分解 | 溶于水 |
| $Na_2O_2 \cdot 8H_2O$ 八水合过氧化钠 | 222.10 | 白色六方 | | 30 分解 | 分解 | 溶于水 |
| NaOCN 氰酸钠 | 65.01 | 无色针状 | 1.937 | 700 真空中分解 | | 溶于水 |
| NaOH 氢氧化钠 | 40.00 | 白色固体 | 2.130 | 318.4 | 1390 | 潮解，溶于水 |
| $Na_3P$ 磷化钠 | 99.94 | 红色 | | 分解 | | 遇水分解，放出磷化氢 |
| $Na_3PO_4 \cdot 12H_2O$ 十二水合磷酸钠 | 380.12 | 无色三方 | 1.62 | 73.3～76.7 分解 | 100 失 $12H_2O$ | 溶于水 |
| $Na_4P_4O_7 \cdot 10H_2O$ 十水合焦磷酸钠 | 446.06 | 无色单斜 | 1.815～1.836 | 880 93.8 失 $H_2O$ | | 溶于水 |
| $(NaPO_3)_3 \cdot 6H_2O$ 六水合三聚偏磷酸钠 | 413.98 | 无色三斜 | | 53 50 失 $6H_2O$ | | 溶于水，易风化 |

续表

| 化学式和名称 | 相对分子质量 | 颜色、晶型或状态 | 密度/g·cm$^{-3}$ | 熔点/℃ | 沸点/℃ | 溶解性及其他 |
|---|---|---|---|---|---|---|
| $(NaPO_3)_6$ 六聚偏磷酸钠 | 611.17 | 无色玻璃状 | | | | 易溶于水 |
| $Na_2S$ 硫化钠 | 78.04 | 白色晶体 | 1.856 | 1180 | | 潮解,溶于水 |
| NaSON 硫氰化钠 | 81.07 | 无色正交 | | 287 | | 潮解,易溶于水 |
| $Na_2SO_3$ 亚硫酸钠 | 126.04 | 白色粉末或六方 | 2.633 | 红热分解 | 分解 | 溶于水 |
| $Na_2SO_3\cdot 7H_2O$ 七水合亚硫酸钠 | 252.15 | 无色单斜 | 1.539 | 150 失 $7H_2O$ | 分解 | 溶于水,风化 |
| $Na_2SO_4$ 硫酸钠 | 142.04 | 单斜 | 2.68 | 884<br>约 241 转六方 | | 溶于水 |
| $Na_2SO_4\cdot 7H_2O$ 七水合硫酸钠 | 268.15 | 白色正交或四方 | | 24.4 转无水 | | 溶于水 |
| $Na_2SO_4\cdot 10H_2O$ 十水合硫酸钠 | 322.19 | 无色单斜 | 1.464 | 32.38 | 100 失 $10H_2O$ | 溶于水,易风化 |
| $Na_2S_2O_7$ 焦硫酸钠 | 222.16 | 白色半透明晶体 | 2.658 | 400.9 | 460 分解 | 潮解,溶于水 |
| $Na_2S_2O_3\cdot 5H_2O$ 五水合硫代硫酸钠(海波) | 248.18 | 无色单斜 | 1.729 | 40～45<br>48 分解 | 100 失 $5H_2O$ | 溶于水,易风化 |
| $NaSbO_2\cdot 3H_2O$ 偏亚锑酸钠 | 230.78 | 无色正交 | 2.864 | 分解 | | 遇水分解 |
| $Na_2SiO_3$ 偏硅酸钠 | 122.00 | 无色单斜 | 2.4 | 1088 | | 溶于水 |
| $Na_4SiO_4$ 硅酸钠 | 184.04 | 无色六方 | | 1018 | | 溶于水 |
| $Na_2Sn(OH)_6$ 三水合锡酸钠 | 266.74 | 无色六方或白色粉末 | | 140 失 $3H_2O$ | | 溶于水 |
| $Na_2Ti_3O_7$ 三钛酸钠 | 301.68 | 白色针状单斜 | 3.35～3.50 | 1128 | | 难溶于水,溶于热盐酸 |
| $Na_2UO_4$ 铀酸钠 | 348.01 | 灰黄色或红色片状正交 | | | | 难溶于水 |
| $NaVO_3$ 偏钒酸钠 | 121.93 | 无色单斜棱柱 | | | | 溶于水 |
| $Na_2WO_4$ 钨酸钠 | 293.83 | 白色正交 | 4.179 | 698 | | 溶于水 |
| Nb 铌 | 92.91 | 铁灰色固体 | 8.6 | 2468 | 5127 | 溶于熔碱 |
| $NbCl_5$ 氯化铌 | 270.17 | 浅黄色固体 | 2.75 | 204.7 | 254 | 潮解,遇水分解 |
| NbH 氢化铌 | 93.91 | 灰色粉末 | 6.6 | 不熔 | | 溶于氢氟酸或浓硫酸 |
| $Nb_2O_5$ 五氧化二铌 | 265.81 | 白色正交 | 4.47 | 1485±5 | | 难溶于水 |
| $NdCl_3$ 氯化钕 | 250.60 | 玫瑰紫色棱柱 | 4.134 | 784 | 1600 | 溶于水 |
| $Nd_2O_3$ 氧化钕 | 336.48 | 浅蓝色粉末,有红色荧光 | 7.24 | 约 1900 | | 难溶于水 |
| $Nd_2(SO_4)_3\cdot 8H_2O$ 八水合硫酸钕 | 720.79 | 红色单斜 | 2.85 | 1176 | | 溶于水 |
| Ni 镍 | 58.69 | 灰色固体 | 8.9 | 1450 | 2730 | 不溶于水 |
| $Ni(CO)_4$ 四羰基镍 | 170.75 | 无色易挥发的可燃液体 | 1.32 | −25 | 43 | 难溶于水 |
| $NiCl_2$ 氯化镍 | 129.62 | 黄色固体 | 3.55 | 1001 | 973 升华 | 潮解,溶于水 |
| $Ni(NO_3)_2\cdot 6H_2O$ 六水合硝酸镍 | 290.81 | 绿色单斜 | 2.05 | 56.7 | 136.7 | 潮解,易溶于水 |
| NiO 氧化镍 | 74.71 | 墨绿色固体 | 6.67 | 1984 | | 难溶于水 |
| $Ni(OH)_2$ 氢氧化镍或 $NiO\cdot xH_2O$ | 92.72 | 绿色晶体或无定形 | 4.15(3.65) | 230 分解 | | 难溶于水 |
| NiS 硫化镍 | 90.77 | 黑色三方或无定形 | 5.3～5.65 | 797 | | 难溶于水 |
| $NiSO_4\cdot 7H_2O$ 七水合硫酸镍 | 280.88 | 绿色正交 | 1.948 | 99<br>31.5 失 $H_2O$ | 103 失 $6H_2O$ | 溶于水 |
| $NpCl_3$ 三氯化镎 | 343.36 | 白色六方 | 5.38 | 约 800 | | 溶于水 |
| $NpCl_4$ 四氯化镎 | 378.81 | 红棕色四方 | 4.92 | 538 | | 溶于水 |
| $NpO_2$ 二氧化镎 | 269.00 | 苹果绿色立方 | 11.11 | | | 难溶于水 |

续表

| 化学式和名称 | 相对分子质量 | 颜色、晶型或状态 | 密度/g·cm$^{-3}$ | 熔点/℃ | 沸点/℃ | 溶解性及其他 |
|---|---|---|---|---|---|---|
| $O_2$ 氧 | 32.00 | 无色气体 | 1.1(液) | −219 | −83 | |
| $O_3$ 臭氧 | 48.00 | 无色气体 | 1.5(液) | −193 | −111 | 微溶于水 |
| $OF_2$ 二氟化氧 | 54.00 | 无色气体，不稳定 | 1.90(液) | −223.8 | −144.8 | 微溶于水 |
| $OsCl_4$ 四氯化锇 | 332.01 | 红棕色针状 | | 升华 | | 微溶于水并分解 |
| $OsF_6$ 六氟化锇 | 304.19 | 绿色晶体 | | 32.1 | 45.9 | 遇水分解 |
| OsO 一氧化锇 | 206.20 | 黑色 | | | | 难溶于水 |
| $OsO_2$ 二氧化锇 | 222.20 | 黑色粉末<br>棕色晶体 | 7.71<br>11.37 | 350～400<br>变棕 500 时<br>30%变 $OsO_4$ | | 难溶于水 |
| $OsO_4$ 四氧化锇 | 254.10 | 无色单斜<br>黄色块状 | 4.906 | 39.5<br>41.5 | 130 | 溶于水 |
| $OsSO_3$ 亚硫酸锇 | 270.26 | 蓝黑色固体 | | 分解 | | 难溶于水 |
| P 磷 | 30.97 | 白色固体 | 1.8 | 44 | 280 | 不溶于水 |
| | | 红色固体 | 2.3 | | 411 升华 | 不溶于水 |
| | | 黑色固体 | 2.7 | | 453 升华 | 不溶于水 |
| $PBr_3$ 三溴化磷 | 270.70 | 无色发烟液体 | 2.852 | −40 | 172.9 | 遇水分解 |
| $PBr_5$ 五溴化磷 | 430.52 | 黄色正交 | | <100 分解 | 106 分解 | 遇水分解 |
| $PCl_2$ 或 $P_2Cl_4$(?)二氯化磷 | 101.88 | 无色液体 | | −28 | 180 | 遇水分解 |
| $PCl_3$ 三氯化磷 | 137.33 | 无色发烟液体 | 1.574 | −112 | 75.5 | 遇水分解 |
| $PCl_5$ 五氯化磷 | 208.24 | 淡黄色四方 | 4.65(气) | 166.8 分解 | 162 升华 | 遇水分解 |
| $PF_3$ 三氟化磷 | 87.97 | 无色气体 | 3.907(气) | −151.5 | −101.5 | 遇水分解 |
| $PF_5$ 五氟化磷 | 125.97 | 无色气体 | 5.805(气) | −83 | −75 | 遇水分解 |
| $PH_3$ 磷化氢(见 $H_3P$) | 34.00 | 无色气体 | 1.529(气) | −133.5 | −87.4 | 难溶于水，有毒 |
| $PH_4Cl$ 氯化鏻 | 70.46 | 无色立方 | | 28 | 升华 | 遇水分解 |
| $PH_4I$ 碘化鏻 | 161.91 | 无色四方 | 2.86 | 18.5<br>61.8 升华 | 80 | 潮解，遇水分解 |
| $(PH_4)_2SO_4$ 硫酸鏻 | 166.07 | | | | | 遇水分解 |
| $PI_3$ 三碘化磷 | 411.68 | 红色六方 | 4.18 | 61 | 分解 | 潮解，遇水分解，易溶于二硫化碳 |
| $P_2O_3$ 或 $P_4O_6$ 三氧化二磷 | 219.89 | 无色单斜或白色粉末 | 2.135 | 23.8 | 175.4 | 潮解，与水反应生成亚磷酸 |
| $P_2O_5$ 或 $P_4O_{10}$ 五氧化二磷 | 141.94 | 白色粉末或单斜 | 2.39 | 580～585 | 300 升华 | 潮解，与水生成磷酸 |
| $P_4S_3$ 三硫化四磷 | 220.09 | 黄色正交 | 2.03 | 174 | 408 | 难溶于冷水，遇热水分解 |
| $P_4S_7$ 七硫化四磷 | 348.34 | 亮黄色晶体 | 2.19 | 310 | 523 | 微溶于二硫化碳 |
| $P_2S_5$ 或 $P_4S_{10}$ 五硫化二磷 | 222.27 | 灰黄色晶体 | 2.03 | 286～290 | 514 | 潮解，难溶于冷水，在热水中分解 |
| $P(SCN)_3$ 硫氰化磷 | 205.22 | 液体 | 1.625 | 约−4 | 265 | 遇冷水分解，溶于乙醇、乙醚或苯等 |
| $PSCl_3$ 三氯硫化磷 | 169.40 | 无色发烟液体 | 1.635 | −35 | 125 | 遇冷水微分解，在热水中分解 |
| Pb 铅 | 207.2 | 灰色固体 | 11.4 | 327 | 1740 | 不溶于水 |
| $Pb_3(AsO_4)_2$ 砷磷铅 | 399.41 | 白色晶体 | 7.80 | 1042<br>1000 微分解 | | 剧毒，难溶于水，溶于硝酸 |
| $PbBr_2$ 溴化铅 | 367.01 | 白色正交 | 6.66 | 373 | 916 | 微溶于水，溶于酸或溴化钾 |
| $PbCO_3$ 碳酸铅 | 267.20 | 无色正交 | 6.6 | 315 分解 | | 难溶于冷水，遇热水分解 |
| $2PbCO_3 \cdot Pb(OH)_2$ 碱式碳酸铅 | 775.60 | 白色粉末或六方 | 6.14 | 400 分解 | | 难溶于水，微溶于二氧化碳水溶液 |

续表

| 化学式和名称 | 相对分子质量 | 颜色、晶型或状态 | 密度/g·cm$^{-3}$ | 熔点/℃ | 沸点/℃ | 溶解性及其他 |
|---|---|---|---|---|---|---|
| $PbCl_2$ 氯化铅 | 278.10 | 白色正交 | 5.85 | 501 | 950 | 微溶于水，溶于铵盐溶液 |
| $PbCl_4$ 四氯化铅 | 349.00 | 黄色油状液体 | 3.18 | −15 | 105 爆炸 | 遇水分解，放出氯气，溶于浓盐酸 |
| $PbCrO_4$ 铬酸铅 | 323.18 | 黄色单斜 | 6.12 | 344 | 分解 | 难溶于水，溶于酸 |
| $PbF_2$ 氟化铅 | 245.19 | 无色正交 | 8.24 | 855 | 1290 | 毒，难溶于水，溶于硝酸 |
| $PbH_2$ 二氢化铅 | 209.21 | 灰色粉末 | | 分解 | | |
| $Pb(HSO_4)_2 \cdot H_2O$ 硫酸氢铅 | 419.34 | 白色晶体 | | 分解 | | 难溶于水，微溶于硫酸 |
| $PbI_2$ 碘化铅 | 461.00 | 黄色六方粉末 | 6.16 | 402 | 954 | 毒，微溶于水，溶于碱或碘化钾溶液 |
| $PbMoO_4$ 钼酸铅 | 367.13 | 无色至亮黄色四方 | 6.92 | 1060～1070 | | 难溶于水，溶于酸或碱 |
| $Pb(N_3)_2$ 叠氮化铅 | 291.23 | 无色针状或粉末 | | | 350 爆炸 | 微溶于水，易溶于醋酸 |
| $Pb(NO_3)_2$ 硝酸铅 | 331.20 | 无色单斜或立方 | 4.53 | 470 分解 | | 毒，溶于水、乙醇、碱或液氨 |
| $Pb_2O$ 一氧化二铅 | 430.38 | 黑色无定形 | 8.342 | 分解 | | 难溶于水，溶于酸或碱 |
| $PbO$ 氧化铅 | 223.19 | 黄色四方 | 9.53 | 886 | | 难溶于水，溶于硝酸、碱 |
| | | 黄色正交 | 8.0 | | | 难溶于水，溶于碱 |
| $Pb_3O_4$ 四氧化三铅 | 685.57 | 红色晶体或无定形粉末 | 9.1 | 500 分解 | | 难溶于水，溶于盐酸 |
| $Pb_2O_3$ 三氧化二铅 | 426.38 | 橘黄色无定形粉末 | | 370 分解 | | 难溶于冷水，遇热水分解 |
| $PbO_2$ 二氧化铅 | 239.19 | 棕色四方 | 9.375 | 290 分解 | | 难溶于水，溶于稀盐酸 |
| $Pb(OH)NO_3$ 碱式硝酸铅 | 286.20 | 白色正交 | 5.93 | 180 分解 | | 溶于水或酸 |
| $Pb_3(PO_4)_2$ 磷酸铅 | 811.51 | 无色六方或白色粉末 | 6.9～7.3 | 1014 | | 难溶于水 |
| $PbS$ 硫化铅 | 239.25 | 蓝色立方呈金属光泽 | 7.5 | 1114 | | 难溶于水，溶于酸 |
| $PbSO_4$ 硫酸铅 | 303.25 | 白色单斜或正交 | 6.2 | 1170 | | 难溶于水，溶于铵盐溶液 |
| $PbSiO_3$ 硅酸铅 | 283.27 | 无色或白色单斜 | 6.49 | 766 | | 难溶于水 |
| $PbTiO_3$ 钛酸铅 | 303.09 | 黄色正交 | 7.52 | | | 难溶于水 |
| $PbWO_4$ 钨酸铅 | 455.04 | 无色四方 | 8.23 | | | 难溶于水，溶于氢氧化钾溶液 |
| Pd 钯 | 106.42 | 银白色固体 | 12.0 | 1552 | 2870 | 溶于热 $HNO_3$、$H_2SO_4$ |
| $PdCl_2$ 二氯化钯 | 177.31 | 暗红色针状立方 | 4.0 | 500 分解 | | 潮解，溶于水 |
| $PdF_3$ 三氟化钯 | 163.40 | 黑色正交 | 5.06 | 分解 | 分解 | 遇水分解 |
| $Pd_2H$ 或 $Pd_4H_2$ 氢化钯 | 213.81 | 银色金属状固体 | 10.76 | 分解 | | |
| $Pd(NO_3)_2$ 硝酸钯 | 230.41 | 棕黄色正交 | | 分解 | | 潮解，溶于水并分解 |
| $PdO$ 氧化钯 | 122.40 | 绿蓝色或琥珀色或黑色粉末 | 8.70 | 870 | | 难溶于水 |
| $PdO_2 \cdot xH_2O$ 含水二氧化钯 | | 暗红色 | | 分解，失 $H_2O$、失 O | | 难溶于水 |
| $PdSO_4 \cdot 2H_2O$ 二水合硫酸钯 | 238.50 | 红棕色晶体 | | 分解 | | 潮解，易溶于水 |
| $PoCl_2$ 二氯化钋 | 280.96 | 宝石红色固体 | 6.50 | 190 升华 | | 溶于稀硝酸 |
| $PoCl_4$ 四氯化钋 | 351.86 | 黄色单斜或三斜 | | 300（在 $Cl_2$ 中） | 390 | 溶于水，并分解 |

续表

| 化学式和名称 | 相对分子质量 | 颜色、晶型或状态 | 密度/g·cm$^{-3}$ | 熔点/℃ | 沸点/℃ | 溶解性及其他 |
|---|---|---|---|---|---|---|
| $PoO_2$ 二氧化钋 | 242.05 | 红色四方 | | 500 分解 | | |
| $PrCl_3$ 三氯化镨 | 247.27 | 蓝绿色针状 | 4.02 | 786 | 1700 | 易溶于水和乙醇 |
| $Pr_2O_3$ 三氧化二镨 | 329.81 | 黄绿色无定形 | 7.07 | 分解 | | 难溶于水，溶于酸 |
| $PrO_2$ 二氧化镨 | 172.91 | 棕黑色粉末 | 6.82 | >350 转 $Pr_6O_{10}$ | | |
| Pt 铂 | 195.08 | 银白色固体 | 21.5 | 1.774 | 约 3800 | 溶于王水、熔碱 |
| $PtCl_4$ 四氯化铂 | 336.90 | 棕红色晶体 | 4.303 | 370 分解（在 $Cl_2$ 中） | | 溶于水，微溶于乙醇 |
| $PtF_6$ 六氟化铂 | 309.08 | 暗红色固体，很不稳定 | | 57.6 | | |
| PtO 一氧化铂 | 211.09 | 紫黑色 | 14.9 | 550 分解 | | 难溶于水，溶于盐酸 |
| $Pt_3O_4$ 四氧化三铂 | 649.27 | | | 分解 | | 难溶于水、酸或王水 |
| $PtO_2$ 二氧化铂 | 227.03 | 黑色 | 10.2 | 450 | | 难溶于水、酸或王水 |
| $PtO_2 \cdot 4H_2O$ 四水合氧化铂 | 299.15 | 黄色针状固体 | | 100 失 $2H_2O$ | 120 失 $3H_2O$ | 难溶于水，溶于酸或稀碱 |
| $Pt(OH)_2$ 氢氧化铂 | 229.10 | 黑色 | | 分解 | | 难溶于水、硫酸或稀硝酸 |
| $PtS_2$ 二硫化铂 | 259.22 | 黑棕色粉末 | 7.66 | 225～250 分解 | | 难溶于水，溶于盐酸或硝酸 |
| $PuCl_3$ 三氯化钚 | 348.36 | 绿色六方 | 5.70 | 760 | | 溶于水 |
| $PuF_6$ 六氟化钚 | 355.99 | 淡红棕色正交 | | 50.75 | 62.3 | 遇水分解 |
| $PuO_2$ 二氧化钚 | 274.00 | 浅黄绿色立方 | 11.46 | | | 微溶于热的浓硫酸、硝酸或氢氟酸 |
| $Pu(SO_4)_2 \cdot 4H_2O$ 四水合硫酸钚 | 506.18 | 浅粉色 | | 280 分解 | | 溶于稀矿酸 |
| $RaBr_2$ 溴化镭 | 385.82 | 无色至微黄色单斜 | 5.79 | 728 | 900 升华 | 溶于水或乙醇 |
| $RaCl_2$ 氯化镭 | 296.91 | 无色至微黄色单斜 | 4.91 | 1000 | | 溶于水或乙醇 |
| Rb 铷 | 85.47 | 银白色固体 | 1.5 | 39 | 688 | 遇水起反应 |
| RbCl 氯化铷 | 120.92 | 无色立方 | 2.80 | 718 | 1390 | 溶于水 |
| RbH 氢化铷 | 86.48 | 无色针状固体 | 2.60 | 300 分解 | | 遇水分解 |
| $Rb_2O$ 氧化铷 | 186.94 | 无色至黄色立方 | 3.72 | 400 分解 | | 溶于水并分解，溶于液氨 |
| $Rb_2O_2$ 过氧化铷 | 202.94 | 黄色立方 | 3.65 | 570 | 1011 分解 | 遇水分解成氢氧化铷和氧气 |
| $Rb_2O_3$ 或 $Rb_4O_6$ 三氧化二铷 | 218.94 | 黑色立方 | 3.53 | 489 | | 溶于水并分解 |
| $RbO_2$ 超氧化铷 | 117.47 | 黑色片状，不稳定 | 3.80 | 432 | 1157 分解 | |
| $Rb_2O_4$ 四氧化二铷 | 234.94 | 暗橘红色晶体 | | 500 分解（真空中） | | 潮解 |
| RbOH 氢氧化铷 | 102.48 | 浅灰色固体 | 3.203 | 301±0.3 | | 潮解，易溶于水，溶于乙醇 |
| $Rb_2SO_4$ 硫酸铷 | 267.00 | 无色正交或六方 | 3.613 | 1060 653 转三方 | 约 1700 | 溶于水 |
| Re 铼 | 186.21 | 银白色固体 | 21.0 | 3180 | 5885 | 溶于 $HNO_3$，微溶于热 $H_2SO_4$ |
| $ReCl_3$ 三氯化铼 | 292.56 | 暗红色六方 | | >550 | | 溶于水、酸或碱 |
| $ReCl_4$ 四氯化铼 | 328.01 | 黑色（存在否?） | | | 500 | 溶于水并分解，溶于盐酸 |
| $ReCl_5$ 五氯化铼 | 363.47 | 暗绿色至黑色 | 4.9 | 分解 | 分解 | 遇水分解，溶于盐酸或碱 |
| $ReO_2$ 二氧化铼 | 218.20 | 黑色 | 11.4 | 1000 分解 | | 难溶于水，溶于浓盐酸或过氧化氢 |

续表

| 化学式和名称 | 相对分子质量 | 颜色、晶型或状态 | 密度/g·cm$^{-3}$ | 熔点/℃ | 沸点/℃ | 溶解性及其他 |
|---|---|---|---|---|---|---|
| $ReO_3$ 三氧化铼 | 234.20 | 红色或蓝色立方 | 6.9～7.4 | | 400 分解 | 难溶于水，溶于过氧化氢或硝酸 |
| $Re_2O_7$ 七氧化二铼 | 484.40 | 黄色片状六方或粉末 | 6.103 | 约 297 | 250 升华 | 吸湿，易溶于水和乙醇 |
| $Re_2S_7$ 七硫化二铼 | 596.85 | 黑色粉末 | 4.866 | | 分解 | 难溶于水，溶于硝酸、过氧化氢或碱 |
| Rh 铑 | 102.91 | 灰白色固体 | 12.4 | 1966 | 3700 | 溶于 $KHSO_4$ |
| $RhCl_3$ 三氯化铑 | 209.26 | 棕红色粉末 | | 450～500 分解 | 800 升华 | 潮解，难溶于水 |
| $Rh(NH_3)_6Cl_3$ 三氯化六氨合铑 | 311.45 | 片状正交 | 2.008 | 210 失 $NH_3$ 分解 | | 溶于水 |
| $Rh(NO_3)_3 \cdot 2H_2O$ 二水合硝酸铑 | 324.93 | 红色 | | | | 潮解，溶于水 |
| $Rh_2O_3$ 三氧化二铑 | 253.81 | 灰色晶体或无定形 | 8.20 | 1100～1150 分解 | | 难溶于水、王水、酸或氢氧化钾溶液 |
| $RhO_2$ 二氧化铑 | 134.90 | 棕色 | | | | 难溶于水或酸 |
| $Ru(CO)_5$ 五羰基钌 | 241.12 | 无色液体 | | −22 | | 溶于乙醇或苯 |
| $RuCl_3$ 三氯化钌 | 207.43 | 棕色晶体 | 3.11 | >500 分解 | | 潮解，难溶于冷水，遇热水分解，溶于盐酸 |
| $RuO_2$ 二氧化钌 | 133.07 | 暗蓝色四方 | 6.97 | 分解 | | 难溶于水 |
| $RuO_4$ 四氧化钌 | 165.07 | 黄色针状正交 | 3.29 | 25.5 | 108 分解 | 溶于水 |
| $Ru(OH)_3$ 氢氧化钌 | 152.09 | 黑色粉末 | | | | 难溶于水 |
| S 硫 | 32.07 | 黄色单斜 | 2.0 | 119 | 445 | 不溶于水 |
| | | 黄色正交 | 2.1 | 113 | 445 | 不溶于水 |
| $S_2Br_2$ 一溴化硫 | 233.95 | 红色液体 | 2.63 | −40 | 54 | 遇水分解 |
| $S_2Cl_2$ 一氯化硫 | 135.03 | 黄红色液体 | 1.678 | −80 | 135.6 | 遇水分解 |
| $SCl_2$ 二氯化硫 | 102.97 | 暗红色液体 | 1.621 | −78 | 59 分解 | 溶于四氯化碳或苯 |
| $SCl_4$ 四氯化硫 | 173.88 | 黄棕色液体 | | −30 | −15 分解 | 遇水分解 |
| $S_4N_2$ 二氮化四硫 | 156.27 | 红色液体或灰色固体 | 1.901 | 23 | 100 分解爆炸 | 难溶于水 |
| $S_4N_4$ 四氮化四硫 | 184.28 | 橘红色单斜 | 2.22 | 179 升华 | 160 爆炸 | 遇水分解 |
| SO 或 $S_2O_2$ 一氧化硫 | 48.06 | 无色气体 | | 分解 | 分解 | 遇水分解 |
| $S_2O_3$ 三氧化二硫 | 112.13 | 蓝绿色晶体 | | 70～95 分解 | | 遇水分解 |
| $SO_2$ 二氧化硫 | 64.06 | 无色气体或液体 | 2.927(气)<br>1.434(液) | −72.7 | −10 | 溶于水 |
| $SO_3$ 三氧化硫(α) | 80.06 | 丝质纤维状和针状，稳定型 | 1.97 | 16.83 | 44.8 | |
| $(SO_3)_2$ 三氧化硫(β) | 160.12 | 石棉纤维状，介稳型 | | 62.4 | 50(升华) | |
| $SO_3$ 三氧化硫(γ) | 80.06 | 玻璃状，介稳型 | 1.920(液)<br>2.29(固) | 16.8 | 44.8 | |
| $SO_4$ 四氧化硫 | 96.00 | 白色 | | 0～3 分解 | | 遇水分解 |
| $SO_2Cl_2$ 氯化硫酰 | 134.97 | 无色液体 | 1.6674 | −54.1 | 69.1 | 遇水分解，溶于苯 |
| Sb 锑 | 121.75 | 银白色固体 | 6.7 | 631 | 1380 | 不溶于水 |
| $SbCl_3$ 三氯化锑 | 228.11 | 无色正交 | 3.140 | 73.4 | 283 | 潮解，易溶于水 |
| $SbCl_5$ 五氯化锑 | 299.02 | 白色液体或单斜 | 2.336(液) | 2.8 | 79 | 遇水分解，溶于盐酸 |
| $SbH_3$ 锑化氢 | 124.77 | 可燃气体 | 4.36(气)<br>2.26(液) | −88 | −17.1 | 微溶于水 |
| $Sb_2O_3$ 或 $Sb_4O_6$ 三氧化二锑 | 291.50 | 白色立方<br>无色正交 | 5.2<br>5.67 | 656<br>656 | 1550 升华<br>1550 | 难溶于水，溶于氢氧化钾溶液或盐酸 |
| $Sb_2O_5$ 或 $Sb_4O_{10}$ 五氧化二锑 | 323.50 | 黄色粉末 | 3.80 | 380 失 O<br>930 失 2O | | 难溶于水，氢氧化钾溶液或盐酸 |

续表

| 化学式和名称 | 相对分子质量 | 颜色、晶型或状态 | 密度/g·cm$^{-3}$ | 熔点/℃ | 沸点/℃ | 溶解性及其他 |
|---|---|---|---|---|---|---|
| $Sb_2S_3$ 三硫化二锑 | 339.69 | 黑色正交<br>黄红色无定形粉末 | 4.64<br>4.12 | 550 | 约 1150 | 难溶于水，溶于乙醇、硫化钾溶液或盐酸 |
| $Sb_2S_5$ 五硫化二锑 | 403.82 | 黄色粉末 | 4.120 | 75 分解 | | 难溶于水，溶于酸或碱 |
| Sc 钪 | 44.96 | 银白色固体 | 3.0 | 1500 | 2730 | 不溶于水 |
| $ScCl_3$ 氯化钪 | 151.32 | 无色晶体 | 2.39 | 939 | 800～850 升华 | 易溶于水 |
| $Sc_2O_3$ 氧化钪 | 137.91 | 白色粉末 | 3.864 | | | 难溶于水 |
| $Sc(OH)_3$ 氢氧化钪 | 95.98 | 无色无定形 | | | | 难溶于水 |
| Se 硒 | 78.96 | 灰色固体 | 4.8 | 217 | 685 | 不溶于水 |
| | | 红色固体 | 4.5 | 170 | | |
| $Se_2Cl_2$ 二氯化二硒 | 228.83 | 棕红色液体 | 2.77 | −85 | 130 分解 | 遇水分解 |
| $SeCl_4$ 四氯化硒 | 220.77 | 白色至黄色立方 | 3.78～3.85 | 305 (170～196 升华) | 288 分解 | 潮解，遇水分解 |
| $SeO_2$ 二氧化硒 | 110.96 | 白色单斜<br>无色四方 | 3.95 | 340～350 (315～317 升华) | | 毒，溶于水 |
| $SeO_3$ 三氧化硒 | 126.96 | 苍黄色立方或纤维状 | 3.6 | 118 | 180 分解 | 潮解，易溶于水 |
| SeS 硫化硒 | 111.02 | 橘黄色粒状或粉末 | 3.056 | 118～119 分解 | | 难溶于水，溶于二硫化碳 |
| $SeS_2$ 二硫化硒 | 143.09 | 棕红色至黄色 | | <100 | 分解 | 难溶于水 |
| Si 硅 | 28.09 | 灰色固体 | 2.3 | 1410 | 2680 | 不溶于水 |
| SiC 碳化硅 | 40.10 | 无色至黑色六方或立方 | 3.217 | 约 2700 升华分解 | | 难溶于水或酸 |
| $Si(SCN)_4$ 硫氰化硅 | 260.41 | 白色针状正交 | 1.409<br>7.59(气) | 143.8 | 314.2 | 遇水分解 |
| $SiCl_4$ 四氯化硅 | 169.90 | 无色发烟液体 | 1.483(液)<br>1.90(固) | −70 | 57.57 | 遇水分解 |
| $SiH_4$ 硅化氢 | 32.12 | 无色气体 | 1.44(气)<br>0.68(液) | −185 | −111.8 | 难溶于水 |
| $SiHCl_3$ 三氯氢硅 | 135.45 | 无色液体 | 1.34 | −126.5 | 33 | 遇水分解，溶于二硫化碳、四氯化碳、氯仿或苯等 |
| $Si_3N_4$ 氮化硅 | 140.28 | 浅灰色无定形粉末 | 3.44 | 1900 (压力下) | | 难溶于水，溶于氢氟酸 |
| SiO 一氧化硅 | 44.09 | 白色立方 | 2.13 | >1702 | 1800 | 难溶于水，溶于稀氢氟酸加硝酸 |
| $SiO_2$ 二氧化硅 | 60.08 | 无色立方或四方 | 2.32 | 1723±5 | 2230 | 难溶于水，溶于氢氟酸 |
| | | 无色无定形 | 2.19 | | (2590) | |
| $SiS_2$ 二硫化硅 | 92.21 | 白色针状正交 | 2.02 | 1090 升华 | 白热 | 遇水分解 |
| Sm 钐 | 150.35 | 淡黄色金属六方 | 7.536 | 1072.1 | 1803 | 难溶于水，溶于酸 |
| $SmCl_2$ 二氯化钐 | 221.26 | 红棕色晶体 | 4.56 | 740 | | 溶于水 |
| $SmCl_3$ 三氯化钐 | 256.71 | 浅黄色晶体 | 4.46 | 678±2 | 分解 | 潮解，溶于水 |
| $Sm_2O_3$ 氧化钐 | 348.70 | 淡黄色粉末 | 8.347 | | | 难溶于水 |
| $Sm(OH)_3$ 氢氧化钐 | 201.37 | 苍黄色粉末 | | | | 难溶于水 |
| Sn 锡 | 113.71 | 银白色固体 | 7.5 | 232 | 2270 | 不溶于水 |
| $SnCl_2$ 二氯化锡 | 189.60 | 白色正交 | 3.95 | 246 | 652 | 易溶于水 |
| $SnCl_2 \cdot 2H_2O$ 二水合氯化亚锡 | 225.63 | 白色单斜 | 2.710 | 37.7 | 分解 | 遇水分解，溶于乙醇、乙醚或丙酮等 |
| $SnCl_4$ 四氯化锡 | 260.50 | 无色液体或立方 | 2.226(液) | −33 | 114.1 | 溶于水和乙醚 |

续表

| 化学式和名称 | 相对分子质量 | 颜色、晶型或状态 | 密度/g·cm$^{-3}$ | 熔点/℃ | 沸点/℃ | 溶解性及其他 |
|---|---|---|---|---|---|---|
| $SnH_4$ 锡化氢 | 122.72 | 气体 | | −150 分解 | −52 | 溶于浓碱或浓硫酸 |
| SnO 氧化亚锡 | 134.69 | 黑色立方或四方 | 6.446 | 1080 分解 | | 难溶于水 |
| $SnO_2$ 二氧化锡 | 150.69 | 白色四方、六方或正交 | 6.95 | 1630 | 1800～1900 升华 | 难溶于水 |
| SnS 硫化亚锡 | 150.75 | 灰黑色立方或单斜 | 5.22 | 882 | 1230 | 难溶于水 |
| $SnS_2$ 二硫化锡 | 182.82 | 金黄色六方 | 4.5 | 600 分解 | | 难溶于水 |
| $SnSO_4$ 硫酸亚锡 | 214.75 | 浅黄色晶体或粉末 | | >360 ($SO_2$ 中) | | 溶于水或硫酸 |
| Sr 锶 | 87.62 | 银白色固体 | 2.6 | 770 | 1380 | 遇水反应 |
| $SrCO_3$ 碳酸锶 | 147.63 | 无色正交或白色粉末 | 3.70 | 1497 (6.99MPa) | 1340 失 $CO_2$ | 难溶于水 |
| $SrCl_2$ 氯化锶 | 158.53 | 无色立方 | 3.052 | 875 | 1250 | 溶于水 |
| $SrH_2$(?)氢化锶 | 89.64 | 白色正交 | 3.72 | 675 分解 | 1000 升华 ($H_2$ 中) | 吸湿，遇水分解 |
| $SrHPO_4$ 磷酸氢锶 | 183.60 | 无色正交 | 3.544 | 1.62 | | 难溶于水 |
| $Sr(NO_3)_2$ 硝酸锶 | 211.63 | 无色立方 | 2.986 | 570 | | 溶于水 |
| $Sr(NO_3)_2 \cdot 4H_2O$ 四水合硝酸锶 | 283.69 | 无色单斜 | 2.2 | 100 失 $4H_2O$ | 1100 转 SrO | 溶于水 |
| SrO 氧化锶 | 103.62 | 浅灰色立方 | 4.7 | 2430 | 约 3000 | 微溶于水 |
| $SrO_2$ 过氧化锶 | 119.62 | 白色粉末 | 4.56 | 215 分解 | | 微溶于水 |
| $Sr(OH)_2$ 氢氧化锶 | 121.63 | 白色固体 | 3.625 | 375 ($H_2$ 中) | 710 失 $H_2O$ | 潮解，微溶于水 |
| $SrSO_4$ 硫酸锶 | 183.68 | 无色正交 | 3.96 | 1605 | | 难溶于水 |
| Ta 钽 | 180.95 | 灰黑色固体 | 16.6 | 2980 | 5425 | 溶于氢氟酸及熔碱 |
| TaC 碳化钽 | 192.96 | 黑色立方 | 13.9 | 3880 | 5500 | 难溶于水 |
| $TaCl_5$ 五氯化钽 | 358.21 | 亮黄色玻璃状晶体或粉末 | 3.68 | 216 | 242 | 遇水分解 |
| $Ta_2O_4$ 或 $TaO_2$ 四氧化二钽 | 425.89 | 深灰色粉末 | | 氧化 | | 难溶于水和酸 |
| $Ta_2O_5$ 五氧化二钽 | 441.89 | 无色正交 | 8.2 | 1872±10 | | 难溶于水，溶于氢氟酸 |
| $Ta(OH)_6$ 或 $H_2TaO_4 \cdot 2H_2O$ 钽酸 | 229.64 | 白色单斜 | 3.071 | 136 | | 溶于水 |
| $TbCl_3 \cdot 6H_2O$ 六水合氯化铽 | 373.38 | 无色棱柱 | 4.35 (无水) | 588 (无水) | 180～200 失 $H_2O$ | 潮解，易溶于水 |
| $Tb_2O_3$ 氧化铽 | 365.85 | 白色固体 | | | | 溶于稀酸 |
| Te 碲 | 127.60 | 白色固体 | 6.2 | 450 | 1390 | 不溶于水 |
| $TeCl_2$ 二氯化碲 | 198.50 | 黑色晶体或无定形，不稳定 | 7.05 | 209±5 | 327 | 遇水分解 |
| $TeCl_4$ 四氯化碲 | 269.41 | 白至黄色晶体 | 3.26 | 224 | 380 | 潮解，溶于水并分解 |
| $TeO_2$ 二氧化碲 | 159.60 | 白色四方或正交 | 5.67<br>5.91 | 733 | 1245 | 难溶于水 |
| $TeO_3$ 三氧化碲 | 175.60 | α 黄色无定形<br>β 灰色晶体 | 5.075<br>6.21 | 395 分解 | | 难溶于水 |
| $TeS_2$ 二硫化碲 | 191.72 | 红黑色无定形粉末 | | | | 难溶于水 |
| Th 钍 | 232.04 | 灰色固体 | 11.7 | 1700 | 4200 | 不溶于水 |
| $ThC_2$ 碳化钍 | 256.06 | 黄色四方 | 8.96 | 2655±55 | 约 5000(?) | 遇水分解 |
| $ThCl_4$ 氯化钍 | 373.85 | 白色正交 | 4.59 | 770±2 | 928 分解 | 潮解，易溶于水 |
| $Th(NO_3)_4 \cdot 4H_2O$ 四水合硝酸钍 | 552.12 | 无色晶体 | | | | 易溶于水 |
| $ThO_2$ 氧化钍 | 264.04 | 白色立方 | 9.86 | 3220±50 | 4400 | 难溶于水 |
| $Th(OH)_4$ 氢氧化钍 | 300.02 | 白色胶状 | | 分解 | | 难溶于水 |

续表

| 化学式和名称 | 相对分子质量 | 颜色、晶型或状态 | 密度/$g \cdot cm^{-3}$ | 熔点/℃ | 沸点/℃ | 溶解性及其他 |
|---|---|---|---|---|---|---|
| $Th(SO_4)_2 \cdot 4H_2O$ 四水合硫酸钍 | 496.22 | 白色针状晶体或粉末 | | 400 失 $4H_2O$ | | 溶于水 |
| Ti 钛 | 47.83 | 银白色固体 | 4.5 | 1670 | 3260 | 不溶于水 |
| TiC 碳化钛 | 59.91 | 绿色立方呈金属光泽 | 4.93 | 3140±90 | 4820 | 难溶于水 |
| $TiCl_3$ 三氯化钛 | 154.26 | 暗紫色固体 | 2.64 | 440 分解 | 660 | 潮解，溶于水 |
| $TiCl_4$ 四氯化钛 | 189.71 | 亮黄色液体 | 1.726(液)<br>2.06(固) | −25 | 136.4 | 溶于水 |
| $TiH_2$ 氢化钛 | 49.92 | 灰色粉末 | 3.9 | 400 分解 | | |
| TiO 一氧化钛 | 63.90 | 黄黑色 | 4.93 | 1750 | >3000 | 难溶于水 |
| $TiO_2$ 二氧化钛 | 79.90 | 棕黑色四方 | 3.84 | | | 难溶于水，溶于碱、硫酸 |
| | | 白色粉末或正交 | 4.17 | 1825 | | 难溶于水，溶于碱、硫酸 |
| | | 无色四方 | 4.26 | 1830～1850 | 2500～3000 | 难溶于水，溶于碱、硫酸 |
| $TiOSO_4$ 硫酸氧钛 | 159.96 | 白色或浅黄色粉末 | | | | 遇水分解 |
| Tl 铊 | 204.38 | 银白色固体 | 11.8 | 302 | 1460 | 不溶于水 |
| TlCl 一氯化铊 | 239.82 | 白色固体 | 7.004 | 430 | 720 | 微溶于水 |
| $TlCl_3$ 三氯化铊 | 310.73 | 片状六方 | | 25 | 分解 | 吸湿，易溶于水 |
| $Tl_2O$ 氧化亚铊 | 424.74 | 黑色 | 9.52 | 300 | 1080<br>1865 失 O | 潮解，易溶于水并生成氢氧化亚铊 |
| $Tl_2O_3$ 氧化铊 | 456.74 | 六方或无定形 | 10.19<br>9.65 | 717±5<br>710±5 | 875 失 2O | 难溶于水，溶于酸 |
| TlOH 氢氧化亚铊 | 221.38 | 苍黄色针状固体 | | 139 分解 | | 溶于水 |
| $Tl_2SO_4$ 硫酸亚铊 | 504.80 | 无色正交 | 6.77 | 632 | 分解 | 溶于水 |
| Tm 铥 | 168.93 | 银白色固体 | 9.332 | 1545 | 1730 | 难溶于水，溶于酸 |
| $TmCl_3 \cdot 7H_2O$ 七水合氯化铥 | 401.40 | 绿色晶体 | | 824 | 1440 | 潮解，易溶于水 |
| $Tm_2O_3$ 氧化铥 | 385.87 | 浅绿色粉末 | | | | |
| U 铀 | 238.03 | 银白色固体 | 19.1 | 1130 | 3820 | 不溶于水 |
| $UCl_3$ 三氯化铀 | 344.39 | 暗红色针状 | 5.44 | 842±5 | | 溶于水 |
| $UCl_5$ 五氯化铀 | 415.30 | 暗绿色或灰色针状，见光转红色 | 3.81(?) | 300 分解 | | 遇水分解 |
| $UF_6$ 六氟化铀 | 352.02 | 无色晶体 | 4.68 | 64.5～64.8 | 56.2 | 潮解，遇水分解 |
| $UH_3$ 氢化铀 | 241.05 | 黑棕色粉末 | 10.95 | | | 难溶于水 |
| $UO_2$ 二氧化铀 | 270.03 | 棕黑色正交或立方 | 10.96 | 2878±20 | | 难溶于水 |
| $U_3O_8$ 八氧化三铀 | 842.09 | 绿黑色 | 8.30 | 1300<br>分解成 $UO_2$ | | 难溶于水 |
| $UO_3$ 三氧化铀 | 286.03 | 黄红色粉末 | 7.29 | 分解 | | 难溶于水 |
| $UO_2SO_4 \cdot 3H_2O$ 硫酸氧铀 | 420.14 | 黄绿色晶体 | 3.28 | 100 分解 | | 溶于水 |
| V 钒 | 50.94 | 灰色固体 | 6.1 | 1900 | 3450 | 不溶于水 |
| $VCl_2$ 二氯化钒 | 121.85 | 绿色六方 | 3.23 | | | 潮解，溶于水 |
| $VCl_3$ 三氯化钒 | 157.30 | 粉红色晶体 | 3.000 | 分解 | | 潮解，溶于水 |
| $VCl_4$ 四氯化钒 | 192.75 | 红棕色液体 | 1.816 | −28±2 | 148.5 | 溶于水 |
| VO 或 $V_2O_2$ 一氧化钒 | 66.94 | 亮灰色晶体 | 5.758 | | | 难溶于水 |
| $V_2O_3$ 三氧化二钒 | 149.88 | 黑色晶体 | 4.87 | 1970 | | 微溶于水 |
| $VO_2$ 或 $V_2O_4$ 二氧化钒 | 82.94 | 蓝色晶体 | 4.339 | 1967 | | 难溶于水 |

续表

| 化学式和名称 | 相对分子质量 | 颜色、晶型或状态 | 密度/g·cm$^{-3}$ | 熔点/℃ | 沸点/℃ | 溶解性及其他 |
|---|---|---|---|---|---|---|
| $V_2O_5$ 五氧化二钒 | 181.88 | 黄红色正交 | 3.357 | 690 | 1750 分解 | 微溶于水 |
| $VOSO_4$ 硫酸氧钒 | 163.00 | 蓝色 | | | | 易溶于水 |
| $VSO_4·7H_2O$ 七水合硫酸钒 | 273.11 | 紫色单斜 | | 空气中分解 | | |
| W 钨 | 183.85 | 灰色固体 | 19.3 | 3410 | 5930 | 不溶于水 |
| WC 碳化钨 | 195.86 | 黑色六方 | 15.63 | 2870±50 | 6000 | 难溶于水 |
| $WCl_2$ 二氯化钨 | 254.76 | 灰色无定形 | 5.436 | | | 遇水分解 |
| $WCl_5$ 五氯化钨 | 361.12 | 黑色 | 3.875 | 248 | 275.6 | 遇热水分解，生成五氧化二钨 |
| $WCl_6$ 六氯化钨 | 396.57 | 暗蓝色立方 | 3.52 | 275 | 346.7 | 遇热水分解 |
| $WO_2$ 二氧化钨 | 215.85 | 棕色立方 | 12.11 | 1500～1600 ($N_2$ 中) | 约 1430<br>800 升华 | 难溶于水 |
| $WO_3$ 三氧化钨 | 231.85 | 黄色正交或黄橙色粉末 | 7.16 | 1473 | | 难溶于水 |
| Xe 氙 | 131.30 | 无色气体 | 0.005897 | −111.8 | −108.1 | 微溶于水 |
| $XeF_2$ 二氟化氙 | 169.28 | 无色晶体 | | 129 | | 遇水分解，生成氙、氧气和氢氟酸 |
| $XeF_4$ 四氟化氙 | 207.26 | 无色晶体 | | 117 | | 稳定化合物 |
| $XeF_6$ 六氟化氙 | 115.94 | 无色晶体 | | 49.6 | | 稳定化合物 |
| $XeO_4$ 四氧化氙 | 195.30 | 无色气体 | | | | 爆炸性分解 |
| $XeOF_4$ 四氟氧化氙 | 223.26 | 无色液体 | | −46 | | 稳定 |
| Y 钇 | 88.91 | 灰色固体 | 4.5 | 1509 | 2930 | 溶于稀酸、氢氧化钠溶液与热水起作用 |
| $YCl_3$ 氯化钇 | 195.26 | 白色 | 2.67 | 721 | 1507 | 溶于水 |
| $Y_2O_3$ 氧化钇 | 225.81 | 无色至淡黄色立方或粉末 | 5.01 | 2410 | | 难溶于水 |
| $Y(OH)_3$ 氢氧化钇 | 139.93 | 白色至黄色胶状或粉末 | | 分解 | | 难溶于水 |
| Yb 镱 | 173.04 | 银色立方 | 0.977 | 824 | 1430 | 溶于酸 |
| $YbCl_2$ 二氯化镱 | 243.95 | 绿黄色晶体 | 5.08 | 702 | 1900 | 溶于水 |
| $YbCl_3·6H_2O$ 六水合三氯化镱 | 387.49 | 绿色正交 | 2.575 | 865<br>180 失 $6H_2O$ | | 潮解，易溶于水 |
| $Yb_2O_3$ 氧化镱 | 394.08 | 无色 | 9.17 | | | 难溶于水 |
| Zn 锌 | 65.39 | 银白色固体 | 7.1 | 419 | 609 | 不溶于水 |
| $ZnCO_3$ 碳酸锌 | 125.39 | 无色三方 | 4.398 | 300 失 $CO_2$ | | 难溶于水 |
| $ZnCl_2$ 氯化锌 | 136.28 | 白色六方 | 2.91 | 283 | 732 | 潮解，易溶于水 |
| $Zn(NH_3)_2Cl_2$ 二氨合氯化锌 | 170.34 | 无色正交 | 2.10 | 210.8 | 271 分解 | 遇水分解 |
| $Zn(NO_3)_2·6H_2O$ 六水合硝酸锌 | 297.47 | 无色四方 | 2.065 | 36.4 | 105～131<br>失 $6H_2O$ | 易溶于水 |
| ZnO 氧化锌 | 81.37 | 白色六方 | 5.606 | 1975 | | 难溶于水 |
| $Zn(OH)_2$ 氢氧化锌 | 99.38 | 无色正交 | 3.053 | 125 分解 | | 微溶于水 |
| $Zn_3P_2$ 磷化锌 | 258.07 | 暗灰色四方 | 4.55 | >420 | 1100 升华 (在 $H_2$ 中) | 毒，遇水分解 |
| $Zn_3(PO_4)_2$ 磷酸锌 | 386.06 | 无色正交 | 3.998 | 900 | | 难溶于水 |
| ZnS 硫化锌 | 97.44 | α 无色六方 | 3.98 | 1700±20 (2.03MPa) | 1185 | 难溶于水 |
| | | β 无色立方 | 4.102 | 1020 转 α | | |
| $ZnSO_4$ 硫酸锌 | 161.44 | 无色正交 | 3.54 | 600 分解 | | 溶于水 |
| $ZnSO_4·7H_2O$ 七水合硫酸锌 | 287.55 | 无色正交 | 1.957 | 100 | 280 失 $7H_2O$ | 溶于水 |

续表

| 化学式和名称 | 相对分子质量 | 颜色、晶型或状态 | 密度/$g \cdot cm^{-3}$ | 熔点/℃ | 沸点/℃ | 溶解性及其他 |
|---|---|---|---|---|---|---|
| Zr 锆 | 91.224 | 浅灰色金属 | 6.49 | 1857 | | 不溶于硝酸、盐酸、碱 |
| $ZrCl_4$ 四氯化锆 | 233.04 | 白色晶体 | 2.803 | 437 (2.53MPa) | 331 升华 | 溶于水 |
| $ZrH_2$ 氢化锆 | 93.25 | 灰黑色粉末 | | | | 溶于稀氢氟酸 |
| $Zr(NO_3)_4 \cdot 5H_2O$ 五水合硝酸锆 | 429.33 | 无色晶体 | | | | 潮解，易溶于水 |
| $ZrO_2$ 二氧化锆 | 123.23 | 无色、黄色或棕色 | 5.89 | 约 2700 | 约 5000 | 难溶于水 |
| $Zr(OH)_4$ 氢氧化锆 | 159.26 | 白色无定形粉末 | 3.25 | 500 失 $2H_2O$ | | 微溶于水 |
| $ZrOCl_2 \cdot 8H_2O$ 八水合氯氧化锆 | 322.26 | 白色针状四方 | | 150 失 $6H_2O$ | 210 失 $8H_2O$ | 风化，溶于水 |
| $Zr(SO_4)_2$ 硫酸锆 | 283.36 | 微细粉末 | 3.22 | 410 分解 | | 溶于水 |

# 第三节　有机化合物的理化常数

有机化合物的理化常数（包括名称、分子式、相对分子质量、密度、熔点、沸点、折射率、溶解度等）见表 1-16。表 1-16 的说明如下。

(1) 表序按中文名称笔画排列，别名在括号内注明。

(2)“密度”一项，对于固体、液体及液化的气体（标出“液”字）为 20℃时的密度 g/mL（克/毫升）或 20℃/4℃相对密度；对于气体则为标准状况下的密度 g/L（克/升）。特殊情况于括号内注明。

(3) 熔点与沸点，除另有注明者外，均指在 0.101MPa 压强时的温度。注明“分解”、“升华”者，表示该物质受热到相当温度时分解或升华。

(4) $n_D^{20}$ 代表在 20℃时对空气的折射率，条件不同时另行注明。D 是指钠光灯中的 D 线（波长 589.3nm）。

(5) 在水中的溶解度为每 100g 水能溶解的固体或液体的克数，对气体则为每 100g 水能溶解的气体毫升数。温度条件在括号内注明，不注明者为常温。“分解”指遇水分解，“∞”指与水混溶。

在有机溶剂中的溶解度，易溶或可溶于某溶剂时，均列为溶于某溶剂，其他情况则分别注明。

(6) 化合物能生成水合物晶体者，其物理常数通常以相应的无水物的物理常数表示；分子式为水合物化学式者除外。

(7) 化合物名称中的 *d*、*l* 符号，指化合物的旋光性，即 *d* 表示右旋，*l* 表示左旋，*dl* 表示外消旋，*meso* 表示内消旋。

(8) 表中“—”表示暂无数据。

**表 1-16　有机化合物的理化常数**

| 名称 | 分子式 | 相对分子质量 | 密度 /$g \cdot cm^{-3}$ | 熔点 /℃ | 沸点 /℃ | 折射率 $n_D^{20}$ | 溶解度 | |
|---|---|---|---|---|---|---|---|---|
| | | | | | | | 在水中 | 在有机溶剂中 |
| 乙二胺 | $H_2NCH_2CH_2NH_2$ | 60.11 | 0.8995 (20℃) | 8.5 | 116.5 | 1.4568 | 易溶 | 与乙醇混溶 |
| 乙二酸（草酸） | HOOCCOOH | 90.04 | α:1.900 (17℃) β:1.895 | α:189.5 β:182 | 157 (升华) | — | 10(20℃) 120(100℃) | 溶于乙醇 |
| 乙二酸二水合物 | $(COOH)_2 \cdot 2H_2O$ | 126.07 | 1.650 | 101.5 | 100 失 $2H_2O$ | — | — | — |
| 乙二醇（甘醇） | $HOCH_2CH_2OH$ | 62.07 | 1.1088 | −11.5 | 198 | 1.4318 | ∞ | 与乙醇或丙酮混溶，溶于乙醚 |

续表

| 名称 | 分子式 | 相对分子质量 | 密度/g·cm$^{-3}$ | 熔点/℃ | 沸点/℃ | 折射率 $n_D^{20}$ | 溶解度 | |
|---|---|---|---|---|---|---|---|---|
| | | | | | | | 在水中 | 在有机溶剂中 |
| 乙二醛 | OHCCHO | 58.04 | 1.14 (1.26) | 15 | 50.4 | 1.3826 | 易溶 | 溶于乙醇或乙醚 |
| 乙苯 | $C_6H_5CH_2CH_3$ | 106.17 | 0.8670 | −94.97 | 136.2 | 1.4959 | 不溶 | 与乙醇或乙醚混溶 |
| 乙炔 | CH≡CH | 26.04 | 0.6208 (−82℃) | −80.8 | −84.0 升华 | 1.00051 (0℃) | 100(18℃) | 溶于丙酮、苯或氯仿 |
| 乙酸酐 | $(CH_3CO)_2O$ | 102.09 | 1.0820 | −73.1 | 139.55 | 1.39006 | 12(冷) 分解(热) | 与乙醚混溶，溶于乙醇或苯 |
| 乙胺 | $CH_3CH_2NH_2$ | 45.09 | 0.6829 | −81 | 16.6 | 1.3663 | ∞ | 与乙醇或乙醚混溶 |
| 乙烯 | $CH_2$═$CH_2$ | 28.05 | 1.260 | −169.15 −181 (凝固) | −103.71 | 1.363 (−100℃) | 25.6 (0℃) | 溶于乙醚 |
| 乙烯酮 | $CH_2$═CO | 42.04 | — | −151 | −56 | — | 分解 | 遇醇分解，微溶于乙醚或丙酮 |
| 乙烷 | $CH_3CH_3$ | 30.07 | 0.572 (−108℃) | −183.3 | −88.63 | 1.03769 (0℃，0.07MPa) | 4.7 (20℃) 1.8(80℃) | 溶于苯 |
| 乙腈(氰基甲烷) | $CH_3CN$ | 41.05 | 0.7857 | −45.72 | 81.6 | 1.34423 | ∞ | 与乙醇、乙醚、丙酮或苯混溶 |
| 乙硫醇 | $CH_3CH_2SH$ | 62.13 | 0.8391 | −144.4 | 35 | 1.43105 | 微溶 | 溶于乙醇、乙醚或丙酮 |
| 乙硫醚(二乙基硫) | $(CH_3CH_2)_2S$ | 90.19 | 0.8362 | −103.9 | 92.1 | 1.4430 | 微溶 | 溶于乙醇或乙醚 |
| 乙酰乙腈 | $CH_3COCH_2CN$ | 83.09 | — | — | 120～125 | — | — | 溶于乙醇或丙酮 |
| 乙酰水杨酸(阿司匹林) | $CH_3COOC_6H_5COOH$ | 180.17 | — | 135(急速加热) | — | — | 溶于热水分解 | 溶于乙醇或乙醚 |
| 乙酰丙酮(2,4-戊二酮) | $CH_3COCH_2COCH_3$ | 100.13 | 0.9721 (25℃) | −23 | 139 (99.5kPa) | 1.4494 | 易溶 | 与乙醇、乙醚或丙酮混溶 |
| 乙酰苯胺 | $C_6H_5NHCOCH_3$ | 135.17 | 1.2190 (15℃) | 114.3 (115～116) | 304 | — | 0.53(6℃) 3.5(80℃) | 溶于乙醇、乙醚、丙酮或苯 |
| 乙酰胺 | $CH_3CONH_2$ | 59.07 | 1.1590 | 82.3 | 221.2 | 1.4278 (78℃) | 溶 | 溶于乙醇 |
| 乙酰氟(氟化乙酰) | $CH_3COF$ | 62.04 | 1.002 (15℃) | <−60 | 20.8 | — | 分解 | 与热乙醇或乙醚混溶，溶于苯 |
| 乙酰氯(氯化乙酰) | $CH_3COCl$ | 78.50 | 1.1051 | −112 | 50.9 | 1.38976 | 分解 | 在乙醇中分解，与乙醚、丙酮或苯混溶 |
| 乙酰溴(溴化乙酰) | $CH_3COBr$ | 122.96 | 1.6625 (16℃) | −96 | 76 | 1.45376 (16℃) | 分解 | 在乙醇中分解，与乙醚或苯混溶，溶于丙酮 |
| 乙酸 | $CH_2COOH$ | 60.05 | 1.0492 | 16.604 | 117.9 | 1.3716 | ∞ | 与乙醇、乙醚、丙酮或苯混溶 |

续表

| 名称 | 分子式 | 相对分子质量 | 密度/$g\cdot cm^{-3}$ | 熔点/℃ | 沸点/℃ | 折射率 $n_D^{20}$ | 溶解度 | |
|---|---|---|---|---|---|---|---|---|
| | | | | | | | 在水中 | 在有机溶剂中 |
| 乙酸乙酯 | $CH_3COOC_2H_5$ | 88.12 | 0.9003 | −83.578 | 77.06 | 1.3723 | 8.5(15℃) | 与乙醇或乙醚混溶，溶于丙酮或苯 |
| 乙酸丁酯 | $CH_3COOC_4H_9$ | 116.16 | 0.8825 | −77.9 | 126.5(125) | 1.3941 | 微溶 | 与乙醇或乙醚混溶，溶于丙酮 |
| 乙酸乙烯酯 | $CH_3COOCH{=}CH_2$ | 86.09 | 0.9317 | −93.2 | 72.2～72.3 | 1.3959 | 2(20℃) | 与乙醇混溶，溶于乙醚、丙酮或苯 |
| 乙酸甲酯 | $CH_3COOCH_3$ | 74.08 | 0.9330 | −98.1 | 57.3 | 1.3593 | 33(22℃) | 与乙醇或乙醚混溶，溶于丙酮或苯 |
| 乙酸丙酯 | $CH_3COOC_3H_7$ | 102.13 | 0.8878 | −95 | 101.6 | 1.3842 | 微溶 | 与乙醇或乙醚混溶 |
| 乙酸戊酯 | $CH_3COOC_5H_{11}$ | 130.19 | 0.8756 | −70.8 | 149.25 | 1.4023 | 微溶 | 与乙醇或乙醚混溶 |
| 乙酸苄酯 | $CH_3COOCH_2C_6H_5$ | 150.18 | 1.0550 | −51.5 | 215.5 | 1.5232 | 微溶 | 与乙醇混溶，溶于乙醚或丙酮 |
| 乙酸苯酯 | $CH_3COOC_6H_5$ | 136.16 | 1.0780 | — | 195.7 | 1.5033 | 微溶 | 与乙醇或乙醚混溶 |
| 乙醇(酒精) | $CH_3CH_2OH$ | 46.07 | 0.7893 | −117.3(−112.3) | 78.5 | 1.3611 | ∞ | 与乙醚或丙酮混溶，溶于苯 |
| 乙醛 | $CH_3CHO$ | 44.05 | 0.7834(18℃) | −121 | 20.8 | 1.3316 | ∞(热) | 与乙醇、乙醚或苯混溶 |
| 乙醛肟 | $CH_3CH{=}NOH$ | 59.07 | 0.9656 | 47 | 115 | 1.42567 | 溶(热) | 与乙醇或乙醚混溶 |
| 乙醛缩二乙醇(乙缩醛) | $CH_3CH(OC_2H_5)_2$ | 118.18 | 0.8314 | — | 103.2 | 1.3834 | 溶 | 与乙醇或乙醚混溶，溶于丙酮 |
| 乙醚(二乙醚) | $(CH_3CH_2)_2O$ | 74.12 | 0.71378 | −116.2(凝固) | 34.51 | 1.3526 | 7.5(20℃) | 与乙醇、乙醚或苯混溶，溶于丙酮 |
| α-羟基乙醛(甘醛) | $HOCH_2CHO$ | 60.05 | 1.366(100℃) | 97 | — | 1.4772 | 易溶 | 溶于乙醇 |
| 二乙汞 | $Hg(C_2H_5)_2$ | 258.71 | 2.444(液) | — | 159 | — | 不溶 | 溶于乙醚 |
| 二乙砜(乙基砜) | $(CH_3CH_2)_2SO_2$ | 106.19 | — | 14(4～6) | 104(3.3kPa) | — | 溶 | 溶于乙醇或乙醚 |
| 二乙胺 | $(CH_3CH_2)_2NH$ | 73.14 | 0.7056 | −48(凝固−50) | 56.3 | 1.3846 | 生成-水合物(熔点−19℃)溶 | 与乙醇混溶，溶于乙醚 |
| 二乙锌 | $Zn(C_2H_5)_2$ | 123.49 | 1.182(18℃) | — | 118 | — | 分解 | — |
| 二乙酰胺 | $(CH_3CO)_2NH$ | 101.11 | — | 79 | 223.5 | — | 溶 | 溶于乙醇或乙醚 |
| 二乙酰乙胺 | $(CH_3CO)_2NC_2H_5$ | 129.16 | 1.0092 | — | 195～199 | 1.4512 | 不溶 | 溶于乙醇 |
| 二乙酰甲胺 | $(CH_3CO)_2NCH_3$ | 115.13 | 1.0663(25℃) | −25 | 194.5(95kPa) | 1.4502(25℃) | ∞ | 不溶于乙醚 |
| 二乙酰苯胺(二乙酰替苯胺) | $(CH_3CO)_2NC_6H_5$ | 177.21 | — | 37～38 | 200(13kPa) | — | 微溶 | 溶于乙醇或苯 |
| 二四滴(2,4-D;2,4-二氯苯氧基乙酸) | $C_6H_4Cl_2OCH_2COOH$ | 221.04 | — | 140～141 | 160(53.3Pa) | — | 不溶 | 溶于乙醇，微溶于苯 |

续表

| 名称 | 分子式 | 相对分子质量 | 密度 /g·cm$^{-3}$ | 熔点 /℃ | 沸点 /℃ | 折射率 $n_D^{20}$ | 溶解度 | |
|---|---|---|---|---|---|---|---|---|
| | | | | | | | 在水中 | 在有机溶剂中 |
| 二甲胺 | $(CH_3)_2NH$ | 45.09 | 0.6804 (0℃) | −93 | 7.4 | 1.350 (17℃) | 易溶 | 溶于乙醇或乙醚 |
| 盐酸二甲胺 | $(CH_3)_2NH\cdot HCl$ | 81.56 | — | 171 | — | — | 易溶 | 溶于乙醇 |
| 二甲砜 | $(CH_3)_2SO_2$ | 94.13 | 1.1702 (100℃) | 110 | 238 | 1.4226 | 溶 | 溶于乙醇、乙醚或苯 |
| 邻二甲苯 | $C_6H_4(CH_3)_2$ | 106.17 | 0.8802 | −25.18 | 144.4 | 1.5055 | 不溶 | 与乙醇、乙醚、丙酮或苯混溶 |
| 间二甲苯 | $C_6H_4(CH_3)_2$ | 106.17 | 0.8642 | −47.87 | 139.1 | 1.4972 | 不溶 | 与乙醇、乙醚、丙酮或苯混溶 |
| 对二甲苯 | $C_6H_4(CH_3)_2$ | 106.17 | 0.8611 | 13.26 | 138.35 | 1.4958 | 不溶 | 与乙醇、乙醚、丙酮或苯均混溶 |
| 二甲基硅烷 | $(CH_3)_2SiH_2$ | 60.17 | 0.68 (−80℃) | −155.2 | −19.6 | — | — | — |
| *N*，*N*-二甲基苯胺 | $C_6H_5N(CH_3)_2$ | 121.18 | 0.9557 | 2.45 (1.96 凝固) | 194.15 | 1.5582 | 微溶 | 溶于乙醇、乙醚、丙酮或苯 |
| 盐酸 *N*，*N*-二甲基苯胺 | $C_6H_5N(CH_3)_2\cdot HCl$ | 157.65 | 1.1156 (19℃) | 85～95 | — | — | 溶 | 溶于乙醇，微溶于苯 |
| 二甲镁 | $Mg(CH_3)_2$ | 54.38 | — | 240 稳定 | — | — | — | 微溶于乙醚 |
| 二甲锌 | $Zn(CH_3)_2$ | 95.44 | 1.385 (10.5℃) | −42.2 | 46 | — | 分解 | 遇醇分解，溶于乙醚 |
| 二苄砜 | $(C_6H_5CH_2)_2SO_2$ | 218.28 | 1.252 | 128～129 | 379 | — | 不溶 | 溶于热乙醇、乙醚或苯 |
| 二苯甲烷 | $(C_6H_5)_2CH_2$ | 168.24 | 1.0060 | 25.35 | 264.3 | 1.5753 | 不溶 | 溶于乙醇或乙醚 |
| 二苯甲醇 | $(C_6H_5)_2CHOH$ | 184.24 | — | 69 | 297～298 (99.7kPa) | — | 0.05 (20℃) | 溶于乙醇或乙醚 |
| 二苯甲酰（二苯基乙二酮） | $(C_6H_5CO)_2$ | 210.23 | 1.084 (102℃) | 95～96 | 346～348 (分解) | — | 不溶 | 溶于乙醇、乙醚、丙酮或苯 |
| 二苯甲酮 | $(C_6H_5)_2CO$ | 182.21 | α:1.146<br>β:1.1076 | α:48.1<br>β:26 | 305.9 | α:1.6077 (16℃)<br>β:1.6059 (23℃) | 不溶 | 溶于乙醇、乙醚、丙酮或苯 |
| 二苯汞 | $Hg(C_6H_5)_2$ | 354.81 | 2.318 | 121.8 升华 | 204 (1.4kPa)<br>>306 分解 | — | 不溶 | 溶于氯仿、二硫化碳或苯 |
| 二苯胺 | $(C_6H_5)_2NH$ | 169.23 | 1.160 (22℃) | 54～55 | 302 | — | 不溶 | 溶于乙醇、乙醚、丙酮或苯 |
| 二苯醚 | $(C_6H_5)_2O$ | 170.21 | 1.0748 | 26.84 | 257.93 | 1.5787 (25℃) | 不溶 | 溶于乙醇、乙醚或苯 |
| 1,4-二氢化萘 | $C_{10}H_{10}$ | 130.19 | 0.9928 (33℃) | 25(30) | 211.2 | 1.5577 | — | — |
| 9,10-二氢化蒽 | $C_{14}H_{12}$ | 180.25 | 0.8976 (11℃) | 111 | 305 | — | 不溶 | 溶于乙醇、乙醚或苯 |
| 二氯二氟甲烷（氟里昂-12） | $Cl_2CF_2$ | 120.91 | 1.1834 (57℃) | −158 | −29.8 | — | 5.7(26℃) | 溶于乙醇或乙醚 |
| 二氟乙酸 | $F_2CHCOOH$ | 96.03 | 1.5255 | −0.35 | 134.2 (92kPa) | 1.3420 | ∞ | 与乙醇、乙醚、丙酮或苯混溶 |

续表

| 名称 | 分子式 | 相对分子质量 | 密度/g·cm$^{-3}$ | 熔点/℃ | 沸点/℃ | 折射率 $n_D^{20}$ | 溶解度 | |
|---|---|---|---|---|---|---|---|---|
| | | | | | | | 在水中 | 在有机溶剂中 |
| 二氯乙酸 | $Cl_2CHCOOH$ | 128.94 | 1.5634 | 13.5 | 194 | 1.4658 | ∞ | 与乙醇或乙醚混溶，溶于丙酮 |
| 二溴乙酸 | $Br_2CHCOOH$ | 217.86 | — | 48 | 232～324分解 | — | 易溶 | 溶于乙醇或乙醚 |
| 二碘乙酸 | $I_2CHCOOH$ | 311.85 | — | 110(96) | — | — | 溶 | 溶于热乙醇、热乙醚或热苯 |
| 二氯甲烷 | $CH_2Cl_2$ | 84.93 | 1.3266 | −95.1 | 40 | 1.4242 | 2(20℃) | 与乙醇或乙醚混溶 |
| 1,2-二氯乙烷（氯化乙烯） | $ClCH_2CH_2Cl$ | 98.96 | 1.2351 | −35.36 | 83.47 | 1.4448 | 0.9(0℃)<br>0.9(30℃) | 与乙醚混溶，溶于乙醇、丙酮或苯 |
| 1,1-二氯乙烯（偏二氯乙烯） | $CH_2=CCl_2$ | 96.94 | 1.218 | −122.1 | 37 | 1.4249 | 不溶 | 溶于乙醇、乙醚、丙酮或苯 |
| 二碘甲烷 | $CH_2I_2$ | 267.84 | 3.3254 | 6.1 | 182 | 1.7425 | 1.6(0℃)<br>1.4(20℃) | 溶于乙醇或乙醚 |
| 二溴甲烷 | $CH_2Br_2$ | 173.85 | 2.4970 | −52.55 | 97 | 1.5420 | 微溶 | 与乙醇、乙醚或丙酮混溶 |
| 1,2-二溴乙烷 | $BrCH_2CH_2Br$ | 187.87 | 2.1792 | 9.79 | 131.36 | 1.5387 | 0.43(30℃) | 与乙醚混溶，溶于乙醇、丙酮或苯 |
| 1,2-二碘乙烷 | $ICH_2CH_2I$ | 281.86 | 3.325 | 83 | 200 | 1.871 | 微溶 | 溶于乙醇、乙醚、丙酮或氯仿 |
| 邻二氯苯 | $C_6H_4Cl_2$ | 147.01 | 1.3048 | −17.0 | 180.5 | 1.5515 | 不溶 | 与丙酮或苯混溶，溶于乙醇或乙醚 |
| 间二氯苯 | $C_6H_4Cl_2$ | 147.01 | 1.2884 | −24.7 | 173 | 1.5459 | 不溶 | 与丙酮混溶，溶于乙醇、乙醚或苯 |
| 对二氯苯 | $C_6H_4Cl_2$ | 147.01 | 1.2475 | 53.1 | 174.4 | 1.5285 | 不溶 | 与乙醇或丙酮混溶，溶于乙醚或苯 |
| 2,4-二硝基甲苯 | $C_6H_3CH_3(NO_2)_2$ | 182.14 | 1.3208(71℃) | 71 | 300（微分解） | 1.442(1.756) | 0.03(22℃) | 溶于乙醇、乙醚、丙酮或苯 |
| 2,5-二硝基甲苯 | $C_6H_3CH_3(NO_2)_2$ | 182.14 | 1.282(111℃) | 52.5 | — | — | — | 溶于乙醇或苯 |
| 2,6-二硝基甲苯 | $C_6H_3CH_3(NO_2)_2$ | 182.14 | 1.2833(111℃) | 66 | — | 1.479(1.734) | — | 溶于乙醇 |
| 邻二硝基苯 | $C_6H_4(NO_2)_2$ | 168.11 | 1.565(17℃) | 118.5 | 319(103kPa) | — | 0.01(冷) | 溶于乙醇或苯 |
| 间二硝基苯 | $C_6H_4(NO_2)_2$ | 168.11 | 1.575(18℃) | 90.02 | 291(100kPa) | — | 0.3(99℃) | 溶于乙醇、乙醚、丙酮或苯 |
| 对二硝基苯 | $C_6H_4(NO_2)_2$ | 168.11 | 1.625(18℃) | 174 | 299(104kPa) | — | 0.18(100℃) | 微溶于乙醇，溶于丙酮或苯 |
| 二硫化碳 | $CS_2$ | 76.14 | 1.2632 | −111.53 | 46.25 | 1.6319 | 0.2(0℃)<br>0.014(50℃) | 与乙醇或乙醚混溶 |
| 十一烷 | $CH_3(CH_2)_9CH_3$ | 156.32 | 0.74017 | −25.59 | 195.9 | 1.4172 | 不溶 | 与乙醇或乙醚混溶 |
| 十二烷 | $CH_3(CH_2)_{10}CH_3$ | 170.34 | 0.7487 | −9.6 | 216.3 | 1.4216 | 不溶 | 易溶于乙醇、乙醚或丙酮 |
| 十三烷 | $CH_3(CH_2)_{11}CH_3$ | 184.37 | 0.7564 | −5.5 | 235.4 | 1.4256 | 不溶 | 易溶于乙醇或乙醚 |

续表

| 名称 | 分子式 | 相对分子质量 | 密度/g·cm$^{-3}$ | 熔点/℃ | 沸点/℃ | 折射率 $n_D^{20}$ | 溶解度 | |
|---|---|---|---|---|---|---|---|---|
| | | | | | | | 在水中 | 在有机溶剂中 |
| 十四烷 | $CH_3(CH_2)_{12}CH_3$ | 198.40 | 0.7628 | 5.86 | 253.7 | 1.4290 | 不溶 | 易溶于乙醇或乙醚 |
| 十五烷 | $CH_3(CH_2)_{13}CH_3$ | 212.42 | 0.7685 | 10 | 270.63 | 1.4315 | 不溶 | 易溶于乙醇或乙醚 |
| 十六烷 | $CH_3(CH_2)_{14}CH_3$ | 226.45 | 0.77331 | 18.17 | 287 | 1.4345 | 不溶 | 与乙醚混溶，微溶于热乙醇 |
| 十七烷 | $CH_3(CH_2)_{15}CH_3$ | 240.48 | 0.7780 | 22 | 301.8 | 1.4369 | 不溶 | 微溶于乙醇，溶于乙醚 |
| 十八烷 | $CH_3(CH_2)_{16}CH_3$ | 254.51 | 0.7768 | 28.18 | 316.1 | 1.4390 | 不溶 | 微溶于乙醇，溶于乙醚或丙酮 |
| 十九烷 | $CH_3(CH_2)_{17}CH_3$ | 268.53 | 0.7855 | 32.1 | 329.7 | 1.4409 | 不溶 | 微溶于乙醇，溶于乙醚或丙酮 |
| 二十烷 | $CH_3(CH_2)_{18}CH_3$ | 282.56 | 0.7886 | 36.8 | 343 | 1.4425 | 不溶 | 溶于乙醚、丙酮或苯 |
| 二羟甲基脲 | $(HOH_2CNH)_2CO$ | 120.12 | 1.49 (25℃) | 126 (137～138) | 260 分解 | — | 溶 | 溶于乙醇 |
| 1,4-丁二胺(腐肉胺) | $H_2N(CH_2)_4NH_2$ | 88.15 | 0.877 (25℃) | 27～28 | 158～159 | 1.4569 | 溶 | — |
| 1,3-丁二烯 | $CH_2{=}CH{-}CH{=}CH_2$ | 54.09 | 0.6211 | −108.91 | −4.41 | 1.4292 (−25℃) | 不溶 | 溶于乙醇、乙醚、丙酮或苯 |
| 1,3-丁二醇 | $HO(CH_2)_2CH(OH)CH_3$ | 90.12 | 1.0053 | — | 204 | 1.4418 | 溶 | 溶于乙醇 |
| 1,4-丁二醇 | $HO(CH_2)_4OH$ | 90.12 | 1.0171 | 20.1 | 235 (230) | 1.4460 | ∞ | 溶于乙醇，微溶于乙醚 |
| 2,3-丁二醇 | $CH_3(CHOH)_2CH_3$ | 90.12 | D:0.9872 (25℃) | 34(25) | 180～182 | 1.4306 (25℃) | ∞ | 溶于乙醇或乙醚 |
| | | | DL:1.0033 | 7.6 | 182 | 1.4310 (25℃) | ∞ | 溶于乙醇或乙醚 |
| | | | L:0.9869 (25℃) | 19.7 | 178～181 | 1.4340 (18℃) | ∞ | 溶于乙醇或乙醚 |
| 2,3-丁二酮 | $CH_3COCOCH_3$ | 86.09 | 0.9808 (18.5℃) | −2.4 | 88 | 1.3951 | 溶 | 与乙醇或乙醚混溶，溶于丙酮或苯 |
| 丁二酸(琥珀酸) | $HOOCCH_2CH_2COOH$ | 118.09 | 1.572 (25℃) | 188 | 235(失水分解) | 1.450 | 6.8 (20℃) 121(100℃) | 溶于乙醇、乙醚或丙酮 |
| 1-丁炔 | $CH_3CH_2C{\equiv}CH$ | 54.09 | 0.650 (30℃) | −125.72 | 8.1 | 1.3962 | 不溶 | 溶于乙醇或乙醚 |
| 2-丁炔(二甲基乙炔) | $CH_3C{\equiv}CCH_3$ | 54.09 | 0.6910 | −32.26 | 27 | 1.3921 | 不溶 | 溶于乙醇或乙醚 |
| 1-丁烯 | $CH_3CH_2CH{=}CH_2$ | 56.11 | 0.5951 (液) | −185.35 | −6.3 | 1.3962 | 不溶 | 溶于乙醇、乙醚或苯 |
| 2-丁烯(顺式) | $CH_3CH{=}CHCH_3$ | 56.11 | 0.6213 | −138.91 | 3.7 | 1.3931 (−25℃) | 不溶 | 溶于乙醇、乙醚或苯 |
| 2-丁烯(反式) | $CH_3CH{=}CHCH_3$ | 56.11 | 0.6042 | −105.55 | 0.88 | 1.3848 (−25℃) | 不溶 | 溶于苯 |
| 异丁烯 | $(CH_3)_2C{=}CH_2$ | 56.11 | 0.5942 (液) | −140.35 | −6.9 | 1.3926 (−25℃) | 不溶 | 溶于乙醇、乙醚或苯 |
| 顺丁烯二酸(失水苹果酸、马来酸) | $HOOCCH{=}CHCOOH$ | 116.07 | 1.590 | 139～140 | — | — | 易溶 | 溶于乙醇、乙醚或丙酮 |

续表

| 名称 | 分子式 | 相对分子质量 | 密度 /g·cm$^{-3}$ | 熔点 /℃ | 沸点 /℃ | 折射率 $n_D^{20}$ | 溶解度 在水中 | 溶解度 在有机溶剂中 |
|---|---|---|---|---|---|---|---|---|
| 反丁烯二酸（延胡索酸、富马酸） | $HOOCCH═CHCOOH$ | 116.07 | 1.635 | 300～302 | 165 (226.6Pa 升华) | — | 微溶(冷) 溶(热) | 溶于乙醇，微溶于乙醚或丙酮 |
| 丁烷 | $CH_3CH_2CH_2CH_3$ | 58.12 | 0.5788 | −138.35 | −0.50 | 1.3326 | 15(17℃，103kPa) | 溶于乙醇或乙醚 |
| 异丁烷 | $(CH_3)_2CHCH_3$ | 58.12 | 0.549 (30℃) | −138.3 | −0.50 | 0.579 | 13(17℃，103kPa) | 溶于乙醇、乙醚或氯仿 |
| 2-丁酮(甲乙酮) | $CH_3CH_2COCH_3$ | 72.12 | 0.8054 | −86.35 | 79.6 | 1.3788 | 易溶 | 与乙醇、乙醚、丙酮或苯混溶 |
| 丁酸 | $CH_3(CH_2)_2COOH$ | 88.12 | 0.9577 | −4.26 冰点−19 | 163.53 | 1.3980 | ∞ | 与乙醇或乙醚混溶 |
| 异丁酸 | $(CH_3)_2CHCOOH$ | 88.12 | 0.96815 | −46.1 | 153.2 | 1.3920 | 20 (20℃) | 与乙醇或乙醚混溶 |
| 丁醇 | $CH_3(CH_2)_2CH_2OH$ | 74.12 | 0.8098 | −89.53 | 117.25 | 1.39931 | 9(15℃) | 与乙醇或乙醚混溶，溶于丙酮或苯 |
| 异丁醇 | $(CH_3)_2CHCH_2OH$ | 74.12 | 0.7982 (25℃) | −108 | 108 | 1.3939 (25℃) | 15 (25℃) | 与乙醇或乙醚混溶 |
| 仲丁醇 | $CH_3CH_2CHOHCH_3$ | 74.12 | 0.8063 | −114.7 | 99.5 | 1.3978 | 12.5 (20℃) | 与乙醇或乙醚混溶 |
| 叔丁醇 | $(CH_3)_3COH$ | 74.12 | 0.7887 | 25.5 | 82.2 | 1.3878 | ∞ | 与乙醇或乙醚混溶 |
| 硝酸丁酯（丁醇硝酸酯） | $CH_3(CH_2)_2CH_2ONO_2$ | 119.12 | 1.0228 (30℃) | — | 135.5 (102kPa) | 12.4013 (23℃) | 不溶 | 溶于乙醇或乙醚 |
| 丁醛 | $CH_3CH_2CH_2CHO$ | 72.12 | 0.8170 | −99 | 75.7 | 1.3843 | 4 | 与乙醇或乙醚混溶，溶于丙酮或苯 |
| DDT（滴滴涕） | $(C_6H_4Cl)_2CHCCl_3$ | 354.49 | — | 108.5～109 | 260 | — | 不溶 | 溶于乙醚、丙酮或苯，微溶于乙醇 |
| 三乙基铝 | $Al(C_2H_5)_3$ | 114.17 | 0.837 | <−18 (−50.5) | 194 | — | 爆炸，分解成 $Al(OH)_3$ 和 $C_2H_6$ | — |
| 三乙胺 | $(C_2H_5)_3N$ | 101.19 | 0.7275 | −114.7 | 89.3 | 1.4010 | 溶 | 溶于乙醇、乙醚、丙酮或苯 |
| 三甲胺 | $(CH_3)_3N$ | 59.11 | 0.6356 | −117.2 | 2.87 | 1.3631 (0℃) | 41 (19℃) | 溶于乙醇、乙醚或苯 |
| 三苯胺 | $(C_6H_5)_3N$ | 245.33 | 0.774 (0℃) | 127 | 365 | 1.353 (16℃) | 不溶 | 溶于热乙醇、乙醚或苯 |
| 三苯甲烷 | $(C_6H_5)_3CH$ | 244.34 | 1.014 (99℃) | (1)94 稳定 (2)81 不稳定 | 358～359 (101kPa) | 1.5839 (99℃) | 不溶 | 溶于乙醚或苯，微溶于乙醇 |
| 三氟乙酸 | $F_3CCOOH$ | 114.02 | 1.5351 (0℃) | −15.25 | 72.4 | — | 溶 | 溶于乙醇、乙醚或苯 |
| 三氯乙酸 | $Cl_3CCOOH$ | 163.39 | 1.62 (25℃) | α:58 β:49.6 | 197.55 141～142 (3.3kPa) | 1.4603 (61℃) | 易溶 | 溶于乙醇或乙醚 |
| 三溴乙酸 | $Br_3CCOOH$ | 296.76 | — | 135 (133) | 245 | — | 溶 | 溶于乙醇或乙醚 |
| 三碘乙酸 | $I_3CCOOH$ | 437.74 | — | 150 分解 | — | — | 溶 | 溶于乙醇或乙醚 |
| 三苯乙酸 | $(C_6H_5)_3CCOOH$ | 288.35 | — | 271 (267～271) | — | — | 不溶 | 溶于乙醇，微溶于乙醚或苯 |

续表

| 名称 | 分子式 | 相对分子质量 | 密度/g·cm$^{-3}$ | 熔点/℃ | 沸点/℃ | 折射率 $n_D^{20}$ | 溶解度 | |
|---|---|---|---|---|---|---|---|---|
| | | | | | | | 在水中 | 在有机溶剂中 |
| 三溴乙醛 | $Br_3CCHO$ | 280.76 | 2.6650(25℃) | — | 174 | 1.5939 | 分解 | 溶于乙醇、乙醚或丙酮 |
| 三氯乙醛 | $Cl_3CCHO$ | 147.39 | 1.5121 | −57.5 | 97.75 | 1.45572 | 易溶于热水 | 溶于热乙醇或热乙醚 |
| 三氯丙酮 | $CH_3COCCl_3$ | 161.42 | 1.435 | — | 149(102kPa) | 1.4635(17℃) | 不溶 | 溶于乙醇或乙醚 |
| 三氯甲烷(氯仿) | $CHCl_3$ | 119.38 | 1.4832 | −63.5 | 61.7 | 1.4459 | 微溶 | 与乙醇、乙醚或苯混溶，溶于丙酮 |
| 三碘甲烷(碘仿) | $CHI_3$ | 393.73 | 4.008 | 123 | 约218 | — | 不溶 | 溶于热乙醇、乙醚或丙酮 |
| 2,4,6-三硝基甲苯(TNT) | $CH_3C_6H_2(NO_2)_3$ | 227.13 | 1.654 | 82 | 240 爆炸 | — | 0.15(热) | 溶于乙醚、丙酮或苯，微溶于乙醇 |
| 1,3,5-三硝基苯 | $C_6H_3(NO_2)_3$ | 213.11 | 1.4775(152℃) | (1)121～122 (2)61 | 315 | — | 0.04(冷) | 溶于丙酮或苯，微溶于乙醇或乙醚 |
| 三乙基硼 | $B(C_2H_5)_3$ | 98.00 | 0.6901(23℃) | −92.9 | 95～96 | — | 微溶 | 溶于乙醇或乙醚 |
| 三甲基硼 | $B(CH_3)_3$ | 55.92 | — | −161.5 | 20 | — | 微溶 | 溶于乙醇或乙醚 |
| 三苯基硼 | $B(C_6H_5)_3$ | 242.13 | — | 142 | 245～250(2.0kPa) | — | 不溶 | 遇醇分解，微溶于乙醚，溶于苯 |
| 三苯甲醇 | $(C_6H_5)_3COH$ | 260.34 | 1.199(0℃) | 164.2 | 380 | — | 不溶 | 溶于乙醇、乙醚、丙酮或苯 |
| 三聚甲醛 | $(HCHO)_3$ | 90.08 | 1.17(65℃) | 64(46升华) | 114.5(101kPa) | — | 21(25℃) ∞(热) | 溶于乙醇或乙醚 |
| 壬烷 | $CH_3(CH_2)_7CH_3$ | 128.26 | 0.7176 | −51 | 150.798 | 1.4054 | 不溶 | 与丙酮或苯混溶，易溶于乙醇或乙醚 |
| 壬醇 | $CH_3(CH_2)_7CH_2OH$ | 144.26 | 0.8273 | −5.5 | 213.5 | 1.4333 | 不溶 | 溶于乙醇或乙醚 |
| 壬酸 | $CH_3(CH_2)_7COOH$ | 158.24 | 0.9057 | 15(12.24凝固) | 255 | 1.4343(19℃) | 不溶 | 溶于乙醇或乙醚 |
| 1,6-己二胺 | $H_2N(CH_2)_6NH_2$ | 116.21 | — | 41～42 | 204～205 | — | 易溶 | 溶于乙醇或苯 |
| 己二腈 | $NCCH_2(CH_2)_2CH_2CN$ | 108.15 | 0.9676 | 1 | 295 | 1.4380 | 微溶 | 溶于乙醇，微溶于乙醚 |
| 己二酸(肥酸) | $HOOC(CH_2)_4COOH$ | 146.14 | 1.360(25℃) | 153 | 265(14kPa) | — | 微溶(热可溶) | 溶于乙醇或乙醚 |
| 1-己烯 | $CH_2{=}CH(CH_2)_3CH_3$ | 84.16 | 0.6731 | −139.82 | 63.35 | 1.3837 | 不溶 | 溶于乙醇或乙醚 |
| 己烷 | $CH_3(CH_2)_4CH_3$ | 86.18 | 0.6603 | −95(−93.5) | 68.95 | 1.37506 | 不溶 | 溶于乙醇或乙醚 |
| 己酸 | $CH_3(CH_2)_4COOH$ | 116.16 | 0.9274 | −2～−1.5 | 205.4 | 1.4163 | 1.10(20℃) | 溶于乙醇或乙醚 |
| 己醇 | $CH_3(CH_2)_4CH_2OH$ | 102.18 | 0.8136 | −46.7 | 158 | 1.4078 | 0.6(20℃) | 溶于乙醇或丙酮，与乙醚或苯混溶 |
| 木糖(D) | $C_5H_{10}O_5$ | 150.13 | 1.525 | 90～91 | — | — | 易溶 | 溶于热乙醇，微溶于乙醚 |
| 五倍子酸(没食子酸,3,4,5-三羟基苯甲酸) | $(HO)_3C_6H_2COOH$ | 170.12 | 1.694(6℃) | 253分解 | — | — | 易溶(热) | 溶于乙醇或丙酮热 |

续表

| 名称 | 分子式 | 相对分子质量 | 密度 /g·cm$^{-3}$ | 熔点 /℃ | 沸点 /℃ | 折射率 $n_D^{20}$ | 溶解度 在水中 | 溶解度 在有机溶剂中 |
|---|---|---|---|---|---|---|---|---|
| 焦五倍子酸(1,2,3-苯三酚) | $(HO)_3C_6H_3$ | 126.11 | 1.453 (4℃) | 133～134 | 309 | 1.561 (134℃) | 易溶 | 溶于乙醇或乙醚 |
| 六乙基苯 | $C_6(C_2H_5)_6$ | 246.44 | 0.8305 (130℃) | 129 | 298 | 1.4736 (130℃) | 不溶 | 溶于热乙醇、乙醚或苯 |
| 六氯乙烷 | $Cl_3CCCl_3$ | 236.74 | 2.091 | 186.8～187.4 (封管) | 186 (104kPa) | — | 不溶 | 溶于乙醇、乙醚或苯 |
| 六氯化苯(α,*dl*)(六六六) | $C_6H_6Cl_6$ | 290.83 | 1.87 | 159.5～160 | 288 | — | 不溶 | 溶于热乙醇或苯 |
| 六氯化苯(β) | $C_6H_6Cl_6$ | 290.83 | 1.89 (19℃) | 314～315 升华＞314 | 60 (7.7Pa) | — | 不溶 | 微溶于乙醇或苯 |
| 六氯化苯(γ) | $C_6H_6Cl_6$ | 290.83 | — | 112.5～113 | 323.4 | — | 不溶 | 溶于丙酮或苯 |
| 六氯化苯(δ) | $C_6H_6Cl_6$ | 290.83 | — | 114.5～142.0 | 60 (45.3Pa) | — | — | — |
| 六氯苯(六氯代苯) | $C_6Cl_6$ | 284.79 | 1.5691 (23.6℃) | 230 | 322 升华 | — | 不溶 | 溶于乙醚或苯，微溶于乙醇 |
| 六溴苯 | $C_6Br_6$ | 551.52 | — | 327 (306) | — | — | 不溶 | 微溶于乙醇或乙醚，溶于热苯 |
| 六碘苯 | $C_6I_6$ | 833.49 | — | 350 分解 | — | — | 不溶 | 不溶于乙醇或乙醚 |
| 六羟基苯(苯六酚) | $C_6(OH)_6$ | 174.11 | — | ＞300 | — | — | 微溶 | 微溶于乙醇、乙醚或苯 |
| 六甲基苯 | $C_6(CH_3)_6$ | 162.28 | 1.0630 (30℃) | 166～167 | 265 | — | 不溶 | 溶于热乙醇、乙醚、丙酮或热苯 |
| 水杨醇(邻羟基苯甲醇) | $HOC_6H_4CH_2OH$ | 124.15 | 1.1613 (25℃) | 87 | 升华 | — | 溶 | 溶于乙醇、乙醚或苯 |
| 水杨醛(邻羟基苯甲醛) | $HOC_6H_4CHO$ | 122.13 | 1.1674 | −7 | 197 | 1.5740 | 微溶 | 与乙醇或乙醚混溶，易溶于丙酮或苯 |
| 水杨酸(邻羟基苯甲酸) | $HOC_6H_4COOH$ | 138.12 | 1.443 | 159 | 211 升华 (2.7kPa) | 1.565 | 微溶(热水可溶) | 溶于乙醇、乙醚、丙酮或热苯 |
| 水杨酸甲酯(冬青油) | $HOC_6H_4COOCH_3$ | 152.15 | 1.1738 | −8～−7 | 222.3 | 1.5369 | 0.07 (30℃) | 与乙醇或乙醚混溶 |
| 水杨酸苯酯(萨罗) | $HOC_6H_4COOC_6H_5$ | 214.22 | 1.2614 (30℃) | 43 | 173 (1.6kPa) | — | 不溶 | 易溶于乙醇、丙酮或苯，溶于乙醚 |
| 丙二酸(缩苹果酸) | $HOOCCH_2COOH$ | 104.06 | 1.619 (16℃) | 135.6 微升华 | 140 分解 | — | 138 (16℃) | 溶于乙醇或乙醚 |
| 1,2-丙二醇 | $CH_3CH(OH)CH_2OH$ | 76.11 | 1.0361 | — | 189 | 1.4324 | ∞ | 与乙醇混溶，溶于乙醚或苯 |
| 1,3-丙二醇 | $HOCH_2CH_2CH_2OH$ | 76.11 | 1.0597 | — | 213.5 | 1.4398 | ∞ | 与乙醇混溶，溶于乙醚 |
| 丙三醇(甘油) | $HOCH_2CHOHCH_2OH$ | 92.11 | 1.2613 | 20 | 290 分解 | 1.4746 | ∞ | 与乙醇混溶，微溶于乙醚 |
| 丙炔醇 | $CH{\equiv}CCH_2OH$ | 56.07 | 0.9485 | −48 | 113.6 | 1.4322 | 溶 | 与乙醇或乙醚混溶 |

续表

| 名称 | 分子式 | 相对分子质量 | 密度 /g·cm$^{-3}$ | 熔点 /℃ | 沸点 /℃ | 折射率 $n_D^{20}$ | 溶解度 | |
|---|---|---|---|---|---|---|---|---|
| | | | | | | | 在水中 | 在有机溶剂中 |
| 丙烯 | $CH_3CH{=}CH_2$ | 42.08 | 0.5193 (液,饱和蒸气压) | −185.25 | −47.4 | 1.3567 (−70℃) | 44.6 | 溶于乙醇 |
| 丙烯腈 | $CH_2{=}CHCN$ | 53.06 | 0.8060 | −83.5 | 77.5～79 | 1.3911 | 溶 | 与乙醇或乙醚混溶,溶于丙酮或苯 |
| 丙烯酸(败脂酸) | $CH_2{=}CHCOOH$ | 72.06 | 1.0511 | 13 | 141.6 | 1.4224 | ∞ | 与乙醇或乙醚混溶,溶于丙酮或苯 |
| 丙烯酸甲酯 | $CH_2{=}CHCOOCH_3$ | 86.09 | 0.9535 | <−75 | 80.5 | 1.4040 | 微溶 | 溶于乙醇、乙醚、丙酮或苯 |
| 丙烯醇 | $CH_2{=}CHCH_2OH$ | 58.08 | 0.8540 | −129 | 96.9 | 1.4135 | ∞ | 与乙醇或乙醚混溶 |
| 丙烯醛 | $CH_2{=}CHCHO$ | 56.07 | 0.8410 | −86.95 | 52.5～53.5 | 1.4017 | 40 | 溶于乙醇、乙醚或丙酮 |
| 丙氨酸(*dl*)(α-氨基丙酸) | $CH_3CH(NH_2)COOH$ | 89.10 | 1.424 | 295～296 (289分解) | 258升华 | — | 21.7(17℃) 32(75℃) | 微溶于乙醇 |
| 丙烷 | $CH_3CH_2CH_3$ | 44.11 | 0.5005 (液) | −189.69 | −42.07 | 1.2898 | 6.5 (17.8℃) | 溶于乙醇、乙醚或苯 |
| 丙醛 | $CH_3CH_2CHO$ | 58.08 | 0.8058 | −81 | 48.8 | 1.3636 | 溶 | 与乙醇或乙醚混溶 |
| 丙酮 | $CH_3COCH_3$ | 58.08 | 0.7899 | −95.35 | 56.2 | 1.3588 | ∞ | 与乙醇、乙醚或苯混溶 |
| 丙酸 | $CH_3CH_2COOH$ | 74.08 | 0.9930 | −20.8 | 140.99 | 1.3869 | ∞ | 与乙醇混溶,溶于乙醚 |
| 丙醇 | $CH_3CH_2CH_2OH$ | 60.11 | 0.8035 | −126.5 | 97.4 | 1.3850 | ∞ | 与乙醇或乙醚混溶,溶于丙酮或苯 |
| 异丙醇 | $(CH_3)_2CHOH$ | 60.11 | 0.7855 | −89.5 | 82.4 | 1.3776 | ∞ | 与乙醇或乙醚混溶,溶于丙酮或苯 |
| 三乙酸甘油酯(三醋精) | $(CH_3COO)_3C_3H_5$ | 218.21 | 1.1596 | 4.1 | 258～260 | 1.4301 | 7.17 (15℃) | 与乙醇、乙醚或苯混溶,溶于丙酮 |
| 三油酸甘油酯 | $(C_{17}H_{33}COO)_3C_3H_5$ | 885.47 | 0.8988 (40℃) | α:−32 不稳定 β′:−12 不稳定 β:−5.5 稳定 | 235～240 (2.4kPa) | 1.4621 (40℃) | 不溶 | 溶于丙酮,微溶于苯 |
| 三硬脂酸甘油酯 | $(C_{17}H_{35}COO)_3C_3H_5$ | 891.51 | 0.8559 (90℃) | α:55 β′:64.5 β:73 | — | 1.4399 (80℃) | 不溶 | 溶于丙酮,微溶于苯 |
| 三硝酸甘油酯(硝化甘油) | $C_3H_5(ONO_2)_3$ | 227.09 | 1.5931 | 13稳定 2不稳定 | 256爆炸 | 1.4786 (12℃) | 0.18 (20℃) | 与乙醚混溶,溶于乙醇、丙酮或苯 |
| 甘油醛(*dl*)(2,3-二羟基丙醛) | $HOCH_2CHOHCHO$ | 90.08 | 1.455 (18℃/18℃) | 145 (142) | 140～150 (100Pa) | — | 3(18℃) | 微溶于乙醇或乙醚 |
| 甘氨酸(氨基乙酸) | $CH_2(NH_2)COOH$ | 75.07 | 1.1607 | 262分解 | — | — | 23(冷) | 微溶于丙酮 |
| 1,5-戊二胺(尸胺) | $CH_2(CH_2CH_2NH_2)_2$ | 102.18 | 0.867 (25℃) | 9 | 178～180 | 1.4561 (25℃) | 溶 | 溶于乙醇,微溶于乙醚 |
| 异戊二烯(2-甲基-1,3-丁二烯) | $CH_2{=}CH\overset{CH_3}{\overset{\vert}{C}}{=}CH_2$ | 68.13 | 0.6810 | −146 | 34 | 1.4219 | 不溶 | 与乙醇、乙醚、丙酮或苯均混溶 |

续表

| 名称 | 分子式 | 相对分子质量 | 密度/g·$cm^{-3}$ | 熔点/℃ | 沸点/℃ | 折射率 $n_D^{20}$ | 溶解度 | |
|---|---|---|---|---|---|---|---|---|
| | | | | | | | 在水中 | 在有机溶剂中 |
| 戊烯 | $CH_3(CH_2)_2CH=CH_2$ | 70.14 | 0.6405 | −138 | 29.968 | 1.3715 | 不溶 | 与乙醇或乙醚混溶，溶于苯 |
| 戊烷 | $CH_3(CH_2)_3CH_3$ | 72.15 | 0.6262 | −129.72 | 36.07 | 1.3575 | 0.036(16℃) | 与乙醇、乙醚、丙酮或苯均混溶 |
| 异戊烷 | $(CH_3)_2CHCH_2CH_3$ | 72.15 | 0.6201 | −159.9 | 27.85 | 1.3537 | 不溶 | 与乙醇或乙醚混溶 |
| 异戊醇 | $(CH_3)_2(CH_2)_2CH_2OH$ | 88.15 | 0.8092 | −117.2 | 128.5 | 1.4053 | 2(14℃) | 与乙醇或乙醚混溶，溶于丙酮 |
| 戊醛 | $CH_3(CH_2)_2CH_2CHO$ | 86.14 | 0.8095 | −91.5 | 103 | 1.3944 | 微溶 | 溶于乙醇或乙醚 |
| 2-戊酮 | $CH_3CH_2CH_2COCH_3$ | 86.14 | 0.8089 | −77.8 | 102 | 1.3895 | 微溶 | 与乙醇或乙醚混溶 |
| 3-戊酮 | $CH_3CH_2COCH_2CH_3$ | 86.14 | 0.8138 | −39.8 | 101.7 | 1.3924 | 易溶 | 与乙醇或乙醚混溶 |
| 戊酸 | $CH_3(CH_2)_2CH_2COOH$ | 102.13 | 0.9391 | −33.83 | 186.05 | 1.4085 | 3.3(16℃) | 溶于乙醇或乙醚 |
| 异戊酸 | $(CH_3)_2CHCH_2COOH$ | 102.13 | 0.9286 | −29.3<br>−37 | 176.7 | 1.4033 | 4.2(20℃) | 与乙醇或乙醚混溶 |
| 戊醇 | $CH_3(CH_2)_3CH_2OH$ | 88.15 | 0.8144 | −79 | 137.3 | 1.4101 | 2.7(22℃) | 与乙醇或乙醚混溶，溶于丙酮 |
| 叶绿素 a | $C_{55}H_{72}MgN_4O_5$ | 893.53 | — | 150～153 | — | — | 不溶 | 易溶于热乙醇或热乙醚 |
| 叶绿素 b | $C_{55}H_{70}MgN_4O_6$ | 907.51 | — | 120～130 | — | — | 不溶 | 易溶于热乙醇或热乙醚 |
| 甲苯 | $C_6H_5CH_3$ | 92.15 | 0.8669 | −95 | 110.6 | 1.4961 | 不溶 | 与乙醇、乙醚或苯混溶，溶于丙酮 |
| 邻甲苯胺 | $CH_3C_6H_4NH_2$ | 107.16 | 0.9884 | α:−23.7 不稳定<br>β:−14.7 稳定 | 200.23 | 1.5725 | 1.5(25℃) | 与乙醇或乙醚混溶 |
| 间甲苯胺 | $CH_3C_6H_4NH_2$ | 107.16 | 0.9889 | −30.4 | 203.35 | 1.5681 | 不溶 | 与乙醇、乙醚、丙酮或苯混溶 |
| 对甲苯胺 | $CH_3C_6H_4NH_2$ | 107.16 | 0.9619 | 43.7 | 200.55 | 1.5636 | 0.74(21℃)<br>1.1(32℃) | 溶于乙醇、乙醚或丙酮 |
| 邻甲苯酚 | $CH_3C_6H_4OH$ | 108.15 | 1.02734 | 30.94 | 190.95 | 1.5361 | 2.5 | 与丙酮或苯混溶，溶于乙醇或乙醚 |
| 间甲苯酚 | $CH_3C_6H_4OH$ | 108.15 | 1.0336 | 11.5 | 202.2 | 1.5438 | 0.5 | 与乙醇、乙醚、丙酮或苯混溶 |
| 对甲苯酚 | $CH_3C_6H_4OH$ | 108.15 | 1.0178 | 34.8 | 201.9 | 1.5312 | 1.8 | 与乙醇、乙醚、丙酮或苯混溶 |
| 对甲苯磺酸 | $CH_3C_6H_4SO_3H \cdot H_2O$ | 190.19 | — | 104～105 | 140(2666Pa) | — | 易溶 | 溶于乙醇或乙醚 |
| 甲基红 | $C_{15}H_{15}N_3O_2$ | 269.31 | — | 183 | — | — | 微溶 | 溶于乙醇，易溶于热丙酮或热苯 |
| 甲基橙 | $C_{14}H_{14}N_3O_3SNa$ | 327.34 | — | 分解 | — | — | 0.2(冷) | 微溶于乙醇 |
| 甲基甲硅烷 | $CH_3SiH_3$ | 46.15 | — | −156.5 | −57 | — | 不溶 | — |

续表

| 名称 | 分子式 | 相对分子质量 | 密度 /g·cm$^{-3}$ | 熔点 /℃ | 沸点 /℃ | 折射率 $n_D^{20}$ | 溶解度 在水中 | 溶解度 在有机溶剂中 |
|---|---|---|---|---|---|---|---|---|
| 甲胺 | $CH_3NH_2$ | 31.06 | 0.6628 | −93.5 | −6.3 | — | 959mL/mL (25℃) | 与乙醚混溶,溶于乙醇、丙酮或苯 |
| 甲烷 | $CH_4$ | 16.04 | 0.5547 (0℃) | −182.48 | −164 | — | 3.3(20℃) | 溶于乙醇、乙醚或苯,微溶于丙酮 |
| 甲酸(蚁酸) | HCOOH | 46.03 | 1.220 | 8.4 | 100.7 | 1.3714 | ∞ | 与乙醇或乙醚混溶,溶于丙酮或苯 |
| 甲酸乙酯 | $HCOOCH_2CH_3$ | 74.08 | 0.9168 | −80.5 | 54.5 | 1.3598 | 11(18℃) | 与乙醇或乙醚混溶,溶于丙酮 |
| 甲酸甲酯 | $HCOOCH_3$ | 60.05 | 0.9742 | −99.0 | 31.5 | 1.3433 | 30(20℃) | 与乙醇混溶,溶于乙醚 |
| 甲醇(木醇,木精) | $CH_3OH$ | 32.04 | 0.7914 | −93.9 | 64.96 | 1.3288 | ∞ | 与乙醇、乙醚或丙酮混溶,溶于苯 |
| 甲醛(蚁醛) | HCHO | 30.03 | 0.815 (−20℃) | −92 | −21 | — | 溶 | 与乙醚、丙酮或苯混溶,溶于乙醇 |
| 甲醚(二甲醚) | $CH_3OCH_3$ | 46.07 | — | −138.5 | −23 | — | 3700 (18℃) | 溶于乙醇、乙醚或丙酮,微溶于苯 |
| 四乙铅 | $Pb(CH_2CH_3)_4$ | 323.44 | 1.659 (11℃) | −136.80 | 200 分解 | — | 不溶 | 溶于乙醇、乙醚、苯或石油(产品) |
| 四乙基硅 | $(CH_3CH_2)_4Si$ | 144.34 | 0.7658 | — | 153 | 1.4268 | 不溶 | — |
| 四甲基硅 | $(CH_3)_4Si$ | 88.23 | 0.648 (19℃) | α:−102.2 β:−99.1 | 26.5 | 1.3587 | 不溶 | 溶于乙醇或乙醚 |
| 四甲基氯化铵 | $(CH_3)_4NCl$ | 109.60 | 1.169 | 420 | — | — | 溶 | 微溶于乙醇 |
| 四甲基溴化铵 | $(CH_3)_4NBr$ | 154.06 | 1.56 | 230 分解 | (360 升华,真空中) | — | 易溶 | 微溶于乙醇 |
| 四甲基碘化铵 | $(CH_3)_4NI$ | 201.05 | 1.829 | >230 分解 | — | — | 微溶 | 微溶于乙醇或丙酮 |
| 四苯甲烷 | $C(C_6H_5)_4$ | 320.44 | — | (>355) 285 (282) | 431 (升华) | — | 不溶 | 溶于热苯 |
| 四氟乙烯 | $F_2C{=}CF_2$ | 100.02 | 1.519 (76.3℃) | −142.5 | −76.3 | — | 不溶 | — |
| 四氟化碳(四氟甲烷) | $CF_4$ | 88.01 | 3.034 (0℃) | −150 | −129 (101kPa) | — | 微溶 | 溶于苯 |
| 四氯化碳(四氯甲烷) | $CCl_4$ | 153.82 | 1.5940 | −22.99 | 76.54 | 1.4601 | 0.097 (0℃) 0.08 (20℃) | 与乙醚或苯混溶,溶于乙醇或丙酮 |
| 四硝基甲烷 | $C(NO_2)_4$ | 196.03 | 1.6380 | 14.2 | 126 | 1.4384 | 不溶 | 溶于乙醇或乙醚 |
| 四氢化呋喃(氧戊环) | $CH_2(CH_2)_2CH_2O$ | 77.12 | 0.8892 | −108.56 (凝固) | 67 (64.5) | 1.4050 | 溶 | 溶于乙醇、乙醚、丙酮或苯 |
| 四氢化吡咯(氮戊环) | $CH_2(CH_2)_2CH_2NH$ | 72.12 | 0.8520 (22℃) | — | 88.5～89 | 1.4431 | ∞ | 溶于乙醇或乙醚 |
| 四氢化噻唑 | $CH_2(CH_2)_2CH_2S$ | 88.18 | 0.9987 | −96.16 | 121.12 | 1.5048 | 不溶 | 与乙醇、乙醚、丙酮或苯均混溶 |

续表

| 名称 | 分子式 | 相对分子质量 | 密度/g·cm$^{-3}$ | 熔点/℃ | 沸点/℃ | 折射率 $n_D^{20}$ | 溶解度 | |
|---|---|---|---|---|---|---|---|---|
| | | | | | | | 在水中 | 在有机溶剂中 |
| 1,2,3,4-四氢化萘 | $C_6H_4CH_2(CH_2)_2CH_2$（$C_6H_4$ 与末端 $CH_2$ 成环） | 132.21 | 0.9702 | −35.79（−31） | 207.57 | 1.54135 | 不溶 | 易溶于乙醇或乙醚 |
| 双光气（氯甲酸三氯甲酯） | $ClCOOCCl_3$ | 197.83 | 1.6525（14℃） | −57 | 128 | 1.4566（22℃） | 不溶 | 溶于乙醇或乙醚 |
| 光气 | $COCl_2$ | 98.92 | 1.381 | −118 | 7.56 | — | 分解 | 溶于苯，在乙醇中分解 |
| 亚油酸（9,12-十八碳二烯酸） | $C_{17}H_{31}COOH$ | 280.46 | 0.9022 | −5 | 229～230（2.1kPa） | 1.4699 | 不溶 | 与乙醇、乙醚、丙酮或苯混溶 |
| 亚麻酸（9,12,15-十八碳三烯酸） | $C_{17}H_{29}COOH$ | 278.44 | 0.9164 | −11.3 | 230～232（2.3kPa） | 1.4800 | 不溶 | 溶于乙醇或乙醚，微溶于苯 |
| 过乙酸（过醋酸） | $CH_3COOOH$ | 76.05 | 1.226（15℃） | 0.1 | 105（110爆炸） | 1.3974 | 易溶 | 溶于乙醇或乙醚 |
| 过苯酸（过苯甲酸） | $C_6H_5COOOH$ | 138.12 | — | 41～43 | 97～110（1.7～2.0kPa）升华 | — | 不溶 | 溶于乙醇、乙醚、丙酮或苯 |
| 刚果红 | $C_{32}H_{22}N_6Na_2O_6S_2$ | 696.68 | — | — | — | — | 微溶 | 溶于乙醇 |
| 纤维素 | $(C_6H_{10}O_5)_x$ | $(162.14)_x$ | 1.27～1.61 | 260～270分解 | — | — | 不溶 | 不溶于乙醇、乙醚、丙酮或苯 |
| 纤维素三硝酸酯（硝化纤维） | $(C_{12}H_{17}N_3O_{16})_x$ | $(459.28)_x$ | 1.66 | — | — | — | 不溶 | 溶于丙酮 |
| 纤维素三醋酸酯（醋酸纤维） | $(C_{12}H_{16}O_8)_x$ | $(288.26)_x$ | — | — | — | — | 不溶 | 不溶于乙醇、乙醚或丙酮 |
| 麦芽糖 | $C_{12}H_{22}O_{11}\cdot H_2O$ | 360.32 | 1.540 | 102～103分解 | — | — | 易溶 | 微溶于乙醇 |
| 呋喃（氧茂） | $C_4H_4O$ | 68.08 | 0.9514 | −85.65 | 31.36 | 1.4214 | 不溶 | 溶于乙醇、乙醚、丙酮或苯 |
| 吡咯（氮茂） | $C_4H_5N$ | 67.09 | 0.9691 | −24 | 130～131（100kPa） | 1.5085 | 8(25℃) | 溶于乙醇、乙醚、丙酮或苯 |
| 吡啶（氮苯） | $C_5H_5N$ | 79.10 | 0.9819 | −42 | 115.5 | 1.5095 | ∞ | 与乙醇、乙醚、丙酮或苯混溶 |
| 辛烷 | $CH_3(CH_2)_6CH_3$ | 114.23 | 0.7025 | −56.79 | 125.66 | 1.3974 | 0.002（16℃） | 与乙醇、丙酮或苯混溶，溶于乙醚 |
| 异辛烷 | $(CH_3)_3CCH_2-CH(CH_3)_2$ | 114.23 | 0.6919 | −107.38 | 99.238 | 1.3915 | 不溶 | 与乙醇、丙酮或苯混溶，溶于乙醚 |
| 1-辛烯 | $CH_3(CH_2)_5CH=CH_2$ | 112.22 | 0.7149 | −110.73 | 121.3 | 1.4087 | 不溶 | 与乙醇混溶，溶于乙醚、丙酮或苯 |
| 1-辛炔 | $CH_3(CH_2)_5C\equiv CH$ | 110.20 | 0.7461 | −79.3 | 125.2 | 1.4159 | 不溶 | 溶于乙醇或乙醚 |
| 1-辛醛 | $CH_3(CH_2)_5CH_2CHO$ | 128.22 | 0.8211 | — | 171 | 1.4217 | 微溶 | 与乙醚或丙酮混溶，溶于乙醇或苯 |

续表

| 名称 | 分子式 | 相对分子质量 | 密度 /g·cm$^{-3}$ | 熔点 /℃ | 沸点 /℃ | 折射率 $n_D^{20}$ | 溶解度 | |
|---|---|---|---|---|---|---|---|---|
| | | | | | | | 在水中 | 在有机溶剂中 |
| 1-辛醇 | $CH_3(CH_2)_6CH_2OH$ | 130.23 | 0.8270 | −16.7 | 194.45 | 1.4295 | 不溶 | 与乙醇或乙醚混溶 |
| 辛酸 | $CH_3(CH_2)_5CH_2COOH$ | 144.22 | 0.9088 | 16.5 | 239.3 | 1.4285 | 微溶(热) | 与乙醇混溶 |
| 谷氨酸(*dl*)(*α*-氨基戊二酸) | $HOOC(CH_2)_2CH(NH_2)COOH$ | 147.13 | 1.4601 | 199分解(225～227) | — | — | 1.5(20℃) | 微溶于乙醚 |
| 尿素(脲,碳酰胺) | $CO(NH_2)_2$ | 60.06 | 1.3230 | 135 | 分解 | 1.484(1.602) | 100(17℃) ∞(热) | 溶于乙醇 |
| 尿酸(2,6,8-三羟基嘌呤) | $C_5H_4N_4O_3$ | 168.12 | 1.89 | 分解 | 分解 | — | 0.06(热) | 不溶于乙醇或乙醚 |
| 环丁烷 | $CH_2CH_2CH_2CH_2$(环) | 56.12 | 0.720(5℃) | −50 | 12 | 1.4260 | 不溶 | 与乙醚混溶,溶于乙醇、丙酮或苯 |
| 环己烷 | $CH_2(CH_2)_4CH_2$(环) | 84.16 | 0.77855 | 6.55 | 80.74 | 1.42662 | 不溶 | 与乙醇、乙醚、丙酮或苯混溶 |
| 环己酮 | $CH_2(CH_2)_4C{=}O$(环) | 98.15 | 0.9478 | −16.4(−45) | 155.65 | 1.4507 | 溶 | 溶于乙醇、乙醚、丙酮或苯 |
| 环己醇 | $CH_2(CH_2)_4CHOH$(环) | 100.16 | 0.9624 | 25.15 | 161.1 | 1.4641 | 3.6(20℃) | 与苯混溶,溶于乙醇、乙醚或丙酮 |
| 环六亚甲基四胺(乌洛托品) | $C_6H_{12}N_4$ | 140.19 | 1.331(−5℃) | 285～295升华 | 升华 | — | 81(12℃) | 溶于乙醇或丙酮,微溶于乙醚或苯 |
| 环丙烷 | $CH_2CH_2CH_2$(环) | 42.08 | 0.6769(−30℃) | −127.6 | −32.7 | 1.3799(−42.5℃) | 不溶 | 溶于乙醇、乙醚或苯 |
| 环氧乙烷(氧化乙烯) | $CH_2CH_2$(经O成环) | 44.05 | 0.8824(10℃) | −111 | 13.5(99kPa) | 1.3597 | 溶 | 溶于乙醇、乙醚、丙酮或苯 |
| 环戊酮 | $CH_2(CH_2)_3CO$(环) | 84.14 | 0.94869 | −51.3 | 130.65 | 1.4366 | 不溶 | 溶于乙醇或丙酮,与乙醚混溶 |
| 1,3-环戊二烯 | $C_5H_6$ | 66.10 | 0.8021 | −97.2 | 40.0 | 1.4440 | 不溶 | 与乙醇、乙醚或苯混溶,溶于丙酮 |
| 1,4-环己二烯 | $C_6H_8$ | 80.14 | 0.8471 | −49.2 | 85.6 | 1.4725 | 不溶 | 与乙醇或乙醚混溶,溶于苯 |
| 苦味酸(2,4,6-三硝基苯酚) | $C_6H_2(NO_2)_3OH$ | 229.11 | — | 122～123 | 升华,>300爆炸 | 1.763 | 微溶 | 溶于乙醇、乙醚、丙酮或苯 |
| 苯 | $C_6H_6$ | 78.12 | 0.87865 | 5.5(3.3) | 80.1 | 1.5011 | 0.07(22℃) | 与乙醇、乙醚或丙酮混溶 |
| 苯乙烯 | $C_6H_5CH{=}CH_2$ | 104.16 | 0.9060 | −30.63 | 145.2 | 1.5468 | 不溶 | 与苯混溶,溶于乙醇、乙醚或丙酮 |
| 苯乙酰氯 | $C_6H_5CH_2COCl$ | 154.60 | 1.16817 | — | 170(33kPa) | 1.5325 | 分解 | 在乙醇中分解,溶于乙醚 |
| 苯乙酮 | $C_6H_5COCH_3$ | 120.16 | 1.0281 | 20.5 | 202.0 | 1.53718 | 不溶 | 溶于乙醇、乙醚、丙酮或苯 |
| 苯乙酸 | $C_6H_5CH_2COOH$ | 136.16 | 1.091(77℃) | 77 | 265.5 | — | 微溶 | 溶于乙醇、乙醚或丙酮 |

续表

| 名称 | 分子式 | 相对分子质量 | 密度/g·cm$^{-3}$ | 熔点/℃ | 沸点/℃ | 折射率 $n_D^{20}$ | 溶解度 | |
|---|---|---|---|---|---|---|---|---|
| | | | | | | | 在水中 | 在有机溶剂中 |
| 苯乙醛 | $C_6H_5CH_2CHO$ | 120.16 | 1.0272 | 33～34 | 195 | 1.5255 | 微溶 | 与乙醇或乙醚混溶，溶于丙酮 |
| 邻苯二甲酸酐 | $C_6H_4(CO)_2O$ | 148.12 | 1.527 (4℃) | 131.61 | 295.1 | — | 微溶 | 溶于乙醇或热苯，微溶于乙醚 |
| 邻苯二甲酸 | $C_6H_4(COOH)_2$ | 166.14 | 1.593 | 210～211 分解 | 分解 | — | 0.54 (14℃) 18(99℃) | 溶于乙醇，微溶于乙醚 |
| 对苯二甲酸 | $C_6H_4(COOH)_2$ | 166.14 | — | >300升华不熔 | 升华 | — | 0.001 (冷) | 溶于热乙醇，不溶于乙醚 |
| 邻苯二甲酸二丁酯 | $C_6H_4(COOC_4H_9)_2$ | 278.35 | 1.047 (20℃/20℃) | — | 340 | 1.4911 | 不溶 | 与乙醇、乙醚或苯混溶 |
| 邻苯二甲酸二甲酯 | $C_6H_4(COOCH_3)_2$ | 194.19 | 1.1905 (20.7℃) | 0～2 | 283.8 | 1.5138 | 不溶 | 与乙醇或乙醚混溶，溶于苯 |
| 邻苯二酚 | $C_6H_4(OH)_2$ | 110.11 | 1.1493 (21℃) | 105 | 245 (100kPa) | 1.604 | 溶 | 溶于乙醇、乙醚、丙酮或热苯 |
| 间苯二酚 | $C_6H_4(OH)_2$ | 110.11 | 1.2717 | (1)111 稳定 (2)108.5 不稳定 | 178 (2.1kPa) | — | 溶 | 溶于乙醇或乙醚 |
| 对苯二酚(氢醌，氢化苯酯) | $C_6H_4(OH)_2$ | 110.11 | 1.328 (15℃) | 173～174 | 285 (97kPa) | — | 溶 | 溶于乙醇、乙醚或丙酮，与四氯化碳混溶 |
| 苯丙氨酸(*dl*)(*α*-氨基-*β*-苯基丙酸) | $C_6H_5CH_2\overset{NH_2}{\overset{\vert}{C}}HCOOH$ | 165.19 | — | 284～288 分解 | 升华 部分分解 | — | 易溶 | 不溶于乙醇或乙醚 |
| 苯甲酸(安息香酸) | $C_6H_5COOH$ | 122.13 | 1.2659 (15℃) | 122.4 | 249 | 1.504 (132℃) | 0.21 (17.5℃) 2.2 (75℃) | 溶于乙醇、乙醚、丙酮或热苯 |
| 苯甲醛(苦杏仁油) | $C_6H_5CHO$ | 106.13 | 1.0415 (15℃) | −26 (−56.9～55.6)凝固 | 178.1 | 1.5463 | 0.3 | 与乙醇或乙醚混溶，易溶于丙酮或苯 |
| 苯肼 | $C_6H_5NHNH_2$ | 108.15 | 1.0986 | 19.8 | 243 | 1.6084 | 溶(热) | 与乙醇、乙醚或苯混溶，易溶于丙酮 |
| 盐酸苯肼 | $2C_6H_5NHNH_2 \cdot HCl$ | 252.75 | — | 225 | — | — | 溶 | 溶于乙醇，微溶于乙醚 |
| 苯胺 | $C_6H_5NH_2$ | 93.13 | 1.02173 | −6.3 | 184.13 | 1.5863 | 3.6 (18℃) | 与乙醇、乙醚、丙酮或苯混溶 |
| 盐酸苯胺 | $C_6H_5NH_2 \cdot HCl$ | 129.60 | 1.2215 (4℃) | 198 | 245 | — | 88.4 (15℃) 107(25℃) | 溶于乙醇，不溶于乙醚 |
| 硝酸苯胺 | $C_6H_5NH_2 \cdot HNO_3$ | 156.15 | 1.356 (4℃) | 190分解 | — | — | 易溶 | 易溶于乙醇或乙醚 |
| 硫酸苯胺(酸式盐) | $C_6H_5NH_2 \cdot H_2SO_4 \cdot \frac{1}{2}H_2O$ | 200.21 | — | 162 | — | — | — | — |
| 硫酸苯胺(中性盐) | $(C_6H_5NH_2)_2 \cdot H_2SO_4$ | 284.34 | 1.377 (4℃) | 分解 | — | — | 5(14℃) | 微溶于乙醇，不溶于乙醚 |
| 苯酚(石炭酸) | $C_6H_5OH$ | 94.11 | 1.0576 | 43 (41凝固) | 181.75 | 1.5509 (21℃) | 8.2 (15℃) ∞(65.3℃) | 溶于乙醇或乙醚，与丙酮、热苯或四氯化碳混溶 |

续表

| 名称 | 分子式 | 相对分子质量 | 密度/g·cm$^{-3}$ | 熔点/℃ | 沸点/℃ | 折射率 $n_D^{20}$ | 溶解度 | |
|---|---|---|---|---|---|---|---|---|
| | | | | | | | 在水中 | 在有机溶剂中 |
| 对苯醌 | $C_6H_4O_2$ | 108.10 | 1.318 | 115.7 | 升华 | — | 微溶 | 溶于乙醇或乙醚 |
| 苯磺酸 | $C_6H_5SO_3H$ | 158.18 | — | 65～66 | — | — | 易溶 | 溶于乙醇，不溶于乙醚，微溶于苯 |
| 苯磺酸水合物 | $C_6H_5SO_3H\cdot\frac{3}{2}H_2O$ | 176.20 | — | 45～46 | — | — | 溶 | 溶于乙醇，不溶于乙醚，微溶于苯 |
| 苯磺酸钠 | $C_6H_5SO_3Na$ | 180.16 | — | 450分解 | — | — | 溶 | 微溶于热乙醇 |
| 咖啡酸(反式) | $C_9H_8O_4$ | 180.17 | — | 260分解(240变暗) | — | — | 溶(热) | 溶于乙醇，微溶于乙醚 |
| β-果糖(D) | $C_6H_{12}O_6$ | 180.16 | 1.00 | 103～105分解 | — | — | 易溶 | 溶于乙醇或热丙酮 |
| α-乳糖 | $C_{12}H_{22}O_{11}\cdot H_2O$ | 360.31 | 1.525 | 201～203<br>130失水 | 分解 | — | 17(冷)<br>40(热) | 不溶于乙醇或乙醚 |
| 乳酸(*dl*)(2-羟基丙酸) | $CH_3CHOHCOOH$ | 90.08 | 1.2060(25℃) | 18 | 122(2kPa) | 1.4392 | 易溶 | 溶于乙醇，微溶于乙醚 |
| 庚二酸 | $HOOC(CH_2)_5COOH$ | 160.17 | 1.329(15℃) | 106 | 272升华(0.013Pa) | — | 2.5(14℃) | 溶于乙醇、乙醚或热苯 |
| 庚烷 | $CH_3(CH_2)_5CH_3$ | 100.21 | 0.68376 | −90.61 | 98.42 | 1.38777 | 0.0052(18℃) | 与乙醚、丙酮或苯混溶，易溶于乙醇 |
| 1-庚烯 | $CH_3(CH_2)_4CH{=}CH_2$ | 98.19 | 0.6970 | −119 | 93.64 | 1.3998 | 不溶 | 溶于乙醇或乙醚 |
| 1-庚炔 | $CH_3(CH_2)_4C{\equiv}CH$ | 96.17 | 0.7328 | −81 | 99.74 | 1.4087 | 微溶 | 与乙醇或乙醚混溶，溶于苯 |
| 1-庚醇 | $CH_3(CH_2)_6OH$ | 116.21 | 0.8219 | −34.1 | 176 | 1.4249 | 0.18(25℃) | 与乙醇或乙醚混溶 |
| 庚醛 | $CH_3(CH_2)_5CHO$ | 114.19 | 0.8495 | −43.3 | 152.8 | 1.4113 | 0.02(25℃) | 与乙醇或乙醚混溶 |
| 庚酸 | $CH_3(CH_2)_5COOH$ | 130.19 | 0.9200 | −7.5 | 223 | 1.4170 | 0.25(15℃) | 溶于乙醇、乙醚或丙酮 |
| 阿托品(颠茄碱) | $C_{17}H_{23}NO_3$ | 289.36 | — | 118～119 | 升华(真空)(93～110) | — | 微溶(热) | 溶于乙醇、乙醚或苯 |
| 非那西丁(对乙氧基-*N*-乙酰苯胺) | $C_2H_5OC_6H_4NH{-}COCH_3$ | 221.26 | — | 53.5～54 | 182(1600Pa) | — | 微溶 | 溶于乙醇，微溶于乙醚或苯 |
| 油酸(9-十八碳烯酸) | $C_{17}H_{33}COOH$ | 282.47 | 顺:0.8935<br>反:0.8734 | 16.3(13.4) | 286(13kPa) | 1.4582<br>1.4499 | 不溶 | 与乙醇、乙醚、丙酮或苯混溶 |
| | | | (45℃) | 45 | 288(13kPa) | (45℃) | 不溶 | 溶于乙醇、乙醚或苯 |
| 柠檬酸(枸橼酸) | $C_3H_4(OH)(COOH)_3$ | 192.14 | 1.542(18℃,水合物)<br>1.665(18℃,无水物) | 153(无水物)(156～157) | 分解 | — | 133(冷) | 溶于乙醇或乙醚，不溶于苯 |
| 氟乙酸 | $FCH_2COOH$ | 78.04 | 1.3693 | 35.2 | 165 | — | 溶(热) | 溶于热乙醇 |
| 氟苯 | $C_6H_5F$ | 96.11 | 1.0225 | −41.2(凝固−39.2) | 85.1 | 1.4684(40℃) | 不溶 | 与乙醇、乙醚、丙酮或苯混溶 |
| 茜素(1,2-二羟基蒽醌) | $C_{14}H_8O_4$ | 240.23 | — | 289～290 | 430升华 | — | 微溶 | 溶于乙醇、乙醚、丙酮或苯 |

续表

| 名称 | 分子式 | 相对分子质量 | 密度 /g·cm$^{-3}$ | 熔点 /℃ | 沸点 /℃ | 折射率 $n_D^{20}$ | 溶解度 | |
|---|---|---|---|---|---|---|---|---|
| | | | | | | | 在水中 | 在有机溶剂中 |
| 茶碱（咖啡碱，咖啡因） | $C_8H_{10}N_4O_2$ | 194.20 | 1.23 (19℃) | 238 (无水物) | 178 升华 | — | 溶(热) | 微溶于乙醇、丙酮或苯，不溶于乙醚 |
| 奎宁（金鸡纳碱） | $C_{20}H_{24}N_2O_2 \cdot 3H_2O$ | 378.47 | — | 57 (水合物) 177 (无水物) | 升华 | 1.625 | 微溶 | 易溶于乙醇，不溶于乙醚、丙酮或苯 |
| 胆碱 | $(CH_3)_3\overset{+}{N}(CH_2)_2OH \cdot OH^-$ | 121.18 | — | — | — | — | 易溶 | 溶于乙醇，不溶于乙醚、丙酮或苯 |
| D-亮氨酸（α-氨基-γ-甲基戊酸） | $(CH_3)_2CHCH_2—CH(NH_2)COOH$ | 131.18 | — | 293 (封管) | 升华 | — | 微溶 | — |
| DL-亮氨酸 | | 131.18 | 1.293 (18℃) | 293～295 (封管) | 升华 | — | 溶 | 微溶于乙醇，不溶于乙醚 |
| L-亮氨酸 | | 131.18 | 1.293 (18℃) | 293～295 (封管) | 升华 | — | 微溶 | 不溶于乙醇或乙醚 |
| 癸二酸（皮脂酸） | $HOOC(CH_2)_8COOH$ | 202.25 | 1.2705 | 134.5 | 295 (13kPa) | 1.422 (133℃) | 0.1(冷) 2(热) | 溶于乙醇或乙醚，不溶于苯 |
| 癸二酸二丁酯 | $[(CH_2)_4COOC_4H_9]_2$ | 314.47 | 0.9405 (15℃) | −10 (液化) | 344～345 | 1.4433 (15℃) | 不溶 | 溶于乙醚 |
| 癸烷 | $CH_3(CH_2)_8CH_3$ | 142.29 | 0.7300 | −29.7 | 174.1 | 1.41023 | 不溶 | 与乙醇混溶，溶于乙醚 |
| 1-癸烯 | $CH_3(CH_2)_7CH{=}CH_2$ | 140.27 | 0.7408 | −66.3 (凝固) | 170.56 | 1.4215 | 不溶 | 与乙醇或乙醚混溶 |
| 1-癸炔 | $CH_3(CH_2)_7C{\equiv}CH$ | 138.25 | 0.7655 | −36 | 174 | 1.4265 | 不溶 | 溶于乙醇或乙醚 |
| 1-癸醇 | $CH_3(CH_2)_8CH_2OH$ | 158.29 | 0.8297 | 7(凝固) | 299 | 1.43719 | 不溶 | 与乙醇、乙醚、丙酮、苯或氯仿混溶 |
| 癸醛 | $CH_3(CH_2)_8CHO$ | 156.27 | 0.830 (15℃) | 约−5 | 208～209 | 1.4287 | 不溶 | 溶于乙醇、乙醚或丙酮 |
| 癸酸 | $CH_3(CH_2)_8COOH$ | 172.27 | 0.8858 (40℃) | 31.5 (凝固) | 270 | 1.4288 | 0.003 (15℃) | 与热乙醇混溶，溶于乙醚、丙酮或苯 |
| 砷酸三乙酯 | $(C_2H_5O)_3AsO$ | 226.11 | 1.3023 | — | 235～238 | 1.4343 | 分解 | — |
| 桐酸（9,11,13-十八碳三烯酸） | $C_{17}H_{29}COOH$ | 278.44 | α(顺)：0.9028 (50℃) | 49 | 235 微分解 (1.6kPa) | 1.5112 (50℃) | 不溶 | 溶于乙醇或乙醚 |
| | | | β(反)：0.8839 (80℃) | 71～72 | 188 (133Pa) | 1.5000 (80℃) | 不溶 | 溶于热乙醇，不溶于乙醚 |
| D-酒石酸（2,3-二羟基丁二酸） | $HOOC(CHOH)_2COOH$ | 150.09 | 1.7598 | 171～174 | — | 1.4955 | 139(20℃) 343(100℃) | 易溶于乙醇或丙酮，微溶于乙醚，不溶于苯 |
| DL-酒石酸 | $HOOC(CHOH)_2COOH$ | 150.09 | 1.788 | 206 (210 分解) (无水物) | — | — | 20.6(20℃) 185(100℃) (一水合物) | 溶于热乙醇，微溶于乙醚，不溶于苯 |
| *meso*-酒石酸 | $HOOC(CHOH)_2COOH$ | 150.09 | 1.666 | 146～148 (140) | — | 1.5～1.6 | 120 (15℃) | 溶于乙醇，微溶于乙醚 |
| 酒石酸钙 | $C_4H_4O_6Ca \cdot 3H_2O$(*meso*-) | 242.20 | — | 170 失 $3H_2O$ | — | — | 0.17(热) | 微溶于乙酸 |

续表

| 名称 | 分子式 | 相对分子质量 | 密度 /g·cm$^{-3}$ | 熔点 /℃ | 沸点 /℃ | 折射率 $n_D^{20}$ | 溶解度 | |
|---|---|---|---|---|---|---|---|---|
| | | | | | | | 在水中 | 在有机溶剂中 |
| 烟碱(DL)(尼古丁) | $C_{10}H_{14}N_2$ | 162.24 | 1.0082 | — | 242～243 | 1.5289 | ∞ | 易溶于乙醇或乙醚 |
| 酚酞 | $C_{20}H_{14}O_4$ | 318.33 | 1.277 (32℃) | 262～263 | — | — | 不溶 | 溶于乙醇、乙醚或丙酮，不溶于苯 |
| 萘 | $C_{10}H_8$ | 128.19 | 1.0253 | 80.55 | 218 | 1.4003 (24℃) | 0.003 (25℃) | 溶于乙醇、乙醚、丙酮或苯 |
| α-萘酚 | $C_{10}H_7OH$ | 144.19 | 1.0989 (99℃) | 96 | 288 | 1.6224 (99℃) | 微溶(热) | 溶于乙醇、乙醚、丙酮或苯 |
| β-萘酚 | $C_{10}H_7OH$ | 144.19 | 1.28 | 123～124 | 295 | — | 0.1(冷) 1.25(热) | 溶于乙醇、乙醚或苯 |
| 菲 | $C_{14}H_{10}$ | 178.24 | 0.9800 (4℃) | 101 | 340 | 1.59427 | 不溶 | 溶于乙醇、乙醚、丙酮或苯 |
| 偶氮苯 | $C_6H_5N{=}NC_6H_5$ | 182.23 | 顺式:— 反式:1.203 | 71 68.5 | — 293 | — 1.6266 (78℃) | 微溶 | 溶于乙醇、乙醚或苯 |
| 淀粉 | $(C_6H_{10}O_5)_n$ | $(162.14)_n$ | — | 分解 | — | — | 不溶 | 不溶于乙醇 |
| 蓖麻醇酸(顺式-12-羟基-9-十八碳烯酸) | $C_{17}H_{32}(OH)COOH$ | 298.47 | 0.9450 (21℃) | α:7.7 β:16 γ:5.5 | 226～228 (1.3kPa) | 1.4716 (21℃) | 不溶 | 溶于乙醇或乙醚 |
| 羟基乙酸 | $HOCH_2COOH$ | 76.05 | — | 80 | 分解 | — | 溶 | 溶于乙醇或乙醚 |
| 维生素C(L-抗坏血酸) | $C_6H_8O_6$ | 176.14 | 1.65 | 192分解 (189分解) | — | — | 33 | 溶于乙醇，不溶于乙醚或苯 |
| 联苯 | $C_6H_5C_6H_5$ | 154.21 | 0.8660 | 71 | 255.9 | 1.475 | 不溶 | 溶于乙醇、乙醚或苯 |
| D-葡萄糖(右旋糖，平衡混合物) | $C_6H_{12}O_6$ | 180.16 | — | 140 (150) | — | — | 溶 | 溶于热乙醇，微溶于丙酮 |
| D-α-葡萄糖 | $C_6H_{12}O_6$ | 180.16 | 1.5620 (18℃) | 146分解 | — | — | 易溶 | 溶于热乙醇，不溶于丙酮 |
| D-α-葡萄糖一水合物 | $C_6H_{12}O_6\cdot H_2O$ | 198.18 | 1.54 (25℃) | 86 | — | — | 易溶 | 微溶于乙醇，不溶于乙醚 |
| D-β-葡萄糖 | $C_6H_{12}O_6$ | 180.16 | 1.5620 (18℃) | 150 | — | — | 易溶 | 溶于热乙醇，不溶于乙醚 |
| D-葡萄糖酸 | $CH_2OH(CHOH)_4COOH$ | 196.16 | — | 165 | — | — | 溶 | 溶于乙醇 |
| 硼酸三乙酯(三乙氧基硼) | $B(OC_2H_5)_3$ | 146.00 | 0.8546 (28℃) | — | 120 | 1.3749 | 分解 | 与乙醇或乙醚混溶 |
| 硼酸三甲酯(三甲氧基硼) | $B(OCH_3)_3$ | 103.92 | 0.915 | −29.3 | 67～69 | 1.3568 | 分解 | 与乙醚混溶，易溶于乙醇 |
| 硬脂酸(正十八酸) | $C_{17}H_{35}COOH$ | 284.50 | 0.9408 | 71.5～72.0 | 360 分解 | 1.4299 (80℃) | 0.03 (25℃) | 溶于热乙醇、乙醚或丙酮，微溶于苯 |
| 硝基苯 | $C_6H_5NO_2$ | 123.11 | 1.2037 | 5.7 | 210.8 | 1.5562 | 0.19 (20℃) | 易溶于乙醇、乙醚、丙酮或苯 |

续表

| 名称 | 分子式 | 相对分子质量 | 密度 /g·cm$^{-3}$ | 熔点 /℃ | 沸点 /℃ | 折射率 $n_D^{20}$ | 溶解度 | |
|---|---|---|---|---|---|---|---|---|
| | | | | | | | 在水中 | 在有机溶剂中 |
| 邻硝基甲苯 | $C_6H_4(CH_3)NO_2$ | 137.14 | 1.1629 | 针状：−9.55 晶体：−2.9 | 221.7 | 1.5450 | 0.065 (30℃) | 与乙醇或乙醚混溶 |
| 间硝基甲苯 | $C_6H_4(CH_3)NO_2$ | 137.14 | 1.1571 | 16 | 232.6 | 1.5466 | 0.050 (30℃) | 与乙醚混溶，溶于乙醇或苯 |
| 对硝基甲苯 | $C_6H_4(CH_3)NO_2$ | 137.14 | 1.1038 (75℃) | 54.5 | 238.3 | — | 0.004 (15℃) | 溶于乙醇、易溶于乙醚、丙酮或苯 |
| 硫脲 | $H_2NCSNH_2$ | 72.12 | 1.405 | 182 | 分解 | — | 9.2 (13℃) | 溶于乙醇，不溶于乙醚 |
| 硫代乙酸 | $CH_3COSH$ | 76.12 | 1.064 | <−17 | 87 | 1.4648 | 溶 | 与乙醚混溶，溶于乙醇或丙酮 |
| 氰 | NCCN | 52.04 | 0.9537 (−21℃) | −27.9 | −21.17 | — | 450 (20℃) | 溶于乙醇或乙醚 |
| 氰氨 | $H_2NCN$ | 42.04 | 1.2820 (固) | 42(46) | 140 (2.5kPa) | 1.4418 (48℃) | 易溶 | 溶于乙醇、乙醚、丙酮或苯 |
| 氰酸 | HOCN | 43.03 | 1.140 (液) | −81～−79 | 23.5 | — | 溶 | 溶于乙醚或苯 |
| 氰酸乙酯 | $C_2H_5OCN$ | 71.08 | 0.89 | — | 162 分解 | 1.3788 (25℃) | 不溶 | 与乙醇或乙醚混溶 |
| 氯乙烯 | $CH_2=CHCl$ | 62.50 | 0.9106 | −153.8 | −13.37 | 1.3700 | 微溶 | 溶于乙醇或乙醚 |
| 氯乙烷 | $CH_3CH_2Cl$ | 64.52 | 0.8978 | −136.4 | 12.37 | 1.3676 | 0.45 (0℃) | 与乙醚混溶，易溶于乙醇 |
| 氯乙酸（氯代乙酸） | $ClCH_2COOH$ | 94.50 | 1.4043 (40℃) | $\alpha$:63 $\beta$:56.2 $\gamma$:52.5 | 187.85 | 1.4351 (55℃) | 易溶 | 溶于乙醇、乙醚或苯 |
| 氯乙酸酐 | $(ClCH_2CO)_2O$ | 170.98 | 1.5497 | 46 | 203 | — | 分解 | 在热乙醇中分解，微溶于乙醚 |
| 氯乙酸乙酯 | $ClCH_2COOC_2H_5$ | 122.55 | 1.1585 | −26 | 144 (98.6kPa) | 1.4215 | 不溶 | 与乙醇、乙醚或丙酮均混溶，溶于苯 |
| 氯乙酸甲酯 | $ClCH_2COOCH_3$ | 108.53 | 1.2337 | −32.12 | 129 | 1.4218 | 微溶 | 与乙醇、乙醚、丙酮或苯混溶 |
| 氯乙酸苯酯 | $ClCH_2COOC_6H_5$ | 170.60 | 1.2202 (44℃) | 44～45 | 230～235 | 1.5146 (44℃) | 不溶 | 易溶于乙醇或乙醚 |
| 氯乙酰氯 | $ClCH_2COCl$ | 112.94 | 1.4202 | — | 107 | 1.4541 | 分解 | 遇乙醇分解，与乙醚混溶，溶于丙酮 |
| 2-氯丁二烯 | $CH_2=CClCH=CH_2$ | 88.54 | 0.9583 | — | 59.4 | 1.4583 | 微溶 | 与乙醚、丙酮或苯混溶 |
| 氯化苦（三氯代硝基甲烷） | $Cl_3CNO_2$ | 164.38 | 1.6566 | −64.5 | 111.84 | 1.4622 | 0.17(18℃) | 与乙醇、丙酮或苯混溶 |
| 氯甲烷（甲基氯） | $CH_3Cl$ | 50.49 | 0.9159 | −97.73 | −24.2 | 1.3389 | 280 (18℃) | 与乙醚、丙酮或苯混溶，溶于乙醇 |
| 氯苯 | $C_6H_5Cl$ | 112.56 | 1.1058 | −45.6 | 132 | 1.5241 | 0.049 (20℃) | 与乙醇或乙醚混溶，易溶于苯 |
| 溴乙酸（溴醋酸） | $BrCH_2COOH$ | 138.95 | 1.9335 (50℃) | 50 | 208 | 1.4804 (50℃) | ∞ | 与乙醇或乙醚混溶，溶于丙酮、苯 |

续表

| 名称 | 分子式 | 相对分子质量 | 密度 /g·cm$^{-3}$ | 熔点 /℃ | 沸点 /℃ | 折射率 $n_D^{20}$ | 溶解度 | |
|---|---|---|---|---|---|---|---|---|
| | | | | | | | 在水中 | 在有机溶剂中 |
| 溴苯 | $C_6H_5Br$ | 157.02 | 1.4950 | −30.82 | 156 | 1.5597 | 不溶 | 易溶于乙醇、乙醚或苯，溶于四氯化碳 |
| 碘乙酸（碘醋酸） | $ICH_2COOH$ | 185.95 | — | 83 | 分解 | — | 溶（热） | 溶于热乙醇，微溶于乙醚 |
| 碘苯 | $C_6H_5I$ | 204.01 | 1.8308 | −31.27 | 188.3 | 1.6200 | 不溶 | 与乙醚、丙酮或苯混溶，溶于乙醇 |
| 蒽 | $C_{14}H_{10}$ | 178.24 | 1.283（25℃） | 216.2～216.4 | 340 | — | 不溶 | 微溶于热乙醇、乙醚、丙酮或苯 |
| 9,10-蒽醌 | $C_{14}H_8O_2$ | 208.23 | 1.438 | 286 升华 | 379.8 | — | 不溶 | 溶于热苯，微溶于乙醇，不溶于乙醚 |
| 蔗糖 | $C_{12}H_{22}O_{11}$ | 342.30 | 1.5805（17.5℃） | 185～186 | — | 1.5376 | 179（0℃） | 微溶于乙醇，不溶于乙醚 |
| D-樟脑（2-莰酮） | $C_{10}H_{16}O$ | 152.24 | 0.990 25℃ | 179.8 | 204 升华 | 1.5462 | 不溶 | 易溶于乙醇或乙醚，溶于丙酮或苯 |
| DL-樟脑 | $C_{10}H_{16}O$ | 152.24 | — | 178.8 | 升华 | — | 不溶 | 易溶于乙醇或乙醚，溶于丙酮或苯 |
| L-樟脑 | $C_{10}H_{16}O$ | 152.24 | 0.9853（18℃） | 178.6 | 204 升华 | — | 不溶 | 易溶于乙醇或乙醚，溶于丙酮或苯 |
| 磺基乙酸 | $HO_3SCH_2COOH$ | 140.12 | — | 84～86 | 245 分解 | — | 溶 | 溶于乙醇或丙酮，不溶于乙醚 |
| 磺胺（对氨基苯磺酰胺，氨基磺胺） | $C_6H_8N_2O_2S$ | 172.22 | — | 142 | — | — | 微溶 | 易溶于乙醇 |
| 磺胺吡啶（磺胺氮苯） | $C_{11}H_{11}O_2N_3S$ | 249.29 | — | 191～193 | — | — | <0.03（冷）0.05（热） | 溶于热乙醇，不溶于苯 |
| 磺胺胍 | $C_7H_{10}O_2N_4S$ | 214.25 | — | 190～193（无水物） | — | — | 0.19（37℃） | 微溶于乙醇或丙酮 |
| 磺胺噻唑（磺胺间氮硫杂茂） | $C_9H_9O_2N_3S_2$ | 256.32 | — | 218 | — | — | 微溶 | 溶于乙醇 |
| 噻唑（间硫氮茂） | $C_3H_3NS$ | 85.13 | 1.1998（17℃） | — | 116.8 | 1.5969 | 微溶 | 溶于乙醇、乙醚或丙酮 |
| 糖精（邻磺酰苯酰亚胺） | $C_6H_4CONHSO_2$ | 183.19 | 0.828 | 228.8～229.7 分解 | 升华（真空） | — | 0.4（25℃） | 溶于乙醇或丙酮，微溶于乙醚或苯 |
| 磷酸三乙酯 | $(C_2H_5O)_3PO$ | 182.16 | 1.0695 | −56.4 | 215～216 | 1.4053 | 100（25℃）微分解 | 溶于乙醇、乙醚或苯 |
| 磷酸三苯酯 | $(C_6H_5O)_3PO$ | 326.29 | 1.2055（50℃） | 50～51 | 245（1.5kPa） | — | 不溶 | 溶于乙醇、乙醚或苯 |
| 糠醛（2-氧茂醛） | $C_4H_3OCHO$ | 96.09 | 1.1594 | −38.7 | 161.7 | 1.5261 | 溶 | 与乙醚混溶，溶于乙醇、丙酮或苯 |
| 鞣酸（单宁酸） | $C_{76}H_{52}O_{46}$ | 1701.24 | — | 210～215 微分解 | — | — | 溶 | 易溶于乙醇或丙酮，不溶于乙醚或苯 |
| 麝香酮 | $C_{14}H_{18}N_2O_5$ | 294.31 | — | 134.5～136.5 | — | — | 不溶 | 微溶于乙醇 |

# 第四节 分子结构与化学键

## 一、晶体的类型

1. 晶体的对称分类及某些常用晶体的物理性质参数

表 1-17 列出了晶体的 32 点群的对称类型。表中，根据晶体所具有的高次轴的数目，将 32 点群分为三大晶族。

表 1-18 列出了一些常用晶体主热膨胀系数。表 1-19 列出了某些晶体介电常数（室温）。表 1-20 列出了某些晶体的折射率。

**表 1-17 晶体的对称分类**

| 晶族 | 晶系 | 点群符号 | | 对称型 | | | 实例 |
|---|---|---|---|---|---|---|---|
| | | 国际符号 | 熊夫利符号 | 对称特点 | | 对称要素 | |
| 低级晶族 | 三斜 | 1 | $C_1$ | 无高次轴 | 无 $L^2$ 和 $P$ | $L^1$ | $Al_2Si_2O_5(OH)$(高岭土) |
| | | $\bar{1}$ | $C_i(S_2)$ | | | $C$ | $CuSO_4 \cdot 5H_2O$ |
| | 单斜 | 2 | $C_2$ | | $L^2$ 和 $P$ 均不多于 1 个 | $L^2$ | $BiPO_4$ |
| | | $m$ | $C_s(C_{1h})$ | | | $P$ | $KNO_2$ |
| | | $2/m$ | $C_{2h}$ | | | $L^2PC$ | $KAlSi_3O_8$ |
| | 正交（斜方） | 222 | $D_2(V)$ | | $L^2$ 和 $P$ 的总和不少于 3 | $3L^2$ | $HIO_3$ |
| | | $mm2$ | $C_{2V}$ | | | $L^22P$ | $NaNO_2$ |
| | | $mmm$ | $D_{2h}(V_h)$ | | | $3L^23PC$ | $Mg_2SiO_4$ |
| 中级晶族 | 三方 | 3 | $C_3$ | 必定有且只有一个高次轴 | 有一个高次轴 $L^3$ | $L^3$ | $Ni_3TeO_8$ |
| | | $\bar{3}$ | $C_{3i}(S_6)$ | | | $L^3C$ | $FeTiO_3$ |
| | | 32 | $D_3$ | | | $L^33L^2$ | $\alpha$-$SiO_2$(石英) |
| | | $3m$ | $C_{3V}$ | | | $L^33P$ | $LiNbO_3$ |
| | | $\bar{3}m$ | $D_{3d}$ | | | $L^33L^23PC$ | $\alpha$-$Al_2O_3$ |
| | 四方 | 4 | $C_4$ | | 有一个四次轴 | $L^4$ | $I(NH)C(CH_2)_2COOH$ |
| | | $\bar{4}$ | $S_4$ | | | $L_i^4$ | $BPO_4$ |
| | | $4/m$ | $C_{4h}$ | | | $L^4PC$ | $CaWO_4$ |
| | | 422 | $D_4$ | | | $L^44L^2$ | $NiSO_4 \cdot 6H_2O$ |
| | | $4mm$ | $C_{4V}$ | | | $L^44P$ | $BaTiO_3$ |
| | | $\bar{4}2m$ | $D_{2d}(V_d)$ | | | $L_i^42L^22P$ | $KH_2PO_4$ |
| | | $4/mmm$ | $D_{4h}$ | | | $L^44L^25PC$ | $TiO_2$(金红石) |
| | 六方 | 6 | $C_6$ | | 有一个六次轴 | $L^6$ | $NaAlSiO_4$ |
| | | $\bar{6}$ | $C_{3h}$ | | | $L_i^6$ | $Pb_5Ge_3O_{11}$ |
| | | $6/m$ | $C_{6h}$ | | | $L^6PC$ | $Ca_5(PO_4)_3F$ |
| | | 622 | $D_6$ | | | $L^66L^2$ | $LaPO_4$ |
| | | $6mm$ | $C_{6V}$ | | | $L^66P$ | $ZnO$ |
| | | $\bar{6}m2$ | $D_{3h}$ | | | $L_i^63L^23P$ | $CaCO_3$(方解石) |
| | | $6/mmm$ | $D_{6h}$ | | | $L^66L^27PC$ | $BaTiSi_3O_9$ |
| 高级晶族 | 立方 | 23 | $T$ | 高次轴多于一个 | 有四个 $L^3$ | $3L^24L^3$ | $NaClO_3$ |
| | | $m3$ | $T_h$ | | | $3L^24L^33PC$ | $FeS_2$ |
| | | 432 | $O$ | | | $3L^44L^36L^2$ | $\beta$-Mn |
| | | $\bar{4}3m$ | $T_d$ | | | $3L_i^44L^36P$ | $ZnS$ |
| | | $m3m$ | $O_h$ | | | $3L^44L^36L^29PC$ | $NaCl$ |

**表 1-18 一些常用晶体主热膨胀系数**

| 晶体 | 晶系 | 主热膨胀系数/$10^{-6}℃^{-1}$ | | | 测试温度/℃ |
|---|---|---|---|---|---|
| | | $\alpha_1$ | $\alpha_2$ | $\alpha_3$ | |
| 罗息盐 | 单斜 | 59.9 | 38.1 | 44.8 | −10～20 |
| 石膏 | 单斜 | 1.57 | 41.63 | 29.33 | 40 |
| 文石 | 正交 | 35 | 17 | 10 | 40 |
| 铝酸钇 | 正交 | 9.5 | 4.3 | 10.8 | — |
| 红宝石 | 三方 | 4.78 | | 5.31 | — |
| 水晶 | 三方 | 13 | | 8 | 室温 |
| 方解石 | 三方 | −5.6 | | 25 | 40 |
| 金红石 | 四方 | 7.1 | | 9.2 | 40 |
| KDP | 四方 | 24.9 | | 44.0 | −50～50 |
| ADP | 四方 | 32.0 | | 4.2 | −50～50 |
| YAG | 立方 | 6.9 | | | — |
| 金刚石 | 立方 | 0.89 | | | 室温 |
| 氯化钠 | 立方 | 40 | | | 室温 |

**表 1-19 某些晶体介电常数（室温）**

| 晶体 | 晶系 | 相对介电系数 | | |
|---|---|---|---|---|
| | | $\varepsilon_a$ | $\varepsilon_b$ | $\varepsilon_c$ |
| 罗息盐 | 单斜 | 60 | 11 | 9 |
| 硫酸三甘肽 | 单斜 | 8.6 | 43 | 5.7 |
| 硫酸铵 | 正交 | 8.6 | 9.0 | 10.1 |
| 石英 | 三方 | 4.52 | 4.52 | 4.64 |
| 铌酸锂 | 三方 | 84.6 | 84.6 | 28.6 |
| 钛酸钡 | 四方 | 2920 | 2920 | 168 |
| 磷酸二氢钾 | 四方 | 43.2 | 43.2 | 20.8 |
| 磷酸二氢铵 | 四方 | 55.8 | 55.8 | 15.3 |
| 氧化碲 | 四方 | 22.9 | 22.9 | 24.7 |
| 硫化钙 | 六方 | 8.82 | 8.82 | 7.96 |
| 氧化锌 | 六方 | 8.4 | 8.4 | 9.9 |
| 砷化镓 | 立方 | 12.5 | | |
| 锗酸铋 | | 16 | | |

**表 1-20 某些晶体的折射率**

| 晶体 | 光学分类 | 折射率 | | | λ/nm | 温度/℃ |
|---|---|---|---|---|---|---|
| $BiCe_3O_{12}$ | 立方晶体 | 2.0975 | | | 633 | 室温 |
| GaAs | | 3.60 | | | 900 | |
| CdTe | | 2.91 | | | 903 | 室温 |
| 金刚石 | | 2.417 | | | | |
| CdS | 单轴晶 | $n_o$=2.501 | | $n_e$=2.519 | 589 | |
| α-ZnS | | 2.356 | | 2.378 | 589 | |
| α-ZnO | | 1.9985 | | 2.0147 | 600 | 室温 |
| $LiIO_3$ | | 1.8875 | | 1.7400 | 589.6 | 15～18 |
| α 石英 | | 1.54424 | | 1.55335 | 589.3 | |
| $LiNbO_3$ | | 2.2835 | | 2.2002 | 643.85 | 24.5 |
| $LiTaO_3$ | | 2.716 | | 2.180 | 632.8 | 室温 |
| $TeO_2$ | | 2.2597 | | 2.4119 | 632.8 | 20 |
| KDP | | 1.50737 | | 1.46685 | 632.8 | 24.8 |
| ADP | | 1.52195 | | 1.47727 | 632.8 | 24.8 |
| $BaTiO_3$ | | 2.338 | | 2.298 | 1064 | 25 |
| α-$HIO_3$ | 双轴晶 | $n_1$=1.8365 | $n_2$=1.984 | $n_3$=1.960 | 633 | 25 |
| 罗息盐 | | 1.4954 | 1.4920 | 1.4900 | 589 | 20 |
| TGS | | 1.5845 | 1.484 | 1.5565 | 白光 | |
| 云母 | | 1.552 | 1.582 | 1.588 | | |
| 石膏 | | 1.520 | 1.523 | 1.530 | | |
| $ZnWO_4$ | | 2.1755 | 2.1938 | 2.3401 | 589.3 | 室温 |
| $KIO_3$ | | 1.700 | 1.828 | 1.832 | 589.3 | 室温 |

2. 七个晶系与十四种晶格

根据晶体的对称性，可将晶体分为七个晶系，见表 1-21。七个晶系共有十四种空间点阵型式（晶格），见表 1-22，其图形如图 1-1 所示，其中英文字母来源于：*a*——anorthic，*m*——monoclinic，*o*——or-thorhombic，*h*——hexagonal，*t*——tetragonal，*c*——cubic。

**表 1-21　晶系的划分和选晶轴的方法**

| 晶系 | 特征对称元素 | 晶胞类型 | 选晶轴的方法 |
|---|---|---|---|
| 立方 | 4个按立方体的对角线取向的三重旋转轴 | $a=b=c$<br>$\alpha=\beta=\gamma=90°$ | 4个三重轴和立方体的4个对角线平行，立方体的3个互相垂直的边即为 $a$，$b$，$c$ 的方向，$a$，$b$，$c$ 与三重轴的夹角为 $54°44'$ |
| 六方 | 六重对称轴 | $a=b\neq c$<br>$\alpha=\beta=90°$<br>$\gamma=120°$ | $c$//六重对称轴<br>$a$，$b$//二重轴或⊥对称面或选 $a$，$b\perp c$ 的恰当的晶棱 |
| 四方 | 四重对称轴 | $a=b\neq c$<br>$\alpha=\beta=\gamma=90°$ | $c$//四重对称轴<br>$a$，$b$//二重轴或⊥对称面或 $a$，$b$ 选⊥$c$ 的晶棱 |
| 三方 | 三重对称轴 | 菱面体晶胞<br>$a=b=c$<br>$\alpha=\beta=\gamma<120°\neq 90°$ | $a$，$b$，$c$ 选3个与三重轴交成等角的晶棱 |
| | | 六方晶胞<br>$a=b\neq c$<br>$\alpha=\beta=90°$，$\gamma=120°$ | $c$//三重轴<br>$a$，$b$//二重轴或⊥对称面或 $a$，$b$ 选⊥$c$ 的晶棱 |
| 正交 | 2个互相垂直的对称面或3个互相垂直的二重对称轴 | $a\neq b\neq c$<br>$\alpha=\beta=\gamma=90°$ | $a$，$b$，$c$//二重轴或⊥对称面 |
| 单斜 | 二重对称轴或对称面 | $a\neq b\neq c$<br>$\alpha=\gamma=90°\neq\beta$ | $b$//二重轴或⊥对称面<br>$a$，$c$ 选⊥$b$ 的晶棱 |
| 三斜 | 无 | $a\neq b\neq c$<br>$\alpha\neq\beta\neq\gamma\neq 90°$ | $a$，$b$，$c$ 选3个不共面的晶棱 |

注：表中对称轴包括旋转轴、反轴和螺旋轴，对称面包括镜面和滑移面。

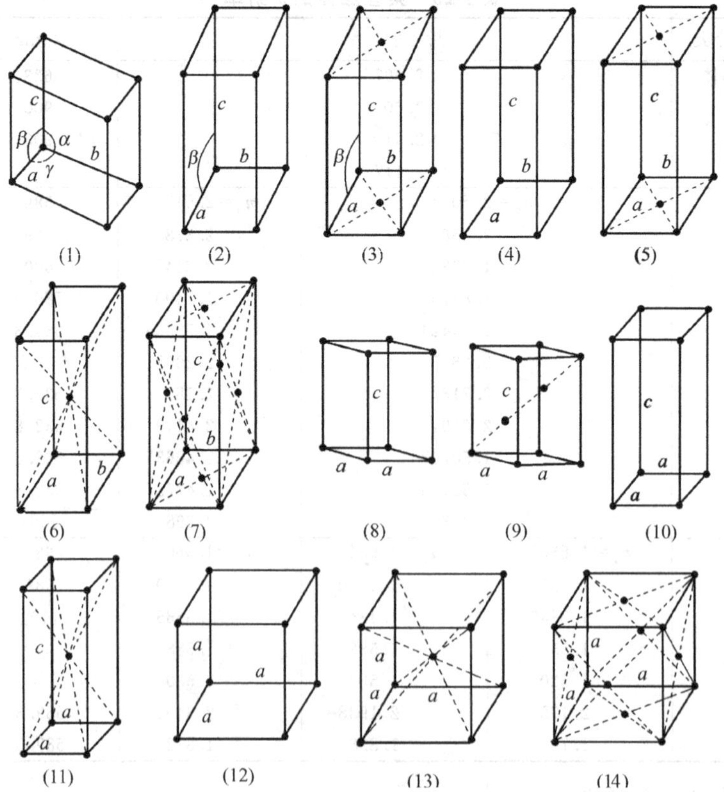


图 1-1　十四种空间点阵型式

(1) 简单三斜 ($aP$)；(2) 简单单斜 ($mp$)；(3) C心单斜 ($mC$)；(4) 简单正交 ($oP$)；(5) C心正交 ($oC$)；(6) 体心正交 ($oI$)；(7) 面心正交 ($oF$)；(8) 简单六方 ($hP$)；(9) R心六方 ($hR$)；(10) 简单四方 ($tP$)；(11) 体心四方 ($tI$)；(12) 简单立方 ($cP$)；(13) 体心立方 ($cI$)；(14) 面心立方 ($cF$)

**表 1-22 十四种空间点阵型式**

| 晶族记号 | 晶系 | 点阵参数的限制 | 空间点阵型式 |
|---|---|---|---|
| *a* | 三斜 | — | *aP* 简单三斜 |
| *m* | 单斜 | $\alpha=\gamma=90°$ | *mP* 简单单斜<br>*mC*(*mA*,*mI*) *C* 心单斜 |
| *o* | 正交 | $\alpha=\beta=\gamma=90°$ | *oP* 简单正交<br>*oC*(*oA*,*oB*) *C* 心正交<br>*oI* 体心正交<br>*oF* 面心正交 |
| *h* | 三方 | $a=b$<br>$\alpha=\beta=90°$<br>$\gamma=120°$ | *hP* 简单六方<br>*hR* *R* 心六方 |
|  | 六方 |  | *hP* 简单六方 |
| *t* | 四方 | $a=b$<br>$\alpha=\beta=\gamma=90°$ | *tP* 简单四方<br>*tI* 体心四方 |
| *c* | 立方 | $a=b=c$<br>$\alpha=\beta=\gamma=90°$ | *cP* 简单立方<br>*cI* 体心立方<br>*cF* 面心立方 |

## 二、分子和离子形状

1. 分子和离子的形状

分子和离子的形状见表 1-23。

**表 1-23 分子和离子的形状**

| 形状 | 结构 | 实例 |
|---|---|---|
| 直线 |  | Cl—Be—Cl O=C=O H—C≡N<br>H—C≡C—H $[H_3N\rightarrow Ag\leftarrow NH_3]^+$ |
| 弯曲 |  | 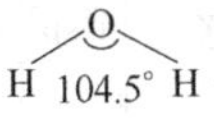 $H_2S(92°)$ $NO_2^-(115°)$ $ClO_2^-(110.5°)$ |
| 平面三角 | 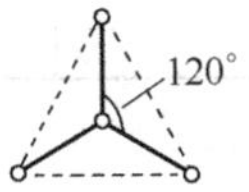 | 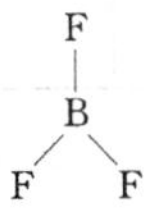 $NO_3^-$ $CO_3^{2-}$ $SO_3$ $C_2H_4$ |
| 棱锥体 | 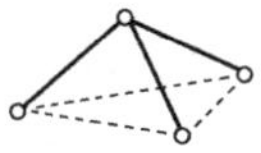 | 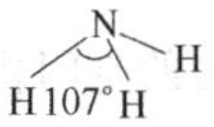 $PH_3(93°)$ $ClO_3^-$ $SO_3^{2-}$ |
| T 形 | 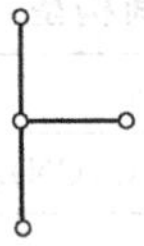 | 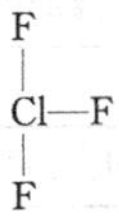 |
| 四面体 | 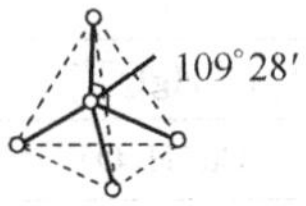 | 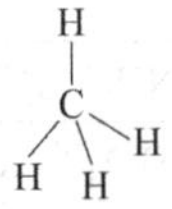 $NH_4^+$ $ClO_4^-$ $SO_4^{2-}$ $PO_4^{3-}$ $Ni(CO)_4$ |
| 平面正方形 | 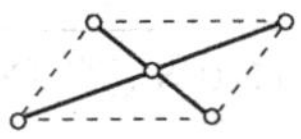 | 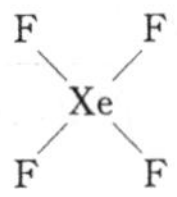 $ICl_4\cdot[Cu(H_2O)_4]^{2+}$ |
| 三角双棱锥 | 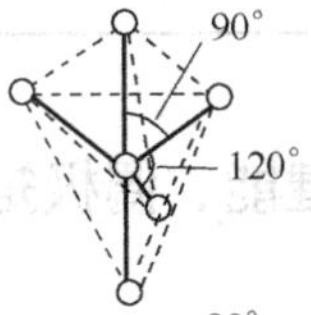 | 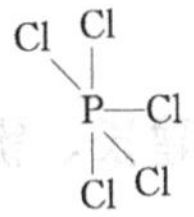 |
| 八面体 | 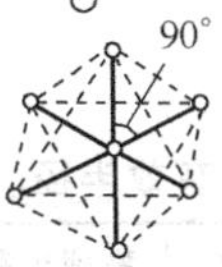 |  许多配位的金属络合物，例如：$[Al(H_2O)_6]^{3+}$ |
| 五角双棱锥 | 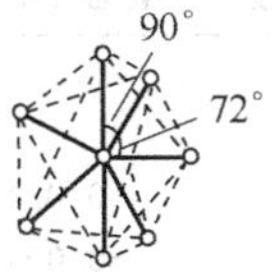 | 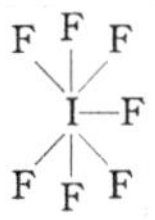 |

2. 杂化轨道的空间分布

常见杂化轨道的几何特征和轨道图像见表 1-24。

**表 1-24 常见杂化轨道的几何特征和轨道图像**

| 名称 | 原子轨道成分分数 s | p | d | 轨道对称轴夹角 $\theta$ | 轨道形状 | 轨道图像表示 | 名称 | 原子轨道成分分数 s | p | d | 轨道对称轴夹角 $\theta$ | 轨道形状 | 轨道图像表示 |
|---|---|---|---|---|---|---|---|---|---|---|---|---|---|
| sp | 1/2 | 1/2 | 0 | 180° | 直线形 |  | $dsp^2$ | 1/4 | 1/2 | 1/3 | 90°,180° | 正方形 | 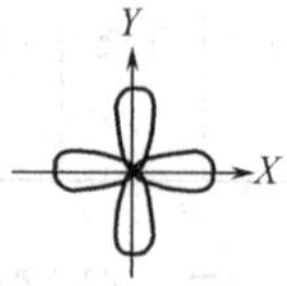 |
| $sp^2$ | 1/3 | 2/3 | 0 | 120° | 三角形 | 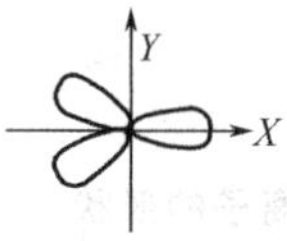 | $dsp^3$ | 1/5 | 3/5 | 1/5 | <120° | 三角双锥体 | 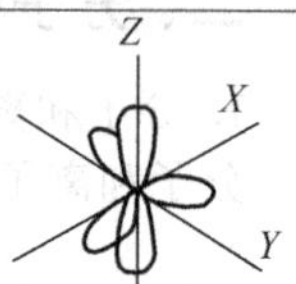 |
| $sp^3$ | 1/4 | 3/4 | 0 | 109°28′ | 四面体 | 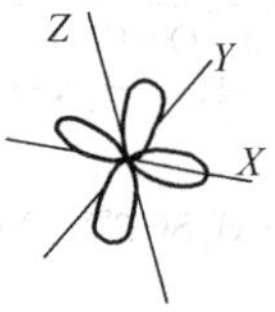 | $d^2sp^3$ | 1/6 | 1/2 | 1/3 | 90°,180° | 八面体 | 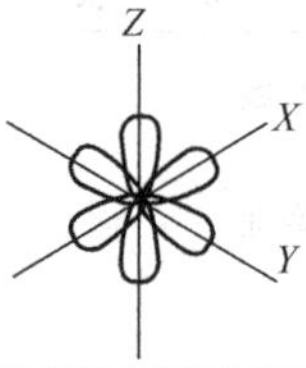 |

注：s+p+d=1。

3. 不同配位数的络合离子的空间分布

表 1-25 列出了轨道杂化类型与配位化合物的空间构型。

**表 1-25 轨道杂化类型与配位化合物的空间构型**

| 杂化类型 | 配位数 | 空间构型 | 实 例 |
|---|---|---|---|
| sp | 2 | 直线形 | $[Cu(NH_3)_2]^+$、$[Ag(NH_3)_2]^+$、$[CuCl_2]^-$、$[Ag(CN)_2]^-$ |
| $sp^2$ | 3 | 平面三角形 | $[CuCl_3]^{2-}$、$[HgI_3]^-$ |
| $sp^3$ | 4 | 正四面体形 | $[Ni(NH_3)_4]^{2+}$、$[Zn(NH_3)_4]^{2+}$、$[Ni(CO)_4]$、$[HgI_4]^{2-}$ |
| $dsp^2$ | 4 | 正方形 | $[Ni(CN)_4]^{2-}$、$[Cu(NH_3)_4]^{2+}$、$[PtCl_2]^{2-}$、$[Cu(H_2O)_4]^{2+}$ |
| $dsp^3$ | 5 | 三角双锥形 | $[Fe(CO)_5]$、$[Ni(CN)_5]^{3-}$ |
| $sp^3d^2$ | 6 | 正八面体形 | $[Fe(F_6)]^{3-}$、$[Fe(H_2O)_6]^{3+}$、$[Co(NH_3)_6]^{2+}$、$[Fe(CN)_6]^{3-}$、$[Fe(CN)_6]^{4-}$、$[Co(NH_3)_6]^{3+}$、$[PtCl_6]^{2-}$ |
| $d^2sp^3$ | 6 | | |

## 三、元素的电子构型与离子半径、键长、键角、键能、偶极矩

1. 元素的化合价、配位数、电子构型与离子半径

元素的化合价、配位数、电子构型和离子半径见表 1-26。

**表 1-26 元素的化合价、配位数、电子构型和物理半径、有效半径、轨道半径** 单位：nm

| 元 素 | 原子序数 | 符号 | 化合价 | 电子构型 | 自 旋 | 配位数 | 物理半径 | 有效半径 | 轨道半径 |
|---|---|---|---|---|---|---|---|---|---|
| 氢 | 1 | H | −0 | $1s^1$ | | | | | 0.0529 |
| | | | −1 | | | | | 0.208 | |
| | | | +1 | $1s^0$ | | 1 | −0.024 | −0.038 | |
| | | | | | | 2 | −0.004 | −0.018 | |

续表

| 元　素 | 原子序数 | 符号 | 化合价 | 电子构型 | 自　旋 | 配位数 | 物理半径 | 有效半径 | 轨道半径 |
|---|---|---|---|---|---|---|---|---|---|
| 氘 | 1 | D | +1 | $1s^0$ | | 2 | 0.004 | −0.010 | |
| 氦 | 2 | He | 0 | $1s^2$ | | | | | 0.0291 |
| 锂 | 3 | Li | 0 | $2s^1$ | | | | | 0.1586 |
| | | | +1 | $1s^2$ | | 4 | 0.0730 | 0.0590 | |
| | | | | | | 6 | 0.090 | 0.076 | |
| | | | | | | 8 | 0.106 | 0.092 | |
| 铍 | 4 | Be | 0 | $2s^2$ | | | | | 0.1040 |
| | | | +2 | $1s^2$ | | 3 | 0.030 | 0.016 | |
| | | | | | | 4 | 0.041 | 0.027 | |
| | | | | | | 6 | 0.059 | 0.045 | |
| 硼 | 5 | B | 0 | $2s^22p^1$ | | | | | 0.0776 |
| | | | +3 | $1s^2$ | | 3 | 0.015 | 0.001 | |
| | | | | | | 4 | 0.025 | 0.011 | |
| | | | | | | 6 | 0.041 | 0.027 | |
| 碳 | 6 | C | 0 | $2s^22p^2$ | | | | | 0.0620 |
| | | | +4 | $1s^2$ | | 3 | 0.006 | −0.008 | |
| | | | | | | 4 | 0.029 | 0.015 | |
| | | | | | | 6 | 0.030 | 0.016 | |
| 氮 | 7 | N | 0 | $2s^22p^3$ | | | | | 0.0521 |
| | | | −3 | $2p^6$ | | 4 | 0.132 | 0.146 | |
| | | | +3 | $2s^2$ | | 6 | 0.030 | 0.016 | |
| | | | +5 | $1s^2$ | | 3 | 0.0044 | −0.0104 | |
| | | | | | | 6 | 0.027 | 0.013 | |
| 氧 | 8 | O | 0 | $2s^22p^4$ | | | | | 0.0450 |
| | | | −2 | $2p^6$ | | 2 | 0.121 | 0.135 | |
| | | | | | | 3 | 0.122 | 0.136 | |
| | | | | | | 4 | 0.124 | 0.138 | |
| | | | | | | 6 | 0.126 | 0.140 | |
| | | | | | | 8 | 0.128 | 0.142 | |
| 氟 | 9 | F | 0 | $2s^22p^5$ | | | | | 0.0396 |
| | | | −1 | $2p^6$ | | 2 | 0.1145 | 0.1285 | |
| | | | | | | 3 | 0.116 | 0.130 | |
| | | | | | | 4 | 0.117 | 0.131 | |
| | | | | | | 6 | 0.119 | 0.133 | |
| | | | +7 | $1s^2$ | | 6 | 0.022 | 0.008 | |
| 氖 | 10 | Ne | 0 | $2s^22p^6$ | | | | | 0.0354 |
| 钠 | 11 | Na | 0 | $3s^1$ | | | | | 0.1713 |
| | | | +1 | $2p^6$ | | 4 | 0.113 | −0.099 | |
| | | | | | | 5 | 0.114 | 0.100 | |
| | | | | | | 6 | 0.116 | 0.102 | |
| | | | | | | 7 | 0.126 | 0.112 | |
| | | | | | | 8 | 0.132 | 0.118 | |
| | | | | | | 9 | 0.138 | 0.124 | |
| | | | | | | 12 | 0.153 | 0.139 | |
| 镁 | 12 | Mg | 0 | $3s^2$ | | | | | 0.1279 |
| | | | +2 | | | 4 | 0.071 | 0.057 | |
| | | | | | | 5 | 0.080 | 0.066 | |
| | | | | | | 6 | 0.0860 | 0.0720 | |
| | | | | | | 8 | 0.103 | 0.089 | |

续表

| 元　素 | 原子序数 | 符号 | 化合价 | 电子构型 | 自　旋 | 配位数 | 物理半径 | 有效半径 | 轨道半径 |
|---|---|---|---|---|---|---|---|---|---|
| 铝 | 13 | Al | 0 | $3s^23p^1$ | | | | | 0.1312 |
| | | | +3 | $2p^6$ | | 4 | 0.053 | 0.039 | |
| | | | | | | 5 | 0.062 | 0.048 | |
| | | | | | | 6 | 0.0675 | 0.0535 | |
| 硅 | 14 | Si | 0 | $3s^23p^2$ | | | | | 0.1068 |
| | | | +4 | $2p^6$ | | 4 | 0.040 | 0.026 | |
| | | | | | | 6 | 0.0540 | 0.0400 | |
| 磷 | 15 | P | 0 | $3s^23p^3$ | | | | | 0.0919 |
| | | | +3 | $3s^2$ | | 6 | 0.058 | 0.044 | |
| | | | +5 | $2p^6$ | | 4 | 0.031 | 0.017 | |
| | | | | | | 5 | 0.043 | 0.029 | |
| | | | | | | 6 | 0.052 | 0.038 | |
| 硫 | 16 | S | 0 | $3s^23p^4$ | | | | | 0.081 |
| | | | −2 | $3p^6$ | | 6 | 0.170 | 0.184 | |
| | | | +4 | $3s^2$ | | 6 | 0.051 | 0.037 | |
| | | | +6 | $2p^6$ | | 4 | 0.026 | 0.012 | |
| | | | | | | 6 | 0.043 | 0.029 | |
| 氯 | 17 | Cl | 0 | $3s^23p^5$ | | | | | 0.0725 |
| | | | −1 | $3p^6$ | | 6 | 0.167 | 0.181 | |
| | | | +5 | $3s^2$ | | 3 | 0.026 | 0.012 | |
| | | | +7 | $2p^6$ | | 4 | 0.022 | 0.008 | |
| | | | | | | 6 | 0.041 | 0.027 | |
| 氩 | 18 | Ar | 0 | $3s^23p^6$ | | | | | 0.0659 |
| 钾 | 19 | K | 0 | $4s^1$ | | | | | 0.2162 |
| | | | +1 | $3p^6$ | | 4 | 0.151 | 0.137 | |
| | | | | | | 6 | 0.152 | 0.138 | |
| | | | | | | 7 | 0.160 | 0.146 | |
| | | | | | | 8 | 0.165 | 0.151 | |
| | | | | | | 9 | 0.169 | 0.155 | |
| | | | | | | 10 | 0.173 | 0.159 | |
| | | | | | | 12 | 0.178 | 0.164 | |
| 钙 | 20 | Ca | 0 | $4s^2$ | | | | | 0.1690 |
| | | | +2 | $3p^6$ | | 6 | 0.114 | 0.100 | |
| | | | | | | 7 | 0.120 | 0.106 | |
| | | | | | | 8 | 0.126 | 0.112 | |
| | | | | | | 9 | 0.132 | 0.118 | |
| | | | | | | 10 | 0.137 | 0.123 | |
| | | | | | | 12 | 0.148 | 0.134 | |
| 钪 | 21 | Sc | 0 | $3d^14s^2$ | | | | | 0.1570 |
| | | | +3 | $3p^6$ | | 6 | 0.0885 | 0.0745 | |
| | | | | | | 8 | 0.1010 | 0.0870 | |
| 钛 | 22 | Ti | 0 | $3d^24s^2$ | | | | | 0.1477 |
| | | | +2 | $3d^2$ | | 6 | 0.100 | 0.086 | |
| | | | +3 | $3d^1$ | | 6 | 0.0810 | 0.0670 | |
| | | | +4 | $3p^6$ | | 4 | 0.056 | 0.042 | |
| | | | | | | 5 | 0.065 | 0.051 | |
| | | | | | | 6 | 0.0745 | 0.0605 | |
| | | | | | | 8 | 0.088 | 0.074 | |
| 钒 | 23 | V | 0 | $3d^34s^2$ | | | | | 0.1401 |
| | | | +2 | $3d^3$ | | 6 | 0.093 | 0.079 | |

续表

| 元　素 | 原子序数 | 符号 | 化合价 | 电子构型 | 自　旋 | 配位数 | 物理半径 | 有效半径 | 轨道半径 |
|---|---|---|---|---|---|---|---|---|---|
| 钒 | | | +3 | $3d^2$ | | 6 | 0.0780 | 0.0640 | |
| | | | +4 | $3d^1$ | | 5 | 0.067 | 0.053 | |
| | | | | | | 6 | 0.072 | 0.058 | |
| | | | | | | 8 | 0.086 | 0.072 | |
| | | | +5 | $3p^6$ | | 4 | 0.0495 | 0.0355 | |
| | | | | | | 5 | 0.060 | 0.046 | |
| | | | | | | 6 | 0.068 | 0.054 | |
| 铬 | 24 | Cr | 0 | $3d^5 4s^1$ | | | | | 0.1453 |
| | | | +2 | $3d^4$ | Ls | 6 | 0.087 | 0.073 | |
| | | | | | Hs | | 0.094 | 0.080 | |
| | | | +3 | $3d^3$ | | 6 | 0.0755 | 0.0615 | |
| | | | +4 | $3d^2$ | | 4 | 0.055 | 0.041 | |
| | | | | | | 6 | 0.069 | 0.055 | |
| | | | +5 | $3d^1$ | | 4 | 0.0485 | 0.0345 | |
| | | | | | | 6 | 0.063 | 0.049 | |
| | | | | | | 8 | 0.071 | 0.057 | |
| | | | +6 | $3p^6$ | | 4 | 0.040 | 0.026 | |
| | | | | | | 6 | 0.058 | 0.044 | |
| 锰 | 25 | Mn | 0 | $3d^5 4s^2$ | | | | | 0.1278 |
| | | | +2 | $3d^5$ | Hs | 4 | 0.080 | 0.066 | |
| | | | | | Hs | 5 | 0.089 | 0.075 | |
| | | | | | Ls | 6 | 0.081 | 0.067 | |
| | | | | | Hs | | 0.0970 | 0.0830 | |
| | | | | | Hs | 7 | 0.104 | 0.090 | |
| | | | | | | 8 | 0.110 | 0.096 | |
| | | | +3 | $3d^4$ | | 5 | 0.072 | 0.058 | |
| | | | | | Ls | 6 | 0.072 | 0.058 | |
| | | | | | Hs | | 0.0785 | 0.0645 | |
| | | | +4 | $3d^2$ | | 4 | 0.053 | 0.039 | |
| | | | | | | 6 | 0.0670 | 0.0530 | |
| | | | +5 | $3d^2$ | | 4 | 0.047 | 0.033 | |
| | | | +6 | $3d^1$ | | 4 | 0.0395 | 0.0255 | |
| | | | +7 | $3p^6$ | | 4 | 0.039 | 0.025 | |
| | | | | | | 6 | 0.060 | 0.046 | |
| 铁 | 26 | Fe | 0 | $3d^6 4s^2$ | | | | | 0.1227 |
| | | | +2 | $3d^6$ | Hs | 4 | 0.077 | 0.063 | |
| | | | | | Hs | 4sq | 0.078 | 0.064 | |
| | | | | | Ls | 6 | 0.075 | 0.061 | |
| | | | | | Hs | | 0.0920 | 0.0780 | |
| | | | | | Hs | 8 | 0.106 | 0.092 | |
| | | | +3 | $3d^5$ | Hs | 4 | 0.063 | 0.049 | |
| | | | | | | 5 | 0.072 | 0.058 | |
| | | | | | Ls | 6 | 0.069 | 0.055 | |
| | | | | | Hs | | 0.0785 | 0.0645 | |
| | | | | | Hs | 8 | 0.092 | 0.078 | |
| | | | +4 | $3d^4$ | | 6 | 0.0725 | 0.0585 | |
| | | | +6 | $3d^2$ | | 4 | 0.039 | 0.025 | |
| 钴 | 27 | Co | 0 | $3d^7 4s^2$ | | | | | 0.1181 |
| | | | +2 | $3d^7$ | Hs | 4 | 0.072 | 0.058 | |

续表

| 元素 | 原子序数 | 符号 | 化合价 | 电子构型 | 自旋 | 配位数 | 物理半径 | 有效半径 | 轨道半径 |
|---|---|---|---|---|---|---|---|---|---|
| 钴 | | | | | | 5 | 0.081 | 0.067 | |
| | | | | | Ls | 6 | 0.079 | 0.065 | |
| | | | | | Hs | | 0.0885 | 0.0745 | |
| | | | | | | 8 | 0.104 | 0.090 | |
| | | | +3 | $3d^6$ | Ls | 6 | 0.0685 | 0.0545 | |
| | | | | | Hs | | 0.075 | 0.061 | |
| | | | +4 | $3d^5$ | | 4 | 0.054 | 0.040 | |
| | | | | | Hs | 6 | 0.067 | 0.053 | |
| 镍 | 28 | Ni | 0 | $3d^8 4s^2$ | | | | | 0.1139 |
| | | | +2 | $3d^8$ | | 4 | 0.069 | 0.055 | |
| | | | | | | 4sq | 0.063 | 0.049 | |
| | | | | | | 5 | 0.077 | 0.063 | |
| | | | | | | 6 | 0.0830 | 0.0690 | |
| | | | +3 | $3d^7$ | Ls | 6 | 0.070 | 0.056 | |
| | | | | | Hs | | 0.074 | 0.060 | |
| 铜 | 29 | Cu | 0 | $3d^{10} 4s^1$ | | | | | 0.1191 |
| | | | +1 | $3d^{10}$ | | 2 | 0.060 | 0.046 | |
| | | | | | | 4 | 0.074 | 0.060 | |
| | | | | | | 6 | 0.091 | 0.077 | |
| | | | +2 | $3d^9$ | | 4 | 0.071 | 0.057 | |
| | | | | | | 4sq | 0.071 | 0.057 | |
| | | | | | | 5 | 0.079 | 0.065 | |
| | | | | | | 6 | 0.087 | 0.073 | |
| | | | +3 | $3d^8$ | Ls | 6 | 0.068 | 0.054 | |
| 锌 | 30 | Zn | 0 | $3d^{10} 4s^2$ | | | | | 0.1065 |
| | | | +2 | $3d^{10}$ | | 4 | 0.074 | 0.060 | |
| | | | | | | 5 | 0.082 | 0.068 | |
| | | | | | | 6 | 0.0880 | 0.0740 | |
| | | | | | | 8 | 0.104 | 0.090 | |
| 镓 | 31 | Ga | 0 | $4s^2 4p^1$ | | | | | 0.1254 |
| | | | +3 | $3d^{10}$ | | 4 | 0.061 | 0.047 | |
| | | | | | | 5 | 0.069 | 0.055 | |
| | | | | | | 6 | 0.0760 | 0.0620 | |
| 锗 | 32 | Ge | 0 | $4s^2 4p^2$ | | | | | 0.1090 |
| | | | +2 | $4s^2$ | | 6 | 0.087 | 0.073 | |
| | | | +4 | $3d^{10}$ | | 4 | 0.0530 | 0.0390 | |
| | | | | | | 6 | 0.0670 | 0.0530 | |
| 砷 | 33 | As | 0 | $4s^2 4p^3$ | | | | | 0.0982 |
| | | | +3 | $4s^2$ | | 6 | 0.072 | 0.058 | |
| | | | +5 | $3d^{10}$ | | 4 | 0.0475 | 0.0335 | |
| | | | | | | 6 | 0.060 | 0.046 | |
| 硒 | 34 | Se | 0 | $4s^2 4p^4$ | | | | | 0.0918 |
| | | | +6 | $3p^6$ | | 6 | 0.0885 | 0.0745 | |
| | | | | | | 8 | 0.1010 | 0.0870 | |
| | | | −2 | $4p^6$ | | 6 | 0.184 | 0.198 | |
| | | | +4 | $4s^2$ | | 6 | 0.064 | 0.050 | |
| | | | +6 | $3d^{10}$ | | 4 | 0.042 | 0.028 | |
| | | | | | | 6 | 0.056 | 0.042 | |
| 溴 | 35 | Br | 0 | $4s^2 4p^5$ | | | | | 0.0851 |

续表

| 元　素 | 原子序数 | 符号 | 化合价 | 电子构型 | 自　旋 | 配位数 | 物理半径 | 有效半径 | 轨道半径 |
|---|---|---|---|---|---|---|---|---|---|
| 溴 | | | −1 | $4p^6$ | | 6 | 0.182 | 0.196 | |
| | | | +3 | $4p^2$ | | 4sq | 0.073 | 0.059 | |
| | | | +5 | $4s^2$ | | 3py | 0.045 | 0.031 | |
| | | | +7 | $3d^{10}$ | | 4 | 0.039 | 0.025 | |
| | | | | | | 5 | 0.053 | 0.039 | |
| 氪 | 36 | Kr | 0 | $4s^2 4p^6$ | | | | | 0.0795 |
| 铷 | 37 | Rb | 0 | $5s^1$ | | | | | 0.2287 |
| | | | +1 | | | 6 | 0.166 | 0.152 | |
| | | | | | | 7 | 0.170 | 0.156 | |
| | | | | | | 8 | 0.175 | 0.161 | |
| | | | | | | 9 | 0.177 | 0.163 | |
| | | | | | | 10 | 0.180 | 0.166 | |
| | | | | | | 11 | 0.183 | 0.169 | |
| | | | | | | 12 | 0.186 | 0.172 | |
| | | | | | | 14 | 0.197 | 0.183 | |
| 锶 | 38 | Sr | 0 | $5s^2$ | | | | | 0.1836 |
| | | | +2 | $4p^6$ | | 6 | 0.132 | 0.118 | |
| | | | | | | 7 | 0.135 | 0.121 | |
| | | | | | | 8 | 0.140 | 0.126 | |
| | | | | | | 9 | 0.145 | 0.131 | |
| | | | | | | 10 | 0.150 | 0.136 | |
| | | | | | | 12 | 0.158 | 0.144 | |
| 钇 | 39 | Y | 0 | $4d^1 5s^2$ | | | | | 0.1693 |
| | | | +3 | $4p^6$ | | 6 | 0.1040 | 0.0900 | |
| | | | | | | 7 | 0.110 | 0.096 | |
| | | | | | | 8 | 0.1159 | 0.1019 | |
| | | | | | | 9 | 0.1215 | 0.1075 | |
| 锆 | 40 | Zr | 0 | $4d^2 5s^2$ | | | | | 0.1593 |
| | | | +4 | $4p^6$ | | 4 | 0.073 | 0.059 | |
| | | | | | | 5 | 0.080 | 0.066 | |
| | | | | | | 6 | 0.086 | 0.072 | |
| | | | | | | 7 | 0.092 | 0.078 | |
| | | | | | | 8 | 0.098 | 0.084 | |
| | | | | | | 9 | 0.103 | 0.089 | |
| 铌 | 41 | Nb | 0 | $4d^4 5s^1$ | | | | | 0.1589 |
| | | | +3 | $4d^2$ | | 6 | 0.086 | 0.072 | |
| | | | +4 | $4d^1$ | | 6 | 0.082 | 0.068 | |
| | | | | | | 8 | 0.093 | 0.079 | |
| | | | +5 | $4p^6$ | | 4 | 0.062 | 0.048 | |
| | | | | | | 6 | 0.078 | 0.064 | |
| | | | | | | 7 | 0.083 | 0.069 | |
| | | | | | | 8 | 0.088 | 0.074 | |
| 钼 | 42 | Mo | 0 | $4d^5 5s^1$ | | | | | 0.1520 |
| | | | +3 | $4d^3$ | | 4 | 0.083 | 0.069 | |
| | | | +4 | $4d^2$ | | 6 | 0.0790 | 0.0650 | |
| | | | +5 | $4d^1$ | | 4 | 0.060 | 0.046 | |
| | | | | | | 6 | 0.075 | 0.061 | |
| | | | +6 | $4p^6$ | | 4 | 0.055 | 0.041 | |
| | | | | | | 5 | 0.064 | 0.050 | |

续表

| 元素 | 原子序数 | 符号 | 化合价 | 电子构型 | 自旋 | 配位数 | 物理半径 | 有效半径 | 轨道半径 |
|---|---|---|---|---|---|---|---|---|---|
| 钼 | | | | | | 6 | 0.073 | 0.059 | |
| | | | | | | 7 | 0.087 | 0.073 | |
| 锝 | 43 | Tc | 0 | $4d^5 5s^2$ | | | | | 0.1391 |
| | | | +4 | $4d^3$ | | 6 | 0.0785 | 0.0645 | |
| | | | +5 | $4d^2$ | | 6 | 0.074 | 0.060 | |
| | | | +7 | $4p^6$ | | 4 | 0.051 | 0.037 | |
| | | | | | | 6 | 0.070 | 0.056 | |
| 钌 | 44 | Ru | 0 | $4d^7 5s^1$ | | | | | 0.1410 |
| | | | +3 | $4d^5$ | | 6 | 0.082 | 0.068 | |
| | | | +4 | $4d^4$ | | 6 | 0.0760 | 0.0620 | |
| | | | +5 | $4d^3$ | | 6 | 0.0705 | 0.0565 | |
| | | | +7 | $4d^1$ | | 4 | 0.052 | 0.038 | |
| | | | +8 | $4p^6$ | | 4 | 0.050 | 0.036 | |
| 铑 | 45 | Rh | 0 | $4d^8 5s^1$ | | | | | 0.1364 |
| | | | +3 | $4d^6$ | | 6 | 0.0805 | 0.0665 | |
| | | | +4 | $4d^5$ | | 6 | 0.074 | 0.060 | |
| | | | +5 | $4d^4$ | | 6 | 0.069 | 0.055 | |
| 钯 | 46 | Pd | 0 | $4d^{10}$ | | | | | 0.0567 |
| | | | +1 | $4d^9$ | | 2 | 0.073 | 0.059 | |
| | | | +2 | $4d^8$ | | 4sq | 0.078 | 0.064 | |
| | | | | | | 6 | 0.100 | 0.086 | |
| | | | +3 | $4d^7$ | | 6 | 0.090 | 0.076 | |
| | | | +4 | $4d^6$ | | 6 | 0.0755 | 0.0615 | |
| 银 | 47 | Ag | 0 | $5s^1$ | | | | | 0.1286 |
| | | | +1 | $4d^{10}$ | | 2 | 0.081 | 0.067 | |
| | | | | | | 4 | 0.114 | 0.100 | |
| | | | | | | 4sq | 0.116 | 0.102 | |
| | | | | | | 5 | 0.123 | 0.109 | |
| | | | | | | 6 | 0.129 | 0.115 | |
| | | | | | | 7 | 0.136 | 0.122 | |
| | | | | | | 8 | 0.142 | 0.128 | |
| | | | +2 | $4d^9$ | | 4sq | 0.093 | 0.079 | |
| | | | | | | 6 | 0.108 | 0.094 | |
| | | | +3 | $4d^8$ | | 4sq | 0.081 | 0.067 | |
| | | | | | | 6 | 0.089 | 0.075 | |
| 镉 | 48 | Cd | 0 | $5s^2$ | | | | | 0.1184 |
| | | | +2 | $4d^{10}$ | | 4 | 0.092 | 0.078 | |
| | | | | | | 5 | 0.101 | 0.087 | |
| | | | | | | 6 | 0.109 | 0.095 | |
| | | | | | | 7 | 0.117 | 0.103 | |
| | | | | | | 8 | 0.124 | 0.110 | |
| | | | | | | 12 | 0.145 | 0.131 | |
| 铟 | 49 | In | 0 | $5s^2 5p^1$ | | | | | 0.1382 |
| | | | +3 | $4d^{10}$ | | 4 | 0.076 | 0.062 | |
| | | | | | | 6 | 0.0940 | 0.0800 | |
| | | | | | | 8 | 0.106 | 0.092 | |
| 锡 | 50 | Sn | 0 | $5s^2 5p^2$ | | | | | 0.1240 |
| | | | +4 | $4d^{10}$ | | 4 | 0.169 | 0.055 | |
| | | | | | | 5 | 0.076 | 0.062 | |

续表

| 元　素 | 原子序数 | 符号 | 化合价 | 电子构型 | 自　旋 | 配位数 | 物理半径 | 有效半径 | 轨道半径 |
|---|---|---|---|---|---|---|---|---|---|
| 锡 | | | | | | 6 | 0.0830 | 0.0690 | |
| | | | | | | 7 | 0.089 | 0.075 | |
| | | | | | | 8 | 0.095 | 0.081 | |
| 锑 | 51 | Sb | 0 | $5s^25p^3$ | | | | | 0.1140 |
| | | | +3 | $5s^2$ | | 4py | 0.090 | 0.076 | |
| | | | | | | 5 | 0.094 | 0.080 | |
| | | | | | | 6 | 0.090 | 0.076 | |
| | | | +5 | $4d^{10}$ | | 6 | 0.074 | 0.060 | |
| 碲 | 52 | Te | 0 | $5s^25p^4$ | | | | | 0.1111 |
| | | | −2 | $5p^6$ | | 6 | 0.207 | 0.221 | |
| | | | +4 | $5s^2$ | | 3 | 0.066 | 0.052 | |
| | | | | | | 4 | 0.080 | 0.066 | |
| | | | | | | 6 | 0.111 | 0.097 | |
| | | | +6 | $4d^{10}$ | | 4 | 0.057 | 0.043 | |
| | | | | | | 6 | 0.070 | 0.056 | |
| 碘 | 53 | I | 0 | $5s^25p^5$ | | | | | 0.1044 |
| | | | −1 | $5p^6$ | | 6 | 0.206 | 0.220 | |
| | | | +5 | $5s^2$ | | 3py | 0.058 | 0.044 | |
| | | | | | | 6 | 0.109 | 0.095 | |
| | | | +7 | $4d^{10}$ | | 4 | 0.056 | 0.042 | |
| | | | | | | 6 | 0.067 | 0.053 | |
| 氙 | 54 | Xe | 0 | $5s^25p^6$ | | | | | 0.0986 |
| 铯 | 55 | Cs | 0 | $6s^1$ | | | | | 0.2518 |
| | | | +1 | $5p^6$ | | 6 | 0.181 | 0.167 | |
| | | | | | | 8 | 0.188 | 0.174 | |
| | | | | | | 9 | 0.192 | 0.178 | |
| | | | | | | 10 | 0.195 | 0.181 | |
| | | | | | | 11 | 0.199 | 0.185 | |
| | | | | | | 12 | 0.202 | 0.188 | |
| 钡 | 56 | Ba | 0 | $6s^2$ | | | | | 0.2060 |
| | | | +2 | $5p^6$ | | 6 | 0.149 | 0.135 | |
| | | | | | | 7 | 0.152 | 0.138 | |
| | | | | | | 8 | 0.156 | 0.142 | |
| | | | | | | 9 | 0.161 | 0.147 | |
| | | | | | | 10 | 0.166 | 0.152 | |
| | | | | | | 11 | 0.171 | 0.157 | |
| | | | | | | 12 | 0.175 | 0.161 | |
| 镧 | 57 | La | 0 | $5d^16s^2$ | | | | | 0.1915 |
| | | | +3 | $4d^{10}$ | | 6 | 0.1172 | 0.1032 | |
| | | | | | | 7 | 0.124 | 0.110 | |
| | | | | | | 8 | 0.1300 | 0.1160 | |
| | | | | | | 9 | 0.1356 | 0.1216 | |
| | | | | | | 10 | 0.141 | 0.127 | |
| | | | | | | 12 | 0.150 | 0.136 | |
| 铈 | 58 | Ce | 0 | $4f^26s^2$ | | | | | 0.1978 |
| | | | +3 | $6s^1$ | | 6 | 0.115 | 0.101 | |
| | | | | | | 7 | 0.121 | 0.107 | |
| | | | | | | 8 | 0.1283 | 0.1143 | |
| | | | | | | 9 | 0.1336 | 0.1196 | |

续表

| 元素 | 原子序数 | 符号 | 化合价 | 电子构型 | 自旋 | 配位数 | 物理半径 | 有效半径 | 轨道半径 |
|---|---|---|---|---|---|---|---|---|---|
| 铈 | | | | | | 10 | 0.139 | 0.125 | |
| | | | | | | 12 | 0.148 | 0.134 | |
| | | | +4 | $5p^6$ | | 6 | 0.101 | 0.087 | |
| | | | | | | 8 | 0.111 | 0.097 | |
| | | | | | | 10 | 0.121 | 0.107 | |
| | | | | | | 12 | 0.128 | 0.114 | |
| 镨 | 59 | Pr | 0 | $4f^3 6s^2$ | | | | | 0.1942 |
| | | | +3 | $4f^2$ | | 6 | 0.113 | 0.099 | |
| | | | | | | 8 | 0.1266 | 0.1126 | |
| | | | | | | 9 | 0.1319 | 0.1179 | |
| | | | +4 | $4f^1$ | | 6 | 0.099 | 0.085 | |
| | | | | | | 8 | 0.110 | 0.096 | |
| 钕 | 60 | Nd | 0 | $4f^4 6s^2$ | | | | | 0.1912 |
| | | | +2 | $4f^4$ | | 8 | 0.143 | 0.129 | |
| | | | | | | 9 | 0.149 | 0.135 | |
| | | | +3 | $4f^3$ | | 6 | 0.1123 | 0.0983 | |
| | | | | | | 8 | 0.1249 | 0.1109 | |
| | | | | | | 9 | 0.1303 | 0.1163 | |
| | | | | | | 12 | 0.141 | 0.127 | |
| 钷 | 61 | Pm | 0 | $4f^5 6s^2$ | | | | | 0.1882 |
| | | | +3 | $4f^4$ | | 6 | 0.111 | 0.097 | |
| | | | | | | 8 | 0.1233 | 0.1093 | |
| | | | | | | 9 | 0.1284 | 0.1144 | |
| 钐 | 62 | Sm | 0 | $4f^6 6s^2$ | | | | | 0.1854 |
| | | | +2 | $4f^6$ | | 7 | 0.136 | 0.122 | |
| | | | | | | 8 | 0.141 | 0.127 | |
| | | | | | | 9 | 0.146 | 0.132 | |
| | | | +3 | $4f^5$ | | 6 | 0.1098 | 0.0958 | |
| | | | | | | 7 | 0.116 | 0.102 | |
| | | | | | | 8 | 0.1219 | 0.1079 | |
| | | | | | | 9 | 0.1272 | 0.1132 | |
| | | | | | | 12 | 0.138 | 0.124 | |
| 铕 | 63 | Eu | 0 | $4f^7 6s^2$ | | | | | 0.1826 |
| | | | +2 | $4f^7$ | | 6 | 0.131 | 0.117 | |
| | | | | | | 7 | 0.134 | 0.120 | |
| | | | | | | 8 | 0.139 | 0.125 | |
| | | | | | | 9 | 0.144 | 0.130 | |
| | | | | | | 10 | 0.149 | 0.135 | |
| | | | +3 | $4f^6$ | | 6 | 0.1087 | 0.0947 | |
| | | | | | | 7 | 0.115 | 0.101 | |
| | | | | | | 8 | 0.1206 | 0.1066 | |
| | | | | | | 9 | 0.1260 | 0.1120 | |
| 钆 | 64 | Gd | 0 | $4f^7 5d^1 6s^2$ | | | | | 0.1713 |
| | | | +3 | $4f^7$ | | 6 | 0.1078 | 0.0938 | |
| | | | | | | 7 | 0.114 | 0.100 | |
| | | | | | | 8 | 0.1193 | 0.1053 | |
| | | | | | | 9 | 0.1247 | 0.1107 | |
| 铽 | 65 | Tb | 0 | $4f^9 6s^2$ | | | | | 0.1775 |
| | | | +3 | $4f^8$ | | 6 | 0.1063 | 0.0923 | |

续表

| 元　素 | 原子序数 | 符号 | 化合价 | 电子构型 | 自　旋 | 配位数 | 物理半径 | 有效半径 | 轨道半径 |
|---|---|---|---|---|---|---|---|---|---|
| 铽 | | | | | | 7 | 0.112 | 0.098 | |
| | | | | | | 8 | 0.1180 | 0.1040 | |
| | | | | | | 9 | 0.1235 | 0.1095 | |
| | | | +4 | $4f^7$ | | 6 | 0.090 | 0.076 | |
| | | | | | | 8 | 0.102 | 0.088 | |
| 镝 | 66 | Dy | 0 | $4f^{10}6s^2$ | | | | | 0.1750 |
| | | | +2 | $4f^{10}$ | | 6 | 0.121 | 0.107 | |
| | | | | | | 7 | 0.127 | 0.113 | |
| | | | | | | 8 | 0.133 | 0.119 | |
| | | | +3 | $4f^9$ | | 6 | 0.1052 | 0.0912 | |
| | | | | | | 7 | 0.111 | 0.097 | |
| | | | | | | 8 | 0.1167 | 0.1027 | |
| | | | | | | 9 | 0.1223 | 0.1083 | |
| 钬 | 67 | Ho | 0 | $4f^{11}6s^2$ | | | | | 0.1727 |
| | | | +3 | $3f^{10}$ | | 6 | 0.1041 | 0.0901 | |
| | | | | | | 8 | 0.1155 | 0.1015 | |
| | | | | | | 9 | 0.1212 | 0.1072 | |
| | | | | | | 10 | 0.126 | 0.112 | |
| 铒 | 68 | Er | 0 | $4f^{12}6s^2$ | | | | | 0.1703 |
| | | | +3 | $4f^{11}$ | | 6 | 0.1030 | 0.0890 | |
| | | | | | | 7 | 0.1085 | 0.0945 | |
| | | | | | | 8 | 0.1144 | 0.1004 | |
| | | | | | | 9 | 0.1202 | 0.1062 | |
| 铥 | 69 | Tu | 0 | $4f^{13}6s^2$ | | | | | 0.1681 |
| 镱 | 70 | Yb | 0 | $4f^{14}6s^2$ | | | | | 0.1658 |
| | | | +2 | $4f^{14}$ | | 6 | 0.116 | 0.102 | |
| | | | | | | 7 | 0.122 | 0.108 | |
| | | | | | | 8 | 0.128 | 0.114 | |
| | | | +3 | $4f^{13}$ | | 6 | 0.1008 | 0.0868 | |
| | | | | | | 7 | 0.1065 | 0.0925 | |
| | | | | | | 8 | 0.1125 | 0.0985 | |
| | | | | | | 9 | 0.1182 | 0.1042 | |
| 镥 | 71 | Lu | 0 | $5d^16s^2$ | | | | | 0.1553 |
| | | | +3 | $4f^{14}$ | | 6 | 0.1001 | 0.0861 | |
| | | | | | | 8 | 0.1117 | 0.0977 | |
| | | | | | | 9 | 0.1172 | 0.1032 | |
| 铪 | 72 | Hf | 0 | $5d^26s^2$ | | | | | 0.1476 |
| | | | +4 | $4f^{14}$ | | 4 | 0.072 | 0.058 | |
| | | | | | | 6 | 0.085 | 0.071 | |
| | | | | | | 7 | 0.090 | 0.076 | |
| | | | | | | 8 | 0.097 | 0.083 | |
| 钽 | 73 | Ta | 0 | $5d^36s^2$ | | | | | 0.1413 |
| | | | +3 | $5d^2$ | | 6 | 0.086 | 0.072 | |
| | | | +4 | $5d^1$ | | 6 | 0.082 | 0.068 | |
| | | | +5 | $5p^6$ | | 6 | 0.078 | 0.064 | |
| | | | | | | 7 | 0.083 | 0.069 | |
| | | | | | | 8 | 0.088 | 0.074 | |
| 钨 | 74 | W | 0 | $5d^46s^2$ | | | | | 0.1360 |
| | | | +4 | $5d^2$ | | 6 | 0.080 | 0.066 | |

续表

| 元　素 | 原子序数 | 符号 | 化合价 | 电子构型 | 自　旋 | 配位数 | 物理半径 | 有效半径 | 轨道半径 |
|---|---|---|---|---|---|---|---|---|---|
| 钨 | | | +5 | $5d^1$ | | 6 | 0.076 | 0.062 | |
| | | | +6 | $5p^6$ | | 4 | 0.056 | 0.042 | |
| | | | | | | 5 | 0.065 | 0.051 | |
| | | | | | | 6 | 0.074 | 0.060 | |
| 铼 | 75 | Re | 0 | $5d^5 6s^2$ | | | | | 0.1310 |
| | | | +4 | $5d^3$ | | 6 | 0.077 | 0.063 | |
| | | | +5 | $5d^2$ | | 6 | 0.072 | 0.058 | |
| | | | +6 | $5d^1$ | | 6 | 0.069 | 0.055 | |
| | | | +7 | $5p^6$ | | 4 | 0.052 | 0.038 | |
| | | | | | | 6 | 0.067 | 0.053 | |
| 锇 | 76 | Os | 0 | $5d^6 6s^2$ | | | | | 0.1266 |
| | | | +4 | $5d^4$ | | 6 | 0.0770 | 0.0630 | |
| | | | +5 | $5d^3$ | | 6 | 0.0715 | 0.0575 | |
| | | | +6 | $5d^2$ | | 5 | 0.063 | 0.049 | |
| | | | | | | 6 | 0.0685 | 0.0545 | |
| | | | +7 | $5d^1$ | | 6 | 0.0665 | 0.0525 | |
| | | | +8 | $5p^6$ | | 4 | 0.053 | 0.039 | |
| 铱 | 77 | Ir | 0 | $5d^7 6s^2$ | | | | | 0.1227 |
| | | | +3 | $5d^6$ | | 6 | 0.082 | 0.068 | |
| | | | +4 | $5d^5$ | | 6 | 0.0765 | 0.0625 | |
| | | | +5 | $5d^4$ | | 6 | 0.071 | 0.057 | |
| 铂 | 78 | Pt | 0 | $5d^9 6s^1$ | | | | | 0.1221 |
| | | | +2 | $5d^8$ | | 4sq | 0.074 | 0.060 | |
| | | | | | | 6 | 0.094 | 0.080 | |
| | | | +4 | $5d^6$ | | 6 | 0.0765 | 0.0625 | |
| | | | +5 | $5d^5$ | | 6 | 0.071 | 0.057 | |
| 金 | 79 | Au | 0 | $6s^1$ | | | | | 0.1187 |
| | | | +1 | $5d^{10}$ | | 6 | 0.151 | 0.137 | |
| | | | +3 | $5d^8$ | | 4sq | 0.082 | 0.068 | |
| | | | | | | 6 | 0.099 | 0.085 | |
| | | | +5 | $5d^6$ | | 6 | 0.071 | 0.057 | |
| 汞 | 80 | Hg | 0 | $6s^2$ | | | | | 0.1126 |
| | | | +1 | $6s^1$ | | 3 | 0.111 | 0.097 | |
| | | | | | | 6 | 0.133 | 0.119 | |
| | | | +2 | $5d^{10}$ | | 2 | 0.083 | 0.069 | |
| | | | | | | 4 | 0.110 | 0.096 | |
| | | | | | | 6 | 0.116 | 0.102 | |
| | | | | | | 8 | 0.128 | 0.114 | |
| 铊 | 81 | Tl | 0 | $6s^2 6p^1$ | | | | | 0.1319 |
| | | | +1 | $6s^2$ | | 6 | 0.164 | 0.150 | 1.360 |
| | | | | | | 8 | 0.173 | 0.159 | |
| | | | | | | 12 | 0.184 | 0.170 | |
| | | | +3 | $5d^{10}$ | | 4 | 0.089 | 0.075 | |
| | | | | | | 6 | 0.1025 | 0.0885 | |
| | | | | | | 8 | 0.112 | 0.098 | |
| 铅 | 82 | Pb | 0 | $6s^2 6p^2$ | | | | | 0.1215 |
| | | | +2 | $6s^2$ | | 4py | 0.112 | 0.098 | |
| | | | | | | 6 | 0.133 | 0.119 | |
| | | | | | | 7 | 0.137 | 0.123 | |

续表

| 元素 | 原子序数 | 符号 | 化合价 | 电子构型 | 自旋 | 配位数 | 物理半径 | 有效半径 | 轨道半径 |
|---|---|---|---|---|---|---|---|---|---|
| 铅 | | | | | | 8 | 0.143 | 0.129 | |
| | | | | | | 9 | 0.149 | 0.135 | |
| | | | | | | 10 | 0.154 | 0.140 | |
| | | | | | | 11 | 0.159 | 0.145 | |
| | | | | | | 12 | 0.163 | 0.149 | |
| | | | +4 | $5d^{10}$ | | 4 | 0.079 | 0.065 | |
| | | | | | | 5 | 0.087 | 0.073 | |
| | | | | | | 6 | 0.0915 | 0.0775 | |
| | | | | | | 8 | 0.108 | 0.094 | |
| 铋 | 83 | Bi | 0 | $6s^2 6p^3$ | | | | | 0.1130 |
| | | | +3 | $6s^2$ | | 5 | 0.110 | 0.096 | |
| | | | | | | 6 | 0.117 | 0.103 | |
| | | | | | | 8 | 0.131 | 0.117 | |
| | | | +5 | $5d^{10}$ | | 6 | 0.090 | 0.076 | |
| 钋 | 84 | Po | 0 | $6s^2 6p^4$ | | | | | 0.1212 |
| | | | +4 | $6s^2$ | | 6 | 0.108 | 0.094 | |
| | | | | | | 8 | 0.122 | 0.108 | |
| | | | +6 | $5d^{10}$ | | 6 | 0.081 | 0.067 | |
| 砹 | 85 | At | 0 | $6s^2 6p^5$ | | | | | 0.1146 |
| 氡 | 86 | Rn | 0 | $6s^2 6p^6$ | | | | | 0.1090 |
| 钫 | 87 | Fr | 0 | $7s^1$ | | | | | 0.2447 |
| | | | +1 | $6p^6$ | | 6 | 0.194 | 0.180 | |
| 镭 | 88 | Ra | 0 | $7s^2$ | | | | | 0.2042 |
| | | | +2 | $6p^6$ | | 8 | 0.162 | 0.148 | |
| | | | | | | 12 | 0.184 | 0.170 | |
| 锕 | 89 | Ac | 0 | $6d^1 7s^2$ | | | | | 0.1895 |
| | | | +3 | $6p^6$ | | 6 | 0.126 | 0.112 | |
| 钍 | 90 | Th | 0 | $6d^2 7s^2$ | | | | | 0.1788 |
| | | | +4 | $6p^6$ | | 6 | 0.108 | 0.094 | |
| | | | | | | 8 | 0.119 | 0.105 | |
| | | | | | | 9 | 0.123 | 0.109 | |
| | | | | | | 10 | 0.127 | 0.113 | |
| | | | | | | 11 | 0.132 | 0.118 | |
| | | | | | | 12 | 0.135 | 0.121 | |
| 镤 | 91 | Pa | 0 | $5f^2 6d^1 7s^2$ | | | | | 0.1804 |
| | | | +3 | $5f^2$ | | 6 | 0.118 | 0.104 | |
| | | | +4 | $5f^1$ | | 6 | 0.104 | 0.090 | |
| | | | | | | 8 | 0.115 | 0.101 | |
| | | | +5 | $6p^6$ | | 6 | 0.092 | 0.078 | |
| | | | | | | 8 | 0.105 | 0.091 | |
| | | | | | | 9 | 0.109 | 0.095 | |
| 铀 | 92 | U | 0 | $5f^3 6d^1 7s^2$ | | | | | 0.1775 |
| | | | +3 | $5f^3$ | | 6 | 0.1165 | 0.1025 | |
| | | | +4 | $5f^2$ | | 6 | 0.103 | 0.089 | |
| | | | | | | 7 | 0.109 | 0.095 | |
| | | | | | | 8 | 0.114 | 0.100 | |
| | | | | | | 9 | 0.119 | 0.105 | |
| | | | | | | 12 | 0.131 | 0.117 | |
| | | | +5 | $5f^1$ | | 6 | 0.090 | 0.076 | |
| | | | | | | 7 | 0.098 | 0.084 | |

续表

| 元 素 | 原子序数 | 符号 | 化合价 | 电子构型 | 自 旋 | 配位数 | 物理半径 | 有效半径 | 轨道半径 |
|---|---|---|---|---|---|---|---|---|---|
| 铀 | | | +6 | $6p^6$ | | 2 | 0.059 | 0.045 | |
| | | | | | | 4 | 0.066 | 0.052 | |
| | | | | | | 6 | 0.087 | 0.073 | |
| | | | | | | 7 | 0.095 | 0.081 | |
| | | | | | | 8 | 0.100 | 0.086 | |
| 镎 | 93 | Np | 0 | $5f^4 6d^1 7s^2$ | | | | | 0.1741 |
| | | | +2 | $5f^5$ | | 6 | 0.124 | 0.110 | |
| | | | +3 | $5f^4$ | | 6 | 0.115 | 0.101 | |
| | | | +4 | $5f^3$ | | 6 | 0.101 | 0.087 | |
| | | | | | | 8 | 0.112 | 0.098 | |
| | | | +5 | $5f^2$ | | 6 | 0.089 | 0.075 | |
| | | | +6 | $5f^1$ | | 6 | 0.086 | 0.072 | |
| | | | +7 | $6p^6$ | | 6 | 0.085 | 0.071 | |
| 钚 | 94 | Pu | 0 | $5f^4 7s^2$ | | | | | 0.1784 |
| | | | +3 | $5f^3$ | | 6 | 0.114 | 0.100 | |
| | | | +4 | $5f^2$ | | 6 | 0.100 | 0.086 | |
| | | | | | | 8 | 0.110 | 0.096 | |
| | | | +5 | $5f^1$ | | 6 | 0.088 | 0.074 | |
| | | | +6 | $6p^6$ | | 6 | 0.085 | 0.071 | |
| 镅 | 95 | Am | 0 | $5f^7 7s^2$ | | | | | 0.1757 |
| | | | +2 | $5f^7$ | | 7 | 0.135 | 0.121 | |
| | | | | | | 8 | 0.140 | 0.126 | |
| | | | | | | 9 | 0.145 | 0.131 | |
| | | | +3 | $5f^6$ | | 6 | 0.1115 | 0.0975 | |
| | | | | | | 8 | 0.123 | 0.109 | |
| | | | +4 | $5f^5$ | | 6 | 0.099 | 0.085 | |
| | | | | | | 8 | 0.109 | 0.095 | |
| 锔 | 96 | Cm | 0 | $5f^7 6d^1 7s^2$ | | | | | 0.1657 |
| | | | +3 | $5f^7$ | | 6 | 0.111 | 0.097 | |
| | | | +4 | $5f^6$ | | 6 | 0.099 | 0.085 | |
| | | | | | | 8 | 0.109 | 0.095 | |
| 锫 | 97 | Bk | 0 | $5f^8 6d^1 7s^2$ | | | | | 0.1626 |
| | | | +3 | $5f^8$ | | 6 | 0.110 | 0.096 | |
| | | | +4 | $5f^7$ | | 6 | 0.097 | 0.083 | |
| | | | | | | 8 | 0.107 | 0.093 | |
| 锎 | 98 | Cf | 0 | $5f^9 6d^1 7s^2$ | | | | | 0.1598 |
| | | | +3 | $5f^9$ | | 6 | 0.109 | 0.095 | |
| | | | +4 | $5f^8$ | | 6 | 0.0961 | 0.0821 | |
| | | | | | | 8 | 0.106 | 0.092 | |
| 锿 | 99 | Es | 0 | $5f^{10} 6d^1 7s^2$ | | | | | 0.1576 |
| 镄 | 100 | Fm | 0 | $5f^{11} 6d^1 7s^2$ | | | | | 0.1557 |
| 钔 | 101 | Md | 0 | $5f^{12} 6d^1 7s^2$ | | | | | 0.1527 |
| 锘 | 102 | No | 0 | $5f^{13} 6d^1 7s^2$ | | | | | 0.1581 |
| | | | +2 | $5f^{14}$ | | 6 | 0.124 | 0.11 | |

注：Ls——低自旋；Hs——高自旋；sq——四边形配位；py——锥形配位。

2. 键长、键角、键能

表 1-27 列出了共价键的键长。

表 1-28 列出了元素和无机化合物结构、键长和键角。键长和键角分别以 $10^{-10}$ m 和度（°）为单

位。相同而不等价的原子使用 a、b 等来表示。对于一些分子，分别使用 ax 和 eq 表示轴向和环轴。如果所列数值是平衡值，那么它们用 $\gamma_e$ 和 $\theta_e$ 表示。在另外一些情况，列出的数值代表了处于振动态的平均值。

表 1-29 和表 1-30 分别列出了 298K 时双原子分子和多原子分子的键能（$D_{298}^0$），298K 时的 $D_{298}^0$ 与 0K 时的键能（$D_O^0$）之间的转换可用下列近似公式：

$$D_{298}^0 = D_O^0 + \left(\frac{3}{2}\right) RT$$

**表 1-27　共价键的键长**

| 键 | 键长/nm | 键 | 键长/nm | 键 | 键长/nm |
|---|---|---|---|---|---|
| H—H | 0.074 | F—F | 0.142 | C—O | 0.143 |
| C—C | 0.154 | Cl—Cl | 0.199 | C═O | 0.122 |
| C═C | 0.134 | Br—Br | 0.228 | C⋯O（在苯酚中） | 0.136 |
| C≡C | 0.120 | I—I | 0.267 | C—N | 0.147 |
| C⋯C（在苯中） | 0.139 | C—H | 0.109 | C═N | 0.127 |
| Si—Si | 0.235 | Si—H | 0.146 | C≡N | 0.116 |
| N—N | 0.146 | N—H | 0.101 | C⋯N（在苯胺中） | 0.135 |
| N═N | 0.120 | P—H | 0.142 | C—F | 0.138 |
| N≡N | 0.110 | O—H | 0.096 | C—Cl | 0.177 |
| P—P（$P_4$） | 0.221 | S—H | 0.135 | C⋯Cl（在氯苯中） | 0.169 |
| O—O | 0.132 | F—H | 0.092 | C—Br | 0.193 |
| O═O | 0.121 | Cl—H | 0.128 | C—I | 0.214 |
| S—S（$S_8$） | 0.207 | Br—H | 0.141 | | |
| S═S | 0.188 | I—H | 0.160 | | |

**表 1-28　元素和无机化合物的结构、键长和键角**

| 化合物 | 结构、键长/nm、键角/(°) | |
|---|---|---|
| AgBr | Ag—Br($r_e$) | 2.3931 |
| AgCl | Ag—Cl($r_e$) | 2.2808 |
| AgF | Ag—F($r_e$) | 1.9832 |
| AgH | Ag—H($r_e$) | 1.617 |
| AgI | Ag—I($r_e$) | 2.5446 |
| AgO | Ag—O($r_e$) | 2.0030 |
| AlBr | Al—Br($r_e$) | 2.295 |
| AlCl | Al—Cl($r_e$) | 2.1301 |
| AlF | Al—F($r_e$) | 1.6544 |
| AlH | Al—H($r_e$) | 1.6482 |
| AlI | Al—I($r_e$) | 2.5371 |
| AlO | Al—O($r_e$) | 1.6176 |
| $Al_2Br_6$ | 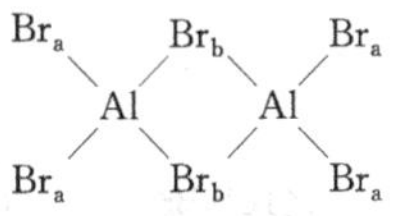 | Al—$Br_a$　2.22<br>Al—$Br_b$　2.38<br>∠$Br_b$Al$Br_b$　82<br>∠$Br_a$Al$Br_a$　118<br>($D_{2h}$) |
| $Al_2Cl_6$ | 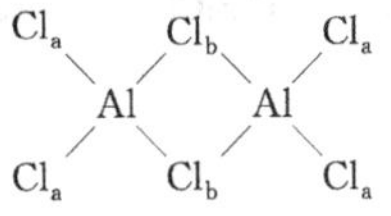 | Al—$Cl_a$　2.04<br>Al—$Cl_b$　2.24<br>∠$Cl_b$Al$Cl_b$　87<br>∠$Cl_a$Al$Cl_a$　122<br>($D_{2h}$) |

续表

| 化合物 | 结构、键长/nm、键角/(°) | | | | | | | |
|---|---|---|---|---|---|---|---|---|
| $AsBr_3$ | As—Br | | 2.324 | | | ∠BrAsBr | 99.6 | |
| $AsCl_3$ | As—Cl | | 2.165 | | | ∠ClAsCl | 98.6 | |
| $AsF_3$ | As—F | | 1.710 | | | ∠FAsF | 95.9 | |
| $AsF_5$ | 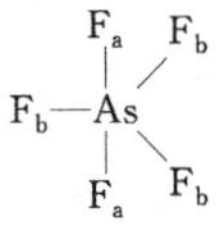 | | As—$F_a$ | | 1.711 | As—$F_b$ ($D_{3h}$) | 1.656 | |
| $AsH_3$ | As—H($r_e$) | | 1.511 | | | ∠HAsH($\theta_e$) | 92.1 | |
| $AsI_3$ | As—I | | 2.557 | | | ∠IAsI | 100.2 | |
| AuH | Au—H($r_e$) | | 1.5237 | | | | | |
| $BBr_3$ | B—Br | | 1.893 | | | ($D_{3h}$) | | |
| $BCl_3$ | B—Cl | | 1.742 | | | ($D_{3h}$) | | |
| BF | B—F($r_e$) | | 1.2626 | | | | | |
| $BF_2H$ | B—H | 1.189 | | B—F | 1.311 | | ∠FBF | 118.3 |
| $BF_2OH$ | B—F | 1.32 | | B—O | 1.34 | | O—H | 0.941 |
| | ∠FBF | 118 | | ∠FBO | 123 | | ∠BOH | 114.1 |
| $BF_3$ | B—F | | 1.313 | | | ($D_{3h}$) | | |
| BH | B—H($r_e$) | | 1.2325 | | | | | |
| $BH_3PH_3$ | B—P | 1.937 | | B—H | 1.212 | | P—H | 1.399 |
| | ∠PBH | 103.6 | | ∠BPH | 116.9 | | ∠HBH | 114.6 |
| | ∠HPH | 101.3 | | 扭曲构型 | | | | |
| $BI_3$ | B—I | | 2.118 | | | ($D_{3h}$) | | |
| BN | B—N($r_e$) | | 1.281 | | | | | |
| BO | B—O($r_e$) | | 1.2045 | | | | | |
| $BO_7$ | B—O | | 1.265 | | | 线性的 | | |
| BS | B—S | | 1.6091 | | | | | |
| $B_2H_6$ | 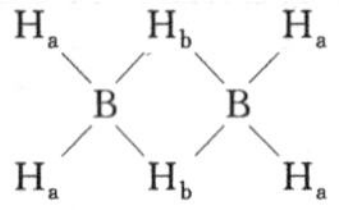 | | | | | B—$H_a$ | 1.19 | |
| | | | | | | B—$H_b$ | 1.33 | |
| | | | | | | B...B | 1.77 | |
| | | | | | | ∠$H_a$B$H_a$ | 122 | |
| | | | | | | ∠$H_b$B$H_b$ | 97 | |
| $B_3H_3O_3$ | B—O | | 1.376 | | | ∠BOB≈ ∠OBO | 120 | |
| $B_3H_6N_3$ | B—N | 1.435 | | B—H | 1.26 | | N—H | 1.05 |
| | ∠NBN | 118 | | ∠BNB | 121 | | ($C_2$) | |
| BaH | Ba—H($r_e$) | | 2.2318 | | | | | |
| BaO | Ba—O($r_e$) | | 1.9397 | | | | | |
| BaS | Ba—S($r_e$) | | 2.5074 | | | | | |
| BeF | Be—F($r_e$) | | 1.3609 | | | | | |
| BeH | Be—H($r_e$) | | 1.3431 | | | | | |
| BeO | Be—O($r_e$) | | 1.3308 | | | | | |
| BiBr | Bi—Br($r_e$) | | 2.6095 | | | | | |
| $BiBr_3$ | Bi—Br | | 2.63 | | | ∠BrBiBr | 90 | ($C_{3v}$) |
| BiCl | Bi—Cl($r_e$) | | 2.4716 | | | | | |
| $BiCl_3$ | Bi—Cl | | 2.423 | | | ∠ClBiCl | 100 | ($C_{3v}$) |
| BiF | Bi—F($r_e$) | | 2.0516 | | | | | |
| BiH | Bi—H($r_e$) | | 1.805 | | | | | |
| BiI | Bi—I($r_e$) | | 2.8005 | | | | | |
| BiO | Bi—O($r_e$) | | 1.934 | | | | | |

续表

| 化合物 | 结构、键长/nm、键角/(°) | | | | | | | |
|---|---|---|---|---|---|---|---|---|
| BrCN | C—N($r_e$) | | 1.157 | | | C—Br($r_e$) | 1.790 | |
| BrCl | Br—Cl($r_e$) | | 2.1361 | | | | | |
| BrF | Br—F($r_e$) | | 1.7590 | | | | | |
| $BrF_3$ | $F_a$—Br—$F_a$<br>\|<br>$F_b$ | | | Br—$F_d$ | 1.810 | | Br—$F_b$ | 1.721 |
| | | | | ∠$F_a$Br$F_b$ | 86.2 | | ($C_{2v}$) | |
| $BrF_5$ | Br—F(平均) | | 1.753 | | | | | |
| | (Br—$F_{eq}$)—(Br—$F_{ax}$)=0.069 | | | | | | | |
| | ∠$F_{ax}$Br$F_{eq}$ | | 85.1 | | | ($C_{4v}$) | | |
| BrO | Br—O($r_e$) | | 1.7172 | | | | | |
| $Br_2$ | Br—Br($r_e$) | | 2.2811 | | | | | |
| $CBr_4$ | C—Br | | 1.935 | | | ($T_d$) | | |
| CCl | C—Cl | | 1.6512 | | | | | |
| $CClF_3$ | C—Cl | 1.752 | | C—F | 1.325 | | ∠FCF | 108.6 |
| $CCl_3F$ | C—Cl | 1.754 | | C—F | 1.362 | | ∠ClCCl | 111 |
| | | | | | | | ($C_{3v}$) | |
| $CCl_4$ | C—Cl | | 1.767 | | | ($T_d$) | | |
| CF | C—F($r_e$) | | 1.2718 | | | | | |
| $CF_3I$ | C—I | 2.138 | | C—F | 1.330 | | ∠FCF | 108.1 |
| $CF_4$ | C—F | | 1.323 | | | ($T_d$) | | |
| CH | C—H($r_e$) | | 1.1199 | | | | | |
| $CI_4$ | C—I | | 2.15 | | | ($T_d$) | | |
| CN | C—N($r_e$) | | 1.1718 | | | | | |
| CO | C—O($r_e$) | | 1.1283 | | | | | |
| $COBr_2$ | C—O | | 1.178 | | | C—Br | 1.923 | |
| | ∠BrCBr | | 112.3 | | | | | |
| COClF | C—F | 1.334 | | C—O | 1.173 | | C—Cl | 1.725 |
| | ∠FCCl | 108.8 | | ∠ClCO | 127.5 | | | |
| $COCl_2$ | C—O | | 1.179 | | | C—Cl | 1.742 | |
| | ∠ClCCl | | 111.8 | | | | | |
| $COF_2$ | C—F | | 1.3157 | | | C—O | 1.172 | |
| | ∠FCF | | 107.71 | | | | | |
| $CO_2$ | C—O($r_e$) | | 1.1600 | | | | | |
| CP | C—P($r_e$) | | 1.562 | | | | | |
| CS | C—S($r_e$) | | 1.5349 | | | | | |
| $CS_2$ | C—S($r_e$) | | 1.5526 | | | | | |
| $C_3$ | C—C($r_e$) | | 1.2425 | | | | | |
| $C_3O_2$ | C—O | | 1.163 | | | C—C | 1.289 | |
| | 线性的(大幅的键伸振动) | | | | | | | |
| CaH | Ca—H($r_e$) | | 2.002 | | | | | |
| CaO | Ca—O($r_e$) | | 1.8221 | | | | | |
| CaS | Ca—S($r_e$) | | 2.3178 | | | | | |
| CdH | Cd—H($r_e$) | | 1.781 | | | | | |
| $CdBr_2$ | Cd—Br | | 2.35 | | | 线性的 | | |
| $CdCl_2$ | Cd—Cl | | 2.24 | | | 线性的 | | |
| CdI | Cd—I | | 2.56 | | | 线性的 | | |
| ClCN | C—Cl($r_e$) | | 1.629 | | | C—N($r_e$) | 1.160 | |
| ClF | Cl—F($r_e$) | | 1.6283 | | | | | |
| $ClF_3$ | $F_a$—Cl—$F_a$<br>\|<br>$F_b$ | | | Cl—$F_a$ | 1.698 | | Cl—$F_b$ | 1.598 |
| | | | | ∠$F_a$Cl$F_b$ | 87.5 | | ($C_{2v}$) | |

续表

| 化合物 | 结构、键长/nm、键角/(°) | | | | | | | |
|---|---|---|---|---|---|---|---|---|
| ClO | Cl—O($r_e$) | | 1.5696 | | | | | |
| ClOH | O—Cl | | 1.690 | O—H | 0.975 | | ∠HOCl | 102.5 |
| $ClO_2$ | Cl—O | | 1.470 | | | ∠OClO | 117.38 | |
| $ClO_3(OH)$ | $O_a$—Cl | | 1.407 | | | $O_b$—Cl | 1.639 | |
| | 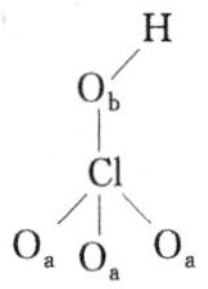 | | | $\angle O_aClO_a$ | | 114.3 | $\angle O_aClO_b$ | 104.1 |
| $Cl_2$ | Cl—Cl($r_e$) | | 1.9878 | | | | | |
| $Cl_3O$ | Cl—O | | 1.6959 | | | ∠ClOCl | 110.89 | |
| CoH | Co—H($r_e$) | | 1.542 | | | | | |
| $Cr(CO)_6$ | C—O | | 1.16 | | | Cr—C | 1.92 | |
| | ∠CrCO | | 180 | | | | | |
| CrO | Cr—O($r_e$) | | 1.615 | | | | | |
| CsBr | Cs—Br($r_e$) | | 3.0723 | | | | | |
| CsCl | Cs—Cl($r_e$) | | 2.9063 | | | | | |
| CsF | Cs—F($r_e$) | | 2.3454 | | | | | |
| CsH | Cs—H($r_e$) | | 2.4938 | | | | | |
| CsI | Cs—I($r_e$) | | 3.3152 | | | | | |
| CsOH | Cs—O($r_e$) | | 2.395 | | | O—H($r_e$) | 0.97 | |
| CuBr | Cu—Br($r_e$) | | 2.1734 | | | | | |
| CuCl | Cu—Cl($r_e$) | | 2.0512 | | | | | |
| CuF | Cu—F($r_e$) | | 1.7449 | | | | | |
| CuH | Cu—H($r_e$) | | 1.4626 | | | | | |
| CuI | Cu—I($r_e$) | | 2.3383 | | | | | |
| FCN | C—F | | 1.262 | | | C—N | 1.159 | |
| FOH | O—H | 0.96 | | O—F | 1.442 | | ∠HOF | 97.2 |
| $F_2$ | F—F($r_e$) | | 1.4119 | | | | | |
| $Fe(CO)_5$ | Fe—C(平均) | | 1.821 | | | | | |
| | $(Fe—C)_{eq}$-$(Fe—C)_{ax}$ | | | 0.020 | | | | |
| | C—O(平均) | | 1.153 | | | ($D_{3h}$) | | |
| GaBr | Ga—Br($r_e$) | | 2.3525 | | | | | |
| GaCl | Ga—Cl($r_e$) | | 2.2017 | | | | | |
| GaF | Ga—F($r_e$) | | 1.7744 | | | | | |
| $GaF_3$ | Ga—F | | 1.88 | | | ($D_{3h}$) | | |
| GaI | Ga—I($r_e$) | | 2.5747 | | | | | |
| $GaI_3$ | Ga—I | | 2.458 | | | ($D_{3h}$) | | |
| $GdI_3$ | Gd—I | | 2.841 | | | ∠IGdI | 108 | ($C_{3v}$) |
| $GeBrH_3$ | Ge—H | | 1.526 | | | Ge—Br | 2.299 | |
| | ∠HGeH | | 106.2 | | | | | |
| $GeBr_4$ | Ge—Br | | 2.272 | | | ($T_d$) | | |
| $GeClH_3$ | Ge—H | | 1.537 | | | Ge—Cl | 2.150 | |
| | ∠HGeH | | 111.0 | | | | | |
| $GeCl_2$ | Ge—Cl | | 2.183 | | | ∠ClGeCl | 100.3 | |
| $GeCl_4$ | Ge—Cl | | 2.113 | | | ($T_d$) | | |
| $GeFH_3$ | Ge—H | | 1.522 | | | Ge—F | 1.732 | |
| | ∠HGeH | | 113.0 | | | | | |
| $GeF_2$ | Ge—F($r_e$) | | 1.7321 | | | ∠FGeF($\theta_e$) | 97.17 | |
| GeH | Ge—H($r_e$) | 1.5880 | | | | | | |

续表

| 化合物 | 结构、键长/nm、键角/(°) | | | | | | | |
|---|---|---|---|---|---|---|---|---|
| $GeH_4$ | Ge—H | 1.5251 | | | ($T_d$) | | | |
| GeO | Ge—O($r_e$) | 1.6246 | | | | | | |
| GeS | Ge—S($r_e$) | 2.0121 | | | | | | |
| GeSe | Ge—Se($r_e$) | 2.1346 | | | | | | |
| GeTe | Ge—Te($r_e$) | 2.3402 | | | | | | |
| $Ge_2H_6$ | Ge—H | 1.541 | | | | Ge—Ge | 2.403 | |
| | ∠HGeH | | 106.4 | | | ∠GeGeH | 112.5 | |
| HBr | H—Br($r_e$) | | 1.4145 | | | | | |
| HCN | C—H($r_e$) | | 1.0655 | | | C—N($r_e$) | 1.1532 | |
| | | | | | | 线性的 | | |
| HCNO | H—C | 1.027 | | C—N | 1.161 | | N—O | 1.207 |
| | | | | | | | 线性的 | |
| HCl | H—Cl($r_e$) | | 1.2746 | | | | | |
| HF | H—F($r_e$) | | 0.9169 | | | | | |
| HI | H—I($r_e$) | | 1.6090 | | | | | |
| HNCO | N—H | 0.986 | | N—C | 1.209 | | C—O | 1.166 |
| | ∠HNC | 128.0 | | | | | | |
| HNCS | N—H | 0.989 | | N—C | 1.216 | | C—S | 1.561 |
| | ∠HNC | 135.0 | | ∠NCS | 180 | | | |
| HNO | N—H | 1.063 | | N—O | 1.212 | | ∠HNO | 108.6 |
| $HNO_2$ | 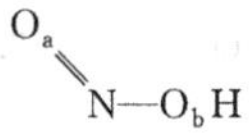 | | | *s*-反式构型 | | | *s*-顺式构型 | |
| | | | | $O_b$—H | 0.958 | | 0.98 | |
| | | | | N—$O_b$ | 1.432 | | 1.39 | |
| | | | | N—$O_a$ | 1.170 | | 1.19 | |
| | | | | ∠$O_aNO_b$ | 110.7 | | 114 | |
| | | | | ∠$NO_bH$ | 102.1 | | 104 | |
| $HNO_3$ | 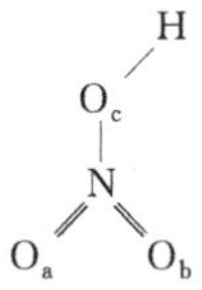 | | | $O_c$—H | 0.96 | | N—$O_c$ | 1.41 |
| | | | | N—$O_a$ | 1.20 | | N—$O_b$ | 1.21 |
| | | | | ∠$HO_cN$ | 102.2 | | ∠$O_cNO_a$ | 113.9 |
| | | | | ∠$O_cNO_b$ | 115.9 | | 平面的 | |
| HNSO | N—H | 1.029 | | N—S | 1.512 | | S—O | 1.451 |
| | ∠HNS | 115.8 | | ∠NSO | 120.4 | | | |
| | | | | 平面的 | | | | |
| $H_2$ | H—H($r_e$) | | 0.7414 | | | | | |
| $H_2O$ | O—H($r_e$) | | 0.9575 | | | ∠HOH($\theta_e$) | 104.51 | |
| $H_2O_2$ | O—O | | 1.475 | | | ∠OOH | 94.8 | |
| | 内转角 | | | | | 119.8 | ($C_2$) | |
| $H_2S$ | H—S($r_e$) | | 1.3356 | | | ∠HSH($\theta_e$) | 92.12 | |
| $H_2SO_4$ | 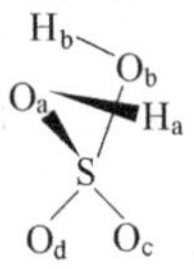 | | | O—H | 0.97 | | S—$O_a$ | 1.574 |
| | | | | S—$O_c$ | 1.422 | | ∠$H_aO_aS$ | 108.5 |
| | | | | ∠$O_aSO_b$ | 101.3 | | ∠$O_cSO_d$ | 123.3 |
| | | | | ∠$O_aSO_c$ | 108.6 | | ∠$O_aSO_d$ | 106.4 |
| | | | | $H_aOS_a$ 和 $O_aSO_c$ 平面间夹角 | | | | 20.8 |
| | | | | $H_aOS_a$ 和 $O_aSO_b$ 平面间夹角 | | | | 90.9 |
| | | | | $H_aSO_b$ 和 $O_cSO_d$ 平面间夹角 | | | | 88.4($C_2$) |
| $H_2S_2$ | S—S | 2.055 | | S—H | 1.327 | | ∠SSH | 91.3 |
| | 内转角 | | | 90.6 | ($C_2$) | | | |
| $HfCl_4$ | Hf—Cl | | 2.33 | | ($T_d$) | | | |
| $HgCl_2$ | Hg—Cl | | 2.252 | | | 线性的 | | |

续表

| 化合物 | 结构、键长/nm、键角/(°) | | | | | | |
|---|---|---|---|---|---|---|---|
| HgH | Hg—H($r_e$) | | 1.7404 | | | | |
| $HgI_2$ | Hg—I | | 2.553 | | | 线性的 | |
| IBr | I—Br($r_e$) | | 2.4691 | | | | |
| ICN | C—I | | 1.995 | | | C—N | 1.159 |
| ICl | I—Cl($r_e$) | | 2.3210 | | | | |
| $IF_5$ | I—F(平均) | | 1.860 | | $(I—F)_{eq}$-$(I—F)_{ax}$ | | 0.03 |
| | $\angle F_{ax}IF_{eq}$ | | 82.1 | | ($C_{4v}$) | | |
| IO | I—O($r_e$) | | 1.8676 | | | | |
| $I_2$ | I—I($r_e$) | | 2.6663 | | | | |
| InBr | In—Br($r_e$) | | 2.5432 | | | | |
| InCl | In—Cl($r_e$) | | 2.4012 | | | | |
| InF | In—F($r_e$) | | 1.9854 | | | | |
| InH | In—H($r_e$) | | 1.8376 | | | | |
| InI | In—I($r_e$) | | 2.7537 | | | | |
| $IrF_6$ | Ir—F | | 1.830 | | | ($O_h$) | |
| KBr | K—Br($r_e$) | | 2.8208 | | | | |
| KCl | K—Cl($r_e$) | | 2.6667 | | | | |
| KF | K—F($r_e$) | | 2.1716 | | | | |
| KH | K—H($r_e$) | | 2.244 | | | | |
| KI | K—I($r_e$) | | 3.0478 | | | | |
| KOH | O—H | | 0.91 | | | K—O | 2.212 线性的 |
| $K_2$ | K—K($r_e$) | | 3.9051 | | | | |
| $KrF_2$ | Kr—F | | 1.89 | | | 线性的 | |
| LiBr | Li—Br($r_e$) | | 2.1704 | | | | |
| LiCl | Li—Cl($r_e$) | | 2.0207 | | | | |
| LiF | Li—F($r_e$) | | 1.5639 | | | | |
| LiH | Li—H($r_e$) | | 1.5949 | | | | |
| LiI | Li—I($r_e$) | | 2.3919 | | | | |
| $Li_2$ | Li—Li($r_e$) | | 2.6729 | | | | |
| $Li_2Cl_2$ | 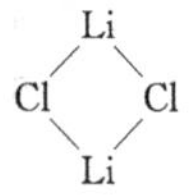 | | | | Li—Cl | 2.23 | |
| | | | | | Cl—Cl | 3.61 | |
| | | | | | ∠ClLiCl | 108 | |
| $LuCl_3$ | Lu—Cl | | 2.417 | | ∠ClLuCl | 112 | ($C_{3v}$) |
| MgF | Mg—F($r_e$) | | 1.7500 | | | | |
| MgH | Mg—H($r_e$) | | 1.7297 | | | | |
| MgO | Mg—O($r_e$) | | 1.749 | | | | |
| MnH | Mn—H($r_e$) | | 1.7308 | | | | |
| $Mo(CO)_6$ | Mo—C | 2.063 | | C—O | 1.145 | | ($O_h$) |
| $MoCl_4O$ | Mo—Cl | | 2.279 | | | Mo—O | 1.658 |
| | ∠ClMoCl | | 87.2 | | | ($C_{4v}$) | |
| $MoF_6$ | Mo—F | | 1.820 | | | ($O_h$) | |
| $NClH_2$ | N—H | | 1.017 | | | N—Cl | 1.748 |
| | ∠HNCl | | 103.7 | | | ∠HNH | 107 |
| $NCl_3$ | N—Cl | | 1.759 | | | ∠ClNCl | 107.1 |
| $NF_2$ | N—F | | 1.3528 | | | ∠FNF | 103.18 |
| $NH_2$ | N—H | | 1.024 | | | ∠HNH | 103.3 |
| $NH_2CN$ | N—H | | 1.00 | | | $N_a$—C | 1.35 |

续表

| 化合物 | 结构、键长/nm、键角/(°) | | | | | |
|---|---|---|---|---|---|---|
| | 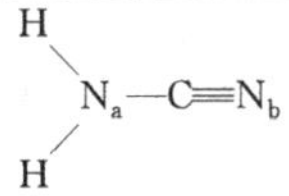 | | C—$N_b$ | 1.160 | ∠HNII | 114 |
| | | | | NH$_2$ 平面和 N—C 键之间夹角 | | 142 |
| $NH_2NO_2$ | N—H | 1.427 | | | N—H | 1.005 |
| | ∠HNH | 115.2 | | | ∠ONO | 130.1 |
| | NH$_2$ 和 NNO$_2$ 平面间夹角 | | | | | 128.2 |
| $NH_3$ | N—H($r_e$) | 1.012 | | | ∠HNH($\theta_e$) | 106.7 |
| $NH_4Cl$ | N—H | 1.22 | N—Cl | 2.54 | ($C_{3v}$) | |
| $NF_2CN$ | $F_2N_b$—C≡$N_a$ | | C—$N_a$ | 1.158 | C—$N_b$ | 1.386 |
| | $N_b$—F | 1.399 | ∠$N_aCN_b$ | 174 | | |
| | ∠$CN_bF$ | 105.4 | ∠$FN_bF$ | 102.8 | | |
| NH | N—H($r_e$) | 1.0362 | | | | |
| $NH_2OH$ | N—H | 1.02 | N—O | 1.453 | O—H | 0.962 |
| | ∠HNH | 107 | ∠HNO | 103.3 | ∠NOH | 101.4 |
| | H—N—H 角的平分线可反延到 O—H 键 | | | | | |
| NO | N—O($r_e$) | 1.1506 | | | | |
| NOCl | N—Cl | 1.975 | N—O | 1.14 | ∠ONCl | 113 |
| NOF | O—N | 1.136 | N—F | 1.512 | ∠FNO | 110.1 |
| $NO_2$ | N—O | 1.193 | | | ∠ONO | 134.1 |
| $NO_2Cl$ | N—Cl | 1.840 | | | N—O | 1.202 |
| | ∠ONO | 130.6 | | | ($C_{2v}$) | |
| $NO_2F$ | N—O | 1.1798 | | | N—F | 1.467 |
| | ∠ONO | 136 | | | ($C_{2v}$) | |
| NS | N—S($r_e$) | 1.4940 | | | | |
| $N_2$ | N—N($r_e$) | 1.0977 | | | | |
| $N_2H_4$ | N—H | 1.021 | | | N—N | 1.449 |
| | ∠HNH | 106.6(假定值) | | | ∠$NNH_a$ | 112 |
| | ∠$NNH_b$ | 106 | | | 内转角 | 91 |
| | $H_a$:H 原子接近到 $C_2$ 轴线,$H_b$:H 原子远离 $C_2$ 的轴线 | | | | | |
| $N_2O$ | N—N($r_e$) | 1.1284 | | | N—O($r_e$) | 1.1841 |
| $N_2O_3$ | 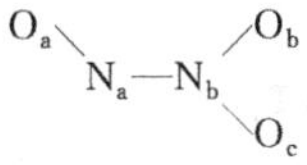 | | $N_a$—$N_b$ | 1.864 | $N_a$—$O_a$ | 1.142 |
| | | | $N_b$—$O_b$ | 1.202 | $N_b$—$O_c$ | 1.217 |
| | | | ∠$O_aN_aN_b$ | 105.05 | | |
| | | | ∠$N_aN_bO_b$ | 112.72 | | |
| | | | ∠$N_aN_bO_c$ | 117.47 | | |
| $N_2O_4$ | 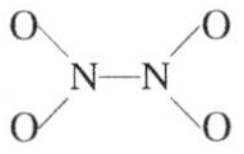 | | N—N | 1.782 | N—O | 1.190 |
| | | | ∠ONO | 135.4 | ($D_{2h}$) | |
| NaBr | Na—Br($r_e$) | 2.5020 | | | | |
| NaCl | Na—Cl($r_e$) | 2.3609 | | | | |
| NaF | Na—F($r_e$) | 1.9260 | | | | |
| NaH | Na—H($r_e$) | 1.8873 | | | | |
| NaI | Na—I($r_e$) | 2.7115 | | | | |
| $Na_2$ | Na—Na($r_e$) | 3.0789 | | | | |
| $NbCl_5$ | Nb—$Cl_{eq}$ | 2.241 | Nb—$Cl_{ax}$ | 2.338($D_{3h}$) | ED | |
| NbO | Nb—O($r_e$) | 1.691 | | | | |
| $Ni(CO)_4$ | Ni—C | 1.838 | C—O | 1.141 | ($T_d$) | |
| NiH | Ni—H($r_e$) | 1.476 | | | | |
| $NpF_6$ | Np—F | 1.981 | | | ($O_h$) | |

续表

| 化合物 | 结构、键长/nm、键角/(°) | | | | | | | |
|---|---|---|---|---|---|---|---|---|
| OCS | C—O($r_e$) | | 1.1578 | | | C—S($r_e$) | 1.5601 | |
| OCSe | C—O | | 1.159 | | | C—Se | 1.709 | |
| OF | O—F($r_e$) | | 1.3579 | | | | | |
| $OF_2$ | O—F($r_e$) | | 1.4053 | | | ∠FOF($\theta_e$) | 103.07 | ($C_{2v}$) |
| $O(SiH_3)_2$ | Si—H | | 1.486 | | | Si—O | 1.634 | |
| | ∠SiOSi | | 144.1 | | | | | |
| $O_2$ | O—O($r_e$) | | 1.2074 | | | | | |
| $O_2F_2$ | O—O | | 1.217 | | | F—O | 1.575 | |
| | ∠OOF | | 109.5 | | | 内转角 | 87.5 | ($C_2$) |
| $O_3$ | O—O($r_e$) | | 1.2716 | | | ∠OOO($\theta_e$) | 117.47 | ($C_{2v}$) |
| $OsF_6$ | Os—F | | 1.831 | | | ($O_h$) | | |
| $OsO_4$ | Os—O | | 1.712 | | | ($T_d$) | | |
| $PBr_3$ | P—Br | | 2.220 | | | ∠BrPBr | 101.0 | |
| $PCl_3$ | P—Cl | | 2.039 | | | ∠ClPCl | 100.27 | |
| $PCl_5$ | $Cl_aCl_b$<br>$Cl_b$—P<br>$Cl_aCl_b$ | | | P—$Cl_a$ | 2.124 | | P—$Cl_h$<br>($D_{3h}$) | 2.020 |
| PF | P—F($r_e$) | | 1.5896 | | | | | |
| $PF_3$ | P—F | | 1.570 | | | ∠FPF | 97.8 | |
| $PF_5$ | P—$F_{ax}$ | 1.577 | | P—$F_{eq}$ | 1.534 | | ($D_{3h}$) | |
| PH | P—H($r_e$) | | 1.4223 | | | | | |
| $PH_2$ | P—H | | 1.418 | | | ∠HPH | 91.70 | |
| $PH_3$ | P—H | | 1.4200 | | | ∠HPH | 93.345 | |
| PN | N—P($r_e$) | | 1.4909 | | | | | |
| PO | O—P($r_e$) | | 1.4759 | | | | | |
| $POCl_3$ | P—O | | 1.449 | | | P—Cl | 1.993 | |
| | ∠ClPCl | | 103.3 | | | | | |
| $POF_3$ | P—O | 1.436 | | P—F | 1.524 | | ∠FPF | 101.3 |
| $P_2$ | P—P($r_e$) | | 1.8931 | | | | | |
| $P_2F_4$ | P—F | | 1.587 | | | P—P | 2.281 | |
| | ∠PPF | | 95.4 | | | ∠FPF | 99.1 | |
| | | 两个 $PF_2$ 平面互反(扭曲构型小于10%) | | | | | | |
| $P_4$ | P—P | | 2.21 | | | ($T_d$) | | |
| $P_4O_6$ | P—O | 1.638 | | ∠POP | 126.4 | | ($T_d$) | |
| PbH | Pb—H($r_e$) | | 1.839 | | | | | |
| PbO | Pb—O($r_e$) | | 1.9218 | | | | | |
| PbS | Pb—S($r_e$) | | 2.2869 | | | | | |
| PbSe | Pb—Se($r_e$) | | 2.4022 | | | | | |
| PbTe | Pb—Te($r_e$) | | 2.5950 | | | | | |
| $PrI_3$ | Pr—I | 2.904 | | ∠IPrI | 113 | | ($C_{3v}$) | |
| PrO | Pr—O($r_e$) | | 1.7273 | | | | | |
| $PuF_6$ | Pu—F | | 1.971 | | | ($O_h$) | | |
| RbBr | Rb—Br($r_e$) | | 2.9447 | | | | | |
| RbCl | Rb—Cl($r_e$) | | 2.7869 | | | | | |
| RbF | Rb—F($r_e$) | | 2.2703 | | | | | |
| RbH | Rb—H($r_e$) | | 2.367 | | | | | |
| RbI | Rb—I($r_e$) | | 3.1768 | | | | | |
| RbOH | Rb—O | 2.301 | | O—H | 0.957 | | 线性的 | |
| ReClO | Re—O | | 1.702 | | | Re—Cl | 2.229 | |
| | ∠ClReO | | 109.4 | | | ($C_{3v}$) | | |

续表

| 化合物 | 结构、键长/nm、键角/(°) | | | | | | | |
|---|---|---|---|---|---|---|---|---|
| $ReF_6$ | Re—F | | 1.832 | | | ($O_h$) | | |
| $RuO_4$ | Ru—O | | 1.706 | | | ($T_d$) | | |
| SCSe | C—Se | | 1.693 | | | C—S | 1.553 | |
| SCTe | C—S | | 1.557 | | | C—Te | 1.904 | |
| $SCl_2$ | S—Cl | 2.006 | | ∠ClSCl | 103.0 | | ($C_{2v}$) | |
| SF | S—F($r_e$) | | 1.6006 | | | | | |
| $SF_2$ | S—F | | 1.5921 | | | ∠FSF | 98.20 | |
| $SF_6$ | S—F | | 1.561 | | | ($O_h$) | | |
| SO | S—O($r_e$) | | 1.4811 | | | | | |
| $SOCl_2$ | S—O | | 1.44 | | | S—Cl | 2.072 | |
| | ∠ClSCl | | 97.2 | | | ∠OSCl | 108.0 | |
| $SOF_2$ | S—O | | 1.420 | | | S—F | 1.583 | |
| | ∠OSF | | 106.2 | | | ∠FSF | 92.2 | |
| $SOF_4$ | 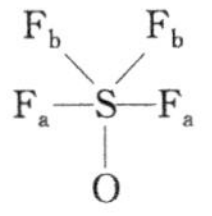 | | | S—O | 1.403 | | S—$F_a$ | 1.575 |
| | | | | S—$F_b$ | 1.552 | | ∠OS$F_a$ | 90.7 |
| | | | | ∠OS$F_b$ | 124.9 | | ∠$F_a$S$F_b$ | 89.6 |
| | | | | ∠$F_b$S$F_b$ | 110.2 | | ($C_{2v}$) | |
| $SO_2$ | S—O($r_e$) | | 1.4308 | | | ∠OSO($\theta_e$) | 119.329 | |
| $SO_2Cl_2$ | S—O | 1.404 | | S—Cl | 2.011 | | ∠OSO | 123.5 |
| | ∠ClSCl | 100.0 | | ($C_{2v}$) | | | | |
| $SO_2F_2$ | S—O | 1.397 | | S—F | 1.530 | | ∠OSO | 123 |
| | ∠FSF | 97 | | ($C_{2v}$) | | | | |
| $SO_3$ | S—O | | 1.4198 | | | ($D_{3h}$) | | |
| $S(SiH_3)_2$ | Si—H | 1.494 | | Si—S | 2.136 | | ∠SiSSi | 97.4 |
| $S_2$ | S—S($r_e$) | | 1.8892 | | | | | |
| $S_2Br_2$ | S—Br | | 2.24 | | | S—S | 1.98 | |
| | ∠SSBr | | 105 | | | 内转角 | 83.5 | |
| $S_2Cl_2$ | S—Cl | | 2.057 | | | S—S | 1.931 | |
| | ∠SSCl | | 108.2 | | | 内转角 | 84.1 | ($C_2$) |
| $S_2O_2$ | S—O | 1.458 | | S—S | 2.025 | | ∠OSS | 112.8 |
| | | | | | | | 平面的顺式构型 | |
| $S_8$ | 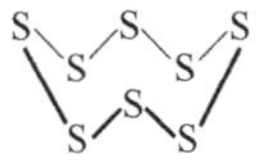 | | | S—S | 2.07 | | | |
| | | | | ∠SSS | 105 | | | |
| | | | | ($D_{4d}$) | | | | |
| $SbCl_3$ | Sb—Cl | | 2.333 | | | ∠ClSbCl | 97.2 | |
| $SbH_3$ | Sb—H | | 1.704 | | | ∠HSbH | 91.6 | |
| SeF | Se—F | | 1.742 | | | | | |
| $SeF_6$ | Se—F | | 1.69 | | | ($O_h$) | | |
| SeO | Se—O($r_e$) | | 1.6393 | | | | | |
| $SeOF_2$ | Se—O | | 1.576 | | | Se—F | 1.730 | |
| | ∠OSeF | | 104.82 | | | ∠FSeF | 92.22 | |
| $SeO_2$ | Se—O($r_e$) | | 1.6076 | | | ∠OSeO($\theta_e$) | 113.83 | |
| $SeO_3$ | Se—O | | 1.69 | | | ($D_{3h}$) | | |
| $Se_2$ | Se—Se($r_e$) | | 2.1660 | | | | | |
| $Se_6$ | Se—Se | | 2.34 | | | ∠SeSeSe | 102 | |
| | | | 具有椅式构型的六元环 | | | | | |
| $SiBrF_3$ | Si—F | | 1.560 | | | Si—Br | 2.153 | |
| | ∠FSiBr | | 108.5 | | | ($C_{3v}$) | | |
| $SiBrH_3$ | Si—H | | 1.485 | | | Si—Br | 2.210 | |

续表

| 化合物 | 结构、键长/nm、键角/(°) | | | | |
|---|---|---|---|---|---|
| | ∠HSiBr | 107.8 | | $(C_{3v})$ | |
| $SiClH_3$ | Si—H | 1.482 | | Si—Cl | 2.048 |
| | ∠HSiCl | 107.9 | | $(C_{3v})$ | |
| $SiCl_4$ | Si—Cl | 2.019 | | $(T_4)$ | |
| SiF | Si—F | 1.6008 | | | |
| $SiFH_3$ | Si—H | 1.484 | | Si—F | 1.593 |
| | ∠HSiH | 110.63 | | $(C_{3v})$ | |
| $SiF_2$ | Si—F($r_e$) | 1.590 | | ∠FSiF($\theta_e$) | 100.8 |
| $SiF_3H$ | Si—H($r_e$) | 1.4468 | | Si—F($r_e$) | 1.5624 |
| | ∠HSiF($\theta_e$) | 110.64 | | | |
| $SiF_4$ | Si—F | 1.553 | | $(T_d)$ | |
| SiH | Si—H($r_e$) | 1.5201 | | | |
| $SiH_3I$ | Si—H | 1.485 | | Si—I | 2.437 |
| | ∠HSH | 107.8 | | | |
| $SiH_4$ | Si—H | 1.4798 | | $(T_d)$ | |
| SiN | N—Si($r_e$) | 1.572 | | | |
| SiO | Si—O($r_e$) | 1.5097 | | | |
| SiS | Si—S($r_e$) | 1.9293 | | | |
| SiSe | Se—Si($r_e$) | 2.0583 | | | |
| Si | Si—Si($r_e$) | 2.246 | | | |
| $Si_2Cl_6$ | Si—Si | 2.32 | | Si—Cl | 2.009 |
| | ∠ClSiCl | 109.7 | | | |
| $Si_2F_6$ | Si—Si | 2.317 | | Si—F | 1.564 |
| | ∠FSiF | 108.6 | | | |
| $Si_2H_6$ | Si—H | 1.492 | | Si—Si | 2.331 |
| | ∠SiSiH | 110.3 | | ∠HSiH | 108.6 |
| | | | | 扭曲构型(假定) | |
| $SnCl_4$ | Sn—Cl | 2.280 | | $(T_d)$ | |
| SnH | Sn—H($r_e$) | 1.7815 | | | |
| $SnH_4$ | Sn—H | 1.711 | | $(T_d)$ | |
| SnO | Sn—O | 1.8325 | | | |
| SnS | S—Sn($r_e$) | 2.2090 | | | |
| SnSe | Se—Sn($r_e$) | 2.3256 | | | |
| SnTe | Sn—Te($r_e$) | 2.5228 | | | |
| SrH | Sr—H($r_e$) | 2.1455 | | | |
| SrO | Sr—O($r_e$) | 1.9198 | | | |
| SrS | S—Sr($r_e$) | 2.4405 | | | |
| $TaCl_5$ | Ta—$Cl_{eq}$ | 2.227 | Ta—$Cl_{ax}$ | 2.369 | $(D_{3h})$ |
| TaO | Ta—O($r_e$) | 1.6875 | | | |
| $TeF_5$ | Te—F | 1.815 | $(O_h)$ | | |
| $Te_2$ | Te—Te($r_e$) | 2.5574 | | | |
| $ThCl_4$ | Th—Cl | 2.58 | $(T_d)$ | | |
| $ThF_4$ | Th—F | 2.14 | $(T_d)$ | | |
| TlBr | Tl—Br($r_e$) | 2.6182 | | | |
| TlCl | Tl—Cl($r_e$) | 2.4848 | | | |
| TlF | Tl—F($r_e$) | 2.0844 | | | |
| TlH | Tl—H($r_e$) | 1.870 | | | |
| TlI | Tl—I($r_e$) | 2.8137 | | | |
| $TiBr_4$ | Ti—Br | 2.339 | $(T_d)$ | | |

续表

| 化合物 | 结构、键长/nm、键角/(°) | | | | |
|---|---|---|---|---|---|
| $TiCl_4$ | Ti—Cl | 2.170 | $(T_d)$ | | |
| TiO | Ti—O($r_e$) | 1.620 | | | |
| TiS | Ti—S($r_e$) | 2.0825 | | | |
| $UF_6$ | U—F | 1.996 | $(O_h)$ | | |
| $V(CO)_6$ | V—C | 2.015 | C—O | 1.138 | |
| | | ($O_h$,涉及 Jahn-Teller 效应) | | | |
| $VCl_3O$ | V—O | 1.570 | V—Cl | 2.142 | |
| | ∠ClVCl | 111.3 | | | |
| $VCl_4$ | V—Cl | 2.138 | ($T_d$,涉及 Jahn-Teller 效应) | | |
| $VF_5$ | V—F(平均) | 1.71 | | | |
| VO | V—O($r_e$) | 1.5893 | | | |
| $W(CO)_6$ | W—C | 2.059 | C—O | 1.149 | $(O_h)$ |
| $WClF_5$ | 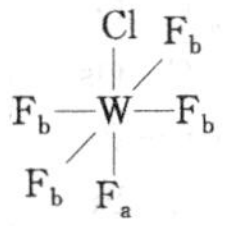 | | W—Cl | 2.251 | |
| | | | W—F | 1.836 | |
| | | | (平均) | | |
| | | | $\angle F_aWF_b$ | 88.7 | |
| $WF_4O$ | W—O | 1.666 | W—F | 1.847 | |
| | ∠FWF | 86.2 | $(C_{4v})$ | | |
| $WF_6$ | W—F | 1.832 | $(O_h)$ | | |
| $XeF_2$ | Xe—F | 1.977 | 线性的 | | |
| $XeF_4$ | Xc—F | 1.94 | $(D_{4h})$ | | |
| $XeF_6$ | Xe—F | 1.890 (以 $O_h$ 结构大幅的键伸振动) | | | |
| $XeO_4$ | Xc—O | 1.736 | $(T_d)$ | | |
| ZnH | Zn—H($r_e$) | 1.5949 | | | |
| $ZrCl_4$ | Zr—Cl | 2.32 | $(T_d)$ | | |
| $ZrF_4$ | Zr—F | 1.902 | $(T_d)$ | | |
| ZrO | Zr—O($r_e$) | 1.7116 | | | |

**表 1-29　双原子分子的键能**

| 分　子 | $D_{298}^0$/kJ·mol$^{-1}$ | 分　子 | $D_{298}^0$/kJ·mol$^{-1}$ | 分　子 | $D_{298}^0$/kJ·mol$^{-1}$ | 分　子 | $D_{298}^0$/kJ·mol$^{-1}$ |
|---|---|---|---|---|---|---|---|
| Ag—Ag | 163±8 | Ag—Na | 138.1±8.4 | Al—Kr | 5.89±0.81 | As—Cl | 448 |
| Ag—Al | 183.7±9.2 | Ag—Nd | <209 | Al—Li | 175.7±14.6 | As—D | 270.3 |
| Ag—Au | 202.9±9.2 | Ag—O | 220.1±20.9 | Al—N | 297±96 | As—F | 410 |
| Ag—Bi | 193±42 | Ag—S | 217.1 | Al—O | 511±3 | As—Ga | 209.6±1.2 |
| Ag—Br | 293±29 | Ag—Se | 202.5 | Al—P | 216.7±12.6 | As—H | 274.0±2.9 |
| Ag—Cl | 341.4 | Ag—Si | 177.8±10.0 | Al—Pd | 254.4±12.1 | As—I | 296.6±28.0 |
| Ag—Cu | 174.1±9.2 | Ag—Sn | 136.0±20.9 | Al—S | 373.6±7.9 | As—In | 201 |
| Ag—D | 226.8 | Ag—Te | 195.8 | Al—Sb | 216.3±5.9 | As—N | 582±126 |
| Ag—Dy | 130±19 | Al—Al | 133±6 | Al—Se | 337.6±10.0 | As—O | 481±8 |
| Ag—Eu | 129.7±12.6 | Al—Ar | 5.34±0.78 | Al—Si | 229.3±30.1 | As—P | 433.5±12.6 |
| Ag—F | 354.4±16.3 | Al—As | 202.9±7.1 | Al—Te | 267.8±10.0 | As—S | 379.5±6.3 |
| Ag—Ga | 180±15 | Al—Au | 325.9±6.3 | Al—U | 326±29 | As—Sb | 330.5±5.4 |
| Ag—Ge | 174.5±20.9 | Al—Br | 429±6 | Al—Xe | 7.43±0.69 | As—Se | 96 |
| Ag—H | 215.1±8 | Al—Cl | 511.3±0.8 | Ar—Ar | 4.73±0.04 | As—Tl | 198.3±14.6 |
| Ag—Ho | 123.4±16.7 | Al—Cu | 216.7±10.5 | Ar—He | 3.89 | At—At | 约 80 |
| Ag—I | 234±29 | Al—D | 290.8 | Ar—Hg | 6.15 | Au—Au | 224.7±1.5 |
| Ag—In | 166.5±4.9 | Al—F | 663.6±6.3 | Ar—I | 10.0 | Au—B | 367.8±10.5 |
| Ag—Li | 177.4±6.3 | Al—H | 284.9±6.3 | Ar—K | 4.2 | Au—Ba | 254.8±10.0 |
| Ag—Mn | 100±21 | Al—I | 369.9±2.1 | As—As | 382.0±10.5 | Au—Be | 285±8 |

续表

| 分　子 | $D_{298}^{0}$/kJ·mol$^{-1}$ | 分　子 | $D_{298}^{0}$/kJ·mol$^{-1}$ | 分　子 | $D_{298}^{0}$/kJ·mol$^{-1}$ | 分　子 | $D_{298}^{0}$/kJ·mol$^{-1}$ |
|---|---|---|---|---|---|---|---|
| Au—Bi | 297±8.4 | B—I | 220.5±0.8 | Bi—S | 315.5±4.6 | C—Cl | 397±29 |
| Au—Ca | 243 | B—Ir | 514.2±17.2 | Bi—Sb | 251±4 | C—D | 341.4 |
| Au—Ce | 339±21 | B—La | 339±63 | Bi—Se | 280.3±5.9 | C—F | 552 |
| Au—Cl | 343±9.6 | B—N | 389±21 | Bi—Sn | 210.0±8.4 | C—Ge | 460±21 |
| Au—Co | 222±17 | B—O | 808.8±20.9 | Bi—Te | 232.2±11.3 | C—H | 338.32 |
| Au—Cr | 213±17 | B—P | 346.9±16.7 | Bi—Tl | 121±13 | C—Hf | 540±25 |
| Au—Cs | 255±3.3 | B—Pd | 329.3±20.9 | Br—Br | 192.807 | C—I | 209±21 |
| Au—Cu | 228.0±5.0 | B—Pt | 477.8±16.7 | Br—C | 280±21 | C—Ir | 632±4 |
| Au—D | 318.4 | B—Rh | 475.7±20.9 | Br—Ca | 310.9±9.2 | C—La | 506±63 |
| Au—Dy | 259±21 | B—Ru | 446.9±20.9 | Br—Cd | 159±96 | C—Mo | 481±15.9 |
| Au—Eu | 241.0±10.5 | B—S | 580.7±9.2 | Br—Cl | 217.53±0.29 | C—N | 754.3±10 |
| Au—Fe | 187.0±16.7 | B—Sc | 276±63 | Br—Co | 331±42 | C—Nb | 569±13.0 |
| Au—Ga | 234±38 | B—Se | 461.9±14.6 | Br—Cr | 328.0±24.3 | C—O | 1076.5±0.4 |
| Au—Ge | 274.1±5.0 | B—Si | 288.3 | Br—Cs | 389.1±4 | C—Os | ≥594 |
| Au—H | 292.0±8 | B—Te | 354.4±20.1 | Br—Cu | 331±25 | C—P | 513.4±8 |
| Au—Ho | 267.4±16.7 | B—Th | 297 | Br—D | 370.74 | C—Pt | 598±5.9 |
| Au—In | 286.0±5.7 | B—Ti | 276±63 | Br—F | 250.2±0.8 | C—Rh | 583.7±6.3 |
| Au—La | 336.4±20.9 | B—U | 322±33 | Br—Fe | 247±96 | C—Ru | 648.1±13 |
| Au—Li | 284.5±6.7 | B—Y | 293±63 | Br—Ga | 444±17 | C—S | 713.4±1.3 |
| Au—Lu | 332.2±16.7 | Ba—Br | 362.8±8.4 | Br—Ge | 255±29 | C—Sc | ≤444±21 |
| Au—Mg | 243±42 | Ba—Cl | 436.0±8.4 | Br—H | 366.35 | C—Se | 590.4±5.9 |
| Au—Mn | 185.4±12.6 | Ba—D | ≤193.7 | Br—Hg | 72.8±4 | C—Si | 451.5 |
| Au—Na | 215.1±12.6 | Ba—F | 587.0±6.7 | Br—I | 179.1±0.4 | C—Tc | 565±29 |
| Au—Nd | 299.2±20.9 | Ba—H | 176±14.6 | Br—In | 414±21 | C—Th | 453±17 |
| Au—Ni | 255±21 | Ba—I | 327.1±8.4 | Br—K | 379.9±0.8 | C—Ti | 423±29 |
| Au—O | 221.8±20.9 | Ba—O | 561.9±13.4 | Br—Li | 418.8±4 | C—U | 454.8±15.1 |
| Au—Pb | 130±42 | Ba—Pd | 221.8±5.0 | Br—Mg | ≤327.2 | C—V | 427±23.8 |
| Au—Pd | 155±21 | Ba—Rh | 259.4±25.1 | Br—Mn | 314.2±9.6 | C—Y | 418±63 |
| Au—Pr | 310±21 | Ba—S | 400.0±18.8 | Br—N | 276±21 | C—Zr | 561±25 |
| Au—Rb | 243±2.9 | Be—Be | 59 | Br—Na | 367.4±0.8 | Ca—Ca | ≤46 |
| Au—Rh | 231.0±29 | Be—Br | 381±84 | Br—Ni | 360±13 | Ca—Cl | 397±13 |
| Au—S | 418±25 | Be—Cl | 388.3±9.2 | Br—O | 235.1±0.4 | Ca—D | ≤169.9 |
| Au—Sc | 280.3±16.7 | Be—D | 203.05 | Br—Pb | 247±38 | Ca—F | 527±21 |
| Au—Se | 243.1 | Be—F | 577±42 | Br—Rb | 380.7±4 | Ca—H | 167.8 |
| Au—Si | 305.4±5.9 | Be—H | 200.0±1.3 | Br—Sb | 314±59 | Ca—I | 263.6±10.5 |
| Au—Sn | 254.8±7.1 | Be—O | 434.7±13.4 | Br—Sc | 444±63 | Ca—Li | 84.9±8.4 |
| Au—Sr | 264±42 | Be—S | 372±59 | Br—Se | 297±84 | Ca—O | 402.1±16.7 |
| Au—Tb | 289.5±33.5 | Bi—Bi | 200.4±7.5 | Br—Si | 367.8±10.0 | Ca—S | 337.6±18.8 |
| Au—Te | 317.6 | Bi—Br | 267.4±4.2 | Br—Sn | ≥552 | Cd—Cd | 7.36 |
| Au—U | 318±29 | Bi—Cl | 301±4 | Br—Sr | 333.0±9.2 | Cd—Cl | 208.4 |
| Au—V | 240.6±12.1 | Bi—D | 283.7 | Br—Th | 364 | Cd—F | 305±21 |
| Au—Y | 307.1±8.4 | Bi—F | 259±29 | Br—Ti | 439 | Cd—H | 69.0±0.4 |
| B—B | 297±21 | Bi—Ga | 159±17 | Br—Tl | 333.9±1.7 | Cd—I | 138±21 |
| B—Br | 423±21 | Bi—H | ≤283.3 | Br—U | 377.4±6.3 | Cd—In | 138 |
| B—C | 448±29 | Bi—I | 218.0±4.6 | Br—V | 439±42 | Cd—O | 235.6±83.7 |
| B—Ce | 305±21 | Bi—In | 153.6±1.7 | Br—W | 329.3 | Cd—S | 208.4±20.9 |
| B—Cl | 536 | Bi—Li | 154.0±5.0 | Br—Y | 485±84 | Cd—Se | 127.6±25.1 |
| B—D | 341.0±6.3 | Bi—O | 337.2±12.6 | Br—Zn | 142±29 | Cd—Te | 100.0±15.1 |
| B—F | 757 | Bi—P | 280±13 | C—C | 607±21 | Ce—Ce | 245.2 |
| B—H | 340 | Bi—Pb | 141.8±14.6 | C—Ce | 444±13 | Ce—F | 582±42 |

续表

| 分　子 | $D^0_{298}$/kJ·mol$^{-1}$ | 分　子 | $D^0_{298}$/kJ·mol$^{-1}$ | 分　子 | $D^0_{298}$/kJ·mol$^{-1}$ | 分　子 | $D^0_{298}$/kJ·mol$^{-1}$ |
|---|---|---|---|---|---|---|---|
| Ce—Ir | 586 | Cl—U | 452±8 | Cu—O | 269.0±20.9 | F—La | 598±42 |
| Ce—N | 519±21 | Cl—V | 477±63 | Cu—S | 276 | F—Li | 577±21 |
| Ce—O | 795±8 | Cl—W | 423±42 | Cu—Se | 251 | F—Lu | 333.5 |
| Ce—Os | 506±33 | Cl—Xe | 6.7 | Cu—Si | 221.3±6.3 | F—Mg | 461.9±5.0 |
| Ce—Pd | 322.2 | Cl—Y | 527±84 | Cu—Sn | 169.5±6.7 | F—Mn | 423.4±14.6 |
| Ce—Pt | 556 | Cl—Yb | 约 322 | Cu—Tb | 193±19 | F—Mo | 464.8 |
| Ce—Rh | 548 | Cl—Zn | 228.9±19.7 | Cu—Te | 278.7 | F—N | 343 |
| Ce—Ru | 531±25 | Cm—O | 736 | D—D | 443.533 | F—Na | 519 |
| Ce—S | 569 | Co—Co | 167±25 | D—F | 576.6 | F—Nd | 545.2±12.6 |
| Ce—Se | 494.5±14.6 | Co—Cu | 167±17 | D—Ga | <272.8 | F—Ni | 435 |
| Ce—Te | 389±42 | Co—F | 435±63 | D—Ge | ≤322 | F—O | 222±17 |
| Cl—Cl | 242.580±0.004 | Co—Ge | 234±21 | D—H | 439.433 | F—P | 439±96 |
| Cl—Co | 389 | Co—H | 226±42 | D—Hg | 42.05 | F—Pb | 356±8 |
| Cl—Cr | 366.1±24.3 | Co—I | 285±21 | D—In | 246.0 | F—Pm | 540±42 |
| Cl—Cs | 448±8 | Co—O | 384.5±13.4 | D—Li | 240.1892±0.0046 | F—Pr | 582±46 |
| Cl—Cu | 382.8±4.6 | Co—S | 331±21 | D—Mg | 135.1 | F—Pu | 538.5±29 |
| Cl—D | 436.47 | Co—Si | 276±17 | D—Ni | ≤302.9 | F—Rd | 494±21 |
| Cl—Eu | 约 326 | Cr—Cr | 155±21 | D—Pt | ≤350.2 | F—Ru | 402 |
| Cl—F | 256.23 | Cr—Cu | 155±21 | D—S | 351 | F—S | 342.7±5.0 |
| Cl—Fe | 约 351 | Cr—F | 444.8±19.7 | D—Si | 302.5 | F—Sb | 439±96 |
| Cl—Ga | 481±13 | Cr—Ge | 154±7 | D—Sr | ≥275.7 | F—Sc | 589.1±13 |
| Cl—Ge | 约 431 | Cr—H | 280±50 | D—Zn | 88.7 | F—Se | 339±42 |
| Cl—H | 431.62 | Cr—I | 287.0±24.3 | Dy—F | 531 | F—Si | 552.7±2.1 |
| Cl—Hg | 100±8 | Cr—N | 377.8±18.8 | Dy—O | 607±17 | F—Sm | 565 |
| Cl—I | 211.3±0.4 | Cr—O | 429.3±29.3 | Dy—S | 414±42 | F—Sn | 466.5±13 |
| Cl—In | 439±8 | Cr—Pb | 105±2 | Dy—Se | 322±42 | F—Sr | 541.8±6.7 |
| Cl—K | 433.0±8 | Cr—S | 331 | Dy—Te | 234±42 | F—Ta | 573±13 |
| Cl—Li | 469±13 | Cr—Sn | 141±3 | Er—F | 565±17 | F—Tb | 561±42 |
| Cl—Mg | 327.6±2.1 | Cs—Cs | 43.919±0.010 | Er—O | 615±13 | F—Th | 652 |
| Cl—Mn | 360.7±9.6 | Cs—F | 519±8 | Er—S | 418±42 | F—Ti | 569±33 |
| Cl—N | 333.9±9.6 | Cs—H | 175.364 | Er—Se | 326±42 | F—Tl | 445.2±19.2 |
| Cl—Na | 412.1±8 | Cs—Hg | 8 | Er—Te | 238±42 | F—Tm | 510 |
| Cl—Ni | 372±21 | Cs—I | 337.2±2.1 | Eu—Eu | 33.5±17 | F—U | 659.0±10.5 |
| Cl—O | 287.4±1.5 | Cs—Na | 63.2±1.3 | Eu—F | 544 | F—V | 590±63 |
| Cl—P | 289±42 | Cs—O | 295.8±62.8 | Eu—Li | 66.9±2.9 | F—W | 548±63 |
| Cl—Pb | 301±29 | Cs—Rb | 49.57±0.01 | Eu—O | 479±10 | F—Xe | 15.77 |
| Cl—Ra | 343±75 | Cu—Cu | 176.52±2.38 | Eu—Rh | 233.9±33 | F—Y | 605.0±20.9 |
| Cl—Rb | 427.6±8 | Cu—D | 270.3 | Eu—S | 362.3±13.0 | F—Yb | ≥521.3±9.6 |
| Cl—S | 277.0 | Cu—Dy | 142±21 | Eu—Se | 301±14.6 | F—Zn | 368±63 |
| Cl—Sb | 360±50 | Cu—F | 413.4±13 | Eu—Te | 243±14.6 | F—Zr | 623±63 |
| Cl—Sc | 331 | Cu—Ga | 215.9±15.1 | F—F | 158.78 | Fe—Fe | 100±21 |
| Cl—Se | 322 | Cu—Ge | 208.8±21 | F—Ga | 577±14.6 | Fe—Ge | 210.9±29 |
| Cl—Si | 406 | Cu—H | 277.8 | F—Gd | 590.4±27.2 | Fe—H | 180±25 |
| Cl—Sm | ≥423±13 | Cu—Ho | 142±21 | F—Ge | 485±21 | Fe—O | 390.4±17.2 |
| Cl—Sn | 414±17 | Cu—I | 197±21 | F—H | 570.3 | Fe—S | 322 |
| Cl—Sr | 406±13 | Cu—In | 187.4±7.9 | F—Hg | 约 180 | Fe—Si | 297±25 |
| Cl—Ta | 544 | Cu—Li | 192.9±8.8 | F—Ho | 540 | Ga—Ga | 138±21 |
| Cl—Th | 489 | Cu—Mn | 158.6±17 | F—I | ≤271.5 | Ga—H | <274.1 |
| Cl—Ti | 494 | Cu—Na | 176.1±16.7 | F—In | 506±14.6 | Ga—I | 339±9.6 |
| Cl—Tl | 372.8±2.1 | Cu—Ni | 205.9±17 | F—K | 497.5±2.5 | Ga—Li | 133.1±14.6 |

续表

| 分子 | $D_{298}^{0}$/kJ·mol$^{-1}$ | 分子 | $D_{298}^{0}$/kJ·mol$^{-1}$ | 分子 | $D_{298}^{0}$/kJ·mol$^{-1}$ | 分子 | $D_{298}^{0}$/kJ·mol$^{-1}$ |
|---|---|---|---|---|---|---|---|
| Ga—O | 353.5±41.8 | Hf—C | 548±63 | Ir—Th | 573 | N—Pu | 473±63 |
| Ga—P | 229.7±12.6 | Hf—N | 536±29 | Ir—Ti | 422±13 | N—S | 464±21 |
| Ga—Sb | 192.0±12.6 | Hf—O | 801.7±13.4 | Ir—Y | 456.1±16.7 | N—Sb | 301±50 |
| Ga—Te | 251±25 | Hg—Hg | 8±2 | K—K | 54.63±0.02 | N—Sc | 469±84 |
| Gd—O | 719±10 | Hg—I | 34.69±0.96 | K—Kr | 4.6 | N—Se | 381±63 |
| Gd—S | 526.8±10.5 | Hg—K | 8.24±0.21 | K—Li | 82.0±4.2 | N—Si | 470±15 |
| Gd—Se | 431±14.6 | Hg—Li | 13.8 | K—Na | 65.994±0.008 | N—Ta | 611±84 |
| Gd—Te | 343±14.6 | Hg—Na | 9.2 | K—O | 277.8±20.9 | N—Th | 577.4±33.1 |
| Ge—Ge | 263.6±7.1 | Hg—O | 220.9±33.1 | K—Xe | 5.0 | N—Ti | 476.1±33.1 |
| Ge—H | ≤321.7 | Hg—Rb | 8.4 | Kr—Kr | 5.23 | N—U | 531.4±2.1 |
| Ge—Ni | 280±13 | Hg—S | 217.1±22.2 | Kr—O | <8 | N—V | 477.4±17.2 |
| Ge—O | 659.4±12.6 | Hg—Se | 144.3±30.1 | Kr—Xe | 5.505±0.002 | N—Xe | 23.0 |
| Ge—Pd | 264.4±12.6 | Hg—Te | ≤142 | La—La | 247±21 | N—Y | 481±63 |
| Ge—S | 551.0±2.5 | Hg—Tl | 4 | La—N | 519±42 | N—Zr | 564.8±25.1 |
| Ge—Sc | 271.0±11 | Ho—Ho | 84±17 | La—O | 799±4 | Na—Na | 73.60±0.25 |
| Ge—Se | 489±4 | Ho—O | 611±17 | La—Pt | 502±21 | Na—O | 256.1±16.7 |
| Ge—Si | 301±21 | Ho—S | 428.4±14.6 | La—Rh | 527±17 | Na—Rb | 59±3.8 |
| Ge—Te | 456±13 | Ho—Se | 335±17 | La—S | 573.2±1.7 | Nb—Nb | 510±10.0 |
| H—H | 435.990 | Ho—Te | 259±17 | La—Se | 477±17 | Nb—O | 771.5±25.1 |
| H—Hg | 39.844 | I—I | 151.088 | La—Te | 381±17 | Nd—Nd | <163 |
| H—I | 298.407 | I—In | 331 | La—Y | 202.1 | Nd—O | 703±13 |
| H—In | 243.1 | I—K | 325.1±0.8 | Li—Li | 110.21±4 | Nd—S | 471.5 |
| H—K | 174.576 | I—Li | 345.2±4.2 | Li—Mg | 67.4±6.3 | Nd—Se | 385±17 |
| H—Li | 238.049±0.004 | I—Mg | 约 285 | Li—Na | 87.181±0.001 | Nd—Te | 305±17 |
| H—Mg | 126.4±2.9 | I—Mn | 282.8±9.6 | Li—O | 333.5±8.4 | Ne—Ne | 3.93 |
| H—Mn | 234±29 | I—N | 159±17 | Li—Pb | 78.7±7.9 | Ni—Ni | 203.26±0.96 |
| H—N | ≤339 | I—Na | 304.2±2.1 | Li—S | 312.5±7.5 | Ni—O | 382.0±16.7 |
| H—Na | 185.69±0.25 | I—Ni | 293±21 | Li—Sb | 172.8±10.0 | Ni—Pt | 273.7±0.3 |
| H—Ni | 252.3±8 | I—O | 249.0±1.3 | Li—Sm | 49.0±4.2 | Ni—S | 344.3 |
| H—O | 427.6 | I—Pb | 193±4 | Li—Tm | 69.0±3.3 | Ni—Si | 318±17 |
| H—P | 297 | I—Rb | 318.8±2.1 | Li—Yb | 37.2±2.9 | Ni—V | 206.3±0.2 |
| H—Pb | ≤157 | I—Si | 293 | Lu—Lu | 142±33 | Np—O | 718.4±41.8 |
| H—Pd | 234±25 | I—Sn | 234±42 | Lu—O | 678±8 | O—O | 498.36±0.17 |
| H—Pt | ≤335 | I—Sr | 269.9±5.9 | Lu—Pt | 402±33 | O—Os | 598.3±83.7 |
| H—Rb | 167±21 | I—Te | 192±42 | Lu—S | 507.1±14.6 | O—P | 599.1±12.6 |
| H—Rh | 247±21 | I—Ti | 310±42 | Lu—Se | 418±17 | O—Pa | 788.3±17.2 |
| H—Ru | 234±21 | I—Tl | 272±8 | Lu—Te | 326±17 | O—Pb | 382.0±12.6 |
| H—S | 344.3±12.1 | I—Zn | 138±29 | Mg—Mg | 8.552±0.004 | O—Pd | 380.7±83.7 |
| H—Sc | 约 180 | I—Zr | 305 | Mg—O | 363.2±12.6 | O—Pm | 674±63 |
| H—Se | 314.47±0.96 | In—In | 100±8 | Mg—S | 234 | O—Pt | 753±13 |
| H—Si | ≤299.2 | In—Li | 92.5±14.6 | Mn—Mn | 25.9 | O—Pt | 391.6±41.8 |
| H—Sn | 264±17 | In—O | <320.1±41.8 | Mn—O | 402.9±41.8 | O—Pu | 715.9±33.9 |
| H—Sr | 163±8 | In—P | 197.9±8.4 | Mn—S | 301±17 | O—Rb | 255±84 |
| H—Te | 268±2.1 | In—S | 289±17 | Mn—Se | 239.3±9.2 | O—Re | 626.8±83.7 |
| H—Ti | 约 159 | In—Sb | 151.9±10.5 | Mo—Mo | 406±21 | O—Rh | 405.0±41.8 |
| H—Tl | 188±8 | In—Se | 247±17 | Mo—Nb | 456±25 | O—Ru | 528.4±41.8 |
| H—Yb | 159±38 | In—Te | 218±17 | Mo—O | 560.2±20.9 | O—S | 521.7±4.2 |
| H—Zn | 85.8±2.1 | Ir—La | 577±13 | N—N | 945.33±0.59 | O—Sb | 434.3±41.8 |
| He—He | 3.8 | Ir—O | 414.6±42.3 | N—O | 630.57±0.13 | O—Sc | 681.6±11.3 |
| He—Hg | 6.61 | Ir—Si | 462.8±20.9 | N—P | 617.1±20.9 | O—Se | 464.8±21.3 |

续表

| 分　子 | $D_{298}^{0}$/kJ·mol$^{-1}$ | 分　子 | $D_{298}^{0}$/kJ·mol$^{-1}$ | 分　子 | $D_{298}^{0}$/kJ·mol$^{-1}$ | 分　子 | $D_{298}^{0}$/kJ·mol$^{-1}$ |
|---|---|---|---|---|---|---|---|
| O—Si | 799.6±13.4 | Pb—S | 346.0±1.7 | S—S | 425.30 | Se—Te | 291.6±4 |
| O—Sm | 565±13 | Pb—Sb | 161.5±10.5 | S—Sb | 378.7 | Se—Ti | 381±42 |
| O—Sn | 531.8±12.6 | Pb—Se | 302.9±4 | S—Sc | 477±13 | Se—Tm | 276±42 |
| O—Sr | 425.5±16.7 | Pb—Te | 251±13 | S—Se | 371.1±6.7 | Se—V | 347±21 |
| O—Ta | 799.1±12.6 | Pd—Pd | 75 | S—Si | 623 | Se—Y | 435±13 |
| O—Tb | 711±13 | Pd—Si | 313.4±13.8 | S—Sm | 389 | Se—Zn | 170.7±25.9 |
| O—Te | 376.1±20.9 | Pd—Y | 238±17 | S—Sn | 464±3.3 | Si—Si | 326.8±10.0 |
| O—Th | 878.6±12.1 | Pm—S | 423±63 | S—Sr | 339 | Si—Te | 452 |
| O—Ti | 672.4±9.2 | Pm—Se | 339±63 | S—Tb | 515±42 | Sm—Te | 272.4±14.6 |
| O—Tm | 502±13 | Pm—Te | 255±63 | S—Te | 339±21 | Sn—Sn | 187.1±0.3 |
| O—U | 759.4±13.4 | Po—Po | 187.0 | S—Ti | 418.0±2.9 | Sn—Te | 359.8 |
| O—V | 626.8±18.8 | Pr—S | 492.5±4.6 | S—Tm | 368±42 | Sr—Sr | 15.5±0.4 |
| O—W | 672.0±41.8 | Pr—Se | 446.4±23.0 | S—U | 522.6±9.6 | Tb—Tb | 131.4±25.1 |
| O—Xe | 36.4 | Pr—Te | 326±42 | S—V | 481±8 | Tb—Te | 339±42 |
| O—Y | 719.6±11.3 | Pt—Pt | 357.3±15.1 | S—Y | 528.4±10.5 | Te—Te | 259.8±5.0 |
| O—Yb | 397±17 | Pt—Si | 501.2±18.0 | S—Yb | 167 | Te—Ti | 289±17 |
| O—Zn | <270.7±41.8 | Pt—Th | 552 | S—Zn | 205±13 | Te—Tm | 276±42 |
| O—Zr | 776.1±13.4 | Pt—Ti | 397±13 | S—Zr | 575.3±16.7 | Te—Y | 339±13 |
| P—P | 489.5±10.5 | Pt—Y | 474.0±12.1 | Sb—Sb | 299.2±6.3 | Te—Zn | 117.6±18.0 |
| P—Pt | ≤416.7±17 | Rb—Rb | 48.898±0.005 | Sb—Te | 277.4±3.8 | Th—Th | ≤289 |
| P—Rh | 353.1±17 | Rh—Rh | 285.3±20.9 | Sb—Tl | 126.8±10.5 | Ti—Ti | 141.4±21 |
| P—S | 444±8 | Rh—Sc | 443.9±10.5 | Sc—Sc | 162.8±21 | Tl—Tl | 64.4±17 |
| P—Sb | 356.9 | Rh—Si | 395.0±18.0 | Sc—Se | 385±17 | U—U | 222±21 |
| P—Se | 363.6±10.0 | Rh—Th | 515±21 | Sc—Si | 228.7±14 | V—V | 269.2±0.2 |
| P—Si | 363.6 | Rh—Ti | 390.8±14.6 | Sc—Te | 289±17 | Xe—Xe | 6.53±0.29 |
| P—Te | 297.9±10.0 | Rh—U | 519±17 | Se—Se | 332.6±0.4 | Y—Y | 159±21 |
| P—Th | 550.2±42 | Rh—V | 364±29 | Se—Si | 548 | Yb—Yb | 20.5±17 |
| P—Tl | 209±13 | Rh—Y | 445.2±10.5 | Se—Sm | 331.0±14.6 | Zn—Zn | 29 |
| P—U | 297±21 | Ru—Si | 397.1±20.9 | Se—Sn | 401.2±5.9 | | |
| P—W | 305±4 | Ru—Th | 591.6±42 | Se—Sr | 约 285 | | |
| Pb—Pb | 86.6±0.8 | Ru—V | 414±29 | Se—Tb | 423±42 | | |

**表 1-30　多原子分子的键能**

| 键 | $D_{298}^{0}$/kJ·mol$^{-1}$ | 键 | $D_{298}^{0}$/kJ·mol$^{-1}$ |
|---|---|---|---|
| H—CH | 421.7 | H—环丙基代甲基 | 407.5±6.7 |
| H—$CH_2$ | 464.8 | H—$CH(CH_3)CHCH_2$ | 345.2±5.4 |
| H—$CH_3$ | 438.5±1.5 | H—$CH_2CHCHCH_3$ | 358.2±6.3 |
| H—CCH | 556.1±2.9 | H—$CH_2C(CH_3)CH_2$ | 358.2±4 |
| H—$CHCH_2$ | 465.3±3.4 | H—$s$-$C_4H_9$ | 416±2 |
| H—$C_2H_5$ | 420.5±2.0 | H—$t$-$C_4H_9$ | 401.1±2.2 |
| H—1-(2-环丙烯)基 | 379.1±17 | H—5-(1,3-环戊二烯)基 | 297.5±6.3 |
| H—$CH_2CCH$ | 374.0±8 | H—螺戊基 | 413.4±4 |
| H—$CH_2CHCH_2$ | 361.1±6.3 | H—3-(1-环戊烯)基 | 344.3±4 |
| H—环丙基 | 444.8±1.3 | H—$CH_2CHCHCHCH_2$ | 347±13 |
| H—$n$-$C_3H_7$ | 417.1 | H—$CH(C_2H_3)_2$ | 319.7 |
| H—$i$-$C_3H_7$ | 412±3 | H—$CH(CH_3)CCCH_3$ | 365.3±11.3 |
| H—$CH_2CCCH_3$ | 364.8±8 | H—$C(CH_3)_2CCH$ | 338.9±9.6 |
| H—$CH(CH_3)CCH$ | 347.7±9.2 | H—$C(CH_3)_2CHCH_2$ | 323.0±6.3 |
| H—环丁基 | 403.8±4 | H—环戊基 | 395.4±4 |

续表

| 键 | $D_{298}^0$/kJ·mol$^{-1}$ | 键 | $D_{298}^0$/kJ·mol$^{-1}$ |
|---|---|---|---|
| H—$CH_2C(CH_3)_3$ | 418±8 | H—$CH_2F$ | 423.8±4 |
| H—$C(CH_3)_2C_2H_5$ | 404.0±6.3 | H—$CHF_2$ | 431.8±4 |
| H—$C_6H_5$ | 464.0±8.4 | H—$CF_3$ | 446.4±4 |
| H—5-(1,3-环己二烯)基 | 305±21 | H—CHFCl | 421.7±5.4 |
| H—3-(1,4-环戊二烯)基 | 305.4±8.4 | H—$CF_2Cl$ | 425.1±4.2 |
| H—环己基 | 399.6±4 | H—$CHFCl_2$ | 413.8±5.0 |
| H—$C(CH_3)_2CCCH_3$ | 344.3±11.3 | H—$CH_2Cl$ | 421.7±4.2 |
| H—$CH_2C(CH_3)C(CH_3)_2$ | 326.4±4.6 | H—$CHCl_2$ | 411.7±5.0 |
| H—$C(CH_3)_2C(CH_3)CH_2$ | 319.2±4.6 | H—$CCl_3$ | 392.5±2.5 |
| H—$CH_2C_6H_5$ | 368.2±4 | H—$CH_2Br$ | 425.1±4.2 |
| H—7-(1,3,5-环庚三烯)基 | 305.4±8 | H—$CHBr_2$ | 417.2±7.5 |
| H—降冰片基 | 404.6±10.5 | H—$CBr_3$ | 401.7±6.7 |
| H—环庚基 | 387.0±4 | H—$CH_2I$ | 431±8 |
| H—$CH(CH_3)C_6H_5$ | 357.3±6.3 | H—$CHI_2$ | 431±8 |
| H—1-茚基 | 351±13 | H—$CHCF_2$ | 448±8 |
| H—$C(CH_3)_2C_6H_5$ | 353.1±6.3 | H—CFCHF | 448±8 |
| H—1-萘亚甲基 | 356.1±6.3 | H—$CFCF_2$ | 452±8 |
| H—$CH(C_6H_5)_2$ | 340.6 | H—$CH_2CF_3$ | 446.4±4.6 |
| H—9-(9,10-二氢蒽)基 | 315.1±6.3 | H—$CF_2CH_3$ | 416.3±10.5 |
| H—$C(CH_3)(C_6H_5)_2$ | 339±8 | H—$C_2F_5$ | 429.7±2.1 |
| H—9-蒽基甲基 | 342.3±6.3 | H—CFCFCl | 444±8 |
| H—9-菲基甲基 | 356.1±6.3 | H—$CHClCF_3$ | 425.9±6.3 |
| H—CN | 518.0±8 | H—CClCFCl | 439±8 |
| H—$CH_2CN$ | 389±10.5 | H—$CClCH_2$ | >433.5 |
| H—$CH(CH_3)CN$ | 376.1±9.6 | H—CClCHCl | 435±8 |
| H—$C(CH_3)_2CN$ | 361.9±8.4 | H—$CCl_2CHCl_2$ | 393±8 |
| H—$CH_2NH_2$ | 390.4±8.4 | H—$C_2Cl_5$ | 397±8 |
| H—$CH_2NHCH_3$ | 364±8 | H—$CClBrCF_3$ | 404.2±6.3 |
| H—$CH_2N(CH_3)_2$ | 351±8 | H—$n$-$C_3F_7$ | 435±8 |
| H—CHO | 364±4 | H—$i$-$C_3F_7$ | 433.5±2.5 |
| H—$COCH_3$ | 373.8±1.5 | H—$CHClCHCH_2$ | 370.7±5.9 |
| H—$COCHCH_2$ | 364.4±4.2 | $HC_6F_5$ | 476.6 |
| H—$COC_2H_5$ | 365.7±4 | H—$CH_2Si(CH_3)_3$ | 415.1±4 |
| H—$COC_6H_5$ | 363.6±4 | H—SiH | 351 |
| H—$COCF_3$ | 380.7±8 | H—$SiH_2$ | 268 |
| H—$CH_2CHO$ | 396.6±8.4 | H—$SiH_3$ | 377.8 |
| H—$CH_2COCH_3$ | 411.3±7.5 | H—$SiH_2CH_3$ | 374.9 |
| H—$CH(CH_3)COCH_3$ | 386.2±5.9 | H—$SiH(CH_3)_2$ | 374.0 |
| H—$CH_2OCH_3$ | 389±4 | H—$Si(CH_3)_3$ | 377.8 |
| H—$CH(CH_3)OC_2H_5$ | 383.7±1.7 | D—$Si(CH_3)_3$ | 389±7.1 |
| H—2-四氢呋喃基 | 385±4 | H—$SiH_2C_6H_5$ | 369.0 |
| H—2-呋喃甲基 | 361.9±8 | H—$SiF_3$ | 418.8 |
| H—$CH_2OH$ | 393±8 | H—$SiCl_3$ | 382.0 |
| H—$CH(CH_3)OH$ | 389±4 | H—$Si_2H_5$ | 361.1 |
| H—$CH(OH)CHCH_2$ | 341.4±7.5 | H—$Si(CH_3)_2Si(CH_3)_3$ | 356.9±8.4 |
| H—$C(CH_3)_2OH$ | 381±4 | H—$Si[Si(CH_3)_3]_3$ | 330.5±8.4 |
| H—$CH_2OCOC_6H_5$ | 419.2±5.4 | H—$GeH_3$ | 347±8 |
| H—$COOCH_3$ | 387.9±4 | H—$GeH_2I$ | 331±8 |
| H—$CH_2SH$ | 402±4 | H—$Ge(CH_3)_3$ | 339±8 |
| H—$CH_2SCH_3$ | 391.2±5.0 | H—$Sn(n$-$C_4H_9)_3$ | 308.4±8.4 |

续表

| 键 | $D_{298}^0$/kJ·$mol^{-1}$ | 键 | $D_{298}^0$/kJ·$mol^{-1}$ |
|---|---|---|---|
| $H—NH_2$ | 449.4±4.6 | $CH_3—C(CH_3)_2C_6H_5$ | 308.4±6.3 |
| $H—NHCH_3$ | 418.4±10.5 | $CHCCH_2—CH_2C_6H_5$ | 256.9±8 |
| $H—N(CH_3)_2$ | 382.8±8 | $n$-$C_3H_7—CH_2C_6H_5$ | 292.9±4 |
| $H—NHC_6H_5$ | 368.2±8 | $CH_3$—9-蒽亚甲基 | 282.8±6.3 |
| $H—N(CH_3)C_6H_5$ | 366.1±8 | $CH_3$—9-菲亚甲基 | 305.0±6.3 |
| H—NO | ≤207.1 | $CH_3—CH(C_6H_5)_2$ | 301±8 |
| $H—NO_2$ | 327.6±2.1 | $CH_3—C(CH_3)(C_6H_5)_2$ | 289±8 |
| $H—NF_2$ | 316.7±10.5 | $CH_3—CN$ | 509.6±8 |
| $H—NHNH_2$ | 366.1 | $C_2H—CN$ | 602±4 |
| $H—N_3$ | 385±21 | $C_2H_5—CH_2NH_2$ | 332.2±8 |
| H—OH | 498±4 | $CH_3—CH_2CN$ | 336.4±4 |
| $H—OCH_3$ | 436.8±4 | $C_2H_5—CH_2CN$ | 321.7±7.1 |
| $H—OC_2H_5$ | 436.0±4 | $CH_3—CH(CH_3)CN$ | 329.7±8 |
| $H—OC(CH_3)_3$ | 439.7±4 | $C_2H_5—CH_2CN$ | 321.7±7.1 |
| $H—OCH_2C(CH_3)_3$ | 428.0±6.3 | $CH_3—C(CH_3)_2CN$ | 312.5±6.7 |
| $H—OC_6H_5$ | 361.9±8 | $CH_3—C(CH_3)(CN)C_6H_5$ | 250.6 |
| $H—O_2H$ | 369.0±4.2 | $C_6H_5CH_2—CH_2NH_2$ | 284.5±8 |
| $H—O_2CH_3$ | 370.3±2.1 | $C_6H_5CH_2—C_5H_4N$ | 362.8 |
| $H—O_2$-$t$-$C_4H_9$ | 374.0±0.8 | CN—CN | 536±4 |
| $H—OCOCH_3$ | 442.7±8 | $CH_3$—2-呋喃甲基 | 314±8 |
| $H—OCOC_2H_5$ | 445.2±8 | $C_6H_5CH_2—COCH_2C_6H_5$ | 273.6±8 |
| $H—OCO$-$n$-$C_3H_7$ | 443.1±8 | $CH_3CO—COCH_3$ | 282.0±9.6 |
| H—ONO | 327.6±2.1 | $C_6H_5CH_2—COOH$ | 280 |
| $H—ONO_2$ | 423.4±2.1 | $C_6H_5CO—COC_6H_5$ | 277.8 |
| H—SH | 381.6±2.9 | $(C_6H_5)_2CH—COOH$ | 248.5±13 |
| $H—SCH_3$ | 365.3±2.5 | $CF_3—COC_6H_5$ | 308.8±8 |
| $H—SC_6H_5$ | 348.5±8 | $CF_2═CF_2$ | 319.2±13 |
| H—SO | 172.8 | $CH_2F—CH_2F$ | 368±8 |
| HC≡CH | 965±8 | $CH_3—CF_3$ | 423.4±4.6 |
| $H_2C═CH_2$ | 733±8 | $CF_3—CF_3$ | 413.0±10.5 |
| $CH_3—CH_3$ | 376.0±2.1 | $C_6F_5—C_6F_5$ | 487.9±24.7 |
| $CH_3—CH_2CCH$ | 318.0±8 | $CH_3—BF_2$ | 约 473 |
| $CH_3—CH_2CCCH_3$ | 308.4±6.3 | $C_6H_5—BCl_2$ | 约 510 |
| $CH_3—CH(CH_3)CCH$ | 305.4 | $CH_2CHCH_2—Si(CH_3)_3$ | 293 |
| $CH_3—C(CH_3)CCH_2$ | 320.1±9.2 | $s$-$C_4H_9—Si(CH_3)_3$ | 414 |
| $CH_3—CH_2CHCHCH_3$ | 305.0±3.3 | $CH_3—NHC_6H_5$ | 298.7±8 |
| $CH_3—CH_2C(CH_3)CH_2$ | 301.2±3.3 | $C_6H_5CH_2—NH_2$ | 297.5±4 |
| $CH_3—t$-$C_4H_9$ | 425.9±8 | $CH_3—N(CH_3)C_6H_5$ | 296.2±8 |
| $CH_3—CH(CH_3)CCCH_3$ | 320.9±6.3 | $C_6H_5CH_2—NHCH_3$ | 287.4±8 |
| $CH_3—C(CH_3)_2CCH$ | 295.8±6.3 | $C_6H_5CH_2—N(CH_3)_2$ | 259.8±8 |
| $n$-$C_3H_7—CH_2CCH$ | 306.3±6.3 | $CH_2═N_2$ | <175 |
| $CH_3—C(CH_3)_2CHCH_2$ | 284.9±6.3 | $CH_3—N_2CH_3$ | 219.7 |
| $n$-$C_3H_7—CH_2CHCH_2$ | 295.8 | $C_2H_5—N_2C_2H_5$ | 209.2 |
| $CH_3—C_6H_5$ | 317.1±6.3 | $i$-$C_3H_7—N_2$-$i$-$C_3H_7$ | 198.7 |
| $CH_3—C(CH_3)_2CCCH_3$ | 303.3±6.3 | $n$-$C_4H_9—N_2$-$n$-$C_4H_9$ | 209.2 |
| $CHCCH_2—s$-$C_4H_9$ | 300.0±6.3 | $i$-$C_4H_9—N_2$-$i$-$C_4H_9$ | 205.0 |
| $CH_3—CH_2C_6H_5$ | 332.2±4 | $s$-$C_4H_9—N_2$-$s$-$C_4H_9$ | 195.4 |
| $CH_3—CH(CH_3)C_6H_5$ | 312.1±6.3 | $t$-$C_4H_9—N_2$-$t$-$C_4H_9$ | 182.0 |
| $C_2H_5—CH_2C_6H_5$ | 294.1±4 | $C_6H_5CH_2—N_2CH_2C_6H_5$ | 157.3 |
| $CH_3$—1-萘亚甲基 | 305.0±6.3 | $CF_3—N_2CF_3$ | 231.0 |

续表

| 键 | $D^0_{298}$/kJ·mol$^{-1}$ | 键 | $D^0_{298}$/kJ·mol$^{-1}$ |
|---|---|---|---|
| $CH_3$—NO | 167.4±3.3 | Cl—$COC_6H_5$ | 310±13 |
| $i$-$C_3H_7$—NO | 152.7±13 | Cl—CSCl | 265.3±2.1 |
| $t$-$C_4H_9$—NO | 165.3±6.3 | Cl—$CF_3$ | 360.2±3.3 |
| $C_6H_5$—NO | 212.5±4 | Cl—CHFCl | 354.4±11.7 |
| NC—NO | 120.5±10.5 | Cl—$CF_2Cl$ | 346.0±13.4 |
| $CF_3$—NO | 179.1±8 | Cl—$CFCl_2$ | 305±8 |
| $C_6F_5$—NO | 208.4±4 | Cl—$CH_2Cl$ | 350.2±0.8 |
| $CCl_3$—NO | 134±13 | Cl—$CHCl_2$ | 338.5±4.2 |
| $t$-$C_4H_9$—$NO_t$-$C_4H_9$ | 121 | Cl—$CCl_3$ | 305.9±7.5 |
| $CH_3$—$NO_2$ | 254.4 | Cl—$C_2F_5$ | 346.0±7.1 |
| $CH_2C(CH_3)$—$NO_2$ | 245.2 | Cl—$CF_2CF_2Cl$ | 326±8 |
| $i$-$C_3H_7$—$NO_2$ | 246.9 | Cl—$SiCl_3$ | 464 |
| $t$-$C_4H_9$—$NO_2$ | 244.8 | Br—$CH_3$ | 292.9±5.0 |
| $C_6H_5$—$NO_2$ | 298.3±4 | Br—$C_6H_5$ | 336.8±8 |
| $C(NO_2)_3$—$NO_2$ | 169.5±4 | Br—CN | 367.4±5.0 |
| $CH_3$—$OC(CH_3)CH_2$ | 277.4 | Br—$CH_2COCH_3$ | 261.5 |
| $CH_3$—$OC_6H_5$ | 238±8 | Br—$COC_6H_5$ | 268.6 |
| $CH_3$—$OCH_2C_6H_5$ | 280.3 | Br—$CHF_2$ | 289±8 |
| $C_2H_5$—$OC_6H_5$ | 264±6.3 | Br—$CF_3$ | 295.4±13 |
| $CH_2CHCH_2$—$OC_6H_5$ | 208.4±8 | Br—$CF_2CH_3$ | 287.0±5.4 |
| O═CO | 532.2±0.4 | Br—$C_2F_5$ | 287.4±6.3 |
| $CH_3$—$O_2$ | 135.6±2.9 | Br—$n$-$C_3F_7$ | 278.2±10.5 |
| $C_2H_5$—$O_2$ | 147.2±6.3 | Br—$i$-$C_3F_7$ | 274.1±4.6 |
| $CH_2CHCH_2$—$O_2$ | 76.2±2.1 | Br—$CH_2C_6F_5$ | 225±6 |
| $i$-$C_3H_7$—$O_2$ | 157.9±7.5 | Br—$CHClCF_3$ | 274.9±6.3 |
| $t$-$C_4H_9$—$O_2$ | 153.6±7.9 | Br—$CCl_3$ | 231.4±4 |
| $C_6H_5CH_2$—$O_2CCH_3$ | 280±8 | Br—$CClBrCF_3$ | 251.0±6.3 |
| $C_6H_5CH_2$—$O_2CC_6H_5$ | 289 | Br—$CH_2Br$ | 296.7±1.3 |
| $CH_3$—$O_2SCH_3$ | 279.5 | Br—$CHBr_2$ | 292.0±8 |
| $CH_2CHCH_2$—$O_2SCH_3$ | 207.5 | Br—$CBr_3$ | 235.1±7.5 |
| $C_6H_5CH_2$—$O_2SCH_3$ | 221.3 | Br—$NO_2$ | 82.0±7.1 |
| $CF_3$—$O_2CF_3$ | 361.5 | Br—$NF_2$ | ≤222 |
| $CH_2Cl$—$O_2$ | 120.9 | I—$CHCH_2$ | 259.0±4.2 |
| $CHCl_2$—$O_2$ | 105.9 | I—$n$-$C_4H_9$ | 205.0±4 |
| $CCl_3$—$O_2$ | 82.4±3.8 | I—降冰片基 | 261.5±10.5 |
| $CH_3$—SH | 312.5±4.2 | I—CN | 305±4 |
| $t$-$C_4H_9$—SH | 286.2±6.3 | I—$CF_3$ | 223.8±2.9 |
| $C_6H_5$—SH | 361.9±8 | I—$CF_2CH_3$ | 218.0±4.2 |
| $CH_3$—$SCH_3$ | 307.9±3.3 | I—$CH_2CF_3$ | 235.6±4 |
| $CH_3$—$SC_6H_5$ | 290.4±8 | I—$C_2F_5$ | 218.8±2.9 |
| $C_6H_5CH_2$—$SCH_3$ | 256.9±8 | I—$n$-$C_3F_7$ | 208.4±4.2 |
| S—CS | 430.5±13 | I—$i$-$C_3F_7$ | 215.1±2.9 |
| F—$CH_3$ | 472 | I—$n$-$C_4F_9$ | 205.0±4.2 |
| F—CN | 469.9±5.0 | I—$C(CF_3)_3$ | 206 |
| F—CHFCl | 465.3±9.6 | I—$C_6H_5$ | 273.6±8 |
| F—$CF_2Cl$ | 490±25 | I—$C_6F_5$ | 约 277.0 |
| F—$CFCl_2$ | 462.3±10.0 | $C_5H_5$—$FeC_5H_5$ | 381±13 |
| F—$CF_2CH_3$ | 522.2±8 | $CH_3$—$ZnCH_3$ | 285±17 |
| F—$C_2F_5$ | 530.5±7.5 | $C_2H_5$—$ZnC_2H_5$ | 238±17 |
| Cl—CN | 421.7±5.0 | $CH_3$—$Ga(CH_3)_2$ | 264±17 |

续表

| 键 | $D^0_{298}$/kJ·mol$^{-1}$ | 键 | $D^0_{298}$/kJ·mol$^{-1}$ |
|---|---|---|---|
| $C_2H_5$—$Ga(C_2H_5)_2$ | 209±17 | I—$NO_2$ | 76.6±4 |
| $CH_3$—$Ge(CH_3)_3$ | 347±17 | HO—OH | 213±4 |
| $CH_3$—$As(CH_3)_2$ | 280±17 | HO—$OCH_2C(CH_3)_3$ | 193.7±7.9 |
| $CH_3$—$CdCH_3$ | 251±17 | $CH_3O$—$OCH_3$ | 157.3±8 |
| $CH_3$—$In(CH_3)_2$ | 205±17 | $C_2H_5O$—$OC_2H_5$ | 158.6±4 |
| $CH_3$—$Sn(CH_3)_3$ | 297±17 | $n$-$C_3H_7O$—O-$n$-$C_3H_7$ | 155.2±4 |
| $C_2H_5$—$Sn(C_2H_5)_3$ | 264±17 | $i$-$C_3H_7O$—O-$i$-$C_3H_7$ | 157.7±4 |
| $CH_3$—$Sb(CH_3)_2$ | 255±17 | $s$-$C_4H_9O$—O-$s$-$C_4H_9$ | 152.3±4 |
| $C_2H_5$—$Sb(C_2H_5)_2$ | 243±17 | $t$-$C_4H_9O$—O-$t$-$C_4H_9$ | 159.0±4 |
| $CH_3$—$HgCH_3$ | 255±17 | $C_2H_5C(CH_3)_2O$—$OC(CH_3)_2C_2H_5$ | 164.4±4 |
| $C_2H_5$—$HgC_2H_5$ | 205±17 | $(CH_3)_3CCH_2O$—$OCH_2C(CH_3)_3$ | 152.3±4 |
| $CH_3$—$Tl(CH_3)_2$ | 167±17 | $CF_3O$—$OCF_3$ | 193.3 |
| $CH_3$—$Pb(CH_3)_3$ | 238±17 | $(CF_3)_3CO$—$OC(CF_3)_3$ | 148.5±4.6 |
| $C_2H_5$—$Pb(C_2H_5)_3$ | 230±17 | $t$-$C_4H_9O$—$OSi(CH_3)_3$ | 197 |
| $CH_3$—$Bi(CH_3)_2$ | 218±17 | $SF_5O$—$OSF_5$ | 155.6 |
| CO—$Cr(CO)_5$ | 155±8 | $t$-$C_4H_9O$—$OGe(C_2H_5)_3$ | 192 |
| CO—$Fe(CO)_4$ | 172±8 | $t$-$C_4H_9O$—$OSn(C_2H_5)_3$ | 192 |
| CO—$Mo(CO)_5$ | 167±8 | $FClO_2$—O | 244.3 |
| CO—$W(CO)_5$ | 192±8 | $CF_3O$—$O_2CF_3$ | 126.8±8 |
| $BH_3$—$BH_3$ | 146 | $SF_5O$—$O_2SF_5$ | 126.8 |
| $NH_2$—$NH_2$ | 275.3 | $CH_3CO_2$—$O_2CCH_3$ | 127.2±8 |
| $NH_2$—$NHCH_3$ | 268.2±8 | $C_2H_5CO_2$—$O_2CC_2H_5$ | 127.2±8 |
| $NH_2$—$N(CH_3)_2$ | 246.9±8 | $n$-$C_3H_7CO_2$—$O_2C$-$n$-$C_3H_7$ | 127.2±8 |
| $NH_2$—$NHC_6H_5$ | 218.8±8 | O—SO | 552±8 |
| ON—$NO_2$ | 40.6±2.1 | F—$OCF_3$ | 182.0±2.1 |
| $O_2N$—$NO_2$ | 56.9 | HO—Cl | 251±13 |
| $NF_2$—$NF_2$ | 88±4 | O—ClO | 247±13 |
| O—$N_2$ | 167 | HO—Br | 234±13 |
| O—NO | 305 | HO—I | 234±13 |
| HO—NO | 206.3 | O═$PF_3$ | 544±21 |
| HO—$NO_2$ | 206.7 | O═$PCl_3$ | 510±21 |
| $HO_2$—$NO_2$ | 96±8 | O═$PBr_3$ | 498±21 |
| $CH_3O$—NO | 174.9±3.8 | HO—$Si(CH_3)_3$ | 536 |
| $C_2H_5O$—NO | 175.7±5.4 | HS—SH | 276±8 |
| $CH_3COO_2$—$NO_2$ | 118.8±3.0 | $CH_3S$—$SCH_3$ | 272.8±3.8 |
| $n$-$C_3H_7O$—NO | 167.8±7.5 | F—$SF_3$ | 420±10 |
| $i$-$C_3H_7O$—NO | 171.5±5.4 | I—SH | 206.7±8 |
| $n$-$C_4H_9O$—NO | 177.8±6.3 | I—SO | 180 |
| $i$-$C_4H_9O$—NO | 175.7±6.3 | I—$SCH_3$ | 206.3±7.1 |
| $s$-$C_4H_9O$—NO | 173.6±3.3 | I—$Si(CH_3)_3$ | 322 |
| $t$-$C_4H_9O$—NO | 171.1±3.3 | $H_3Si$—$SiH_3$ | 310 |
| HO—$NCHCH_3$ | 207.9 | $(CH_3)_3Si$—$Si(CH_3)_3$ | 336.8 |
| Cl—$NF_2$ | 约 134 | $(C_6H_5)_3Si$—$Si(C_6H_5)_3$ | 368±29 |
| I—NO | 77.8±0.4 | | |

3. 偶极矩和极化率

(1) 偶极矩

表 1-31 列出了在气相中分子的偶极矩。偶极矩的单位采用德拜（D），1D=3.335640×$10^{-30}$ C·m。偶极矩用 $\mu$ 表示。

表 1-32 列出了基团间的偶极矩。表 1-33 列出了键和基团的偶极矩。

**表 1-31　在气相中分子的偶极矩**

| 化合物 | 分子式 | μ/D | 化合物 | 分子式 | μ/D | 化合物 | 分子式 | μ/D |
|---|---|---|---|---|---|---|---|---|
| 不含碳化合物 | | | 三溴甲烷 | $CHBr_3$ | 0.99 | 丁烷 | $C_4H_{10}$ | ≤0.05 |
| 三氯化硼 | $BCl_3$ | 0 | 二氟一氯甲烷 | $CHClF_2$ | 1.42 | 3-溴丙炔 | $C_3H_3Br$ | 1.54 |
| 三氟化硼 | $BF_3$ | 0 | 二氯一氟甲烷 | $CHCl_2F$ | 1.29 | 3-氯丙炔 | $C_3H_3Cl$ | 1.68 |
| 溴化氢 | HBr | 0.82 | 三氯甲烷 | $CHCl_3$ | 1.01 | 3,3,3-三氟丙烯 | $C_3H_3F_3$ | 2.45 |
| 氯化氢 | HCl | 1.08 | 三氟甲烷 | $CHF_3$ | 1.65 | 乙酰氰 | $C_3H_3NO$ | 3.45 |
| 氯化钾 | KCl | 10.27 | 氰化氢 | CHN | 2.98 | 环丙烯 | $C_3H_4$ | 0.45 |
| 氯化锂 | LiCl | 7.13 | 硝基乙烷 | $C_2H_5NO_2$ | 3.65 | 2-氯丙烯 | $C_3H_5Cl$ | 1.66 |
| 氯化钠 | NaCl | 9.00 | 乙烷 | $C_2H_6$ | 0 | 3-氯丙烯 | $C_3H_5Cl$ | 1.94 |
| 三氯化磷 | $PCl_2$ | 0.78 | 乙醇 | $C_2H_5OH$ | 1.69 | 2-氟丙烯 | $C_3H_5F$ | 1.61 |
| 四氯化锗 | $GeCl_4$ | 0 | 甲醚 | $C_2H_6O$ | 1.30 | 环丙烷 | $C_3H_6$ | 0 |
| 四氯化硅 | $SiCl_4$ | 0 | 乙烯二醇 | $C_2H_6O_2$ | 2.28 | 丙烯 | $C_3H_6$ | 0.366 |
| 氟化氢 | HF | 1.82 | 二氯甲烷 | $CH_2Cl_2$ | 1.60 | 间二氯苯 | $C_6H_4Cl_2$ | 1.72 |
| 氟化钾 | KF | 8.60 | 重氮甲烷 | $CH_2N_2$ | 1.50 | 对二氯苯 | $C_6H_4Cl_2$ | 0 |
| 氟化锂 | LiF | 6.33 | 甲酸 | $CH_2O_2$ | 1.41 | 对硝基氟苯 | $C_6H_4FNO_2$ | 2.87 |
| 二氟化氧 | $F_2O$ | 0.297 | 溴甲烷 | $CH_3Br$ | 1.81 | 对二硝基苯 | $C_6H_4N_2O_4$ | 0 |
| 二氟化硅 | $F_2Si$ | 1.23 | 氯甲烷 | $CH_3Cl$ | 1.87 | 溴苯 | $C_6H_5Br$ | 1.70 |
| 三氟化氮 | $NF_3$ | 0.235 | 氟甲烷 | $CH_3F$ | 1.85 | 氯苯 | $C_6H_5Cl$ | 1.69 |
| 三氟化磷 | $PF_3$ | 2.03 | 碘甲烷 | $CH_3I$ | 1.62 | 氟苯 | $C_6H_5F$ | 1.60 |
| 四氟化硫 | $SF_4$ | 0.632 | 甲烷 | $CH_4$ | 0 | 碘苯 | $C_6H_5I$ | 1.70 |
| 四氟化硅 | $SiF_4$ | 0 | 甲醇 | $CH_4O$ | 1.70 | 硝基苯 | $C_6H_5NO_2$ | 4.22 |
| 碘化氢 | HI | 0.44 | 甲硫醇 | $CH_4S$ | 1.52 | 苯 | $C_6H_6$ | 0 |
| 氢化锂 | HLi | 5.88 | 甲胺 | $CH_5N$ | 1.31 | 1-溴丙烷 | $C_3H_7Br$ | 2.18 |
| 硝酸 | $HNO_3$ | 2.17 | 氰气 | $C_2N_2$ | 0 | 1-氯丙烷 | $C_3H_7Cl$ | 2.05 |
| 水 | $H_2O$ | 1.85 | 三氟乙烯 | $C_2HF_3$ | 1.40 | 1-氟丙烷 | $C_3H_7F$ | 1.90 |
| 过氧化氢 | $H_2O_2$ | 2.2 | 乙炔 | $C_2H_2$ | 0 | 丙烷 | $C_3H_8$ | 0.084 |
| 硫化氢 | $H_2S$ | 0.97 | 1,1-二氯乙烯 | $C_2H_2Cl_2$ | 1.34 | 1-丙醇 | $C_3H_8O$ | 1.68 |
| 氨 | $NH_3$ | 1.47 | 1,3-二氯丙烷 | $C_3H_6Cl_2$ | 2.08 | 1-丙醇 | $C_3H_8O$ | 1.66 |
| 磷化氢 | $PH_3$ | 0.58 | 丙酮 | $C_3H_6O$ | 2.88 | 呋喃 | $C_4H_4O$ | 0.66 |
| 硅烷 | $SiH_4$ | 0 | 丙酸 | $C_3H_6O_2$ | 1.75 | 二乙烯酮 | $C_4H_4O_2$ | 3.53 |
| 一氧化氮 | NO | 0.153 | 乙酸甲酯 | $C_3H_6O_2$ | 1.72 | 噻吩 | $C_4H_4S$ | 0.55 |
| 二氧化氮 | $NO_2$ | 0.316 | 甲酸乙酯 | $C_3H_7O_2$ | 1.93 | 吡咯 | $C_4H_5N$ | 1.84 |
| 氧化二氮 | $N_2O$ | 0.167 | 1,1,2,2-四氯乙烷 | $C_2H_2Cl_4$ | 1.32 | 酚 | $C_6H_6O$ | 1.45 |
| 一氧化硫 | SO | 1.55 | 氯乙烯 | $C_2H_3Cl$ | 1.45 | 苯胺 | $C_6H_7N$ | 1.53 |
| 二氧化硫 | $SO_2$ | 1.63 | 氟乙烯 | $C_2H_3F$ | 1.43 | 丙醚 | $C_6H_{14}O$ | 1.21 |
| 三氧化硫 | $SO_3$ | 0 | 乙烯 | $C_2H_4$ | 0 | 邻氯甲苯 | $C_7H_7Cl$ | 1.56 |
| 臭氧 | $O_3$ | 0.53 | 1,1-二氯乙烷 | $C_2H_4Cl_2$ | 2.06 | 对氯甲苯 | $C_7H_7Cl$ | 2.21 |
| 含碳化合物 | | | 1,1-二氟乙烷 | $C_2H_4F_2$ | 2.27 | 甲苯 | $C_7H_8$ | 0.36 |
| 三氟溴甲烷 | $CBrF_3$ | 0.65 | 乙醛 | $C_2H_4O$ | 2.69 | 邻二甲苯 | $C_8H_{10}$ | 0.62 |
| 二氟二溴甲烷 | $CBr_2F_3$ | 0.66 | 醋酸 | $C_2H_4O_2$ | 1.74 | 对二甲苯 | $C_8H_{10}$ | 0 |
| 三氟氯甲烷 | $CClF_3$ | 0.50 | 甲酸甲酯 | $C_2H_4O_2$ | 1.77 | 喹啉 | $C_7H_7N$ | 2.29 |
| 二氟二氯甲烷 | $CCl_2F_2$ | 0.51 | 溴乙烷 | $C_2H_5Br$ | 2.03 | 1-丁醇 | $C_4H_{10}O$ | 1.66 |
| 一氟三氯甲烷 | $CCl_3F$ | 0.45 | 氯乙烷 | $C_2H_5Cl$ | 2.05 | 乙醚 | $C_4H_{10}O$ | 1.15 |
| 四氯化碳 | $CCl_4$ | 0 | 氟乙烷 | $C_2H_5F$ | 1.94 | 硫醚 | $C_4H_{10}S$ | 1.54 |
| 二氟化碳 | $CF_2$ | 0.46 | 碘乙烷 | $C_2H_5I$ | 1.91 | 二乙基胺 | $C_4H_{11}N$ | 0.92 |
| 四氟化碳 | $CF_4$ | 0 | 亚胺乙烯 | $C_2H_5N$ | 1.90 | 环戊烯 | $C_5H_8$ | 0.20 |
| 一氧化碳 | CO | 0.112 | 乙酰胺 | $C_2H_5NO$ | 3.76 | 乙酰丙酮 | $C_5H_8O_2$ | |
| 氧硫化碳 | COS | 0.712 | 环丁烯 | $C_2H_6$ | 0.132 | 邻硝基氯苯 | $C_6H_4ClNO_2$ | 4.64 |
| 二氧化碳 | $CO_2$ | 0 | 1-丁炔 | $C_4H_6$ | 0.80 | 间硝基氯苯 | $C_6H_4ClNO_2$ | 3.73 |
| 一硫化碳 | CS | 1.98 | 1-丁烯 | $C_4H_8$ | 0.34 | 对硝基氯苯 | $C_6H_4ClNO_2$ | 2.83 |
| 二硫化碳 | $CS_2$ | 0 | 醋酸乙酯 | $C_4H_8O_2$ | 1.78 | 邻二氯苯 | $C_6H_4Cl_2$ | 2.50 |

**表 1-32 基团间的偶极矩 $\mu$/D**

| 基 | $C_6H_5$— | | $CH_3$— | | $C_2H_5$— | | 角度/(°) | 基 | $C_6H_5$— | | $CH_3$— | | $C_2H_5$— | | 角度/(°) |
|---|---|---|---|---|---|---|---|---|---|---|---|---|---|---|---|
| | 气 | 液 | 气 | 液 | 气 | 液 | | | 气 | 液 | 气 | 液 | 气 | 液 | |
| —$CH_3$ | 0.36 | 0.4 | 0 | — | 0 | — | 180 | —OH | 1.4 | 1.6 | 1.69 | 1.66 | 1.69 | 1.7 | 62 |
| —$OCH_3$ | 1.35 | 1.25 | 1.30 | — | — | — | 55 | —$CO_2H$ | — | 1.7 | 1.73 | 1.6 | 1.73 | 1.7 | 74 |
| —$SCH_3$ | — | 1.27 | — | 1.40 | — | — | 52 | —$CO_2CH_3$ | — | 1.9 | 1.67 | 1.75 | 1.76 | 1.9 | 70 |
| —$NH_2$ | 1.48 | 1.53 | 1.23 | — | 1.2 | 1.38 | — | —CHO | 3.1 | 2.8 | 2.72 | 2.5 | 2.73 | 2.5 | 58 |
| —I | 1.6 | 1.30 | 1.64 | 1.5 | 1.87 | 1.8 | 0 | —$COCH_3$ | 3.00 | 2.9 | 2.84 | 2.74 | 2.78 | — | 59 |
| —Br | 1.75 | 1.52 | 1.80 | 1.8 | 2.01 | 1.9 | 0 | —CN | 4.39 | 4.0 | 3.94 | 3.4 | 4.00 | 3.57 | 0 |
| —Cl | 1.72 | 1.55 | 1.87 | 1.7 | 2.05 | 1.8 | 0 | —$NO_2$ | 4.21 | 3.98 | 3.50 | 3.1 | 3.68 | 3.3 | 0 |
| —F | 1.57 | 1.43 | 1.81 | — | 1.92 | — | 0 | | | | | | | | |

**表 1-33 键和基团的偶极矩**

| 分子 | 键和基团 | 偶极矩/D | 方向 | 分子 | 键和基团 | 偶极矩/D | 方向 |
|---|---|---|---|---|---|---|---|
| 水,醇 | OH | 1.58 | O←H | 卤代物 | C—Cl | 2.05 | C→Cl |
| 氨 | NH | 1.66 | N←H | 直链化合物 | C—Br | 2.04 | C→Br |
| 直链化合物 | CH | 0.4 | C←H | | C—I | 1.80 | C→I |
| | $CH_3$ | 0.4 | C←$H_3$ | 酮 | C═O | 2.70 | C→O |
| $H_2S$ | SH | 0.67 | S←H | 硝基化合物 | $NO_2$ | 3.95 | N→$O_2$ |
| 醚 | CO | 1.12 | O←C | 腈 | C≡N | 3.93 | C→N |
| 胺 | CN | 0.61 | N←C | 苯的取代物 | C—Cl | 1.55 | C→Cl |
| 卤代物 | C—F | 1.83 | C→F | | C—Br | 1.52 | C→Br |

(2) 键矩

表 1-34～表 1-37 分别列出了共价单键、盐类和金属有机化合物、配价键、多重键的键矩。

**表 1-34 共价单键的键矩**

| 键 | 键矩/D | 键 | 键矩/D | 键 | 键矩/D | 键 | 键矩/D |
|---|---|---|---|---|---|---|---|
| H—Sb | −0.08 | H—O | 1.51 | C—F | 1.41 | Sb—I | 0.8 |
| H—As | −0.10 | D—O | 1.52 | C—Cl | 1.46 | Sb—Br | 1.9 |
| H—P | 0.36 | H—F | 1.94 | N—O | (0.3) | Sb—Cl | 2.6 |
| H—I | 0.38 | C—C | 0 | N—F | 0.17 | S═Cl | 0.7 |
| H—C | 0.4 | C—N | 0.22 | P—I | 0 | Cl—O | 0.7 |
| H—S | 0.68 | C—Te | 0.6 | P—Br | 0.36 | I—Br | 1.2 |
| H—Br | 0.78 | C—O | 0.74 | P—Cl | 0.81 | I—Cl | 1 |
| H—Cl | 1.08 | C—Se | 0.8 | As—I | 0.78 | Br—Cl | 0.57 |
| D—Cl | 1.09 | C—S | 0.9 | As—Br | 1.27 | Br—F | 1.3 |
| H—N | 1.31 | C—I | 1.19 | As—Cl | 1.64 | Cl—F | 0.88 |
| D—N | 1.30 | C—Br | 1.38 | As—F | 2.03 | | |

**表 1-35 盐类和金属有机化合物的键矩**

| 键 A—B | 键矩 /D | 键 A—B | 键矩 /D | 键 A—B | 键矩 /D | 键 A—B | 键矩 /D |
|---|---|---|---|---|---|---|---|
| Ge—Br | >2.1 | Pb—Br | >3.9 | Au—Br | >4 | K—F | 7.3 |
| Ge—Cl | >1.9 | Pb—Cl | >4.0 | Li—C | >1.4 | Cs—Cl | 10.5 |
| Sn—Cl | >3.0 | Hg—Br | >3.5 | K—Cl | 10.6 | Cs—F | 7.9 |
| Pb—I | >3.3 | H—Cl | >3.2 | | | | |

表 1-36　配价键的键矩

| 键 A→B | 键矩 /D | 键 A→B | 键矩 /D | 键 A→B | 键矩 /D | 键 A→B | 键矩 /D |
|---|---|---|---|---|---|---|---|
| N→O | 4.3 | As→O | 4.2 | Te→O | 2.3 | O→B | 3.6 |
| P→O | 2.7 | Sb→S | 4.5 | N→B | 3.9 | S→B | 3.8 |
| P→S | 3.1 | S→O | 2.8 | P→B | 4.4 | S→C | (5.0) |
| P→Se | 3.2 | Se→O | 3.1 | | | | |

表 1-37　多重键的键矩

| 键 | 键矩 /D | 键 | 键矩 /D | 键 | 键矩 /D | 键 | 键矩 /D |
|---|---|---|---|---|---|---|---|
| C═C | 0 | C═O | 2.3 | N═O | 2.0 | C≡N | 3.5 |
| C═N | 0.9 | C═S | 2.6 | C≡C | 0 | N≡C | 3.0 |

(3) 极化率

表 1-38 列出一些常见离子的极化率。

表 1-38　离子的极化率　　单位：$10^4$ pm

| 离　子 | 极化率 | 离　子 | 极化率 | 离　子 | 极化率 | 离　子 | 极化率 |
|---|---|---|---|---|---|---|---|
| $Li^+$ | 3.1 | $Mg^{2+}$ | 9.4 | $Hg^{2+}$ | 125 | $Cl^-$ | 366 |
| $Na^+$ | 17.9 | $Ca^{2+}$ | 47 | $Ag^+$ | 172 | $Br^-$ | 477 |
| $K^+$ | 83 | $Sr^{2+}$ | 86 | $Zn^{2+}$ | 28.5 | $I^-$ | 710 |
| $Rb^+$ | 140 | $B^{3+}$ | 0.3 | $OH^-$ | 175 | $O^{2-}$ | 388 |
| $Cs^+$ | 242 | $Al^{3+}$ | 5.2 | $F^-$ | 104 | $S^{2-}$ | 1020 |
| $Be^{2+}$ | 0.8 | | | | | | |

# 第五节　热力学常数

## 一、生成热、自由能、熵、比热容、燃烧热

1. 无机化合物的标准生成热、生成自由能、标准熵、标准摩尔热容

无机化合物的标准生成热、生成自由能、标准熵、标准摩尔热容见表 1-39。下面为表的说明。

(1) $\Delta H^0$ 表示在 298K 和 $1.01325\times10^5$Pa 压力（1atm）下由元素生成某物质的标准生成热（焓）。

(2) $\Delta G^0$ 表示在 298K 和 $1.01325\times10^5$Pa 压力（1atm）下由元素生成某物质的标准吉布斯生成自由能。

(3) $S^0$ 表示在 298K 和 $1.01325\times10^5$Pa 压力（1atm）下某物质的标准熵。

(4) $C_p^0$ 表示在 298K 和恒压下某物质的标准摩尔热容量。

表 1-39　无机化合物的标准生成热、生成自由能、标准熵、标准摩尔热容

| 物　质 | 状态 | $\Delta H^0$ /kJ·mol$^{-1}$ | $\Delta G^0$ /kJ·mol$^{-1}$ | $S^0$ /J·K$^{-1}$·mol$^{-1}$ | $C_p^0$ /J·K$^{-1}$·mol$^{-1}$ | 物　质 | 状态 | $\Delta H^0$ /kJ·mol$^{-1}$ | $\Delta G^0$ /kJ·mol$^{-1}$ | $S^0$ /J·K$^{-1}$·mol$^{-1}$ | $C_p^0$ /J·K$^{-1}$·mol$^{-1}$ |
|---|---|---|---|---|---|---|---|---|---|---|---|
| 铝 | | | | | | 铝 | | | | | |
| Al | s | 0 | 0 | 28.3 | 24.3 | $Al_4C_3$ | s | −129 | −121 | 100 | |
| $Al_2O_3$ | s(α,刚玉) | −1669 | −1576 | 51.0 | 79.0 | AlN | s | −241 | −210 | 20 | 32 |
| $AlF_3$ | s | −1301 | −1230 | 96 | | $Al_2S_3$ | s | −509 | −492 | 96 | |
| $AlCl_3$ | s | −695 | −637 | 170 | 89.1 | $Al(NO_3)_3\cdot9H_2O$ | s | −3754 | −2930 | 569 | |
| $AlBr_3$ | s | −527 | −505 | 180 | 102 | | | | | | |
| $AlI_3$ | s | −315 | −314 | 200 | 99.2 | $Al_2(SO_4)_3$ | s | −3435 | −3092 | 239 | 259 |

续表

| 物　质 | 状态 | $\Delta H^0$ /kJ·$mol^{-1}$ | $\Delta G^0$ /kJ·$mol^{-1}$ | $S^0$ /J·$K^{-1}$·$mol^{-1}$ | $C_p^0$ /J·$K^{-1}$·$mol^{-1}$ |
|---|---|---|---|---|---|
| 铝 | | | | | |
| $AlNH_4(SO_4)_2$·$12H_2O$ | s | −5939 | −4933 | 697 | 683 |
| $AlK(SO_4)_2$·$12H_2O$ | s | −6057 | −5137 | 687 | |
| 锑 | | | | | |
| Sb | s | 0 | 0 | 43.9 | 25.4 |
| $Sb_2fO_3$ | s | −705 | −623 | 123 | 101 |
| $Sb_2O_4$ | s | −895 | −787 | 127 | 115 |
| $Sb_2O_5$ | s | −981 | −839 | 125 | 118 |
| $SbF_3$ | s | −909 | | | |
| $SbCl_3$ | s | −382 | −325 | 186 | |
| $SbCl_5$ | l | −438 | | | |
| SbOCl | s | −380 | | | |
| $SbH_3$ | s | 140 | | | |
| $Sb_2S_3$ | s(黑) | −182 | −180 | 127 | |
| 氩 | | | | | |
| Ar | g | 0 | 0 | 155 | 20.8 |
| 砷 | | | | | |
| As | s(α,灰) | 0 | 0 | 35 | 25.0 |
| $As_4$ | g | 149 | 105 | 290 | |
| $As_4O_6$ | s(八面体) | −1314 | −1152 | 214 | 191 |
| $As_2O_5$ | s | −915 | −772 | 105 | 116 |
| $AsF_3$ | l | −949 | −902 | 181 | 127 |
| $AsCl_3$ | l | −336 | −295 | 234 | |
| $AsH_3$ | g | 172 | | | |
| $As_2S_3$ | s | −150 | | | |
| $H_3AsO_4$ | s | −900 | | | |
| 钡 | | | | | |
| Ba | s | 0 | 0 | 67 | 26.4 |
| BaO | s | −558 | −528 | 70.3 | 47.4 |
| $BaO_2$ | s | −630 | | | |
| $Ba(OH)_2$·$8H_2O$ | s | −3345 | | | |
| $BaF_2$ | s | −1201 | −1148 | 96.2 | 71.2 |
| $BaCl_2$ | s | −860 | −811 | 130 | 75.3 |
| $BaCl_2$·$2H_2O$ | s | −1461 | −1296 | 203 | 155 |
| $BaBr_2$ | s | −755 | | | |
| $BaBr_2$·$2H_2O$ | s | −1365 | | | |
| $BaI_2$ | s | −602 | | | |
| $BaI_2$·$2H_2O$ | s | −1218 | | | |
| $BaH_2$ | s | −171 | | | |
| $Ba_3N_2$ | s | −364 | | | |
| BaS | s | −444 | | | |
| $BaCO_3$ | s(毒重石) | −1219 | −1139 | 112 | 85.4 |
| $Ba(NO_3)_2$ | s | −992 | −795 | 214 | |
| $BaSO_4$ | s | −1465 | −1353 | 132 | 102 |
| 铍 | | | | | |
| Be | s | 0 | 0 | 9.5 | 17.8 |

| 物　质 | 状态 | $\Delta H^0$ /kJ·$mol^{-1}$ | $\Delta G^0$ /kJ·$mol^{-1}$ | $S^0$ /J·$K^{-1}$·$mol^{-1}$ | $C_p^0$ /J·$K^{-1}$·$mol^{-1}$ |
|---|---|---|---|---|---|
| 铍 | | | | | |
| BeO | s | −611 | −582 | 14.1 | 25.4 |
| $Be(OH)_2$ | s | −907 | | | |
| $BeCl_2$ | s | −512 | | | |
| $BeBr_2$ | s | −370 | | | |
| $BeI_2$ | s | −212 | | | |
| $Be_3N_2$ | s | −568 | −512 | 33.4 | |
| BeS | s | −234 | | | |
| $BeSO_4$ | s | −1197 | | | |
| 铋 | | | | | |
| Bi | s | 0 | 0 | 56.9 | 26 |
| $Bi_2O_3$ | s | −577 | −497 | 152 | 114 |
| $Bi(OH)_3$ | s | −710 | | | |
| $BiCl_3$ | s | −379 | −319 | 190 | |
| BiOCl | s | −365 | −322 | 86.2 | |
| $Bi_2S_3$ | s | −183 | −165 | 148 | |
| 硼 | | | | | |
| B | s | 0 | 0 | 6.5 | 12.0 |
| $B_2O_3$ | s | −1264 | −1184 | 54.0 | 62.3 |
| $BF_3$ | g | −1111 | −1093 | 254 | 50.5 |
| $BCl_3$ | l | −418 | −379 | 209 | |
| $BBr_3$ | l | −221 | −219 | 229 | |
| $B_2H_6$ | g | 31 | 82.8 | 233 | 56.4 |
| BN | s | −134 | −114 | 30 | 25 |
| $B_2S_3$ | s | −238 | | | |
| $H_3BO_3$ | s | −1089 | −963 | 89.6 | 82.0 |
| 溴 | | | | | |
| $Br_2$ | l | 0 | 0 | 152 | 71.6 |
| $Br_2$ | g | 30.7 | 3.1 | 245 | 36.0 |
| BrCl | g | 14.7 | −0.9 | 240 | |
| HBr | g | −36.2 | −53.2 | 198 | 29.1 |
| 镉 | | | | | |
| Cd | s(α) | 0 | 0 | 51.5 | 25.9 |
| CdO | s | −255 | −225 | 54.8 | 43.4 |
| $Cd(OH)_2$ | s | −558 | −471 | 95.4 | |
| $CdF_2$ | s | −690 | −648 | 110 | |
| $CdCl_2$ | s | −389 | −343 | 118 | |
| $CdCl_2$·$2.5H_2O$ | s | −1129 | −943 | 233 | |
| $CdBr_2$ | s | −314 | −293 | 134 | |
| $CdBr_2$·$4H_2O$ | s | −1491 | −1246 | 312 | |
| $CdI_2$ | s | −201 | −201 | 168 | |
| $Cd_3N_2$ | s | 162 | | | |
| CdS | s | −144 | −141 | 70 | |
| $CdCO_3$ | s | −748 | −670 | 105 | |
| $Cd(NO_{32}$·$4H_2O)$ | s | −165 | | | |

续表

| 物　质 | 状态 | $\Delta H^0$ /kJ·mol$^{-1}$ | $\Delta G^0$ /kJ·mol$^{-1}$ | $S^0$ /J·K$^{-1}$·mol$^{-1}$ | $C_p^0$ /J·K$^{-1}$·mol$^{-1}$ |
|---|---|---|---|---|---|
| 镉 | | | | | |
| $CdSO_4$ | s | −926 | −820 | 137 | |
| 铯 | | | | | |
| Cs | s | 0 | 0 | 82.8 | 31.0 |
| $Cs_2O$ | s | −318 | | | |
| $Cs_2O_2$ | s | −402 | | | |
| CsOH | s | −407 | | | |
| CsF | s | −531 | | | |
| CsCl | s | −433 | | | |
| CsBr | s | −394 | −383 | 120 | |
| CsI | s | −337 | −334 | 130 | |
| CsH | g | 121 | 102 | 214 | |
| 钙 | | | | | |
| Ca | s | 0 | 0 | 41.6 | 26.3 |
| CaO | s | −635 | −604 | 40 | 42.8 |
| $Ca(OH)_2$ | s | −987 | −897 | 76.2 | 84.5 |
| $CaF_2$ | s | −1214 | −1162 | 68.9 | 67.0 |
| $CaCl_2$ | s | −795 | −750 | 114 | 72.6 |
| $CaCl_2 \cdot 6H_2O$ | s | −2608 | | | |
| $CaBr_2$ | s | −675 | −656 | 130 | |
| $CaI_2$ | s | −535 | −530 | 140 | |
| $CaH_2$ | s | −189 | −150 | 40 | |
| $CaC_2$ | s | −62.8 | −67.8 | 70.3 | 62.3 |
| $Ca_3N_2$ | s | −432 | −369 | 100 | |
| CaS | s | −483 | −477 | 56.5 | |
| $CaCO_3$ | s(方解石) | −1207 | −1129 | 92.9 | 81.9 |
| $CaCO_3$ | s(霰石) | −1207 | −1128 | 88.7 | 81.2 |
| $Ca(HCO_3)_2$ | s | −1354 | | | |
| $Ca(NO_3)_2$ | s | −937 | −742 | 193 | |
| $Ca(NO_3)_2 \cdot 4H_2O$ | s | −2132 | −1701 | 340 | |
| $Ca_3(PO_4)_2$ | s(α) | −4126 | −3890 | 241 | 232 |
| $CaSO_4$ | s(无水石膏) | −1433 | −1320 | 107 | 99.6 |
| $CaSO_4 \cdot 0.5H_2O$ | s(α) | −1575 | −1435 | 130 | 120 |
| | s(β) | −1573 | −1434 | 134 | 124 |
| $CaSO_4 \cdot 2H_2O$ | s | −2021 | −1796 | 194 | 186 |
| 碳 | | | | | |
| C | s(石墨) | 0 | 0 | 5.7 | 8.6 |
| C | s(金刚石) | 1.9 | 2.9 | 2.4 | 6.1 |
| C | g | 715 | 673 | 158 | 21 |
| CO | g | −111 | −137 | 198 | 29.1 |
| $CO_2$ | g | −394 | −395 | 214 | 37.1 |
| $CF_4$ | g | −680 | −661 | 262 | |
| $CCl_4$ | g | −107 | −64.0 | 309 | 83.5 |
| $CCl_4$ | l | −139 | −68.6 | 214 | 132 |
| $CBr_4$ | g | 50.2 | 36 | 358 | |
| $COCl_2$ | g | −223 | −210 | 289 | 60.7 |
| $CS_2$ | l | 87.9 | 63.6 | 151 | 75.7 |

| 物　质 | 状态 | $\Delta H^0$ /kJ·mol$^{-1}$ | $\Delta G^0$ /kJ·mol$^{-1}$ | $S^0$ /J·K$^{-1}$·mol$^{-1}$ | $C_p^0$ /J·K$^{-1}$·mol$^{-1}$ |
|---|---|---|---|---|---|
| 碳 | | | | | |
| HCN | g | 130 | 120 | 202 | 35.9 |
| HCN | l | 105 | 121 | 113 | 70.6 |
| $(CN)_2$ | g | 308 | 296 | 242 | 56.9 |
| 铈 | | | | | |
| Ce | s | 0 | 0 | 57.7 | 25.9 |
| 氯 | | | | | |
| $Cl_2$ | g | 0 | 0 | 223 | 33.9 |
| $Cl_2O$ | g | 76.2 | 93.7 | 266 | |
| $ClO_2$ | g | 103 | 123 | 249 | |
| $Cl_2O_7$ | g | 265 | | | |
| ClF | g | −55.6 | −56.9 | 218 | |
| HCl | g | −92.3 | −95.3 | 187 | 29.1 |
| 铬 | | | | | |
| Cr | s | 0 | 0 | 23.8 | 23.4 |
| $Cr_2O_3$ | s | −1128 | −1047 | 81.2 | 119 |
| $CrO_3$ | s | −579 | | | |
| $Cr(OH)_3$ | s | −1033 | | | |
| $CrCl_2$ | s | −396 | −356 | 115 | 70.6 |
| $CrCl_3$ | s | −563 | −494 | 126 | 90.1 |
| $CrO_2Cl_2$ | l | −568 | | | |
| 钴 | | | | | |
| Co | s | 0 | 0 | 28 | 25.6 |
| CoO | s | −239 | −213 | 43.9 | |
| $Co_3O_4$ | s | −879 | | | |
| $CoF_2$ | s | −665 | | | |
| $CoCl_2$ | s | −326 | −282 | 106 | 78.7 |
| $CoCl_2 \cdot 6H_2O$ | s | −2130 | | | |
| $CoBr_2$ | s | −232 | | | |
| $CoI_2$ | s | −102 | | | |
| CoS | s | −84.5 | −82.8 | 55 | |
| $CoCO_3$ | s | −722 | −650 | | |
| $Co(NO_3)_2 \cdot 6H_2O$ | s | −2216 | | | |
| $CoSO_4$ | s | −868 | −762 | 113 | |
| $CoSO_4 \cdot 7H_2O$ | s | −2986 | | | |
| 铜 | | | | | |
| Cu | s | 0 | 0 | 33.3 | 24.5 |
| $Cu_2O$ | s | −167 | −146 | 101 | 69.9 |
| CuO | s | −155 | −127 | 43.5 | 44.4 |
| $Cu(OH)_2$ | s | −448 | | | |
| $CuF_2$ | s | −531 | | | |
| CuCl | s | −135 | −119 | 84.5 | |
| $CuCl_2$ | s | −206 | | | |
| $CuCl_2 \cdot 2H_2O$ | s | −808 | | | |
| CuBr | s | −105 | −99.6 | 91.6 | |
| $CuBr_2$ | s | −141 | | | |
| CuI | s | −67.8 | −69.5 | 96.6 | 54.0 |
| $CuI_2$ | s | −7.1 | | | |
| $Cu_2S$ | s | −79.5 | −86.2 | 121 | 76.3 |

续表

| 物质 | 状态 | $\Delta H^0$ /kJ·mol$^{-1}$ | $\Delta G^0$ /kJ·mol$^{-1}$ | $S^0$ /J·K$^{-1}$·mol$^{-1}$ | $C_p^0$ /J·K$^{-1}$·mol$^{-1}$ |
|---|---|---|---|---|---|
| 铜 | | | | | |
| $CuS$ | s | −48.5 | −49.0 | 66.5 | 47.8 |
| $CuCO_3$ | s | −595 | −518 | 88 | |
| $Cu(NO_3)_2$ | s | −307 | | | |
| $Cu(NO_3)_2\cdot 3H_2O$ | s | −1219 | | | |
| $Cu_2SO_4$ | s | −750 | | | |
| $CuSO_4$ | s | −770 | −662 | 113 | |
| $CuSO_4\cdot H_2O$ | s | −1084 | −917 | 150 | |
| $CuSO_4\cdot 5H_2O$ | s | −2278 | −1880 | 305 | 281 |
| 氘 | | | | | |
| $D_2$ | g | 0 | 0 | 145 | 29.2 |
| $D_2O$ | g | −249 | −235 | 198 | 34.3 |
| $D_2O$ | l | −295 | −244 | 76.0 | 82.4 |
| HDO | g | −246 | −234 | 199 | 33.7 |
| HDO | l | −290 | −242 | 79.3 | 78.9 |
| HD | g | 0.2 | −1.6 | 144 | 29.2 |
| 氟 | | | | | |
| $F_2$ | g | 0 | 0 | 203 | 31.5 |
| $F_2O$ | g | 23 | 41 | 247 | |
| HF | g | −269 | −271 | 174 | 29.1 |
| 镓 | | | | | |
| Ga | s | 0 | 0 | 42.7 | 26.6 |
| $Ga_2O$ | s | −340 | | | |
| $Ga_2O_3$ | s | −1079 | | | |
| $Ga(OH)_3$ | s | | −833 | | |
| $GaCl_3$ | s | −525 | | | |
| $GaBr_3$ | s | −387 | | | |
| $GaI_3$ | s | −214 | | | |
| GaN | s | −100 | | | |
| 锗 | | | | | |
| Ge | s | 0 | 0 | 42.4 | 26.1 |
| $GeCl_4$ | l | −544 | | | |
| $GeH_4$ | g | | | 214 | 45.0 |
| 金 | | | | | |
| Au | s | 0 | 0 | 47.7 | 25.2 |
| $Au_2O_3$ | s | 80.8 | 163 | 130 | |
| AuCl | s | −35 | | | |
| $AuCl_3$ | s | −118 | | | |
| 铪 | | | | | |
| Hf | s | 0 | 0 | 54.8 | 25.7 |
| $HfO_2$ | s | −1094 | | | |
| 氦 | | | | | |
| He | g | 0 | 0 | 126 | 20.8 |
| 氢 | | | | | |
| $H_2$ | g | 0 | 0 | 131 | 28.8 |
| H | g | 218 | 203 | 115 | 20.8 |
| $H_2O$ | g | −242 | −229 | 189 | 33.6 |
| $H_2O$ | l | −286 | −237 | 69.9 | 75.3 |
| 氢 | | | | | |
| $H_2O_2$ | g | −133 | | | |
| $H_2O_2$ | l | −188 | −118 | 102 | |
| 铟 | | | | | |
| In | s | 0 | 0 | 52.3 | 27.4 |
| $In_2O_3$ | s | −931 | | | |
| $In(OH)_3$ | s | −895 | −762 | 100 | |
| InCl | s | −186 | | | |
| $InCl_3$ | s | −537 | | | |
| $InBr_3$ | s | −404 | | | |
| $InI_3$ | s | −230 | | | |
| InN | s | −20 | | | |
| 碘 | | | | | |
| $I_2$ | s | 0 | 0 | 117 | 55.0 |
| $I_2$ | g | 62.2 | 19.4 | 261 | 36.9 |
| $I_2O_5$ | g | −177 | | | |
| ICl | g | 17.6 | −5.5 | 247 | 35.4 |
| $ICl_3$ | s | −88.3 | −22.4 | 172 | |
| IBr | g | 40.8 | 3.8 | 259 | |
| HI | g | 25.9 | 1.3 | 206 | 29.2 |
| $HIO_3$ | s | −23.9 | | | |
| 铱 | | | | | |
| Ir | s | 0 | 0 | 36 | 25 |
| $IrO_2$ | s | −168 | | | |
| $IrCl_2$ | s | −179 | | | |
| $IrCl_3$ | s | −257 | | | |
| 铁 | | | | | |
| Fe | s | 0 | 0 | 27.2 | 25.2 |
| $Fe_{0.95}O$ | s(方铁矿) | −266 | −244 | 54.0 | |
| $Fe_2O_3$ | s(赤铁矿) | −822 | −741 | 90.0 | 105 |
| $Fe_3O_4$ | s(磁铁矿) | −1117 | −1015 | 146 | |
| $Fe(OH)_2$ | s | −568 | −484 | 80 | |
| $Fe(OH)_3$ | s | −824 | | | |
| $FeCl_2$ | s | −341 | −302 | 120 | 76.4 |
| $FeCl_3$ | s | −405 | | | |
| $FeCl_3\cdot 6H_2O$ | s | −2226 | | | |
| $FeBr_2$ | s | −251 | | | |
| $FeI_2$ | s | −125 | | | |
| $Fe_3C$ | s(渗碳体) | 21 | 15 | 108 | 106 |
| FeS | s(α) | −95.1 | −97.6 | 67.4 | 54.8 |
| $FeS_2$ | s(黄铁矿) | −178 | −167 | 53.1 | 61.9 |
| $FeCO_3$ | s(菱铁矿) | −748 | −674 | 92.9 | 82.1 |
| $Fe(CO)_5$ | l | −786 | | | |
| $Fe(NO_3)_3\cdot 9H_2O$ | s | −3282 | | | |
| $FeSO_4$ | s | −923 | −815 | 108 | |
| $FeSO_4\cdot 7H_2O$ | s | −3007 | | | |
| 氪 | | | | | |
| Kr | g | 0 | 0 | 164 | 20.8 |

续表

| 物质 | 状态 | $\Delta H^0$ /kJ·mol$^{-1}$ | $\Delta G^0$ /kJ·mol$^{-1}$ | $S^0$ /J·K$^{-1}$·mol$^{-1}$ | $C_p^0$ /J·K$^{-1}$·mol$^{-1}$ |
|---|---|---|---|---|---|
| 镧 | | | | | |
| $La$ | s | 0 | 0 | 57.3 | 28 |
| $La_2O_3$ | s | −1916 | | | |
| $LaCl_3$ | s(α) | −1103 | | | |
| 铅 | | | | | |
| $Pb$ | s | 0 | 0 | 64.9 | 26.8 |
| $PbO$ | s(红) | −219 | −189 | 67.8 | |
| $PbO$ | s(黄) | −218 | −188 | 69.4 | 49.0 |
| $PbO_2$ | s | −277 | −219 | 76.6 | 64.4 |
| $Pb_3O_4$ | s | −735 | −618 | 211 | 147 |
| $Pb(OH)_2$ | s | −515 | −421 | 88 | |
| $PbF_2$ | s | −663 | −620 | 120 | |
| $PbCl_2$ | s | −359 | −314 | 136 | 77.0 |
| $PbBr_2$ | s | −277 | −260 | 162 | |
| $PbI_2$ | s | −175 | −174 | 177 | |
| $PbS$ | s | −94.3 | −92.7 | 91.2 | 49.5 |
| $PbCO_3$ | s | −700 | −626 | 131 | |
| $Pb(CH_3COO)_2 \cdot 3H_2O$ | s | −1854 | | | |
| $Pb(C_2H_5)_4$ | l | 220 | | | |
| $Pb(NO_3)_2$ | s | −449 | | | |
| $PbSO_4$ | s | −918 | −811 | 147 | 104 |
| 锂 | | | | | |
| $Li$ | s | 0 | 0 | 28.0 | 23.6 |
| $Li_2O$ | s | −596 | −560 | 39.2 | |
| $Li_2O_2$ | s | −635 | | | |
| $LiOH$ | s | −487 | −444 | 50 | |
| $LiF$ | s | −612 | −584 | 35.9 | |
| $LiCl$ | s | −409 | | | |
| $LiBr$ | s | −350 | | | |
| $LiI$ | s | −271 | | | |
| $LiH$ | g | 128 | 105 | 171 | |
| $Li_3N$ | s | −198 | | | |
| $Li_2CO_3$ | s | −1216 | −1133 | 90.4 | |
| $LiNO_3$ | s | −482 | | | |
| $Li_2SO_4$ | s | −1434 | | | |
| $LiAlH_4$ | s | −101 | | | |
| 镁 | | | | | |
| $Mg$ | s | 0 | 0 | 32.5 | 23.9 |
| $MgO$ | s | −602 | −570 | 27 | 37.4 |
| $Mg(OH)_2$ | s | −925 | −834 | 63.1 | |
| $MgF_2$ | s | −1102 | −1049 | 57.2 | 61.6 |
| $MgCl_2$ | s | −642 | −592 | 89.5 | |
| $MgCl_2 \cdot 6H_2O$ | s | −2500 | −2116 | 366 | 316 |
| $MgBr_2$ | s | −518 | | | |
| $MgI_2$ | s | −360 | | | |
| $Mg_3N_2$ | s | −461 | | | |
| $MgS$ | s | −347 | | | |
| $MgCO_3$ | s | −1113 | −1030 | 65.7 | 75.5 |
| 镁 | | | | | |
| $Mg(NO_3)_2$ | s | −790 | −588 | 164 | |
| $Mg(NO_3)_2 \cdot 6H_2O$ | s | −2612 | | | |
| $Mg_3(PO_4)_2$ | s | −4023 | | | |
| $MgNH_4PO_4 \cdot 6H_2O$ | s | −3686 | | | |
| $MgSO_4$ | s | −1273 | −1174 | 91.6 | |
| $MgSO_4 \cdot 7H_2O$ | s | −3384 | | | |
| 锰 | | | | | |
| $Mn$ | s(α) | 0 | 0 | 31.8 | 26.3 |
| $MnO$ | s | −385 | −363 | 60.2 | 43.0 |
| $MnO_2$ | s | −521 | −466 | 53.1 | 54.0 |
| $Mn_2O_3$ | s | −971 | | | |
| $Mn_3O_4$ | s | −1387 | −1280 | 148 | |
| $MnF_2$ | s | −791 | −749 | 92.9 | |
| $MnCl_2$ | s | −482 | −441 | 117 | 72.9 |
| $MnBr_2$ | s | −380 | | | |
| $MnI_2$ | s | −248 | | | |
| $MnS$ | s(绿) | −204 | −209 | 78.2 | |
| $MnS$ | s(红) | −199 | | | |
| $MnCO_3$ | s | −895 | −818 | 85.8 | |
| $Mn(NO_3)_2$ | s | −696 | | | |
| $Mn(NO_3)_2 \cdot 6H_2O$ | s | −2370 | | | |
| $MnSO_4$ | s | −1064 | −956 | 112 | |
| $MnSO_4 \cdot 4H_2O$ | s | −2256 | | | |
| 汞 | | | | | |
| $Hg$ | l | 0 | 0 | 77.4 | 27.8 |
| $Hg$ | g | 60.8 | 31.8 | 175 | 20.8 |
| $HgO$ | s(红) | −90.7 | −58.5 | 72.0 | 45.7 |
| $HgO$ | s(黄) | −90.2 | −58.4 | 73.2 | |
| $Hg_2O$ | s | −91.2 | −53.6 | | |
| $Hg_2Cl_2$ | s | −265 | −211 | 196 | 102 |
| $HgCl_2$ | s | −230 | −177 | 121 | 76.6 |
| $Hg_2Br_2$ | s | −207 | −179 | 213 | |
| $HgBr_2$ | s | −170 | −162 | 206 | |
| $Hg_2I_2$ | s(黄) | −121 | −113 | 239 | 106 |
| $HgI_2$ | s(红) | −105 | | | |
| $HgI_2$ | s(黄) | −103 | | | |
| $HgS$ | s(红) | −58.2 | −48.8 | 77.8 | |
| $HgS$ | s(黑) | −54.0 | −46.2 | 83.3 | |
| $Hg_2(NO_3)_2 \cdot 2H_2O$ | s | −866 | | | |
| $Hg(NO_3)_2 \cdot 0.5H_2O$ | s | −389 | | | |
| $Hg_2SO_4$ | s | −742 | −624 | 201 | |
| $HgSO_4$ | s | −704 | | | |
| 钼 | | | | | |
| $Mo$ | s | 0 | 0 | 28.6 | 23.5 |
| $MoO_3$ | s | −754 | −678 | 78.2 | 73.6 |

续表

| 物质 | 状态 | $\Delta H^0$ /kJ·mol$^{-1}$ | $\Delta G^0$ /kJ·mol$^{-1}$ | $S^0$ /J·K$^{-1}$·mol$^{-1}$ | $C_p^0$ /J·K$^{-1}$·mol$^{-1}$ |
|---|---|---|---|---|---|
| 钼 | | | | | |
| $MoS_2$ | s | -232 | -225 | 63.2 | |
| 氖 | | | | | |
| Ne | g | 0 | 0 | 146 | 20.8 |
| 镍 | | | | | |
| Ni | s | 0 | 0 | 30.1 | 26.0 |
| NiO | s | -244 | -216 | 38.6 | 44.4 |
| $Ni(OH)_2$ | s | -538 | -453 | 80 | |
| $NiF_2$ | s | -667 | | | |
| $NiCl_2$ | s | -316 | -272 | 107 | |
| $NiCl_2 \cdot 6H_2O$ | s | -2116 | -1718 | 315 | |
| $NiBr_2$ | s | -227 | | | |
| $NiI_2$ | s | -85.8 | | | |
| NiS | s | -73.2 | | | |
| $NiCO_3$ | s | | -614 | | |
| $Ni(CO)_4$ | g | -605 | -587 | 402 | |
| $Ni(NO_3)_2$ | s | -428 | | | |
| $Ni(NO_3)_2 \cdot 6H_2O$ | s | -2224 | | | |
| $NiSO_4$ | s | -891 | -774 | 77.8 | |
| $NiSO_4 \cdot 6H_2O$ | s(蓝) | -2688 | -2222 | 306 | 340 |
| 铌 | | | | | |
| Nb | s | 0 | 0 | 35 | 25 |
| $Nb_2O_5$ | s | -1938 | | | |
| 氮 | | | | | |
| $N_2$ | g | 0 | 0 | 192 | 29.1 |
| $N_2O$ | g | 81.6 | 104 | 220 | 38.7 |
| NO | g | 90.4 | 86.7 | 211 | 29.8 |
| $N_2O_3$ | g | 92.9 | | | |
| $NO_2$ | g | 33.9 | 51.8 | 240 | 37.9 |
| $N_2O_4$ | g | 9.7 | 98.3 | 304 | 79.1 |
| $N_2O_5$ | g | 15 | | | |
| $N_2O_5$ | s | -41.8 | | | |
| $NF_3$ | g | -114 | | | |
| $NH_3$ | g | -46.2 | -16.6 | 193 | 35.7 |
| $HN_3$ | g | 294 | 328 | 237 | |
| NOCl | g | 52.6 | 66.4 | 264 | |
| $NH_4F$ | s | -467 | | | |
| $NH_4Cl$ | s | -315 | -204 | 94.6 | 84.1 |
| $NH_4Br$ | s | -270 | | | |
| $NH_4I$ | s | -202 | | | |
| $NH_4HS$ | s | -159 | | | |
| $NH_4HCO_3$ | s | -852 | | | |
| $NH_4CNO$ | s | -312 | | | |
| $NH_4SCN$ | s | -83.7 | | | |
| $NH_4NO_2$ | s | -264 | | | |
| $NH_4NO_3$ | s | -365 | | | 182 |
| $(NH_4)_3PO_4$ | s | -1681 | | | |
| $(NH_4)_2HPO_4$ | s | -1573 | | | |
| 氮 | | | | | |
| $NH_4H_2PO_4$ | s | -1451 | -1215 | 152 | |
| $(NH_4)_2SO_4$ | s | -1179 | -900 | 220 | 187 |
| $NH_4HSO_4$ | s | -1024 | | | 143 |
| $(NH_4)_2S_2O_8$ | s | -1659 | | | |
| $NH_4VO_3$ | s | -1051 | -886 | 141 | |
| $N_2H_4$ | l | 50.4 | | | |
| $N_2H_5Cl$ | s | -196 | | | |
| $NH_2OH$ | s | -107 | | | |
| $NH_3OHCl$ | s | -310 | | | |
| $HNO_3$ | l | -173 | -79.9 | 156 | 110 |
| 锇 | | | | | |
| Os | s | 0 | 0 | 33 | 25 |
| $OsO_4$ | s(白) | -384 | -295 | 145 | |
| $OsO_4$ | s(黄) | -391 | -296 | 124 | |
| 氧 | | | | | |
| $O_2$ | g | 0 | 0 | 205 | 29.4 |
| $O_3$ | g | 142 | 163 | 238 | 38.2 |
| 钯 | | | | | |
| Pd | s | 0 | 0 | 37 | 26 |
| PdO | s | -85.4 | | | |
| $PdCl_2$ | s | -190 | | | |
| 磷 | | | | | |
| P | s(白) | 0 | 0 | 44.4 | 23.2 |
| P | s(红) | -18 | | | 21 |
| P | s(黑) | -43.1 | | | |
| $P_4$ | g | 54.9 | 24.4 | 280 | |
| $P_4O_6$ | s | -1640 | | | |
| $P_4O_{10}$ | s | -3012 | | | |
| $PCl_3$ | g | -306 | -286 | 312 | |
| $PCl_3$ | l | -339 | | | |
| $PCl_5$ | g | -399 | -325 | 353 | |
| $PCl_5$ | s | -463 | | | |
| $PBr_3$ | g | -150 | -172 | 348 | |
| $PBr_3$ | l | -199 | | | |
| $PBr_5$ | s | -280 | | | |
| $PI_3$ | s | -45.6 | | | |
| $POCl_3$ | g | -592 | -545 | 325 | |
| $POCl_3$ | l | -632 | | | |
| $PH_3$ | g | 9.2 | 18.2 | 210 | |
| $H_3PO_3$ | s | -972 | | | |
| $H_3PO_4$ | s | -1281 | | | |
| $HPO_3$ | s | -955 | | | |
| 铂 | | | | | |
| Pt | s | 0 | 0 | 41.8 | 26.6 |
| $PtCl_2$ | s | -148 | | | |
| $PtCl_4$ | s | -263 | | | |
| 钾 | | | | | |
| K | s | 0 | 0 | 63.6 | 29.2 |

续表

| 物质 | 状态 | $\Delta H^0$ /kJ·mol$^{-1}$ | $\Delta G^0$ /kJ·mol$^{-1}$ | $S^0$ /J·K$^{-1}$·mol$^{-1}$ | $C_p^0$ /J·K$^{-1}$·mol$^{-1}$ |
|---|---|---|---|---|---|
| 钾 | | | | | |
| $K_2O$ | s | −362 | | | |
| $K_2O_2$ | s | −494 | | | |
| $K_2O_4$ | s | −561 | | | |
| KOH | s | −426 | | | |
| KF | s | −563 | −533 | 66.6 | 49.1 |
| $KHF_2$ | s | −920 | −852 | 104 | 76.9 |
| KCl | s | −436 | −408 | 82.7 | 51.5 |
| KBr | s | −392 | −379 | 96.4 | 53.6 |
| KI | s | −328 | −322 | 104 | 55.1 |
| KH | g | 126 | 105 | 198 | |
| $K_2S$ | s | −418 | | | |
| $K_2CO_3$ | s | −1146 | | | |
| $KHCO_3$ | s | −959 | | | |
| KCN | s | −112 | | | |
| KCNO | s | −412 | | | |
| KSCN | s | −203 | | | |
| $KNO_2$ | s | −370 | | | |
| $KNO_3$ | s | −493 | −393 | 133 | 96.3 |
| $KNH_2$ | s | −118 | | | |
| $KH_2PO_4$ | s | −1569 | | | |
| $K_2SO_3$ | s | −1117 | | | |
| $K_2SO_4$ | s | −1434 | −1316 | 176 | 130 |
| $KHSO_4$ | s | −1158 | | | |
| $K_2S_2O_8$ | s | −1917 | | | |
| $KClO_3$ | s | −391 | −290 | 143 | 100 |
| $KClO_4$ | s | −434 | −304 | 151 | 110 |
| $KBrO_3$ | s | −332 | −244 | 149 | 105 |
| $KIO_3$ | s | −508 | −426 | 152 | 106 |
| $K_2CrO_4$ | s | −1383 | | | |
| $K_2Cr_2O_7$ | s | −2033 | | | |
| $KMnO_4$ | s | −813 | −714 | 172 | 119 |
| $K_3Fe(CN)_6$ | s | −173 | | | |
| $K_4Fe(CN)_6$ | s | −523 | | | |
| 镭 | | | | | |
| Ra | s | 0 | 0 | 71 | 28 |
| RaO | s | −523 | | | |
| 氡 | | | | | |
| Rn | g | 0 | 0 | 176 | 20.8 |
| 铼 | | | | | |
| Re | s | 0 | 0 | 42 | 26 |
| $Re_2O_7$ | s | −1245 | | | |
| 铑 | | | | | |
| Rh | s | 0 | 0 | 32 | 26 |
| RhO | s | −90.8 | | | |
| $Rh_2O_3$ | s | −286 | | | |
| $RhCl_2$ | s | −150 | | | |
| $RhCl_3$ | s | −230 | | | |

| 物质 | 状态 | $\Delta H^0$ /kJ·mol$^{-1}$ | $\Delta G^0$ /kJ·mol$^{-1}$ | $S^0$ /J·K$^{-1}$·mol$^{-1}$ | $C_p^0$ /J·K$^{-1}$·mol$^{-1}$ |
|---|---|---|---|---|---|
| 铷 | | | | | |
| Rb | s | 0 | 0 | 69.4 | 30.4 |
| $Rb_2O$ | s | −330 | | | |
| $Rb_2O_2$ | s | −426 | | | |
| RbOH | s | −414 | | | |
| RbF | s | −549 | | | |
| RbCl | s | −431 | −412 | 119 | 51.5 |
| RbBr | s | −389 | −378 | 108 | |
| RbI | s | −328 | −326 | 118 | |
| RbH | g | 140 | | | |
| 钌 | | | | | |
| Ru | s | 0 | 0 | 29 | 23 |
| $RuO_2$ | s | −220 | | | |
| $RuCl_3$ | s | −260 | | | |
| 钪 | | | | | |
| Sc | s | 0 | 0 | 38 | 25 |
| $ScCl_3$ | s | −924 | | | |
| 硒 | | | | | |
| Se | s(灰) | 0 | 0 | 41.8 | 24.9 |
| $SeO_2$ | s | −230 | | | |
| $H_2Se$ | g | 85.8 | 71.1 | 221 | |
| $SeF_6$ | g | −1030 | | | |
| 硅 | | | | | |
| Si | s | 0 | 0 | 18.7 | 19.9 |
| $SiO_2$ | s(石英) | −859 | −805 | 41.8 | 44.4 |
| $SiO_2$ | s(方英石) | −858 | −804 | 42.6 | 44.2 |
| $SiO_2$ | s(鳞石英) | −857 | −803 | 43.3 | 44.4 |
| $SiF_4$ | g | −1550 | −1510 | 284 | 76.2 |
| $SiCl_4$ | g | −610 | −570 | 331 | 90.8 |
| $SiCl_4$ | l | −640 | −573 | 239 | 145 |
| $SiBr_4$ | l | −398 | | | |
| $SiI_4$ | s | −132 | | | |
| $SiH_4$ | g | −61.9 | −39 | 204 | 42.8 |
| SiC | s | −112 | −26.1 | 16.5 | 26.6 |
| 银 | | | | | |
| Ag | s | 0 | 0 | 42.7 | 25.5 |
| $Ag_2O$ | s | −30.6 | −10.8 | 122 | 65.6 |
| AgF | s | −203 | −185 | 80 | |
| AgCl | s | −127 | −110 | 96.1 | 50.8 |
| AgBr | s | −99.5 | −93.7 | 107 | 52.4 |
| AgI | s | −62.4 | −66.3 | 114 | 54.4 |
| $Ag_2S$ | s(α) | −31.8 | −40.2 | 146 | |
| $Ag_2CO_3$ | s | −506 | −437 | 167 | |
| AgCN | s | 146 | 164 | 83.7 | |
| AgSCN | s | 87.9 | | | |
| $AgNO_2$ | s | −44.4 | 19.8 | 128 | |
| $AgNO_3$ | s | −123 | −32.2 | 141 | 93.0 |
| $Ag_2SO_4$ | s | −713 | −616 | 200 | 131 |
| $Ag_2CrO_4$ | s | −712 | −622 | 217 | |

续表

| 物质 | 状态 | $\Delta H^0$ /kJ·mol$^{-1}$ | $\Delta G^0$ /kJ·mol$^{-1}$ | $S^0$ /J·K$^{-1}$·mol$^{-1}$ | $C_p^0$ /J·K$^{-1}$·mol$^{-1}$ |
|---|---|---|---|---|---|
| 钠 | | | | | |
| Na | s | 0 | 0 | 51.0 | 28.4 |
| $Na_2O$ | s | -416 | -377 | 72.8 | 68.2 |
| $Na_2O_2$ | s | -505 | | | |
| NaOH | s | -427 | | | 80.3 |
| NaF | s | -569 | -541 | 58.6 | 46.0 |
| $NaHF_2$ | s | -906 | | | |
| NaCl | s | -411 | -384 | 72.4 | 49.7 |
| NaBr | s | -360 | | | 52.3 |
| NaI | s | -288 | | | 54.4 |
| NaH | g | 125 | 104 | 188 | |
| NaH | s | -57.3 | | | |
| $Na_2S$ | s | -373 | | | |
| $Na_2B_4O_7$ | s | -3254 | | | |
| $Na_2B_4O_7\cdot 10H_2O$ | s | -6264 | | | |
| $Na_2CO_3$ | s | -1131 | -1048 | 136 | 110 |
| $Na_2CO_3\cdot H_2O$ | s | -1430 | | | |
| $Na_2CO_3\cdot 10H_2O$ | s | -4082 | | | |
| $NaHCO_3$ | s | -948 | -852 | 102 | 87.6 |
| NaCN | s | -89.8 | | | |
| NaCNO | s | -400 | | | |
| NaSCN | s | -175 | | | |
| $Na_2SiO_3$ | s | -1520 | -1430 | 114 | 112 |
| $NaNO_2$ | s | -359 | | | |
| $NaNO_3$ | s | -467 | -366 | 116 | 93.0 |
| $NaNH_2$ | s | -119 | | | |
| $Na_3PO_4$ | s | -1920 | | | |
| $Na_3PO_4\cdot 12H_2O$ | s | -5477 | | | |
| $Na_2HPO_4$ | s | -1747 | | | |
| $Na_2HPO_4\cdot 12H_2O$ | s | -5299 | | | 558 |
| $NaNH_4HPO_4\cdot 4H_2O$ | s | -2856 | | | |
| $Na_2SO_3$ | s | -1090 | -1002 | 146 | |
| $Na_2SO_3\cdot 7H_2O$ | s | -3153 | | | |
| $Na_2SO_4$ | s | -1385 | -1267 | 150 | 128 |
| $Na_2SO_4\cdot 10H_2O$ | s | -4324 | -3644 | 593 | 587 |
| $NaHSO_4$ | s | -1126 | | | |
| $Na_2S_2O_3$ | s | -1117 | | | |
| $NaClO_3$ | s | -359 | | | |
| $NaClO_4$ | s | -386 | | | 101 |
| $Na_2CrO_4$ | s | -1329 | | | |
| $NaBH_4$ | s | -183 | -120 | 105 | 86.6 |
| 锶 | | | | | |
| Sr | s | 0 | 0 | 54.4 | 25 |
| SrO | s | -590 | -560 | 54.4 | |
| $SrO_2$ | s | -643 | | | |
| $Sr(OH)_2\cdot 8H_2O$ | s | -3352 | | | |
| $SrF_2$ | s | -1214 | | | |
| $SrCl_2$ | s | -828 | -781 | 120 | |
| $SrCl_2\cdot 6H_2O$ | s | -2624 | | | |
| $SrBr_2$ | s | -716 | | | |
| $SrI_2$ | s | -567 | | | |
| $SrH_2$ | s | -177 | | | |
| $Sr_3N_2$ | s | -391 | | | |
| SrS | s | -452 | | | |
| $SrCO_3$ | s | -1219 | -1138 | 97.1 | |
| $Sr(NO_3)_2\cdot 4H_2O$ | s | -2153 | | | |
| $SrSO_4$ | s | -1444 | -1335 | 122 | |
| 硫 | | | | | |
| S | s(菱形,α) | 0 | 0 | 31.9 | 22.6 |
| S | s(单斜,β) | 0.3 | 0.1 | 32.6 | 23.6 |
| S | g | 223 | 182 | 168 | 23.7 |
| $S_8$ | g | 102 | 49.8 | 430 | |
| $SO_2$ | g | -297 | -300 | 248 | 39.8 |
| $SO_3$ | g | -395 | -370 | 256 | 50.6 |
| $S_2Cl_2$ | l | -60.2 | | | 130 |
| $SOCl_2$ | l | -206 | | | |
| $SO_2Cl_2$ | l | -389 | | | 132 |
| $SF_6$ | g | -1100 | -992 | 291 | |
| $H_2S$ | g | -20.2 | -33.0 | 206 | 34.0 |
| $H_2SO_4$ | l | -811 | | 138 | |
| 钽 | | | | | |
| Ta | s | 0 | 0 | 41 | 25.3 |
| $Ta_2O_5$ | s | -2092 | -1969 | 143 | 135 |
| 锝 | | | | | |
| Tc | s | 0 | 0 | 40 | 24 |
| 碲 | | | | | |
| Te | s | 0 | 0 | 49.7 | 25.7 |
| $TeO_2$ | s | -325 | -270 | 71.1 | 66.5 |
| $TeCl_4$ | s | -323 | | | |
| $TeF_6$ | g | -1320 | -1220 | 338 | |
| $H_2Te$ | g | 154 | 138 | 230 | |
| 铊 | | | | | |
| Tl | s | 0 | 0 | 64.4 | 26.6 |
| $Tl_2O$ | s | -175 | -136 | 99.6 | |
| TlOH | s | -238 | -190 | 72.4 | |
| $Tl(OH)_3$ | s | -513 | | | |
| TlCl | s | -205 | -185 | 108 | |
| $TlCl_3$ | s | -251 | | | |
| TlBr | s | -172 | -166 | 111 | |
| $TlBr_3$ | s | -247 | | | |
| 钍 | | | | | |
| Th | s | 0 | 0 | 56.9 | 32 |
| $ThO_2$ | s | -1220 | | | 85.3 |
| 锡 | | | | | |
| Sn | s(白) | 0 | 0 | 51.5 | 26.4 |

续表

| 物质 | 状态 | $\Delta H^0$ /kJ·mol$^{-1}$ | $\Delta G^0$ /kJ·mol$^{-1}$ | $S^0$ /J·K$^{-1}$·mol$^{-1}$ | $C_p^0$ /J·K$^{-1}$·mol$^{-1}$ |
|---|---|---|---|---|---|
| 锡 | | | | | |
| Sn | s(灰) | 2.5 | 4.6 | 44.8 | 25.8 |
| SnO | s | −286 | −257 | 56.5 | 44.4 |
| $SnO_2$ | s | −581 | −520 | 52.3 | 52.6 |
| $Sn(OH)_2$ | s | −579 | −492 | 96.6 | |
| $SnCl_2$ | s | −350 | | | |
| $SnCl_2 \cdot 2H_2O$ | s | −945 | | | |
| $SnCl_4$ | l | −545 | −474 | 259 | 165 |
| $SnBr_2$ | s | −266 | | | |
| $SnI_2$ | s | −144 | | | |
| SnS | s | −77.8 | −82.4 | 98.7 | |
| $SnS_2$ | s | −167 | −159 | 87.4 | 70.3 |
| $Sn(SO_4)_2$ | s | −1646 | | | |
| 钛 | | | | | |
| Ti | s | 0 | 0 | 30.3 | 25.2 |
| $TiO_2$ | s(金红石) | −912 | −853 | 50.2 | 55.1 |
| $TiCl_4$ | l | −750 | −674 | 253 | 157 |
| 钨 | | | | | |
| W | s | 0 | 0 | 33 | 25.0 |
| $WO_3$ | s(黄) | −840 | −764 | 83.3 | 81.5 |
| 铀 | | | | | |
| U | s | 0 | 0 | 50.3 | 27.5 |
| $UO_2$ | s | −1130 | −1080 | 77.8 | |
| $UO_3$ | s | −1260 | −1180 | 98.6 | |
| $U_3O_8$ | s | −3760 | | | |
| $UF_4$ | s | −1850 | −1760 | 151 | 118 |
| $UF_6$ | g | −2110 | −2030 | 380 | |
| 钒 | | | | | |
| V | s | 0 | 0 | 29.5 | 24.5 |
| $V_2O_3$ | s | −1210 | −1130 | 98.7 | |
| $VO_2$ | s | −720 | −665 | 51.6 | 59.4 |

| 物质 | 状态 | $\Delta H^0$ /kJ·mol$^{-1}$ | $\Delta G^0$ /kJ·mol$^{-1}$ | $S^0$ /J·K$^{-1}$·mol$^{-1}$ | $C_p^0$ /J·K$^{-1}$·mol$^{-1}$ |
|---|---|---|---|---|---|
| 钒 | | | | | |
| $V_2O_5$ | s | −1560 | −1440 | 131 | 130 |
| $VCl_2$ | s | −452 | −406 | 97.1 | |
| $VCl_3$ | s | −573 | −502 | 131 | |
| 氙 | | | | | |
| Xe | g | 0 | 0 | 170 | 20.8 |
| $XeO_3$ | s | 400 | | | |
| $XeF_2$ | g | −82.0 | | | |
| $XeF_4$ | s | −252 | −123 | 145 | 118 |
| $XeF_6$ | g | −329 | | | |
| 钇 | | | | | |
| Y | s | 0 | 0 | 46 | 26 |
| $YCl_3$ | s(γ) | −982 | | | |
| 锌 | | | | | |
| Zn | s | 0 | 0 | 41.6 | 25.1 |
| ZnO | s | −348 | −318 | 43.9 | 40.2 |
| $Zn(OH)_2$ | s | −642 | | | |
| $ZnCl_2$ | s | −416 | −369 | 108 | 76.6 |
| $ZnBr_2$ | s | −327 | −310 | 137 | |
| $ZnI_2$ | s | −209 | −209 | 159 | |
| ZnS | s(闪锌矿) | −203 | −198 | 57.7 | 45.2 |
| ZnS | s(纤维锌矿) | −190 | | | |
| $ZnCO_3$ | s | −812 | −731 | 82.4 | |
| $Zn(NO_3)_2$ | s | −482 | | | |
| $Zn(NO_3)_2 \cdot 6H_2O$ | s | −2305 | | | |
| $ZnSO_4$ | s | −979 | −872 | 125 | |
| $ZnSO_4 \cdot 7H_2O$ | s | −3075 | −2560 | 387 | 392 |
| 锆 | | | | | |
| Zr | s | 0 | 0 | 38.4 | 26 |
| $ZrO_2$ | s | −1080 | −1023 | 50.3 | |
| $ZrCl_4$ | s | −962 | −874 | 186 | |

注：s 表示固态，l 表示液态，g 表示气态。

2. 有机化合物的标准生成热、生成自由能、标准熵、标准摩尔热容

有机化合物的标准生成热、生成自由能、标准熵、标准摩尔热容见表 1-40。表的说明同“无机化合物标准生成热、生成自由能、标准熵、标准摩尔热容”一样。

**表 1-40 有机化合物的标准生成热、生成自由能、标准熵、标准摩尔热容**

| 物质 | 状态 | $\Delta H^0$/kJ·mol$^{-1}$ | $\Delta G^0$/kJ·mol$^{-1}$ | $S^0$/J·K$^{-1}$·mol$^{-1}$ | $C_p^0$/J·K$^{-1}$·mol$^{-1}$ |
|---|---|---|---|---|---|
| $CH_4$ | g | −74.9 | −50.8 | 186 | 35 |
| $C_2H_6$ | g | −84.7 | −32.9 | 230 | 52.7 |
| $C_3H_8$ | g | −104 | −23.5 | 270 | 73.6 |
| $n$-$C_4H_{10}$ | g | −125 | −15.7 | 310 | 97.5 |
| $n$-$C_5H_{12}$ | g | −146 | −8.2 | 348 | 120 |
| $n$-$C_6H_{14}$ | g | −167 | 0.2 | 387 | |
| $C_2H_4$ | g | 52.3 | 68.1 | 219 | 43.5 |
| $C_3H_6$ | g | 20.4 | 62.7 | 267 | 64.0 |

续表

| 物 质 | 状 态 | $\Delta H^0$/kJ·$mol^{-1}$ | $\Delta G^0$/kJ·$mol^{-1}$ | $S^0$/J·$K^{-1}$·$mol^{-1}$ | $C_p^0$/J·$K^{-1}$·$mol^{-1}$ |
|---|---|---|---|---|---|
| $C_4H_8$(1-丁烯) | g | 1.2 | 72.0 | 307 | |
| $C_4H_8$(2-顺丁烯) | g | −5.7 | 67.1 | 301 | |
| $C_4H_8$(2-反丁烯) | g | −10.1 | 64.1 | 296 | |
| $C_2H_2$ | g | 227 | 209 | 201 | 43.9 |
| $C_3H_4$ | g | 185 | 194 | 248 | |
| $C_4H_6$(1,3-丁二烯) | g | 112 | 152 | 279 | 79.5 |
| $C_6H_{12}$(环己烷) | l | −156 | 26.8 | 204 | |
| $C_6H_6$ | g | 82.9 | 130 | 269 | 81.6 |
| $C_6H_6$ | l | 49.0 | 125 | 173 | 136 |
| $C_6H_5CH_3$ | g | 50.0 | 122 | 320 | 104 |
| $C_6H_5CH_2CH_3$ | g | 29.8 | 131 | 360 | |
| $C_8H_8$(苯乙烯) | g | 148 | 214 | 345 | |
| $CH_3Cl$ | g | −82.0 | −58.6 | 234 | 41 |
| $CH_2Cl_2$ | l | −117 | −63.2 | 179 | 100 |
| $CHCl_3$ | l | −132 | −71.6 | 203 | 116 |
| $CH_3Br$ | g | −36 | −26 | 246 | 42.7 |
| $CHBr_3$ | l | −20 | 3 | 222 | |
| $CH_3I$ | l | −8.4 | 20 | 163 | |
| $CHI_3$ | s | 141 | | | |
| $C_2H_5Cl$ | g | −105 | −53.1 | 276 | 63 |
| $C_2H_5Br$ | l | −85.4 | | | |
| $C_2H_5I$ | l | −31 | | | |
| $CH_2{=}CHCl$ | g | 31 | | | |
| $CH_2ClCH_2Cl$ | l | −166 | −80.3 | 208 | 129 |
| $C_6H_5Cl$ | g | 52.3 | | | |
| $(CH_3)_2O$ | g | −185 | −114 | 267 | 66.1 |
| $CH_3OH$ | g | −201 | −162 | 238 | 45.2 |
| $CH_3OH$ | l | −239 | −166 | 127 | 81.6 |
| $C_2H_5OH$ | g | −235 | −169 | 282 | |
| $C_2H_5OH$ | l | −278 | −175 | 161 | 111 |
| $C_6H_5OH$ | s | −163 | | | |
| HCHO | g | −116 | −110 | 219 | 35 |
| $CH_3CHO$ | g | −166 | −134 | 266 | 62.8 |
| $(CH_3)_2CO$ | g | −216 | −152 | 295 | 74.9 |
| HCOOH | g | −363 | −336 | 251 | |
| HCOOH | l | −409 | −346 | 129 | 99.2 |
| $CH_3COOH$ | l | −487 | −392 | 160 | 123 |
| $C_6H_5COOH$ | s | −385 | −245 | 167 | 147 |
| $CH_3COOC_2H_5$ | l | −481 | | | |
| $CH_3COCl$ | l | −275 | | | |
| $CH_3CONH_2$ | s | −320 | | | |
| $CH_3CN$ | l | 53.1 | 100 | 144 | |
| $CH_3NH_2$ | g | −28 | 28 | 242 | 54.0 |
| $C_2H_5NH_2$ | g | −48.5 | | | |
| $CO(NH_2)_2$ | s | −333 | −47.1 | 105 | 93.3 |

注：s 表示固态，l 表示液态，g 表示气态。

### 3. 部分化合物的摩尔燃烧热

在表 1-41 中的 $\Delta H$ 是指在温度为 298K 和压力为 $1.01325\times10^5$ Pa（1atm）下物质燃烧的摩尔热数值。

**表 1-41 部分化合物的摩尔燃烧热**

| 物质 | 化学式 | 状态 | $-\Delta H/kJ \cdot mol^{-1}$ | 物质 | 化学式 | 状态 | $-\Delta H/kJ \cdot mol^{-1}$ |
|---|---|---|---|---|---|---|---|
| 氢 | $H_2$ | g | 285.8 | 苯甲醇 | $C_7H_7OH$ | l | 4056 |
| 硫(菱形,α) | S | s | 296.9 | 环己醇 | $C_6H_{11}OH$ | l | 3727 |
| 硫(单斜,β) | S | s | 297.2 | 苯酚 | $C_6H_5OH$ | s | 3064 |
| 碳(石墨) | C | s | 393.5 | 乙氧基乙烷 | $(C_2H_5)_2O$ | l | 2727 |
| 碳(金刚石) | C | s | 395.4 | 甲醛 | HCHO | g | 561.1 |
| 一氧化碳 | CO | g | 283.0 | 乙醛 | $CH_3CHO$ | l | 1167 |
| 甲烷 | $CH_4$ | g | 890.4 | 苯甲醛 | $C_6H_5CHO$ | l | 3520 |
| 乙烷 | $C_2H_6$ | g | 1560 | 丙酮 | $(CH_3)_2CO$ | l | 1786 |
| 丙烷 | $C_3H_8$ | g | 2220 | 3-戊酮 | $(C_2H_5)_2CO$ | l | 3078 |
| 丁烷 | $C_4H_{10}$ | g | 2877 | 苯乙酮 | $CH_3COC_6H_5$ | s | 4138 |
| 戊烷 | $C_5H_{12}$ | l | 3509 | 二苯甲酮 | $(C_6H_5)_2CO$ | s | 6512 |
| 己烷 | $C_6H_{14}$ | l | 4194 | 甲酸 | HCOOH | l | 262.8 |
| 辛烷 | $C_8H_{18}$ | l | 5512 | 乙酸 | $CH_3COOH$ | l | 876.1 |
| 环己烷 | $C_6H_{12}$ | l | 3924 | 苯甲酸 | $C_6H_5COOH$ | s | 3227 |
| 乙烯 | $C_2H_4$ | g | 1409 | 乙二酸 | $(COOH)_2$ | s | 246.4 |
| 1,3-丁二烯 | $C_4H_6$ | g | 2542 | 苯酰氯 | $C_6H_5COCl$ | l | 3275 |
| 乙炔 | $C_2H_2$ | g | 1299 | 乙酸酐 | $(CH_3CO)_2O$ | l | 1807 |
| 苯 | $C_6H_6$ | l | 3273 | 乙酸乙酯 | $CH_3COOC_2H_5$ | l | 2246 |
| 甲苯 | $C_7H_8$ | l | 3909 | 乙酰胺 | $CH_3CONH_2$ | s | 1182 |
| 萘 | $C_{10}H_8$ | s | 5157 | 苯甲酰胺 | $C_6H_5CONH_2$ | s | 3546 |
| 蒽 | $C_{14}H_{10}$ | s | 7114 | 乙腈 | $CH_3CN$ | l | 1265 |
| 氯乙烷 | $C_2H_5Cl$ | g | 1325 | 苯甲腈 | $C_6H_5CN$ | l | 3621 |
| 溴乙烷 | $C_2H_5Br$ | g | 1425 | 甲胺 | $CH_3NH_2$ | g | 1072 |
| 碘乙烷 | $C_2H_5I$ | l | 1490 | 乙胺 | $C_2H_5NH_2$ | g | 1709 |
| (氯甲基)苯 | $C_7H_7Cl$ | l | 3709 | 苯胺 | $C_6H_5NH_2$ | l | 3397 |
| 三氯甲烷 | $CHCl_3$ | l | 373.2 | 硝基苯 | $C_6H_5NO_2$ | l | 3094 |
| 甲醇 | $CH_3OH$ | l | 715.0 | 脲 | $CO(NH_2)_2$ | s | 634.3 |
| 乙醇 | $C_2H_5OH$ | l | 1371 | 葡萄糖 | $C_6H_{12}O_6$ | s | 2816 |
| 1-丙醇 | $C_3H_7OH$ | l | 2010 | 蔗糖 | $C_{12}H_{22}O_{11}$ | s | 5644 |
| 1-丁醇 | $C_4H_9OH$ | l | 2673 | | | | |

注：s 表示固态，l 表示液态，g 表示气态。

4. 部分物质的熔化热

熔化热是指在 $1.013\times10^5$ Pa 下单位质量的晶体物质，在熔点时从固态全部变成液态时所吸收的热量。表 1-42 为部分物质的熔化热。

**表 1-42 部分物质的熔化热**

| 物质 | 熔点/℃ | 相对分子质量 | 熔化热/$kJ \cdot kg^{-1}$ | 熔化热/$kJ \cdot mol^{-1}$ | 含 0.1%(mol)溶质的熔点降低值(计算值) |
|---|---|---|---|---|---|
| 苯 | 5.45 | 78.11 | 127.3 | 9.9 | 6.69 |
| 联苯 | 68.6 | 154.20 | 42.8 | 18.6 | 5.42 |
| 1,2-二苯基乙烷 | 51.2 | 182.25 | 128.5 | 23.4 | 3.88 |
| 萘 | 80.22 | 128.16 | 149.9 | 19.2 | 5.60 |
| 三苯甲烷 | 92.1 | 244.32 | 88.3 | 21.6 | 5.33 |
| 蒽 | 216.5 | 178.22 | 162.0 | 28.8 | 7.18 |
| 二溴乙烯 | 9.97 | 187.88 | 56.5 | 10.6 | 6.45 |
| 对二氯苯 | 53.2 | 147.10 | 124.3 | 18.3 | 5.02 |

续表

| 物质 | 熔点/℃ | 相对分子质量 | 熔化热/kJ·kg⁻¹ | 熔化热/kJ·mol⁻¹ | 含0.1%(mol)溶质的熔点降低值(计算值) |
|---|---|---|---|---|---|
| 叔丁醇 | 25.4 | 74.12 | 89.7 | 6.7 | 11.29 |
| 环己醇 | 25.46 | 100.16 | 17.9 | 1.8 | 38.03 |
| 十六醇 | 49.10 | 242.44 | 141.5 | 34.3 | 2.63 |
| 樟脑 | 178.4 | 152.23 | 45.0 | 6.9 | 24.27 |
| 二苯甲酮 | 47.85 | 182.21 | 98.4 | 17.9 | 4.96 |
| 乙酸 | 16.55 | 60.05 | 195.5 | 11.8 | 6.14 |
| 癸酸 | 31.3 | 172.26 | 162.4 | 27.7 | 2.88 |
| 硬脂酸 | 68.8 | 284.47 | 198.8 | 56.6 | 1.80 |
| 苯甲酸 | 122.5 | 122.12 | 141.9 | 17.3 | 7.76 |
| 三氯代乙酸 | 59.1 | 163.4 | 36.0 | 5.9 | 15.67 |
| 肉桂酸甲酯 | 34.5 | 162.18 | 110.9 | 18.0 | 5.54 |
| 苯胺 | −6.15 | 93.12 | 113.4 | 10.6 | 5.79 |
| 硝基苯 | 5.85 | 123.11 | 98.5 | 12.1 | 5.50 |
| 水 | 0.0 | 18.00 | 333.5 | 6.0 | 10.45 |

## 二、水的重要常数

1. 水的相图

水的相图如图1-2所示。

从相图上可以看出如下。

(1) 在“水”、“冰”、“汽”三个区域内都是单项，即$\Phi=1$，故自由度$f=2$。这就表明，在这些区域内，温度和压力可以在有限的范围内独立变动，而不会引起相数目的变化。只有同时指定温度和压力，体系的状态和性质才能完全确定。

(2) 图中三条实线代表两个区域的交界线，在线上为二相，$\Phi=2$，自由度$f=1$，是两相平衡，所以指定了温度、压力就不能任意改变了。

*OA*线代表水和汽的两相平衡线，即水在不同温度下的蒸汽压曲线。*A*点是临界点，该点为374℃和$2.208\times10^7$Pa压力，在此点以上，液体的水不能存在。

*OB*线为冰和汽的平衡线。(即冰的升华曲线)。

*OC*线为冰和水的平衡线。它不能无限向上延长，可以延伸到$2.026\times10^8$Pa和−20℃左右，如果压力再高，将有不同结构的冰产生，相图变得比较复杂。

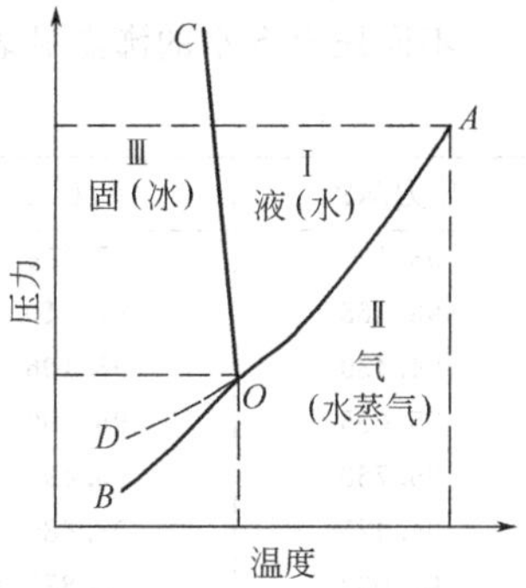


图1-2 水的相图

(3) *O*点是三条线的交点，称为三相点，在该点三相共存，即$\Phi=3$，因此，自由度$f=K-\Phi+2=1-3+2=0$，这就是说，在该点温度和压力都不能任意变动。该点的温度为0.01℃、压力为6.103kPa。

(4) *OD*线是过冷水的汽化曲线，即是把水-汽平衡体系的温度降低，蒸汽压沿*AO*曲线向三相点移动，到了三相点，冰应该在这时出现，但我们可以控制水冷至0℃以下，而仍无冰出现，这种现象称为过冷现象。在*OD*线上的蒸汽压比同温度下的冰的蒸汽压大，所以不很稳定，称为介稳态。只要将过冷的水搅动一下，或投入一小块冰，过冷现象立即消失。冰将大量析出，而体系转向稳定的平衡态。

2. 水的离子积

不同温度下水的离子积($K_w$)见表1-43。

**表 1-43　水的离子积（$K_w$）**

$$K_w = \alpha_{H^+} \times \alpha_{OH^-} \quad \alpha_{H^+} = \alpha_{OH^-} = \sqrt{K_w}$$

| 温度/℃ | $-\lg K_w$ | $K_w$ | 温度/℃ | $-\lg K_w$ | $K_w$ |
|---|---|---|---|---|---|
| 0 | 14.9435 | $1.139\times10^{-15}$ | 50 | 13.2617 | $5.474\times10^{-14}$ |
| 5 | 14.7338 | $1.846\times10^{-15}$ | 55 | 13.1369 | $7.296\times10^{-14}$ |
| 10 | 14.5346 | $2.920\times10^{-15}$ | 60 | 13.0171 | $9.614\times10^{-14}$ |
| 15 | 14.3463 | $4.505\times10^{-15}$ | 65 | 12.90 | $1.26\times10^{-13}$ |
| 20 | 14.1669 | $6.809\times10^{-15}$ | 70 | 12.80 | $1.58\times10^{-13}$ |
| 24 | 14.0000 | $1.000\times10^{-14}$ | 75 | 12.69 | $2.0\times10^{-13}$ |
| 25 | 13.9965 | $1.008\times10^{-14}$ | 80 | 12.60 | $2.5\times10^{-13}$ |
| 30 | 13.8330 | $1.469\times10^{-14}$ | 85 | 12.51 | $3.1\times10^{-13}$ |
| 35 | 13.6801 | $2.089\times10^{-14}$ | 90 | 12.42 | $3.8\times10^{-13}$ |
| 40 | 13.5348 | $2.919\times10^{-14}$ | 95 | 12.34 | $4.6\times10^{-13}$ |
| 45 | 13.3960 | $4.018\times10^{-14}$ | 100 | 12.26 | $5.5\times10^{-13}$ |

3. 水的密度

不同温度下水的密度见表 1-44。

**表 1-44　水的密度**

| 温度/℃ | 密度/$g\cdot mL^{-1}$ | 温度/℃ | 密度/$g\cdot mL^{-1}$ | 温度/℃ | 密度/$g\cdot mL^{-1}$ | 温度/℃ | 密度/$g\cdot mL^{-1}$ |
|---|---|---|---|---|---|---|---|
| 0 | 0.99987 | 20 | 0.99823 | 45 | 0.99025 | 75 | 0.97489 |
| 3.98 | 1.00000 | 25 | 0.99707 | 50 | 0.98807 | 80 | 0.97183 |
| 5 | 0.99999 | 30 | 0.99567 | 55 | 0.98573 | 85 | 0.96865 |
| 10 | 0.99973 | 35 | 0.99406 | 60 | 0.98324 | 90 | 0.96534 |
| 15 | 0.99913 | 38 | 0.99299 | 65 | 0.98059 | 95 | 0.96192 |
| 18 | 0.99862 | 40 | 0.99224 | 70 | 0.97781 | 100 | 0.95838 |

4. 水的沸点

不同压力下水的沸点见表 1-45。

**表 1-45　水的沸点**

| 压力/kPa | 沸点/℃ | 压力/kPa | 沸点/℃ | 压力/kPa | 沸点/℃ |
|---|---|---|---|---|---|
| 93.100 | 97.714 | 97.755 | 99.067 | 102.410 | 100.366 |
| 93.765 | 97.910 | 98.420 | 99.255 | 103.075 | 100.548 |
| 94.430 | 98.106 | 99.085 | 99.443 | 103.740 | 100.728 |
| 95.095 | 98.300 | 99.750 | 99.630 | 104.405 | 100.908 |
| 95.760 | 98.493 | 100.415 | 99.815 | 105.070 | 101.087 |
| 96.425 | 98.686 | 101.080 | 100.000 | 105.735 | 101.264 |
| 97.090 | 98.877 | 101.745 | 100.814 | 106.400 | 101.441 |

5. 水的蒸汽压

不同温度下水的蒸汽压见表 1-46。

**表 1-46　水的蒸汽压**

| 温度/℃ | 压力/kPa | 温度/℃ | 压力/kPa | 温度/℃ | 压力/kPa | 温度/℃ | 压力/kPa |
|---|---|---|---|---|---|---|---|
| −15.0 | 0.191 | 20.0 | 2.332 | 55.0 | 15.699 | 90.0 | 69.926 |
| −10.0 | 0.286 | 25.0 | 3.160 | 60.0 | 19.867 | 95.0 | 84.309 |
| −5.0 | 0.421 | 30.0 | 4.233 | 65.0 | 24.943 | 100.0 | 101.08 |
| 0.0 | 0.609 | 35.0 | 5.609 | 70.0 | 31.082 | 105.0 | 120.507 |
| 5.0 | 0.870 | 40.0 | 7.358 | 75.0 | 38.450 | 110.0 | 142.916 |
| 10.0 | 1.224 | 45.0 | 9.560 | 80.0 | 47.228 | 115.0 | 168.641 |
| 15.0 | 1.700 | 50.0 | 12.301 | 85.0 | 57.669 | 120.0 | 198.056 |

6. 水的介电常数

不同温度下水的介电常数见表 1-47。

**表 1-47 水的介电常数**

| 温度/℃ | 介电常数 ε | 温度/℃ | 介电常数 ε | 温度/℃ | 介电常数 ε | 温度/℃ | 介电常数 ε |
|---|---|---|---|---|---|---|---|
| 0 | 87.90 | 25 | 78.36 | 50 | 69.88 | 80 | 60.93 |
| 5 | 85.90 | 30 | 76.58 | 55 | 68.30 | 85 | 59.55 |
| 10 | 83.95 | 35 | 74.85 | 60 | 66.76 | 90 | 58.20 |
| 15 | 82.04 | 38 | 73.83 | 65 | 65.25 | 95 | 56.88 |
| 18 | 80.93 | 40 | 73.15 | 70 | 63.78 | 100 | 55.58 |
| 20 | 80.18 | 45 | 71.50 | 75 | 62.34 | | |

## 三、活度系数

1. 水溶液中的离子活度系数

水溶液中的离子活度系数（25℃）见表 1-48。

**表 1-48 水溶液中的离子活度系数（25℃）**

| 离子半径/$10^{-10}$m | 离子强度 | | | | | | |
|---|---|---|---|---|---|---|---|
| | 0.001 | 0.0025 | 0.005 | 0.01 | 0.025 | 0.05 | 0.1 |
| 一价离子 | | | | | | | |
| 9 | 0.967 | 0.950 | 0.933 | 0.914 | 0.88 | 0.86 | 0.83 |
| 8 | 0.966 | 0.949 | 0.931 | 0.912 | 0.88 | 0.85 | 0.82 |
| 7 | 0.965 | 0.948 | 0.930 | 0.909 | 0.875 | 0.845 | 0.81 |
| 6 | 0.965 | 0.948 | 0.929 | 0.907 | 0.87 | 0.835 | 0.80 |
| 5 | 0.964 | 0.947 | 0.928 | 0.904 | 0.865 | 0.83 | 0.79 |
| 4 | 0.964 | 0.947 | 0.927 | 0.901 | 0.855 | 0.815 | 0.77 |
| 3 | 0.964 | 0.945 | 0.925 | 0.899 | 0.85 | 0.805 | 0.755 |
| 二价离子 | | | | | | | |
| 8 | 0.872 | 0.813 | 0.755 | 0.69 | 0.595 | 0.52 | 0.45 |
| 7 | 0.872 | 0.812 | 0.753 | 0.685 | 0.58 | 0.50 | 0.425 |
| 6 | 0.870 | 0.809 | 0.749 | 0.675 | 0.57 | 0.485 | 0.405 |
| 5 | 0.868 | 0.805 | 0.744 | 0.67 | 0.555 | 0.465 | 0.38 |
| 4 | 0.867 | 0.803 | 0.740 | 0.660 | 0.545 | 0.445 | 0.355 |
| 三价离子 | | | | | | | |
| 9 | 0.738 | 0.632 | 0.54 | 0.445 | 0.325 | 0.245 | 0.18 |
| 6 | 0.731 | 0.620 | 0.52 | 0.415 | 0.28 | 0.195 | 0.13 |
| 5 | 0.728 | 0.616 | 0.51 | 0.405 | 0.27 | 0.18 | 0.115 |
| 4 | 0.725 | 0.612 | 0.505 | 0.395 | 0.25 | 0.16 | 0.095 |
| 四价离子 | | | | | | | |
| 11 | 0.588 | 0.455 | 0.35 | 0.255 | 0.155 | 0.10 | 0.065 |
| 6 | 0.575 | 0.43 | 0.315 | 0.21 | 0.105 | 0.055 | 0.027 |
| 5 | 0.57 | 0.425 | 0.31 | 0.20 | 0.10 | 0.048 | 0.021 |

2. 酸、碱、盐的活度系数

酸、碱、盐的活度系数（25℃）见表 1-49。

**表 1-49 酸、碱、盐的活度系数（25℃）**

| 电解质 | 浓度/mol·L$^{-1}$ | | | | | | | | | |
|---|---|---|---|---|---|---|---|---|---|---|
| | 0.1 | 0.2 | 0.3 | 0.4 | 0.5 | 0.6 | 0.7 | 0.8 | 0.9 | 1.0 |
| $AgNO_3$ | 0.734 | 0.657 | 0.606 | 0.567 | 0.536 | 0.509 | 0.485 | 0.464 | 0.446 | 0.429 |
| $AlCl_3$ | 0.337 | 0.305 | 0.302 | 0.313 | 0.331 | 0.356 | 0.388 | 0.429 | 0.479 | 0.539 |
| $Al_2(SO_4)_3$ | 0.0350 | 0.0225 | 0.0176 | 0.0153 | 0.0143 | 0.0140 | 0.0142 | 0.0149 | 0.0159 | 0.0175 |
| $CdSO_4$ | 0.150 | 0.102 | 0.082 | 0.069 | 0.061 | 0.055 | 0.050 | 0.046 | 0.043 | 0.041 |
| $CrCl_3$ | 0.331 | 0.298 | 0.294 | 0.300 | 0.314 | 0.335 | 0.362 | 0.397 | 0.436 | 0.481 |
| $Cr(NO_3)_3$ | 0.319 | 0.285 | 0.279 | 0.281 | 0.291 | 0.304 | 0.322 | 0.344 | 0.371 | 0.401 |
| $Cr_2(SO_4)_3$ | 0.0458 | 0.0300 | 0.0238 | 0.0207 | 0.0190 | 0.0182 | 0.0181 | 0.0185 | 0.0194 | 0.0208 |
| CsBr | 0.754 | 0.694 | 0.654 | 0.626 | 0.603 | 0.586 | 0.571 | 0.558 | 0.547 | 0.538 |
| CsCl | 0.756 | 0.694 | 0.656 | 0.628 | 0.606 | 0.589 | 0.575 | 0.563 | 0.553 | 0.544 |
| CsI | 0.754 | 0.692 | 0.651 | 0.621 | 0.599 | 0.581 | 0.567 | 0.554 | 0.543 | 0.533 |
| $CsNO_3$ | 0.733 | 0.655 | 0.602 | 0.561 | 0.528 | 0.501 | 0.478 | 0.458 | 0.439 | 0.422 |
| CsAc | 0.799 | 0.771 | 0.761 | 0.759 | 0.762 | 0.768 | 0.776 | 0.783 | 0.792 | 0.802 |
| $CuSO_4$ | 0.150 | 0.104 | 0.083 | 0.071 | 0.062 | 0.056 | 0.052 | 0.048 | 0.045 | 0.043 |
| HBr | 0.805 | 0.782 | 0.777 | 0.781 | 0.789 | 0.801 | 0.815 | 0.832 | 0.850 | 0.871 |
| HCl | 0.796 | 0.767 | 0.756 | 0.755 | 0.757 | 0.763 | 0.772 | 0.783 | 0.795 | 0.809 |
| $HClO_4$ | 0.803 | 0.778 | 0.768 | 0.766 | 0.769 | 0.776 | 0.785 | 0.795 | 0.808 | 0.823 |
| HI | 0.818 | 0.807 | 0.811 | 0.823 | 0.839 | 0.860 | 0.883 | 0.908 | 0.935 | 0.963 |
| $HNO_3$ | 0.791 | 0.754 | 0.735 | 0.725 | 0.720 | 0.717 | 0.717 | 0.718 | 0.721 | 0.724 |
| KBr | 0.772 | 0.722 | 0.693 | 0.673 | 0.657 | 0.646 | 0.636 | 0.629 | 0.622 | 0.617 |
| KCl | 0.770 | 0.718 | 0.688 | 0.666 | 0.649 | 0.637 | 0.626 | 0.618 | 0.610 | 0.604 |
| KCNS | 0.769 | 0.716 | 0.685 | 0.663 | 0.646 | 0.633 | 0.623 | 0.614 | 0.606 | 0.599 |
| KF | 0.775 | 0.727 | 0.700 | 0.682 | 0.670 | 0.661 | 0.654 | 0.650 | 0.646 | 0.645 |
| KI | 0.778 | 0.733 | 0.707 | 0.689 | 0.676 | 0.667 | 0.660 | 0.654 | 0.649 | 0.645 |
| $KNO_3$ | 0.739 | 0.663 | 0.614 | 0.576 | 0.545 | 0.519 | 0.496 | 0.476 | 0.459 | 0.443 |
| KAc | 0.796 | 0.766 | 0.754 | 0.750 | 0.751 | 0.754 | 0.759 | 0.766 | 0.774 | 0.783 |
| KOH | 0.798 | 0.760 | 0.742 | 0.734 | 0.732 | 0.733 | 0.736 | 0.742 | 0.749 | 0.756 |
| LiBr | 0.796 | 0.766 | 0.756 | 0.752 | 0.753 | 0.758 | 0.767 | 0.777 | 0.789 | 0.803 |
| LiCl | 0.790 | 0.757 | 0.744 | 0.740 | 0.739 | 0.743 | 0.748 | 0.755 | 0.764 | 0.774 |
| $LiClO_4$ | 0.812 | 0.794 | 0.792 | 0.798 | 0.808 | 0.820 | 0.834 | 0.852 | 0.869 | 0.887 |
| LiI | 0.815 | 0.802 | 0.804 | 0.813 | 0.824 | 0.838 | 0.852 | 0.870 | 0.888 | 0.910 |
| $LiNO_3$ | 0.788 | 0.752 | 0.736 | 0.728 | 0.726 | 0.727 | 0.729 | 0.733 | 0.737 | 0.743 |
| LiAc | 0.784 | 0.742 | 0.721 | 0.709 | 0.700 | 0.691 | 0.689 | 0.688 | 0.688 | 0.689 |
| $MgSO_4$ | 0.150 | 0.108 | 0.088 | 0.076 | 0.068 | 0.062 | 0.057 | 0.054 | 0.051 | 0.049 |
| $MnSO_4$ | 0.150 | 0.106 | 0.085 | 0.073 | 0.064 | 0.058 | 0.053 | 0.049 | 0.046 | 0.044 |
| NaBr | 0.782 | 0.741 | 0.719 | 0.704 | 0.697 | 0.692 | 0.689 | 0.687 | 0.687 | 0.687 |
| NaCl | 0.778 | 0.735 | 0.710 | 0.693 | 0.681 | 0.673 | 0.667 | 0.662 | 0.659 | 0.657 |
| $NaClO_4$ | 0.775 | 0.729 | 0.701 | 0.683 | 0.668 | 0.656 | 0.648 | 0.641 | 0.635 | 0.629 |
| NaCNS | 0.787 | 0.750 | 0.731 | 0.720 | 0.715 | 0.712 | 0.710 | 0.710 | 0.711 | 0.712 |
| NaF | 0.765 | 0.710 | 0.676 | 0.651 | 0.632 | 0.616 | 0.603 | 0.592 | 0.582 | 0.573 |
| $NaH_2PO_4$ | 0.744 | 0.675 | 0.629 | 0.593 | 0.563 | 0.539 | 0.517 | 0.499 | 0.483 | 0.468 |
| NaI | 0.787 | 0.751 | 0.735 | 0.727 | 0.723 | 0.723 | 0.724 | 0.727 | 0.731 | 0.736 |
| $NaNO_3$ | 0.762 | 0.703 | 0.666 | 0.638 | 0.617 | 0.599 | 0.583 | 0.570 | 0.558 | 0.548 |
| NaAc | 0.791 | 0.757 | 0.744 | 0.737 | 0.735 | 0.736 | 0.740 | 0.745 | 0.752 | 0.757 |
| NaOH | 0.766 | 0.727 | 0.708 | 0.697 | 0.690 | 0.685 | 0.681 | 0.679 | 0.678 | 0.678 |
| $NiSO_4$ | 0.150 | 0.105 | 0.084 | 0.071 | 0.063 | 0.056 | 0.052 | 0.047 | 0.044 | 0.042 |
| RbBr | 0.763 | 0.706 | 0.673 | 0.650 | 0.632 | 0.617 | 0.605 | 0.595 | 0.586 | 0.578 |
| RbCl | 0.764 | 0.709 | 0.675 | 0.652 | 0.634 | 0.620 | 0.608 | 0.599 | 0.590 | 0.583 |
| RbI | 0.762 | 0.705 | 0.671 | 0.647 | 0.629 | 0.614 | 0.602 | 0.591 | 0.583 | 0.575 |
| $RbNO_3$ | 0.734 | 0.658 | 0.606 | 0.565 | 0.534 | 0.508 | 0.485 | 0.465 | 0.446 | 0.430 |
| RbAc | 0.796 | 0.767 | 0.756 | 0.753 | 0.755 | 0.759 | 0.766 | 0.773 | 0.782 | 0.792 |
| $TlNO_3$ | 0.702 | 0.606 | 0.545 | 0.500 | … | … | … | … | … | … |
| $ZnSO_4$ | 0.150 | 0.104 | 0.083 | 0.071 | 0.063 | 0.057 | 0.052 | 0.048 | 0.046 | 0.043 |

## 四、酸、碱溶液的电离常数与 pH 值

1. 无机酸在水溶液中的电离常数

无机酸在水溶液中的电离常数（25℃）见表 1-50。

**表 1-50　无机酸在水溶液中的电离常数**（25℃）

| 名　称 | 化学式 | $pK_a$ | | | | 名　称 | 化学式 | $pK_a$ | | | |
|---|---|---|---|---|---|---|---|---|---|---|---|
| | | $pK_1$ | $pK_2$ | $pK_3$ | $pK_4$ | | | $pK_1$ | $pK_2$ | $pK_3$ | $pK_4$ |
| 亚砷酸 | $HAsO_2$ | 9.29 | | | | 次磷酸 | $H_3PO_2$ | 1.23 | | | |
| 砷酸 | $H_3AsO_4$ | 2.19 | 6.94 | 11.50 | | 亚磷酸 | $H_3PO_3$ | 1.6 | 6.8 | | |
| 硼酸 | $H_3BO_3$ | 9.24 | | | | 磷酸 | $H_3PO_4$ | 2.13 | 7.20 | 12.36 | |
| 四硼酸 | $H_2B_4O_7$ | 3.74 | 7.70 | | | 连二磷酸 | $H_4P_2O_6$ | 2.20 | 2.81 | 7.27 | 10.03 |
| 次溴酸 | $HBrO$ | 8.62 | | | | 焦磷酸 | $H_4P_2O_7$ | 0.91 | 2.10 | 6.70 | 9.32 |
| 碳酸 | $H_2CO_3$ | 6.35 | 10.33 | | | 氟磷酸 | $H_2(PO_3F)$ | 0.55 | 4.80 | | |
| 次氯酸 | $HClO$ | 7.54 | | | | 氢硫酸 | $H_2S$ | 7.02 | 13.9 | | |
| 亚氯酸 | $HClO_2$ | 1.97 | | | | 亚硫酸 | $H_2SO_3$ | 1.90 | 7.20 | | |
| 氢氰酸 | $HCN$ | 9.21 | | | | 硫酸 | $H_2SO_4$ | | 1.99 | | |
| 氰酸 | $HOCN$ | 3.46 | | | | 连二亚硫酸 | $H_2S_2O_4$ | | 2.45 | | |
| 铬酸 | $H_2CrO_4$ | | 6.49 | | | 连二硫酸 | $H_2S_2O_6$ | 0.2 | 3.4 | | |
| 重铬酸 | $H_2Cr_2O_7$ | | 1.64 | | | 硫代硫酸 | $H_2S_2O_3$ | 0.60 | 1.72 | | |
| 氢氟酸 | $HF$ | 3.17 | | | | 氨基磺酸 | $NH_2SO_3H$ | 0.99 | | | |
| 亚铁氰酸 | $H_4[Fe(CN)_6]$ | | | 2.3 | 4.28 | 硫氰酸 | $HSCN$ | 0.85 | | | |
| 锗酸 | $H_4GeO_4$ | 8.78 | 12.7 | | | 锑酸 | $H[Sb(OH)_6]$ | 2.55 | | | |
| 次碘酸 | $HIO$ | 10.64 | | | | 氢硒酸 | $H_2Se$ | 3.89 | 11.0 | | |
| 碘酸 | $HIO_3$ | 0.79 | | | | 亚硒酸 | $H_2SeO_3$ | 2.62 | 8.32 | | |
| 高碘酸 | $H_5IO_6$ | 1.61 | 8.25 | | | 硒酸 | $H_2SeO_4$ | | 1.7 | | |
| 锰酸 | $H_2MnO_4$ | 约 1 | 10.15 | | | 硅酸 | $H_2SiO_3$ | 9.91 | 11.81 | | |
| 钼酸 | $H_2MoO_4$ | 2.54 | 3.86 | | | 氢碲酸 | $H_2Te$ | 2.64 | 11 | | |
| 重钼酸 | $H_2Mo_2O_7$ | 5.02 | | | | 亚碲酸 | $H_2TeO_3$ | 2.57 | 7.74 | | |
| 迭氮酸 | $HN_3$ | 4.70 | | | | 碲酸 | $H_6TeO_6$ | 7.70 | 10.95 | 15 | |
| 亚硝酸 | $HNO_2$ | 3.14 | | | | 钒酸 | $H_3VO_4$ | | 8.95 | 14.4 | |
| 过氧化氢 | $H_2O_2$ | 11.65 | | | | 钨酸 | $H_2WO_4$ | 4.2 | | | |

2. 有机酸在水溶液中的电离常数

有机酸在水溶液中的电离常数（25℃）见表 1-51。

**表 1-51　有机酸在水溶液中的电离常数**（25℃）

| 名　称 | 化　学　式 | $pK_a$ | | | |
|---|---|---|---|---|---|
| | | $pK_1$ | $pK_2$ | $pK_3$ | $pK_4$ |
| 甲酸 | $HCOOH$ | 3.75 | | | |
| 乙酸 | $CH_3COOH$ | 4.76 | | | |
| 丙酸 | $CH_3CH_2COOH$ | 4.87 | | | |
| 丁酸 | $CH_3(CH_2)_2COOH$ | 4.82 | | | |
| 正戊酸 | $CH_3(CH_2)_3COOH$ | 4.86 | | | |
| 异戊酸 | $(CH_3)_2CHCH_2COOH$ | 4.78 | | | |
| 丙烯酸 | $CH_2=CHCOOH$ | 4.26 | | | |
| 乙二酸(草酸) | $H_2C_2O_4$ | 1.25 | 4.27 | | |
| 丙二酸 | $HOOCCH_2COOH$ | 2.86 | 5.70 | | |
| 丁二酸(琥珀酸) | $HOOC(CH_2)_2COOH$ | 4.21 | 5.64 | | |
| 戊二酸 | $HOOC(CH_2)_3COOH$ | 4.34 | 5.27 | | |
| 己二酸 | $HOOC(CH_2)_4COOH$ | 4.41 | 5.30 | | |

续表

| 名　称 | 化　学　式 | $pK_a$ | | | |
|---|---|---|---|---|---|
| | | $pK_1$ | $pK_2$ | $pK_3$ | $pK_4$ |
| 癸二酸 | $HOOC(CH_2)_8COOH$ | 4.40 | 5.22 | | |
| 戊氨二酸[①](谷氨酸) | $HOOC(CH_2)_2CH(NH_3)^+COOH$ | 2.18 | 4.20 | 9.59 | |
| 顺丁烯二酸(马来酸) | $HOOCHC{=}CHCOOH$ | 1.92 | 6.23 | | |
| 反丁烯二酸(富来酸) | $HOOCHC{=}CHCOOH$ | 3.02 | 4.38 | | |
| 羟基乙酸(乙醇酸) | $CH_2(OH)COOH$ | 3.88 | | | |
| 2-羟基丙酸(乳酸) | $CH_3CH(OH)COOH$ | 3.86 | | | |
| 2,3-二羟基丙酸(甘油酸) | $CH_2(OH)CH(OH)COOH$ | 3.52 | | | |
| 羟基丁二酸(苹果酸) | $HOOCCH(OH)CH_2COOH$ | 3.46 | 5.05 | | |
| 二羟基丁二酸(酒石酸) | $C_4H_6O_6$ | 3.04 | 4.37 | | |
| 2-羟基丙三羧酸(柠檬酸) | $H_3C_6H_5O_7$ | 3.13 | 4.76 | 6.40 | |
| 葡糖酸 | $CH_2OH(CHOH)_4COOH$ | 3.86 | | | |
| 氯乙酸 | $CH_2ClCOOH$ | 2.86 | | | |
| 二氯乙酸 | $CHCl_2COOH$ | 1.30 | | | |
| 三氯乙酸 | $CCl_3COOH$ | 0.70 | | | |
| 溴乙酸 | $CH_2BrCOOH$ | 2.90 | | | |
| 氨基乙酸[①] | $^+NH_3CH_2COOH$ | 2.35 | 9.78 | | |
| α-氨基丙酸[①] | $CH_3CH(NH_3)^+COOH$ | 2.35 | 9.87 | | |
| β-氨基丙酸[①] | $^+NH_3(CH_2)_2COOH$ | 3.55 | 10.29 | | |
| 巯基乙酸 | $C_2H_4O_2S$ | 3.52 | 10.20 | | |
| 抗坏血酸 | $C_6H_8O_6$ | 4.04 | 11.34 | | |
| 氨三乙酸 | $C_6H_9O_6N$ | 1.89 | 2.49 | 9.73 | |
| 乙二胺四乙酸(EDTA) | $C_{10}H_{16}O_8N_2$ | 1.99 | 2.67 | 6.16 | 10.26 |
| 乙二醇双(2-氨基乙醚)四乙酸(EGTA) | $C_{14}H_{24}O_{10}N_2$ | 2.08 | 2.73 | 8.93 | 9.54 |
| 二乙醚二胺四乙酸(EEDTA) | $C_{12}H_{20}O_9N_2$ | 1.75 | 2.76 | 8.84 | 9.47 |
| 2-羟乙基乙二胺三乙酸(HEDTA) | $C_{10}H_{18}O_7N_2$ | 2.72 | 5.41 | 9.81 | |
| (邻)环己二胺四乙酸(DCTA) | $C_{14}H_{22}O_8N_2$ | 2.51 | 3.60 | 6.20 | 11.78 |
| 六甲二胺四乙酸(HDTA) | $C_{14}H_{24}O_8N_2$ | 2.20 | 2.70 | 9.75 | 10.65 |
| 二乙三胺五乙酸(DTPA) | $C_{14}H_{23}O_{10}N_3$ | 1.94 | 2.87 | 4.37 | 8.69 ($pK_5$=10.56) |
| 三乙四胺六乙酸(TTHA) | $C_{18}H_{30}O_{12}N_4$ | 2.42 | 2.95 | 4.16 | 6.16 ($pK_5$=9.40, $pK_6$=10.19) |
| 苯酚 | $C_6H_5OH$ | 9.98 | | | |
| 2-氨基苯酚[①] | $^+NH_3C_6H_4OH$ | 4.74 | 9.66 | | |
| 2,4,6-三硝基苯酚(苦味酸) | $(NO_2)_3C_6H_2OH$ | 0.29 | | | |
| 邻苯二酚 | $C_6H_4(OH)_2(1,2)$ | 9.45 | 12.8 | | |
| 间苯二酚 | $C_6H_4(OH)_2(1,3)$ | 9.30 | 11.06 | | |
| 对苯二酚 | $C_6H_4(OH)_2(1,4)$ | 9.96 | | | |
| 苯甲酸 | $C_6H_5COOH$ | 4.20 | | | |
| 2-羟基苯甲酸(水杨酸) | $HOC_6H_4COOH$ | 2.97 | 13.59 | | |
| 3,4,5-三羟基苯甲酸(没食子酸) | $C_6H_2(OH)_3COOH$ | 4.41 | | | |
| 2-氨基苯甲酸[①] | $^+NH_3C_6H_4COOH$ | 2.08 | 4.96 | | |
| 2-硝基苯甲酸 | $NO_2C_6H_4COOH$ | 2.17 | | | |
| 3-硝基苯甲酸 | $NO_2C_6H_4COOH$ | 3.49 | | | |
| 4-硝基苯甲酸 | $NO_2C_6H_4COOH$ | 3.43 | | | |
| 磺基水杨酸 | $HO_3SC_6H_3(OH)COOH$ | | 2.50 | 11.70 | |
| 苯乙醇酸 | $C_6H_5CH(OH)COOH$ | 3.41 | | | |
| 邻苯二甲酸 | $C_6H_4(COOH)_2$ | 2.95 | 5.41 | | |

续表

| 名称 | 化学式 | $pK_a$ | | | |
|---|---|---|---|---|---|
| | | $pK_1$ | $pK_2$ | $pK_3$ | $pK_4$ |
| 间苯二甲酸 | $C_6H_4(COOH)_2$ | 3.70 | 4.60 | | |
| 对苯二甲酸 | $C_6H_4(COOH)_2$ | 3.54 | 4.46 | | |
| 对氨基苯磺酸 | $H_2NC_6H_4SO_3H$ | 3.23 | | | |
| 铜铁试剂 | $C_6H_6O_2N_2$ | 4.16 | | | |
| 钛铁试剂 | $C_6H_6O_8S_2$ | 8.31 | 13.07 | | |
| 吡啶-2,6-二羧酸 | $C_7H_5O_4N$ | 2.10 | 4.68 | | |
| 噻吩甲酰三氟丙酮(TTA) | $C_8H_5O_2SF_3$ | 6.18 | | | |
| 8-羟基喹啉① | $C_9H_7ONH^+$ | 4.91 | 9.81 | | |
| 8-羟基喹啉-5-磺酸 | $C_9H_7O_4NS$ | 3.98 | 8.47 | | |
| 1,8-二羟基萘-3,6-二磺酸 | $C_{10}H_6(OH)_2(SO_3H)_2$ | 5.36 | 15.6 | | |
| 1-(2-吡啶偶氮)-2-苯酚①(PAN) | $C_{15}H_{11}ON_3H^+$ | 2.9 | 11.2 | | |
| 4-(2-吡啶偶氮)间苯二酚①(PAR) | $C_{11}H_9O_2N_3H^+$ | 3.1 | 5.6 | 11.9 | |
| 4-(2-噻唑偶氮)间苯二酚①(TAR) | $C_9H_7O_2N_3SH^+$ | 0.96 | 6.23 | 9.44 | |
| 邻二氮菲① | $C_{12}H_8N_2H^+$ | 4.96 | | | |
| 茜素红 S | $C_{14}H_8O_7S$ | 6.07 | 11.1 | | |
| 三磷酸腺苷(ATP) | $C_{10}H_{16}O_{13}N_5P_3$ | 4.06 | 6.53 | | |

① 质子化离子。

3. 碱在水溶液中的电离常数

碱在水溶液中的电离常数（25℃）见表 1-52。

**表 1-52 碱在水溶液中的电离常数**（25℃）

| 名称 | 化学式 | $pK_a$ | | | |
|---|---|---|---|---|---|
| | | $pK_1$ | $pK_2$ | $pK_3$ | $pK_4$ |
| 氨水 | $NH_3$ | 4.76 | | | |
| 羟氨 | $NH_2OH$ | 8.04 | | | |
| 肼 | $N_2H_4$ | 6.04 | | | |
| 甲胺 | $CH_3NH_2$ | 3.41 | | | |
| 二甲胺 | $(CH_3)_2NH$ | 3.23 | | | |
| 三甲胺 | $(CH_3)_3N$ | 4.20 | | | |
| 乙胺 | $C_2H_5NH_2$ | 3.33 | | | |
| 二乙胺 | $(C_2H_5)_2NH$ | 3.02 | | | |
| 乙醇胺 | $C_2H_7ON$ | 4.50 | | | |
| 三乙醇胺 | $C_6H_{15}O_3N$ | 6.24 | | | |
| 乙二胺 | $H_2NCH_2CH_2NH_2$ | 4.73 | 7.83 | | |
| 二乙三胺 | $C_4H_{13}N_3$ | 4.06 | 5.12 | 10.30 | |
| 三(氨乙基)胺 | $C_6H_{18}N_4$ | 3.85 | 4.74 | 6.02 | |
| 三乙四胺 | $C_6H_{18}N_4$ | 4.08 | 4.80 | 7.33 | 10.68 |
| 四乙五胺 | $C_8H_{23}N_5$ | 4.32 | 4.90 | 5.92 | 9.28($pK_5$=11.02) |
| 五乙六胺 | $C_{10}H_{28}N_6$ | 3.80 | 4.30 | 4.86 | 5.44 |
| 六次甲基四胺 | $(CH_2)_6N$ | 8.87 | | | |
| 苯胺 | $C_6H_5NH_2$ | 9.39 | | | |
| 二苯胺 | $(C_6H_5)_2NH$ | 13.15 | | | |
| 联苯胺 | $(NH_2C_6H_4)_2$ | 9.03 | 10.25 | | |
| 1-萘胺 | $1\text{-}C_{10}H_7NH_2$ | 10.08 | | | |
| 2-萘胺 | $2\text{-}C_{10}H_7NH_2$ | 9.89 | | | |
| 吡啶 | $C_5H_5N$ | 8.82 | | | |

续表

| 名称 | 化学式 | $pK_a$ | | | |
|---|---|---|---|---|---|
| | | $pK_1$ | $pK_2$ | $pK_3$ | $pK_4$ |
| 喹啉 | $C_9H_7N$ | 9.06 | | | |
| 胍 | $(H_2N)_2CNH$ | 0.46 | | | |
| 尿素 | $CO(NH_2)_2$ | 13.82 | | | |
| 硫脲 | $CS(NH_2)_2$ | 11.97 | | | |
| 氨基脲 | $H_2NCONHNH_2$ | 10.57 | | | |
| 水杨醛肟 | $C_7H_7O_2N$ | 1.9 | 4.7 | | |
| 奎宁 | $C_{20}H_{24}O_2N_2 \cdot 3H_2O$ | 6.66 | 9.48 | | |
| 氢氧化银 | AgOH | 2.30 | | | |
| 氢氧化钡 | $Ba(OH)_2$ | | 0.64 | | |
| 氢氧化钙 | $Ca(OH)_2$ | | 1.40 | | |
| 氢氧化锂 | LiOH | 0.17 | | | |
| 氢氧化铅 | $Pb(OH)_2$ | 3.03 | 7.52 | | |

4. 部分酸水溶液的 pH 值（室温）

部分酸水溶液的 pH 值（室温）见表 1-53。

**表 1-53 部分酸水溶液的 pH 值**（室温）

| 酸 | 浓度/$mol \cdot L^{-1}$ | pH 值 | 酸 | 浓度/$mol \cdot L^{-1}$ | pH 值 | 酸 | 浓度/$mol \cdot L^{-1}$ | pH 值 |
|---|---|---|---|---|---|---|---|---|
| 乙酸 | 0.001 | 3.9 | 甲酸 | 0.1 | 2.3 | 乳酸 | 0.1 | 2.4 |
| 乙酸 | 0.01 | 3.4 | 盐酸 | 0.0001 | 4.0 | 亚硝酸 | 0.1 | 2.2 |
| 乙酸 | 0.1 | 2.9 | 盐酸 | 0.001 | 3.0 | 草酸 | 0.05 | 1.6 |
| 乙酸 | 1 | 2.4 | 盐酸 | 0.01 | 2.0 | 亚硫酸 | 0.05 | 1.5 |
| 亚砷酸 | 饱和 | 5.0 | 盐酸 | 0.1 | 1.0 | 硫酸 | 0.005 | 2.1 |
| 苯甲酸 | 0.01 | 3.1 | 盐酸 | 1 | 0.1 | 硫酸 | 0.05 | 1.2 |
| 碳酸 | 饱和 | 3.7 | 硫化氢 | 0.05 | 4.1 | 硫酸 | 0.5 | 0.3 |
| 柠檬酸 | 0.1 | 2.2 | 氢氰酸 | 0.1 | 5.1 | 酒石酸 | 0.05 | 2.2 |

5. 部分碱水溶液的 pH 值（室温）

部分碱水溶液的 pH 值（室温）见表 1-54。

**表 1-54 部分碱水溶液的 pH 值**（室温）

| 碱 | 浓度/$mol \cdot L^{-1}$ | pH 值 | 碱 | 浓度/$mol \cdot L^{-1}$ | pH 值 | 碱 | 浓度/$mol \cdot L^{-1}$ | pH 值 |
|---|---|---|---|---|---|---|---|---|
| $NH_3$ | 0.01 | 10.6 | $Mg(OH)_2$ | （饱和） | 10.5 | NaOH | 0.001 | 11.0 |
| $NH_3$ | 0.1 | 11.1 | KCN | 0.1 | 11.0 | NaOH | 0.01 | 12.0 |
| $NH_3$ | 1 | 11.6 | KOH | 0.01 | 12.0 | NaOH | 0.1 | 13.0 |
| $Na_2B_4O_7$ | 0.1 | 9.2 | KOH | 0.1 | 13.0 | NaOH | 1 | 14.0 |
| $CaCO_3$ | （饱和） | 9.4 | KOH | 1 | 14.0 | $Na_2O \cdot nSiO_2$ | 0.1 | 12.6 |
| $Ca(OH)_2$ | （饱和） | 12.4 | KOH | 50% | 14.5 | $H_3PO_4$ | 0.1 | 12.6 |
| $Na_2HPO_4$ | 0.1 | 9.0 | $Na_2CO_3$ | 0.1 | 11.5 | | | |
| $Fe(OH)_2$ | （饱和） | 9.5 | $NaHCO_3$ | 0.1 | 11.5 | | | |

## 五、络合物的稳定常数

1. EDTA 络合物的 $\lg K_{MY}$ 值

一些常见金属离子和 EDTA 形成的络合物的稳定常数 $\lg K_{MY}$ 值见表 1-55。

表 1-55 EDTA 络合物的 $\lg K_{MY}$ 值

| 金属离子 | $\lg K_{MY}$ | 金属离子 | $\lg K_{MY}$ | 金属离子 | $\lg K_{MY}$ | 金属离子 | $\lg K_{MY}$ |
|---|---|---|---|---|---|---|---|
| $Li^{+}$ | 2.79 | $Sm^{3+}$ | 17.14 | $HfO^{2+}$ | 19.1 | $Ag^{+}$ | 7.32 |
| $Na^{+}$ | 1.66 | $Eu^{3+}$ | 17.35 | $VO^{2+}$ | 18.8 | $Zn^{2+}$ | 16.50 |
| $Be^{2+}$ | 9.3 | $Gd^{3+}$ | 17.37 | $VO_2^{+}$ | 18.1 | $Cd^{2+}$ | 16.46 |
| $Mg^{2+}$ | 8.7 | $Tb^{3+}$ | 17.67 | $Cr^{3+}$ | 23.4 | $Hg^{2+}$ | 21.7 |
| $Ca^{2+}$ | 10.69 | $Dy^{3+}$ | 18.30 | $MoO_2^{+}$ | 28 | $Al^{3+}$ | 16.3 |
| $Sr^{2+}$ | 8.73 | $Ho^{3+}$ | 18.74 | $Mn^{2+}$ | 13.87 | $Ga^{3+}$ | 20.3 |
| $Ba^{2+}$ | 7.86 | $Er^{3+}$ | 18.85 | $Fe^{2+}$ | 14.32 | $In^{3+}$ | 25.0 |
| $Sc^{3+}$ | 23.1 | $Tm^{3+}$ | 19.07 | $Fe^{3+}$ | 25.1 | $Tl^{3+}$ | 37.8 |
| $Y^{3+}$ | 18.09 | $Yb^{2+}$ | 19.57 | $Co^{2+}$ | 16.31 | $Sn^{2+}$ | 22.11 |
| $La^{3+}$ | 15.50 | $Lu^{3+}$ | 19.83 | $Co^{3+}$ | 36 | $Pb^{2+}$ | 18.04 |
| $Ce^{3+}$ | 15.98 | $Ti^{3+}$ | 21.8 | $Ni^{2+}$ | 18.62 | $Bi^{3+}$ | 27.94 |
| $Pr^{3+}$ | 16.40 | $TiO^{2+}$ | 17.3 | $Pd^{2+}$ | 18.5 | $Th^{4+}$ | 23.2 |
| $Nd^{3+}$ | 16.6 | $ZrO^{2+}$ | 29.5 | $Cu^{2+}$ | 18.80 | $U^{4+}$ | 25.8 |
| $Pm^{3+}$ | 16.75 | | | | | | |

2. 金属络合物的稳定常数

金属络合物的稳定常数（18～25℃）见表 1-56。

表 1-56 金属络合物的稳定常数（18～25℃）

| 金属离子 | $n$ | $\lg\beta_n$ | 金属离子 | $n$ | $\lg\beta_n$ |
|---|---|---|---|---|---|
| 氨络合物 | | | 氰络合物 | | |
| $Ag^{+}$ | 1,2 | 3.24,7.05 | $Fe^{3+}$ | 6 | 42 |
| $Cd^{2+}$ | 1～6 | 2.65，4.75，6.19，7.12，6.80,5.14 | $Hg^{2+}$ | 4 | 41.4 |
| $Co^{2+}$ | 1～5 | 2.11，3.74，4.79，5.55，5.73,5.11 | $Ni^{2+}$ | 4 | 31.3 |
| $Co^{3+}$ | 1～6 | 6.7，14.0，20.1，25.7，30.8,35.2 | $Zn^{2+}$ | 4 | 16.7 |
| $Cu^{+}$ | 1,2 | 5.93,10.86 | 氟络合物 | | |
| $Cu^{2+}$ | 1～5 | 4.31，7.98，11.02，13.32，12.86 | $Al^{3+}$ | 1～6 | 6.13,11.15,15.00,17.75,19.37,19.84 |
| $Ni^{2+}$ | 1～6 | 2.80，5.04，6.77，7.96，8.71,8.74 | $Fe^{3+}$ | 1～3 | 5.28,9.30,12.06 |
| $Zn^{2+}$ | 1～4 | 2.37,4.81,7.31,9.46 | $Th^{4+}$ | 1～3 | 7.65,13.46,17.97 |
| 溴络合物 | | | $TiO^{2+}$ | 1～4 | 5.4,9.8,13.7,18.0 |
| $Bi^{3+}$ | 1～6 | 4.30,5.55,5.89,7.82,9.70 | $ZrO^{2+}$ | 1～3 | 8.80,16.12,21.94 |
| $Cd^{2+}$ | 1～4 | 1.75,2.34,3.32,3.70 | 碘络合物 | | |
| $Cu^{+}$ | 2 | 5.89 | $Bi^{3+}$ | 1～6 | 3.63,14.95,16.80,18.80 |
| $Hg^{2+}$ | 1～4 | 9.05,17.32,19.74,21.00 | $Cd^{2+}$ | 1～4 | 2.10,3.43,4.49,5.41 |
| $Ag^{+}$ | 1～4 | 4.38,7.33,8.00,8.73 | $Pb^{2+}$ | 1～4 | 2.00,3.15,3.92,4.47 |
| 氯络合物 | | | $Hg^{2+}$ | 1～4 | 12.87,23.82,27.60,29.83 |
| $Hg^{2+}$ | 1～4 | 6.74,13.22,14.07,15.07 | $Ag^{+}$ | 1～3 | 6.58,11.74,13.68 |
| $Sn^{2+}$ | 1～4 | 1.51,2.24,2.03,1.48 | 硫氰酸络合物 | | |
| $Sb^{3+}$ | 1～6 | 2.26，3.49，4.18，4.72，4.72,4.11 | $Ag^{+}$ | 1～4 | 7.57,9.08,10.08 |
| $Ag^{+}$ | 1～4 | 3.04,5.04,5.04,5.30 | $Cu^{+}$ | 1～4 | 11.00,10.90,10.48 |
| 氰络合物 | | | $Au^{+}$ | 1～4 | 23,42 |
| $Ag^{+}$ | 1～4 | 21.1,21.7,20.6 | $Fe^{3+}$ | 1,2 | 2.95,3.36 |
| $Cd^{2+}$ | 1～4 | 5.48,10.60,15.23,18.78 | $Hg^{2+}$ | 1～4 | 17.47,21.23 |
| $Cu^{+}$ | 1～4 | 24.0,28.59,30.3 | 硫代硫酸络合物 | | |
| $Fe^{2+}$ | 6 | 35 | $Cu^{+}$ | 1～3 | 10.35,12.27,13.71 |
| | | | $Hg^{2+}$ | 1～4 | 29.86,32.26,33.61 |
| | | | $Ag^{+}$ | 1～3 | 8.82,13.46,14.15 |
| | | | 乙酰丙酮络合物 | | |
| | | | $Al^{3+}$ | 1～3 | 8.60,15.5,21.30 |

续表

| 金属离子 | $n$ | $\lg\beta_n$ |
|---|---|---|
| 乙酰丙酮络合物 | | |
| $Cu^{2+}$ | 1,2 | 8.27,16.34 |
| $Fe^{2+}$ | 1,2 | 5.07,8.67 |
| $Fe^{3+}$ | 1～3 | 11.4,22.1,26.7 |
| $Ni^{2+}$ | 1～3 | 6.06,10.77,13.09 |
| $Zn^{2+}$ | 1,2 | 4.98,8.81 |
| 柠檬酸络合物 | | |
| $Ag^{+}$ $HL^{3-}$ | 1 | 7.1 |
| $Al^{3+}$ $L^{4-}$ | 1 | 20.0 |
| $Cu^{2+}$ $L^{4-}$ | 1 | 14.2 |
| $Fe^{2+}$ $L^{4-}$ | 1 | 15.5 |
| $Fe^{3+}$ $L^{4-}$ | 1 | 25.0 |
| $Ni^{2+}$ $L^{4-}$ | 1 | 14.3 |
| $Zn^{2+}$ $L^{4-}$ | 1 | 11.4 |
| 乙二胺络合物 | | |
| $Ag^{+}$ | 1,2 | 4.70,7.70 |
| $Cd^{2+}$ | 1～3 | 5.47,10.09,12.09 |
| $Co^{2+}$ | 1～3 | 5.91,10.64,13.94 |
| $Co^{3+}$ | 1～3 | 18.7,34.9,48.69 |
| $Cu^{+}$ | 2 | 10.80 |
| $Cu^{2+}$ | 1～3 | 10.67,20.00,21.0 |
| $Fe^{2+}$ | 1～3 | 4.34,7.65,9.70 |
| $Hg^{2+}$ | 1,2 | 14.3,23.3 |
| $Mn^{2+}$ | 1～3 | 2.73,4.79,5.67 |
| $Ni^{2+}$ | 1～3 | 7.52,13.80,18.06 |
| $Zn^{2+}$ | 1～3 | 5.77,10.83,14.11 |
| 草酸络合物 | | |
| $Al^{3+}$ | 1～3 | 7.26,13.0,16.3 |
| $Co^{2+}$ | 1～3 | 4.79,6.7,9.7 |
| $Co^{3+}$ | 3 | 约 20 |
| $Fe^{2+}$ | 1～3 | 2.9,4.52,5.22 |
| $Fe^{3+}$ | 1～3 | 9.4,16.2,20.2 |
| $Mn^{3+}$ | 1～3 | 9.98,16.57,19.42 |
| $Ni^{2+}$ | 1～3 | 5.3,7.64～8.5 |
| $TiO^{2+}$ | 1,2 | 6.60,9.90 |
| 草酸络合物 | | |
| $Zn^{2+}$ | 1～3 | 4.89,7.60,8.15 |
| 磺基水杨酸络合物 | | |
| $Al^{3+}$ | 1～3 | 13.20,22.83,28.89 |
| $Cd^{2+}$ | 1,2 | 16.68,29.08 |
| $Co^{2+}$ | 1,2 | 6.13,9.82 |
| $Cr^{3+}$ | 1 | 9.56 |
| $Cu^{2+}$ | 1,2 | 9.52,16.45 |
| $Fe^{2+}$ | 1,2 | 5.90,9.90 |
| $Fe^{3+}$ | 1～3 | 14.64,25.18,32.12 |
| $Mn^{2+}$ | 1,2 | 5.24,8.24 |
| $Ni^{2+}$ | 1,2 | 6.42,10.24 |
| $Zn^{2+}$ | 1,2 | 6.05,10.65 |
| 硫脲络合物 | | |
| $Ag^{+}$ | 1,2 | 7.4,13.1 |
| $Bi^{3+}$ | 6 | 11.9 |
| $Cu^{+}$ | 1～4 | 约 13,15.4 |
| $Hg^{2+}$ | 1～4 | 22.1,24.7,26.8 |
| 酒石酸络合物 | | |
| $Bi^{3+}$ | 3 | 8.30 |
| $Ca^{2+}$ | 2 | 9.01 |
| $Cu^{2+}$ | 1～4 | 3.2,5.11,4.78,6.51 |
| $Fe^{3+}$ | 3 | 7.49 |
| $Pb^{2+}$ | 3 | 4.7 |
| $Zn^{2+}$ | 2 | 8.32 |
| 铬黑 T 络合物 | | |
| $Ca^{2+}$ | 1 | 5.4 |
| $Mg^{2+}$ | 1 | 7.0 |
| $Zn^{2+}$ | 1,2 | 13.5,20.6 |
| 二甲酚橙络合物 | | |
| $Bi^{3+}$ | 1 | 5.52 |
| $Fe^{3+}$ | 1 | 5.70 |
| Hf(IV) | 1 | 6.50 |
| $Tl^{3+}$ | 1 | 4.90 |
| $Zn^{2+}$ | 1 | 6.15 |
| $ZrO^{2+}$ | 1 | 7.60 |

注：1. $n$ 为离解级数。

2. $\beta_n$ 为络合物的累积稳定常数，即

$$\beta_n = k_1 \times k_2 \times k_3 \times k_4 \times \cdots \times k_n$$

$$\lg\beta_n = \lg k_1 + \lg k_2 + \lg k_3 + \lg k_4 + \cdots + \lg k_n$$

例如，$Ag^{+}$ 与 $NH_3$ 的络合物：

$\lg\beta_1 = 3.24$　　即 $\lg k_1 = 3.24$

$\lg\beta_2 = 7.05$　　即 $\lg k_1 = 3.24$　　$\lg k_2 = 3.81$

### 3. 氨羧络合剂类络合物的稳定常数

氨羧络合剂类络合物的稳定常数（18～25℃）见表 1-57。

**表 1-57 氨羧络合剂类络合物的稳定常数(18～25℃)**

| 金属离子 | lgK | | | | | | | 金属离子 | lgK | | | | | | |
|---|---|---|---|---|---|---|---|---|---|---|---|---|---|---|---|
| | EDTA | DCyTA | DTPA | EGTA | HEDTA | NTA | | | EDTA | DCyTA | DTPA | EGTA | HEDTA | NTA | |
| | | | | | | $\lg\beta_1$ | $\lg\beta_2$ | | | | | | | $\lg\beta_1$ | $\lg\beta_2$ |
| $Ag^+$ | 7.32 | | | 6.88 | 6.71 | 5.16 | | Mo(V) | 约 28 | | | | | | |
| $Al^{3+}$ | 16.3 | 19.5 | 18.6 | 13.9 | 14.3 | 11.4 | | $Na^+$ | 1.66 | | | | | | 1.22 |
| $Ba^{2+}$ | 7.86 | 8.69 | 8.87 | 8.41 | 6.3 | 4.82 | | $Ni^{2+}$ | 18.62 | 20.3 | 20.32 | 13.55 | 17.3 | 11.53 | 16.42 |
| $Be^{2+}$ | 9.2 | 11.51 | | | | 7.11 | | $Pb^{2+}$ | 18.04 | 20.38 | 18.80 | 14.71 | 15.7 | 11.39 | |
| $Bi^{3+}$ | 27.94 | 32.3 | 35.6 | | 22.3 | 17.5 | | $Pd^{2+}$ | 18.5 | | | | | | |
| $Ca^{2+}$ | 10.69 | 13.20 | 10.83 | 10.97 | 8.3 | 6.41 | | $Sc^{3+}$ | 23.1 | 26.1 | 24.5 | 18.2 | | | 24.1 |
| $Cd^{2+}$ | 16.46 | 19.93 | 19.2 | 16.7 | 13.3 | 9.83 | 14.61 | $Sn^{2+}$ | 22.11 | | | | | | |
| $Co^{2+}$ | 16.31 | 19.62 | 19.27 | 12.39 | 14.6 | 10.38 | 14.39 | $Sr^{2+}$ | 8.73 | 10.59 | 9.77 | 8.50 | 6.9 | 4.98 | |
| $Co^{3+}$ | 36 | | | | 37.4 | 6.84 | | $Th^{4+}$ | 23.2 | 25.6 | 28.78 | | | | |
| $Cr^{3+}$ | 23.4 | | | | | 6.23 | | $TiO^{2+}$ | 17.3 | | | | | | |
| $Cu^{2+}$ | 18.80 | 22.00 | 21.55 | 17.71 | 17.6 | 12.96 | | $Tl^{3+}$ | 37.8 | 38.3 | | | | 20.9 | 32.5 |
| $Fe^{2+}$ | 14.32 | 19.0 | 16.5 | 11.87 | 12.3 | 8.33 | | $U^{4+}$ | 25.8 | 27.6 | 7.69 | | | | |
| $Fe^{3+}$ | 25.1 | 30.1 | 28.0 | 20.5 | 19.8 | 15.9 | | $VO^{2+}$ | 18.8 | 20.1 | | | | | |
| $Ga^{3+}$ | 20.3 | 23.2 | 25.54 | | 16.9 | 13.0 | | $Y^{3+}$ | 18.09 | 19.85 | 22.13 | 17.16 | 14.78 | 11.41 | 20.43 |
| $Hg^{2+}$ | 21.7 | 25.00 | 26.70 | 23.2 | 20.30 | 14.6 | | $Zn^{2+}$ | 16.50 | 19.37 | 13.40 | 12.7 | 14.7 | 10.67 | 14.29 |
| $In^{3+}$ | 25.0 | 28.8 | 29.0 | | 20.2 | 16.9 | | $Zr^{4+}$ | 29.5 | | 35.8 | | | 20.8 | |
| $Li^+$ | 2.79 | | | | | 2.51 | | 稀土元素 | 16～20 | 17～22 | 19 | | 13～16 | 10～12 | |
| $Mg^{2+}$ | 8.7 | 11.02 | 9.30 | 5.21 | 7.0 | 5.41 | | | | | | | | | |
| $Mn^{2+}$ | 13.87 | 17.48 | 15.60 | 12.28 | 10.9 | 7.44 | | | | | | | | | |

注：EDTA——乙二胺四乙酸；DCyTA——1,2-二氨基环己烷四乙酸；DTPA——二乙基三胺五乙酸；EGTA——乙二醇二乙醚二胺四乙酸；HEDTA——*N*-*β*-羟基乙基乙二胺三乙酸；NTA——次氨基三乙酸。

## 六、溶解度、溶度积

1. 部分气体在水溶液中的溶解度

各种温度下部分气体在水中的溶解度见表 1-58。

**表 1-58 各种温度下部分气体在水中的溶解度**

| 气体 | 指标 | 温度/℃ | | | | | | | | | | | |
|---|---|---|---|---|---|---|---|---|---|---|---|---|---|
| | | 0 | 5 | 10 | 15 | 20 | 25 | 30 | 40 | 50 | 60 | 80 | 100 |
| 氢 | $\alpha$① | 0.0215 | 0.0204 | 0.0195 | 0.0188 | 0.0182 | 0.0175 | 0.0170 | 0.0164 | 0.0161 | 0.0160 | 0.0160 | — |
| 氦 | $\alpha$ | 0.0097 | — | 0.0099 | — | 0.0099 | — | 0.0100 | 0.0102 | 0.0107 | — | — | — |
| 氮 | $\alpha$ | 0.0235 | 0.0209 | 0.0186 | 0.0168 | 0.0154 | 0.0143 | 0.0134 | 0.0118 | 0.0109 | 0.0102 | 0.0096 | 0.0095 |
| 氧 | $\alpha$ | 0.0489 | 0.0429 | 0.0380 | 0.0341 | 0.0310 | 0.0283 | 0.0261 | 0.0231 | 0.0209 | 0.0195 | 0.0176 | 0.0172 |
| 氯 | $l$② | 4.610 | — | 3.148 | 2.680 | 2.299 | 2.019 | 1.799 | 1.438 | 1.225 | 1.023 | 0.683 | 0.000 |
| | $q$ | — | — | 0.997 | 0.849 | 0.729 | 0.641 | 0.572 | 0.459 | 0.392 | 0.329 | 0.223 | 0.000 |
| 溴 | $\alpha$ | 60.5 | 43.3 | 35.1 | 27.0 | 21.3 | 17.0 | 13.8 | 9.4 | 6.5 | 4.9 | 3.0 | — |
| | $q$③ | 42.9 | 30.6 | 24.8 | — | 14.9 | — | — | 6.3 | 4.1 | 2.9 | 1.2 | — |
| 一氧化碳 | $\alpha$ | 0.0354 | 0.0315 | 0.0282 | 0.0254 | 0.0232 | 0.0214 | 0.0200 | 0.0177 | 0.0161 | 0.0149 | 0.0143 | 0.0141 |
| 二氧化碳 | $\alpha$ | 1.713 | 1.424 | 1.194 | 1.019 | 0.878 | 0.759 | 0.665 | 0.530 | 0.436 | 0.359 | — | — |
| | $q$ | 0.335 | 0.277 | 0.232 | 0.197 | 0.169 | 0.145 | 0.126 | 0.097 | 0.076 | 0.058 | — | — |
| 一氧化二氮 | $\alpha$ | — | 1.048 | 0.878 | 0.738 | 0.629 | 0.544 | — | — | — | — | — | — |
| 一氧化氮 | $\alpha$ | 0.0738 | 0.0646 | 0.0571 | 0.0515 | 0.0471 | 0.0432 | 0.0400 | 0.0351 | 0.0315 | 0.0295 | 0.0270 | 0.0263 |
| 氯化氢 | $l$ | 507 | 491 | 474 | 459 | 442 | 426 | 412 | 386 | 362 | 339 | — | — |
| 硫化氢 | $\alpha$ | 4.670 | 3.977 | 3.399 | 2.945 | 2.582 | 2.282 | 2.037 | 1.660 | 1.392 | 1.190 | 0.917 | 0.81 |
| | $q$ | 0.707 | 0.600 | 0.511 | 0.441 | 0.385 | 0.338 | 0.298 | 0.286 | 0.188 | 0.148 | 0.077 | 0.00 |
| 二氧化硫 | $l$ | 79.79 | 67.48 | 56.65 | 47.28 | 39.37 | 32.79 | 27.16 | 18.77 | — | — | — | — |
| | $q$ | 22.83 | 19.31 | 16.21 | 13.54 | 11.28 | 9.41 | 7.80 | 6.47 | — | — | — | — |

续表

| 气体 | 指标 | 温度/℃ | | | | | | | | | | | |
|---|---|---|---|---|---|---|---|---|---|---|---|---|---|
| | | 0 | 5 | 10 | 15 | 20 | 25 | 30 | 40 | 50 | 60 | 80 | 100 |
| 氨 | $\alpha$ | 1176 | 1047<br>(4℃) | 947<br>(8℃) | 857<br>(12℃) | 775<br>(16℃) | 702<br>(20℃) | 639<br>(24℃) | 586<br>(28℃) | — | — | — | — |
| | $q$ | 89.5 | 79.6<br>(4℃) | 72.0<br>(8℃) | 65.1<br>(12℃) | 58.7<br>(16℃) | 53.1<br>(20℃) | 48.2<br>(24℃) | 44.0<br>(28℃) | — | — | — | — |
| 甲烷 | $\alpha$ | 0.0556 | 0.0480 | 0.0418 | 0.0369 | 0.0331 | 0.0301 | 0.0276 | 0.0237 | 0.0213 | 0.0195 | 0.0177 | 0.0170 |
| 乙烷 | $\alpha$ | 0.0987 | 0.0803 | 0.0656 | 0.0550 | 0.0472 | 0.0410 | 0.0362 | 0.0291 | 0.0246 | 0.0218 | 0.0183 | 0.0172 |
| 乙烯 | $\alpha$ | 0.226 | 0.191 | 0.162 | 0.139 | 0.122 | 0.108 | 0.098 | — | — | — | — | — |
| 乙炔 | $\alpha$ | 1.73 | 1.49 | 1.31 | 1.15 | 1.03 | 0.93 | 0.84 | — | — | — | — | — |

① $\alpha$ 是吸收系数，指在气体分压等于 101.3kPa 时被 1 体积水所吸收的气体体积数（已折合成标准状况）。

② $l$ 是指在总压力（气体及水汽）等于 101.3kPa 时溶解于 1 体积水中的气体体积数。

③ $q$ 是指在总压力（气体及水汽）等于 101.3kPa 时溶解于 100g 水中的气体克数。

2. 部分无机化合物的溶解度

表 1-59 中所列出的溶解度数值是在 20℃（除非另外注明）下每 100g 溶剂（水）中能够溶解物质的克数。在表中，vs 表示非常易溶；s 表示易溶；ss 表示微溶；dec. 表示分解。

**表 1-59 部分无机化合物的溶解度**

| 阴离子 | | $O^{2-}$ | $OH^-$ | $S^{2-}$ | $F^-$ | $Cl^-$ | $Br^-$ | $I^-$ | $CO_3^{2-}$ | $NO_3^-$ | $SO_4^{2-}$ |
|---|---|---|---|---|---|---|---|---|---|---|---|
| | 阳离子 | | | | | | | | | | |
| 第一族 | $Li^+$ | dec. | 12.8 | vs | 0.27① | 83 | 177 | 165 | 1.33 | 70 | 35 |
| | $Na^+$ | dec. | 109 | 19 | 4.0 | 36 | 91 | 179 | 21($HCO_3^-$,9.6) | 87 | 19.4 |
| | $K^+$ | dec. | 112 | s | 95 | 34.7 | 67 | 144 | 112($HCO_3^-$ 22.4) | 31.6 | 11.1 |
| | $Rb^+$ | dec. | 177 | vs | 131 | 91 | 110 | 152 | 450 | 53 | 48 |
| | $Cs^+$ | dec. | 330 | vs | 370 | 186 | 108 | 79 | vs | 23 | 179 |
| | $NH_4^+$ | | | vs | vs | 37 | 75 | 172 | 12($HCO_3^-$) | 192 | 75 |
| 第二族 | $Be^{2+}$ | ss | ss | dec. | vs | vs | s | dec. | | 107 | 39 |
| | $Mg^{2+}$ | ss | 0.0009 | dec. | 0.008 | 54.2 | 102 | 148 | ss | 70 | 33 |
| | $Ca^{2+}$ | dec. | 0.156 | dec. | 0.0016 | 74.5 | 142 | 209 | ss | 129 | 0.21 |
| | $Sr^{2+}$ | dec. | 0.80 | dec. | 0.012 | 53.8 | 100 | 178 | ss | 71 | 0.013 |
| | $Ba^{2+}$ | dec. | 3.9 | dec. | 0.12 | 36 | 104 | 205 | ss | 8.7 | 0.00024 |
| 第三族 | $Al^{3+}$ | ss | ss | dec. | 0.55 | 70dec. | dec. | dec. | | 63 | 38 |
| | $Ga^{3+}$ | ss | ss | dec. | 0.002 | vs | s | dec. | | | vs |
| | $In^+$ | ss | | | | dec. | dec. | | | | |
| | $In^{3+}$ | ss | ss | ss | 0.04 | vs | vs | dec. | | | s |
| | $Tl^+$ | dec. | 25.9② | 0.02 | 78.6③ | 0.33 | 0.05 | 0.0006 | 4.0③ | 9.55 | 4.87 |
| | $Tl^{3+}$ | ss | | ss | dec. | vs | s | s | | s | |
| | 阳离子 | | | | | | | | | | |
| 第四族 | $Ge^{2+}$ | ss | | 0.24 | s | dec. | dec. | s | | | |
| | $Ge^{4+}$ | 0.41 | | 0.45dec. | dec. | dec. | dec. | dec. | | | |
| | $Sn^{2+}$ | ss | ss | ss | s | 270① dec. | s | 0.98 | | dec. | 33② |
| | $Sn^{4+}$ | ss | | ss | vs | dec. | dec. | dec. | | | |
| | $Pb^{2+}$ | 0.0017 | 0.016 | ss | 0.064 | 0.99 | 0.844 | 0.063 | 0.00011 | 55 | ss |
| | $Pb^{4+}$ | ss | | | | dec. | | | | | |
| 第五族 | $As^{3+}$ | 3.7 | | ss | dec. | dec. | dec. | 6.0② | | | |
| | $As^{5+}$ | 150③ | | ss | | | | | | | |
| | $Sb^{3+}$ | ss | | ss | dec. | dec. | dec. | dec. | | dec. | ss |
| | $Sb^{5+}$ | ss | | ss | | dec. | | | | | |
| | $Bi^{3+}$ | ss | 0.00014 | ss | ss | dec. | dec. | ss | | dec. | dec. |

续表

| 阴离子 | | $O^{2-}$ | $OH^-$ | $S^{2-}$ | $F^-$ | $Cl^-$ | $Br^-$ | $I^-$ | $CO_3^{2-}$ | $NO_3^-$ | $SO_4^{2-}$ |
|---|---|---|---|---|---|---|---|---|---|---|---|
| 过渡元素 | $Cr^{3+}$ | ss | ss | dec. | ss | ss | ss | | | s | dec. |
| | $Mn^{2+}$ | ss | ss | ss | 1.05 | 72.3⑤ | vs | s | 0.0065 | vs | 63 |
| | $Fe^{2+}$ | ss | ss | ss | ss | 64.4④ | 115 | s | 0.006 | s | s |
| | $Fe^{3+}$ | ss | ss | dec. | ss | dec. | s | s | | s | dec. |
| | $Co^{2+}$ | ss | ss | ss | 1.5⑤ | 64 | s | vs | ss | vs | 36.2 |
| | $Ni^{2+}$ | ss | ss | ss | 4⑤ | 64.2 | 120 | 130 | 0.009 | vs | 37 |
| | $Cu^{+}$ | ss | | ss | ss | 0.006 | ss | 0.0008① | | | dec. |
| | $Cu^{2+}$ | ss | ss | ss | 4.7 | 73 | vs | | ss | 122 | 20.5 |
| | $Zn^{2+}$ | ss | ss | ss | 1.62 | 432⑤ | 447 | 432① | 0.001⑥ | 117 | 54 |
| | $Ag^{+}$ | 0.0013 | | ss | 195① | ss | ss | ss | 0.0032 | 217 | 0.8 |
| | $Cd^{2+}$ | ss | ss | ss | 4.3 | 140 | 98 | 84 | ss | 150 | 76 |
| | $Hg_2^{2+}$ | ss | | ss | dec. | 0.0002 | $4\times10^{-6}$ | ss | ss | vs | 0.06 |
| | $Hg^{2+}$ | 0.005 | | ss | dec. | 6.9 | 0.55 | 0.01 | ss | dec. | dec. |

①在 18℃；②在 0℃；③在 15℃；④在 10℃；⑤在 25℃；⑥在 16℃。

3. 溶度积

当水中存在微溶化合物 MA，并达到饱和状态时，存在下列平衡关系。

$$MA(固) \rightleftharpoons MA(水) \rightleftharpoons M^+ + A^-$$

$$a_{M^+} \cdot a_{A^-} = K_{sp}^{\ominus}$$

式中，$a_{M^+}$ 和 $a_{A^-}$ 分别代表 $M^+$ 和 $A^-$ 的活度；$K_{sp}^{\ominus}$ 为活度积常数，简称活度积。

在不考虑离子强度影响时，采用浓度代替活度，则 $[M^+][A^-]=K_{sp}$。$K_{sp}$ 称微溶化合物的溶度积常数，简称溶度积。

各种化合物的溶度积常数见表 1-60。

**表 1-60　各种化合物的溶度积常数**（18～25℃）

| 化合物 | $pK_{sp}$ | $K_{sp}$ | 化合物 | $pK_{sp}$ | $K_{sp}$ |
|---|---|---|---|---|---|
| $Ac_2(C_2O_4)_3$ | 23.7 | $2\times10^{-24}$ | $Ag_2HVO_4$ | 13.7 | $2\times10^{-14}$ |
| $Ac(OH)_3$ | 15 | $1\times10^{-15}$ | $(2Ag^+,HVO_4^{2-})$ | | |
| $Ag_3AsO_3$ | 17 | $1\times10^{-17}$ | $Ag_3HVO_4OH$ | 24 | $1\times10^{-24}$ |
| $Ag_3AsO_4$ | 22.0 | $1\times10^{-22}$ | AgI | 16.08 | $8.3\times10^{-17}$ |
| $AgBO_2$ | 0.4 | $4\times10^{-1}$ | $AgIO_3$ | 7.52 | $3.0\times10^{-8}$ |
| AgBr | 12.30 | $5.0\times10^{-13}$ | $AgMnO_4$ | 2.79 | $1.6\times10^{-3}$ |
| $AgBrO_3$ | 4.28 | $5.3\times10^{-5}$ | $Ag_2MoO_4$ | 11.55 | $2.8\times10^{-12}$ |
| $AgC_2H_3O_2$ | 2.4 | $4\times10^{-3}$ | $AgNO_2$ | 3.22 | $6.0\times10^{-4}$ |
| $Ag(C_{10}H_6O_2N)$ | 17.9 | $1.3\times10^{-18}$ | $Ag_2N_2O_2$ | 18.89 | $1.3\times10^{-19}$ |
| AgCN | 15.84 | $1.4\times10^{-16}$ | $Ag_2O(Ag^+,OH^-)$ | 7.71 | $2.0\times10^{-8}$ |
| $Ag[Ag(CN)_2]$ | 11.3 | $5\times10^{-12}$ | AgOCN | 6.64 | $2.3\times10^{-7}$ |
| $Ag_2CO_3$ | 11.09 | $8.1\times10^{-12}$ | $Ag_3PO_4$ | 15.84 | $1.4\times10^{-16}$ |
| $Ag_2C_2O_4$ | 10.46 | $3.5\times10^{-11}$ | $Ag_2PO_3F$ | 3.05 | $8.9\times10^{-4}$ |
| AgCl | 9.75 | $1.8\times10^{-10}$ | $(2Ag^+,PO_3F^{2-})$ | | |
| $AgClO_2$ | 3.7 | $2\times10^{-4}$ | $AgReO_4$ | 4.10 | $8.0\times10^{-5}$ |
| $AgClO_3$ | 1.3 | $5\times10^{-2}$ | $Ag_2S$ | 49.2 | $6\times10^{-50}$ |
| $Ag_3[Co(NO_2)_6]$ | 20.07 | $8.5\times10^{-21}$ | AgSCN | 12.00 | $1.0\times10^{-12}$ |
| $Ag_2CrO_4$ | 11.95 | $1.1\times10^{-12}$ | $Ag_2SO_3$ | 13.82 | $1.5\times10^{-14}$ |
| $Ag_2Cr_2O_7$ | 6.70 | $2.0\times10^{-7}$ | $Ag_2SO_4$ | 4.84 | $1.4\times10^{-5}$ |
| $Ag_3[Fe(CN)_6]$ | 22 | $1\times10^{-22}$ | AgSeCN | 15.40 | $4.0\times10^{-16}$ |
| $Ag_4[Fe(CN)_6]$ | 44.07 | $8.5\times10^{-45}$ | $Ag_2SeO_3$ | 15.00 | $1.0\times10^{-15}$ |

续表

| 化合物 | $pK_{sp}$ | $K_{sp}$ | 化合物 | $pK_{sp}$ | $K_{sp}$ |
|---|---|---|---|---|---|
| $Ag_2SeO_4$ | 7.25 | $5.6\times10^{-8}$ | $BiAsO_4$ | 9.36 | $4.4\times10^{-10}$ |
| $AgVO_3$ | 6.3 | $5\times10^{-7}$ | $BiI_3$ | 18.09 | $8.1\times10^{-19}$ |
| $Ag_2WO_4$ | 11.26 | $5.5\times10^{-12}$ | $BiOBr(BiOBr+2H^+$ | 6.52 | $3.0\times10^{-7}$ |
| $AlAsO_4$ | 15.8 | $1.6\times10^{-16}$ | $\!=\!\!=\!Bi^{3+}+Br^-+H_2O)$ | | |
| $Al(OH)_3(Al^{3+},3OH^-)$ | 32.9 | $1.3\times10^{-33}$ | $BiOCl(BiOCl+H_2O$ | 30.75 | $1.8\times10^{-31}$ |
| $(AlOH^{2+},2OH^-)$ | 23.0 | $1\times10^{-23}$ | $\!=\!\!=\!Bi^{3+}+Cl^-+2OH^-)$ | | |
| $(H^+,AlO_2^-)$ | 12.80 | $1.6\times10^{-13}$ | $BiOCl(BiO^+,Cl^-)$ | 8.2 | $7\times10^{-9}$ |
| $Al(Ox)_3$① | 32.3 | $5\times10^{-33}$ | $BiO(NO_2)$ | 6.31 | $4.9\times10^{-7}$ |
| $AlPO_4$ | 18.24 | $5.8\times10^{-19}$ | $BiO(NO_3)$ | 2.55 | $2.8\times10^{-3}$ |
| $Am(OH)_3$ | 19.57 | $2.7\times10^{-20}$ | $BiOOH(BiO^+,OH^-)$ | 9.4 | $4\times10^{-10}$ |
| $Am(OH)_4$ | 56 | $1\times10^{-56}$ | $Bi(OH)_3$ | 31.5 | $3\times10^{-32}$ |
| AuBr | 16.3 | $5\times10^{-17}$ | BiOSCN | 6.80 | $1.6\times10^{-7}$ |
| $AuBr_3$ | 35.4 | $4\times10^{-36}$ | $BiPO_4$ | 22.89 | $1.3\times10^{-23}$ |
| $Au_2(C_2O_4)_3$ | 10 | $1\times10^{-10}$ | $Bi_2S_3$ | 97 | $1\times10^{-97}$ |
| AuCl | 12.7 | $2\times10^{-13}$ | $Ca_3(AsO_4)_2$ | 18.17 | $6.8\times10^{-19}$ |
| $AuCl_3$ | 24.5 | $3\times10^{-25}$ | $Ca(C_4H_4O_6)\cdot2H_2O$ | 6.11 | $7.7\times10^{-7}$ |
| AuI | 22.8 | $1.6\times10^{-23}$ | $CaCO_3$(方解石) | 8.35 | $4.5\times10^{-9}$ |
| $AuI_3$ | 46 | $1\times10^{-46}$ | $CaCO_3$(文石) | 8.22 | $6.0\times10^{-9}$ |
| $Au(OH)_3$ | 45.26 | $5.5\times10^{-46}$ | $CaC_2O_4\cdot H_2O$ | 8.4 | $4\times10^{-9}$ |
| $Ba_3(AsO_4)_2$ | 50.11 | $8.0\times10^{-51}$ | $CaCrO_4$ | 3.15 | $7.1\times10^{-4}$ |
| $Ba(BrO_3)_2$ | 5.50 | $3.2\times10^{-6}$ | $CaF_2$ | 10.57 | $2.7\times10^{-11}$ |
| $BaCO_3$ | 9.40 | $4.0\times10^{-10}$ | $CaHPO_4$ | 6.56 | $2.7\times10^{-7}$ |
| $BaC_2O_4\cdot H_2O$ | 7.64 | $2.3\times10^{-8}$ | $Ca(IO_3)_2\cdot6H_2O$ | 6.15 | $7.1\times10^{-7}$ |
| $BaCrO_4$ | 9.93 | $1.2\times10^{-10}$ | $Ca[Mg(CO_3)_2]$ | 16.70 | $2.0\times10^{-17}$ |
| $BaF_2$ | 5.98 | $1.1\times10^{-6}$ | $CaMoO_4$ | 7.38 | $4.2\times10^{-8}$ |
| $Ba_2[Fe(CN)_6]\cdot6H_2O$ | 7.5 | $3\times10^{-8}$ | $Ca(NbO_3)_2$ | 17.06 | $8.7\times10^{-18}$ |
| $BaHPO_4$ | 7.42 | $3.8\times10^{-8}$ | $Ca(NH_4)_2Fe(CN)_6$ | 7.4 | $4\times10^{-8}$ |
| $Ba(IO_3)_2\cdot2H_2O$ | 8.82 | $1.5\times10^{-9}$ | $Ca(OH)_2$ | 5.43 | $3.7\times10^{-8}$ |
| $BaMnO_4$ | 9.61 | $2.5\times10^{-10}$ | $Ca(Ox)_2$① | 11.12 | $7.6\times10^{-12}$ |
| $BaMoO_4$ | 7.40 | $4.0\times10^{-8}$ | $Ca_3(PO_4)_2$ | 28.70 | $2.0\times10^{-29}$ |
| $Ba(NO_3)_2$ | 2.35 | $4.5\times10^{-3}$ | $CaPO_3F$ | 2.4 | $4\times10^{-3}$ |
| $Ba(NbO_3)_2$ | 16.50 | $3.2\times10^{-17}$ | $Ca_5(PO_4)_3OH$ | 57.8 | $1.6\times10^{-58}$ |
| $Ba(OH)_2$ | 2.3 | $5\times10^{-3}$ | $CaSO_3$ | 6.51 | $3.1\times10^{-7}$ |
| $Ba(Ox)_2$① | 8.3 | $5\times10^{-9}$ | $CaSO_4$ | 4.60 | $2.5\times10^{-5}$ |
| $Ba_3(PO_4)_2$ | 22.47 | $3.4\times10^{-23}$ | $CaSeO_3$ | 5.53 | $2.9\times10^{-6}$ |
| $Ba_2P_2O_7$ | 10.5 | $3\times10^{-11}$ | $CaSeO_4$ | 3.09 | $8.1\times10^{-4}$ |
| $BaPO_3F$ | 6.4 | $4\times10^{-7}$ | $CaSiF_6$ | 3.09 | $8.1\times10^{-4}$ |
| $BaPt(CN)_4$ | 2.4 | $4\times10^{-3}$ | $CaSiO_3$ | 7.60 | $2.5\times10^{-8}$ |
| $Ba(ReO_4)_2$ | 1.28 | $5.2\times10^{-2}$ | $CaWO_4$ | 8.06 | $8.7\times10^{-9}$ |
| $BaSO_3$ | 6.1 | $8\times10^{-7}$ | $Cd_3(AsO_4)_2$ | 32.66 | $2.2\times10^{-33}$ |
| $BaSO_4$ | 9.96 | $1.1\times10^{-10}$ | $Cd(BO_2)_2$ | 8.64 | $2.3\times10^{-9}$ |
| $BaS_2O_3$ | 4.79 | $1.6\times10^{-5}$ | $Cd(C_7H_6O_2N)_2$② | 8.27 | $5.4\times10^{-9}$ |
| $BaSeO_3$ | 6.57 | $2.7\times10^{-7}$ | $Cd(C_{10}H_6O_2N)_2$③ | 12.3 | $5\times10^{-13}$ |
| $BaSeO_4$ | 7.46 | $3.5\times10^{-8}$ | $Cd(CN)_2$ | 8.0 | $1\times10^{-8}$ |
| $BaSiF_6$ | 6 | $1\times10^{-6}$ | $CdCO_3$ | 11.28 | $5.2\times10^{-12}$ |
| $BeMoO_4$ | 1.5 | $3\times10^{-2}$ | $CdC_2O_4\cdot3H_2O$ | 7.04 | $9.1\times10^{-8}$ |
| $Be(NbO_3)_2$ | 15.92 | $1.2\times10^{-16}$ | $CdCrO_4$ | 4.11 | $7.8\times10^{-5}$ |
| $Be(OH)_2,(Be^{2+},2OH^-)$ | 21.2 | $6\times10^{-22}$ | $Cd(IO_3)_2$ | 7.64 | $2.3\times10^{-8}$ |
| $(BeOH^+,OH^-)$ | 13.7 | $2\times10^{-14}$ | $Cd_2[Fe(CN)_6]$ | 17.38 | $4.2\times10^{-18}$ |
| $(H^+,HBeO_2^-)$ | 2.5 | $3\times10^{-3}$ | $CdMoO_4$ | 8.89 | $1.3\times10^{-9}$ |

续表

| 化合物 | $pK_{sp}$ | $K_{sp}$ | 化合物 | $pK_{sp}$ | $K_{sp}$ |
|---|---|---|---|---|---|
| $[Cd(NH_3)_6](BF_4)_2$ | 5.7 | $2\times10^{-6}$ | $CsBF_4$ | 4.7 | $2\times10^{-5}$ |
| $Cd(OH)_2$(新)④ | 13.55 | $2.8\times10^{-14}$ | $CsClO_4$ | 2.4 | $4\times10^{-3}$ |
| $Cd(OH)_2$(陈)⑤ | 14.4 | $4\times10^{-15}$ | $Cs_3[Co(NO_2)_6]$ | 15.24 | $5.7\times10^{-16}$ |
| $Cd_3(PO_4)_2$ | 32.6 | $3\times10^{-33}$ | $CsHgCl_3$ | 2.7 | $2\times10^{-3}$ |
| CdS | 26.10 | $8.0\times10^{-27}$ | $CsIO_4$ | 2.36 | $4.4\times10^{-3}$ |
| $CdSeO_3$ | 8.89 | $1.3\times10^{-9}$ | $CsMnO_4$ | 4.08 | $8.3\times10^{-5}$ |
| $CdWO_4$ | 9.85 | $1.4\times10^{-10}$ | $Cs_2(PtCl_6)$ | 7.44 | $3.6\times10^{-8}$ |
| $Ce_2(C_4H_4O_6)_3\cdot9H_2O$ | 19.01 | $9.7\times10^{-20}$ | $Cs_2(PtF_6)$ | 5.62 | $2.4\times10^{-6}$ |
| $Ce_2(C_2O_4)_3\cdot9H_2O$ | 25.5 | $3\times10^{-26}$ | $CsReO_4$ | 3.40 | $4.0\times10^{-4}$ |
| $Ce(IO_3)_3$ | 9.50 | $3.2\times10^{-10}$ | $Cs_2SiF_6$ | 4.90 | $1.3\times10^{-5}$ |
| $Ce(IO_3)_4$ | 16.3 | $5\times10^{-17}$ | $Cs_2SnCl_6$ | 7.44 | $3.6\times10^{-8}$ |
| $CeO_2(Ce^{4+},4OH^-)$ | 50.6 | $3\times10^{-51}$ | $Cu_3(AsO_4)_2$ | 35.12 | $7.6\times10^{-36}$ |
| $(CeO^{2+},2OH^-)$ | 24.0 | $1\times10^{-24}$ | $Cu[B(C_6H_5)_4]$ | 8.0 | $1\times10^{-8}$ |
| $Ce(OH)_3$ | 21.20 | $6.3\times10^{-22}$ | CuBr | 8.28 | $5.3\times10^{-9}$ |
| $CePO_4$ | 23 | $1\times10^{-23}$ | $Cu(C_7H_6O_2N)_2$② | 14.18 | $6.6\times10^{-15}$ |
| $Ce_2S_3$ | 10.22 | $6.0\times10^{-11}$ | $Cu(C_{10}H_6O_2N)_2$③ | 16.8 | $1.6\times10^{-17}$ |
| $Ce_2(SeO_3)_3$ | 24.43 | $3.7\times10^{-25}$ | CuCN | 19.49 | $3.2\times10^{-20}$ |
| $Co_3(AsO_4)_2$ | 28.12 | $7.6\times10^{-29}$ | $CuCO_3$ | 9.63 | $2.3\times10^{-10}$ |
| $Co(C_7H_6O_2N)_2$② | 10.97 | $1.1\times10^{-11}$ | $CuC_2O_4$ | 7.5 | $3\times10^{-8}$ |
| $Co(C_{10}H_6O_2N)_2$③ | 10.8 | $1.6\times10^{-11}$ | CuCl | 5.92 | $1.2\times10^{-6}$ |
| $CoCO_3$ | 9.98 | $1.1\times10^{-10}$ | $CuCrO_4$ | 5.44 | $3.6\times10^{-6}$ |
| $CoC_2O_4\cdot2H_2O$ | 7.2 | $6\times10^{-8}$ | $Cu_2[Fe(CN)_6]$ | 15.89 | $1.3\times10^{-16}$ |
| $Co_2[Fe(CN)_6]$ | 14.74 | $1.8\times10^{-15}$ | CuI | 11.96 | $1.1\times10^{-12}$ |
| $CoHg(SCN)_4$ | 5.82 | $1.5\times10^{-6}$ | $Cu(IO_3)_2$ | 7.13 | $7.4\times10^{-8}$ |
| $CoHPO_4$ | 6.7 | $2\times10^{-7}$ | $CuN_3$ | 8.31 | $4.9\times10^{-9}$ |
| $Co(IO_3)_2$ | 4.0 | $1\times10^{-4}$ | $Cu(N_3)_2$ | 9.2 | $6\times10^{-10}$ |
| $Co(NH_3)_6(BF_4)_2$ | 5.4 | $4\times10^{-6}$ | $Cu_2O$ | 14.7 | $2\times10^{-15}$ |
| $Co(NH_3)_6(ReO_4)_3$ | 11.77 | $1.7\times10^{-12}$ | $Cu(OH)_2$ | 19.89 | $1.3\times10^{-20}$ |
| $Co(OH)_2$(粉红,新)④ | 14.8 | $1.6\times10^{-15}$ | $Cu_2(OH)_2CO_3$ | 33.78 | $1.7\times10^{-34}$ |
| $Co(OH)_2$(粉红,陈)⑤ | 15.7 | $2\times10^{-16}$ | $Cu(Ox)_2$① | 29.7 | $2\times10^{-30}$ |
| $Co(OH)_2$(浅蓝) | 14.20 | $6.3\times10^{-15}$ | $Cu_3(PO_4)_2$ | 36.9 | $1.3\times10^{-37}$ |
| $Co(OH)_3$ | 40.5 | $3\times10^{-41}$ | $Cu_2P_2O_7$ | 15.08 | $8.3\times10^{-16}$ |
| $Co(O_x)_2$① | 24.8 | $1.6\times10^{-25}$ | $Cu_2S$ | 47.6 | $3\times10^{-48}$ |
| $Co_3(PO_4)_2$ | 34.7 | $2\times10^{-35}$ | CuS | 35.2 | $6\times10^{-36}$ |
| CoS(α) | 20.4 | $4\times10^{-21}$ | CuSCN | 14.32 | $4.8\times10^{-15}$ |
| CoS(β) | 24.7 | $2\times10^{-25}$ | CuSe | 49 | $1\times10^{-49}$ |
| $CoSeO_3$ | 7.08 | $8.3\times10^{-8}$ | $CuSeO_3$ | 7.78 | $1.6\times10^{-8}$ |
| $CrAsO_4$ | 20.11 | $7.7\times10^{-21}$ | $Cu(VO_3)_2$ | 11 | $1\times10^{-11}$ |
| $CrF_3$ | 10.18 | $6.6\times10^{-11}$ | $CuWO_4$ | 5 | $1\times10^{-5}$ |
| $Cr(NH_3)_6(BF_4)_3$ | 4.21 | $6.2\times10^{-5}$ | $Dy_2(CrO_4)_3\cdot10H_2O$ | 8 | $1\times10^{-8}$ |
| $Cr(NH_3)_6(MnO_4)_3$ | 7.40 | $4.0\times10^{-8}$ | $Dy(IO_3)_3$ | 10.92 | $1.2\times10^{-11}$ |
| $Cr(NH_3)_6(ReO_4)_3$ | 11.11 | $7.7\times10^{-12}$ | $Dy(OH)_3$(新)④ | 23.1 | $8\times10^{-24}$ |
| $Cr(NH_3)_6(SO_3F)_3$ | 3.9 | $1.3\times10^{-4}$ | $Dy(OH)_3$(陈)⑤ | 25.9 | $1.3\times10^{-26}$ |
| $Cr(OH)_2$ | 17.0 | $1\times10^{-17}$ | $Er_2(C_2O_4)_3$ | 25 | $1\times10^{-25}$ |
| $Cr(OH)_3(Cr^{3+},3OH^-)$ | 30.2 | $6\times10^{-31}$ | $Er(IO_3)_3$ | 10.41 | $3.9\times10^{-11}$ |
| $(CrOH^{2+},2OH^-)$ | 20.2 | $6\times10^{-21}$ | $Er(OH)_3$(新)④ | 23.39 | $4.1\times10^{-24}$ |
| $(H^+,CrO_2^-)$ | 15.5 | $3\times10^{-16}$ | $Er(OH)_3$(陈)⑤ | 26.57 | $2.7\times10^{-27}$ |
| $CrPO_4$(紫) | 17.00 | $1.0\times10^{-17}$ | $Eu(IO_3)_3$ | 11.32 | $4.8\times10^{-12}$ |
| $CrPO_4$(绿) | 22.62 | $2.4\times10^{-23}$ | $Eu(OH)_3$(新)④ | 23.05 | $8.9\times10^{-24}$ |
| $CsAuCl_4$ | 3 | $1\times10^{-3}$ | $Eu(OH)_3$(陈)⑤ | 26.54 | $2.9\times10^{-27}$ |

续表

| 化合物 | $pK_{sp}$ | $K_{sp}$ | 化合物 | $pK_{sp}$ | $K_{sp}$ |
|---|---|---|---|---|---|
| $FeAsO_4$ | 20.24 | $5.7\times10^{-21}$ | $Ho(OH)_3$(陈)⑤ | 25.7 | $2\times10^{-26}$ |
| $Fe(C_{10}H_6O_2N)_3$③ | 16.9 | $1.3\times10^{-17}$ | $In_4[Fe(CN)_6]_3$ | 43.72 | $1.9\times10^{-44}$ |
| $FeCO_3$ | 10.68 | $2.1\times10^{-11}$ | $In(OH)_3$ | 36.9 | $1.3\times10^{-37}$ |
| $FeC_2O_4\cdot2H_2O$ | 6.5 | $3\times10^{-7}$ | $In(Ox)_3$① | 31.34 | $4.6\times10^{-32}$ |
| $Fe_4[Fe(CN)_6]_3$ | 40.52 | $3.0\times10^{-41}$ | $In_2S_3$ | 73.24 | $5.7\times10^{-74}$ |
| $Fe(OH)_2$ | 15.1 | $8\times10^{-16}$ | $In_2(SeO_3)_3\cdot6H_2O$ | 32.6 | $4\times10^{-33}$ |
| $Fe(OH)_3$(新)④ | 38.6 | $3\times10^{-39}$ | $Ir_2O_3(2Ir^{3+},6OH^-)$ | 47.7 | $2\times10^{-48}$ |
| $Fe(OH)_3$(陈)⑤ | 39.4 | $4\times10^{-40}$ | $IrO_2(Ir^{4+},4OH^-)$ | 71.8 | $1.6\times10^{72}$ |
| $Fe(Ox)_3$① | 43.51 | $3.1\times10^{-44}$ | $IrS_2$ | 75 | $1\times10^{-75}$ |
| $FePO_4$ | 21.89 | $1.3\times10^{-22}$ | $K_3AlF_6$ | 8.8 | $1.6\times10^{-9}$ |
| $Fe_4(P_2O_7)_3$ | 22.6 | $3\times10^{-23}$ | $KAu(SCN)_4$ | 4.2 | $6\times10^{-5}$ |
| $FeS$ | 17.2 | $6\times10^{-18}$ | $K[B(C_6H_5)_4]$ | 7.65 | $2.2\times10^{-8}$ |
| $Fe_2(SeO_3)_3$ | 30.7 | $2\times10^{-31}$ | $K_3[Co(NO_2)_6]$ | 9.37 | $4.3\times10^{-10}$ |
| $Ga_4[Fe(CN)_6]_3$ | 33.82 | $1.5\times10^{-34}$ | $K_2GeF_6$ | 4.52 | $3.0\times10^{-5}$ |
| $Ga(OH)_3$ | 35.15 | $7.0\times10^{-36}$ | $KHC_4H_4O_6$ | 3.5 | $3\times10^{-4}$ |
| $Ga(Ox)_3$① | 32.06 | $8.7\times10^{-33}$ | $K_2HfF_6$ | 2.7 | $2\times10^{-3}$ |
| $Gd(IO_3)_3$ | 11.13 | $7.4\times10^{-12}$ | $K_2IrCl_6$ | 4.17 | $6.8\times10^{-5}$ |
| $Gd(OH)_3$ | 26.88 | $1.3\times10^{-27}$ | $K_2Na[Co(NO_2)_6]$ | 10.66 | $2.2\times10^{-11}$ |
| $HfO_2\cdot xH_2O(HfO^{2+},2OH^-)$ | 25.4 | $4\times10^{-26}$ | $K_2PdCl_4$ | 4.9 | $1.3\times10^{-5}$ |
| $Hg_2Br_2$ | 22.24 | $5.8\times10^{-23}$ | $K_2PdCl_6$ | 5.22 | $6.0\times10^{-6}$ |
| $Hg_2C_4H_4O_6$ | 10 | $1\times10^{-10}$ | $K_2PtCl_4$ | 2.1 | $8\times10^{-3}$ |
| $Hg_2(C_{10}H_6O_2N)_2$③ | 17.9 | $1.3\times10^{-18}$ | $K_2PtCl_6$ | 4.96 | $1.1\times10^{-5}$ |
| $Hg(C_{10}H_6O_2N)_2$③ | 16.8 | $1.6\times10^{-17}$ | $K_2PtBr_6$ | 4.2 | $6\times10^{-5}$ |
| $Hg_2(CN)_2$ | 39.3 | $5\times10^{-40}$ | $K_2PtF_6$ | 4.54 | $2.9\times10^{-5}$ |
| $Hg_2CO_3$ | 16.05 | $8.9\times10^{-17}$ | $KReC_4$ | 2.72 | $1.9\times10^{-3}$ |
| $Hg_2C_2O_4$ | 12.7 | $2\times10^{-13}$ | $K_2SiF_6$ | 6.06 | $8.7\times10^{-7}$ |
| $Hg_2Cl_2$ | 17.88 | $1.3\times10^{-18}$ | $K_2TiF_6$ | 3.3 | $5\times10^{-4}$ |
| $Hg_2CrO_4$ | 8.70 | $2.0\times10^{-9}$ | $K_2ZrF_6$ | 3.3 | $5\times10^{-4}$ |
| $(Hg_2)_3[Fe(CN)_6]_2$ | 20.07 | $8.5\times10^{-21}$ | $KUO_2AsO_4$ | 22.60 | $2.5\times10^{-23}$ |
| $(Hg_2)_4[Fe(CN)_6]_2$ | 11.96 | $1.1\times10^{-12}$ | $K_4[UO_2(CO_3)_3]$ | 4.2 | $6\times10^{-5}$ |
| $Hg_2I_2$ | 23.35 | $4.5\times10^{-29}$ | $La(BrO_3)_3$ | 2.5 | $3\times10^{-3}$ |
| $Hg_2(IO_3)_2$ | 13.71 | $2.0\times10^{-14}$ | $La_2(C_4H_4O_6)_3$ | 18.7 | $2\times10^{-19}$ |
| $Hg(IO_3)_2$ | 12.5 | $3\times10^{-13}$ | $La_2(C_2O_4)_3\cdot9H_2O$ | 26.60 | $2.5\times10^{-27}$ |
| $Hg_2(N_3)_2$ | 9.15 | $7.1\times10^{-10}$ | $La(IO_3)_3$ | 10.92 | $1.2\times10^{-11}$ |
| $Hg_2O(Hg_2^{2+},2OH^-)$ | 23.7 | $2\times10^{-24}$ | $La_2(MoO_4)_3$ | 20.4 | $4\times10^{-21}$ |
| $HgO(Hg^{2+},2OH^-)$ | 25.4 | $4\times10^{-26}$ | $La(OH)_3$(新)④ | 18.7 | $2\times10^{-19}$ |
| $Hg_2HPO_4$ | 12.40 | $4.0\times10^{-13}$ | $La(OH)_3$(陈)⑤ | 21.7 | $2\times10^{-22}$ |
| $Hg_2S$ | 47.0 | $1\times10^{-47}$ | $LaPO_4$ | 22.43 | $3.7\times10^{-23}$ |
| $HgS$(红) | 52.4 | $4\times10^{-53}$ | $La_2S_3$ | 12.70 | $2.0\times10^{-13}$ |
| $HgS$(黑) | 51.8 | $1.6\times10^{-52}$ | $La_2(SO_4)_3$ | 4.5 | $3\times10^{-5}$ |
| $Hg_2(SCN)_2$ | 19.52 | $3.0\times10^{-20}$ | $La_2(WO_4)_3\cdot3H_2O$ | 3.90 | $1.3\times10^{-4}$ |
| $Hg_2SO_3$ | 27.0 | $1\times10^{-27}$ | $LiF$ | 2.42 | $3.8\times10^{-3}$ |
| $Hg_2SO_4$ | 6.13 | $7.4\times10^{-7}$ | $Li_3PO_4$ | 8.5 | $3\times10^{-9}$ |
| $HgSe$ | 59.8 | $1.6\times10^{-60}$ | $LiUO_2AsO_4$ | 18.82 | $1.5\times10^{-19}$ |
| $Hg_2SeO_3$ | 14.2 | $6\times10^{-15}$ | $Lu(OH)_3$(新)④ | 23.72 | $1.9\times10^{-24}$ |
| $HgSeO_3$ | 13.82 | $1.5\times10^{-14}$ | $Lu(OH)_3$(陈)⑤ | 27.00 | $1.0\times10^{-27}$ |
| $Hg(VO_3)_2$ | 12 | $1\times10^{-12}$ | $Mg_3(AsO_4)_2$ | 19.68 | $2.1\times10^{-20}$ |
| $Hg_2WO_4$ | 16.96 | $1.1\times10^{-17}$ | $MgCO_3$ | 7.46 | $3.5\times10^{-8}$ |
| $Ho(IO_3)_3$ | 10.70 | $2.0\times10^{-11}$ | $MgCO_3\cdot3H_2O$ | 4.67 | $2.1\times10^{-5}$ |
| $Ho(OH)_3$(新)④ | 22.3 | $5\times10^{-23}$ | $MgC_2O_4$ | 4.1 | $8\times10^{-5}$ |

续表

| 化 合 物 | $pK_{sp}$ | $K_{sp}$ | 化 合 物 | $pK_{sp}$ | $K_{sp}$ |
|---|---|---|---|---|---|
| $MgF_2$ | 8.19 | $6.5\times10^{-9}$ | $NiC_2O_4$ | 9.4 | $4\times10^{-10}$ |
| $MgHPO_4\cdot3H_2O$ | 5.83 | $1.5\times10^{-6}$ | $Ni(ClO_3)_2$ | 4 | $1\times10^{-4}$ |
| $Mg(IO_3)_2\cdot4H_2O$ | 2.5 | $3\times10^{-3}$ | $Ni_2[Fe(CN)_6]$ | 14.89 | $1.3\times10^{-15}$ |
| $MgK_2[Fe(CN)_6]$ | 8.3 | $5\times10^{-9}$ | $Ni(IO_3)_2$ | 7.85 | $1.4\times10^{-8}$ |
| $Mg(NbO_3)_2$ | 16.64 | $2.3\times10^{-17}$ | $Ni(NH_3)_6(BF_4)_2$ | 6 | $1\times10^{-6}$ |
| $Mg(NH_4)_2[Fe(CN)_6]$ | 7.4 | $4\times10^{-8}$ | $Ni(NH_3)_6(ReO_4)_2$ | 3.29 | $5.1\times10^{-4}$ |
| $MgNH_4PO_4$ | 12.6 | $2.5\times10^{-13}$ | $[Ni(N_2H_4)_3]SO_4$ | 13.15 | $7.1\times10^{-14}$ |
| $Mg(OH)_2$(新)④ | 9.2 | $6\times10^{-10}$ | $Ni(OH)_2$(新)④ | 14.7 | $2\times10^{-15}$ |
| $Mg(OH)_2$(陈)⑤ | 10.9 | $1.3\times10^{-11}$ | $Ni(OH)_2$(陈)⑤ | 17.2 | $6\times10^{-18}$ |
| $Mg(Ox)_2$① | 15.4 | $4\times10^{-16}$ | $Ni(Ox)_2$① | 26.1 | $8\times10^{-27}$ |
| $Mg_3(PO_4)_2\cdot8H_2O$ | 25.20 | $6.3\times10^{-26}$ | $Ni_3(PO_4)_2$ | 30.3 | $5\times10^{-31}$ |
| $MgSO_3$ | 2.5 | $3\times10^{-3}$ | $Ni_2P_2O_7$ | 12.77 | $1.7\times10^{-13}$ |
| $MgSeO_3$ | 4.89 | $1.3\times10^{-5}$ | $NiS(\alpha)$ | 18.5 | $3\times10^{-19}$ |
| $MgSeO_3\cdot6H_2O$ | 5.36 | $4.4\times10^{-6}$ | $NiS(\beta)$ | 24.0 | $1\times10^{-24}$ |
| $Mn_3(AsO_4)_2$ | 28.72 | $1.9\times10^{-29}$ | $NiS(\gamma)$ | 25.7 | $2\times10^{-26}$ |
| $Mn(C_7H_6O_2N)_2$② | 6.75 | $1.8\times10^{-7}$ | $NiSeO_3$ | 5.0 | $1\times10^{-5}$ |
| $MnCO_3$ | 9.30 | $5.0\times10^{-10}$ | $NpO_2(OH)_2$ | 21.6 | $3\times10^{-22}$ |
| $MnC_2O_4\cdot2H_2O$ | 5.3 | $5\times10^{-6}$ | $Pa(OH)_5$ | 55 | $1\times10^{-55}$ |
| $Mn_2[Fe(CN)_6]$ | 12.10 | $8.0\times10^{-13}$ | $Pb_3(AsO_4)_2$ | 35.39 | $4.1\times10^{-36}$ |
| $MnNH_4PO_4$ | 12 | $1\times10^{-12}$ | $Pb(BO_2)_2$ | 10.78 | $1.6\times10^{-11}$ |
| $Mn(OH)_2$ | 12.72 | $1.9\times10^{-13}$ | $PbBr_2$ | 4.41 | $4.0\times10^{-5}$ |
| $Mn(OH)_3$ | 36 | $1\times10^{-36}$ | $PbBrF(PbBr^+,F^-)$ | 5.65 | $2.2\times10^{-6}$ |
| $Mn(Ox)_2$① | 21.7 | $2\times10^{-22}$ | $Pb(BrO_3)_2$ | 5.10 | $8.0\times10^{-6}$ |
| MnS(肉色) | 9.6 | $3\times10^{-10}$ | $Pb(C_2H_3O_2)_2$ | 2.75 | $1.8\times10^{-3}$ |
| MnS(绿色) | 12.6 | $3\times10^{-13}$ | $Pb(C_7H_6O_2N)_2$② | 9.81 | $1.6\times10^{-10}$ |
| $MnSeO_3$ | 7.27 | $5.4\times10^{-8}$ | $Pb(C_{10}H_6O_2N)_2$③ | 10.6 | $3\times10^{-11}$ |
| $(NH_4)_3AlF_6$ | 2.80 | $1.6\times10^{-3}$ | $PbCO_3$ | 13.13 | $7.4\times10^{-14}$ |
| $(NH_4)_3[Co(NO_2)_6]$ | 5.12 | $7.6\times10^{-6}$ | $PbC_2O_4$ | 9.32 | $4.8\times10^{-10}$ |
| $(NH_4)_2IrCl_6$ | 4.5 | $3\times10^{-5}$ | $PbCl_2$ | 4.79 | $1.6\times10^{-5}$ |
| $(NH_4)_2Na[Co(NO_2)_6]$ | 11.4 | $4\times10^{-12}$ | $PbClF(PbCl^+,F^-)$ | 5.62 | $2.4\times10^{-6}$ |
| $(NH_4)_2PtCl_6$ | 5.05 | $9.0\times10^{-6}$ | $Pb(ClO_2)_2$ | 8.4 | $4\times10^{-9}$ |
| $NH_4UO_2AsO_4$ | 23.77 | $1.7\times10^{-24}$ | $PbClOH$ | 13.7 | $2\times10^{-14}$ |
| $Na_3AlF_6$ | 9.39 | $4.1\times10^{-10}$ | $PbCrO_4$ | 13.75 | $1.8\times10^{-14}$ |
| $NaAu(SCN)_4$ | 3.4 | $4\times10^{-4}$ | $PbF_2$ | 7.57 | $2.7\times10^{-8}$ |
| $Na_2BeF_4$ | 2.15 | $7.0\times10^{-3}$ | $PbFBr(Pb^{2+},F^-,Br^-)$ | 8.48 | $3.3\times10^{-9}$ |
| $NaK_2[Co(NO_2)_6]$ | 10.66 | $2.2\times10^{-11}$ | $PbFCl(Pb^{2+},F^-,Cl^-)$ | 8.62 | $2.4\times10^{-9}$ |
| $Na(NH_4)_2[Co(NO_2)_6]$ | 11.4 | $4\times10^{-12}$ | $PbFI(Pb^{2+},F^-,I^-)$ | 8.07 | $8.5\times10^{-9}$ |
| $NaPb_2OH(CO_3)_2$ | 31.0 | $1\times10^{-31}$ | $Pb_2[Fe(CN)_6]$ | 18.02 | $9.6\times10^{-19}$ |
| $Na[Sb(OH)_6]$ | 7.4 | $4\times10^{-8}$ | $PbHPO_3$ | 6.24 | $5.8\times10^{-7}$ |
| $Na_2SiF_6$ | 3.56 | $2.8\times10^{-4}$ | $PbHPO_4$ | 9.90 | $1.3\times10^{-10}$ |
| $NaUO_2AsO_4$ | 21.87 | $1.3\times10^{-22}$ | $PbI_2$ | 8.15 | $7.1\times10^{-9}$ |
| $Nd(IO_3)_3$ | 10.92 | $1.2\times10^{-11}$ | $PbI(OH)$ | 15.2 | $6\times10^{-16}$ |
| $Nd(OH)_3$(新)④ | 21.49 | $3.2\times10^{-22}$ | $Pb(IO_3)_2$ | 12.58 | $2.6\times10^{-13}$ |
| $Nd(OH)_3$(陈)⑤ | 23.89 | $1.3\times10^{-24}$ | $PbMoO_4$ | 13.0 | $1\times10^{-13}$ |
| $Ni_3(AsO_4)_2$ | 25.51 | $3.1\times10^{-26}$ | $Pb(N_3)_2$ | 8.59 | $2.6\times10^{-9}$ |
| $Ni(C_7H_6O_2N)_2$② | 11.72 | $1.9\times10^{-12}$ | $Pb(NbO_3)_2$ | 16.62 | $2.4\times10^{-17}$ |
| $Ni(C_{10}H_6O_2N)_2$③ | 10.1 | $8\times10^{-11}$ | $Pb(OH)_2$ | 14.93 | $1.2\times10^{-15}$ |
| $Ni(CN)_2$ | 22.5 | $3\times10^{-23}$ | $PbO_2(Pb^{4+},4OH^-)$ | 65.5 | $3\times10^{-66}$ |
| $Ni_2(CN)_4[Ni^{2+},Ni(CN)_4^{2-}]$ | 8.77 | $1.7\times10^{-9}$ | $Pb_3O_4(2Pb^{2+},PbO_4^{4-})$ | 50.28 | $5.3\times10^{-51}$ |
| $NiCO_3$ | 6.87 | $1.3\times10^{-7}$ | $PbOHBr$ | 14.70 | $2.0\times10^{-15}$ |

续表

| 化合物 | $pK_{sp}$ | $K_{sp}$ | 化合物 | $pK_{sp}$ | $K_{sp}$ |
|---|---|---|---|---|---|
| PbOHCl | 13.7 | $2\times10^{-14}$ | $Rb_2TiF_6$ | 4.26 | $5.5\times10^{-5}$ |
| $PbOHNO_3$ | 3.55 | $2.8\times10^{-4}$ | $Rh(OH)_3$ | 23 | $1\times10^{-23}$ |
| $Pb_3(PO_4)_2$ | 42.10 | $8.0\times10^{-43}$ | $Ru(OH)_3$ | 38 | $1\times10^{-38}$ |
| $Pb_5(PO_4)_3Cl$ | 79.12 | $7.5\times10^{-80}$ | $RuO_2\cdot xH_2O$ | 49 | $1\times10^{-49}$ |
| $PbPO_3F$ | 7.0 | $1\times10^{-7}$ | $Sb_2O_3(Sb^{3+},3OH^-)$ | 41.4 | $4\times10^{-42}$ |
| PbS | 27.9 | $1.3\times10^{-28}$ | $(SbO^+,OH^-)$ | 17.1 | $8\times10^{-18}$ |
| | 26.6 | $2.5\times10^{-27}$ | $Sb_2S_3$ | 92.77 | $1.6\times10^{-93}$ |
| $Pb(SCN)_2$ | 4.70 | $2.0\times10^{-5}$ | $ScF_3$ | 17.37 | $4.2\times10^{-18}$ |
| $PbSO_4$ | 7.78 | $1.7\times10^{-8}$ | $Sc(OH)_3$ | 29.70 | $2.0\times10^{-30}$ |
| $PbS_2O_3$ | 6.4 | $4\times10^{-7}$ | $Sm(IO_3)_3$ | 11.19 | $6.5\times10^{-12}$ |
| PbSe | 38 | $1\times10^{-38}$ | $Sm(OH)_3$ | 23.89 | $1.3\times10^{-24}$ |
| $PbSeO_3$ | 11.5 | $3\times10^{-12}$ | $SnI_2$ | 4.0 | $1\times10^{-4}$ |
| $PbSeO_4$ | 6.84 | $1.4\times10^{-7}$ | $SnO(Sn^{2+},2OH^-)$ | 26.20 | $6.3\times10^{-27}$ |
| $PbWO_4$ | 10.08 | $8.4\times10^{-11}$ | $(SnOH^+,OH^-)$ | 14.34 | $4.5\times10^{-15}$ |
| $Pd(C_{10}H_6O_2N)_2$③ | 12.9 | $1.3\times10^{-13}$ | $Sn(OH)_4$ | 56 | $1\times10^{-56}$ |
| $Pd(OH)_2$ | 31.0 | $1\times10^{-31}$ | $Sn(OH)_2Cl_2$ | 55.3 | $5\times10^{-56}$ |
| $Pd(OH)_4$ | 70.2 | $6\times10^{-71}$ | SnS | 25.0 | $1\times10^{-25}$ |
| $Pm(OH)_3$(新)④ | 21.8 | $1.6\times10^{-22}$ | $Sr_3(AsO_4)_2$ | 18.09 | $8.1\times10^{-19}$ |
| $Pm(OH)_3$(陈)⑤ | 34 | $1\times10^{-34}$ | $SrCO_3$ | 9.96 | $1.1\times10^{-10}$ |
| PoS | 28.26 | $5.5\times10^{-29}$ | $SrC_2O_4\cdot H_2O$ | 6.80 | $1.6\times10^{-7}$ |
| $Po(SO_4)_2$ | 6.58 | $2.6\times10^{-7}$ | $SrCrO_4$ | 4.65 | $2.2\times10^{-5}$ |
| $Pr(IO_3)_3$ | 10.77 | $1.7\times10^{-11}$ | $SrF_2$ | 8.61 | $2.5\times10^{-9}$ |
| $Pr(OH)_3$(新)④ | 22.08 | $8.3\times10^{-23}$ | $SrHPO_4$ | 6.38 | $4.2\times10^{-7}$ |
| $Pr(OH)_3$(陈)⑤ | 28.66 | $2.2\times10^{-29}$ | $Sr(IO_3)_2$ | 6.48 | $3.3\times10^{-7}$ |
| $PtBr_4$ | 40.5 | $3\times10^{-41}$ | $SrMoO_4$ | 6.7 | $2\times10^{-7}$ |
| $PtCl_4$ | 28.1 | $8\times10^{-29}$ | $Sr(NbO_3)_2$ | 17.38 | $4.2\times10^{-18}$ |
| $Pt(OH)_2$ | 35 | $1\times10^{-35}$ | $Sr(OH)_2$ | 3.50 | $3.2\times10^{-4}$ |
| $PtO_2(Pt^{4+},4OH^-)$ | 71.8 | $1.6\times10^{-72}$ | $Sr(Ox)_2$① | 9.3 | $5\times10^{-10}$ |
| PtS | 72.1 | $8\times10^{-73}$ | $Sr_3(PO_4)_2$ | 27.39 | $4.0\times10^{-28}$ |
| $PuF_3$ | 15.6 | $3\times10^{-16}$ | $SrPO_3F$ | 2.5 | $3\times10^{-3}$ |
| $PuF_4$ | 19.2 | $6\times10^{-20}$ | $SrSO_3$ | 7.4 | $4\times10^{-8}$ |
| $Pu(HPO_4)_2\cdot xH_2O$ | 27.7 | $2\times10^{-28}$ | $SrSO_4$ | 6.49 | $3.2\times10^{-7}$ |
| $Pu(IO_3)_4$ | 12.3 | $5\times10^{-13}$ | $SrSeO_3$ | 6.10 | $8.0\times10^{-7}$ |
| $PuO_2CO_3$ | 12.77 | $1.7\times10^{-13}$ | $SrSeO_4$ | 4.40 | $4.0\times10^{-5}$ |
| $PuO_2C_2O_4$ | 9.22 | $6.0\times10^{-10}$ | $SrWO_4$ | 9.77 | $1.7\times10^{-10}$ |
| | 9.85 | $1.4\times10^{-10}$ | $Tb(IO_3)_3$ | 11.11 | $7.8\times10^{-12}$ |
| $Pu(OH)_3$ | 19.7 | $2\times10^{-20}$ | $Tb(OH)_3$(新)④ | 22.9 | $1.3\times10^{-23}$ |
| $Pu(OH)_4$ | 55 | $1\times10^{-55}$ | $Tb(OH)_3$(陈)⑤ | 25.8 | $1.6\times10^{-26}$ |
| $PuO_2OH$ | 9.3 | $5\times10^{-10}$ | $Te(OH)_4$ | 53.52 | $3.0\times10^{-54}$ |
| $PuO_2(OH)_2$ | 22.74 | $1.8\times10^{-23}$ | $Th(C_2O_4)_2$ | 24.96 | $1.1\times10^{-25}$ |
| $Ra(IO_3)_2$ | 9.06 | $8.7\times10^{-10}$ | $ThF_4$ | 25.3 | $5\times10^{-26}$ |
| $RaSO_4$ | 10.37 | $4.2\times10^{-11}$ | $Th(HPO_4)_2$ | 21 | $1\times10^{-21}$ |
| $RbClO_4$ | 2.60 | $2.5\times10^{-3}$ | $Th(IO_3)_4$ | 14.6 | $3\times10^{-15}$ |
| $Rb_3[Co(NO_2)_6]$ | 14.83 | $1.5\times10^{-15}$ | $ThOCO_3$ | 8.05 | $8.9\times10^{-9}$ |
| $RbIO_4$ | 3.26 | $5.5\times10^{-4}$ | $Th(OH)_4(Th^{4+},4OH^-)$ | 44.7 | $2\times10^{-45}$ |
| $RbMnO_4$ | 2.54 | $2.9\times10^{-3}$ | $(ThO^{2+},2OH^-)$ | 23.3 | $5\times10^{-24}$ |
| $Rb_2PtCl_6$ | 7.2 | $6\times10^{-8}$ | $Th_3(PO_4)_4$ | 78.6 | $3\times10^{-79}$ |
| $Rb_2PtF_6$ | 6.12 | $7.7\times10^{-7}$ | $Th(SO_4)_2$ | 2.4 | $4\times10^{-3}$ |
| $RbReO_4$ | 3.02 | $9.6\times10^{-4}$ | $Ti(OH)_3$ | 40 | $1\times10^{-40}$ |
| $Rb_2SiF_6$ | 6.3 | $5\times10^{-7}$ | $TiO(OH)_2$ | 29.0 | $1\times10^{-29}$ |

续表

| 化合物 | $pK_{sp}$ | $K_{sp}$ | 化合物 | $pK_{sp}$ | $K_{sp}$ |
|---|---|---|---|---|---|
| TlBr | 5.42 | $3.8\times10^{-6}$ | $UO_2NH_4AsO_4$ | 23.77 | $1.7\times10^{-24}$ |
| $TlBrO_3$ | 4.07 | $8.5\times10^{-5}$ | $UO_2NH_4PO_4$ | 26.36 | $4.4\times10^{-27}$ |
| $Tl_2CO_3$ | 2.4 | $4\times10^{-3}$ | $UO_2(OH)_2$ | 20.87 | $1.4\times10^{-21}$ |
| $Tl_2C_2O_4$ | 3.7 | $2\times10^{-4}$ | | 21.95 | $1.1\times10^{-22}$ |
| TlCl | 3.76 | $1.7\times10^{-4}$ | $(UO_2)_3(PO_4)_2$ | 46.68 | $2.1\times10^{-47}$ |
| $Tl_3[Co(NO_2)_6]$ | 14.94 | $1.1\times10^{-15}$ | $UO_2(SCN)_2$ | 3.4 | $4\times10^{-4}$ |
| $Tl_2CrO_4$ | 12.01 | $9.8\times10^{-13}$ | $UO_2SO_3$ | 8.59 | $2.6\times10^{-9}$ |
| $Tl_4[Fe(CN)_6]\cdot2H_2O$ | 9.3 | $5\times10^{-10}$ | $UO_2SeO_3$ | 10.42 | $3.8\times10^{-11}$ |
| TlI | 7.19 | $6.5\times10^{-8}$ | $V(OH)_2$ | 15.4 | $4\times10^{-16}$ |
| $TlIO_3$ | 5.51 | $3.1\times10^{-6}$ | $V(OH)_3$ | 34.4 | $4\times10^{-35}$ |
| $TlN_3$ | 3.66 | $2.2\times10^{-4}$ | $VO(OH)_2$ | 22.13 | $7.4\times10^{-23}$ |
| $Tl(OH)_3$ | 45.20 | $6.3\times10^{-46}$ | $(VO)_3(PO_4)_2$ | 24.1 | $8\times10^{-25}$ |
| $Tl(Ox)_3$① | 32.4 | $4\times10^{-33}$ | $Y_2(C_2O_4)_3$ | 28.28 | $5.3\times10^{-29}$ |
| $Tl_3PO_4$ | 7.18 | $6.7\times10^{-8}$ | | 26.6 | $3\times10^{-27}$ |
| $Tl_2PtCl_6$ | 11.4 | $4\times10^{-12}$ | $YF_3$ | 12.14 | $6.6\times10^{-13}$ |
| $TlReO_4$ | 4.92 | $1.2\times10^{-5}$ | $Y(OH)_3$(新)④ | 23.3 | $5\times10^{-24}$ |
| $Tl_2S$ | 20.3 | $5\times10^{-21}$ | $Y(OH)_3$(陈)⑤ | 24.5 | $3\times10^{-25}$ |
| TlSCN | 3.77 | $1.7\times10^{-4}$ | $Yb(IO_3)_3$ | 10.21 | $6.2\times10^{-11}$ |
| $Tl_2SO_3$ | 3.2 | $6\times10^{-4}$ | $Yb(OH)_3$(新)④ | 23.60 | $2.5\times10^{-24}$ |
| $Tl_2SO_4$ | 2.4 | $4\times10^{-3}$ | $Yb(OH)_3$(陈)⑤ | 25.06 | $8.7\times10^{-26}$ |
| $Tl_2S_2O_3$ | 6.70 | $2.0\times10^{-7}$ | $Zn_3(AsO_4)_2$ | 26.97 | $1.1\times10^{-27}$ |
| $Tl_2(SeO_3)_3$ | 38.7 | $2\times10^{-39}$ | $Zn(BO_2)_2\cdot H_2O$ | 10.18 | $6.6\times10^{-11}$ |
| $Tl_2SeO_4$ | 4.0 | $1\times10^{-4}$ | $Zn(C_7H_6O_2N)_2$② | 9.75 | $1.8\times10^{-10}$ |
| $TlVO_3$ | 5 | $1\times10^{-5}$ | $Zn(C_{10}H_6O_2N)_2$③ | 13.8 | $1.6\times10^{-14}$ |
| $Tl_4V_2O_7$ | 11 | $1\times10^{-11}$ | $Zn(CN)_2$ | 12.59 | $2.6\times10^{-13}$ |
| $Tm(IO_3)_3$ | 10.36 | $4.4\times10^{-11}$ | $ZnCO_3$ | 10.84 | $1.4\times10^{-11}$ |
| $Tm(OH)_3$ | 23.48 | $3.3\times10^{-24}$ | $ZnC_2O_4$ | 8.8 | $1.6\times10^{-9}$ |
| $UF_4\cdot2\frac{1}{2}H_2O$ | 21.24 | $5.7\times10^{-22}$ | $Zn_2[Fe(CN)_6]$ | 15.68 | $2.1\times10^{-16}$ |
| $U(HPO_4)_2$ | 26.80 | $1.6\times10^{-27}$ | $ZnHg(SCN)_4$ | 6.66 | $2.2\times10^{-7}$ |
| $U(OH)_3$ | 19.0 | $1\times10^{-19}$ | $Zn(IO_3)_2$ | 5.41 | $3.9\times10^{-6}$ |
| $U(OH)_4$ | 45 | $1\times10^{-45}$ | $Zn(OH)_2$ | 16.5 | $3\times10^{-17}$ |
| $UO_2CO_3$ | 11.73 | $1.8\times10^{-12}$ | | 16.92 | $1.2\times10^{-17}$ |
| $UO_2C_2O_4\cdot3H_2O$ | 3.7 | $2\times10^{-4}$ | $Zn(Ox)_2$① | 24.3 | $5\times10^{-25}$ |
| $(UO_2)_2[Fe(CN)_6]$ | 13.15 | $7.1\times10^{-14}$ | $Zn_3(PO_4)_2$ | 32.04 | $9.1\times10^{-33}$ |
| $UO_2HAsO_4$ | 10.50 | $3.2\times10^{-11}$ | ZnS,(α) | 23.8 | $1.6\times10^{-24}$ |
| $UO_2HPO_4$ | 10.67 | $2.1\times10^{-11}$ | ZnS,(β) | 21.6 | $2.5\times10^{-22}$ |
| $UO_2(IO_3)_2\cdot H_2O$ | 7.5 | $3\times10^{-8}$ | ZnSe | 31 | $1\times10^{-31}$ |
| $UO_2KAsO_4$ | 22.60 | $2.5\times10^{-23}$ | $ZnSeO_3$ | 6.59 | $2.6\times10^{-7}$ |
| $UO_2KPO_4$ | 23.11 | $7.8\times10^{-24}$ | $ZrO_2\cdot xH_2O(Zr^{4+},4OH^-)$ | 53.96 | $1.1\times10^{-54}$ |
| $UO_2LiAsO_4$ | 18.22 | $1.5\times10^{-19}$ | $(ZrO^{2+},2OH^-)$ | 25.5 | $3\times10^{-26}$ |
| $UO_2NaAsO_4$ | 21.87 | $1.3\times10^{-22}$ | $ZrO(H_2PO_4)_2$ | 17.64 | $2.3\times10^{-18}$ |

①Ox——8-羟基喹啉；②$HC_7H_6O_2N$——邻氨基苯甲酸；③$HC_{10}H_6O_2N$——喹哪啶酸（喹啉-2-羧酸）；④(新)——新析出的（或活性的）；⑤（陈）——陈化后的（或非活性的）。

## 七、溶液的电导率

1. 常见离子水溶液中无限稀释时的摩尔电导率

表 1-61 列举了某些常见离子的无限稀释时的摩尔电导率 $\lambda^{\circ}$。

**表 1-61 常见离子水溶液中无限稀释时的摩尔电导率（25℃）**

单位：$S \cdot cm^2 \cdot mol^{-1}$

| 阳离子 | $\lambda_+^\circ$ | 阴离子 | $\lambda_-^\circ$ | 阳离子 | $\lambda_+^\circ$ | 阴离子 | $\lambda_-^\circ$ |
|---|---|---|---|---|---|---|---|
| $H^+$ | 349.8 | $OH^-$ | 197.6 | $\frac{1}{2}Zn^{2+}$ | 53 | $C_6H_5CO_2^-$ | 32.3 |
| $Li^+$ | 38.69 | $Cl^-$ | 76.34 | $\frac{1}{3}La^{3+}$ | 69.5 | $HC_2O_4^-$ | 40.2 |
| $Na^+$ | 50.11 | $Br^-$ | 78.3 | $\frac{1}{3}Co(NH_3)_6^{3+}$ | 102.3 | $\frac{1}{2}C_2O_4^{2-}$ | 24.0 |
| $K^+$ | 73.52 | $I^-$ | 76.8 | $\frac{1}{3}Fe^{3+}$ | 68.4 | $\frac{1}{2}SO_4^{2-}$ | 80 |
| $NH_4^+$ | 73.4 | $NO_3^-$ | 71.44 | $\frac{1}{2}Pb^{2+}$ | 69.5 | $\frac{1}{3}Fe(CN)_6^{3-}$ | 101 |
| $Ag^+$ | 61.92 | $HCO_3^-$ | 44.5 | $\frac{1}{2}Ni^{2+}$ | 52 | $\frac{1}{4}Fe(CN)_6^{4-}$ | 111 |
| $Tl^+$ | 74.7 | $HCO_2^-$ | 54.6 | | | $IO_4^-$ | 54.38 |
| $\frac{1}{2}Mg^{2+}$ | 53.06 | $CH_3CO_2^-$ | 40.9 | | | $ReO_4^-$ | 54.68 |
| $\frac{1}{2}Ca^{2+}$ | 59.50 | $ClCH_2CO_2^-$ | 39.8 | | | $ClO_4^-$ | 67.32±0.06 |
| $\frac{1}{2}Sr^{2+}$ | 59.46 | $CH_3CH_2CO_2^-$ | 35.8 | | | $BrO_3^-$ | 55.78±0.05 |
| $\frac{1}{2}Ba^{2+}$ | 63.64 | $CNCH_2CO_2^-$ | 41.8 | | | | |
| $\frac{1}{2}Cu^{2+}$ | 54 | $CH_3(CH_2)_2CO_2^-$ | 32.6 | | | | |

2. 电解质在水溶液中的摩尔电导率

几种电解质在水溶液中的摩尔电导率（25℃）见表 1-62。

**表 1-62 电解质在水溶液中的摩尔电导率（25℃）** 单位：$S \cdot cm^2 \cdot mol^{-1}$

| 化合物 | 物质的量浓度/$mol \cdot L^{-1}$ | | | | | | | |
|---|---|---|---|---|---|---|---|---|
| | 无限稀 | 0.0005 | 0.001 | 0.005 | 0.01 | 0.02 | 0.05 | 0.1 |
| $AgNO_3$ | 133.36 | 131.36 | 130.51 | 127.20 | 124.76 | 121.41 | 115.24 | 109.14 |
| $\frac{1}{2}BaCl_2$ | 139.98 | 135.96 | 134.34 | 128.02 | 123.94 | 119.09 | 111.48 | 105.19 |
| $\frac{1}{2}CaCl_2$ | 136.84 | 131.93 | 130.36 | 124.25 | 120.36 | 115.65 | 108.47 | 102.4 |
| $\frac{1}{2}Ca(OH)_2$ | 257.9 | | | 232.9 | 225.9 | 213.9 | | |
| $\frac{1}{2}CuSO_4$ | 133.6 | 121.6 | 115.26 | 94.07 | 83.12 | 72.20 | 59.05 | 50.58 |
| HCl | 426.16 | 422.74 | 421.36 | 415.80 | 12.00 | 407.24 | 399.09 | 391.32 |
| KBr | 151.9 | | | 146.09 | 143.43 | 140.48 | 135.68 | 131.39 |
| KCl | 149.86 | 147.81 | 146.95 | 143.35 | 141.27 | 138.34 | 133.37 | 128.96 |
| $KClO_4$ | 140.04 | 138.76 | 137.87 | 134.16 | 131.46 | 127.92 | 121.62 | 115.20 |
| $\frac{1}{3}K_3Fe(CN)_6$ | 174.5 | 166.4 | 163.1 | 150.7 | | | | |
| $\frac{1}{4}K_4Fe(CN)_6$ | 184.5 | | 167.24 | 146.09 | 134.83 | 122.82 | 107.70 | 97.87 |
| $KHCO_3$ | 118.0 | 116.10 | 115.34 | 112.24 | 110.08 | 107.22 | | |
| KI | 150.38 | | | 144.37 | 142.18 | 139.45 | 134.97 | 131.11 |
| $KIO_4$ | 127.92 | 125.80 | 124.94 | 121.24 | 118.51 | 114.14 | 106.72 | 98.12 |
| $KNO_3$ | 144.96 | 142.77 | 141.84 | 138.48 | 132.82 | 132.41 | 126.31 | 120.40 |
| $KReO_4$ | 128.20 | 126.03 | 125.12 | 121.31 | 118.49 | 114.49 | 106.40 | 97.40 |
| $LaCl_3$ | 145.8 | 139.6 | 137.0 | 127.5 | 121.8 | 115.3 | 106.2 | 99.1 |
| LiCl | 115.03 | 113.15 | 112.40 | 109.40 | 107.40 | 104.65 | 100.11 | 95.86 |
| $LiClO_4$ | 105.98 | 104.18 | 103.44 | 100.57 | 98.61 | 96.18 | 92.20 | 88.56 |
| $\frac{1}{2}MgCl_2$ | 129.40 | 125.61 | 124.11 | 118.31 | 114.55 | 110.04 | 103.08 | 97.10 |
| $NH_4Cl$ | 149.7 | | 146.8 | 143.5 | 141.28 | 138.33 | 133.29 | 128.75 |

续表

| 化合物 | 物质的量浓度/mol·L$^{-1}$ | | | | | | | |
|---|---|---|---|---|---|---|---|---|
| | 无限稀 | 0.0005 | 0.001 | 0.005 | 0.01 | 0.02 | 0.05 | 0.1 |
| NaCl | 126.45 | 124.50 | 123.74 | 120.65 | 118.51 | 115.51 | 111.06 | 106.74 |
| $NaClO_4$ | 117.48 | 115.64 | 114.87 | 111.75 | 109.59 | 106.96 | 102.40 | 98.43 |
| NaI | 126.94 | 125.36 | 124.25 | 121.25 | 119.24 | 116.70 | 112.79 | 108.78 |
| $NaOOCCH_3$ | 91.0 | 89.2 | 88.5 | 85.72 | 83.76 | 81.24 | 76.92 | 72.80 |
| $NaOOCC_2H_5$ | 85.9 | | 83.5 | 80.9 | 79.1 | 76.6 | | |
| $NaOOCC_3H_7$ | 82.70 | 81.04 | 80.31 | 77.58 | 75.76 | 73.39 | 69.32 | 65.27 |
| NaOH | 247.8 | 245.6 | 244.7 | 240.8 | 238.0 | | | |
| $\frac{1}{2}Na_2SO_4$ | 129.9 | 125.74 | 124.15 | 117.15 | 112.44 | 106.78 | 97.75 | 89.98 |
| $\frac{1}{2}SrCl_2$ | 135.80 | 131.90 | 130.33 | 124.24 | 120.24 | 115.54 | 108.25 | 102.19 |
| $\frac{1}{2}ZnSO_4$ | 132.8 | 121.4 | 114.53 | 95.49 | 84.91 | 74.24 | 61.20 | 52.64 |

3. KCl 溶液在不同浓度不同温度下的电导率

通常采用 KCl 溶液为标准电导溶液，它在各种浓度的电导率均经精确测定。KCl 溶液在不同浓度不同温度下的电导率见表 1-63。

**表 1-63　KCl 溶液在不同浓度不同温度下的电导率 $k$**　　单位：S·cm$^{-1}$

| 温度/℃ | 1mol/L | 0.1mol/L | 0.01mol/L | 温度/℃ | 1mol/L | 0.1mol/L | 0.01mol/L |
|---|---|---|---|---|---|---|---|
| 0 | 0.06541 | 0.00715 | 0.000776 | 19 | 0.10014 | 0.01143 | 0.001251 |
| 5 | 0.07414 | 0.00822 | 0.000896 | 20 | 0.10207 | 0.01167 | 0.001278 |
| 10 | 0.08319 | 0.00933 | 0.001020 | 21 | 0.10400 | 0.01191 | 0.001305 |
| 15 | 0.09252 | 0.01048 | 0.001147 | 22 | 0.10594 | 0.01215 | 0.001332 |
| 16 | 0.09441 | 0.01072 | 0.001173 | 23 | 0.10789 | 0.01239 | 0.001359 |
| 17 | 0.09631 | 0.01095 | 0.001199 | 24 | 0.10984 | 0.01264 | 0.001386 |
| 18 | 0.09822 | 0.01119 | 0.001225 | 25 | 0.11180 | 0.01288 | 0.001413 |

## 八、氧化还原标准电极电位

表 1-64 为按元素符号字母顺序排列的标准还原电位，加括号的电位值表示另一种可能的电位数值。

**表 1-64　氧化还原标准电极电位（25℃）**

| 反应 | 电位/V | 反应 | 电位/V |
|---|---|---|---|
| $Ag^+ + e^- \rightleftharpoons Ag$ | 0.7996 | $AgNO_2 + e^- \rightleftharpoons Ag + NO_2^-$ | 0.59 |
| $Ag^{2+} + 2e^- \rightleftharpoons Ag$(4mol/L $HClO_4$) | 1.987 | $Ag_2O + H_2O + 2e^- \rightleftharpoons 2Ag + 2OH^-$ | 0.342 |
| $AgAc + e^- \rightleftharpoons Ag + Ac^-$ | 0.64 | $Ag_2O_3 + H_2O + 2e^- \rightleftharpoons 2AgO + 2OH^-$ | 0.74 |
| $AgBr + e^- \rightleftharpoons Ag + Br^-$ | 0.0713 | $2AgO + H_2O + 2e^- \rightleftharpoons Ag_2O + 2OH^-$ | 0.599 |
| $AgBrO_3 + e^- \rightleftharpoons Ag + BrO_3^-$ | 0.680 | $AgOCN + e^- \rightleftharpoons Ag + OCN^-$ | 0.41 |
| $AgC_2O_4 + 2e^- \rightleftharpoons Ag + C_2O_4^{2-}$ | 0.4776 | $Ag_2S + 2e^- \rightleftharpoons 2Ag + S^{2-}$ | −0.7051 |
| $AgCl + e^- \rightleftharpoons Ag + Cl^-$ | 0.2223 | $Ag_2S + 2H^+ + 2e^- \rightleftharpoons 2Ag + H_2S$ | −0.0366 |
| $AgCN + e^- \rightleftharpoons Ag + CN^-$ | −0.02 | $AgSCN + e^- \rightleftharpoons Ag + SCN^-$ | 0.0895 |
| $Ag_2CO_3 + 2e^- \rightleftharpoons 2Ag + CO_3^{2-}$ | 0.4769 | $Ag_2SeO_3 + 2e^- \rightleftharpoons 2Ag + SeO_3^{2-}$ | 0.3629 |
| $Ag_2CrO_4 + 2e^- \rightleftharpoons 2Ag + CrO_4^{2-}$ | 0.4463 | $Ag_2SO_4 + 2e^- \rightleftharpoons 2Ag + SO_4^{2-}$ | 0.653 |
| $Ag_4Fe(CN)_6 + 4e^- \rightleftharpoons 4Ag + Fe(CN)_6^{4-}$ | 0.1943 | $Ag_2WO_4 + 2e^- \rightleftharpoons 2Ag + WO_4^{2-}$ | 0.466 |
| $AgI + e^- \rightleftharpoons Ag + I^-$ | −0.1519 | $Al^{3+} + 3e^- \rightleftharpoons Al$(0.1mol/L NaOH) | −1.706 |
| $AgIO_3 + e^- \rightleftharpoons Ag + IO_3^-$ | 0.3551 | $H_2AlO_3^- + H_2O + 3e^- \rightleftharpoons Al + 4OH^-$ | −2.35 |
| $Ag_2MoO_4 + 2e^- \rightleftharpoons 2Ag + MoO_4^{2-}$ | 0.49 | $As + 3H^+ + 3e^- \rightleftharpoons AsH_3$ | −0.54 |

续表

| 反　　应 | 电位/V |
|---|---|
| $As_2O_3+6H^++6e^- \rightleftharpoons 2As+3H_2O$ | 0.234 |
| $HAsO_2+3H^++3e^- \rightleftharpoons As+2H_2O$ | 0.2475 |
| $AsO_2^-+2H_2O+3e^- \rightleftharpoons As+4OH^-$ | −0.68 |
| $H_3AsO_4+2H^++2e^- \rightleftharpoons HAsO_2+2H_2O$ (1mol/L HCl) | 0.58 |
| $AsO_4^{3-}+2H_2O+2e^- \rightleftharpoons AsO_2^-+4OH^-$ | −0.71 |
| $AsO_4^{3-}+2H_2O+2e^- \rightleftharpoons AsO_2^-+4OH^-$ (1mol/L NaOH) | −0.08 |
| $Au^++e^- \rightleftharpoons Au$ | 1.68 |
| $Au^{3+}+2e^- \rightleftharpoons Au^+$ | 1.29 |
| $Au^{3+}+3e^- \rightleftharpoons Au$ | 1.42 |
| $AuBr_2^-+e^- \rightleftharpoons Au+2Br^-$ | 0.963 |
| $AuBr_4^-+3e^- \rightleftharpoons Au+4Br^-$ | 0.858 |
| $AuCl_4^-+3e^- \rightleftharpoons Au+4Cl^-$ | 0.994 |
| $Au(OH)_3+3H^++3e^- \rightleftharpoons Au+3H_2O$ | 1.45 |
| $H_2BO_3^-+5H_2O+8e^- \rightleftharpoons BH_4^-+8OH^-$ | −1.24 |
| $H_2BO_3^-+H_2O+3e^- \rightleftharpoons B+4OH^-$ | −2.5 |
| $H_3BO_3+3H^++3e^- \rightleftharpoons B+3H_2O$ | −0.73 |
| $Ba^{2+}+2e^- \rightleftharpoons Ba$ | −2.90 |
| $Ba^{2+}+2e^- \rightleftharpoons Ba(Hg)$ | −1.570 |
| $Ba(OH)_2 \cdot 8H_2O+2e^- \rightleftharpoons Ba+2OH^-+8H_2O$ | −2.97 |
| $Be^{2+}+2e^- \rightleftharpoons Be$ | −1.70 (−1.85) |
| $Be_2O_3^{2-}+3H_2O+4e^- \rightleftharpoons 2Be+6OH^-$ | −2.28 |
| $Bi(Cl)_4^-+3e^- \rightleftharpoons Bi+4Cl^-$ | 0.168 |
| $Bi_2O_3+3H_2O+6e^- \rightleftharpoons 2Bi+6OH^-$ | −0.46 |
| $Bi_2O_4+4H^++2e^- \rightleftharpoons 2BiO^++2H_2O$ | 1.59 |
| $BiO^++2H^++3e^- \rightleftharpoons Bi+H_2O$ | 0.32 |
| $BiOCl+2H^++3e^- \rightleftharpoons Bi+Cl^-+H_2O$ | 0.1583 |
| $BiOOH+H_2O+3e^- \rightleftharpoons Bi+3OH^-$ | −0.46 |
| $Br_2$(水)$+2e^- \rightleftharpoons 2Br^-$ | 1.087 |
| $Br_2$(液)$+2e^- \rightleftharpoons 2Br^-$ | 1.065 |
| $HBrO+H^++e^- \rightleftharpoons 1/2Br_2+H_2O$ | 1.59 |
| $HBrO+H^++2e^- \rightleftharpoons Br^-+H_2O$ | 1.33 |
| $2HBrO+2H^++2e^- \rightleftharpoons Br_2$(液)$+2H_2O$ | 1.6 |
| $BrO^-+H_2O+2e^- \rightleftharpoons Br^-+2OH^-$ (1mol/L NaOH) | 0.70 |
| $BrO_3^-+6H^++5e^- \rightleftharpoons 1/2Br_2+3H_2O$ | 1.52 |
| $BrO_3^-+6H^++6e^- \rightleftharpoons Br^-+3H_2O$ | 1.44 |
| $BrO_3^-+3H_2O+6e^- \rightleftharpoons Br^-+6OH^-$ | 0.61 |
| $C_6H_4O_2+2H^++2e^- \rightleftharpoons C_6H_4(OH)_2$ | 0.6992 |
| $Ca^{2+}+2e^- \rightleftharpoons Ca$ | −2.76 |
| $Ca(OH)_2+2e^- \rightleftharpoons Ca+2OH^-$ | −3.02 |
| $Cd^{2+}+2e^- \rightleftharpoons Cd$ | −0.4026 |
| $Cd^{2+}+2e^- \rightleftharpoons Cd(Hg)$ | −0.3521 |
| $Cd(OH)_2+2e^- \rightleftharpoons Cd(Hg)+2OH^-$ | −0.761 (−0.8) |
| $CdSO_4 \cdot 8/3H_2O+2e^- \rightleftharpoons Cd(Hg)+CdSO_4$(饱和水溶液) | −0.4346 |
| $Ce^{3+}+3e^- \rightleftharpoons Ce$ | −2.335 |
| $Ce^{3+}+3e^- \rightleftharpoons Ce(Hg)$ | −1.4373 |
| $Ce^{4+}+e^- \rightleftharpoons Ce^{3+}$ | 1.4430 (1.61) |
| $Ce^{4+}+e^- \rightleftharpoons Ce^{3+}$ (0.5mol/L $H_2SO_4$) | 1.4587 |
| $CeOH^{3+}+H^++e^- \rightleftharpoons Ce^{3+}+H_2O$ | 1.7134 |
| $Cl_2$(气)$+2e^- \rightleftharpoons 2Cl^-$ | 1.3583 |
| $HClO+H^++e^- \rightleftharpoons 1/2Cl_2+H_2O$ | 1.63 |
| $HClO+H^++2e^- \rightleftharpoons Cl^-+H_2O$ | 1.49 |
| $ClO^-+H_2O+2e^- \rightleftharpoons Cl^-+2OH^-$ | 0.90 |
| $ClO_2+e^- \rightleftharpoons ClO_2^-$ | 1.15 |
| $ClO_2+H^++e^- \rightleftharpoons HClO_2$ | 1.27 |
| $HClO_2+2H^++2e^- \rightleftharpoons HClO+H_2O$ | 1.64 |
| $HClO_2+3H^++3e^- \rightleftharpoons 1/2Cl_2+2H_2O$ | 1.63 |
| $HClO_2+3H^++4e^- \rightleftharpoons Cl^-+2H_2O$ | 1.56 |
| $ClO_2^-+H_2O+2e^- \rightleftharpoons ClO^-+2OH^-$ | 0.59 |
| $ClO_2^-+H_2O+4e^- \rightleftharpoons Cl^-+4OH^-$ | 0.76 |
| $ClO_2$(水)$+e^- \rightleftharpoons ClO_2^-$ | 0.954 |
| $ClO_3^-+2H^++e^- \rightleftharpoons ClO_2+H_2O$ | 1.15 |
| $ClO_3^-+3H^++2e^- \rightleftharpoons HClO_2+H_2O$ | 1.21 (1.23) |
| $ClO_3^-+6H^-+5e^- \rightleftharpoons 1/2Cl_2+3H_2O$ | 1.47 |
| $ClO_3^-+6H^++6e^- \rightleftharpoons Cl^-+3H_2O$ | 1.45 |
| $ClO_3^-+H_2O+2e^- \rightleftharpoons ClO_2^-+2OH^-$ | 0.35 |
| $ClO_3^-+3H_2O+6e^- \rightleftharpoons Cl^-+6OH^-$ | 0.62 |
| $ClO_4^-+2H^++2e^- \rightleftharpoons ClO_3^-+H_2O$ | 1.19 |
| $ClO_4^-+8H^++7e^- \rightleftharpoons 1/2Cl_2+4H_2O$ | 1.34 |
| $ClO_4^-+8H^++8e^- \rightleftharpoons Cl^-+4H_2O$ | 1.37 |
| $ClO_4^-+H_2O+2e^- \rightleftharpoons ClO_3^-+2OH^-$ | 0.17 |
| $(CN)_2+2H^++2e^- \rightleftharpoons 2HCN$ | 0.37 |
| $2HCNO+2H^++2e^- \rightleftharpoons (CN)_2+2H_2O$ | 0.33 |
| $(CNS)_2+2e^- \rightleftharpoons 2CNS^-$ | 0.77 |
| $Co^{2+}+2e^- \rightleftharpoons Co$ | −0.28 |
| $Co^{3+}+e^- \rightleftharpoons Co^{2+}$ (3mol/L $HNO_3$) | 1.842 |
| $CO_2+2H^++2e^- \rightleftharpoons HCOOH$ | −0.2 |
| $2CO_2+2H^++2e^- \rightleftharpoons H_2C_2O_4$ | −0.49 |
| $Co(NH_3)_6^{3+}+e^- \rightleftharpoons Co(NH_3)_6^{2+}$ | 0.1 |
| $Co(OH)_2+2e^- \rightleftharpoons Co+2OH^-$ | −0.73 |
| $Co(OH)_3+e^- \rightleftharpoons Co(OH)_2+OH^-$ | 0.2 (0.47) |
| $Cr^{2+}+2e^- \rightleftharpoons Cr$ | −0.557 |
| $Cr^{3+}+e^- \rightleftharpoons Cr^{2+}$ | −0.41 |
| $Cr^{3+}+3e^- \rightleftharpoons Cr$ | −0.74 |
| $Cr^{6+}+3e^- \rightleftharpoons Cr^{3+}$ (2mol/L $H_2SO_4$) | 1.10 |
| $Cr^{6+}+3e^- \rightleftharpoons Cr^{3+}$ (1mol/L NaOH) | −0.12 |
| $Cr_2O_7^{2-}+14H^++6e^- \rightleftharpoons 2Cr^{3+}+7H_2O$ | 1.33 |
| $CrO_2^-+2H_2O+3e^- \rightleftharpoons Cr+4OH^-$ | −1.2 |
| $HCrO_4+7H^++3e^- \rightleftharpoons Cr^{3+}+4H_2O$ | 1.195 |
| $CrO_4^{2-}+4H_2O+3e^- \rightleftharpoons Cr(OH)_3+5OH^-$ | −0.12 |
| $Cr(OH_3)+3e^- \rightleftharpoons Cr+3OH^-$ | −1.3 |
| $Cs^++e^- \rightleftharpoons Cs$ | −2.923 |
| $Cu^++e^- \rightleftharpoons Cu$ | 0.522 |

续表

| 反　　应 | 电位/V | 反　　应 | 电位/V |
| --- | --- | --- | --- |
| $Cu^{2+}+2CN^-+e^- \rightleftharpoons Cu(CN)_2^-$ | 1.12 | $Hg_2I_2+2e^- \rightleftharpoons 2Hg+2I^-$ | −0.0405 |
| $Cu^{2+}+e^- \rightleftharpoons Cu^+$ | 0.158 (0.167) | $Hg_2O+H_2O+2e^- \rightleftharpoons 2Hg+2OH^-$ | 0.123 |
| $Cu^{2+}+2e^- \rightleftharpoons Cu$ | 0.3402 | $HgO+H_2O+2e^- \rightleftharpoons Hg+2OH^-$ | 0.0984 |
| $Cu^{2+}+2e^- \rightleftharpoons Cu(Hg)$ | 0.345 | $Hg_2SO_4+2e^- \rightleftharpoons 2Hg+SO_4^{2-}$ | 0.6158 |
| $CuI_2^-+e^- \rightleftharpoons Cu+2I^-$ | 0.00 | $I_2+2e^- \rightleftharpoons 2I^-$ | 0.535 |
| $Cu_2O+H_2O+2e^- \rightleftharpoons 2Cu+2OH^-$ | −0.361 | $I_3^-+2e^- \rightleftharpoons 3I^-$ | 0.5338 |
| $Cu(OH)_2+2e^- \rightleftharpoons Cu+2OH^-$ | −0.224 | $In^{2+}+e^- \rightleftharpoons In^+$ | −0.40 |
| $2Cu(OH)_2+2e^- \rightleftharpoons Cu_2O+2OH^-+H_2O$ | −0.09 | $In^{3+}+e^- \rightleftharpoons In^{2+}$ | −0.49 |
| $D^++e^- \rightleftharpoons 1/2D_2$ | −0.0034 | $In^{3+}+2e^- \rightleftharpoons In^+$ | −0.40 |
| $2D^++e^- \rightleftharpoons D_2$ | −0.044 | $In^{3+}+3e^- \rightleftharpoons In$ | −0.338 |
| $Eu^{3+}+e^- \rightleftharpoons Eu^{2+}$ | −0.43 | $H_3IO_6^{2-}+2e^- \rightleftharpoons IO_3^-+3OH^-$ | 0.70 |
| $1/2F_2+e^- \rightleftharpoons F^-$ | 2.85 | $H_5IO_6+H^++2e^- \rightleftharpoons IO_3^-+3H_2O$ | 1.7 |
| $1/2F_2+H^++e^- \rightleftharpoons HF$ | 3.03 | $HIO+H^++e^- \rightleftharpoons 1/2I_2+H_2O$ | 1.45 |
| $F_2+2e^- \rightleftharpoons 2F^-$ | 2.87 | $HIO+H^++2e^- \rightleftharpoons I^-+H_2O$ | 0.99 |
| $F_2O+2H^++4e^- \rightleftharpoons H_2O+2F^-$ | 2.1 | $IO^-+H_2O+2e^- \rightleftharpoons I^-+2OH^-$ | 0.49 |
| $Fe^{2+}+2e^- \rightleftharpoons Fe$ | −0.409 | $IO_3^-+6H^++5e^- \rightleftharpoons 1/2I_2+3H_2O$ | 1.195 |
| $Fe^{3+}+3e^- \rightleftharpoons Fe$ | −0.036 | $IO_3^-+6H^++6e^- \rightleftharpoons I^-+3H_2O$ | 1.085 |
| $Fe^{3+}+e^- \rightleftharpoons Fe^{2+}$ | 0.770 | $2IO_3^-+12H^++10e^- \rightleftharpoons I_2+6H_2O$ | 1.19 |
| $Fe^{3+}+e^- \rightleftharpoons Fe^{2+}$ (1mol/L HCl) | 0.770 | $IO_3^-+2H_2O+4e^- \rightleftharpoons IO^-+4OH^-$ | 0.56 |
| $Fe^{3+}+e^- \rightleftharpoons Fe^{2+}$ (1mol/L $HClO_4$) | 0.747 | $IO_3^-+3H_2O+6e^- \rightleftharpoons I^-+6OH^-$ | 0.26 |
| $Fe^{3+}+e^- \rightleftharpoons Fe^{2+}$ (1mol/L $H_3PO_4$) | 0.438 | $IrCl_6^{2-}+e^- \rightleftharpoons IrCl_6^{3-}$ | 1.02 |
| $Fe^{3+}+e^- \rightleftharpoons Fe^{2+}$ (0.5mol/L $H_2SO_4$) | 0.679 | $IrCl_6^{3-}+3e^- \rightleftharpoons Ir+6Cl^-$ | 0.77 |
| $Fe(CN)_6^{3-}+e^- \rightleftharpoons Fe(CN)_6^{4-}$ (1mol/L $H_2SO_4$) | 0.69 | $Ir_2O_3+3H_2O+6e^- \rightleftharpoons 2Ir+6OH^-$ | 0.1 |
| $FeO_4^{2-}+8H^++3e^- \rightleftharpoons Fe^{3+}+4H_2O$ | 1.9 | $K^++e^- \rightleftharpoons K$ | −2.924 (−2.923) |
| $Fe(OH)_3+e^- \rightleftharpoons Fe(OH)_2+OH^-$ | −0.56 | $La^{3+}+3e^- \rightleftharpoons La$ | −2.37 |
| Fe(菲绕啉)$_3^{3+}+e^- \rightleftharpoons$ Fe(菲绕啉)$_3^{2+}$ | 1.14 | $La(OH)_3+3e^- \rightleftharpoons La+3OH^-$ | −2.76 |
| Fe(菲绕啉)$_3^{3+}+e^- \rightleftharpoons$ Fe(菲绕啉)$_3^{2+}$ (2mol/L $H_2SO_4$) | 1.056 | $Li^++e^- \rightleftharpoons Li$ | −3.045 (−3.02) |
| $Ga^{3+}+3e^- \rightleftharpoons Ga$ | −0.560 | $Mg^{2+}+2e^- \rightleftharpoons Mg$ | −2.375 |
| $H_2GaO_3^-+H_2O+3e^- \rightleftharpoons Ga+4OH^-$ | −1.22 | $Mg(OH)_2+2e^- \rightleftharpoons Mg+2OH^-$ | −2.67 |
| $GeO_2+2H^++2e^- \rightleftharpoons GeO+H_2O$ | −0.12 | $Mn^{2+}+2e^- \rightleftharpoons Mn$ | −1.029 |
| $H_2GeO_3+4H^++4e^- \rightleftharpoons Ge+3H_2O$ | −0.13 | $Mn^{3+}+e^- \rightleftharpoons Mn^{2+}$ | 1.51 |
| $2H^++2e^- \rightleftharpoons H_2$ | 0.0000 | $MnO_2+4H^++2e^- \rightleftharpoons Mn^{2+}+2H_2O$ | 1.208 |
| $1/2H_2+e^- \rightleftharpoons H^-$ | −2.23 | $MnO_4^-+e^- \rightleftharpoons MnO_4^{2-}$ | 0.564 |
| $2H_2O+2e^- \rightleftharpoons H_2+2OH^-$ | −0.8277 | $MnO_4^-+4H^++3e^- \rightleftharpoons MnO_2+2H_2O$ | 1.679 |
| $H_2O_2+2H^++2e^- \rightleftharpoons 2H_2O$ | 1.776 | $MnO_4^-+8H^++5e^- \rightleftharpoons Mn^{2+}+4H_2O$ | 1.491 |
| $HfO^{2+}+2H^++4e^- \rightleftharpoons Hf+H_2O$ | −1.68 | $MnO_4^-+2H_2O+3e^- \rightleftharpoons MnO_2+4OH^-$ | 0.580 |
| $HfO_2+4H^++4e^- \rightleftharpoons Hf+2H_2O$ | −1.57 | $Mn(OH)_2+2e^- \rightleftharpoons Mn+2OH^-$ | −1.47 |
| $HfO(OH)_2+H_2O+4e^- \rightleftharpoons Hf+4OH^-$ | −2.60 | $Mn(OH)_3+e^- \rightleftharpoons Mn(OH)_2+OH^-$ | −0.40 |
| $Hg^{2+}+2e^- \rightleftharpoons Hg$ | 0.851 | $H_2MoO_4+6H^++6e^- \rightleftharpoons Mo+4H_2O$ | 0.0 |
| $2Hg^{2+}+2e^- \rightleftharpoons Hg_2^{2+}$ | 0.905 | $N_2+6H^++6e^- \rightleftharpoons 2NH_3$ | −3.1 |
| $1/2Hg_2^{2+}+e^- \rightleftharpoons Hg$ | 0.7986 | $N_2H_5^++3H^++2e^- \rightleftharpoons 2NH_4^+$ | 1.27 |
| $Hg_2^{2+}+2e^- \rightleftharpoons 2Hg$ | 0.7961 | $N_2O+2H^++2e^- \rightleftharpoons N_2+H_2O$ | 1.77 |
| $Hg_2Ac_2+2e^- \rightleftharpoons 2Hg+2Ac^-$ | 0.5113 | $H_2N_2O_2+2H^++2e^- \rightleftharpoons N_2+2H_2O$ | 2.65 |
| $Hg_2Br_2+2e^- \rightleftharpoons 2Hg+2Br^-$ | 0.1396 | $N_2O_4+2e^- \rightleftharpoons 2NO_2^-$ | 0.88 |
| $Hg_2Cl_2+2e^- \rightleftharpoons 2Hg+2Cl^-$ | 0.2682 | $N_2O_4+2H^++2e^- \rightleftharpoons 2HNO_2$ | 1.07 |
| $Hg_2Cl_2+2e^- \rightleftharpoons 2Hg+2Cl^-$ (0.1mol/L NaOH) | 0.3419 (0.268) | $N_2O_4+4H^++4e^- \rightleftharpoons 2NO+2H_2O$ | 1.03 |
| $Hg_2HPO_4+H^++2e^- \rightleftharpoons 2Hg+H_2PO_4^-$ | 0.639 | $Na^++e^- \rightleftharpoons Na$ | 2.7009 (−2.712) |

续表

| 反　　应 | 电位/V |
|---|---|
| $Nb^{5+}+2e^- \rightleftharpoons Nb^{3+}$(2mol/L HCl) | 0.344 |
| $Nd^{3+}+3e^- \rightleftharpoons Nd$ | −2.246 |
| $2NH_3OH^+ + H^+ + 2e^- \rightleftharpoons N_2H_5^+ + 2H_2O$ | 1.42 |
| $Ni^{2+}+2e^- \rightleftharpoons Ni$ | −0.23 |
| $Ni(OH)_2+2e^- \rightleftharpoons Ni+2OH^-$ | −0.66 |
| $NiO_2+4H^+ +2e^- \rightleftharpoons Ni^{2+}+2H_2O$ | 1.93 |
| $NiO_2+2H_2O+2e^- \rightleftharpoons Ni(OH)_2+2OH^-$ | 0.49 |
| $2NO+2e^- \rightleftharpoons N_2O_2^{2-}$ | 0.10 |
| $2NO+2H^+ +2e^- \rightleftharpoons N_2O+H_2O$ | 1.59 |
| $2NO+H_2O+2e^- \rightleftharpoons N_2O+2OH^-$ | 0.76 |
| $HNO_2+H^+ +e^- \rightleftharpoons NO+H_2O$ | 0.99 |
| $2HNO_2+4H^+ +4e^- \rightleftharpoons H_2N_2O_2+2H_2O$ | 0.80 |
| $2HNO_2+4H^+ +4e^- \rightleftharpoons N_2O+3H_2O$ | 1.27 (1.29) |
| $NO_2^- +H_2O+e^- \rightleftharpoons NO+2OH^-$ | −0.46 |
| $2NO_2^- +2H_2O+4e^- \rightleftharpoons N_2O_2^{2-}+4OH^-$ | −0.18 |
| $2NO_2^- +3H_2O+4e^- \rightleftharpoons N_2O+6OH^-$ | 0.15 |
| $NO_3^- +3H^+ +2e^- \rightleftharpoons HNO_2+H_2O$ | 0.94 |
| $NO_3^- +4H^+ +3e^- \rightleftharpoons NO+2H_2O$ | 0.96 |
| $2NO_3^- +4H^+ +2e^- \rightleftharpoons N_2O_4+2H_2O$ | 0.81 |
| $NO_3^- +H_2O+2e^- \rightleftharpoons NO_2^- +2OH^-$ | 0.01 |
| $2NO_3^- +2H_2O+2e^- \rightleftharpoons N_2O_4+4OH^-$ | −0.85 |
| $Np^{3+}+3e^- \rightleftharpoons Np$ | −1.9 |
| $Np^{4+}+e^- \rightleftharpoons Np^{3+}$(1mol/L $HClO_4$) | 0.155 |
| $Np^{5+}+e^- \rightleftharpoons Np^{4+}$(1mol/L $HClO_4$) | 0.739 |
| $Np^{6+}+e^- \rightleftharpoons Np^{5+}$(1mol/L $HClO_4$) | 1.137 |
| $1/2O_2+2H^+(10^{-7}mol/L)+2e^- \rightleftharpoons H_2O$ | 0.815 |
| $O_2+2H^+ +2e^- \rightleftharpoons H_2O_2$ | 0.682 |
| $O_2+4H^+ +4e^- \rightleftharpoons 2H_2O$ | 1.229 |
| $O_2+H_2O+2e^- \rightleftharpoons HO_2^- +OH^-$ | −0.076 |
| $O_2+2H_2O+2e^- \rightleftharpoons H_2O_2+2OH^-$ | −0.146 |
| $O_2+2H_2O+4e^- \rightleftharpoons 4OH^-$ | 0.401 |
| $O_3+2H^+ +2e^- \rightleftharpoons O_2+H_2O$ | 2.07 |
| $O_3+H_2O+2e^- \rightleftharpoons O_2+2OH^-$ | 1.24 |
| O(气)$+2H^+ +2e^- \rightleftharpoons H_2O$ | 2.42 |
| $OH+e^- \rightleftharpoons OH^-$ | 1.4 |
| $HO_2^- +H_2O+2e^- \rightleftharpoons 3OH^-$ | 0.87 |
| $OsO_4+8H^+ +8e^- \rightleftharpoons Os+4H_2O$ | 0.85 |
| $P+3H^+ +3e^- \rightleftharpoons PH_3$(气) | −0.04 |
| $P+3H_2O+3e^- \rightleftharpoons PH_3$(气)$+3OH^-$ | −0.87 |
| $Pb^{2+}+2e^- \rightleftharpoons Pb$ | −0.1263 (−0.126) |
| $Pb^{2+}+2e^- \rightleftharpoons Pb(Hg)$ | −0.1205 |
| $PbBr_2+2e^- \rightleftharpoons Pb(Hg)+2Br^-$ | −0.275 |
| $PbCl_2+2e^- \rightleftharpoons Pb(Hg)+2Cl^-$ | −0.262 |
| $PbF_2+2e^- \rightleftharpoons Pb(Hg)+2F^-$ | −0.3444 |
| $PbHPO_4+H^+ +2e^- \rightleftharpoons Pb(Hg)+H_2PO_4$ | −0.2448 |
| $PbI_2+2e^- \rightleftharpoons Pb(Hg)+2I^-$ | −0.358 |
| $PbO+H_2O+2e^- \rightleftharpoons Pb+2OH^-$ | −0.576 |
| $PbO_2+4H^+ +2e^- \rightleftharpoons Pb^{2+}+2H_2O$ | 1.46 |
| $HPbO_2^- +H_2O+2e^- \rightleftharpoons Pb+3OH^-$ | −0.54 |
| $PbO_2+H_2O+2e^- \rightleftharpoons PbO+2OH^-$ | 0.28 |
| $PbO_2 + SO_4^{2+} + 4H^+ + 2e^- \rightleftharpoons PbSO_4 + 2H_2O$ | 1.685 |
| $PbSO_4+2e^- \rightleftharpoons Pb+SO_4^{2-}$ | −0.356 |
| $PbSO_4+2e^- \rightleftharpoons Pb(Hg)+SO_4^{2-}$ | −0.3505 |
| $Pd^{2+}+2e^- \rightleftharpoons Pd$ | 0.83 |
| $Pd^{2+}+2e^- \rightleftharpoons Pd$(1mol/L HCl) | 0.623 |
| $Pd^{2+}+2e^- \rightleftharpoons Pd$(4mol/L $HClO_4$) | 0.987 |
| $PdCl_4^{2-}+2e^- \rightleftharpoons Pd+4Cl^-$ | 0.623 |
| $PdCl_6^{2-}+2e^- \rightleftharpoons PdCl_4^{2-}+2Cl^-$ | 1.29 |
| $Pd(OH)_2+2e^- \rightleftharpoons Pd+2OH^-$ | 0.1 |
| $H_2PO_2^- +e^- \rightleftharpoons P+2OH^-$ | −1.82 |
| $H_3PO_2+H^+ +e^- \rightleftharpoons P+2H_2O$ | −0.51 |
| $H_3PO_3+2H^+ +2e^- \rightleftharpoons H_3PO_2+H_2O$ | −0.50 (−0.59) |
| $H_3PO_3+3H^+ +3e^- \rightleftharpoons P+3H_2O$ | −0.49 |
| $HPO_3^{2-}+2H_2O+2e^- \rightleftharpoons H_2PO_2^- +3OH^-$ | −1.65 |
| $HPO_3^{2-}+2H_2O+3e^- \rightleftharpoons P+5OH^-$ | −1.71 |
| $H_3PO_4+2H^+ +2e^- \rightleftharpoons H_3PO_3+H_2O$ | −0.276 (−0.2) |
| $PO_4^{3-}+2H_2O+2e^- \rightleftharpoons HPO_3^{2-}+3OH^-$ | −1.05 |
| $Pt^{2+}+2e^- \rightleftharpoons Pt$ | 1.2± |
| $PtCl_4^{2-}+2e^- \rightleftharpoons Pt+4Cl^-$ | 0.73 |
| $PtCl_6^{2-}+2e^- \rightleftharpoons PtCl_4^{2-}+2Cl^-$ | 0.74 |
| $Pt(OH)_2+2e^- \rightleftharpoons Pt+2OH^-$ | 0.16 |
| $Pu^{4+}+e^- \rightleftharpoons Pu^{3+}$(1mol/L $HClO_4$) | 0.982 |
| $Pu^{5+}+e^- \rightleftharpoons Pu^{4+}$(0.5mol/L HCl) | 1.099 |
| $Pu^{6+}+e^- \rightleftharpoons Pu^{5+}$(1mol/L $HClO_4$) | 0.9814 |
| $Pu^{6+}+2e^- \rightleftharpoons Pu^{4+}$(1mol/L HCl) | 1.052 |
| $Rb^+ +e^- \rightleftharpoons Rb$ | −2.925 (−2.99) |
| $Re^{3+}+3e^- \rightleftharpoons Re$ | 0.3 |
| $ReO_4^- +4H^+ +3e^- \rightleftharpoons ReO_2+2H_2O$ | 0.51 |
| $ReO_2+4H^+ +4e^- \rightleftharpoons Re+2H_2O$ | 0.26 |
| $ReO_4^- +2H^+ +e^- \rightleftharpoons ReO_3$(立方晶体)$+H_2O$ | 0.768 |
| $ReO_4^- +4H_2O+7e^- \rightleftharpoons Re+8OH^-$ | −0.81 |
| $ReO_4^- +8H^+ +7e^- \rightleftharpoons Re+4H_2O$ | 0.367 |
| $Rh^{4+}+e^- \rightleftharpoons Rh^{3+}$ | 1.43 |
| $RhCl_6^{3-}+3e^- \rightleftharpoons Rh+6Cl^-$ | 0.44 |
| $Ru^{3+}+e^- \rightleftharpoons Ru^{2+}$(0.1mol/L $HClO_4$) | −0.11 |
| $Ru^{3+}+e^- \rightleftharpoons Ru^{2+}$(1～6mol/L HCl) | −0.084 |
| $Ru^{4+}+e^- \rightleftharpoons Ru^{3+}$(0.1mol/L $HClO_4$) | 0.49 |
| $Ru^{4+}+e^- \rightleftharpoons Ru^{3+}$(2mol/L HCl) | 0.858 |
| $RuO_2+4H^+ +4e^- \rightleftharpoons Ru+2H_2O$ | −0.8 |
| $RuO_4^- +e^- \rightleftharpoons RuO_4^{2-}$ | 0.59 |
| $RuO_4$(晶)$+e^- \rightleftharpoons RuO_4^-$ | 1.00 |
| $S+2e^- \rightleftharpoons S^{2-}$ | −0.508 |
| $S+2H^- +2e^- \rightleftharpoons H_2S$(水) | 0.141 |
| $S+H_2O+2e^- \rightleftharpoons HS^- +OH^-$ | −0.478 |
| $S_2O_6^{2-}+4H^+ +2e^- \rightleftharpoons 2H_2SO_3$ | 0.6 |

续表

| 反　　应 | 电位/V |
|---|---|
| $S_2O_8^{2-}+2e^- \rightleftharpoons 2SO_4^{2-}$ | 2.0<br>(2.05) |
| $S_4O_6^{2-}+2e^- \rightleftharpoons 2S_2O_3^{2-}$ | 0.09<br>(0.10) |
| $Sb+3H^++3e^- \rightleftharpoons H_3Sb$ | −0.51 |
| $Sb^{5+}+2e^- \rightleftharpoons Sb^{3+}$(3.5mol/L HCl) | 0.75 |
| $Sb_2O_3+6H^++6e^- \rightleftharpoons 2Sb+3H_2O$ | 0.1445<br>(0.152) |
| $Sb_2O_5+4H^++4e^- \rightleftharpoons Sb_2O_3+2H_2O$ | 0.69 |
| $Sb_2O_5$(固)$+6H^++4e^- \rightleftharpoons 2SbO^++3H_2O$ | 0.64 |
| $SbO^++2H^++3e^- \rightleftharpoons Sb+H_2O$ | 0.212 |
| $SbO_2^-+2H_2O+3e^- \rightleftharpoons Sb+4OH^-$ | −0.66 |
| $SbO_3^-+H_2O+2e^- \rightleftharpoons SbO_2^-+2OH^-$ | −0.59 |
| $Sc^{3+}+3e^- \rightleftharpoons Sc$ | −0.208 |
| $Se+2e^- \rightleftharpoons Se^{2-}$ | −0.78 |
| $Se+2H^++2e^- \rightleftharpoons H_2Se$(水) | −0.36 |
| $H_2SeO_3+4H^++4e^- \rightleftharpoons Se+3H_2O$ | 0.74 |
| $SeO_3^{2-}+3H_2O+4e^- \rightleftharpoons Se+6OH^-$ | −0.35 |
| $SeO_4^{2-}+4H^++2e^- \rightleftharpoons H_2SeO_3+H_2O$ | 1.15 |
| $SeO_4^{2-}+H_2O+2e^- \rightleftharpoons SeO_3^{2-}+2OH^-$ | 0.03 |
| $SiF_6^{2-}+4e^- \rightleftharpoons Si+6F^-$ | −1.2 |
| $SiO_2^-+4H^++4e^- \rightleftharpoons Si+2H_2O$ | −0.84 |
| $SiO_3^{2-}+3H_2O+4e^- \rightleftharpoons Si+6OH^-$ | −1.73 |
| $Sn^{2+}+2e^- \rightleftharpoons Sn$ | −0.1364 |
| $Sn^{4+}+2e^- \rightleftharpoons Sn^{2+}$ | 0.15 |
| $Sn^{4+}+2e^- \rightleftharpoons Sn^{2+}$(0.1mol/L HCl) | 0.070 |
| $Sn^{4+}+2e^- \rightleftharpoons Sn^{2+}$(1mol/L HCl) | 0.139 |
| $HSnO_2^-+H_2O+2e^- \rightleftharpoons Sn+3OH^-$ | −0.79 |
| $Sn(OH)_6^{2-}+2e^- \rightleftharpoons HSnO_2^-+3OH^-+H_2O$ | −0.96 |
| $2H_2SO_3+H^++2e^- \rightleftharpoons HS_2O_4^-+2H_2O$ | −0.08 |
| $H_2SO_3+4H^++4e^- \rightleftharpoons S+3H_2O$ | 0.45 |
| $2SO_3^{2-}+2H_2O+2e^- \rightleftharpoons S_2O_4^{2-}+4OH^-$ | −1.12 |
| $2SO_3^{2-}+3H_2O+4e^- \rightleftharpoons S_2O_3^{2-}+6OH^-$ | −0.58 |
| $SO_4^{2-}+4H^++2e^- \rightleftharpoons H_2SO_3+H_2O$ | −0.20 |
| $2SO_4^{2-}+4H^++2e^- \rightleftharpoons S_2O_6^{2-}+2H_2O$ | −0.2 |
| $SO_4^{2-}+H_2O+2e^- \rightleftharpoons SO_3^{2-}+2OH^-$ | −0.92 |
| $Sr^{2+}+2e^- \rightleftharpoons Sr$ | −2.89 |
| $Sr^{2+}+2e^- \rightleftharpoons Sr(Hg)$ | −1.793 |
| $Sr(OH)_2\cdot 8H_2O+2e^- \rightleftharpoons Sr+2OH^-+8H_2O$ | −2.99 |
| $Ta_2O_5+10H^++10e^- \rightleftharpoons 2Ta+5H_2O$ | −0.71 |
| $TeO_4^-+4H^++3e^- \rightleftharpoons TeO_2$(晶)$+2H_2O$ | 0.738 |
| $Te+2e^- \rightleftharpoons Te^{2-}$ | −0.92 |
| $Te+2H^++2e^- \rightleftharpoons H_2Te(Ag)$ | −0.69<br>(−0.72) |
| $Te^{4+}+4e^- \rightleftharpoons Te$(2.5mol/L HCl) | 0.63 |
| $TeO_2+4H_2+4e^- \rightleftharpoons Te+2H_2O$ | 0.593 |
| $TeO_3^{2-}+3H_2O+4e^- \rightleftharpoons Te+6OH^-$ | −0.02 |
| $TeO_4^-+8H^++7e^- \rightleftharpoons Te+4H_2O$ | 0.472 |
| $H_6TeO_6$(固)$+2H^++2e^- \rightleftharpoons TeO_2$(固)$+4H_2O$ | 1.02 |
| $Th^{4+}+4e^- \rightleftharpoons Th$ | −1.90 |
| $ThO_2+4H^++4e^- \rightleftharpoons Th+2H_2O$ | −1.80 |
| $ThO_2+2H_2O+4e^- \rightleftharpoons Th+4OH^-$ | −2.64 |
| $Ti^{2+}+2e^- \rightleftharpoons Ti$ | −1.63 |
| $Ti^{3+}+e^- \rightleftharpoons Ti^{2+}$ | −2.0 |
| $TiO_2+4H^++4e^- \rightleftharpoons Ti+2H_2O$ | −0.86 |
| $Ti(OH)^{3+}+H^++e^- \rightleftharpoons Ti^{3+}+H_2O$ | 0.06 |
| $Tl^++e^- \rightleftharpoons Tl$ | −0.3363 |
| $Tl^++e^- \rightleftharpoons Tl(Hg)$ | −0.3338 |
| $Tl^{3+}+e^- \rightleftharpoons Ti^{2+}$ | −0.37 |
| $Tl^{2+}+e^- \rightleftharpoons Tl^-$ | 1.247 |
| $Tl^{3+}+2e^- \rightleftharpoons Tl^+$(1mol/L HCl) | 0.783 |
| $TlBr+e^- \rightleftharpoons Tl(Hg)+Br^-$ | −0.606 |
| $TlCl+e^- \rightleftharpoons Tl(Hg)+Cl^-$ | −0.555 |
| $TlI+e^- \rightleftharpoons Tl(Hg)+I^-$ | −0.769 |
| $Tl_2O_3+3H_2O+4e^- \rightleftharpoons 2Tl^++6OH^-$ | 0.02 |
| $TlOH+e^- \rightleftharpoons Tl+OH^-$ | −0.3445 |
| $Tl(OH)_3+2e^- \rightleftharpoons TlOH+2OH^-$ | −0.05 |
| $Tl_2SO_4+2e^- \rightleftharpoons Tl(Hg)+SO_4^{2-}$ | −0.4360 |
| $U^{3+}+3e^- \rightleftharpoons U$ | −1.8 |
| $U^{4+}+e^- \rightleftharpoons U^{3+}$ | −0.61 |
| $U^{4+}+e^- \rightleftharpoons U^{3+}$(1mol/L $HClO_4$) | −0.631 |
| $U^{5+}+e^- \rightleftharpoons U^{4+}$(1mol/L HCl) | 1.02 |
| $U^{6+}+e^- \rightleftharpoons U^{5+}$(1mol/L $HClO_4$) | 0.063 |
| $UO_2^++4H^++e^- \rightleftharpoons U^{4+}+2H_2O$ | 0.62 |
| $UO_2^{2+}+e^- \rightleftharpoons UO_2^+$ | 0.062 |
| $UO_2^{2+}+4H^++2e^- \rightleftharpoons U^{4+}+2H_2O$ | 0.334 |
| $UO_2^{2+}+4H^++6e^- \rightleftharpoons U+2H_2O$ | −0.82 |
| $V^{2+}+2e^- \rightleftharpoons V$ | −1.2 |
| $V^{3+}+e^- \rightleftharpoons V^{2+}$ | −0.255 |
| $V^{5+}+e^- \rightleftharpoons V^{4+}$(1mol/L NaOH) | −0.74 |
| $VO^{2+}+2H^++e^- \rightleftharpoons V^{3+}+H_2O$ | 0.337 |
| $VO_2^++2H^++e^- \rightleftharpoons VO^{2+}+H_2O$ | 1.00 |
| $V(OH)_4^++2H^++e^- \rightleftharpoons VO^{2+}+3H_2O$ | 1.00 |
| $V(OH)_4^++4H^++5e^- \rightleftharpoons V+4H_2O$ | −0.25 |
| $W_2O_5+2H^++2e^- \rightleftharpoons 2WO_2+H_2O$ | −0.04 |
| $WO_2+4H^++4e^- \rightleftharpoons W+2H_2O$ | −0.12 |
| $WO_3+6H^++6e^- \rightleftharpoons W+3H_2O$ | −0.09 |
| $2WO_3+2H^++2e^- \rightleftharpoons W_2O_5+H_2O$ | −0.03 |
| $Y^{3+}+3e^- \rightleftharpoons Y$ | −2.37 |
| $Zn^{2+}+2e^- \rightleftharpoons Zn$ | −0.7628 |
| $Zn^{2+}+2e^- \rightleftharpoons Zn(Hg)$ | −0.7628 |
| $ZnO_2^{2+}+2H_2O+2e^- \rightleftharpoons Zn+4OH^-$ | −1.216 |
| $ZnSO_4\cdot 7H_2O+2e^- \rightleftharpoons Zn(Hg)+SO_4^{2-}+7H_2O$(饱和 $ZnSO_4$ 溶液) | −0.7993 |
| $ZrO_2+4H^++4e^- \rightleftharpoons Zr+2H_2O$ | −1.43 |
| $ZrO(OH)_2+H_2O+4e^- \rightleftharpoons Zr+4OH^-$ | −2.32 |
| 甘汞电极,1mol/L KCl | 0.2807 |
| 甘汞电极,0.1mol/L KCl | 0.3337 |
| 甘汞电极,饱和 KCl | 0.2415 |
| 甘汞电极,饱和 NaCl | 0.2360 |
| 氢醌电极 | 0.6995 |

## 九、共沸物、共熔物、转变温度

### 1. 共沸物与共沸点

共沸混合物是指处于平衡状态下气相和液相组成完全相同时的混合溶液。对应的温度称共沸温度或共沸点。这类混合溶液不能用普通蒸馏的方法分开。共沸温度比低沸点成分的沸点低的混合物称最低共沸混合物；比高沸点成分的沸点高的称最高共沸混合物。高共沸混合物比低共沸混合物要少。图 1-3 为气-液组成的温度曲线，图 1-4 为二组分的共沸曲线。表 1-65、表 1-66 为二组分和三组分体系的共沸混合物的共沸点。

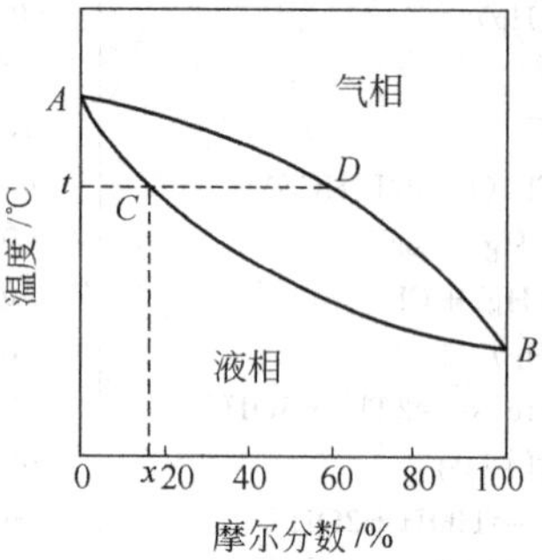


图 1-3　气-液组成的温度曲线

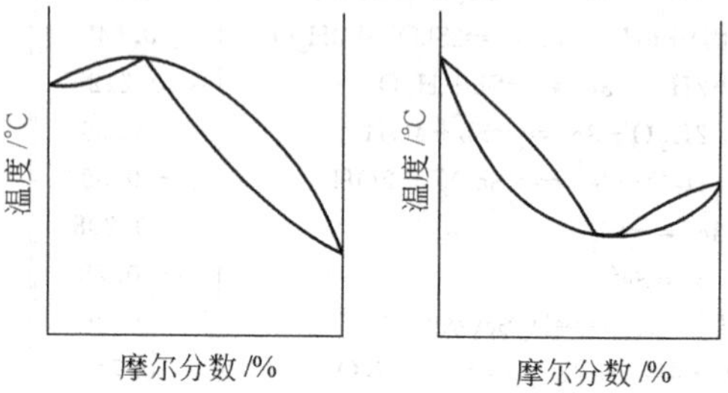


(a) 最高共沸混合物　(b) 最低共沸混合物

图 1-4　二组分的共沸曲线

**表 1-65　二组分的共沸点**

| 第一组分质量分数/% | 第二组分质量分数/% | 共沸点/℃ | 第一组分质量分数/% | 第二组分质量分数/% | 共沸点/℃ |
|---|---|---|---|---|---|
| 〈己烷〉 81 | 苯 19 | 68.9 | 〈顺二氯乙烯〉 | | |
| 〈环己烷〉 60 | 叔丁醇 40 | 71.8 | 81 | 乙醇 | 57.7 |
| 〈苯〉 | | | 〈氯代丁烷〉 | | |
| 39 | 甲醇 61 | 58.3 | 92 | 2-丁醇 | 77.7 |
| 67.6 | 乙醇 32.4 | 68.2 | 80 | 叔丁醇 19 | 72.8 |
| 83 | 丙醇 17 | 77.1 | 96 | 异丁醇 | 77.65 |
| 67 | 异丙醇 33 | 71.9 | 〈溴乙烷〉 | | |
| 91 | 异丁醇 9 | 79.8 | 97 | 乙醇 | 37 |
| 62* | 叔丁醇 38* | 74 | 70 | 异戊烷 | 23.7 |
| 62 | 丁酮 38 | 78.4 | 50 | 戊烷 | 33 |
| 〈甲苯〉 | | | 〈溴苯〉 | | |
| 32 | 乙醇 68 | 76.7 | 66.5 | 环己醇 | 153.6 |
| 51 | 丙醇 49 | 92.6 | 66 | 己醇 | 151.6 |
| 31 | 异丙醇 69 | 80.6 | 57 | 异戊酸丙酯 | 154.5 |
| 56 | 异丁醇 44 | 101.1 | 56 | 莰烯 | 155.0 |
| 68 | 丁醇 32 | 105.5 | 〈乙缩醛〉 | | |
| 74 | 3-氯-1,2-环氧丙烷 26 | 108.3 | 40 | 甲基环己烷 | 99.65 |
| 〈间二甲苯〉 | | | 28 | 庚烷 | 97.75 |
| 55 | 乙酸异戊酯 45 | 136 | 75 | 2,5-二甲基己烷 | 103.0 |
| 〈异丙基苯〉 | | | 〈甲酸甲酯〉 | | |
| 23 | 壬烷 | 148.3 | 30 | 乙硫醇 | 27 |
| 80 | α-蒎烯 | 151.8 | 62 | 二甲硫 | 29.0 |
| 〈伞花烃〉 | | | 56 | 乙醚 | 28.2 |
| 60 | 二戊烯 | 175.8 | 60 | 环戊烷 | 26.0 |
| 75 | α-萜二烯 | 174.5 | 54%(vol) | 2-甲基-2-丁烯 | 24.3 |
| 20 | α-萜品烯 | 173.0 | 47 | 异戊烷 | 17.05 |
| 45 | 桉树脑 | 176.2 | 53 | 戊烷 | 21.8 |

续表

| 第一组分<br>质量分数/% | 第二组分<br>质量分数/% | 共沸点<br>/℃ |
|---|---|---|
| 〈甲酸乙酯〉 | | |
| 69 | 溴代异丙烷 | 53 |
| 15 | 氯代异丙烷 | 46.25 |
| 35 | 2-氯-2-甲基丙烷 | 48.5 |
| 18 | 异戊烷 | 26.5 |
| 30 | 戊烷 | 32.5 |
| 75 | 甲基环戊烷 | 51.2 |
| 52 | 2,3-二甲基丁烷 | 45.0 |
| 67 | 己烷 | 49.0 |
| 48 | 环己烷 | 75 |
| 15 | 2,3-二甲基丁烷 | 56.0 |
| 20 | 己烷 | 63 |
| 71 | 戊烷 | 78.2 |
| 〈甲酸丁酯〉 | | |
| 35 | 叔戊醇 | 101.0 |
| 35 | 甲基环戊烷 | 96.0 |
| 40 | 庚烷 | 90.7 |
| 〈甲酸异丁酯〉 | | |
| 12 | 己烷 | 68.5 |
| 57 | 甲基环己烷 | 92.4 |
| 63 | 2,5-二甲基己烷 | 93.5 |
| 〈乙酸甲酯〉 | | |
| 68 | 溴代异丙烷 | 56 |
| 50 | 2,3-二甲基丁烷 | 51.2 |
| 〈乙酸乙酯〉 | | |
| 95 | 水 | 34.2 |
| 81 | 甲醇 5 | 54 |
| 69 | 乙醇 19 | 71.8 |
| 73 | 叔丁醇 31 | 76.0 |
| 54 | 环己烷 | 72.8 |
| 38 | 甲基环戊烷 | 67.2 |
| 〈乙酸苄酯〉 | | |
| 72 | 萘 | 214.65 |
| 36 | 冰片 | 212.8 |
| 65 | α-萜品醇 | 214.5 |
| 22 | β-萜品醇 | 210.2 |
| 73.5 | 薄荷醇 | 213.5 |
| 〈丙酸甲酯〉 | | |
| 38 | 氯丁烷 | 76.8 |
| 63 | 叔丁醇 | 77.6 |
| 52 | 苯 | 79.45 |
| 52 | 环己烷 | 75 |
| 28 | 甲基环戊烷 | 69.5 |
| 12 | 己烷 | 67 |
| 〈丙酸乙酯〉 | | |
| 55 | 1-氯-3-甲基丁烷 | 98.4 |
| 62 | 叔戊醇 | 98 |
| 53 | 甲基环己烷 | 94.5 |
| 47 | 庚烷 | 93.0 |
| 〈丁酯甲酯〉 | | |
| 57 | 叔戊醇 | 99 |
| 55 | 乙缩醛 | 102 |
| 45 | 甲基环己烷 | 97.0 |
| 35 | 庚烷 | 95.1 |
| 〈甲酸丙酯〉 | | |
| 28 | 2-溴-2-甲基丙烷 | 71.8 |
| 38 | 氯丁烷 | 76.1 |
| 35 | 亚硝酸丁酯 | 76.8 |
| 60 | 叔丁醇 | 78.0 |
| 47 | 苯 | 78.5 |
| 〈水杨酸甲酯〉 | | |
| 43 | 苯乙醚 | 218.0 |
| 60 | 马来酸二乙酯 | 221.95 |
| 97 | 牻牛儿醇 | 222.2 |
| 37 | α-萜品醇 | 216.0 |
| 15 | 薄荷醇 | 216.25 |
| 〈三甘醇〉 | | |
| 33 | 1-溴萘 | 273.4 |
| 5 | 1-氯萘 | 261.5 |
| 33 | 邻苯二甲酸二甲酯 | 277.0 |
| 〈二硫化碳〉 | | |
| 35 | 二氯甲烷 | 35.7 |
| 83 | 甲酸 | 42.55 |
| 40 | 碘甲烷 | 41.6 |
| 90 | 硝基甲烷 | 44.25 |
| 86 | 甲醇 | 37.65 |
| 72 | 1,1-二氯乙烷 | 44.75 |
| 33 | 甲酸甲酯 | 24.75 |
| 36 | 溴乙烷 | 37.85 |
| 91 | 乙醇 | 42.4 |
| 67 | 丙酮 | 39.25 |
| 63 | 甲酸乙酯 | 39.35 |
| 70 | 乙酸甲酯 | 40.15 |
| 55.5 | 氯丙烷 | 42.05 |
| 20 | 2-氯丙烷 | 33.5 |
| 22 | 甲基乙基醚 | 37.8 |
| 94.5 | 丙醇 | 45.65 |
| 94.2 | 2-丙醇 | 44.22 |
| 84 | 丁酮 | 45.85 |
| 92.7 | 乙酸乙酯 | 46.02 |
| 82 | 甲酸异丙酯 | 43.0 |
| 62 | 2-氯-2-甲基丙烷 | 43.5 |
| 93 | 叔丁醇 | 44.9 |
| 1 | 乙醚 | 34.5 |
| 18 | 甲基丙基醚 | 36.2 |
| 17 | 2-甲基-2-丁烯 | 36.5 |
| 67 | 环戊烷 | 44.0 |
| 11 | 戊烷 | 35.7 |

续表

| 第一组分质量分数/% | 第二组分质量分数/% | 共沸点/℃ | 第一组分质量分数/% | 第二组分质量分数/% | 共沸点/℃ |
|---|---|---|---|---|---|
| 〈液氨〉 | | | 〈苯甲酸乙酯〉 | | |
| 42.5 | 甲醚 | −37 | 1.26 | 乙醚 | 34.15 |
| 75 | 丙炔 | −35 | 20 | 环丙烷 | −44 |
| 〈苯甲酸甲酯〉 | | | 73 | 三甲胺 | −34 |
| 35 | 辛醇 | 194.4 | 55 | 1,3-丁二烯 | −37 |
| 42 | 沉香醇 | 197.8 | 45 | 丁烯 | −37.5 |
| 〈苯甲酸乙酯〉 | | | 45 | 异丁烯 | −38.5 |
| 90 | 莰醇 | 212.2 | 45 | 丁烷 | −37.1 |
| 95 | 薄荷醇 | 212.3 | 35 | 异丁烷 | −38.4 |
| 43 | 碘化氢 | 127 | 65 | 异戊烷 | −34.5 |
| 32 | 硝酸 | 120.5 | 〈水〉 | | |
| 28.5 | 肼 | 120 | 52.5 | 溴化氢 | 126 |
| 4.1 | 四氯化碳 | 66 | 79.78 | 盐酸 | 108.58 |
| 2.8 | 二硫化碳 | 42.6 | 〈水〉 11.5 | 乙酸甲酯 | 82.7 |
| 2.8 | 氯仿 | 56.12 | 6.8 | 异丁酸甲酯 | 77.7 |
| 1.5 | 二氯甲烷 | 38.1 | 14 | 乙酸丙酯 | 82.4 |
| 22.6 | 甲酸 | 107.2 | 10.6 | 乙酸异丙酯 | 76.6 |
| 23.6 | 硝基甲烷 | 83.6 | 30 | 碳酸二乙酯 | 91 |
| 5.4 | 三氯乙烯 | 73.6 | 35 | 哌啶 | 92.8 |
| 7 | 三氯乙醛 | 95 | 40 | 硝酸异戊酯 | 95.0 |
| 3.35 | 顺-1,2-二氯乙烯 | 55.3 | 54.4 | 戊醇 | 95.8 |
| 1.9 | 反-1,2-二氯乙烯 | 45.3 | 49.60 | 异戊醇 | 95.15 |
| 14.2 | 乙腈 | 76.0 | 36.5 | 2-戊醇 | 91.7 |
| 19.5 | 1,2-二氯乙烷 | 72 | 27.5 | 叔戊醇 | 87.35 |
| 4.0 | 乙醇 | 78.17 | 28.4 | 氯苯 | 90.2 |
| 12.5 | 丙烯腈 | 70.5 | 88%(vol) | 硝基苯 | 98.6 |
| 25 | 3-氯-1,2-环氧丙烷 | 88 | 8.83 | 苯 | 69.25 |
| 36.15 | 氯代乙酸甲酯 | 92.7 | 90.79 | 苯酚 | 99.52 |
| 12 | 1,2-二氯丙烷 | 78 | 48 | 2-甲基吡啶 | 93.5 |
| 27.7 | 烯丙醇 | 88.89 | 9 | 环己烷 | 68.95 |
| 82.2 | 丙酸 | 99.1 | 80 | 环己酮 | 97.8 |
| 1.0 | 氯丙烷 | 43.4 | 24.3 | 4-甲基-2-戊酮 | 87.9 |
| 0.3 | 2-氯丙烷 | 33.6 | 21 | 甲酸异戊酯 | 90.2 |
| 28.3 | 丙醇 98.7kPa | 87 | 16.5 | 乙酸异丁酯 | 87.4 |
| 12.6 | 2-丙醇 | 80.3 | 28.7 | 乙酸丁酯 | 90.2 |
| 7.2 | 丙烯酸甲酯 | 71 | 21.5 | 丁酯乙酯 | 87.9 |
| 11.3 | 丁酮 | 73.41 | 15.2 | 异丁酸乙酯 | 85.2 |
| 81.5 | 丁酸 | 99.4 | 19.2 | 异戊酸甲酯 | 87.2 |
| 79 | 异丁酸 | 99.3 | 23 | 丙酸丙酯 | 88.9 |
| 8.47 | 乙酸乙酯 | 70.38 | 28.5 | 三聚乙醛 | 90 |
| 3.9 | 丙酸甲酯 | 71.4 | 30 | 三噁烷 | 91.4 |
| 3 | 甲酸异丙酯 | 65.0 | 75 | 己醇 | 97.8 |
| 2.3 | 甲酸丙酯 | 71.6 | 3.6 | 异丙醚 | 61.4 |
| 6.6 | 氯丁烷 | 68.1 | 25 | 乙二醇二乙醚 | 89.4 |
| 3.3 | 1-氯-2-甲基丙烷 | 61.6 | 19.6 | 甲苯 | 84.1 |
| 42.5 | 丁醇 | 92.7 | 2 | 甲基乙基醚 | 38.7 |
| 33.0 | 异丁醇 | 89.8 | 10.5 | 乙二醇二甲醚 | 76 |
| 27.3 | 2-丁醇 | 87.5 | 57 | 吡啶 | 94 |
| 11.76 | 叔丁醇 | 79.9 | 80 | 糠醇 | 98.5 |

续表

| 第一组分质量分数/% | 第二组分质量分数/% | 共沸点/℃ | 第一组分质量分数/% | 第二组分质量分数/% | 共沸点/℃ |
|---|---|---|---|---|---|
| 〈水〉 | | | 〈水〉 | | |
| 19.5 | 2-戊酮 | 83.3 | 59 | 苯乙醚 | 97.3 |
| 14 | 3-戊酮 | 82.9 | 46 | 丁酸异丁酯 | 96.3 |
| 13 | 3-甲基-2-丁酮 | 79 | 39.4 | 异丁酸异丁酯 | 95.5 |
| 81.6 | 异戊酸 | 99.5 | 90 | 辛醇 | 99.4 |
| 16.5 | 甲酸丁酯 | 83.8 | 73 | 2-辛醇 | 98 |
| 18.9 | 甲酸异丁酯 | 79.5 | 87.5 | 乙酸苄酯 | 99.60 |
| 10 | 丙酸乙酯 | 81.2 | 84.0 | 苯甲酸乙酯 | 99.40 |
| 91 | 苄醇 | 99.9 | 63.5 | 丁酸异戊酯 | 98.05 |
| 40.5 | 苯甲醚 | 95.5 | 56.0 | 异丁酸异戊酯 | 97.35 |
| 35.09 | 乙酸异戊酯 | 94.05 | 84 | 萘 | 98.8 |
| 30.2 | 异戊酸乙酯 | 92.2 | 95.5 | 肉桂酸甲酯 | 99.8 |
| 36.4 | 丁酸丙酯 | 94.1 | 92.3 | 黄樟脑 | 99.72 |
| 41 | 己酸甲酯 | 95.3 | 90.9 | 苯甲酸丙酯 | 99.70 |
| 30.8 | 异丁酸丙酯 | 92.15 | 2.52 | 菸碱 | 99.85 |
| 23 | 异丁酸异丙酯 | 88.4 | 57.0 | 桉树脑 | 99.55 |
| 83 | 庚醇 | 98.7 | 54 | 异戊醚 | 97.4 |
| 79.2 | 苯甲酸甲酯 | 99.08 | 92.6 | 苯甲酸异丁酯 | 99.82 |
| 75.1 | 乙酸苯酯 | 98.9 | 96.75 | 二苯醚 | 99.33 |
| 35.8 | 间二甲苯 | 92 | 95.6 | 苯甲酸异戊酯 | 99.9 |

**表 1-66　三组分的共沸点**

| 第一组分质量分数/% | | 第二组分质量分数/% | | 第三组分质量分数/% | | 共沸点/℃ |
|---|---|---|---|---|---|---|
| 戊烷 | 52 | 甲酸甲酯 | 40 | 乙醚 | 8 | 20.4 |
| 己烷 | 74 | 丁酮 | 22 | 水 | 6 | 58.5(99kPa) |
| 苯 | 68.5 | 乙腈 | 23.3 | 水 | 8.2 | 66 |
| 苯 | 91.2 | 己醇 | 7.5 | 水 | 1.3 | 69.2 |
| 苯 | 82.26 | 烯丙醇 | 9.16 | 水 | 8.5 | 68.21 |
| 苯 | 73.8 | 2-丙醇 | 18.7 | 水 | 7.5 | 65.51 |
| 苯 | 73.6 | 丁酮 | 17.5 | 水 | 8.9 | 68.9 |
| 乙苯 | 67.2 | 乙二醇一甲醚 | 7.4 | 水 | 25.4 | 90.1 |
| 四氯化碳 | 90.43 | 烯丙醇 | 5.44 | 水 | 4.13 | 65.4 |
| 四氯化碳 | 84 | 丙醇 | 11 | 水 | 5 | 65.4 |
| 四氯化碳 | 74.8 | 丁酮 | 22.2 | 水 | 3 | 65.7 |
| 四氯化碳 | 93.94 | 2-丁醇 | 5.14 | 水 | 0.92 | 65.9 |
| 四氯化碳 | 85.0 | 叔丁醇 | 11.9 | 水 | 3.1 | 64.7 |
| 四氯乙烯 | 45 | 甲酸异戊酯 | 25 | 三聚乙醛 | 30 | 117.6 |
| 氯丁烷 | 91.6 | 丁醇 | 0.6 | 水 | 7.8 | 68.0 |
| 溴乙烷 | 22 | 甲酸甲酯 | 60 | 二硫化碳 | 18 | 24.7 |
| 氯苯 | 78.6 | 水 | 11.0 | 溴化氢 | 10.4 | 105 |
| 氯代甲苯 | 33 | 苯甲醛 | 31 | 蒎烯 | 36 | 163 |
| 戊醇 | 21.2 | 甲酸戊酯 | 41.2 | 水 | 37.6 | 91.4 |
| 戊醇 | 33.3 | 乙酸戊酯 | 10.5 | 水 | 56.2 | 94.8 |
| 苯乙醚 | 33 | 乳酸丙酯 | 31 | 蒎烯 | 36 | 163 |
| 丙酮 | 7.6 | 异戊二烯 | 92.0 | 水 | 0.4 | 32.5 |
| 二硫化碳 | 93.4 | 乙醇 | 5.0 | 水 | 1.6 | 41.3 |
| 二硫化碳 | 75.21 | 丙酮 | 23.98 | 水 | 0.71 | 38.04 |

2. 低共熔混合物与低共熔温度

低共熔温度 $T_E$ 是一种混合物的两种固态组分与液相达到平衡时的最低温度。$T_m$ 表示熔化温度。部分金属的低共熔混合物见表 1-67。

**表 1-67 部分金属的低共熔混合物**

| 组分Ⅰ | | 组分Ⅱ | | $T_E$/℃ | 低共熔混合物的组成(按质量分数) | | 组分Ⅰ | | 组分Ⅱ | | $T_E$/℃ | 低共熔混合物的组成(按质量分数) | |
|---|---|---|---|---|---|---|---|---|---|---|---|---|---|
| 金属 | $T_m$/℃ | 金属 | $T_m$/℃ | | | | 金属 | $T_m$/℃ | 金属 | $T_m$/℃ | | | |
| Sn | 232 | Pb | 327 | 183 | Sn,63.0 | Pb,37.0 | Sb | 630 | Pb | 327 | 246 | Sb,12.0 | Pb,88.0 |
| Sn | 232 | Zn | 420 | 198 | Sn,91.0 | Zn,9.0 | Bi | 271 | Pb | 327 | 124 | Bi,55.5 | Pb,44.5 |
| Sn | 232 | Ag | 961 | 221 | Sn,96.5 | Ag,3.5 | Bi | 271 | Cd | 321 | 146 | Bi,60.0 | Cd,40.0 |
| Sn | 232 | Cu | 1083 | 227 | Sn,99.2 | Cu,0.8 | Cd | 321 | Zn | 420 | 270 | Cd,83.0 | Zn,17.0 |
| Sn | 232 | Bi | 271 | 140 | Sn,42.0 | Bi,58.0 | | | | | | | |

3. 某些物质的熔点、沸点、转变点、熔化热、蒸化热及转变热

表 1-68 列出了某些物质的熔点、沸点、转变点、熔化热 $\Delta_{fus}H_m^0$、蒸化热 $\Delta_{vap}H_m^0$ 及转变热 $\Delta_{trs}H_m^0$。

**表 1-68 某些物质的熔点、沸点、转变点、熔化热、蒸化热及转变热**

| 物质 | 熔点/K | 沸点/K | 转变点/K | $\Delta_{fus}H_m^0$ /kJ·mol$^{-1}$ | $\Delta_{vap}H_m^0$ /kJ·mol$^{-1}$ | $\Delta_{trs}H_m^0$ /kJ·mol$^{-1}$ |
|---|---|---|---|---|---|---|
| Ag(s) | 1233.95 | 2420.15 | — | 11.09 | 257.7 | — |
| Al(s) | 932.15 | 2723.15 | — | 10.5 | 290.8 | — |
| As(s) | 升华 | 895.15 | — | — | 28.6(升华) | — |
| Ca(s) | 1116.15 | 1756.15 | 737.15 | 8.4 | 150.6 | 0.25 |
| Cd(s) | 594.15 | 1038.15 | — | 6.40 | 100.0 | — |
| Co(s) | 1768.15 | 3203.15 | 703.15 | 15.48 | | 0.46 |
| Cr(s) | 2130.15 | 2963.15 | — | 20.9 | 341.8 | — |
| Cu(s) | 1356.15 | 2843.15 | — | 13.0 | 306.7 | — |
| Fe(s) | 1809.15 | 3343.15 | 1187.15<br>1664.15 | 13.77 | 340.2 | 5.10,0.67,<br>0.84 |
| Mg(s) | 923.15 | 1378.15 | — | 8.8 | 127.6 | — |
| Mn(s) | 1517.15 | 2333.15 | 993.15,1363.15,1409.15 | 14.6 | 220.5 | 2.22,2.22,1.8 |
| Mo(s) | 2893.15 | 4923.15 | — | 35.6 | 589.9 | — |
| Ni(s) | 1728.15 | 3193.15 | 631.15 | 17.2 | 374.9 | 0.59 |
| Pb(s) | 600.15 | 2013.15 | 4.81 | 177.8 | — | — |
| Sb(s) | 904.15 | 1713.15 | — | 20.08 | 195.25 | — |
| Si(s) | 1683.15 | 3553.15 | — | 50.6 | 383.3 | — |
| Sn(s) | 505.15 | 2896.15 | 286.15 | 7.07 | 296.2 | 2.09 |
| Ta(s) | 3269.15 | 5698.15 | — | 31.38 | 782.41 | — |
| Ti(s) | 1940.15 | 3558.15 | 1155.15 | 14.6 | 425.5 | 3.35 |
| W(s) | 3603.13 | 5828.15 | — | 33.86 | 730.94 | — |
| Zn(s) | 692.65 | 1180.15 | — | 7.28 | 114.2 | — |

4. 某些物质的凝固点降低常数

表 1-69 列出了某些物质的凝固点降低常数。

5. 某些物质的沸点升高常数

表 1-70 列出了某些物质的沸点升高常数。

**表 1-69　某些物质的凝固点降低常数 $K_f$**

| 溶　剂 | $t_f$/℃ | $K_f$ /K·kg·mol$^{-1}$ | 溶　剂 | $t_f$/℃ | $K_f$ /K·kg·mol$^{-1}$ | 溶　剂 | $t_f$/℃ | $K_f$ /K·kg·mol$^{-1}$ |
|---|---|---|---|---|---|---|---|---|
| 苯胺 | −6 | 5.87 | 萘 | 80.1 | 6.9 | 环己烷 | 6.5 | 20.2 |
| 苯 | 5.5 | 5.1 | 硝基苯 | 5.7 | 6.9 | 四氯化碳 | −23 | 29.8 |
| 水 | 0 | 1.85 | 氮苯(吡啶) | −42 | 4.97 | 溴化乙烯 | | |
| 1,4-二氧六环 | 1.2 | 4.7 | 硫酸 | 10.5 | 6.17 | 干的 | 9.98 | 12.5 |
| 樟脑 | 178.4 | 39.7 | 对甲苯胺 | 43 | 5.2 | 湿的 | 8 | 11.8 |
| 对二甲苯 | 13.2 | 4.3 | 乙酸 | 16.65 | 9.3 | | | |
| 甲酸 | 8.4 | 2.77 | 苯酚 | 41 | 7.3 | | | |

**表 1-70　某些物质的沸点升高常数 $K_b$**

| 溶　剂 | $t_b$/℃ | $K_b$ /K·kg·mol$^{-1}$ | 溶　剂 | $t_b$/℃ | $K_b$ /K·kg·mol$^{-1}$ | 溶　剂 | $t_b$/℃ | $K_b$ /K·kg·mol$^{-1}$ |
|---|---|---|---|---|---|---|---|---|
| 苯胺 | 184.4 | 3.69 | 硝基苯 | 210.9 | 5.27 | 氯仿 | 61.2 | 3.83 |
| 丙酮 | 56 | 1.5 | 氮苯(吡啶) | 115.4 | 2.69 | 四氯化碳 | 76.7 | 5.3 |
| 苯 | 80.2 | 2.57 | 二硫化碳 | 46.3 | 2.29 | 乙酸乙酯 | 77.2 | 2.79 |
| 水 | 100 | 0.516 | 二氧化硫($SO_2$) | −10 | 1.45 | 溴化乙烯 | 131.5 | 6.43 |
| 乙酸甲酯 | 57.0 | 2.06 | 乙酸 | 118.4 | 3.1 | 乙醇 | 78.3 | 约 1.0 |
| 甲醇 | 64.7 | 0.84 | 苯酚 | 181.2 | 3.60 | 乙醚 | 34.5 | 约 2.0 |

## 十、部分气体的临界常数

1. 无机化合物气体的临界常数

表 1-71 为无机化合物气体的临界常数。

**表 1-71　无机化合物气体的临界常数**

| 化 学 式 | 临界温度 θ/℃ | 临界压力 p/MPa | 临界密度 ρ/g·cm$^{-3}$ | 化 学 式 | 临界温度 θ/℃ | 临界压力 p/MPa | 临界密度 ρ/g·cm$^{-3}$ |
|---|---|---|---|---|---|---|---|
| 空气 | −140.6 | 3.7691 | 0.313 | Cs | 1806 | | 0.44 |
| $AlBr_3$ | 356 | 2.6343 | 0.510 | $Cl_2$ | 144 | 7.7003 | 0.573 |
| $AlCl_3$ | 490 | 2.8876 | 0.860 | $D_2$ | −234.9 | 1.6515 | 0.669 |
| Ar | −122.4 | 4.8734 | 0.533 | $F_2$ | −128.85 | 5.2149 | 0.574 |
| As | 530 | 34.651 | — | $GeCl_4$ | 279 | 3.8501 | 0.65 |
| $AsCl_3$ | 318 | | 0.720 | HBr | 90.0 | 8.5514 | — |
| $BBr_3$ | 300 | | 0.90 | HCl | 51.5 | 8.3082 | 0.45 |
| $BCl_3$ | 178.8 | 38.704 | — | HCN | 183.6 | 5.3902 | 0.195 |
| $BF_3$ | −12.3 | 4.9849 | — | HI | 150.8 | 8.3082 | — |
| $B_2H_6$ | 16.6 | 4.0528 | — | HF | 188 | 6.4844 | 0.29 |
| $BiCl_3$ | 906 | 11.955 | 1.21 | $H_2$ | −240.17 | 1.2928 | 0.0314 |
| $Br_2$ | 311 | 10.334 | 1.26 | $H_2O$ | 373.09 | 22.047 | 0.32 |
| $CBrF_3$ | 67 | 3.9717 | 0.76 | $D_2O$ | 370.8 | 21.662 | 0.36 |
| $CClF_3$ | 28.9 | 3.9210 | 0.579 | $H_2S$ | 100.0 | 8.9364 | 0.346 |
| $CCl_2F_2$ | 111.8 | 4.1247 | 0.558 | $H_2Se$ | 138 | 3.8501 | — |
| $CCl_3F$ | 198.0 | 4.4074 | 0.554 | He | −267.96 | 0.22695 | 0.0698 |
| $CCl_4$ | 283.2 | 4.5594 | 0.558 | $^3He$ | −269.84 | 0.11449 | 0.0414 |
| $CF_4$ | −45.6 | 3.7387 | 0.630 | $H_fCl_4$ | 450 | 5.7752 | 1.05 |
| $(CN)_2$ | 127 | 5.9778 | — | Hg | 1462 | 18.946 | — |
| CO | −140.24 | 3.4985 | 0.301 | $HgCl_2$ | 700 | — | 1.56 |
| $CO_2$ | 31.0 | 7.3760 | 0.468 | $I_2$ | 546 | — | 1.64 |
| $COCl_2$ | 182 | 5.6739 | 0.52 | K | 1950 | 16.211 | 0.187 |
| COS | 102 | 5.8765 | 0.44 | Kr | −63.8 | 5.5016 | 0.919 |
| $CS_2$ | 279 | 7.9029 | 0.44 | Li | 2950 | 68.897 | 0.105 |

续表

| 化学式 | 临界温度 θ/℃ | 临界压力 p/MPa | 临界密度 $\rho/g\cdot cm^{-3}$ | 化学式 | 临界温度 θ/℃ | 临界压力 p/MPa | 临界密度 $\rho/g\cdot cm^{-3}$ |
|---|---|---|---|---|---|---|---|
| $NF_3$ | −39.2 | 4.5290 | — | S | 1041 | 11.753 | — |
| $NH_3$ | 132.4 | 11.276 | 0.235 | $SF_6$ | 45.54 | 3.7589 | 0.736 |
| NO | −93 | 6.4844 | 0.52 | $SO_2$ | 157.6 | 7.8837 | 0.525 |
| $NO_2$ | 158 | 10.132 | 0.55 | $SO_2$ | 217.8 | 8.2069 | 0.63 |
| $N_2$ | −147.0 | 3.3942 | 0.313 | $SbCl_2$ | 521 | — | 0.84 |
| $N_2F_4$ | 36.2 | 3.7488 | — | Si | −3.5 | 4.8430 | — |
| $N_2H_4$ | 380 | 14.691 | — | $SiClF_3$ | 34.5 | 3.4651 | — |
| $N_2O$ | 36.41 | 7.2443 | 0.452 | $SiCl_2F_2$ | 95.8 | 3.4955 | — |
| Na | 2300 | 35.462 | 0.198 | $SiCl_3F$ | 165.3 | 3.5765 | — |
| Ne | −228.75 | 2.7559 | 0.484 | $SiCl_4$ | 234 | 3.7488 | 0.521 |
| $O_2$ | −118.57 | 5.0426 | 0.436 | $SiF_4$ | −14.1 | 3.7184 | — |
| $O_3$ | −12.1 | 5.5726 | 0.54 | $SnCl_4$ | 318.8 | 3.7488 | 0.742 |
| P | 721 | | — | $TiCl_4$ | 365 | 4.6607 | 0.56 |
| $PH_3$ | 51.6 | 6.5351 | — | $UF_6$ | 232.6 | 4.6607 | 1.41 |
| $R_a$ | 104 | 6.2818 | — | Xe | 16.583 | 5.8400 | 1.11 |
| $R_b$ | 1832 | — | 0.34 | $ZrCl_4$ | 505 | 5.7651 | 0.730 |

2. 有机化合物气体的临界常数

表 1-72 为有机化合物气体的临界常数。

**表 1-72 有机化合物气体的临界常数**

| 名称 | 化学式 | 临界温度 θ/℃ | 临界压力 p/MPa | 临界密度 $\rho/g\cdot cm^{-3}$ | 名称 | 化学式 | 临界温度 θ/℃ | 临界压力 p/MPa | 临界密度 $\rho/g\cdot cm^{-3}$ |
|---|---|---|---|---|---|---|---|---|---|
| 氯二氟甲烷 | $CHClF_2$ | 96.0 | 4.9768 | 0.525 | 环氧乙烷 | $C_2H_4O$ | 196 | 7.1937 | 0.314 |
| 氟二氯甲烷 | $CHCl_2F$ | 178.5 | 5.1673 | 0.522 | 乙酸 | $C_2H_4O_2$ | 321.3 | 5.7752 | 0.351 |
| 氯仿 | $CHCl_3$ | 263.4 | 5.4712 | 0.5 | 溴乙烷 | $C_2H_5Br$ | 230.7 | 6.2311 | 0.507 |
| 三氟甲烷 | $CHF_3$ | 25.74 | 4.8360 | 0.525 | 氯乙烷 | $C_2H_5Cl$ | 187.2 | 5.2686 | — |
| 二溴甲烷 | $CH_2Br_2$ | 331 | 7.1937 | | 乙烷 | $C_2H_6$ | 32.28 | 4.8795 | 0.203 |
| | $CH_2ClF$ | | | | 乙醇 | $C_2H_6O$ | 243.1 | 6.3791 | 0.276 |
| 二氯甲烷 | $CH_2Cl_2$ | 237 | 6.6871 | — | 乙硫醇 | $C_2H_6S$ | 226 | 5.4915 | 0.300 |
| 氯代甲烷 | $CH_3Cl$ | 143.1 | 6.6790 | 0.353 | 乙胺 | $C_2H_7N$ | 183 | 5.6232 | — |
| 氟甲烷 | $CH_3F$ | 44.55 | 5.8765 | 0.300 | 1,2,2-三氯-1,1,2-三氟乙烷 | $C_2Cl_3F_3$ | 214.1 | 3.4144 | 0.576 |
| 甲烷 | $CH_4$ | −82.60 | 4.6049 | 0.162 | | | | | |
| 甲醇 | $CH_4O$ | 239.43 | 8.0954 | 0.272 | 全氟乙烯 | $C_2F_4$ | 33.3 | 3.9433 | 0.58 |
| 甲硫醇 | $CH_4S$ | 196.8 | 7.2342 | 0.332 | 丙炔 | $C_3H_4$ | 129.23 | 5.6273 | 0.245 |
| 甲胺 | $CH_5N$ | 156.9 | 7.4571 | — | 丙腈 | $C_3H_5N$ | 291.2 | 4.1845 | 0.240 |
| 溴三氟甲烷 | $CBrF_3$ | 67.0 | 3.9717 | 0.72 | 甲酸乙酯 | $C_3H_5O_2$ | 235.3 | 4.8390 | 0.323 |
| 氯三氟甲烷 | $CClF_3$ | 28.9 | 3.9210 | 0.579 | 丙烯 | $C_3H_6$ | 91.8 | 4.6202 | 0.233 |
| 全氟甲烷 | $CF_4$ | −45.6 | 3.7387 | 0.630 | 环丙烷 | $C_3H_6$ | 124.65 | 5.4945 | — |
| 二氯二氟甲烷 | $CCl_2F_2$ | 111.80 | 4.1247 | 0.558 | 丙酮 | $C_3H_6O$ | 236.5 | 4.7823 | 0.278 |
| 三氟乙烯 | $C_2HF_3$ | 271.0 | 5.0153 | — | 甲酸乙酯 | $C_3H_6O_2$ | 235.3 | 4.7377 | 0.323 |
| 乙腈 | $C_2H_3N$ | 274.7 | 4.8329 | 0.237 | 乙酸甲酯 | $C_3H_6O_2$ | 233.7 | 4.6941 | 0.325 |
| 乙炔 | $C_2H_2$ | 35.18 | 6.1389 | 0.231 | 异丙醇 | $C_3H_8O$ | 235.16 | 4.7640 | 0.273 |
| 1,2-二氯乙烯 | $C_2H_2Cl_2$ | 243.3 | 5.5118 | — | 甲基乙基醚 | $C_3H_8O$ | 164.7 | 4.3972 | 0.272 |
| 1,1-二氟乙烯 | $C_2H_2F_2$ | 30.1 | 4.4327 | 0.417 | 三甲基胺 | $C_3H_9N$ | 160.1 | 4.0730 | 0.233 |
| 1-氯-1,1-二氟乙烷 | $C_2H_3ClF_2$ | 137.1 | 4.1237 | 0.435 | 丙胺 | $C_3H_9N$ | 233.8 | 4.7417 | — |
| | | | | | 丁腈 | $C_4H_7N$ | 309.1 | 3.7893 | — |
| 乙烯 | $C_2H_4$ | 9.2 | 5.0315 | 0.218 | 丁烯 | $C_4H_8$ | 146.4 | 4.0224 | 0.234 |
| 1,1-二氟乙烷 | $C_2H_4F_2$ | 113.5 | 4.4955 | 0.365 | 丙酸甲酯 | $C_4H_8O_2$ | 257.4 | 4.0041 | 0.312 |

续表

| 名　称 | 化学式 | 临界温度 $\theta$/℃ | 临界压力 $p$/MPa | 临界密度 $\rho$/g·cm$^{-3}$ | 名　称 | 化学式 | 临界温度 $\theta$/℃ | 临界压力 $p$/MPa | 临界密度 $\rho$/g·cm$^{-3}$ |
|---|---|---|---|---|---|---|---|---|---|
| 甲酸丙酯 | $C_4H_8O_2$ | 264.9 | 4.0609 | 0.309 | 正己烷 | $C_6H_{14}$ | 234.2 | 2.9686 | 0.233 |
| 乙酸乙酯 | $C_4H_8O_2$ | 250.1 | 3.8491 | 0.308 | 2,2-二甲基丁烷 | $C_6H_{14}$ | 215.58 | 3.0801 | 0.240 |
| 正丁酸 | $C_4H_8O_2$ | 355 | 5.2686 | 0.304 | 三乙基胺 | $C_6H_{15}N$ | 262 | 3.0396 | 0.26 |
| 丁烷 | $C_4H_{10}$ | 152.1 | 3.8197 | 0.228 | 苯甲醛 | $C_7H_6O$ | 352 | 2.1783 | — |
| (二)乙醚 | $C_4H_{10}O$ | 193.55 | 3.6373 | 0.265 | 甲苯 | $C_7H_8$ | 318.57 | 4.6151 | 0.292 |
| 正丁醇 | $C_4H_{10}O$ | 289.78 | 4.4124 | 0.270 | 邻甲(苯)酚 | $C_7H_8O$ | 424.4 | 5.0052 | 0.384 |
| 正丁胺 | $C_4H_{10}N$ | 251 | 4.1541 | — | 间甲(苯)酚 | $C_7H_8O$ | 432.6 | 4.5594 | 0.346 |
| 二乙胺 | $C_4H_{11}N$ | 223.5 | 3.7083 | 0.243 | 对甲(苯)酚 | $C_7H_8O$ | 431.4 | 5.1470 | 0.391 |
| 全氟丁烷 | $C_4F_{10}$ | 113.2 | 2.3232 | 0.629 | 甲基环己烷 | $C_7H_{14}$ | 299.1 | 3.4773 | 0.285 |
| 吡啶 | $C_5H_5N$ | 346.8 | 5.6333 | 0.312 | 3-乙基戊烷 | $C_7H_{16}$ | 267.42 | 2.8906 | 0.241 |
| 环戊烷 | $C_5H_{10}$ | 238.5 | 4.5077 | 0.27 | 乙苯 | $C_8H_{10}$ | 343.94 | 3.6090 | 0.284 |
| 2-戊酮 | $C_5H_{10}O$ | 290.8 | 3.8906 | 0.286 | 邻二甲苯 | $C_8H_{10}$ | 357.1 | 3.7326 | 0.243 |
| 甲酸异丁酯 | $C_5H_{10}O_2$ | 278 | 3.8805 | 0.29 | 间二甲苯 | $C_8H_{10}$ | 343.82 | 3.4955 | 0.282 |
| 丁酸甲酯 | $C_5H_{10}O_2$ | 281.3 | 3.4732 | 0.300 | 对二甲苯 | $C_8H_{10}$ | 343.0 | 3.5107 | 0.282 |
| 乙酸丙酯 | $C_5H_{10}O_2$ | 276.2 | 3.3628 | 0.269 | 2,3-二甲苯酚 | $C_8H_{11}O$ | 449.7 | 4.8633 | 0.26 |
| 丙酸乙酯 | $C_5H_{10}O_2$ | 272.9 | 3.3617 | 0.296 | *N*，*N*-二甲基苯胺 | $C_8H_{11}N$ | 411 | 3.6272 | — |
| 正戊烷 | $C_5H_{12}$ | 196.5 | 3.3790 | 0.237 | | | | | |
| 2,2-二甲基丙烷 | $C_5H_{12}$ | 160.60 | 3.1986 | 0.238 | 正辛烷 | $C_8H_{18}$ | 295.61 | 2.4863 | 0.232 |
| 溴苯 | $C_6H_5Br$ | 397 | 4.5188 | 0.485 | 2,2-二甲基己烷 | $C_8H_{18}$ | 276.65 | 2.5248 | 0.239 |
| 氯苯 | $C_6H_5Cl$ | 359.2 | 4.5188 | 0.365 | 2,2,3-三甲基戊烷 | $C_8H_{18}$ | 290.28 | 2.7295 | 0.262 |
| 碘苯 | $C_6H_5I$ | 448 | 4.5188 | 0.581 | | | | | |
| 苯 | $C_6H_6$ | 288.94 | 4.8978 | 0.302 | 2,2,3-三甲基苯 | $C_9H_{12}$ | 257.96 | 2.9534 | 0.252 |
| 苯酚 | $C_6H_6O$ | 421.1 | 6.1298 | 0.41 | 丙苯 | $C_9H_{12}$ | 365.15 | 3.1996 | 0.273 |
| 苯胺 | $C_6H_7N$ | 426 | 5.3091 | 0.34 | 丁苯 | $C_{10}H_{14}$ | 387.3 | 2.8866 | 0.270 |
| 甲基环戊烷 | $C_6H_{11}$ | 259.6 | 3.7893 | 0.264 | 正壬烷 | $C_9H_{20}$ | 321.41 | 2.3100 | — |
| 丁酸乙酯 | $C_6H_{12}O_2$ | 293 | 3.0396 | 0.28 | | | | | |
| 环己烷 | $C_6H_{12}$ | 280.3 | 4.0730 | 0.273 | | | | | |

## 十一、化学反应的方向和限度的判断依据

在封闭体系（体系和环境之间没有物质交换而有能量交换）中，在恒温、恒压只做体积功的条件下，自发变化的方向是吉布斯自由能变减小的方向，即：

$\Delta G<0$　自发过程，反应能正向进行

$\Delta G>0$　非自发过程，反应能逆向进行

$\Delta G=0$　反应处于平衡状态

这就是恒温恒压下自发变化方向的吉布斯自由能变判断依据。

由式 $\Delta G_T=\Delta H-T\Delta S$ 可以看出，$\Delta G$ 中包含着 $\Delta H$ 与 $\Delta S$ 两种与反应进行方向有关的因子，体现了焓变和熵变两种效应的对立和统一。具体分成如下几种情况。

① 如果 $\Delta H<0$（放热反应），同时 $\Delta S>0$（熵增加），$\Delta G<0$，在任意温度下正反应均能自发进行。如反应：

$$H_2(g)+Cl_2(g)\longrightarrow 2HCl(g)$$

② 如果 $\Delta H>0$（吸热反应），同时 $\Delta S<0$（熵减少），$\Delta G>0$，在任意温度下正反应均不能自发进行，但其逆反应在任意温度下均能自发进行。如反应：

$$3O_2(g)=\!=\!=2O_3(g)$$

③ 如果 $\Delta H<0$，$\Delta S<0$（放热反应但是熵减少的反应），低温下 $|\Delta H|>|T\Delta S|$，$\Delta G<0$，正反应能自发进行；高温下 $|\Delta H|<|T\Delta S|$，$\Delta G>0$，正反应不能自发进行。如反应：

$$2NO(g)+O_2(g)\rightleftharpoons 2NO_2(g)$$

④ 若 $\Delta H>0$，$\Delta S>0$（吸热反应但同时是熵增加的反应），低温下 $|\Delta H|>|T\Delta S|$，$\Delta G>0$，正反应不能自发进行；高温下 $|\Delta H|<|T\Delta S|$，$\Delta G<0$，正反应能自发进行。如反应：

$$CaCO_3(s)=\!=\!=CaO(s)+CO_2(g)$$

由上述几种情况可以看出，放热反应不一定都能正向进行，吸热反应一定条件下也可以自发进行。在①、②两种情况下，$\Delta H$ 与 $\Delta S$ 两种效应方向一致；在③、④两种情况下，$\Delta H$ 与 $\Delta S$ 两种

效应互相对立，低温下 $|\Delta H|>|T\Delta S|$，$\Delta H$ 效应为主，高温下 $\Delta S$ 效应为主，随温度变化反应实现了自发与非自发之间的转化。中间必定存在一转折点，即 $\Delta G=0$，此时体系处于平衡状态，温度稍有改变，平衡发生移动，反应方向发生逆转，该温度为转变温度：

$$\Delta G=\Delta H-T\Delta S=0$$

在一定温度范围内 $\Delta H$、$\Delta S$ 随温度变化很小，可近似认为不随温度变化，则

$$T_{转}=\frac{\Delta H_{298}}{\Delta S_{298}}$$

已知：反应 $CaCO_3(s) \rightleftharpoons CaO(s)+CO_2(g)$，试判断 298K 和 1500K 温度下，正反应是否能自发进行，并求其转变温度。

**解：** 查本章第五节、一的有关热力学函数

| | $CaCO_3(s)$ | $\rightleftharpoons$ | $CaO(s)$ | + | $CO_2(g)$ |
|---|---|---|---|---|---|
| $\Delta H^0/kJ\cdot mol^{-1}$ | $-1207$ | | $-635$ | | $-394$ |
| $S^0/J\cdot mol^{-1}\cdot K^{-1}$ | 92.9 | | 40 | | 214 |

该反应的 $\Delta H^0_{298}=1\times\Delta H^0_{CaO}+1\times\Delta H^0_{CO_2}-1\times\Delta H^0_{CaCO_3}$

$=(-635)+(-394)-(-1207)$

$=178kJ\cdot mol^{-1}$

$\Delta S^0_{298}=1\times S^0_{CaO}+1\times S^0_{CO_2}-1\times S_{CaCO_3}$

$=40+214-92.9$

$=161.1J\cdot mol^{-1}\cdot K^{-1}$

298K 时，$\Delta G^0_{298}=\Delta H^0_{298}-T\Delta S^0_{298}$

$=178-298\times161.1\times10^{-3}$

$=130.0kJ\cdot mol^{-1}$

因 $\Delta G^0_{298}>0$，正反应不能自发进行。

1500K 时，$\Delta G^0_{1500}=\Delta H^0_{298}-T\Delta S^0_{298}$

$=178-1500\times161.1\times10^{-3}$

$=-63.6kJ\cdot mol^{-1}$

因 $\Delta G^0_{1500}<0$，故正反应可以自发进行。

$$T_{转}=\frac{\Delta H^0_{298}}{\Delta S^0_{298}}=\frac{178\times10^3}{161.1}=1104.9K$$

热力学研究又指出，在恒温、恒压下，化学反应的吉布斯自由能变与该反应的标准平衡常数和相对压力熵之间有如下关系：

$$\Delta G=-RT\ln K^0+RT\ln Q$$

或

$$\Delta G=-2.303RT\lg K^0+2.303RT\lg Q$$

当各种物质处于标准状态时，反应的 $\Delta G$ 为标准吉布斯函数变，此时 $Q=1$，由式

$$\Delta G=-RT\ln K^0+RT\ln Q$$

得

$$\Delta G^0=-RT\ln K^0$$

则 $\Delta G$ 与 $\Delta G^0$ 的关系为：

$$\Delta G=\Delta G^0+RT\ln Q$$

在通常情况下，反应物和生成物常不处在标准状态，因此只能用 $\Delta G$ 而不能用 $\Delta G^0$ 来判断反应的方向。只有 $|\Delta G^0|>40kJ\cdot mol^{-1}$ 时，才可以用 $\Delta G^0$ 代替 $\Delta G$ 判断反应的方向。

计算 320K 时的反应 $HI(g) \rightleftharpoons \frac{1}{2}H_2(g)+\frac{1}{2}I_2(g)$ 的 $\Delta G$ 和 $\Delta G^0$，判断此温度下反应的方向。

已知：$p_{HI}=0.0405MPa$，$p_{H_2}=0.00101MPa$，$p_{I_2}=0.00101MPa$。

**解：** $HI(g) \rightleftharpoons \frac{1}{2}H_2(g)+\frac{1}{2}I_2(g)$

$$\Delta H^0_{298}=\frac{1}{2}\times\Delta H^0_{H_2}+\frac{1}{2}\Delta H^0_{I_2(g)}-1\times\Delta H^0_{HI}$$

$$=\frac{1}{2}\times 0+\frac{1}{2}\times 62.2-1\times 25.9$$
$$=5.2\text{kJ}\cdot\text{mol}^{-1}$$
$$\Delta S^0_{298}=\frac{1}{2}S^0_{H_2}+\frac{1}{2}S^0_{I_2(g)}-S^0_{HI}$$
$$=\frac{1}{2}\times 131+\frac{1}{2}\times 261-206$$
$$=-10\text{J}\cdot\text{mol}^{-1}\cdot\text{K}^{-1}$$
$$\Delta G^0_{320}=\Delta H^0_{298}-T\Delta S^0_{298}$$
$$=5.2-320\times(-10)\times 10^{-3}$$
$$=8.4\text{kJ}\cdot\text{mol}^{-1}$$
$$\Delta G^0_{320}>0$$
$$\Delta G_{320}=\Delta G^0_{320}+RT\ln Q$$
$$=8.4+8.314\times 10^{-3}\times 320\ln\frac{\left(\frac{p_{H_2}}{p^0}\right)^{\frac{1}{2}}\left[\frac{p_{I_2(g)}}{p^0}\right]^{\frac{1}{2}}}{\frac{p_{HI}}{p^0}}$$
$$=8.4+8.314\times 10^{-3}\times 320\ln\frac{\left(\frac{1.01}{101.325}\right)^{\frac{1}{2}}\left(\frac{1.01}{101.325}\right)^{\frac{1}{2}}}{\frac{40.5}{101.325}}$$
$$=-1.4\text{kJ}\cdot\text{mol}^{-1}$$

$\Delta G_{320}<0$，正反应能自发进行。

因 $\Delta G^0_{320}=8.4<40\text{kJ}\cdot\text{mol}^{-1}$，故不能用 $\Delta G^0$ 判断 320K 时反应的方向。

对于反应 $CCl_4(l)+H_2(g)$ ══ $HCl(g)+CHCl_3(l)$ 比较在 298K 和标准状况下和 $p_{H_2}=1.01325\times 10^6$ Pa 和 $p_{HCl}=1.01325\times 10^4$ Pa 下自发进行的方向。

已知：$\Delta H^0_{298}=-90.34\text{kJ}\cdot\text{mol}^{-1}$，$\Delta S^0_{298}=41.5\text{J}\cdot\text{mol}^{-1}\cdot\text{K}^{-1}$。

**解**：$\Delta G^0=\Delta H^0-T\Delta S^0$
$$=-90.34-298\times 41.5\times 10^{-3}$$
$$=-102.7\text{kJ}\cdot\text{mol}^{-1}$$

$\Delta G^0<0$，正反应自发进行。

$$\Delta G=\Delta G^0+RT\ln Q$$
$$=\Delta G^0+RT\ln\frac{\frac{p_{HCl}}{p^0}}{\frac{p_{H_2}}{p^0}}$$
$$=-102.7+8.314\times 10^{-3}\times 298\times\ln\frac{\frac{1.01325\times 10^4}{101325}}{\frac{1.01325\times 10^6}{101325}}$$
$$=-114.1\text{kJ}\cdot\text{mol}^{-1}$$

$\Delta G<0$，正反应可以自发进行。

因 $|\Delta G^0|=102.7>40\text{kJ}\cdot\text{mol}^{-1}$，可用 $\Delta G^0$ 代 $\Delta G$ 判断反应方向。

由于

$$\Delta G^0=\Delta H^0-T\Delta S^0$$
$$\Delta G^0=-RT\ln K$$

所以

$$-RT\ln K=\Delta H^0-T\Delta S^0$$
$$\ln K^0=-\frac{\Delta H^0}{RT}+\frac{\Delta S^\circ}{R}$$

或

$$\lg K=-\frac{\Delta H^0}{2.303RT}+\frac{\Delta S^0}{2.303R}$$

在温度 $T_1$ 下，平衡常数为 $K_1^0$：

$$\lg K_1^0=-\frac{\Delta H^0}{2.303RT_1}+\frac{\Delta S^0}{2.303R}$$

在温度 $T_2$ 下，平衡常数为 $K_2^0$：

$$\lg K_2^0=-\frac{\Delta H^0}{2.303RT_2}+\frac{\Delta S^0}{2.303R}$$

两式相减，得

$$\lg K_2^0-\lg K_1^0=-\frac{\Delta H^0}{2.303RT_2}+\frac{\Delta H^0}{2.303RT_1}$$

$$\lg\frac{K_2^0}{K_1^0}=\frac{\Delta H^0}{2.303R}\left(\frac{1}{T_1}-\frac{1}{T_2}\right)$$

利用此式可以在一定温度范围内由某一已知平衡常数计算另一温度下同一反应的未知平衡常数。

## 十二、胶体体系的类型与粒子半径和扩散系数

1. 胶体体系的类型与粒子半径

胶体是一种尺寸在 1～100nm 以至 1000nm 的分散体。它既不是大块固体，又不是分子分散的液体，而是具有两相的微不均匀分散体系。

表 1-73 为不同类型的分散体系。表 1-74 为胶体体系。

表 1-73　不同类型的分散体系

| 类　型 | 粒子大小/nm | 特　性 |
|---|---|---|
| 粗分散(悬液,乳液) | >100 | 不能穿过滤纸,无扩散能力,不能穿过渗析膜在显微镜下可见 |
| 胶体分散(溶胶,微乳液) | 1～100 | 能穿过滤纸,稍有扩散能力,不能穿过渗析膜在显微镜下不可见,超显微镜下可分辨 |
| 分子分散 | <1 | 能穿过滤纸,扩散能力强,能穿过渗析膜在显微镜及超显微镜下均不可见 |

表 1-74　胶体体系

| 分散相(分散介质) | 气　态 | 液　态 | 固　态 |
|---|---|---|---|
| 气体 | | 云雾 | 青烟,高空灰尘 |
| 液体 | 泡沫 | 牛乳,雪花膏 | 墨汁,泥浆 |
| 固体 | 泡沫塑料,浮石 | 珍珠,某些宝石 | 合金,有色玻璃 |

说明：

(1) 粗分散体系（悬液、乳液等）和胶体分散体系（溶胶、微乳液、胶束等）均属胶体体系。

(2) 除去分散相和分散介质外，几乎所有的胶体都包括稳定剂，即界面相或第三相。

(3) 以显微镜下能否看见作为划分胶体分散体的判据是比较客观的。如果这样，那么胶体分散体的尺寸范围应当是 1～200nm，因为根据光学原理，在显微镜下能看到的最小尺寸应是 200nm 左右。

表 1-75 为胶体体系的热力学分类法，在这里强调了胶体是聚集体。其中分热力学稳定与不稳定两类。狭义胶体分散体系是热力学不稳定体系；缔合胶体是热力学稳定体系，是一种真正的亲液胶体，见表 1-76。

表 1-76 将胶体分为憎液胶体和亲液胶体，在以后的分类中将这里所定义的亲液胶体归类为水溶性高分子或聚电解质。

表 1-75　胶体体系的热力学分类法

| 类　别 | 热　力　学 | 聚 结 过 程 | 典　型　体　系 |
|---|---|---|---|
| 狭义胶体体系纳米分散体系 | 不稳定 | 不可逆 | 溶胶,泡沫,悬浮液,乳状液,气溶胶 |
| 缔合胶体 | 稳定 | 可逆 | 胶束,微乳液,脂质体等 |
| 高分子溶液 | 稳定 | 可逆 | 淀粉/水,明胶/水,橡胶/己烷等 |

**表 1-76 胶体体系憎液、亲液分类法**

| 性 质 | 憎液胶体 | 亲液胶体 | 性 质 | 憎液胶体 | 亲液胶体 |
|---|---|---|---|---|---|
| 电解质的存在 | 必要的稳定因素 | 非必要的稳定因素 | 黏度 | 与溶剂差别小 | 比溶剂大许多 |
| 对电解质的稳定性 | 低 | 很高 | 渗透压 | 小 | 显著 |
| 聚沉的可逆性 | 不可逆 | 可逆 | 粒子具有的电荷 | 固定,不易变 | 电荷随 pH 而变 |
| 电镜下可见性 | 可见 | 不可见 | | | |

2. 胶体体系的扩散系数

表 1-77 列出了不带电球粒在水中的扩散系数。

**表 1-77 不带电球粒在水中的扩散系数**

| 半径/cm | $10^{-3}$ | $10^{-4}$ | $10^{-5}$ | $10^{-6}$ | $10^{-7}$ |
|---|---|---|---|---|---|
| $D/m^2 \cdot s^{-1}$ | $2.15\times10^{-14}$ | $2.15\times10^{-13}$ | $2.15\times10^{-12}$ | $2.15\times10^{-11}$ | $2.15\times10^{-10}$ |

表 1-78 列出了一些物质的扩散系数 $D$ 值。

**表 1-78 一些物质的扩散系数值**

| 物 质 | 相对分子质量 | $D_{20,w}/10^{-10}m^2 \cdot s^{-1}$ | 物 质 | 相对分子质量 | $D_{20,w}/10^{-10}m^2 \cdot s^{-1}$ |
|---|---|---|---|---|---|
| 甘氨酸 | 75 | 9.335 | 牛血清蛋白 | 66500 | 0.603 |
| 蔗糖 | 342 | 4.586 | 纤维蛋白原 | 330000 | 0.197 |
| 核糖核酸酶 | 13.683 | 1.068 | 胶态金 | 半径=40nm | 0.049 |
| 胶态金 | 半径=1.3nm | 1.63 | 胶态硒 | 半径=56nm | 0.038 |

注：$D_{20,w}$ 中 20 为 20℃，w 为物质在水中的扩散系数值。

# 第六节 光 谱 数 据

## 一、光谱分类与谱区

1. 光谱分类

凡是基于检测辐射作用于待测物质后产生的辐射信号或所引起的变化的分析方法称为光分析法。任何光分析法包括三个主要过程：①辐射源提供能量；②辐射与被测物质间相互作用；③产生被检测的信号。

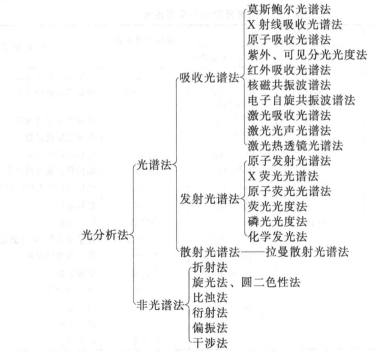

- 光分析法
  - 光谱法
    - 吸收光谱法
      - 莫斯鲍尔光谱法
      - X 射线吸收光谱法
      - 原子吸收光谱法
      - 紫外、可见分光光度法
      - 红外吸收光谱法
      - 核磁共振波谱法
      - 电子自旋共振波谱法
      - 激光吸收光谱法
      - 激光光声光谱法
      - 激光热透镜光谱法
    - 发射光谱法
      - 原子发射光谱法
      - X 荧光光谱法
      - 原子荧光光谱法
      - 荧光光度法
      - 磷光光度法
      - 化学发光法
    - 散射光谱法——拉曼散射光谱法
  - 非光谱法
    - 折射法
    - 旋光法、圆二色性法
    - 比浊法
    - 衍射法
    - 偏振法
    - 干涉法

表 1-79 与表 1-80 分别简介了吸收光谱法与发射光谱法。

**表 1-79 吸收光谱法**

| 方法名称 | 辐射能 | 作用物质 | 检测讯号 |
|---|---|---|---|
| 莫斯鲍尔光谱法 | γ射线 | 原子核 | 吸收后的γ射线 |
| X 射线吸收光谱法 | {X 射线<br>放射性同位素 | $Z>10$ 的重元素<br>原子的内层电子 | 吸收后的 X 射线 |
| 原子吸收光谱法 | 紫外、可见光 | 气态原子外层的电子 | 吸收后的紫外、可见光 |
| 紫外、可见分光光度法 | 紫外、可见光 | 分子外层的电子 | 吸收后的紫外、可见光 |
| 红外吸收光谱法 | 炽热硅碳棒等 2.5～15μm 红外光 | 分子振动 | 吸收后的红外光 |
| 核磁共振波谱法 | 0.1～100MHz | 原子核磁量子 | 吸收 |
| | 射频 | 有机化合物分子的质子 | |
| 电子自旋共振波谱法 | 10000～800000MHz 微波 | 未成对电子 | 吸收 |
| 激光吸收光谱法 | 激光 | 分子(溶液) | 吸收 |
| 激光光声光谱法 | 激光 | 分子(气体) | 声压 |
| | | 分子(固体) | |
| | | 分子(液体) | |
| 激光热透镜光谱法 | 激光 | 分子(溶液) | 吸收 |

**表 1-80 发射光谱法**

| 方法名称 | 辐射能(或能源) | 作用物质 | 检测讯号 |
|---|---|---|---|
| 原子发射光谱法 | 电能、火焰 | 气态原子外层电子 | 紫外、可见光 |
| X 荧光光谱法 | X 射线(0.1～25)$\times10^{-3}$cm | 原子内层电子的逐出，外层能级电子跃入空位(电子跃迁) | 特征 X 射线(荧光) |
| 原子荧光光谱法 | 高强度紫外、可见光($\lambda_1$) | 气态原子外层电子跃迁 | 原子荧光 |
| 荧光光度法 | 紫外、可见光 | 分子 | 荧光(紫外、可见光) |
| 磷光光度法 | 紫外、可见光 | 分子 | 磷光(紫外、可见光) |
| 化学发光法 | 化学能 | 分子 | 可见光 |

2. 光谱分析法的应用范围

表 1-81 给出了各种光谱分析法的应用范围。

**表 1-81 光谱分析法的应用范围**

| 方法名称 | 检出限 | | 相对标准偏差/% | 主要用途 |
|---|---|---|---|---|
| | /g(绝对) | /μg·$g^{-1}$(相对) | | |
| 原子发射光谱法 | | $10^{-4}\sim10^{2}$ | 1～20 | 微量多元素连续或同时测定 |
| 原子吸收光谱法 | $10^{-15}\sim10^{-9}$(非火焰) | $10^{-3}\sim10^{2}$(火焰) | 0.5～10 | 微量单元素分析等 |
| 原子荧光光谱法 | $10^{-15}\sim10^{-9}$ | $10^{-3}\sim10^{1}$ | 0.5～10 | 微量单元素分析等 |
| 紫外、可见吸收光谱法 | | $10^{-3}\sim10^{2}$ | 1～10 | 有机物定性定量 |
| 分子荧光光谱法 | | $10^{-3}\sim10^{2}$ | 1～50 | 有机物定性定量 |
| 红外光谱法 | | $10^{3}\sim10^{6}$ | 5～20 | 结构分析及有机物定性定量 |
| 拉曼光谱 | | $10^{3}\sim10^{6}$ | 5～20 | 结构分析及有机物定性定量 |
| 核磁共振波谱法 | | $10^{1}\sim10^{5}$ | 1～10 | 结构分析 |
| 顺磁共振波谱法 | $10^{-9}\sim10^{-6}$ | | 半定量 | 结构分析 |
| X 射线荧光法 | | $10^{-1}\sim10^{2}$ | 0.1～10 | 常量多元素，同时测定 |
| 俄歇电子能谱法 | | $10^{3}\sim10^{5}$ | 5～20 | 表面及薄层分析 |
| 穆斯鲍尔光谱法 | | $10^{1}\sim10^{3}$ | 半定量 | 结构分析 |
| 中子活化法 | | $10^{-3}\sim10^{-1}$ | 2～10 | 微量分析等 |
| 电射探针 | | $10^{2}\sim10^{4}$ | 10～50 | 微区分析 |
| 电子探针 | | $10^{2}\sim10^{3}$ | 5 | 微区分析 |
| 离子探针 | | $10^{-1}\sim10^{0}$ | 半定量 | 微区分析 |

3. 光谱区及对应的光谱分析法

表 1-82 列出了不同光谱区相对应的光谱分析法。

**表 1-82　光谱区及相对应的光谱分析法**

| 电磁波 | | 波长 $\lambda$ /cm | 频率 $\nu$ /Hz | 波数 $\bar{\nu}$ /cm$^{-1}$ | 能量 /eV | 物理现象（或来源） | 分析方法 |
|---|---|---|---|---|---|---|---|
| | | $10^{-10}$ | $3\times10^{20}$ | $10^{10}$ | $1.2\times10^{6}$ | | |
| γ射线 | | | | | | 核跃迁（核反应） | γ射线光谱法<br>莫斯鲍尔光谱法 |
| | | $10^{-9}$ | $3\times10^{19}$ | $10^{9}$ | $1.2\times10^{5}$ | | |
| X光 | | $10^{-8}$ | $3\times10^{18}$ | $10^{8}$ | $1.2\times10^{4}$ | 电子散射<br>内层电子跃迁 | X衍射分析法<br>X吸收分析法<br>X微区分析法<br>X荧光光谱法 |
| | | $10^{-7}$ | $3\times10^{17}$ | $10^{7}$ | $1.2\times10^{3}$ | | |
| | | $10^{-6}$ | $3\times10^{16}$ | $10^{6}$ | 124 | | |
| 紫外光 | 真空紫外 | $1\times10^{-5}$ | $5\times10^{15}$ | $10^{5}$ | 12.4 | 外层电子跃迁 | 比色分析法<br>紫外与可见分光光度法<br>荧光比色法<br>原子吸收光谱法<br>原子荧光光谱分析法<br>火焰光度法<br>发射光谱分析法 |
| | | $2\times10^{-5}$ | $1.5\times10^{15}$ | 50000 | 6.2 | | |
| | 近紫外 | | | | | | |
| | | $4\times10^{-5}$ | $7.5\times10^{14}$ | 25000 | 3.1 | | |
| 可见光 | 紫 | | | | | | |
| | 青 | | $7.1\times10^{14}$ | 23800 | 3.0 | | |
| | 蓝 | | $6.1\times10^{14}$ | 20400 | 2.5 | | |
| | 绿 | | $5.7\times10^{14}$ | 18900 | 2.3 | | |
| | 黄 | | $5.1\times10^{14}$ | 17000 | 2.1 | | |
| | 橙 | | $4.6\times10^{14}$ | 15400 | 1.9 | | |
| | 红 | | | | | | |
| | | $7.5\times10^{-5}$ | $4.0\times10^{14}$ | 13300 | 1.6 | | |
| 红外光 | 近红外 | $10^{-4}$ | $3\times10^{14}$ | 10000 | 1.2 | 分子振动 | 红外分光光度法<br>拉曼光谱法 |
| | 中红外 | $10^{-3}$ | $3\times10^{13}$ | 1000 | 0.12 | | |
| | 远红外 | $10^{-2}$ | $3\times10^{12}$ | 100 | 0.012 | | |
| | | $10^{-1}$ | $3\times10^{11}$ | 10 | $1.2\times10^{-3}$ | | |
| 微波 | | 1 | $3\times10^{10}$ | 1 | $1.2\times10^{-4}$ | 分子转动<br>电子自旋运动 | 微波吸收法<br>电子自旋共振法 |
| | | 10 | $3\times10^{9}$ | 0.1 | $1.2\times10^{-5}$ | | |
| 无线电波射频波 | 超短波 | $10^{2}$ | $3\times10^{8}$ | 0.01 | $1.2\times10^{-6}$ | 核磁运动 | 核磁共振分析法<br>超声波吸收法 |
| | | $10^{3}$ | $3\times10^{7}$ | 0.001 | $1.2\times10^{-7}$ | | |
| | 中波 | $10^{4}$ | $3\times10^{6}$ | 0.0001 | $1.2\times10^{-8}$ | | |

注：波长（$\lambda$）为相邻两个波峰或波谷间的距离；
频率（$\nu$）为每秒钟内振动的次数，通常以赫兹（Hz）表示，辐射频率取决于波源，与通过的介质无关；
周期（$T$）为正弦波中相邻两个极大通过空间某一固定点所需的时间间隔，单位为秒（s），它是频率的倒数；
波数（$\bar{\nu}$）为每厘米内波的振动次数，单位为 cm$^{-1}$；
电子伏特（eV）为一个电子通过 1V 电压降时具有的能量。

## 二、原子光谱

1. 元素的最灵敏的原子线及一级离子线的波长范围

表 1-83 列出了元素最灵敏的原子发射光谱原子线及一级离子线的波长范围。

**表 1-83　元素最灵敏的原子发射光谱原子线及一级离子线的波长范围**

| 波长范围/nm | 元素：原子线 | 元素：一级离子线 |
|---|---|---|
| 100～200 | He、Ne、F、Ar、N、H、Kr、O、Cl、Br、C、P、Rn、S、Hg、As、Se | Li、He、Na、Ne、K(KF)、Rb、O、Kr、Cs、Br、Cl、N、Xe、Se、I、S、As、C、B、Ga、P、In、Sb、Ge、Al、Pb、Au、Pt、Si、Bi、Ti |
| 200～247 | Sb、Zn、Te、Cd、Be、Au | Zn、Cd、Cu、Sn、W、Ni、Ag、Pd、Rh、Fe、Ru |

续表

| 波长范围/nm | 元素 | |
|---|---|---|
| | 原子线 | 一级离子线 |
| 247～350 | B、Si、Ir、Ge、Pt、Hg、Os、Bi、Sn、Cu、Ag、Pd、Ni、Rh、Co、Re、Ru | Mn、Lu、Hf、Mg、Mo、Cr、V、Nb、Be、Ti、Zr |
| 350～800(900) | Re、Mo、Al、Yb、Mn、Pb、Nb、Ga、Gd、Ca、Cr、Sm、V、In、Eu、Sr、Zr、Ra、Ti、Tl、Y、Ba、Sc、Na、La、Li、K、Rb、(Cs) | Sm、Sc、Yb、Y、Ra、Ta、Ca、La、Sr、Pr、Eu、Nd、Ba |

2. 等离子体发射光谱的分析线、检出限及干扰元素

表 1-84 列出了等离子体发射光谱（ICP-AES）法元素的分析线、检出限及干扰元素。

**表 1-84 ICP-AES 法元素的分析线、检出限及干扰元素**

| 元素 | 分析线波长/nm | 光谱级数 | 检出限/$\mu g \cdot g^{-1}$ | 干扰元素 | 激发电位/eV |
|---|---|---|---|---|---|
| Ag | 328.068 | x1 | 0.0070 | Fe Mn V | 3.78 |
| | 338.289 | x1 | 0.0130 | Cr Ti | 3.66 |
| | 243.779 | x1 | 0.1200 | Fe Mn Ni | 9.93 |
| | 224.641 | x1 | 0.1300 | Cu Fe Ni | |
| | 224.641 | x2 | 0.1300 | Cu Fe Ni | |
| | 241.318 | x1 | 0.2000 | | |
| | 211.383 | x1 | 0.3330 | | |
| | 211.383 | x2 | 0.3330 | | |
| | 232.505 | x1 | 0.4280 | | |
| | 232.505 | x2 | 0.4280 | | |
| | 224.874 | x1 | 0.5000 | | |
| | 224.874 | x2 | 0.5000 | | |
| | 233.137 | x1 | 0.6000 | | |
| | 233.137 | x2 | 0.6000 | | |
| Al | 309.271 | x1 | 0.0230 | Mg V | 4.02 |
| | 309.284 | x1 | 0.0230 | Mg V | |
| | 396.152 | x1 | 0.0280 | Ca Ti V | |
| | 237.335 | x1 | 0.0300 | Cr Fe Mn | |
| | 237.312 | x1 | 0.0300 | Cr Fe Mn | |
| | 226.922 | x1 | 0.0330 | | |
| | 226.910 | x1 | 0.0330 | | |
| | 226.922 | x2 | 0.0330 | | |
| | 226.910 | x2 | 0.0330 | | |
| | 308.215 | x1 | 0.0450 | Mn V | 4.02 |
| | 394.401 | x1 | 0.0470 | | |
| | 236.705 | x1 | 0.0510 | | |
| | 226.346 | x1 | 0.0600 | | |
| | 226.346 | x2 | 0.0600 | | |
| | 221.006 | x1 | 0.0620 | | |
| | 221.006 | x2 | 0.0620 | | |
| | 257.510 | x1 | 0.0750 | | |
| As | 193.759 | x1 | 0.0530 | Al Fe V | |
| | 193.759 | x2 | 0.0530 | Al Fe V | |
| | 197.262 | x1 | 0.0760 | Al V | |
| | 197.262 | x2 | 0.0760 | Al V | |
| | 228.812 | x1 | 0.0830 | Fe Ni | 6.77 |
| | 228.812 | x2 | 0.0830 | Fe Ni | 6.77 |
| As | 200.334 | x1 | 0.1200 | Al Cr Fe Mn | |
| | 200.334 | x2 | 0.1200 | Al Cr Fe Mn | |
| | 189.042 | x1 | 0.1360 | | |
| | 189.042 | x2 | 0.1360 | | |
| | 234.984 | x1 | 0.1420 | | 6.59 |
| | 234.984 | x2 | 0.1420 | | |
| | 199.035 | x1 | 0.1870 | | |
| | 199.035 | x2 | 0.1870 | | |
| | 200.919 | x1 | 0.4910 | | |
| | 200.919 | x2 | 0.4910 | | |
| | 278.022 | x1 | 0.5260 | | |
| | 199.113 | x1 | 0.5450 | | |
| | 199.113 | x2 | 0.5450 | | |
| Au | 242.795 | x1 | 0.0170 | Fe Mn | 5.10 |
| | 267.595 | x1 | 0.0310 | Cr Fe Mg Mn V | 4.63 |
| | 197.819 | x1 | 0.0380 | Al | |
| | 197.819 | x2 | 0.0380 | Al | |
| | 208.209 | x1 | 0.0420 | Al | |
| | 208.209 | x2 | 0.0420 | Al | |
| | 201.200 | x1 | 0.0550 | | |
| | 201.200 | x2 | 0.0550 | | |
| | 211.068 | x1 | 0.0630 | | |
| | 211.068 | x2 | 0.0630 | | |
| | 191.893 | x1 | 0.0850 | | |
| | 191.893 | x2 | 0.0850 | | |
| | 200.081 | x1 | 0.0930 | | |
| | 200.081 | x2 | 0.0930 | | |
| | 198.963 | x1 | 0.1500 | | |
| | 198.963 | x2 | 0.1500 | | |
| | 195.193 | x1 | 0.1660 | | |
| | 195.193 | x2 | 0.1660 | | |
| B | 249.773 | x1 | 0.0048 | Fe | 4.96 |
| | 249.678 | x1 | 0.0057 | Fe | 4.96 |
| | 208.959 | x1 | 0.0100 | Al Fe | |
| | 208.959 | x2 | 0.0100 | Al Fe | |
| | 208.893 | x1 | 0.0120 | Al Fe Ni | |
| | 208.893 | x2 | 0.0120 | Al Fe Ni | |

续表

| 元素 | 分析线波长/nm | 光谱级数 | 检出限/$\mu g \cdot g^{-1}$ | 干扰元素 | 激发电位/eV |
|---|---|---|---|---|---|
| Ba | 455.403 | x1 | 0.0013 | Cr Ni Ti | 2.72 |
| | 493.409 | x1 | 0.0023 | Fe | 2.51 |
| | 233.527 | x1 | 0.0040 | Fe Ni V | 6.00 |
| | 233.527 | x2 | 0.0040 | Fe Ni V | |
| | 230.424 | x1 | 0.0041 | Cr Fe Ni | |
| | 230.424 | x2 | 0.0041 | Cr Fe Ni | |
| | 413.066 | x1 | 0.0320 | | |
| | 234.758 | x1 | 0.0380 | | 5.98 |
| | 234.758 | x2 | 0.0380 | | |
| | 389.178 | x1 | 0.0570 | | |
| | 489.997 | x1 | 0.0810 | | |
| | 225.473 | x1 | 0.1500 | | |
| | 225.473 | x2 | 0.1500 | | |
| | 452.493 | x1 | 0.1570 | | |
| Be | 313.042 | x1 | 0.0003 | V Ti | 3.95 |
| | 234.861 | x1 | 0.0003 | Fe Ti | 5.28 |
| | 234.861 | x2 | 0.0003 | Fe Ti | |
| | 313.107 | x1 | 0.0007 | Ti | 3.95 |
| | 249.473 | x1 | 0.0038 | Fe Cr Mg Mn | 7.68 |
| | 265.045 | x1 | 0.0047 | | |
| | 217.510 | x1 | 0.0120 | | |
| | 217.499 | x1 | 0.0120 | | |
| | 217.510 | x2 | 0.0120 | | |
| | 217.499 | x2 | 0.0120 | | |
| | 332.134 | x1 | 0.0210 | | |
| | 205.590 | x1 | 0.0420 | | |
| | 205.601 | x1 | 0.0420 | | |
| | 205.590 | x2 | 0.0420 | | |
| | 205.601 | x2 | 0.0420 | | |
| Bi | 223.061 | x1 | 0.0340 | Cu Tl | |
| | 223.061 | x2 | 0.0340 | Cu Tl | |
| | 306.772 | x1 | 0.0750 | Fe V | 4.04 |
| | 222.825 | x1 | 0.0830 | Cr Cu Fe | |
| | 222.825 | x2 | 0.0830 | Cr Cu Fe | |
| | 206.170 | x1 | 0.0850 | Al Cr Cu Fe Ti | |
| | 206.170 | x2 | 0.0850 | Al Cr Cu Fe Ti | |
| | 195.450 | x1 | 0.2140 | | |
| | 195.450 | x2 | 0.2140 | | |
| | 227.658 | x1 | 0.2500 | | |
| | 227.658 | x2 | 0.2500 | | |
| | 190.241 | x1 | 0.3000 | | |
| | 213.363 | x1 | 0.3000 | | |
| | 190.241 | x2 | 0.3000 | | |
| | 213.363 | x2 | 0.3000 | | |
| | 289.798 | x1 | 0.3330 | | |
| | 211.026 | x1 | 0.3840 | | |
| | 211.026 | x2 | 0.3840 | | |
| C | 193.091 | x1 | 0.0440 | Al Mn Ti | |
| | 193.091 | x2 | 0.0440 | Al Mn Ti | |
| C | 247.856 | x1 | 0.1760 | Fe Cr Ti V | 7.69 |
| | 199.362 | x1 | 8.8230 | | |
| | 199.362 | x2 | 8.8230 | | |
| Ca | 393.366 | x1 | 0.0002 | V | 3.15 |
| | 396.847 | x1 | 0.0005 | Fe V H | 3.12 |
| | 422.673 | x1 | 0.0100 | Fe | |
| | 317.933 | x1 | 0.0190 | Cr Fe V | 7.05 |
| | 315.887 | x1 | 0.0300 | Cr Fe | 7.05 |
| Cd | 214.438 | x1 | 0.0025 | Al Fe | |
| | 214.438 | x2 | 0.0025 | Al Fe | |
| | 228.802 | x1 | 0.0027 | Al Fe Ni | 5.41 |
| | 228.802 | x2 | 0.0027 | Al Fe Ni | |
| | 226.502 | x1 | 0.0034 | Fe Ni | |
| | 226.502 | x2 | 0.0034 | Fe Ni | |
| | 361.051 | x1 | 0.2300 | Fe Mn Ni Ti | |
| | 326.106 | x1 | 0.3330 | | 3.80 |
| | 346.620 | x1 | 0.4280 | | |
| | 231.284 | x1 | 0.6000 | | |
| | 479.992 | x1 | 0.6000 | | |
| | 231.284 | x2 | 0.6000 | | |
| Ce | 413.765 | x1 | 0.0480 | Ca Fe Ti | 3.52 |
| | 413.380 | x1 | 0.0500 | Ca Fe V | |
| | 418.660 | x1 | 0.0520 | Fe Ti | |
| | 393.109 | x1 | 0.0600 | Cu Mn V | |
| | 446.021 | x1 | 0.0620 | | |
| | 394.275 | x1 | 0.0680 | | |
| | 429.667 | x1 | 0.0690 | | 3.40 |
| | 407.585 | x1 | 0.0710 | | |
| | 407.571 | x1 | 0.0710 | | |
| | 456.236 | x1 | 0.0730 | | |
| | 404.076 | x1 | 0.0750 | | |
| | 380.152 | x1 | 0.0750 | | |
| | 401.239 | x1 | 0.0750 | | |
| Co | 238.892 | x1 | 0.0060 | Fe V | |
| | 228.616 | x1 | 0.0070 | Cr Fe Ni Ti | |
| | 228.616 | x2 | 0.0070 | Cr Fe Ni Ti | |
| | 237.862 | x1 | 0.0097 | Al Fe | |
| | 230.786 | x1 | 0.0097 | Cr Fe Ni | |
| | 230.786 | x2 | 0.0097 | Cr Fe Ni | |
| | 236.379 | x1 | 0.0110 | | 5.74 |
| | 231.160 | x1 | 0.0130 | | |
| | 231.160 | x2 | 0.0130 | | |
| | 238.346 | x1 | 0.0140 | | |
| | 231.405 | x1 | 0.0160 | | |
| | 231.405 | x2 | 0.0160 | | |
| | 235.342 | x1 | 0.0170 | | |
| | 238.636 | x1 | 0.0210 | | |
| | 234.426 | x1 | 0.0210 | | |
| | 234.426 | x2 | 0.0210 | | |

续表

| 元素 | 分析线波长/nm | 光谱级数 | 检出限/$\mu g \cdot g^{-1}$ | 干扰元素 | 激发电位/eV |
| --- | --- | --- | --- | --- | --- |
| Co | 231.498 | x1 | 0.0230 | | |
| | 234.739 | x1 | 0.0230 | | |
| | 231.498 | x2 | 0.0230 | | |
| | 234.739 | x2 | 0.0230 | | |
| Cr | 205.552 | x1 | 0.0061 | Al Cu Fe Ni | |
| | 205.552 | x2 | 0.0061 | Al Cu Fe Ni | |
| | 206.149 | x1 | 0.0071 | Al Fe Ti | |
| | 267.716 | x1 | 0.0071 | Fe Mn V | 6.18 |
| | 283.563 | x1 | 0.0071 | Fe Mg V | |
| | 206.149 | x2 | 0.0071 | Al Fe Ti | |
| | 284.325 | x1 | 0.0086 | | 5.90 |
| | 206.542 | x1 | 0.0097 | | |
| | 206.542 | x2 | 0.0097 | | |
| | 276.654 | x1 | 0.0130 | | |
| | 284.984 | x1 | 0.0140 | | |
| | 285.568 | x1 | 0.0180 | | |
| | 276.259 | x1 | 0.0200 | | |
| | 286.257 | x1 | 0.0200 | | |
| | 266.602 | x1 | 0.0210 | | |
| | 286.511 | x1 | 0.0210 | | |
| | 286.674 | x1 | 0.0230 | | |
| | 357.869 | x1 | 0.0230 | | |
| Cu | 324.754 | x1 | 0.0054 | Ca Cr Fe Ti | 3.82 |
| | 224.700 | x1 | 0.0077 | Fe Ni Ti | |
| | 224.700 | x2 | 0.0077 | Fe Ni Ti | |
| | 327.396 | x1 | 0.0097 | Ca Fe Ni Ti V | |
| | 219.958 | x1 | 0.0097 | Al Fe | |
| | 219.958 | x2 | 0.0097 | Al Fe | |
| | 213.598 | x1 | 0.0120 | | |
| | 213.598 | x2 | 0.0120 | | |
| | 223.008 | x1 | 0.0130 | | |
| | 223.008 | x2 | 0.0130 | | |
| | 222.778 | x1 | 0.0150 | | |
| | 222.778 | x2 | 0.0150 | | |
| | 221.810 | x1 | 0.0170 | | |
| | 219.226 | x1 | 0.0170 | | |
| | 217.894 | x1 | 0.0170 | | |
| | 221.810 | x2 | 0.0170 | | |
| | 219.226 | x2 | 0.0170 | | |
| | 217.894 | x2 | 0.0170 | | |
| | 221.458 | x1 | 0.0230 | | |
| | 221.458 | x2 | 0.0230 | | |
| Dy | 353.170 | x1 | 0.0100 | Mn V | |
| | 364.540 | x1 | 0.0230 | Ca Fe Sc V | |
| | 340.780 | x1 | 0.0270 | Cr Fe Ti V | |
| | 353.602 | x1 | 0.0300 | Ce Hf Sc Ti | |
| | 394.468 | x1 | 0.0310 | | 3.14 |
| | 396.839 | x1 | 0.0310 | | |
| | 338.502 | x1 | 0.0330 | | |
| Dy | 400.045 | x1 | 0.0350 | | 3.20 |
| | 387.211 | x1 | 0.0360 | | |
| | 407.796 | x1 | 0.0400 | | |
| | 352.398 | x1 | 0.0400 | | |
| | 353.852 | x1 | 0.0450 | | |
| | 357.624 | x1 | 0.0460 | | |
| | 389.853 | x1 | 0.0500 | | |
| | 238.736 | x1 | 0.0510 | | |
| Er | 337.271 | x1 | 0.0100 | Cr Fe Ni Ti | |
| | 349.910 | x1 | 0.0170 | Fe Ti V | |
| | 323.058 | x1 | 0.0180 | Cu Fe Mn Ti V | |
| | 326.478 | x1 | 0.0180 | Cr Fe Mn V | |
| | 369.265 | x1 | 0.0180 | | |
| | 390.631 | x1 | 0.0210 | | |
| | 291.036 | x1 | 0.0270 | | |
| | 296.452 | x1 | 0.0270 | | |
| | 331.242 | x1 | 0.0300 | | |
| | 339.200 | x1 | 0.0310 | | |
| | 338.508 | x1 | 0.0340 | | |
| | 389.623 | x1 | 0.0420 | | |
| Eu | 381.967 | x1 | 0.0027 | Ca Cr Fe Ti V | |
| | 412.970 | x1 | 0.0043 | Ca Cr Ti | |
| | 420.505 | x1 | 0.0043 | Cr Cu Fe Mn V | |
| | 393.048 | x1 | 0.0057 | Ca Fe Ti V | 3.36 |
| | 390.710 | x1 | 0.0077 | | |
| | 272.778 | x1 | 0.0081 | | |
| | 372.494 | x1 | 0.0088 | | |
| | 397.196 | x1 | 0.0094 | | |
| | 443.556 | x1 | 0.0120 | | 3.00 |
| | 281.394 | x1 | 0.0130 | | 4.41 |
| Fe | 238.204 | x1 | 0.0046 | Cr V | |
| | 239.562 | x1 | 0.0051 | Cr Mn Ni | |
| | 259.940 | x1 | 0.0062 | Mn Ti | 4.77 |
| | 234.349 | x1 | 0.0100 | | |
| | 234.349 | x2 | 0.0100 | | |
| | 240.488 | x1 | 0.0110 | | |
| | 259.837 | x1 | 0.0120 | | |
| | 261.187 | x1 | 0.0120 | Cr Mn Ti V | |
| | 234.810 | x1 | 0.0130 | | |
| | 234.830 | x1 | 0.0130 | | |
| | 234.810 | x2 | 0.0130 | | |
| | 234.830 | x2 | 0.0130 | | |
| | 258.588 | x1 | 0.0150 | | |
| | 238.863 | x1 | 0.0150 | | |
| | 263.105 | x1 | 0.0150 | | |
| | 263.132 | x1 | 0.0150 | | |
| | 274.932 | x1 | 0.0150 | | |
| | 275.574 | x1 | 0.0180 | | |
| | 233.280 | x1 | 0.0200 | | |

续表

| 元素 | 分析线波长/nm | 光谱级数 | 检出限/μg·g⁻¹ | 干扰元素 | 激发电位/eV |
|---|---|---|---|---|---|
| Fe | 273.955 | x1 | 0.0200 | | |
| Ga | 294.364 | x1 | 0.0460 | Cr Fe Mn Ni Ti V | 4.31 |
| | 417.206 | x1 | 0.0660 | Cr Fe Ti | |
| | 287.424 | x1 | 0.0780 | Cr Fe Mg Ti V | |
| | 403.298 | x1 | 0.1110 | Ca Cr Fe Mn | |
| | 250.017 | x1 | 0.1870 | | 5.06 |
| | 209.134 | x1 | 0.2720 | | |
| | 209.134 | x2 | 0.2720 | | |
| | 245.007 | x1 | 0.3000 | | |
| | 294.418 | x1 | 0.3190 | | |
| | 271.965 | x1 | 0.5260 | | |
| | 233.828 | x1 | 0.7690 | | |
| | 233.828 | x2 | 0.7690 | | |
| | 265.987 | x1 | 0.8330 | | 4.66 |
| Gd | 342.247 | x1 | 0.0140 | Cr Fe Ni Ti | |
| | 336.223 | x1 | 0.0200 | Ca Cr Ni Ti V | |
| | 335.047 | x1 | 0.0210 | Ca Ni Ti | |
| | 335.862 | x1 | 0.0210 | Cr Ni Ti | |
| | 310.050 | x1 | 0.0230 | | |
| | 376.839 | x1 | 0.0250 | | |
| | 303.284 | x1 | 0.0270 | | 4.17 |
| | 343.999 | x1 | 0.0300 | | |
| | 358.496 | x1 | 0.0300 | | |
| | 364.619 | x1 | 0.0300 | | |
| | 301.013 | x1 | 0.0300 | | |
| | 354.580 | x1 | 0.0310 | | |
| | 354.936 | x1 | 0.0330 | | |
| | 308.199 | x1 | 0.0330 | | |
| | 303.405 | x1 | 0.0340 | | 4.12 |
| Ge | 209.426 | x1 | 0.0400 | Al Ca Cr Fe Ni V | |
| | 209.426 | x2 | 0.0400 | Al Ca Cr Fe Ni V | |
| | 265.118 | x1 | 0.0480 | Cr Fe Mn Tl V | 4.85 |
| | 206.866 | x1 | 0.0600 | Al Cr Ni Ti V | |
| | 206.866 | x2 | 0.0600 | Al Cr Ni Ti V | |
| | 219.871 | x1 | 0.0630 | Al Ca Cu Fe V | |
| | 219.871 | x2 | 0.0630 | Al Ca Cu Fe V | |
| | 265.158 | x1 | 0.0830 | | 4.67 |
| | 204.377 | x1 | 0.0850 | | |
| | 204.377 | x2 | 0.0850 | | |
| | 199.889 | x1 | 0.0880 | | |
| | 204.171 | x1 | 0.0880 | | |
| | 199.889 | x2 | 0.0880 | | |
| | 204.171 | x2 | 0.0880 | | |
| | 259.254 | x1 | 0.1030 | | |
| | 303.906 | x1 | 0.1030 | | 4.96 |
| | 275.459 | x1 | 0.1070 | | |
| | 270.963 | x1 | 0.1110 | | 4.64 |
| H | 486.133 | x1 | 99.9000 | | |
| | 434.047 | x1 | 99.9000 | | |

| 元素 | 分析线波长/nm | 光谱级数 | 检出限/μg·g⁻¹ | 干扰元素 | 激发电位/eV |
|---|---|---|---|---|---|
| H | 410.174 | x1 | 99.9000 | | |
| | 397.007 | x1 | 99.9000 | | |
| | 388.905 | x1 | 99.9000 | | |
| | 383.539 | x1 | 99.9000 | | |
| | 379.790 | x1 | 99.9000 | | |
| Hf | 277.336 | x1 | 0.0150 | Cr Fe Mg Mn Ni V | |
| | 264.141 | x1 | 0.0180 | Cr Fe Ti V | 5.73 |
| | 232.247 | x1 | 0.0180 | Fe Ni | |
| | 263.871 | x1 | 0.0180 | Cr Fe Mn Ti | |
| | 282.022 | x1 | 0.0180 | | 4.77 |
| | 232.247 | x2 | 0.0180 | Fe Ni | |
| | 251.269 | x1 | 0.0200 | | |
| | 251.303 | x1 | 0.0200 | | |
| | 257.167 | x1 | 0.0200 | | |
| | 196.382 | x1 | 0.0200 | | |
| | 196.382 | x2 | 0.0200 | | |
| | 239.336 | x1 | 0.0210 | | |
| | 239.383 | x1 | 0.0210 | | |
| | 235.122 | x1 | 0.0230 | | |
| | 246.419 | x1 | 0.0230 | | |
| Hg | 194.227 | x1 | 0.0250 | Al V | |
| | 194.227 | x2 | 0.0250 | Al V | |
| | 253.652 | x1 | 0.0610 | Fe Mn Ti | 4.88 |
| | 296.728 | x1 | 1.7640 | Cr Fe Ti V | |
| | 435.835 | x1 | 2.7270 | Cr Cu Fe Ni | |
| | 265.204 | x1 | 4.2850 | | |
| | 302.150 | x1 | 5.0000 | | |
| | 365.483 | x1 | 10.0000 | | |
| Ho | 345.600 | x1 | 0.0057 | Cr Fe Ti | |
| | 339.898 | x1 | 0.0130 | Fe Cr Ti | |
| | 389.102 | x1 | 0.0160 | Ca Cr Er Fe Tm V | 3.06 |
| | 347.426 | x1 | 0.0180 | Ca Cr Fe Mn | |
| | 341.646 | x1 | 0.0180 | | |
| | 381.073 | x1 | 0.0200 | | |
| | 348.484 | x1 | 0.0200 | | |
| | 379.675 | x1 | 0.0250 | | |
| | 351.559 | x1 | 0.0270 | | |
| | 345.314 | x1 | 0.0300 | | |
| In | 230.606 | x1 | 0.0630 | Fe Mn Ni Ti | |
| | 230.606 | x2 | 0.0630 | Fe Mn Ni Ti | |
| | 325.609 | x1 | 0.1200 | Cr Fe Mn V | 4.08 |
| | 451.131 | x1 | 0.1400 | Ar Fe Ti V | |
| | 303.936 | x1 | 0.1500 | Cr Fe Mn V | 4.08 |
| | 410.176 | x1 | 0.4680 | | |
| | 271.026 | x1 | 0.5550 | | |
| | 325.856 | x1 | 0.6000 | | 4.08 |
| | 207.926 | x1 | 0.7140 | | |
| | 256.015 | x1 | 0.7140 | | |
| | 207.926 | x2 | 0.7140 | | |

续表

| 元素 | 分析线波长/nm | 光谱级数 | 检出限/$\mu g \cdot g^{-1}$ | 干扰元素 | 激发电位/eV |
|---|---|---|---|---|---|
| In | 293.263 | x1 | 1.5000 | | 4.49 |
| | 197.745 | x1 | 1.7640 | | |
| | 197.745 | x2 | 1.7640 | | |
| | 275.388 | x1 | 1.8750 | | |
| Ir | 224.268 | x1 | 0.0270 | Cr Cu Fe Ni | |
| | 224.268 | x2 | 0.0270 | Cr Cu Fe Ni | |
| | 212.681 | x1 | 0.0300 | Cr Cu Fe Ni | |
| | 212.681 | x2 | 0.0300 | Al Cu Cr Ni V | |
| | 205.222 | x1 | 0.0610 | Al Cu Cr Ni V | |
| | 205.222 | x2 | 0.0610 | Al Fe Ni V | |
| | 215.268 | x1 | 0.0680 | Al Fe Ni V | |
| | 215.268 | x2 | 0.0680 | Al Fe Ni | |
| | 204.419 | x1 | 0.1000 | Al Fe Ni | |
| | 204.419 | x2 | 0.1000 | | |
| | 209.263 | x1 | 0.1070 | | |
| | 208.882 | x1 | 0.1070 | | |
| | 209.263 | x2 | 0.1070 | | |
| | 208.882 | x2 | 0.1070 | | |
| | 236.804 | x1 | 0.1250 | | |
| | 254.397 | x1 | 0.1570 | | |
| | 215.805 | x1 | 0.1760 | | |
| | 263.971 | x1 | 0.1760 | | |
| | 215.805 | x2 | 0.1760 | | |
| | 216.942 | x1 | 0.2300 | | |
| K | 404.414 | x1 | 30.0000 | Ca Cr Fe Ti | 3.06 |
| | 404.721 | x1 | 37.5000 | Ca Fe V | 3.06 |
| La | 333.749 | x1 | 0.0100 | Cr Cu Fe Mg Mn Ti V | 4.12 |
| | 379.478 | x1 | 0.0100 | Ca Fe V | |
| | 408.672 | x1 | 0.0100 | Ca Cr Fe | |
| | 412.323 | x1 | 0.0100 | | |
| | 398.852 | x1 | 0.0110 | | |
| | 379.083 | x1 | 0.0110 | | |
| | 399.575 | x1 | 0.0130 | | |
| | 407.735 | x1 | 0.0140 | | |
| | 387.164 | x1 | 0.0150 | | |
| | 375.908 | x1 | 0.0150 | | |
| | 404.291 | x1 | 0.0150 | | |
| | 403.169 | x1 | 0.0150 | | |
| | 338.091 | x1 | 0.0170 | | |
| | 442.990 | x1 | 0.0230 | | |
| | 384.902 | x1 | 0.0250 | | |
| | 392.922 | x1 | 0.0250 | | |
| | 492.098 | x1 | 0.0250 | | |
| | 492.179 | x1 | 0.0250 | | |
| | 394.910 | x1 | 99.9000 | | |
| Li | 460.286 | x1 | 0.8570 | Fe | |
| | 323.263 | x1 | 1.0710 | Fe Ni Ti V | 3.83 |
| | 274.118 | x1 | 1.5780 | | |
| | 497.170 | x1 | 2.1420 | Cr Fe | |

| 元素 | 分析线波长/nm | 光谱级数 | 检出限/$\mu g \cdot g^{-1}$ | 干扰元素 | 激发电位/eV |
|---|---|---|---|---|---|
| Li | 256.231 | x1 | 4.2850 | | |
| | 413.262 | x1 | 7.5000 | | |
| | 413.256 | x1 | 7.5000 | | |
| Lu | 261.542 | x1 | 0.0010 | Al Ca Cr Fe Mn Ni V | 4.74 |
| | 291.139 | x1 | 0.0062 | Cr Fe Ti V | |
| | 219.554 | x1 | 0.0083 | Cr Cu Fe V | |
| | 307.760 | x1 | 0.0088 | Cr Fe Ti V | |
| | 289.484 | x1 | 0.0100 | | |
| | 339.707 | x1 | 0.0100 | | |
| | 350.739 | x1 | 0.0110 | | |
| | 270.171 | x1 | 0.0120 | | |
| | 290.030 | x1 | 0.0120 | | 5.81 |
| | 275.417 | x1 | 0.0120 | | |
| | 302.054 | x1 | 0.0130 | | |
| | 347.248 | x1 | 0.0150 | | |
| Mg | 279.553 | x1 | 0.0002 | Fe Mn | 4.43 |
| | 280.270 | x1 | 0.0003 | Cr Mn V | 4.42 |
| | 285.213 | x1 | 0.0016 | Cr Fe V | 4.34 |
| | 279.806 | x1 | 0.0150 | Cr Fe Mn V | |
| | 202.582 | x1 | 0.0230 | | |
| | 202.582 | x2 | 0.0230 | | |
| | 279.079 | x1 | 0.0300 | Cr Fe Mn Ti | |
| | 383.826 | x1 | 0.0330 | | |
| | 383.231 | x1 | 0.0420 | | |
| | 277.983 | x1 | 0.0500 | | 7.18 |
| | 293.654 | x1 | 0.0600 | | |
| Mn | 257.610 | x1 | 0.0014 | Al Cr Fe V | 4.81 |
| | 259.373 | x1 | 0.0016 | Fe | |
| | 260.569 | x1 | 0.0021 | Cr Fe | 4.75 |
| | 294.920 | x1 | 0.0077 | Cr Fe V | |
| | 293.930 | x1 | 0.0100 | | |
| | 279.482 | x1 | 0.0120 | | 4.44 |
| | 293.306 | x1 | 0.0130 | | 5.41 |
| | 279.827 | x1 | 0.0160 | | 4.43 |
| | 280.106 | x1 | 0.0210 | | 4.43 |
| | 403.076 | x1 | 0.0440 | | |
| | 344.199 | x1 | 0.0450 | | |
| | 403.307 | x1 | 0.0470 | | |
| | 191.510 | x1 | 0.0510 | | |
| | 191.510 | x2 | 0.0510 | | |
| Mo | 202.030 | x1 | 0.0079 | Al Fe | |
| | 202.030 | x2 | 0.0079 | Al Fe | |
| | 203.844 | x1 | 0.0120 | Al V | |
| | 204.598 | x1 | 0.0120 | Al | |
| | 203.844 | x2 | 0.0120 | Al V | |
| | 204.598 | x2 | 0.0120 | Al | |
| | 281.615 | x1 | 0.0140 | Al Cr Fe Mg Mn Ti | 6.06 |
| | 201.511 | x1 | 0.0180 | | |
| | 201.511 | x2 | 0.0180 | | |

续表

| 元素 | 分析线波长/nm | 光谱级数 | 检出限/$\mu g \cdot g^{-1}$ | 干扰元素 | 激发电位/eV |
|---|---|---|---|---|---|
| Mo | 284.823 | x1 | 0.0200 | | |
| | 277.540 | x1 | 0.0250 | | |
| | 287.151 | x1 | 0.0270 | | 5.86 |
| | 268.414 | x1 | 0.0300 | | |
| | 263.876 | x1 | 0.0370 | | |
| | 292.339 | x1 | 0.0370 | | |
| Na | 588.995 | x1 | 0.0290 | Ti | 2.11 |
| | 589.592 | x1 | 0.0690 | Fe Ti V | 2.10 |
| | 330.237 | x1 | 1.8750 | Cr Fe Ti | |
| | 330.298 | x1 | 4.2850 | | 3.75 |
| | 285.305 | x1 | 27.2720 | | 4.35 |
| | 285.281 | x1 | 27.2720 | | 4.35 |
| Nb | 309.418 | x1 | 0.0360 | Al Cr Cu Fe Mg V | 4.52 |
| | 316.340 | x1 | 0.0400 | Ca Cr Fe | 4.30 |
| | 313.079 | x1 | 0.0500 | Cr Ti V | |
| | 269.706 | x1 | 0.0690 | Cr Fe V | 4.75 |
| | 322.548 | x1 | 0.0710 | | |
| | 319.498 | x1 | 0.0730 | | |
| | 295.088 | x1 | 0.0750 | | 4.71 |
| | 292.781 | x1 | 0.0750 | | |
| | 271.662 | x1 | 0.0880 | | |
| | 288.318 | x1 | 0.0960 | | |
| | 210.942 | x1 | 0.0960 | | |
| | 272.198 | x1 | 0.1000 | | |
| | 287.539 | x1 | 0.1070 | | |
| Nd | 401.225 | x1 | 0.0500 | Ca Cr Ti | |
| | 430.358 | x1 | 0.0750 | Ca Fe | 2.88 |
| | 406.109 | x1 | 0.0960 | Ca Cr Fe Mn | |
| | 415.608 | x1 | 0.1070 | Ca Fe | |
| | 410.946 | x1 | 0.1150 | | |
| | 386.333 | x1 | 0.1300 | | |
| | 386.340 | x1 | 0.1300 | | |
| | 404.080 | x1 | 0.1300 | | |
| | 417.732 | x1 | 0.1360 | | |
| | 385.166 | x1 | 0.1570 | | |
| | 385.174 | x1 | 0.1570 | | |
| | 394.151 | x1 | 0.1570 | | |
| | 445.157 | x1 | 0.1570 | | |
| | 424.738 | x1 | 0.1760 | | |
| | 395.116 | x1 | 0.1760 | | |
| | 396.312 | x1 | 0.1760 | | |
| | 384.824 | x1 | 0.1870 | | |
| | 384.852 | x1 | 0.1870 | | |
| | 380.536 | x1 | 0.1870 | | |
| Ni | 221.647 | x1 | 0.0100 | Cu Fe V | |
| | 221.647 | x2 | 0.0100 | Cu Fe V | |
| | 232.003 | x1 | 0.0150 | Cr Fe Mn | |
| | 231.604 | x1 | 0.0150 | Fe | |
| | 231.604 | x2 | 0.0150 | Fe | |
| Ni | 232.003 | x2 | 0.0150 | Cr Fe Mn | |
| | 216.556 | x1 | 0.0170 | Al Cu Fe | |
| | 216.556 | x2 | 0.0170 | Al Cu Fe | |
| | 217.467 | x1 | 0.0230 | | |
| | 230.300 | x1 | 0.0230 | | |
| | 217.467 | x2 | 0.0230 | | |
| | 230.300 | x2 | 0.0230 | | |
| | 227.021 | x1 | 0.0250 | | |
| | 225.386 | x1 | 0.0250 | | |
| | 227.021 | x2 | 0.0250 | | |
| | 225.386 | x2 | 0.0250 | | |
| | 234.554 | x1 | 0.0310 | | |
| | 234.554 | x2 | 0.0310 | | |
| | 239.452 | x1 | 0.0380 | | 6.85 |
| | 352.454 | x1 | 0.0450 | | |
| Os | 225.585 | x1 | 0.0004 | Cr Fe Ni | |
| | 225.585 | x2 | 0.0004 | Cr Fe Ni | |
| | 228.226 | x1 | 0.0006 | Fe | |
| | 228.226 | x2 | 0.0006 | Fe | |
| | 189.900 | x1 | 0.0012 | Cr | |
| | 233.680 | x1 | 0.0012 | Fe Ni | |
| | 189.900 | x2 | 0.0012 | Cr | |
| | 233.680 | x2 | 0.0012 | Fe Ni | |
| | 206.721 | x1 | 0.0014 | | |
| | 206.721 | x2 | 0.0014 | | |
| | 219.439 | x1 | 0.0017 | | |
| | 219.439 | x2 | 0.0017 | | |
| | 236.735 | x1 | 0.0019 | | |
| | 207.067 | x1 | 0.0021 | | |
| | 207.067 | x2 | 0.0021 | | |
| | 248.624 | x1 | 0.0023 | | |
| | 222.798 | x1 | 0.0027 | | |
| | 222.798 | x2 | 0.0027 | | |
| P | 213.618 | x1 | 0.0760 | Al Cr Cu Fe Ti | |
| | 214.914 | x1 | 0.0760 | Al Cu | |
| | 213.618 | x2 | 0.0760 | Al Cr Cu Fe Ti | |
| | 214.914 | x2 | 0.0760 | Al Cu | |
| | 253.565 | x1 | 0.2720 | Cr Fe Mn Ti | |
| | 213.547 | x1 | 0.3520 | Al Cr Cu Ni Ti | |
| | 213.547 | x2 | 0.3520 | Al Cr Cu Ni Ti | |
| | 203.349 | x1 | 0.4050 | | |
| | 203.349 | x2 | 0.4050 | | |
| | 215.408 | x1 | 0.4160 | | |
| | 215.408 | x2 | 0.4160 | | |
| | 255.328 | x1 | 0.5760 | | 7.18 |
| | 202.347 | x1 | 0.7890 | | |
| | 202.347 | x2 | 0.7890 | | |
| | 215.294 | x1 | 0.8820 | | |
| | 215.294 | x2 | 0.8820 | | |

续表

| 元素 | 分析线波长/nm | 光谱级数 | 检出限/$\mu g \cdot g^{-1}$ | 干扰元素 | 激发电位/eV |
|---|---|---|---|---|---|
| P | 253.401 | x1 | 1.0000 | | 7.22 |
| Pb | 220.353 | x1 | 0.0420 | Al Cr Fe | |
| | 220.353 | x2 | 0.0420 | Al Cr Fe | |
| | 216.999 | x1 | 0.0900 | Al Cr Cu Fe Ni | |
| | 216.999 | x2 | 0.0900 | Al Cr Cu Fe Ni | |
| | 261.418 | x1 | 0.1300 | Cr Fe Mg Mn Ti V | |
| | 283.306 | x1 | 0.1420 | Cr Fe Mg | 4.37 |
| | 280.199 | x1 | 0.1570 | | |
| | 405.783 | x1 | 0.2720 | | |
| | 224.688 | x1 | 0.3330 | | |
| | 224.688 | x2 | 0.3330 | | |
| | 368.348 | x1 | 0.3480 | | |
| | 226.316 | x1 | 0.3890 | | |
| | 239.379 | x1 | 0.4760 | | 6.50 |
| | 363.958 | x1 | 0.5760 | | |
| | 247.638 | x1 | 0.5880 | | |
| Pd | 340.458 | x1 | 0.0440 | Fe Ti V | |
| | 363.470 | x1 | 0.0540 | Ar Fe Ni Ti | |
| | 229.651 | x1 | 0.0680 | Fe Ni | |
| | 229.651 | x2 | 0.0680 | Fe Ni | |
| | 324.270 | x1 | 0.0760 | Cu Fe Ni Ti | 4.64 |
| | 360.955 | x1 | 0.0850 | | |
| | 342.124 | x1 | 0.1000 | | 4.58 |
| | 248.892 | x1 | 0.1030 | | |
| | 223.159 | x1 | 0.1200 | | |
| | 223.159 | x2 | 0.1200 | | |
| | 244.791 | x1 | 0.1300 | | |
| | 351.694 | x1 | 0.1360 | | |
| | 355.308 | x1 | 0.1360 | | |
| | 247.642 | x1 | 0.1660 | | |
| | 348.115 | x1 | 0.1660 | | |
| | 244.618 | x1 | 0.1660 | | |
| | 235.134 | x1 | 0.1760 | | |
| | 346.077 | x1 | 0.1870 | | |
| | 236.796 | x1 | 0.2000 | | |
| | 248.653 | x1 | 0.2000 | | |
| Pr | 390.844 | x1 | 0.0370 | Ca Cr Fe V | |
| | 414.311 | x1 | 0.0370 | Fe Ni Ti V | |
| | 417.939 | x1 | 0.0410 | Cr Fe V Th | |
| | 422.535 | x1 | 0.0420 | Ca Fe Ti V | |
| | 422.293 | x1 | 0.0470 | | |
| | 406.281 | x1 | 0.0470 | | |
| | 411.846 | x1 | 0.0500 | | |
| | 418.948 | x1 | 0.0600 | | |
| | 440.882 | x1 | 0.0610 | | 2.81 |
| | 440.869 | x1 | 0.0650 | | |
| Pt | 214.423 | x1 | 0.0300 | Al Fe | |
| | 214.423 | x2 | 0.0300 | Al Fe | |
| | 203.646 | x1 | 0.0550 | Al Cu Fe | |

| 元素 | 分析线波长/nm | 光谱级数 | 检出限/$\mu g \cdot g^{-1}$ | 干扰元素 | 激发电位/eV |
|---|---|---|---|---|---|
| Pt | 203.646 | x2 | 0.0550 | Al Cu Fe | |
| | 204.937 | x1 | 0.0710 | Al Fe Ti V | |
| | 204.937 | x2 | 0.0710 | Al Fe Ti V | |
| | 265.945 | x1 | 0.0810 | Cr Fe Mg Mn V | 4.66 |
| | 224.552 | x1 | 0.0830 | | |
| | 217.467 | x1 | 0.0830 | | |
| | 224.552 | x2 | 0.0830 | | |
| | 217.467 | x2 | 0.0830 | | |
| | 306.471 | x1 | 0.1200 | | 4.04 |
| | 212.861 | x1 | 0.1250 | | |
| | 212.861 | x2 | 0.1250 | | |
| | 193.700 | x1 | 0.1360 | | |
| | 193.700 | x2 | 0.1360 | | |
| | 210.333 | x1 | 0.1500 | | |
| | 273.396 | x1 | 0.1500 | | |
| | 248.717 | x1 | 0.1500 | | |
| | 210.333 | x2 | 0.1500 | | |
| Rb | 420.185 | x1 | 25.0000 | Fe Mn Ni V | 2.95 |
| | 421.556 | x1 | 50.0000 | Cr Fe Ni Sr Ti | 2.94 |
| Re | 197.313 | x1 | 0.0060 | Al Ti | |
| | 221.426 | x1 | 0.0060 | Cu Fe Mn | |
| | 227.525 | x1 | 0.0060 | Ca Fe Ni | |
| | 197.313 | x2 | 0.0060 | Al Ti | |
| | 221.426 | x2 | 0.0060 | Cu Fe Mn | |
| | 227.525 | x2 | 0.0060 | Ca Fe Ni | |
| | 189.836 | x1 | 0.0370 | Fe | |
| | 189.836 | x2 | 0.0370 | Fe | |
| | 204.908 | x1 | 0.0780 | | |
| | 228.751 | x1 | 0.0780 | | |
| | 204.908 | x2 | 0.0780 | | |
| | 228.751 | x2 | 0.0780 | | |
| | 229.449 | x1 | 0.0830 | | |
| | 229.449 | x2 | 0.0830 | | |
| | 202.364 | x1 | 0.0930 | | |
| | 209.241 | x1 | 0.0930 | | |
| | 202.364 | x2 | 0.0930 | | |
| | 209.241 | x2 | 0.0930 | | |
| | 346.046 | x1 | 0.1150 | | |
| Rh | 233.477 | x1 | 0.0440 | Cr Fe Ni Ti V | |
| | 233.477 | x2 | 0.0440 | Cr Fe Ni Ti V | |
| | 249.077 | x1 | 0.0570 | Cr Fe Mn | |
| | 343.489 | x1 | 0.0600 | V | |
| | 252.053 | x1 | 0.0760 | Cr Fe Mn Ti | |
| | 369.236 | x1 | 0.0850 | | |
| | 246.104 | x1 | 0.1070 | | |
| | 339.682 | x1 | 0.1250 | | |
| | 352.802 | x1 | 0.1250 | | |
| | 242.711 | x1 | 0.1250 | | |
| | 251.103 | x1 | 0.1250 | | |

续表

| 元素 | 分析线波长/nm | 光谱级数 | 检出限/μg·g⁻¹ | 干扰元素 | 激发电位/eV |
|---|---|---|---|---|---|
| Rh | 241.584 | x1 | 0.1300 | | |
| | 228.857 | x1 | 0.1420 | | |
| | 228.857 | x2 | 0.1420 | | |
| | 365.799 | x1 | 0.1500 | | |
| | 350.252 | x1 | 0.1500 | | |
| Ru | 279.535 | x1 | 0.0157 | Cr Fe V | |
| | 240.272 | x1 | 0.0300 | Fe | |
| | 245.657 | x1 | 0.0300 | Cr Fe Mn V | |
| | 267.876 | x1 | 0.0360 | Cr Fe Mn Nb | 5.76 |
| | 269.206 | x1 | 0.0900 | | |
| | 266.161 | x1 | 0.0960 | | |
| | 249.842 | x1 | 0.0960 | | |
| | 249.857 | x1 | 0.0960 | | |
| | 349.894 | x1 | 0.1110 | | |
| | 273.435 | x1 | 0.1150 | | |
| | 245.644 | x1 | 0.1200 | | |
| | 271.241 | x1 | 0.1200 | | |
| | 372.803 | x1 | 0.1200 | | |
| | 235.791 | x1 | 0.1420 | | |
| | 247.893 | x1 | 0.1500 | | |
| | 250.701 | x1 | 0.1570 | | |
| Sb | 206.833 | x1 | 0.0320 | Al Cr Fe Ni Ti V | |
| | 206.833 | x2 | 0.0320 | Al Cr Fe Ni Ti V | |
| | 217.581 | x1 | 0.0440 | Al Fe Ni | |
| | 217.581 | x2 | 0.0440 | Al Fe Ni | |
| | 231.147 | x1 | 0.0610 | Fe Ni | |
| | 231.147 | x2 | 0.0610 | Fe Ni | |
| | 252.852 | x1 | 0.1070 | Cr Fe Mg Mn V | |
| | 259.805 | x1 | 0.1070 | | |
| | 259.809 | x1 | 0.1070 | | |
| | 217.919 | x1 | 0.1570 | | |
| | 217.919 | x2 | 0.1570 | | |
| | 195.039 | x1 | 0.1660 | | |
| | 195.139 | x2 | 0.1660 | | |
| | 213.969 | x1 | 0.1870 | | |
| | 213.969 | x2 | 0.1870 | | |
| | 204.957 | x1 | 0.2000 | | |
| | 204.957 | x2 | 0.2000 | | |
| | 214.486 | x1 | 0.2500 | | |
| | 214.486 | x2 | 0.2500 | | |
| | 209.841 | x1 | 0.3440 | | |
| Sc | 361.384 | x1 | 0.0015 | Cr Cu Fe Ti | |
| | 357.253 | x1 | 0.0020 | Fe Ni V | |
| | 363.075 | x1 | 0.0021 | Ca Cr Fe V | |
| | 364.279 | x1 | 0.0027 | Ca Cr Fe Ti V | |
| | 424.683 | x1 | 0.0027 | | |
| | 357.635 | x1 | 0.0037 | | |
| | 335.373 | x1 | 0.0038 | | |
| | 337.215 | x1 | 0.0044 | | |
| Sc | 358.094 | x1 | 0.0045 | | |
| | 255.237 | x1 | 0.0046 | | |
| | 431.409 | x1 | 0.0079 | | |
| | 256.025 | x1 | 0.0081 | | |
| | 356.770 | x1 | 0.0081 | | |
| | 364.531 | x1 | 0.0086 | | |
| | 355.855 | x1 | 0.0088 | | |
| | 336.895 | x1 | 0.0094 | | |
| | 365.180 | x1 | 0.0097 | | |
| | 432.074 | x1 | 0.0097 | | |
| | 358.964 | x1 | 0.0110 | | |
| | 353.573 | x1 | 0.0120 | | |
| Se | 196.090 | x1 | 0.0750 | Al Fe | |
| | 196.090 | x2 | 0.0750 | Al Fe | |
| | 203.985 | x1 | 0.1150 | Al Cr Fe Mn | |
| | 203.985 | x2 | 0.1150 | Al Cr Fe Mn | |
| | 206.279 | x1 | 0.3000 | Al Cr Fe Ni Ti V | |
| | 206.279 | x2 | 0.3000 | Al Cr Fe Ni Ti V | |
| | 207.479 | x1 | 1.5780 | Al Cr Fe V | |
| | 207.479 | x2 | 1.5780 | Al Cr Fe V | |
| | 199.511 | x1 | 5.0000 | | |
| | 199.511 | x2 | 5.0000 | | |
| Si | 251.611 | x1 | 0.0120 | Cr Fe Mn V | |
| | 212.412 | x1 | 0.0160 | Al V | |
| | 212.412 | x2 | 0.0160 | Al V | |
| | 288.158 | x1 | 0.0270 | Cr Fe Mg V | 0.08 |
| | 250.690 | x1 | 0.0300 | Al Cr Fe V | 4.95 |
| | 252.851 | x1 | 0.0310 | | |
| | 251.432 | x1 | 0.0370 | | |
| | 252.411 | x1 | 0.0400 | | |
| | 221.667 | x1 | 0.0410 | | |
| | 221.667 | x2 | 0.0410 | | |
| | 251.920 | x1 | 0.0490 | | |
| | 198.899 | x1 | 0.0600 | | |
| | 198.899 | x2 | 0.0600 | | |
| | 231.089 | x1 | 0.0630 | | |
| | 221.089 | x2 | 0.0630 | | |
| | 243.515 | x1 | 0.0830 | | |
| | 190.134 | x1 | 0.1300 | | |
| | 220.798 | x1 | 0.1300 | | |
| | 205.813 | x1 | 0.1300 | | |
| | 190.134 | x2 | 0.1300 | | |
| Sm | 359.260 | x1 | 0.0430 | Cr Fe Ti V | |
| | 442.434 | x1 | 0.0540 | Cr Ca Ti V | |
| | 360.949 | x1 | 0.0570 | Cr Fe Ni Ti V | |
| | 363.429 | x1 | 0.0660 | Ar Fe V | |
| | 428.079 | x1 | 0.0690 | | |
| | 446.734 | x1 | 0.0730 | | |
| | 367.084 | x1 | 0.0750 | | |

续表

| 元素 | 分析线波长/nm | 光谱级数 | 检出限/$\mu g \cdot g^{-1}$ | 干扰元素 | 激发电位/eV |
|---|---|---|---|---|---|
| Sm | 356.827 | x1 | 0.0760 | | |
| | 373.126 | x1 | 0.0780 | | |
| | 443.432 | x1 | 0.0830 | | |
| | 388.529 | x1 | 0.0830 | | |
| | 330.639 | x1 | 0.0900 | | |
| Sn | 189.989 | x1 | 0.0250 | | |
| | 189.989 | x2 | 0.0250 | | |
| | 235.484 | x1 | 0.0960 | Fe Ni Ti V | |
| | 242.949 | x1 | 0.0960 | Fe Mn | |
| | 283.999 | x1 | 0.1110 | Al Cr Fe Mg Mn Ti V | 4.78 |
| | 226.891 | x1 | 0.1200 | | |
| | 224.605 | x1 | 0.1200 | | |
| | 226.891 | x2 | 0.1200 | | |
| | 224.605 | x2 | 0.1200 | | |
| | 242.170 | x1 | 0.1570 | | |
| | 270.651 | x1 | 0.1660 | | |
| | 220.965 | x1 | 0.1870 | | |
| | 220.965 | x2 | 0.1870 | | |
| | 286.333 | x1 | 0.2140 | | |
| | 317.505 | x1 | 0.2140 | | |
| Sr | 407.771 | x1 | 0.0004 | Cr Fe Ti | |
| | 421.552 | x1 | 0.0008 | | |
| | 216.596 | x1 | 0.0083 | Al Fe Ni | |
| | 216.596 | x2 | 0.0083 | Al Fe Ni | |
| | 215.284 | x1 | 0.0100 | Al Fe | |
| | 215.284 | x2 | 0.0100 | Al Fe | |
| | 346.446 | x1 | 0.0230 | | 6.62 |
| | 338.071 | x1 | 0.0340 | | |
| | 430.545 | x1 | 0.0620 | | |
| | 460.733 | x1 | 0.0680 | | 2.69 |
| | 232.235 | x1 | 0.1030 | | |
| | 232.235 | x2 | 0.1030 | | |
| | 416.180 | x1 | 0.1250 | | |
| Ta | 226.230 | x1 | 0.0250 | Al Fe | |
| | 226.230 | x2 | 0.0250 | Al Fe | |
| | 240.063 | x1 | 0.0280 | Cr Cu Fe V | |
| | 268.517 | x1 | 0.0300 | Cr Fe Mn V | |
| | 233.198 | x1 | 0.0310 | Fe Ni | |
| | 228.916 | x1 | 0.0310 | | |
| | 233.198 | x2 | 0.0310 | Fe Ni | |
| | 228.916 | x2 | 0.0310 | | |
| | 263.558 | x1 | 0.0340 | | |
| | 238.706 | x1 | 0.0370 | | 5.74 |
| | 223.948 | x1 | 0.0430 | | |
| | 223.948 | x2 | 0.0430 | | |
| | 267.590 | x1 | 0.0440 | | |
| | 205.908 | x1 | 0.0440 | | |
| | 205.908 | x2 | 0.0440 | | |
| | 219.603 | x1 | 0.0510 | | |
| Ta | 219.603 | x2 | 0.0510 | | |
| | 260.349 | x1 | 0.0550 | | |
| | 248.870 | x1 | 0.0550 | | |
| | 284.446 | x1 | 0.0570 | | |
| Tb | 350.917 | x1 | 0.0230 | Cr Fe Ti V | |
| | 348.873 | x1 | 0.0550 | Ca Cr Mg V | |
| | 367.635 | x1 | 0.0600 | Ca Cr Fe Mn Ti V | |
| | 387.417 | x1 | 0.0620 | Ca Cr Fe Ti V | |
| | 356.174 | x1 | 0.0630 | | |
| | 356.852 | x1 | 0.0650 | | |
| | 370.286 | x1 | 0.0650 | | |
| | 332.440 | x1 | 0.0850 | | |
| | 389.920 | x1 | 0.0960 | | |
| | 374.734 | x1 | 0.1000 | | |
| | 374.717 | x1 | 0.1000 | | |
| | 370.392 | x1 | 0.1030 | | |
| | 329.307 | x1 | 0.1030 | | |
| | 345.406 | x1 | 0.1110 | | |
| Te | 215.281 | x1 | 0.0410 | Al Fe Ti V | |
| | 214.281 | x2 | 0.0410 | Al Fe Ti V | |
| | 225.902 | x1 | 0.1760 | Fe Ni Ti V | |
| | 225.902 | x2 | 0.1760 | Fe Ni Ti V | |
| | 238.578 | x1 | 0.1760 | Cr Fe Mo Mn Ni | |
| | 214.725 | x1 | 0.2140 | Al Cr Fe Ni Ti V | |
| | 214.725 | x2 | 0.2140 | Al Cr Fe Ni Ti V | |
| | 200.202 | x1 | 0.2500 | | |
| | 200.202 | x2 | 0.2500 | | |
| | 238.326 | x1 | 0.2720 | | |
| | 208.116 | x1 | 0.2720 | | |
| | 208.116 | x2 | 0.2720 | | |
| | 199.480 | x1 | 0.4760 | | |
| | 199.480 | x2 | 0.4760 | | |
| | 225.548 | x1 | 1.1110 | | |
| | 225.548 | x2 | 1.1110 | | |
| | 226.555 | x1 | 1.1530 | | |
| | 226.555 | x2 | 1.1530 | | |
| Th | 283.730 | x1 | 0.0650 | Cr Fe Mg Ni V | |
| | 283.231 | x1 | 0.0710 | Cr Fe Mg Ti | |
| | 274.716 | x1 | 0.0830 | Cr Fe Mg Mn Ni Ti V | |
| | 401.913 | x1 | 0.0830 | Ca Cu Mn | |
| | 318.020 | x1 | 0.0880 | | |
| | 318.823 | x1 | 0.0930 | | |
| | 374.118 | x1 | 0.0960 | | |
| | 294.286 | x1 | 0.0960 | | |
| | 353.959 | x1 | 0.1000 | | |
| | 269.242 | x1 | 0.1000 | | 4.60 |
| | 339.204 | x1 | 0.1000 | | |
| | 332.512 | x1 | 0.1070 | | |
| | 360.944 | x1 | 0.1110 | | |

续表

| 元素 | 分析线波长/nm | 光谱级数 | 检出限/$\mu g \cdot g^{-1}$ | 干扰元素 | 激发电位/eV |
|---|---|---|---|---|---|
| Th | 311.953 | x1 | 0.1150 | | |
| | 284.281 | x1 | 0.1300 | | 4.55 |
| | 287.041 | x1 | 0.1300 | | 4.55 |
| | 256.559 | x1 | 0.1300 | | |
| | 275.217 | x1 | 0.1300 | | 4.69 |
| Ti | 334.941 | x1 | 0.0038 | Ca Cr Cu V | |
| | 336.121 | x1 | 0.0053 | Ca Cr Ni V | |
| | 323.452 | x1 | 0.0054 | Cr Fe Mn Ni V | |
| | 337.280 | x1 | 0.0067 | Ni V | |
| | 334.904 | x1 | 0.0075 | | |
| | 308.802 | x1 | 0.0077 | | 4.07 |
| | 307.864 | x1 | 0.0081 | | |
| | 338.376 | x1 | 0.0081 | | |
| | 323.657 | x1 | 0.0100 | | |
| | 323.904 | x1 | 0.0100 | | |
| | 368.520 | x1 | 0.0110 | | |
| Tl | 190.864 | x1 | 0.0400 | Al Ti | |
| | 190.864 | x2 | 0.0400 | Al Ti | |
| | 276.787 | x1 | 0.1200 | Cr Fe Mg Mn Ti V | 4.48 |
| | 351.924 | x1 | 0.2000 | Cr Fe Ni V | 4.49 |
| | 377.572 | x1 | 0.2300 | Ca Fe Ni Ti V | 3.28 |
| | 237.969 | x1 | 0.4280 | | |
| | 291.832 | x1 | 1.0340 | | 5.21 |
| | 223.785 | x1 | 1.3630 | | |
| | 223.785 | x2 | 1.3630 | | |
| | 352.943 | x1 | 1.7640 | | |
| | 258.014 | x1 | 1.7640 | | |
| Tm | 313.126 | x1 | 0.0052 | Cr Ti V | 3.96 |
| | 346.220 | x1 | 0.0081 | Ca Cr Fe Ni V | |
| | 384.802 | x1 | 0.0097 | Ca Mg Ti | |
| | 342.508 | x1 | 0.0100 | Fe Ti V | |
| | 376.133 | x1 | 0.0110 | | |
| | 379.575 | x1 | 0.0110 | | |
| | 336.261 | x1 | 0.0110 | | |
| | 317.283 | x1 | 0.0130 | | |
| | 376.191 | x1 | 0.0130 | | |
| | 313.389 | x1 | 0.0130 | | |
| | 345.366 | x1 | 0.0150 | | |
| | 329.100 | x1 | 0.0150 | | |
| | 344.150 | x1 | 0.0160 | | |
| | 324.154 | x1 | 0.0180 | | |
| | 370.136 | x1 | 0.0200 | | |
| | 370.026 | x1 | 0.0210 | | |
| | 250.908 | x1 | 0.0210 | | |
| | 286.923 | x1 | 0.0210 | | |
| U | 385.958 | x1 | 0.2500 | Ca Cr Fe | |
| | 367.007 | x1 | 0.3000 | Fe Ni Ti V | |
| | 263.553 | x1 | 0.3330 | Cr Fe Mg Mn Ti V | |
| | 409.014 | x1 | 0.3370 | Ca Cr Mn V | |

| 元素 | 分析线波长/nm | 光谱级数 | 检出限/$\mu g \cdot g^{-1}$ | 干扰元素 | 激发电位/eV |
|---|---|---|---|---|---|
| U | 393.203 | x1 | 0.3650 | | |
| | 424.167 | x1 | 0.4610 | | |
| | 294.192 | x1 | 0.4830 | | |
| | 385.466 | x1 | 0.4830 | | |
| | 290.828 | x1 | 0.5000 | | |
| | 288.963 | x1 | 0.5000 | | |
| | 288.274 | x1 | 0.5170 | | |
| | 256.541 | x1 | 0.5260 | | |
| | 279.394 | x1 | 0.5350 | | |
| | 311.935 | x1 | 0.5350 | | |
| | 330.590 | x1 | 0.5350 | | |
| V | 309.311 | x1 | 0.0050 | Al Cr Fe Mg | |
| | 310.230 | x1 | 0.0064 | Fe Ni Ti | |
| | 292.402 | x1 | 0.0075 | Cr Fe Ti | |
| | 290.882 | x1 | 0.0088 | Cr Fe Mg Mo | |
| | 311.071 | x1 | 0.0100 | | |
| | 289.332 | x1 | 0.0100 | | |
| | 268.796 | x1 | 0.0100 | | |
| | 311.838 | x1 | 0.0120 | | |
| | 214.009 | x1 | 0.0150 | | |
| | 214.009 | x2 | 0.0150 | | |
| | 312.528 | x1 | 0.0150 | | |
| | 327.612 | x1 | 0.0150 | | |
| | 292.464 | x1 | 0.0160 | | |
| | 270.094 | x1 | 0.0170 | | |
| W | 207.911 | x1 | 0.0300 | Al Cu Ni Ti | |
| | 207.911 | x2 | 0.0300 | Al Cu Ni Ti | |
| | 224.875 | x1 | 0.0440 | Cr Fe | |
| | 224.875 | x2 | 0.0440 | Cr Fe | |
| | 218.935 | x1 | 0.0460 | Cu Fe Ti | |
| | 218.935 | x2 | 0.0460 | Cu Fe Ti | |
| | 209.475 | x1 | 0.0460 | Al Fe Ni Ti V | |
| | 209.475 | x2 | 0.0460 | Al Fe Ni Ti V | |
| | 209.860 | x1 | 0.0540 | | |
| | 209.860 | x2 | 0.0540 | | |
| | 239.709 | x1 | 0.0550 | | |
| | 222.589 | x1 | 0.0600 | | |
| | 222.589 | x2 | 0.0600 | | |
| | 220.448 | x1 | 0.0610 | | |
| | 220.448 | x2 | 0.0610 | | |
| | 200.807 | x1 | 0.0710 | | |
| | 200.807 | x2 | 0.0710 | | |
| | 208.819 | x1 | 0.0730 | | |
| | 208.819 | x2 | 0.0730 | | |
| | 248.923 | x1 | 0.0730 | | |
| Y | 371.030 | x1 | 0.0035 | Ti V | |
| | 324.228 | x1 | 0.0045 | Cu Ni Ti | 3.99 |
| | 360.073 | x1 | 0.0048 | Mn | |
| | 377.433 | x1 | 0.0053 | Fe Mn Ti V | |

续表

| 元素 | 分析线波长/nm | 光谱级数 | 检出限/μg·g$^{-1}$ | 干扰元素 | 激发电位/eV |
|---|---|---|---|---|---|
| Y | 437.494 | x1 | 0.0065 | | 3.23 |
| | 378.870 | x1 | 0.0075 | | |
| | 361.105 | x1 | 0.0075 | | |
| | 321.669 | x1 | 0.0079 | | 3.97 |
| | 363.312 | x1 | 0.0083 | | |
| | 224.306 | x1 | 0.0091 | | |
| | 224.306 | x2 | 0.0091 | | |
| | 332.789 | x1 | 0.0094 | | 4.14 |
| | 360.192 | x1 | 0.0100 | | |
| | 417.754 | x1 | 0.0110 | | |
| | 354.901 | x1 | 0.0130 | | |
| | 320.332 | x1 | 0.0150 | | 3.98 |
| Yb | 328.937 | x1 | 0.0018 | Cu Fe Ti V | 3.77 |
| | 369.419 | x1 | 0.0030 | Ca Fe Mn Ni Ti V | |
| | 289.138 | x1 | 0.0086 | Cr Fe Mg Mn Ti V | 4.29 |
| | 222.446 | x1 | 0.0088 | Fe Ni | |
| | 222.446 | x2 | 0.0088 | Fe Ni | |
| | 211.667 | x1 | 0.0094 | | |
| | 211.667 | x2 | 0.0094 | | |
| | 212.674 | x1 | 0.0094 | | |
| | 212.674 | x2 | 0.0094 | | |
| | 218.571 | x1 | 0.0130 | | |
| | 218.571 | x2 | 0.0130 | | |
| | 275.048 | x1 | 0.0170 | | |
| | 297.056 | x1 | 0.0170 | | |
| | 265.375 | x1 | 0.0210 | | 7.33 |
| Zn | 213.856 | x1 | 0.0018 | Al Cu Fe Ni Ti V | |
| | 213.856 | x2 | 0.0018 | Al Cu Fe Ni Ti V | |
| | 202.548 | x1 | 0.0040 | Al Cr Cu Fe Mg Ni | |
| | 202.548 | x2 | 0.0040 | Al Cr Cu Fe Mg Ni | |
| Zn | 206.200 | x1 | 0.0059 | Al Cr Fe Ni Ti | |
| | 206.200 | x2 | 0.0059 | Al Cr Fe Ni Ti | |
| | 334.502 | x1 | 0.1360 | Ca Cr Fe Ti | 7.78 |
| | 330.259 | x1 | 0.2300 | | |
| | 481.053 | x1 | 0.2300 | | |
| | 472.216 | x1 | 0.4280 | | |
| | 328.233 | x1 | 0.5000 | | 7.78 |
| | 334.557 | x1 | 0.7500 | | 7.78 |
| | 280.106 | x1 | 0.7500 | | |
| | 280.087 | x1 | 0.7500 | | |
| Zr | 343.823 | x1 | 0.0071 | Ca Cr Fe Mn Ti | |
| | 339.198 | x1 | 0.0077 | Cr Fe Ti V | 3.82 |
| | 257.139 | x1 | 0.0097 | Cr Fe Hf Mg Mn Ti V | 4.91 |
| | 349.621 | x1 | 0.0100 | Mn Ni Ti V | |
| | 357.247 | x1 | 0.0100 | | |
| | 327.305 | x1 | 0.0120 | | 3.95 |
| | 256.887 | x1 | 0.0130 | | |
| | 327.926 | x1 | 0.0140 | | |
| | 267.863 | x1 | 0.0150 | | 4.79 |
| | 272.261 | x1 | 0.0180 | | |
| | 273.486 | x1 | 0.0210 | | |
| | 274.256 | x1 | 0.0210 | | |
| | 270.013 | x1 | 0.0250 | | |
| | 350.567 | x1 | 0.0250 | | |
| | 355.660 | x1 | 0.0250 | | |
| | 348.115 | x1 | 0.0250 | | |
| | 256.764 | x1 | 0.0270 | | |
| | 272.649 | x1 | 0.0270 | | |
| | 330.628 | x1 | 0.0270 | | |
| | 316.597 | x1 | 0.0270 | | |

3. 原子吸收光谱法元素分析谱线、光谱项、灵敏度和检出限

表 1-85 列出了原子吸收光谱法元素分析谱线、光谱项、灵敏度和检出限。

**表 1-85 原子吸收光谱法元素分析谱线、光谱项、灵敏度和检出限**

| 被测元素 | 谱线/nm | 基态光谱项 | $f$ | 光源 | 火焰 | 灵敏度/(1×10$^{-6}$/1%吸收) | 检出限/1×10$^{-6}$ | 石墨炉法灵敏度/(g/1%吸收) |
|---|---|---|---|---|---|---|---|---|
| Ag | 328.07 | $5^2S_{1/2}$ | 0.51 | HCL | A-Cg | 0.05 | 0.005 | 1×10$^{-12}$ |
| | 328.07 | | 0.51 | HCL | A-A | 0.08 | | |
| | 338.29 | | 0.25 | HCL | A-Cg | 0.15 | | |
| Al | 309.27<br>309.28 } | $3^2P_{1/2}$ | 0.23 | HCL | N-A | 0.7 | 0.02 | 1.3×10$^{-11}$ |
| | 308.21 | | 0.22 | HCL | N-A | 1 | | |
| | 396.15 | | 0.15 | HCL | N-A | 0.9 | | |
| | 394.40 | | 0.15 | HCL | N-A | 1.4 | | |
| | 237.34 | | | HCL | N-A | 2.3 | | |
| As | 188.99 | | | HCL | A-H | 1 | | 1.9×10$^{-11}$ |
| | 193.70 | | 0.095 | HCL | A-H | 0.9 | | |
| | 197.20 | | 0.07 | HCL | A-H | 1.2 | | |
| | 197.20 | | 0.07 | HCL | A-A | 2.1 | | |

续表

| 被测元素 | 谱线/nm | 基态光谱项 | $f$ | 光源 | 火焰 | 灵敏度/(1×10⁻⁶/1%吸收) | 检出限/1×10⁻⁶ | 石墨炉法灵敏度/(g/1%吸收) |
|---|---|---|---|---|---|---|---|---|
| Au | 242.79 | $6^2S_{1/2}$ | 0.3 | HCL | A-Cg | 0.3 | | $1.2\times10^{-12}$ |
| | 267.59 | | 0.19 | HCL | A-Cg | 1.3 | | |
| | 242.73 | | 0.3 | HCL | A-A | 0.2 | | |
| | 267.59 | | 0.19 | HCL | A-A | 0.4 | | |
| B | 249.68 | $2^2P_{1/2}$ | 0.32 | HCL | N-A | 100 | | $3.0\times10^{-9}$ |
| | 249.77 | | 0.33 | HCL | N-A | 50 | | |
| Ba | 553.56 | $6^1S_0$ | 1.4 | HCL | N-A | 0.3 | 0.02 | $5.8\times10^{-12}$ |
| | 305.11 | | | HCL | N-A | 4.8 | | |
| | 455.40 | | 离子线 | HCL | N-A | 2.0 | 1.0 | |
| Be | 234.86 | $2^1S_0$ | 0.24 | HCL | N-A | 0.02 | | $5.6\times10^{-12}$ |
| Bi | 222.83 | $6^4S_{3/2}$ | 0.002 | HCL | A-A | 1.5 | | $3.1\times10^{-11}$ |
| | 223.06 | | 0.012 | HCL | A-A | 0.7 | | |
| | 306.77 | | 0.25 | HCL | A-A | 2.1 | | |
| | 227.66 | | | HCL | A-A | 9.5 | | |
| | 206.17 | | | HCL | A-A | 5.5 | | |
| | 202.12 | | | HCL | A-A | 50 | | |
| | 211.03 | | | HCL | A-A | 18 | | |
| | 306.77 | | 0.25 | HCL | A-Cg | 2 | | |
| Ca | 422.67 | $4^1S_0$ | 1.5 | HCL | A-A | 0.07 | 0.001 | $5.0\times10^{-12}$ |
| | 239.86 | | 0.04 | HCL | A-A | 20 | | |
| Cd | 228.80 | $5^1S_0$ | 1.2 | HCL | A-Cg | 0.03 | | $6.6\times10^{-12}$ |
| | 326.11 | | 0.002 | | | 20 | | |
| | 228.80 | | 1.2 | HCL | A-A | 0.025 | 0.001 | |
| Ce | 520.0 | $^1G_4$ | | HCL | N-A | 30 | | $4.9\times10^{-8}$ |
| | 569.7 | | | HCL | N-A | 39 | | |
| Co | 240.72 | $a^4F_{9/2}$ | 0.22 | HCL | A-A | 0.15 | 0.01 | $3.3\times10^{-11}$ |
| | 242.49 | | 0.19 | HCL | A-A | 0.18 | | |
| | 241.16 | | | HCL | A-A | 0.27 | | |
| | 252.14 | | 0.19 | HCL | A-A | 0.30 | | |
| | 243.58 | | | HCL | A-A | 0.45 | | |
| | 341.26 | | | HCL | A-A | 3.0 | | |
| | 352.68 | | | HCL | A-A | 2.2 | | |
| | 347.40 | | | HCL | A-A | 7.5 | | |
| | 301.76 | | | HCL | A-A | 16 | | |
| Cr | 357.87 | $a^7S_3$ | 0.34 | HCL | A-A | 0.1 | 0.003 | $8.8\times10^{-12}$ |
| | 359.35 | | 0.27 | HCL | A-A | 0.15 | | |
| | 360.53 | | 0.19 | HCL | A-A | 0.22 | | |
| | 425.44 | | 0.10 | HCL | A-A | 0.3 | | |
| | 427.48 | | | HCL | A-A | 0.38 | | |
| Cs | 852.11 | $6^2S_{1/2}$ | 0.8 | MVDL | A-Cg | 0.15 | | $1.1\times10^{-12}$ |
| | 455.54 | | | MVDL | A-Cg | 20 | | |
| Cu | 324.75 | $4^2S_{1/2}$ | 0.74 | HCL | A-Cg | 0.1 | | $7.0\times10^{-12}$ |
| | 327.40 | | 0.38 | HCL | A-Cg | 0.2 | | |
| | 222.57 | | 0.004 | HCL | A-Cg | 2 | | |
| | 217.89 | | 0.01 | HCL | A-Cg | 0.4 | | |
| | 324.75 | | 0.74 | HCL | A-A | 0.1 | 0.002 | |
| Dy | 421.17 | $6^5I_3$ | | HCL | N-A | 1.7 | | $5.3\times10^{-10}$ |
| | 419.49 | | | HCL | N-A | 3.4 | | |
| | 418.68 | | | HCL | N-A | 1.1 | | |

续表

| 被测元素 | 谱线/nm | 基态光谱项 | $f$ | 光源 | 火焰 | 灵敏度/($1\times10^{-6}$/1%吸收) | 检出限/$1\times10^{-6}$ | 石墨炉法灵敏度/(g/1%吸收) |
|---|---|---|---|---|---|---|---|---|
| Dy | 416.80 | $6^5I_3$ | | HCL | N-A | 6.2 | | $5.3\times10^{-10}$ |
| | 404.60 | | | HCL | N-A | 1.0 | | |
| Er | 386.28 | $6^3H_6$ | | HCL | N-A | 2.3 | | $8.5\times10^{-10}$ |
| | 400.80 | | | HCL | N-A | 1.4 | | |
| | 389.27 | | | HCL | N-A | 4.5 | | |
| | 415.11 | | | HCL | N-A | 2.3 | | |
| Eu | 462.72 | $a^3S_{7/2}$ | | HCL | N-A | 3.0 | | $1.4\times10^{-10}$ |
| | 466.19 | | | HCL | N-A | 3.0 | | |
| | 459.40 | | | HCL | N-A | 1.8 | | |
| Fe | 248.33 | $a^5D_4$ | 0.34 | HCL | A-A | 0.1 | 0.01 | $8.0\times10^{-12}$ |
| | 248.81 | | | HCL | A-A | 0.2 | | |
| | 252.28 | | 0.30 | HCL | A-A | 0.2 | | |
| | 271.90 | | 0.15 | HCL | A-A | 0.3 | | |
| | 302.05/6 | | 0.08 | HCL | A-A | 0.4 | | |
| | 296.69 | | 0.06 | HCL | A-A | 1.1 | | |
| | 371.99 | | 0.04 | HCL | A-A | 1.0 | | |
| | 385.99 | | 0.035 | HCL | A-A | 1.9 | | |
| | 344.06 | | 0.055 | HCL | A-A | 2.6 | | |
| | 382.44 | | 0.007 | HCL | A-A | 8.7 | | |
| | 367.99 | | 0.005 | HCL | A-A | 8.9 | | |
| Ga | 287.42 | $4^2P_{1/2}$ | 0.32 | HCL | A-A | 2.3 | 0.07 | $3.8\times10^{-11}$ |
| | 294.42/36 | | 0.29 | HCL | A-A | 2.4 | | |
| | 417.12 | | 0.14 | HCL | A-A | 3.7 | | |
| | 403.30 | | 0.13 | HCL | A-A | 6.2 | | |
| | 250.0 | | | HCL | A-A | 22 | | |
| | 254.0 | | | HCL | A-A | 28 | | |
| Gd | 378.31 | $^9D_2$ | | HCL | N-A | 46 | | $8.5\times10^{-8}$ |
| | 368.41 | | | HCL | N-A | 38 | | |
| | 405.82 | | | HCL | N-A | 51 | | |
| | 407.87 | | | HCL | N-A | 16 | 4 | |
| Ge | 265.16 | $4^3P_0$ | 0.84 | HCL | N-A | 2.2 | 1.0 | $1.5\times10^{-10}$ |
| | 259.25 | | 0.37 | HCL | N-A | 4.3 | | |
| | 270.96 | | 0.43 | HCL | N-A | 5.2 | | |
| Hf | 307.29 | $a^3F_2$ | 0.02 | HCL | N-A | 14 | | |
| | 286.64 | | | HCL | N-A | 15 | 8 | |
| Hg | 253.65 | $6^1S_0$ | 0.03 | HCL | A-A | 10 | 0.5 | $2.5\times10^{-10}$ |
| | | | 0.03 | | | | | |
| | 253.65 | | 0.03 | HCL | 无焰冷蒸气技术 | | 常<$\times10^{-9}$ | |
| Ho | 416.30 | $^4I_{15/2}$ | | HCL | N-A | 3.5 | | $6.8\times10^{-10}$ |
| | 410.38 | | | HCL | N-A | 2.2 | | |
| | 405.39 | | | HCL | N-A | 2.8 | | |
| In | 303.97 | $5^2P_{1/2}$ | 0.36 | HCL | A-A | 0.9 | 0.05 | $2.3\times10^{-11}$ |
| | 325.61 | | 0.37 | HCL | A-A | 0.9 | | |
| | 410.5 | | 0.14 | HCL | A-A | 2.6 | | |
| | 451.13 | | | HCL | A-A | 2.8 | | |
| | 256.02 | | | HCL | A-A | 11 | | |
| | 275.39 | | | HCL | A-A | 26 | | |

续表

| 被测元素 | 谱线/nm | 基态光谱项 | $f$ | 光源 | 火焰 | 灵敏度/(1×$10^{-6}$/1%吸收) | 检出限/1×$10^{-6}$ | 石墨炉法灵敏度/(g/1%吸收) |
|---|---|---|---|---|---|---|---|---|
| Ir | 208.88 | $a^4F_{9/2}$ | | HCL | A-A | 7.7 | | $6.0\times10^{-10}$ |
| | 263.94/97 | | | HCL | A-A | 13 | 2 | |
| | 266.48 | | | HCL | A-A | 15 | | |
| | 237.28 | | | HCL | A-A | 20 | | |
| | 254.40 | | | HCL | A-A | 34 | | |
| K | 766.49 | $4^2S_{1/2}$ | 0.69 | HCL | A-A | 0.05 | | $1.0\times10^{-12}$ |
| | 404.41/72 | | 0.11 | HCL | A-A | 8.8 | | |
| | 404.41/72 | | 0.11 | HCL | A-H | 8.0 | | |
| La | 357.44 | $6^2D_{5/2}$ | 0.12 | HCL | N-A | 110 | | $1.9\times10^{-7}$ |
| | 364.95 | | | HCL | N-A | 140 | | |
| | 392.76 | | | HCL | N-A | 150 | | |
| | 403.72 | | | HCL | N-A | 200 | | |
| | 407.92 | | | HCL | N-A | 200 | | |
| | 418.73 | | | HCL | N-A | 50 | | |
| | 494.98 | | | HCL | N-A | 53 | | |
| | 550.13 | | 0.15 | HCL | N-A | 35 | | |
| Li | 670.78 | $2^2S_{1/2}$ | 0.7 | HCL | A-Cg | 0.03 | | $1.0\times10^{-12}$ |
| | 323.26 | | 0.03 | HCL | A-Cg | 15 | | |
| | 670.78 | | 0.7 | HCL | A-A | 0.03 | | |
| Lu | 331.21 | $^2D_{3/2}$ | | HCL | N-A | 21 | | $1.8\times10^{-8}$ |
| | 335.96 | | | HCL | N-A | 12 | | |
| Mg | 285.21 | $3^1S_0$ | 1.2 | HCL | A-A | 0.007 | 0.0001 | $4\times10^{-14}$ |
| | 202.58 | | | HCL | A-A | 0.3 | | |
| | 279.55 | | 离子线 | HCL | | 5 | | |
| Mn | 279.48 | $a^6S_{5/2}$ | 0.58 | HCL | A-A | 0.05 | 0.002 | $3.3\times10^{-12}$ |
| | 279.83 | | | HCL | A-A | 0.09 | | |
| | 280.11 | | | HCL | A-A | 0.14 | | |
| | 403.08 | | | HCL | A-A | 0.85 | | |
| | 321.70 | | | HCL | A-A | 100 | | |
| Mo | 313.26 | $a^7S_3$ | 0.20 | HCL | A-A | 0.8 | | $5.5\times10^{-12}$ |
| | 313.26 | | 0.20 | | N-A | 0.4 | | |
| | 317.03 | | 0.12 | | A-A | 1.1 | | |
| | 379.83 | | 0.13 | HCL | A-A | 1.3 | | |
| | 319.40 | | | HCL | A-A | 1.4 | | |
| | 386.41 | | | HCL | A-A | 1.7 | | |
| | 390.30 | | | HCL | A-A | 2.4 | | |
| | 315.82 | | | HCL | A-A | 2.8 | | |
| | 320.88 | | | HCL | A-A | 5.9 | | |
| Na | 589.00/59 | $3^3S_{1/2}$ | 0.7 | HCL | A-A | 0.015 | 0.002 | $1.4\times10^{-12}$ |
| | 330.23/29 | | 0.05 | HCL | A-A | 2.8 | | |
| | 330.23/29 | | 0.05 | HCL | A-H | 3.0 | | |
| Nb | 334.39 | $a^6D_{1/2}$ | | HCL | N-A | 20 | 1 | |
| | 358.03 | | | HCL | N-A | 22 | | |
| | 334.91 | | | HCL | N-A | 24 | | |
| | 407.97 | | | HCL | N-A | 28 | | |
| Nd | 463.42 | $6^5I_4$ | | HCL | N-A | 35 | | $1.4\times10^{-8}$ |
| | 471.90 | | | HCL | N-A | 73 | | |
| | 489.69 | | | HCL | N-A | 48 | | |
| | 463.42 | | | HCL | N-A | 13 | 2 | |

续表

| 被测元素 | 谱线/nm | 基态光谱项 | $f$ | 光源 | 火焰 | 灵敏度/$(1\times10^{-6}/1\%$吸收) | 检出限/$1\times10^{-6}$ | 石墨炉法灵敏度/(g/1%吸收) |
|---|---|---|---|---|---|---|---|---|
| Ni | 232.00 | $a^3F_4$ | 0.095 | HCL | A-A | 0.12 | 0.01 | $3.1\times10^{-11}$ |
| | 231.09 | | | HCL | A-A | 0.2 | | |
| | 234.55 | | 0.05 | HCL | A-A | 0.5 | | |
| | 341.48 | | 0.3 | HCL | A-A | 0.5 | | |
| | 352.45 | | 0.12 | HCL | A-A | 2.5 | | |
| | 346.17 | | 0.16 | HCL | A-A | 1.0 | | |
| | 234.75 | | | HCL | A-A | 3.5 | | |
| Os | 290.90 | $a^5D_4$ | | HCL | A-A | 3 | | |
| | 290.90 | | | HCL | N-A | 1 | | |
| | 305.9 | | | HCL | A-A | 5 | | |
| | 305.9 | | | HCL | N-A | 2 | | |
| | 290.90 | | | HCL | A-P-B | 17 | | |
| | 283.8 | | | HCL | A-P-B | 19 | | |
| | 305.9 | | | HCL | A-P-B | 20 | | |
| | 323.2 | | | HCL | A-P-B | 26 | | |
| | 326.2 | | | HCL | A-P-B | 38 | | |
| Pb | 283.31 | $6^3P_9$ | 0.21 | HCL | A-A | 0.5 | 0.02 | $5.3\times10^{-12}$ |
| | 217.00 | | 0.39 | HCL | A-A | 0.2 | | |
| Pd | 247.64 | $4^1S_9$ | 0.1 | HCL | A-A | 0.2 | 0.02 | $1.0\times10^{-10}$ |
| | 244.79 | | 0.074 | HCL | A-A | 0.3 | 0.03 | |
| | 276.31 | | 0.071 | HCL | A-A | 1.0 | | |
| Pr | 495.14 | $6^4I_{9/2}$ | | HCL | N-A | 72 | | $1.4\times10^{-7}$ |
| | 491.40 | | | HCL | N-A | 19 | | |
| | 504.55 | | | HCL | N-A | 42 | | |
| | 513.34 | | | HCL | N-A | 23 | | |
| Pt | 265.94 | $a^3D_3$ | 0.12 | HCL | A-A | 2.2 | 0.1 | $3.5\times10^{-10}$ |
| | 306.47 | | | HCL | A-A | 4.6 | | |
| | 217.47 | | | HCL | A-A | 3.3 | | |
| | 262.80 | | | HCL | A-A | 5.3 | | |
| Rb | 780.02 | $5^2S_{1/2}$ | 0.8 | MVDL | A-Cg | 0.1 | 0.005 | $5.6\times10^{-12}$ |
| | 420.18 | | | MVDL | A-Cg | 10 | | |
| | 780.02 | | 0.8 | MVDL | A-A | 0.05 | | |
| | 794.76 | | | MVDL | A-A | 0.1 | | |
| | 420.18 | | | MVDL | A-A | 6.0 | | |
| | 780.02 | | 0.8 | MVDL | A-LPG | 0.12 | | |
| Re | 345.19 | $a^6S_{5/2}$ | 0.06 | HCL | N-A | 33 | | |
| | 346.47 | | 0.13 | HCL | N-A | 20 | | |
| | 346.05 | | 0.2 | HCL | N-A | 1.4 | | |
| Rh | 343.49 | $a^4F_{9/2}$ | 0.73 | HCL | A-A | 0.35 | 0.03 | $6.7\times10^{-11}$ |
| | 369.24 | | 0.58 | HCL | A-A | 0.6 | | |
| | 339.68 | | 0.53 | HCL | A-A | 0.7 | | |
| | 350.25 | | 0.47 | HCL | A-A | 1.35 | | |
| | 365.80 | | 0.82 | HCL | A-A | 1.75 | | |
| | 370.09 | | 0.72 | HCL | A-A | 2.9 | | |
| | 350.73 | | 0.47 | HCL | A-A | 8 | | |
| Ru | 349.89 | $a^5F_5$ | 0.1 | | A-A | 0.3 | | $6.7\times10^{-10}$ |
| | 372.80 | | 0.09 | HCL | A-A | 0.25 | | |
| Sb | 206.84 | $5^4S_{3/2}$ | 0.1 | HCL | A-A | 1.2 | | $1.2\times10^{-11}$ |
| | 217.59 | | 0.04 | HCL | A-A | 1.4 | | |

续表

| 被测元素 | 谱线/nm | 基态光谱项 | $f$ | 光源 | 火焰 | 灵敏度/($1\times10^{-6}$/1%吸收) | 检出限/$1\times10^{-6}$ | 石墨炉法灵敏度/(g/1%吸收) |
|---|---|---|---|---|---|---|---|---|
| Sb | 231.15 | $5^4S_{3/2}$ | 0.03 | HCL | A-A | 2.0 | | $1.2\times10^{-11}$ |
| | 231.15 | | 0.03 | HCL | A-Cg | 1.5 | | |
| Se | 391.18 | $a^2D_{3/2}$ | | HCL | N-A | 0.8 | | |
| | 390.75 | | | HCL | N-A | 1.1 | | |
| | 402.37 | | | HCL | N-A | 1.2 | | |
| | 402.04 | | | HCL | N-A | 1.7 | | |
| | 405.45 | | | HCL | N-A | 1.7 | | |
| | 326.99 | | | HCL | N-A | 2.0 | | |
| | 196.03 | | 0.12 | HCL | A-A | 3 | 1 | |
| | 196.03 | | 0.12 | HCL | N-A | 5 | 1.8 | $3.3\times10^{-11}$ |
| Si | 251.61 | $3^3P_0$ | 0.26 | HCL | N-A | 1.2 | 0.08 | $1.2\times10^{-10}$ |
| | 250.69 | | 0.20 | HCL | N-A | 3.1 | | |
| | 251.43 | | 0.54 | HCL | N-A | 3.8 | | |
| Sm | 429.67 | $6^7F_6$ | | HCL | N-A | 7 | 2 | $5.2\times10^{-9}$ |
| | 476.03 | | | HCL | N-A | 29 | | |
| | 520.06 | | | HCL | N-A | 25 | | |
| | 528.29 | | | HCL | N-A | 50 | | |
| | 511.72 | | | HCL | N-A | 55 | | |
| Sn | 286.33 | $5P_0$ | 0.23 | HCL | N-A | 5.4 | | $4.7\times10^{-11}$ |
| | 235.48 | | 0.27 | HCL | N-A | 3.8 | | |
| | 224.61 | | 0.41 | HCL | A-A | 2.8 | | |
| Sr | 460.73 | $5^1S_9$ | 1.54 | HCL | A-A | 0.05 | | $5.8\times10^{-12}$ |
| | 467.73 | | 0.76 | HCL | A-A | 3.5 | | |
| | 460.73 | | 1.54 | HCL | N-A | 0.09 | 0.01 | |
| Ta | 271.40 | $a^4F_{3/2}$ | 0.05 | HCL | N-A | 11 | | |
| Tb | 432.65 | $6^6H_{15/2}$ | | HCL | N-A | 7 | 2 | $3.7\times10^{-8}$ |
| | 431.88 | | | HCL | N-A | 9 | | |
| | 390.13 | | | HCL | N-A | 12 | | |
| | 406.16 | | | HCL | N-A | 14 | | |
| | 433.84 | | | HCL | N-A | 16 | | |
| | 410.54 | | | HCL | N-A | 28 | | |
| Te | 214.28 | $5^3P_2$ | 0.08 | HCL | A-A | 0.5 | | $3.0\times10^{-11}$ |
| | 214.28 | | 0.08 | HCL | A-A | 0.5 | | |
| Th | 324.58 | $^3F_2$ | | HCL | N-A | 850 | | |
| Ti | 365.35 | $a^3F_2$ | 0.22 | HCL | N-A | 1.6 | 0.1 | $2.0\times10^{-9}$ |
| | 364.27 | | 0.25 | HCL | N-A | 1.8 | | |
| | 337.14 | | 0.20 | HCL | N-A | 2.0 | | |
| Ti | 276.78 | $6^2P_{1/2}$ | 0.27 | HCL | A-A | 0.5 | | $1.2\times10^{-11}$ |
| | 377.57 | | 0.13 | MVDL | A-Cg | 3 | | |
| Tm | 371.79 | | | HCL | N-A | 0.7 | 0.2 | $1.4\times10^{-10}$ |
| U | 358.49 | $7^5L_6$ | 2.1 | HCL | N-A | 100 | 30 | |
| | 351.46 | | 1.2 | HCL | N-A | 250 | | |
| | 356.66 | | 1.9 | HCL | N-A | 130 | | |
| | 394.38 | | 0.94 | HCL | N-A | 250 | | |
| | 348.94 | | 1.2 | HCL | N-A | 300 | | |
| V | 318.34}<br>318.40} | | | HCL | N-A | 1.0 | 0.02 | $2.9\times10^{-10}$ |
| W | 255.13 | $a^5D_9$ | 0.18 | HCL | N-A | 5.3 | | |
| | 294.44 | | | HCL | N-A | 12 | | |
| | 400.87 | | | HCL | N-A | 18 | 3 | |

续表

| 被测元素 | 谱线/nm | 基态光谱项 | $f$ | 光源 | 火焰 | 灵敏度/($1\times10^{-6}$/1%吸收) | 检出限/$1\times10^{-6}$ | 石墨炉法灵敏度/(g/1%吸收) |
|---|---|---|---|---|---|---|---|---|
| Y | 410.24 | $a^2D_{3/2}$ | 0.21 | HCL | N-A | 2 | 0.3 | $6.8\times10^{-9}$ |
| | 412.83 | | 0.18 | HCL | N-A | 5.4 | | |
| | 407.74 | | 0.27 | HCL | N-A | 5.7 | | |
| | 414.29 | | 0.20 | HCL | N-A | 11 | | |
| Yb | 398.80 | $6^1S_0$ | | HCL | N-A | 0.25 | | $2.0\times10^{-11}$ |
| | 346.44 | | | HCL | N-A | 0.8 | | |
| | 346.45 | | | HCL | N-A | 1.6 | | |
| Zn | 213.86 | $6^1S_0$ | 1.2 | HCL | A-A | 0.02 | 0.002 | $8.8\times10^{-13}$ |
| | 213.86 | | 1.2 | HCL | A-A | 0.015 | | |
| | 307.59 | | <0.001 | HCL | A-A | 150 | | |

注：$f$——振子强度，原子吸收能力的一个量度；HCL——空心阴极灯；MVDL——金属蒸气放电灯；A-Cg——空气-煤气焰；A-A——空气-乙炔焰；N-A——氧化亚氮-乙炔焰；A-P-B——空气-丙烷-丁烷焰；A-LPG——空气-液化石油气焰。

基态光谱项—$n^{2s+1}L_j$，其中 $n$ 为主量子数；$L$ 为多电子原子角动量量子数；$2s+1$ 称光谱的多重性；$s$ 是多电子原子总自旋量子数，$j$ 光谱支项。

4. 常见石墨炉原子吸收法的分析条件

表 1-86 列出了石墨炉原子吸收法的分析条件。

**表 1-86 常见元素石墨炉原子吸收法的分析条件**

| 元素 | 分析条件 | |
|---|---|---|
| 铝(Al) | 标准储备溶液 | 水溶液——Al 溶于尽量少的 HCl 中 |
| | | 有机溶液——环己烷丁酸铝或二乙基己酸铝溶于二甲苯或甲基异丁基酮中 |
| | 分析线波长/nm | 309.3 |
| | 背景校正线波长/nm | 307.0 |
| | 灰化温度/℃ | 1400 |
| | 原子化温度/℃ | 2700 |
| | 灵敏度/pg | 50(用 $CH_4$ 提高灵敏度) |
| | 检出极限/pg | 5 |
| 砷(As) | 标准储备溶液 | 水溶液——$As_2O_3$ 溶于 0.02mol/L NaOH 或将 $KH_2AsO_4$ 溶于水 |
| | 分析线波长/nm | 193.7(189.0、197.3) |
| | 背景校正线波长/nm | 192.0 |
| | 灰化温度/℃ | 600 |
| | 原子化温度/℃ | 2400 |
| | 灵敏度/pg | 25(使用无极放电灯) |
| | 检出极限/pg | 20(使用无极放电灯) |
| 银(Ag) | 标准储备溶液 | 水溶液——$AgNO_3$ 溶于水中 |
| | | 有机溶液——环己烷丁酸银或 2-乙基己酸银溶于二甲苯或甲基异丁基酮中 |
| | 分析线波长/nm | 328.1(338.3) |
| | 背景校正线波长/nm | Ne 332.4，Sn 326.2 |
| | 灰化温度/℃ | 450 |
| | 原子化温度/℃ | 2500 |
| | 灵敏度/pg | 5 |
| | 检出极限/pg | 0.1 |
| 钡(Ba) | 标准储备溶液 | 水溶液——$BaCl_2$ 溶于水 |
| | | 有机溶液——环己烷丁酸钡溶于甲苯或甲基异丁基酮 |
| | 分析线波长/nm | 553.6 |
| | 背景校正线波长/nm | Y 557.6，Ne 540.0 |

续表

| 元素 | 分析条件 | |
|---|---|---|
| 钡(Ba) | 灰化温度/℃ | 1600 |
| | 原子化温度/℃ | 3000 |
| | 灵敏度/pg | 150(用 $CH_4$ 提高灵敏度) |
| | 检出极限/pg | 50 |
| 铋(Bi) | 标准储备溶液 | 水溶液——Bi 溶于最少量的 $HNO_3$ 中 |
| | 分析线波长/nm | 223.1(306.8) |
| | 背景校正线波长/nm | Cd 226.5(Al 307.0) |
| | 灰化温度/℃ | 350 |
| | 原子化温度/℃ | 1900 |
| | 灵敏度/pg | 40 |
| | 检出极限/pg | 20 |
| 铍(Be) | 标准储备溶液 | 水溶液——Be 溶于少量的 $HNO_3$ 中<br>有机溶液——硫酸铍溶于二甲苯 |
| | 分析线波长/nm | 234.9 |
| | 背景校正线波长/nm | Sn 235.4 |
| | 灰化温度/℃ | 1500 |
| | 原子化温度/℃ | 2700 |
| | 灵敏度/pg | 2(用 $CH_4$ 提高灵敏度) |
| | 检出极限/pg | 0.5 |
| 镉(Cd) | 标准储备溶液 | 水溶液——Cd 溶于最少量的 $HNO_3$ 中<br>有机溶液——环己烷丁酸镉溶于二甲苯或甲基异丁基酮 |
| | 分析线波长/nm | 228.8 |
| | 背景校正线波长/nm | 226.5 |
| | 灰化温度/℃ | 350 |
| | 原子化温度/℃ | 1900 |
| | 灵敏度/pg | 1 |
| | 检出极限/pg | 0.1 |
| 钙(Ca) | 标准储备溶液 | 水溶液——$CaCO_3$ 溶于最少量的 $HNO_3$ 中<br>有机溶液——环己烷丁酸钙或 2-乙基己酸钙溶于二甲苯或甲基异丁基酮中 |
| | 分析线波长/nm | 422.7 |
| | 灰化温度/℃ | 1100 |
| | 原子化温度/℃ | 2600 |
| | 灵敏度/pg | 4 |
| | 检出极限/pg | 20 |
| 铬(Cr) | 标准储备溶液 | 水溶液——$K_2CrO_4$ 溶于水中<br>有机溶液——环己烷丁酸铬或三(1-苯基-1,3-丁二酮)铬溶于二甲苯或甲基异丁基酮中 |
| | 分析线波长/nm | 357.9 |
| | 背景校正线波长/nm | Ne 352.0 |
| | 灰化温度/℃ | 1200 |
| | 原子化温度/℃ | 2700 |
| | 灵敏度/pg | 20 |
| | 检出极限/pg | 10 |
| 钴(Co) | 标准储备溶液 | 水溶液——Co 溶于最少量的 $HNO_3$ 中<br>有机溶液——环己烷丁酸钴溶于二甲苯或甲基异丁基酮中 |
| | 分析线波长/nm | 240.7 |
| | 背景校正线波长/nm | 239.3,Sn 242.1 |
| | 灰化温度/℃ | 1100 |
| | 原子化温度/℃ | 2600 |
| | 灵敏度/pg | 40 |
| | 检出极限/pg | 5 |

续表

| 元素 | 分析条件 | |
|---|---|---|
| 铜(Cu) | 标准储备溶液 | 水溶液——Cu溶于最少量的$HNO_3$中<br>有机溶液——双(1-苯基-1,3-丁二酮)铜或环己烷丁酸铜溶于二甲苯或甲基异丁基酮中 |
| | 分析线波长/nm | 324.8 |
| | 背景校正线波长/nm | 323.1 |
| | 灰化温度/℃ | 800 |
| | 原子化温度/℃ | 2600 |
| | 灵敏度/pg | 30 |
| | 检出极限/pg | 2 |
| 铁(Fe) | 标准储备溶液 | 水溶液——Fe溶于最少量的$HNO_3$或$H_2SO_4$中<br>有机溶液——三(1-苯基-1,3-丁二酮)铁或环己烷丁酸铁溶于二甲苯或甲基异丁基酮中 |
| | 分析线波长/nm | 248.3(372.0) |
| | 背景校正线波长/nm | Cu 249.2 |
| | 灰化温度/℃ | 1200 |
| | 原子化温度/℃ | 2500 |
| | 灵敏度/pg | 25(用$CH_4$提高灵敏度) |
| | 检出极限/pg | 5 |
| 铅(Pb) | 标准储备溶液 | 水溶液——Pb溶于最少量的$HNO_3$或者$Pb(NO_3)_2$溶于水中<br>有机溶液——环己烷丁酸铅溶于二甲苯或甲基异丁基酮中 |
| | 分析线波长/nm | 283.3(217.0) |
| | 背景校正线波长/nm | 280.1 Cd,283.7(220.4) |
| | 灰化温度/℃ | 600 |
| | 原子化温度/℃ | 2100 |
| | 灵敏度/pg | 20 |
| | 检出极限/pg | 2 |
| 锂(Li) | 标准储备溶液 | 水溶液——$Li_2CO_3$溶于最少量的$HNO_3$中<br>有机溶液——环己烷丁酸锂溶于二甲苯或甲基异丁基酮中 |
| | 分析线波长/nm | 670.8 |
| | 灰化温度/℃ | 1000 |
| | 原子化温度/℃ | 2500 |
| | 灵敏度/pg | 10 |
| | 检出极限/pg | 5 |
| 镁(Mg) | 标准储备溶液 | 水溶液——$MgCO_3$溶于最少量的$HNO_3$中<br>有机溶液——环己烷丁酸镁溶于二甲苯或甲基异丁基酮中 |
| | 分析线波长/nm | 285.2 |
| | 背景校正线波长/nm | Cd 283.7,Sn 283.9 |
| | 灰化温度/℃ | 1000 |
| | 原子化温度/℃ | 2200 |
| | 灵敏度/pg | 0.2 |
| | 检出极限/pg | 0.02 |
| 锰(Mn) | 标准储备溶液 | 水溶液——Mn溶于尽量少的$HNO_3$中<br>有机溶液——环己烷丁酸锰溶于二甲苯或甲基异丁基酮中 |
| | 分析线波长/nm | 279.5 |
| | 背景校正线波长/nm | Pb 280.1,Cu 282.4 |
| | 灰化温度/℃ | 1100 |
| | 原子化温度/℃ | 2600 |
| | 灵敏度/pg | 2 |
| | 检出极限/pg | 0.2 |

续表

| 元素 | 分析条件 | |
|---|---|---|
| 汞(Hg) | 标准储备溶液 | 水溶液——Hg溶于最少量的 $HNO_3$ 中<br>有机溶液——环己烷丁酸汞溶于二甲苯或甲基异丁基酮中 |
| | 分析线波长/nm | 253.7 |
| | 背景校正线波长/nm | Cu 249.2 |
| | 原子化温度/℃ | 850 |
| | 灵敏度/pg | 200 |
| | 检出极限/pg | 100 |
| 钼(Mo) | 标准储备溶液 | 水溶液——$(NH_4)_6MO_7O_{24}\cdot 4H_2O$ 溶于10%HCl中 |
| | 分析线波长/nm | 313.3 |
| | 背景校正线波长/nm | 311.2 |
| | 灰化温度/℃ | 1900 |
| | 原子化温度/℃ | 2700 |
| | 灵敏度/pg | 20 |
| | 检出极限/pg | 5 |
| 镍(Ni) | 标准储备溶液 | 水溶液——Ni溶于最少量的 $HNO_3$ 中<br>有机溶液——环己烷丁酸镍溶于甲苯或甲基异丁基酮中 |
| | 分析线波长/nm | 232.0 |
| | 背景校正线波长/nm | 231.4 |
| | 灰化温度/℃ | 1000 |
| | 原子化温度/℃ | 2700 |
| | 灵敏度/pg | 100(用 $CH_4$ 提高灵敏度) |
| | 检出极限/pg | 20 |
| 铂(Pt) | 标准储备溶液 | 水溶液——Pt溶于最少量的 $HNO_3$-HCl中 |
| | 分析线波长/nm | 266.0 |
| | 灰化温度/℃ | 1400 |
| | 原子化温度/℃ | 2700 |
| | 灵敏度/pg | 500 |
| | 检出极限/pg | 200 |
| 钾(K) | 标准储备溶液 | 水溶液——$K_2CO_3$ 溶于最少量的 $HNO_3$ 中<br>有机溶液——环己烷丁酸钾溶于二甲苯或甲基异丁基酮中 |
| | 分析线波长/nm | 766.5 |
| | 灰化温度/℃ | 1000 |
| | 原子化温度/℃ | 2200 |
| | 灵敏度/pg | 5 |
| | 检出极限/pg | 1 |
| 钠(Na) | 标准储备溶液 | 水溶液——$Na_2CO_3$ 溶于最少量的 $HNO_3$ 中<br>有机溶液——环己烷丁酸钠溶于二甲苯或甲基异丁基酮中 |
| | 分析线波长/nm | 589.0 |
| | 灰化温度/℃ | 700 |
| | 原子化温度/℃ | 2000 |
| | 灵敏度/pg | 1 |
| | 检出极限/pg | 0.2 |
| 硅(Si) | 标准储备溶液 | 水溶液——$Na_2SiO_3\cdot 9H_2O$ 溶于水中<br>有机溶液——八苯基四硅氧烷溶于二甲苯或甲基异丁基酮中 |
| | 分析线波长/nm | 251.6 |
| | 背景校正线波长/nm | Cu,249.2 |
| | 灰化温度/℃ | 1200 |
| | 原子化温度/℃ | 2700 |
| | 灵敏度/pg | 50 |
| | 检出极限/pg | 20 |

续表

| 元素 | 分析条件 | |
|---|---|---|
| 锡(Sn) | 标准储备溶液 | 水溶液——Sn溶于最少量的 $H_2SO_4$<br>有机溶液——丁二酸二(2-乙基己酯)溶于二甲苯或甲基异丁基酮中 |
| | 分析线波长/nm | 224.6(286.3) |
| | 背景校正线波长/nm | Cd,226.5(283.9) |
| | 灰化温度/℃ | 1000 |
| | 原子化温度/℃ | 2500 |
| | 灵敏度/pg | 100(用甲烷提高灵敏度) |
| | 检出极限/pg | 100 |
| 钛(Ti) | 标准储备溶液 | 水溶液——$TiO_2$ 溶于最少量的 $H_2SO_4$-$(NH_4)_2SO_4$ 中<br>有机溶液——四丁基钛溶于丁醇 |
| | 分析线波长/nm | 364.3,365.4 |
| | 背景校正线波长/nm | Ni,362.5 |
| | 灰化温度/℃ | 1300 |
| | 原子化温度/℃ | 2700 |
| | 灵敏度/pg | 500(用 $CH_4$ 提高灵敏度) |
| | 检出极限/pg | 500 |
| 钒(V) | 标准储备溶液 | 水溶液——V溶于最少量的 $HNO_3$ 中<br>有机溶液——双(1-苯基-1,3丁基二酮)代钒溶二甲苯或甲基异丁基酮中 |
| | 分析线波长/nm | 318.4,318.5 |
| | 背景校正线波长/nm | Cu,323.1 |
| | 灵敏度/pg | 200(用 $CH_4$ 提高灵敏度) |
| | 检出极限/pg | 100 |
| 锌(Zn) | 标准储备溶液 | 水溶液——Zn溶于最少量的 $H_2SO_4$ 中<br>有机溶液——环己烷丁酸锌溶于二甲苯或甲基异丁基酮中 |
| | 分析线波长/nm | 213.9 |
| | 背景校正线波长/nm | 212.5 |
| | 灰化温度/℃ | 500 |
| | 原子化温度/℃ | 2000 |
| | 灵敏度/pg | 1 |
| | 检出极限/pg | 0.05 |

表1-87列出了石墨炉原子吸收法仪器实验条件。

**表1-87 石墨炉原子吸收法仪器实验条件**

| 元素 | 波长/nm | 灯电流/mA | 狭缝宽度/nm | 进样量/μL | 线性区间/($10^{-9}$g/mL) | | 程序与温度 | | | | | | | |
|---|---|---|---|---|---|---|---|---|---|---|---|---|---|---|
| | | | | | | | 干燥 | | 灰化 | | 原子化 | | 清洗 | |
| | | | | | 上限 | 下限 | 温度/℃ | 时间/s | 温度/℃ | 时间/s | 温度/℃ | 时间/s | 温度/℃ | 时间/s |
| Al | 309.3 | 10 | 1.3 | 10 | 1000 | 15 | 60～90 | 60 | 800 | 30 | 2900 | 10 | 3000 | 5 |
| As | 193.7 | 18 | 2.6 | 10 | 800 | 20 | 60～90 | 60 | 800 | 30 | 2700 | 10 | 3000 | 5 |
| Co | 240.7 | 15 | 0.2 | 10 | 1000 | 30 | 60～100 | 60 | 800 | 30 | 3000 | 15 | 3000 | 3 |
| Cr | 359.1 | 10 | 1.3 | 10 | 2000 | 10 | 60～90 | 60 | 700 | 30 | 3000 | 15 | 3000 | 3 |
| Cu | 324.8 | 7.5 | 1.3 | 10 | 500 | 20 | 60～90 | 60 | 600 | 30 | 2900 | 10 | 3000 | 3 |
| Fe | 248.3 | 15 | 0.2 | 10 | 600 | 10 | 60～90 | 60 | 800 | 30 | 2900 | 10 | 3000 | 3 |
| Mn | 279.5 | 7.5 | 0.4 | 10 | 3000 | 2 | 60～90 | 60 | 600 | 30 | 2800 | 10 | 3000 | 3 |
| Ni | 232.0 | 15 | 0.2 | 10 | 2000 | 4 | 60～90 | 60 | 800 | 30 | 3000 | 10 | 3000 | 3 |
| Sb | 217.6 | 12.5 | 0.4 | 10 | 2000 | 25 | 60～90 | 60 | 400 | 30 | 2500 | 7 | 2600 | 3 |
| Se | 196.0 | 15 | 1.3 | 10 | 1000 | 3 | 60～90 | 60 | 400 | 30 | 2500 | 7 | 3000 | 3 |
| Cd | 228.8 | 7.5 | 1.3 | 10 | 20 | 0.3 | 60～90 | 60 | 300 | 30 | 1700 | 10 | 2500 | 3 |
| Pb | 283.3 | 7.5 | 1.3 | 10 | 1000 | 6 | 100～130 | 60 | 400 | 30 | 2000 | 7 | 2400 | 6 |
| Sn | 286.3 | 12.5 | 0.4 | 10 | 5000 | 50 | 60～90 | 60 | 500 | 30 | 3000 | 10 | 3000 | 3 |

表 1-88 为各元素在石墨炉原子化器中的热解和原子化温度。

**表 1-88　各元素在石墨炉原子化器中的热解和原子化温度**

| 元素 | 热解温度/℃ | 原子化温度/℃ | 元素 | 热解温度/℃ | 原子化温度/℃ | 元素 | 热解温度/℃ | 原子化温度/℃ | 元素 | 热解温度/℃ | 原子化温度/℃ |
|---|---|---|---|---|---|---|---|---|---|---|---|
| Ag | 450 | 2500 | Er | 1500 | 2700 | Mn | 1100 | 2600 | Rh | 1200 | 2500 |
| Al | 1400 | 2700 | Eu | 1200 | 2700 | Mo | 1900 | 2700 | Ru | 1700 | 2500 |
| As | 600 | 2400 | Fe | 1200 | 2500 | Na | 700 | 2000 | S | 500 | 1600 |
| Au | 500 | 2400 | Ga | 700 | 2500 | Ni | 1000 | 2700 | Sb | 1000 | 2000 |
| Ba | 1600 | 3000 | Ge | 800 | 2700 | Os | 1700 | 2500 | Se | 700 | 2500 |
| Be | 1500 | 2700 | Hg |  | 850 | P | 500 | 1600 | Si | 1200 | 2700 |
| Bi | 350 | 1900 | I | 500 | 2000 | Pb | 600 | 2700 | Sn | 1000 | 2500 |
| Br | 700 | 2500 | In | 700 | 2000 | Pd | 1400 | 2600 | Sr | 1500 | 2700 |
| Ca | 1100 | 2600 | Ir | 1200 | 2700 | Pt | 1400 | 2700 | Te | 400 | 2000 |
| Cd | 350 | 1900 | K | 1000 | 2200 | Pu | 1200 | 2700 | Tl | 750 | 2200 |
| Co | 1100 | 2600 | Li | 1000 | 2500 | Rb | 1000 | 2400 | Ti | 1300 | 2700 |
| Cr | 1200 | 2700 | Mg | 1000 | 2200 | Re | 1200 | 2700 | Zn | 500 | 2000 |
| Cu | 800 | 2600 |  |  |  |  |  |  |  |  |  |

5. 原子荧光光谱的元素分析波长与检出限

表 1-89 原子荧光光谱分析法的部分元素检出限。

**表 1-89　原子荧光光谱分析法的部分元素检出限**

| 元素 | 波长/nm | 火焰法/$\mu g \cdot mL^{-1}$(线光源) | 无火焰法/ng(线光源) | 元素 | 波长/nm | 火焰法/$\mu g \cdot mL^{-1}$(线光源) | 无火焰法/ng(线光源) | 元素 | 波长/nm | 火焰法/$\mu g \cdot mL^{-1}$(线光源) | 无火焰法/ng(线光源) |
|---|---|---|---|---|---|---|---|---|---|---|---|
| Ag | 328.1 | 0.0001 | 0.0008 | Fe | 248.3 | 0.0006 | 3.0 | Pt | 265.9 | 50 |  |
| Al | 396.2 | 0.07 |  | Ga | 417.2 | 0.01 | 0.05 | Ru | 369.2 | 3.0 |  |
| As | 193.7 | 0.07 |  | Ge | 265.1 | 0.1 |  | Sb | 231.1 | 0.05 | 0.2 |
| Au | 267.6 | 0.005 | 0.5 | Hg | 253.7 | 0.08 | 0.05 | Se | 196.0 | 0.04 |  |
| Ba | 533.4 | 0.2 |  | In | 451.1 | 0.1 |  | Si | 251.6 | 0.6 |  |
| Be | 234.8 | 0.01 |  | Mg | 285.2 | 0.0001 | 0.005 | Sn | 303.4 | 0.01 | 0.1 |
| Bi | 302.5 | 0.01 | 0.01 | Mn | 279.5 | 0.0005 | 0.005 | Sr | 460.7 | 0.0008 |  |
| Ca | 422.7 | 0.003 |  | Mo | 313.3 | 0.06 |  | Ti | 399.8 |  |  |
| Cd | 228.8 | 0.000001 | 0.000001 | Na | 589.6 | 100 |  | Tl | 377.6 | 0.008 | 0.02 |
| Co | 240.7 | 0.005 | 0.02 | Ni | 232.0 | 0.001 | 0.005 | V | 318.4 | 0.07 |  |
| Cr | 357.9 | 0.0003 |  | Pb | 405.8 | 0.01 | 0.0002 | Zn | 213.9 | 0.00002 | 0.00002 |
| Cu | 324.7 | 0.0003 | 0.001 | Pd | 340.4 | 1.0 |  |  |  |  |  |

6. 火焰、石墨炉和等离子体等各种原子光谱分析方法检出限的比较

表 1-90 列出各种原子光谱法检出限的比较。

**表 1-90　火焰、石墨炉和等离子体等各种原子光谱分析方法检出限的比较**

单位：$\mu g \cdot mL^{-1}$

| 元素 | FAE | FAA | NAA | FAF | ICP | 元素 | FAE | FAA | NAA | FAF | ICP |
|---|---|---|---|---|---|---|---|---|---|---|---|
| Ag | 0.002 | 0.001 | 0.00001 | 0.00001 | 0.004 | Ca | 0.0001 | $0.001^{+}$ | 0.00004 | $0.00008^{2+}$ | 0.00002 |
| Al | 0.003 | $0.03^{+}$ | 0.0001 | $0.0006^{2+}$ | 0.0002 | Cd | 0.8 | 0.001 | 0.000008 | 0.000001 | 0.001 |
| As | 10 | 0.03 | 0.0008 | 0.1 | 0.02 | Ce | 10.0 |  |  | $(0.5)^{2+}$ | 0.002 |
| Au | 2.0 | 0.02 | 0.0001 | 0.003 | 0.04 | Co | 0.03 | 0.002 | 0.0002 | 0.005 | 0.002 |
| B | (0.05) | $2.5^{+}$ | 0.02 |  | 0.005 | Cr | 0.002 | 0.002 | 0.0002 | $0.001^{2+}$ | 0.0003 |
| Ba | 0.001 | $0.02^{+}$ | 0.0006 | $0.008^{2+}$ | 0.00001 | Cs | 0.6 | 0.05 | 0.00004 |  |  |
| Be | 1.0 | $0.002^{+}$ | 0.000003 | 0.1 | 0.0004 | Cu | 0.001 | 0.001 | 0.00004 | 0.0005 | 0.0001 |
| Bi | 20.0 | 0.05 | 0.0004 | $0.003^{2+}$ | 0.05 | Dy | 0.05 | $0.2^{+}$ |  | $(0.3)^{2+}$ | 0.004 |

续表

| 元素 | FAE | FAA | NAA | FAF | ICP | 元素 | FAE | FAA | NAA | FAF | ICP |
|---|---|---|---|---|---|---|---|---|---|---|---|
| Er | 0.07 | $0.1^{+}$ | | $0.5^{2+}$ | 0.001 | Pt | 4.0 | 0.005 | 0.001 | | 0.08 |
| Eu | 0.0002 | $0.04^{+}$ | 0.0005 | $0.02^{2+}$ | 0.001 | Rb | 0.008 | 0.005 | 0.0001 | | |
| Fe | 0.005 | 0.004 | 0.001 | 0.008 | 0.0003 | Re | 0.2 | $0.6^{+}$ | | | |
| Ga | 0.01 | 0.05 | 0.0001 | $0.0009^{2+}$ | 0.0006 | Rh | 0.03 | $0.02^{+}$ | 0.0008 | $0.15^{2+}$ | 0.003 |
| Gd | 5.0 | $4.0^{+}$ | | $(0.8)^{2+}$ | 0.007 | Ru | 0.3 | $0.06^{+}$ | | $0.5^{2+}$ | |
| Ge | 0.4 | $0.1^{+}$ | 0.003 | 0.1 | 0.004 | Sb | 0.6 | 0.03 | 0.0005 | 0.05 | 0.2 |
| Hf | (20.0) | | | $100.0^{2+}$ | 0.01 | Sc | 0.8 | $0.1^{+}$ | 0.006 | $0.01^{2+}$ | 0.003 |
| Hg | 10.0 | 0.5 | 0.002 | 0.0002 | 0.001 | Se | 100.0 | 0.1 | 0.0009 | $0.04^{+}$ | 0.03 |
| Ho | 0.1 | $0.1^{+}$ | | $0.15^{2+}$ | 0.01 | Si | 3.0 | $0.1^{+}$ | 0.000005 | 0.6 | 0.01 |
| In | 0.0004 | 0.03 | 0.00004 | $0.0002^{2+}$ | 0.03 | Sm | 0.2 | $0.6^{+}$ | | $(0.15)^{2+}$ | 0.02 |
| Ir | (0.4) | $1.0^{+}$ | | | | Sn | 0.1 | 0.05 | 0.02 | 0.05 | 0.03 |
| K | 0.00005 | 0.003 | 0.004 | | | Sr | 0.0002 | $0.005^{+}$ | 0.0001 | $0.0003^{2+}$ | 0.00002 |
| La | (0.01) | $2.0^{+}$ | | | 0.0004 | Ta | 4.0 | $3.0^{+}$ | | | 0.03 |
| Li | 0.00002 | 0.001 | 0.0003 | $0.0005^{2+}$ | 0.0003 | Tb | (0.03) | $2.0^{+}$ | | $(0.5)^{2+}$ | 0.02 |
| Lu | 1.0 | $2.0^{+}$ | | $3.0^{2+}$ | 0.008 | Te | 2.0 | 0.05 | 0.0001 | 0.005 | 0.08 |
| Mg | 0.005 | 0.0001 | 0.000004 | 0.0001 | 0.00005 | Th | (10.0) | | | | 0.003 |
| Mn | 0.001 | 0.0008 | 0.00002 | $0.0004^{2+}$ | 0.00006 | Ti | 0.03 | $0.09^{+}$ | 0.004 | $0.002^{2+}$ | 0.0002 |
| Mo | 0.2 | $0.03^{+}$ | 0.0003 | $0.012^{2+}$ | 0.0002 | Tl | 0.02 | 0.02 | 0.001 | $0.004^{2+}$ | 0.2 |
| Na | 0.0001 | 0.0008 | | $0.0001^{2+}$ | 0.0002 | Tm | 0.004 | $0.04^{+}$ | | $0.1^{2+}$ | 0.007 |
| Nb | 1.0 | $3.0^{+}$ | | $1.5^{2+}$ | 0.002 | U | (5.0) | $20.0^{+}$ | | | 0.03 |
| Nd | 0.7 | $2.0^{+}$ | | $2.0^{2+}$ | 0.01 | V | 0.007 | $0.02^{+}$ | 0.0003 | $0.03^{2+}$ | 0.0002 |
| Ni | 0.02 | 0.005 | 0.0009 | $0.002^{2+}$ | 0.0004 | W | 0.6 | $3.0^{+}$ | | | 0.001 |
| Os | 2.0 | $0.4^{+}$ | | $150.0^{2+}$ | | Y | 0.1 | $0.3^{+}$ | | | 0.00006 |
| P | 400 | $21^{+}$ | 0.0003 | (80) | 0.04 | Yb | 0.0002 | $0.02^{+}$ | 0.00007 | $0.01^{2+}$ | 0.00004 |
| Pb | 0.1 | 0.01 | 0.0002 | 0.01 | 0.002 | Zn | 10.0 | 0.001 | 0.000003 | 0.00002 | 0.002 |
| Pd | 0.05 | 0.01 | 0.0004 | 0.04 | 0.002 | Zr | 5.0 | $4.0^{+}$ | | | 0.0004 |
| Pr | 0.07 | $4.0^{+}$ | | (1.0) | 0.03 | | | | | | |

注：FAE为火焰原子发射光谱法（火焰法）；FAA为火焰原子吸收光谱法；NAA为高温石墨炉原子吸收光谱分析法；FAF为火焰原子荧光光谱法；ICP为电感耦合等离子体发射光谱分析法。

## 三、分子光谱

1. 可见光颜色、波长和互补色的关系

表1-91是可见光颜色、波长和互补色的关系。

**表1-91 可见光颜色、波长和互补色的关系**

| 波长/nm | 透射颜色 | 互补色 | 波长/nm | 透射颜色 | 互补色 |
|---|---|---|---|---|---|
| 400～435 | 青紫 | 淡黄～绿 | 560～580 | 淡黄～绿 | 青紫 |
| 435～480 | 蓝 | 黄 | 580～595 | 黄 | 蓝 |
| 480～490 | 淡绿～蓝 | 橙 | 595～610 | 橙 | 淡绿～蓝 |
| 490～500 | 淡蓝～绿 | 红 | 610～750 | 红 | 淡蓝～绿 |
| 500～560 | 绿 | 紫 | | | |

2. 部分常见生色团的吸收特性

通常把分子中可以吸收光子（吸收紫外、可见光）而产生电子跃迁的原子基团或结构系统称为生色团。表1-92与表1-93列举了某些常见生色团或基团的吸收特性。

3. 各种常用溶剂的使用最低波长极限

表1-94列出了紫外、可见吸收光谱中常用溶剂及最低波长极限。

**表 1-92　某些常见生色团的吸收特性**

| 生色团 | 实　例 | 溶　剂 | $\lambda_{max}$/nm | $\varepsilon_{max}$ | 跃迁类型 |
|---|---|---|---|---|---|
| 烯 | $C_6H_{13}CH{=}CH_2$ | 正庚烷 | 177 | 13000 | $\pi\to\pi^*$① |
| 炔 | $C_5H_{11}C{\equiv}C{-}CH_3$ | 正庚烷 | 178<br>196<br>225 | 10000<br>2000<br>160 | $\pi\to\pi^*$<br>—<br>— |
| 羧基 | $CH_3\overset{O}{\overset{\|}{C}}OH$ | 乙醇 | 204 | 41 | $n\to\pi^*$ |
| 酰氨基 | $CH_3\overset{O}{\overset{\|}{C}}NH_2$ | 水 | 214 | 60 | $n\to\pi^*$ |
| 羰基 | $CH_3\overset{O}{\overset{\|}{C}}CH_3$ | 正己烷 | 186<br>280 | 1000<br>16 | $n\to\sigma^*$<br>$n\to\pi^*$ |
| | $CH_3\overset{O}{\overset{\|}{C}}CH$ | 正己烷 | 180<br>293 | 大<br>12 | $n\to\sigma^*$<br>$n\to\pi^*$ |
| 偶氮基 | $CH_3N{=}NCH_3$ | 乙醇 | 339 | 5 | $n\to\pi^*$ |
| 硝基 | $CH_3NO_2$ | 异辛烷 | 280 | 22 | $n\to\pi^*$ |
| 亚硝基 | $C_4H_9NO$ | 乙醚 | 300<br>665 | 100<br>20 | $n\to\pi^*$ |
| 硝酸酯 | $C_2H_5ONO_2$ | 二氧杂环己烷 | 270 | 12 | $n\to\pi^*$ |

① $\pi^*$ 和 $\sigma^*$ 表示激发态。

注：$\lambda_{max}$ 为最大吸收波长；$\varepsilon_{max}$ 为摩尔吸光系数。

**表 1-93　某些基团的紫外特征吸收峰**

| 基　团 | 吸收峰波长 $\lambda_m$/nm | 摩尔吸光系数 $\varepsilon$/$mol^{-1}\cdot cm^{-1}$ | 跃迁类型 |
|---|---|---|---|
| $>$C—O— | 185 | 1000 | $n\to\sigma^*$① |
| $>$C—N— | 200 | 3000 | $n\to\sigma^*$ |
| $>$C—S— | 200 | 2000 | $n\to\sigma^*$ |
| $>$C—Br— | 200 | 300 | $n\to\sigma^*$ |
| $>$C—I— | 260 | 500 | $n\to\sigma^*$ |
| $>$C═C$<$ | 190 | 9000 | $n\to\pi^*$<br>(或 $n\to\sigma^*$ ?) |
| $>$C═O | 280 | 20 | $n\to\pi^*$ |
| —COOR | 190<br>160<br>205<br>165 | 2000<br><br>50<br>4000 | $n\to\sigma^*$<br>$\pi\to\pi^*$<br>$n\to\pi^*$<br>$\pi\to\pi^*$ |

| 基　团 | 吸收峰波长 $\lambda_m$/nm | 摩尔吸光系数 $\varepsilon$/$mol^{-1}\cdot cm^{-1}$ | 跃迁类型 |
|---|---|---|---|
| $>$C═N— | 250 | 200 | $n\to\pi^*$ |
| $>$C═N—OH | 193 | 2000 | $n\to\pi^*$ |
| $>$C═S | 500 | 10 | $n\to\pi^*$ |
| $>$C═$N_2$ | 240<br>350 | 9000<br>5 | <br>$n\to\pi^*$ |
| —N═N— | 340<br>240 | 10 | $n\to\pi^*$<br>$n\to\pi^*$ |
| $>$N—Cl | 270 | 300 | $n\to\sigma^*$ |
| $>$N—Br | 300 | 400 | $n\to\sigma^*$ |
| —O—O— | 200 | | $n\to\sigma^*$ |
| —S—S— | 250～330 | 1000 | $n\to\sigma^*$ |

续表

| 基团 | 吸收峰波长 $\lambda_m$ /nm | 摩尔吸光系数 ε /mol$^{-1}$·cm$^{-1}$ | 跃迁类型 | 基团 | 吸收峰波长 $\lambda_m$ /nm | 摩尔吸光系数 ε /mol$^{-1}$·cm$^{-1}$ | 跃迁类型 |
|---|---|---|---|---|---|---|---|
| 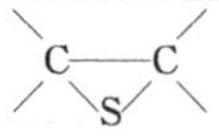 | 265 | 508 | $n \to \sigma^*$ | $—NO_2$ | 330 | 10 | |
| $>S=O$ | 210 | 2000 | | | 280 | 20 | $n \to \pi^*$ |
| —N=O | 675 | 20 | $n \to \pi^*$ | $—ONO_2$ | 260 | 20 | $n \to \pi^*$ |
| | 300 | 100 | $n \to \pi^*$ | —SCN | 245 | 100 | $n \to \pi^*$ |
| —NNO | 350 | 100 | $n \to \pi^*$ | —NCS | 250 | 1000 | |
| | 240 | 8000 | | $>C—N_3$ | 280 | 30 | $n \to \pi^*$ |
| —ONO | 310～390 | 30 | $n \to \pi^*$ | | 220 | 150 | $n \to \pi^*$ |
| | 220 | 1000 | | —C≡C— | 175 | 8000 | $n \to \pi^*$ |

① $\pi^*$ 和 $\sigma^*$ 为激发态。

**表 1-94 各种常用溶剂的使用最低波长极限**

| 溶剂 | 最低波长极限/nm | 溶剂 | 最低波长极限/nm | 溶剂 | 最低波长极限/nm |
|---|---|---|---|---|---|
| 乙酯 | 210 | 乙醚 | 210 | *N*,*N*-二甲基甲酰胺 | 270 |
| 正丁醇 | 210 | 庚烷 | 210 | 甲酸甲酯 | 260 |
| 氯仿 | 245 | 己烷 | 210 | 四氯乙烯 | 290 |
| 环己烷 | 210 | 甲醇 | 215 | 二甲苯 | 295 |
| 十氢化萘 | 200 | 甲基环己烷 | 210 | 丙酮 | 330 |
| 1,1-二氯乙烷 | 235 | 异辛烷 | 210 | 苯甲腈 | 300 |
| 二氯甲烷 | 235 | 异丙醇 | 215 | 溴仿 | 335 |
| 1,4-二氧六环 | 225 | 水 | 210 | 吡啶 | 305 |
| 十二烷 | 200 | 苯 | 280 | 硝基甲烷 | 380 |
| 乙醇 | 210 | 四氯化碳 | 265 | | |

4. 过渡金属水合离子的颜色

表 1-95 列出了过渡金属水合离子的颜色。

**表 1-95 过渡金属水合离子的颜色**

| 水合离子 | 3*d* 电子数 | 颜色(可见吸收峰波长/nm) | 水合离子 | 3*d* 电子数 | 颜色(可见吸收峰波长/nm) |
|---|---|---|---|---|---|
| $Sc^{3+}$、$Ti^{4+}$ | 0 | 无 | $Zn^{2+}$ | 10 | 无 |
| $Ti(H_2O)_6^{3+}$ | 1 | 紫(492.6) | $Cu^+$ | 10 | 无 |
| $VO^{2+}$ | 1 | 蓝(625) | $Cu(H_2O)_6^{2+}$ | 9 | 天蓝(592,794) |
| $V(H_2O)_6^{3+}$ | 2 | 绿(562,389) | $Ni(H_2O)_6^{2+}$ | 8 | 绿(395,650,740) |
| $Cr(H_2O)_6^{3+}$ | 2 | 紫(407,575) | $Co(H_2O)_6^{2+}$ | 7 | 粉红(474,516,541,625) |
| $V(H_2O)_6^{2+}$ | 3 | 蓝紫(557) | $Fe(H_2O)_6^{2+}$ | 6 | 淡绿(451,505) |
| $Cr(H_2O)_6^{2+}$ | 3 | 蓝(709) | $Fe(H_2O)_6^{3+}$ | 5 | 淡紫(406,411,540,794) |
| $Mn(H_2O)_6^{3+}$ | 4 | 紫红(476) | $Mn(H_2O)_6^{2+}$ | 5 | 淡红(402,435,532) |

5. 镧系元素离子的颜色

表 1-96 列出了镧系元素离子的颜色。

6. 部分化合物的荧光效率

表 1-97 列出了一些物质的荧光效率。

**表 1-96　镧系元素离子的颜色**

| 离　　子 | 4f 电子数 | 颜　　色 | 离　　子 | 4f 电子数 | 颜　　色 |
|---|---|---|---|---|---|
| $La^{3+}$ | 0 | 无 | $Lu^{3+}$ | 14 | 无 |
| $Ce^{3+}$ | 1 | 无 | $Yb^{3+}$ | 13 | 无 |
| $Pr^{3+}$ | 2 | 黄绿 | $Tm^{3+}$ | 12 | 淡绿 |
| $Nd^{3+}$ | 3 | 红紫 | $Er^{3+}$ | 11 | 淡红 |
| $Pm^{3+}$ | 4 | 淡红 | $Ho^{3+}$ | 10 | 淡黄 |
| $Sm^{3+}$ | 5 | 淡黄 | $Dy^{3+}$ | 9 | 淡黄绿 |
| $Eu^{3+}$ | 6 | 淡粉红 | $Tb^{3+}$ | 8 | 微淡粉红 |
| $Gd^{3+}$ | 7 | 无 | $Gd^{3+}$ | 7 | 无 |

**表 1-97　某些化合物的荧光效率**

| 化　合　物 | 溶　　剂 | 荧光效率 | 化　合　物 | 溶　　剂 | 荧光效率 |
|---|---|---|---|---|---|
| 荧光素 | 水，pH 为 7 | 0.65 | 乙酸铀酰 | 水 | 0.04 |
| | 0.1mol/L NaOH | 0.92 | 芴 | 乙醇 | 0.54 |
| 曙红(四溴荧光素) | 0.1mol/L NaOH | 0.19 | 菲 | 乙醇 | 0.10 |
| 罗单明 B | 乙醇 | 0.97 | 萘 | 乙醇 | 0.12 |
| 1-氨基-萘-3,6,8-磺酸盐 | 水 | 0.15 | 水杨酸钠 | 水 | 0.28 |
| 9-氨基吖啶(9-氨基氮蒽) | 水 | 0.98 | 邻甲苯磺酸钠 | 水 | 0.05 |
| 蒽 | 己烷 | 0.31 | 酚 | 水 | 0.22 |
| | 乙醇 | 0.30 | 吲哚(氮杂茚) | 水 | 0.45 |
| 核黄素(维生素 $B_2$) | 水，pH 为 7 | 0.26 | 叶绿素 | 苯 | 0.32 |

7. 主要基团的红外光谱特征吸收峰

用红外光谱来确定化合物是否存在某官能团时，首先应该注意在官能团区它的特征峰是否存在。同时也应找到它们相关峰作为旁证。

表 1-98 为分子基团的振动的类型和形式及其表示符号，表 1-99 则为主要基团的红外特征吸收峰。

**表 1-98　分子基团的振动类型和形式及其表示符号**

| 振动类型 | 振动形式 | 表示符号 | 振动类型 | 振动形式 | 表示符号 |
|---|---|---|---|---|---|
| 伸缩振动 | | $\nu$ | 变形振动 | 变曲振动 | $\delta$ |
| | 对称伸缩振动 | $\nu_s$ | | 面内变曲振动 | $\beta$ |
| | 反对称伸缩振动 | $\nu_{as}$ | | 面外变曲振动 | $\gamma$ |
| 变形振动 | | $\delta$ | | 卷曲振动 | $\tau$ |
| | 对称变形振动 | $\delta_s$ | | 平面摇摆振动 | $\rho$ |
| | 反对称变形振动 | $\delta_{as}$ | | 非平面摇摆振动 | $\omega$ |

**表 1-99　主要基团的红外特征吸收峰**

| 化合物类型 | 基　　团 | 振动类型 | 波数 /$cm^{-1}$ | 波长 /μm | 强度 | 注 |
|---|---|---|---|---|---|---|
| 链状烷烃 | $\nu_{C-H}$ | $\nu_{C-H}$ | 3000～2800 | 3.33～3.57 | m→s | 分 $\nu_{as}$ 与 $\nu_s$ 特征 |
| | | $\nu_{C-H}$(面内) | 1490～1350 | 6.70～7.41 | m，w | |
| | | $\nu_{C-C}$(骨架) | 1250～1140 | 8.00～8.77 | m | |
| | —$CH_3$ | $\nu_{as}$　CH | 2960±10 | 3.38±0.01 | s | 特征：裂分为三个峰 |
| | | $\nu_s$　CH | 2870±10 | 3.48±0.01 | m→s | 共振时，裂分为二个峰 |
| | | $\delta_{as}$　CH(面内) | 1450±20 | 6.90±0.1 | m | |
| | | $\delta_s$　CH(面内) | 1375±5 | 7.27±0.03 | s | |

续表

| 化合物类型 | 基　团 | 振动类型 | 波数/$cm^{-1}$ | 波长/$\mu m$ | 强度 | 注 |
|---|---|---|---|---|---|---|
| 链状烷烃 | —$CH_2$— | $\nu_{as}$ CH<br>$\nu_s$ CH<br>$\delta_{CH}$(面内) | 2925±10<br>2850±10<br>1465±10 | 3.42±0.01<br>3.51±0.01<br>6.83±0.1 | s<br>s<br>m | |
| | —CH—<br>\| | $\nu_{CH}$<br>$\delta_{CH}$(面内) | 2890±10<br>约 1340 | 3.46±0.01<br>约 7.46 | w<br>w | |
| | —$CMe_2$<br>\| | $\nu_{C-C}$ | 1170±5<br>1170～1140<br>约 800 | 8.55±0.04<br>8.55～8.77<br>约 12.5 | s<br>s<br>m | 双峰强度相仿 |
| | —$CMe_3$ | $\delta_{CH}$(面内)<br>$\delta_{CH}$<br>$\nu_{C-C}$<br>$\nu_{C-C}$ | 1395～1385<br>1370～1365<br>1250±5<br>1250～1210 | 7.17～7.22<br>7.30～7.33<br>8.00±0.03<br>8.00～8.27 | m<br>s<br>m<br>m | 骨架振动 |
| | —$(CH_2)_n$—<br>当 $n \geqslant 4$ 时 | $\delta_{CH}$(平面摇摆) | 750～720 | 13.33～13.88 | m,s | |
| 烯烃 | | $\nu_{CH}$<br>$\nu_{C=C}$<br><br>$\delta_{CH}$(面内)<br>$\delta_{CH}$(面外) | 3095～3000<br>1695～1540<br><br>1430～1290<br>1010～667 | 3.23～3.33<br>5.90～6.50<br><br>7.00～7.75<br>9.90～15.0 | m,w<br>可变<br><br>m<br>s | $\nu_{C-H}$<br>若 C=C=C 则为 2000～1925$cm^{-1}$<br>中间有数段间隔 |
| | 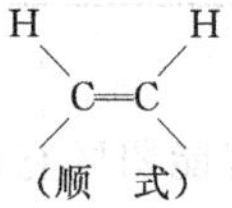<br>(顺　式) | $\nu_{CH}$<br>$\delta_{C-H}$(面内)<br>$\delta_{CH}$(面外) | 3040～3010<br>1310～1295<br>690±15 | 3.29～3.32<br>7.63～7.72<br>14.50±0.3 | m<br>m<br>s | 环状化合物 850～650$cm^{-1}$ |
| | 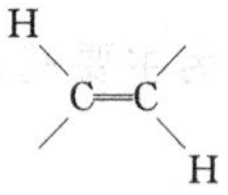<br>(反　式) | $\nu_{CH}$<br>$\delta_{CH}$(面外) | 3040～3010<br>970～960 | 3.29～3.32<br>10.31～10.42 | m<br>s | |
| | 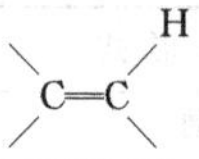<br>(三取代) | $\delta_{CH}$<br>$\delta_{CH}$(面外) | 1390～1375<br>840～790 | 7.20～7.27<br>11.89～12.66 | w<br>s | |
| 炔烃 | | $\nu_{CH}$<br>$\nu_{C\equiv C}$<br>$\delta_{CH}$(面内)<br>$\delta_{CH}$(面外) | 约 3300<br>2270～2100<br>约 1250<br>645～615 | 约 3.03<br>4.41～4.76<br>约 8.00<br>15.50～16.25 | m<br>m<br><br>s | 非特征 |
| | —C≡C—H | $\nu_{CH}$<br>$\delta_{CH}$(组峰)<br>$\nu_{C\equiv C}$ | 3310～3300<br>1300～1200<br>2140～2100 | 3.02～3.03<br>7.69～8.33<br>4.67～4.76 | m→s<br>m,s<br>w,vw | 特征 |
| | R—C≡C—R | $\nu_{C\equiv C}$<br>与 C=C 共轭<br>与 C=O 共轭 | 2260～2190<br>2270～2220<br>约 2250 | 4.42～4.57<br>4.41～4.51<br>约 4.44 | w<br>m<br>s | |
| 芳烃 |  | $\nu_{CH}$<br><br>$\delta_{CH}$(面外)的泛频峰 | 3040～3030<br><br>2000～1660 | 3.29～3.30<br><br>5.00～5.98 | m<br><br>w | 特征，高分辨呈多重峰(一般为 3～4 个峰)<br>特征，加大样品量，可判断取代图式 |

续表

| 化合物类型 | 基 团 | 振动类型 | 波数 /$cm^{-1}$ | 波长 /μm | 强度 | 注 |
|---|---|---|---|---|---|---|
| 芳烃 |  | $\nu_{C=C}$<br>(骨架振动) | 1600～1430 | 6.25～6.99 | 可变 | 高度特征，确定芳核存在的重要标志之一，由于取代基团影响，个别可达到 1615～1650$cm^{-1}$ |
| | | $\delta_{CH}$(面内) | 1225～950 | 8.16～10.53 | w | 因峰强度太弱，仅作为在区别三取代时提供$\delta_{CH}$(面外)的参考峰 |
| | | $\delta_{CH}$(面外) | 900～690 | 11.11～14.49 | s | 特征，确定取代位置最重要的峰 |
| | | $\nu_{C=C}$<br>(骨架振动) | 1600±5<br>1580±5<br>1500±25<br>1450±10 | 6.25±0.02<br>6.33±0.02<br>6.67±0.10<br>6.90±0.05 | 可变<br>可变<br>可变<br>可变 | 一般情况下，1600±5 峰稍弱，而 1500 ± 25 峰稍强，二者皆属于强峰，共轭环 |
| | 取代类型<br>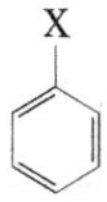 | $\delta_{CH}$(面外) | 770～730<br>710～690 | 12.99～13.70<br>14.08～14.49 | v,s<br>s | 五个相邻 H |
| | 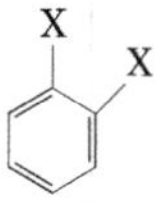 | $\delta_{CH}$(面外) | 770～735 | 12.99～13.61 | v,s | 四个相邻 H |
| | 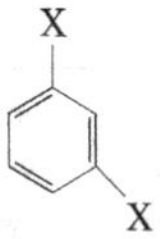 | $\delta_{CH}$(面外) | 810～750<br>725～680<br>900～860 | 12.35～13.33<br>13.79～14.71<br>11.12～11.63 | v,s<br>m→s<br>m | 三个相邻 H<br>三个相邻 H<br>一个孤立 H (作参考) |
| |  | $\delta_{CH}$(面外) | 860～800 | 11.63～12.50 | v,s | 两个相邻 H |
| 酮 | $-CH_2-\overset{O}{\overset{\|}{C}}-CH_2-$<br>(饱和链状酮) | $\nu_{C=O}$ | 1715±10 | 5.83±0.03 | v,s | 在 $CHCl_3$ 中低 10～20$cm^{-1}$ |
| | $-CH=CH-\overset{O}{\overset{\|}{C}}-R$<br>(α,β不饱和酮) | $\nu_{C=O}$ | 1675±10 | 5.97±0.04 | v,s | 因为 C=O 与 C=C 共轭所以降低 40$cm^{-1}$ |
| | $X-CH_2-\overset{O}{\overset{\|}{C}}-R$<br>(α-卤代酮) | $\nu_{C=O}$ | 1735±10 | 5.77±0.03 | v,s | |
| | $-\overset{O}{\overset{\|}{C}}-\overset{O}{\overset{\|}{C}}-$<br>(α-二酮) | $\nu_{C=O}$ | 1720±10 | 5.81±0.03 | v,s | |

续表

| 化合物类型 | 基团 | 振动类型 | 波数/$cm^{-1}$ | 波长/$\mu m$ | 强度 | 注 |
|---|---|---|---|---|---|---|
| 酮 | 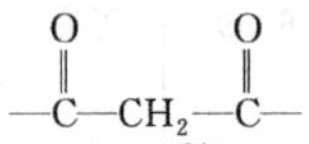<br>(β 二酮) | $\nu_{C=O}$ | 1700±10 | 5.88±0.03 | v,s | |
| | 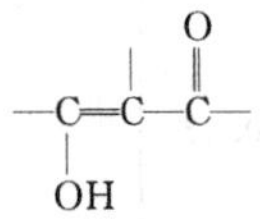<br>(β-二酮烯醇式) | $\nu_{C=O}$ | 1640～1540 | 6.10～6.49 | v,s | 吸收峰宽而强(因共轭螯合作用非正常 C=O 峰) |
| 醛 | 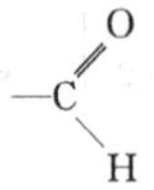 | $\nu_{CH}$<br>$\nu_{C=O}$<br>$\nu_{C-C}$<br>$\delta_{CH}$(面外) | 2900～2700<br>1730±10<br>1440～1325<br>975～780 | 3.46～3.70<br>5.78～0.03<br>6.95～7.55<br>10.26～12.80 | w<br>v,s<br>m<br>m | 一般为两个峰带约 2855$cm^{-1}$及约 2740$cm^{-1}$ |
| 脂肪醛 | 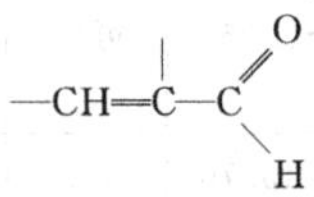<br>(α,β 不饱和醛) | $\nu_{C=O}$<br>(骨架振动)<br>$\nu_{CH}$<br>$\delta_{CH}$ | 1690±10<br>2900～2700<br>975～780 | 5.92±0.03<br>3.46～3.70<br>10.26～12.80 | v,s<br>w<br>m | 一般为两个峰带约 2855$cm^{-1}$及约 2740$cm^{-1}$ |
| 醌 | 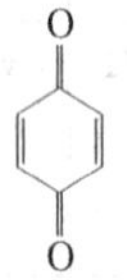<br>(或 1,2) | $\nu_{C=O}$ | 1675±15 | 5.97±0.05 | v,s | 与苯环上取代基有关 |
| 酸 | 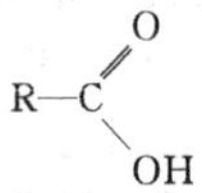<br>(饱和脂肪酸) | $\nu_{OH}$<br>$\nu_{C=O}$<br>$\delta_{O-H}$(面内)<br>$\nu_{C-O}$<br>$\delta_{O-H}$(面外) | 3000～2500<br>1710±10<br>1450～1410<br>1266～1205<br>960～900 | 3.33～4.00<br>5.84±0.03<br>6.90～7.10<br>7.90～8.30<br>6.10～6.49<br>10.41～11.10 | m<br>v,s<br>w<br>m<br>w | 二聚体,宽峰<br>二聚体<br>二聚体(或 1440～1395$cm^{-1}$)<br>二聚体 |
| | 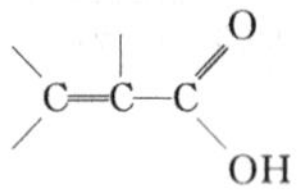<br>(α,β 不饱和酸) | $\nu_{C=O}$ | 1710±10 | 5.84±0.03 | v,s | |
| | 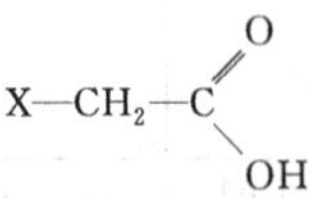<br>(α-卤代脂肪酸) | $\nu_{C=O}$ | 1730±10 | 5.78±0.03 | v,s | 若 X=F 时,在 1760$cm^{-1}$ |
| 羧酸盐 | 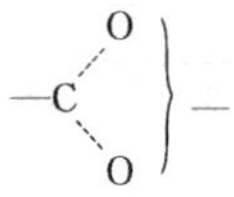 | $\nu_{as}COO^-$<br>$\nu_{s}COO^-$ | 1610～1550<br>1400 | 6.21～6.45<br>7.15 | v,s<br>v,s | 特征 |

续表

| 化合物类型 | 基 团 | 振动类型 | 波数 /$cm^{-1}$ | 波长 /$\mu m$ | 强度 | 注 |
|---|---|---|---|---|---|---|
| 酯 | | $\nu_{C=O}$（泛频）<br>$\nu_{C=O}$<br>$\nu_{C-O-C}$ | 约 3450<br>1820～1650<br>1300～1150 | 约 2.90<br>5.50～6.06<br>7.69～8.70 | w<br>v,s<br>s | |
| | 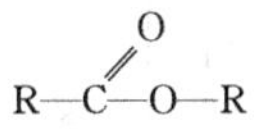<br>（饱和酯） | $\nu_{C=O}$ | 1740±5 | 5.75±0.01 | s | |
| | 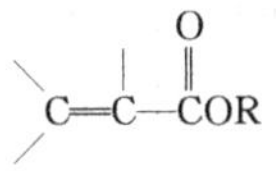<br>（α,β 不饱和酯） | $\nu_{C=O}$ | 1730～1717 | 5.78～5.82 | v,s | |
| | 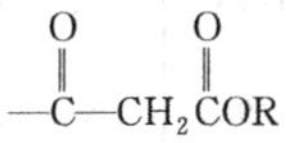<br>（β-酮酯类） | $\nu_{C=O}$ | 1740～1730 | 5.75～5.78 | v,s | |
| | 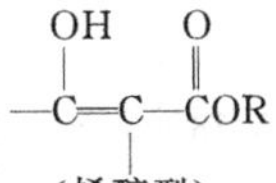<br>（烯醇型） | $\nu_{C=O}$ | 约 1650 | 约 6.07 | v,s | $\nu_{C=C}$ 在 1630$cm^{-1}$，强峰 |
| | 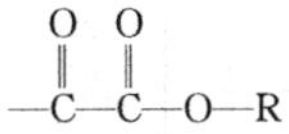<br>（α-酮酯） | $\nu_{C=O}$ | 1755～1740 | 5.70～5.75 | v,s | |
| | 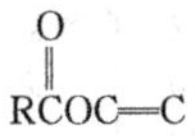<br>（烯醇酯） | $\nu_{C=O}$ | 1780±20 | 5.62±0.03 | v,s | |
| | 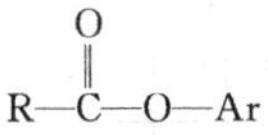<br>（苯基酯） | $\nu_{C=O}$<br>$\nu_{C-O-C}$ | 1690～1650<br>1200±10 | 5.92～6.06<br>8.33±0.02 | s<br>s | 有时高达 1715$cm^{-1}$ |
| 酸酐 | 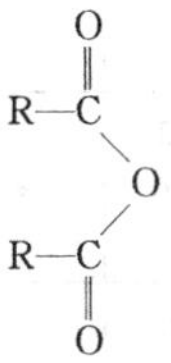 | $\nu_{C=O}$<br><br>$\nu_{C-O}$ | 1820±20<br>1755±10<br>1170～1050 | 5.49±0.03<br>5.70±0.02<br>8.55～9.52 | v,s<br>v,s<br>s | 两羰基峰通常相隔 60$cm^{-1}$<br>共轭使峰位降 20$cm^{-1}$ |
| | 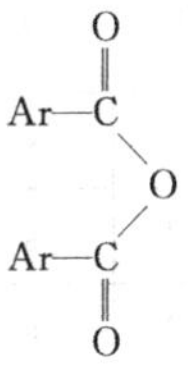 | $\nu_{C=O}$ | 1785±5<br>1725±5 | 5.60±0.01<br>5.80±0.01 | s<br>v,s | 两羰基峰通常相隔 60$cm^{-1}$ |
| 酰胺类<br>伯酰胺 | 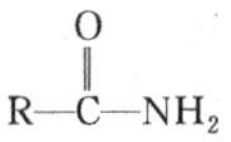 | $\nu_{NH}$<br>$\nu_{NH}$<br>$\nu_{C=O}$<br><br>$\delta_{NH}$（面内） | 约 3500<br>约 3400<br>约 1690<br>约 1650<br>1650～1620<br>1620～1590 | 约 2.86<br>约 2.94<br>约 5.92<br>约 6.06<br>6.06～6.17<br>6.17～6.29 | m<br>m<br>s<br>s<br><br>s | 呈双峰<br><br><br><br>液态有此峰<br>固态有此峰 |

续表

| 化合物类型 | 基团 | 振动类型 | 波数/$cm^{-1}$ | 波长/μm | 强度 | 注 |
|---|---|---|---|---|---|---|
| 仲酰胺 | —C(=O)—NH— | $\nu_{NH}$(游离) | 3460～3400 | 2.89～2.94 | m | 顺、反式：3440～3420 |
| | | $\nu_{NH}$(H键) | 3320～3140 | 3.01～3.19 | m | 顺式：3180～3140 |
| | | $\nu_{C=O}$(固态) | 1680～1630 | 5.95～6.14 | s | |
| | | $\nu_{C=O}$(稀溶液) | 1700～1670 | 5.88～5.99 | s | |
| 叔酰胺 | —C(=O)—N< | $\nu_{C=O}$ | 1670～1630 | 5.99～6.14 | s | |
| 醇 | | $\nu_{OH}$ | 3700～3200 | 2.70～3.13 | 变 | 溶剂中含水时，因水分子 $\nu_{OH}$ 3760～3450$cm^{-1}$ $\delta_{OH}$ 1640～1595$cm^{-1}$，样品压片形成的H键　水一般在 $\nu_{OH}$ 3450$cm^{-1}$，液态有此峰 |
| | | $\delta_{OH}$(面内) | 1410～1260 | 7.09～7.93 | w | |
| | | $\nu_{C-O}$ | 1250～1000 | 8.00～10.00 | s | |
| | | $\delta_{CH}$(面外) | 1720±5650 | 13.33～15.38 | s | |
| | 羟基伸缩频率 游离OH | $\nu_{OH}$ | 3650～3590 | 2.74～2.79 | 变 | 尖峰 |
| | 分子间H键 | $\nu_{OH}$(单桥) | 3550～3450 | 2.82～2.90 | 变 | 尖峰 } 稀释移动 |
| | 分子间H键 | $\nu_{OH}$(多聚体) | 3400～6200 | 2.94～3.12 | s | 宽峰 } 稀释移动 |
| | 分子内H键 | $\nu_{OH}$(单桥) | 3570～3450 | 2.80～2.90 | 变 | 尖峰 } 稀释无影响 |
| | 分子内H键 | $\nu_{OH}$(螯形物) | 3200～2500 | 3.12～4.00 | w | 宽峰 } 稀释无影响 |
| | —$CH_2OH$(伯醇) | $\delta_{OH}$(面内) | 1350～1260 | 7.41～7.93 | s | |
| | | $\nu_{C-O}$ | 约1050 | 约9.52 | s | |
| | >CH—OH(仲醇) | $\delta_{OH}$(面内) | 1350～1260 | 7.41～7.93 | s | |
| | | $\nu_{C-O}$ | 约1110 | 约9.01 | s | |
| | —>C—OH(叔醇) | $\delta_{OH}$(面内) | 1410～1310 | 7.09～7.63 | s | |
| | | $\nu_{C-O}$ | 约1150 | 约8.70 | s | |
| 酚 | | $\nu_{OH}$ | 3705～3125 | 2.70～3.20 | s | |
| | | $\delta_{OH}$(面内) | 1390～1315 | 7.20～7.60 | m | |
| | | $\nu_{Ar-O}$ | 1335～1165 | 7.50～8.60 | s | |
| 醚 | | $\nu_{C-O}$ | 1210～1015 | 8.25～9.85 | s | |
| | $RCH_2$—O—$CH_2R$ | $\nu_{C-O}$ | 约1110 | 约9.01 | s | |
| | $(H_2C=CH—O)_2$(不饱和) | $\nu_{C=C}$ | 1640～1560 | 6.10～6.40 | s | |
| 胺类 | | $\nu_{NH}$ | 3500～3300 | 2.86～3.03 | m | 伯胺强、中；仲胺极弱 |
| | | $\delta_{NH}$(面内) | 1650～1550 | 6.06～6.45 | | |
| | | $\nu_{C-N}$(芳香) | 1360～1250 | 7.35～8.00 | s | |
| | | $\nu_{C-N}$(脂肪) | 1235～1065 | 8.10～9.40 | m,w | |
| | | $\delta_{NH}$(面外) | 900～650 | 11.1～15.4 | | |

续表

| 化合物类型 | 基　团 | 振动类型 | 波数/$cm^{-1}$ | 波长/μm | 强度 | 注 |
|---|---|---|---|---|---|---|
| 伯胺 | R—$NH_2$<br>(Ar) | $\nu_{NH}$<br>$\delta_{NH}$(面内)<br>$\nu_{C-N}$(芳香)<br>$\nu_{C-N}$(脂肪) | 3500～3300<br>1650～1590<br>1340～1250<br>1220～1020 | 2.86～3.03<br>6.06～6.29<br>7.46～8.00<br>8.20～9.80 | m<br>s,m<br>s<br>m,w | 两个峰 |
| 仲胺 | >C—NH—C< | $\nu_{NH}$<br>$\delta_{NH}$(面内)<br>$\nu_{C-N}$(芳香)<br>$\nu_{C-N}$(脂肪) | 3500～3300<br>1650～1550<br>1350～1280<br>1220～1020 | 2.86～3.03<br>6.06～6.45<br>7.41～7.81<br>8.20～9.80 | m<br>v,m<br>s<br>m,w | 一个峰 |
| 叔胺 | C—N(C)—C | $\nu_{C-N}$(芳香)<br>$\nu_{C-N}$(脂肪) | 1360～1310<br>1220～1020 | 7.35～7.63<br>8.20～9.80 | s<br>m,w | |
| 不饱和含N化合物 | RCN<br>α,β芳香氰<br>α,β不饱和脂肪族氰 | $\nu_{C\equiv N}$<br>$\nu_{C\equiv N}$<br>$\nu_{C\equiv N}$ | 2260～2240<br>2240～2220<br>2235～2215 | 4.43～4.46<br>4.46～4.51<br>4.47～4.52 | s<br>s<br>s | 饱和、脂肪族 |
| 硝基与亚硝基化合物 | R—$NO_2$ | $\nu_{as}$ N(O)O<br>$\nu_s$ N(O)O<br>$\nu_{C-N}$ | 1565～1543<br>1385～1360<br>920～800 | 6.39～6.47<br>7.33～7.49<br>10.87～12.50 | s<br>s<br>m | <br><br>用途不大 |
| | Ar—$NO_2$ | $\nu_{as}$ N(O)O<br>$\nu_s$ N(O)O<br>$\nu_{C-N}$ | 1550～1510<br>1365～1335<br>860～840 | 6.45～6.62<br>7.33～7.49<br>11.63～11.90 | s<br>s<br>s | |

注：1. “┈┈┈┈”线以上为主要相关峰出现区域。

2. 振动形式符号表示参见表 1-98。

3. 强度 s 强，m 中，w 弱。

8. 部分化合物的红外光谱图

部分化合物的红外光谱图如图 1-5～图 1-27 所示。

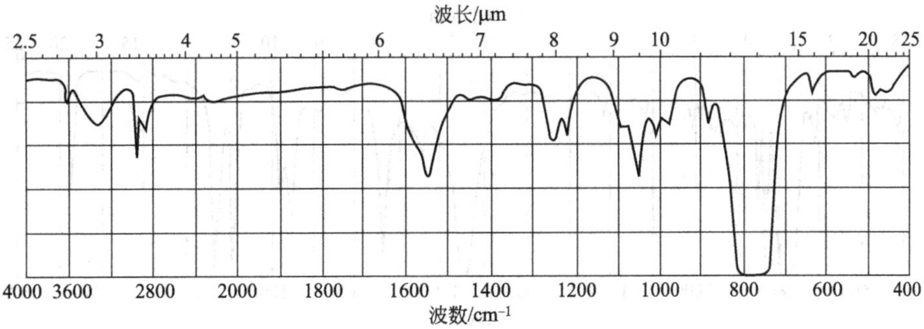


图 1-5　四氯化碳红外光谱图

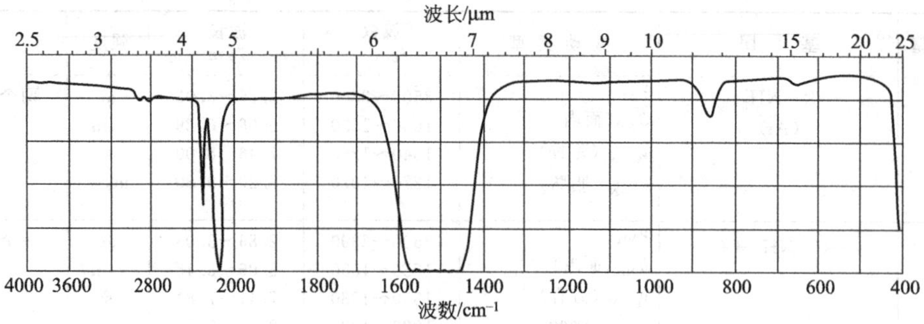


图 1-6 二硫化碳红外光谱图

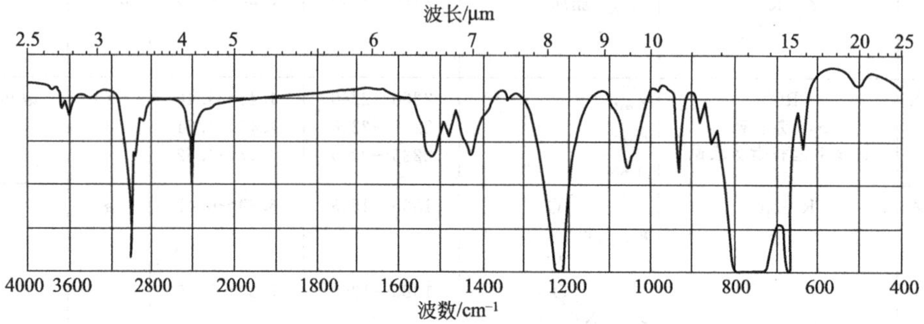


图 1-7 $CHCl_3$ 红外光谱图

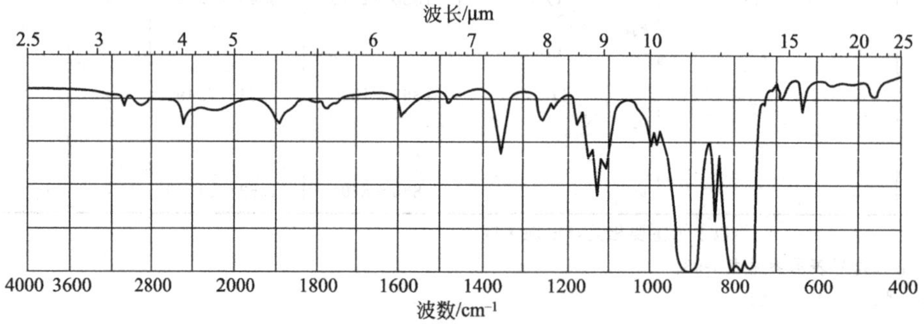


图 1-8 $CCl_2=CCl_2$ 红外光谱图

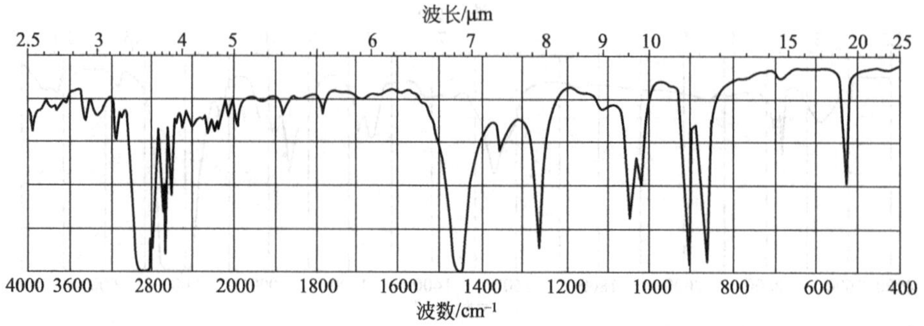


图 1-9 环己烷红外光谱图

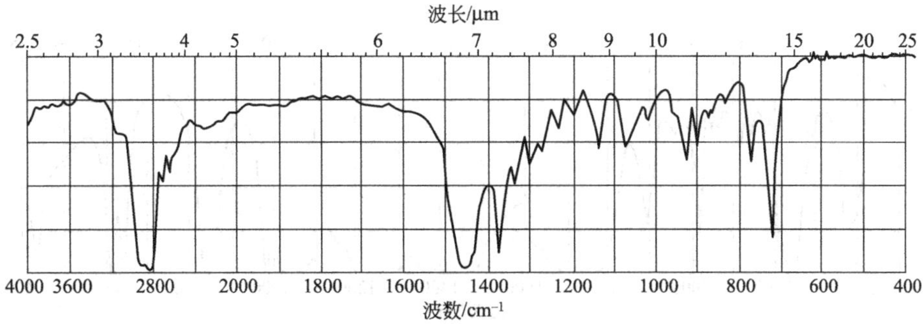


图 1-10　正庚烷红外光谱图

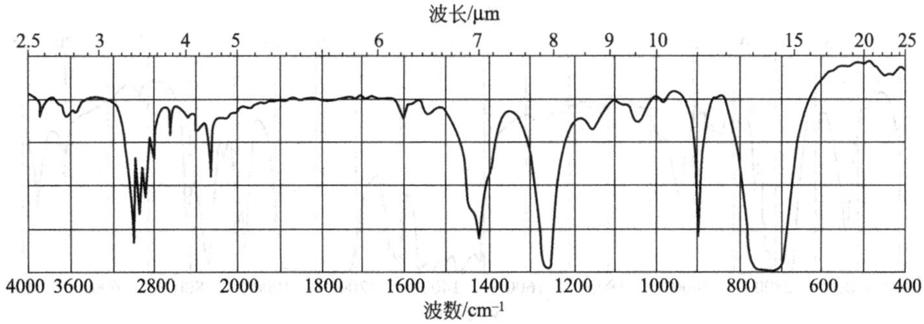


图 1-11　$CH_2Cl_2$ 红外光谱图

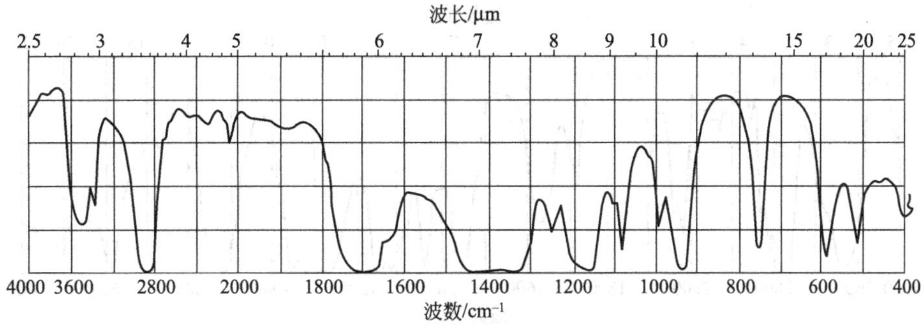


图 1-12　甲乙酮红外光谱图

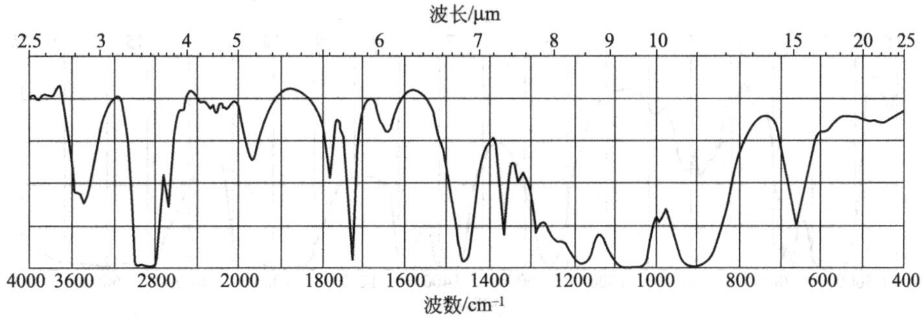


图 1-13　四氢呋喃红外光谱图

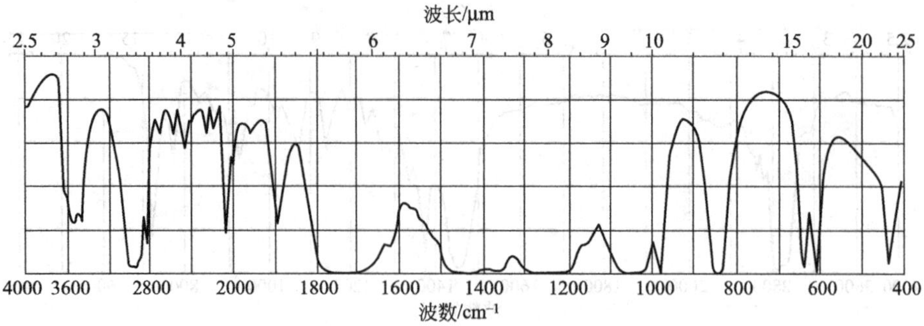


图 1-14　乙酸甲酯红外光谱图

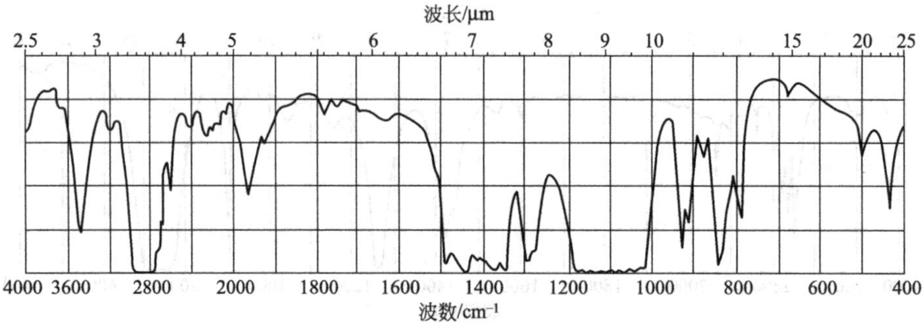


图 1-15　乙醚红外光谱图

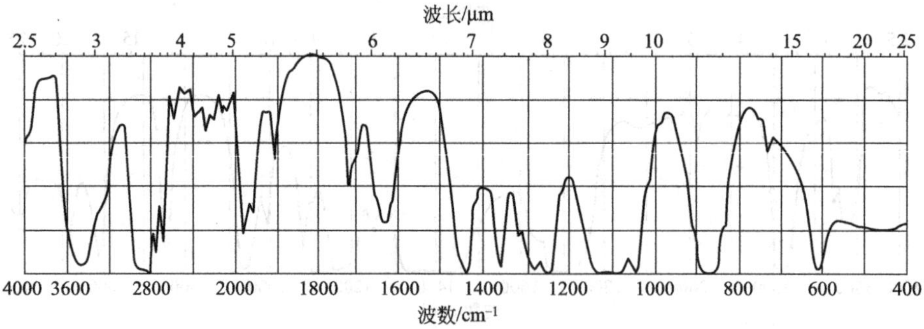


图 1-16　二氧六环红外光谱图

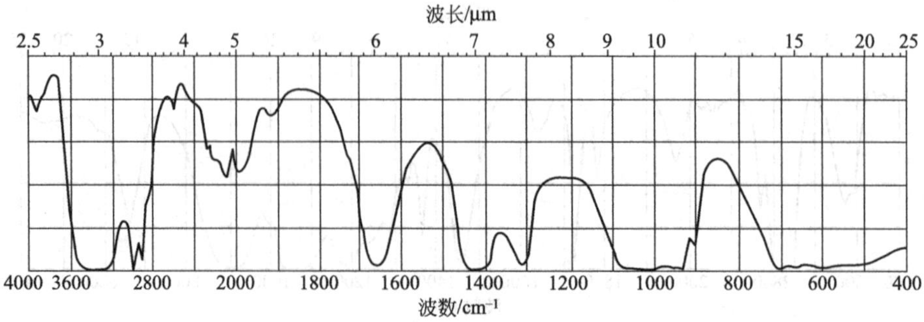


图 1-17　二甲基亚砜红外光谱图

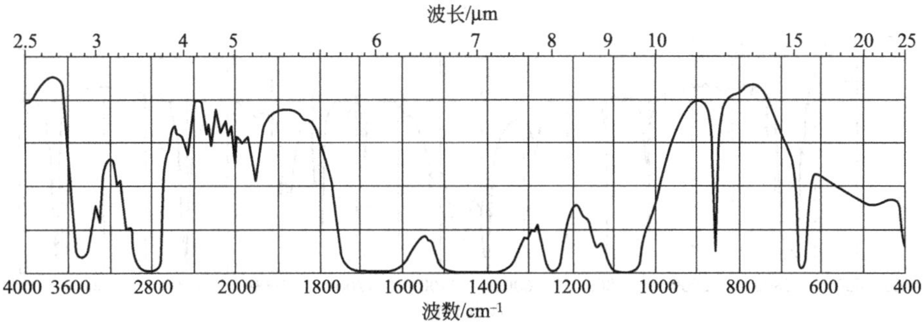


图 1-18　*N*,*N*-二甲基甲酰胺红外光谱图

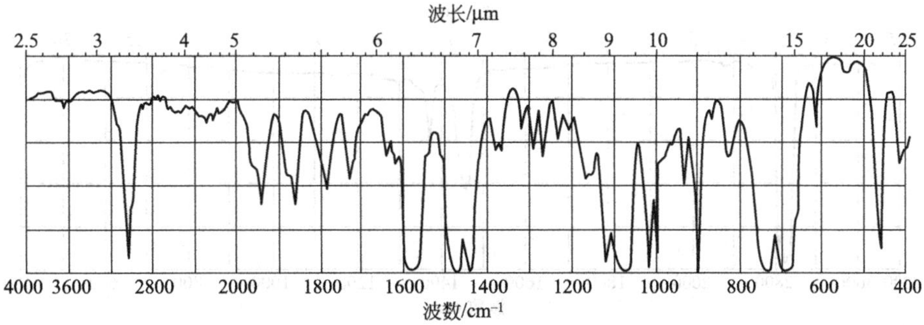


图 1-19　氯苯红外光谱图

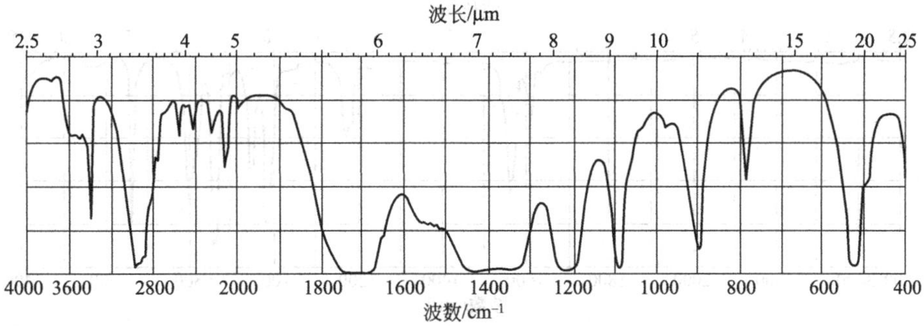


图 1-20　丙酮红外光谱图

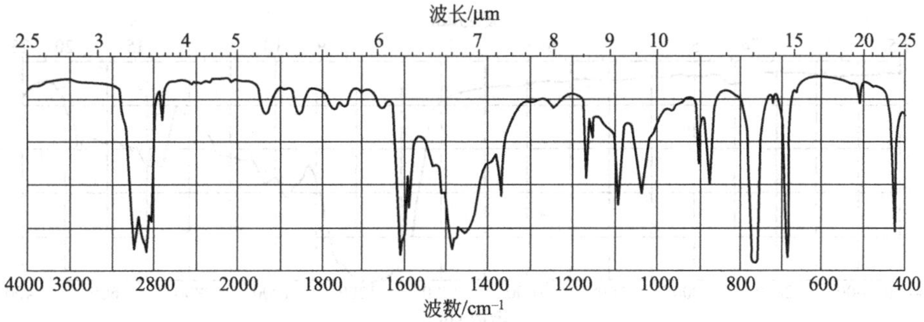


图 1-21　间二甲苯红外光谱图

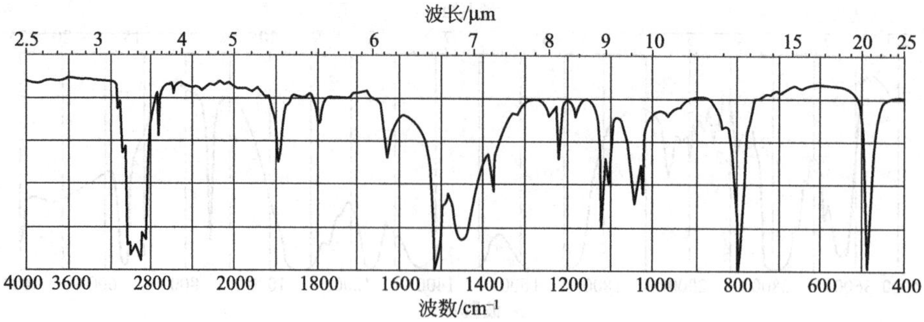


图 1-22 对二甲苯红外光谱图

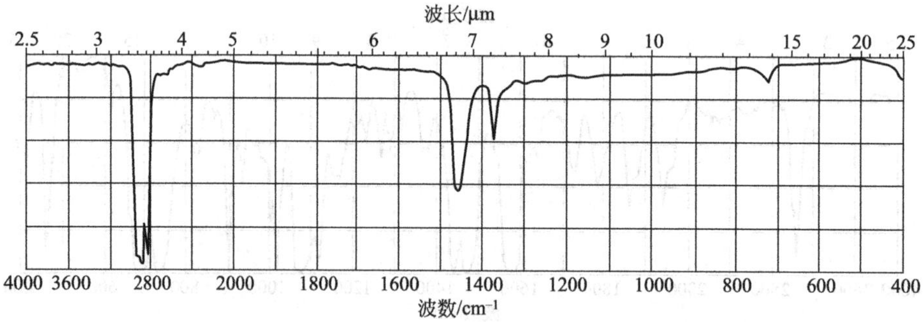


图 1-23 白油红外光谱图

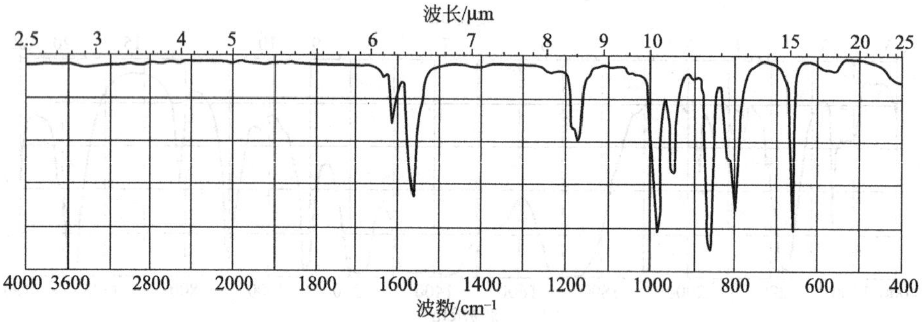


图 1-24 六氯丁二烯红外光谱图

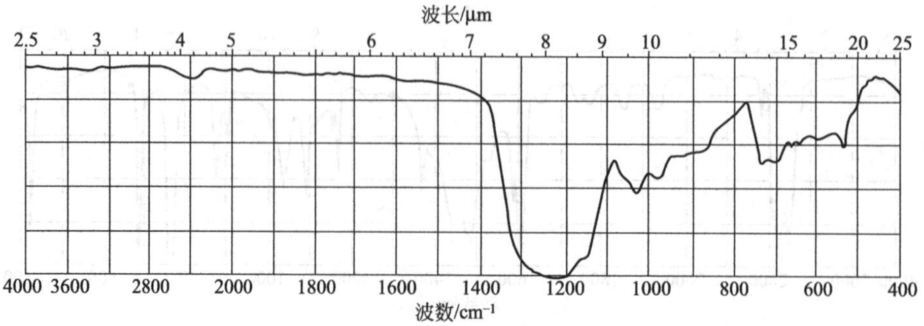


图 1-25 氟化煤油红外光谱图

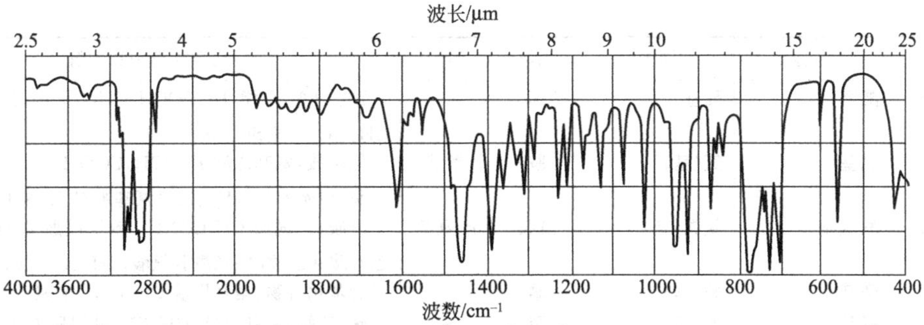


图 1-26　茚的红外光谱图

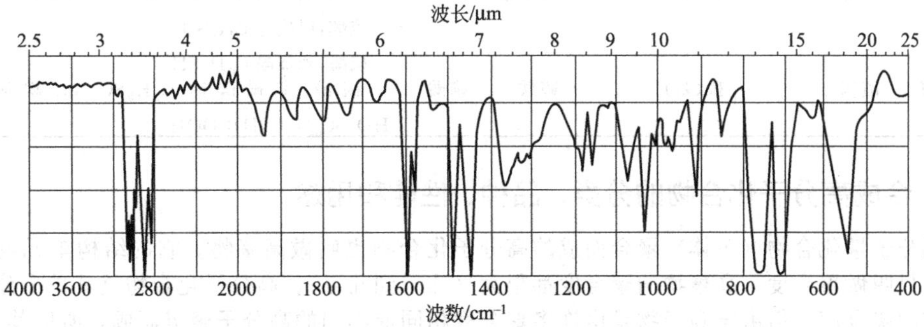


图 1-27　聚苯乙烯红外光谱图

# 第七节　其　他

## 一、有机官能团的名称和符号

有机官能团的名称和符号见表 1-100。

**表 1-100　有机官能团的名称和符号**

| 符号 | 名称 | 词头 | 词尾 | 词中 | 化合物类别和例解 |
|---|---|---|---|---|---|
| —X | 卤 | 卤 | 卤 | — | 卤代烃：氯苯 $C_6H_5Cl$、二氯甲烷 $CH_2Cl_2$、三碘甲烷 $CHI_3$ |
| —O— | 氧基，环氧基 | 氧基，环氧 | 醚 | 氧(基) | 醚：二苯醚 $C_6H_5OC_6H_5$<br>环氧化合物：环氧乙烷 $\underbrace{CH_2—CH_2}_{O}$ |
| —OH | 羟基 | 羟(基) | 醇，酚 | 醇，酚 | 羟基酸：羟基乙酸 $HOCH_2COOH$<br>醇：1-丁醇 $CH_3CH_2CH_2CH_2OH$、乙二醇 $CH_2OHCH_2OH$<br>酚：苯酚 $C_6H_5OH$ |
| >C=O | 羰基 | 羰(基) | 酮 | 酰，羰 | 酮：丙酮 $CH_3COCH_3$、3-戊酮 $CH_3CH_2COCH_2CH_3$<br>酰基化合物：乙酰氯 $CH_3COCl$、乙酰乙酸 $CH_3COCH_2COOH$ |
| —CHO | 醛基 | (甲)醛(基) | 醛 | 醛 | 醛：苯甲醛 $C_6H_5CHO$<br>缩醛：丙醛缩二乙醇 $CH_3CH_2CH\genfrac{}{}{0pt}{}{OCH_2CH_3}{OCH_2CH_3}$ |
| —COOH | 羧基 | 羧(基) | (羧)酸 | — | 羧酸：乙酸 $CH_3COOH$、乙二酸 $(COOH)_2$、羧甲基醚 $BOCH_2COOH$ |

续表

| 符号 | 名称 | 词头 | 词尾 | 词中 | 化合物类别和例解 |
|---|---|---|---|---|---|
| —COOR | 酯基 | 酯基 | 酯 | — | 酯：甲酸乙酯 $HCOOCH_2CH_3$、甲酯基甲磺酸钠 $CH_3OOCCH_2SO_3Na$ |
| —$NH_2$ | 氨基 | 氨(基) | 胺 | 氨基 | 氨基酸：氨基乙酸 $H_2NCH_2COOH$<br>胺：甲胺 $CH_3NH_2$、二甲氨基苯 $C_6H_5N(CH_3)_2$ |
| —$CONH_2$ | 酰氨基 | 氨羰(基) | 酰胺 | 酰氨基 | 酰胺：乙酰胺 $CH_3CONH_2$、苯甲酰胺 $C_6H_5CONH_2$、乙酰胺基乙酸(*N*-乙酰甘氨酸)$CH_3CONHCH_2COOH$ |
| —$NO_2$ | 硝基 | 硝(基) | 硝 | — | 硝基化合物：硝基甲烷 $CH_3NO_2$、硝基苯 $C_6H_5NO_2$ |
| —CN | 氰基 | 氰(基) | 腈 | — | 腈：乙腈(氰基甲烷)$CH_3CN$、苯甲腈 $C_6H_5CN$、丙烯腈 $CH_2=CHCN$ |
| —SH | 巯基 | 巯(基) | 硫醇，硫酚 | — | 巯基化合物：巯基乙醇 $HSCH_2CH_2OH$<br>硫醇：甲硫醇 $CH_3SH$<br>硫酚：苯硫酚 $C_6H_5SH$ |
| —$SO_3H$ | 磺基 | 磺(基) | 磺酸 | 磺酸 | 磺酸：苯磺酸钠 $C_6H_5SO_3Na$、磺基水杨酸 $HO_3SC_6H_3(OH)COOH$ |

## 二、合成高分子化合物的分类、品种、性能和用途

由低分子量化合物（单体）聚合而成的高分子化合物也叫做高聚物。它的结构单元就是链节，链节的数目叫做聚合度，高聚物的聚合度都很大（几千到几万）。高分子化合物就其单个分子来说，都有一定的聚合度。但由于高聚物是由许多聚合度相同或不同的高分子聚集而成，所以其分子量只能以平均分子量来表示。同类的高聚物由于平均分子量不同，其物态和黏度等性质也不相同。

由于高分子在结构上与小分子有很大不同，使高分子化合物具有许多特异的性质。从使用的观点，通常把合成的高分子材料分为塑料、橡胶和纤维三大类。

1. 塑料的主要品种、性能和用途

塑料的主要品种、性能和用途见表 1-101。

**表 1-101　塑料的主要品种、性能和用途**

| 名　称 | 单　体 | 链　节 | 性　能 | 用　途 |
|---|---|---|---|---|
| 聚乙烯 | $CH_2=CH_2$ | $—CH_2—CH_2—$ | 柔韧、半透明、不吸水，电绝缘性能好，耐化学腐蚀，耐寒，无毒性；耐溶剂性和耐热性差 | 制成薄膜作食品、药物的包装材料，制日常用品、绝缘材料、管道、辐射保护衣等 |
| 聚丙烯 | $CH_3CH=CH_2$ | $—CH_2—CH(CH_3)—$ | 机械强度好，电绝缘性能，耐化学腐蚀；低温发脆 | 制薄膜、日常用品 |
| 聚氯乙烯 | $CH_2=CHCl$ | $—CH_2—CH(Cl)—$ | 耐有机溶剂，耐化学腐蚀，抗水性好，易于染色；热稳定性差，冬天发硬 | 硬制品：管道、绝缘材料等<br>软制品：薄膜、电线包皮、软管、日常用品等<br>泡沫塑料：建筑材料、日常用品等 |
| 聚苯乙烯 | 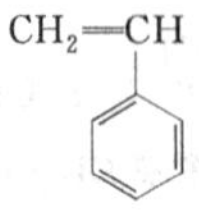 | 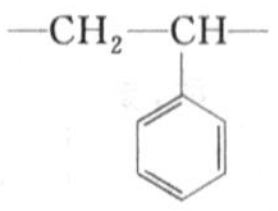 | 电绝缘性很好，透光性好，耐水，耐化学腐蚀；室温下发脆，温度较高则逐渐变软，耐溶剂性差 | 高频率绝缘材料，电视、雷达的绝缘部件，汽车、飞机零件，医疗卫生用具，日常用品，制造离子交换树脂等 |
| 聚甲基丙烯酸甲酯（有机玻璃） | $CH_2=C(CH_3)—COOCH_3$ | $—CH_2—C(CH_3)(COOCH_3)—$ | 透光性很好，质轻，耐水，耐酸、碱，抗霉，易加工；耐磨性较差，能溶于有机溶剂 | 飞机、汽车用玻璃，光学仪器，医疗器械，软管等 |
| 聚四氟乙烯 | $CF_2=CF_2$ | $—CF_2—CF_2—$ | 耐低温(−100℃)、高温(350℃)，耐化学腐蚀性好，耐溶剂性好，电绝缘性很好；加工困难 | 电气、航空、化学、冷冻、医药等工业的耐腐蚀、耐高温、耐低温的制品 |

续表

| 名 称 | 单 体 | 链 节 | 性 能 | 用 途 |
|---|---|---|---|---|
| 酚醛塑料 | 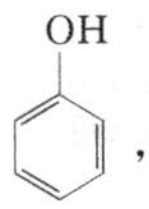 ,HCHO | 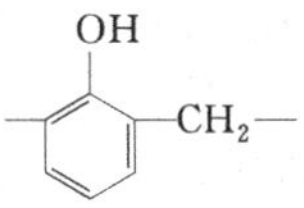 | 电绝缘性好，耐热，抗水；能被强酸、强碱腐蚀 | 电工器材、层压材料、仪表外壳、日常用品等，用玻璃纤维增强的塑料用于宇宙航行、航空等领域，酚醛树脂可用于制涂料等 |
| 环氧树脂 | 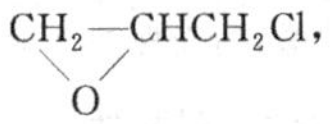 $HOC_6H_4-C(CH_3)_2-C_6H_4OH$ | $-OC_6H_4-C(CH_3)_2-C_6H_4O-$ $CH_2CH(OH)CH_2-$ | 具有较好的黏合力，加工工艺性好，耐化学腐蚀，电绝缘性、机械强度、耐热性均较好 | 广泛用作胶黏剂，作层压材料，制增强塑料用于宇航等领域，用于制胶黏剂、涂料等 |
| 脲醛塑料 | $H_2NCONH_2$,HCHO | $-N(CONH_2)-CH_2-$ | 染色性、抗霉性和耐溶剂性均较好；耐热性较差 | 制造器皿、日常生活用品等 |

2. 合成橡胶的主要品种、性能和用途

合成橡胶的主要品种、性能和用途见表 1-102。

**表 1-102 合成橡胶的主要品种、性能和用途**

| 名 称 | 单 体 | 链 节 | 性 能 | 用 途 |
|---|---|---|---|---|
| 丁苯橡胶 | $CH_2=CH-CH=CH_2$, 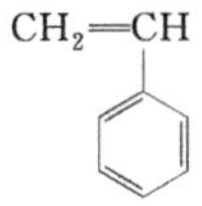 | 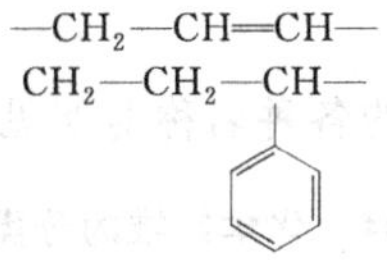 | 热稳定性、电绝缘性、抗老化性均较好；黏合性差，耐寒性差 | 制造轮胎、运输带、一般橡胶制品 |
| 顺丁橡胶 | $CH_2=CH-CH=CH_2$ | 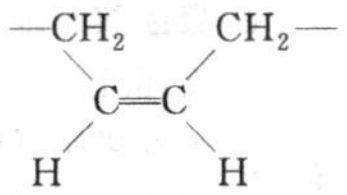 | 弹性好，耐低温，耐热；黏结性差 | 制造轮胎、胶鞋、电缆的外部包皮等 |
| 氯丁橡胶 | $CH_2=C(Cl)-CH=CH_2$ | $-CH_2-C(Cl)=CH-CH_2-$ | 耐日光、耐气候性极好，耐磨性好，耐酸、碱性好；耐寒性差 | 电线包皮、运输带、化工设备的防腐蚀衬里、胶黏剂、气球等 |
| 丁腈橡胶 | $CH_2=CH-CH=CH_2$, $CH_2=CH(CN)$ | $-CH_2-CH=CH-CH_2-$ $CH_2-CH(CN)-$ | 抗老化性好，耐油性高，耐高温；弹性和耐寒性较差 | 耐油、耐热橡胶制品，飞机油箱衬里等 |
| 聚硫橡胶 | $ClCH_2CH_2Cl$,$Na_2S_4$ | $-CH_2CH_2S_4-$ | 耐油性和抗老化性很好，耐化学腐蚀；拉伸强度低，弹性差 | 耐油、耐苯胶管，胶辊，耐臭氧制品，储油设备衬里，化工设备衬里 |
| 硅橡胶 | $(CH_3)_2SiCl_2$ | $-Si(CH_3)_2-O-$ | 耐严寒(−100℃)和耐高温(300℃)，抗老化和抗臭氧性好，电绝缘性好；力学性能差，耐化学腐蚀性差，较难硫化 | 制造各种高温、低温下使用的衬垫、绝缘材料等 |
| 异戊橡胶（合成天然橡胶） | $CH_2=C(CH_3)-CH=CH_2$ | 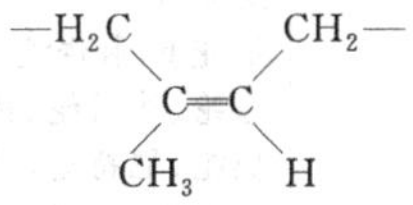 | 与天然橡胶相似，黏结性良好；耐磨性稍差 | 适用于使用天然橡胶的场合，如制造汽车内胎、外胎以及各种橡胶制品 |

3. 合成纤维的主要品种、性能和用途

合成纤维的主要品种、性能和用途见表 1-103。

**表 1-103 合成纤维的主要品种、性能和用途**

| 名 称 | 单 体 | 链 节 | 性 能 | 用 途 |
|---|---|---|---|---|
| 聚酯类（涤纶，的确良） | $HOOCC_6H_4COOH$，$HOCH_2CH_2OH$ | $—OCH_2CH_2O—\overset{O}{\overset{\Vert}{C}}C_6H_4\overset{O}{\overset{\Vert}{C}}—$ | 抗折皱性强，弹性好，耐光性好，耐酸性好，耐磨性好；不耐浓酸，染色性较差 | 衣料织品，电绝缘材料、运输带、渔网、绳索、人造血管等 |
| 聚酰胺类（锦纶，尼龙） | $HN(CH_2)_5CO$（环状） | $—HN(CH_2)_5CO—$ | 强度高，弹性好，耐磨性好，耐碱性好，染色性好；不耐浓酸，耐光性差 | 衣料织品，轮胎帘子线、绳索、渔网、降落伞等 |
| 聚丙烯腈（腈纶，人造羊毛） | $CH_2{=}CH—CN$（CN 连于 CH） | $—CH_2—CH(CN)—$ | 耐光性极好，耐酸性好，弹性好，保暖性好；不易染色，耐碱性差 | 各种衣料和针织品，工业用布、毛毯、滤布、炮衣、天幕等 |
| 聚乙烯醇缩甲醛（维尼纶） | $CH_3—\overset{O}{\overset{\Vert}{C}}—OCH{=}CH_2$，$HCHO$ | $—CH—CH_2—CH—CH_2—$（两个 CH 经 $O—CH_2—O$ 相连） | 吸湿性好，耐光性好，耐腐蚀性好，柔软和保暖性好；耐热水性不够好，染色性较差 | 各种衣料和桌布、窗帘等，渔网、滤布、军事运输盖布、炮衣、粮食袋等 |
| 聚丙烯纤维 | $CH_3CH{=}CH_2$ | $—CH(CH_3)—CH_2—$ | 机械强度好，耐腐蚀性极好，耐磨性好，电绝缘性好；染色性差，耐光性差 | 绳索、网具、滤布、工作服、帆布等，用作医用纱布不粘连在伤口上 |
| 聚乙烯纤维 | $CH_2{=}CH_2$ | $—CH_2—CH_2—$ | 机械强度好，耐腐蚀性极好；染色性差，耐热性较差 | 渔网、耐酸、碱织物，绳索等 |
| 聚氯乙烯纤维（氯纶） | $CH_2{=}CH—Cl$（Cl 连于 CH） | $—CH_2—CH(Cl)—$ | 保暖性好，耐日光性好，耐腐蚀性好；耐热性差，染色性差 | 针织品、工作服、毛毯、绒线、滤布、渔网、帆布等 |

4. 化学纤维的分类和名称对照

化学纤维的分类见表 1-104。化学纤维的各种名称对照见表 1-105。

**表 1-104 化学纤维的分类**

- 化学纤维
  - 合成纤维
    - 聚酰胺纤维
    - 聚酯纤维
    - 聚丙烯腈纤维
    - 聚乙烯醇纤维
    - 聚氯乙烯纤维
    - 聚丙烯纤维
  - 人造纤维
    - 黏胶纤维
      - 人造棉
      - 人造毛
      - 人造丝
      - 富强纤维
      - 强力人造丝
    - 铜氨纤维
    - 醋酸纤维

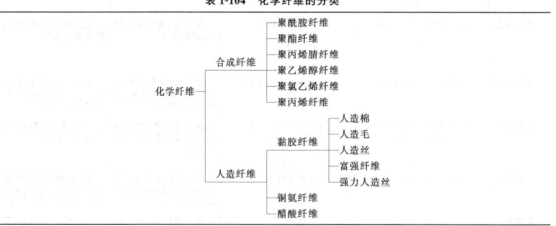

**表 1-105 化学纤维名称对照表**

| 学 名 | | 中国统一名称 | 市场上用过的名称 |
|---|---|---|---|
| 合成纤维 | 聚酰胺 66 纤维 | 尼龙 | 尼龙 66 |
| | 聚酰胺 6 纤维 | 锦纶 | 尼龙 6、卡普纶、贝纶、拉米纶 |
| | 聚酯纤维 | 涤纶 | 涤纶、达可纶、帝特纶、的确良、拉夫桑 |
| | 聚丙烯腈纤维 | 腈纶 | 奥纶、尼特纶、开司米纶 |
| | 聚乙烯醇纤维 | 维纶 | 维尼纶、妙纶 |
| | 聚氯乙烯纤维 | 氯纶 | 聚氯乙烯 |
| | 过氯乙烯纤维 | 过氯纶 | 过氯乙烯 |
| | 聚丙烯纤维 | 丙纶 | 聚丙烯 |

续表

| 学　名 | | 中国统一名称 | 市场上用过的名称 |
|---|---|---|---|
| 人造纤维 | 黏胶纤维 | 黏纤 | 黏胶、人造棉、人造毛 |
| | 铜氨纤维 | 铜氨纤 | 铜氨 |
| | 醋酸纤维 | 醋纤 | 醋酯 |
| | 三醋酯纤维 | 三醋纤 | 三醋酯 |
| | 高湿模量黏胶纤维 | 富纤 | 富强纤、虎木棉、波里诺西克纤维 |

## 三、常见化合物的俗名或别名

常见化合物的俗名或别名见表 1-106。

**表 1-106　常见化合物的俗名或别名**

| 类　别 | 俗名或别名 | 主要化学成分 |
|---|---|---|
| 硅化合物 | 石英 | $SiO_2$ |
| | 水晶 | $SiO_2$ |
| | 打火石、燧石 | $SiO_2$ |
| | 玛瑙 | $SiO_2$ |
| | 沙子 | $SiO_2$ |
| | 橄榄石 | $Mg_2SiO_4$ |
| | 硅锌矿 | $Zn_2SiO_4$ |
| | 透灰石 | $CaMg(SiO_3)_2(CaO \cdot MgO \cdot 2SiO_2)$ |
| | 正长石 | $K_2Al_2Si_6O_{16}(K_2O \cdot Al_2O_3 \cdot 6SiO_2)$ |
| | 钠长石 | $Na_2Al_2Si_6O_{16}(Na_2O \cdot Al_2O_3 \cdot 6SiO_2)$ |
| | 白云母 | $H_4K_2Al_6Si_6O_{24}(K_2O \cdot 3Al_2O_3 \cdot 6SiO_2 \cdot 2H_2O)$ |
| | 绿柱石 | $Be_3Al_2Si_6O_{18}(3BeO \cdot Al_2O_8 \cdot 6SiO_2)$ |
| | 石棉、不灰木 | $CaMg_3Si_4O_{12}(CaO \cdot 3MgO \cdot 4SiO_2)$ |
| 钠化合物 | 食盐 | $NaCl$ |
| | 硼砂 | $Na_2[B_4O_5(OH)_4] \cdot 8H_2O$ |
| | 苏打、纯碱 | $Na_2CO_3$ |
| | 小苏打 | $NaHCO_3$ |
| | 红矾钠 | $Na_2Cr_2O_7 \cdot 2H_2O$ |
| | 苛性钠、烧碱、苛性碱 | $NaOH$ |
| | 钠硝石、智利硝石 | $NaNO_3$ |
| | 芒硝、朴硝 | $Na_2SO_4 \cdot 10H_2O$ |
| | 玄明粉、元明粉 | $Na_2SO_4$ |
| | 大苏打、海波 | $Na_2S_2O_3 \cdot 5H_2O$ |
| | 硫化碱 | $Na_2S$ |
| 钾化合物 | 钾碱、碱砂 | $K_2CO_3$ |
| | 黄血盐 | $K_4Fe(CN)_6 \cdot 3H_2O$ |
| | 赤血盐 | $K_3Fe(CN)_6$ |
| | 苛性钾 | $KOH$ |
| | 灰锰氧 | $KMnO_4$ |
| | 吐酒石 | $K(SbO)C_4H_4O_6$ |
| | 钾硝石、火硝 | $KNO_3$ |
| 铵化合物 | 铵硝石、硝铵 | $NH_4NO_3$ |
| | 硫铵 | $(NH_4)_2SO_4$ |
| | 硇砂 | $NH_4Cl$ |
| 钡化合物 | 重晶石 | $BaSO_4$ |
| | 钡白 | $BaSO_4$ |
| | 钡垩石 | $BaCO_3$ |
| 锶化合物 | 天青石 | $SrSO_4$ |
| | 锶垩石 | $SrCO_3$ |
| 钙化合物 | 电石 | $CaC_2$ |
| | 白垩 | $CaCO_3$ |
| | 石灰石 | $CaCO_3$ |
| | 萤石、氟石 | $CaF_2$ |
| | 熟石灰、消石灰 | $Ca(OH)_2$ |
| | 漂白粉、氯化石灰 | $Ca(OCl)Cl$ |
| | 钙硝石 | $Ca(NO_3)_2 \cdot 4H_2O$ |
| | 生石灰、苛性石灰、煅烧石灰 | $CaO$ |
| | 无水石膏 | $CaSO_4$ |
| | 烧石膏、熟石膏、巴黎石膏 | $2CaSO_4 \cdot H_2O$ |
| | 石膏、生石膏 | $CaSO_4 \cdot 2H_2O$ |
| | 重石 | $CaWO_4$ |
| 镁化合物 | 氧镁、白苦土、烧苦土 | $MgO$ |
| | 卤矿、卤盐 | $MgCl_2$ |
| | 泻盐 | $MgSO_4 \cdot 7H_2O$ |
| | 菱苦土矿 | $MgCO_3$ |
| 铝化合物 | 矾土 | $Al_2O_3$ |
| | 钢玉 | $Al_2O_3$ |
| | 铝矾、明矾 | $K_2Al_2(SO_4)_4 \cdot 24H_2O$ |
| | 枯矾 | $KAl(SO_4)_2$ |
| | 铵矾 | $(NH_4)_2Al_2(SO_4)_4 \cdot 24H_2O$ |
| 铬化合物 | 铬绿 | $Cr_2O_3$ |
| | 钾铬矾 | $K_2Cr_2(SO_4)_4 \cdot 24H_2O$ |
| | 铵铬矾 | $(NH_4)_2Cr(SO_4)_4 \cdot 24H_2O$ |
| | 红矾 | $K_2Cr_2O_7$ |
| | 铬黄 | $PbCrO_4$ |

续表

| 类　别 | 俗名或别名 | 主要化学成分 |
|---|---|---|
| 铁化合物 | 铁丹、红土子 | $Fe_2O_3$ |
| | 赤铁矿 | $Fe_2O_3$ |
| | 磁铁矿 | $Fe_3O_4$ |
| | 菱铁矿 | $FeCO_3$ |
| | 滕氏蓝 | $Fe_3Fe_2(CN)_{12}$ |
| | 普鲁士蓝 | $Fe_4[Fe(CN)_6]_3$ |
| | 绿矾、青矾 | $FeSO_4 \cdot 7H_2O$ |
| | 钾铁矾 | $K_2Fe_2(SO_4)_4 \cdot 24H_2O$ |
| | 钾亚铁矾 | $K_2Fe(SO_4)_2 \cdot 6H_2O$ |
| | 铵铁矾 | $(NH_4)_2Fe_2(SO_4)_4 \cdot 24H_2O$ |
| | 毒砂 | FeAsS |
| | 磁黄铁矿 | FeS |
| | 黄铁矿 | $FeS_2$ |
| 镍化合物 | 针镍矿 | NiS |
| | 镍矾 | $NiSO_4 \cdot 7H_2O$ |
| 锰化合物 | 硫锰矿 | MnS |
| | 软锰矿 | $MnO_2$ |
| | 黑石子、无名异 | $MnO_2$ |
| 锌化合物 | 锌白 | ZnO |
| | 红锌矿 | ZnO |
| | 闪锌矿 | ZnS |
| | 炉甘石 | $ZnCO_3$ |
| | 菱镁矿 | $ZnCO_3$ |
| | 锌矾、皓矾 | $ZnSO_4 \cdot 7H_2O$ |
| 铅化合物 | 黄丹、密陀僧 | PbO |
| | 铅丹、红丹 | $Pb_3O_4$ |
| | 方铅矿 | PbS |
| | 铅白 | $2PbCO_3 \cdot Pb(OH)_2$ |

| 类　别 | 俗名或别名 | 主要化学成分 |
|---|---|---|
| 汞化合物 | 甘汞 | $Hg_2Cl_2$ |
| | 升汞 | $HgCl_2$ |
| | 三仙丹 | HgO |
| | 朱砂、辰砂、丹砂 | HgS |
| 铜化合物 | 赤铜矿 | $Cu_2O$ |
| | 方黑铜矿 | CuO |
| | 辉铜矿 | $Cu_2S$ |
| | 孔雀石 | $CuCO_3 \cdot Cu(OH)_2$ |
| | 铜绿 | $CuCO_3 \cdot Cu(OH)_2$ |
| | 胆矾、蓝矾 | $CuSO_4 \cdot 5H_2O$ |
| 砷化合物 | 胂 | $AsH_3$ |
| | 砒霜、白砒、信石 | $As_2O_3$ |
| | 雄黄、雄精 | $As_2S_2$ 或 $As_4S_4$ |
| | 雌黄 | $As_2S_3$ |
| 锑化合物 | 锑白 | $Sb_2O_3$ 或 $Sb_4O_6$ |
| | 辉锑矿、闪锑矿 | $Sb_2S_3$ |
| 锡化合物 | 锡石 | $SnO_2$ |
| 有机化合物 | 沼气 | $CH_4$ |
| | 电石气 | $C_2H_2$ |
| | 蚁酸 | HCOOH |
| | 水杨酸 | $HOC_6H_4COOH$ |
| | 醋酸 | $CH_3COOH$ |
| | 酒精 | $C_2H_5OH$ |
| | 石炭酸 | $C_6H_5OH$ |
| | 甘油 | $C_3H_5(OH)_3$ |
| | 福尔马林 | HCHO |

## 四、空气的组成、地球的组成与海水的组成

### 1. 空气的组成

表 1-107 列出了干燥气体的组成。

**表 1-107　干燥气体的组成**

| 名称及符号 | 体积分数 $\varphi_B$/% | 名称及符号 | 体积分数 $\varphi_B$/% |
|---|---|---|---|
| 氮气 $N_2$ | 78.084 | 二氧化硫 $SO_2$ | $7\times10^{-7}$(田野) |
| 氧气 $O_2$ | 20.946±0.006 | | $>1\times10^{-4}$(城市) |
| 氩气 $^{40}Ar$ | $9.34\times10^{-1}$ | 二氧化碳 $CO_2$ | $3.25\times10^{-2}$(非城市) |
| 氖 Ne | $1.818\times10^{-3}$ | | $3.25\times10^{-2}\sim10\times10^{-2}$(城市) |
| 氦 He | $5.24\times10^{-4}$ | 一氧化二氮 $N_2O$ | $2\times10^{-5}\sim4\times10^{-5}$ |
| 甲烷 $CH_4$ | $1.2\times10^{-4}\sim2.0\times10^{-4}$ | 二氧化氮 $NO_2$ | $10^{-6}\sim10^{-4}$ |
| 氪 Kr | $1.14\times10^{-4}$ | 一氧化氮 NO | $10^{-6}\sim10^{-4}$ |
| 氢 $H_2$ | $5\times10^{-5}$ | 甲醛 HCHO | $\leqslant10^{-5}$ |
| 氙 Xe | $8.7\times10^{-6}$ | 氨气 $NH_3$ | $\leqslant10^{-4}$ |
| 一氧化碳 CO | $8\times10^{-6}\sim5\times10^{-5}$ | 臭氧 $O_3$ | $0\sim5\times10^{-6}$(田野) |
| | $10^{-4}\sim10^{-2}$ | | $5\times10^{-5}$(城市) |

注：1. 大气中水蒸气的体积分数相差甚大，$\varphi(H_2O)$自 0～4%。

2. 测定高度在 22km 以下空气组成与地面组成相仿，在 70km 以下无显著变化。

3. 臭氧含量随高度增加而上升，至高度为 25～30km 时达极大值。

2. 元素在地壳和海洋中的分布度

元素在地壳和海洋中的分布度见表 1-108。

**表 1-108 元素在地壳和海洋中的分布度**

| 分布度 | | | 分布度 | | | 分布度 | | |
|---|---|---|---|---|---|---|---|---|
| 元素 | 地壳 $w_B$/mg·kg$^{-1}$ | 海洋 $\rho_B$/mg·L$^{-1}$ | 元素 | 地壳 $w_B$/mg·kg$^{-1}$ | 海洋 $\rho_B$/mg·L$^{-1}$ | 元素 | 地壳 $w_B$/mg·kg$^{-1}$ | 海洋 $\rho_B$/mg·L$^{-1}$ |
| Ac | $5.5\times10^{-10}$ | | Hf | 3.0 | $7\times10^{-6}$ | Rb | $9.0\times10^{1}$ | $1.2\times10^{-1}$ |
| Ag | $7.6\times10^{-2}$ | $4\times10^{-5}$ | Hg | $8.5\times10^{-2}$ | $3\times10^{-5}$ | Re | $7\times10^{-4}$ | $4\times10^{-6}$ |
| Al | $8.23\times10^{4}$ | $2\times10^{-3}$ | Ho | 1.3 | $2.2\times10^{-7}$ | Rh | $1\times10^{-3}$ | |
| Ar | 3.5 | $4.5\times10^{-1}$ | I | $4.5\times10^{-1}$ | $6\times10^{-2}$ | Rn | $4\times10^{-13}$ | $6\times10^{-16}$ |
| As | 1.8 | $3.7\times10^{-3}$ | In | $2.5\times10^{-2}$ | $2\times10^{-2}$ | Ru | $1\times10^{-3}$ | $7\times10^{-7}$ |
| Au | $4\times10^{-3}$ | $4\times10^{-6}$ | Ir | $1\times10^{-3}$ | | S | $3.50\times10^{2}$ | $9.05\times10^{2}$ |
| B | $1.0\times10^{1}$ | 4.44 | K | $2.09\times10^{4}$ | $3.99\times10^{2}$ | Sb | $2\times10^{-1}$ | $2.4\times10^{-4}$ |
| Ba | $4.25\times10^{2}$ | $1.3\times10^{-2}$ | Kr | $1\times10^{-4}$ | $2.1\times10^{-4}$ | Sc | $2.2\times10^{1}$ | $6\times10^{-7}$ |
| Be | 2.8 | $5.6\times10^{-6}$ | La | $3.9\times10^{1}$ | $3.4\times10^{-6}$ | Se | $5\times10^{-2}$ | $2\times10^{-4}$ |
| Bi | $8.5\times10^{-3}$ | $2\times10^{-5}$ | Li | $2.0\times10^{1}$ | $1.8\times10^{-1}$ | Si | $2.82\times10^{5}$ | 2.2 |
| Br | 2.4 | $6.73\times10^{1}$ | Lu | $8\times10^{-1}$ | $1.5\times10^{-7}$ | Sm | 7.05 | $4.5\times10^{-7}$ |
| C | $2.00\times10^{2}$ | $2.8\times10^{1}$ | Mg | $2.33\times10^{4}$ | $1.29\times10^{3}$ | Sn | 2.3 | $4\times10^{-6}$ |
| Ca | $4.15\times10^{4}$ | $4.12\times10^{2}$ | Mn | $9.50\times10^{2}$ | $2\times10^{-4}$ | Sr | $3.70\times10^{2}$ | 7.9 |
| Cd | $1.5\times10^{-1}$ | $1.11\times10^{-4}$ | Mo | 1.2 | $1\times10^{-2}$ | Ta | 2.0 | $2\times10^{-6}$ |
| Ce | $6.65\times10^{1}$ | $1.2\times10^{-6}$ | N | $1.9\times10^{1}$ | $5\times10^{-1}$ | Tb | 1.2 | $1.4\times10^{-7}$ |
| Cl | $1.45\times10^{2}$ | $1.94\times10^{4}$ | Na | $2.36\times10^{4}$ | $1.08\times10^{4}$ | Te | $1\times10^{-3}$ | |
| Co | $2.5\times10^{1}$ | $2\times10^{-5}$ | Nb | $2.0\times10^{1}$ | $1\times10^{-5}$ | Th | 9.6 | $1\times10^{-6}$ |
| Cr | $1.02\times10^{2}$ | $3\times10^{-4}$ | Nd | $4.15\times10^{1}$ | $2.8\times10^{-6}$ | Ti | $5.65\times10^{3}$ | $1\times10^{-3}$ |
| Cs | 3 | $3\times10^{-4}$ | Ne | $5\times10^{-3}$ | $1.2\times10^{-4}$ | Tl | $8.5\times10^{-1}$ | $1.9\times10^{-5}$ |
| Cu | $6.0\times10^{1}$ | $2.5\times10^{-4}$ | Ni | $8.4\times10^{1}$ | $5.6\times10^{-4}$ | Tm | $5.2\times10^{-1}$ | $1.7\times10^{-7}$ |
| Dy | 5.2 | $9.1\times10^{-7}$ | O | $4.61\times10^{5}$ | $8.57\times10^{5}$ | U | 2.7 | $3.2\times10^{-2}$ |
| Er | 3.5 | $8.7\times10^{-7}$ | Os | $1.5\times10^{-3}$ | | V | $1.20\times10^{2}$ | $2.5\times10^{-3}$ |
| Eu | 2.0 | $1.3\times10^{-7}$ | P | $1.05\times10^{3}$ | $6\times10^{-2}$ | W | 1.25 | $1\times10^{-4}$ |
| F | $5.85\times10^{2}$ | 1.3 | Pa | $1.4\times10^{-6}$ | $5\times10^{-11}$ | Xe | $3\times10^{-5}$ | $5\times10^{-5}$ |
| Fe | $5.63\times10^{4}$ | $2\times10^{-3}$ | Pb | $1.4\times10^{1}$ | $3\times10^{-5}$ | Y | $3.3\times10^{1}$ | $1.3\times10^{-5}$ |
| Ga | $1.9\times10^{1}$ | $3\times10^{-5}$ | Pd | $1.5\times10^{-2}$ | | Yb | 3.2 | $8.2\times10^{-7}$ |
| Gd | 6.2 | $7\times10^{-7}$ | Po | $2\times10^{-10}$ | $1.5\times10^{-14}$ | Zn | $7.0\times10^{1}$ | $4.9\times10^{-3}$ |
| Ge | 1.5 | $5\times10^{-5}$ | Pr | 9.2 | $6.4\times10^{-7}$ | Zr | $1.65\times10^{2}$ | $3\times10^{-5}$ |
| H | $1.40\times10^{3}$ | $1.08\times10^{5}$ | Pt | $5\times10^{-3}$ | | | | |
| He | $8\times10^{-3}$ | $7\times10^{-6}$ | Ra | $9\times10^{-7}$ | $8.9\times10^{-11}$ | | | |

3. 海水中的主要盐类

海水中的主要盐类见表 1-109 所示。

**表 1-109 海水中的主要盐类**

| 盐类名称 | 化学分子 | 每 1000g 水中盐的克数/g | 盐类名称 | 化学分子 | 每 1000g 水中盐的克数/g |
|---|---|---|---|---|---|
| 氯化钠 | NaCl | 23 | 氯化钾 | KCl | 0.7 |
| 氯化镁 | $MgCl_2$ | 5 | 其他次要的成分 | | — |
| 硫酸钠 | $Na_2SO_4$ | 4 | 总计 | | 34.5 |
| 氯化钙 | $CaCl_2$ | 1 | | | |

# 第二章

# 化学实验室的仪器、设备、试剂、安全与管理

## 第一节 化学实验室的玻璃仪器及石英制品

### 一、玻璃仪器的特性及化学组成

实验室经常大量地使用玻璃仪器，这是因为玻璃具有一系列优良的性质，如高的化学稳定性、热稳定性、绝缘性，良好的透明度，一定的机械强度，并可按需要制成各种不同形状的产品。改变玻璃的化学组成，可以制出适应各种不同要求的玻璃。

玻璃的化学组成主要是：$SiO_2$、$Al_2O_3$、$B_2O_3$、$Na_2O$、$K_2O$、CaO、ZnO 等。表 2-1 列出了用于制造各种玻璃仪器的玻璃化学组成、性质及用途。

**表 2-1 玻璃的化学组成、性质及用途**

| 玻璃种类 | 通称 | 化学组成/% | | | | | | 线膨胀系数 $/K^{-1}$ | 耐热急变温差/℃ | 软化点/℃ | 主要用途 |
|---|---|---|---|---|---|---|---|---|---|---|---|
| | | $SiO_2$ | $Al_2O_3$ | $B_2O_3$ | $Na_2O$ $K_2O$ | CaO | ZnO | | | | |
| 特硬玻璃 | 特硬料 | 80.7 | 2.1 | 12.8 | 3.8 | 0.6 | — | $22\times10^{-7}$ | >270 | 820 | 制作耐热烧器 |
| 硬质玻璃 | 九五料 | 79.1 | 2.1 | 12.6 | 5.8 | 0.6 | — | $44\times10^{-7}$ | >220 | 770 | 制作烧器产品 |
| 一般仪器玻璃 | 管料 | 74 | 4.5 | 4.5 | 12 | 3.3 | 1.7 | $71\times10^{-7}$ | >140 | 750 | 制作滴管、吸管及培养皿等 |
| 量器玻璃 | 白料 | 73 | 5 | 4.5 | 13.2 | 3.8 | 0.6 | $73\times10^{-7}$ | >120 | 740 | 制作量器等 |

从表 2-1 中可以看出，特硬玻璃和硬质玻璃含有较高的 $SiO_2$ 和 $B_2O_3$ 成分，属于高硼硅酸盐玻璃一类，具有较好的热稳定性、化学稳定性、能耐热急变温差，受热不易发生破裂，用于生产允许加热的玻璃仪器。

玻璃虽然有较好的化学稳定性，不受一般酸、碱、盐的侵蚀，但氢氟酸对玻璃有很强烈的腐蚀作用。故不能用玻璃仪器进行含有氢氟酸的实验。

碱液，特别是浓的或热的碱液，对玻璃也产生明显侵蚀。因此，玻璃容器不能用于长时间存放碱液，更不能使用磨口玻璃容器存放碱液。

### 二、常用玻璃仪器的名称、规格、主要用途、使用注意事项

1. 常用的玻璃仪器

表 2-2 列出常用玻璃仪器一览表。

**表 2-2　常用玻璃仪器一览表**

| 名　　称 | 规　　格 | 主要用途 | 使用注意 |
|---|---|---|---|
| 烧杯(普通型、印标) | 容量/mL:1,5,10,15,25,100,250,400,600,1000,2000 | 配制溶液、溶样 | 加热时杯内待加热溶液体积不要超过总容量的2/3;应放在石棉网上,使其受热均匀;一般不可烧干 |
| 三角烧瓶(锥形瓶)(具塞与无塞) | 容量/mL:5,10,50,100,200,250,500,1000 | 加热处理试样和容量分析 | 除与上面相同的要求外,磨口三角瓶加热时要打开塞;非标准磨口要保持原配塞 |
| 碘(量)瓶 | 容量/mL:50,100,250,500,1000 | 碘量法或其他生成挥发性物质的定量分析 | 为防止内容物挥发,瓶口用水封;可垫石棉网加热 |
| 圆(平)底烧瓶(长颈、短颈、细口、广口、双口、三口) | 容量/mL:50,100,250,500,1000 | 加热或蒸馏液体 | 一般避免直接火焰加热,应隔石棉网或套加热 |
| 圆底蒸馏瓶(支管有上、中、下三种) | 容量/mL:30,60,125,250,500,1000 | 蒸馏 | 避免直接火焰加热 |
| 凯氏烧瓶(曲颈瓶) | 容量/mL:50,100,300,600 | 消化有机物 | 避免直接火焰加热;可用于减压蒸馏 |
| 洗瓶(球形、锥形,平底带塞) | 容量/mL:250,500,1000 | 装蒸馏水,洗涤仪器 | 可用圆平底烧瓶自制 |
| 量筒、量杯(具塞、无塞)量出式 | 容量/mL:5,10,25,50,100,250,600,1000,2000 | 粗略地量取一定体积的液体 | 不应加热;不能在其中配溶液;不能在烘箱中烘;不能盛热溶液;操作时要沿壁加入或倒出溶液 |
| 容量瓶(无色、棕色,量入式,分等级) | 容量/mL:10,25,100,150,200,250,500,1000 | 配制准确体积的标准溶液或被测溶液 | 要保持磨口原配;漏水的不能用;不能烘烤与直接加热,可用水浴加热 |
| 滴定管(酸式、碱式,分等级,量出式,无色、棕色) | 容量/mL:10,50,100 | 容量分析滴定操作 | 活塞要原配;漏水不能使用;不能加热;不能存放碱液;酸式、碱式管不能混用 |
| 微量滴定管(分等级,酸式、碱式,量出式) | 容量/mL:1,2,3,4,5,10 | 半微量或微量分析滴定操作 | 只有活塞式;其余注意事项同上 |
| 自动滴定管(量出式) | 容量/mL:5,10,25,50,100 | 自动滴定用 | 成套保管与使用 |
| 移液管(完全或不完全流出式) | 容量/mL:1,2,5,10,20,25,50,100 | 准确地移取溶液 | 不能加热;要洗净 |
| 直管吸量管(完全或不完全流出式,分等级) | 容量/mL:0.1,0.2,0.5,1,2,5,10,20,25,50,100 | 准确地移取溶液 | 不能加热;要洗净 |
| 称量瓶(分高、低形) | 容量/mL:10,15,20,30,50 | 高形用于称量样品;低形用于烘样品 | 磨口要原配;烘烤时不可盖紧磨口;称量时不可直接用手拿取,应带指套或垫洁净纸条拿取 |
| 试剂瓶、细口瓶、广口瓶、下口瓶、种子瓶(棕色、无色) | 容量/mL:30,60,125,250,500,1000,2000 | 细口瓶用于存放液体试剂;广口瓶用于装固体试剂;棕色瓶用于存放怕光试剂 | 不能加热;不能在瓶内配制溶液;磨口要原配;放碱液的瓶子应用橡皮塞,以免日久打不开 |
| 针筒(注射器) | 容量/mL:1,5,10,50,100 | 吸取溶液 | |
| 滴瓶(棕色、无色) | 容量/mL:30,60,125 | 装需滴加之试剂 | 不要将溶液吸入橡皮头内 |
| 漏斗(锥体角均为60°) | 长颈/mm:口径30,60,75,管长150<br>短颈/mm:口径50,60,管长90,120 | 长颈漏斗用于定量分析过滤沉淀;短颈用于一般过滤 | 不可直接加热;根据沉淀量选择漏斗大小 |

续表

| 名称 | 规格 | 主要用途 | 使用注意 |
|---|---|---|---|
| 分液漏斗（球形-长颈、锥形-短颈） | 容量/mL：50，100，250，1000 刻度与无刻度 | 分开两相液体；用于萃取分离和富积 | 磨口必须原配；漏水的漏斗不能用；活塞要涂凡士林；长期不用时磨口处垫一张纸 |
| 试管（普通与离心试管） | 容量/mL：5，10，15，20，50 刻度、无刻度 | 定性检验；离心分离 | 硬质玻璃的试管可直接在火上加热；离心试管只能在水浴上加热 |
| 比色管（刻度与不刻度，具塞与不具塞） | 容量/mL：10，25，50，100 | 比色分析用 | 不可直接加热；非标准磨口必须原配；注意保持管壁透明，不可用去污粉刷洗 |
| 吸收管（气泡式、多孔滤板式、冲击式） | 容量/mL：1～2，5～10 | 吸收气体样品中的被测物质 | 通过气体流量要适当；可两只管串连使用；磨口不能漏气；不可直接加热 |
| 冷凝管与分馏柱（直形、蛇形、球形，水冷却与空气冷却） | 全长/mm：320，370，490 | 冷凝蒸馏出的蒸气，蛇形管用于低沸点液体蒸气 | 不可骤冷骤热；从下口进水，上口出水 |
| 抽气管（水流泵、水抽子） | 分伽氏、爱氏、改良式三种 | 抽滤与造负压 | |
| 抽滤瓶 | 容量/mL：250，500，1000，2000 | 抽滤时接收滤液 | 属于厚壁容器，能耐负压；不可加热 |
| 表面皿 | 直径/mm：45，60，75，90，100，120 | 盖玻璃杯及漏斗等 | 不可直接加热；直径要大于所盖容器 |
| 研钵 | 直径/mm：70，90，105 | 研磨固体试样及试剂 | 不能撞击；不能烘烤 |
| 干燥器（无色、棕色，常压与抽真空） | 直径/mm：150，180，210，300 | 保持烘干及灼烧过的物质的干燥；干燥制备的物质 | 底部要放干燥剂；盖磨口要涂适量凡士林；不可将赤热物体放入；放入物体后要间隔一定时间开盖以免盖子跳起 |
| 水蒸馏器（分一级、二级蒸馏水） | 烧瓶容量/mL：500，1000，2000 | 制备蒸馏水 | 加沸石或素瓷，以防暴沸；要隔石棉网均匀加热 |
| 砂芯玻璃漏斗 | 孔径/mL： | | 必须抽滤；不能急冷急热；不能抽滤氢氟酸、碱等；用毕立即洗净 |
| $G_1$ | 20～30 | 滤除大沉淀及胶状沉淀物 | |
| $G_2$ | 10～15 | 滤除大沉淀及气体洗涤 | |
| $G_3$ | 4.5～9 | 滤除细沉淀及水银过滤 | |
| $G_4$ | 3～4 | 滤除细沉淀物 | |
| $G_5$ | 1.5～2.5 | 滤除较大杆菌及酵母 | |
| $G_6$ | 1.5 以下 | 滤除 1.4～0.6μm 的病菌 | |
| 硬质玻璃管 | 95 料：直径 3～8mm | | |
| 硬质玻璃棒 | 95 料：直径 5～11mm | | |
| 培养皿 | 直径 60，75，95，100mm | | |
| 康卫扩散皿（具平板玻片） | | 测定物质扩散量 | |
| 密度瓶 | 容量/mL：5，10，25，50，100 | | |
| 李氏比重瓶 | 容量 250mL | | |
| 圆标本缸 | 直径/mm：200，200，200，225，250<br>高度/mm：200，280，300，225，250 | | |

续表

| 名　称 | 规　格 | 主要用途 | 使用注意 |
|---|---|---|---|
| 方标本缸(具磨砂边平玻盖) | 长度/mm:55,80,90,100,102,103,130,150,150<br>宽度/mm:35,50,165,200,50,40,210,50,250<br>高度/mm:85,160,270,220,170,150,320,110,260 | | |
| 气体洗瓶(球形、筒形、孟氏、特氏) | 容量/mL:125,250,500,1000 | | |

2. 玻璃量器等级分类

一等玻璃量器用衡量法进行容积标定。二等玻璃量器用容量比较法进行容积标定。

凡分等级的玻璃量器，在其刻度上方的显著部位标明一等或二等字样。无上述字样记号的，均为二等量器，即其容积的标定为容量比较法，定量时标准环境温度为20℃。

量出式量器：即从量器中移出容积等于刻度表上的相应读数，标注符号“A”。

量入式量器：即注入量器中之容积等于刻度表上的相应读数，标注符号“E”。

北京、上海、沈阳、武汉、长沙、广州、成都等地均有玻璃仪器商店及经销商经销上述玻璃产品。

3. 标准磨口仪器

(1) 标准磨口仪器的优点

标准磨口仪器是具有标准磨口和磨塞的单元组合式玻璃仪器。它与非磨口或非标磨口玻璃仪器比较，具有以下特点：

a. 标准磨口玻璃仪器的所有磨口与磨塞，均采用国际通用的锥度（1∶10）。凡属同类型规格的接口均可任意互换，由于口塞的标准化、通用化，可按需要选择某些单元仪器组装各种形式的组合仪器，不仅为使用者带来很大的方便还可节约资金。

b. 接口严密。

c. 不需用橡胶塞、软木塞封口或作组装接头，故不致玷污反应物，并可承受较高温度。

(2) 标准磨口仪器编号说明

标准磨口仪器品种类型以及规格繁多，为了便于书写和方便选购，每个标准磨口仪器的配件除名称外都可按“编号”（包括品种、规格、标准磨口规格的符号）书写。现将“编号”方法介绍如下：

形式——编号/规格/标准磨口规格

其中编号为仪器配件类别；规格为该配件的规格；标准磨口规格为该配件标准磨口规格。若是多口配件，口塞规格按上下左右次序排列。

**例1：**圆底烧瓶规格500mL，标准磨口是24，则：

全国统一编号 8001/500/24

上海统一编号 1/500/24

**例2：**直口三口烧瓶规格1000mL，标准磨口中、支都是29，则：

全国统一编号　8005/1000/29×3

上海统一编号　5/1000/29×3

(3) 标准磨口组合仪器

玻璃仪器生产厂家和供销部门根据不同的实验需要设计和生产了整套标准磨口组合仪器，供用户选用，现介绍如下：

a. 8501型标准口综合仪。该套仪器包括一套有机化学实验的设备，在造型上系根据综合使用方面的要求而设计，供科学和工业研究之用。由于该套仪器组成范围较广，可以装配成真空减压蒸馏、回流反应、分馏等十种以上的实验装置，可供6～7位实验人员同时进行工作。全套由82件仪器组成，详见表2-3。

b. 8541型标准口有机制备仪。该套仪器适用于高等学校、科学研究及工业分析研究方面，仪器设计紧凑，主要配件均包括在内，能完成有机化学实验上所需要的各类装置。全套由29件仪器组成，详见表2-4。

表 2-3 8501 型标准口综合仪组件

| 组件名称 | 规格编号（全国统一编号） | 规格编号（上海统一编号） | 数量 | 组件名称 | 规格编号（全国统一编号） | 规格编号（上海统一编号） | 数量 |
|---|---|---|---|---|---|---|---|
| 短颈圆底烧瓶 | 8001/50/24 | 1/50/24 | 3 | 三口连接管 | 8051/24×4 | 31/24×4 | 2 |
| | 8001/100/24 | 1/100/24 | 3 | 二口连接管 | 8053/24×3 | 33/24×3 | 2 |
| | 8001/250/24 | 1/250/24 | 3 | 蒸馏弯头 75° | 8058/24×2 | 38/24×2 | 2 |
| | 8001/500/24 | 1/500/24 | 3 | 蒸馏头 75° | 8055/14 24×2 | 35/14 24×2 | 2 |
| | 8001/1000/24 | 1/1000/24 | 3 | 真空接受管 105° | 8083/24×2 | 53/24×2 | 2 |
| | 8001/2000/29 | 1/2000/29 | 3 | 弯接管 105° | 8086/24 | 55/24 | 2 |
| 斜口三口烧瓶 | 8004/250/24×3 | 4/250/24×3 | 2 | 真空接受器输入管 | 8093/24×2 | 60/24×2 | 1 |
| | 8004/500/24×3 | 4/500/24×3 | 2 | 真空接受器转式 | 8094/24 19×4 | 61/24 19×4 | 1 |
| | 8004/1000/24×3 | 4/1000/24×3 | 2 | 搅拌器套管 | 8147/24 | 87 甲/24 | 2 |
| | 8004/2000/24 29 24 | 4/2000/24 29 24 | 2 | 搅拌器环式 | 8151/环式 | 90/乙 | 2 |
| 短颈茄形烧瓶 | 8011/25/19 | 11/25/19 | 4 | 温度计套管 | 8142/14 | 82/14 | 2 |
| | 8011/50/19 | 11/50/19 | 4 | 接头具活塞 | 8116/24 | 66/24 | 2 |
| | 8011/100/19 | 11/100/19 | 4 | 球形分液漏斗 | 8171/125/24×2 | 100/125/24×2 | 1 |
| 三角烧瓶 | 8009/250/24 | 9/250/24 | 2 | | 8171/250/24×2 | 100/250/24×2 | 1 |
| | 8009/500/24 | 9/500/24 | 2 | 筒形分液漏斗 | 8172/100/24×2 | 101/100/24×2 | 1 |
| 直形冷凝管 | 8031/200/24×2 | 21/200/24×2 | 1 | 空心塞 | 8115/24 | 65/24 | 4 |
| | 8031/400/24×2 | 21/400/24×2 | 1 | 接头 | 8126/24 29 | 76/24 29 | 2 |
| 球形冷凝管 | 8033/200/24×2 | 22/200/24×2 | 1 | 弯形干燥管 | 8150/24 | 97/24 | 2 |
| | 8033/400/24×2 | 22/400/24×2 | 1 | 导气管 | 8141/24 | 81/24 | 2 |
| 蛇形回流冷凝管 | 8036/300/24×2 | 24/300/24×2 | 1 | | | | |

表 2-4 8541 型标准口有机制备仪组件

| 组件名称 | 规格编号（全国统一编号） | 规格编号（上海统一编号） | 数量 | 组件名称 | 规格编号（全国统一编号） | 规格编号（上海统一编号） | 数量 |
|---|---|---|---|---|---|---|---|
| 短颈圆底烧瓶 | 8001/100/24 | 1/100/24 | 1 | 直形冷凝管 | 8031/200/19×2 | 21/200/19×2 | 1 |
| | 8001/250/24 | 1/250/24 | 2 | | 8031/400/19×2 | 21/400/19×2 | 1 |
| | 8001/500/24 | 1/500/24 | 2 | 球形冷凝管 | 8033/200/19×2 | 22/200/19×2 | 1 |
| | 8001/1000/24 | 1/1000/24 | 1 | 直形干燥管 | 8158/19 | 98/19 | 2 |
| 斜口三口烧瓶 | 8004/500/19 24 19 | 4/500/19 24 19 | 1 | 空心塞 | 8115/19 | 65/19 | 2 |
| 三口连接管 | 8051/19×3 24 | 31/19×3 24 | 1 | 导气管 | 8141/19 | 81/19 | 2 |
| 蒸馏头 75° | 8055/14 19×2 | 35/14 19×2 | 1 | 球形分液漏斗 | 8171/125/19×2 | 100/125/19×2 | 2 |
| 弯接管 105° | 8086/19 | 55/19 | 1 | 温度计套管 | 8142/14 | 82/14 | 2 |
| 接受管 | 8082/24 19 | 52/24 19 | 1 | 接头 | 8126/19 24 | 76/19 24 | 2 |
| 搅拌器套管 | 8147/19 | 87 甲/19 | 1 | 弯管塞 | 8117/19 | 67/19 | 1 |
| 搅拌器 | 8151/环式 | 90/乙 | 1 | | | | |

c. 8561 型标准口半微量有机制备仪。该套仪器专供有机化学实验作半微量分析之用。全部为 14 号接口组件，配件在分馏真空减压方面较其他型为多，使用范围也较其他型广泛。全套有 42 件仪器组成，详见表 2-5。

d. 8581 型标准口半微量有机制备仪。该套仪器专供各高等学校作标准微量实验之用。全套由 13 件仪器组成，详见表 2-6。

(4) 磨口仪器使用的注意事项

a. 磨口仪器售价较高，若磨口受到损坏整个仪器就无法使用，故操作时需要谨慎。

b. 标准磨口仪器只要磨口号相同就可相互配合。但非标准磨口仪器应保持原配，否则仪器装配后就会漏气或漏水。

c. 磨口仪器用完后，必须立即洗净，在磨面间夹上纸条，以免日久粘连。

d. 磨口仪器不要长期存放碱液，因为碱液和玻璃中的 $SiO_2$ 作用生成有黏性的水玻璃

($Na_2SiO_3$)，它会使磨口粘连。

**表 2-5 8561 型标准口半微量有机制备仪组件**

| 组件名称 | 规格编号（全国统一编号） | 规格编号（上海统一编号） | 数量 | 组件名称 | 规格编号（全国统一编号） | 规格编号（上海统一编号） | 数量 |
|---|---|---|---|---|---|---|---|
| 短颈圆底烧瓶 | 8001/5/14 | 1/5/14 | 3 | 直形冷凝管 | 8031/150/14×2 | 21/150/14×2 | 4 |
| | 8001/10/14 | 1/10/14 | 3 | 蒸馏头 75° | 8055/14×3 | 35/14×3 | 2 |
| | 8001/25/14 | 1/25/14 | 1 | 分馏头 75° | 8054/14×4 | 34/14×4 | 1 |
| | 8001/50/14 | 1/50/14 | 1 | 接受管 105° | 8082/14×2 | 52/14×2 | 2 |
| 梨形烧瓶 | 8013/10/14 | 13/10/14 | 1 | 弯接管 105° | 8086/14 | 55/14 | 1 |
| | 8013/25/14 | 13/25/14 | 1 | 真空三叉接管 | 8091/14×4 | 59/14×4 | 1 |
| | 8013/50/14 | 13/50/14 | 1 | 筒形分液漏斗 | 8172/25/14×2 | 101/25/14×2 | 1 |
| 梨形三口烧瓶 | 8015/25/14×3 | 15/25/14×3 | 1 | 漏斗 60° | 8176/40/14 | 102/40/14 | 1 |
| | 8015/50/14×3 | 15/50/14×3 | 1 | 温度计套管 | 8142/14 | 82/14 | 4 |
| 梨形分馏烧瓶 | 8018/25/14×3 | 17/25/14×3 | 1 | 空心塞 | 8115/14 | 65/14 | 3 |
| | 8018/50/14×3 | 17/50/14×3 | 1 | 导气管 | 8141/14 | 81/14 | 3 |
| 梨形刺形分馏烧瓶 | 8019/25/14×3 | 18/25/14×3 | 1 | 搅拌器套管 | 8148/14 | 87 丙/14 | 1 |
| | 8019/50/14×3 | 18/25/14×3 | 1 | 搅拌器 | 8151/旋板式 | 90/丙 | 1 |

**表 2-6 8581 型标准口半微量有机制备仪组件**

| 组件名称 | 规格编号（全国统一编号） | 规格编号（上海统一编号） | 数量 | 组件名称 | 规格编号（全国统一编号） | 规格编号（上海统一编号） | 数量 |
|---|---|---|---|---|---|---|---|
| 梨形烧瓶 | 8013/10/10 | 13/10/10 | 1 | 直形冷凝管 | 8031/80/10×2 | 21/80/10×2 | 2 |
| | 8013/25/10 | 13/25/10 | 1 | 空心塞 | 8115/10 | 65/10 | 2 |
| 梨形三口烧瓶 | 8015/25/10 | 15/25/10 | 1 | 漏斗 60° | 8176/40/10 | 102/40/10 | 1 |
| 蒸馏头 75° | 8055/10×3 | 25/10×3 | 1 | 抽滤瓶 | 8010/25/10 | 10/25/10 | 1 |
| 具塞温度计 | 8143/250/10 | 83/250/10 | 1 | 二通塞 | 8118/10 | 69/10 | 1 |
| 筒形分液漏斗 | 8172/20/10×2 | 101/20/10×2 | 1 | | | | |

(5) 使用时在磨口处涂敷一层薄而均匀的润滑剂，如硅油、真空活塞油脂、凡士林等。

(6) 磨口打不开时，可用温水、乙酸、盐酸浸泡，或在磨口部分滴数滴乙醚、丙酮、甲醇之类的溶剂以溶解硬化了的润滑油脂，或用 10 份三氯乙醛、5 份甘油、3 份浓盐酸和 5 份水配成的溶液浸泡或刷涂在磨口处，或用塑料锤、木锤轻轻敲击；或两种方法（浸泡、敲击）同时使用等。

4. 有关气体操作使用的玻璃仪器

有关气体操作使用的玻璃仪器按其用途来分，有气体发生装置、气体收集和储存装置、气体处理装置、气体分析与测量装置四类。现将常用仪器品种的名称、规格、主要用途、使用注意事项等列于表 2-7。

5. 成套特殊玻璃仪器

成套特殊玻璃仪器名称、规格、用途见表 2-8。

**表 2-7 有关气体操作使用的玻璃仪器名称、规格、主要用途、使用注意事项**

| 类别 | 名称 | 规格 | 主要用途 | 使用注意事项 |
|---|---|---|---|---|
| 气体发生器 | 气体发生器 | 容量/mL:125,250,500,1000,2000 | 制备少量气体 | 不能加热;制氢气时注意氢气纯度,防止爆炸 |
| 气体储存器 | 集气瓶 | 容量/mL:125,250,500 | 收集气体 | 不能加热 |
| | 玻璃水槽 | 外径/mm:120,150,180,210,240<br>全高/mm:80,90,100,110,125 | | 不能加热,也不能盛较热的水 |
| 采样瓶 | 气体采样瓶 | 容量/mL:300<br>全高/mm:260 | 采集气体试样 | |
| | 双活塞气体采样管 | 容量/mL:150<br>全长/mm:310 | | |
| 气体洗瓶 | 多孔式气体洗瓶 | 容量/mL:250,500<br>全高/mm:220,250 | 用于洗去气体中的杂质 | |
| | 直管式气体洗瓶 | 容量/mL:250,500<br>全高/mm:260,300 | | |
| 气体吸收管 | 固封式气体吸收管 | 管外径/mm:20<br>支管外径/mm:5～6<br>全高/mm:505 | 吸收气体样品中的被测物质 | 通过气量要适当;两只串联使用(多孔玻板吸收管可单只使用);不可直接用火加热 |
| | 双支管气体吸收管 | 上管外径/mm:26<br>下管外径/mm:14<br>内管孔径/mm:1～1.5<br>全长/mm:180 | | |
| | U形多孔玻板吸收管 | 全长/mm:180<br>支管外径/mm:8<br>球外径/mm:40<br>砂芯 | | |
| 气体干燥器 | 一球干燥管 | 全长/mm:145<br>上管外径/mm:17 | 用来干燥气体或从混合气体中除去某些气体。干燥塔也可作吸收塔用 | 具阀的干燥管,不用时可将阀关闭,防止干燥剂吸潮 |
| | 二球干燥管 | 全长/mm:160<br>上管外径/mm:17 | | |
| | U形干燥管 | 管外径/mm:13,15,20<br>全高/mm:100,150,200 | | |
| | U形具支干燥管 | | | |
| | U形具支具塞干燥管 | | | |
| | 气体干燥塔 | 容量/mL:250,500<br>全高/mm:330,400 | | |
| 流量计 | 气体流量计 | 全高/mm:230<br>全宽/mm:120 | 用来测定气体的流量 | 每套配有流量1.5mm及3mm孔口玻管两支,根据流量大小选用 |

6. 微型成套玻璃仪器

成套有机实验微型玻璃仪器由30多个部件组成，均采用10号标准磨砂接口。表2-9是各部件的品种和规格。

**表 2-8 成套特殊玻璃仪器名称、规格、用途**

| 名 称 | 规 格 | 主要用途 | 名 称 | 规 格 | 主要用途 |
|---|---|---|---|---|---|
| 水分测定器 | 普通 500mL、石油专用 500mL | 石油油脂及其他有机物中水分测定 | 蛇形脂肪抽出器 | 60mL、150mL、250mL、500mL、1000mL | 用于低沸点共沸物的提取 |
| 含砂测定器 | 容量 500mL 标准磨口 24/20 | | 普通蒸馏水器 | 250mL、500mL、1000mL、2000mL | 用于制作蒸馏水或蒸馏水的二次蒸馏 |
| 砷素测定器 | 25mL、100mL、150mL、250mL | 微量砷测定 | 蒸馏水器 | 1810A 单蒸、1810B 双蒸 | |
| 挥发油测定器 | 比重压 1.0 以上、比重压 1.0 以下 | 测定挥发油 | 干燥塔 | 250mL、500mL | 净化气体 |
| 品氏黏度计 | 0.4mm，0.8mm，1.0mm，1.2mm，1.5mm，2.0mm，2.5mm，3.0mm，3.5mm，4.0mm | 石油产品及轻化工产品运动黏度的测定 | 过滤装置 | 250mL、1000mL | 过滤沉淀、样液制作 |
| 乌氏黏度计 | 0.5～0.6mm，0.6～0.7mm，0.7～0.8mm，0.8～0.9mm，0.9～1.0mm | 石油产品及轻化工产品运动黏度的测定 | 组织研磨器 | 75mL、90mL、175mL | |
| 球形脂肪抽出器 | 60mL、150mL、250mL、500mL、1000mL | 用于需要回流的脂肪测定 | 旋转蒸发器 | 50～5000mL | 用于浓缩、干燥、回收液体 |

**表 2-9 国产微型化学制备仪的品种和规格**

| 序号 | 品 名 | 规格(磨口口径/容量) | 件数 | 序号 | 品 名 | 规格(磨口口径/容量) | 件数 |
|---|---|---|---|---|---|---|---|
| 1 | 圆底烧瓶 | 10/3mL | 1 | 12 | 真空接受器 | 10×2 | 1 |
| | 圆底烧瓶 | 10/5mL | 1 | 13 | 具支试管 | 10/5mL | 1 |
| | 圆底烧瓶 | 10/10mL | 2 | 14 | 吸滤瓶 | 10/10mL | 1 |
| 2 | 梨形烧瓶 | 10/5mL | 1 | 15 | 玻璃漏斗(附玻璃钉) | 10/20mm | 1 |
| 3 | 二口烧瓶 | 10×2/10mL | 1 | 16 | 温度计套管 | 10 | 1 |
| 4 | 锥形瓶 | 10/5mL | 1 | 17 | 直角干燥管 | 10 | 1 |
| | 锥形瓶 | 10/15mL | 1 | 18 | 离心试管 | 10/2mL | 1 |
| 5 | 直形冷凝管 | 10×2/80mm | 1 | 19 | 二通活塞 | 10 | 2 |
| 6 | 空气冷凝管 | 10×2/80mm | 1 | 20 | 玻璃塞 | 10 | 4 |
| 7 | 微型蒸馏头 | 10/3 | 1 | 21 | 大小头接头 | 14/10 | 1 |
| 8 | 微型分馏头 | 10×3 | 1 | 22 | 温度计 | 0～150，150～300℃ | 2 |
| 9 | 蒸馏头 | 14/10×2 | 1 | 23 | 搅拌磁子 | 四氟乙烯 | 1 |
| 10 | 克莱森接头 | 10×3 | 1 | | | | |
| 11 | 真空指形冷凝器(真空冷指) | 10 | 1 | | | | |

## 三、玻璃仪器的洗涤与干燥

1. 玻璃仪器的洗涤

实验室经常使用的各种玻璃仪器是否干净，常常影响到分析结果的可靠性与准确性，所以保证所使用的玻璃仪器干净是十分重要的。

洗涤玻璃仪器的方法很多，应根据实验的要求、污物性质和污染的程度来选用。通常黏附在仪器上的污物，有可溶性物质，也有不溶性物质和尘土，还有油污和有机物质。针对各种情况，可以分别采用下列洗涤方法。

(1) 用水刷洗 根据要洗涤的玻璃仪器的形状选择合适的毛刷，如试管刷、烧杯刷、瓶刷、滴定管刷等。用毛刷蘸水洗刷，可使可溶性物质溶去，也可使附着在仪器上的尘土和不溶物脱落下来，但往往洗不去油污和有机物质。

(2) 用合成洗涤剂或肥皂液洗 用毛刷蘸取洗涤剂少许，先反复刷洗，然后边刷边用水冲洗，直到倾去水后，器壁不再挂水珠时，再用少量蒸馏水或去离子水分多次洗涤，洗去所沾自来水，即可使用。

为了提高洗涤效率，可将洗涤剂配成1%～5%的水溶液，加温浸泡要洗的玻璃仪器片刻后，再用毛刷刷洗。洗净的玻璃仪器倒置时，水流出后，器壁应不挂水珠，洁净透明。

(3) 用铬酸洗液洗　铬酸洗液是用研细的工业重铬酸钾20g，溶于加热搅拌的40g水中，然后慢慢地加到360g工业浓硫酸中配制而成，并储存于玻塞玻璃瓶中备用。这种溶液具有很强的氧化性，对有机物和油污的去除能力特别强。在进行精确的定量实验时，往往遇到一些口小、管细的仪器很难用其他方法洗涤，就可用铬酸洗液来洗。在要洗的仪器内加入少量铬酸洗液，倾斜并慢慢转动仪器，让仪器内壁全部为洗液湿润，转动几圈后，把铬酸洗液倒回原瓶内，然后用蒸馏水洗几遍。

如果要洗的玻璃仪器太脏，须先用自来水进行初洗。若采用温热铬酸洗液浸泡仪器一段时间，则洗涤效率可提高。铬酸洗液腐蚀性极强，易灼伤皮肤及损坏衣物，使用时应注意安全。铬酸洗液吸水性很强，应该随时注意把装洗液的瓶子盖严，以防吸水而降低去污能力。当铬酸洗液用到出现绿色时（重铬酸钾还原成硫酸铬的颜色），就失去了去污能力，不能继续使用。

若能用别的洗涤方法洗净的仪器，就不要用铬酸洗液，一因铬有一定的毒性，二因成本高。

(4) 其他洗涤液

碱性乙醇洗液　用6g NaOH溶于6mL的水中，再加入50mL 95%乙醇配成，储于胶塞玻璃瓶中备用（久储易失效）。可用于洗涤油脂、焦油、树脂玷污的仪器。

碱性高锰酸钾洗液　4g高锰酸钾溶于水中，加入10g氢氧化钾，用水稀释至100mL而成。此液用于清洗油污或其他有机物质，洗后容器玷污处有褐色二氧化锰析出，可用(1+1)工业盐酸或草酸洗液、硫酸亚铁、亚硫酸钠等还原剂去除。

草酸洗液　5～10g草酸溶于100mL水中，加入少量浓盐酸。此溶液用于洗涤高锰酸钾洗后产生的二氧化锰。

碘-碘化钾洗液　1g碘和2g碘化钾溶于水中，用水稀释至100mL而成。用于洗涤硝酸银黑褐色残留污物。

有机溶剂　苯、乙醚、丙酮、二氯乙烷、氯仿、乙醇、丙酮等可洗去油污或溶于该溶剂的有机物质。使用时注意安全，注意溶剂的毒性与可燃性。

(1+1)工业盐酸或(1+1)硝酸　用于洗去碱性物质及大多数无机物残渣。采用浸泡与浸煮器具的方法。

磷酸钠洗液　57g磷酸钠和285g油酸钠，溶于470mL水中。用于洗涤残炭，先浸泡数分钟之后再刷洗。

(5) 用于痕量分析的玻璃仪器的洗涤　要求洗去所吸附的极微量杂质离子。这就须把洗净的玻璃仪器用优级纯的(1+1) $HNO_3$ 或HCl浸泡几十小时，然后用去离子水洗干净后使用。

(6) 砂芯玻璃滤器的洗涤　新的滤器使用前应以热浓盐酸或铬酸洗液边抽滤边清洗，再用蒸馏水洗净。使用后的砂芯玻璃滤器，针对不同沉淀物采用适当的洗涤剂洗涤。首先用洗涤剂、水反复抽洗或浸泡玻璃滤器，再用蒸馏水冲洗干净，在110℃烘干，保存在无尘的柜或有盖的容器中备用。若把砂芯玻璃滤器随意乱放，积存了灰尘，堵塞滤孔很难洗净。表2-10列出洗涤砂芯玻璃滤器常用洗涤液可供选用。

**表2-10　洗涤砂芯玻璃滤器常用洗涤液**

| 沉淀物 | 洗涤液 |
|---|---|
| AgCl | (1+1)氨水或10% $Na_2S_2O_3$ 溶液 |
| $BaSO_4$ | 100℃浓硫酸或EDTA-$NH_3$溶液(3% EDTA二钠盐500mL与浓氨水100mL混合)，加热洗涤 |
| 汞渣 | 浓热 $HNO_3$ |
| 氧化铜 | 热 $KClO_4$ 或HCl混合液 |
| 有机物 | 铬酸洗液 |
| 脂肪 | $CCl_4$ 或其他适当的有机溶剂 |
| 细菌 | 浓 $H_2SO_4$ 7mL，$NaNO_3$ 2g，蒸馏水94mL充分混匀 |

(7) 磨口玻璃仪器的磨口处，不能用碱、去污粉等擦洗，否则易被腐蚀。

(8) 常用超声波清洗机来洗涤玻璃仪器，既省时又方便，只要把玻璃仪器放在有洗涤剂的溶液中，接通电源，利用超声波的振动和能量，即可洗净仪器，清洗过的仪器，再用自来水、蒸馏水冲洗干净后即可用（参见本章第三节电动设备——超声波清洗机）。

2. 玻璃仪器的干燥

玻璃仪器应在每次实验结束后洗净干燥备用。不同实验对玻璃仪器的干燥程度有不同的要求。一般定量分析用的烧杯、锥形瓶等仪器洗净后即可使用。而用于有机分析或合成的玻璃仪器常常是要求干燥的，有的要求无水，有的可容许微量水分，应根据不同要求来干燥仪器。

常用的干燥玻璃仪器方法如下。

(1) 晾干　不急用的、要求一般干燥的仪器，可在用蒸馏水刷洗后，倒去水分，置于无尘处使其自然干燥。可用安装有斜木钉的架子或有透气孔的柜子放置玻璃仪器。

(2) 烘干　洗净的玻璃仪器倒去水分，放在105～120℃电烘箱内烘干，也可放在红外灯干燥箱中烘干。称量用的称量瓶等在烘干后要放在干燥器中冷却和保存。厚壁玻璃仪器烘干时，要注意使烘箱温度慢慢上升，不能直接置于温度高的烘箱内，以免烘裂。玻璃量器不可放在烘箱中烘干。

(3) 热（冷）风吹干　对于急于干燥的或不适于放入烘箱的玻璃仪器可采用吹干的办法。通常是用少量乙醇或丙酮、乙醚将玻璃仪器荡洗，荡洗剂回收，然后用电吹风机吹，开始用冷风吹，当大部分溶剂挥发后再用热风吹至完全干燥，再用冷风吹去残余的蒸气，使其不再冷凝在容器内。此法要求通气好，防止中毒，不可有明火，以防有机溶剂蒸气燃烧爆炸。

## 四、玻璃仪器的管理

对于实验室中常用玻璃仪器应本着方便、实用、安全、整洁的原则进行管理。

① 建立购进、借出、破损登记制度。

② 仪器应按种类、规格顺序存放，并尽可能倒置放，既可自然控干，又能防尘。如烧杯等可直接倒扣于实验柜内，锥形瓶、烧瓶、量筒等可在柜子的隔板上钻孔，将仪器倒插于孔中，或插在木钉上。

③ 实验用完的玻璃仪器要及时洗净干燥，放回原处。

④ 移液管洗净后置于防尘的盒中或移液管架上。

⑤ 滴定管用毕，倒去内装溶液，用蒸馏水冲洗之后，注满蒸馏水，上盖玻璃短试管或塑料套管，也可倒置夹于滴定管架的夹上。

⑥ 比色皿用毕洗净，倒放在铺有滤纸的小磁盘中，晾干后放在比色皿盒中。

⑦ 带磨口塞的仪器，如容量瓶、比色管等最好在清洗前用小线或橡皮筋把瓶塞拴好，以免磨口混错而漏水。须要长期保存的磨口玻璃仪器要在塞间垫一片纸，以免日久粘住。

若磨口活塞（瓶塞）打不开时，如用力拧就会拧碎。凡士林等油状物质粘住活塞，可以用电吹风或微火慢慢加热使油类黏度降低，熔化后用木器轻敲塞子来打开。因仪器长期不用或尘土等将活塞粘住，可把它泡在水中，或在磨口缝隙处滴加几滴渗透力强的液体，如石油醚等溶剂或表面活性剂溶液等，过一段时间，有可能打开。碱性物质粘住活塞，可将器皿放于水中加热至沸，再用木棒轻敲塞子来打开。内有试剂的瓶塞打不开时，若瓶内是腐蚀性试剂如浓硫酸等，要在瓶外放好塑料桶以防瓶子破裂，操作者应注意安全，配戴必要的防护用具，脸部不应与瓶口靠近。打开有毒蒸气的瓶口（如液溴）要在通风柜中操作。对于因结晶或碱金属盐沉积、碱粘住的瓶塞，把瓶口泡在水中或稀盐酸中，经过一段时间有可能打开。

⑧ 成套仪器如索氏提取器、蒸馏水装置、凯氏定氮仪等，用完后立即洗净，成套放在专用的包装盒中保存。

## 五、简单的玻璃加工操作与玻璃器皿刻记号

实验室中经常要使用一些小件玻璃仪器及零件，如滴管、玻棒、毛细管等，如能自己动手制作，既经常又方便。因此，实验人员掌握一些简单的玻璃灯工技术是很必要的。

1. 喷灯

加工玻璃常用煤气或天然气喷灯，外层通煤气或天然气，中心通压缩空气或氧气加空气，气体流量用开关调节。如果没有煤气，可用酒精喷灯，温度能达1000℃，可用于加工简单零件。

2. 玻璃管的切割方法

加工前把玻璃管洗净、干燥，切割玻璃管常用以下两种方法。

(1) 冷割　直径小于25mm玻璃管均可采用，先用扁锉或三角锉、砂轮片、金刚钻等划一深

痕，并用手指沾水或用湿布擦一下，两手紧握玻璃管，向两边并向下拉折，即可折断。为防止扎破手，握玻璃管时可垫布操作。注意掌握划痕与拉力方向，以获平整截面。

（2）热爆 适用于管径粗、管壁厚、切割长度短的玻璃。其方法是：在需要切割的玻璃管处划痕，另取一段直径3～4mm玻璃棒，一端在小火焰中烧成红色熔珠状，迅速放于划痕处，待熔珠硬化，立即以嘴吹气或滴一滴水在划痕上，使之骤冷，玻璃管即可爆断。

3. 拉制滴管、弯曲玻璃管、拉毛细管

（1）拉制滴管 截取直径8mm左右管子一段，两手握住玻璃管的两端，在玻管要拉细处先用文火均匀预热，再加快熔融，并不断地转动玻璃管，当玻管发黄变软时，移离火焰并两手向两边缓慢地边拉边旋转玻管至所需长度，直至玻璃完全变硬方能停止转动。拉出的细管和原管要在同一轴线上，然后用锉刀截断。再将玻管另一端在火上烧熔，然后在石棉板（网）上轻压一下，使玻管端卷边且变大些，便于套住橡皮头。

灼热的玻璃管应放在石棉网上冷却，不要放在桌上，以免烧焦桌面。不要用手去摸，以免烫伤。

（2）弯曲玻璃管 先将玻璃管用小火预热一下，然后双手持玻璃管把要弯曲的地方放在氧化焰中，增大玻璃管的受热面积，缓慢而均匀地转动玻璃管，两手用力要匀，以免玻璃管在火焰中扭曲，加热至玻璃管发黄变软时自火焰中移出，稍等一两秒钟使各部温度均匀，准确地把玻璃管弯成所需的角度。弯出的管子要求内侧不瘪，两侧不鼓，角度正确，不偏歪。弯好后，待玻璃管冷却变硬之后，才把它放在石棉网上继续冷却。

（3）拉毛细管 取一段直径10mm、壁厚1mm左右的玻璃管，同上法在火焰上加热，当烧至发黄变软时移出火焰，两手握住玻璃管来回转动，同时向水平方向两边拉开，开始慢些，然后加快，拉成直径1mm左右的毛细管。将合格的毛细管用锉刀轻锉一下，用手分成小段，两端再在火焰边缘用小火烧封，冷却后保存于试管内，用时从中间截开。

将不合用的毛细管或玻璃管在火焰中反复对折熔拉若干次后，再拉成1～2mm粗细，截成小段，保存于瓶中，可作为蒸馏时防爆沸用的沸石代用品。

4. 玻璃器皿刻记号

（1）氢氟酸腐蚀法 在要做记号（写字）的玻璃处刷上一层蜡，适用的蜡是蜂蜡或地蜡。用针刻字，滴上50%～60%氢氟酸或用浸过氢氟酸的纸片敷在刻痕上，放置10min。也可作少许氟化钙粉涂于刻痕上，滴上一滴浓硫酸，放置20min。然后用水洗去腐蚀剂，除去蜡层。用水玻璃调和一些锌白或软锰矿粉涂上，可使刻痕着色易见。

氢氟酸的腐蚀性极大，氟化钙遇酸也生成氢氟酸，如不慎侵入皮肤，可达骨骼，剧痛难治。因此，操作时要戴防护罩及塑料（或橡胶）防护手套，如氢氟酸沾到皮肤上要立即用大量水冲洗后泡在冰镇的70%乙醇或（1+1）氯化苄烷铵的水或乙醇冰镇溶液中。

（2）扩散着色法（铜红法） 铜红扩散配方：

| | | | | | |
|---|---|---|---|---|---|
| 硫酸铜 | 2g | 糊精粉 | 0.45g | 胶水 | 0.33g |
| 硝酸银 | 1g | 甘油 | 0.18g | 纯碱 | 0.24g |
| 锌粉 | 0.15g | 水 | 0.78g | | |

用此配方配制的浆料在玻璃上写字，然后进行热处理。普通料玻璃在450～480℃，硬料玻璃在500～550℃烘20min，使铜红原料扩散到玻璃中，冷却后洗去渣子，呈现清晰字迹。

## 六、石英玻璃器皿与玛瑙仪器

1. 石英玻璃器皿

石英玻璃的化学成分是二氧化硅，由于原料不同分为透明和半透明及不透明的熔融石英玻璃。透明石英玻璃是用天然无色透明的水晶高温熔炼而成。半透明石英是由天然纯净的脉石英或石英砂制成，因其含有许多熔炼时未排净的气泡而呈半透明状。透明石英玻璃的理化性能优于半透明石英，主要用于制造玻璃仪器及光学仪器。

石英玻璃的线膨胀系数很小（$5.5\times10^{-7}$），只为特硬玻璃的1/5。因此它能耐急冷急热，将透明的石英玻璃烧至红热，放到冷水中也不会炸裂。石英玻璃的软化温度为1650℃，具有耐高温性能。石英玻璃含二氧化硅量在99.95%以上，纯度很高，具有良好的透明度。它的耐酸性能非常好，除氢氟酸和磷酸外，任何浓度的酸甚至在高温下都极少和石英玻璃作用。但石英玻璃不能耐氢氟酸的腐蚀，磷酸在150℃以上也能与其作用，强碱溶液包括碱金属碳酸盐也能腐蚀石英。石英玻璃仪器外表上与玻璃仪器相似，无色透明，比玻璃仪器价格贵、易脆、易破碎，使用时须特别小心，通常与玻璃仪器分别存放，妥加保管。

石英玻璃仪器常用于高纯物质的分析及痕量金属的分析，不会引入碱金属。常用的石英玻璃仪器有石英烧杯、蒸发皿、石英舟、石英管、石英比色皿、石英蒸馏器以及石英棱镜透镜等。

2. 玛瑙研钵

玛瑙是一种贵重的矿物，是石英的隐晶质集合体的一种，除主要成分二氧化硅外，含有少量的铝、铁、钙、镁、锰等的氧化物。它的硬度大，与很多化学试剂不起作用，主要用于研磨各种物质。

玛瑙研钵不能受热，不可放在烘箱中烘烤，也不能与氢氟酸接触。

使用玛瑙研钵时，遇到大块物料或结晶体，要轻轻压碎后再行研磨。硬度过大、粒度过粗的物质最好不要在玛瑙研钵中研磨，以免损坏其表面。使用后，研钵要用水洗净，必要时可用稀盐酸清洗或用氯化钠研磨，也可用脱脂棉蘸无水乙醇擦净。

## 第二节 化学实验室使用的非玻璃器皿及其他用品

### 一、塑料器皿

塑料是高分子材料的一类，在实验室中常作为金属、木材、玻璃等材料的代用品。

1. 聚乙烯和聚丙烯器皿

聚乙烯可分为低密度、中密度、高密度三种。低密度聚乙烯软化点为100℃，中密度为127～130℃，高密度为125℃。聚乙烯短时间可使用到100℃，能耐一般酸碱腐蚀，不溶于一般有机溶剂，但能被氧化性酸慢慢侵蚀，与脂肪烃、芳香烃和卤代烷长时间接触能溶胀。聚丙烯塑料比聚乙烯硬，熔点约170℃，最高使用温度约130℃，120℃以下可以连续使用，与大多数介质不起反应，但受浓硫酸、浓硝酸、溴水及其他强氧化剂慢慢侵蚀，硫化氢和氨会被吸附。实验室常用聚乙烯和聚丙烯器皿储存蒸馏水、标准溶液和某些试剂溶液，比玻璃容器优越，尤其多用于微量元素分析。

聚乙烯和聚丙烯实验用器皿见表2-11。

**表2-11 聚乙烯和聚丙烯实验用器皿**

| 名称 | 规格 | 名称 | 规格 |
|---|---|---|---|
| 塑料桶/L | 1,5,10,20,25 | 漏斗 $\phi$/mm | 75 |
| 试剂瓶/mL | 60,180,250,500,1000 | 洗瓶/mL | 250,500,1000 |
| 烧杯/mL | 50,100,250,500,1000 | | |

2. 氟塑料器皿

实验室用氟塑料器皿是氟树脂挤出吹塑加工成的容器，它们具有耐高低温、耐腐蚀、耐有机溶剂、防粘、透明、高纯度、无毒、不易破碎等特点。聚四氟乙烯的电绝缘性能好，并能切削加工。在415℃以上急剧分解，并放出有毒的全氟异丁烯气体。

氟塑料器皿主要用作低温实验、微量金属分析和储存超纯试剂。广泛用于地质、冶金、原子能、环保、电子、生物、医学、化学、化工等超纯化学分析实验室。

氟塑料器皿可反复进行高气压或化学消毒，但消毒前应松开或拧下瓶盖以防容器变形，不能超过使用温度范围，也绝不能在明火或热板上加热。

氟塑料实验室器皿如表2-12所示。

**表2-12 氟塑料实验室器皿**

| 名称 | 型号 | 规格/mL |
|---|---|---|
| 洗涤瓶 | SLXP-500 | 500 |
| 管形瓶 | SLGP-7、SLGP-15 | 7,15 |
| 滴液瓶 | SLDP-60 | 60 |
| 窄口瓶 | SLZP-60、SLZP-500、SLZP-1000 | 60,500,1000 |

续表

| 名称 | 型号 | 规格/mL |
|---|---|---|
| 烧杯 | SLSB-10、SLSB-30、<br>SLSB-50～SLSB-1000 | 10,30<br>50～1000 |
| 坩埚 | | 30,50,100 |
| 搅拌子① | B150、B180、B263、B220、A250、A300、B300 | |
| 搅拌浆 | 100-19、250-19、500-24、3000-34 | |

① B为棒型；A为枣核型。

## 二、滤纸、滤膜与试纸

1．滤纸

滤纸主要分为定性滤纸和定量滤纸两种。定量滤纸经过盐酸和氢氟酸处理，灰分很少，小于0.1mg，适用于定量分析。定性滤纸灰分较多，供一般的定性分析和分离使用，不能用于定量分析。此外还有用于色谱分析的层析滤纸。表2-13中列出了国产滤纸型号与性质。

**表2-13 国产滤纸的型号与性质**

| 分类与标志 | | 型号 | 灰分/mg·张$^{-1}$ | 孔径/μm | 过滤物晶形 | 适应过滤的沉淀 | 相对应的砂芯玻璃坩埚号 |
|---|---|---|---|---|---|---|---|
| 定量 | 快速<br>黑色或白色纸带 | 201 | <0.10 | 80～120 | 胶状沉淀物 | $Fe(OH)_3$<br>$Al(OH)_3$<br>$H_2SiO_3$ | G-1<br>G-2<br>可抽滤稀胶体 |
| | 中速<br>蓝色纸带 | 202 | <0.10 | 30～50 | 一般结晶形沉淀 | $SiO_2$<br>$MgNH_4PO_4$<br>$ZnCO_3$ | G-3<br>可抽滤粗晶形沉淀 |
| | 慢速<br>红色或橙色纸带 | 203 | <0.10 | 1～3 | 较细结晶形沉淀 | $BaSO_4$<br>$CaC_2O_4$<br>$PbSO_4$ | G-4<br>G-5<br>可抽滤细晶形沉淀 |
| 定性 | 快速<br>黑色或白色纸带 | 101 | 0.2%<br>或0.15%以下 | >80 | 无机物沉淀的过滤分离及有机物重结晶的过滤 | | |
| | 中速<br>蓝色纸带 | 102 | 0.2%<br>或0.15%以下 | >50 | | | |
| | 慢速<br>红色或橙色纸带 | 103 | 0.2%<br>或0.15%以下 | >3 | | | |

注：1. 层析用定性滤纸 301型和311型为快速；302型和312型为中速；303型和313型为慢速。

2. 层析用定量滤纸 401型和411型为快速；402型和412型为中速；403型和413型为慢速。

2．滤膜

滤膜是由醋酸纤维、硝酸纤维或聚乙烯、聚酰胺、聚碳酸酯、聚丙烯、聚四氟乙烯等高分子材料制作的。聚四氟乙烯滤膜耐热、耐碱、耐有机溶剂，性能最好。用滤膜代替滤纸过滤水样，有如下优点。

① 孔径较小，且均匀。

② 孔隙率高，流速快，不易堵塞，过滤容量大。

③ 滤膜较薄，是惰性材料，过滤吸附少。

④ 自身含杂质少，对滤液影响较小。

目前，国际上通常采用孔径为0.45μm滤膜作为分离可过滤态与颗粒态（不可过滤态）的介质。能通过孔径为0.45μm滤膜的定义为可过滤态，它包括水样中的真溶液和部分胶体成分；被阻留在滤膜上的部分定义为颗粒态。试验表明，国产滤膜的性能与国外产品性能无显著差异。滤膜一般呈圆形，其直径有2cm、5cm、7cm、9cm等。表2-14中列出了部分常用滤膜的种类、型号、规格。

**表2-14 常用滤膜的种类、型号、规格**

| 型号 | 材料 | 规格/μm | 性质 |
|---|---|---|---|
| AX<br>Celotate | 醋酸纤维素 | 0.2～1.00 | 耐酸、耐碱，细菌过滤，可加热消毒 |
| MF<br>WX | 混合纤维素 | 0.5～5.0 | 耐稀酸、稀碱，适用于水溶液，油类等 |

续表

| 型号 | 材料 | 规格/μm | 性质 |
|---|---|---|---|
| FM<br>SM113 | 硝酸纤维素 | 0.2～0.8<br>0.01～12.0 | 耐烃类,适用于水溶液、油类 |
| | 聚碳酸酯 | 0.5～1.2 | 耐酸、部分有机溶剂和水溶液 |
| | 聚乙烯 | | 耐酸、碱,不耐温 |
| 4Fp-3<br>Fluoropore | 聚四氟乙烯 | 30<br>0.2～3.0 | 耐酸、碱,耐热 |
| F-66 | 尼龙 66 | 0.2～2.0 | 耐任何溶剂 |

3. 试纸

在检验分析中经常使用试纸来代替试剂，这能给操作带来很大的方便。通常使用的试纸有 pH 试纸、指示剂试纸及试剂试纸。

(1) pH 试纸　国产 pH 试纸分为广域 pH 试纸和精密 pH 试纸两种，见表 2-15 和表 2-16。

**表 2-15　广域 pH 试纸**

| pH 值变色范围 | 显色反应间隔 | pH 值变色范围 | 显色反应间隔 |
|---|---|---|---|
| 1～10 | 1 | 1～14 | 1 |
| 1～12 | 1 | 9～14 | 1 |

**表 2-16　精密 pH 试纸**

| pH 值变色范围 | 显色反应间隔 | pH 值变色范围 | 显色反应间隔 | pH 值变色范围 | 显色反应间隔 |
|---|---|---|---|---|---|
| 0.5～5.0 | 0.5 | 1.7～3.3 | 0.2 | 7.2～8.8 | 0.2 |
| 1～4 | 0.5 | 2.7～4.7 | 0.2 | 7.6～8.5 | 0.2 |
| 1～10 | 0.5 | 3.8～5.4 | 0.2 | 8.2～9.7 | 0.2 |
| 4～10 | 0.5 | 5.0～6.6 | 0.2 | 8.2～10.0 | 0.2 |
| 5.5～9.0 | 0.5 | 5.3～7.0 | 0.2 | 8.9～10.0 | 0.2 |
| 9～14 | 0.5 | 5.4～7.0 | 0.2 | 9.5～13.0 | 0.2 |
| 0.1～1.2 | 0.2 | 5.5～9.0 | 0.2 | 10.0～12.0 | 0.2 |
| 0.8～2.4 | 0.2 | 6.4～8.0 | 0.2 | 12.4～14.0 | 0.2 |
| 1.4～3.0 | 0.2 | 6.9～8.4 | 0.2 | | |

(2) 指示剂试纸和试剂试纸　常用的指示剂试纸和试剂试纸的制备方法和用途见表 2-17。

**表 2-17　常用的指示剂试纸和试剂试纸的制备方法和用途**

| 试纸名称 | 制备方法 | 用途 |
|---|---|---|
| 酚酞试纸(白色) | 溶解酚酞 1g 于 100mL 95%乙醇中,摇荡,同时加水 100mL,将滤纸放入浸湿后,取出置于无氨气处晾干 | 在碱性介质中呈红色,pH 值变色范围 8.2～10.0,无色变红色 |
| 刚果红试纸(红色) | 溶解刚果红染料 0.5g 于 1L 水中,加入乙酸 5 滴,滤纸用热溶液浸湿后晾干 | pH 值变色范围 3.0～5.2,蓝色变红色 |
| 金莲橙 CO 试纸 | 将金莲橙 CO 5g 溶解在 100mL 水中,浸泡滤纸后晾干,开始为深黄色,晾干后变成鲜明的黄色 | pH 值变色范围 1.3～3.2,红色变黄色 |
| 姜黄试纸(黄色) | 取姜黄 0.5g 在暗处用 4mL 乙醇浸润,不断摇荡(不能全溶),将溶液倾出,然后用 12mL 乙醇与 1mL 水混合液稀释,将滤纸浸入制成试纸,保存于黑暗处密闭器皿中(此试纸较易失效,最好用新制的) | 与碱作用变成棕色,与硼酸作用干燥后呈红棕色,pH 值变色范围 7.4～9.2,黄色变棕红色 |
| 乙酸铅试纸(白色) | 将滤纸浸于 10%乙酸铅溶液中,取出后在无硫化氢处晾干 | 用以检验痕量的硫化氢,作用时变成黑色 |
| 硝酸银试纸 | 将滤纸浸于 25%的硝酸银溶液中,保持在棕色瓶中 | 检验硫化氢,作用时显黑色斑点 |
| 氯化汞试纸 | 将滤纸浸入 3%氯化汞乙醇溶液中,取出后晾干 | 比色法测砷用 |
| 溴化汞试纸 | 取溴化汞 1.25g 溶于 25mL 乙醇中,将滤纸浸入 1h 后,取出于暗处晾干,保存于密闭的棕色瓶中 | 比色法测砷用 |

续表

| 试纸名称 | 制备方法 | 用途 |
|---|---|---|
| 氯化钯试纸 | 将滤纸浸入0.2%氯化钯溶液中，干燥后再浸于5%乙酸中，晾干 | 与二氧化碳作用呈黑色 |
| 溴化钾-荧光黄试纸 | 荧光黄0.2g、溴化钾30g、氢氧化钾2g及碳酸钠2g溶于100mL水中，将滤纸浸入溶液后，晾干 | 与卤素作用呈红色 |
| 乙酸联苯胺试纸 | 乙酸铜2.86g溶于1L水中，与饱和乙酸联苯胺溶液475mL及525mL水混合，将滤纸浸入后，晾干 | 与氰化氢作用呈蓝色 |
| 碘化钾-淀粉试纸（白色） | 于100mL新配的0.5%淀粉溶液中，加入碘化钾0.2g，将滤纸放入该溶液中浸透，取出于暗处晾干，保存在密闭的棕色瓶中 | 检验氧化剂如卤素等，作用时变蓝 |
| 碘酸钾-淀粉试纸 | 将碘酸钾1.07g溶于100mL 0.05mol/L $\left(\frac{1}{2}H_2SO_4\right)$中，加入新配制的0.5%淀粉溶液100mL，将滤纸浸入后晾干 | 检验一氧化氮、二氧化硫等还原性气体，作用时呈蓝色 |
| 玫瑰红酸钠试纸 | 将滤纸浸于0.2%玫瑰红酸钠溶液中，取出晾干，应用前新制 | 检验锶，作用时生成红色斑点 |
| 铁氰化钾及亚铁氰化钾试纸 | 将滤纸浸于饱和铁氰化钾（或亚铁氰化钾）溶液中，取出晾干 | 与亚铁离子（或铁离子）作用呈蓝色 |
| 石蕊试纸 | 用热乙醇处理市售石蕊以除去夹杂的红色素，残渣1份与6份水浸煮并不断摇荡，滤去不溶物，将滤液分成两份，一份加稀磷酸或稀硫酸至变红，另一份加稀氢氧化钠至变蓝，然后以这两种溶液分别浸湿滤纸后，在没有酸碱性气体的房间内晾干 | 在碱性溶液中变蓝，在酸性溶液中变红 |

## 三、金属器皿

1. 铂器皿

铂又称白金，价格比黄金贵，由于它有许多优良的性质，尽管出现了各种代用品，但许多分析工作仍然离不开铂。铂的熔点高达1774℃，化学性质稳定，在空气中灼烧后不起化学变化，也不吸收水分，大多数化学试剂对它无侵蚀作用，耐氢氟酸性能好，能耐熔融的碱金属碳酸盐。因而常用于沉淀灼烧称重、氢氟酸溶样以及碳酸盐的熔融处理。铂坩埚适用于灼烧沉淀。铂制小舟、铂丝圈用于有机分析灼烧样品。铂丝、铂片常用于电化学分析中的电极，以及铂铑电热电偶等。

铂器皿的使用应遵守下列规则：

(1) 铂的领取、使用、消耗和回收都要有严格的制度。

(2) 铂质软，即使含有少量铱铑的合金也软，所以拿取铂器皿时勿太用力，以免变形。不能用玻璃棒等尖锐物体从铂器皿中刮出物料，以免损伤其内壁，也不能将热的铂器皿骤然放入冷水中冷却。

(3) 铂器皿在加热时，不能与任何其他金属接触，因为在高温铂易于与其他金属生成合金。所以，铂坩埚必须放在铂三脚架上或陶瓷、黏土、石英等材料的支持物上灼烧，也可放在垫有石棉板的电热板或电炉上加热，不能直接与铁板或电炉丝接触。所用的坩埚钳子应该包有铂头，镍的或不锈钢的钳子只能在低温时使用。

(4) 下列物质能直接侵蚀或在其他物质共存下侵蚀铂，在使用铂器皿时，应避免与这些物质接触。

① 易被还原的金属和非金属及其化合物，如银、汞、铅、铋、锑、锡和铜的盐类在高温下易被还原成金属，与铂形成合金；硫化物和砷及磷的化合物可被滤纸、有机物或还原性气体还原，生成脆性磷化铂及硫化铂等。

② 固体碱金属氧化物和氢氧化物、氧化钡、碱金属的硝酸盐、亚硝酸盐、氰化物等，在加热或熔融时对铂有腐蚀性。碳酸钠、碳酸钾和硼酸钠可以在铂器皿中熔融，但碳酸锂不能。

③ 卤素及可能产生卤素的混合溶液，如王水、盐酸与氧化剂（高锰酸盐、铬酸盐、二氧化锰等）的混合物，三氯化二铁溶液能与铂发生作用。

④ 碳在高温时，与铂作用形成碳化铂，铂器皿用火焰加热时，只能用不发光的氧化焰，不能与带烟或发亮的还原火焰接触，以免形成碳化铂而变脆。

⑤ 成分和性质不明的物质不能在铂器皿中加热或处理。

⑥ 铂器皿应保持内外清洁和光亮。经长久灼烧后，由于结晶的关系，外表可能变灰，必须及时注意清洗 ，否则日久会深入内部使铂器皿变脆。

(5) 铂器皿清洗　若铂器皿有了斑点，可先用盐酸或硝酸单独处理。如果无效，可用焦硫酸钾于铂器中在较低温度熔融 5～10min，把熔融物倒掉，再将铂器皿在盐酸溶液中浸煮。若仍无效，可再试用碳酸钠熔融处理，也可用潮湿的细砂轻轻摩擦处理。

2. 其他金属（金、银、镍、铁等）器皿

(1) 金器皿　它不受碱金属氢氧化物和氢氟酸的侵蚀，价格较铂便宜，故常用来代替铂器皿，但它的熔点较低（1063℃），故不能耐高温灼烧，一般须低于 700℃。硝酸铵对金有明显的侵蚀作用，王水也不能与金器皿接触。金器皿的使用注意事项，与铂器皿基本相同。

(2) 银器皿　价廉，它也不受氢氧化钾（钠）的侵蚀，在熔融此类物质时仅在接近空气的边缘处略有腐蚀。银的熔点 960℃，不能在火上直接加热。加热后表面生成一层氧化银，在高温下不稳定，在 200℃以下稳定。银易与硫作用，生成硫化银，故不能在银坩埚中分解和灼烧含硫的物质，不许使用碱性硫化试剂。熔融状态的铝、锌、锡、铅、汞等金属盐都能使银坩埚变脆。银坩埚不可用于熔融硼砂。浸取熔融物时不可使用酸，特别不能用浓酸。银坩埚的质量经灼烧会变化，故不适于沉淀的称量。

(3) 镍坩埚　镍的熔点 1450℃，在空气中灼烧易被氧化，所以镍坩埚不能用于灼烧和称量沉淀。它具有良好的抗碱性物质侵蚀的性能，故在实验室中主要用于碱性熔剂的熔融处理。

氢氧化钠、碳酸钠等碱性熔剂可在镍坩埚中熔融，其熔融温度一般不超过 700℃。氧化钠也可在镍坩埚中熔融，但温度要低于 500℃，时间要短，否则侵蚀严重。酸性熔剂和含硫化物熔剂不能用镍坩埚。若要熔融含硫化合物时，应在过量的过氧化钠氧化环境下进行。熔融状态的铝、锌、锡、铅等金属盐能使镍坩埚变脆。银、汞、钒的化合物和硼砂等也不能在镍坩埚中灼烧。

新的镍坩埚在使用前应在 700℃灼烧数分钟，以除去油污并使其表面生成氧化膜，处理后的坩埚应呈暗绿色或灰黑色。以后，每次使用前用水煮沸洗涤，必要时可滴加少量盐酸稍煮片刻，用蒸馏水洗涤烘干使用。

(4) 铁坩埚　铁坩埚的使用与镍坩埚相似，它没有镍坩埚耐用，但价格便宜，较适用于过氧化钠熔融，以代替镍坩埚。铁坩埚中常含有硅及其他杂质，也可用低硅钢坩埚代替。铁坩埚或低硅钢坩埚在使用前应进行钝化处理，先用稀盐酸，然后用细砂纸轻擦，并用热水冲洗，放入 5%硫酸-1%硝酸混合溶液中浸泡数分钟，再用水洗净、干燥，于 300～400℃灼烧 10min。

常用熔剂所适用的坩埚列于表 2-18 中。

**表 2-18　常用熔剂所适用的坩埚**

| 熔剂种类 | 适用坩埚 | | | | | | | 熔剂种类 | 适用坩埚 | | | | | | |
|---|---|---|---|---|---|---|---|---|---|---|---|---|---|---|---|
| | 铂 | 铁 | 镍 | 银 | 瓷 | 刚玉 | 石英 | | 铂 | 铁 | 镍 | 银 | 瓷 | 刚玉 | 石英 |
| 无水碳酸钠 | + | + | + | − | − | + | − | 2份无水碳酸钠+4份过氧化钠 | − | + | + | + | − | + | − |
| 碳酸氢钠 | + | + | + | − | − | + | − | 氢氧化钾(钠) | − | + | + | + | − | − | − |
| 1份无水碳酸钠+1份无水碳酸钾 | + | + | + | − | − | + | − | 6份氢氧化钠(钾)+0.5份硝酸钠(钾) | − | + | + | + | − | − | − |
| 6份无水碳酸钾+0.5份硝酸钾 | + | + | + | − | − | + | − | 氰化钾 | − | − | − | − | + | + | + |
| 3份无水碳酸钠+2份硼酸钠熔融，研成细粉 | + | − | − | − | + | + | + | 1份碳酸钠+1份硫磺 | − | − | − | − | + | + | + |
| 2份无水碳酸钠+2份氧化镁 | + | + | + | − | + | + | + | 硫酸氢钾焦硫酸钾 | + | − | − | − | + | − | + |
| 2份无水碳酸钠+2份氧化锌 | + | + | + | − | + | + | + | 1份氟氢化钾+10份焦硫酸钾 | + | − | − | − | − | − | − |
| 4份碳酸钾+1份酒石酸钾 | + | − | | − | + | + | − | 氧化硼 | + | − | − | − | − | − | − |
| 过氧化钠 | − | + | + | − | − | + | − | 硫代硫酸钠 | − | − | − | − | + | | + |
| 5份过氧化钠+1份无水碳酸钠 | − | + | + | + | − | + | − | 1.5份无水硫酸钠+1份硫酸 | − | − | − | − | + | + | + |

注：“+”表示适用；“−”表示不适用。

## 四、瓷器皿与刚玉器皿

1. 瓷器皿

实验室所用瓷器皿，实际上是上釉的陶器，它的熔点较高（1410℃），可耐高温灼烧，如瓷坩埚可以加热至1200℃，灼烧后其质量变化很小，故常用于灼烧沉淀与称量。

它的热膨胀系数为$(3\sim4)\times10^{-6}$。厚壁瓷器皿在高温蒸发和灼烧操作中，应避免温度的突然变化和加热不均匀现象，以防破裂。瓷器皿对酸碱等化学试剂的稳定性较玻璃器皿为好，然而同样不能和氢氟酸接触。瓷器皿机械性能较强，而且价格便宜。因此实验室中应用了不少化学瓷器皿。根据它的功能大体可分为四类：耐高温器皿、过滤器皿、研磨器皿和比色器皿。现将它们的名称、规格、主要用途、使用注意事项列于表2-19。

**表2-19 常用瓷器皿的名称、规格、主要用途、使用注意事项**

| 类别 | 名称 | 规格 | 主要用途 | 使用注意事项 |
|---|---|---|---|---|
| 耐高温器皿 | 坩埚 | 容量/mL<br>95瓷坩埚：5,10,15,20,25,30,50,100,150,200,300<br>细孔坩埚：25,30,50<br>挥发性坩埚：20,25 | 用来灼烧沉淀；处理样品。上釉坩埚可加热到1050℃；不上釉的可加热到1350℃ | 不可作高温碱熔和焦硫酸盐熔，不可放入氢氟酸。在用作定量分析之前要作灼烧失重空白实验 |
| | 蒸发皿 | 容量/mL<br>无柄：35,50,60,75,100,150,200,250,300,400,500,750,1000,2000,3000,5000<br>有柄：100,150,200,250,300,400,500,700,1000 | 蒸发与浓缩液体；500℃以下灼烧物料 | 要隔石棉网加热 |
| | 燃烧管 | 长×外径×内径/mm：600×21×17,600×25×20；600×27×23 | 盛放固体物质放在电炉中进行高温加热，如燃烧法测定C、H、S等元素 | |
| | 燃烧舟 | 烧船(长度)/mm：72,77,88,95,97<br>方船(长×宽×高)/mm：60×30×15,120×60×30 | 盛放样品放于燃烧管中进行高温反应 | |
| 过滤器皿 | 布氏漏斗 | 外径/mm：25,40,50,60,80,100,120,150,200,250,300 | 加液和过滤 | |
| | 海氏漏斗 | 上口径/mm：30,50,78,94,103 | | |
| 研磨器皿 | 研钵 | 直径/mm<br>普通型：60,80,100,150,190<br>深型：100,120,150,180,205 | 研磨硬度不大的固体物料 | 不能用杵敲击，不能研磨氯酸钾等强氧化剂，或氯酸钾与强还原剂红磷等混合物 |
| 比色器皿 | 点滴板 | 孔数：6,8(分白色、黑色两种) | 用于化学分析呈色或沉淀点滴 | 有色沉淀用白色点滴板，白色或黄色沉淀用黑色点滴板 |
| | 白瓷板 | 长×宽×厚/mm：152×152×5 | 垫于滴定台上，有利于辨别颜色的变化 | |

2. 刚玉器皿

刚玉坩埚。天然的刚玉几乎是纯的三氧化二铝。人造刚玉是由纯的三氧化二铝经高温烧结而成。它耐高温，熔点2045℃，可耐温1500～1550℃，硬度大，对酸碱有相当的抗腐蚀能力。刚玉坩埚可用于某些碱性熔剂的熔融和烧结，但温度不应过高，且时间要尽量短，在某些情况下可以代替镍、铂坩埚，但在测定铝和铝对测定有干扰的情况下不能使用。

## 五、实验室常用的其他用品(灯、架、夹、塞、管、刷、浴、筛等)

(1) 煤气灯　煤气灯是以天然气或石油气为燃料的加热器具。煤气灯温度可达1000～1200℃，可供加热、灼烧、焰色试验、简单玻璃加工等。

煤气灯的式样多种，但构造原理基本相同。都是由灯座、灯管组成。灯管上部有螺纹和几个圆孔，螺纹用来与灯座连接，圆孔是空气入口，用橡胶管与煤气源相连。

正常的灯焰分三层：内层为焰心，温度最低；中层显蓝色，称还原焰，温度较高；外层为氧化焰，温度最高。

使用注意事项如下：

① 点火时，先关闭空气，边通煤气边点火。点火后再调节空气量，使火焰分为三层。

② 煤气量太大时，火焰呈黄色，煤气燃烧不完全，火焰中含有炭粒，火焰温度不高。煤气量太小，则会发生火焰入侵至灯管内，将灯管烧红，遇到这种情况，应及时关闭煤气，待灯管冷却后，重新点火调节。

③ 煤气中通常含有一氧化碳，有毒。应注意经常检查煤气管道等设备有无漏气现象。检查时，用肥皂水涂在可疑处，看是否有肥皂泡产生。绝不可用直接点火试验的方法。

④ 用灯时，周围不得有易燃、易爆等危险物品。使用煤气灯的台面最好是水磨石材质，若在木台面上用灯，必须垫石棉布或石棉板。

⑤ 点燃煤气灯后实验室不能离开人。煤气管禁止与地线连接。

(2) 酒精灯和酒精喷灯　酒精灯结构简单，使用方便，但温度较低。酒精喷灯有坐式、吊式和立式三种，温度达800～900℃，按加热方式可分为直热式和旁热式两种。在没有煤气设备的实验室，常用酒精灯和酒精喷灯代替。

使用注意事项如下：

① 酒精灯和酒精喷灯都以乙醇为燃料，灯内的乙醇量不能超过其总容积的2/3。加乙醇时一定要先灭火，并且等冷却后再进行，周围绝不可有明火。如不慎将乙醇洒在灯的外部，一定要擦拭干净后才能点火。

② 点火时绝不允许用一个灯去点另一个灯。

③ 喷灯点火时，先在引火碗内加入少量的乙醇，点燃，以使灯内乙醇气化。当引火碗内的乙醇快燃尽时，喷嘴处即开始喷火，然后用上下调火调节，待合适后将其固定。

④ 灭火时，酒精灯一定要用灯帽盖灭，不要用嘴去吹。盖灭后，把盖子打开一下，再盖好即可。喷灯灭火是用打开阀门的办法，等灯灭了并全部冷却后，再将阀门关紧。

⑤ 喷灯在正常工作时，罐内乙醇蒸气压强最高可达60kPa。灯身各部位耐压一般达190kPa，可保证正常安全工作。使用过程中若喷嘴堵塞，点不着火，则应检查原因，以免引起灯身崩裂，造成事故。如果发现乙醇罐底部鼓起时，应立即停止使用。

⑥ 灯芯一般每年更换一次。

(3) 水浴锅　当被加热的物体要求受热均匀，温度不超过100℃时，可用水浴加热。水浴锅通常用铜或铝制作，有多个不同大小的套圈和小盖，适于放置不同规格的器皿。注意不要把水浴锅烧干，也不要把水浴锅作沙盘使用。多孔电热恒温水浴使用更为方便。水浴锅还可用于油浴。

(4) 铁台架、铁环和铁三脚架　铁台架和铁环用于固定和放置反应容器，铁环上放石棉网可用于放被加热的烧杯等。在铁三脚架上，垫石棉网或泥三角，可用于加热或灼烧操作。

(5) 泥三角和石棉网　泥三角由套有瓷管或陶土管的铁丝弯成，用于灼烧坩埚。

石棉网是一块铁丝网，中间铺有石棉，有大小之分。由于石棉是热的不良导体，它能使物体受热均匀，不至于造成局部加热。使用时注意不能与水、酸、碱接触。规格有14×14、15×15、20×20、25×25等。

(6) 双顶丝和万能夹　双顶丝用来把万能夹固定在铁架台的垂直圆铁杆上。万能夹用来夹住烧瓶或冷凝管等玻璃仪器。万能夹头部可以旋转不同角度，便于调节被夹物的位置。其头部套有耐热橡胶管或垫有石棉绳，以免夹碎玻璃仪器。自由夹头部不能旋转。

(7) 烧杯夹　用于夹取热的烧杯，由不锈钢制成，头部绕有石棉绳。

(8) 试管夹　主要用来夹住试管进行加热。

(9) 坩埚钳　主要用于夹持坩埚及钳取蒸发皿。长柄坩埚钳用于在高温炉内取放坩埚。坩埚钳多为铁制，表面常镀铬。使用坩埚钳时要注意不要沾上酸等腐蚀性物质。为了保持头部清洁，放置时钳头应朝上。

(10) 滴定台和滴定管夹　滴定台又称滴定管架，在底板中央有支杆。铁制底板上常铺有乳白色玻璃面或大理石板面，以便滴定时容易观察颜色变化。

滴定管夹又称蝴蝶夹，它可紧固在滴定台的支杆上，依靠弹簧的作用可以方便夹住滴定管。滴定管夹与滴定管接触处要套上橡胶管。滴定管要调整到合适的高度及垂直位置。

(11) 移液管架　用木、塑料或有机玻璃等制成，有多种形状，如横放的梯形移液管架，竖放的圆形移液管架，用于放置各种规格洗净的移液管和吸量管。

(12) 漏斗架　为木或塑料制品，包括底座、支杆、漏斗隔板和固定螺丝等几部分。隔板的高度可以任意调节，有两孔和四孔之分。

(13) 试管架和比色管架　试管架为木制或金属制成。比色管架为木制。有不同孔径及孔数规格的制品，供放置不同规格的试管与比色管用。有的比色管架底板上装有玻璃，易于比色。

(14) 螺旋夹和弹簧夹　有金属镀锌的、不锈钢的或有机玻璃的等。一般用于夹紧橡胶管，螺旋夹用于需要调节流出液体或气体流量的场合。

(15) 打孔器　为一组直径不同的金属管，分四支套和六支套两种。一端有柄便于紧握与挤压旋转，另一端是边缘锋利的金属管，用于橡胶塞或软木塞钻孔。钻孔时用手按住手柄，边旋转边往下钻，可涂些水或肥皂水以增加润滑。软木塞在钻孔前，先用压塞机压一下。大批塞子的钻孔，可用手摇钻孔器。打孔器不可用锤子敲打钻孔。

(16) 橡胶塞和软木塞塑料塞　表 2-20 中列出常用橡胶塞和软木塞的规格。

(17) 橡胶管　表 2-21 中列出常用橡胶管和医用乳胶管的规格。

(18) 毛刷　表 2-22 中列出常用毛刷的品种和规格。

(19) 常用维修工具　表 2-23 中列出常用的维修工具。

(20) 水浴、油浴、空气浴与砂浴。

**表 2-20　常用橡胶塞和软木塞的规格**　　单位：mm

| 橡胶塞 | | | | 软木塞 | | | 橡胶塞 | | | | 软木塞 | | |
|---|---|---|---|---|---|---|---|---|---|---|---|---|---|
| 大端直径 | 小端直径 | 轴向高度 | 估算质量/个·$kg^{-1}$ | 大端直径 | 小端直径 | 轴向高度 | 大端直径 | 小端直径 | 轴向高度 | 估算质量/个·$kg^{-1}$ | 大端直径 | 小端直径 | 轴向高度 |
| 12.5 | 8 | 17 | 588 | 15 | 12 | 15 | 37 | 30 | 30 | 26 | 30 | 24 | 30 |
| 15 | 11 | 20 | 277 | 16 | 13 | 15 | 41 | 33 | 30 | 49.5 | 32 | 26 | 30 |
| 17 | 13 | 24 | 151 | 18 | 14 | 15 | 45 | 37 | 30 | 59.5 | 34 | 27 | 30 |
| 19 | 14 | 26 | 115 | 19 | 16 | 15 | 50 | 42 | 32 | 80 | 36 | 28 | 30 |
| 20 | 16 | 26 | 100 | 21 | 17 | 17 | 56 | 46 | 34 | 110 | 38 | 30 | 30 |
| 24 | 18 | 26 | 74 | 23 | 19 | 19 | 62 | 51 | 36 | 142 | | | |
| 26 | 20 | 28 | 55 | 24 | 20 | 19 | 69 | 56 | 38 | 176 | | | |
| 27 | 23 | 28 | 47 | 26 | 22 | 25 | 75 | 62 | 39 | 230 | | | |
| 32 | 26 | 28 | 35 | 28 | 24 | 30 | 81 | 68 | 40 | 276 | | | |

**表 2-21　常用橡胶管和医用乳胶管的规格**　　单位：mm

| 普通橡胶管 | | | | | | 医用乳胶管 | |
|---|---|---|---|---|---|---|---|
| 外径 | 壁厚 | 外径 | 壁厚 | 外径 | 壁厚 | 外径 | 内径 |
| 8 | 1.5 | 21 | 2.5 | 40 | 4 | 6 | 4 |
| 12 | 2 | 25 | 3 | 48 | 5 | 7 | 5 |
| 14 | 2.25 | 29 | 3.5 | | | 9 | 6 |
| 17.5 | 2.25 | 32 | 3.5 | | | | |

**表 2-22　常用毛刷的品种和规格**　　单位：mm

| 品　种 | 全长 | 毛长 | 直径 | 品　种 | 全长 | 毛长 | 直径 | 品　种 | 全长 | 毛长 | 直径 |
|---|---|---|---|---|---|---|---|---|---|---|---|
| 试管刷 | 160 | 60 | 10 | 烧杯刷 | 170 | | 27 | 滴管刷 | 600 | 120 | 10 |
| | 230 | 75 | 13 | | 210 | | 30 | | 600 | 120 | 12 |
| | 250 | 80 | 14 | 三角瓶刷 | 180 | 60 | 60 | | 850 | 120 | 15 |
| | 250 | 80 | 18 | | 220 | 80 | 80 | | 850 | 120 | 22 |
| | 230 | 75 | 19 | | 240 | 100 | 100 | 离心管刷 | 150 | 40 | 15 |
| | 250 | 80 | 22 | | 260 | 120 | 120 | | 200 | 50 | 20 |
| | 240 | 75 | 25 | 瓶刷 | 300 | 90 | 90 | 吸管刷 | 420 | 115 | 6 |
| | 250 | 100 | 32 | | 500 | 130 | 90 | | 420 | 120 | 4 |
| | | | | | 700 | 150 | 100 | 拉管刷 | 850 | 150 | 15 |

**表 2-23 常用的维修工具**

| 名称 | 规格 | 名称 | 规格 | 名称 | 规格 |
|---|---|---|---|---|---|
| 台钳 | 钳口宽 65mm | 锉刀 | 形式:扁锉、圆锉、半圆锉、三角锉、木锉<br>长度:150mm、200mm | 钢锯条 | 长 300mm |
| 克丝钳 | 长 150mm,200mm | 什锦锉 | 8 件或 12 件(套) | 电烙铁 | 内热式 25W、50W |
| 尖嘴钳 | 长 150mm | 套扳手 | 8 件或 12 件(套) | 电工刀 | |
| 扁嘴钳 | 长 150mm | 锤子 | 重 0.5kg | 剪刀 | |
| 活扳手 | 长 300mm、250mm、150mm、100mm<br>开口宽 36mm、30mm、19mm、14mm | 钢卷尺 | 2m | 电钻 | |
| 螺丝刀 | 平头 75mm、100mm、150mm<br>十字 70mm、100mm、150mm | 钢锯架 | 调节式 | 万用表 | |
| | | | | 验电笔 | |

| 常用加热介质 | 热浴温度 | 常用加热介质 | 热浴温度 |
|---|---|---|---|
| 水浴 | 95℃以下 | 油浴（棉籽油） | 210℃以下 |
| 液体石蜡浴 | 200℃以下 | 空气浴 | 300℃以下 |
| | | 砂浴 | 400℃以下 |

(21) 标准筛 常用标准筛对照数据见表 2-24。

**表 2-24 常用标准筛对照**

| 国际标准 ISO | 美国筛制 | | | 中国药典筛标准 | 国际标准 ISO | 美国筛制 | | | 中国药典筛标准 |
|---|---|---|---|---|---|---|---|---|---|
| 标准筛名 | 替代筛名① | 筛孔大小/mm | 经线直径/mm | | 标准筛名 | 替代筛名① | 筛孔大小/mm | 经线直径/mm | |
| 11.2mm | 7/16in | 11.2 | 2.45 | | 300μm | No. 50 | 0.297 | 0.215 | |
| 8.00mm | 5/16in | 8.00 | 2.07 | | 250μm | No. 60 | 0.250 | 0.180 | 四号筛 |
| 5.60mm | No. 3.5 | 5.60 | 1.87 | | 210μm | No. 70 | 0.210 | 0.152 | |
| 4.75mm | No. 4 | 4.76 | 1.54 | | 180μm | No. 80 | 0.177 | 0.131 | 五号筛 |
| 4.00mm | No. 5 | 4.00 | 1.37 | | (154μm) | | | | 六号筛 |
| 3.35mm | No. 6 | 3.36 | 1.23 | | 150μm | No. 100 | 0.149 | 0.110 | 七号筛 |
| 2.80mm | No. 7 | 2.83 | 1.10 | | 125μm | No. 120 | 0.125 | 0.091 | |
| 2.38mm | No. 8 | 2.38 | 1.00 | | 106μm | No. 140 | 0.105 | 0.076 | |
| 2.00mm | No. 10 | 2.00 | 0.900 | 一号筛 | (100μm) | | | | 八号筛 |
| 1.40mm | No. 14 | 1.41 | 0.725 | | 90μm | No. 170 | 0.088 | 0.064 | |
| 1.00mm | No. 18 | 1.00 | 0.580 | | 75μm | No. 200 | 0.074 | 0.053 | |
| 841μm | No. 20 | 0.841 | 0.510 | 二号筛 | (71μm) | | | | 九号筛 |
| 700μm | No. 25 | 0.707 | 0.450 | | 63μm | No. 230 | 0.063 | 0.044 | |
| 595μm | No. 30 | 0.595 | 0.390 | | 53μm | No. 270 | 0.053 | 0.037 | |
| 500μm | No. 35 | 0.500 | 0.340 | | 44μm | No. 325 | 0.044 | 0.030 | |
| 425μm | No. 40 | 0.420 | 0.290 | | 37μm | No. 400 | 0.037 | 0.025 | |
| 355μm | No. 45 | 0.354 | 0.247 | 三号筛 | | | | | |

① 1in（即英寸）=0.0254m；No. 100 即 100 目。

# 第三节 化学实验室常用的电器与设备

## 一、电热设备

实验室常用的电热设备有电炉、电热板、电热套、高温炉、烘箱和恒温水浴等。

使用电热设备应注意事项有以下几点：

(1) 电压必须与用电设备的额定工作电压相等，电源功率要足够，电线必须耐足够的功率，要用专用插座。

(2) 设备绝缘良好，确保安全。

(3) 若放在木质、塑料等可燃性实验台上，要注意用隔热材料隔开，如石棉板、石棉布、耐火砖等。

1. 电炉

电炉是实验室中常用的加热设备，特别是没有煤气设备的实验室更离不开它。电炉靠电阻丝（常用的为镍铬合金丝，俗称电炉丝）通过电流产生热能。

电炉的结构简单，一条电炉丝嵌在耐火土炉盘的凹槽中，炉盘固定在铁盘座上，电炉丝两头套几节小瓷管后，连接到瓷接线柱上与电源线相连，即成为一个普通的圆盘式电炉。有用铁板盖严的盘式电炉称暗式电炉，它可用于不能直接用明火加热的试验。电炉按功率大小分为不同的规格，常用的电炉为200W、500W、1000W、2000W。

电炉能调节发热量。炉盘在上方，炉盘下装有一个单刀多位开关，开关上有几个接触点，每两个接触点间装有一段附加电阻，用多节瓷管套起来，避免因相互接触或与电炉外壳接触而发生短路或漏电伤人。凭借滑动金属片的转动来改变和炉丝串联的附加电阻的大小，以调节电炉丝的电流强度，达到调节电炉热量的目的。

使用电炉应注意以下几点：

(1) 电炉电源最好用电闸开关，不要只靠插头控制，功率较大的电炉尤其应该如此。

(2) 电炉不要放在木质、塑料等可燃的实验台上，以免因长时间加热而烤坏台面，甚至引起火灾。电炉应放在水泥台上，或在电炉与木台间垫上足够的隔热层。

(3) 若加热的是玻璃容器，必须垫上石棉网。若加热的为金属容器，要注意容器不能触及电炉丝，最好是在断电的情况下取放加热容器。

(4) 被加热物若能产生腐蚀性或有毒气体，应放在通风柜中进行。

(5) 炉盘内的凹槽要保持清洁，及时清除污物（先断开电源），以保持炉丝良好，延长使用寿命。

(6) 更换炉丝时，新换上炉丝的功率应与原来的相同。

(7) 电源电压应与电炉本身规定的使用电压相同。我国单相电压规定为220V。有些国外设备可能使用其他电压，如美国、日本的电器设备使用110V。故初次使用国外设备时，要特别注意匹配电压值。

2. 电热板

电热板实质上是一种封闭式电炉，有时是几个电炉的组合，各有独立的开关，并能调节加热功率，几个电炉可单独使用，也可同时使用。由于电炉丝不外露，功率可调，使用安全、方便，是实验室中特别适用的电热设备之一。

3. 电热套

电热套是加热烧瓶的专用电热设备，其热能利用效率高、省电、安全。电热套规格按烧瓶大小区分，有50mL、100mL、250mL、500mL、1000mL、2000mL等多种。若所用电热套功率不能调节，使用时可连接一个较大功率的调压变压器，就可以调节加热功率以控制温度，做到方便又安全。

4. 高温炉

实验室使用的高温炉有：箱式电阻炉（马弗炉）、管式电阻炉（管式燃烧炉）和高频感应加热炉等。按其产生热源形式不同，可分为电阻丝式、硅碳棒式及高频感应式等。箱式电阻炉、管式电阻炉和电热板常用规格见表2-25。

**表 2-25 箱式电阻炉、管式电阻炉、电热板常用规格**

| 产品名称 | 型号 | 功率/kW | 电压/V | 温度/℃ | 炉膛尺寸/mm |
|---|---|---|---|---|---|
| 箱式电阻炉 | SX2-2.5-10 | 2.5 | 220 | 1000 | 200×120×180 |
| | SX2-4-10 | 4 | 220 | 1000 | 300×200×120 |
| | SX2-8-10 | 8 | 380/220 | 1000 | 400×250×160 |
| | SX2-12-10 | 12 | 380/220 | 1000 | 500×300×200 |
| | SX2-2.5-12 | 2.5 | 220 | 1200 | 200×120×80 |
| | SX2-5-12 | 5 | 220 | 1200 | 300×200×120 |
| | SX2-5-13 | 5 | 220 | 1300 | 250×150×100 |
| | SX2-6-13 | 6 | 380/220 | 1300 | 250×150×100 |
| 数字显示箱式电炉 | SX2-2.5-10 | 2.5 | 220 | 1000 | 200×120×80 |
| | SX2-4-10 | 4 | 220 | 1000 | 300×200×120 |
| | SX2-8-10 | 8 | 380/220 | 1000 | 400×250×160 |
| | SX-12-10 | 12 | 380/220 | 1000 | 500×300×200 |
| 管式电阻炉 | SK2-1.5-13T | 1.5 | 220 | 1300 | $\phi$18×180 |
| | SK2-2.5-13TS | 2.5 | 220 | 1300 | $\phi$22×180 |
| 电热板 | SC404-2.4kW | 2.4 | | | 350×450 |
| | SC404-3.6kW | 3.6 | | | 450×600 |

(1) 箱式电阻炉（马弗炉） 常用于重量分析中沉淀灼烧、灰分测定与有机物质的炭化等。在使用时与相应的热电偶和温度控制台配套，能在额定温度范围内，自动测温、控温进行工作。

工作温度为950℃的电炉，其发热元件为铁铬铝丝，它缠绕在炉膛的四周。工作温度为1300℃的电炉，其发热元件为硅碳棒，安装在炉膛的上部。

电热式结构的马弗炉，最高使用温度为950℃，其炉膛是用耐高温的氧化硅结合体制成。炉膛四周都有电热丝，通电后整个炉膛周围加热均匀，炉膛的外围包以耐火土、耐火砖、石棉板等，以减少热量损失。外壳包上角铁的骨架与铁皮，炉门是用耐火砖制成，中间开一个小孔，嵌上透明的云母片，以观察炉内升温情况。当炉膛暗红色时约600℃，达到深桃红色时约800℃，淡红色时为950℃。为了安全操作，有的电炉在炉门上装有限位开关，当炉门打开时电炉自动断电，因此只有在炉门关闭时才能加热。炉膛须进行温度控制。温度控制器由一块毫伏表和一个继电器组成，连接一支相匹配的热电偶进行温度控制。热电偶装在耐高温的瓷管中，从高温炉的后部小孔伸进炉膛内。炉温不同，热电偶产生不同的电势，电势的大小直接用温度的数值在控制器表头上显示出来。当指示温度的指针慢慢上升至与事先调好的控制温度指针相遇时，继电器立即切断电路，停止加热。当温度下降，上下两指针分开时，继电器又使电路重新接通，电炉继续加热。如此反复进行，就可达到自动控制温度的目的。通常在升温之前，将控温指针拨到预定温度的位置，从到达预定温度时起，计算灼烧时间。

实验室常用的马弗炉通常配的是镍铬-镍硅热电偶，测温范围为0～1300℃。

箱式电阻炉（马弗炉）使用时应注意以下几点。

① 马弗炉必须放在稳固的水泥台上或特制的铁架上，周围不要存放化学试剂及易燃易爆物品。热电偶棒从高温炉背后的小孔插入炉膛内，将热电偶的专用导线接在温度控制器的连线柱上。注意正、负极不要接错，以免温度指针反向而损坏。

② 马弗炉要用专用电闸控制电源，不能用直接插入式插头控制。要查明马弗炉所需的电源电压、配置功率、熔断器、电闸是否合适，并接好地线，避免危险。炉前地面上可铺一块厚胶皮，这样操作时较安全。

③ 电炉由于存放和运输过程中可能受潮，所以在使用前必须进行烘炉干燥，以防炉膛因温度的急剧变化而破裂。烘炉时间：

工作温度为950℃的电炉 室温～200℃，4h；200～600℃，4h。

工作温度为1300℃的电炉 室温～200℃，1h；200～500℃，2h；500～800℃，3h；800～1200℃，2h。

④ 为了维护电炉的使用寿命，使用中切勿超过极限温度。装卸试品时，必须谨慎严防碰损硅碳棒。

⑤ 在马弗炉内进行熔融或灼烧时，必须严格控制操作条件、升温速度和最高温度，以免样品飞溅、腐蚀和黏结炉膛。如灼烧有机物、滤纸等，必须预先炭化。保持炉膛内干净平整，以防坩埚与炉膛黏结。为此，要经常清除炉膛内的氧化物，并在炉膛内垫耐火薄板，以防偶然发生溅失损坏炉膛，并便于更换。

⑥ 马弗炉使用时，要有人经常照看，防止自控失灵，造成事故。晚间无人时，切勿使用马弗炉。

⑦ 热电偶不可在高温时骤然插入或拔出，以免爆裂。在插入或拔出时应小心，以防折断。

⑧ 灼烧完毕，应先拉开电闸，切断电源。不应立即打开炉门，以免炉膛突然受冷碎裂。通常先开一条小缝，让其降温加快，待温度降至200℃时，开炉门，用长柄坩埚钳取出试品。

(2) 管式电阻炉（管式燃烧炉） 管式燃烧炉通常用于矿物、金属或合金中气体成分分析用。

它的热源是由两根规格相同的硅碳棒进行电加热，通常配有调压器及配电装置（包括电流表、电压表、热电偶、测温毫伏计），同时有一套气体洗涤装置。

在使用时应注意以下几点。

① 升温和降温必须缓慢进行，正常使用的温度不宜超过1350℃，电流不超过15A。

② 要检查电源电压、功率、电闸熔断器是否合适。要接好地线，保证安全操作。

③ 气体经洗涤后，要经过干燥装置，方能进入炉内，以防炉膛破裂。

④ 使用过程中往往因导线与硅碳棒的接头处接触不良而冒火花，此时务必使接触良好后，才能继续使用。

⑤ 要经常检查电器线路，特别是热电偶的高温头往往因接触不良而使指示温度不准确。

⑥ 硅碳棒断裂后，必须更换规格相同的新棒。

(3) 高频感应加热炉　又称高频炉，是利用电子管自激振荡产生高频磁场和金属在高频磁场作用下产生的涡流而发热，致使金属试样熔化。通入氧气后，产生二氧化碳、二氧化硫等气体，进行化学分析。

5. 电热恒温箱

电热恒温箱也称烘箱、干燥箱。是利用电热丝隔层加热，使物体干燥的设备。电热恒温干燥箱最高工作温度一般为300℃，有特小型、小型、中小型、中型和大型几种规格，可供各种试品进行烘焙、干燥、热处理及其他加热。电热恒温箱有：电热恒温干燥箱、电热恒温鼓风干燥箱、数字显示电热恒温干燥箱、电热恒温培养箱、数显式电热培养箱、调温调湿箱、低温或高低温试验箱、老化试验箱、恒温恒湿试验箱、电热真空干燥箱、盐雾试验箱、霉菌试验箱等。

按是否设有鼓风装置，产品分为电热恒温干燥箱和电热鼓风恒温干燥箱两种。前者工作室内的空气借冷热空气之密度动向促成对流，使室内温度均匀；后者装有电动鼓风机，促使室内热空气机械对流，使室内温度更为均匀。电热恒温箱的型号很多，但它们的结构、恒温系统等基本相同。现以电热鼓风恒温干燥箱为例给予介绍。

(1) 鼓风恒温干燥箱的构造　干燥箱箱体的外层为喷漆铁皮；中层为玻璃棉或石棉，用以隔热保温；第三层为铁皮；第四层为铁皮制的空气对流壁，使冷热空气能对流，箱内温度均匀。工作室外壁涂以耐高温、防腐蚀的银粉漆。箱顶有排气孔，便于热空气和蒸气逸出，排气孔中央备有温度计插孔，插上温度计用于指示箱内温度。箱门均为双层，内门一般为耐高温的不易破碎的钢化玻璃，外门是填有绝热层的金属隔热门。箱底有进出气孔。工作室内有试品隔板，试品置于其上进行干燥。如遇试品较大，可抽出隔板进行调整。

电热部分多为外露式电热丝。通常电热丝分两大组，其中一大组为辅助电热丝，直接与电源相接，不受温度控制器控制；另一大组为恒温电热丝，它与温度控制器相连，接受控制。

自动控温系统，通常采用差动棒式或接点水银温度计式的温度控制器，或者用热敏电阻作传感元件的温度控制器。

(2) 烘箱的使用操作

① 烘箱应安装在水泥台上或水平安放在室内的干燥处，防止震动。

② 根据烘箱的耗电功率，安装足够容量的电源闸刀作为烘箱电源开关，选用足够负荷的电源导线和良好的地线。

③ 插上温度计后将进出气孔旋开（空隙约10mm左右），先进行空箱试验。开电源开关，当温度调节旋钮在“0”位置时，绿色指示灯亮，表示电源已接通。将旋钮顺时针方向从“0”旋至某一位置，在绿色指示灯熄灭的同时红色灯亮，表示电热丝已通电加热，箱内升温。然后把旋钮旋回至红灯熄灭绿灯再亮，说明电器系统正常，即可投入使用。

④ 带鼓风机的烘箱，在加热和恒温过程中必须开鼓风机，否则影响烘箱内温度均匀性或损坏加热元件。

⑤ 当烘箱内温度升到比所需温度低2～3℃时，将温度调节器旋钮按逆时针方向旋回红、绿灯交替明亮处，即能自动控温。为了防止控制器失灵而出事故，实验人员须经常照看，不能长时间离开。

⑥ 欲观察箱内试品时，可开启箱门，隔着玻璃门观察。但箱门不宜常开，以免影响恒温。

⑦ 烘完物品后，应先将加热开关拨至“0”位，再拉断电源开关。

(3) 烘箱的使用注意事项

① 烘箱不可烘易燃、易爆、有腐蚀性的物品。如必须烘干滤纸、脱脂棉等纤维类物品，则应该严格控制温度，以免烘坏物品或引起事故。

② 放入试品质量不能超过10kg，试品排布不能过密。待烘干的试剂、样品等应放在相应的器

皿中，如称量瓶、广口瓶、培养皿等，打开盖子放在搪瓷托盘中一起放入烘箱。须烘干的玻璃仪器，必须洗净并控干水后，才能放入烘箱。

③ 当工作室的温度很高时，要慎重开启箱门，以防玻璃门遇冷炸裂。

④ 箱内外应经常保持清洁。烘箱不用时，在切断电源状态下，打扫工作室，并把排气孔关闭好，以免进入潮气和灰尘。

6. 远红外线干燥箱

远红外线干燥箱比传统的电热干燥箱具有效率高、速度快、干燥质量好、节电效果显著等优点。远红外线干燥箱的远红外线波长范围为2.5～15μm，功率为1.6～4.8kW。当箱内红外线发射体辐射出的红外线照射到被加热物体时，如被加热分子吸收的波长与红外线的辐射波长相一致，被加热的物体就能吸收大量红外线，变成热能，从而使物质内部的水分或溶剂蒸发或挥发，逐渐达到物体干燥或固化。为使箱内温度均匀，可增设鼓风设备，工作室内壁喷涂反射率高的铝质银粉。工作室内有放置试样的隔板，室前的玻璃门供观察室内情况，箱顶中心插有温度计用于监测箱内温度，加热器均用热敏电阻为传感元件的控温仪控制。维护与使用注意事项与烘箱相似。

7. 电热真空干燥箱

电热真空干燥箱系用真空泵及加热器使工作室得到真空和工作温度（最高温度一般200℃），供不能直接在空气中高温干燥的试品等作快速真空干燥处理。

干燥箱一般由薄钢板制成卧式圆柱箱体。内层是工作室，呈圆筒形，内有放置试品的隔板，工作室与外壳之间为保温层，以玻璃纤维作保温材料。箱门设有玻璃观察窗。为了保证箱门和箱体的密封性，设置了四个胶木紧固把手，并以耐热橡胶作为门的密封压垫。电热丝置于工作室下，其工作由电子管温度控制器控制。温度控制器、指示灯、开关旋钮置于箱体下部。真空表装于箱体后侧，通过真空胶皮管与真空泵连接。

温度自动控制器所采用的感温元件及其工作原理与电热干燥箱基本相同。

电热真空干燥箱的使用及注意事项如下。

① 真空干燥箱应水平安放在室内干燥处，不必使用其他固定装置。

② 应在供电线路中安装专供此箱使用的插座和供真空泵使用的闸刀开关。

③ 使用前要清理干净箱内杂物灰尘。

④ 放入试品后关闭密封门，旋紧四个胶木紧固把手。注意箱门要保持端正平整，这样才能保证密封性能良好。

⑤ 将真空表下面的空气阀嘴，用真空胶管与真空泵吸入管头连接，并注意接头处不应漏气。为防止潮湿气体进入真空泵后而影响真空度，真空干燥箱和真空泵之间最好跨接过滤器。

⑥ 开启电源开关和真空泵电动机开关。

⑦ 若干燥箱采用双金属杆作为感温元件时，上述工作完成后，将恒温控制器旋钮顺时针方向沿铭牌参考刻度0～10缓慢旋转，指示灯亮，工作室开始升温。当升到一定温度后，指示灯在“灭”和“亮”交替处，即为恒温点，待箱内温度稳定后，从温度计观其温度读数。若该温度仍未达到所需的工作温度，可再调节恒温控制器旋钮，以达到所需工作温度为止。

若采用电接点水银温度计作为感温元件，只需调节水银触点温度至所需的工作温度。

⑧ 工作完毕后，立即切断电源。试品需取出时，空气应徐徐进入室内，切勿过急，防止真空表指针因冲击影响其使用精度。

⑨ 干燥箱工作室不得放易挥发、爆炸性物品。在处理易燃物品时，必须待温度冷却到低于燃烧点后，才能放入空气，以免氧化反应而发生爆炸危险。

8. 电热恒温水浴锅

电热恒温水浴锅系实验室低温加热设备，常用来加热和蒸发易挥发、易燃的有机溶剂及进行温度低于100℃的恒温实验。

电热恒温水浴锅是内外双层箱式的加热设备，面板为单层，按不同规格开有一定数目的孔（孔径为12cm），每孔配有四个金属（铜、铝或不锈钢）套圈和小盖，选择套圈可放置大小不同的被加热的仪器。如果所开孔洞“一”字排列称单列式电热水浴锅；如果平行排列，称双列式电热水浴锅。单列式水浴锅有2孔、4孔、6孔、8孔四种规格；双列式有4孔、6孔、8孔三种规格，功率有 500W、1000W、1500W、2000W 等规格。

电水浴锅分内外两层，内层用整块紫铜板（或铝板、不锈钢板）冲压而成。外壳常用薄钢板（或不锈钢板）制成，表面烤漆。内层与外壳夹层间充填玻璃棉等保温材料。槽底安装有铜管，管内装有电炉丝作为加热元件。温度控制器一般采用铟钢式、玻璃棒式或双金属片式等膨胀式触点控制方法。有的产品采用热敏元件作为感温探头的电子温度控制器。

水浴锅侧面有电源开关、调温旋钮和指示灯。水箱下侧有放水阀门。水箱上侧可插入温度计。电水浴锅恒温范围常在 40～100℃，温差为±1℃。

电热恒温水浴锅的使用及注意事项如下。

① 电热恒温水浴锅应安放在水平的台面上，电源使用三眼插座，中间一眼有效接地。

② 关闭放水阀门，向内锅加清水，加水量约为内锅容积的 2/3。为缩短加热时间，也可按需要的温度加入适量热水。

③ 将 0～100℃的温度计插入软木塞或胶塞内，再插到面板上的温度计插孔中，温度计下端距离搁板约 2cm 左右。

④ 接通电源，电源指示灯亮（绿色）。按顺时针方向旋转温度调节旋钮，并置于某一适当的刻度，这时加热指示灯亮（红色），水浴锅内电热管通电，水开始受热升温。

观察温度计，如果锅内水温未达到预定的温度，而红色指示灯已熄灭，则可再次按顺时针方向适当旋转温度调节旋钮，使红灯再亮，电热管继续通电加热。

如果温度计所指数值上升到距所需温度相差 2℃时，反向转动调温旋钮至红灯熄灭止，此后红灯断续亮灭，表示控制器起作用。这时再略微调节调温旋钮，即可达到预定的恒定温度。

⑤ 不要将水溅到电器盒里，以免引起漏电，损坏电器部件。

⑥ 使用完毕，关闭电源开关，如长期不用，应将水全部放净、擦干。

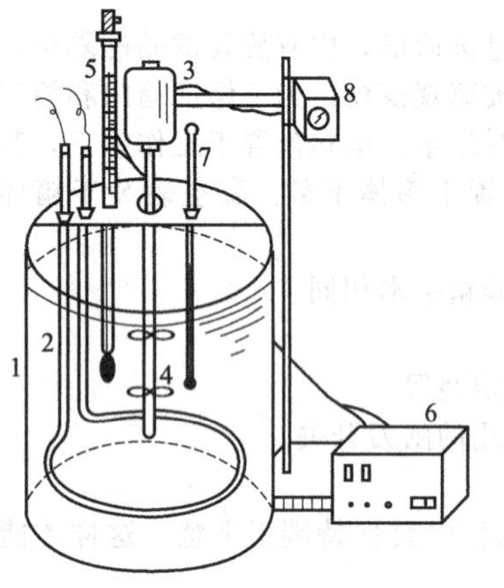

图 2-1 液浴恒温槽

1—浴槽；2—电热棒；3—电机；4—搅拌器；5—电接点水银温度计；6—晶体管或电子管继电器；7—精密温度计；8—调速变压器

9. 恒温槽

恒温槽是实验室中控制恒温最常用的设备，具有高精度的恒温性能，温度波动度为±0.01～±0.1℃。

(1) 液浴恒温槽 液浴恒温槽装置（见图 2-1）。浴槽最常用的是水浴槽，在较高温度时采用油浴，不同液浴的恒温范围见表 2-26。

(2) 超级恒温槽 其基本结构和工作原理与液浴恒温槽相同。特点是内有水泵，可将浴槽内恒温水对外输出并进行循环。同时，浴槽外壳有保温层，浴槽内设有恒温筒。下面以 CS501 型超级恒温槽（水浴）为例，介绍其结构和使用方法。

**表 2-26 不同液浴的恒温范围**

| 恒温介质 | 恒温范围/℃ | 恒温介质 | 恒温范围/℃ |
|---|---|---|---|
| 水 | 5～95 | 52～62 号汽缸油 | 200～300 |
| 棉籽油、菜油 | 100～200 | 55%$KNO_3$+45%$NaNO_3$ | 300～500 |

① 超级恒温槽的结构

如图 2-2 所示，恒温槽之筒体外壳以钢板制成，外涂锤纹漆作防腐层。内筒也是用钢板制成，在内外两筒夹层中用玻璃纤维保温。筒盖上安装有电动水泵、电接点水银温度计、加水口、冷凝管用进出水嘴、水泵进出水嘴、发热元件。槽内装有可以上下活动的紫铜板制成的恒温筒，电子继电器及供电部分均装于与筒体相连的控制器箱内。控制器箱上安装有开关、指示灯和接线柱等元件。

电动水泵 可作液体循环之用，使加热水的温度混合均匀。还可作外接调和水浴之用，如图

2-3 所示。装置外接调和水浴时，其位置一定要高出恒温水浴的水位，进水嘴靠底部安装。使用时，切勿在调和水浴无水时启动水泵抽水，因为这样会使恒温水浴中水位下降，导致电热管露出水面而烧坏。

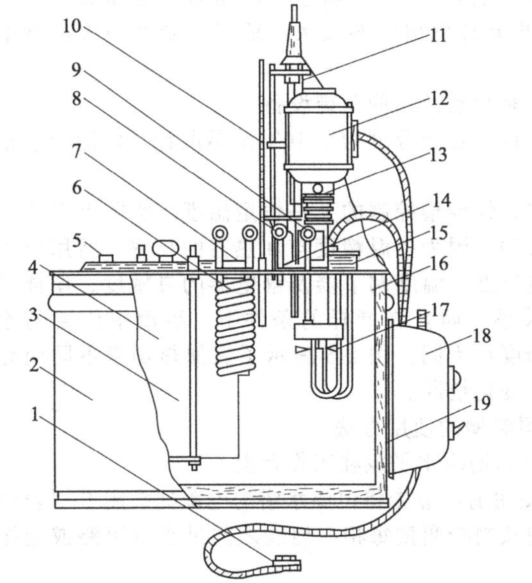


图 2-2 超级恒温槽

1—电源插头；2—外壳；3—恒温筒支架；4—恒温筒；5—恒温筒加水口；6—冷凝管；7—恒温筒盖子；8—水泵进水口；9—水泵出水口；10—温度计；11—电接点温度计；12—电动机；13—水泵；14—加水口；15—加热元件线盒；16—两组加热元件；17—搅拌叶；18—控制器箱；19—保温层

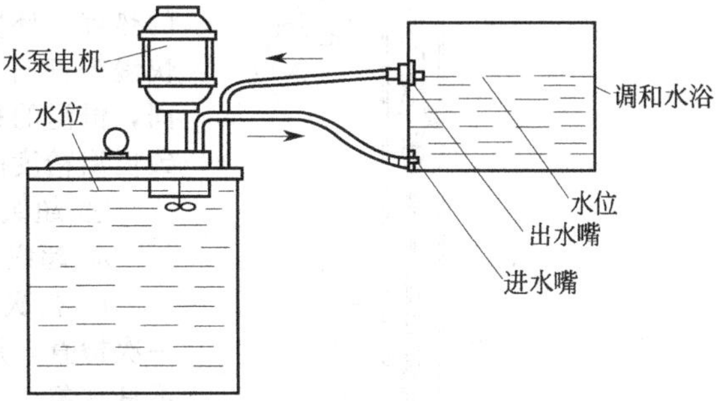


图 2-3 外接调和水浴图

水泵电机为分相电容电机，40W 单相 2800r/min，水泵抽水量为 4L/min。

电加热元件 加热元件有两组，500W 和 1000W 电热管，系镍铬合金绕成，加上绝缘层密封于 U 形紫铜管内。此种电热管发热快、余热少，故恒温灵敏度和稳定性高。

冷凝管 系用紫铜管制成，呈螺旋形，有进、出水嘴两只，固定在恒温水浴的盖板上。当需要水浴温度低于环境室温时，可用电动水泵或高位槽将冰水通过冷凝管，以冷却水浴中的水温。一般在 60min 左右可将 95℃的液体冷却到 20℃左右。

恒温筒 是由铜板制成，有支架可使其上下活动。此筒可作液体恒温或空气恒温之用。筒内恒温液体或空气比外部水温的稳定度为高，其温度波动度不大于 1/15℃。若要控制较低的温度，可在冷凝管中通以冷水予以调节或用一定配比的组分组成冷冻剂，并使其在低温建立相平衡。表 2-27 列举了常用的冷冻剂及其制冷温度。

**表 2-27 常用冷冻剂及其制冷温度**

| 冷冻剂 | 液体介质 | 制冷温度/℃ | 冷冻剂 | 液体介质 | 制冷温度/℃ |
|---|---|---|---|---|---|
| 冰 | 水 | 0 | 冰与浓 $HNO_3$(2：1) | 乙醇 | −35～−40 |
| 冰与 NaCl(3：1) | 20%NaCl 溶液 | −21 | 干冰 | 乙醇 | −60 |
| 冰与 $MgCl_2 \cdot 6H_2O$(3：2) | 20%NaCl 溶液 | −27～−30 | 液氮 | | −196 |
| 冰与 $CaCl_2 \cdot 6H_2O$(2：3) | 乙醇 | −20～−25 | | | |

温度调节器 常用电接点水银温度计（见图 2-4）。它相当于一个自动开关，其下半部与普通温度计相仿，但有一根铂丝（下铂丝）与毛细管中的水银相接触；上半部在毛细管中也有一根铂丝（上铂丝），借助顶部磁钢旋转可控制其高低位置。定温指示标杆配合上部温度刻度板，用于粗略调节所要求控制的温度值。当浴槽内温度低于指定温度时，上铂丝与汞柱（下铂丝）不接

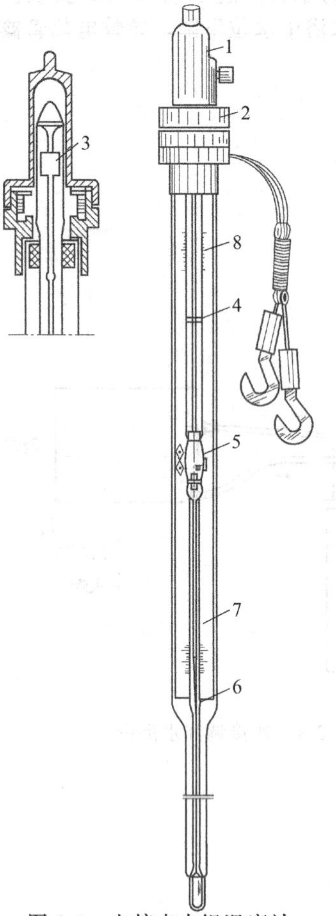


图 2-4 电接点水银温度计

1—调节帽；2—磁钢；3—调温转动铁芯（在调节帽内）；4—定温指示标杆；5—上铂丝引出线；6—下铂丝引出线；7—下部温度刻度板；8—上部温度刻度板

触；当浴槽内温度升到下部温度刻度板指定温度时，汞柱与上铂丝接通。原则上依靠这种“断”与“通”，即可直接用于控制电加热器的加热与否。但由于电接点水银温度计只允许约1mA电流通过（以防止铂丝与汞接触面处产生火花），而通过电热棒的电流却较大，所以两者之间应配继电器以过渡。

继电器　是自动控温的关键设备。

水银温度计　常用分度为1/10℃的温度计，供测定浴槽的实际温度。

应该指出，恒温槽控制的某一恒定温度，实际上只能在一定范围内波动。因为控温精度与加热器的功率、所用介质的热容、环境温度、温度调节器及继电器的灵敏度、搅拌的快慢等都有关系。而且在同样的条件下，浴槽中位置的不同，恒温的精度也不同。图 2-5 表示了因加热功率不同而导致恒温精度的变化情况。

② 超级恒温槽的使用方法

a. 超级恒温槽应水平放在工作台上。

b. 初次使用前，应先将恒温水浴的电源插头用万用表作一次检查，用欧姆挡测量每相与地线之间是否有短路或绝缘不良现象。

c. 向槽内加入蒸馏水至离盖板 30～40mm，调节电接点水银温度计上端帽形磁铁，使接点温度至给定温度。开启控制箱上电源开关、电动水泵开关、1000W 电热管的加热开关，水浴开始加热升温。当恒温指示灯出现时明时灭时，说明温度已达到恒温。观察标准水银温度计之读数，若温度还未达到给定温度时，可再调节电接点水银温度计，直至所需温度为止。

③ 超级恒温槽使用注意事项

a. 恒温水槽最好选用蒸馏水，切勿使用井水、河水、泉水等硬水，以防筒壁积聚水垢而影响恒温灵敏度。

b. 槽内未加或未加至规定之水前，切勿通电，以防烧坏电热管。

c. 槽内水不要加得过满，以防溢出漏至控制箱内，使电器受潮而发生故障。

d. 如果恒温水槽长时间未使用时，应检查电动水泵转动情况。如果电动水泵转轴转动不灵活或转不动时，可先用汽油注入滚珠轴承内，用手拨动到能灵活转动为止，然后才能开启电机开关。

10. 电热蒸馏水器

电热蒸馏水器系供实验室制取蒸馏水之用。

(1) 电热蒸馏水器的结构　电热蒸馏水器主要由蒸发锅、冷凝冷却器及电气装置三个部分组成。蒸发锅内的水在电热管加热下，沸腾蒸发。蒸汽进入冷凝冷却器与冷水进行热交换，冷凝成蒸馏水。

① 蒸发锅　系紫铜薄板制成，内部涂以纯锡。自来水经冷凝冷却器预热后由进水漏斗进入锅内。锅内水位可从玻璃视镜观察。如水位超过水位线时，水能自动从排水管外溢。锅顶盖中央装有挡水帽，以防止蒸发时飞溅水滴带入而影响蒸馏水质量。锅身和顶盖用搭扣连接，启开方便，便于

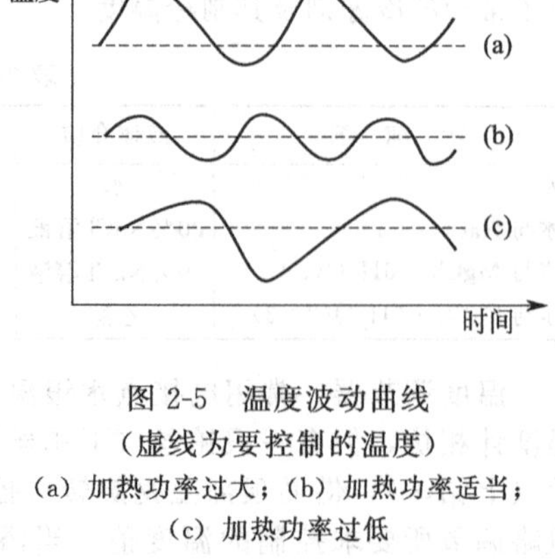


图 2-5 温度波动曲线

（虚线为要控制的温度）

(a) 加热功率过大；(b) 加热功率适当；(c) 加热功率过低

洗刷。锅右侧装有放水栓塞，可随时放去存水。

② 冷凝冷却器 是由紫铜薄板及紫铜管制成的列管式换热器，冷凝管内部涂以纯锡。蒸汽在冷凝管内冷凝成蒸馏水，冷却水走管外，不仅起到冷却蒸汽的作用，而且使水源得到预热，然后流入蒸发锅中。这样，既充分地利用了热量，加快煮沸速度；又使水源在预热时去除了其中部分挥发性的杂质，从而提高了蒸馏水的质量。

③ 加热电热管 在蒸发锅内的底部，根据不同规格，安装了不同数量的浸入式电热管。使用时电热管全部浸没于水中，因此热效率较高。

(2) 电热蒸馏水器的使用方法

① 先将放水旋塞关闭，然后将冷却水源从进水控制旋塞进入冷凝器，再从回水管流入漏斗，注入蒸发锅中，直至水位上升到玻璃视镜处时，可暂时将水源龙头关闭。

② 接通电源前，须看清电压与产品额定电压是否相符，接好地线，然后通电加热。

③ 待到锅内的水已经沸腾，并且开始出蒸馏水时，再开启水源龙头。但应注意冷却水不宜过大或过小。可以用手测试冷却器外壳的温度来调节冷却水的温度：以底部的温度为 38～40℃（微温），或中部为 42～45℃（较热），或上部为 50～55℃（烫手）时为宜。

(3) 电热蒸馏水器使用注意事项

① 冷凝器为金属材料制成，因此在开始使用时要经过约 10～16h 的预蒸后，所得蒸馏水经检验合格后方可使用，每次使用前也需预蒸 30min 后蒸馏水方可使用。

② 每天使用前应洗刷内部一次，将存水排尽，并更换新鲜水，以免产生水垢和降低水质。

③ 应定期清除锅壁、电热管表面、冷却器外壳的内壁、冷凝管外壁等处的水垢。但洗刷时应注意不要擦伤表面的锡涂层。

④ 蒸馏水皮管不宜过长，并切勿插入容器之蒸馏水中。应保持顺流畅通以防止因蒸汽阻塞而造成漏斗溢水。

⑤ 蒸馏水器的发热元件是采用浸入式电热管。它的构造是以镍铬合金丝作为发热主体，埋藏在紫铜管的中心，四周用氧化镁灌封作为绝缘。因镍铬合金丝的熔点大大高于紫铜管，所以当断水后，它发出的热量不能被水吸收，致使紫铜管外壳很快被烧熔。因此电热管必须浸没在水中使用。

## 二、制冷设备

1. 电冰箱

电冰箱是实验室常用的制冷设备，适于低温保存样品、试剂和菌种以及制备少量冰块供作冷却剂用。

电冰箱由箱体、制冷系统、自动控制系统和附件四部分组成。

冰箱的箱体外壳常用薄钢板制作，内壳以塑料板成型，夹层中注入保温泡沫塑料，箱内装有照明灯和温度控制器，物品分层放置。

制冷系统由封闭式压缩机、冷凝器、毛细管和蒸发器等组成。

电气系统包括电动机、自动化霜温度控制器、热保护继电器、起动继电器、照明灯和灯开关等。

冰箱的制冷剂常用氟里昂-12（$CCl_2F_2$），常压下其沸点为－28℃，但在高压下室温就能液化，液化时放热，气化时吸热。压缩机将气态制冷剂压缩成高压气体，并用泵输入冷凝器（冰箱背后的黑色排管）靠周围空气将其冷至室温而凝结成液体。液态制冷剂在压缩机驱动下进入蒸发器（冷冻室顶部），由于体积突然变大，压力骤然降低，制冷剂就迅速气化同时吸收冰箱内的热量，使箱内温度降低。汽化后的制冷剂再次被压缩，送至箱外冷凝器，放热并液化。如此循环连续工作，就可使箱内保持低温。

冰箱使用注意事项如下。

(1) 搬动冰箱时，倾斜度不得超过 45°，放置地点要干净，放置水平、稳定，离墙不少于 10cm，以保持空气流通，有效地冷却冷凝器。冰箱要远离热源，避免阳光直射。新买冰箱放好后旋松压缩机的紧固螺栓，使减震垫能起减震作用。

（2）冰箱要有独立电源插座，要保证冰箱的连续运行，电源线容量必须大于5A，熔断器容量不得超过2～3A。

（3）新冰箱使用前要认真检查外观与附件。通电后，开关箱门时，照明灯能自动开闭。检查温度调节旋钮是否有效，化霜器是否正常。一切正常后，通电试运转30min，如果冷冻室已经结霜，背后的冷凝器发热，表明运转正常。

（4）可根据需要调节箱内温度，一次不可调动过大，应分次调节。一次调节后，须等待自动控制器自停、自开多次，箱内温度稳定。若仍不能达到需要的温度再作第二次调节。

（5）蒸发器结有冰霜较厚时须要化霜，按化霜按钮即可。当霜化完后，控制器会自动接通电源，机器继续开启运行。目前市场上不少冰箱有自动化霜功能。

（6）箱内物品不宜存放过满，使冷空气在箱内可以流通，保持温度均匀。

（7）使用中尽量减少开门次数，且不要存入尚热的物品。

（8）强酸、强碱及腐蚀性物品必须密封后放入，有强烈气味的物品须用塑料薄膜包后放入，以防污染。如果存放少量易挥发的有机溶剂配制的溶液，必须封闭严密，以免溶剂挥发，因开关箱门、照明灯打火可能引起燃烧、爆炸事故。

（9）冰箱要保持清洁，可用软布蘸中性洗涤剂擦洗，再用干布擦净。绝不可用水冲洗及用有机溶剂擦洗。若冰箱后面的冷凝器上尘土太多，影响散热，停电后可用皮老虎鼓气吹去。

（10）实验室冰箱绝不可放食用食物。

2. 空气调节器

空气调节器简称空调，可用于小范围内调节温度、排除湿气、循环和过滤室内空气，提供一个较舒适的气候环境，保持室内空气新鲜。通常的空气调节器有制冷、制热、滤清空气等功能。

（1）使用方法和注意事项

① 制冷　空气制冷原理与冰箱类似，当室外温度高于25℃时，机器可以进行制冷运行。首先关闭所有门窗，转动冷热控制开关旋钮至冷处，按制冷按钮，开动机器，使室内降温。当室内温度达到所要求的温度时，将冷却控制开关向反方向旋转一些，直到压缩机停止（此时风扇仍在运行，只起循环与过滤室内空气的作用）。当室内温度高于所要求的温度时，压缩机会自动开动。若要机器停止工作，可按选择开关的停止按钮。制冷输入功率约1.5～2.5kW。

② 制热　是靠电热丝加热。转动冷热控制开关旋钮至热处，按制热按钮，开动机器，使室内升温。制热输入功率约3～4kW。

③ 吹风、排风循环　当需要机器作循环室内空气用时，只须开启通风按钮，开动风扇电动机即可。

④ 制冷与制热开关不能立即互换，必须停机5min后才能改换制冷、制热开关。

⑤ 空调器应稳固安装在阳光照射最少的窗口或墙壁处，露在室外的部分上面装一块倾斜的遮板，伸出机器外约20cm，防止机器受日晒雨淋，周围空隙用绝热材料堵塞，进、出口应畅通，不得设置任何障碍物，以免机件损坏。

⑥ 在使用前应检查电源电压与空调机的使用电压是否相符，电源线路的功率是否高于空调机的功率。空调机正常运转时只有轻微的风扇转动声，若有金属撞击声等异常声响时，应立即停机检查故障。

⑦ 空调机须经常保持清洁，进风口的过滤网要定期清洗，每月一次，外侧的散热器要防止积尘并注意经常清扫，以保持通风和散热效果良好。

⑧ 购置空调机时，应根据实验室大小、对室温的要求等因素来选择空调机的规格。使用空调机之前，要仔细、认真地阅读说明书，按说明书规定的条件和要求，进行安装使用。搬动、安装、保修、检修时，不得将空调机倾斜45°以上。

（2）空调器的分类

按功能分类　有单冷式空调器、冷风-除湿式空调器、冷暖式空调器、冷风-除湿-供暖式空调器四类。

按结构分类　有整体式与分体式两类。

整体式将蒸发机组和压缩冷凝机组装配在一个箱体中，这类又可分为四种，窗式、立柜式、移调式和台式。

分体式空调器　由三部分组成，室外机组、室内机组和连接室内室外机组的导管。这类又可分为落地式、挂壁式、悬吊式和埋入式（将室内机组埋藏在天花板中）四种。

按制冷量分类

| | |
|---|---|
| 1.16～3.48kW | 小型空调器 |
| 4.64～6.96kW | 中型空调器 |
| 11.6kW 左右 | 大型空调器 |

空调器生产厂家众多、型号繁多。根据需要进行选择。

## 三、电动设备

1. 电动离心机

电动离心机常用于将沉淀与溶液、不易过滤的各种黏度较大的溶液、乳浊液、油类溶液及生物制品等的分离。离心机分离的效率主要决定于产生的离心力的大小，而离心力的大小则决定于被分离物质的质量密度差异和电动机的转速以及转动半径等。

（1）离心机分类

按最高转速分，可分为低速离心机（≤8000r/min）、高速离心机（8000～28000r/min）和超速离心机（28000～120000r/min）。

按用途分为：①制备型离心机，可控制离心速度、温度和时间，用于分离、浓缩和提纯溶液中的粒子；②分析型离心机，不但可以分离溶液中的粒子，而且还可通过光学检测系统对粒子离心沉降全过程进行观察、拍片和测量粒子的某些物理参数。

按结构分为落地式离心机和台式离心机。

另外，还有大容量离心机和微量离心机；冷冻离心机和普通离心机之分。

离心机的基本参数　其基本参数由主机和转子决定，它包括：最高转速、最大制备容量、最大相对离心力场、速度控制精度、温度控制精度、温度控制范围、加减速度时间、整机振动和噪声等。

通常使用的是 6 个管带盖的普通式离心机，离心容积为 10～20mL，转速可调为 0～8000r/min。高速冷冻离心机转速为 24000r/min，温度为－20～＋40℃。这类离心机的运行都由内装计算机来控制，数字显示温度、时间、速度等，有耐不平衡机构、安全保护、低噪声等措施，备有多种型号的转子，可根据需要更换。

（2）普通电动离心机使用注意事项

① 离心机应放在稳固的台面上，以防离心机因滑动或震动而出现事故。

② 开动离心机时应逐渐加速，当发现声音不正常时，要停机检查，排除故障（如离心管不对称、质量不等，离心机位置不水平或螺帽松动等）后再工作。

③ 离心管要对称放置，如管为单数不对称时，应再加一空管装入相同质量的水，调整使其质量对称。

④ 离心机的套管要保持清洁，套管底应垫上泡沫塑料等软料，以免离心管破碎。

⑤ 关闭离心机时要逐渐减速，直至自动停止，不要用强制方法使其停止。

⑥ 密封式的离心机在工作时要盖好盖，确保安全。

2. 电动搅拌器

电动搅拌器常用于搅拌两相溶液使其均匀混合。搅拌器动力采用直流串激式和伺服式电机，具有变压、整流、无级调速等功能，安装在有沉重底座的垂直铁棒上，可任意调节高低与角度。电机的转轴下方有一卡头，可以卡住玻璃质或金属质的搅拌转轴。电机的转速由调速开关调节。

电动搅拌器使用注意事项：

① 卡头要牢固地卡住搅拌转轴。搅拌转轴与电机转轴要保持相同的转动轴心。

② 搅拌旋转时要稳定、匀速、不摇动。搅拌桨不要碰触容器，要转动自如。

③ 搅拌转速应由低转速慢慢增加。转速常在 0～6000r/min 间，电动搅拌器上有转速调节旋钮，可以任意调节。若无调节旋钮，可连接调压变压器进行调节。

④ 低黏度液通常采用高速搅拌，高黏度液采用低转速搅拌。

3. 电磁搅拌器

电磁搅拌器广泛应用于需要搅拌的操作中，如电位滴定、pH测定、离子选择电极测定各种离子等。电磁搅拌器通常具有加热、控温、电磁搅拌、定时和调速等功能。

在电磁搅拌器的面上有一金属盘，用于放置被搅拌的容器，容器内放置被搅拌的液体及搅拌磁子（玻璃管或塑料管密封的小铁棒，约为2mm×25mm），金属底盘部有金属加热丝和云母绝缘层，底盘下有一块永久磁铁连接在转动电机上，电机带动永久磁铁吸引搅拌磁子旋转，起到搅拌作用。电磁搅拌器面板上有电源开关、加热开关、转速调节旋钮和指示灯等。

电磁搅拌器的使用及注意事项如下。

① 使用前，先将转速调节旋钮调至最小，接上220V电源，打开电源开关，电源指示灯即亮。

② 调节合适的转速。调节速度过高，磁子旋转速度跟不上转动，转速反而不匀；调节速度过慢，可能引起不匀速。

③ 将盛有需要搅拌物的容器置于托盘的中央，选择合适的搅拌磁子放入溶液。旋转的搅拌磁子应位于容器中央，不应碰器壁。需要加热时，可打开加热开关，调节合适的温度。

④ 保持容器外壁干燥，转速不要过快，以免溶液外溅，腐蚀托盘。用完应及时切断电源。

4. 振荡器

振荡器又称摇床，为电动机械振荡器，常用于多组分混合均质组分的提取与萃取、微生物的增殖培养等。

振荡器有加热与不加热的两类，加热（恒温）方式有水浴和空气浴两种。振荡方式又分往复振荡和回转轨道振荡两种。振荡距离为5～10cm。振荡频率可调，通常在20～200次/min。温度可调范围为室温至70℃，有的振荡器温度可恒定至±0.1℃。振荡频率和温度数值通常以数字直观显示。振荡容器常使用锥形瓶或试管，以不锈钢弹簧烧瓶夹或试管架固定于振荡平板上。有的振荡器还内装微型计算机来控制温度、振荡频率、振荡时间，并具有安全警报等功能。

5. 超声波清洗机

超声波清洗机去污力强、清洗效果好，已广泛用于清洗要求质量高、形状复杂的零配件和器件等。同时还可用于进行超声粉碎、超声乳化、超声搅拌、加速化学反应和超声提取等。

清洗时，将被清洗的器件放在注满清洗剂的容器内，清洗剂根据需要可用蒸馏水、乙醇、丙酮、洗涤剂和酸碱液等，然后把超声波发生的电信号通过超声波换能器转换成超声波振动并引入清洗剂中，在超声波作用下使污垢脱落达到清洗的目的。超声波清洗是利用超声波的所谓空化作用来实现的。超声声压作用于液体时会在液体中产生空间，蒸气或溶入液体的气体进入空间就会生成许多微气泡，这些微气泡将随着超声振动强烈的生长和闭合，气泡破灭时产生大的冲击力，在此力作用下污垢被乳化、分散离开被清洗物，达到清洗目的。

实验室常用的是小型超声波清洗器，输出功率100W或250W，输出频率10～40kHz连续可调，清洗槽常用不锈钢制成，换能器为振子式和夹心式压电晶体结构，电源220V、50Hz。有的厂家还生产带微机的超声清洗器，具有一定人工智能程序，能对工作物量、污垢程度、水质、清洗剂溶解度等正确判断，实现最佳清洗过程以及自动进水、排水、超时保护等功能。

## 四、交流稳压器

交流稳压器常用于220V或380V的交流电源电压的稳定。由于种种原因，电源电压可能升高或降低，致使连接的仪器设备运行不正常，分析仪器设备可能给出错误的数据与信号。有时，由于外电源电压的变化严重，还可能把仪器设备烧坏。因此，贵重精密仪器设备需要连接保护性的交流稳压器（又称交流稳压电源），以保护仪器设备正常运行。

交流稳压器通常有磁饱和式、电子管式、晶体管式等几种，现在多采用晶体管式交流稳压器。

## 五、直流电源

实验室常用的直流电源有晶体管稳压电源、铅蓄电池。铅蓄电池过去是一种重要的直流电源，但铅蓄电池逐渐地被晶体管稳压电源所代替。

1. 直流稳压电源

双路（数显）稳压稳流跟踪电源是实验室通用电源。具有恒压、恒流工作功能，且这两种模式可随负载变化而进行自动转换。另外具有串联主从工作功能，左边为主路，右为从路，在跟踪状态下，从路的输出电压随主路而变化。这对于需要对称且可调双极性电源的场合特别适用。每一路输出均有一块高品质磁电式表或数显表作输出参数的指示。该电源具有使用方便有效，允许短路，短路时电流恒定的特点。面板上每一路的输出端都有一接地接线柱，可以使本电源方便地接入用户的系统地电位。

使用方法及注意事项如下。

① 使用前须开机预热 30min。

② 左边的按键为左路仪表指示功能选择，按下时指示该路输出电流，否则指示该路输出电压。

③ 中间按键是跟踪/常态选择开关，将左路输出负端至右路输出正端之间加一短路线，按下此键后，开启电源开关，整机即工作在主从跟踪状态。

④ 输出电压的调节宜在输出端开路时调节；输出电流的调节宜在输出短路时进行。

⑤ 为了安全以及进一步减小输出纹波和接地电位差造成的有害的杂波干扰及 50Hz 干扰，可根据自己的使用情况将本电源接地或接入自己的系统地电位。

⑥ 串联工作或串联主从跟踪工作时，两路的四个输出端子原则上只允许有一个端子与机壳地相连。

2. 蓄电池

参见本节十五。

## 六、万用电表

万用表又称三用表、多用表、繁用表。

万用表具有量程多、用途广、操作简单、携带方便及价格低廉等特点。一般的万用表可以用来测量直流电流、直流电压、交流电压、电阻及音频电平等。有的万用表还可以测量交流电流、电功率、电感、电容以及用于晶体管的简单测试等。万用表有表头显示、数字显示及智能数字的万用表，它能发音报出测量结果。

## 七、电烙铁、验电笔和熔断器

1. 电烙铁

常用电烙铁由烙铁头、传热筒、加热器和支架四部分组成。

(1) 烙铁头　由紫铜做成，用螺丝销钉固定在传热筒中。

(2) 传热筒　为一铁质圆筒，内部固定烙铁头，外部缠绕电阻丝——加热器。

(3) 加热器　用电阻丝分层缠绕在传热筒上，层间绝缘通常采用云母片。加热器的作用是产生热量，使烙铁头的温度升高。

电烙铁通常有三个接线柱，其中两个为电阻丝的引出线，使用时接 220V 交流电源，另一个为电烙铁的外壳引线，使用时接地，以保证安全。

(4) 支架　木柄和铁壳为整个电烙铁的支架。使用时手持木柄，不烫手又较安全。

除了上述结构的烙铁外，还有一种内热式电烙铁，它的加热器安装在最里面，其优点是热得快、效率高、体积小和使用灵活方便。

电烙铁的功率分 15W、20W、30W、45W、75W、100W 等几种。焊接半导体电路时，应选用功率小于 45W 的电烙铁。

使用电烙铁时应注意以下几点。

① 电烙铁使用前，应检查电源接线是否正确，以及外壳与加热器之间的绝缘是否良好，以免造成损失或触电事故。

② 新烙铁头使用前须进行上锡处理，先用细砂纸或细锉刀将烙铁头头部的氧化层除去，然后

通电加热，待烙铁头由紫红色变成紫褐色时，涂上一层松香，并在焊锡上面轻轻擦动，使烙铁头尖端部分涂上一层薄的焊锡，焊锡应涂得均匀。若某部分不吃锡，说明该处不清净，此时应照上述方法重新上锡。

烙铁头长期使用后，原来的扁平形状会有所改变。这时，旋松销钉，取出烙铁头，用锉刀重新锉成原来的形状，并进行上锡处理。

③ 烙铁头的温度高低应适当，温度过高时容易氧化变黑，影响上锡；温度太低，不利于焊锡熔化，影响焊接质量。调节烙铁头的温度，可通过改变它伸出的长度来实现，烙铁头伸出来长度越长，其温度越低。电烙铁暂时不用时，应放在烙铁架上，不得随意乱放，以免烫坏桌面、元件等。较长时间不用或用完时，应切断电源，以防烙铁头的过分氧化及引起火灾的危险。

④ 电烙铁的接线最好选用纤维编织花线或双芯橡皮软线，塑料皮线容易被烙铁烫坏，尽量不用。焊接时最好使用松香焊剂，氯化锌或酸性焊油焊剂易使烙铁头和元件线路腐蚀。

2. 验电笔

验电笔又称试电笔，它用于测试电器和电路是否带电，在安装和使用电器时常有用处。

验电笔由金属笔尖、限流电阻、氖管、弹簧和金属笔尾等部分组成。

验电时，金属笔尖应触及测试点上，手必须接触金属笔尾，但切勿手触笔尖，以免触电危险。若测试点带电，微小的电流通过氖管和人体入地，从验电笔的观察口可以看到氖管发红光，根据发光的程度，可估计电压高低。如氖管不发光，说明测试点不带电，或者电笔接触的是地线，换个地方再试是否带电。

使用验电笔时，应先在肯定有电的地方试一下，检验验电笔是否完好，防止造成错误判断，引起触电事故。验电笔不能使用于检验高压电。验电笔要经常校验，其限流电阻值小于 1MΩ 时，则禁止使用。

测试仪器设备外壳是否带电，不能把验电笔触及涂漆部分，这部分电阻很高，测试不准确。必须把验电笔触及外壳导体部分，才能得出外壳是否带电的结论。

3. 熔断器

熔断器俗称保险盒，内装保险丝。为了保证电路上的电器仪表、设备以至邻近生命财产的安全，在电路中必须设置保险丝。当电流超过一定限度时，电流通过保险丝发出的热量使保险丝熔化而将电路切断，从而保证了电器仪表设备的安全。

保险丝是铅锡合金制成，比较软，温度 200～300℃时就能熔化而烧断。保险丝有 0.5A、1A、2A、5A、10A、20A、50A 等不同规格，较大功率的是片型。一般地说，保险丝越粗，熔断电流就越大。在安装保险丝时，要根据用电情况和线路情况，选择合适规格的保险丝。若选过大规格的保险丝，线路中通过大电流时，保险丝烧不断，可能会使仪器设备损坏，没起到保护作用。选用过小的保险丝，会经常烧断，影响正常用电。当线路上发生故障烧断保险丝时，只要将电源闸刀开关拉下，拔下保险盒插件，换上一根相同粗细（相同安培）的保险丝，就可以继续使用电路。保险丝千万不可用焊锡丝或细铜丝、铁丝代替。有时换上了合适的保险丝后，刚一合闸，新保险丝立即又被烧断。遇到这种情况，不能再换上较粗的保险丝，必须仔细检查分析保险丝熔断的原因，排除线路或设备的故障之后，才能换上新的保险丝。

电源功率在 1.5kW 以下，通常采用熔断器。电源功率在 2kW 以上采用自动的空气开关，若电路过载或短路时，空气开关自动跳闸，切断电路，保证电器设备的安全。

## 八、保护地线

为了保证仪器设备的正常运行，保护工作人员的安全，有些仪器设备要求接好安全保护性地线。实验室中的地线切不可用电网中的零线（或称中线）代替，也不能把地线接在水管、暖气管上，更不能接在煤气管上，这样可能引起更大的潜在危险。地线应埋在室外地里，然后再引到室内接到仪器设备上。地线最好是专用的，即一套设备一根地线。地线的埋设应符合要求，接地的材料可以采用钢管、圆钢、角钢、扁钢、铝合金或较粗的铁丝（如 8 号铁丝）等。接地体的直径大小对接地电阻影响很小，但要考虑必要的机械强度。地线可垂直埋设，也可以水平埋设。有以钢钎的形式打入地下，垂直埋设深度不应小于 2.5m。水平埋设深度不应小于 0.7m，并应有足够长度。保护性地线的接地电阻值应小于 10Ω，若不符合此要求，可采用多根接地体并联或增加放置条数的方法解决。以 8 号铁丝为例，在各种土质中的接地电阻值列于表 2-28。电阻值可用接地电阻表测量。

**表 2-28 8 号铁丝在各种土质中的接地电阻值** 单位：Ω

| 土质情况 | 埋设铁丝的长度/m | | | | | | 土质情况 | 埋设铁丝的长度/m | | | | | |
|---|---|---|---|---|---|---|---|---|---|---|---|---|---|
| | 1 | 2 | 3 | 6 | 9 | 12 | | 1 | 2 | 3 | 6 | 9 | 12 |
| 泥沼 | 24 | 14.5 | 10.9 | 6.4 | 4.6 | 3.6 | 沙土 | 286 | 174 | 131 | 70.8 | 55.3 | 43.2 |
| 黑土 | 47.8 | 29 | 21.8 | 12.8 | 9.2 | 7.2 | 泥沙 | 283 | 232 | 174.5 | 102 | 70.5 | 57.6 |
| 黏土 | 57.3 | 34.8 | 26.2 | 15.3 | 11.0 | 8.6 | 中等湿度沙 | 478 | 290 | 218 | 128 | 92 | 72 |
| 沙质黏土 | 76.5 | 46.3 | 34.9 | 20.4 | 16.2 | 14.7 | 石砾 | 956 | 580 | 436 | 256 | 184 | 144 |

## 九、显微镜

1. 显微镜的分类

科学上将显微镜分为在可见光线条件下工作的光学类显微镜和在不可见光线（包括电子射线）条件下工作的非光学类显微镜两大类。在实际工作中人们常根据显微镜的性能和用途命名显微镜，并根据显微镜的放大倍率、照明的方式、成像的形式、镜体的结构、功能和用途等进行分类。

（1）按放大倍率进行分类

① 低倍显微镜 总放大倍率在 200 倍以下。这种显微镜质量轻，体积小，结构简单，一般配有 10 倍或 12.5 倍目镜一只，10 倍或 16 倍物镜一只。适合于观察动植物标本，如细小昆虫、种子胚芽等，也可用于植物保护、家庭教育等方面。

② 普及型显微镜 总放大倍率在 200 倍以上、1000 倍以下的显微镜。这种显微镜常采用直筒形结构，精度较低倍显微镜为高。一般配有 5 倍、10 倍、16 倍目镜和 4 倍、10 倍、40 倍（或者 60 倍）物镜。普遍配合为 640 倍以下组合，适合于生物实验以及农、林、牧业从事检验、育种等方面。这种机型价廉物美，应用面较广。

③ 高倍显微镜 总放大倍率在 1000～1600 倍左右。这种显微镜常采用斜式目镜筒结构，造型讲究，精度很高，最高配有 16 倍目镜和 100 倍物镜，适合于医、农、牧业科研单位作化验、生物研究、临床试验用。有时为扩展功能，还配有各种附件。

④ 超高倍显微镜 总放大倍率在 1 万倍以上，有的电子显微镜已达 100 万倍。这种显微镜供专门研究部门用于研究病毒、物质分子结构、分析晶体等方面。

（2）按镜体结构进行分类

① 直筒显微镜 一般低倍、普及型以及操作要求不高的高倍型都采用这种结构，其特点是经济实惠，操作方便，便于携带。其不足之处是观察者比较辛苦，若将镜筒倾斜，切片上的液态物质流动，使观察物体受到一定限制。

② 单目斜筒显微镜 这种显微镜在目镜筒内增加了一片棱镜，使光路与垂直线成 45°倾斜，使用时观察者感到轻松，不需改变切片的水平位置。由于一般采用自然光照明，因此使用范围受到一定局限。

③ 双目斜筒显微镜 这种显微镜在折光棱镜后又增加了一组分光棱镜，用两只目镜筒同时观察，适于观察者长期工作，眼睛不会感到疲劳。一般高倍显微镜和科研用显微镜都采用这种结构，其双目镜筒之间的距离可根据观察者需要进行调节。这种显微镜的底座一般制成盒状，内部装备有人工光源照明，可提供各种要求的照明，为显微镜扩展功能、扩大使用范围提供了条件，适合于从事实验、科研等用途。

④ 体视显微镜

⑤ 倒置显微镜 这种显微镜的观察物放在物镜的上方，物镜从下面向上进行观察，即直接从培养皿或烧杯的底部，透过容器底部石英玻璃观察，适合于一些特殊用途的研究。此外，金相显微镜一般也采用这种结构。由于被观察物为不透明物体，倒置显微镜应装备较好的落射式照明光源和照相装置。

（3）按照明技术进行分类

① 明场显微镜　一般来说，采用透射光照明切片标本的显微镜，都属于明场显微镜。

② 暗场（暗视野）显微镜　它是相对明场显微镜而言，所配置的是暗视场聚光镜。在暗场照明时，光线沿特定角度方向照明被观察物，而不进入显微镜物镜。进入物镜的是标本漫反射或衍射的光线。这样，观察者所见到的视场是黑暗的，在暗视场的背景中衬托出明亮的标本物像。

③ 荧光显微镜　是采用紫外光线照明的显微镜，它要求配置特殊的能提供紫外光的光源和滤光装置。使用时，紫外光并不直接进入观察者的眼睛，而是激发标本中的荧光物质或经荧光浸润染色的标本。观察时效果与暗场显微镜相似，是在黑暗背景中显现出标本明亮的荧光图像。适用于生物科学研究。

④ 红外显微镜　红外光线具有较大的穿透能力，而不同的物质对红外光线吸收程度又不同。利用这一特性制成的，使被视物在红外光线照射下进行观察的一种显微镜，便是红外显微镜。它配置有红外光源，能对某些不透明的物体进行透射观察，如波长大于 $1.12\times10^{-6}$ m 的红外光，可以穿透单晶硅。红外光还可以对吸收程度不同的物质进行落射观察，是一种用于科学研究的显微镜。

（4）按像的形成方式进行分类

① 相衬（相差）显微镜　其常用于生物学和医学。是对全透明而又不便于染色处理的标本进行观察的一种特殊显微镜。它在显微光路中加入相衬光环，利用标本物与切片周围封装介质的折射率微小差别产生光程差，并发生光的干涉成像，进行观察。适用于对活体细胞生活状态下的生长、运动、增殖情况及细微结构的观察。因此，是微生物学、细胞工程、杂交瘤技术等现代生物学研究的必备工具。

② 偏光显微镜　偏光显微镜与普通显微镜的主要区别在该显微镜上装有两个偏光元件。即起偏振镜和检偏振镜。起偏振镜置于聚光镜下面，检偏振镜置于物镜上面。其载物台根据观察的需要制成圆形，可以旋转，上面带有刻度盘，以便测量被检晶体转角。偏光显微镜是利用偏振光在晶体内分解为两路折射光，相互干涉成像。一般用于对生物液晶、无机盐晶体的检测和鉴定。

③ 干涉显微镜和光切显微镜　都是利用光在两个相近界面上反射后干涉成像的原理进行光学计量用的显微镜。主要用于测量物体表面粗糙的程度，工业上用来作为检验、鉴定的仪器。

④ 投影显微镜和电视显示显微镜　都是在普通显微镜上，增加投影装置或电视摄像装置而成，可把显微图像送出去，显示在屏幕上。这种显微镜要求整机比较稳定，视场大、精度高，同时配置比较强的照明光源。适宜于比较多的人员同时进行观察和进行教学、演示用。

（5）按功能用途进行分类

① 示教显微镜　一般由单目斜筒显微镜改装扩展而成。在它的目镜筒上利用棱镜分为两个以上的支路，可以允许两个以上的人员同时观察同一标本。当主要观察者调整并观察到所需观察的图像时，其他观察人员也同时观察到该图像，并体验到整个调节过程。很适于导师指导学员，进行实物示教。

② 解剖显微镜　是供医生进行显微手术时观察用的，也叫手术显微镜。其机身根据手术的情况可进行调整，也适于几个人同时观察。教学用解剖显微镜结构简单，放大倍率不高，供生物解剖演示用。

③ 分析显微镜　有时也称研究显微镜，是供科学研究用的一种高档显微镜。这种显微镜功能比较齐全，可以在透射光照明情况下，进行明视场、暗视场、相衬、偏光、荧光等条件下的观察。同时还附有多种附件，可用来进行投影、照相、测量和自动分析记录等。属于一种多功能的机型，适合于高等院校、研究所从事多种实验分析用。

④ 金相显微镜　是一种专用于观察和鉴别金属断面、矿物、材料、晶体等不透明物体的显微镜。这种显微镜不能使用透射光源，必须用落射光照明标本。为了便于取得图像，该显微镜上一般设置有照相分光路和照相目镜。由于视场较大，金相显微镜必须配备平场消色差物镜与广角补偿目镜，这样才能使获得的显微照片成像面视场较大而且清晰。

⑤ 内窥显微镜　是近年来在医用内窥镜的基础上改进和发展起来的一种特殊用途检测仪器。它在内窥镜的探管顶端加装一个物镜透镜组，再在物镜透镜组前装上一只能改变观察角度的窥视窗，探管的另一端装上一只可以细调的观察目镜。把探管插入待观察物的密封内腔，打开配套的光源，就可以观察到显微的内窥图像。目前内窥显微镜除了在医学临床上使用外，还可在工业上作为机器内部密闭空腔的探伤。特别是大型喷气式飞机的发动机内燃烧室的例行常规安全检查已普遍采用这种内窥显微镜。使用时配上 135 单镜头反光式照相机，还可以将机器内轻微的伤痕记录下来，

以便及时处理，避免大的损失。

(6) 非光学显微镜介绍

非光学显微镜是显微镜家族的新成员。随着科学技术的发展和进步，为了提高显微镜的放大倍率和分辨能力，非光学显微镜取得很大进展，主要有以下品种。

① 超声波显微镜　是把超声波技术应用在显微镜上而制成的。利用超声波能穿透一些光波不能穿透的物体的特性，超声波显微镜可以用来观察一些不透明物体的内部结构，如集成电路不透光导电膜下的结构、未经处理的红细胞等。是一种用途广泛的科学仪器。

② 电子显微镜　电子显微镜是利用磁透镜对阴极射线进行聚焦的原理，对微观粒子进行成像观察的一种新型显微镜。其放大倍率可达 100 万倍以上，分辨能力可以达到 $2\times10^{-10}$m 的微小结构，是一种高科技领域使用的先进仪器。

③ 扫描电子显微镜　一般的电子显微镜是采取透射的方式，只能观察极薄的样品。扫描电子显微镜则是利用电子束直接在被观察物表面进行扫描观察。这样不但试样制备简单，而且能直接观察表面凹凸不平的断口，放大倍数高、焦深长，成像有立体感。扫描电子显微镜还具备对被观察物表面物质化学成分进行分析的能力，不失为一种先进的高科技设备，广泛地应用于生物学、物理学、医学、电子技术中。

④ X 射线显微镜　是利用对被观察物质的 X 射线光谱进行分析和观察，以确定物质的结构和成分的仪器。适用于物理学对物质的观察分析。

⑤ 扫描隧道电子显微镜　一般适用于新材料研究和微观的表面测试分析。

显微镜的品种，随着科学技术的发展也在不断扩大，先进的显微镜结构，已是由光、机、电三门科学技术的综合应用。对目前已广泛使用的显微镜的种类可作如下归纳，见表 2-29。

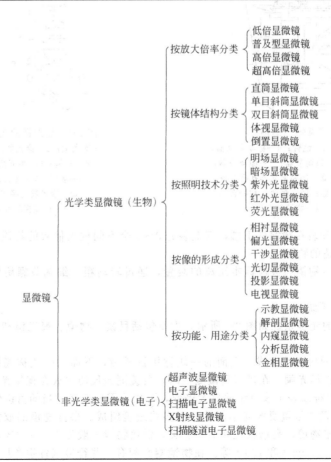

**表 2-29　显微镜分类表**

- 显微镜
  - 光学类显微镜（生物）
    - 按放大倍率分类
      - 低倍显微镜
      - 普及型显微镜
      - 高倍显微镜
      - 超高倍显微镜
    - 按镜体结构分类
      - 直筒显微镜
      - 单目斜筒显微镜
      - 双目斜筒显微镜
      - 体视显微镜
      - 倒置显微镜
    - 按照明技术分类
      - 明场显微镜
      - 暗场显微镜
      - 紫外光显微镜
      - 红外光显微镜
      - 荧光显微镜
    - 按像的形成分类
      - 相衬显微镜
      - 偏光显微镜
      - 干涉显微镜
      - 光切显微镜
      - 投影显微镜
      - 电视显微镜
    - 按功能、用途分类
      - 示教显微镜
      - 解剖显微镜
      - 内窥显微镜
      - 分析显微镜
      - 金相显微镜
  - 非光学类显微镜（电子）
    - 超声波显微镜
    - 电子显微镜
    - 扫描电子显微镜
    - X射线显微镜
    - 扫描隧道电子显微镜

2. 普通光学显微镜

(1) 普通光学显微镜的结构　普通光学显微镜（见图 2-6）的构造可分为两大部分：一为机械系统，一为光学系统。

① 显微镜的机械系统

机械系统包括镜座、镜臂、镜台、物镜转换器、镜筒及调节器等。

a. 镜座　是显微镜的基座。它主要用以支持显微镜的全部主件及附属装置。镜座基本分为马蹄形、圆形和长方形三种。长方形镜座是一种新型镜座，它除了有稳固作用外，较好的光学显微镜还在镜座内部安装有内光源。

b. 镜台　又称载物台，是放置标本的地方，为方形或圆形，镜台上有标本夹，较好的显微镜附有标本移动器，转动螺旋可使标本前后和左右移动。有的标本移动器带有游标尺，可指明标本所在位置。

c. 镜臂　用以支持镜筒，也是移动显微镜时手握的部位。

d. 镜筒　是连接目镜和物镜的金属筒。镜筒上端插入目镜，下端与物镜转换器相接。

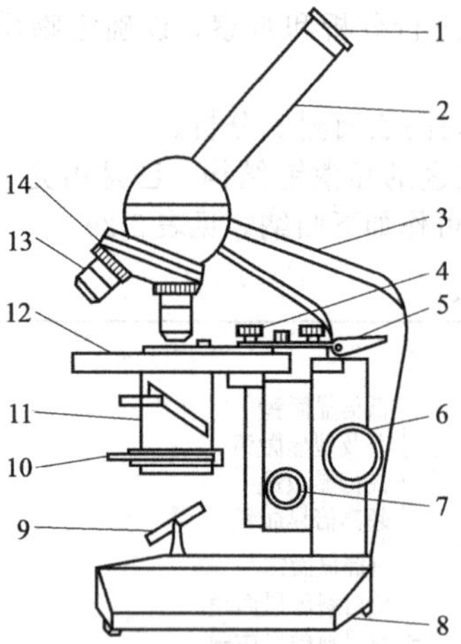


图 2-6　显微镜的结构

1—目镜；2—镜筒；3—镜臂；4—标本移动器；5—粗动限位器；6—粗调节器；7—细调节器；8—底座；9—反光镜；10—聚光器孔径光阑（光圈）；11—聚光器；12—镜台（载物台）；13—物镜；14—物镜转换器

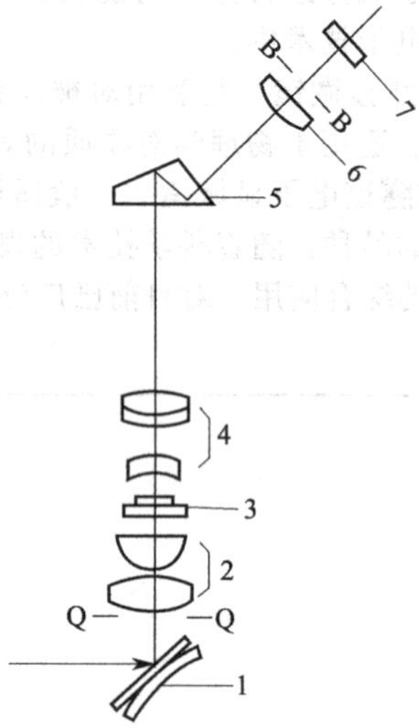


图 2-7　显微镜的光学系统

1—反光镜；2—聚光器；3—标本；4—物镜；5—半五角棱镜；6—场镜；7—接目透镜；Q—聚光器孔径光阑；B—目镜视场光阑

e. 物镜转换器　安装在镜筒的下端，其上装有 3～5 个不同放大倍数的物镜，通过转动物镜转换器可以随意选用合适的物镜。

f. 调节器　是调节物镜与被检标本距离的装置，通过转动粗、细调节螺旋便可清晰地观察到标本。

② 显微镜的光学系统

普通光学显微镜的光学系统如图 2-7 所示，主要包括目镜、物镜、聚光镜和反光镜等。较好的显微镜还有光源。

a. 目镜　通常由两块透镜组成，上面的一块称接目透镜，下面的一块称场镜。上下透镜之间或场镜的下方，装有视场光阑。在进行显微测量时，目镜测微尺便要放在视场光阑上。不同的目镜上刻有 5×、10×等字符以表示该目镜的放大倍数，可根据需要选择适当的目镜使用。

b. 物镜　是显微镜中很重要的光学部件，由多块透镜组成。根据物镜的放大倍数和使用方法的不同，一般分为低倍物镜、高倍物镜和油镜三类，低倍物镜一般为 4×～20×，高倍物镜有 40×和 45×等，油镜有 90×、95×和 100×等。在物镜侧面刻有一些符号（各生产厂家的符号及其含义不尽相同)，现举例说明如下：

10×0.30——表示放大 10 倍；$NA$＝0.30（$NA$ 表示数值孔径）。

100/1.25 Oil——表示放大 100 倍；$NA$＝1.25，消色差油镜。

Plan 16/0.35 160/———表示放大 16 倍；$NA$＝0.35；平场消色差物镜；镜筒长度 160mm；斜线下方为一短横线，无数字，表示对盖玻片厚度要求不严格；如果是 160/0.17，则表示镜筒长度 160mm，盖玻片的厚度应等于或小于 0.17mm。

c. 聚光镜 又称聚光器。安装在镜台下，由多块透镜构成，其作用是把平行的光线聚焦于标本上，增强照明度。聚光镜的焦点必须在正中，使用聚光镜外的两个调节螺杆可以进行聚光镜的聚中调节。通过转动手轮调节聚光镜的上下，以适应使用不同厚度的载玻片，使焦点落在被检物体上。但因聚光镜的焦距短，载玻片不能太厚，一般在 0.8～1.2mm 之间为宜。聚光镜上附有光阑（俗称光圈），通过调整光阑孔径的大小，可以调节进入物镜光线的强弱。

d. 反光镜 是普通光学显微镜的取光设备，使光线射向聚光镜，它一面是凹面镜，另一面是平面镜。有聚光镜的显微镜，无论使用低倍或高倍物镜均应用平面镜，只在光量不足时才使用凹面镜。没有聚光镜的显微镜，低倍物镜时用平面镜，高倍物镜及油镜均用凹面镜。

(2) 普通光学显微镜的光学原理

① 光学显微镜的成像原理 由外界入射的光线经反光镜向上，或由内光源发射的光线经集光镜向上，再经聚光镜会聚在被检标本（AB）上，使标本得到足够的照明，由标本反射或折射出的光线经物镜进入使光轴与水平面倾斜 45°角的棱镜，在目镜的焦平面上，即在目镜的视场光阑处，成放大的实像（BA），该实像再经目镜的接目透镜放大成虚像（BA），所以人们看到的是虚像（见图 2-8）。

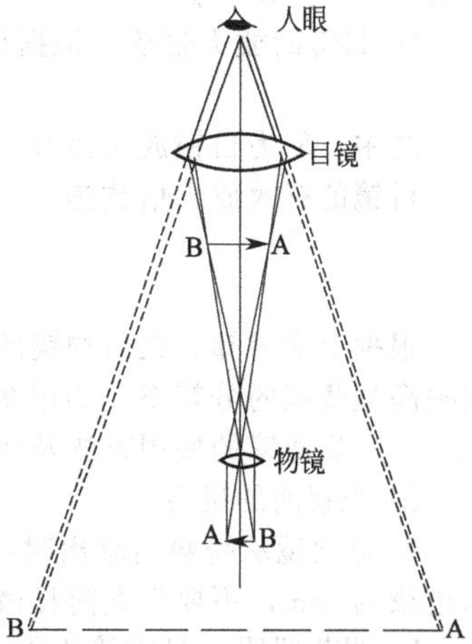


图 2-8 光学显微镜的成像原理

② 显微镜的放大倍数 被检物体经显微镜的物镜和目镜放大后的总放大倍数是物镜的放大倍数和目镜放大倍数的乘积。如用放大 40 倍的物镜和放大 10 倍的目镜，其总放大倍数是 400 倍。

③ 分辨率 物镜前面发光点发射的光线进入物镜的角度称开口角度。透镜的放大率与开口角度成正比，与焦距成反比。数值孔径（又称开口率 numerical aperture，简写为 $NA$）是光线投射到物镜上的最大开口角度一半的正弦，乘上标本与物镜间介质的折射率的乘积。

$$NA = n\sin\theta$$

式中，$NA$ 为数值孔径；$n$ 是介质折射率；$\theta$ 为最大开口角度的半数。

由于介质为空气时，$n=1$，$\theta$ 最大值只能到 90°（实际上不可能达到 90°），sin90°＝1，所以干燥系下物镜的数值孔径都小于 1。使用油镜时，物镜与标本间的介质为香柏油（$n=1.515$）或液体石蜡（$n=1.52$），不仅能增加照明度，更主要的是增大数值孔径，目前技术下最大的数值孔径为 1.4。物镜的放大倍数与数值孔径见表 2-30。

**表 2-30 物镜的放大倍数与数值孔径**

| 物镜类型 | 焦距/mm | 放大倍数 | 开口角度/(°) | $\theta$/(°) | $\sin\theta$ | 折射率 $n$ | $NA$ |
|---|---|---|---|---|---|---|---|
| 干燥系 | 16 | 10× | 29 | 14.5 | 0.2504 | 1 | 0.25 |
| | 4 | 40× | 81 | 40.5 | 0.6494 | 1 | 0.65 |
| | 4 | 40× | 116 | 58 | 0.8503 | 1 | 0.85 |
| 油浸系 | 2 | 90× | 110 | 55 | 0.8223 | 1.52 | 1.25 |
| | 2 | 90× | 134 | 67 | 0.9211 | 1.52 | 1.4 |

评价一台显微镜的质量优劣，不仅要看其放大倍数，更重要的是看其分辨率。分辨率是指显微镜能够辨别发光的两个点或两根细线间最小距离的能力。该最小的距离称为鉴别限度 $R$：

$$R=\frac{\lambda}{2n\sin\theta}=\frac{\lambda}{2NA}$$

式中 $R$——鉴别限度；

$\lambda$——光波波长。

日光的波长 $\lambda=0.5607\mu m\approx0.6\mu m$，如果用 $NA=1.4$ 的物镜，则

$$R=\frac{0.6}{2\times1.4}\mu m=0.22\mu m$$

④ 工作距离　工作距离是指观察标本最清晰时，物镜透镜的下表面与标本之间（无盖玻片时）或与盖玻片之间的距离。物镜的放大倍数越大，其工作距离越短，油镜的工作距离最短，约为0.2mm，所以使用油镜时，要求盖玻片的厚度为0.17mm。虽然不同放大倍数的物镜工作距离不同，但生产厂家已进行校正，一般在使用不同放大倍数物镜时，经转换后都能观察到标本，只需进行细调焦便可使物像清晰。

⑤ 目镜的放大倍数　根据计算，显微镜的有效放大倍数是：

$$EO=1000NA$$

式中，$E$ 为目镜放大倍数；$O$ 为物镜放大倍数。

目镜的有效放大倍数是：

$$E=\frac{1000NA}{O}$$

根据上式可知，在与物镜的组合中，目镜的有效放大倍数是有限的，过大的目镜放大倍数并不能提高显微镜的分辨率。如用90×，$NA$ 为1.4的物镜，目镜有效的最大倍数是15×。

(3) 显微镜的使用方法及注意事项

① 观察前的准备

a. 显微镜从镜箱内拿出时，要用右手紧握镜臂，左手托住镜座，平稳地将显微镜放置在桌上，离边缘约5cm，不要将直筒显微镜倾斜。

b. 调节照明。显微镜不能采用直射阳光，可利用灯光或自然光通过反光镜来调节照明。调节照明的步骤：首先，使用低倍物镜，旋转粗调节器，使物镜和镜台间的距离约为3mm。然后，旋转聚光镜螺旋，使聚光镜与镜台的上表面相距约1mm。最后，调节反光镜，使视野的光照效果最佳（光线较强时，用平面反光镜）。效果不好时，可通过开闭聚光镜上的孔径光阑进一步调节。对于自带光源的显微镜，可通过调节电阻旋钮来调节光照强弱。

c. 光轴中心调节。使用带视场光阑的显微镜时，先将光阑缩小，用低倍物镜观察，在视场内可见到视场光阑多边形的物像，如此像不在视场中央，可利用聚光镜外侧的两个调节螺杆将其调到中央，然后缓慢地将视场光阑打开，直至视场光阑的多边形物像完全与视场边缘内接。

② 低倍镜和高倍镜的使用

a. 下降镜台（或升高镜筒），将标本片放置在载物台上，用标本夹夹住，并使被观察的标本处在物镜正下方。

b. 转动粗调节器，升高镜台（或下降镜筒），使低倍物镜的前端接近载片，用左眼在目镜上观察，并转动粗调节器，使镜台下降（或镜筒上升），至物像出现，然后转动细调节器，使物像清晰。用标本移动器移动标本片，找到合适的物像，并将其移至视野中央进行观察。

c. 转动物镜转换器把高倍镜置于镜筒下方。显微镜在设计制造时，都是共焦点的，即低倍镜对焦后，转换高倍镜时一般都能对准焦点，能看到物像，只需转动细调节器便可使物像清晰。找到需观察的部位，并移至视野中央进行观察。

③ 油镜的使用

a. 滴加镜油。转动粗调节器，使镜台下降（或使镜筒上升），在染色标本处滴加1～2滴液体石蜡或香柏油。

b. 转换油镜。转动物镜转换器，把油镜置于镜筒下方。

c. 调焦。转动粗调节器，使镜台上升（或镜筒下降），让镜头的前端浸入镜油中。操作时要从侧面仔细观察，只能让镜头浸入镜油中紧贴着标本而避免让镜头撞击载玻片，导致玻片和镜头损

坏。然后在目镜上进行观察，并缓慢地转动粗调节器使镜台下降（或镜筒上升）至可看到物像时，再转动细调节器使物像清晰。

如果在转动粗调节器使镜台下降（或使镜筒上升）时，油镜已离开油滴，必须重新进行上述调焦操作。不得边用左眼在目镜上观察，边转动粗调节器使镜台上升（或镜筒下降）并使镜头前端浸入油滴中，这样易使镜头撞击载玻片，损坏标本和镜头。

d. 调节孔径光阑和视场光阑。把孔径光阑开到最大，使之与油镜的数值孔径相匹配。通过调节视场光阑或照明度控制钮，选择合适的照明。

e. 显微镜使用后的处置。转动粗调节器，使镜台下降（或使镜筒上升），取出标本玻片，然后先用擦镜纸擦去油镜上的香柏油，再用擦镜纸沾少量二甲苯（不能用酒精）擦去沾在油镜上的镜油，最后用擦镜纸擦净二甲苯及镜油。用液体石蜡作镜油时，只用擦镜纸即可擦净，不必用（或仅用极少量）二甲苯。把镜头转成“八”字形，套上镜罩后放入显微镜箱中。

3. 实体（体视）显微镜

(1) 实体显微镜与生物显微镜的主要区别

① 实体显微镜放大倍数较低，通常为 80～100 倍，有的最高放大倍数可达 160～300 倍，但比生物显微镜的放大倍数小得多。因此，实体显微镜不能观察动植物的切片，只能观察霉菌中的某一类和其他较大一些的标本。

② 用实体显微镜观察标本，一般不经过制片手续，标本可直接放在物镜下观察，可直接用于观察细小昆虫形态、种子构造，以及对珠宝古董的考察。

③ 在实体显微镜下可对标本进行解剖，可随解剖、随观察。

④ 实体显微镜所呈的影像是正的，这一点和生物显微镜不同。

⑤ 实体显微镜都是双目镜，其机内有两条成 12°夹角的独立的光路，模拟人的双眼两条视线，所观察的像有立体效果。其他生物显微镜可以是单目镜，也可以是双目镜，但其双目镜，影像仍不是立体的。

(2) 实体显微镜的机械构造

实体显微镜的机械构造比生物显微镜要简单，其特点如下：

① 实体显微镜只有粗调节，没有细调节，这是因为实体显微镜的焦点深度大。

② 实体显微镜无集光镜，也不用滤光片。

③ 实体显微镜载物台上没有标本推进器。

(3) 实体显微镜光学系统

实体显微镜除目镜和物镜外，还附加有斯密特棱镜（用于倾斜式目镜），反射棱镜系统（用于直立式目镜）和伽利略系统（加装在大物镜和小物镜之间，以转鼓改变放大倍数者即装有此种系统）。

(4) 实体显微镜的用法及注意事项

实体显微镜的使用方法比生物显微镜要简单一些，首先要根据标本情况的不同确定使用什么类型的照明（即落射照明或是透射照明），选择适宜的载物台（有透明玻璃载物台和一面为白色，另一面为黑色的瓷质载物台）。

① 观察不透明的标本时，要用落射照明。

② 观察可透光标本时，要用透射照明。

③ 标本如果是黑色（和色暗的）则要选用白色瓷面的载物台。

④ 标本如果是白色或浅色不透明物时，要选用黑色瓷面的载物台。

⑤ 如用透射照明必须用玻璃载物台。

⑥ 用实体显微镜观察标本时，先将标本放在载物台上，选用适宜的照明，眼观目镜，调节粗调节钮，使影像清楚。此处需要注意，必须调节两个目镜筒的间距，使两眼所看到的两个视野重合为一个视野，此时，影像方有立体感，这是使用实体显微镜关键处。目镜筒的间距可根据各人眼距的不同随意调节。

## 十、压力

1. 压力的表示方式和单位

(1) 压力的表示方式　所谓压力，就是均匀垂直作用于单位面积上的力。压力有三种表示方式：绝对压力、表压和差压。

① 绝对压力　以完全真空作零标准表示的压力称绝对压力。

② 表压　以大气压作为零标准表示的压力称表压。表压力为正时简称压力，表压力为负时称负压力或真空度。负压力的绝对值越大，即绝对压力越小，则真空度越高。

因为压力表的制造和使用都处于大气之中，所以工程上大都用表压来表示压力的大小，无特别说明时，均指表压力。

③ 差压　除大气压以外的两处压力之差称差压。

(2) 压力的单位　压力的单位很多，我国法定压力单位采用第十四届国际计量大会所确定的国际单位制（SI）压力单位——帕斯卡，简称帕（Pa）。即：$1Pa=1N/m^2$。它的物理意义是 1 牛顿的力垂直作用于 1 平方米的面积上所形成的压力。

各种压力单位间的换算见表 3-12。

2. 压力表的分类

测量压力的仪表称压力表。压力表的品种规格甚多，分类方法也不少，其中最常用的是按压力表的工作原理将压力表分为四大类：液柱式压力计、弹性压力表、电气压力表和活塞式压力计等。该四类压力表的主要技术性能列于表 2-31。以下将介绍实验室常用的液柱式压力计和弹性压力表。

**表 2-31　压力表类型及其主要技术性能**

| 类　型 | 测量范围/Pa | 精度/Pa | 优 缺 点 | 主 要 用 途 |
| --- | --- | --- | --- | --- |
| 液柱式压力计 | $0\sim2.66\times10^5$ | 0.5<br>1.0<br>1.5 | 结构简单,使用方便,但测量范围窄,只能测量低压或微压,易损坏 | 用来测量低压及真空度,或作压力标准计量仪器 |
| 弹性压力表 | $-10^5\sim10^9$ | 精密压力表<br>0.2,0.25,0.35<br>一般压力表<br>1.0,1.5,2.5 | 测量范围宽,结构简单,使用方便,价格便宜,可制成电气远传式,使用广泛 | 用来测量压力及真空度,可就地指示,也可集中控制,具有记录,发信报警,远传性能 |
| 电气压力表 | $7\times10^2\sim5\times10^8$ | 0.2～1.5 | 测量范围广,便于集中控制和远传 | 用于压力信号需要远传和集中控制的场合 |
| 活塞式压力计 | $-10^5\sim2.5\times10^5$<br>至 $5\times10^6\sim2.5\times10^8$ | 一等:0.02<br>二等:0.05<br>三等:0.2 | 测量精度高,但结构复杂,价格较贵 | 用来检定精密压力表和普通压力表 |

3. 液柱式压力计

液柱式压力计是利用液柱高度产生的压力和被测压力相平衡的原理制成的测压仪表。这种测压仪表结构简单、使用方便、精度较高、价格低廉，既有定型产品又可自制，在工业生产和实验室中广泛用来测量较小的压力、负压力和差压。

液柱式压力计按其结构形式可分为 U 形管压力计、单管压力计（又称杯形压力计）和斜管压力计。

(1) U 形管压力计　如图 2-9 所示，U 形管压力计是将一根内径为 6～10mm 的玻璃管弯成 U 形，或将两根平行的玻璃管底端用橡皮管或塑料管将它们连通起来，然后将其垂直固定在平板上，两管之间装有刻度标尺，刻度零点在标尺的中央。根据被测压力大小，管子内充灌水、汞或其他有机液体，并使液面与刻度零点相一致。

测量压力时，U 形管一端用橡皮管或塑料管与被测介质相连（$P$），一端通大气（$P_0$）。这样，高压侧液面下降，低压侧液面上升，分别读出两管液柱从零点位置的上升高度 $h_1$ 和下降高度 $h_2$（如果管径一样，则上升和下降的高度相等），将 $h_1$ 和 $h_2$ 相加以后，可按下式计算被测压力：

$$P=\rho gh$$

式中　$P$——被测介质压力（表压），Pa；

$\rho$——所充工作液体密度，$kg/m^3$；

$g$——重力加速度，$m/s^2$；

$h$——液柱高度（$h_1+h_2$），m。

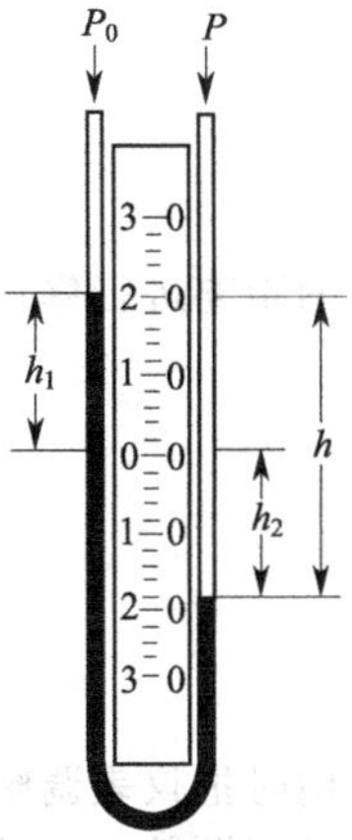


图 2-9 U 形管压力计

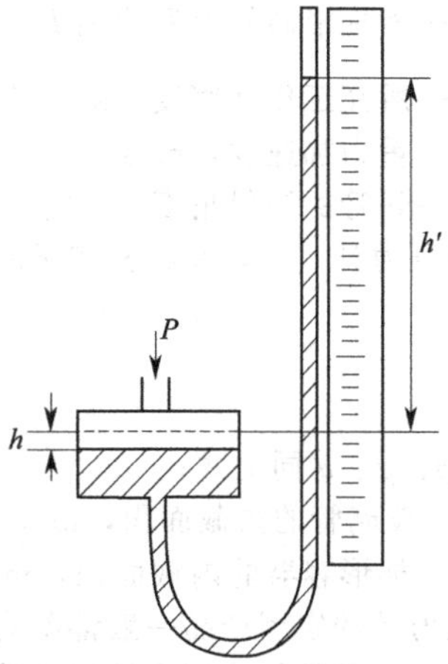


图 2-10 单管压力计

在上述的测量压力中，若通大气一侧的液面下降，接被测介质的一端液面上升，则所测压力为负压力（真空度）。

若通大气一侧的管子不通大气，而与另一被测介质相接，此时液柱的高度差代表两处介质压力的差值，即差压。

（2）单管压力计（杯形压力计） U 形管压力计两管的内径很难保证做到完全一致，所以测量时必须读出两管中液面的高度。两次读数比较麻烦，也容易造成读数误差。而单管压力计克服了这一缺点。

单管压力计是 U 形管压力计的变型，仅把 U 形玻璃管的一根管子改成直径较大的杯形容器，如图 2-10 所示。标尺刻度零点在管子的下端，容器内充灌工作液体，液面至刻度零点。

测量压力时，被测介质接到杯形容器上，玻璃管一端通大气。当被测压力变化时，玻璃管里液面也随着上升，待稳定后只要一次读数便能得到液面上升高度 $h'$，按 U 形管压力计列出的公式计算被测压力。

应该指出，在测量压力时，杯形容器中的液面随玻璃管液柱上升而下降，所测压力应以 $h$ 来表示，只因为杯形容器截面比玻璃管的截面大得多，杯形容器中的液面下降的数值很小，一般测量时，此值可忽略不计，仅以 $h'$ 来表示被测压力。但在精确测量时，应用下式进行修正：

$$P=h'\rho g\left(1+\frac{a}{A}\right)$$

式中 $P$——被测介质压力，Pa；

$h'$——玻璃管中液面上升高度，m；

$\rho$——所充工作液体密度，$kg/m^3$；

$g$——重力加速度，$m/s^2$；

$a$——玻璃管的内截面积，$m^2$；

$A$——杯形容器的内截面积，$m^2$。

（3）斜管压力计 将单管压力计的玻璃管做成倾斜形式，就是斜管压力计，如图 2-11 所示。

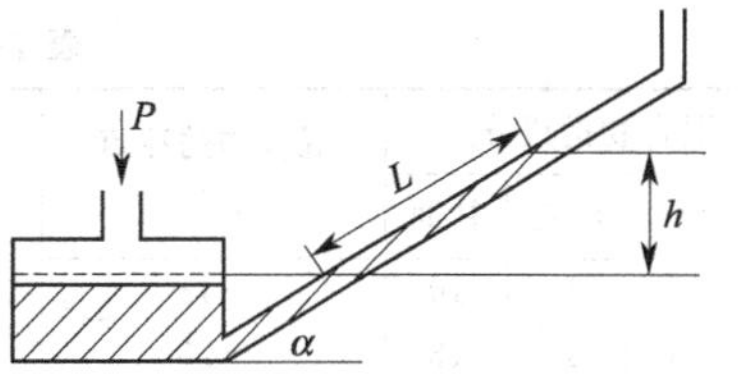


图 2-11 斜管压力计

测量压力时，被测介质接杯形容器，斜管一端通大气。由于玻璃管的倾斜，使液面的位移距离加长，也就是使按压力单位刻度的标尺刻度实际长度加大，这不仅可用来测量微小压力，而且提高了仪表的读数精度。一般测量时，所测压力按下式计算：

$$P=L\rho g\sin\alpha$$

式中 $P$——被测介质压力，Pa；

$L$——液柱沿斜管上升距离 $L=\frac{h}{\sin\alpha}$，m；

$\rho$——所充工作液密度，$kg/m^3$；

$g$——重力加速度，$m/s^2$；

$\alpha$——斜管的倾斜角度，(°)。

与单管压力计一样，在精密测量时，要对杯形容器中液面下降的距离进行修正，所测压力按下式计算：

$$P=L\rho g\left(\sin\alpha+\frac{a}{A}\right)$$

式中 $L$、$\rho$、$g$、$\alpha$ 同上式；

$a$——玻璃管的内截面积，$m^2$；

$A$——杯形容器的内截面积，$m^2$。

斜管压力计的定型产品一般都附有水准指示器，以便在安装使用时把仪表调整成水平，保证倾斜角 $\alpha$ 的准确。有的斜管压力计的斜管倾斜角度 $\alpha$ 还可以根据需要进行调整，但是斜管不能倾斜得太厉害，一般不小于 15°。

斜管压力计一般用来测量 2000Pa（200mm$H_2O$）以下的各种气体的微小压力、负压或差压，所以斜管压力计也称斜管微压计。

单管压力计、斜管压力计和 U 形管压力计的型号规格列于表 2-32。

**表 2-32 液柱压力计的型号规格**

| 产品名称 | 型号 | 测量范围液面差/mm($H_2O$) | 精度/mm | 结构特征 | 工作压力/MPa | 产品名称 | 型号 | 测量范围液面差/mm($H_2O$) | 精度/mm | 结构特征 | 工作压力/MPa |
|---|---|---|---|---|---|---|---|---|---|---|---|
| 单管压力计 | TG-300<br>TG-500<br>TG-800<br>TG-1000<br>TG-1200<br>TG-1500<br>TG-2000 | 0～300<br>0～500<br>0～800<br>0～1000<br>0～1200<br>0～1500<br>0～2000 | 1.5 | | 0.6 | 斜管压力计 | YYT-200 | 0～50,0～75,0～100,0～150<br>0～200 | 1 | 台式 | 0.01 |
| | | | | | | | YYT-130 | 130 | 1 | 墙挂式 | 0.05 |
| | | | | | | U 形管压力计 | YYU(YB) | 0～100,150,200,250,300,400,500,600,800,1000,1200,1400,1600,2000 | 1.5 | 墙挂式 | |

(4) 液柱式压力计的使用及其注意事项 液柱式压力计虽然有很多优点，但它测量范围小，玻璃管易破碎，指示值与工作液有关等缺点，因此在使用中不能粗心大意，一般应注意如下问题。

① 液柱式压力计应避免安装在过热、过冷、有腐蚀或有震动的地方。环境温度过高，工作液容易蒸发掉；过低时工作液可能冻结。一般为了防止水冻结，可在水中加入少许酒精或甘油，或采用酒精、甘油、水的混合物作为工作液。表 2-33 为各种组分的酒精-甘油-水混合物的冰点和密度。

**表 2-33 酒精-甘油-水混合物的冰点和密度**

| 混合物的成分/% | | | 混合物的冰点/℃ | 20℃时的密度/$g\cdot cm^{-3}$ | 混合物的成分/% | | | 混合物的冰点/℃ | 20℃时的密度/$g\cdot cm^{-3}$ |
|---|---|---|---|---|---|---|---|---|---|
| 水 | 酒精 | 甘油 | | | 水 | 酒精 | 甘油 | | |
| 60 | 30 | 10 | −18 | 0.992 | 70 | 30 | | −10 | 0.970 |
| 45 | 40 | 15 | −28 | 0.987 | 60 | 40 | | −19 | 0.963 |
| 43 | 42 | 15 | −32 | 0.970 | | | | | |

震动大的场所，不仅影响读数，还可能震破玻璃管。

腐蚀性气氛会腐蚀压力计的金属部件，若刻度标尺由金属制成，将使刻度不清晰，影响读数，增加测量误差。

② 液柱式压力计通常垂直悬挂在测压点附近的墙壁或支架上。需水平放置的斜管压力计应利用水准器将其放平，然后用橡胶管式塑料管将测压点与压力计连接起来，连接处应严密不漏气。从测压点到压力计之间的距离应尽量短，一般应在3～5m之间。

③ 灌注工作液应注意的事项。灌注工作液时，应使液面对准标尺零点。为便于观察，可在工作液中加入一点颜色，如红、蓝墨水等。常用的工作液列于表2-34。

**表2-34 液柱式压力计常用的工作液**

| 工作液名称 | 汞 | 水 | 变压器油 | 酒精 | 四氯化碳 | 煤油 | 甘油 |
|---|---|---|---|---|---|---|---|
| 化学分子式 | Hg | $H_2O$ | | $C_2H_5OH$ | $CCl_4$ | | $C_3H_5(OH)_3$ |
| 在20℃时的密度/$g\cdot cm^{-3}$ | 13.547 | 0.998 | 0.86 | 0.79 | 1.594 | 0.8 | 1.25 |

④ 被测介质不能与工作液混合或起化学反应。如被测介质能与水或汞混合，或起化学反应时，应更换其他工作液或在工作液的上部充灌隔离液，将工作液与被测介质隔离。液柱式压力计在充灌隔离液后，测量压力时应考虑隔离液液柱高度对测量结果的影响。

某些介质所选用的隔离液见表2-35。

**表2-35 某些介质所选用的隔离液**

| 被测介质 | 隔离液 | 被测介质 | 隔离液 | 被测介质 | 隔离液 |
|---|---|---|---|---|---|
| 氯气 | 98%浓硫酸或氟油、全氟三丁胺 | 氨氧化气 | 稀硝酸 | 氧气 | 甘油 |
| | | 氨气、水煤气、乙酸、碱 | 变压器油 | 重油 | 水 |
| 氯化氢 | 煤油 | | | | |
| 硝酸 | 五氯乙烷 | 苛性钠 | 磷酸三甲酚酯 | | |

⑤ 为了减少读数误差，须正确读取液面的位置。一般按照工作液弯月面顶点位置在标尺上读取。当工作液是浸润性液体时（如水、酒精）必须读其凹面的最低点；用汞等非浸润液作工作液时，必须读其凸面的最高点。

⑥ 在测量压力过程中，有时因操作不慎或因突然停电造成压力突增，使液柱式压力计中的工作液冲掉。对无毒的工作液来说，仅影响正常测量。但对汞工作液来说，既带来损失，又造成汞污染。一旦汞冲洒满地时，应尽量回收，然后用水冲洗地面，再洒上硫磺粉。有关汞的毒性及处理办法见本章第十一节四。

为避免汞工作液被冲出，可装设一只收集瓶，用胶管与压力计连接，瓶内盛少量水，瓶口与大气相通。这样，一旦压力突增，汞被冲到收集瓶内，可避免汞洒于地。

4. 弹性压力表

弹性压力表是利用各种不同形状的弹性感压元件在被测压力的作用下产生弹性变形的原理制成的测压仪表。这种仪表具有构造简单、牢固可靠、测压范围广、使用方便、造价低廉、有足够的精确度以及便于制成发讯和远距离指示、记录仪表等优点，是工业上应用最广泛的测压仪表，在实验室中常用来测量真空泵、压缩机、钢瓶等设备上的压力。

弹性压力表根据测压范围的大小，有着不同的弹性元件。按其形状结构，有弹簧管（单管和螺旋管）、波形膜片、波形膜盒和波纹管四种形式。与之相应的有单圈弹簧管压力表、螺旋弹簧管压力表、膜片压力表、膜盒压力表和波纹管压力表。其中，单圈弹簧管压力表品种规格最多，应用也最为广泛。

（1）单圈弹簧管压力表与电接点压力表　单圈弹簧管压力表主要由弹簧管、齿轮传动放大机构、指针、刻度盘和外壳等几个部分组成。制造弹簧管的材料要求具有较高的弹性极限、抗疲劳极限和良好的耐腐蚀性，易加工，其化学成分和机械性能均匀一致。根据被测介质的性能和被测压力的高低，通常采用锡磷青铜、铬钒钢和不锈钢来制造弹簧管。

单圈弹簧管压力表的种类繁多，按精度等级来分有精密压力表（精度等级0.25）、标准压力表

(精度等级 0.4) 和普通压力表 (精度等级 1.5 和 2.5); 按用途来分有压力表、真空表、氨用压力表、氧气压力表、氢气压力表、乙炔压力表等。

另外常用的电接点压力表，它是在单圈弹簧管压力表的基础上增加电接点装置所制成的一种压力表。这种压力表不仅能指示被测压力，而且能进行越限报警，与自动控制装置相配合，还能使被测压力保持在给定的范围内。

(2) 弹性压力表的使用及注意事项

① 压力表的选择、压力表量程的选择　为了保证弹性元件能在弹性变形的安全范围内可靠地工作，压力表量程的选择不仅要根据被测压力的大小，而且还应考虑被测压力变化的速度，其量程需留有足够的余地。测量稳定压力时，最大工作压力不应超过量程的 2/3；测量脉动压力，最大工作压力不应超过量程的 1/2；测量高压时，最大工作压力不应超过量程的 3/5。为了保证测量准确度，最小工作压力不应低于量程的 1/3。按此原则，根据被测最大压力算出一个数值后，从压力表产品目录中选取稍大于该值的测量范围。

压力表种类和型号的选择：

a. 从被测介质压力大小来考虑　如测量微压，即几百个至几千个帕斯卡的压力，则宜采用液柱式压力计或膜盒压力表；压力在 $5\times10^4$Pa 以上的，一般选用弹簧管压力表。

b. 从被测介质性质来考虑　如具有一般腐蚀性的介质，应选氨用压力表；对易结晶、黏度大的介质，要选用膜片压力表；对氧、乙炔等介质，应选用专用压力表。

c. 从使用环境来考虑　如对爆炸性气氛环境，使用电气压力表时，应选择防爆型压力表；机械振动强烈的场合，应选用船用压力表。

d. 从使用者需要来考虑　如需要观察压力的变化情况，应选用记录式压力表；若不但需就地指示还需远距离传送压力信号，则可选用电气式压力表；如需报警或位式调节，可选用电接点压力表等。

② 压力表的安装　压力表所测量的压力是被测设备中的“静压”，因此安装压力表时，取压点必须选在能正确反映被测压力实际大小的地方。例如要选在介质流动平稳的部位，不应在太靠近局部阻力或有其他干扰的地方，如管道的拐角、死角和流束呈旋涡状态等处。

压力测量系统应保证严密性，从取压口至压力表不能有泄漏，压力表接头连接处应根据被测压力的大小和介质性质，加装适当的密封垫片。在一般情况下，当介质温度低于 80℃，压力低于 2MPa (20kgf/cm$^2$) 时，可用橡胶垫片；350～450℃及 5MPa (50kgf/cm$^2$) 以下，用石棉纸板或铅垫片；温度和压力更高时用退火紫铜或铝垫片；有腐蚀性而温度不高的介质可采用聚四氟乙烯作衬垫。

选用密封垫片时应注意，所用的衬垫材料不得与被测介质起化学作用。如测量氨气压力不能使用铜垫片，测量油类介质压力不得使用普通橡皮垫片，测量氧气压力时不能使用浸油垫片等。

测量蒸气压力时，应加装凝液管，以防止高温蒸气与测压元件直接接触，使弹性降低；对于有腐蚀性的介质，应加装有中性介质的隔离罐。

压力表尽可能安装在温度为 0～40℃，相对湿度小于 80%，震动小，灰尘少，没有腐蚀性物质的地方。对电气压力表还要求安装在磁干扰小的地方。

③ 压力表使用注意事项　测量液体或蒸汽介质压力时，为避免产生液柱误差，压力表应安装在与取压口同一水平的位置上。若不在同一高度，测量压力时，应对压力表的示值进行修正。修正值为 $\pm\rho gh$ ($\rho$ 为介质密度、$g$ 为重力加速度、$h$ 为压力表与取压口的高度差)。测量气体介质压力时，因气体的密度很小，产生的气柱误差可忽略不计。

测量压力时，若指示值与正常值相差很大，可用合格的同型号规格的压力表换装上去以比较鉴别；若指示指针在一处不动，可开大压力表的阀门，看指针是否有变化。若没有变化，则可能是导压系统某处被堵死；若指示指针摆动频繁，幅度又较大时，可将压力表前的阀门关小一些，使指针稍稍摆动即可。

安装在泵出口的压力表，为了防止压力表受瞬时冲击超压而损坏，在起动泵时，应先将压力表前的阀门关闭，待泵启动后才缓慢开启阀门。运行的压力表一般 3～6 个月校验一次。

5. 大气压计

大气压计是工矿企业、学校、科研单位及有关部门用于测量大气压的仪器，其工作原理是基于液柱静压平衡。实验室最常用的有以下两种类型。

（1）福丁式（动槽式）大气压计

① 气压计的构造　福丁式气压计形状如图 2-12 所示，右边部分是底部放大图。

大气压计的外部是一黄铜管，管的顶端是悬环。内部是装有水银的玻璃管，密封的一头向上，玻璃管上部是真空，玻璃管下插在汞槽 C 内。在 B 部分用一块羚羊皮紧紧包住（皮的外缘连在棕榈木的套管上），经过棕榈木的套管固定在槽盖上，空气可以从皮孔出入而汞不会溢出。黄铜管外的上部刻有标尺并开有长方形小窗，用来观看汞柱的高低，窗前有一游标 G，转动螺旋 F 可使 G 上下移动。汞槽底部是一羚羊皮囊，下端由螺旋 Q 支持，转动 Q 可调节槽内汞面的高低；汞槽的上部是玻璃壁 R，顶盖上有一倒置的象牙针，针尖是标尺的零点。

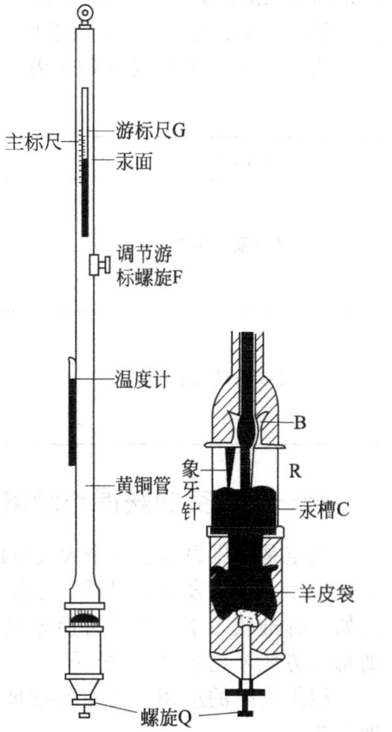


图 2-12　福丁式气压计

② 气压计的使用方法

a. 读取温度。首先从气压计所附温度计上读取温度。

b. 调节汞槽中汞面的高度。慢慢旋转底部螺旋 Q，使汞槽中的汞面与象牙针尖恰好接触。调节时可利用汞槽后面白瓷板的反光来观察汞槽的高度，调节动作要轻而慢。汞面调好后，稍待 30s 再次观察汞面与象牙针尖接触的情况，没有变化后继续下一步操作。

c. 调节游标尺。转动调节游标螺旋使游标尺的下沿高于汞柱面，然后缓慢下降直至游标尺下沿和汞柱的凸面相切，此时观察者的眼睛与游标尺的下沿、汞柱的凸面在同一水平面上。

d. 读取气压计数值。先从主标尺上读出靠近游标尺下端且在其下面的刻度，即为大气压的整数部分，再从游标尺上找出一根与主标尺上某一刻度线相吻合的刻线，其刻度值即为大气压的小数部分，单位是 kPa（老式气压计的单位是毫米汞柱）。

③ 气压计读数的校正　由于气压计的刻度是以 0℃、纬度 45°的海平面高度为标准的，同时仪器本身还有误差，因此气压计的读数必须经过温度、纬度、海拔高度和仪器误差的校正才能使用。

a. 仪器校正。由于仪器本身不精确，造成的读数误差称为“仪器误差”。仪器在出厂时均附有校正表，从气压计上读出的数值，应先经此表校正。若表中是正值，应在读数上加上此值；若是负值则应从读数中减去此值。

b. 温度校正。温度会影响汞密度及黄铜标尺的长度，考虑了这两个因素之后采用如下校正公式：

$$P_0 = P - P\left(\frac{\alpha-\beta}{l+\alpha t}\right)t$$

式中　$P$——气压计的读数；

$t$——气压计的温度；

$\alpha$——汞体膨胀系数（汞在 0～35℃之间的平均体膨胀系数 $\alpha=0.0001818℃^{-1}$）；

$\beta$——黄铜的线膨胀系数（$\beta=0.0000184℃^{-1}$）；

$P_0$——将大气压读数校正到 0℃后的读数。

c. 重力加速度数值受海拔高度 $H$（单位 m）和纬度 $\lambda$ 影响，因此需将测得的气压计读数用如下公式校正：

$$P_{校} = P_0(1-2.65\times10^{-3}\cos2\lambda-1.96\times10^{-7}H)$$

（2）固定杯式（定槽式）大气压计　定槽式气压计与动槽式气压计大同小异，不同之处在于前者的汞槽中汞面无需调节，它的汞是装在体积固定的槽内。当大气压力发生变化时，玻璃管内汞柱的液面和汞槽内汞液面的高度差也相应变化。在计算气压计的标尺时已经补偿了汞槽内液面的变化量。其使用方法除槽中汞面无需调节，其他均与动槽式气压计相同，气压计的校正方法二者也完全相同。

汞气压计的型号规格列于表 2-36。

**表 2-36 汞气压计的型号规格**

| 产品名称 | 型号 | 主要技术数据 |
|---|---|---|
| 动槽汞气压表 | $DYM_1$ | 测量范围：$(810\sim1070)\times10^2$Pa<br>精度：±40Pa<br>分度值：10Pa<br>工作温度：−15～+45℃ |
| 定槽汞气压表 | $DYM_2$ | 测量范围：$(810\sim1070)\times10^2$Pa<br>精度：±50Pa<br>分度值：10Pa<br>工作温度：−15～+45℃ |

## 十一、真空的获得与测量

真空是指压力小于一个大气压的气态空间。真空状态下气体的稀薄程度，以压强值 133.32Pa=1Torr=1mmHg 表示，习惯上称作真空度。不同的真空状态，意味着该空间具有不同的分子密度。比如，标准状态下，每立方厘米气态物质有 $2.687\times10^{19}$ 个分子；若真空度为 $1.333\times10^{-13}$Pa 时，则每立方厘米约有 30 个分子。

根据真空的应用、真空的物理特点、常用的真空泵以及真空规的使用范围等，可以将真空区域划分为：

| | | | |
|---|---|---|---|
| 粗真空 | $1.013\times10^5$Pa～1.333kPa | 超高真空 | $1.333\times10^{-5}\sim1.333\times10^{-9}$Pa |
| 低真空 | 1.333kPa～0.333Pa | 极高真空 | $<1.333\times10^{-9}$Pa |
| 高真空 | $0.333\sim1.333\times10^{-5}$Pa | | |

真空技术，一般包括真空的获得、测量、检漏，以及系统的设计与计算等。

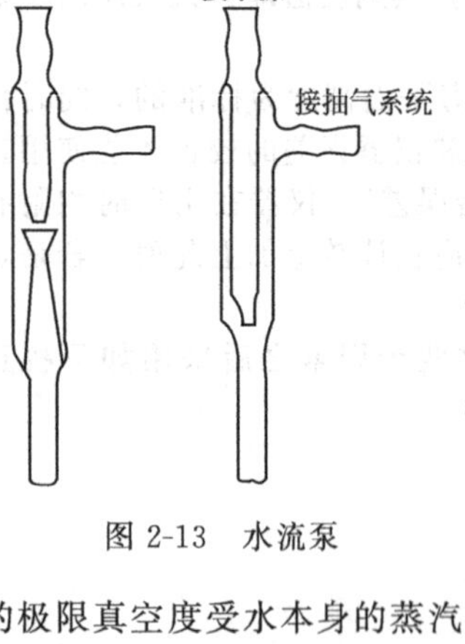

图 2-13 水流泵

1. 真空的获得

为了获得真空，就必须设法将气体分子从容器中抽出。凡是能从容器中抽出气体、使气体压力降低的装置，均可称为真空泵。如水流泵、机械真空泵、油泵、扩散泵、吸附泵、钛泵、冷凝泵等。它们应用的范围一般为：水流泵（$1.013\times10^5\sim2.666\times10^4$Pa），油泵（$1.013\times10^5\sim1.333$Pa），油扩散泵（$1.333\times10^{-1}\sim1.333\times10^{-4}$Pa），钛泵（$1.333\sim1.333\times10^{-8}$Pa），分子筛吸附泵（$1.013\times10^5\sim1.333$Pa），冷凝泵（$1.333\times10^{-1}\sim1.333\times10^{-8}$Pa）。一般实验室用得最多的是水流泵、油封机械真空泵和扩散泵。

（1）水流泵　水流泵应用的是柏努利原理，水经过收缩的喷口以高速喷出，其周围区域的压力较低，由系统中进入的气体分子便被高速喷出的水流带走。水流泵的构造如图 2-13 所示。水流泵所能达到的极限真空度受水本身的蒸汽压限制。水流泵在 20℃时的极限真空度为 2.332kPa。尽管其效率较低，但由于简便，实验室中在抽滤或其他粗真空度要求时却经常使用。

（2）油封机械（旋片式）真空泵　旋片式真空泵是用于获得 $10\sim10^{-1}$Pa 低真空度的装置。图 2-14 示出单级旋片式真空泵工作原理。

这种泵有一个青铜或钢制的圆筒形定子，定子里面有一个偏心的钢制实心圆柱作为转子。转子以自己的中心轴旋转。两个小翼 S 及 S′横嵌在转子圆柱体的直径上，被夹在它们中间的一根弹簧所压紧。因此 S 及 S′将转子和定子之间的空间分隔成三部分。在图 2-14(a) 的位置时，空气由待抽空的容器经过管子 C 进入空间 A，当 S 随转子转动而离开的时候［图 2-14(b)］，区域 A 增大，气体经过 C 而被吸入。当转子继续运动时［图 2-14(c)］，S′将空间 A 与管 C 隔断，此后 S′又开始将空间 A 内的气体经过活门口而向外排出［图 2-14(d)］。转子的不断转动使这些过程不断重复，因而达到抽气的目的。

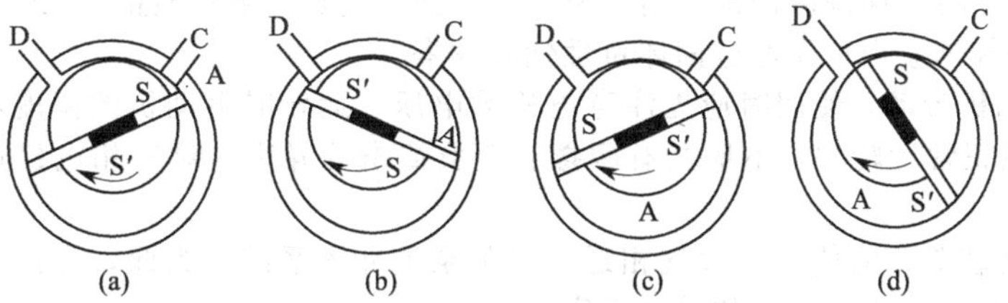


图 2-14　单级旋片式真空泵工作原理

整个机件放置于盛油的箱中，箱中所盛的油是精制的真空泵油，这种油具有很低的蒸气压。机件浸没于油中，以油为润滑剂，同时有密封和冷却机件的作用。

这种普通转动泵，对于抽去永久性气体是很好的，但如果要抽走水汽或其他可凝性蒸气，则将产生很大的困难。原因是在泵转动时，泵内将产生很大的压缩比率，为了要得到较高的抽速和较好的极限真空，这种压缩比将达到数百比一。在这种情况下蒸气将大部分被压缩为液体，然后混入油内。这种液体无法从泵内逸出，结果变成很多微小的颗粒随着机油在泵内循环，蒸发到真空系统内去，大大降低了泵在纯油时能达到的抽空性能，使极限真空变坏，而且还破坏了油在泵内固有的密封性能和润滑效果。这种蒸气还会使泵的内壁生锈。

为了解决上述问题，一般是采取气镇式真空泵。气镇式真空泵是在普通转动泵的定子上适当的地方开一个小孔，目的是使大气在转子转动至某个位置时抽出部分空气，使空气-蒸气的压缩比率变成 10∶1 以下。这样就使大部分蒸气并不凝结而被驱出。它的作用原理可参看图 2-15。在翼 S 由位置 A 到位置 B 间，抽气作用产生。如同普通转动泵一样，当 S 到达 B 时，S′在 A 的位置，于是 S 以下的部分和抽气口隔绝。在 S 从 B 转到 C 时，S-S′下部的、隔离的气体体积没有什么变化，未被压缩。而 S-S′上部的气体在 C 到 E 间，普通转动泵（不放入气体）将产生 700∶1 的压缩比；对气镇泵而言，当压缩开始时（C→E），空气通过进口 C 放入，压缩比就下降到 10∶1 以下。在位置 E 时被压缩气体的压力超过一个大气压，活盖 L 被顶开，在 S 继续转过去时，空气-蒸气的混合物就从排气口被挤出。

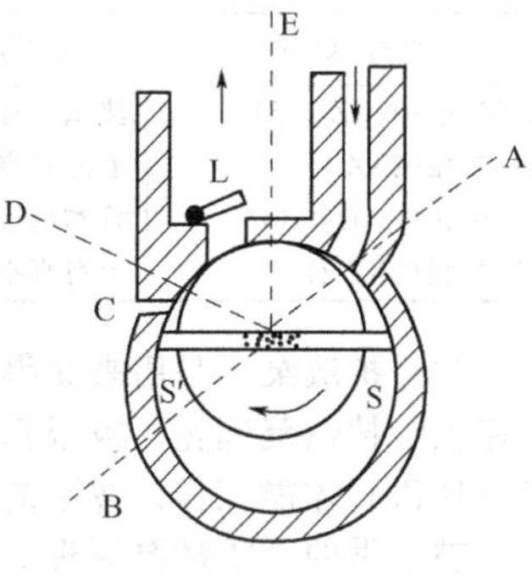


图 2-15　气镇式真空泵

油封机械真空泵主要由泵腔、定子、转子、旋片、进气管和排气管组成。

油封机械（旋片式）真空泵是实验室内常用的真空泵。主要用于以下几个方面：

① 真空干燥。真空泵与干燥箱连接，样品在真空干燥箱中能在较低温度下除去样品中的水分及难挥发的高沸点杂质，同时避免样品在高温下分解。

② 真空蒸馏。即减压蒸馏，可以降低物料的沸点，使其在较低温度下进行蒸馏。适用于在高温下易分解的有机物的蒸馏。

③ 真空过滤。对于难于过滤的物料，真空过滤可以加快过滤速度。

④ 其他。还可用于需要抽真空的试验，如管道换气等。

根据油泵的构造和特征，在使用时注意以下事项。

① 真空泵应安装在干燥、通风、清洁和室温为 5～40℃ 的场所，放置平稳，按电标牌规定接好电源线和地线，开泵前先检查泵内油的液面是否在油孔的标线处。油过多，在运转时会随气体由排气孔向外飞溅；油不足，泵体不能完全浸没，达不到密封和润滑作用，对泵体有损坏。

② 油泵不能用来直接抽出可凝性的蒸气，如水蒸气、挥发性液体（例如乙醚和苯）等。如果在应用到这些场合时，必须在油泵的进气口前接吸收塔或冷阱。例如用氯化钙或五氧化二磷吸收水汽，用石蜡油或吸收油吸收烃蒸气，用活性炭或硅胶吸收其他蒸气。常用的玻璃冷阱的构造如图 2-16 所示。

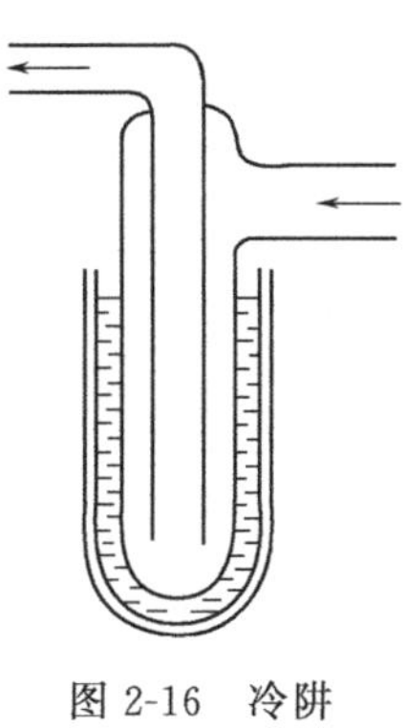

图 2-16　冷阱

冷阱用的制冷剂通常为固体二氧化碳（又称干冰，－78℃）及液体氮气（－196℃）。

③ 油泵不能用来抽含有腐蚀性、爆炸性、氧化性高等物质的气体，例如：氯化氢、氯或氧化氮等。因为这些气体将迅速侵蚀油泵中精密机件的表面，使真空泵不能正常工作。若真空泵使用于这类场合时，这些气体应当首先经过固体苛性钠吸收塔。

④ 油泵由电动机带动，使用时应先注意电机的电压。运转时电动机的温度不能超过规定温度（一般为65℃）。在正常运转时，不应当有摩擦、金属撞击等异声。对三相电机还要注意启动时的运转方向。

⑤ 停止油泵运转前，应使泵与大气相通，以免泵油冲入系统。为此，在连接系统装置时，应当在油泵的进口处连接一个通大气的玻璃活塞。

⑥ 真空泵应注意及时补充同型号的真空油，应定期清洗进气口处的细纱网，以免固体小颗粒落入泵内，损坏泵体，使用半年或一年后，必须换油，定期检修。泵工作日久，皮带会松弛，影响电机运转，应及时调整。

目前，国产油泵分定片式、旋片式和滑阀式三种。定片式真空泵抽速较小，但结构简单容易检修。旋片式真空泵已有定型系列产品（2X型，2XQ型）可以单独使用，也可以作为前级泵。滑阀式真空泵（2H系列）多数用做前级泵。

部分机械泵产品型号规格见表2-37。

**表2-37 部分机械泵产品型号规格**

| 型号、规格 | 生产厂 | 备注 | 型号、规格 | 生产厂 | 备注 |
|---|---|---|---|---|---|
| 0.5L单相(XZ-0.5) | 沈阳三环 | 直连、带阀 | 2L单相(GLD-101) | 日本(机工) | 直连、带阀 |
| 1L单相(2XZ-1) | 上海真空泵 | 直连 | 4L单相(2XZ-4) | 上海真空泵 | 直连 |
| 1L单相(GLD-051) | 日本(机工) | 直连、带阀 | 4L单相(GLD-201) | 日本(机工) | 直连、带阀 |
| 2L单相(2XZ-2) | 上海真空泵 | 直连 | 8L三相(2XZ-8) | 北京 | 直连 |

(3) 扩散泵　是用来获得$10^{-2}\sim10^{-6}$Pa高真空度的装置。油扩散泵具有对被抽气体无选择性、抽速大、抽速范围宽、极限真空度高、结构简单和使用方便等优点，缺点是必须有一定的前置真空（1～10Pa）才能工作。按泵的工作介质可分为汞扩散泵和油扩散泵。

玻璃做的汞扩散泵原理如图2-17所示。汞受热沸腾（约185℃），其蒸气分子在喷口A处形成高速气流，待抽的气体分子经入口B扩散到高速汞蒸气流中并被带到下面去。待抽气体在下方逐步浓集，但由于与汞分子碰撞，重新由B扩散回去的机会很小。汞蒸气经冷凝回到釜中，再重新气

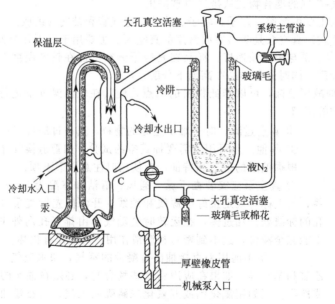

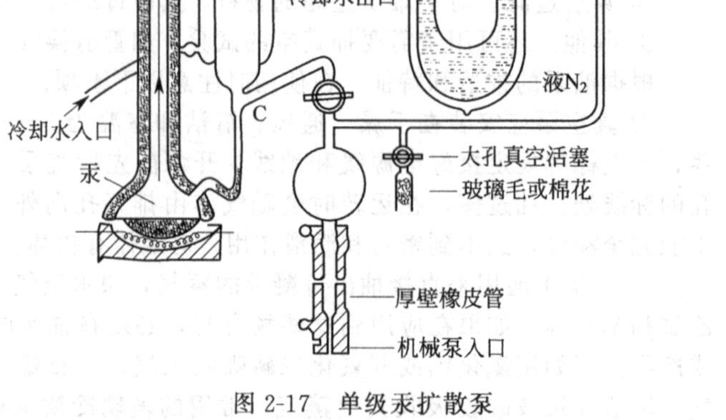


图2-17　单级汞扩散泵

化。而被带到下方的待抽气体分子经C由前级泵抽走。

由于汞蒸气压较高（约 $2.0\times10^{-1}$Pa），因此，在扩散泵与待抽真空部分之间要有一个冷阱（用干冰加三氯乙烯，−79℃，或液氮，−196℃）捕集汞蒸气。由于扩散泵排气口压力较低，并且为减少泵油氧化，因此需要由前级泵（如油封机械真空泵）将系统压力抽到约1Pa，开冷凝水后才能开扩散泵。

为了提高抽气速度，实际上所用的扩散泵是将一个喷口改为并列的几个喷口；为提高泵的极限真空度，将上述的一级喷口改成互相串接的几级喷口。汞蒸气有剧毒，使用汞扩散泵要极小心，并应有安全防护措施。如为玻璃汞扩散泵，泵外应缠以石棉绳，防止泵的破裂。

用具有低蒸气压的油类（如硅油，常温下其蒸气压为 $1.33\times10^{-6}\sim1.33\times10^{-8}$Pa）作为扩散泵的工作介质的扩散泵称为油扩散泵，由泵体、冷却水管、加热器、泵芯（包括伞形喷嘴蒸气导管），进气口和排气口等组成。图2-18示出金属三级油扩散泵，其原理与汞扩散泵一样。由于油分子比汞分子的分子量大，分子体积也大，因而泵的具体结构上也有所不同。油扩散泵的抽速大，抽速范围宽（几升/秒至十几万升/秒），其较好的工作压强范围为 $1.33\times10^{-2}\sim1.33\times10^{-4}$Pa。但油扩散泵的油若受到过度加热会裂解，使其蒸气压增高；且油易为空气氧化；有时油还容易污染系统。使用油扩散泵时应控制加热温度，不宜过高以延长泵油的使用寿命。

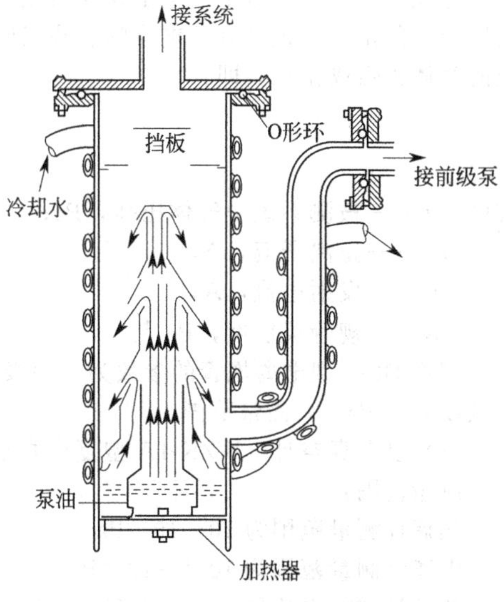

图2-18　金属三级油扩散泵

油扩散泵主要生产厂家有：上海曙光机械厂、兰州曙光机械厂、锦州真空仪器厂、沈阳真空机械三厂、沈阳真空机械一厂、北京仪器厂、南光机器厂等。

(4) 油扩散泵高真空抽气机组　油扩散泵高真空抽气机组是用来获得 $10^{-2}\sim10^{-6}$Pa 真空度的成套设备。

JK型高真空抽气机组主要由油扩散泵、旋片式真空泵、高真空阀门、低真空阀门、挡油器（水冷挡板或冷阱）、储气罐、管道、真空计和控制台等组成。

2. 真空的测量

过去习惯用的真空测量单位是托（Torr），在0℃、标准重力加速度（980.665cm·$s^{-2}$）下：1托$=\frac{1}{760}$标准大气压，即1托等于1mmHg作用于1$cm^2$上的力。

压力的法定计量单位是帕斯卡，简称帕（Pa）。

$$1\text{帕(Pa)}=1\text{牛}\cdot\text{米/米}^2=7.5006\times10^{-3}\text{托}$$

$$1\text{托}=133.3\text{Pa}\quad 1\text{标准大气压}=101325\text{Pa}$$

测量低压下气体压强的仪器通常使用真空计或真空表。

(1) 热偶真空计　热偶真空计是用于测量 $10^2\sim10^{-1}$Pa 低真空度的仪器。常用的型号有ZDO型、WZR型和RZH型。热偶真空计由热偶规管和测量仪器两部分组成。热偶规管的结构，外壳用玻璃制成，上部导管接被测真空系统，在管内两根引线上装着加热金属丝，两根引线上焊有热电偶丝，热电丝偶与金属丝焊牢。金属丝用电源加热，加热电流用可变电阻调节，热电偶产生的热电势用毫伏表测量。

热偶规管的工作原理是基于低压强下气体的热传导系数与压强有关的性质。测量时将热偶管接于真空系统，当加热电流维持恒定时，热电偶温度的变化取决于周围气体的热传导系数。当气体压强下降时，气体的热传导系数减少，热电偶工作端温度升高，相应的热电势也增加。用毫伏表测出热电势，便可知道相应的压强。

热偶规管常见的型号有DL型、ZJ型。

(2) 电离真空计　热阴极电离真空计是用于测量 $10^{-1}\sim10^{-5}$Pa 真空度的仪器。常用的型号有 ZDR 型、WZL 型和 DZH 型等。

热阴极电离真空计由电离规管和测量仪器两部分组成。电离规管结构，外壳用玻璃制成，上部导管接被测真空系统。管内有阴极（灯丝）、加速极（栅极）和离子收集极（板极）。加速极相对阴极是正压，一般为 200V，收集极对阴极为负压，一般为－25V。

电离规管的工作原理是基于热电子通过稀薄气体时产生的电离现象。将电离规管接入真空系统。灯丝加热后发射电子，电子在向带正位的栅极运动过程中，与气体分子碰撞而使气体电离，电离所产生的正离子被带有负电位的收集极吸收形成离子流，在一定条件下，离子流的强弱与被测系统的气体压强成正比，即：

$$p=\frac{1}{K}\times\frac{I_+}{I_e}$$

式中　$p$——被测系统中气体压强，Pa；

$I_+$——正离子流，A；

$I_e$——发射电流，A；

$K$——规管灵敏度，$Pa^{-1}$。

国产 DL-2 型电离规管的参数为：栅极电压 200V，板极电压－25V，灯丝发射电流 5mA，规管灵敏度 0.15$Pa^{-1}$，测量范围 $10^{-1}\sim10^{-5}$Pa。

(3) 复合真空计　WZK-1A 型复合真空计的主要技术规格如下。

测量范围：

热偶计测量范围为 $10\sim10^{-1}$Pa。

电离计测量范围为 $10^{-1}\sim10^{-5}$Pa。

热偶计加热电流稳定性不大于±2%。

热偶计加热电流范围 90～130mA。

电离计发射电流稳定度不大于±1%。

电离计发射电流可调范围不小于 3～7mA。

零点漂移不大于±2%。

使用规管为热偶计 DL-3 型，电离计 DL-2 型。

部分真空计、真空表产品型号与规格见表 2-38。

**表 2-38　部分真空计、真空表产品型号与规格**

| 型号与规格 | 产地 | 备　注 | 型号与规格 | 产地 | 备　注 |
|---|---|---|---|---|---|
| 热偶真空计 ZDO-2(表头) | 北京 | $2\times10^{2}\sim1\times10^{-1}$Pa | 电阻计 ZDR-1(数显) | 成都 | $10^{5}\sim10^{-1}$Pa |
| 热偶真空计 ZDO-2(表头) | 北京 | $2\times10^{2}\sim1\times10^{-1}$Pa | 薄膜真空计 CPCA-120Z | 上海 | $10^{3}\sim1$Pa |
| 热偶真空计 54D(表头) | 北京 | $200\sim10^{-1}$Pa | 薄膜真空计 CPCA-140Z | 上海 | $10^{5}\sim10^{2}$Pa |
| 热偶真空计 54DS(数显) | 北京 | $10^{3}\sim10^{-2}$Pa | 真空表头 0～－0.1MPa | 北京 | $\phi$60mm |
| 复合空计 FHZ-2B(表头) | 北京 | $10\sim6.65\times10^{-6}$Pa | 真空表头 0.15～－0.1MPa | 北京 | $\phi$60mm |
| 复合空计 ZDF-Ⅰ型(数显) | 成都 | $400\sim10^{-6}$Pa | 真空表头 0.30～－0.1MPa | 北京 | $\phi$60mm |
| 复合空计 ZDF-Ⅲ型(数显) | 成都 | $10^{5}\sim10^{-6}$Pa | 真空表头 0～－0.1MPa | 北京 | $\phi$100mm |
| 皮氏计(表头) | 北京 | $10^{5}\sim10^{-1}$Pa | 真空表头 0.15～－0.1MPa | 北京 | $\phi$100mm |

3. 真空安全操作注意事项

① 由于真空系统内部压强比外部低，真空度越高，器壁承受的压力越大，超过 1L 的大玻璃瓶以及任何平底的玻璃容器都存在着爆裂危险。球体比平底容器受力要均匀，尽可能不用平底容器，对较大的真空玻璃器皿，最好在其外面套上安全网罩，以免爆炸时碎玻璃伤人。

② 若有大量气体被液化或在低温时被吸附，则当体系温度升高后会产生大量气体。若没有足够大的孔使它们排出，又没有安全阀，也可能引起爆炸。如果用玻璃油泵，若液态空气进入热的油中也会引起爆炸。因此，系统压力减到 $1.33\times10^{2}$Pa 前不要用液氮冷阱，否则，液氮将使空气液化。这又可能和凝结在阱中的有机物发生反应、引起不良后果。

③ 使用汞扩散泵、含汞压力计时，要注意汞的安全防护，以防中毒。有关汞的毒性及其处理请见本章第十二节。

④ 在开启或关闭高真空玻璃系统活塞时，应当两手操作。一手握活塞套，一手缓缓地旋转内塞，防止玻璃系统各部分产生力矩，折裂玻璃器具。还应注意，不要使大气突然冲入系统，可能造成局部压力突变，导致系统破裂或汞压力计中汞冲入泵内。在真空操作不熟练的情况下，往往会出现这种事故。只要操作细致、耐心，事故是可以避免的。

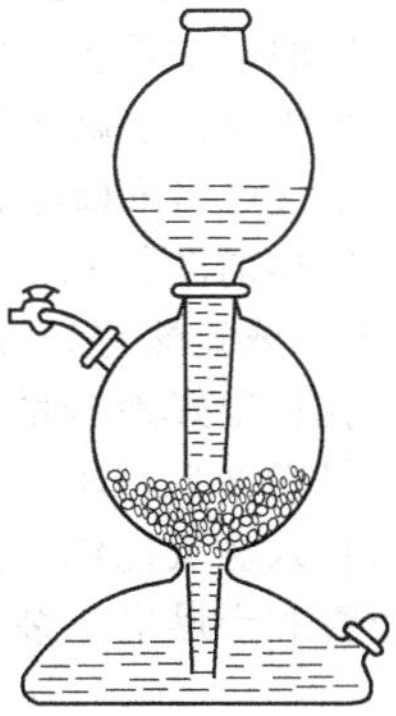

图 2-19　启普发生器

## 十二、气体的发生、净化、干燥与收集

1. 气体的发生

实验室中需要少量气体时，用启普发生器或气体发生装置来制备比较方便。

用启普发生器可以制氢气、二氧化碳、硫化氢等气体。启普发生器如图 2-19 所示，固体试剂放在中间球体中。为了防止固体试剂落入下半球，应在其下面垫一些玻璃纤维。使用时，打开导气管上的活塞，酸液便进入中间球体与固体试剂接触，发生反应放出气体。不需要气体时，关闭活塞，球体内继续产生的气体则把部分酸液压入球形漏斗，使其不再与固体接触而使反应终止。所以启普发生器在加入足够的试剂后，能反复使用多次，而且易于控制。

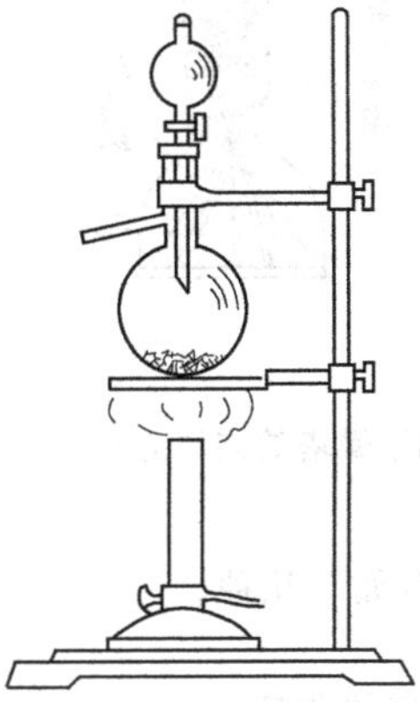

图 2-20　气体发生装置

向启普发生器内装入试剂的方法是，先将中间球体上部带导气管的塞子拔下，固体试剂由开口处加入中间球体，塞上塞子。打开导气管上的活塞，将酸液由球形漏斗加入下半球体内，酸液量加至恰好与固体试剂接触即可。酸液不能加得太多，以免产生的气体量太多而把酸液从球形漏斗中压出去。

启普发生器使用一段时间后，由于试剂的消耗，需要添加固体和更换酸液。更换酸液时，打开下半球侧口的塞子，倒掉废酸液。塞好塞子，再向球形漏斗中加入新的酸液。添加固体时，可在固体和酸液不接触的情况下，用一胶塞把球形漏斗塞住，按前述的方法由中间球体开口处加入。启普发生器不能加热，且装入仪器内的固体必须呈块状。

如图 2-20 所示的气体发生装置可以制备氯气、氯化氢、二氧化硫等气体，既适用于粉末状固体和酸液反应产生的气体，也适用于需加热才能产生气体的反应。把固体试剂置于蒸馏瓶中，酸液放在分液漏斗中，使用时，打开分液漏斗的活塞，使酸液滴在固体上，便发生反应产生气体；如果反应缓慢，可适当加热。

实验室中需要大量氢气、氮气时，可使用气体发生器制备。部分气体发生器规格型号见表 2-39。

**表 2-39　部分气体发生器规格型号**

| 产品名称 | 型号 | 主要技术指标 |
|---|---|---|
| 高纯氢气发生器 | CH-300A | 流量：0～300mL/min |
| 高纯氢气发生器 | CH-500A | 流量：0～500mL/min |
| 高纯氢气发生器 | CH-300B | 流量：0～300mL/min,筒式防返碱 |
| 高纯氢气发生器 | CH-500B | 流量：0～500mL/min,筒式防返碱 |
| 高纯氮气发生器 | GH-300A | 流量：0～300mL/min |
| 高纯氮气发生器 | GH-500A | 流量：0～500mL/min |
| 氢、空一体机 | HA-300A | 流量：0～300mL/min<br>(氢气)流量：0～2000mL/min,(空气)两极稳压 |
| 氢、空一体机 | HA-500A | 流量：0～500mL/min<br>(氢气)流量：0～5000mL/min,(空气)两极稳压 |
| 氮、氢、空一体机 | GX-300A | 流量：0～300mL/min,(氢气)流量：0～300mL/min<br>流量：0～2000mL/min,(空气)两极稳压(氮气) |
| 氮、氢、空一体机 | GX-500A | 流量：0～500mL/min,(氢气)流量：0～500mL/min<br>流量：0～5000mL/min,(空气)两极稳压(氮气) |

2. 气体的净化和干燥

实验室中发生的气体常常有酸雾、水气和其他杂质。如果实验需要对气体进行净化和干燥，所用的吸收剂、干燥剂应根据不同气体的性质及气体中所含杂质的种类进行选择。通常酸雾可用水除去，水气可用浓硫酸、无水氯化钙等除去，其他杂质亦应根据具体情况分别处理。

气体的净化和干燥是在洗气瓶［见图 2-21(a)］和干燥塔（见图 2-22）中进行的。液体处理剂（如水，浓硫酸等）盛于洗气瓶中，洗气瓶底部有一多孔板，导入气体的玻璃管插入瓶底，气体通过多孔板很好地分散在液体中，增大了两相的接触面积。洗气瓶也可以用一带有两孔塞子的锥形瓶［见图 2-21(b)］代替。用固体处理剂净化气体时采用干燥管或干燥塔。管中或塔内根据具体要求装入氢氧化钠、无水氯化钙等固体颗粒，装填时既要均匀，又不能颗粒太细，以免造成堵塞。干燥管和干燥塔的装填方法如图 2-22 所示。

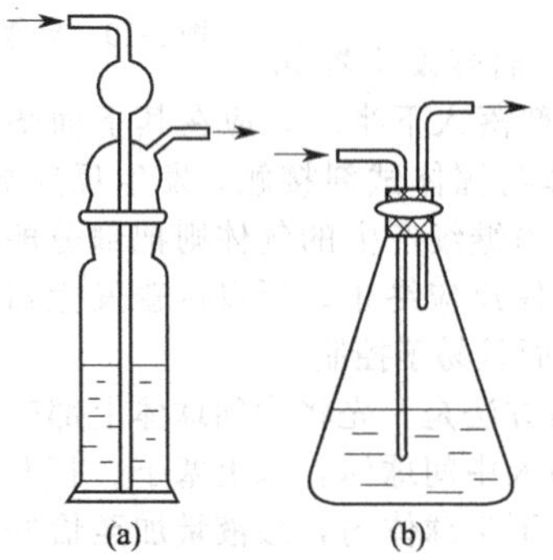


图 2-21 洗气瓶

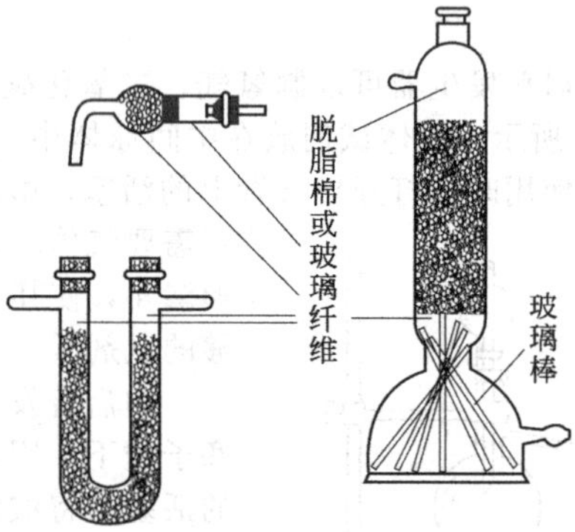


图 2-22 干燥管和干燥塔的装填方法

3. 气体的收集

气体的收集方式主要取决于气体的密度及在水中的溶解度。收集方法有如下几种。

① 在水中溶解度很小的气体（如 $H_2$，$O_2$），可用排水集气法收集。

② 易溶于水而比空气轻的气体（如 $NH_3$ 等），可用瓶口向下的排气集气法收集。

③ 易溶于水而比空气重的气体（如 $Cl_2$，$CO_2$ 等），可用瓶口向上的排气集气法收集。收集气体时也可借助真空系统，先将容器抽空，再装入所需气体。

## 十三、移液器与移液装置

移液器与移液装置可用于准确吸取微量溶液。吸取容量值在数字视窗中显示。质量好的精密移液器采用高新材料制作，有很高的耐腐蚀性，可整支高压灭菌。具有独立的调整组合，集第一停点、第二停点、退头功能，容量锁定功能及容量调整功能为一体。移液器使用无油滑润密封技术，不用任何油脂，无需日常维修。吸取液量一般为 2～5000μL，吸取 2μL 时，绝对误差一般为 ±0.1μL，相对误差±5.0%，标准偏差小于 0.03μL。

移液器的附件吸嘴，质地柔韧，由耐热不浸润的聚丙烯精确模压成型。吸嘴细长的外形，可以方便地深入于小口的试管或容量瓶内吸取溶液。输液端及吸嘴口无毛刺，形状匀称，端口光滑，使吸嘴吸取和排送液体试样始终精确。表面光洁平整，无任何杂质，使表面的沾湿和残存液膜的误差达到最小。套接在移液轴上，定位正确，没有漏液现象。

移液器使用方便，只要在吸液轴上套上吸嘴，插进要量取的溶液中，按一下移液器的活塞按钮，就能准确地依调好的容量值吸取一定量溶液。然后，只要再按一下移液器的活塞按钮，就能将被吸取的溶液全部排送干净。同一吸嘴在同一溶液中可用多次，若发现有沾液现象时，按下管嘴推出器，即可快捷地将吸嘴推出。

多道移液器的管嘴推出器可同时推出 8/12 道吸嘴。液头可 360°旋转，极方便移液。每道管嘴连件都有独立的活塞装置，使维修保养十分容易。

表 2-40 是丹麦 CAPPELEN 公司生产的系列精密移液器型号规格表。

**表 2-40　丹麦 CAPPELEN 公司生产的系列精密移液器型号规格**

| 型号 | | 规格/μL | 型号 | | 规格/μL |
|---|---|---|---|---|---|
| 长款 | 10-1BZ | 0.5～10 | 短款(透明) | 10-1CZTT | 0.5～10 |
| | 50-1BZ | 5～50 | | 50-1CZTT | 5～50 |
| | 200-1BZ | 25～200 | | 200-1CZTT | 25～200 |
| | 1000-1BZ | 100～1000 | | 1000-1CZTT | 100～1000 |
| | 5000-1Z | 1000～5000 | 八道 | 10-8AZ | 0.5～10 |
| 长款(透明) | 10-1BZTT | 0.5～10 | | 50-8AZ | 5～50 |
| | 50-1BZTT | 5～50 | | 200-8AZ | 25～200 |
| | 200-1BZTT | 25～200 | | 300-8AZ | 50～300 |
| | 1000-1BZTT | 100～1000 | 十二道 | 10-12AZ | 0.5～10 |
| 短款 | 10-1CZ | 0.5～10 | | 50-12AZ | 5～50 |
| | 50-1CZ | 5～50 | | 200-12AZ | 25～200 |
| | 200-1CZ | 25～200 | | 300-12AZ | 50～300 |
| | 1000-1CZ | 100～1000 | | | |

## 十四、自动滴定装置

(1) DBA-1 数字自动滴定管　仪器设有自动终点输入插口和与计算机联用插口，具有预置量功能，可以手动操作，也可以与任何滴定仪及计算机联用，实现滴定分析的全自动化。还可作加液器使用。配有滴定台。

技术指标：

数字显示滴定体积：0.01～99.99mL。

预置量：0.02～99.99mL。

重复性：≤0.5%。

滴定速度调节范围：0.75mL/min～0.1mL/s。

(2) DBA-1B 数字自动滴定管　DBA-1B 型数字自动滴定管是根据阿基米德定律而设计的，具有数字显示滴定体积、自动吸液和自动滴定、自动空位补偿、定值加液等功能。该仪器采用特制的 10mL 注射器，可连续滴定和吸液，并累计显示滴定量，吸液与滴定的转换自动完成，具有耐酸、碱和有机物等特点，其精度和可靠性高。

该产品与微机化多功能离子分析器联用，组成微机自动电位滴定系统，可自动判别终点并能绘制滴定曲线、打印数据。该仪器还具有自动终点输入插口，可与硬件滴定仪联用。另外还配有搅拌器。

技术指标：

体积量显示范围：0.01～99.99mL。

最小读数：0.01mL。

定值加液预置范围：0.01～99.99mL。

滴定速度调节范围：0.45mL/min～9.90mL/s。

重复性：≤0.3%。

以上两种型号的数字自动滴定管生产厂家为江苏电分析仪器厂。

## 十五、太阳能电池、干电池、蓄电池

1. 太阳能电池

利用太阳能作光源的电池，称为太阳能电池，它是一种半导体器件。太阳能电池的材料有硅、硫化镉、砷化镓、硒等，其中最主要的是硅太阳能电池。太阳光中的光子打在半导体硅片上，产生光电流，在半导体二极之间产生电压差。光-电转换效率是衡量太阳能电池性能的主要参数。通常转换效率在 8%～12%，最高可达 15%。它能适用于恶劣环境，如高低温、高真空、潮湿、盐雾等地区，它还具有质量轻、可靠性高，使用寿命长等优点。但机械冲击会使电池破裂，电池表面必须保持干净，严禁硬物碰划。

2. 干电池

也称原电池、一次电池，其活性物质用尽后不能用充电的方法使之恢复，只能废弃。如锌-二氧化锰电池、铝-氧（空气）电池、锌-氧化汞电池、锂-二氧化锰电池等。因电池电解液不流动，故称干电池。

锌锰电池体积较大，它的底部为负极，顶部为正极。各种型号干电池的性能见表 2-41。

**表 2-41 各种型号干电池的性能**

| 型号 | 俗称型号或国外相应型号 | 外形尺寸/mm | 额定电压/V | 放电电阻/Ω | 终止电压/V | 正常使用电流/mA | 放电时间/h | 平均存放寿命/月 |
|---|---|---|---|---|---|---|---|---|
| R6 | 5号,UM-3,AA | $\phi$14.5×50 | 1.5 | 80 | 0.9 | 20 | 25 | 9 |
| R10 | 4号 | $\phi$20×50 | 1.5 | 40 | 0.9 | 25 | 20 | 12 |
| R14 | 2号,UM-2,C | $\phi$26×50 | 1.5 | 40 | 0.9 | 30 | 50 | 12 |
| R20 | 1号,UM-1,D | $\phi$34×62 | 1.5 | 40 | 0.9 | 40 | 170 | 18 |
| 3R12 | 3K,3R | 62×21×65 | 4.5 | 225 | 2.7 | 20 | 100 | 12 |
| 4R6 | 4AA | 31×31×60 | 6.0 | 320 | 3.6 | 20 | 25 | 9 |
| 4F22 | | 26×17.5×40 | 6.0 | 600 | 3.6 | 15 | 35 | 9 |
| 6F22 | | 26×17.5×50 | 9.0 | 900 | 5.4 | 15 | 35 | 9 |

使用干电池时应注意下列事项。

① 电池的正常放电电流应大于电路的工作电流，以延长电池的使用寿命。电池的电压（多节电池串联时指总电压）应与电路的工作电压一致，否则将影响电路的正常工作，或者烧坏元件。

② 干电池适宜间歇放电，连续工作时间不宜太长。相同情况下，大号电池的寿命长、效率高、成本低。

③ 不能新旧干电池一起并用。

④ 空载电池只允许测其电压，不允许测其电流。干电池即使不用也存在放电现象，因此不宜久存。

⑤ 电池长时间不用，应从电池盒中取出，以免电解液溢出腐蚀机件。

3. 蓄电池

也称二次电池，其活性物质消耗尽后可利用充电的方法使之恢复，因此电池得以再生。二次电池为电能储存装置，故称蓄电池。

蓄电池分为酸性蓄电池（即铅酸蓄电池）和碱性蓄电池两大类。常用蓄电池体系和性能参见表 2-42。各种蓄电池的特性和应用参见表 2-43。

**表 2-42 常用蓄电池体系和基本性能**

| 电池体系 | 组成 | | | 电极反应 | 单个电池电压/V | 能量密度 | | 充放循环/周期 |
|---|---|---|---|---|---|---|---|---|
| | 负极 | 电解液 | 正极 | | | /W·h·kg$^{-1}$ | /W·h·L$^{-1}$ | |
| 铅酸蓄电池 | Pb | $H_2SO_4$ | $PbO_2$ | $Pb+PbO_2+2H^++2HSO_4^- \underset{充}{\overset{放}{\rightleftharpoons}} 2PbSO_4+2H_2O$<br>或 $Pb+PbO_2+2H_2SO_4 \underset{充}{\overset{放}{\rightleftharpoons}} 2PbSO_4+2H_2O$ | 2.0 | 30～50 | 50～80 | 200～1500 |
| 镉镍蓄电池 | Cd | KOH | NiOOH | $Cd+2NiOOH+2H_2O \underset{充}{\overset{放}{\rightleftharpoons}} Cd(OH)_2+2Ni(OH)_2$ | 1.2 | 15～30 | 25～50 | 500～2000 |
| 铁镍蓄电池 | Fe | KOH | NiOOH | $Fe+2NiOOH+2H_2O \underset{充}{\overset{放}{\rightleftharpoons}} Fe(OH)_2+2Ni(OH)_2$ | 1.2 | 15～30 | 20～40 | 500～4000 |
| 锌银蓄电池 | Zn | KOH | $Ag_2O$ | $Zn+Ag_2O+H_2O \underset{充}{\overset{放}{\rightleftharpoons}} 2Ag+Zn(OH)_2$ | 1.5 | 60～100 | 100～250 | 20～200 |
| 镉银蓄电池 | Cd | KOH | $Ag_2O$ | $Cd+Ag_2O+H_2O \underset{充}{\overset{放}{\rightleftharpoons}} 2Ag+Cd(OH)_2$ | 1.1 | 50～100 | 80～150 | 150～600 |
| 氢镍蓄电池 | $H_2$ 高压 | KOH | NiOOH | $H_2+2NiOOH \underset{充}{\overset{放}{\rightleftharpoons}} 2Ni(OH)_2$ | 1.2 | 55～60 | 64～89 | 1500～6000 航空用 |

表 2-43 常用蓄电池主要特性和应用

| 电池体系 | 特性 | 应用 |
|---|---|---|
| 铅酸：<br>汽车用及牵引用 | 通用、价低廉、比能量适中、倍率高和低温性能好<br>设计为 6～9h 放电的循环使用 | 用于车辆、飞机、船舶、柴油机的启动、点火、照明及动力 |
| 固定型 | 设计用做长寿命、浮充备用电源 | 应急电源、市电、电话、UPS、负荷平衡、能源储存 |
| 轻便型 | 密封、免维护、价廉、浮充性能好 | 手提式工具、小型设备和装置、电视和轻便电子仪器的电源 |
| 镉镍：<br>开口式 | 倍率高、低温性能好、电压平稳、循环寿命长 | 飞机用电池和应急电源用、通信仪器 |
| 轻便型 | 密封、免维护、倍率高、低温性能好、循环寿命长 | 照相、轻便工具、仪器和电子设备、储存器备用电源 |
| 铁镍 | 耐用、结构坚固、寿命长、比能量低 | 材料运输、固定型应用、铁路车辆 |
| 锌银 | 比能量最高、高倍率放电性能好、循环寿命短、成本高 | 质量轻的轻便型电子仪器和其他设备、鱼雷发射、无人驾驶飞机、潜艇和其他军用设备 |
| 镉银 | 比能量高、充电保持能力好、寿命适中、成本高 | 用于要求质量轻、容量高的电池组的轻便设备 |
| 氢镍 | 比能量高、深放电状态下寿命长 | 主要应用于航天，以储氢合金为氢电极的氢镍正在发展阶段 |

(1) 铅蓄电池　构成铅蓄电池的主要部件是正负极板、电解液、隔板、电池槽，此外还有一些零件如端子、连接条、排气栓等。根据用途的不同，对各种蓄电池有不同的要求，故在结构上也略有差异。数量最大的为汽车用蓄电池。

铅蓄电池广泛地用于各类车辆、船舶、柴油机的启动、点火、照明甚至动力；用于发电厂、电信部门、医院、剧院、实验室等的备用电源与应急电源；用于各种电器设备、仪表等的直流电源。

实验室常用的是汽车蓄电池，由三个单位所组成，每个单位的端电压为 2V 左右，串联后端电压为 6V 左右。容量为几十至 100A·h 左右，视电池大小而定。若放电后每单位电池的端电压降至 1.8V，就不能继续使用，必须进行充电。电池中的电解液是化学纯的稀硫酸，密度为 1.26～1.28g/cm³ (15℃)，电解液液面高出极板顶端约 1.5cm。

铅蓄电池使用和维护是否正确，对电池的寿命和容量关系极大，若使用得当，一个铅蓄电池可以充放电达 300 次，若使用不当，电池的寿命和容量会很快下降。

使用铅蓄电池，除免维护型外，日常维护应注意下列各点。

① 保持表面和两极干燥清洁，电池上不许堆放其他仪器和物件。

② 避免日光照射或靠近热源，时冷时热，因为这样最容易使硫酸铅晶粒变大。电解液温度不得超过说明书的规定值，一般是 45℃。

③ 使用由三个单位串联而成的 6V 蓄电池时，应考虑放电的均衡，不要只用其中一个单位。这样充电时，会因有的充电不足，而有的充电过量而影响寿命。

④ 按照说明书定期进行均衡充电，充电电流不得超过制造厂的规定。

⑤ 放电电流不能超过厂家规定的最大限度，一般不能超过 5A。

⑥ 大量蓄电池充电时，放出氢气很多，因此室内要有排风设备，严禁烟火，以防发生爆炸事故。

⑦ 刚充电的蓄电池电压经常不稳定，若用以测电动势，宜稍放电后再用。

⑧ 搬运蓄电池时，要防止电液流出，避免腐蚀衣物和烧伤皮肤。

(2) 碱性蓄电池

以 KOH、NaOH 水溶液作为电解质的蓄电池统称为碱性蓄电池，包括铁镍、镉镍、氢镍、氢化物镍以及锌银蓄电池。

① 镉镍蓄电池　极板盒式镉镍蓄电池，具有强度高、成本低的特点，广泛应用于通信、照明、启动、动力等直流电源。开口式镉镍蓄电池采用烧结式极板，用做飞机、火车、坦克及高压开关的启动电源。圆柱密封镉镍蓄电池机械强度好，不泛碱，使用方便，常用于通信及仪表电源。全密封镉镍电池用于航天及无人中继站等。

② 锌银碱性蓄电池　锌银碱性蓄电池（简称锌银电池）是20世纪40年代初发展起来的一种新型化学电源。尽管起步较晚，但由于锌银电池与铅酸、镉镍等系列化学电源相比，有着无可比拟的优点，如比能量高、比功率大、放电电压平稳、能够高倍率电流放电等，所以得到迅猛发展，成为化学电源家族中一个重要系列。我国目前可以生产从毫安级的小型扣式电池到几千安时的大容量开口电池。

锌银电池主要用于军事、国防及尖端科技领域，用做通信、照明、仪器仪表直流电源，以及特殊装备的动力电源如卫星、导弹、红外瞄准仪、激光测距仪等电子仪器设备的直流电源。

③ 金属氢化物-镍电池　氢是一种干净的燃料，水-氢循环永不枯竭，因而氢受到很大的关注。将氢作为蓄电池负极活性物质是实现水-氢循环能量体系的重要方法。

以氢作为活性物质的蓄电池中，碱性水溶液的 $H_2$-Ni 体系最具代表性。这种电池有两种类型：一种是气体氢为活性物质，因电池内部处于较高压力，故称高压氢-镍蓄电池；另一种是以具有吸、脱氢能力的金属氢化物为活性物质的电池，表示为 MH-Ni，因电池内压较低，故称低压氢-镍蓄电池。

MH-Ni 电池是以金属氢化物为负极、氧化镍为正极组成的碱性蓄电池。它是镉镍电池的换代产品，是碱性蓄电池研究的热点。

由于可充式电池的需求量日益增加和环境保护的要求，MH-Ni 电池具有极好的应用、发展前景。

## 十六、标准电池、盐桥的制备、参考电极及其制备

1. 标准电池的构造和使用

标准电池又称惠斯登标准电池，它的电动势在20℃时为1.0186绝对伏特（1.0183国际伏特）。其构造如图2-23所示。另外还有单管型结构，能消除H型电池由于两极温差引起的电动势误差。

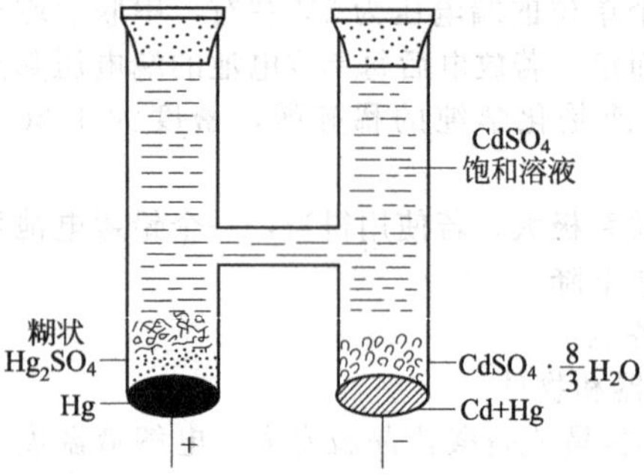


图2-23　标准电池

电池由一个H形管构成，底部接一铂丝与电极相连，正极为纯汞上铺盖糊状 $Hg_2SO_4$ 和少量硫酸镉晶体，负极为含Cd 12.5%的镉汞齐，上部铺以硫酸镉晶体，充满饱和 $CdSO_4$ 液（另外还有不饱和式的标准电池），管的顶端加以密封，留一定空间以供热膨胀时之用。做电池时所用各种物质均应极纯。这一电池的温度系数很小，温度和电动势关系为：

$$E_t = E_{20}\{1-4.06\times10^{-5}\times(t-20)-9.5\times10^{-7}\times(t-20)^2\}$$

使用标准电池时应该注意：

① 温度不能低于4℃，不能高于40℃。

② 正负极不能接错。

③ 要平稳携带，水平放置，绝不能倒置、倾斜、震动、摇动；受摇动后电动势会改变，应静止保持5h以上再用。

④ 标准电池仅是作为电动势测量时的标准电势用，不能作电源。若电池短路，电流过大，则损坏电池，一般不允许放电电流大于0.0001A，不允许过载。所以使用时要极短暂地间隙地使用。

⑤ 电池若未加套盖直接暴露于日光，会使去极剂变质，电动势下降。

⑥ 不允许用万用电表等直接测量标准电池。

⑦ 标准电池一年检定一次，要妥善保存出厂检定证书及历年检定数据。标准电池生产厂家有上海电工仪器厂、天水长城电工仪器厂等。

2. 盐桥的制备

可用许多方法以降低液面接界电势，但至今尚无较理想的方法。较好而且使用方便的一种方法为盐桥法。

最常用的是3%琼脂-饱和HCl盐桥。将盛有3g琼脂和97mL蒸馏水的烧瓶放在水浴上加热（切忌直接加热），直到完全溶解，然后加30g KCl，充分搅拌。KCl完全溶解后，趁热用滴管或虹

吸将此溶液装入已事先弯好的玻璃管，静置，待琼脂凝结后便可使用。多余的琼脂-KCl 用磨口瓶塞盖好保存，待用时可重新在水浴上加热。

所用 KCl 和琼脂的质量要好，以避免玷污溶液。最好选择凝固时呈洁白色的琼脂。

高浓的酸、氨都会与琼脂作用，破坏盐桥，玷污溶液。遇到这种情况，不能采用琼脂盐桥。

琼脂-KCl 盐桥也不能用于含有 $Ag^+$，$Hg_2^{2+}$ 等与 $Cl^-$ 作用的离子或含有 $ClO_4^-$ 等与 $K^+$ 作用的物质的溶液。遇到这种情况，应换其他电解质所配制的盐桥。

有人建议对于能与 $Cl^-$ 作用的溶液，用 Hg-$Hg_2SO_4$-饱和 $K_2SO_4$ 电极，与 3%琼脂-1mol/L $K_2SO_4$ 的盐桥。对于含有浓度大于 1mol/L 的 $ClO_4^-$ 的溶液，则可用汞-甘汞-饱和 NaCl 或 LiCl 电极，与 3%琼脂-1mol/L NaCl 或 LiCl 盐桥。

也可用 $NH_4NO_3$ 或 $KNO_3$ 盐桥。优点是正负离子的迁移数较接近，缺点是它与通常的各种电极无共同离子。因而在共同使用时会改变参考电极的浓度和引入外来离子，从而可能改变参考电极的电势。

3. 甘汞电极

甘汞电极是最常用的参考电极之一，其结构如下：

$$Hg \mid Hg_2Cl_2\text{（固体）} \mid KCl\text{溶液（被 }Hg_2Cl_2\text{ 所饱和）}$$

HCl 溶液的浓度通常为 0.1mol/L，1mol/L 和饱和溶液（约 4.1mol/L）三种，分别称为 0.1mol/L，1mol/L 及饱和甘汞电极。它的电极反应：

$$Hg+Cl^- \longrightarrow \frac{1}{2}Hg_2Cl_2+e$$

这种电极具有稳定的电势，随温度的变化率小。甘汞是难溶的化合物，在溶液内汞离子浓度的变化和氯离子浓度的变化有关，所以甘汞电极的电势随氯离子浓度不同而改变。

$$E=E^0-\frac{RT}{nF}\ln a_{Cl^-}$$

式中，$E^0$ 为甘汞电极的标准电极势，25℃时 $E^0=0.2680V$；$a_{Cl^-}$ 为溶液中 $Cl^-$ 的活度。

虽然饱和甘汞电极有着较大的温度系数，但 KCl 的浓度在温度固定时是一常数，而且浓的 KCl 溶液是很好的盐桥溶液，能较好地减少液接电势，故我们常用饱和甘汞电极。三种电极在 25℃时的电极势和温度系数为：

0.1mol/L 甘汞电极

$$0.3337-8.75\times10^{-5}(t-25)-3\times10^{-6}(t-25)^2$$

1.0mol/L 甘汞电极

$$0.2801-2.75\times10^{-4}(t-25)-2.50\times10^{-6}(t-25)^2-4\times10^{-9}(t-25)^3$$

饱和甘汞电极

$$0.2412-6.61\times10^{-4}(t-25)-1.75\times10^{-6}(t-25)^2-9.0\times10^{-10}(t-25)^3$$

$$0.2444-6.6\times10^{-4}(t-25)\quad\text{（包括液接电势）}$$

各文献上列出的甘汞电极的电极势数据，常不相符合。这是因为接界电势的变化对甘汞电极电势有影响，由于所用盐桥内的介质不同，而影响甘汞电极势的数据。

饱和甘汞电极制法：先取玻璃电极管，底部焊接一铂丝。取化学纯汞约 1mL 加入洗净并烘干的电极管中，铂丝应全部浸没。另在小研钵中加入少许甘汞和纯净的汞，又加入少量 KCl 溶液，研磨此混合物，使其变成均匀的灰色糊状物。用小玻璃匙在汞面上平铺一层此糊状物，然后注入饱和 KCl 溶液静置一昼夜以上即可使用。在制备时要特别注意勿使甘汞的糊状物与汞相混，以免甘汞玷污铂丝；否则电极势就不稳定。

摩尔甘汞电极可用电解法制备：将纯汞放在洁净的电极管内，然后插入洁净的铂丝，使铂丝全部浸入汞内。再从虹吸管吸入 1mol/L 的 KCl 溶液，以汞极为阳极，以另一铂丝为阴极，进行电解，电解液也用 1mol/L KCl，调节可变电阻使阳极刚好有气泡析出。电解 15min。电解后汞的表面产生一薄层 $Hg_2Cl_2$，为了避免可能产生 $Hg^{2+}$，所以电解后 KCl 溶液需要换三四次，最后一次不

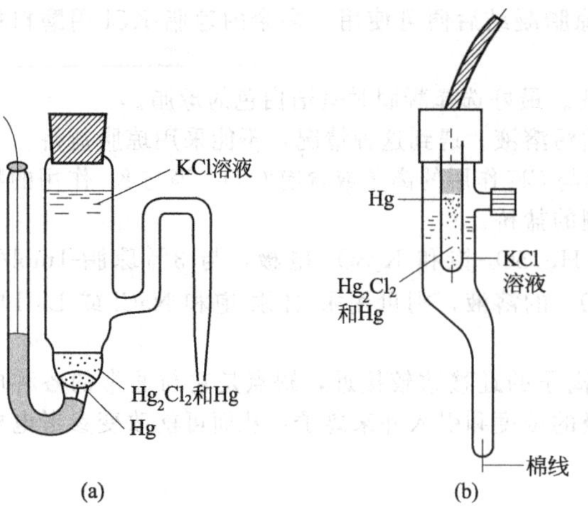


图 2-24　甘汞电极构造示意

放走，即可使用。在使用时要注意虹吸管内不可有气泡存在，并尽量避免摇动或振荡。图 2-24 示出两种形式的甘汞电极构造。

表 2-44 为部分国产甘汞电极性能。

甘汞电极属第二类电极，它构造简单，电极电位稳定（即使有微量测量电流通过，电位也几无变化），使用方便，应用广泛。但使用时温度变化有滞后现象（指温度变化后要数小时才能达到稳定值），故在温度变化大时需要进行校正。

甘汞电极在使用时要注意保持 KCl 溶液的液面高度，不用时将两个橡皮小帽套上。使用一周后，应将 KCl 溶液更新。

4. 铂黑电极

铂黑电极是在铂片上镀一层颗粒较小的黑色金属铂所组成的电极，由接在铂片上的一根铂丝作导线和外电路相连接。制备时可采用将光滑的铂片和铂丝烧成红热，用力捶打，也可利用点焊方法，使铂片与铂丝牢固地接上，然后将铂丝熔入玻璃管的一端。

**表 2-44　部分国产甘汞电极性能**

| 甘汞电极型号 | 电极内阻/kΩ | 盐桥 | 液体流速 | 备　注 |
|---|---|---|---|---|
| 217 | ≤10 | 石棉丝双盐桥 | 每 5min 一滴 | 为避免 $Cl^-$、$K^+$ 对被测溶液玷污，可选用此电极 |
| 212 | ≤10 | 石棉丝 | 每 5min 一滴 | 宜与 211 型玻璃电极配套，适用于 24 型酸度计作参比电极 |
| 222 | ≤10 | 石棉丝 | 每 5min 一滴 | 宜与 211 型玻璃电极配套使用，适用于 25 型、HSD-2 型酸度计作参比电极 |
| 232 | ≤10 | 陶瓷 | 每 5min 一滴 | 宜与 231 型玻璃电极配套使用，适用于 25 型、pHS-1 型、pHS-2 型酸度计作参比电极 |
| 242 | ≤10 | 陶瓷 | 每 5min 一滴 | 宜与 241 型玻璃电极配套使用 |
| 252 | ≤10 | 陶瓷 | 每 5min 一滴 | 宜与 251 型玻璃电极配套使用 |
| 6802 | ≤10 | | 每 5min 一滴 | 为避免 $Cl^-$、$K^+$ 对被测溶液玷污，可选用此电极。盐桥溶液为 0.1mol/L KCl，静态测定溶液的 pNa 时，可选用此电极作参比电极 |

电镀前一般需进行铂表面处理。对新封的铂电极，可放在热的 NaOH 醇溶液中浸洗 15min 左右，以除去表面油污；然后在浓硝酸中煮几分钟，取出用蒸馏水冲洗。长时间用过，老化的铂黑电极，则可把其浸入 40～50℃的王水中（$HNO_3$：HCl：$H_2O$=1：3：4），经常摇动电极，洗去铂黑（注意，不能任其腐蚀），然后经过浓 $HNO_3$ 煮 3～5min 以去氯，再用水冲洗。

电极处理后，在玻璃管中加入少许汞，插入铜丝将电极接出，或将铂丝与电极引出线（点）焊接。然后以处理过的铂电极为阴极，另一铂电极为阳极，在 1mol/L 的 $H_2SO_4$ 中电解 10～20min，以消除氧化膜；观察电极表面出氢是否均匀，若有大气泡产生则表明表面有油污，应重新处理。

在处理过的铂片上镀铂黑，一般采用电解法，电解液可按下面成分配制：

| | | |
|---|---|---|
| 铂氯酸 | $H_2PtCl_6$ | 3g |
| 乙酸铅 | $PbAc_2 \cdot 3H_2O$ | 0.08g |
| 蒸馏水 | $H_2O$ | 100mL |

电镀时，将处理过的铂电极作为阴极，另一铂电极作为阳极。阴极电流密度 15mA 左右，电镀 20min 左右，如所镀的铂黑一洗即落，则需重新处理。铂黑不宜镀得太厚，太厚对建立平衡没有好处，但铂黑太薄的电极易老化和中毒。

由于电导池中的两个铂电极通常是固定的，所以电镀时则可采用如下方法：

将两片电极浸入镀铂溶液中，按图 2-25 连好线路，将和两片电极串联的滑线电阻放到最大，按下双刀开关，调节滑线电阻，使电极上有小气泡连续逸出为止。每 0.5min 改变电流方向一次（将双刀开关反过来），直到电极表面上镀有一层均匀的羢状铂黑为止。

上述镀好铂黑的电极往往吸附镀液和电解时所放出的氯气，所以镀好之后应立即用蒸馏水仔细冲洗，然后在稀硫酸（1mol/L $H_2SO_4$）中电解 10～20min，电流密度 20～50mA/cm$^2$。电解的作用是把吸附在铂黑上的氯还原为 HCl 而溶去，电解后应再用水洗涤两次。

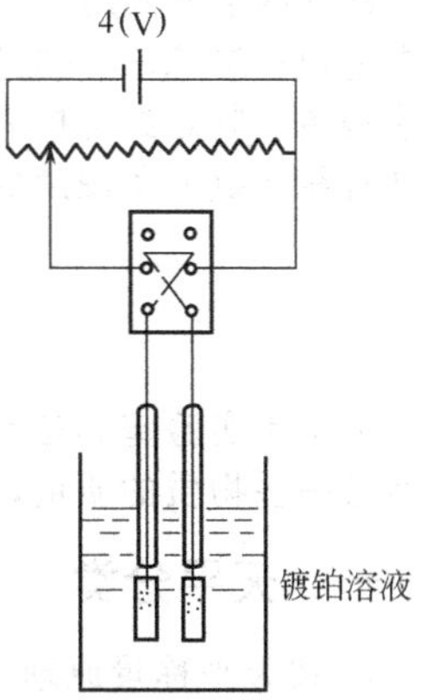

图 2-25　镀铂黑线路图

注意，不能让镀好的铂黑电极干燥，因此电极平时应浸在蒸馏水中。

5. Ag-AgCl 电极

氯化银电极也是常用的参考电极（溴化银、碘化银电极也可作参考电极，但由于它们对光线比 AgCl 更敏感，故应用尚不普遍）其电极反应如下：

$$Ag(固)+Cl^- \longrightarrow AgCl(固)+e$$

其电势由下式表示：

$$E=E^0-\frac{RT}{nF}\ln a_{Cl^-}$$

在不同温度下，AgCl 电极的标准电极势如下：

| $t$/℃ | $E^0$/V | $t$/℃ | $E^0$/V | $t$/℃ | $E^0$/V | $t$/℃ | $E^0$/V |
|---|---|---|---|---|---|---|---|
| 0 | +0.23655 | 15 | +0.22857 | 30 | +0.21904 | 45 | +0.20835 |
| 5 | +0.23413 | 20 | +0.22557 | 35 | +0.21565 | 50 | +0.20449 |
| 10 | +0.23142 | 25 | +0.22234 | 40 | +0.21208 | | |

AgCl 电极可用下述两方法制得：

(1) 热分解法

① $Ag_2O$ 的制备　称 31.55g 氢氧化钡 [$Ba(OH)_2 \cdot 8H_2O$] 溶于 50mL 无 $CO_2$ 的蒸馏水中，澄清后装入滴定管。再称取 16.9g 硝酸银溶于 150mL 蒸馏水中。在强烈搅拌下将 $Ba(OH)_2$ 液滴加到 $AgNO_3$ 液中，滴加的速度不宜太快，但应防止吸收 $CO_2$。当无 $Ag_2O$ 生成时，停止加 $Ba(OH)_2$。用倾洗法洗涤 $Ag_2O$（在 250mL 烧杯中，每次加水约 150mL，搅拌 0.5h，澄清后倾去清液，如此洗涤 30～40 次，清液通过焰色检查至无黄绿色火焰为止）。

图 2-26　氯化银电极的铂基底图

② 将直径为 0.5mm，长 2～3cm 的铂丝烧成 2～3 圈（圈的直径约 1mm），封入玻璃瓶管的一端（见图 2-26）。然后放在浓 $HNO_3$ 中煮几分钟，用水冲洗后，放在重蒸馏水中煮沸几分钟。

③ 将在上面制得的 $Ag_2O$ 吸至半干，用一清洁的细玻璃棒将 $Ag_2O$ 涂在铂丝上，$Ag_2O$ 涂层应紧密、光滑。然后放入高温炉中，逐渐升温。在 100℃以下保持 0.5～1h，以匀速升温至 450℃，并在此温度维持 0.5h，电极保存在炉中，逐渐冷却至室温。然后采用同样方法进行涂敷，直到还原的 Ag 表面没有龟裂为止。

④ 将上面制得的半成品放入 0.1mol/L HCl 中作阳极，以一铂电极为阴极，电流强度为 10mA 进行电解，使有 15%～20%的 Ag 变成 AgCl（假定电流效率是 100%），HCl 最好先经过电解提纯。

⑤ 电解完毕后的 AgCl 电极，浸在 0.1mol/L HCl 中，放在暗处，经一天后，电极电势稳定，即可使用。

(2) 电镀法　待镀电极可选用螺旋形的铂丝或银丝，如果用铂丝则用硝酸洗净后再用蒸馏水洗，若用 Ag 丝则用丙酮洗去表面上的油污，若 Ag 丝上已镀 AgCl，则先用氨水洗净。以免影响镀层质量。

制备时，先镀银。所用镀银溶液可按下法配制：

| | | |
|---|---|---|
| $AgNO_3$ | 3g | 加水配成 100mL 溶液 |
| KI | 60g | |
| 氨水 | 7mL | |

以待镀电极为阴极，再用一铂丝为阳极，电压 4V，串联一个约 2000Ω 的可变电阻，用 10mA 电流电镀 0.5h 即可。

镀好的银电极用蒸馏水仔细冲洗，然后将此银电极作为阳极，将铂丝作为阴极在 1mol/L 盐酸溶液中电镀一层 AgCl（电流密度为 $2mA/cm^2$，通电约 30min）。然后用蒸馏水清洗，最后制得的电极呈紫褐色。制好的电极需要 24h 或更长时间才能充分达到平衡。氯化银电极不用时需浸入与待测体系具有相同氯离子浓度的 KCl 的溶液中，并保存在不露光处。

# 第四节 天 平

天平是实验室必备的常用仪器之一，它是精确测定物体质量的计量仪器。实验过程中常要准确地称量一些物质的质量，称量的准确度直接影响实验结果的准确度。

## 一、天平分类

1. 按天平称量原理分类

（1）杠杆式天平　利用杠杆原理进行称量。

（2）扭力天平　利用弹性元件变形来进行称量。

（3）特种天平　利用液压原理、电磁作用原理、压电效应、石英振荡原理等设计制作的天平。

2. 按用途或称量范围分类

（1）实验室天平　包括架盘天平（台秤）、工业天平、分析天平、半微量分析天平、微量分析天平、超微量分析天平和特殊用途的天平等。

（2）计量室天平　包括标准天平和基准天平两种。

3. 按天平的结构分类

此分类法（见图 2-27）是指杠杆式天平而言。杠杆式天平可以分为等臂天平和不等臂天平，在这两类天平中又可分为等臂双盘天平、等臂单盘天平、不等臂单盘天平。双盘天平又可以分为摆动天平和阻尼天平，普通标牌和电光天平。

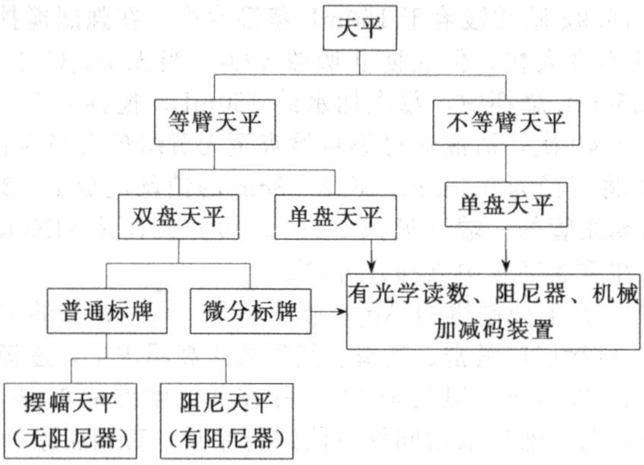


图 2-27　按天平结构分类

4. 按天平的相对精度分类

我国现行的国家标准采用按天平相对精度（即天平名义分度值与最大载荷的比值）分类的方法。天平的相对精度可把天平分为 10 级，见表 2-45。

**表 2-45　天平精度分级表**

| 精度级别 | 1 | 2 | 3 | 4 | 5 | 6 | 7 | 8 | 9 | 10 |
|---|---|---|---|---|---|---|---|---|---|---|
| 相对精度 | $1\times10^{-7}$ | $2\times10^{-7}$ | $5\times10^{-7}$ | $1\times10^{-6}$ | $2\times10^{-6}$ | $5\times10^{-6}$ | $1\times10^{-5}$ | $2\times10^{-5}$ | $5\times10^{-5}$ | $1\times10^{-4}$ |

1 级天平精度最好，10 级天平精度最差。按此种分类法，只要知道天平的级别和名义分度值，就可知道其最大载荷，知道级别和最大载荷又可知道名义分度值。例如，TG-328A 型天平名义分度值为 0.1mg，最大载荷为 200g，求相对精度。

解：$相对精度=\dfrac{名义分度值}{最大载荷}$

$$=\frac{0.1\text{mg}}{200\times10^{3}\text{mg}}=5\times10^{-7}$$

由表 2-47 查知，TG-328A 型天平的相对精度为 3 级。

应注意的是，这种分类方法不能完全体现天平衡量上的精度。如最大称量为 2000g，分度值为 1mg 的天平也是 3 级天平，但其绝对精度与 TG-328A 型天平却相差 10 倍。一般实验中在要求准确称量时，都要求称到 0.1mg，因此不能选用名义分度值为 1mg 的天平。

另外，习惯上将具有较高灵敏度、全载不超过 200g 的天平称为分析天平。其中，具有光学读数装置的天平称为微分标牌天平，又称电光天平。

我国的工厂、企业、基层实验室使用较多的为部分机械加砝码天平和单盘天平。近年来，随着技术水平的提高和设备的更新，许多基层实验室也广泛使用电子天平。实验室常用部分天平型号列于表 2-46。

**表 2-46 国内外部分天平型号一览表**

| 类别 | 产品名称 | 型号 | 规格和主要技术指标 | | 生产厂 |
|---|---|---|---|---|---|
| | | | 最大称量/g | 感量/mg | |
| 扭力天平 | 扭力天平 | TN-100 | 100 | 10 | 上海第二天平仪器厂<br>武汉天平厂 |
| 双盘天平 | 台天平（台秤） | JPT | 500～2000 | 1～0.01 | 上海天平仪器厂<br>江苏常熟衡器厂 |
| | 工业阻尼天平 | TG-928 | 2000 | 10 | 武汉天平厂 |
| | | TG-628A | 200 | 1 | 上海天平仪器厂 |
| | 空气阻尼天平 | TG-528B | 200 | 0.4 | 武汉天平仪器厂 |
| | 全机械加码天平（全自动电光天平） | TG-328A | 200 | 0.1 | 上海、湖南、沈阳、武汉、宁波、温州等地天平厂 |
| | 部分机械加码天平（半自动电光天平） | TG-328B | 200 | 0.1 | |
| | 微量天平 | TG-332 | 20 | 0.01 | 上海天平仪器厂 |
| 单盘天平 | 单盘天平<br>分析天平 | TG-729 | 100 | 0.1 | 上海天平仪器厂 |
| | | DT-100A | 100 | 0.1 | 北京光学仪器厂 |
| | | DA-160 | 160 | 0.1 | 上海天平仪器厂 |
| | | TD-12 | 100 | 0.1 | 湖南仪器仪表总厂 |
| | | TD-18 | 160 | 0.1 | 上海天平仪器厂 |
| | | TG-128 | 100 | 0.1 | 上海天平仪器厂 |
| | 单盘微量天平 | DWT-1<br>TD-15 | 20 | 0.01 | 上海天平仪器厂<br>湖南仪器仪表总厂 |
| 电子天平 | 上皿电子天平 | ES-A 系列 | 100～8000 | 1～100 | 沈阳龙腾电子称量仪器有限公司 |
| | | MD100-1 | 100 | 1 | 上海天平仪器厂 |
| | | MP 系列 | 120～30000 | 1～500 | 上海第二天平仪器厂 |
| | | YD 系列 | 300～10000 | 100～2000 | 上海第二天平仪器厂 |
| | | MD200-3 | 200 | 3 | 瑞士梅特勒公司 |
| | | PE 系列 | | | 常熟衡器工业公司 |
| | | DT 系列 | 200～2000 | 1～500 | 湖南仪器仪表总厂 |
| | | JA 系列 | 200～5000 | 1～10 | 上海天平仪器厂 |
| | 电子分析天平 | ES-J 系列 | 120～180 | 0.1 | 沈阳龙腾电子称量仪器有限公司 |
| | | FA 系列 | 100～200 | 0.1 | 上海天平仪器厂 |
| | | MA 系列 | 40～200 | 0.1 | 上海第二天平仪器厂 |
| | | DF 系列 | 110～200 | 0.1 | 常熟市衡器厂 |
| | | AEL-200 | 200 | 0.1 | 湖南仪器仪表总厂、湘仪天平厂 |
| | | AE50～160 | 50～160 | 0.1 | 瑞士梅特勒公司 |
| | | MP8 | 111～202 | 0.1 | 德国沙多利斯公司 |
| | | AEL-160 | 160 | 0.1 | 日本岛津公司 |
| | | AB-160 | 160 | 0.1 | 美国丹法工厂 |
| | | HA-180 | 180 | 0.1 | 日本 A&D 电子分析厂 |
| | 电子微量天平 | UH3 | 3 | $1\times10^{-4}$ | 瑞士梅特勒公司 |
| | | M3 | 3 | $1\times10^{-3}$ | 瑞士梅特勒公司 |
| | | AE163 | 30 | 0.01 | 湖南仪器仪表总厂 |
| | | WP300 | 30 | 0.01 | 上海第二天平仪器厂 |

## 二、电子天平

1. 原理和结构

电子天平是最新一代的天平。它是利用电子装置完成电磁力补偿的调节，使物体在重力场中实现力的平衡，或通过电磁力矩的调节，使物体在重力场中实现力矩的平衡。常见电子天平的结构都是机电结合式的，由载荷接受与传递装置、测量与补偿装置等部件组成。可分成顶部承载式和底部承载式两类。

电子天平的控制方式和电路结构有多种形式，但其称量依据都是电磁力平衡原理。现以上海天平仪器厂生产的MD系列电子天平（见图2-28）为例，加以说明。

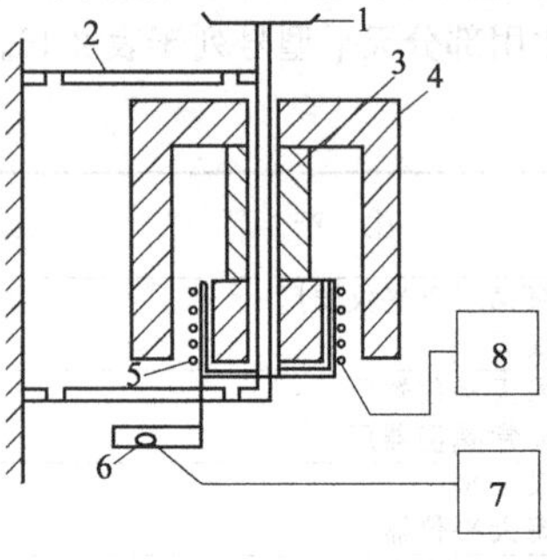


图2-28 电子天平结构

1—秤盘；2—簧片；3—磁钢；4—磁回路体；5—线圈及线圈架；6—位移传感器；7—放大器；8—电流控制电路

根据电磁基本理论，通电的导线在磁场中将产生电磁力或称安培力。力的方向、磁场方向、电流方向三者互相垂直。当磁场强度不变时，产生电磁力的大小与流过线圈的电流强度成正比。

秤盘通过支架连杆与线圈相连，线圈置于磁场中，且与磁力线垂直。秤盘及被称物体，采用弹簧片支承，秤盘及被称物的重力通过连杆支架作用于线圈上，方向向下。线圈内有电流通过，产生一个向上作用的电磁力，与秤盘重力方向相反。若以适当的电流流过线圈，使产生的电磁力大小正好与重力大小相等，则二力大小相等，方向相反，处于平衡状态，位移传感器处于预定的中心位置。当秤盘上的物体质量发生变化时，位移传感器检出位移信号，经调节器和放大器改变线圈的电流，直至位移传感器回到中心位置为止。通过线圈的电流与被称物的质量成正比，可以用数字的形式显示出物体的质量。

单模块传感器制造技术始于20世纪90年代初，该项新技术已成功地应用于电子天平中。最新一代单模块传感器，运用当今最先进的高精度电火花线切割加工技术，选用高强度的航空铝合金材料。它不但大大减少了零部件的个数，更使新一代单模块传感器天平的最高分辨率达1/2000，是同级传统电磁力天平的10倍。

最新一代单模块传感器具有很强的过载保护能力，并且具有防侧面冲击的安全锁定装置，天平抗瞬间冲击力高达100kg，因而使采用该项技术的天平的开箱合格率大大提高。

此外，采用该传感器的天平维修相当方便，且费用较低。

上海第二天平仪器厂生产的电子天平介绍如下。

(1) MA系列电子分析天平　适用于高精度称量分析之用。其型号规格见表2-47。

**表2-47 MA系列电子分析天平型号规格**

| 型　　号 | MA110 | MA200 | MA2400 | | MA260S | | MP200A |
|---|---|---|---|---|---|---|---|
| 最大称量/g | 110 | 200 | 40 | 200 | 60 | 200 | 200 |
| 最小读数值/mg | 0.1 | 0.1 | 0.1 | 1 | 0.1 | 1 | 1 |
| 线性误差/mg | ±0.4 | ±0.4 | ±0.4 | ±2 | ±0.4 | ±2 | ±2 |
| 外形尺寸/mm | 345×205×310 | | | | | | |
| 电源及功耗 | 220V，50Hz，15W | | | | | | |

此天平带自动校正，故障自查，去皮等智能化功能，含RS232输出接口。

(2) MP系列上皿式精密电子天平　其型号规格见表2-48。

带上下限报警，计个数，百分比运算，去皮等功能。

(3) Y系列应变片上皿式电子天平　具有反应快、体积小、价格低等特点。其规格型号见表2-49。

(4) WP系列微量电子天平　适用做小质量分析及传递小质量标准砝码之用。其规格型号见表2-50。

**表 2-48　MP 系列上皿式精密电子天平型号规格**

| 型　号 | MP 120-1 | MP 200-1 | MP 400 | MP 1100-1 | MP 2000 | MP 4000 | MP 6000-1 | MP 8000 | MP 10K-1 | MP 30K | MP 50K | MP 200K-1 |
|---|---|---|---|---|---|---|---|---|---|---|---|---|
| 最大称量/g | 120 | 200 | 400 | 1100 | 2000 | 4000 | 6000 | 8000 | 10000 | 30000 | 50000 | 200000 |
| 最小读数值/g | 0.001 | 0.01 | 0.01 | 0.01 | 0.05 | 0.1 | 0.1 | 0.5 | 0.5 | 0.5 | 5 | 10 |
| 线性误差/g | ±0.002 | ±0.015 | ±0.015 | ±0.015 | ±0.075 | ±0.15 | ±0.15 | ±0.75 | ±0.75 | ±0.75 | ±7.5 | ±20 |
| 外形尺寸/mm | 330×209×339 | 330×190×155 | 310×190×145 | 330×190×155 | | 310×195×145 | 330×190×155 | 310×195×145 | 385×255×140 | 600×350×200 | 600×330×205 | 850×420×290 |
| 电源及功耗 | 220V,50Hz,16W | | | | | | | | | 220V,50Hz,14W | 220V,50Hz,16W | |

**表 2-49　Y 系列应变片上皿式电子天平型号规格**

| 型　号 | YD300 | YP600 | YP1200 | YP6000 | YP10K-1 |
|---|---|---|---|---|---|
| 最大称量/g | 300 | 600 | 1200 | 6000 | 10000 |
| 最小读数值/g | 0.1 | 0.1 | 0.2 | 1 | 2 |
| 线性误差/g | ±0.15 | ±0.15 | ±0.3 | ±1.5 | ±3 |
| 外形尺寸/mm | 235×185×74 | 260×195×80 | | | 380×240×95 |
| 电源及功耗 | 220V,50Hz,5W | | | | |

**表 2-50　WP 系列微量电子天平型号规格**

| 型　号 | WP330 | | WP3000 | 型　号 | WP330 | WP3000 |
|---|---|---|---|---|---|---|
| 最大称量/mg | 30 | 300 | 3100 | 外形尺寸/mm | 165×340×220 | 480×200×270 |
| 最小读数值/mg | 0.01 | 0.1 | 0.01 | | | |
| 线性误差/mg | ±0.02 | ±0.15 | ±0.02 | 电源及功耗 | 220V,50Hz,11W | 220V,50Hz,14W |

2. 电子天平的特点

(1) 电子天平支承点采用弹簧片，不需要机械天平的宝石、玛瑙刀与刀承，取消了升降框的装置，采用数字显示方式代替指针刻度式显示，以及采用体积小的大集成电路。因此，电子天平具有寿命长、性能稳定、灵敏度高、体积小、操作方便、安装容易和维护简单等优点。

(2) 电子天平采用了电磁力平衡原理，称量时全量程不用砝码，放上被称物后在几秒钟内达到平衡，显示读数。有的电子天平采用单片微处理机控制，更可使称量速度快、精度高、准确度好。

(3) 电子天平还具有自动校正、累计称量、超载指示、故障报警、自动去皮重等功能，使称量操作更便捷。

(4) 电子天平具有质量信号输出，可以与打印机、计算机联用，可以实现称量、记录、打印、计算等自动化。它具有 RS232C 标准输出接口。同时也可以与其他分析仪器联用，实现从样品称量、样品处理、分析检验到结果处理、计算等全过程的自动化，大大地提高了生产效率。

上海天平仪器厂生产的，与该厂所产 MD、FA 等系列电子天平配套的电子天平数字记录器，具有定时打印、称量单位转换（克、克拉、盎司等互换）、四则运算、比率、增减额等混合运算、自编记录数、累加及百分比等功能，以油墨滚动串行打印，印字速度为 1.3 行/s。

由于电子天平具有以上特点，现已在教学、科研、生产单位中获得广泛应用。

3. 电子天平操作程序

(1) 调水平　调整地脚螺栓高度，使水平仪内空气气泡位于圆环中央。

(2) 开机　接通电源，按开关键 ON/OFF 直至全屏自检。

(3) 预热　天平在初次接通电源或长时间断电之后，至少需要预热 30min。有的型号需预热 2.5h 以上。为取得理想的测量结果，天平应保持在待机状态。

（4）校正　首次使用天平必须进行校正，按校正键CAL，天平将显示所需校正砝码质量，放上砝码直至出现 g，校正结束。

（5）称量　使用除皮键TARE，除皮清零。放置样品进行称量。

（6）关机　天平应一直保持通电状态（24h），不使用时将开关键关至待机状态，使天平保持保温状态，可延长天平使用寿命。

4. 电子天平的种类

常见的电子天平有上皿电子天平、电子分析天平、电子微量天平等。

## 三、机械加码分析天平

1. 等臂分析天平的构造原理

等臂分析天平是根据杠杆原理制成的，它用已知质量的砝码来衡量被称物体的质量。设杠杆 $ABC$ 的支点为 $B$（见图 2-29），$AB$ 和 $BC$ 的长度相等，$A$、$C$ 点是两力点，$A$ 点悬挂的称量物质量为 $P$，$C$ 点悬挂的砝码质量为 $Q$。当杠杆处于平衡状态时，力矩相等，则：

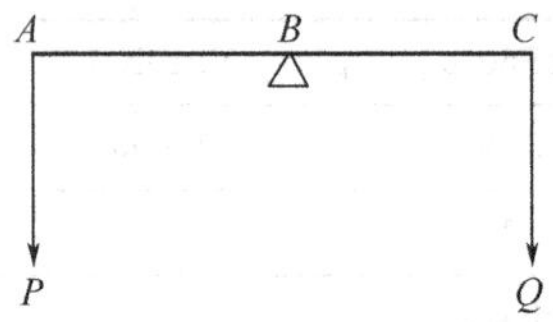

图 2-29　天平的构造原理

$$P \times AB = Q \times BC$$

因为 $AB = BC$，所以 $P = Q$。

杠杆两臂相等（即 $AB = BC$）的天平称为等臂天平。

2. 半机械加码电光天平的结构

以目前国内广泛使用的 TG-328B 型电光天平（见图 2-30）为例，简要介绍这种天平的结构。

天平的结构分为框罩部分、立柱部分、横梁部分、悬挂系统、制动系统、光学读数系统、机械加码装置七个部分。

（1）框罩　用以保护天平使之不受灰尘、热源、湿气、气流等外界条件的影响。框罩是木制框架并镶有玻璃。底座一般由大理石或厚玻璃制作，用以固定立柱、天平脚、制动器座架等。天平前门可向上升起，应不会自落。前门供安装和清洁、修理天平之用。天平的两边都有门，左门用于取放称量物品，右门用于取放砝码。称量时，天平门必须关严。底板下有三个水平调整脚，后边的一个不可调，前边两个可调，用于调节天平的水平位置。天平柱的后方装有一个气泡水准仪，气泡位于中心处表示天平为水平位置。

（2）立柱部分　立柱是一个空心柱体，垂直固定在底板上。天平制动器的升降拉杆穿过立柱空心孔，带动大小托翼上下运动。立柱上端中央为固定支点，中刀垫。

（3）横梁部分　由横梁、刀子、刀盒、平衡砣、感量砣、指针组成。横梁是天平的重要部分，应质轻、不变形、抗腐蚀，常用钛合金、铝合金、非磁性不锈钢等材料制成。横梁上装有三个玛瑙刀，中间为支点刀（中刀），两边为承重刀（边刀）。中刀口向下，边刀口向上。三个刀刃平行，垂直于刀刃中心的连线，且在一个水平上。刀刃要求锋利，呈直线，无崩缺。为保持天平的灵敏度和稳定性，要特别注意保护天平的刀刃不受冲击而损坏。

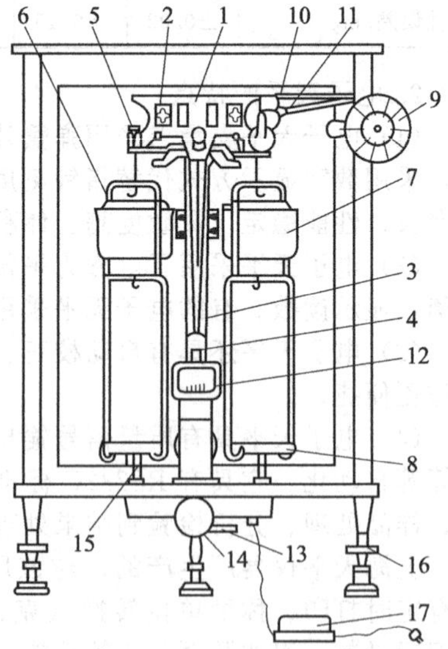

图 2-30　半机械加码电光天平的结构
1—横梁；2—平衡砣；3—立柱；4—指针；5—吊耳；6—阻尼器内筒；7—阻尼器外筒；8—秤盘；9—加码指数盘；10—加码杆；11—环形毫克砝码；12—投影屏；13—调零杆；14—停动手钮；15—托盘器；16—水平调整脚；17—变压器

横梁下部为指针，指针下端装有微分标牌，经光学系统放大后成像于投影屏上。

横梁上有重心砣，重心砣上下移动可改变横梁重心高低位置，用于调整天平的灵敏度。一般出厂时已经调整好，切勿乱调。

横梁左右两边对称孔内装有平衡砣，用以调节天平空载时的平衡位置（即零点）。

（4）悬挂系统　悬挂系统由吊耳、阻尼器和秤盘组成。两把边刀通过吊耳承受秤盘和砝码或被称物品。吊耳中心面向下，嵌有玛瑙平板，并与梁两端的玛瑙刀口接触，使吊耳及挂盘能自由摆动。吊耳的两端面向下有两个螺丝凹槽，天平停止称量时，凹槽与托梁架上的托吊耳螺丝接触，将吊耳托住，使玛瑙平板与玛瑙刀口脱开。吊耳上还装有挂托盘和空气阻尼器内筒的悬钩。吊耳下部挂有阻尼器的内筒，它与固定在立柱上的阻尼器外筒之间有一均匀的间隙，没有摩擦。当启动天平时，内筒能自由地上、下移动，利用筒内的空气阻力产生阻尼作用，使天平横梁能较快地达到平衡状态，停止摆动，便于读数。左右两个筒上刻有“1”、“2”标记，通常是左1、右2，不可挂错。

秤盘是悬挂在吊耳钩上供放置砝码和被称量物品用的。盘托位于秤盘的下面，装在天平的底板上。停止称量时，盘托上升，把秤盘托住。盘托与秤盘也刻有“1”、“2”标记。

（5）制动系统　制动系统连接托梁架、盘托和光源。使用天平时，慢慢地旋开旋钮，使托梁下降，梁上的三个刀口与相应的玛瑙平面（刀垫）接触，同时盘托下降，吊耳与天平盘即可自由摆动，天平进入工作状态，接通光源，屏幕上可看到标尺的投影。停止称量时，关闭旋钮，升降拉杆向上运动托起天平梁和吊耳，刀口与玛瑙平板离开，同时两个盘托升起将秤盘托住，天平进入休止状态，光源切断。此时，可以加减砝码与取放被称物品。天平两边负荷未达到平衡时，不可全开旋钮。因全开旋钮，天平横梁倾歪太大，吊耳易脱离，使刀口受损。

（6）光学读数系统　指针固定在天平梁的中央，指针的下端装有缩微标尺。天平工作时，指针左右摆动，光源通过光学系统将缩微标尺上的刻度放大，再反射到光屏上。其光学读数系统，由光源灯座、6.3V的小灯泡、聚光管、缩微标尺、放大镜、反射镜、投影屏等组成。小灯泡由交流变压器将220V降至6～8V供电。在天平底板下部开关轴旁有一微型开关，由手动旋钮控制。当转动旋钮时，开启天平，转轴按下微型开关，接通电源，灯亮。关闭开关时，切断电源，灯灭。

当接通电源后，灯泡发光，经聚光管聚成一平行光束照射到缩微标尺上，通过放大镜放大10～20倍，再通过反射镜反射到投影屏上，得到缩微标尺图像。可以通过移动投影窗或平板玻璃对零点进行小范围的调节。缩微标尺上共有20大格，中点为“0”点，左右各10大格，1大格相当于1mg，每1大格又分10小格，1小格为0.1mg。

（7）机械加码装置　1g以上的砝码放在配套的专用砝码盒内，必须用镊子夹取置于秤盘上。1g以下的砝码做成环状，称为环砝码或圈码，有10mg、10mg、20mg、50mg、100mg、100mg、200mg、500mg共8个，可组合成10～990mg的任意数值。在数字盘上刻有环砝码的质量值。转动数字盘控制的几组不同几何形状的凸轮，使加码杆按数字盘上数值把环砝码加到吊耳上的加码承受片上。当天平达到平衡时，可由数字盘上读出环砝码的质量。由秤盘上砝码总数加吊耳上环砝码总数以及投影屏上读数的总和，为被称物体的质量。

3. 天平的安装

天平的安装要由掌握了天平原理、了解天平结构的专人负责。要仔细阅读天平的说明书，了解安装方法，清点包装清单，查看天平零件有无缺损，再按说明书中阐述的步骤逐步地进行安装。

4. 使用方法

（1）用前检查　使用天平前，检查天平是否处于水平状态，天平盘上是否清洁，检查横梁、吊耳、秤盘等是否安装正确，砝码是否齐全，环砝码安放位置是否合适。

（2）天平零点的测定和调整　天平零点是指无负载（空载）天平处于平衡状态时指针的位置。慢慢旋转停动开关，开启天平，等指针摆动停止后，投影屏上的读数调整为零，显示为“0”(mg)。

（3）称量方法　将被称的物品从天平右门放入左盘中央，估计物品大约质量（最好先放在台秤上进行粗称），如20g左右，就用镊子取20g砝码从天平右门放于右盘中央，用左手慢慢半开天平停动手钮，观察指针偏转情况，如指针向左倾斜，表示砝码太重，轻轻地关闭天平，改换10g砝码试之，如指针向右偏，表示物品重于10g，介于10～20g之间。按上述方法，在右盘上加5g、2g、2g、1g等砝码试之（注意大砝码应放在秤盘的中央）。在加克组砝码试称时，可不必关闭右边门。待克组砝码试好后，再关好右边门。转动机械加码装置的数字盘，试毫克组砝码，先试几百毫克组，再试几十毫克组。转动数字盘时，动作要轻，不能停留在两个数字之间。在天平两盘的质量相差较大时，天平旋钮不可全开，以免天平倾斜过大，吊耳脱落，损坏刀刃。每次转动数字盘，加减环砝码时也应关上天平。调整砝码至天平两边接近平衡，其差值在 10mg 以内时，指针摆动较缓慢，才可全开停动手钮，等待投影屏上标尺图像停止移动后才可读数。一般调整数字盘使投影屏上读数在 0～+10mg 边，而不是指在 0～－10mg 边。此时，被称物体的质量为：克组砝码的质量（先从砝码盒空位读出，放回砝码时核对一遍）加上数字盘上指示的百位、十位毫克数及投影屏上读出的毫克数及点几毫克数（读准至 0.1mg）。

每位使用天平者还必须遵守天平使用规则。

5. 砝码

为了衡量各种不同质量的物体，需要配备一套质量由大到小能组成任何量值的砝码，这样的一组砝码叫做砝码组。例如，以 5、2、1、1 形式组成的砝码组，100g、50g、20g、10g、10g、5g、2g、1g、1g 九个砝码，可组成 1～199g 间任意克质量值。

每台天平应配套使用同一盒砝码，在一盒砝码中相同名义质量的砝码其真值会有微小差别。称量时，应先取用无“·”标记的砝码，以减少称量误差。

砝码必须用镊子夹取，不得用手直接拿取。镊子应是骨质或塑料头的，不能用金属头镊子，以免划伤砝码。

砝码只准放在砝码盒内相应的空位上，或天平的秤盘上，不得放在其他地方。

砝码表面应保持清洁，经常用软毛刷刷去尘土，如有污物可用绸布蘸无水酒精擦净。

砝码如有跌落碰伤，发生氧化痕迹，以及砝码头松动等情况，要立即进行检定。合格的砝码才能使用。

6. 全机械加码电光天平

TG-328A 型分析天平系全机械加码电光天平。它的结构和 TG-328B 型天平基本相同，不同之处在于：①所有的砝码均通过自动加码装置添加；②加码装置一般都在天平的左侧，分成三组：10g 以上；1～9g；10～990mg；10mg 以下，微分标牌经放大后在投影屏上直接读数；③悬挂系统的秤盘不同，在左盘的盘环上有三根挂砝码承受架，供承受相应的三组挂砝码。

## 四、不等臂单盘天平

单盘天平是指只有一个秤盘的天平。单盘天平的结构分为等臂（三刀型）和不等臂（二刀型）两种。三刀型单盘天平与等臂双盘天平相似，在此不予介绍。

不等臂单盘天平比双盘天平性能优越，它具有感量恒定，无不等臂性误差，全机械减码操作简便、称量迅速，维护保养方便等优点。在国外已经取代了等臂天平，在国内也将成为实验室天平的发展方向。

1. 称量原理

如图 2-31 所示，不等臂杠杆（梁）1 以 2 为支点，梁的一端悬挂秤盘 10 和全部大小砝码 4、5，另一端则装有固定的重锤和阻尼器与之平衡。称量时把物体 M 放入秤盘中，横梁失去平衡，减去适当的砝码 B，使天平重新达到平衡，那么，被减去砝码 B 的质量即为被称量物体 M 的质量。这就是替代法称量的原理。

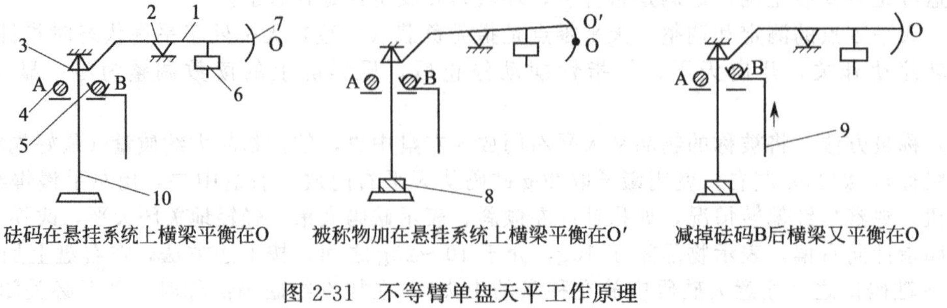


图 2-31 不等臂单盘天平工作原理

1—横梁；2—支点刀；3—承重刀；4,5—砝码 A、B；6—重锤和阻尼器；
7—标牌；8—被称物 M；9—减码杆；10—悬挂系统

2. 特点

(1) 砝码和被称物始终在同一承重刀上用替代法称量，不存在不等臂性误差，保证了称量结果的正确性。

(2) 称量过程中，横梁一直处于全载平衡状态，故天平的分度值不变，无空载和全载分度值误差。

(3) 因少一个边刀，故刀刃的不平行性减少了一个因素的影响，有利于天平的示值不变性。

(4) 横梁摆幅小，周期短，装有机械减码装置、电光读数装置、阻尼装置等，因而称量速度快，效率高。

(5) 因天平总是在全载状态衡量，刀刃极易磨损。

3. 单盘天平的结构

单盘天平通常由外框部分、升降部分、横梁部分、悬挂系统、光学读数系统、机械减码装置六部分构成。现以北京光学仪器厂生产的 DT-100 型单盘天平为例，其结构如图 2-32 所示。

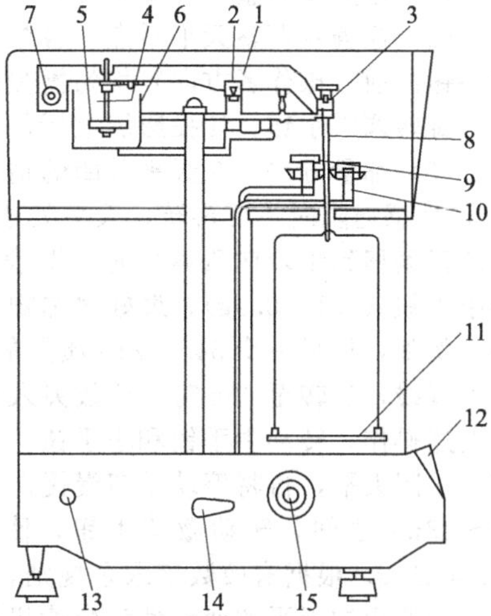


图 2-32　DT-100 型单盘天平结构
1—横梁；2—支点刀；3—承重刀；4—阻尼片；5—配重砣；6—阻尼筒；7—微分标尺；8—吊耳；9—砝码；10—砝码托；11—秤盘；12—投影屏；13—电源开关；14—停动手钮；15—减码手钮

(1) 外框部分　在底板上安装天平各组件，底板下面有电源变压器、电源转换开关、停动转轴、减码装置、调零装置及微读机构，两侧装有各种操作手钮。停动手钮左右两侧各一个，控制同一停动轴，左右手都可开关天平。秤盘位于底板中央，左右两侧都有玻璃推门，供取放被称物用。

天平外罩起着隔气流、防尘、防潮、保持天平温度稳定的作用。天平顶盖可向上打开，上有隔开的小室及散热孔，可防止因灯泡发热引起横梁长度变化。

天平底板下有三个垫脚，前边两个用以调节天平的水平位置，水准器位于底板的前部。

(2) 升降部分　其作用是支撑横梁和悬挂系统，实现天平的开关动作。停动手钮向前转 90°，天平处于“全开”状态，横梁可在 0～100 分度范围内自由摆动。停动手钮向后转 30°，天平处于“半开”状态，横梁仅可在小范围内（如 10～15 分度）摆动。天平“半开”时，转动减码手钮进行减码操作，不会使天平刀口受损伤。

(3) 横梁部分　横梁上有感量砣、平衡砣、横梁支板、微分标尺、配重砣、阻尼片、支点刀、刀承、承重刀等。横梁由硬铝合金制成，支点刀和承重刀由人造白宝石制成，硬度和寿命均比天然玛瑙好，横梁尾部是标尺。配重砣主要起横梁平衡作用，配重砣上有阻尼片。横梁上垂直方向的螺丝是感量砣，用于调节天平感量。水平方向的螺丝是平衡砣，用于调节天平的零点。

(4) 悬挂系统　由承重板（下有承重刀垫）、砝码架、秤盘组成。砝码架的槽中可放置 16 个圆柱形的砝码，组合成 99.9g 范围内的任意质量。砝码为整块实心体结构，以保证质量的稳定。

(5) 光学读数系统　是由光源、聚光镜、微分标尺、放大镜、直角棱镜、五角棱镜、调零镜、微读镜、投影屏等组成。它是将微分标牌进行放大以便读数的机构。

灯泡发出的光经聚光镜聚焦在天平横梁一端的微分标尺上，标尺读数经放大镜放大 68 倍左右，再经直角棱镜一次反射，五角棱镜二次反射，经调零反射镜，微读反射镜反射成像于投影屏上。

转动调零手钮可改变调零反射镜的角度，在 6 分度以内调整零点位置，如超过 6 分度，须调整平衡砣以调整零点。

通过调零微读手钮改变微读镜的角度，可以读出标尺上 1 分度（代表 1mg）的 1/10 的读数，即微读轮转 0～10 分度相应于投影屏上标尺的 1 个分度。

(6) 机械减码装置　由减码手钮控制三组不同几何形状的凸轮，凸轮转动使减码杆起落，托起砝码实现减码动作。同时，在读数窗口显示出减去砝码的质量。

4. 单盘天平的安装

安装天平的人员应仔细认真地阅读该型号的天平说明书，了解天平的原理、结构及安装注意事项后，依照说明书的步骤进行天平的安装。

5. 单盘天平的使用方法

(1) 检查及调整天平水平位置。

(2) 检查及调整天平零点　各数字窗口及微读轮指数均调为“0”，电源转动开关向上拨，把停动手钮向前（操作者方向）均匀慢慢地转 90°，天平处于“全开”状态，待天平摆动停止后读取零点，旋转调零手钮，使投影屏上标尺的 00 刻线位于夹线的正中位置。

(3) 称量方法　在天平关闭的情况下，将被称物放在秤盘中央，将停动手钮轻轻地向后旋转约 30°，手感遇阻时不要再转，天平处于“半开”状态，进行减码，逐个转 10～90g 手钮，在标尺上由向正偏移到出现向负偏移时，即表示砝码示值过大，应退回一个数，接着调整中手钮（1～9g）和小手钮（0.1～0.9g）。最好被称物先在台秤上称一下，知道被称物的大概质量，再减去相应的砝码。例如，称量一个 54.3421g 质量的物体时，转动大手钮，由 10g 转至 50g，投影屏上微标像正数夹入双线，当转至 60g 时，负数夹入双线，可知物体在 50～60g 之间，把手钮退回到 50g 位置，仿照上述操作，转动中手钮和小手钮，确定减码手钮放在 54.34 合适，物体质量在 54.34～54.35g 之间。关闭天平，再将停动手钮慢慢向前转 90°，即天平处于“全开”状态，待微标移动停止，如在 42～43mg 之间，转动微读手钮，使 42 刻度夹入双线，微读轮读数 1.5，此时表示称量结果为 54.34215g，根据有效数字取舍规则，可读为 54.3422g。

若使用的天平的变动性为微读机构 1 分度相当于 0.1mg，虽然微读机构的读数能读出 0.05mg，其称量结果表示至 0.05mg 是没有意义的，所以被称物质量为 54.3422g。当然，称量过程中多保留一位数字供参考是可以的。

## 五、扭力天平

1. 作用原理

扭力天平是利用弹性材料变形所产生的力矩与被称物体的质量所产生的力矩相平衡的原理测量物体。目前国内普遍使用的是片簧支承式扭力天平。这种扭力天平主要由杠杆（横梁）、游丝（手卷弹簧或张丝）和片簧（弹性吊带）组成。片簧是二片式，十字交叉，其交点是横梁转动轴通过中心。扭力天平的横梁是由弹性元件所吊固着的，不使用砝码，使称量操作简单，称量速度快。由于采用钢带弹性支承，因此无刀口磨损等现象的发生。在称量 1g 以内的样品质量时，可以不用加减砝码而通过扭转弹性元件的角度产生平衡扭力，直接在刻度盘上读取质量数。由于扭力天平使用的弹性元件只限于体积小、质量轻的片材、线材，故而扭力天平的称量小，一般在 1g 以下，最大的也只有几克。

2. 型号及技术参数

JN-B 系列扭力天平型号与技术参数见表 2-51。

**表 2-51　JN-B 系列扭力天平型号与技术参数**

| 技术参数 | JN-B-5 | JN-B-10 | JN-B-25 | JN-B-50 | JN-B-100 | JN-B-250 | JN-B-500 | JN-B-1000 | JN-B-2500 |
|---|---|---|---|---|---|---|---|---|---|
| 称量/mg | 5 | 10 | 25 | 50 | 100 | 250 | 500 | 1000 | 2500 |
| 分度值/mg | 0.01 | 0.02 | 0.05 | 0.1 | 0.2 | 0.5 | 1 | 2 | 5 |
| 外形尺寸/mm | 190×60×365 | | | | | | | | |

## 六、架盘天平(台秤)

架盘天平又称台秤、托盘天平、台天平。通常台秤的分度值（感量）在 0.1～0.01g，它适用于粗略称量，能迅速地称出物体的质量，但精度不高，仅用于配制一般溶液时的称量。台秤的构造原理分两类：一类基于杠杆原理，另一类是基于电磁原理的电子台秤（上皿式电子天平）。电子台秤的原理与特点，见本节电子天平部分。这里仅介绍普通台秤。

台秤的构造　台秤的横梁中间有一刀口，它支承物质的质量，刀口的质量直接影响台秤的感量。台秤的横梁架在台秤底座上，横梁两边有两个盘子，横梁中部的指针与刻度盘相对应，根据指针在刻度盘左右摆动情况，可以指示台秤是否处于平衡状态。

称量方式　在称物品之前，先调整台秤的零点，将游码置于游标尺的“0”位处，检查台秤的指针左右摆动是否围绕刻度盘的中间位置。若不在中间位置，可调节台秤托盘下侧的平衡调节螺丝，使指针在刻度盘中间位置左右摆动幅度大致相等时，则台秤处于平衡状态。停止摆动时，指针即停止在刻度盘的中间位置，该位置称之为台秤的零点。零点调好后，即可称重物品。

称物品时，左盘放被称物品，右盘放砝码（10g 或 5g 以下的质量，可用游码）。当添加砝码至台秤的指针停在刻度盘的中间位置时，台秤处于平衡状态，这时指针所停的位置称为停点。零点与停点二者之间相差在一小格以内时，砝码加游码的质量读数就是被称物品的质量。

使用台秤的注意事项：

(1) 台秤要放平稳。

(2) 被称的药品不能直接放在台秤的盘上，应放在称量纸、表面皿或其他容器中。吸湿性强或有腐蚀性的药品（如氢氧化钠等）必须放在玻璃容器内，快速称量。

(3) 台秤不能称量热的物品。

(4) 砝码只允许放在台秤盘内和砝码盒里，不能随意乱放。砝码必须用镊子夹取，不能用手拿取。

(5) 称量完毕，把两个托盘叠放在一侧，以免台秤摆动。

(6) 经常保持台秤的整洁，若不小心把药品或脏物撒于托盘上，应停止称量，将其清除擦净后，方能继续使用。

HC-TP11 系列架盘天平型号规格及技术参数见表 2-52。

**表 2-52　HC-TP11 系列架盘天平型号规格及技术参数**

| 技术参数 | HC-TP11-1 | HC-TP11-2 | HC-TP11-5 | HC-TP11-10 | HC-TP11-20 | HC-TP11-50 |
|---|---|---|---|---|---|---|
| 称量/g | 100 | 200 | 500 | 1000 | 2000 | 5000 |
| 分度值/g | 0.1 | 0.2 | 0.5 | 1 | 2 | 5 |
| 秤盘直径/mm | $\phi$75 | $\phi$85 | $\phi$115 | $\phi$140 | $\phi$170 | $\phi$208 |
| 外形尺寸/mm | 200×75×135 | 205×85×140 | 295×115×180 | 360×140×190 | 400×170×235 | 540×210×260 |

## 七、天平的称量方法

1. 直接称量法

对一些在空气中无吸湿性的试样或试剂如金属或合金等，可用直接法称量。称量时用一条干净的塑料薄膜或纸条套住被称物体放于秤盘中央，然后去掉塑料条或纸条，按照天平的使用方法进行称量。

2. 固定质量称样法

在分析工作中常要准确称取某一指定质量的试样。这时可在已知质量的称量容器（如表面皿、小烧杯、电光纸或不锈钢等金属材料做成的小皿）内，直接投放待称试样，直至达到所需要的质量。此法要求试样不易吸水，在空气中稳定。称量方法如下：

在天平上准确称出容器质量，然后在天平上增加欲称取质量数的砝码，用药勺盛试样（试样要预先研细）在容器上方轻轻振动，使试样徐徐落入容器，直至达到指定质量。称完后，将试样全部转移入实验容器中（表面皿可用水洗涤数次，称量纸必须不黏附试样），配成一定浓度的溶液。

3. 减量（差减）称量法

减量称量法是先称取装有试样的称量瓶的质量，再称取倒出部分试样后称量瓶的质量，二者之差即是试样的质量。此法适于称取易吸水、易氧化或易与 $CO_2$ 反应的物质。下面叙述称量方法。

在称量瓶中装入一定量的固体试样，盖好瓶盖，带细纱手套、指套或用纸条套住称量瓶，放在天平盘中央，称出其质量。取出称量瓶，悬在容器（烧杯或锥形瓶）上方，使称量瓶倾斜，打开称量瓶盖，用盖轻轻敲瓶口上缘，渐渐倾出样品，当估计倾出的试样接近所需要的质量时，慢慢地将瓶竖起，再用称量瓶盖轻敲瓶口上部，使粘在瓶口的试样落回瓶内，然后盖好瓶盖，将称量瓶放回天平盘上，再次称量。两次称量之差，即为倒入烧杯中试样的质量。若试样的质量不够，可照上述方法再倒、再称，次数不宜太多。如倒出试样太多，不可借助药勺把试样放回称量瓶，只能弃去重称。

若要再称一份试样，则按上述程序重新操作。

## 八、使用天平的注意事项

1. 天平的选用原则

选用天平，主要是考虑天平的称量与分度值是否满足称量的要求，其次是天平的结构形式是否能适应工作的特点。

天平称量的选择比较简单，选择原则是被称量物体的质量既不能超过天平的最大称量，同时也不能比天平称量小得太多。这样，既能保证天平不致超载而损坏，也能保证称量达到必要的相对精度。

天平分度值的选择，其依据是称量结果精确度的要求，一方面要防止用精度不够的天平来称量，以免准确度不符合要求，另一方面也要防止滥用过高精度的天平来称量，以免造成浪费。

2. 天平室的基本要求

天平室的基本要求是：防尘、防震、防湿、防止过大的温度波动和过大的气流。为此要求如下。

① 天平室应远离震源、灰尘区、腐蚀性气体区和高温场所。地面应有防湿层，南方潮湿地区尤其要注意。

② 天平工作台要稳固，以混凝土整块浇铸为好，台基应从地面下深层筑起，并采取必要的减震措施，台基与房屋基础隔开，台面四周与墙壁保持适当空隙。

③ 天平室的温度应力求稳定，温度波动不超过0.5～1℃/h，相对湿度保持在70%以下，天平室的温度一般应为10～30℃，以保持在（20±2）℃为宜。

④ 天平室应光线明亮、均匀、柔和。宜用荧光灯照明。室内应无明显的气流存在，应防止有害气体的侵入。天平室要注意清洁、防尘。门窗严密，最好双层窗。应有窗帘，防止日光直接照射。

3. 机械天平的使用规则

① 正式使用天平前，应做好一系列的准备工作：检查天平是否水平；骑码是否在零位刻线上；机械加码指数盘是否全部指零。清除秤盘和底板上的灰尘。开启天平、观察指针摆动是否正常；调整好天平空秤零点，然后制动天平。打开两边侧门5～10min。待天平内外温度趋向一致后，再正式使用天平。

② 开关天平时，动作一定要轻缓平稳，绝不允许猛开猛关，要特别注意保护天平的刀口不受损伤。开启天平后，绝不允许在秤盘上取放物品或砝码，也不能转动机械加码指数盘、移动骑码，以及开关天平门。关闭摆动式天平，应在指针经过标牌中央位置时进行。天平不允许超负荷使用。

③ 称量时，称样物品一般不能直接放在天平秤盘上，而应用洁净的器皿（表皿、瓷皿、玻璃杯、坩埚、纸等）。盛好称样物品后，再放到天平秤盘上进行称量。吸潮物质、挥发物质、释放气体物质，应装在带盖的器皿中进行称量。不能用天平直接称量过冷或过热物体，应待物体和天平温度一致后进行称量。

④ 称量物体时，必须按“由大到小”的顺序选用砝码，即从大约等于被称量物体质量的砝码开始，由大到小逐渐增减砝码，直到天平实现平衡，可利用标牌读数为止。在天平达到平衡状态之前，不应将开关完全打开，即应关闭天平增减砝码。

⑤ 称量时，宜用镊子取放砝码和被称物体，砝码和被称物体应放在秤盘中央，应尽可能使用天平侧门，而不开启前门，以减少人体体温的影响。

⑥ 开启天平后，秤盘不应有持续晃荡现象，否则，应轻轻制动天平数次，让盘托消除秤盘的摇晃现象后，再完全打开天平。

⑦ 称量完毕后，关闭天平，取出被称物体，将砝码放回砝码盒中相应的槽内，并清点砝码数量是否齐全。机械加码指数盘应全部转至零位，骑码亦应移至零位刻线槽内。关好天平门，取下开关旋钮，切断电源，罩上防尘罩，清理天平台。

⑧ 同一实验应使用同一天平和砝码。

⑨ 潮湿天气湿度过大，在天平内放置硅胶干燥剂，干燥剂用布袋装好或置于小烧杯内，并及时更换。

⑩ 搬动天平时，应卸下秤盘、吊耳、横梁等部件，搬动后应检验天平的性能。

⑪ 天平与砝码是国家规定的强制检定的计量量具，出厂时应符合国家有关标准。实验室使用的天平与砝码应定期（每年）请计量部门检定是否性能合格。执行强制检定的机构对检定合格的计量量具（如天平、砝码），发给国家统一规定的检定证书，或者在计量器具上加盖检定合格印章。

4. 电子天平的使用规则

① 应选择防尘、防震、防湿、防止过大温度波动和过大的气流的房间作天平室。在开始使用电子天平之前，要求预先开机，即要有约 1/2h 到 1h 的预热时间。如果天平一天中要使用多次，最好让天平整天开着。这样，电子天平内部能有一个恒定的操作温度，有利于称量的准确度。

② 电子天平从首次使用起，应定期对其进行校准。如果天平连续使用，大致每周进行一次校准。校准必须用标准砝码。校准前，电子天平必须开机预热 1h 以上，并检查水平。

③ 称量操作时，应正确使用各控制键及功能键，选择最佳的积分时间选择器和稳定性检测器调节；正确掌握读数或打印时间，以获取最佳的称量结果。当启用去皮键作连续称量时，应避免天平过载。称量过程中应关好天平门。

④ 电子天平精密度高，结构紧凑，必须小心仔细地维护、保养。

电子天平应由专人保管和负责维护保养。每台天平应设立技术档案袋，用以存放产品合格证书、使用说明书、检定证书、测试记录、定期维护保养情况记录，检修情况记载等。

定期对天平的计量性能进行检测，如发现天平不合格，应立即停止使用，并送交专业人员修理。非专业人员不得擅自打开机壳，拨动机械零件和电器元件。天平经修理、检定合格后方可使用。

必须保持电子天平本身的清洁和干燥。应经常清洁秤盘、外壳和框罩，一般用清洁绸布蘸少许无水乙醇轻擦，切不可用强溶剂。天平清洁后，框罩内应放置无腐蚀性的干燥剂，如变色硅胶等。

电子天平开机后，如发现异常现象，应立即关闭天平，并作相应检查。检查电源、连线、保险丝、开关、开关门是否关好，是否超载，如检查不是上述问题，请专业人员来检修。

5. 天平的管理

① 天平要固定专人管理，负责定期检查、调整、维护保养天平。

② 建立天平技术档案。对每一台天平除妥善保管产品说明书、历次检定合格证外，应将小修、中修、大修中的技术问题作详细记录，如修理日期、原因、故障、修复情况、调整记录等。

为了更有效地管理，每台天平还可建立使用登记卡或使用记事本，将每次使用情况如使用日期、起止时间、称何物品、称几份、称量中遇到的问题、干燥剂更换日期、使用者姓名等登记在记事本或卡片上。

③ 移动天平位置后，应对天平的计量性能作一全面检查。天平使用半年后，要全面整理一次，使用一年要送计量部门进行检定。

④ 在辅导学生进行天平称量练习时，辅导老师要认真讲解、示范并加强巡回指导，以便及时发现问题，避免因操作不当而使天平受损事故的发生。

# 第五节 化学实验室用水

实验中水是不可缺少的、必须用的物质。天然水和自来水存在很多杂质，如 $Na^+$、$K^+$、$Ca^{2+}$、$Mg^{2+}$、$Fe^{3+}$ 等阳离子，$CO_3^{2-}$、$SO_4^{2-}$、$Cl^-$ 等阴离子和某些有机物质，以及泥沙、灰尘、细菌、微生物和藻类、浮游生物以及水中溶解气体等，不能直接用于实验工作。必须根据实验的要求将水纯化后，才能使用。

实验用水又称纯水。制备实验用水的方法很多，通常用蒸馏法、离子交换法、电渗析法等，下面分别做简单介绍。

## 一、蒸馏法制备实验室用水

蒸馏水是利用水与水中杂质的沸点不同，用蒸馏法制得的纯水。用于制备蒸馏水的蒸馏水器式样很多，现在多采用内加热式蒸馏器代替用电炉、煤气或煤炉等外加热式的蒸馏方法。实验室用的蒸馏器通常是用玻璃或金属制造的。蒸馏水中仍含有一些微量杂质，原因有二。

① 二氧化碳及某些低沸点易挥发物，随水蒸气带入蒸馏水中。

② 冷凝管、蒸馏器、容器的材料成分微量地带入蒸馏水中。

化学分析用水，通常是经过一次蒸馏而得，称之一次（级）蒸馏水。有些分析要求用水须经二次（或三次）蒸馏而得的二次（或三次）蒸馏水。对于高纯物分析，必须用高纯水。为此，可以增加蒸馏次数，减慢蒸馏速度，弃去头尾蒸出水，以及采用特殊材料如石英、银、铂、聚四氟乙烯等制作的蒸馏器皿，可制得高纯水。高纯水不能储于玻璃容器中，而应储于有机玻璃、聚乙烯塑料或石英容器中。

蒸馏器皿常用的是玻璃制品，市场上很容易买到一次或二次玻璃蒸馏水器，适宜于一般中小实验室使用。蒸馏法制备实验用水，设备简单、操作方便、广泛地被实验室采用。

工厂蒸汽副产物的蒸馏水，由于设备及工艺等原因，往往不能直接用于实验室用水，需要进一步纯化处理，才能使用。

## 二、离子交换法制备实验室用水

用离子交换法制得实验用水，常称去离子水或离子交换水。此法的优点是操作与设备均不复杂，出水量大，成本低。在大量用水的场合有替代蒸馏法制备纯水的趋势。离子交换法能除去原水中绝大部分盐、碱和游离酸，但不能完全除去有机物和非电解质。因此，要获得既无电解质又无微生物等杂质的纯水，还须将离子交换水再进行蒸馏。为了除去非电解质杂质和减少离子交换树脂的再生处理频率，提高交换树脂的利用率，最好利用市售的普通蒸馏水或电渗水代替原水，进行离子交换处理而制备去离子水。离子交换法制备纯水，仍是目前实验室常用的方法。

1. 离子交换树脂及交换原理

离子交换树脂是一种高分子化合物，通常为半透明的浅黄、黄或棕色球状物。它不溶于水、酸、碱及盐中，对有机溶剂、氧化剂、还原剂等化学试剂也具有一定的稳定性，对热也较稳定。离子交换树脂具有交换容量高、机械强度好、膨胀性小、可以长期使用等优点。在离子交换树脂网状结构的骨架上，有许多可以与溶液中离子起交换作用的活性基团。根据活性基团的不同，分阳离子交换树脂和阴离子交换树脂两类。在阳离子交换树脂中又有强酸性阳离子交换树脂，如聚苯乙烯磺酸型树脂 $R—SO_3H$（如国产 732 型树脂）和弱酸性阳离子交换树脂，如丙烯酸型树脂 $—\underset{\substack{|\\ \text{COOH}}}{\text{CR}}—\text{CH}—$（如国产 110 型树脂）。阴离子交换树脂也分为强碱性阴离子交换树脂，如聚苯乙烯季铵盐树脂 $R—N(CH_3)_3OH$（如国产 717 型、711 型）和弱碱性阴离子交换树脂，如聚苯乙烯仲胺型树脂 $R—N(CH_3)_2$（如国产 710A、710B 型）。

当水流过装有离子交换树脂的交换器时，水中的杂质阳离子被交换于离子交换树脂上，树脂上可交换的阳离子 $H^+$ 被置换到水中，并和水中的阴离子组成无机酸。其反应式如下：

$$\underset{\text{(树脂相)}}{R—SO_3^-H^+} + \underset{\text{(水相)}}{\begin{matrix} Na^+ \\ K^+ \\ \frac{1}{2}Ca^{2+} \end{matrix} \begin{matrix} SO_4^{2-} \\ Cl^- \\ NO_3^- \end{matrix}} \rightleftharpoons \underset{\text{(树脂相)}}{R—SO_3^- \begin{matrix} K^+ \\ Na^+ \\ \frac{1}{2}Ca^{2+} \end{matrix}} + \underset{\text{(水相)}}{H^+ \begin{matrix} SO_4^{2-} \\ Cl^- \\ NO_3^- \end{matrix}}$$

含有无机酸的水再通过季胺型阴离子树脂（$R—NMe_3OH$）层时，水中的阴离子被树脂吸附，树脂上可交换阴离子 $OH^-$ 被置换到水中，并与水中的 $H^+$ 结合成水，其反应式如下：

$$\underset{\text{(树脂相)}}{R—NMe_3^+OH^-} + \underset{\text{(水相)}}{H^+ \begin{matrix} SO_4^{2-} \\ Cl^- \\ NO_3^- \\ HCO_3^- \end{matrix}} \rightleftharpoons \underset{\text{(树脂相)}}{R—NMe_3^+ \begin{matrix} \frac{1}{2}SO_4^{2-} \\ Cl^- \\ NO_3^- \\ HCO_3^- \end{matrix}} + \underset{\text{(水相)}}{H_2O}$$

通过上述的离子交换过程，即可制得纯度较高的去离子水。

2. 离子交换装置

市场上已有成套的离子交换纯水器出售。实验室亦可用简易的离子交换柱制备纯水。交换柱常用玻璃、有机玻璃或聚乙烯管材制成，进、出水管和阀门最好也用聚乙烯制成，也可用橡皮管加上弹簧夹。简单的交换柱可用酸式滴定管装入交换树脂制成，在滴定管下部塞上玻璃棉，均匀地装入一定高度的树脂就构成了一个简单的离子交换柱。通常树脂层高度与柱内径之比至少要大于5∶1。

自来水通过阳离子交换柱（简称阳柱）除去阳离子，再通过阴离子交换柱（简称阴柱）除去阴离子，流出的水即可以做实验用水。但它的水质不太好，pH值常大于7。为了提高水质，再串联一个阳、阴离子交换树脂混合的“混合柱”，就得到较好的实验用水。

离子交换制备实验用水的流程，分为单床、复床（阳柱、阴柱）、混合床等几种。若选用阳柱加阴柱的复床，再串联混合床的系统，制备的纯水就能很好地满足各种实验工作对水质的要求。

3. 离子交换树脂的预处理、装柱和再生

(1) 树脂的预处理　购买的离子交换树脂系工业产品，常含有未参与缩聚或加聚反应的低分子物质和高分子组分的分解产物、副反应产物等。当这种树脂与水、酸、碱溶液接触时，上述有机杂质（磺酸、胺类等）会进入水或溶液中。树脂中还会含微量的铁、铅、铜等金属离子。因此，新树脂在使用前必须进行预处理，除去树脂中的杂质，并将树脂转变成所需要的形式。

阳离子交换树脂的预处理方法是将树脂置于塑料容器中，用清水漂洗，直至排水清晰为止。用水浸泡12～24h，使其充分膨胀。如为干树脂，应先用饱和氯化钠溶液浸泡，再逐步稀释氯化钠溶液，以免树脂突然膨胀而破碎。用树脂体积2倍量的2%～5%HCl浸泡树脂2～4h，并不时搅拌，也可将树脂装入柱中，用动态法使酸液以一定流速流过树脂层，然后用纯水自上而下洗涤树脂，直至流出液pH值近似为4，再用2%～5% NaOH处理，再用水洗至微碱性。再一次用5%HCl流洗，使树脂变为氢型，最后用纯水洗至pH值约为4，同时检验无$Cl^-$即可。pH值可用精密pH试纸检测。氯离子可用硝酸银检查至无氯化银白色沉淀。

阴离子树脂的预处理步骤基本上与阳离子树脂相同，只是在树脂用NaOH处理时，可用5%～8%NaOH流洗，其用量增加一些。使树脂变为OH型后，不要再用HCl处理。

若使用少量离子交换树脂时，在用水漂洗后，可增加用95%乙醇溶液泡树脂24h，以除去醇溶性杂质。

(2) 装柱方法　交换柱先洗去油污杂质，用去离子水冲洗干净，在柱底部装入少量玻璃棉，装入半柱水，然后将树脂和水一起倒入柱中。装柱时，应注意柱中的水不能流干，否则树脂极易形成气泡影响交换柱效率，从而影响出水量。装树脂量，单柱装入柱高的2/3，混合柱装入柱高的3/5，阳离子树脂与阴离子树脂的比例为2∶1。制取纯水选用20～40目离子交换树脂为好。

(3) 树脂的再生　离子交换树脂使用一定时间以后，树脂已达到饱和交换容量，阳柱出水可检出阳离子，阴柱出水检出阴离子，混合柱出水电导率不合格，表明树脂已经失去交换能力。失效的阳（阴）离子交换树脂可用酸（碱）再生处理，重新将树脂转变为氢型或氢氧型，可以重复使用。

阳离子交换树脂的再生方法如下。

① 逆洗　将自来水从交换柱底部通入，废水从顶部排出，将被压紧的树脂变松，洗去树脂碎粒及其他杂质，排除树脂层内的气泡，以利于树脂再生，洗至水清澈通常需15～30min。逆洗后，从下部放水至液面高出树脂层面上10cm处。

② 酸洗　用4%～5%HCl水溶液（取1体积35%浓HCl，加入6体积水）500mL，从柱的顶部加入，控制流速，流洗约30～45min，HCl的用量与柱的大小有关。

③ 正洗　将自来水从柱顶部通入，废水从柱下端流出，控制流速约为二倍酸洗的流速。洗至pH值为3～4时，用精密pH试纸试，用铬黑T检验应无阳离子。大约需正洗20～30min。

精密pH试纸最好先用pH计校验过，以免指示不准，造成阳柱中HCl未洗净或正洗时间太长，用水量太大。

阴柱再生方法如下。

① 逆洗　将自来水连接于阴柱下端，靠自来水的压力通入阴柱，与阳柱再生相似。

② 碱洗　将5% NaOH溶液700mL从柱顶部加入，控制一定流速，使碱液在1～1.5h加完。NaOH溶液用量与柱的大小有关。

③ 正洗　从柱顶部通入去离子水，下端放出废水，流速约为碱洗时的两倍，洗至pH值为11～12时，用硝酸银溶液检验应无氯离子。

以上所有操作均不可将柱中水放至树脂层面以下，以免树脂间产生气泡。

混柱的柱内再生方法如下。

① 逆洗分层　从柱的下端通入自来水，将树脂悬浮起来，利用阴、阳离子树脂的密度不同，将树脂分层。两种树脂颜色不同，有一明显分界面。阴离子树脂在上层，阳离子树脂在下层。如果树脂分层不好，是因为树脂未完全失效，氢型和氢氧型两者间密度相差较小之故。可在分层前先通入部分NaOH液，再逆洗分层，效果较好。

② 再生阴离子树脂　自上而下地加入5%NaOH溶液，经过阳离子树脂层，从底部排出废液。

③ 正洗　用去离子水洗净树脂层，至出水pH值为9～11止。

④ 再生阳离子树脂　从进酸管中通入5%HCl溶液，下端排出废液。为防止HCl上溢使再生好的阴离子树脂失效，可同时从上面通入一定量的去离子水，使其平衡。由于去离子水的稀释作用，HCl再生液的浓度要适当地提高些。另一方法是将水放至阴阳离子树脂分界处时，HCl再生液从阳离子树脂层上方加入，但不要使HCl渗入到阴离子树脂层。

⑤ 正洗　从进酸口或从柱上部通入去离子水，下端排出废液，洗至出水pH值为4～5。

⑥ 混合　阴阳离子交换树脂分别再生后，洗去再生液，可使用抽真空混合法使阴阳离子交换树脂充分混合。从混合柱下部流进去离子水至树脂界面层上15～20cm处，再把连接有缓冲瓶的真空泵抽气口接于柱的顶端。真空抽气时，除柱下端阀门打开外，其余出口全部关住。由柱下端打开的阀门吸入空气，凭借空气的鼓动作用，将树脂翻动混合，混合约需5min。树脂混合均匀后，柱上端接通大气，关闭真空泵，立即快速地从柱下端排除柱内水，迫使树脂迅速降落，避免重新分层。

⑦ 正洗及产水　按照制取去离子水的流程，以阳柱-阴柱-混合柱的次序连接好管路，从阳柱进原水，正洗各柱。用电导仪不时地监测流出水质，电阻达0.5MΩ·cm以上时，流出水即可供一般实验使用。连接水质自动报警系统，当水质不合格时，发出报警信号，同时停止出水。

在间歇地接取纯水时，开始15min流出的水质不高，应弃去。另外，出水流速应控制适当，流速过低，出水水质较差；流速过高，交换反应进行不完全，也使出水水质降低，且易穿透树脂层。

离子交换柱若长期不用，会孳生细菌，污染离子交换柱，特别是气温较高的夏季更应注意。

## 三、电渗析法制纯水

在电渗析器的阳极板和阴极板之间交替平行放置若干张阴离子交换膜和阳离子交换膜，膜间保持一定间距形成隔室，在通直流电后水中离子作定向迁移，阳离子移向负极，阴离子移向正极，阳离子只能透过阳离子交换膜，阴离子只能透过阴离子交换膜。在电渗析过程中能除去水中电解质杂质，但对弱电解质去除效率低。电渗析法常用于海水淡化，不适用于单独制取实验纯水。与离子交换法联用，可制得较好的实验用纯水。电渗析法的特点，是设备可以自动化，节省人力，仅消耗电能，不消耗酸碱，不产生废液等。

## 四、超纯水的制备

在原子光谱、高效液相色谱、放化分析、超纯物质分析、痕量物质等的某些实验中，需要用超纯水。

(1) 超纯水制备

① 加入少量高锰酸钾的水源，用玻璃蒸馏装置进行二次蒸馏，再以全石英蒸馏器进行蒸馏，收集于石英容器中，可得超纯水。

② 使用强酸型阳离子和强碱型阴离子交换树脂柱的混合床或串联柱，可充分除去水中的阳、阴离子，其电阻率达 $10^7\Omega \cdot cm$ 的水，俗称去离子水，再用全石英蒸馏器进行蒸馏，收集可得超纯水。

(2) 超纯水的台式装置　如用 Millipore 公司生产的 Miui-Q，Plus 型超纯水制备装置可制得不含有机物、无机物、微粒固体和微生物的超纯水。

将蒸馏法、离子交换法或电渗析法制备的纯水作为制备超纯水的水源。由齿轮泵将水送入纯化柱，纯化柱由四个填充柱组成（内填活性炭、阴阳离子交换树脂、超滤膜、无菌滤膜等物），纯化后的水经电阻传感器，可连续监测纯化水的电阻值，其电阻率值为 $1\sim18M\Omega \cdot cm$，任意可调，最后经过孔径为 $0.22\mu m$ 的过滤器，除去 $0.22\mu m$ 以上的微粒及微生物。整个装置由内装微机控制，液晶显示工作条件，每分钟可制 1.5L 电阻率为 $10\sim15M\Omega \cdot cm$ 的超纯水，其总有机碳量 $<10\mu g/L$，微生物 $<1CFU/me$，重金属 $<1\mu g/L$。

(3) 高纯水的储存问题　水的储存过程中会侵蚀容器壁引入杂质，吸收大气中灰尖，以及由于微生物作用而变质。例如离子交换装置的水储存以后会有异味，纯水长期存放后会出现絮状微生物霉菌菌株。无论是用玻璃还是塑料容器在长期储存中，容器壁释出的杂质污染纯水是不可忽视的问题。故高纯水最好是在临用前制备。

## 五、水的纯化流程简介

水的纯化是一个多级过程，每一级都除掉一定种类的杂质，为下一级纯化做准备。下面简单介绍纯化水的各步工序的原理及一般的工艺，以便实际工作者根据源水的水质和用水的要求，确定所选用合适的流程。

1. 高纯水制备的典型工艺流程

高纯水制备的典型工艺流程如下：

源水→过滤→活性炭过滤器（或有机大孔树脂吸附器）→反渗透器（或电渗析器）→阳离子交换柱→阴离子交换柱→混合离子交换柱→有机物吸附柱→紫外灯杀菌器→精密过滤器→高纯水

高纯水的制备流程由预处理、脱盐和后处理三部分组成，根据用水的要求，选择合适的工艺组合。

(1) 预处理　主要是除去悬浮物、有机物，常用的方法有砂滤、膜过滤、活性炭吸附等。

(2) 脱盐　主要是除去各种盐类，常用的方法有电渗析、反渗透、离子交换等。

(3) 后处理　主要是除去细菌、微颗粒，常用的方法有紫外杀菌、臭氧杀菌、超过滤、微孔过滤等。

2. 活性炭

活性炭是水纯化中广泛使用的吸附剂，有粒状和粉状两种结构，在活化过程中晶格间生成很多微孔，比表面积为 $500\sim1500cm^2/g$，吸附能力很强。活性炭能吸附相当多的无机物和有机物，氯比有机物更易被活性炭吸附。活性炭对有机物的吸附有选择性，易于吸附的有机物有：芳香溶剂、氯代芳香烃、酚和氯酚、四氯化碳、农药、高分子染料等。

在高纯水的制造过程中，活性炭吸附柱可放在阳离子交换柱之前，用于除去氧化性物质和有机物，保护离子交换床。要防止活性炭粉末污染纯水系统，在后面要加微孔过滤器。

活性炭的使用方法：粉状活性炭用清水浸泡，清洗，装柱，用 3 倍体积的 3% HCl 和 4% NaOH 动态交替处理 1～3 次（流速 18～21m/h），每次处理后均淋洗至中性。进水应先除去悬浮物和胶体。失效的活性炭可在 540～960℃再生。

3. 离子交换法

参见本节二、四。

4. 电渗析

参见本节三。

5. 反渗析

在对溶剂有选择性透过功能的膜两侧，放有浓度不同的溶液，当两侧静压力相等时，若溶液浓度不相等。其渗透压不相等，溶液会从稀溶液侧透过膜到浓溶液侧，这种现象称为渗透（渗析）现象。当膜两侧的静压力差大于浓溶液的渗透压差时，溶液会从浓溶液的一侧透过膜流到稀溶液的一侧，这种现象称为反渗透现象。反渗透也是一种膜分离技术。反渗透分离物质的粒径在 0.001～0.01μm。一般为相对分子量小于500 的分子。操作压力为 1～10MPa。反渗透膜一般为表面与内部构造不同的非对称膜，有无机膜（玻璃中空纤维素膜）与有机膜（醋酸纤维素膜及非醋酸纤维素膜，如聚酰胺膜等）两大类。

在纯水的制备技术中，广泛采用反渗透作为预脱盐的主要工序，它的脱盐率在 90%以上，可减轻离子交换树脂的负荷，反渗透能有效地除去细菌等微生物及铁、锰、硅等无机物，因而可减轻这些杂质引起的离子交换树脂的污染。其缺点是装置价格费用较贵，需要高压泵与高压管路，源水只有 50%～75%被利用。

6. 紫外线杀菌

微生物能污染纯水系统，因此，应经常进行杀菌以防止微生物的生长。灭菌的方法有加药法（加甲醛、次氯醋钠、双氧水等）、紫外光照射和臭氧等。紫外光照射可以抑制细菌繁殖，并可杀死细菌，杀菌速度快、效率高，效果好。在高纯水制备中已广泛应用。紫外杀菌装置采用低压汞灯、石英套管，低压汞灯的辐射光谱能量集中在杀菌力最强的 253.7μm，在杀菌器后安装滤膜孔径小于 0.45μm 的过滤器，以滤除细菌尸体。因绝大部分细菌或细菌尸体的直径大于 0.45μm。

7. 各种工艺除去水中杂质能力的比较

各种水处理工艺除去水中杂质的能力见表 2-53。

**表 2-53 各种水处理工艺除去水中杂质的能力**

| 工　艺 | 过滤 | 活性炭大孔树脂吸附 | 电渗析 | 反渗析 | 复床 | 离子交换 | 紫外杀菌 | 膜过滤 | 超过滤 | 蒸馏 |
|---|---|---|---|---|---|---|---|---|---|---|
| 悬浮物 | 好 | | | | | | | | | |
| 胶体(＞0.1μm) | | 一般 | 好 | 很好 | | | | 好 | 很好 | 很好 |
| 胶体(＜0.1μm) | | | 好 | 很好 | | | | 一般 | 很好 | 很好 |
| 胶体(＞0.2μm) | | 一般 | | 很好 | | | | | | |
| 低分子量有机物 | | 好 | | 好 | 一般 | 一般 | | 一般 | | |
| 高分子量有机物 | 一般 | 好 | 一般 | 很好 | 一般 | 一般 | | 很好 | | |
| 无机物 | | | 很好 | 很好 | 很好 | 很好 | | | | 很好 |
| 微生物 | | 一般 | | | | | 好 | 很好 | 好 | 很好 |
| 细菌 | | 一般 | | | | | 很好 | 很好 | 很好 | 很好 |
| 热原质① | | | | | | | 好 | | 好 | 很好 |

① 热原质：在注入人体和某些动物体内后可使体温增加的一组物质，一般认为来源于微生物的多糖。

## 六、亚沸高纯水蒸馏器

石英亚沸高纯水蒸馏器是现代化仪器（如气相色谱、高效液相色谱、化学电离质谱、无焰原子吸收光谱、核磁共振、电子探针等）进行测定痕量元素及微量有机物时的不可少的配套仪器，它能大大降低空白值，从而能提高方法的灵敏度和准确性，它是采用石英玻璃制造，不但耐高温，而且是在不到沸点的低温下蒸馏，因而水质极高。具有系列特点：

① 金属杂质单项含量为蒸馏水一次提纯≤$5\times10^{-9}$，多次提纯极限含量≤$5\times10^{-12}$。

② 电导率：一次提纯 $0.08\times10^{-6}$S·cm（25℃）。

③ 电导率：三次提纯 $0.059\times10^{-6}$S·$cm^{-1}$（25℃）。

④ 普通自来水进，高纯水出水量 1200～1500mL/h。

⑤ 在提纯过程中因冷凝空间温度高（＞200℃）可制取无菌无热超纯水。

## 七、特殊要求的实验室用水的制备

1. 无氯水

加入亚硫酸钠等还原剂，将自来水中的余氯还原为氯离子，以 *N*-二乙基对苯二胺（DPD）检查不显色。继用附有缓冲球的全玻蒸馏器进行蒸馏制取无氯水。

2. 无氨水

向水中加入硫酸至其 pH 值小于 2，使水中各种形态的氨或胺最终都变成不挥发的盐类，用全玻蒸馏器进行蒸馏，即可制得无氨纯水（注意避免实验室空气中含氨的重新污染，应在无氨气的实验室中进行蒸馏）。

3. 无二氧化碳水

① 煮沸法　将蒸馏水或去离子水煮沸至少 10min（水多时），或使水量蒸发 10%以上（水少时），加盖放冷即可制得无二氧化碳纯水。

② 曝气法　将惰性气体或纯氮通入蒸馏水或去离子水至饱和，即得无二氧化碳水。

制得的无二氧化碳水应储存于一个附有碱石灰管的橡皮塞盖严的瓶中。

4. 无砷水

一般蒸馏水或去离子水都能达到基本无砷的要求。应注意避免使用软质玻璃（钠钙玻璃）制成的蒸馏器、树脂管和储水瓶。进行痕量砷的分析时，必须使用石英蒸馏器和聚乙烯的离子交换树脂柱管和储水瓶。

5. 无铅（无重金属）水

用氢型强酸性阳离子交换树脂柱处理原水，即可制得无铅（无重金属）的纯水。储水器应预先进行无铅处理，用 6mol/L 硝酸溶液浸泡过夜后，以无铅水洗净。

6. 无酚水

向水中加入氢氧化钠至 pH 值大于 11，使水中酚生成不挥发的酚钠后，用全玻蒸馏器蒸馏制得（蒸馏之前，可同时加入少量高锰酸钾溶液使水呈紫红色，再进行蒸馏）。

7. 不含有机物的蒸馏水

加入少量高锰酸钾的碱性溶液于水中，使呈红紫色，再以全玻蒸馏器进行蒸馏即得。在整个蒸馏过程中，应始终保持水呈红紫色，否则应随时补加高锰酸钾。

## 八、实验用水的质量要求、贮存和使用

1. 分析实验室用水规格

根据国家标准 GB/T 6682—1992 规定，分析实验室用水分为三个等级：一级水、二级水和三级水。各种级别的实验室用水，级别越高，要求贮存条件越严格，成本越高，应根据要求合理使用。

一级水用于有严格要求的分析试验，包括对悬浮颗粒有要求的实验。如高压液相色谱分析用水。一级水可用二级水经过石英设备蒸馏或离子交换混合床处理后，再经 0.2μm 微孔滤膜过滤来制取。

二级水用于无机痕量分析等试验，如原子吸收光谱分析。二级水可用多次蒸馏或离子交换等方法制取。

三级水用于一般化学分析试验，可用蒸馏或离子交换等方法制取。

分析实验室用水应符合表 2-54 所列规格。

**表 2-54　分析实验室用水的技术要求**

| 名　称 | 一级 | 二级 | 三级 | 名　称 | 一级 | 二级 | 三级 |
|---|---|---|---|---|---|---|---|
| pH 值范围(25℃) | ① | ① | 5.0～7.5 | 吸光度(254nm,1cm 光程)　≤ | 0.001 | 0.01 | — |
| 电导率(25℃)/$mS \cdot m^{-1}$　≤ | 0.01② | 0.10② | 0.50 | 蒸发残渣(105±2)℃ /$mg \cdot L^{-1}$　≤ | ③ | 1.0 | 2.0 |
| 可氧化物质[以(O)计] /$mg \cdot L^{-1}$　＜ | ③ | 0.08 | 0.4 | 可溶性硅(以 $SiO_2$ 计) /$mg \cdot L^{-1}$　＜ | 0.01 | 0.02 | |

① 由于在一级水、二级水的纯度下，难以测定其真实的 pH 值，因此对一级水、二级水的 pH 值范围不做规定。

② 一级水、二级水的电导率须用新制备的水“在线”测定。

③ 由于在一级水的纯度下，难于测定可氧化物质和蒸发残渣，对其限量不做规定。可用其他条件和制备方法来保证一级水的质量。

2. 分析实验室用水的容器与贮存

各级用水均使用密闭、专用聚乙烯容器。三级水也可使用密闭的、专用玻璃容器。新容器在使用前需用 20%盐酸溶液浸泡 2～3d，再用实验用水反复冲洗数次，浸泡 6h 以上方可使用。

各级用水在贮存期间，其玷污的主要来源是容器可溶成分的溶解、空气中二氧化碳和其他杂质。因此，一级水不可贮存，临使用前制备。二级水、三级水可适量制备，分别贮存于预先经同级

水清洗过的相应容器中。

3. 实验用水中残留的金属离子量

表 2-55 为各种方法制备的实验用水残留金属离子的含量。

**表 2-55 各种方法制备的实验用水残留金属离子的含量** 单位：$\mu g \cdot L^{-1}$

| 残留元素 | 制备方法 | | | | | |
|---|---|---|---|---|---|---|
| | 自来水用金属制蒸馏器 2 次蒸馏 | 蒸馏水用石英制蒸馏器 2 次蒸馏 | 蒸馏水用石英制沸腾蒸馏器蒸馏 | 自来水通过混床式离子交换柱 | 蒸馏水通过混床式离子交换柱 | 将反渗透水通过活性炭混床式离子柱，膜滤器 |
| Ag | 1 | ① | 0.002 | | ① | 0.01 |
| Al | 10 | 0.5 | | | 0.1 | 0.1 |
| B | 0.01 | ① | | | ① | 3 |
| Ba | | | 0.01 | <0.006 | | |
| Ca | 50 | 0.07 | 0.08 | 0.02 | 0.03 | 1 |
| Cd | | | 0.005 | | | <0.1 |
| Co | | | | <0.002 | | <0.1 |
| Cr | ① | ① | 0.02 | 0.02 | ① | 0.1 |
| Cu | 50 | ① | 0.01 | | ① | 0.2 |
| Fe | 0.1 | ① | 0.05 | 0.02 | ① | 0.2 |
| K | | | 0.09 | | | |
| Mg | 8 | 0.05 | 0.09 | <0.02 | 0.01 | 0.5 |
| Mn | 0.01 | ① | | <0.02 | ① | 0.05 |
| Mo | | | | <0.02 | | <0.1 |
| Na | 1 | | 0.06 | | | 1 |
| Ni | 1 | ① | 0.02 | 0.002 | ① | <0.1 |
| Pb | 50 | ① | 0.008 | 0.02 | ① | 0.1 |
| Si | 50 | 5 | | | 1 | 0.5 |
| Sn | 5 | ① | 0.02 | | | <0.1 |
| Sr | | | 0.02 | <0.06 | ① | |
| Te | | | 0.004 | | | |
| Ti | ② | ① | | | ① | <0.1 |
| Tl | | | 0.01 | | | |
| Zn | 10 | ① | 0.04 | 0.06 | ① | <0.1 |

①未检出；②检出未定量。

## 九、实验用水的质量检验

1. pH 值检验

取水样 10mL，加甲基红 pH 指示剂（变色范围为 pH4.2～6.2）2 滴，以不显红色为合格；另取水 10mL，加溴百里酚蓝（变色范围 pH6.0～7.6）5 滴，不显蓝色为合格。也可用精密 pH 试纸检查或用 pH 计（酸度计）测定其 pH 值。

2. 电导率的测定

用于一、二级水测定的电导仪，配备电极常数为 0.01～0.1$cm^{-1}$ 的“在线”电导池，并具有温度自动补偿功能。若电导仪不具温度补偿功能，可装“在线”热交换器，使测量时水温控制在(25±1)℃。或记录水温度，按换算公式进行换算。

用于三级水测定的电导仪，配备电极常数为 0.01～1$cm^{-1}$ 的电导池，并具有温度自动补偿功能。若电导仪不具温度补偿功能，可装恒温水浴槽，使待测水样温度控制在（25±1)℃。或记录水温度，按换算公式进行换算。

当实测的各级水不是 25℃时，其电导率可按下式进行换算：

$$K_{25}=k_t(K_t-K_{p.t})+0.00548$$

式中 $K_{25}$——25℃时水样的电导率，mS/m；

$K_t$——$t$℃时水样的电导率，mS/m；

$K_{p.t}$——$t$℃时理论纯水的电导率，mS/m；

$k_t$——换算系数；

0.00548——25℃时理论纯水的电导率，mS/m。

$K_{p\cdot t}$ 和 $k_t$ 可从表 2-56 中查出。

一、二级水的电导测量，是将电导池装在水处理装置流动出水口处，调节水的流速，赶净管道及电导池内的气泡，即可进行测量。

三级水的电导测量，是取 400mL 水样于锥形瓶中，插入电导池后即可进行测量。

**表 2-56 理论纯水的电导率和换算系数**

| $t$/℃ | $k_t$ | $K_{p\cdot t}$/mS·m$^{-1}$ | $t$/℃ | $k_t$ | $K_{p\cdot t}$/mS·m$^{-1}$ | $t$/℃ | $k_t$ | $K_{p\cdot t}$/mS·m$^{-1}$ |
|---|---|---|---|---|---|---|---|---|
| 0 | 1.7975 | 0.00116 | 17 | 1.1954 | 0.00349 | 34 | 0.8475 | 0.00861 |
| 1 | 1.7550 | 0.00123 | 18 | 1.1679 | 0.00370 | 35 | 0.8350 | 0.00907 |
| 2 | 1.7135 | 0.00132 | 19 | 1.1412 | 0.00391 | 36 | 0.8233 | 0.00950 |
| 3 | 1.6728 | 0.00143 | 20 | 1.1155 | 0.00418 | 37 | 0.8126 | 0.00994 |
| 4 | 1.6329 | 0.00154 | 21 | 1.0906 | 0.00441 | 38 | 0.8027 | 0.01044 |
| 5 | 1.5940 | 0.00165 | 22 | 1.0667 | 0.00466 | 39 | 0.7936 | 0.01088 |
| 6 | 1.5559 | 0.00178 | 23 | 1.0436 | 0.00490 | 40 | 0.7855 | 0.01136 |
| 7 | 1.5188 | 0.00190 | 24 | 1.0213 | 0.00519 | 41 | 0.7782 | 0.01189 |
| 8 | 1.4825 | 0.00201 | 25 | 1.0000 | 0.00548 | 42 | 0.7719 | 0.01240 |
| 9 | 1.4470 | 0.00216 | 26 | 0.9795 | 0.00578 | 43 | 0.7664 | 0.01298 |
| 10 | 1.4125 | 0.00230 | 27 | 0.9600 | 0.00607 | 44 | 0.7617 | 0.01351 |
| 11 | 1.3788 | 0.00245 | 28 | 0.9413 | 0.00640 | 45 | 0.7580 | 0.01410 |
| 12 | 1.3461 | 0.00260 | 29 | 0.9234 | 0.00674 | 46 | 0.7551 | 0.01464 |
| 13 | 1.3142 | 0.00276 | 30 | 0.9065 | 0.00712 | 47 | 0.7532 | 0.01521 |
| 14 | 1.2831 | 0.00292 | 31 | 0.8904 | 0.00749 | 48 | 0.7521 | 0.01582 |
| 15 | 1.2530 | 0.00312 | 32 | 0.8753 | 0.00784 | 49 | 0.7518 | 0.01650 |
| 16 | 1.2237 | 0.00330 | 33 | 0.8610 | 0.00822 | 50 | 0.7525 | 0.01728 |

通过测量水的电导率，可以换算出水的总溶解性盐类的含量方法，带有一定经验性及误差，但仍具有一定实用价值。可供制备纯水时参考。水的电导率、电阻率与溶解固体含量的关系见表 2-57。

**表 2-57 水的电导率、电阻率与溶解固体含量的关系**

| 电导率(25°)/(μS/cm) | 电阻率(25°)/Ω·cm | 溶解固体/(mg/L) | 电导率(25°)/(μS/cm) | 电阻率(25°)/Ω·cm | 溶解固体/(mg/L) |
|---|---|---|---|---|---|
| 0.056 | $18\times10^6$ | 0.028 | 20.00 | $5.00\times10^4$ | 10 |
| 0.100 | $10\times10^6$ | 0.050 | 40.00 | $2.50\times10^4$ | 20 |
| 0.200 | $5\times10^6$ | 0.100 | 100.00 | $1.00\times10^4$ | 50 |
| 0.500 | $2\times10^6$ | 0.250 | 200.00 | $5.00\times10^3$ | 100 |
| 1.00 | $1\times10^6$ | 0.500 | 400.00 | $2.50\times10^3$ | 200 |
| 2.00 | $0.5\times10^6$ | 1.00 | 1000 | $1.00\times10^3$ | 500 |
| 4.00 | $0.25\times10^5$ | 2.0 | 1666 | $0.60\times10^3$ | 833 |
| 10.00 | $0.1000\times10^6$ | 5.0 | | | |

3. 可氧化物质限量试验

量取 1000mL 二级水，注入烧杯中，加入 5.0mL 20%硫酸溶液，混匀。

量取 200mL 三级水，注入烧杯中，加入 1.0mL 20%硫酸溶液，混匀。

在上述已酸化的试液中，分别加入 1.00mL 0.01mol/L $\left(\frac{1}{5}KMnO_4\right)$标准溶液，混匀，盖上表面皿，加热至沸并保持 5min，溶液的粉红色不得完全消失。

4. 吸光度的测定

将水样分别注入厚度为 1cm 和 2cm 石英吸收池中，在紫外-可见分光光度计上，于波长 254nm 处，以 1cm 吸收池中水样为参比，测定 2cm 吸收池中水样的吸光度。

如仪器的灵敏度不够时，可适当增加测量吸收池的厚度。

5. 蒸发残渣的测定

量取1000mL二级水（三级水取500mL）。将水样分几次加入旋转蒸发器的500mL蒸馏瓶中，于水浴上减压蒸发（避免蒸干）。待水样最后蒸至约50mL时，停止加热。

将上述预浓集的水样转移至一个已于（105±2)℃恒重的玻璃蒸发皿中，并用5～10mL水样分2～3次冲洗蒸馏瓶，将洗液与预浓集水样合并，于水浴上蒸干，并在（105±2)℃的电烘箱中干燥至恒重。

残渣质量不得大于1.0mg。

6. 可溶性硅的限量试验

量取520mL一级水（二级水取270mL），注入铂皿中。在防尘条件下，亚沸蒸发至约20mL时，停止加热。冷至室温，加入1.0mL 50g/L钼酸铵溶液，摇匀。放置5min后，加1.0mL 50g/L草酸溶液，摇匀。放置1min后，加1.0mL 2g/L对甲氨基酚硫酸盐溶液，摇匀。转至25mL比色管中，稀释至刻度，摇匀，于60℃水浴中保温10min。目视比色，试液的蓝色不得深于标准。

标准是取0.50mL二氧化硅标准溶液（0.01mg/mL），加入20mL水样后，从加1.0mL钼酸铵溶液起与样品试液同时同样处理。

50g/L钼酸铵溶液：称取5.0g钼酸铵[$(NH_4)_6Mo_7O_{24}\cdot 4H_2O$]，加水溶解，加入20.0mL 20%硫酸溶液，稀释至100mL，摇匀，储于聚乙烯瓶中。发现有沉淀时应弃去。

2g/L对甲氨基酚硫酸盐（米吐尔）溶液：称取0.20g对甲氨基酚硫酸盐，溶于水，加20.0g焦亚硫酸钠，溶解并稀释至100mL。摇匀，储于聚乙烯瓶中。避光保存，有效期两周。

50g/L草酸溶液：称取5.0g草酸，溶于水并稀释至100mL。储于聚乙烯瓶中。

# 第六节　化学试剂

化学试剂是实验中不可缺少的物质。试剂选择与用量是否恰当，将直接影响实验结果的好坏。对于实验室工作人员及实验者来说，了解试剂的性质、分类、规格及使用常识是非常必要的。

## 一、化学试剂的分级和规格

对于试剂质量，我国有国家标准或部颁标准，规定了各级化学试剂的纯度及杂质含量，并规定了标准分析方法。我国生产的试剂质量分为四级，表2-58列出了我国化学试剂的分级。

**表2-58　化学试剂的分级**

| 级别 | 习惯等级与代号 | 标签颜色 | 附注 | 级别 | 习惯等级与代号 | 标签颜色 | 附注 |
|---|---|---|---|---|---|---|---|
| 一级 | 保证试剂优级纯(GR) | 绿色 | 纯度很高，适用于精确分析和研究工作，有的可作为基准物质 | 三级 | 化学试剂化学纯(CP) | 蓝色 | 适用于工业分析与化学试验 |
| 二级 | 分析试剂分析纯(AR) | 红色 | 纯度较高，适用于一般分析及科研用 | 四级 | 实验试剂(LR) | 棕色 | 只适用于一般化学实验用 |

现以化学试剂重铬酸钾的国家标准（GB/T 642—1999）为例加以说明。

(1) 优级纯、分析纯的$K_2Cr_2O_7$含量不少于99.8%，化学纯含量不少于99.5%。

(2) 杂质最高含量（以百分含量计），如表2-59所示。

**表2-59　重铬酸钾试剂中杂质最高含量**　单位：%

| 名称 | 优级纯 | 分析纯 | 化学纯 | 名称 | 优级纯 | 分析纯 | 化学纯 | 名称 | 优级纯 | 分析纯 | 化学纯 |
|---|---|---|---|---|---|---|---|---|---|---|---|
| 水不溶物 | 0.003 | 0.005 | 0.01 | 硫酸盐($SO_4^{2-}$) | 0.005 | 0.01 | 0.02 | 铁 | 0.001 | 0.002 | 0.005 |
| 干燥失重 | 0.05 | 0.05 | — | 钠 | 0.02 | 0.05 | 0.1 | 铜 | 0.001 | — | — |
| 氯化物(Cl) | 0.001 | 0.002 | 0.005 | 钙 | 0.002 | 0.002 | 0.001 | 铅 | 0.005 | — | — |

除上述把化学试剂分为四级外，尚有其他特殊规格的试剂。这些试剂虽尚未经有关部门明确规定和正式颁布，但多年来为广大的化学试剂厂生产、销售和使用者所熟悉与沿用，如表2-60中所列的特殊规格化学试剂。

表 2-60 特殊规格的化学试剂

| 规格 | 代号 | 用途 | 备注 |
|---|---|---|---|
| 高纯物质 | EP | 配制标准溶液 | 包括超纯、特纯、高纯、光谱纯 |
| 基准试剂 | | 标定标准溶液 | 已有国家标准 |
| pH 基准缓冲物质 | | 配制 pH 标准缓冲溶液 | 已有国家标准 |
| 色谱纯试剂 | GC | 气相色谱分析专用 | |
| | LC | 液相色谱分析专用 | |
| 实验试剂 | LR | 配制普通溶液或化学合成用 | 瓶签为棕色的四级试剂 |
| 指示剂 | Ind. | 配制指示剂溶液 | |
| 生化试剂 | BR | 配制生物化学检验试液 | 标签为咖啡色 |
| 生物染色剂 | BS | 配制微生物标本染色液 | 标签为玫瑰红色 |
| 光谱纯试剂 | SP | 用于光谱分析 | |
| 特殊专用试剂 | | 用于特定监测项目，如无砷锌 | 锌粒含砷不得超过 $4\times10^{-5}\%$ |

注：EP——Extra Pure；GC——Gas Chromatography；LR——Laboratory Reagent；Ind.——Indicators；BR——Biochemical Reagent；BS——Biological Stains；LC——Liquid Chromatography；SP——Spectral Pure。

国外试剂规格有的和我国相同，有的不一致，可根据标签上所列杂质的含量对照加以判断。如常用的 ACS（American Chemical Society）为美国化学协会分析试剂规格。“Spacpure”为英国 Johnson Malthey 出品的超纯试剂。德国的 E. Merck 生产有 Suprapur（超纯试剂）。美国 G. T. Baker 有 Ultex 等。

## 二、化学试剂的包装及标志

化学试剂的包装单位，是指每个包装容器内盛装化学试剂的净重（固体）或体积（液体）。包装单位的大小是根据化学试剂的性质、用途和经济价值决定的。

我国化学试剂规定以下列五类包装单位包装：

第一类 0.1g、0.25g、0.5g、1g、5g 或 0.5mL、1mL；

第二类 5g、10g、25g 或 5mL、10mL、25mL；

第三类 25g、50g、100g 或 20mL、25mL、50mL、100mL；

第四类 100g、250g、500g 或 100mL、250mL、500mL；

第五类 500g、1000g 至 5000g（每 500g 为一间隔）或 500mL、1L、2.5L、5L。

根据实际工作中对某种试剂的需要量决定采购化学试剂的量。如一般无机盐类以 500g，有机溶剂以 500mL 包装的较多。而指示剂、有机试剂多购买小包装，如 5g、10g、25g 等。高纯试剂、贵金属、稀有元素等多采用小包装。

我国国家标准 GB 15346—1994 规定，化学试剂的级别分别以不同颜色的标签表示之。

| | | | |
|---|---|---|---|
| 优级纯 | 深绿色 | 基准试剂 | 浅绿色 |
| 分析纯 | 金光红色 | 生化试剂 | 咖啡色 |
| 化学纯 | 蓝色 | 生物染色剂 | 玫瑰红色 |

## 三、化学试剂的选用保管与使用注意事项

1. 化学试剂的选用

化学试剂的选用应以分析要求，包括分析任务、分析方法、对结果准确度等为依据，来选用不同等级的试剂。如痕量分析要选用高纯或优级纯试剂，以降低空白值和避免杂质干扰。在以大量酸碱进行样品处理时，其酸碱也应选择优级纯试剂。同时，对所用的纯水的制取方法和玻璃仪器的洗涤方法也应有特殊要求。作仲裁分析也常选用优级纯、分析纯试剂。一般车间控制分析，选用分析纯、化学纯试剂。某些制备实验、冷却浴或加热浴的药品，可选用工业品。

不同分析方法对试剂有不同的要求。如络合滴定，最好用分析纯试剂和去离子水，否则因试剂或水中的杂质金属离子封闭指示剂，使滴定终点难以观察。

不同等级的试剂价格往往相差甚远，纯度越高价格越贵。若试剂等级选择不当，将会造成资金浪费或影响实验结果。

另外必须指出的是，虽然化学试剂必须按照国家标准进行检验合格后才能出厂销售，但不同厂

家、不同原料和工艺生产的试剂在性能上有时有显著差异。甚至同一厂家，不同批号的同一类试剂，其性质也很难完全一致。因此，在某些要求较高的分析中，不仅要考虑试剂的等级，还应注意生产厂家、产品批号等。必要时应作专项检验和对照试验。

有些试剂由于包装或分装不良，或放置时间太长，可能变质，使用前应作检查。

2. 使用注意事项

为了保障实验人员的人身安全，保持化学试剂的质量和纯度，得到准确的实验结果，要求掌握化学试剂的性质和使用方法，制订出化学试剂的使用守则，严格要求有关人员共同遵守。

实验室工作人员应熟悉常用化学试剂的性质，如市售酸碱的浓度、试剂在水中的溶解度，有机溶剂的沸点、燃点，试剂的腐蚀性、毒性、爆炸性等。

所有试剂、溶液以及样品的包装瓶上必须有标签。标签要完整、清晰，标明试剂的名称、规格、质量。溶液除了标明品名外，还应标明浓度、配制日期等。万一标签脱落，应照原样贴牢。绝对不允许在容器内装入与标签不相符的物品。无标签的试剂必须取小样检定后才可使用。不能使用的化学试剂要慎重处理，不能随意乱倒。

为了保证试剂不受污染，应当用清洁的牛角勺或不锈钢小勺从试剂瓶中取出试剂，绝不可用手抓取。若试剂结块，可用洁净的玻璃棒或瓷药铲将其捣碎后再取。液体试剂可用洗干净的量筒倒取，不要用吸管伸入原瓶试剂中吸取液体。从试剂瓶内取出的、没有用完的剩余试剂，不可倒回原瓶。打开易挥发的试剂瓶塞时，不可把瓶口对准自己脸部或对着别人。不可用鼻子对准试剂瓶口猛吸气。如果需嗅试剂的气味，可将瓶口远离鼻子，用手在试剂瓶上方扇动，使空气流吹向自己而闻出其味。化学试剂绝不可用舌头品尝。化学试剂不能作为药用或食用。医药用药品和食品的化学添加剂都有安全卫生的特殊要求，由专门厂家生产。

取用试剂时，瓶塞要按规定放置。玻璃磨口塞、橡皮塞、塑料内封盖要翻过来倒放在洁净处。

取用完毕后立即盖好密封，防止污染其他物质或变质。用滴瓶盛试剂时，注意橡皮头要先用水煮后洗净，吸取溶液时不要将溶液吸入橡皮头中，也不要将滴管倒置，以免溶液流入橡皮头中，造成污染溶液。

3. 化学试剂的管理

有关化学试剂的管理注意事项参见本章第十一节三。

## 四、常用化学试剂的一般性质

表 2-61～表 2-64 列出了实验室常用酸、碱、盐等试剂的一般性质。

**表 2-61　常用酸、碱试剂的一般性质**

| 名称<br>化学式<br>相对分子质量① | 沸点/℃ | 密度②<br>$/g \cdot mL^{-1}$ | 浓度② | | 一般性质 |
|---|---|---|---|---|---|
| | | | 质量分数/%溶液 | $c/mol \cdot L^{-1}$ | |
| 盐酸<br>HCl<br>36.463 | 110 | 1.18～1.19 | 36～38 | 约 12 | 无色液体，发烟。与水互溶。强酸，常用的溶剂。大多数金属氯化物易溶于水。$Cl^-$ 具有弱还原性及一定的络合能力 |
| 硝酸<br>$HNO_3$<br>63.016 | 122 | 1.39～1.40 | 约 68 | 约 15 | 无色液体，与水互溶。受热、光照时易分解，放出 $NO_2$，变成橘红色。强酸，具有氧化性，溶解能力强，速度快。所有硝酸盐都易溶于水 |
| 硫酸<br>$H_2SO_4$<br>98.08 | 338 | 1.83～1.84 | 95～98 | 约 18 | 无色透明油状液体，与水互溶，并放出大量的热，故只能将酸慢慢地加入水中，否则会因爆沸溅出伤人。强酸。浓酸具有强氧化性，强脱水能力，能使有机物脱水碳化。除碱土金属及铅的硫酸盐难溶于水外，其他硫酸盐一般都溶于水 |
| 磷酸<br>$H_3PO_4$<br>98.00 | 213 | 1.69 | 约 85 | 约 15 | 无色浆状液体，极易溶于水中。强酸，低温时腐蚀性弱，200～300℃时腐蚀性很强。强络合剂，很多难溶矿物均可被其分解。高温时脱水形成焦磷酸和聚磷酸 |
| 高氯酸<br>$HClO_4$<br>100.47 | 203 | 1.68 | 70～72 | 12 | 无色液体，易溶于水，水溶液很稳定。强酸。热浓时是强的氧化剂和脱水剂。除钾、铷、铯外，一般金属的高氯酸盐都易溶于水。与有机物作用易爆炸 |

续表

| 名称<br>化学式<br>相对分子质量① | 沸点/℃ | 密度②<br>/g·mL$^{-1}$ | 浓度② | | 一般性质 |
|---|---|---|---|---|---|
| | | | 质量分数/%溶液 | $c$/mol·L$^{-1}$ | |
| 氢氟酸<br>HF<br>20.01 | 120<br>(35.35%时) | 1.13 | 40 | 22.5 | 无色液体，易溶于水。弱酸，能腐蚀玻璃、瓷器。触及皮肤时能造成严重灼伤，并引起溃烂。对3价、4价金属离子有很强的络合能力。与其他酸(如 $H_2SO_4$、$HNO_3$、$HClO_4$)混合使用时，可分解硅酸盐，必须用铂或塑料器皿在通风柜中进行 |
| 乙酸<br>$CH_3COOH$<br>(简记为HAc)<br>60.054 | | 1.05 | 99<br>(冰乙酸)<br>36.2 | 17.4<br>(冰乙酸)<br>6.2 | 无色液体，有强烈的刺激性酸味。与水互溶，是常用的弱酸。当浓度达99%以上时(密度为1.050g/mL)凝固点为14.8℃，称为冰乙酸，对皮肤有腐蚀作用 |
| 氨水<br>$NH_3 \cdot H_2O$<br>35.048 | | 0.90～0.91 | 25～28($NH_3$) | 约15 | 无色液体，有刺激臭味。易挥发，加热至沸时，$NH_3$ 可全部逸出。空气中 $NH_3$ 达到0.5%时，可使人中毒。室温较高时欲打开瓶塞，需用湿毛巾盖着，以免喷出伤人。常用弱碱 |
| 氢氧化钠<br>NaOH<br>40.01 | | 1.53 | 商品溶液<br>50.5 | 19.3 | 白色固体，呈粒、块、棒状。易溶于水，并放出大量热。强碱，有强腐蚀性，对玻璃也有一定的腐蚀性，故宜储存于带胶塞的瓶中。易溶于甲醇、乙醇 |
| 氢氧化钾<br>KOH<br>56.104 | | 1.535 | 商品溶液<br>52.05 | 14.2 | |

① 相对分子质量亦可称为式量。

② 表中的“密度”、“浓度”是对市售商品试剂而言。

**表 2-62 常用盐类和其他试剂的一般性质**

| 名称①<br>化学式<br>相对分子质量 | 溶解度② | | | 一般性质 |
|---|---|---|---|---|
| | 水<br>(20℃) | 水<br>(100℃) | 有机溶剂<br>(18～25℃) | |
| 硝酸银<br>$AgNO_3$<br>169.87 | 222.5 | 770 | 甲醇 3.6<br>乙醇 2.1<br>吡啶 3.6 | 无色晶体，易溶于水，水溶液呈中性。见光、受热易分解，析出黑色Ag。应储于棕色瓶中 |
| 三氧化二砷<br>$As_2O_3$<br>197.84 | 1.8 | 8.2 | 氯仿、乙醇 | 白色固体，剧毒！又名砷华、砒霜、白砒。能溶于NaOH溶液形成亚砷酸钠。常用作基准物质，可作为测定锰的标准溶液 |
| 氯化钡<br>$BaCl_2 \cdot 2H_2O$<br>244.27 | 42.5 | 68.3 | 甘油 9.8 | 无色晶体，有毒！重量法测定 $SO_4^{2-}$ 的沉淀剂 |
| 溴<br>$Br_2$<br>159.81 | 3.13<br>(30℃) | | | 暗红色液体，强刺激性，能使皮肤发炎。难溶于水，常用水封保存。能溶于盐酸及有机溶剂。易挥发，沸点为58℃。须戴手套在通风柜中进行操作 |
| 无水氯化钙<br>$CaCl_2$<br>110.99 | 74.5 | 158 | 乙醇 25.8<br>甲醇 29.2<br>异戊醇 7.0 | 白色固体，有强烈的吸水性。常用作干燥剂。吸水后生成 $CaCl_2 \cdot 2H_2O$，可加热再生使用 |
| 硫酸铜<br>$CuSO_4 \cdot 5H_2O$<br>249.68 | 32.1 | 120 | 甲醇 | 蓝色晶体，又名蓝矾、胆矾。加热至100℃时开始脱水，250℃时失去全部结晶水。无水硫酸铜呈白色，有强烈的吸水性，可作干燥剂 |
| 硫酸亚铁<br>$FeSO_4 \cdot 7H_2O$<br>278.01 | 48.1 | 80.0<br>(80℃) | | 青绿色晶体，又称绿矾。还原剂，易被空气氧化变成硫酸铁，应密闭保存 |
| 硫酸铁<br>$Fe_2(SO_4)_3$<br>399.87 | 282.8<br>(0℃) | 水解 | | 无色或亮黄色晶体，易潮解。高于600℃时分解。溶于冷水，配制溶液时应先在水中加入适量 $H_2SO_4$，以防 $Fe^{3+}$ 水解 |

续表

| 名称①<br>化学式<br>相对分子质量 | 溶解度② 水（20℃） | 水（100℃） | 有机溶剂（18～25℃） | 一般性质 |
|---|---|---|---|---|
| 过氧化氢<br>$H_2O_2$<br>34.01 | ∞ | | 乙醇<br>乙醚 | 无色液体，又名双氧水。通常含量为30%，加热分解为$H_2O$和初生态氧[O]，有很强的氧化性，常作为氧化剂。但在酸性条件下，遇到更强的氧化剂时，它又呈还原性。应避免与皮肤接触，远离易燃品，于暗、冷处保存 |
| 酒石酸<br>$H_2C_4H_4O_6$<br>150.09 | 139 | 343 | 乙醇 25.6 | 无色晶体，是$Al^{3+}$、$Fe^{3+}$、$Sn^{4+}$、$W^{6+}$等高价金属离子的掩蔽剂 |
| 草酸<br>$H_2C_2O_4 \cdot 2H_2O$<br>126.06 | 14 | 168 | 乙醇 33.6<br>乙醚 1.37 | 无色晶体，空气中易风化失去结晶水；100℃时完全脱水。是二元酸，既可作为酸，又可作还原剂，用来配制标准溶液 |
| 柠檬酸<br>$H_3C_6H_5O_7 \cdot H_2O$<br>201.14 | 145 | | 乙醇 126.8<br>乙醚 2.47 | 无色晶体，易风化失去结晶水。是$Al^{3+}$、$Fe^{3+}$、$Sn^{4+}$、$Mo^{6+}$等金属离子的掩蔽剂 |
| 汞<br>Hg<br>200.59 | 不溶 | | | 亮白微呈灰色的液态金属，又称水银。熔点－39℃，沸点357℃。蒸气有毒！密度大(13.55g/mL)，室温时化学性质稳定。不溶于$H_2O$、稀$H_2SO_4$。与$HNO_3$、热浓$H_2SO_4$、王水反应。应水封保存 |
| 氯化汞<br>$HgCl_2$<br>271.50 | 6.6 | 58.3 | 乙醇 74.1<br>丙酮 141<br>吡啶 25.2 | 又名升汞，剧毒！测定铁时用来氧化过量的氯化亚锡 |
| 碘<br>$I_2$<br>253.81 | 0.028 | 0.45 | 乙醇 26<br>二硫化碳 16<br>氯仿 2.7 | 紫黑色片状晶体，难溶于水，但可溶于KI溶液。易升华，形成紫色蒸气。应密闭、暗中保存。是弱氧化剂 |
| 氰化钾<br>KCN<br>65.12 | 71.6<br>(25℃) | 81<br>(50℃) | 甲醇 4.91<br>乙醇 0.88<br>甘油 32 | 白色晶体，剧毒！易吸收空气中的$H_2O$和$CO_2$，同时放出剧毒的HCN气体！一般在碱性条件下使用，能与$Ag^+$、$Zn^{2+}$、$Fe^{3+}$、$Mn^{2+}$、$Hg^{2+}$、$Co^{2+}$、$Cd^{2+}$等形成无色络合物。如用酸分析其络合物，必须在通风柜中进行 |
| 溴酸钾<br>$KBrO_3$<br>167.00 | 6.9 | 50 | | 无色晶体，370℃分解。氧化剂，常作为滴定分析的基准物质 |
| 氯化钾<br>KCl<br>74.55 | 34.4 | 56 | 甲醇 0.54<br>甘油 6.7 | 无色晶体，能溶于甘油、醇，不溶于醚和酮 |
| 铬酸钾<br>$K_2CrO_4$<br>194.19 | 63 | 79 | | 黄色晶体，常作为沉淀剂，鉴定$Pb^{2+}$、$Ba^{2+}$等 |
| 重铬酸钾<br>$K_2Cr_2O_7$<br>294.18 | 12.5 | 100 | | 橘红色晶体，常用氧化剂，易精制得纯品，作滴定分析中的基准物质 |
| 氟化钾<br>KF<br>58.10 | 94.9 | 150<br>(90℃) | 丙酮 2.2 | 无色晶体或白色粉末，易潮解，水溶液呈碱性。常作为掩蔽剂。遇酸放出HF，有毒 |
| 亚铁氰化钾<br>$K_4Fe(CN)_6$<br>422.39 | 32.1 | 76.8 | 丙酮 | 黄色晶体，又称黄血盐。与$Fe^{3+}$形成蓝色沉淀，是鉴定$Fe^{3+}$的专属试剂 |

续表

| 名称[①]<br>化学式<br>相对分子质量 | 溶　解　度[②] | | | 一　般　性　质 |
|---|---|---|---|---|
| | 水<br>(20℃) | 水<br>(100℃) | 有机溶剂<br>(18～25℃) | |
| 铁氰化钾<br>$K_3Fe(CN)_6$<br>329.25 | 42 | 91.6 | 丙酮 | 暗红色晶体，又名赤血盐，加热时分解。遇酸放出HCN，有毒！水溶液呈黄色，是鉴定 $Fe^{2+}$ 的专属试剂 |
| 磷酸二氢钾<br>$KH_2PO_4$<br>136.09 | 22.6 | 83.5<br>(90℃) | | 无色晶体，易潮解。水溶液的 pH＝4.4～4.7，常用来配制缓冲溶液 |
| 碘化钾<br>KI<br>166.00 | 144.5 | 206.7 | 甲醇 15.1<br>乙醇 1.88<br>甘油 50.6<br>丙酮 2.35 | 无色晶体，溶于水时吸热。还原剂，能与许多氧化性物质作用析出定量的碘，是碘量法的基本试剂。与空气作用易变为黄色(被氧化为 $I_2$)而使计量不准 |
| 碘酸钾<br>$KIO_3$<br>214.00 | 8.1 | 32.3 | | 无色晶体，易吸湿。氧化剂，可作基准物质 |
| 高锰酸钾<br>$KMnO_4$<br>158.03 | 6.4 | 25<br>(65℃) | 溶于甲醇、丙酮<br>与乙醇反应 | 暗紫色晶体，在酸性、碱性介质中均显强氧化性，是化验中常用的氧化剂。水溶液遇光能缓慢分解，固体在大于 200℃时也分解，故应储于棕色瓶中 |
| 硫氰酸钾<br>KSCN<br>97.18 | 217 | 674 | 丙酮 20.8<br>吡啶 6.15 | 无色晶体，易潮解。是鉴定 $Fe^{3+}$ 的专属试剂，亦可用来作 $Fe^{3+}$ 的比色测定 |
| 盐酸羟胺<br>$NH_2OH \cdot HCl$<br>69.49 | 94.4 | | 甲醇<br>乙醇 | 无色透明晶体，强还原剂。又称氯化羟胺 |
| 氯化铵<br>$NH_4Cl$<br>53.49 | 37.2 | 78.6 | 甲醇 3.3<br>乙醇 0.6 | 无色晶体，水溶液显酸性，是配制氨缓冲溶液的主要试剂。337.8℃分解放出 HCl 和 $NH_3$ |
| 氟化铵<br>$NH_4F$<br>37.04 | 32.6 | 118<br>(80℃) | 乙醇 | 无色固体，易潮解。性质、作用同 KF |
| 硫酸亚铁铵<br>$(NH_4)_2Fe(SO_4)_2 \cdot 6H_2O$<br>392.12 | 36.4 | 71.8(70℃) | | 淡绿色晶体，易风化失水。又称莫尔盐。不稳定，易被空气氧化，溶液更易被氧化。为防止 $Fe^{2+}$ 水解，常配成酸性溶液。常作为还原剂 |
| 硫酸铁铵<br>$(NH_4)Fe(SO_4)_2 \cdot 24H_2O$<br>482.17 | 124<br>(25℃) | 400 | | 亮紫色透明晶体，又称铁铵矾。易风化失水，230℃时失尽水。测定卤化物的指示剂 |
| 钼酸铵<br>$(NH_4)_2MoO_4$<br>196.01 | | | | 微绿或微黄色晶体，化学式有时写成 $(NH_4)_6Mo_7O_{24} \cdot 4H_2O$。加热时分解。为测 P、As 的主要试剂 |
| 硝酸铵<br>$NH_4NO_3$<br>80.04 | 178 | 1010 | 甲醇 17.1<br>乙醇 3.8 | 白色结晶，溶于水时剧烈吸热，等量 $H_2O$ 与 $NH_4NO_3$ 混合时可使温度降低 15～20℃。210℃时分解。迅速加热或与有机物混合加热时，会引起爆炸 |
| 过硫酸铵<br>$(NH_4)_2S_2O_8$<br>228.19 | 74.8<br>(15.5℃) | | | 无色晶体，120℃分解。常作为氧化剂，有催化剂共存时可将 $Mn^{2+}$、$Cr^{3+}$ 等氧化成高价。水溶液易分解，加热时分解更快。一般是现用现配 |

续表

| 名称[①]<br>化学式<br>相对分子质量 | 溶解度[②] | | | 一般性质 |
| --- | --- | --- | --- | --- |
| | 水<br>(20℃) | 水<br>(100℃) | 有机溶剂<br>(18～25℃) | |
| 硫氰酸铵<br>$NH_4SCN$<br>76.12 | 170 | 431<br>(70℃) | 甲醇 59<br>乙醇 23.5 | 无色晶体，易潮解，170℃时分解。与 $Fe^{3+}$ 形成血红色物质(量少时显橙色)。有毒 |
| 钠<br>Na<br>22.99 | 剧烈反应 | | 与乙醇反应<br>溶于液态氨 | 银白色软、轻金属，密度为 0.968。与水、乙醇反应。在煤油中保存。暴露在空气中则自燃，遇水则剧烈燃烧、爆炸。常作为有机溶剂的脱水剂 |
| 四硼酸钠<br>$Na_2B_4O_7 \cdot 10H_2O$<br>381.37 | 4.74 | 73.9 | 乙醇 | 无色晶体，又名硼砂。60℃时失去 5 个结晶水 |
| 乙酸钠<br>$CH_3COONa$<br>(简记为 NaAc)<br>82.03 | 46.5 | 170 | 乙醇 | 无色晶体，水溶液呈碱性，常用来配制缓冲溶液 |
| 碳酸钠<br>$Na_2CO_3$<br>105.99 | 21.8 | 44.7 | 甘油 98 | 白色粉末，又名苏打、纯碱。水溶液呈碱性。与 $K_2CO_3$ 按 1∶1 混合，可降低熔点，常作为处理样品时的助熔剂。也常用作酸碱滴定中的基准物质 |
| 草酸钠<br>$Na_2C_2O_4$<br>134.00 | 3.7 | 6.33 | | 白色固体，稳定，易得纯品。还原剂，常作为基准物质 |
| 氯化钠<br>NaCl<br>58.44 | 35.9 | 39.1 | 甲醇 1.31<br>乙醇 0.065<br>甘油 8.2 | 无色晶体，稳定，常作基准物质 |
| 过氧化钠<br>$Na_2O_2$<br>77.98 | 反应 | 反应 | 与乙醇反应 | 白色晶体，工业纯为淡黄色。460℃分解。与水反应生成 $H_2O_2$ 与 NaOH，是强氧化剂。易吸潮，应密闭保存 |
| 亚硫酸钠<br>$Na_2SO_3$<br>126.04 | 26.1 | 26.6 | | 无色晶体，遇热分解。还原剂，在干燥空气中较稳定。水溶液呈碱性，易被空气氧化失去还原性 |
| 硫代硫酸钠<br>$Na_2S_2O_3 \cdot 5H_2O$<br>248.17 | 110 | 384.6 | | 无色结晶，又称海波、大苏打。常温下较稳定，干燥空气中易风化，潮湿空气中易潮解。还原剂，能与 $I_2$ 定量反应，是碘量法中的基本试剂 |
| 氯化亚锡<br>$SnCl_2 \cdot 2H_2O$<br>225.65 | 321.1<br>(15℃) | ∞ | 乙醇、乙醚、丙酮 | 白色晶体，强还原剂。溶于水时水解生成 $Sn(OH)_2$，故常配成 HCl 溶液。为防止溶液被氧化，常加几粒金属锡粒 |

① 表中的化学试剂按化学式英文字母顺序排列。

② 溶解度是指在所标明温度下 100g 溶剂（水、无水有机溶剂）中能溶解的试剂克数。

## 五、化学试剂的纯化

本节介绍几种无机试剂的纯化，有机试剂的纯化参看第七节。

1. 盐酸的提纯

(1) 蒸馏提纯

① 除去盐酸中的杂质　用三次离子交换水将一级盐酸按盐酸＋水＝7＋3 的体积比稀释（或按 1＋1 稀释，按此比例稀释仅能得到浓度为 6mol/L 的盐酸）。将此盐酸 1.5L 装入 2L 的石英或硬质玻璃蒸馏瓶中（见图 2-33），用可调变压器调节加热器，控制馏速为 200mL/h，弃去前段馏出液 150mL，取中段馏出液 1L，所得的纯盐酸浓度为 6.5～7.5mol/L，铁、铝、钙、镁、铜、铅、锌、

钴、镍、锰、铬、锡的含量在 $5\times10^{-6}\%$～$2\times10^{-7}\%$以下。

② 除去盐酸中的砷用三次离子交换水将一级盐酸按 7+3 的体积比稀释，加入适量氧化剂（按体积加入 2.5%硝酸或 2.5%过氧化氢或高锰酸钾 0.2g/L）。将此盐酸 1.5L 装入 2L 的石英或硬质玻璃蒸馏瓶中（见图 2-33），放置 15min 后，以 100mL/h 的馏速进行蒸馏。弃去前段馏出液 150mL，取中段馏出液 1L 备用。砷的含量在 $1\times10^{-6}\%$以下。

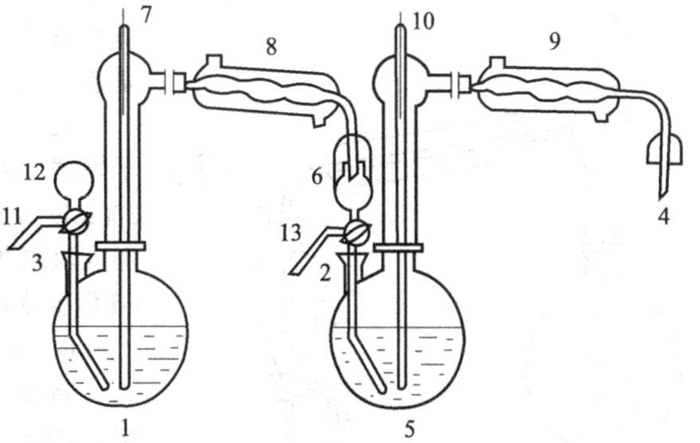


图 2-33 双重蒸馏器的装置

1,5—2L 蒸馏瓶（石英或硬质玻璃）；2,3—排液侧管；4—馏出液出口；6,12—加料漏斗；7,10—温度计套管；8,9—冷凝管；11,13—三通活塞

(2) 等温扩散法提纯 在直径为 30cm 的干燥器中（若是玻璃的，可在干燥器内壁涂一层白蜡防止玷污），加入 3kg 盐酸（优级纯），在瓷托板上放置盛有 300mL 高纯水的聚乙烯或石英容器。盖好干燥器盖，在室温下放置 7～10d（20～30℃放置 7d，15～20℃放置 10d），取出后即可使用，盐酸浓度约为 9～10mol/L，铁、铝、钙、镁、铜、铅、锌、钴、镍、锰、铬、锡的含量在 $2\times10^{-7}\%$以下。

2. 硝酸的提纯

于 2L 硬质玻璃蒸馏器（见图 2-33）中，放入 1.5L 硝酸（优级纯），在石墨电炉上借可调变压器调节电炉温度进行蒸馏，馏速为 200～400mL/h，弃去初馏分 150mL，收集中间馏分 1L。

将上述得到的中间馏分 2L，放入 3L 石英蒸馏器中。将石英蒸馏器固定在石蜡浴中进行蒸馏，借可调变压器控制馏速为 100mL/h。弃去初馏分 150mL，收集中间馏分 1600mL。铁、铝、钙、镁、铜、铅、锌、钴、镍、锰、铬、锡的含量在 $2\times10^{-7}\%$以下。

3. 氢氟酸的提纯

(1) 除去氢氟酸中的金属杂质 在铂蒸馏器中，加入 2L 氢氟酸（优级纯）以甘油浴加热，借可调变压器调节控制加热器温度，控制馏速为 100mL/h，弃去初馏分 200mL，用聚乙烯瓶收集中间馏分 1600mL。将此中段馏出液按上述手续再蒸馏一次，弃去前段馏出液 150mL，收集中段馏出液 1250mL，保存在聚乙烯瓶中。铁、铝、钙、镁、铜、铅、锌、钴、镍、锰、铬、锡的含量在 $1\times10^{-6}\%$～$2\times10^{-7}\%$以下。

(2) 除去氢氟酸中的硅 在铂蒸馏器中，放入 750mL 氢氟酸（优级纯）。加入 0.5g 氟化钠，在甘油浴上加热。借可调变压器调节加热温度，控制馏速为 100mL/h，弃去初馏分 80mL，用聚乙烯瓶收集中间馏分 400mL。此中间馏分硅含量在 $1\times10^{-4}\%$以下，可作测定硅用。

(3) 除去氢氟酸中的硼 于铂蒸馏器中，加入 2g 固体甘露醇（优级纯或分析纯）和 2L 氢氟酸（优级纯），用甘油浴加热，借可调变压器控制温度，使馏速为 50mL/h。弃去初馏分 200mL，收集中间馏分 1600mL。将此中间馏分加入 2g 甘露醇，以同样手续再蒸馏一次。弃去初馏分 150mL，收集中间馏分 1250mL，得到的氢氟酸含硼量一般小于 $10^{-9}\%$。

4. 高氯酸的提纯

高氯酸用减压蒸馏法提纯。在 500mL 硬质玻璃蒸馏瓶中，加入 300～350mL 高氯酸（60%～65%，分析纯），用可调变压器控制温度约 140～150℃，减压至压力约为 2.67～3.33kPa（20～25mmHg），馏速为 40～50mL/h，弃去初馏分 50mL，收集中间馏分 200mL，保存在石英试剂瓶中备用。

5. 氨水的提纯

(1) 蒸馏吸收法提纯 将约 3L 二级氨水倾入 5L 硬质玻璃烧瓶中，加入少量 1%高锰酸钾溶液至溶液呈微红紫色，烧瓶口接回流冷凝管，冷凝管的上端与三个洗气瓶连接（第一个洗气瓶盛 1% EDTA 二钠溶液，其余两个均盛离子交换水）。第三个洗气瓶与接收瓶连接，接收瓶为有机玻璃瓶，置于混有食盐和冰块的水槽内，瓶内盛有 1.5L 离子交换水。用调压变压器控制温度。当温度升至

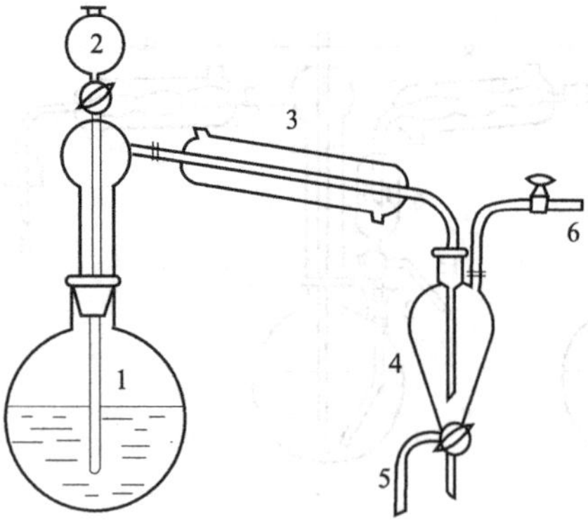


图 2-34 蒸馏装置

1—1L 烧瓶（硬质玻璃）；2—加料漏斗；3—冷凝管；4—馏出液储瓶；5—储液瓶流出管；6—排气管

40℃时，氨气通过洗气瓶后被接收瓶的水吸收。当大部分氨挥发后，最后升温至 80℃，使氨全部挥发。接收瓶中的氨水浓度稍低于 25%。

(2) 等温扩散法提纯 将约 2L 二级氨水倾入洗净的大干燥器（液面勿接触瓷托板），瓷托板上放置 3～4 个分盛 200mL 离子交换水的聚乙烯或石英广口容器，从托板小孔，加入氢氧化钠 2～3g，迅速盖上干燥器，每天摇动一次，5～6d 后氨水浓度可达 10%～12%。

6. 溴的提纯

将 500mL 溴（优级纯或分析纯），放入 1L 分液漏斗中，加入 100mL 三次离子交换水，剧烈振荡 2min，分层后将溴移入另一个分液漏斗中，再以 100mL 水洗涤一次，然后，再以稀硝酸（1＋9）洗涤二次和高纯水洗涤一次，每次振荡 2min。

将上述洗好的溴移入如图 2-34 的烧瓶中，加入 100mL 40%溴化钾溶液，在水浴上加热蒸馏。保持水浴温度在 60℃左右，使馏速为 100mL/h。接收瓶 4 中的液体应淹没流出管口。弃去最初蒸出的溴 50mL，收集中间馏分 300mL。在该装置中不加溴化钾溶液再蒸馏一次，收集中间馏分 200～250mL 备用。

7. 钼酸铵的提纯

将 150g 分析纯的钼酸铵溶解于 400mL 温度为 80℃的水中，加入氨水至溶液中出现氨味，加热溶液并用致密定量滤纸（蓝带）过滤，滤液滴入盛有 300mL 的纯制酒精中。冷却滤液至 10℃，并保持 1h。用布氏漏斗抽滤析出的结晶，弃去母液。用纯制酒精洗涤结晶 2～3 次，每次用 20～30mL。在空气中干燥或在干燥器中用硅胶干燥，也可以在真空干燥箱中 50～60℃下，压力为 6.67～8.00kPa（50～60mmHg）下干燥。

如果要除去试剂钼酸铵中的磷酸根离子，则在钼酸铵的氨性溶液中加入少量硝酸镁，使之生成磷酸铵镁沉淀过滤除去，然后再按上述手续结晶、过滤、洗涤、干燥。不过此时产品中有镁离子和硝酸根离子。但是用于微量硅、磷、砷的比色测定时，少量镁离子和硝酸根离子并不干扰。

8. 氯化钠的提纯

(1) 重结晶提纯法 将 40g 分析纯氯化钠溶解于 120mL 高纯水中，加热搅拌使之溶解。加入 2～3mL 铁标准液（1mg/mL $Fe^{3+}$），搅拌均匀后滴加提纯氨水至溶液 pH≈10 左右。在水浴上加热使生成的氢氧化物沉淀凝聚，过滤除去沉淀。将滤液放至铂皿中，在低温电炉上密闭蒸发器中蒸发至有结晶薄膜出现。冷却抽滤析出的结晶，并用纯制酒精洗涤。在真空干燥箱中于 105℃和 2.67kPa (20mmHg) 压力下干燥。此法得到的 NaCl 经光谱定性分析仅含有微量的硅、铝、镁和痕量的钙。

(2) 用碳酸钠和盐酸制备 取 100g 分析纯碳酸钠，放于 500mL 烧杯中，滴加高纯盐酸中和、溶解，直至不再发生二氧化碳时，停止滴加盐酸。用高纯水洗杯壁并加入 2～3mL 铁标准液，加提纯氨水至析出氢氧化铁。其余手续如 (1) 所述。

为了提高氯化钠产量和重结晶的纯化效果，在过滤热盐溶液之后，用冰冷却滤液并用通入氯化氢的方法使氯化钠析出。通氯化氢的导气管口做成漏斗状，防止析出的 NaCl 将管口堵死。抽滤结晶并用浓盐酸洗涤几次，在 105～110℃下干燥，在研钵中粉碎成粉末，并于 400～500℃下在马弗炉中灼烧至恒重。

上述方法提纯制得的氯化钠用于光谱分析中作载体和配标准用的原始物质。

9. 氯化钾的提纯

参看氯化钠的提纯与制备方法。

10. 碳酸钠的提纯

(1) 第一法 将 30g 分析纯碳酸钠溶于 150mL 高纯水中，待全部溶解后，在溶液中慢慢滴加 2～3mL 浓度为 1mg/mL 的铁标准溶液，在滴加铁标准溶液过程中要不停地搅拌，使杂质与氢氧化铁一起沉淀。在水浴上加热并放置1h使沉淀凝聚，过滤除去胶体沉淀物。加热浓缩滤液至出现结晶时，取下冷却，待结晶完全析出后用布氏漏斗抽滤，并用纯制酒精洗涤2～3次，每次20mL。在真空干燥箱中减压干燥，温度为100～105℃，压力为2.67～6.67kPa（20～50mmHg）下烘至无结晶水。为了加速脱水，也可在270～300℃下灼烧之。此法提纯的碳酸钠，经光谱定性分析检查，仅检出了痕量的镁和铝，而原料中有微量的铜、铁、铝、钙、镁。

（2）第二法　将30g分析纯或化学纯无水碳酸钠溶解于150mL高纯水中，过滤，并向滤液中慢慢通入提纯过的二氧化碳，此时析出碳酸氢钠白色沉淀。因为生成的碳酸氢钠在冷水中的溶解度较小（碳酸氢钠在100mL冷水中的溶解度：0℃，6.9g；20℃，9.75g），用冰水冷却，并不断振荡或搅拌，以加速反应。通气2h后，沉淀基本完全。用玻璃滤器（3号）抽滤析出的沉淀，并用冰冷的高纯水洗涤沉淀，在烘箱中于105℃下干燥。将干燥好的碳酸氢钠，置于铂皿中，在马弗炉中270～300℃下灼烧至恒重（大约1h即可）。

11. 硫酸钾的提纯

将提纯过的碳酸钾（提纯方法见碳酸钠的提纯法一）置于塑料烧杯中，用10%的纯制硫酸中和，在逐渐滴加稀硫酸的过程中要不断搅拌，当溶液的pH值为7～7.5时，停止滴加硫酸，过滤得到硫酸钾溶液。将滤液移入铂皿中，蒸发至析出结晶时为止。取下，冷却后，抽滤析出的结晶，用少量冰冷的高纯水洗结晶，在真空干燥箱中100℃左右烘干。

12. 重铬酸钾的提纯

将100g分析纯重铬酸钾溶解在200～300mL热的高纯水中，用2号玻璃滤器抽滤，将溶液于电炉上蒸发至150mL左右，在强烈搅拌下把溶液倒入一个被冰水冷却的大瓷皿中使之形成一薄层，以制取小粒结晶。用布氏漏斗抽滤得到的结晶，再用少量冷水洗涤之。按上法重结晶一次。将洗过的二次结晶于100～105℃下干燥2～3h，然后将温度升至200℃继续干燥10～12h。

用此法提纯的产品重铬酸钾含量几乎是100%。光谱定性分析中仅检出了微量的镁、铋和痕量的铝。此法提纯的重铬酸钾可以作为基准物使用。

13. 五水硫代硫酸钠的提纯

（1）制备　将硫溶于亚硫酸钠溶液时，可制得硫代硫酸钠：

$$Na_2SO_3 + S \xlongequal{} Na_2S_2O_3$$

在附有回流冷凝器的烧瓶中，将100g $Na_2SO_3 \cdot 7H_2O$溶解在200mL水中的溶液，与14g研细的棒状硫一起煮沸，其硫是预先用乙醇浸润过的（否则它不被溶液浸润，并浮在表面）直到硫不再被溶解时为止。将没有溶解的硫滤出，滤液蒸发到开始结晶时进行冷却，所得结晶在布氏漏斗上抽滤后，再在空气中于二层滤纸间干燥。可得五水硫代硫酸钠60g，产率60%。

（2）提纯　将工业品重结晶，可制得试剂纯的制剂。将700g五水硫代硫酸钠溶解在300mL热水中，过滤后，在不断搅拌下冷却到0℃以制得较细的结晶。析出的盐（450g）在布氏漏斗上抽滤后再在同样条件下重结晶一次。

所得制剂一般为分析纯，从母液中还可以分离出一些纯度较低的制剂。

欲制备用于分析操作上的纯制剂时，可将经重结晶提纯过的盐与乙醇一起研细，倒在滤器上使乙醇流尽并用无水酒精和乙醚洗涤，然后用滤纸盖住制剂并静置一昼夜。最后将制剂装入干燥瓶中。

用此法精制的制剂含有99.99%的$Na_2S_2O_3 \cdot 5H_2O$，甚至保存5年后，制剂含量仍在99.90%～99.94%之间。

## 六、化学试剂的管理与安全存放条件

参看第十一节三有关内容。

# 第七节　有 机 溶 剂

## 一、常用有机溶剂的一般性质

表2-63为常用有机溶剂的一般性质。

表 2-63 常用有机溶剂的一般性质

| 名称<br>化学式<br>相对分子质量 | 密度<br>(20℃)<br>/g·mL$^{-1}$ | 沸点<br>/℃ | 燃点①<br>/℃ | 闪点②<br>/℃ | 一般性质 |
|---|---|---|---|---|---|
| 乙醇<br>$CH_3CH_2OH$<br>46.07 | 0.785 | 78.32 | 423 | 14 | 无色、有芳香气味的液体。易燃，应密封保存。与水、乙醚、氯仿、苯、甘油等互溶。是最常用的溶剂 |
| 丙酮<br>$CH_3COCH_3$<br>58.08 | 0.790 | 56.12 | 533 | −17.8 | 无色、具有特殊气味的液体。易挥发，易燃。能与水、乙醇、乙醚、苯、氯仿互溶。能溶解树脂、脂肪。为常用溶剂 |
| 乙醚<br>$C_2H_5OC_2H_5$<br>74.12 | 0.913 | 34.6 | 185 | −45 | 无色液体。极易燃，密封保存。微溶于水，易溶于乙醇、丙酮、氯仿、苯。是脂肪的良好溶剂。常用作萃取剂 |
| 氯仿(三氯甲烷)<br>$CHCl_3$<br>119.33 | 1.481 | 61.15 | — | — | 无色，稍有甜味。不燃。微溶于水，与乙醇、乙醚互溶，溶于丙酮、二硫化碳。是树脂、橡胶、磷、碘等的良好溶剂。可作有机化合物的提取剂 |
| 1,2-二氯乙烷<br>$CH_2ClCH_2Cl$<br>98.97 | 1.238 | 83.18 | 413 | 13 | 无色、有氯仿味。微溶于水，与乙醇、丙酮、苯、乙醚互溶 |
| 四氯化碳<br>$CCl_4$<br>153.83 | 1.594 | 76.75 | — | — | 无色、密度大，不燃，可灭火。微溶于水，与乙醇、乙醚、苯、三氯甲烷等互溶。是脂肪、树脂、橡胶等的溶剂 |
| 二硫化碳<br>$CS_2$<br>76.13 | 1.263 | 46.26 | 90 | −40 | 无色、烂萝卜味。易燃，不溶于水。能溶解硫磺、树脂、油类、橡胶等 |
| 乙酸乙酯<br>$CH_3COOC_2H_5$<br>88.07 | 0.901 | 77.1 | 425 | −4 | 无色、水果香、易燃。溶于水，与乙醇、乙醚、氯仿互溶，溶于丙酮、苯。常用作涂料的稀释剂和油脂的萃取分离溶剂 |
| 苯<br>$C_6H_6$<br>78.11 | 0.874 | 80.1 | 562 | −17 | 无色、有特殊气味，有毒，易燃。不溶于水，与乙醇、乙醚、丙酮互溶。是脂肪、树脂的良好溶剂、萃取剂 |
| 甲苯<br>$C_6H_5CH_3$<br>92.13 | 0.867 | 110.6 | 536 | 4.4 | 无色，蒸气有毒。不溶于水，与乙醇、乙醚互溶。溶于氯仿、丙酮、二硫化碳等 |

① 燃点又称着火点，是指可燃性液体加热到其表面上的蒸气和空气的混合物与火焰接触，立即着火并继续燃烧的最低温度。

② 闪点表示可燃液体加热到其液体表面上的蒸气和空气的混合物与火焰接触发生闪火时的最低温度。闪点的测定用开口杯法或闭口杯法。表中数据皆为闭口杯法。

## 二、有机溶剂间的互溶性

表 2-64 为有机溶剂间的互溶性。

表 2-64 有机溶剂间的互溶性

| 化合物 | 氯仿 | 四氯化碳 | 苯 | 溶剂汽油 | 丙酮 | 乙醇 | 乙二醇 | 丁醇 | 异戊醇 | 苯甲醇 | 苯甲醛 | 乙醚 | 乙酸丁酯 | 甘油 | 吡啶 |
|---|---|---|---|---|---|---|---|---|---|---|---|---|---|---|---|
| 氯仿 | — | M | M | M | M | M | Is | M | M | M | M | M | M | I | M |
| 四氯化碳 | M | — | M | M | M | M | I | M | M | M | M | M | M | I | M |
| 苯 | M | M | — | M | M | M | I | M | M | M | M | M | M | I | M |
| 汽油 | M | M | M | — | M | M | M | M | M | I | M | M | M | I | M |

续表

| 化合物 | 氯仿 | 四氯化碳 | 苯 | 溶剂汽油 | 丙酮 | 乙醇 | 乙二醇 | 丁醇 | 异戊醇 | 苯甲醇 | 苯甲醛 | 乙醚 | 乙酸丁酯 | 甘油 | 吡啶 |
|---|---|---|---|---|---|---|---|---|---|---|---|---|---|---|---|
| 丙酮 | M | M | M | M | — | M | M | M | M | M | M | M | M | I | M |
| 乙醇 | M | M | M | M | M | — | M | M | M | M | M | M | M | M | M |
| 乙二醇 | Is | I | I | M | M | M | — | M | M | M | Is | I | Is | M | M |
| 丁醇 | M | M | M | M | M | M | M | — | M | M | M | M | M | M | M |
| 异戊醇 | M | M | M | M | M | M | M | M | — | M | M | M | M | I | M |
| 苯甲醇 | M | M | M | I | M | M | M | M | M | — | M | M | M | M | M |
| 苯甲醛 | M | M | M | M | M | M | Is | M | M | M | — | M | M | Is | M |
| 乙醚 | M | M | M | M | M | M | I | M | M | M | M | — | M | I | M |
| 乙酸丁酯 | M | M | M | M | M | M | Is | M | M | M | M | M | — | I | M |
| 甘油 | I | I | I | I | I | M | M | M | I | M | I | I | I | — | M |
| 吡啶 | M | M | M | M | M | M | M | M | M | M | M | M | M | M | — |

注：表中所列化合物各5mL，每两个放在一试管，充分振荡后静置1min。如果混合液无分层界面，表明该两溶剂有互溶性，用M表示；如果混合液出现分层界面，表明该两溶剂无互溶性，用I表示；如果有分层界面，又部分互溶，用Is表示。

## 三、有机溶剂的毒性

根据溶剂对人体健康的损害程度，把溶剂分成以下三类。

1. 无毒溶剂

包括基本上无毒害，长时间使用对健康没有影响的，如戊烷、石油醚、轻质汽油、己烷、庚烷、200#溶剂汽油、乙醇、氯乙烷、乙酸、乙酸乙酯等；或者稍有毒性，但挥发性低，在通常使用条件下基本上无危险的，如乙二醇、丁二醇、邻苯二甲酸二丁酯等。

2. 低毒溶剂

在一定程度上是有害或稍有毒害的溶剂，但在短时间最大容许浓度内没有重大危害，如甲苯、二甲苯、环己烷、异丙苯、环庚烷、乙酸丙酯、戊醇、乙酸戊酯、丁醇、三氯乙烯、四氯乙烯、环氧乙烷、氢化芳烃、石油脑、四氢化萘、硝基乙烷等。

3. 有毒溶剂

除在极低浓度下无危害外，即使是短时间接触也是有害的，如苯、二硫化碳、四氯化碳、甲醇、四氯乙烷、乙醛、苯酚、硝基苯、硫酸二甲酯、二噁烷、氯仿、二氯乙烷、氯苯、五氯乙烷等。

根据溶剂对人体生理作用产生的毒性又可作如下分类。

(1) 损害神经的溶剂　如伯醇类（甲醇除外）、醚类、酮类、部分酯类、苄醇类等。

(2) 肺中毒的溶剂　如羧酸甲酯类、甲酸酯类。

(3) 血液中毒的溶剂　如苯及其衍生物、乙二醇类等。

(4) 肝脏及新陈代谢中毒的溶剂　如卤代烷类等。

(5) 肾脏中毒的溶剂　如四氯乙烷及乙二醇类等。

## 四、有机溶剂的易燃性、爆炸性和腐蚀性

1. 溶剂着火的条件

燃烧必须是可燃性物质与氧化剂以适当的比例混合，并且获得一定的能量才能进行。如果不能同时满足这三个条件就不能发生燃烧。因此，溶剂的着火危险性由燃烧极限、闪点、燃点等因素决定。

易燃性溶剂在一定的温度、压力下，其蒸气与空气或氧组成可燃性的混合物（爆炸混合物）。如果混合物的组成不在一定的范围内，则供给的能量再大也不会着火，这种着火可能的组成（浓度）范围称为燃烧范围或爆炸范围，其组成的极限称为燃烧极限或爆炸极限。溶剂蒸气与空气混合并达到一定的浓度范围，遇到火源就会燃烧或爆炸的最低浓度称为下限，最高浓度称上限。溶剂的燃烧范围愈宽，其危险性愈大。各种气体在空气中的可燃性极限参看本章表2-87。

2. 溶剂着火的爆炸性与使用易燃溶剂的注意事项

(1) 溶剂着火的爆炸性　有的溶剂容易着火，有的溶剂在常温、常压下容易爆炸或发生爆炸性

分解，有的必须在强火源下才能爆炸。溶剂的着火爆炸通常必须满足以下条件。

① 沸点低，挥发性大，在常温常压下容易蒸发。

② 闪点低。

③ 溶剂蒸气与空气能形成爆炸性的混合气体。

④ 溶剂蒸气的密度大于空气的密度。

(2) 使用易燃溶剂的注意事项

① 溶剂和溶剂蒸气必须用密闭式容器储存。

② 溶剂和溶剂蒸气不能靠近火源。由于溶剂蒸气比空气重，低处容易达到爆炸极限，更应注意远离火源。

③ 工作场所应通风换气良好。由于溶剂流动易发生静电积蓄，所以装置设备应接地线。

④ 避免阳光直射容器。储存时不要置于高处。

3. 有机溶剂的腐蚀性

有机溶剂中除有机酸、卤化物、硫化物外，对金属的腐蚀性一般很小。对无机材料，如玻璃、陶瓷、搪瓷、水泥等也不腐蚀。对有机材料按其种类不同，具有一定的腐蚀作用。适于制作有机溶剂容器的合成材料列于表 2-65。

**表 2-65 适于制作有机溶剂容器的合成材料**

| 溶剂名称 | 适用的材料 | 不适用的材料 |
|---|---|---|
| 乙醛 | 丁基橡胶、硅橡胶 | 丁腈橡胶、氯丁橡胶 |
| 丙酮 | 硅橡胶、氟树脂 | 丁腈橡胶，聚氯乙烯 |
| 戊醇 | 天然橡胶、合成橡胶、聚酯树脂 | 硅橡胶 |
| 苯胺 | 硬质聚氯乙烯制品、氟树脂 | 丁腈橡胶、聚酯树脂、聚硫橡胶 |
| 乙醇 | 天然橡胶、合成橡胶 | |
| 乙醚 | 聚氯乙烯 | 天然橡胶 |
| 乙二醇 | 天然橡胶、合成橡胶、硬质橡胶 | |
| 汽油 | 氯丁橡胶、聚氯乙烯、聚乙烯 | 天然橡胶、聚苯乙烯 |
| 煤油 | 丁腈橡胶、聚硫橡胶、软质聚氯乙烯 | 天然橡胶、硅橡胶 |
| 松节油 | 丁腈橡胶 | 天然橡胶、硬质橡胶 |
| 甲苯 | 聚硫橡胶、酚醛树脂、聚乙烯醇 | 天然橡胶、硅橡胶、硬质橡胶 |
| 苯酚 | 聚乙烯醇、酚醛树脂 | 丁腈橡胶、聚硫橡胶 |

## 五、有机溶剂的脱水干燥

有机溶剂中微量水分往往是在溶剂制造、处理时引入或由于副反应而产生的。有的溶剂具有吸水性能，在溶剂的保存中吸入水分。水的存在不仅对许多化学反应不利，而且对重结晶、萃取、洗涤等一系列的化学实验操作也会带来不良影响。因此，溶剂的脱水和干燥在实验中是经常遇到的操作步骤，是重要的操作技术。

溶剂脱水的方法有许多种。

1. 用干燥剂脱水

这是液体溶剂在常温下脱水干燥最常用的方法。有关干燥剂种类与性质，参看本章第八节。

(1) 金属、金属氧化物干燥剂

铝、钙、镁　常用于醇类溶剂的干燥。

钠、钾　适用于烃、醚、环已胺等溶剂干燥。绝对不能用于卤代烷，有爆炸危险。也不能用于干燥甲醇、酯、酸、酮、醛与某些胺类。醇中含有微量水分时，可加入少量金属钠直接蒸馏。

氢化钙　1g 氢化钙（$CaH_2$）定量地与 0.85g 水反应。因此，它比碱金属、五氧化二磷干燥效果好。适用于烃、卤代烷、醇、胺、醚等，特别是四氢呋喃等环醚、二甲亚砜、六甲基磷酰胺等溶剂的干燥。

$LiAlH_4$　常用于醚等溶剂的干燥。

(2) 中性干燥剂

$CaSO_4$、$Na_2SO_4$、$MgSO_4$ 适用于烃、卤代烷、醚、酯、硝基甲烷、酰胺、腈等溶剂的干燥。

$CuSO_4$ 无水硫酸铜为白色，含有5个分子结晶水时变为蓝色，常用于检验溶剂中微量的水分。$CuSO_4$ 适用于醇、醚、酯、低级脂肪酸的脱水。甲醇与 $CuSO_4$ 能形成加成物，故不能使用。

$CaCl_2$ 适用于干燥烃、卤代烃、醚、硝基化合物、环己胺、腈、二硫化碳等。$CaCl_2$ 能与伯醇、甘油、酚、某些类型的胺、酯等形成加成物，故不适用。

活性氧化铝 适用于烃、胺、酯、甲酰胺等的干燥。

分子筛 与其他干燥剂相比，分子筛在水蒸气分压低和温度高时吸湿容量仍很显著，吸湿能力大。各种溶剂几乎都可以用分子筛脱水，故广泛应用。

(3) 碱性干燥剂

KOH、NaOH 适用于干燥胺等碱性物质和四氢呋喃。不适用于酸、酚、醛、醇、酮、酯、酰胺等的干燥。

$K_2CO_3$ 适用于碱性物质、卤代烷、醇、酮、酯、腈、溶纤剂等溶剂的干燥。不适用于酸性物质。

BaO、CaO 适用于干燥醇、碱性物质、腈、酰胺。不适用于酮、酸性物质和酯类。

(4) 酸性干燥剂

$H_2SO_4$ 适用于干燥饱和烃、卤代烃等。不适用于醇、酚、酮、不饱和烃等的干燥。

$P_2O_5$ 适用于烃、卤代烃、酯、乙酸、腈、二硫化碳的干燥。不适用于醚、酮、醇、胺等的干燥。

2. 分馏脱水

与水的沸点相差较大的溶剂，可用分馏效率高的蒸馏塔（精馏塔）进行分馏脱水，这是常用的脱水方法。

3. 共沸蒸馏脱水

与水生成共沸物的溶剂，不能采用分馏脱水的方法。含有少量水分的溶剂通过共沸蒸馏，虽然溶剂有一些损失，但却能除去大部分水。通常多数溶剂都能与水组成共沸混合物。

4. 蒸发干燥

如果进行干燥的溶剂很难挥发，因而不能与水组成共沸混合物时，可以通过加热或减压蒸馏，使水分优先蒸发除去。如乙二醇、乙二醇-丁醚、二甘醇-乙醚、聚乙二醇、聚丙三醇、甘油等溶剂都适用。

5. 用干燥的气体进行干燥

将难挥发的溶剂进行加热时，一面慢慢回流，一面吹（通）入充分干燥的空气或氮气，气体陆续带走溶剂中的水分，从冷凝器末端的干燥管中放出。此法适用于乙二醇、甘油等溶剂的干燥。

## 六、有机溶剂的纯化

通过蒸馏或精馏塔进行分馏的方法可以得到几乎接近纯品的溶剂。然而对一些用精馏塔难以分离的杂质，必须将它们预先除去，通常是采用分子筛法。有关分子筛的化学组成、特性及吸附分子的大小等参见表2-71、表2-72。分子筛装填在玻璃管交换柱内，使溶剂自上而下流动或从下向上流动，可达到吸附杂质的目的。

蒸馏、精馏仪器通常均使用玻璃制造的装置（有成套成品现货）。

1. 脂肪烃的精制

脂肪烃中易混有不饱和烃和含硫化合物，可加入硫酸，搅拌至硫酸不再显色为止，用碱中和洗涤，再经水洗、干燥、蒸馏。

2. 芳香烃的精制

与脂肪烃的精制方法相同。

3. 卤代烃的精制

卤代烃含有水、酸、同系物及不挥发物等，在水和光的作用下可能生成微量的光气和氯化氢，工业生产中还要添加一些醇、酚、胺等稳定剂。精制时，先用浓硫酸洗涤数次至无色为止，除去醇及其他有机杂质。然后用稀氢氧化钠洗涤，再用冷水充分洗涤、干燥、蒸馏。四氯化碳中含二硫化碳较多时，可用稀碱溶液煮沸分解除去，水洗、干燥后蒸馏。

4. 醇的精制

醇中主要杂质是水，可参照脱水干燥方法进行。

5. 酚的精制

酚中含有水、同系物以及制备时的副产物等杂质，可用精馏或重结晶法精制。甲酚有邻、间、对位三种异构体。邻位异构体用精馏分离；间位异构体与醋酸钠形成络合物，或与尿素形成加成物而分离；对位异构体与4-甲基吡啶 4-乙基-2-甲基吡啶形成结晶而得以分离。

6. 醚、缩醛的精制

醚、缩醛的主要杂质是水、基础原料及过氧化物，在二噁烷及四氢呋喃中尚有酚等稳定剂。精制时先用酸式亚硫酸钠洗涤，其次用稀碱、硫酸、水洗涤，干燥后蒸馏。蒸馏时往往有过氧化物生成，必须注意蒸馏至干涸之前就必须停止，以免发生爆炸事故。

7. 酮的精制

酮中主要含有水、基础原料、酸性物等杂质，脱水后，通过分馏达到精制目的。在有还原性物质存在时，加入高锰酸钾固体，摇动，放置3～4天至紫色消失后蒸馏，再进行脱水分馏。需要特别纯净的酮时，可加入酸式亚硫酸钠与酮形成加成物，重结晶后用碳酸钠将加成物分解，蒸馏，再进行脱水、分馏，得到精制产物。

8. 脂肪酸和酸酐的精制

脂肪酸中主要含有水、醛、同系物等杂质。甲酸除水之外的杂质可用蒸馏法分离。其他脂肪酸可与高锰酸钾等氧化剂一起蒸馏，馏出物再用五氧化二磷干燥分馏。乙酸可用重结晶精制。乙酐的杂质主要是乙酸，用精馏可达到精制的目的。

9. 酯的精制

酯中主要杂质有水、基础原料（有机酸和醇）。用碳酸钠水溶液洗涤，水洗后干燥、精馏达到精制的目的。

10. 含氮化合物的精制

(1) 硝基化合物　主要杂质是同系物。脂肪族硝基化合物加中性干燥剂放置脱水后分馏。芳香族硝基化合物用稀硫酸、稀碱溶液洗涤，水洗后加氯化钙脱水分馏。硝基化合物在蒸馏结束前，蒸馏烧瓶内应保留少量蒸馏液，以防发生爆炸。

(2) 腈　主要杂质是水与同系物。乙腈能与大多数有机物形成共沸物，很难精制。水可用共沸蒸馏除去，也可加五氧化二磷回流常压蒸馏。高沸点杂质用精馏除去。

(3) 胺　主要含有同系物、醇、水、醛等杂质。

甲胺的精制　从其水溶液中萃取、蒸馏，以除去三甲胺；分馏除去二甲胺。纯品甲胺的精制，可将甲胺盐酸盐用干燥的氯仿萃取，用醇重结晶数次，再用过量的氢氧化钾分解，气态甲胺用固体氢氧化钾干燥，氧化银除去氨，再经冷冻剂冷却液化加以精制。

二甲胺的精制　加压下精馏除去甲胺，或将二甲胺盐酸盐用乙醇重结晶，氢氧化钾分解后通过活性氧化铝，并用冷冻剂冷却液化可得纯品。

三甲胺的精制　用萃取蒸馏或共沸蒸馏。加乙酐蒸馏，伯胺和仲胺乙酰化而沸点增高，分馏便可得到三甲胺。

(4) 酰胺　含有水、氨、酯、铵盐等杂质，用分子筛脱水后精制。

11. 含硫化合物的精制

二硫化碳含有水、硫、其他硫化合物等杂质，用精馏法精制。

二甲亚砜用分子筛或氢氧化钙脱水后，用精馏法精制。

## 七、有机溶剂的回收

1. 异丙醚的回收

(1) 化学光谱法测定镓、铟中杂质用异丙醚的回收　用重蒸蒸馏水和10%的氢氧化钠洗涤待回收的异丙醚废液，除去生成的镓、铟的氢氧化物。检查并除去过氧化物。最后2次蒸馏提纯。将500mL废醚液置于1L分液漏斗中，加入100mL蒸馏水，摇荡几分钟，静置分层后弃去水层。加入50mL 10%氢氧化钠溶液，摇荡，弃去析出的白色沉淀（收集起来，回收镓和铟），重新加入10%氢氧化钠50mL并摇荡，分出水层。这个操作直到经萃取后，水相不再出现白色沉淀时为止。最后用重蒸蒸馏水洗涤2次，每次用水量为200mL。然后，按照异丙醚的提纯步骤进行处理。

（2）低沸点物的处理 在蒸馏时收集积累的低沸点物，经处理后，可以从中回收一部分合格的异丙醚。可用高锰酸钾溶液洗除还原性杂质，再用亚铁溶液洗除高锰酸钾和过氧化物，用碱液洗除杂质酸，经无水氯化钙或碳酸钾脱水后进行两次蒸馏除去金属杂质。将500mL待处理的异丙醚置于1L分液漏斗中，加入100mL重蒸蒸馏水，摇荡，静置分层后，分出水层。加入50mL 0.002mol/L高锰酸钾溶液，摇荡，静置分层后，弃去水层。重复这一操作，直至与高锰酸钾振荡后高锰酸钾的紫色不褪时为止。加入100mL重蒸蒸馏水洗除高锰酸钾，然后加入15mL 20%硫酸亚铁溶液洗涤2～3次，用重蒸蒸馏水洗1次，用40mL 5%的碳酸钠洗1次，再用重蒸馏水洗2次（每次用水量为100mL）。分出水层后，在醚中加入固体碳酸钾脱水，放置过夜，蒸馏之。收集沸程为67～69℃的馏出液，保存于棕色磨口瓶中。

2. 乙酸乙酯的回收

将使用过的乙酸乙酯废液放在分液漏斗中水洗几次，然后用硫代硫酸钠稀溶液洗涤几次使之褪色，再用水洗几次后，用蒸馏法提纯之。

3. 三氯甲烷（氯仿）的回收

将废氯仿用自来水冲洗，除去水溶性杂质。取水洗过的氯仿500mL置于1L分液漏斗中，加入50mL浓硫酸，摇荡几分钟，静置分层后，弃去下层硫酸，重复这一操作至摇荡过的硫酸层中呈现无色时为止。然后用重蒸蒸馏水洗涤氯仿两次，每次用水200mL。再用0.5%盐酸羟胺溶液（分析纯）50mL洗涤2～3次后，用重蒸蒸馏水洗2次。将洗涤好的氯仿用无水氯化钙脱水干燥并蒸馏2次即得。

如果氯仿中杂质较多，可在自来水洗涤之后，预蒸馏1次除去大部分杂质，然后再按上法处理。这样可以节约试剂用量。对于蒸馏法仍不能除去的有机杂质可用活性炭吸附纯化。

4. 四氯化碳的回收

（1）含有双硫腙的四氯化碳 先用硫酸洗一次，再用水洗2次，除去水层，用无水氯化钙干燥，在水浴上蒸馏出四氯化碳。

（2）含有铜试剂的四氯化碳 将废四氯化碳放入蒸馏瓶中，于水浴上在80℃进行蒸馏回收，用无水氯化钙干燥，过滤备用。

（3）含碘的四氯化碳 在废四氯化碳中，滴加三氯化钛至溶液呈无色，再加水［体积比为2（有机层）∶4（水层）］洗涤1～2次，分层后，放去水层，有机层在80℃蒸馏回收备用。或用活性炭吸附，使呈无色，抽滤后，再依次洗1～2次，有机层于78℃蒸馏回收备用。

5. 苯的回收

（1）含丁基罗丹明B、结晶紫或孔雀绿或其他碱性染料的苯 先用硫酸洗一次，再用水洗2次，分去水层，以生石灰或无水氯化钙干燥，再在水浴上蒸馏出苯。

（2）1-苯基-3-甲基-4-苯甲酰基吡唑酮-[5](PMBP)-苯的回收 在废PMBP-苯液中加入1+1盐酸［体积比为3（有机层）∶1（水层）］洗涤2～3次，再用水洗3～4次，分去水层即可复用。

6. 测定铀后废磷酸三丁酯(TBP)-苯的回收

用后的TBP-苯废液，用10%碳酸钠溶液和2mol/L硝酸分别依次各洗1～2洗，再用水洗3～4次，仍可复用。

7. 废二甲苯的回收

将废二甲苯用无水氯化钙干燥后，直接蒸馏回收。收集136～141℃馏分。

8. 含有双十二烷基二硫化乙二酰胺（DDO）的石油醚-氯仿和异戊醇-氯仿的回收

将有机层和水层分开后，将有机层用氢氧化钠溶液洗1次，再用水洗2次，除去水层，在有机层中加入无水氯化钙干燥，在水浴上分馏出石油醚和氯仿，再改在油浴上蒸馏出异戊醇。

9. 含硝酸的甲醇的回收

以工业用氢氧化钠溶液慢慢中和硝酸，并在水浴上（64℃左右）蒸馏出甲醇。因一次蒸馏水分很多，故必须进行多次蒸馏，再测定其相对密度（相对密度0.791）。

10. 萃取锗的苯、萃取铊的甲苯、萃取硒的苯、萃取碲的苯等的回收

可先用浓硫酸或氢氧化钠处理后，再用水洗数次，以生石灰干燥后，于水浴上蒸馏出有机溶剂。

一般处理回收的有机溶剂，使用前必须经过空白或标准显色的试验，如效果良好，方可使用。

## 八、有机溶剂的应用

有机溶剂广泛地应用于涂料组分、油脂萃取、天然与合成橡胶溶剂、石油萃取与脱蜡、纤维加工的脱脂、脱蜡、脱树胶，化学分析中波谱分析用溶剂，重结晶用溶剂，衣物洗涤等。有机溶剂的应用领域和可用溶剂列于表 2-66。

**表 2-66 有机溶剂的应用领域和可用溶剂**

| 应用类别 | 溶质名称或溶剂用途 | 可用溶剂 |
| --- | --- | --- |
| 天然油性涂料 | 涂料、清漆、磁漆的组分 | 石油系烃类(如 200 号溶剂汽油、煤油、高芳香烃成分的粗汽油等)<br>煤焦油系烃类(如苯、甲苯、二甲苯、重质苯)<br>植物性烃类(如松节油等) |
| 天然树脂涂料 | 松香、榄香脂、乳香 | 醇类、烃、酮类、酯类 |
| | 达玛树脂、甘油三松香酸酯、香豆酮树脂 | 醇类、烃、醇类+烃或酯类 |
| | 虫胶、山达脂 | 醇类、醇类+酯类、酮 |
| | 贝壳松脂、软性马尼拉树脂 | 醇类、醇类+酯类、酮类 |
| | 硬质马尼拉树脂、刚果树脂、安哥拉树脂 | 醇类、醇类+酯类、醇类+烃 |
| 合成树脂涂料 | 聚乙酸乙烯类树脂 | 酯类、卤代烃类、硝基丙烷、低沸点芳香烃 |
| | 氯乙烯-乙酸乙烯共聚树脂 | 酮类、硝基丙烷 |
| | 聚乙烯醇缩甲醛 | 环己酮、二噁烷 |
| | 聚乙烯醇缩乙醛 | 醇类、丙酮、苯、环己酮、二噁烷 |
| | 聚乙烯醇缩丁醛 | 醇类、丙酮、环己酮、二噁烷、二氯乙烷 |
| | 丙烯酸树脂(单体与聚合物) | 芳香烃(苯、甲苯、二甲苯)<br>氯代烃(氯仿、二氯乙烷)<br>酯类(乙酸甲酯、乙酸乙酯)<br>酮类(丙酮)<br>醚类(二噁烷)<br>树脂单体亦可用甲醇、乙醇、异丙醇、丁醇、汽油、乙二醇等 |
| | 醇酸树脂 | 短油度醇酸树脂易溶于芳香烃<br>长油度醇酸树脂易溶于脂肪烃 |
| | 脲醛树脂、三聚氰胺树脂 | 低分子量时，易溶于醇类溶剂；丁醇改性后，可溶于烃类溶剂 |
| | 酚醛树脂 | 有醇溶性、油溶性、苯溶性之分 |
| | 环氧树脂 | 乙二醇、乙酸酯、酮、酯、酮醇、有机环氧化物 |
| 纤维素涂料 | 硝酸纤维素、喷漆(助溶剂、稀释剂) | 低沸点溶剂，100℃以下，快干，价格便宜，常用乙酸乙酯、丁酮、丙酮、乙酸异丙酯。助溶剂用乙醇、甲醇。稀释剂用苯<br>中沸点溶剂，110～150℃，能抑制涂膜发白，常用溶剂有乙酸丁酯、甲基异丁基(甲)酮、乙酸戊酯，助溶剂用丁醇、戊醇。稀释剂用甲苯、二甲苯<br>高沸点溶剂，145℃以上，溶剂用乳酸乙酯、丙酸丁酯、双丙酮醇、环己烷、乙二醇-乙醚、乙二醇-丁醚、乳酸丁酯、乙酸辛酯。助溶剂用苄醇、辛醇、环己醇。稀释剂用 200# 溶剂汽油、高沸点溶剂汽油 |
| | 醋酸纤维素涂料 | 低沸点溶剂用丙酮、丁酮、甲酸甲酯等。助溶剂用苯、二氯甲烷、乙酸乙酯等<br>中沸点溶剂用二噁烷、氯代乙酸乙酯、乙二醇-甲醚。助溶剂用甲苯、二甲苯<br>高沸点溶剂用乳酸乙酯、乙二醇二乙酸酯、环己酮。助溶剂用二氯乙醚 |
| 油脂工业 | 油脂萃取剂 | 石油醚、苯、三氯乙烯、四氯化碳、戊烷、己烷、庚烷、辛烷、环己烷、乙醇 |
| 医药工业 | 萃取剂、洗涤剂、浸析剂 | 常用乙醇、乙醚、丙酮、氯代烷、高级醚、酯等 |

续表

| 应用类别 | 溶质名称或溶剂用途 | 可 用 溶 剂 |
|---|---|---|
| 橡胶工业 | 天然橡胶(生胶)溶于适当溶剂形成胶体 | 石脑油、苯、甲苯、二甲苯、十氢化萘、松节油、四氯化碳、氯仿、三氯乙烷、五氯乙烷、二硫化碳 |
| | 塑炼过的生胶 | 三氯乙烯、六氯乙烷、四氯化碳、氯仿、二硫化碳、苯、甲苯、二甲苯、煤油 |
| 石油工业 | 萃取芳香烃 | 液体二氧化硫、乙二醇、二甘醇 |
| | 脱蜡 | 丙烷、苯-丙酮 |
| | 脱沥青 | 丙烷、脂肪族醇 |
| | 润滑油精制 | 苯酚、糠醛、二氯乙醚、硝基苯、液体二氧化硫、苯、丙烷 |
| 纤维工业 | 脱脂、脱蜡、脱树胶 | 丁醇、松油、二氯乙醚、二氯乙烷、四氯化碳 |
| | 润滑剂、软化剂、染色 | 异丙醇、丁醇、二甘醇、甘油、山梨糖醇、乙二醇、变性乙醇、甲醇、异丙醇、乙酸、甲酸、乳酸 |
| 有机物重结晶精制 | 溶解有机化合物 | 石油醚、己烷、环己烷、苯、四氯化碳、乙醚、异丙醚、氯仿、乙酸乙酯、丙酮、乙醇、甲醇 |
| 洗涤业 | 织物干洗 | 石油类溶剂:工业用汽油、200# 溶剂汽油<br>氯代烃类:四氯乙烯、三氯乙烯、三氯乙烷 |
| 金属加工业 | 金属表面脱脂处理 | 碱只适用于皂化性油脂,非皂化性油脂可用煤油、汽油、醇、苯、甲苯、三氯乙烯、四氯化碳 |
| 交通运输业 | 防冻液 | 乙醇、甲醇、异丙醇等挥发性溶剂,乙二醇、丙二醇、二甘醇、甘油等非挥发性溶剂 |
| | 刹车油 | 各种醇 |
| 黏结剂 | 丁基橡胶 | 环己烷、氯代烷、己烷、庚烷、石脑油、芳香烃 |
| | 丁腈橡胶 | 酮类、硝基烷、芳香烃、氯代烷、硝基烷-苯 |
| | 苯乙烯-丁二烯橡胶 | 芳香烃、脂肪烃、氯代烷、酮 |
| | 丙烯酸-丁二烯橡胶 | 酮类(如丁酮)、芳香烃 |
| | 氯丁橡胶 | 芳香烃(内含脂肪烃、脂环烷、酯类)、氯代烃、丁酮、甲基异丁基酮 |
| | 酚醛树脂 | 水、醇类、酮类 |
| | 间苯二酚树脂 | 水、醇类、酮类 |
| | 氨基树脂(尿素-甲醛树脂、三聚氰胺-甲醛树脂、尿素-三聚氰胺-甲醛树脂) | 水、醇类 |
| | 聚乙烯醇缩甲醛、聚乙烯醇缩丁醛 | 环己烷、双丙酮醇、二噁烷、二氯乙烷、甲基溶纤素 |
| | 聚乙烯醚 | 醇类、酮类、脂肪酸酯、芳香烃、脂肪烃 |
| | 硝酸纤维素 | 脂肪酸酯、酮类、醇类、芳香烃 |
| | 醋酸纤维素 | 氯代烷、脂肪酸酯、酮类 |
| | 醋酸丁酸纤维素 | 醇类、芳香烃混合物、氯代烃类、硝基烃、酮类 |
| | 乙基纤维素 | 醇类、酯类、芳香烃、酮类 |
| | 甲基纤维素 | 水 |
| | 羧乙基纤维素 | 水 |
| | 异氰酸酯树脂 | 氯代烷、烃类 |
| | 乙酸乙烯树脂 | 醇类、氯代烷、脂肪酸酯、芳香烃、酮类、水 |
| | 骨胶、酪朊、淀粉糊精 | 水 |
| | 松香、虫胶 | 醇类 |

# 第八节 化学实验室常用的干燥剂、吸收剂、制冷剂与胶黏剂

## 一、干燥剂

干燥通常是指除去产品中的水分或保护某些物质免除吸收空气中水分的过程。因此，凡是能吸

收水分的物质，一般都可以用作为干燥剂。

1. 干燥剂的通性

在选择干燥剂时，首先确保进行干燥的物质与干燥剂不发生任何反应；干燥剂兼作催化剂时，应不使被干燥的溶剂发生分解、聚合，不生成加成物。此外，还要考虑干燥速度、干燥效果和干燥剂的吸水量。在具体使用时，酸性物质的干燥最好选用酸性物质干燥剂，碱性物质的干燥用碱性物质干燥剂，中性物质的干燥用中性物质干燥剂。溶剂中有大量水存在时，应避免选用与水接触着火（如金属钠等）或者发热猛烈的干燥剂，可选用如氯化钙一类缓和的干燥剂进行干燥脱水，使水分减少后再使用金属钠干燥。加入干燥剂后应搅拌，放置一夜。温度可根据干燥剂的性质和对干燥速度的影响加以考虑。干燥剂的用量应稍过量。在水分多的情况下，干燥剂因吸收水分发生部分或全部溶解，生成液状或糊状分层，此时应进行分离，并加入新的干燥剂。溶剂与干燥剂的分离一般采用倾析法，将残留物进行过滤。若过滤时间太长，或因环境湿度过大，会再次吸湿而使水混入。此时，应采用与大气隔绝的特殊过滤装置。使用分子筛或活性氧化铝等干燥剂时，应装填于玻璃管内，溶剂自上而下流动或从下向上流动进行脱水。大多数溶剂脱水都可采用这种方法。

干燥剂分固体、液体和气体三类。又可分为碱性、酸性和中性物质干燥剂，以及金属干燥剂等。

干燥剂的性质各不相同，在使用时要充分考虑干燥剂的特性以及欲干燥溶剂的性质，使之达到有效干燥的目的。

表 2-67 列举了常用干燥剂的干燥能力。表 2-68 列出各种干燥剂的通性，供选用时参考。

**表 2-67 常用干燥剂的干燥能力** 单位：mg(水)/L(空气)

| 干燥剂 | 干燥能力 | 干燥剂 | 干燥能力 | 干燥剂 | 干燥能力 |
|---|---|---|---|---|---|
| 深冷(−194℃)空气 | (含水 $1.6\times10^{-23}$) | $CaSO_4$ | $4\times10^{-3}$ | CaO | 0.2 |
| $P_2O_5$ | $2\times10^{-5}$ | 硅胶 | $6\times10^{-3}$ | $CaCl_2$ | 0.14～0.25 |
| $Mg(ClO_4)_2$ | $5\times10^{-4}$ | MgO | $8\times10^{-3}$ | $H_2SO_4$(95.1%) | 0.3 |
| $Mg(ClO_4)_2\cdot3H_2O$ | $2\times10^{-3}$ | $CaBr_2$(−72℃) | $12\times10^{-3}$ | $CaCl_2$(熔融过的) | 0.36 |
| KOH(熔凝的) | $2\times10^{-3}$ | $CaBr_2$(−21℃) | $19\times10^{-3}$ | $ZnCl_2$ | 0.8 |
| $Al_2O_3$ | $3\times10^{-3}$ | $CaBr_2$(25℃) | $14\times10^{-2}$ | $ZnBr_2$ | 1.1 |
| 浓 $H_2SO_4$ | $3\times10^{-3}$ | NaOH(熔凝的) | $16\times10^{-2}$ | $CuSO_4$ | 1.4 |

注：1. 干燥剂干燥能力的测定是用被水蒸气饱和的空气，在 25℃时，以 1～3L/h 的速度通过已称重的干燥剂之后，再测定空气中剩余的水分。干燥能力表示的是 1L 空气中剩余水分的毫克数。空气中剩余水分越少，干燥剂的干燥能力越强。

2. 高氯酸盐作干燥剂时，要防止与一切有机物、碳、硫、磷等接触，否则可能产生爆炸。

**表 2-68 各种干燥剂的通性**

| 干燥剂 | 适用范围 | 不适用范围 | 备注 |
|---|---|---|---|
| 五氧化二磷 | 大多数中性和酸性气体、乙炔、二硫化碳、烃、卤代烃、酸与酸酐、腈 | 碱性物质，醇、酮、易发生聚合的物质，氯化氢、氟化氢 | 使用时应与载体（石棉绒、玻璃棉、浮石等）混合；一般先用其他干燥剂预干燥；潮解；与水作用生成偏磷酸、磷酸等 |
| 浓硫酸 | 大多数中性和酸性气体（干燥器、洗气瓶）、饱和烃、卤代烃、芳烃 | 不饱和化合物、醇、酮、酚、碱性物质、硫化氢、碘化氢 | 不适宜升温真空干燥 |
| 氧化钡、氧化钙 | 中性和碱性气体、胺、醇 | 醛、酮、酸性物质 | 特别适合于干燥气体；与水作用生成氢氧化钡或氢氧化钙 |
| 氢氧化钠、氢氧化钾 | 氨、胺、醚、烃（干燥器）、肼 | 醛、酮、酸性物质 | 潮解 |
| 碳酸钾 | 胺、醇、丙酮、一般的生物碱、酯、腈 | 酸、酚及其他酸性物质 | 潮解 |
| 金属钠（钾） | 醚、饱和烃、叔胺、芳烃、液氨 | 氯代烃（爆炸！）、醇、胺（伯、仲）、其他与钠起反应的化合物 | 一般先用其他干燥剂预干燥；与水作用生成氢氧化钠和氢气 |

续表

| 干燥剂 | 适用范围 | 不适用范围 | 备注 |
| --- | --- | --- | --- |
| 氯化钙 | 烃、链烯烃、醚、卤代烃、酯、腈、中性气体、氯化氢 | 醇、氨、胺、酸、酸性物质、某些醛、酮及酯 | 价廉；能与许多含氮和氧的化合物生成溶剂化物、络合物或发生反应；含有碱性杂质(氧化钙等) |
| 高氯酸镁 | 含有氨的气体(干燥器) | 易氧化的有机液体 | 适宜用于分析工作；能溶于许多溶剂中；处理不当还会引起爆炸 |
| 硫酸钠、硫酸镁 | 普遍适用；特别适用于酯及敏感物质溶液 | | 均价廉；硫酸钠常作为预干燥剂 |
| 硫酸钙[①]、硅胶 | 普遍适用(干燥器) | 氟化氢 | 常先用硫酸钠预干燥 |
| 分子筛 | 温度在100℃以下的大多数流动气体、有机溶剂(干燥器) | 不饱和烃 | 一般先用其他干燥剂预干燥，特别适用于低分压的干燥 |
| 氢化钙($CaH_2$) | 烃、醚、酯、$C_4$及$C_4$以上的醇 | 醛、含有活泼羰基的化合物 | 作用比氢化铝锂慢，但效率差不多，而且比较安全，是最好的脱水剂之一；与水作用生成氢氧化钙和氢气 |
| 氢化铝锂($LiAlH_4$) | 烃、芳基卤化物、醚 | 含有酸性氢、卤素、羰基及硝基等的化合物 | 使用时要小心；过剩的可以慢慢加乙酸乙酯将其破坏；与水作用生成氢氧化锂、氢氧化铝和氢气 |

① 可加氯化钴制成变色硅胶和变色硫酸钙。在干的时候，指示剂无水氯化钴（$CoCl_2$）是蓝色的，而当它吸水变成$CoCl_2 \cdot 6H_2O$后是粉红色的。某些有机溶剂（如丙酮、醇、吡啶等）会溶出氯化钴或改变氯化钴的颜色。

2. 气体干燥用的干燥剂

表2-69为气体干燥用的干燥剂。

**表2-69 气体干燥用的干燥剂**

| 干燥剂 | 适用气体 | 干燥剂 | 适用气体 |
| --- | --- | --- | --- |
| CaO | 氨、胺类 | KOH(熔融过的) | 氨、胺类 |
| $CaCl_2$(熔融过的) | $H_2$、$O_2$、HCl、$CO_2$、CO、$N_2$、$SO_2$、烷烃、乙醚、烯烃、氯代烷 | $CaBr_2$ | HBr |
| $P_2O_5$ | $H_2$、$O_2$、$CO_2$、CO、$SO_2$、$N_2$、乙烯、烷烃 | $CaI_2$ | HI |
| $H_2SO_4$ | $O_2$、$CO_2$、CO、$N_2$、$Cl_2$、烷烃 | 碱石灰 | 氨、胺、$O_2$、$N_2$，同时可除去气体中的$CO_2$和酸气 |

3. 有机化合物干燥用的干燥剂

表2-70为有机化合物干燥用的干燥剂。

**表2-70 有机化合物干燥用的干燥剂**

| 有机化合物 | 干燥剂 | 有机化合物 | 干燥剂 |
| --- | --- | --- | --- |
| 烃类 | $CaCl_2$、Na、$P_2O_5$ | 碱类 | KOH、$K_2CO_3$、BaO |
| 醇类 | $K_2CO_3$、$CuSO_4$、CaO、$Na_2SO_4$ | 胺类 | NaOH、KOH、$K_2CO_3$ |
| 醚类 | $CaCl_2$、Na | 肼类 | $K_2CO_3$ |
| 卤代烃 | $CaCl_2$、$P_2O_5$ | 腈类 | $K_2CO_3$ |
| 醛类 | $CaCl_2$ | 硝基化合物 | $CaCl_2$、$Na_2SO_4$ |
| 酮类 | $K_2CO_3$、$CaCl_2$(高级酮用) | 酚类 | $Na_2SO_4$ |
| 酸类 | $Na_2SO_4$ | 二硫化碳 | $CaCl_2$、$P_2O_5$ |
| 酯类 | $Na_2SO_4$、$CaCl_2$ | | |

4. 分子筛干燥剂

(1) 可用分子筛干燥的气体 有空气、天然气、氩、氨、氧、氢、裂解气、乙炔、乙烯、二氧化碳、硫化氢等。

干燥后的气体中含水量一般小于 $10^{-6}$。

(2) 可用分子筛干燥的液体　有乙醇、乙醚、丙酮、苯、正己烷、正庚烷、丙烯腈、乙酸丁酯、四氯化碳、异丙醇、甲苯、变压器油、甲乙酮、苯乙烯、四氯乙烯、三氯乙烯、丙醇、正戊醇、氟里昂、苯酚、汽油、乙腈、吡啶、二甲亚砜、环己烷、液氧、喷气燃料、异戊二烯、二氯乙烷。

干燥后的液体中含水量一般小于 $10^{-6}$。

(3) 分子筛的化学组成及特性　分子筛的种类较多，目前作为商品出售和应用最广的是 A 型、X 型和 Y 型。分子筛的化学组成及特性见表 2-71。

**表 2-71　分子筛的化学组成及特性**

| 类　型 | 孔径/$10^{-8}$cm | 化　学　组　成 | 水吸附量的质量分数/% | 特　性　和　应　用 |
|---|---|---|---|---|
| A 型 | | | | |
| 3A(或钾 A 型) | 3.0 | $(0.75K_2O、0.25Na_2O):Al_2O_3:2SiO_2$ | 25 | 只吸附水，不吸附乙烯、乙炔、二氧化碳、氨和更大的分子 |
| 4A(或钠 A 型) | 4.0 | $Na_2O:Al_2O_3:2SiO_2$ | 27.5 | 吸附水、甲醇、乙醇等 |
| 5A(或钙 A 型) | 5.0 | $(0.75CaO、0.25Na_2O):Al_2O_3:2SiO_2$ | 27 | 用于正异构烃类的分离 |
| X 型 | | | | |
| 10X(或钙 X 型) | 9.0 | $(0.75CaO、0.75Na_2O):Al_2O_3:(2.5\pm0.5)SiO_2$ | — | 用于芳烃类异构体分离 |
| 13X(或钠 X 型) | 10.0 | $Na_2O:Al_2O_3:(2.5\pm0.5)SiO_2$ | 39.5 | 用于催化剂载体和水-二氧化碳、水-硫化氢的共吸附 |
| Y 型 | 10.0 | $Na_2O:Al_2O_3:(3\sim6)SiO_2$ | 35.2 | 经过蒸汽处理后，仍有高的吸氧量 |

(4) 分子筛按分子大小吸附分类　分子筛的分类见表 2-72。

**表 2-72　分子筛按分子大小吸附分类**

| | | | | | |
|---|---|---|---|---|---|
| $He$、$Ne$、$Ar$、$H_2$、$O_2$、$N_2$、$H_2O$ 能被钾A型(3A)分子筛吸附 | $Kr$、$Xe$、$CH_4$、$CO$、$NH_3$、$C_2H_6$、$C_2H_4$、$C_2H_2$、$CH_3OH$、$CH_3CN$、$CH_3NH_2$、$CH_3Cl$、$CH_3Br$、$CO_2$、$CS_2$ | $C_3$~$C_{14}$正烷烃、$C_2H_5Cl$、$C_2H_5Br$、$CH_3I$、$C_2H_5OH$、$B_2H_6$、$C_2H_5NH_2$、$CF_4$、$CH_2Br_2$、$C_2F_6$、$CH_2Cl_2$、$CF_2Cl_2$、$CHF_3$、$CF_3Cl$、$(CH_3)_2NH$、$CHFCl_2$ | $SF_6$、$C(CH_3)_4$、$CHCl_3$、$C(CH_3)_3Cl$、$CHBr_3$、$C(CH_3)_3Br$、$CHI_3$、$C(CH_3)_3OH$、$n$-$C_3F_8$、$CCl_4$、$(C_2H_5)_3N$、$n$-$C_4F_{10}$、环己烷、$n$-$C_7H_{16}$、萘、喹啉、$CBr_4$、噻吩、甲苯、$C_6H_6$、$B_5H_{10}$、呋喃、单酮类、$(CH_3)_3N$、二氧杂环己烷、吡啶 | 1,3,5-三乙基苯 | 三正丁胺 |
| 能被钠A型(4A)分子筛吸附 | | | | | |
| 能被钙A型(5A)分子筛吸附 | | | | | |
| 能被钙X型(10X)分子筛吸附 | | | | | |
| 能被钠X型(13X)分子筛吸附 | | | | | |
| 能被Y型分子筛吸附 | | | | | |

5. 容量法常用基准物质的干燥

容量法常用基准物质的干燥条件见表 2-73。

6. 常用化合物的干燥

一般常用化合物的干燥条件见表 2-74。

**表 2-73 容量法常用基准物质的干燥条件**

| 物质名称 | 干燥条件 |
| --- | --- |
| 三氧化二砷($As_2O_3$) | 于硫酸干燥器中干燥至恒重，或常温下于真空硫酸干燥器中保持 24h |
| 金属铜(Cu) | 依次用(2＋98)乙酸-水和 95％乙醇洗净，立即放入氯化钙或硫酸干燥器中，放置 24h 以上 |
| 重铬酸钾($K_2Cr_2O_7$) | 研碎后于 100～110℃保持 3～4h 后，硫酸干燥器中冷却 |
| 邻苯二甲酸氢钾($KHC_8H_4O_4$) | 110～120℃烘 1～2h，于干燥器中冷却 |
| 碘酸钾($KIO_3$) | 120～140℃烘 1.5～2h 后，硫酸干燥器中冷却 |
| 氯化钠(NaCl) | 铂坩埚中 500～650℃灼烧 40～50min 后，硫酸干燥器中冷却 |
| 碳酸钠($Na_2CO_3$) | 铂坩埚中 270～300℃烘烤 40～50min 后，硫酸干燥器中冷却 |
| 草酸钠($Na_2C_2O_4$) | 105～110℃烘 2h 后，硫酸干燥器中冷却 |
| 氟化钠(NaF) | 铂坩埚中 500～550℃灼烧 40～50min 后，硫酸干燥器中冷却 |
| 金属锌(Zn) | 依次用(1＋3)盐酸-水和丙酮洗净，立即放入氯化钙或硫酸干燥器中，放置 24h 以上 |

**表 2-74 常用化合物的干燥条件**

| 化合物名称 | 分子式 | 干燥后的组成 | 干燥条件 |
| --- | --- | --- | --- |
| 硝酸银 | $AgNO_3$ | $AgNO_3$ | 110℃ |
| 氢氧化钡 | $Ba(OH)_2 \cdot 8H_2O$ | $Ba(OH)_2 \cdot 8H_2O$ | 室温(真空干燥器) |
| 苯甲酸 | $C_6H_5COOH$ | $C_6H_5COOH$ | 125～130℃ |
| EDTA 二钠 | $C_{10}H_{14}O_8N_2Na_2 \cdot 2H_2O$ | $C_{10}H_{14}O_8N_2Na_2 \cdot 2H_2O$ | 室温(空气干燥) |
| 碳酸钙 | $CaCO_3$ | $CaCO_3$ | 110℃ |
| 硝酸钙 | $Ca(NO_3)_2 \cdot 4H_2O$ | $Ca(NO_3)_2$ | 200～400℃ |
| 硫酸镉 | $CdSO_4 \cdot 7H_2O$ | $CdSO_4$ | 500～800℃ |
| 二氧化铈 | $CeO_2$ | $CeO_2$ | 250～280℃ |
| 硫酸高铈 | $Ce(SO_4)_2 \cdot 4H_2O$ | $Ce(SO_4)_2 \cdot 4H_2O$ | 室温(空气干燥) |
| | $Ce(SO_4)_2 \cdot 4H_2O$ | $Ce(SO_4)_2$ | 150℃ |
| 硝酸钴 | $Co(NO_3)_2 \cdot 6H_2O$ | $Co(NO_3)_2 \cdot 6H_2O$ | 室温(空气干燥) |
| | $Co(NO_3)_2 \cdot 6H_2O$ | $Co(NO_3)_2 \cdot 5H_2O$ | 硅胶、硫酸等作干燥剂 |
| 硫酸钴 | $CoSO_4 \cdot 7H_2O$ | $CoSO_4 \cdot 7H_2O$ | 室温(空气干燥) |
| 硫酸铜 | $CuSO_4 \cdot 5H_2O$ | $CuSO_4 \cdot 5H_2O$ | 室温(空气干燥) |
| | $CuSO_4 \cdot 5H_2O$ | $CuSO_4$ | 330～400℃ |
| 硫酸亚铁铵 | $(NH_4)_2Fe(SO_4)_2 \cdot 6H_2O$ | $(NH_4)_2Fe(SO_4)_2 \cdot 6H_2O$ | 室温(真空干燥) |
| 硼酸 | $H_3BO_3$ | $H_3BO_3$ | 室温(空气干燥保存) |
| 草酸 | $H_2C_2O_4 \cdot 2H_2O$ | $H_2C_2O_4 \cdot 2H_2O$ | 室温(空气干燥) |
| | $H_2C_2O_4 \cdot 2H_2O$ | $H_2C_2O_4$ | 硅胶、硫酸等作干燥剂(失水)，加热 110℃(全部脱水) |
| 碘 | $I_2$ | $I_2$ | 室温(干燥器中保存，硫酸、硅胶等作干燥剂) |
| 硫酸铝钾 | $KAl(SO_4)_2 \cdot 12H_2O$ | $KAl(SO_4)_2 \cdot 12H_2O$ | 室温(空气干燥) |
| | $KAl(SO_4)_2 \cdot 12H_2O$ | $KAl(SO_4)_2$ | 260～500℃ |
| 溴化钾 | KBr | KBr | 500～700℃ |
| 溴酸钾 | $KBrO_3$ | $KBrO_3$ | 150℃ |

续表

| 化合物名称 | 分子式 | 干燥后的组成 | 干燥条件 |
|---|---|---|---|
| 氰化钾 | $KCN$ | $KCN$ | 室温(干燥器中保存) |
| 碳酸钾 | $K_2CO_3 \cdot 2H_2O$ | $K_2CO_3$ | 270～300℃ |
| | $K_2CO_3$ | $K_2CO_3$ | 270～300℃ |
| 氯化钾 | $KCl$ | $KCl$ | 500～600℃ |
| 亚铁氰化钾 | $K_4Fe(CN)_6 \cdot 3H_2O$ | $K_4Fe(CN)_6 \cdot 3H_2O$ | 室温(空气干燥),低于45℃ |
| 碳酸氢钾 | $KHCO_3$ | $K_2CO_3$ | 270～300℃ |
| 碘化钾 | $KI$ | $KI$ | 500℃ |
| 高锰酸钾 | $KMnO_4$ | $KMnO_4$ | 80～100℃ |
| 氢氧化钾 | $KOH$ | $KOH$ | 室温(干燥器中保存,$P_2O_5$作干燥剂) |
| 氯铂酸钾 | $K_2PtCl_6$ | $K_2PtCl_6$ | 135℃ |
| 硫氰酸钾 | $KSCN$ | $KSCN$ | 室温(干燥器中保存) |
| 硝酸镧 | $La(NO_3)_3 \cdot 6H_2O$ | $La(NO_3)_3 \cdot 6H_2O$ | 室温(空气干燥) |
| 硫酸镁 | $MgSO_4 \cdot 7H_2O$ | $MgSO_4$ | 250℃ |
| 氯化锰 | $MnCl_2 \cdot 4H_2O$ | $MnCl_2$ | 200～250℃ |
| 钼酸铵 | $(NH_4)_6Mo_7O_{24} \cdot 4H_2O$ | $(NH_4)_6Mo_7O_{24} \cdot 4H_2O$ | 室温(空气干燥) |
| 硫酸铵 | $(NH_4)_2SO_4$ | $(NH_4)_2SO_4$ | 200℃以下 |
| 钒酸铵 | $NH_4VO_3$ | $NH_4VO_3$ | 30℃以下(干燥器中保存) |
| 硼砂 | $Na_2B_4O_7 \cdot 10H_2O$ | $Na_2B_4O_7 \cdot 10H_2O$ | 室温下(<35℃)在装有NaCl和蔗糖饱和溶液的干燥器(湿度70%)中干燥 |
| 碳酸氢钠 | $NaHCO_3$ | $Na_2CO_3$ | 270～300℃ |
| 钼酸钠 | $Na_2MoO_4 \cdot 2H_2O$ | $Na_2MoO_4 \cdot 2H_2O$ | 室温(空气干燥) |
| 硝酸钠 | $NaNO_3$ | $NaNO_3$ | 300℃以下 |
| 氢氧化钠 | $NaOH$ | $NaOH$ | 室温(干燥器中保存,硅胶、硫酸等作干燥剂) |
| 硫代硫酸钠 | $Na_2S_2O_3 \cdot 5H_2O$ | $Na_2S_2O_3 \cdot 5H_2O$ | 室温(30℃以下) |
| 钨酸钠 | $Na_2WO_4 \cdot 2H_2O$ | $Na_2WO_4 \cdot 2H_2O$ | 室温(空气干燥) |
| 硫酸镍 | $NiSO_4 \cdot 7H_2O$ | $NiSO_4$ | 500～700℃ |
| 乙酸铅 | $Pb(CH_3COO)_2 \cdot 2H_2O$ | $Pb(CH_3COO)_2 \cdot 2H_2O$ | 室温 |

## 二、气体吸收剂

常见气体的吸收剂列于表2-75。

## 三、制冷剂

实验室利用水、雪、水和盐、碱、酸，按一定比例混合可得到高低不等的低温，最低可达−80℃以下。使用液态气体甚至可以得到−273.16℃的温度。盐、碱、酸与水、雪、冰的配比及所得到的温度见表2-76～表2-78。用于制冷的液态气体见表2-79。

使用二氧化碳制冷剂时，应该注意：二氧化碳在钢瓶中是液体，使用时先在钢瓶出口处接一个既保温又透气的棉布袋。打开阀门，将液态二氧化碳迅速地大量放出，因压力突然降低，二氧化碳一部分蒸发，另一部分降温在棉袋中结成二氧化碳固体，称之为干冰。若与其他液体混合使用能达到不同温度，如与二氯乙烷混合后，温度可达－60℃；与乙醇混合达－72℃；与乙醚混合达－77℃；与丙酮混合达－78.5℃。

液态氧与有机化合物接触能引起燃烧爆炸。液态氢气化时产生大量可燃氢气，使用时必须极为谨慎小心，防止燃烧爆炸。因此，低温制冷剂通常不用液态氧或液态氢，而常用液态氮或液态空气。

**表 2-75 常见气体的吸收剂**

| 气体名称 | 吸收剂 | 配制方法 | 吸收能力① | 附注 |
|---|---|---|---|---|
| CO | 酸性 $Cu_2Cl_2$ 溶液 | $Cu_2Cl_2$ 100g 溶于 500mL HCl 中，用水稀释至 1L(加 Cu 片保存) | 10 | $O_2$ 也起反应 |
| | 氨性 $Cu_2Cl_2$ 溶液 | $Cu_2Cl_2$ 23g 加水 100mL、浓氨水 43mL 溶解(加 Cu 片保存) | 30 | $O_2$ 也起反应 |
| $CO_2$ | KOH 溶液 | KOH 250g 溶于 800mL 水中 | 42 | HCl、$SO_2$、$H_2S$、$Cl_2$ 等也被吸收 |
| | $Ba(OH)_2$ 溶液 | $Ba(OH)_2 \cdot 8H_2O$ 饱和溶液 | 少量 | |
| $Cl_2$ | KI 溶液 | 1mol/L KI 溶液 | 大量 | 用于容量分析 |
| | $Na_2SO_3$ 溶液 | 1mol/L $Na_2SO_3$ 溶液 | 大量 | |
| $H_2$ | 海绵钯 | 海绵钯 4～5g | | 100℃反应 15min |
| | 胶态钯溶液 | 胶态钯 2g，苦味酸 5g，加 1mol/L NaOH 22mL，稀释至 100mL | 40 | 50℃反应 10～15min |
| HCN | KOH 溶液 | KOH 250g 溶于 800mL 水中 | 大量 | |
| HCl | KOH 溶液 | KOH 250g 溶于 800mL 水中 | 大量 | |
| | $AgNO_3$ 溶液 | 1mol/L $AgNO_3$ 溶液 | 大量 | |
| $H_2S$ | $CuSO_4$ 溶液 | 1% $CuSO_4$ 溶液 | 大量 | |
| | $Cd(Ac)_2$ 溶液 | 1% $Cd(Ac)_2$ 溶液 | 大量 | |
| $N_2$ | Ba、Ca、Ce、Mg 等金属 | 使用 80～100 目的细粉 | 大量 | 在 800～1000℃使用 |
| $NH_3$ | 酸性溶液 | 0.1mol/L HCl | 大量 | |
| NO | $KMnO_4$ 溶液 | 0.1mol/L $KMnO_4$ 溶液 | 大量 | |
| | $FeSO_4$ 溶液 | $FeSO_4$ 的饱和溶液加 $H_2SO_4$ 酸化 | 大量 | 生成 $Fe(NO)^{2+}$ 反应慢 |
| $O_2$ | 碱性焦性没食子酸溶液 | 20% 焦性没食子酸，20% KOH，60% $H_2O$ | 大量 | 15℃以下反应慢 |
| | 黄磷 | 固体 | 大量 | |
| | $Cr(Ac)_2$ 盐酸溶液 | 将 $Cr(Ac)_2$ 用盐酸溶解 | 大量 | 反应快 |
| | $Na_2S_2O_4$ 溶液 | $Na_2S_2O_4$ 50g 溶于 6% NaOH 25mL 中 | 大量 | $CO_2$ 也吸收 |
| $SO_2$ | KOH 溶液 | KOH 250g 溶于 800mL 水中 | 大量 | |
| | $I_2$-KI 溶液 | 0.1mol/L $I_2$-KI 溶液 | 大量 | 用于容量分析 |
| | $H_2O_2$ 溶液 | 3% $H_2O_2$ 溶液 | 大量 | |
| 不饱和烃 | 发烟硫酸 | 含 20%～25% $SO_3$ 的 $H_2SO_4$(密度 1.94g/mL) | 8 | 15℃以上使用 |
| | 溴溶液 | 5%～10% KBr 溶液用 $Br_2$ 饱和 | 大量 | 苯和乙炔吸收慢 |

① 吸收能力指单位体积吸收剂所吸收气体的体积数。

**表 2-76 盐和水（冷至 15℃）混合所达最低温度**

| 盐 | 在 100 份水中溶解盐的份数 | 最低温度/℃ | 盐 | 在 100 份水中溶解盐的份数 | 最低温度/℃ |
|---|---|---|---|---|---|
| $(NH_4)_2SO_4$ | 75 | 9 | $NH_4Cl$ | 30 | −3 |
| $Na_2SO_4 \cdot 10H_2O$ | 20 | 8 | $Na_2S_2O_3$ | 110 | −4 |
| $MgSO_4$ | 85 | 7 | $CaCl_2$ | 250 | −8 |
| $Na_2CO_3$ | 40 | 6 | $NH_4NO_3$ | 100 | −12 |
| $KNO_3$ | 16 | 5 | $NH_4Cl+KNO_3$ | 33+33 | −12 |
| $(NH_4)_2CO_3$ | 30 | 3 | $NH_4CNS$ | 133 | −16 |
| KCl | 30 | 2 | KCNS | 100 | −24 |
| $NaC_2H_3O_2 \cdot 3H_2O$ | 85 | −0.5 | $NH_4Cl+KNO_3$ | 100+100 | −25 |

**表 2-77 盐或酸与雪或碎冰混合所达最低温度**

| 加入雪中的物质 | 100 份雪中加入物质的份数 | 最低温度/℃ | 加入雪中的物质 | 100 份雪中加入物质的份数 | 最低温度/℃ |
|---|---|---|---|---|---|
| $Na_2CO_3$ | 20 | −2 | $KNO_3+NH_4NO_3$ | 9+74 | −25 |
| $CaCl_2 \cdot 6H_2O$ | 41 | −9 | $NaNO_3+NH_4NO_3$ | 55+52 | −26 |
| KCl | 30 | −11 | $KNO_3+NH_4CNS$ | 9+67 | −28 |
| $NH_4Cl$ | 25 | −15 | $CaCl_2 \cdot 6H_2O$ | 100 | −29 |
| $NH_4NO_3$ | 50 | −17 | KCl(工业用) | 100 | −30 |
| $NaNO_3$ | 50 | −18 | $NH_4Cl+KNO_3$ | 13+38 | −31 |
| 38%HCl | 50 | −18 | $KCNS+KNO_3$ | 112+2 | −34 |
| $(NH_4)_2SO_4$ | 62 | −19 | $NH_4CNS+NaNO_3$ | 40+55 | −37 |
| 浓 $H_2SO_4$ | 25 | −20 | 66%$H_2SO_4$ | 100 | −37 |
| NaCl | 33～100 | −20～−22 | 稀 $HNO_3$ | 100 | −40 |
| $Na_2SO_4 \cdot 10H_2O+(NH_4)_2SO_4$ | 9.6+69 | −20 | $CaCl_2 \cdot 6H_2O$ | 125 | −40.3 |
| $CaCl_2 \cdot 6H_2O$ | 82 | −21.5 | $CaCl_2 \cdot 6H_2O$ | 150 | −49 |
| $NH_4Cl+NH_4NO_3$ | 18.8+44 | −22.1 | $CaCl_2 \cdot 6H_2O$ | 500 | −54 |
| $NH_4Cl+(NH_4)_2SO_4$ | 12+50.5 | −22.5 | $CaCl_2 \cdot 6H_2O$ | 143 | −55 |

**表 2-78 盐、碱、酸和冰混合所达最低温度**

| 物　质 | 无水物质的含量/% | 最低温度/℃ | 物　质 | 无水物质的含量/% | 最低温度/℃ | 物　质 | 无水物质的含量/% | 最低温度/℃ |
|---|---|---|---|---|---|---|---|---|
| $Pb(NO_3)_2$ | 35.2 | −2.7 | $NH_4Cl$ | 22.9 | −15.8 | $CaCl_2$ | 29.9 | −55 |
| $MgSO_4$ | 21.5 | −3.9 | $NaNO_3$ | 37.0 | −18.5 | $ZnCl_2$ | 52.0 | −62 |
| $ZnSO_4$ | 27.2 | −6.6 | NaCl | 28.9 | −21.2 | KOH | 32.0 | −65 |
| $BaCl_2$ | 29.0 | −7.8 | NaOH | 19.0 | −28.0 | HCl | 24.8 | −86 |
| $MnSO_4$ | 47.5 | −10.5 | $MgCl_2$ | 20.6 | −33.6 | | | |
| $Na_2S_2O_3$ | 30.0 | −11.0 | $K_2CO_3$ | 39.5 | −36.5 | | | |

**表 2-79 用于制冷的液态气体**

| 物　质 | 沸点/℃ | 三相点温度/℃① | 三相点压力/Pa(cmHg) | 物　质 | 沸点/℃ | 三相点温度/℃① | 三相点压力/Pa(cmHg) |
|---|---|---|---|---|---|---|---|
| 二氧化碳(固) | −78.5② | — | — | 氮 | −195.8 | −209.9 | 941.4(9.6) |
| 氧化亚氮 | −89.8 | −102.4 | — | 氢 | −252.8 | −259.1 | 500.1(5.1) |
| 甲烷 | −161.4 | −183.1 | 686.5(7.0) | 氦 | −268.9 | — | — |
| 氧 | −183.0 | −218.4 | 19.6(0.2) | | | | |

① 表示气、液、固三相平衡时温度。

② 表示固体二氧化碳的升华温度。

液态氮（液氮）和液态空气常储于细口长颈金属制的双层保温瓶中，液氮瓶口冒出白色氮雾。液态氮溅出碰到物体上，发出啪啪声。若溅到皮肤上，皮肤会被低温冻伤（灼伤），伤口较高温烫伤疼痛，且难于愈合。所以使用液氮时必须戴上手套。

## 四、胶黏剂

胶黏剂的种类繁多，可分为无机类和有机类胶黏剂。从形态上看，多数胶黏剂为稠厚的液体。

1. 有机类胶黏剂

（1）环氧树脂胶黏剂　这类胶黏剂的粘接力强，收缩性小，对电绝缘，耐化学品性能优良，因此广泛应用。它是由环氧氯丙烷与二酚丙烷等多元酚或多元醇类缩聚而成。因生产时控制条件不同，可得到不同相对分子质量的环氧树脂，因而有不同牌号，如 6101，634，637，638，670 等商品牌号。软化点在 12～55℃间。环氧树脂中加入硬化剂后，即与其发生化学反应，使树脂变硬达到粘接的目的。硬化剂有乙二胺、二乙烯三胺、650 聚酰胺、间苯二胺、草酸、邻苯二甲酸酐等。最常用的为 650 聚酰胺，其用量为每 100g 环氧树脂 80～100g，混合均匀，室温 25℃，一天即可硬化。现已广泛应用于玻璃、陶瓷、金属、木材等相互之间或同种材料的粘接。

（2）脲醛树脂——5011 胶黏剂　这种胶黏剂用于木材制品的粘接，粘接牢固度强，不怕水，不怕潮湿，耐虫，耐霉菌侵蚀。

使用方法：每 100g 5011 胶黏剂用 0.3～0.5g 固体氯化铵（夏天用 0.3g，冬天用 0.5g）。将氯化铵用尽量少的水溶解，然后边搅拌，边将氯化铵水溶液慢慢加入 5011 胶黏剂中，搅拌均匀，立即胶粘。最后把胶粘的物品压紧，在室温放置，12h 后即粘牢。

（3）聚乙烯醇类胶黏剂　10%的聚乙烯醇水溶液，称合成胶水。聚乙烯醇缩丁醛胶黏剂及聚乙酸乙烯酯乳液，主要用于纸张、木材、竹、皮革等的粘接。

（4）塑料用胶黏剂　塑料品种很多，不同塑料应使用不同胶黏剂。因此应根据塑料的品种与性质选择合适的胶黏剂，才能达到良好的粘接效果。

① 万能胶　市售的万能胶系聚苯乙烯树脂溶于苯中配制而成，主要用于胶粘聚苯乙烯塑料制品。

② 有机玻璃粘接　可用氯仿粘接，也可把小块或粉末有机玻璃溶于氯仿中，配成胶黏剂进行胶粘。

③ 赛璐珞粘接　赛璐珞是硝化棉制品，极易燃烧，可用有机溶剂乙酸丁酯和丙酮粘接。

④ 聚氯乙烯薄膜粘接　市售的聚氯乙烯薄膜胶黏剂是由 20g 过氯乙烯树脂溶解于 40g 乙酸乙酯和 40g 乙酸丁酯混合溶剂中配制而成。把此胶黏剂涂在聚氯乙烯薄膜上，将两块薄膜压紧，溶剂挥发后即粘牢。

⑤ 泡沫塑料粘接　100g 聚乙烯醇加入适量水，加温至 95～97℃，搅拌使其全溶，再加入 10g 氯化铵或 200g 脲醛树脂，待溶解后，即可使用。涂于待粘面，压合，于室温下放置 24h，即可粘接。

⑥ 尼龙粘接　将 10～20g 尼龙屑溶于 50g 苯酚中，再加入 30g 二氯丁烯即可使用。将胶涂于待粘面上，压紧固定约 8h，即可粘接。

⑦ 聚苯乙烯粘接　聚苯乙烯碎片 10～15g 溶于 50g 甲苯和 50g 乙酸乙酯中即可使用。

（5）快速胶（502 胶）　其主要成分是 $\alpha$-氰基丙烯酸酯，它广泛用于金属、玻璃、陶瓷、橡胶、有机玻璃、硬质塑料等多种材料的粘接。被粘物体表面除去灰尘和油污，然后涂上快速胶，叠合在一起并稍加压力，几分钟后就可粘住，1～2d 达到最高粘接强度。

（6）导电胶黏剂　它是在胶黏剂中加了银粉、铜粉、金粉或石墨粉等，主要用于粘接导电体。

2. 无机类胶黏剂

（1）甘油胶黏剂　10g 白明胶，3g 硼酸，10g 甘油，60g 水，调匀即可使用。固化后加热能再次熔化，主要用于粘接木材。

（2）玻璃和瓷器用的胶黏剂　有多个配方。

（3）玻璃和金属的胶黏剂　把 60g 17%苛性钠加热溶入 30g 松香，冷却后再把 80g 氧化锌掺入形成硬膏状即可使用。

（4）快凝结胶黏剂

① 60%氯化锌溶液与不含碳酸盐的氧化锌细粉混合起来，数分钟内就能凝固粘接。

② 等量的白垩、氧化锌和二氧化锰加到水玻璃中混合，在数分钟内凝固粘接。

(5) 耐酸、碱的胶黏剂

① 把 100g 一氧化铅放在铁板上加热到 300℃数分钟，然后冷却。在 25mL 无水甘油中边搅边加入处理好的一氧化铅，15～30min 凝固。

② 把 1g 硫酸钡、2g 石棉粉或石棉和 1g 细砂放在铁板上加热到 300℃数分钟，然后冷却，再与水玻璃混合搅匀。

(6) 在 700～800℃使用的胶黏剂　软锰矿 21g、硼砂 2g 和氧化锌 10g 混匀磨成细粉，再与水玻璃调成糊状，即可使用。

# 第九节　掩蔽剂与解蔽剂

在分析实验的分离过程中常有干扰物质的存在，利用掩蔽剂可将干扰离子浓度减小，甚至使干扰离子浓度低至不足以参加反应，或参加反应的量极微，就可消除该离子的干扰。常用掩蔽剂有络合掩蔽剂、沉淀掩蔽剂、氧化还原掩蔽剂等。在实验的分析工作中还用到解蔽剂，它能破坏掩蔽剂，起到解除掩蔽的作用。

## 一、阳离子掩蔽剂

各种阳离子的掩蔽剂列于表 2-80。

表 2-80　阳离子的掩蔽剂

| 阳离子元素 | 掩蔽剂 |
|---|---|
| Ag | $CN^-$、$I^-$、$Br^-$、$Cl^-$、$SCN^-$、$S_2O_3^{2-}$、$NH_3$、硫脲、TGA、DDTC、BHEDTC、TSC、柠檬酸盐、BAL |
| Al | $F^-$、$BF_4^-$、甲酸盐、乙酸盐、柠檬酸盐、酒石酸盐、草酸盐、丙二酸盐、葡萄糖酸盐、水杨酸盐、SSA、钛铁试剂、EDTA、TEA、乙酰丙酮、BAL、$OH^-$、甘露醇、甘油、HQSA |
| As | $S^{2-}$、BAL、二巯基丙烷磺酸钠、柠檬酸盐、酒石酸盐、盐酸羟胺、$OH^-$ |
| Au | $CN^-$、$I^-$、$Br^-$、$Cl^-$、$SCN^-$、$S_2O_3^{2-}$、$NH_3$、硫脲、BHEDTC、TGA、DDTC、TSC、柠檬酸盐、BAL、用 $SO_2$ 还原 |
| Ba | DCTA、EDTA、EGTA、柠檬酸盐、酒石酸盐、DHG、$F^-$、$SO_4^{2-}$、$PO_4^{3-}$ |
| Be | 柠檬酸盐、酒石酸盐、EDTA、钛铁试剂、SSA、乙酰丙酮、$F^-$ |
| Bi | $I^-$、$SCN^-$、$S_2O_3^{2-}$、$Cl^-$、$F^-$、$OH^-$、DDTC、TGA、二巯基丙烷磺酸钠，BAL、BHEDTC、MPA、MSA、DMSA、TCA、半胱氨酸、双硫腙、硫脲、酒石酸盐、柠檬酸盐、草酸盐、钛铁试剂、SSA、NTA、EDTA、PDTA、TEA、DHG、三磷酸盐、抗坏血酸 |
| Ca | NTA、EDTA、EGTA、DHG、酒石酸盐、$F^-$、$BF_4^-$、多磷酸盐 |
| Cd | $I^-$、$CN^-$、$S_2O_3^{2-}$、$SCN^-$、DDTC、BHEDTC、BAL、二巯基丙烷磺酸钠、半胱氨酸、TCA、MPA、DMSA、DMPA、BCMDTC、双硫腙、TGA、柠檬酸盐、酒石酸盐、丙二酸盐、氨基乙酸、DHG、NTA、EDTA、Pb-EG-TA、$NH_3$、tetren、邻二氮菲，DTCPA |
| Ce | $F^-$、$PO_4^{3-}$、$P_2O_7^{4-}$、柠檬酸盐、酒石酸盐、DHG、NTA、EDTA、钛铁试剂、还原剂 |
| Co | $CN^-$、$SCN^-$、$S_2O_3^{2-}$、$F^-$、$NO_2^-$、柠檬酸盐、酒石酸盐、丙二酸盐、钛铁试剂、氨基乙酸、DHG、TEA、EDTA、TGA、DDTC、BHEDTC、DMPA、DMSA、MPA、BAL、TCA、二巯基丙烷磺酸钠、$NH_3$、en、tren、tetren、penten、邻二氮菲、丁二酮肟、$H_2O_2$、三磷酸盐 |
| Cr | 甲酸盐、乙酸盐、柠檬酸盐、酒石酸盐、钛铁试剂、SSA、DHG、NTA、EDTA、TEA、$F^-$、$PO_4^{3-}$、$P_2O_7^{4-}$、三磷酸盐，$SO_4^{2-}$、NaOH＋$H_2O_2$、氧化为 $CrO_4^{2-}$、用抗坏血酸还原 |
| Cu | $NH_3$、en、tren、tetren、penten、邻二氮菲、柠檬酸盐、酒石酸盐、钛铁试剂、氨基乙酸、DHG、吡啶羧酸、ADA、NTA、EDTA、HEDTA、$S^{2-}$、TGA、DDTC、DMSA、DMPA、MPA、BCMDTC、BHEDTC、TCA、BAL、TSC、二氨基硫脲、半胱氨酸、$CN^-$、硫脲、$S_2O_3^{2-}$、$SCN^-$＋$SO_3^{2-}$、$I^-$、抗坏血酸＋KI、$N_2H_4$、盐酸羟胺、$Co(CN)_6^{3-}$、$NO_2^-$ |
| Fe | 酒石酸盐、柠檬酸盐、草酸盐、丙二酸盐、NTA、EDTA、TEA、甘油、乙酰丙酮，钛铁试剂、SSA、DHG、$OH^-$、$F^-$、$PO_4^{3-}$、$P_2O_7^{4-}$、$S^{2-}$、三硫代碳酸盐、$S_2O_3^{2-}$、BAL、DMSA、二巯基丙烷磺酸钠、MSA、MPA、BHEDTC、TGA、HQSA、$CN^-$、抗坏血酸、盐酸羟胺、$SO_3^{2-}$、$SnCl_2$、氨基磺酸、硫脲、邻二氮菲、2,2′-联吡啶 |

续表

| 阳离子元素 | 掩蔽剂 |
|---|---|
| Ga | 柠檬酸盐、酒石酸盐、草酸盐、SSA、EDTA、$OH^-$、$Cl^-$、二巯基丙烷磺酸钠 |
| Ge | 草酸、酒石酸盐、$F^-$ |
| Hf | 草酸盐、柠檬酸盐、酒石酸盐、NTA、EDTA、DCTA、SSA、TEA、DHG、$PO_4^{3-}$、$P_2O_7^{4-}$、$F^-$、$SO_4^{2-}$、$H_2O_2$ |
| Hg | $CN^-$、$Cl^-$、$I^-$、$SCN^-$、$S_2O_3^{2-}$、$SO_3^{2-}$、酒石酸盐、柠檬酸盐、NTA、EDTA、TEA、DHG、半胱氨酸、TGA、BAL、二巯基丙烷磺酸钠、硫脲、DDTC、BHEDTC、MPA、DMSA、CMMSA、TCA、TSC、tren、penten、用抗坏血酸还原、乙黄原酸钾 |
| In | 酒石酸盐、EDTA、TEA、$F^-$、$Cl^-$、$SCN^-$、TGA、二巯基丙烷磺酸钠、硫脲 |
| Ir | $CN^-$、$SCN^-$、柠檬酸盐、酒石酸盐、硫脲 |
| La | 酒石酸盐、柠檬酸盐、EDTA、钛铁试剂、$F^-$ |
| Mg | 柠檬酸盐、酒石酸盐、草酸盐、钛铁试剂、乙二醇、NTA、EDTA、DCTA、TEA、DHG、$OH^-$、$F^-$、$BF_4^-$、$PO_4^{3-}$、$P_2O_7^{4-}$、六偏磷酸盐 |
| Mn | 柠檬酸盐、酒石酸盐、草酸盐、钛铁试剂、SSA、NTA、EDTA、DCTA、TEA、TEA＋$CN^-$、DHG、$F^-$、$P_2O_7^{4-}$、三磷酸盐、$CN^-$、BAL、氧化为 $MnO_4^-$、用盐酸羟胺或 $N_2H_4$ 还原为 $Mn^{2+}$ |
| Mo | 柠檬酸盐、酒石酸盐、草酸盐、乙酰丙酮、钛铁试剂、NTA、EDTA、DCTA、DHG、$F^-$、三磷酸盐、$H_2O_2$、$SCN^-$、甘露醇、氧化为 $MoO_4^{2-}$、抗坏血酸、盐酸羟胺 |
| Nb | 柠檬酸盐、酒石酸盐、草酸盐、钛铁试剂、$F^-$、$OH^-$、$H_2O_2$ |
| Nd | EDTA |
| $NH_4^+$ | HCHO |
| Ni | 柠檬酸盐、酒石酸盐、丙二酸盐、NTA、EDTA、SSA、DHG、氨基乙酸、ADA、吡啶羧酸、$F^-$、$CN^-$、$SCN^-$、DDTC、BCMDTC、BHEDTC、TGA、DMSA、DMPA、$NH_3$、tren、penten、邻二氮菲、丁二酮污、三磷酸盐、乙黄原酸钾 |
| Np | $F^-$ |
| Os | $CN^-$、$SCN^-$、硫脲 |
| Pa | $H_2O_2$ |
| Pb | 乙酸盐、柠檬酸盐、酒石酸盐、钛铁试剂、NTA、EDTA、TEA、DHG、$OH^-$、$F^-$、$Cl^-$、$I^-$、$SO_4^{2-}$、$S_2O_3^{2-}$、TCA、TGA、BAL、乙黄原酸钾、二巯基丙烷磺酸钠、DMSA、DMPA、MPA、DDTC、BCMDTC、BHEDTC、三磷酸盐、氯化四苯砷 |
| Pd | $CN^-$、$SCN^-$、$I^-$、$NO_2^-$、$S_2O_3^{2-}$、柠檬酸盐、酒石酸盐、NTA、EDTA、TEA、DHG、乙酰丙酮、$NH_3$、硫脲 |
| Pt | $CN^-$、$SCN^-$、$I^-$、$NO_2^-$、$S_2O_3^{2-}$、柠檬酸盐、酒石酸盐、NTA、EDTA、TEA、DHG、乙酰丙酮、硫脲、$NH_3$ |
| Pu | 用氨基磺酸还原为 Pu(Ⅳ) |
| 稀土 | 柠檬酸盐、酒石酸盐、草酸盐、EDTA、DCTA、$F^-$ |
| Re | 氧化为 $ReO_4^-$ |
| Rh | 柠檬酸盐、酒石酸盐、硫脲 |
| Ru | $CN^-$、硫脲 |
| Sb | 柠檬酸盐、酒石酸盐、草酸盐、TEA、$F^-$、$Cl^-$、$I^-$、$OH^-$、$S^{2-}$、$S_2O_3^{2-}$、BAL、二巯基丙烷磺酸钠、乙黄原酸钾 |
| Sc | $F^-$、酒石酸盐、DCTA |
| Se | $F^-$、$I^-$、$S^{2-}$、$SO_3^{2-}$、酒石酸盐、柠檬酸盐、还原剂 |
| Sn | 柠檬酸盐、酒石酸盐、草酸盐、EDTA、TEA、$F^-$、$Cl^-$、$I^-$、$OH^-$、$PO_4^{3-}$、TGA、BAL、二巯基丙烷磺酸钠、用溴水氧化 |
| Sr | 柠檬酸盐、酒石酸盐、NTA、EDTA、DHG、$F^-$、$SO_4^{2-}$、$PO_4^{3-}$ |
| Ta | 柠檬酸盐、酒石酸盐、草酸盐、$F^-$、$OH^-$、$H_2O_2$ |

续表

| 阴离子元素 | 掩　蔽　剂 |
|---|---|
| Te | 柠檬酸盐、酒石酸盐、$F^-$、$I^-$、$S^{2-}$、$SO_3^{2-}$、还原剂 |
| Th | 乙酸盐、柠檬酸盐、酒石酸盐、SSA、TEA、DHG、NTA、EDTA、DCTA、DTPA、$F^-$、$SO_4^{2-}$、4-磺基苯胂酸、钛铁试剂、乙酰丙酮 |
| Ti | 柠檬酸盐、酒石酸盐、葡萄糖酸盐、SSA、TEA、DHG、NTA、EDTA＋$H_2O_2$、钛铁试剂、甘露醇、抗坏血酸、$OH^-$、$SO_4^{2-}$、$F^-$、$H_2O_2$、$PO_4^{3-}$、三磷酸盐 |
| Tl | 柠檬酸盐、酒石酸盐、草酸盐、TEA、DHG、NTA、EDTA、TCA、BHEDTC、二巯基丙烷磺酸钠，TGA、$Cl^-$、$CN^-$、盐酸羟胺 |
| U | $(NH_4)_2CO_3$、柠檬酸盐、酒石酸盐、草酸盐、乙酰丙酮、SSA、EDTA、$F^-$、$H_2O_2$、$PO_4^{3-}$ |
| V | 酒石酸盐、草酸盐、TEA、钛铁试剂、甘露醇、EDTA、$CN^-$、$H_2O_2$、氧化为 $VO_3^-$、以抗坏血酸或盐酸羟胺还原 |
| W | 柠檬酸盐、酒石酸盐、草酸盐、钛铁试剂、甘露醇、EDTA、DCTA、$F^-$、$PO_4^{3-}$、$SCN^-$、$H_2O_2$、三磷酸盐、氧化为 $WO_4^{2-}$、用还原剂还原 |
| Y | DCTA、$F^-$ |
| Zn | 柠檬酸盐、酒石酸盐、乙二醇、甘油、NTA、EDTA、DCTA、$NH_3$、tren、penten、邻二氮菲、氨基乙酸、DHG、$CN^-$、$OH^-$、$SCN^-$、$Fe(CN)_6^{4-}$、BAL、二巯基丙烷磺酸钠、双硫腙、三磷酸盐、TEA、TGA |
| Zr | 柠檬酸盐、酒石酸盐、草酸盐、苹果酸盐、水杨酸盐、SSA、1，2，3-三羟基苯、钛铁试剂、TEA、DHG、NTA、EDTA、DCTA、$F^-$、$CO_3^{2-}$、$SO_4^{2-}$＋$H_2O_2$、$PO_4^{3-}$、$P_2O_7^{4-}$、$OH^-$、半胱氨酸 |

注：表中 ADA——苯邻甲内酰胺二乙酸；BAL——2，3-二巯基丙醇；BCMDTC——双（羧甲基）氨荒酸盐；BHEDTC——双（2-羟乙基）氨荒酸盐；CMMSA——羧甲基巯基丁二酸；DCTA——环己二胺四乙酸；DDTC——二乙基二硫代氨基甲酸盐（二乙基氨荒酸盐）；DHG——*N*，*N'*-二（2-羟乙基）甘氨酸；DMPA——2，3-二巯基丙酸；DMSA——二巯基丁二酸；DTCPA——氨荒丙酸；DTPA——二乙三胺五乙酸；HEDTA——2-羟乙基乙二胺三乙酸；HQSA——8-羟基喹啉-5-磺酸；MPA——*β*-巯基丙酸；MSA——巯基丁二酸；NTA——氨三乙酸；PDTA——丙二胺四乙酸；SSA——磺基水杨酸；TCA——氨荒乙酸；TEA——三乙醇胺；TGA——巯基乙酸；TSC——氨基硫脲；en——乙二胺；tren——三（氨乙基）胺；tetren——四乙五胺；penten——五乙六胺。

## 二、阴离子和中性分子掩蔽剂

各种阴离子和中性分子的掩蔽剂列于表 2-81。

**表 2-81　阴离子和中性分子的掩蔽剂**

| 阴离子和中性分子 | 掩　蔽　剂 | 阴离子和中性分子 | 掩　蔽　剂 |
|---|---|---|---|
| $H_3BO_3$ | $F^-$、酒石酸盐及其他羟基酸、二醇类 | $I_2$ | $S_2O_3^{2-}$ |
| $Br^-$ | Hg(Ⅱ)、Ag(Ⅰ) | $IO_3^-$ | $SO_3^{2-}$、$S_2O_3^{2-}$、$N_2H_4$ |
| $Br_2$ | 苯酚、磺基水杨酸 | $IO_4^-$ | $SO_3^{2-}$、$S_2O_3^{2-}$、$N_2H_4$、$AsO_2^-$、抗坏血酸 |
| $BrO_3^-$ | 以 $N_2H_4$、$SO_3^{2-}$、$S_2O_3^{2-}$ 或 $AsO_2^-$ 还原 | $MnO_4^-$ | 用盐酸羟胺、抗坏血酸、$N_2H_4$、$SO_3^{2-}$、$S_2O_3^{2-}$、$AsO_2^-$ 或草酸还原 |
| 柠檬酸根 | Ca(Ⅱ) | | |
| $CrO_4^{2-}$、$Cr_2O_7^{2-}$ | 用盐酸羟胺、$N_2H_4$、$SO_3^{2-}$、$S_2O_3^{2-}$、$AsO_2^-$ 或抗坏血酸还原 | $MoO_4^{2-}$ | 柠檬酸盐、草酸盐、$F^-$、$H_2O_2$、$SCN^-$＋$Sn^{2+}$ |
| $Cl^-$ | Hg(Ⅱ)、Sb(Ⅲ) | $NO_2^-$ | 脲素、对氨基苯磺酸、氨基磺酸、Co(Ⅱ) |
| $Cl_2$ | $SO_3^{2-}$ | $C_2O_4^{2-}$ | $MoO_4^{2-}$、$MnO_4^-$、Ca(Ⅱ) |
| $ClO^-$ | $NH_3$ | $PO_4^{3-}$ | 酒石酸盐、Fe(Ⅲ)、Al(Ⅲ) |
| $ClO_3^-$ | 用 $S_2O_3^{2-}$ 还原 | S | $CN^-$、$S^{2-}$、$SO_3^{2-}$ |
| $ClO_4^-$ | 用 $SO_3^{2-}$、盐酸羟胺还原 | $S^{2-}$ | $KMnO_4$＋$H_2SO_4$、S |
| $CN^-$ | Hg(Ⅱ)、HCHO、水合三氯乙醛、过渡金属离子 | $SO_3^{2-}$ | Hg(Ⅱ)、$KMnO_4$＋$H_2SO_4$、HCHO |
| EDTA | Cu(Ⅱ)、$H_2O_2$＋热(钼酸作催化剂) | $S_2O_3^{2-}$ | $MnO_4^{2-}$＋$H_2O_2$＋$H_2SO_3$ |
| $F^-$ | $H_3BO_3$、Al(Ⅲ)、Be(Ⅱ)、Zr(Ⅳ)、Th(Ⅳ)、Ti(Ⅳ)、Fe(Ⅲ) | $SO_4^{2-}$ | Cr(Ⅲ)＋热、Ba(Ⅱ)、Th(Ⅳ) |
| | | $SO_5^{2-}$ | 盐酸羟胺、$S_2O_3^{2-}$、抗坏血酸 |
| $Fe(CN)_6^{3-}$ | 盐酸羟胺、$N_2H_4$、$S_2O_3^{2-}$、$AsO_2^-$、抗坏血酸 | Se 及其阴离子 | $S^{2-}$、$SO_3^{2-}$、二氨基联苯胺 |
| 锗酸 | 甘油、甘露醇、葡萄糖及其他多元醇 | Te | $I^-$ |
| $H_2O_2$ | $NaVO_3$、Fe(Ⅲ) | $WO_4^{2-}$ | 柠檬酸盐、酒石酸盐 |
| $I^-$ | Hg(Ⅱ)、Ag(Ⅰ) | $VO_3^-$ | 酒石酸盐 |

## 三、解蔽剂

常用的解蔽剂列于表 2-82。

**表 2-82 常用的解蔽剂**

| 掩蔽剂 | 被掩蔽离子 | 解蔽剂 |
|---|---|---|
| $CN^-$ | $Ag^+$ | $H^+$ |
| | $Cd^{2+}$ | $H^+$、HCHO($OH^-$) |
| | $Cu^{2+}$ | $H^+$、HgO |
| | $Fe^{3+}$ | HgO、$Hg^{2+}$ |
| | $Hg^{2+}$ | $Pd^{2+}$ |
| | $Ni^{2+}$ | HCHO、HgO、$H^+$、$Ag^+$、$Hg^{2+}$、$Pb^{2+}$、卤化银 |
| | $Pd^{2+}$ | HgO、$H^+$ |
| | $Zn^{2+}$ | $CCl_3CHO \cdot H_2O$、$H^+$、HCHO |
| $C_2O_4^{2-}$ | $Al^{3+}$ | $OH^-$ |
| EDTA | $Al^{3+}$ | $F^-$ |
| | $Ba^{2+}$ | $H^+$ |
| | $Co^{2+}$ | $Ca^{2+}$ |
| | $Mg^{2+}$ | $F^-$ |
| | $Th^{4+}$ | $SO_4^{2-}$ |
| | $Ti^{4+}$ | $Mg^{2+}$ |
| | $Zn^{2+}$ | $CN^-$ |
| | 各种离子 | $MnO_4^- + H^+$ |
| 乙二胺 | $Ag^+$ | $SiO_2$(非晶形) |
| $F^-$ | $Al^{3+}$ | $OH^-$、$Be^{2+}$ |
| $F^-$ | $Fe^{3+}$ | $OH^-$ |
| | $MoO_4^{2-}$ | $H_3BO_3$ |
| | $VO_3^-$、$WO_4^{2-}$ | $H_3BO_3$ |
| | $Sn^{4+}$ | $H_3BO_3$ |
| | U(Ⅵ) | $Ca^{2+}$、$OH^-$、$Be^{2+}$、$Al^{3+}$ |
| | $Zr^{4+}$、($Hf^{4+}$) | $Ca^{2+}$、$OH^-$、$Be^{2+}$、$Al^{3+}$ |
| $H_2O_2$ | $Ti^{4+}$、$Zr^{4+}$、$Hf^{4+}$ | $Fe^{3+}$ |
| $NH_3$ | $Ag^+$ | $Br^-$、$I^-$、$H^+$ |
| $NO_2^-$ | $Co^{2+}$ | $H^+$ |
| $OH^-$ | $Mg^{2+}$ | $H^+$ |
| $PO_4^{3-}$ | $Fe^{3+}$ | $OH^-$ |
| | U(Ⅵ) | $Al^{3+}$ |
| 酒石酸盐 | $Al^{3+}$ | $H_2O_2 + Cu^{2+}$ |
| $SCN^-$ | $Fe^{3+}$ | $OH^-$ |
| | $Hg^{2+}$ | $Ag^+$ |
| $S_2O_3^{2-}$ | $Cu^{2+}$ | $OH^-$ |
| | $Ag^+$ | $H^+$ |
| 硫脲 | $Cu^{2+}$ | $H_2O_2$ |

某些痕量成分的解蔽剂见表 2-83。

**表 2-83 某些痕量成分的解蔽剂**

| 目标成分 | 隐蔽剂 | 解蔽剂 | 应用 |
|---|---|---|---|
| $Al^{3+}$ | $F^-$ | Be(Ⅱ) | $F^-$可防止$Al^{3+}$水解，而$BeF_4^{2-}$比$AlF_6^{3-}$更稳定，因而使$Al^{3+}$复出 |
| $Ba^{2+}$ | 浓$H_2SO_4$ | $H_2O$ | $BaSO_4$沉淀分离 |
| $Cd^{2+}$ | $CN^-$ | $HCHO + H^+$ | Cu 存在时 Cd 的测定 |
| $Cu^{2+}$ | $S_2O_3^{2-}$ | $OH^-$ | 痕量 Cu 的测定 |
| $Cu^{2+}$ | 硫脲 | $H_2O_2$ | 痕量 Cu 的测定 |
| $Fe^{3+}$ | 抗坏血酸 | $H_2O_2$ | 改变铁的价态进行痕量价态测定 |
| Hf(Ⅳ) | $H_2O_2$ | $Fe^{3+}$ | 痕量铪的分离和测定 |
| $Mg^{2+}$ | EDTA | $F^-$ | Mg,Mn 的分离 |
| Mo(Ⅵ) | $F^-$ | $H_3BO_3$ | Mo,W 的分离 |
| $Ni^{2+}$ | $CN^-$ | $Ag^+$ | Co 中痕量 Ni 的测定 |
| $Pd^{2+}$ | $CN^-$ | HgO | 痕量 Pd 的测定 |
| U(Ⅵ) | $PO_4^{3-}$ | $Al^{3+}$ | 铀的痕量测定 |
| Zr(Ⅳ) | $F^-$ | $Ca^{2+}$ | 痕量锆的检测 |

## 四、络合滴定中的掩蔽剂

络合滴定中使用的掩蔽剂列于表 2-84。

**表 2-84 络合滴定中使用的掩蔽剂**

| 掩蔽剂 | 被掩蔽元素 | 应用 | 条件 |
|---|---|---|---|
| KOH(或 NaOH) | Mg | 滴定 Ca | pH 值为 12～13 |
| | Al | Ca(矿物原料和硅酸盐中) | pH 值为 12～14 |
| | Zn,Pb | EGTA 滴定 Cd | pH 值>10.5 |
| 氨及铵盐 | Pd(Ⅱ) | 滴定 Pb | 碱性介质 |
| | Co(Ⅱ) | 滴定 Ni | 碱性介质 |

续表

| 掩蔽剂 | 被掩蔽元素 | 应用 | 条件 |
|---|---|---|---|
| $NH_4F$(或 NaF、KF) | Al(Ⅲ)、Ti(Ⅳ)、Sn(Ⅳ)、Zr(Ⅳ)、Nb(Ⅴ)、Ta(Ⅴ)、W(Ⅵ)、Be(Ⅱ) | 滴定 Cu、Zn、Mn(Ⅱ)、Cd、Pb | pH 值为 4～6 |
| | Al(Ⅲ)、Be(Ⅱ)、Sr(Ⅱ)、Ca(Ⅱ)、Mg(Ⅱ)、RE | 滴定 Zn、Cd、Mn(Ⅱ)、Cu、Co、Ni | pH 值为 10 |
| | Mn(Ⅱ) | 测定 Cu | 45℃ |
| | Fe(Ⅲ)、Al(Ⅲ)、Ti(Ⅴ)、RE | 测定合金中的 Cu、Zn、Cd、Pb、Co、Ni | pH 值约为 5 |
| | Sn(Ⅳ) | 测定合金中的 Pb | pH 值为 5 |
| | Ti、Zr、Th、Sb | 加 $H_3BO_3$ 加热解蔽、测 Fe(Ⅲ)、Sn(Ⅳ) | pH 值为 5 |
| $BF_4^-$ | Ca | 用 DCTA 测定 Al | |
| $NH_4Cl$ | Bi(Ⅲ) | 测定 Fe(Ⅲ) | pH 值为 1～2 |
| KI | Cd | 用 EDTA 或 DTPA 滴定 Zn | pH 值为 6,50℃ |
| | Cu | 测定含铜物料中的 Zn | pH 值为 4 |
| | Hg(Ⅱ)、Cu(Ⅱ)、Tl(Ⅰ) | 测定 Zn(PAN) | pH 值为 5～6 |
| KSCN | Hg(Ⅱ) | 连续滴定 Bi 和 Pb | pH 值为 0.7～1.2 和 5～6 |
| $Na_2SO_4$ | Th(Ⅳ) | 滴定 Bi(Ⅲ)、Fe(Ⅲ)及滴定 Zr、Ti(Ⅳ) | 酸性介质 |
| $Na_2S_2O_3$ | Cu | 滴定 Zn、Cd、Ni(铜合金中) | pH 值为 4.5～9.5 |
| | Cu、Bi | 滴定 Zn(Ⅱ)、Ni(Ⅱ)(PAN) | pH 值为 6 |
| KCN | Ag、Cu、Zn、Cd、Hg、Fe(Ⅱ)、Tl(Ⅲ)、Co、Ni、Pt 族 | 滴定 Mg、Ca、Sr、Ba、RE、Pb、In、Mn(Ⅱ) | 碱性介质 |
| $PO_4^{3-}$ | Mg | 滴定电镀液中的 Ni | pH 值为 9～10 |
| | W(Ⅵ) | 滴定 Cd、Fe(Ⅲ)、V(Ⅴ)Zn(PAN) | pH 值为 3～6 热溶液 |
| | W(Ⅵ) | 滴定 Cu、Ni(PAN) | pH 值为 3～4 |
| | W(Ⅵ) | 反滴定 Co(Ⅱ)、Mo(Ⅵ)(Cu-PAN) | pH 值为 4～5 |
| $P_2O_7^{4-}$ | Fe(Ⅲ)、Cr(Ⅲ) | 滴定 Co($NH_4SCN$) | pH 值为 8(50%乙醇) |
| | Fe(Ⅲ)、Al(Ⅲ) | 测定 Ni(紫脲酸胺) | pH 值为 9 |
| 六偏磷酸钠 | Mn(Ⅱ) | 反滴定 Ni | pH 值为 5～6 |
| $H_2O_2$ | V | 滴定 Fe(Ⅱ)、Zr、Hf | 酸性介质 |
| | | 滴定合金中的 Al | |
| | W(Ⅵ) | 滴定 Cu、Ni(PAN) | pH 值为 3～4 |
| | | 滴定 Zn、Cd、Fe(Ⅱ) | pH 值为 3～6 |
| | | 反滴定 Th(茜素红 S) | $HClO_4$ 溶液 |
| | Ti(Ⅳ)、U(Ⅵ) | 滴定 Zn、Mg(铬黑 T) | pH 值为 10 |
| 羟胺和肼 | Fe(Ⅲ)、Cu(Ⅱ) | 滴定 Al、Th、Bi、Ni | 酸性介质 |
| | Fe(Ⅲ)、Ce(Ⅳ) | 合金中的 Zr、Th | 酸性介质 |
| 甘油 | Fe(Ⅲ)、Cr(Ⅲ) | 分别滴定 Ca、Mg、Sr、Ba、Cu、Zn、Cd、Hg、Pb、Mn(Ⅱ)、Co、Ni | pH 值为 12～13 |
| | Al(Ⅲ) | 滴定Ⅱ、Ⅳ、Ⅴ分析组的二价阳离子 | Al 的极限浓度 $7.5\times10^{-3}$～$2.8\times10^{-2}$mol/L |

续表

| 掩蔽剂 | 被掩蔽元素 | 应用 | 条件 |
|---|---|---|---|
| 乙酰丙酮 | Al、U(Ⅵ)、Fe(Ⅲ) | 滴定 Zn、Pb | pH 值为 5～6 |
| | Mo(Ⅵ) | 滴定 Bi | pH 值为 1～2 |
| | Al | 用 EDTA 或 DTPA 滴定 RE | pH 值为 5.5 |
| | Al(Ⅲ)、U(Ⅵ) | 电位法 EDTA 滴定 La、RE、Zn | pH 值为 7 |
| 甲醛(或甲酸) | Tl(Ⅲ) | 滴定 In(Ⅲ)(二甲酚橙) | pH 值为 3<br>50～60℃ |
| | Hg(Ⅱ) | 滴定 Bi、Th(邻苯二酚紫) | pH 值为 2～2.5 |
| 草酸 | Sn(Ⅳ) | 滴定 Cu、Zn、Pb(合金中) | pH 值为 5 |
| | Al | 滴定 Cr(Ⅲ) | pH 值为 7 |
| | Sn(Ⅱ)、RE | 滴定 Bi(邻苯二酚紫) | pH 值为 2 |
| 乳酸 | Ti(Ⅳ)、Sn(Ⅳ)、Sb | 分别滴定 Cu、Zn、Cd、Al、Pb、Zr、Bi、Fe、Co、Ni | |
| | Sn(Ⅳ) | 滴定 Cu | pH 值为 5.5 |
| 酒石酸 | Sn(Ⅳ)、Sb(Ⅲ)、Ti、Zr、Cr(Ⅲ)、Nb(Ⅴ)、W(Ⅵ) | 滴定 Cu、Pb、Cd、In、Ca、Pb、Bi、Mn(Ⅱ)、Fe(Ⅲ)、Ni | 酸性介质 |
| | Al、Ti、Zr、Sn(Ⅳ)、Sb、Bi、Fe(Ⅲ)、Mo(Ⅵ)、U(Ⅵ) | 滴定 Mg、Ca、Ba、Zn、Cd、In、Ga、Pb、Mn(Ⅱ)，Ni | 碱性介质 |
| | Ti | 测定磷灰石中 Fe、Al | pH 值为 5.4～5.7 |
| | Nb(Ⅴ)、Ta(Ⅴ)、W(Ⅵ)、Ti(Ⅳ) | 肼还原、Cu 盐反滴定 Mo | pH 值为 4～5 |
| | Co、Ni | 滴定 Fe(Ⅲ)(*N*-苯甲酰苯基羟胺) | pH 值为 1.0～1.3 |
| 柠檬酸 | Th、Zr、Sn(Ⅳ)、U(Ⅵ) | 滴定 Cu、Zn、Cd、Co、Ni | pH 值为 5～6 |
| | Al、Zr、Mo(Ⅵ)、Fe(Ⅲ) | 滴定 Cu、Zn、Cd、Pb | 碱性介质 |
| | Fe(Ⅱ) | 滴定铁合金中 Zn | pH 值为 8 |
| | W(Ⅵ) | 滴定 Ti、Zr、Hf(合金中) | 碱性介质 |
| 抗坏血酸 | Fe(Ⅱ) | 滴定 Zr、Hf、Ti、Al、(合金中) | 酸性介质 |
| | | 滴定 Bi、Al、Ga(合金中) | 酸性介质 |
| | | 滴定合金中 Sn | 酸性介质 |
| | | 滴定 Bi(二甲酚橙) | pH 值为 1～2 |
| | | 用 DTPA 滴定 La、Ce(Ⅱ) | |
| | Cu、Hg(Ⅱ)、Fe(Ⅱ) | 滴定 Bi、Th(邻苯二酚紫) | pH 值为 2.5 |
| | Hg(Ⅱ) | 滴定 Bi | pH 值为 1～2 |
| | Cr(Ⅱ) | 滴定 Mg、Ca、Mn、Ni | |
| 单宁酸(丹宁酸) | Ti | 硅酸盐中铁铝连续测定 | pH 值为 4～5 |
| 水杨酸和氨基水杨酸 | Al | 反滴定 Ti 或 Fe(Ⅱ) | pH 值为 1～2 |
| | Ti | 黏土中 Al | pH 值为 4.5 |
| 苦杏仁酸 | Ti | Fe、Al、Ti 的连续测定(释出反滴定) | pH 值为 5.5 |
| 磺基水杨酸 | Al | 滴定 Cu、Mg、RE、Fe | |
| | Al、Fe | DTPA 滴定 RE | pH 值为 5 |

续表

| 掩蔽剂 | 被掩蔽元素 | 应用 | 条件 |
|---|---|---|---|
| 钛铁试剂 | Al、Ti | 反滴定 Mn(Ⅱ) | 碱性介质 |
| 8-羟基喹啉-5-磺酸 | Al、Ti、Fe | 滴定 Ca | |
| *N*,*N'*-二(2-羟乙基)甘氨酸(DHG) | Fe(Ⅲ) | 滴定碱土金属 | 碱性介质 |
| | Cu、Ti、Bi | 滴定 Co | |
| 氨荒乙酸(TCA)或*β*-氨荒丙酸(*β*-DTCPA) | In、Tl(Ⅲ)、Bi、 | 滴定 Th | pH 值为 2～3 |
| | Cd、Hg、Pb | 滴定 Zn、Mn(Ⅱ)反滴定 Co、Ni | pH 值为 5～6 |
| *α*-氨荒丙酸 | Pb、Cd | 滴定 Zn | pH 值为 5～6 |
| 硫脲 | Cu(Ⅱ) | 反滴定 Ni(Ⅱ)、Sn(Ⅳ) | pH 值为 4～5 |
| | | 反滴定 Pb、Sn(Ⅳ) | pH 值为 6 |
| | Cu、Hg(Ⅱ) | 滴定 Zn(二甲酚橙) | pH 值为 5～6 |
| | 分解 Cu-EDTA | 测定合金及矿物中 Cu | |
| 氨基硫脲 | Hg(Ⅱ) | 滴定 Zn、Cd、Pb、Th、Bi | pH 值为 2～5 |
| 2,3-二巯基丙醇 | Zn、Cd、Sn、Pb、As、Sb、Bi | 滴定 Ca、Mg | pH 值为 10 |
| 2,3-二巯基丙烷磺酸钠 | Zn、Hg、Pb | 滴定 Ca、Mg | 氨性介质 |
| | Zn、Cd、Hg、Ga、In、Sn、Pb | 滴定碱土金属及 RE | 氨性介质 |
| | Zn | 测定 Mn(Ⅱ) | |
| 二硫代草酸 | Sn | 滴定 Cu、Pb、Zn | pH 值为 5～6 |
| 巯基乙酸(硫代乙醇酸) | Ag、Zn、Cd、Pb | 反滴定 Co、Ni | |
| | Cu、Zn、Cd、Hg、Pb | 滴定 Ca | 碱性介质 |
| | Bi | 测定 Fe(Ⅱ) | pH 值为 5～6 |
| | Bi | 测定 Cd、In、Pb | pH 值为 5～6 |
| *β*-巯基丙酸 | Cu、Hg、Pb、Bi、Co、Fe(Ⅲ) | 滴定 Mg、Ca、Ni、Mn(Ⅱ) | pH 值为 10 |
| | Fe、Pb | 滴定 Zn | pH 值为 4～5 |
| | Cd | 用三乙四胺六乙酸滴定 Zn | pH 值为 5.5 |
| 巯基丁二酸 | Fe、Bi | 滴定 Th | 酸性介质 pH 值为 2～3 |
| 二巯基丁二酸 | Cu、Cd、Hg | 滴定 Zn | pH 值为 5.5～6 |
| | Cu、Cd、Pb、Co、Ni | 滴定 Mg、Ca、Sr、Ba | pH 值为 10 |
| *β*-氨基乙硫醇(巯基乙胺) | Cu、Cd、Zn、Hg、Co、Ni | 用 EDTA 或 DCTA 滴定碱土金属和 Mn(Ⅱ) | pH 值为 10 |
| 双-(2-氨基乙基)硫化物 | Cu、Zn、Hg、Co、Ni | 滴定 Mn(Ⅱ) | 碱性介质 pH 值为 10 |
| 硫代二丙酸 | Mn | 滴定 Cu | pH 值为 5～6 |
| 羧甲基巯基丁二酸 | Th | 滴定 Bi(邻苯二酚紫) | pH 值为 2～3 |
| | Hg、Mn | 滴定 Zn、Pb、Cd(二甲酚橙) | pH 值为 5～6 |
| 半胱氨酸 | Cu、Cd、Hg、Tl(Ⅲ) | 滴定 Zn、Al、Pb、Fe(Ⅲ)、Co、Ni | pH 值为 5.5 |
| 二乙基二硫代氨基甲酸钠 | Cd、Pb | 释出法反滴定合金中 Zn、Cd | 氨性介质 |
| 硫代水杨酸(邻巯基苯甲酸) | Hg(Ⅱ) | 滴定 Zn、Cd(铬黑 T) | pH 值为 9.8 |

续表

| 掩蔽剂 | 被掩蔽元素 | 应用 | 条件 |
|---|---|---|---|
| 硫代安替吡啉(硫代吡啉) | Hg(Ⅱ)、Tl(Ⅲ)、Cu(Ⅱ) | 滴定 Th、Bi、Zr、Fe、Ni | pH 值为 1.5～4 |
| | | 滴定 Zn、Pb、Co、Cd、Al | pH 值为 5～6 |
| | Hg(Ⅱ) | 滴定 Ni、Ca、Mg | pH 值为 10～12 |
| 乙二胺 | Cu、Co、Ni | 滴定 Zn、Cd、Pb、Mn(Ⅱ) | 碱性介质 |
| 三乙四胺 | Cu(Ⅱ)、Hg(Ⅱ) | 滴定 Zn、Pb(二甲酚橙) | pH 值为 5 |
| 四乙五胺 | Zn、Cd、Hg、Co、Ni | 滴定 Ba、Pb、Mg | pH 值为 10～12 |
| 三乙醇胺 | Al、Fe(Ⅲ)、Mn(Ⅲ) | 滴定 Mg、Ca、Zn、Cd、Ni | 碱性介质 |
| | Fe、Al、Ti、Mn | 滴定 Ca(酸性铬暗绿 G-萘酚绿 B) | pH 值为 12.5 |
| | Al、Fe、Sn、Ti | 滴定 Mg、Cd、Zn、RE、Pb、In(铬黑 T) | pH 值为 10 |
| 2-甲基-2-羟基丙腈(羟基异丁腈) | Cu、Ni、Hg、Zn | 滴定 Mg(铬黑 T)、测定 Mn、Pb(在加 Mg-EDTA 后) | |
| 苯肼 | Hg | 分解 Hg 的 EDTA 配合物将其还原到金属 | |
| 邻二氮菲 | Cu、Zn、Cd、Hg、U(Ⅵ)、Mn(Ⅱ)、Co、Ni | 滴定 Pb、Th、RE、Bi、Al | pH 值为 5～6 |
| *N*-苯甲酰苯基羟胺 | Ti | 铝矿石中滴定 Al | pH 值为 5～6 |
| 2-羟乙基乙二胺三乙酸(HEDTA) | Cu、Ni | 反滴定 Mn(Ⅱ) | pH 值为 9.5 |
| 6-甲基-2-氨甲基吡啶-*N*,*N*-二乙酸 | Cu、Zn、Pb、Co、Ni | 碱土金属 | pH 值为 9.5 |
| 六甲二胺四乙酸 | Hg、Ni | Bi 不络合 | |
| 乙二胺四丙酸 | Cu | 作为高选择性 Cu 的络合剂 | |
| 丁基-、环己烯基-、辛基-、苯基-和十二烷基-(乙二胺三乙酸) | Cu | Ca 不络合 | 碱性介质 |
| 乙二醇双(2-氨基乙醚)四乙酸(EGTA) | 除 Mg 外的碱土金属 | 滴定 Mg | |
| | Cd | 滴定 Zn | 硫酸介质 |
| 三乙四胺六乙酸 | Th | 滴定 Sc | |
| | Cu、Co、Ni、La | 滴定 Ca、Mg | |
| 淀粉 | $PO_4^{3-}$ | 滴定 Ca、Mg | pH 值为 10.5 测 Ca+Mg、pH 值为 13.5 测 Ca |
| KI+5,6-苯并喹啉 | Cd | 滴定合金中的 Zn | pH 值为 9～10 |
| KI+酒石酸钠(或草酸盐、柠檬酸盐) | Hg(Ⅱ) | 滴定 Cu(PAR 或 RAN) | pH 值为 5.5 乙酸盐缓冲溶剂 |
| $NH_4Cl$+酒石酸 | Al | 滴定电解液中 Zn | pH 值为 10 |
| $NH_4Cl$+磺基水杨酸 | Al | 滴定铝合金中 Zn | pH 值为 10 |
| $NH_4Cl$+三乙醇胺(羟胺) | Fe | 滴定钢、生铁、铁锰合金中 Mn | 氨性介质 |
| 羟胺+三乙醇胺 | U(Ⅵ) | 滴定 Mg | pH 值为 10 |
| 三乙醇胺+KCN | Fe(Ⅲ)、Mn(Ⅱ) | 滴定 Ca、Mg | |

续表

| 掩蔽剂 | 被掩蔽元素 | 应用 | 条件 |
|---|---|---|---|
| 三乙醇胺＋KCN＋$H_2O_2$＋$NH_2OH \cdot HCl$ | Fe、Mn | 矿物原料中 Ca、Mg | pH 值为 10 |
| 三乙醇胺＋酒石酸钾钠 | Fe、Al、Ti | 滴定 Ca、Mg | pH 值为 10 |
| 酒石酸钾钠＋三乙醇胺＋L-半胱氨酸 | 重金属杂质 | 滴定 Ca、Mg | 碱性介质 |
| 甘油＋羟胺 | 重金属杂质 | 滴定萤石精矿中的 Ca | |
| 乙酰丙酮＋柠檬酸 | Al(Ⅲ)、Th(Ⅳ) | 电位法 EDTA 滴定 Zn | pH 值为 7 |
| 酒石酸＋KCN | Fe(Ⅲ)、Fe(Ⅱ) | 滴定 Mg、Ca、Zn、Mg(Ⅱ) | pH 值为 10 |
| 酒石酸＋抗坏血酸 | Sb(Ⅲ)、Sn(Ⅳ)、Fe(Ⅲ)、Cu(Ⅱ) | 滴定 Bi(Ⅲ) | pH 值为 1.2 |
| 乳酸＋硫脲 | Sn、Cu | 锡基合金中 Sn、Cu、Pb 连续滴定或滴定 Pb | |
| 硫脲＋抗坏血酸＋邻二氮菲(或 2,2′-联吡啶) | Cu | 置换分解 Cu-EDTA 反滴定测 Cu | pH 值为 5～6 |

## 五、分析化学中常用的表面活性剂

分析化学中常用的表面活性剂见表 2-85。

**表 2-85 分析化学中常用的表面活性剂**

| 名称 | 简称 | 结构式 | 性质 |
|---|---|---|---|
| 阳离子表面活性剂 | | | |
| 溴化羟十二烷基三甲基铵 | DTM | 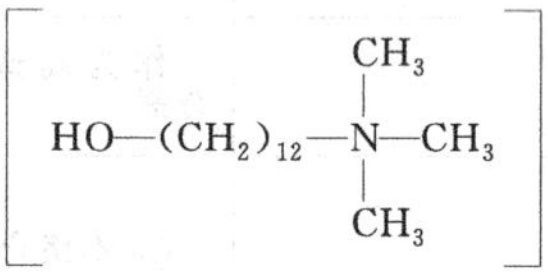 | |
| 溴化双烷基甲基苄基铵 | AMB | 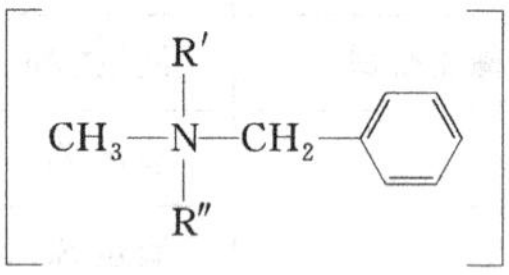 | |
| 氯化十二烷基辛基苄基甲基铵 | DOBM | 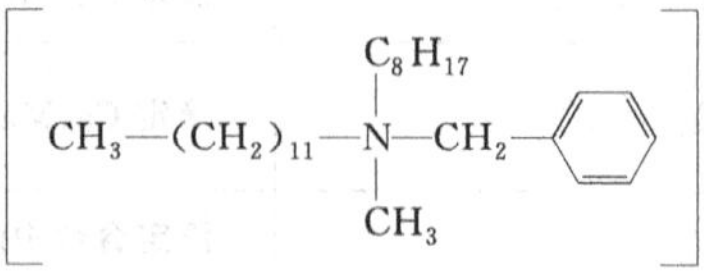 | |
| 氯化甲基三辛基铵 | Aliguat 336 | 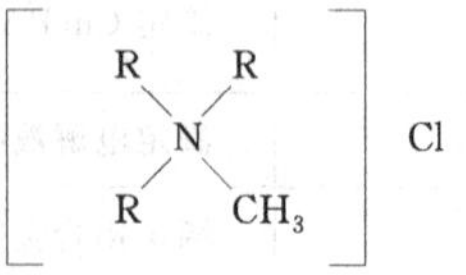 $R = C_8H_{17}$ | 相对分子质量:475<br>黄绿色黏稠状液体 |
| | N-263 | 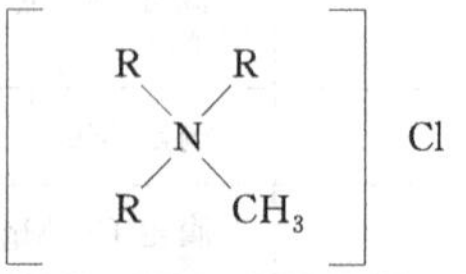 $R = C_8H_{17}$ | 性能与 Aliguat 336 相似 |

续表

| 名　称 | 简　称 | 结　构　式 | 性　质 |
|---|---|---|---|
| 三烷基胺 | N-235 | $(C_nH_{2n+1})_3N$ | 黄色稠状液体 |
| 氯化十四烷基二甲基苄基铵 | Zephiramine 或 Zeph | 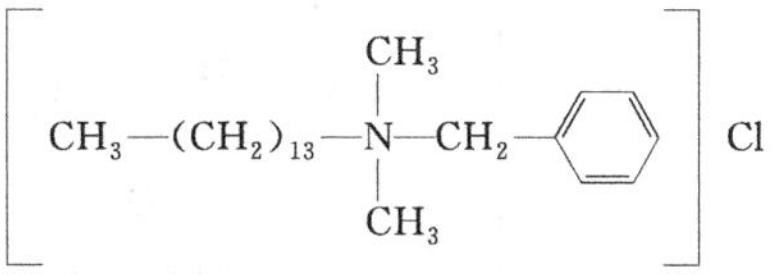 | 相对分子质量:367.5<br>白色结晶，含两分子结晶水。极易溶于水；不溶于苯、乙醚等有机溶剂 |
| 氯化十六烷基三甲基铵 | CTAC | 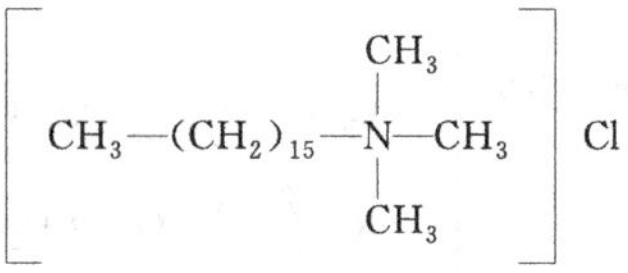 | |
| 溴化十六烷基三甲基铵 | CTAB | 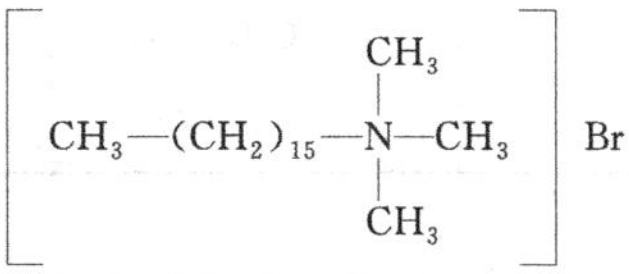 | 相对分子质量:364.46<br>白色结晶粉末。易溶于醇 |
| 氯化十四烷基吡啶 | TPC | 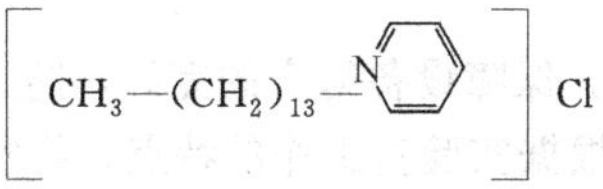 | 相对分子质量:330.01<br>白色结晶。易溶于苯、吡啶、乙醇；溶于水；微溶于石油醚。pH值为5.2～6.2 |
| 溴化十四烷基吡啶 | TPB | 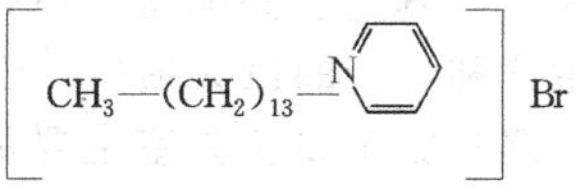 | 相对分子质量:374.46<br>白色结晶。易溶于苯、吡啶、乙醇；溶于水；微溶于石油醚。pH值为5.2～6.2 |
| *N*-氯化十六烷基吡啶 | CPC | 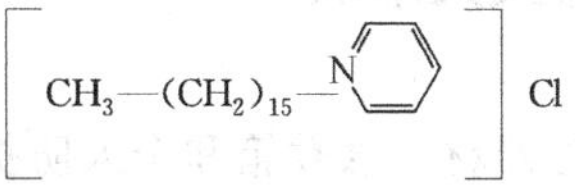 | 相对分子质量:358.01<br>白色粉末。易溶于热水、醇、三氯甲烷 |
| 溴化十六烷基吡啶 | CPB | 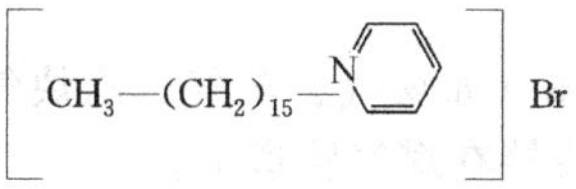 | 相对分子质量:384.5<br>片状。溶于乙醇；微溶于苯、石油醚、冷丙酮、乙酸乙酯和冷水。但温度在约30℃时可溶性增加很快 |
| 阴离子表面活性剂 | | | |
| 十二烷基苯磺酸钠 | DBS |  | |
| 十二烷基硫酸钠 | SDS | $CH_3(CH_2)_{10}CH_2OSO_3Na$ | 相对分子质量:288.38<br>白色或微黄色粉状结晶。易溶于水 |
| 十二烷基磺酸钠 | | $CH_3(CH_2)_{10}CH_2SO_3Na$ | 相对分子质量:272.06<br>白色或淡黄色粉末。易溶于水 |

续表

| 名　称 | 简　称 | 结　构　式 | 性　质 |
|---|---|---|---|
| 羧甲基纤维素 | CMC | 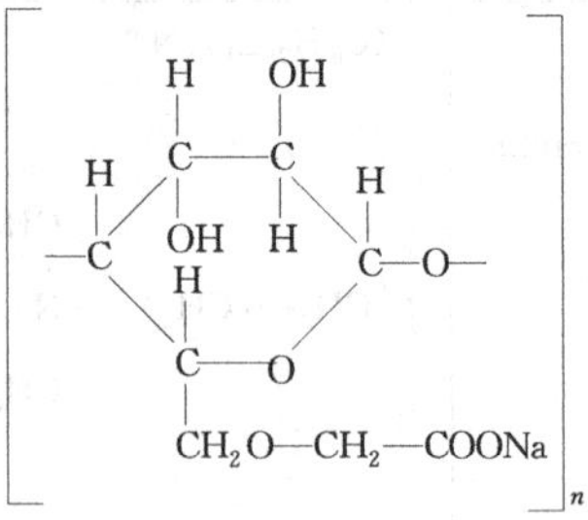 | 白色或淡黄色粉末 |
| 非离子型表面活性剂 | | | |
| 聚氧乙烯烷基酚 | Triton X-100 | 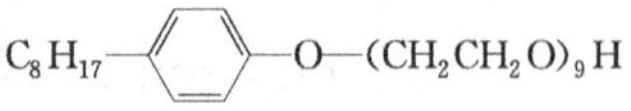 | 无色稠状液体 |
| | OП-10 | 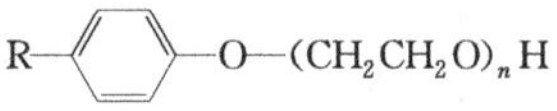 $R=C_9\sim C_{15}$　$n=10$ | 淡黄色稠状液体 |
| 聚乙烯醇 | PVA | $\left[-CH_2-\underset{\mid \atop OH}{CH}-\right]_n$ | 白色粉末 |

## 第十节　化学实验室的安全与管理

保护实验人员的安全和健康，保障设备财产的完好，防止环境的污染，保证实验室工作有效地进行是实验室管理工作的重要内容。根据实验室工作的特点，将实验室的安全概括为防火、防爆、防毒、保证压力容器和气瓶的安全、电气的安全和防止环境的污染等几方面。

应建立实验室安全制度。在化学实验中，经常使用各种化学药品和仪器设备，以及水、电、煤气，还会经常遇到高温、低温、高压、真空、高电压、高频和带有辐射源的实验条件和仪器，若缺乏必要的安全防护知识，会造成生命和财产的巨大损失。因此实验室必须按“四防”（防火、防盗、防破坏、防治安灾害事故）要求，建立健全以实验室主要负责人为主的各级安全责任人的安全责任制和各种安全制度，加强安全管理。

### 一、实验室防火、防爆与灭火常识

1. 防火常识

(1) 实验室内应备有灭火消防器材、急救箱和个人防护器材。实验室工作人员应熟知这些器材的位置及使用方法。

(2) 禁止用火焰检查可燃气体（如煤气、氢气、乙炔气）泄漏的地方。应该用肥皂水来检查其管道、阀门是否漏气。禁止把地线接在煤气管道上。

(3) 操作、倾倒易燃液体时，应远离火源。加热易燃液体必须在水浴上或密封电热板上进行，严禁用火焰或电炉直接加热。

(4) 使用酒精灯时，酒精切勿装满，应不超过其容量的2/3。灯内酒精不足1/4容量时，应灭火后添加酒精。燃着的酒精灯焰应用灯帽盖灭，不可用嘴吹灭，以防引起灯内酒精起燃。

(5) 蒸馏可燃液体时，操作人不能离开去做别的事，要注意仪器和冷凝器的正常运行。需往蒸馏器内补充液体时，应先停止加热，放冷后再进行。

(6) 易燃液体的废液应设置专门容器收集，不得倒入下水道，以免引起爆炸事故。

(7) 不能在木制可燃台面上使用较大功率的电器如电炉、电热板等，也不能长时间使用煤气灯与酒精灯。

(8) 同时使用多台较大功率的电器（如马弗炉、烘箱、电炉、电热板）时，要注意线路与电闸所能承受的功率。最好将较大功率的电热设备分流安装于不同电路上。

(9) 可燃性气体的高压气瓶，应安放在实验楼外专门建造的气瓶室。

(10) 身上、手上、台面、地上沾有易燃液体时，不得靠近火源，同时应立即清理干净。

(11) 实验室对易燃易爆物品应限量、分类、低温存放，远离火源。加热含有高氯酸或高氯酸盐的溶液，防止蒸干和引进有机物，以免产生爆炸。

(12) 易发生爆炸的操作不得对着人进行，必要时操作人员戴保护面罩或用防护挡板。

(13) 进行易燃易爆实验时，应有两人以上在场，万一出了事故可以相互照应。

2. 防爆常识

有些化学品在外界的作用下（如受热、受压、撞击等），能发生剧烈化学反应，瞬时产生大量的气体和热量，使周围压力急剧上升，发生爆炸。爆炸往往会造成重大的危害，因此在使用易爆炸物品（如苦味酸等）时，要十分小心。有些化学药品单独存放或使用时，比较稳定，但若与其他药品混合时，就会变成易爆品，十分危险。表 2-86 列举了常见的易爆混合物。

**表 2-86 常见的易爆混合物**

| 主要物质 | 互相作用的物质 | 产生结果 | 主要物质 | 互相作用的物质 | 产生结果 |
|---|---|---|---|---|---|
| 浓硝酸、硫酸 | 松节油、乙醇 | 燃烧 | 硝酸盐 | 酯类、乙酸钠、氯化亚锡 | 爆炸 |
| 过氧化氢 | 乙酸、甲醇、丙酮 | 燃烧 | 过氧化物 | 镁、锌、铝 | 爆炸 |
| 溴 | 磷、锌粉、镁粉 | 燃烧 | 钾、钠 | 水 | 燃烧、爆炸 |
| 高氯酸钾 | 乙醇、有机物 | 爆炸 | 赤磷 | 氯酸盐、二氧化铅 | 爆炸 |
| 氯酸盐 | 硫、磷、铝、镁 | 爆炸 | 黄磷 | 空气、氧化剂、强酸 | 爆炸 |
| 高锰酸钾 | 硫磺、甘油、有机物 | 爆炸 | 乙炔 | 银、铜、汞(Ⅱ)化合物 | 爆炸 |
| 硝酸铵 | 锌粉和少量水 | 爆炸 | | | |

乙醚、异丙醚、四氢呋喃及其他醚类吸收空气中氧形成不稳的过氧化物，受热、震动或摩擦时会产生极猛烈的爆炸。

氨-银络合物长期静置或加热时产生氮化银，这种化合物即使在湿润状态也会发生爆炸。

有些气体本身易燃，属易燃品，若再与空气或氧气混合，遇明火就会爆炸，变得更加危险，存放与使用时要格外小心。表 2-87 中列出了常见气体在空气中的爆炸极限（可燃性极限）。爆炸极限是当可燃性气体、可燃液体的蒸气与空气混合达到一定浓度时，遇到火源就会发生爆炸。这个遇到火源能够发生爆炸的浓度范围称爆炸极限，通常用可燃气体、蒸气在空气中的体积百分比（%）来表示。可燃气体、蒸气与空气的混合物并不是在任何混合比例下都能发生爆炸，而只是在一定浓度范围内才有爆炸的危险。如果可燃气体、蒸气在空气中的浓度低于爆炸下限，遇到明火既不会爆炸，也不会燃烧；高于爆炸上限，遇明火虽不会爆炸，但能燃烧。

**表 2-87 可燃气体、蒸气与空气混合时的爆炸极限(可燃性极限)**

单位:%(体积)

| 物质名称 | 分子式 | 爆炸下限 | 爆炸上限 | 物质名称 | 分子式 | 爆炸下限 | 爆炸上限 |
|---|---|---|---|---|---|---|---|
| 氢 | $H_2$ | 4.1 | 75 | 乙酸丁酯 | $C_6H_{12}O_2$ | 1.4 | 7.6 |
| 一氧化碳 | CO | 12.5 | 75 | 吡啶 | $C_5H_5N$ | 1.8 | 12.4 |
| 硫化氢 | $H_2S$ | 4.3 | 45.4 | 氨 | $NH_3$ | 15.5 | 27.0 |
| 甲烷 | $CH_4$ | 5.0 | 15.0 | 松节油 | $C_{10}H_{16}$ | 0.80 | — |
| 乙烷 | $C_2H_6$ | 3.2 | 12.5 | 甲醇 | $CH_4O$ | 6.7 | 36.5 |
| 庚烷 | $C_7H_{16}$ | 1.1 | 6.7 | 乙醇 | $C_2H_6O$ | 3.3 | 19.0 |
| 乙烯 | $C_2H_4$ | 2.8 | 28.6 | 糠醛 | $C_5H_4O_2$ | 2.1 | — |
| 丙烯 | $C_3H_6$ | 2.0 | 11.1 | 甲基乙基醚 | $C_3H_8O$ | 2.0 | 10.0 |
| 乙炔 | $C_2H_2$ | 2.5 | 80.0 | 二乙醚 | $C_4H_{10}O$ | 1.9 | 36.5 |
| 苯 | $C_6H_6$ | 1.4 | 7.6 | 溴甲烷 | $CH_3Br$ | 13.5 | 14.5 |
| 甲苯 | $C_7H_8$ | 1.3 | 6.8 | 溴乙烷 | $C_2H_5Br$ | 6.8 | 11.3 |
| 环己烷 | $C_6H_{12}$ | 1.3 | 7.8 | 乙胺 | $C_2H_7N$ | 3.6 | 13.2 |
| 丙酮 | $C_3H_6O$ | 2.6 | 12.8 | 二甲胺 | $C_2H_7N$ | 2.8 | 14.4 |
| 丁酮 | $C_4H_8O$ | 1.8 | 9.5 | 水煤气 | | 6.7 | 69.5 |
| 氯甲烷 | $CH_3Cl$ | 8.3 | 18.7 | 高炉煤气 | | 40～50 | 60～70 |
| 氯丁烷 | $C_4H_9Cl$ | 1.9 | 10.1 | 半水煤气 | | 8.1 | 70.5 |
| 乙酸 | $C_2H_4O_2$ | 5.4 | — | 焦炉煤气 | | 6.0 | 30.0 |
| 甲酸甲酯 | $C_2H_4O_2$ | 5.1 | 22.7 | 发生炉煤气 | | 20.3 | 73.7 |
| 乙酸乙酯 | $C_4H_8O_2$ | 2.2 | 11.4 | | | | |

3. 灭火常识

(1) 扑灭火源 一旦发生火情，实验室人员应临危不惧，冷静沉着，及时采取灭火措施，防止火势的扩展。立即切断电源，关闭煤气阀门，移走可燃物，用湿布或石棉布覆盖火源灭火。若火势较猛，应根据具体情况，选用适当的灭火器进行灭火，并立即与有关部门联系，请求救援。若衣服着火时，不可慌张乱跑，应立即用湿布或石棉布灭火；如果燃烧面积较大，可躺在地上打滚。

(2) 火源（火灾）的分类及可使用的灭火器见表 2-88。

**表 2-88 火灾的分类及可使用的灭火器**

| 分类 | 燃烧物质 | 可使用的灭火器 | 注意事项 |
|---|---|---|---|
| A类 | 木材、纸张、棉花 | 水、酸碱式和泡沫式灭火器 | |
| B类 | 可燃性液体如石油化工产品、食品油脂 | 泡沫灭火器、二氧化碳灭火器、干粉灭火器、“1211”灭火器① | |
| C类 | 可燃性气体如煤气、石油液化气 | “1211”灭火器①、干粉灭火器 | 用水、酸碱灭火器、泡沫灭火器均无作用 |
| D类 | 可燃性金属如钾、钠、钙、镁等 | 干砂土<br>7150 灭火剂② | 禁止用水及酸碱式、泡沫式灭火器。二氧化碳灭火器、干粉灭火器、“1211”灭火器均无效 |

① 四氯化碳、“1211” 均属卤代烷灭火剂，遇高温时可形成剧毒的光气，使用时要注意防毒。但它们有绝缘性能好、灭火后在燃烧物上不留痕迹，不损坏仪器设备等特点，适用于扑灭精密仪器、贵重图书资料和电线等的火情。

② 7150 灭火剂主要成分三甲氧基硼氧六环受热分解，吸收大量热，并在可燃物表面形成氧化硼保护膜，隔绝空气，使火窒息。

4. 实验室防火安全的注意事项

(1) 以防为主，杜绝火灾隐患。了解各类有关易燃易爆物品知识及消防知识。遵守各种防火规则。

(2) 在实验室内，过道等处，必须经常备有适宜的灭火材料，如消防砂、石棉布、毯子及各类灭火器等。消防砂要保持干燥。灭火器材要定期检查和更换药液。灭火器的喷嘴应畅通，如遇堵塞应用铁丝疏通，以免使用时造成爆炸事故。

(3) 电线及电器设备起火时，必须先切断总电源开关，再用四氯化碳灭火器熄灭，并及时通知供电部门。不准用水或泡沫灭火器来扑灭燃烧的电线电器。

(4) 人员衣服着火时，立即用毯子之类物品蒙盖在着火者身上灭火，必要时也可用水扑灭。但不宜慌张跑动，避免使气流流向燃烧的衣服，再使火焰增大。

(5) 加热试样或实验过程中小范围起火时，应立即用湿石棉布或湿抹布扑灭明火，并拔去电源插头，关闭总电闸煤气阀。易燃液体的固体（多为有机物）着火时，切不可用水去浇。范围较大的火情，应立即用消防砂、泡沫灭火器或干粉灭火器来扑灭。精密仪器起火，应用四氯化碳灭火器。实验室起火，不宜用水扑救。

(6) 在实验室特别是化学实验室起火时，应事先作起火分析，并将实验过程的各个系统隔开。

5. 爆炸性物质安全使用基本规则

(1) 在做带有爆炸性物质的实验中，应使用具有预防爆炸或减少其危害后果的仪器和设备。操作时，切忌以脸面、头部正对危险体，必要时应戴上防爆面具。

(2) 实验前尽可能弄清楚各种物质的物理、化学性质及混合物的成分、纯度，设备的材料结构，实验的温度、压力等条件；实验中要远离其他发热体和明火、火花等。

(3) 将气体充装入预先加热的仪器内时，应先用氮或二氧化碳排除原来的气体，以防意外。

(4) 当在由几个部分组成的仪器中有可能形成爆炸混合物时，则应在连接处加装保险器，或用液封的方法将几个器皿组成的系统分隔为各个部分。

(5) 在任何情况下，对于危险物质都必须取用能保证在实验结果的必要精确性或可靠性的前提下用最小用量进行实验，且绝对禁止用火直接加热。

(6) 实验中要记住并创造条件去克服光、压力、器皿材料、表面活性等因素的影响。

(7) 在有爆炸性物质的实验中，不要用带磨口塞的磨口仪器。干燥爆炸性物质时，绝对禁止关闭烘箱门，有条件时，最好在惰性气体保护下进行或用真空干燥、干燥剂干燥。加热干燥时应特别注意加热的均匀性和消除局部自燃爆炸的可能性。

（8）严格分类、专人保管好爆炸性物质，实验剩余的残渣余物要及时妥善销毁。

6. 实验室易燃气体安全使用规则

（1）经常检查易燃气体管道、接头、开关及器具是否有泄漏，最好在室内设置检测、报警装置。

（2）如无重大原因，在使用易燃气或在有易燃气管道、器具的实验室，应开窗保持通风。

（3）当发现实验室里有可燃气泄漏时，应立即停止使用，撤离人员并迅速开门窗或抽风机排除，检查泄漏处并及时修理。在未完全排除前，不准点火，也不得接通电源。特别是煤气，具有双重危险，不仅能与空气形成燃爆性混合物，并可致人中毒、死亡。

（4）检查易燃气泄漏处时，应先开窗、通风，使室内换入新鲜空气后进行。可用肥皂水或洗涤剂涂于接头处或可疑处，也可用气敏测漏仪等设备进行检查。严禁用火试漏。

（5）如果由于易燃气管道或开关装配不严，引起着火时，应立即关闭通向漏气处的开关或阀门，切断气源，然后用湿布或石棉纸覆盖以扑灭火焰。

（6）下班或人员离开使用易燃气的实验室前，应注意检查使用过的易燃气器具是否完全关闭或熄灭，以防内燃。室内无人时，禁止使用易燃气器具。

（7）使用煤气时，必须先关闭空气阀门，点火后，再开空气阀，并调节到适当流量。停止使用时，也要先关空气阀，后关煤气阀。

（8）临时出现停止易燃气供应时（特别是煤气），一定要随即关闭一切器具上的开关、分阀或总阀。以防恢复供气时，室内充满易燃气，发生严重危险。

（9）在易燃气器具附近，严禁放置易燃易爆物品。

## 二、化学毒物的中毒和救治方法

1. 化学毒物的分级

某些侵入人体的少量物质引起局部刺激或整个机体功能障碍的任何疾病称为中毒。根据毒物的半致死剂量（或半致死浓度）、急性与慢性中毒的状况与后果、致癌性、工作场所最高允许浓度等指标全面权衡，将我国常见的 56 种毒物的危害程度分为四级。表 2-89 列出毒物危害程度分级依据。表 2-90 列出具体毒物的危害程度级别。

**表 2-89　毒物危害程度分级依据**

| 项目 | | 分级 | | | |
|---|---|---|---|---|---|
| | | Ⅰ（极度危害） | Ⅱ（高度危害） | Ⅲ（中度危害） | Ⅳ（轻度危害） |
| 急性毒性 | 吸入 $LC_{50}$①/$mg \cdot m^{-3}$ | <200 | 200～2000 | 2000～20000 | >20000 |
| | 经皮 $LD_{50}$②/$mg \cdot kg^{-1}$ | <100 | 100～500 | 500～2500 | >2500 |
| | 经口 $LD_{50}$②/$mg \cdot kg^{-1}$ | <25 | 25～500 | 500～5000 | >5000 |
| 急性中毒发病状况 | | 生产中易发生中毒,后果严重 | 生产中可发生中毒,预后良好 | 偶可发生中毒 | 迄今未见急性中毒,但有急性影响 |
| 慢性中毒患病状况 | | 患病率高(≥5%) | 患病率较高(<5%)或症状发生率高(≥20%) | 偶有中毒病例发生或症状发生率较高(≥10%) | 无慢性中毒而有慢性影响 |
| 慢性中毒后果 | | 脱离接触后继续进展或不能治愈 | 脱离接触后可基本治愈 | 脱离接触后可恢复,不致严重后果 | 脱离接触后自行恢复,无不良后果 |
| 致癌性 | | 人体致癌物 | 可疑人体致癌物 | 实验动物致癌物 | 无致癌性 |
| 最高容许浓度/$mg \cdot m^{-3}$ | | <0.1 | 0.1～1 | 1.0～10 | >10 |

① $LC_{50}$ 为半数致死浓度。

② $LD_{50}$ 为半数致死剂量。

表 2-90 毒物危害程度级别

| 级 别 | 毒 物 名 称 |
|---|---|
| Ⅰ级(极度危害) | 汞及其化合物、苯、砷及其无机化合物(非致癌的除外)、氯乙烯、铬酸盐与重铬酸盐、黄磷、铍及其化合物、对硫磷、羰基镍、八氟异丁烯、氯甲醚、锰及其无机化合物、氰化物 |
| Ⅱ级(高度危害) | 三硝基甲苯、铅及其化合物、二硫化碳、氯、丙烯腈、四氯化碳、硫化氢、甲醛、苯胺、氟化氢、五氯酚及其钠盐、镉及其化合物、敌百虫、钒及其化合物、溴甲烷、硫酸二甲酯、金属镍、甲苯二异氰酸酯、环氧氯丙烷、砷化氢、敌敌畏、光气、氯丁二烯、一氧化碳、硝基苯 |
| Ⅲ级(中度危害) | 苯乙烯、甲醇、硝酸、硫酸、盐酸、甲苯、三甲苯、三氯乙烯、二甲基甲酰胺、六氟丙烯、苯酚、氮氧化物 |
| Ⅳ级(轻度危害) | 溶剂汽油、丙酮、氢氧化钠、四氟乙烯、氨 |

2. 常见毒物的中毒症状和急救方法

实验人员了解毒物性质、侵入途径、中毒症状和急救方法，可以减少化学毒物引起的中毒事故。一旦发生中毒事故时，能争分夺秒地采取正确的自救措施，力求在毒物被身体吸收之前实现抢救，使毒物对人体的损伤减至最小。表 2-91 中列出了常见毒物进入人体的途径、中毒症状和救治方法。

表 2-91 常见毒物进入人体的途径、中毒症状和救治方法

| 毒物名称及入体途径 | 中 毒 症 状 | 救 治 方 法 |
|---|---|---|
| 氰化物或氢氰酸：呼吸道、皮肤 | 轻者刺激黏膜、喉头痉挛、瞳孔放大，重者呼吸不规则、逐渐昏迷、血压下降、口腔出血 | 立即移出毒区，脱去衣服，进行人工呼吸。可吸入含 5%二氧化碳的氧气。立即送医院 |
| 氢氟酸或氟化物：呼吸道、皮肤 | 接触氢氟酸气可出现皮肤发痒、疼痛、湿疹和各种皮炎。主要作用于骨骼。深入皮下组织及血管时可引起化脓溃疡。吸入氢氟酸气后，气管黏膜受刺激可引起支气管炎症 | 皮肤被灼伤时，先用水冲洗，再用 5%小苏打液洗，最后用甘油-氧化镁(2∶1)糊剂涂敷，或用冰冷的硫酸镁液洗，也可涂可的松油膏 |
| 硝酸、盐酸、硫酸及氮的氧化物：呼吸道、皮肤 | 三酸对皮肤和黏膜有刺激和腐蚀作用，能引起牙齿酸蚀病，一定数量的酸落到皮肤上即产生烧伤，且有强烈的疼痛。当吸入氧化氮时，强烈发作后可以有 2～12h 的暂时好转，继而更加恶化，虚弱者咳嗽更加严重 | 吸入新鲜空气。皮肤烧伤时立即用大量水冲洗，或用稀苏打水冲洗。如有水疱出现，可涂红汞或紫药水。眼、鼻、咽喉受蒸气刺激时，也可用温水或 2%苏打水冲洗和含漱 |
| 砷及砷化物：呼吸道、消化道、皮肤、黏膜 | 急性中毒有胃肠型和神经型两种症状。大剂量中毒时，30～60min 即觉得口内有金属味，口、咽和食道内有灼烧感、恶心呕吐、剧烈腹痛。呕吐物初呈米汤样，后带血。全身衰弱、剧烈头痛、口渴与腹泻。大便初起为米汤样，后带血。皮肤苍白、面绀，血压降低，脉弱而快，体温下降，最后死于心力衰竭<br>吸入大量砷化物蒸气时，产生头痛、痉挛、意识丧失、昏迷、呼吸和血管运动中枢麻痹等神经症状 | 吸入砷化物蒸气的中毒者必须立即离开现场，使吸入含 5%二氧化碳的氧气或新鲜空气。鼻咽部损害用 1%可卡因涂局部，含碘片或用 1%～2%苏打水含漱或灌洗。皮肤受损害时涂氧化锌或硼酸软膏，有浅表溃疡者应定期换药，防止化脓。专用解毒药(100 份密度为 1.43 的硫酸铁溶液，加入 300 份冷水，再用 20 份烧过的氧化镁和 300 份冷水制成的溶液稀释)用汤匙每 5min 灌一次，直至停止呕吐 |
| 汞及汞盐：呼吸道、消化道、皮肤 | 急性：严重口腔炎、口有金属味、恶心呕吐、腹痛、腹泻、大便血水样，患者常有虚脱、惊厥。尿中有蛋白和血红细胞，严重时尿少或无尿，最后因尿毒症死亡<br>慢性：损害消化系统和神经系统。口有金属味，齿龈及口唇处有硫化汞的黑淋巴腺及唾腺肿大等症状。神经症状有嗜睡、头疼、记忆力减退、手指和舌头出现轻微震颤等 | 急性中毒早期时用饱和碳酸氢钠液洗胃，或立即给饮浓茶、牛奶，吃生蛋白和蓖麻油。立即送医院救治 |
| 铅及铅化合物：呼吸道、消化道 | 急性：口内有甜金属味、口腔炎、食道及腹腔疼痛、呕吐、流黏泪、便秘等<br>慢性：贫血、肢体麻痹瘫痪及各种精神症状 | 急性中毒时用硫酸钠或硫酸镁灌肠。送医院治疗 |

续表

| 毒物名称及人体途径 | 中毒症状 | 救治方法 |
|---|---|---|
| 三氯甲烷(氯仿):呼吸道 | 长期接触可发生消化障碍、精神不安和失眠等症状 | 重症中毒患者使呼吸新鲜空气,向颜面喷冷水,按摩四肢,进行人工呼吸。包裹身体保暖并送医院救治 |
| 苯及其同系物:呼吸道、皮肤 | 急性:沉醉状、惊悸、面色苍白,继而赤红、头晕、头痛、呕吐<br>慢性:以造血器官与神经系统的损害为最显著 | 给急性中毒患者进行人工呼吸,同时输氧。送医院救治 |
| 四氯化碳:呼吸道、皮肤 | 皮肤接触:因脱脂而干燥皲裂 | 2%碳酸氢钠或1%硼酸溶液冲洗皮肤 |
| | 吸入:黏膜刺激,中枢神经系统抑制和胃肠道刺激症状 | 脱离中毒现场急救,人工呼吸、吸氧 |
| | 慢性:神经衰弱症候群,损害肝、肾 | |
| 铬酸、重铬酸钾等铬(Ⅵ)化合物:消化道、皮肤 | 对黏膜有剧烈的刺激,产生炎症和溃疡,可能致癌 | 用5%硫代硫酸钠溶液清洗受污染皮肤 |
| 石油烃类(饱和和不饱和烃):呼吸道、皮肤 | 汽油对皮肤有脂溶性和刺激性,使皮肤干燥、龟裂,个别人起红斑、水疱 | 温水清洗 |
| | 吸入高浓度汽油蒸气,出现头痛、头晕、心悸、神志不清等 | 移至新鲜空气处,重症可给予吸氧 |
| | 石油烃能引起呼吸、造血、神经系统慢性中毒症状 | 医生治疗 |
| | 某些润滑油和石油残渣长期刺激皮肤可能引发皮癌 | |
| 甲醇:呼吸道、消化道 | 吸入急性中毒:神经衰弱症,视力模糊,酸中毒症状<br>慢性:神经衰弱症状,视力减弱,眼球疼痛<br>吞服:15mL,可导致失明,70~100mL致死 | 皮肤污染用清水冲洗。溅入眼内,立即用2%碳酸氢钠冲洗<br>误服,立即用3%碳酸氢钠溶液洗胃后,由医生处置 |
| 芳香胺、芳香族硝基化合物:呼吸道、皮肤 | 急性中毒致高铁血红蛋白症、溶血性贫血及肝脏损伤 | 用温肥皂水(忌用热水)洗,苯胺可用5%乙酸或70%乙醇洗 |
| 氮氧化物:呼吸道 | 急性中毒:口腔咽喉黏膜、眼结膜充血,头晕,支气管炎,肺炎,肺水肿<br>慢性中毒:呼吸道病变 | 移至空气新鲜处,必要时吸氧 |
| 二氧化硫、三氧化硫:呼吸道 | 对上呼吸道及眼结膜有刺激作用,结膜炎、支气管炎、胸痛、胸闷 | 移至空气新鲜处,必要时吸氧,用2%碳酸氢钠洗眼 |
| 硫化氢:呼吸道 | 眼结膜、呼吸及中枢神经系统损害。急性中毒时头晕、头痛甚至抽搐昏迷 | 移至空气新鲜处,必要时吸氧,生理盐水洗眼 |

3. 实验室一般急救规则

(1) 烧伤急救

普通轻度烧伤,可擦用清凉乳剂于创伤处,并包扎好;略重的烧伤可视烧伤情况立即送医院处理;遇有休克的伤员应立即通知医院前来抢救、处理。

(2) 化学烧伤时,应迅速解脱衣服,首先清除残存在皮肤上的化学药品,用水多次冲洗,同时视烧伤情况立即送医院救治或通知医院前来求治。

(3) 眼睛受到任何伤害时,应立即请眼科医生诊断。但化学灼伤时,应分秒必争,在医生到来前即抓紧时间,立即用蒸馏水冲洗眼睛,冲洗时必须用细水流,而且不能直射眼球。

(4) 创伤的急救

小的创伤可用消毒镊子或消毒纱布把伤口清洗干净,并用3.5%的碘酒涂在伤口周围,包起来。若出血较多时,可用压迫法止血,同时处理好伤口,扑上止血消炎粉等药,较紧的包扎起来即可。

较大的创伤或者动、静脉出血,甚至骨折时,应立即用急救绷带在伤口出血部上方扎紧止血,用消毒纱布盖住伤口,立即送医务室或医院救治。但止血时间长时,应注意每隔1~2h适当放松一次，以免肢体缺血坏死。

(5) 中毒的急救

对中毒者的急救主要在于把患者送往医院或医生到达之前，尽快将患者从中毒物质区域中移出，并尽量弄清致毒物质，以便协助医生排 除中毒者体内毒物。如遇中毒者呼吸停止，心脏停跳时，应立即施行人工呼吸、心脏按摩，直至医生到达或送到医院为止。

(6) 触电的急救

有人触电时应立即切断电源或设法使触电人脱离电源；患者呼吸停止或心脏停跳时应立即施行人工呼吸或心脏按摩。特别注意出现假死现象时，千万不能放弃抢救，尽快送往医院救治。

4. 实验室毒物品及化学药剂的安全使用规则

(1) 一切有毒物品及化学药剂，要严格按类存放保管、发放、使用，并妥善处理剩余物品和残毒物品。

(2) 在实验中尽量采用无毒或少毒物质来代替毒物，或采用较好的实验方案、设施、工艺，以减少或避免在实验过程中扩散有毒物质。

(3) 实验室应装设通风排毒用的通风橱，在使用大量易挥发毒物的实验室应装设排风扇等强化通风设备；必要时也可用真空泵、水泵连接在发生器上，构成封闭实验系统，减少毒物在室内逸出。

(4) 注意保持个人卫生和遵守个人防护规程，绝对禁止在使用毒物或有可能被毒物污染的实验室内饮食、吸烟或在有可以能被污染的容器内存放食物。工作时应穿戴好防护衣物，且不能在无毒的环境下穿戴防护衣物；实验完毕及时洗手，条件允许应洗澡；生活衣物与工作衣物不应在一起存放；工作时间内，须经仔细洗手、漱口（必要时用消毒液）后，才能在指定的房间饮水、用膳。在实验室无通风橱或通风不良，实验过程又有大量有毒物逸出时，实验人员应按规定分类使用防毒口罩或防毒面具，不得掉以轻心。

(5) 实验人员定期进行体格检查，认真执行安全劳动保护条例。

(6) 药品、试剂的安全使用注意事项参见第二章第八节。

(7) 毒品及危险品应严格遵守审批、领用、使用、消耗、废物处理等制度。

## 三、预防化学烧伤与玻璃割伤

1. 预防化学烧伤与玻璃割伤的注意事项

(1) 腐蚀性刺激药品，如强酸、强碱、浓氨水、氯化氧磷、浓过氧化氢、氢氟酸、冰乙酸和溴水等，取用时尽可能戴上橡皮手套和防护眼镜等。如药品瓶较大，搬运时必须一手托住瓶底，一手拿住瓶颈。

(2) 开启大瓶液体药品时，必须用锯子将封口石膏锯开，禁止用其他物体敲打，以免瓶被打破。要用手推车搬运装酸或其他腐蚀性液体的坛子、大瓶，严禁将坛子背、扛搬运。要用特制的虹吸管移出危险性液体，并配戴防护镜、橡皮手套和围裙操作。

(3) 稀释硫酸时，必须在耐热容器内进行，并且在不断搅拌下，慢慢地将浓硫酸加入水中。绝对不能将水加注到浓硫酸中，这种做法会使产生的热大量集中，使酸液溅射，非常危险。在溶解氢氧化钠、氢氧化钾等发热物质时，也必须在耐热容器中进行。

(4) 取下正在沸腾的水或溶液时，须用烧杯夹夹住摇动后取下，以防突然剧烈沸腾溅出溶液伤人。

(5) 切割玻璃管（棒）及给瓶塞打孔时，易造成割伤。往玻璃管上套橡皮管或将玻璃管插进橡皮塞孔内时，必须正确选择合适的匹配直径，将玻璃管端面烧圆滑，用水或甘油湿润管壁及塞内孔，并用布裹住手，以防玻璃管破碎时割伤手部。把玻璃管插入塞孔内时，必须握住塞子的侧面，不能把它撑在手掌上。

(6) 装配或拆卸玻璃仪器装置时，要小心地进行，防备玻璃仪器破损、割手。

2. 化学烧伤的急救和治疗

表 2-92 中列举了常见化学烧伤的急救和治疗方法。

## 四、有害化学物质的处理

实验室须要排放废水、废气、废渣。由于各类实验室工作内容不同，产生的三废中所含的化学物质及其毒性不同，数量也有较大差别。为了保证实验人员的健康，防止环境的污染，实验室三废的排放应遵守我国环境保护的有关规定。

1. 化学实验室的废气

在实验室进行可能产生有害废气的操作时，都应在有通风装置的条件下进行，如加热酸、碱溶液和有机物的硝化、分解等都应于通风柜中进行。原子光谱分析仪的原子化器部分都产生金属的原子蒸气，必须有专用的通风罩把原子蒸气抽出室外。汞的操作室必须有良好的全室通风装置，其抽风口通常在墙的下部。实验室排出的废气量较少时，一般可由通风装置直接排至室外，但排气口必须高于附近屋顶3m。少数实验室若排放毒性大且量较多的气体，可参考工业废气处理办法，在排放废气之前，采用吸附、吸收、氧化、分解等方法进行预处理。

表2-93中列出了我国居住区大气中有害物质最高容许浓度。

**表2-92　常见化学烧伤的急救和治疗方法**

| 化学试剂种类 | 急救或治疗方法 |
|---|---|
| 碱类：氢氧化钠(钾)、氨、氧化钙、碳酸钾 | 立即用大量水冲洗，然后用2%乙酸溶液冲洗，或撒敷硼酸粉，或用2%硼酸水溶液洗。如为氧化钙灼伤，可用植物油涂敷伤处 |
| 碱金属氰化物、氢氰酸 | 先用高锰酸钾溶液冲洗，再用硫化铵溶液冲洗 |
| 溴 | 用1体积25%氨水+1体积松节油+10体积95%乙醇的混合液处理 |
| 氢氟酸 | 先用大量冷水冲洗直至伤口表面发红，然后用5%碳酸氢钠溶液洗，再以甘油与氧化镁(2：1)悬浮液涂抹，再用消毒纱布包扎；或用冰镇乙醇溶液浸泡 |
| 铬酸 | 先用大量水冲洗，再用硫化铵稀溶液漂洗 |
| 黄磷 | 立即用1%硫酸铜溶液洗净残余的磷，再用0.01%高锰酸钾溶液湿敷，外涂保护剂，用绷带包扎 |
| 苯酚 | 先用大量水冲洗，然后用(4+1)70%乙醇-氯化铁(1mol/L)混合溶液洗 |
| 硝酸银 | 先用水冲洗，再用5%碳酸氢钠溶液漂洗，涂油膏及磺胺粉 |
| 酸类：硫酸、盐酸、硝酸、乙酸、甲酸、草酸、苦味酸 | 先用大量水冲洗，然后用5%碳酸钠溶液冲洗 |
| 硫酸二甲酯 | 不能涂油，不能包扎，应暴露伤处让其挥发 |

**表2-93　我国居住区大气中有害物质最高容许浓度①**　　单位：$mg \cdot m^{-3}$

| 物质名称 | 最高容许浓度 | | 物质名称 | 最高容许浓度 | |
|---|---|---|---|---|---|
| | 一次② | 日平均③ | | 一次② | 日平均③ |
| 一氧化碳 | 9.00④ | 1.00 | 环氧氯丙烷 | 0.20 | — |
| 乙醛 | 0.01 | — | 氟化物(换算成F) | 0.02 | 0.007 |
| 二甲苯 | 0.30 | — | 氨 | 0.20 | — |
| 二氧化硫 | 0.50 | 0.15 | 氧化氮(换算成$NO_2$) | 0.15 | — |
| 二硫化碳 | 0.04 | — | 砷化物(换算成As) | — | 0.003 |
| 五氧化二磷 | 0.15 | 0.05 | 敌百虫 | 0.10 | — |
| 丙烯腈 | — | 0.05 | 酚 | 0.02 | — |
| 丙烯醛 | 0.10 | 0.05④ | 硫化氢 | 0.01 | — |
| 丙酮 | 0.80 | — | 硫酸 | 0.30 | 0.10 |
| 甲基对硫磷(甲基E605) | 0.01 | — | 硝基苯 | 0.01 | — |
| 甲醇 | 3.00 | 1.00 | 铅及其无机化合物(换算成Pb) | — | 0.0015④ |
| 甲醛 | 0.05 | — | 氯 | 0.10 | 0.03 |
| 汞 | — | 0.0003 | 氯丁二烯 | 0.10 | — |
| 吡啶 | 0.08 | — | 氯化氢 | 0.05 | 0.015 |
| 苯 | 2.40 | 0.80 | 铬(六价) | 0.0015 | — |
| 苯乙烯 | 0.01 | — | 锰及其化合物(换算成$MnO_2$) | — | 0.01 |
| 苯胺 | 0.10 | 0.03 | 飘尘 | 0.5 | 0.15 |

① 本表摘自《TJ 36—79工业企业设计卫生标准》1980。

② 一次最高容许浓度指任何一次测定结果的最大容许值。

③ 日平均最高容许浓度指任何一日的平均浓度的最大容许值。

④ 为修订值。

2. 化学实验室的废水

化学实验室中，由于进行实验操作，往往产生一定量的废水。废水的排放须遵守我国环境保护的有关规定。

对人体健康产生长远不良影响的污染物，称第一类污染物。含有此类有害污染物质的污水，不分行业和污水排放方式，也不分受纳水体的功能类别，一律在产生装置或其处理设施排出口取样检验。表 2-94 为第一类污染物最高容许排放浓度。

**表 2-94 第一类污染物最高容许排放浓度** 单位：$mg \cdot L^{-1}$

| 污染物 | 最高容许排放浓度 | 污染物 | 最高容许排放浓度 | 污染物 | 最高容许排放浓度 |
|---|---|---|---|---|---|
| 总汞 | 0.05 | 总铬 | 1.5 | 总铅 | 1.0 |
| 烷基汞 | 不得检出 | 六价铬 | 0.5 | 总镍 | 1.0 |
| 总镉 | 0.1 | 总砷 | 0.5 | 苯并(*a*)芘 | 0.00003 |

对人体健康产生长远影响小于第一类的污染物质称第二类污染物。在排污单位排出口取样检验。表 2-95 为第二类污染物最高容许排放浓度。

**表 2-95 第二类污染物最高容许排放浓度** 单位：$mg \cdot L^{-1}$

| 污染物 | 一级标准 | | 二级标准 | | 三级标准 | 污染物 | 一级标准 | | 二级标准 | | 三级标准 |
|---|---|---|---|---|---|---|---|---|---|---|---|
| | 新、扩、改建 | 现有 | 新、扩、改建 | 现有 | | | 新、扩、改建 | 现有 | 新、扩、改建 | 现有 | |
| pH 值 | 6～9 | 6～9 | 6～9 | 6～9 | 6～9 | 氟化物 | 10 | 15 | 10 | 15 | 20 |
| 色度(稀释倍数) | 50 | 80 | 80 | 100 | — | (低氟地区) | — | — | (20) | (30) | — |
| 悬浮物 | 70 | 100 | 200 | 250 | 400 | 磷酸盐(以 P 计) | 0.5 | 1.0 | 1.0 | 2.0 | — |
| 生化需氧量(BOD) | 30 | 60 | 60 | 80 | 300 | 甲醛 | 1.0 | 2.0 | 2.0 | 3.0 | — |
| 化学需氧量(COD) | 100 | 150 | 150 | 200 | 500 | 苯胺类 | 1.0 | 2.0 | 2.0 | 3.0 | 5.0 |
| 石油类 | 10 | 15 | 10 | 20 | 30 | 硝基苯类 | 2.0 | 3.0 | 3.0 | 5.0 | 5.0 |
| 动植物油 | 20 | 30 | 20 | 40 | 100 | 阴离子合成洗涤剂(LAS) | 5.0 | 10 | 10 | 15 | 20 |
| 挥发酚 | 0.5 | 1.0 | 0.5 | 1.0 | 2.0 | 铜 | 0.5 | 0.5 | 1.0 | 1.0 | 2.0 |
| 氰化物 | 0.5 | 0.5 | 0.5 | 0.5 | 1.0 | 锌 | 2.0 | 2.0 | 4.0 | 5.0 | 5.0 |
| 硫化物 | 1.0 | 1.0 | 1.0 | 2.0 | 2.0 | 锰 | 2.0 | 5.0 | 2.0 | 5.0 | 5.0 |
| 氨氮 | 15 | 25 | 25 | 40 | — | | | | | | |

3. 实验室常见废液的处理方法

实验室的废液不能直接排入下水道，应根据污物性质分别收集处理。下面介绍几种处理方法：

(1) 无机酸类　废无机酸先收集于陶瓷缸或塑料桶中，然后以过量的碳酸钠或氢氧化钙的水溶液中和，或用废碱中和，中和后用大量水冲稀排放。

(2) 氢氧化钠、氨水　用稀废酸中和后，用大量水冲稀排放。

(3) 含汞、砷、锑、铋等离子的废液　控制溶液酸度为 0.3mol/L 的 $[H^+]$，再以硫化物形式沉淀，以废渣的形式处理。

(4) 含氰废液　把含氰废液倒入废酸缸中是极其危险的，氰化物遇酸产生极毒的氰化氢气体，瞬时可使人丧命。含氰废液应先加入氢氧化钠使 pH 值为 10 以上，再加入过量的 3% $KMnO_4$ 溶液，使 $CN^-$ 被氧化分解。若 $CN^-$ 含量过高，可以加入过量的次氯酸钙和氢氧化钠溶液进行破坏。另外，氰化物在碱性介质中与亚铁盐作用可生成亚铁氰酸盐而被破坏。

(5) 含氟废液　加入石灰使其生成氟化钙沉淀，以废渣的形式处理。

(6) 有机溶剂　若废液量较多，有回收价值的溶剂应蒸馏回收使用。无回收价值的少量废液可以用水稀释排放。若废液量大，可用焚烧法进行处理。不易燃烧的有机溶剂，可用废易燃溶剂稀释后再焚烧。

(7) 黄曲霉毒素　可用 2.5%次氯酸钠溶液浸泡达到去毒的效果。2.5%次氯酸钠溶液配制方法：取 100g 漂白粉，加入 500mL 水，搅拌均匀，另将 80g 工业用碳酸钠（$Na_2CO_3 \cdot 10H_2O$）溶于 500mL 温水中，将两溶液搅拌混合，澄清后过滤，此滤液含 2.5%次氯酸钠。

(8) 少量废液最简单的处理方法是用大量水稀释后排放 根据污物排放最高容许浓度以及废物的量，估计应用水稀释的倍数，以免稀释度不够而使污物排放超标，过量稀释又浪费水。

4. 化学实验室的废渣

化学实验室产生的有害固体废渣通常其量是不多的，但也不能将为数不多的废渣倒在生活垃圾处。必须解毒处理之后，以深坑埋掉的方法为好。

5. 汞中毒的预防

汞是不少实验室经常接触的物质，是在温度－39℃以上惟一能保持液态的金属。它易挥发，其蒸气极毒。经常与少量汞蒸气接触会引起慢性中毒。室温下，在空气中汞的饱和蒸气的含量达$1.5\times10^{-2}$mg/L。若实验人员经常在含汞量达到$1\times10^{-5}$mg/L的空气中活动，就要发生慢性中毒。汞能聚积于体内，其毒性是积累性的。如果每日吸入0.05～0.1mg汞蒸气，数月之后就有可能发生汞中毒。

使用汞的实验室应有通风设备，保持室内空气流通，其排风口不设在房间上部，而设在房间的下部。因为汞蒸气重，多沉积于空间的下部。汞应储存于厚壁带塞的瓷瓶或玻璃瓶中，每瓶不宜放得太多，以免过重使瓶破碎。汞的操作最好在瓷盘中进行，以减少散落机会。为了减少汞的蒸发，降低空气中汞蒸气的含量，通常在汞液面上覆盖一层水层或甘油层。

对于溅落于台上或地面的汞，应尽可能地拣拾起来。颗粒直径大于1mm的汞可用滴管吸取，或用拾汞片（铜汞齐片）收取（拾汞片制备法：将约0.2mm厚的条形铜片浸入用硝酸酸化过的硝酸汞溶液中，这时汞即镀于铜片上成拾汞片）。把散落的汞全部收拾之后，再撒上多硫化钙、硫磺、漂白粉等任一物质的粉末，或喷洒20%三氯化铁溶液，使汞转化成不挥发的难溶盐，干后扫除干净。对于吸附在墙壁上、地板上以及设备表面上的汞，可采用加热熏碘的方法除去。下班前关闭门窗，按每平方米0.5g碘的数量，加热熏蒸碘，碘蒸气即可固定散落的汞。

三氯化铁及碘对金属有腐蚀作用，使用这两种物质时要注意对室内精密仪器的保护。

## 五、高压气瓶的安全

1. 气瓶与减压阀

气瓶是高压容器。瓶内装有高压气体，还要承受搬运、滚动等外界的作用力。因此，对其质量要求严格，材料要求高，常用无缝合金或锰钢管制成的圆柱形容器。气瓶壁厚5～8mm，容量12～55$m^3$不等。底部呈半球形，通常还装有钢质底座，便于竖放。气瓶顶部有启闭气门（即开关阀），气门侧面接头（支管）上连接螺纹。用于可燃气体的应为左旋螺纹，非可燃气体的为右旋。这是为杜绝把可燃气体压缩到盛有空气或氧气的钢瓶中去的可能性，以及防止偶然把可燃气体的气瓶连接到有爆炸危险的装置上去的可能性。

各类气瓶容器必须符合中华人民共和国劳动部劳锅字［1989］12号文件中关于“气瓶安全监察规程”的规定。气瓶上须有制造钢印标记和检验钢印标记。制造钢印标示有气瓶制造单位代号、气瓶编号、工作压力MPa、实际重kg、实际容积L、瓶体设计壁厚mm、制造单位检验标记和制造年月、监督检验标记和寒冷地区使用气瓶标记。检验钢印标示有检验单位代号、检验日期、下次检验日期等。

由于气瓶内的压力一般很高，而使用所需压力往往较低，单靠启闭气门不能准确、稳定地调节气体的放出量。为了降低压力并保持稳定压力，就需要装上减压器。不同工作气体有不同的减压器。不同的减压器，外表涂以不同颜色加以标志，与各种气体的气瓶颜色标志一致。必须注意的是：用于氧的减压器可用于装氮或空气的气瓶上，而用于氮的减压器只有在充分洗除油脂之后，才可用于氧气瓶上。

在装卸减压器时，必须注意防止支管接头上丝扣滑牙，以免装旋不牢而漏气或被高压射出。卸下时要注意轻放，妥善保存，避免撞击、振动，不要放在有腐蚀性物质的地方，并防止灰尘落入表内以致阻塞失灵。

每次气瓶使用完后，先关闭气瓶气门，然后将调压螺杆旋松，放尽减压器内的气体。若不松开调压螺杆，则弹簧长期受压，将使减压器压力表失灵。

2. 气瓶内装气体的分类

(1) 压缩气体　临界温度低于－10℃的气体经加高压压缩后，仍处于气态者称为压缩气体，如氧、氮、氢、空气、氩、氦等气瓶的气体。这类气体钢瓶设计压力大于12MPa(125kgf/cm$^2$)，称为高压气瓶。

(2) 液化气体　临界温度≥10℃的气体经加高压压缩，转为液态并与其蒸气处于平衡状态者称为液化气体，如二氧化碳、氧化亚氮、氨、氯、硫化氢等。

(3) 溶解气体　单纯加高压压缩可能产生分解、爆炸等危险的气体，必须在加高压的同时，将其溶解于适当溶剂中，并由多孔性固体填充物所吸收。在15℃以下压力达0.2MPa以上者称为溶解气体，如乙炔。

3. 高压气瓶的颜色和标志

高压气体钢瓶的颜色和标志见表2-96。

表2-96　高压气体钢瓶的颜色和标志

| 气瓶名称 | 外表面涂料颜色 | 字　样 | 字样颜色 | 横条颜色 | 气瓶名称 | 外表面涂料颜色 | 字　样 | 字样颜色 | 横条颜色 |
|---|---|---|---|---|---|---|---|---|---|
| 氧气瓶 | 天蓝 | 氧 | 黑 | — | 氯气瓶 | 草绿(保护色) | 氯 | 白 | 白 |
| 氢气瓶 | 深绿 | 氢 | 红 | 红 | 氦气瓶 | 棕 | 氦 | 白 | — |
| 氮气瓶 | 黑 | 氮 | 黄 | 棕 | 氖气瓶 | 褐红 | 氖 | 白 | — |
| 氩气瓶 | 灰 | 氩 | 绿 | — | 丁烯气瓶 | 红 | 丁烯 | 黄 | 黑 |
| 压缩空气瓶 | 黑 | 压缩空气 | 白 | — | 氧化亚氮气瓶 | 灰 | 氧化亚氮 | 黑 | — |
| 石油气体瓶 | 灰 | 石油气体 | 红 | — | 环丙烷气瓶 | 橙黄 | 环丙烷 | 黑 | — |
| 硫化氢气瓶 | 白 | 硫化氢 | 红 | 红 | 乙烯气瓶 | 紫 | 乙烯 | 红 | — |
| 二氧化硫气瓶 | 黑 | 二氧化硫 | 白 | 黄 | 乙炔气瓶 | 白 | 乙炔 | 红 | — |
| 二氧化碳气瓶 | 黑 | 二氧化碳 | 黄 | — | 氟氯烷气瓶 | 铝白 | 氟氯烷 | 黑 | — |
| 光气瓶 | 草绿(保护色) | 光气 | 红 | 红 | 其他可燃性气瓶 | 红 | (气体名称) | 白 | — |
| 氨气瓶 | 黄 | 氨 | 黑 | — | 其他非可燃性气瓶 | 黑 | (气体名称) | 黄 | — |

4. 几种压缩可燃气和助燃气的性质及安全处理

(1) 乙炔　乙炔气瓶是将颗粒活性炭、木炭、石棉或硅藻土等多孔性物质填充在钢瓶内，再将丙酮掺入，通入乙炔气使之溶解于丙酮中，直至15℃时压力达1.52MPa (15.5kgf/cm$^2$)。

乙炔是极易燃烧、爆炸的气体。含有7%～13%乙炔的乙炔-空气混合物和含有大约30%乙炔的乙炔-氧气混合物最易爆炸。在未经净化的乙炔内可能含有少量的磷化氢。磷化氢的自燃点很低，气态磷化氢 ($PH_3$) 在100℃时就会自燃，而液态磷化氢甚至不到100℃就会自燃。因此，当乙炔中含有空气时，有磷化氢存在就可能构成乙炔-空气混合气的起火爆炸。乙炔和铜、银、汞等金属或盐接触，会生成乙炔铜 ($Cu_2C_2$) 和乙炔银 ($Ag_2C_2$) 等易爆炸物质。因此，凡供乙炔用的器材 (管路和零件) 都不能使用银和铜的合金。乙炔和氯、次氯酸盐等化合物相遇会发生燃烧和爆炸。因此，乙炔燃烧着火时，绝对禁止使用四氯化碳灭火器。

乙炔气瓶应放在通风良好处，不能存放于实验室大楼内，应存于大楼外另建的储瓶室内，室温要低于35℃。原子吸收法使用乙炔时，要注意预防回火，管路上应装阻止回火器 (阀)。在开启乙炔气瓶之前，要先供给燃烧器足够的空气，再供乙炔气。关气时，要先关乙炔气，后关空气。当乙炔气瓶内压力降至0.3MPa (3kgf/cm$^2$) 时，须停止使用，另换一瓶。

(2) 氢气　为易燃气体。因其密度小，易从微孔漏出，而且它的扩散速率快，易与其他气体混合。氢气和空气混合气的爆炸极限是：空气中含氢量为4.1%～7.5%(体积)。其燃烧速度比烃类化合物气体快，常温、常压下燃烧速率约为2.7m/s。检查氢气导管、阀门是否漏气时，必须采用肥皂水检查法，绝对不能以明火检查之。

存放氢气瓶处要严禁烟火。

(3) 氧化亚氮　也称笑气，具有麻醉兴奋作用，因此使用时要特别注意通风。

液态氧化亚氮在20℃时的蒸气压约5MPa(50kgf/cm$^2$)。氧化亚氮受热分解为氧和氮的混合物，是助燃性气体。

原子吸收法进行高熔点或难熔盐化合物的元素测定时，需用氧化亚氮-乙炔火焰以获得较高的温度，其反应为：

$$5N_2O \longrightarrow 5N_2 + \frac{5}{2}O_2$$

$$C_2H_2 + \frac{5}{2}O \longrightarrow 2CO_2 + H_2O\ (气)$$

在上述过程中，氧化亚氮分解为含氧 33.3% 和氮 66.7% 的混合物，乙炔即借其中的氧燃烧。在氧化亚氮-乙炔火焰中发生的反应比一般火焰要复杂。燃烧时，千万要注意防止从原子吸收分光光度计中喷雾室的排水阀吸入空气，否则会引起爆炸。

(4) 氧气　是强烈的助燃气体，纯氧在高温下尤其活泼。当温度不变而压力增加时，氧气可与油类物质发生剧烈的化学反应而引起发热自燃，产生爆炸。例如，工业矿物油与 3MPa 以上气压的氧气接触就能产生自燃。因此，氧气瓶一定要严防同油脂接触。减压器及阀门绝对禁止使用油脂润滑。氧气瓶内绝对不能混入其他可燃性气体，或误用其他可燃气体气瓶来充灌氧气。氧气瓶一般是在 20℃，15MPa 气压条件下充灌的。氧气气瓶的压力会随温度增加而增高，因此要禁止气瓶在强烈阳光下暴晒，以免瓶内压力过高而发生爆炸。

氧气及氧化气表安全使用操作规程见第六章第二节。

5. 气瓶安全使用常识

(1) 气瓶必须存放于通风、阴凉、干燥、隔绝明火、远离热源、防暴晒的房间内。要有专人管理。要有醒目的标志，如“乙炔危险，严禁烟火”等字样。可燃性气体气瓶一律不得进入实验楼内。严禁乙炔气瓶、氢气瓶和氧气瓶、氯气瓶储放在一起或同车运送。

(2) 使用气瓶时要直立固定放置，防止倾倒。

(3) 搬运气瓶要用专用气瓶车，要轻拿轻放，防止摔掷、敲击、滚滑或剧烈震动。搬运的气瓶一定要在事前戴上气瓶安全帽，以防不慎摔断瓶嘴发生爆炸事故。钢瓶身上必须具有两个橡胶防震圈。乙炔瓶严禁横卧滚动。

(4) 气瓶应进行耐压试验，并定期进行检验。

(5) 气瓶的减压器要专用，安装时螺扣要上紧，应旋进 7 圈螺纹，不得漏气。开启高压气瓶时，操作者应站在气瓶口的侧面，动作要慢，以减少气流摩擦，防止产生静电。

(6) 乙炔等可燃气瓶不得放置在橡胶等绝缘体上，以利静电释放。

(7) 氧气瓶及其专用工具严禁与油类物质接触，操作人员也不能穿戴沾有各种油脂或油污的工作服和工作手套等。

(8) 氢气瓶等可燃气瓶与明火的距离不应小于 10m。

(9) 瓶内气体不得全部用尽，一般应保持 0.2～1MPa 的余压。

## 六、安全用电的注意事项

人体通过 50Hz 的交流电 1mA 就有感觉；10mA 以上会使肌肉收缩；25mA 以上则感呼吸困难，甚至停止呼吸；100mA 以上则使心脏的心室产生颤动，以致无法救活。因此使用电器设备时须注意防止触电的危险。

(1) 操作电器时，手必须干燥，因为手潮湿时电阻显著变小，易于引起触电。

(2) 一切电源裸露部分都应配备绝缘装置，电开关应有绝缘盒，电线接头必须包以绝缘胶布或套胶管。所有电器设备的金属外壳应接上地线。

(3) 已损坏的接头或绝缘不好的电线应及时更换，不能直接用手去摸绝缘不好的通电电器。

(4) 修理或安装电器设备时，必须先切断电源。

(5) 不能用试电笔去试高压电。

(6) 每个实验室有规定允许使用的最大电流，每路电线也有规定的限定电流，超过时会使导线发热着火。导线不慎短路也容易引起事故。控制负荷超载的简便方法是按限定电流使用熔断片（保险丝）。更换保险丝时应按规定选用，不可用铜、铝等金属丝代替保险丝，以免烧坏仪器或发生火灾。

(7) 电线接头间要接触良好、紧固，避免在振动时产生电火花。电火花可能引起实验室的燃烧与爆炸。

(8) 禁止高温热源靠近电线。

(9) 电动机械设备使用前应检查开关、线路、安全地线等各部设备零件是否完整妥当，运转情况是否良好。

(10) 严禁使用湿布擦拭正在通电的设备、电门、插座、电线等，严禁在电器设备上和线路上洒水。

(11) 在用高压电操作时，要穿上胶鞋并戴上橡皮手套，地面铺上橡胶。

(12) 实验室的电气设备和电路不得私自拆动及任意进行修理，也不能自行加接电器设备和电路，必须由专门的技术人员进行。

(13) 每一实验室都有电源总闸。停止工作时，必须把总电闸关掉。

(14) 多台大功率的电器设备要分开电路安装，每台电器设备有各自的熔断器。

(15) 有人受到电伤害时，要立即用不导电的物体把电线从触电者身上挪开，切断电源，把触电者转移到空气新鲜的地方进行人工呼吸，并迅速与医院联系。

(16) 使用动力电时，应先检查电源开关、电机和设备各部分是否良好。如有故障，应先排除后，方可接通电源。

(17) 启动或关闭电器设备时，必须将开关扣严或拉妥，防止似接非接状况。使用电子仪器设备时，应先了解其性能，按操作规程操作，若电器设备发生过热现象或出现糊焦味时，应立即切断电源。

(18) 电源或电器设备的保险烧断时，应先查明烧断原因，排除故障后，再按原负荷选用适宜的保险丝进行更换，不得随意加大或用其他金属线代用。

(19) 实验室内不应有裸露的电线头；电源开关箱内，不准堆放物品，以免触电或燃烧。

(20) 要警惕实验室内发生电火花或静电，尤其在使用可能构成爆炸混合物的可燃性气体时，更需注意。如遇电线走火，切勿用水或导电的酸碱泡沫灭火器灭火，应切断电源，用砂或二氧化碳灭火器灭火。

## 七、放射性物质安全防护的基本规则

(1) 基本原则：①避免放射性物质进入体内和污染身体；②减少人体接受来自外部辐射的剂量；③尽量减少以至杜绝放射性物质扩散造成危害；④对放射性废物要储存在专用污物筒中，定期按规定处理；⑤从事放射性物质的人员必须具备放射性的基础知识及操作技能。

(2) 对来自体外辐射的防护

在实验中尽量减少放射性物质的用量，选择放射性同位素时，应在满足实验要求的情况下，尽量选取危险性小的用。

实验时力求迅速，操作力求简便熟练。实验前最好预做模拟或空白试验。有条件时，可以几个人共同分担一定任务。不要在有放射性物质（特别是β、γ体）的附近做不必要的停留，尽量减少被辐射的时间。

由于人体所受的辐射剂量大小与接触放射性物质的距离的平方成反比。因此在操作时，可利用各种夹具，增大接触距离，减少被辐射量。

创造条件设置隔离屏障。一般密度较大的金属材料如铅、铁等对γ射线的遮挡性能较好，密度较轻的材料如石蜡、硼砂等对中子的遮挡性能较好；β射线、X射性较容易遮挡，一般可用铅玻璃或塑料遮挡。隔离屏蔽可以是全隔离，也可以是部分隔离；也可以做成固定的，也可做成活动的，依各自的需要选择设置。

(3) 放射性物质进入体内的预防

防止由消化系统进入体内。工作时必须戴防护手套、口罩、工作衣帽。实验中绝对禁止用口吸取溶液或口腔接触任何物品。工作完毕立即洗手、漱口。禁止在实验室吃、喝、吸烟。进行放射性物质的实验室与非放射性物质的实验室最好分开。使用的仪器也应分开，不能混合使用。

防止由呼吸系统进入体内。实验室应有良好的通风条件，实验中煮沸、烘干、蒸发等均应在通风橱中进行，处理粉末物应在防护箱中进行，必要时还应戴过滤型呼吸器。实验室应用吸尘器或拖把经常清扫，以保持高度清洁。遇有污染物应慎重妥善处理。

防止通过皮肤进入体内。实验中应小心仔细，不要让仪器物品，特别是沾有放射性物质的部分割破皮肤。遇有小伤口时，一定要妥善包扎好，戴好手套再工作，伤口较大时，应停止工作。不要用有机溶液洗手和涂敷皮肤，以防增加放射性物质进入皮肤的渗透性能。

## 八、X射线的安全防护

X射线被人体组织吸收后，对人体健康是有害的。长期反复接受X射线照射，会导致疲倦，记忆力减退，头痛，白细胞降低等。一般晶体X射线衍射分析用的软X射线（波长较长、穿透能力较低）比医院透视用的硬X射线（波长较短、穿透能力较强）对人体组织伤害更大。轻的造成局部组织灼伤，如果长时期接触，重的可造成白细胞下降，毛发脱落，发生严重的射线病。但若采取适当的防护措施，上述危害是可以防止的。最基本的一条是防止身体各部（特别是头部）受到X射线照射，尤其是受到X射线的直接照射。因此要注意X射线管窗口附近用铅皮（厚度在1mm以上）挡好，使X射线尽量限制在一个局部小范围内，不让它散射到整个房间，在进行操作（尤其是对光）时，应戴上防护用具（特别是铅玻璃眼镜）。操作人员站的位置应避免直接照射。操作完，用铅屏把人与X射线机隔开；暂时不工作时，应关好窗口，非必要时，人员应尽量离开X射线实验室。室内应保持良好通风，以减少由于高电压和X射线电离作用产生的有害气体对人体的影响。

# 第十一节 化学实验室的管理

## 一、实验室的分类与对用房的要求

1. 实验室的分类与职责

实验室一般为理化分析实验室，在学校、工厂、企业、科学研究单位以及商品质量与安全卫生管理部门等各有其不同的性质。

学校实验室主要是为学生进行教学的基地，同时也为科研和生产服务。在改革开放的今天，许多高等学校的中心实验室，系、所、教研室所管辖的实验室也对社会及学校内部开放，接受实验及检测任务。

一般工矿企业单位通常只设有简单的实验室，但大工矿企业、大公司则设有中心实验室、车间实验室等。车间实验室主要担负生产过程中成品、半成品的控制分析。中心实验室主要担负原料分析、产品质量的检验任务，并进行实验方法的研究、改进、推广、应用，以及配制、标定车间实验室所用的标准溶液等。

科学研究单位的实验室除为研究课题担负测试任务外，也进行分析检验方法的研究。

商品质量及安全卫生管理部门的实验室通常是国家各级职能机构，担负商品质量的监督和安全卫生的管理任务，它们使用的实验方法大多是国家标准方法，其实验结果具有一定的法律作用。

2. 实验室对用房的要求

实验室用房大致分为三类：化学实验室、精密仪器室、辅助室（办公室、储藏室、钢瓶室等）。实验室一般要求远离灰尘、烟雾、噪声和震动源的环境中，不应建在交通要道、锅炉房、机房附近，位置最好是南北朝向。实验室应用耐火或不易燃材料建成，注意防火性能，地面可采用水磨石，窗户要能防尘，室内采光要好。门应向外开，大的实验室应设两个出口，以便在发生事故时，人员容易撤离。实验室应有必要的防火与防爆设施。

(1) 化学实验室　在化学实验室中要进行样品的化学处理和分析测定，常使用一些电器设备及各种化学试剂，有关化学实验室的设计除应按上述要求外，还应注意以下几点。

① 供水和排水　供水要保证必要的水压、水质和水量，水槽上要多装几个水龙头，室内总闸门应设在显眼易操作的地方，下水道应采用耐酸碱腐蚀的材料，地面要有地漏。

② 供电　实验室内供电功率应根据用电总负荷设计，并留有余地，应有单相和三相电源，整个实验室要有总闸，各个单间应有分闸。照明用电与设备用电应分设线路。日夜运行的电器，如电冰箱应单独供电。烘箱、高温炉等高功率的电热设备应有专用插座、开关及熔断器。实验室照明应

有足够亮度，最好使用日光灯。在室内及走廊要安装应急灯。

③ 通风设施　实验过程中常常产生有毒或易燃的气体，因此实验室要有良好的通风条件。通风设施通常有三种。

a. 采用排风扇全室通风，换气次数通常为每小时5次。

b. 在产生气体的上方设置局部排气罩。

c. 通风柜是实验室常用的局部排风设备。通风柜内应有热源、水源、照明装置等。通风柜采用防火防爆的金属材料或塑料制作，金属上涂防腐涂料，管道要能耐酸碱气体的腐蚀，风机应有减小噪声的装置并安装在建筑物顶层机房内，排气管应高于屋顶2m以上。一台排风机连接一个通风柜为好。

④ 实验台　台面应平整，不易碎裂，耐酸、碱及有机溶剂腐蚀，常用木材、塑料或水磨石预制板制成。通常木制台面上涂以大漆或三聚氰胺树脂、环氧树脂漆等。

⑤ 供煤气　有条件的实验室可安装管道煤气。

(2) 精密仪器室

① 精密仪器价值昂贵、精密，多由光学材料和电器元件构成。因此要求精密仪器室具有防火、防潮、防震、防腐蚀、防尘、防有害气体侵蚀的功能。室温尽可能维持恒定或一定范围，如18～25℃，湿度在60%～70%。要求恒温的仪器应安装双层窗户及空调设备。窗户应有窗帘，避免阳光直接照射仪器。

② 使用水磨石地面与防静电地面，不宜使用地毯，因易积聚灰尘及产生静电。

③ 大型精密仪器应有专用地线，接地电阻要小于4Ω，切勿与其他电热设备或水管、暖气管、煤气管相接。

④ 放置仪器的桌面要结实、稳固，四周要留下至少50cm的空间，以便操作与维修。

⑤ 原子吸收、发射光谱仪与高效液相色谱仪都应安装排风罩。室内应有良好通风。高压气体钢瓶，应放于室外另建的钢瓶室。

⑥ 根据需要加接交流稳压器与不间断电源。

⑦ 在精密仪器室就近设置相应的化学处理室。

(3) 辅助室　药品储藏室用于存放少量近期要用的化学药品，且要符合化学试剂的管理与安全存放条件（参看本节有关内容）。一般选择干燥、通风的北屋，门窗应坚固，避免阳光直接照射，门朝外开，室内应安装排气扇，采用防爆照明灯具。少量的危险品，可用铁皮柜或水泥柜分类隔离存放。

## 二、一个好的实验室应具备的条件

一个好的实验室应具备以下条件。

1. 组织管理与质量管理的9项制度

①技术资料档案管理制度，要经常注意收集本行业和有关专业的技术性书刊和技术资料，以及有关字典、辞典、手册等必备的工具书，这些资料在专柜保存，由专人管理，负责购置、登记、编号、保管、出借、收回等工作；②技术责任制和岗位责任制；③检验实验工作质量的检验制度；④样品管理制度；⑤设备、仪器的使用、管理、维修制度；⑥试剂、药品以及低值易耗品的使用管理制度；⑦技术人员考核、晋升制度；⑧实验事故的分析和报告制度；⑨安全、保密、卫生、保健等制度。

2. 对仪器设备的要求

① 应具备与其业务范围相适应的实验仪器设备；②仪器设备的性能和运用性应定期进行检查、维护和维修；定期进行校准；③仪器设备发生故障时，应及时进行维修，并写出检修记录存档；④仪器设备应有专人管理，保持完好状态，便于随时使用。

3. 对实验室环境的要求

①实验室的环境应符合装备技术条件所规定的操作环境的要求，如要防止烟雾、尘埃、震动、噪声、电磁、辐射等可能的干扰；②保持环境的整齐清洁。除有特殊要求外，一般应保持正常的气候条件；③仪器设备的布局要便于进行实验和记录测试结果，并便于仪器设备的维修。

4. 对测试方法的要求

测试的方法、步骤、程序、注意事项、注释，以及修改的内容等要有文字记载，装订成册，可供使用与引用。

采用的测试方法要进行评定。

5. 对原始记录的要求

原始记录是对检测全过程的现象、条件、数据和事实的记载。原始记录要做到记录齐全、反映真实、表达准确、整齐清洁。记录要用记录本或按规定印制的原始记录单，不得用白纸或其他记录纸替代；原始记录不准用铅笔或圆珠笔书写，也不准先用铅笔书写后再用墨水笔描写；原始记录不可重新抄写，以保证记录的原始性；原始记录不能随意划改，必须涂改的数据，涂改后应签字盖章，正确的数据写在划改数据的上方，不得磨、刮改写。检验人员要签名并注明日期，负责人要定期检查原始记录并签上姓名与日期。

为了促进实验测试工作的标准化、规范化、制度化和科学化管理，有必要按计量认证对实验测试工作的要求，把实验测试工作的原始记录统一格式。

6. 对实验报告的要求

①要写明实验依据的标准；②实验结论意见要清楚；实验结果要与依据的标准及实验要求进行比较；③样品有简单的说明；④实验分析报告要写明测试分析实验室的全称、编号、委托单位或委托人、交样日期、样品名称、样品数量、分析项目、分析批号、实验人员、审核人员、负责人等签字和日期、报告页数。

7. 收取试样要有登记手续

试样要编号并妥善保管一定时间。试样应有标签，标签上记录编号、委托单位、交样日期、实验人员。实验日期、报告签发日期以及其他简短说明。

8. 实验室必须有一定数量的，知识结构层次、年龄与身体条件分布合理的优良技术队伍。

## 三、实验室药品与试剂的管理

化学试剂大多数具有一定的毒性及危险性。

对化学试剂加强管理，不仅是保证实验结果质量的需要，也是确保人民生命财产安全的需要。

化学试剂的管理应根据试剂的毒性、易燃性和潮解性等不同的特点，以不同的方式妥善管理。

实验室内只宜存放少量短期内需用的药品，易燃易爆试剂应放在铁柜中，柜的顶部要有通风口。严禁在实验室内存放总量20L的瓶装易燃液体。大量试剂应放在试剂库内。对于一般试剂，如无机盐，应有序地存放在药品柜内，可按元素周期系类族，或按酸、碱、盐、氧化物等分类存放。存放试剂时，要注意化学试剂的存放期限，某些试剂在存放过程中会逐渐变质，甚至形成危害物。如醚类、四氢呋喃、二氧六环、烯烃、液体石蜡等，在见光条件下，若接触空气可形成过氧化物，放置时间越久越危险。某些具有还原性的试剂，如苯三酚、$TiCl_3$、四氢硼钠、$FeSO_4$、维生素C、维生素E以及金属铁丝、铝、镁、锌粉等易被空气中氧所氧化变质。

化学试剂必须分类隔离存放，不能混放在一起，通常把试剂分成下面几类，分别存放。

(1) 易燃类 易燃类液体极易挥发成气体，遇明火即燃烧，通常把闪点在25℃以下的液体均列入易燃类。闪点在−4℃以下者有石油醚、氯乙烷、溴乙烷、乙醚、汽油、二硫化碳、缩醛、丙酮、苯、乙酸乙酯、乙酸甲酯等。闪点在25℃以下的有丁酮、甲苯、甲醇、乙醇、异丙醇、二甲苯、乙酸丁酯、乙酸戊酯、三聚甲醛、吡啶等。

这类试剂要求单独存放于阴凉通风处，理想存放温度为−4～4℃。闪点在25℃以下的试剂，存放最高室温不得超过30℃，特别要注意远离火源。

(2) 剧毒类 专指由消化道侵入极少量即能引起中毒致死的试剂。生物实验半数致死量在50mg/kg以下者称为剧毒物品，如氰化钾、氰化钠及其他剧毒氰化物，三氧化二砷及其他剧毒砷化物，二氯化汞及其他极毒汞盐，硫酸二甲酯，某些生物碱和毒苷等。

这类试剂要置于阴凉干燥处，与酸类试剂隔离。应锁在专门的毒品柜中，建立双人登记签字领用制度。建立使用、消耗、废物处理等制度。皮肤有伤口时，禁止操作这类物质。

(3) 强腐蚀类 指对人体皮肤、黏膜、眼、呼吸道和物品等有极强腐蚀性的液体和固体（包括蒸气），如发烟硫酸、硫酸、发烟硝酸、盐酸、氢氟酸、氢溴酸、氯磺酸、氯化砜、一氯乙酸、甲酸、乙酸酐、氯化氧磷、五氧化二磷、无水三氯化铝、溴、氢氧化钠、氢氧化钾、硫化钠、苯酚、无水肼、水合肼等。

存放处要求阴凉通风，并与其他药品隔离放置。应选用抗腐蚀性的材料，如耐酸水泥或耐酸陶瓷制成架子来放置这类药品。料架不宜过高，也不要放在高架上，最好放在地面靠墙处，以保证存放安全。

(4) 燃爆类　这类试剂中，遇水反应十分猛烈发生燃烧爆炸的有钾、钠、锂、钙、氢化锂铝、电石等。钾和钠应保存在煤油中。试剂本身就是炸药或极易爆炸的有硝酸纤维、苦味酸、三硝基甲苯、三硝基苯、叠氮或重氮化合物、雷酸盐等，要轻拿轻放。与空气接触能发生强烈的氧化作用而引起燃烧的物质如黄磷，应保存在水中，切割时也应在水中进行。引火点低，受热、冲击、摩擦或与氧化剂接触能急剧燃烧甚至爆炸的物质，有硫化磷、赤磷、镁粉、锌粉、铝粉、萘、樟脑等。

此类试剂要求存放室内温度不超过 30℃，与易燃物、氧化剂均须隔离存放。料架用砖和水泥砌成，有槽，槽内铺消防砂。试剂置于砂中，加盖，万一出事不至扩大事态。

(5) 强氧化剂类　这类试剂是过氧化物或含氧酸及其盐，在适当条件下会发生爆炸，并可与有机物、镁、铝、锌粉、硫等易燃固体形成爆炸混合物。这类物质中有的能与水起剧烈反应，如过氧化物遇水有发生爆炸的危险。属于此类的有硝酸铵、硝酸钾、硝酸钠、高氯酸、高氯酸钾、高氯酸钠、高氯酸镁或钡、铬酸酐、重铬酸铵、重铬酸钾及其他铬酸盐、高锰酸钾及其他高锰酸盐、氯酸钾或钠、氯酸钡、过硫酸铵及其他过硫酸盐、过氧化钠、过氧化钾、过氧化钡、过氧化二苯甲酰、过乙酸等。

存放处要求阴凉通风，最高温度不得超过 30℃。要与酸类以及木屑、炭粉、硫化物、糖类等易燃物、可燃物或易被氧化物（即还原性物质）等隔离，堆垛不宜过高过大，注意散热。

(6) 放射性类　一般实验室不可能有放射性物质。实验操作这类物质需要特殊防护设备和知识，以保护人身安全，并防止放射性物质的污染与扩散。

以上 6 类均属于危险品。

(7) 低温存放类　此类试剂需要低温存放才不至于聚合变质或发生其他事故。属于此类的有甲基丙烯酸甲酯、苯乙烯、丙烯腈、乙烯基乙炔及其他可聚合的单体、过氧化氢、氢氧化铵等。

存放于温度 10℃以下。

(8) 贵重类　单价贵的特殊试剂、超纯试剂和稀有元素及其化合物均属于此类。这类试剂大部分为小包装。这类试剂应与一般试剂分开存放，加强管理，建立领用制度。常见的有钯黑、氯化钯、氯化铂、铂、铱、铂石棉、氯化金、金粉、稀土元素等。

(9) 指示剂与有机试剂类　指示剂可按酸碱指示剂、氧化还原指示剂、络合滴定指示剂及荧光吸附指示剂分类排列。有机试剂可按分子中碳原子数目多少排列。

(10) 一般试剂　一般试剂分类存放于阴凉通风，温度低于 30℃的柜内即可。

## 四、玻璃仪器的管理

对于实验室中常用玻璃仪器应本着方便、实用、安全、整洁的原则进行管理（参见第二章第一节四）。

## 五、常用低值易耗品与常用仪器的管理

实验室的财产通常分三类：低值易耗品、仪器设备和家具。

低值易耗品通常又分三种：低值品、易耗品和原材料。低值品是指价格比较便宜，不够固定资产的标准又不属于材料和消耗品范围的物品，如台灯、工具等。易耗品指一般玻璃仪器。原材料是指消耗品如试剂、非金属、金属原材料等。这三种物品使用频率高、流通性大，管理上要以心中有数、方便使用为原则，要建立必要的账目。对于工具、台灯、电炉、计算器、磁盘（软盘）等与生活用品分不清的物品，须特别注意保管。仪器物品要分类存放，固定位置。工具、电料等要养成习惯用完放回原处。试剂与物品要分开存放。能产生腐蚀性蒸气的酸，应注意盖严容器，室内定时通风，勿与精密仪器置于同一室中。

仪器设备属于固定资产，又分一般仪器设备和精密贵重仪器设备，其管理要求也不相同。价值在数百元（由各单位管理部门自行规定）以上的仪器设备须要单独建立卡片管理制度。

仪器的名称（包括主要附件）、型号、规格、数量、单价、出厂和购置的年月、出厂编号以及仪器管理编号等都要准确登记造册。仪器设备建立专人管理责任制。仪器使用与安装之前，要仔细认真地阅读说明书及有关资料，了解仪器的原理、结构、安装与使用、维护注意事项等之后，才能动手安装与调试。没有实践经验的人员切勿盲动。

仪器设备要建立使用、事故、检修记录制度。

非仪器设备管理人员欲使用仪器设备，必须有批准使用的手续，仪器使用者不得自行打开机壳进行检修。检修必须由专门技术人员负责，此人可以是仪器保管者与使用者。

仪器设备通常要有防尘罩，实验完毕待仪器冷却后才能罩上防尘罩。

计量仪器须要定期请有关计量部门及时进行检定，确保仪器测量结果的准确性。

仪器设备安放的房间要与化学操作室、办公室分开，且应符合该仪器的安装环境要求，以确保仪器的精度及使用寿命。仪器室应注意做好防尘、防腐蚀、防震以及避免阳光直射等，通常要有纱窗、窗帘。高精密仪器室应安装双层窗，以及空调设备等。

## 六、精密、贵重仪器的管理

精密、贵重仪器的管理除了应遵守上文对常用仪器管理的一般要求及作法外，还应从以下几方面进行管理。

(1) 对仪器进行系统管理　系统管理是对仪器运行的全过程，包括仪器申请计划、选购、验收、安装、调试、使用、维修、检验、改造、报废等进行全面管理，对仪器系统的财力、物力、人力、信息和时间等因素进行综合管理，使得仪器整个寿命周期费用最经济，仪器的综合效能最高，使分析工作建立在最优化的物质技术基础之上。

系统管理的基本任务是：第一，管好、用好、维护好仪器，确保仪器在数量上的完整性和质量上的完好性，经常处于良好的可用状态；第二，不断提高仪器的利用率和经济效益。

申请精密、贵重仪器的采购，要建立论证制度。

由主管部门组织专家及有关人员召开论证会，论证人数不少于5个。

论证的主要内容为：购置理由（包括必要性、申请购置单位同类设备现有台数及使用率）；经费的落实情况。包括欲购仪器设备附件、零配件、软件、配套经费及购买后每年所需的运行维修费等；投资效益的预测以及内外共用方案；选型的论证：包括仪器设备的先进性和适用性，适用的科学范围，性能价格比以及技术指标的合理性；安装使用的环境及设施条件；各类人员的配备及技术力量。

(2) 在编制申请计划时，应把任务、所需仪器的数量和质量、经费、技术力量及用房设施、附属设备等各方面进行综合平衡，以保证计划能顺利执行，购得的仪器能够及时投入使用。

(3) 仪器的选购　要组织技术咨询小组对仪器的选型、配置、经费、技术力量等进行综合评价和答辩审查。在选择仪器型号、功能、配件时，总的原则是技术上合用、经济上合算，重点应考虑以下几个方面。

① 实用性　指仪器在性能上是否适用，仪器的规格、功能和效率等各项技术指标要符合使用要求。

② 可靠性　指仪器技术参数的稳定性，零件的耐用性，仪器的安全可靠性。

③ 节约性　指仪器在满足使用要求的前提下，尽量考虑节约的原则，其中包括能源、水源、辅助气体、试剂药品等运行费用。

④ 可修性　指仪器发生故障或损坏以后修复的难易程度，必须考虑的因素有设备备件、消耗件的供应及价格，图纸、资料的完整性，维修是否简便，以及服务能力与价格等。

⑤ 环保性　指仪器运转以后对环境的影响情况，应选择对环境无污染的仪器，或附有消声、隔音及相应的治理“三废”附属设施的仪器。

⑥ 耐用性　指仪器的自然寿命要长。

⑦ 配套性　切勿东拼西凑订购仪器。

⑧ 适应性　指仪器对工作环境、工作条件以及工作对象的适应能力。

⑨ 最后还要考虑仪器的三包情况、厂商的信誉以及售后服务情况等。

(4) 建立严格的仪器验收制度　验收不是单纯地履行商务手续，而是对仪器进行科学管理的起点。验收过程也是消化技术、提高技术的过程。精密、贵重仪器在签订合同之后，应立即组织专人负责实验室准备与验收和技术验收。验收前必须做好充分的准备，掌握验收技术，读懂弄透随箱文件（安装、验收、检验、操作说明书），熟悉仪器原理、结构及操作注意事项，熟悉全部资料，拟定技术验收方案，提出验收检验的技术指标、功能和检验方法。有了充分的技术准备，就能在技术上真正的把好关。对于引进设备，除了自己努力消化分析技术外，还要争取外商技术人员的友好合作，在索赔期内完成一切验收工作，包括开箱清点、安装调试、逐一鉴定技术指标。有的仪器合同规定，安装与人员培训由外商负责，但这是付出了高额的安装培训费用的。

到货前建立由高级工程技术人员或实验室技术人员组成的，由操作人员、管理人员及实验室设备处参加的验收调试安装小组。验收调试安装小组应做好各项准备工作，包括完成基建和改建工程及机房各种辅助设备的安装，准备必要的检测仪器和试样，制订验收方案，阅读消化生产厂提供的资料，拟定试验课题等；到货后验收小组应按照合同尽快组织验收。检验包装是否完好，实物表面有无残损锈蚀等；根据合同和装箱清单进行清点，并做好记录。

若发现外包装箱损坏，有可能损坏仪器时，应立即通知供货商，必要时须及时报请商检部门参加开箱、安装、验收。

安装调试中要做好质量检查，必须按说明书和操作手册的程序逐项验收仪器设备的功能和指标，验收要做好记录，检验结果要有书面验收报告，并附原始记录和图表等。

验收、安装调试中，凡数量、型号、规格、性能均符合合同规定时，可认为验收合格。如发现附件及配件缺少，型号规格不符，性能达不到合同规定时，则认为验收不合格。验收不合格的，使用单位应在索赔终止日前20天，会同实验室设备处和商检部门核准，及时办理索赔事宜。

安装验收结束后要写出验收报告，详细记述安装验收过程中出现的问题，排除故障的措施，仪器功能指标的符合情况，遗留问题及处理意见，并附以通过验收的主要数据、表格、照片或图谱等。将填好的验收单及仪器设备的档案资料（申购仪器的审批件、合同、装箱单、验收单、备忘录以及仪器的安装、操作说明、维修手册等）、仪器的安装、调试、性能鉴定、验收记录存档。同时建立使用规程、保养维修规程，使用登记本、事故与检修记录。

(5) 正确使用仪器，做到责任到人 贵重仪器设备应由使用单位和实验室设备处共同管理，实行专管共用，每台贵重仪器设备必须制订操作规程和维修保养制度，必须定室定人进行操作使用和维护，使用人员要事先培训，经考核合格后方可独立操作，操作必须做详细记录。

贵重仪器设备根据需要，应配备高、中、低层次的专业技术人员进行管理和使用。人员要相对稳定，工作调动时应做好对接替人员的培训和交接工作。

制订仪器的操作规程和维修保养制度，定期进行检查、计量和标定，以确保仪器的灵敏度和准确度。必须加强对使用仪器人员的基本操作训练，使他们熟悉有关仪器原理、性能和特点，熟练操作使用技术。必须指定有经验的实验技术人员负责管理和指导仪器的使用。其他人员必须通过技术培训和技术考核以后，经过一定审批手续才能独立使用仪器。

使用仪器人员均须在使用仪器之前，一行不漏地逐字逐句地认真阅读仪器说明书、操作指南、操作手册，并做到融会贯通，以充分发挥仪器的性能。仪器的使用必须严格按照使用说明书中操作规程进行。

每次使用仪器完毕，认真检查仪器设备的状态，填写使用记录，记录仪器使用人、使用单位、使用日期、使用时间、仪器运行状况等。

(6) 仪器在运行过程中一旦出现故障，操作人员先不要急于请维修人员，应仔细查阅使用说明书，将其中介绍的故障与处理措施跟仪器出现的异常现象相对照，一般可以得到解决。但如果故障是在关键部位，操作人员处理有危险或会对其他部位产生不良影响，就必须请维修人员。操作使用人员通常是不许开仪器机壳进行维修仪器的。维修精密仪器必须由经过专门技术培训、且具有一定经验的人员负责。不是仪器维修人员，胡乱维修仪器，损坏仪器是要承担责任的。

使用贵重仪器设备，如发生故障不能排除和损坏时，应立即停止使用及时报告实验室及本单位负责人，进行检查，分析原因，并做记录或书面报告。

维修记录应记载维修的日期、参加维修的人员，维修的内容概要，零部件更换情况以及维修经费的数目等资料。

贵重仪器设备一律不准拆改或解体使用。如果确有需要开发新功能，改造老设备时，应报所在单位主管，批准后方可进行。

(7) 贵重仪器设备的使用和管理实行考核制度，考核以下内容：有效机时（实际测试时间＋前、后处理时间）；完成的科研课题及成果数；人才培养数；贵重仪器功能利用和开发数；服务收入及日常维护管理情况。

对于考核成绩突出的仪器所在单位和个人，将予以表彰。对于效率低专管共用差的单位和个人将给予批评、警告，连续两年没有改观的，将收回仪器另行安排。

(8) 如确因技术落后、损坏、维护运行费用过高，没有修复使用价值的贵重仪器设备，要及时报废，收回残值。

## 七、发挥计算机在实验室管理中的作用

利用计算机的存储、检索、记忆、计算和提示输出等方面的特点，对实验室管理系统，实验室建设、规划、实验室管理制度、实验室简介、人事、设备、材料、任务、数据等信息进行实时和动态管理，提高实验室的操作和管理水平。这方面应用包括以下几方面。

(1) 对实验室的建设、规划、各种规章制度，操作标准（手册、规范)、课题申报、专利成果、论文著作、学术会议、技术资料等管理。

(2) 技术责任制和岗位责任制，实验室人员组成、责任分工、考核、奖罚、人员档案等管理。

(3) 对精密与贵重仪器设备的系统管理，对仪器设备运行的全过程，包括仪器的申请计划、选购、验收单、合同、装箱单、零配件清单、备忘录、索赔、说明书、操作手册及验收报告、验收记录；仪器的责任人与使用人，使用操作规程、保养维修规程及记录，使用登记、事故处理与检修记录，定时维修与检修，规划订购的仪器设备计划等的管理。

(4) 常用设备仪器名称、型号、规格、数量、单价、出厂和购置年月、出厂编号、仪器管理编号，仪器设备责任人，使用、事故、检修的记录，计划要采购的仪器设备等的管理。

(5) 各种低耗材料、试剂、玻璃器皿、零配件的储存数量，采购计划和使用处理方案以及实验室的合成产品、中间产物进行保存等的管理。

(6) 毒物及危险品要单独立账，保管人，毒物与危险品的数量、审批人、使用人、使用时间与地点、使用量、消耗量、废物处理等详细记录。

(7) 实验室承担的任务计划和完成情况、研究成果，试验报告和出具鉴定文件。

(8) 对样品编号、取样时间、送样单位、分析要求、分析方法、分析人员、分析结果及分析报告等的全面管理。

(9) 教学实验室可对实验教学大纲、实验教学安排、实验教学进度表、实验教材、实验报告、实验分组安排、实验成绩查询、实验室开放计划、预约实验、网络课堂等管理。

(10) 实验室利用一台计算机（工作站）对实验室的主要仪器或所有仪器进行集约化控制是当前的发展方向。利用实验室局部网络技术，可以实现在实验室内、外信息共享和资源的集约化管理。

(11) 仪器设备维护校正管理系统　能够将实验室所有不同种类的仪器设备的使用状况、维护和维修过程、当前技术参数等记录在一个动态管理软件内，该软件能够储存每台仪器设备，甚至是一个零部件的详细信息，如产品的系列号、财产登记号、状态描述、型号、生产厂和销售商信息、使用注意事项和仪器设备类型等。还可以记录仪器设备的安装和使用位置、目前状态（如良好、带毛病使用、待修、报废等)、管理单位和使用者姓名、电话、住址，以及使用说明书存放位置等信息。使用过程中仪器设备出现的任何问题和故障也可随时记录下来，当需要时，可立即列出记录的所有存在问题和故障现象，供维修人员参考。当故障排除后还可以记录诸如维修方法、人员、时间和维修费用等内容，为今后维护和维修提供参考。软件还提供自动日历提示功能，提示某仪器设备的定期维护和检查时间。

(12) 实验数据收集与处理的计算机化　主要是指实验数据的在线和离线收集。从化学实验室中获得的数据往往是大量、零散并需要进行复杂数学处理的。对这些从仪器中获得的原始数据进行收集、整理，数学处理往往是相当麻烦的。目前这类任务都可有计算机来完成：①原始实验数据收集，主要由各种仪器与计算机之间的接口电路等硬件和软件完成；②数据的处理系统，指将各种原始数据进行诸如分类、统计、处理、傅里叶变换、小波变换、误差估计、可信度分析、相关度分析、线性和非线性拟合等数学处理；③由各种数据库为主要组成的存储、传输、检索、鉴定和数据分析系统，帮助实验人员做出科学与正确的实验结论。

(13) 各实验室之间的计算机联网、统一管理　可完成全厂、全单位、全地区、全系统、全国、甚至全世界任务的大协作。

(14) 建立数据库　化学实验室常用的数据库包括化学物质结构信息数据库，物理化学数据库

和分析化学用光谱数据库三类。另外还有一些专业性数据库如毒物数据库等。

20 世纪中叶以来，由于红外、紫外-可见、核磁共振和质谱等波谱分析方法的创立与发展，给有机化合物的结构鉴定提供了强有力的分析工具，被称为分析化学的"四大谱"由于波谱分析方法对有机化合物的结构特征反应灵敏、相关性强、定性准确，因此已被广泛应用于有机化合物的结构分析。目前常说的用于分子结构分析的标准参数数据库主要是指红外、紫外-可见、核磁共振和质谱等四大谱的数据库。现已建立了多种波谱数据库，收集的标准化合物谱图近百万张，给分子结构鉴定创造了良好的条件，但是数量如此庞大的标准数据库也给检索查询带来了相当大的困难。采用计算机数据库技术是解决这一问题的最好的办法。计算机波谱数据库可以将输入的波谱图与数据库中众多的标准谱图进行一一对照，可以在几分钟，甚至在几秒钟的时间内完成对照检索任务，而人工完成同样的任务往往需花费数天。利用计算机进行标准谱图检索和进行未知物谱图与标准谱图的对比分析必须具备以下条件：首先应该拥有包括大量标准数据的、具有严格相互关系的、可以由计算机识别检索的计算机化数据库。其次是建立具有智能检索、谱图对比、显示输出等功能的软硬件系统，最后要能给计算机自动或手动输入样品分析测试的数据。

实验室可自己积累数据、图表，建立数据资料库。

### 八、化学实验室人员安全守则

(1) 实验人员必须认真学习实验操作规程和有关的安全技术规程，了解仪器设备的性能及操作中可能发生事故的原因，掌握预防和处理事故的方法。

(2) 进行危险性操作时，如危险物料的现场取样、易燃易爆物的处理、加热易燃易爆物、焚烧废液、使用极毒物质等均应有第二者陪伴。陪伴者应能清楚地看到操作地点，并观察操作的全过程。

(3) 禁止在实验室内吸烟、进食、喝茶饮水。不能用实验器皿盛放食物，不能在实验室的冰箱存放食物。离开实验室前用肥皂洗手。

(4) 实验室严禁喧哗打闹，保持实验室秩序井然。工作时应穿工作服，长头发要扎起来戴上帽子，不能光着脚或穿拖鞋进实验室。不能穿实验工作服到食堂等公共场所。进行有危险性工作时要佩戴防护用具，如防护眼镜、防护手套、防护口罩，甚至防护面具等。

(5) 与实验无关的人员不应在实验室久留。也不允许实验人员在实验室干别的与实验无关的事。

(6) 实验人员应具有安全用电、防火防爆灭火、预防中毒及中毒救治等基本安全常识。

(7) 每日工作完毕时，应检查电、水、气、窗等再锁门。

### 九、实验室的环境卫生

各实验室应注重环境卫生，并须保持整洁；为减少尘埃飞扬，洒扫工作应于工作时间外进行；有盖垃圾桶应常清除消毒以保环境清洁；垃圾清除及处理，必须合乎卫生要求应按指定处所倾倒，不得任意倾倒堆积影响环境卫生；凡有毒性或易燃之垃圾废物，均应特别处理，以防火灾或有害人体健康；窗面及照明器具透光部分均须保持清洁；保持所有走廊、楼梯通行无阻，不能乱放杂物；油类或化学物溢满地面或工作台时应立即擦拭冲洗干净；垃圾或废物不得堆积于操作地区。

## 第十二节 化学实验室基础操作技术

### 一、滴定分析的基本操作

滴定分析中，正确使用滴定管、容量瓶和移液管等三种仪器，是滴定分析中最重要的基本操作。

1. 滴定管的洗涤、涂油脂、检漏、装液与操作

滴定管是为了放出不确定量液体的容量仪器。常量分析用的滴定管容积为 25mL 和 50mL，最小分度值为 0.1mL，读数可估计到 0.01mL。10mL、5mL、2mL 和 1mL 的半微量或微量滴定管，最小分度值分别为 0.05mL、0.02mL 或 0.01mL。

实验室最常用的滴定管有两种：其下部带有磨口玻璃活塞的酸式滴定管，也称具塞滴定管，形状如图 2-35(a) 所示；另一种是碱式滴定管，也称无塞滴定管，它的下端连接一橡皮软管，内放一

玻璃珠，橡皮管下端再连一尖嘴玻璃管，见图 2-35(b)。酸式滴定管只能用来盛放酸性、中性或氧化性溶液，不能盛放碱液，因磨口玻璃活塞会被碱类溶液腐蚀，放置久了会粘连住。碱式滴定管用来盛放碱液，不能盛放氧化性溶液如 $KMnO_4$、$I_2$ 或 $AgNO_3$ 等，避免腐蚀橡皮管。此外，还有三通活塞滴定管、三通旋塞自动定零位滴定管、侧边旋塞自动滴定管、三通旋塞自动滴定管和座式滴定管等类型。本书主要介绍前两种滴定管的洗涤、操作和使用。

(1) 滴定管的洗涤、涂油脂、检漏、装液

① 滴定管的洗涤　无明显油污的滴定管，直接用自来水冲洗。若有油污，则用铬酸洗液洗涤。

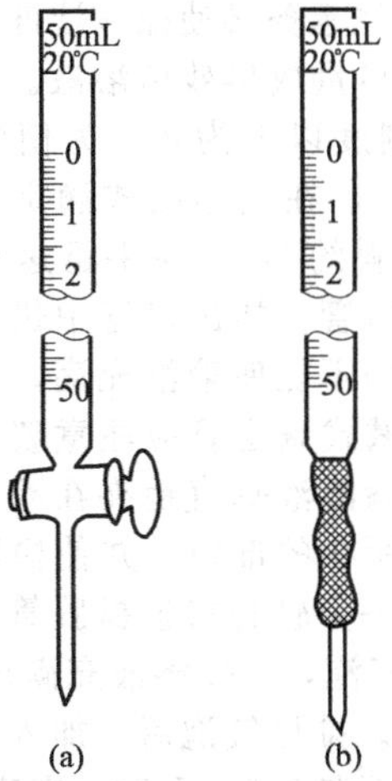


图 2-35　滴定管

(a) 酸式滴定管；(b) 碱式滴定管

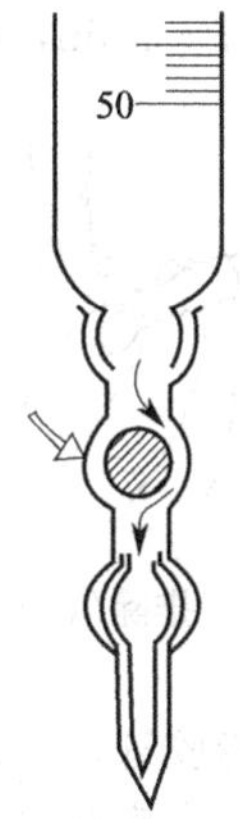


图 2-36　碱式滴定管

用洗液洗涤时，先关闭酸式滴定管的活塞，倒入 10～15mL 洗液于滴定管中，两手平端滴定管，并不断转动，直到洗液布满全管为止。然后打开活塞，将洗液放回原瓶中。若油污严重，可倒入温洗液浸泡一段时间。碱式滴定管洗涤时，要注意不能使铬酸洗液直接接触橡皮管。为此，可将碱式滴定管倒立于装有铬酸洗液的烧杯中，橡皮管接在抽水泵上，打开抽水泵，轻捏玻璃珠，待洗液徐徐上升到接近橡皮管处即停止。让洗液浸泡一段时间后，将洗液放回原瓶中。

洗液洗涤后，先用自来水将管中附着的洗液冲净，再用蒸馏水涮洗几次。洗净的滴定管的内壁应完全被水均匀润湿而不挂水珠。否则，应再用洗液浸洗，直到洗净为止。连续使用的滴定管，若保存得当，是可以保持洁净不挂水珠的，不必每次都用洗液洗。

② 滴定管活塞涂油脂和检漏　酸式滴定管使用前，应检查活塞转动是否灵活、活塞处是否有漏液。如不符合要求，则取下活塞，用滤纸将活塞及塞座擦干净。用手指蘸少量（切勿过多）凡士林，在活塞两端沿圆周各涂极薄的一层，把活塞径直插入塞座内，向同一方向转动活塞（不要来回转），直到从外面观察时，凡士林均匀透明为止。若凡士林用量太多，堵塞了活塞中间小孔时，可取下活塞，用细铜丝捅出。如果是滴定管的出口管尖堵塞，可先用水充满全管，将出口管尖浸入热水中，温热片刻后，打开活塞，使管内的水流突然冲下，将熔化的油脂带出。也可用 $CCl_4$ 等有机溶剂浸泡溶解。如仍无效，取下活塞，用细铜丝捅出。

为了避免滴定管的活塞偶然被挤出跌落破损，可在活塞小头的凹槽处，套一橡皮圈（可从橡皮管上剪一窄段），或用橡皮筋缠在塞座上。

当挤捏碱式滴定管玻璃珠周围的橡皮管时，便会形成一条狭缝，溶液即可流出（见图 2-36）。应选择大小合适的玻璃珠与橡皮管。玻璃珠太小，溶液易漏出，并且玻璃珠易于滑动；若太大，则放出溶液时手指会很吃力，极不方便。

滴定管使用之前必须严格检查，确保不漏。检查时，将酸式滴定管装满蒸馏水，把它垂直夹在滴定管架上，放置 5min。观察管尖处是否有水滴滴下，活塞缝隙处是否有水渗出，若不漏，将活塞旋转 180°，静置 5min，再观察一次，无漏水现象即可使用。碱式滴定管只需装满蒸馏水直立 5min，若管尖处无水滴滴下即可使用。

检查发现漏液的滴定管，必须重新装配，直至不漏，才能使用。检漏合格的滴定管，需用蒸馏水洗涤3～4次。

③ 滴定管中装入操作溶液　首先将试剂瓶中的操作溶液摇匀，使凝结在瓶内壁上的液珠混入溶液。操作溶液应小心地直接倒入滴定管中，不得用其他容器（如烧杯、漏斗等）转移溶液。其次，在加满操作溶液之前，应先用少量此种操作溶液洗滴定管数次，以除去滴定管内残留的水分，确保操作溶液的浓度不变。倒入操作溶液时，关闭活塞，用左手大拇指和食指与中指持滴定管上端无刻度处，稍微倾斜，右手拿住细口瓶往滴定管中倒入操作溶液，让溶液沿滴定管内壁缓缓流下。每次用约10mL操作溶液洗滴定管。用操作溶液洗滴定管时，要注意务必使操作溶液洗遍全管，并使溶液与管壁接触1～2min，每次都要冲洗滴定管出口管尖，并尽量放尽残留溶液。然后，关好酸管活塞，倒入操作溶液至“0”刻度以上为止。为使溶液充满出口管（不能留有气泡或未充满部分），在使用酸式滴定管时，右手拿滴定管上部无刻度处，滴定管倾斜约30°，左手迅速打开活塞使溶液冲出，从而使溶液充满全部出口管。如出口管中仍留有气泡或未充满部分，可重复操作几次。如仍不能使溶液充满，可能是出口管部分没洗干净，必须重洗。对于碱式滴定管应注意玻璃珠下方的洗涤。用操作溶液洗完后，将其装满溶液垂直地夹在滴定管架上，左手拇指和食指放在稍高于玻璃珠所在的部位，并使橡胶管向上弯曲（见图2-37），出口管斜向上，往一旁轻轻挤捏橡胶管，使溶液从管口喷出，再一边捏橡胶管，一边将其放直，这样可排除出口管的气泡，并使溶液充满出口管。注意，应在橡胶管放直后，再松开拇指和食指，否则出口管仍会有气泡。排尽气泡后，加入操作溶液使之在“0”刻度以上，再调节液面在0.00mL刻度处，备用。如液面不在0.00mL时，则应记下初读数。

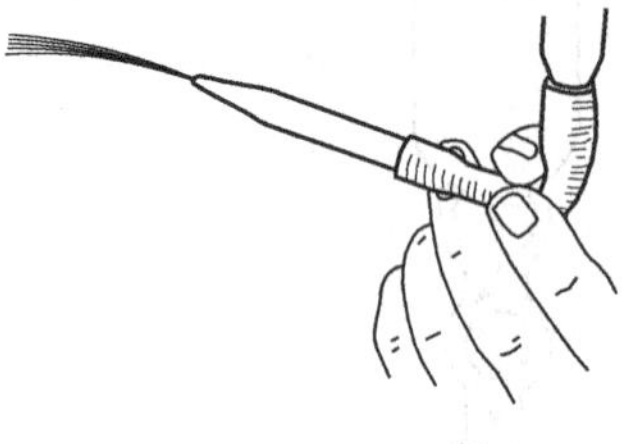

图2-37　碱式滴定管排除气泡

（2）滴定管与滴定操作

① 滴定管的操作　将滴定管垂直地夹于滴定管架上的滴定管夹上。

使用酸式滴定管时，用左手控制活塞，无名指和小指向手心弯曲，轻轻抵住出口管，大拇指在前，食指和中指在后，手指略微弯曲，轻轻向内扣住活塞，手心空握，如图2-38所示。转动活塞时切勿向外（右）用力，以防顶出活塞，造成漏液。也不要过分往里拉，以免造成活塞转动困难，不能自如操作。

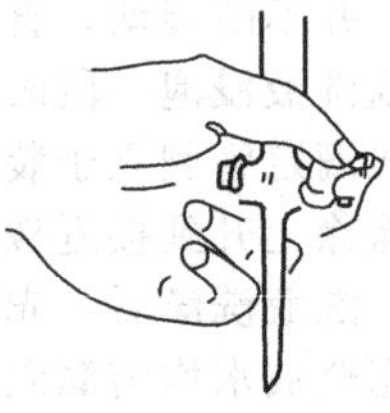

图2-38　酸式滴定管的操作

使用碱式滴定管时，左手拇指在前，食指在后，捏住橡胶管中玻璃珠所在部位稍上的地方，向右方挤橡胶管，使其与玻璃珠之间形成一条缝隙，从而放出溶液（见图2-38）。注意不能捏玻璃珠下方的橡皮管，以免当松开手时空气进入而形成气泡，也不要用力捏压玻璃珠，或使玻璃珠上下移动，那样做并不能放出溶液。

要能熟练自如地控制滴定管中溶液流速的技术：a. 使溶液逐滴流出；b. 只放出一滴溶液；c. 使液滴悬而未落（当在瓶上靠下来时即为半滴）。

② 滴定操作　滴定通常在锥形瓶中进行，锥形瓶下垫一白瓷板作背景，右手拇指、食指和中指捏住瓶颈，瓶底离瓷板约2～3cm。调节滴定管高度，使其下端伸入瓶口约1cm。左手按前述方法操作滴定管，右手运用腕力摇动锥形瓶，使其向同一方向做圆周运动，边滴加溶液边摇动锥形瓶（见图2-39）。

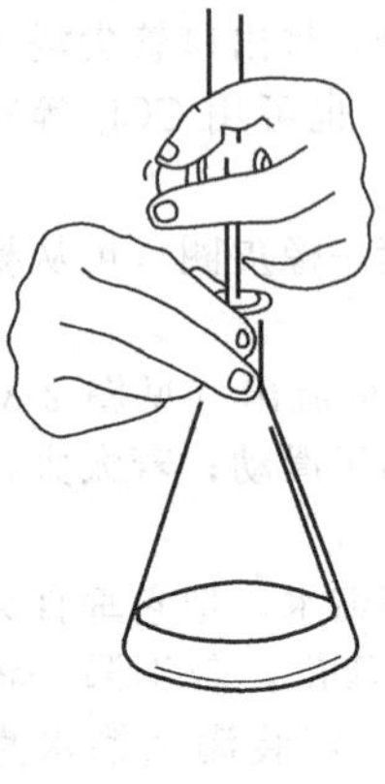

图2-39　滴定操作

在整个滴定过程中，左手一直不能离开活塞任溶液自流。摇动锥形瓶时，要注意勿使溶液溅出、勿使瓶口碰滴定管口，也不要使瓶底碰白瓷板，不要前后振动。一般在滴定开始时，无可见的变化，滴定速度可稍快，一般为10mL/min，即3～4滴/s。滴定到一定时候，滴落点周围出现暂时性的颜色变化。在离滴定终点较远时，颜色变化立即消逝。临近终点时，变色甚至可以暂时地扩散到全部溶液，不过再摇动1～2次后变色完全消逝。此时，应改为滴1滴，摇几下。等到必须摇2～3次后，颜色变化才完全消逝时，表示离终点已经很近。微微转动活塞使溶液悬在出口管嘴上形成半滴，但未落下，用锥形瓶内壁将其沾下。然后将瓶倾斜把附于壁上的溶液洗入瓶中，再摇匀溶液。如此重复直到刚刚出现达到终点时应出现的颜色而又不再消逝为止。一般30s内不再变色即到达滴定终点。

每次滴定最好都从读数0.00开始，也可以从0.00附近的某一读数开始，这样在重复测定时，使用同一段滴定管，可减小误差，提高精密度。

滴定完毕，弃去滴定管内剩余的溶液，不得倒回原瓶。用自来水、蒸馏水冲洗滴定管，并装入蒸馏水至刻度以上，用一小玻璃管套在管口上，保存备用。

③ 滴定管读数　滴定开始前和滴定终了都要读取数值。读数时可将滴定管夹在滴定管夹上，也可以从管夹上取下，用右手大拇指和食指捏住滴定管上部无刻度处，使滴定管自然下垂，两种方法都应使滴定管保持垂直。在滴定管中的溶液由于附着力和内聚力的作用，形成一个弯液面，即待测容量的液体与空气之间的界面。无色或浅色溶液的弯液面下缘比较清晰，易于读数。读数时，使弯液面的最低点与分度线上边缘的水平面相切，视线与分度线上边缘在同一水平面上，以防止视差。因为液面是球面，改变眼睛的位置会得到不同的读数（见图2-40）。

为了便于读数，可在滴定管后衬一读数卡。读数卡可用黑纸或涂有黑长方形（约3cm×1.5cm）的白纸制成。读数时，手持读数卡放在滴定管背后，使黑色部分在弯液面下约1mm处，此时即可看到弯液面的反射层成为黑色，然后读此黑色弯液面下缘的最低点（见图2-41）。

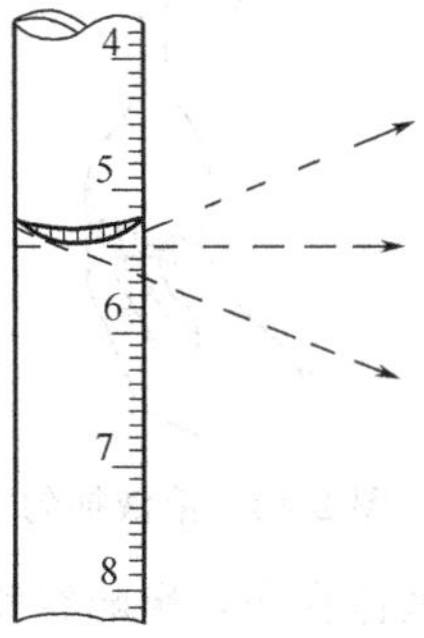

图2-40　滴定管读数

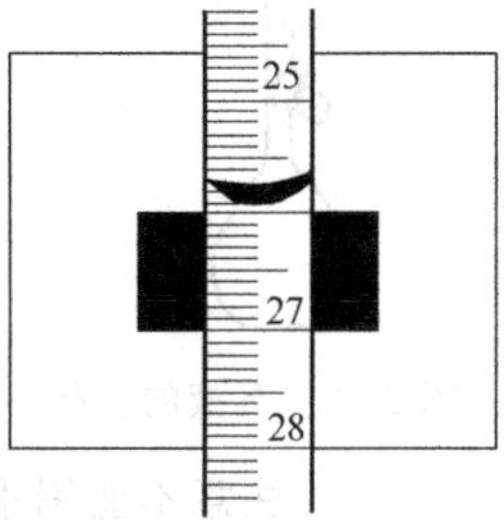

图2-41　利用读数卡读数

颜色太深的溶液，如$KMnO_4$、$I_2$溶液等，弯液面很难看清楚，可读取液面两侧的最高点，此时视线应与该点成水平。

必须注意，初读数与终读数应采用同一读数方法。刚刚添加完溶液或刚刚滴定完毕，不要立即调整零点或读数，而应等0.5～1min，以使管壁附着的溶液流下来，使读数准确可靠。读数须准确至0.01mL。读取初读数前，若滴定管尖悬挂液滴时，应该用锥形瓶外壁将液滴沾去。在读取终读数前，如果出口管尖悬有溶液，此次读数不能取用。

2. 容量瓶的准备与操作

容量瓶是一种细颈梨形的平底玻璃瓶，带有玻璃磨口塞或塑料塞。颈上有标线，表示在所指温度下（一般为20℃），当液体充满到标线时瓶内液体体积。容量瓶主要是用来配制准确浓度的溶液。通常有5mL、10mL、25mL、50mL、100mL、250mL、500mL、1000mL、2000mL等数种规格。

（1）容量瓶的准备

使用容量瓶之前，先检查：①容量瓶容积是否与所要求的一致；②若配制见光易分解物质的溶液，应选择棕色容量瓶；③玻璃磨口塞或塑料塞是否漏水。检漏方法为：加自来水至标线附近，塞紧瓶塞。用食指按住塞子，将瓶倒立2min，用干滤纸片沿瓶口缝隙处检查看有无水渗出。如果不漏水，将瓶直立，旋转瓶塞180°，塞紧，再倒立2min，如果仍不漏水则可使用。

检验合格的容量瓶应洗涤干净。洗涤方法、原则与洗涤滴定管相同。洗净的容量瓶内壁应均匀润湿，不挂水珠，否则必须重洗。

必须保持瓶塞与瓶子的配套，标以记号或用细绳、橡皮筋等把它系在瓶颈上，以防跌碎，或与其他瓶塞混乱。

(2) 容量瓶的操作

由固体物质配制溶液时，准确称取一定量的固体物质，置于小烧杯中，加水或其他溶剂使其全部溶解（若难溶，可盖上表面皿，加热溶解，但须放冷后才能转移），定量转移入容量瓶中。转移时，将玻璃棒伸入容量瓶中，使其下端靠住瓶颈内壁，上端不要碰瓶口，烧杯嘴紧靠玻璃棒，使溶液沿玻璃棒和内壁流入，如图 2-42 所示。溶液全部转移后，将玻璃棒稍向上提起，同时使烧杯直立，将玻璃棒放回烧杯。用洗瓶蒸馏水吹洗玻璃棒和烧杯内壁，将洗涤液也转移至容量瓶中。如此重复洗涤多次（至少 3 次）。完成定量转移后，加水至容量瓶容积的 3/4 左右时，将容量瓶摇动几周（勿倒转），使溶液初步混匀。然后把容量瓶平放在桌上，慢慢加水到接近标线 1cm 左右，等 1～2min，使黏附在瓶颈内壁的溶液流下。用细长滴管伸入瓶颈接近液面处，眼睛平视标线，加水至弯液面下缘最低点与标线相切。立即塞上干的瓶塞，按图 2-43 握持容量瓶的姿势（对于容积小于 100mL 的容量瓶，只用左手操作即可），将容量瓶倒转，使气泡上升到顶。将瓶正立后，再次倒立振荡，如此重复 10～20 次，使溶液混合均匀。最后放正容量瓶，打开瓶塞，使其周围的溶液流下，重新塞好塞子，再倒立振荡 1～2 次，使溶液全部充分混匀。

图 2-42 溶液的转移

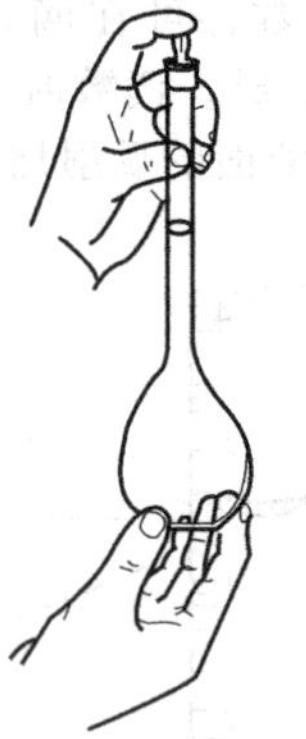

图 2-43 溶液摇匀

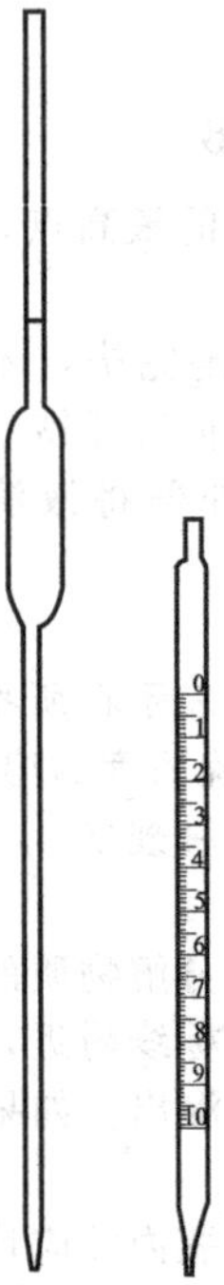


(a) (b)

图 2-44 移液管
(a) 单标线吸量管；
(b) 分度吸量管

注意不能用手掌握住瓶身，以免体温造成液体膨胀，影响容积的准确性。热溶液应冷至室温后，才能注入容量瓶中，否则可造成体积误差。容量瓶不能久储溶液，尤其是碱性溶液，会侵蚀玻璃使瓶塞粘住，无法打开。配好的溶液如需保存，应转移到试剂瓶中。容量瓶用毕，应用水冲洗干净。如长期不用，将磨口处洗净擦干，垫上纸片。容量瓶也不能加热，更不得在烘箱中烘烤。如洗净后急于使用，可用乙醇等有机溶剂荡洗后晾干，或用电吹风的冷风吹干。

3. 移液管（吸量管）的分类、洗涤和操作

(1) 吸量管的分类

移液管又称吸量管，分单标线吸量管和分度吸量管两类（见图 2-44）。

单标线吸量管，又称大肚移液管，用来准确移取一定体积的溶液。吸管上部刻有一标线，此标线是按放出液体的体积来刻度的。常见的单标线吸量管有 5mL、10mL、25mL、50mL 等规格。

分度吸量管是带有分刻度的移液管，用于准确移取所需不同体积的液体。常用分度吸量管的分类、级别规格及注意事项见表 2-97。

单标线吸量管标线部分管径较小，准确度较高；分度吸量管读数的刻度部分管径较大，准确度稍差，因此当量取整数体积的溶液时，常用相应大小的单标线吸量管而不用分度吸量管。

(2) 吸量管的洗涤

洗涤前要检查吸量管的上口和排液嘴，必须完整无损。

吸量管一般先用自来水冲洗，然后用铬酸洗液洗涤，让洗液布满全管，停放 1～2min，从上口将洗液放回原瓶。吸量管也可用洗液浸泡，将洗液注入较高的量筒或标本缸中，直接将吸量管插入浸泡几分钟，切勿浸泡时间太长，以免洗液

吸水而降低效力。

用洗液洗涤后，沥尽洗液，用自来水充分冲洗，再用蒸馏水洗 3 次。洗好的吸量管必须达到内壁与外壁的下部完全不挂水珠，将其放在干净的吸量管架上。

**表 2-97　分度吸量管的分类、级别规格及注意事项**

| 类　型 | 级　别 | 规格/mL | 容量定义及注意事项 |
|---|---|---|---|
| 不完全流出式吸量管 | A 级 | 1,2,5,10,25,50 | 从零线排放到该分度线时所流出的水的体积。在分度线上的弯液面最后调定之前，液体自由流下，不允许有液滴黏附在壁上<br>残留在吸量管末端的溶液，不可用外力使其流出，因校准时，已考虑了末端保留溶液的体积 |
| | B 级 | 0.1，0.2，0.25，0.5,1,2,5,10,25,50 | |
| 完全流出式吸量管 | A、B 级 | 1,2,5,10,25,50 | 从分度线到流液口时所流出液体的体积。液体自由流下，直至确定弯液面已到流液口静止后，再将吸量管脱离接受容器(指零点在下)。或者从零线排放到该分度线或排放到吸量管流液口的总容量。水流不受限制地流下，直至分度线上的弯液面最后调定为止，在最后调定之前，不允许有液滴黏附在管壁上(指零点在上) |
| 规定等待时间 15s 的吸量管 | A 级 | 0.5，1，2，5，10，25,50 | 从零线排放到该分度线所流出的水的体积。当弯液面高出分度线几毫米时，水流被截住，等待 15s 后，调至该分度线。在总容量排至流液口时，水流不应受到限制，而且在吸量管从接受容器中移走之前，应等待 15s |
| 吹出式吸量管 | | 0.1，0.2，0.25，0.5,1,2,5,10 | 从该分度线排放到流液口所流出的体积(指零点在下)，或从零线放到该分度线所流出的水的体积(指零点在上)。水流应不受限制直到确定弯液面已到达并停留在流液口为止，但整个排完水时，须将最后一滴液滴吹出，再从接受容器中移走 |

注：A 级为较高级，B 级为较低级。

(3) 吸量管的操作

移取溶液前，先吹尽管尖残留的水，再用滤纸将管尖内外的水擦去，然后用欲移取的溶液涮洗 3 次，以确保所移取操作溶液浓度不变。注意勿使溶液回流，以免稀释及玷污溶液。

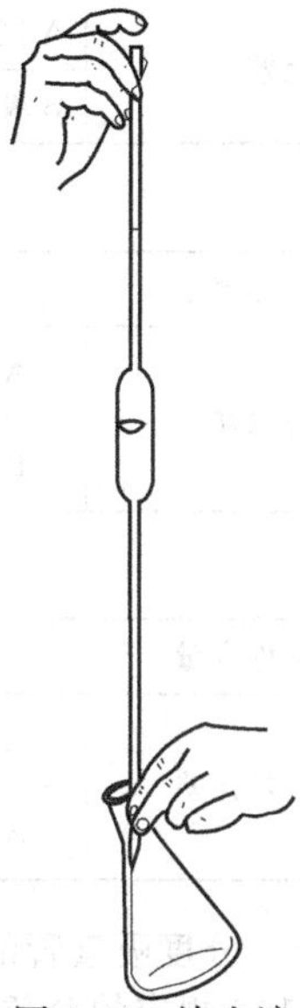

图 2-45　放出溶液的姿势

移取待吸溶液时，将吸量管管尖插入液面下 1～2cm。管尖不应伸入液面太多，以免管外壁黏附过多的溶液；也不应伸入太少，否则液面下降后吸空。当管内液面借洗耳球的吸力而慢慢上升时，管尖应随着容器中液面的下降而下降。当管内液面升高到刻度以上时，移去洗耳球，迅速用右手食指堵住管口（食指最好是潮而不湿），将管上提，离开液面，用滤纸拭干管下端外部。将管尖靠盛废液瓶的内壁（废液瓶稍倾斜），保持管身垂直。稍松右手食指，用右手拇指及中指轻轻捻转管身，使液面缓慢而平稳地下降，直到溶液弯液面的最低点与刻度线上边缘相切，视线与刻度线上边缘在同一水平面上，立即停止捻动并用食指按紧管口，保持容器内壁与吸量管口端接触，以除去吸附于吸量管口端的液滴。取出吸量管，立即插入承接溶液的器皿中，仍使管尖接触器皿内壁，使容器倾斜而管直立，松开食指，让管内溶液自由地顺壁流下，在整个排放和等待过程中，流液口尖端和容器内壁接触保持不动，如图 2-45 所示。

吸量管放液应使溶液弯液面到达流液口处静止。为保证液体完全流出，将吸量管从接受容器移走之前，在无规定一定等待时间的情况下，应遵守近似 3s 的等待时间。在规定等待时间的情况下，吸量管从容器中移开前应遵守等待时间的规定。

4. 使用玻璃量器时应注意的几个问题

要正确使用玻璃量器，除必须正确掌握上述基本操作外，还需注意下面几个问题。

(1) 温度对量器的影响

量器的容量随着温度而改变。不同玻璃制造的量器其体积热膨胀系数不同，容量的改变也不相同。量器在量入或量出其标称容量时的温度常为标准温度（20℃）。量器不能加热、烘烤及量取热溶液。

液体的温度对准确度也有影响。测量校准量器用水的温度应准确到±0.1℃。使用量器时，必须保证所有液体在测量其容积时都在同一室温下。

(2) 量器的等级

玻璃量器上所标出的刻度和容量数值，叫做标称温度（20℃）时的标称容量。按照量器上标称容量准确度的高低，分为A级（或一级，较高级）和B级（或二级，较低级）两种。凡分级的量器，上面都有相应的等级标志。无任何标志，则属于B级。另外还有一种$A_2$级，实际上是A级的副品。

不同等级的量器，其容量允差不同，价格上也有较大差异，应根据需要选购。

(3) 量器的容量允差

容量允差是指量器的实际容量和标称容量之间允许存在的差值。

滴定管在标准温度20℃，水以表2-98所规定的流出时间，等待30s后读数，允差不得超过表2-99规定的值。此允差表示零至任意一点的允差，也表示任意两检定点间的允差。

容量瓶的容量允差见表2-100。

单标线吸量管的容量允差见表2-101。

**表2-98 滴定管的流出时间**

| 标称容量/mL | | 1 | 2 | 5 | 10 | 25 | 50 | 100 |
|---|---|---|---|---|---|---|---|---|
| 流出时间/s | A级 | 20～35 | 20～35 | 30～45 | 30～45 | 45～70 | 60～90 | 70～100 |
| | B级 | 15～35 | 15～35 | 20～45 | 20～45 | 35～70 | 50～90 | 60～100 |

**表2-99 滴定管的容量允差** 单位：mL

| 标称容量 | | 1 | 2 | 5 | 10 | 25 | 50 | 100 |
|---|---|---|---|---|---|---|---|---|
| 量小分度值 | | 0.01 | 0.01 | 0.02 | 0.05 | 0.1 | 0.1 | 0.2 |
| 允差 | A级 | ±0.01 | ±0.01 | ±0.01 | ±0.025 | ±0.05 | ±0.05 | ±0.1 |
| | B级 | ±0.02 | ±0.02 | ±0.02 | ±0.05 | ±0.1 | ±0.1 | ±0.2 |

**表2-100 容量瓶的容量允差** 单位：mL

| 标称容量 | | 5 | 10 | 25 | 50 | 100 | 200 | 250 | 500 | 1000 | 2000 |
|---|---|---|---|---|---|---|---|---|---|---|---|
| 容量允差 | A级 | ±0.02 | ±0.02 | ±0.03 | ±0.05 | ±0.10 | ±0.15 | ±0.15 | ±0.25 | ±0.40 | ±0.60 |
| | B级 | ±0.04 | ±0.04 | ±0.06 | ±0.10 | ±0.20 | ±0.30 | ±0.30 | ±0.50 | ±0.80 | ±1.20 |

**表2-101 单标线吸量管的容量允差** 单位：mL

<table>
<tr><td colspan="2">标称容量</td><td>1</td><td>2</td><td>3</td><td>5</td><td>10</td><td>15</td><td>20</td><td>25</td><td>50</td><td>100</td></tr>
<tr><td rowspan="2">容量允差</td><td>A级</td><td>±0.007</td><td>±0.010</td><td colspan="2">±0.015</td><td>±0.020</td><td>±0.025</td><td colspan="2">±0.030</td><td>±0.050</td><td>±0.080</td></tr>
<tr><td>B级</td><td>±0.015</td><td>±0.020</td><td colspan="2">±0.030</td><td>±0.040</td><td>±0.050</td><td colspan="2">±0.060</td><td>±0.010</td><td>±0.160</td></tr>
</table>

分度吸量管的零至任意分量的容量，和任意两个检定点之间的最大容量误差，应不超过表2-102规定的允差值。

(4) 合理地选择量器

量器分为“量入式”和“量出式”两大类，有的量器上分别标有“$I_n$或E”和“$E_x$或A”字样，应根据需要合理选择。

不同类型、等级和标称容量的量器，其容量允差不同，根据需要恰当选择，可以减少由于量器本身引起的误差。

例如，单标线吸量管的容量允差小于分度吸量管，若以相对误差表示，5～10mL的单标线吸量管，A级为0.2%～0.3%，B级为0.4%～0.6%；分度吸量管则分别为0.5%和1%，两者相差一倍。

对于滴定管，标称容量越小，相对容量允差越大，但其绝对容量允差则越来越小。因此，滴定时，如果操作溶液的用量在15～20mL之间，最好选用标称容量为25mL的滴定管；如果用量超过了20mL，则应选用50mL的滴定管。

**表2-102 分度吸量管的容量允差** 单位：mL

<table>
<tr><th rowspan="2">标称容量</th><th rowspan="2">最小分度值</th><th colspan="2">不完全流出式</th><th colspan="2">完全流出式</th><th>等待15s</th><th rowspan="2">吹出式</th></tr>
<tr><th>A级</th><th>B级</th><th>A级</th><th>B级</th><th>A级</th></tr>
<tr><td>0.1</td><td>0.001</td><td rowspan="8"></td><td rowspan="2">0.003</td><td rowspan="8"></td><td rowspan="8"></td><td rowspan="6"></td><td rowspan="2">0.004</td></tr>
<tr><td>0.1</td><td>0.005</td></tr>
<tr><td>0.2</td><td>0.002</td><td rowspan="4">0.005</td><td rowspan="2">0.006</td></tr>
<tr><td>0.2</td><td>0.01</td></tr>
<tr><td>0.25</td><td>0.002</td><td rowspan="2">0.008</td></tr>
<tr><td>0.25</td><td rowspan="2">0.01</td></tr>
<tr><td>0.5</td><td rowspan="2">0.010</td><td rowspan="2">0.005</td><td rowspan="2">0.010</td></tr>
<tr><td>0.5</td><td>0.02</td></tr>
<tr><td>1</td><td>0.05</td><td>0.008</td><td>0.015</td><td>0.008</td><td>0.015</td><td>0.008</td><td>0.015</td></tr>
<tr><td>2</td><td>0.02</td><td>0.012</td><td>0.025</td><td>0.012</td><td>0.025</td><td>0.012</td><td>0.025</td></tr>
<tr><td>5</td><td>0.05</td><td>0.025</td><td>0.050</td><td>0.025</td><td>0.050</td><td>0.025</td><td>0.050</td></tr>
<tr><td>10</td><td rowspan="2">0.1</td><td>0.050</td><td>0.100</td><td>0.050</td><td>0.100</td><td>0.050</td><td>0.100</td></tr>
<tr><td>25</td><td rowspan="3">0.100</td><td rowspan="3">0.200</td><td rowspan="3">0.100</td><td rowspan="3">0.200</td><td rowspan="3">0.100</td><td rowspan="3"></td></tr>
<tr><td>25</td><td rowspan="2">0.2</td></tr>
<tr><td>50</td></tr>
</table>

（5）量出量器的流出时间和等待时间

玻璃量器由于水对玻璃的浸润性，当水自量器中流出时，会滞留附着于量器的内壁。量器出口孔径大小不同，液体流出速度不同，滞留于量器内壁的液体量也不同。这就直接影响到量器示值的准确度。因此，GB/T 12805～12808—1991规定了不同量器的流出时间和等待时间等技术指标。

滴定管的流出时间系指水的弯液面从零位标线降到最低分度线所占的时间。流出时间在旋塞全开及流液口不接触器具时测得。其流出时间见表2-103。

单标线吸量管的流出时间系指水的弯液面从刻度线下降到流液口明显停止的那一点所占有的时间。测定流出时间时，吸量管应垂直放置，接受容器稍微倾斜，使流液口尖端与容器内壁接触并保持不动。其流出时间见表2-103。

**表2-103 单标线吸量管的流出时间** 单位：s

<table>
<tr><th colspan="2" rowspan="2">精度级别</th><th colspan="10">标 称 容 量/mL</th></tr>
<tr><th>1</th><th>2</th><th>3</th><th>5</th><th>10</th><th>15</th><th>20</th><th>25</th><th>50</th><th>100</th></tr>
<tr><td rowspan="2">A级</td><td>最小</td><td colspan="2">7</td><td colspan="2">15</td><td colspan="2">20</td><td colspan="2">25</td><td>30</td><td>35</td></tr>
<tr><td>最大</td><td colspan="2">12</td><td colspan="2">25</td><td colspan="2">30</td><td colspan="2">35</td><td>40</td><td>45</td></tr>
<tr><td rowspan="2">B级</td><td>最小</td><td colspan="2">5</td><td colspan="2">10</td><td colspan="2">15</td><td colspan="2">20</td><td>25</td><td>30</td></tr>
<tr><td>最大</td><td colspan="2">12</td><td colspan="2">25</td><td colspan="2">30</td><td colspan="2">35</td><td>40</td><td>45</td></tr>
</table>

分度吸量管的流出时间系指水的弯液面从最高分度线自由流出所用时间。对于不完全流出式吸量管，从最高分度线流至最低分度线；其他吸量管，从最高分度线流至弯液面明显处并在流液口停止的那一点。分度吸量管的流出时间应在表2-104规定的范围内。

**表 2-104 分度吸量管的流出时间** 单位：s

| 标称容量/mL | 不完全流出式 | | 完全流出式 | 等待 15s | 吹出式 |
|---|---|---|---|---|---|
| | A 级 | B 级 | A、B 级 | A 级 | |
| 0.1 | | 2～7 | | | 2～5 |
| 0.2 | | | | | |
| 0.25 | | | | | |
| 0.5 | | | | 4～8 | |
| 1 | 4～10 | 4～10 | 4～10 | | 3～6 |
| 2 | 4～12 | 4～12 | 4～12 | | |
| 5 | 6～14 | 6～14 | 6～14 | 5～11 | 5～10 |
| 10 | 7～17 | 7～17 | 7～17 | | |
| 25 | 11～21 | 11～21 | 11～21 | 9～15 | |
| 50 | 15～25 | 15～25 | 15～25 | 17～25 | |

等待时间是指当水流出至所需刻度以上约 5mm 处，为了使附着于器壁上的水全部流下来需要等待的时间（s）。对规定了等待时间的吸量管，其等待时间是指吸量管的弯液面明显地在流液口停止后，等到吸量管尖端从接受容器移走前所遵守的那段时间。流出时间越短，表示量器出口口径过粗，管壁滞流的水量越多；反之，则越少。因此，对量出式量器（如滴定管、吸量管），流出时间不合规定，或等待时间不足，都会影响量值的准确度，导致读出体积不准。流出时间不合规格的量器不宜使用，也毫无必要过分延长等待时间。

5. 容量器皿的校准

由于玻璃具有热胀冷缩的性质，在不同温度下，玻璃量器的容积是不同的。因此，在要求准确度高的分析实验中，必须对量器进行校准。容量器皿的校准方法有称量法和相对校准法两种。

（1）称量法

称量法是指用分析天平称量出容量器皿所量入或量出的纯水的质量，然后根据该温度下水的密度，将水的质量换算为体积，算出容量器皿在 20℃时的容积。

校准室内室温波动不得大于 1℃/h。要确保量器或称量瓶以及校准用水都处于同一室温下。

① 量出式量器校准的操作步骤　量出式量器洗净后垂直放置，注水到被检分度线以上几毫米处，再通过流液口排出多余的水，将液面调定至分度线上，倾斜接受容器与流液口端接触，以除去黏附于流液口的所有液滴，接着让水通畅地注入已知质量的称量瓶中，再称量已注水的称量瓶。使用分度值为 0.1℃的温度计测量水温。同时，应记录天平室的气温和大气压力。

称量应仔细而迅速地进行，以减少水分蒸发损失所产生的误差。所使用的天平应处于良好的工作状态中。称量量器的外部必须保持清洁干净，并小心拿放以防污染。

② 量入式量器校准的操作步骤　量入式量器洗净后，应进行干燥，可采用酒精洗涤、晾干或用热风吹干。准确称取空量器的质量，然后，注入水到待校准分度线以上几毫米处。用吸管将多余的水吸出，再用滤纸吸水对分度线做最后的调定。称量量器加水的质量。测量水温、气温和大气压力后进行计算。

③ 计算　加水容器质量 $I_L$ 和空容器质量 $I_E$ 之差，就是在校准温度下，待校准量器量入（或量出）水的表观质量。由水的表观质量计算在标准温度下得到的量入（或量出）的待校准量器的容量时，应考虑以下几个因素：a. 校准温度下的水的密度；b. 校准温度与标准温度之间量器材料（玻璃）的热膨胀；c. 空气浮力对水、容器和砝码的影响。通常标准温度定为 20℃时，从量入（或量出）的表观质量来计算标准温度下容量的公式为：

$$V_{20}=(I_L-I_E)\times\left(\frac{1}{\rho_W}-\frac{1}{\rho_A}\right)\times\left(1-\frac{\rho_A}{\rho_B}\right)\times[1-\gamma(t-20)]$$

式中 $V_{20}$——标准温度下（20℃），量器的容量，mL；

$I_L$——盛水容器的质量，g；

$I_E$——空容器的质量，g；

$\rho_A$——空气密度，g/mL；

$\rho_B$——砝码在标称质量时的实际密度，或电子天平砝码调整的基准密度，g/mL；

$\rho_W$——校准温度时，水的密度，g/mL；

$\gamma$——受检量器材料（玻璃）的体热膨胀系数，$K^{-1}$；

$t$——校准时使用的水温，℃。

砝码在空气中称量时按砝码密度为 8.0g/mL 校准的结果，电子天平是以这个质量为标准调整的。

式中，$\rho_W$、$\rho_A$、$\gamma$ 的相应值分别见表 2-105～表 2-107。

**表 2-105 不同温度下水的密度**

| 温度/℃ | 密度 $\rho_W$/g·$mL^{-1}$ | 温度/℃ | 密度 $\rho_W$/g·$mL^{-1}$ | 温度/℃ | 密度 $\rho_W$/g·$mL^{-1}$ |
|---|---|---|---|---|---|
| 15 | 0.999098 | 22 | 0.997768 | 29 | 0.995943 |
| 16 | 0.998941 | 23 | 0.997536 | 30 | 0.995645 |
| 17 | 0.998773 | 24 | 0.997294 | 31 | 0.995339 |
| 18 | 0.998593 | 25 | 0.997043 | 32 | 0.995024 |
| 19 | 0.998403 | 26 | 0.996782 | 33 | 0.994701 |
| 20 | 0.998202 | 27 | 0.996511 | 34 | 0.994369 |
| 21 | 0.997990 | 28 | 0.996232 | 35 | 0.994030 |

**表 2-106 不同温度、压力下干燥空气密度** 单位：g·$cm^{-3}$

| 温度/℃ | $\rho_A(p,t)\times10^3$ | | | | | | | | | | | |
|---|---|---|---|---|---|---|---|---|---|---|---|---|
| | 压 力/kPa | | | | | | | | | | | |
| | 93.0 | 94.0 | 95.0 | 96.0 | 97.0 | 98.0 | 99.0 | 100.0 | 101.0 | 102.0 | 103.0 | 104.0 |
| 10 | 1.145 | 1.157 | 1.169 | 1.182 | 1.194 | 1.206 | 1.219 | 1.231 | 1.243 | 1.256 | 1.268 | 1.280 |
| 11 | 1.141 | 1.153 | 1.165 | 1.178 | 1.190 | 1.202 | 1.214 | 1.227 | 1.239 | 1.251 | 1.263 | 1.276 |
| 12 | 1.137 | 1.149 | 1.161 | 1.173 | 1.186 | 1.198 | 1.210 | 1.222 | 1.235 | 1.247 | 1.259 | 1.271 |
| 13 | 1.133 | 1.145 | 1.157 | 1.169 | 1.182 | 1.194 | 1.206 | 1.218 | 1.230 | 1.243 | 1.255 | 1.267 |
| 14 | 1.129 | 1.141 | 1.153 | 1.165 | 1.177 | 1.190 | 1.202 | 1.214 | 1.226 | 1.238 | 1.250 | 1.262 |
| 15 | 1.125 | 1.137 | 1.149 | 1.161 | 1.173 | 1.185 | 1.197 | 1.210 | 1.222 | 1.234 | 1.246 | 1.258 |
| 16 | 1.121 | 1.133 | 1.145 | 1.157 | 1.169 | 1.181 | 1.193 | 1.203 | 1.217 | 1.230 | 1.242 | 1.254 |
| 17 | 1.117 | 1.129 | 1.141 | 1.153 | 1.165 | 1.177 | 1.189 | 1.201 | 1.213 | 1.225 | 1.237 | 1.249 |
| 18 | 1.103 | 1.125 | 1.137 | 1.149 | 1.161 | 1.173 | 1.185 | 1.197 | 1.209 | 1.221 | 1.233 | 1.245 |
| 19 | 1.109 | 1.121 | 1.133 | 1.145 | 1.167 | 1.169 | 1.181 | 1.193 | 1.205 | 1.217 | 1.229 | 1.241 |
| 20 | 1.106 | 1.118 | 1.129 | 1.141 | 1.153 | 1.165 | 1.177 | 1.189 | 1.201 | 1.213 | 1.225 | 1.236 |
| 21 | 1.102 | 1.114 | 1.126 | 1.137 | 1.149 | 1.161 | 1.173 | 1.185 | 1.197 | 1.208 | 1.220 | 1.232 |
| 22 | 1.098 | 1.110 | 1.122 | 1.134 | 1.145 | 1.157 | 1.169 | 1.181 | 1.193 | 1.204 | 1.216 | 1.228 |
| 23 | 1.094 | 1.106 | 1.118 | 1.130 | 1.141 | 1.153 | 1.165 | 1.177 | 1.189 | 1.200 | 1.212 | 1.224 |
| 24 | 1.991 | 1.102 | 1.114 | 1.126 | 1.138 | 1.149 | 1.161 | 1.173 | 1.185 | 1.166 | 1.208 | 1.220 |
| 25 | 1.087 | 1.099 | 1.111 | 1.122 | 1.134 | 1.145 | 1.157 | 1.169 | 1.181 | 1.192 | 1.204 | 1.216 |
| 26 | 1.083 | 1.095 | 1.107 | 1.118 | 1.130 | 1.142 | 1.153 | 1.165 | 1.177 | 1.188 | 1.200 | 1.212 |
| 27 | 1.080 | 1.091 | 1.103 | 1.115 | 1.126 | 1.138 | 1.140 | 1.161 | 1.173 | 1.184 | 1.196 | 1.208 |
| 28 | 1.076 | 1.083 | 1.099 | 1.111 | 1.122 | 1.134 | 1.145 | 1.157 | 1.169 | 1.180 | 1.192 | 1.204 |
| 29 | 1.073 | 1.084 | 1.096 | 1.107 | 1.119 | 1.130 | 1.126 | 1.153 | 1.165 | 1.176 | 1.188 | 1.200 |
| 30 | 1.069 | 1.081 | 1.002 | 1.104 | 1.115 | 1.126 | 1.138 | 1.150 | 1.161 | 1.172 | 1.184 | 1.196 |

**表 2-107 石英与玻璃的体热膨胀系数**

| 材　　料 | 体热膨胀系数/$10^{-6}K^{-1}$ | 材　　料 | 体热膨胀系数/$10^{-6}K^{-1}$ |
|---|---|---|---|
| 熔融二氧化硅（石英） | 1.6 | 钠钙玻璃 | 25 |
| 硼硅酸盐玻璃 | 10 | | |

由表 2-107 可知，材料的体热膨胀系数值很小，只有对分析准确度要求极高时，才需要进行校正。

表 2-108 列出了容量量器校准时，各参数偏差引起的容积误差。从这些数字可以明显看到水温的测量是最关键的因素。弯液面的调定是容量测定的有关误差中最主要的。它取决于操作者的熟练程度，并与弯液面所在位的管子截面有关。典型的颈部直径与弯液面读数引起容积的绝对误差见表 2-109。

**表 2-108 容量量器校准时，各参数偏差引起的容积误差**

| 参 数 | 参数偏差 | 容积相对误差 |
|---|---|---|
| 水温 | ±0.5℃ | $\pm10^{-4}$ |
| 空气压力 | ±0.8kPa (8mbar) | $\pm10^{-5}$ |
| 空气温度 | ±2.5℃ | $\pm10^{-5}$ |
| 相对湿度 | ±10% | $\pm10^{-6}$ |
| 砝码密度 | ±0.6g/mL | $\pm10^{-5}$ |

**表 2-109 弯液面读数引起容积的绝对误差** 单位：μL

| 弯液面位置误差/mm | 典型的颈部直径/mm | | | |
|---|---|---|---|---|
| | 5 | 10 | 20 | 30 |
| 0.05 | 1 | 4 | 16 | 35 |
| 0.1 | 2 | 8 | 31 | 71 |
| 0.5 | 10 | 39 | 157 | 353 |
| 1 | 20 | 78 | 314 | 707 |
| 2 | 39 | 157 | 628 | 1414 |

(2) 相对校准法

用一个已校准的容器，间接地校准另一个容器，称为相对校准法。在滴定分析中，要求确知两种量器之间的比例关系时，可用此法。实际工作中，常用校准过的移液管校准容量瓶的容积。其方法如下。

取一个已洗净、晾干的 100mL 容量瓶，用一支已校准过的洁净的 25mL 单标线吸量管准确移取纯水，沿壁放入容量瓶中（注意：不要让水滴落在容量瓶瓶颈的磨口处），重复移取 4 次。然后观察水的弯液面是否恰好与标线相切，若不相切，用涂料或透明胶布在瓶颈上另做记号，使标记的上边缘与水的弯液面最低处相切。以后使用时，采用这一校准后的标记和校准的体积数，并和校准用的单标线吸量管配套使用。

## 二、重量分析的基本操作

重量分析的基本操作包括：样品溶解、沉淀、过滤、洗涤、烘干和灼烧等步骤。任何一步操作正确与否，都会影响最后的分析结果。因此，每一步操作都必须认真对待。

1. 样品的溶解

溶解或分解试样的方法，取决于试样以及待测组分的性质。应确保待测组分全部溶解。在溶解过程中，待测组分不得损失（包括氧化还原），加入的试剂不干扰以后的分析。

取一洁净烧杯，内壁和杯底应无划痕，配一略大于烧杯口径的表面皿和一根玻璃棒，玻璃棒长度约为烧杯高度的 1.5～2 倍，两端烧圆滑。称取适量的试样放入烧杯中，盖上表面皿。

溶解时，取下表面皿，反置于桌面上（即凸面向上），将试剂沿杯壁或沿着下端紧靠着杯壁的玻璃棒慢慢倒入，严防溶液溅失。加完试剂后用表面皿将烧杯盖好。溶解时要注意以下几点。

(1) 如果在溶解过程中有气体产生，则应先用少许水将试样湿润，以防气体将轻细的试样扬出。然后用表面皿将烧杯盖好，凸面向下。用滴管将试剂自烧杯嘴与表面皿之间的孔隙慢慢逐滴加入，防止反应过猛。反应完成后，用洗瓶吹洗表面皿的凸面，流下来的水应沿杯壁流入烧杯，吹洗烧杯壁。

(2) 溶解试样时如需加热，则必须用表面皿盖好烧杯。加热时要防止溶液剧烈沸腾和崩溅，最好在水浴或砂浴上进行。停止加热后，吹洗表面皿和烧杯壁。

(3) 如果样品是直接称在表面皿上，可用水溶解，则可将此表面皿斜置于溶样用的烧杯口上，将烧杯一头垫高，用洗瓶尖嘴吹水将样品冲下，水流要顺杯壁流入烧杯。

(4) 溶解试样时，常需要用玻璃棒进行搅拌，搅棒一经插入溶液就不能再拿出他用。

(5) 样品溶解后，若溶液必须蒸发，最好是在水浴锅上进行。在石棉网上或电热板上进行时，必须十分小心，勿使其猛烈沸腾。蒸发时烧杯或蒸发皿必须用表面皿盖上，为了不致减低蒸发速度，可在烧杯口，放上玻璃三脚架或在杯沿上挂三个玻璃钩，再放表面皿。蒸发浓酸或蒸发会产生有毒气体的溶液时，必须在通风柜中进行。

2. 试样的沉淀

重量分析对沉淀的要求是尽可能地完全和纯净，为了达到这个要求，应按照沉淀的不同类型选择不同的沉淀条件，如加入试剂的次序、加入试剂的量和浓度，试剂加入速度，沉淀时溶液的体积、温度，沉淀陈化的时间等。必须按规定的操作手续进行，否则会产生严重的误差。

沉淀所需的试剂溶液应事先准备好，浓度只须准确至1%。因此一般加入固体试剂只需用粗天平称取，加入液体试剂的量，用量筒量取。

沉淀操作时，应一手拿滴管，慢慢滴加沉淀剂，沉淀剂要顺杯壁流下，或将滴管尖伸至靠近液面时滴入，以防样品溶液溅失。另一手持玻璃棒不断搅动溶液，搅拌时玻璃棒不要碰烧杯壁或烧杯底，同时速度不宜太快，以免溶液溅出。试剂如果可以一次加到溶液里，则应将它沿着烧杯壁倒入或是将其沿着搅棒加到溶液中，注意勿使溶液溅出。

若须在热溶液中进行沉淀，则不得使溶液沸腾，否则会引起水星溅出或雾沫飞散而造成损失，一般在水浴或电热板上进行。

沉淀后应检查沉淀是否完全，检查方法是：先将溶液静置，待沉淀沉降后，沿杯壁向上层澄清液中加1滴沉淀剂，观察界面处有无浑浊现象；如出现浑浊，表明尚未沉淀完全，需再加沉淀剂，直至上层清液中再次加入沉淀剂时，不再出现浑浊为止，盖上表面皿。

进行沉淀时，所用烧杯及其配备的表面皿和玻璃棒，三者一套，不许分离，直到沉淀完全转移出烧杯为止。

3. 过滤和洗涤技术

过滤的目的是将沉淀从母液中分离出来，使其与过量的沉淀剂、共存组分或其他杂质分开，并通过洗涤获得纯净的沉淀。对于需要灼烧的沉淀，常用滤纸过滤。对只需经过烘干即可称量的沉淀，则往往使用古氏坩埚过滤。过滤和洗涤必须一次完成，不能间断。整个操作过程中沉淀不得损失。

(1) 用滤纸过滤

① 滤纸的选择　滤纸分定性滤纸和定量滤纸两种。重量分析中，需将滤纸连同沉淀一起灼烧后称量时，应采用定量滤纸过滤。定量滤纸灼烧后，灰分小于0.0001g者称“无灰滤纸”，其质量可以忽略不计；若灰分质量大于0.0002g，则应从称得的沉淀质量中扣去滤纸灰分的质量。定量滤纸一般为圆形，按直径分有11cm、9cm、7cm等几种；按滤纸孔隙大小分有快速、中速和慢速三种。根据沉淀的性质，选择使用合适的滤纸。如$BaSO_4$、$CaC_2O_4 \cdot 2H_2O$等细晶形沉淀，应选用慢速滤纸过滤；$Fe_2O_3 \cdot nH_2O$为胶状沉淀，应选用快速滤纸过滤；$MgNH_4PO_4$为粗晶形沉淀，应选用中速滤纸过滤。根据沉淀量的多少选择滤纸的大小。将沉淀转移至滤纸中后，沉淀的高度一般不要超过滤纸圆锥高度的1/3，最多不得超过1/2处。滤纸大小还应与滤斗相匹配，即滤纸上沿应比漏斗上沿低0.5～1cm，绝不能超出漏斗边缘。滤纸型号与性质见表2-13。

② 漏斗的选择　用于质量分析的漏斗应为长颈漏斗。漏斗锥体角应为60°，颈长15～20cm。颈的直径不能太大，一般为3～5mm，以便在颈内容易保留水柱，出口处磨成45°角，如图2-46所示。漏斗使用前应洗净。

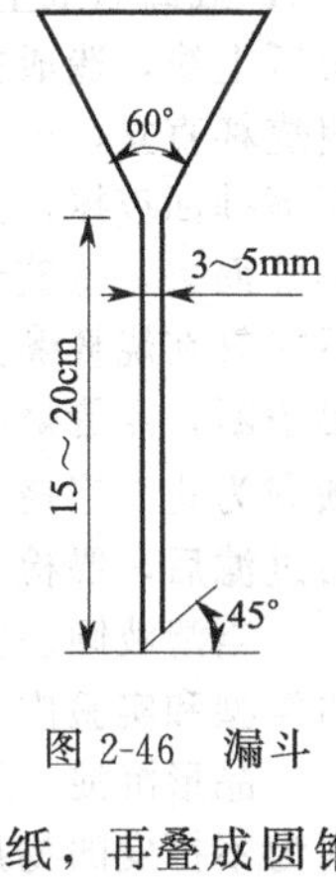

图2-46　漏斗

③ 滤纸的折叠和安放　折叠滤纸前，手要洗净、擦干。一般按四折法折叠滤纸，再叠成圆锥形（见图2-47），放入漏斗，此时，滤纸锥体的上缘应与漏斗密合，而下部与漏斗内壁形成缝隙。如果漏斗正好为60°角，则滤纸锥体角度应稍大于60°（约大2°～3°）。为此，先把滤纸整齐地对折，然后再对折。第二次对折时，不要把两角对齐，而应向外错开一点。这样打开后所形成的圆锥体的顶角就会稍大于60°。为保证滤纸与漏斗密合，第二次对折时不要折死，先把圆锥体打开，则滤纸圆锥体半边为三层，另半边为一层，放入漏斗中（此时漏斗应干净而且干燥），如果上边缘不十分密合，可以稍稍改变滤纸的折叠角度，直到与漏斗密合时为止。从漏斗中取出滤纸，把第二次的折边折死。从三层边的外层上撕下一角，以使该处的内层滤纸更好地贴在漏斗上，否则此处会有空隙。撕下来的滤纸角，保存在洁净干燥的表面皿上，以后用作擦拭烧杯内残留的沉淀用。

将折叠好的滤纸放入漏斗中，三层的一边与漏斗出口斜嘴短的一边对齐。用食指按住此边，用

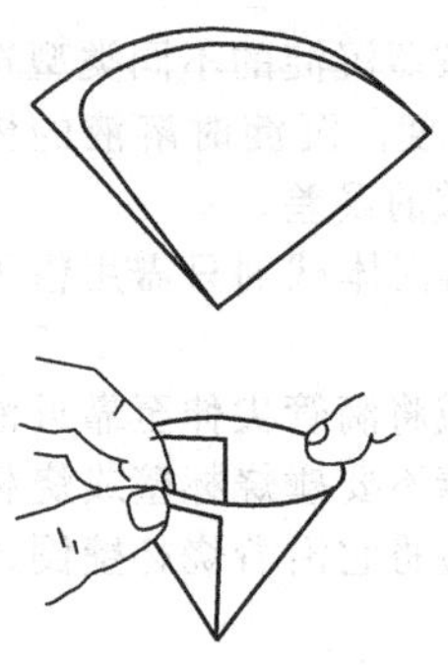

图 2-47 滤纸的折叠

洗瓶尖嘴吹入细水流，使滤纸润湿，然后用手指轻压滤纸边缘，赶尽滤纸和漏斗壁间的气泡，使滤纸锥体上部与漏斗完全贴紧，加水至接近滤纸上沿。这时漏斗中应全部被水充满，而且当滤纸中的水全部流尽后，漏斗颈中仍被水充满着，形成水柱。由于液体的重力可起抽滤作用，从而加快过滤速度。

若不能形成水柱，或水柱中间有气泡，可用手指堵住漏斗颈出口，稍稍掀起滤纸边（三层滤纸的一边），向滤纸和漏斗壁的空隙间加水，直到漏斗颈与漏斗中充满水，并且没有气泡为止。然后把滤纸边压紧，再放开下面堵住出口的手，此时水柱即可形成。如果水柱仍不能保留，则可能是漏斗颈过粗、滤纸折叠的角度不合适，使滤纸与漏斗没有密合或漏斗未洗涤干净所致。

将准备好的漏斗置于漏斗架上，下面用一洁净烧杯承接滤液。滤液可用作其他组分的测定。滤液有时是不需要的，但考虑到过滤过程中，可能有沉淀渗滤，或滤纸意外破裂，需重新过滤，所以要用洗净的烧杯来承接滤液。为了防止滤液外溅，一般都将漏斗颈出口斜口长的一侧贴紧烧杯内壁。漏斗位置的高低，以过滤过程中漏斗颈的出口不接触滤液为度。承接滤液的烧杯上盖一表面皿，在同时进行几个平行分析时，应把装有待滤溶液的烧杯分别放在相应的漏斗之前。

④ 倾泻法过滤、沉淀的转移和沉淀的洗涤　过滤和洗涤一定要一次完成，不能间断，特别是过滤胶状沉淀。因此事先必须计划好时间。过滤一般分三个阶段进行：第一阶段采用倾泻法，尽可能地过滤清液，并作初步洗涤，如图 2-48 所示；第二阶段转移沉淀到漏斗上；第三阶段清洗烧杯和洗涤漏斗上的沉淀。

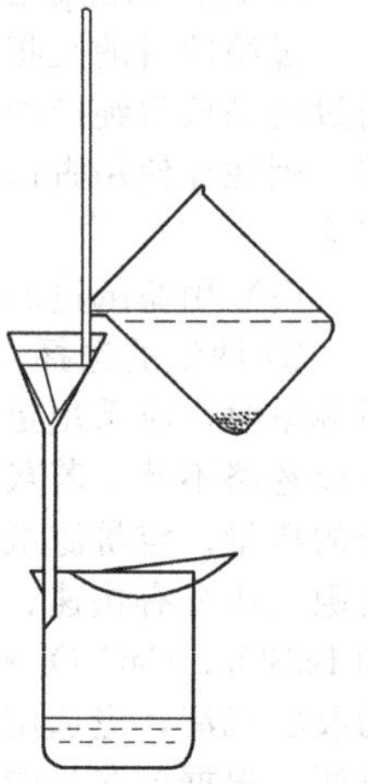

图 2-48 倾泻法过滤

a. 为了避免沉淀堵塞滤纸的孔隙，影响过滤速度，多采用倾泻法过滤，即将烧杯中沉淀沉降后，将上层清液沿玻璃棒倾入漏斗中。玻璃棒要直立，下端对着滤纸的三层边，尽可能靠近滤纸，但不能接触滤纸。将盛有沉淀的烧杯移到漏斗上方，使杯嘴贴着玻璃棒，慢慢将烧杯倾斜，尽量不搅起沉淀，将上层清液慢慢沿玻璃棒倒入漏斗中。倾入的溶液量一般只充满滤纸的 2/3，或离滤纸上边缘约 5mm，不可太多，否则少量沉淀因毛细管作用越过滤纸上缘，造成损失。暂停倾注溶液时，沿玻璃棒将烧杯嘴向上提起，逐渐使烧杯直立，这时，保持玻棒位置不动，绝不能让杯嘴离开玻棒，也不要沿杯嘴抽回玻棒，这样才可以使最后一滴溶液也顺着玻棒流下，而不致流到烧杯外面去，待玻璃棒上的溶液流完后，将玻棒小心提起，放回原烧杯中，但不能靠在烧杯嘴处，以免沾附沉淀而造成损失。倾注清液最好一次完成，如要中断，需待烧杯中沉淀澄清后，继续倾注，重复上述操作，直至上层清液倾完为止。当烧杯内的液体较少而不便倾出时，可将玻棒稍向左倾斜，使烧杯倾斜角度更大些。开始过滤后，要检查滤液是否透明，如浑浊，应另换一个洁净烧杯，并将第一次的滤液再过滤。

当清液倾注完毕后，即可在烧杯中对沉淀进行初步洗涤。选用什么洗涤液洗沉淀，应根据沉淀的类型和实验内容而定。

晶形沉淀　可用冷的稀沉淀剂进行洗涤，由于同离子效应，可以减少沉淀的溶解损失。若沉淀剂为不挥发的物质，就不能用作洗涤液，此时可改用蒸馏水或其他合适的溶液洗涤沉淀。

无定形沉淀　用热的电解质溶液作洗涤剂，以防止产生胶溶现象，常用的是易挥发的铵盐溶液作洗涤剂。

溶解度较大的沉淀，可采用沉淀剂加有机溶剂作洗涤剂，以降低沉淀的溶解度。

洗涤时，沿烧杯壁旋转着加入 20～30mL 洗涤液，用玻棒搅起沉淀充分洗涤，静置，待沉淀下沉后，按前述方法，倾出和过滤清液。在烧杯里洗涤沉淀数次，其次数视沉淀的性质而定，晶形沉淀洗 2～3 次，胶状沉淀需洗 5～6 次。

b. 为了把沉淀转移到滤纸上，先用洗涤液把沉淀搅起（加入洗涤液的量，应该是滤纸上一次能容纳的量），立即将沉淀和洗涤液一起倾入漏斗中，如此重复 3～4 次，这样大部分沉淀都被转移到滤纸上。然后将玻棒横架在烧杯口上（玻棒下端应在烧杯嘴上，且超出杯嘴 2～3cm），用左手食指压住玻棒上段，大拇指在前，其余手指在后，将烧杯倾斜放在漏斗上方，烧杯嘴向着漏斗，使玻棒下端指向滤纸的三层边，用洗瓶或滴管尖嘴吹洗烧杯内壁，沉淀连同溶液流入漏斗中，这对于粘在烧杯壁和烧杯底的沉重的沉淀，更为有效（见图 2-49）。上述步骤最容易引起沉淀的损失，必须严格遵守上面所指出的一切规定，正确操作，同时注意不要让溶液溅出。

图 2-49　转移沉淀的操作

实验中往往有一些牢牢地粘在烧杯壁上的沉淀洗不下来，此时须用一小块无灰滤纸（即折叠漏斗时撕下的那角），以水湿润后，先擦拭玻棒上的沉淀，再用玻棒按住此纸块沿杯壁自上而下旋转着把沉淀擦“活”，然后用玻棒将它拨出，放入该漏斗中心的滤纸上，与主要沉淀合并。用洗瓶吹洗烧杯，把擦“活”的沉淀微粒涮洗入漏斗中。在明亮处仔细检查烧杯内壁、玻棒、表面皿是否干净，不黏附沉淀，若仍有一点点痕迹，再行擦拭、转移，直到完全清除为止。有时也可用沉淀帚（见图 2-50）在烧杯内壁自上而下、从左至右擦洗烧杯上的沉淀，然后洗净沉淀帚。沉淀帚一般可自制，剪一段乳胶管，一端套在玻棒上，另一端用橡胶胶水粘接，用夹子夹扁晾干即成。

c. 沉淀全部转移到滤纸上后，要进行洗涤，目的是除去沉淀表面吸附的杂质和残留的母液。方法是将洗瓶在水槽上先吹出洗涤剂，使洗涤剂充满洗瓶的导出管后，再将洗瓶拿在漏斗上方，吹出洗涤剂浇在滤纸的三层部分的上沿稍下的地方，然后再盘旋自上而下洗涤，并借此将沉淀集中到滤纸圆锥体的下部（见图 2-51）。注意，不可将洗涤剂直接冲到滤纸中央的沉淀上，以免沉淀外溅。洗涤时，按照“少量多次”的原则，每次用洗涤剂的量要少，便于尽快沥干，沥干后，再进行下一次洗涤。如此反复多次，直至沉淀洗净为止。沉淀洗净的判断方法是：在沉淀洗涤数次后，用干净试管接取约 1mL 滤液（这时如果漏斗下端触及下面的滤液，检验就毫无意义了），选择灵敏而又迅速的定性反应来检验洗涤是否充分。如无明确规定，通常洗涤 8～10 次就认为已洗净。对于无定形沉淀，洗涤的次数可稍多几次。

图 2-50　沉淀帚

过滤和洗涤沉淀的操作，必须不间断地一气完成。若时间间隔过久，沉淀会干涸，粘成一团，就几乎无法将其洗涤干净了。

无论是盛着沉淀或是滤液的烧杯，都应该经常用表面皿盖好。每次过滤倾注完液体后，即应将漏斗盖好，以防落入尘埃。

(2) 用微孔玻璃漏斗（或玻璃坩埚）过滤

微孔玻璃漏斗（或玻璃坩埚）如图 2-52 所示。这种滤器的滤板是用玻璃粉末在高温熔结而成，所以又常称它们为玻璃砂芯漏斗（坩埚）。按照微孔的孔径由大至小分为六级，$G_1$～$G_6$（或称 1～6 号）。其孔径大小和用途见表 2-110。

在质量分析中，一般用 $G_4$～$G_5$ 规格（相当于慢速滤纸）过滤细晶形沉淀；用 $G_3$ 规格（相当于中速滤纸）过滤粗晶形沉淀；$G_5$～$G_6$ 规格常用于过滤微生物，所以这种滤器又称为细菌漏斗。

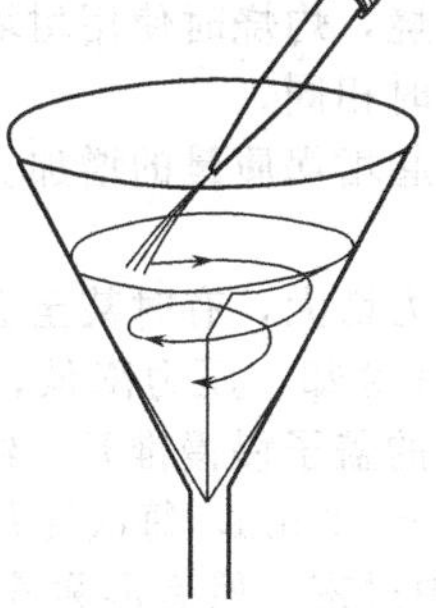
图 2-51　在滤纸上洗涤沉淀

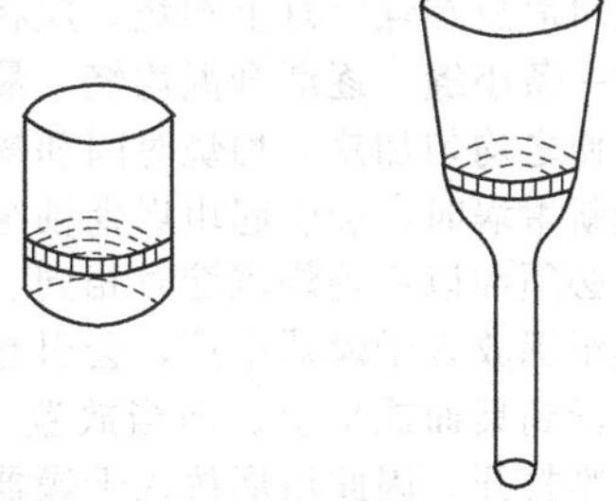
(a) 微孔玻璃坩埚　(b) 微孔玻璃漏斗

图 2-52　微孔玻璃漏斗

**表 2-110 微孔玻璃漏斗（坩埚）的规格和用途**

| 滤板编号 | 孔径/μm | 用途 | 滤板编号 | 孔径/μm | 用途 |
|---|---|---|---|---|---|
| $G_1$ | 20～30 | 滤除大沉淀物及胶状沉淀物 | $G_4$ | 3～4 | 滤除液体中细的沉淀物或极细沉淀物 |
| $G_2$ | 10～15 | 滤除大沉淀物及气体洗涤 | $G_5$ | 1.5～2.5 | 滤除较大杆菌及酵母菌 |
| $G_3$ | 4.5～9 | 滤除细沉淀及水银过滤 | $G_6$ | 1.5以下 | 滤除1.4～0.6μm的病菌 |

凡是烘干后即可称量或热稳定性差的沉淀，均应采用微孔玻璃漏斗（或坩埚）过滤；不需称量的沉淀也可用其过滤。此类滤器均不能过滤强碱性溶液，因强碱性溶液会损坏玻璃微孔。

微孔玻璃漏斗（或坩埚）的常用洗涤液见本章表2-10。

将洗净后的滤器在烘干沉淀的温度下烘至恒重，然后放入干燥器中冷却、保存备用。过滤时，取出滤器，装入抽滤瓶的橡皮垫圈中，接橡皮管于抽水泵上。在抽滤下，用倾泻法过滤。其过滤、洗涤、转移沉淀等操作方法均与滤纸过滤相同，不同之处是在抽滤下进行。

4. 沉淀的烘干和沉淀的灼烧

对过滤所得沉淀加热处理，将沉淀式转变为称量式，即获得组成恒定并且与化学式表示的组成完全一致的沉淀。常用的有烘干和灼烧两种方法。

(1) 沉淀的烘干

烘干是指在250℃以下进行的热处理。其目的是除去沉淀上所沾的洗涤液，它适用于沉淀的析出式和称量式组成一致的沉淀。这种热处理操作简单，引入误差的机会少。凡是用微孔玻璃漏斗过滤的沉淀都可以（也只能）用烘干的方法处理。

一般将微孔玻璃漏斗（或坩埚）连同沉淀放在表面皿上，然后放入烘箱中，根据沉淀性质确定烘干温度。第一次烘干沉淀时间较长，约2h，第二次烘干时间可短些，约45min到1h。沉淀烘干后，取出，置干燥器中冷却至室温后称量。反复烘干、称量，直至恒重。

烘干沉淀时，烘箱温度应控制在指定温度±5℃，空的微孔玻璃漏斗（或坩埚）和装有沉淀的玻璃漏斗（或坩埚）必须在完全一样的条件下烘干和称量。

(2) 坩埚的准备和沉淀的包裹、干燥、炭化与灼烧

灼烧是指在高于250℃以上的温度时进行的热处理，它适用于沉淀式需经高温处理才能转换为称量式的沉淀。凡用滤纸过滤的沉淀都应该（也必须）用灼烧方法处理，灼烧是在预先已烧至恒重的瓷坩埚中进行的。

① 瓷坩埚的准备　先将瓷坩埚用自来水尽量洗去其中污物，然后将其放入热盐酸（洗去$Al_2O_3$、$Fe_2O_3$）或热铬酸洗液（洗去油脂）中浸泡十几分钟，用洁净的玻璃棒夹出，先用自来水、再用蒸馏水涮洗干净，放在干净的表面皿上于烘箱中烘干。用蒸馏水刷洗干净后的坩埚一定不能再用手拿起，挪动时必须用洁净的坩埚钳（坩埚钳头部的锈应先用砂纸磨光洗净）。洗净烘干后的坩埚只能放在干净的表面皿、白瓷板或泥三角上，不得放在桌上，以免弄脏。用含$Fe^{3+}$或$Co^{2+}$的蓝墨水在坩埚外壁和盖子上编号，干后放在马弗炉中高温灼烧0.5h（新坩埚需1h），取出稍冷后转入干燥器中，冷却至室温，称量。第二次灼烧15～20min，取出稍冷后转入干燥器中，冷至室温，再称量。这样，直到连续两次称量质量之差不超过0.2mg，即认为坩埚已达恒重。

若瓷坩埚放在煤气灯上灼烧，应将其直立放在架有铁环的泥三角上，盖上坩埚盖，但不能盖严，需留一条小缝。逐渐升温灼烧，最后在氧化焰中进行高温灼烧，灼烧时使用坩埚钳不时地转动瓷坩埚，使之均匀加热。灼烧时间和操作方法与使用马弗炉灼烧时相同。

灼烧新坩埚时，会引起坩埚瓷釉组分中的铁发生氧化，而引起坩埚质量的增加。因此灼烧空坩埚的条件必须和以后灼烧沉淀时相同。

将热坩埚放入干燥器中后，会引起干燥器中的空气膨胀，压力增大，有时甚至会将干燥器的盖子推开，滑到桌面或地上。而当放置一段时间后，由于其中空气冷却，压力降低，又会将盖子吸住，而极难打开。因此坩埚放入干燥器2～3min后，应将干燥器的盖子慢慢推开一细缝，放出热空气，再立即盖严，反复数次。使坩埚充分冷却的时间，一般为40～50min，每次冷却坩埚的时间必须相同（无论是空的还是装有沉淀的），不可将坩埚放在干燥器中过夜。然后再称量。

② 沉淀的包裹　用扁头玻璃棒将过滤沉淀的滤纸的三层部分挑起，再用洗净的手将滤纸和沉淀一起取出。包裹沉淀时，不应将滤纸完全打开。包晶形沉淀，可按照图2-53中的（a）法或（b）

法卷成小包，将沉淀包裹在里面，最好包得紧些，但不要用手指压沉淀。将沉淀包好后，用滤纸原来不接触沉淀的那部分，将漏斗内壁轻轻擦一下，擦下可能粘在漏斗上部的沉淀微粒。把滤纸包的三层部分向上放入已恒重的坩埚中，这样可使滤纸灰化较易。

对于胶状沉淀，因沉淀体积较大，可用扁头玻棒将滤纸边挑起，向中间折叠，将沉淀全部盖住，如图 2-54 所示，然后取出，倒转过来，尖头向上，安放在坩埚中。

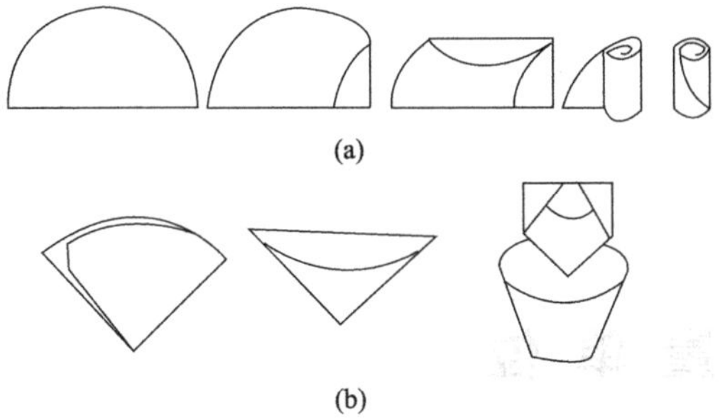


图 2-53　过滤后滤纸的折叠

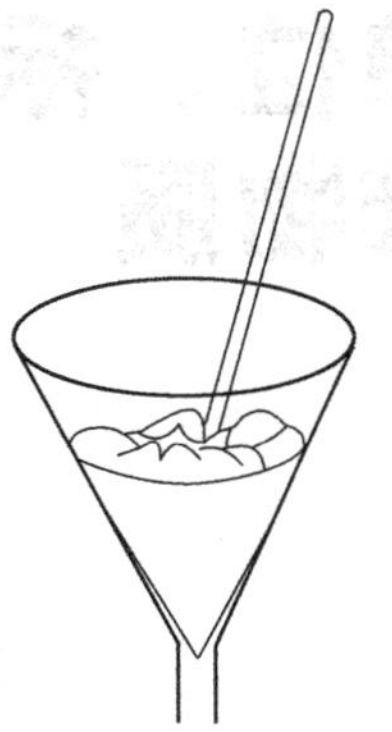

图 2-54　胶状沉淀的包裹

如果滤纸已变干，可先用蒸馏水将其润湿，以便于操作。

③ 沉淀的干燥和灼烧　将放有沉淀包的坩埚，倾斜地放在泥三角上，坩埚底部枕在泥三角的一横边，然后再把坩埚盖半掩地倚于坩埚口，这样会使火焰热气反射，有利于滤纸的炭化［见图 2-55（a）］。先用煤气灯火焰来回扫过坩埚，使其均匀而缓慢地受热，避免坩埚骤热破裂。然后将煤气灯置于坩埚盖中心之下，利用反射焰将滤纸和沉淀烘干，这一步不能太快，尤其对于含有大量水分的胶状沉淀，很难一下烘干，若加热太猛，沉淀内部水分迅速汽化，会挟带沉淀溅出坩埚，造成实验失败。当滤纸包烘干后，滤纸层变黑而炭化，此时应控制火焰大小，使滤纸只冒烟而不着火，因为着火后，火焰卷起的气流会将沉淀微粒吹走。如果滤纸着火，应立即移去灯火，用坩埚钳夹住坩埚盖将坩埚盖住，让火焰自行熄灭，切勿用嘴吹熄。

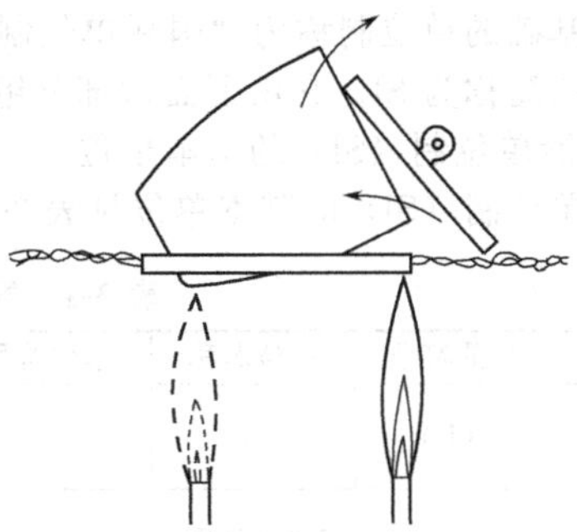

(b) 滤纸的灰化和沉淀的灼烧　(a) 沉淀的干燥和滤纸的炭化

图 2-55　沉淀的干燥和灼烧

滤纸全部炭化后，把煤气灯置于坩埚底部，逐渐加大火焰，并使氧化焰完全包住坩埚，烧至红热，以便把炭完全烧成灰，这一步骤将炭燃烧成二氧化碳被除去的过程叫灰化［见图 2-55（b）］。炭粒完全消失、沉淀现出本色后，再用强火灼烧一定时间，同时稍稍转动坩埚，让沉淀在坩埚内轻轻翻动，借此可把沉淀各部分烧透，使大块黏物散落，把包裹住的滤纸残片烧光，并把坩埚壁上的焦炭烧掉。

滤纸灰化后，将坩埚垂直地放在泥三角上，盖上坩埚盖（留一小孔隙），于指定温度下灼烧沉淀，或者将坩埚放在马弗炉中灼烧（这时一般是先在电炉上将沉淀和滤纸烤干并进行炭化和灰化）。通常第一次灼烧时间为 30～45min，第二次灼烧 15～20min。每次灼烧完毕从炉内取出后，都应在空气中稍冷后，再移入干燥器中，冷却至室温后称量。然后再灼烧、冷却、称重，直至恒重。

# 第三章

# 计量单位、标准、标准方法与标准物质

## 第一节 计量单位

### 一、国际单位制

国际单位制是1960年由第10届国际计量大会（CGPM）决议建立的。大会决议，将以六个基本单位为基础的单位制称为“国际单位制”。1971年第14届CGPM又通过了第七个基本单位。国际单位制的简称为SI。它由下面六部分组成。

1. 国际单位制（SI）的基本单位

国际单位制（SI）的基本单位见表3-1。

**表3-1 国际单位制（SI）的基本单位**

| 量的名称 | 量的符号 | 单位名称 | 单位符号 | 定义 |
|---|---|---|---|---|
| 长度 | $l(L)$ | 米 | m | 米是光在真空中1/299792458s的时间间隔内所经过的距离(1983年第17届CGPM决议A) |
| 质量 | $m$ | 千克(公斤) | kg | 千克是质量单位,等于国际千克原器的质量(1901年第3届CGPM声明) |
| 时间 | $t$ | 秒 | s | 秒是铯-133原子基态的两个超精细能级间跃迁所对应辐射9192632770个周期的持续时间(1967～1968年第13届CGPM决议1) |
| 电流 | $I$ | 安[培] | A | 在真空中,截面积可忽略的两根相距1m的无限长平行圆直导线内通以等量恒定电流时,若导线间相互作用力在每米长度上为$2\times10^{-7}$N,则每根导线中的电流定义为1A(1948年CGPM决议) |
| 热力学温度 | $T$ | 开[尔文] | K | 热力学温度开[尔文]是水三相点热力学温度的1/273.16(1967～1968年第13届CGPM决议4) |
| 物质的量 | $n$ | 摩[尔] | mol | 摩[尔]是一系统的物质的量,该系统中所包含的基本单元数与0.012kg碳-12的原子数目相等。在使用摩[尔]时,应指明基本单元,可以是原子、分子、离子、电子及其他粒子,或是这些粒子的特定组合(1971年第14届CGPM决议3) |
| 发光强度 | $I$,$(I_v)$ | 坎[德拉] | cd | 坎是发射频率为$540\times10^{12}$Hz单色辐射的光源在给定方向上的发光强度,而且在此方向上的辐射强度为1/683W/sr(1979年第16届CGPM决议3) |

注：1. 圆括号中的名称是它前面的名称的同义词。

2. 方括号中的字在不致引起混淆、误解的情况下可以省略，去掉方括号中的字即为其简体。

3. 无方括号的单位名称，其简称与全称相同。

4. 热力学温度也可以使用摄氏温度，摄氏温度通常以符号℃表示。

5. CGPM即General Conference on Weights and Measures。

2. 国际单位制（SI）的辅助单位

国际单位制（SI）的辅助单位见表 3-2。

**表 3-2 国际单位制（SI）的辅助单位**

| 量的名称 | 单位名称 | 单位符号 | 量的名称 | 单位名称 | 单位符号 |
|---|---|---|---|---|---|
| 平面角 | 弧度 | rad | 立体角 | 球面度 | sr |

3. 国际单位制（SI）导出的具有专门名称的单位

国际单位制（SI）导出的具有专门名称的单位见表 3-3。

**表 3-3 国际单位制（SI）导出的具有专门名称的单位**

| 量 的 名 称 | 单位名称 | 单位符号 | 国际基本单位表示的关系式 |
|---|---|---|---|
| 频率 | 赫[兹] | Hz | $s^{-1}$ |
| 力 | 牛[顿] | N | $m \cdot kg \cdot s^{-2}$ |
| 压力(压强)、应力 | 帕[斯卡] | Pa | $N/m^2 = m^{-1} \cdot kg \cdot s^{-2}$ |
| 能、功、热量 | 焦[耳] | J | $N \cdot m = m^2 \cdot kg \cdot s^{-2}$ |
| 功率、辐[射]通量 | 瓦[特] | W | $J/s = m^2 \cdot kg \cdot s^{-3}$ |
| 电量、电荷 | 库[仑] | C | $A \cdot s$ |
| 电位、电压、电动势 | 伏[特] | V | $JC^{-1} = m^2 \cdot kg \cdot s^{-3} \cdot A^{-1}$ |
| 电容 | 法[拉] | F | $C/V = m^{-2} \cdot kg^{-1} \cdot s^4 \cdot A^2$ |
| 电阻 | 欧[姆] | Ω | $V/A = m^2 \cdot kg \cdot s^{-2} \cdot A^{-2}$ |
| 电导 | 西[门子] | S | $\Omega^{-1} = m^{-2} \cdot kg^{-1} \cdot s^3 \cdot A^2$ |
| 磁通[量] | 韦[伯] | Wb | $V \cdot s = m^2 \cdot kg \cdot s^{-2} \cdot A^{-1}$ |
| 磁感应[强度] | 特[斯拉] | T | $V \cdot s \cdot m^{-2} = kg \cdot s^{-2} \cdot A^{-1}$ |
| 电感 | 亨[利] | H | $VA^{-1} \cdot s = m^2 \cdot kg \cdot s^{-2} \cdot A^{-2}$ |
| 光通[量] | 流[明] | lm | $cd \cdot sr$ |
| [光]照度 | 勒[克斯] | lx | $lm/m^2 = cd \cdot sr \cdot m^{-2}$ |
| [放射性]活度 | 贝可[勒尔] | Bq | $s^{-1}$ |
| 吸收剂量 | 戈[瑞] | Gy | $J/kg = m^2 \cdot s^{-2}$ |
| 剂量当量 | 希[沃特] | Sv | $J/kg = m^2 \cdot s^{-2}$ |

4. 国际单位制（SI）的词头

国际单位制（SI）的词头见表 3-4。

**表 3-4 国际单位制（SI）的词头**

| 因数 | 词 头 | 符 号 | 因数 | 词 头 | 符 号 | 因数 | 词 头 | 符 号 |
|---|---|---|---|---|---|---|---|---|
| $10^{24}$ | 尧[它](yotta) | Y | $10^3$ | 千(kilo) | k | $10^{-9}$ | 纳[诺](nano) | n |
| $10^{21}$ | 泽[它](zetta) | Z | $10^2$ | 百(hecto) | h | $10^{-12}$ | 皮[可](pico) | p |
| $10^{18}$ | 艾[可萨](exa) | E | $10^1$ | 十(deca) | da | $10^{-15}$ | 飞[母托](femto) | f |
| $10^{15}$ | 拍[它](peta) | P | $10^{-1}$ | 分(deci) | d | $10^{-18}$ | 阿[托](atto) | a |
| $10^{12}$ | 太[拉](tera) | T | $10^{-2}$ | 厘(centi) | c | $10^{-21}$ | 仄[普托](zepto) | z |
| $10^9$ | 吉[咖](giga) | G | $10^{-3}$ | 毫(milli) | m | $10^{-24}$ | 么[科托](yocto) | y |
| $10^6$ | 兆(mega) | M | $10^{-6}$ | 微(micro) | μ | | | |

5. 与国际单位制（SI）并用的单位

与国际单位制（SI）并用的单位见表 3-5。

**表 3-5 与国际单位制（SI）并用的单位**

| 物理量 | 单位名称 | 单位符号 | 相当于国际单位制的值 | 物理量 | 单位名称 | 单位符号 | 相当于国际单位制的值 |
|---|---|---|---|---|---|---|---|
| 时间 | 分 | min | 1min＝60s | 平面角 | [角]秒 | (″) | 1″＝(1/60)′ ＝(π/64800)rad |
| | 小时 | h | 1h＝60min＝3600s | 体积 | 升 | l,L | 1L＝$10^{-3}$$m^3$ |
| | 日(天) | d | 1d＝24h＝86400s | 质量 | 吨 | t | 1t＝$10^3$kg |
| 平面角 | 度 | (°) | 1°＝(π/180)rad | 截面 | 靶[恩] | b | 1b＝$10^{-28}$$m^2$ |
| | [角]分 | (′) | 1′＝(1/60)° ＝(π/10800)rad | 能量 | 电子伏 | eV | 1eV≈1.60218×$10^{-19}$J |
| | | | | 质量 | 原子质量单位 | u＝m($^{12}$C)/12 | 1u≈1.66054×$10^{-27}$kg |

6. 暂时与国际单位制（SI）并用的单位

暂时与国际单位制（SI）并用的单位见表 3-6。

**表 3-6 暂时与国际单位制（SI）并用的单位**

| 单位名称 | 单位符号 | 相当于国际单位制的值 | 单位名称 | 单位符号 | 相当于国际单位制的值 |
|---|---|---|---|---|---|
| 海里 | | 1 海里＝1852m | 靶恩 | b | 1b＝$10^{-28}$$m^2$ |
| 节 | | 1 海里/时＝(1852/3600)m/s | 巴 | bar | 1bar＝0.1MPa(兆帕)＝$10^5$Pa |
| 公亩 | a | 1a＝$10^2$$m^2$ | 拉德 | rad | 1rad＝$10^{-2}$Gy(戈) |
| 公顷 | ha | 1ha＝$10^4$$m^2$ | | | |

## 二、中华人民共和国法定计量单位

1984 年 2 月 27 日中华人民共和国国务院发布了《关于在我国统一实行法定计量单位的命令》并颁布了《中华人民共和国法定计量单位（简称法定单位）》。在 1990 年年底前完成向法定计量单位的全面过渡。自 1991 年 1 月起，除个别特殊领域外，不允许再使用非法定计量单位。非法定计量单位应当废除。

中国法定计量单位包括以下几部分。

（1）国际单位制（SI）的基本单位，见表 3-1。

（2）国际单位制的辅助单位，见表 3-2。

（3）国际单位制中具有专门名称的导出单位，见表 3-3。

（4）用于构成十进制倍数和分数单位的词头，见表 3-4。

（5）由以上单位构成的组合形式的单位，凡是两个或两个以上的单位相乘或相除、或既有乘又有除而构成的单位，称为组合形式的单位，简称组合单位。例如米每秒（m/s）。

由一个单位与数学符号或数学指数构成的单位，也是组合单位。例如立方米（$m^3$），每摄氏度℃$^{-1}$等。

这些单位也是法定单位。

（6）国家选定的非国际单位制，包括以下三类。

① 与国际单位制并用的单位，见表 3-5。

② 暂时与国际单位制并用的单位，见表 3-6。

③ 国家选定的其他非国际单位[1]，见表 3-7。

[1] 1. 1ppm＝1×$10^{-6}$。
2. 1ppb＝1×$10^{-9}$。
3. 人民生活和贸易中，质量习惯称为重量。
4. 公里为千米的俗称。
5. $10^4$ 称为万，$10^8$ 称为亿，这类数词的使用不受词头名称的影响，但不应与词头混用。

**表 3-7 国家选定的其他非国际单位**

| 量的名称 | 单位名称 | 单位符号 | 量的名称 | 单位名称 | 单位符号 |
|---|---|---|---|---|---|
| 表观功率(视在功率) | 伏安 | V·A | 线密度 | 特[克斯] | tex,1tex=1g/km |
| 声压级 | 分贝 | dB | 旋转速度 | 转每分 | r/min |
| 响度级 | 方 | | 速度 | 节 | kn |
| 长度 | 海里 | n mile<br>1n mile=1852m<br>(只用于航行) | | | 1kn=1n mile/h<br>=(1852/3600)m/s<br>(只用于航行) |

## 三、法定计量单位与非法定计量单位间的换算

1. 长度单位

长度单位间的换算见表 3-8。

2. 面积单位

面积单位间的换算见表 3-9。

**表 3-8 长度单位间的换算**

| 单位 | m (米) | cm (厘米) | 市尺 | yd (码) | ft (英尺) | in (英寸) |
|---|---|---|---|---|---|---|
| m | 1 | $1\times10^{2}$ | 3 | 1.09361 | 3.28084 | 39.3701 |
| cm | $1\times10^{-2}$ | 1 | $3\times10^{-2}$ | $1.09361\times10^{-2}$ | $3.28084\times10^{-2}$ | 0.393701 |
| 市尺 | 0.333333 | 33.3333 | 1 | 0.364537 | 1.093613 | 13.1234 |
| yd | 0.9144 | 91.44 | 2.74321 | 1 | 3 | 36 |
| ft | 0.3048 | 30.48 | 0.914400 | 0.333333 | 1 | 12 |
| in | $2.54\times10^{-2}$ | 2.54 | $7.62001\times10^{-2}$ | $2.77778\times10^{-2}$ | $8.3333\times10^{-2}$ | 1 |

注：1μm(微米)=$10^{-6}$m；1Å(埃)=$10^{-10}$m；1mile(英里)=1609m=80chain(侧链)；1chain=20.1168m；1[市]里=500m。

**表 3-9 面积单位间的换算**

| 单位 | $m^2$ (米$^2$) | $cm^2$ (厘米$^2$) | $yd^2$ (码$^2$) | $ft^2$ (英尺$^2$) | $in^2$ (英寸$^2$) |
|---|---|---|---|---|---|
| $m^2$ | 1 | $1\times10^{4}$ | 1.19599 | 10.7639 | 1550 |
| $cm^2$ | $1\times10^{-4}$ | 1 | $1.19599\times10^{-4}$ | $1.07639\times10^{-3}$ | 0.155 |
| $yd^2$ | 0.836127 | 8361.27 | 1 | 9 | 1296 |
| $ft^2$ | 0.092903 | 929.03 | 0.111111 | 1 | 144 |
| $in^2$ | $6.45161\times10^{-4}$ | 6.45161 | $7.71605\times10^{-4}$ | $6.94444\times10^{-3}$ | 1 |

注：1. $1m^2$=9 尺$^2$；1[市]亩=666.7$m^2$；1 公亩(are,a)=100$m^2$；1 公顷(ha)=$1\times10^4m^2$；1 英亩(acre)=4840$yd^2$(码$^2$)。

2. 日本单位：1 町=10 段，1 段=10 亩，1 亩=30 坪，1 坪=1 间=(400/121)$m^2$。

3. 体积与容积单位

体积与容积单位间的换算见表 3-10。

**表 3-10 体积与容积单位间的换算**

| 单位 | $m^3$ (米$^3$) | L (升) | $cm^3$ (厘米$^3$) | $yd^3$ (码$^3$) | $ft^3$ (英尺$^3$) | UK gal (英加仑) | US gal (美加仑) |
|---|---|---|---|---|---|---|---|
| $m^3$ | 1 | 1000 | $1\times10^{6}$ | 1.30795 | 35.3147 | 219.969 | 264.172 |
| L | $1\times10^{-3}$ | 1 | $1\times10^{3}$ | $1.30795\times10^{-3}$ | $3.53147\times10^{-2}$ | 0.219969 | 0.264172 |
| $cm^3$ | $1\times10^{-6}$ | $1\times10^{-3}$ | 1 | $1.30795\times10^{-6}$ | $3.53147\times10^{-5}$ | $2.19969\times10^{-4}$ | $2.64172\times10^{-4}$ |
| $yd^3$ | 0.764555 | $7.64555\times10^{2}$ | $7.64555\times10^{5}$ | 1 | 27 | 168.178 | 201.973 |
| $ft^3$ | $2.83168\times10^{-2}$ | 28.3168 | $2.83168\times10^{4}$ | $3.70370\times10^{-2}$ | 1 | 6.22883 | 7.48051 |
| UK gal | $4.54609\times10^{-3}$ | 4.54609 | $4.54609\times10^{3}$ | $5.94608\times10^{-3}$ | 0.160544 | 1 | 1.20095 |
| US gal | $3.78541\times10^{-3}$ | 3.78541 | $3.78541\times10^{3}$ | $4.95113\times10^{-3}$ | 0.133681 | 0.832674 | 1 |

4. 质量单位

质量单位间的换算见表 3-11。

**表 3-11 质量单位间的换算**

| 单位 | kg（千克） | g（克） | t（吨） | UK ton（英吨） | US ton（美吨） | lb（磅） |
|---|---|---|---|---|---|---|
| kg | 1 | 1000 | $1\times10^{-3}$ | $9.84204\times10^{-4}$ | $1.10231\times10^{-3}$ | 2.20462 |
| g | $1\times10^{-3}$ | 1 | $1\times10^{-6}$ | $9.84204\times10^{-7}$ | $1.10231\times10^{-6}$ | $2.20462\times10^{-3}$ |
| t | 1000 | $1\times10^{6}$ | 1 | 0.984204 | 1.10231 | $2.20462\times10^{3}$ |
| UK ton | $1.01605\times10^{3}$ | $1.10605\times10^{6}$ | 1.10605 | 1 | 1.12 | 2240 |
| US ton | $9.07185\times10^{2}$ | $9.07185\times10^{5}$ | 0.907185 | 0.892857 | 1 | 2000 |
| lb | 0.453592 | $4.53592\times10^{2}$ | $4.53592\times10^{-4}$ | $4.46429\times10^{-4}$ | $5\times10^{-4}$ | 1 |

注：$1r=1\mu g=10^{-3}mg=10^{-6}g=10^{-9}kg$。

5. 压力单位

压力单位间的换算见表 3-12。

**表 3-12 压力单位间的换算**

| 单位 | Pa（帕斯卡） | $kgf/cm^2$①（千克力/厘米²） | bar（巴） | mmHg②（毫米汞柱） | atm（标准大气压） | $lbf/in^2$③（磅力/英寸²） |
|---|---|---|---|---|---|---|
| Pa | 1 | $1.01972\times10^{-5}$ | $1\times10^{-5}$ | $7.50064\times10^{-3}$ | $9.86923\times10^{-6}$ | $1.45038\times10^{-4}$ |
| $kgf/cm^2$ | $9.80665\times10^{4}$ | 1 | 0.980665 | 735.559 | 0.967838 | 14.2233 |
| bar | $1\times10^{5}$ | 1.01972 | 1 | 750.064 | 0.986923 | 14.5038 |
| mmHg | 133.322 | $1.35951\times10^{-3}$ | $1.33322\times10^{-3}$ | 1 | $1.31579\times10^{-3}$ | $1.93367\times10^{-2}$ |
| atm | $1.01325\times10^{5}$ | 1.03323 | 1.01325 | 760 | 1 | 14.6954 |
| $1bf/in^2$ | $6.89476\times10^{3}$ | $7.03072\times10^{-2}$ | $6.89476\times10^{-2}$ | 51.7151 | $6.80459\times10^{-2}$ | 1 |

① $1kgf/cm^2$（千克力/厘米²）＝1at（工程大气压）＝98066.5Pa＝98066.5$N/m^2$（牛顿/米²）。

② 1mmHg（毫米汞柱）＝1Torr（托）＝（101325/760）133.32Pa。

③ $1bf/in^2$＝1psi（磅力/英寸²）。

除表中出现的非法定计量单位外，还有 1 达因/厘米（$dyn/cm^2$）＝0.1（帕斯卡）Pa＝0.1 牛[顿]/米²（$N/m^2$）；1 达因（dyn）＝$10^{-5}$N；1 千克（公斤）力（kgf）＝9.80665 牛[顿]（N）；1 磅力（1bf）＝4.482 牛[顿]（N）。

6. 质量流量单位

质量流量单位间的换算见表 3-13。

**表 3-13 质量流量单位间的换算**

| 单位 | kg/s（千克/秒） | kg/h（千克/时） | g/s（克/秒） | t/h（吨/时） | lb/s（磅/秒） | lb/h（磅/时） |
|---|---|---|---|---|---|---|
| kg/s | 1 | 3600 | 1000 | 3.6 | 2.20462 | $7.93664\times10^{3}$ |
| kg/h | $2.77778\times10^{-4}$ | 1 | 0.277778 | $1\times10^{-3}$ | $6.12395\times10^{-4}$ | 2.20462 |
| g/s | $1\times10^{-3}$ | 3.6 | 1 | $3.6\times10^{-3}$ | $2.20462\times10^{-3}$ | 7.93664 |
| t/h | 0.277778 | 1000 | 277.778 | 1 | 0.612394 | $2.20462\times10^{3}$ |
| lb/s | 0.453593 | $1.63293\times10^{3}$ | 453.593 | 1.63294 | 1 | 3600 |
| lb/h | $1.25998\times10^{-4}$ | 0.453592 | 0.125998 | $4.53592\times10^{-4}$ | $2.77778\times10^{-4}$ | 1 |

7. 体积流量单位

体积流量单位间的换算见表 3-14。

**表 3-14 体积流量单位间的换算**

| 单位 | $m^3/s$ (米$^3$/秒) | $m^3/min$ (米$^3$/分) | $m^3/h$ (米$^3$/时) | L/s (升/秒) | L/min (升/分) |
|---|---|---|---|---|---|
| $m^3/s$ | 1 | 60 | 3600 | 1000 | $6\times10^{4}$ |
| $m^3/min$ | $1.66667\times10^{-2}$ | 1 | 60 | 16.6667 | 1000 |
| $m^3/h$ | $2.77778\times10^{-4}$ | $1.66667\times10^{-2}$ | 1 | 0.277778 | 16.6667 |
| L/s | $1\times10^{-3}$ | $6\times10^{-2}$ | 3.6 | 1 | 60 |
| L/min | $1.66667\times10^{-5}$ | $1\times10^{-3}$ | $6\times10^{-2}$ | $1.66667\times10^{-2}$ | 1 |
| UK gal/s | $4.54609\times10^{-3}$ | 0.272766 | 16.3659 | 4.54609 | $2.72766\times10^{2}$ |
| UK gal/min | $7.57682\times10^{-5}$ | $4.54609\times10^{-3}$ | 0.272766 | $7.57685\times10^{-2}$ | 4.54609 |
| UK gal/h | $1.26280\times10^{-6}$ | $7.57682\times10^{-5}$ | $4.54609\times10^{-3}$ | $1.26280\times10^{-3}$ | $7.57685\times10^{-2}$ |
| US gal/min | $6.30902\times10^{-5}$ | $3.78541\times10^{-3}$ | 0.227125 | $6.30903\times10^{-2}$ | 3.78541 |

| 单位 | UKgal/s (英加仑/秒) | UKgal/min (英加仑/分) | UKgal/h (英加仑/时) | USgal/min (英加仑/分) |
|---|---|---|---|---|
| $m^3/s$ | $2.19969\times10^{2}$ | $1.31981\times10^{4}$ | $7.91889\times10^{5}$ | $1.58503\times10^{4}$ |
| $m^3/min$ | 3.66615 | $2.19969\times10^{2}$ | $1.31982\times10^{4}$ | $2.64172\times10^{2}$ |
| $m^3/h$ | $6.11025\times10^{-2}$ | 3.66615 | $2.19969\times10^{2}$ | 4.40287 |
| L/s | 0.2119969 | 13.1981 | $7.91889\times10^{2}$ | 15.8503 |
| L/min | $3.66615\times10^{-3}$ | 0.219969 | 13.1981 | 0.264172 |
| UK gal/s | 1 | 60 | 3600 | 72.0569 |
| UK gal/min | $1.66667\times10^{-2}$ | 1 | 60 | 1.20095 |
| UK gal/h | $2.77778\times10^{-4}$ | $1.66667\times10^{-2}$ | 1 | 0.200158 |
| US gal/min | $1.38779\times10^{-2}$ | 0.832674 | 49.9605 | 1 |

8. 功、能、热量单位

功、能、热量单位间的换算见表 3-15。

**表 3-15 功、能、热量单位间的换算**

| 单位 | J (焦耳) | kgf·m (千克力·米) | kW·h (千瓦·时) | 公制马力·时 | cal (卡) |
|---|---|---|---|---|---|
| J | 1 | 0.101972 | $2.77778\times10^{-7}$ | $3.77672\times10^{-7}$ | 0.238889 |
| kgf·m | 9.80665 | 1 | $2.72407\times10^{-6}$ | $3.70368\times10^{-6}$ | 2.34269 |
| kW·h | $3.6\times10^{6}$ | $3.67098\times10^{5}$ | 1 | 1.35962 | $8.60000\times10^{5}$ |
| 公制马力·时 | $2.64780\times10^{6}$ | $2.70001\times10^{5}$ | 0.735501 | 1 | $6.32530\times10^{5}$ |
| cal | 4.18605 | 0.42686 | $1.16279\times10^{-6}$ | $1.58095\times10^{6}$ | 1 |
| $cal_{IT}$ | 4.1868 | 0.426936 | $1.16300\times10^{-6}$ | $1.58124\times10^{-6}$ | 1.00018 |
| $cal_{20}$ | 4.1816 | 0.426407 | $1.16156\times10^{-6}$ | $1.57927\times10^{-6}$ | 0.998931 |
| $cal_{th}$ | 4.184 | 0.426650 | $1.16222\times10^{-6}$ | $1.58017\times10^{-6}$ | 0.999500 |
| eV | $1.60207\times10^{-19}$ | $1.63366\times10^{-20}$ | $4.45022\times10^{-26}$ | $6.05057\times10^{-26}$ | $3.82717\times10^{-20}$ |

| 单位 | $cal_{IT}$ (国际蒸汽表卡) | $cal_{20}$ (20℃卡) | $cal_{th}$ (热化学卡) | eV (电子伏) |
|---|---|---|---|---|
| J | 0.238846 | 0.239143 | 0.239006 | $6.24192\times10^{18}$ |
| kgf·m | 2.34226 | 2.34519 | 2.34385 | $6.12123\times10^{19}$ |
| kW·h | $8.59846\times10^{-7}$ | $8.60915\times10^{5}$ | $8.60422\times10^{5}$ | $2.24709\times10^{25}$ |
| 公制马力·时 | $6.32416\times10^{-7}$ | $6.33203\times10^{5}$ | $6.32840\times10^{5}$ | $1.65274\times10^{25}$ |
| cal | 0.999821 | 1.00106 | 1.00050 | $6.21290\times10^{19}$ |
| $cal_{IT}$ | 1 | 1.00125 | 1.00067 | $2.61337\times10^{19}$ |
| $cal_{20}$ | 0.998758 | 1 | 0.999431 | $2.61011\times10^{19}$ |
| $cal_{th}$ | 0.999332 | 1.00075 | 1 | $2.61161\times10^{19}$ |
| eV | $3.82648\times10^{-20}$ | $3.83124\times10^{-20}$ | $3.82904\times10^{-20}$ | 1 |

注：1 千克力 (kgf)＝9.80665 牛顿 (N)；1 焦耳 (J)＝$1\times10^{7}$ 尔格 (erg)。

9. 功率单位

功率单位间的换算见表3-16。

**表3-16 功率单位间的换算**

| 单位 | W（瓦特） | kgf·m/s（千克力·米/秒） | 公制马力 | hp（马力） | $cal_{IT}/s$（卡/秒） | $kcal_{IT}/h$（千卡/时） | Btu/h（英热单位/时） |
|---|---|---|---|---|---|---|---|
| W | 1 | 0.101972 | $1.35962\times10^{-3}$ | $1.34102\times10^{-3}$ | 0.238846 | 0.859845 | 3.41214 |
| kgf·m/s | 9.80665 | 1 | $1.33333\times10^{-2}$ | $1.31509\times10^{-2}$ | 2.34228 | 8.43220 | 33.4617 |
| 公制马力 | 735.499 | 75 | 1 | 0.986320 | 175.671 | 632.415 | $2.50963\times10^{3}$ |
| hp | 745.700 | 76.0402 | 1.01387 | 1 | 178.019 | 641.186 | $2.54443\times10^{3}$ |
| $cal_{IT}/s$ | 4.1868 | 0.426935 | $5.69246\times10^{-3}$ | $5.61459\times10^{-3}$ | 1 | 3.6 | 14.2860 |
| $kcal_{IT}/h$ | 1.163 | 0.118593 | $1.58124\times10^{-3}$ | $1.55961\times10^{-3}$ | 0.277778 | 1 | 3.96832 |
| Btu/h | 0.293071 | $2.98849\times10^{-2}$ | $3.98466\times10^{-4}$ | $3.93015\times10^{-4}$ | $6.99988\times10^{-2}$ | 0.251996 | 1 |

注：1W（瓦特）$=1\times10^{7}$erg/s（尔格/秒）。

10. 热导率单位

热导率（导热系数）单位间的换算见表3-17。

**表3-17 热导率（导热系数）单位间的换算**

| 单位 | W/(m·K)［瓦/(米·开)］ | $cal_{IT}$/(cm·s·K)［卡/(厘米·秒·开)］ | $kcal_{IT}$/(m·h·K)［千卡/(米·时·开)］ | Btu/(ft·h·℉)［英热单位/(英尺·时·华氏度)］ |
|---|---|---|---|---|
| W/(m·K) | 1 | $2.38846\times10^{-3}$ | 0.859845 | 0.57789 |
| $cal_{IT}$/(cm·s·K) | 418.68 | 1 | 360 | 241.909 |
| $kcal_{IT}$/(m·h·K) | 1.163 | $2.77778\times10^{-3}$ | 1 | 0.671969 |
| Btu/(ft·h·℉) | 1.73073 | $4.13379\times10^{-3}$ | 1.48816 | 1 |

11. 传热系数单位

传热系数单位间的换算见表3-18。

**表3-18 传热系数单位间的换算**

| 单位 | $W/(m^2\cdot K)$［瓦/(米²·开)］ | $kcal_{IT}/(cm^2\cdot s\cdot K)$［千卡/(厘米²·秒·开)］ | $kcal_{IT}/(m^2\cdot h\cdot K)$［千卡/(米²·时·开)］ | Btu/(ft²·h·℉)［英热单位/(英尺²·时·华氏度)］ |
|---|---|---|---|---|
| $W/(m^2\cdot K)$ | 1 | $2.38846\times10^{-5}$ | 0.859845 | 0.17611 |
| $kcal_{IT}/(cm^2\cdot s\cdot K)$ | 41868 | 1 | 36000 | 7373.38 |
| $kcal_{IT}/(m^2\cdot h\cdot K)$ | 1.163 | $2.77778\times10^{-5}$ | 1 | 0.204816 |
| Btu/(ft²·h·℉) | 5.67826 | $1.35623\times10^{-4}$ | 4.88243 | 1 |

12. 温度单位

温度单位间的换算见表3-19。

**表3-19 温度单位间的换算**

| 摄氏温度/℃ | 华氏温度/℉ | 热力学温度/K | 摄氏温度/℃ | 华氏温度/℉ | 热力学温度/K |
|---|---|---|---|---|---|
| ℃ | $\frac{9}{5}$℃+32 | ℃+273.15 | K−273.15 | $\frac{9}{5}$(K−273.15)+32 | K |
| $\frac{5}{9}$(℉−32) | ℉ | $\frac{5}{9}$(℉−32)+273.15 | | | |

13. 比热容单位

1 热化学千卡/(千克·开尔文)［$kcal_{th}$/(kg·K)］=4184 焦耳/(千克·开尔文)［J/(kg·K)］

1 千卡/(千克·开尔文)［kcal/(kg·K)］=4186.8 焦耳/(千克·开尔文)［J/(kg·K)］

1 20℃千卡($kcal_{20}$)=4181.6J/(kg·K)

1 英热单位/(磅·℉)［Btu/(lb·℉)］=4186.8J/(kg·K)

14. 磁场强度单位

1 奥斯特(Oe)=79.578 安培/米(A/m)

15. 磁通量密度单位

1 高斯(Gs, G)=$10^{-4}$ 特斯拉(T)

16. 电磁量单位

1 静电单位电荷=3.335640×$10^{-10}$ 库仑(C)

1 伏特·秒(V·s)=1 韦伯(Wb)

1 安培·时(A·h)=3600 库仑(C)

1 麦克斯韦(Mx)=$10^{-8}$ 韦伯(Wb)

1 静电电容(sF)=$\frac{1}{9}\times10^{-11}$ 法拉(F)

1 静电电导(sS)=$\frac{1}{9}\times10^{-11}$ 西门子(S)

1 静电电感(sH)≈9×$10^{11}$ 亨利(H)

17. 光学单位

1 烛光、1 支光、1 国际烛光 (1K) =1 坎德拉 (cd)

1 熙提(sb)=$10^4$ 坎德拉每平方米 ($cd/m^2$)

1 尼特(nt)=1 坎德拉每平方米 ($cd/m^2$)

1 辐透(ph)=$10^4$ 勒克斯 (lx)

1 英尺烛光($1m/ft^2$,fc)=10.76 勒克斯 (lx)

18. 放射性同位素的量度单位

1 伦琴(R)=2.57976×$10^{-4}$ 库仑/千克 (C/kg)

每秒伦琴(R/s)=2.57976×$10^{-4}$ 安培/千克(A/kg)

$10^{-2}$ 戈瑞(Gy)=拉德(rad)=0.01 焦耳/千克(J/kg)=100erg/g

居里(Ci)=3.70×$10^{10}$ 贝可勒尔 (Bq) (衰变/s)

毫居里(mCi)=3.7×$10^7$ 贝可勒尔

雷姆(rem)=$10^{-2}$ 希沃特 (Sv)

## 四、化学实验中常用的物理量及其单位

化学实验中常用的物理量及其单位见表 3-20。

**表 3-20 化学实验中常用的物理量及其单位**

| 量的名称 | 量的符号 | 法定单位及符号 | | 应废除的单位及符号 | |
|---|---|---|---|---|---|
| | | 单位名称 | 单位符号 | 单位名称 | 单位符号 |
| 长度 | $L$ | 米 | m | 公尺 | M |
| | | 厘米 | cm | 公分 | |
| | | 毫米 | mm | 毫微米 | mμm |
| | | 纳米 | nm | 英寸、吋 | in |
| 面积 | $A(S)$ | 平方米 | $m^2$ | 平方英寸 | $in^2$ |
| | | 平方厘米 | $cm^2$ | | |
| | | 平方毫米 | $mm^2$ | | |
| 体积,容积 | $V$ | 立方米 | $m^3$ | 立升、公升 | |
| | | 立方分米,升 | $dm^3$,L | | |
| | | 立方厘米,毫升 | $cm^3$,mL | 西西 | c c,c. c. |
| | | 立方毫米,微升 | $mm^3$,μL | | |
| 时间 | $t$ | 秒 | s | | sec,(″) |
| | | 分 | min | | (′) |
| | | [小]时 | h | | hr |

续表

| 量的名称 | 量的符号 | 法定单位及符号 | | 应废除的单位及符号 | |
|---|---|---|---|---|---|
| | | 单位名称 | 单位符号 | 单位名称 | 单位符号 |
| 时间 | $t$ | 天(日) | d | | |
| 质量 | $m$ | 千克 | kg | 公斤 | |
| | | 克 | g | 毫微克 | mμg |
| | | 毫克 | mg | 磅 | lb |
| | | 微克 | μg | | |
| | | 纳克 | ng | | |
| | | 原子质量单位 | u | | |
| 元素的相对原子质量 | $A_r$ | 无量纲(以前称为原子量) | | | |
| 物质的相对分子质量 | $M_r$ | 无量纲(以前称为分子量) | | | |
| 物质的量 | $n$ | 摩[尔] | mol | 克分子数 | |
| | | 毫摩 | mmol | 克原子数 | n,eq |
| | | 微摩 | μmol | 克当量数 | |
| 摩尔质量 | $M$ | 千克每摩[尔] | kg/mol | 克分子 | |
| | | 克每摩 | g/mol | 克原子 | E,eq |
| | | | | 克当量 | |
| 摩尔体积 | $V_m$ | 立方米每摩[尔] | $m^3$/mol | | |
| | | 升每摩 | L/mol | | |
| 密度 | $\rho$ | 千克每立方米 | kg/$m^3$ | | |
| | | 克每立方厘米 | g/$cm^3$ | | |
| | | (克每毫升) | (g/mL) | | |
| 相对密度 | $d$ | 无量纲(以前称为比重) | | | |
| 物质B的质量次数 | $\omega_B$ | 无量纲(即百分含量) | | | |
| 物质B的浓度 | $c_B$ | 摩每立方米 | mol/$m^3$ | 克分子数每升 | M |
| | | 摩每升 | mol/L | 克当量数每升 | N |
| 物质B的质量摩尔浓度 | $b_B$,$m_B$ | 摩每千克 | mol/kg | | |
| 物质B的相对活度 | $a_B$,$a_B$ | 无量纲 | | | |
| 物质B的活度系数 | $y_B$ | 无量纲 | | | |
| 压力、压强 | $p$ | 帕[斯卡] | Pa | 标准大气压 | atm |
| | | 千帕 | kPa | 千克力每平方厘米 | kgf/$cm^2$ |
| | | | | 毫米汞柱 | mmHg |
| | | | | 托 | Torr |
| | | | | 磅每平方英寸 | Psi |
| | | | | 巴 | b |
| 功 | $W$ | 焦[耳] | J | 卡(路里) | cal |
| 能 | $E$ | | | | |
| 热 | $Q$ | | | | |
| | | 电子伏 | eV | | |
| 热力学温度 | $T$ | 开[尔文] | K | 开氏度,绝对度 | K |
| 摄氏温度 | $t$ | 摄氏度 | ℃ | 华氏度 | ℉ |

注:1. 单位名称项中,方括号中的字,在不致混淆的情况下可以省略,省略后为简称。单位名称的简称可作为中文符号,无方括号者,全称与简称相同。圆括号中的字,为括号前文字的同义词。

2. 原子质量单位 $1u=1.660540\times10^{-27}$kg。

# 第二节 标准化与标准

## 一、标准化

标准化是指在经济、技术、科学及管理等社会实践中，对重复性事物和概念通过制订、发布和实施标准，达到统一，以获得最佳秩序和社会效益。

通过标准化的过程，可以达到以下四个目的。

(1) 得到综合的经济效益　通过标准化可以对产品、原材料、工艺制品、零部件等的品种规格进行合理简化，将给社会带来巨大的经济效益。

《关税及贸易总协定》大大地促进了国际标准化工作，制定了许多国际标准，协定成员国都要遵守协定的规定。因此标准化是消除与减少国际贸易中技术壁垒的极重要的措施。

实施标准化可提高产品的互换性，使一些产品（包括零件、部件、构件）与另一些产品在尺寸、功能上能够彼此互相替换，在互换性的基础上，尽可能扩大同一产品（包括产品零件、部件、构件）的使用范围，扩大通用性，大大地提高了人类物质财富的利用率。

(2) 保护消费者利益　保护消费者利益是标准化另一重要目的。国家颁布了许多法律、法规，对商品和服务质量、食品卫生、医药生产、人身安全、物价、计量、环境、商标、广告等方面做出规定，有效地保护了消费者利益。

国家制定了各类产品的标准，包括质量标准、卫生标准、安全标准等，强制执行这些标准，并通过各个环节，包括商标、广告、物价计量、销售方式等进行监督，以保障消费者利益。

(3) 标准化能促进保障人类的生命、安全与健康　国家建立了大量的法律、法规与标准，如《民法通则》中规定，因产品质量不合格造成他人财产、人身伤害的，产品制造者、销售者应依法承担民事责任。有关责任人要承担侵权赔偿责任。

(4) 通过标准化过程的技术规范、编码和符号、代号、业务规程、术语等可促进国际，国内各部门、各单位间的技术交流。

## 二、标准及其级别

标准是对重复性事物和概念所作的统一规定，它以科学、技术、实践经验和综合成果为基础，经有关方面协商一致，由主管机构批准，以特定形式发布，作为共同遵守的准则和依据。

目前数量最多的是技术标准。它是从事生产、建设工作以及商品流通的一种共同技术依据。凡正式生产的工业产品，重要的农产品，各类工程建设，环境保护，安全卫生要求以及其他应当统一的技术要求，都必须制定技术标准。

按照标准的适用范围，把标准分为不同的层次，通称标准的级别。从世界范围看，有国际标准、区域标准、国家标准、专业团体协会标准和公司企业标准。我国标准分为四级：即国家标准、行业标准、地方标准和企业标准。

1. 国际标准

国际标准已被各国广泛采用，为制造厂家、贸易组织、采购者、消费者、测试实验室、政府机构和其他各个方面所应用。

我国也鼓励积极采用国际标准，把国际标准和国外先进标准的内容不同程度地转化为我国的各类标准，同时必须使这些标准得以实施，用以组织和指导生产。

目前，世界上约有近300个国际和区域性组织制定标准或技术规则。其中最大的是国际标准化组织（ISO）、国际电工委员会（IEC）、国际电信联盟（ITU）。

国际标准是指ISO、IEC和ITU制定的标准，以及国际标准化组织确认并公布的其他国际组织制定的标准。

国际标准化组织确认并公布的其他国际组织包括：

国际计量局（BIPM）

国际人造纤维标准化局（BISFA）

食品法典委员会（CAC）
空间数据系统咨询委员会（CCSDS）
国际建筑研究实验与文献委员会（CIB）
国际照明委员会（CIE）
国际内燃机理事会（CIMAC）
国际牙科联合会（FDI）
国际信息与文献联合会（FID）
国际原子能机构（IAEA）
国际航空运输协会（IATA）
国际民航组织（ICAO）
国际谷类加工食品科学技术协会（ICC）
国际排灌委员会（ICID）
国际辐射防护委员会（ICRP）
国际辐射单位和测试委员会（ICRU）
国际乳品业联合会（IDF）
因特网工程特别工作组（IETF）
国际图书馆协会与学会联合会（IFTA）
国际有机农业运动联合会（IFOAM）
国际煤气联合会（IGU）
国际制冷学会（IIR）
国际劳工组织（ILO）
国际海事组织（IMO）
国际种子检验协会（ISTA）
国际理论与应用化学联合会（IUPAC）
国际毛纺织组织（IWTO）
国际兽疫局（OIE）
国际法制计量组织（OIML）
国际葡萄与葡萄酒局（OIV）
材料与结构研究实验所国际联合会（RILEM）
贸易信息交流促进委员会（TraFIX）
国际铁路联盟（UIC）
联合国经营、交易和运输程序和实施促进中心（UN/CEFACT）
联合国教科文组织（UNESCO）
国际海关组织（WCO）
世界卫生组织（WHO）
世界知识产权组织（WIPO）
世界气象组织（WMO）

其他国际组织发布的、经 ISO 认可并收入《国际标准题录索引》中，并加以公布的标准至今共有一万多个国际标准。我国以国家标准局的名义参加了国际标准化组织 ISO。

国际标准编号

| ISO | ××××/×× | ×××× | ×××× |
|---|---|---|---|
| 标准代号 | 标准顺序号 | 该标准的部分 | 标准发布年份、标准名称 |

**例** ISO 3856—1984 儿童玩具安全标准

2. 区域标准

区域标准是指世界某一区域标准化团体颁发的标准或采用的技术规范。区域标准的主要目的是促进区域标准化组织成员国之间的贸易，便于该地区的技术合作和交流，协调该地区与国际标准化组织的关系。国际上较有影响的、具有一定权威的区域标准，如欧洲标准化委员会颁布的标准，代号为 EN，至 2002 年年底，颁布标准约 2 万多条；欧洲电气标准协调委员会 ENEL；阿拉伯标准化与计量组织 ASMO；泛美技术标准化委员会 COPANT；太平洋地区标准会议 PASC 等。

3. 国家标准

国家标准是指对全国经济、技术发展有重大意义的，必须在全国范围内统一的标准。

国家技术监督局（1998 年更名为国家质量技术监督局，2001 年国家质量技术监督局与国家出入境检验检疫局合并，组建中华人民共和国国家质量监督检验检疫总局，同年成立中国国家标准化管理委员会）是主管全国标准化、计量、质量监督、质量管理和认证工作等的国务院的职能部门，负责提出标准化工作的方针、政策、组织制定和执行全国标准化工作规划、计划，管理全国标准化工作。至 2006 年年底公布 20050 项国家标准，其中 40%左右采用国际标准和国外先进标准，2807 项强制性国家标准，依法备案的行业标准有 34000 多项，地方标准 12000 多项，企业标准（1999 年年底备案的）86 万多项。主要包括重要的工农产品标准；原材料标准；通用的零件、部件、元件、器件、构件、配件和工具、刃具、量具标准；通用的试验和检验方法标准；广泛使用的基础标准；以及有关安全、卫生、健康、无线电干扰和环境保护标准等。我国国家标准简称 GB（国标）。

国外先进的国家标准有美国国家标准 ANSI；英国国家标准 DS；德国国家标准 DIN；日本工业标准 JIS；法国国家标准 NF。

根据我国标准与被采用的国际标准之间技术内容和编写方法差异的大小，采用程度如下。

① 等同采用。其技术内容完全相同，不作或少做编辑性修改；

② 等效采用。技术内容只有很少差异，编写上不完全相同；

③ 参照采用。技术内容根据我国实际情况做了某些变动，但性能和质量水平与被采用的国际标准相当，在通用互换、安全、卫生等方面与国际标准协调一致。

为了便于查找和统计，采用国际标准的程度在标准目录、清单中应分别用三种图示符号表示，在电报传输或电子数据处理中可分别用三种缩写字母代号表示。

| 采用程度 | 图示符号 | 缩写字母代表 |
|---|---|---|
| 等同采用 | ≡ | idt 或 IDT |
| 等效采用 | = | eqv 或 EQV |
| 参照采用 | | ref 或 REF |

按照新的采用国际标准管理办法，我国标准与国际标准的对应关系除等同（IDT）、修改（MOD）外，还包括非等效（NEQ）。非等效（NEQ）不属于采用国际标准。

国家标准代号及含义如下。

| 代 号 | 含 义 |
|---|---|
| GB | 中华人民共和国强制性国家标准 |
| GB/T | 中华人民共和国推荐性国家标准 |
| GB/Z | 中华人民共和国国家标准化指导性技术文件 |

强制性标准是具有法律属性，在一定范围内通过法律、行政法规等手段强制执行的标准。下列标准属于强制性标准：①药品、食品卫生、兽药、农药和劳动卫生标准；②产品生产、储运和使用中的安全及劳动安全标准；③工程建设的质量、安全、卫生等标准；④环境保护和环境质量方面的标准；⑤有关国计民生方面的重要产品标准等。

推荐性标准又称为非强制性标准或自愿性标准。是指生产、交换、使用等方面，通过经济手段或市场调节而自愿采用的一类标准。这类标准不具有强制性，任何单位均有权决定是否采用，违犯这类标准，不构成经济或法律方面的责任。推荐性标准一经接受并采用，或各方商定同意纳入经济合同中，就成为各方必须共同遵守的技术依据，具有法律上的约束性。

4. 行业标准

行业标准是指行业的标准化主管部门批准发布的，在行业范围内统一的标准。主要包括行业范围内的产品标准；通用零部件、配套件标准；设备标准；工具、卡具、量具、刃具和辅助工具标准；特殊的原材料标准；典型工艺标准和工艺规程；有关通用的术语、符号、规则、方法等基础标准。

行业标准由国务院有关行政主管部门发布，并报国务院标准化行政主管部门备案。对没有国家标准而又需要在全国某个行业范围内统一的技术要求，可以制定行业标准。

表 3-21 为行业标准代号。

表 3-21 行业标准代号

| 代号 | 含 义 | 代号 | 含 义 | 代号 | 含 义 | 代号 | 含 义 |
|---|---|---|---|---|---|---|---|
| BB | 包装 | HJ | 环境保护 | NY | 农业 | TD | 土地管理 |
| CB | 船舶 | HS | 海关 | QB | 轻工 | TY | 体育 |
| CH | 测绘 | HY | 海洋 | QC | 汽车 | WB | 物资管理 |
| CJ | 城镇建设 | JB | 机械 | QJ | 航天 | WH | 文化 |
| CY | 新闻出版 | JC | 建材 | QX | 气象 | WJ | 兵工民品 |
| DA | 档案 | JG | 建筑工业 | SB | 商业 | WM | 外经贸 |
| DB | 地震 | JR | 金融 | SC | 水产 | WS | 卫生 |
| DL | 电力 | JT | 交通 | SH | 石油化工 | XB | 稀土 |
| DZ | 地质矿产 | JY | 教育 | SJ | 电子 | YB | 黑色冶金 |
| EJ | 核工业 | LB | 旅游 | SL | 水利 | YC | 烟草 |
| FZ | 纺织 | LD | 劳动和劳动安全 | SN | 商检 | YD | 通信 |
| GA | 公共安全 | LY | 林业 | SY | 石油天然气 | YS | 有色冶金 |
| GY | 广播电影电视 | MH | 民用航空 | SY | (＞10000)海洋石油天然气 | YY | 医药 |
| HB | 航空 | MT | 煤炭 | TB | 铁路运输 | YZ | 邮政 |
| HG | 化工 | MZ | 民政 | | | | |

注：行业标准分为强制性和推荐性标准。表中给出的是强制性行业标准代号，推荐性行业标准的代号是在强制性行业标准代号后面加“/T”，例如农业行业的推荐性行业标准代号是 NY/T。

5. 地方标准

地方标准是指没有国家标准和行业标准而又需要在省、自治区、直辖市范围内统一的工业产品的安全、卫生要求的标准。由省、自治区、直辖市标准化行政主管部门制定。

地方标准由用斜线表示的分数表示：分子为 DB＋省、自治区、直辖市行政区划代码；分母为标准顺序号＋发布年代号。如 DB 21/193—1987 为辽宁省强制性地方标准；DB 21/T 193—1987 为辽宁省推荐性地方标准。

6. 企业标准

企业生产的产品没有国家标准、行业标准和地方标准的，应当制定相应的企业标准。对已有国家标准、行业标准或地方标准的，鼓励企业制定严于国家标准、行业标准或地方标准要求的企业标准。

企业标准由斜线表示的分数表示：分子为省、自治区、直辖市简称汉字＋Q；分母为企业代号＋标准顺序号＋发布年代号。如津 Q/YQ 27—1989 表示天津市一轻系统企业标准。

## 三、标准分类

按照标准化对象的特征，标准可分成基础标准、产品标准、方法标准和安全卫生与环境保护标准。

1. 基础标准

基础标准是指在一定范围内作为其他标准的基础并普遍使用，具有广泛指导意义的共性标准。在社会实践中，它成为各方面共同遵守的准则，是制定产品标准或其他标准的依据。常用的基础标准如下。

(1) 通用科学技术语言标准，如名词、术语、符号、代号、讯号、旗号、标志、标记、图样、信息编码和程序语言等。

(2) 实现产品系列化和保证配套关系的标准，如优先数与优先数系、标准长度、标准直径、标准锥度、额定电压等标准。

(3) 保证精度和互换性方面的标准，如公差配合、形位公差、表面粗糙度等标准。

(4) 零部件结构要素标准，如滚花、中心孔、退刀槽、螺纹收尾和倒角等。

(5) 环保、安全、卫生标准，如安全守则、包装规范、噪声、振动和冲击等标准。

(6) 质量控制标准，如抽样方案、可靠性和质量保证等标准。

(7) 标准化和技术工作的管理标准，如标准化工作守则、编写标准的一般规定，技术管理规范，技术文件的格式、内容和要求。

2. 产品标准

产品标准是指为保证产品的适用性，对产品必须达到的某些或全部要求所制定的标准。例如，对产品的结构、尺寸、品种、规格、技术性能、试验方法、检验规则、包装、储藏、运输所作的技术规定。

产品标准是设计、生产、制造、质量检验、使用维护和贸易洽谈的技术依据。

产品标准的主要内容有：产品的适用范围；产品的分类、品种、规格和结构形式；产品技术要求、技术性能和指标；产品的试验与检验方法和验收规则；产品的包装、运输、标志和储存等方面的要求。

3. 方法标准

方法标准是指以试验、检查、分析、抽样、统计、计算、测定、作业或操作步骤、注意事项等为对象而制定的标准。通常分为以下三类。

(1) 与产品质量鉴定有关的方法标准，如抽样标准、分析方法和分类方法标准。这类方法标准要求具有可比性、重复性和准确性。

(2) 作业方法标准，主要有工艺规程、操作方法（步骤）、施工方法、焊接方法、涂漆方法、维修方法等。

(3) 管理方法标准，主要包括对科研、设计、工艺、技术文件、原材料、设备、产品等的管理方法，如图样管理方法标准、设备管理方法标准等。其他如计划、组织、经济核算和经济效果分析计算等方面的标准。

4. 安全、卫生和环境保护标准

(1) 安全标准是指以保护人和物的安全为目的而制定的标准。如锅炉及压力容器安全标准、电气安全标准、儿童玩具安全标准等。

(2) 卫生标准是指为保护人的健康，对食品、医药及其他方面的卫生要求制定的标准，如大气卫生标准、食品卫生标准等。

(3) 环境保护标准是指为保护人身健康和社会物质财富、保护环境和维持生态平衡。如环境质量标准、污物排放标准等。

### 四、产品质量分级

通常把产品质量分成三级。

(1) 优等品　优等品的质量标准必须达到国际先进水平，是指标准综合水平达到国际先进的现行标准水平。与国外同类产品相比达到近五年内的先进水平。

(2) 一等品　一等品的质量标准必须达到国际一般水平，是指标准综合水平达到国际一般的现行标准水平，实物质量水平达到国际同类产品的一般水平。

(3) 合格品　按我国现行标准（国家标准、行业标准、地方标准或企业标准）组织生产、实物质量水平必须达到上述相应标准的要求。

若产品质量达不到现行标准的称废品或等外品。

## 第三节　标准方法(国标)与我国已颁布的部分有关化学的标准

### 一、标准方法

实验室对某一样品进行分析检验，必须依据以条文形式规定下来的分析方法来进行。为了保证分析检验结果的可靠性和准确性，推荐使用标准方法和标准物质。

具有权威的国际标准化组织 ISO，颁布了数以万计的标准方法，美国材料试验协会 ASTM 也发布了近万个标准，其中大部分是标准方法。美国化学家协会AOAC，在食品、药物、肥料、农药、化妆品、有害物质等领域颁布数以千计的标准方法。我国国家质量监督检验检疫总局也颁布了数以万计的，包括化工、食品、农林、地质、冶金、医药卫生、材料、环保等领域的实验用的标准方法。

标准方法是经过充分试验、广泛认可逐渐建立的，不需额外工作即可获得有关精密度、准确度和干扰因素等的知识整体。标准方法在技术上并不一定是先进的，准确度可能也不是最高的，但它是在一般条件下简便易行、具有一定可靠性、经济实用的成熟方法。建立一个标准方法需要经过较长的过程，要花费大量的人力物力，在进行充分实验的基础上，推广试用，最后才可能成为标准方法。现代化的仪器分析较化学分析更复杂，研究仪器分析的标准方法需要更大的投资和更长的时间，要多个实验室共同合作才能完成。

标准方法也常用作为仲裁方法，有人称之为权威方法。标准方法被政府机关采纳，公布于众之后，成为法定方法。它就成为具有更大的权威性的分析方法。

现场方法是指例行分析实验室、监测站、生产过程中车间实验室实际使用的分析检验方法。此类方法的种类较多，灵活采用，不同的现场可采用不同的现场方法。现场方法往往比较简单、快速，操作者惯于使用，同时也能满足现场的实际要求。

从期刊、分析化学等书籍中摘抄的分析方法，称之文献方法。在使用这些文献方法（包括从权威刊物抄录的分析方法）时，常常需要小心地加以验证。若实验室的实验条件（包括试样组分、基体成分、分析物的物理化学状态、使用仪器性能与试剂等）与原始报道有些不一致时，这种验证更为必要，应当谨慎地进行。如果只凭借一般化学知识与实践经验为基础设计分析方法，并只简单地试验几次之后就付之应用，这种做法是不可取的。

在从事常规例行分析的操作过程中，常常会发现由于种种原因，要对采用的标准方法进行一些较小的改变，如试样称量、pH值、试剂纯度等一个至几个变量的微小变化，即使这种改变都必须经过一定形式的验证。证明改变是可行的，对分析结果没有副作用，并征得有关负责人的同意后，方可改变操作规程。若擅自修改正在使用的标准方法，或未经准许使用别的分析方法是不允许的。由此产生的后果，有时应负法律责任。

实验室使用的分析方法必须要有文字表述的完整文件，每个实验人员必须熟悉他所用的分析方法，包括方法的局限性和可能出现的变化。对于实验室现用的分析方法，不管改进（或变化）多么小，只要它是分析方法的一部分，就必须把它写入方法的表述之内。也可以以附录形式说明，并在操作步骤中做上标记，以便查阅。

### 二、我国颁布的有关化学的标准方法

(1) 国家质量监督检验检疫总局（原国家技术监督局）先后颁布与化学有关的标准方法（简称国标，代号GB）大约上万个。

(2) 国标编号的符号有两种：GB××××——××××为强制性标准，GB/T ××××——××××为推荐标准。

(3) 国标专业类别分类：综合、农业林业、医药卫生劳动保护、矿业、石油、能源核技术、化工冶金、机械、电工、电子元器件与信息技术、通信广播、仪器仪表、工程建设、建材、公路水路运输、铁路、车辆、船舶、航空航天、纺织、食品、轻工文化与生活用品、环境保护等24类。其中机械、电工、电子元器件与信息技术、通信广播、仪器仪表，工程建设、建材、公路水路运输、铁路、车辆、船舶、纺织、轻工文化与生活用品等专业与化学有关的标准方法为数较少。

(4) 我国有关化学的标准方法中，在2000年后有大量强制性国家标准方法改为推荐性标准方法，请读者关注。

(5) 中国标准服务网（www. cssn. net. cn）为官网站，可以查询有关标准方法的问题。

## 第四节 标 准 物 质

标准物质在20世纪初有了萌芽，经过多年的缓慢发展，并在冶金材料、地质资源、原子能利用等生产与科技领域得到了较广泛的应用。经过20世纪70年代与80年代的大发展，标准物质已

在化学测量、生物测量、工程测量与物理测量领域显示出其促进测量技术发展、保证测量结果的可靠性与有效性方面的重要作用。标准物质的广泛应用，已在生产、贸易、社会法规贯彻与保证人民生活质量方面收到了巨大的经济与社会效益。

1980年中国国家科委批准建立标准物质研究所（后改名国家标准物质研究中心）。1986年“中华人民共和国计量法”及其有关法规将标准物质纳入依法管理的计量器具范围内，又进一步推动了中国标准物质的发展。在发展标准物质的实践中，已形成了科学的、行之有效的标准物质的认证体系、协作网络与信息系统，为中国标准物质的研究，应用与管理提供了有效的保证。

## 一、标准物质的基本特征

1992年在日内瓦召开的国际标准化组织（ISO）标准物质委员会（REMCO）第十六次会议最后批准了国际标准化指南30。该指南中就标准物质和有证标准物质有如下定义。

标准物质（Reference Material）(RM) 具有一种或多种足够均匀和很好地确定了的特性值，用以校准设备，评价测量方法或给材料赋值的材料或物质。

有证标准物质（Certified Reference Material）(CRM) 附有证书的标准物质，其一种或多种特性值用建立了溯源性的程序确定，使之可溯源到准确复现的用于表示该特性值的计量单位，而且每个标准值都附有给定置信水平的不确定度。

标准物质是标准的一种形式。为了鉴定和标定仪器的准确度，为了确定原材料和产品的质量，为了评价检测方法的水平，为了和外单位比较检测数据的准确度等一系列工作，都需要有一个标准的尺度，这就是标准物质。标准物质是由国家最高计量行政部门（国家质量监督检验检疫总局原国家技术监督局）颁布的一种计量单位，统一全国量值的作用。

标准物质应具有以下基本特性。

(1) 标准物质的材质应是均匀的，这是最基本的特性之一。标准物质可以是纯的或混合的气体、液体或固体，例如校准黏度计用的纯水，量热法中作为热容校准物的蓝宝石，化学分析校准用的溶液。对于固态非均相物质来说，欲制备标准物质，首先要解决均匀性问题，譬如制备冶金产品标准物质时，在冶炼过程中以不同的方式（如火花法、电弧法等）加入不同的元素，以保证冶炼过程中的均匀性。铸模后去掉铸铁的头、尾与中央不均匀部分，然后再通过铸造进一步改善其均匀性。用于化学分析的冶金产品标准物质还要经过切削、过筛、混匀等过程，以确保标准物质组分分布的均匀性。

(2) 标准物质具有复现、保存和传递量值的基本作用。标准物质在有效期内，性能应是稳定的，标准物质的特性量值应保持不变。

物质的稳定性是有条件的、是相对的，是指在一定条件下的稳定性。物质的稳定性受物理、化学、生物等因素的制约，如光、热、湿、吸附、蒸发、渗透等物理因素；溶解、化合、分解、沾污等化学因素；生化反应、生霉等生物因素都明显地影响物质的稳定性。而且不同因素的影响，往往又是交叉地进行。为了获得物质的良好稳定性，应设法限制或延缓上述作用的发生。通常采取选择合适的保存条件（环境）、储存容器、杀菌和使用化学稳定剂等措施来保证物质良好的稳定性。如在干燥、阴冷的环境下保存；选择材质纯、水溶性小、器壁吸附性和渗透性小的密封容器储存；用紫外光、$^{60}Co$射线杀菌；选用各种化学稳定性的条件，如酸度增加可提高水中重金属化合物的稳定性。

(3) 标准物质必须具有量值的准确性，量值准确是标准物质的另一基本特征。标准物质作为统一量值的一种计量标准，就是凭借该值及定值准确度校准器具、评价测量方法和进行量值传递。标准物质的特性量值必须由具有良好仪器设备的实验室组织有经验的操作人员，采用准确、可靠的测量方法进行测定。

(4) 标准物质必须有证书。标准物质证书是介绍标准物质的技术文件，是向用户提供的质量保证书，是使用标准物质进行量值传递或进行量值追溯的凭据。在证书中应提供如下基本信息：标准物质名称及编号；研制和生产单位名称、地址；包装形式；制备方法；特性量值及其测量方法；标准值的不确定度；均匀性及稳定性说明；储存方法；使用中注意事项及必要的参考文献等。在标准物质证书和标签上均有(MC)标记。

(5) 标准物质必须有足够的产量和储备，能成批生产，用完后可按规定的精度重新制备，以满足测量工作的需要。生产标准物质必须由国家主管单位授权。

标准物质是计量标准，但标准物质的研制与推广并不限于计量机构。国内外从事标准物质研制与推广的单位数以百计，他们研制、推广不同准确度水平的标准物质，印发了大量的标准物质目录。有些研制者或推广者甚至把没有准确量值、没有证书或过期的标准物质提供给用户。所以，标准物质的使用者在选用标准物质时，首先应找准标准物质的信息来源。为了向用户正确、迅速地提供标准物质的信息，1990 年由中、英、美、法、德、日、（前）苏联七国的国家实验室联合组成了国际标准物质信息理事会，共同建立和运行国际标准物质信息库（International Data Bank on Reference Materials，COMAR），每半年更新一次信息。中国国家标准物质研究中心是理事会成员，设有国际标准物质信息库和国家标准信息库，已对用户提供咨询服务。国家标准物质研究中心还向国内外提供中国标准物质目录，并存有国际组织和各个国家的标准物质目录，可供国内用户查阅。其次，要找准标准物质的提供者，标准物质的提供者对所提供标准物质量值的可靠性、有效期限和长期供给负有责任。找准一个可靠而有效的标准物质供给者，有利于实现分析检测结果的溯源性和长期质量保证计划的实施。

## 二、标准物质的分类与分级

1. 标准物质的分类

标准物质品种繁多，数以千计，确立科学的分类方法十分必要。然而目前还没有统一的分类方法。如美国根据标准物质的特性量将其划分为化学成分、物理性质和工程（或技术）性质三类标准物质；国际标准物质信息库（COMAR）则将标准物质分成钢铁成分，有色金属成分、无机、有机、物理与技术物质、生物与临床、生活质量和工业八大类。每一大类又包括若干小类。如生活质量标准物质包括了环境、食品、消费品、农业（土壤、植物……），法律控制与法庭科学及其他人类生活质量方面的标准物质；我国主要根据物质的类别和应用领域将标准物质分成十三类。它们是钢铁成分分析标准物质；有色金属及金属中气体成分分析标准物质；建材成分分析标准物质；核材料成分分析与放射性测量标准物质；高分子材料特性测量标准物质；化工产品成分分析标准物质；地质矿产成分分析标准物质；环境化学分析与药品成分分析标准物质；临床化学分析与药品成分分析标准物质；食品成分分析标准物质；煤炭石油成分分析和物理特性测量标准物质；工程技术特性测量标准物质；物理特性与物理化学特性测量标准物质。

标准物质的分类编号见表 3-22。

**表 3-22 标准物质的分类编号**

| 一级标准物质 | | 二级标准物质 | |
|---|---|---|---|
| 标准物质分类号 | 标准物质分类名称 | 标准物质分类号 | 标准物质分类名称 |
| GBW 01101～GBW 01999 | 钢铁 | GBW(E) 010001～GBW(E) 019999 | 钢铁 |
| GBW 02101～GBW 02999 | 有色金属 | GBW(E) 020001～GBW(E) 029999 | 有色金属 |
| GBW 03101～GBW 03999 | 建筑材料 | GBW(E) 030001～GBW(E) 039999 | 建筑材料 |
| GBW 04101～GBW 04999 | 核材料与放射性 | GBW(E) 040001～GBW(E) 049999 | 核材料与放射性 |
| GBW 05101～GBW 05999 | 高分子材料 | GBW(E) 050001～GBW(E) 059999 | 高分子材料 |
| GBW 06101～GBW 06999 | 化工产品 | GBW(E) 060001～GBW(E) 069999 | 化工产品 |
| GBW 07101～GBW 07999 | 地质 | GBW(E) 070001～GBW(E) 079999 | 地质 |
| GBW 08101～GBW 08999 | 环境 | GBW(E) 080001～GBW(E) 089999 | 环境 |
| GBW 09101～GBW 09999 | 临床化学与医药 | GBW(E) 090001～GBW(E) 099999 | 临床化学与医药 |
| GBW 10101～GBW 10999 | 食品 | GBW(E) 100001～GBW(E) 109999 | 食品 |
| GBW 11101～GBW 11999 | 能源 | GBW(E) 110001～GBW(E) 119999 | 能源 |
| GBW 12101～GBW 12999 | 工程技术 | GBW(E) 120001～GBW(E) 129999 | 工程技术 |
| GBW 13101～GBW 13999 | 物理学与物理化学 | GBW(E) 130001～GBW(E) 139999 | 物理学与物理化学 |

注：1. 一级标准物质的编号是以标准物质代号“GBW”冠于编号前部，编号的前两位数是标准物质的大类号，第三位数是标准物质的小类号，第四、五位数是同一类标准物质的顺序号。生产批号用英文小写字母表示，排于标准物质编号的最后一位，生产的第一批标准物质用 a 表示，第二批用 b 表示，批号顺序与英文字母顺序一致。

2. 二级标准物质的编号是以二级标准物质代号“GBW（E）”冠于编号前部，编号的前两位数是标准物质的大类号，第三、四、五、六位数为该大类标准物质的顺序号。生产批号的表示方法与一级标准物质相同，如 GBW（E）110007a 表示煤炭石油成分分析和物理特性测量标准物质类的第 7 顺序号，第一批生产的煤炭物质性质和化学成分分析标准物质。

2. 标准物质的分级

我国将标准物质分为一级与二级，它们都符合“有证标准物质”的定义。

(1) 一级标准物质代号为 GBW，是用绝对测量法或两种以上不同原理的准确可靠的方法定值，若只有一种定值方法需采取多个实验室合作定值。它的不确定度具有国内最高水平，均匀性良好，在不确定度范围之内，并且稳定性在一年以上，具有符合标准物质技术规范要求的包装形式。一级标准物质由国务院计量行政部门批准、颁布并授权生产。它主要用于研究与评估标准方法、二级标准的定值和高精确度测量仪器的校正。

(2) 二级标准物质代号为 GBW (E)，是用与一级标准物质进行比较测量的方法或一级标准物质的定值方法定值，其不确定度和均匀性未达到一级标准物质的水平，稳定性在半年以上，能满足一般测量的需要，包装形式符合标准物质技术规范的要求。二级标准物质由国务院计量行政部门批准、颁布并授权生产。采用准确可靠的方法或直接与一级标准物质相比较的方法定值，定值的准确度应满足现场（实际工作）测量的需求，一般要高于现场测量准确度的 2～3 倍。二级标准物质主要用于研究与评价分析方法，现场实验室的质量保证及不同实验室间的质量保证。二级标准物质通常称为工作标准物质。产品批量较大的分析实验室中所用的标准样品大都是二级标准物质。国内目前有一级、二级标准物质约 4000 多种。

## 三、标准物质的作用与主要用途

1. 标准物质的作用与主要用途

(1) 标准物质在部分国际单位制中的作用　部分国际单位制的基本单位与导出单位的复现都依赖标准物质。如长度单位米（m）、质量单位千克（kg）、时间单位秒（s）、物质的量的单位摩尔（mol）等，都相应依赖于高纯的氪-86、铂-铱合金、铯-133、碳-12 等标准物质下定义。又如动力黏度单位帕斯卡·秒（Pa·s）、摩尔热容单位焦耳每开尔文摩尔（$J\cdot K^{-1}\cdot mol^{-1}$）等，是通过相应的纯水标准物质在 20℃时黏度值为 0.001002Pa·s 与纯的 α-氧化铝标准物质在 25℃的摩尔热容值为 79.01$J\cdot K^{-1}\cdot mol$ 来实现的。

(2) 标准物质在工程特性量与物理、物理化学特性量约定标度中的作用　由于标准物质在国际建议与标准文件上已经说明了，并给定了值，在国际范围内具有一致性，因此某些工程特性量与物理、物理化学特性量约定标度的复现与传递主要依赖于标准物质。

标准物质是检验、评价、鉴定新技术和新方法的重要手段。近年来，国际上对新技术、新方法的准确度、精密度的评价普遍采用标准物质。人们认为，采用标准物质评价测量过程的重复性，再现性与准确性是最客观，最简便的有效方法。

实验室中常用标准物质作校正物，如用 pH 的标准物质来确定 pH 计的刻度值。用固定温度点的标准物质来校正温度计温标。用金属标准物质校正分析仪器。用氧化镨钕玻璃滤光器校正分光光度计的波长。用聚苯乙烯薄膜标准物来检查红外光谱仪的波长及分辨率等。

(3) 标准物质在产品质量保证中的作用　生产过程中从原材料的检验、生产流程的控制到产品的质量评价，都需要以各种相应的标准物质来保证其生产和产品的高质量。产品质量监督检验机构依赖标准物质确保出具数据的准确性、公正性与权威性。环境监测系统必须使用标准物质进行质量控制，使监测数据准确可靠。产品标准的制订也要依赖于相应标准物质验证其准确性。

(4) 标准物质在实验室内部的质量保证作用　用标准物质作质量控制图，长期监视测量过程是否处于统计控制之中，以提高实验室的分析质量，建立质量保证体系。利用国家一级标准物质来制备与校准二级标准物质（工作标准物质或标准实物样品）。用后者作为常规分析的标准物，这样可以节省经费。实验室常使用标准物质来检验与确认分析人员的操作技术与能力。

(5) 标准物质在实验室之间的质量保证作用　中心实验室将标准物质发放至下级各个实验室进行分析，然后收集各实验室的测定值，用以评价各实验室和分析者的工作质量及质量保证。另外，将标准物质分发至全国各地实验室或世界各国实验室，用以考查与提高各实验室的分析质量水平，利用标准物质测出数据的可比性，提供了全国、全世界技术协作的可能性。

(6) 标准物质用于计量仲裁　在国内外贸易中商品质量纠纷屡见不鲜，需要计量仲裁。在这种情况下，如果仲裁机构能选择到合适的计量权威机构审查批准的一级标准物质做仲裁分析，将十分有利于纠纷的裁决。具体做法是：裁决机构将选到的标准物质作为盲样分发给纠纷双方出具检测数据的检验机构进行检测，根据检测结果与标准物质的保证值是否在测量误差范围内相符合，判定双方出具数据的可靠性，从而做出正确裁决。用标准物质仲裁要比第三方的仲裁分析更客观、直接、经济、权威。

2. 标准物质的使用注意事项

(1) 使用者根据各自目的从国家技术监督局发布的“标准物质目录”中选择相应种类的标准物质。

(2) 从“目录”中发布的标准物质特性量值选择与预期应用测试量值水平相适应的标准物质。使用者不应选用不确定度超过测量程序所容许水平的标准物质，在一般工作场所可以选用二级标准物质。对实验室认证、方法验证、产品评价与仲裁等可以选用高水平的一级标准物质。

(3) 使用者在使用标准物质前应全面、仔细地阅读标准物质证书，要仔细了解标准物质的量值特点、化学组成、最小取样量、标准值的测定条件等，这样才能正确使用标准物质。

(4) 选用的标准物质应与测量程序所处理材料的基体组成和成分的浓度水平相当、相似，形状与表面状态应尽可能相似。

(5) 标准物质证书中所给的“标准物质的用途”信息应受到使用者的重视，当标准物质用于证书中所描述用途之外的其他用途时，可造成标准物质的误用。

标准物质特性量值的量限范围和准确度水平应符合使用要求，过分地追求标准物质特性量值的准确度，意味着金钱与时间的浪费。

(6) 选用的标准物质稳定性应满足整个实验计划的需要。凡已超过稳定性的标准物质切不可随便使用。要注意标准物质证书中规定的使用注意事项和保存条件，并按证书中的要求正确使用与妥善保存，要注意区别保存期限和使用期限。

(7) 使用者应特别注意证书中所给该标准物质的最小取样量，因为实际取样量小于规定的最小取样量时会引入不均匀性误差。

(8) 使用者不可以用自己配制的工作标准代替标准物质。

(9) 所选用的标准物质数量应满足整个实验计划的使用，必要时应保留一些储备，供实验计划后必要的使用。

(10) 选用标准物质除考虑其不确定度水平外还要考虑到标准物质的供应状况、价格以及化学的和物理的适用性。有的使用者不顾昂贵的价格与繁杂的手续非要从国外进口标准物质来使用（测量程序所需而国内又没有的除外），这也是不妥当的。

总而言之，只有正确地选择、使用标准物质才能保证量值准确、可靠。

## 四、标准样品与工作标准物质

1. 标准样品

标准样品也称实物标准，简称标样，是标准的一种形式，属国家质量检验检疫总局中国标准化协会管理。

标准样品与标准物质都具有化学计量的“量具”作用，在确定分析结果的可靠性和可比性方面具有公认的权威性，它们的应用有很相似之处。

标准样品与标准物质主要的不同点是使用范围上的区别。标准物质是作为量值的传递工具和手段。而标准样品是为保证国家标准、行业标准的实施而制定的国家实物标准。有些产品的技术性能指标难以用文字叙述清楚，需用某种实物作为文字标准的补充，如酒、颜料的外观、颜色色光等。使用实物标准更能直观地表达出指标的含义。

标准样品不能离开标准，只适用于标准的贯彻、实施，具有很强的针对性和实用性。对产品标准的标准样品一般只要求从该产品中选取有代表性的物料就行，这一物料通常与产品是同一基体，而且浓度水平相当。标准样品不要求像标准物质那样有适用的广泛性，一般能满足标准指标的要求就可以了。

目前，标准样品和标准物质的界限很难分清。国家实物标准的管理与认证的管理办法和国家标准物质的管理与认证办法也很相似。

2. 工作标准物质

工作标准物质特性值的准确度水平较国家一级、二级标准物质的特性值的准确度水平低。工作标准物质往往是为了实际工作的需要，某些检测水平较高的科研部门或企业，根据工作标准物质制备的规定要求自己制备的、用以满足本部门的计量要求，这样可以节省时间与金钱，同时也能达到实际工作要求。

# 第五节 我国现用的部分标准物质

## 一、国家一级标准物质(GBW)

到 2000 年 8 月，由国家质量技术监督局批准、发布的一级标准物质有 1093 种。下面列出部分标准物质。见表 3-23～表 3-36。

1. 铁与钢的标准物质

铁与钢的标准物质见表 3-23。

**表 3-23 铁与钢的标准物质**

| 名 称 | 国家标准编号 | 定 值 内 容 | 研制单位 |
|---|---|---|---|
| 铸铁 | GBW 01101～01110 | C、S、P、Si、Mn、Cu、Ti | A |
| 铸铁 | GBW 01111～01118 | C、S | B |
| 球墨铸铁 | GBW 01119 | C、Mn、Si、P、S、Cu、Cr、Ni、Mo、Co、Mg、V、Ti、ΣRE | C |
| 碳素比色钢 | GBW 01201～01204 | C、S、P、Si、Mn、Cr、Ni、Cu、Al、V、Ti | D |
| 碳素钢 | GBW 01206～01208 | C、Si、Mn、P、S | E |
| 碳素结构钢 | GBW 01209～01210 | C、Si、Mn、P、S、Cr、Ni、Cu | F |
| 低合金钢 | GBW 01301～01312 | C、Si、Mn、P、S、Ni、Cr、Cu、Al、V、Ti、Mo、B | E |
| 合金工具钢 | GBW 01313～01316 | C、Si、Mn、P、S、Cr、Ni、W、V、Mo、Co | G |
| 轴承钢 | GBW 01317 | C、Si、Mn、P、S、Mo、Cr、Cu、Ni、Sn、As、Sb、Ti、Al | H |
| 合金工具钢 | GBW 01318～01319 | C、Si、Mn、P、S、Cr、Ni、W、Cu | F |
| 中低合金钢 | GBW 01320 | C、Si、Mn、P、S、Cr、Ni、W、V、Mo、Al、Ti、Cu、B、Co、Nb、Zr | I |
| 刃口钢 | GBW 01321 | C、S、P、Si、Mn、Cr、Ni、Cu、Al、V、N、Mo | D |
| 合金结构钢 | GBW 01351～01355 | C、Mn、Si、S、P、Ni、Cr、W、Mo、Al、Cu | I |
| 合金结构钢 | GBW 01357～01358 | C、Mn、Si、S、P、Ni、Cr、V、Mo、Cu | J |
| 硅钢 | GBW 01371～01374 | C、S、P、Mn、Si、Ni、Cr、Cu、Mo、Al | J |
| 中碳锰铁 | GBW 01421 | Mn、Si、P、C、S | K |
| 硅铁 | GBW 01422 | Mn、Si、P、C、S、Cr、Al、Ca | K |
| 钼铁 | GBW 01423 | Si、P、C、S、Mo、Cu | K |
| 高碳铬铁 | GBW 01424 | Mn、Si、P、C、S、Cr | K |
| 低碳铬铁 | GBW 01425 | Mn、Si、P、C、S、Cr | K |
| 高碳铁锰 | GBW 01426 | Mn、Si、P、C、S | K |
| 硅锰合金 | GBW 01427 | Mn、Si、P、C、S、 | K |
| 不锈钢 | GBW 01602～01604 | C、Si、Mn、P、S、Ni、Cr、W、Mo、Ti、Cu、Al、V、N、B、Nb、Co | I |
| 磷铁 | GBW 01429 | C、Si、Mn、P、S | K |
| 低合金钢 | GBW 01322～01327 | C、Si、Mn、P、S、Cr、Ni、Cu、V、B、Al、Ti | G |
| 合金结构钢 | GBW 01359～01363 | C、Si、Mn、P、S、Cr、Ni、Mo、V、Sb、B、Sn、Pb | L |
| 低合金钢 | GBW 01336～01340 | C、Si、Mn、P、S、Cu、W、Sn | M |
| 不锈钢 | GBW 01610～01618 | C、Si、Mn、P、S、Cr、Ni、Cu、Mo、Ti、W、As | N |
| 精密合金 | GBW 01501～01502 | C、Si、Mn、P、S、Cr、Ni、Cu、Mo、Ti、Co | J |
| 铁镍基高温合金 | GBW 01619～01623 | Ag、As、Bi、Cs、Cd、Ga、In、Mg、Pb、Sb、Se、Sn、Te、Ti、Zn | F |

注：A—本溪钢铁（集团）有限责任公司；B—江苏省机电研究所、郑州机械研究所；C—山东省冶金科学研究院；D—上海第一钢铁（集团）有限公司；E—鞍山钢铁集团公司；F—钢铁研究总院；G—本溪钢铁（集团）特殊钢有限责任公司；H—上海五钢（集团）有限公司；I—抚顺钢厂；J—上海钢铁研究所；K—吉林铁合金集团有限责任公司；L—兵器工业西南地区理化检测中心；M—武汉钢铁（集团）公司；N—重庆特殊钢股份有限公司特钢研究所。

2. 非铁合金标准物质

非铁合金标准物质见表 3-24。

**表 3-24 非铁合金标准物质**

| 名 称 | 国家标准编号 | 定 值 内 容 | 研制单位 |
|---|---|---|---|
| 铁黄铜 | GBW 02101 | Cu、Fe、Mn、Al、Sn、Pb、Sb、Bi、P | A |
| 铝青铜 | GBW 02102 | Al、Fe、Zn、Ni、Mn、Sn、Si、Pb、P、As、Sb | A |
| 锰黄铜 | GBW 02103 | Al、Cu、Fe、Mn、Sn、Pb、Sb、P | A |
| 铝黄铜 | GBW 02110 | Cu、Al、P、Pb、Ni、Sn、Sb、As、Fe、Bi | A |
| 变形铝合金 | GBW 02201～02203 | Cu、Mg、Mn、Fe、Si、Zn、Ti、Ni、Be、Pb、Cr、Sn | B |
| 锡基合金 | GBW 02301～02302 | Sn、Sb、Cu、Pb、Bi、As | C |
| 铅基合金 | GBW 02401～02402 | Sn、Sb、Cu、Pb、Bi、As | C |
| 钛合金 | GBW 02501～02502 | C、Si、Cr、Mo、Al、Zr、Fe、N | D |
| 高温合金 | GBW 02551 | C、Mn、Si、S、P、Cr、Zr、Al、Ti、Cu、Nb、B、Fe、Ce | D |
| 磷青铜 | GBW 02132～02136 | Cu、Pb、Sn、P、Sb、Fe、Si | C |
| 青铜 | GBW 02137～02140 | Cu、Pb、Sn、Zn、Ni | C |

注：A—沈阳有色金属加工厂；B—东北轻合金加工厂；C—上海材料研究所、江苏省机电研究所；D—抚顺钢厂。

3. 高纯金属标准物质

高纯金属标准物质见表 3-25。

**表 3-25 高纯金属标准物质**

| 名 称 | 国家标准编号 | 定 值 内 容 | 研制单位 |
|---|---|---|---|
| 高纯铁 | GBW 01402d | C、Mn、Si、P、S、Cr、Ni、Mo、Co、Cu、Ni、Al、Ca、Mg 等 | A |
| 精铝 | GBW 02205～02209 | Fe、Si、Cu | B |
| 锌 | GBW 02701～02703 | Pb、Cd、Fe、Cu、As、Sb、Sn | C |

注：A—太原钢铁（集团）有限公司钢铁研究所；B—抚顺铝厂；C—葫芦岛锌厂。

4. 金属中气体标准物质

金属中气体标准物质见表 3-26。

**表 3-26 金属中气体标准物质**

| 名 称 | 编 号 | 定值内容 | 研制单位 | 名 称 | 编 号 | 定值内容 | 研制单位 |
|---|---|---|---|---|---|---|---|
| 钛中氮 | GBW 02601 | N | A | 钛中氧 | GBW 02605 | O | A |
| 钛合金中氮 | GBW 02602 | N | A | 钢中氢 | GBW 02606～02608a | H | B |
| 钛合金中氧、氮 | GBW 02603 | O、N | A | 轴承钢氧、氮 | GBW 02609 | O、N | C |
| 钛中氧、氮 | GBW 02604 | O、N | A | | | | |

注：A—北京航空材料研究院；B—上海钢铁研究所；C—上海五钢（集团）有限公司。

5. 气体标准物质

气体标准物质见表 3-27。

**表 3-27 气体标准物质**

| 名 称 | 国家标准编号 | 定值内容 | 名 称 | 国家标准编号 | 定值内容 |
|---|---|---|---|---|---|
| 氮中甲烷 | GBW 08101～08105 | $CH_4$ | 氮中氧 | GBW 08117 | O |
| 氮中一氧化碳 | GBW 08106～08110 | CO | 氮中二氧化碳 | GBW 08118 | $CO_2$ |
| 氮中二氧化碳 | GBW 08111～08115 | $CO_2$ | 空气中甲烷 | GBW 08119 | $CH_4$ |
| 氮中一氧化氮 | GBW 08116 | NO | 空气中一氧化碳 | GBW 08120 | CO |

注：研制单位为国家标准物质研究中心。

6. 岩石、土壤标准物质

岩石、土壤标准物质见表 3-28。

表 3-28 岩石、土壤标准物质

| 名称 | 国家标准编号 | 定值内容 | 研制单位 |
|---|---|---|---|
| 铀矿石 | GBW 04101～04105 | U、$SiO_2$、$Al_2O_3$、Fe、CaO、MgO、$K_2O$、$Na_2O$、$TiO_2$、Mo、MnO、S、$P_2O_5$、$CO_2$ | A |
| | GBW 04106 | U、Th | A |
| | GBW 04107～04109 | U | A |
| | GBW 04110～04116 | U、Th、Ra | B |
| 超基性岩 | GBW 07101～07102 | $Cr_2O_3$、$SiO_2$、$Al_2O_3$、$Fe_2O_3$、FeO、MgO、CaO、$TiO_2$、$P_2O_5$、MnO、$Na_2O$、$K_2O$、$H_2O^+$、$CO_2$、S、NiO、CoO、$V_2O_5$、Cl、Fe、Pt、Pd、Rh、Ir、Os、Ru、Ag、As、Au、B、Ba、Cu、F、Ga、Ge、Hg、Li、Pb、Sc、Sr、Zn、Br、Cd、Sb、Ce、Dy、Eu、Gd、Ho、La、Lu、Nd、Sm、Tb、Tm、Yb、Er、Pr、Y | C |
| 矿石中金和银 | GBW 07203～07209 | Au、Ag | DE |
| 磷矿石 | GBW 07210～07212 | $P_2O_5$、$SiO_2$、CaO、MgO、$Fe_2O_3$、$Al_2O_3$、MnO、$TiO_2$、F、$CO_2$、$K_2O$、$Na_2O$、SrO、I、Ts | F |
| 岩石 | GBW 07103～07108 | Ag、As、Au、B、Ba、Be、Bi、Cd、Ce、Cl、Co、Cr、Cs、Cu、Dy、Er、Eu、F、Ga、Gd、Ge、Hf、Hg、Ho、In、La、Li、Lu、Mn、Mo、Nd、Nb、Ni、P、Pb、Pr、Rb、S、Sb、Se、Sc、Sm、Sn、Sr、Ta、Tb、Te、Th、Ti、Tl、Tm、U、V、W、Y、Yb、Zn、Zr、$SiO_2$、$Al_2O_3$、$TFe_2O_3$、FeO、MgO、CaO、$Na_2O$、$K_2O$、$H_2O$、$CO_2$ 等 | G H |
| 铁矿石 | GBW 07213 | TFe、FeO、$SiO_2$、$Al_2O_3$、CaO、MgO、MnO、$TiO_2$、P、S、$H_2O^+$、C、$CO_2$ | I |
| 石灰石 | GBW 07214～07215 | CaO、MgO、$SiO_2$、$Al_2O_3$、$Fe_2O_3$、MnO、P、S 等 | J |
| 白云石 | GBW 07216～07217 | CaO、MgO、$SiO_2$、$Al_2O_3$、$Fe_2O_3$、MnO、P、S 等 | J |
| 河流沉积物 | GBW 08301 | As、Ba、Cd、Co、Cr、Cu、Hg、Mn、Pb、Se、Zn、Fe、Be、Ni、V | K L |
| 水系沉积物 | GBW 07301～07308 | In、La、Li、Lu、Mn、Mo、Nb、Nd、Ni、P、Pb、Pr、Rb、Sb、Se、Sc、Sm、Sn、Sr、Ta、Tb、Te、Ag、As、B、Ba、Be、Bi、Cd、Ce、Co、Cr、Cs、Cu、Dy、Er、Eu、F、Ga、Gd、Ge、Hf、Hg、Ho、Th、Ti、Tl、Tm、U、V、W、Y、Yb、Zn、Zr 等 | G H |
| | GBW 07309～07312 | Ag、As、Au、B、Ba、Be、Bi、Br、Cd、Cr、Cl、Co、Ce、Cs、Cu、Dy、Er、Eu、F、Ga、Gd、Ge、Hf、Hg、Ho、I、In、La、Li、Lu、Mn、Mo、Nb、Nd、Ni、P、Pb、Pr、Rb、S、Sb、Se、Sc、Sm、Sn、Sr、Ta、Tb、Te、Th、Ti、Tl、Tm、U、V、W、Y、Yb、Zn、Zr、$SiO_2$、$Al_2O_3$、$TFe_2O_3$、MgO、CaO、$Na_2O$、$K_2O$、$H_2O^+$、$CO_2$ 等 | G H |
| 铁矿石 | GBW 07213 | TFe、MgO、MnO、TiO、P、S、Cu、$H_2O^+$、$SiO_2$、$Al_2O_3$、CaO 等 | I |
| 烧结矿 | GBW 07219 | TFe、$SiO_2$、$Al_2O_3$、CaO、MgO、Mn、Ti、P、S、Cu 等 | J |
| 球团矿 | GBW 07220 | TFe、$SiO_2$、$Al_2O_3$、CaO、MgO、Mn、Ti、P、S 等 | J |
| 磁铁精矿 | GBW 07221 | TFe、$SiO_2$、$Al_2O_3$、CaO、MgO、Mn、Ti、P、S、Cu、Co 等 | J |
| 菱铁矿、赤铁矿 | GBW 07222～07223 | TFe、$SiO_2$、$Al_2O_3$、CaO、MgO、Mn、Ti、P、S、Cu、Co 等 | J |
| 钒钛磁铁矿 | GBW 07224～07227 | TFe、$SiO_2$、$Al_2O_3$、CaO、MgO、MnO、P、S、Cu、Co、Ni、Cr 等 | M |
| 萤石 | GBW 07250～07254 | $SiO_2$、P、S、$CaF_2$、$CaCO_3$、$Fe_2O_3$、$K_2O$、$Na_2O$ | J |
| 软性黏土 | GBW 03115 | $SiO_2$、$Al_2O_3$、$Fe_2O_3$、$TiO_2$、MgO、$K_2O$ 等 | N |
| 钾长石 | GBW 03116 | $SiO_2$、$Al_2O_3$、$Fe_2O_3$、$TiO_2$、MgO、$K_2O$ 等 | N |
| 钠钙硅玻璃 | GBW 03117 | $SiO_2$、$Al_2O_3$、$Fe_2O_3$、$TiO_2$、MgO、$K_2O$ 等 | N |
| 土壤 | GBW 07401～07408 | Ag、As、Au、B、Ba、Be、Bi、Br、Cd、Ce、Cl、Co、Cr、Cs、Cu、Dy、Er、Eu、F、Ga、Gd、Ge、Hf、Hg、Ho、I、In、La、Li、Lu、Mn、Mo、Nb、Nd、Ni、P、Pb、Pr、Rb、S、Sb、Sc、Se、Sm、Sn、Sr、Ta、Tb、Te、Th、Ti、Tl、Tm、U、V、W、Y、Yb、Zn、Zr、N、$SiO_2$、$Al_2O_3$、$TFe_2O_3$、FeO、MgO、CaO、$Na_2O$、$K_2O$、$H_2O^+$、$CO_2$ 等 | G H |

续表

| 名 称 | 国家标准编号 | 定 值 内 容 | 研制单位 |
|---|---|---|---|
| 西藏土壤 | GBW 08302 | Al、As、Be、Ca、Cd、Co、Ce、Cr、Cu、Eu、Fe、K、La、Mg、Mn、Na、Nd、Ni、P、Pb、Rb、Sc、Si、Se、Sm、Sr、Th、Ti、U、V、Zn、Yb、Ba、Br、Cs、Dy、Hf、Hg、Lu、Sb、Ta、Th、N | K |
| 污染农田土壤 | GBW 08303 | Al、As、Ca、Cd、Co、Cr、Cu、Fe、Hg、K、Mg、Mn、Na、Ni、P、Pb、Th、Ti、Sr、Zn、Ba、Be、La、Mo、Se、Sc、U、Rb、Si | O |

注：A—核工业北京化工冶金研究院、国营272厂；B—中国核工业总公司地质局；C—地质矿产部西安地质矿产研究所；D—中国有色金属工业总公司矿产地质研究院；E—中南冶金地质研究所；F—原化学工业部化学矿产地质研究院；G—地球物理地球化学勘查研究院；H—地质矿产部岩矿测试技术研究所；I—鞍山钢铁集团公司；J—武汉钢铁（集团）公司；K—中国科学院生态环境研究中心；L—湖南省环境保护研究所；M—攀枝花钢铁研究院；N—国家建筑材料测试中心；O—北京市环境保护监测中心。

7. 煤、煤飞灰、焦炭的标准物质

煤、煤飞灰和焦炭的标准物质见表3-29。

**表3-29 煤、煤飞灰和焦炭的标准物质**

| 名 称 | 国家标准编号 | 定 值 内 容 | 研制单位 |
|---|---|---|---|
| 煤 | GBW 11101～11105<br>GBW 11108～11113 | 灰分、热值、真相对密度、挥发分、C、H、N、S | A B |
| 煤飞灰 | GBW 08401 | As、Be、Cd、Co、Cu、Mn、Pb、Se、V、Zn、Fe、Cr、Ba、Hg | C |
| 冶金焦炭 | GBW 11106 | S、灰分、热值、挥发分、P | D |

注：A—煤炭科学研究总院北京煤化学所；B—山东省冶金科学研究院；C—中国科学院生态环境研究中心；D—山东省冶金设计研究院。

8. 化工产品标准物质

化工产品标准物质见表3-30。

**表3-30 化工产品标准物质**

| 名 称 | 编 号 | 标准值 | 研制单位 | 名 称 | 编 号 | 标准值 | 研制单位 |
|---|---|---|---|---|---|---|---|
| 碳酸钠 | GBW 06101a | 99.995% | A | 草酸钠 | GBW 06107 | 99.960% | A |
| 乙二胺四乙酸二钠 | GBW 06102 | 99.979% | A | 氯化钾 | GBW 06109 | K 99.97%；<br>Cl 100.00% | A |
| 氯化钠 | GBW 06103a | 99.995% | A | | | | |
| 苯 | GBW 06104 | 99.95% | B | 碘酸钾 | GBW 06110 | 99.91% | A |
| 重铬酸钾 | GBW 06105b | 99.984% | A | 乙酰苯胺 | GBW 06201 | C 71.09%；<br>H 6.71%；<br>N10.36% | C |
| 邻苯二甲酸氢钾 | GBW 06106 | 99.998% | A | | | | |

注：A—国家标准物质研究中心；B—天津市计量技术研究所；C—上海市计量测试技术研究院。

9. 生物物质的标准物质

生物物质的标准物质见表3-31。

10. 水中金属离子及水质浊度标准物质

水中金属离子和水质浊度标准物质见表3-32。

11. pH值标准物质

pH值标准物质见表3-33。

12. 燃烧热等物理特性与物理化学特性测量标准物质

燃烧热等物理特性与物理化学特性测量标准物质见表3-34。

**表3-31 生物物质的标准物质**

| 名称 | 国家标准编号 | 定 值 内 容 | 研制单位 |
|---|---|---|---|
| 桃叶 | GBW 08501 | As、Ba、Cd、Cr、Cu、Fe、Hg、K、Mg、Mn、Pb、Sr、Zn、B、Co、Se | A |
| 大米粉 | GBW 08502 | K、Mg、Ca、Mn、Fe、Zn、Na、Cu、As、Se、Cd、Pb | B |
| 小麦粉 | GBW 08503 | K、As、Ca、Cd、Cu、Fe、Mg、Mn、Pb、Zn、N、P、Na、Se | C |

续表

| 名称 | 国家标准编号 | 定 值 内 容 | 研制单位 |
|---|---|---|---|
| 甘蓝 | GBW 08504 | K、Na、Ca、Mg、Cu、Zn、Mn、Fe、Cd、Sr、As、Se、N、P、Pb、Rb | D |
| 猪肝 | GBW 08551 | K、Na、Ca、Mg、Cu、Zn、Mn、Fe、Pb、Cd、As、Se、Mo、P、N、Co、Cr | D |
| 人发 | GBW 09101 | Zn、Se、Cr、Mg、Mn、As、Ca、Fe、Cu、Sr、Hg、Na、Pb、Ni、Cd、Al、Co、Mo、Sc、Br、Sb、S、Ag、Ba、P、I、V、Cl、La、K | E |

注：A—中国科学院生态环境研究中心；B—北京市环境保护监测中心；C—国家粮食储备局谷物油脂化学研究所；D—国内贸易部食品检测科学研究所；E—中国科学院上海原子核研究所。

**表 3-32 水中金属离子和水质浊度标准物质**

| 名 称 | 国家标准编号 | 定 值 内 容 | 研制单位 |
|---|---|---|---|
| 水中铅 | GBW 08601 | Pb 1.00$\mu g \cdot g^{-1}$ | A |
| 水中镉 | GBW 08602 | Cd 0.100$\mu g \cdot g^{-1}$ | A |
| 水中汞 | GBW 08603 | Hg 0.0100$\mu g \cdot g^{-1}$ | A |
| 水中氟 | GBW 08604 | F 1.00$\mu g \cdot g^{-1}$ | A |
| 水中砷 | GBW 08605 | As 0.500$\mu g \cdot g^{-1}$ | A |
| 水中阴离子 | GBW 08606 | $Cl^-$、$NO_3^-$、$SO_4^{2-}$<br>22.0 4.50 38.0 $\mu g \cdot g^{-1}$ | A |
| 水中金属元素（μg/kg 级） | GBW 08608 | Cd、Pb、Cu、Cr、Zn、Ni<br>10.0 50 50 30 90 60$\mu g \cdot kg^{-1}$ | A |
| 水中金属元素（μg/g 级） | GBW 08607 | Cd、 Pb、 Cu、 Cr、 Zn、 Ni<br>0.100 1.00 1.00 0.500 5.00 0.500 $\mu g \cdot g^{-1}$ | A |
| 水中汞 | GBW 08609 | Hg 1.00$\mu g \cdot mL$ | B |
| 水质浊度 | GBW 12001 | 浊度 400 度(NTU,FTU) | A |

注：A—国家标准物质研究中心；B—上海市计量测试技术研究院。

**表 3-33 pH 值标准物质**

| 名 称 | 国家标准编号 | pH 值(25℃) | 名 称 | 国家标准编号 | pH 值(25℃) |
|---|---|---|---|---|---|
| 四草酸三氢钾 | GBW 13101 | 1.680 | 磷酸氢二钠 | GBW 13105 | 6.864 |
| 酒石酸氢钾 | GBW 13102 | 3.559 | 硼砂 | GBW 13106 | 9.182 |
| 邻苯二甲酸氢钾 | GBW 13103 | 4.003 | 氢氧化钙 | GBW 13107 | 12.460 |
| 磷酸二氢钾 | GBW 13104 | 6.864 | | | |

注：表中标准物质为国家标准物质研究中心研制。

**表 3-34 物理特性与物理化学特性测量标准物质**

| 名 称 | 编 号 | 研制单位 | 名 称 | 编 号 | 研制单位 |
|---|---|---|---|---|---|
| 氯化钾电导率 | GBW 13120 | A | 熔点标准物质 | | |
| 苯甲酸量热 | GBW 13201 | A | 苯甲酸 | GBW 13233 | B |
| 铟-热分析 | GBW 13202 | A | 1,6-己二酸 | GBW 13234a | B |
| 摩尔热容($\alpha$-$Al_2O_3$) | GBW 13203 | A | 对甲氧基苯甲酸 | GBW 13235 | B |
| 熔点标准物质 | | | 蒽 | GBW 13236 | B |
| 对硝基甲苯 | GBW 13231 | B | 对硝基苯甲酸 | GBW 13237 | B |
| 萘 | GBW 13232a | B | 蒽醌 | GBW 13238a | B |

注：A—国家标准物质研究中心；B—天津市计量技术研究所。

13. 标准白板和色板、渗透管的标准物质

白板、色板和渗透管标准物质见表 3-35。

表 3-35 白板、色板和渗透管标准物质

| 名　称 | 编　号 | 标　准　值 |
| --- | --- | --- |
| 乳白玻璃 | GBW 13301 | 波长范围 400～700nm |
| 陶瓷标准色板 | GBW 13302 | 波长范围 400～700nm |
| 二氧化硫渗透管 | GBW 08201 | 渗透率(25℃) 0.37～1.4μg·$min^{-1}$ |
| 二氧化氮渗透管 | GBW 08202 | 渗透率(25℃) 0.6～2.0μg·$min^{-1}$ |
| 硫化氢渗透管 | GBW 08203 | 渗透率(25℃) 0.1～1.0μg·$min^{-1}$ |
| 氨渗透管 | GBW 08204 | 渗透率(25℃) 0.1～1.0μg·$min^{-1}$ |
| 氯渗透管 | GBW 08205 | 渗透率(25℃) 0.2～2μg·$min^{-1}$ |
| 水渗透管 | GBW 13501 | 渗透率(100℃) 3～12μg·$min^{-1}$ |

注：表中标准物质为国家标准物质研究中心研制。

14. 电子探针标准物质

电子探针标准物质见表 3-36。

表 3-36 电子探针标准物质

| 名　称 | 国家标准编号 | 定值内容/% | 研制单位 |
| --- | --- | --- | --- |
| 方铅矿 | GBW 07501 | Pb86.35,S13.44 | A |
| 闪锌矿 | GBW 07502 | S32.76,Zn66.33 | A |
| 辰砂 | GBW 07503 | S13.63,Hg86.00 | A |
| 重晶石 | GBW 07504 | BaO65.56,$SO_3$34.28 | A |
| 白铅矿 | GBW 07505 | PbO83.36,$CO_2$16.82 | A |
| 白钨矿 | GBW 07506 | $WO_3$80.45,CaO19.39 | A |
| 铌锰矿 | GBW 07507 | $Nb_2O_5$53.74,$Ta_2O_5$25.92,FeO6.65,MnO12.47 | A |
| 碲化镉 | GBW 07508 | Cd46.87,Te53.39 | B |
| 硒化镉 | GBW 07509 | Cd58.48,Se40.88 | B |
| 砷化镓 | GBW 07510 | Ga48.07,As51.95 | B |
| 硒化锌 | GBW 07511 | Se54.44,Zn45.38 | B |
| 锑化铟 | GBW 07512 | In48.59,Sb51.45 | B |
| 磷化铟 | GBW 07513 | In78.51,P21.12 | B |
| 砷化铟 | GBW 07514 | As39.60,In60.97 | B |
| 纯铜① | GBW 02111-02115 | Bi、Sb、Fe、As、Ni、Pb、Sn、Zn | C |
| 精制铝① | GBW 02210-02214 | Fe、Si、Cu | D |

① 此两种标准物质用于发射光谱法。

注：A—地质矿产部湖南省矿产测试利用研究所；B—地质矿产部矿产综合利用研究所；C—沈阳有色金属加工厂；D—抚顺铝厂。

## 二、国家二级标准物质[GBW(E)]

到 2000 年 8 月，由原国家质量技术监督局（现为国家质量监督检验检疫总局）批准、发布的国家二级标准物质有 1063 种，下面列出部分国家二级标准物质。见表 3-37～表 3-46。

1. 铁与钢国家二级标准物质

铁与钢国家二级标准物质见表 3-37。

表 3-37 铁与钢国家二级标准物质

| 名　称 | 编　号 | 定值内容 | 研制单位① |
| --- | --- | --- | --- |
| 中低合金钢 | GBW(E)010001～010004 | C、Si、Mn、P、S、Cr、Ni、Mo、Cu、Al、Nb、B | A |
| 中低合金钢 | GBW(E)010005～010008 | C、Si、Mn、P、S、Cr、Ni、Mo、Al、Ti、V | A |
| 生铁 | GBW(E)010014～010018 | C、S、Mn、P、Si | B |

① A—天津市纺织机械器材研究所；B—山西省计量测试研究所。

2. 非铁合金国家二级标准物质

非铁合金国家二级标准物质见表 3-38。

表 3-38 非铁合金国家二级标准物质

| 名　称 | 编　号 | 定　值　内　容 |
| --- | --- | --- |
| 铸造铝合金 | GBW(E)020001～020005 | Si、Mg、Mn、Cu、Fe、Zn、Ti |
| 铸造铝合金光谱 | GBW(E)020006～020010 | Pb、Ni、Sn |

注：研制单位为兵器工业部西南地区理化检测中心。

3. 气体国家二级标准物质

气体国家二级标准物质见表3-39。

**表3-39 气体国家二级标准物质**

| 名称 | 编号 | 定值内容 | 研制单位① | 名称 | 编号 | 定值内容 | 研制单位① |
|---|---|---|---|---|---|---|---|
| 空气 | GBW(E)060026 | $CH_4$ | A | 空气 | GBW(E)060127 | $CO_2$ | B |
| 空气 | GBW(E)060027 | $C_4H_{10}$ | A | 氮 | GBW(E)060128 | $CO$、$CO_2$ | B |
| 氮 | GBW(E)060029 | $H_2$、$CO$、$CO_2$、$CH_4$、$C_2H_4$、$C_2H_6$、$C_2H_2$ | A | 空气 | GBW(E)060129 | $CO$、$CO_2$ | B |

① A—北京氦普北分气体工业有限公司；B—国家标准物质研究中心。

4. 化工产品国家二级标准物质

化工产品国家二级标准物质见表3-40。

**表3-40 化工产品国家二级标准物质**

| 名称 | 编号 | 标准值 | 研制单位① |
|---|---|---|---|
| 茴香酸 | GBW(E)060001 | 99.9% | A |
| 胱氨酸 | GBW(E)060002 | 99.9% | A |
| 苏酸 | GBW(E)060003 | 100.04% | A |
| 磷酸三苯酯 | GBW(E)060004 | 99.9% | A |
| 苯甲酸 | GBW(E)060005 | 99.9% | A |
| 农药 | | | |
| 敌百虫 | GBW(E)060007 | 99.8% | B |
| 速灭威 | GBW(E)060008 | 99.7% | B |
| 甲胺磷 | GBW(E)060009 | 100.0% | B |
| 对硫磷 | GBW(E)060134 | 99.6% | B |
| 敌敌畏 | GBW(E)060135 | 98.7% | B |
| 乐果 | GBW(E)060136 | 99.3% | B |
| 溴氰菊酯 | GBW(E)060138 | 99.7% | B |
| 氯氰菊酯 | GBW(E)060139 | 99.7% | B |
| 氰戊菊酯 | GBW(E)060140 | 100.0% | B |
| 西维因 | GBW(E)060223 | 99.9% | B |
| 叶蝉散 | GBW(E)060224 | 99.9% | B |
| 呋喃丹 | GBW(E)060225 | 99.9% | B |
| 重铬酸钾 | GBW(E)060018a | 99.99% | B |
| 邻苯二甲酸氢钾 | GBW(E)060019b | 99.96% | B |
| 氯化钾 | GBW(E)060020a | 100.00% | B |
| 草酸钠 | GBW(E)060021b | 100.00% | B |
| 三氧化二砷 | GBW(E)060022a | 98.9% | B |
| 碳酸钠 | GBW(E)060023a | 99.99% | B |
| 氯化钠 | GBW(E)060024a | 100.00% | B |
| 乙二胺四乙酸二钠 | GBW(E)060025a | 99.97% | B |
| 氰戊菊酯 | GBW(E)060072 | 99.0% | A |
| 马拉硫磷农药溶液 | GBW(E)060073 | $100\mu g \cdot mL^{-1}$ | C |
| 敌敌畏农药溶液 | GBW(E)060074 | $99.8\mu g \cdot mL^{-1}$ | C |
| 乐果农药溶液 | GBW(E)060075 | $101\mu g \cdot mL^{-1}$ | C |
| 碳酸钙 | GBW(E)060080 | 99.97% | B |
| 甲体六六六农药溶液 | GBW(E)060081 | $1.00mg \cdot mL^{-1}$(25℃) | B |
| 乙体六六六农药溶液 | GBW(E)060082 | $1.00mg \cdot mL^{-1}$(25℃) | B |
| 丙体六六六农药溶液 | GBW(E)060083 | $1.00mg \cdot mL^{-1}$(25℃) | B |
| 丁体六六六农药溶液 | GBW(E)060084 | $1.00mg \cdot mL^{-1}$(25℃) | B |
| P·P′-DDT农药溶液 | GBW(E)060102 | $1.00mg \cdot mL^{-1}$ | B |
| O·P-DDT农药溶液 | GBW(E)060103 | $1.00mg \cdot mL^{-1}$ | B |
| P·P′-DDE农药溶液 | GBW(E)060104 | $1.00mg \cdot mL^{-1}$ | B |
| P·P′-DDD农药溶液 | GBW(E)060105 | $1.00mg \cdot mL^{-1}$ | B |
| 有机氯农药混合溶液 | GBW(E)060133 | $0.010\sim1.00mg \cdot mL^{-1}$ | B |

续表

| 名称 | 编号 | 标准值 | 研制单位① |
|---|---|---|---|
| 溴指数 | GBW(E)060114 | $0.74mg \cdot 100g^{-1}$ | D |
| | GBW(E)060115 | $10.8mg \cdot 100g^{-1}$ | D |
| | GBW(E)060116 | $102mg \cdot 100g^{-1}$ | D |
| | GBW(E)060117 | $488mg \cdot 100g^{-1}$ | D |
| 溴价 | GBW(E)060118 | $1.02g \cdot 100g^{-1}$ | D |
| | GBW(E)060119 | $10.2g \cdot 100g^{-1}$ | D |
| | GBW(E)060120 | $47.0g \cdot 100g^{-1}$ | D |
| | GBW(E)060121 | $96.9g \cdot 100g^{-1}$ | D |
| 正十六烷 | GBW(E)060122 | 99.4% | B |
| 苯 | GBW(E)060123 | 99.9% | B |
| 无水碳酸钠 | GBW(E)060141 | 99.99% | E |
| 邻苯二甲酸氢钾 | GBW(E)060142 | 100.02% | E |
| 重铬酸钾 | GBW(E)060143 | 99.99% | E |
| 氯化钠 | GBW(E)060144 | 100.00% | E |
| 乙二胺四乙酸二钠 | GBW(E)060145 | 99.96% | E |
| 重铬酸钾 | GBW(E)060160 | 99.97% | A |
| 三氧化二砷 | GBW(E)060161 | 99.96% | A |
| 氯化钠 | GBW(E)060162 | 99.99% | A |
| 食用合成色素柠檬黄溶液 | GBW(E)100001 | $1.00mg \cdot mL^{-1}$② | B |
| 食用合成色素苋菜红溶液 | GBW(E)100002 | $1.00mg \cdot mL^{-1}$② | B |
| 食用合成色素日落黄溶液 | GBW(E)100003 | $1.00mg \cdot mL^{-1}$② | B |
| 食用合成色素胭脂红溶液 | GBW(E)100004 | $1.00mg \cdot mL^{-1}$② | B |
| 食用合成色素亮蓝溶液 | GBW(E)100005 | $1.00mg \cdot mL^{-1}$② | B |
| 食品防腐剂 | | | |
| 苯甲酸 | GBW(E)100006 | $1.00mg \cdot mL^{-1}$ | B |
| 山梨酸 | GBW(E)100007 | $1.00mg \cdot mL^{-1}$ | B |
| 食品甜味剂　糖精钠 | GBW(E)100008 | $1.00mg \cdot mL^{-1}$ | B |

① A—上海市计量测试技术研究院；B—国家标准物质研究中心；C—国家粮食储备局谷物油脂化学研究所；D—中国石油化工总公司石油化工科学研究院；E—(原) 化学工业部化学试剂质量监督检验中心。

② 标称值以60.0%商品色素计。

5. 岩石、土壤国家二级标准物质

岩石、土壤国家二级标准物质见表3-41。

**表3-41　岩石、土壤国家二级标准物质**

| 名称 | 编号 | 定值内容 | 研制单位① |
|---|---|---|---|
| 水系沉积物 | GWB(E)070003～070007 | Ag、As、B、Ba、Be、Bi、Cd、Co、Cr、Cu、F、Hg、La、Li、Mn、Mo、Nb、Ni、P、Pb、Rb、Sb、Sn、Sr、Ti、Th、U、V、W、Y、Zn、Zr、Ce、Yb、$SiO_2$、$Al_2O_3$、CaO、$Fe_2O_3$、$K_2O$、MgO、$Na_2O$ | A |
| 土壤 | GBW(E)070008～070011 | | |
| 农业土壤 | GBW(E)070041～070046 | $SiO_2$、$Al_2O_3$、$TFe_2O_3$、MgO、CaO、$Na_2O$、$K_2O$、$TiO_2$、MnO、$P_2O_5$、S、L.O.I.、Cu、Zn、B、Mo | BC |

① A—原冶金工业部天津地质研究院；B—地球物理地球化学勘查研究院；C—中国科学院南京土壤研究所。

6. 渗透管国家二级标准物质

渗透管国家二级标准物质见表3-42。

**表 3-42 渗透管国家二级标准物质**

| 名称 | 编号 | 渗透率范围/μg·min$^{-1}$ | 温度/℃ |
|---|---|---|---|
| 二氧化硫渗透管 | GBW(E)080046 | 0.1～1 | 25,30,35 |
| 二氧化氮渗透管 | GBW(E)080047 | 0.1～1 | 25,30,35 |
| 硫化氢渗透管 | GBW(E)080048 | 0.06～0.5 | 25,30 |
| 二氧化硫渗透管 | GBW(E)080049 | 0.4～1.5 | 50 |
| 二氧化氮渗透管 | GBW(E)080050 | 0.5～2 | 50 |

注：研制单位为北京氦普北分气体工业有限公司。

7. 水成分及化学耗氧量国家二级标准物质

水成分及化学耗氧量国家二级标准物质见表 3-43。

**表 3-43 水成分及化学耗氧量国家二级标准物质**

| 名称 | 编号 | 质量浓度/μg·mL$^{-1}$ | 研制单位① |
|---|---|---|---|
| 水中锌 | GBW(E)080064<br>GBW(E)080065 | 0.500<br>5.00 | A |
| 水中砷 | GBW(E)080066<br>GBW(E)080067<br>GBW(E)080068 | 10.00<br>0.500<br>5.00 | A |
| 水中镉 | GBW(E)080069<br>GBW(E)080070<br>GBW(E)080071 | 0.100<br>1.00<br>4.00 | A |
| 水中铅 | GBW(E)080072<br>GBW(E)080073 | 1.00<br>10.00 | A |
| 水中铬(六价) | GBW(E)080074<br>GBW(E)080075 | 0.500<br>5.00 | A |
| 水中总铬 | GBW(E)080076 | 10.00 | A |
| 水中镍 | GBW(E)080077 | 10.00 | A |
| 水中铜 | GBW(E)080078<br>GBW(E)080079 | 1.00<br>5.00 | A |
| 水中铜、铅、锌、镉、镍 | GBW(E)080080 | Cu1.00;Pb1.00;Zn5.00;Cd0.100;Ni0.500 | A |
| 水中铜、铅、锌、镉 | GBW(E)080081<br>GBW(E)080082 | Cu0.500;Pb0.500;Zn0.500;Cd0.500<br>Cu5.00;Pb5.00;Zn5.00;Cd5.00 | A |
| 水中酚 | GBW(E)080083 | 10.00 | A |
| 水中氰 | GBW(E)080084<br>GBW(E)080085 | 5.00<br>50.0 | A |
| 水中氨氮 | GBW(E)080086 | 50.0 | A |
| 水中汞 | GBW(E)080087 | 10.00 | A |
| 水中氟 | GBW(E)080088<br>GBW(E)080089<br>GBW(E)080090 | 1.00<br>10.0<br>100.0 | A |
| 水中硝酸根 | GBW(E)080091<br>GBW(E)080092<br>GBW(E)080093 | 5.00<br>10.00<br>20.00 | A |
| 水中亚硝酸根 | GBW(E)080094<br>GBW(E)080095<br>GBW(E)080096 | 5.00<br>10.00<br>20.0 | A |
| 甲醇中苯并[a]芘 | GBW(E)080097 | 5.62 | A |

续表

| 名　称 | 编　号 | 质量浓度/$\mu g \cdot mL^{-1}$ | 研制单位[①] |
|---|---|---|---|
| 水中银 | GBW(E)080116 | 1000<br>500<br>100<br>50 | B |
| 水中砷 | GBW(E)080117 | 1000<br>100 | B |
| 水中钙 | GBW(E)080118 | 1000 | B |
| 水中镉 | GBW(E)080119 | 1000<br>100 | B |
| 水中钴 | GBW(E)080120 | 1000<br>100 | B |
| 水中铬 | GBW(E)080121 | 1000 | B |
| 水中铜 | GBW(E)080122 | 1000<br>500<br>100<br>50 | B |
| 水中铁 | GBW(E)080123 | 1000<br>500<br>100<br>50 | B |
| 水中汞 | GBW(E)080124 | 1000<br>100 | B |
| 水中钾 | GBW(E)080125 | 1000 | |
| 水中镁 | GBW(E)080126 | 1000 | |
| 水中钠 | GBW(E)080127 | 1000 | |
| 水中镍 | GBW(E)080128 | 1000<br>500<br>100<br>50 | B |
| 水中铅 | GBW(E)080129 | 1000<br>500<br>100<br>50 | B |
| 水中锰 | GBW(E)080157 | 1000 | B |
| 水中钙 | GBW(E)080131 | 100.0 | C |
| 水中镁 | GBW(E)080132 | 100.0 | C |
| 水中钼 | GBW(E)080133 | 100.0 | C |
| 水中钒 | GBW(E)080134 | 100.0 | C |
| 水中铋 | GBW(E)080135 | 100.0 | C |
| 水中硒 | GBW(E)080136 | 100.0 | C |
| 水中锰 | GBW(E)080137 | 100.0 | C |
| 水中铁 | GBW(E)080138 | 100.0 | C |
| 水中钴 | GBW(E)080139 | 100.0 | C |
| 水中硼 | GBW(E)080140 | 100.0 | C |
| 水中铀 | GBW(E)080173 | 100.0 | C |
| 水中钍 | GBW(E)080174 | 100.0 | C |
| 水中金 | GBW(E)080175 | 100.0 | C |
| 水中银 | GBW(E)080176 | 100.0 | C |
| 水中镧 | GBW(E)080177 | 100.0 | C |
| 水中铟 | GBW(E)080178 | 100.0 | C |
| 水中铝 | GBW(E)080179 | 100.0 | C |

续表

| 名 称 | 编 号 | 质量浓度/$\mu g \cdot mL^{-1}$ | 研制单位[①] |
|---|---|---|---|
| 水中锂 | GBW(E)080180 | 100.0 | C |
| 水中铬 | GBW(E)080181 | 100.0 | C |
| 水中二氧化硅 | GBW(E)080182 | 100.0 | C |
| 水中氯 | GBW(E)080183 | 100.0 | C |
| 水中钾 | GBW(E)080184 | 100.0 | C |
| 水中钠 | GBW(E)080185 | 100.0 | C |
| 水中磷 | GBW(E)080186 | 100.0 | C |
| 水中氟 | GBW(E)080187 | 100.0 | C |
| 水中氨-氮、硝酸盐-氮、总磷 | GBW(E)080198 | $NH_4$-N 0.999mg·$L^{-1}$；$NO_3$-N0.999mg·$L^{-1}$；总 P 0.303mg·$L^{-1}$ | D |
| 水中氟 | GBW(E)080199 | 1.50mg·$L^{-1}$ | D |
| 水中亚硝酸盐氮 | GBW(E)080200 | 0.0987mg·$L^{-1}$ | D |
| 高锰酸盐指数 | GBW(E)080201 | 4.17mg·$L^{-1}$ | D |
| 水中挥发酚 | GBW(E)080202 | 0.0550mg·$L^{-1}$ | D |
| 生化、化学需氧量 | GBW(E)080203 | $BOD_5$ 69.54mg·$L^{-1}$<br>COD(Cr)108.3mg·$L^{-1}$ | D |
| 水中硒 | GBW(E)080215 | 100 | B |
| 水中钒 | GBW(E)080216 | 100 | B |
| 水中硼 | GBW(E)080217 | 100 | B |
| 水中钼 | GBW(E)080218 | 100 | B |
| 水中铝 | GBW(E)080219 | 100 | B |
| 水中氨-氮 | GBW(E)080220 | 100mg·$L^{-1}$ | B |
| 水中氨-氮 | GBW(E)080221 | 20.0mg·$L^{-1}$ | B |
| 水中亚硝酸盐-氮 | GBW(E)080222 | 10.0mg·$L^{-1}$ | B |
| 水中亚硝酸盐-氮 | GBW(E)080223 | 100mg·$L^{-1}$ | B |
| 水硬度 | GBW(E)080224 | 45.0mmol·$L^{-1}$ | B |
| 化学耗氧量[COD(Cr)] | GBW(E)080225 | 53.4mg·$L^{-1}$ | E |
| 生物五天需氧量($BOD_5$) | GBW(E)080226 | 20.2mg·$L^{-1}$ | E |
| 氮氧化物(水溶液) | GBW(E)080227 | 1.01mg·$L^{-1}$ | E |
| 二氧化硫(水溶液) | GBW(E)080228 | 1.07mg·$L^{-1}$ | E |
| 化学耗氧量 | GBW(E)080060<br>GBW(E)080061<br>GBW(E)080062<br>GBW(E)080063 | 50.0mg·$L^{-1}$<br>100.0mg·$L^{-1}$<br>250.0mg·$L^{-1}$<br>500mg·$L^{-1}$ | A |

① A—上海市计量测试技术研究院；B—国家标准物质研究中心；C—核工业北京化工冶金研究院；D—原水利部水环境监测评价研究中心；E—鞍山市环境监测中心。

8. 生物物质国家二级标准物质

生物物质国家二级标准物质见表 3-44。

**表 3-44 生物物质国家二级标准物质**

| 名 称 | 编 号 | 质 量 浓 度 | 研制单位[①] |
|---|---|---|---|
| 黄曲霉毒素 $B_1$ | GBW(E)090015a | 1.02$\mu g \cdot mL^{-1}$ | A |
| 冻干人尿碘 | GBW(E)090016<br>GBW(E)090017 | 121$\mu g \cdot L^{-1}$<br>201$\mu g \cdot L^{-1}$ | B |

① A—国家粮食储备局科学研究院；B—中国预防医学科学院劳动卫生与职业病研究所。

9. 煤物理性质和化学成分国家二级标准物质

煤物理性质和化学成分国家二级标准物质见表 3-45。

表 3-45 煤物理性质和化学成分国家二级标准物质

| 编号 | 热值/MJ·kg$^{-1}$ | 质量分数/% | | | 编号 | 热值/MJ·kg$^{-1}$ | 质量分数/% | | |
|---|---|---|---|---|---|---|---|---|---|
| | | 灰分 | 挥发分 | 全硫 | | | 灰分 | 挥发分 | 全硫 |
| GBW(E)110001b | 20.01 | 36.48 | 11.40 | 5.91 | GBW(E)110006a | 22.88 | 30.35 | 14.97 | 2.37 |
| GBW(E)110002b | 24.17 | 28.07 | 12.00 | 2.38 | GBW(E)110007c | 23.63 | 28.70 | 13.63 | 4.11 |
| GBW(E)110003a | 19.64 | 40.56 | 12.37 | 1.09 | GBW(E)110008a | 23.60 | 29.54 | 12.83 | 1.99 |
| GBW(E)110004b | 20.80 | 33.00 | 25.14 | 1.36 | GBW(E)110009a | 25.53 | 24.06 | 14.70 | 1.27 |
| GBW(E)110005b | 22.48 | 33.22 | 12.59 | 1.10 | GBW(E)1100010b | 28.36 | 15.42 | 31.88 | 1.03 |

注：1.2000 年 1 月定值，有效期 1 年。

2. 研制单位为武汉水利电力大学。

10. 工程技术特性测量国家二级标准物质

工程技术特性测量国家二级标准物质见表 3-46。

表 3-46 工程技术特性测量国家二级标准物质

| 名称 | 编号 | 标准值 | 名称 | 编号 | 标准值 |
|---|---|---|---|---|---|
| 浊度 | GBW(E)120010 | 4000(NTU,FTU 单位) | 车用含铅汽油辛烷值 | GBW(E)120013 | 标准辛烷值(RON)90.9 |
| | GBW(E)120011 | 400(NTU,FTU 单位) | | GBW(E)120014 | 标准辛烷值(RON)92.5 |
| | GBW(E)120012 | 100(EBC 单位) | 车用无铅汽油辛烷值 | GBW(E)120015 | 标准辛烷值(RON)90.3 |
| | | | | GBW(E)120016 | 标准辛烷值(RON)93.3 |

注：研制单位为国家标准物质研究中心。

11. 物理特性与物理化学特性测量国家二级标准物质

物理特性与物理化学特性测量国家二级标准物质见表 3-47～表 3-74。

表 3-47 物理特性与物理化学特性测量国家二级标准物质 (1)

| 名称 | 编号 | 标准值 | 研制单位① |
|---|---|---|---|
| 标准黏度液 | GBW(E)130001 | 运动黏度 2mm$^2$·s$^{-1}$(20℃) | A |
| | GBW(E)130002 | 运动黏度 5mm$^2$·s$^{-1}$(20℃) | |
| | GBW(E)130003 | 运动黏度 10mm$^2$·s$^{-1}$(20℃) | |
| | GBW(E)130004 | 运动黏度 20mm$^2$·s$^{-1}$(20℃) | |
| | GBW(E)130005 | 运动黏度 50mm$^2$·s$^{-1}$(20℃) | |
| | GBW(E)130006 | 运动黏度 100mm$^2$·s$^{-1}$(20℃) | |
| | GBW(E)130007 | 运动黏度 200mm$^2$·s$^{-1}$(20℃) | |
| | GBW(E)130008 | 运动黏度 400mm$^2$·s$^{-1}$(20℃) | |
| | GBW(E)130009 | 运动黏度 700mm$^2$·s$^{-1}$(20℃) | |
| 中国标准海水 | GBW(E)130010 | 盐度范围 34.9～35.1 | B |
| 中国系列标准海水 | GBW(E)130011 | 盐度范围 2～42 | C |
| 比表面 | GBW(E)130023 | 8.03m$^2$·g$^{-1}$ | D |
| 小比表面 | GBW(E)130024 | 1.44m$^2$·g$^{-1}$ | D |
| 苯甲酸 | GBW(E)130035a | 燃烧热 26461J·g$^{-1}$ | E |
| 甲烷燃烧热 | GBW(E)130073 | 燃烧热值 39839kJ·m$^{-3}$② | E |
| 热值气体 | GBW(E)130099 | 热值范围 7000～42000kJ·m$^{-3}$ | F |
| 热值气体 | GBW(E)130152 | 热值范围 6500～50000kJ·m$^{-3}$ | E |
| 红外油分仪用溶液 | GBW(E)130171 | OCB1000mg·L$^{-1}$ | E |
| 有机铁 | GBW(E)130160 | 质量分数(×10$^{-6}$) 100 | G |
| | GBW(E)130161 | 质量分数(×10$^{-6}$) 1000 | |
| 有机镍 | GBW(E)130162 | 质量分数(×10$^{-6}$) 100 | G |

① A—中国石油化工总公司大连石油化工公司；B—青岛海洋大学标准海水厂；C—国家海洋标准计量中心；D—上海市计量测试技术研究院；E—国家标准物质研究中心；F—锡山市新苑科学气体厂；G—中国科学院大连化学物理研究所。

② 纯度为 99.99%。

**表 3-48 物理特性与物理化学特性测量国家二级标准物质（2）**

| 名 称 | 编 号 | 晶格常数/$10^{-10}$m | 不确定度/$10^{-10}$m |
|---|---|---|---|
| X 射线衍射硅粉末 | GBW(E)130014 | 5.4307 | 0.0002 |

注：纯度为 99.999%，平均粒度为 8.8μm。研制单位为上海市计量测试技术研究院。

**表 3-49 物理特性与物理化学特性测量国家二级标准物质（3）**

| 名 称 | 编 号 | 晶格常数(25℃±1℃)/$10^{-10}$m | | | |
|---|---|---|---|---|---|
| | | a | σ(a) | C | σ(C) |
| X 射线粒度测定用 α-$SiO_2$ | GBW(E)130015 | 4.9133 | 0.0001 | 5.4051 | 0.0001 |
| X 射线衍射仪校正用 α-$SiO_2$ | GBW(E)130016 | 4.9133 | 0.0001 | 5.4051 | 0.0001 |
| X 射线衍射仪校正和定量相分析用 α-$SiO_2$ | GBW(E)130017 | 4.9133 | 0.0001 | 5.4051 | 0.0001 |

注：纯度为 99.99%，粒级分别为 10～20μm、＜20μm、＜5μm。研制单位同表 3-58。

**表 3-50 物理特性与物理化学特性测量国家二级标准物质（4）**

| 名 称 | 编 号 | pH 标准值 | | 不确定度(pH) |
|---|---|---|---|---|
| | | 25℃ | 38℃ | |
| 混合磷酸盐 pH 溶液 | GBW(E)130074 | 6.86 | 6.84 | 0.01 |
| 混合磷酸盐 pH 溶液 | GBW(E)130075 | 7.41 | 7.38 | 0.01 |
| 邻苯二甲酸氢钾 pH 溶液 | GBW(E)130076 | 4.00 | | 0.01 |
| 硼砂 pH 溶液 | GBW(E)130077 | 9.18 | | 0.01 |

注：研制单位同表 3-48。

**表 3-51 物理特性与物理化学特性测量国家二级标准物质（5）**

| 名 称 | 编 号 | 特征波长值(带宽 1nm) | | 不确定度/nm |
|---|---|---|---|---|
| | | 波 峰 号 | 标准值/nm | |
| 氧化钬溶液波长标准物质 | GBW(E)130095 | 1 | 241.16 | 0.10 |
| | | 2 | 249.86 | |
| | | 3 | 278.09 | |
| | | 4 | 287.26 | |
| | | 5 | 333.46 | |
| | | 6 | 345.39 | |
| | | 7 | 361.24 | |
| | | 8 | 385.61 | |
| | | 9 | 416.27 | |
| | | 10 | 451.28 | |
| | | 11 | 467.76 | |
| | | 12 | 485.22 | |
| | | 13 | 536.53 | |
| | | 14 | 640.42 | |

注：研制单位同表 3-48。

**表 3-52 物理特性与物理化学特性测量国家二级标准物质（6）**

| 名 称 | 编 号 | 质量浓度的标准值/g·$mL^{-1}$ | | 相对不确定度/% |
|---|---|---|---|---|
| 气相色谱仪检测用标准物质 | GBW(E)130117 | 正十四烷-异辛烷 | $3.00\times10^{-3}$ | 2.5 |
| | | 正十五烷-异辛烷 | | |
| | | 正十六烷-异辛烷 | | |
| | GBW(E)130118 | 正十四烷-异辛烷 | $3.00\times10^{-4}$ | |
| | | 正十五烷-异辛烷 | | |
| | | 正十六烷-异辛烷 | | |
| | GBW(E)130119 | 丙体六六六-异辛烷 | $3.00\times10^{-8}$ | |
| | | 艾氏剂-异辛烷 | $4.00\times10^{-8}$ | |

注：研制单位同表 3-48。

**表 3-53 物理特性与物理化学特性测量国家二级标准物质（7）**

| 名称 | 编号 | 膜厚/nm | |
|---|---|---|---|
| | | 标准值 | 不确定度 |
| 二氧化硅(膜)系列标准物质 | GBW(E)130144 | 58.9 | 0.7 |
| | GBW(E)130145 | 93.0 | 0.4 |

注：界面宽度分别为2.4nm和2.6nm。研制单位同表3-48。

**表 3-54 物理特性与物理化学特性测量国家二级标准物质（8）**

| 名称 | 编号 | 薄层电阻范围(Ω/□) | 相对不确定度/% |
|---|---|---|---|
| 薄层电阻标准物质 | GBW(E)130146 | 0.01～1000 | 1 |

注：研制单位为上海市计量测试技术研究院。

**表 3-55 物理特性与物理化学特性测量国家二级标准物质（9）**

| 名称 | 编号 | 熔点/℃ | | 毛细管熔点(全熔点)/℃ | | | |
|---|---|---|---|---|---|---|---|
| | | $F=1,\Delta T=0$ | 不确定度 | 0.20℃·$min^{-1}$ | 不确定度 | 1.0℃·$min^{-1}$ | 不确定度 |
| 对硝基甲苯熔点 | GBW(E)130027 | 51.61 | 0.08 | 52.04 | 0.15 | 52.59 | 0.25 |
| 萘熔点 | GBW(E)130028 | 79.99 | 0.08 | 80.40 | 0.15 | 81.00 | 0.25 |
| 苯甲酸熔点 | GBW(E)130029 | 122.37 | 0.08 | 122.84 | 0.15 | 123.36 | 0.25 |
| 1,6-已二酸熔点 | GBW(E)130030 | 151.58 | 0.08 | 152.23 | 0.15 | 152.89 | 0.25 |
| 对甲氧基苯甲酸熔点 | GBW(E)130031 | 181.36 | 0.08 | 184.19 | 0.15 | 184.77 | 0.25 |
| 蒽熔点 | GBW(E)130032 | 215.92 | 0.08 | 216.36 | 0.15 | 216.96 | 0.25 |
| 对硝基苯甲酸熔点 | GBW(E)130033 | 239.49 | 0.08 | 240.43 | 0.15 | 241.17 | 0.25 |
| 蒽醌熔点 | GBW(E)130034 | 284.70 | 0.08 | 285.34 | 0.15 | 285.96 | 0.25 |

注：研制单位为天津市计量技术研究所。

**表 3-56 物理特性与物理化学特性测量国家二级标准物质（10）**

| 名称 | 编号 | 毛细管熔点(全熔点)/℃ | | | | | |
|---|---|---|---|---|---|---|---|
| | | 0.2℃·$min^{-1}$ | 不确定度 | 0.5℃·$min^{-1}$ | 不确定度 | 1.0℃·$min^{-1}$ | 不确定度 |
| 偶氮苯熔点 | GBW(E)130133 | 68.34 | 0.15 | 68.50 | 0.20 | 68.60 | 0.25 |
| 香草醛熔点 | GBW(E)130134 | 81.85 | 0.15 | 82.12 | 0.20 | 82.33 | 0.25 |
| 乙酰苯胺熔点 | GBW(E)130135 | 114.55 | 0.15 | 114.74 | 0.20 | 115.00 | 0.25 |
| 非那西丁熔点 | GBW(E)130136 | 134.96 | 0.15 | 135.08 | 0.20 | 135.23 | 0.25 |
| 磺胺熔点 | GBW(E)130137 | 164.70 | 0.15 | 165.04 | 0.20 | 165.16 | 0.25 |
| 丁二酸熔点 | GBW(E)130138 | 184.02 | 0.15 | 184.90 | 0.20 | 185.97 | 0.25 |
| 磺胺二甲嘧啶熔点 | GBW(E)130139 | 198.32 | 0.15 | 198.60 | 0.20 | 198.71 | 0.25 |
| 二氰二胺熔点 | GBW(E)130140 | 208.62 | 0.15 | 209.38 | 0.20 | 210.16 | 0.25 |
| 糖精熔点 | GBW(E)130141 | 228.41 | 0.15 | 228.65 | 0.20 | 228.84 | 0.25 |
| 咖啡因熔点 | GBW(E)130142 | 236.26 | 0.15 | 236.51 | 0.20 | 236.60 | 0.25 |
| 酚酞熔点 | GBW(E)130143 | 261.43 | 0.15 | 261.67 | 0.20 | 262.61 | 0.25 |

注：研制单位为天津市计量技术研究所。

**表 3-57 物理特性与物理化学特性测量国家二级标准物质（11）**

| 名称 | 编号 | 透射比标称值(20℃)/% | | | | 相对不确定度/% |
|---|---|---|---|---|---|---|
| | | λ=235nm | λ=257nm | λ=313nm | λ=350nm | |
| 紫外分光光度计用标准物质 | GBW(E)130066 | 18.1 | 13.7 | 51.3 | 22.8 | 0.2 |

注：研制单位为国家标准物质研究中心。

**表 3-58 物理特性与物理化学特性测量国家二级标准物质（12）**

| 名称 | 编号 | 吸光度标准值(光谱带宽 2nm)(20℃) | | | | | |
|---|---|---|---|---|---|---|---|
| | | 样品号 | 波长/nm | | | | |
| | | | 751 | 511 | 394 | 300 | 不确定度 |
| 紫外可见分光光度计用标准物质 | GBW(E)130067 | A | 0.293 | 0.293 | 0.291 | 0.292 | 0.004 |
| | | B | 0.586 | 0.590 | 0.586 | 0.594 | 0.005 |
| | | C | 0.887 | 0.889 | 0.875 | 0.907 | 0.006 |

注：研制单位同表 3-57。

**表 3-59 物理特性与物理化学特性测量国家二级标准物质（13）**

| 名称 | | 编号 | pH 标准值(25℃) | 不确定度 |
|---|---|---|---|---|
| pH 标准物质 | 四草酸氢钾 | GBW(E)130068 | 1.68 | 0.01pH |
| | 酒石酸氢钾 | GBW(E)130069 | 3.56 | |
| | 邻苯二甲酸氢钾 | GBW(E)130070 | 4.00 | |
| | 混合磷酸盐 | GBW(E)130071 | 6.86 | |
| | 硼砂 | GBW(E)130072 | 9.18 | |

注：GBW（E）130068～GBW（E）130070 质量分数大于 99.9%，GBW（E）130071 质量分数大于 99.5%，GBW（E）130072 质量分数大于 99.8%。研制单位同表 3-57。

**表 3-60 物理特性与物理化学特性测量国家二级标准物质（14）**

| 名称 | 编号 | 熔体流动速率标准值/g·$10min^{-1}$ | 不确定度/g·$10min^{-1}$ |
|---|---|---|---|
| 聚乙烯熔体流动速率标准物质 | GBW(E)130096 | 1.77 | 0.05 |
| | GBW(E)130097 | 4.10 | 0.18 |
| | GBW(E)130098 | 6.98 | 0.35 |

注：研制单位同表 3-57。

**表 3-61 物理特性与物理化学特性测量国家二级标准物质（15）**

| 名称 | 编号 | 质量浓度的标准值/μg·$mL^{-1}$ | | 相对不确定度/% |
|---|---|---|---|---|
| 气相色谱仪检定用标准物质 | GBW(E)130101 | 苯-甲苯 | $5.00\times10^3$～$5.00\times10^5$ | 3 |
| | GBW(E)130102 | 正十六烷-异辛烷 | $1.00\times10^2$～$1.00\times10^4$ | 3 |
| | GBW(E)130103 | 甲基对硫磷-无水乙醇 | $1.00\times10$～$1.00\times10^3$ | 3 |
| | GBW(E)130104 | 丙体六六六-正己烷 | 0.100～1.00 | 3 |

注：研制单位同表 3-57。

**表 3-62 物理特性与物理化学特性测量国家二级标准物质（16）**

| 名称 | 编号 | 质量浓度(20℃)/g·$L^{-1}$ | 电导率标称值/μS·$cm^{-1}$ | | | | | 相对不确定度/% |
|---|---|---|---|---|---|---|---|---|
| | | | 15℃ | 18℃ | 20℃ | 25℃ | 35℃ | |
| 氯化钾电导率标准物质 | GBW(E)130106 | 0.7440 | 1141 | 1219 | 1273 | 1407 | 1687 | 0.25 |

注：研制单位同表 3-57。

**表 3-63 物理特性与物理化学特性测量国家二级标准物质（17）**

| 名　称 | 编　号 | 中心波长/nm | | 半高波长/nm | |
|---|---|---|---|---|---|
| | | 标称值 | 不确定度 | 标称值 | 不确定度 |
| 玻璃滤光片标准物质 | GBW(E)130115 | 420 | 1 | | |
| | | 660 | 1 | | |
| | GBW(E)130116 | | | 670 | 1 |

注：研制单位同表 3-57。

**表 3-64 物理特性与物理化学特性测量国家二级标准物质（18）**

| 名　称 | | 编　号 | 熔化温度/℃ | | 熔化热/$J \cdot g^{-1}$ | | 相变温度/℃ | |
|---|---|---|---|---|---|---|---|---|
| | | | 标准值 | 不确定度 | 标准值 | 不确定度 | 标准值 | 不确定度 |
| 热分析标准物质 | 铟 | GBW(E)130182 | 156.52 | 0.26 | 28.53 | 0.30 | | |
| | 锡 | GBW(E)130183 | 231.81 | 0.06 | 60.24 | 0.18 | | |
| | 铅 | GBW(E)130184 | 327.77 | 0.46 | 23.02 | 0.28 | | |
| | 锌 | GBW(E)130185 | 420.67 | 0.60 | 107.6 | 1.3 | | |
| | 硝酸钾 | GBW(E)130186 | | | | | 130.45 | 0.44 |
| | 二氧化硅 | GBW(E)130187 | | | | | 574.29 | 0.94 |

注：研制单位为国家标准物质研究中心。

**表 3-65 物理特性与物理化学特性测量国家二级标准物质（19）**

| 名　称 | 编　号 | 参数值及不确定度 | |
|---|---|---|---|
| 无釉陶瓷白板标准物质 | GBW(E)130078 | 波长范围 | 400～700nm |
| | | 反射比 | 0.6～0.9 |
| | | 反射比不确定度 | $\Delta Y=0.7\%$ |

注：研制单位为浙江省计量测试技术研究所。

**表 3-66 物理特性与物理化学特性测量国家二级标准物质（20）**

| 名　称 | 编　号 | 波长/nm | 270 | 293 | 350 | 透射比标准值的不确定度 |
|---|---|---|---|---|---|---|
| | | 带宽/nm | 2 | 2 | 2 | |
| 紫外光区透射比滤光片标准物质 | GBW(E)130105 | 透射比标称值 | 0.198 | 0.092 | 0.615 | 0.002 |

注：研制单位为安徽省计量测试研究所、国家标准物质研究中心。

**表 3-67 物理特性与物理化学特性测量国家二级标准物质（21）**

| 名　称 | | 编　号 | pH 标准值(25℃) | pH 不确定度 |
|---|---|---|---|---|
| pH 标准物质 | 邻苯二甲酸氢钾 | GBW(E)130153 | 4.01 | 0.01 |
| | 混合磷酸盐 | GBW(E)130154 | 6.86 | 0.01 |
| | 混合磷酸盐 | GBW(E)130155 | 7.41 | 0.01 |
| | 硼砂 | GBW(E)130156 | 9.18 | 0.01 |

注：研制单位为北京方正计量化工研究所。

**表 3-68 物理特性与物理化学特性测量国家二级标准物质（22）**

| 名　称 | 编　号 | 特征吸收峰波长(带宽 2nm)/nm | 不确定度/nm |
|---|---|---|---|
| 镨钕滤光片标准物质 | GBW(E)130121 | 400～900 共 12 条谱线 | 0.3 |
| 氧化钬滤光片标准物质 | GBW(E)130122 | 200～700 共 12 条谱线 | |

注：研制单位同表 3-69。

表 3-69 物理特性与物理化学特性测量国家二级标准物质（23）

| 名称 | 编号 | 波长/nm | 440.0 | 546.0 | 635.0 | 透射比标准值的相对不确定度/% |
|---|---|---|---|---|---|---|
| | | 带宽/nm | 2 | 2 | 2 | |
| 可见光区透射比滤光片标准物质 | GBW(E)130123 | 透射比标称值 | 0.1～0.7 | 0.1～0.7 | 0.1～0.7 | 0.5 |

注：研制单位为国防科工委化学计量一级站。

表 3-70 物理特性与物理化学特性测量国家二级标准物质（24）

| 名称 | 编号 | 特征吸收峰波长值(带宽 2nm) | | 波长不确定度/nm |
|---|---|---|---|---|
| | | 吸收峰号 | 吸收峰波长/nm | |
| 镨铒滤光片波长标准物质 | GBW(E)130166 | 1 | 651.7 | 0.3 |
| | | 2 | 587.7 | |
| | | 3 | 546.6 | |
| | | 4 | 520.5 | |
| | | 5 | 483.0 | |
| | | 6 | 470.8 | |
| | | 7 | 442.4 | |
| | | 8 | 407.2 | |
| | | 9 | 378.0 | |
| | | 10 | 365.0 | |

注：研制单位为国家标准物质研究中心。

表 3-71 物理特性与物理化学特性测量国家二级标准物质（25）

| 名称 | | 编号 | 标准质量浓度/$g \cdot mL^{-1}$ | 相对不确定度/% |
|---|---|---|---|---|
| 液相色谱仪检定用溶液标准物质 | 萘甲醇溶液 | GBW(E)130167 | $1.00 \times 10^{-4}$ | 4 |
| | 萘甲醇溶液 | GBW(E)130168 | $1.00 \times 10^{-7}$ | 4 |
| | 硫酸奎宁水溶液 | GBW(E)130169 | $1.00 \times 10^{-6}$ | 3 |
| | 硫酸奎宁水溶液 | GBW(E)130170 | $1.00 \times 10^{-9}$ | 3 |

注：研制单位同表 3-70。

表 3-72 物理特性与物理化学特性测量国家二级标准物质（26）

| 名称 | | 编号 | 转变温度/℃ | 不确定度/℃ |
|---|---|---|---|---|
| 差示扫描量热仪标准物质 | 正辛烷 | GBW(E)130174 | −56.71 | 0.07 |
| | 正十八烷 | GBW(E)130175 | 28.18 | 0.05 |
| | 硫酸银 | GBW(E)130176 | 426.95 | 0.30 |
| | 石英砂 | GBW(E)130177 | 573.21 | 0.15 |

注：研制单位为国防科工委化学计量一级站。

表 3-73 物理特性与物理化学特性测量国家二级标准物质（27）

| 名称 | | 编号 | 质量分数($10^{-2}$) | 不确定度($10^{-2}$) |
|---|---|---|---|---|
| 气相色谱/质谱联用仪检定用标准物质 | 硬脂酸甲酯 | GBW(E)130178 | 99.92 | 0.09 |
| | 二苯甲酮 | GBW(E)130179 | 99.94 | 0.09 |
| | 六氯苯 | GBW(E)130180 | 99.92 | 0.09 |

注：研制单位同表 3-72。

**表 3-74　物理特性与物理化学特性测量国家二级标准物质（28）**

| 名　　称 | 编　　号 | 吸收峰波数/$cm^{-1}$ | | |
|---|---|---|---|---|
| | | 波峰号 | 标　准　值 | 不确定度 |
| 傅立叶变换红外光谱仪检定用标准物质 | GBW(E)130181 | 1 | 544.2 | 1.1 |
| | | 2 | 842.04 | 0.24 |
| | | 3 | 906.82 | 0.08 |
| | | 4 | 1028.36 | 0.09 |
| | | 5 | 1069.20 | 0.21 |
| | | 6 | 1154.63 | 0.04 |
| | | 7 | 1583.13 | 0.03 |
| | | 8 | 1601.34 | 0.03 |
| | | 9 | 2850.12 | 0.09 |
| | | 10 | 3001.39 | 0.05 |
| | | 11 | 3026.38 | 0.05 |
| | | 12 | 3060.02 | 0.06 |
| | | 13 | 3082.17 | 0.05 |

注：研制单位为国防科工委化学计量一级站。

## 三、实物国家标准（GSB）

Z 代表环保类；H 代表冶金类；A 代表综合类；G 代表化工类。

### 1. 元素溶液实物国家标准

元素溶液实物国家标准见表 3-75。

**表 3-75　元素溶液实物国家标准**

| 名称 | 国家编号 | 浓度/$\mu g \cdot mL^{-1}$ | 介　质 | mL/瓶 | 名称 | 国家编号 | 浓度/$\mu g \cdot mL^{-1}$ | 介　质 | mL/瓶 |
|---|---|---|---|---|---|---|---|---|---|
| 锂 | GSBG 62001—1990 | 1000 | 10% HCl | 50 | 钴 | GSBG 62021—1990 | 1000 | 5% $HNO_3$ | 50 |
| 铍 | GSBG 62002—1990 | 1000 | 10% $HNO_3$ | 50 | 镍 | GSBG 62022—1990 | 1000 | 5% $HNO_3$ | 50 |
| 硼 | GSBG 62003—1990 | 1000 | $H_2O$ | 50 | 铜 | GSBG 62023—1990 | 1000 | 5% $H_2SO_4$ | 50 |
| 钠 | GSBG 62004—1990 | 1000 | $H_2O$ | 50 | 铜 | GSBG 62024—1990 | 1000 | 10% HCl | 50 |
| 镁 | GSBG 62005—1990 | 1000 | 5% HCl | 50 | 锌 | GSBG 62025—1990 | 1000 | 10% HCl | 50 |
| 铝 | GSBG 62006—1990 | 1000 | 10% HCl | 50 | 镓 | GSBG 62026—1990 | 1000 | 10% HCl | 50 |
| 硅 | GSBG 62007—1990 | 500 | $Na_2CO_3$ | 50 | 砷 | GSBG 62027—1990 | 1000 | 5% HCl | 50 |
| 磷 | GSBG 62008—1990 | 1000 | 氨盐 $H_2O$ | 50 | 砷 | GSBG 62028—1990 | 1000 | 10% HCl | 50 |
| 磷 | GSBG 62009—1990 | 1000 | 钾盐 $H_2O$ | 50 | 硒 | GSBG 62029—1990 | 1000 | 10% HCl | 50 |
| 硫 | GSBG 62010—1990 | 1000 | $H_2O$ | 50 | 铷 | GSBG 62030—1990 | 1000 | 5% $HNO_3$ | 50 |
| 钾 | GSBG 62011—1990 | 1000 | $H_2O$ | 50 | 锶 | GSBG 62031—1990 | 1000 | $H_2O$ | 50 |
| 钙 | GSBG 62012—1990 | 1000 | 5% HCl | 50 | 钇 | GSBG 62032—1990 | 1000 | 10% HCl | 50 |
| 钪 | GSBG 62013—1990 | 1000 | 20% $HNO_3$ | 50 | 锆 | GSBG 62033—1990 | 1000 | 10% HCl | 50 |
| 钛 | GSBG 62014—1990 | 1000 | 10% $H_2SO_4$ | 50 | 铌 | GSBG 62034—1990 | 1000 | 5% HF | 50 |
| 钒 | GSBG 62015—1990 | 1000 | 10% $H_2SO_4$ | 50 | 钼 | GSBG 62035—1990 | 1000 | 5% $H_2SO_4$ | 50 |
| 钒 | GSBG 62016—1990 | 1000 | 10% HCl | 50 | 钌 | GSBG 62036—1990 | 1000 | 10% HCl | 50 |
| 铬 | GSBG 62017—1990 | 1000 | 10% HCl | 50 | 铑 | GSBG 62037—1990 | 1000 | 10% $HNO_3$ | 50 |
| 锰 | GSBG 62018—1990 | 1000 | 5% $H_2SO_4$ | 50 | 钯 | GSBG 62038—1990 | 1000 | 10% HCl | 50 |
| 锰 | GSBG 62019—1990 | 1000 | 10% $HNO_3$ | 50 | 银 | GSBG 62039—1990 | 1000 | 5% $HNO_3$ | 50 |
| 铁 | GSBG 62020—1990 | 1000 | 10% HCl | 50 | 镉 | GSBG 62040—1990 | 1000 | 10% HCl | 50 |
| 铟 | GSBG 62041—1990 | 1000 | 10% HCl | 50 | 铥 | GSBG 62058—1990 | 1000 | 10% HCl | 50 |
| 锡 | GSBG 62042—1990 | 1000 | 20% HCl | 50 | 镱 | GSBG 62059—1990 | 1000 | 10% HCl | 50 |

续表

| 名称 | 国家编号 | 浓度 /μg·mL$^{-1}$ | 介　质 | mL /瓶 | 名称 | 国家编号 | 浓度 /μg·mL$^{-1}$ | 介　质 | mL /瓶 |
|---|---|---|---|---|---|---|---|---|---|
| 锑 | GSBG 62043—1990 | 1000 | 25% $H_2SO_4$ | 50 | 镥 | GSBG 62060—1990 | 1000 | 10% $HNO_3$ | 50 |
| 碲 | GSBG 62044—1990 | 1000 | 10% HCl | 50 | 铪 | GSBG 62061—1990 | 1000 | 10% $H_2SO_4$ | 50 |
| 铯 | GSBG 62045—1990 | 1000 | 5% $HNO_3$ | 50 | 钽 | GSBG 62062—1990 | 1000 | 20% HF | 50 |
| 钡 | GSBG 62046—1990 | 1000 | 10% HCl | 50 | 钨 | GSBG 62063—1990 | 1000 | 2% NaOH | 50 |
| 镧 | GSBG 62047—1990 | 1000 | 10% HCl | 50 | 铼 | GSBG 62064—1990 | 1000 | 10% HCl | 50 |
| 铈 | GSBG 62048—1990 | 1000 | 10% $HNO_3$ | 50 | 锇 | GSBG 62065—1990 | 1000 | 20% HCl | 50 |
| 镨 | GSBG 62049—1990 | 1000 | 10% HCl | 50 | 铱 | GSBG 62066—1990 | 1000 | 10% HCl | 50 |
| 钕 | GSBG 62050—1990 | 1000 | 10% HCl | 50 | 铂 | GSBG 62067—1990 | 1000 | 10% HCl | 50 |
| 钐 | GSBG 62051—1990 | 1000 | 10% HCl | 50 | 金 | GSBG 62068—1990 | 1000 | 10% HCl | 50 |
| 铕 | GSBG 62052—1990 | 1000 | 10% HCl | 50 | 汞 | GSBG 62069—1990 | 1000 | 5% $HNO_3$ | 50 |
| 钆 | GSBG 62053—1990 | 1000 | 10% HCl | 50 | 铊 | GSBG 62070—1990 | 1000 | 20% $HNO_3$ | 50 |
| 铽 | GSBG 62054—1990 | 1000 | 10% HCl | 50 | 铅 | GSBG 62071—1990 | 1000 | 10% $HNO_3$ | 50 |
| 镝 | GSBG 62055—1990 | 1000 | 10% HCl | 50 | 铋 | GSBG 62072—1990 | 1000 | 10% $HNO_3$ | 50 |
| 钬 | GSBG 62056—1990 | 1000 | 10% HCl | 50 | 锗 | GSBG 62073—1990 | 1000 | $H_2O$ | 50 |
| 铒 | GSBG 62057—1990 | 1000 | 10% HCl | 50 | | | | | |

注：表中元素溶液由国家钢铁材料测试中心、钢铁研究总院研制，北京市华仪冶金技贸公司经销。

2. 环境实物国家标准

环境实物国家标准见表 3-76。

**表 3-76　环境实物国家标准**

| 名　　称 | 国家编号 | 浓度范围/mg·L$^{-1}$ |
|---|---|---|
| 化学耗氧量(COD) | GSBZ 50001—1988 | 70～200 |
| 生化耗氧量(BOD) | GSBZ 50002—1988 | 50～150 |
| 酚 | GSBZ 50003—1988 | 0.01～1.5 |
| 砷 | GSBZ 50004—1988 | 0.1～0.8 |
| 氨氮 | GSBZ 50005—1988 | 0.5～5 |
| 亚硝酸盐氮 | GSBZ 50006—1988 | 0.05～0.2 |
| 总硬度 | GSBZ 50007—1988 | 5～15(DH) |
| 硝酸盐氮 | GSBZ 50008—1988 | 0.5～5 |
| 铜、铅、锌、镉、镍、铬(混合样) | GSBZ 50009—1988 | Cu 0.5～2;Pb1～2;Zn 0.1～1;Cd 0.1～1;Ni 0.1～1;Cr 0.1～1 |
| 氟、氯、硫酸根(混合样) | GSBZ 50010—1988 | $F^-$ 0.2～5;$Cl^-$ 0.5～100;$SO_4^{2-}$ 5～100 |
| 铜 | GSBZ 50009—1988(1) | 0.5～2 |
| 铅 | GSBZ 50009—1988(2) | 1～2 |
| 锌 | GSBZ 50009—1988(3) | 0.1～1 |
| 镉 | GSBZ 50009—1988(4) | 0.1～1 |
| 镍 | GSBZ 50009—1988(5) | 0.1～1 |
| 铬 | GSBZ 50009—1988(6) | 0.1～1 |
| 氟 | GSBZ 50010—1988(1) | 0.2～5 |
| 氯 | GSBZ 50010—1988(2) | 0.5～100 |
| 硫酸根 | GSBZ 50010—1988(3) | 5～100 |
| 汞 | GSBZ 50016—1990 | 6～20μg·L$^{-1}$ |
| pH | GSBZ 50017—1990 | 3～10(pH 值) |
| 总氰化物 | GSBZ 50018—1990 | 0.05～1 |
| 铁、锰 | GSBZ 50019—1990 | 0.2～2 |
| 钾、钠、钙、镁 | GSBZ 50020—1990 | K 1～2;Na 1～2;Ca 5～10;Mg 0.1～1 |
| 钾 | GSBZ 50020—1990(1) | 1～2 |
| 钠 | GSBZ 50020—1990(2) | 1～2 |
| 钙 | GSBZ 50020—1990(3) | 5～10 |
| 镁 | GSBZ 50020—1990(4) | 0.2～1 |
| 铁 | GSBZ 50019—1990(1) | 0.5～2 |
| 锰 | GSBZ 50019—1990(2) | 0.5～2 |

注：表中环境标准物质由中国环境监测总站生产，北京瑞斯环境保护新技术开发中心经销。

3. 钢铁实物国家标准

钢铁实物国家标准见表 3-77。

**表 3-77 钢铁实物国家标准**

| 名　称 | 国家编号 | 定值内容 | 研究单位 |
|---|---|---|---|
| 高锰高铜铸铁 | GSBH 11005—1990<br>GSBH 11006—1990<br>GSBH 11007—1990 | C、Si、Mn、P、S、Cu | 鄂城钢铁厂 |
| 钒钛生铁 | GSBA 64021～64025—1989 | C、Si、Mn、P、S、Cu、Cr、Ni、Ti、V、Co、Ca | 攀枝花钢铁研究院 |
| 生铁 | GSBH 41008—1993 | C、Si、Mn、P、S、Cu、Cr、Ni、Ti、Sb、V、Bi、Mo、Sn、Zn、Pb、As | 本溪钢铁公司钢铁研究所 |
| 合金结构钢 | GSBH 40061—40066 | C、Si、Mn、P、S、Ni、Cr、Cu、V、Ti、Al、W、Mo、As、Sb、Bi、Sn、Pb | 钢铁总院 |
| 碳素钢 | GSBH 40079—40084 | C、Si、Mn、P、S、Ni、Cr、Cu、V、Ti、Al | 钢铁总院 |
| 碳素钢 | GSBH 64008～64014—1989 | C、Si、Mn、P、S、Cr、Ni、Cu | 武汉钢铁公司钢铁研究所 |
| 痕量元素碳钢 | GSBH 40031～40037—1993 | C、Si、Mn、P、S、Cr、Ni、Mo、Co、Sb、Sn、Pb、Al、As、Bi | 山东冶金研究所 |
| GCrSiMn | GSBH 40011—1992 | C、Si、Mn、P、S、Cr、Ni、Cu、Mo、Ti、W、Sn、As、Sb、Al、Pb | 上海钢铁五厂 |
| 20Cr | GSBH 40004—1988 | C、Si、Mn、P、S、Cr、Ni、Cu、Mo | 山东冶金所 |
| 镍铬不锈钢 | GSBH 11001～11002—1990 | C、Si、Mn、P、S、Cr、Ni、Cu、Ti、Al | 重庆特钢厂 |
| $Cr_{21}Ni_{10}$ | GSBH 40022～40024—1992 | C、Si、Mn、P、S、Cr、Ni、Cu、Mn、V、Ti、W、As、Co、Sn、Al | 上海钢铁研究所 |
| 铅基轴承钢 | GSBH 62001～62005—1991 | Sb、Bi、Cu、Sn、Fe、As、Zn | 沈阳质检所 |
| GCr14 | GSBH 20001—1990 | O、N | 大连钢厂 |
| 钢铁及有色金属显微组织金相试样 | GSBH 04002—1989 | 铸铁、白口铁、铜、铅等 | 沈阳质检所 |
| 钢铁光谱分析 | GSBH 04003—1989 | 包括碳素钢、不锈钢等 40 个品种，定值 17 个元素 | 郑州机研所 |

## 四、实物标准

实物标准也称标准样品，简称标样。

1. 无机标准溶液

硒、钼、钴、钒、铜、铅、锌、镍、铬、钾、钠、钙、镁、氟、氯、硝酸盐氮、硫酸根、氨氮、酚、铁、锰、磷等标准溶液，浓度均为 0.5000mg/mL。

汞、亚硝酸盐氮、砷、镉、锑等标准溶液，浓度为 0.1000mg/mL。

2. 有机标准溶液

苯、甲苯、乙苯、异丙苯、苯乙烯、邻（间、对）二甲苯、硝基甲苯、间硝基甲苯、邻硝基甲苯、对硝基甲苯、间硝基氯苯、2,4-二硝基氯苯、间硝基乙苯、氯苯、邻二氯苯、间二氯苯、对二氯苯、间甲酚、对氯酚、邻氯酚、邻硝基酚、对硝基酚、氯仿、四氯化碳、三氯乙烯、四氯乙烯、溴仿等有机标准溶液，浓度为 1.00mg/mL。

苯胺（0.2～10mg/L）、硝基苯（0.2～10mg/L）、矿物油（2～40mg/L）、阴离子表面活性剂（0.2～30mg/L）、甲醛（0.2～5mg/L）、浊度（5～100度）。

3. 固体实物标准样品

固体实物标准样品见表3-78。

**表3-78 固体实物标准样品**

| 样品名称 | 定值元素或项目数 | 样品名称 | 定值元素或项目数 |
|---|---|---|---|
| 黑钙土土壤 ESS-1 | 34项保证值172页 | 合成硅酸盐 GSES Ⅰ-1～GSES Ⅰ-12 | 20多项保证值 |
| 棕壤土壤 ESS-2 | 参考值6项信息值 | 合成灰盐 GSES Ⅱ-1～GSES Ⅱ-9 | 20多项保证值 |
| 红壤土壤 ESS-3 | | 西红柿叶 ESP-1 | 25项保证值，7项参考值，12项信息值 |
| 褐土土壤 ESS-4 | | 牛肝 ESP-1 | 22项保证值，5项参考值，5项信息值 |
| 暗棕壤土壤 GSS-1 | | 牡蛎 ESA-2 | 28项保证值，9项参考值，5项信息值 |
| 栗钙土土壤 GSS-2 | 64项保证值 | 煤灰飞 82201 | 12项保证值，8项参考值 |
| 黄棕壤土壤 GSS-3 | 8项参考值 | 桃树叶 82301 | 13项保证值，3项参考值 |
| 石灰岩土壤 GSS-4 | | 茶叶 85601 | 23项保证值，8项参考值 |
| 黄红壤土壤 GSS-5 | | 茶树叶 85501 | |
| 黄色红壤土壤 GSS-6 | | 贻贝 | 20项保证值 |
| 砖红壤土壤 GSS-7 | | 人头发 GSH-1 | 30多项保证值 |
| 黄土土壤 GSS-8 | | 灌木叶 GSV-1～GSV-2 | 40多项保证值 |
| 西藏土壤 83401 | 30项保证值，10项参考值，8项信息值 | 杨树叶 GSV-4 | 30项保证值 |
| 岩石 GSR-1～GSR-6 | 50多项保证值 | | |
| 水系沉积物 GSD-1～GSD-12 | 40多项保证值 | | |

4. 大气监测液体实物样品

二氧化硫（甲醛法） 浓度0.2～1mg/L

氮氧化物 浓度 0.2～1mg/L

二氧化硫片剂（甲醛法、四氯汞钾法） 浓度0.1～10mg/L

无机标准溶液、有机标准溶液、固体标准样品、大气监测液体标准样品等，由中国环境监测总站研制，北京瑞斯环境保护新技术开发中心等经销。

5. 有机纯气体

有机纯气体见表3-79。

**表3-79 有机纯气体**

| 编号 | 气体名称 | 纯度等级 | 编号 | 气体名称 | 纯度等级 |
|---|---|---|---|---|---|
| CQ-Y001 | $CH_4$ 甲烷 | 3N～4.5N | CQ-Y009 | $n$-$C_4H_8$ 正丁烯 | 3N |
| CQ-Y002 | $C_2H_6$ 乙烷 | ≥3N | CQ-Y010 | $i$-$C_4H_{10}$ 异丁烷 | 2.5N |
| CQ-Y003 | $C_2H_4$ 乙烯 | ≥3N | CQ-Y011 | $i$-$C_4H_8$ 异丁烯 | 2.5N～3N |
| CQ-Y004 | $C_2H_2$ 乙炔 | ≥2N | CQ-Y012 | $C_4H_3$2-顺丁烯 | 2N～3N |
| CQ-Y005 | $C_3H_8$ 丙烷 | 2N～3N | CQ-Y013 | $C_4H_3$2-反丁烯 | 2N～3N |
| CQ-Y006 | $C_3H_6$ 丙烯 | 3N | CQ-Y014 | $C_3H_4$ 甲基乙炔 | 3N |
| CQ-Y007 | $C_3H_4$ 丙二烯 | 2N | CQ-Y015 | $C_4H_6$ 乙基乙炔 | 2N |
| CQ-Y008 | $n$-$C_4H_{10}$ 正丁烷 | 2.5N～3N | CQ-Y016 | $C_3H_6$ 环丙烷 | 2.5N |

注：表中气体由北京市北分科学气体公司研制；N表示气体纯度，如3N表示气体纯度为99.9%，4.5N表示气体纯度为99.995%。

6. 无机纯气体

无机纯气体见表 3-80。

**表 3-80 无机纯气体**

| 编号 | 气体名称 | 纯度等级 | 编号 | 气体名称 | 纯度等级 |
|---|---|---|---|---|---|
| CQ-W001 | $N_2$ 氮 | 2N～5N | CQ-W004 | He 氦 | 4N～5N |
| CQ-W002 | A 氩 | 2N～5N | CQ-W005 | $O_2$ 氧 | 2N～4.5N |
| CQ-W003 | $H_2$ 氢 | 5N | CQ-W006 | CO 一氧化碳 | 3N～4N |
| CQ-W007 | $CO_2$ 二氧化碳 | 3N～5N | CQ-W018 | $Cl_2$ 氯 | 3N |
| CQ-W008 | $NH_3$ 氨 | 5N | CQ-W019 | $SiH_4$ 硅烷 | >3N |
| CQ-W009 | $SF_6$ 六氟化硫 | 4N | CQ-W020 | $pH_3$ 磷烷 | >3N |
| CQ-W010 | $SO_2$ 二氧化硫 | 4N | CQ-W021 | $AsH_3$ 砷烷 | >3N |
| CQ-W011 | $H_2S$ 硫化氢 | 4N | CQ-W022 | $BH_3$ 硼烷 | 4N |
| CQ-W012 | NO 一氧化氮 | ≥3N | CQ-W023 | $CS_2$ 二硫化碳 | 2N |
| CQ-W013 | $N_2O$ 氧化亚氮 | 3W～4N | CQ-W024 | HCl 氯化氢 | 4N |
| CQ-W014 | $NO_2$ 二氧化氮 | 2～3N | CQ-W025 | COS 羰基硫 | 2N |
| CQ-W015 | Ne 氖 | 4N | CQ-W026 | $CF_4$ 四氟化碳 | 3N |
| CQ-W016 | Kr 氪 | 4N～4.5N | CQ-W027 | $WF_6$ 六氟化钨 | 3N |
| CQ-W017 | Xe 氙 | >4N | | | |

注：见表 3-79 表注。

7. 发射光谱实物标准样品

发射光谱实物标准样品见表 3-81。

**表 3-81 发射光谱实物标准样品**

| 实物标准样品名称 | 研制单位 |
|---|---|
| 铸铁 | 北京钢铁总院、长春一汽铸模厂 |
| 工业纯铁 | 太原钢铁公司钢铁研究所 |
| 合金铸铁 | 邢台冶金机械轧辊厂 |
| 硼铸铁 | 山东冶金研究所 |
| 碳钢 | 钢铁总院、抚顺钢厂钢研所沈阳标准所、太原钢铁公司钢铁研究所 |
| 高锰钢 | 钢铁总院 |
| 钢中微量元素 | 鞍钢钢铁研究所 |
| 铬锰钢、铬钼钢、铬钨钢、硅铬钢 | 太钢钢铁研究所 |
| 中、低合金钢 | 钢铁总院、本溪钢铁公司钢铁研究所、天津纺织机械器材研究所、大冶钢厂、太原钢厂、太原钢铁公司研究所、抚顺钢铁研究所、上钢五厂、本溪钢铁公司钢铁研究所、成都无缝钢管厂 |
| 高合金钢 | 本溪钢铁公司钢铁研究所、抚顺钢铁研究所、太原钢铁公司钢铁研究所、大冶钢厂、钢铁研究总院、大连钢厂、西南地区理化检测中心 |
| 铜及铜合金 | 沈阳铜加工厂、洛阳铜加工厂、沈阳有色金属总公司、沈阳冶炼厂 |
| 铅对电极 | 沈阳冶炼厂 |
| 锌 | 葫芦岛锌厂 |
| 纯铝及其合金 | 抚顺铝厂、西南铝加工厂、本溪合金厂、包头铝厂、东北轻合金厂、沈阳冶炼厂 |
| 看谱分析实物标准 | 沈阳质检所研制，包括常用黑色金属 20 种，有色金属及合金 10 种，黑色金属有 11 个元素、有色金属有 9 个元素的定值，可满足钢材及铜合金看谱分析系统检验的需要 |

# 第四章

# 溶液及其配制

## 第一节　溶液配制时常用的计量单位

国家标准 GB 3100～3102—1993 规定了溶液浓度的有关量和单位。

### 一、质量

质量习惯称为重量。质量为国际单位制七个基本量之一，用符号 m 表示。质量单位为千克（kg），在分析化学中常用克（g）、毫克（mg）和微克（μg）。它们之间的关系为

1kg＝1000g　　1g＝1000mg　　1mg＝1000μg

### 二、元素的相对原子质量

元素的相对原子质量是指元素的平均原子质量与$^{12}C$原子质量的 1/12 之比。

元素的相对原子质量用符号 $A_r$ 表示。此量是无量纲量，过去称为原子量。元素的相对原子质量见第一章第一节表 1-2。

例如，Fe 的相对原子质量是 55.85。

### 三、物质的相对分子质量

物质的相对分子质量是指物质量的分子或特定单元平均质量与$^{12}C$原子质量的 1/12 之比。物质的相对分子质量用符号 $M_r$ 表示。此量是无量纲量，过去称为分子量。部分物质的相对分子质量见第一章第二、第三节表 1-15 或表 1-16。

### 四、体积

体积用符号 $V$ 表示，国际单位为立方米（$m^3$）。在分析化学中常用升（L）、毫升（mL 或 ml）和微升（μL 或 μl）。它们之间的关系为

$1m^3$＝1000L　　1L＝1000mL　　1mL＝1000μL

### 五、密度

密度用符号 $\rho$ 表示，单位为千克/立方米（$kg/m^3$），常用单位为克/立方厘米（$g/cm^3$）或克/毫升（g/mL）。用来表示溶液浓度的密度是指相对密度，是物质的密度与标准物质的密度之比，其符号为 $d$，过去称为比重。对于液态物质，常以 4℃时水的密度作为标准。由于温度影响物质的体积，有时密度须标明测定时的温度。

### 六、物质的量

“物质的量”是量的名称，是国际单位制七个基本量之一。国际上规定，物质 B 的“物质的量”的符号为 $n_B$，并规定它的单位名称为摩尔（mole），符号为 mol。

1mol是指系统中物质单元B的数目与0.012kg碳-12（$^{12}C$）的原子数目相等。系统中物质单元B的数目是0.012kg碳-12的原子数的几倍，物质单元B的物质的量（$n_B$）就等于几摩尔。0.012kg碳-12的原子数目大约是$6.02\times10^{23}$个，这也就是阿伏加德罗常数的数值。阿伏加德罗常数等于分子数（或原子数）$N$，除以物质的量$n$。目前公认：

$$阿伏加德罗常数\ N_A=\frac{N}{n}=6.0221367\times10^{23}\,mol^{-1}$$

因为阿伏加德罗常数是一个测定值，随测量技术的提高而发生变化，所以不用来定义摩尔，而用0.012kg碳-12所含的原子数目来定义。

单元又称基本单元。单元可以是原子、分子、离子、电子、光子及其他粒子，或者这些粒子的特定组合。

例如，单元可以是$H_2$，NaOH，$\frac{1}{2}H_2SO_4$，$\frac{1}{5}KMnO_4$，$SO_4^{2-}$，e等。

在使用摩尔时，须指明其基本单元，要用元素符号、化学式或相应的粒子符号标明其基本单位。

如用B代表泛指物质的基本单元，则将B表示成右下标，如$n_B$。若基本单元有具体所指，则应将单元的符号置于与量的符号齐线的括号中。例如：

1mol（H），具有质量1.008g

1mol（$H_2$），具有质量2.016g

1mol$\left(\frac{1}{2}H_2\right)$，具有质量1.008g

1mol（$Hg^{2+}$），具有质量200.59g

1mol（$Hg^+$），具有质量200.59g

1mol（$Hg_2^{2+}$），具有质量401.18g

1mol$\left(\frac{1}{2}Hg_2^{2+}\right)$，具有质量200.59g

1mol（$H_2SO_4$），具有质量98.08g

1mol$\left(\frac{1}{2}H_2SO_4\right)$，具有质量49.04g

1mol$\left(\frac{1}{5}KMnO_4\right)$，具有质量31.60g

由于国际标准、国家标准规定使用物质的量为基本单位，故废除过去常使用的克分子（数）、克原子（数）、克当量（数）、克式量（数）、克离子（数）等计量单位。

## 七、摩尔质量

1. 摩尔质量的计算

摩尔质量定义为质量（$m$）除以物质的量$n_B$，其符号为$M$。关系式为

$$M=\frac{m}{n_B}$$

摩尔质量的单位为千克/摩（kg/mol）、克/摩（g/mol）。

物质B的摩尔质量，以符号$M_B$表示。摩尔质量是一个包含物质的量$n_B$的导出量。因此，在使用摩尔质量这个量时，亦必须指明其基本单元。对于同一物质，规定的基本单元不同，则其摩尔质量就不同。

对于$H_2SO_4$，若以$\frac{1}{2}H_2SO_4$为基本单元，则$M\left(\frac{1}{2}H_2SO_4\right)=49.04g/mol$；若以$H_2SO_4$为基本单元，则$M(H_2SO_4)=98.08g/mol$。

其他例子：

$M(KMnO_4)=158.03g/mol$

$M\left(\frac{1}{3}KMnO_4\right)=52.68g/mol$

$M\left(\frac{1}{5}KMnO_4\right)=31.61g/mol$

$M\left(\frac{1}{2}H_2C_2O_4\cdot 2H_2O\right)=63.04g/mol$

$M(NaOH)=40.00g/mol$

$M\left(\frac{1}{2}Na_2CO_3\right)=53.00g/mol$

$M\left(\frac{1}{6}K_2Cr_2O_7\right)=49.02g/mol$

$M(Na_2S_2O_3\cdot 5H_2O)=248.18g/mol$

$M\left(\frac{1}{2}I_2\right)=126.90g/mol$

所以，只要确定了基本单元，就可很方便地根据它的相对粒子质量求得其摩尔质量。

2. 摩尔质量、质量与物质的量之间的关系

在分析化学中，计算摩尔质量 $M$，多数是为了求得待测组分的质量，以便求得待测组分在样品混合物中的质量分数。

物质 B 的质量 $m_B$、摩尔质量 $M_B$ 与物质的量 $n_B$ 三种计量单位间的关系为

$$m_B=n_BM_B$$

在这三个量中，只要知道了任何两个量，就可以求得第三个量。

**例 1**：已知某试样中含 NaOH 20.00g，求 NaOH 的物质的量。

**解**：因 $$M(NaOH)=40.00g/mol$$

$$n(NaOH)=\frac{m_B}{M_B}=\frac{20.00}{40.00}=0.5000\ (mol)$$

**例 2**：已测得某样品含 $Cl^-$ 为 0.0120mol，求该试样中含 NaCl 多少克？

**解**：因每一个 NaCl 分子中只含一个 $Cl^-$，

故 $$n(NaCl)=n(Cl^-)=0.0120mol$$

又 $$M(NaCl)=58.44g/mol$$

该试样中含 NaCl 量为：

$$m=n(NaCl)M(NaCl)=0.0120\times 58.44=0.7013\ (g)$$

## 八、实验室常见的新旧计量单位的对照

为了便于比较新旧名称、概念的引导及其关系，现将实验室常见的新旧计量单位列于表 4-1 中。

**表 4-1 实验室常见的新旧计量单位对照**

| 国家标准规定的名称和符号 | | | | 应废除的名称和符号 | |
|---|---|---|---|---|---|
| 量的名称 | 量的符号 | 单位名称 | 单位符号 | 量的名称及符号 | 单位名称及符号 |
| 相对原子质量<br>相对分子质量 | $A_r$<br>$M_r$ | 无量纲<br>无量纲 | | 原子量<br>分子量、当量、式量 | |
| 物质的量 | $n\cdot(\nu)$ | 摩[尔]<br>毫摩[尔]<br>微摩[尔] | mol<br>mmol<br>μmol | 克分子数<br>克原子数<br>克当量数<br>克式量数 | 克分子<br>克原子<br>克当量 eq<br>克式量 |
| 摩尔质量 | $M$ | 千克每摩[尔]<br>克每摩[尔] | kg/mol<br>g/mol | 克分子[量]<br>克原子[量]<br>克当量<br>克式量 | 克 g<br>克 g<br>克 g<br>克 g |
| 摩尔体积 | $V_m$ | 立方米每摩[尔]<br>升每摩[尔] | $m^3/mol$<br>L/mol | | |

续表

| 国家标准规定的名称和符号 | | | | 应废除的名称和符号 | |
|---|---|---|---|---|---|
| 量的名称 | 量的符号 | 单位名称 | 单位符号 | 量的名称及符号 | 单位名称及符号 |
| 物质B的浓度<br>(物质B的物质的量浓度) | $c_B$ | 摩[尔]每立方米<br>摩[尔]每升 | $mol/m^3$<br>mol/L | [体积]摩尔浓度<br>克分子浓度 $M$<br>当量浓度 $N$<br>式量浓度 $F$ | 克分子每升 $M$<br><br>克当量每升 $N$<br>克式量每升 |
| 物质B的质量摩尔浓度 | $b_B, m_B$ | 摩[尔]每千克 | mol/kg | 重量克分子浓度 | 克分子每千克 |
| 物质B的质量浓度 | $\rho_B$ | 千克每立方米<br>克每升<br>毫克每升<br>微克每毫升<br>纳克每毫升 | $kg/m^3$<br>g/L<br>mg/L<br>μg/mL<br>ng/mL | | r,ppm,ppb |
| 物质B的质量分数 | $w_B$ | 无量纲 | | 重量含量 | ppm,ppb |
| 密度 | $\rho$ | 千克每立方米<br>克每立方厘米<br>克每毫升 | $kg/m^3$<br>$g/cm^3$<br>g/mL | 比重 | |
| 相对密度 | $d$ | 无量纲 | | 比重 | |
| 压力,压强 | $p$ | 帕[斯卡]<br>千帕 | Pa<br>kPa | | 标准大气压 atm<br>毫米汞柱 mmHg |
| 热力学温度<br>摄氏温度 | $T$<br>$t$ | 开[尔文]<br>摄氏度 | K<br>℃ | 绝对温度<br>华氏温度 | 开氏度°K<br>华氏度°F |
| 摩尔吸收系数 | $\kappa$ | 平方米每摩[尔] | $m^2/mol$ | | |

# 第二节 溶液浓度的表示方法及其计算

## 一、溶液浓度的表示方法

溶液浓度常用的表示方法有物质的量浓度、质量浓度、质量摩尔浓度、质量分数、体积分数、体积比浓度及滴定度等。表4-2为化学中常用溶液浓度的名称、符号、定义、常用单位等表示方法。

**表4-2 分析化学中溶液浓度的一般表示方法**

| 量的名称和符号 | 定义 | 常用单位 | 应用实例 | 备注 |
|---|---|---|---|---|
| 物质B的浓度,物质B的物质的量浓度 $c_B$ | 物质B的物质的量除以混合物的体积 $c_B=\frac{n_B}{V}$ | mol/L<br>mmol/L | $c(H_2SO_4)=0.1003mol/L$<br>$c\left(\frac{1}{2}H_2SO_4\right)=0.2006mol/L$ | 一般用于标准滴定液、基准溶液 |
| 物质B的质量浓度 $\rho_B$ | 物质B的质量除以混合物的体积 $\rho_B=\frac{m_B}{V}$ | g/L<br>mg/L<br>mg/mL<br>μg/mL<br>ng/mL | $\rho(Cu)=2mg/mL$<br>$\rho(V_2O_5)=10\mu g/mL$<br>$\rho(Au)=1ng/mL$<br>$\rho(NaCl)=50g/L$ | 一般用于元素标准溶液及基准溶液,亦可用于一般溶液 |
| 物质B的质量摩尔浓度 $b_B$ | 溶质B的物质的量除以溶剂K的质量 $b_B=\frac{n_B}{m_K}$ | mol/kg | $b(NaCl)=0.020mol/kg$,表示1kg水中含有NaCl0.020mol | 浓度不受温度影响,化学分析用得不多 |
| 滴定度 $T_{B/A}$ | 单位体积的标准滴定溶液A,相当于被测物质B的质量 | g/mL<br>mg/mL | $T_{Ca/EDTA}=3mg/mL$,即1mL EDTA标准溶液可定量滴定3mg Ca | 用于标准滴定液 |

续表

| 量的名称和符号 | 定　　义 | 常用单位 | 应用实例 | 备　　注 |
| --- | --- | --- | --- | --- |
| 物质B的质量分数 $w_B$ | 物质B的质量与混合物的质量之比 $w_B=\frac{m_B}{m}$ | 无量纲量 | $w(KNO_3)=10\%$，即表示100g该溶液中含有$KNO_3$ 10g | 常用于一般溶液 |
| 物质B的体积分数 $\varphi_B$ | $\varphi_B=\frac{x_B V_{m,B}}{\sum_A x_A V_{m,A}}$ 式中$V_{m,B}$是纯物质B在相同温度和压力下的摩尔体积，对于液体来说则为物质B的体积除以混合物的体积 | 无量纲量 | $\varphi(HCl)=5\%$，即表示100mL该溶液中含有浓HCl 5mL | 常用于溶质为液体的一般溶液 |
| 体积比浓度 $V_1+V_2$ | 两种溶液分别以$V_1$体积与$V_2$体积相混，或$V_1$体积的特定溶液与$V_2$体积的水相混 | 无量纲量 | HCl(1+2)，即1体积浓盐酸与2体积的水相混，$HCl+HNO_3=3+1$，即表示3体积的浓盐酸与1体积的浓硝酸相混 | 常用于溶质为液体的一般溶液，或两种一般溶液相混时的浓度表示 |

1. 物质的量浓度

物质B的物质的量浓度又称物质B的浓度。定义为：物质B的物质的量除以混合物的体积，量符号为$c_B$，也可用符号[B]表示，但[B]的表示形式一般只用于化学反应平衡。它是法定计量单位中表示溶液浓度的一个重要的量，过去常用的已被废弃的“克分子浓度”“摩尔浓度”“当量浓度”“式量浓度”等都应改用物质B的浓度来表示。

物质B的浓度的表达式为

$$c_B=\frac{n_B}{V}$$

式中　$c_B$——物质的量浓度，mol/L；

$n_B$——物质B的物质的量，mol；

$V$——溶液的体积，L。

下标B是指基本单元，凡涉及物质的量$n_B$时，必须用元素符号或化学式指明基本单元。如果B系指特定的基本单元时，可记为$c(B)$的形式，即应将具体单元的化学符号写在与符号$c$齐线的圆括号中，如$c(H^+)$、$c(NaOH)$等。

物质B的浓度$c_B$的SI单位是$mol/m^3$，常用的单位有mol/L或mmol/L等。

如$c(H_2SO_4)=1mol/L$，表示1L溶液中含有$H_2SO_4$为1mol，即每升溶液中含$H_2SO_4$ 98.08g。$c\left(\frac{1}{2}H_2SO_4\right)=1mol/L$，表示1L溶液中含$\left(\frac{1}{2}H_2SO_4\right)$ 1mol，即每升溶液中含$H_2SO_4$ 49.04g。

物质B的浓度溶液配制方法：

(1) 溶质为固体物质时

**例3：** 欲配制$c(Na_2CO_3)=0.5mol/L$溶液500mL，如何配制？

**解：**　$m=n_BM_B$

$$c_B=n_B/V\quad n_B=c_BV$$

$$m=c_BVM_B\quad (V\text{单位为L时})$$

$$m=c_BV\times\frac{M_B}{1000}\quad (V\text{单位为mL时})$$

$$M_{Na_2CO_3}=106$$

$$m(Na_2CO_3)=0.5\times500\times\frac{106}{1000}=26.5\ (g)$$

配法：称取$Na_2CO_3$ 26.5g溶于适量水中，并稀释至500mL，混匀。

(2) 溶质为溶液时

**例4：** 欲配制$c(H_3PO_4)=0.5mol/L$溶液500mL，如何配制？[浓$H_3PO_4$相对密度$\rho=1.69$，

质量分数 $w(H_3PO_4)=85\%$，浓度为 15mol/L]

**解：**

$$m=c_BV_B\times\frac{M_B}{1000}$$

其中基本单元 B 为 $H_3PO_4$，上式写成

$$m(H_3PO_4)=c(H_3PO_4)V(H_3PO_4)\times\frac{M(H_3PO_4)}{1000}$$

$$=0.5\times500\times\frac{98.00}{1000}=24.5\ (g)$$

$$V_0=\frac{m}{\rho_{H_3PO_4}w(H_3PO_4)}=\frac{24.5}{1.69\times85\%}\approx17(mL)$$

配法：量取浓 $H_3PO_4$ 17mL，加水稀释至 500mL，混匀即成 $c(H_3PO_4)=0.5$mol/L 溶液。

2. 质量浓度

物质 B 的质量浓度以符号 $\rho_B$ 表示，其定义为物质 B 的质量除以混合物的体积，表示式为

$$\rho_B=\frac{m_B}{V}$$

式中 $\rho_B$——物质 B 的质量浓度，g/L；

$m_B$——物质 B 的质量，g；

$V$——混合物的体积，L。

质量浓度常用单位为 g/L、mg/L、mg/mL、μg/mL、ng/mL。它主要用于表示元素标准溶液、基准溶液的浓度，也用来表示一般溶液浓度和水质分析中各组分的含量。一般情况下用于表示溶质为固体的溶液。

如 $\rho(Zn^{2+})=2$mg/mL，$\rho(Br)=5$ng/mL，$\rho(Nb_2O_5)=10$μg/mL。

3. 物质 B 的质量分数

物质 B 的质量分数定义为物质 B 的质量 $m_B$ 与混合物的质量 $m$ 之比。它的量符号为 $w_B$，下标 B 代表基本单元（或组分），它的表达式为

$$w_B=m_B/m$$

式中 $w_B$——物质 B 的质量分数，为无量纲量，其一贯制单位为 1。可以用"%"符号表示。如 $w(NaCl)=10\%$，即表示 100g NaCl 溶液中含有 10g NaCl。质量分数取代了过去常用的质量百分浓度表示溶液浓度的方法。

质量分数常用于固体矿物原料（即样品）中某种化学成分的含量或品位的表示。它也用于表示样品中某组分的测定结果。

如测定铁结果表达式为 $w(Fe)=0.1234$ 或 $w(Fe)=12.34\times10^{-2}$，也可以写为 $w(Fe)=12.34\%$ 或 $w(Fe)/\%=12.34$ 等。

$w(Zn)=98.3\times10^{-6}$ 代替过去常用的 98.3ppm。

$w(Au)=2.6\times10^{-9}$ 代替过去常用的 2.6ppb。

用质量分数表示溶液浓度的优点是浓度不受温度的影响。它常用于溶质为固体的溶液。如 $w(NaCl)=5\%$，表示 5g NaCl 溶于 95g 水中。市售的浓酸的含量，就是以质量分数表示的浓度。

配制溶液时，常常要加入一定量的酸或碱，这时总溶液的质量计算就较烦琐，所以使用质量分数表示溶液浓度不如使用质量浓度表示溶液浓度方便。

4. 物质 B 的体积分数

物质 B 的体积分数是溶质为液体的溶液时，表示一定体积的溶液中溶质 B 的体积所占的比例，即为物质 B 的体积除以混合物的体积，此量为无量纲量，常用"%"符号来表示浓度值。它的量符号为 $\varphi_B$。如 $\varphi(HCl)=5\%=0.05$，即 100mL HCl 溶液中，含有 5mL 浓 HCl。

如 $\varphi(H_2O_2)=3\%$，表示 100mL 溶液中含有 3mL 市售 $H_2O_2$。在实际工作中，用质量分数来表示溶质为液体的一般溶液浓度时，换算麻烦，配制不便，所以多使用体积分数。

5. 质量摩尔浓度

质量摩尔浓度的量符号为 $b_B$，常用单位为 mol/kg。物质 B 的质量摩尔浓度是溶液中溶质 B 的

物质的量（mol）除以溶剂 K 的质量（g），即

$$b_B=\frac{n_B}{m_K}$$

式中 $b_B$——质量摩尔浓度，mol/kg；

$n_B$——物质 B 的物质的量，mol；

$m_K$——溶剂 K 的质量，kg。

用质量摩尔浓度 $b_B$ 来表示的溶液组成，优点是其量值不受温度的影响，缺点是使用不方便。因此，在化学中应用很少，与此相应的浓度表示方法有已被废弃的重量摩尔浓度、重量克分子浓度。

6. 滴定度

用滴定度来表示标准滴定液浓度的方法，是一种简便实用的表示方法。尽管关于量和单位的国家标准中没有列入这个量，目前仍常用这种表示方法。

滴定度是指单位体积的标准滴定溶液 A 相当于被测物质 B 的质量，常以 $T_{B/A}$ 符号表示。常用单位为 mg/mL、g/mL。如 $T_{CaO/EDTA}=2mg/mL$，即 1mL EDTA 标准滴定液相当于 2mg 被测组分 CaO，或者也可以说 1mL EDTA 标准滴定相可定量地滴定 2mg CaO。用这种浓度表示法，结果计算时比较简便。

7. 以 $V_1+V_2$ 形式表示浓度

这种浓度表示法，就是过去非常熟悉也经常采用的"$V_1:V_2$"或"$V_1/V_2$"的表示法，现改为 $V_1+V_2$ 的表示方法。

如 HCl(1+2)即为 1 体积的浓 HCl 与 2 体积的 $H_2O$ 相混合。苯+乙酸乙酯（3+7），表示 3 体积的苯与 7 体积的乙酸乙酯相混合。

同样，两种以上的特定溶液或两种特定溶液与 $H_2O$ 按体积 $V_1$、$V_2$、$V_3$…相混的情况，可以表示为 $V_1+V_2+V_3+\cdots$的形式。

如 $H_2SO_4+H_3PO_4+H_2O(1.5+1.5+7)$，即 1.5 体积的浓 $H_2SO_4$、1.5 体积的浓 $H_3PO_4$ 与 7 体积的水按操作要求混合。而不用"$H_2SO_4:H_3PO_4:H_2O(1.5:1.5:7)$"的表示法。

应注意的是，一种特定溶液与水混合时，可不必注明水，如 HCl(1+2)。若两种以上特定溶液与水相混时，必须注明水。

物质 B 的体积分数 $\varphi_B$ 与以 $V_1+V_2$ 表示的浓度尽管都是以体积比为基础给出的，但是前者是溶质体积与溶液体积比，后者是溶质的体积与溶剂的体积之比，两者是有区别的。

如 $\varphi(H_2SO_4)=50\%$，与（1+1）$H_2SO_4$ 溶液，前者考虑总体积，即 100mL 溶液中含有浓 $H_2SO_4$ 50mL。后者不考虑最后总体积，只要将 50mL 浓 $H_2SO_4$ 与 50mL $H_2O$ 相混合，不管总体积是不是 100mL。对有些溶液来说，两种溶液相混时，总体积与两种混合的溶液体积总和不相等。

$V_1+V_2$ 的表示形式常用于较浓的溶液，$\varphi_B$ 常用于较稀的溶液。

与上述相似，两种或两种以上固体试剂，按一定质量比例相混合配制成混合固体试剂时，也可以采用 $m_1+m_2+m_3+\cdots$的表示形式。如 $Na_2O_2+Na_2CO_3(2+1)$，即表示 2 份质量 $Na_2O_2$ 与 1 份质量的 $Na_2CO_3$ 相混合，而不用"$Na_2O_2:Na_2CO_3(2:1)$"的表示形式。

## 二、溶液浓度的计算

1. 量间关系式

在化学中常用物质的量 $n_B$、摩尔质量 $M_B$、质量 $m_B$、物质的量浓度 $c_B$、质量分数 $w_B$ 等量之间的关系可用下列公式表示。

$$n_B=\frac{m_B}{M_B}=c_BV$$

$$m_B=n_BM_B=c_BM_BV$$

$$c_B=\frac{n_B}{V}=\frac{m_B}{M_BV}$$

$$M_B=\frac{m_B}{n_B}=\frac{m_B}{c_BV}$$

$$w_B=\frac{m_B}{m_S}$$

式中 $m_B$——表示组分（或基本单位）B的质量，g；

$m_S$——代表混合物的质量，g；

$V$——混合物的体积，L。

这些关系式对于化学工作者来说非常重要，应该熟练地运用它们。

**例 5**：某一重铬酸钾溶液，已知 $c\left(\frac{1}{6}K_2Cr_2O_7\right)=0.0170mol/L$，体积为 5000mL。求：①所含的$\frac{1}{6}K_2Cr_2O_7$ 的物质的量 $n\left(\frac{1}{6}K_2Cr_2O_7\right)$；②如果将此溶液取出 500mL 后，再加 500mL 水混合，求最后溶液的浓度 $c(K_2Cr_2O_7)$。

**解**：求①利用

$$n_B=\frac{m_B}{M_B}=c_BV$$

$V=5.000mL=5.000L$，$c\left(\frac{1}{6}K_2Cr_2O_7\right)=0.0170mol/L$ 代入上式得

$n\left(\frac{1}{6}K_2Cr_2O_7\right)=0.0710mol/L\times5.000L=0.0850mol$

求②取出 500mL 溶液后剩余溶液中 $1/6K_2Cr_2O_7$ 的物质的量。

取出 500mL 溶液 $V=500mL=0.500L$

$$n\left(\frac{1}{6}K_2Cr_2O_7\right)=0.0850mol-0.0170mol/L\times0.500L=0.0765mol$$

又加入 500mL 水，总体积保持不变，仍为 5.000L，代入公式 $c_B=n_B/V$ 得

$$c\left(\frac{1}{6}K_2Cr_2O_7\right)=\frac{0.0765mol}{5.000L}=0.0153mol/L$$

按题意要求，最后溶液为 $c(K_2Cr_2O_7)$，所以应转换基本单元按 $c(B)=\frac{1}{z}c\left(\frac{1}{z}B\right)$量内换算关系式换算，则最终溶液的浓度为

$$c(K_2Cr_2O_7)=\frac{1}{6}c\left(\frac{1}{6}K_2Cr_2O_7\right)=\frac{1}{6}\times0.0153mol/L=0.00255mol/L$$

**例 6**：将质量为 1.5803g 的 $KMnO_4$ 配制成体积为 2000mL 的溶液，求该溶液的浓度$c\left(\frac{1}{3}KMnO_4\right)$。

**解**：根据公式 $c_B=\frac{m_B}{M_BV}$

因为 $M\left(\frac{1}{3}KMnO_4\right)=52.6767g/mol$

$$V=2000mL=2.000L$$

所以 $$c\left(\frac{1}{3}KMnO_4\right)=\frac{1.5803g}{52.6767g/mol\times2.000L}=0.01500mol/L$$

**例 7**：欲配制 $c(SO_4^{2-})=0.01000mol/L$ 的溶液 500mL，应取 $AlNH_4(SO_4)_2\cdot12H_2O$ 多少克?

**解**：根据公式 $m_B=n_BM_B=c_BM_BV$ 求解。

因为 1 个 $AlNH_4(SO_4)_2\cdot12H_2O$ 分子里含有 2 个 $SO_4^{2-}$ 单元，所以

$$n(SO_4^{2-})=n\left\{\frac{1}{2}AlNH_4(SO_4)_2\cdot12H_2O\right\}$$

则 $$m=n(SO_4^{2-})M(SO_4^{2-})$$

$$=n\left\{\frac{1}{2}AlNH_4(SO_4)_2\cdot12H_2O\right\}M\left\{\frac{1}{2}AlNH_4(SO_4)\cdot12H_2O\right\}$$

又知 $n(SO_4^{2-})=c(SO_4^{2-})\cdot V=0.01000mol/L\times0.500L=0.00500mol$

则 $$n\left\{\frac{1}{2}AlNH_4(SO_4)_2\cdot12H_2O\right\}=0.00500mol$$

已知 $AlNH_4(SO_4)_2 \cdot 12H_2O$ 的相对分子质量为 453.32

则 $M\left\{\frac{1}{2}AlNH_4(SO_4)_2 \cdot 12H_2O\right\}=\frac{1}{2}\times 453.32\text{g/mol}=226.66\text{g/mol}$

应取 $AlNH_4(SO_4)_2 \cdot 12H_2O$ 的质量 $m$，

$$m=0.00500\text{mol}\times 226.66\text{g/mol}\approx 1.133\text{g}$$

2. $n_B$ 量内换算

根据基本单元选择的不同，得出的不同的物质量 $n$，它们之间的换算可有以下几种形式。

$$n\left(\frac{1}{z}B\right)=z\cdot n(B)$$

$$n(zB)=\frac{1}{z}n(B)$$

$$n(B)=z\cdot n(zB)=\frac{1}{z}n\left(\frac{1}{z}B\right)$$

可写成以下通式

$$n\left(\frac{b}{a}B\right)=\frac{a}{b}n(B)$$

$$n(B)=\frac{b}{a}n\left(\frac{b}{a}B\right)=\frac{a}{b}n\left(\frac{a}{b}B\right)$$

式中，$z$、$a$、$b$ 都是除零以外的正整数。

$M(KMnO_4)=158.03\text{g/mol}$，如 15.803g 的 $KMnO_4$，若以 $KMnO_4$ 为基本单元，则 $n(KMnO_4)=0.1000\text{mol}$，如以 $\frac{1}{5}KMnO_4$ 为基本单元，则 $n\left(\frac{1}{5}KMnO_4\right)=0.5000\text{mol}$。即 $n\left(\frac{1}{5}KMnO_4\right)=5n(KMnO_4)$。

3. $M_B$ 的量内换算

物质 B 的摩尔质量 $M_B$ 的量内换算有以下几种形式。

$$M\left(\frac{1}{z}B\right)=\frac{1}{z}M(B)$$

$$M(zB)=zM(B)$$

$$M(B)=\frac{1}{z}M(zB)=zM\left(\frac{1}{z}B\right)$$

通式为

$$M\left(\frac{b}{a}B\right)=\frac{b}{a}M(B)$$

$$M(B)=\frac{a}{b}M\left(\frac{b}{a}B\right)=\frac{b}{a}M\left(\frac{a}{b}B\right)$$

式中，$z$、$a$、$b$ 是除零以外的正整数。

如 $M(KMnO_4)=158.04\text{g/mol}$，那么

$M\left(\frac{1}{5}KMnO_4\right)=\frac{1}{5}\times 158.04\text{g/mol}=31.608\text{g/mol}$，因为 $KMnO_4$ 的相对分子质量是 $\frac{1}{5}KMnO_4$ 的相对分子质量的 5 倍。

4. $c_B$ 的量内换算

$c_B$ 的量内换算有以下几种形式。

$$c\left(\frac{1}{z}B\right)=zc(B)$$

$$c(zB)=\frac{1}{z}c(B)$$

$$c(B)=zc(zB)=\frac{1}{z}c\left(\frac{1}{z}B\right)$$

通式为

$$c\left(\frac{b}{a}B\right)=\frac{a}{b}c(B)$$

$$c(B)=\frac{b}{a}c\left(\frac{b}{a}B\right)=\frac{a}{b}c\left(\frac{a}{b}B\right)$$

式中，$z$、$a$、$b$ 是除零以外的正整数。

**例 8**：一瓶硫酸溶液，如果以 $\frac{1}{2}$ $H_2SO_4$ 为基本单元，则浓度 $c\left(\frac{1}{2}H_2SO_4\right)$应该是以 $H_2SO_4$ 为单位的浓度 $c(H_2SO_4)$的 2 倍，即 $c\left(\frac{1}{2}H_2SO_4\right)=2c(H_2SO_4)$。假如一瓶硫酸，$c(H_2SO_4)=0.1000mol/L$，那么 $c\left(\frac{1}{2}H_2SO_4\right)=2\times0.1000mol/L=0.2000mol/L$。

同理

$$c\left(\frac{1}{6}K_2Cr_2O_7\right)=6c(K_2Cr_2O_7)$$

$$c\left(\frac{1}{5}KMnO_4\right)=5c(KMnO_4)$$

$$c\left(\frac{1}{2}Na_2CO_3\right)=2c(Na_2CO_3)$$

$$c\left(\frac{1}{2}Ca^{2+}\right)=2c(Ca^{2+})$$

$$c(MnO_4^-)=\frac{1}{5}c\left(\frac{1}{5}MnO_4^-\right)$$

**例 9**：一瓶高锰酸钾标准滴定液，其浓度为 $c\left(\frac{1}{3}KMnO_4\right)=0.02584mol/L$，问该溶液的浓度 $c\left(\frac{1}{5}KMnO_4\right)$与 $c(KMnO_4)$分别为多少 mol/L?

$$c\left(\frac{1}{5}KMnO_4\right)=\frac{5}{3}\times c\left(\frac{1}{3}KMnO_4\right)=\frac{5}{3}\times0.02584mol/L=0.04307mol/L$$

$$c(KMnO_4)=\frac{1}{3}\times c\left(\frac{1}{3}KMnO_4\right)=\frac{1}{3}\times0.02584mol/L=0.008613mol/L$$

5. 物质 B 的浓度 $c_B$ 的稀释计算

加水稀释溶液时，溶液的体积增大，浓度相应降低，但溶液中溶质的物质的量并没有改变。根据溶液稀释前后溶质的量相等的原则，物质 B 的浓度 $c_B$ 的稀释计算公式为

$$c_1V_1=c_2V_2$$

式中 $c_1$，$V_1$——分别代表浓溶液的浓度和体积；

$c_2$，$V_2$——分别代表稀溶液的浓度和体积。

**例 10**：欲用 $c(NaOH)=0.1000mol/L$ 的 NaOH 溶液配制 $c(NaOH)=0.0250mol/L$ 的 NaOH 溶液 500mL，应如何配制？

**解**：根据 $V_1=\frac{c_2V_2}{c_1}$

$$V_1=\frac{0.0250mol/L\times500mL}{0.1000mol/L}=125mL$$

取 $c(NaOH)=0.1000mol/L$ 的 NaOH 溶液 125mL，用水定容至 500mL 摇匀，得$c(NaOH)=0.0250mol/L$ 的 NaOH 溶液。

6. 物质 B 的质量浓度 $\rho_B$ 的稀释计算

物质 B 的质量浓度 $\rho_B$ 的稀释计算公式为

$$\rho_1V_1=\rho_2V_2$$

式中　$\rho_1$，$V_1$——分别代表浓溶液的质量浓度和体积；

$\rho_2$，$V_2$——分别代表稀溶液的质量浓度和体积。

**例 11：** 用 $\rho(V_2O_5)=1mg/mL$ 的储备液制备 $\rho(V_2O_5)=20\mu g/mL$ 的工作液 250mL，应如何配制？

**解：** 根据计算公式得　$V_1=\dfrac{\rho_2 V_2}{\rho_1}$

$$V_1=\frac{20\mu g/mL\times 250mL}{1000\mu g/mL}=5mL$$

取 $\rho(V_2O_5)=1mg/mL$ 的储备液 5mL 于 250mL 容量瓶中，以水稀至刻度摇匀即可。

7. $c_B$ 与 $\rho_B$ 之间的换算

将 $c_B$ 浓度换算为 $\rho_B$ 浓度，或将 $\rho_B$ 浓度换算为 $c_B$ 浓度，为不同体积浓度表示法间的换算。

根据量间关系式 $c_B=\rho_B/M_B$　$\rho_B=c_B M_B$ 进行换算，其中要用到物质 B 的摩尔质量 $M_B$，因为基本单元 B 是已知的，所以 $M_B$ 可知。

**例 12：** 某一 $Ca^{2+}$ 标准溶液，质量浓度 $\rho(Ca^{2+})=40mg/L$，求 $c\left(\frac{1}{2}Ca^{2+}\right)$ 为多少？

**解：**

$$c\left(\frac{1}{2}Ca^{2+}\right)=\frac{\rho(Ca^{2+})}{M\left(\frac{1}{2}Ca^{2+}\right)}=\frac{40mg/L\times 10^{-3}}{20.04g/mol}$$

$$=0.001996mol/L=1.996mmol/L$$

对同一物系来说 $\rho_B$ 与基本单元选择无关，所以 $\rho(Ca^{2+})$ 与 $\rho\left(\frac{1}{2}Ca^{2+}\right)$ 是一致的。

**例 13：** 已知一高锰酸钾溶液 $c\left(\frac{1}{5}KMnO_4\right)=0.010mmol/L$，求 $\rho(Mn)$ 是多少 mg/L？

**解：** 因为每个 $KMnO_4$ 分子里有一个 Mn 原子

所以

$$c\left(\frac{1}{5}KMnO_4\right)=c\left(\frac{1}{5}Mn\right)$$

对于同一物系来说物质 B 的质量浓度与基本单元选择无关，则

$$\rho(Mn)=\rho\left(\frac{1}{5}M\right)=c\left(\frac{1}{5}Mn\right)\cdot M\left(\frac{1}{5}Mn\right)=0.010mmol/L\times 10.99g/mol$$

$$=0.010mmol/L\times 10.99mg/mmol=0.11mg/L$$

8. 质量分数 $w$ 与质量摩尔浓度 $b$ 之间的换算

**例 14：** 求 $w(HCl)=30\%$ 的盐酸溶液的质量摩尔浓度 $b(HCl)$。

**解：** $w(HCl)=30\%$ 的盐酸溶液，即每 100g 溶液中含有 HCl 30g，含水 70g。

已知 $M(HCl)=36.5g/mol$

则

$$b(HCl)=\frac{\text{HCl 的物质的量(mol)}}{\text{溶剂 }H_2O\text{ 的质量(kg)}}=\frac{\dfrac{30}{36.5g/mol}}{0.070kg}=11.7mol/kg$$

9. 质量分数 $w_B$ 表示的浓度的稀释计算

其原理是基于混合前后溶质的总量不变。

可用交叉图解法进行浓度的稀释计算。

浓溶液浓度 $w_2$ ↘　↗ $m_2$　应取浓溶液的质量

$w$　配制的溶液浓度

稀溶液浓度 $w_1$ ↗　↘ $m_1$　应取稀溶液的质量

$$m_1=w_2-w$$

$$m_2=w-w_1$$

配制时取 $m_2$ 份重的浓溶液，取 $m_1$ 份重的稀溶液，将其混合均匀，即可得 $m_1+m_2$ 份重的 $w$ 溶液。

若用水稀释，则稀溶液的浓度 $w_1=0$

**例 15**：欲配制 $w(NaOH)=5\%$的稀 NaOH 溶液 400g，需要用 $w(NaOH)=40\%$的浓 NaOH 溶液多少克？加多少克的 $H_2O$ 稀释而成？

**解**：根据交叉图解法

$$\begin{matrix} 40 & & & & 5 \quad (5-0) \\ & \searrow & & \nearrow & \\ & & 5 & & \\ & \nearrow & & \searrow & \\ 0 & & & & 35 \quad (40-5) \end{matrix}$$

把 5 份质量的 40% NaOH 溶液与 35 份质量的 $H_2O$ 相混合，得到 5% NaOH 溶液 40 份。

40 份质量的 5% NaOH 溶液中含有 40%的 NaOH 溶液 5 份质量，配制 400g 的 5% NaOH 溶液，需用 40% NaOH 溶液的质量为

$$400g\times\frac{5}{40}=50g$$

需用 $H_2O$ 的质量为 400g－50g＝350g

故取 $w(NaOH)=40\%$的 NaOH 溶液 50g 与 350g 的 $H_2O$ 混匀，即可配成 400g 的$w(NaOH)=5\%$的稀 NaOH 溶液。

**例 16**：要配制 $w(H_2SO_4)=18\%$的 $H_2SO_4$ 480g，需用多少克 $w(H_2SO_4)=96\%$的浓 $H_2SO_4$ 稀释得到？

**解**：根据交叉图解法算出应取浓 $H_2SO_4$ 与水的份数

$$\begin{matrix} 96 & & & & 18 \quad (18-0) \\ & \searrow & & \nearrow & \\ & & 18 & & \\ & \nearrow & & \searrow & \\ 0 & & & & 78 \quad (96-18) \end{matrix}$$

把 18 份质量的浓 $H_2SO_4$ 和 78 份质量的水相混合，可得 $w(H_2SO_4)=18\%$的 $H_2SO_4$。现要配制 480g $w(H_2SO_4)=18\%$的 $H_2SO_4$，需要 $w(H_2SO_4)=96\%$的 $H_2SO_4$ 质量为

$$480\times\frac{18}{96}=90\ (g)$$

需要水的质量为

$$480-90=390\ (g)$$

将 90g $w(H_2SO_4)=96\%$的浓 $H_2SO_4$ 慢慢地加入到盛有 390g 水的烧杯中，混匀，即配成 480g $w(H_2SO_4)=18\%$的 $H_2SO_4$。

10. 物质量浓度 $c_B$ 与质量分数 $w_B$ 之间的换算

以质量表示的浓度和以体积表示的浓度之间的换算，必须已知溶液的密度的情况下进行。

**例 17**：某市售的浓 HCl 的密度 $\rho$ 为 1.185g/mL，质量分数 $w(HCl)=37.27\%$，求其物质量的浓度 $c(HCl)$为多少 mol/L？

**解**：1L 浓 HCl 含 HCl 的质量为

$$1.185g/mL\times1000mL\times37.27\%=441.6g$$

即

$$\rho(HCl)=441.6g/L$$

则

$$c(HCl)=\frac{\rho(HCl)}{M(HCl)}=\frac{441.6g/L}{36.5g/mol}=12.1mol/L$$

**例 18**：市售 $H_2SO_4$ 密度 $\rho=1.84g/mL$，其 $w(H_2SO_4)=98\%$，求其物质的量浓度$c(H_2SO_4)$。

**解**：1L $H_2SO_4$ 中含 $H_2SO_4$ 的质量为

$$1.84\times1000\times98\%=1803\ (g)$$

$M(H_2SO_4)=98g/mol$，1L $H_2SO_4$ 溶液中含 $H_2SO_4$ 的物质的量为

$$1803\div98=18.4\ (mol)$$

市售 $H_2SO_4$ 的物质的量浓度 $c(H_2SO_4)=18.4mol/L$

表 4-3 列出常用酸、碱试剂的密度与浓度。

**表 4-3　常用酸、碱试剂的密度与浓度**

| 试剂名称 | 化学式 | 相对分子质量 | 密度 ($\rho$) /$g \cdot cm^{-3}$ | $w$ (B) /% | 物质量浓度 ($c_B$) /$mol \cdot L^{-1}$ |
|---|---|---|---|---|---|
| 浓硫酸 | $H_2SO_4$ | 98.08 | 1.84 | 96 | 18 |
| 浓盐酸 | HCl | 36.48 | 1.19 | 37 | 12 |
| 浓硝酸 | $HNO_3$ | 63.01 | 1.42 | 70 | 16 |
| 浓磷酸 | $H_3PO_4$ | 98.00 | 1.69 | 85 | 15 |
| 冰醋酸 | $CH_3COOH$ | 60.05 | 1.05 | 99 | 17 |
| 高氯酸 | $HClO_4$ | 100.46 | 1.67 | 70 | 12 |
| 浓氢氧化钠 | NaOH | 40.00 | 1.43 | 40 | 14 |
| 浓氨水 | $NH_3 \cdot H_2O$ | 17.03 | 0.90 | 28 | 15 |

注：$c_B$ 以化学式为基本单元。

11. 浓度之间的计算公式

表 4-4 列出几种浓度之间的换算关系。

**表 4-4　几种浓度之间的换算关系**

| 浓度类型 | $c_B$ | $\rho_B$ | $w_B$ | $b_B$ |
|---|---|---|---|---|
| 物质 B 的浓度 ($c_B$)/$mol \cdot L^{-1}$ | — | $\frac{\rho_B}{M_B}$ | $\frac{10\rho w_B}{M_B}$ | $\frac{1000\rho b_B}{1000+b_B M_B}$ |
| 物质 B 的质量浓度 ($\rho_B$)/$g \cdot L^{-1}$ | $c_B M_B$ | — | $10\rho w_B$ | $\frac{1000\rho b_B M_B}{1000+b_B M_B}$ |
| 物质 B 的质量分数 ($w_B$)/% | $\frac{c_B M_B}{10\rho}$ | $\frac{\rho_B}{10\rho}$ | — | $\frac{100 b_B M_B}{1000+b_B M_B}$ |
| 物质 B 的质量摩尔浓度($b_B$)/$mol \cdot kg^{-1}$ | $\frac{1000c_B}{1000\rho-c_B M_B}$ | $\frac{1000\rho_B}{M_B(1000\rho-\rho_B)}$ | $\frac{1000w_B}{M_B(100-w_B)}$ | — |

注：1. $\rho$ 为溶液的密度，单位 g/mL。

2. $w_B$ 以“%”号表示，换算式中只代入数字，不带“%”符号。

3. $M_B$ 的单位是 g/mol。

4. 如果改变单位，应乘以相应的系数。

# 第三节　常用溶液的配制

配制各种浓度的溶液以适应实验室工作的需要，是每个从事实验工作的人所必须掌握的一种基本功。本文仅介绍若干常用溶液配制方法。

## 一、常用酸、碱的一般性质

常用酸、碱的一般性质见表 4-5。

**表 4-5　常用酸、碱的一般性质**

| 名称<br>化学式<br>相对分子质量 | 沸点/℃ | 密度 /$g \cdot mL^{-1}$ | 浓度 | | 一般性质 |
|---|---|---|---|---|---|
| | | | 质量分数/% | mol/L | |
| 盐酸<br>HCl<br>36.463 | 110 | 1.18～1.19 | 36～38 | 约 12 | 无色液体，发烟，与水互溶，强酸，常用溶剂，腐蚀性。大多数金属氯化物易溶于水，$Cl^-$ 具有弱还原性及一定络合能力 |
| 硝酸<br>$HNO_3$<br>63.02 | 122 | 1.39～1.40 | 约 68 | 约 15 | 无色液体，与水互溶，强腐蚀性。受热、光照时易分解，放出 $NO_2$ 呈橘红色。强酸，具有氧化性。硝酸盐都易溶于水 |
| 硫酸<br>$H_2SO_4$<br>98.08 | 338 | 1.83～1.84 | 95～98 | 约 18 | 无色透明油状液体，与水互溶并放出大量热，故只能将酸慢慢地加入水中，否则会因暴沸将酸溅出伤人。强酸。浓酸具有氧化性、强脱水能力，使有机物脱水炭化。除碱土金属及铅的硫酸盐难溶于水外，其他硫酸盐一般都溶于水 |

续表

| 名称<br>化学式<br>相对分子质量 | 沸点/℃ | 密度/g·mL$^{-1}$ | 浓度 | | 一般性质 |
|---|---|---|---|---|---|
| | | | 质量分数/% | mol/L | |
| 磷酸<br>$H_3PO_4$<br>98.00 | 213 | 1.69 | 约 85 | 约 15 | 无色浆状液体，易溶于水，强酸。低温时腐蚀性弱，200℃时腐蚀性很强。强络合剂，很多难溶矿物均可被其分解。高温脱水形成焦磷酸和聚磷酸 |
| 高氯酸<br>$HClO_4$<br>100.47 | 203 | 1.68 | 70～72 | 约 12 | 无色液体，易溶于水，水溶液稳定，强酸。热浓时是强氧化剂和脱水剂。除钾、铷、铯外，其他金属盐都易溶于水。与有机物作用易爆炸，故加热高氯酸及盐，要注意预防爆炸危险 |
| 氢氟酸<br>HF<br>20.01 | 120 | 1.13 | 约 40 | 约 22.5 | 无色液体，易溶于水，弱酸，强腐蚀性。触及皮肤能造成严重灼伤，并引起溃烂。对 3 价、4 价金属离子有强的络合能力。能腐蚀玻璃，需用塑料或铂器皿储存 |
| 乙酸<br>$CH_3COOH$<br>（简记 HAc）<br>60.054 | | 1.05 | 36.2<br>99<br>（冰乙酸） | 约 6.2<br>17.4<br>（冰乙酸） | 无色液体，有强烈的刺激性味，与水互溶，是常用的弱酸。当浓度达 99%以上时，密度为 1.05g/mL，凝固点为 14.8℃，称为冰乙酸，对皮肤有腐蚀作用 |
| 氨水<br>$NH_4OH$<br>35.048 | | 0.91～<br>0.90 | 25～28<br>（$NH_3$） | 约 15 | 无色液体，有刺激气味，弱碱，易挥发。加热至沸，$NH_3$ 可全部逸出，空气中 $NH_3$ 达到 0.5%时可使人中毒。室温较高时欲打开瓶塞，需用湿毛巾盖着，以免喷出伤人 |
| 氢氧化钠<br>NaOH<br>40.01 | | 1.53 | 饱和溶液<br>50.5 | 19.3 | 白色固体，呈粒、块、棒状，易溶于水并放出大量热，强碱。有强腐蚀性，对玻璃也有一定的腐蚀性，浓溶液不适宜存放于玻璃瓶特别是带玻璃塞的瓶中 |
| 氢氧化钾<br>KOH<br>56.104 | | 1.535 | 饱和溶液<br>52.05 | 14.2 | |

## 二、常用酸溶液的配制

常用酸溶液的配制方法列于表 4-6。

## 三、常用碱溶液的配制

常用碱溶液的配制方法列于表 4-7。

## 四、常用盐溶液的配制

常用盐溶液的配制方法列于表 4-8。

**表 4-6 常用酸溶液的配制方法**

| 名称<br>（化学式） | 配制溶液的浓度/mol·L$^{-1}$ | | | | 配制方法 |
|---|---|---|---|---|---|
| | 6 | 2 | 1 | 0.5 | |
| | 配制 1L 溶液所需酸的体积/mL | | | | |
| 盐酸<br>（HCl） | 500 | 167 | 83 | 42 | 用量筒量取所需浓盐酸（原装），加水稀释成 1L |
| 硫酸<br>（$H_2SO_4$） | 334 | 112 | 56 | 28 | 用量筒量取所需浓硫酸（原装），在不断搅拌下缓缓加到适量水中，冷却后用水稀释至 1L |
| 硝酸<br>（$HNO_3$） | 400 | 133 | 67 | 33 | 用量筒量取所需浓硝酸（原装）加到适量水中，稀释至 1L |
| 磷酸<br>（$H_3PO_4$） | 400 | 133 | 67 | 33 | 用量筒量取所需浓磷酸（原装），加到适量水中，稀释至 1L |
| 乙酸<br>（$CH_3COOH$） | 353 | 118 | 59 | 30 | 用量筒量取所需冰乙酸（原装），加到适量水中，稀释至 1L |

**表 4-7　常用碱溶液的配制方法**

| 名　称（化学式） | 配制溶液的浓度/mol·L$^{-1}$ | | | | 配　制　方　法 |
|---|---|---|---|---|---|
| | 6 | 2 | 1 | 0.5 | |
| | 配制 1L 溶液所需碱的质量或体积 | | | | |
| 氢氧化钠（NaOH） | 240g | 80g | 40g | 20g | 用台天平称取所需 NaOH，溶解于适量水中，不断搅拌，冷却后用水稀释至 1L |
| 氢氧化钾（KOH） | 337g | 112g | 56g | 28g | 用台天平称取所需 KOH，溶解于适量水中，不断搅拌，冷却后用水稀释至 1L |
| 氨水（$NH_3 \cdot H_2O$） | 405mL | 135mL | 68mL | 34mL | 用量筒量取所需 $NH_3 \cdot H_2O$（浓，原装），加水稀释至 1L |

**表 4-8　常用盐溶液的配制方法**（配制量约为 1L）

| 名　称 | 化　学　式 | 浓度/mol·L$^{-1}$ | 配　制　方　法 |
|---|---|---|---|
| 硝酸银 | $AgNO_3$ | 1 | 169.9g $AgNO_3$ 溶于适量水中，稀释至 1L，用棕色瓶储存 |
| 硝酸铝 | $Al(NO_3)_3$ | 1 | 375.1g $Al(NO_3)_3 \cdot 9H_2O$ 溶于适量水中，稀释至 1L |
| 氯化铝 | $AlCl_3$ | 1 | 241.4g $AlCl_3 \cdot 6H_2O$ 溶于适量水中，稀释至 1L |
| 硫酸铝 | $Al_2(SO_4)_3$ | 1 | 666.4g $Al_2(SO_4)_3 \cdot 18H_2O$ 溶于适量水中，稀释至 1L |
| 氯化钡 | $BaCl_2$ | 0.1 | 20.8g $BaCl_2 \cdot H_2O$ 溶于适量水中，稀释至 1L |
| 硝酸钡 | $Ba(NO_3)_2$ | 0.1 | 26.1g $Ba(NO_3)_2$ 溶于适量水中，稀释至 1L |
| 硝酸铋 | $Bi(NO_3)_3$ | 0.1 | 39.5g $Bi(NO_3)_3$ 溶于适量(1+5)$HNO_3$ 中，再用(1+5)$HNO_3$ 稀释至 1L① |
| 氯化铋 | $BiCl_3$ | 1 | 315.3g $BiCl_3$ 溶于适量(1+5)HCl 中，再用(1+5)HCl 稀释至 1L① |
| 氯化钙 | $CaCl_2$ | 1 | 219.8g $CaCl_2 \cdot 6H_2O$ 溶于适量水，稀释至 1L |
| 硝酸钙 | $Ca(NO_3)_2$ | 1 | 236.2g $Ca(NO_3)_2 \cdot 4H_2O$ 溶于适量水中，稀释至 1L |
| 硝酸镉 | $Cd(NO_3)_2$ | 0.1 | 30.9g $Cd(NO_3)_2 \cdot 4H_2O$ 溶于适量水中，稀释至 1L |
| 硫酸镉 | $CdSO_4$ | 0.1 | 20.8g $CdSO_4$ 溶于适量水中，稀释至 1L |
| 硝酸钴 | $Co(NO_3)_2$ | 1 | 291.0 g $Co(NO_3)_2 \cdot 6H_2O$ 溶于适量水中，稀释至 1L |
| 氯化钴 | $CoCl_2$ | 1 | 238.0g $CoCl_2 \cdot 6H_2O$ 溶于适量水中，稀释至 1L |
| 硫酸钴 | $CoSO_4$ | 1 | 281.1g $CoSO_4 \cdot 7H_2O$ 溶于适量水中，稀释至 1L |
| 硝酸铬 | $Cr(NO_3)_3$ | 0.1 | 23.8g $Cr(NO_3)_3$ 溶于适量水中，稀释至 1L |
| 氯化铬 | $CrCl_3$ | 0.1 | 26.7g $CrCl_3 \cdot 6H_2O$ 溶于适量水中，稀释至 1L |
| 硫酸铬 | $Cr_2(SO_4)_3$ | 0.1 | 71.6g $Cr_2(SO_4)_3 \cdot 18H_2O$ 溶于适量水中，稀释至 1L |
| 硝酸铜 | $Cu(NO_3)_2$ | 1 | 241.6g $Cu(NO_3)_2 \cdot 3H_2O$、5mL 浓 $HNO_3$ 溶于适量水中，稀释至 1L① |
| 氯化铜 | $CuCl_2$ | 1 | 170.5g $CuCl_2 \cdot 2H_2O$ 溶于适量水中，稀释至 1L |
| 硫酸铜 | $CuSO_4$ | 0.1 | 249.7g $CuSO_4 \cdot 5H_2O$ 溶于适量水中，稀释至 1L |
| 三氯化铁 | $FeCl_3$ | 1 | 270.3g $FeCl_3 \cdot 6H_2O$ 溶于加了 20mL 浓 HCl 的适量水中，再用水稀释至 1L① |
| 硝酸铁 | $Fe(NO_3)_3$ | 1 | 404.0g $Fe(NO_3)_3 \cdot 9H_2O$ 溶于加了 20mL 浓 $HNO_3$ 的适量水中，再用水稀释至 1L① |
| 硫酸亚铁 | $FeSO_4$ | 0.1 | 27.8g $FeSO_4 \cdot 7H_2O$ 溶于加了 10mL 浓 $H_2SO_4$ 的适量水中，再用水稀释至 1L。用时现配，短期保存① |
| 铁铵矾 | $FeNH_4(SO_4)_2$ | 0.1 | 48.2g $FeNH_4(SO_4)_2 \cdot 12H_2O$ 溶于适量水中，加 10mL 浓 $H_2SO_4$，再用水稀释至 1L。仅可短期保存① |
| 硫酸亚铁铵 | $Fe(NH_4)_2(SO_4)_2$ | 0.1 | 39.2g $Fe(NH_4)_2(SO_4)_2 \cdot 6H_2O$ 溶于适量水中，加 10mL 浓 $H_2SO_4$，再用水稀释至 1L。用时现配① |
| 硝酸汞 | $Hg(NO_3)_2$ | 0.1 | 32.5g $Hg(NO_3)_2$ 溶于适量水中，稀释至 1L |
| 氯化汞 | $HgCl_2$ | 0.1 | 27.2g $HgCl_2$ 溶于适量水中，稀释至 1L |
| 硝酸亚汞 | $Hg_2(NO_3)_2$ | 0.1 | 56.1g $Hg_2(NO_3)_2 \cdot 2H_2O$ 溶于 150mL $c_B$ 为 6mol/L 的 $HNO_3$ 中，用水稀释至 1L① |
| 氯化钾 | KCl | 1 | 74.6g KCl 溶于适量水中，稀释至 1L |
| 硝酸钾 | $KNO_3$ | 1 | 101.1g $KNO_3$ 溶于适量水中，稀释至 1L |
| 铬酸钾 | $K_2CrO_4$ | 1 | 194.2g $K_2CrO_4$ 溶于适量水中，稀释至 1L |
| 重铬酸钾 | $K_2Cr_2O_7$ | 0.1 | 29.4g $K_2Cr_2O_7$ 溶于适量水中，稀释至 1L |

续表

| 名称 | 化学式 | 浓度 /mol·$L^{-1}$ | 配制方法 |
| --- | --- | --- | --- |
| 碘化钾 | KI | 1 | 166.0g KI溶于适量水中,稀释至1L,置于棕色瓶中 |
| 亚铁氰化钾 | $K_4[Fe(CN)_6]$ | 0.1 | 36.8g $K_4[Fe(CN)_6]$溶于适量水中,稀释至1L |
| 铁氰化钾 | $K_3[Fe(CN)_6]$ | 0.1 | 32.9g $K_3[Fe(CN)_6]$溶于适量水中,稀释至1L |
| 硫氰酸钾 | KSCN | 1 | 97.2g KSCN溶于适量水中,稀释至1L |
| 溴化钾 | KBr | 1 | 119.0g KBr溶于适量水中,稀释至1L |
| 氯酸钾 | $KClO_3$ | 0.1 | 12.3g $KClO_3$溶于适量水中,稀释至1L |
| 氰化钾 | KCN | 1 | 65.1g KCN溶于适量水中,稀释至1L。此物极毒 |
| 硫酸钾 | $K_2SO_4$ | 0.1 | 17.4g $K_2SO_4$溶于适量水中,稀释至1L |
| 高锰酸钾 | $KMnO_4$ | 0.1 | 15.8g $KMnO_4$溶于适量水中,稀释至1L |
| 硝酸镁 | $Mg(NO_3)_2$ | 1 | 256.4g $Mg(NO_3)_2\cdot 6H_2O$溶于适量水中,稀释至1L |
| 氯化镁 | $MgCl_2$ | 1 | 203.3g $MgCl_2\cdot 6H_2O$溶于适量水中,稀释至1L |
| 硫酸镁 | $MgSO_4$ | 1 | 246.5g $MgSO_4\cdot 7H_2O$溶于适量水中,稀释至1L |
| 硝酸锰 | $Mn(NO_3)_2$ | 1 | 287.0g $Mn(NO_3)_2\cdot 6H_2O$溶于适量水中,稀释至1L |
| 氯化锰 | $MnCl_2$ | 1 | 197.9g $MnCl_2\cdot 4H_2O$溶于适量水中,稀释至1L |
| 硫酸锰 | $MnSO_4$ | 1 | 223.1g $MnSO_4\cdot 4H_2O$溶于适量水中,稀释至1L |
| 氯化铵 | $NH_4Cl$ | 1 | 53.5g $NH_4Cl$溶于适量水中,稀释至1L |
| 乙酸铵 | $NH_4CH_3COO$ | 1 | 77.1g $NH_4CH_3COO$溶于适量水中,稀释至1L |
| 草酸铵 | $(NH_4)_2C_2O_4$ | 1 | 142.1g $(NH_4)_2C_2O_4\cdot H_2O$溶于适量水中,稀释至1L |
| 硝酸铵 | $NH_4NO_3$ | 1 | 80.0g $NH_4NO_3$溶于适量水中,稀释至1L |
| 过二硫酸铵 | $(NH_4)_2S_2O_8$ | 0.1 | 22.8g $(NH_4)_2S_2O_8$溶于适量水中,稀释至1L。用时现配 |
| 硫氰酸铵 | $NH_4SCN$ | 1 | 76.1g $NH_4SCN$溶于适量水中,稀释至1L |
| 硫化铵 | $(NH_4)_2S$ | 6 | 通$H_2S$气于200mL浓$NH_3\cdot H_2O$中直至饱和,再加浓$NH_3\cdot H_2O$ 200mL,用水稀释至1L |
| 氯化钠 | NaCl | 1 | 58.4g NaCl溶于适量水中,稀释至1L |
| 乙酸钠 | $NaCH_3COO$ | 1 | 136.1g $NaCH_3COO\cdot 3H_2O$溶于适量水中,稀释至1L |
| 碳酸钠 | $Na_2CO_3$ | 1 | 106.0g $Na_2CO_3$(或286.1g $Na_2CO_3\cdot 10H_2O$)溶于适量水中,稀释至1L |
| 硫化钠 | $Na_2S$ | 1 | 240.2g $Na_2S\cdot 9H_2O$、40g NaOH溶于适量水中,稀释至1L |
| 硝酸钠 | $NaNO_3$ | 1 | 85.0g $NaNO_3$溶于适量水中,稀释至1L |
| 亚硝酸钠 | $NaNO_2$ | 1 | 69.0g $NaNO_2$溶于适量水中,稀释至1L |
| 硫酸钠 | $Na_2SO_4$ | 1 | 322.2g $Na_2SO_4\cdot 10H_2O$溶于适量水中,稀释至1L |
| 四硼酸钠 | $Na_2B_4O_7$ | 0.1 | 38.1g $Na_2B_4O_7\cdot 10H_2O$溶于适量水中,稀释至1L |
| 硫代硫酸钠 | $Na_2S_2O_3$ | 1 | 248.2g $Na_2S_2O_3\cdot 5H_2O$溶于适量水中,稀释至1L |
| 草酸钠 | $Na_2C_2O_4$ | 0.1 | 13.4g $Na_2C_2O_4$溶于适量水中,稀释至1L |
| 磷酸氢二钠 | $Na_2HPO_4$ | 0.1 | 35.8g $Na_2HPO_4\cdot 12H_2O$溶于适量水中,稀释至1L |
| 磷酸钠 | $Na_3PO_4$ | 0.1 | 16.4g $Na_3PO_4$溶于适量水中,稀释至1L |
| 氟化钠 | NaF | 0.5 | 21.0g NaF溶于适量水中,稀释至1L |
| 硝酸镍 | $Ni(NO_3)_2$ | 1 | 290.8g $Ni(NO_3)_2\cdot 6H_2O$溶于适量水中,稀释至1L |
| 氯化镍 | $NiCl_2$ | 1 | 237.7g $NiCl_2\cdot 6H_2O$溶于适量水中,稀释至1L |
| 硫酸镍 | $NiSO_4$ | 1 | 280.9g $NiSO_4\cdot 7H_2O$溶于适量水中,稀释至1L |
| 硝酸铅 | $Pb(NO_3)_2$ | 1 | 331.2g $Pb(NO_3)_2$溶于适量水中,加15mL 6mol/L的$HNO_3$,稀释至1L① |
| 乙酸铅 | $Pb(CH_3COO)_2$ | 1 | 379.3g $Pb(CH_3COO)_2\cdot 3H_2O$溶于适量水中,稀释至1L |
| 氯化亚锡 | $SnCl_2$ | 1 | 225.6g $SnCl_2\cdot 2H_2O$溶于170mL浓HCl中,用水稀释至1L,并加入少量纯锡粒。用时现配① |
| 四氯化锡 | $SnCl_4$ | 0.1 | 26.1g $SnCl_4$溶于6mol/L的HCl中,再用该HCl稀释至1L① |
| 硝酸锌 | $Zn(NO_3)_2$ | 1 | 297.5g $Zn(NO_3)_2\cdot 6H_2O$溶于适量水中,稀释至1L |
| 硫酸锌 | $ZnSO_4$ | 1 | 287.6g $ZnSO_4\cdot 7H_2O$溶于适量水中,稀释至1L |

① $Bi(NO_3)_3$是易水解盐,遇水产生沉淀或浑浊,要配制澄清的溶液先用稀$HNO_3$溶解,然后再稀释。$BiCl_3$、$FeCl_3$、$SnCl_2$、$SnCl_4$、$FeSO_4$、$Hg_2(NO_3)_2$、$Fe(NO_3)_3$、$Fe(NH_4)_2(SO_4)_2$、$Pb(NO_3)_2$等也是极易水解的盐,配制它们的溶液时都应先加相应的酸溶解,然后再稀释。

## 五、常用试剂饱和溶液的配制

常用试剂饱和溶液的配制方法列于表 4-9。

**表 4-9 常用试剂饱和溶液的配制方法**

| 试剂名称 | 分子式 | 密度/g·mL$^{-1}$ | 浓度/mol·L$^{-1}$ | 配制方法 | |
|---|---|---|---|---|---|
| | | | | 用试剂量/g | 用水量/mL |
| 氯化铵 | $NH_4Cl$ | 1.075 | 5.44 | 291 | 784 |
| 硝酸铵 | $NH_4NO_3$ | 1.312 | 10.80 | 863 | 449 |
| 草酸铵 | $(NH_4)_2C_2O_4 \cdot H_2O$ | 1.031 | 0.295 | 48 | 982 |
| 硫酸铵 | $(NH_4)_2SO_4$ | 1.243 | 4.06 | 535 | 708 |
| 氯化钡 | $BaCl_2 \cdot 2H_2O$ | 1.290 | 1.63 | 398 | 892 |
| 氢氧化钡 | $Ba(OH)_2$ | 1.037 | 0.228 | 39 | 998 |
| 氢氧化钙 | $Ca(OH)_2$ | 1.000 | 0.022 | 1.6 | 1000 |
| 氯化汞 | $HgCl_2$ | 1.050 | 0.236 | 64 | 986 |
| 氯化钾 | KCl | 1.174 | 4.000 | 298 | 876 |
| 重铬酸钾 | $K_2Cr_2O_7$ | 1.077 | 0.39 | 115 | 962 |
| 铬酸钾 | $K_2CrO_4$ | 1.396 | 3.00 | 583 | 858 |
| 氢氧化钾 | KOH | 1.540 | 14.50 | 813 | 737 |
| 碳酸钠 | $Na_2CO_3$ | 1.178 | 1.97 | 209 | 869 |
| 氯化钠 | NaCl | 1.197 | 5.40 | 316 | 881 |
| 氢氧化钠 | NaOH | 1.539 | 20.07 | 803 | 736 |

## 六、某些特殊试剂溶液的配制

某些特殊试剂溶液的配制方法列于表 4-10。

## 七、指示剂溶液的配制

指示剂是一种辅助试剂，借助它可以指示反应的终点。由于化学反应类型不同，指示剂的种类也不相同，常用指示剂主要有四类。

1. 酸碱指示剂的配制

酸碱指示剂通常是弱的有机酸或有机碱，它们的酸式结构与其共轭的碱式结构具有不同的颜色，当溶液的 pH 值改变时，指示剂的酸式结构与碱式结构之间发生变化，从而引起颜色的变化，于是指示出反应达到某一程度。在酸碱滴定中，它可指示溶液反应的终点。在实际应用中，可用单一指示剂，也可用混合指示剂。通常指示剂的用量为每 10mL 试液用 1 滴指示剂（溶液）。

表 4-11～表 4-13 分别列出常用的单一成分、双组分和多组分酸、碱指示剂及其配制方法。

**表 4-10 某些特殊试剂溶液的配制方法**

| 试剂名称 | 可鉴定的离子或分子 | 配制方法 |
|---|---|---|
| 铝试剂 | $Al^{3+}$ | 用 1g 铝试剂溶于 1L 水中 |
| 镁试剂(对硝基苯偶氮-间苯二酚) | $Mg^{2+}$ | 溶 0.01g 镁试剂于 1L 1mol/L NaOH 溶液中 |
| 镍试剂(二乙酰二肟) | $Ni^{2+}$ | 溶 10g 镍试剂于 1L 95%乙醇中 |
| 打萨宗 | $Zn^{2+}$ | 溶 0.1g 打萨宗于 1L $CCl_4$ 或 1L $CHCl_3$ 中 |
| 二苯氨基脲 | $Hg^{2+}$、$Cd^{2+}$ | 溶 10g 二苯氨基脲于 1L 95%乙醇中。配好后只能存放两周 |
| 安息香一肟 | $Cu^{2+}$ | 溶 50g 安息香一肟于 1L 95%乙醇中 |
| 六硝基合钴(Ⅲ)酸钠(钴亚硝酸钠) | $K^+$ | 溶 230g $NaNO_2$ 于 500mL 水中，加入 16.5mL 6mol/L 的 $CH_3COOH$ 溶液及 30g $Co(NO_3)_2 \cdot 6H_2O$ 静置过夜，取其清液，稀释至 1L。此溶液为橙色。若已变红，表示失效 |

续表

| 试剂名称 | 可鉴定的离子或分子 | 配制方法 |
|---|---|---|
| 乙酸铀酰锌 | $Na^+$ | ①溶 10g $UO_2(CH_3COO)_2 \cdot 2H_2O$ 和 6mL 6mol/L $CH_3COOH$ 于 50mL 蒸馏水中(可加热)<br>②溶 30g $Zn(CH_3COO)_2 \cdot 2H_2O$ 和 3mL 6mol/L $CH_3COOH$ 于 50mL 蒸馏水中(可加热)<br>③趁热将①、②溶液混合,放置过夜,取其清液使用 |
| 奈斯勒试剂 | $NH_4^+$ | 溶 115g $HgI_2$ 和 80g KI 于蒸馏水中,稀释至 500mL,再加入 500mL 6mol/L NaOH 溶液,静置后,取其清液,储于棕色瓶中 |
| 硝酸银氨溶液 | $Cl^-$ | 溶 1.7g $AgNO_3$ 于水中,加浓 $NH_3 \cdot H_2O$ 17mL,再加水稀释至 1L |
| 氯水 | $Br^-$、$I^-$ | 把氯气通入蒸馏水中至饱和 |
| 溴水 | $I^-$ | 溴的饱和水溶液 |
| 碘水 | $AsO_3^{3-}$ | 将 1.3g $I_2$ 和 3g KI 混匀,加少量水调成糊状,再加水稀释至 1L |
| 品红溶液 | $SO_3^{2-}$ | 溶 0.1g 品红试剂于 100mL 水中 |
| 隐色品红溶液 | $Br^-$ | 0.1%的品红水溶液,加入 $NaHSO_3$ 至红色退去 |
| 镁混合试剂 | $PO_4^{3-}$、$AsO_4^{3-}$ | 溶 100g $MgCl_2 \cdot 6H_2O$ 和 100g $NH_4Cl$ 于水中,加入 50mL 浓 $NH_3 \cdot H_2O$,再用水稀释成 1L |
| α-萘胺 | $NO_2^-$ | 溶 0.3g α-萘胺于 20mL 水中,煮沸,取其清液,加入 150mL 2mol/L $CH_3COOH$ 溶液。试剂无色,变色为失效 |
| 淀粉溶液 | $I_2$ | 取 1g 可溶性淀粉与少量冷水调成糊状,将所得糊状物倒入 100mL 沸水中,煮沸数分钟,冷却 |

**表 4-11 常用酸碱指示剂及其配制方法**

| 指示剂 | 变色范围(pH 值) | 配制方法 |
|---|---|---|
| 甲基紫 | 黄 0.1～1.5 蓝 | 0.25g 溶于 100mL 水 |
| 间甲酚紫 | 红 0.5～2.5 黄 | 0.10g 溶于 13.6mL 0.02mol/L 氢氧化钠中,用水稀释至 250mL |
| 对二甲苯酚蓝 | 红 1.2～2.8 黄 | 0.10g 溶于 250mL 乙醇 |
| 百里酚蓝(麝香草酚蓝) | 红 1.2～2.8 黄 | 0.10g 溶于 10.75mL 0.02mol/L 氢氧化钠中,用水稀释至 250mL |
| (第一次变色) | | 0.1g 溶于 100mL 20%乙醇 |
| 二苯胺橙 | 红 1.3～3.0 黄 | 0.10g 溶于 100mL 水 |
| 苯紫 4B | 蓝紫 1.3～4.0 红 | 0.10g 溶于 100mL 水 |
| 茜素黄 R | 红 1.9～3.3 黄 | 0.10g 溶于 100mL 温水 |
| 2,6-二硝基酚(β) | 无色 2.4～4.0 黄 | 0.10g 溶于几毫升乙醇中,再用水稀释至 100mL |
| 2,4-二硝基酚(α) | 无色 2.6～4.0 黄 | 0.10g 溶于几毫升乙醇中,再用水稀释至 100mL |
| 对二甲氨基偶氮苯 | 红 2.9～4.0 黄 | 0.1g 溶于 200mL 乙醇 |
| 溴酚蓝 | 黄 3.0～4.6 蓝 | 0.10g 溶于 7.45mL 0.02mol/L 氢氧化钠,用水稀释至 250mL |
| 刚果红 | 蓝 3.0～5.2 红 | 0.10g 溶于 100mL 水 |
| 甲基橙 | 红 3.0～4.4 黄 | 0.10g 溶于 100mL 水 |
| 溴氯酚蓝 | 黄 3.2～4.8 蓝 | 0.10 溶于 8.6 mL 0.02mol/L 氢氧化钠中,用水稀释至 250mL |
| 茜素磺酸钠 | 黄 3.7～5.2 紫 | 1.0g 溶于 100mL 水 |
| 2,5-二硝基酚(γ) | 无色 4.0～5.8 黄 | 0.10g 溶于 20mL 乙醇中,用水稀释至 100mL |
| 溴甲酚绿 | 黄 3.8～5.4 蓝 | 0.10g 溶于 7.15mL 0.02mol/L 氢氧化钠中,用水稀释至 250mL |
| 甲基红 | 红 4.2～6.2 黄 | 0.10g 溶于 18.60mL 0.02mol/L 氢氧化钠中,用水稀释至 250mL |
| 氯酚红 | 黄 5.0～6.6 红 | 0.10g 溶于 11.8mL 0.02mol/L 氢氧化钠中,用水稀释至 250mL |
| 对硝基酚 | 无色 5.0～7.6 黄 | 0.25g 溶于 100mL 水 |

续表

| 指示剂 | 变色范围(pH值) | 配制方法 |
| --- | --- | --- |
| 溴甲酚紫 | 黄 5.2～6.8 紫 | 0.10g 溶于 9.25mL 0.02mol/L 氢氧化钠中,用水稀释至 250mL |
| 溴酚红 | 黄 5.2～7.0 红 | 0.10g 溶于 9.75mL 0.02mol/L 氢氧化钠中,用水稀释至 250mL |
| 溴百里酚蓝(溴麝香草酚蓝) | 黄 6.0～7.6 蓝 | 0.10g 溶于 8.0mL 0.02mol/L 氢氧化钠中,用水稀释至 250mL |
| 姜黄 | 黄 6.0～8.0 棕红 | 饱和水溶液 |
| 酚红 | 黄 6.8～8.4 红 | 0.10g 溶于 14.20mL 0.02mol/L 氢氧化钠中,用水稀释至 250mL |
| 中性红 | 红 6.8～8.0 黄 | 0.10g 溶于 70mL 乙醇中,用水稀释至 100mL |
| 树脂质酸 | 黄 6.8～8.2 红 | 1.0g 溶于 100mL 50%乙醇 |
| 喹啉蓝 | 无色 7.0～8.0 紫蓝 | 1.0g 溶于 100mL 乙醇 |
| 甲酚红 | 黄 7.2～8.8 红 | 0.10g 溶于 13.1moL 0.02mol/L 氢氧化钠中,用水稀释至 250mL |
| 1-萘酚酞 | 玫瑰色 7.3～8.7 绿 | 0.10g 溶于 100mL 50%乙醇 |
| 间甲酚紫 | 黄 7.4～9.0 紫 | 0.10g 溶于 13.1mL 0.02mol/L 氢氧化钠中,用水稀释至 250mL |
| 百里酚蓝(麝香草酚蓝) | 黄 8.0～9.6 蓝 | 0.1g 溶于 10.75mL 0.02mol/L 氢氧化钠中,用水稀释至 250mL |
| (第二次变色) | | 0.1g 溶于 100mL 20%乙醇 |
| 酚酞 | 无色 7.4～10.0 红 | 1.0g 溶于 60mL 乙醇中,用水稀释至 100mL |
| 邻甲酚酞 | 无色 8.2～10.4 红 | 0.10g 溶于 250mL 乙醇 |
| 1-萘酚苯 | 黄 8.5～9.8 绿 | 1.0g 溶于 100mL 乙醇 |
| 百里酚酞(麝香草酚酞) | 无色 9.3～10.5 蓝 | 0.10g 溶于 100mL 乙醇 |
| 茜素黄 GG | 黄 10.0～12.0 紫 | 0.10g 溶于 100mL 50%乙醇 |
| 泡依蓝 $C_4B$ | 蓝 11.0～13.0 红 | 0.20g 溶于 100mL 水 |
| 橘黄Ⅰ | 黄 11.0～13.0 橙 | 0.10g 溶于 100mL 水 |
| 硝胺 | 黄 11.0～13.0 橙棕 | 0.10g 溶于 100mL 70%乙醇 |
| 1,3,5-三硝基苯 | 无色 11.5～14.0 橙 | 0.10g 溶于 100mL 乙醇 |
| 靛蓝二磺酸钠(靛红) | 蓝 11.6～14.0 黄 | 0.25g 溶于 100mL 50%乙醇 |

**表 4-12 常用双组分酸、碱指示剂及其配制方法**

| 组分名称 | 体积比 | 变色点 pH 值 | 不同 pH 值颜色变化 | 保存 |
| --- | --- | --- | --- | --- |
| 0.1%甲基橙水溶液<br>0.25%酸性靛蓝水溶液 | 1+1 | 4.1 | 3.1～4.1～4.4<br>紫 灰 绿 | 棕色瓶 |
| 0.1%溴甲酚绿钠水溶液<br>0.02%甲基橙水溶液 | 1+1 | 4.3 | 3.1～3.5～4.0～4.3<br>橙 黄 绿 浅绿 | |
| 0.1%溴甲酚绿乙醇溶液<br>0.2%甲基红乙醇溶液 | 3+1 | 5.1 | 酒红～绿<br>变色显著 | |
| 0.2%甲基红乙醇溶液<br>0.1%亚甲蓝乙醇溶液 | 1+1 | 5.4 | 5.2～5.4～5.6<br>红紫 灰蓝 绿 | 棕色瓶 |
| 0.1%溴甲酚绿钠水溶液<br>0.1%氯酚红钠水溶液 | 1+1 | 6.1 | 5.4～5.8～6.0～6.2<br>蓝绿 蓝 紫蓝 蓝紫 | |
| 0.1%溴甲酚紫钠水溶液<br>0.1%溴百里酚蓝钠水溶液 | 1+1 | 6.7 | 6.2～6.6～6.8<br>黄紫 紫 蓝紫 | |
| 0.1%中性红乙醇溶液<br>0.1%亚甲蓝乙醇溶液 | 1+1 | 7.0 | 6.8～7.0～7.2<br>紫 灰 灰绿 | 棕色瓶 |
| 0.1%中性红乙醇溶液<br>0.1%溴百里酚蓝乙醇溶液 | 1+1 | 7.2 | 7.0～7.2～7.4<br>玫瑰 浅红 灰绿 | |

续表

| 组分名称 | 体积比 | 变色点pH值 | 不同pH值颜色变化 | 保存 |
|---|---|---|---|---|
| 0.1%溴百里酚蓝钠水溶液<br>0.1%酚红钠水溶液 | 1+1 | 7.6 | 7.2～7.4～7.6<br>灰绿 浅绿 深紫 | |
| 0.1%1-萘酚酞乙醇溶液<br>0.1%甲酚红乙醇溶液 | 2+1 | 8.3 | 8.2～8.4<br>淡紫 深紫 | |
| 0.1%1-萘酚酞乙醇溶液<br>0.1%酚酞乙醇溶液 | 1+3 | 8.9 | 8.6～9.0<br>浅绿 紫 | |
| 0.1%酚酞乙醇溶液<br>0.1%百里酚酞乙醇溶液 | 1+1 | 9.9 | 9.4～9.6～10.0<br>浅红 玫瑰 紫 | |

**表 4-13 常用多组分酸、碱指示剂及其配制方法**

| 指示液配制方法 | pH值与颜色变化 | | | | | | | |
|---|---|---|---|---|---|---|---|---|
| 溴百里酚蓝、甲基红、1-萘酚酞、百里酚酞及酚酞各0.1g溶于500mL乙醇 | 4 | 5 | 6 | 7 | 8 | 9 | 10 | 11 |
| | 红 | 橙 | 黄 | 绿黄 | 绿 | 蓝绿 | 蓝紫 | 红紫 |
| 0.1g酚酞、0.3g甲基黄、0.2g甲基红、0.4g溴百里酚蓝、0.5g百里酚蓝溶于500mL乙醇中 | 2 | 4 | 6 | 8 | 10 | | | |
| | 红 | 橙 | 黄 | 绿 | 蓝 | | | |
| 0.04g 甲基橙、0.02g 甲基红、0.12g 1-萘酚酞溶于100mL70%乙醇中 | 1 | 4 | 5 | 7 | 9 | >9 | | |
| | 亮玫瑰 | 淡玫瑰 | 橙 | 黄绿 | 灰绿 | 紫 | | |
| 溴甲酚绿、溴甲酚紫、甲酚红各0.25g放入玛瑙研钵中，加15mL0.1mol/L氢氧化钠及5mL水研磨，最后稀释至1L | 4.0 | 4.5 | 5.0 | 5.5 | 6.0 | 6.5 | 7.0 | 8.0 |
| | 黄 | 绿黄 | 黄绿 | 草绿 | 灰绿 | 灰蓝 | 蓝紫 | 紫 |

2. 氧化还原指示剂的配制

指示氧化还原滴定终点的指示剂称氧化还原指示剂。在滴定过程中，氧化还原指示剂在一定电位下，将发生氧化还原反应，它的氧化态和还原态具有不同的颜色。当指示剂被氧化或还原时，也会由一种颜色变成另一种颜色。常用氧化还原指示剂及其配制方法见表 4-14。表中 $E^0$ 为指示剂颜色改变明显可见时的标准电势。

3. 金属离子指示剂的配制

络合滴定时用金属离子指示剂。金属离子指示剂能与金属离子形成有色络合物，其颜色与指示剂本身的颜色不同。此有色络合物的稳定性比该金属离子与滴定剂生成的络合物差。在滴定开始时，由于溶液中有大量金属离子，它们与加入的指示剂作用，生成有色络合物。随着滴定剂的加入，金属离子逐步被滴定剂络合。当达到终点时，已与指示剂络合的金属离子全部被滴定剂夺去，放出指示剂，从而引起颜色的改变，达到指示反应终点的目的。常用金属离子指示剂及其配制方法见表 4-15。

**表 4-14 常用氧化还原指示剂及其配制方法**

| 名称 | $E^0$/V | 颜色变化 | | 配制方法 | 主要用途 |
|---|---|---|---|---|---|
| | | 氧化态 | 还原态 | | |
| 亚甲基蓝 | 0.53 | 蓝色 | 无色 | 0.1%水溶液 | |
| 二苯胺 | 0.76 | 紫色 | 无色 | 0.1% $H_2SO_4$ 溶液可长期保存 | 重铬酸钾法<br>高锰酸钾法 |
| 二苯胺磺酸钠 | 0.85 | 红紫色 | 无色 | 0.2%水溶液 | 重铬酸钾法 |
| 苯代邻氨基苯甲酸 | 0.89 | 紫红色 | 无色 | 0.2g 指示剂溶于 100mL 0.2% $Na_2CO_3$ 溶液，加热 | 重铬酸钾滴定铁 |

续表

| 名称 | $E^0$/V | 颜色变化 | | 配制方法 | 主要用途 |
|---|---|---|---|---|---|
| | | 氧化态 | 还原态 | | |
| 对硝基二苯胺 | 0.99 | 紫色 | 无色 | $c_B$ 为 0.05mol/L 浓 $H_2SO_4$ 溶液，使用时用浓 $H_2SO_4$ 稀释至 $c_B$ 为 0.005mol/L，用量 3～5 滴 | |
| 邻二氮菲亚铁络合物 | 1.06 | 浅蓝色 | 红色 | $c_B$ 为 0.025mol/L 水溶液 | 高锰酸钾法<br>硫酸铈法 |
| 硝基邻二氮菲亚铁络合物 | 1.25 | 浅蓝色 | 紫红色 | $c_B$ 为 0.025mol/L 水溶液 | |
| 淀粉溶液 | | 遇碘变蓝 | | 参见表 4-10 | 碘量法 |

**表 4-15 常用金属离子指示剂及其配制方法**

| 指示剂名称及化学式 | 配制方法 | EDTA 直接滴定的主要条件和终点颜色变化 |
|---|---|---|
| 红紫酸铵（骨螺紫）<br>(Murexide)P-PAN $C_8H_8N_6O_6$ | 指示剂与氯化钠以(1+100)混合并研细混匀 | $Ca^{2+}$，pH=12，氢氧化钠<br>红～紫 |
| 2-(2-吡啶偶氮)-1-萘酚<br>$C_{15}H_{11}N_2O$ | 0.1g 指示剂溶于 100mL 纯水中 | $Ca^{2+}$，pH=4.5，乙盐缓冲液<br>红～黄 |
| 钙指示剂（钙红）<br>2-羟基-1-(2-羟基-4-磺基-1-萘偶氮)-3-萘甲酸<br>$C_{21}H_{14}N_2O_7S$ | 指示剂与氯化钠或硝酸钾中性盐(1+100)混合并研细 | $Ca^{2+}$，pH=12～12.5<br>红～蓝 |
| 锌试剂<br>2-羧基-2′-羟基-5′-磺基偕苯偶氮苯<br>$C_{20}H_{16}N_4O_6S$ | 0.1g 指示剂溶于 2mL 1mol/L 氢氧化钠中，加纯水至 100mL；或与氯化钠(1+50)混合并研细 | $Zn^{2+}$，pH=8.5～9.5，氨缓冲液<br>蓝～红 |
| 铬黑 T(EBT)（羊毛铬黑 T）<br>1-(1-羟基-2-萘偶氮)-6-硝基-4-磺基-2-萘酚（钠盐）<br>$C_{20}H_{12}N_3O_7S$ | 0.5g 指示剂，4.5g 盐酸羟胺，用无水乙醇溶解并加至 100mL；或与氯化钠(1+100)混合并研细 | $Zn^{2+}$，pH=6.8～10，氨缓冲液，红～蓝；<br>$Ca^{2+}$，$Mg^{2+}$，pH= 10，氨缓冲液，红～蓝；<br>$Ca^{2+}$，pH=6.8～11.5，氨缓冲液，红～蓝 |
| 二甲酚橙<br>3,3′-双（$N$,$N$-二羧基甲基）-邻甲酚磺酞<br>$C_{31}H_{32}N_2O_{13}S$ | 0.5g 指示剂溶解在 100mL 纯水中；或与硝酸钾（1+100）混合并研细 | pH=10.5，氨缓冲液，$Ca^{2+}$，蓝紫～灰；<br>$Mn^{2+}$，紫～淡灰；<br>$Mg^{2+}$，红～淡灰 |

4. 吸附指示剂的配制

吸附指示剂通常是有机染料，它多用于沉淀滴定法，是利用产生的沉淀在滴定终点前后对指示剂的吸附作用不同，从而使指示剂呈现出不同的颜色。常用吸附指示剂及其配制方法见表 4-16。

**表 4-16 常用吸附指示剂及其配制方法**

| 名称 | 终点颜色变化 | pH 值范围 | 被测定离子（$AgNO_3$ 为滴定剂） | 配制方法 |
|---|---|---|---|---|
| 荧光黄 | 黄绿→粉红 | 7～10 | $Cl^-$ | 0.2%乙醇溶液 |
| 溴酚蓝 | 黄绿→蓝 | 5～6 | $Cl^-$、$I^-$ | 0.1%水溶液 |
| 二氯荧光黄 | 黄绿→红 | 4～10 | $Cl^-$、$Br^-$、$I^-$、$SCN^-$ | 0.1%70%乙醇溶液 |
| 曙红 | 橙→深红 | 2～10 | $Br^-$、$I^-$、$SCN^-$ | 0.1%70%乙醇溶液 |

## 八、缓冲溶液的配制

能够抵御少量强酸或强碱的影响，而保持溶液 pH 值基本不变的溶液，称为缓冲溶液。它通常由浓度较大的弱酸和它的盐（包括酸式盐）、弱碱和它的盐组成。若溶液的 pH 值是一定的（与温度有关)，称为 pH 标准溶液，用以校准 pH 测量仪。

1. 普通缓冲溶液的配制

普通缓冲溶液的配制见表 4-17。

**表 4-17 普通缓冲溶液的配制**

| pH 值 | 配制方法 |
|---|---|
| 0.0 | $c_B$ 为 1mol/L 的 HCl 溶液 |
| 1.0 | $c_B$ 为 0.1mol/L 的 HCl 溶液 |
| 2.0 | $c_B$ 为 0.01mol/L 的 HCl 溶液 |
| 3.6 | 8g $NaCH_3COO \cdot 3H_2O$ 溶于适量水中，加入 $c_B$ 为 6mol/L 的 $CH_3COOH$ 134mL，再用水稀释至 500mL |
| 4.0 | 20g $NaCH_3COO \cdot 3H_2O$ 溶于适量水中，加入 $c_B$ 为 6mol/L 的 $CH_3COOH$ 134mL，再用水稀释至 500mL |
| 4.5 | 32g $NaCH_3COO \cdot 3H_2O$ 溶于适量水中，加入 $c_B$ 为 6mol/L 的 $CH_3COOH$ 68mL，再用水稀释至 500mL |
| 5.0 | 50g $NaCH_3COO \cdot 3H_2O$ 溶于适量水中，加入 $c_B$ 为 6mol/L 的 $CH_3COOH$ 34mL，再用水稀释至 500mL |
| 5.7 | 100g $NaCH_3COO \cdot 3H_2O$ 溶于适量水中，加入 $c_B$ 为 6mol/L 的 $CH_3COOH$ 13mL，再用水稀释至 500mL |
| 7.0 | 77g $NH_4CH_3COO$ 用水溶解后，稀释至 500mL |
| 7.5 | 60g $NH_4Cl$ 溶于适量水中，加 $c_B$ 为 15mol/L 的 $NH_3 \cdot H_2O$ 1.4mL，用水稀释至 500mL |
| 8.0 | 50g $NH_4Cl$ 溶于适量水中，加 $c_B$ 为 15mol/L 的 $NH_3 \cdot H_2O$ 3.5mL，用水稀释至 500mL |
| 8.5 | 40g $NH_4Cl$ 溶于适量水中，加 $c_B$ 为 15mol/L 的 $NH_3 \cdot H_2O$ 8.8mL，用水稀释至 500mL |
| 9.0 | 35g $NH_4Cl$ 溶于适量水中，加 $c_B$ 为 15mol/L 的 $NH_3 \cdot H_2O$ 24mL，用水稀释至 500mL |
| 9.5 | 30g $NH_4Cl$ 溶于适量水中，加 $c_B$ 为 15mol/L 的 $NH_3 \cdot H_2O$ 65mL，用水稀释至 500mL |
| 10.0 | 27g $NH_4Cl$ 溶于适量水中，加 $c_B$ 为 15mol/L 的 $NH_3 \cdot H_2O$ 197mL，用水稀释至 500mL |
| 10.5 | 9g $NH_4Cl$ 溶于适量水中，加 $c_B$ 为 15mol/L 的 $NH_3 \cdot H_2O$ 175mL，用水稀释至 500mL |
| 11.0 | 3g $NH_4Cl$ 溶于适量水中，加 $c_B$ 为 15mol/L 的 $NH_3 \cdot H_2O$ 207mL，用水稀释至 500mL |
| 12.0 | $c_B$ 为 0.01mol/L 的 NaOH 溶液 |
| 13.0 | $c_B$ 为 0.1mol/L 的 NaOH 溶液 |

2. 伯瑞坦-罗比森缓冲溶液的配制

伯瑞坦-罗比森（Britton-Robinson）缓冲溶液的配制见表 4-18。

**表 4-18 伯瑞坦-罗比森缓冲溶液的配制**

| pH 值 | NaOH/mL | pH 值 | NaOH/mL | pH 值 | NaOH/mL | pH 值 | NaOH/mL |
|---|---|---|---|---|---|---|---|
| 1.81 | 0.0 | 4.10 | 25.0 | 6.80 | 50.0 | 9.62 | 75.0 |
| 1.89 | 2.5 | 4.35 | 27.5 | 7.00 | 52.5 | 9.91 | 77.5 |
| 1.98 | 5.0 | 4.56 | 30.0 | 7.24 | 55.0 | 10.38 | 80.0 |
| 2.09 | 7.5 | 4.78 | 32.5 | 7.54 | 57.5 | 10.88 | 82.5 |
| 2.21 | 10.0 | 5.02 | 35.0 | 7.96 | 60.0 | 11.20 | 85.0 |
| 2.36 | 12.5 | 5.33 | 37.5 | 8.36 | 62.5 | 11.40 | 87.5 |
| 2.56 | 15.0 | 5.72 | 40.0 | 8.69 | 65.0 | 11.58 | 90.0 |
| 2.87 | 17.5 | 6.09 | 42.5 | 8.95 | 67.5 | 11.70 | 92.5 |
| 3.29 | 20.0 | 6.37 | 45.0 | 9.15 | 70.0 | 11.82 | 95.0 |
| 3.78 | 22.5 | 6.59 | 47.5 | 9.37 | 72.5 | 11.92 | 97.5 |

注：在 100mL 三酸混合液（磷酸、乙酸、硼酸，浓度均为 0.04mol/L）中，加入表中指定体积的 0.2mol/L 氢氧化钠，即得表中相应 pH 值的缓冲溶液。

3. 克拉克-鲁布斯缓冲溶液的配制

克拉克-鲁布斯（Clark-Lubs）缓冲溶液的配制见表 4-19。

将表 4-19 所列两种储备液的体积数混合，稀释至 200mL，即得相应 pH 值的缓冲溶液（20℃）。

4. 乙酸-乙酸钠缓冲溶液的配制

乙酸-乙酸钠缓冲溶液的配制见表 4-20。

将表 4-20 所列 0.2mol/L 乙酸和 0.2mol/L 乙酸钠溶液混合，即得相应的 pH 值。

5. 氨-氯化铵缓冲溶液的配制

氨-氯化铵缓冲溶液的配制见表 4-21。

将表 4-21 所列 0.2mol/L 氨和 0.2mol/L 氯化铵溶液的毫升数混合，即得相应的 pH 值。

表 4-19 克拉克-鲁布斯缓冲溶液的配制

| pH值 | KCl /mL | HCl /mL | $KHC_6H_4O_4$ /mL | NaOH /mL | $KH_2PO_4$ /mL | $H_3BO_3$ /mL | pH值 | KCl /mL | HCl /mL | $KHC_6H_4O_4$ /mL | NaOH /mL | $KH_2PO_4$ /mL | $H_3BO_3$ /mL |
|---|---|---|---|---|---|---|---|---|---|---|---|---|---|
| 1.0 | 25.00 | 48.50 | — | — | — | — | 5.2 | — | — | 50.00 | 29.75 | — | — |
| 1.2 | 24.90 | 75.10 | — | — | — | — | 5.4 | — | — | 50.00 | 35.25 | — | — |
| 1.4 | 52.60 | 47.40 | — | — | — | — | 5.6 | — | — | 50.00 | 39.70 | — | — |
| 1.6 | 70.06 | 29.90 | — | — | — | — | 6.2 | — | — | — | 8.55 | 50.00 | — |
| 1.8 | 81.14 | 18.86 | — | — | — | — | 6.4 | — | — | — | 12.60 | 50.00 | — |
| 2.0 | 88.10 | 11.90 | — | — | — | — | 6.6 | — | — | — | 17.74 | 50.00 | — |
| 2.2 | 92.48 | 7.52 | — | — | — | — | 6.8 | — | — | — | 23.60 | 50.00 | — |
| 2.4 | — | 39.60 | 50.00 | — | — | — | 7.0 | — | — | — | 29.54 | 50.00 | — |
| 2.6 | — | 33.00 | 50.00 | — | — | — | 7.2 | — | — | — | 34.90 | 50.00 | — |
| 2.8 | — | 26.50 | 50.00 | — | — | — | 7.4 | — | — | — | 39.34 | 50.00 | — |
| 3.0 | — | 20.40 | 50.00 | — | — | — | 7.6 | — | — | — | 42.74 | 50.00 | — |
| 3.2 | — | 14.80 | 50.00 | — | — | — | 8.2 | — | — | — | 5.90 | — | 50.00 |
| 3.4 | — | 9.95 | 50.00 | — | — | — | 8.4 | — | — | — | 8.55 | — | 50.00 |
| 3.6 | — | 6.00 | 50.00 | — | — | — | 8.6 | — | — | — | 12.00 | — | 50.00 |
| 3.8 | — | 2.65 | 50.00 | — | — | — | 8.8 | — | — | — | 16.40 | — | 50.00 |
| 4.0 | — | — | 50.00 | 0.40 | — | — | 9.0 | — | — | — | 21.40 | — | 50.00 |
| 4.2 | — | — | 50.00 | 3.65 | — | — | 9.2 | — | — | — | 26.70 | — | 50.00 |
| 4.4 | — | — | 50.00 | 7.35 | — | — | 9.4 | — | — | — | 32.00 | — | 50.00 |
| 4.6 | — | — | 50.00 | 12.00 | — | — | 9.6 | — | — | — | 36.85 | — | 50.00 |
| 4.8 | — | — | 50.00 | 17.50 | — | — | 9.8 | — | — | — | 40.80 | — | 50.00 |
| 5.0 | — | — | 50.00 | 23.65 | — | — | 10.0 | — | — | — | 43.90 | — | 50.00 |

注：0.2mol/L KCl储备液（含 14.912g KCl/L）；0.2mol/L 邻苯二甲酸氢钾储备液（含 40.836g $KHC_6H_4O_4$/L）；0.2mol/L 磷酸二氢钾储备液（含 27.232g $KH_2PO_4$/L）；0.2mol/L 硼酸储备液（含 12.405g $H_3BO_3$ + 14.912g KCl/L）；0.2mol/L 氢氧化钠（应除去 $CO_2$）储备液；0.2mol/L 盐酸储备液。

表 4-20 乙酸-乙酸钠缓冲溶液的配制

| pH值 | NaAc/mL | HAc/mL | pH值 | NaAc/mL | HAc/mL | pH值 | NaAc/mL | HAc/mL |
|---|---|---|---|---|---|---|---|---|
| 3.6 | 1.5 | 18.5 | 4.4 | 7.4 | 12.6 | 5.2 | 15.8 | 4.2 |
| 3.8 | 2.4 | 17.6 | 4.6 | 9.8 | 10.2 | 5.4 | 17.1 | 2.9 |
| 4.0 | 3.6 | 16.4 | 4.8 | 12.0 | 8.0 | 5.6 | 18.1 | 1.9 |
| 4.2 | 5.3 | 14.7 | 5.0 | 14.1 | 5.9 | | | |

表 4-21 氨-氯化铵缓冲溶液的配制

| pH值 | $NH_3$/mL | $NH_4Cl$/mL | pH值 | $NH_3$/mL | $NH_4Cl$/mL | pH值 | $NH_3$/mL | $NH_4Cl$/mL |
|---|---|---|---|---|---|---|---|---|
| 8.0 | 1.1 | 18.9 | 8.8 | 5.2 | 14.8 | 9.6 | 13.8 | 6.2 |
| 8.2 | 1.7 | 18.3 | 9.0 | 7.2 | 12.8 | 9.8 | 15.6 | 4.4 |
| 8.4 | 2.5 | 17.5 | 9.25 | 10.0 | 10.0 | 10.0 | 17.0 | 3.0 |
| 8.6 | 3.7 | 16.3 | 9.4 | 11.7 | 8.3 | | | |

# 第四节 化学实验室常用标准溶液及其配制

## 一、pH 标准溶液的配制

1. 标准缓冲溶液（pH 标准溶液）的配制

标准缓冲溶液在 0～95℃间的 pH 值见表 4-22。标准缓冲溶液常作为 pH 标准溶液。

表 4-22 标准缓冲溶液（pH 标准溶液）的配制

| 温度/℃ | 0.05mol/L 草酸三氢钾① | 25℃饱和酒石酸氢钾② | 0.05mol/L 邻苯二甲酸氢钾③ | 0.025mol/L $KH_2PO_4$＋0.025mol/L $Na_2HPO_4$④ | 0.008695mol/L $KH_2PO_4$＋0.03043mol/L $Na_2HPO_4$ | 0.01mol/L 硼砂⑤ | 25℃饱和氢氧化钙⑥ |
|---|---|---|---|---|---|---|---|
| 0 | 1.666 | — | 4.003 | 6.984 | 7.534 | 9.464 | 13.423 |
| 5 | 1.668 | — | 3.999 | 6.951 | 7.500 | 9.395 | 13.207 |
| 10 | 1.670 | — | 3.998 | 6.923 | 7.472 | 9.332 | 13.003 |
| 15 | 1.672 | — | 3.999 | 6.900 | 7.448 | 9.276 | 12.810 |
| 20 | 1.675 | — | 4.002 | 6.881 | 7.429 | 9.225 | 12.627 |
| 25 | 1.679 | 3.557 | 4.008 | 6.865 | 7.413 | 9.180 | 12.454 |
| 30 | 1.683 | 3.552 | 4.015 | 6.853 | 7.400 | 9.139 | 12.289 |
| 35 | 1.688 | 3.549 | 4.024 | 6.844 | 7.389 | 9.102 | 12.133 |
| 38 | 1.691 | 3.548 | 4.030 | 6.840 | 7.384 | 9.081 | 12.043 |
| 40 | 1.694 | 3.547 | 4.035 | 6.838 | 7.380 | 9.068 | 11.984 |
| 45 | 1.700 | 3.547 | 4.047 | 6.834 | 7.373 | 9.038 | 11.841 |
| 50 | 1.707 | 3.549 | 4.060 | 6.833 | 7.367 | 9.011 | 11.705 |
| 55 | 1.715 | 3.554 | 4.075 | 6.834 | — | 8.985 | 11.574 |
| 60 | 1.723 | 3.560 | 4.091 | 6.836 | — | 8.962 | 11.449 |
| 70 | 1.743 | 3.580 | 4.126 | 6.845 | — | 8.921 | — |
| 80 | 1.766 | 3.609 | 4.164 | 6.859 | — | 8.885 | — |
| 90 | 1.792 | 3.650 | 4.205 | 6.877 | — | 8.850 | — |
| 95 | 1.806 | 3.674 | 4.227 | 6.886 | — | 8.833 | — |

① 0.05mol/L 草酸三氢钾溶液 $KH_3(C_2O_4)_2 \cdot 2H_2O$：称取（54±3)℃下烘干 4～5h 的草酸三氢钾 $KH_3(C_2O_4)_2 \cdot 2H_2O$ 12.61g，溶于蒸馏水中，稀释至 1L。

② 25℃饱和酒石酸氢钾溶液：在磨口瓶中放入蒸馏水和过量的酒石酸氢钾（约 20g/L)，温度控制在（25±3)℃，剧烈摇动 20～30min，澄清后，用倾斜法取其上清液，备用。

③ 0.05mol/L 邻苯二甲酸氢钾溶液：称取已在（115±5)℃下烘干 2～3h 的邻苯二甲酸氢钾 10.12g，溶于蒸馏水，稀释至 1L。

④ 0.025mol/L 磷酸二氢钾和 0.025mol/L 磷酸氢二钠混合液：分别称取在（115±5)℃下烘干 2～3h 的磷酸二氢钾 3.39g 和磷酸氢二钠 3.53g，溶于煮沸 15～30min 后冷却的蒸馏水中，稀释至 1L。

⑤ 0.01mol/L 硼砂溶液：称取 3.80g 硼砂 $Na_2B_4O_7 \cdot 10H_2O$（不能烘），溶于蒸馏水，稀释至 1L。

⑥ 25℃饱和氢氧化钙溶液：在磨口瓶或聚乙烯瓶中装入蒸馏水和过量的氢氧化钙粉末（约 5～10g/L)，温度控制在（25±3)℃，剧烈摇动 20～30min，迅速用抽滤法滤取清液备用。

2. pH 标准缓冲溶液的配制

一级 pH 基准试剂（一级标准物质）是用氢-银、氯化银电极、无液体界面电池定值的基准试剂、pH 值的总不确定度为±0.005。用这种试剂按规定方法配制的溶液称为一级 pH 标准缓冲溶液，它通常只用于 pH 基准试剂的定值和高精度 pH 计的校准。

国家标准 GB 6852～6858—86 和 GB 11076—89 中各种 pH 基准试剂相应的 pH 值，见表 4-23。

表 4-23 一级 pH 基准试剂相应的 pH 值（25℃）

| 试 剂 | 规定浓度/(mol/kg) | 一级 pH 基准溶液的 pH 值 |
|---|---|---|
| 草酸三氢钾 | 0.05 | 1.680±0.005 |
| 酒石酸氢钾 | 饱和 | 3.559±0.005 |
| 邻苯二甲酸氢钾 | 0.05 | 4.003±0.005 |
| 磷酸氢二钾<br>磷酸二氢钾 | 0.025 | 6.861±0.005 |
| 四硼酸钠 | 0.01 | 9.182±0.005 |
| 氢氧化钙 | 饱和 | 12.460±0.005 |

二级 pH 基准试剂（二级标准物质）是以一级 pH 基准试剂的量值为基础，用双氢电极有液界面电池进行对比定值的基准试剂，pH 的总不确定度为±0.01。用这种试剂按规定方法配的溶液称为 pH 标准缓冲溶液，它主要用于 pH 计的校准（定位）。

pH 标准缓冲溶液是具有准确 pH 值的专用缓冲溶液。要使用 pH 基准试剂进行配制，当进行精确的测量时，要选用接近待测溶液 pH 值的标准缓冲溶液校准 pH 计。

表 4-24 为二级 pH 基准试剂配制的 pH 标准缓冲溶液在通常温度下的 pH 值。

**表 4-24　二级 pH 标准缓冲溶液在通常温度下的 pH 值**

| 试剂浓度 \ 温度/℃ | 10 | 15 | 20 | 25 | 30 | 35 |
|---|---|---|---|---|---|---|
| 草酸三氢钾 0.05mol/kg | 1.67 | 1.67 | 1.68 | 1.68 | 1.68 | 1.69 |
| 酒石酸氢钾饱和溶液 | — | — | — | 3.56 | 3.55 | 3.55 |
| 邻苯二甲酸氢钾 0.05mol/kg | 4.00 | 4.00 | 4.00 | 4.00 | 4.01 | 4.02 |
| 磷酸氢二钾 0.025mol/kg | 6.92 | 6.90 | 6.88 | 6.86 | 6.85 | 6.84 |
| 四硼酸钠 0.01mol/kg | 9.33 | 9.28 | 9.23 | 9.18 | 9.14 | 9.11 |
| 氢氧化钙饱和溶液 | 13.01 | 12.84 | 12.64 | 12.64 | 12.29 | 12.13 |

表中 6 种 pH 缓冲溶液的配制方法如下：

① 0.05mol/kg 草酸三氢钾 $KH_3(C_2O_4)_2 \cdot 2H_2O$ 溶液：称取在 57℃±2℃烘 4～5h 并在干燥器中冷却后的草酸三氢钾 12.61g，用水溶解后转入 1L 容量瓶中并稀释至刻度，摇匀。

② 饱和（25℃）酒石酸氢钾（$KHC_4H_4O_6$）溶液：将过量的酒石酸氢钾（每升加入量大于 6.4g）和水放入玻璃磨口瓶或聚乙烯瓶中，温度控制在 23～27℃，剧烈摇振 20～30min，保存备用。使用前迅速过滤，取清液使用。

③ 0.05mol/kg 邻苯二甲酸氢钾（$KHC_8H_4O_4$）溶液：称取在 105℃±5℃下烘 2h，并在干燥器中冷却后的邻苯二甲酸氢钾 10.12g，用水溶解后转入 1L 容量瓶中稀释至刻度，摇匀备用。

④ 0.025mol/kg 磷酸氢二钠（$Na_2HPO_4$）和 0.025mol/kg 磷酸二氢钾（$KH_2PO_4$）混合溶液：分别称取在 110～120℃下干燥 2～3h 并在干燥器中冷却后的磷酸氢二钠 3.533g、磷酸二氢钾 3.387g，用水溶解后转入 1L 容量瓶中，稀释至刻线，摇匀备用。

⑤ 0.01mol/kg 四硼酸钠（$Na_2B_4O_7 \cdot 10H_2O$）（硼砂）溶液：称取 3.80g 预先于氯化钠和蔗糖饱和溶液干燥器中，干燥至恒重的四硼酸钠，用水溶解后转入 1L 容量瓶中并稀释至刻度，摇匀，再储存于聚乙烯瓶中。

⑥ 饱和（25℃）氢氧化钙［$Ca(OH)_2$］溶液：将过量的氢氧化钙（每升加入量大于 2g）和水加入聚乙烯瓶中，温度控制在 23～27℃，剧烈摇振 20～30min，保存备用。用前迅速抽滤，取清液用。

配制上述 6 种缓冲溶液所用纯水的电导率应不大于 0.2μS/cm。最好使用重蒸馏水或新制备的去离子水。制备⑤和⑥两个碱性溶液所用的纯水应预先煮沸 15min 以上，以除去其中的 $CO_2$。缓冲溶液一般可保 2～3 个月，若发现浑浊、沉淀和发霉等现象，则不能继续使用。

有的 pH 基准试剂有袋装产品，使用方便，不需要进行干燥和称重，直接将袋内的试剂全部溶解并稀释至规定体积（一般为 250mL），即可使用。

## 二、元素与常见离子标准溶液的配制

适用于原子吸收光谱法、原子发射光谱法、极谱法、伏安溶出法、比色法、分光光度法等元素分析用的标准溶液或杂质测定用标准溶液。它的配制需用基准试剂或分析纯以上的试剂。配制的浓度范围在 0.05%～1.0%（500～1000μg/mL）内为宜，常可以保存几个星期乃至数月。对于浓度更稀的溶液，原则上是使用前临时配制。为使储备的标准溶液稳定，不致因时间长产生化学反应，引起浓度变化和沉淀，应配成稳定的、高浓度的储备溶液。配制标准溶液时，应使用离子交换水或蒸馏水。作为痕量元素分析时，必须使用无离子水或二次蒸馏水。在储存与配制过程中，必须十分注意防止溶液的污染问题。储存标准溶液的容器应根据溶液的性质来选择。一般多使用聚乙烯容器。容器洗净后干燥，再用储存溶液洗几遍，然后将溶液注入。一定要在容器上标明配制日期、浓度、配制者姓名及其他注意事项。在保存期内，出现浑浊或沉淀时，即为失效。

杂质测定用标准溶液，应用移液管量取，每次量取体积不少于0.05mL，当体积小于0.05mL，应将标准溶液稀释后使用；当量取体积大于2.00mL时，应使用较浓的标准溶液，杂质测定用标准溶液在常温（15～20℃）下，可保存1～2个月，当出现浑浊、沉淀或颜色变化时，应重新配制。

元素与常见离子标准溶液的配制方法见表4-25。

**表4-25 元素与常见离子标准溶液的配制方法**

| 元素与离子 | 浓度/$mg \cdot mL^{-1}$ | 配制方法 |
|---|---|---|
| 银(Ag) | 1.0 | 将1.575g已在110℃干燥过的硝酸银溶解于0.1mol/L硝酸中，用0.1mol/L硝酸准确地稀释至1L |
| 铝(Al) | 1.0 | (1)将1.000g金属铝(>99.9%)加热溶解于100mL(1+1)盐酸中，冷却后用水准确地稀释至1000mL，盐酸浓度均为1mol/L<br>(2)称取1.759g硫酸铝钾[$AlK(SO_4)_2 \cdot 12H_2O$]溶于少量水后，移入100mL容量瓶中，稀释至刻度，摇匀 |
| 砷(As) | 1.0 | 将1.320g三氧化二砷($As_2O_3$)溶解于尽量少的1mol/L氢氧化钠溶液中，用水稀释，用盐酸调节溶液至弱酸性，然后用水准确地稀释至1L |
| 金(Au) | 1.0 | 将0.100g高纯金溶解于数毫升王水中，在水浴上蒸干后，加入1mL盐酸，蒸干，用盐酸和水溶解，再用水准确地稀释至100mL。盐酸浓度约为1mol/L |
| 硼(B) | 1.0 | 将5.715g二级硼酸溶于水中，温热溶解，然后再稀释至1000mL |
| 钡(Ba) | 1.0 | (1)将1.523g已于250℃干燥2h后的无水氯化钡溶解于水中，然后稀释至1L<br>(2)称取0.1779g氯化钡($BaCl_2 \cdot 2H_2O$)溶于水后，稀释至100mL |
| 铍(Be) | 1.0 | (1)将0.1000g金属铍(>99.9%)加热溶解于(1+1)盐酸中，冷却后用水准确地稀释至100mL。盐酸浓度约为1mol/L<br>(2)称取1.966g硫酸铍($BeSO_4 \cdot 4H_2O$)，溶于水，加1mL硫酸，移入100mL容量瓶中，稀释至刻度 |
| 铋(Bi) | 1.0 | (1)将0.100g金属铋(>99.9%)溶解于50mL(1+1)硝酸中，煮沸冷却后用(1+1)硝酸稀释至100mL<br>(2)称取0.232g硝酸铋[$Bi(NO_3)_3 \cdot 5H_2O$]用10mL 25%硝酸溶液溶解，移入100mL容量瓶中，稀释至刻度 |
| 溴(Br)<br>溴化物 | 1.0 | 称取0.1489g KBr，溶于少量水后，移入100mL容量瓶中，稀释至刻度，摇匀，储于棕色瓶中 |
| 溴酸根($BrO_3^-$) | 1.0 | 称取0.1306g溴酸钾($KBrO_3$)溶于少量水中，移入100mL容量瓶中，稀释至刻度，摇匀，储于棕色瓶中 |
| 钙(Ca) | 1.0 | (1)将0.2497g已在110℃干燥1h后的一级碳酸钙，溶解于少量盐酸中，然后用水准确地稀释至100mL<br>(2)称取0.367g氯化钙($CaCl_2 \cdot 2H_2O$)，溶于水，移入1000mL容量瓶中，稀释至刻度 |
| 镉(Cd) | 1.0 | (1)将1.000g金属镉溶解于少量硝酸中，用1%硝酸稀释至1L<br>(2)称取0.164g氯化镉($CdCl_2$)溶于适量水中，移入100mL容量瓶中 |
| 铈(Ce) | 1.0 | 溶于少量水后，稀释至100mL，将0.1228g氧化铈($CeO_2$)加热溶解于(1+1)硫酸和过氧化氢中，用水准确地稀释至100mL |
| 氯(Cl)<br>氯化物 | 1.0 | 称取在500～600℃灼烧至恒重的氯化钠0.1649g，溶于少量水后，稀释至100mL，摇匀 |
| 氯酸根($ClO_3^-$) | 1.0 | 称取0.1469g氯酸钾($KClO_3$)，溶于少量水中，移入100mL容量瓶中，稀释至刻度，摇匀 |

续表

| 元素与离子 | 浓度/$mg \cdot mL^{-1}$ | 配制方法 |
|---|---|---|
| 钴(Co) | 1.0 | (1)将1.000g金属钴(>99.9%),溶解于30mL(1+1)硝酸(或盐酸)中,冷却后,用水稀释至1000mL<br>(2)称取已在500～550℃灼烧至恒重的无水硫酸钴($CoSO_4$)0.2630g,溶于少量水后,移入100mL容量瓶中,用水稀释至刻度,摇匀 |
| 铬(Cr) | 1.0 | (1)将1.000g金属铬(>99.9%)加热溶解于30mL(1+1)盐酸中,冷却后用水稀释至1L<br>(2)称取二级重铬酸钾($K_2Cr_2O_7$)1.414g,溶于水中,并定容至500mL,摇匀<br>(3)称取0.373g预先于105℃干燥1h的铬酸钾,溶于含有1滴氢氧化钠溶液(100g/L)的少量水中,移入1000mL容量瓶,稀释至刻度 |
| 铜(Cu) | 1.0 | (1)将1.000g金属铜(>99.9%)加热溶解于30mL(1+1)硝酸中,冷却后移至1L容量瓶中,用水稀释至刻度,摇匀<br>(2)称取1.964g硫酸铜($CuSO_4 \cdot 5H_2O$)溶于水中,再用水稀释至500mL,摇匀 |
| 镝(Dy) | 1.0 | 将1.148g氧化镝($Dy_2O_3$)加热溶解于20mL(1+1)盐酸中,冷却后用水稀释至1000mL,摇匀 |
| 铕(Eu) | 1.0 | 将1.158g氧化铕($Eu_2O_3$)加热溶解于20mL(1+1)盐酸中,冷却后用水稀释至1000mL,摇匀 |
| 铁(Fe) | 1.0 | (1)将1.000g纯铁溶解于1mL盐酸中,用水稀释至1000mL,摇匀<br>(2)称取0.864g硫酸铁铵[$NH_4Fe(SO_4)_2 \cdot 12H_2O$]溶于水,加1mL硫酸溶液(25%),移入100mL容量瓶中,稀释至刻度,摇匀<br>(3)称取0.702g硫酸亚铁铵溶于10mL水中,加入1mL硫酸,稍温热,立即滴入20%高锰酸钾溶液至最后一滴不褪色,用水稀至100mL,摇匀<br>(4)亚铁 称取0.702g硫酸亚铁铵[$(NH_4)_2Fe(SO_4)_2 \cdot 6H_2O$]溶于含有0.5mL硫酸的水中,移入100mL容量瓶中,稀释至刻度,此标准溶液使用前制备 |
| 氟(F) | 1.0 | 称取经120℃烘2h后的氟化钠0.221g,溶于水中,用水稀释至100mL,摇匀,储于聚乙烯瓶中 |
| 镓(Ga) | 1.0 | (1)将1.000g金属镓加热溶解于20mL(1+1)盐酸中,用水稀释至1L,摇匀<br>(2)称取0.134g三氧化二镓,溶于5mL硫酸,移入100mL容量瓶中,小心稀释至刻度 |
| 锗(Ge) | 1.0 | (1)将0.1439g氧化锗($GeO_2$)加热溶解于(1g氢氧化钠和20mL水)的水中,然后用水准确地稀释至100mL,摇匀<br>(2)称取0.1000g锗,加热溶于5mL30%过氧化氢中,逐滴加入氨水至产生的白色沉淀溶解,以(2mol/L)$H_2SO_4$中和,并过量0.5mL,移入100mL容量瓶中,用水稀释至刻度,摇匀 |
| 钆(Gd) | 1.0 | 将0.1153g氧化钆($Gd_2O_3$)加热溶解于20mL(1+1)盐酸中,用水稀释至100mL,摇匀 |
| 铪(Hf) | 1.0 | 将0.5998g氧化铪($HfO_2$)高温加热溶解于30mL硫酸和15g硫酸铵中,冷却后再加入30mL硫酸,用水稀释至500mL,摇匀 |
| 汞(Hg) | 1.0 | (1)将1.354g氯化汞($HgCl_2$)溶于水中,用水准确地稀释至1L,摇匀<br>(2)称取1.000g汞置于250mL烧杯中,加入(1+1)硝酸25mL,放在通风柜中慢慢加热分解,待溶完后,加水稀释,转移于1L容量瓶中,用水稀释至刻度,摇匀<br>(3)称取1.304g硝酸汞,置于300mL烧杯中,加入25%硝酸20mL,移入1L容量瓶中,用水稀释至刻度,摇匀 |
| 碘(I) | 1.0 | 称取0.1308g碘化钾溶于水,准确稀释至100mL,摇匀 |
| 铟(In) | 1.0 | 将0.1000g金属铟(>99.9%)溶解于5mL硝酸中,煮沸,赶净氧化氮后,用水准确地稀释至100mL |
| 铱(Ir) | 1.0 | 称取氯铱酸铵[$(NH_4)_2IrCl_6$]0.2294g,用1mol/L盐酸溶解后,移入100mL容量瓶中,用1mol/L盐酸稀释至刻度,摇匀 |
| 钾(K) | 1.0 | 将1.907g氯化钾溶解于水中,用水准确地稀释至1L,摇匀 |

续表

| 元素与离子 | 浓度 /mg·mL$^{-1}$ | 配制方法 |
|---|---|---|
| 镧(La) | 1.0 | 将0.1173g氧化镧($La_2O_3$)加热溶解于5mL(1+1)盐酸中,移入100mL容量瓶,用水稀释至刻度,摇匀 |
| 锂(Li) | 1.0 | (1)将0.611g氯化锂溶解于水中,移入100mL容量瓶中,用水稀释至刻度,摇匀<br>(2)称取硫酸锂($Li_2SO_4$)0.7918g溶于少量水后,移入100mL容量瓶中,用水稀释至刻度,摇匀 |
| 镁(Mg) | 1.0 | (1)将1.000g金属镁(>99.9%)加热溶解于60mL(1+5)盐酸中,冷却后用水稀释至100mL<br>(2)称取于800℃灼烧至恒重的氧化镁(MgO)0.1658g,溶于3mL 1mol/L盐酸后,移入100mL容量瓶,用水稀释至刻度,摇匀 |
| 锰(Mn) | 1.0 | (1)将1.000g金属锰(>99.9%)加热溶解于30mL(1+1)盐酸(或硝酸)中,冷却后用水稀释至1L,摇匀<br>(2)称取于400~500℃灼烧至恒重的无水硫酸锰($MnSO_4$)0.2748g,溶于少量水中,移入100mL容量瓶中,用水稀释至刻度,摇匀 |
| 钼(Mo) | 1.0 | (1)将1.000g金属钼(>99.9%)加热溶解于30mL(1+1)盐酸和少量硝酸中,冷却后用水稀释至1L<br>(2)将1.500g氧化钼($MoO_3$)溶于少量氢氧化钠或氨水中,用水稀释至1L,摇匀<br>(3)称取钼酸铵[$(NH_4)_6Mo_7O_{24}\cdot4H_2O$]1.288g,溶于少量水后,移入100mL容量瓶中,用水稀释至刻度,摇匀 |
| 氮(N) | 1.0 | 称取于105~110℃干燥至恒重的氯化铵0.3818g,溶于少量水后,移入100mL容量瓶中,用水稀释至刻度,摇匀 |
| 钠(Na) | 1.0 | 将2.542g氯化钠溶解于水中,用水稀释至1L,摇匀,储于聚乙烯瓶中 |
| 铌(Nb) | 1.0<br>0.1 | (1)将0.1000g金属铌(>99.9%)置于白金皿中,加热溶解于7mL(1+1)硫酸和加入数滴含硝酸的氢氟酸,继续加热至硫酸冒白烟,完全冒完为止,冷却后加入20mL30%草酸铵,用(1+1)硫酸准确地稀释至100mL<br>(2)称取五氧化二铌($Nb_2O_5$)0.1431g于石英(或瓷)坩埚中,加入焦硫酸钾6~7g,于700~800℃熔融,熔块可用4%草酸铵溶液100mL和硫酸2mL混合液浸出熔块,加热至溶液清亮,移入1L容量瓶中,用4%草酸铵溶液稀释至刻度,摇匀 |
| 钕(Nd) | 1.0 | 将1.166g氧化钕($Nd_2O_3$)加热溶解于20mL(1+1)硫酸中,冷却后用水稀释至1L,摇匀 |
| 铵($NH_4^+$) | 1.0 | (1)称硫酸铁铵[$NH_4Fe(SO_4)_2\cdot12H_2O$]0.8634g溶于少量水后,定容至100mL,摇匀<br>(2)称取0.2965g于100~105℃烘至恒重的氯化铵($NH_4Cl$)溶于少量水中,移入100mL容量瓶中,稀释至刻度,摇匀 |
| 硝酸根($NO_3^-$) | 1.0 | 称取0.1630g于120~130℃烘至恒重的硝酸钾溶于少量水后,移入100mL容量瓶中,稀释至刻度,摇匀 |
| 亚硝酸根($NO_2^-$) | 1.0 | 称取0.1500g亚硝酸钠溶于少量水后,移入100mL容量瓶中,稀至刻度,摇匀 |
| 镍(Ni) | 1.0 | (1)将1.000g金属镍(>99.9%)加热溶解于30mL(1+1)硝酸中,冷却后用水稀释至1000mL<br>(2)称取0.673g硫酸镍铵[$NiSO_4\cdot(NH_4)_2SO_4\cdot6H_2O$],溶于水,移入100mL容量瓶中,稀释至刻度 |
| 锇(Os) | 1.0 | 称取0.2308g氯锇酸铵[$(NH_4)_2OsCl_6$]加10mL盐酸、50mL水,温热溶解,溶完冷却后移入100mL容量瓶中,用水稀释至刻度,摇匀 |
| 磷(P) | 1.0 | (1)将0.462g磷酸氢铵溶解于水中,用水稀释至100mL,摇匀<br>(2)称取0.439g磷酸二氢钾,加水溶解,稀释至100mL,摇匀 |
| 磷酸根($PO_4^{2-}$) | 1.0 | 称取0.1437g磷酸二氢钾($KH_2PO_4$)溶于少量水后,移入100mL容量瓶中,稀释至刻度,摇匀 |
| 铅(Pb) | 1.0 | (1)将1.000g金属铅(>99.9%)加热溶解于30mL(1+1)硝酸中,冷却后用水稀释至1L,摇匀<br>(2)称取1.598g硝酸铅溶于1L 1%硝酸溶液中,摇匀 |

续表

| 元素与离子 | 浓度 /mg·mL$^{-1}$ | 配制方法 |
|---|---|---|
| 钯(Pd) | 1.0 | (1)将0.1000g金属钯(>99.9%)溶于王水中,在水浴上蒸干后,加入盐酸,再蒸干后,加入盐酸和水溶解,用水稀释至100mL,摇匀<br>(2)称取1.666g预先在105~110℃干燥1h的氯化钯,加30mL盐酸溶液(20%)溶解,移入1000mL容量瓶中,稀释至刻度,摇匀 |
| 镨(Pr) | 1.0 | 将0.1208g氧化镨($Pr_6O_{11}$)加热溶解于(1+1)盐酸中,用水稀释至100mL,摇匀 |
| 铂(Pt) | 1.0 | (1)将0.1000g金属铂(>99.9%)溶于王水中,在水浴上蒸干后,用盐酸溶解,用水稀释至100mL,摇匀<br>(2)称取0.240g氯铂酸钾,溶于水,移入100mL容量瓶中,稀释至刻度 |
| 铷(Rb) | 1.0 | 称取0.1415g氯化铷溶于少量水后,移入100mL容量瓶中,用水稀释至刻度,摇匀 |
| 铼(Re) | 1.0 | 称取0.1553g高铼酸钾($KReO_4$)溶于少量水后,移入100mL容量瓶中,用水稀释至刻度,摇匀 |
| 铑(Rh) | 1.0 | (1)将0.2034g氯化铑($RhCl_3$)加热溶解于20mL(1+1)盐酸中,用水稀释至100mL,摇匀<br>(2)称取0.3856g氯铑酸铵$\left[(NH_4)_3RhCl_6\cdot 1\frac{1}{2}H_2O\right]$溶于3mL 1mol/L盐酸,移入100mL容量瓶中,用1mol/L盐酸稀释至刻度,摇匀 |
| 钌(Ru) | 1.0 | 将0.2052g氯化钌($RuCl_2$)加热溶解于20mL(1+1)盐酸中,用水稀释至100mL |
| 硫(S)<br>硫化物 | 1.0 | (1)称取硫化钠($Na_2S\cdot 9H_2O$)0.7492g溶于少量水后,移入100mL容量瓶中,用水稀释至刻度,摇匀,此标准溶液使用前配制<br>(2)称取于105~110℃干燥至恒重的无水硫酸钠($Na_2SO_4$)0.4429g,溶于少量水后,移入100mL容量瓶中,用水稀释至刻度,摇匀 |
| 锑(Sb) | 1.0 | (1)将1.000g金属锑(>99.9%)加热溶解于20mL王水中,冷却后用(1+1)盐酸稀释至100mL<br>(2)称取0.274g酒石酸锑钾$\left(C_4H_4KO_7Sb\cdot\frac{1}{2}H_2O\right)$,溶于10%盐酸溶液中,移入100mL容量瓶中,用10%盐酸溶液稀释至刻度 |
| 钪(Sc) | 1.0 | 称取氧化钪($Sc_2O_3$)0.1534g,溶于2.5mL盐酸后,移入100mL容量瓶中,用水稀释至刻度,摇匀 |
| 硫氰酸根<br>($SCN^-$) | 1.0 | 称取0.1311g硫氰酸铵($NH_4SCN$),溶于水后,移入100mL容量瓶中,用水稀释至刻度,摇匀 |
| 硫代硫酸根<br>($S_2O_3^{2-}$) | 1.0 | 称取0.2213g硫代硫酸钠($Na_2S_2O_3\cdot 5H_2O$)溶于少量水后,移入100mL容量瓶中,稀释至刻度,摇匀 |
| 硒(Se) | 1.0 | 称取1.405g二氧化硒溶解于水中,移入100mL容量瓶中,稀释至刻度,摇匀 |
| 硅(Si)<br>硅酸盐 | 1.0 | 将已在1000℃干燥过,并在干燥器中冷却的0.2140g二氧化硅置于白金坩埚中,用2.0g无水碳酸钠熔融后,用水溶解,稀释至100mL,摇匀,储存于聚乙烯瓶中 |
| 钐(Sm) | 1.0 | 将0.1160g氧化钐($Sm_2O_3$)加热溶解于20mL(1+1)盐酸中,用水稀释至100mL |
| 锡(Sn) | 1.0 | 将0.500g金属锡(>99.9%),在50~80℃加热溶解于50mL盐酸,冷却后,用(1+1)盐酸稀释至500mL |
| 锶(Sr) | 1.0 | (1)将1.685g碳酸锶($SrCO_3$)溶解于盐酸中,加热赶走二氧化碳后,冷却,用水稀释至1L<br>(2)称取0.304g氯化锶($SrCl_2\cdot 6H_2O$)溶于水,移入100mL容量瓶中,稀释至刻度 |
| 钽(Ta) | 1.0 | (1)将0.1000g金属钽(>99.0%)加热溶解于7mL(1+1)硫酸和加有数滴硝酸的10mL氢氟酸中,加热,至硫酸白烟冒尽,冷却后,用(1+1)硫酸稀释至100mL<br>(2)称取五氧化钽0.1221g于石英(或瓷)坩埚中,然后按前述配制铌标准溶液的方法完成钽标准溶液的配制 |

续表

| 元素与离子 | 浓度 /mg·mL$^{-1}$ | 配制方法 |
| --- | --- | --- |
| 钛(Ti) | 1.0 | (1)将 0.5000g 金属钛(>99.9%)加热溶解于 100mL(1+1)盐酸,冷却后用(1+1)盐酸稀释至 500mL<br>(2)称取二氧化钛 0.1668g 于瓷坩埚中,加焦硫酸钾 2~4g,小心加热至熔,再于 700℃熔成红色均匀熔体后,继续熔融 3min,冷却,用适量体积 5%硫酸浸出熔块并加热至溶,移入 100mL 容量瓶中,用 5%硫酸稀释至刻度,摇匀 |
| 铽(Tb) | 1.0 | 将 0.1151g 氧化铽($Tb_2O_3$)加热溶解于 2mL(1+1)盐酸,用水稀释至 100mL,摇匀 |
| 碲(Te) | 1.0 | 将 1.000g 金属碲溶解于王水,蒸干后加入 5mL 盐酸,再蒸干,再用(1+1)盐酸溶解并稀释至 1L |
| 钍(Th) | 1.0 | 称取硝酸钍[$Th(NO_3)_4 \cdot 4H_2O$]0.2380g 溶于 10mL(1+1)盐酸,蒸发至近干,加盐酸 5mL,蒸干,重复两次,用 10mL(1+1)盐酸溶解干渣,移入 100mL 容量瓶中,用水稀释至刻度,摇匀 |
| 铊(Tl) | 1.0 | (1)将 1.000g 金属铊(>99.9%)加热溶解于 20mL(1+1)硝酸,用水稀释至 1L,摇匀<br>(2)称取 1.18g 氯化亚铊,溶于 20mL 硫酸,移入 1000mL 容量瓶中,稀释至刻度 |
| 铀(U) | 1.0 | 称取八氧化三铀($U_3O_8$)0.1179g,用 10mL 硝酸溶解,移入 100mL 容量瓶中,用水稀释至刻度,摇匀 |
| 钒(V) | 1.0 | (1)将 1.000g 金属钒(>99.9%)加热溶解于 30mL 王水中,浓缩近干,加入 20mL 盐酸,冷却后用水稀释至 1L,摇匀<br>(2)称取偏钒酸铵($NH_4VO_3$)0.2297g,用 50mL 热水溶解,移入 100mL 容量瓶中,用水稀释至刻度,摇匀 |
| 钨(W) | 1.0 | (1)称取 1.794g 钨酸钠($Na_2WO_4 \cdot 2H_2O$)溶解于水中,用水稀释至 1L<br>(2)称取 1.262g 预先在 105~110℃干燥 1h 的三氧化钨,加 30~40mL200g/L 氢氧化钠溶液,加热溶解,冷却,移入 1000mL 容量瓶中,稀释至刻度 |
| 钇(Y) | 1.0 | 称取 1.121g 氧化钇($Y_2O_3$)加热溶解于 20mL(1+1)盐酸,用水稀释至 1L,摇匀 |
| 镱(Yb) | 1.0 | 称取 1.139g 氧化镱($Yb_2O_3$)加热溶解于 20mL(1+1)盐酸,用水稀释至 1L,摇匀 |
| 锌(Zn) | 1.0 | (1)称取 1.000g 金属锌(>99.9%)加热溶解于 30mL(1+1)盐酸(硝酸),冷却后用水稀释至 1L,摇匀<br>(2)称取氧化锌 0.1245g,溶于 20mL 1mol/L$\left(\frac{1}{2}H_2SO_4\right)$中,移入 100mL 容量瓶中,用水稀释至刻度,摇匀<br>(3)称取 0.440g 硫酸锌($ZnSO_4 \cdot 7H_2O$),溶于水移入 100mL 容量瓶,稀释至刻度,摇匀 |
| 锆(Zr) | 0.5 | (1)称取 0.3375g 氧化锆($ZrO_2$)加热溶解于 20mL 硫酸和 10g 硫酸铵中,冷却后,用水稀释至 500mL,摇匀<br>(2)称取 3.533g 氯化锆酰($ZrOCl_2 \cdot 8H_2O$)溶于 40~50mL10%盐酸,移入 1L 容量瓶中,用 10%盐酸稀释至刻度,摇匀 |
| 乙酸酐 | 1.0 | 称取 0.100g 乙酸酐,置于 100mL 容量瓶中,用无乙酸酐的冰乙酸溶解,并稀释至刻度,此标准溶液,用前制备<br>无乙酸酐的冰乙酸的制备,将冰乙酸回流半小时蒸馏制得 |
| 乙酸盐 | 10 | 称取 23.05g 乙酸钠($CH_3COONa \cdot 3H_2O$),溶于水,移入 1000mL 容量瓶中,稀释至刻度 |
| 水杨酸 | 0.1 | 称取 0.100g 水杨酸,加少量水和 1mL 冰乙酸溶解,移入 1000mL 容量瓶中,稀释至刻度 |
| 丙酮 | 1.0 | 称取 1.000g 丙酮,溶于水,移入 1000mL 容量瓶中,稀释至刻度,此标准溶液使用前制备 |
| 甲醛 | 1.0 | 称取几克甲醛溶液,置于 1000mL 容量瓶中,稀释至刻度,此标准溶液使用前制备<br>$$甲醛溶液质量(g)=\frac{1000}{x}$$<br>式中 $x$——甲醛溶液的百分含量;<br>1000——配制 1000mL 甲醛标准溶液所需甲醛溶液的质量,g |
| 甲醇 | 1.0 | 称取 1.000g 甲醇,溶于水,移入 1000mL 容量瓶中,稀释至刻度,此标准溶液使用前制备 |
| 草酸盐 | 0.1 | 称取 0.143g 草酸($C_2H_2O_4 \cdot 2H_2O$),溶于水,移入 1000mL 容量瓶中,稀释至刻度,此标准溶液使用前制备 |

续表

| 元素与离子 | 浓度/$mg \cdot mL^{-1}$ | 配制方法 |
|---|---|---|
| 酚 | 1.0 | 称取1.000g酚,溶于水,移入1000mL容量瓶中,稀释至刻度 |
| 葡萄糖 | 1.0 | 称取1.000g葡萄糖($C_6H_{12}O_6 \cdot H_2O$),溶于水,移入1000mL容量瓶,稀释至刻度 |
| 缩二脲 | 0.1 | 称取0.100g缩二脲($NH_2CONHCONH_2$),溶于水,移入1000mL容量瓶中,稀释至刻度,此标准溶液使用前制备 |
| 羰基化合物(CO基) | 1.0 | 称取10.43g丙酮(相当5.000g CO)置于含有50mL无羰基甲醇的100mL容量瓶中,用无羰基甲醇稀释至刻度,混匀。量取20.00mL此溶液于1000mL容量瓶中,用无羰基甲醇稀释至刻度,此标准溶液使用前制备 |
| 糠醛 | 1.0 | 称取1.000g糠醛($C_5H_4O_2$),置于1000mL容量瓶中,稀释至刻度 |
| 二氧化硅 | 1.0 | 称取1.000g二氧化硅,置于铂坩埚中,加3.3g无水碳酸钠,混匀,于1000℃加热至完全熔融,冷却,溶于水,移入1000mL容量瓶中,稀释至刻度,储存于聚乙烯瓶中 |
| 二氧化碳 | 0.1 | 称取0.240g于270～300℃灼烧至恒重的无水碳酸钠,溶于无二氧化碳的水,移入1000mL容量瓶中,用无二氧化碳的水稀释至刻度 |
| 六氰化铁(Ⅱ)盐酸 $Fe(CN)_6^{3-}$ | 0.1 | 称取0.199g六氰亚铁酸钾{$K_4[Fe(CN)_6] \cdot 3H_2O$}溶于水,移入1000mL容量瓶中,稀释至刻度,此标准溶液使用前制备 |
| 过氧化氢 | 1.0 | 称取几克30%过氧化氢,置于1000mL容量瓶中,稀释至刻度,此标准溶液使用前制备① |
| 二硫化碳 | 1 | 称取0.5000g二硫化碳,溶于四氯化碳,移入500mL容量瓶中,用四氯化碳稀释至刻度,摇匀。此标准溶液使用前制备 |
| 六氟合硅酸根 | 0.1 | 称取$y$②mg六氟合硅酸盐(30%～32%),溶于水,移入1000mL容量瓶中稀释至刻度,摇匀储存于聚乙烯瓶中。<br>六氟合硅酸酸盐质量按下式计算<br>$$m=\frac{1.0141 \times 0.100}{x}$$<br>式中 $m$——六氟合硅酸盐的质量,g;<br>$x$——六氟合硅酸盐的百分含量;<br>0.100——配出1000mL六氟合硅酸盐杂质标准溶液所需六氟合硅酸的质量,g;<br>1.0141——六氟合硅酸盐换算为六氟合硅酸的系数 |
| 硫酸根 | 0.1 | (1)称取0.148g于105～110℃干燥至恒重的无水硫酸钠,溶于水,移入1000mL容量瓶中,稀释至刻度<br>(2)称取0.181g硫酸钾溶于水,移入1000mL容量瓶中,稀释至刻度 |
| 铬酸根 | 0.1 | 称取0.167g预先于105～110℃干燥1h的铬酸钾,溶于含有1滴的氢氧化钠溶液(100g/L)的少量水中,移入100mL容量瓶中,稀释至刻度摇匀 |
| 碳酸根 | 0.1 | 称取0.177g于270～300℃灼烧至恒重的无水碳酸钠,溶于无二氧化碳的水中,移入1000mL容量瓶中,用无二氧化碳的水稀释至刻度 |
| 碳 | 1 | 称取8.826g于270～300℃灼烧至恒重的无水碳酸钠,溶于无二氧化碳的水中,移入1000mL容量瓶中,用无二氧化碳的水稀释至刻度 |
| 硫化物 | 0.1 | 称取0.749g硫化物($Na_2S \cdot 9H_2O$)溶于水,移入1000mL容量瓶中,稀释至刻度 |

① 30%过氧化氢质量按下式计算:

$$m=\frac{1000}{x}$$

式中 $m$——30%过氧化氢的质量,g;

$x$——30%过氧化氢的百分含量,%;

1000——配制1000mL过氧化氢标准溶液所需过氧化氢的质量,g。

② 毫克数$y$根据六氟合硅酸盐的含量确定。

## 三、滴定(容量)分析中常用的基准试剂(物质)与干燥条件

我国规定第一基准试剂（一级标准物质）的主体含量为99.98%～100.02%，其值是采用准确度最高的精确库仑法测定。工作基准试剂（二级标准物质）的主体含量为99.95%～100.05%，以第一基准试剂为标准，用称量滴定法定值。工作基准试剂是滴定分析中常用的计量标准，可使被标定溶液的准确度在±0.2%以内。

基准试剂（即第一基准试剂）由国家标准物质研究中心提供，目前有13种，其中有pH基准试剂7种：四草酸钾盐、酒石酸氢钾、邻苯二甲酸氢钾、磷酸二氢钾、磷酸氢二钠、硼砂、氢氧化钙。容量基准试剂6种：邻苯二甲酸氢钾、重铬酸钾、氯化钾、氯化钠、无水碳酸钠和乙二胺四乙酸二钠。

工作基准试剂目前有16种，分别为氯化钠、草酸钠、无水碳酸钠、三氧化二砷、邻苯二甲酸氢钾、碘酸钾、重铬酸钾、氧化锌、无水对氨基苯磺酸、氯化钾、乙二胺四乙酸钠、溴酸钾、硝酸钾、硝酸银、碳酸钙、苯甲酸等，均属容量基准。

滴定（容量）分析中常用的基准试剂与干燥条件见表4-26。

**表4-26 容量分析中常用的基准试剂与干燥条件**

| 基准试剂的名称 | 化学式 | 相对分子质量 | 干燥条件 |
|---|---|---|---|
| 对氨基苯磺酸 | $H_2N \cdot C_6H_4SO_3H$ | 173.19 | 120℃烘至恒重 |
| 亚砷酸酐 | $As_2O_3$ | 197.84 | 在硫酸干燥器中干燥至恒重 |
| 亚铁氰化钾 | $K_4Fe(CN)_6 \cdot 3H_2O$ | 422.39 | 在潮湿的氯化钙上干燥至恒重 |
| 邻苯二甲酸氢钾 | $KHC_8H_4O_4$ | 204.22 | 105℃烘至恒重 |
| 苯甲酸 | $C_6H_5COOH$ | 122.12 | 125℃烘至恒重 |
| 草酸钠 | $Na_2C_2O_4$ | 134.00 | 105℃烘至恒重 |
| 草酸氢钾 | $KHC_2O_4$ | 128.13 | 空气中干燥 |
| 重铬酸钾 | $K_2Cr_2O_7$ | 294.18 | 在120℃烘至恒重 |
| 氧化汞 | $HgO$ | 216.59 | 在硫酸真空干燥器中 |
| 铁氰化钾 | $K_3Fe(CN)_6$ | 329.25 | 100℃烘至恒重 |
| 氯化钠 | $NaCl$ | 58.44 | 500～600℃灼烧至恒重 |
| 氯化钾 | $KCl$ | 74.55 | 500～600℃灼烧至恒重 |
| 硫代硫酸钠 | $Na_2S_2O_3$ | 158.10 | 120℃烘至恒重 |
| 硫氰酸钾 | $KCNS$ | 97.18 | 150℃加热1～2h,然后在200℃加热150min |
| 硝酸银 | $AgNO_3$ | 169.87 | 220～250℃加热15min |
| 硫酸肼 | $N_2H_2 \cdot H_2SO_4$ | 130.12 | 140℃烘至恒重 |
| 溴化钾 | $KBr$ | 119.00 | 500～600℃灼烧至恒重 |
| 溴酸钾 | $KBrO_3$ | 167.00 | 180℃烘至恒重 |
| 硼砂 | $Na_2B_4O_7 \cdot 10H_2O$ | 381.37 | 70%相对湿度中干燥至恒重(在盛氯化钠和蔗糖的饱和溶液及二者的固体的恒湿器中其相对湿度为70%) |
| 碘 | $I_2$ | 126.90 | 在氯化钙干燥器中 |
| 碘化钾 | $KI$ | 166.00 | 250℃烘至恒重 |
| 碘酸钾 | $KIO_3$ | 214.00 | 105～110℃烘至恒重 |
| 碳酸钠 | $Na_2CO_3$ | 105.99 | 270～300℃烘至恒重 |
| 碳酸氢钾 | $KHCO_3$ | 100.16 | 在干燥空气中放置至恒重 |

## 四、滴定分析中标准溶液的配制与标定

(1) 配制滴定分析中标准溶液的方法

标准溶液是一种已知准确浓度的溶液。配制标准溶液通常有直接法和标定法两种。直接法是准确称取一定量的基准试剂，溶解后配成准确体积的溶液。由基准试剂的质量和配成的溶液的准确体积，可直接求出该溶液的准确浓度。标定法是首先配制一种近似的所需浓度的溶液，然后用基准试剂或已知准确浓度的另一种标准溶液来标定它的准确浓度。

(2) 配制与使用滴定分析中标准溶液时应注意的事项

① 要选用符合实验要求的纯水，络合滴定和沉淀滴定用的标准溶液对纯水的质量要求较高，一般应高于三级水的指标，其他标准溶液通常使用三级水。配置NaOH、$Na_2SO_3$等溶液时，要使

用临时煮沸并快速冷却的纯水，配置 $KMnO_4$ 溶液要煮沸 15min 以上并放置一周（以除去水中的还原性物质，使溶液比较稳定），过滤后再标定。

② 基准试剂要预先按规定的方法（参见表 4-26）进行干燥。经热烘或灼烧进行干燥的试剂，如果是易吸湿的（如 $Na_2CO_3$、NaCl 等），在放置一周后再使用时应重新进行干燥。

③ 当一溶液可用多种标准物质及指示剂进行标定时（如 EDTA 溶液），原则上应使标定时的实验条件与测定试样时相同或相近，以避免可能产生系统误差。使用标准溶液时的室温与标定时若有较大的差别（相差 5℃以上），应重新标定或根据温差和水溶液的膨胀系数进行浓度校正。

④ 工作中所用的分析天平、砝码、滴定管、容量瓶及移液管均需定期校正。

⑤ 所制备的标准溶液的浓度均指 20℃时的浓度。

⑥ 在标定或比较标准溶液浓度时，平行试验不得少于八次，两人各做四个平行试验，每人四个平行测定结果的极差与平均值之比不得大于 0.1%，两人测定结果的平均值之差不得大于 0.1%，结果取平均值，浓度值取四位有效数字。规定需用“标定”和“比较”两种方法测定浓度时，不得略去其中任何一种，且两种方法测得的浓度值之差不得大于 0.2%，以标定结果为准。

⑦ 标准溶液均应密闭存放，避免阳光直射，甚至完全避光，长期或频繁使用的标准溶液应装在下口瓶中或有虹吸管的瓶中，进气口应安装过滤管，内填适当的物质（例如钠石灰可过滤 $CO_2$，干燥剂可过滤水汽）。较稳定的标准溶液的标定周期为 1～2 个月，有些溶液的标定周期很短，例如 $Fe^{2+}$ 溶液，甚至有的溶液要在使用的当天进行标定，如卡乐-费林试剂，遇水分解较快。溶液的标定周期长短，除与溶液本身的性质有关外，还与配制方法、保存方法及实验室的气氛有关。浓度低于 0.01mol/L 标准溶液不宜长期存放，应在临用前用较浓的标准溶液进行定量稀释。

⑧ 当实验结果的准确度要求不高时，可用优级纯或分析纯试剂代替同种的基准试剂进行标定。

⑨ 标准溶液的容器上应表明配制日期、浓度、配制者姓名及其他注意事项。

滴定分析用标准溶液的制备 GB/T 601—2002。

1. 氢氧化钠标准溶液的配制与标定

$$c(\mathrm{NaOH})=1\mathrm{mol/L}$$
$$c(\mathrm{NaOH})=0.5\mathrm{mol/L}$$
$$c(\mathrm{NaOH})=0.1\mathrm{mol/L}$$

(1) 称取 100g 氢氧化钠，溶于 100mL 水中，摇匀，注入聚乙烯容器中，密闭放置至溶液清亮。用塑料管虹吸下述规定体积的上层清液，注入 1000mL 无二氧化碳的水中，摇匀。

| $c(\mathrm{NaOH})/\mathrm{mol\cdot L^{-1}}$ | 氢氧化钠饱和溶液/mL | $c(\mathrm{NaOH})/\mathrm{mol\cdot L^{-1}}$ | 氢氧化钠饱和溶液/mL |
|---|---|---|---|
| 1 | 52 | 0.1 | 5 |
| 0.5 | 26 | | |

(2) 标定　按下述规定的量称取于 105～110℃烘至恒重的基准邻苯二甲酸氢钾，称准至 0.0001g，溶于下述规定体积的无二氧化碳的水中，加两滴酚酞指示剂（10g/L），用配制好的氢氧化钠溶液滴定至溶液呈粉红色，同时做空白试验。

| $c(\mathrm{NaOH})$ /$\mathrm{mol\cdot L^{-1}}$ | 基准试剂邻苯二甲酸氢钾/g | 无二氧化碳的水/mL | $c(\mathrm{NaOH})$ /$\mathrm{mol\cdot L^{-1}}$ | 基准试剂邻苯二甲酸氢钾/g | 无二氧化碳的水/mL |
|---|---|---|---|---|---|
| 1 | 6 | 80 | 0.1 | 0.6 | 50 |
| 0.5 | 3 | 80 | | | |

(3) 计算　氢氧化钠标准溶液浓度按下式计算。

$$c(\mathrm{NaOH})=\frac{m}{(V_1-V_0)\times 0.2042}$$

式中 $c(\mathrm{NaOH})$——氢氧化钠标准溶液之物质的量浓度，mol/L；

$m$——邻苯二甲酸氢钾的质量，g；

$V_1$——氢氧化钠溶液之用量，mL；

$V_0$——空白试验氢氧化钠溶液之用量，mL；

0.2042——与 1.00mL 氢氧化钠标准溶液[$c(\mathrm{NaOH})=1.000\mathrm{mL/L}$]相当的以 g 表示的邻苯二甲酸氢钾的质量。

(4) 比较方法　量取30.00～35.00mL下述规定浓度的盐酸标准溶液，加50mL无二氧化碳的水及两滴酚酞指示液（10g/L），用配制好的氢氧化钠溶液滴定，近终点时加热至80℃，继续滴定至溶液呈粉红色。

| $c(NaOH)/mol \cdot L^{-1}$ | $c(HCl)/mol \cdot L^{-1}$ | $c(NaOH)/mol \cdot L^{-1}$ | $c(HCl)/mol \cdot L^{-1}$ |
|---|---|---|---|
| 1 | 1 | 0.1 | 0.1 |
| 0.5 | 0.5 | | |

(5) 氢氧化钠标准溶液浓度按下式计算。

$$c(NaOH)=\frac{V_1c_1}{V}$$

式中　$c(NaOH)$——氢氧化钠标准溶液之物质的量浓度，mol/L；

$V_1$——盐酸标准溶液之用量，mL；

$c_1$——盐酸标准溶液之物质的量浓度，mol/L；

$V$——氢氧化钠溶液之用量，mL。

2. 盐酸标准溶液的配制与标定

$$c(HCl)=1mol/L$$
$$c(HCl)=0.5mol/L$$
$$c(HCl)=0.1mol/L$$

(1) 配制　量取下述规定体积的盐酸，注入1000mL水中，摇匀。

| $c(HCl)/mol \cdot L^{-1}$ | 盐酸/mL | $c(HCl)/mol \cdot L^{-1}$ | 盐酸/mL |
|---|---|---|---|
| 1 | 90 | 0.1 | 9 |
| 0.5 | 45 | | |

(2) 标定方法　称取下述规定量的于270～300℃灼烧至恒重的基准无水碳酸钠，称准至0.0001g。溶于50mL水中，加10滴溴甲酚绿-甲基红混合指示液，用配制好的盐酸溶液滴定至溶液由绿色变为暗红色，煮沸2min，冷却后继续滴定至溶液再呈暗红色。同时做空白试验。

| $c(HCl)/mol \cdot L^{-1}$ | 基准无水碳酸钠/g | $c(HCl)/mol \cdot L^{-1}$ | 基准无水碳酸钠/g |
|---|---|---|---|
| 1 | 1.6 | 0.1 | 0.2 |
| 0.5 | 0.8 | | |

(3) 计算　盐酸标准溶液浓度按下式计算。

$$c(HCl)=\frac{m}{(V_1-V_2)\times 0.05299}$$

式中　$c(HCl)$——盐酸标准溶液之物质的量浓度，mol/L；

$m$——无水碳酸钠的质量，g；

$V_1$——盐酸溶液之用量，mL；

$V_2$——空白试验盐酸溶液之用量，mL；

0.05299——与1.00mL盐酸标准溶液［$c(HCl)=1.000mol/L$］相当的以g表示的无水碳酸钠的质量。

(4) 比较方法　量取30.00～35.00mL下述规定浓度的氢氧化钠标准溶液，加50mL无二氧化碳的水及两滴酚酞指示液（10g/L），用配制好的盐酸溶液滴定，近终点时加热至80℃，继续滴定至溶液呈粉红色。

| $c(HCl)/mol \cdot L^{-1}$ | $c(NaOH)/mol \cdot L^{-1}$ | $c(HCl)/mol \cdot L^{-1}$ | $c(NaOH)/mol \cdot L^{-1}$ |
|---|---|---|---|
| 1 | 1 | 0.1 | 0.1 |
| 0.5 | 0.5 | | |

(5) 计算　盐酸标准溶液浓度按下式计算。

$$c(HCl)=\frac{V_1c_1}{V}$$

式中 $c(HCl)$——盐酸标准溶液之物质的量浓度，mol/L；

$V_1$——氢氧化钠标准溶液之用量，mL；

$c_1$——氢氧化钠标准溶液之物质的量浓度，mol/L；

$V$——盐酸溶液之用量，mL。

3. 硫酸标准溶液的配制与标定

$$c\left(\frac{1}{2}H_2SO_4\right)=1mol/L$$

$$c\left(\frac{1}{2}H_2SO_4\right)=0.5mol/L$$

$$c\left(\frac{1}{2}H_2SO_4\right)=0.1mol/L$$

(1) 配制 量取下述规定体积的硫酸，缓缓注入1000mL水中，冷却，摇匀。

| $c\left(\frac{1}{2}H_2SO_4\right)/mol\cdot L^{-1}$ | 硫酸/mL | $c\left(\frac{1}{2}H_2SO_4\right)/mol\cdot L^{-1}$ | 硫酸/mL |
|---|---|---|---|
| 1 | 30 | 0.1 | 3 |
| 0.5 | 15 | | |

(2) 标定方法 称取下述规定量的于270～300℃灼烧至恒重的基准无水碳酸钠，称准至0.0001g。溶于50mL水中，加10滴溴甲酚绿-甲基红混合指示液，用配制好的硫酸溶液滴定至溶液由绿色变为暗红色，煮沸2min，冷却后继续滴定至溶液再呈暗红色。同时做空白试验。

| $c\left(\frac{1}{2}H_2SO_4\right)/mol\cdot L^{-1}$ | 基准无水碳酸钠/g | $c\left(\frac{1}{2}H_2SO_4\right)/mol\cdot L^{-1}$ | 基准无水碳酸钠/g |
|---|---|---|---|
| 1 | 1.0 | 0.1 | 0.2 |
| 0.5 | 0.8 | | |

(3) 计算 硫酸标准溶液浓度按下式计算。

$$c\left(\frac{1}{2}H_2SO_4\right)=\frac{m}{(V_1-V_2)\times 0.05299}$$

式中 $c\left(\frac{1}{2}H_2SO_4\right)$——硫酸标准溶液之物质的量浓度，mol/L；

$m$——无水碳酸钠之质量，g；

$V_1$——硫酸溶液之用量，mL；

$V_2$——空白试验硫酸溶液之用量，mL；

0.05299——与1.00mL硫酸标准溶液［$c\left(\frac{1}{2}H_2SO_4\right)=1.000mol/L$］相当的以g表示的无水碳酸钠的质量。

(4) 比较方法 量取30.00～35.00mL下述规定浓度的氢氧化钠标准溶液，加50mL无二氧化碳的水及两滴酚酞指示液（10g/L），用配制好的硫酸溶液滴定，近终点时加热至80℃，继续滴定至溶液呈粉红色。

| $c\left(\frac{1}{2}H_2SO_4\right)/mol\cdot L^{-1}$ | $c(NaOH)/mol\cdot L^{-1}$ | $c\left(\frac{1}{2}H_2SO_4\right)/mol\cdot L^{-1}$ | $c(NaOH)/mol\cdot L^{-1}$ |
|---|---|---|---|
| 1 | 1 | 0.1 | 0.1 |
| 0.5 | 0.5 | | |

(5) 计算 硫酸标准溶液浓度按下式计算。

$$c\left(\frac{1}{2}H_2SO_4\right)=\frac{V_1c_1}{V}$$

式中 $c\left(\frac{1}{2}H_2SO_4\right)$——硫酸标准溶液之物质的量浓度，mol/L；

$V_1$——氢氧化钠标准溶液之用量，mL；

$c_1$——氢氧化钠标准溶液之物质的量浓度，mol/L；

V——硫酸溶液之用量，mL。

4. 碳酸钠标准溶液的配制与标定

$$c\left(\frac{1}{2}Na_2CO_3\right)=1mol/L$$

$$c\left(\frac{1}{2}Na_2CO_3\right)=0.1mol/L$$

(1) 配制　称取下述规定量的无水碳酸钠，溶于1000mL水中，摇匀。

| $c\left(\frac{1}{2}Na_2CO_3\right)/mol\cdot L^{-1}$ | 无水碳酸钠/g | $c\left(\frac{1}{2}Na_2CO_3\right)/mol\cdot L^{-1}$ | 无水碳酸钠/g |
|---|---|---|---|
| 1 | 53 | 0.1 | 5.3 |

(2) 标定方法　量取30.00～35.00mL下述配制好的碳酸钠溶液，加下述规定量的水，加10滴溴甲酚绿-甲基红混合指示液，用下述规定浓度的盐酸标准溶液滴定至溶液由绿色变为暗红色，煮沸2min，冷却后继续滴定至溶液再呈暗红色。

| $c\left(\frac{1}{2}Na_2CO_3\right)/mol\cdot L^{-1}$ | $H_2O/mL$ | $c(HCl)/mol\cdot L^{-1}$ | $c\left(\frac{1}{2}Na_2CO_3\right)/mol\cdot L^{-1}$ | $H_2O/mL$ | $c(HCl)/mol\cdot L^{-1}$ |
|---|---|---|---|---|---|
| 1 | 50 | 1 | 0.1 | 20 | 0.1 |

(3) 计算　碳酸钠标准溶液浓度按下式计算。

$$c\left(\frac{1}{2}Na_2CO_3\right)=\frac{V_1c_1}{V}$$

式中　$c\left(\frac{1}{2}Na_2CO_3\right)$——碳酸钠标准溶液之物质的量浓度，mol/L；

$V_1$——盐酸标准溶液之用量，mL；

$c_1$——盐酸标准溶液之物质的量浓度，mol/L；

$V$——碳酸钠溶液之用量，mL。

5. 重铬酸钾标准溶液配制与标定

$$c\left(\frac{1}{6}K_2Cr_2O_7\right)=0.1mol/L$$

(1) 配制　称取5g重铬酸钾，溶于1000mL水中，摇匀。

(2) 标定方法　量取30.00～35.00mL配制好的重铬酸钾溶液$\left[c\left(\frac{1}{6}K_2Cr_2O_7\right)=0.1mol/L\right]$，置于碘量瓶中，加2g碘化钾及20mL 20%硫酸溶液，摇匀，于暗处放置10min。加150mL水，用硫代硫酸钠标准溶液［$c(Na_2S_2O_3)=0.1mol/L$］滴定，近终点时加3mL淀粉指示液（5g/L），继续滴定至溶液由蓝色变为亮绿色。同时做空白试验。

(3) 计算　重铬酸钾标准溶液浓度按下式计算。

$$c\left(\frac{1}{6}K_2Cr_2O_7\right)=\frac{(V_1-V_2)c_1}{V}$$

式中　$c\left(\frac{1}{6}K_2Cr_2O_7\right)$——重铬酸钾标准溶液之物质的量浓度，mol/L；

$V_1$——硫代硫酸钠标准溶液之用量，mL；

$V_2$——空白试验硫代硫酸钠标准溶液之用量，mL；

$c_1$——硫代硫酸钠标准溶液之物质的量浓度，mol/L；

$V$——重铬酸钾溶液之用量，mL。

6. 硫代硫酸钠标准溶液的配制与标定

$$c(Na_2S_2O_3)=0.1mol/L$$

(1) 配制　称取26g硫代硫酸钠（$Na_2S_2O_3\cdot 5H_2O$）或16g无水硫代硫酸钠，溶于1000mL水中，缓缓煮沸10min，冷却。放置两周后过滤备用。

(2) 标定方法　称取0.15g于120℃烘至恒重的基准重铬酸钾，称准至0.0001g。置于碘量瓶中，溶于 25mL 水，加 2g 碘化钾及 20mL 20%硫酸溶液，摇匀，于暗处放置 10min。加 150mL 水，用配制好的硫代硫酸钠溶液 [$c(Na_2S_2O_3)=0.1mol/L$] 滴定。近终点时加 3mL 淀粉指示液（5g/L），继续滴定至溶液由蓝色变为亮绿色。同时做空白试验。

(3) 计算　硫代硫酸钠标准溶液浓度按下式计算。

$$c(Na_2S_2O_3)=\frac{m}{(V_1-V_2)\times 0.04903}$$

式中　$c(Na_2S_2O_3)$——硫代硫酸钠标准溶液之物质的量浓度，mol/L；

$m$——重铬酸钾之质量，g；

$V_1$——硫代硫酸钠溶液之用量，mL；

$V_2$——空白试验硫代硫酸钠溶液之用量，mL；

0.04903——与 1.00mL 硫代硫酸钠标准溶液 [$c(Na_2S_2O_3)=1.000mol/L$] 相当的以 g 表示的重铬酸钾的质量。

(4) 比较方法　准确量取 30.00～35.00mL 碘标准溶液 $\left[c\left(\frac{1}{2}I_2\right)=0.1mol/L\right]$，置于碘量瓶中，加 150mL 水，用配制好的硫代硫酸钠溶液 [$c(Na_2S_2O_3)=0.1mol/L$] 滴定，近终点时加 3mL 淀粉指示液（5g/L），继续滴定至溶液蓝色消失。

同时做水所消耗碘的空白试验：取 250mL 水，加 0.05mL 碘标准溶液 $\left[c\left(\frac{1}{2}I_2\right)=0.1mol/L\right]$ 及 3mL 淀粉指示液（5g/L），用配好的硫代硫酸钠溶液 [$c(Na_2S_2O_3)=0.1mol/L$] 滴定至溶液蓝色消失。

(5) 计算　硫代硫酸钠标准溶液浓度按下式计算。

$$c(Na_2S_2O_3)=\frac{(V_1-0.05)c_1}{V-V_2}$$

式中　$c(Na_2S_2O_3)$——硫代硫酸钠标准溶液之物质的量浓度，mol/L；

$V_1$——碘标准溶液之用量，mL；

$c_1$——碘标准溶液之物质的量浓度，mol/L；

$V$——硫代硫酸钠溶液之用量，mL；

$V_2$——空白试验硫代硫酸钠溶液之用量，mL；

0.05——空白试验中加入碘标准溶液之用量，mL。

7. 溴标准溶液的配制与标定

$$c\left(\frac{1}{6}KBrO_3\right)=0.1mol/L$$

(1) 配制　称取 3g 溴酸钾及 25g 溴化钾，溶于 1000mL 水中，摇匀。

(2) 标定方法　量取 30.00～35.00mL 配制好的溴溶液 $\left[c\left(\frac{1}{6}KBrO_3\right)=0.1mol/L\right]$，置于碘量瓶中，加 2g 碘化钾及 5mL 20%盐酸溶液，摇匀。于暗处放置 5min。加 150mL 水，用硫代硫酸钠标准溶液 [$c(Na_2S_2O_3)=0.1mol/L$] 滴定，近终点时加 3mL 淀粉指示液（5g/L），继续滴定至溶液蓝色消失。同时做空白试验。

(3) 计算　溴标准溶液浓度按下式计算。

$$c\left(\frac{1}{6}KBrO_3\right)=\frac{(V_1-V_2)c_1}{V}$$

式中　$c\left(\frac{1}{6}KBrO_3\right)$——溴标准溶液之物质的量浓度，mol/L；

$V_1$——硫代硫酸钠标准溶液之用量，mL；

$V_2$——空白试验硫代硫酸钠标准溶液之用量，mL；

$c_1$——硫代硫酸钠标准溶液之物质的量浓度，mol/L；

$V$——溴溶液之用量，mL。

8. 溴酸钾标准溶液的配制与标定

$$c\left(\frac{1}{6}KBrO_3\right)=0.1mol/L$$

(1) 配制　称取3g溴酸钾，溶于1000mL水中，摇匀。

(2) 标定方法　量取30.00～35.00mL配制好的溴酸钾溶液$\left[c\left(\frac{1}{6}KBrO_3\right)=0.1mol/L\right]$，置于碘量瓶中，加2g碘化钾及5mL 20%盐酸溶液，摇匀，于暗处放置5min。加150mL水，用硫代硫酸钠标准溶液$[c(Na_2S_2O_3)=0.1mol/L]$滴定，近终点时加3mL 5g/L淀粉指示液，继续滴定至溶液蓝色消失。同时做空白试验。

(3) 计算　溴酸钾标准溶液浓度按下式计算。

$$c\left(\frac{1}{6}KBrO_3\right)=\frac{(V_1-V_2)c_1}{V}$$

式中　$c\left(\frac{1}{6}KBrO_3\right)$——溴酸钾标准溶液之物质的量浓度，mol/L；

$V_1$——硫代硫酸钠标准溶液之用量，mL；

$V_2$——空白试验硫代硫酸钠标准溶液之用量，mL；

$c_1$——硫代硫酸钠标准溶液之物质的量浓度，mol/L；

$V$——溴酸钾溶液之用量，mL。

9. 碘标准溶液的配制与标定

$$c\left(\frac{1}{2}I_2\right)=0.1mol/L$$

(1) 配制　称取13g碘及25g碘化钾，溶于100mL水中，稀释至1000mL，摇匀，保存于棕色具塞瓶中。

(2) 标定方法　称取0.15g预先在硫酸干燥器中干燥至恒重的基准三氧化二砷，称准至0.0001g。置于碘量瓶中，加4mL氢氧化钠溶液$[c(NaOH)=1.0mol/L]$溶解，加50mL水，加两滴酚酞指示液(10g/L)，用硫酸溶液$\left[c\left(\frac{1}{2}H_2SO_4\right)=1mol/L\right]$中和，加3g碳酸氢钠及3mL 5g/L淀粉指示液，用配制好的碘溶液$\left[c\left(\frac{1}{2}I_2\right)=0.1mol/L\right]$滴定至溶液呈浅蓝色。同时做空白试验。

(3) 计算　碘标准溶液浓度按下式计算。

$$c\left(\frac{1}{2}I_2\right)=\frac{m}{(V_1-V_2)\times 0.04946}$$

式中　$c\left(\frac{1}{2}I_2\right)$——碘标准溶液之物质的量浓度，mol/L；

$m$——三氧化二砷质量，g；

$V_1$——碘溶液之用量，mL；

$V_2$——空白试验碘溶液之用量，mL；

0.04946——与1.00mL碘标准溶液$\left[c\left(\frac{1}{2}I_2\right)=1.000mol/L\right]$相当的，以g表示的三氧化二砷的质量。

(4) 比较方法　准确量取30.00～35.00mL硫代硫酸钠标准溶液$[c(Na_2S_2O_3)=0.1mol/L]$，置于碘量瓶中，加150mL水，用配制好的碘溶液$\left[c\left(\frac{1}{2}I_2\right)=0.1mol/L\right]$滴定，近终点时加3mL淀粉指示液(5g/L)，用硫代硫酸钠标准溶液$[c(Na_2S_2O_3)=0.1mol/L]$滴定至溶液蓝色消失。

(5) 计算　碘标准溶液浓度按下式计算。

$$c\left(\frac{1}{2}I_2\right)=\frac{(V_1-V_2)c_1}{V_0-0.05}$$

式中　$c\left(\frac{1}{2}I_2\right)$——碘标准溶液之物质的量浓度，mol/L；

$V_1$——硫代硫酸钠标准溶液之用量，mL；

$V_2$——空白试验硫代硫酸钠标准溶液之用量，mL；

$c_1$——硫代硫酸钠标准溶液之物质的量浓度，mol/L；

$V_0$——碘溶液之用量，mL；

0.05——空白试验中加入碘溶液之用量，mL。

10. 碘酸钾标准溶液的配制与标定

$$c\left(\frac{1}{6}KIO_3\right)=0.3mol/L$$

$$c\left(\frac{1}{6}KIO_3\right)=0.1mol/L$$

(1) 配制　称取下述规定量的碘酸钾，溶于1000mL水中，摇匀。

| $c\left(\frac{1}{6}KIO_3\right)/mol\cdot L^{-1}$ | 碘酸钾/g | $c\left(\frac{1}{6}KIO_3\right)/mol\cdot L^{-1}$ | 碘酸钾/g |
|---|---|---|---|
| 0.3 | 11 | 0.1 | 3.6 |

(2) 标定方法　按下述规定体积量取配制好的碘酸钾溶液，置于碘量瓶中，加规定体积的水及规定量的碘化钾，加5mL 20%盐酸溶液，摇匀，于暗处放置5min。加150mL水，用硫代硫酸钠标准溶液［$c(Na_2S_2O_3)=0.1mol/L$］滴定，近终点时加3mL 5g/L淀粉指示液，继续滴定至溶液蓝色消失。同时做空白试验。

| $c\left(\frac{1}{6}KIO_3\right)/mol\cdot L^{-1}$ | 碘酸钾溶液/mL | 水/mL | 碘化钾/g |
|---|---|---|---|
| 0.3 | 11.00～13.00 | 20 | 3 |
| 0.1 | 30.00～35.00 | 0 | 2 |

(3) 计算　碘酸钾标准溶液浓度按下式计算。

$$c\left(\frac{1}{6}KIO_3\right)=\frac{(V_1-V_2)c_1}{V}$$

式中　$c\left(\frac{1}{6}KIO_3\right)$——碘酸钾标准溶液之物质的量浓度，mol/L；

$V_1$——硫代硫酸钠标准溶液之用量，mL；

$V_2$——空白试验硫代硫酸钠标准溶液之用量，mL；

$c_1$——硫代硫酸钠标准溶液之物质的量浓度，mol/L；

$V$——碘酸钾溶液之用量，mL。

11. 草酸标准溶液的配制与标定

$$c\left(\frac{1}{2}H_2C_2O_4\right)=0.1mol/L$$

(1) 配制　称取6.4g草酸（$H_2C_2O_4\cdot 2H_2O$），溶于1000mL水中，摇匀。

(2) 标定方法　量取30.00～35.00mL配制好的草酸溶液［$c(H_2C_2O_4)=0.1mol/L$］，加100mL (8+92) 硫酸溶液，用高锰酸钾标准溶液$\left[c\left(\frac{1}{5}KMnO_4\right)=0.1mol/L\right]$滴定，近终点时加热至65℃，继续滴定至溶液呈粉红色，保持30s。同时做空白试验。

$$c\left(\frac{1}{2}H_2C_2O_4\right)=\frac{(V_1-V_2)c_1}{V}$$

式中　$c\left(\frac{1}{2}H_2C_2O_4\right)$——草酸标准溶液之物质的量浓度，mol/L；

$V_1$——高锰酸钾标准溶液之用量，mL；

$V_2$——空白试验高锰酸钾标准溶液之用量，mL；

$c_1$——高锰酸钾标准溶液之物质的量浓度，mol/L；

$V$——草酸溶液之用量，mL。

12. 高锰酸钾标准溶液的配制与标定

$$c\left(\frac{1}{5}KMnO_4\right)=0.1mol/L$$

(1) 配制 称取3.3g高锰酸钾，溶于1050mL水中，缓缓煮沸15min，冷却后置于暗处保存两周。以4号玻璃滤埚过滤于干燥的棕色瓶中。

过滤高锰酸钾溶液所用的玻璃滤埚预先应以同样的高锰酸钾溶液缓缓煮沸5min。收集瓶也要用此高锰酸钾溶液洗涤2～3次。

(2) 标定方法 称取0.2g于105～110℃烘至恒重的基准草酸钠，称准至0.0001g。溶于100mL (8+92) 硫酸溶液中，用配制好的高锰酸钾溶液$\left[c\left(\frac{1}{5}KMnO_4\right)=0.1mol/L\right]$滴定，近终点时加热至65℃，继续滴定至溶液呈粉红色，保持30s，同时做空白试验。

(3) 计算 高锰酸钾标准溶液浓度按下式计算。

$$c\left(\frac{1}{5}KMnO_4\right)=\frac{m}{(V_1-V_2)\times 0.06700}$$

式中 $c\left(\frac{1}{5}KMnO_4\right)$——高锰酸钾标准溶液之物质的量浓度，mol/L；

$m$——草酸钠之质量，g；

$V_1$——高锰酸钾溶液之用量，mL；

$V_2$——空白试验高锰酸钾溶液之用量，mL；

0.06700——与1.00mL高锰酸钾标准溶液$c\left(\frac{1}{5}KMnO_4\right)=1.000mol/L$相当的以g表示的草酸钠的质量。

(4) 比较方法 量取30.00～35.00mL配制好的高锰酸钾溶液$\left[c\left(\frac{1}{5}KMnO_4\right)=0.1mol/L\right]$，置于碘量瓶中，加2g碘化钾及20mL 20%硫酸溶液，摇匀，置于暗处放5min。加150mL水，用硫代硫酸钠标准溶液$[c(Na_2S_2O_3)=0.1mol/L]$滴定，近终点时加3mL 5g/L淀粉指示液，继续滴定至溶液蓝色消失。同时做空白试验。

(5) 计算 高锰酸钾标准溶液浓度按下式计算。

$$c\left(\frac{1}{5}KMnO_4\right)=\frac{(V_1-V_2)c_1}{V}$$

式中 $c\left(\frac{1}{5}KMnO_4\right)$——高锰酸钾标准溶液之物质的量浓度，mol/L；

$V_1$——硫代硫酸钠标准溶液之用量，mL；

$V_2$——空白试验硫代硫酸钠标准溶液之用量，mL；

$c_1$——硫代硫酸钠标准溶液之物质的量浓度，mol/L；

$V$——高锰酸钾溶液之用量，mL。

13. 硫酸亚铁铵标准溶液的配制与标定

$$c[(NH_4)_2Fe(SO_4)_2]=0.1mol/L$$

(1) 配制 称取40g硫酸亚铁铵$[(NH_4)_2Fe(SO_4)_2\cdot 6H_2O]$溶于300mL 20%硫酸溶液中，加700mL水，摇匀。

(2) 标定方法 量取30.00～35.00mL配制好的硫酸亚铁铵溶液$\{c[(NH_4)_2Fe(SO_4)_2]=0.1mol/L\}$，加25mL无氧的水，用高锰酸钾标准溶液$\left[c\left(\frac{1}{5}KMnO_4\right)=0.1mol/L\right]$滴定至溶液呈粉红色，保持30s。

(3) 计算 硫酸亚铁铵标准溶液浓度按下式计算。

$$c[(NH_4)_2Fe(SO_4)_2]=\frac{V_1c_1}{V}$$

式中 $c[(NH_4)_2Fe(SO_4)_2]$——硫酸亚铁铵标准溶液之物质的量浓度，mol/L；

$V_1$——高锰酸钾标准溶液之用量，mL；

$c_1$——高锰酸钾标准溶液之物质的量浓度，mol/L；

$V$——硫酸亚铁铵溶液之用量，mL。

本标准溶液使用前标定。

14. 硫酸铈（或硫酸铈铵）标准溶液的配制与标定

$$c[Ce(SO_4)_2]=0.1mol/L$$

(1) 配制　称取40g硫酸铈 [$Ce(SO_4)_2 \cdot 4H_2O$]{或67g硫酸铈铵 [$2(NH_4)_2SO_4 \cdot Ce(SO_4)_2 \cdot 4H_2O$]}，加30mL水及28mL硫酸，再加300mL水，加热溶解，再加650mL水，摇匀。

(2) 标定方法　称取0.2g于105～110℃烘至恒重的基准草酸钠，称准至0.0001g。溶于75mL水中，加4mL 20%硫酸溶液及10mL盐酸，加热至65～70℃，用配制好的硫酸铈（或硫酸铈铵）溶液{$c[Ce(SO_4)_2]=0.1mol/L$}滴定至溶液呈浅黄色。加入3滴亚铁-邻菲罗啉指示液使溶液变为橘红色，继续滴定至溶液呈浅蓝色。同时做空白试验。

亚铁-邻菲罗啉指示液的配制　称取0.7g硫酸亚铁（$FeSO_4 \cdot 7H_2O$）置于小烧杯中，加30mL硫酸溶液$\left[c\left(\frac{1}{2}H_2SO_4\right)=0.02mol/L\right]$溶解，再加入1.5g邻菲罗啉振摇溶解后，用硫酸溶液$\left[c\left(\frac{1}{2}H_2SO_4\right)=0.02mol/L\right]$冲稀至100mL。

(3) 计算　硫酸铈（或硫酸铈铵）标准溶液浓度按下式计算。

$$c[Ce(SO_4)_2]=\frac{m}{(V_1-V_2)\times 0.06700}$$

式中　$c[Ce(SO_4)_2]$——硫酸铈标准溶液之物质的量浓度，mol/L；

$m$——草酸钠质量，g；

$V_1$——硫酸铈溶液之用量，mL；

$V_2$——空白试验硫酸铈溶液之用量，mL；

0.06700——与1.00mL硫酸铈标准溶液{$c[Ce(SO_4)_2]=1.000mL/L$}相当的以g表示的草酸钠的质量。

(4) 比较方法　量取30.00～35.00mL配制好的硫酸铈（或硫酸铈铵）溶液{$c[Ce(SO_4)_2]=0.1mol/L$}置于碘量瓶中，加2g碘化钾及20mL 20%硫酸溶液，摇匀，于暗处放置5min。加150mL水，用硫代硫酸钠标准溶液 [$c(Na_2S_2O_3)=0.1mol/L$] 滴定，近终点时加3mL 5g/L淀粉指示液，继续滴定至溶液蓝色消失。同时做空白试验。

(5) 计算　硫酸铈（或硫酸铈铵）标准溶液浓度按下式计算。

$$c[Ce(SO_4)_2]=\frac{(V_1-V_2)c_1}{V}$$

式中　$c[Ce(SO_4)_2]$——硫酸铈标准溶液之物质的量浓度，mol/L；

$V_1$——硫代硫酸钠标准溶液之用量，mL；

$V_2$——空白试验硫代硫酸钠标准溶液之用量，mL；

$c_1$——硫代硫酸钠标准溶液之物质的量浓度，mol/L；

$V$——硫酸铈溶液之用量，mL。

15. 乙二胺四乙酸二钠（EDTA）标准溶液的配制与标定

$$c(EDTA)=0.1mol/L$$

$$c(EDTA)=0.05mol/L$$

$$c(EDTA)=0.02mol/L$$

(1) 配制　称取下述规定量的乙二胺四乙酸二钠，加热溶于1000mL水中，冷却，摇匀。

| $c(EDTA)/mol \cdot L^{-1}$ | 乙二胺四乙酸二钠/g | $c(EDTA)/mol \cdot L^{-1}$ | 乙二胺四乙酸二钠/g |
|---|---|---|---|
| 0.1 | 40 | 0.02 | 8 |
| 0.05 | 20 | | |

(2) 标定方法　乙二胺四乙酸二钠标准溶液[$c(EDTA)=0.1mol/L$]称取0.25g于800℃灼烧至恒重的基准氧化锌，称准至0.0001g。用少量水湿润，加2mL 20%盐酸溶液使样品溶解，加

100mL 水，用 10%氨水溶液中和至 pH 值为 7～8，加 10mL 氨-氯化铵缓冲溶液甲（pH≈10）及 5 滴 5g/L 铬黑 T 指示液，用配制好的乙二胺四乙酸二钠溶液[$c$(EDTA)＝0.1mol/L]滴定至溶液由紫色变为纯蓝色。同时做空白试验。

乙二胺四乙酸二钠标准溶液[$c$(EDTA)＝0.05mol/L、$c$(EDTA)＝0.02mol/L]的配制。称取下述规定量的于 800℃灼烧至恒重的基准氧化锌，称准至 0.0002g。用少量水湿润，加 20%盐酸溶液使样品溶解，移入 250mL 容量瓶中，稀释至刻度，摇匀。取 30.00～35.00mL，加 70mL 水，用氨水溶液（10%）中和至 pH 值为 7～8，加 10mL 氨-氯化铵缓冲溶液（pH＝10）及 5 滴 5g/L 铬黑 T 指示液，用配制好的乙二胺四乙酸二钠溶液滴定至溶液由紫色变为纯蓝色。同时做空白试验。

| $c$(EDTA)/mol·L$^{-1}$ | 基准氧化锌/g | $c$(EDTA)/mol·L$^{-1}$ | 基准氧化锌/g |
|---|---|---|---|
| 0.05 | 1 | 0.02 | 0.4 |

（3）计算　乙二胺四乙酸二钠标准溶液浓度按下式计算。

$$c(\mathrm{EDTA})=\frac{m}{(V_1-V_2)\times 0.08138}$$

式中　$c$(EDTA)——乙二胺四乙酸二钠标准溶液之物质的量浓度，mol/L；

$m$——氧化锌之质量，g；

$V_1$——乙二胺四乙酸二钠溶液之用量，mL；

$V_2$——空白试验乙二胺四乙酸二钠溶液之用量，mL；

0.08138——与 1.00mL 乙二胺四乙酸二钠标准溶液[$c$(EDTA)＝1.000mol/L]相当的以 g 表示的氧化锌的质量。

16. 氯化锌标准溶液的配制与标定

$$c(\mathrm{ZnCl_2})=0.1\mathrm{mol/L}$$

（1）配制　称取 14g 氯化锌，溶于 1000mL 0.05%（体积）的盐酸溶液中，摇匀。

（2）标定方法　量取 30.00～35.00mL 配制好的氯化锌溶液[$c(ZnCl_2)$＝0.1mol/L]，加 70mL 水及 10mL 氨-氯化铵缓冲溶液（pH≈10），加 5 滴 5g/L 铬黑 T 指示液，用乙二胺四乙酸二钠标准溶液［$c$(EDTA)＝0.1mol/L］滴定至溶液由紫色变为纯蓝色。同时做空白试验。

（3）计算　氯化锌标准溶液浓度按下式计算。

$$c(\mathrm{ZnCl_2})=\frac{(V_1-V_2)c_1}{V}$$

式中　$c(ZnCl_2)$——氯化锌标准溶液之物质的量浓度，mol/L；

$V_1$——乙二胺四乙酸二钠标准溶液之用量，mL；

$V_2$——空白试验乙二胺四乙酸二钠标准溶液之用量，mL；

$c_1$——乙二胺四乙酸二钠标准溶液之物质的量浓度，mol/L；

$V$——氯化锌溶液之用量，mL。

17. 氯化镁（或硫酸镁）标准溶液的配制与标定

$$c(\mathrm{MgCl_2})=0.1\mathrm{mol/L}$$

（1）配制　称取 21g 氯化镁($MgCl_2\cdot 6H_2O$)[或 25g 硫酸镁($MgSO_4\cdot 7H_2O$)]溶于 1000mL (0.5＋999.5)盐酸溶液中，放置一个月后，用 3 号玻璃滤埚过滤，摇匀。

（2）标定方法　量取 30.00～35.00mL 配制好的氯化镁溶液［$c(MgCl_2)$＝0.1mol/L］，加 70mL 水及 10mL 氨-氯化铵缓冲溶液（pH≈10），加 5 滴 5g/L 铬黑 T 指示液，用乙二胺四乙酸二钠标准溶液[$c$(EDTA)＝0.1mol/L]滴定至溶液由紫色变为纯蓝色。同时做空白试验。

（3）计算　氯化镁（或硫酸镁）标准溶液浓度按下式计算。

$$c(\mathrm{MgCl_2})=\frac{(V_1-V_2)c_1}{V}$$

式中　$c(MgCl_2)$——氯化镁标准溶液之物质的量浓度，mol/L；

$V_1$——乙二胺四乙酸二钠标准溶液之用量，mL；

$V_2$——空白试验乙二胺四乙酸二钠标准溶液之用量，mL；

$c_1$——乙二胺四乙酸二钠标准溶液之物质的量浓度，mol/L；

$V$——氯化镁溶液之用量，mL。

18. 硝酸铅标准溶液的配制与标定

$$c[Pb(NO_3)_2]=0.05mol/L$$

(1) 配制 称取17g硝酸铅，溶于1000mL(0.5+999.5)硝酸溶液中，摇匀。

(2) 标定方法 量取30.00～35.00mL配制好的硝酸铅溶液{$c[Pb(NO_3)_2]=0.05mol/L$}，加3mL冰乙酸及5g六次甲基四胺、加70mL水及两滴二甲酚橙指示液（2g/L），用乙二胺四乙酸二钠标准溶液［$c(EDTA)=0.05mol/L$］滴定至溶液呈亮黄色。

(3) 计算 硝酸铅标准溶液浓度按下式计算。

$$c[Pb(NO_3)_2]=\frac{V_1c_1}{V}$$

式中 $c[Pb(NO_3)_2]$——硝酸铅标准溶液之物质的量浓度，mol/L；

$V_1$——乙二胺四乙酸二钠标准溶液之用量，mL；

$c_1$——乙二胺四乙酸二钠标准溶液之物质的量浓度，mol/L；

$V$——硝酸铅溶液之用量，mL。

19. 氯化钠标准溶液的配制与标定

$$c(NaCl)=0.1mol/L$$

(1) 配制 称取5.9g氯化钠，溶于1000mL水中，摇匀。

(2) 标定方法 量取30.00～35.00mL配制好的氯化钠溶液［$c(NaCl)=0.1mol/L$］，加40mL水及10mL 10g/L淀粉溶液，用硝酸银标准溶液［$c(AgNO_3)=0.1mol/L$］滴定。用216型银电极作指示电极，用217型双盐桥饱和甘汞电极作参比电极。按GB 9725中二级微商法之规定确定终点。

(3) 计算 氯化钠标准溶液浓度按下式计算。

$$c(NaCl)=\frac{V_1c_1}{V}$$

式中 $c(NaCl)$——氯化钠标准溶液之物质的量浓度，mol/L；

$V_1$——硝酸银标准溶液之用量，mL；

$c_1$——硝酸银标准溶液之物质的量浓度，mol/L；

$V$——氯化钠溶液之用量，mL。

20. 硫氰酸钠（或硫氰酸钾）标准溶液的配制与标定

$$c(NaCNS)=0.1mol/L$$

(1) 配制 称取8.2g硫氰酸钠（或9.7g硫氰酸钾）溶于1000mL水中，摇匀。

(2) 标定方法 称取0.5g于硫酸干燥器中干燥至恒重的基准硝酸银，称准至0.0001g。溶于1000mL水中，加2mL 80g/L硫酸铁铵指示液及10mL 25%硝酸溶液，在摇动下用配制好的硫氰酸钠（或硫氰酸钾）溶液［$c(NaCNS)=0.1mol/L$］滴定。终点前摇动溶液至完全清亮后，继续滴定至溶液呈浅棕红色，保持30s。

(3) 计算 硫氰酸钠（或硫氰酸钾）标准溶液浓度按下式计算。

$$c(NaCNS)=\frac{m}{V\times0.1699}$$

式中 $c(NaCNS)$——硫氰酸钠标准溶液之物质的量浓度，mol/L；

$m$——硝酸银之质量，g；

$V$——硫氰酸钠溶液之用量，mL；

0.1699——与1.00mL硫氰酸钠标准溶液［$c(NaCNS)=1.000mol/L$］相当的以g表示的硝酸银的质量。

(4) 比较方法 量取30.00～35.00mL硝酸银标准溶液［$c(AgNO_3)=0.1mol/L$］，加70mL水，1mL 80g/L硫酸铁铵指示液及10mL 25%硝酸溶液，在摇动下用配制好的硫氰酸钠（或硫氰酸钾）溶液［$c(NaCNS)=0.1mol/L$］滴定。终点前摇动溶液至完全清亮后，继续滴定至溶液呈浅棕红色，保持30s。

(5) 计算　硫氰酸钠(或硫氰酸钾)标准溶液浓度按下式计算。

$$c(\mathrm{NaCNS})=\frac{V_1c_1}{V}$$

式中　$c(\mathrm{NaCNS})$——硫氰酸钠标准溶液之物质的量浓度，mol/L；
$V_1$——硝酸银标准溶液之用量，mL；
$c_1$——硝酸银标准溶液之物质的量浓度，mol/L；
$V$——硫氰酸钠溶液之用量，mL。

21. 硝酸银标准溶液的配制与标定

$$c(\mathrm{AgNO_3})=0.1\mathrm{mol/L}$$

(1) 配制　称取17.5g硝酸银，溶于1000mL水中，摇匀。溶液保存于棕色瓶中。

(2) 标定方法　称取0.2g于500～600℃灼烧至恒重的基准氯化钠，称准至0.0001g。溶于70mL水中，加10mL 10g/L淀粉溶液用配制好的硝酸银溶液[$c(\mathrm{AgNO_3})=0.1\mathrm{mol/L}$]滴定。用216型银电极作指示电极，用217型双盐桥饱和甘汞电极作参比电极(按GB/T 9725—1988中二级微商法之规定确定终点)。

(3) 计算　硝酸银标准溶液浓度按下式计算。

$$c(\mathrm{AgNO_3})=\frac{m}{V\times0.05844}$$

式中　$c(\mathrm{AgNO_3})$——硝酸银标准溶液之物质的量浓度，mol/L；
$m$——氯化钠之质量，g；
$V$——硝酸银溶液之用量，mL；
0.05844——与1.00mL硝酸银标准溶液[$c(\mathrm{AgNO_3})=1.000\mathrm{mol/L}$]相当的以g表示的氯化钠质量。

(4) 比较方法　量取30.00～35.00mL配制好的硝酸银溶液[$c(\mathrm{AgNO_3})=0.1\mathrm{mol/L}$]，加40mL水，1mL硝酸，用硫氰酸钾标准溶液[$c(\mathrm{KCNS})=0.1\mathrm{mol/L}$]滴定。用216型银电极作指示电极，217型双盐桥饱和甘汞电极作参比电极。按GB/T 9725—1988中二级微商法之规定确定终点。

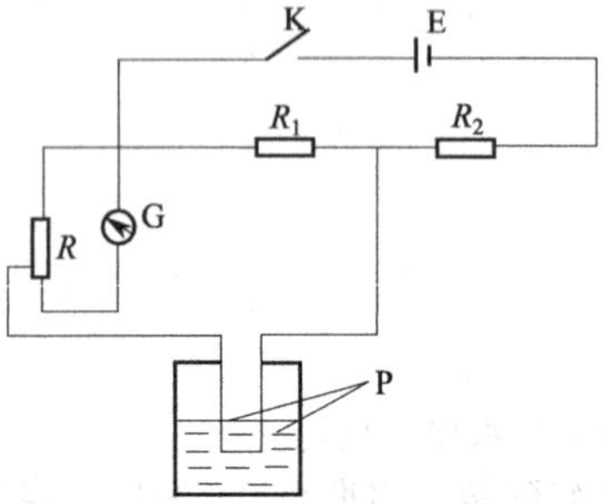


图4-1　测量仪表安装

R—电阻，其阻值与检流计临界阻尼电阻值近似；$R_1$—电阻，60～70Ω(或用可变电阻)，使加于二电极上的电压约为50mV；$R_2$—电阻，2000Ω；E—1.5V干电池；K—开关；G—检流计，灵敏度为$10^{-9}$A/格；P—铂电极

(5) 计算　硝酸银标准溶液浓度按下式计算。

$$c(\mathrm{AgNO_3})=\frac{V_1c_1}{V}$$

式中　$c(\mathrm{AgNO_3})$——硝酸银标准溶液之物质的量浓度，mol/L；
$V_1$——硫氰酸钾标准溶液之用量，mL；
$c_1$——硫氰酸钾标准溶液之物质的量浓度，mol/L；
$V$——硝酸银溶液之用量，mL。

22. 亚硝酸钠标准溶液的配制与标定

$$c(\mathrm{NaNO_2})=0.5\mathrm{mol/L}$$
$$c(\mathrm{NaNO_2})=0.1\mathrm{mol/L}$$

(1) 配制　称取下述规定量的亚硝酸钠、氢氧化钠及无水碳酸钠，溶于1000mL水中，摇匀。

| $c(\mathrm{NaNO_2})/\mathrm{mol\cdot L^{-1}}$ | 亚硝酸钠/g | 氢氧化钠/g | 无水碳酸钠/g |
|---|---|---|---|
| 0.5 | 3.6 | 0.5 | 1 |
| 0.1 | 7.2 | 0.1 | 0.2 |

(2) 标定方法　称取下述规定量的于120℃烘至恒重的基准无水对氨基苯磺酸，称准至0.0001g。加下述规定体积的氨水溶解，加200mL水及20mL盐酸，按永停滴定法安装好电极和测量仪表(如图4-1所示)。将装有配制好的亚硝酸钠溶液的滴定管下口插入溶液内约10mm处，在

搅拌下于15～20℃进行滴定，近终点时，将滴定管的尖端提出液面，用少量淋洗液淋洗尖端，洗液并入溶液中，继续慢慢滴定，并观察检流计读数和指针偏转情况，直至加入滴定液搅拌后电流突增，并不再回复时为滴定终点。

| $c(NaNO_2)$/mol·L$^{-1}$ | 基准无水对氨基苯磺酸/g | 氨水/mL |
|---|---|---|
| 0.5 | 2.5 | 3 |
| 0.1 | 0.5 | 2 |

(3) 计算　亚硝酸钠标准溶液浓度按下式计算。

$$c(NaNO_2)=\frac{m}{V\times 0.1732}$$

式中　$c(NaNO_2)$——亚硝酸钠标准溶液之物质的量浓度，mol/L；

$m$——无水对氨基苯磺酸之质量，g；

$V$——亚硝酸钠溶液之用量，mL；

0.1732——与1.00mL亚硝酸钠标准溶液[$c(NaNO_2)=1.000$mol/L]相当的以g表示的无水对氨基苯磺酸的质量。

本标准溶液使用前标定。

23. 高氯酸标准溶液的配制与标定

$$c(HClO_4)=0.1\text{mol/L}$$

(1) 配制　量取8.5mL高氯酸，在搅拌下注入500mL冰乙酸中，混匀。在室温下滴加20mL乙酸酐，搅拌至溶液均匀。冷却后用冰乙酸稀释至1000mL，摇匀。

(2) 标定方法　称取0.6g于105～110℃烘至恒重的基准邻苯二甲酸氢钾，称准至0.0001g。置于干燥的锥形瓶中，加入50mL冰乙酸，温热溶解。加2～3滴结晶紫指示液（5g/L），用配制好的高氯酸溶液［$c(HClO_4)=0.1$mol/L］滴定至溶液由紫色变为蓝色（微带紫色）。

(3) 计算　高氯酸标准溶液浓度按下式计算。

$$c(HClO_4)=\frac{m}{V\times 0.2042}$$

式中　$c(HClO_4)$——高氯酸标准溶液之物质的量浓度，mol/L；

$m$——邻苯二甲酸氢钾之质量，g；

$V$——高氯酸溶液之用量，mL；

0.2042——与1.00mL高氯酸标准溶液［$c(HClO_4)=1.000$mol/L］相当的以g表示的邻苯二甲酸氢钾的质量。

本溶液使用前标定。标定高氯酸标准溶液时的温度应与使用该标准溶液滴定时的温度相同。

# 第五章

# 误差、有效数字与数据处理

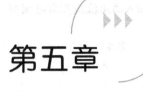

实验分析的重要任务是准确测定试样中组分的含量。不准确的分析结果不仅不能指导生产，反而给生产、科研造成损失，甚至因使用错误的数据造成生产事故及危害人们的生命安全。因此，了解产生误差的原因，正确地使用有效数字，合乎科学的数据处理，判断分析结果的可靠性，以获得准确的分析结果，是实验人员基本功之一。

## 第一节　误　差

人们在实验分析时总是希望获得准确的分析结果，但是，即使选择最准确的分析方法、使用最精密的仪器设备，由技术熟练的人员操作，对于同一样品进行多次重复分析，所得的结果也不会完全相同，也不可能得到绝对准确的结果。这就表明，误差是客观存在的。因此，定量分析就必须对所测的数据进行归纳、取舍等一系列分析处理。根据不同分析任务，对准确度的要求不同，对分析结果的可靠性与精密度要做出合理的判断和正确表述。为此，实验者应该了解实验过程中产生误差的原因及误差出现的规律，并采取相应措施减小误差，使化验结果尽量地接近客观的真实性。

### 一、误差产生的原因

根据误差产生的原因和性质，将误差分为系统误差和随机误差两大类。

1. 系统误差

系统误差又称可测误差，它是由实验操作过程中某种固定原因造成的。它具有单向性，即正负、大小都有一定的规律性，当重复进行实验分析时会重复出现。若找出原因，即可设法减小到可忽略的程度。在实验分析中，系统误差产生的原因有下列几个方面。

(1) 方法误差　是指实验方法本身造成的误差。这类误差来源于分析体系的化学或物理化学性质，它们为方法本身所固有，不管分析工作者操作得如何熟练和仔细，除非改变测定的条件，否则误差总是保持同样的大小。

方法误差的主要来源如下：

① 在重量分析中，由于沉淀的溶解、共沉淀的产生以及灼烧时沉淀的分解或挥发等造成的误差。

② 在容量分析中，由于反应进行不完全、干扰离子影响、化学计量点与滴定终点不符合以及副反应的发生等造成的误差。

③ 在仪器分析中，定量方法选择不当，使用了不准确的校正因子或校正曲线，背景或空白校正不当等造成的误差。

以上这些都会系统地影响着实验结果的偏高或偏低。

(2) 仪器误差　是由于使用的仪器本身不够精密所造成的。

仪器误差的主要来源如下。

① 天平与砝码　包括所用天平的臂长不等、灵敏度不够，砝码的真实质量与其名义质量不符、砝码与砝码之间有差异而未经校正等造成的误差。如一个 200mg 的砝码与两个 100mg 的砝码不等值。

② 容量器具　使用的移液管、滴定管、容量瓶等量器未经校正。

③ 容器和用具 由于玻璃、陶瓷等被侵蚀而引进异物，铂坩埚经灼烧而损失重量所造成的误差。

④ 仪器 仪器经长期使用磨损，精度下降或未调到最佳状态，分光光度法波长不准等引起的误差。

(3) 试剂误差 这类误差主要来源于试剂本身不纯。试剂或蒸馏水中含有被测组分或干扰物质，或使用了含量不准确的标准样品，或基准物质不纯（吸水）等，都将使分析结果系统地偏高或偏低。

(4) 操作误差

这类误差实质上大多是物理误差，与分析的操作有关。它们与所用的仪器和容器基本上无关，与分析体系的化学性质也无关，其大小主要取决于分析工作者自身而非其他因素。如果分析工作者没有经验、粗心或缺乏思考，那么操作误差将占很大比重；但如果工作者仔细、熟练而又深思熟虑，这类误差就能降低到微不足道的地步。下面是一些操作误差的典型例子：容器放置时没有加盖，灰尘或其他异物掉进溶液中；由于冒泡或煮沸使物质损失；洗涤沉淀不足或过头；使用不合规格的容器；没有防止待称物吸湿；使用没有代表性试样等。某些操作中固有的误差是不能完全消除的，但通过恰当的操作程序，能降低到可不用考虑的程度。

(5) 个人误差

① 人差 分析工作者的个人误差与操作误差有些不同，它们来源于个人体质上对一些正确观测的无能为力。例如，有些人滴定时不能正确判断颜色变化，比方说老是稍微滴定过终点。这类误差属于观测者的“人差"（即个人在观测上的误差），其大小可能是比较恒定的。

② 偏见 例如，操作者读取刻度十分之几时可能选取一个会使结果更接近前一次的读数；如果终点的正确位置有点难以判断，只要他知道滴定管该取什么读数才会得到一致的结果，他就倾向于在与前次滴定结果一致的读数上停止滴定。这类误差是由于偏见造成的，甚至工作认真的人也会不自觉地受到偏见的影响。

(6) 环境误差

由于周围环境不完全符合要求而引起的误差。如温度、湿度、振动、照明及大气污染等因素，使测定结果不准确。

在一般情况下，同一操作者如果使用的仪器和方法不变，系统误差对分析结果的影响是恒定的、不变的。当然有时（即试样不均匀时）系统误差也可能随试样质量的增加或随被测组分含量的增加而增加，甚至随外界条件的变化而变化。不过系统误差的相对值和基本特性是不变的。也就是说，系统误差只会引起分析结果系统地偏高或偏低，具有单向性。如称取一吸湿试样，通常引起负的系统误差。

由于系统误差是重复地以固定形式出现的。增加平行测定次数，采取数理统计的方法不能消除系统误差。但可采取适当的措施，使其降低到最小限量。

系统误差校正方法：采用标准方法与标准样品进行对照实验；根据系统误差产生的原因采取相应的措施，如进行仪器的校正以减小仪器的系统误差；采用纯度高的试剂或进行空白试验，校正试剂误差；严格训练与提高操作人员的技术业务水平，以减少操作误差等。

2. 随机误差

随机误差又叫不定误差，它是由于在测定过程中一些偶然和意外的原因产生的分析误差，也称偶然误差。例如，测定条件（环境温度、湿度和气压等）的瞬时、微小波动；仪器性能的微小变化；分析人员操作的微小差异等。它决定了测定结果的精密度。在一次测定中，随机误差的大小和符号是无法预言的，没有任何规律性，但在多次测定中，随机误差的出现还是有规律的，它具有统计规律性。由于随机误差有大有小，时正时负，随着测定次数的增加，正负误差相互抵偿，误差平均值趋于零，因此，多次测定平均值的随机误差比单次测定值的随机误差小。由于随机误差的形成取决于测定过程中的一系列随机因素，这些随机因素是实验者无法严格控制的，因此，随机误差是客观存在的，难以觉察，也难以控制，不能避免，分析工作者可以设法将它大大减小，但不可能完全消除它。

随机误差服从正态分布规律（随机统计规律，又称高斯分布），具有如下的特点。

(1) 在一定的条件下，在有限次数测量值中，其误差的绝对值不会超过一定界限。

(2) 同样大小的正负值的随机误差，几乎有相等的出现概率，小误差出现的概率大，大误差出现的概率小。图 5-1 表示了随机误差分布曲线，又称正态分布曲线。正态分布曲线下面的面积表示全部数据重现的概率的总和，应当是 100%。出现 $\mu$ 值的概率为最大。

为了减少随机误差，应该重复多次平行实验并取结果的平均值。在消除了系统误差的条件下，多次测量结果的平均值可能更接近真实值。

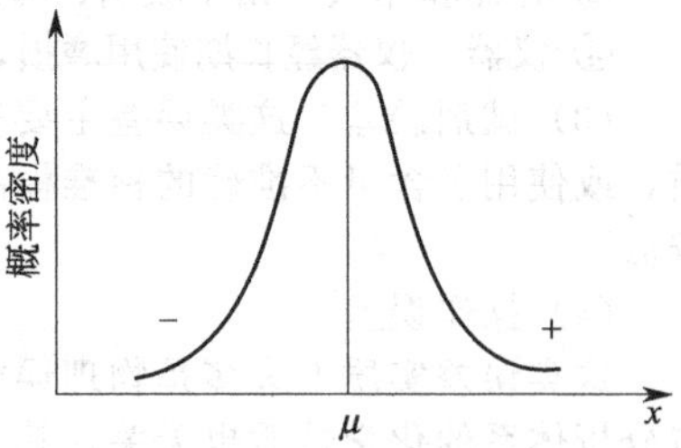

图 5-1 误差的正态分布曲线

必须注意，随机误差与系统误差并不是一成不变的，在一定条件下误差性质是可以转化的。例如，温度对测定的影响，在短时间内由于温度的波动而产生的误差完全可能是随机误差，然而当在一个长期时间内（比方说经历夏天和冬天）进行实验时，温度的影响则可能形成系统误差。当人们对某些误差产生的原因尚未认识时，往往将其作为偶然误差对待。另外，虽然二者在定义上不难区分，但在实际分析过程中除了较明显的情况外，常常将二者纠缠在一起，难以直观地区别、判断。例如，观察滴定终点颜色的改变，有人总是偏深，产生属于操作误差的系统误差；但在多次测定观察滴定终点的深浅程度时，又不可能完全一致，因而产生偶然误差。因此，在确定误差的性质时应该十分谨慎，做到具体问题具体分析。

过失误差是指一种显然与事实不符的误差，主要是由于分析人员的粗枝大叶或操作不正确而造成的，没有一定的规律。如操作时不严格遵守操作规程，器皿不洁净，试液被玷污，溶液溅出，沉淀损失，甚至加错试剂、读数或计算错误等，都属于过失误差。不管造成过失误差的具体原因如何，只要确知存在过失误差，就应将含有过失误差的测定值作为异常值从一组测定数据中舍弃，以保证原始测量数据的可靠性。

这一类误差在工作中应该属于责任事故，是不允许存在的，它本来也不属于误差问题的讨论范畴，只是强调它的严重性。通常只要提高对工作的责任感，平常培养细致严谨的工作作风，做好原始记录，反复核对，这种错误是完全可以避免的。

## 二、误差的表示方法

1. 基本概念和术语

（1）真值

真值定义为：与给定的特定量的定义一致的值。真值是一个变量本身所具有的真实值，它是一个理想的概念，只有通过完善的测量才有可能得到真值。因为任何测量都会有缺陷，因而真正完善的测量是不存在。也就是说，严格意义上的真值是无法得到的。

真值即真实值，在一定条件下，被测量客观存在的实际值。真值通常是一个未知量，一般说的真值是指理论真值、规定真值、相对真值。

理论真值也称绝对真值，如三角形内角和 180°。

约定真值也称规定真值，是一个接近真值的值，它与真值之差可忽略不计。实际测量中以在没有系统误差的情况下，足够多次的测量值之平均值作为约定真值。

相对真值是指当高一级标准器的指示值即为下一等级的真值，此真值被称为相对真值。

在计算误差时，一般用约定真值或相对真值来代替真值。

获得特定量约定真值的方法

① 由国家基准或当地最高计量标准复现而赋予该特定量的值。

② 采用权威组织推荐的该量的值。例如，由国际数据委员会（CODATA）推荐的真空光速、阿伏加德罗常量等特定量的最新值。

③ 用某量的多次测量结果来确定该量的约定真值。

④ 对于硬度等量，则用其约定参考标尺上的值作为约定真值。

（2）算术平均值

算术平均值等于各次测量值的和除以测量值的个数。

$$\bar{x}=\frac{x_1+x_2+x_3+\cdots+x_n}{n}=\frac{1}{n}\sum_{i=1}^{n}x_i$$

式中 $n$——测量值的个数；

$x_1$，$x_2$，…，$x_n$——各次测量值；

$\sum_{i=1}^{n} x_i$——从 $x_1$ 加到 $x_n$。

算术平均值适用于等精度测定值的计算，算术平均值是真值的最可期望值，但易受极值影响，不具有统计稳健性。

(3) 中位数

中位数：若 $n$ 个数值按其代数值大小递增的顺序排列，并加以编号由 1 到 $n$，当 $n$ 为奇数时，则 $n$ 个值的中位数为其中第（$n+1$）/2 个数值；当 $n$ 为偶数时，则取 $n/2$ 个数值与 $n/2+1$ 个数值的算术平均值为该数列的中位数。

中位数与算术平均值比较，不易受极值的影响，具有统计稳健性。

(4) 重复性

是指用同一方法，对同一试样，在相同条件下（同一操作者、同一仪器、同一实验室且时间间隔不大）相继测得的一系列结果之间相互接近的程度。

重复性是指重复性条件下的精密度。所谓"重复性条件"指的是在同一实验室，由同一操作员使用相同的设备，按相同的测试方法，在短时间内对同一被测对象相互独立进行的测试条件。在重复性条件下所得测试结果的标准差称为重复性标准差，或实验室内标准差，它是重复性条件下测试结果分布的分散性的度量，它是由于所有影响结果的影响因素不能完全保持恒定而引起的。在标准分析方法中，还常用重复性限（repeatability limit，$r$）的概念，它指的是一个数值，在重复性条件下，两个测试结果的绝对差小于或等于此数的概率为 95%。

(5) 再现性

是指用同一方法，对同一试样，在不同条件下（不同操作者、不同型号仪器、不同实验室或相隔较长时间）测得的单个分析结果之间相互接近的程度。

再现性是指再现性条件下的精密度。所谓"再现性条件"指的是在不同的实验室，由不同的操作员使用不同的设备，按相同的测试方法，对同一被测对象相互独立进行的测试条件。在再现性条件下所得测试结果的标准差称为再现性标准差，或实验室间标准差，它是再现性条件下测试结果分布的分散性的度量。在标准分析方法中，也常用再现性限（reproducibility limit，$R$）的概念，它指的是一个数值，在再现性条件下，两个测试结果的绝对差小于或等于此数的概率为 95%。

2. 准确度

准确度是指实验测得值与真值之间相符合的程度。准确度的高低，常以误差的大小来衡量，即误差越小，准确度越高，误差越大，准确度越低。

误差有两种表示方法：绝对误差和相对误差。

$$\text{绝对误差}(E)=\text{测得值}(x)-\text{真值}(T)$$

$$\text{相对误差}(\text{RE 或 }E\%)=\frac{\text{测得值}(x)-\text{真值}(T)}{\text{真值}(T)}\times 100\%$$

误差小，表示测得值和真值接近，测定准确度高。反之，误差越大，测量准确度越低。若测得值大于真值，误差为正值。反之，误差为负值。相对误差反映出误差在测定结果中所占百分数，它更具有实际意义。

由于被测量的真值一般不能获得，所以准确度只是一个定性的概念，而无法给出准确度的具体数值。在 GB/T 6379.1—2004 中对准确度有了新的定义。

准确度是指实验测得值与接受参照值之间相符合的程度。所谓"接受参照值"是指用作比较的经协商同意的标准值，它来自于：

① 基于科学原理的理论值或确定值；

② 基于一些国家或国际组织的实际工作的指定值或认证值；

③ 基于科学或工程组织赞助下合作实验工作中的同意值或认证值；

④ 当①②③不能获得时，则用（可测）量的期望，即规定测量总体的均值。

为了表示或比较准确度的高低，有时用相对误差比较明确，有时则用绝对误差更显得直观。

**例 1：** 假设第 1 次测定值为 8.30，真值为 8.34，

则
$$绝对误差(E)=x-T=8.30-8.34=-0.04$$

$$相对误差(RE 或 E\%)=\frac{E}{T}\times100\%=\frac{0.04}{8.34}\times100\%=0.48\%$$

假定另一次测定值为 80.35，真值为 80.39，则

$$绝对误差(E)=x-T=80.35-80.39=-0.04$$

$$相对误差(RE 或 E\%)=\frac{E}{T}\times100\%=\frac{0.04}{80.39}\times100\%=0.05\%$$

上述两次测定的绝对误差是相同的，但它们的相对误差却不相同。相对误差是指误差在真 值中所占的百分数。第 2 次比第 1 次测定相对误差小，表示第 2 次测定准确度高。

对于多次测量结果，用算术平均值计算其准确度。

$$算术平均值(\bar{x})=\frac{x_1+x_2+\cdots+x_n}{n}=\frac{\sum_{i=1}^{n}x_i}{n}$$

$$绝对误差(E)=\bar{x}-T=\frac{\sum x_i}{n}-T$$

$$相对误差(RE)=\frac{E}{T}\times100\%=\frac{\bar{x}-T}{T}\times100\%$$

式中 $\bar{x}$——$n$ 次测定结果的算术平均值；

$x_i$——第 $i$ 次测定的结果；

$n$——测定次数；

$T$——真值（接受参照值）。

但有时为了说明一些仪器的测量准确度，用绝对误差表示更能直观地说明问题。如分析天平的称量误差为±0.0002g，就比说相对误差为±0.02%更清楚、直接。因为要将相对误差控制在 0.02%，用工业天平、甚至台天平都能达到，只要称样量大就可以了。同样，说常量滴定管的读数误差为±0.02mL。就比用相对误差表述时更直观。

3. 精密度

精密度是指在相同条件下，$n$ 次重复测定时测定值之间彼此相符合的程度。用重复性和再现性表达。只有随机误差影响精密度，而与真值或接受参照值无关。精密度只是表示最终测量数据的重复性，不能真正衡量其测量的可靠程度。精密度的定量的尺度严重依赖于规定的条件，重复性条件和再现性条件为其中两种极端的情况。

精密度高低通常用偏差表示。偏差越小，精密度越高，偏差越大，精密度越低。精密度可用以下几种偏差表示。

（1）绝对偏差与相对偏差　偏差是指在多次重复测定中，某个测定值与各测定值算术平均值之间的差值。偏差表达的是测量数据的分散程度。偏差越小，精密度越高。

偏差和误差一样，也有绝对偏差和相对偏差之分。绝对偏差是指某次测定值与算术平均值之差。相对偏差是指绝对偏差在算术平均值中所占的百分率。

$$绝对偏差(d)=x-\bar{x}$$

$$相对偏差(d\%)=\frac{d}{\bar{x}}\times100\%=\frac{x-\bar{x}}{\bar{x}}\times100\%$$

式中 $d$——单次测定结果的绝对偏差；

$x$——单次测定的结果；

$\bar{x}$——$n$ 次测定结果的算术平均值；

$d\%$——单次测定结果的相对偏差。

从上式可知，绝对偏差是指单次测定与平均值的差值。相对偏差是指绝对偏差在平均值中所占的百分率。由此可知，绝对偏差和相对偏差只能用来衡量单次测定结果对平均值的偏离程度。为了更好地说明精密度，在一般实验工作中常用平均偏差（$\bar{d}$）来表示。

(2) 平均偏差与相对平均偏差　平均偏差是指单次测量值与平均值的偏差（取绝对值）之和，除以测定次数。相对平均偏差是指平均偏差在算术平均值中所占的百分率。

即

$$平均偏差(\bar{d})=\frac{|d_1|+|d_2|+|d_3|+\cdots+|d_n|}{n}=\frac{\sum|d_i|}{n}$$

$$相对平均偏差(\bar{d}\%)=\frac{\bar{d}}{\bar{x}_i}\times 100\%=\frac{\sum|d_i|}{n\bar{x}}\times 100\%$$

式中　$\bar{d}$——平均偏差；

$n$——测定次数；

$\bar{x}$——$n$ 次测定结果的算术平均值；

$\bar{x}_i$——单次测定结果；

$d_i$——第 $i$ 次测定值与平均值的绝对偏差，$d_i=|x_i-\bar{x}|$；

$\sum|d_i|$——$n$ 次测定的绝对偏差之和，$\sum|d_i|=|x_1-\bar{x}|+|x_2-\bar{x}|+\cdots+|x_n-\bar{x}|$。

平均偏差是代表一组测量值中任一数值的偏差。平均偏差不计正负。

**例 2**：计算 55.5 1，55.50，55.46，55.49，55.51 一组 5 次测量值的平均值（$\bar{x}$），平均偏差（$\bar{d}$），相对平均偏差（$\bar{d}\%$）。

**解：**

$$算术平均值(\bar{x})=\frac{\sum x_i}{n}=\frac{55.51+55.50+55.46+55.49+55.51}{5}=55.49$$

$$平均偏差(\bar{d})=\frac{\sum|d_i|}{n}=\frac{\sum|x_i-\bar{x}|}{n}=\frac{(0.02+0.01+0.03+0.00+0.02)}{5}=0.016$$

$$相对平均偏差(\bar{d}\%)=\frac{\sum|d_i|}{n\bar{x}}\times 100\%=\frac{0.016}{55.49}\times 100\%=0.028\%$$

(3) 极差与相对极差　极差是指一组测定值中最大值与最小值之差。它表示误差的范围。

$$极差(R)=x_{max}-x_{min}$$

$$相对极差(R\%)=\frac{R}{\bar{x}}\times 100\%$$

式中　$x_{max}$——为一组测定中的最大值；

$x_{min}$——为一组测定中的最小值；

$\bar{x}$——多次测定的算术平均值。

极差（$R$）也称全距。用极差（$R$）表示测定数据的精密度不够贴切。但其计算简单，在食品分析中有时应用。

(4) 标准偏差与相对标准偏差　标准偏差是应用最广的、可靠的精密度表示方式。它能精确地反映测定数据之间的离散特性，是把单次测定值对平均值的偏差先平方起来再总和。它比平均偏差更灵敏地反映出较大偏差的存在，又比极差更充分地引用了全部数据的信息。在统计学上，式中 $n-1$ 称为自由度，常用 $f$ 表示。

$$标准偏差(S)=\sqrt{\frac{\sum_{i=1}^{n}(x_i-\bar{x})^2}{n-1}}=\sqrt{\frac{\sum_{i=1}^{n}d_i^2}{n-1}}=\sqrt{\frac{\sum_{i=1}^{n}d_i^2}{f}}$$

相对标准偏差（$S_r$）又称变异系数（CV），是指标准偏差在平均值 $\bar{x}$ 中所占的百分率。

$$相对标准偏差(CV)=\frac{S}{\bar{x}}\times 100\%$$

使用时要注意，标准偏差（$S$）是对有限的测定次数而言，表示各测定值对平均值 $\bar{x}$ 的偏离。表示无限次数测定时，要使用总体标准偏差 $\sigma$。

$$总体标准偏差(\sigma)=\sqrt{\frac{\sum_{i=1}^{n}(x_i-\bar{x})^2}{n}}$$

标准偏差（$S$）、相对标准偏差（$S_r$）与总体标准偏差三式中符号的意义与平均偏差、相对平均偏差式中符号意义相同。

（5）平均值的标准偏差

$$平均值的标准偏差(S_{\bar{x}})=\frac{S}{\sqrt{n}}$$

式中 $S$——标准偏差；

$n$——测定次数。

从式中可见，测定次数 $n$ 越多，$S_{\bar{x}}$ 就越少，即 $\bar{x}$ 值越可靠。所以增加测定次数可以提高测定的精密度。$S_{\bar{x}}$ 与 $S$ 的比值，随 $n$ 的增加减少很快。但当 $n>5$ 后，$S_{\bar{x}}$ 与 $S$ 的比值就变化缓慢了。因此，实际工作中测定次数无需过多，通常 4～6 次就可以了。

**例 3：**分析铁矿中铁的含量得到如下数据（%）。37.45，37.20，37.50，37.30，37.25。计算此结果的算术平均值、极差、平均偏差、标准偏差（变异系数）、相对标准偏差与平均值的标准偏差。

**解：**

$$算术平均值(\bar{x})=\frac{\sum x_i}{n}=\frac{37.45+37.20+37.50+37.30+37.25}{5}=37.34\%$$

$$极差(R)=x_{max}-x_{min}=37.50-37.20=0.30\%$$

各次测定的偏差(%)分别是：$d_1=+0.11$

$d_2=-0.14$

$d_3=-0.04$

$d_4=+0.16$

$d_5=-0.09$

$$平均偏差(\bar{d})=\frac{\sum d_i}{n}=\frac{0.11+0.14+0.04+0.16+0.09}{5}=0.1\%$$

$$标准偏差(S)=\sqrt{\frac{\sum d_i^2}{n-1}}=\sqrt{\frac{(0.11)^2+(0.14)^2+(0.04)^2+(0.16)^2+(0.09)^2}{5-1}}=0.13\%$$

$$相对标准偏差(CV)=\frac{S}{\bar{x}}\times100\%=\frac{0.13}{37.34}\times100\%=0.35\%$$

4. 公差

误差和偏差是两个不同的概念，误差是以真值作标准，偏差是以多次测定值的平均值为标准。不过，由于真值是无法准确知道的，故人们常以多次测定结果的平均值代替真值进行计算。显然，这样算出来的还是偏差。正因为如此，在生产部门就不再强调误差与偏差这两个概念的区别，一般统称为误差，并且用公差范围来表示允许误差的大小。

公差是生产部门对允许误差的一种表示方法。公差范围的大小是根据生产需要和实际可能确定的。例如，一般工业分析，允许相对误差在百分之几到千分之几。而一些原子量和某些常数的测定，允许的相对误差常小于十万分之几，甚至百万分之几。所谓可能，就是依方法的准确度、试样的组成情况而确定允许误差的大小。各种分析方法能够达到的准确度不同，如比色、分光光度、原子光谱等方法误差较大，而重量分析、容量分析的误差就小。另外，试样组成越复杂，测定时干扰可能越大，这样只能允许较大的误差。

对于每一类物质的具体分析工作，各主管部门都规定了具体的公差范围。如果测定结果超出允许的公差范围，叫做超差。遇到超差，该项实验分析必须重做。

5. 准确度与精密度的关系

准确度和精密度是用来衡量分析结果可靠性的两个重要指标。准确度表示测定结果的正确性，精密度表示测定结果的重现性。从它们的定义上看，准确度主要是由系统误差和随机（偶然）误差决定的；而精密度则仅取决于随机（偶然）误差。它们之间既有区别又有联系。

一般地说，实验结果的精密度越好（即偏差越小），实验结果相互接近的机会就越多。但精密的测量不一定是准确的测量，也就是说，精密度好并不一定是准确度高。因为精密度好，只表明在测量中随机误差小，而系统误差仍然可能存在。因此，严格精细的操作和多次重复测量，只能避免和消除随机（偶然）误差，使精密度提高。但系统误差并不能由此而消除。反之，准确的测量必定是精密的测量。因为，精密度好，是保证获得良好准确度的先决条件。若测量的精密度不好，就不可能获得良好的准确度。但有时（特别是测量次数不多时），也可能会出现精密度不好，而准确度高的假象。对于这种情况，只是偶然的巧合。因为精密度差，测量结果不可靠，就失去了衡量准确的前提。如果不存在系统误差，精密度和准确度是一致的。一个理想的分析结果，既要求精密度好，又要求准确度高。因此，在测定时，随机误差和系统误差都应同时尽量避免和减少，才能获得既精密又准确的分析结果。

表 5-1 列出甲、乙、丙、丁四人分析同一试样中铁含量的结果。

由表 5-1 看出，甲所得结果准确度和精密度均好，结果可靠。乙的精密度虽好，但准确度不太好。丙的精密度与准确度均差。丁的平均值虽接近于真值，但几个数据分散性大，精密度太差，仅是由于大的正负误差相互抵消才使结果接近真值的。

**表 5-1 铁含量分析结果** 单位：%

| 分析人员 | 分析次数 | | | | 平均值 | 平均偏差 | 真值 | 差值 |
|---|---|---|---|---|---|---|---|---|
| | 1 | 2 | 3 | 4 | | | | |
| 甲 | 37.38 | 37.42 | 37.47 | 37.50 | 37.44 | 0.036 | 37.40 | +0.04 |
| 乙 | 37.21 | 37.25 | 37.28 | 37.32 | 37.27 | 0.035 | 37.40 | −0.17 |
| 丙 | 36.10 | 36.40 | 36.50 | 36.64 | 36.41 | 0.16 | 37.40 | −0.99 |
| 丁 | 36.70 | 37.10 | 37.50 | 37.90 | 37.30 | 0.40 | 37.40 | −0.10 |

综上所述，精密度是保证准确度的先决条件，只有精密度好，才能得到好的准确度。若精密度差，所测结果不可靠，就失去了衡量准确度的前提。提高精密度不一定能保证高的准确度，有时还须进行系统误差的校正，才能得到高的准确度。

## 三、误差的传递

分析结果通常是经过一系列测量和若干步骤计算之后获得的。其中每一步骤的测量误差都会反映到分析结果中，影响分析结果的准确度。本节一、二主要是从实验的角度出发，叙述误差对实验结果的影响。同样，误差在进行实验数据处理时，也会发生误差的传递，影响实验结果的准确度。不同的运算，其传递规律有所不同。

1. 误差在加减法中的传递

若分析结果 $R$ 是由 $A$、$B$、$C$ 三个测量值加减所得的结果。

即：

$$R=A+B-C$$

如测量 $A$、$B$、$C$ 时其相应的绝对误差为 $\Delta A$、$\Delta B$、$\Delta C$，设 $R$ 的绝对误差为 $\Delta R$，则：

$$R+\Delta R=(A+\Delta A)+(B+\Delta B)-(C+\Delta C)$$

将 $R=A+B-C$ 代入上式：

$$A+B-C+\Delta R=A+B-C+\Delta A+\Delta B-\Delta C$$

则

$$\Delta R=\Delta A+\Delta B-\Delta C$$

上式表明在加减法运算中，结果的绝对误差等于各个数据的绝对误差值之和或差。考虑到最不利的情况下，所有的误差相加和，这时误差最大，即：

$$\Delta R_{最大}=\Delta A+\Delta B+\Delta C$$

可见，分析结果可能产生的最大的绝对误差是各测量步骤的绝对误差之和。

**例 4**：测量值 10.54、10.26 和 8.35 的绝对误差分别是 +0.04、+0.02 和 +0.03；试计算 10.54+10.26—8.35 结果的误差。并将其表示在结果之中。

**解**：

$$R=10.54+10.26-8.35=12.45$$

$$\Delta R=0.04+0.02-0.03=0.03$$

则

$$R+\Delta R=12.45\pm0.03$$

2. 误差在乘除法中的传递

若分析结果 $R$ 是由 $A$、$B$、$C$ 三个测量值相乘除所得的结果。

即：
$$R=\frac{AB}{C}$$

此时有两种情况，即用相对误差表示和用相对标准偏差表示。

(1) 用相对误差表示

如测量 $A$、$B$、$C$ 时其相应的绝对误差为 $\Delta A$、$\Delta B$、$\Delta C$，引起结果 $R$ 的绝对误差为 $\Delta R$，则：

$$R+\Delta R=\frac{(A+\Delta A)(B+\Delta B)}{C+\Delta C}=\frac{AB+B\Delta A+A\Delta B+\Delta A\Delta B}{C+\Delta C}$$

$\Delta A$ 和 $\Delta B$ 已经很小，而 $\Delta A\Delta B$ 则更小，可忽略，则有：

$$R+\Delta R=\frac{AB+B\Delta A+A\Delta B}{C+\Delta C}$$

则
$$R=\frac{AB}{C}$$

$$\Delta R=\frac{AB+B\Delta A+A\Delta B}{C+\Delta C}-R=\frac{AB+B\Delta A+A\Delta B}{C+\Delta C}-\frac{AB}{C}$$

将上式通分得：

$$\Delta R=\frac{ABC+B\Delta AC+A\Delta BC-AB(C+\Delta C)}{(C+\Delta C)C}=\frac{BC\Delta A+AC\Delta B-AB\Delta C}{(C+\Delta C)C}$$

因为用相对误差表示，这时可将等式两边同乘以 $R$ 或 $\frac{AB}{C}$，得：

$$\frac{\Delta R}{R}=\frac{BC\Delta A+AC\Delta B-AB\Delta C}{(C+\Delta C)C}\times\frac{C}{AB}=\frac{BC\Delta A+AC\Delta B-AB\Delta C}{(C+\Delta C)AB}$$

因为 $\Delta C\ll C$，则 $C+\Delta C\approx C$，代入后得：

$$\frac{\Delta R}{R}=\frac{BC\Delta A+AC\Delta B-AB\Delta C}{ABC}=\frac{BC\Delta A}{ABC}+\frac{AC\Delta B}{ABC}-\frac{AB\Delta C}{ABC}$$

$$\frac{\Delta R}{R}=\frac{\Delta A}{A}+\frac{\Delta B}{B}-\frac{\Delta C}{C}$$

上式表明在乘法运算中，结果的相对误差等于各个数据的相对误差值之和：在除法运算中，结果的相对误差等于被除数的相对误差减去除数的相对误差。考虑到最不利的情况下，所有的误差相加和，这时误差最大，即：
$$\left(\frac{\Delta R}{R}\right)_{最大}=\frac{\Delta A}{A}+\frac{\Delta B}{B}+\frac{\Delta C}{C}$$

可见，分析结果可能产生的最大的相对误差，等于各测量值的相对误差之和。

**例 5**：测量值 10.12、5.06 和 2.50 的绝对误差分别是 +0.02、+0.02 和 +0.01：试计算结果的误差。并将其表示在结果之中。

**解**：
$$R=\frac{10.12\times5.06}{2.50}=20.5$$

$$\frac{\Delta R}{R}=\frac{0.02}{10.12}+\frac{0.02}{5.06}+\frac{0.01}{2.50}=0.002+0.004+0.004=0.01$$

$$\Delta R=0.01R=0.01\times20.5=0.2$$

则
$$R+\Delta R=20.5\pm0.2$$

(2) 用相对标准偏差表示

如果 $R=\frac{AB}{C}$，设测量值 $A$、$B$、$C$ 的标准偏差分别为 $S_A$、$S_B$、$S_C$，结果 $R$ 的标准偏差为 $S_R$。

同上理（推导同上）得：在乘除法运算中，计算结果的相对标准偏差的平方，等于各测量值相对标准偏差的平方的总和。即：

$$\left(\frac{S_R}{R}\right)^2_{最大}=\left(\frac{S_A}{A}\right)^2+\left(\frac{S_B}{B}\right)^2+\left(\frac{S_C}{C}\right)^2$$

**例 6**：测量值 10.54、18.26 和 8.35 的标准偏差分别是+0.04、+0.02 和+0.03；试计算所得结果的相对标准偏差。

**解**：

$$R=\frac{10.54\times18.26}{8.35}=23.0$$

$$\left(\frac{S_R}{R}\right)^2_{最大}=\left(\frac{0.04}{10.54}\right)^2+\left(\frac{0.02}{18.26}\right)^2+\left(\frac{0.03}{8.35}\right)^2=0.000029=2.9\times10^{-5}$$

相对标准偏差：$\frac{S_R}{R}=\sqrt{2.9\times10^{-5}}=\pm0.0054=\pm5.4\times10^{-3}$

标准偏差：$S_R=\pm5.4\times10^{-3}R=\pm5.4\times10^{-3}\times23.0=\pm0.12$

应当指出，以上讨论的是分析结果可能产生的最大误差。即考虑到最不利的情况下，各步骤带来的误差互相累加在一起的情况。但在实际工作中，个别测量误差对分析结果的影响，可能是相反的，因而彼此部分抵消。这种情况，在定量分析中经常遇到。例如重量分析的结果 $w$ 是由沉淀质量 $x$ 和试样质量 $y$ 的比例$\left(\frac{x}{y}\right)$来确定的。如果天平不等臂，或者砝码有损伤，则两者产生的称量误差是同一方向的（即都是正的或者都是负的），而分析结果的相对误差等于两次称量相对误差之差。即

$$\frac{\Delta w}{w}=\frac{-\Delta x}{x}-\frac{-\Delta y}{y}\text{或}\frac{\Delta w}{w}=\frac{\Delta w}{x}-\frac{-\Delta y}{y}$$

显而易见，两次称量误差彼此互相部分抵消，使分析结果总的误差反而变小。在滴定分析，比色分析和其他一些分析方法中，也常常有误差互相抵消的情况。

# 第二节 有效数字

在实验分析工作中，不仅要准确地进行测量，还应当正确地进行记录和计算。当记录及表达数据结果时，不仅要反映测量值的大小，而且还要反映测量值的准确程度。通常用有效数字来体现测量值的可信程度。正确地运用有效数字及其计算法则，不仅是实验人员的基本技能，而且在实际工作中它还关系到测量结果的质量保证和人力、物力消耗等经济效益。

## 一、准确值和近似值

在分析工作中涉及的数值，按其准确程度可分为两类：准确值和近似值。它们的性质和在运算中的处理方法是不同的。

1. 准确值

准确值是指有效位数是任意的、其准确程度不受数值位数限制的数值。分析检测工作中，常涉及的准确值有以下几类。

(1) 非测量的自然数　这类准确值常见的有如下几种。

① 简单的计数值　如平行测定次数、化学反应中一个分子失去的 $H^+$ 个数、电子转移个数、离子价数等。例如：

$$M_r\left(\frac{1}{3}H_3PO_4\right)=32.67\text{ 中的数字 3}$$

$$M_r(H_2O)=2A_r(H)+A_r(O)=18.02\text{ 中 }2A_r(H)\text{前的数字 2}$$

② 用 SI 词头构成倍数单位时的倍数　如 1m=100cm 1dm=0.1m 等关系式中的“1”、“100”、“0.1”等；

③ 计量单位的定义值　如 $A_r$（$^{12}C$）=12，1d=24h，1h=60min，1min=60s 等定义式中的“12”，“1”，“60”等。

(2) 数值不变的数学常数 例如：

圆周率 π，π=3.1415926…

自然对数的底 e，e＝2.7182188

（3）科学技术中的一些量值　这些作为准确值的量值，一般是由国际协议规定或由政府法令给定的。有些甚至是在会议上举手表决通过的，如 $c_0$（光速），$T_0$（热力学温度）。国家标准在提到这些量值时，都特别注明其是准确值。表 5-2 按学科分类，列出常遇到的一些准确量值。

**表 5-2　一些重要的准确量值**

| 学科类别 | 准确量值(换算因数) | 注 |
|---|---|---|
| 空间和时间 | 1Å(埃)$=10^{-10}$m＝0.1nm | |
| | 1n mile(海里)＝1852m | 只用于航程 |
| | 1hm$^2$(公顷)＝10000m$^2$ | 用于土地面积 |
| | 1L(升)＝1dm$^3$＝0.001m$^3$ | 旧定义：1L＝1.000028dm$^3$ |
| | 标准自由落体加速度：$g_n=9.80665\text{m/s}^2$ | |
| | 1km/h(千米/时)$=\frac{1}{3.6}$m/s | $=0.2\dot{7}$m/s |
| | 1kn(节)＝1852m/h | $=0.51\dot{4}$m/s 只用于航行 |
| | 1in(英寸)＝25.4mm | |
| | 1ft(英尺)＝12in＝0.3048m | |
| | 1yd(码)＝3ft＝36in＝0.9144m | 美于 1959 年，英于 1963 年法定采用 |
| | 1mile(英里)＝5280ft＝1609.344m | 亦称法定英里 |
| | 1in$^2$(平方英寸)＝645.16mm$^2$ | 1 美制英里＝1609.347m |
| | 1ft$^2$(平方英尺)＝0.09290304m$^2$ | |
| | 1yd$^2$(平方码)＝0.83612736m$^2$ | |
| | 1mile(平方英里)＝640acre(英亩) | |
| | 1care(英亩)＝4840yd$^2$(平方码) | |
| | 1in$^3$(立方英寸)＝16.387064cm$^3$ | |
| | 1ft$^3$(立方英尺)＝28.31685dm$^3$ | |
| | 1gal(英加仑)＝277.420in$^3$ ＝4.546092dm$^3$ | 1gal(英)＝1.20095gal(美)<br>1gal(英)＝8pt(品脱)(英) |
| | 1pt(品脱、英)＝0.56826125dm$^3$ | 1pt(英)＝1.20095pt(美) |
| | 1bu(蒲式耳、英)＝8gal(英) ＝36.36872dm$^3$ | 1bu(英)＝1.03206bu(美) |
| | 1ft/s(英尺/秒)＝0.3048in/s | |
| | 1mile/h(英里/时)＝0.44704m/s | |
| | 1ft/s$^2$(英尺/秒$^2$)＝0.3048m/s$^2$ | |
| | 1Gal(伽)＝0.01m/s$^2$ | 自由落体加速度 |
| 周期 | 1dB(分贝)$=\frac{\ln 10}{20}$Np(奈培) | 1dB＝0.1151293Np |
| 力学 | 1bar(巴)＝100kPa | |
| | 1dyn(达因)$=10^{-5}$ N | |
| | 1P(泊)＝0.1Pa·s | 泊为黏度单位 |
| | 1St(斯)$=10^{-4}$m$^2$/s | 斯[托克斯]为运动黏度单位 |
| | 1erg(尔格)＝1dyn·cm$=10^{-7}$ J | |
| | 1cwt(英担)＝112lb(英磅) | |
| | 1cwt(美担)＝100lb＝45.359237kg | |
| | 1ton(英吨)＝2240lb | 1ton(英)＝1.016047t |
| | 1gr(格令)$=\frac{1}{7000}$lb＝64.78991mg | |
| | 1oz(盎司)$=\frac{1}{16}$lb＝437.5gr ＝28.3495g | |
| | 1 金衡盎司＝480gr(格令) ＝31.1034768g | |
| | 1bf/in$^2$(磅力/英寸$^2$)＝6894.757Pa | |
| | 1hp(马力)＝550ft·lbf/s(英尺·磅力/秒) | 1hp＝745.6999W |
| | 1 克拉＝200mg | 指米制克拉 |
| | 1kgf(千克力)＝9.80665N | |
| | 1atm(标准大气压)＝101325Pa | 根据 IUPAC 推荐，GB 3102.8 一般选择为 1atm＝100kPa |
| | 1kgf/m$^2$＝9.80665Pa | |

续表

| 学科类别 | 准确量值(换算因数) | 注 |
|---|---|---|
| 力学 | 1Torr(托)$=\frac{1}{760}$atm<br>1at(工程大气压)=1kgf/cm$^2$=98066.5Pa<br>1mm$H_2O$=$10^{-4}$at=9.80665Pa<br>1kgf·m=9.80665 J<br>1kgf·m/s=9.80665W<br>1 马力=75kgf·m/s<br>=735.49875W | 1Torr=133.3224Pa<br>1at=0.967841atm<br>1mmHg=133.3224Pa<br>=13.5951mm$H_2O$<br><br>此处指[米制]马力 |
| 热学 | 1ft$^2$/s(英尺$^2$/秒)=0.09290304m$^2$/s<br>1Btu/(lb·°R)(英制热单位/磅、兰氏度)=4186.8J/(kg·K)<br>1Btu/lb(英制热单位/磅)=2326J/kg<br>1cal$_{It}$(国际蒸汽表卡)=4.1868J<br>1Mcal$_{It}$=1.163kW·h<br>1cal$_{th}$(热化学卡)=4.184J<br>$T_0$def273.15K | 热扩散率单位 |
| 电学和磁学 | $c_0$=299792458m/s | 电磁波在真空中的传播速度 |
| 核物理学 | 1Ci(居里)=3.7×$10^{10}$Bq(贝可) | Bq为放射性活度单位贝可[勒尔] |
| 电磁辐射 | 1R(伦琴)=2.58×$10^{-4}$C/kg | 照射量单位 |

2. 近似值

通过实验给出的测量结果，无例外的都是近似值。

实验结果给出的近似值，应当明确指出其不确定度或相对不确定度。不确定度的有效位只能是一位或两位，而不应多于两位。

例如，国际上公布的相对原子质量，其不确定度从来都只有一位有效数。如 $A_r$(C)=12.0107(7) 或写成 $A_r$(C) =12.0107±0.0007，$U$=0.0007；国际上公布的物理常数，其不确定度从来都是两位有效数，如阿伏加德罗常数：$L$=6.0221367(36)×$10^{23}$/mol 或写成 $L$=(6.0221367±0.0000036)×$10^{23}$/mol，$U$=0.0000036。

但在实际工作中，给出的直接测量值都只是按测量用仪器的精度确定测量值的有效位；就是测量结果，往往也不明确其不确定度，常是将其最末一位作为可疑数字对待的。例如，用分析天平称样 $m$=1.2084g，4 是不准确、可疑的；分析结果 $w(Fe_2O_3)$ =37.12%，2 是不准确、可疑的。

## 二、有效数字的使用

1. 有效数字的含义

有效数字是指在分析工作中实际能够测量到的数字。能够测量到的是包括最后一位估计的，不确定的数字。我们把通过直读获得的准确数字叫做可靠数字，把通过估读得到的那部分数字叫做可疑数字。把测量结果中能够反映被测量大小的带有一位可疑数字的全部数字叫作有效数字。

任何测量工作，目的都是为了测定一个量的量值。由于量值=数值×单位，实际上真正测量的是以某特定单位表示的该量的数值。但是，不论仪器多么精密，操作多么严格、熟练，测量所得的也都是近似值。对于测量所得的近似值，只允许最后一位数字是可疑的、不可靠的，称为可疑数字。所谓可疑数字，除另有说明外，一般可理解为在该位数字上有±1 单位的误差，或者在其后的一位数字上有±0.5 单位的误差。例如，$V$=22.84mL 可理解为 $V$=22.83～22.85mL，或理解为 $V$=22.835～22.845mL。

在实际工作中，所有测量、记录、计算所得的数值，都应该是、也必须是有效数字。有效数字不仅表示了数值的大小，同时还反映出测量的准确度。

例如，滴定管的读数，甲读得 25.14mL，乙读得 25.13mL，丙读得 25.12mL，丁读得 25.14mL。在这些数据中，前三位是准确的，而最后一位数因为没有刻度，是估算出来的，故有所差别（即不甚准确)，因此称为可疑数字或叫不定值。但它不是臆造的，所以记录时应该保留它。而这四位数都是有效数字。在科学实验中，对于一个物理量的测量，其准确度是有一定限度的。因此，要取得好的测量结果，不仅要准确地测量，而且还要正确地记录和计算，不能夸大或缩小其准确度。

例如数值 25，若其末位都有±1 的绝对误差，则其绝对误差就是±1，相对误差$\pm\frac{1}{25}\times100\%=\pm4\%$。数值 25.0，则其绝对误差就是±0.1，相对误差$\pm\frac{0.1}{25.0}\times100\%=\pm0.4\%$。数值 25.00，则其绝对误差就是±0.01，相对误差$\pm\frac{0.01}{25.00}\times100\%=\pm0.04\%$。

可见，在一个数据中，若其末位都有±1 个单位的误差，记录时把测量的有效数字写成不同的位数，其相对误差是不同的。写错了不是夸大就是缩小了测量的准确性。这样就不能反映出客观事实，是不科学的。因为对于一个测量值，其末位数通常都理解为可能有±1 个单位的误差。

但是有效数字的位数，不是凭空写的，应该根据所使用的测量工具、分析方法和仪器等的准确度来决定。使数值中最后一位数字是可疑的（不定的)。例如：

用分析天平称样时，0.5g 应写成 0.5000g，若最后一位数是可疑的，其相对误差$=\frac{\times0.0002}{0.5000}\times100\%=\pm0.004\%$，如若写成 0.5g，若其末位都有±1 的绝对误差，其相对误差$=\frac{\pm0.2}{0.5}\times100\%=\pm40\%$，同样，把要量取 25mL 的液体体积写成 25mL，表示可用量筒量取，而从滴定管或移液管中放出的体积，应写成 25.00mL。所以，书写时要倍加注意。特别是最后一位是“0”时，常被忽略。例如滴定管（移液管）的读数为 25.00mL，常被写成 25mL；试样质量为 20.1850g，常被写成 20.185g 等。

2. 有效位数

在一个表示量值大小的数值中，含有的对量值大小起作用的数字位数，称为有效位数。在一个数值中，这些有效的数字有几个，这个数值的有效位数就是几。

从一个数的左边第一个非 0 数字起，到末位数字止，所有的数字都是这个数的有效数字。如：0.0109，前面两个 0 不是有效数字，后面的 109 均为有效数字。

简单的计数、分数或倍数属于准确数或自然数，其有效位数是无限的。

有效位数是测量、记录、计算过程中经常涉及的术语。现将有效数字的有效位数的含义、性质、作用及判断方法，综合列于表 5-3。

## 三、有效数字的修约

在多数情况下，测量数据本身并非最后的要求结果，一般需经一系列运算后才能获得所需的结果。在计算一组准确度不等（即有效数字位数不同）的数据之前，应先按照确定了的有效数字将多余的数字修约或整化。

过去习惯上用“四舍五入”规则修约数值。为了减少因数值修约人为引进的误差，现在应按照国家标准 GB/T 8170—2008《数值修约规则与极限数值的表示和判定》进行修约。GB 3101—93《有关量、单位和符号的一般原则》中也把数值修约作为一个参考件以附录形式给出。两者互为补充。

1. 有效数字修约的几个问题

(1) 修约步骤　一般是先修约，后计算，最后再修约。

(2) 修约前先确定修约间隔　修约间隔系确定修约保留位数的一个数值。修约间隔的数值一经选定，修约值即为该间隔的整数倍。例如选定修约间隔为 0.1，修约值即应在 0.1 的整数倍中选取。相当于把数值修约到一位小数；选定修约间隔为 10，修约值即应在 10 的整数倍中选取。即相当于把数值修约到“十”数位。举例如下：

| 被修约的值 | 修约值（指定修约间隔为 0.1） | 修约值（指定修约间隔为 10） |
|---|---|---|
| 122.23 | 122.2 | 12×10 |
| 125.00 | 125.0 | 12×10 |
| 115.00 | 115.0 | 12×10 |

GB 8 170 在其注释中指出，在已指明修约间隔或修约的有效位数的“特定”情况下，修约值 $12\times10$ 可以写成 120 的形式，并将数值中仅起定位作用的“0”称为“无效零”。但在计量学中，规定应以 $12\times10^1$ 的形式给出，而不用 120 的形式，以免与有效零混淆。

(3) 非 1 单位修约　GB 8170 还提到 0.5 单位和 0.2 单位修约。即指修约间隔为指定数位的 0.5 或 0.2 单位。但这种修约方式只用于极有限的情况，一般不采用。

**表 5-3　有效位数的含义、性质、作用及判断方法**

| 项类 | 内容 | 举例 | 注 |
| --- | --- | --- | --- |
| 含义 | 在一个表示量值的数值中，对表示量值大小有效的数字的位数，称为有效位数 | 12.1g　三位有效数字<br>25.42mL　四位<br>1.8432g　五位<br>24.0430g　六位 | 除另有说明外，一般情况下，有效位数中，只有最后一个是可疑数字 |
| 性质 | 有效位数和小数点的位置或说与选用的单位无关 | 12g　两位有效数字<br>0.012kg　两位<br>$12\times10^3$mg　两位 | |
| 作用 | 有效位数标志着数值的可靠程度，反映了数值的相对误差的大小 | ⓐ $m=0.5100$g　四位<br>则 $RE=\frac{\pm0.0001g}{0.5100g}$<br>$\approx\pm0.0002$<br>$=0.02\%$<br>ⓑ $m=0.51$g<br>则 $RE=\frac{\pm0.01g}{0.51g}$<br>$\approx\pm0.02$<br>$=2\%$ | RE——相对误差<br>由ⓐⓑ两例可见，记录测量值时，切勿随意省略或增加小数后的零 |
| 判断方法 | 数字 1～9：不论处于数值中什么位置，都是有效数字，都计位数 | 72，0.072　两位<br>128，1.28　三位<br>7684，76.84　四位<br>42935，4.2935　五位 | |
| | 数字 0：<br>① 0 在数值中间都计位数 | 12.01　四位<br>100.2　四位<br>10804　五位 | 此时的 0，代表该位数值的大小 |
| | ② 0 在数值前面都不计位数 | 0.143L=143 mL　三位<br>0.0242g=24.2mg　三位<br>$0.00185m^3=1.85L$　三位 | 此时的 0，仅起定位作用，与所选单位有关，不代表量值大小 |
| | ③ 0 在小数数值右侧都计位数 | 6.5000g　五位<br>0.0240g　三位<br>0.0020g　两位 | 右侧的 0，绝不可随意省略或增加 |
| | ④ 0 在整数右侧按规范化的写法，亦应都计位数 | 35000　五位<br>$350\times10^2$　三位<br>或 $3.50\times10^4$<br>$35\times10^3$　两位<br>或 $3.5\times10^4$ | 不应记成 35000 除非指明修约间隔为 1 00<br>不应记成 35000 除非指明修约间隔为 1000 |
| 特殊情况 | 若数值的第一位数字大于或等于 8，则该数值的有效位数一般应多计一位 | 8.35mL　应记作四位有效数字<br>92.8%　应记作四位有效数字 | 因 8.35mL 的相对误差为：<br>$RE=\frac{\pm0.01mL}{8.35mL}=\frac{1}{835}$<br>更近于 $\frac{1}{1000}$（四位）而非 $\frac{1}{100}$（三次） |
| | pH、pM 等对数的有效位数，只以小数位数计 | pH=10.25　两位<br>pM=6.78　两位 | 对数值的整数位，只与真数的幂次有关 |

(4) 连续修约　不许连续修约，拟修约数字应在确定修约位数后一次修约获得结果，而不许连续修约。例如：修约 15.4546，修约间隔为 1（即修约到个位）。

正确的做法：15.4546→15。

不正确的做法：15.4546→15.455→15.46→15.5→16。

(5) 指明修约位数的方式　一般有两种：

① 直接指明修约值的有效位数。如指明将12.490修约成三位有效数字，即12.5；

② 指定修约数位，即指定修约间隔为 $10^{\pm n}$（$n$ 为正整数，包括0），按"1"单位修约。如修约间隔为 $10^{-n}$，即将数值修约到 $n$ 位小数；修约间隔为 $10^0$，即将数值修约到"个"数位；修约间隔为 $10^n$，即将数值修约到 $n$ 数位，$n=1$，即"十"位；$n=2$ 即"百"位，$n=3$ 即"千"位……。

(6) 其他修约规则　在具体实施中，有时测试与计量部门先将获得数值按指定的修约位数多一位或几位报出，而后由其他部门判定。为避免产生连续修约的错误，应按下述步骤进行。

① 报出数值最右的非零数字为5时，应在数值后面加"（+）"或"（－）"或不加符号，以分别表明已进行过舍，进或未舍未进。

例如：16.50（+）表示实际值大于16.50，经修约舍弃成为16.50；16.50（－）表示实际值小于16.50，经修约进一成为16.50。

② 如果判定报出值需要进行修约，当拟舍弃数字的最左一位数字为5，而后面无数字或皆为零时，数值后面有（+）号者进一，数值后面有（－）号者舍去，其他仍按修约规则进行。例如：将下列数字修约到个数位后进行判定（报出值多留一位到一位小数）。见表5-4。

**表5-4　数字修约到个数位后进行判定的例子**

| 实测值 | 报出值 | 修约值 | 实测值 | 报出值 | 修约值 |
|---|---|---|---|---|---|
| 15.4546 | 15.5(－) | 15 | 17.5000 | 17.5 | 18 |
| 16.5203 | 16.5(+) | 17 | －15.4546 | －[15.5(－)] | －15 |

(7) 负数的修约　负数修约时，先将它的绝对值修约，然后在修约值前面加上负号。如将－355修约成两位有效数字，为－36×10，将－0.0365修约成两位有效数位，为－0.036。

(8) 标准偏差值的修约　标准偏差值的修约原则上是只进不舍，这主要为了数据处理更加稳健和可靠。

2. 有效数字修约规则

数值修约按照国家标准GB/T8 170—2008《数值修约规则与极限数值的表示和判定》进行，通常称为"四舍六入五成双"，见表5-5。

**表5-5　有效数字修约规则**

| 修约规则 | 修约举例：拟修约数值 | 修约举例：修约值（修约间隔0.1） | 注 |
|---|---|---|---|
| 1. 四要舍 | 14.2342 | 14.2 | 包括4及4以下 |
| 2. 六应入 | 18.4843 | 18.5 | 包括6及6以上 |
| 3. 五后有数就进一； | 14.0512 | 14.1 | 即或进或舍，以结果为偶数为准<br>"0"视作偶数<br>不要依次修约成　1.6：1.54546→1.5455→1.546→1.55→1.6 |
| 五后为零看左方 | 1.3500 | 1.4 | |
| 左为奇数需进一 | 1.4500 | 1.4 | |
| 左为偶数全舍光 | 1.0500 | 1.0 | |
| 4. 不论修约多少位，都要一次修停当 | 1.54546 | 1.5 | |
| 5. 在涉及安全或已知极限的情况下，则应只单向修约：只进不舍，或只舍不进 | 例如：<br>ⓐ 标准规定：室内空气中，CO最高容许含量为 $\rho(CO)=30mg/m^3$<br>实测值<br>$\rho(CO)=30.4mg/m^3$ | 修约值：<br>$\rho(CO)=31mg/m^3$ | 此条规定是GB 3101—93提供的<br>只进不舍：不合格 |
| | ⓑ 分析纯KCl试剂，按标准规定 $w(KCl)\geqslant 99.8\%$<br>实测值：<br>$w(KCl)=99.78\%$ | 修约值：<br>$w(KCl)=99.7\%$ | 只舍不进：不合格 |

3. 极限数值的修约

对极限数值能否修约，必须十分慎重，应按 GB 1250《极限数值的表示方法和判定方法》执行。在判定检测数据是否符合标准要求时，应将检测所得的测定值或其计算值与标准规定的极限数值作比较，比较的方法有两种：一是修约值比较法；二是全数值比较法。有一类极限数值为绝对极限，书写“≥0.2" 和书写“≥0.02”或“>0.200”具有同样的界限上的意义，对此类极限数值，用测定值或其计算判定是否符合要求，需要用全数值比较法。对附有极限偏差值的数值，对牵涉安全性能指标和计量仪器中有误差传递的指标或其他重要指标，应优选采用全数值比较法。标准中各种极限数值（包括带有极限偏差值的数值）未加说明时，均指采用全数值比较法，如规定采用修约值比较法，应在标准中加以说明。

修约值比较法是将测定值或其计算值进行修约，修约位数与标准规定的极限数值书写倍数一致，修约按 GB 8170 进行。将修约后的数值与标准规定的极限数值进行比较，以判定实际指标或参数是否符合标准要求。

全数值比较法是将检验所得的测定值或其计算值不得修约处理（或可作修约处理，但应表明它是经舍、进或未进舍而得），而用数值的全部数字与标准规定的极限数值作比较，只要越出规定的极限数值（不论越出的程度大小），都判定为不符合标准要求。

由于全数值比较法比修约值比较法相对更严，所以对同样的极限数值和同一测定值，采用修正值比较法符合标准要求的，而采用全数值比较法就不一定符合标准要求。例如：锰含量极限数值为 0.30%～0.60%，测得 0.605%，如采用修约值比较法应为 0.60%，则符合标准要求，采用全数值比较法为 0.605%或 0.60%（+），则不符合标准要求。

## 四、有效数字运算规则

由于测量所得数值的有效位数代表着测量值的可靠程度，因此，当一些准确度不同的数值进行运算时，需遵守一定的规则，以使运算结果能真正反映实际测量的准确度，获得准确、可靠的分析结果。

有效数字运算规则的实质是：计算结果的准确度取决于参算诸数值中误差最大的那个数值。即不能通过计算提高准确度，准确度只能越算越差。

应用运算规则的步骤一般是：先修约（可先多保留一位），后计算，结果再修约。因此，需在运算前就先判断出结果应保持什么样的准确度。

应用运算规则的好处是：既可保证运算结果准确度，取舍合理、符合实际，又可简化计算、减少差错、节省时间。

（1）加减运算、乘除运算规则及实例见表 5-6。

（2）乘方、开方运算的有效数字位数与底数的有效位数相同，运算规则及实例见表 5-6。

（3）对数运算规则及实例见表 5-6。

（4）在有效数字的运算中，遇到常数如阿伏加德罗常数、气体常数、π 等公式中的准确数以及倍数、幂次数等自然数，可视为无限多位有效数字，因此其位数多少不影响最后的取值，即在运算过程中，需要几位就可以写几位。但是也不能任意选取，一是常数的选取不能超出公认的有效数字位数，二是应不少于参与运算的近似值中有效数字最少的位数。

（5）平均值的有效数字　由于测量所得的数值的平均值其精度优于单个测量值，因此在计算不少于四个测量值的平均值时，平均值的有效数字位数可以比单次测量值的有效数字位数增加一位。

（6）分析结果的数据应与技术要求量值的有效位数一致。对于高含量组分（>10%），一般要求以四位有效数字报出测定结果；对于中等含量组分（1%～10%），一般要求以三位有效数字报出测定结果；对于微量组分（<1%），一般只以两位有效数字报出测定结果。测定杂质含量时，若实际测得值低于技术指标一个或几个数量级，可用“小于”该技术指标来报结果。表示准确度和精密度时，在大多数情况下，只取一位有效数字即可，最多取两位有效数字。

**表 5-6 有效数字运算规则**

| 运算类别 | 运算规则 | 运算实例 | 注 |
|---|---|---|---|
| 1. 近似值之间的运算 | | | 近似值即指测量值 |
| ① 加减运算 | 几个近似值相加减，结果的准确度以参算诸数中绝对误差最大的为标准，决定取舍 | 例 1. 12.35g+0.0056g+7.8903g=？<br>解：参算的三个数值中，绝对误差最大的是 12.35g，只有两位小数。故结果只应（允许）保留两位小数<br>先修约：12.35g+0.006g+7.890g<br>后计算：=20.246g<br>再修约：=20.25g | 绝对误差最大，就是小数位数最少<br>宜先多保留一位不是 20.2459g |
| | | 例 2. 已知：$p_1=964327\text{Pa}$，<br>$p_2=217.9\text{kPa}$，<br>$p_3=16.0\text{MPa}$，<br>求 $\sum p=p_1+p_2+p_3=?$<br>解：因 $p_3$ 绝对误差最大，只有一位小数，故结果也只能以 MPa 为单位时取一位小数<br>故 $\sum p=p_1+p_2+p_3$<br>$=(0.96+0.22+16.0)\text{MPa}$<br>$=17.18\text{MPa}$<br>$=17.2\text{MPa}$ | 三个压力值以不同单位表示，已反映了其准确度的不同。单位一致后：<br>$p_1=0.964327\text{MPa}$<br>$p_2=0.2179\text{MPa}$<br>$p_3=16.0\text{MPa}$<br>故 $p_3$ 绝对误差最大 |
| ② 乘、除运算 | 几个近似值相乘、除时，结果的准确度以参算诸数值中相对误差最大者为标准，决定取舍 | 例 1. 0.0121×25.641×1.0589=？<br>解：因 0.0121 只有三位有效数字，故结果也只应取三位，可先修约至四位，计算后再将结果修约至三位<br>原式=0.0121×25.64×1.059<br>=0.3285<br>=0.329 | 相对误差最大，即有效位数最少<br>先多保留一位不是 0.328548396 |
| | | 例 2. 求 60 度白酒中乙醇的质量分数<br>$w(C_2H_5OH)=?$<br>解：查有关手册知（20℃）：<br>$\rho(C_2H_5OH)=0.7894\text{g/mL}$<br>$\rho$(60 度白酒)=0.9091g/mL<br>又 60 度即 $\varphi(C_2H_5OH)=0.60$（仅二位）<br>故 $w(C_2H_5OH)=\varphi\cdot\rho_0/\rho(H_2O)$<br>=0.60×0.789g/mL/0.909g/mL<br>=0.60×0.868<br>=0.521<br>=52% | 指纯乙醇的密度<br>没必要 $0.60\times\frac{0.7894\text{g/mL}}{0.9091\text{g/mL}}$<br>没必要 0.60×0.867986… |
| ③ 乘方、开方运算 | 与乘除运算规则相同，结果的有效位数与原数值相同 | 例 1. 正方形边长 $l=12.0\text{cm}$<br>则面积 $A=l^2$<br>$=12.0^2\text{cm}^2$<br>$=144\text{cm}^2$<br>例 2. 立方体体积 $V=1.73\times10^3\text{m}^3$<br>则棱长 $l=\sqrt[3]{V}$<br>$=\sqrt[3]{1.73\times10^3\text{m}^3}$<br>$=12.0\text{m}$ | |

续表

| 运算类别 | 运算规则 | 运算实例 | 注 |
| --- | --- | --- | --- |
| 2. 对数 | | | |
| | 有效位数只计尾数的位数 | 例 1. 已知 $c(\mathrm{HCl})=0.1\mathrm{mol/L}$<br>求 $\mathrm{pH}=-\lg\{[\mathrm{H^+}]\}_{\mathrm{mol/L}}$<br>$=-\lg 0.1$<br>$=1.0$<br>例 2. 已知 $c(\mathrm{NaCl})=4.9\times10^{-11}\mathrm{mol/L}$<br>则 $p\mathrm{Na}=-\lg\{[\mathrm{Na^+}]\}_{\mathrm{mol/L}}$<br>$=-\lg 4.9\times10^{-11}$<br>$=10.309$<br>$=10.31$<br>例 3. 求 123.4 的对数值<br>$\lg 123.4=2.0913$ | $[\mathrm{H^+}]$是量值，量值不能取对数，故需写成以 mol/L 为单位的数值后才能取对数<br>$[\mathrm{H^+}]$为一位有效数字，pH 也取一位 1.0<br>$[\mathrm{Na^+}]$为两位有效数字，$p\mathrm{Na}$ 也取两位 10.31<br>原真数为四位，故对数也取四位 |

## 五、实验工作中正确运用有效数字

在分析检测过程中，正确运用有效数字，不仅可以减少差错，还可以节约时间，提高效率。

（1）正确地记录测量数据　记录的数据一定要如实地反映实际测量的准确度。如实，就是指实际测量到哪一位，就记到哪一位，即不允许多记，也不应该少记。

实验工作中所用的仪器、量器等的精度不同，操作时所需时间、精力也不同，用它们测量所得的数据，其准确度当然不同。

例如，分析天平可称至±0.0001g，若称得某物的质量为 0.2500g，就必须记作 0.2500g，不能记成 0.25g 或 0.250g。如从滴定管读取滴定液的体积恰为 24mL，应当记为 24.00mL，不能记成 24mL 或 24.0mL。

正确记录测量所得数据，不仅如实地反映着测量的实际准确度，同时也反映了测量工作所耗时间和精力。例如，量取某溶液 25.00mL，表明是用移液管或滴定管量取的；如果记成 25mL，用量筒就可以量取了。用量筒量取，当然会比用移液管或滴定管要简便、快捷、省时得多。

（2）正确确定样品用量和选用适当的仪器　常量组成的分析测定常用质量分析或容量分析，其方法的准确度一般可达到 0.1%。因此，整个测量过程中每一步骤的误差都应小于 0.1%。用分析天平称量试样时，试样量一般都应大于 0.2g，才能使称量误差小于 0.1%。若称样量大于 3g，则可使用千分之一的天平（即感量为 0.001g），也能满足对称量准确度的要求，其称量误差小于 0.1%。但要注意：此处所说称样量要大于 0.2g，是指称得的样品在后续操作中，是一次用完的。如果一次称量，在以后是等分几份使用，则应是每一份都大于 0.2g，总量应是 0.2g 乘以等分份数以上，才能符合对称量准确度的要求。

如果称样量可大于 2g（不影响后续操作），则用千分之一的工业天平称量，也就满足对称量准确度的要求了。

同理，为使滴定时读数误差小于 0.1%，常量滴定管的刻度精度为 0.1mL，能估读至 ±0.01mL。滴定剂的用量至少要大于 20mL。才能使滴定时读数误差小于 0.1%。前后两次读数，其读数误差至少为±0.02mL。

（3）正确报告分析结果　分析结果的准确度要如实地反映各测定步骤的准确度。分析结果的准确度不会高于各测定步骤中误差最大的那一步的准确度。准确度报得高了，与实际不符，是错误的；报得低了，就等于降低了测量工作的水平。

**例 7**：分析煤中含硫量时，称量 3.5g，甲乙二人各作两次平行测定，报告结果为：

甲　　$S_1\%=0.042\%;S_2\%=0.041\%$

乙　　$S_1\%=0.04201\%;S_2\%=0.04109\%$

显然，甲的报告结果是可取的，而乙的报告结果不合理。因为：

$$称量相对误差(\mathrm{RE})=\frac{\pm0.1}{3.5}\times100\%\approx\pm3\%$$

$$甲的报告相对误差(RE)=\frac{\pm 0.001}{0.042}\times 100\%\approx \pm 2\%$$

可见甲的报告的相对误差与称量的相对误差相等。

乙的报告相对误差（RE）$=\frac{\pm 0.00001}{0.04201}\times 100\%\approx \pm 0.02\%$，乙的报告相对误差是称量的相对误差的1/100显然是不可能的，是不合理的。

(4) 正确掌握对准确度的要求　实验分析中的误差是客观存在的。对准确度的要求要根据需要和客观可能而定。不合理的过高要求，不仅浪费人力、物力、时间，而且对结果也是毫无益处的。常量组分的测定常用的重量法与容量法，其方法误差约±0.1%，一般取四位有效数字。对于微量物质的分析，分析结果的相对误差能够在±2%～±30%之间就已满足实际需要。因此，在配制这些微量物质的标准溶液时，一般要求称量误差小于1%就够了。如用分析天平称量，称量1.00g以上标准物质时，称准至0.01g，其称量相对误差就小于1%，不必称准至0.0001g。用滴定方法分析常量组分时，如前所述，原则上称样量要大于0.2g，标准溶液用量要大于20mL，这样才能有四位有效数字，使称量和读数的相对误差小于0.1%或0.2%。但对于一些具体问题，还要作具体分析。

(5) 计算器运算结果中有效数字的取舍　电子计算器的使用已很普及，这给多位数的计算带来很大方便。但记录计算结果时，切勿照抄计算器上显示的数字，须按照有效数字修约和计算法则来决定计算器计算结果的数字位数的取舍。

## 六、数据表达

实验工作结束后，需要对实验数据进行整理，以便清楚地反映各变量之间的定量关系，从而得到明确的结论。实验结果通常可用表、图或经验公式表示。本节简要介绍列表法、作图法和方程式法。现将这三种方法的应用及表达时应注意的事项分别叙述如下。

1. 列表法

列表是实验数据初步整理形式。实验数据表分为原始数据记录表和整理计算数据表两类。原始数据记录表格是在实验工作进行之前就已设计好的，该表应能够清楚地表示实验条件、所有待测物理量及其符号和单位等。整理实验数据表应简明扼要，针对具体的实验内容，既要能够表达各物理量之间依从关系的计算结果，又要表现实验过程所得的结论。便于处理运算，容易检查而减少差错。

列表时应注意以下几点。

(1) 每一个表都应有简明而又完备的名称；

(2) 在表的每一行或每一列的第一栏，要详细地写出名称、单位；

(3) 在表中的数据应化为最简单的形式表示，公共的乘方因子应在第一栏的名称下注明；

(4) 在每一行中数字排列要整齐，位数和小数点要对齐；

(5) 原始数据可与处理的结果并列在一张表上，而把处理方法和运算公式在表下注明；

(6) 表中某一项或全表需要作特别说明时，可采用表注。

但列表法由于存在着不易观察变量之间变化规律的缺点，故经常需将列表法进一步转化为图形。

2. 作图法

该法是将上述表中所列的实验结果按照因变量和自变量的依从关系描绘成曲线图。由于其简明直观，容易研究物理参量之间的变化规律和趋势，并能方便地分析和比较不同条件下的实验数据或关系曲线，因此经常使用。

利用图形表达实验结果，有许多好处。首先它能直接显示出数据的特点，如极大、极小、转折点等；其次能够利用图形作切线、求面积，可对数据进一步进行处理，用处极为广泛。其中重要的有以下几点。

(1) 求内插值　根据实验所得的数据，画出函数间的相互关系曲线，然后找出与某函数相应的物理量的数值。

(2) 求外推值　在某些情况下，测量数据间的线性关系可外推至测量范围以外，求某一函数的极限值，此种方法称为外推法。

(3) 作切线以求函数的微商　从曲线的斜率求函数的微商在数据处理中是经常应用的。

(4) 求经验方程　若函数和自变数有线性关系

$$y=mx+b$$

则以相应的 $x$ 和 $y$ 的实验数值（$x$，$y_i$）作图，画一条尽可能联结诸实验点的直线，由直线的斜率和截距可求出方程式中 $m$ 和 $b$ 的数值来。对指数函数可取其对数作图，仍为线性关系。

(5) 求面积计算相应的物理量　例如在求电量时，只要以电流和时间作图，求出曲线所包围的面积，即得电量的数值。

(6) 求转折点和极值　这是作图法最大的优点之一，在许多情况下都应用它。

由于作图法的广泛应用，因此作图技术也应认真掌握，下面列出作图的一般步骤及作图规则。

(1) 坐标纸和比例尺的选择　直角坐标纸最为常用，有时半对数坐标纸或 lg-lg 坐标纸也可选用，在表达三组分体系相图时，常用三角坐标纸。

在用直角坐标纸作图时，以自变数为横轴，因变数为纵轴，横轴与纵轴的读数一般不一定从 0 开始，视具体情况而定。坐标轴上比例尺的选择极为重要。由于比例尺的改变，曲线形状也将跟着改变，若选择不当，可使曲线的某些特殊部分（如极大、极小或转折点）看不清楚，比例尺的选择应遵守下述规则。

① 要能表示出全部有效数字，以使从作图法求出的物理量的精确度与测量的精确度相适应；

② 图纸每小格所对应的数值应便于迅速简便地读数，便于计算，如 1、2、5 等，切忌 3、7、9 或小数；

③ 在上述条件下，考虑充分利用图纸的全部面积，使全图布局匀称合理；

④ 若作的图线是直线，则比例尺的选择应使其斜率接近于 1。

(2) 画坐标轴　选定比例尺后，画上坐标轴，在轴旁注明该轴所代表变数的名称及单位。在纵轴之左面及横轴下面每隔一定距离写下该处变数应有之值，以便作图及读数。但不应将实验值写于坐标轴旁或代表点旁，横轴读数自左至右，纵轴自下而上。

(3) 作代表点　将相当于测得数量的各点绘于图上，在点的周围画上圆圈、方块或其他符号，其面积之大小应代表测量的精确度。若测量的精确度很高，圆圈应作得小些，反之就大些。在一张图纸上如有数组不同的测量值时，各组测量值的代表点应用不同符号表示，以示区别。并须在图上注明。

(4) 连曲线　作出各代表点后，用曲线板或曲线尺画出尽可能接近于诸实验点的曲线。曲线应光滑均匀，细而清晰，曲线不必通过所有各点，但各点在曲线两旁之分布，在数量上应近似于相等。代表点和曲线间的距离表示了测量的误差，曲线与代表点间的距离应尽可能小，并且曲线两侧各代表点与曲线间距离之和亦应近于相等。在作图时也存在着作图误差，所以作图技术的好坏也将影响实验结果的准确性。

(5) 写图名　写上清楚完备的图名及坐标轴的比例尺。图上除图名、比例尺、曲线、坐标轴外，一般不再写其他的字及作其他辅助线，以免使主要部分不清楚。数据亦不要写在图上，但在报告上应有相应的完整的数据。有时图线为直线而欲求其斜率时，应在直线上取两点，平行坐标轴画出虚线，并加以计算。

做好一张图的另一个关键是正确地选用绘图仪器，“工欲善其事，必先利其器”。绘图所用的铅笔应该削尖，才能使线条明晰清楚，画线时应该用直尺或曲线尺（板）辅助，不能光凭手来描绘。选用的直尺或曲线尺（板）应该透明，才能全面地观察实验点的分布情况，作出合理的线条来。

在曲线上作切线，通常应用下述两个方法。

① 若在曲线的指定点 $Q$ 上作切线，可应用镜像法，先作该点法线，再作切线。方法是取一平而薄的镜子，使其边缘 $AB$ 放在曲线的横断面上，绕 $Q$ 转动，直到镜外曲线与镜像中曲线成一光滑的曲线时，沿 $AB$ 边画出的直线就是法线，通过 $Q$ 作 $AB$ 的垂线即为切线。如图 5-2(a) 所示。

② 在所选择的曲线段上作两条平行线 $AB$ 及 $CD$，作两线段中点的连线，交曲线于 $Q$，通过 $Q$ 作与 $AB$ 或 $CD$ 之平行线即为 $Q$ 点之切线。如图 5-2(b) 所示。

最后，图是用形象来表达科学的语言，作图时应注意联系基本原理。

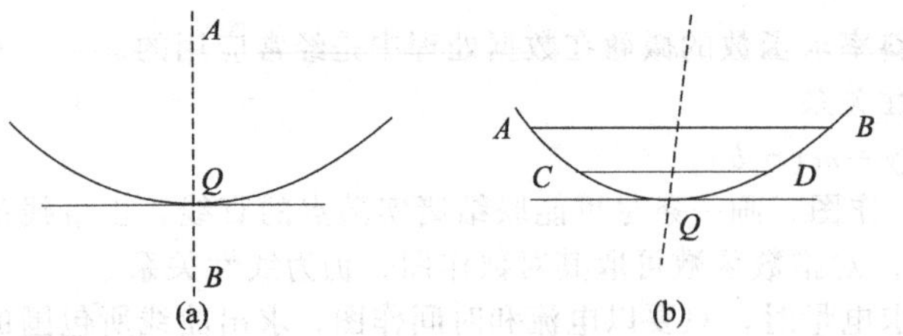


图 5-2 作切线的方法

3. 方程式法

在实验工作中，除了采用表格、图形描述变量的关系外，在很多情况下，经常希望将自变量和因变量之间的关系用数学方程式表达出来，即建立过程的数学模型，也称经验公式法。经验公式是客观规律的一种近似描写，它是理论探讨的线索和根据。

建立数学模型或经验公式有两个步骤：一是判断公式的类型；二是确定公式中的常数或待定系数。判断公式的类型有两种方法：一种是理论分析法，如数学模型法、因次分析法；另一种是将曲线形状与已知函数对比，确定函数类型。比如曲线形状像抛物线，就可以回归为抛物线型经验公式。经验公式中的常数或待定系数要由实验确定。处理实验数据的方法有图解法、平均值法、最小二乘法等。

一组实验数据用数学方程式表示出来，不但表达方式简单，记录方便，也便于求微分、积分或内插值。

求方程式有两类方法。

(1) 图解法 在 $x \sim y$ 的直角坐标图纸上，用实验数据作图，若得一直线，则可用方程

$$y = mx + b$$

表示，而 $m$，$b$ 可用下两法求出。

① 截距斜率法 将直线延长交于 $y$ 轴，截距为 $b$，而直线与 $x$ 轴的夹角为 $\theta$，则 $m = \tan\theta$。

② 端值法 在直线两端选两点 $(x_1, y_1)$、$(x_2, x_2)$，将它代入上式即得

$$\begin{cases} y_1 = mx_1 + b \\ y_2 = mx_2 + b \end{cases}$$

解此方程组即得 $m$ 和 $b$。

在许多情况下，直接用原来变数作图，并非直线，而需加以改造，另选变数使成直线。例如表示液体或固体的饱和蒸气压 $P$ 与温度 $T$ 的 Clausius-Clapeyron 方程的积分形式为

$$\lg P = -\frac{\Delta H}{2.303R}\frac{1}{T} + \mathrm{B}$$

作 $\lg P \sim \frac{1}{T}$ 图，由直线斜率可求得 $\frac{-\Delta H}{2.303R}$，这样就可求汽化热或升华热。

又如固体在溶液中吸附，吸附量 $\Gamma$ 和吸附物的平衡浓度 $C$ 有下述关系

$$\frac{\mathrm{C}}{\Gamma} = \frac{\mathrm{C}}{\Gamma_\infty} + \frac{1}{\Gamma_\infty K}$$

作 $\frac{C}{\Gamma} \sim C$ 图，即得直线，由斜率可求 $\Gamma_\infty$，进一步求算每个分子的截面积或吸附剂的比表面积。

对指数方程 $y = be^{mx}$ 或 $y = bx^m$，可取对数，使成

$$\ln y = mx + l\mathrm{n}b \text{ 或 } \ln y = m\ln x + \ln b$$

这样，若以 $\ln y$（或 $\lg y$）对 $x$ 作图，或以 $\ln y$ 对 $\ln x$ 作图，均可得直线而求出 $m$ 和 $b$ 来。

若不知曲线的方程形式，则可参看有关文献，根据曲线的类型，确定公式的形式，然后将曲线方程变换成直线方程或表达成多项式。

(2) 计算法 不用作图而直接由所测数据计算。其计算方法之一，参见本章第三节，五、工作曲线的一元回归方程——最小二乘法，即可算出直线的斜率与截距。

# 第三节 数据处理

数据处理是对分析测试结果进行评价的主要步骤，是分析测试中的最后一环，也是最重要的一环，其任务就是要从得到的分析数据中，采用科学的数理统计方法，经过整理、归纳和统计分析，

去伪存真，作出正确的判断，以指导生产、改进技术、提高产品质量。因此，对于分析工作者来说，不但要有牢固的专业理论知识和丰富的实践经验，而且要熟悉有关误差的基本理论，掌握数理统计知识。但是应该指出，数理统计知识对于分析工作者只是一个工具，它不能代替分析理论和严密的分析测试工作，恰恰相反，它只有在严密的试验基础上才能发挥其应有的作用。

为了得到准确、可靠的分析结果，通常都是在尽可能消除了系统误差的前提下，重复测定多次，然后用统计方法对测量数据进行整理、分析、判断、并对分析结果做出可靠性评价。

## 一、基本概念和术语

(1) 自由度　指组合测量中，测定值个数减去待求被测量个数之差。如对一个被测量 $x$ 进行了 $n$ 次测量，则自由度 $f=n-1$。

(2) 正态分布　是随机变量 $x$ 最常见的概率分布。在实际检测工作中，在一定的实验条件下，所得实验结果分布通常是正态分布，或近似于正态分布。其概率密度函数为：

$$f(x)=\frac{1}{\sigma\sqrt{2\pi}}\exp\left\{-\frac{(x-\mu)^2}{2\sigma^2}\right\}$$

式中　$\mu$——随机变量 $x$ 的期望值；

　　　$\sigma$——总体标准偏差。

(3) 置信概率　是指一个具有一定分布的量落入置信区间的概率。置信概率是与置信区间或统计包含区间有关的概率值。

对于服从正态分布的测量，根据统计规律，某一测量方法的标准差为 $\sigma$，可计算出使观测值 $x$ 出现在某个区间的概率。这样的概率值在数理统计学上称为置信概率，也称置信度、置信水平、置信系数及置信水准。因为概率值不可能大于1，所以置信度也不可能大于1。置信概率常以符号 $P$ 表示。$P$ 是人为给定值，不同学科有不同的习惯用值。国际上推荐使用 $P=95\%$，我国国家计量技术规范 JJG 1027《测量误差及数据处理》也推荐使用此值。

例如：置信概率 95%，表示在多次测定结果中，有约 95%的测定值会出现在给定的置信区间内，只有约 5%的测定值可能越出该范围。

(4) 置信区间　是指随机变量值的变化区间，或者是指一组测定值的分散程度。也指在给定的置信概率内，测定值所处的量程范围。置信区间也称置信范围。而置信区间上、下两个界限称为置信界限，定义为：期望使真值以指定的概率落在测量平均值附近的一个界限之内。

置信区间有两种用途：

① 对取自总体的随机样本，在一系列试验基础上，在总体方差未知的情形下，估计总体的均值 $\mu$。

② 依据测量所得数据，计算出一个区间，使得这个区间能以给定的概率包含总体均值。

(5) 异常值　或称异常观测值，是指样本中的个别值，其数值大小显著地偏离它（它们）所属样本中的其余观测值。也就是指在重复平行测定时所得的一系列数值中，明显偏大或偏小的个别测定值。有时也称为可疑值。

异常值可能是总体固有的随机变异性的极端表现。这种异常值和样本中其余观测值属于同一总体。异常值的判断和处理的主要对象就是指这一类异常值。

异常值也可能是由于试验条件和试验方法偶然偏离正常情况所产生的，如产生于观察记录、计算中的失误。这种异常值和样本中的其余观测值不属于同一总体。这类由于失误造成的异常值，应认真查找原因，明确原因后可将其剔除，但应记录在案，并说明原因。

异常值的保留或剔除，一定要慎重。该弃而未弃，必将降低测量结果的精密度；该保留而弃去，虽然表面上获得了较好的精密度，但实际上却增大了测量不确定度。

异常值可能出现在样本数列的高端或低端也可能两端都有。

## 二、原始数据与实验结果的判断

1. 原始数据的有效数字位数须与测量仪器的精度一致

原始数据的每一个数字都代表一定的量及其精密度，不能任意改变其位数，记录的原始数据的位数必须与仪器的测量精度相一致。例如，用分析天平称量样品应准确到±0.0001g，用台秤称量样品则应准确到 0.1g 或 0.01g。用 25mL 滴定管及移液管移取溶液，应准确到 0.01mL，用 10mL 量筒量取试液则应准确到 0.1mL。

2. 原始数据必须进行系统误差的校正

系统误差校正方法通常有以下几种。

(1) 校正测量仪器，如天平、容量器皿等在使用前的校正。

(2) 使用标准方法或可靠的分析方法，对照所用的测量仪器，对同一样品进行分析实验，如两种方法实验结果一致，说明所用的测量仪器没有系统误差。

(3) 使用标准物质　在与测试样品相同的条件下，用选用的仪器和分析方法测定标准物质，将测量结果与标准物质中的标准值进行比较，若测量结果在标准物质的标准值及其误差的范围内，说明试样的测定数据不存在系统误差。否则，须进行系统误差的校正。

3. 测量结果的判断

在定量分析工作中，经常重复地对试样进行测定，然后求出平均值。但多次测出的数据是否都参加平均值的计算，必须进行判断。如果在消除了系统误差之后，所测出的数据出现显著的大值与小值，这样的数据是值得怀疑的，称为异常值。对异常值应作如下判断。

判断异常值的基本程序和规则如下：

① 根据实际情况，如观测值个数、对结果的要求等，选择适宜的异常值检验方法。

② 指定为检出异常值的统计检验显著性水平，简称检出水平 $\alpha$。

$\alpha=1-P$。检出水平 $\alpha$ 宜取多大，与给定的置信概率 $P$ 有关。一般情况下可按以下规律选择：

| | | | |
|---|---|---|---|
| 置信概率 $P$ | 95% | 99% | 90% |
| 检出水平 $\alpha$ | 5% | 1% | 10% |

③ 将可疑的离群值代入检验方法中给定的计算公式，计算统计量。

④ 根据检出水平 $\alpha$、测定个数 $n$，查相应的统计检验时决定取舍的界限值，即临界值。

⑤ 比较计算所得统计量与临界值。若

统计量≥临界值，则被检之离群值为异常值，应舍去；

统计量<临界值，则判断为没有异常值，原怀疑之值应保留。

总之，确定原因的异常值应弃去不用。操作过程中有明显的过失，如称样时的损失、溶样有溅出，滴定时滴定剂有泄漏等，则该次测量结果必是异常值。在复查检测结果时，对能找出原因的异常值应弃去不用。

不知原因的异常值，常用的检验异常值的方法有：$4\bar{d}$ 法，$Q$ 检验法，格拉布斯（Grubbs）检验法和狄克逊（Dixon）检验法等。

4. $4\bar{d}$ 法

$4\bar{d}$ 法即 4 倍于平均偏差法，适用于 4～6 个平行数据的取舍。具体做法如下。

(1) 除了异常值外，将其余数据相加求算术平均值 $\bar{x}$ 及平均偏差 $\bar{d}$。

(2) 将异常值与平均值 $x$ 相减。

若　异常值 $-\bar{x}\geqslant 4\bar{d}$，则异常值应舍去；

若　异常值 $-x<4\bar{d}$，则异常值应保留。

**例 8**：测得如下一组数据，其中最大值是否舍去？30.18，30.56，30.23，30.35，30.32

**解**：30.56 为最大值，定为异常值。

则
$$\bar{x}=\frac{30.18+30.23+30.35+30.32}{4}=30.27$$

$$\bar{d}=\frac{0.09+0.04+0.08+0.05}{4}=0.065$$

因　$30.56-30.27=0.29$

$0.29\geqslant 4\bar{d}$

故　30.56 值应舍去。

5. $Q$ 检验法

$Q$ 检验法的步骤如下。

(1) 将所有测定结果数据按大小顺序排列，即

$$x_1 < x_2 < \cdots < x_n$$

(2) 计算 $Q$ 值

$$Q\text{值}=\frac{|x_? - x|}{x_{max} - x_{min}}$$

式中　$x_?$——异常值；

$x$——与 $x_?$ 相邻之值；

$x_{max}$——最大值；

$x_{min}$——最小值。

(3) 查 $Q$ 表（表 5-7），比较由 $n$ 次测量求得的 $Q$ 值，与表中所列的相同测量次数的 $Q_{0.90}$ 之大小。$Q_{0.90}$ 表示 90%的置信度。

若 $Q > Q_{0.90}$，则相应的 $x_?$ 应舍去；

若 $Q < Q_{0.90}$，则相应的 $x_?$ 应保留。

**表 5-7　置信水平的 $Q$ 值**

| 测量次数 | 3 | 4 | 5 | 6 | 7 | 8 | 9 | 10 |
|---|---|---|---|---|---|---|---|---|
| $Q_{0.90}$ | 0.94 | 0.76 | 0.64 | 0.56 | 0.51 | 0.47 | 0.44 | 0.41 |
| $Q_{0.95}$ | 1.53 | 1.05 | 0.86 | 0.76 | 0.69 | 0.64 | 0.60 | 0.58 |

**例 9**：某铁矿中含铁量的 7 次测定结果（百分含量）为：37.20、35.40、37.30、37.50、37.60、37.70、37.90，其中 35.40 值为可疑，是否应舍去？

**解**：

$$Q\text{值}=\frac{|35.40-37.20|}{37.90-35.40}=0.72$$

由 $Q$ 值表查知，$n=7$ 时，$Q_{0.90}=0.51$。

因 $Q > Q_{0.90}$，故异常值 35.40 应弃去。

采用 $Q$ 检验法时应注意以下几点：

① 上述方法适用于测定次数在 3～10 之间；

② 此法原则上只适用于检验一个异常值；

③ 若测量次数仅 3 次，检出异常值后勿轻易舍去，最好补测 1～2 个数据后再作检验以决定取舍。

6. 格拉布斯检验法

格拉布斯（Grubbs）检验法是 GB/T 4883《数据的统计处理和解释正态样本异常值的判断和处理》规定的用于检出一个异常值的标准方法。该法的最大优点是在判断异常值过程中引入了 $\overline{x}$ 和 $S$，故方法的准确性较好。在检验至多只有一个异常值时，具有判断异常值的最优性，重复使用，则功效较差，它仅适用于在测试结果中发现一个异常值。

格拉布斯检验由于仅适用于发现一个异常值，所以常采用单侧检验，其步骤为：

(1) 将数据由小到大排列，$x_1 \leqslant x_2 \leqslant \cdots \leqslant x_n$

计算 $\overline{x}$ 和 $S$，计算时包括被检验的观测值。

(2) 计算统计量

若 $x_n$ 为异常值，则　　$G_n=(x_n-\overline{x})/S$

若 $x_1$ 为异常值，则　　$G_n=(\overline{x}_n-x_1)/S$

(3) 确定显著性水平 $\alpha$，在表 5-8 中查出相应的临界值 $G_{(1-\alpha),n}$。

(4) 判断：当 $G_n > G_{(1-\alpha),n}$ 时，则判断观测值 $x_n$ 或 $x_1$ 为异常值；否则“没有异常值”。

(5) 如果使用剔除水平 $\alpha^*$。在给出剔除水平 $\alpha^*$ 的情况下，查表 5-8，得到相对应的临界值 $G_{(1-\alpha^*),n}$，当 $G_n > G_{(1-\alpha^*),n}$ 时，则判断观测值 $x_n$ 或 $x_1$ 为高度异常值，应该剔除；否则，判断“没有高度异常的异常值”。

**例 10**：10 个实验室对同一样品各测定 5 次的平均值（%）分别为：4.41，4.49，4.50，4.51，4.64，4.75，4.81，4.95，5.01，5.39，检验最大值是否为异常值？

**解**：$\bar{x}=4.746\%$，$S=0.305\%$，$G_n=\dfrac{5.39-4.746}{0.305}=2.11$

已知 $n=10$，若 $\alpha=0.05$（即 95%的置信水平）

查表 5-8 得 $G_{(1-0.05),10}=2.1\ 8$

$G_n=2.11<G_{(1-0.05),10}=2.18$，故 5.39 为正常值，不应舍去。

**例 11**：分析不锈钢中的硅，五次观测值（%）分别为：0.63，0.49，0.65，0.63，0.65，试用格拉布斯检验准则判断观测值 0.49 是否为异常值。

**解**：从测量数据可以看出，要检验的观测值中只有 0.49 这个观测值偏离较大，因而可用格拉布斯检验的单侧情形来判断。

计算 $\bar{x}$、$S$、$G_n$

$\bar{x}=0.61\%$，$S=0.068\%$

$$G_n=\frac{\bar{x}-x_1}{S}=\frac{0.61-0.49}{0.068}=1.76$$

选用显著性水平 $\alpha=0.05$，$n=5$，查表 5-8，得

$$G_{(1-\alpha),n}=G_{(1-0.05),5}=1.672$$

比较 $G_n=1.76>G_{(1-0.05),5}=1.672$

故观测值 0.49 为异常值。

如果使用剔除水平 $\alpha^*$，选用剔除水平 $\alpha^*=0.01$，则查表 5-8 得

$$G_{(1-\alpha^*),n}=G_{(1-0.01),5}=1.749$$
$$G_n=1.76>G_{(1-0.01),5}=1.749$$

故观测值 0.49 为高度异常的异常值，应该剔除。

**例 12**：滴定法测定某样品中的锰，八次平行测定数据（%）如下：10.29，10.33，10.38，10.40，10.43，10.46.10.50，10.82。问 10.82 这一数据是否应舍去。

**解**：$\bar{x}=10.45\%$，$S=0.1636\%$

$$G_n=\frac{10.82-10.45}{0.1636}=2.26$$

已知 $n=8$，选择显著性水平 $\alpha=0.05$，查表 5-8 得

$$G_{(1-\alpha),n}=G_{(1-0.05),8}=2.032$$

比较：$G_n=2.26>G_{(1-0.05),8}=2.032$

故 10.82 为异常值。

如果使用剔除水平，选用剔除水平 $\alpha^*=0.01$

则查表 5-8，得

$$G_{(1-\alpha^*),n}=G_{(1-0.01),8}=2.221$$
$$G_n=2.26>G_{(1-0.01),8}=2.221$$

故 10.82 为高度异常的异常值，应舍去。

**表 5-8 格拉布斯（Grubbs）检验法的临界值**

| $n$ | 90% | 95% | 97.5% | 99% | 99.5% | $n$ | 90% | 95% | 97.5% | 99% | 99.5% |
|---|---|---|---|---|---|---|---|---|---|---|---|
| 3 | 1.148 | 1.153 | 1.155 | 1.155 | 1.155 | 14 | 2.213 | 2.371 | 2.507 | 2.659 | 2.755 |
| 4 | 1.425 | 1.463 | 1.481 | 1.492 | 1.496 | 15 | 2.247 | 2.409 | 2.549 | 2.705 | 2.806 |
| 5 | 1.602 | 1.672 | 1.715 | 1.749 | 1.764 | 16 | 2.279 | 2.443 | 2.585 | 2.747 | 2.852 |
| 6 | 1.729 | 1.822 | 1.887 | 1.944 | 1.973 | 17 | 2.309 | 2.475 | 2.620 | 2.785 | 2.894 |
| 7 | 1.828 | 1.938 | 2.020 | 2.097 | 2.139 | 18 | 2.335 | 2.504 | 2.651 | 2.821 | 2.932 |
| 8 | 1.909 | 2.032 | 2.126 | 2.221 | 2.274 | 19 | 2.361 | 2.532 | 2.681 | 2.854 | 2.968 |
| 9 | 1.977 | 2.110 | 2.215 | 2.323 | 2.387 | 20 | 2.385 | 2.557 | 2.709 | 2.884 | 3.001 |
| 10 | 2.036 | 2.176 | 2.290 | 2.410 | 2.482 | 21 | 2.408 | 2.580 | 2.733 | 2.912 | 3.031 |
| 11 | 2.088 | 2.234 | 2.355 | 2.485 | 2.564 | 22 | 2.429 | 2.603 | 2.758 | 2.939 | 3.060 |
| 12 | 2.134 | 2.285 | 2.412 | 2.550 | 2.636 | 23 | 2.448 | 2.624 | 2.781 | 2.963 | 3.087 |
| 13 | 2.175 | 2.331 | 2.462 | 2.607 | 2.699 | 24 | 2.467 | 2.644 | 2.802 | 2.987 | 3.112 |

续表

| $n$ | 90% | 95% | 97.5% | 99% | 99.5% | $n$ | 90% | 95% | 97.5% | 99% | 99.5% |
|---|---|---|---|---|---|---|---|---|---|---|---|
| 25 | 2.486 | 2.663 | 2.822 | 3.009 | 3.135 | 63 | 2.854 | 3.044 | 3.218 | 3.430 | 3.579 |
| 26 | 2.502 | 2.681 | 2.841 | 3.029 | 3.157 | 64 | 2.860 | 3.049 | 3.224 | 3.437 | 3.596 |
| 27 | 2.519 | 2.698 | 2.859 | 3.049 | 3.178 | 65 | 2.866 | 3.055 | 3.230 | 3.442 | 3.592 |
| 28 | 2.534 | 2.714 | 2.876 | 3.068 | 3.199 | 66 | 2.871 | 3.061 | 3.235 | 3.449 | 3.598 |
| 29 | 2.549 | 2.730 | 2.893 | 3.085 | 3.218 | 67 | 2.877 | 3.066 | 3.241 | 3.454 | 3.605 |
| 30 | 2.563 | 2.745 | 2.908 | 3.103 | 3.236 | 68 | 2.883 | 3.071 | 3.246 | 3.460 | 3.610 |
| 31 | 2.577 | 2.759 | 2.924 | 3.119 | 3.253 | 69 | 2.888 | 3.076 | 3.252 | 3.466 | 3.617 |
| 32 | 2.591 | 2.773 | 2.938 | 3.135 | 3.270 | 70 | 2.893 | 3.082 | 3.257 | 3.471 | 3.622 |
| 33 | 2.604 | 2.786 | 2.952 | 3.150 | 3.286 | 71 | 2.897 | 3.087 | 3.262 | 3.476 | 3.627 |
| 34 | 2.616 | 2.799 | 2.965 | 3.164 | 3.301 | 72 | 2.903 | 3.092 | 3.267 | 3.482 | 3.633 |
| 35 | 2.628 | 2.811 | 2.979 | 3.178 | 3.316 | 73 | 2.908 | 3.098 | 3.272 | 3.487 | 3.638 |
| 36 | 2.639 | 2.823 | 2.991 | 3.191 | 3.330 | 74 | 2.912 | 3.102 | 3.278 | 3.492 | 3.643 |
| 37 | 2.650 | 2.835 | 3.003 | 3.204 | 3.343 | 75 | 2.917 | 3.107 | 3.282 | 3.496 | 3.648 |
| 38 | 2.661 | 2.846 | 3.014 | 3.216 | 3.356 | 76 | 2.922 | 3.111 | 3.287 | 3.502 | 3.654 |
| 39 | 2.671 | 2.857 | 3.025 | 3.228 | 3.369 | 77 | 2.927 | 3.117 | 3.291 | 3.507 | 3.658 |
| 40 | 2.682 | 2.866 | 3.036 | 3.240 | 3.381 | 78 | 2.931 | 3.121 | 3.297 | 3.511 | 3.663 |
| 41 | 2.692 | 2.877 | 3.046 | 3.251 | 3.393 | 79 | 2.935 | 3.125 | 3.301 | 3.516 | 3.669 |
| 42 | 2.700 | 2.887 | 3.057 | 3.261 | 3.404 | 80 | 2.940 | 3.130 | 3.305 | 3.521 | 3.673 |
| 43 | 2.710 | 2.896 | 3.067 | 3.271 | 3.415 | 81 | 2.945 | 3.134 | 3.309 | 3.525 | 3.677 |
| 44 | 2.719 | 2.905 | 3.075 | 3.282 | 3.425 | 82 | 2.949 | 3.139 | 3.315 | 3.529 | 3.682 |
| 45 | 2.727 | 2.914 | 3.085 | 3.292 | 3.435 | 83 | 2.953 | 3.143 | 3.319 | 3.534 | 3.687 |
| 46 | 2.736 | 2.923 | 3.094 | 3.302 | 3.445 | 84 | 2.957 | 3.147 | 3.323 | 3.539 | 3.691 |
| 47 | 2.744 | 2.931 | 3.103 | 3.310 | 3.455 | 85 | 2.961 | 3.151 | 3.327 | 3.543 | 3.695 |
| 48 | 2.753 | 2.940 | 3.111 | 3.319 | 3.464 | 86 | 2.966 | 3.155 | 3.331 | 3.547 | 3.699 |
| 49 | 2.760 | 2.948 | 3.120 | 3.329 | 3.474 | 87 | 2.970 | 3.160 | 3.335 | 3.551 | 13.704 |
| 50 | 2.768 | 2.956 | 3.128 | 3.336 | 3.483 | 88 | 2.973 | 3.163 | 3.339 | 3.555 | 3.708 |
| 51 | 2.775 | 2.964 | 3.136 | 3.345 | 3.491 | 89 | 2.977 | 3.167 | 3.343 | 3.559 | 3.712 |
| 52 | 2.783 | 2.971 | 3.143 | 3.353 | 3.500 | 90 | 2.981 | 3.171 | 3.347 | 3.563 | 3.716 |
| 53 | 2.790 | 2.978 | 3.151 | 3.361 | 3.507 | 91 | 2.984 | 3.174 | 3.350 | 3.567 | 3.720 |
| 54 | 2.798 | 2.986 | 3.158 | 3.368 | 3.516 | 92 | 2.989 | 3.179 | 3.355 | 3.570 | 3.725 |
| 55 | 2.804 | 2.992 | 3.166 | 3.376 | 3.524 | 93 | 2.993 | 3.182 | 3.358 | 3.575 | 3.728 |
| 56 | 2.811 | 3.000 | 3.172 | 3.383 | 3.531 | 94 | 2.996 | 3.186 | 3.362 | 3.579 | 3.732 |
| 57 | 2.818 | 3.006 | 3.180 | 3.391 | 3.539 | 95 | 3.000 | 3.189 | 3.365 | 3.582 | 3.736 |
| 58 | 2.824 | 3.013 | 3.186 | 3.397 | 3.546 | 96 | 3.003 | 3.193 | 3.369 | 3.586 | 3.739 |
| 59 | 2.831 | 3.019 | 3.193 | 3.405 | 3.553 | 97 | 3.006 | 3.196 | 3.372 | 3.589 | 3.744 |
| 60 | 2.837 | 3.025 | 3.199 | 3.411 | 3.560 | 98 | 3.011 | 3.201 | 3.377 | 3.593 | 3.747 |
| 61 | 2.842 | 3.032 | 3.205 | 3.418 | 3.566 | 99 | 3.014 | 3.204 | 3.380 | 3.597 | 3.750 |
| 62 | 2.849 | 3.037 | 3.121 | 3.424 | 3.573 | 100 | 3.017 | 3.207 | 3.383 | 3.600 | 3.754 |

7. 狄克逊（Dixon）检验法

狄克逊（Dixon）检验法也是GB/T 4883规定的，用来检出一个异常值的标准方法，特别是当样本的标准值和分析方法的标准差都未知时尤为适用。狄克逊检验法是对$Q$检验法的改进。它是按不同的测量次数范围，采用不同的统计量计算公式，因此比较严密。其检验步骤与$Q$检验法相类似。

狄克逊检验法在检验至多只有一个异常值时，狄克逊检验法正确判断异常值的功效与格拉布斯检验法相差甚微，而重复使用狄克逊检验法的效果比格拉布斯检验法要优越得多，故推荐狄克逊检验法可以重复使用。

狄克逊检验法的统计量公式见表5-9。

**表5-9 狄克逊检验法统计量公式**

| 样本大小 | 检验高端异常值 | 检验低端异常值 |
| --- | --- | --- |
| $n=3\sim7$ | $D=r_{10}=\dfrac{x_n-x_{n-1}}{x_n-x_1}$ | $D'=r'_{10}=\dfrac{x_2-x_1}{x_n-x_1}$ |
| $n=8\sim10$ | $D=r_{11}=\dfrac{x_n-x_{n-1}}{x_n-x_2}$ | $D'=r'_{11}=\dfrac{x_2-x_1}{x_{n-1}-x_1}$ |
| $n=11\sim13$ | $D=r_{21}=\dfrac{x_n-x_{n-2}}{x_n-x_2}$ | $D'=r'_{21}=\dfrac{x_3-x_1}{x_{n-1}-x_1}$ |
| $n=14\sim30$ | $D=r_{22}=\dfrac{x_n-x_{n-2}}{x_n-x_3}$ | $D'=r'_{22}=\dfrac{x_3-x_1}{x_{n-2}-x_1}$ |

(1) 单侧检验的应用步骤

① 将观测值由小到大顺序排列，即 $x_1\leqslant x_2\leqslant\cdots\leqslant x_n$。

② 根据测量次数 $n$，按表5-9用相应的统计量公式，计算被检测值的统计量。

③ 选定显著性水平 $\alpha$，在表5-10中查出相应的临界值 $D_{(1-\alpha),n}$。

④ 当 $D>D_{(1-\alpha),n}$ 则判断观测值 $x_n$ 为异常值；当 $D'>D_{(1-\alpha),n}$，则判断观测值 $X_1$ 为异常值。否则判断“没有异常值”。

⑤ 在使用剔除水平 $\alpha^*$ 时，在给定的剔除水平 $\alpha^*$ 的情形下，在表5-10中查出临界值 $D_{(1-\alpha^*),n}$ 值，当 $D>D_{(1-\alpha^*),n}$，则判断 $X_n$ 为高度异常的异常值；当 $D'>D_{(1-\alpha^*),n}$，则判断 $X_1$ 为高度异常的异常值。否则，判断“没有高度异常的异常值”。

(2) 双侧检验应用步骤

① 将观测值由小到大顺序排列，即 $x_1\leqslant x_2\leqslant\cdots\leqslant x_n$。

② 根据测量次数 $n$，按表5-9，用相应的统计量公式计算统计量 $D$ 和 $D'$。

③ 选定显著性水平 $\alpha$，在表5-11中查出相应的临界值 $D_{(1-\alpha),n}$。

④ 当 $D>D'$，且 $D>D_{(1-\alpha),n}$，判断观测值 $X_n$ 为异常值；当 $D'>D$，且 $D'>D_{(1-\alpha),n}$ 时，判断观测值 $X_1$ 为异常值。否则“没有异常值”。

⑤ 如果使用剔除水平 $\alpha^*$，在给定的剔除 $\alpha^*$ 的情形下，在表5-11中查出相应的临界值 $D_{(1-\alpha^*),n}$。当 $D>D'$，且 $D>D_{(1-\alpha^*),n}$ 时，判断观测值 $x_n$ 为高度异常的异常值；当 $D'>D$ 且 $D'>D_{(1-\alpha^*),n}$ 时，判断观测值 $x_1$ 为高度异常的异常值。否则，判断“没有高度异常的异常值”。

**例13：**用分光光度法测定某样品中的磷含量，一分析人员平行测定13次，得到以下数据(%)：1.578，1.566，1.578，1.588，1.587，1.587，1.535，1.568，1.605，1.567，1.591，1.575，1.576 其中1.535偏差较大，问是否为异常值。

**解：**① 将数据从小到大依次排列：1.535，1.566，1.567，…，1.588，1.591，1.605。

② 1.535为低端值，故选用

$$D'=r'_{21}=\frac{x_3-x_1}{x_{n-1}-x_1}$$

由数据得：$x_1=1.535\%$，$x_3=1.567\%$，$x_{n-1}=1.591\%$

$$D'=r'_{21}=\frac{1.567-1.535}{1.591-1.535}=0.571$$

③ 选定显著性水平 $\alpha=0.05$，采用单侧检验，$n=13$ 查表5-10，得 $D_{(1-\alpha),n}=r_{0.95,13}=0.521$

④ 比较 $D'=0.571>D_{(1-\alpha),n}=r_{0.95,13}=0.521$

故1.535为异常值

⑤ 选剔除水平 $\alpha^*=0.01$，查表5-10得

$$D_{(1-\alpha^*),n}=D_{(1-0.01),13}=0.615$$

比较 $D'<D_{(1-\alpha^*),n}$，故1.535不是“高度异常的异常值”。

**例14：**有一锰铁试样，需要测定其中锰的含量，一分析人员用此试样进行15次平行测定，得到的结果(%)为：25.60，26.56，26.70，26.76，26.78，26.87，26.95，27.06，27.10，

27.18，27.20，27.39，27.48，27.63，28.01

以上有两个数据25.60和28.01与其他数据偏离较大，问是否应舍去？

**解**：所给数据已从小到大排列，根据测量次数 $n=15$

按表5-9确定统计量公式

$$D=r_{22}=\frac{x_n-x_{n-2}}{x_n-x_3}=\frac{28.01-27.48}{28.01-26.70}=0.405$$

$$D'=r'_{22}=\frac{x_3-x_1}{x_{n-2}-x_1}=\frac{26.70-25.60}{27.48-25.60}=0.585$$

选定显著性水平 $\alpha=0.01$，作双侧检验，查表5-11，得

$$D_{(1-\alpha),n}=D_{0.99,15}=0.647$$

比较

$$D=0.405<D_{(1-\alpha),n}=0.647$$

$$D'=0.585<D_{(1-\alpha),n}=0.647$$

故25.60和28.01在显著性水平 $\alpha=0.01$ 下都不是异常值，不应舍去。

**例15**：一组观测值从小到大的排列顺序为：2.30，2.39，2.39，2.40，2.40，2.42，2.42，2.43，2.43，2.47，2.52，检验是否有异常值。

**解**：用狄克逊双侧检验法检验，不采用剔除水平，对检验出的异常值全部剔除。取显著性水平 $\alpha=0.05$，$n=11$。

使用狄克逊检验的相应统计量公式计算统计量

$$D=r_{21}=\frac{x_n-x_{n-2}}{x_n-x_2}=\frac{2.52-2.43}{2.52-2.39}=0.692$$

$$D'=r'_{21}=\frac{x_3-x_1}{x_{n-1}-x_1}=\frac{2.39-2.30}{2.47-2.30}=0.529$$

查表5-11得

$$D_{(1-\alpha),n}=D_{(1-0.05),11}=0.619$$

$$D=0.692>D'=0.529$$

$$D=0.692>D_{(1-0.05),11}=0.619$$

故判断观测值2.52为异常值，应该剔除。

除去观测值2.52后，余下的观测值重复使用狄克逊双侧检验法进行检验，这时要重新选用相应的统计量公式计算统计量，这时 $n=10$

$$D=r_{11}=\frac{x_n-x_{n-1}}{x_n-x_2}=\frac{2.47-2.43}{2.47-2.39}=0.500$$

$$D'=r'_{11}=\frac{x_2-x_1}{x_{n-1}-x_1}=\frac{2.39-2.30}{2.43-2.30}=0.629$$

取 $\alpha=0.05$，查表5-11得

$$D'=r'_{11}=\frac{x_2-x_1}{x_{n-1}-x_1}=\frac{2.39-2.30}{2.43-2.30}=0.692$$

$$D'=0.692>D=0.500$$

$$D'=0.692>D_{(1-0.05),10}=0.530$$

故判断观测值2.30为异常值，应该剔除。还可以用狄克逊双侧检验法继续检验，直到没有异常值或超过异常值允许存在的最多个数为止。

**表5-10 狄克逊检验法的临界值**

| $n$ | 统计量 | 90% | 95% | 99% | 99.5% |
|---|---|---|---|---|---|
| 3 | $r_{10}=\frac{x_{(n)}-x_{(n-1)}}{x_{(n)}-x_{(1)}}$ 或 $r'_{10}=\frac{x_{(2)}-x_{(1)}}{x_{(n)}-x_{(1)}}$ | 0.886 | 0.941 | 0.988 | 0.994 |
| 4 | | 0.679 | 0.765 | 0.889 | 0.926 |
| 5 | | 0.557 | 0.642 | 0.780 | 0.821 |
| 6 | | 0.482 | 0.560 | 0.698 | 0.740 |
| 7 | | 0.434 | 0.507 | 0.637 | 0.680 |

续表

| $n$ | 统计量 | 90% | 95% | 99% | 99.5% |
|---|---|---|---|---|---|
| 8 | | 0.479 | 0.554 | 0.683 | 0.725 |
| 9 | $r_{11}=\frac{x_{(n)}-x_{(n-1)}}{x_{(n)}-x_{(2)}}$或$r'_{11}=\frac{x_{(2)}-x_{(1)}}{x_{(n-1)}-x_{(1)}}$ | 0.441 | 0.512 | 0.635 | 0.677 |
| 10 | | 0.409 | 0.477 | 0.597 | 0.639 |
| 11 | | 0.517 | 0.576 | 0.679 | 0.713 |
| 12 | $r_{21}=\frac{x_{(n)}-x_{(n-2)}}{x_{(n)}-x_{(2)}}$或$r'_{21}=\frac{x_{(3)}-x_{(1)}}{x_{(n-1)}-x_{(1)}}$ | 0.490 | 0.546 | 0.642 | 0.675 |
| 13 | | 0.467 | 0.521 | 0.615 | 0.649 |
| 14 | | 0.492 | 0.546 | 0.641 | 0.674 |
| 15 | | 0.472 | 0.525 | 0.616 | 0.647 |
| 16 | | 0.454 | 0.507 | 0.595 | 0.624 |
| 17 | | 0.438 | 0.790 | 0.577 | 0.605 |
| 18 | | 0.424 | 0.475 | 0.561 | 0.589 |
| 19 | | 0.412 | 0.462 | 0.547 | 0.575 |
| 20 | | 0.401 | 0.450 | 0.535 | 0.562 |
| 21 | | 0.391 | 0.440 | 0.524 | 0.551 |
| 22 | $r_{22}=\frac{x_{(n)}-x_{(n-2)}}{x_{(n)}-x_{(3)}}$或$r'_{22}=\frac{x_{(2)}-x_{(1)}}{x_{(n-2)}-x_{(1)}}$ | 0.382 | 0.430 | 0.514 | 0.541 |
| 23 | | 0.374 | 0.421 | 0.505 | 0.532 |
| 24 | | 0.367 | 0.413 | 0.497 | 0.524 |
| 25 | | 0.360 | 0.406 | 0.489 | 0.516 |
| 26 | | 0.354 | 0.399 | 0.486 | 0.508 |
| 27 | | 0.348 | 0.393 | 0.475 | 0.501 |
| 28 | | 0.342 | 0.387 | 0.469 | 0.495 |
| 29 | | 0.337 | 0.381 | 0.463 | 0.489 |
| 30 | | 0.332 | 0.376 | 0.457 | 0.483 |

**表 5-11 双侧狄克逊检验法的临界值表**

| $n$ | 统计量 | 95% | 99% | $n$ | 统计量 | 95% | 99% |
|---|---|---|---|---|---|---|---|
| 3 | | 0.970 | 0.994 | 17 | | 0.529 | 0.610 |
| 4 | | 0.829 | 0.926 | 18 | | 0.514 | 0.594 |
| 5 | $r_{10}$ 和 $r'_{10}$中较大者 | 0.710 | 0.821 | 19 | | 0.501 | 0.580 |
| 6 | | 0.628 | 0.740 | 20 | | 0.489 | 0.567 |
| 7 | | 0.569 | 0.680 | 21 | | 0.478 | 0.555 |
| 8 | | 0.608 | 0.717 | 22 | | 0.468 | 0.554 |
| 9 | $r_{11}$ 和 $r'_{11}$中较大者 | 0.564 | 0.672 | 23 | $r_{22}$ 和 $r'_{22}$中较大者 | 0.459 | 0.535 |
| 10 | | 0.530 | 0.635 | 24 | | 0.451 | 0.526 |
| 11 | | 0.619 | 0.709 | 25 | | 0.443 | 0.517 |
| 12 | $r_{21}$ 和 $r'_{21}$中较大者 | 0.583 | 0.660 | 26 | | 0.436 | 0.510 |
| 13 | | 0.557 | 0.638 | 27 | | 0.429 | 0.502 |
| 14 | | 0.586 | 0.670 | 28 | | 0.423 | 0.465 |
| 15 | $r_{22}$ 和 $r'_{22}$中较大者 | 0.565 | 0.647 | 29 | | 0.417 | 0.489 |
| 16 | | 0.546 | 0.627 | 30 | | 0.412 | 0.483 |

用狄克逊检验法的优点是方法简便，概率意义明确。但当测定次数少时，例如 3～5 次测定，本检验法舍掉的只是偏差很大的测定值，把本来为异常值误判为非异常值的可能性较大，也就是容易犯“存伪”错误。

## 三、测量结果的报告

不同的测试任务，对实验结果准确度的要求不同。平行测定的次数不同，实验结果的报告也不同。

1. 例行测量

例行测量中，一般一个试样做两个平行测定。如果两次实验结果之差不超过双面公差（即公差的 2 倍)，则取平均值报告化验结果；如果超过双面公差，则须再作一份实验，最后取两个差值小于双面公差的数据，以平均值报告实验结果。

**例 16**：钢中硫的测定，两次结果分别为 0.050%；0.066%，应如何报告实验结果？

**解**：因 0.066%－0.050%＝0.016%

按规定，在此含量范围内允许的公差为 0.07%。则 0.016≥2×0.07%。

所以应再作一份实验，其实验结果为 0.060%。

$$0.066\%-0.060\%=0.010\%\leqslant 2\times 0.07\%$$

故取 0.066%与 0.060%的平均值 0.063%报告实验结果。

2. 多次测量结果

多次测量结果通常可用两种方式报告结果。一种是采用测量值的算术平均值及算术平均偏差；另一种是采用测量值的算术平均值及标准偏差。

有关算术平均值、算术平均偏差、标准偏差等的计算参看本章第二节。

3. 平均值的置信区间

在报告实验结果时仅写出平均值 $\overline{x}$ 的数值是不够确切的，有时还应当指出在 $\overline{x}\pm tS_{\overline{x}}$；范围内出现的概率是多少，这就须用平均值的置信区间来说明。

在一定置信度下，以平均值为中心，包括真实值的可能范围称为平均值的置信区间，又称为可靠性区间界限。由下式表示

$$平均值的置信区间=\overline{x}\pm t\frac{S}{\sqrt{n}}=\overline{x}\pm tS_{\overline{x}}$$

式中 $\overline{x}$——算术平均值；

$S$——标准偏差；

$n$——测定次数；

$t$——置信系数(见表 5-12)；

$S_{\overline{x}}$——平均值的标准偏差。

在实验分析中，通常只做较少量数据，根据所得数据平均值 ($\overline{x}$)、标准偏差 ($S$)、测量次数 ($n$)，再根据所要求的置信度 ($P$)、自由度 ($f$) $=n-1$，从表 5-12 中查出 $t$ 值，再按上式即可计算出平均值的置信区间。

假设要求实验结果的准确度有 95%的可靠性，这个 95%就称为置信度 ($P$)，又称置信水平，它表示出人们对实验结果的可信程度。置信度的确定是根据实验对准确度的要求来确定的。

**表 5-12 置信系数 $t$ 值**

| 自由度 | 置信度 $P$ | | | 自由度 | 置信度 $P$ | | |
|---|---|---|---|---|---|---|---|
| $f=n-1$ | 90%时 $t$ 值 | 95%时 $t$ 值 | 99%时 $t$ 值 | $f=n-1$ | 90%时 $t$ 值 | 95%时 $t$ 值 | 99%时 $t$ 值 |
| 1 | 6.31 | 12.71 | 63.66 | 9 | 1.83 | 2.26 | 3.25 |
| 2 | 2.92 | 4.30 | 9.92 | 10 | 1.81 | 2.23 | 3.17 |
| 3 | 2.35 | 3.18 | 5.84 | 20 | 1.72 | 2.09 | 2.84 |
| 4 | 2.13 | 2.78 | 4.60 | 30 | 1.70 | 2.04 | 2.75 |
| 5 | 2.01 | 2.57 | 4.03 | 60 | 1.67 | 2.00 | 2.66 |
| 6 | 1.94 | 2.45 | 3.71 | 120 | 1.66 | 1.98 | 2.62 |
| 7 | 1.90 | 2.36 | 3.50 | ∞ | 1.64 | 1.96 | 2.58 |
| 8 | 1.86 | 2.31 | 3.35 | | | | |

**例 17**：测定水中镁杂质的含量，其实验结果如下。

| 化验结果含镁量/mg・L$^{-1}$ | $d=(x-\overline{x})$ | $d^2=(x-\overline{x})^2$ | 化验结果含镁量/mg・L$^{-1}$ | $d=(x-\overline{x})$ | $d^2=(x-x)^2$ |
|---|---|---|---|---|---|
| 60.04 | 0.01 | 0.0001 | 60.03 | 0.02 | 0.0004 |
| 60.11 | 0.06 | 0.0036 | 60.00 | 0.05 | 0.0025 |
| 60.07 | 0.02 | 0.0004 | $\overline{x}=60.05$ | $\sum d=0.16$ | $\sum d^2=0.0070$ |

$$标准偏差(S)=\sqrt{\frac{\sum(x-\overline{x})^2}{n-1}}=\sqrt{\frac{0.0070}{5-1}}=0.04$$

$$置信度(P)=95\%$$
$$自由度(f)=n-1=4$$

$t$ 值由表 5-12 中查出为 2.78

$$置信区间=\bar{x}\pm t\frac{S}{\sqrt{n}}=60.05\pm2.78\times\frac{0.04}{\sqrt{5}}=60.05\pm0.05\ (mg/L)$$

此例说明，通过 5 次测定，实验检出水中镁的含量在 60.00～60.10mg/L 之间有 95%的可能性。

## 四、实验方法可靠性的检验

当选用新的实验方法进行定量测定时，必须事先考察该方法是否存在系统误差。只有确认其法没有系统误差或者系统误差能被校正才能采用，才可信任用该法测得的数据。通常采用下列两种方法对实验方法的可靠性进行检验。

1. $t$ 检验法

$t$ 检验法又称标准物质（样品）法。将包含有被测组分和试样的基体相似的标准物质（样品），用测定试样所选用的分析方法进行 $n$ 次测定，计算出标准物质（样品）在所含被测组分的算术平均值 $\bar{x}$ 及标准偏差 $S$，然后将此 $\bar{x}$ 值与标准物质所给出的该组分的含量 $\mu$ 比较。若 $\bar{x}$ 与 $\mu$ 无显著差异，说明所选用的分析方法可靠，可以采用。反之，则不可直接采用。

$t$ 检验法的具体步骤如下。

(1) 计算 $t$ 值　按下式进行。

$$t_{计算}=\frac{|\bar{x}-\mu|}{S}\sqrt{n}$$

式中　$\bar{x}$——多次测定的算术平均值；

$\mu$——标准物质中该组分的含量；

$S$——多次测定的标准偏差；

$n$——测定次数。

(2) 查 $t$ 值表　据自由度（$f$）$=n-1$，置信度 $P$，由表 5-12 中查出 $t$ 值，以 $t_{表}$ 表示之。

(3) 比较 $t_{计算}$ 与 $t_{表}$ 值

若 $t_{计算}<t_{表}$，即 $\bar{x}$ 与 $\mu$ 无显著性差异；

若 $t_{计算}<t_{表}$，则 $\bar{x}$ 与 $\mu$ 有显著差异，该法不能直接采用。

2. $F$ 检验法

$F$ 检验法是将同一欲测试样用标准方法（或可靠的经典的分析方法）和所选用的新分析方法分别进行多次测定。

标准方法测得的为平均值为 $\bar{x}_1$、标准偏差为 $S_1$ 及测定次数为 $n_1$。

所选用的新法测得的为平均值为 $\bar{x}_2$、标准偏差为 $S_2$ 及测定次数为 $n_2$。

先用 $F$ 检验法检验两法测定值或两组数值间的精密度有无显著性差异。如精密度无显著性差异，则再继续用 $t$ 检验法检验 $\bar{x}_1$。与 $\bar{x}_2$ 也无显著性差异，则说明新分析方法可以采用，两组数值相近。

$F$ 检验法的具体步骤如下。

(1) 计算 $F$ 值，按下式进行。

$$F_{计算}=\frac{S_{大}^2}{S_{小}^2}$$

式中，$S_{大}$、$S_{小}$ 为 $S_1$ 与 $S_2$ 比较而得，$S$ 值较大的作为 $S_{大}$，与 $S_{大}$ 相应的那组数据的（$n-1$）定为 $f_{大}$，$S$ 值较小的作为 $S_{小}$，与 $S_{小}$ 相应的那组数据的（$n-1$）定为 $f_{小}$。

(2) 依据 $f_{大}$ 与 $f_{小}$，从表 5-13 中查 95%置信度的 $F$ 值。得到 $F_{表}$ 值。

(3) 比较 $F_{计算}$ 与 $F_{表}$。若 $F_{计算}<F_{表}$，则两组测定值的 $S_1$ 与 $S_2$ 差异不显著，可继续进行 $t$

检验；反之，则 $S_1$ 与 $S_2$ 差异显著，说明新的方法不能直接采用，不必往下检验。

(4) 继续 $t$ 检验的具体步骤如下。

① 计算 $t$ 值，按下式进行。

$$t_{计算}=\frac{|\bar{x}_1-\bar{x}_2|}{S_{小}}\sqrt{\frac{n_1n_2}{n_1+n_2}}$$

② 依据 $f=n_1+n_2-2$ 与置信度 $P$，查 $t$ 值（表 5-12），得到 $t_{表}$。

③ 若 $t_{计算}<t_{表}$，即 $\bar{x}_1$ 与 $\bar{x}_2$ 无显著差异。

**例 18：** 采用真空干燥法及蒸馏法测定某种代乳粉中的水分含量。真空干燥法的测定结果为 5.40%、5.71%、5.86%；蒸馏法测定结果为 5.49%、5.69%、5.48%。试问置信度为 95%时，这两种测定方法有无显著性差异？

**解：** 先计算出真空干燥法测得的这组数据的算术平均值($\bar{x}_1$)＝5.59%，标准偏差($S_1$)＝0.17，测定次数($n_1$)＝3。

同法计算出蒸馏法测得的 $\bar{x}_2=5.55\%$，$S'_2=0.12$，$n_2=3$。

$S_1$ 较 $S_2$ 为大，故 $S'_1$ 作为 $S_{大}$，进行 $F$ 检验。

$$F_{计算}=\frac{S_{大}^2}{S_{小}^2}=\frac{S_1^2}{S_2^2}=\frac{0.17^2}{0.12^2}=2.0$$

$$f_{大}=f_1=n_1-1=3-1=2$$

$$f_{小}=f_2=n_2-1=3-1=2$$

**表 5-13 95%置信度的 F 值**

| $f_{小}$ \ $f_{大}$ | 1 | 2 | 3 | 4 | 5 | 6 | 7 | 8 | 9 | 10 | 12 | 15 | 20 | 60 | ∞ |
|---|---|---|---|---|---|---|---|---|---|---|---|---|---|---|---|
| 1 | 161.4 | 199.5 | 215.7 | 224.6 | 230.2 | 234.0 | 236.8 | 238.9 | 240.5 | 241.9 | 243.9 | 245.9 | 248.0 | 252.2 | 254.3 |
| 2 | 18.51 | 19.00 | 19.16 | 19.25 | 19.30 | 19.33 | 19.35 | 19.37 | 19.38 | 19.40 | 19.41 | 19.43 | 19.45 | 19.48 | 19.50 |
| 3 | 10.13 | 9.55 | 9.28 | 9.12 | 9.01 | 8.94 | 8.89 | 8.85 | 8.81 | 8.79 | 8.74 | 8.70 | 8.66 | 8.57 | 8.53 |
| 4 | 7.71 | 6.94 | 6.59 | 6.39 | 6.26 | 6.16 | 6.09 | 6.04 | 6.00 | 5.96 | 5.91 | 5.86 | 5.80 | 5.69 | 5.63 |
| 5 | 6.61 | 5.79 | 5.41 | 5.19 | 5.05 | 4.95 | 4.88 | 4.82 | 4.77 | 4.74 | 4.68 | 4.62 | 4.56 | 4.43 | 4.36 |
| 6 | 5.99 | 5.14 | 4.76 | 4.53 | 4.39 | 4.28 | 4.21 | 4.15 | 4.10 | 4.06 | 4.00 | 3.94 | 3.87 | 3.74 | 3.67 |
| 7 | 5.59 | 4.74 | 4.35 | 4.12 | 3.97 | 3.87 | 3.79 | 3.73 | 3.68 | 3.64 | 3.57 | 3.51 | 3.44 | 3.30 | 3.23 |
| 8 | 5.32 | 4.46 | 4.07 | 3.84 | 3.69 | 3.58 | 3.50 | 3.44 | 3.39 | 3.35 | 3.28 | 3.22 | 3.15 | 3.01 | 2.93 |
| 9 | 5.12 | 4.26 | 3.86 | 3.63 | 3.48 | 3.37 | 3.29 | 3.23 | 3.18 | 3.14 | 3.07 | 3.01 | 2.94 | 2.79 | 2.71 |
| 10 | 4.96 | 4.10 | 3.71 | 3.48 | 3.33 | 3.22 | 3.14 | 3.07 | 3.02 | 2.98 | 3.91 | 2.85 | 2.77 | 2.62 | 2.54 |
| 11 | 4.84 | 3.98 | 3.59 | 3.36 | 3.20 | 3.09 | 3.01 | 2.95 | 2.90 | 2.85 | 2.79 | 2.72 | 2.65 | 2.49 | 2.40 |
| 12 | 4.75 | 3.89 | 3.49 | 3.26 | 3.11 | 3.00 | 2.91 | 2.85 | 2.80 | 2.75 | 2.69 | 2.62 | 2.54 | 2.38 | 2.30 |
| 13 | 4.67 | 3.81 | 3.41 | 3.18 | 3.03 | 2.92 | 2.83 | 2.77 | 2.71 | 2.67 | 2.60 | 2.53 | 2.46 | 2.30 | 2.21 |
| 14 | 4.60 | 3.74 | 3.34 | 3.11 | 2.96 | 2.85 | 2.76 | 2.70 | 2.65 | 2.60 | 2.53 | 2.46 | 2.39 | 2.22 | 2.13 |
| 15 | 4.54 | 3.68 | 3.29 | 3.06 | 2.90 | 2.79 | 2.71 | 2.64 | 2.59 | 2.54 | 2.43 | 2.40 | 2.33 | 2.16 | 2.07 |
| 16 | 4.49 | 3.63 | 3.24 | 3.01 | 2.85 | 2.74 | 2.66 | 2.59 | 2.54 | 2.49 | 2.42 | 2.35 | 2.28 | 2.11 | 2.01 |
| 17 | 4.45 | 3.59 | 3.20 | 2.96 | 2.81 | 2.70 | 2.61 | 2.55 | 2.49 | 2.45 | 2.38 | 2.31 | 2.23 | 2.06 | 1.96 |
| 18 | 4.41 | 3.55 | 3.16 | 2.93 | 2.77 | 2.66 | 2.58 | 2.51 | 2.46 | 2.41 | 2.34 | 2.27 | 2.19 | 2.02 | 1.92 |
| 19 | 4.38 | 3.52 | 3.13 | 2.90 | 2.74 | 2.63 | 2.54 | 2.43 | 2.42 | 2.38 | 2.31 | 2.23 | 2.16 | 1.98 | 1.88 |
| 20 | 4.35 | 3.49 | 3.10 | 2.87 | 2.71 | 2.60 | 2.51 | 2.45 | 2.39 | 2.35 | 2.28 | 2.20 | 2.12 | 1.95 | 1.84 |
| 21 | 4.32 | 3.47 | 3.07 | 2.84 | 2.68 | 2.57 | 2.49 | 2.42 | 2.37 | 2.32 | 2.25 | 2.18 | 2.10 | 1.92 | 1.81 |
| 22 | 4.30 | 3.44 | 3.05 | 2.82 | 2.66 | 2.55 | 2.46 | 2.40 | 2.34 | 2.30 | 2.23 | 2.15 | 2.07 | 1.89 | 1.78 |
| 23 | 4.28 | 3.42 | 3.03 | 2.80 | 2.64 | 2.53 | 2.44 | 2.37 | 2.32 | 2.27 | 2.20 | 2.13 | 2.05 | 1.86 | 1.76 |
| 24 | 4.26 | 3.40 | 3.01 | 2.78 | 2.62 | 2.51 | 2.42 | 2.36 | 2.30 | 2.25 | 2.18 | 2.11 | 2.03 | 1.84 | 1.73 |
| 25 | 4.24 | 3.39 | 2.99 | 2.76 | 2.60 | 2.49 | 2.40 | 2.34 | 2.28 | 2.24 | 2.16 | 2.09 | 2.01 | 1.82 | 1.71 |
| 30 | 4.17 | 3.32 | 2.92 | 2.69 | 2.53 | 2.42 | 2.33 | 2.27 | 2.21 | 2.16 | 2.09 | 2.01 | 1.93 | 1.74 | 1.62 |
| 40 | 4.08 | 3.23 | 2.84 | 2.61 | 2.45 | 2.34 | 2.25 | 2.18 | 2.12 | 2.08 | 2.00 | 1.92 | 1.84 | 1.64 | 1.51 |
| 60 | 4.00 | 3.15 | 2.76 | 2.53 | 2.37 | 2.25 | 2.17 | 2.10 | 2.04 | 1.99 | 1.92 | 1.84 | 1.75 | 1.53 | 1.39 |
| 120 | 3.92 | 3.07 | 2.68 | 2.45 | 2.29 | 2.17 | 2.09 | 2.02 | 1.96 | 1.91 | 1.83 | 1.75 | 1.66 | 1.43 | 1.25 |
| ∞ | 3.84 | 3.00 | 2.60 | 2.37 | 2.21 | 2.10 | 2.01 | 1.94 | 1.88 | 1.83 | 1.75 | 1.67 | 1.57 | 1.32 | 1.00 |

选择 95%置信度。从表 5-13 中查得 $F_{表}=19.00$。

因 $2.0<19.00$，即 $F_{计算}<F_{表}$。所以此两种测定方法的测定精密度 $S_1$ 与 $S_2$ 间无显著差异，可继续进行 $t$ 检验。

$$t_{计算}=\frac{|\bar{x}_1-\bar{x}_2|}{S_{小}}\sqrt{\frac{n_1n_2}{n_1+n_2}}=\frac{|\bar{x}_1-\bar{x}_2|}{S_2}\sqrt{\frac{n_1n_2}{n_1+n_2}}=\frac{|5.59-5.55|}{0.12}\sqrt{\frac{3\times3}{3+3}}=0.40$$

$$f_1=n_1+n_2-2=3+3-2=4$$

选择 95%置信度。查表 5-12，得 $t_{表}=2.78$。

因为 $0.4<2.78$，即 $t_{计算}<t_{表}$，所以两种测定方法所得的结果 $\bar{x}_1$ 与 $\bar{x}_2$，无显著性差异。故可用这两种方法测定水分含量。

## 五、工作曲线的一元回归方程——最小二乘法

在分析测试中经常遇到处理两个变量之间的关系。例如，在建立工作曲线时，需要了解被测组分的浓度（$x$）与响应值（$y$）之间的关系。由于存在着不可避免的测量误差，使得浓度（$x$）与响应值（$y$）两者间不是存在严格的函数关系，而使得变量之间的关系具有某种不确定性，通常表现为相关关系。在工作曲线中，浓度与响应值之间的关系，其实验测量点是散布在一条直线的二边，这直线的函数表达式 $y=a+bx$，能够作为观察结果的一种近似描述。就是说，变量 $x$、$y$ 之间的相关关系尽管不是函数关系，仍然可以借助相应的函数表达它们的规律性。这样的函数称回归函数。

1. 标准曲线

在分析测试中，特别是在仪器方法测试时，多采用相对测量方法，即待测量是通过与作为标准的已知量相比较而求得的，而这种比较又多是通过一个中间量（如仪器的响应值）来实现的。因此，分析试样时，需先用已知的标准确定被测量与中间量之间的关系。这种关系可用标准曲线表示。

标准曲线也叫工作曲线。标准曲线通常是一条直线，多绘制在直角坐标纸上。横坐标（$x$ 轴）为自变量，纵坐标（$y$ 轴）作为因变量。自变量是普通变量，误差很小；因变量是随机变量，是误差的主要来源。图中的每一点都代表一个数据对（$x$，$y$）。

在精密度很好的测量中，代表数据对的坐标点，一般都能落在一条直线上，偏差很小。这时，可以各坐标点为依据，直接判断画出一条代表性很好的标准曲线。被测组分的含量可从曲线上查得。

但是当测量精密度较差时，各数据对的坐标点（$x$，$y$）往往不在一条直线上。由于数据点比较分散，画线时的任意性比较大，要画出一条对所有实验数据点偏差都是最小的直线，是很困难的。

在这种情况下，较好的办法是对数据进行回归分析，求出回归方程，进行直线拟合，然后再绘制一条对各数据点都是误差最小的拟合直线。

2. 一元线性回归

线性回归就是要找到一条回归直线，使其所有实验点间偏差的二次方和达到最小值。只有一个自变量的直线回归，称为一元线性回归。回归的原则，是使回归直线与所有实验点间偏差的二次方和达到最小值。

如果回归函数是一元线性函数，工作曲线称一元回归线，则称变量间是线性相关的。一元线性回归方程的一般形式为

$$y=a+bx$$

若有 $n$ 对 $x$、$y$ 值适合方程 $y=a+bx$ 时，用最小二乘法可求直线式中常数 $a$（截距）和 $b$（斜率）。即用下列方程求得

$$a=\frac{\sum x_iy_i\sum x_i-\sum y_i\sum x_i^2}{(\sum x_i)^2-n\sum x_i^2}$$

$$b=(\sum x_i)^2-n\sum x_i^2$$

式中 $a$——一元回归线的截距；

$b$——一元回归线的斜率；

$x_i$——$n$ 对（$x$，$y$）点的 $x$ 值；

$y_i$——$n$ 对（$x$，$y$）点的 $y$ 值；

$n$——组成工作曲线的测定点数。

**例 19：** 工作曲线由（1,3.0）、（3,4.0）、（8,6.0）、（10,7.0）、（13,8.0）、（15,9.0）、（17,10.0）、（20,11.0）等八点组成，求出该工作曲线的截距 $b$ 与斜率 $m$ 值。

**解：** 作下表

| $x$ | $y$ | $x^2$ | $xy$ | $x$ | $y$ | $x^2$ | $xy$ |
|---|---|---|---|---|---|---|---|
| 1 | 3.0 | 1 | 3.0 | 15 | 9.0 | 225 | 135.0 |
| 3 | 4.0 | 9 | 12.0 | 17 | 10.0 | 289 | 170.0 |
| 8 | 6.0 | 64 | 48.0 | 20 | 11.0 | 400 | 220.0 |
| 10 | 7.0 | 100 | 70.0 | Σ87 | Σ58.0 | Σ1257 | Σ762.0 |
| 13 | 8.0 | 169 | 104.0 | | | | |

由表　$\sum_x=87$　$\sum_y=58.0$　$\sum x^2=1257$　$\sum xy=762.0$　$n=8$

将上列各值分别代人下式求得

$$截距(b)=\frac{\sum x_iy_i\sum x_i-\sum y_i\sum x_i^2}{(\sum x_i)^2-n\sum x_i^2}=\frac{762.0\times87-58.0\times1257}{87^2-8\times1257}=2.66$$

$$斜率(m)=\frac{\sum x_i\sum y_i-n\sum x_iy_i}{(\sum x_i)^2-n\sum x_i^2}=\frac{87\times58.0-8\times762.0}{87^2-8\times1257}=0.422$$

其工作曲线的线性方程为

$$y=2.66+0.422x$$

3. 相关系数

凡能用标准曲线的方式表达测量关系的，其自变量与因变量之间必有密切关系，自变量改变时，因变量也必随之改变，但又不能从一个变量的数值准确地求出另一个变量的数值。我们称这种关系为相关关系。

用回归分析的方法总可以拟合出一条直线。但只有当自变量 $x_i$ 与因变量 $y_i$ 之间确实存在着相关关系时，回归方程才有实际意义。因此，得到的回归方程必须进行相关性检验。

在分析测试中，一元回归分析一般用相关系数来检验。

相关系数是指两个随机变量 $x$、$y$ 的协方差与它们的标准差乘积之比。其数学表达式为

$$\rho=\frac{\sum(x_i-\bar{x})(y_i-\bar{y})}{\{\sum(x_i-\bar{x})^2\cdot(y_i-\bar{y})^2\}^{\frac{1}{2}}}$$

或

$$\rho=\frac{\sum x_iy_i-n\bar{x}\bar{y}}{\{(\sum x_i^2-n\bar{x}^2)\cdot(\sum y_i^2-n\bar{y}^2)\}^{\frac{1}{2}}}$$

两个公式是等效的。

可以证明：上式分子的绝对值永远不会大于分母的值。因此，相关系数的取值为

$$0\leqslant|\rho|\leqslant1$$

相关系数 $\rho$ 的意义如下：

① 当 $\rho=\pm1$ 时，所有的实验点都落在回归线上。表明 $y$ 与 $x$ 之间存在着线性函数关系，实验误差为零。$\rho$ 为正值时，表明 $x$ 与 $y$ 为正相关，斜率 $b$ 为正值。$\rho$ 为负值时，$x$ 与 $y$ 为负相关，即斜率 $b$ 为负值。

② 当 $\rho=0\sim(\pm1)$ 时，表明 $x$ 与 $y$ 之间有相关，但程度不同，$\rho$ 值愈近于$\pm1$，$x$ 与 $y$ 间的线性关系愈好。

③ 当 $\rho=0$ 时，表示 $x$、$y$ 之间完全不存在线性关系。

相关系数 $\rho$ 值的这种意义，如图 5-3 所示。

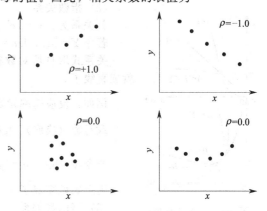

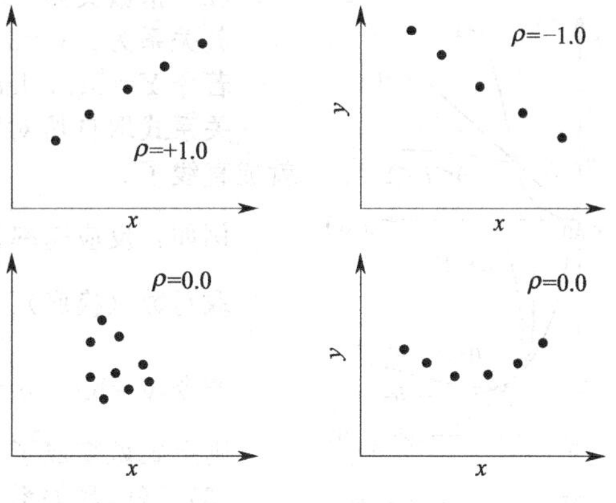


图 5-3　相关系数的意义

实际上，所谓线性相关关系，也是个相对概念。实用上，只要按实验结果求得的相关系数大于相关系数临界值（见表 5-14），就表明 $x$、$y$ 之间存在有显著相关，所求的回归方程和拟合的回归直线就具有实际意义。反之，这条回归直线就没有使用价值了。

**表 5-14　相关系数临界值**

| 置信概率 $P$ / 自由度$=n-2$ | 0.90 | 0.95 | 0.99 | 0.999 |
|---|---|---|---|---|
| 1 | 0.98769 | 0.99692 | 0.999877 | 0.9999988 |
| 2 | 0.90000 | 0.95006 | 0.99000 | 0.99900 |
| 3 | 0.8054 | 0.8783 | 0.9587 | 0.9912 |
| 4 | 0.7293 | 0.8114 | 0.9172 | 0.9741 |
| 5 | 0.6694 | 0.7545 | 0.8745 | 0.9507 |
| 6 | 0.6215 | 0.7067 | 0.8343 | 0.9249 |
| 7 | 0.5822 | 0.6664 | 0.7977 | 0.8982 |
| 8 | 0.5994 | 0.6319 | 0.7646 | 0.8721 |
| 9 | 0.5214 | 0.6021 | 0.7348 | 0.8471 |
| 10 | 0.4973 | 0.5760 | 0.7079 | 0.8233 |

注：1. 查阅此表时要先选定自由度，并以 $n-2$ 为自由度，查得的临界值表示为 $\rho_{(p,v)}$，以与计算所得之 $\rho$ 相比较。

2. 计算相关系数时，要注意保留分析数据的有效位数，不要随意修约，$\rho$ 值至少应取三位有效数字，最好是四位。

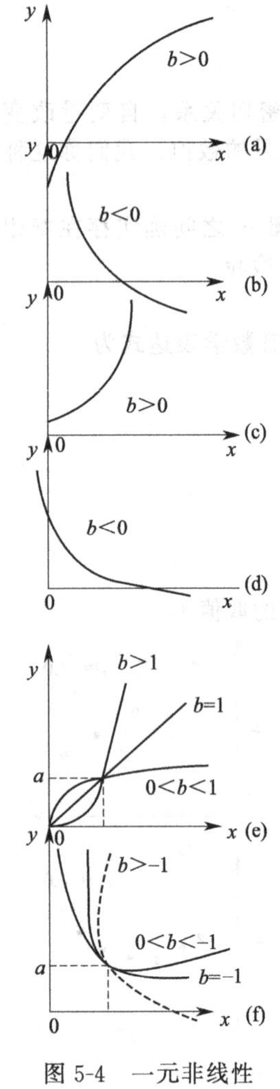

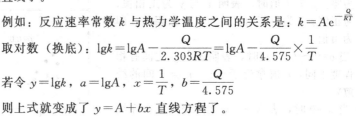

图 5-4　一元非线性回归方程

4. 一元非线性回归（即曲线化直）

在分析测试中，也常遇到两个变量不成线性关系的情况。例如，在发射光谱分析中，谱线黑度与组分含量之间的关系，就不是线性关系，而是一个对数关系；在放射性测量中，放射性强度与衰变时间的关系；在动力学研究中，反应速率与反应活化能之间的关系；在光谱学研究中，谱线强度与激发电势的关系等都不是线性关系，而是指数关系，处理起来非常复杂，有时甚至会搞错。如果通过变量转换，使这些非线性关系变为线性关系，则可使数据处理与回归分析变得简便得多。那么，这种将非线性关系，经变量代换后转变为线性的做法称为一元非线性回归，或叫曲线化直。

下面举几个实例，说明其具体做法。

（1）对数关系

其关系式为：$y=a+b\lg x$ 其曲线形式见图 5-4(a)、(b)。

若令 $X=\lg x$，则上式就变成了 $y=a+bx$ 形式的线性方程了。

例如：发射光谱中的定量关系：$\dfrac{\Delta S}{\gamma}=\lg a+b\lg c$。

若令 $y=\dfrac{\Delta S}{\gamma}$，$x=\lg c$，$A=\lg a$，则上式就变为了 $y=A+bx$。

（2）指数关系

其关系为：$y=a\mathrm{e}^{bx}$，其曲线形式见图 5-4(c)、(d)。

若令 $Y=\ln y$，$\ln a=A$

关系式取自然对数得 $\ln y=\ln a+bx\ln \mathrm{e}$（因 $\ln \mathrm{e}=1$），则有 $Y=A+bx$ 就成直线了。

例如：反应速率常数 $k$ 与热力学温度之间的关系是：$k=A\mathrm{e}^{-\frac{Q}{RT}}$

取对数（换底）：$\lg k=\lg A-\dfrac{Q}{2.303RT}=\lg A-\dfrac{Q}{4.575}\times\dfrac{1}{T}$

若令 $y=\lg k$，$a=\lg A$，$x=\dfrac{1}{T}$，$b=\dfrac{Q}{4.575}$

则上式就变成了 $y=A+bx$ 直线方程了。

（3）幂函数关系

其关系为：$y=ax^b$，其曲线形式见图 5-4(e)（$b>0$ 时）、(f)（$b<0$

时)。

原式取对数有：$\lg y = \lg a + b\lg x$

若令 $Y=\lg y$，$A=\lg a$，$X=\lg x$，则上式就变成了 $Y=A+bX$ 直线方程了。

例如：用色谱分析一组等量的同系物时，组分经在柱上分离后流出，得到的色谱图如图 5-5 所示。试找出其峰高与保留时间的关系。

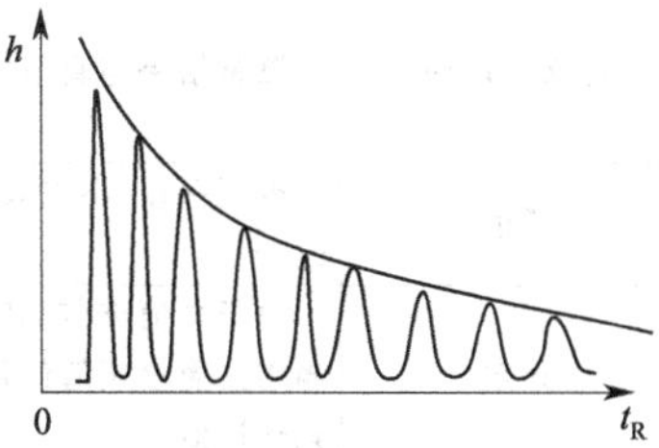


图 5-5 色谱分析中 $h$-$t_R$ 关系图

**解：**从色谱图上看，峰高与峰的流出顺序有关，时间越长峰越矮，若沿峰顶作一连线，则可得到一条类似于幂函数的曲线。假设 $h_i = at_R^b$ 来描述 $h$ 与 $t_R$ 的关系。但此式是幂函数，为曲线形方程。若用它来表示它们的关系，不够直观，也很难说明问题。若对经验公式取对数，即有：

$$\lg h_i = \lg a + b\lg t_R$$

若令 $Y=\lg h_i$，$A=\lg a$，$x=\lg t_R$

则上式就变成了 $Y=A+bx$ 直线方程，这样直观了，处理起来也就方便多了。

类似这样的问题还有很多，在应用中，可根据具体情况作具体分析，对所得数据作出恰当的处理。

## 六、测量不确定度

在实验分析工作中，测量误差客观存在是不可避免的。测量误差定义为测量结果减去被测量真值之差，若要得到误差就应该知道真值。但是真值无法得到，因此严格意义上的误差也无法得到。所以用测量误差来评定测量结果的质量时，可操作性不强，经过多年的努力，人们找到了用测量不确定度来评定测量结果的定量方法，也就是测量不确定度决定了测量结果的可用性。不确定度越小，说明测量结果质量越高，使用越可靠。测量结果必须附有不确定度说明才完整并有意义。

评定任何测量不确定度的技术依据，都是由 ISO、IEC、OILM、BIPM 等七个国际权威组织在 1993 年颁布的《测量不确定度表述指南》(GUM)(1995 年重新确认)。我国国家质量技术监督局于 1999 年 1 月批准发布了适合我国国情的计量技术规范《测量不确定度评定与表示》(JJF 1059—1999)，它原则上等同采用了 GUM 的基本内容。

1. 测量不确定度的基本概念

测量不确定度是表征合理地赋予被测量之值的分散性，与测量结果相联系的参数。不确定度是用方差、标准偏差、或置信范围的一半给出的、用以表示被测结果分散性的量度。不确定度一律只用正值，通常只用一位数，最多不超过两位数。

2. 测量误差、精密度和测量不确定度之间的关系

测量误差、精密度和测量不确定度之间的关系见表 5-15。

3. 测量不确定度的来源

在化学实验工作中，有许多引起不确定度的因素，主要包括以下几个方面。

① 被测对象的定义不完善。如钢中酸溶铝和酸溶硼的测定，其被测对象的内涵的界定不够明确，溶解酸种类及浓度、溶解温度与时间、冒烟与否等条件都会对测试结果产生影响。

② 取样带来的不确定度，测定样品可能不完全代表所定义的被测对象。因此不同试样根据标准都应有相应的取样方法。

③ 被测对象的预富集或分离的不完全。

④ 基体对被测量元素的影响和干扰。

⑤ 在抽样、样品制备、样品分析过程中的沾污，以及样品保存条件下发生化学反应(氧化、吸收水分或二氧化碳等)，由于热状态的改变或光分解而引起样品的变化，这些对痕量组分的分析尤为重要。

⑥ 测量过程中对环境条件影响缺乏认识或环境条件的测量不够完善。例如：玻璃容量器具的校准温度和使用温度不同带来的不确定度，环境湿度的变化对某些物质产生的影响等。

⑦ 读数不准，读取计数或刻度形成的习惯性偏高或偏低倾向。如滴定法时滴定管的读数，每

个实验员都有其固定的读数方法。

**表 5-15 测量误差、精密度和测量不确定度之间的关系**

| 项目 | 测量误差 | 精密度 | 测量不确定度 |
|---|---|---|---|
| 定义的内涵 | 测量结果与真值之差 | 给定条件下由随机因素引起测量结果的分散性 | 给定条件下由随机因素和系统因素引起测量结果的分散性，是一个区间值 |
| 量值 | 客观存在，不以人的认识程度而改变 | 在给定统计下客观存在 | 与人们对被测量、影响因素及测量过程的认识有关 |
| 评定 | 由于真值未知，不能准确评定。当用接受参照值代替真值时，可得到估计值 | 在给定条件下能定量评定 | 在给定条件下，根据实验、资料、经验等信息可进行定量评定 |
| 表达符号 | 非正即负，不能用正负号(±)表示 | 正值 | 正值，当用方差求得时取正平方根值 |
| 分类 | 分为随机误差和系统误差 | 重复性条件下的标准偏差；再现性条件下的标准偏差 | 分为A类不确定度分量和B类不确定度分量 |
| 合成方法 | 各误差分量的代数和 | 方根和 | 当各分量彼此独立时为方和根，必要时加入协方差 |
| 自由度 | 不存在 | 存在 | 存在，可作为不确定度评定是否可靠的指标 |
| 置信概率 | 不存在 | 存在 | 存在，特别是B类不确定度和扩展不确定度的评定，可按置信概率给出置信区间 |
| 评定中与测量结果的分布关系 | 无关 | 有关 | 有关 |
| 应用 | 已知系统误差的估计值时可对测量结果进行修正，得被测量值的最佳估计 | 不能对测量结果修正。用于表示测量结果一致性的评价 | 不能对测量结果修正。与测量结果一起表示在一定概率水平被测量值的范围 |

⑧ 仪器的分辨率或灵敏度以及仪器的偏倚、分析天平校准中的准确度的极限、温度控制器可能维持的平均温度与所指示的设定的温度点不同、自动分析仪响应滞后等。

⑨ 测量标准和标准物质所给定的不确定度值，特别是作为基准或标准用的试剂纯度的影响。

⑩ 从外部取得并用于数据的整理换算的常数或其他参数的值所具有的不确定度。

⑪ 包括在测量方法和过程中的某些近似和假设，某些不恰当的校准模式的选择。例如：使用一条直线校准一条弯曲的响应曲线，数据计算中的舍入影响。

⑫ 随机变化。在整个分析测试过程中，随机影响对不确定度的贡献。

以上所有影响不确定度的因素之间，不一定都是独立的，它们之间可能还存在一定的相互关系，所以必须做全面的分析评定，考虑相互之间的影响对不确定度的贡献，即要考虑协方差。

4. 不确定度的表示

① 标准不确定度　以标准差表示的测量不确定度，统一规定用小写英文字母 $u$ 表示。

② 合成标准不确定度　当测量结果的标准不确定度由若干个标准不确定度分量构成时，按方和根合成得到标准不确定度。测量结果 $y$ 的合成标准不确定度记为 $u_c(y)$，简写为 $u_c$ 或 $u(y)$。它是测量结果标准差的估计值。

③ 扩展不确定度　扩展不确定度也称为范围不确定度或展伸不确定度。它是确定测量结果区间的量，合理赋予被测量值分布的大部分可望含于该区间。扩展不确定度记为 $U$。分析测试中用它表示一定概率水平下被测量值的分散区间。

扩展不确度记为 $U$，它等于合成标准不确定度 $u_c$ 与包含因子 $k$ 的乘积。$U=ku_c$，式中 $k$ 称为包含因子。

④ 相对标准不确定度　一个量的不确定度除以该量的平均值加以角标 rel 或 r 表示：

相对标准不确定度 $u_{rel}(x)=\frac{u(x)}{\bar{x}}$

式中　$u(x)$——输入量 $x$ 的标准不确定度；

$\bar{x}$——输入量 $x$ 的算术平均值。

相对合成标准不确定度 $u_{c,rel}(y)=\dfrac{u_c(y)}{\bar{y}}$

式中　$u_c(y)$——输出量 $y$ 的合成标准不确定度；

$\bar{y}$——被测量 $y$ 测量结果表的算术平均值。

5. 不确定度的评定

不确定度的A类评定：由观测列统计分析所作的不确定度评定。

不确定度的B类评定：由不同于观测列统计分析所作的不确定度评定。

"A"、"B"类之分仅指评定方式而已，并不意味着两类分量有实质上的差别，它们都基于概率分布，都可用方差或标准偏差表示。"随机"和"系统"误差是以误差的性质而分。"A"类、"B"类不确定度与"随机"和"系统"误差之间也不存在简单的对应关系。在某一测量条件下，某些因素的影响包括在A类不确定度中，而一些因素需用B类不确定度来统计。随着测量条件的变化，A类不确定度和B类不确定度可以相互转化。例如，一些仪器、计量器具的检定证书、技术资料提供的不确定度、误差等参数通常是由一系列观测数据统计出来的标准差，按说应是不确定度A类评定，但在随后的测量不确定度评定时，通常作为不确定度B类评定引用。

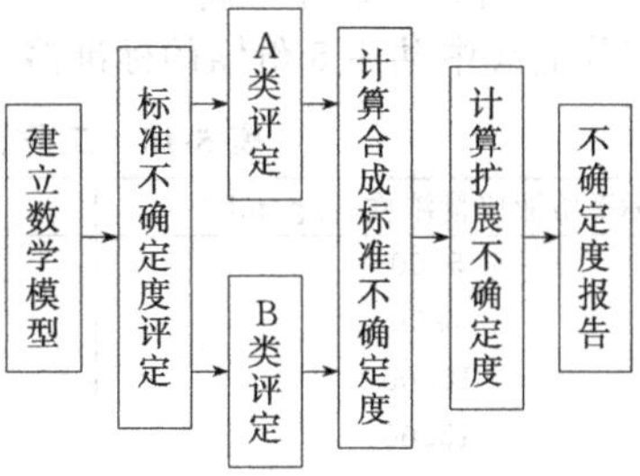


图 5-6　不确定度评定过程示意图

不确定度的评定过程见图 5-6。

以高碘酸盐氧化光度法测定钢铁中锰含量的不确定度评定为例。

(1) 分析方法简述

① 试样分析步骤　称取0.1000g试样于锥形瓶中，用酸溶解，加磷酸-高氯酸冒烟除去还原性酸，在稀硫酸介质中，以高碘酸盐将锰（Ⅱ）氧化成锰（Ⅶ），冷却后稀释于100mL容量瓶中，在波长530nm处测量其吸光度。在工作曲线中查出试样溶液中锰的浓度，计算锰的质量分数，重复试验7次。工作曲线中的每个标准溶液各测量3次，样品溶液测量2次。

7次测量结果分别为0.766%，0.762%，0.764%，0.768%，0.763%，0.760%，0.768%。

② 工作曲线的绘制　使用10mL的滴定管分别移取0.50mL，0.70mL，1.00mL，1.50mL，2.00mL锰标准溶液［(1000±3)μg/mL，$k=2$］于锥形瓶中，按试样操作绘制工作曲线。

③ 分析所用仪器及标准溶液　分析天平：万分之一，检定允许差±0.1mg；容量瓶：100mL，B级，允许差±0.2mL；滴定管：10mL，A级，允许差±0.025mL；锰标准溶液：(1000±3)μg/mL，$k=2$。

(2) 建立数学模型

$$w(\mathrm{Mn})=\frac{cV}{m\times 10^{6}}\times 100$$

式中　$w(\mathrm{Mn})$——锰的质量分数，%；

$c$——试样溶液中锰的浓度，μg/mL；

$V$——试样溶液体积，mL；

$m$——试样的质量，g。

其中 $c$ 为从工作曲线方程（$A=a+bc$）中查出试样溶液锰的浓度（$10^{-2}$μg/mL），$A$ 为锰的吸光度。

(3) 不确定度的来源和分量的评定

根据上述的函数关系可以看出，测量结果的不确定度来源于测量的重复性、试样溶液的浓度、试液体积和试样的称取量。按工作曲线的方程，试样溶液浓度的不确定度包括工作曲线的变动性和标准溶液的不确定度分量等。

① 测量重复性不确定度分量的评定

按测量数据可计算得：样品中锰的含量平均值为0.764%。

标准差：
$$s=\sqrt{\frac{\sum_{i=1}^{n}(x_i-\bar{x})^2}{n-1}}=0.00304\%$$

标准不确定度：
$$u(s)=\frac{s}{\sqrt{n}}=\frac{0.00304\%}{\sqrt{7}}=0.00115\%$$

相对标准不确定度：
$$u_{\text{rel}}(s)=\frac{u(s)}{x}=\frac{0.00115\%}{0.764\%}=0.0015$$

② 样品溶液中锰质量浓度（$c$）不确定度分量

a. 工作曲线变动性不确定度分量评定

工作曲线中共用5份锰的标准溶液，其3次读测的吸光度见表5-16。

**表5-16 工作曲线中锰标准溶液的浓度与相应的吸光度**

| 标准溶液质量浓度/(μg/mL) | 吸光度$A$ | $a+bc_i$ |
|---|---|---|
| 5.00 | 0.205,0.205,0.213 | 0.2086 |
| 7.00 | 0.288,0.292,0.293 | 0.2905 |
| 10.00 | 0.412,0.413,0.417 | 0.4133 |
| 15.00 | 0.617,0.617,0.620 | 0.6179 |
| 20.00 | 0.823,0.822,0.821 | 0.8225 |

根据上述所测数据，按照最小二乘法拟合的线性回归方程为：

$$A=0.004071+0.0004092c, r=0.99994, a=0.004071, b=0.0004092$$

由工作曲线的变动性引起的试液中锰浓度$c$的标准不确定度为：

$$u_c=\frac{s_R}{b}\sqrt{\frac{1}{P}+\frac{1}{n}+\frac{(c-\bar{c})^2}{\sum_{i=1}^{n}(c_i-\bar{c})^2}}$$

其中：
$$s_R=\sqrt{\frac{\sum_{i=1}^{n}[A_i-(a+bc_i)]^2}{n-2}}$$

式中 $P$——试液的测量次数，14；

$n$——工作曲线中标准溶液的测量次数，15；

$c$——试样溶液中锰的质量浓度，$10^{-2}$μg/mL；

$\bar{c}$——工作曲线中锰质量浓度的平均值，$10^{-2}$μg/mL；

$s_R$——工作曲线的标准差。

将表中的数据代入可以计算得：

$$\sum_{i=1}^{n}[A_i-(a+bc_i)]^2=8.7\times10^{-5}$$

$$s_R=\sqrt{\frac{8.7\times10^{-5}}{15-2}}=0.0026$$

同样，由测量参数可以计算得到$\bar{c}=1140\mu g\times10^{-2}\mu g/mL$，$c=764\times10^{-2}\mu g/mL$

$$(c-\bar{c})^2=(764-1140)^2=141376$$

$$\sum_{i=1}^{15}(c_i-\bar{c})^2=1492000$$

$$u(c_1)=\frac{0.0026}{0.0004092}\sqrt{\frac{1}{14}+\frac{1}{15}+\frac{141376}{1492000}}=6.35\times0.4825=3.06\times10^{-2}\mu g/mL$$

$$u_{\text{rel}}(c_1)=\frac{3.06}{764}=0.0040$$

b. 标准溶液的不确定度分量

b1. 锰标准溶液为（1000±3）μg/mL($k=2$)，其标准不确定度为$u(c_{21})=3/2=1.5\mu g/mL$，相对标准不确定度$u_{\text{rel}}(c_{21})=1.5/1000=0.0015$。

b2. 移取标准溶液用10mL滴定管，分别移取了0.50mL，0.70mL，1.00mL，1.50mL，2.00mL，在0.50～2.00mL范围内，其体积的允许差均为±0.01mL，按三角分布处理标准不确定度：

$$\frac{0.01}{\sqrt{6}}=0.0041\text{mL}$$

5 次移取标准溶液 $c_{22}$ 的相对标准不确定度可近似用其均方根计算：

$$u_{\text{rel}}(c_{22})=\sqrt{\frac{\left(\frac{0.0041}{0.50}\right)^2+\left(\frac{0.0041}{0.70}\right)^2+\left(\frac{0.0041}{1.00}\right)^2+\left(\frac{0.0041}{1.50}\right)^2+\left(\frac{0.0041}{2.00}\right)^2}{5}}=0.0114$$

b3. 标准溶液引起的相对标准不确定度

$$u_{\text{rel}}(c_2)=\sqrt{0.0015^2+0.0114^2}=0.0115$$

c. 样品溶液中锰浓度的不确定度

$$u_{\text{rel}}(c)=\sqrt{u_{\text{rel}}^2(c_1)+u_{\text{rel}}^2(c_2)}=\sqrt{0.0068^2+0.0115^2}=0.0134$$

③ 样品溶液体积的不确定度分量

操作中试样溶液稀释在 100mL 容量中，由于进行多次重复测定，而每次所用的容量瓶不可能都一样，可认为容量瓶的体积误差和读数误差已经随机化（正负均有），其不确定度分量可以忽略。

④ 样品称量的不确定度分量

称取 0.1000g 样品，用万分之一分析天平，按证书规定，允许差为±0.1mg，天平称量两次（一次空盘调零，一次称样），按均匀分布处理（而称量读数的变动性分量已经包括在测量重复性中，不再重复评定）。

$$u(m)=\sqrt{\left(\frac{0.0001}{\sqrt{3}}\right)^2\times 2}=0.000082\text{g}$$

$$u_{\text{rel}}(m)=0.000082/0.1=0.00082$$

根据以上的分析和计算，把测量和各不确定度分量评定的参数列于表 5-17 中。

**表 5-17　量值和测量结果的不确定度**

<table>
<tr><th colspan="3">项　目</th><th>量　值</th><th>标准不确定度 $u$</th><th colspan="3">相对标准不确定度 $u_{\text{rel}}$</th></tr>
<tr><td colspan="3">测量重复性 $s$</td><td>0.764%</td><td>0.00115%</td><td colspan="3">0.0015</td></tr>
<tr><td rowspan="3">样品溶液质量浓度 $c$</td><td colspan="2">工作曲线变动性 $c_1$</td><td>$764\times10^{-2}\mu$g/mL</td><td>$3.06\times10^{-2}\mu$g/mL</td><td colspan="2">0.0040</td><td rowspan="3">0.0134</td></tr>
<tr><td rowspan="2">标准溶液 $c_2$</td><td>浓度 $c_{21}$</td><td>1000.0μg/mL</td><td>1.5μg/mL</td><td>0.0015</td><td rowspan="2">0.0115</td></tr>
<tr><td>体积 $c_{22}$</td><td>—</td><td>—</td><td>0.0114</td></tr>
<tr><td colspan="3">试样溶液体积 $V$</td><td>100mL</td><td colspan="4">忽略其不确定度分量</td></tr>
<tr><td colspan="3">称量 $m$</td><td>0.1000g</td><td>0.000082g</td><td colspan="3">0.00082</td></tr>
<tr><td colspan="3">$w$(Mn)</td><td>0.764%</td><td>0.010%</td><td colspan="3">0.0135</td></tr>
</table>

（4）合成标准不确定度评定

由于各分量不相关，忽略体积变动性的不确定度分量，得：

$$u_{\text{rel}}[w(\text{Mn})]=\sqrt{u_{\text{rel}}^2(s)+u_{\text{rel}}^2(c)+u_{\text{rel}}^2(m)}$$

$$=\sqrt{0.0015^2+0.0134^2+0.00082^2}$$

$$=0.0135$$

$$u[w(\text{Mn})]=0.764\%\times0.0135=0.010\%$$

（5）扩展不确定度评定

根据 JJF 1059—1999《测量不确定度评定与表示》的规定，一般扩展不确定度取包含因子 $k=2$，则扩展不确定度为：

$$U[w(\text{Mn})]=0.010\%\times2=0.020\%$$

（6）分析结果表示

因此本方法测定钢铁中锰量的测量不确定度报告可表示为：

$$w(\text{Mn})=(0.764\pm0.020)\%,k=2$$

或

$$w(\text{Mn})=0.764\%(1\pm0.027)\%,k=2$$

（7）结果讨论

此法测定锰含量的不确定度的最主要来源是绘制工作曲线产生的不确定度，其次是测量方法的重复性的不确定度。其中移取标准溶液的体积较小，只有0.50～2.00mL，引入的相对不确定度较大。因此，在分析中绘制工作曲线时建议采用适中浓度的标准溶液，使移取的体积数适当。而试样溶液的稀释和天平称量的不确定度分量可以忽略不计。

## 七、提高测量结果准确度的方法

要提高测量结果的准确度，必须考虑在测量中可能产生的各种误差，采取有效措施，将这些误差减到最小，提高精密度，校正系统误差，就能提高分析结果的准确度。

(1) 选择合适的测量方法　各种测量方法的准确度和灵敏度各有不同。重量法与容量法测定的准确度高，但灵敏度低，适于常量组分的测定。仪器分析法其测定灵敏度高，但通常准确度较差，适宜微量组分的测定。例如，对于含铁量为40%的试样中铁的测定，采用准确度高的重量法或容量法，可以准确地测定铁的含量。而若用分光光度法或原子光谱测定，其相对误差按5%计算，可能测得铁的含量范围是38%～42%。显然，这样的测定准确度太差了，不能满足生产的实际需要。如果另一试样含铁量为0.02%，采用光度法或原子光谱测定，尽管相对误差较大，但因铁的含量低，其绝对误差小，测得的范围可能是0.018%～0.022%，这样的测定结果是能够满足要求的。对如此微量铁的测定，重量法与容量法是无能为力的。

(2) 减少测量误差　为了保证测量结果的准确度，必须尽量减小测量误差。例如在质量分析中，测定步骤是沉淀、过滤、洗涤、称重等，应设法减少这些步骤中引起的误差。重量法中，如要求相对误差小于0.1%，试样质量就不能太少。又如容量分析中，要求相对误差小于0.1%，滴定剂的用量必须在20mL以上。分光光度法中要求相对误差为2%时，若称取试样0.5g，则试样称量准确至0.01g就够了，不必要求称准至0.0001g。

(3) 增加平行测定次数　增加平行测定次数，可以减少随机误差。但测定次数过多，耗费过多的人力物力，往往会得不偿失。一般分析测定，平行作4～6次即可。

(4) 消除测定过程中的系统误差　为了检查测量过程中有无系统误差，作对照试验是最有效的方法。可采用下列三种方法。

① 标准物质（样品）法　选择其组成与试样相近的标准物质来测定，将测定结果与标准值比较，用统计检验方法确定有无系统误差。

② 标准方法　采用标准方法和所选用的方法同时测定某一试样，由测定结果作统计检验。

③ 已知物加入法　采用加入法作对照实验。即称取等量试样两份，在一份试样中加入已知量的欲测组分，平行进行此两份试样的测定，由加入被测组分量是否完全回收来判断有无系统误差。

若对照实验说明有系统误差存在，则应设法找出产生系统误差的原因，并加以消除。通常消除系统误差采用如下方法。

① 做空白试验消除试剂、蒸馏水及器皿引入的杂质所造成的系统误差。在不加试样的情况下，按照试样测试步骤和条件进行分析试验，所得结果称为空白值，再从试样测定结果中扣除此空白值。

② 校准仪器以消除仪器不准所引起的系统误差。如对砝码、移液管、容量瓶、滴定管、分光光度计的波长等进行校准。

③ 引用其他测量方法作校正。如用质量法测定$SiO_2$时，滤液中的硅可用光度法测定，然后加到质量法结果中去。

④ 分析结果的校正　在某些特定的分析中，可以通过分析结果的校正来消除系统误差，求得正确结果。例如，硫氰酸盐光度法测定钢中钨，钒的存在引起正的系统误差。为消除钒的影响，可采用校正系数法。根据实验结果，1%钒相当于0.2%钨，即钒的校正系数为0.2（校正系数随实验条件略有变化）。因此，在测得试样中钒的含量后，利用校正系数即可由钨的测定结果中扣除钒的结果，从而得到钨的正确结果。

应当指出，在实际工作中，应当遵循上述诸方法减小误差，提高分析的准确度。对于随机误差是不可避免的，试验次数也不可能无限次多，只能在允许的情况下尽量增加试验次数来求得平均值。对于系统误差，并不一定要消除到零，但是必须要设法把系统误差减小到相对随机误差而言可以忽略不计的程度。

# 第六章

# 物理与化学常数(数据)及物质量的测定

## 第一节 物理常数(数据)的测定

化合物的物理常数可作为鉴定其纯度的依据，主要用于原料和成品的分析，以判断物质的纯度、进行产品质量的定级评估等。常用的物理常数有熔点、沸点、密度、折射率、旋光度、黏度、分子量等。

### 一、温度测定

1. 温标

1954 年，温度量度的国际委员会选定水的三相点的绝对温度（现称热力学温度）为 273.16K 作为标准温标。

1968 年，国际实用温标（IPTS—68）规定了温标的六个基准点，如表 6-1 所示。

**表 6-1 标准大气压下国际温标的基准点**

| 定点 | 温度/℃ | 定点 | 温度/℃ |
|---|---|---|---|
| 氧点(液氧与其蒸气的平衡温度) | −182.962 | 锌点(固态锌与液态锌的平衡温度) | +419.58 |
| 水的三相点 | +0.01 | 银点(固态银与液态银的平衡温度) | +961.93 |
| 汽点(液态水与其蒸气的平衡温度) | +100 | 金点(固态金与液态金的平衡温度) | +1064.43 |

1975 年第十五届国际计量大会通过了“1968 年国际实用温标（简称 IPTS—68）的修订”。这只是对 IPTS—68 的补充，并非取代。1975 年规定的定点和参考点如表 6-2。

**表 6-2 国际实用温标定点①（1975）**

| 定点 | 国际实用温标指定值 | | 定点 | 国际实用温标指定值 | |
|---|---|---|---|---|---|
| | $T_{68}$/K | $t_{68}$/℃ | | $T_{68}$/K | $t_{68}$/℃ |
| 平衡氢三相点② | 13.81 | −259.34 | 氧冷凝点 | 90.188 | −182.962 |
| 平衡氢在$\frac{25}{76}$标准大气压下气液平衡②③ | 17.042 | −256.108 | 水三相点 | 273.16 | 0.01 |
| | | | 水沸点 | 373.15 | 100.00 |
| 平衡氢沸点②③ | 20.28 | −252.87 | 锡凝固点 | 505.1181 | 231.9681 |
| 氖沸点③ | 27.102 | −246.048 | 锌凝固点 | 692.73 | 419.58 |
| 氧三相点 | 54.361 | −218.789 | 银凝固点 | 1235.08 | 961.93 |
| 氩三相点 | 83.798 | −189.352 | 金凝固点 | 1337.58 | 1064.43 |

① 除三相点和 17.042K 氢点外，压力为 $1.013\times10^5$Pa（1Atm）。

② 氢有两种分子状态，正氢和仲氢。正、仲氢混合平衡与温度有关。

③ 由于同位素分馏的结果，使平衡氢的冷凝点（刚刚出现极少量液态成分）和沸点（刚刚出现极少量蒸气成分）之间约差 0.4 毫升。因此，要求氢（或氖）使用沸点（刚刚出现极少量蒸气成分），氧使用冷凝点（刚刚出现极少量液体成分）。

2. 水银温度计与校正

（1）水银-玻璃温度计

它的优点是水银容易提纯，热导率大，比热容小，膨胀系数比较均匀，不易附着在玻璃管上，不透明，便于读数等。水银温度计适用的范围从－35℃到360℃［水银（汞）的熔点是－38.7℃，沸点356.7℃］。当向水银里加入8.5%的铊（Tl）可测到－60℃的低温。

水银温度计的种类和使用范围见表6-3。

使用水银玻璃温度计时应注意以下几点。

① 要进行温度准确测量时，必须对温度计进行校正；

② 读数时，水银柱液面刻度和眼睛应该在同一水平上，以防止视差带来的误差；

③ 为了防止水银在毛细管上附着，读数时应轻轻弹动温度计，防止水银柱断开，并尽可能采用由低温到高温进行读数；

**表6-3 水银温度计种类和使用范围**

| 种类 | 使用范围 | 分刻度值/℃·格$^{-1}$ |
|---|---|---|
| 一般使用 | －5～105℃,150℃,250℃,360℃ | 1或0.5 |
| 供量热学用 | 9～15℃,12～18℃,15～21℃,18～24℃,20～30℃ | 0.01 |
| 测温差贝克曼温度计(有升高和降低两种) | －6～120℃ | 0.01 |
| 分段温度计 | －10～200℃,分为24支,每支温度范围10℃ | 0.1 |
| | －40～400℃,每隔50℃一支 | 0.1 |
| 低温温度计(如测量冰点降低用) | －50～0.50℃ | 0.01 |

④ 防止骤然冷热引起的破裂和变形。

水银玻璃温度计很容易损坏，使用时应严格遵守操作规程。为图方便以温度计代替搅棒、因装置不妥而和搅棒相碰、放在桌子边缘滚下地、套温度计的塞子孔太大或太小等不合规范的操作应坚决予以杜绝。万一温度计损坏，内部水银洒出，应迅速覆以硫黄粉。因水银极毒，必须严格按汞的使用规程进行彻底清理。

在100℃以下时，常使用红水玻璃温度计代替水银温度计。其使用温度区间为0～100℃，0～50℃，－10～100℃，每格1℃或0.5℃。

(2) 温度计的校正

将一标准温度计与欲校正的温度计并列放入液体石蜡浴中，用机械搅拌蜡浴，控制温度每分钟升高2～3℃，每隔5℃分别记下两个温度计的读数，将观察到的数值与校正值（±）作一对照表（见表6-4）或绘出校正曲线（以校正值与校正温度计读数作图，见图6-1）进行校正。

**表6-4 温度计校正对照表**

| 标准温度计读数/℃ | 5.0 | 10.0 | 15.0 | 20.0 | 25.0 | 30.0 | 35.0 | 40.0 |
|---|---|---|---|---|---|---|---|---|
| 校正温度计读数/℃ | 4.9 | 10.0 | 15.0 | 20.1 | 25.1 | 30.1 | 35.0 | 40.0 |
| 校正值/℃ | ＋0.1 | 0.0 | 0.0 | －0.1 | －0.1 | －0.1 | 0.0 | 0.0 |

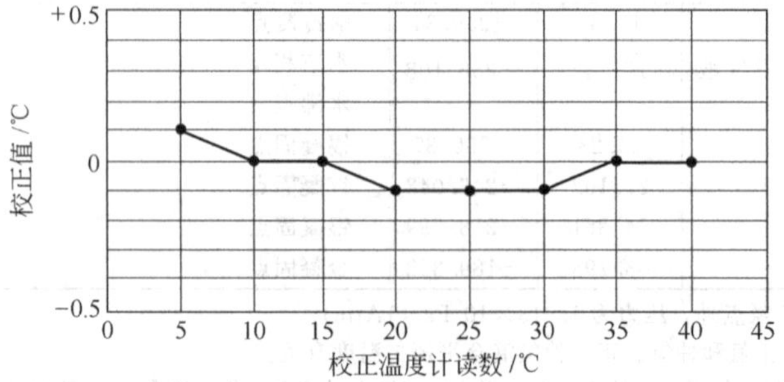


图6-1 温度计校正曲线

如果没有标准温度计，可以通过测定纯化合物的熔点或沸点来进行校正。表6-5列出了常用于校正温度计的化合物。

**表 6-5　用于校正温度计的化合物**

| 化合物 | 熔点/℃ | 化合物 | 熔点/℃ | 化合物 | 熔点/℃ |
|---|---|---|---|---|---|
| 水-冰 | 0 | 乙酰苯胺 | 114.2 | 邻苯二甲酰亚胺 | 233.5 |
| 环己醇 | 25.45 | 苯甲酸 | 122.36 | 对硝基苯甲酸 | 241.0 |
| 薄荷醇 | 42.5 | 脲 | 132.8 | 酚酞 | 265.0 |
| 二苯酮 | 48.1 | 水杨酸 | 158.3 | 蒽醌 | 286.0 |
| 对硝基甲苯 | 51.65 | 琥珀酸 | 182.8(188.0) | | |
| 萘 | 80.25 | 蒽 | 216.18 | | |

3. 贝克曼温度计

(1) 构造和特点　贝克曼（Beckmann）温度计是精密测量温度差值的温度计。在精确测量温度差值的实验中（如凝固点下降测分子量等），温度的读数要求精确到 0.001℃，一般 1/1°和 1/10°刻度的温度计显然不能满足这个要求。为了达到这个要求，温度计刻度要刻至 0.01℃。为此就需要把温度计做得很长，或者做好几支温度计，而每支只能测一个范围较窄的温度区间。在精确测量温度的绝对数值时，这样的温度计是必不可少的。但是，对于精确测量温度差值，就完全没有这种必要了。贝克曼温度计能很方便地达到这个要求。

贝克曼温度计的构造如图 6-2 所示。水银球与储汞槽由均匀的毛细管连通，其中除水银外是真空。储汞槽是用来调节水银球内的水银量的。刻度尺上的刻度一般只有 5℃，每度分为一百等分，因此，用放大镜可以估计到 0.001℃。储汞槽背后的温度标尺只是粗略地表示温度数值，即储汞槽中的水银与水银球中的水银完全相连时，储汞槽中水银面所在的刻度就表示温度粗值。

为了便于读数，贝克曼温度计的刻度有两种标法：一种是最小读数刻在刻度尺的上端，最大读数刻在下端；另一种恰好相反。前者用来测量温度下降值，称为下降式贝克曼温度计；后者用来测量温度升高值，称为上升式贝克曼温度计。在非常精密的测量时，两者不能混用。现在还有更灵敏的贝克曼温度计，刻度尺总共为 1℃或 2℃，最小的刻度为 0.002℃。

综上所述，贝克曼温度计有两个主要的特点。其一是水银球内的水银量可借助储汞槽调节，这就可用于不同的温度区间来测量温度差值。所测温度越高，球内的水银量就越少。其次，由于刻度能刻至 0.01℃，因而能较精确地测量温度差值（用放大镜可估计到 0.001℃），但不能直接用来精确地测量温度的绝对数值。

(2) 使用方法　首先根据实验的要求确定选用哪一类型的贝克曼温度计。使用时需经下面的操作步骤。

① 调整　所谓调整好一支贝克曼温度计是指在所测量的起始温度，毛细管中的水银面应该在刻度尺的合适范围内。例如用下降式贝克曼温度计测凝固点降低时，在纯溶剂的凝固温度下（即起始温度）水银面应在刻度尺的 1°附近。因此在使用贝克曼温度计时，首先应该将它插入一个与所测的起始温度相同的体系内。待平衡后，如果毛细管内的水银面在所要求的合适刻度附近，就不必调整，否则应按下述三个步骤进行调整。

a. 水银丝的连接　此步操作是将储汞槽中的水银与水银球中的水银相连接。

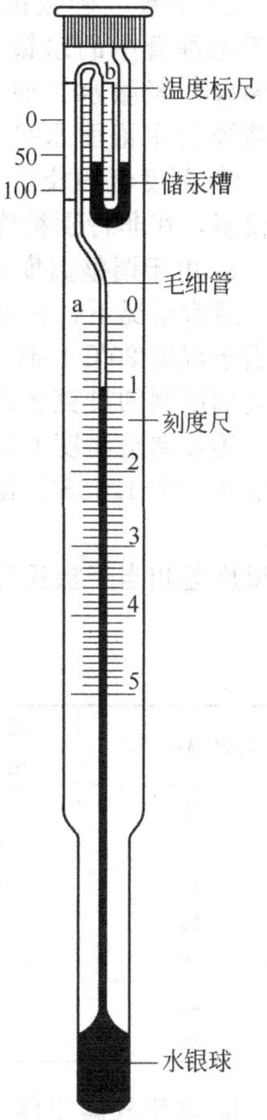

图 6-2　下降式贝克曼温度计

若水银球内的水银量过多，毛细管内水银面已过图 6-2 贝克曼温度计 b 点，在此情况下，右手握温度计中部，慢慢倒置并用手指轻敲储汞槽处，使储汞槽内的水银与 b 点处的水银相连接。连好后立即将温度计倒转过来。

若水银球内的水银量过少，用右手握住温度计中部，将温度计倒置，用左手轻敲右手的手腕（此步操作要特别注意，切勿使温度计与桌面等相碰），此时水银球内的水银就可以自动流向储汞槽。然后按上述方法相连。

b. 水银球中水银量的调节　因为调节的方法很多，今以下降式的贝克曼温度计为例，介绍一种经常用的方法。

首先测量（或估计）a 到 b 一段所相当的温度。将贝克曼温度计与另一支普通温度计插入盛水（或其他液体）的烧杯中，加热，烧杯，贝克曼温度计中的水银丝就会上升，由普通温度计可以读出 a 到 b 段所相当的温度值，设为 $R$℃。为准确起见，可反复测量几次，取其平均值。

设 $t$ 为实验欲测的起始摄氏温度（例如纯液体的凝固点），在此温度下欲使贝克曼温度计中毛细管的水银面恰在 1°附近，则需将已经连接好水银丝的贝克曼温度计悬于一个温度为 $t'=(t+1)+R$ 的水浴（或其他浴）中。待平衡后，用右手握贝克曼温度计中部，由水浴取出（离开实验台），立即用左手沿温度计的轴向轻敲右手的手腕，使水银丝在 b 点处断开（注意在 b 点处不得有水银保留）。这样就使得体系的起始温度恰好在贝克曼温度计上 1°附近。一般情况下，$R$ 约为 3℃。

除上法外，有时也利用储汞槽背后的温度标尺进行调节。由于原理相同，这里不作介绍了。

c. 验证所调温度　断开水银丝后，必须验证在欲测体系的起始温度时，毛细管中的水银面是否恰好在刻度尺的合适位置（如在 1°附近）。如不合适，应按前述步骤重新调节。调好后的贝克曼温度计放置时，应将其上端垫高一些，以免毛细管中的水银与储汞槽中的水银相连接。

② 读数　读数值时，贝克曼温度计必须垂直，而且水银球应全部浸入所测温度的体系中。由于毛细管中的水银面上升或下降时有黏滞现象，所以读数前必须先用手指（或用橡皮套住的玻璃棒）轻敲水银面处，消除黏滞现象后用放大镜（放大 6～9 倍）读取数值。读数时应注意眼睛要与水银面水平，而且使最靠近水银面的刻度线中部不呈弯曲现象。

③ 刻度值的校正　直接由贝克曼温度计上读出的温度差值，还要作刻度值的校正。校正的因素较多，在非特别精确的测量中，只作下列两项校正就够了。

a. 由于调整温度不同所引起的校正　水银球内的水银量及水银球的体积，随调整温度不同而异。通常情况下，贝克曼温度计的刻度是在调整温度为 20℃（即在贝克曼温度计上读数为 0℃时，相当于温度 20℃）时定的。调整温度为其他数值时必须加以校正。表 6-6 所列出的是德国 Jena 16$^{Ⅲ}$ 号玻璃所制的贝克曼温度计的校正值。

例如调整温度 $t'$ 为 5℃时，贝克曼温度计上的刻度差值 1°相当于 0.995℃。上限读数为 4.127°，下限读数为 1.058°，温度差为

$$4.127-1.058=3.069$$

此温度差相当于摄氏温标的温度数为

$$3.069\times0.995=3.054℃$$

**表 6-6　德国 Jena 16$^{Ⅲ}$ 号玻璃所制的贝克曼温度计的校正值**

| 调整温度/℃ | 读数 1°相当的摄氏温度 | 调整温度/℃ | 读数 1°相当的摄氏温度 | 调整温度/℃ | 读数 1°相当的摄氏温度 |
|---|---|---|---|---|---|
| 0 | 0.9936 | 35 | 1.0043 | 70 | 1.0125 |
| 5 | 0.9953 | 40 | 1.0056 | 75 | 1.0135 |
| 10 | 0.9969 | 45 | 1.0069 | 80 | 1.0144 |
| 15 | 0.9985 | 50 | 1.0081 | 85 | 1.0153 |
| 20 | 1.0000 | 55 | 1.0093 | 90 | 1.0161 |
| 25 | 1.0015 | 60 | 1.0104 | 95 | 1.0169 |
| 30 | 1.0029 | 65 | 1.0115 | 100 | 1.0176 |

b. 水银柱露出体系外的校正　这是由于露在室温（$t$）中的水银柱与插入体系中的水银所处的温度不同所引起的。校正值（Δ）的公式如下。

$$\Delta=K(t_2-t_1)(t'+t_1+t_2-t)$$

式中，$K$ 为水银在玻璃毛细管内的线膨胀系数，一般为 0.00016；$t_1$，$t_2$ 为起始温度与终了温度。设室温为 25℃，而其他数值如上，则

$$\Delta = 0.00016(4-1)(5+1+4-25) = -0.007℃$$

故考虑了这两种校正后，正确的温度差值为

$$3.054-0.007=3.047℃$$

④ 使用注意事项　贝克曼温度计是易损坏的仪器，使用时要特别小心，但也不要因此而缩手缩脚不敢使用，只要严格地按操作规程进行操作是不易损坏的。这里再提几点注意事项。首先检查装放贝克曼温度计的套或盒是否牢固；拿温度计走动时，要一手握住其中部，另一手护住水银球，紧靠身边；平放在实验台上时，要和台边垂直，以免滚动跌落在地上；用夹子夹时必须要垫有橡皮，不能用铁夹直接夹温度计，夹温度计时不能夹得太紧或太松；不要使温度计骤冷骤热；使用后立即装回盒内。

4. 热电偶温度计

两种金属导体构成一个闭合线路，如果连接点温度不同，回路里将产生一个与温差有关的电势，称为温差电势。这样的一对导体称为热电偶。因此可用热电偶的温差电势测定温度。

几种常见的热电偶温度计的适用范围及其室温下温差电势的温度系数($dE/dT$)列于表 6-7 中。

**表 6-7　几种常见的热电偶温度计的适用范围及其室温下温差电势的温度系数**

| 类　型 | 适用温度的范围 /℃ | 可以短时间使用的温度 /℃ | $\frac{dE}{dT}$/mV·℃$^{-1}$ | 型　号 |
|---|---|---|---|---|
| 铜-康铜 | −40～350 | 600 | 0.0428 | WRC |
| 铁-康铜 | −200～750 | 1000 | 0.0540 | WRF |
| 镍铬-镍铝 | 20～1200 | 1350 | 0.0410 | WRE |
| 铂-铂铑合金 | 0～1450 | 1700 | 0.0064 | WRP |

其化学成分如下。

康铜（Constantan）——Cu 60%，Ni 40%；

镍铬合金（Chromel）——Ni 90%，Cr 10%；

镍铝合金（Alumel）——Ni 95%，Al 2%，Si 1%，Mg 2%；

铂铑合金——Pt 90%，Rh 10%。

上述热电偶在不同温度下的热电势数值列于表 6-8 中。

**表 6-8　热电偶在不同温度下的热电势**

| 热端温度 /℃ | 当冷端温度为 0℃时热电偶的热电势 /mV | | | | 热端温度 /℃ | 当冷端温度为 0℃时热电偶的热电势 /mV | | | |
|---|---|---|---|---|---|---|---|---|---|
| | 铂-铂铑 | 镍铬-镍铝 | 铁-康铜 | 铜-康铜 | | 铂-铂铑 | 镍铬-镍铝 | 铁-康铜 | 铜-康铜 |
| 0 | 0 | 0 | 0 | 0 | 900 | 8.43 | 37.33 | 52.29 | |
| 100 | 0.64 | 4.10 | 5.40 | 4.28 | 1000 | 9.57 | 41.27 | 58.22 | |
| 200 | 1.42 | 8.13 | 10.99 | 9.29 | 1100 | 10.74 | 45.10 | | |
| 300 | 2.31 | 12.21 | 16.56 | 14.86 | 1200 | 11.95 | 48.81 | | |
| 400 | 3.24 | 16.39 | 22.07 | 20.87 | 1300 | 13.15 | 52.37 | | |
| 500 | 4.21 | 20.64 | 27.58 | | 1400 | 14.37 | | | |
| 600 | 5.22 | 24.90 | 33.27 | | 1500 | 15.55 | | | |
| 700 | 6.25 | 29.14 | 39.30 | | 1600 | 16.76 | | | |
| 800 | 7.32 | 33.29 | 45.72 | | | | | | |

这些热电偶可用相应的金属导线熔接而成。铜和康铜熔点较低，可蘸以松香或其他非腐蚀性的焊药在煤气焰中熔接。但其他的几种热电偶则需要在氧焰或电弧中熔解。焊接时，先将两根金属线末端的一小部分拧在一起，在煤气灯上加热至 200～300℃，沾上硼砂粉末，然后让硼砂在两金属丝上熔成一硼砂球，以保护热电偶丝免受氧化，再利用氧焰或电弧使两金属熔接在一起。

应用时一般将热电偶的一个接点放在待测物体中（热端），而另一接点则放在储有冰水的保温瓶中（冷端），这样可以保持冷端的温度稳定，见图 6-3(a)。

有时为了使温差电势增大，增加测量精确度，可将几个热电偶串联成为热电堆使用，热电堆的温差电势等于各个电偶热电势之和。见图 6-3(b)。

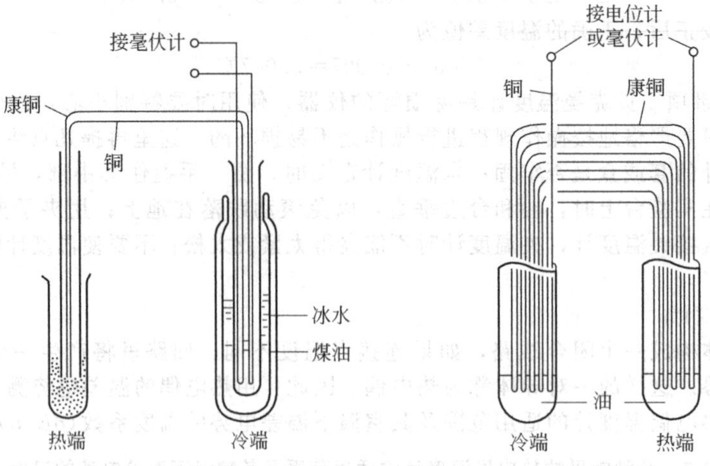

(a) 一对串联　　(b) 五对串联

图 6-3 热电偶连接方式

热电偶温度计包含两条焊接起来的不同金属的导线，在低温时两条线可以用绝缘漆隔离，在高温时则要用石英管、磁管或玻璃管隔离，视使用温度不同而异。

温差电势可以用电位计、毫伏计与精密数字电压表测量。

5. 红外测温仪

红外测温仪可进行非接触式的远程温度测量，工作红外线波段在 7～18μm 之间，通常测量温度区间为－18～600℃，有的高温辐射温度计可测 3000℃高温。

(1) 红外测温仪工作原理

红外线辐射是自然界存在的一种最广泛的电磁波辐射，一切温度高于绝对零度的物体都在不停地向周围空间发出红外辐射能量。物体的红外辐射的一个重要特性是，辐射能量的大小及其按波长的分布与它的表面温度有着十分密切的关系。因此，通过对物体自身辐射的红外能量的测量，能准确地测定它的表面温度，这就是红外辐射测温所依据的基本原理。

红外测温仪接收物体自身发射出的不可见红外辐射能量。红外线的波长在 0.78～100μm 之间，其中 0.78～14μm 波带常用于红外测温。

用红外辐射测温仪测量目标的温度时首先要测量出目标在其波段范围内的红外辐射量，然后由测温仪计算出被测目标的温度。单色测温仪与波段内的辐射量成比例；双色测温仪与两个波段的辐射量之比成比例。

红外测温仪是由光学系统、探测单元和信号处理三部分组成的。光学系统的主要作用是收集被测目标的辐射功率，并使其汇聚到红外探测器上。红外探测器的作用是将接收到的红外辐射转换为电信号输出。电信号处理部分的作用主要是对探测的微弱信号进行放大，以达到显示或记录被测温度的目的。为了使红外测温仪有较高的输出信噪比，必须要求仪器有较大的光学相对孔径，高灵敏度的探测器，低噪声的电信号处理系统。为使红外测温仪有较高的测量精度，必须采取发射率修正，环境温度补偿和精确的温度定标等措施。

(2) 红外测温仪的分类

红外测温仪包括便携式、在线式和扫描式三大系列。红外测温仪根据原理可分为单色测温仪和双色测温仪（辐射比色测温仪）。

(3) 红外测温仪性能

以美国爱光公司生产的便携式红外测温仪 UX-50P 为例，其性能指标见表 6-9。

**表 6-9 便携式红外测温仪性能指标**

| | |
|---|---|
| 测量范围/℃ | 300～1000 |
| 精度/℃ | ±6 |
| 重复精度/℃ | ±1 |

续表

| | |
|---|---|
| 测量范围/℃ | 300～1000 |
| 温度漂移/℃ | 0.2 |
| 响应时间/s | 0.2 |
| 光谱响应/μm | 1.55 |
| 目标大小/测距 | Φ20≤4000mm　Φ33≤5000mm　Φ90≤10000mm |
| 发射率(可调) | 0.10～1.90 |
| 数据存储 | 1～500点 |
| 使用环境温度/℃ | 0～50 |
| 电池 | 2节AA电池(1.5V5号),连续使用寿命50h |
| 重量/g | 350 |
| 外壳尺寸/mm | 70(宽)×100(高)×148(长) |

(4) 选择红外测温仪考虑因素

温度范围：测温范围是测温仪最重要的一个性能指标。美国爱光公司生产的便携式红外测温仪UX系列的温度范围为300～3000℃（分段），每种型号的测温仪都有其特定的测温范围。所选仪器的温度范围应与具体应用的温度范围相匹配。

目标尺寸：对于单色测温仪，测温时，被测目标应大于测温仪的视场，否则测量有误差。建议被测目标尺寸超过测温仪视场的50%为好。对于双色测温仪，其温度是由两个独立的波长带内辐射能量的比值来确定的。因此当被测目标很小，没有充满现场，测量通路上存在烟雾、尘埃、阻挡对辐射能量有衰减时，都不会对测量结果产生影响。

光学分辨率（D∶S）：即测温仪探头到目标直径之比。如果测温仪远离目标，而目标又小，应选择高分辨率的测温仪。

(5) 使用红外测温仪注意事项

以美国爱光公司生产的便携式红外测温仪UX系列为例，为确保测量精度，在使用过程中应注意：

光路：在测温仪的透镜和被测物之间的传播光路上不能有水滴、尘埃粒子、烟、蒸汽或其它的外界物质。否则会干扰测量，使温度示值偏低或不稳定。如果不可避免，可借助发射率修正，峰值或平均值测量等功能来改善测量示值。

环境热辐射源：不能让直射的阳光、火焰或其它的热辐射照射到被测物和测温仪的物镜上，否则会干扰测量，使温度示值偏高或不稳定。如果不可避免，可借助发射率修正，谷值或平均值测量等功能来改善测量示值。

视场：单色测量时，目标必须充满测量视场，否则测量值会偏低；双色测量时无此要求。

发射率：必须尽可能准确地设置被测物表面的发射率（单色测量）或比发射率（双色测量）。使测量示值与被测物的真实温度一致。

对于在仪器工作波长有吸收峰的被测物（选择性吸收体），不能用双色测量，只能用单色测量。

不能透过玻璃进行测温，因为玻璃有很特殊的反射和透过特性。对于光亮的或抛光的金属表面的测温建议最好不用红外测温仪，因为当测量发光物体表面温度时，如铝和不锈钢，表面的反射会影响红外测温仪的读数。

如果实在要用红外测温仪对光亮的或抛光的金属表面测温，则可在读取温度前，在金属表面放一胶条，温度平衡后，测量胶条区域温度。

要想红外测温仪可以在环境温差大的区域来回走动仍能提供精确的温度测量，就要在新环境下经过一段时间以达到温度平衡后再测量。最好将测温仪放在经常使用的场所。

6. 热敏电阻温度计

MFSE系列高精度热敏电阻，可用于控温系统和温度检测。其性能如下。

| | | | |
|---|---|---|---|
| 标称阻值 | 0.5～500kΩ | 使用温度 | －50～300℃ |
| 材料常数 $B$ 值 | 2500～5000K | 电阻温度系数 $\alpha$ | (－2～－5)%/K |

计算公式

$$\alpha_T=\frac{B}{T^2}$$

式中 $B$——元件材料常数，K；

$T$——热力学温度，K；

$\alpha_T$——温度 $T$ 时的电阻温度系数，$K^{-1}$。

时间常数 6～12s

电阻值互换精度 ±0.1%，±0.2%，±0.5%，±1%，±2%

年稳定性 ≤0.1%，≤0.2%，≤0.5%

外形尺寸 $\phi$1.5～3mm，$l$40mm

由高精度热敏电阻和外壳用不锈钢组成的温度传感器，可用于控温系统和温度检测。使用温度−55～105℃，年稳定性≤0.1%，电阻值互换精度为±0.1%。

部分热电阻型号与量程

| 型号 | 传感器和度号 | | 最大量程 | 型号 | 传感器和度号 | | 最大量程 |
|---|---|---|---|---|---|---|---|
| SBWI-2260 | Cu | 100 | −50～150℃ | SBWI-3460 | Pt | 100 | −100～200℃ |
| SBWI-2460 | Pt | 100 | 0～500℃ | SBWI-4460 | Pt | 100 | −200～550℃ |

上述各种温度计可按不同使用目的选择合用的型号。在一般实验中，最常用的是水银温度计，用来测量物理或化学变化的温度，如熔点、沸点、反应温度等。贝克曼温度计用来测量温度的变化。温度计精确度的选择与其他物理量的测量要配合恰当，符合实验要求。

非常精确地测量微小温差，常使用多对串联的热电偶温度计、温差电阻温度计和热敏电阻温度计。

在水银温度计适用的温度范围以外，可使用电阻温度计或热电偶温度计，在更高温度时使用辐射温度计。

如果需要很低的热容和高速的温度响应，水银温度计是不合用的，可采用热敏电阻温度计或热电偶温度计。

## 二、熔点与结晶点的测定

### 1. 熔点的测定

#### (1) 熔点测定仪的原理

一般认为使固体物质在标准大气压（100kPa）压力下从固态转变为液态的温度为该物质的熔点。纯粹的固体有机物一般都有固定的熔点，是检验该化合物纯度的重要标志。在一定压力下，固液两态之间的变化是非常敏锐的，从初熔到全熔（这个范围称为熔程）温度不超过0.5～1℃。如果该物质中含有杂质，其熔点往往比纯粹物质低，而且熔程也较长。

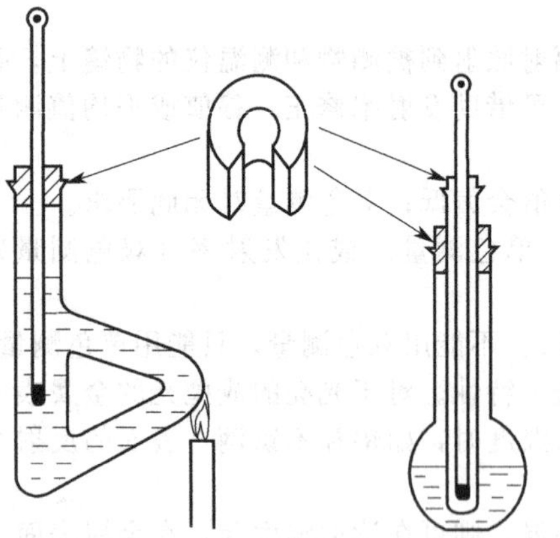

(a) 提勒管式熔点测定仪　(b) 双浴式熔点测定仪

图 6-4 熔点测定仪

测定熔点的仪器很多，实验室中最常用的有提勒管式和双浴式熔点测定仪（如图 6-4 所示）。

① 提勒管式熔点测定仪

提勒管又称 b 形管，管口装有侧面开口软木塞，温度计插入其中，温度计刻度应面向木塞开口处，其水银球要位于 b 形管上下两岔管之间。装好样品的熔点管可用细丝系在温度计下端，或借助少许浴液黏附在温度计下端。注意一定要使样品部分置于水银球侧面中部。b 形管中装入浴液，高度达岔管上即可。在图示部位加热，受热的浴液作沿管上升运动，从而使整个 b 形管内浴液对流循环，使温度均匀上升。

② 双浴式熔点测定仪

双浴式熔点测定仪的制法是：在试管外配侧面开口的软木塞，将其插入 250mL 烧瓶内，直至离瓶底约 1cm 处；试管口内也配一个侧面开口的软木塞，插入温度计，温度计水银球应距管底 0.5cm；烧瓶内装约 2/3 体积的浴液，试管内也装入一些浴液，使其插入温度计后液面高度与瓶内浴液高度相同。熔点管用细铜丝或借助少许浴液黏附于温度计下端，装法与 b 形管中相同。

浴液应根据所测样品熔点温度范围的不同来选择，见表 6-10。

**表 6-10 熔点测定常用浴液**

| 浴 液 | 应用温度范围/℃ | 浴 液 | 应用温度范围/℃ |
| --- | --- | --- | --- |
| 石蜡油 | <230 | 磷酸 | <300 |
| 浓硫酸 | <220(敞开器皿中) | 聚有机硅油 | <350 |
| 固体石蜡(熔点 60～70℃) | <280(关闭而留有狭缝的容器中 250～350) | 熔融氯化锌 | 360～600 |

(2) 测定步骤

① 熔点管的制备（见第二章第一节五）

② 样品的装入 取少许待测样品（约 0.1g）于干净的表面皿上，用玻璃棒将其研成粉末并集成一堆。将熔点管开口端向下插入粉末中，装取少量粉末，然后把熔点管封闭端向下，轻轻地在桌面上敲击，以使粉末落入和填紧管底。或者取一支长约 30～40cm 的玻璃管，垂直立于一干净的表面皿上，将熔点管从玻璃管上口中自由落下，可更好地达到上述目的。为了使管内装入高约 2～3mm 致密严实的样品，一般需如此重复数次。对于蜡状样品，可选用内径为 2mm 左右的毛细管作熔点管。

③ 熔点的测定 将提勒管式或双浴式熔点测定仪垂直固定在铁架台上，按前述方法装配完毕并加入合适的浴液后，小心地把黏附有或系有熔点管的温度计插入浴液（或试管）中。用小火慢慢地加热浴液，开始升温速度可以稍快一些，到距熔点约 10～15℃时，调整火焰使每分钟上升温度约 1～2℃。越接近熔点，升温速度应越慢。这不仅是为了保证有充分的时间让热量由管外传入管内，也是为了不断地观察温度计和样品变化情况，以免造成读数误差。记录样品开始塌落并有液相产生时（初熔）和固体完全消失时（全熔）的温度读数，即该化合物的熔程。要注意样品在初熔前是否有收缩、软化、放出气体以及其他分解现象。例如一有机物在 122℃时开始收缩，在 123℃时有液滴出现，在 124℃时全部液化，应记为：熔点 123～124℃，122℃时收缩。

(3) 注意事项

① 测定有机物的熔点，至少要有两次或两次以上的重复数据。每次测定都必须用新的熔点管另装样品，不能将已测过熔点的熔点管冷却固化后再第二次使用。因为有些有机物会产生部分分解，有些会转变成具有不同熔点的其他晶型。测定易升华、易分解或易脱水物质的熔点时，应将熔点管的开口端烧熔封闭，并且要等温度上升到熔点以下 10℃时再将装有样品的毛细管放入，然后以每分钟上升 3℃的速度加热测定。

② 测定未知物的熔点，应先对样品进行一次粗测，加热速度可以稍快一些。测得大致熔点范围后，将浴液冷却至熔点以下 30℃左右，另取一根新样品管作精密测定。

③ 用测定熔点的方法来定性分析有机化合物时，首先应精确地测出未知物的熔点。然后将此未知物和具有相同熔点的标准品混合，测定此混合物的熔点。若熔点无变化，则可认为这两种物质相同（至少要测定三种不同混合比例，例如 1∶9、1∶1 和 9∶1）。

④ 熔点测定完毕，温度计的读数必须对照温度计校正曲线进行校正，以确保所测熔点的准确性。因为一般温度计中的毛细管孔径都不一定很均匀，另外长期使用的温度计玻璃也可能发生长度变化，这些都会造成刻度不准确。温度计校正见本章第一节。

⑤ 熔点测定的标准物质参见第三章第五节。

(4) 显微熔点测定仪

① 仪器简介 X-4/X-5 显微熔点测定仪采用标准倍数 80 倍双目体视显微镜，视场大，工作距离大，立体感强。采用 PID 智能控温，设定温度和被测温度双排数字显示。智能调控热台温度，具有冲温小、加热快，自动恒温的特点。热台采用 220V/300W 镍铬丝，使用寿命长，更换容易。一体化调压块，体积小，重量轻，升温平稳，工作可靠。

② 技术参数

放大倍数：20×、40×、80×；

工作距离：30～100mm；

物方视场：$\phi$100～3mm；

测定量小于：0.1mg；

测定误差：满量程±0.5%；

测量准确度：±1℃。

③ 标准配置

双目体视显微镜；10×目镜；20×目镜；2×物镜；熔点热台；散热器；盖玻片；隔热玻璃；镊子；调压控温测定仪；传感器。

④ 工作原理 被控对象工作台的控制系统是由精密恒温控制仪、传感器、低压温控台等组成，精密恒温控制仪在测量状态下所显示的温度为加温台中心被测物中心的温度，其加温台为安全电压36V输出。当被控对象低于设置温度，仪表绿灯闪亮处加温状态。当到达设置温度范围，红灯闪亮，这时工作台就处于保温状态，仪器面板数显屏下方设有“温度设定”旋钮和设定显示按钮，供调节温度。

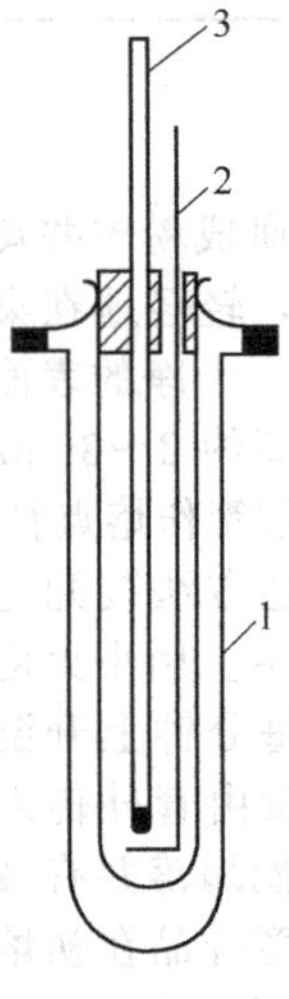


图 6-5 茹可夫瓶
1—茹可夫瓶；
2—搅拌器；
3—温度计

2. 结晶点（凝定点）测定

(1) 原理与仪器

在标准大气压（100kPa）的气压下物质由液体变为固体的温度称为结晶点。纯物质有固定不变的结晶点，如含有杂质则结晶点降低，因此通过测定结晶点可判断物质的纯度。

测定结晶点时，常用茹可夫瓶（图 6-5）。它是一个双壁的玻璃试管，将双壁间的空气抽出可以减少其与周围介质的热交换。此瓶适用于比室温约高10～15℃的物质结晶点的测定。

如结晶点低于室温，可在茹可夫瓶外加一高度约160mm，内径120mm的冷剂槽。当测定温度在0℃以上，可用水和冰作冷剂；在−20～0℃可用食盐和冰作冷剂；在−20℃以下可用乙醇和干冰（固体二氧化碳）作冷剂。

(2) 测定步骤

在100mL干燥烧杯中，放入约40g研细的样品，在烘箱中加热至超过熔点10～15℃，使之熔融，立即倒入预热至同一温度的茹可夫瓶中，至容积的2/3，用带有温度计和搅拌器的软木塞塞紧瓶口。使用刻度为0.1℃的短温度计，其下端应距管底15mm，并与四周管壁等距。样品进行冷却时以每分钟60次以上的速度上下移动搅拌器，当样品液体开始不透明时停止搅动，注意观察温度计，可看到温度上升，当达一定数值后在短时间内维持不变，然后开始下降。读取此上升稳定的温度，即为结晶点。有关化工产品结晶点的测定方法见GB/T 7355—1993。

## 三、沸点与沸程测定

1. 沸点的测定

(1) 原理

液体的分子由于运动有从液体表面逸出的倾向，这种倾向随着温度的升高而增大。在密闭的真空系统中，当液体分子逸出的速度与分子由蒸气中回到液体中的速度相等时，液面上的蒸气保持一定的压力，称为饱和蒸气压。液体的饱和蒸气压随温度的升高而增大。当液体的蒸气压增大到与外界施于液面上的总压力（常压为 $1.01\times10^5$ Pa）相等时，就有大量气泡从液体内部逸出，称为沸腾，此时的温度就是该液体的沸点。纯物质有固定的沸点，沸点变化范围在1～3℃间。若含有杂质则沸点上升，沸点变化范围会超过3～5℃。因此沸点是衡量物质纯度的标准之一。

测定沸点的仪器、方法很多，最常用的是蒸馏法，具体的仪器及操作见第七章第一节。

若样品量少，可用毛细管法测定沸点。

(2) 毛细管法测定沸点

① 所用仪器 见图 6-6。

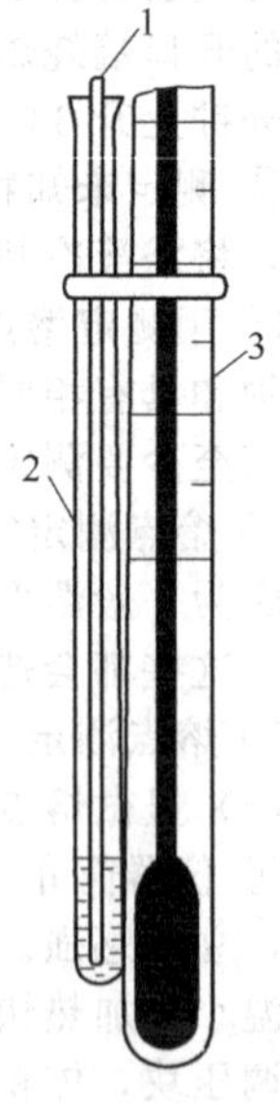


图 6-6 毛细管法沸点测定器
1—一端封闭的毛细管；
2—一端封闭的粗玻璃管；3—温度计

② 测定步骤　测定在沸点管中进行。沸点管由一个直径1mm、长90～110mm、一端封闭的毛细管和一个直径4～5mm、长80～100mm的一端封闭的粗玻璃管所组成。取样品0.25～0.50mL置于较粗的玻璃管中，将毛细管倒置其内，封闭的一端向下，如图6-6所示。将沸点管附于温度计上，置于热浴（浴液根据被测物沸点不同而异）中缓缓加热，当有一串气泡迅速地由毛细管中连接逸出时移去热源，气泡逸出的速度逐渐减慢，当气泡停止逸出而液体刚要进入毛细管时的温度即为沸点。

③ 沸点的校正

沸点随压力的改变而改变，如果不是在标准大气压100kPa下进行沸点测定，那么必须对所测得的样品沸点温度加以校正。常用的沸点校正方法是标准样品法。即同时测定标准样品和待测沸点的样品，测得的标准样品的沸点与该样品在标准压力下的沸点的差值便是样品沸点的校正值。

用标准样品作对照进行沸点校正，在一般情况下准确度可达0.1～0.5℃。选择标准样品的原则是：标准样品的结构和沸点要与待测样品最为相近。沸点测定常用的标准样品见表6-11。

例如某未知化合物测得的沸点是84.5℃，在相同的测定条件下测得苯的沸点是79.5℃，由表6-11查得苯在标准压力下的沸点是80.10℃，因此沸点校正值为0.6℃。该未知物的沸点就应该是85.1℃。

**表6-11　沸点测定常用的标准样品**

| 化合物 | 沸点/℃ | 化合物 | 沸点/℃ | 化合物 | 沸点/℃ |
|---|---|---|---|---|---|
| 溴乙烷 | 38.40 | 甲苯 | 110.62 | 硝基苯 | 210.85 |
| 丙酮 | 56.11 | 氯苯 | 131.84 | 水杨酸甲酯 | 222.95 |
| 氯仿 | 61.27 | 溴苯 | 156.15 | 对硝基甲苯 | 238.34 |
| 四氯化碳 | 76.75 | 环己醇 | 161.10 | 二苯甲烷 | 264.40 |
| 苯 | 80.10 | 苯胺 | 184.40 | α-溴萘 | 281.20 |
| 水 | 100.00 | 苯甲酸甲酯 | 199.50 | 二苯酮 | 306.10 |

温度计是测定熔点、结晶点的主要工具，普通温度计常因毛细管内径不均匀或刻度不准确使读数不可靠，因此，除用标准样品校正温度计外，还可用标准温度计方法。见本节温度的校正。

2. 沸（馏）程的测定

(1) 原理与仪器

对有机溶剂和石油产品，沸程是衡量其纯度的主要指标之一。在100kPa（即760mm Hg、1atm）下对样品进行蒸馏，所用仪器见第七章第一节，记录第一滴样品馏出的温度（初馏点）和蒸出不同体积样品的温度，以及残留量和损失量。

对各类样品按照不同的沸程数据规定了相应的质量标准，根据测得的数据确定样品的质量。

(2) 测定步骤

① 洗净干燥全套蒸馏仪器并安装好。用清洁干燥的100mL量筒准确量取100mL样品，小心注入蒸馏瓶中，不要使样品流入烧瓶的支管内。安好温度计，使水银球的上边缘与支管接头处的下边缘在同一水平面。蒸馏前烧瓶中加入沸石，以防暴沸。

② 装好仪器后，先记下大气压力，再开始均匀加热，按下述蒸馏速度来调节煤气灯火焰（或电炉）。

| | | | |
|---|---|---|---|
| 开始加热至初馏点 | 5～10min | 90%至干点(即终沸点) | 3～5min |
| 初馏点至馏出90% | 4～5mL/min | | |

将接收馏出液的量筒内壁与冷凝管下端接触，使馏出液沿量筒内壁流下。第一滴馏出液从冷凝管滴出时的温度即为初馏点。以后，每馏出10%的馏出物记一次温度。当量筒内液面达90mL时，调整煤气灯，使被蒸馏物在3～5min达到干点，即温度计读数上升至最高点后又开始有下降趋势时，此时立即停止加热。5min后记下量筒内收集到的馏出物的总体积，即回收量。在蒸馏时，所有读数都要求体积准确到0.5mL，温度准确到1℃。

停止加热后，先取下烧瓶罩，使烧瓶冷却5min，然后从冷凝管卸下烧瓶，取出温度计，再小心将烧瓶中热残液倒入10mL量筒内，冷却到(20±3)℃，记下残留物体积，即残留量，精确到0.1mL。

蒸馏损失量＝100－回收量－残留量

两次平行测定结果允许误差为

初馏点≤4℃；中间各点及干点≤2℃；残留物≤0.2mL。

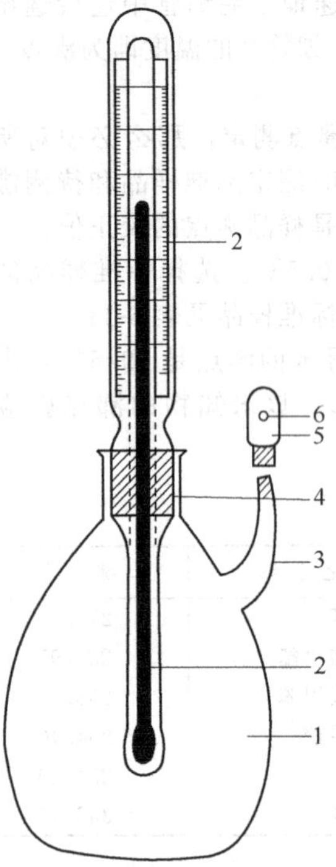


图 6-7 精密密度瓶

1—密度瓶主体；2—温度计(0.1℃值)；3—支管；4—磨口；5—支管磨口帽；6—出气孔

测定沸程后还必须考虑进行室温和实验室所处纬度对气压计读数的校正、大气压力对沸程影响的校正以及对温度计读数的校正。校正的具体方法相同沸点测定的校正方法见中华人民共和国国家标准 GB 615—1988（化学试剂沸程测定通用方法）。

## 四、密度测定

物质的密度是指在 20℃时单位体积物质的质量，以 $\rho$ 表示，单位为 g/mL 或 g/cm$^3$。相对密度是指 20℃时样品的质量与同体积的纯水在 4℃时的质量之比，以 $d_4^{20}$ 表示。若测定温度不在 20℃，而在 $t$℃时，$d_4^t$ 可换算成 $d_4^{20}$ 的数值。

1. 液体密度的测定

(1) 密度瓶法

密度瓶的形状有多种，常用的规格有容量为 50mL、25mL、10mL、5mL 的。比较好的一种是带有特制温度计并具有带磨口帽小支管的密度瓶，如图 6-7 所示。

测定步骤如下。

① 密度瓶质量的测定 将全套仪器洗净并烘干，冷却至室温（注意：带温度计的塞子不要烘烤），称量精确质量 $W_1$。

② 容水值的测定 将煮沸 30min 并冷却至 15～18℃的蒸馏水装满密度瓶，装上温度计（注意瓶内不要有气泡），立即浸入 (20±0.1)℃的恒温水浴中。当瓶内温度计达 20℃保持 20min 不变后，取出密度瓶，用滤纸擦去溢出支管外的水，立即盖上小帽。擦干密度瓶外的水，称出质量为 $W_2$。

③ 样品密度的测定 倒出蒸馏水，密度瓶先用少量乙醇、再用乙醚洗涤数次，烘干冷却或电吹风冷风吹干。按上述操作测定出被测液体加密度瓶质量 $W_3$。

样品密度（$\rho^{20}$）按下式计算

$$\rho^{20}=\frac{(W_3-W_1)\times 0.99820}{W_2-W_1}$$

式中 $W_1$——密度瓶的质量，g；

$W_2$——密度瓶及水的质量，g；

$W_3$——密度瓶及样品的质量，g；

0.99820——水在 20℃时的密度。

如果使用小型的普通密度瓶（不带温度计和支管，见图 6-8），则需要在水浴中另插温度计，其他操作和计算与上述相同。

(2) 密度计法

密度计的结构如图 6-9 所示，常用玻璃制成，上端细管上有直读式刻度，下端粗管内装有金属丸。

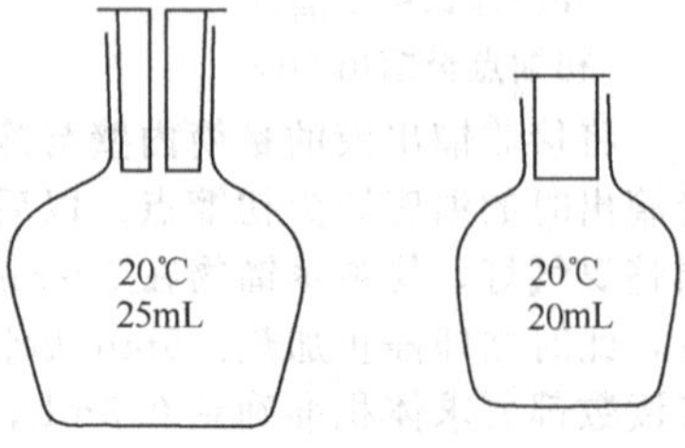


图 6-8 普通密度瓶

密度计按阿基米德原理工作。密度计放入被测液体中，因密度计下端较重，故能自行保持垂直。密度计粗管部分浸入液面下，细管的一部分留在液面上。密度计本身质量与液体浮力平衡，即密度计总质量等于它排开液体的质量。因密度计的质量为定值，所以所测液体的密度越大，密度计浸入液体中的体积就越小。因此按照密度计浮在液体中的位置高低，可求得液体密度的大小。在密度计的上管直接刻上密度或读数，并由几支规格不同的密度计组成套，每支有一定测定范围。

密度计有两类。一类用于测定密度小于水的密度的物质如石油组分、白酒等；另一类用于测定密度大于水的密度的物质如食盐溶液、硫酸等。

使用密度计测定液体密度的步骤如下。

① 取液体样品约 200mL，沿 250mL 玻璃量筒壁缓慢倒入其中，避免产生泡沫。

② 根据样品的估计密度，选择一支量程合适的密度计，将其轻轻插入量筒内的液体中心，使密度计慢慢下沉，注意勿使密度计与量筒壁相撞，静置 1～2min，用一只眼睛沿液面水平方向直接读出温度计细管上的刻度值。对于透明液体，按弯月面下缘读数；对于不透明液体，按弯月面上缘读数。同时，用温度计测量液体温度，并校正为 20℃时的读数。

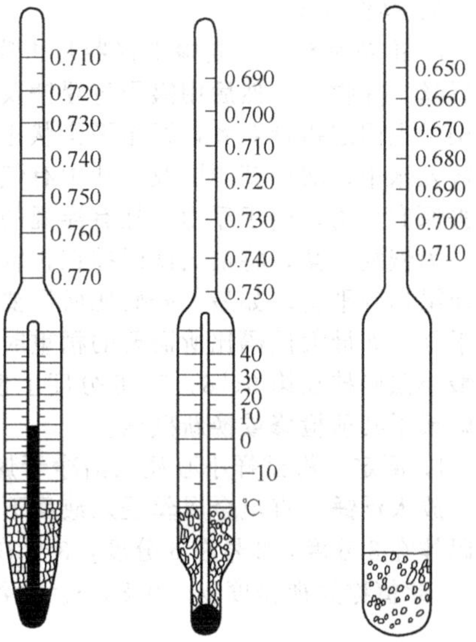

图 6-9　密度计

（3）韦氏天平法

① 原理　根据阿基米德原理，当物体全部沉入液体中时所减轻的重力，即其所受的浮力，等于该物体所排开液体所受的重力。在 20℃时，分别测量韦氏天平的浮锤在水中及样品中的浮力。由于浮锤所排开水的体积与所排开样品的体积相同，所以根据水的密度及浮锤在水中与在样品中的不同浮力，即可计算出样品的密度。

20℃样品的密度 $\rho$ 按下式计算

$$\rho=\frac{m_2}{m_1}\times\rho_0$$

式中　$\rho_0$——20℃时水的密度（0.99820g/mL）；

$m_1$——浮锤沉于水中时测得减轻的质量，g；

$m_2$——浮锤沉于样品中时测得减轻的质量，g。

② 仪器　韦氏天平的结构如图 6-10 所示。其主要部分是一个不等臂的天平梁。其右臂是长臂，等分为 10 格，1～9 格上方都有吊挂游码的“V”形槽，槽下刻有分度值。其左臂为短臂，短臂上有可移动的平衡锤，其末端有指针，当两臂的质量相等时，此指针与相对的固定指针对齐。天平梁有一棱形支点，被支撑在 H 台上，H 台固定在可移动的圆支柱上端，支柱可上下改变位置。韦氏天平有一个空心玻璃浮锤，浮锤本身包含一支玻璃温度计，浮锤挂在长臂末端第 10 格的钩环上。

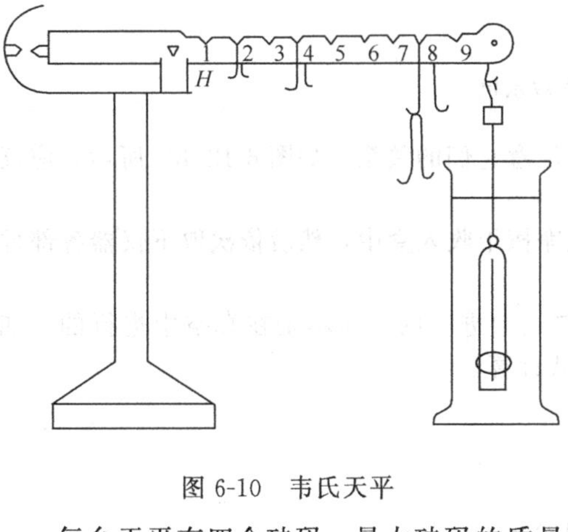

图 6-10　韦氏天平

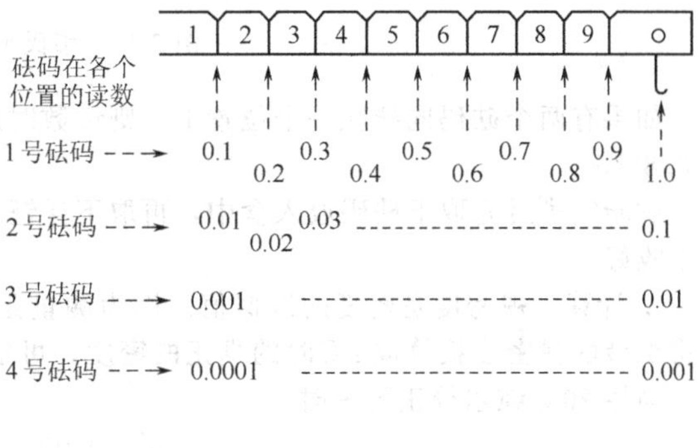

图 6-11　韦氏天平各砝码位置的读数

每台天平有四个砝码，最大砝码的质量等于浮锤在 20℃水中所排出的水所受的重力。其他砝码各为最大砝码的 1/10、1/100、1/1000。四个砝码在各个位置的读数如图 6-11 所示。此组砝码仅适用于本套仪器中的浮锤。

③ 操作步骤

a. 准备及校验　先检查仪器是否完整无损，用细布擦拭金属部分，用乙醇或乙醚洗涤浮锤及金属丝，并吹干。然后用镊子将浮锤及金属丝挂在挂钩上，用水平螺钉调整水平，使短臂末端指针与架子上固定指针对齐，调至平衡状态。校正时，向量筒中注入恰为（20±0.1)℃的蒸馏水，将浮锤放入水中，勿使其周围及耳孔中有气泡，也不要接触筒壁。金属丝应浸入约15mm，此时天平已失去原有平衡，由于浮力使挂有浮锤的长臂端升起。

为恢复平衡，将最大砝码挂在长臂梁的第十分度上，梁刚好恢复平衡。若不平衡，则用最小砝码使梁达到平衡。如最大砝码比所需要的稍轻时，则将最小砝码挂在第1、2、3、4分度上使梁达到平衡；如最大砝码比所需要的稍重时（如用较粗的金属丝），则将最大砝码挂在第9分度上，而将最小砝码挂在第9、8、7、6分度上使梁达到平衡。此时得到读数应在1.0000±0.0004范围内，否则天平必须检修或换新砝码。

b. 测定　将试样小心注入洁净干燥的量筒中，并使其中不含空气泡，试液体积应与水体积相同。放入浮锤，直至金属丝浸入液面下15mm，然后加砝码将天平调至平衡。例如：平衡时，1号砝码挂在8分度，2号在6分度，3号在5分度，4号在3分度，则读数为0.8653［如图6-12(a)所示］，此值称为视密度$\rho'=0.8653$。由浮锤上的温度计记下试液温度。

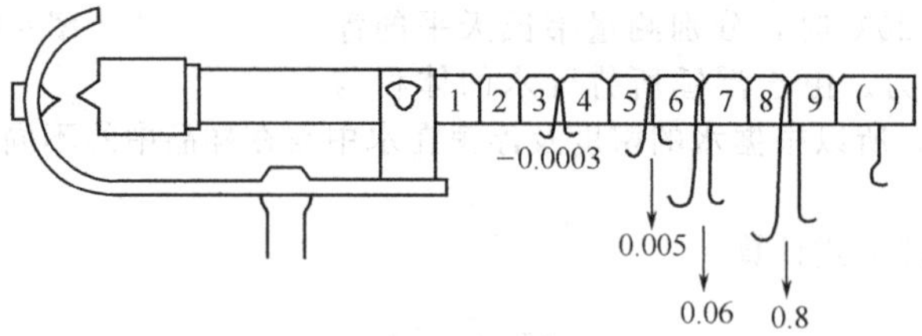


(a)

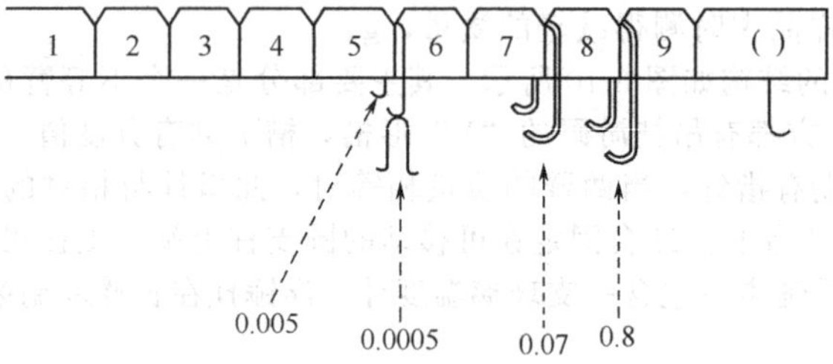


(b)

图6-12　韦氏天平读数示例

如果有两个砝码同挂在一个位置上，则读数时应该注意它们的关系。如图6-12(b)所示，应读为0.8755。

试验完毕后先取下砝码放入盒中，再取下浮锤，洗净擦干收入盒中，然后依次取下仪器各部件擦干收好。

c. 计算　视密度是密度的近似值。因为测量是在空气中进行的，而不是在真空中进行的。如欲将试液的视密度换算成$t$℃时的真正的密度，可依下式计算。

当用20℃纯水校正天平时

$$\rho'=\frac{\rho'-0.0012}{0.99820-0.0012}$$

$$\rho^t=\rho'(0.99820-0.0012)+0.0012$$

式中　$\rho^t$——该液在$t$℃时的真正密度；

$\rho'$——试液在韦氏天平上读出的视密度；

0.99820——水在20℃时的密度；

0.0012——空气在20℃、8000Pa(60mm Hg)时的密度。

(4) 密度管法

密度管如图6-13所示，似大肚移液管弯曲而成，两端口为磨口并配相应的磨口小帽，在一端有一刻度线。使用密度管测量液体密度的方法如下：

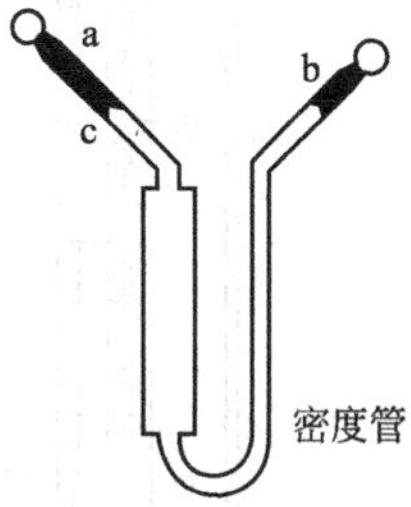

图6-13　密度管

① 准备恒温槽，将恒温槽调节至特定温度，此温度应高于室温5～10℃，并能查到此温度下纯水（或其他液体样品）的密度。

② 将密度管（包括磨口小帽）里外洗净，里外干燥，将带磨口小帽的密度管放在天平上称量，称量时应使用托具，记为$m_0$。

③ 取下磨口小帽，将a端插入纯水（或其他已知密度的液体样品）中，从b端抽气，慢慢将纯水吸入管内并充满，不能有气泡。

④ 将充满纯水的密度管置于恒温槽内，ab端口不套磨口，小帽露在恒温介质之外，在实验温度（高于室温5～10℃）恒温10min。通过用滤纸从b端吸去多余的水，调节a端支管中的液面到刻度c。然后将b端帽先套上，再套a端的帽。

⑤ 从恒温槽中取出密度管，擦干外壁，在天平上称量，记为$m_1$。

⑥ 倒去纯水，用待测液涮洗密度管。吸满待测液体，放在恒温槽内恒温10min。用滤纸从b端口吸去多余的液体，调节a端支管中的液面到刻度c。然后将b端帽先套上，再套a端的帽。

⑦ 从恒温槽中取出密度管，在天平上称量，记为$m_2$。

⑧ 纯水的密度$\rho_{H_2O}$从第一章第五节二中查出，待测液体在此温度下的密度为

$$\rho=(m_2-m_0)/(m_1-m_0)\rho_{H_2O}$$

2. 固体密度的测定

固体密度$\rho=m(s)/V$。测定固体密度有密度瓶法、浮力法等。下面介绍密度瓶法，适用于粉末或小颗粒状固体，测定方法如下：

① 将洗净干燥的密度瓶放在天平上称量，记为$m_0$。

② 装入已知密度的液体（该液体应不溶于待测固体，但能润湿该固体）置于恒温槽内，在实验温度下（高于室温5～10℃）恒温10min，用滤纸吸去塞子上毛细管口溢出的液体。取出密度瓶，擦干外壁，在天平上称量，记为$m_1$。

③ 倒去液体，将密度瓶洗净（无水乙醇涮洗二次），用吹风机吹干，放入待测密度的固体（加入量视密度瓶大小而定），盖上塞子，在天平上称量，记为$m_2$。

④ 往瓶中注入一定量上述已知密度的液体，放入真空干燥器中，用抽气泵抽气约5min，消除吸附于固体表面的空气，再将密度瓶注满液体，用上述方法在恒温槽中恒温10min。取出密度瓶，擦干外壁称量，记为$m_3$。待测固体真密度为

$$\rho=\frac{m_2-m_0}{(m_1-m_0)-(m_3-m_2)}\rho'$$

式中，$\rho'$为已知密度液体的密度。

3. 蒸气密度的测定——梅耶法测蒸气密度和相对分子量

① 基本原理　在温度不太低，压强不太高的条件下，可近似地把实际气体看作理想气体，其状态方程为

$$PV=nRT=\frac{g}{M}RT$$

式中　$P$——气体的压力；

$V$——气体所占的体积；

$n$——气体的摩尔数，它可由气体的质量（g）及相对分子质量（$M$）求得；

$R$——理想气体普通常数；

$T$——绝对温度。

$P$、$V$、$T$、g等数值，可以通过实验测定。因此，对于常温下为液态，稍高于它的沸点下加热而并不分解的挥发性物质，可按上述状态方程用梅耶法测定该物质在气态时的相对分子质量。

将已准确称量的物质放在蒸气相对分子质量测定仪（图 6-14）的内管（汽化管）中，在高于该物质的沸点约 20℃以上的温度下进行汽化，则物质的蒸气把等体积的空气从内管排到量气管内，准确测定排出气体的体积，记录实验时量气管的温度和压力，经过换算即可知道待测物质的相对分子质量。

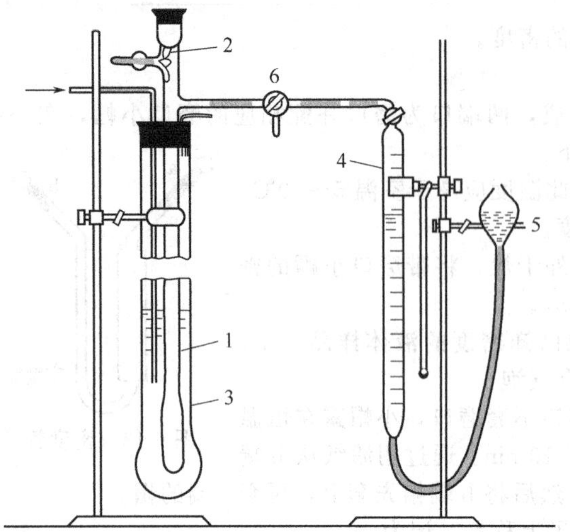

图 6-14 梅耶法蒸气密度测定仪
1—汽化管；2—小玻璃泡；3—外套管；
4—量气管；5—水准球；6—三通活塞

必须注意，汽化管及量气管等部分的温度在汽化前后应当保持不变，但是汽化管和量气管的温度并不要求相等，汽化管内的温度也不必测量。

② 仪器与药品 梅耶相对分子质量测量仪，量气管和水准球，温度计，玻璃小泡等。

③ 测定步骤

a. 仪器装置 梅耶法测蒸气相对分子质量的仪器装置如图 6-14 所示。仪器的主要部分是汽化管，管的上部有支管与量气管相连，此外还有用弹性较好的橡皮管套紧的玻璃棒，支承装有待测液体的小玻璃泡。将整个汽化管放入很长的外套管中，管外通水蒸气加热（或直接用煤气灯在外套管外加热），使水沸腾，待内管的温度保持恒定后，可以拉动汽化管上的玻璃棒，而使小玻璃泡掉入汽化管的底部。汽化管的上口要用橡皮塞紧密封闭包扎，不能有丝毫漏气。

量气管要垂直安装，与水准球相连，量气管要与热源隔离，使温度稳定，在其上部，挂一温度计，测量管内的温度，量气管和汽化管由橡皮管相连，中间接一个三通活塞。

b. 相对分子质量的测定 准备一个小玻璃泡，将空泡放在分析天平上称准质量至 0.1mg（小玻璃泡相当于小称量瓶，不能直接用手拿）。然后利用加热排气法，加入待测液约 0.2mL，并小心地将小泡的毛细管尖端封闭，注意在封闭时玻璃小泡上的玻璃不能亏损，冷却后再称其质量，前后之差即为待测液体之质量。

将汽化管洗净吹干，汽化管内部不能含有易凝结的蒸气，否则由于待测液汽化后顶替出去的气体进入量气管中，会因温度较低而凝结成液体，影响结果的准确性。

从汽化管口小心地放入小泡，使其处在汽化管上部的玻璃棒上，塞紧管口塞子，然后在外套管内装入适量的水（使汽化管的下部浸入水中），放入汽化管，按图 6-14 装置好仪器后，旋转三通活塞，使汽化管和量气管相连，上下移动水准球。检查体系是否漏气。通水蒸气加热，待温度稳定后，旋转三通活塞，使量气管与大气相连。将水准球慢慢往上提，使量气管液面接近顶端刻度处，再旋转三通活塞，使气化管和量气管相连。将支承小玻璃泡的玻璃棒稍往外抽，使得小泡落入汽化管的底部而破碎，小泡内部的液体，即逐渐蒸发变成气体。拿住水准球，逐步往下落，使水准球内的水面和量气管内的水面保持同一高度，直到量气管内的液面保持不动，稍停片刻，待由汽化管排至量气管内的热气体温度下降至室温，准确记录排出空气的体积及量气管的温度，记录实验时的大气压。

④ 数据处理

a. 由气压计读得的压力经过压力计本身的校正，得大气压 $P'$。查出在量气管的温度下，水的蒸气压 $P'_{H_2O}$，求出量气管内蒸气的分压 $P$

$$P = P' - P'_{H_2O}$$

b. 根据所测得的 $V$、$T$、g 等数据，利用理想气体状态方程，求出所测物质的蒸气密度和相对分子质量。

c. 利用贝塞罗（Bertholot）方程求算气体的相对分子质量

$$M = g\frac{RT}{PV}\left[1+\frac{9}{128}\times\frac{P}{P_c}\times\frac{T_c}{T}\left(1-6\frac{T_c^2}{T^2}\right)\right]$$

式中 $P_c$——临界压力；

$T_c$——临界温度；

$T$——外套管的温度（临界常数可查手册）。

⑤ 注意事项

a. 为防止上次测量时被测物蒸气在量气管内凝结而造成测量误差，除采用洗刷清除的方法外，也可用一根长玻璃管插入量气管中，抽气 1～2min 以清除管中残存的蒸气。

b. 气体常数 $R=8.31kPa\cdot dm^3/(mol\cdot K)=8.31J/(mol\cdot K)=8.31kg\cdot m^2/(s^2\cdot mol\cdot K)$。

4. 气体密度法测定二氧化碳分子量

① 实验原理 根据阿伏加德罗定律，同温同压下，同体积气体含有相同数目的分子。因此，当温度、压力相同时，同体积两种气体的质量比，等于它们的相对分子量之比。即

$$M_1/M_2=m_1/m_2$$

式中，$M$ 为相对分子量；$m$ 为质量。

实验以空气（其相对分子量为 29.0）作参照物，与同体积的二氧化碳气体相比较，此时，二氧化碳的相对分子量可由下式计算

$$M_{CO_2}=(m_{CO_2}/m_{空气})\times 29.0$$

因此，在实验中只要测出一定体积二氧化碳的质量，计算出实验条件下同体积空气的质量，即可得到二氧化碳的相对分子量。

② 仪器与药品

仪器：启普发生器、洗气瓶、碘量瓶、电子分析天平、台秤。

药品：大理石、HCl(6mol/L)、$KMnO_4$(1mol/L)、$H_2SO_4$（浓）。

③ 实验步骤

a. 二氧化碳的制备 装配制取二氧化碳的实验装置。从启普发生器的气体出口加入大理石，加入量不超过中间球体积的 1/3，关闭气体出口，再从球形漏斗加入 6mol/L 的盐酸。打开旋塞，盐酸即从底部通过狭缝上升与大理石作用，产生二氧化碳气体。由于大理石中含有硫，所以制备的二氧化碳气体中，常含有硫化氢、酸雾、水汽等杂质，此时，通过 $KMnO_4$、浓 $H_2SO_4$ 除去。

如果实验室中备有二氧化碳气体钢瓶，则二氧化碳气体也可以从钢瓶中直接取得。由钢瓶来的气体，先经过一个缓冲瓶，然后分几路导出供使用，气体流速可由硫酸洗瓶中冒出的气泡快慢来控制，速度不宜太大。

b. 二氧化碳分子量的测定 取一只洁净而干燥的碘量瓶，盖好瓶塞，在电子天平上称量并记录空气、瓶子、塞子的质量 $A$。

拔去塞子，把启普发生器装置上的导气管插入瓶底，等 4～5min 后，轻轻取出导气管，盖好瓶塞，在原来的天平上称重并记录 $B_1$。为了保证瓶内空气完全被二氧化碳排出，重复通入二氧化碳和称量的操作并记录 $B_2$，直至两次称量结果相差不超过 2mg 为止。记录二氧化碳、瓶子、塞子的质量 $B$。

为了测定碘量瓶的容积，可在瓶内装满水，塞好塞子，（注意：要求瓶内没有气泡，瓶外没有水珠）。在台秤上称重并记录 $C$。

④ 数据记录和结果处理

室温 $T$：__________

气压 $P$：__________

（空气＋瓶子＋塞）的质量 $A$ ______ g

（二氧化碳＋瓶子＋塞）的质量 $B_1$ ______ g、$B_2$ ______ g、$B$ ______ g

（水＋瓶子＋塞）的质量 $C$ ______ g

瓶的容积 $V=(C-A)/1.000$ ________ $m_1$

瓶内空气的质量 $m_2=PVM_2/RT$ ________ g

二氧化碳气体的质量 $m_1=B-(A-m_2)$ ____________ g

二氧化碳的分子量 $M_1=29.0\times m_1/m_2$ ________________

相对误差：________________________

## 五、折射率的测定

1. 折射率的测定

(1) 原理

光线从一种透明介质进入另一种透明介质时会产生折射现象，这种现象是由于光线在各种介质中传播的速度不同所造成的一种物质的绝对折射率，系指光线在真空中与在这种物质中的传播速度之比。但是通常在测定折射率时，都是以空气作为对比标准的，即光线在空气中与在某种物质中的行进速度之比，称为相对折射率，简称折射率，用 $n$ 表示。它的右上角注出的数字表示测定时的温度，右下角字母代表入射光的波长。例如，水的折射率 $n_D^{20}=1.3330$，表示在 20℃时用钠光灯 D 线照射所测得的水的折射率。折射率又称折光率、折光指数。

折射率受光的波长和温度影响而改变，不同波长的光具有不同的折射率。通常所指的折射率是采用钠黄光（D 线，波长 $5893\times10^{-10}$m），在 20℃进行测定的，用 $n_D^{20}$ 表示。

折射率 $n$ 与分子内原子排列的状态直接有关。例如物质受热膨胀时，原子排列状态发生改变，从而引起 $n$ 值的变化。通过 $n$ 与密度 $d$ 之间的 Lorenz-Lorentz 关系式，可以求出比折射率 $r$。

$$r=\frac{n^2-1}{n^2+1}\times\frac{1}{d}$$

$r$ 值不因温度、压力及其他物理状态而改变。比折射率与物质相对分子质量的乘积值称为分子折射。分子折射对于各种物质都有着固定的常数，而且分子折射等于构成分子中各原子固有的原子折射之总和。表 6-12 为原子折射率，表 6-13 为折射率测定用的标准试样。其国家标准物质参见第三章第四、第五节。

**表 6-12 原子折射率**

| 原子或功能团 | $n_D$ | 原子或功能团 | $n_D$ | 原子或功能团 | $n_D$ |
|---|---|---|---|---|---|
| C | 2.42 | N(肼) | 2.47 | $NO_3$(烷基硝酸酯) | 7.59 |
| H | 1.10 | N(脂肪族伯胺) | 2.32 | $NO_2$(烷基亚硝酸酯) | 7.44 |
| O(OH) | 1.52 | N(脂肪族仲胺) | 2.49 | $NO_2$(硝基烷烃) | 6.72 |
| O(OR) | 1.64 | N(脂肪族叔胺) | 2.84 | $NO_2$(芳香族硝基化合物) | 7.30 |
| O(═C) | 2.21 | N(芳香族伯胺) | 3.21 | $NO_2$(硝胺) | 7.51 |
| Cl | 5.96 | N(芳香族仲胺) | 3.59 | NO(亚硝基) | 5.91 |
| Br | 8.86 | N(芳香族叔胺) | 4.36 | NO(亚硝胺) | 5.37 |
| I | 13.90 | N(脂肪族腈) | 3.05 | C═C | 1.73 |
| S(SH) | 7.69 | N(芳香族腈) | 3.79 | C≡C | 2.40 |
| S($R_2S$) | 7.97 | N(脂肪族肟) | 3.93 | 三元环 | 0.71 |
| S(RCNS) | 7.91 | N(酰胺) | 2.65 | 四元环 | 0.48 |
| S($R_2S_2$) | 8.11 | N(仲酰胺) | 2.27 | 环氧基(末端) | 2.02 |
| N(羟胺) | 2.48 | N(叔酰胺) | 2.71 | 环氧基(非末端) | 1.85 |

**表 6-13 折射率测定用的标准试样**

| 试样名称 | $t$/℃ | $n_D^t$ | 试样名称 | $t$/℃ | $n_D^t$ | 试样名称 | $t$/℃ | $n_D^t$ |
|---|---|---|---|---|---|---|---|---|
| 水 | 20 | 1.33299 | 硝基苯 | 20 | 1.55230 | 溴苯 | 20 | 1.5602 |
| | 25 | 1.33250 | 甲苯 | 20 | 1.49693 | 邻甲苯胺 | 21.2 | 1.57021 |
| 2,2,4-三甲基戊烷 | 20 | 1.39145 | | 25 | 1.49413 | 溴仿 | 15 | 1.60053 |
| | 25 | 1.38898 | 甲醇 | 15 | 1.33057 | 碘苯 | 15 | 1.6230 |
| 甲基环己烷 | 20 | 1.42312 | 丙酮 | 20 | 1.35911 | 喹啉 | 15 | 1.6298 |
| | 25 | 1.42058 | 乙酸乙酯 | 20 | 1.37243 | 均四溴乙烷 | 20 | 1.63795 |
| 环己醇 | 25 | 1.46477 | 庚烷 | 20 | 1.38775 | 1-溴萘 | 15 | 1.66009 |
| 苯 | 20 | 1.50110 | 丁醇 | 15 | 1.40118 | | 20 | 1.6582 |
| 碘乙烷 | 15 | 1.51682 | 氯丁烷 | 20 | 1.40223 | 二溴甲烷 | 15 | 1.74428 |
| 氯苯 | 20 | 1.52460 | 氯乙烯 | 20 | 1.44507 | | | |
| 溴乙烯 | 15 | 1.54160 | 环己酮 | 19.3 | 1.45066 | | | |

(2) 阿贝折射仪的构造　测定折射率最常用的仪器是阿贝折射仪，其光学系统如图 6-15 所示。

① 望远系统 光线由反光镜 1 进入进光棱镜 2 和折射棱镜 3，被测液体放在 2 和 3 之间，光线经过阿米西棱镜 4 抵消由于折射棱镜及被测物体所产生的色散而成白光，经物镜 5，将明暗分界线成像于分划板 6 上，经目镜 7 和放大镜 8 放大成像于观察者眼中。

② 读数系统 光线由小反光镜 14 经过毛玻璃 13，照明度盘 12，经转向棱镜 11 及物镜 10，将刻度成像于划板 9 上，经目镜 7 和放大镜 8 放大成像于观察者眼中。

阿贝折射仪是用白光作光源，由于色散现象，目镜的明暗分界线并不清楚，为了消除色散，在仪器上装有消色补偿器。实验时转动消色补偿器，就可消除色散而得到清楚的明暗分界线。此时所测得的液体折射率和应用钠光 D 线所得的液体折射率相同。

在阿贝折射仪的望远目镜的金属筒上，有一个供校准仪器用的示值调节螺钉。通常用 20℃ 的水校正仪器（其折射率 $n_D^{20}=1.3330$），也可用已知折射率的标准玻璃校正。

(3) 测定步骤

将折射仪放置在光线充足的位置，与恒温水浴相连，将折射仪直角棱镜的温度调节至 20℃。恒温后把直角棱镜分开，用少量丙酮润湿镜面。稍干后，用擦镜纸顺一个方向轻拭镜面。在下面的棱镜面上加 1 滴蒸馏水，关闭直角棱镜，转动反射镜使光线射入棱镜。调节望远镜的目镜，聚焦于交叉发丝上。转动调节直角棱镜的螺旋，至望远镜内视场分为明暗两部分或出现彩色光带。如若出现彩色光带，可再转动消色散镜调节器，使镜内明暗两部分出现清晰的分界线。最后转动直角棱镜使分界线恰好与交叉发丝相交在中心点上。读数时，轮流从两边将分界线对准交叉发丝中心点，重复观察，根据标尺刻度记录两次读数。读数间的差数不得大于 0.0003，三次读数的平均值即为水的折射率。用所测得的水的折射率与水的标准折射率（$n_D^{20}=1.3330$）比较，即可求得仪器的校正值。然后用同样的方法测定样品的折射率。

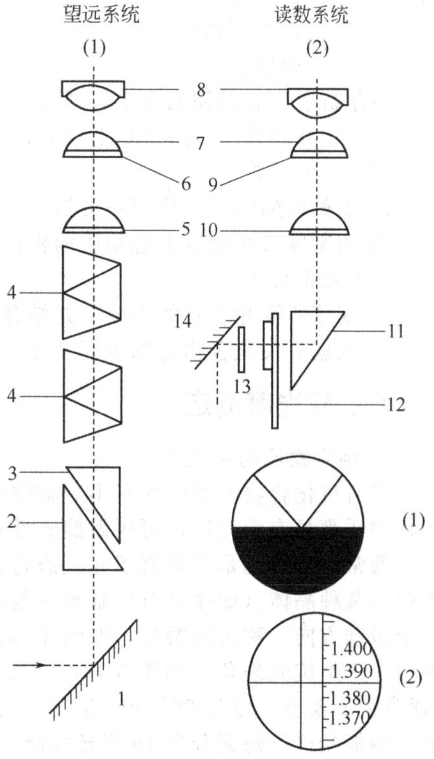


图 6-15 阿贝折射仪光学系统及目镜视场

1—反光镜；2—进光棱镜；3—折射棱镜；4—阿米西棱镜；5,10—物镜；6,9—划板；7—目镜；8—放大镜；11—转向棱镜；12—照明度盘；13—毛玻璃；14—小反光镜

(4) 注意事项

① 折射率受温度影响，对于许多有机化合物，当温度增高 1℃时，折射率下降 $4\times10^{-4}$，所以在测定折射率时，温度一定要恒定，并标明恒定的温度，以备查用。

② 在测定样品折射率之前，应先用标准品（常用蒸馏水）校正仪器。仪器的读数应准确到小数点后第四位。

③ 折射仪不宜暴露在强烈日光下，应放置于阴凉干燥处。不用时应放在特制木箱内，或用布套、塑料套罩上，以防灰尘落入。

④ 折射仪的直角棱镜必须注意保护，绝对禁止与玻璃管尖端或其他硬物相碰，以防镜面出现条痕。擦拭时必须用擦镜头纸轻轻擦拭，不能用粗糙的纸张擦拭。

⑤ 用毕一定要用乙醇、乙醚或丙酮将样品自直角棱镜上擦去。

⑥ 不要用折射仪测定有腐蚀性的液体。

2. 摩尔折射度（率）的测定

(1) 原理

摩尔折射度（$R$）是由于在光的照射下分子中电子云相对于分子骨架的相对运动的结果。$R$ 可以作物为分子中电子极化率的量度。

$$R=(n^2-1)M/(n^2+2)\rho$$

式中　$n$——折射度（率）；

$M$——摩尔质量；

$\rho$——密度。

摩尔折射度有体积的因次，通常为 $cm^3$ 表示。实验表明，摩尔折射度具有加和性。

(2) 仪器和药品　阿贝折射仪；四氯化碳；乙醇；乙酸乙酯；乙酸甲酯；二氯乙烷。

(3) 实验步骤

① 折射度的测定：使用阿贝折射仪测定实验要求的几种物质的折射度。

② 用密度管法测定上述物质的密度。

(4) 数据处理

① 求算所测化合物的密度，并结合所测化合物的折射率数据求出其摩尔折射度；

② 根据有关化合物的摩尔折射度，求出 $CH_2$、Cl、C、H 等基团或原子的摩尔折射度。

## 六、旋光度测定

1. 旋光物质与旋光度

当有机化合物分子中含有不对称碳原子时，就表现出旋光性。例如蔗糖、葡萄糖、薄荷脑等数万种物质都具有旋光性，可叫做旋光性物质。通过旋光度的测定，可以鉴别旋光性物质的纯度。

通常，自然光是在垂直于光线进行方向的平面内沿各个方向振动，如图 6-16(a) 所示。当自然光射入某种晶体（如冰晶石）制成的偏振片或人造偏振片（聚碘乙烯醇薄膜）时，透出的光线只有一个振动方向，称为偏振光，如图 6-16(b) 所示。当偏振光经过旋光性物质时，其偏振光平面可被旋转，产生旋光现象，如图 6-16(c) 所示。此时偏振光平面旋转的角度称为旋光度。在一定温度（通常用 $t$ 表示，可为 20℃或 25℃）一定波长光线（黄色钠光可用 D 表示，波长 $\lambda$ 为 589.3nm）下，偏振光透过每毫升含 1g 旋光物质，其厚度为 1dm（即 10cm）溶液时的旋光度，叫做［比］旋光度（或称旋光率、旋光系数）。可按下式计算

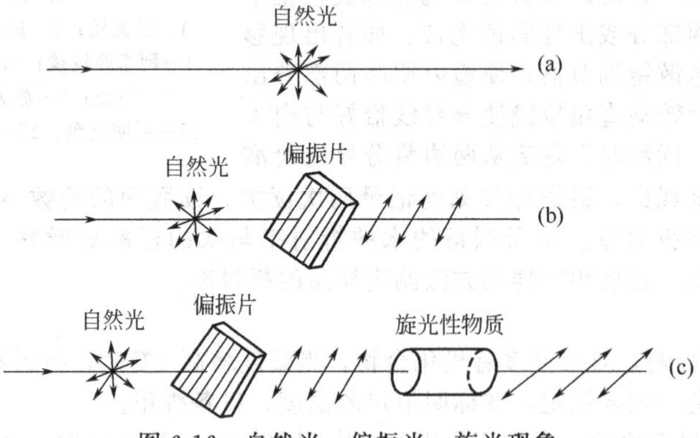


图 6-16　自然光、偏振光、旋光现象

$$[\alpha]_D^t=\frac{100\alpha}{lc}$$

式中　$[\alpha]_D^t$——温度 $t$ 时在黄色钠光波长下测定的比旋光度；

$\alpha$——在旋光仪上测得的旋光度。旋光方向可用(+)或($R$)表示右旋（顺时针方向旋转），用(−)或($S$)表示左旋（逆时针方向旋转）；

$c$——溶液浓度，g/100mL；

$l$——偏振光所经过的液层厚度，dm。

应当指出，旋光性物质在不同溶剂中制成的溶液，其旋光度和旋光方向是不同的。

对于纯液体的［比］旋光度，可用下式计算：

$$[\alpha]_D^t=\frac{\alpha}{ld}$$

式中，$d$ 为纯液体在温度 $t$ 时的密度（g/mL），其他符号含义同上式。

2. 圆盘旋光仪

圆盘旋光仪是过去实验室较常用的仪器，由于其结构简单、使用方便和价廉等原因，现在仍在使用。如 WXG 型半荫旋光仪，见图 6-17。

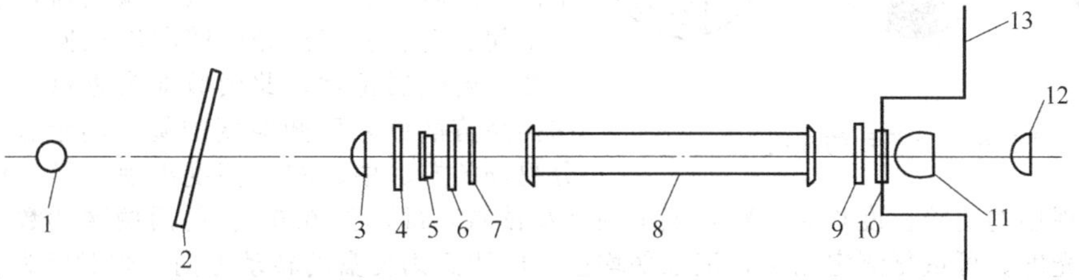


图 6-17　WXG 型半荫旋光仪结构

1—钠光源；2—毛玻璃；3—聚光镜；4—滤光片；5—起偏器；6—半荫片；7，9—保护玻璃；8—旋光测定管；10—检偏器；11—物镜；12—目镜；13—读数度盘

（1）起偏器和检偏器的作用　如图 6-18 所示。起偏器（Ⅰ）和检偏器（Ⅱ）为两个偏振片。当钠光射入起偏器后，再射出的为偏振光，此偏振光又射入检偏器。如果这两个偏振片的方向相互平行，则偏振光可不受阻碍地通过检偏器，观测者在检偏器后可看到明亮的光线［如图 6-18(a) 所示］。当慢慢转动检偏器，观测者可看到光线逐渐变暗。当旋至 90°，即两个偏振片的方向互为垂直时，则偏振光被检偏器阻挡，视野呈现全黑［如图 6-18(b) 所示］。

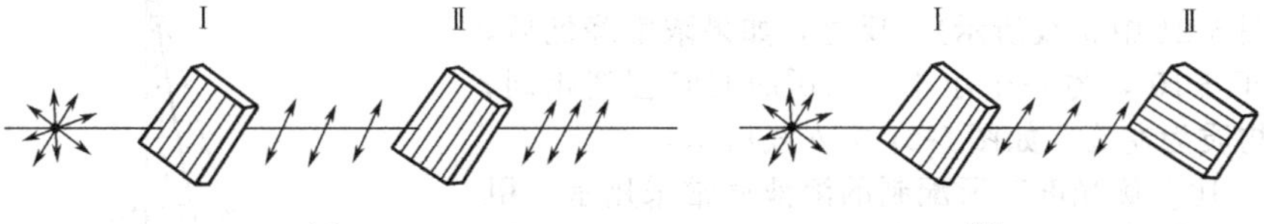


图 6-18　起偏器（Ⅰ）和检偏器（Ⅱ）的作用

如果在测量光路中先不放入装有旋光物质的旋光测定管和半荫片，此时转动检偏器使其与起偏器振动方向互相垂直，则偏振光不通过检偏器，在目镜上看不到光亮，视野全黑。此时读数度盘应指示为零，即为仪器的零点。然后将装有旋光性物质的旋光测定管装入光路中，由时于偏振光被旋光性物质旋转了一个角度，使光线部分地通过检偏器，目镜又呈现光亮。此再旋转检偏器，使检偏器的振动方向与透过旋光性物质以后的偏振光方向相互垂直，则目镜视野再次呈现全黑。此时检偏器在读数度盘上旋转过的角度，即为旋光性物质对偏振光的旋光度，可由读数度盘直接读出。

（2）半荫片的作用　前述旋光仪的零点和样品旋光度的测量，都以视野呈现全黑为标准，但人的视觉要判定两个完全相同的“全黑”是不可能的。为提高测定的准确度，通常在起偏器和旋光测定管之间，放入一个半荫片装置，以帮助进行比较。

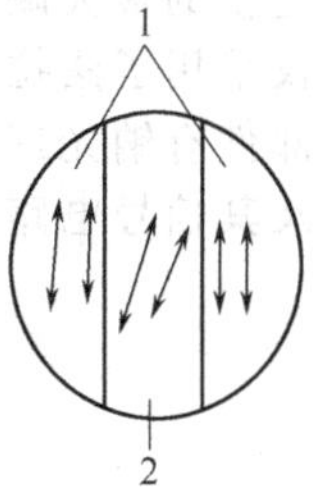


图 6-19　半荫片

1—玻璃；2—石英

半荫片是一个由石英和玻璃构成的圆形透明片，如图 6-19 所示，呈现三分视场。半荫片放在起偏器之后，当偏振光通过半荫片时，由于石英片的旋光性，把偏振光旋转了一个角度。因此通过半荫片的这束偏振光就变成振动方向不同的两部分。这两部分偏振光到达检偏器时，通过调节检偏器的位置，可使三分视场左、右的偏振光不能透过，而中间可透过。即在三分视场里呈现左、右最暗，中间稍亮的情况［如图 6-20(a) 所示］。若把检偏器调节到使中间的偏振光不能通过的位置，则左、右可透过部分偏振光，在三分视场呈现中间最暗，左、右稍亮的情况［如图 6-20(b) 所示］。很明显，调节检偏器必然存在一种介于上述两种情况之间的位置，即在三分视场中看到中间与左、右的阴暗程度相同而分界线消失的情况［如图 6-20(c) 所示］。因此利用半荫片，通过比较中间与左、右的明暗程度相同，作为调节的标准，要比利用判断整个视野全黑的情况要准确得多。

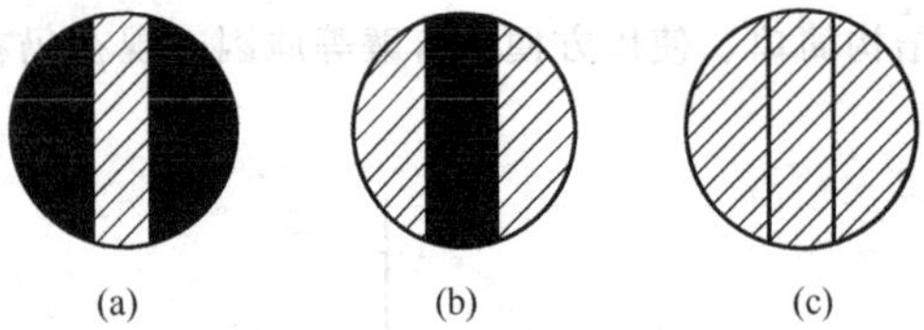

图 6-20 半荫片的作用

(3) 旋光度的测定步骤　称取适量样品，准确至0.0002g，用适当溶剂溶解样品，稀释至一定体积，混匀。测定时，待光源稳定后先向旋光测定管中注入溶解样品的溶剂，旋转检偏器，直到三分视场中间、左、右三部分明暗程度相同，记录刻度盘读数。若仪器正常，此读数即为零点。然后将配好的样品溶液放入已知厚度的旋光测定管中，此时三分视场的左、中、右的亮度出现差异，再旋转检偏器，使三分现场的明暗程度均匀一致，记录刻度盘读数，准确至0.01°。前后两次读数之差即为被测样品的旋光度。可重复测定三次，记录平均值。应注意刻度盘的转动方向，顺时针为右旋，逆时针为左旋。将测得旋光度数值代入前述公式就可求出［比］旋光度。

(4) 旋光度测定时注意事项

① 在实际工作中，有时不易判断某物质是右旋还是左旋，因为在目镜里观察可以看到两次三分视场中明暗程度相同。例如，某物质在+10°出现一次暗度相同，则在10°+180°=190°（或−170°）一定又出现一次程度相同，即顺时针转10°与反时针转170°得到同样的情况。因此不能判断旋光度是+10°还是−170°。为了确定右旋还是左旋，可把溶液浓度降低，如果此时得到一个在0°至+10°之间，另一个在−170°～−180°之间的明暗程度相同，则可判定此物质一定是右旋，因浓度降低旋光度也应降低（如图6-21中 $a$ 线所示）。反之，如果浓度降低后，得到一个大于+10°，另一个小于−170°的明暗程度相同，则可判定此物质为左旋（如图6-21中 $b$ 线所示）。

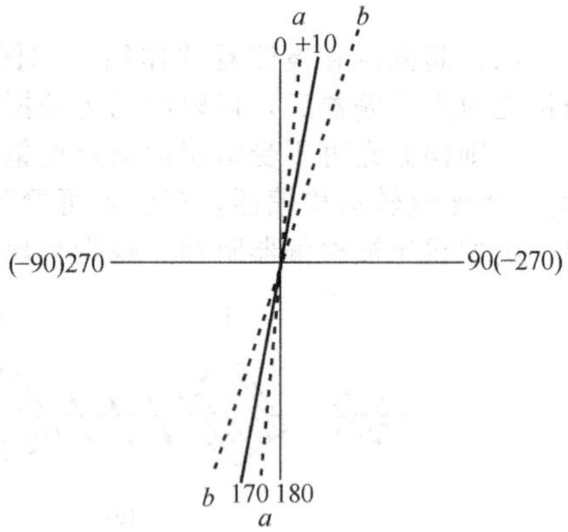

图 6-21 判定旋光方向

② 测定［比］旋光度时所配制的溶液通常采用水、甲醇、乙醇或氯仿等作为溶剂。必须注意采用的溶剂不同，则测出的［比］旋光度数值或旋光方向也往往不同。如测 $d$-酒石酸，用水作溶剂时，$[\alpha]_D^{20}=+14.40$；用乙醇作溶剂时，$[\alpha]_D^{20}=-8.09$。因此，在记录［比］旋光度时，同时要记录所用溶剂。

③ 在装填旋光测定管时，不要把螺旋帽旋得太紧，否则盖片玻璃受压变形，在测定旋光时虽然管中没有光学活性物质，也会测出旋光度，以致引起严重误差。

3. 自动指示旋光仪

(1) 自动指示旋光仪的结构　自动指示旋光仪是在圆盘旋光仪的基础上发展起来的。圆盘旋光仪的最大缺点是用眼睛观察，这样不仅眼睛容易疲劳，而且观测的误差也大。自动指示旋光仪采用了法拉第线圈或石英片对偏振光的调制，再由光电倍增管检测的光电机配合组成。主要部件有钠光灯、聚光镜、检偏镜、法拉第线圈或石英片调制器、样品室、起偏镜、光电倍增管及其信号电路组成，自动指示旋光仪的组成示意如图6-22所示。

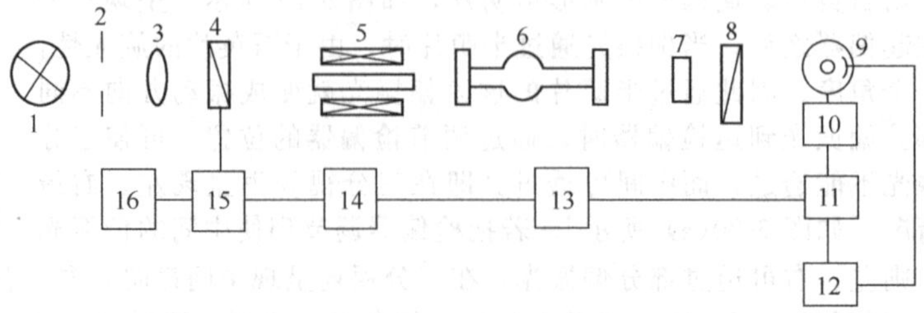

图 6-22 自动指示旋光仪的组成

1—钠光灯；2—小孔；3—物镜；4—检偏镜；5—石英片调制器；6—测试管；7—滤片；8—起偏镜；9—光电倍增管；10—前置放大器；11—选频；12—高压电；13—功率放大；14—伺服电机；15—蜗轮蜗杆；16—读数

从钠光灯光源发出的光，经聚光镜聚光，通过小孔光阑形成等效点光源，经物镜形成平行光束，再经检偏镜使光束变成偏振光，经调制器使偏振面左右振动，或产生一个差角，经过样品室和起偏镜到达光电倍增管上，由于光的可逆性，实际上仪器里检偏镜和起偏镜的位置改变了。在平衡位置时，起偏镜与检偏镜的偏振面垂直，调制器使光电倍增管得到100Hz的交变信号，或直流信号，伺服电机不转动。当放入旋光性物质后，调制器使光电倍增管产生50Hz的动作信号，或者改变差角产生25Hz的光电信号，使电机转动。电机带动检偏镜转至与起偏镜偏振面垂直时，或差角相等时，光电倍增管又得到100Hz的平衡信号或直流信号，电机停止转动，旋转的角度即为旋光物质的旋光度。

（2）注意事项

① 测定前应将仪器及样品置(20±0.5)℃的恒温室中或规定温度的恒温室中，也可用恒温水浴保持样品室或样品测试管恒温1h以上，特别是一些对温度影响大的旋光性物质，尤为重要。

② 未开电源以前，应检查样品室内有无异物，钠光灯源开关是否在规定位置，示数开关是否在关的位置，仪器放置位置是否合适，钠光灯启辉后，仪器不要再搬动。

③ 开启钠光灯后，正常启辉时间至少20min，发光才能稳定，测定时钠光灯尽量采用直流供电，使光亮稳定。如有极性开关，应经常于关机后改变极性，以延长钠灯的使用寿命。

④ 测定前，仪器调零时，必须重复按动复测开关，使检偏镜分别向左或向右偏离光学零位。通过观察左右复测的停点，可以检查仪器的重复性和稳定性。如误差超过规定，仪器应维修后再使用。

⑤ 将装有蒸馏水或空白溶剂的测定管放入样品室，测定管中若混有气泡，应先使气泡浮于凸颈处，通光面两端的玻璃应用软布擦干。测定时应尽量固定测定管放置的位置及方向，做好标记，以减少测定管及盖玻片应力的误差。

⑥ 同一旋光性物质用不同溶剂或在不同pH值测定时，由于缔合、溶剂化和解离的情况不同，而使比旋度产生变化，甚至改变旋光方向，因此必须使用规定的溶剂。

⑦ 浑浊或含有小颗粒的溶液不能测定，必须先将溶液离心或过滤，弃去初滤液测定。有些见光后旋光度改变很大的物质溶液，必须注意避光操作。有些放置时间对旋光度影响较大的，也必须在规定时间内测定读数。

⑧ 测定空白零点或测定供试液停点时，均应读取读数三次，取平均值。严格的测定，应在每次测定前，用空白溶剂校正零点，测定后，再用试剂核对零点有无变化，如发现零点变化很大，则应重新测定。

⑨ 测定结束时，应将测定管洗净晾干放回原处。仪器应避免灰尘放置于干燥处，样品室内可放少许干燥剂防潮。

4. 以上两种旋光仪性能的比较

（1）左旋与右旋的区分　圆盘旋光仪顺时针旋转为右旋，逆时针为左旋，容易区分。但有些圆盘旋光仪，读数盘能够连续转动，因此左右旋不易区分，可采用改变样品浓度或液层厚度的方法来区分。自动指示旋光仪的左右旋，系由于光电倍增管输出信号的相位不同，或亮暗不同，伺服电机转动的方向也不同，即在同一时间内，相位是相反的，或在同一时间内亮暗变化的情况恰好是相反的。即一种相位和电源相同，一种相位和电源相反。由于这两种正反相的变化信号控制了伺服电机的正反相，从而指出了左旋和右旋的方向。

（2）准确度　圆盘旋光仪的准确度主要靠读数盘的最小分度值表示。有0.05°和0.01°两种，测定范围为±180°。自动指示旋光仪按照国家计量检定汇编JJG 675—1990规定，按测量结果的准确度分级，可分为0.01，0.02和0.03三种准确度等级，其基本参数和仪器的准确度，重复性以及稳定性均应符合表6-14内指标的规定。

**表6-14　自动指示旋光仪检定分级**

| 指标 \ 项目 | 级别 0.01 | 级别 0.02 | 级别 0.03 | 指标 \ 项目 | 级别 0.01 | 级别 0.02 | 级别 0.03 |
|---|---|---|---|---|---|---|---|
| 最小读数 | 0.001° | 0.002° | 0.003° | 重复性 | ≤0.005° | ≤0.01° | ≤0.015° |
| 测量范围 | ≥±45° | ≥±45° | ≥±45° | 稳定性 | ±0.01° | ±0.02° | ±0.03° |
| 准确度 | ±0.01° | ±0.02° | ±0.03° | | | | |

5. 旋光法的应用

(1) 比旋度的测定　比旋度是旋光性物质的物理常数，也是旋光法最常用的一种测定方法。许多化合物和药物都有其规定的比旋度，测定其旋光度即能计算出其比旋度是否符合要求。旋光度 $\alpha$ 与浓度 $C(\%)$ 及液层厚度 $l(\mathrm{dm})$，该物质的比旋度 $[\alpha]_D^t$ 成正比，它们之间的关系如下。

$$\alpha=[\alpha]_D^t cl$$

或

$$[\alpha]_D^t=\frac{\alpha}{cl}$$

式中　$[\alpha]_D^t$——比旋度；

$t$——测定时的温度；

D——钠光 D 线 (589.3nm)；

$c$——溶液的浓度 (常用百分数表示)；

$l$——液层厚度 (以 dm 计算)。

代入上式得

$$[\alpha]_D^t=\frac{100\times\alpha}{cl}$$

式中，$c$ 为 g(溶质)/mL 溶液。因此如将某物质做成一定浓度，利用上式即能求出该物质的比旋度。

(2) 纯度的测定　旋光法还可应用于许多化合物的纯度检查，如某些非旋光性化合物中混有旋光性物质，或某些左旋物质中混有少量右旋物质，均可测定其旋光度，根据其比旋度，求出该物质含量。如果杂质甚微，旋光读数较小，应使用准确度比较高的仪器测定。

(3) 溶液百分含量的测定　如已知某物质比旋度，则可利用下式计算百分含量。

$$c=\frac{100\times\alpha}{[\alpha]_D^t\times L}$$

(4) 用分光旋光仪测绘旋光谱　以旋光物质的比旋度和波长不同而改变的图谱，称为旋光曲线或旋光色散。左右旋圆偏振光的强度，随着波长不同而改变的谱线，称为圆二色性，或称圆二色散光谱。旋光谱和圆二色散光谱在药学上主要用于甾体化合物，生物碱、氨基酸、抗生素及糖类等立体结构的研究及定性鉴别。

## 七、黏度测定

黏度是液体的内摩擦力，是一层液体对另一层液体作相对运动的阻力。黏度分绝对黏度，运动黏度，相对黏度及条件黏度四种。

绝对黏度 $\eta$ 是使相距 1cm 的 $1\mathrm{cm}^2$ 面积的两层液体相互以 1cm/s 的速度移动而应克服的阻力。单位为帕·秒(Pa·s)。黏度随温度变化，故应注明温度如 $\eta_t$。绝对黏度又称动力黏度。

运动黏度 $\gamma$ 是在相同温度下液体的绝对黏度 $\eta$ 与同一温度下的密度 $\rho$ 之比。其单位为米$^2$/秒($\mathrm{m}^2/\mathrm{s}$)，在温度 $t$ 时的运动黏度用 $\gamma_t$ 表示。

相对黏度 $\mu$ 是 $t$℃时液体的绝对黏度与另一液体的绝对黏度之比。用以比较的液体通常是水或适当的溶剂。

条件黏度是在指定温度下，在指定的黏度计中，一定量液体流出的时间，以秒(s)为单位；或者将此时间与指定温度下同体积水流出的时间之比。

1. 毛细管黏度计法

(1)原理

不同液体自同一直立的毛细管中，以完全湿润管壁的状态流下，其运动黏度 $\gamma$ 与流出的时间 $\tau$ 成正比。

$$\frac{\gamma_1}{\gamma_2}=\frac{\tau_1}{\tau_2}$$

用已知运动黏度的液体(常以 20℃时新蒸馏的蒸馏水为标准液体，其运动黏度为 $1.0067\times10^{-4}\mathrm{m}^2/\mathrm{s}$)作标准，测量其从毛细管黏度计流出的时间，再测量试液自同一黏度计流出的时间，应用上式可计算出液体的运动黏度。测量时记录各试液的温度。

(2)仪器

毛细管黏度计，常用的分为品氏、伏氏两种，如图6-23所示。

品氏黏度计一组共有十一支，每支具有三处扩张部分。各支毛细管的内径分别为：0.4mm、0.6mm、0.8mm、1.0mm、1.2mm、1.5mm、2.0mm、2.5mm、3.0mm、3.5mm、4.0mm。

伏氏黏度计一组共有九支，每支具有四处扩张部分，各支毛细管的内径分别为：0.8mm、1.0mm、1.2mm、1.5mm、2.0mm、2.5mm、3.0mm、3.5mm、4.0mm。这种黏度计可用于在0℃以下测定运动黏度。

上述两种黏度计常用于石油产品运动黏度的测定。

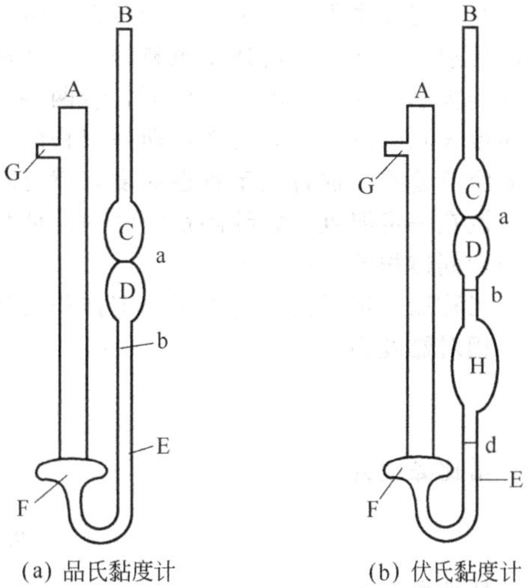


图6-23 毛细管黏度计

A—宽管；B—主管；C—缓冲球；D—测定球；E—毛细管；F—储液器；G—支管；H—悬挂水平储器；a,b,d—刻度线

① 恒温槽 容积为2L，带有电加热器和电动搅拌器，常用水、甘油作为恒温液体。

② 玻璃恒温浴缸。

③ 水银温度计 分度为0.1℃。

④ 秒表 分度为0.2s。

(3)测定步骤

取一适当内径的品氏毛细管黏度计(使试液流下时间为180～300s)，用洗液、自来水、蒸馏水、乙醚洗净后，用热空气使之干燥。在支管G处接一橡皮管，用软木塞塞住宽管A管口，倒转黏度计，将主管B的管口插入盛标准试液(20℃蒸馏水)的小烧杯中，通过连接支管的橡皮管用吸气球将标准试液吸至标线b处(注意试液中不可出现空隙)，然后捏紧橡皮管从试液内取出黏度计，倒转过来，并取下橡皮管。

将橡皮管移至主管B的管口，将黏度计直立于恒温槽中，在黏度计旁边放一支温度计使其水银泡与毛细管E的中心在同一水平线上。恒温槽内温度调至20℃，在此温度保持10min以上。

用吸气球将标准试液吸至标线a以上少许(勿使出现空气泡)，停止抽吸，使液体自由流下，注意观察液面。当液面至标线a，启动秒表；液面流至标线b，按停秒表。记下由a至b的时间。重复三次，取平均值作为标准液体的流出时间$\tau_{20}^{样}$。

再取脱水和过滤后的欲测样品试液，用同一黏度计同样操作并求试液的流出时间$\tau_{20}^{样}$。

在恒温槽中黏度计放置的时间为：在20℃时，放置10min；在50℃时，放置15min；在100℃时，放置20min。

欲测样品试液的运动黏度为

$$\gamma_{t}^{样}=\frac{\gamma_{20}^{标}}{\tau_{20}^{标}}\times\tau_{20}^{样}=K\tau_{20}^{样}$$

式中 $K$——黏度计常数$\left(K=\frac{\gamma_{20}^{标}}{\tau_{20}^{标}}\right)$；

$\gamma_{20}^{标}$——20℃时水的运动黏度，$1.0067\times10^{-4}\,m^2/s$；

$\tau_{20}^{标}$——20℃时水自黏度计流出的时间，s；

$\tau_{20}^{样}$——20℃时样品试液自黏度计流出的时间，s。

2. 改良式乌氏黏度计测定高聚物的平均相对分子质量

(1) 原理

在塑料、合成橡胶工业中生产的高分子聚合物，其分子量的大小对于加工性能的影响很大。由于用途不同，需要生产具有不同分子量的产品，因此高聚物平均相对分子质量的测定就是一项重要的生产控制指标。

在高分子工业生产中，常用黏度法来测定高聚物的平均相对分子质量。它是将高聚物溶于某一指定的溶剂中，在一定温度下测定高聚物溶液的黏度，其黏度的大小与分子量密切相关。

在一定温度下，高聚物溶于溶剂后溶液的黏度比纯溶剂的黏度大。高聚物溶液的浓度愈大，其黏度也愈大，即流动的速度也愈慢。这样就可以通过测定液体流过一定体积所用的时间来反映溶液黏度的大小。在一定温度条件下，若两种高聚物溶液的浓度相同，其中流速小（即流经一定体积的时间愈长）的溶液，黏度大，即高聚物的分子量大。根据高聚物溶液的特性黏度与平均相对分子质量的经验公式，通过测定特性黏度，就可算出高聚物的平均相对分子质量。

设在一定温度下，纯溶剂流经一定体积所需时间为 $t_0$，高聚物溶于此溶剂后，所得高聚物溶液流经相同体积的时间为 $t$。

当称取一定量高聚物溶于一定体积的溶剂后，可算出此高聚物溶液的浓度，$c$(g/100mL)。

相对黏度为

$$\eta_r=\frac{t}{t_0}$$

增比黏度为

$$\eta_{sp}=\frac{t-t_0}{t_0}=\eta_r-1$$

特性黏度为

$$[\eta]=\left[\frac{\eta_{sp}}{c}\right]_{c\to 0}$$

根据经验公式

$$[\eta]=\frac{1}{c}\sqrt{2(\eta_{sp}-\ln\eta_r)}$$

$$=\frac{1}{c}\sqrt{2(\eta_{sp}-2.303\lg\eta_r)}$$

$$[\eta]=K\overline{M}^a$$

式中 $\overline{M}$——高聚物平均相对分子质量；

$K$，$a$——经验常数，随测定温度和所用溶剂而改变。

由上式可知

$$\overline{M}^a=\frac{[\eta]}{K}$$

$$a\cdot\lg\overline{M}=\lg[\eta]-\lg K$$

$$\lg\overline{M}=\frac{\lg[\eta]-\lg K}{a}$$

对某些高聚物，在一定测定条件下的 $K$ 和 $a$ 值如表 6-15 所示。

**表 6-15 用黏度法测定高聚物的平均相对分子质量时某些高聚物的经验常数**

| 高聚物 | 溶剂 | 测定温度/℃ | $K\times10^{-4}$ | $a$ | $c$ /g·100mL$^{-1}$ | 高聚物 | 溶剂 | 测定温度/℃ | $K\times10^{-4}$ | $a$ | $c$ /g·100mL$^{-1}$ |
|---|---|---|---|---|---|---|---|---|---|---|---|
| 聚乙烯 | 四氢萘 | 130 | 5.1 | 0.725 | 0.1～0.15 | 顺丁橡胶 | 苯 | 30 | 3.37 | 0.715 | 0.3 |
| 聚丙烯 | 十氢萘 | 135 | 1.07 | 0.80 | 0.1～0.2 | 异戊橡胶 | 苯 | 25 | 5.02 | 0.67 | 0.3 |
| 聚氯乙烯 | 环己酮 | 25 | 2024 | 0.56 | 0.4～0.5 | 乙丙橡胶 | 环己烷 | 30 | 1.62 | 0.82 | 0.3 |
| 丁苯橡胶 | 苯 | 25 | 5.4 | 0.66 | 0.3 | 丁基橡胶 | 四氯化碳 | 25 | 10.3 | 0.70 | 0.3 |
| 氯丁橡胶 | 苯 | 25 | 1.46 | 0.73 | 0.3 | | | | | | |

(2) 仪器

① 黏度计 在高分子化合物分子量测定中常使用奥氏黏度计（毛细管内径为 0.5～0.6mm)、乌氏黏度计（毛细管内径为 0.3～0.4mm、0.4～0.5mm、0.5～0.6mm3 种）和改良式乌氏黏度计如图 6-24(a)～(c) 所示。下面以改良式乌氏黏度计的使用为例，借以说明测定方法。仪器中的玻璃砂漏斗可装入聚乙烯样品，并可从磨口处卸下。

② 恒温槽　玻璃制，可用电热丝加热，由继电器保持恒温，精度至±0.1℃。当测定温度低于100℃，可加热水。当测定温度低于100℃，可加热水。当测定温度高于100℃，可加热无色润滑油。

③ 秒表　分度为0.2s。

④ 移液管　10mL。

⑤ 容量瓶　25mL。

⑥ 注射器　50mL。

(3) 测定步骤

以测定聚乙烯高聚物的平均相对分子质量为例，在浴温130℃下测定，用四氢萘作溶剂，使用改良式乌氏黏度计。

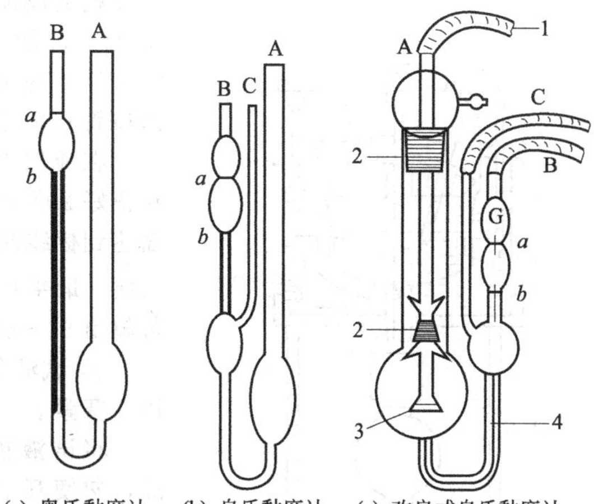


图6-24　黏度计

1—橡皮管；2—磨石；3—玻璃砂漏斗；4—毛细管

① 测定溶剂流出的时间 $t_0$　恒温槽达130℃后，使槽内润滑油液面完全浸没G球，然后用移液管吸取溶剂四氢萘10mL，自A管注入改良式乌氏黏度计内（可拆下A管上的橡皮管），恒温5min，将C管夹住，用注射器从B管将溶剂吸入G球，松开C管夹子，用秒表测定溶剂流经 $a$ 线至 $b$ 线所需的时间，重复此操作三次，每两次流出时间相差不应大于0.2s，取其平均值为 $t_0$。

② 溶解样品　用预先从黏度计取下洗净干燥后的玻璃砂芯漏斗，称取5.5～7.5mg待测的聚乙烯样品，然后安装在黏度计内的磨口处，用注射器与A管橡皮管相接，反复抽压多次，使样品全溶于10mL四氢萘溶剂中（样品也可预先在容量瓶中用溶剂溶解后，再注入黏度计，使之恒温）。

③ 测定高聚物溶液流出时间 $t$　夹住C管，用注射器从B管将溶液抽入G球内，松开C管，测流经 $a$、$b$ 刻度的时间，如两次相差在0.2s以上，说明样品未溶完，需再反复抽压溶解，直到三次测定结果平行为止，其平均值为 $t$。

④ 黏度计的清洗　将测过的溶液从黏度计倒出，加入15mL四氢萘，用洗耳球吸至G球中，再压下去，反复将黏度计各部分都洗到，将四氢萘倒出，再加入丙酮洗至干净为止。最后将黏度计放入恒温槽内，用洗耳球向黏度计内压气，使丙酮挥发。黏度计内可卸的玻璃砂芯漏斗，亦用同样方法洗净，卸下放在红外灯下烘干备用。

注意：测定用所用四氢萘及丙酮溶剂，必须事先用玻璃砂芯漏斗过滤，以免机械杂质堵塞黏度计的毛细管，而影响测定。

(4) 结果计算

由样品浓度C及测定的溶液流出时间 $t$、溶剂流出时间 $t_0$，计算相对黏度 $\eta_r$、增比黏度 $\eta_{sp}$ 和 $[\eta]$，根据公式

$$\lg\overline{M}=\frac{\lg[\eta]-\lg5.1+4}{0.725}$$

就可求出聚乙烯的平均分子量。

3. 条件黏度的测定——恩格勒氏黏度计法

(1) 仪器

恩格勒黏度计的构造如图6-25所示。

试液筒1底部有试液流出孔管8，此筒为黄铜制品。将其置于水浴槽（或油槽）2中，以调整试验所需温度。筒盖3上有两孔分别放入温度计4和木棒6，木棒6塞住孔管8。筒内壁离筒底等高处装有三个尖梢7，用以规定液面高度，并可检查水平。13为水平调整螺丝。支架11下放有体积为200mL形状特殊的试液接受瓶12，接受瓶上面标线系20℃校准的。

(2) 测定步骤

① 水值的测定　水值是指在20℃时，200mL蒸馏水流出的时间，比值应为50～52s。

黏度计用蒸馏水洗净，把木棒6塞入孔管8中，试液筒中充蒸馏水至尖梢7，调节螺丝13使三

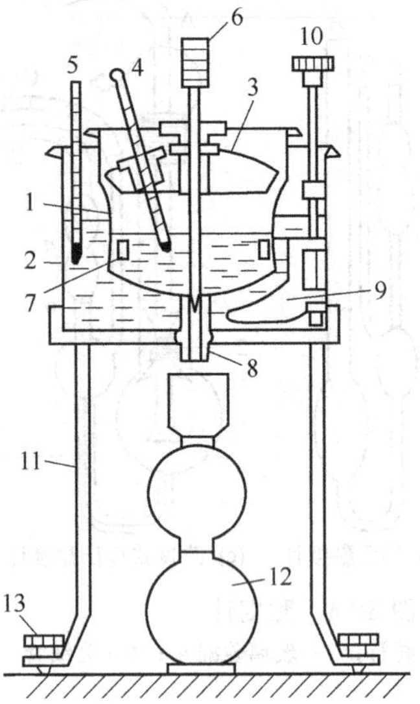


图 6-25 恩格勒黏度计

1—试液筒；2—水浴槽；3—盖；4—试液温度计；5—水浴温度计；6—塞入孔管 8 的木棒；7—尖梢；8—试液流出孔管；9—搅拌器；10—搅拌器手柄；11—支架；12—体积 200mL 的接受瓶；13—水平调整螺丝

个尖梢尖刚刚露出水面，表示已调好水平。调整筒内水温略高于 20℃，加少许蒸馏水，使水面比尖梢稍高，水浴槽中加入 21～22℃的水，然后将木棒 6 稍微抬起放出少量水，使之充满出口管；再用移液管吸出少量水，使尖梢尖刚刚露出水面。

在流出管 8 下面放好接受瓶 12，盖上盖子 3，观察温度计 4，在正好 20℃时，迅速提起木棒 6，同时按动秒表，当接受瓶中水面达到标线时（看弯月面下缘）按停秒表，读数。连续重复进行六次，取平均值作为水值 $T_{20}^{H_2O}$。测量误差不可超过 0.5s，水值若超出 50～52s，此黏度计不宜使用。

② 试液条件黏度的测定　试液筒洗净、干燥后，出口用木棒 6 塞紧。

将试液预热至 52～53℃，注入试液筒 1 至液面比尖梢稍高，勿使其中产生气泡。在水浴槽 2 中注入 52～53℃的水，使试液温度正好 50℃，保持 5min，再将木棒 6 稍提起使过量试液流入烧杯中，使尖梢尖刚刚露出液面，立即将木棒 6 插紧。

盖好上盖，出口管下放好接收瓶，正好 50℃时，将木棒 6 迅速提起，同时按动秒表，当试液到达接受瓶标线时，按停秒表，读取流出时间。重复两次取平均值。

(3) 结果计算

按下式计算试液的条件黏度：

$$E_{50}=\frac{\tau_{50}}{T_{20}^{H_2O}}$$

式中 $E_{50}$——50℃试液的条件黏度，恩氏度；

$\tau_{50}$——试液流出时间，s；

$T_{20}^{H_2O}$——20℃时黏度计的水值，s。

样品三次平行测定条件黏度误差不应超过下列数值。流出时间在 250s 以下时，误差小于等于 1s；流出时间在 250～500s 时，误差小于等于 2s；流出时间在 500s 以上时，误差小于等于 3s。

4. 其他黏度测量方法

(1) 扭摆振动法

对于低黏度液体的测定可采用扭摆振动法，其原理给予阻尼振动的对数衰减率与阻尼介质黏度的定量关系，阻尼振动服从以下规律：

$$A=k\cdot\exp\left(-\lambda\frac{t}{\tau}\right)\cos2\pi\frac{t}{\tau}$$

式中 $A$——振幅；

$t$——时间；

$\tau$——振动周期；

$\lambda$——对数衰减率；

$k$——常数。

对某一确定的振动系统，$\tau$ 与 $\lambda$ 为一定值。可见，阻尼的振幅是随时间而衰减的，且成指数关系。

对数衰减率 $\lambda$ 定义为：

$$\lambda=\frac{\ln A_n-\ln A_{n+m}}{m}$$

上式表明，对数衰减率等于两次振幅的对数差与振动次数 $m$ 之比值。此值对确定的阻尼振动系统是不变的。

对于扭摆振动法来说，造成振幅衰减的主要原因是液体介质的黏滞性，故一般可以认为对数衰减率 $\lambda$ 是液体黏度和密度的函数。通过测量振幅来计算对数衰减率 $\lambda$ 是扭摆振动法测量液体黏度的基础。但在扭摆振动法中，液体黏度与其对数衰减率 $\lambda$ 的关系是很复杂的，实际应用时，大多采用经验或半经验公式。

常用方法是柱体扭摆振动法，如图 6-26 所示。柱体插入被测液体中，用外力给悬吊的系统以外力矩，使吊丝发生扭转，达某一角度后，去掉外力矩，柱体便在吊丝扭力、系统转动惯量和液体对柱体的黏滞阻力作用下，做阻尼衰减振动，其对数衰减率 $\lambda$ 与液体黏度的经验关系式可表示为：

$$\eta=K'\lambda$$

式中，$K'$为仪器常数，须用已知黏度的液体进行标定。

通过实验测出扭摆振动的振幅变化及振动次数，用上式计算出对数衰减率 $\lambda$，加之事先测定的 $K'$，便可以计算出被测液体在实验温度下的黏度值。

该法的测量范围约为 0.005～180Pa·s。具有结构简单、使用方便的优点，但由于吊丝本身的扭转变形量大，容易引起残留的塑性变形和较大的内摩擦，可导致测量误差。

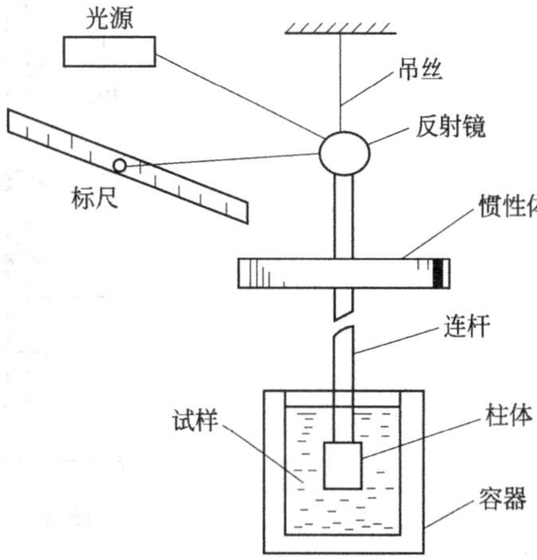

图 6-26 柱体扭摆振动法示意图

扭摆振动法测定液体黏度，振动周期对黏度测定影响很大，若振动周期很短，由于液体发生紊流流动，使衰减振动异常，即对数衰减率不为定值，而此界限周期随装置和液体的不同而不同，应通过试验来确定。一般来讲，液体黏度小时，容易产生紊流，故振动周期应该大一些。

(2) 落球法

落球法是常温下测定液体粘度常用的方法。常温下，当固体圆球在静止液体中垂直下落时，小球受三个力的作用，即重力 $f_1$、浮力 $f_2$ 和阻力 $f_3$，当 $f_1=f_2+f_3$ 时，小球以速度 $v_0$ 作匀速运动。

对于半径为 $r$、密度为 $\rho_S$ 的光滑小球在密度为 $\rho_L$ 的液体中匀速沉降时，在层流域内的黏度计算公式为：

$$\eta=\frac{2}{9}gr^2\frac{\rho_S-\rho_L}{v_0}$$

上式是小球在无限广阔的介质中进行沉降时导出的，而实际粘度计的尺寸是有限的，在有限量介质中，必须考虑容器半径 $R$ 与高度 $h$ 的影响。对于半径为 $r$ 的小球，常用如下的修正式计算：

$$\eta=\frac{2}{9}gr^2\frac{\rho_S-\rho_L}{\left(1+24\dfrac{r}{R}\right)\left(1+33\dfrac{r}{h}\right)v_0}$$

根据上式，只要知道容器半径 $R$、小球半径 $r$ 以及小球与液体的密度 $\rho_S$、$\rho_L$，便可由小球匀速下落的速度 $v_0$ 计算出液体在测定温度下黏度值。可见，准确测定小球匀速下落的速度 $v_0$ 是至关重要的。对于非透明液体，必须采用特殊的装置才能准确测定其速度 $v_0$，进而得其黏度值。

光电落球黏度计就是基于落球法的典型仪器，结构示意图如图 6-27 所示。工作时，仪器通过磁电转换控制电磁铁自动释放小球，同时给出脉冲，自动启动计时系统，小球沿中心轴线垂直下落，当小球挡住光源时，由光电传感器给出信号，自动关闭计时系统。由于小球的下落长度（液面与光电传感器之间的距离）固定不变，因此将测得的时间 $t$ 求得 $v_0$ 代入上式即可求得被测液体黏度值。该装置的优点在于，采用了磁电和光电装置，不但可以精确测量小球下落的时间，还解决了传统落球黏度计中小球易偏心下降的问题。当选择适当波长的光源和与之匹配的光电传感器后，即可测量不透明液体的黏度。

落球法一般适于测定黏度较大的液体或聚合体，小球下落能较客观地反映大分子之间的相互作用状态，即可获得聚合物静态黏度值，也是落球法能有别于旋转法而成为浓溶液黏度测定方法的原因所在。

(3) 基于计算机系统的液体黏度快速测定

随着计算机技术、光学技术、图像技术、传感器技术的不断进步，大大推动了液体黏度测定技

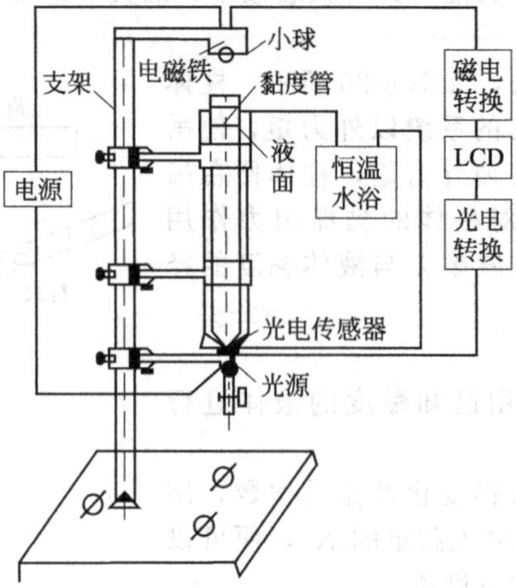


图 6-27 光电落球黏度计示意图

术的发展，液体黏度的测定方法及测定装置也得到了不断的完善和创新。

把计算机技术引入液体黏度的测定中，利用计算机强大的分析处理能力，对检测结果进行快速的分析计算，可有效地克服人为操作造成的主观误差，不但提高了测试精度，而且缩短了测试周期，提高了工作效率。

基于计算机系统的可调温微型毛细管黏度计，其装置结构图如图 6-28 所示。装置通过装有 CCD 的立体显微镜监测液滴流经毛细管的流速，通过压力传感器和温度传感器对液体压力和温度进行监测，转换后的三路信号均由计算机系统进行数据采集与分析，进而计算被测液体的黏度值。若毛细管的直径为 d，长度为 $l$，则根据 Hagen-Poiseuille 方程，液体黏度可表示为：

$$\eta=\frac{\pi d^4}{128QI}\Delta p$$

$$Q=\frac{\pi d^4 S}{4t}$$

式中 $Q$——毛细管内液体的流量；

$\Delta p$——毛细管两端液体的压力差；

$S$——$t$ 时间阿流过酌有效液体长度；

$t$——测量时间。

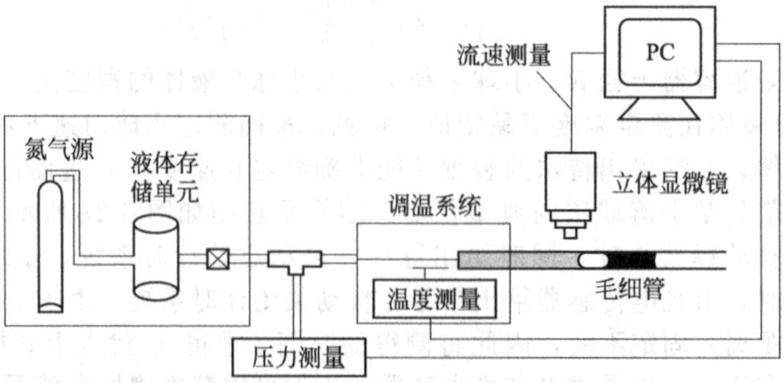


图 6-28 微型毛细管黏度计结构示意图

该装置所用微型毛细管直径最小为 20μm，可测量的黏度范围为 0.6～1.8MPa・s 温度范围 0～40℃。与其它黏度测定仪相比具有体积小、易于操作、测试速度快、精度高的优点，而且测量时只需要少量的被测液体。

5. 有机化合物的黏度

表 6-16 列出了液体有机化合物的黏度。

**表 6-16 液体有机化合物的黏度**

单位：mPa·s

| 物质名称 | 温度/℃ | | | | | | | | | | | | | | |
|---|---|---|---|---|---|---|---|---|---|---|---|---|---|---|---|
| | −40 | −20 | 0 | 10 | 15 | 20 | 30 | 40 | 50 | 60 | 80 | 100 | 120 | 140 | 180 |
| 乙酰丙酮 | — | — | 1.09 | — | — | — | — | — | — | — | — | — | — | — | — |
| 乙酰胺 | — | — | — | — | — | — | — | — | — | — | — | 1.41 | 1.06 | — | — |
| 乙醛 | — | — | 0.267 | 0.244 | — | 0.222 | — | — | — | — | — | — | — | — | — |
| 苯乙酮 | — | — | — | — | — | — | — | — | 1.246 | — | — | 0.734 | — | — | — |
| 丙酮 | 0.66 | 0.50 | 0.395 | 0.356 | 0.347 | 0.322 | 0.293 | 0.246 | — | — | — | — | — | — | — |
| 苯甲醚 | — | — | 1.78 | 1.51 | — | 1.32 | 1.21 | 1.12 | 1.04 | 0.97 | — | — | — | — | — |
| 苯胺 | — | — | 1.02 | 6.5 | — | 4.40 | 3.12 | 2.30 | 1.80 | 1.50 | 1.10 | 0.80 | 0.59 | — | — |
| 亚硫酸二甲酯 | — | — | 0.361 | — | — | 0.301 | 0.277 | — | — | — | — | — | — | — | — |
| 烯丙醇 | — | — | — | 1.72 | — | 1.22 | 0.75 | — | — | — | 0.48 | — | — | — | — |
| 异丁醇 | 51.3 | 18.4 | 8.3 | 5.65 | — | 3.95 | 2.85 | 2.12 | 1.61 | 1.24 | 0.78 | 0.52 | — | — | — |
| 异戊二烯 | — | — | 0.260 | 0.236 | — | 0.216 | 0.198 | — | — | — | — | — | — | — | — |
| 异己烷 | — | — | 0.38 | — | 0.32 | 0.31 | — | 0.25 | 0.23 | — | — | — | — | — | — |
| 异戊醇 | — | — | 8.6 | 6.1 | — | 4.36 | 3.20 | 2.41 | 1.85 | 1.45 | 0.93 | 0.63 | 0.45 | — | — |
| 异戊烷 | — | — | 0.272 | 0.246 | — | 0.223 | 0.202 | — | — | — | — | — | — | — | — |
| 异丁酸 | — | — | — | 1.62 | — | 1.326 | — | 1.00 | — | — | — | 0.50 | — | 0.35 | — |
| 乙醇 | 4.79 | 2.38 | 1.78 | 1.46 | — | 1.19 | 1.00 | 0.825 | 0.701 | 0.591 | 0.435 | 0.326 | 0.248 | 0.190 | — |
| *N*-乙基苯胺 | — | — | — | 2.98 | — | 2.25 | — | 1.43 | — | 1.01 | 0.76 | 0.60 | — | — | — |
| 乙苯 | — | — | 0.874 | 0.760 | — | 0.666 | 0.590 | 0.527 | 0.475 | 0.432 | — | — | — | — | — |
| 丁酮 | — | — | 0.52 | — | — | 0.441 | — | — | 0.32 | — | — | — | — | — | — |
| 乙二醇 | — | — | — | — | — | 17.33 (25℃) | — | — | — | — | — | — | — | — | — |
| 烯丙基氯 | — | — | — | — | 0.353 | 0.337 | — | 0.283 | — | — | — | — | — | — | — |
| 氯代异丁烷 | — | — | — | — | — | 0.451 | 0.390 | — | 0.348 | 0.311 | — | — | — | — | — |
| 异丙基氯 | — | — | 0.402 | 0.358 | — | 0.322 | 0.292 | — | — | — | — | — | — | — | — |
| 氯乙烷 | — | 0.392 | 0.320 | 0.291 | — | 0.266 | 0.244 | 0.224 | — | — | — | — | — | — | — |
| 氯丙烷 | — | — | 0.436 | 0.390 | — | 0.352 | 0.319 | 0.291 | — | — | — | — | — | — | — |
| 氯甲烷 | — | — | — | 0.202 | 0.183 | — | 0.166 | 0.152 | 0.140 | 0.129 | 0.108 | 0.089 | 0.072 | — | — |
| 甲酸 | — | — | — | 2.25 | — | 1.78 | 1.46 | 1.22 | 1.03 | 0.89 | 0.68 | 0.54 | — | — | — |
| 甲酸异丁酯 | — | — | — | — | — | 0.667 | — | — | — | — | — | — | — | — | — |

续表

| 物质名称 | 温度/℃ | | | | | | | | | | | | | | |
|---|---|---|---|---|---|---|---|---|---|---|---|---|---|---|---|
| | -40 | -20 | 0 | 10 | 15 | 20 | 30 | 40 | 50 | 60 | 80 | 100 | 120 | 140 | 180 |
| 甲酸异丙酯 | — | — | — | — | — | 0.521 | — | — | — | — | — | — | — | — | — |
| 甲酸乙酯 | — | — | — | — | 0.419 | 0.402 | 0.358 | — | — | — | — | — | — | — | — |
| 甲酸丁酯 | — | — | — | — | — | 0.691 | — | — | — | — | — | — | — | — | — |
| 甲酸丙酯 | — | — | — | — | — | — | 0.470 | 0.425 | 0.380 | 0.344 | — | — | — | — | — |
| 甲酸甲酯 | — | — | 0.43 | 0.38 | — | 0.345 | 0.315 | — | — | — | — | — | — | — | — |
| 邻二甲苯 | — | — | 1.10 | 0.93 | — | 0.81 | 0.71 | 0.62 | 0.56 | 0.50 | 0.411 | 0.346 | 0.294 | 0.254 | — |
| 间二甲苯 | — | — | 0.80 | 0.70 | — | 0.61 | 0.55 | 0.490 | 0.443 | 0.403 | 0.339 | 0.289 | 0.250 | — | — |
| 对二甲苯 | — | — | — | 0.74 | — | 0.64 | 0.57 | 0.51 | 0.456 | 0.414 | 0.345 | 0.292 | 0.251 | — | — |
| 戊酸 | — | — | — | — | — | 2.236 | — | — | 1.25 | — | — | — | — | — | — |
| 甘油 | — | — | — | — | — | 14.99 | 6.24 | — | — | — | — | — | — | — | — |
| 43%溶液 | — | — | — | — | — | 4.31 | — | — | — | — | — | — | — | — | — |
| 69%溶液 | — | — | — | — | — | 21.1 | — | — | — | — | — | — | — | — | — |
| 81%溶液 | — | — | — | — | — | 69.3 | — | — | — | — | — | — | — | — | — |
| 86%溶液 | — | — | — | — | — | 129.6 | — | — | — | — | — | — | — | — | — |
| 邻甲酚 | — | — | — | — | — | 9.8 | 6.1 | 4.3 | 3.2 | 2.3 | — | — | — | — | — |
| 间甲酚 | — | — | 95 | 44 | — | 21 | 10 | 6.2 | 4.4 | 3.2 | 2.1 | 1.6 | — | — | — |
| 对甲酚 | — | — | — | — | — | 20.2 | 10.3 | 6.7 | 4.7 | 3.5 | — | — | — | — | — |
| 邻甲苯乙醚 | — | — | — | — | — | 1.446 | — | — | — | — | — | — | — | — | — |
| 对甲苯乙醚 | — | — | — | — | — | 1.463 | — | — | — | — | — | — | — | — | — |
| 邻甲苯丙醚 | — | — | — | — | — | 1.995 | — | — | — | — | — | — | — | — | — |
| 邻甲苯甲醚 | — | — | — | — | — | 1.317 | — | — | — | — | — | — | — | — | — |
| 邻氯酚 | — | — | — | — | — | — | — | 6.018 (45℃) | — | — | — | — | — | — | — |
| 间氯酚 | — | — | — | — | — | — | — | 4.722 (45℃) | — | — | — | — | — | — | — |
| 对氯酚 | — | — | — | — | — | — | — | 2.250 (45℃) | — | — | — | — | — | — | — |
| 乙酸 | — | — | — | — | — | 1.22 | 1.04 | 0.90 | 0.79 | 0.70 | 0.56 | 0.46 | — | — | — |
| 乙酸异丁酯 | — | — | — | — | — | — | — | — | — | — | — | — | — | 0.173 (160℃) | 0.1474 |

续表

| 物质名称 | 温度/℃ | | | | | | | | | | | | | |
|---|---|---|---|---|---|---|---|---|---|---|---|---|---|---|
| | −40 | −20 | 0 | 10 | 15 | 20 | 30 | 40 | 50 | 60 | 80 | 100 | 120 | 140 | 180 |
| 乙酸异丙酯 | — | — | — | — | — | 0.526 | — | — | — | — | — | — | — | — | — |
| 乙酸乙酯 | — | — | 0.578 | 0.507 | 0.473 | 0.449 | 0.400 | — | — | — | — | — | — | — | — |
| 乙酸丁酯 | — | — | 1.004 | 0.851 | — | 0.732 | 0.637 | 0.360 | 0.326 | 0.297 | 0.248 | 0.210 | 0.178 | 0.152 | 0.109 |
| 乙酸丙酯 | — | — | 0.77 | 0.67 | — | 0.58 | 0.51 | 0.563 | — | 0.448 | 0.366 | 0.304 | — | — | — |
| 乙酸戊酯 | — | — | — | — | — | — | — | 0.46 | 0.41 | 0.368 | 0.304 | 0.250 | — | — | — |
| 乙酸甲酯 | — | — | — | — | — | 0.381 | 0.344 | 0.8055 (45℃) | — | — | — | — | — | — | — |
| *N*,*N*-二乙基苯胺 | — | — | — | 2.85 | — | 2.18 | 1.75 | 0.321 | 0.284 | 0.258 | 0.217 | 0.182 | 0.154 | 0.130 | — |
| 乙醚 | 0.47 | 0.364 | 0.296 | 0.268 | — | 0.243 | 0.220 | 1.42 | 1.2 | 1.02 | 0.777 | — | — | — | — |
| 3-戊酮 | — | — | — | 0.55 | 0.51 | 0.469 | 0.425 | 0.199 | — | 0.166 | 0.140 | 0.118 | — | — | — |
| 四氯化碳 | — | — | 1.35 | 1.13 | — | 0.97 | 0.84 | — | 0.36 | — | 0.28 | — | — | — | — |
| 二噁烷 | — | — | — | — | — | 1.26 | 1.06 | 0.74 | 0.65 | 0.59 | 0.472 | 0.387 | 0.323 | 0.276 | 0.201 |
| 环己醇 | — | — | — | — | — | 68.0 | 36.1 | 0.917 | 0.778 | 0.685 | 0.539 | — | — | — | — |
| 环己烷 | — | — | — | — | — | 0.97 | 0.82 | 20.3 | — | 12.1 | 7.8 | 3.5 | — | — | — |
| 1,2-二氯乙烷 | — | — | 1.077 | — | — | 0.8 | — | 0.71 | 0.61 | 0.54 | — | — | — | — | — |
| 二氯甲烷 | — | 0.68 | 0.537 | 0.481 | — | 0.435 | 0.396 | — | 0.565 | — | — | — | — | — | — |
| 二苯醚 | — | — | — | — | — | 3.864 (25℃) | — | 0.363 | — | — | — | — | — | — | — |
| 丙醚 | — | — | 0.54 | — | — | 0.425 | 0.38 | | | | | | | | |
| 4-庚酮 | — | — | — | — | — | 0.736 | — | — | 0.33 | — | 0.24 | — | — | — | — |
| 1,2-二溴丙烷 | — | — | 2.29 | — | — | 1.68 | 1.40 | — | — | — | — | — | — | — | — |
| *N*,*N*-二甲基苯胺 | — | — | — | 1.69 | — | 1.41 | 1.18 | — | 0.98 | — | 0.72 | 0.64 | — | 0.43 | — |
| 二甲胺 | 0.436 (−33.5℃) | — | — | — | — | — | — | 1.02 | — | 0.79 | 0.64 | — | — | — | — |
| 烯丙基溴 | — | — | — | 0.56 | — | 0.50 | 0.46 | — | 0.39 | 0.35 | — | — | — | — | — |
| 异丙基溴 | — | — | 0.605 | 0.538 | — | 0.482 | 0.435 | 0.394 | 0.359 | — | — | — | — | — | — |
| 溴乙烷 | — | — | — | — | — | 0.40 | 0.36 | 0.33 | 0.30 | — | 0.23 | 0.20 | 0.17 | 0.15 | — |
| 溴丙烷 | — | — | 0.465 | 0.575 | — | 0.517 | 0.467 | 0.425 | 0.388 | 0.356 | — | — | — | — | — |
| 噻吩 | — | — | 0.87 | 0.75 | — | 0.66 | 0.58 | 0.52 | 0.468 | 0.424 | 0.350 | — | — | — | — |

续表

| 物质名称 | 温度/℃ | | | | | | | | | | | | | | |
|---|---|---|---|---|---|---|---|---|---|---|---|---|---|---|---|
| | −40 | −20 | 0 | 10 | 15 | 20 | 30 | 40 | 50 | 60 | 80 | 100 | 120 | 140 | 180 |
| 十氢化萘 | — | — | — | — | — | 2.40 | — | — | 1.58 | — | — | — | — | — | — |
| 1,1,2,2-四氯乙烷 | — | — | 2.66 | 2.13 | — | 1.75 | 1.48 | 1.28 | 1.11 | 0.97 | 0.75 | — | — | — | — |
| 四氯乙烯 | — | — | 1.14 | 1.00 | — | 0.88 | 0.80 | 0.72 | 0.66 | 0.60 | 0.51 | 0.441 | 0.383 | — | — |
| 萘满 | — | — | — | — | — | 2.02 | — | — | 1.3 | — | — | — | — | — | — |
| 十二烷 | — | — | — | — | — | 1.257 (23.3℃) | — | — | — | — | — | — | — | — | |
| 三氯乙烯 | — | — | 0.71 | 0.64 | — | 0.58 | 0.53 | 0.48 | 0.45 | 0.41 | — | — | — | — | — |
| α,α,α-三氯甲苯 | — | — | — | 3.07 | 2.69 | — | — | — | — | — | — | — | — | — | — |
| 邻甲苯胺 | — | — | 10.2 | 6.4 | — | 4.35 | 3.20 | 2.44 | 1.94 | 1.57 | 1.11 | 0.83 | — | — | — |
| 间甲苯胺 | — | — | 8.7 | 5.5 | — | 3.81 | 2.79 | 2.14 | — | 1.40 | 1.00 | 0.77 | — | — | — |
| 对甲苯胺 | — | — | — | — | — | — | — | — | 1.75 | 1.45 | 1.00 | 0.75 | 0.58 | 0.50 | — |
| 甲苯 | — | — | 0.768 | 0.667 | — | 0.586 | 0.522 | 0.466 | 0.420 | 0.381 | 0.319 | 0.271 | 0.231 | 0.199 | — |
| 萘 | — | — | — | — | — | — | — | — | — | — | 0.967 | 0.776 | — | — | — |
| 邻硝基甲苯 | — | — | 3.83 | 2.96 | 2.62 | 2.37 | 1.91 | 1.63 | — | 1.21 | 0.94 | 0.76 | — | — | — |
| 间硝基甲苯 | — | — | — | — | — | 2.33 | 1.91 | 1.60 | — | 1.18 | 0.92 | 0.75 | — | — | — |
| 对硝基甲苯 | — | — | — | — | — | — | — | — | — | 1.20 | 0.94 | 0.76 | — | — | — |
| 硝基苯 | — | — | 3.09 | 2.46 | — | 2.01 | 1.69 | 1.44 | 1.24 | 1.09 | 0.87 | 0.70 | — | — | — |
| 硝基甲烷 | — | — | 0.844 | 0.742 | — | 0.657 | 0.587 | 0.528 | 0.478 | 0.433 | 0.357 | — | — | — | — |
| 二硫化碳 | — | — | 0.433 | 0.396 | — | 0.366 | 0.341 | 0.319 | — | — | — | — | — | — | — |
| 壬烷 | — | — | 0.97 | 0.83 | — | 0.71 | 0.62 | 0.55 | — | 0.44 | 0.36 | 0.30 | — | — | — |
| 联苯 | — | — | — | — | — | — | — | — | — | 1.24 | 0.97 | — | — | — | — |
| 吡啶 | — | — | 1.33 | 1.12 | — | 0.95 | 0.83 | 0.73 | — | 0.58 | 0.482 | — | — | — | — |
| 苯乙醚 | — | — | — | — | — | 1.262 | 1.073 | 0.900 | — | — | — | — | — | — | — |
| 苯酚 | — | — | — | — | — | 11.6 | 7.0 | 4.77 | 3.43 | 2.56 | 1.59 | 1.05 | 0.78 | 0.69 | — |
| 丁醇 | 22.4 | 10.3 | 5.19 | 3.87 | — | 2.95 | 2.28 | 1.78 | 1.41 | 1.14 | 0.76 | 0.54 | — | — | — |
| 丁酰苯 | — | — | 4.07 | 3.03 | — | 2.36 | 1.89 | 1.56 | — | 1.13 | 0.87 | 0.69 | — | — | — |
| 丙醇 | 13.5 | 6.9 | 3.85 | 2.89 | — | 2.20 | 1.72 | 1.38 | — | 0.92 | 0.63 | — | — | — | — |
| 2-丙醇 | 32.2 | 10.1 | 4.60 | 3.26 | — | 2.39 | 1.76 | 1.33 | — | 0.80 | 0.52 | — | — | — | — |
| 丙酸 | — | — | 1.52 | 1.29 | — | 1.10 | 0.96 | 0.84 | 0.75 | 0.67 | 0.545 | 0.452 | 0.380 | 0.322 | — |

续表

| 物质名称 | 温度/℃ | | | | | | | | | | | | | |
|---|---|---|---|---|---|---|---|---|---|---|---|---|---|---|
| | −40 | −20 | 0 | 10 | 15 | 20 | 30 | 40 | 50 | 60 | 80 | 100 | 120 | 140 | 180 |
| 丙酸酐 | — | — | 1.61 | 1.33 | — | 1.12 | 0.96 | 0.83 | 0.73 | 0.65 | 0.52 | 0.430 | 0.360 | 0.306 | — |
| 丙酸乙酯 | — | — | — | — | 0.564 | — | 0.473 | — | — | — | — | — | — | — | — |
| 丙酸甲酯 | — | — | 0.59 | — | 0.47 | 0.461 | — | — | 0.34 | — | — | — | — | — | — |
| 溴苯 | — | — | 1.52 | 1.31 | — | 1.13 | 1.00 | 0.89 | 0.79 | 0.72 | 0.60 | 0.52 | — | — | — |
| 1,5-己二烯 | — | — | 0.34 | — | 0.29 | 0.275 | 0.25 | — | 0.21 | — | — | — | — | — | — |
| 2-己酮 | — | — | — | — | — | 0.625 | — | — | — | — | — | — | — | — | — |
| 己烷 | — | — | 0.397 | 0.355 | — | 0.320 | 0.290 | 0.264 | 0.241 | 0.221 | — | — | — | — | — |
| 庚烷 | — | — | 0.517 | 0.458 | — | 0.409 | 0.367 | 0.332 | 0.301 | 0.275 | 0.231 | — | — | — | — |
| 庚酸 | — | — | — | 5.62 | — | 4.34 | 3.40 | 2.74 | — | 1.89 | 1.38 | 1.06 | 0.82 | — | — |
| 苯 | — | — | 0.91 | 0.76 | — | 0.65 | 0.56 | 0.492 | 0.436 | 0.390 | 0.316 | 0.261 | 0.219 | 0.185 | 0.132 |
| 苄腈 | — | — | — | 1.62 | — | 1.33 | 1.13 | 0.984 | 0.864 | 0.767 | 0.623 | 0.515 | — | — | — |
| 戊醇 | — | — | — | — | 4.65 | — | 2.99 | — | — | — | — | — | — | — | — |
| 2-戊酮 | — | — | 0.64 | — | — | 0.499 | — | — | 0.375 | — | — | — | — | — | — |
| 戊烷 | — | — | 0.283 | 0.254 | — | 0.229 | 0.208 | — | — | — | — | — | — | — | — |
| 甲酰胺 | — | — | 7.3 | 5.0 | — | 3.75 | 2.94 | 2.43 | 2.04 | 1.71 | 1.17 | 0.83 | 0.63 | — | — |
| 丙二酸二乙酯 | — | — | — | — | 2.38 | — | 1.75 | — | — | — | — | — | — | — | — |
| 乙酐 | — | — | 1.24 | 1.05 | — | 0.90 | 0.79 | 0.69 | 0.62 | 0.55 | 0.453 | 0.377 | 0.320 | — | — |
| 甲醇 | — | — | 0.734 | 0.715 | 0.64 | 0.611 | 0.51 | — | 0.426 | — | — | — | — | — | — |
| 2-甲基己烷 | — | — | 0.48 | — | 0.39 | — | — | 0.32 | — | — | 0.22 | — | — | — | — |
| 薄荷醇 | — | — | — | — | — | — | — | 16.20 | — | — | — | — | — | — | — |
| 烯丙基碘 | — | — | 0.93 | — | 0.74 | — | 0.65 | — | — | — | — | — | — | — | — |
| 碘代异丁烷 | — | — | 1.16 | — | — | 0.91 | — | — | — | — | 0.47 | — | 0.35 | — | — |
| 碘乙烷 | — | — | — | — | — | 0.60 | — | 0.49 | — | 0.41 | — | — | — | — | — |
| 碘甲烷 | — | — | 0.61 | — | — | 0.490 | — | 0.42 | — | — | — | — | — | — | — |
| 碘苯 | — | — | — | 1.97 | — | 1.49 | 1.45 | 1.265 | 1.12 | 0.995 | 0.815 | 0.69 | 0.585 | 0.51 | — |
| 月桂酸 | — | — | — | — | — | — | — | — | 6.88 | 5.37 | 3.51 | 2.46 | 1.79 | 1.35 | — |
| 丁酸 | — | — | 2.84 | — | — | 1.538 | — | 1.117 | — | 0.853 | 0.678 | 0.545 | — | — | — |
| 丁酸乙酯 | — | — | — | — | 0.711 | — | 0.595 | — | — | — | — | — | — | — | — |
| 丁酸甲酯 | — | — | 1.77 | 1.45 | — | 1.21 | 1.03 | 0.89 | — | 0.69 | 0.55 | 0.45 | — | — | — |

## 八、闪点与燃点的测定

1. 开口杯法——用开口杯测定闪点和燃点

本方法适用于测定润滑油和深色石油产品。

油品试样在本方法的规定条件下加热到它的蒸气与火焰接触发生闪火时的最低温度，称为开口杯法闪点。

油品试样在本方法的规定条件下加热到能被接触的火焰点着并燃烧不少于5s时的最低温度，称为开口杯法燃点。

(1) 仪器

① 开口闪点测定器　符合SY 3609要求。

② 温度计　符合GB 514要求。

③ 煤气灯、酒精喷灯或电炉（测定闪点高于200℃试样时，必须使用电炉）。

(2) 材料

溶剂油应符合GB 1922中NY-120的要求。

(3) 测定步骤

① 准备工作

a. 试样的水分大于0.1%时，必须脱水。脱水处理是在试样中加入新煅烧并冷却的食盐、硫酸钠或无水氯化钙进行。

闪点低于100℃的试样脱水时不必加热；其他试样允许加热至50～80℃时用脱水剂脱水。

脱水后，取试样的上层澄清部分供试验使用。

b. 内坩埚用溶剂油洗涤后，放在点燃的煤气灯上加热，除去遗留的溶剂油。待内坩埚冷却至室温时，放入装有细砂（经过煅烧）的外坩埚中，使细砂表面距离内坩埚的口部边缘约12mm，并使内坩埚底部与外坩埚底部之间保持厚度为5～8mm的砂层。对闪点在300℃以上的试样进行测定时，两只坩埚底部之间的砂层厚度允许酌量减薄，但在试验时必须保持下文②中a规定的升温速度。

c. 试样注入内坩埚时，对于闪点在210℃和210℃以下的试样，液面距离坩埚口部边缘为12mm（即内坩埚内的上刻线处）；对于闪点在210℃以上的试样，液面距离口部边缘为18mm（即内坩埚内的下刻线处）。

试样向内坩埚注入时，不应溅出，而且液面以上的坩埚壁不应沾有试样。

d. 将装好试样的坩埚平稳地放置在支架上的铁环（或电炉）中，再将温度计垂直地固定在温度计夹上，并使温度计的水银球位于内坩埚中央，与坩埚底和试样液面的距离大致相等。

e. 测定装置应放在避风和较暗的地方并用防护屏围着，使闪点现象能够看得清楚。

② 闪点测定

a. 加热坩埚，使试样逐渐升高温度，当试样温度达到预计闪点前60℃时，调整加热速度，使试样温度达到闪点前40℃时能控制升温速度为每分钟升高（4±1)℃。

b. 试样温度达到预计闪点前10℃时，将点火器的火焰放在距离试样液面10～14mm处，并在该处水平面上沿着坩埚内径做直线移动，从坩埚的一边移至另一边所经过的时间为2～3s。试样温度每升高2℃应重复一次点火试验。

点火器的火焰长度，应预先调整为3～4mm。

c. 试样液面上方最初出现蓝色火焰时，立即从温度计读出温度作为闪点的测定结果，同时记录大气压力。

注：试样蒸气的闪火同点火器火焰的闪光不应混淆。如果闪火现象不明显，必须在试样升高2℃时继续点火证实。

③ 燃点测定

a. 测得试样的闪点之后，如果还需要测定燃点，应继续对外坩埚进行加热，使试样的升温速度为每分钟升高（4±1)℃。然后按上文②中b所述用点火器的火焰进行点火试验。

b. 试样接触火焰后立即着火并能继续燃烧不少于5s，此时立即从温度计读出温度作为燃点的测定结果。

c. 大气压力对闪点和燃点影响的修正　大气压力低于99.3kPa(745mmHg)时，试验所得的闪

点或燃点 $t_0$(℃) 按下式进行修正（精确到 1℃）

$$t_0 = t + \Delta t$$

式中 $t_0$——相当于 101.3kPa(760mmHg) 大气压力时的闪点或燃点，℃；

$t$——在试验条件下测得的闪点或燃点，℃；

$\Delta t$——修正数，℃。

大气压力在 72.0～101.3kPa（540～760mmHg）范围内，修正数 $\Delta t$/℃可按下式计算

$$\Delta t = (0.00015t + 0.028)(101.3 - P) \times 7.5$$

或

$$\Delta t = (0.00015t + 0.028)(760 - P_1)$$

式中 $P$——试验条件下的大气压力，kPa；

$t$——在试验条件下测得的闪点或燃点（300℃以上按 300℃计），℃；

0.00015，0.028——试验常数；

7.5——大气压力单位换算系数；

$P_1$——试验条件下的大气压力，mmHg。

在 64.0～71.9kPa（480～539mmHg）大气压力范围，测得闪点或燃点的修正数 $\Delta t$(℃)也可参照采用大气压力在 72.0～101.3kPa（540～760mmHg）的修正公式进行计算。

此外，修正数 $\Delta t$(℃)还可以从表 6-17 查出。

**表 6-17 不同大气压下闪点或燃点的修正值 $\Delta t$/℃**

| 闪点或燃点 $t$/℃ | $P$/kPa(mmHg) | | | | | | | | | | |
|---|---|---|---|---|---|---|---|---|---|---|---|
| | 72.0 (540) | 74.6 (560) | 77.3 (580) | 80.0 (600) | 82.6 (620) | 85.3 (640) | 88.0 (660) | 90.6 (680) | 93.3 (700) | 96.0 (720) | 98.6 (740) |
| 100 | 9 | 9 | 8 | 7 | 6 | 5 | 4 | 3 | 2 | 2 | 1 |
| 125 | 10 | 9 | 8 | 8 | 7 | 6 | 5 | 4 | 3 | 2 | 1 |
| 150 | 11 | 10 | 9 | 8 | 7 | 6 | 5 | 4 | 3 | 2 | 1 |
| 175 | 12 | 11 | 10 | 9 | 8 | 6 | 5 | 4 | 3 | 2 | 1 |
| 200 | 13 | 12 | 10 | 9 | 8 | 7 | 6 | 5 | 4 | 2 | 1 |
| 225 | 14 | 12 | 11 | 10 | 9 | 7 | 6 | 5 | 4 | 2 | 1 |
| 250 | 14 | 13 | 12 | 11 | 9 | 8 | 7 | 5 | 4 | 3 | 1 |
| 275 | 15 | 14 | 12 | 11 | 10 | 8 | 7 | 6 | 4 | 3 | 1 |
| 300 | 16 | 15 | 13 | 12 | 10 | 9 | 7 | 6 | 4 | 3 | 1 |

（4）结果表示

① 同一操作者重复测定的两个闪点结果之差不应大于下列数值。

| 闪点,$t$/℃ | ≤150 | >150 |
|---|---|---|
| 重复性,$t$/℃ | 4 | 6 |

② 同一操作者重复测定的两个燃点结果之差不应大于 6℃。

③ 取重复测定两个闪点结果的算术平均值作为试样的闪点；取重复测定两个燃点结果的算术平均值，作为试样的燃点。

2. 闭口杯法——用闭口杯测定闪点

石油产品用闭口杯在规定条件下加热到它的蒸气与空气的混合气接触火焰发生闪火时的最低温度，称为闭口杯法闪点。

（1）仪器

① 闭口闪点测定器（如图 6-29 所示）符合 SY 3205—1982《闭口闪点测定器技术条件》。

② 温度计 符合 GB 514—1975《石油产品试验用液体温度计技术条件》。

③ 防护屏 用镀锌铁皮制成，高度 550～650mm，宽度以适用为宜，屏身内壁涂成黑色。

（2）测定步骤

① 准备工作

a. 试样的水分超过 0.05%时，必须脱水。脱水处理是在试样中加入新煅烧并冷却的食盐、硫酸钠或无水氯化钙进行，试样闪点估计低于 100℃时不必加温，闪点估计高于 100℃时，可以加热到 50～80℃。

脱水后，取试样的上层澄清部分供试验使用。

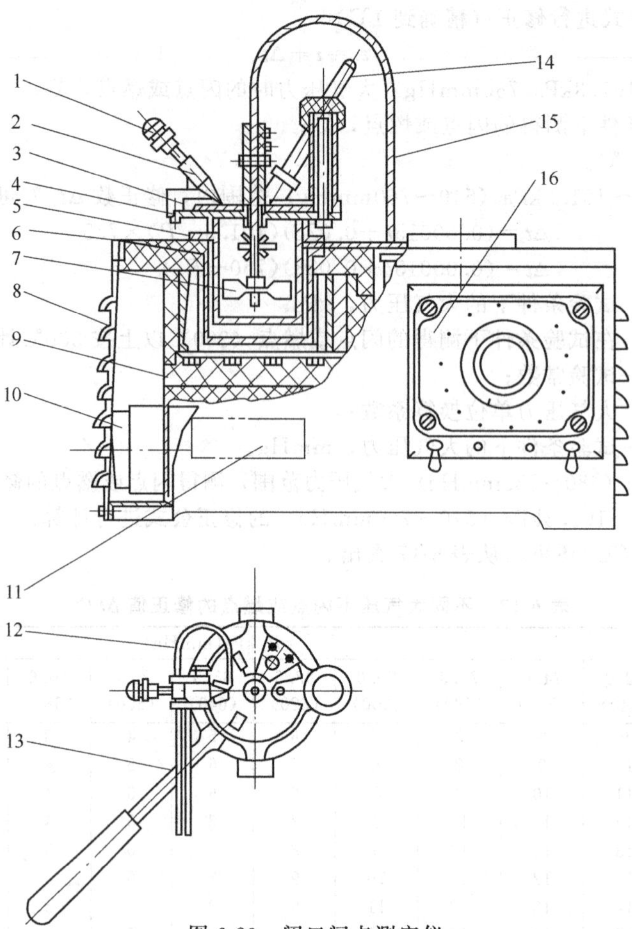


图 6-29 闭口闪点测定仪

1—点火器调节螺丝；2—点火器；3—滑板；4—油杯盖；5—油杯；6—浴套；
7—搅拌桨；8—壳体；9—电炉盘；10—电动机；11—铭牌；12—点火管；
13—油杯手柄；14—温度计；15—传动软轴；16—开关箱

b. 油杯要用无铅汽油洗涤，再用空气吹干。

c. 试样注入油杯时，试样和油杯的温度都不应高于试样脱水的温度。杯中试样要装满到环状标记处，然后盖上清洁、干燥的杯盖，插入温度计，并将油杯放在空气浴中。试验闪点低于 50℃ 的试样时，应预先将空气浴冷却到室温（20±5)℃。

d. 将点火器的灯芯或煤气引火点燃，并将火焰调整到接近球形，其直径为 3～4mm。

使用灯芯的点火器之前，应向其中加入轻质润滑油（如缝纫机油、变压器油等）作为燃料。

e. 闪点测定器要放在避风和较暗的地点，才便利于观察闪火。为了更有效地避免气流和光线的影响，闪点测定器应围着防护屏。

f. 用检定过的气压计，测出试验时的实际大气压力 $P$。

② 用煤气灯或带变压器的电热装置加热时，应注意下列事项。

a. 试验闪点低于 50℃ 的试样时，从试验开始到结束要不断地进行搅拌，并使试样温度每分钟升高 1℃。

b. 试验闪点高于 50℃ 的试样时，开始加热速度要均匀上升，并定期进行搅拌。到预计闪点前 40℃ 时，调整加热速度，使在预计闪点前 20℃ 时，升温速度能控制在每分钟升高 2～3℃，并还要不断进行搅拌。

c. 试样温度到达预期闪点前 10℃ 时，对于闪点低于 104℃ 的试样每经 1℃ 进行点火试验，对于闪点高于 104℃ 的试样每经 2℃ 进行点火试验。

试样在试验期间都要转动搅拌器进行搅拌；只有在点火时才停止搅拌。点火时，使火焰在

0.5s 内降到杯上含蒸气的空间中，留在这一位置 1s 立即回到原位。如果看不到闪火，就继续搅拌试样，并按本条的要求重复进行点火试验。

d. 在试样液面上方最初出现蓝色火焰时，立即从温度计读出温度作为闪点的测定结果。得到最初闪火之后，继续按照上文③进行点火试验，应能继续闪火。在最初闪火之后，如果再进行点火却看不到闪火，应更换试样重新试验；只有重复试验的结果依然如此，才能认为测定有效。

(3) 大气压力对闪点影响的修正

① 观察和记录大气压力，按下式计算在标准大气压力 101.3kPa(760mmHg) 时闪点修正数 $\Delta t$/℃

$$\Delta t=0.25(101.3-P)$$

或

$$\Delta t=0.0345(760-P_1)$$

式中 $P$——实际大气压力，kPa；

$P_1$——实际大气压力，mmHg。

② 观察到的闪点数值加修正数，修约后以整数报结果。此外，修正数 $\Delta t$ 还可从表 6-18 查出。

**表 6-18 不同大气压力范围的闪点修正值 $\Delta t$**

| 大气压力 $P$/kPa(mmHg) | 修正数 $\Delta t$/℃ | 大气压力 $P$/kPa(mmHg) | 修正数 $\Delta t$/℃ |
|---|---|---|---|
| 84.0～87.7(630～658) | +4 | 95.6～99.3(717～745) | +1 |
| 87.8～91.6(659～687) | +3 | 103.3～107.0(775～803) | −1 |
| 91.7～95.4(688～716) | +2 | | |

(4) 结果表示

① 重复性 同一操作者重复测定两个结果之差，不应超过以下数值。

| 闪点范围 $t$/℃ | ≤104 | >104 |
|---|---|---|
| 允许差数/℃ | 2 | 6 |

② 再现性 由两个实验室提出两个结果之差，不应超过以下数值。

| 闪点范围 $t$/℃ | ≤104 | >104 |
|---|---|---|
| 允许差数/℃ | 4 | 8 |

本精密度的再现性不适用于 20 号航空润滑油。本精密度是 1979～1980 年用七个试样，在十二个实验室开展统计试验，并对实验结果进行数据处理和分析得到的。

③ 取重复测定两个结果的算术平均值，作为试样的闪点。

3. 影响油品闪点及其测定的因素

(1) 影响油品闪点的因素

① 油品的蒸气分压

据研究，油品蒸气分压在 5.33～6.67kPa 时才可闪火。同一温度下轻质油品蒸气分压愈高，闪点就愈低，反之就高。

② 油品的馏程

馏程越轻，闪点愈低。一般根据初馏点和 10%点的馏出温度可以估计闪点。

③ 油品的化学组成

含烷烃较多的油品闪点较高。相反含环烷烃—芳香烃较多的油品所制成同一黏度的油品闪点较低。

(2) 影响闪点测定的因素

影响油品闪点测定的因素很多，如仪器的准确度、操作方法、升温速度、大气压和油样的处理等都影响着油品闪点的高低。

① 与所用闪点测定器的类型有关。一般同一油品的开口闪点比闭口闪点高 10～30℃。

② 与加入试样的量有关。在试验杯内所盛的试样多，则测得的结果低；试样少，则测得的结果比正常的高。

③ 与含水试样是否脱水有关。油样含水时必须事先进行脱水，因为水在油中形成泡沫，加热后水蒸气逸出而影响闪火温度。

④ 与加热速度有关，加热速度快时，单位时间给予样品的热量多，蒸发快，使空气中油蒸气浓度提前达到爆炸下限，则测定结果偏低；加热速度过于慢时，则测定结果偏高。

⑤ 与点火用的火焰大小、离液面高低及停留时间有关。点火火焰越大，离液面越低，停留时间越长，则闪点测定结果越低；反之亦然。

⑥ 与大气压有关。大气压的影响是个主要因素，气压低，油品挥发快，闪点低，在不同大气下，同一油品的闪点相差较大，根据大量实践证明，大气压与闪点的关系呈比例，因此，必须对测定结果进行大气压修正。

⑦ 与加热器的类型有关，一般来说用电炉空气浴比用酒精灯和煤气灯好，电炉空气浴加热使试验杯受热均匀、用酒精灯和煤气灯加热升温不易控制，油蒸气扩散快。

## 九、表面张力测定

液体表面张力测定对于了解物质体系性质、溶液表面结构、分子间相互作用（特别是表面分子相互作用）提供了一种很有用的方法；它还可用来帮助了解润湿、去污、悬浮力等问题；可用来帮助计算等张比容，工业设计中用来帮助估算塔板效率等。

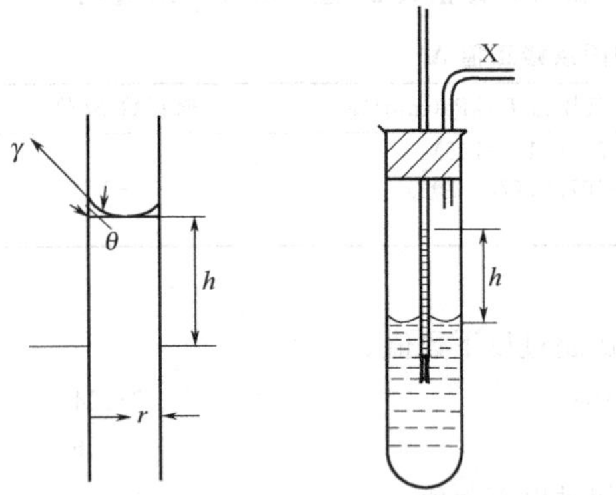


(a) 毛细管表面张力　(b) 毛细管法测定表面张力仪器

图 6-30　毛细管升高法测定表面张力仪器

测定液体表面张力常用的方法有：毛细管升高法、滴重（液滴）法、环法、最大气泡压力法等。在此介绍毛细管升高法和滴重（液滴）法。

1. 毛细管升高法

测量仪器如图 6-30 所示。

（1）原理

当一根洁净的，无油脂的毛细管浸进液体时，液体在毛细管内升高到 $h$ 高度。在平衡时，毛细管中液柱质量与表面张力关系为

$$2\pi\sigma r\cos\theta=\pi r^2 gdh$$

$$\sigma=\frac{gdhr}{2\cos\theta} \tag{6-1}$$

如果液体对玻璃润湿，$\theta=0$，$\cos\theta=1$（对于很多液体是这种情况），则

$$\sigma=\frac{gdhr}{2} \tag{6-2}$$

式中　$\sigma$——表面张力，$N\cdot m^{-1}$；

$g$——重力加速度，$m\cdot s^{-2}$；

$d$——液体密度，$g\cdot mL^{-1}$；

$r$——毛细管半径，mm。

上式忽略了液体弯月面。如果弯月面很小，可以考虑为半球形，则体积应为

$$\pi r^3-\frac{2}{3}\pi r^3=\frac{1}{3}\pi r^3$$

从上式可得

$$\sigma=\frac{1}{2}gdr\left(h+\frac{1}{3}r\right) \tag{6-3}$$

更精确些时，可假定弯月面为一个椭圆球。上式变为

$$\sigma=\frac{1}{2}gdhr\left[1+\frac{1}{3}\left(\frac{r}{h}\right)-0.1288\left(\frac{r}{h}\right)^2+0.1312\left(\frac{r}{h}\right)^3\right] \tag{6-4}$$

（2）仪器

测量仪器如图 6-30 所示。

长约 25cm、直径为 0.2mm 的毛细管；读数显微镜；小试管；25℃恒温槽。

（3）测定步骤

将毛细管洗净、干燥，于小试管中倾入被测液，按图 6-30(b) 装好，置于恒温槽中恒温。通过 X 管慢慢地将空气吹入试管中，待毛细管中液体升高后，停止吹气并使试管内外压力相等。待液体回到平衡位置，用读数显微镜测量其高度 $h$。测定完毕后从 X 管吸气，降低毛细管内液面，停止吸

气并使管内外压力相等，恢复到平衡位置测量高度。如果毛细管洁净，则两次测量的高度应相等，否则应清洗毛细管。

高度 $h$ 测定以后，可用下述两个方法测定毛细管半径。

① 用已知表面张力的液体测定毛细管升高 $h$。然后利用式(6-2) 或式(6-3)、式(6-4) 算出毛细管半径 $r$。

② 于毛细管中充满干净的汞，测定毛细管中不同长度下汞的质量。根据该长度下汞质量数据及汞的密度可以算出该段毛细管的平均半径。

最后，由被测液体的上升高度 $h$、液体密度 $d$、毛细管半径 $r$、重力加速度 $g$，根据式(6-2) 计算出在实验温度下的表面张力。

2. 滴重（液滴）法

这一方法用得比较普遍。液体表面张力测定的仪器装置如图 6-31 所示。

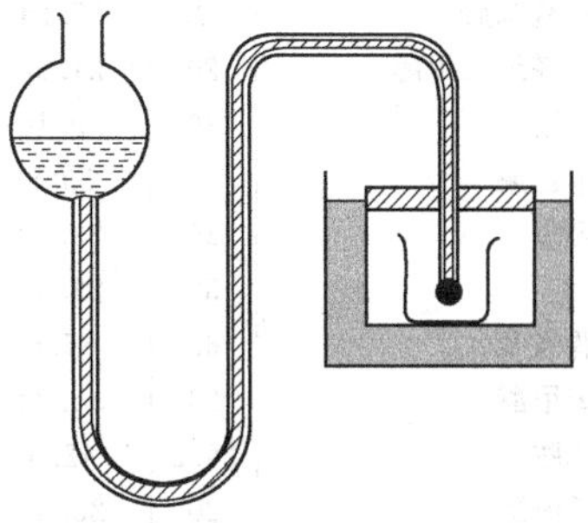

图 6-31 滴重法测定表面张力仪器

(1) 原理

从图 6-31 中可看出，当达到平衡时，从外半径为 $r$ 的毛细管滴下的液体所受的重力应等于毛细管周边乘以表面张力（或界面张力），即

$$mg=2\pi r\sigma \tag{6-5}$$

式中 $m$——液滴质量，g；

$r$——毛细管外半径，mm；

$\sigma$——表面张力，$N \cdot m^{-1}$；

$g$——重力加速度，$m \cdot s^{-2}$。

事实上，滴下来的仅仅是液滴的一部分。因此式(6-5) 中给出的液滴是理想液滴。经实验证明，滴下来的液滴大小是 $V/r^3$ 的函数，即由 $f(V/r^3)$ 所决定（其中 $V$ 是液滴体积）。式(6-5) 可变为

$$mg=2\pi r\sigma f(V/r^3)$$

$$\sigma=\frac{mg}{2\pi r f(V/r^3)}=\frac{Fmg}{r} \tag{6-6}$$

式(6-6) 中的 $F$ 称校正因子。表 6-19 给出校正因子 $F$ 的数据。

**表 6-19 滴重法测定表面张力的校正因子 *F***

| $V/r^3$ | $F$ | $V/r^3$ | $F$ | $V/r^3$ | $F$ |
|---|---|---|---|---|---|
| ∞ | 0.159 | 8.190 | 0.2440 | 1.048 | 0.2617 |
| 5000 | 0.172 | 6.662 | 0.2479 | 0.816 | 0.2550 |
| 250 | 0.198 | 5.522 | 0.2514 | 0.729 | 0.2517 |
| 58.1 | 0.215 | 4.653 | 0.2542 | 0.541 | 0.2430 |
| 24.6 | 0.2256 | 3.433 | 0.2587 | 0.512 | 0.2441 |
| 17.7 | 0.2305 | 2.995 | 0.2607 | 0.455 | 0.2491 |
| 13.28 | 0.2352 | 2.0929 | 0.2645 | 0.403 | 0.2559 |
| 10.29 | 0.2398 | 1.5545 | 0.2657 | | |

如果测得滴下来的液滴体积及毛细管外半径，就可从表 6-19 查出校正因子 $F$ 的数值。

(2) 仪器

毛细管（末端磨平）；称量瓶；读数显微镜。

滴重法测定表面张力仪器图见图 6-31。

(3) 测定步骤

按图 6-31 装好仪器，把待测液体充满毛细管，并调节液位使液滴按一定时间间隔滴下。在保证液滴不受震动的条件下用称量瓶搜集 25～30 滴称量（对于挥发性液体最好把滴下的液体加以冷却）。

用读数显微镜测量毛细管的外径。

从液滴质量及液体密度计算滴下液滴体积。然后求出 $V/r^3$ 数值，再从表 6-19 查出校正因子 $F$ 数值。根据式(6-6) 算出表面张力。

表 6-20 列出了有机化合物的表面张力。

**表 6-20 有机化合物的表面张力**

| 化合物 | 温度/℃ | 表面张力/mN·m$^{-1}$ | 化合物 | 温度/℃ | 表面张力/mN·m$^{-1}$ | 化合物 | 温度/℃ | 表面张力/mN·m$^{-1}$ |
|---|---|---|---|---|---|---|---|---|
| 乙酰丙酮 | 17 | 30.26 | 辛胺 | 20 | 27.73 | 二噁烷 | 20 | 33.55 |
| 乙酰苯胺 | 120 | 35.24 | 辛烯 | 20 | 21.78 | 环辛烷 | 13.5 | 29.9 |
| 乙醛缩二甲醇 | 20 | 21.60 | 油酸 | 90 | 27.0 | 环辛烯 | 13.5 | 29.9 |
| 乙腈 | 20 | 29.10 | 氨基甲酸乙酯 | 60 | 31.47 | 1,1-二氯乙烷 | 20 | 24.75 |
| 苯乙酮 | 20 | 39.8 | 甲酸 | 20 | 37.58 | 1,2-二氯乙烷 | 20 | 32.23 |
| 丙酮 | 20 | 23.32 | 甲酸乙酯 | 17 | 23.31 | 二氯代乙酸 | 25.7 | 35.4 |
| | 30 | 22.01 | 甲酸甲酯 | 20 | 24.64 | 二氯代乙酸乙酯 | 20 | 31.34 |
| 偶氮苯 | 76.9 | 35.5 | 邻二甲苯 | 20 | 30.03 | 环己醇 | 20 | 34.5 |
| 苯甲醚 | 20 | 35.22 | 间二甲苯 | 20 | 28.63 | 环己酮 | 20.7 | 35.23 |
| 苯胺 | 26.2 | 42.5 | 对二甲苯 | 20 | 28.31 | 环己烷 | 20 | 24.95 |
| 烯丙醇 | 20 | 25.68 | 戊酸 | 19.2 | 27.29 | | 30 | 23.75 |
| 苯甲酸乙酯 | 25 | 34.6 | 戊酸乙酯 | 41.5 | 23.00 | 环己烯 | 13.5 | 27.7 |
| 苯甲酸甲酯 | 20 | 37.6 | 喹啉 | 26.0 | 44.61 | 环庚酮 | 20 | 35.38 |
| α-紫罗酮 | 17.5 | 32.45 | 异丙苯 | 20 | 28.20 | 环庚烷 | 13.5 | 27.8 |
| β-紫罗酮 | 11.0 | 34.41 | 邻甲酚 | 14 | 40.3 | 环庚烯 | 13.5 | 28.3 |
| 异戊酸 | 25 | 24.90 | 间甲酚 | 14 | 39.6 | 环戊醇 | 21 | 32.06 |
| 异喹啉 | 26.8 | 46.28 | 对甲酚 | 14 | 39.2 | 环戊酮 | 23 | 32.98 |
| 异丁胺 | 19.7 | 22.25 | 氯代辛烷 | 17.9 | 27.99 | 环戊烷 | 13.5 | 23.3 |
| 异丁醇 | 20 | 22.8 | 氯代乙酸 | 80.2 | 33.3 | 环戊烯 | 13.5 | 23.6 |
| 异戊烷 | 20 | 14.97 | 氯代乙酸乙酯 | 20 | 31.70 | 二苯胺 | 60 | 39.23 |
| 异丁酸 | 20 | 25.2 | 氯代癸烷 | 21.8 | 28.72 | 二丁胺 | 20 | 24.50 |
| 茚 | 28.5 | 37.4 | 邻氯甲苯 | 20 | 33.44 | 丁醚 | 20 | 22.90 |
| 十一烷 | 20 | 24.71 | 对氯甲苯 | 25 | 32.08 | 二丙胺 | 20 | 22.32 |
| 十一酸 | 25 | 30.64 | 氯代己烷 | 20 | 26.21 | 丙醚 | 20 | 20.53 |
| 十一酸乙酯 | 16.8 | 28.61 | 氯苯 | 20 | 32.28 | 二溴代甲烷 | 20 | 26.52 |
| 乙醇 | 20 | 22.27 | 氯代戊烷 | 20 | 25.06 | 戊醚 | 20 | 24.76 |
| | 30 | 21.43 | 芥酸 | 90 | 28.56 | 氯仿 | 20 | 27.28 |
| | 40 | 20.20 | 烯丙基氯 | 23.8 | 23.17 | | 30 | 25.89 |
| | 80 | 17.97 | 氯乙烷 | 10 | 20.58 | 丁二酸二乙酯 | 19.3 | 31.82 |
| 乙胺 | 25 | 19.21 | 乙酸 | 20 | 27.63 | 硬脂酸 | 90 | 26.99 |
| 乙基环己烷 | 20 | 25.7 | | 50 | 24.65 | 癸二酸二乙酯 | 20 | 33.17 |
| 乙苯 | 20 | 29.04 | 乙酸异丁酯 | 16.9 | 23.94 | 苯硫酚 | 25.5 | 37.67 |
| 丁酮 | 20 | 24.6 | 乙酸异丙酯 | 21 | 22.14 | 噻吩 | 20 | 33.1 |
| 环氧乙烷 | −5 | 28.4 | 乙酸乙酯 | 20 | 23.8 | 癸醇 | 20 | 27.32 |
| 乙二胺 | 21.3 | 41.80 | 乙酸乙烯 | 20 | 23.95 | 癸烷 | 20 | 23.92 |
| 3-氯-1,2-环氧丙烷 | 12.5 | 38.13 | 乙酸丁酯 | 20.9 | 25.21 | 癸酸 | 31.9 | 27.7 |
| 反油酸 | 90 | 26.56 | 乙酸丙酯 | 10 | 24.84 | 癸酸乙酯 | 16.1 | 28.52 |
| 氯丁烷 | 20 | 23.66 | 乙酸己酯 | 20.2 | 25.60 | 十四烷 | 21.5 | 26.53 |
| 氯丙烷 | 20 | 21.78 | 乙酸戊酯 | 20 | 25.68 | 十二醇 | 20 | 26.06 |
| 苄基氯 | 20.6 | 37.46 | 乙酸甲酯 | 21 | 25.17 | 十二烷 | 30 | 24.51 |
| 丁子香酚 | 20 | 37.18 | 水杨酸甲酯 | 25 | 39.1 | 三乙胺 | 20 | 19.99 |
| 辛醇 | 20 | 26.71 | 二乙胺 | 25 | 19.28 | 三氯代乙酸 | 80.2 | 27.8 |
| 2-辛醇 | 20 | 25.83 | 乙醚 | 20 | 17.06 | 三氯代乙酸乙酯 | 20 | 30.87 |
| 3-辛醇 | 20 | 25.05 | | 30 | 15.95 | 三氟三氯乙烷 | 20 | 17.75 |
| 4-辛醇 | 20 | 25.43 | 3-戊酮 | 21.0 | 25.18 | 甘油三硬脂酸酯 | 80 | 28.1 |
| 辛烷 | 20 | 21.76 | 邻二乙基苯 | 20 | 30.3 | 十三烷 | 21.3 | 25.87 |
| 辛酸 | 20 | 28.34 | 间二乙基苯 | 20 | 28.2 | 三丁胺 | 20 | 24.64 |
| 辛酸乙酯 | 20 | 26.91 | 对二乙基苯 | 20 | 29.0 | 三丙胺 | 20 | 22.96 |

续表

| 化合物 | 温度/℃ | 表面张力/$mN\cdot m^{-1}$ | 化合物 | 温度/℃ | 表面张力/$mN\cdot m^{-1}$ | 化合物 | 温度/℃ | 表面张力/$mN\cdot m^{-1}$ |
|---|---|---|---|---|---|---|---|---|
| 甘油三个十四(烷)酸酯 | 60 | 28.7 | 丙苯 | 20 | 28.99 | 丁苯 | 20 | 29.23 |
| 邻甲苯胺 | 50 | 37.49 | 溴代己烷 | 20 | 28.04 | 二苯甲酮 | 19.0 | 44.18 |
| 间甲苯胺 | 25 | 37.73 | 溴苯 | 20 | 36.34 | 十四烷 | 22.6 | 26.97 |
| 对甲苯胺 | 50 | 34.60 | 溴代戊烷 | 20 | 27.29 | 戊醇 | 20 | 25.60 |
| 甲苯 | 20 | 28.53 | 溴仿 | 20 | 41.91 | 戊烷 | 20 | 15.97 |
|  | 30 | 27.32 | 十一烷 | 21.1 | 27.52 | 戊胺 | 20.1 | 25.20 |
| 萘 | 80.8 | 32.03 | 己醇 | 20 | 24.48 | 戊苯 | 20 | 29.65 |
| 菸碱 | 31.2 | 36.50 | 2-己醇 | 25 | 24.25 | 甲酰苯胺 | 60 | 39.04 |
| 邻硝基苯甲醚 | 25 | 45.9 | 3-己醇 | 25 | 24.04 | 甲醛缩二甲醇 | 20 | 21.12 |
| 硝基乙烷 | 20 | 32.2 | 六甲基二硅氧烷 | 20 | 15.7 | 丙二酸二乙酯 | 20 | 31.71 |
| 甘油三硝酸酯 | 16.5 | 51.1 | 己烷 | 20 | 18.42 | 十四(烷)酸 | 76.2 | 27.0 |
| 邻硝基甲苯 | 20 | 41.46 | 己酸 | 25 | 27.49 | 十四(烷)酸乙酯 | 35 | 28.26 |
| 间硝基甲苯 | 20 | 40.99 | 己酸乙酯 | 18.4 | 25.96 | 乙酐 | 20 | 32.65 |
| 对硝基甲苯 | 54 | 37.15 | 己烯 | 20 | 18.41 |  | 30 | 31.22 |
| 邻硝基酚 | 50 | 42.3 | 十五烷酸 | 66.9 | 27.9 | 邻苯二甲酸酐 | 130 | 39.50 |
| 硝基苯 | 20 | 43.35 | 庚醇 | 20 | 24.42 | 1,3,5-三甲苯 | 20 | 28.83 |
| 硝基甲烷 | 20 | 36.97 | 庚烷 | 20 | 20.31 | 甲醇 | 20 | 22.55 |
| 壬醇 | 20 | 26.41 | 庚酸 | 25 | 27.97 |  | 30 | 21.69 |
| 3-壬酮 | 20 | 27.4 | 庚酸乙酯 | 20 | 26.43 | 甲胺 | 25 | 19.19 |
| 壬烷 | 20 | 22.92 | 庚烯 | 20 | 20.24 | 甲基环己烷 | 20 | 23.7 |
| 软脂酸 | 65.2 | 28.6 | 全氟辛烷 | 35 | 12.4 | 3-甲基-1-丁醇 | 20 | 24.3 |
| 二环己基 | 20 | 32.5 | 全氟癸烷 | 60 | 12.0 | *L*-薄荷酮 | 30 | 28.39 |
| *α*-蒎烯 | 33 | 26.13 | 全氟十二烷 | 90 | 10.8 | 吗啉 | 20 | 37.5 |
| 哌啶 | 20 | 30.20 | 全氟壬烷 | 35 | 14.7 | 碘乙烷 | 20 | 28.83 |
| 吡啶 | 20 | 38.0 | 苄胺 | 20 | 39.07 | 碘丁烷 | 20 | 29.15 |
| 吡咯 | 29.0 | 28.80 | 苄醇 | 20 | 39.0 | 碘丙烷 | 20 | 29.28 |
| 二甲胺 | 5 | 17.7 | 苯 | 15 | 29.55 | 碘甲烷 | 20 | 30.14 |
| 二甲亚砜 | 20 | 43.54 |  | 20 | 28.86 | 碘代辛烷 | 21.0 | 30.65 |
|  | 30 | 42.41 |  | 30 | 27.56 | 碘代己烷 | 20 | 29.93 |
| 溴乙烷 | 20 | 24.15 |  | 40 | 26.41 | 碘苯 | 18.4 | 39.38 |
| 溴丁烷 | 20 | 26.33 |  | 50.1 | 24.97 | 十二(烷)酸乙酯 | 17.1 | 28.63 |
| 溴丙烷 | 20 | 25.85 |  | 80 | 20.28 | 丁酸 | 25 | 26.21 |
| 草酸二乙酯 | 20 | 32.22 | 苯甲醛 | 20 | 40.04 | 丁酸酐 | 20 | 28.93 |
| 硝酸乙酯 | 20 | 28.7 | 苄腈 | 20 | 38.59 | 丁酸乙酯 | 20 | 24.54 |
| 氟丁烷 | 20 | 17.72 | 菲 | 120 | 36.3 | 丁酸甲酯 | 27.3 | 24.24 |
| 氟苯 | 20 | 27.71 | 苯肼 | 20 | 45.55 | 二乙硫 | 17.5 | 25.0 |
| 丙醇 | 20 | 23.70 | 苯酚 | 20 | 40.9 | 二苯硫 | 16.4 | 42.54 |
| 2-丙醇 | 20 | 21.35 | 丁醇 | 20 | 24.57 | 二丁硫 | 18.3 | 27.40 |
| 丙酸 | 20 | 26.7 | 2-丁醇 | 20 | 23.47 | 二甲硫 | 17.3 | 24.64 |
| 丙酸乙酯 | 20 | 24.27 | 丁胺 | 20 | 23.81 | 硫酸二乙酯 | 14.9 | 34.02 |
| 丙胺 | 20 | 21.98 | 3-庚酮 | 20 | 26.30 | 硫酸二甲酯 | 15.1 | 39.50 |

3. 最大气泡压力法

(1) 原理

从热力学观点来看，液体表面缩小是一个自发过程，这是使体系总自由能减小的过程，欲使液体产生新的表面 $\Delta S$，就需对其做功，其大小应与 $\Delta S$ 成正比

$$-W'=\sigma\times\Delta S$$

如果 $\Delta S$ 为 $1m^2$，则 $-W'=\sigma$ 是在恒温恒压下形成 $1m^2$ 新表面所需的可逆功，所以 $\sigma$ 称为比表面吉布斯自由能，其单位为 $J\cdot m^{-2}$。也可将 $\sigma$ 看作为作用在界面上每单位长度边缘上的力，称为表面张力，其单位是 $N\cdot m^{-1}$。在定温下纯液体的表面张力为定值，当加入溶质形成溶液时，表面张力发生变化，其变化的大小决定于溶质的性质和加入量的多少。水溶液表面张力与其组成的关系大致有三种情况：

① 随溶质浓度增加表面张力略有升高；

② 随溶质浓度增加表面张力降低，并在开始时降得快些；

③ 溶质浓度低时表面张力就急剧下降，于某一浓度后表面张力几乎不再改变。

以上三种情况溶质在表面上的浓度与体相中的都不相同，这种现象称为溶液表面吸附。根据能量最低原理，溶质能降低溶剂的表面张力时，表面层中溶质的浓度比溶液内部大；反之，溶质使溶剂的表面张力升高时，它在表面层中的浓度比在内部的浓度低。在指定的温度和压力下，溶质的吸附量与溶液的表面张力及溶液的浓度之间的关系遵守吉布斯（Gibbs）吸附方程

$$\Gamma=-\frac{C}{RT}\left(\frac{d\sigma}{dC}\right)_T \tag{6-7}$$

式中，$\Gamma$ 为溶质在表层的吸附量；$\sigma$ 为表面张力；$C$ 为吸附达到平衡时溶质在介质中的浓度。

当 $\left(\frac{d\sigma}{dC}\right)_T<0$ 时，$\Gamma>0$ 称为正吸附；当 $\left(\frac{d\sigma}{dC}\right)_T>0$ 时，$\Gamma<0$ 称为负吸附。通过实验若能测得表面张力与溶质浓度的关系，则可作出 $\sigma$-$C$ 或 $\ln C$ 曲线，并在此曲线上任取若干点作曲线的切线，这些切线的斜率就是与其相应浓度的 $\left(\frac{\partial\sigma}{\partial C}\right)_T$ 或 $\left(\frac{\partial\sigma}{\partial \ln C}\right)_T$，将此值代入式(6-7) 便可求出在此浓度时的溶质吸附量 $\Gamma$。吉布斯吸附等温式应用范围很广，但上述形式仅适用于稀溶液。

引起溶剂表面张力显著降低的物质叫表面活性物质，被吸附的表面活性物质分子在界面层中的排列，决定于它在液层中的浓度，这可由图 6-32 看出。图 6-32 中（a）和（b）是不饱和层中分子的排列，（c）是饱和层分子的排列。当界面上被吸附分子的浓度增大时，它的排列方式在改变着，最后，当浓度足够大时，被吸附分子盖住了所有界面的位置，形成饱和吸附层，分子排列方式如图 6-32 中（c）所示。这样的吸附层是单分子层，随着表面活性物质的分子在界面上越易紧密排列，则此界面的表面张力也就逐渐减小。如果在恒温下绘成曲线 $\sigma=f(C)$（表面张力等温线），当 $C$ 增加时，$\sigma$ 在开始时显著下降，而后下降逐渐缓慢下来，以致 $\sigma$ 的变化很小，这时 $\sigma$ 的数值恒定为某一常数（见图 6-33）。利用图解法进行计算十分方便，如图 6-33 所示，经过切点 a 作平行于横坐标的直线，交纵坐标于 b'点。以 $Z$ 表示切线和平行线在纵坐标上截距间的距离，显然 $Z$ 的长度等于 $C\left(\frac{d\sigma}{dC}\right)_T$，即

$$Z=-C\left(\frac{d\sigma}{dC}\right)_T \tag{6-8}$$

将式(6-7) 代入式(6-8)，得

$$\Gamma=-\frac{C}{RT}\left(\frac{\partial\sigma}{\partial C}\right)_T=\frac{Z}{RT} \tag{6-9}$$

以不同的浓度对其相应的 $\Gamma$ 可作出曲线，$\Gamma=f(C)$ 称为吸附等温线。

根据朗格谬尔（Langmuir）公式：

$$\Gamma=\Gamma_\infty\frac{kC}{1+kC} \tag{6-10}$$

$\Gamma_\infty$ 为饱和吸附量，即表面被吸附物铺满一层分子时的 $\Gamma$，式(6-10) 可以写为如下形式

$$\frac{C}{\Gamma}=\frac{kC+1}{k\Gamma_\infty}=\frac{C}{\Gamma_\infty}+\frac{1}{k\Gamma_\infty} \tag{6-11}$$

以 $C/\Gamma$ 对 $C$ 作图，得一直线，该直线的斜率为 $1/\Gamma_\infty$。

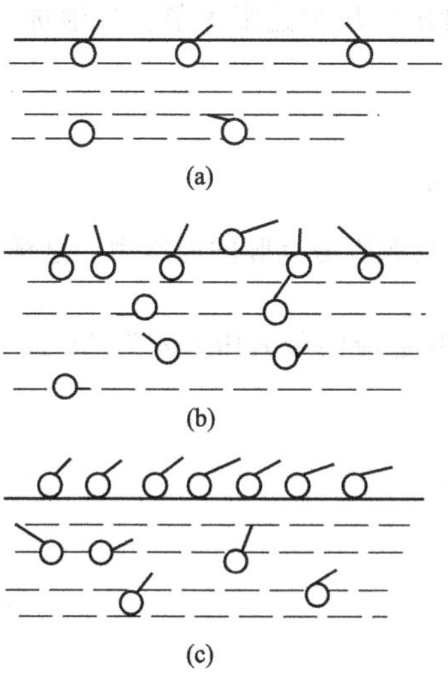

图 6-32　被吸附的分子在界面上的排列图

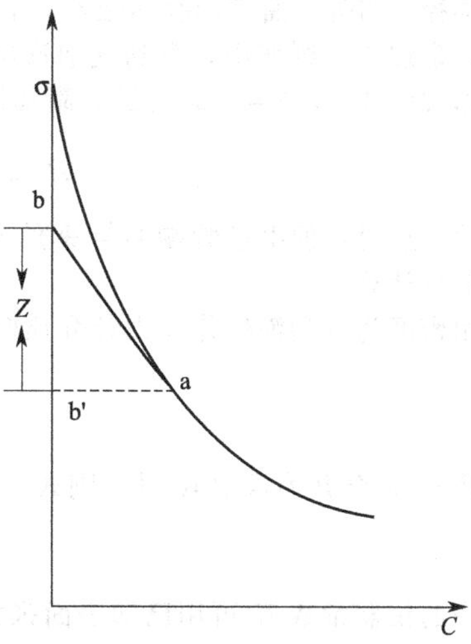

图 6-33　表面张力和浓度关系图

由所求得的 $\Gamma_\infty$ 代入

$$S=\frac{1}{\Gamma_\infty N_0} \tag{6-12}$$

可求被吸附分子的截面积（$N_0$ 为阿伏加德罗常数）。

若已知溶质的密度 $\rho$，分子量 $M$，就可计算出吸附层厚度 $\delta$

$$\delta=\frac{\Gamma_\infty M}{\rho} \tag{6-13}$$

测定溶液的表面张力有多种方法，较为常用的有最大气泡法和扭力天平法。本实验使用最大气泡法测定溶液的表面张力，其测量方法基本原理如下（参见图 6-34）。

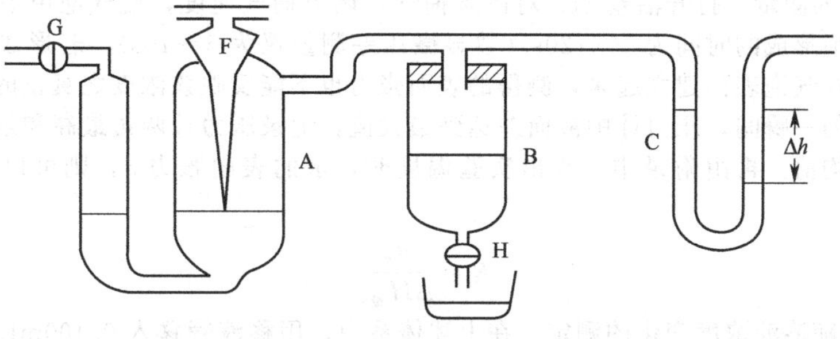

图 6-34　最大气泡法的仪器装置图

A—表面张力仪（其中间玻璃管 F 下端一段直径为 0.2～0.5mm 的毛细管）；
B—充满水的抽气瓶；C—U 形压力计（内盛密度较小的水或酒精、
甲苯等，作为工作介质，以测定微压差）

将待测表面张力的液体装于表面张力仪中，使 F 管的端面与液面相切，液面即沿毛细管上升，打开抽气瓶的活塞缓缓抽气，毛细管内液面上受到一个比 A 瓶中液面上大的压力，当此压力差—附加压力（$\Delta p=p_{大气}-p_{系统}$）在毛细管端面上产生的作用力稍大于毛细管口液体的表面张力时，气泡就从毛细管口脱出，此附加压力与表面张力成正比，与气泡的曲率半径成反比，其关系式为：

$$\Delta p=\frac{2\sigma}{R} \tag{6-14}$$

式中，$\Delta p$ 为附加压力；$\sigma$ 为表面张力；$R$ 为气泡的曲率半径。

如果毛细管半径很小，则形成的气泡基本上是球形的。当气泡开始形成时，表面几乎是平的，这时曲率半径最大；随着气泡的形成，曲率半径逐渐变小，直到形成半球形，这时曲率半径 $R$ 和

毛细管半径 $r$ 相等，曲率半径达最小值，根据式(6-13) 这时附加压力达最大值。气泡进一步长大，$R$ 变大，附加压力则变小，直到气泡逸出。

根据式(6-14)，$R=r$ 时的最大附加压力为：

$$\Delta p_{最大}=\frac{2\sigma}{r} \quad 或 \quad \sigma=\frac{r}{2}\Delta p_{最大} \tag{6-15}$$

实际测量时，使毛细管端刚与液面接触，则可忽略气泡鼓泡所需克服的静压力，这样就可直接用上式进行计算。

当用密度为 $\rho$ 的液体作压力计介质时，测得与 $\Delta p$ 最大相适应的最大压力差为 $\Delta h$ 最大则：

$$\sigma=\frac{r}{2}\rho g\Delta h_{最大} \tag{6-16}$$

当将 $\frac{r}{2}\rho g$ 合并为常数 $K$ 时，则式(6-16) 变为：

$$\sigma=K\Delta h_{最大} \tag{6-17}$$

式中的仪器常数 $K$ 可用已知表面张力的标准物质测得。

(2) 仪器与药品

| | | | |
|---|---|---|---|
| 最大泡压法表面张力仪 | 1套 | 烧杯（500mL） | 1个 |
| 吸耳球 | 1个 | 正丁醇（化学纯） | |
| 移液管（50mL 和 1mL） | 各1个 | 蒸馏水 | |

(3) 实验步骤

① 仪器准备与检漏　将表面张力仪中容器和毛细管先用洗液洗净，再顺次用自来水和蒸馏水漂洗，烘干后按图 6-34 连好。

将水注入抽气管中。在 A 管中用移液管注入 50mL 蒸馏水，用吸耳球由 G 处抽气，调节液面，使之恰好与细口管尖端相切。然后关紧 G 处活塞，再打开活塞 H，这时管 B 中水流出，使体系内的压力降低，当压力计中液面指示出若干厘米的压差时，关闭 H，停止抽气。若 2～3min 内，压力计液面高度差不变，则说明体系不漏气，可以进行实验。

② 仪器常数的测量　打开活塞 H，对体系抽气，调节抽气速度，使气泡由毛细管尖端成单泡逸出，且每个气泡形成的时间为 10～20s（数显微压差测量仪为 5～10s）。若形成时间太短，则吸附平衡就来不及在气泡表面建立起来，测得的表面张力也不能反映该浓度之真正的表面张力值。当气泡刚脱离管端的一瞬间，压力计中液面差达到最大值，记录压力计两边最高和最低读数，连续读取三次，取其平均值。再由附录中，查出实验温度时，水的表面张力 $\sigma$，则可以由下式计算仪器常数

$$K=\frac{\sigma_{水}}{\Delta H_{最大}}$$

③ 表面张力随溶液浓度变化的测定　在上述体系中，用移液管移入 0.100mL 正丁醇，用吸耳球打气数次（注意打气时，务必使体系成为敞开体系。否则，压力计中的液体将会被吹出），使溶液浓度均匀，然后调节液面与毛细管端相切，用测定仪器常数的方法测定压力计的压力差。然后依次加入 0.200mL、0.200mL、0.200mL、0.500mL、0.500mL、1.00mL、1.00mL 正丁醇，每加一次测定一次压力差 $\Delta h_{最大}$。正丁醇的量一直加到饱和为止，这时压力计的 $\Delta h$ 最大值几乎不再随正丁醇的加入而变化。

(4) 数据处理

① 实验数据的记录

**实验数据记录及计算仪器常数 $K$ 和溶液表面张力 $\sigma$**

| 正丁醇加入量/mL | 溶液浓度 | 压力差 $\Delta h$ | | | | $K$ 或 $\sigma$ |
|---|---|---|---|---|---|---|
| | | 1 | 2 | 3 | 平均值 | |
| 0 | | | | | | |
| 0.100 | | | | | | |
| 0.300 | | | | | | |

续表

| 正丁醇加入量 /mL | 溶液浓度 | 压 力 差 $\Delta h$ | | | | $K$ 或 $\sigma$ |
|---|---|---|---|---|---|---|
| | | 1 | 2 | 3 | 平均值 | |
| 0.500 | | | | | | |
| 0.700 | | | | | | |
| 1.200 | | | | | | |
| 1.700 | | | | | | |
| 2.700 | | | | | | |
| 3.700 | | | | | | |

② 根据上述计算结果，绘制 $\sigma$-$C$ 等温线。

③ 由 $\sigma$-$C$ 等温线作不同浓度的切线求 $Z$，并求出 $\Gamma$，$C/\Gamma$。

④ 绘制 $\Gamma$-$C$，$C/\tau$-$C$ 等温线，求 $\Gamma_\infty$ 并计算 $S$ 和 $\delta$。

(5) 注意事项

① 仪器系统不能漏气。

② 所用毛细管必须干净、干燥，应保持垂直，其管口刚好与液面相切。

③ 读取压力计的压差时，应取气泡单个逸出时的最大压力差。

4. 乙醇溶液表面张力的测定——用环法界面张力测定仪的最大气泡法

环法可测定纯液体及溶液的表面张力，其优点是快速，缺点是难于控制恒温，仪器装置如图 6-35 所示。

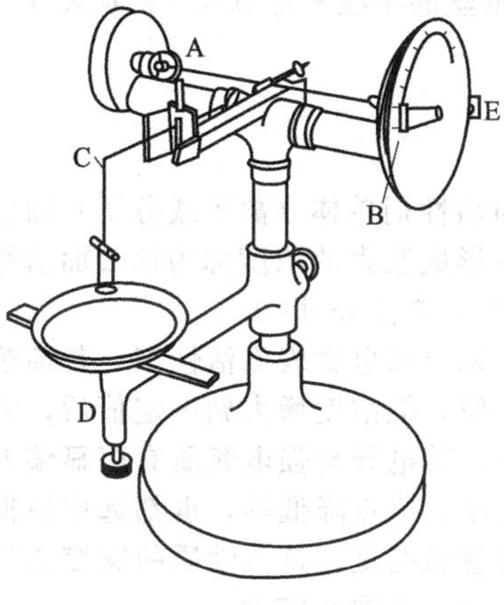


图 6-35 环法界面张力测定仪

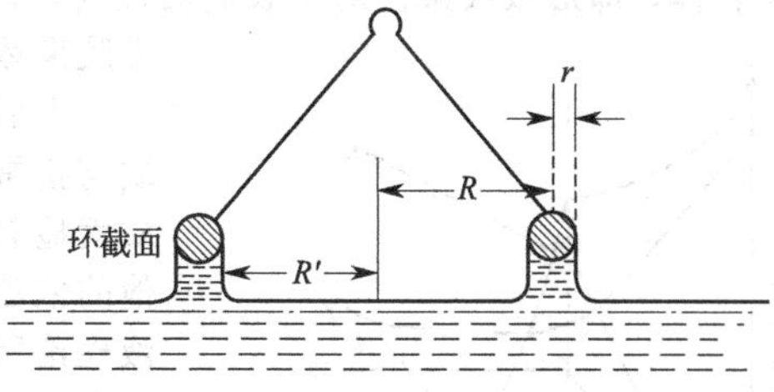


图 6-36 环法测表面张力原理

(1) 原理

一个金属环（如铂丝环）同润湿该金属环的液体接触，则把金属从该液体中拉出所需要的力 $f$ 是由液体表面张力、环的内径及环的外径所决定的（见图 6-36）。如果环拉起时带出的液体质量为 $m$，则平衡时

$$f=mg=2\pi R'\gamma+2\pi\gamma(R'+r)$$

式中，$f$ 为平衡条件下环拉离液体所需力；$m$ 为环拉离液体前瞬间悬挂在环上液体质量，$g$ 为重力加速度；$R'$为环的内半径；$r$ 为环丝半径；$\gamma$ 为液体表面张力。

事实上，上式是一个简化公式，实验证明，上式必须乘以一个校正因子 $F$，才能得到正确的结果。$F$ 值列于表 6-21 中：

表中，$V$ 是环离开液体前瞬间悬挂在环上液体的体积，可从下式求得：

$$V=f/\rho g$$

因此，可得到校正方程：$fF=4\pi R\gamma$

$$\gamma=fF/4\pi R \quad (6\text{-}18)$$

**表 6-21 环法校正因子 F**

| $R^3/V$ | $F$ | | | $R^3/V$ | $F$ | | |
|---|---|---|---|---|---|---|---|
| | $R/r=32$ | $R/r=42$ | $R/r=50$ | | $R/r=32$ | $R/r=42$ | $R/r=50$ |
| 0.3 | 1.018 | 1.042 | 1.054 | 2.0 | 0.820 | 0.860 | 0.8798 |
| 0.5 | 0.946 | 0.973 | 0.9876 | 3.0 | 0.783 | 0.828 | 0.8521 |
| 1.0 | 0.880 | 0.910 | 0.9290 | | | | |

(2) 仪器

扭力天平，且已知$R'$及$r$的铂丝环。

(3) 实验步骤

用热洗液浸泡铂丝环，然后用蒸馏水洗净，烘干，把待测液体倾入表面皿上，将表面皿置于平台D上；把环悬挂于扭力天平臂C上（不要碰到液体），转动旋钮E直到指针B处于0位置。升高平台D直到表面皿上液体刚好同环接触为止，然后在维持天平臂一直处于水平条件下，旋转旋钮E，并利用平台下旋钮，降低平台D位置。小心缓慢地操作，直到环离开液面为止。记下指针所指出的刻度盘读数。此读数就是$f$的数值。重复数次直到几次数据平行为止。

一般情况下，测定前必须对扭力天平刻度读数进行校正。校正方法如下：把干燥的铂丝环悬挂于钩上，放置一已知质量的片码于环上，调整指针到零刻度。然后旋转旋钮E使天平臂水平，记下指针所示读数。再加入一已知质量的片码，重复上述操作。将刻度盘上读数对已知砝码质量作曲线，此曲线即可表示刻度盘上读数相应的质量。

根据刻度盘上读数求得拉力$f$，并根据环的内半径$R'$及丝的半径$r$计算$R^3/V$及$R/r$，从校正表查出校正因子$F$，然后根据式(6-18)求出表面张力$\gamma$。

5. 表面活性剂临界胶束浓度的测定——最大气泡法

(1) 原理

在水溶液中，当表面活性剂的浓度超过一定值时，表面活性剂单体（离子或分子）缔合成胶态的聚合体，即形成胶束。对于表面活性剂，在水溶液中开始形成胶束的浓度称为该表面活性剂的临界胶束浓度，简称$CMC$，单位$mol\cdot L^{-1}$。

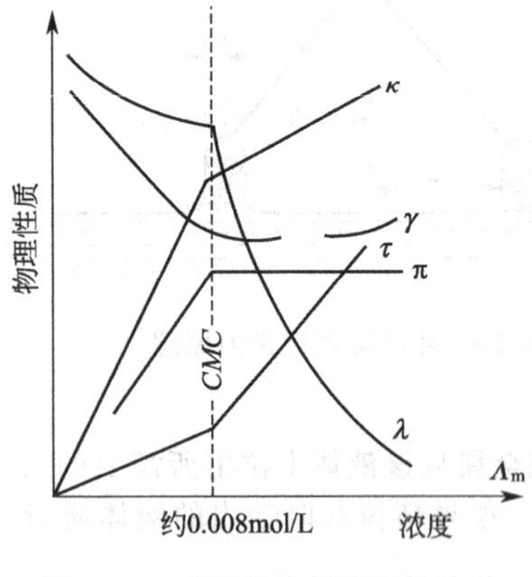


图 6-37 表面活性剂溶液的性质与浓度关系示意图

$\kappa$—电导率；$\gamma$—表面张力；$\tau$—浊度；$\pi$—渗透压力；$\Lambda_m$—摩尔电导

人们早已了解到，碱金属皂类表面活性剂，其稀溶液的性质与正常的强电解质相似，但浓度增大到一定值后，它们的性质就显著地不同。例如，其电导与强电解质有明显偏差，而其他的依数性质，如渗透压、冰点降低等，也都远比根据理想溶液理论所算出的低。有意思的是，这些性质的突变总是发生在某个特定的浓度范围之内，如图6-37所示。

这些现象是由于表面活性物质分子会自动缔合成胶体大小质点的胶束，这种胶体质点和离子之间成真正的平衡，因此与一般的胶体体系不同，是热力学稳定体系。这种胶体质点具有特殊的结构，它是由众多表面活性物质的分子，排列成憎水基团向里、亲水基团向外的多分子聚集体，胶束中许多表面活性物质的分子的亲水性基团与水相接触，而非极性基团则被包在胶束中，几乎完全脱离了与水分子的接触，因此胶束在水溶液中稳定存在。表面活性剂进入水中，根据极性相似相溶规则，活性剂分子的极性部分倾向于留在水中，而非极性部分倾向于翘出水面，或朝向非极性的有机溶剂中。这些分子聚集在水的表面上，使空气和水的接触面减少，引起水的表面张力显著地降低。当溶液浓度逐渐增大到一定值时，溶液表面就被一层定向排列的活性分子所覆盖，这时即使继续增加浓度，表面上也挤不下更多的分子了，结果表面张力不再下降，在表面张力与表面活性剂浓度的关系曲线上表现为水平线段。此时溶液中的表面活性剂分子却可以通过憎水基团相互吸引缔合成胶束，以降低体系的能量，并且各种物理性质开始发生较大的变化，由于溶液结构的改变导致其物理及化学性质（如表面张力、电导、渗透压、浊度、光学性质等）与浓度的关系曲线出现明显的转折，这个现象是测定 *CMC* 的实验依据，也是表面活性剂的一个重要特性。

临界胶束浓度可以通过各种物理性质的突变来确定，采用的方法不同，测得的 *CMC* 值也有差别。因此，一般所给的 *CMC* 值是一个临界胶束浓度的范围。

测定 *CMC* 的方法很多，常用的有表面张力法、电导法、染料法等。这些方法，原理上都是从溶液的物理化学性质随浓度变化关系出发求得。表面张力法和电导法比较简便准确。

(2) 表面张力法测定临界胶束浓度

表面活性剂的浓度与表面张力关系曲线上有一个转折点，过了转折点以后，表面活性剂的浓度虽然继续增加，溶液的表面张力不会再变化，这个转折点是测定临界胶束浓度的依据。表面张力法，除了可求得 *CMC* 之外，还可以绘制表面吸附等温线，此外还有一个优点，就是无论对于高表面活性还是低表面活性的表面活性剂，其 *CMC* 的测定都具有相似的灵敏度，此法不受无机盐的干扰，也适合非离子表面活性剂。具体实验方法参照最大气泡法测表面张力。

(3) 实验步骤

取十二烷基硫酸钠在 80℃烘干 3h，用重蒸馏水准确配制 $0.002mol \cdot L^{-1}$、$0.006mol \cdot L^{-1}$、$0.007mol \cdot L^{-1}$、$0.008mol \cdot L^{-1}$、$0.009mol \cdot L^{-1}$、$0.010mol \cdot L^{-1}$、$0.012mol \cdot L^{-1}$、$0.014mol \cdot L^{-1}$、$0.018mol \cdot L^{-1}$、$0.020mol \cdot L^{-1}$ 的十二烷基硫酸钠溶液各 50mL，参考最大气泡法测定表面张力的方法，控制温度为 25℃，测定其 $\Delta P$，然后计算表面张力并作图，求其 *CMC*。

# 第二节　热力学常数(数据)的测定

## 一、燃烧热的测定——氧弹式量热计

1. 原理

燃烧热是指 1 摩尔物质完全燃烧时的热效应。它是热化学中重要的基本数据。一般化学反应的热效应，往往因为反应太慢或反应不完全，不是不能直接测定，就是测不准。但是，通过盖斯定律可用燃烧热数据间接求算。因此燃烧热广泛地用在各种热化学计算中。许多物质的燃烧热和反应热已经测定。测定燃烧热的氧弹式量热计是重要的热化学仪器，在热化学、生物化学以及某些工业部门中用得很多。

由热力学第一定律可知，燃烧时体系状态发生变化，体系内能改变。若燃烧在恒容下进行，体系不对外做功，恒容燃烧热等于体系内能的改变。即

$$\Delta U = Q_v$$

将某定量的物质放在充氧的氧弹中，使其完全燃烧，放出的热量使体系的温度升高（$\Delta T$），再根据体系的比热容（$C_v$），即可计算燃烧反应的热效应

$$Q_v = -C_v \Delta T$$

上式中的负号是指体系放出热量，放热时体系的内能降低。而 $C_v$ 和 $\Delta T$ 均为正值，故以负号表示。

这里的“体系”是指反应前后的化学物质体系，它和本法装置中的实际体系稍有不同，请注意加以区别。

一般燃烧热是指恒压燃烧热 $Q_P$，$Q_P$ 值可由 $Q_v$ 算得。即

$$Q_P = \Delta H = \Delta U + P\Delta V = Q_v + P\Delta V$$

若以摩尔为单位，对理想气体

$$Q_P = Q_v + \Delta nRT$$

这样，由反应前后气态物质摩尔数的变化 $\Delta n$，就可算出恒压燃烧热 $Q_P$。

反应热效应的数值与温度有关，燃烧热也不例外，其关系为

$$\frac{\partial(\Delta H)}{\partial T} = \Delta C_P$$

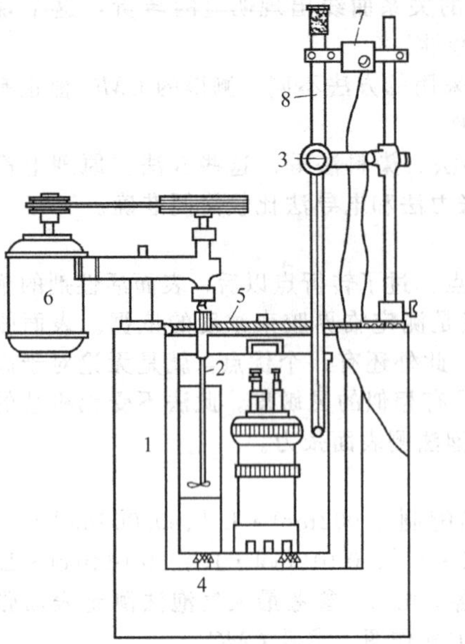


图 6-38 氧弹式量热计

1—水套；2—搅拌器；3—放大镜；4—垫片；5—胶板；6—电机；7—振动器；8—精密贝克曼温度计

式中 $\Delta C_p$——反应前后的恒压热容差，是温度的函数。一般来说，热效应随温度的变化不是很大，在较小的温度范围内，可认为是常数。

2. 仪器与试剂

①氧弹式量热计；②氧气；③压片机；④贝克曼温度计；⑤普通温度计；⑥镍丝；⑦棉线；⑧苯甲酸；⑨待测样品；⑩0.1mol/L 的 NaOH。

3. 测定步骤

(1) 仪器装置　本法是将可燃性物质在与外界隔离的体系中燃烧，从体系温度的升高值及体系的热容计算燃烧热。这就要求体系和外界热量的交换很小，并能够进行校正。为此，仪器要有较好的绝热装置。

全套仪器如图 6-38 所示。内筒以内的部分为仪器的主体，即本法所研究的实际体系，体系与外界隔以空气层绝热。下方有热绝缘的垫片 4 架起，上方有热绝缘胶板 5 敷盖，减少对流和蒸发。为了减少热辐射及控制环境温度恒定，体系外围包有温度与体系相近的水套 1（也可不采用水套，而是使体系温度接近于环境温度以减少热交换）；为了使体系温度很快达到均匀，还装有搅拌器 2，由电机 6 带动，为防止通过搅拌棒传导热量，金属搅棒上端用绝热良好的塑料与电机连接。测量温度变化的是一支精密贝克曼温度计 8，其上附有放大镜 3 和为了避免水银在毛细管内壁黏滞的振动器 7，燃烧点火是用附加的电气装置来完成的。

图 6-39 是氧弹的构造。氧弹是用不锈钢制成的，主要部分有厚壁圆筒 1、弹盖 2 和螺帽 3 紧密相连；在弹盖 2 上装有用来灌入氧气的进气孔 4、排气孔 5 和电极 6，电极直通弹体内部，同时作为燃烧皿 7 的支架；为了将火焰反射向下而使弹体温度均匀，在另一电极 8（同时也是进气管）的上方还装有火焰遮板 9。

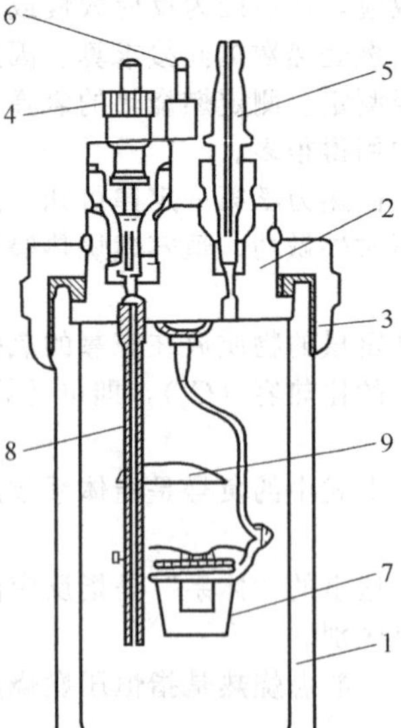


图 6-39 氧弹的构造

1—圆筒；2—弹盖；3—螺帽；4—氧气进气孔；5—排气孔；6—电极；7—燃烧皿；8—电极（进气管）；9—火焰遮板

(2) 调整贝克曼温度计　参见本节一、温度测定中的贝克曼温度计。

(3) 水当量的测定　测定燃烧热要用到仪器的热容，但每套仪器的热容不一样，必须事先测定。所谓水当量，就是用水的质量表示仪器的热容。例如，使仪器升高 1℃需热 1913J，则仪器的水当量即为 457g。

测定水当量的方法是以定量的、已知燃烧热的标准样品完全燃烧，放出热量 $q$，使仪器温度升高 $\Delta t$℃，则水当量为 $q/\Delta t$℃。标准样品通常用苯甲酸，其燃烧热 $Q_p$ 为 26435J/g。

准确称取大约 0.8～1.0g 苯甲酸，置于压片机中，穿入长 15cm，已知质量为 $W'$ 的燃烧丝一根，压片。有时为了便于操作，在样品中不压入燃烧丝，而用已知质量和燃烧热的棉线将压好片之样品与燃烧丝连接起来引起燃烧。取出后，精确称其质量为 $W$，$W-W'$ 即为样品质量。将此样品小心挂在氧弹盖上的燃烧皿中，将燃烧丝两端紧缠于两电极上。在氧弹中加入 0.5mL 蒸馏水。盖好弹盖，旋紧螺帽。关好出气口，从进气口灌入 $20\times10^5$～$25\times10^5$Pa 压力的氧气（由氧气钢瓶中输入氧气）。灌气后，用万用电表触试弹盖上方的两电极，看是否仍为通路。若线路不通，需泄去氧气重新系紧燃烧丝，若是通路，把氧弹放入内筒，准确量取低于环境温度为1℃的自来水2000mL，顺筒壁小心倒入内筒，插上点火电极的电线，盖好盖板，放好温度计，开动搅拌电机。待水温稳定上升后，打开秒表作为开始时间，记录体系温度变化情况。在前期（自打开秒表到点火），相当于图6-37中AB部分，每分钟读取温度一次；十分钟后，接通氧弹两极电路，使苯甲酸燃烧。此时，体系温度迅速上升（有时点火后温度不迅速上升，可能的原因有以下几点：①伸入弹体内部的电极和氧弹壁接触短路，这样点火时变压器有嗡嗡声，导线发热；②连接燃烧丝的电路断了，可用万用电表检查；③弹内氧气不足，可取出氧弹检查。）进入反应期，相当于图6-40中BC部分，因为温度上升很快，所以必须每隔半分钟读取温度一次，直到每次读数时温度上升小于0.1℃再改为每分钟读数一次。当温度开始稳定变化，进入末期，相当于图中CD部分，同样每分钟记录温度一次。10min后停止搅拌，小心取下温度计，取出氧弹，泄去废气，旋开螺帽，打开弹盖，量取剩余燃烧丝长度，用蒸馏水（每次10mL）洗涤氧弹内壁三次，洗涤液收集在150mL锥形瓶中，煮沸片刻，以0.1mol/L NaOH滴定。

当打开弹盖后，如发现燃烧皿中有黑色物，是因样品燃烧不完全，应重新测定。燃烧不完全的原因可能是样品量太多、氧气压力不足、氧弹漏气、燃烧皿太湿等。

（4）以同样方法测定被测样品的燃烧热。

4. 数据处理

（1）将在水当量及燃烧热中测得的温度与时间的关系分别列表。

（2）校正体系和环境热交换的影响　体系和环境间交换能量的途径有传导、辐射、对流、蒸发和机械搅拌等。在测定的前期和末期，体系和环境间温差的变化不大，交换能量较稳定。而反应期温度改变较大，体系和环境的温差随时改变，交换的热量也不断改变，很难用实验数据直接求算，通常采用作图或经验公式等方法消除其影响。这里可采用下述的一种作图法。

作“温度-时间曲线”，如图6-40所示。画出前期AB和末期CD两线段的切线，用虚线外延，然后作一垂线HM，并和切线的延长线相交于G、H两点，使得BEG包围的面积等于CHE包围的面积。G、H两点的温差$\Delta T$即为体系内部由于燃烧反应放出热量致使体系温度升高的数值。

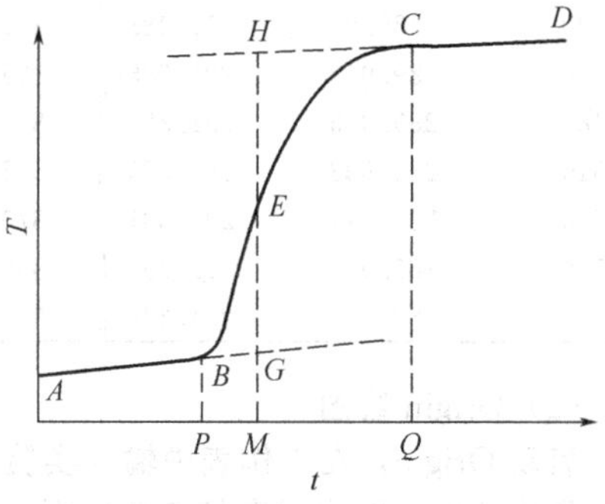

图6-40　温度-时间关系

（3）计算水当量　体系除苯甲酸燃烧放出热量引起体系温度升高以外，其他因素（燃烧丝的燃烧、棉线的燃烧、在氧弹内$N_2$和$O_2$化合生成硝酸并溶入水中等）都会引起体系温度的变化。因此在计算水当量及发热量时，这些因素都必须进行校正。其校正值如下。

① 燃烧丝的校正　铁丝−6678J/g，镍丝−3160J/g（放热）。

② 棉线的校正　−16744J/g（放热）。

③ 酸形成的校正　每毫升0.1mol/L NaOH滴定液相当于5.985J（放热）。

仪器的水当量W可由下式计算。

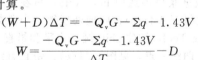

$$(W+D)\Delta T=-Q_v G-\Sigma q-1.43V$$

$$W=\frac{-Q_v G-\Sigma q-1.43V}{\Delta T}-D$$

式中　$Q_v$——苯甲酸之恒容燃烧热，J/g；

$G$——苯甲酸之质量，g；

$\Sigma q$——燃烧丝及棉线之校正值，J；

$V$——滴定洗涤液所用0.1mol/L NaOH体积，mL；

$\Delta T$——由于燃烧使体系温度升高的数值，即图6-45中G、H两点的温差，℃；

$D$——桶中水之质量，g。

（4）用以上方法、步骤计算被测样品的燃烧热。

5. 用Origin软件处理数据

（1）Origin软件

Origin 软件是一个多文档界面（Multiple Document Interface）的应用程序。用 Origin 软件处理化学实验数据，不用编程，只要输入测量数据，然后再选择相应的菜单命令，点击相应的工具按钮，即可方便地进行有关计算、统计、作图、曲线拟合等处理，操作简便快速。它将用户所有的工作都保存在后缀为 OPJ 的工程文件（Project）中，一个工程文件可以包括多个子窗口，可以是工作表窗口（Worksheet）、绘图窗口（Graph）、函数图窗口（Function Graph）、矩阵窗口（Matrix）、版面设计窗口（Layout Page）等。Origin 软件的基本功能和一般用法简介 Origin 具有 2 大主要功能：数据绘图和数据分析。下面以萘燃烧热测定中的实验数据为例主要介绍 Origin 数据绘图功能。

实验测得数据如表 6-22 所示。

**表 6-22　苯甲酸与萘在不同时间时的量热仪内水温的变化值**

| 时间/s | 苯甲酸温度/K | 萘温度/K | 时间/s | 苯甲酸温度/K | 萘温度/K | 时间/s | 苯甲酸温度/K | 萘温度/K |
|---|---|---|---|---|---|---|---|---|
| 30 | 289.859 | 291.357 | 615 | 290.098 | 291.43 | 930 | 291.41 | 293.126 |
| 60 | 289.864 | 291.36 | 630 | 290.412 | 291.692 | 945 | 291.413 | 293.134 |
| 90 | 289.868 | 291.363 | 645 | 290.871 | 292.017 | 960 | 291.416 | 293.14 |
| 120 | 289.871 | 291.366 | 660 | 290.988 | 292.382 | 990 | 291.417 | 293.144 |
| 150 | 289.875 | 291.368 | 675 | 291.093 | 292.598 | 1020 | 291.421 | 293.147 |
| 180 | 289.878 | 291.369 | 690 | 291.164 | 292.737 | 1050 | 291.424 | 293.149 |
| 210 | 289.881 | 291.371 | 705 | 291.209 | 292.857 | 1080 | 291.427 | 293.15 |
| 240 | 289.884 | 291.373 | 720 | 291.246 | 292.907 | 1110 | 291.43 | 293.15 |
| 270 | 289.886 | 291.375 | 735 | 291.276 | 292.95 | 1140 | 291.432 | 293.151 |
| 300 | 289.889 | 291.377 | 750 | 291.301 | 292.997 | 1170 | 291.434 | 293.152 |
| 330 | 289.892 | 291.378 | 765 | 291.318 | 293.025 | 1200 | 291.437 | 293.153 |
| 360 | 289.894 | 291.38 | 780 | 291.336 | 293.048 | 1230 | 291.439 | 293.154 |
| 390 | 289.897 | 291.382 | 795 | 291.347 | 293.065 | 1260 | 291.441 | 293.155 |
| 420 | 289.9 | 291.383 | 810 | 291.36 | 293.081 | 1290 | 291.443 | 293.156 |
| 450 | 289.902 | 291.385 | 825 | 291.368 | 293.092 | 1320 | 291.444 | 293.156 |
| 480 | 289.905 | 291.387 | 840 | 291.378 | 293.101 | 1350 | 291.446 | 293.156 |
| 510 | 289.908 | 291.389 | 855 | 291.383 | 293.109 | 1380 | 291.448 | 293.157 |
| 540 | 289.911 | 291.391 | 870 | 291.389 | 293.116 | 1410 | 291.45 | 293.157 |
| 570 | 289.913 | 291.393 | 885 | 291.395 | 293.122 | 1440 | 291.452 | 293.158 |
| 600 | 289.916 | 291.394 | 900 | 291.4 | 293.126 | 1470 | 291.454 | 293.158 |

（2）Origin 绘图

启动 Origin，在工作表中输入实验数据，添加新一列并右击其顶部，在文本框中输入相应的数据。先作苯甲酸雷诺温度校正曲线图，我们选取第一列和第二列数据，绘制直线＋符号图。所得结果如图 6-41(a) 所示。选取点火前实验数据，即 30～600s 段数据进行线性拟合，点击 Origin 工具栏里的 Data selector，点击光标，按住 Ctrl 键移动到所需位置点，然后在分析栏选择线性拟合。出现图 6-41(b) 内容然后再选择数据菜单中选中 linearFit5，再在分析菜单选中内推与外推工具，弹出窗口，改变最大值与最小值就得图 6-41(c)；同理处理得上半段数据得到如图 6-41(d) 结果，再点击 Origin 工具栏里选取的 Line Tool，按住 shift 画一水平和铅直直线，再选取 Pointer 移动工具，水平为虚线，中点位置，交于 S 曲线一点，见图 6-41(e)；铅直直线就过这一点，会与外推线与内推线交于一点，见图 6-41(f)；最后用 ScreenReader 读出坐标点，标于图中，最后再进行简单地处理得到最终图如图 6-42 所示。

（3）计算 $\Delta T$

计算苯甲酸 $\Delta T=291.3831-289.9251=1.4580\text{K}$；同理萘 $\Delta T'=1.7266\text{K}$。与坐标纸处理值的结果差别见表 6-23。

**表 6-23　不同方法所得 $\Delta T$**

| 项目 | 苯甲酸 $\Delta T$/K | 萘 $\Delta T'$/K |
|---|---|---|
| Origin 处理值 | 1.4580 | 1.7266 |
| 坐标纸处理值 | 1.4644 | 1.7379 |

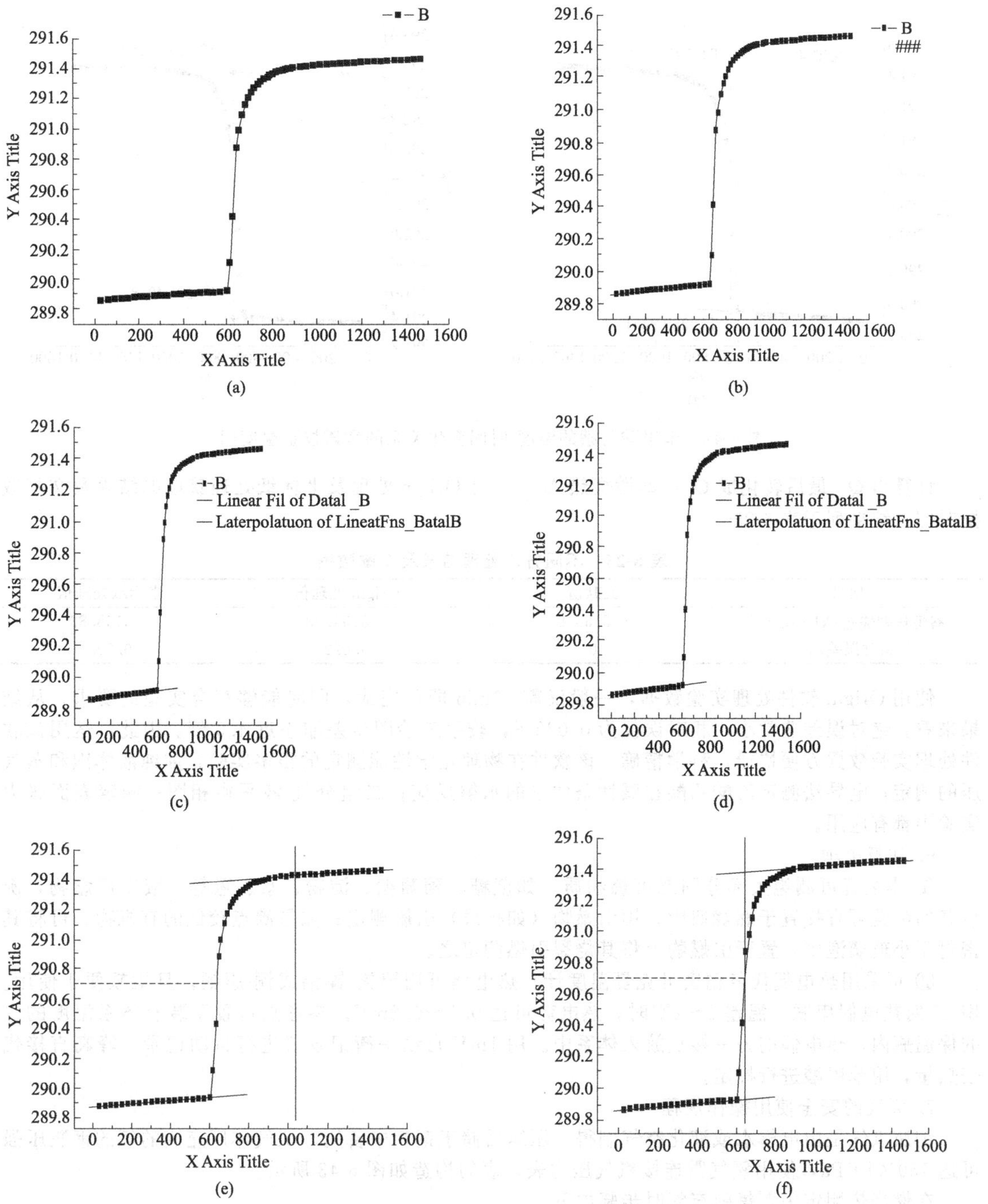


图 6-41　苯甲酸雷诺温度校正曲线形成过程图

（4）计算 $Q_P$

已知：气压 102.49kPa，温度 18℃，$Q_V=-26414\text{J}\cdot\text{g}^{-1}$；$Q_{丝}=-2.9\text{J}\cdot\text{cm}^{-1}$；$Q_{棉}=-16736\text{J}\cdot\text{g}^{-1}$，$\rho_{水}=1.0\text{g}\cdot\text{mL}^{-1}$；$C_{水}=4.2\text{J}\cdot\text{g}^{-1}$，实验中各物质消耗的量见表 6-24。

**表 6-24　实验中各物质消耗的量**

| 项目 | 药品质量/g | 燃烧丝长度/cm | 棉线质量/g |
|---|---|---|---|
| 苯甲酸的测定 | 0.774 | 2.6 | 0.0179 |
| 萘的测定/g | 0.6038 | 1.4 | 0.0186 |

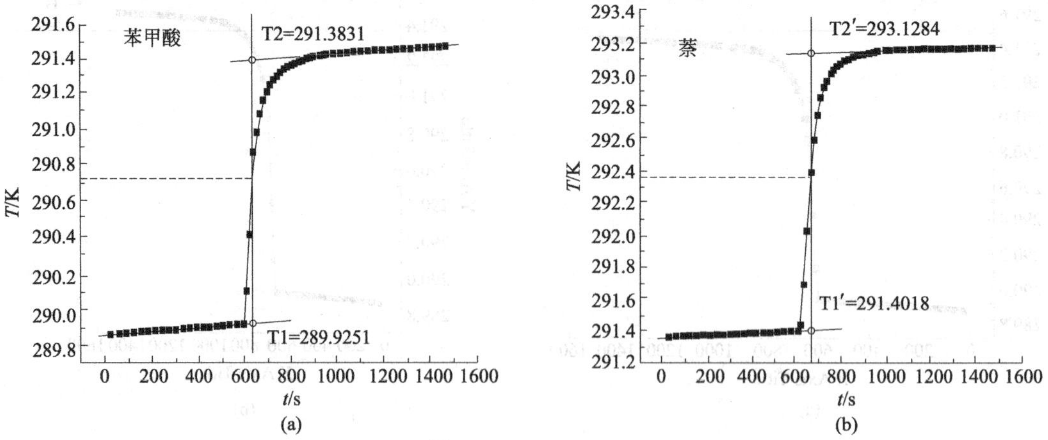


图 6-42 苯甲酸与萘的温度-时间变化关系的雷诺校正温度图

计算出 $Q_V$ 最后转化成 $Q_p$，即燃烧热 $\Delta c_{Hm}$。对 Origin 处理及坐标纸处理获取的结果及文献数据对照，结果列于表 6-25。

**表 6-25 不同方法处理结果及文献数据**

| 项目 | 文献值 | Origin 处理值 | 坐标纸处理值 |
| --- | --- | --- | --- |
| 萘恒压燃烧热/kJ·mol$^{-1}$ | −5153.8 | −5154.93 | −5158.83 |
| 相对误差/% | 0 | 0.022 | 0.098 |

使用 Origin 软件处理实验数据，一般仅需 10min 即可完成，同时能够符合实验的要求，从结果来看，绝对误差非常小，相对误仅为 0.022%，较手工绘图误差缩小近 4.5 倍。因此，运用该软件处理实验数据方便快捷，科学精确。该软件在物理化学性能测定的很多实验，如纯液体饱和蒸气压的测定；电导法测定乙酸乙酯在碱性条件下的水解反应；二组分气-液平衡相图；测定表面张力实验中都有应用。

6. 注意事项

① 本装置可测绝大部分固态可燃物质，如蔗糖、葡萄糖、淀粉、萘、蒽等。液态可燃物，沸点高的油类可直接置于燃烧皿中，用引燃物（如棉线）引燃测定；如是沸点较低的有机物，可将其密封于小玻璃泡中，置于引燃物上将其烧裂引燃测定之。

② 可采用热电偶代替精密贝克曼温度计。热电偶可用镍铬-镍铝或铜-康铜，且柔软便于使用。用 15 对热电偶串联，温差 1～2℃时，热电势可达 0.5～0.8mV。参考点可置于装有体系温度的水的保温瓶内，热电偶的另一接点放入体系中。用 1mV 自动平衡记录仪进行自动记录。峰高直接代表热量，用苯甲酸进行标定。

7. 氧气的安全使用操作规程

钢瓶氧气是由电解水或液化空气制得，压缩后储于钢瓶中备用。从气体厂充满的氧的钢瓶压强可达 $150\times10^5$Pa，使用氧气需连接氧气压力表，表的构造如图 6-43 所示。

在燃烧热测定中，氧弹充氧时步骤如下。

① 将氧气瓶摆稳固定（卧倒或直立，一般采用直立缚牢），取下瓶上钢帽，将氧气表与钢瓶接上。

② 将氧弹盖旋紧，关紧出气阀，将进气阀上盖除去，将紫铜管接上。

③ 将供气阀门 6 关上，将阀门 1 打开，总压力表 3 指出钢瓶内总气压，旋紧调压阀门 4（向上顶）一直至压力表 5 指示测定所需压力（约 $20\times10^5$Pa）。

④ 打开供气阀门 6，氧气就灌入氧弹内（有些表没有供气阀门，可直接灌入），压力表 5 稍降又复回升，至压力表指针稳定为止（约 1min）这时氧气就已充好。

⑤ 关紧阀门 6，再关阀 1，松开紫铜管与氧弹接头，放松阀门 6，放去余气，松开阀 4，恢复原状。

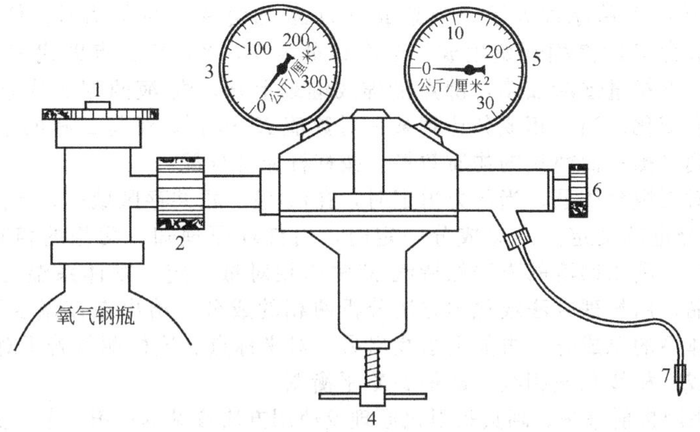


图 6-43　氧气表

1—总阀门；2—氧气表和钢瓶连接螺旋；3—总压力表；4—调压阀门；
5—分压力表；6—供气阀门；7—接氧弹进气口螺旋

⑥ 氧弹充气后，必须检查确定不漏气后才能点火燃烧。

使用氧气时，必须遵守下面规则。

① 搬运钢瓶时，防止剧烈振动，严禁连氧气表一起装车运输。

② 严禁与氢气同在一个实验室内使用。

③ 尽可能远离热源。

④ 在使用时特别注意在手上、工具上、钢瓶和周围不能沾有油脂。扳子上的油可用酒精洗去，待干后再使用，以防燃烧和爆炸。

⑤ 氧气瓶应与氧气表一起使用，氧气表需仔细保护，不能随便用在其他钢瓶之上。

⑥ 开阀门及调压时，人不要站在钢瓶出气口处，头不要在瓶头之上，而应在瓶之侧面，以保证人身安全。

⑦ 开气瓶总阀 1 之前，必须首先检查氧气表调压阀门 4 是否处于关闭（手把松开是关闭）状态。不要在调压阀 4 开放（手把顶紧是开放）状态，突然打开气瓶总阀，否则会出事故。

⑧ 防止漏气。若漏气应将螺旋旋紧或换皮垫。

⑨ 钢瓶内压力在 1MPa 以下时，不能再用，应该去灌气。

⑩ 参看本书第二章第十节五（高压气瓶的安全）。

## 二、双液体系沸点-成分图的绘制——回流冷凝法

采用回流冷凝法测定不同浓度的苯-乙醇体系的沸点和汽-液两相平衡成分。绘制沸点-成分图，并确定体系的最低共沸点和相应的组成。

1. 原理

一个完全互溶双液体系的沸点-成分图，表明在汽-液两相平衡时，沸点和二相成分间的关系；它对了解其体系的行为及分馏过程有很大的实用价值。

在恒压下完全互溶双液系的沸点与成分关系有下列三种情况。

① 溶液沸点介于二纯组分沸点之间，如苯与甲苯；

② 溶液有最高恒沸点，如卤化氢和水，丙酮与氯仿，硝酸与水等；

③ 溶液有最低恒沸点，如苯与乙醇，水与乙醇等。

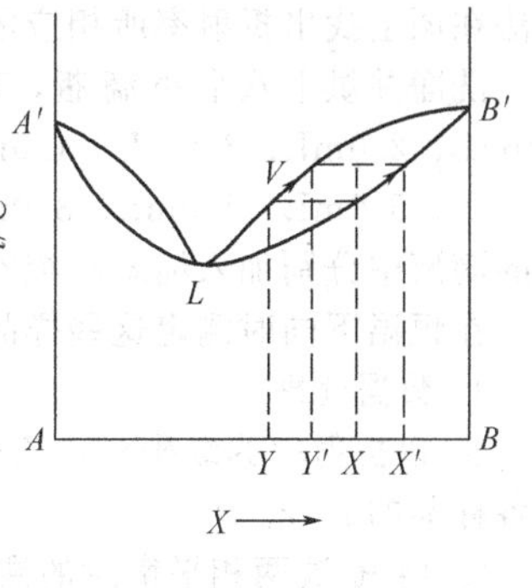


图 6-44　沸点-成分图

图 6-44 表示有最低共沸点体系的沸点-成分图。$A'LB'$代表液相线，$A'VB'$代表汽相线。等温的水平线段和汽-液相线的交

点表示在该温度时互成平衡的两相的成分。

绘制沸点-成分图的简单原理如下。当总成分为 $X$ 的溶液开始蒸馏时，体系的温度沿虚线上升，开始沸腾时成分为 $Y$ 的汽相开始生成。若汽相量很少，$X$，$Y$ 二点即代表互成平衡的液-汽二相成分。继续蒸馏，汽相量逐渐加多，沸点沿虚线继续上升，汽-液两相成分分别在汽相线和液相线上沿箭头指示方向变化。当二相成分达到某一对数值 $X'$和 $Y'$，维持二相的量不变，则体系汽液两相又在此成分达到平衡；而两相的物质数量，按杠杆原理分配。

从相律来看，对二组分体系，当压力恒定时，在汽-液二相共存区域中，自由度等于1，若温度一定，汽-液两相成分也就确定。当总成分一定时，由杠杆原理知，两相的相对量也一定。反之，在一定的实验装置中，利用回流的方法保持汽-液两相相对量一定，则体系温度恒定。待两相平衡后，取出两相的样品，用物理方法或化学方法分析两相的成分，给出在该温度下汽-液两相平衡成分的坐标点。改变体系的总成分，再如上法找出另一对坐标点。这样测得若干对坐标点后，分别按汽相点和液相点连成汽相线和液相线，即得 $t$-$X$ 平衡图。

成分的分析可采用折射率法。阿贝折射仪原理及使用方法参见本章第一节，五（折射率的测定）。

2. 仪器

①共沸点仪；②阿贝折射仪；③变压器；④大气压计；⑤2Ω 的电阻丝；⑥0.1 刻度的温度计；⑦试管；⑧小滴瓶；⑨5mL 带刻度的移液管。

3. 操作步骤

① 洗净烘干蒸馏瓶，然后加入 20mL 乙醇，按图 6-45 装好仪器。温度计的水银球 2/3 浸入液体内，冷凝管C通入冷水。将电阻丝接在输出电压 6.3V 的变压器上使温度升高并沸腾。待温度稳定后数分钟，记下温度及大气压。切断电源，用两支干净的滴管分别取出支管 D 处的汽相冷凝的液体和蒸馏瓶中的液体几滴，立即测定其折射率（重复测三次）。

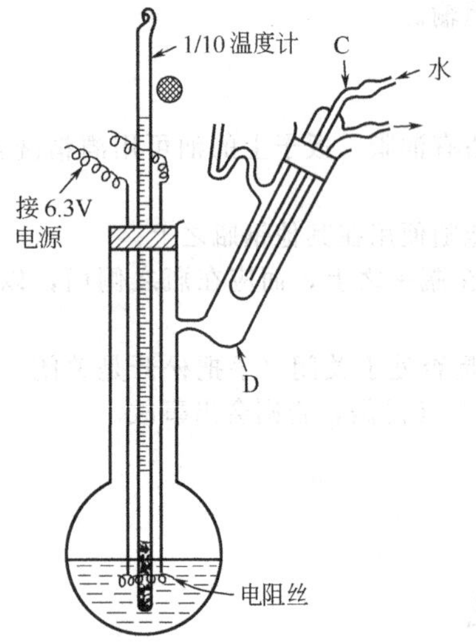

图 6-45 共沸点仪

② 蒸馏瓶中加入 1mL 苯，按前方法测其沸点及汽-液两相折射率。再依次分别加 1mL、2mL、3mL、4mL 和 5mL 的苯，做同样实验。

如果样品来不及分析，可将样品放入带有标号的小试管中，用包有锡纸的塞子塞严，放在冰水中（防止挥发）。有空时再测折射率。

③ 上述实验结束后，回收母液，用少量苯洗三到四次蒸馏瓶，注入 20mL 苯，再装好仪器，先测定纯苯的沸点，然后依次加入 0.2mL、0.5mL、1.0mL、1.2mL、2.0mL、3.0mL、5.0mL 的乙醇，分别测定它们的沸点及汽-液两相样品的折射率。

④ 工作曲线制备　欲知汽-液两相乙醇（或苯）的质量百分数，需要作一标准的工作曲线（折射率-成分图），用内插法在图上找出折射率所相应的成分。作标准的工作曲线所需要的质量百分数的配制方法如下。

洗净并烘干八个小滴瓶，冷却后准确称量其中的六个。然后用带刻度的移液管分别加入 1.0mL、2.0mL、3.0mL、4.0mL、5.0mL、6.0mL 的乙醇，分别称其质量。再依次分别加入 6.0mL、5.0mL、4.0mL、3.0mL、2.0mL、1.0mL 的苯，再称量。旋紧盖子后摇匀。在另外两个空的滴瓶中分别加入纯苯与纯乙醇。

在恒温下同时测定这些样品的折射率。

4. 数据处理

① 以折射率为纵坐标，乙醇质量百分数为横坐标作出工作曲线。并用内插法在工作曲线上找出各样品的成分。

② 将汽-液两相平衡时的沸点、折射率、成分等数据列表。

③ 作沸点-汽-液成分图，并求出最低恒沸点及相应的恒沸混合物的成分。

5. 注意事项

① 共沸点仪体积较小，约为 50mL，故 D 处的容积不宜超过 0.5mL。仪器用石棉绳缠绕保温。加热丝可用 300W 电炉丝，量取 2Ω 一段，用两根长约 200mm，直径 1mm 的粗铜导线连接电热丝两端。铜丝各套以细玻璃管，以防短路。加热丝取出时必须断电，否则将烧断电热丝或引起着火。

② 冷却水量要够，软木塞要塞紧以防漏气，否则两相不易达成平衡，使温度不稳定。

③ 折射仪采用超级恒温槽恒温，也可采用温度较稳定的自来水来恒温。

## 三、三组分体系等温相图的绘制

1. 苯-乙酸-水体系互溶度相图的绘制

(1) 原理

三组分体系 $C=3$，当体系处于恒温恒压条件，根据相律，体系的条件自由度 $f^*$ 为

$$f^*=3-\Phi$$

式中，$\Phi$ 为体系的相数。体系最大条件自由度 $f^*_{\max}=3-1=2$，因此，浓度变量最多只有两个，可用平面图表示体系状态和组成间的关系，称为三元相图。通常用等边三角形坐标表示，见图 6-46 所示。

等边三角形顶点分别表示纯物 $A$、$B$、$C$，$AB$、$BC$、$CA$ 三条边分析表示 $A$ 和 $B$、$B$ 和 $C$、$C$ 和 $A$ 所组成的二组分体系的组成，三角形内任何一点都表示三组分体系的组成。图 6-47 中的 $P$ 点，其组成表示如下：经 $P$ 点作平行于三角形三边的直线，并交三边于 $a$、$b$、$c$ 三点。若将三边均分成 100 等分，则 $P$ 点的 $A$、$B$、$C$ 组成分别为：$A\%=Pa=Cb$，$B\%=Pb=Ac$，$C\%=Pc=Ba$。

实验中讨论的苯-乙酸-水体系属于具有一对共轭溶液的三液体体系，即三组分中两对液体 $A$ 和 $B$，$A$ 和 $C$ 完全互溶，而另一对 $B$ 和 $C$ 只能有限度的混溶，如图 6-47 所示。

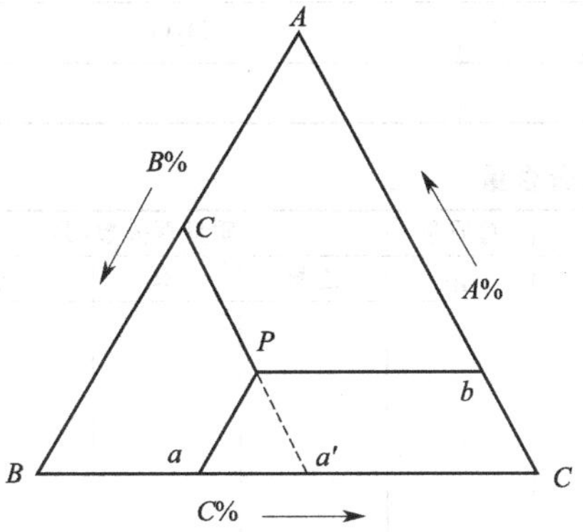

图 6-46 等边三角形法表示三元相图

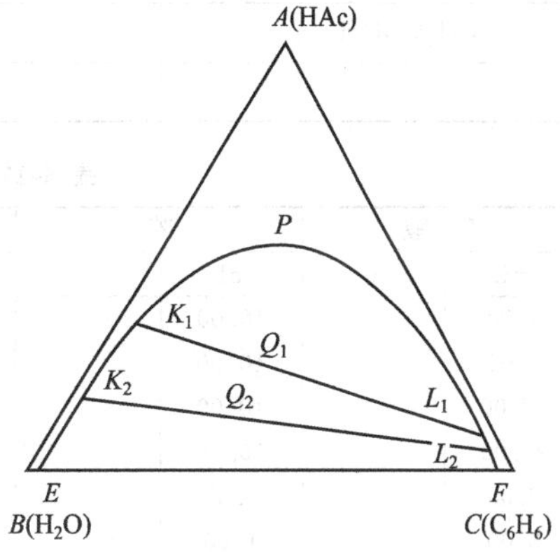

图 6-47 共轭溶液的三元相图

图 6-47 中，$E$、$K_2$、$K_1$、$P$、$L_1$、$L_2$、$F$ 点构成溶解度曲线，$K_1L_1$、$K_2L_2$ 等是连接线。溶解度曲线内是两相区，即一层是苯在水中的饱和溶液，另一层是水在苯中的饱和溶液。曲线外是单相区。因此，利用体系在相变化时清浊现象的出现，可以判断体系中各组分间互溶度的大小。本实验是向均相的苯-乙酸体系滴加水使之变成两相混合物的方法，确定两相间的相互溶解度。

为了绘制连接线，在两相区配制混合溶液，达平衡时，两相的组成一定，只需分析每相中的一个组分的含量（质量百分组成），在溶解度曲线上就可以找出每相的组成点，连接共轭溶液组成点的连线，即为连接线。本实验先在两相区内配制两个混合液（组成已知），然后用 NaOH 分别滴定每对共轭相中的乙酸含量，根据乙酸含量在溶解度曲线上找出每对共轭相的组成点，连接此二组成点即为连接线（注意：连接线必须通过混合液的物系点）。

(2) 仪器与试剂

带塞锥形瓶（100mL）；带塞锥形瓶（25mL）；酸式滴定管（20mL）；碱式滴定管（50mL）；移液管（1mL、2mL）；刻度移液管（10mL、20mL）；锥形瓶（150mL）；冰乙酸（分析纯）；苯

(分析纯)；标准 NaOH 溶液（0.2mol·$L^{-1}$）；酚酞指示剂。

(3) 实验步骤

① 测定互溶度曲线　在洁净的酸式滴定管内装水，用移液管取 10.00mL 苯及 4.00mL 乙酸于干燥的 100mL 带塞锥形瓶中，然后慢慢滴加水，同时不停摇动，至溶液由清变浑，即为终点，记下水的体积，再向此瓶中加入 5.00mL 乙酸，体系又成均相，再用水滴定至终点，然后依次用同样方法加入 8.00mL、8.00mL 乙酸，分别用水滴至终点，记录每次各组分的用量。最后再加入 10.00mL 苯和 20.00mL 水，加塞摇动，并每间隔 5min 摇动一次，30min 后用此溶液测连接线。

另取一只干燥的 100mL 带塞锥形瓶，用移液管加入 1.00mL 苯及 2.00mL 乙酸，用水滴至终点，以后依次加入 1.00mL、1.00mL、1.00mL、1.00mL、2.00mL、10.00mL 乙酸，分别用水滴定至终点，并记录每次各组分的用量。最后再加入 15.00mL 苯和 20.00mL 水，每隔 5min 摇一次，30min 后用于测定另一条连接线。

② 连接线的测定　上面所得的两份溶液，经半小时后，待两层液分清，用干燥的移液管（或滴管）分别吸取上层液约 5mL，下层液约 1mL 于已称重的 4 个 25mL 带塞锥形瓶中，再称其质量，然后用水洗入 150mL 锥形瓶中，以酚酞为指示剂，用 0.2mol·$L^{-1}$ 标准氢氧化钠溶液滴定各层溶液中乙酸的含量（数据记录于表 6-29 中）。

(4) 数据处理

温度：＿＿＿＿＿＿＿＿　大气压：＿＿＿＿＿＿＿＿

① 溶解度曲线的绘制　根据苯、乙酸和水的实际体积及由附录查得实验温度时三种试剂的密度，算出各组分的质量百分含量，列入表 6-26 和表 6-27。

**表 6-26　各组分的密度**

| 密度/(g/mL) | | |
|---|---|---|
| $CH_3COOH$ | $C_6H_6$ | $H_2O$ |
| | | |

**表 6-27　各点组分的百分含量**

| 编号 | 乙酸 | | 苯 | | 水 | | 总质量 | 质量百分数/% | | |
|---|---|---|---|---|---|---|---|---|---|---|
| | mL | g | mL | g | mL | g | g | 乙酸 | 苯 | 水 |
| 1 | 4.00 | | 10.00 | | | | | | | |
| 2 | 9.00 | | 10.00 | | | | | | | |
| 3 | 17.00 | | 10.00 | | | | | | | |
| 4 | 25.00 | | 10.00 | | | | | | | |
| 5 | 2.00 | | 1.00 | | | | | | | |
| 6 | 3.00 | | 1.00 | | | | | | | |
| 7 | 4.00 | | 1.00 | | | | | | | |
| 8 | 5.00 | | 1.00 | | | | | | | |
| 9 | 6.00 | | 1.00 | | | | | | | |
| 10 | 8.00 | | 1.00 | | | | | | | |
| 11 | 18.00 | | 1.00 | | | | | | | |
| 12 | | | | | | | | | | |
| 13 | | | | | | | | | | |
| $Q_1$ | | | | | | | | | | |
| $Q_2$ | | | | | | | | | | |

注：表中 12，13 为图 6-47 中 *E*、*F* 两点，其数据参考表 6-28。

**表 6-28　苯与水之间的相互溶解度**

| 体系 | | 溶解度/% | | | | |
|---|---|---|---|---|---|---|
| A | B | 10℃ | 20℃ | 25℃ | 30℃ | 40℃ |
| $C_6H_6$ | $H_2O$ | 0.163 | 0.175 | 0.180 | 0.190 | 0.206 |
| $H_2O$ | $C_6H_6$ | 0.036 | 0.050 | 0.060 | 0.072 | 0.102 |

将以上组成数据在三角形坐标纸上作图，即得溶解度曲线。

② 连接线的绘制

$C_{NaOH}=$ ________

**表 6-29 共轭两相中乙酸的含量**

| 溶液 | | 质量/g | $V_{NaOH}$/mL | 乙酸含量/% | 溶液 | | 质量/g | $V_{NaOH}$/mL | 乙酸含量/% |
|---|---|---|---|---|---|---|---|---|---|
| 第一瓶 | 上层 | | | | 第二瓶 | 上层 | | | |
| | 下层 | | | | | 下层 | | | |

a. 计算两瓶中最后乙酸、苯、水的质量百分数，标在三角形坐标纸上，即得相应的物系点 $Q_1$ 和 $Q_2$。

b. 将标出的各相乙酸含量点画在溶解度曲线上，上层乙酸含量画在含苯较多的一边，下层画在含水较多的一边，即可作出 $K_1L_1$ 和 $K_2L_2$ 两条连接线，它们应分别通过物系点 $Q_1$ 和 $Q_2$。

(5) 注意事项

① 因所测体系含有水的成分，故玻璃器四均需干燥。

② 在滴加水的过程中必须一滴一滴地加入，且需不停地摇动锥形瓶，由于分散的"油珠"颗粒能散射光线，所以体系出现浑浊，如在 2～3min 内仍不消失，即到终点。

③ 在实验过程中注意防止或尽可能减少苯和乙酸的挥发，测定连接线时取样要迅速。

2. 氯化钾-盐酸-水体系溶解度相图的绘制

(1) 原理

由 KCl、HCl、$H_2O$ 组成的三组分体系，在 HCl 含量不太高时，HCl 完全溶于水而成盐酸溶液，与 KCl 有共同的 $Cl^-$。所以当饱和的 KCl 水溶液中加入盐酸时，由于同离子效应使 KCl 溶解度降低。本方法研究不同浓度的盐酸溶液 KCl 的溶解度，通过实验熟悉盐水体系相图的构筑方法和一般性质。

为了分析平衡体系各相的成分，可以采取各相分离方法，如对于液体可用分液漏斗来分离，但对于固相，分离起来就比较困难，因为固体上总会带有一些母液，很难分离干净，而且有些固体极易风化潮解，不能离开母液而稳定存在。这时常采用不用分离母液，而确定固相组成的湿固相法。这一方法就是根据带有饱和溶液的固相的组成点，必定处于饱和溶液的组成点和纯固相的组成点的连线上。因此同时分析几对饱和溶液和湿固相的成分，将它们连成直线，这些直线的交点即为纯固相成分。

(2) 仪器与试剂

KCl、HCl（$12mol\cdot L^{-1}$）、$AgNO_3$ 溶液（$0.1mol\cdot L^{-1}$）、NaOH 溶液（$0.1mol\cdot L^{-1}$）100mL 磨口锥形瓶，50mL 磨口锥形瓶，2mL 移液管，恒温槽。

(3) 实验步骤

① 在 6 个洗净的 100mL 磨口锥形瓶中，分别注入 25mL 浓度为 $1mol\cdot L^{-1}$，$2mol\cdot L^{-1}$，$4mol\cdot L^{-1}$，$6mol\cdot L^{-1}$，$8mol\cdot L^{-1}$ 的盐酸溶液，剩下一个加 25mL 煮沸后冷却的蒸馏水。

② 在每个锥形瓶中加入约 6g KCl，然后将每个瓶置于约 30℃的水浴中，不断振荡，约 5min 后，取出置于 25℃的恒温槽中继续恒温，静置片刻，等溶液澄清后，用滴管在每个锥形瓶中取饱和溶液约 0.5g，放入已称好的 50mL 磨口锥形瓶中（或用称量瓶也可），于分析天平上称量，记录每个样品的质量。

③ 在取饱和溶液样品的同时，用玻璃勺取湿固相约 0.2～0.3g 样品于另一已经称好的称量瓶中，亦用分析天平称其质量。在取样时应注意下述问题：

a. 体系的温度不能改变，因此不要将锥形瓶离开恒温水槽；

b. 取样时固相可以带有母液，但饱和溶液不能带有固相，因此取样时要特别小心谨慎，等固相完全下沉后再进行取样；

c. 取样的滴管的温度应比体系的温度高些，以免饱和溶液在移液管中析出晶体，引起误差。为此，取样滴管最好先在煤气灯上预热一下，但滴管温度绝不能太高，一方面避免改变体系的温度，另一方面防止水分蒸发改变浓度。

④ 将已称过质量的样品用约 50mL 的蒸馏水洗到 250mL 锥形瓶中，进行滴定分析，先用 $0.1mol \cdot L^{-1}$ NaOH 滴定样品中的酸量（以酚酞为指示剂），至终点后，记下 NaOH 滴定时用去的毫升数，然后再加入 1～2 滴稀 $HNO_3$ 溶液，使体系带微酸性，然后利用 $AgNO_3$ 滴定 $Cl^-$ 的浓度（用 $K_2CrO_4$ 作为指示剂），记下所用 $AgNO_3$ 的浓度及所消耗的体积。

（4）数据处理

① 将实验所得数据用表列出

② 用下列公式计算每个饱和溶液样品及湿固相样品中 HCl、KCl 和 $H_2O$ 的质量分数（%），并用表列出。

$$w_{HCl}=\frac{c_1V_1\times 36.5}{m\times 1000}$$

$$w_{KCl}=\frac{(c_2V_2-c_1V_1)\times 74.56}{m\times 1000}$$

$$w_{H_2O}=100-w_{HCl}-w_{KCl}$$

式中，$c_1$ 为滴定时所用 NaOH 的浓度（$mol \cdot L^{-1}$）；$V_1$ 为滴定时所消耗的 NaOH 体积（mL）；$c_2$ 为 $AgNO_3$ 浓度（$mol \cdot L^{-1}$）；$V_2$ 为 $AgNO_3$ 的体积（mL）；$m$ 为样品质量（g）；74.56 及 36.5 分别为 KCl 和 HCl 的摩尔质量。

③ 由手册查出 25℃时 KCl 在水中的溶解度，并将其换算成质量分数。

④ 将②、③所得的结果标记在三角相图上，并对各个饱和溶液的组成点连成一饱和溶解度曲线，同时将饱和溶液的组成点与其成平衡的湿固相的组成点作连接线，将各连接线延长交于一点，交点即为固相成分。

⑤ 标明相图中各相区的成分和各组相区的意义。

## 四、二组分合金体系相图的绘制——步冷曲线法

本法以测定 Cd-Bi 合金的步冷曲线，绘制其相图并确定低共熔点及相应的组成为例。

1. 原理

液相完全互溶的二组分体系，在凝固时有的能完全互溶成固溶体，如 Cu-Ni，溴苯-氯苯；有的部分互溶，如 Pb-Sn；而有的互溶度很小可以忽略，像很多有机化合物。本方法所测定的 Cd-Bi 是液相完全互溶而固相完全不互溶的体系。表示其“组成-温度”关系的相图，如图 6-48(a) 所示。

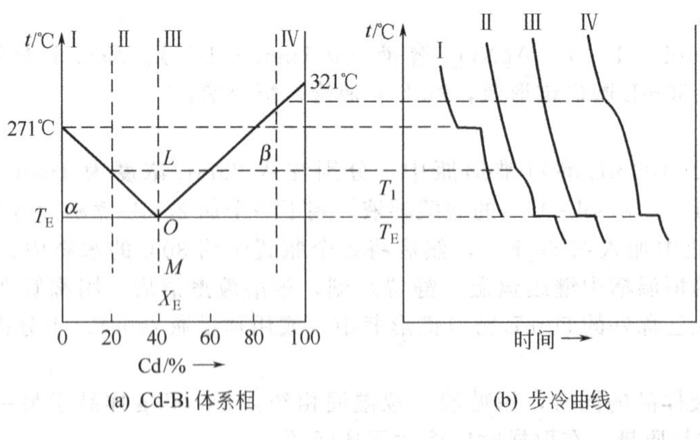


图 6-48　相图与冷却曲线

图中 $L$ 为液相区，$\beta$ 为纯 Cd(固)和液相共存的两相区；$\alpha$ 为纯 Bi 和液相共存的二相区；水平线段表示 Cd，Bi 和液相共存的三相共存线；$M$ 为纯 Bi、纯 Cd 共存的二相区。$O$ 为低共熔点。固-液平衡相图可用热分析方法测定，即利用步冷曲线的形状来决定相图的相界。图 6-48(b) 即是相应于不同成分下的冷却曲线的形状。

曲线（Ⅰ）系纯组分 Bi 的步冷曲线，它由两段曲线及一水平线段组成。冷却速度决定于体系的热容、散热情况、体系和环境的温差、相变等因素。若冷却时体系的热容、散热情况等基本相同，体系温度下降的速度可表示为

$$-\frac{dT}{dt}=K(T_{体}-T_{环})$$

式中　$T$——表示温度；

$t$——表示时间；

$T_{体}$——表示体系的温度；

$T_{环}$——表示环境的温度；

$K$——为一个与比热容、散热情况等有关的常数。

当体系逐渐冷却，$(T_{体}-T_{环})$ 变小，因此温度下降速度逐渐变慢，成为一凹形曲线。而至凝固点时，固液二相平衡，自由度为 0，温度不变，出现水平线段。待体系全部凝结变为固体后，冷却情况又和液体冷却一样，成凹形曲线。

曲线Ⅲ系低共熔体的冷却曲线的形状和曲线Ⅰ相似。水平线段的出现是因为当到 $T_E$ 时析出固体，这时 Cd，Bi 和液相三相共存，体系自由度为 0，温度不变。

曲线Ⅱ和曲线Ⅲ不同之处在于当温度冷却到 $T_1$ 时有纯 Bi 相析出，此时液体成分沿液相线改变，同时放出凝固热，使体系冷却速度变慢，曲线陡度变小。随着温度进一步下降，晶体析出量慢慢减少，所以该曲线下半段较陡，呈凸状。当温度降至 $T_E$ 时，出现三相共存，曲线出现平台。当液相完全消失后，温度又开始下降，曲线又呈凹形。

一般来说，根据冷却曲线即可定出相界，但是对复杂相图还必须有其他方法配合，才能画出相图。

2. 仪器与试剂

①硬质试管；②石棉坩埚；③热电偶；④自动平衡记录仪；⑤保温瓶；⑥煤气灯；⑦Cd、Bi、Sn；⑧苯甲酸。

3. 操作步骤

(1) 仪器装置　本法仪器装置如图 6-49 所示。自动平衡记录仪 6 可直接把步冷曲线画在记录纸上。将合金按质量百分数配好，总量为 50g，装入硬质玻璃管 4 中，管内加少量液体石蜡油（或加石墨粉），以防止金属氧化。热电偶 1 的热端不能直接插入合金中，要用玻璃套管隔离。为防止热电偶的热滞后现象，应在套管内加少量石蜡油。热电偶的冷端浸入保温瓶 3 的冰水中。为使加热均匀和控制冷却速度，可把硬质玻璃管放入石棉坩埚 2 中。石棉坩埚可通过加热来控制体系的冷却速度。热电偶的两根引线接在 200Ω 的电位器上，热电势由电位器分压后输入自动平衡记录仪。调电位器 5，使记录仪在 400℃时有满量程的测量范围。

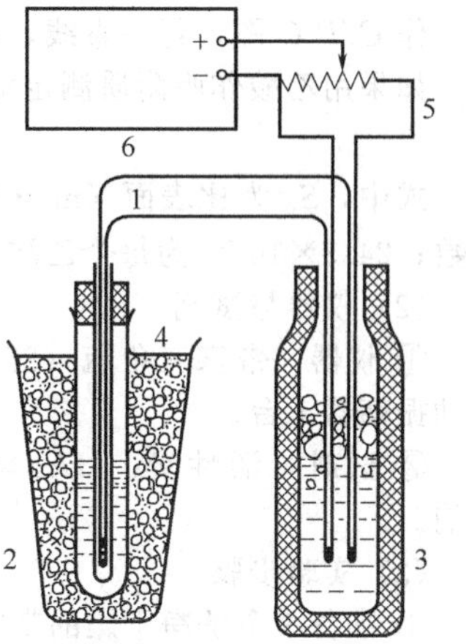

图 6-49　热分析装置

(2) 作标准工作曲线　用苯甲酸（熔点：122℃）、Sn(熔点：231.96℃)、Bi(熔点：271.3℃)、Cd(熔点：320.9℃) 作步冷曲线，求出各熔点所相应的电压（mV）［即步冷曲线平台所对应的电压（mV）］。

(3) 作各种组分合金的步冷曲线　将含 Cd 为 10%、20%、40%、60%、80%的 Cd-Bi 合金分别装入硬质试管中，加入约 1mL 液体石蜡，插入附有套管的热电偶温度计，放在石棉坩埚中，用煤气灯加热至合金熔化，开动自动记录仪记录各样品的步冷曲线。如不使用自动记录仪，则可用毫伏计或数字电压表（精度为 0.1mV），每隔半分钟记录一次毫伏数，然后再作温度（即由毫伏数换算）-时间图。

4. 结果处理

① 将苯甲酸、Sn、Bi、Cd 步冷曲线平台所对应的毫伏数与熔点作图，画出毫伏数和温度关系的标准工作曲线。

② 找出各种组成合金的步冷曲线上转折点，并由标准工作曲线定出它们的温度。

③ 根据各转折点的温度及合金的成分，绘制Cd-Bi体系相图，确定低共熔点及其成分。

5. 注意事项

① 热电偶的端点应插在样品的中部，否则因受环境的影响，步冷曲线的“平台”将不明显。

② 平台不太明显的原因还有样品不纯；冷却速度不合适（太快或太慢）；样品量不够。金属样品，三级纯可满足要求，但要防止在使用中引入杂质。

③ 热电偶的使用参见本章第一节、一、5.（热电偶温度计）。本法可采用镍铬-镍铝，或镍铬-镍硅热电偶，直径 $\phi=0.5$mm，长80cm。热电偶可套以双孔瓷管（$\phi=2$mm）加以绝缘。

④ 可用煤气灯或酒精灯直接加热样品。但应用小火均匀加热，否则试管易裂。

## 五、比表面的测定

1. 活性炭比表面积测定——酸碱滴定法

(1) 原理

实验表明在一定浓度范围内，活性炭对有机酸的吸附符合朗格缪尔（Langmuir）吸附方程：

$$\Gamma=\Gamma_{\infty}\frac{KC}{1+KC} \tag{6-19}$$

式中，$\Gamma$ 表示吸附量（通常指单位质量吸附剂上吸附溶质的摩尔数）；$\Gamma_{\infty}$ 表示饱和吸附量；$C$ 表示吸附平衡时溶液的浓度；$K$ 为常数。将式(6-19)整理可得式(6-20)

$$\frac{C}{\Gamma}=\frac{1}{\Gamma_{\infty}K}+\frac{1}{\Gamma_{\infty}}C \tag{6-20}$$

作 $C/\Gamma$-$C$ 图，得一直线，由此直线的斜率和截距可求常数 $K$。

如果用乙酸作吸附质测定活性炭的比表面则可按下式计算：

$$S_0=\Gamma_{\infty}\times 6.023\times 10^{23}\times 24.3\times 10^{-20} \tag{6-21}$$

式中，$S_0$ 为比表面（$m^2 \cdot kg^{-1}$）；$\Gamma_{\infty}$ 为饱和吸附量（$mol \cdot kg^{-1}$）；$6.023\times 10^{23}$ 为阿伏加德罗常数；$24.3\times 10^{-20}$ 为每个乙酸分子所占据的面积（$m^2$）。

(2) 仪器与试剂

① 仪器　带塞三角瓶（250mL）5个；三角瓶（150mL）5个；滴定管1只；漏斗；移液管；电动振荡器1台。

② 试剂　活性炭；HAc溶液（$0.4mol \cdot L^{-1}$）；标准NaOH溶液（$0.1mol \cdot L^{-1}$）；酚酞指示剂。

(3) 实验步骤

① 准备5个洗净干燥的带塞三角瓶，分别称取约1g（准确到0.001g）的活性炭，并将5个三角瓶标明号数，用滴定管分别按下列数量加入蒸馏水与乙酸溶液。

| 瓶　号 | 1 | 2 | 3 | 4 | 5 |
| --- | --- | --- | --- | --- | --- |
| $V_{蒸馏水}$/mL | 50.00 | 70.00 | 80.00 | 90.00 | 95.00 |
| $V_{乙酸溶液}$/mL | 50.00 | 30.00 | 20.00 | 10.00 | 5.00 |

② 将各瓶溶液配好以后，用磨口瓶塞塞好，并在塞上加橡皮圈以防塞子脱落，摇动三角瓶，使活性炭均匀悬浮于乙酸溶液中，然后将瓶放在振荡器上，盖好固定板，振荡30min。

③ 振荡结束后，用干燥漏斗过滤，为了减少滤纸吸附影响，将开始过滤的约5mL滤液弃去，其余溶液滤于干燥三角瓶中。

④ 从1号、2号瓶中各取15.00mL，从3号、4号、5号瓶中各取30.00mL的乙酸溶液，用标准NaOH溶液滴定，以酚酞为指示剂，每瓶滴两份，求出吸附平衡后乙酸的浓度。

⑤ 用移液管取5.00mL原始HAc溶液并标定其准确浓度。

(4) 数据处理

① 将实验数据列表。

| 瓶号 | 活性炭重/kg | 起始浓度 $c$/mol·$L^{-1}$ | 平衡浓度 $c$/mol·$L^{-1}$ | 吸附量 $\Gamma$/mol·$kg^{-1}$ | $C\Gamma^{-1}$/kg·$L^{-1}$ |
|---|---|---|---|---|---|
| 1 | | | | | |
| 2 | | | | | |
| 3 | | | | | |
| 4 | | | | | |
| 5 | | | | | |

② 计算各瓶中乙酸的起始浓度 $C_0$，平衡浓度 $C$ 及吸附量 $\Gamma$（mol·$kg^{-1}$）。

$$\Gamma=\frac{(C_0-C)V}{m}$$

式中 $V$——溶液的总体积，L；

$m$——加入溶液中吸附剂质量，kg。

③ 以吸附量 $\Gamma$ 对平衡浓度 $C$ 作等温线。

④ 作 $C/\Gamma$-$C$ 图，并求出 $\Gamma_\infty$ 和常数 $K$。

⑤ 由 $\Gamma_\infty$ 计算活性炭的比表面。

2. 固体硅胶的比表面的测定——BET 重量法

（1）原理

处于固体表面上的原子或分子有表面（过剩）自由能，当气体分子与其接触时，有一部分会暂时停留在表面上，使得固体表面上气体的浓度大于气相中的浓度，这种现象称为气体在固体表面上的吸附作用。通常把能有效地吸附气体的固体称为吸附剂；被吸附的气体称为吸附质。吸附剂对吸附质吸附能力的大小由吸附剂、吸附质的性质，温度和压力决定。吸附量是描述吸附能力大小的重要的物理量，通常用单位质量（或单位表面面积）吸附剂在一定温度下在吸附达到平衡时所吸附的吸附质的体积（或质量、摩尔质量等）来表示。对于一定化学组成的吸附剂其吸附能力的大小还与其表面积的大小、孔的大小及分布、制备和处理条件等因素有关。一般应用的吸附剂都是多孔的，这种吸附剂的表面积主要由孔内的面积（内面积）所决定。1g 固体所具有的表面积称为比表面。比表面和孔径大小及分布是描述吸附剂的重要宏观结构参数。

测定固体比表面的基本设想是测出在 1g 吸附剂表面上某吸附质分子铺满 1 层所需的分子数，再乘以该种物质每个分子所占的面积，即为该固体的比表面。因而，比表面的测定实质上是求出某种吸附质的单分子层饱和吸附量。

测定吸附量的一般原则是在一定的温度下将一定量的吸附剂置于吸附质气体中，达到吸附平衡后根据吸附前后气体体积和压力的变化或直接称量的结果计算吸附量。测定方法一般分为动态法和静态法两种。前者有常压流动法、色谱法等；后者有容量法、重量法等。容量法是在精确测定过体积的真空体系中装入一定量的吸附剂，引入气体，在一定温度下达到吸附平衡，根据气体压力因吸附而产生的变化计算吸附量。

对于一定的吸附剂和吸附质，在指定温度下吸附量与气体平衡压力的关系曲线称为吸附等温线，吸附等温线有多种类型，描述等温线的方程称为吸附等温式（方程）。BET 方程是多分子层吸附理论中应用最广泛的等温式。

BET 理论的基本假设是：吸附剂表面是均匀的；吸附质分子间没有相互作用；吸附可以是多分子层的；第二层以上的吸附热等于吸附质的液化热。由这些假设出发可推导出 BET 二常数公式

$$\frac{P}{V(P_0-P)}=\frac{1}{V_mC}+\frac{(C-1)P}{V_mCP_0} \tag{6-22}$$

式中，$V$ 为在气体平衡压力 $P$ 时的吸附量；$V_m$ 为单分子层饱和吸附量；$P_0$ 为在吸附温度时吸附质气体的饱和蒸气压；$C$ 为与吸附热有关的常数。

显然，若实验结果服从 BET 方程，则根据测定结果以 $P/V(P_0-P)$ 对 $P/P_0$ 作图可得一直线，由该直线的斜率和截距可求出 $V_m$

$$V_m=\frac{1}{\text{斜率}+\text{截距}} \tag{6-23}$$

若 $V_m$ 以标准状态下的体积（mL）度量，则比表面 $S$ 为

$$S=\frac{V_m N_A \sigma}{22400W} \tag{6-24}$$

式中，$N_A$ 为阿伏加德罗常数；$\sigma$ 是每个吸附质分子的截面积；$W$ 是吸附剂质量（g）；22400是标准状态下 1mol 气体的体积（mL）。

吸附质分子的截面积可由多种方法求出，其中应用较多的一种可利用式(6-24) 计算

$$\sigma=1.09\left(\frac{M}{N_A d}\right)^{2/3} \tag{6-25}$$

式中，$M$ 为吸附质的分子量；$d$ 为在吸附温度下吸附质的密度。对于氮气，在 78K 时 $\sigma$ 常取的值是 0.162nm² (16.2Å²)。

BET 二常数公式的应用范围是 $P/P_0$ 在 0.05～0.35 之间，这是在测定吸附量和数据处理时要特别注意的。

当 $C \gg 1$ 时（对于许多吸附剂在－196℃吸附氮时 $C$ 值常都很大），式(6-22) 可简化为

$$\frac{P}{V(P_0-P)}=\frac{P}{V_m P_0} \tag{6-26}$$

即 $P/V(P_0-P)$ 对 $P/P_0$ 作图所得直线截距近于零，故而

$$V_m=\frac{1}{斜率}$$

因此，在这种情况下只要选择 $P/P_0$ 在 0.05～0.35 间任一点的吸附量 $V$ 值，即可按式(6-26) 计算出 $V_m$。此方法是在特定条件下 BET 法的简便方法，常称为一点法。

(2) 仪器与试剂

真空系统一套，包括玻璃系统、真空机组、复合真空计、加热炉、测高仪一台、超级恒温水浴、甲醇、硅胶、高真空活塞油等。

(3) 实验步骤

① 实验装置 实验装置如图 6-50 所示：有水银压力计 A，吸附质的样品管 B，带磨口的玻璃套管 C，悬挂于套管中的适应弹簧 D，以及悬挂于弹簧下端的、盛放吸附剂的样品筐 E。抽真空用真空机组，它由机械泵和油扩散泵组成。C 管加热，在脱附活化时用电炉加热。室温下恒温吸附用超级恒温水浴，读取水银压力计 A 的读数采用测高仪。

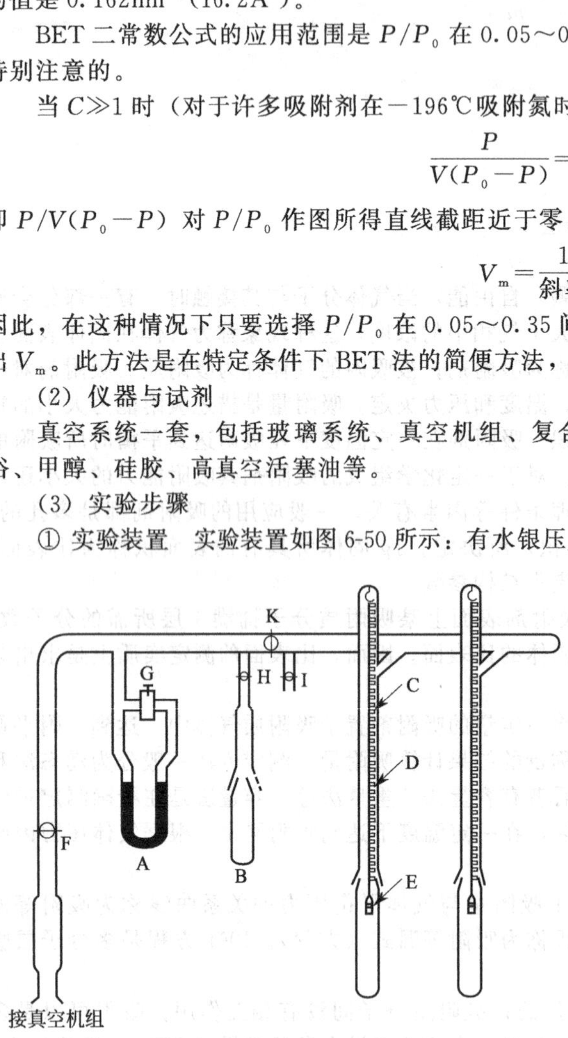


图 6-50 重量法测定比表面装置

② 比表面积的测定

a. 吸附质甲醇的精制 首先测定甲醇的折射率，如不符合标准，应进行精馏提纯，然后将合格的甲醇装入 B 管，用液氮冷冻，抽真空，除去溶于其中的气体杂质，反复数次后，关闭活塞 H，待用（实验前已处理）。

b. 吸附剂硅胶的预处理 将硅胶过筛，挑选直径为 2～3mm 的粒度范围，于 120℃下，烘烤 2h 后，放入保干器中备用（实验前已处理）。

c. 比表面的测定 测量前，还应检查系统活塞的润滑和密封情况。准备工作就绪后，用测高仪测定弹簧秤空载时的长度 $l_0$。

根据弹簧秤的使用范围和可能的吸附量，同台秤称取约 0.2～0.3g 的硅胶，将装有硅胶的样品筐小心地挂在弹簧秤上，并套上套管，按照“真空获得”和“真空测量”方法进行操作。关闭活塞 I，旋开活塞 F、K 和 G，对系统进行抽真空，抽至 0.013Pa ($10^4$mmHg) 左右后（用复合真空泵测量），用筒式电炉加热到 150℃进行活化 1h，然后停止加热。撤去加热器，让套管自然冷却至室温，关闭活塞 F、G，使系统封闭。在玻璃套管外超级恒温水的循环水恒温，当温度恒定在 20～25℃。

用测高仪测定弹簧秤伸长度 $l_1$。

关闭活塞K以后，缓慢地旋开活塞H，使吸附质缓慢地进入系统中，然后关闭活塞H，缓慢打开活塞K，如此反复几次，使系统达到预期的压力为止（一般为532.8～666Pa）。最后，将活塞H关闭，K打开，每隔数分钟读取一次压力。如在半小时内压力读数不变时，即可认为达到吸附平衡。记下吸附管温度和平衡压力。并用测高仪测在此时弹簧的伸长度 $l_2$。改变 $p$ 值，重复上述操作，要求至少4～5个不同的 $p$ 值。

实验结束后，缓缓打开活塞G使压力计两边水银面达到平衡，再缓缓地打开活塞I使系统与大气相通，关闭恒温水浴。

在进样时，要注意不能同时打开活塞H和K，应交替地开和关，并要十分缓慢地旋动活塞，否则会造成严重后果。轻则将会把吸附剂吹出样品筐，重则会损坏石英弹簧秤。随意旋开或关闭活塞G也会造成重大事故。

（4）数据处理

| $l_0$： | $l_1$： | 吸附温度： | $p_0$： | |
|---|---|---|---|---|
| $p$ | $l_2$ | $l_2-l_1$ | $\frac{l_1-l_0}{l_2-l_1}\times\frac{p}{p_0-p}$ | $\frac{p}{p_0}$ |
| | | | | |

① 由平衡压力 $p$，并查出吸附温度下甲醇的饱和蒸气压 $p_0$，计算表中的各量。

② 以 $\frac{l_1-l_0}{l_2-l_1}\times\frac{p}{p_0-p}$ 对 $\frac{p}{p_0}$ 作图。

③ 由截距和斜率求出 $V_m$。

④ 由式(6-23) 求 $S_0$。

## 六、溶解热的测定——用量热计法测定硝酸钾在不同浓度水溶液中的溶解热

1. 原理

（1）基本概念

① 溶解热　在恒温恒压下，$n_2$ 摩尔溶质溶于 $n_1$ 摩尔溶剂（或溶于某浓度的溶液）中产生的热效应，用 $Q$ 表示，溶解热可分为积分（或称变浓）溶解热和微分（或称定浓）溶解热。

② 积分溶解热　在恒温恒压下，1mol溶质溶于 $n_0$ mol溶剂中产生的热效应，用 $Q_s$ 表示。

③ 微分溶解热　在恒温恒压下，1mol溶质溶于某一确定浓度的无限量的溶液中产生的热效应，以 $\left(\frac{\partial q}{\partial n_2}\right)_{T,p,n_1}$ 表示，简写为 $\left(\frac{\partial Q}{\partial n_2}\right)_{n_1}$。

④ 冲淡热　在恒温恒压下，1mol溶剂加到某浓度的溶液中使之冲淡所产生的热效应。冲淡热也可分为积分（或变浓）冲淡热和微分（或定浓）冲淡热两种。

⑤ 积分冲淡热　在恒温恒压下，把原含1mol溶质及 $n_{01}$ mol溶剂的溶液冲淡到含溶剂为 $n_{02}$ 时的热效应，亦即为某两浓度溶液的积分溶解热之差，以 $Q_d$ 表示。

⑥ 微分冲淡热　在恒温恒压下，1mol溶剂加入某一确定浓度的无限量的溶液中产生的热效应，以 $\left(\frac{\partial Q}{\partial n_1}\right)_{T,p,n_2}$ 表示，简写为 $\left(\frac{\partial Q}{\partial n_1}\right)_{n_2}$。

（2）积分溶解热（$Q_s$）可由实验直接测定，其他三种热效应则通过 $Q_sMn_0$ 曲线求得。

设纯溶剂和纯溶质的摩尔焓分别为 $H_m(1)$ 和 $H_m(2)$，当溶质溶解于溶剂变成溶液后，在溶液中溶剂和溶质的偏摩尔焓分别为 $H_{1,m}$ 和 $H_{2,m}$，对于由 $n_1$ 摩尔溶剂和 $n_2$ 摩尔溶质组成的体系，在溶解前体系总焓为 $H$。

$$H=n_1H_m(1)+n_2H_m(2) \tag{6-27}$$

设溶液的焓为 $H'$

$$H'=n_1H_{1,m}+n_2H_{2,m} \tag{6-28}$$

因此溶解过程热效应 $Q$ 为

$$Q=\Delta_{mix}H=H'-H=n_1[H_{1,m}-H_m(1)]+n_2[H_{2,m}-H_m(2)]$$
$$=n_1\Delta_{mix}H_m(1)+n_2\Delta_{mix}H_m(2) \tag{6-29}$$

式中，$\Delta_{mix}H_m(1)$ 为微分冲淡热；$\Delta_{mix}H_m(2)$ 为微分溶解热。根据上述定义，积分溶解热 $Q_s$ 为

$$Q_s=\frac{Q}{n_2}=\frac{\Delta_{mix}H}{n_2}=\Delta_{mix}H_m(2)+\frac{n_1}{n_2}\Delta_{mix}H_m(1)$$
$$=\Delta_{mix}H_m(2)+n_0\Delta_{mix}H_m(1) \tag{6-30}$$

在恒压条件下，$Q=\Delta_{mix}H$，对 $Q$ 进行全微分

$$dQ=\left(\frac{\partial Q}{\partial n_1}\right)_{n_2}dn_1+\left(\frac{\partial Q}{\partial n_2}\right)_{n_1}dn_2 \tag{6-31}$$

式(6-31) 在比值 $\frac{n_1}{n_2}$ 恒定下积分，得

$$Q=\left(\frac{\partial Q}{\partial n_1}\right)_{n_2}n_1+\left(\frac{\partial Q}{\partial n_2}\right)_{n_1}n_2 \tag{6-32}$$

全式以 $n_2$ 除之

$$\frac{Q}{n_2}=\left(\frac{\partial Q}{\partial n_1}\right)_{n_2}\frac{n_1}{n_2}+\left(\frac{\partial Q}{\partial n_2}\right)_{n_1} \tag{6-33}$$

因

$$\frac{Q}{n_2}=Q_s,\quad Q=n_2Q_s$$
$$\frac{n_1}{n_2}=n_0\quad n_1=n_2n_0 \tag{6-34}$$

则

$$\Delta_{mix}H(2)=\left(\frac{\partial Q}{\partial n_2}\right)n_1$$
$$\left(\frac{\partial Q}{\partial n_1}\right)_{n_2}=\left[\frac{\partial(n_2Q_s)}{\partial(n_2n_0)}\right]_{n_2}=\left(\frac{\partial Q_s}{\partial n_0}\right)_{n_2} \tag{6-35}$$

将式(6-34)、式(6-35) 代入式(6-33) 得：

$$Q_s=\left(\frac{\partial Q}{\partial n_2}\right)_{n_1}+n_0\left(\frac{\partial Q_s}{\partial n_0}\right)_{n_2} \tag{6-36}$$

对比式(6-29) 与式(6-32) 或式(6-29) 与式(6-36)

$$\Delta_{mix}H_m(1)=\left(\frac{\partial Q}{\partial n_1}\right)_{n_2}\quad 或\quad \Delta_{mix}H_m(1)=\left(\frac{\partial Q}{\partial n_0}\right)_{n_2}$$

以 $Q_s$ 对 $n_0$ 作图，可得图 6-51 的曲线关系。在图 6-51 中，AF 与 BG 分别为将 1mol 溶质溶于 $n_{01}$ 和 $n_{02}$ mol 溶剂时的积分溶解热 $Q_s$，BE 表示在含有 1mol 溶质的溶液中加入溶剂，使溶剂量由 $n_{01}$ mol 增加到 $n_{02}$ mol 过程的积分冲淡热 $Q_d$。

$$Q_d=(Q_s)n_{02}-(Q_s)n_{01}=BG-EG \tag{6-37}$$

图 6-51 中曲线 A 点的切线斜率等于该浓度溶液的微分冲淡热。

$$\Delta_{mix}H_m(1)=\left(\frac{\partial Q_s}{\partial n_0}\right)_{n_2}=\frac{AD}{CD}$$

切线在纵轴上的截距等于该浓度的微分溶解热。

$$\Delta_{mix}H_m(2)=\left(\frac{\partial Q}{\partial n_2}\right)_{n_1}=\left[\frac{\partial(n_2Q_s)}{\partial n_2}\right]_{n_1}=Q_s-n_0\left(\frac{\partial Q_s}{\partial n_0}\right)_{n_2}$$

由图 6-51 可见，欲求溶解过程的各种热效应，首先要测定各种浓度下的积分溶解热，然后作图计算。

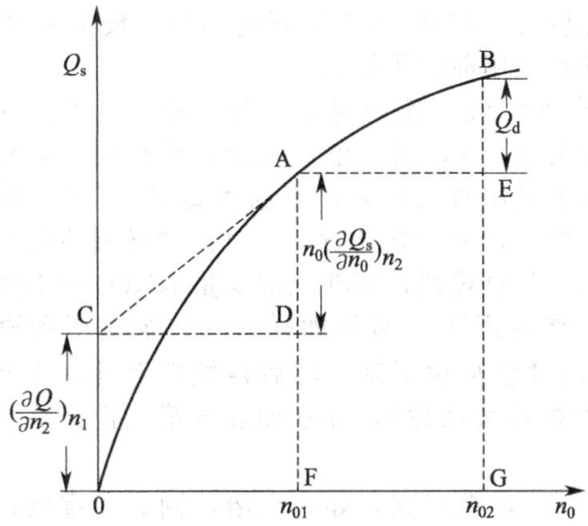


图 6-51　$Q_s$-$n_0$ 关系图

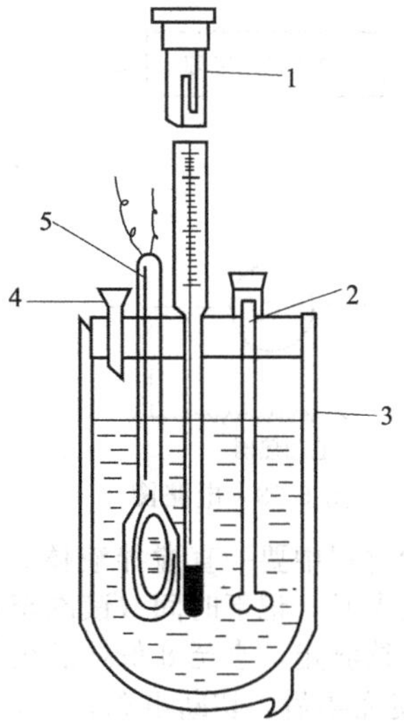


图 6-52　量热器示意图

1—贝克曼温度计；2—搅拌器；3—杜瓦瓶；4—加样漏斗；5—加热器

(3) 测量热效应是在“量热计”中进行。量热计的类型很多，分类方法也不统一，按传热介质分有固体或液体量热计，按工作温度的范围分有高温和低温量热计等。一般可分为两类：一类是等温量热计，其本身温度在量热过程中始终不变，所测得的量为体积的变化，如冰量热计等；另一类是经常采用的测温量热计，它本身的温度在量热过程中会改变，通过测量温度的变化进行量热，这种量热计又可以是外壳等温或绝热式的等。本实验是采用绝热式量热计，它是一个包括量热器、搅拌器、电加热器和温度计等的量热系统，如图 6-52 所示量热计直径为 8cm、容量为 350mL 的杜瓦瓶，并加盖以减少辐射、传导、对流、蒸发等热交换。电加热器是用直径为 0.1mm 的镍铬丝，其电阻约为 10Ω，装在盛有油介质的硬质薄玻璃管中，玻璃管弯成环形，加热电流一般控制在 300～500mA。为使均匀有效地搅拌，可用电动搅拌器，也用长短不等的两支滴管使溶液混合均匀。用贝克曼温度计测量温度变化。在绝热容器中测定热效应的方法有两种：

① 先测定量热系统的热容量 $C$，再根据反应过程中温度变化 $\Delta T$ 与 $C$ 之乘积求出热效应（此法一般用于放热反应）。

② 先测定体系的起始温度 $T$，溶解过程中体系温度随吸热反应进行而降低，再用电加热法使体系升温至起始温度，根据所消耗电能求出热效应 $Q$。这种方法称为电热补偿法。

$$Q = I^2Rt = IUt$$

式中，$I$ 为通过电阻为 $R$ 的电热器的电流强度（A）；$U$ 为电阻丝两端所加电压（V）；$t$ 为通电时间（s）。

本实验采用电热补偿法，测定 $KNO_3$ 在水溶液中的积分溶解热，并通过图解法求出其他三种热效应。

2. 仪器与试剂

① 仪器　杜瓦瓶 1 套；直流稳压电源（1A，0～30V）1 台；直流毫安表（0.5 级，250mA～500mA～1000mA）1 只；直流伏特计（0.5 级，0V～2.5V～5V～10V）1 只；贝克曼温度计（或热敏电阻温度计等）1 只；秒表 1 只；称量瓶（25mm×25mm）8 只；干燥器 1 只；研钵 1 个；放大镜 1 只；同步电机 1 个。

② 试剂　$KNO_3$（化学纯）。

3. 实验步骤

① 稳压电源使用前在空载条件下先通电预热 15min。

② 将 8 个称量瓶编号，依次加入在研钵中研细的 $KNO_3$，其重量分别为 2.5g、1.5g、2.5g、2.5g、3.5g、4g 和 4.5g，放入烘箱，在 110℃烘 1.5～2h，取出放入干燥器中（在实验课前进行）。

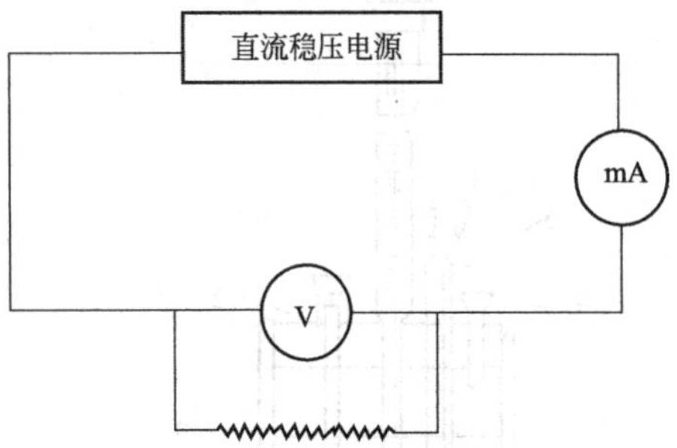

图 6-53 电路图

③ 用分析天平准确称量上面 8 个盛有 $KNO_3$ 的称量瓶，称量后将称量瓶放回干燥器中待用。

④ 在台秤上用杜瓦瓶直接称取 200.0g 蒸馏水，调好贝克曼温度计，按图 6-52 装好量热器。按图 6-53 连好线路（杜瓦瓶用前需干燥）。

⑤ 经检查无误后接通电源，调节稳压电源，使加热器功率约为 2.5W，保持电流稳定，开动同步电机进行搅拌，当水温慢慢上升到比室温水高出 1.5℃时读取准确温度，按下秒表开始计时，同时从加样漏斗处加入第一份样品，并将残留在漏斗上的少量 $KNO_3$ 全部掸入杜瓦瓶中，然后用塞子堵住加样口。记录电压和电流值，在实验过程中要一直搅拌液体，加入 $KNO_3$ 后，温度会很快下降，然后再慢慢上升，待上升至起始温度点时，记下时间（读准至秒，注意此时切勿把秒表按停），并立即加入第二份样品，按上述步骤继续测定，直至 8 份样品全部加完为止。

⑥ 测定完毕后，切断电源，打开量热计，检查 $KNO_3$ 是否溶完，如未全溶，则必须重做；溶解完全，可将溶液倒入回收瓶中，把量热器等器皿洗净放回原处。

⑦ 用分析天平称量已倒出 $KNO_3$ 样品的空称量瓶，求出各次加入 $KNO_3$ 的准确质量。

4. 注意事项

① 实验过程中要求电流、电压值/或 I、U 值恒定，故应随时注意调节。

② 实验过程中切勿把秒表按停读数，直到最后方可秒表。

③ 固体 $KNO_3$ 易吸水，故称量和加样动作应迅速。固体 $KNO_3$ 在实验前务必研磨成粉状，并在 110℃烘干。

④ 量热器绝热性能与盖上各孔隙密封程度有关，实验过程中要注意盖好，减少热损失。

5. 数据处理

① 根据溶剂的质量和加入溶质的质量，求算溶液的浓度，以 $n$ 表示

$$n_0=\frac{n_{H_2O}}{n_{KNO_3}}=\frac{200.0}{18.02}\div\frac{W_{累}}{101.1}=\frac{1122}{W_{累}}$$

② 按 $Q=IUt$ 公式计算各次溶解过程的热效应。

③ 按每次累积的浓度和累积的热量，求各浓度下溶液的 $n_0$ 和 $Q_s$。

④ 将以上数据列表并作 $Q_s n_0$ 图，并从图中求出 $n_0=80$、100、200、300 和 400 处的积分溶解热和微分冲淡热，以及 $n_0$ 从 80→100，100→200，200→300，300→400 的积分冲淡热。

$I=$____ (A)； $U=$____ (V)； $IU=$____ (W)

| $i$ | $W_i$/g | $\Sigma W_i$/g | $t$/s | $Q$/J | $Q_s$/J·mol$^{-1}$ | $n_0$ |
|---|---|---|---|---|---|---|
| 1 | | | | | | |
| 2 | | | | | | |
| 3 | | | | | | |
| 4 | | | | | | |
| 5 | | | | | | |
| 6 | | | | | | |
| 7 | | | | | | |
| 8 | | | | | | |

6. 计算机控制在溶解热测定中的应用

(1) 原理

上述溶解热的测定收到一些因素的影响，如由于电压、电流的波动，很难得到稳定的功率值：实验过程每次样品加入后，到体系恢复至起始温度的时间用秒表读取，易引入较大的时间读数误

差；此外，实验中须持续观察起始温度是否到达以及读取加热时间，不利于单个操作人员完成测定过程。

为此，可设计快速多路数据采集装置，实时检测电压、电流、温度和时间等参量，实验中运用计算机来完成对实验过程的控制，实验数据的测量、记录及处理。由于 $Q=UIt$ 中 $U$ 和 $I$ 要求保持恒定不变，系统在数据处理方法上使用了积分计算的方法，即将电压、电流作为随时间变化的函数 $U(t)$ 和 $I(t)$，而不是一恒定不变的值，利用公式(6-38) 完成积分，为方便计算机数值计算，实际处理时电压、电流取某一小段时间 $\Delta t_i$ 内的平均值 $Ui$ 和 $Ii$。热效应计算式即转化为式(6-39)，这样克服了因电压、电流波动而产生的实验误差，使系统的适用范围更为广泛。

$$Q=\int_0^T U(t)I(t)\mathrm{d}t \tag{6-38}$$

$$Q=\sum_{i=1}^{N} U_i \cdot I_i \cdot \Delta t_i \tag{6-39}$$

“溶解热测定”自动测控系统在原有的化学实验装置上配接一台“化学实验多功能接口仪”，该自动测控系统硬件设计组成如图 6-54 所示。主要由加热电源（最大输出电流 1A）、加热器、量热器、搅拌器、电压和电流信号采样电阻、温度传感器、化学实验多功能接口仪组成。化学实验多功能接口仪内含模拟开关 7506 作为电压、电流、温度测量前端等各路通道的选择；另外，采用 AD1674 逐步逼近转换器，用以完成对温度、电压和电流等测试参数的模/数转换；前端采集的数据量经 RS232 串行口实时输入计算机，由计算机完成数据记录和处理。

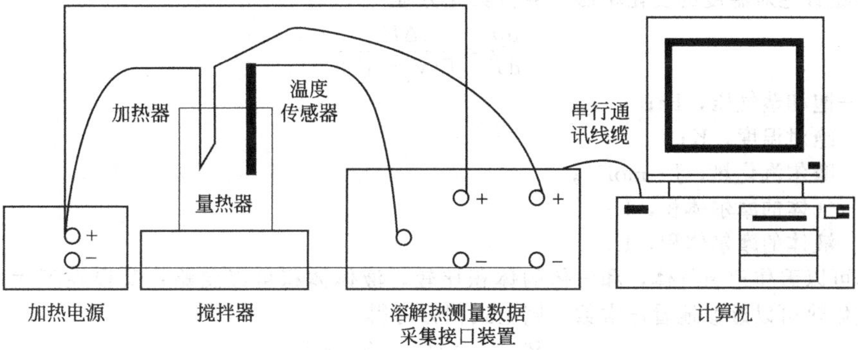


图 6-54　溶解热测定实验装置示意图

自动测控系统的软件设计采用结构化程序设计，如图 6-55 所示，主要有主控模块、系统初始化模块、系统配置模块、数据处理模块和显示打印模块组成。使用 C++语言设计，应用程序为全中文 WINDOWS 可视化操作界面，且系统具有完善的提示、监控和报警等功能，实验曲线可通过计算机实时显示和打印。

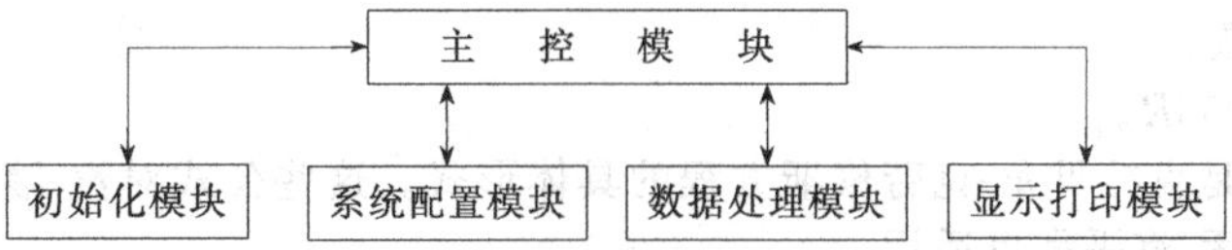


图 6-55　软件程序设计结构图

(2) 实验方法

完成一次 $KNO_3$ 溶解热测定实验的标准流程如下：称好 8 份 $KNO_3$ 样品，放进干燥器中待用；打开反应测量数据采集接口装置电源，将温度传感器擦干置于空气中，预热三分钟同时将加热器放入装有自来水的杯中，但不要打开恒流源及搅拌器电源，将称量好的蒸馏水放入量热器中；打开微机电源，运行 VS. EXE 进入系统初始界面，选择确定键，进入主界面，按下开始实验按钮，根据提示开始测量当前室温。这时可打开恒流源及搅拌器电源；

室温测好后，测量加热器功率并调节恒流源，使加热器功率在 2.25～2.30W 之间，然后将加热器放入量热器的蒸馏水中，同时将温度传感器也放入其中，按回车键，测量水温。这时不要再调节功率；

当采样到水温高于室温 0.5℃时，电脑提示加入第一份 $KNO_3$，电脑会实时记下水温和时间；加热 $KNO_3$ 后溶解，水温下降。由于加热器在工作，水温又会上升，当系统探测到水温上到起始温度时，电脑提示加入第二份 $KNO_3$ 同时电脑记下时间，统计出每份 $KNO_3$ 溶解（降温）电热补偿（升温）的通电时间；

重复上一步骤直至第八份 $KNO_3$ 加完；

根据电脑提示关闭加热器和搅拌器（系统已将本次实验的加热功率和八份 $KNO_3$ 样品的通电累计时间值自动保存在 c:\svfwin\dat 目录下的文件中）；

回到系统主界面，按下“数据处理”菜单，从键盘输入水的质量和各份样品的质量，再按下“以当前数据处理”按钮（电脑自动计算出每份样品的 $Q_s$(J·mol$^{-1}$)，$n_0$ 及有关数据）按下“打印”，调节打印比例为 3.0，打印处理得的数据和图表；

按“保存数据到文件”按钮，输入文件名，保存文件；

需要调出以前的实验数据来比较，按“读取数据文件”按钮，并输入文件名来读取数据。

## 七、摩尔汽化热的测定——液体饱和蒸气压法

1. 原理

在一定的温度下，气液平衡时的蒸气压叫做饱和蒸气压，蒸发 1mol 液体所需要吸收的热量，即为该温度下液体的摩尔汽化热。

蒸气压随着绝对温度的变化率服从克拉贝龙方程

$$\frac{dp}{dT}=\frac{\Delta H}{T(V_g-V_l)}$$

式中 $p$——饱和蒸气压，Pa；

$T$——绝对温度，K；

$\Delta H$——摩尔汽化热，J·mol$^{-1}$；

$V_g$——气体的摩尔体积，L；

$V_l$——液体的摩尔体积，L。

若气体可以看作理想气体，和气体的体积比较，液体体积可以忽略；又设在不大的温度间隔内，摩尔汽化热可以近似地看作常数，则上式积分可得

$$\lg\frac{P_2}{P_1}=\frac{\Delta H}{2.303R}\times\frac{T_2-T_1}{T_1T_2}$$

或

$$\lg P=-\frac{\Delta H}{2.303RT}+B$$

$$\lg P=-\frac{A}{T}+B$$

式中 $R$——理想气体常数；

$B$——积分常数；

$A$——$\Delta H/2.303R$。

上面三个公式都是克拉贝龙-克劳修斯方程的具体形式。这些公式对汽-液平衡极有用。若以升华热代替汽化热，对固-汽平衡也适用。

测定饱和蒸气压常用的方法有两类。

① 动态法 其中常用的有饱和气流法，即通过一定体积的已被待测液体所饱和的气流，用某物质完全吸收，然后称量吸收物质增加的重量，求出蒸气的分压力。

② 静态法 把待测物质放在一个封闭体系中，在不同的温度下直接测量蒸气压或在不同外压下，测液体的沸点。在此介绍静态法。

2. 仪器与试剂

蒸气压力测定仪，水流泵，1/10 刻度温度计，搅拌器，电炉或煤气灯，$CCl_4$ 等。

3. 测定步骤

① 仪器装置 蒸气压测定仪器装置如图 6-56 所示。平衡管（如图 6-57 所示）是由三个相连的玻

璃管 a、b 和 c 组成。a 管中储存液体，b 和 c 管中液体在底部连通。当 a，b 管的上部纯粹是待测液体的蒸气，b 管与 c 管中的液面在同一水平时，则表示加在 b 管液面上的蒸气压与加在 c 管液面上的外压相等。此时液体的温度即体系的汽-液平衡温度，亦即沸点。

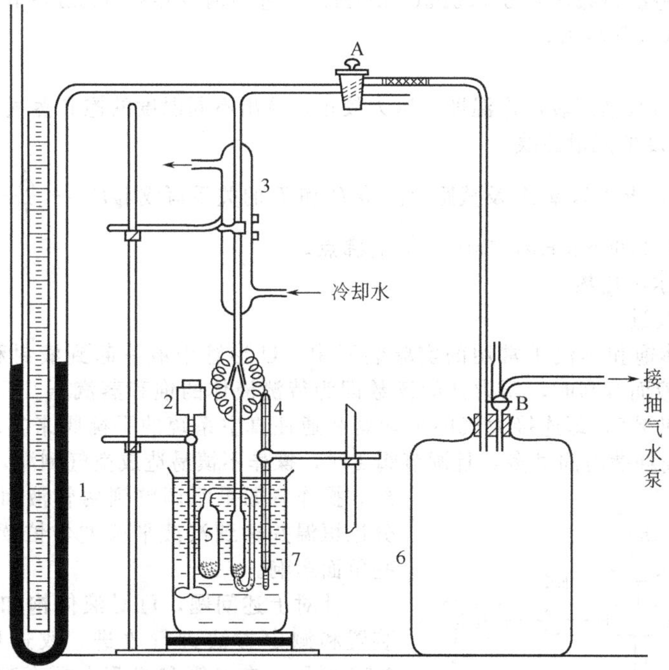


图 6-56 蒸气压测定仪器装置

1—冷凝管左通压力计；2—搅拌电机；3—冷凝管；4—1/10 刻度温度计；5—平衡管；6—右通缓冲瓶；7—5000mL 大烧杯

平衡管 5 与冷凝管 3 借玻璃磨口相连，接口要严密，以防外部冷凝水渗入和漏气；冷凝管左通压力计 1，右通缓冲瓶 6。缓冲瓶中另有两个活塞 A、B，一通大气，一通抽气泵，可以控制。2 为搅拌电机，4 为 1/10 刻度温度计，7 为 5000mL 大烧杯。

平衡管中的液体可用下法装入。将干净的平衡管放在烘箱中或煤气灯上烘热，赶出管内部分空气，将液体自 c 管的管口灌入。管冷却后，部分液体可以流入 a 管。然后，将平衡管与抽气系统按图 6-56 连好，加热、抽气，减低 a 管中之压力 3999～5332Pa(30～40mmHg)，再借大气压力将液体压入 a 管。一次不行，多抽两次，使液体灌至 a 管高度的 2/3 为宜。

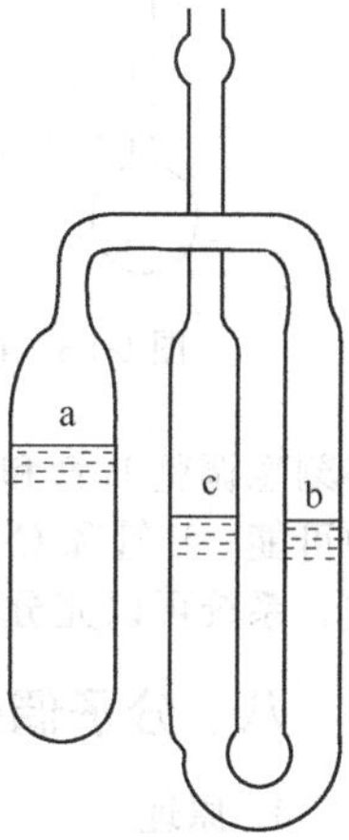


图 6-57 平衡管

② 将仪器按图 6-56 装好后，打开水流泵，再打开缓冲瓶上接水流泵的活塞，使体系中压力减低为 5332Pa(40mmHg)。关闭通水泵之活塞，隔数分钟，看水银压力计高度是否改变，以检查仪器是否漏气。

③ 测大气压下的沸点。使体系与大气相通，将水浴加热（注意平衡管一定要全部没入水中），平衡管中有气泡产生，是空气与蒸气被排出。直到水浴温度达 80℃左右，在此温度加热数分钟，即可以把平衡管中的空气赶净。然后，停止加热，不断搅拌。温度下降至一定温度，c 管中气泡开始消失，b 管液面就开始上升，同时 c 管液面下降。此时要特别注意，当两管的液面一旦达到同一水平时，立即记下此时的温度（即沸点）和大气压力。

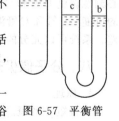

重复赶气再测定两次大气压下的沸点，若三次结果一致，就可进行下面的实验。

④ 大气压下的实验做完后，为了防止空气倒灌入 a 管（此点非常重要），立即关闭通往大气的活塞。先开水泵，再开通水泵的活塞，使体系减压约 5×133.3Pa，此时，液体重又沸腾。关闭活塞 B，让其继续冷却。不断搅拌。如上，至 b 和 c 管液面等高时，立即记录温度和压力计两臂之水银柱的高度。

⑤ 继续实验，每次再减压约 666.5Pa(5mmHg)。直到两臂相差 5332Pa(40mmHg)时，停止实验。此时，再读一次大气压力。

4. 数据处理

① 将温度、压力数据列表，作温度、压力校正。算出不同温度的饱和蒸气压。

② 作蒸气压-温度的光滑曲线。

③ 作 $\lg P$-$\frac{l}{T}$图，求出斜率 $A$ 及截距 $B$。将 $R$ 和 $T$ 的关系写成 $\lg P=-\frac{A}{T}+B$ 的形式。在此图中求外压为 101308Pa(760mmHg，1atm) 时的沸点。

④ 计算平均摩尔汽化热。

5. 试验装置的改进

静态法测定液体饱和蒸汽压常用的实验装置中，U 形管中液体起到液封和指示压力的作用，当 B 管和 C 管两边液面等高时，压力计的读数即为待测液体的饱和蒸汽压。U 形管两侧的液面高低是通过调节阀 1 和阀 2，即连接大气的平衡阀和通往真空系统的平衡阀来实现的。实验过程中，反复调整液面至等高耗费时间最多，且调节阀 1 时，操作不慎易造成空气倒灌，导致实验失败。另外，操作者如果刚调整到两管液面等高但系统尚未充分地恒温并达到汽液平衡就匆忙读取压力，会造成一些负面影响。

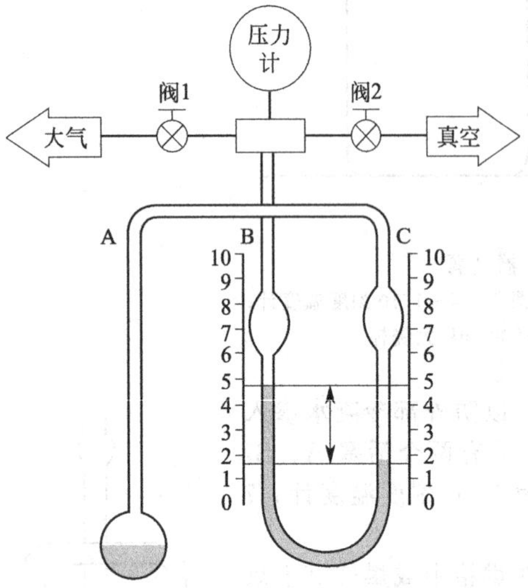


图 6-58 改进后的实验装置

针对上述问题，可对液体饱和蒸汽压测定的实验装置和测定方法进行改进，改进后的实验装置如图 6-58 所示：在 B 管和 C 管上标上刻度，使用此装置进行测定时，只要设定温度并略为调整压力使得液体不处于过沸状态，待系统恒温以及汽-液充分平衡后，读取压力、温度以及此时的 B 管和 C 管液面高度即可。这时，该温度下的液体饱和蒸汽压可按下式计算得到：

$$p_{饱和}=p_{压力计}+\rho g(h_B-h_C) \qquad (6\text{-}40)$$

式中：$p_{压力计}$ 为此时压力计的读数；$\rho$ 为该温度下待测液体的密度；$g$ 为重力加速度；$h_B$ 和 $h_C$ 分别为 B 管和 C 管液面对应的刻度。

以上实验装置和测定方法改进后，实验过程中不必刻意调整 B 管和 C 管液面至等高后再读取压力值，可以节约大量的时间，并有效减少空气倒灌的可能；B 管和 C 管液面高度的读取相对于液面等高的判断来讲更为方便与准确，可减小实验误差；系统可以充分的稳定与平衡，测定精度较高。

## 八、分子偶极矩的测定——电容法

1. 原理

偶极矩 $\mu$ 的概念用来度量分子极性的大小，其定义是 $\mu=qd$。式中，$q$ 是正负电荷中心所带的电量；$d$ 为正负电荷中心之间的距离；$\mu$ 是一个向量，其方向规定为从正到负。

极性分子具有永久偶极矩，但由于分子的热运动，偶极矩指向某个方向的机会均等。所以偶极矩的统计值等于零。若将极性分子置于均匀的电场 $E$ 中，则偶极矩在电场的作用下，趋向电场方向排列。这时我们称这些分子被极化了。极化的程度可用摩尔转向极化度 $P$ 转向来衡量。

$P_{转向}$ 与永久偶极矩的平方 $\mu^2$ 的值成正比，与绝对温度 $T$ 成反比。

$$P_{转向}=\frac{1}{9}N\frac{\mu^2}{\varepsilon_0 KT} \tag{6-41}$$

式中，$K$ 为玻耳兹曼常数；$N$ 为阿伏加德罗常数；$\varepsilon_0$ 为真空介电常数。

若将极性分子置于均匀的外电场中，分子将沿电场方向转动，同时还会发生电子云对分子骨架的相对移动和分子骨架的变形，称为极化。极化的程度用摩尔极化度 $P$ 来度量。$P$ 是转向极化度（$P_{转向}$）、电子极化度（$P_{电子}$）和原子极化度（$P_{原子}$）之和

$$P=P_{转向}+P_{电子}+P_{原子} \tag{6-42}$$

由于 $P_{原子}$ 在 $P$ 中所占的比例很小，所以在不很精确的测量中可以忽略 $P_{原子}$，式(6-42) 可写成

$$P=P_{转向}+P_{电子} \tag{6-43}$$

只要在低频电场（$\nu<10^{10}\,s^{-1}$）或静电场中测得 $P$；在 $\nu\approx10^{15}\,s^{-1}$ 的高频电场（紫外可见光）中，由于极性分子的转向和分子骨架变形跟不上电场的变化，故 $P_{转向}=0$，$P_{原子}=0$，所以测得的是 $P_{电子}$。此时电子极化度可以用摩尔折射度 $R$ 代替，即

$$P_{电子}=R=\frac{n^2-1}{n^2+2}\times\frac{M}{\rho} \tag{6-44}$$

式中，$n$ 为物质的折射率。

这样由式(6-43) 可求得 $P_{转向}$，再由式(6-41) 计算 $\mu$。

所谓溶液法就是将极性待测物溶于非极性溶剂中进行测定，然后外推到无限稀释。因为在无限稀的溶液中，极性溶质分子所处的状态与它在气相时十分相近，此时分子的偶极矩可按式(6-45) 计算：

$$\mu=\sqrt{\frac{9\varepsilon_0 K}{N}}\times\sqrt{(P-R)T}=4.273\times10^{-29}\sqrt{(P-R)T}\ (C\cdot m)$$

$$=12.81\sqrt{(P-R)T}\ (D) \tag{6-45}$$

$$(1D=3.33564\times10^{-30}\,C\cdot m)$$

严格而论，式(6-45) 只适用于分子间相互作用可以忽略的气态样品，但在一般情况下，所研究的物质并不一定以气体状态存在，或者在加热汽化时已经分解，因此，通常将极性化合物溶于非极性溶剂中配成稀溶液，来代替理想的气体状态，而使式(6-45) 仍然成立。

在稀溶液中，极性分子间若无相互作用，也不发生溶剂化现象时，溶剂及溶质的摩尔极化度等物理量可以认为具有加和性。因此，克劳修-莫索第-德拜方程式可以写成：

$$P_{1,2}=\frac{\varepsilon_{1,2}-1}{\varepsilon_{1,2}+2}\times\frac{M_1x_1+M_2x_2}{\rho_{1,2}}=x_1\bar{P}_1+x_2\bar{P}_2 \tag{6-46}$$

式中、$x_1$、$M_1$、$\bar{P}_1$ 和 $x_2$、$M_2$、$\bar{P}_2$ 分别为溶液中溶剂与溶质的摩尔分数、摩尔质量、摩尔极化度；$\varepsilon_{1,2}$、$\rho_{1,2}$、$P_{1,2}$ 分别为溶液的介电常数、密度和摩尔极化度。

对于稀溶液，可以假设溶液中溶剂的性质与纯溶剂相同，则

$$\bar{P}_1=P_1^0=\frac{\varepsilon_1-1}{\varepsilon_1+2}\times\frac{M_1}{\rho_1} \tag{6-47}$$

$$\bar{P}_2=\frac{P_{1,2}-x_1\bar{P}_1}{x_2}=\frac{P_{1,2}-x_1P_1^0}{x_2} \tag{6-48}$$

在低频电场中测定纯溶剂和几个不同浓度（$x_2$）的稀溶液的介电常数和密度，通过式(6-46)～式(6-48)，即可计算出 $P_{1,2}$、$P_1^0$ 和 $\bar{P}_2$ 值，作 $\bar{P}_2$-$x_2$ 图，外推得 $x_2=0$ 时的 $\bar{P}_2$ 值 $\bar{P}_2^\infty$，即可代表溶质的摩尔极化度。

$\bar{P}_2^\infty$ 也可利用 Hedestrand 首先推导出的经验公式进行计算。由于稀溶液中，溶液的介电常数和密度可用以下近似公式表示：

$$\varepsilon_{1,2}=\varepsilon_1+ax_2 \tag{6-49}$$

$$\rho_{1,2}=\rho_1+bx_2 \tag{6-50}$$

因此

$$\begin{aligned}\overline{P}_2^{\infty}&=\lim_{x_2\to 0}\overline{P}_2\\&=\lim_{x_2\to 0}\left(\frac{\dfrac{\varepsilon_1+ax_2-1}{\varepsilon_1+ax_2+2}\times\dfrac{M_1x_1+M_2x_2}{\rho_1+bx_2}-x_1\dfrac{\varepsilon_1-1}{\varepsilon_1+2}\times\dfrac{M_1}{\rho_1}}{x_2}\right)\\&=A(M_2-bB)+aC;\ A=\frac{\varepsilon_1-1}{\varepsilon_1+2}\times\frac{1}{\rho_1},\ B=\frac{M_1}{\rho_1},\ C=\frac{3M_1}{(\varepsilon_1+2)^2\rho_1}\end{aligned} \tag{6-51}$$

作 $\varepsilon_{1,2}$-$x_2$ 图，由直线斜率求得 $a$，截距得 $\varepsilon_1$，作 $\rho_{1,2}$-$x_2$ 图，由直线斜率求得 $b$，截距得 $\rho_1$，进而计算 $A$、$B$、$C$，并代入式(6-51)，求得 $\overline{P}_2^{\infty}$。

测定纯溶质得折射度和密度，求出摩尔折射度 $R$，根据式(6-44) 可得

$$\begin{aligned}\mu&=4.273\times10^{-29}\sqrt{(P-R)T}\ (\text{C}\cdot\text{m})\\&=12.81\sqrt{(P-R)T}\ (D)\end{aligned} \tag{6-52}$$

实验以正丁醇-环己烷体系为例，通过测定纯溶剂和几个不同浓度的稀溶液的密度及其在无线电波场中的介电常数，求得总摩尔极化度；同时测定纯溶质在光波电场中的摩尔折射度，求得电子极化度；进而利用式(6-52) 即可求出正丁醇的偶极矩。

任何物质的介电常数　可借助一个电容器的电容值来表示，即

$$\varepsilon=\frac{C}{C_0} \tag{6-53}$$

式中，$C$ 为某电容器以该物质为介质时的电容值；$C_0$ 为同一电容器在真空中的电容值。通常空气的介电常数接近于1，故介电常数近似地写成

$$\varepsilon=\frac{C}{C_{空}} \tag{6-54}$$

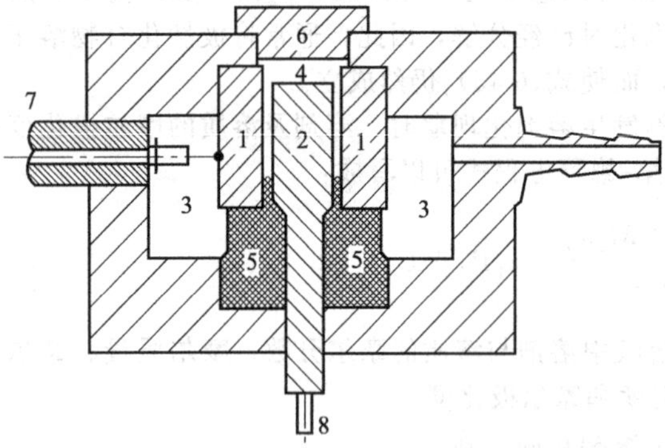


图 6-59　电容池

1—外电极；2—内电极；3—恒温室；4—样品室；5—绝缘板；6—池盖；7—外电极接线；8—内电极接线

$C_{空}$ 为上述电容器以空气为介质时的电容值，因此介电常数的测定就变为电容的测定了。电容的测定方法有很多，有桥法、拍频法和谐振电路法等，这里采用桥法，选用 PCM-1 型精密电容测量仪。电容池的构造如图 6-59 所示。可将欲测样品置于电容池的样品室中测量。

实际所测的电容 $C'_{样}$ 包括了样品的电容 $C_{样}$ 和电容池的分布电容 $C_{分}$ 两部分，即

$$C'_{样}=C_{样}+C_{分} \tag{6-55}$$

对给定的电容池，必须先测出其分布电容 $C_{分}$，可以先测出以空气为介质时的电容，记为 $C'_{空}$，再用一种已知介电常数 $\varepsilon_{标}$ 的标准物质，测定其电容 $C'_{标}$，则有

$$C'_{空}=C_{空}+C_{分} \tag{6-56}$$

$$C'_{标}=C_{标}+C_{分} \tag{6-57}$$

又因为

$$\varepsilon_{标}=\frac{C_{标}}{C_0}\approx\frac{C_{标}}{C_{空}} \tag{6-58}$$

由式(6-56)～式(6-58)，可得

$$C_{分}=C'_{空}-\frac{C'_{标}-C'_{空}}{\varepsilon_{标}-1} \tag{6-59}$$

$$C_0=\frac{C'_{标}-C'_{空}}{\varepsilon_{标}-1} \tag{6-60}$$

测出以不同浓度溶液为介质时的电容 $C'_{样}$，按式(6-55) 计算 $C_{样(下标)}$，按式(6-53) 计算不同溶液的介电常数 $\varepsilon_{1,2}$。

2. 仪器与试剂

正丁醇，环己烷，丙酮。PCM-1 型精密电容测量仪，电容池，玻璃注射器，洗耳球，50mL 磨口锥形瓶，滴管，吸量管，比重管，烧杯（50mL，200mL 各 1 个），电子天平，阿贝折射仪，循环水真空泵。

3. 实验步骤

① 溶液的配制　取 2 个磨口锥形瓶用于盛正丁醇和环己烷，另外 5 个用于配制摩尔分数分别为 0.05、0.08、0.10、0.12、0.15 的正丁醇/环己烷溶液各 15mL。根据预定摩尔分数算出每份溶液所需的环己烷和正丁醇的体积，按计算结果用移液管从锥形瓶中移取环己烷和正丁醇，用电子天平准确称出各自的质量，摇晃均匀，算出各自的摩尔分数。注意不要将液体沾在锥形瓶磨口部分，并随时盖好塞子以防止挥发。

② 介电常数的测定　打开精密电容测定仪电源，稳定 10min 以上。将量程打在 20pF 挡，拔下电容池与测定仪的连接插头（断路），调节调零旋钮使示数为零，然后重新插上。

取下电容池盖，用洗耳球将电容池吹干，盖上池盖并拧紧，显示的数值即为电容池的 $C'_{空}$。用干燥的滴管吸取环己烷加入电容池的样品室中，使液面没过二电极，但不要超过白色绝缘垫的上沿，盖上池盖并拧紧，读取电容值。用注射器抽出电容池中的液体，用滤纸吸干剩余溶液，再用洗耳球吹，直至读数不再变化为止，盖上池盖，记录 $C'_{空}$。重新装样再测电容值，两次测定数据差应小于 0.01pF，否则重测。

介电常数与温度有关，记录测定电容时的室温，环己烷的介电常数 $\varepsilon_{环}$ 与温度 $T$ 的关系为

$$\varepsilon_{环}=2.023-0.0016\left(\frac{T}{K}-293\right)$$

用同法测定溶液的电容（$C'_{样}$），同样要求两次测定数据差小于 0.01pF。在测量过程中，如果 $C'_{空}$变化大于 0.01pF，则需再次测量 $C'_{标}$，重新计算和 $C_0$ 和 $C_{分}$。

③ 密度的测定　按本章第一节四所述，以水作为参考液体用密度瓶法测定正丁醇、环己烷以及各溶液的密度。记录测定密度时的温度，先装水和纯液体，称量，各测两次，要求两次数据差小于 1mg，然后装所配溶液，称量。每次装液前比重管要先恒重，各次称量数据变化小于 1mg。注意比重管用循环水泵抽干前应尽量倒干液体。

④ 折射率的测定　利用阿贝折射仪测定正丁醇的折射率方法见本章第一节、五。

4. 数据处理

① 计算出各溶液的摩尔分数。

② 计算正丁醇、环己烷及各个溶液的密度。

③ 由测得的电容值计算各个溶液的介电常数。

④ 由测得的正丁醇的折射率和密度，用公式 $R=\frac{n^2-1}{n^2+2}\times\frac{M}{\rho}$ 计算折射度 $R$。

⑤ 作 $\varepsilon_{1,2}$-$x_2$ 图，求出直线的截距 $\varepsilon_1$ 和斜率 $a$。

⑥ 作 $\rho_{1,2}$-$x_2$ 图，求出直线截距 $\rho_1$ 和斜率 $b$。

⑦ 按式(6-51) 计算 $\overline{P}_2^{\infty}$。

⑧ 按式(6-52) 计算正丁醇的偶极矩 $\mu$，并与文献值比较。

## 九、物质磁化率的测定——古埃磁天平法

1. 原理

磁化现象：物质置于磁场中会被磁化，产生一个附加磁场。如果外磁场强度为 $H$，此时物质内部的磁场强度为 $B$，则

$$B=H+H' \tag{6-61}$$

式中，$H'$为在外磁场感应下，物质内部产生的附加磁场

$$H=4\pi I \tag{6-62}$$

式中，$I$ 为物质的磁化强度，有

$$I=\kappa H \tag{6-63}$$

$$H'=4\pi\kappa H \tag{6-64}$$

式中，$\kappa$ 为物质的体积磁化率，令

$$\kappa_m=\frac{\kappa}{\rho} \tag{6-65}$$

式中，$\rho$ 为物质的密度；$\kappa_m$ 为单位质量的磁化率。又令

$$\kappa_M=\kappa_m M_r=\frac{M_r\kappa}{\rho} \tag{6-66}$$

式中，$M_r$ 为物质的相对分子质量；$\kappa_M$ 为物质的摩尔磁化率。

根据 $\kappa_M$ 的特点可把物质分为三类：$\kappa_M>0$ 的物质称为顺磁性物质；$\kappa_M<0$ 的物质称为反磁性物质；另外有少数物质的 $\kappa_M$ 值与外磁场 $H$ 有关，它随外加磁场强度的增加而急剧地增强，而且往往有剩磁现象，这类物质称为铁磁性物质，如铁、钴、镍等。

原子分子中具有自旋未配对电子的物质是顺磁性物质，因为电子自旋未配对的原子或分子均存在着固有磁矩，这些固有磁矩在外磁场的作用下会顺外磁场方向调整排列方向，其磁化方向与外磁场相同，强度与外磁场成正比；另一方面，电子轨道的运动会导致与外磁场方向相反的磁化。因此，此类物质的摩尔磁化率是摩尔顺磁化率与摩尔逆磁化率之和，即

$$\kappa_M=\kappa_u+\kappa_o \tag{6-67}$$

由于 $\kappa_u$ 比 $\kappa_o$ 大 1～3 个数量级左右，因此顺磁性物质的反磁性被掩盖而表现出顺磁性。在不是很精确的计算中，可近似地认为

$$\kappa_M\approx\kappa_u \tag{6-68}$$

对于顺磁性物质

$$\kappa_M=\kappa_{M顺}=\frac{N_A\mu^2\mu_0}{3kT} \tag{6-69}$$

$$\mu=\sqrt{\frac{3kT}{N_A\mu_0}x_{顺}}=797.7\times10^{-21}\sqrt{x_{顺}T}=797.7\times\sqrt{x_{顺}T}\mu_B \tag{6-70}$$

式中，$\mu$ 为分子磁矩；$N_A$ 为阿伏加德罗常数；$k$ 为波尔兹曼常数；$\mu_B$ 为玻耳磁子。

$$\mu_B=\frac{eh}{4\pi m_e c}=9.273\times10^{-24}I\cdot T^{-1} \tag{6-71}$$

式中，$I$ 为物质的磁化强度。

由公式

$$\mu=\mu_B\sqrt{n(n+2)} \tag{6-72}$$

可求未成对电子数 $n$。

例如，$Cr^{3+}$，其外层电子构型 $3d^3$，由实验测得其磁矩 $\mu=3.77\mu_B$，由式(6-72) 可算得 $n\approx3$，即表明 $Cr^{3+}$有 3 个不成对电子。又如，测得黄血盐 $K_4[Fe(CN)_6]$ 的 $\mu=0$，则 $n=0$，可见黄血盐中 $Fe^{2+}$的 $3d^6$ 不是如图 6-60(a) 的排布，而是如图 6-60(b) 的排布。

(a) (b)

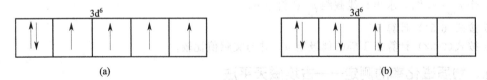

图 6-60 $Fe^{2+}$离子外层电子排布图

2. 实验方法

古埃磁天平法是测定物质磁化率的实验方法之一，实验装置见仪器说明图 6-61。在圆柱形的玻璃样品管中放入测定样品，把样品管悬挂在天平的挂钩上，使样品管的底部处于外磁场强度最强

处，即电磁铁两极的中心位置。样品管中的样品要紧密、均匀，且量要足够多，样品管的上端要处于外磁场强度小到可以忽略的位置，甚至为零的区域。这样，样品就处于一不均匀的磁场中，设样品的截面积为 $A$，样品管的长度方向为 $\mathrm{d}s$ 的体积，$A\mathrm{d}s$ 在非均匀磁场中所受到的作用力 $\mathrm{d}f$ 为

$$\mathrm{d}f=\kappa HA\mathrm{d}s\frac{\mathrm{d}H}{\mathrm{d}s}$$

式中，$H$ 为磁场中心位置的强度；$\frac{\mathrm{d}H}{\mathrm{d}s}$为磁场强度梯度。

对于顺磁性物质的作用力指向磁场强度最大的方向，反磁性物质则指向磁场强度最弱的方向，当不考虑样品周围介质（如空气，其磁化率很小）和 $H_0$ 的影响时，整个样品所受的力为

$$f=\int_{H}^{H=0}(\kappa-\kappa_0)AH\frac{\mathrm{d}H}{\mathrm{d}s}\mathrm{d}s=-\frac{1}{2}\kappa AH^2 \qquad (6\text{-}73)$$

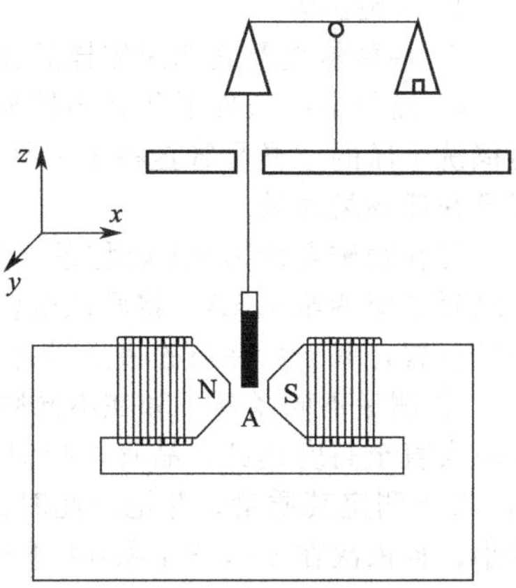


图 6-61 实验仪器装置图

若空样品管在无外磁场作用和有外磁场作用两种情况下的重量差为 $\Delta W$，同一样品管装有样品后在无外磁场和有外磁场作用时的重量差为 $\Delta W$，则

$$f=(\Delta W-\Delta W_0)g \qquad (6\text{-}74)$$

式中，$g$ 为重力加速度，由式(6-73) 和式(6-74) 得

$$-\frac{1}{2}\kappa H^2A=(\Delta W-\Delta W_0)g \qquad (6\text{-}75)$$

已知 $H$、$A$，测得 $\Delta W$ 和 $\Delta W_0$，由式(6-75) 可求算出 $\kappa$。实验中可以通过高斯计直接测量 $H$，亦可采用标准样品标定。后一种方法是在样品管中装入标准样，做同样的实验测定有

$$-\frac{1}{2}\kappa_{标}H^2A=(\Delta W_{标}-\Delta W_0)g \qquad (6\text{-}76)$$

式(6-75) 与式(6-76) 相除，得

$$\frac{\kappa}{\kappa_{标}}=\frac{\Delta W-\Delta W_0}{\Delta W_{标}-\Delta W_0} \qquad (6\text{-}77)$$

已知 $\kappa_{标}$，可求出 $\kappa$。

因为 $K_{\mathrm{M}}=\frac{\kappa}{\rho}M_{\mathrm{r}}=\frac{\kappa V}{W_{样\mathrm{r}}}M_{\mathrm{r}}=\kappa_{标}\frac{\Delta W-\Delta W_0}{\Delta W_{标}-\Delta W_0}\times\frac{VM_{\mathrm{r}}}{W_{样}}$

而
$$\kappa_{\mathrm{M}标}=\frac{\kappa_{标}}{\rho_{标}}M_{\mathrm{r}标}=M_{\mathrm{r}标}\frac{\kappa_{标}V}{W_{样}}$$

$$K_{标}gV=\frac{\kappa_{\mathrm{M}标}W_{标}}{M_{标}}$$

$$K_{\mathrm{M}}=\frac{K_{\mathrm{M}标}W_{标}}{M_{标}}\times\frac{\Delta W-\Delta W_0}{\Delta W_{标}-\Delta W_0}\times\frac{M_{\mathrm{r}}}{W_{样}} \qquad (6\text{-}78)$$

一般以莫尔盐 [$(NH_4)_2Fe(SO_4)_2\cdot 6H_2O$] 为标准样，它的摩尔磁化率与温度的关系为

$$K_{\mathrm{M}莫}=\frac{9500}{T+1}\times 4\pi M_{莫}\times 10^{-9}$$

式中，$T$ 为热力学温度，$M_{莫}$ 为莫尔盐的摩尔质量 kg/mol。由实验测得样品的摩尔磁化率 $K_{\mathrm{M}}$ 后，由式(6-70) 求算分子磁矩 $\mu$，再由式(6-72) 估算未成对电子数 $n$。

3. 仪器与试剂

仪器：FM-FD-A 型磁天平（包括：磁场、电子天平、励磁电源），样品管，研钵，玻璃棒，漏斗，药匙。

试剂：莫尔盐$(NH_4)_2SO_4\cdot FeSO_4\cdot 6H_2O$，$FeSO_4\cdot 7H_2O$，$CuSO_4\cdot 5H_2O$，$K_4[Fe(CN)_6]$。

4. 实验步骤

① 将莫尔盐及其他固体样品在研钵中研细，各样品粉末粗细尽量均匀。

② 测量不同条件下和在不同励磁电流下空样品管的质量。用特斯拉计找到磁场最大的地方。将擦洗干净的空样品管挂在磁天平的悬钩上，调节极缝使样品管离两磁极距离相等，并使样品管的底部在磁场最大处。

先在励磁电流为0A时称重，然后调节励磁电流，分别在励磁电流为3A和4A的磁场下称重，将励磁电流调至4.5A，将励磁电流调小，再依次在4A、3A和0A下称重。注意观察样品管在磁场中的位置，取下后在与磁极上沿齐平的样品管高度处做适当标记。

③ 测量不同条件下和在不同励磁电流下莫尔盐质量。将莫尔盐粉末小心装入管中，使样品粉末填实直至高度达到样品管的标记处，将样品管挂在磁天平的悬钩上。在励磁电流分别为0A，3A和4A下测定其质量，并记录此时的室温。将励磁电流调至4.5A，停留一定时间，又将励磁电流调小，再依次在4A，3A和0A下称重。

④ 测量不同条件下和在不同励磁电流下样品质量。装入样品粉末，按以上程序进行称量。

⑤ 倒出样品管中的摩尔盐，将样品管里外用脱脂棉擦净。小心装入$FeSO_4 \cdot 7H_2O$样品粉，按前述程序进行称量。

⑥ 用同法对$CuSO_4 \cdot 5H_2O$样品和$K_4[Fe(CN)_6]$样品进行测量。

5. 数据记录与处理

① 将实验数据列表记录。

② 由上表数据分别计算不同条件下样品管及样品在无磁场时的质量（$m$）和在不同励磁电流下的质量变化（$\Delta m$）（取两次测量平均值）。

③ 由$K_M=\dfrac{9500\times10^{-9}}{T+1}\times4\pi$计算莫尔盐的比磁化率（$m^3 \cdot kg^{-1}$），$T$为热力学温度（K）。

④ 由式(6-78) 求各样品在不同条件下的摩尔磁化率$K_M$。

⑤ 由式(6-70) 求各样品在不同条件下的分子磁矩$\mu$。

⑥ 由式(6-72) 估算各样品在不同条件下的不成对电子数$n$，并与文献值比较。

⑦ 得出测量物质磁化率的理想条件。

6. 样品管的改进

在磁化率测定实验中，大部分采用如图6-62(a) 所示的普通样品管。当磁场强度变化时，玻璃空管的质量也随之发生变化，当励磁电流大于5A时，对实验结果的影响很明显，通过对长管（16cm）和短管（10cm）的比较，发现与玻璃材料里含有的铁磁性杂质有关。改用塑料管时，发现塑料管材料中所含的磁性物质较少，对实验结果的影响也小，但塑料密度低，塑料管在电流较大时会发生剧烈摆动，易触及磁极，造成误差。因此设计了一种特殊的玻璃管［如图6-62(b)］，称为玻璃双长管（全长30cm，上半部16cm，下半部14cm）。由于磁场对它的上下两部分管体的影响基本上可相互抵消，可以有效地提高实验精度。

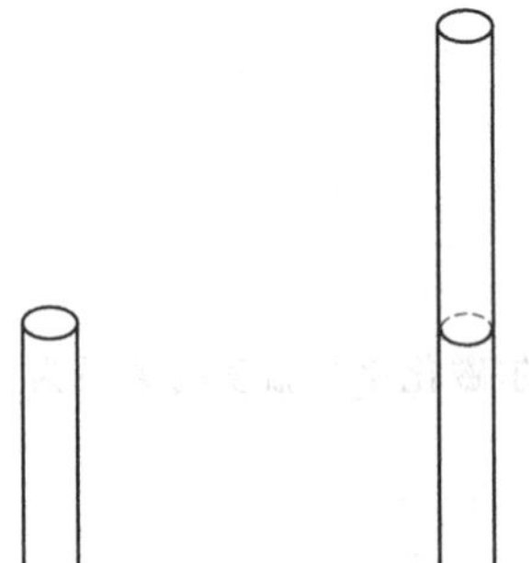

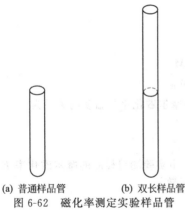

(a) 普通样品管　　(b) 双长样品管

图6-62　磁化率测定实验样品管

## 十、阿伏加德罗常数的测定——电解法

1. 原理

用铜片和铂丝做阴极和阳极，以酸性$CuSO_4$溶液为电解液进行电解，在阴极、阳极分别发生如下反应：

$$Cu^{2+}+2e = Cu$$
$$2H_2O-4e = 4H^{+}+O_2$$

当电流强度为$I$(A) 时，在时间$t$(s) 内，通过的总电量$Q$(C) 是：

$$Q=It$$

如果在时间$t$内阴极铜片的增重为$m$(g)，则每增加1g质量所需的电量为$It/m$(C/g)，1mol

Cu 重 63.5g，所以电解析出 1mol Cu 所需的电量为 $It\times63.5/m$(C)。

已知一个一价离子所带的电量（即一个电子的电荷）是 $1.60\times10^{-19}$C，一个二价离子所带的电量就是 $2\times1.60\times10^{-19}$C，所以 1mol Cu 所含的原子个数，即阿伏加德罗常数（$N_A$）为：

$$N_A=(It\times63.5)/(m\times2\times1.60\times10^{-19})$$

在一定温度 $T$(K) 下，测量电解所产生的 $O_2$ 的体积 $V$(mL) 和 $O_2$ 的分压 $P_{O_2}$(kPa)，可以求得产生 $O_2$ 的量（mol）

$$n_{O_2}=P_{O_2}V/RT$$

又由电极反应可知，阴、阳两极产生的 Cu 和 $O_2$ 的摩尔比为 2∶1 即

$$P_{O_2}V/RT=\frac{1}{2}m/63.5$$

由此可求得气体常数 $R$

$$R=\frac{2\times63.5P_{O_2}V}{mT}$$

2. 实验步骤

① 取纯薄紫铜片（约 3cm×5cm）做阴极，用零号砂纸擦去铜片表面的氧化物，用水洗净，并用滤纸吸干铜片表面的水，用铂丝做阳极，铂电极伸入管内约 3cm，管口距杯底约 1cm，往 150mL 烧杯中加入约 140mL 酸性 $CuSO_4$ 溶液（每升溶液含 125g $CuSO_4\cdot5H_2O$ 和 24mL $H_2SO_4$，每份电解液可重复使用几次）打开量气管活塞，用洗耳球从橡皮管口吸气，使溶液充满量气管，然后关闭活塞接通电源，调节电阻箱的电阻（约 100Ω）和直流稳压电源的输出电压（25～30V），使毫安表的读数在 190mA 左右。

② 初调电流后，断开开关，取下铜片，用蒸馏水洗净晾干，在天平上称重（称准至 0.1mg）。然后重新连接铜片电极，使量气管充满电解液。检查装置、线路无误后，接通电源并同时启动秒表，准确记录电流强度。电解过程中应随时调节电阻箱的电阻，以维持电流恒定。

③ 通电 30min 后，切断电源，取下铜片，用蒸馏水漂洗后晾干，在天平上称重。待管内气体与室温平衡时（停止电解后隔数分钟即可），量取管中高出杯中液面的液柱高度，记录温度、管中液面读数（读准至 0.01mL）及大气压。最后取出铂丝电极，用水冲洗放好。

3. 数据记录及结果处理

| | | | |
|---|---|---|---|
| 电流强度/A | | | |
| 电解时间 $t$/s | | | |
| 电解前铜片重/g | | | |
| 电解后铜片重/g | | | |
| 铜片增重/g | | | |
| 电解后管中液柱高 $h$/cm | | | |
| 氧气体积 $V$/mL | | | |
| 室温 $T$/K | | | |
| 室温时水的饱和蒸气压 $p_{H_2O}$/kPa | | | |
| 大气压 $p$/kPa | | | |
| 液柱高产生的压力($p_{液高}=h/1.36\times0.133$)/kPa | | | |
| 氧气分压($p=p-p_{H_2O}-p_{液高}$)/kPa | | | |
| 阿伏加德罗常数 $N_A$ | | 实验值 | |
| | | 文献值 | |
| 相对误差 | | | |
| 气体常数 $R$ | 实验值 | | |
| | 文献值 | | |
| 相对误差 | | | |

## 十一、表面活性剂临界胶束浓度的测定

1. 电导法

(1) 原理

具有明显“两亲”性质的分子，既含有亲油的足够长的（大于10～12个碳原子）烃基，又含有亲水的极性基团（通常是离子化的）。由这一类分子组成的物质称为表面活性剂，如肥皂和各种合成洗涤剂等。表面活性剂分子都是由极性部分和非极性部分组成的，若按离子的类型分类，可分为三大类：

① 阴离子型表面活性剂，如羧酸盐（肥皂，$C_{17}H_{35}COONa$），烷基硫酸盐［十二烷基硫酸钠，$CH_3(CH_2)_{11}SO_4Na$］，烷基磺酸盐［十二烷基苯磺酸钠，$CH_3(CH_2)_{11}C_6H_5SO_3Na$］等；

② 阳离子型表面活性剂，主要是胺盐，如十二烷基二甲基叔胺［$RN(CH_3)_2HCl$］和十二烷基二甲基氯化铵［$RN(CH_3)_2Cl$］；

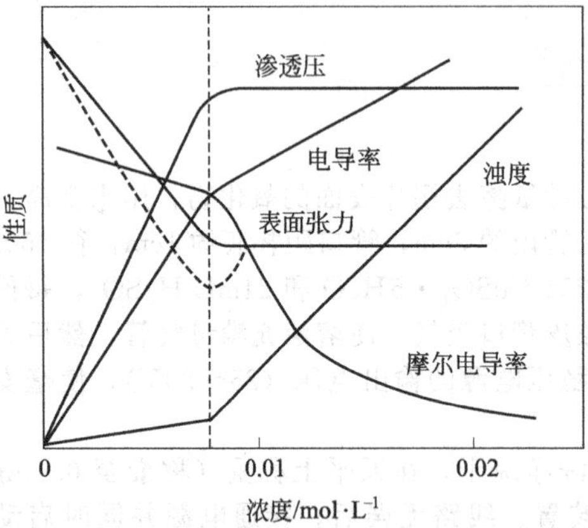


图 6-63　25℃时十二烷基硫酸钠水溶液的物理性质和浓度的关系

③ 非离子型表面活性剂，如聚氧乙烯类［$R—O—(CH_2CH_2O)_nH$］。

表面活性剂进入水中，在低浓度时呈分子状态，并且三三两两地把亲油基团靠拢而分散在水中。当溶液浓度加大到一定程度时，许多表面活性物质的分子立刻结合成很大的集团，形成“胶束”。以胶束形式存在于水中的表面活性物质是比较稳定的。表面活性物质在水中形成胶束所需的最低浓度称为临界胶束浓度，以 *CMC* 表示。在 *CMC* 点上，由于溶液的结构改变导致其物理及化学性质（如表面张力、电导、渗透压、浊度、光学性质等）与浓度的关系曲线出现明显的转折，如图 6-63 所示。这个现象是测定 *CMC* 的实验依据，也是表面活性剂的一个重要特性。

这个特征行为可用生成分子聚集体或胶束来说明，如图 6-64 所示，当表面活性剂溶于水中后，不但定向地吸附在溶液表面，而且达到一定浓度时还会在溶液中发生定向排列而形成胶束。表面活性剂为了使自己成为溶液中的稳定分子，有可能采取的两种途径：一是把亲水基留在水中，亲油基伸向油相或空气；二是让表面活性剂的亲油基团相互靠在一起，以减少亲油基与水的接触面积。前者就是表面活性剂分子吸附在界面上，其结果是降低界面张力，形成定向排列的单分子膜。后者就形成了胶束，由于胶束的亲水基方向朝外，与水分子相互吸引，使表面活性剂能稳定溶于水中。

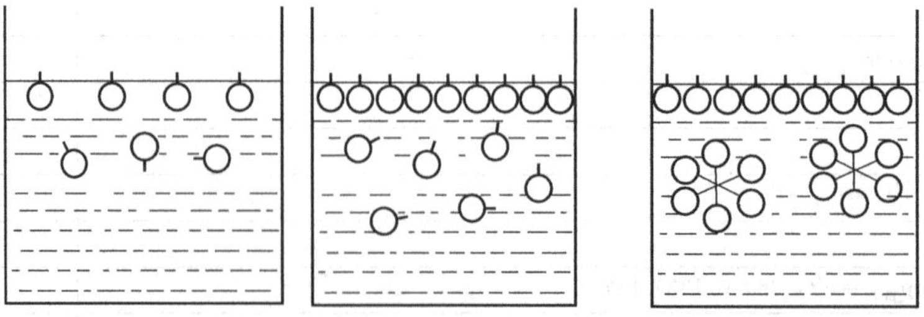


图 6-64　胶束形成过程示意图

随着表面活性剂在溶液中浓度的增长，球形胶束可能转变成棒形胶束，以至层状胶素，如图 6-65 所示。后者可用来制作液晶，它具有各向异性的性质。

本实验利用 DDS-11A 型电导仪测定不同浓度的十二烷基硫酸钠水溶液的电导值（也可换算成摩尔电导率），并作电导值（或摩尔电导率）与浓度的关系图，从图中的转折点求得临界胶束浓度。

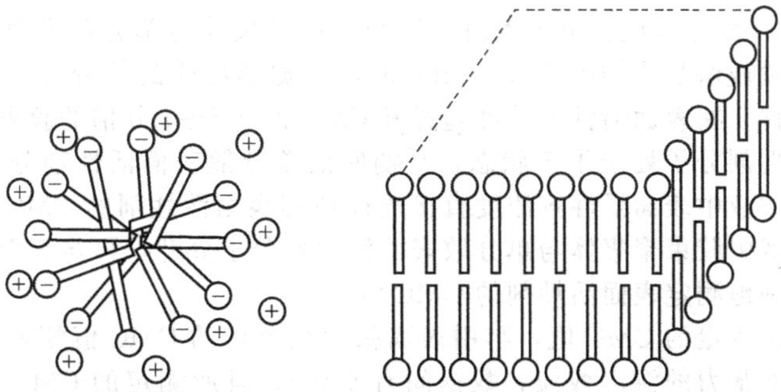


图 6-65 胶束的球形结构和层状结构示意图

（2）仪器与试剂

| | |
|---|---|
| DDS-11A 型电导仪 1 台 | 容量瓶（100mL） 10 只 |
| 260 型电导电极 1 支 | 氯化钾（分析纯） |
| CS501 型恒温水浴 1 套 | 十二烷基硫酸钠（分析纯） |
| 容量瓶（1000mL） 1 只 | 电导水 |

（3）实验步骤

① 用电导水或重蒸馏水准确配制 0.01mol/L 的 KCl 标准溶液。

② 取十二烷基硫酸钠在 80℃ 烘干 3h，用电导水或重蒸馏水准确配制（mol/L）：0.002，0.006，0.007，0.008，0.009，0.010，0.012，0.014，0.018，0.020 的十二烷基硫酸钠溶液各 100mL。

③ 调节恒温水浴温度至 25℃或其他合适温度。

④ 用 0.001mol/L KCl 标准溶液标定电导池常数。

⑤ 用 DDS-11A 型电导仪从稀到浓分别测定上述各溶液的电导值。用后一个溶液荡洗前一个溶液的电导池三次以上，各溶液测定时必须恒温 10s，每个溶液的电导读数三次，取平均值。

⑥ 列表记录各溶液对应的电导，并换算成电导率或摩尔电导率。

（4）数据处理

作出电导率（和摩尔电导率）与浓度的关系图，从图中转折点找出临界胶束浓度。

2. 最大气泡法

见本章第一节九表面张力的测定。

3. 其他测定方法

（1）吸附伏安法

① 测定原理　使用易溶于有机溶剂、微溶于水的氧化还原指示剂-中性红（NR）为探针，NaCl 作为支持电解质。在溶液达到 CMC 之前，由于探针 NR 的溶解度不随表面活性剂胶束水溶液浓度的增加而变化，因此探针 NR 在悬汞电极（HM-DE）上的还原峰电流 $I_p$ 基本上是不变的。随着表面活性剂浓度的不断增加，溶液中微量浓度的中性红在 HMDE 电极上的吸附峰电流 $I_p$ 从基本不变到急剧减小，表示表面活性剂在临界胶束浓度时，溶液中相当一部分中性红分子溶入胶束内部，使胶束外的中性红浓度明显降低。这是由于吸附伏安峰电流的大小随中性红分子在电极上的吸附多少而变化，所以在突变点处的浓度即为表面活性剂的 CMC 值。

② 方法特点　效果明显且重现性好，测定结果与用表面张力法和电导法测定的结果吻合。为避免固体电极的表面污染，影响测定的重现性，故实验中使用悬汞电极（HMDE）来代替固体电极。

（2）超滤法

超滤法是利用一种压力活性膜，在外界推动力（压力）作用下，截留水中胶体、颗粒和分子量相对较高的物质，而水和小的溶质颗粒透过膜的分离过程。膜科学的快速发展使得利用膜的筛分特性或理化特性分离不同分子量或不同性质的物质已成为可能。超滤法测定表面活性剂 CMC 的方法有3种：单点式超滤法、超滤曲线法、双点式超滤法。

① 单点式超滤法 测定原理：由于表面活性剂胶束的尺寸与单分散表面活性剂分子的尺寸相差悬殊，且落入超滤膜截留粒子的范畴（1～20nm），根据超滤膜的筛分特性，选取中空聚砜纤维非对称膜为超滤膜组件。在表面活性剂浓度超过其CMC值0.5～1.0倍的胶束溶液中，由于胶束聚集体与单分散表面活性剂分子处于平衡状态，平衡时的单分散表面活性剂分子浓度即为CMC值，因此，与此相应的超滤液中表面活性剂浓度直接表征被测表面活性剂的CMC值。用合适的超滤膜将表面活性剂胶束溶液中胶束聚集体与单分散表面活性剂分子分开，再与表面活性剂定量分析方法相结合，便可快速准确地测定表面活性剂的CMC值。

方法特点：该方法测定的CMC值，与用表面张力法测定的CMC值相差较小，与文献值也在同一数量级（由于表面张力的温度效应，数据间有差异）。且所测定的CMC重复性较好，实验中对每种表面活性剂在同一条件下重复测试3次，相对误差均小于1.0%。

② 超滤曲线法 测定原理：由单点式超滤法实验可知，理想的中空纤维膜对表面活性剂无吸附作用，对胶束没有泄漏现象。因此，理想超滤曲线在转折点前是一条斜率为1的直线，转折点后是一条斜率为0的水平线。转折点在c轴上的投影即为CMC值。但由于超滤膜的非理想性和实际操作带来的误差，实际的超滤曲线会偏离理想的超滤曲线。这些偏差使转折点前的超滤曲线成为一条斜率小于1的直线，这主要是由膜对表面活性剂单体的吸附造成的，转折点后的超滤曲线成为一条具有正斜率的直线，这主要是由膜对胶束的泄漏造成的。此超滤曲线的拐点即为CMC。

方法特点：由超滤曲线法求取CMC的方法具有可信、准确的优点。但这一方法需要配制一系列不同浓度的溶液。一般超过7个实验点进行测定总浓度曲线突变点才能求得CMC范围。故该种方法耗时长、工作量大。

③ 双点式超滤法 超滤膜组件为中空聚砜纤维非对称膜，有效内表面积0.1026m$^2$。实验用水为超滤水，电导率为718×10S/cm。在超滤曲线上超过转折点的浓度范围内选择两点$C_1$和$C_2$，测定其相应的超滤液浓度，在$C_{UF}-C$（$C_{UF}$超滤液浓度；$C$总浓度）曲线上做过两个点的连线，并延伸至与$C_{UF}$币轴相交得$C'_{UF}$，将$C'_{UF}$值作为CMC的近似值。

方法特点：具有明显的优越性。与单点法相比，双点法更合理、简便、快捷并节省样品量；与超滤曲线法相比，双点法误差小，可信度高。

（3）紫外分光光度法

① 测定原理 不同的溶液有不同的特征谱，将待测样品配成一定浓度的溶液，测得不同浓度下的紫外吸收波长$\lambda_{max}$，绘制$\lambda_{max}$～C曲线，曲线转折点处的浓度即为表面活性剂的CMC值。该方法的关键是寻找一种理想的光度探针，其$\lambda_{max}$对表面活性剂聚集体微环境下的性质要很敏感，其敏感性越强，对CMC的测定越可靠。表面活性剂浓度高于CMC时，探针增溶于胶束内核的碳氢环境中，探针的最大吸收波长$\lambda_{max}$接近于其在正辛烷中的值，而浓度低于CMC时，$\lambda_{max}$值接近于其在水中的值。紫外吸收范围内，探针在不同表面活性剂浓度时的最大吸收波长$\lambda_{max}$对表面活性剂浓度的曲线转折点即为CMC。

② 方法特点 该方法简单、准确而有效，可测定多种表面活性剂（特别是混合表面活性剂体系）的CMC值。由于该方法受盐类等杂质影响较小，因此，可以用于纯度不高的工业用混合表面活性剂CMC值的测定。

（4）染料吸附法

① 测定原理 由于某些染料被胶团增溶时，其吸收光谱与未增溶时发生明显改变，故其颜色有明显差别，所以，只要在大于CMC的表面活性剂溶液中加入少量染料，然后定量加水稀释至颜色改变即可判定CMC值。采用滴定终点观察法或分光光度法均可完成测定。此法的关键是必须选择合适的染料，根据同性电荷相斥，异性电荷相吸的原理，选取与表面活性离子电荷相反的染料（一般为有机离子）。例如：常用于阴离子（负离子）表面活性剂的染料有频那氰醇氯化物、碱性蕊香红G等。

具体方法：先在确定浓度（>CMC）的表面活性剂溶液中加入少量染料，此时染料被溶液中的胶束吸附而使溶液呈现某种颜色。再用滴定法以水冲稀此溶液，直至溶液颜色发生显著变化。由被滴定溶液的总体积可方便求得 CMC。

② 方法特点 因染料的加入影响测定的精确性，对 CMC 较小的表面活性剂影响更大。另外，当表面活性剂中含有无机盐及醇时，测定结果不甚准确。此外，该法用于非离子型表面活性剂测定效果也不甚理想，此时可考虑采用其他方法，如表面张力法，或对于非离子表面活性剂测定效果不理想时，也可改用碘代替染料，在紫外波长下观察光谱的变化，可提高灵敏度。

（5）溶解度法

① 测定原理 由于表面活性剂具有两亲结构，故其加入到制剂中，使某些不溶或微溶于水的有机化合物的溶解度显著增加。研究表明，被增溶的物质（如碳氢化合物）溶解于胶束内部增水基团集中的地方，致使密度显著增加。以溶液的溶解度 S 对表面活性剂浓度 C 做图，由 S-C 曲线上出现转折点，该点对应的浓度值即为表面活性剂的 CMC 值。

方法：先在药液中加入不溶于水的固体染料，然后由小到大改变表面活性剂的浓度，达 CMC 后染料的溶解度急剧增加，则整个溶液呈染料的颜色。如果染料的加入对 CMC 较小的表面活性剂的 CMC 测定有影响时，可用烃类代替染料。因为在稀表面活性剂溶液中（<CMC），烃类一般不溶或不随浓度改变；但当表面活性剂浓度超过 CMC 时，溶解度急剧增加，其值大小可用光散射光度计测定溶液的浊度变化而确定。大多数的测定是用 436nm 或 546nm 汞线进行的。

② 方法特点 本法相对简单，但操作需相当熟练，且仅适用于颜色较浅的制剂。

（6）光散射法

① 测定原理 光线通过表面活性剂溶液时，如果溶液中有胶束粒子存在，则一部分光线将被胶束粒子所散射，因此，测定散射光强度即浊度，可反映溶液中表面活性剂胶束形成。以试剂的浓度 $c$ 为 $X$ 轴，光散射强度 $I$ 为 $Y$ 轴，做出 $I$-$c$ 关系曲线。当表面活性剂在溶液中达到或超过一定浓度时，会从单体（单个离子或分子）缔合成胶态聚集物，即形成胶束，其大小符合胶粒大小的范围，故有光的散射现象。随着表面活性剂浓度的增大，缔和分子不断增多，胶束聚集数不断增加，则试剂的光散射强度不断增强。达 CMC 时，光散射强度急剧增加，CMC 即可由曲线的突变点求出。

② 方法特点 此法除可获得 CMC 值外，还可测定胶束的聚集数、胶束的形状和大小及胶束的电荷量等有用的数据，这些优于上述其他方法。但该法要求待测溶液非常纯净，任何杂质质点都将影响测定结果。

（7）荧光探针法

① 测定原理 水介质中常用的疏水性探针有芘及其衍生物，选择芘作为荧光探针是因为：第一，芘的荧光光谱资料详细。第二，芘的激发单线态有较长的寿命。第三，胶束对芘有明显的增溶作用。芘能形成激发物，经 335nm 处激发后，芘在溶液中的荧光发射光谱中出现 5 个电子振动峰，分别在 373nm、379nm、384nm、394nm 及 480nm 附近。第一个电子振动峰 373nm 与第三个电子振动峰 384nm 的荧光强度之比 $I_1/I_3$ 强烈地依赖于芘分子所处环境的极性。芘在水中的溶解度非常小，约为 10mol/L。芘在水溶液、环已烷溶液和 SDS 胶束中的 $I_1/I_3$ 值分别约为 1.8、0.7 和 0.87。因此，可用芘增溶于胶束后 $I_1/I_3$ 值的突变（胶束形成）测定表面活性剂的 CMC。超过 CMC 后，溶液的增溶能力会有一个突变。同时 $I_1/I_3$ 随着浓度的变化曲线与滴定曲线类似，曲线突变点处的浓度就是 CMC。因此，也可通过测定不同浓度表面活性剂溶液中芘的荧光光谱，确定溶液的 CMC。

② 方法特点 荧光探针法操作简单，对体系无特殊要求，探针用量少，对体系的干扰小，已广泛用于 CMC 及聚集数的测定。

## 十二、分子量的测定

1. 凝固点降低法——萘分子量的测定

（1）原理

稀溶液具有依数性，凝固点降低是依数性的一种表现。

稀溶液的凝固点降低（对析出物为纯固相溶剂的体系）与溶液成分关系的公式为

$$\Delta T_f=\frac{RT_0^2}{\Delta H}x_2$$

式中　$\Delta T_f$——凝固点降低值；

$T_0$——以绝对温度表示的纯溶剂的凝固点；

$\Delta H$——摩尔凝固热；

$x_2$——溶液中溶质的摩尔分数。

上式若以溶剂和溶质的物质的量 $n_1$ 和 $n_2$ 表示，则

$$\Delta T_f=\frac{RT_0^2}{\Delta H}\times\frac{n_2}{n_1+n_2}$$

当溶液很稀时 $n_2\leqslant n_1$，则

$$\Delta T_f=\frac{RT_0^2}{\Delta H}\times\frac{n_2}{n_1}=\frac{RT_0^2}{\Delta H}\times\frac{M_1}{1000}m=K_f m$$

式中　$m$——质量摩尔浓度；

$K_f$——凝固点降低常数，$K_f=\frac{RT_0^2}{\Delta H}\times\frac{M_1}{1000}(K_f)$。

不同溶剂的 $K_f$ 不同，表 6-30 给出水和苯的凝固点降低常数值。

**表 6-30　水和苯的凝固点降低常数值（$K_f$）**

| 指　标 | 苯 | 水 | 指　标 | 苯 | 水 |
|---|---|---|---|---|---|
| 相对分子质量 | 78.11 | 18.02 | 摩尔熔化热/J·mol$^{-1}$ | 7879 | 6011 |
| 凝固点/℃ | 5.51 | 0.00 | $K_f$/℃·mol$^{-1}$ | 5.12 | 1.860 |

若已知某种溶剂的凝固点降低常数 $K_f$，并测得该溶液的凝固点降低值 $\Delta T_f$、溶剂和溶质的质量 $W_1$，$W_2$，就可通过下式计算溶质的相对分子量 $M_2$。

$$M_2=K_f\frac{1000W_2}{\Delta T_f W_1}$$

凝固点降低值的多少，直接反映了溶液中溶质有效质点的数目。由于溶质在溶液中有离解、缔合、溶剂化和络合物生成等情况，这些均影响溶质在溶剂中的表观分子量。因此凝固点降低法可用来研究溶液的一些性质，例如电解质的电离度、溶质的缔合度、活度和活度系数等。

通常测凝固点的方法是将已知浓度的溶液逐渐冷却成过冷溶液，然后促使溶液结晶；当晶体生成时，放出的凝固热使体系温度回升，当放热与散热达成平衡时，温度不再改变，此固液两相达成平衡的温度，即为溶液的凝固点。本方法要测纯溶剂和溶液的凝固点之差。对纯溶剂来说，只要固液两相平衡共存，同时体系的温度均匀，理论上各次测定的凝固点应该一致。但实际上会有起伏，因为体系温度可能不均匀，尤其是过冷程度不同，析出晶体多少不一致时，回升温度不易相同。对溶液来说除温度外，尚有溶液浓度问题。与凝固点相应的溶液浓度，应该是平衡浓度。但因析出溶剂晶体数量无法精确得到，故平衡浓度难于直接测定。由于溶剂较多，若控制过冷程度，使析出的晶体很少，以起始浓度代替平衡浓度，一般不会产生太大误差。所以要使实验做得准确，读凝固点温度时，一定要有固相析出，达到固液平衡，但析出量愈少愈好。因为根据相图，二元溶液冷却时某一组分析出后，溶液成分沿液相线改变，凝固点不断降低。由于过冷现象存在，当晶体一旦大量析出，放出凝固热会使温度回升，但回升的最高温度，不是原浓度溶液的凝固点。严格而论，应测出步冷（冷却）曲线，并按图 6-66 所示方法外推至 $T_f$，加以校正。对纯溶剂冷凝情况，可参看图 6-66。

（2）仪器与试剂

凝固点测定仪，贝克曼温度计，普通温度计，烧杯，试管，25mL 移液管，放大镜，称量瓶，苯，萘，冰，食盐。

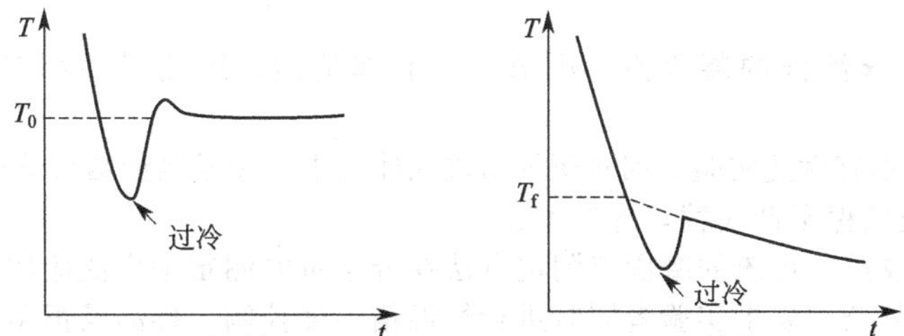


(a) 溶剂 (b) 溶液

图 6-66 溶剂和溶液的冷却曲线

(3) 实验步骤

① 仪器装置 凝固点测定仪器的装置如图 6-67 所示。A 是盛溶液的内管，它隔着空气套管 B 放在冰槽 C 中，在内管 A 中放有贝克曼温度计 D 和玻璃搅棒 E，F 是指示冰槽温度的温度计，G 是冰槽搅棒，在内管 A 上方还有一个用来加入溶质和晶种的小支管 H。将仪器洗净烘干。按图装好仪器。使搅棒 E 能自由操作，不碰温度计的水银球。冰槽中放适量的冷水和碎冰，冰槽温度经常保持在 2～3℃之间。

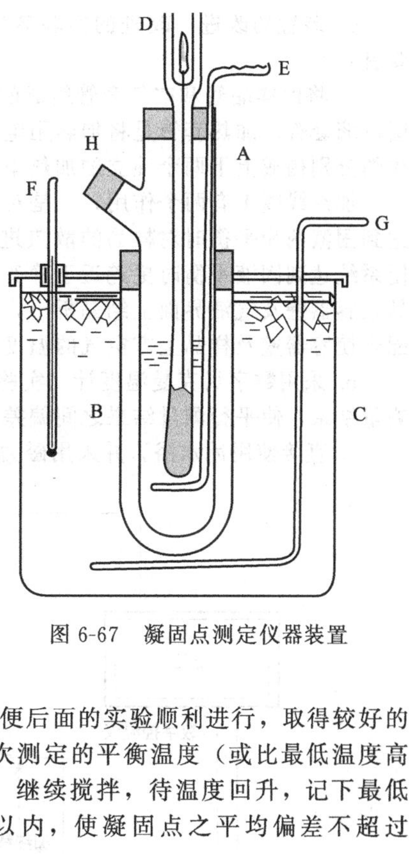


图 6-67 凝固点测定仪器装置

② 调整贝克曼温度计，方法参见本章第一节一、温度测定。

③ 在室温下，用移液管精确移取 25.00mL 苯，自上口加入 A 管中。调整贝克曼温度计的位置，使其水银球全部淹没在苯液中。

④ 溶剂凝固点的测定 欲使固相析出量少，就应控制过冷程度，在此采用加晶种的办法控制（也可以用留晶种的方法。即在晶体熔化时不让晶体全部熔完，留少量晶体在管壁上，等体系冷至粗测温度时，再将其拨下）。以搅棒 E 搅动苯液，使温度逐渐降低，当温度降低到最低点之后，温度开始回升，说明此时晶体已在析出。直到温度升至最高，在一段时间内恒定不变。记下最低温度和恒定时的温度，此两者皆可作为加晶种的参考温度。

取出内管 A，以手捂住管壁下部片刻或以手抚摩，同时不断搅拌，使晶体熔化（注意：不要使体系温度升得过高，以便后面的实验顺利进行，取得较好的结果）。将内管放入套管，慢慢搅动使温度逐渐降低，至上一次测定的平衡温度（或比最低温度高约 0.05℃，视降温速度自行掌握）时，自支管加入少量晶种，继续搅拌，待温度回升，记下最低温度与平衡温度。如此再测数次，控制过冷温度在 0.2℃以内，使凝固点之平均偏差不超过 0.006℃。将最后三次测得值取平均值作为凝固点。

⑤ 溶液凝固点的测定 准确称取 0.2～0.3g 已经压片的纯萘（$W_2$）。由上口投入内管 A 中。待溶解后，用溶剂凝固点的测定中的方法测定溶液的凝固点。应记录最高与最低温度，在温度回升至最高温度之后观察不到温度恒定一段时间的现象。

在测定过程中，析出的晶体要尽可能少。

(4) 数据处理

① 用下式计算所用苯的质量 $W_1$

$$d_t = d_0 - 1.0636 \times 10^{-3} t$$

式中 $d_t$——温度为 $t$ 时苯的密度；

$d_0$——0℃时苯的密度（0.9001g/cm³）。

② 将所得数据列表，并按上式计算萘在苯中的相对分子量。

(5) 注意事项

① 如不用外推法求溶液的凝固点，则 $\Delta T$ 一般都偏高。所测得的相对分子量在 124～128 之间。

② 高温高湿季节不宜做此实验，因水蒸气易进入体系中，造成测量结果偏低。应使用无水的苯。

③ 冰槽 C 可用玻璃保干器代替，外加木盖。

(6) 实验装置的改进　传统的凝固点测定方法在分子量的测定中广泛应用，但该装置仍存在的一定的问题：①操作复杂，要求实验者同时进行恒温槽温度控制、样品及恒温槽搅拌、温度读取等操作，容易顾此失彼。②样品起晶困难，往往造成过冷程度过大，引入负偏差。③以手掌为热源对样品进行加热，样品升温程度难以控制，延长了实验时间。④系统不封闭，空气中的水蒸气往往会对测量产生干扰，在高温高湿天气很难取得满意结果。⑤在该装置中，当样品达到固液两相平衡时，系统散热仍在进行，体系所能到达的是动态平衡而非静态平衡，从而导致温度测量结果偏低。另外，由于搅拌速度慢，样品均匀程度低，使温度测量结果波动较大。

① 装置的改进　改进的实验装置如图 6-68 所示，与传统的凝固点测定装置比较，其改进主要有：

a. 将由样品管和空气套管组成的两层玻璃仪器，改为由样品管、加热套管和空气套管组成的 3 层玻璃套管。加热套管是将加热用电阻丝缠绕在玻璃管上构成从加热线圈上引出的 3 根导线使加热线圈分别构成上下两个独立的加热单元，分别称为加热线圈 1 和加热线圈 2。

加热线圈 1 有两个作用，一是对样品进行加热，可有效控制样品温度的上升幅度；二是当体系达到固液两相平衡时对样品的散热进行补偿（通过对线圈施加一定电流，即散热补偿电流实现），使系统达到固液平衡时更趋近于静态平衡，从而使测量结果更加准确。加热线圈 2 主要用于防止样品在容器壁及气液界面上结晶析出，通过温度传感器 2 与控温仪设置一定的温度（称为阻凝温度）配合使容器壁及样品上方空气的温度不低于设定值。

b. 采用数字贝克曼温度计，实验前将数字贝克曼温度计电源打开预热 4h，可得到稳定精确的测量结果，使平行测量结果之间偏差达到±0.003℃要求。

c. 直接使用冰水浴，并采用磁力搅拌，提高了实验的可操作性。

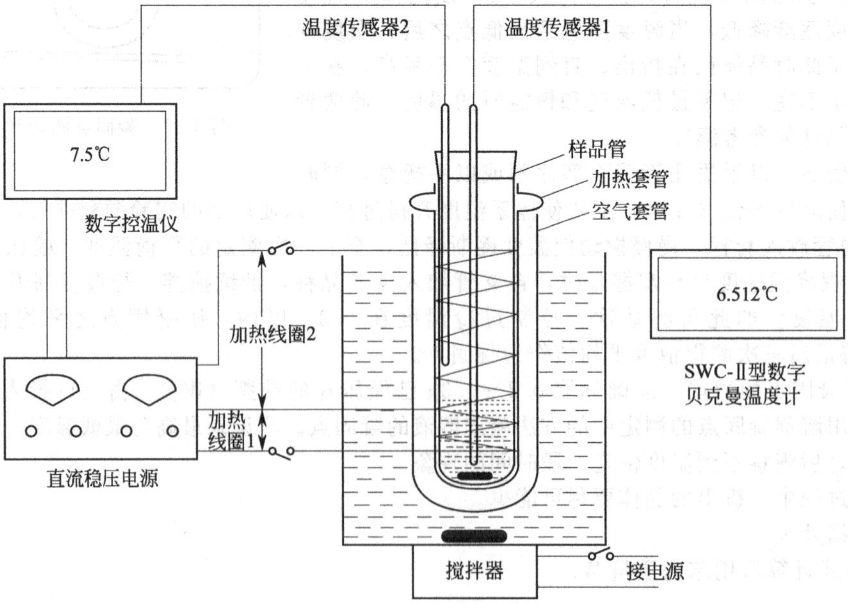


图 6-68　改进的实验装置图

② 试验方法　首先在水浴中加冰获得冰水浴，然后用量筒量取 30mL 环己烷于干燥的样品管中，在分析天平上称重为 23.3543g。调节样品套管的位置，使上下两个搅拌子处于同轴线上。打

开控温仪开关，设定并控制阻凝温度为7.5℃，观察样品的降温过程，当样品中出现结晶，温度开始回升时，打开加热线圈1的电源开关，调节加热电压为1.5V，当样品温度回升至最高点时，记录该温度值作为溶剂的凝固点。记录完毕，调节加热线圈1的电压为5V，使样品温度回升0.5～1℃后，关闭加热线圈1的电源开关，使系统降温并按上述方法进行测量。平行测量3次后在样品管中加入经压片称量的0.1680g萘，用同样方法测定溶液的凝固点。

2. 气体密度法——二氧化碳分子量的测定

见本章第一节四密度测定。

3. 梅耶法——蒸气相对分子量的测定

见本章第一节四密度测定。

4. 黏度法

见本章第一节七黏度测定。

5. 质谱法

见本章第十三节质谱法及质谱联用法中二。

## 十三、高聚物分子量的测定

见本章第四节高聚物的鉴定。

## 十四、平衡常数的测定

1. 流动法——合成氨反应平衡常数的测定

(1) 原理

将反应物连续地通过反应器，生成的产物不断地从反应器中分离出去，这类反应系统的实验方法称为流动法。流动法测定合成氨反应的平衡常数可以通过两种方法来实现：

① 以氮、氢为原料气，经过精确控温的铁催化剂层，然后分析反应达到平衡状态的尾气，尾气的组成就是催化剂温度下合成氨反应系统的平衡组成，由平衡组成可求算平衡常数。

② 以氨分解法进行测定。以氨为原料气，经过精确控温的催化反应器，此反应器中装有足够量的铁催化剂，氨气流经过催化剂后发生分解反应并达到平衡状态，测定反应的尾气组成，即可以求算合成氨反应的平衡常数。

这里介绍第一种方法，合成氨反应的计量方程式为

$$\frac{1}{2}N_2+\frac{3}{2}H_2 \rightleftharpoons NH_3$$

反应在常压下进行，假设反应混合物为理想气体，反应的标准平衡常数 $K$ 可用各组分的平衡分压表示

$$K^{\ominus}=\frac{p_{NH_3}p^{\ominus}}{p_{N_2}^{\frac{1}{2}}p_{H_2}^{\frac{3}{2}}} \tag{6-79}$$

反应时间为 $t$(s)，标准状态下气体的流速为 $v$，在 $t$ 时间内进行反应器的 $N_2$、$H_2$ 的物质的量分别为 $n_{N_2}^0$、$n_{H_2}^0$，$t$ 时间内离开反应器的 $N_2$、$H_2$、$NH_3$ 物质的量分别为 $n_{N_2}$、$n_{H_2}$、$n_{NH_3}$，则物料衡算有 $n_{N_2}=n_{N_2}^0-1/2n_{NH_3}$，$n_{N_2}=n_{H_2}^0-3/2n_{NH_3}$，由于在一定温度和压力下，一定时间内流入与流出的气体的物质的量与流速成正比。

$$p_{N_2}=\frac{n_{N_2}}{n_{N_2}+n_{H_2}}p=\frac{v_{N_2}}{v_{N_2}+v_{H_2}}p$$

$$p_{H_2}=\frac{n_{H_2}}{n_{N_2}+n_{H_2}}p=\frac{v_{H_2}}{v_{N_2}+v_{H_2}}p$$

$$p_{NH_3}=\frac{n_{NH_3}}{n_{N_2}+n_{H_2}}p=\frac{237.15Rn_{NH_2}p}{(v_{H_2}+v_{N_2})tp^{\ominus}}$$

代入式(6-79)得，
$$K_p^{\ominus}=\frac{0.224n_{NH_3}(v_{N_2}+v_{H_2})}{v_{N_2}^{\frac{1}{2}}\cdot v_{H_2}^{\frac{3}{2}}tp} \tag{6-80}$$

由实验测得在 $T$ 及总压 $p$ 下的 $N_2$、$H_2$ 的流速，$t$ 时间内产生的 $NH_3$ 的物质的量，代入式(6-80) 即可求得反应温度为 $T$(K) 时的 $K^{\ominus}$ 值。

化学反应的等压方程为：

$$\frac{d\ln K^{\ominus}}{dT}=\frac{\Delta_r H_m^{\ominus}}{RT^2} \tag{6-81}$$

上式近似认为 $\Delta_r H_m^{\ominus}$ 与温度无关，积分得：

$$\ln K^{\ominus}=-\frac{\Delta_r H_m^{\ominus}}{RT}+A$$

式中，$\Delta_r H_m^{\ominus}$ 为反应的标准反应热，如测得不同温度下的 $K^{\ominus}$ 值，则可由 $\ln K$ 对 $1/T$ 作图求得 $\Delta_r H_m^{\ominus}$。

又由化学反应的等温方程式

$$\Delta_r G_m^{\ominus}=-RT\ln K^{\ominus} \text{ 及 } \Delta_r S_m^{\ominus}=(\Delta_r H_m^{\ominus}-\Delta_r G_m^{\ominus})/T$$

即可求得相应温度下的 $\Delta_r G_m^{\ominus}$ 和 $\Delta_r S_m^{\ominus}$。

(2) 仪器与试剂

试验装置 1 套（如图 6-69 所示），5A 型分子筛，AgX 型分子筛，纯氮钢瓶，纯氢钢瓶，温度控制器，磁力搅拌器，秒表，热电偶。

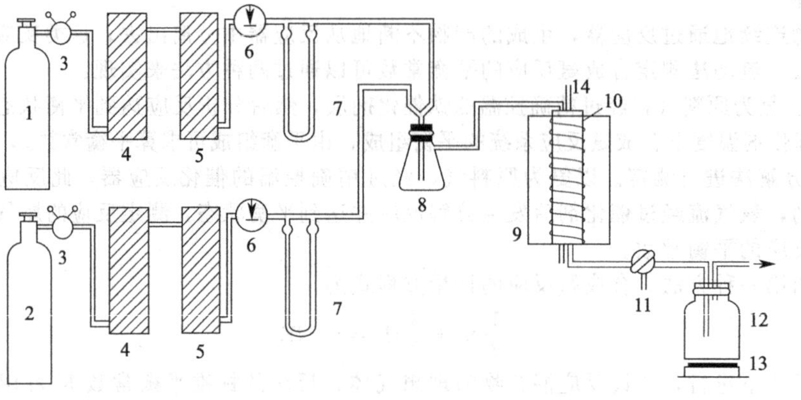


图 6-69 合成氨反应平衡常数测定装置

1—氮气瓶；2—氢气瓶；3—减压阀；4—5A 型分子筛干燥塔；5—AgX 型分子筛干燥塔；6—针形阀；7—毛细管流量计；8—气体混合瓶；9—管式电炉；10—石英反应器；11—三通阀；12—吸收瓶；13—磁力搅拌器；14—热电偶导管

18～36 目的 A6 催化剂，$1.0\times10^{-3}$ mol·L$^{-1}$ 的 $H_2SO_4$ 溶液。

(3) 实验步骤

① 按图安装各种仪器，安装好热电偶，将催化剂置于管式电炉中，仔细检查整个线路是否严密不漏气。

② 将三通阀旋至放空位置，打开氢气钢瓶，调节针形阀，使氢气的流速为 27mL·min$^{-1}$ 左右，接通电炉电源，慢慢升温到 450℃，恒温 1h，然后升温到 550℃。

③ 打开氮钢瓶，调节针形阀，使氮气的流速为 9mL·min$^{-1}$ 左右。应控制氮气和氢气的流速之比为 1∶3。

④ 在 $NH_3$ 吸收瓶中加入 1mL $1.0\times10^{-3}$ mol·L$^{-1}$ $H_2SO_4$ 标准溶液，再加入 20ml 蒸馏水和 3 滴甲基红试剂。

⑤ 待氮气和氢气流速和反应温度稳定后，记下氮气和氢气的流速和反应温度。打开磁力搅拌器，将三通阀旋到与出气口玻璃管相同的位置，稍待一会儿后，再将出口玻璃管插入吸收瓶溶液内，

当第一个气泡鼓出时按下秒表，记录吸收液变色所用的时间 $t$。

⑥ 重复④、⑤的操作，测得重现性较好的有关数据。

⑦ 升温到 600℃、650℃、700℃和 750℃，同法分别测得各个温度下的有关数据。

2. 电极电势法——化学反应平衡常数的测定

见本章第六节七、电动势和电极电势的测定。

3. 电导法——弱电解质（HAC）电离平衡常数的测定

见本章第六节五、电导的测量及其应用。

4. 分光光度法——弱电解质（甲基红）电离平衡常数的测定

见本章第七节紫外可见分光光度法。

5. 分光光度法——络合物离子组成及平衡常数的测定

见本章第七节紫外可见分光光度法。

6. 极谱法——配合物配位数和离解平衡常数的测定

见本章第六节十、极谱分析方法。

## 十五、溶度积和溶解度的测定

1. 电导法——难溶盐溶解度的测定

见本章第六节五、电导的测量及其应用中。

2. 电极电势法——难溶盐溶度积和溶解度的测定

见本章第六节七、电动势和电极电势测定。

3. 分光光度法——难溶盐溶解度的测定

见本章第七节紫外可见分光光度法。

## 十六、活度和活度系数的测定

(1) 原理

电池：$Zn(s)|ZnCl_2(m)|AgCl(s)-Ag(s)$

负极反应：$Zn \longrightarrow Zn^{2+}+2e$

正极反应：$2AgCl(s)+2e \longrightarrow 2Ag+2Cl^-$

电池总反应：$2AgCl+Zn \longrightarrow Zn^{2+}+2Cl^-+Ag$

根据电池反应的能斯特方程

$$E=E^{\ominus}-\frac{RT}{2F}\ln\left(\frac{a^2_{Zn^+}a^2_{Cl^-}a^2_{Ag}}{a^2_{AgCl}a_{Zn}}\right)$$

由于纯固体物质的活度等于 1，所以

$$E=E^{\ominus}-\frac{RT}{2F}\ln(a_{Zn^{2+}}a^2_{Cl^-})=E^{\ominus}-\frac{3RT}{2F}\ln(a_{\pm})=E^{\ominus}-\frac{3RT}{2F}\ln(\gamma_{\pm}m_{\pm})$$

这里 $a_{\pm}$、$\gamma_{\pm}$、$m_{\pm}$ 分别是 $ZnCl_2$ 溶液的平均活度、平均活度系数、平均离子浓度。25℃时

$$E=E^{\ominus}-0.08869\lg\gamma_{\pm}-0.08869\lg m_{\pm}$$

$$E^{\ominus}-0.08869\lg\gamma_{\pm}=E+0.08869\lg m_{\pm}$$

$$m_{\pm}=\sqrt[3]{m_{Zn^{2+}}m^2_{Cl^-}}$$

测不同浓度的 $E$，以 $E+0.08869\lg m_{\pm}$ 对 $\sqrt{m_{\pm}}$ 作图，外推到 $\sqrt{m_{\pm}}=0$ 时求得 $E^{\ominus}$，算出不同浓度的 $\gamma_{\pm}$、$m_{\pm}$、$a_{\pm}$

$$\lg\gamma_{\pm}=\frac{E^{\ominus}-E-0.08869\lg m_{\pm}}{0.08869} \qquad a_{\pm}=\gamma_{\pm}m_{\pm}$$

$$a=(\gamma_{\pm}m_{\pm})^3$$

(2) 仪器与试剂

UJ25 高电势直流电位差计；直流复射式检流计；标准电池；直流稳压电源；移液管（5mL、15mL、20mL、50mL）各 1 支；刻度移液管（10mL）1 支；容量瓶 250mL 6 个；2000mL 容量瓶 1

个；洗耳球1个；100mL烧杯7个。

氯化锌标准液；盐酸标准液。

(3) 准备工作

电极的制备与处理

① 锌电极　先用稀硫酸（约 $3mol \cdot L^{-1}$）洗净锌电极表面的氧化物，再用蒸馏水淋洗，然后浸入蒸馏水和硝酸亚汞溶液中3～5s，用镊子夹住一小团清洁的湿棉花，轻轻擦拭棉花，轻轻擦拭电极，为了防止汞害污染，用过的棉花，不要随便乱丢，应投入指定的有盖广口瓶内，以便统一处理。把处理好的电极插入 $ZnCl_2$ 溶液中。

② 银氯化银电极　以银电极为阳极，另选一铂片或铂丝电极为阴极。对 $0.1mol \cdot L^{-1}$ 的HCl溶液进行电解，电流仍控制在5mA左右，通电20min后。就可在银电极表面形成Ag-AgCl镀层（呈紫褐色）。此Ag-AgCl电极不用时应置于含少量AgCl沉淀的稀HCl溶液中并于暗处保存。

③ HCl标准溶液的制备和标定　取17mL浓盐酸于2000mL容量瓶中，用二次蒸馏水稀释至刻度，所制得的标准液浓度约为 $0.1mol \cdot L^{-1}$，以GR无水碳酸钠为基准物，甲基橙为指示剂标定其浓度。取此HCl标准液1000mL稀释至10000mL。

④ $ZnCl_2$ 标准液的制备和标定。

a. $0.1mol \cdot L^{-1}$ EDTA标准液的配制和标定（体积2000mL）　称取EDTA 74.4g，溶于少量蒸馏水中稀释至2000mL。

b. $0.1mol \cdot L^{-1}$ $Zn^{2+}$ 标准液的配制　取基准级的ZnO于850℃灼烧至恒重，称取 $0.1\times1\times81.3794=8.1379g$ 于100mL小烧杯中滴加1∶1HCl至刚好溶解，移入1000mL容量瓶中稀释至刻度摇匀。吸取 $Zn^{2+}$ 标准液25mL于250mL锥形瓶中，加0.1%二甲酚橙指示剂4滴，滴加1∶1氨水至紫红，这时pH值为5～6，加六次甲基四胺，用EDTA滴至亮黄为终点，根据此耗量算EDTA标准液的浓度。

c. $ZnCl_2$ 标准液的制备和标定　称取 $0.1\times2\times M_{ZnCl_2}=27.26g$ $ZnCl_2$ 于烧杯中，以HCl标准液溶解（稀释液）溶解，并移入2000mL容量瓶中，用HCl标准液稀释至刻度。用EDTA标定其浓度。

(4) 实验步骤

① 调恒温槽的温度为25℃。

② 溶液的配制　用移液管吸取盐酸标准液200mL于2000mL容量瓶中用电导水稀释至刻度摇匀。分别用移液管吸取2mL、4mL、7mL、10mL、15mL、20mL $ZnCl_2$ 标准液于250mL容量瓶中，以稀释后的盐酸标准液稀释至刻度，根据 $ZnCl_2$ 标准液标定的结果，计算出相应溶液的浓度。

③ 电池电动势的测定　将配制的 $ZnCl_2$ 标准液，以由稀到浓的次序，分别装置电池。把电池置于空气恒温箱中，用UJ25高电势直流电位差计，分别测其25℃的电动势，每次测定前恒温15min。

④ 实验结束将银-氯化银电极用砂布擦去表面的镀层，再用电导水淋洗。以此银电极为正极，铂电极为负极在 $0.1mol \cdot L^{-1}$ 的盐酸溶液中控制电流为5mA电镀20min。取出浸于含氯化银的 $0.1mol \cdot L^{-1}$ 的盐酸溶液中避光保存。

(5) 数据记录和处理

实验温度：__________　　气压：__________

HCl标准液的浓度：

| $ZnCl_2$ 溶液的浓度 $m/mol \cdot kg^{-1}$ | $m_{\pm}$ | $E+0.08869\lg m_{\pm}$ | $\sqrt{m_{\pm}}$ | $\gamma_{\pm}$ | $a_{\pm}$ | $a_{ZnCl_2}$ |
|---|---|---|---|---|---|---|
| | | | | | | |
| | | | | | | |
| | | | | | | |
| | | | | | | |
| | | | | | | |
| | | | | | | |
| | | | | | | |

实验值：$E^{\ominus}=$________V；　　文献值：$E^{\ominus}=$______V

误差：________%

以 $E+0.08869\lg m_{\pm}$ 对 $\sqrt{m_{\pm}}$ 作图，并用外推法求 $E^{\ominus}$；

查文献算出 $E^{\ominus}$，并与实验值比较；

计算上列 6 个不同浓度 $ZnCl_2$，溶液的平均离子活度系数 $\gamma_{\pm}$，然后计算出相应的平均离子活度 $a_{\pm}$ 和整体活度 $a_{ZnCl_2}$。

## 十七、化学反应热力学函数的测定

1. 电极电势法——电池内化学反应 $\Delta G$、$\Delta H$ 和 $\Delta S$ 的测定

见本章第六节。

2. 电动势法——反应热力学函数 $\Delta H$ 和 $\Delta S$ 的测定

见本章第六节。

# 第三节　动力学常数的测定方法

## 一、过氧化氢分解反应速率常数和半衰期的测定

1. 原理

过氧化氢是很不稳定的化合物，在没有催化剂作用时也能分解，但分解速度很慢。但加入催化剂时能促使 $H_2O_2$ 较快分解，分解反应按式(6-82) 进行：

$$H_2O_2 \longrightarrow H_2O+\frac{1}{2}O_2 \tag{6-82}$$

在催化剂 KI 作用下，$H_2O_2$ 分解反应的机理为：

$$H_2O_2+KI \longrightarrow KIO+H_2O(\text{慢}) \tag{6-83}$$

$$KIO \longrightarrow KI+\frac{1}{2}O_2 \quad (\text{快}) \tag{6-84}$$

KI 与 $H_2O_2$ 生成了中间产物 KIO，改变了反应的机理，使反应的活化能降低，反应加快。反应式(6-83) 较式(6-84) 慢得多，成为 $H_2O_2$ 分解的控制步骤。

$H_2O_2$ 分解反应速率表示为：　$r=-\dfrac{dc_{H_2O_2}}{dt}$

反应速率方程为：

$$-\frac{dc_{H_2O_2}}{dt}=k'c_{H_2O_2}c_{KI} \tag{6-85}$$

KI 在反应中不断再生，其浓度近似不变，这样式(6-85) 可简化为：

$$-\frac{dc_{H_2O_2}}{dt}=kc_{H_2O_2} \tag{6-86}$$

其中，$k=k'c_{KI}$，$k$ 与催化剂浓度成正比。

由式(6-86) 看出 $H_2O_2$ 催化分解为一级反应，积分式(6-86) 得：

$$\ln\frac{c}{c_0}=-kt \tag{6-87}$$

式中，$c_0$ 为 $H_2O_2$ 的初始浓度；$c$ 为 $t$ 时刻 $H_2O_2$ 的浓度。

一级反应半衰期 $t_{1/2}$ 为：

$$t_{1/2}=\frac{\ln 2}{k}=\frac{0.693}{k} \tag{6-88}$$

可见一级反应的半衰期与起始浓度无关，与反应速率系数成反比。本实验通过测定 $H_2O_2$ 分解时放出 $O_2$ 的体积来求反应速率系数 $k$。从 $H_2O_2 = H_2O+\frac{1}{2}O_2$ 中可看出在一定温度、一定压力下反应所产生 $O_2$ 的体积 $V$ 与消耗掉的 $H_2O_2$ 浓度成正比，完全分解时放出 $O_2$ 的体积 $V_{\infty}$ 与 $H_2O_2$ 溶液初

始浓度 $c_0$ 成正比，其比例常数为定值，则 $c_0 \propto V_\infty$、$c_0 \propto (V_\infty - V)$

代入式(6-87) 得 $$\ln\frac{V_\infty - V}{V_\infty} = -kt$$

改写成直线方程式： $$\ln\frac{V_\infty - V}{[V]} = -kt + \ln\frac{V_\infty}{[V]} \tag{6-89}$$

以 $\ln(V_\infty - V)/[V]$ 对 $t$ 作图，得一直线，从斜率即可求出反应速率系数 $k$。

根据阿仑尼乌斯公式：

$$\ln\frac{k_2}{k_1} = \frac{E_a(T_2 - T_1)}{RT_2T_1}$$

或 $$\ln k = -\frac{E_a}{RT} + B$$

测得两个或多个不同温度下的 $k$ 值，即可求得反应的活化能 $E_a$。

在水溶液中能加快过氧化氢分解反应速率的催化剂有多种，如 KI、Pt、Ag、$MnO_2$、$FeCl_3$ 等。实验中分别以 $MnO_2$ 和 KI 做催化剂，在室温条件下测定过氧化氢分解反应的速率常数和半衰期。仪器装置如图 6-61 所示。$H_2O_2$ 分解放出的氧气，压低量气管的液面，在不同的时刻调节水准瓶液面，使其与量气管的液面相平，同时记录时间和量气管的示值，即得每个时刻放出氧气的体积。

在实验中，$V$ 可用化学分析法测定，先在酸性溶液中用标准溶液滴定法求出过氧化氢的起始浓度，反应为

$$5H_2O_2 + 2MnO_4^- + 6H^+ \longrightarrow 2Mn^{2+} + 5O_2\uparrow + 8H_2O$$

过氧化氢的物质的量的浓度可由下式求出

$$c_{H_2O_2} = \frac{5c_{MnO_4^-}V_{MnO_4^-}}{2V_{H_2O_2}}$$

式中，$V_{H_2O_2}$ 为滴定时取样体积（mL）；$V_{MnO_4^-}$ 为滴定时消耗 $KMnO_4$ 溶液体积（mL）。

由 $H_2O_2$ 分解反应的化学计量式可知，1mol $H_2O_2$ 分解能释放 1/2mol $O_2$，根据理想气体状态方程可以计算出 $V_\infty$（mL），即：

$$V_\infty = \frac{5c_{MnO_4^-}V_{MnO_4^-}}{4V_{H_2O_2}}V'_{H_2O_2} \times \frac{RT}{p}$$

式中，$V'_{H_2O_2}$ 为分解反应所用 $H_2O_2$ 溶液的体积（mL）；$p$ 为氧的分压，即大气压减去实验温度下水的饱和蒸气压（kPa）；$T$ 为实验温度（K）；$R$ 为气体常数。

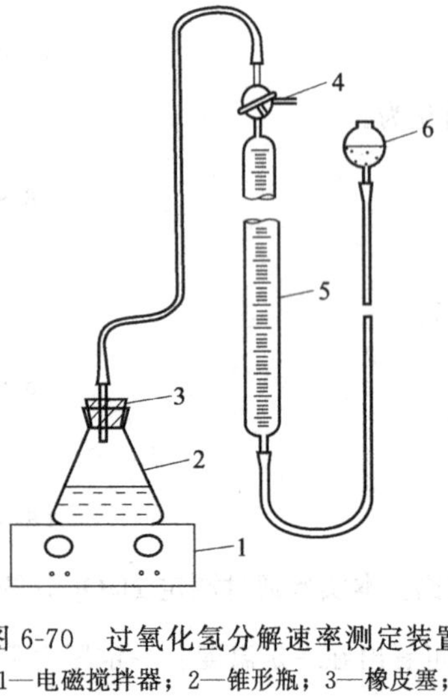


图 6-70 过氧化氢分解速率测定装置
1—电磁搅拌器；2—锥形瓶；3—橡皮塞；4—三通活塞；5—量气管；6—水准瓶

2. 仪器与试剂

仪器：$H_2O_2$ 分解速率测定装置 1 套，锥形瓶（250mL）3 个，移液管（10mL，50mL）各 2 支。

药品：0.1mol·$L^{-1}$ KI 溶液，2% $H_2O_2$ 溶液，0.04mol·$L^{-1}$ $KMnO_4$ 标准溶液，3mol·$L^{-1}$ $H_2SO_4$ 溶液，$MnO_2$ 催化剂粉末。

3. 实验步骤

① 试漏：如图 6-70 所示，旋转三通活塞 4，试系统与外界相通，举高水瓶，试液体充满量气管。然后旋转三通活塞 4，使系统与外界隔绝，降低水准瓶，使量气管与水准瓶水位相差 10cm 左右，若保持 4min 不变即表示不漏气，否则应找出系统漏气原因，并设法排除。然后让系统通大气，调节水准瓶，使量气管和水准瓶的水位相平并处于上端刻度为零处。

② 用移液管移取 10mL 2% $H_2O_2$ 溶液，40mL $H_2O$ 于锥

形瓶中，放进 1 支磁搅拌子，然后用小勺加入少量 $MnO_2$ 催化剂，低速开启电磁搅拌器，同时记下反应起始时间；间隔半分钟后塞紧橡皮塞，旋转三通活塞，使系统与大气隔绝，每隔 1min 读取量气管读数一次，共读 18～20 组数据。

③ 在干净的锥形瓶中移入 10mL $H_2O_2$ 溶液，放入磁搅拌子，移取 10mL 0.1mol·$L^{-1}$ KI 溶液放入锥形瓶中，迅速塞紧橡皮塞，其他步骤同②。

④ 测定 $H_2O_2$ 溶液的初始浓度：移取 5mL $H_2O_2$ 溶液与 250mL 锥形瓶中，加入 10mL 3mol·$L^{-1}$ $H_2SO_4$，用 0.04mol·$L^{-1}$ $KMnO_4$ 溶液滴定至浅粉红色，读取消耗 $KMnO_4$ 标准溶液的体积，再重复测定两次，取三次测定的平均值。

4. 注意事项

① 在进行实验时，反应体系必须绝对与外界隔绝，以免氧气逸出。

② 使用量气管读数时，一定要使水准瓶和量气管内液面保持同一水平面。

③ 每次测量应选择合适的搅拌速度，且测定过程中搅拌速度应恒定。

④ 以 $KMnO_4$ 标准溶液滴定，终点为浅粉色，且能保持 30s 不褪色，不能过量。

⑤ 对过氧化氢分解反应有催化作用的物质很多，所以过氧化氢溶液应新鲜配置，而且最好采用二次蒸馏水来配制。

5. 数据处理

将实验数据记录于表中：

实验温度：__________　　气压：__________

| $MnO_2$ 作为催化剂 | | | KI 作催化剂 | | |
|---|---|---|---|---|---|
| $t$/min | $V_t$ | $\ln(V_\infty - V_t)$ | $t$/min | $V_t$ | $\ln(V_\infty - V_t)$ |
| | | | | | |

① 计算 $H_2O_2$ 溶液的初始浓度 $V_\infty$。

② 分别就 $MnO_4^-$ 及 KI 为催化剂列出 $t$，$V_t$，和 $\ln(V_\infty - V_t)$ 数据表。

③ 分别作 $\ln(V_\infty - V_t)$-$t$ 图，由直线的斜率求反应速率常数 $k$，并计算半衰期 $t_{1/2}$。

## 二、蔗糖转化反应速率常数、反应级数和半衰期的测定——旋光度法

1. 原理

蔗糖转化反应为：

$$\underset{\text{蔗糖}}{C_{12}H_{22}O_{11}} + H_2O \longrightarrow \underset{\text{葡萄糖}}{C_6H_{12}O_6} + \underset{\text{果糖}}{C_6H_{12}O_6}$$

为使水解反应加速，常以酸为催化剂，故反应在酸性介质中进行。由于反应中水是大量的，可以认为整个反应中水的浓度基本是恒定的。而 $H^+$ 是催化剂，其浓度也是固定的。所以，此反应可视为假一级反应。其动力学方程为

$$-\frac{dC}{dt} = kC \tag{6-90}$$

式中，$k$ 为反应速率常数；$C$ 为时间 $t$ 时的反应物浓度。

将式(6-90) 积分得：

$$\ln C = -kt + \ln C_0 \tag{6-91}$$

式中，$C_0$ 为反应物的初始浓度。

当 $C = \frac{1}{2}C_0$ 时，$t$ 可用 $t_{1/2}$ 表示，即为反应的半衰期。由式(6-91) 可得

$$t_{\frac{1}{2}} = \frac{\ln 2}{k} = \frac{0.693}{k} \tag{6-92}$$

蔗糖及水解产物均为旋光性物质。但它们的旋光能力不同，故可以利用体系在反应过程中旋光度的变化来衡量反应的过程。溶液的旋光度与溶液中所含旋光物质的种类、浓度、溶剂的性质、液层厚度、光源波长及温度等因素有关。

为了比较各种物质的旋光能力，引入比旋光度的概念。比旋光度可用式(6-93) 表示

$$[\alpha]_D^t=\frac{\alpha}{lC} \tag{6-93}$$

式中，$t$ 为实验温度（℃）；D 为光源波长；$\alpha$ 为旋光度；$l$ 为液层厚度（m）；$C$ 为浓度（$kg \cdot m^{-3}$）。

由式(6-93) 可知，当其他条件不变时，旋光度 $\alpha$ 与浓度 $C$ 成正比。即

$$\alpha=KC \tag{6-94}$$

式中的 $K$ 是一个与物质旋光能力、液层厚度、溶剂性质、光源波长、温度等因素有关的常数。

在蔗糖的水解反应中，反应物蔗糖是右旋性物质，其比旋光度 $[\alpha]_D^{20}=66.6°$。产物中葡萄糖也是右旋性物质，其比旋光度 $[\alpha]_D^{20}=52.5°$；而产物中的果糖则是左旋性物质，其比旋光度 $[\alpha]_D^{20}=-91.9°$。因此，随着水解反应的进行，右旋角不断减小，最后经过零点变成左旋。旋光度与浓度成正比，并且溶液的旋光度为各组成的旋光度之和。若反应时间为 0，$t$，∞时溶液的旋光度分别用 $\alpha_0$，$\alpha_t$，$\alpha_\infty$ 表示。则

$$\alpha_0=K_{反}C_0 \text{（表示蔗糖未转化）} \tag{6-95}$$

$$\alpha_\infty=K_{生}C_0 \text{（表示蔗糖已完全转化）} \tag{6-96}$$

式(6-95)、式(6-96) 中的 $K_{反}$ 和 $K_{生}$ 分别为对应反应物与产物之比例常数。

$$\alpha_t=K_{反}C+K_{生}(C_0-C) \tag{6-97}$$

由式(6-95)、式(6-96)、式(6-97) 三式联立可以解得

$$C_0=\frac{\alpha_0-\alpha_\infty}{K_{反}-K_{生}}=K'(\alpha_0-\alpha_\infty) \tag{6-98}$$

$$C=\frac{\alpha_t-\alpha_\infty}{K_{反}-K_{生}}=K'(\alpha_t-\alpha_\infty) \tag{6-99}$$

将式(6-98)、式(6-99) 两式代入式(6-91) 即得

$$\ln(\alpha_t-\alpha_\infty)=-kt+\ln(\alpha_0-\alpha_\infty) \tag{6-100}$$

由式(6-100) 可见，以 $\ln(\alpha_t-\alpha_\infty)$ 对 $t$ 作图为一直线，由该直线的斜率即可求得反应速率常数 $k$。进而可求得半衰期 $t_{1/2}$。

2. 仪器与试剂

(1) 仪器　旋光仪 1 台；恒温旋光管（图 6-71 ）1 只；恒温槽 1 套；台秤 1 台；秒表 1 块；烧杯（100mL）1 个；移液管（30mL）2 只；带塞三角瓶（100mL）2 只。

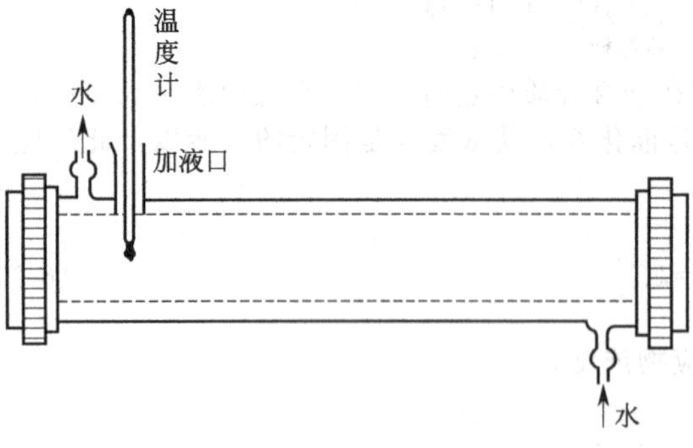


图 6-71　恒温旋光管

(2) 试剂　HCl 溶液（$4mol \cdot L^{-1}$）；蔗糖（分析纯）。

3. 实验步骤

(1) 将恒温槽调节到（25.0±0.1)℃恒温，然后在恒温旋光管中接上恒温水。

(2) 旋光仪零点的校正　洗净恒温旋光管，将管子一端的盖子旋紧，向管内注入蒸馏水，把玻璃片盖好，使管内无气泡存在。再旋紧套盖，勿使漏水。用吸水纸擦净旋光管，再用擦镜纸将管两端的玻璃片擦净。放入旋光仪中盖上槽盖，打开光源，调节目镜使视野清晰，然后旋转检偏镜至观察到的三分视野暗度相等为止，记下检偏镜之旋转角 $\alpha$，重复操作三次，取其平均值，即为旋光仪的零点。

(3) 蔗糖水解过程中 $\alpha_t$ 的测定　用台秤称取 10g 蔗糖，放入 100mL 烧杯中，加入 50mL 蒸馏水配成溶液（若溶液浑浊则需过滤）。用移液管取 30mL 蔗糖溶液置于 100mL 带塞三角瓶中。移取 30mL 4mol/L HCl 溶液于另一 100mL 带塞三角瓶中。一起放入恒温槽内，恒温 10min。取出两只三角瓶，将 HCl 迅速倒入蔗糖中，来回倒三次，使之充分混合。并且在加入 HCl 时开始计时，将

混合液装满旋光管（操作同装蒸馏水相同）。装好擦净立刻置于旋光仪中，盖上槽盖。测量不同时间 $t$ 时溶液的旋光度 $\alpha_t$。测定时要迅速准确，当将三分视野暗度调节相同后，先记下时间，再读取旋光度。每隔一定时间，读取一定旋光度，开始时，可每 3min 读一次，30min 后，每 5min 读一次。测定 1h。

（4）$\alpha_\infty$ 的测定将步骤（3）剩余的混合液置于近 60℃的水浴中，恒温 30min 以加速反应，然后冷却至实验温度，按上述操作，测定其旋光度，此值即可认为是 $\alpha_\infty$。

（5）将恒温槽调节到（30.0±0.1）℃恒温，按实验步骤（3）、（4）测定 30.0℃时的 $\alpha_t$ 及 $\alpha_\infty$。

（6）本实验也可采用自动旋光仪进行测定，其操作步骤与本实验相同。自动旋光仪的使用方法见本章第一节六。

4. 注意事项

① 装样品时，旋光管管盖旋至不漏液体即可，不要用力过猛，以免压碎玻璃片。

② 在测定 $\alpha_\infty$ 时，通过加热使反应速度加快转化完全。但加热温度不要超过 60℃。

③ 由于酸对仪器有腐蚀，操作时应特别注意，避免酸液滴漏到仪器上。实验结束后必须将旋光管洗净。

④ 旋光仪中的钠光灯不宜长时间开启，测量间隔较长时应熄灭，以免损坏。

5. 数据处理

（1）将实验数据记录于下表：

温度：__________；盐酸浓度：__________；$\alpha_\infty$：__________

| 反应时间 | $\alpha_t$ | $\alpha_t-\alpha_\infty$ | $\ln(\alpha_t-\alpha_\infty)$ |
|---|---|---|---|
| | | | |

（2）以 $\ln(\alpha_t-\alpha_\infty)$ 对 $t$ 作图，由所得直线的斜率求出反应速率常数 $k$。

（3）计算蔗糖转化反应的半衰期 $t_{1/2}$。

（4）由两个温度测得的 $k$ 计算反应的活化能。

## 三、乙酸乙酯皂化反应级数、速率常数和活化能的测定——电导法

1. 原理

乙酸乙酯皂化反应是个二级反应，其反应方程式为

$$CH_3COOC_2H_5+Na^++OH^- \longrightarrow CH_3COO^-+Na^++C_2H_5OH$$

当乙酸乙酯与氢氧化钠溶液的起始浓度相同时，如均为 $a$，则反应速率表示为

$$\frac{dx}{dt}=k(a-x)^2 \tag{6-101}$$

式中，$x$ 为时间 $t$ 时反应物消耗掉的浓度，$k$ 为反应速率常数。将上式积分得

$$\frac{x}{a(a-x)}=kt \tag{6-102}$$

起始浓度 $a$ 为已知，因此只要由实验测得不同时间 $t$ 时的 $x$ 值，以 $\frac{x}{a-x}$ 对 $t$ 作图，应得一直线，从直线的斜率 $m(=ak)$ 便可求出 $k$ 值。

乙酸乙酯皂化反应中，参加导电的离子有 $OH^-$、$Na^+$ 和 $CH_3COO^-$，由于反应体系是很稀的水溶液，可认为 $CH_3COONa$ 是全部电离的，因此，反应前后 $Na^+$ 的浓度不变，随着反应的进行，仅仅是导电能力很强的 $OH^-$ 离子逐渐被导电能力弱的 $CH_3COO^-$ 所取代，致使溶液的电导逐渐减小，因此可用电导率仪测量皂化反应进程中电导率随时间的变化，从而达到跟踪反应物浓度随时间变化的目的。

令 $G_0$ 为 $t=0$ 时溶液的电导，$G_t$ 为时间 $t$ 时混合溶液的电导，$G_\infty$ 为 $t=\infty$（反应完毕）时溶液的电导。则稀溶液中，电导值的减少量与 $CH_3COO^-$ 浓度成正比，设 $K$ 为比例常数，则 $t=t$ 时，$x=x$，$x=K(G_0-G_t)$

$$t=\infty\text{时}, x\rightarrow a, a=K(G_0-G_\infty)$$

由此可得

$$a-x=K(G_t-G_\infty)$$

所以式(6-102) 中的 $a-x$ 和 $x$ 可以用溶液相应的电导表示，将其代入式(6-101) 得：

$$\frac{1}{a}\frac{G_0-G_t}{G_t-G_\infty}=kt$$

重新排列得：

$$G_t=\frac{1}{ak}\times\frac{G_0-G_t}{t}+G_\infty \tag{6-103}$$

因此，只要测不同时间溶液的电导值 $G_t$ 和起始溶液的电导值 $G_0$，然后以 $G_t$ 对 $\frac{G_0-G_t}{t}$ 作图应得一直线，直线的斜率为 $\frac{1}{ak}$，由此便求出某温度下的反应速率常数 $k$ 值。由电导与电导率 $\kappa$ 的关系式：$G=\kappa\frac{A}{l}$ 代入式(6-102) 得：

$$\kappa_t=\frac{1}{ak}\times\frac{\kappa_0-\kappa_t}{t}+\kappa_\infty \tag{6-104}$$

通过实验测定不同时间溶液的电导率 $\kappa_t$ 和起始溶液的电导率 $\kappa_0$，以 $\kappa_t$ 对 $\frac{\kappa_0-\kappa_t}{t}$ 作图，也得一直线，从直线的斜率也可求出反应速率数 $k$ 值。如果知道不同温度下的反应速率常数 $k(T_1)$ 和 $k(T_2)$，根据 Arrhenius 公式，可计算出该反应的活化能 $E$ 和反应半衰期。

$$\ln\frac{k(T_2)}{k(T_1)}=\frac{E}{R}\left(\frac{1}{T_1}-\frac{1}{T_2}\right) \tag{6-105}$$

2. 仪器与试剂

(1) 仪器　电导率仪（DDS-11 型）1 台；电导池 1 只；恒温水浴 1 套；秒表 1 只；移液管（50mL）3 只；移液管（1mL）1 只；容量瓶（250mL）1 个；磨口三角瓶（200mL）5 个。

(2) 试剂　NaOH 水溶液（0.0200mol/L）；乙酸乙酯（A.R.）；电导水。

3. 实验步骤

(1) 配制溶液　配制与 NaOH 准确浓度（约 0.0200mol・$L^{-1}$）相等的乙酸乙酯溶液。其方法是：找出室温下乙酸乙酯的密度，进而计算出配制 250mL 0.0200mol・$L^{-1}$（与 NaOH 准确浓度相同）的乙酸乙酯水溶液所需的乙酸乙酯的毫升数 $V$，然后用 1mL 移液管吸取 $V$(mL) 乙酸乙酯注入 250mL 容量瓶中，稀释至刻度，即为 0.0200mol・$L^{-1}$ 的乙酸乙酯水溶液。

(2) 调节恒温槽　将恒温槽的温度调至（25.0±0.1)℃［或（30.0±0.1)℃］。

(3) 调节电导率仪　电导率仪的使用见本章第六节，电导的测定。

(4) 溶液起始电导率 $\kappa_0$ 的测定　在干燥的 200mL 磨口三角瓶中，用移液管加入 50mL 0.0200mol/L 的 NaOH 溶液和同数量的电导水，混合均匀后，倒出少量溶液洗涤电导池和电极，然后将剩余溶液倒入电导池（盖过电极上沿约 2cm），恒温约 15min，并轻轻摇动数次，然后将电极插入溶液，测定溶液电导率，直至不变为止，此数值即为 $\kappa_0$。

(5) 反应时电导率 $\kappa_t$ 的测定　用移液管移取 50mL 0.0200mol/L 的 $CH_3COOC_2H_5$，加入干燥的 200mL 磨口三角瓶中，用另一只移液管取 50mL 0.0200mol/L 的 NaOH，加入另一干燥的 200mL 磨口三角瓶中。将两个三角瓶置于恒温槽中恒温 15min，并摇动数次。同时，将电导池从恒温槽中取出，弃去上次溶液，用电导水洗净。将温好的 NaOH 溶液迅速倒入盛有 $CH_3COOC_2H_5$ 的三角瓶中，同时开动秒表，作为反应的开始时间，迅速将溶液混合均匀，并用少量溶液洗涤电导池和电极，然后将溶液倒入电导池（溶液高度同前），测定溶液的电导率 $\kappa_t$，在 4min、6min、8min、10min、12min、15min、20min、25min、30min、35min、40min 各测电导率一次，记下 $\kappa_t$ 和对应的时间 $t$。

(6) 另一温度下 $\kappa_0$ 和 $\kappa_t$ 的测定　调节恒温槽温度为（35.0±0.1)℃［或（40.0±0.1)℃］。重复上述（4)、(5) 步骤，测定另一温度下的 $\kappa_0$ 和 $\kappa_t$。但在测定 $\kappa_t$ 时，按反应进行 4min、6min、8min、10min、12min、15min、18min、21min、24min、27min、30min 测其电导率。实验结束后，

关闭电源，取出电极，用电导水洗净并置于电导水中保存待用。

4. 注意事项

① 本实验需用电导水，并避免接触空气及灰尘杂质落入。

② 配好的 NaOH 溶液要防止空气中的 $CO_2$ 气体进入。

③ 乙酸乙酯溶液和 NaOH 溶液浓度必须相同。

④ 乙酸乙酯溶液需临时配制，配制时动作要迅速，以减少挥发损失。

5. 数据处理

(1) 将 $t$，$\kappa_t$，$\frac{\kappa_0-\kappa_t}{t}$数据列表。

(2) 以两个温度下的 $\kappa_t$ 对 $(\kappa_0-\kappa_t)/t$ 作图，分别得一直线。

(3) 由直线的斜率计算各温度下的速率常数 $k$ 和反应半衰期 $t_{1/2}$。

(4) 由两温度下的速率常数，按 Arrhenius 公式，计算乙酸乙酯皂化反应的活化能。

## 四、环戊烯分解反应级数、速率常数和活化能的测定——热分解法

1. 原理

气相反应中，如果反应前、后反应方程式中，化学计量数和不为零，则可利用测定体系的总压力随时间的变化关系，来确定反应级数和反应速率常数，并以此来研究反应历程。

环戊烯气相热分解时，每一个反应物分子产生两个分子的气体产物，即

$$C_5H_8 = C_5H_6 + H_2 \tag{6-106}$$

该反应为一级反应，其速率方程的积分式可表示为

$$\ln\frac{p_0}{p_A}=kt \tag{6-107}$$

式中，$p_0$ 为环戊烯的起始压力；$p_A$ 为时间 $t$ 时环戊烯的分压。时间 $t$ 时，体系总压为 $p_t$，环戊二烯和氢的分压分别为 $p_B$ 和 $p_C$，则

$$p_t=p_A+p_B+p_C \tag{6-108}$$

而

$$p_B=p_C=p_0-p_A \tag{6-109}$$

由式(6-108) 和式(6-109) 得

$$p_A=2p_0-p_t \tag{6-110}$$

将 $p_A$ 代入式(6-107)，得

$$\ln\frac{p_0}{2p_0-p_t}=kt \tag{6-111}$$

即

$$\ln(p_0/kp_a)-\ln[(2p_0-p_t)/kp_a]=kt \tag{6-112}$$

作 $[\ln(2p_0-p_t)/kp_a]$-$t$ 图，就可求得 $k$ 值，对于环戊烯的热分解，要直接测量 $p_0$ 值是有困难的。因为将环戊烯加入反应器后，要使环戊烯从室温升高到反应温度需要一定的时间（约 1min），而在这段时间内，分解反应已经进行，为了克服这一困难，可作 $p_t$-$t$ 图，外推到时间为零时求出 $p_0$ 值。

我们用 $t_{1/4}$、$t_{1/3}$、$t_{1/2}$ 分别表示反应进行了 1/4、1/3、1/2 时需要的时间，则相应的 $p_t$ 如下表所示：

| $t$ | $p_t$ |
|---|---|
| $t_{1/4}$ | $\frac{5}{4}p_0=1.25p_0$ |
| $t_{1/3}$ | $\frac{4}{3}p_0=1.33p_0$ |
| $t_{1/2}$ | $\frac{3}{2}p_0=1.50p_0$ |

方程式(6-139) 可以变为

$$\ln\left(2-\frac{p_t}{p_0}\right)=-kt \tag{6-113}$$

这样，只要我们测得在 $p_t=1.25p_0$，$1.33p_0$，$1.50p_0$ 时所需要的时间 $t_{1/4}$、$t_{1/3}$、$t_{1/2}$ 中任意一对值时，就可以不通过作图，而直接应用方程式(6-113) 计算出 $k$ 值。

从 $\ln[(2p_0-p_t)/kp_a]$-$t$ 图是否为一直线，也可以判定反应是否属于一级反应。另外，也可以通过 $t_{1/2}$ 与 $t_{1/3}$ 的比值来进行检查。对于一级反应

$$\frac{t_{1/2}}{t_{1/3}}\approx 1.70$$

而零级反应和二级反应则分别为 1.50 和 2.00。

如果能测得两个以上的不同温度时的 $k$ 值，则可根据阿累尼乌斯的关系式作 $\ln\frac{k}{[k]}$-$\frac{1}{T}$图，而求得反应的活化能。

理论上，环戊烯分解反应趋于完成时的总压力 $p_\infty=2p_0$，但因后期可能有副反应产生，$p_\infty$ 值约为 $1.9p_0$。

2. 仪器与试剂

环戊烯，液氮，高真空活塞油等；玻璃真空系统，真空机组，复合真空计，精密温度控制，反应炉，热电偶，电位差计，秒表。

3. 实验步骤

(1) 仪器装置 仪器装置如图 6-72 所示，为了减少反应的“死空间”，连接压力计和反应器之间的管线应尽量短，一般应使连接管线的容积不大于反应器容积的 0.04 倍。为了防止反应时反应物或生成物凝结于管壁，用细电炉丝缠绕反应器和压力计之间的连接管线，保持管壁温度为 50℃左右。硬质玻璃反应器的体积为 500mL 左右，热电偶插于反应器上方的小孔中，反应器安装在反应炉的正中，反应炉由精密温度控制器控温，要求温度控制在±1℃的范围内。压力测量采用测高仪或放大镜。温度测量采用电位差计。

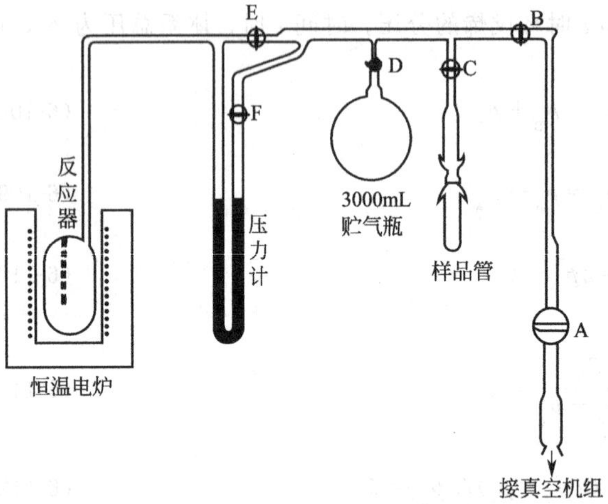


图 6-72 环戊烯热分解反应装置图

(2) 反应级数的测定 在 495～545℃温度范围之间，取 3 个温度，每次变动 10℃，反应器的容积已事先标定，调节恒温加热系统，把反应器加热到预定温度。当反应器温度稳定后，加热连接管线，使其温度为 50℃左右。在样品管中加入适量的环戊烯。

旋开除 C 以外的全部活塞，对系统抽真空。使系统的真空度到达 $10^{-3}$～$10^{-2}$Pa（约 $10^{-5}$～$10^{-4}$mmHg）。关闭活塞 E 和 F，并检查反应系统有无漏气。确定无漏气后，关闭活塞 D，用液氮缓慢地冷冻样品管使环戊烯固化，然后，旋开活塞 C，以便抽走样品管中的空气。关闭 C，移去液氮，让固体熔化并释放出溶解在环戊烯中其他气体。再用液氮冷冻样品管至环戊烯固化，旋开活塞 C，抽走被释放出的气体，如果从环戊烯中释放出的气体较多，则应重复此操作一遍（此步骤在实验前已完成）。然后，关闭 C，撤走液氮，等环戊烯温度到室温时，关闭活塞 B，旋开活塞 D 和 C，让贮气瓶充满蒸气［在 25℃时，环戊烯的蒸气压约为 47kPa（350mmHg）］，然后关闭活塞 C。

开始反应，缓慢地旋转活塞 E，并注意观察压力计的变化。当压力达到要求的始压 2.7～4.0kPa（20～30mmHg）的 95%，关闭活塞 E 和 D，同时打开秒表，开始记录时间和始压。反应初期，每分钟记录一次压力和时间的读数，此后则每隔 2min 记录一次。如果为了求活化能，而做

高于510℃的实验，则记录时间还应缩短。当压力增至 $p_t \approx 1.70p_0$ 时，时间约为1h左右，即可结束反应。然后打开活塞B和E，将系统抽至 $10^{-2} \sim 10^{-3}$Pa，关闭B，旋开D，改变始压 $p_0$ 值，继续做分解反应。如此重复，作几个不同的值，在实验中，还应注意记录 $t_{1/4}$、$t_{1/3}$、$t_{1/2}$ 的值，调整炉温，按上述步骤，再测两个温度下的分解反应。

整个实验结束后，将系统抽至真空，然后停止反应炉和连接管线的加热，按操作要求停止真空机组的工作，切断电流，关闭自采水（但油泵冷却水必须在泵完全冷却时才能停水），最后使系统通大气。

4. 数据处理

(1) 作 $p_t$-$t$ 图，外推至 $t=0$，求出 $p_0$ 值。

(2) 作 $\ln[(2p_0-p_t)/kp_a]$-$t$ 图，由斜率求出反应速率常数 $k$。

(3) 作 $\ln(k/[k])$-$\frac{1}{T}$图，求活化能 $E_a$。

## 五、过二硫酸铵氧化碘化钾反应速率的测定

1. 原理

在水溶液中，过二硫酸铵和碘化钾发生如下反应

$$S_2O_8^{2-} + 3I^- = 2SO_4^{2-} + I_3^- \qquad (6\text{-}114)$$

这个反应的平均反应速率可用下式表示

$$v = -\Delta(S_2O_8^{2-})/\Delta t = k(S_2O_8^{2-})^m(I^-)^n$$

式中，$v$ 位平均反应速率；$\Delta(S_2O_8^{2-})$ 为时间 $\Delta t$ 内 $S_2O_8^{2-}$ 的浓度变化；$(S_2O_8^{2-})$ 和 $(I^-)$ 分别为 $S_2O_8^{2-}$ 和 $I^-$ 的起始浓度；$k$ 为反应速率常数；$m$ 和 $n$ 为反应级数。

为了测定 $\Delta t$ 时间内 $S_2O_8^{2-}$ 的浓度变化，在将 $(NH_4)_2S_2O_8$ 溶液和KI溶液混合的同时，加入一定体积的已知浓度的 $Na_2S_2O_3$ 溶液和淀粉溶液，这样在反应式(6-144) 进行的同时，还发生如下反应

$$2S_2O_3^{2-} + I_3^- = S_4O_6^{2-} + 3I^- \qquad (6\text{-}115)$$

反应式(6-115) 的速率比反应式(6-114) 快得多，反以反应式(6-142) 生成的 $I_3^-$ 立即与 $S_2O_3^{2-}$ 作用，生长了无色的 $S_4O_6^{2-}$ 和 $I^-$。但是一旦 $Na_2S_2O_3$ 耗尽，反应式(6-142) 生成的微量 $I_3^-$ 就立即与淀粉作用，使溶液显蓝色。

从反应式(6-114) 和式(6-115) 可以看出，$S_2O_8^{2-}$ 减少1mol时，$S_2O_3^{2-}$ 则减少2mol，即

$$\Delta(S_2O_8^{2-}) = \Delta(S_2O_3^{2-})/2$$

记录从反应开始到溶液出现蓝色所需要的时间 $\Delta t$。由于在 $\Delta t$ 时间内 $S_2O_3^{2-}$ 全部耗尽，所以由 $Na_2S_2O_3$ 的起始浓度可求 $\Delta(S_2O_3^{2-})$，进而可以计算反应速率 $-\Delta(S_2O_8^{2-})/\Delta t$。

对反应速率表示式 $v=k(S_2O_8^{2-})^m(I^-)^n$ 的两边取对数，得

$$\lg v = m\lg(S_2O_8^{2-}) + n\lg(I^-) + \lg k$$

当 $(I^-)$ 不变时，以 $\lg v$ 对 $\lg(S_2O_8^{2-})$ 作图，可得到 $n$：

求出 $m$ 和 $n$，可由 $k=v/[(S_2O_8^{2-})^m(I^-)^n]$ 求得反应速率常数 $k$。

反应速率常数 $k$ 与反应温度 $T$ 一般有以下关系

$$\lg k = A - E_a/2.303RT$$

式中，$E_a$ 为反应的活化能；$R$ 为气体常数；$T$ 为绝对温度。测出不同温度时的 $k$ 值，以 $\lg k$ 对 $1/T$ 作图，可得一直线，由直线斜率 $-E_a/2.303R$ 可求得反应的活化能 $E_a$。

2. 实验步骤

(1) 试验浓度对化学反应速率的影响，求反应级数　在室温下，用3个量筒分别量取20mL 0.20mol/L KI溶液，8.0mL 0.010mol/L $Na_2S_2O_3$ 溶液和4.0mL 0.2%淀粉溶液，都加到150mL烧杯中，混合均匀，再用另一个量筒量取20mL 0.20mol/L$(NH_4)_2S_2O_8$ 溶液，快速加到烧杯中，

同时开启秒表，并不断搅拌。当溶液刚出现蓝色时，立即停止秒表，记下时间和室温。

用相同的方法，参考下表中的用量进行另外 4 次实验。为了使每次实验中的溶液的离子强度和总体积不变，不足的量分别用 0.20mol/L $KNO_3$ 溶液和 0.20mol/L$(NH_4)_2SO_4$ 溶液补足。

算出各实验中反应速率 $v$，并填入表中。

用表中 1、2、3 的实验数据作 $\lg v$-$\lg(S_2O_8^{2-})$ 图，求出 $m$；用实验 1、4、5 的数据作 $\lg v$-$\lg(I^-)$ 图，求出 $n$。

求出 $m$ 和 $n$ 后，再算出各实验反应速率常数 $k$，把计算结果填入表(1) 中。

**表 (1)**

| 实验序号 | | 1 | 2 | 3 | 4 | 5 |
|---|---|---|---|---|---|---|
| 反应温度/℃ | | | | | | |
| 试剂的用量/mL | 0.201mol/L $(NH_4)_2S_2O_8$ 溶液 | 20 | 10 | 5 | 20 | 20 |
| | 0.20mol/L KI 溶液 | 20 | 20 | 20 | 10 | 5 |
| | 0.010mol/L $Na_2S_2O_3$ 溶液 | 8 | 4 | 2 | 4 | 2 |
| | 0.2%淀粉溶液 | 4 | 4 | 4 | 4 | 4 |
| | 0.20mol/L $KNO_3$ 溶液 | 0 | 0 | 0 | 10 | 15 |
| | 0.20mol/L $(NH_4)_2SO_4$ 溶液 | 0 | 14 | 21 | 4 | 6 |
| 反应物的起始浓度/(mol/L) | $(NH_4)_2S_2O_8$ 溶液 | | | | | |
| | KI 溶液 | | | | | |
| | $Na_2S_2O_3$ 溶液 | | | | | |
| 反应时间 $\Delta t$/s | | | | | | |
| $S_2O_8^{2-}$ 的浓度变化 $\Delta(S_2O_8^{2-})$/(mol/L) | | | | | | |
| 反应的平均速率：$v=-\Delta(S_2O_8^{2-})/\Delta t$ | | | | | | |
| 反应速率常数 $k=v/[(S_2O_8^{2-})^m(I^-)^n]$ | | | | | | |

(2) 实验温度对化学反应速率的影响（求活化能） 按照内容(1) 的方法，把 10mL KI、8mL $Na_2S_2O_3$、4.0mL 0.2%淀粉溶液加入一个烧杯中，10mL $(NH_4)_2S_2O_8$ 溶液加在另一个烧杯中，并把它们同时放在冰水水浴中冷却，等烧杯中的溶液都冷却到 0℃时，将其混合，同时开启秒表，并不断搅拌。当溶液刚刚出现蓝色时，立即停止秒表，记下反应时间和温度。

在约 10℃、20℃、30℃、35℃的条件下，重复以上实验。这样就可以得到 5 个温度（0℃、10℃、20℃、30℃、35℃）下的反应时间。算出 5 个温度下的反应速率和速率常数，把数据及计算结果填入表(2) 中。

**表 (2)**

| 实验序号 | 1 | 2 | 3 | 4 | 5 |
|---|---|---|---|---|---|
| 反应温度/℃ | | | | | |
| 反应时间/s | | | | | |
| 反应速率 $v$ | | | | | |
| 反应速率常数 $k$ | | | | | |
| $\lg k$ | | | | | |
| $1/T$ | | | | | |

用表(2) 中各次实验的 $\lg k$ 对 $1/T$ 作图，求出反应(1) 的活化能。

(3) 催化剂对反应速率的影响 $Cu(NO_3)_2$ 可以使 $(NH_4)_2S_2O_8$ 氧化 KI 的反应加快。按照内容(2) 中的用量，把 $KI$、$Na_2S_2O_3$、$KNO_3$ 和淀粉溶液加到 150mL 烧杯中，再加入 2 滴 0.02mol/L $Cu(NO_3)_2$ 溶液，搅匀，然后迅速加入溶液，搅拌，计时。把此实验的反应速率与内容(2) 中相同温度下的反应速率进行比较。

## 六、丙酮碘化反应级数、速率常数和活化能的测定——分光光度法

### 1. 原理

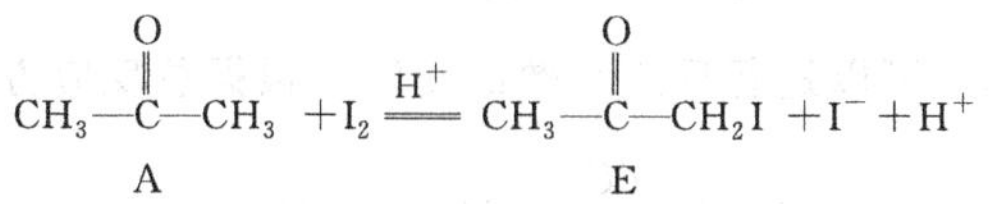

$$CH_3-\overset{\overset{O}{\|}}{\underset{A}{C}}-CH_3 +I_2 \overset{H^+}{=\!=\!=} CH_3-\overset{\overset{O}{\|}}{\underset{E}{C}}-CH_2I +I^- +H^+ \tag{6-116}$$

一般认为该反应是按以下两步进行的

$$CH_3-\overset{\overset{O}{\|}}{\underset{A}{C}}-CH_3 \overset{H^+}{=\!=\!=} CH_3-\overset{\overset{OH}{|}}{\underset{B}{C}}=CH_2$$

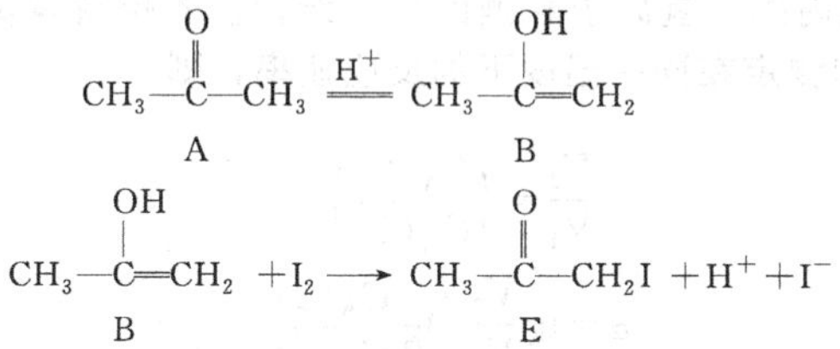

$$CH_3-\overset{\overset{OH}{|}}{\underset{B}{C}}=CH_2 +I_2 \longrightarrow CH_3-\overset{\overset{O}{\|}}{\underset{E}{C}}-CH_2I +H^+ +I^- \tag{6-117}$$

反应式(6-116) 是丙酮的烯醇化反应，它是一个很慢的可逆反应，反应式(6-117) 是烯醇的碘化反应，它是一个快速且趋于进行到底的反应。因此，丙酮碘化反应的总速率是由丙酮的烯醇化反应的速率决定，丙酮的烯醇化反应的速率取决于丙酮及氢离子的浓度，如果以碘化丙酮浓度的增加来表示丙酮碘化反应的速率，则此反应的动力学方程式可表示为

$$\frac{dC_E}{dt}=kC_AC_{H^+} \tag{6-118}$$

式中，$C_E$ 为碘化丙酮的浓度；$C_{H^+}$ 为氢离子的浓度；$C_A$ 为丙酮的浓度；$k$ 表示丙酮碘化反应总的速率常数。

由反应式(6-117) 可知

$$\frac{dC_E}{dt}=-\frac{dC_{I_2}}{dt} \tag{6-119}$$

因此，如果测得反应过程中各时刻碘的浓度，就可以求出 $dC_E/dt$。由于碘在可见光区有一个比较宽的吸收带，所以可利用分光光度计来测定丙酮碘化反应过程中碘的浓度，从而求出反应的速率常数。若在反应过程中，丙酮的浓度远大于碘的浓度且催化剂酸的浓度也足够大时，则可把丙酮和酸的浓度看作不变，把式(6-118) 代入式(6-119) 积分得：

$$C_{I_2}=-kC_AC_{H^+}t+B \tag{6-120}$$

按照朗伯-比耳 (Lambert-Beer) 定律，某指定波长的光通过碘溶液后的光强为 $I_t$，通过蒸馏水后的光强为 $I_0$，则透光率可表示为：

$$T=\frac{I_t}{I_0} \tag{6-121}$$

并且透光率与碘的浓度之间的关系可表示为：

$$\lg T=-\varepsilon dC_{I_2} \tag{6-122}$$

式中，$T$ 为透光率；$d$ 为比色槽的光径长度，$\varepsilon$ 是取以 10 为底的对数时的摩尔吸收系数。将式(6-120) 代入式(6-122) 得：

$$\lg T=k\varepsilon dC_AC_{H^+}t+B' \tag{6-123}$$

由 $\lg T$ 对 $t$ 作图可得一直线，直线的斜率为 $k\varepsilon dC_AC_{H^+}$。式中 $\varepsilon d$ 可通过测定一已知浓度的碘溶

液的透光率，由式(6-122) 求得，当 $C_A$ 与 $C_{H^+}$ 浓度已知时，只要测出不同时刻丙酮、酸、碘的混合液对指定波长的透光率，就可以利用式(6-123) 求出反应的总速率常数 $k$。

由两个或两个以上温度的速率常数，就可以根据阿累尼乌斯（Arrhenius）关系式估算反应的活化能。

$$E_a = 2.303R\frac{T_1T_2}{T_2-T_1}\lg\frac{k_2}{k_1} \quad 或 \quad E_a=\frac{RT_1T_2}{T_2-T_1}\ln\frac{k_2}{k_1} \tag{6-124}$$

为了验证上述反应机理，可以进行反应级数的测定。根据总反应方程式，可建立如下关系式

$$V=\frac{dC_E}{dt}=kC_A^{\alpha}C_{H^+}^{\beta}C_{I_2}^{\gamma}$$

式中，$\alpha$、$\beta$、$\gamma$ 分别表示丙酮、氢离子和碘的反应级数。若保持氢离子和碘的起始浓度不变，只改变丙酮的起始浓度，分别测定在同一温度下的反应速率，则

$$\frac{V_2}{V_1}=\left(\frac{C_A(2)}{C_A(1)}\right)^{\alpha} \tag{6-125}$$

$$\alpha=\lg\frac{V_2}{V_1}\Big/\lg\frac{C_A(2)}{C_A(1)} \tag{6-126}$$

同理可求出 $\beta$，$\gamma$

$$\beta=\lg\left(\frac{V_3}{V_1}\right)\div\lg\left(\frac{C_{H^+}(2)}{C_{H^+}(1)}\right) \tag{6-127}$$

$$\gamma=\lg\left(\frac{V_4}{V_1}\right)\div\lg\left(\frac{C_A(2)}{C_A(1)}\right) \tag{6-128}$$

2. 仪器与试剂

(1) 仪器　分光光度计 1 套；容量瓶（50mL）4 只；超级恒温槽 1 套；容量瓶（100mL）4 只；带有恒温夹层的比色皿一盒，移液管 5mL，10mL 各 4 支；秒表 1 块。

(2) 试剂　碘溶液（$0.02000mol \cdot L^{-1}$）；标准盐酸溶液（$1.000mol \cdot L^{-1}$）；丙酮溶液（$4.000mol \cdot L^{-1}$）。

3. 实验步骤

(1) 调整分光光度计　首先打开微电计开关，旋转调零旋钮，使光点指到零点位置。将波长调到 565nm。将恒温比色皿装满蒸馏水，在 (25.0±0.1)℃时放入暗箱并使其处于光路中。调整光亮调节器，使微电计光点处于透光率“100”的位置上，然后将比色槽取出，把水倒掉。

(2) 求 $\varepsilon d$ 值　取 $0.02mol \cdot L^{-1}$ 的碘溶液 10mL 注入 100mL 容量瓶中，用二次蒸馏水稀释到刻度，摇匀。取此碘溶液注入恒温比色皿，在 (25.0±0.1)℃时，置于光路中，测其透光率，利用式(6-123) 求出 $\varepsilon d$ 值。

(3) 测定丙酮碘化反应的速率常数　取一洗净的 100mL 容量瓶，注入约二次蒸馏水，置于 (25.0±0.1)℃或 (30.0±0.1)℃的恒温槽中恒温。在一洗净的 50mL 容量瓶中用移液管移入丙酮溶液，加入少量二次蒸馏水，盖上瓶塞，置于 (25.0±0.1)℃的恒温槽中恒温。另取一洗净的 50mL 容量瓶，用移液管量取碘溶液，取 $1mol \cdot L^{-1}$ 的盐酸溶液注入该瓶中，盖上瓶塞，置于 (25.0±0.1)℃的恒温槽中恒温（恒温时间不少于 10min）。温度恒定后，将丙酮溶液倒入盛有酸和碘混合液的容量瓶中，用 25.0℃的二次蒸馏水洗涤盛有丙酮的容量瓶 3～4 次。洗涤液均倒入盛有混合液的容量瓶中，用 25.0℃的二次蒸馏水稀释至刻度，振荡均匀，迅速倒入恒温比色皿（外保温套中先已从超级恒温槽中通入恒温水流）少许，洗涤三次倾出。然后再倒满恒温比色皿，用擦镜纸擦去残液，置于暗箱光路中，测定透光率，并同时开启秒表，作为反应起始时间。以后每隔 3min 读一次透光率，直到光点指在透光率 100 为止。

(4) 测定各反应物的反应级数　各反应物的用量如下表所示：

| 编　　号 | $4mol\cdot L^{-1}$ 丙酮溶液 | $1mol\cdot L^{-1}$ 盐酸溶液 | $0.02mol\cdot L^{-1}$ 碘溶液 |
|---|---|---|---|
| 1 | 3.0mL | 10.0mL | 10.0mL |
| 2 | 1.5mL | 10.0mL | 10.0mL |
| 3 | 3.0mL | 5.0mL | 10.0mL |
| 4 | 3.0mL | 10.0mL | 5.0mL |

测定方法同步骤（3），温度仍为（25.0±0.1)℃［或（30.0±0.1)℃］。

(5) 将恒温槽的温度升高到（35.0±0.1)℃，重复上述操作（1)，(2)，(3)，但测定时间应相应缩短，可改为1min记录一次。

4. 注意事项

① 温度影响反应速率常数，实验时体系始终要恒温。

② 实验所需溶液均要准确配制。

③ 混合反应溶液时要在恒温槽中进行，操作必须迅速准确。

5. 数据处理

(1) 把实验数据填入下表：

$C_{I_2}$＝__________；$T$＝__________；$\lg T$＝__________；$\varepsilon d$ __________。

| 时间/min | 透光率 $T$ | | $\lg T$ | |
|---|---|---|---|---|
| | 25.0℃ | 35.0℃ | 25.0℃ | 35.0℃ |
| | | | | |

(2) 将 $\lg T$ 对时间 $t$ 作图，得一直线，求直线的斜率，并求出反应的速率常数。

(3) 利用25.0℃及35.0℃时的 $k$ 值求丙酮碘化反应的活化能。

(4) 反应级数的测定。由实验步骤（3)、(4）中测得的数据，分别以 $\ln T$ 对 $t$ 作图，得到4条直线。求出各直线斜率，即为不同起始浓度时的反应速率，代入式(6-126)、式(6-127) 和式(6-128) 可求出 $\alpha$，$\beta$，$\gamma$。

# 第四节　高聚物的鉴定

## 一、高聚物分子量的测定

1. 端基分析法

端基分析法是测定聚合物分子量的一种化学方法。凡聚合物化学结构明确、每个高分子链的末端具有可供化学分析的基团，原则上均可用此法测其分子量。一般的缩聚物是由具有可反应基团的单体缩合而成，每个高分子链的末端仍有反应性基团，而且缩聚物分子量通常不是很大，因此端基分析应用很广。对于线性聚合物而言，样品分子量越大，单位质量中所含的可供分析的端基就越少，分析误差也就越大。因此端基分析法适合于分子量较小的聚合物，可测定的相对分子量上限是 $1\times10^2\sim2\times10^4$ 左右。

端基分析的目的除了测定分子量以外，如果与其他分子量测定方法相结合，还可用于判断高分子的化学结构，由此也可对聚合机理进行分析。

(1) 原理

设在质量为 $m$ 的样品中含有分子链的物质的量为 $N$，被分析的基团的物质的量为 $N_t$，每根高分子链含有的集团数为 $n$，则样品的分子量为：

$$M_n=\frac{m}{N}=\frac{m}{N_t/n}=\frac{nm}{N_t} \tag{6-129}$$

本实验测定的线形聚酯的样品是由二元酸和二元醇缩合而成，每根大分子链的一端为羟基，另一端为羧基，因此可以通过测定一定质量的聚酯样品中的羧基和羟基的数目而求得其分子量。羧基的测定可采用酸碱滴定法进行，而羟基的测定可采用乙酰化的方法，即加入过量的乙酸酐使大分子链末端的羟基转变为乙酰基：

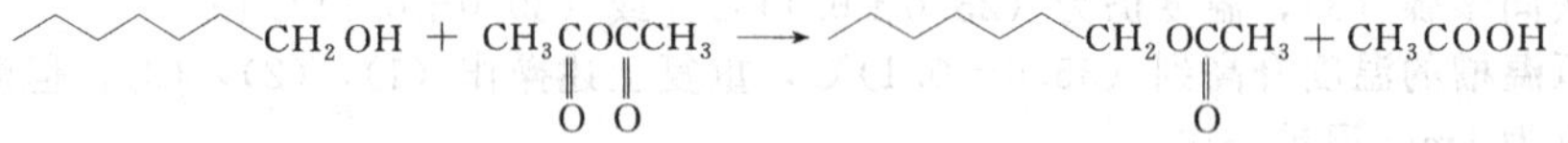

然后使剩余的乙酸酐水解变为乙酸，用标准 NaOH 溶液滴定可求得过剩的乙酸酐。从乙酸酐耗量可以计算出样品中所含羟基的数目。

在测定聚酯的分子量时，一般首先根据羧基和羟基的数目分别计算出聚合物的分子量，然后取其平均值。在某些特殊情况下，如果测得的两种基团的数量相差太远，应对其原因进行分析。

由于聚酯分子链中间部位不存在羧基或羟基，$n=1$，因此式(6-157) 可以写为：

$$M_n=\frac{m}{N_t}$$

用羧酸计算分子量时

$$M_n=\frac{m\times 1000}{C_{NaOH}(V_0-V_f)} \tag{6-130}$$

式中，$C_{NaOH}$ 为 NaOH 的浓度；$V_0$ 为滴定时的起始读数；$V_f$ 为滴定终点时的读数。

用羟基计算分子量时

$$M_n=\frac{m\times 1000}{N_t'-C_{NaOH}(V_0-V_f)} \tag{6-131}$$

式中，$N_t'$ 为所加的乙酸酐物质的量；$C_{NaOH}$ 为滴定过剩乙酸酐所用的 NaOH 的浓度 $(mol\cdot L^{-1})$。

根据以上原理，有些基团可采用最简单的酸碱滴定进行分析，如聚酯的羧基、聚酰胺的羧基和氨基；而有些不能直接分析的基团也可以通过转化变为可分析的基团，但转化过程必须明确和安全。同时由于像缩聚类聚合物往往容易分解，因此转化时应注意不使聚合物降解。对于大多数的烯类加聚物，一般分子量较大且无可供分析的端基，而不能采用此法测定其分子量，但在特殊需要时可以通过聚合过程中采用带有特殊基团的引发剂、终止剂、链转移剂等在聚合物中引入可分析基团甚至同位素等。

采用端基分析法测分子量时，首先必须对样品进行纯化，除去杂质、单体及不带可分析基团的环状物。由于聚合过程往往要加入各种助剂，有时会给提纯带来困难，这也是端基分析法的主要缺点。因此最好了解杂质类型，以便选择提纯方法。对于端基数量与类型，除了根据聚合机理确定以外，还需注意在生产过程中是否为了某种目的（如提高抗老化性）而对端基封闭或转化处理。另外，在进行滴定时采用的溶剂应既能溶解聚合物，又能溶解滴定试剂。端基分析的方法除了可以灵活应用各种传统化学分析方法外，也可以采用电导滴定、电位滴定及红外光谱、元素分析等仪器分析方法。

由式(6-129) 可知

$$M_n=\frac{m}{N}=\frac{\sum n_i M_i}{\sum n_i}=\bar{M}_n \tag{6-132}$$

即端基分析法测得的是数均分子量。

(2) 试剂与仪器

试剂：待测样品聚酯，三氯甲烷，0.1mol·L$^{-1}$ NaOH 溶液，乙酸酐吡啶（体积比 1∶10），苯，去离子水，酚酞试剂，0.5mol·L$^{-1}$ NaOH 乙醇溶液。

仪器设备：分析天平，磨口锥形瓶，移液管，滴定装置，回流冷凝管，电热套。

（3）实验步骤

① 羧基的测定　用分析天平准确称取 0.5g 样品，置于 250mL 磨口锥形瓶内，加入 10mL 三氯甲烷，摇动，溶解后加入酚酞指示剂，用 $0.1mol \cdot L^{-1}$ NaOH 乙醇溶液滴定至终点。由于大分子链端羧基的反应性低于低分子物，因此在滴定羧基时需等 5min，如果红色不消失才算滴定到终点。但等待时间过长时，空气中的 $CO_2$ 也会与 NaOH 起作用而使酚酞褪色。

② 羟基的测定　准确称取 1g 聚酯，置于 250mL 干燥的锥形瓶内，用移液管加入 10mL 预先配制好的乙酸酐吡啶溶液（乙酰化试剂）。在锥形瓶上装好回流冷凝管，然后进行加热并不断搅拌。反应时间约 1h。然后由冷凝管上口加入 10mL 苯（为了便于观察终点）和 10mL 去离子水，待完全冷却后以酚酞为指示剂，用标准 $0.5mol \cdot L^{-1}$ NaOH 醇溶液滴定至终点。同时做空白试验。

（4）数据处理

根据羧基与羟基的量，分别按式(6-130) 和式(6-131) 计算平均分子量，然后计算其平均量。如果两者相差较大，需分析原因。

2. 膜渗透法测定聚合物分子量和 Huggins 参数

（1）原理

渗透压是溶液依数性的一种。用渗透压法测定分子量是研究溶液热力学性质的结果。这种方法广泛地被用于测定分子量 2 万以上聚合物的数均分子量及研究聚合物溶液中分子间相互作用情况。

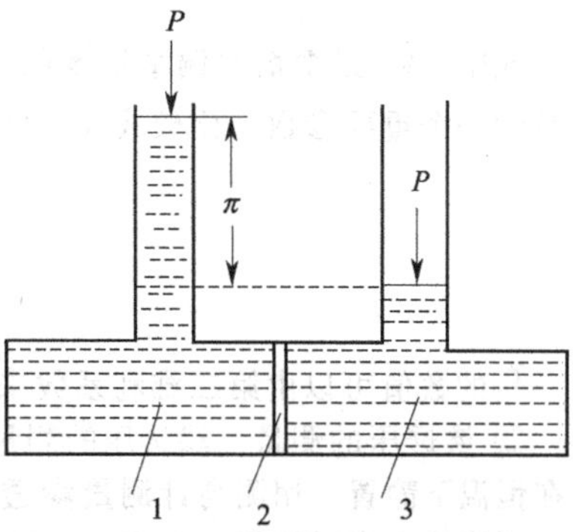

图 6-73　半透膜渗透作用示意图
1—溶液池；2—半透膜；3—溶剂池

① 理想溶液的渗透压　从溶液的热力学性质可知，溶液中溶剂的化学势比纯溶剂的小，当溶液与纯溶剂用一半透膜隔开（见图 6-73）溶剂分子可以自由通过半透膜，而溶质分子则不能。由于半透膜两侧溶剂的化学势不等，溶剂分子经过半透膜进入溶液中，使溶液液面升高而产生液柱压强，溶液随着溶剂分子渗入而压强逐渐增加，其溶剂的化学势亦增加，最后达到与纯溶剂化学势相同，即渗透平衡。此时两边液柱的压强差称为溶剂的渗透压（$\pi$）。

理想状态下的 *Van't Hoff* 渗透压公式

$$\frac{\pi}{C}=\frac{RT}{M} \tag{6-133}$$

② 聚合物溶液的渗透压　高分子溶液中的渗透压，由于高分子链段间以及高分子和溶剂分子之间的相互作用不同，高分子与溶剂分子大小悬殊，使高分子溶液性质偏离理想溶液的规律。实验结果表明，高分子溶液的比浓渗透压 $\frac{\pi}{C}$ 随浓度而变化，常用维利展开式来表示：

$$\frac{\pi}{C}=RT\left(\frac{1}{M}+A_2C+A_3C^2+\cdots\right) \tag{6-134}$$

式中，$A_2$ 和 $A_3$ 分别为第二和第三维利系数。

通常，$A_3$ 很小，当浓度很稀时，对于许多高分子-溶剂体系高次项可以忽略。则式(6-134) 可以写为

$$\frac{\pi}{C}=RT\left(\frac{1}{M}+A_2C\right) \tag{6-135}$$

即比浓渗透压 $\left(\frac{\pi}{C}\right)$ 对浓度 $C$ 作图是呈线性关系，如图 6-74 的线 2 所示，往外推到 $C \to 0$，从截距和斜率便可以计算出被测样品的分子量和体系的第二维利系数 $A_2$。

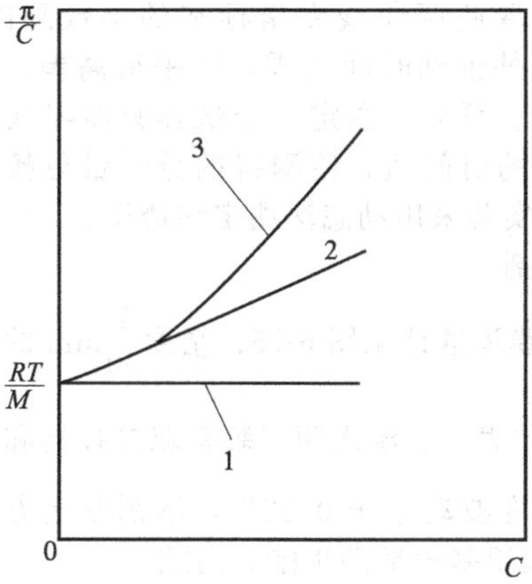

图 6-74　比浓渗透压与浓度的关系
1—理想溶液（$A_2=A_3=0$）；2,3—高分子溶液（2，$A_3=0$　$A_2\neq0$；3，$A_3\neq0$　$A_2\neq0$）

但对于有些高分子-溶剂体系，在实验的浓度范围内，

$\frac{\pi}{C}$对 $C$ 作图。如图 6-74 的线 3 所示，明显弯曲。可用式(6-163) 表示：

$$\left(\frac{\pi}{C}\right)^{\frac{1}{2}}=\left(\frac{RT}{M}\right)^{\frac{1}{2}}+\frac{1}{2}\left(\frac{RT}{M}\right)^{\frac{1}{2}}\Gamma_2 C \tag{6-136}$$

同样$\left(\frac{\pi}{C}\right)^{\frac{1}{2}}$对 $C$ 作图得线性关系，外推 $C\rightarrow 0$，得截距$\left(\frac{RT}{M}\right)^{\frac{1}{2}}$，求得分子量 $M$，由斜率可以求得 $\Gamma_2(\Gamma_2=A_2M)$。

第二维利系数的数值可以看成高分子链段间和高分子与溶剂分子间相互作用的一种量度，和溶剂化作用以及高分子在溶液中的形态有密切的关系。

根据高分子溶液似晶格模型理论对溶液混合自由能的统计计算提出了比浓渗透压对浓度依赖关系的 Flory-Huggins 公式

$$\frac{\pi}{C}=RT\left[\frac{1}{\bar{M}_n}+\left(\frac{1}{2}-\chi_1\right)\frac{1}{\bar{V}_1\rho_2^2}C+\frac{1}{3}\frac{1}{\bar{V}_1\rho_2^2}C_2+\cdots\right] \tag{6-137}$$

式中，$\bar{V}_1$ 是溶剂的偏摩尔体积；$\rho_2$ 是高聚物的密度；$\chi_1$称 Huggins 参数，是表征高分子-溶剂体系的一个重要参数。比较式(6-134) 与式(6-137)，可得 $A_2$ 与 $\chi_1$之间的关系

$$A_2=\frac{\frac{1}{2}-\chi_1}{\bar{V}_1\rho_2^2} \tag{6-138}$$

$\chi_1$的数值可以由第二维利系数来计算得到。

③ 渗透压的测量　渗透压的测量，有静态法和动态法两类。静态法也称渗透平衡法，是让渗透计在恒温下静置，用测高计测量渗透池的测量毛细管和参比毛细管两液柱高度差，直至数值不变，但达到渗透平衡需要较长时间，一般需要几天，如果试样中存在能透过半透膜的低分子，则在此长时间内会部分透过半透膜而进入溶剂池，而使液柱高差不断下降，无法测得正确的渗透压数据。动态法有速率终点和升降中点法。当溶液池毛细管液面低于或高于其渗透平衡点时，液面会以较快速率向平衡点方向移动，到达平衡点时流速为零，测量毛细管液面在不同高度 $h_i$ 处的渗透速率 $dH/dt$，作图外推到 $dH/dt=0$，得截距 $H'_{0i}$；减去纯溶剂的外推截距 $H_0$，差值 $H_{0i}=H'_{0i}-H_0$ 与溶液密度的乘积即为渗透压。但在膜的渗透速率比较高时，$dH/dt$ 值的测量误差比较大。升降中点法是调节渗透计的起始液柱高差，定时观察和记录液柱高差随时间的变化，作高差对时间对数图，估计此曲线的渐近线，再在渐近线的另一侧以等距的液柱重复进行上述测定，然后取此两曲线纵坐标和的半数画图，得一直线再把直线外推到时间为零，即平衡高差。动态法的优点是快速、可靠。测定一个试样只需半天时间，每一浓度测定的时间短，使测得的分子量更接近于真实分子量。本实验采用动态法测定渗透压。

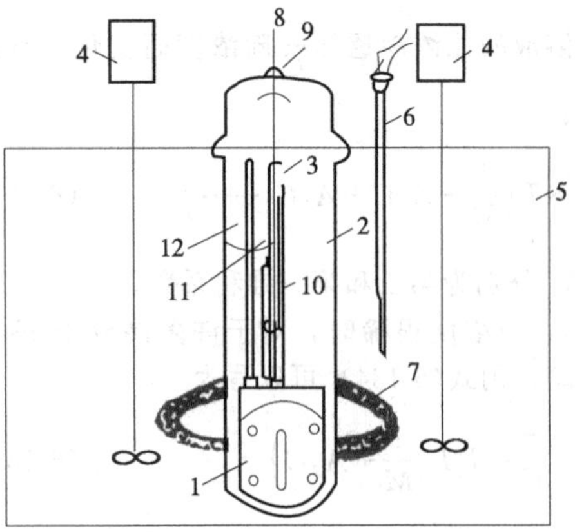

图 6-75　改良型 Bruss 膜渗透计装置

1—渗透池；2—溶剂瓶；3—拉杆密封螺丝；4—搅拌器；5—恒温槽；6—接点温度计；7—加热器；8—拉杆；9—溶剂瓶盖；10—进样毛细管；11—参比毛细管；12—测量毛细管

(2) 仪器与试剂

改良型 Bruss 膜渗透计见图 6-75；精度$\frac{1}{50}$mm 的测高仪；精度$\frac{1}{10}$s 的秒表；恒温水槽（装有双搅拌器和低滞后的加热器，温度波动小于 0.02℃，溶剂瓶上方用泡沫塑料保温）。聚甲基丙烯酸甲酯，丙酮。

(3) 实验步骤

① 测量纯溶剂的动态平衡点

ⓐ 新装置好的渗透计、半透膜往往有不对称性，即当半透膜两边均是纯溶剂时，渗透计测量毛细管与

参比毛细管液柱高常有些差异。测量过溶液的渗透计，则由于高分子在半透膜上的吸附和溶质中低分子量部分的透过，也有这种不对称性。在测定前需用溶剂洗涤多次，并浸泡较长时间，消除膜的不对称性及溶剂差异对渗透压的影响。用特制长针头注射器缓缓插入注液毛细管直至池底，抽干池内溶剂，然后取 2.5mL 待测溶剂，再洗涤一次渗透池并抽干，再注入溶剂，将不锈钢拉杆插入注液毛细管，让拉杆顶端与液面接触，不留气泡，旋紧下端螺丝帽，密封注液管。

ⓑ 测量液面上升的速率。通过拉杆调节，使测量毛细管液面位于参比毛细管液面下一定位置，旋紧上端，记录液面高度 $h_i$（cm），读数精确到 0.002cm。用秒表测定该液面高度上升 1mm 所需时间 $t_i$。旋松上端螺丝再用拉杆调节测量毛细管液面（若速率很快，可以让其自行上升），使之升高约 0.5cm 再做重复测定。如此，使液面从下往上测量 5～6 个实验点，并测参比毛细管液面高 $h_0$，计算液柱高差 $\bar{h}_i=h_i-h_0$（cm），和上升瞬间速率 $dH/dt$ 即 $1/t$（mm/s），记录并计算列表 6-31。

**表 6-31 实验数据记录**

| 项 目 | $h_0$ | $h_1$ | $h_2$ | $h_3$ | $h_4$ | $h_5$ | $h_6$ |
|---|---|---|---|---|---|---|---|
| $t_i$<br>$\bar{h}_i$/cm<br>$H_i$/cm<br>$dH/dt$/(mm/s) | | | | | | | |

由 $H_i$ 对 $dH/dt$ 作图即得“上升线”。

ⓒ 测量液面下降的速率。将测量毛细管液面上升到参比毛细管液面以上一定位置，记录液面高度 $h_i$ 及液面下降 1mm 所需时间 $t_i$，液面从上往下也测量 5～6 个实验点并测参比毛细管液面高度 $h_0$，与ⓑ同样计算、列表、作图。由 $H_i$ 对 $dH/dt$ 作图得“下降线”。

② 测量溶液的动态平衡点

ⓐ 制备试样溶液　对不同分子量的样品，可参考下表配制最高的浓度。然后以最高浓度的 0.15、0.3、0.5、0.7 倍的浓度估算溶质、溶剂的值，用重量法配制样品溶液 5 个。搁置过夜待用。

| $M$/g·mol$^{-1}$ | $2\times10^4$ | $5\times10^4$ | $1\times10^5$ | $2.5\times10^5$ | $5\times10^5$ | $1\times10^6$ |
|---|---|---|---|---|---|---|
| $C\times10^2$/g·cm$^{-3}$ | 0.5 | 0.5 | 1 | 1 | 1.5 | 3 |

ⓑ 换液　旋松下端螺丝，抽出拉杆，如同溶剂中一样的操作，用长针头注射器吸干池内液体，取 2.5mL 待测溶液洗涤、抽干、注液、插入拉杆。换液顺序由稀到浓，先测最稀的，测定 5 个浓度的溶液。

ⓒ 各个浓度的“上升线”和“下降线”的测量的方法同溶剂。调节测量毛细管的起始液面高度时，不宜过高或过低。测量前根据配制的浓度和大概的分子量预先估计渗透平衡点的高度位置，起始液面高度选择在距渗透平衡点（估计值）3～6mm 处，即以大致相同的推动压头下开始测定。也只有在合适的起始高度下，每次测定所需的时间（从注液至测定完的时间间隔）相同，实验点的线性和重复性才会好。严格做到操作手续的一致是十分重要的。每一浓度下的“上升线”和“下降线”记录列表同表 6-31，并作图。实验完毕后用纯溶剂洗涤渗透池 3 次。

(4) 数据处理

① 由测量毛细管的液面高度、参比毛细管液面高度按表 6-31 计算得到 $H_i$，$dH/dt$ 的数据，以 $H_i$ 为纵坐标、$dH/dt$ 为横坐标作图并外推到 $dH/dt=0$，即得渗透平衡的柱高差 $H_{0i}$，则此溶液的渗透压为

$$\pi_i=H_{0i}\rho_0$$

② 溶液的渗透压测量中，渗透计两毛细管液柱，一是溶液液柱（测量管），另一是溶剂的液柱，它们能造成液压差，确切地说应该考虑溶液与溶剂的密度差别，即所谓密度改正，但一般情况下，溶液较稳定，密度改正项不大，且对不同浓度的测量来说，溶液的密度又有差别，各种溶液的

密度数据又不全，常常简单地以溶剂密度 $\rho_0$ 代之。并列表如下：

样品________________；

实验温度 $T$=________________K；

溶剂________________实验温度下的密度 $\rho_0$=________________g/cm³。

③ 作 $\pi/C$ 对 $C$ 图［或$(\pi/C)^{1/2}$ 对 $C$ 图］，由直线外推值 $(\pi/C)_{C\to 0}$［或$(\pi/C)^{1/2}_{C\to 0}$］计算数均分子量。

$$\overline{M}_n=\frac{8.484\times 10^4 T}{(\pi/C)_{C\to 0}}$$

④ 由直线斜率求 $A_2$，并计算高分子-溶剂相互作用参数 $\chi_1$。

3. 蒸气压渗透法测定分子量

高分子材料的力学强度与其数均分子量密切相关。譬如，数均分子量大于 12000 的聚乙烯才能成为塑料；又如，数均分子量大于 10000 的聚酯、聚酰胺才能纺成有用的纤维。数均分子量的测定方法有端基滴定、冻点下降、沸点升高、蒸气压下降、膜渗透法等。本实验所用的“蒸气压渗透法”（vapor-pressure osmometry，VPO）具有以下优点：样品用量少，速度快，可连续测试，温度选择范围大，实验数据可靠性大。

(1) 原理

依据拉乌尔（Raoult）定律，在一定的温度下，溶液中溶剂的蒸气压（如果溶质不挥发，那么就是溶液的蒸气压）低于纯溶剂的蒸气压。这种蒸气压的降低可通过“直接法”、“等温蒸馏法”或“热效应法”加以测定，本实验是采用热效应法。蒸气压渗透计（图 6-76）的汽化室为溶剂的蒸气所饱和，在室内放置两只匹配得很好的热敏电阻。如果在一只热敏电阻上加 1 滴溶剂，而在另一只热敏电阻上加 1 滴溶液，那么：①在“溶剂滴”的表面，溶剂分子从饱和蒸气相向其表面凝聚同时又不断挥发，呈现动态平衡，这只热敏电阻的温度不变；②在“溶液滴”的表面，因其蒸气压的降低，溶剂分子从饱和蒸气相不断向其表面凝聚，放出凝聚热，使这只热敏电阻的温度升高。经过一段时间，虽然“凝聚”仍在进行，但因传导、对流、辐射等散热，又使这只热敏电阻的温度下降，一旦放热与散热抵消，于是出现了“稳态”（“热流”等于零，“物质流”不为零）。此时，由溶剂的蒸气压差造成的这两只热敏电阻的温差 $\Delta T$ 和溶液中溶质的摩尔分数 $m_2$ 成正比。

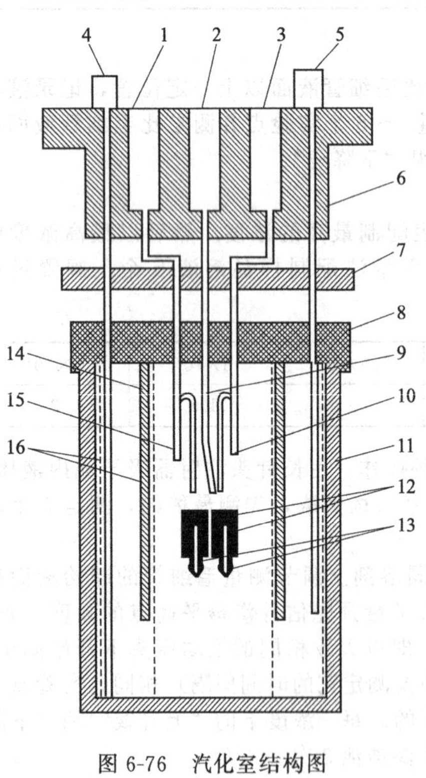


图 6-76 汽化室结构图

1，2—溶剂预热孔；3—溶液预热孔；4—吸液管；5—注液管；6—保温盖；7—支撑板；8—密封盖；9—溶剂滴；10—溶液滴管；11—密封缸；12—金属网；13—热敏电阻；14—汽化缸；15—溶液滴管；16—滤纸筒

$$\Delta T=Am_2 \qquad (6\text{-}139)$$

式中，$A$ 为常数，$\chi=n_{20}/(n_1+n_2)$（$n_1$、$n_2$ 分别为溶剂、溶质的物质的量）。

对于稀溶液，因 $n_1\gg n_2$，则 $\chi\approx\frac{n_2}{n_1}=\frac{m_2M_1}{m_1M_2}=c\frac{M_1}{M_2}$

式中，$M_1$、$M_2$ 分别为溶剂、溶质的分子量；$m_1$、$m_2$ 分别为溶剂、溶质的质量；$c=m_2/m_1$，为溶液的质量浓度（单位为 g/kg）。

因此，式(6-139) 可改写为

$$\Delta T=A\frac{M_1}{M_2}c \qquad (6\text{-}140)$$

今将这两只热敏电阻 $R_1$、$R_2$ 组成惠斯顿电桥的两个桥臂（图 6-77），那么因温差引起的热敏电阻阻值的变化，使电桥失去平衡，输出的信号表示为检测器-检流计的偏转格数 $\Delta G_i$。利用 $G_i$ 和

$\Delta T$ 呈线性关系，由式(6-168) 可得到

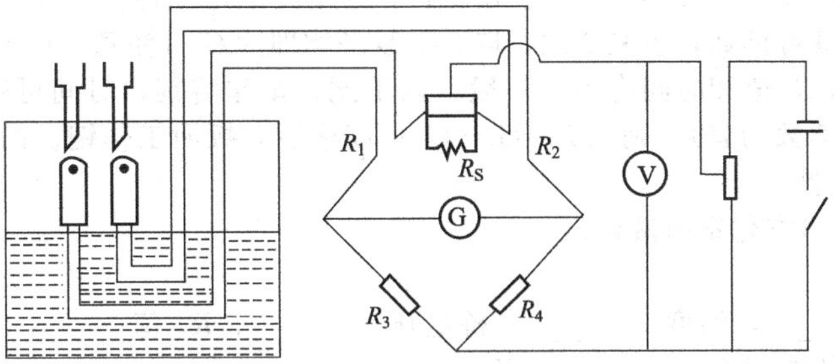

图 6-77 气相渗透仪工作原理示意图

$$\Delta G = K\frac{c_i}{M_2} \tag{6-141}$$

式中，$K$ 称为仪器常数，它和桥电压、溶剂、温度等有关，可预先用“基准物”进行标定；$c_i$ 为溶液浓度。由式(6-141) 可知，如果已知 $K$ 和 $c_i$，那么可通过测定 $\Delta G_i$ 求得 $M_2$［聚合物（溶质）的数均分子量］。

$$\bar{M} = \frac{K}{(\Delta G_i/c_i)_0} \tag{6-142}$$

式中，$(\Delta G_i/c_i)_0$ 是指将 $\Delta G_i/c_i$ 外推到 $c_i=0$ 的值，以校正溶质和溶剂之间的相互作用。

鉴于本方法达到“稳态”的过程有待进一步深入研究，所以有关仪器常数的分子量依赖性，正处于讨论之中。高玉书等认为，相对分子质量从 178～716，$K$ 为常数；相对分子质量大至 $3.5\times10^4$，$K$ 也基本不变。潘雨生等认为，相对分子质量小于 800，$K$ 可视为常数（相对误差≤2%）；而分子量再增加，$K$ 也逐渐增大，若不经校正，则所得的 $\bar{M}_n$ 偏低（例如，相对分子质量为 $2.10\times10^4$ 的聚苯乙烯，可偏低 12.6%）。并提出一些校正公式。

(2) 试剂与仪器

化学试剂：聚苯乙烯样品，溶剂（氯仿、苯或丁酮均为 A. R.，任选一种）。

仪器设备：气相渗透仪（QX-08 型）图 6-77，检流计，秒表，容量瓶，移液管，注射器及针头。

(3) 实验步骤

① 溶液配制　样品以及配制用的溶剂必须经过良好的纯化与干燥，所用的玻璃仪器必须洗净烘干。在 10mL 容量瓶中（质量为 $m_1$），小心放入聚合物样品，准确称重得 $m_2$（有效数字 3 位），加入溶剂，称重得 $m_3$（为使称量迅速，可依据溶剂密度作大约估算），那么，溶液的原始浓度：

$$c_0 = \frac{m_2 - m_1}{m_3 - m_2}\times 1000\ (\text{g/kg})$$

而一系列其他浓度的溶液，可用“稀释法”配得。用相对浓度 $c_i' = c_i/c_0$ 表示，可以配制 $c_i' =$ 1/3、1/2、2/3、1 等。

② 测试前的仪器准备　按《仪器说明书》进行接线与调试。一一检查温度选择键、$R_t$ 值和桥电压是否正确。汽化室内注入 30mL 左右溶剂，恒温 4h 以上，桥路在测试前稳定 0.5h 以上。调好检流计的机械零点。

③ $G_0$ 值的标定　检流计放在×0.01 挡，在两只热敏电阻上各加 3～5 滴（每滴约 0.01mL）的纯溶剂，开动秒表，3min 后按下“工作键”，调整“电桥零点”旋钮，使检流计光点稳定在某位置上，此即为 $G_0$ 值。读毕后，扳回工作键。实验过程中，$G_0$ 值可能会变，为了提高数据可靠性，一般要求每测两个浓度的溶液后，须用纯溶液校正一次 $G_0$ 值。注意，调试完毕后的仪器，在工作过程中必须保持条件不变，因此除了“工作键”与“衰减键”以外，其他旋钮开关一律不能乱动！

④ 样品 $G_i$ 值的测定　在一只热敏电阻上滴溶剂，在另一只热敏电阻上滴溶液，各 0.03～0.05mL 左右。3min 后按下“工作键”，待光点基本稳定后，每分钟读一个数，10min 左右读数已接近稳定。如此再滴液再读数，重复 3 次。取 3 个数平均即为 $G_i$（注意：由于体系不是平衡点，而是处于“稳态”，所以 $G_i$ 值和时间有关。一般，以丁酮、苯作溶剂，时间可短些，而氯仿则长些。本仪器以 10min 左右读数为宜），则 $\Delta G_i = G_i - G_0$；读毕后，扳回工作键。同上法，再测其他浓度溶液的 $G_i$ 值，依此类推。

⑤ 关闭电源　抽出汽化室内液体。

(4) 数据处理

① 仪器编号________，温度________，桥电压________，$R_S$ 值________，样品________，溶液________，溶液原始浓度 $C_0$ ________，$K$ 值________。

将实验所测数据填入下表。

| $c_i'$ | 0 | 1/3 | 1/2 | 0 | 2/3 | 1 | 0 |
|---|---|---|---|---|---|---|---|
| $G_0$ | | — | — | | — | — | |
| $G_i$ | — | 1.<br>2.<br>3. | 1.<br>2.<br>3. | — | 1.<br>2.<br>3. | 1.<br>2.<br>3. | — |
| $\Delta G_i$ | — | | | — | | | — |
| $\Delta G_i/c_i'$ | — | | | — | | | — |

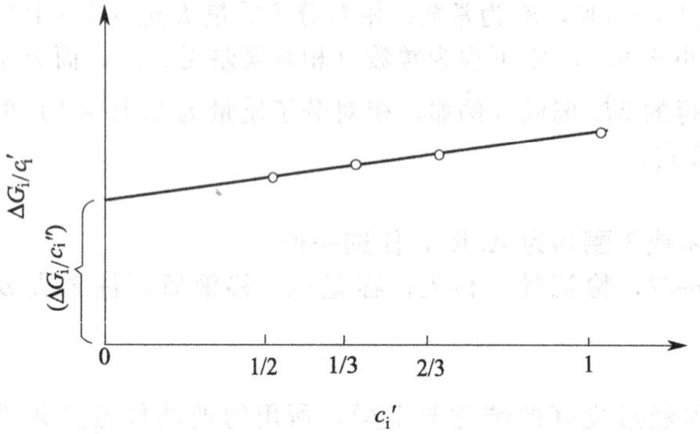


图 6-78　$\Delta G_i/c_i'$ 对 $c_i'$ 作图

② 为简便起见，以 $\Delta G_i/c_i'$ 对 $c_i'$ 作图 6-78，进行外推到 $c_i'=0$（$c_i=c_i'c_0$，即 $c_i=0$），得 $(\Delta G_i/c_i')_0$ 值。

③ 根据公式(6-142)，代入 $c_i=c_i'c_0$，得

$$\bar{M}_n=\frac{K}{(\Delta G_i/c_i')_0}\times c_0$$

(5) 注意事项

① 标定 $K$ 值用的“基准物”的条件是：易于纯化，溶于一般溶剂，常温下本身蒸气压很小。常用的有机物有苯甲酸（相对分子质量 122.1）、萘（128）、联苯甲酰（210）、卅二烷（450）、三硬脂酸甘油酯（892）。

② 为充分利用检流计的满标尺，而不用渗透仪的“衰减补偿”，以减少实验误差，必须根据被测物的分子量大小（事先估计一下），选择合适的配制浓度范围。

## 二、高聚物分子量分布的测定

1. 原理

分子量的多分散性是高聚物的基本特征之一。聚合物的性能与其分子量和分子量分布密切相关。

体积排除色谱（size exclusion chromatography，SEC）是液相色谱的一个分支，已成为测定聚合物分子量分布和结构的最有效手段。该方法的优点是：快捷、简便、重视性好、进样量少、自动化程度高。体积排除色谱在一段时期内常称为凝胶渗透色谱（gel permeation chromatography，GPC）、凝胶过滤色谱（gel filtration chromatography，GFC）、凝胶色谱。从分离机理看，使用体积排除色谱较为确切。

体积排除色谱（SEC）分离机理认为在多孔载体（其孔径大小有一定的分布，并与待分离的聚合物分子尺寸可比拟的凝胶或多孔微球）充填的色谱柱里引入聚合物溶液，用溶剂淋洗，体系是处

于扩散平衡的状态。聚合物分子在柱内流动过程中，不同大小的分子向载体孔洞渗透的程度不同，大分子能渗透进去的孔洞数目比小分子少，有些孔洞即使大小分子都能渗透进去，但大分子能渗透的深度浅。溶质分子的体积越小渗透进去的概率越大，随着溶剂流动，它在柱中保留的时间越长。如果分子的尺寸超过载体孔的尺寸时，则完全不能渗透进孔里，只能随着溶剂从载体的粒间空隙中流过，最先淋出。当具有一定分子量分布的高聚物溶液从柱中通过时，较小的分子在柱中保留的时间比大分子保留的时间要长，于是整个样品即按分子尺寸由大到小的顺序依次流出。

色谱柱总体积为 $V_t$，载体骨架体积为 $V_g$，载体中孔洞总体积为 $V_i$，载体粒间体积为 $V_0$，则

$$V_t = V_g + V_0 + V_i$$

式中，$V_0$ 和 $V_i$ 之和构成柱内的空间。溶剂分子体积远小于孔的尺寸，在柱内的整个空间（$V_0 + V_i$）活动；高分子的体积若比孔的尺寸大，载体中任何孔均不能进入，只能在载体粒间流过，其淋出体积是 $V_0$；高分子的体积若足够小，如同溶剂分子尺寸，所有的载体孔均可以进出，其淋出体积为（$V_0 + V_i$）；高分子的体积是中等大小的尺寸，它只能在载体孔 $V_i$ 的一部分孔中进出，其淋出体积 $V_e$ 为

$$V_e = V_0 + KV_i$$

式中，$K$ 为分配系数，其数值 $0 \leqslant K \leqslant 1$，与聚合物分子尺寸大小和在填料孔内、外的浓度比有关。当聚合物分子完全排除时，$K=0$；在完全渗透时，$K=1$（见图 6-79）。当 $K=0$ 时，$V_e = V_0$，此处所对应的聚合物分子量是该色谱柱的渗透极限（$PL$），商品 SEC 仪器的 $PL$ 常用聚苯乙烯的分子量表示。聚合物分子量超过 $PL$ 值时，只能在 $V_0$ 以前被淋洗出来，没有分离效果。

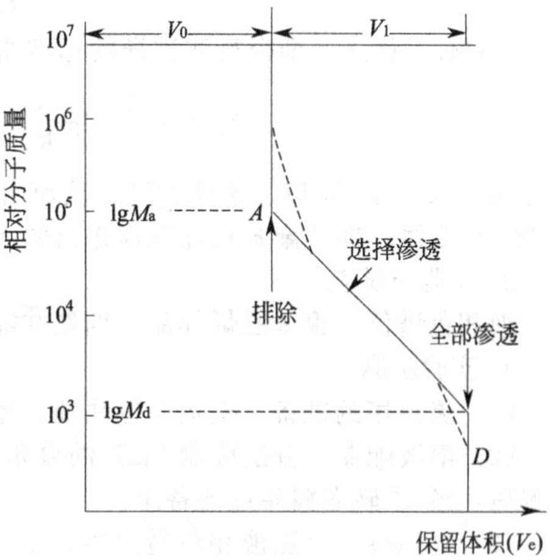


图 6-79 SEC 的分离范围

$V_0$ 和 $V_g$ 对分离作用没有贡献，应设法减小；$V_i$ 是分离的基础，其值越大柱子分离效果越好。制备孔容大，能承受压力，粒度小，又分布均匀，外形规则（球形）的多孔载体，让其尽可能紧密装填以提高分离能力。柱效的高低，常采用理论塔板数 $N$ 和分离度 $R$ 来作定性的描述。测定 $N$ 的方法可以用小分子物质作出色谱图，从图上求得流出体积 $V_e$ 和峰宽 $W$，以下式计算 $N$ 值；$N=(4V_e/W)^2$，$N$ 值越大，意味着柱子的效率越高。“1”、“2”代表分子量不同的两种标准样品，$V_{e,1}$、$V_{e,2}$、$W_1$、$W_2$ 为其淋出体积和峰宽，分离度 $R$ 的计算为 $R=\dfrac{2(V_{e,2}-V_{e,1})}{W_1+W_2}$，若 $R \geqslant 1$，则完全分离。

上面阐述的 SEC 分离机理只有在流速很低，溶剂黏度很小，没有吸附，扩散处于平衡的特殊条件下成立，否则会得出不合理的结果。

实验测定聚合物 SEC 谱图，所得各个级份的分子量测定，有直接法和间接法。直接法是指 SEC 仪和黏度计或光散射仪联用；而最常用的间接法则用一系列分子量已知的单分散的（分子量比较均一）标准样品，求得其各自的淋出体积 $V_e$，作出 $\lg M$ 对 $V_e$ 校正曲线（图 6-79）。

$$\lg M = A - BV_e \tag{6-143}$$

当 $\lg M > \lg M_a$ 时，曲线与纵轴平行，表明此时的流出体积（$V_0$）和样品的分子是无关，$V_0$ 即为柱中填料的粒间体积，$M_a$ 就是这种填料的渗透极限。当 $\lg M < \lg M_a$ 时，$V_e$ 对 $M$ 的依赖变得非常迟钝，没有实用价值。在 $\lg M_a$ 和 $\lg M_d$ 点之间为一直线，即式(6-143) 表达的校正曲线。式中 $A$、$B$ 为常数，与仪器参数、填料和实验温度、流速、溶剂等操作条件有关，$B$ 是曲线斜率，是柱子性能的重要参数，$B$ 数值越小，柱子的分辨率越高。

上述的校准曲线只能用于与标准物质化学结构相同的高聚物，若待分析样品的结构不同于标准物质，需用普适校准线。SEC 法是按分子尺寸大小分离的，即淋出体积与分子线团体积有关，利用 Flory 的黏度公式

$$[\eta]=\phi'\frac{R^3}{M}\quad [\eta]M=\phi' R^3$$

式中，$R$ 为分子线团等效球体半径；$[\eta]M$ 是体积量纲，称为流体力学体积。众多的实验中得出 $[\eta]M$ 的对数与 $V_e$ 有线性关系。这种关系对绝大多数的高聚物具有普适性。普适校准曲线为

$$\lg[\eta]M=A'-B'V_e \tag{6-144}$$

因为在相同的淋洗体积时，有

$$[\eta]_1M_1=[\eta]_2M_2 \tag{6-145}$$

式中下标 1 和 2 分别代表标样和试样。它们的 Mark-Houwink 方程分别为

$$[\eta]_1=K_1M_1^{\alpha_1}$$
$$[\eta]_2=K_2M_2^{\alpha_2}$$

因此可得

$$M_2=\left(\frac{K_1}{K_2}\right)^{\frac{1}{\alpha_2+1}}\times M^{\frac{\alpha_1+1}{\alpha_2+1}} \tag{6-146}$$

或

$$\lg M_2=\frac{1}{\alpha_2+1}\lg\frac{K_1}{K_2}+\frac{\alpha_1+1}{\alpha_2+1}\lg M_1 \tag{6-147}$$

将式(6-147) 代入，即得待测试样的标准曲线方程

$$\lg M_2=\frac{1}{\alpha_1+1}\lg\frac{K_1}{K_2}+\frac{\alpha_1+1}{\alpha_2+1}A-\frac{\alpha_1+1}{\alpha_2+1}BV_e=A'-B'V_e$$

$K_1$、$K_2$、$\alpha_1$、$\alpha_2$ 可以从手册查到，从而由第一种聚合物的 $M$-$V_e$ 校正曲线，换算成第二种聚合物的 $M$-$V_e$ 曲线，即从聚苯乙烯标样作出的 $M$-$V_e$ 校正曲线，可以换算成各种聚合物的校正曲线。

2. 仪器与试剂

液相色谱仪、聚苯乙烯样品、四氢呋喃溶剂。

3. 实验步骤

(1) 流动相的准备　重蒸四氢呋喃，经 5# 砂芯漏斗过滤后备用。

(2) 溶液配制　分别配制 5mL 的聚苯乙烯标样及待测样品的溶液（浓度为 0.05%～0.3%），溶解后，经 5# 砂芯漏斗过滤备用。

(3) Waters-500 型液相色谱仪的启动

① 将经过脱气的四氢呋喃倒入色谱仪的溶剂瓶，色谱仪出口接上回收瓶。

② 打开泵（Waters-510），从小到大调节流量，最后流速稳定在 1.0mL/min。

③ 打开示差折光检测器（Waters-410），同时按下示差检测器面板上的“2ND FUNC”和“PURGE”键，使淋洗液回流通过参比池；进样前再按下“CLEAR”键，使流路切换回原位。

④ 打开计算机，联机记录。

(4) 进样　待记录的基线稳定后，将进样器把手扳到“LOAD”位（动作要迅速），用进样注射器吸取样品 50μL，并注入进样器（注意排除气泡）。这时将进样器把手扳到“INJECT”位（动作要迅速），即进样完成，同时应作进样记录。一样品测试完成（不再出峰时），可按前面步骤再进其他样品。

(5) 试验结束，应清洗进样器，再依次关机。

4. 数据记录及处理

(1) GPC 谱图的归一化处理　如果仪器和测试条件不变，那么实验得到的谱图可作为试样之间分子量分布的一种直观比较。一般应将原始谱图进行“归一化”后再比较。所谓“归一化”，就是把原始谱图的纵坐标转换为重量分数，以便于比较不同的实验结果和简化计算。具体作法：确定色谱图的基线后，把色谱峰下的淋出体积等分为 20 个计算点。记下这些计算点处的总坐标高度 $H_i$（它正比于被测试样的重量浓度）。把所有的 $H_i$ 加和后得到 $\sum H_i$（它正比于被测试样的总浓度）。那么，$H_i/\sum H_i$ 就等于各计算点处的组分点总试样的重量分数，以 $H_i/\sum H$ 对 $V_e$（或 lg$M$）作图就得归一化的 GPC 图。

(2) 计算 $\bar{M}_w$、$\bar{M}_n$、$\bar{M}_\eta$ 及分散度 $d$

令

$$W_i=H_i/\sum H_i$$

按定义有：$\bar{M}_w=\sum M_i W_i$；$\bar{M}_n=\left(\sum \frac{W_i}{M_i}\right)^{-1}$；$\bar{M}_\eta=(\sum W_i M_i^{\alpha})^{\frac{1}{\alpha}}$；$d=\frac{\bar{M}_w}{\bar{M}_n}$

计算所需的 $M_i$ 值可由校正曲线上查得。

## 三、高聚物几个特征温度的测定

1. 玻璃化温度测定

高聚物由高弹态向玻璃态转化时（或相反过程的转化时）所处的温度称为玻璃化温度（$T_g$）。在此温度下，高聚物的许多性能，如膨胀系数、比热容、热导率、密度、折射率、硬度、介电常数、弹性模量等，均将发生突然的变化。高聚物在低于玻璃化温度时具有玻璃态固体的特征。在多数情况下，$T_g$ 代表高聚物材料的使用极限温度，对于橡胶来说，$T_g$ 是最低工作温度，对于无定形塑料来说，$T_g$ 是最高工作温度。因此，为了工业应用的需要，研究高聚物 $T_g$ 的测定方法是有实际意义的。

测定 $T_g$ 的方法很多，这里仅介绍常用的膨胀计法和热机械分析法。

（1）膨胀计法

① 原理　膨胀计法测高聚物玻璃化温度的原理基于高聚物在 $T_g$ 以下时，大分子链段的自由运动被冻结，此时高聚物的热膨胀机理主要是克服分子间的次价力。因此，高聚物的容积随温度的增加而呈线性的增加（如图 6-80 中 $A$ 段所示）。当温度升高到玻璃化温度以上时，被冻结的链解冻，因此，链段的自由运动方属可能，同时高分子链的本身由于链段的扩散运动也发生膨胀，因此在容积-温度曲线上出现转折点，高聚物容积随温度的增加而急剧地呈线性增加（如图 6-80 中 $B$ 段所示）。对于大多数高聚物来说，容积-温度曲线上的转折是明显的，$A$、$B$ 二段延长线的交点所对应的温度即为玻璃化温度。

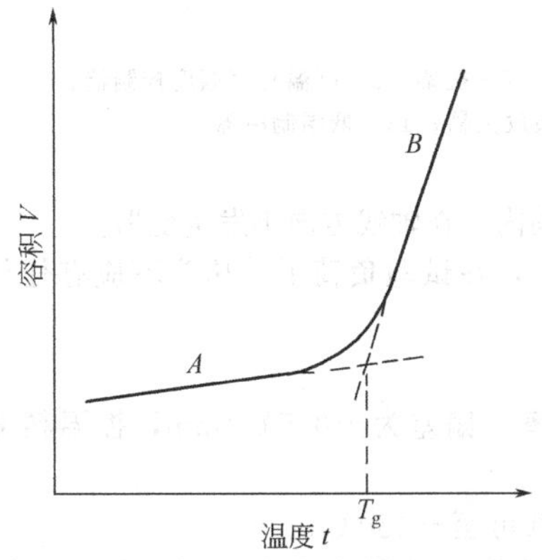


图 6-80　高聚物的容积-温度曲线

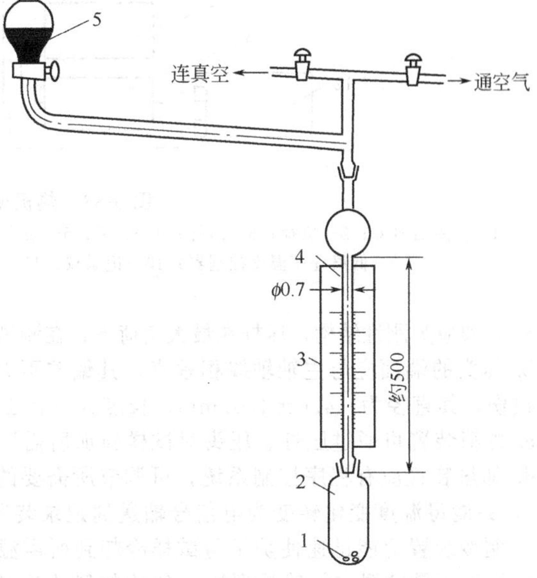


图 6-81　膨胀计

1—试样；2—容器；3—标尺；4—毛细管；5—水银

② 方法要点

a. 在图 6-81 中，简单绘出了测定玻璃化温度用的膨胀计系统。首先须将试样装入安瓿瓶（图中容器）内，对膨胀计系统进行抽真空。后用水银充满安瓿瓶并且使其占据毛细管的一定高度。用冷浴或热浴以每分钟 1～2℃的升温速度降温或加热安瓿瓶，记录温度和毛细管内水银柱的高度。根据所得数据，即可作出水银毛细管高度与温度的关系曲线，并求得曲线的转折点，即为玻璃化温

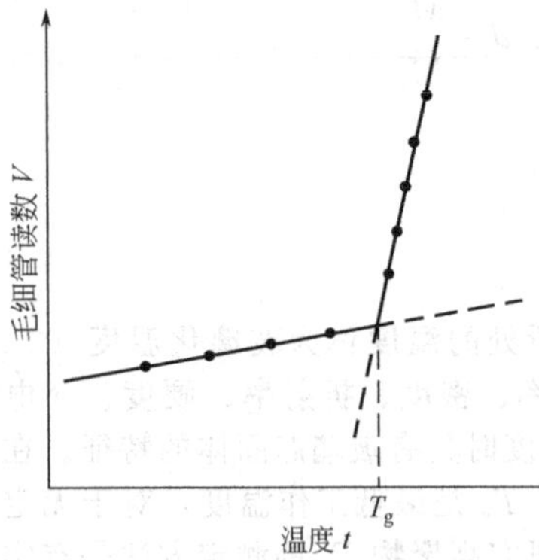


图 6-82 实际测量曲线

度，如图 6-82 所示。

b. 测定时，如果试样中含有单体、溶剂或增塑剂等物质可使玻璃化温度值剧烈下降。此外，外界环境以及升温（或降温）的快慢等，亦能影响 $T_g$ 的测定值。

（2）热机械分析法

热机械分析法（TMA）适用于无定形热塑性塑料，亦适用于部分结晶的热塑性塑料，不适用于高填充无定型热塑性塑料体系。

① 原理 以一定的加热速率加热试样，使试样在恒定的较小负荷下随温度发生形变，塑料试样在玻璃态区域内，随着温度的增长几乎不发生形变或形变较小。但当温度接近或达到 $T_g$ 时，试样就发生剧烈的形变，这就表明试样开始由玻璃态向高弹态转化，曲线的转折处的交点，即是玻璃化温度（$T_g$）。

② 仪器 热机械分析仪主要由机架、压头、加荷装置、加热装置、制冷装置、形变测量装置、记录装置、温度程序控制装置等组成（如图 6-83 所示）。

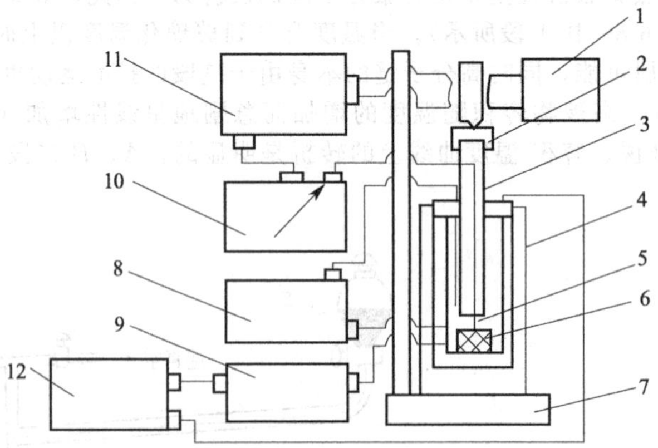


图 6-83 热机械分析仪

1—音频信号源；2—负荷；3—压杆；4—炉子；5—压头；6—试样；7—机架；8—高温程序温度控制器；9—低温程序温度控制器；10—记录仪；11—形变量转换放大器；12—低温制冷器

a. 机架应为刚性结构，压杆在最大负荷下，在测试温度范围内，在轴线方向不发生变形。

b. 压头的端面应与主轴轴线相垂直，其偏差不大于 0.2%，在试验负荷下，压头不应有任何变形和损伤，其直径为（4.0±1.0）mm，长度为（10±1）mm。

c. 加荷装置可通过压杆、压头对试样施加所需压强。

d. 加热装置应有程序控制系统，可调节所需要的加热速率，偏差为±0.5℃/min，控温精度为 0.5℃，并能将温度变化转变为电信号输送到记录装置。

e. 制冷装置应能迅速使炉子与试样冷却到所需温度（最低可至－150℃）。

f. 形变测量装置应能感受到探头位移的微小变化，并将这种变化转变为电信号，输送到记录装置。探头每位移 1μm 应至少输出 1μV 的电信号。

g. 记录装置应能记录探头位移和温度的变化，其灵敏度为探头每移动 1μm，记录图偏移至少 1mm。

③ 试样

a. 试样尺寸 圆柱形试样 $\phi \times L$：(4.5±0.5)mm×(6.0±1.0)mm。

正方形试样 $a \times b \times L$：(4.5±0.5)mm×(4.5±0.5)mm×(6.0±1.0)mm。

如用其他尺寸试样，应在报告中注明。

b. 每次取两个试样为一组。

c. 试样表面应平整，受检的两端面应平行，并与轴线相垂直，可采用机械加工制备。

d. 状态调节　试样应在具有鼓风的烘箱中低于玻璃化温度约 20℃下烘 2h，然后放于盛有无水氯化钙干燥器中冷却至室温，再按 GB 2918 规定的标准环境处理 24h，如有特殊要求，按产品标准或供需双方商定的条件处理。玻璃化温度低于室温的试样放在试样架上预测试，待温度低于玻璃化温度约 20℃时，保持 5min，冷却至初始温度，再保持 5min，可进行正式测量。

④ 测定条件

a. 加热速率为（1.2±0.5）℃/min。

b. 试样承受压强为（0.4±0.2）MPa。

c. 试验环境按 GB 2918 中规定的常温、常湿。

d. 如果试样易受氧化，可用氮气保护。

⑤ 测定步骤

a. 将热机械分析仪接通电源，预热约 15min。

b. 将状态调节好的试样，放入热机械分析仪试样架上，加上压杆和所需负荷，保持约 15min，并使达到温度稳定。

c. 开启温度程序控制开关，以规定的升温速率加热试样，记录仪开始记录温度-形变关系曲线。

d. 当温度-形变曲线发生急剧变化后，即可终止试验。

⑥ 结果表示

a. 玻璃化温度（$T_g$）由温度-形变曲线作切线求得（如图 6-84 所示）。

b. 以两个试样测定结果的算术平均值作为测定结果。两个试样的结果相差不得大于 4℃，否则应重新试验。测定结果修约到整数位。

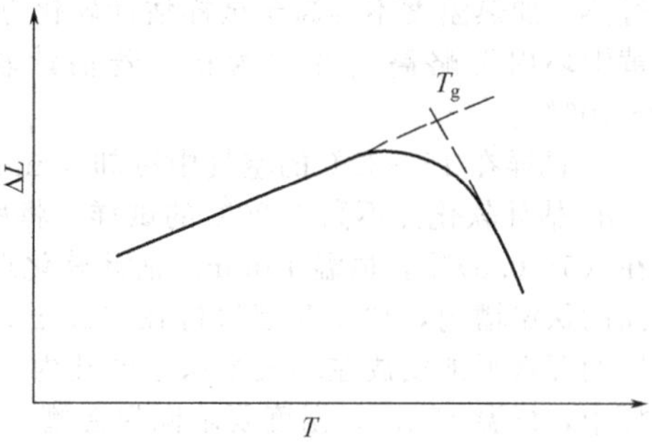


图 6-84　温度-形变曲线

2. 软化点测定

本方法适用于测定石油沥青的软化点。

石油沥青的软化点是试样在测定条件下因受热而下坠达 25.4mm 时的温度，以℃表示。

（1）仪器

① 沥青软化点测定器

a. 钢球　直径为 9.53mm，质量为（3.50±0.05）g 的钢制圆球。

b. 试样环　用黄铜制成的锥环或肩环，其形状及尺寸见图 6-85，图中长度单位为 mm，下同。

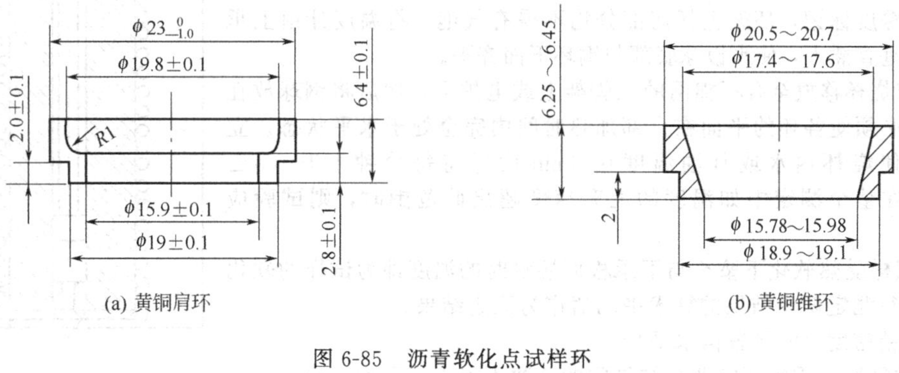


图 6-85　沥青软化点试样环

c. 钢球定位器　用黄铜制成，能使钢球定位于试样环中央。通常推荐的一种钢球定位器的形式及尺寸见图 6-86。

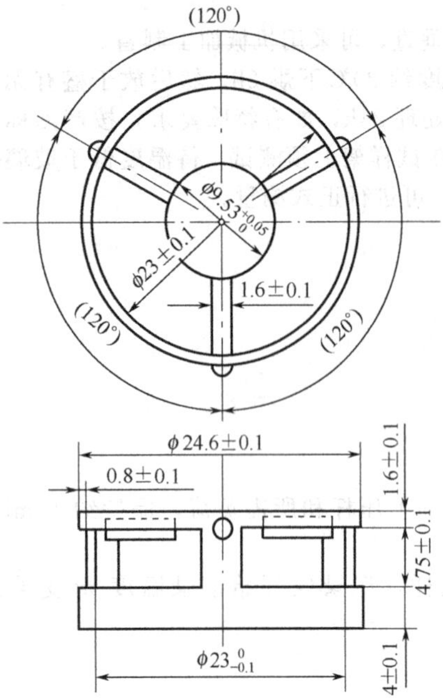


图 6-86 钢球定位器

d. 支架 由上、中及下承板和定位套组成。环可以水平地安放于中承板上的圆孔中，环的下边缘距下承板应为 25.4mm。其距离由定位套保证。三块板用长螺栓固定在一起。

e. 温度计 应符合 GB 514—1983《石油产品试验用液体温度计技术条件》中沥青软化点专用温度计的规格技术要求。

② 电炉及其他加热器。

③ 金属板（一面必须磨光至粗糙度 $R_a$0.8）或玻璃板。

④ 刀（切沥青用）。

⑤ 筛（筛孔为：0.3～0.5mm 的金属网）。

(2) 材料

① 甘油-滑石粉隔离剂（甘油两份，滑石粉 1 份，以重量计）。

② 新煮沸过的蒸馏水。

③ 甘油。

(3) 测定步骤

① 准备工作

a. 将黄铜环置于涂有隔离剂的金属板或玻璃板上。

b. 将预先脱水的试样加热熔化，不断搅拌，以防止局部过热，加热温度不得高于试样估计软化点 100℃，加热时间不超过 30min。用筛过滤。将试样注入黄铜环内至略高出环面为止。若估计软化点在 120℃ 以上时，应将黄铜环与金属板预热至 80～100℃。

c. 试样在 15～30℃的空气中冷却 30min 后，用热刀刮去高出环面的试样，使与环面齐平。

d. 估计软化点不高于 80℃的试样，将盛有试样的黄铜环及板置于盛满水的保温槽内，水温保持在（5±0.5）℃，恒温 15min。估计软化点高于 80℃的试样，将盛有试样的黄铜环及板置于盛满甘油的保温槽内，甘油温度保持在（32±1）℃，恒温 15min，或将盛试样的环水平地安放在环架中承板的孔内，然后放在盛有水或甘油的烧杯中，恒温 15min，温度要求同保温槽。

e. 烧杯内注入新煮沸并冷至 5℃的蒸馏水（估计软化点不高于 80℃的试样），或注入预先加热至约 32℃的甘油（估计软化点高于 80℃的试样），使水平或甘油面略低于环架连杆上的深度标记。

② 从水或甘油保温槽中取出盛有试样的黄铜环放置在环架中承板的圆孔中，并套上钢球定位器把整个环架放入烧杯内，调整水面或甘油液面至深度标记，环架上任何部分均不得有气泡。将温度计由上承板中心孔垂直插入，使水银球底部与铜环下面齐平。

③ 将烧杯移放至有石棉网的三脚架上或电炉上，然后将钢球放在试样上（必须使各环的平面在全部加热时间内完全处于水平状态）立即加热，使烧杯内水或甘油温度在 3min 后保持每分钟上升（5±0.5）℃，在整个测定中如温度的上升速度超出此范围时，则试验应重做。

④ 试样受热软化下坠至与下承板面接触时的温度即为试样的软化点。取平行测定两个结果的算术平均值作为测定结果。

(4) 精密度（95%置信水平）

① 重复性 重复测定两个结果间的差数不得大于下列规定。

| 软化点，$t$/℃ | <80 | 80～100 | 100～140 |
| --- | --- | --- | --- |
| 允许差数，$t$/℃ | 1 | 2 | 3 |

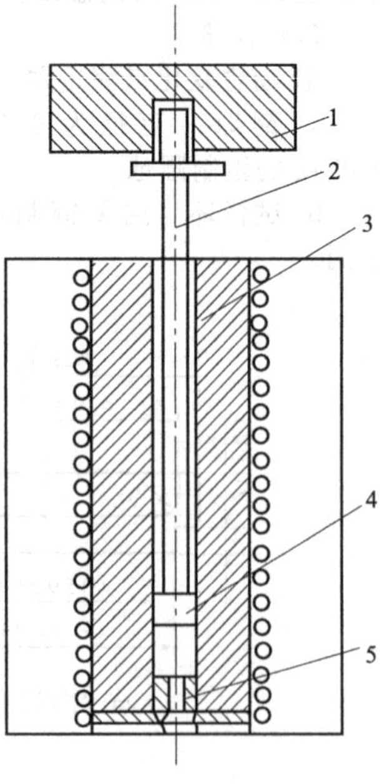


图 6-87 熔融指数仪示意
1—砝码；2—活塞杆；3—料筒；4—活塞头；5—毛细管

② 再现性 同一试样由两个试验室各自提供的试验结果之差不应超过5.5℃。

3. 高聚物熔融指数的测定

（1）原理

对高聚物的流动性的评价可采用不同的参数，在工业生产和科学研究中常采用熔融指数，它的定义为在一定温度、一定压力下，熔融高聚物在10min内从标准毛细管中流出的重量值（克数）。熔融指数以“g/10min”表示，符号MI。

对于同一种高聚物，在相同的条件下，熔融指数越大，则流动性越好，对不同的聚合物，由于测定条件不同，不能用熔融指数的大小来比较它们的流动性，条件相同时，也缺乏明确的意义，因此只把它作为一种流动性好坏的指标。由于熔融指数概念和测量方法简单，工业上已普遍采用，作为聚合物产品的一种质量标准。

（2）仪器与试剂

XRZ-40型熔融指数仪是一种简易的毛细管式在低切变速率下工作的仪器，它由试样挤出系统和加热控制系统组成。试样挤出系统见图6-87。主要由料筒3，活塞杆2，毛细管5组成。圆筒与活塞头直径之差（间隙）要求为(0.075±0.015)mm。毛细管的外径稍小于圆筒内径。以便它能在圆筒孔中自由落到圆筒底部，毛细管高度为(8.00±0.025)mm，中心孔径为(2.095±0.005)mm。加热控制系统由控温热电偶、控温定值电桥、放大器、继电器及加热器组成。

干燥好PE、PP等树脂。

（3）实验步骤

① 升温 按所需温度将“控温定值”旋钮拨到控温定值数；接通电源加热电炉的电流，为了快速升温，先将“自动控温-快速加热”开关置于“快速加热”位置，待红绿灯明灭交替时，表明炉温已接近选定温度，这时再把开关置于“自动控制”位置；约5min后，如果实测温度和预选温度有差异，需再次调节“控温定值”旋钮，使炉温达指定的温度。

② 称样 根据试样熔融指数的大小称取2.5～10g干燥的高聚物试样量见表6-32。

**表6-32 熔融指数与料量、切取试条间隔时间的关系**

| 熔融指数 MI/(g/10min) | 试样重/g | 毛细管孔径/mm | 切取试条的间隔时间/min |
|---|---|---|---|
| 0.15～1.0 | 2.5～3.0 | 2.095 | 6.00 |
| 1.0～3.5 | 3.0～5.0 | 2.095 | 3.00 |
| 3.5～10 | 5.0～8.0 | 2.095 | 1.00 |
| 10～25 | 4.0～8.0 | 2.095 | 0.50 |

③ 料筒预热 温度达到规定温度后，将料筒、毛细管压料杆放入炉体中恒温6～8min。

④ 装料 将压料杆取出，往料筒中装入称好的试样。装料时应随加随用加料棒压实，以防止产生气泡，然后将压料杆插入料筒并固定好导套，加上砝码，开始用秒表计时。

⑤ 取样 秒表计时6～8min，压料杆顶部装上选定的负荷砝码，试样即从毛细管挤出。切去料头后开始计时间，切取5个切割段，待冷却后分别称量。含有气泡的切割段应弃去。

⑥ 计算 从5个切割段的平均质量$m$(g)及切割一段所需时间$t$(s)，按下式计算熔融指数MI。

$$MI_{190/2160}=\frac{m\times 600}{t}\ (g/10min)$$

$MI_{190/2160}$表示在190℃，2160g条件下测得的熔融指数。

（4）注意事项

① 整个取样过程要在压料杆刻线以下进行。测定完毕后，余料应趁热挤出，以防凝结。

② 压料杆、料筒、毛细管要趁热用尼龙布或玻璃布清理干净，切忌用粗砂纸等摩擦，以防损坏料筒内壁。

4. 热分解温度的测定

见本章第五节二、热重分析法。

## 四、结晶态聚合物熔点的测定

1. 差热分析法

见本章第五节一、差热分析法。

2. 热重分析法

见本章第五节二、热重分析法。

# 第五节 热分析法

## 一、差热分析法

差热分析（differential thermal analysis，DTA）是在温度程序控制下测量试样与参比物之间的温度差随温度变化的一种技术。

在 DTA 基础上发展起来的另一种技术是差示扫描量热法（differential scanning calorimetry，DSC）。差示扫描量热法是在温度程序控制下测量试样相对于参比物的热流速度随温度变化的一种技术。

试样在受热或冷却过程中，由于发生物理变化或化学变化而产生热效应，这些热效应均可用 DTA、DSC 进行检测。

DTA、DSC 在高分子方面的应用特别广泛。它们的主要用途是：①研究聚合物的相转变，测定结晶温度 $T_c$、熔点 $T_m$、结晶度 $T_D$、等温结晶动力学参数；②测定玻璃化转变温度 $T_g$；③研究聚合、固化、交联、氧化、分解等反应，测定反应温度或反应温区、反应热、反应动力学参数。

1. 原理

(1) DTA　图 6-88 是 DTA 的示意图。通常由温度程序控制，如升温、降温、恒温等，包括炉子（加热器、制冷器等）、控温热电偶和程序温度控制器。气氛控制部分的作用是为试样提供真空、保护气氛和反应气氛，包括真空泵、充气钢瓶、稳压阀、稳流阀、流量计等。显示记录部分的作用是把变换放大部分所测得的物理参数对温度作图，直观地显示出来。常用的显示装置有 X-Y 函数记录仪等。变换放大部分的作用是把试样的物理参数的变化转化成电量（电压、电流或功率），再加以放大后送到显示记录部分。它包括变换器、放大器等。这一部分是 DTA 装置的核心部分，它决定了仪器的灵敏度和精度。这里的变换器是由同种材料做成的一对热电偶，将它们反向串接，组成差示热电偶，并分别置于试样和参比物盛器的底部下面。

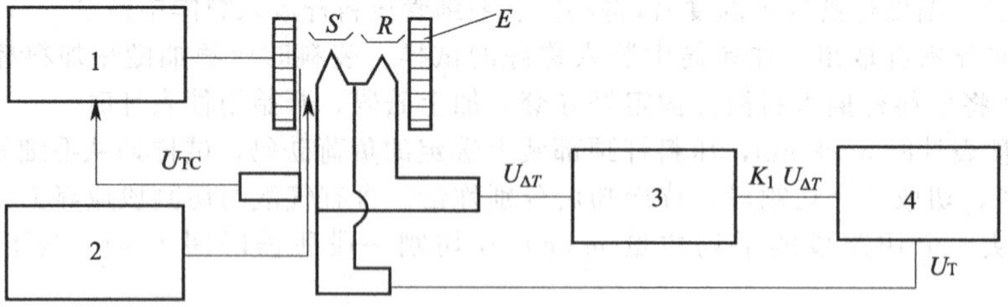


图 6-88　DTA 示意图

S—试样；$U_{TC}$—由控温热电偶送出的毫伏信号；R—参比物；$U_T$—由试样下的热电偶送出的毫伏信号；

E—电炉；$U_{\Delta T}$—由差示热电偶送出的微伏信号；

1—温度程序控制；2—气氛控制器；3—差热放大器；4—记录仪

参比物应选择那些在实验温度范围内不发生热效应的物质，如 $\alpha$-$Al_2O_3$、石英、硅油等。把参比物和试样同置于加热炉中的托架上等速升温时，若试样不发生热效应，在理想情况下，试样温度和参比温度相等，$\Delta T=0$，差示热电偶无信号输出，记录仪上记录温差的笔划出基线。另一支笔记录试样温度变化。而当试样温度上升到某一温度发生热效应时，$\Delta T\neq0$，差示热电偶有信号输出，这时就偏离基线而划出曲线，由记录仪记录的 $\Delta T$ 随温度变化的曲线称为差热曲线，温差 $\Delta T$ 为纵坐标，吸热峰向下，放热峰向上，温度 $T$（或时间 $t$）作横坐标，自左向右增加（图 6-89）。由于热电偶的不对称性，试样和参比物（包括它们的盛器）的热容、热导率不同，在等速升温情况下划出的基线并非 $\Delta T=0$，而是接近 $\Delta T=0$ 的曲线的 $AB$、$DE$ 段，并且由于上述原因及热容、热导率随温度变化，在不同的升温速度下，基线会发生不同程度的漂移。在 DTA 曲线上，由峰的位置可确定发生热效应的温度，由峰面积可确定热效应的大小，由峰形状可了解相关过程的动力学特性。图 6-89 中峰 $BCD$ 的面积 $S$ 是和热效应 $\Delta Q$ 成正比的，比例系数 K 可由标准物质确定。

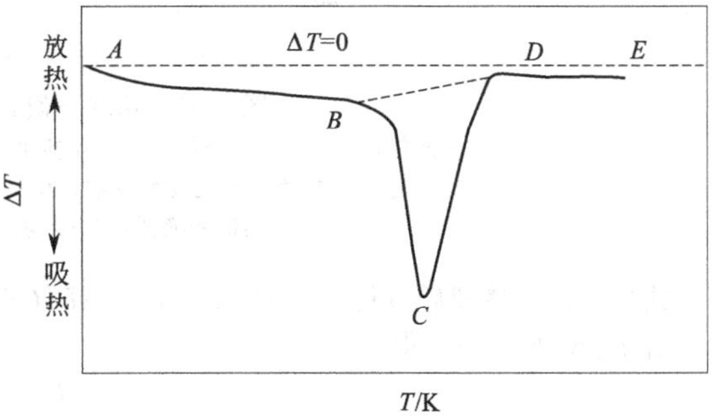


图 6-89 DTA 曲线

$$Q=K\int_{t_1}^{t_2}\Delta T\,\mathrm{d}t=KS$$

$K$ 随着温度、仪器、操作条件而变，因此 DTA 的定量性能不好；同时，在制作 DTA 时，为了使 DTA 有足够的灵敏度，试样与周围环境的热阻不能太小，也就是说热导率不能太大，这样，当试样发生热效应时才会形成足够大的 $\Delta T$。但因此热电偶对试样热效应的响应也较慢，热滞后增大，峰的分辨率差，这是 DTA 设计原理上的一个矛盾。人们为了改正这些缺陷，后来发展了一种新技术——差示扫描量热法。

(2) DSC　DSC 又分为功率补偿式 DSC，热流式 DSC，热通量式 DSC。在此只介绍第一种，后两种原理上和 DSC 相同，只是在仪器结构上做了改进。

图 6-90 是功率补偿式 DSC 示意图。在试样和参比物下面分别增加一个补偿加热丝，此外还增加一个功率补偿放大器，其他部分均和 DTA 相同。

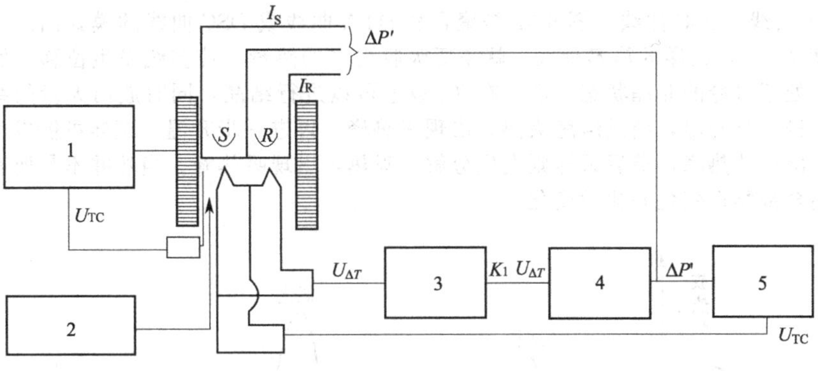


图 6-90 功率补偿式 DSC 示意图

1—温度程序控制器；2—气氛控制；3—差效放大器；4—功率补偿放大器；5—记录仪

当试样发生热效应时，例如放热，试样温度高于参比物温度，放置于它们下面的一组差示热电偶产生温差电势 $U_{\Delta T}$，经差热放大器放大后送入功率补偿放大器，功率补偿放大器（简称功补放大器）自动调节补偿加热丝的电流，使试样下面的电流 $I_S$ 减小，参比物下面的电流 $I_R$ 增大。降低试样的温度，增高参比物的温度，使试样与参比物之间的温差 $\Delta T$ 趋于零，使试样和参比物的温度维持相同。

试样放热的速度就是补偿给试样和参比物的功率之差，如图 6-91 所示，下列关系式成立

$$(\Delta P-\Delta P')K_3K_2K_1=\Delta P' \tag{6-148}$$

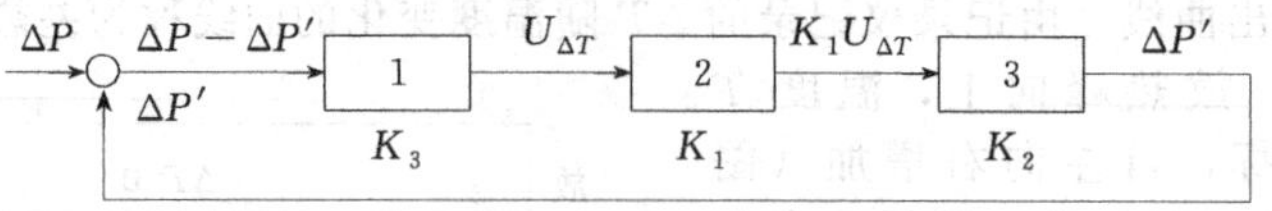


图 6-91 功率补偿式 DSC 的功率补偿

ΔP—试样放热速度；ΔP′—补偿给试样和参比物的功率之差；$K_1$—差热放大器的放大倍数；$K_2$—电压转换为功率的变换系数；$K_3$—ΔP−ΔP′转换为热电势的变换系数；1—热锅变换器；2—差热放大器；3—功补放大器

式(6-148) 整理后可得 $\Delta PK_1K_2K_3=\Delta P'(K_1K_2K_3+1)$

若 $K_1K_2K_3\gg 1$，得：

$$\Delta P=\Delta P'$$

ΔP′是可以测量的量

$$\Delta P'=I_R^2R_R-I_S^2R_S \tag{6-149}$$

式中，$R_S$、$R_R$ 分别为试样和参比物下面的补偿加热丝电阻，令 $R_S=R_R=R$，则

$$\Delta P'=(I_S+I_R)(I_RR_R-I_SR_S)=I\Delta U$$

因此只要记录 $\Delta P'(I_{\Delta U})$ 随 $T$（或 $t$）的变化就是试样放热速度（或吸热速度）随 $T$（或 $t$）的变化，这就是 DSC 曲线，DSC 曲线的纵坐标代表试样放热或吸热的速度，即热流速度，单位是 mcal/s（1cal=4.1868J），纵坐标是 $T(t)$。同样规定吸热峰向下，放热峰向上。

试样吸热或放热的热量为

$$\Delta Q=K\int_{t_1}^{t_2}\Delta P'\mathrm{d}t \tag{6-150}$$

式(6-150) 右边的积分就是峰面积，可见峰面积 $S$ 是热量直接度量，即 DSC 是直接测量热效应的热量。不过试样和参比物与补偿加热丝之间总存在热阻，补偿的热量有些损失，因此热效应的热量是 $\Delta Q=KS$。$K$ 为仪器常数，同样可由标准物质实验确定。这里的 $K$ 不随温度、操作条件而变，这就是 DSC 比 DTA 定量性能好的原因。同时，试样和参比物与热电偶之间的热阻可做得尽可能小，这就使 DSC 对热效应的响应快、灵敏、峰的分辨率好。

(3) DTA 曲线，DSC 曲线　图 6-92 是聚合物 DTA 曲线或 DSC 曲线的模式图。当温度达到玻璃化转变温度 $T_g$ 时，试样的热容量大，就需要吸收更多的热量，使基线发生位移。假如试样是能够结晶的，并处于过冷的非晶状态，那么在 $T_g$ 以上可以进行结晶，同时放出大量的结晶热而产生一个放热峰。进一步升温，结晶熔融吸热，出现吸热峰。再进一步升温，试样可能发生氧化、交联反应而放热，出现放热峰，最后试样则发生分解、吸热，出现吸热峰。当然并不是所有的聚合物试样都存在上述全部物理变化和化学变化。

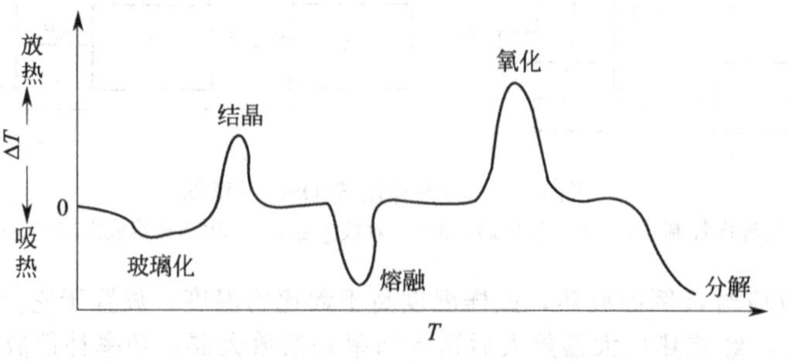


图 6-92 聚合物 DTA、DSC 曲线模式图

通常按图 6-93(a) 的方法确定 $T_g$；由玻璃化转变前后的直线部分取切线，再在实验曲线上取一点，使其平分两切线间的距离 $\Delta$，这一点所对应的温度即为 $T_g$。$T_m$ 的确定，对低分子纯物质来说，像苯甲酸，如图 6-93(b) 所示，由峰的前部斜率最大处作切线与基线延长线相交，交点所对应的温度取作 $T_m$。对聚合物而言，如图 6-93(c) 所示，由峰的两边斜率最大处引切线，相交点所对

应的温度取为 $T_m$，或取峰顶温度为 $T_m$。$T_c$ 通常也是取峰顶温度。峰面积的取法如图 6-93(d)、(e) 所示。可用求积仪或剪纸称重法量出面积。由标准物质测出单位面积所对应的热量，再由测试试样的峰面积可求得试样的熔融热 $\Delta H_f$（mcal/mg、1cal=4.1868J），若百分之百结晶测试样和熔融热 $\Delta H_f^*$ 是已知的，则可按下式计算试样的结晶度

$$结晶度\ X_D=\frac{\Delta H_f}{\Delta H_f^*}\times 100\%$$

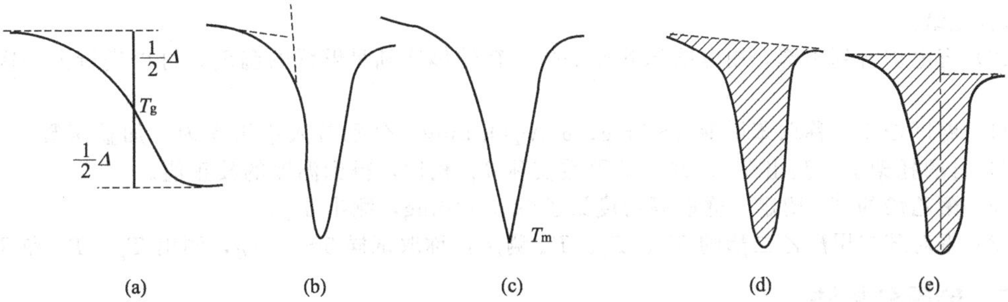


图 6-93 $T_g$、$T_m$ 和峰面积的确定

(4) 影响实验结果的因素 DTA、DSC 的原理和操作都比较简单，但要取得精确的结果却不容易，因为影响的因素太多，这些因素有仪器因素、试样因素、气氛、加热速度等，这些因素都可能影响峰的形状、位置，甚至出峰数目。一般说，上述因素对受扩散控制的氧化、分解反应的影响较大，而对相转变的影响较小。在进行实验时，一旦仪器已经选定，仪器因素也就基本固定了，所以下面仅对试样等因素略加叙述。

试样因素：试样量少，峰少而尖锐，分辨率好。试样量多，峰大而宽，相邻峰会发生重叠，峰的位置移向高温方向。在仪器灵敏度许可情况下，尽可能少用试样。在测 $T_g$ 时，热容变化小，试样的量要适当多一些。试样的量和参比物的量要匹配，以免两者热容相差太大引起基线漂移。试样的粒度对那些表面反应或受扩散控制的反应影响较大，粒度小，使峰移向低温方向。试样的装填方式也很重要，因为这影响到试样的传热情况，装填得是否紧密又和粒度有关。在测试聚合物的玻璃化转变和相变时，最好采用薄膜和细粉状试样，并使试样铺满盛器底部，加盖压紧，试样盛器底部应尽可能平整，保证和试样托架之间的良好接触。

气氛因素：气氛可以是静态的，也可以是动态的，就气体的性质而言，可以是惰性的，也可以是参加反应的，视实验要求而定。对于聚合物的玻璃化转变和相转变测定，气氛影响不大，但一般都采用氮气，流量 $30mL\cdot min^{-1}$ 左右。

升温速度：升温速度对 $T_g$ 测定影响较大，因为玻璃化转变是一松弛过程，升温速度太慢，转变不明显，甚至观察不到；升温快，转变明显，但 $T_g$ 移向高温。升温速度对 $T_m$ 影响不大，但有些聚合物在升温过程中会发生重组、晶体完善化，使 $T_m$ 和结晶度都提高。升温速度对峰的形状也有影响，升温速度慢，峰尖锐，因而分辨率也好。而升温速度快，基线漂移大。一般采用 $10℃\cdot min^{-1}$。

在进行实验时，应尽可能做到实验条件的一致，才能得到较重复的结果。

2. 仪器与试剂

化学试剂：聚乙烯，聚对苯二甲酸乙二酯（涤纶）等样品。

仪器设备：差动热分析仪

3. 实验步骤

(1) 先开启总电源、各部件分电源，预热 10min，接通电炉的冷却水。

(2) 转动手柄，将电炉的炉体升到顶部，然后将炉体向前方转出。

(3) 取一个空的铝坩埚，放入适量的样品，放在样品杆左侧托盘上，并另取一个空的铝坩埚作为参比物，放在右侧托盘上，将炉体转回原位，轻轻向下摇到底。

(4) 开启记录仪的记录笔开关，转动差热放大单元上的位移旋钮，使蓝笔在记录纸的中线附近。

(5) 将温度程序控制单元的“程序方式”放在“升温”。将速度选择开关推进，转到两挡速度之间，转动“手动”旋钮，将偏差指示调到零。速度选择开关放在10℃/min或20℃/min，并使开关向外弹出。

(6) 按下温度程序控制单元的“工作”键，接通电炉电源。让炉温按预定要求升温。

(7) 选择好适当的走纸速度，开启记录仪走纸开关。

(8) 观察记录的DTA曲线，红笔记录试样的温度，蓝笔记录试样与参比物的温度差。

(9) 将DTA曲线完全记录完毕，按下温度程序控制单元的“停止”键，切断电炉电源，并关闭记录仪走纸。

(10) 将电炉升到顶部，用电吹风吹冷炉体，待炉体冷到足够低的温度，可以进行另一次DTA实验。

(11) 温度校正　称取苯甲酸3～5mg，$\alpha$-$Al_2O_3$ 5mg，分别装入铝坩埚内，加盖压紧，将它们平放在各自的托架上，测出$T_m$，并与苯甲酸实际$T_m$相比，得到温度的校正值。

(12) 聚乙烯的$T_m$测定　称取高密度聚乙烯5～10mg，测出$T_m$。

(13) 聚对苯二甲酸乙二酯的$T_g$、$T_c$、$T_m$测定：称取试样5～10mg，测出$T_g$、$T_m$和$T_c$。

## 二、热重分析法

热重分析法（thermogravimetric analysis，TGA）是测定试样在温度等速上升时质量的变化，或者测定试样在恒定的高温下质量随时间的变化的一种分析技术。实验仪器可以利用分析天平或弹簧秤直接称出正在炉中受热的试样的质量变化，并同时记录炉中的温度。

TGA应用于聚合物，主要是研究在空气中或惰性气体中聚合物的热稳定性和热分解作用。除此之外，还可以研究固相反应，测定水分、挥发物和残渣，吸附、吸收和解吸，汽化速度和汽化热，升华速度和升华热，氧化降解，增塑剂的挥发性，水解和吸湿性，缩聚聚合物的固化程度，有填料的聚合物或掺和物的组成，以及利用特征热谱图作鉴定用。

TGA曲线的形状与试样分解反应的动力学有关，因此，反应级数$n$、活化能$E$，Arrhenius公式中的频率因子$A$等动力学参数，都可以从TGA曲线中求得，而这些参数在说明聚合物的降解机理，评价聚合物的热稳定性都是很有用的。从TGA曲线计算动力学参数的方法很多，现在仅介绍几种。

一种方法是采用单一加热速度。假定聚合物的分解反应可用下式表示

$$\text{A(固体)} \longrightarrow \text{B(固体)} + \text{C(气体)}$$

反应过程中留下来的活性物质的质量为$m$。根据动力学方程，反应速度为

$$-\frac{\mathrm{d}m}{\mathrm{d}t}=Km^n \tag{6-151}$$

式中，$K=A\mathrm{e}^{-E/RT}$。炉子的升温速度是一常数，用$\beta$来表示，则式$\frac{\mathrm{d}T}{\mathrm{d}t}=\beta$代入式(6-151)得

$$-\frac{\mathrm{d}m}{\mathrm{d}T}=\frac{A}{\beta}\mathrm{e}^{-E/RT}m^n \tag{6-152}$$

式(6-152)表示用升温法测得试样的质量随温度的变化与分解动力学参数之间的定量关系。

将式(6-151)两边取对数，并且使在两个不同的温度时得到的两个对数式相减（其中$\beta$是一常数），则得

$$\Delta\lg\left(\frac{-\mathrm{d}m}{\mathrm{d}T}\right)=n\Delta\lg m-\frac{E}{2.303R}\Delta\left(\frac{1}{T}\right) \tag{6-153}$$

从式(6-153)可看出，当$\Delta(1/T)$是一常数时，$\Delta\lg(\mathrm{d}m/\mathrm{d}T)$与$\Delta\lg m$呈线性关系，直线的斜率就是$n$，从截距中可求出$E$。这样只要一次实验就可求出$E$和$n$的数值了。

用这种方法求动力学参数的优点是只需要一条TGA曲线，而且可以在一个完整的温度范围内连续研究动力学，这对于研究聚合物裂解时动力学参数随转化率而改变的场合特别重要。但是最大的缺点是必须对TGA曲线的很陡的部位求出它的斜率，其结果会使作图时点子分散，对精确计算动力学参数带来困难。

另一种方法是采用多种加热速度，从几条 TGA 曲线中求出动力学参数。每条曲线都可用式(6-154) 表示

$$\ln\frac{\mathrm{d}m}{\mathrm{d}t}=\ln A-\frac{E}{RT}+n\ln m \tag{6-154}$$

根据式(6-154)，当 $m$ 维持常数时，应用不同的 TGA 曲线中的 $\frac{\mathrm{d}m}{\mathrm{d}t}$ 和 $T$ 的数值作 $\ln(\mathrm{d}m/\mathrm{d}t)$ 对 $1/T$ 的图，从直线的斜率中可求出 $E$，截距中可求 $A$，各种不同的 $m$ 值就可作出一系列的直线。在一定的转化范围内，可以得到 $E$ 和 $A$ 的平均值。

这种方法虽然需要多做几条 TGA 曲线，然而计算结果比较可靠，即使动力学机理有点改变，此法也能鉴别出来。

除了用升温的 TGA 曲线计算动力学参数外，还可用恒温的 TGA 曲线求出动力学参数，计算方法与前者类似。利用公式(6-151)，对每一种恒定的温度可以作出 $\ln(\mathrm{d}m/\mathrm{d}t)$ 对 $\ln m$ 的线，直线的斜率为 $n$，再从几条线的截距中可求出 $E$ 和 $A$。

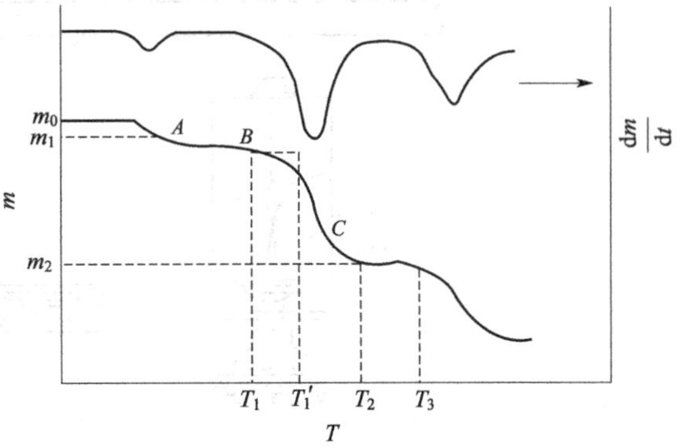

图 6-94　TGA 热谱图

1. 原理

TGA 的谱图是以试样的质量 $m$ 对温度 $T$ 的曲线或者是试样的质量变化速度 ($\mathrm{d}m/\mathrm{d}t$) 对温度 $T$ 的曲线来表示，后者称为微分曲线，如图 6-94 所示。开始阶段试样有少量的质量损失 ($m_0-m_1$)，这是聚合物中溶剂的解吸所致，如果发生在 100℃附近，则可能是失水所致。试样大量地分解是从 $T_1$ 开始的，质量的减少是 $m_1-m_2$，在 $T_2$ 到 $T_3$ 阶段存在着其他的稳定相，然后再进一步分解。图中 $T_1$ 称为分解温度，有时取 $C$ 点的切线与 $AB$ 延长线相交处的温度 $T_1'$ 作为分解温度，后者数值偏高。

在 TGA 的测定中，升温速度的增快会使分解温度明显地升高，如果升温速度太快，试样来不及达到平衡，会使两个阶段的变化并成一个阶段，所以要有合适的升温速度，一般为 5～10℃/min。试样颗粒不能太大，不然会影响热量的传递，而颗粒太小则开始分解的温度和分解完毕的温度都会降低。放试样的容器不能很深，要使试样铺成薄层，以免放出大量气体时将试样冲走。如果分解出来的气体或其他气体在试样中有一定的溶解性，会使测定不准确。图 6-95 是常用聚合物的 TGA 热谱图，纵坐标为剩余物的质量分数。

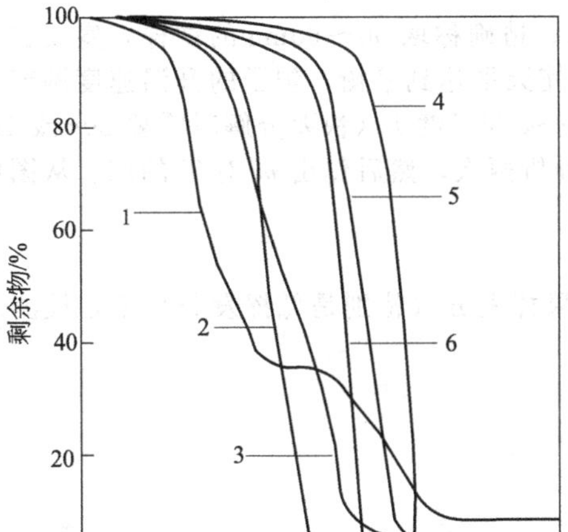

图 6-95　常用聚合物的 TGA 谱图（加热速度 10℃/min，氮气中测定）

1—聚氯乙烯；2—聚甲醛；3—聚氨酯；4—聚乙烯；5—尼龙-66；6—聚苯乙烯

当然，使用单一的 TGA 法，有时只能从一个侧面说明问题；若能和其他方法联用（例如 TGA-DTA，TGA-GC，TGA-MS）就可相互引证，迅速简便地阐明反应或转变的本质。

2. 试剂与仪器

化学试剂：聚乙烯，聚苯乙烯等。

本实验所用的天平是一种不等臂热天平，如图 6-96 所示，感量为 1mg，可以直接从光屏中读出 50mg 内试样质量的变化，在安放天平的桌子下面装有加热炉。盛有试样的白金小盘，用一细的链条从天平的一臂通过桌子上的小孔悬挂在炉子的中央。炉子加热时的温度是用热电偶（镍铬-镍铝）通过动图式自动定温

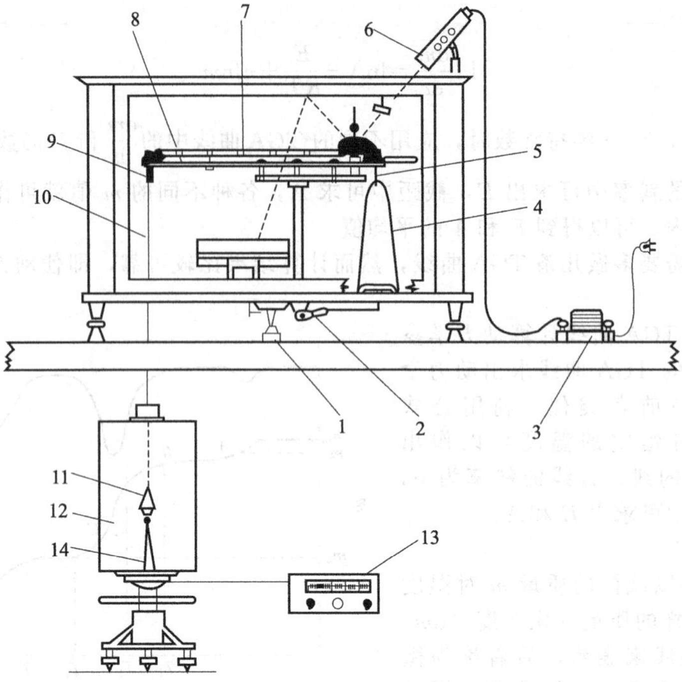


图 6-96 不等臂热天平结构

1—震垫脚；2—开关执手；3—光源变压器；4—大挂环；5—右挂钩；6—光源；
7—横梁；8—托叶；9—左挂钩；10—白金条；11—白金小盘；12—加热电炉；
13—温度控制器；14—热电偶

控制器来控制的，可以维持恒温，也可以等速升温。另外还可以用记录仪连续记录温度随时间的变化。如果在天平的另一臂装有差动变压器，可以直接用记录仪连续记录试样质量随时间的变化，更为方便。

3. 实验步骤

TGA 可以有升温法和等温法两种，本实验为升温法。精确称取 50～60mg 的试样，盛放在白金小盘内，使小盘悬挂在炉膛内（不要碰炉壁），加砝码使天平达到平衡，炉子的升温速度调节到 5℃·min$^{-1}$，在程序升温的同时每隔数分钟记录一次质量 $m$ 和温度 $T$（快要分解时需要 30s 或 10s 记录一次）直至分解完毕关好天平。每一试样必须重复分析两次，然后作出 $m$ 对 $T$ 的图。从图中确定试样的分解温度 $T_d$。

4. 注意事项

① 注意试样的颗粒大小适中，样品量不能太大，如果挥发分（特别是低挥发分）不是检测对象，试样在实验前最好真空干燥。

② 注意升温速度要适中，否则将影响测定结果。

③ 有关天平使用的一些注意事项在这同样适用。

## 三、热分析法联用技术

热分析联用是指一种热分析技术（如 TGA）与另一种热分析技术（如 DTA）的同时联用（或称 STA），或与另外一种分析技术（如 MS、GC）的联用。同时联用是指采用同一个试样在加热过程中同时发出两个或两个以上的热分析信号，如 TGA-DSC。也有些厂商称它为综合热分析技术。联用也可以是串级（或称串联）的，即在试样加热过程中，除了产生热分析信号外，还将对释放的气体进行分析，例如连到质谱仪、气相色谱仪、博里叶红外分析仪等。如 TGA-MS、DTA-GC、DSC-FTIR 等。

1. 同时联用热分析技术

同时联用热分析技术（STA）的主要优点是做一次实验可以得到两条或多条热分析曲线，加热重分析和差热分析同时联用可以得到试样的 TGA 曲线和 DTA 曲线。一般来说，在 TGA 曲线上试样有失重时，在 DTA 曲线上就有相应的峰。但是在 DTA 曲线上有峰形变化时，在 TGA 曲线上不一定有质量变化，如石英在 573℃时的晶相变化 α 相转变为 β 相。另一个优点是读取试样的转变温度要比单独的热天平更为精确。

但是同时联用热分析技术的精度大多不如单独的热分析技术。例如 TGA 同时联用热分析仪中的 DTA 信号引出线在天平称重上下移动时必然会影响到天平的精度。

如图 6-97 所示，即使采用回零式自动电子天平也会对微克级质量有所影响，为了减少此影响，尽可能采用细的、柔软的、导电性良好的金属丝（银丝较为合适）作为 DTA 的信号引出线，这样受到的牵连力格减小到最低程度。此外，由于 DTA 试样支架在炉内并非完全固定，而是悬挂着的，在升温过程中，由于气体浮力、气流波动，将对 DTA 支架产生晃动，增加了 DTA 信号的噪声和漂移。再加上 DTA 信号引出线采用银丝，对热电偶冷端补偿又增加了一个接点附加电势，这个电势也将随着该接点温度的变化而变化，从而增加了 DTA 信号的噪声，降低了温度读数的精度。

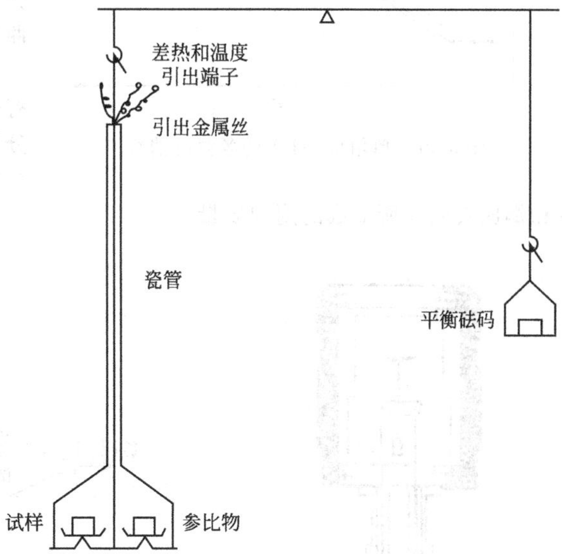

图 6-97 TGA-DTA 同时联用热分析仪示意图

大多数热分析仪器厂商都能够生产同时联用热分析仪。Mettler-Toledo 公司生产的 TGA-SDTA851 采用的是单坩埚的差热分析 SDTA，原理如下：

$$\Delta T = T_S - T_R \qquad (6\text{-}155)$$

式中，$\Delta T$ 为差热信号；$T_S$ 为试样温度，它来自于直接测量的试样温度传感器；$T_R$ 为参比温度，它来自于经过修正的测试炉内温度 $T_C$，可表示为 $T_R = T_C - + \beta t_{lag}$（其中 $\beta$ 是升温速率，$t_{lag}$ 是时间滞后函数）。

TGA-SDTA 851 的炉体结构如图 6-98 所示。事实上，试样温度 $T_S$ 实际并不能测量到，所测量的仅是坩埚底下的试样支架温度 $T_{Sh}$。因此，$T_S$ 也是经过计算修正后才得到的，即 $T_S = T_{Sh} - \beta t_{slag}$，$t_{slag}$ 称为时间小滞后函数。

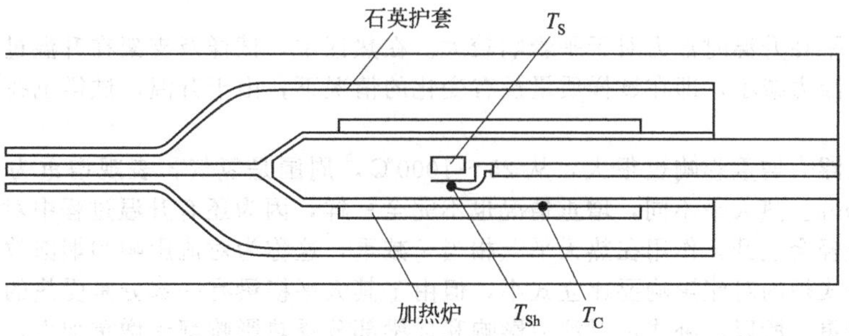

图 6-98 TGA-SDTA 851 炉体结构示意

参比温度与试样温度的测量值以及它们的修正值的曲线示意如图 6-99 所示。

采用单坩埚技术测量 DTA 曲线有如下优点。

① 可以消除试样的热效应对参比辐射的影响。

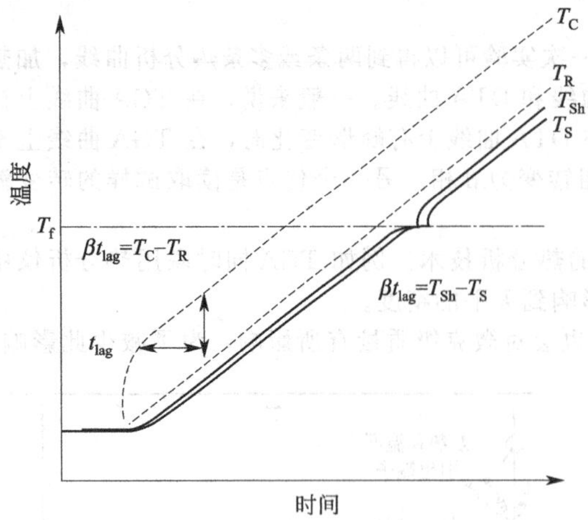


图 6-99 单坩埚 DTA 的各温度曲线

② 可以实现加热炉对试样加热最大限度的均一性。

③ 可以使测试炉的体积最小化，由于炉体的热惯性小实现更精确的程序温度控制。

④ 可以使仪器更结实、坚固、耐用，不易受到机械损害。

采用单坩埚技术必须精确得到如 $t_{lag}$ 时间滞后函数和 $t_{slag}$ 时间小滞后函数，或写成 $t_{slag}$ (small)。而且这两个滞后函数并不是恒定的常数，特别是一开始升温时，滞后时间较大，DTA 曲线漂移要比常规的 DTA 曲线大得多。

TGA-DSC（或 TGA-DTA）同时联用技术也有采用对称差示式的热天平。它们的结构示意图分别如图 6-100 和图 6-101 所示。这种结构的优点可以大大减小在升温过程中的浮力效应、对流效应和烟囱效应等所造成的附加质量。

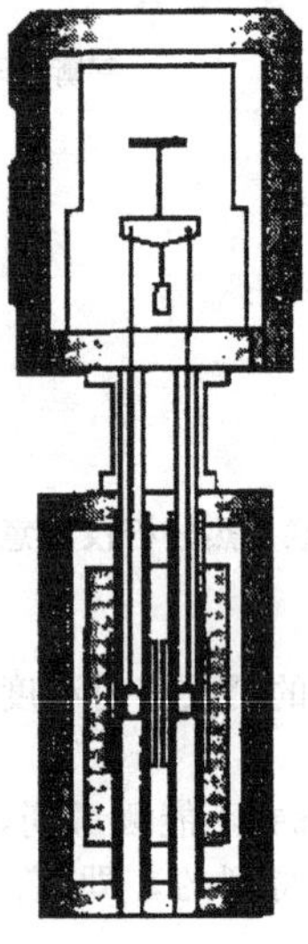

图 6-100 直立式

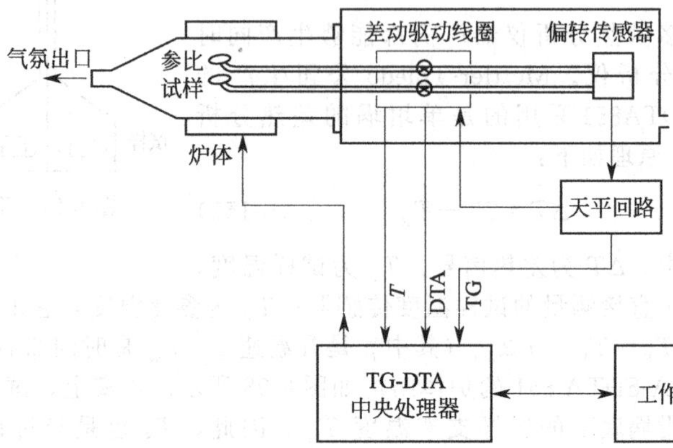


图 6-101 平卧的对称差示式 TGA-DTA 仪

常规的热天平在升温时浮力对天平影响较大。在热区中，试样及支架在升温过程中排开空气的质量不断减小，浮力减小，即在试样质量没有变化的情况下，由于升温，试样也在增重，这种增重称为浮力增重。

不同气氛对浮力增重影响也很大，从 25～1000℃，周围是氢气，表观增重为 0.1mg，换用空气就会增重 1.4mg。热天平不同，增重情况也不完全一样，因为还有升温过程中对流的作用，试样周围气氛受热变轻会上升，作用在热天平上相当于减重，这称为对流影响和烟囱效应，与炉子的结构关系很大。卧式炉的对流影响要比立式小，但由于其天平横梁有一部分是受热的，会因升温而伸长，也会产生增重。所以，卧式炉对浮力影响和横梁部分受热影响都使增重加大，而立式炉是浮力加大增重，而对流则产生减重，两者可部分抵消。常规的热天平，最好采用实际测定，升温到最高温度，记录背景热重曲线，然后再测定试样时以相同的升温速率所记录的热重曲线扣除背景热重曲线，即得到试样实际的热重曲线，这样把浮力影响和对流影响以及横梁部分受热的膨胀一并扣除，但如果采用对称差示式的热天平就不必采用上述方法扣除这种增重。实际上它们在炉子内自然扣除了。

2. 串级联用技术

串级联用技术以热重法与质谱分析（TGA-MS）为例，其主要部件如图 6-102 所示，它包括一个热天平、一个质谱仪以及将两者联合的接口。为了获得释放气体分析的最佳结果，热天平和接口一定要设计成保证释放气体有足够量转移到质谱仪，同时质谱仪要设计成能快速扫描和长周期稳定操作。

质谱仪与热天平联用以分析试样释放的气体，质谱仪应具有以下特点：

① 高灵敏度和宽广的动态范围，可测量从百万分之一到百分之几浓度的组分；

② 有机、无机甚至单分子或双分子的物质，如氮、氧都可以检测；

③ 对变化的气体组分响应很快，在热天平和质谱仪之间的死体积很小，可提供好的分辨率和减少记忆效应；

④ 观察到的峰可直接关系到分子结构和碎片质量。

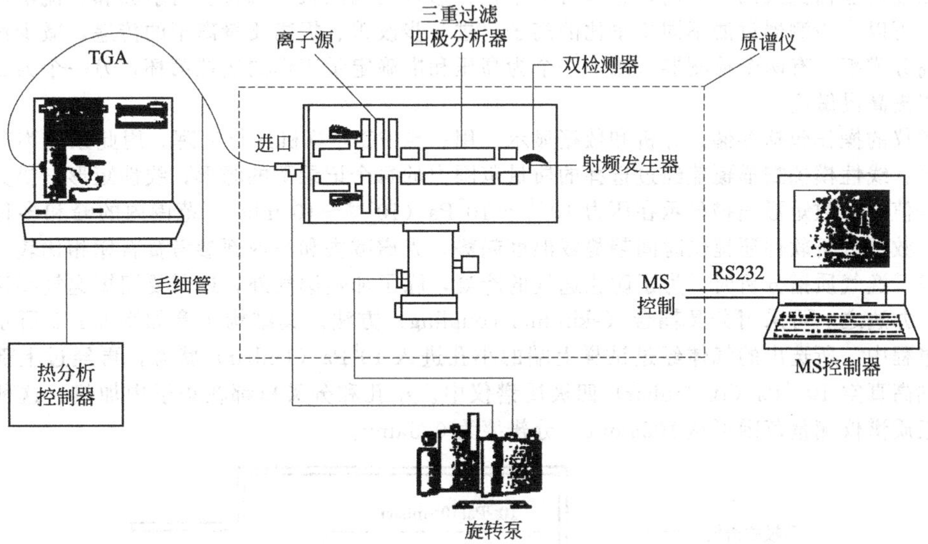


图 6-102 TGA-MS 联用系统

热天平与质谱仪相连的接口是十分重要的，需满足下列要求：

① 能够迅速转移新发生的气体到质谱仪而不会冷凝或降解，这样质谱仪测得的气体能真正代表热天平的尾气；

② 能够调整进入质谱仪的气体体积，有足够的试样提供充分的灵敏度，并能维持与质谱仪所需要的真空相匹配；

③ 能够处理不同的热天平清扫气体，可研究并比较在各种气氛条件下的材料；

④ 接口用的不锈钢毛细管可加热到 170℃ 以减少冷凝，此毛细管的一头进入热天平炉子的出气口，另一头通过连接回旋泵的分子漏孔与质谱仪相连，如图 6-103 所示。

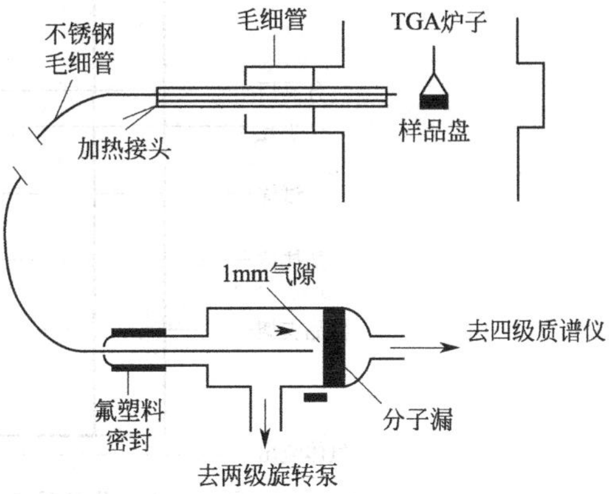


图 6-103 TGA 炉子与四级质谱仪的接口

质谱仪提供的定性信息是靠气体分子和原子的离子化，再将所得到的离子按它们的质量电荷比分开，每种气体物质在离子化过程中分裂产生一特征离子模型，可与已知物质的模型辨别比较。

一般四极质谱仪测量范围为 1～300 原子质量单位（u），从接口来的气体样品进入离子源，如图 6-104 所示。被炽热灯丝放出的电子撞击而离子化，离子源被封闭（与真空室的其余部分隔离），以减少污染和在离子源内制造较高的气压，获得较高的信噪比及低浓度的灵敏度。

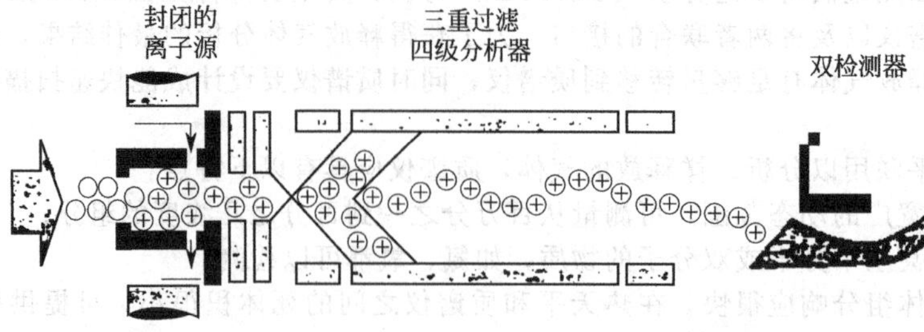


图 6-104 四级质谱仪的离子源和分析器

用四级质滤器完成离子分离，它包含一个正方形排列的四根金属棒。将射频和直流电压连到这些棒上就可以为检测器过滤不同质量比的离子，进一步改善、提高质量离子的传递，减少污染的可能和提高分辨率。有两个检测器可用，一个为高压和准确定量工作的法拉第杯，另一个为二次电子倍增管以提高灵敏度。

质谱仪的操作包括存储、分析和数据显示，用一台 PC 计算机进行处理，用此系统为获得几种操作模式：线性模拟扫描覆盖经过选择的质量范围内的每个记录下的峰形；线性矩形扫描其中只记录最高峰值；对数矩形扫描显示在压力 $10^{-11}\sim10^{7}$Pa（$10^{-13}\sim10^{5}$mbar）范围内的峰和多种离子监测模型。数据分析软件还提供时间趋势或温度趋势，光谱减去和与内部参考资料库相比较。

在进行逸气质谱分析时，为了防止逸气的冷凝，除了加热逸气外，还需要缩短逸气到达质谱仪的途径。办法之一可采用分叉耦合（skimmer coupling）方法。其结构示意如图 6-105 所示。试样在升温过程中，所选出的气体经过试样上端的小孔进入 $10^{2}$Pa（1mbar）状态，再经过上部的分叉口进入到高真空 $10^{-3}$Pa（$10^{-5}$mbar）四极质谱仪中。小孔和分叉口都在炉子中加热。这种分叉耦合的四极质谱仪测量范围可达 1024amu，分辨率为 0.5amu。

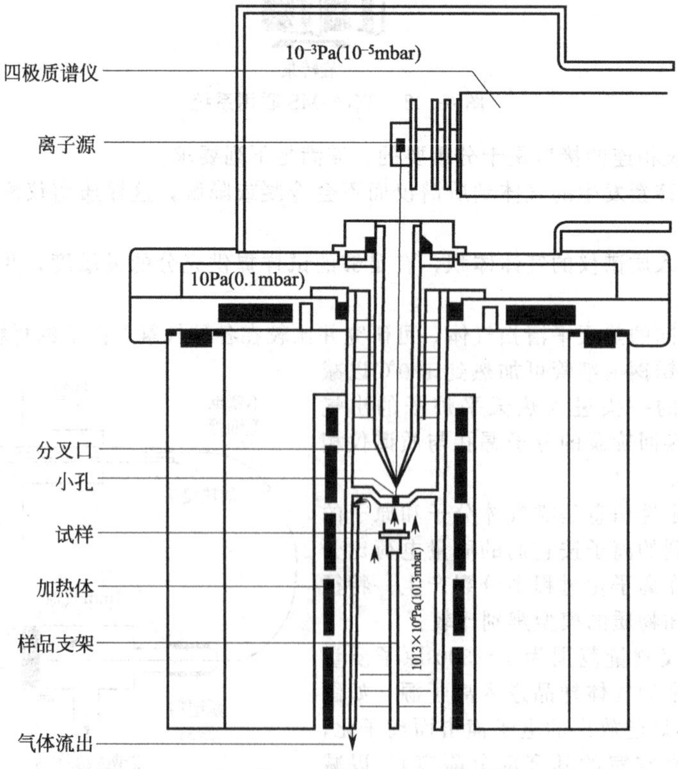


图 6-105 分叉耦合 STA409CD-QMS 结构示意

压力降低分为两步。第一步使用旋转泵或涡轮分子泵减压到 $10^2$Pa（1mbar）。第二步经分叉口进入到高真空 $10^{-3}$Pa（$10^{-5}$mbar）。

TGA-MS 的应用很多，图 6-106 为黏土砖分解的热分析曲线。

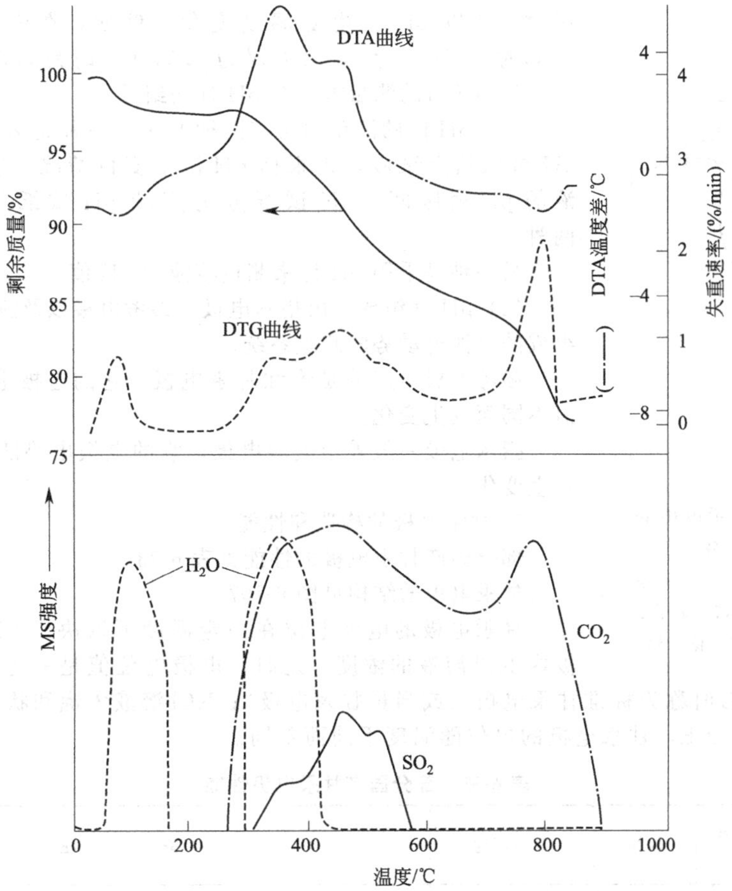


图 6-106　黏土砖分解的热分析曲线

用于制造砖瓦和相关产品的黏土常常不希望存在其他矿物质，例如碳酸盐可影响塑性和增加孔隙率，黄铁矿和碳酸盐在一起会对最终产品的表面产生缺陷，黄铁矿与有机物在一起会产生膨胀和黑心现象。黏土是否适合作建筑材料一般是通过物理测试，但从 TGA-MS 实验中能提供更详细的烧制过程中的化学特征。将黏土以 20℃/min 速率升温，同时监测水、二氧化碳和二氧化硫，得到的结果如图 6-106 下方的图，相应的 MS 曲线表明低于 200℃ 的峰是黏土和石膏脱水的失重，高温峰反映黏土矿的脱羟基、有机物残炭和方解石的分解。

# 第六节　电化学测定法与胶体溶液

## 一、pH 值的测量

1. pH 的定义

在水溶液中，$H^+$ 或 $OH^-$ 的浓（活）度受到水的离解常数 $k_W$ 的制约

$$H_2O \rightleftharpoons H^+ + OH^-$$

$$k_W = a_{H^+} a_{OH^-} \approx C_{H^+} C_{OH^-} = 10^{-14}\ (25℃)$$

在水溶液中，$H^+$的浓度（$C_{H^+}$）的变化幅度大，可以从 10mol·$L^{-1}$ 到 $10^{-15}$mol·$L^{-1}$，用这种表示法有很多不便，用 $pH=-\lg C_{H^+}$ 来表示溶液中的氢离子浓度较为简便，在中性水溶液中 pH=7，酸性溶液中 pH<7；pH 越小酸性越强；在碱性溶液中 pH>7，碱性越强，pH 越大。由于水的离解常数 $k_w$ 是温度的函数，所以 pH 值也随温度变化，例如，在中性溶液条件下，25℃时，pH 值为 7，60℃时为 6.5，0℃时为 7.5。

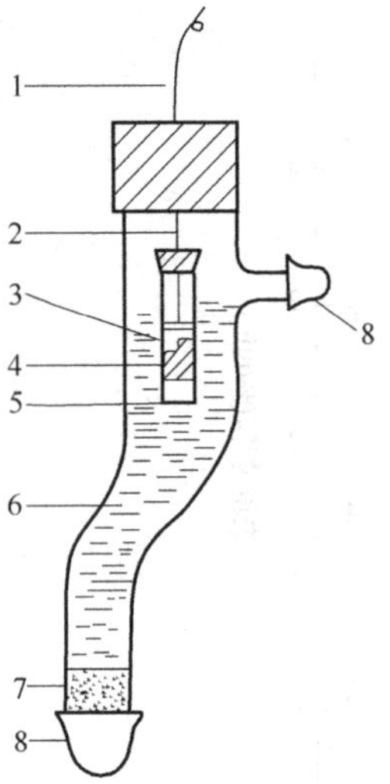


图 6-107 甘汞电极的构成组分

1—导线；2—铂丝；3—汞；4—糊状物；5，7—砂芯；6—氯化钾；8—橡皮帽

2. pH 值的测量方式与 pH 计的组成

（1）pH 值的测量通常有两种方式 一种是采用 pH 试纸。将 pH 试纸沾上试液，再根据 pH 试纸变色情况，能粗略地确定试液的 pH 值区间。pH 试纸分为广域 pH 试纸与精密 pH 试纸两种。

另一种是采用 pH 计来测量溶液的 pH 值。

（2）pH 计组成 由指示电极、参考电极以及测定这一对电极所组成的电池电动势的测量系统。

参考电极常用的是饱和甘汞电极，它的电极电势不随溶液 pH 值不同而发生变化。

指示电极一般采用玻璃电极，它的电极电势随溶液 pH 不同而发生变化。

3. 甘汞电极的构造和性能

部分国产甘汞电极的性能见表 6-33。

甘汞电极的结构见图 6-107。

甘汞电极的电极电位在一定温度下取决于 $Cl^-$ 的活度，当电极内 KCl 溶液的浓度一定时，电极电位值是一定的。KCl 溶液的浓度为 1.0mol/L 时称为标准甘汞电极（或当量甘汞电极）；KCl 溶液为饱和状态时，称为饱和甘汞电极，简称 SCE，甘汞电极的电位随温度不同而不同。

**表 6-33 部分国产甘汞电极性能**

| 甘汞电极型号 | 电极内阻/kΩ | 盐桥 | 液体流速 | 备注 |
|---|---|---|---|---|
| 217 | ≤10 | 石棉丝双盐桥 | 每 5min 一滴 | 为避免 $Cl^-$、$K^+$对被测溶液沾污，可选用此电极 |
| 212 | ≤10 | 石棉丝 | 每 5min 一滴 | 宜与 211 型玻璃电极配套，适用于 24 型酸度计作参比电极 |
| 222 | ≤10 | 石棉丝 | 每 5min 一滴 | 宜与 211 型玻璃电极配套使用，适用于 25 型、HSD-2 型酸度计作参比电极 |
| 232 | ≤10 | 陶瓷 | 每 5min 一滴 | 宜与 231 型玻璃电极配套使用，适用于 25 型、pHS-1 型、pHS-2 型酸度计作参比电极 |
| 242 | ≤10 | 陶瓷 | 每 5min 一滴 | 宜与 241 型玻璃电极配套使用 |
| 252 | ≤10 | 陶瓷 | 每 5min 一滴 | 宜与 251 型玻璃电极配套使用 |
| 6802 | ≤10 | | 每 5min 一滴 | 为避免 $Cl^-$、$K^+$对被测溶液沾污，可选用此电极。盐桥溶液为 0.1mol/L KCl、静态测定溶液的 pNa 时，可选用此电极作参比电极 |

甘汞电极构造简单，电极电位稳定（即使有微量测量电流通过，电位也几乎无变化），使用方便，应用广泛。但使用时温度变化有滞后现象（指温度变化后，要数小时才能达到稳定值），故在温度变化大时，进行校正。

甘汞电极在使用时要注意保持 KCl 溶液的液面高度，不用时将两个橡皮小帽套上。使用一周后，应将 KCl 溶液更新。

表 6-34 列出了几种参考电极的电极电位。表 6-35 列出了电极电位与温度的关系。

**表 6-34 常见的参考电极的电极电位**

| 电极种类 | 电位值① (25℃)/V | 电极种类 | 电位值① (25℃)/V |
|---|---|---|---|
| $Hg/Hg_2Cl_2$(Sat)②,KCl(Sat)[SCE]③ | +0.244 | $Hg/Hg_2SO_4$(Sat),0.05mol·$L^{-1}$ $H_2SO_4$ | +0.614 |
| $Hg/Hg_2Cl_2$(Sat),1.0mol·$L^{-1}$KCl[NCE]④ | +0.281 | Ag/AgCl(Sat),KCl(Sat) | +0.199 |
| $Hg/Hg_2Cl_2$(Sat),0.10mol·$L^{-1}$KCl | +0.336 | Ag/AgCl(Sat),1.0mol·$L^{-1}$KCl | +0.227 |
| $Hg/Hg_2SO_4$(Sat),$K_2SO_4$(Sat) | +0.64 | Ag/AgCl(Sat),KCl(0.10mol·$L^{-1}$) | +0.290 |

① 电位值相对于标准氢电极；② Sat—饱和溶液；③ SCE—饱和甘汞电极；④ NCE—标准甘汞电极。

**表 6-35 参考电极电位与温度关系**

| T/℃ | $E^0$/mV $Hg_2Cl_2$;Hg | ($E^{0'}+E_{接界}$)/mV $KCl_{饱和}$ $Hg_2Cl_2$;Hg | T/℃ | $E^0$/mV $Hg_2Cl_2$;Hg | ($E^{0'}+E_{接界}$)/mV $KCl_{饱和}$ $Hg_2Cl_2$;Hg |
|---|---|---|---|---|---|
| 0 | 274.0 | 259.18 | 30 | | 241.18 |
| 5 | 272.1 | | 35 | 265.0 | |
| 10 | | 253.87 | 40 | | 234.49 |
| 15 | 270.9 | | 45 | 260.5 | |
| 20 | | 247.75 | 50 | | 227.37 |
| 25 | 268.0 | 244.53 | 55 | 256.1 | |

4. 玻璃电极的构造和性能

玻璃电极制造方便、种类繁多，在工业过程控制及研究中得到广泛应用。玻璃电极是非晶体膜电极，其构造如图 6-108 所示。

玻璃电极的玻璃膜是由一种特定配方的对 $H^+$ 敏感的玻璃吹制成的球形膜，玻璃膜敏感层的厚度约 0.1mm。玻璃球内装有一定 pH 值的溶液，通常是以 0.1mol/L HCl 溶液或含有 NaCl 的缓冲溶液为内参比溶液，Ag-AgCl 丝为内参比电极。玻璃膜的内阻很高，约为 100～500MΩ。

测量溶液的 pH 值时，将玻璃电极插到被测定的溶液中，同时再插入另一支参比电极（常用饱和甘汞电极），这电极也叫外参比电极，与玻璃电极及溶液组成电池；该电池的电动势为 ε，其图解式表示如下。

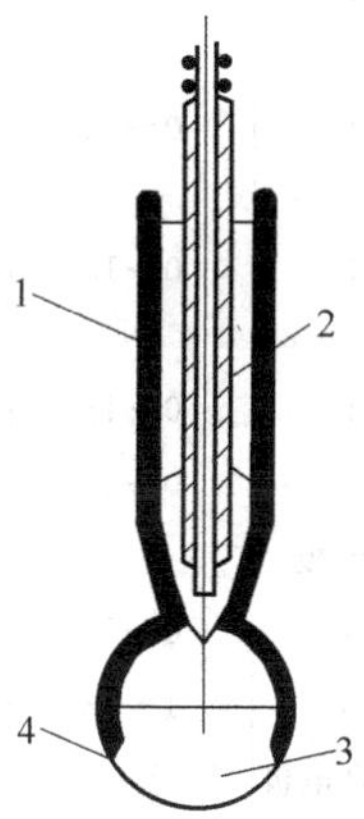

图 6-108 pH 玻璃电极构造
1—高阻玻璃；2—Ag-AgCl 电极；3—含 $Cl^-$ 的缓冲溶液；4—玻璃膜

Ag | AgCl,内部溶液($pH_{内}$) | 球外被测溶液($pH_{外}$),KCl,$Hg_2Cl_2$ | Hg

内参比电极　玻璃膜　　外参比电极

（内参比电极与玻璃膜合称：玻璃电极）

该电池的电动势 ε 与球外溶液的 pH 值有下列关系。

$$\varepsilon = b + 0.059\text{pH}\ (25℃)$$

上述电池的总电位由以下几部分组成。

① 内部的 Ag-AgCl 电极的电位（内参比电极电位）；

② 内玻璃表面与溶液界面间的电位；

③ 不对称电位（有 10～30mV）；

④ 玻璃膜外表面与溶液界面间的电位。

但是在测定过程中，对已定的电极，①～③三项都为恒值，只有④项随测试溶液的 pH 值而变化。玻璃电极的电池电动势 ε 式中的 $b$ 项为一常数，而且，由于 $b$ 项的存在，就不能直接用它来测定溶液的 pH 值，而应设法消去 $b$ 项。为此，在测定 pH 值时，必须先用已知 pH 值的标准缓冲溶液，测出上述电池的电动势 $\varepsilon_s$，确定 $b$ 值。

$$\varepsilon_s = b + 0.059\text{pH}_s$$

下脚标 s 表示标准缓冲溶液 pH 值。然后再测定未知溶液电池的电动势 ε，才能计算出未知溶液的 pH 值。

$$\varepsilon = b + 0.059\text{pH}$$

$$\text{pH} = \text{pH}_s + \frac{\varepsilon - \varepsilon_s}{0.059}$$

可见，被测溶液的 pH 是以标准缓冲溶液的 pH 值为标准的。用来校正仪器的标准缓冲溶液的 pH 值与被测溶液的 pH 值最好相近，一般相差应在三个 pH 单位以内。

pH 玻璃电极有许多优点。

① 在 pH 值从 1～9 的范围内，测定结果比较准确，一般 pH 计误差在 ±0.1，精密 pH 计误差可在 0.01～0.02；

② 测定 pH 值时不受氧化剂及还原剂影响，$H_2S$、HCN、砷化物、表面活性物质蛋白质等可以毒害其他的指示电极，但对玻璃电极却没有影响；

③ 可在有色、浑浊溶液中应用；

④ 也可用于非缓冲溶液，不过重现性较差。

部分国产玻璃电极的性能见表 6-36。

**表 6-36 部分国产玻璃电极的性能**

| 型号 | pH 值测量范围 | 测量温度/℃ | pH 零电位 | 内阻(25℃)/MΩ | 备注 |
|---|---|---|---|---|---|
| 211 | 0～10 | 5～45 | 7±1 | ≤70 | 与 212 型甘汞电极配套。适用于 24 型酸度计和 21-1 型自动电位滴定计 |
| 221 | 0～10 | 5～45 | 7±1 | ≤70 | 与 222 型甘汞电极配套，适用于 25 型、HSD-2 型、DH-1 型酸度计 |
| 231 | 0～14 | 5～60 | 7±1 | ≤120 | 与 232 型甘汞电极配套。适用于 PHS-2 型酸度计和 ZD-2 型自动电位滴定计 |
| 241 | 0～13 | 10～80 | 7±1 | ≤500 | |
| 251 | 0～14 | 0～60 | 7±1 | ≤70 | 与信号源内阻为 1000MΩ 以上的酸度计配用 |
| 微量电极 | | | 7±1 | | |
| GE64-1 | 0～14 | 10～80 | 7±1 | ≤500 | |
| 65-1 | 1～13 | 5～60 | 7±1 | ≤120 | 适用于 pH-29A 型携带式酸度计 |
| 280 复合电极 | | | | | |
| 65-1A 复合电极 | 1～13 | 5～60 | 2±1 | ≤120 | 适用于 pHS-29A 携带式酸度计 |

5. 测量 pH 值的仪器

由于玻璃电极内阻很大，有 $10^9\,\Omega$ 或更大，如果要使电位测量能准确到 0.5mV 时，电流就要小到 $5\times10^{-14}$ A，这样小的电流通过电极时，对电极电位的影响虽然不会太大，但是，要测量这样小的电流，就不是一般的仪器能够达到的，而要用专门设计的 pH 计。

常用的 pH 计有两种类型：电子毫伏表型 pH 计和电位计型 pH 计两种。

① 电子毫伏表型 pH 计　电子毫伏表型 pH 计又称直读式 pH 计，它是利用放大线路将玻璃电极与外参比电极之间的电位差转变成电流，用电流计直接指示 pH 值。其优点是读数快捷，可作连续测定之用。如雷磁 25 型，PHS-1 及 PHS-2 型等。

② 电位计型 pH 计　电位计型 pH 计是一种精密的电位计，它的指零装置是连接在放大线路上的微安计，而 pH 的刻度刻在电位计的电位滑线上。测量的第一步是校准电位滑线 *ABCD*（如图 6-109 所示）；第二步用已知 pH 标准缓冲溶液校准仪器，测量未知溶液时，调节 pH 刻度盘使电流为零，pH 刻度盘上的读数就是未知溶液的 pH 值。

表 6-37 为部分国产常用 pH 计性能一览表。

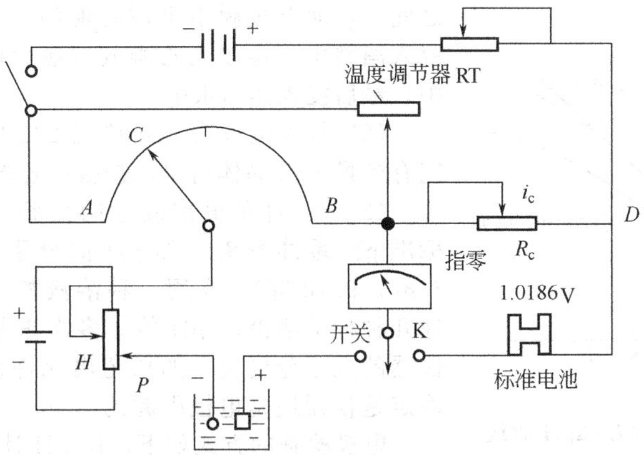


图 6-109　电位计型 pH 计原理

**表 6-37　部分国产常用 pH 计性能一览表**

| 产品名称及型号 | 量程 | | 精度 | 生产厂 |
|---|---|---|---|---|
| | pH | mV | | |
| 雷磁迷你 1 型 2 型 pH 计（数显） | 0～14 | | ±0.2pH | 上海雷磁仪器厂 |
| pHS-3B 型精密 pH 计（数显） | 0～14.000 | 0～±1999 | ±0.01pH | 上海分析仪器厂 |
| pHS-29A 型 pH 计 | 2～12 | 0～±1000 | 0.1pH | 上海雷磁仪器厂 |
| | | | | 厦门第二分析仪器厂 |
| pHS-25 型 pH 计 | 0～14 | 0～±1400 | 0.1pH | 江苏电分析仪器厂 |
| pHB-4 型便携式数字 pH 计 | 0～14 | 0～±1400 | 0.02pH | 上海雷磁仪器厂 |
| pHSJ-4 型微机 pH 计 | 0～14.000 | 0～1999.0 | 0.001pH | 上海三信仪表厂 |
| pHS-3C 型酸度计 | 0～14.00 | 0～±1600 | 0.01pH | 上海雷磁仪器厂 |
| | | | | 上海仪表元件厂 |
| pHS-4 型酸度计 | 0～14.000 | 0～±1600 | ±0.01pH | 江苏电分析仪器厂 |
| 402pH/mV 计 | 0～14.00 | 0～±1999 | 0.01pH | 上海创业仪器厂 |
| P-1 型笔式 pH 计 | 0～14.0 | | <0.2pH | 江苏分析仪器厂 |
| 100 型笔式 pH 计 | 0～14.00 | | <0.02pH | |
| LB-2 便携式 pH 计 | 0～14 | | <0.02pH | 河南济源市自动化仪器仪表厂 |

6. pH 值的测量操作

pH 值的测量操作按 pH 计使用说明逐步进行，通常有以下几步。

① 按仪器要求接好电源，选择 pH 挡或 mV 挡；

② 接好 pH 玻璃电极及参比电极，电极距离要适当；甘汞电极应比玻璃电极位置稍低（防止玻璃球损坏）；

③ 用标准 pH 缓冲溶液，调节定位旋钮到与其一致的数值，测量过程中应转动测量烧杯加速读数稳定；

④ 洗净擦干后换上待测溶液，稳定后读取溶液的 pH 值。注意，定位旋钮在调好后不可任意调节，如不慎被碰动，则应用标准 pH 缓冲溶液重新定位；

⑤ 测量完成后，复原仪器，并应将玻璃电极洗净后浸于干净的蒸馏水中。甘汞电极洗净擦干后套上橡皮塞，并闭电源。

7. pH 测量的注意事项

（1）初次使用的玻璃电极必须在蒸馏水或 0.1mol·$L^{-1}$ 的酸溶液中浸泡 24h，因为玻璃电极的 pH 响应和吸水量有关，干燥的玻璃对 $H^+$ 是不响应的；玻璃电极用前要检查有无裂纹及内参比电极有没有浸入内参比溶液中。玻璃电极易碎，操作应十分小心，轻拿轻放，使用温度应在 5～45℃之间。玻璃电极膜不可沾有油污。如发生这种情况，则先浸入酒精中，再放入乙醚或四氯化碳中，然后再移入酒精中，最后浸入蒸馏水中。

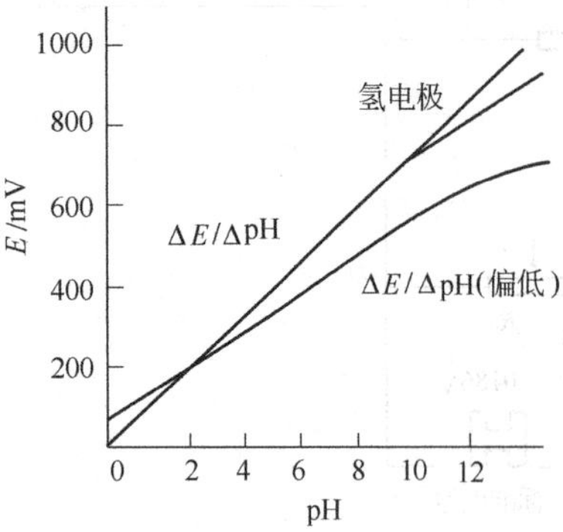

图 6-110　玻璃电极的 $\Delta E/\Delta pH$ 曲线

(2) 甘汞电极内充液应在 2/3 以上，饱和甘汞电极还应有少量 KCl 晶体析出。盐桥细管内应无气泡及断路现象。

(3) pH 计示值准确性的校验，一般可选用三至五种标准 pH 缓冲溶液（如 pH 值分别为 1.68、3.56、4.01、6.86、9.18 等）。先用一种溶液校正好仪器，然后测量其他几种标准溶液的 pH 值，多次重复读数的误差不能大于仪器的最小分度值，如果超出允许误差，则应进一步检查确定是仪器还是电极引起的。

电极检查的方式如下。用 pH 计测量上述各种标准缓冲溶液的电极电势，用坐标纸绘制玻璃电极的 $\Delta E/\Delta pH$ 曲线（如图 6-110 所示），在电极测量的范围内应为直线，根据标准溶液的 $pH_s$ 和测得的电动势 $E_s$ 的大小，按下式算出电极的电化转换系数 $k$。

$$k=\frac{E_{s_2}-E_{s_1}}{pH_{s_2}-pH_{s_1}}$$

式中　$E_{s_1}$，$E_{s_2}$——两种标准缓冲溶液的电动势。

测量时还要注意温度，如果电化转换系数比理论值 $0.0001983T$ 低许多时，则说明电极已失效或漏电严重。

图 6-110 中 $\Delta E$、$\Delta pH$ 分别为两种不同 pH 标准缓冲溶液的电动势及 pH 差值。

(4) 使用中各电极接头应保持干净，若沾上油污，可用 5%～10%的氨水或丙酮清洗电极，当附着某些不溶性沉淀物时，可用 $0.1mol \cdot L^{-1}$ HCl 清洗，但绝不可用脱水的溶剂（如 $H_2SO_4$ 或铬酸洗液）清洗，否则会影响电极的氢功能。

(5) 碱性溶液，有机溶剂及含硅的溶液会使电极“衰老”，在测完上述溶液后，应立即将电极取出清洗干净，或者在取出后放在 $0.1mol \cdot L^{-1}$ HCl 溶液中浸泡一下加以矫正，不能用玻璃电极测试浓度超过 $2mol \cdot L^{-1}$ 的碱溶液。

(6) 甘汞电极的电位与温度有关，并有滞后效应，所以，甘汞电极使用中要防止温度骤变。甘汞（$Hg_2Cl_2$）在高于 78℃时要分解，因此，甘汞电极只能在 0～70℃间使用和保存。

(7) pH 计的检验　不同指标的仪器达到不同级别，其精度也不相同（见表 6-38）。

**表 6-38　pH 计的检定项目和要求**

| 仪器级别 | 最小分度值 pH | 仪器示值准确性(基本误差) | | | 仪器示值重现性(重复性误差) | 指示器刻度正确性 $\left(\frac{\Delta pH_L}{3pH}\right)$ | 温度补偿器正确性 $\left(\frac{\Delta pH_t}{3pH}\right)$ | 仪器输入阻抗误差 $\left(\frac{\Delta pH_R}{3pH}\right)$ |
|---|---|---|---|---|---|---|---|---|
| | | pH<3 | 3<pH<10 | pH>10 | | | | |
| 0.02 | 0.02 | ±0.03 | ±0.02 | ±0.06 | 0.01① | ±0.01 | ±0.01 | 0.01 |
| 0.05 | 0.05 | ±0.05 | ±0.05 | ±0.08 | 0.03 | ±0.03 | ±0.03 | 0.02 |
| 0.1 | 0.1 | ±0.1 | ±0.1 | ±0.1 | 0.05 | ±0.05 | ±0.05 | 0.03 |

① 用 25℃饱和氢氧化钙检定时为 0.02pH。

(8) 玻璃电极的“钠差”和“酸差”　各种类型的玻璃电极有相应的 pH 适用范围，一般玻璃电极适用于 pH 值 1～9 的范围内，在酸度过高的溶液中，pH 读数偏高，即会引入“酸差”；当 pH>10 或在含 $Na^+$ 浓度较大的溶液中，pH 读数偏低，即引入“钠差”。

8. 电极电势与 pH 曲线的测量

(1) 原理　标准电极电势的概念被广泛应用于解释氧化还原体系之间的反应。但是很多氧化还原反应的发生都与溶液的 pH 值有关，此时，电极电势不仅随溶液的浓度和离子强度变化，还要随溶液 pH 值而变化。对于这样的体系，有必要考查其电极电势与 pH 的变化关系，从而能够得到一个比较完整、清晰的认识。在一定浓度的溶液中，改变其酸碱度，同时测定电极电势和溶液的 pH 值，然后以电极电势 $\varepsilon$ 对 pH 作图，这样就制作出体系的电热-pH 曲线，称为电势-pH 图。

根据能斯特（Nernst）公式，溶液的平衡电极电势与溶液的浓度关系为

$$\begin{aligned}\varepsilon &= \varepsilon_1^0 + \frac{2.303RT}{nF}\lg\frac{a_{ox}}{a_{re}} \\ &= \varepsilon_1^0 + \frac{2.303RT}{nF}\lg\frac{c_{ox}}{c_{re}} + \frac{2.303RT}{nF}\lg\frac{\gamma_{ox}}{\gamma_{re}}\end{aligned} \tag{6-156}$$

式中，$a_{ox}$、$c_{ox}$ 和 $\gamma_{ox}$ 分别为氧化态的活度、浓度和活度系数；$a_{re}$、$c_{re}$ 和 $\gamma_{re}$ 分别为还原态的活度、浓度和活度系数。在恒温及溶液离子强度保持定值时，式中的末项 $\frac{2.303RT}{nF}\lg\frac{\gamma_{ox}}{\gamma_{re}}$ 亦为一常数，用 $b$ 表示之，则

$$\varepsilon = (\varepsilon_2^0 + b) + \frac{2.303RT}{nF}\lg\frac{c_{ox}}{c_{re}} \tag{6-157}$$

显然，在一定温度下，体系的电极电势将与溶液中氧化态和还原态浓度比值的对数呈线性关系。

本实验所讨论的是 $Fe^{3+}/Fe^{2+}$-EDTA 络合体系。以 $Y^{4-}$ 代表 EDTA 酸根离子 $(CH_2)_2N_2(CH_2COO)_4^{4-}$，体系的基本电极反应为

$$FeY^- + e \longrightarrow FeY^{2-}$$

则其电极电势为

$$\varepsilon = (\varepsilon_2^0 + b) + \frac{2.303RT}{F}\lg\frac{c_{FeY^-}}{c_{FeY^{2-}}} \tag{6-158}$$

由于 $FeY^-$ 和 $FeY^{2-}$ 这两个络合物都很稳定，其 $\lg K_{稳}$ 分别为 25.1 和 14.32，因此，在 EDTA 过量情况下，所生成的络合物的浓度就近似地等于配制溶液时的铁离子浓度，即

$$c_{FeY^-} = c^0_{Fe^{3+}}$$
$$c_{FeY^{2-}} = c^0_{Fe^{2+}}$$

这里 $c^0_{Fe^{3+}}$ 和 $c^0_{Fe^{2+}}$ 分别代表 $Fe^{3+}$ 和 $Fe^{2+}$ 的配制浓度。所以式(6-186) 变成

$$\varepsilon = (\varepsilon_2^0 + b) + \frac{2.303RT}{F}\lg\frac{c^0_{Fe^{3+}}}{c^0_{Fe^{2+}}} \tag{6-159}$$

由式(6-159) 可知，$Fe^{3+}/Fe^{2+}$-EDTA 络合体系的电极电势随溶液中的 $c^0_{Fe^{3+}}/c^0_{Fe^{2+}}$ 比值变化，而与溶液的 pH 值无关。对具有某一定的 $c^0_{Fe^{3+}}/c^0_{Fe^{2+}}$ 比值的溶液而言，其电势-pH 曲线应表现为水平线。

但 $Fe^{3+}$ 和 $Fe^{2+}$ 除能与 EDTA 在一定 pH 范围内生成 $FeY^-$ 和 $FeY^{2-}$ 外，在低 pH 时，$Fe^{2+}$ 还能与 EDTA 生成 $FeHY^-$ 型的含氢络合物；在高 pH 时，$Fe^{3+}$ 则能与 EDTA 生成 $Fe(OH)Y^{2-}$ 型的羟基络合物。在低 pH 时的基本电极反应为

$$FeY^- + H^+ + e \longrightarrow FeHY^-$$

则

$$\begin{aligned}\varepsilon &= (\varepsilon^0 + b') + \frac{2.303RT}{F}\lg\frac{c_{FeY^-}}{c_{FeHY^-}} - \frac{2.303RT}{F}pH \\ &= (\varepsilon^0 + b') + \frac{2.303RT}{F}\lg\frac{c^0_{Fe^{3+}}}{c^0_{Fe^{2+}}} - \frac{2.303RT}{F}pH\end{aligned} \tag{6-160}$$

同样，在较高 pH 时，有

$$Fe(OH)Y^{2-} + e \longrightarrow FeY^{2-} + OH^-$$

$$\begin{aligned}\varepsilon &= \left(\varepsilon^0 + b - \frac{2.303RT}{F}\lg K_W\right) + \frac{2.303RT}{F}\lg\frac{c_{Fe(OH)Y^{2-}}}{c_{FeY^{2-}}} - \frac{2.303RT}{F}pH \\ &= \left(\varepsilon^0 + b'' - \frac{2.303RT}{F}\lg K_W\right) + \frac{2.303RT}{F}\lg\frac{c^0_{Fe^{3+}}}{c^0_{Fe^{2+}}} - \frac{2.303RT}{F}pH\end{aligned} \tag{6-161}$$

式中，$K_W$ 为水的离子积。

由式(6-160) 及式(6-161) 可知，在低 pH 和高 pH 值时，$Fe^{3+}/Fe^{2+}$-EDTA 络合体系的电极电势不仅与 $c^0_{Fe^{3+}}/c^0_{Fe^{2+}}$ 的比值有关，而且也和溶液的 pH 有关。在 $c^0_{Fe^{3+}}/c^0_{Fe^{2+}}$ 比值不变时，其电势-pH 为线性关系，其斜率为 $-2.303RT/F$。

这一事实表明，任何一个一定 $c^0_{Fe^{3+}}/c^0_{Fe^{2+}}$ 比值的脱硫液在它的电势平台区的上限时，脱硫的热力学趋势达最大；超过此 pH 后，脱硫趋势保持定值而不再随 pH 增大而增加。从热力学角度看，用 EDTA 络合物铁盐法脱除天然气 $H_2S$ 时脱硫液的 pH 选择在 6.5～8 之间或高于 8 都是合理的。

(2) 仪器与试剂　酸度计，数字电压表，铂片电极（或铂丝电极），饱和甘汞电极，复合电极，磁力搅拌器，滴瓶（25mL），碱式滴定管（50mL），量筒（100mL），超级恒温槽，EDTA，$FeCl_3 \cdot 6H_2O$，$FeCl_2 \cdot 4H_2O$，HCl 溶液（$4mol \cdot L^{-1}$），NaOH 溶液（$1mol \cdot L^{-1}$）。

(3) 实验步骤

① 仪器装置　仪器装置如图 6-111 所示。复合电极，甘汞电极和铂电极分别插入反应器三个孔内，反应器的夹套通以恒温水。测量体系的 pH 采用 pH 计，测量体系的电势采用数字压表。用电磁搅拌器搅拌。

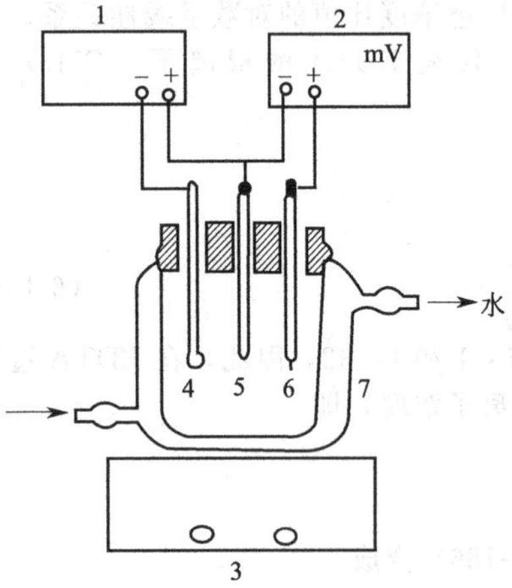


图 6-111　电势-pH 测定装置图

1—酸度计；2—数字电压表；3—电磁搅拌器；4—复合电极；5—饱和甘汞电极；6—铂电极；7—反应器

② 配制溶液　用台秤称取 7g EDTA，转移到反应器中。加 40mL 蒸馏水，加热溶解，最后让 EDTA 溶液冷至 25℃。迅速称取 1.72g $FeCl_3 \cdot 6H_2O$ 和 1.18g $FeCl_2 \cdot 4H_2O$，立即转移到反应器中。总用水量控制在 80mL 左右。

③ 电势和 pH 的测定　调节超级恒温槽水温为 25℃，并将恒温水通入反应器的恒温水套中，开动电磁搅拌器，用碱滴定管缓慢滴加 $1mol \cdot L^{-1}$ NaOH 直至溶液 pH＝8 左右（用碱量约 38mL），此时溶液为褐红色［加碱时要防止局部生成 $Fe(OH)_3$ 而产生沉淀］。测定此时溶液的 pH 值和 ε 值。

用小滴瓶，从反应器的一个孔滴入少量 $4mol \cdot L^{-1}$ HCl，待搅拌分钟，重新测定体系的 pH 及 ε 值。

如此，每滴加一次 HCl 后（其滴加量以引起 pH 改变 0.3 左右为限），测一个 pH 值和 ε 值，得出该溶液的一系列电极电势和 pH 值，直至溶液变浑浊（pH 约等于 2.3 左右）为止。由于 $Fe^{2+}$ 易受空气氧化，如有条件最好向反应器通入 $N_2$ 保护。

④ 数据处理　用表格形式列出所测得的电池电动势 ε 和 pH 值数据，以测得的电池电动值（即相对于饱和甘汞电极的体系的电极电势）为纵轴，pH 值为横轴，作出 $Fe^{3+}/Fe^{2+}$-EDTA 络合体系的电势-pH 曲线。从所得曲线上水平段确定 $FeY^-$ 和 $FgY^-$ 稳定存的 pH 范围。

25℃时由电极反应

$$S+2H^+ +2e \rightleftharpoons H_2S(g)$$

得

$$\varepsilon = -0.072-0.0296\lg(p_{H_2S}/p^{\ominus})-0.0591pH$$
$$= -0.072-0.0296\lg p_{H_2S}/101325Pa-0.0591pH$$

将 pH＝2，5，8 所对应的 ε 值列表，在同一图上作 ε-pH 直线，求直线与曲线交点的 pH 值，并指出脱硫最合适的 pH 值。

9. pH 计测量弱酸 HAc 的电离度和电离常数

(1) 原理　弱电解质 HAc 在水溶液中存在下列电离平衡

$$HAc \rightleftharpoons H^+ + Ac^-$$

其电离常数 $K^{\ominus}$ 的表达式为：

$$K^{\ominus}(HAc)=\frac{c_{re}(H^+)c_{re}(Ac^-)}{c_{re}(HAc)} \tag{6-162}$$

温度一定时，HAc 的电离度为 α，则 $c_{re}(H^+)=c_{re}(Ac^-)=c_r\alpha$，代入式(6-162) 得

$$K^{\ominus}(\mathrm{HAc})=\frac{(c_r\alpha)^2}{c_r(1-\alpha)}=\frac{c_r\alpha^2}{1-\alpha} \qquad (6\text{-}163)$$

在一定温度下，用酸度计测一系列已知浓度的 HAc 溶液的 pH 值，根据 $pH=-\lg c_{re}(H^+)$，可求得各浓度 HAc 溶液对应的 $c_{re}(H^+)$，利用 $c_{re}(H^+)=c_r\alpha$，求得各对应的电离度 $\alpha$ 值，将 $\alpha$ 代入式(6-162) 中，可求得一系列对应的 $K^{\ominus}$ 值。取 $\alpha$ 及 $K^{\ominus}$ 的平均值，即得该温度下乙酸的电离常数 $K^{\ominus}$(HAc) 及 $\alpha$(HAc) 值。

（2）实验步骤

① 配制不同浓度的乙酸溶液　取 5 只洗净烘干的 100mL 小烧杯依次编成 1#～5#；从酸式滴定管中分别向 1#，2#，3#，4#，5# 小烧杯中准确放入 3.00mL，6.00mL，12.00mL，24.00mL，48.00mL 已准确标定过的 HAc 溶液；再用碱式滴定管分别向上述烧杯中依次准确放入 45.00mL，42.00mL，36.00mL，24.00mL，0.00mL 的蒸馏水，并用玻璃棒将杯中溶液搅混均匀。

② 乙酸溶液 pH 的测定　用酸度计分别依次测量 1#～5# 小烧杯中乙酸溶液的 pH 值，并如实正确记录测定数据。

（3）数据记录和处理

醋酸溶液的原始浓度：$c_r$(HAc)＝__________ $mol\cdot L^{-1}$，室温＝__________℃

| 编号 | $V$(HAc)/mL | $V(H_2O)$/mL | $c$(HAc)/$mol\cdot L^{-1}$ | pH | $c(H^+)$/$mol\cdot L^{-1}$ | $\alpha$/% | $K^{\ominus}$(HAc) |
|---|---|---|---|---|---|---|---|
| 1# | | | | | | | |
| 2# | | | | | | | |
| 3# | | | | | | | |
| 4# | | | | | | | |
| 5# | | | | | | | |
| 乙酸电离平衡常数平均值 $K^{\ominus}$(HAc)： | | | | | | | |

## 二、pX 值测量——离子选择性电极与离子计

1. 氟离子选择性电极测水中氟的原理

以饱和甘汞电极为参比电极，氟离子选择电极为指示电极，测定含氟量不同水样的电位，当测量温度在 25℃，溶液总离子强度及溶液临界电位等条件一定时，测得的电位遵从能斯特方程式，即当 $-\lg[F]$ 改变一个单位时，其电位变化为 59.1mV，用公式表示如下

$$E=E^0-0.0591\lg[F^-]$$

式中　$E$——测得的电位；

$E^0$——常数；

$[F^-]$——氟离子浓度。

氟离子浓度在 $10^{-1}$～$10^{-4}$ $mol\cdot L^{-1}$ 范围内，电位与 $-\lg[F^-]$ 呈线性关系，可用标准系列法进行测定。

凡能与氟离子生成稳定络合物或难溶沉淀元素，如 Al、Zn、Tn、Ca、Mg 等，干扰氟离子的测定，通常用柠檬酸、EDTA、磺基水杨酸、磷酸盐等掩蔽剂掩蔽。在酸性溶液中，由于氢离子与部分氟离子生成 HF，会降低氟离子浓度；在碱性溶液中，由于 $LaF_3$ 薄膜与 $OH^-$ 产生交换作用，使溶液中氟离子浓度增加，因此氟离子选择电极最宜于在 pH 为 5.5～6.0 范围测定。图 6-112 为氟离子选择性电极示意图。

2. 仪器与试剂

（1）PXJ-1B 数字式离子计；磁力搅拌器；氟离子选择性电极；饱和甘汞电极。

（2）氟标准溶液：称取 0.1105g 分析纯氟化钠（于 500～600℃干燥 40～50min，在干燥器内冷却），用去离子水溶解，转入 500mL 容量瓶中，稀释至标线，此溶液每毫升含 100μg 氟，即氟离子

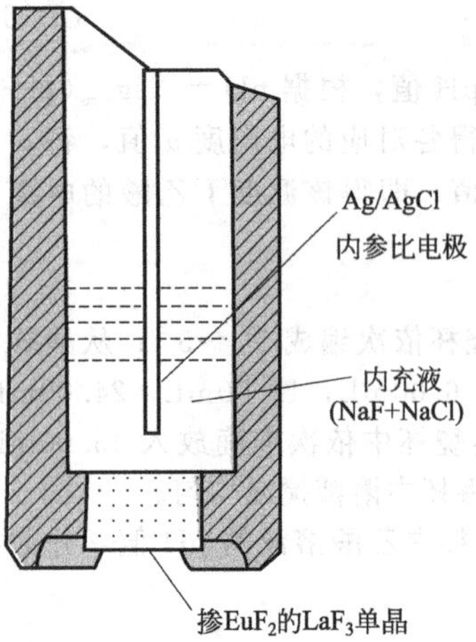


图 6-112 氟离子选择性电极示意图
（内充液为 0.1mol·$L^{-1}$ NaF+0.1mol·$L^{-1}$ NaCl）

浓度为 100mg·$L^{-1}$。

（3）总离子强度络合缓冲液（TISAB 溶液）：称取 58.8g 二水合柠檬酸钠和 85g 硝酸钠，加水溶解，以（1+1）盐酸调节 pH 至 5.5～6.0（试纸检验），转入 1000mL 容量瓶中，用水稀释至标线，此溶液浓度为 0.2mol/L 柠檬酸钠-1mol/L 硝酸钠。

3. 实验步骤

（1）仪器操作

① 通电检查　把电源线插座接上电源线，保险管应接触良好，测量按钮在松开位置，将选择按键“mV”按下，将电源开关置于“开”的位置（向上）。此时荧光数码管应均有数字或符号显示，表示电源接通。

② 调零　接通电源后，预热 30min，将选择按键的“mV”按键按下，测量按键处于松开位置，等电势调节置“断”，斜率校正旋钮、定位旋钮、温度拨盘开关均置任意位置。调节调零电位器，使数字显示为“+0.000mV”或“-0.000mV”。

③ 测量　将氟离子选择电极插入选择电极插孔，拧紧固定螺丝；将甘汞电极接在参比电极接线柱上，拧紧，将两电极插入溶液（注意：将甘汞电极上两个橡皮帽拔下），开动磁力搅拌，按下“测量”按键，显示数字即为所测的电位 mV 值。

④ 测量过程中，需要更换测试溶液时，必须松开“测量”按键后方可进行，否则极易损坏仪器。

（2）绘制标准曲线

① 分别取含氟离子为 100mg·$L^{-1}$ 的标准溶液（mL）0.1、0.2、0.5、1、2、5、10，于一系列 50mL 容量瓶中，分别加入总离子强度络合缓冲溶液 10mL，用去离子水稀释至标线，相应浓度（mg·$L^{-1}$）分别为 0.20、0.40、1.00、2.00、4.00、10.00、20.00 氟。摇匀，转入干燥的 50mL 烧杯中。

② 将电极插入溶液中，开动电磁搅拌器，避免氟电极的 $LaF_3$ 单晶薄膜周围进入空气而引进错误的读数或指针变动。在每一次测量前，都要用水冲洗电极，并用滤纸吸干。

③ 在半对数坐标纸上，以 $E$(mV) 为纵坐标，以 $C_F$ 为横坐标作图，或在普通坐标纸上，以 $E$(mV) 为纵坐标，以 $\lg C_F$ 为横坐标作图，得 $E$-$\lg C_F$ 标准曲线。

（3）样品的测定　分别取 25mL 自来水样和新开河水样于 50mL 容量瓶中，加入 10mL TISAB 溶液，用去离子水稀释至标线，并混合均匀，然后转入干燥的 50mL 烧杯中，按绘制曲线的步骤操作，读取 mV 数值，并在标准曲线上查得相应的浓度。

4. 数据处理

水中 $F^-$ 含量（mg·$L^{-1}$）=查得浓度×2

数据列表表示如下：

（1）标准曲线的绘制

| 编　号 | 1 | 2 | 3 | 4 | 5 | 6 |
|---|---|---|---|---|---|---|
| $C_F$/mg·$L^{-1}$ | | | | | | |
| $\lg C_F$ | | | | | | |
| $E$/mV | | | | | | |

（2）样品测定

| 编　号 | 1 | 2 | 3 | 平均值[F]/mg·$L^{-1}$ |
|---|---|---|---|---|
| $E$/mV | | | | — |
| $\lg C_F$ | | | | — |
| $C_F$/mg·$L^{-1}$ | | | | |

5. 注意事项

① 标准曲线与样品在同一温度下测定，可消除温度差造成的影响。

② 要消除电极表面的气泡。

③ 氟电极使用前，需在纯水中浸泡 48h 以上，连续使用时间间隙可浸泡在水中，长期不用则风干后保存。

④ 电位平衡时间随 $F^-$ 浓度的降低而延长。而在同一数量级内测定水样，一般在几分钟内达到平衡。在测定中以平衡电位在 2min 内无明显变化时读数为准。

⑤ 测量过程中，需要更换测试溶液或更换电极时，必须松开“测量”按键后方可进行，否则极易损坏仪器。

## 三、电位滴定法

1. 原理

电位滴定法是在滴定过程中通过测量电位变化以确定滴定终点的方法，和直接电位法相比，电位滴定法不需要准确的测量电极电位值，因此，温度、液体接界电位的影响并不重要，其准确度优于直接电位法，普通滴定法是依靠指示剂颜色变化来指示滴定终点，如果待测溶液有颜色或浑浊时，终点的指示就比较困难，或者根本找不到合适的指示剂。电位滴定法是靠电极电位的突跃来指示滴定终点。在滴定到达终点前后，滴液中的待测离子浓度往往连续变化 $n$ 个数量级，引起电位的突跃，被测成分的含量仍然通过消耗滴定剂的量来计算。使用不同的指示电极，电位滴定法可以进行酸碱滴定、氧化还原滴定、配合滴定和沉淀滴定。酸碱滴定时使用 pH 玻璃电极为指示电极，在氧化还原滴定中，可以铂电极作指示电极。在配合滴定中，若用 EDTA 作滴定剂，可以用汞电极作指示电极，在沉淀滴定中，若用硝酸银滴定卤素离子，可以用银电极作指示电极。在滴定过程中，随着滴定剂的不断加入，电极电位 $E$ 不断发生变化，电极电位发生突跃时，说明滴定到达终点。图 6-113 中（a）是普通滴定曲线，（b）是一次微分曲线，用微分曲线更容易确定滴定终点。

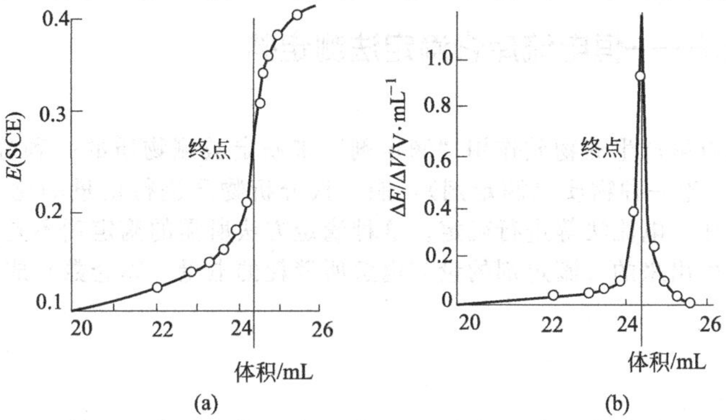


图 6-113 滴定曲线

如果使用自动电位滴定仪，在滴定过程中可以自动绘出滴定曲线，自动找出滴定终点，自动给出体积，滴定快捷方便。

2. 电位滴定法的仪器装置

电位滴定法的仪器又分为手动滴定法和自动滴定法。手动滴定法所需仪器为上述 pH 计或离子计（图 6-114），在滴定过程中测定电极电位变化，然后绘制滴定曲线。这种仪器操作十分不便。

随着电子技术与计算机技术的发展，各种自动电位滴定仪相继出现。自动滴定仪有两种工作方式：自动记录滴定曲线方式和自动终点停止方式。自动记录滴定曲线方式是在滴定过程中自动绘制滴定体系中 pH 值（或电位值）-滴定体积变化曲线，然后由计算机找出滴定终点，给出消耗的滴定体积。自动终点停止方式是预先设置滴定终点的电位值，当电位值到达预定值后。滴定自动停止。图 6-115 是 ZD-2 型自动电位滴定仪的工作原理图。

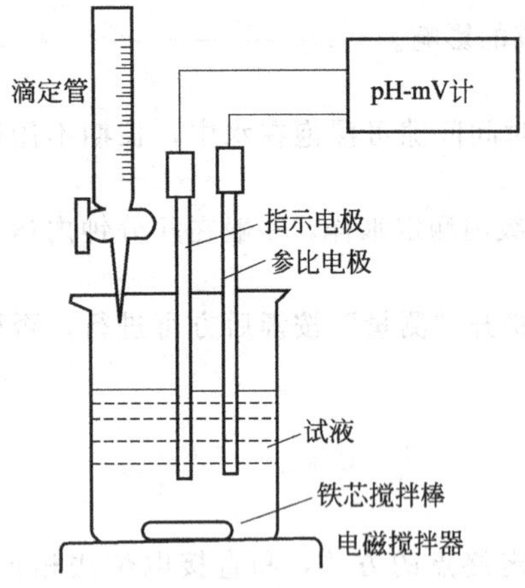


图 6-114 电位滴定基本仪器装置

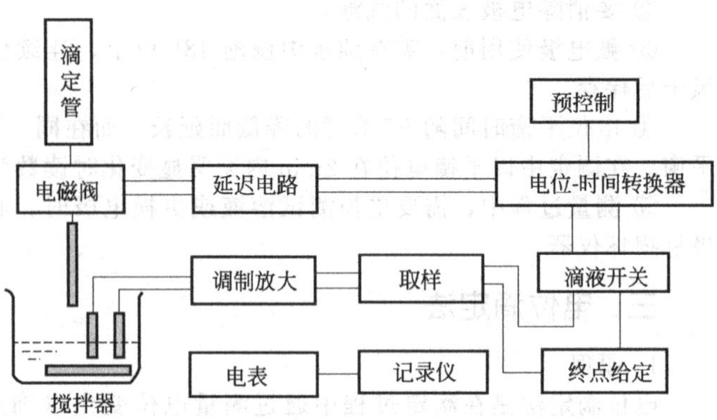


图 6-115 ZD-2 型自动电位滴定仪的工作原理图

这种仪器属于自动终点停止方式。使用前，预先设置化学计量点电位值 $E_0$，滴定过程中，被测离子浓度由电极转变为电信号，经调制放大器放大后，一方面送至电表指示出来（或由记录仪记录下来）；另一方面由取样回路取出电位信号和设定的电位值 $E_0$ 比较。其差值 $\Delta E$ 送到电位-时间转换器（$E$-$t$ 转换器）作为控制信号。

$E$-$t$ 转换器是一个脉冲电压发生器，它的作用是产生开通和关闭两种状态的脉冲电压，当 $\Delta E>0$ 时，$E$-$t$ 转换器输出脉冲电压加到电磁阀线圈两端。电磁阀开启，滴定正常进行，$\Delta E=0$ 时，电磁阀自动关闭。图中滴液开关的作用是用于设置滴定时电位由低到高，再经过化学计量点，还是由高到低，再经过化学计量点两种不同的情况。延迟电路的作用是滴定到达终点时，电磁阀关闭，但不马上自销，而是延长一定时间（如 10s），在这段时间内，若溶液电位有返回现象，使 $\Delta E>0$，电磁阀还可以自动打开补加滴定液。在 10s 之后，即使有电位返回现象，电磁阀也不再打开。

## 四、库仑滴定法——恒电流库仑滴定法测定砷

1. 原理

库仑滴定是通过电解产生的物质作用“滴定剂”来滴定被测物质的一种分析方法。在分析时，以 100% 的电流效率产生一种物质（滴定剂），能与被分析物质进行定量的化学反应，反应的终点可借助指示剂、电位法、电流法等进行确定。这种滴定方法所需的滴定剂不是由滴定管加入的，而是借助于电解方法产生出来的，滴定剂的量与电解所消耗的电量（库仑数）成比，所以又称为“库仑滴定”。

2. 仪器装置

如图 6-116 所示。

(1) 终点方式选择控制电路　指示电极由用户自己选用，其中有一铂片，电位法和电流法指示时共用，面板设有“电位、电流”“上升、下降”琴键开关，任用户根据需要选择。指示电极的信号经过微电流放大器或者微电压放大器进行放大，放大器是采用高输入阻抗的运算放大器，极化电流可以调节并指示，然后经微分电路输出一脉冲信号到触发电路，再推动开关执行电路去带动继电器使电解回路吸合、释放。

(2) 电解电流变换电路　有电压源、隔离电路及跟随电路组成。电解电流大小可变换射极电阻大小获得，电解电流共有 5mA、10mA、50mA 三档，由于电解回路与指示回路的电流是分开的，故不会产生电解对指示的干扰，电解电极的极电压最大不超过 15V。

(3) 电量积算电路　该电路包括电流采样电路，$V$-$f$ 转换电路及整型电路、分频电路组成。由于 $V$-$f$ 转换电路采用高精度、稳定度好的集成转换电路，所以积分精度可达 0.2%～0.3%。这已满足一般通用库仑分析的要求。该电路的电源也采用 15V 固定集成稳压块，稳定精度高，分频电路一级五分频二级 10 分频组成。

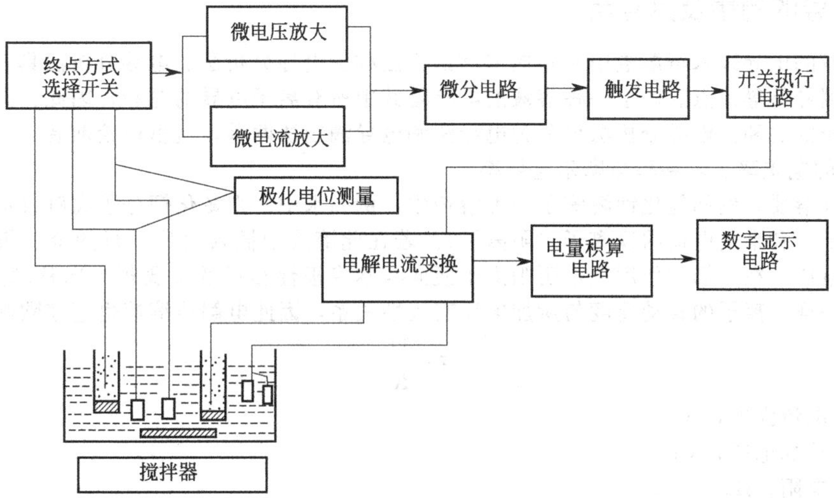


图 6-116 库仑滴定法的库仑仪图

(4) 数字显示电路 该电路全采用 CMOS 集成复合块，数码管是 4 位 LED 显示。

本实验是采用恒电流 10mA 电解碘化钾的缓冲溶液（用碳酸氢钠控制溶液的 pH 值）产生的碘来测定砷的含量。在铂电极上碘离子被氧化为碘，然后与试剂中的砷（Ⅲ）反应，当砷（Ⅲ）全部被氧化为砷（Ⅴ）后，过量的微量碘在铂指示电极上发生的还原反应指示终点。根据电解所消耗的电量（$Q$），按法拉第定律计算溶液中砷（Ⅲ）的含量。

3. 仪器与试剂

(1) KLT-1 型通用库仑仪；电磁搅拌器；铂片电极（做工作电极），铂丝电极及隔离管；双铂片电极指示电极。

(2) 亚砷酸溶液 约 $10^{-4}mol \cdot L^{-1}$（用硫酸微酸化以使之稳定）。

(3) 碘化钾缓冲溶液 溶解 60g 碘化钾、10g 碳酸氢钠，然后稀释至 1L，加入亚砷酸溶液 2～3mL，以防止被空气氧化。

(4) (1+1) 硝酸溶液，$1mol \cdot L^{-1}$ 硫酸钠溶液。

4. 实验步骤

(1) 将铂电极浸入 (1+1) 硝酸溶液中，数分钟后，取出用蒸馏水吹洗，滤纸沾掉水珠。

(2) 按图 6-116 连接好仪器。打开仪器电源，预热库仑仪。

(3) 量取碘化钾缓冲溶液 70mL，置于电解池中，滴加 1 滴亚砷酸溶液，放入搅拌磁子，将电解池放在电磁搅拌器上。将电极系统装在电解池上（注意铂片要完全浸入试液中），在阴极隔离管中注入 $1mol \cdot L^{-1}$ 硫酸钠溶液，至管的 2/3 部位。铂片电极接“阳极”，隔离管中铂丝电极接“阴极”。启动搅拌器，接好指示电极连线。

(4) “量程选择”置 10mA，“工作，停止”开关置工作状态，按下【电流】和【上升】琴键开关，再同时按下【极化电位】和【启动】按键，微安表指针应小于 20，如果较大，调节“补偿极化电位”旋钮，使其达到要求。弹起【极化电位】按键，按【电解】按钮，开始电解。终点指示灯亮，停止了电解。mQ 表显示值<50，表明仪器处正常状态。弹起【启动】按键，再滴加 1～2 滴亚砷酸溶液，按下【启动】按键，触【电解】按钮开始电解，“终点指示灯”亮，终点到。为能熟悉终点的判断，可如此反复练习几次。

(5) 准确移取亚砷酸 2.0mL，置于上述电解池中，按下【启动】按键，触【电解】按钮开始电解，“终点指示灯”亮，终点到。记下电解库仑值。弹起【启动】按键，再加入 2.0mL 亚砷酸溶液，按下【启动】按键，触【电解】按钮。同样步骤测定。重复实验 4～5 次。

5. 结果处理

根据几次测量的结果，算出毫库仑的平均值。按法拉第定律计算亚砷酸的含量（以 $mol \cdot L^{-1}$ 计）。

## 五、电导的测量及其应用

测定溶液的电导以求得溶液中某物质浓度的方法称为电导分析法。电导分析法具有简单、快速和不破坏被测样品等优点。由于一种溶液的电导是其中所有离子电导的总和，因此，电导测量只能用来估算离子的总和。电导分析法可分为电导法和电导滴定法两种，这里讨论前者。

1. 溶液的电阻率、电导率与摩尔电导率

若将某种溶质，例如氯化钾溶解于一种溶剂中，例如水中，则氯化钾分子离解成带正电荷的钾离子（阳离子）和带负电荷的氯离子（阴离子）。若在此溶液中插入两片平行的金属板，并在其间施加一定的电压，在电场的作用下，阴阳离子便向与本身极性相反的金属板方向移动并传递电子，像金属导体一样。离子的移动速度与所加电压有线性关系，因此电解质溶液也遵守欧姆定律

$$I=\frac{U}{R}$$

式中 $I$——电流强度，A；

$U$——外加电压，V；

$R$——电阻，Ω。

电解质电阻的大小除了和电解质的浓度有关外，还和电解质的种类与性质（电解质的离解度、离子的迁移率、离子半径和离子的电荷数以及溶剂的介电常数和黏度等）有直接关系。

在温度、压力等恒定条件下，电解质溶液的电阻与溶液固有的导电能力有关，此外，还与流过电流的溶液截面积 $a$ 成反比，与其长度 $l$ 成正比。

$$R=\frac{\rho l}{a}$$

式中 $\rho$——比电阻（电阻率），Ω・cm。

电导是电阻的倒数，单位为西门子（Siemens），S 或 $\Omega^{-1}$。

$$G=\frac{1}{R}=\kappa\frac{a}{l}$$

式中 $\kappa$——比电导（电导率），它是比电阻（电阻率）的倒数。

$$\kappa=\frac{1}{\rho}$$

$\kappa$ 的单位为 $S\cdot cm^{-1}$（或 $\Omega^{-1}\cdot cm^{-1}$）。比电导表示两个相距 1cm、截面积为 $1cm^2$ 的平行电极间电解质溶液的电导，它仅仅表明 $1cm^3$ 电解质溶液的导电能力。

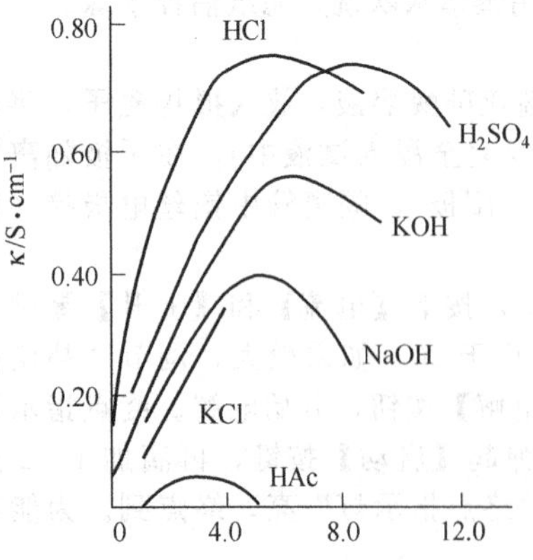


图 6-117 几种电解质溶液的电导率与浓度的关系

几种电解质溶液的比电导（电导率）与浓度的关系如图 6-117 所示。从图中可以看出，在电解质浓度较小时，其比电导（电导率）与浓度成正比，而浓度过高时，比电导（电导率）反而下降。为了比较电解质的导电能力，引入摩尔电导的概念。摩尔电导指 1mol/L 的电解质溶液在距离为 1cm 的两电极间的电导。

若含有 1mol 溶质，体积为 $V(cm^3)$ 的溶液，比电导（电导率）为 $\kappa(S\cdot cm^{-1})$，其摩尔电导为

$$\lambda=\kappa V$$

如溶液的物质量为浓度 $c(mol\cdot L^{-1})$，则有

$$V=\frac{1000}{c}$$

合并上两式可得到

$$\lambda=\kappa\frac{1000}{c}$$

或

$$\kappa=\frac{\lambda c}{1000}$$

式中　$\lambda$——摩尔电导率，$S \cdot cm^2 \cdot mol^{-1}$（西门子·厘米$^2$·摩尔$^{-1}$）。

电解质溶液的摩尔电导率随浓度增大而降低。当溶液无限稀释时，摩尔电导率达一极限值，此值称为无限稀释时的摩尔电导率，以 $\lambda_0$ 表示。它是溶液中所有离子摩尔电导率的总和。即

$$\lambda_0 = \lambda_+^0 + \lambda_-^0$$

式中，$\lambda_+^0$、$\lambda_-^0$ 分别为正、负离子无限稀释时的摩尔电导。

在一定溶剂中，一定温度时，离子在无限稀释溶液中的摩尔电导率是一常值，与溶液中共存的其他离子无关。它反映了电解中离子的专属性，数值只与温度有关。

2. 电导电极（电导池）

（1）电导电极的构造　电导电极或称电导池，是测量电导的传感元件。常规用的电导电极有直立式和 U 形两类，前者作一般测量用，后者在研究工作中作精密测量用。电导电极如图 6-118 所示。

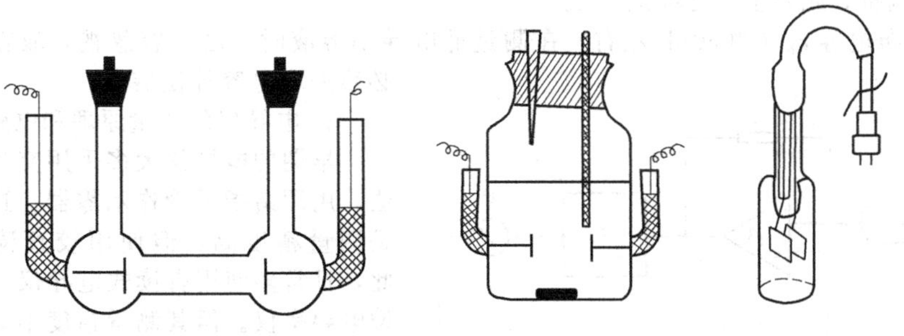

(a) 精密电导池　(b) 电导滴定电导池　(c) 浸入式电导池

图 6-118　电导池

电导电极一般是两片截面积相同的铂片以一定距离镶嵌在绝缘的玻璃或塑料支架上，也可用不锈钢或石墨作为电极材料。电极支架材料除了应有很高的绝缘性能外，还要耐化学腐蚀，并在高温下不易变形。

（2）电导电极的常数和温度系数　当电极制成后，对每一支电极而言，两铂片的截面积 $a$ 和距离 $l$ 是固定不变的，$l/a$ 可以看成是一个常数，这就是电极常数，用 $K$ 表示。

$$K = \frac{l}{a}$$

$$K = \kappa R = \frac{\kappa}{G}$$

式中　$K$——电极常数；

$R$——溶液电阻，Ω；

$G$——溶液的电导，$\Omega^{-1}$；

$\kappa$——溶液的比电导（电导率），$S \cdot cm^{-1}$（$\Omega^{-1} \cdot cm^{-1}$）。

要直接准确测量电极的截面积 $a$ 和距离 $l$ 是很困难的。所以电极常数利用一已知浓度的标准 KCl 溶液间接地测量。在一定温度下，一定浓度的 KCl 溶液的比电导（电导率）是固定的，只要将待测电极浸在已知浓度的 KCl 溶液中，测出电阻 $R$ 或电导 $G$，代入上式，即可求出电极常数 $K$。

一定浓度的 KCl 溶液，其电导率随温度升高而增大，温度系数很大，约为 2%/℃左右，在作精密测量时必须保持恒温，也可在任意温度下测量，其方法是将测得的电导率换算成某一标准温度的电导率，换算公式是

$$\kappa_t = \kappa_{25}[1 + \alpha(t - 25)]$$

式中　$\kappa_t$——$t$℃时测得的电导率，$S \cdot cm^{-1}$；

$\kappa_{25}$——在25℃时溶液的电导率，$S \cdot cm^{-1}$；

$\alpha$——各种离子的平均温度系数，取0.022。

(3) 电导电极的分布电容 由于电导电极是由两片平行的金属板构成，在电解质溶液中，溶液与金属电极的界面有电双层存在，故有电容存在。在大多数情况下，测量电导率所使用的电源是交流电，因此测量溶液的电导率时，实际上是测量溶液的阻抗 $Z$，而不是纯电阻 $R$。若把电导电极等效为电阻和电容并联或串联的简单电路，对于交流电，欧姆定律应表示为

$$E=IZ$$

$$Z^2=R^2+X^2$$

式中 $E$——交流电压，V；

$I$——电流，A；

$Z$——阻抗，Ω；

$R$——纯电阻，Ω；

$X$——电抗，此处主要是容抗，Ω。

电导电极的分布电容 $c_p$（约60pF左右）在测量低电导率溶液时，已不容忽视，故在测量线路中必须采取电容补偿装置。

3. 电导仪的测量原理和电路

早期的电导仪大多采用交流平衡电桥方法，用调谐指示管作示零器。这种仪器优点是测量精度高，但使用较直读式费时。因此，日常多使用直读式电导仪，如DDS-11A型电导率仪。但其测量精度不如交流电桥式高，测量误差在1%～3%之间。可用于测定一般液体和高纯水的电导率，直接读取数据，并有0～10mV讯号输出，可接自动记录仪连续记录。不同量程需配用不同电极。它的原理如图6-119所示。

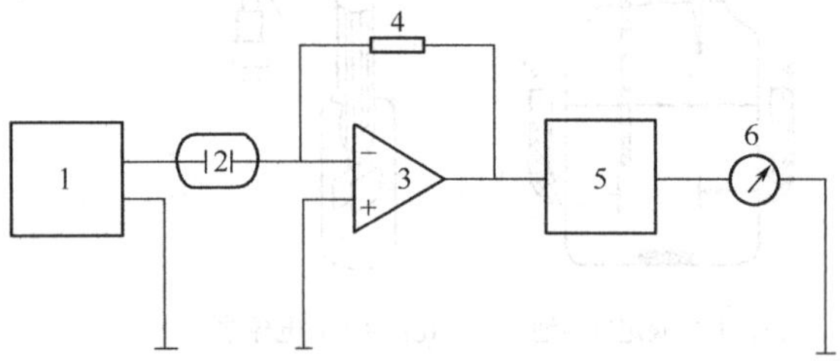


图6-119 直读式电导仪的电路原理

1—音频振荡器；2—电导池或电导电极 $R_x$；3—运算放大器A；4—反馈电阻 $R_f$；5—整流器；6—指示器

图中2是电导电池或电导电极 $R_x$（还表示电解质溶液的电阻）。由运算放大器A和反馈电阻 $R_f$ 及 $R_x$ 组成一个比例放大器，若由音频振荡器输至放大器的电压为 $V_i$，则放大器输出电压为 $V_0$。

$$V_0=V_i\frac{R_f}{R_x}=\frac{V_iR_f}{K}G$$

式中 $V_0$——放大器输出电压；

$V_i$——放大器输入电压；

$R_f$——反馈电阻；

$R_x$——电导电极电阻；

$K$——电极常数；

$G$——欲测溶液的电导。

当 $V_i$、$K$ 恒定时，输出电压仅与电导 $G$ 成正比。这种电路由于运算放大器具有很高的放大倍数，并采用深度负反馈，所以放大器的频率响应和线性度都比较好。

4. 电磁感应式电导仪

这种仪器是利用电磁感应原理进行工作的，其特点是检测元件不与被测溶液直接接触。完全消除了极化效应，使测量精度提高。

检测器的外壳是由耐腐蚀的硬聚氯乙烯或聚四氟乙烯制成，检测器内部装有励磁变压器 $T_1$ 和次级变压器 $T_2$，励磁变压器 $T_1$ 的四周还有电磁屏蔽层。它的工作原理如图6-120所示。

在将检测器浸入被测溶液后，励磁变压器 $T_1$ 和次级变压器 $T_2$ 与溶液交联而成回路，接通电源后，振荡器的交变电流通过励磁变压器 $T_1$，$T_1$ 即产生一交变电压，在此交变电压的作用下，被测溶液回路将产生感应电压，并有电流 $i$ 通过被测溶液回路，此感应电流 $i$ 又使次级变压器 $T_2$ 产生二次感应电压 $E$，由于感应电流 $i$ 是与溶液的电导成正比关系，所以只要测得二次感应电压 $E$，即可求出被测溶液的电导或电阻。

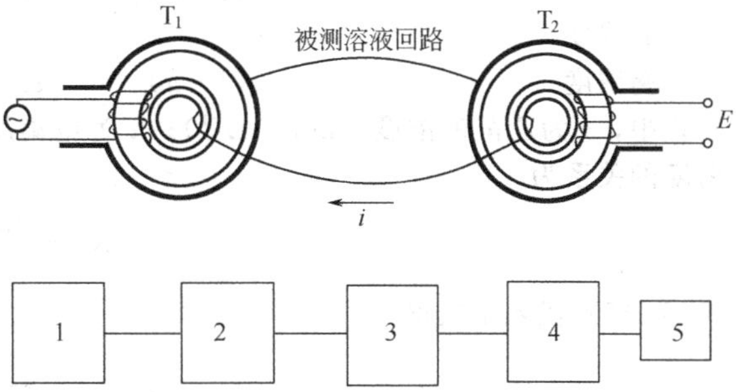

图 6-120 电磁感应式电导仪工作原理
1—低频振荡器；2—检测元件；3—放大器；4—整流器；5—记录器

$$R_x=\frac{E}{i}$$

式中 $E$——次级变压器 $T_2$ 的感应电压，V；

$i$——被测溶液回路中所通过的电流，A；

$R_x$——被测溶液的等效电阻，Ω。

测定电导的注意事项。

① 使用 50～2500Hz 的交流电源，因为当直流电位通过电解质溶液时，电极上会发生电解作用，使溶液组分浓度发生变化，电阻（电导）亦随之变化，造成测量误差。

② 测量电导率大于 $10\mu S\cdot cm^{-1}$ 的溶液时，必须采用铂黑电极。为增大面积以提高测定灵敏度（铂黑电极是在铂电极上镀上一层黑色的金属铂细粉，所以称为铂黑电极）。

③ 对无法测量电导的溶液，像纯水，应选用光亮的铂电极及电导池常数小的电导电极。

④ 温度对电导率有影响，一般升温一度，电导率约增大 2%。

⑤ 空气中某些杂质，如 $CO_2$、$NH_3$ 等会被溶液吸收，影响电导测定准确度。凡能引起电解质浓度变化的微量杂质等都影响电导的测定。为此，要防止这些杂质引起的干扰。

电导法主要应用于水质的测定，大气中 $SO_2$、$SO_3$、$H_2S$、$NH_3$、HCl、CO 等气体的监测，钢铁中碳和硫的快速测定以及电导滴定。

5. 交流电桥法测定弱电解质（HAc）的电导率、摩尔电导率、电离度、电离常数

(1) 原理

① 交流电桥法测电解质溶液电导的原理 如图 6-121 所示。当电桥达到平衡时，有

$$R_x=\frac{R_2}{R_1}R_3 \tag{6-164}$$

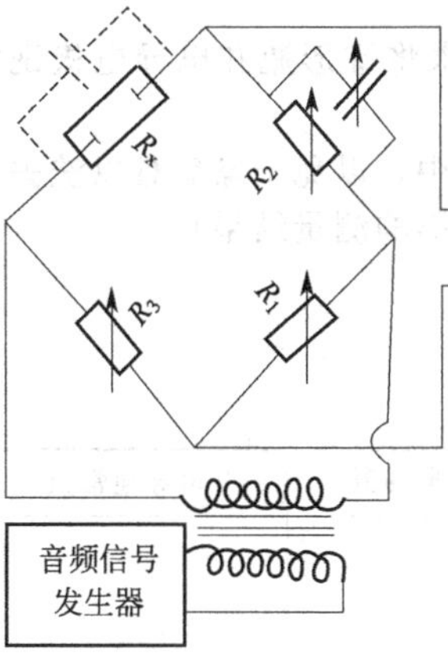

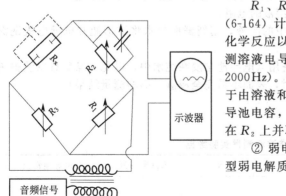

图 6-121 交流电桥法测量原理图

$R_1$、$R_2$ 和 $R_3$ 均可从仪器上直接读出。因此，可用式(6-164) 计算出 $R_x$。若用直流电做信号源，常伴随有宏观化学反应以及较严重的电极极化而影响准确测量。因此，测溶液电导时桥路电源通常采用音频交流电源（1000～2000Hz）。交流电桥的示零，可用示波器或耳机鉴定。由于由溶液和电导池所构成的电桥一臂不是纯电阻，存在电导池电容，因此，严格地说电桥平衡应为阻抗平衡。为此在 $R_2$ 上并联一可变电容，以实现阻抗平衡。

② 弱电解质电离常数与摩尔电导率的关系 对 1∶1 型弱电解质的摩尔电导率 $\Lambda$ 与电离度 $a$ 有如下近似关系

$$a=\frac{\Lambda_m}{\Lambda_m^\infty} \tag{6-165}$$

式中，$\Lambda_m^\infty$ 是溶液无限稀释时的摩尔电导率。

乙酸在水溶液中有下列平衡

$$CH_3COOH \rightleftharpoons CH_3COO^- + H^+$$

起始浓度　　$c$　　0　　0

平衡浓度　　$c(1-a)$　　$ca$　　$ca$

式中，$c$ 为乙酸的浓度（$mol \cdot L^{-1}$）；$a$ 为电离度。由此得出一定浓度 $c$ 时电离平衡常数 $K_c$ 与电离度的关系为

$$K_c = \frac{ca^2}{1-a}$$

以式(6-165) 代入上式得

$$K_c = \frac{c\Lambda_m^2}{\Lambda_0(\Lambda_0 - \Lambda_m)} \tag{6-166}$$

整理可得

$$\Lambda_m^2 c = \Lambda_0^2 K_c - \Lambda_0 \Lambda_m K_c \tag{6-167}$$

由式(6-167) 可知，测定一定浓度下的摩尔电导率后，将 $\Lambda_m^2 c$ 对 $\Lambda$ 作图可得一条直线，且

$$K_c = \frac{(斜率)^2}{截距} 或 K_c = \frac{截距}{\Lambda_m^{\infty}} \tag{6-168}$$

用此法可测出在一定浓度范围内 $K_c$ 的平均值。

(2) 仪器与试剂

音频信号发生器、示波器、交流电阻箱、可变电容箱、恒温槽、电导电极（260 型）、锥形瓶（125mL）、移液管（10mL、5mL）、容量瓶（100mL）、KCl 溶液（$0.0100mol \cdot L^{-1}$）、HAc 溶液（$0.100mol \cdot L^{-1}$）。

(3) 实验步骤

① 调节恒温槽温度在（25.0±0.2)℃。按图 6-121 连接线路，将音频信号发生器的频率选择在 1000Hz 左右。

② 配制溶液　用稀释法在容量瓶中准确配制 $0.050mol \cdot L^{-1}$，$0.010mol \cdot L^{-1}$，$0.005mol \cdot L^{-1}$ 以及 $0.001mol \cdot L^{-1}$ 的 HAc 溶液各 100mL，并置于恒温槽中恒温。

③ 测电导池常数　倒去浸泡电导电极的电导水，用少量 $0.010mol \cdot L^{-1}$ 的 KCl 溶液洗涤电导池 3 次，再插入电导电极，注入溶液，使液面超过电极铂片 1～2cm，放入 25℃恒温槽中恒温 5～8min 后进行测量。将交流电桥的 $R_1$ 和 $R_3$ 调节在相同的数值，再调节 $R_2$ 以及与其并联的电容至使示波器荧光屏上出现一条直线，或是正弦波幅度最小为止，记下 $R_2$ 值，重复测 3 次。

④ 溶液电导测定　另取电导池或锥形瓶，用少量 $0.1mol \cdot L^{-1}$ 的 HAc 溶液荡洗 2～3 次，同时也将电导电极在该浓度的 HAc 的溶液荡洗，电极用滤纸轻轻拈干，按实验步骤③测量 $0.1mol \cdot L^{-1}$ 的 HAc 溶液的电阻。同法，测量其他浓度 HAc 溶液的电阻。

⑤ 纯水电导的测定　倾去电导池或锥形瓶中的溶液，用新鲜电导水将锥形瓶和电导电极洗涤几次，按实验步骤③测量电导水的电阻。

实验结束将电极插入电导水中，以备下次备用（电导池常浸在纯水中，以免干燥后难以洗去铂黑所吸附的杂质，同时干燥后的电极浸入溶液时，表面不易完全浸湿，影响测量结果）。

(4) 数据记录与处理

① 测得实验数据填入表：

**表(1)　KCl 标准溶液测得实验数据**

| 测量次数 | $R_1$ | $R_2$ | $R_3$ | $R_x$ | $R_x$(平均值) | 电导池常数 |
|---|---|---|---|---|---|---|
| 1 | | | | | | |
| 2 | | | | | | |
| 3 | | | | | | |

**表(2)　电导水测得实验数据**

| 测量次数 | $R_1$ | $R_2$ | $R_3$ | $R_x$ | $R_x$(平均值) | 水的电导率 |
|---|---|---|---|---|---|---|
| 1 | | | | | | |
| 2 | | | | | | |
| 3 | | | | | | |

**表(3)　HAc 溶液实验数据**

| HAc 浓度 | $R_1$ | $R_2$ | $R_3$ | $R_x$ | | | $R_x$(平均值) | 溶液电导率 |
|---|---|---|---|---|---|---|---|---|
| 0.1 | | | | | | | | |
| 0.05 | | | | | | | | |
| 0.01 | | | | | | | | |
| 0.005 | | | | | | | | |
| 0.001 | | | | | | | | |

② 求出电导池常数。

③ 求纯水的电导率和溶质 HAc 的电导率。

④ 根据测得的各种浓度的乙酸溶液的电导率，求出各相应的摩尔电导率 $\Lambda_m$ 和电离度 $\alpha$。

⑤ 用 $\Lambda_m^2 c$ 对 $\Lambda_m$ 作图或进行线性回归，求出相应的斜率和截距，再根据式(6-168) 求出平均电离常数 $K_c$。

6. 电导法测定难溶盐 $BaSO_4$ 的溶解度和溶度积（$K_{SP}$）

(1) 原理　难溶盐在水中溶解度很小，用一般的分析方法很难精确测定其溶解度，但难溶盐在水中微量溶解部分是完全电离的，因此，常用测定其饱和溶液电导率来求算其溶解度。

$BaSO_4$ 的溶解平衡可表示为：

$$BaSO_4 \rightleftharpoons Ba^{2+} + SO_4^{2-}$$

$$K_{SP} = c(Ba^{2+})c(SO_4^{2-}) = c^2 \tag{6-169}$$

难溶盐的饱和溶液可近似视为无限稀，饱和溶液的摩尔电导率 $\Lambda_m$ 与难溶盐的无限稀溶液摩尔电导率 $\Lambda_m^\infty$ 相等，即：

$$\Lambda_m \approx \Lambda_m^\infty \tag{6-170}$$

$\Lambda_m^\infty$ 可根据科尔劳施（Kohlrausch）离子独立运动定律，由离子无限稀溶液摩尔电导率相加而得。

在一定温度下，电解质溶液的浓度 $c(\mathrm{mol \cdot L^{-1}})$，$\Lambda_m$ 与电导率 $\kappa$ 的关系为：

$$\Lambda_m = 1000\kappa / c \tag{6-171}$$

$\Lambda_m(\Lambda_m^\infty)$ 可从第一章表 1-61 中查出，$\kappa$ 通过测定溶液电导 $G$ 求得，从而根据式(6-171) 求得 $c$。

电导率与电导 $G$ 的关系为

$$\kappa = (l/A)G = K_{cell}G \tag{6-172}$$

电导 $G$ 是电阻的倒数，可用电导仪测定，上式中 $K_{cell} = l/A$ 为电导池常数，是两极间距与电极表面积之比。为防止极化，通常将 Pt 电极镀上一层铂黑，因此 $A$ 无法单独求得。通常确定 $K_{cell}$ 的方法是：先将已知电导率的标准 KCl 溶液（电导率值见第一章表 1-63）装入电导池中，测定其电导 $G$，由已知的电导率可计算 $l/A$、$K_{cell}$ 值。

此外，难溶盐在水中的溶解度极微，在无限稀条件下，$\kappa_{溶液} = \kappa_{盐} + \kappa_{水}$。

因此，$\kappa_{溶液}$ 测定后，还必须同时测出配制溶液所用水的电导率 $\kappa_{水}$，才能求出 $\kappa_{盐}$。

测定 $\kappa_{盐}$ 后，由式(6-171) 即可求得该温度下难溶盐在水中的饱和浓度，经换算得该难溶盐得溶解度和溶度积。

（2）仪器与试剂

仪器：超级恒温槽1套，DDS-11A型电导率仪1台，带盖锥形瓶3个。

试剂：$BaSO_4$(A. R.)，0.010mol·$L^{-1}$ KCl溶液，电导水。

（3）实验步骤

① 调节恒温槽温度在25.0℃±0.1℃范围内。

② 制备$BaSO_4$饱和溶液：在干净带盖锥形瓶中加入少量$BaSO_4$，用电导水至少洗三次，每次洗涤需剧烈振荡，待溶液澄清后，倾去溶液再加电导水洗涤。洗三次以上以除去可溶性杂质，然后加电导水溶解$BaSO_4$，使之成饱和溶液，并在事先准备好的恒温槽内静置，使溶液尽量澄清，取用时用上部澄清溶液。

③ 测定电导池常数：测定0.010mol·$L^{-1}$ KCl溶液在25.0℃的电导$G$，求电导池常数$K_{cell}$。

④ 测定电导水的电导率：依次用蒸馏水、电导水洗电极和锥形瓶各三次。在锥形瓶中装入电导水，放入25.0℃恒温槽恒温后测定水的电导$G_水$，利用电导池常数由式(6-171) 求$\kappa_水$。

⑤ 测定25.0℃ $BaSO_4$饱和溶液的电导率$\kappa(BaSO_4)$：将测定过水的电导电极和锥形瓶用少量$BaSO_4$饱和溶液洗涤三次，再将澄清的$BaSO_4$饱和溶液装入锥形瓶，插入电导电极，用测定的$G_{溶液}$计算$\kappa_{溶液}$。

测量电导时，须在恒温时进行，每种$G$测定须进行3次，取平均值。

⑥ 实验完毕，洗净锥形瓶、电极，在瓶中装入蒸馏水，将电极浸入水中保存，关闭恒温槽和电导仪电源开关。

（4）数据处理

① 数据记录　实验数据记入表中。

| 参量 / 次数 | 电导池常数 | | 水的电导率 | | 饱和溶液电导率 | |
|---|---|---|---|---|---|---|
| | 标准溶液 $G$/S | $K/cm^{-1}$ | $G_水$/S | $\kappa_水/S\cdot cm^{-1}$ | $G_{溶液}$/S | $\kappa_{溶液}/S\cdot cm^{-1}$ |
| 1 | | | | | | |
| 2 | | | | | | |
| 3 | | | | | | |
| 平均值 | $\overline{K}_{cell}=$ | | $\overline{\kappa}_水=$ | | $\overline{\kappa}_{溶液}=$ | |

② 数据处理

a. 根据实验步骤所述计算电导池常数、水的电导率和饱和溶液的电导率。

b. 由下式求得$\kappa_{(BaSO_4)}$：

$$\kappa_{(BaSO_4)}=\kappa_{溶液}-\kappa_水$$

c. 根据物理化学常用数据中查得25.0℃时无限稀释离子摩尔电导率，再根据$\Lambda_m\approx\Lambda_m^\infty=\Lambda_m^\infty\left(\frac{1}{2}Ba^{2+}\right)+\Lambda_m^\infty\left(\frac{1}{2}SO_4^{2-}\right)$，计算$\Lambda_m(BaSO_4)$。

d. 由式(6-170) 计算$c(BaSO_4)$，经换算得溶解度（因溶液无限稀，溶液密度近似等于水的密度)，还可根据$c$计算$K_{SP}$：$K_{SP}=c(Ba^{2+})c(SO_4^{2-})^2=c^2$。

7. 电导法测定乙酸乙酯皂化反应的级数、速率常数

详见本章第三节，三、电导法测定乙酸乙酯皂化反应的级数、速率常数。

## 六、电迁移数的测定方法

1. 希托夫法测定离子迁移数

（1）原理　当电流通过电解质溶液时，溶液中的正负离子各自向阴阳两极迁移，由于各种离子的迁移速度不同，各自所带过去的电量也必然不同。每种离子所带过去的电量与通过溶液的总电量之比，称为该离子在此溶液中的迁移数。迁移数与浓度、温度、溶剂的性质有关。希托夫法测定离子迁移数的示意见图6-122。

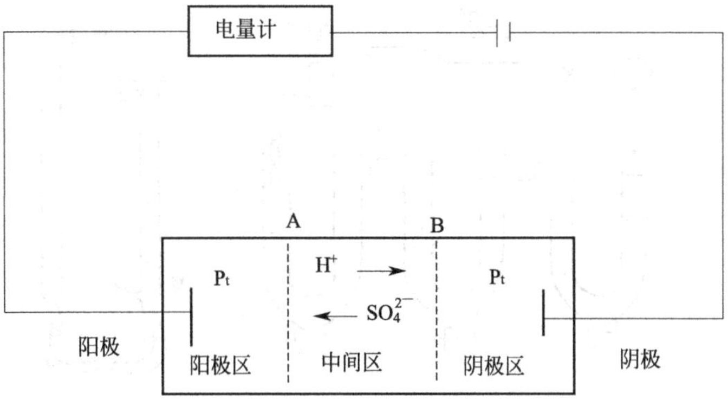


图 6-122 希托夫法示意图

将已知浓度的硫酸放入迁移管中，若有 $Q$ 库仑电量通过体系，在阴极和阳极上分别发生如下反应：

阳极 $$2OH^- \longrightarrow H_2O+\frac{1}{2}O_2+2e$$

阴极 $$2H^+ +2e \longrightarrow H_2$$

此时溶液中 $H^+$ 向阴极方向迁移，$SO_4^{2-}$ 向阳极方向迁移。电极反应与离子迁移引起的总后果是阴极区的 $H_2SO_4$ 浓度减少，阳极区的 $H_2SO_4$ 浓度增加，且增加与减小的浓度数值相等，因为流过小室中每一截面的电量都相同，因此离开与进入假想中间区的 $H^+$ 数相同，$SO_4^{2-}$ 数也相同，所以中间区的浓度在通电过程中保持不变。由此可得计算离子迁移数的公式如下

$$t_{SO_4^{2-}}=\frac{\text{阴极区}\left(\frac{1}{2}H_2SO_4\right)\text{减少的量(mol)}F}{Q}=\frac{\text{阳极区}\left(\frac{1}{2}H_2SO_4\right)\text{增加的量(mol)}F}{Q}$$

$$t_{H^+}=1-t_{SO_4^{2-}}$$

式中，$F=96500C\cdot mol^{-1}$ 为法拉第（Farady）常数；$Q$ 为总电量。

图 6-123 为希托夫法测定离子迁移数装置示意图。图中所示的三个区域是假想分割的，实际装置必须以某种方式给予满足。图 6-123 的实验装置提供了这一可能，它使电极远离中间区，中间区的连接处又很细，能有效地阻止扩散，保证了中间区浓度不变的可信度。

希托夫法虽然原理简单，但由于不可避免的对流、扩散、振动而引起一定程度的相混，所以不易获得正确结果。

必须注意希托夫法测迁移数至少包括了两个假定：①电量的输送者只是电解质的离子，溶剂（水）不导电，这和实际情况较接近。②离子不水化。否则，离子带水一起运动，而阴阳离子带水不一定相同，则极区浓度改变，部分是由水分子迁移所致。这种不考虑水合现象测得的迁移数称为希托夫迁移数。

可用图 6-123 所示的气体电量计测定通过溶液的总电量，其准确度可达±0.1%，它的原理实际上就是电解水（为减小电阻，水中加入几滴浓 $H_2SO_4$）。

阳极 $$2OH^- \longrightarrow H_2O+\frac{1}{2}O_2+2e$$

阴极 $$2H^+ \longrightarrow H_2-2e$$

根据法拉第定律及理想气体状态方程，据 $H_2$ 和 $O_2$ 的体积得到求算电量（库仑）公式如下：

$$Q=\frac{4(p-p_W)VF}{3RT}$$

式中，$p$ 为实验时大气压；$p_W$ 为温度为 $T$ 时水的饱和蒸气压；$V$ 为 $H_2$ 和 $O_2$ 混合气体的体积；$F$ 为法拉第（Farady）常数。

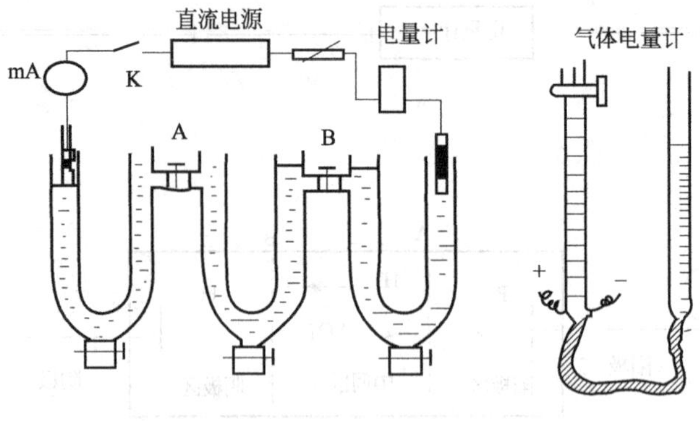


图 6-123　希托夫法测定离子迁移数装置示意图

（2）仪器与试剂

① 仪器　迁移管 1 套；铂电极 2 只；直流稳流电源（250V）1 台；气体电量计 1 套；直流毫安表（50mA）1 只；分析天平（精度为 0.0001）1 架；碱式滴定管（50mL）1 只；具塞三角瓶（100mL）5 只；移液管（10mL）3 只；烧杯 3 只；容量瓶（250mL）1 只。

② 试剂　浓 $H_2SO_4$；标准 NaOH 溶液（$0.1mol \cdot L^{-1}$）。

（3）实验步骤

① 配制 $C\left(\frac{1}{2}H_2SO_4\right)$ 为 $0.1mol \cdot L^{-1}$ 的 $H_2SO_4$ 的溶液 250mL，并用标准 NaOH 溶液标定其浓度。

② 用 $H_2SO_4$ 溶液冲洗迁移管后，装满迁移管（注意：a. 溶液不要沾到塞子；b. 中间管与阴极管、阳极管连接处不留气泡）。

③ 打开气体电量计活塞，移动水准管，使量气管内液面升到起始刻度，关闭活塞，比平后记下液面起始刻度。

④ 按图接好线路，将稳压电源的“调压旋钮”旋至最小处。

⑤ 经检查后，接通开关 K，打开电源开关，旋转“调压旋钮”使电流强度为 10～15mA，通电约 1.5h 后，立即夹紧两个连接处的夹子，并关闭电源。

⑥ 将阴极液（或阳极液）放入一个已称重的洁净干燥的烧杯中，并用少量原始 $H_2SO_4$ 液冲洗阴极管（或阳极管）一并放入烧杯中，然后称重。中间液放入另一洁净干燥的烧杯中。

⑦ 取 10mL 阴极液（或阳极液）放入三角瓶中，用标准 NaOH 液标定（要平行滴定两份）。再取 10mL 中间液标定之，检查中间液浓度是否变化。

⑧ 轻弹气量管，待气体电量计气泡全部逸出后，比平记录液面刻度。

（4）注意事项

① 电量计使用前应检查是否漏气。

② 阴、阳极区上端应使用带缺口的塞子。

（5）数据处理

① 将所测数据列表

室温________；大气压________；饱和水蒸气压________；

气体电量计产生气体体积 $V$ ________；标准 NaOH 溶液浓度________。

| 溶 液 | 烧杯重/g | 烧杯＋溶液重/g | 溶液重/g | $V_{NaOH}$/mL | $C\left(\frac{1}{2}H_2SO_4\right)$ |
|---|---|---|---|---|---|
| 原始溶液 | | | | | |
| 中间液 | | | | | |
| 阴极液 | | | | | |
| 阳极液 | | | | | |

注：表中，$V_{NaOH}$ 为标定 $H_2SO_4$ 液消耗的 NaOH 毫升数；$C$ 为 $H_2SO_4$ 液的浓度。

② 计算通过溶液的总电量 $Q$

$$Q=\frac{4(p-p_{\mathrm{W}})VF}{3RT}$$

③ 计算阴极液通电前后$\left(\frac{1}{2}H_2SO_4\right)$减少的量 $n$

$$n=\frac{(C_0-C)V}{1000}$$

式中，$C_0$ 为$\left(\frac{1}{2}H_2SO_4\right)$原始浓度；$C$ 为通电后$\left(\frac{1}{2}H_2SO_4\right)$浓度；$V$ 为阴极液体积（mL）。

由 $V=\frac{W}{\rho}$求算$\left[W\right.$ 为阴极液的质量，$\rho$ 为阴极液的密度，20℃时 0.1mol·L$^{-1}$$\left(\frac{1}{2}H_2SO_4\right)$的 $\left.\rho=1.002\mathrm{g\cdot L^{-1}}\right]$。

④ 计算离子的迁移数 $t_{H^+}$ 及 $t_{SO_4^{2-}}$。

⑤ 据阳极液的滴定结果再计算 $t_{H^+}$ 及 $t_{SO_4^{2-}}$。

2. 界面移动法测定离子迁移数

（1）实验原理

① 第一种方法的测量原理是在一个垂直的管子中有 M′A、MA 和 MA′三种溶液，其中 MA 为被测的一对离子，M′A、MA′为指示溶液。为了防止因重力作用将三种溶液互相混合，把密度大的放在下面。为使界面保持清晰，M′的迁移速度应比 M 小，A′的迁移速度应比 A 小。图 6-124 中的界面 b 向阳极移动，界面 a 向阴极移动。如果在通电后的某一时刻，a 移至 a′，b 移至 b′，距离 aa′、bb′与 $M^+$、$A^-$ 的迁移速度有关，若溶液是均匀的，ab 间的电位梯度是均匀的，则：

$$\frac{aa'}{bb'}=\frac{V_+}{V_-} \tag{6-173}$$

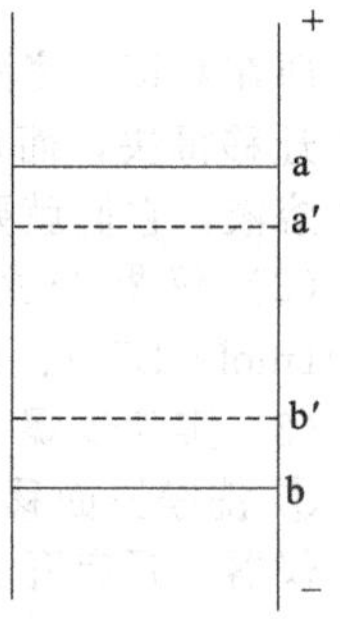

图 6-124 界面移动示意图

正、负离子的迁移数可用下式表示：

$$m_+=\frac{V_+}{V_++V_-}=\frac{aa'}{aa'+bb'} \tag{6-174}$$

$$m_-=\frac{V_-}{V_++V_-}=\frac{bb'}{aa'+bb'} \tag{6-175}$$

式中，$m_+$、$m_-$ 分别为正、负离子迁移数；$V_+$、$V_-$ 分别为正、负离子迁移的体积，测定 aa′、bb′即可求出 $m_+$、$m_-$。

② 第二种方法是使用一种指示溶液，只观察一个界面的移动，求算离子迁移数。当有 96500C 的电量通过溶液时，即 1mol 电子通过溶液时，假设有 $n_+$ 的 $M^+$ 向阴极移动，$n_-$ 的 $A^-$ 向阳极移动，那么，一定有 $n_++n_-=1\mathrm{mol}$。由离子迁移数的定义可知，此时 $n_+$ 的即为 $m_+$，$n_-$ 即为 $m_-$。

设 $V_0$ 是含有 MA 物质的量为 1mol 的溶液的体积，当有 1mol 的电子通过溶液时，界面向阴极移动的体积为 $m_+V_0$，如经过溶液电量为 $Q$，那么，界面向阴极移动体积为：

$$V=\frac{Q}{F}m_+V_0 \tag{6-176}$$

$$m_+=\frac{FV}{QV_0} \tag{6-177}$$

又

$$V_0=\frac{1}{c} \tag{6-178}$$

式中，$c$ 为 MA 溶液的浓度。

$$Q=It \tag{6-179}$$

式中，$I$ 为电流强度，$t$ 为通电时间。

将式(6-178)、式(6-179) 代入式(6-177) 中可得到：

$$m_+=\frac{cFV}{It} \tag{6-180}$$

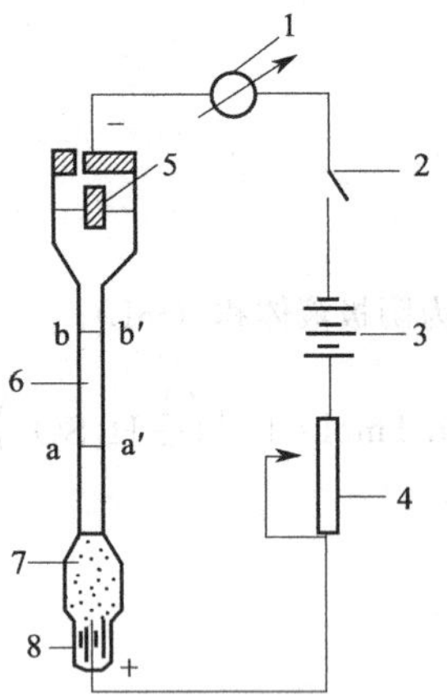


图 6-125 界面移动法测定迁移数装置

1—毫安表；2—开关；3—电源；4—可变电阻；5—Pt 电极；6—HCl；7—$CdCl_2$；8—Cd 电极

本实验采用第二种方法测定 HCl 溶液中 $H^+$、$Cl^-$ 的迁移数。迁移管是一个有刻度的玻璃管，下端放 Cd 棒做阳极，上端放铂丝做阴极（图 6-125），迁移管上部为 HCl 溶液，下部为 $CdCl_2$ 溶液，二者具有共同的阴离子，HCl 溶液中加有甲基橙可以形成清晰的界面。因 $Cd^{2+}$ 淌度（$U$）较小，

即
$$U_{Cd^{2+}}<U_{H^+} \tag{6-181}$$

通电时，$H^+$ 向上迁移，$Cl^-$ 向下迁移，在 Cd 阴极上 Cd 氧化，进入溶液生成 $CdCl_2$，逐渐顶替 HCl 溶液，在管中形成界面。由于溶液要保持电中性，且任一界面都不会中断传递电流，$H^+$ 迁移走后的区域，$Cd^{2+}$ 紧紧跟上，离子的移动速度（$v$）是相等的，$v(Cd^{2+})=v(H^+)$。由此可得：

$$U_{Cd^{2+}}\frac{dE'}{dL}=U_{H^+}\frac{dE}{dL} \tag{6-182}$$

式中，$\frac{dE'}{dL}$、$\frac{dE}{dL}$分别为 $Cd^{2+}$ 和 $H^+$ 的电位梯度。

结合式(6-181)、式(6-182) 得：

$$\frac{dE'}{dL}>\frac{dE}{dL} \tag{6-183}$$

即在 $CdCl_2$ 溶液中电位梯度是比较大的，因此若因扩散作用落入 $CdCl_2$ 溶液层，它就不仅比 $Cd^{2+}$ 迁移得快，而且比界面上的 $H^+$ 也要快了，能赶回到 HCl 层。同样若任何进入低电位梯度的 HCl 溶液，它们就要减速，一直到它们重又落后于 $H^+$ 为止，这样界面在通电过程中保持清晰。

(2) 仪器与药品　直流稳压电源、直流毫安表、电迁移法迁移数测定仪，$CdCl_2$ 溶液（$0.01mol\cdot L^{-1}$）、HCl 溶液（$0.05mol\cdot L^{-1}$）、甲基橙指示剂。

(3) 实验步骤

① 洗净界面移动测定管，先放置 $CdCl_2$ 溶液，然后小心放置有甲基橙的 HCl 溶液，按图 6-125 装好仪器，开启开关，使通过电流为 5～10mA，直至实验完毕。

② 随电解进行，Cd 电极不断失去电子转变为 $Cd^{2+}$ 溶解下来，由于 $Cd^{2+}$ 的迁移速度小于 $H^+$，因而过一段时间后（约 20min），在迁移管下部就会形成一个清晰的界面，界面以下是中性的 $CdCl_2$ 溶液呈橙色；界面以上是酸性的 HCl 呈红色，从而可以清楚地观察到界面，且渐渐向上移动。每隔 10min 读一次刻度数据，记下相应的时间和界面迁移体积数据以及电流值，共读 8 套数据。

(4) 数据处理

① 记录数据于表中：

| 迁移时间 $t$/s | | | | | | | | |
|---|---|---|---|---|---|---|---|---|
| 迁移体积 $V/m^3$ | | | | | | | | |
| 通电电流 $I$/A | | | | | | | | |

② 作出 $V$-$It$ 关系图，由直线斜率求出 $dV/d(It)$

③ 根据下面两式求出 $H^+$、$Cl^-$ 的迁移数：

$$m_+=cF\,dV/d(It)$$
$$m_-=1-m_+$$

## 七、电动势和电极电势的测定

测定可逆电池的电动势应用十分广泛。如平衡常数、活度系数、解离常数、溶解度、络合常数、溶液中离子的活度以及某些热力学函数的改变量等均可通过电池电动势的测定来求得。

电池电动势不能直接用低电阻的伏特计来测量，因为电池与伏特计相接后，便成了通路，有电

流通过，电极发生化学变化、电极被极化、溶液浓度改变、电池电势不能保持稳定。且电池本身有内阻，伏特计所量得的电位降仅为电势的一部分。利用对消法（又叫补偿法）可使在电池无电流（或极小电流）通过时，测得其二极的静态电势，这时的电位降即为该电池的平衡电势，此时电池反应是在接近可逆条件下进行的。因此对消法（补偿法）测电池电势的过程是一个趋近可逆过程的例子。

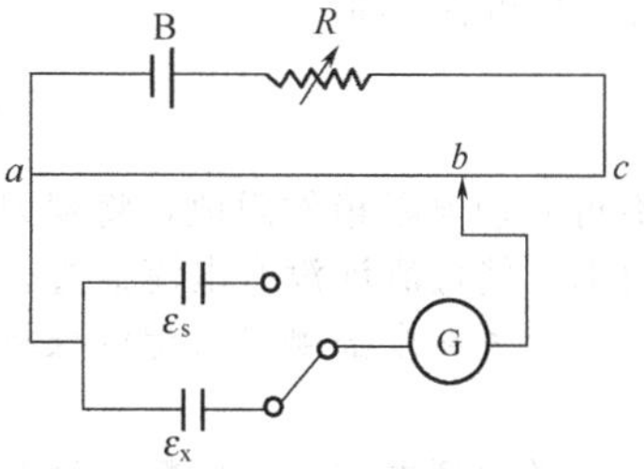

图 6-126　对消法原理线路

对消法的线路示意于图 6-126，*acBa* 回路系由蓄电池（或稳压直流电源）、可变电阻和电位差计组成。蓄电池为工作电源，其输出电压必须大于待测电池的电动势。调节可变电阻使流过回路的电流为某一定值，在电位差计的滑线电阻上产生确定的电位降，其数值由已知电动势的标准电池 $\zeta_s$ 校准。另一回路 $abG\varepsilon a$ 由待测电池 $\varepsilon_x$（或 $\varepsilon_s$）、检流计 G 和电位差计组成，移动 *b* 点，当回路中无电流时，电池的电势等于 *a*、*b* 两点的电位降。

近年来电子工业飞速发展，现市场上供应的 pH 计、离子活度计、数字电压表等都能直接用于测量电动势，具有简单、方便、快速、准确的特点。

1. 用学生电位差计测定电动势

国产的电位差计常见的有学生型、701 型、UJ-1 型、UJ-2 型等，这些都属于低电阻电位差计，而 UJ-9 型等属于高电阻电位差计。可根据待测体系不同选用不同类型的电位差计。一般讲，高电阻体系选用高电阻电位差计，低电阻体系选用低电阻类型电位差计。现在已有许多直接测量电动势并显示结果的仪表，如精密的离子计、pH 计、数字电压表等，使用非常简便，已逐步代替了电位差计法。在此介绍学生型电位差计。

(1) 原理　学生型电位差计的构造和测定电动势的线路如图 6-127 所示。图中虚线示出学生型电位差计。在电位差计中 *MM′* 是串联着的十五个 10Ω 的电阻，*NN′* 是一条均匀的电阻线，电阻也是 10Ω。所以 *MM′* 和 *NN′* 的总电阻为 160Ω。在表面上与电阻相应有刻度，在 *MM′* 上从 *M* 作为 0 开始，每增加 10Ω 表面刻度增加 0.1，*M′* 点的读数是 1.5。在 *NN′* 上把 10Ω 电阻分为 100 等分，从 *N* 作为 0 开始，每一等分读数增加 0.0010，*N′* 点的读数是 0.1000。若使流经电阻丝的电流为 0.010000A，则刻度代表电位降的数值。和滑线电阻并联的高电阻用来调整滑线上的电位降使和刻度有准确的对应关系。为了准确地控制电流，采用标准电池来校准。标准电池在 25℃ 时电动势是 1.0186V，把它联入线路，方向与外电池并联。转动 S 和 S′ 使电位差计上连接 E 和 $E^+$ 的转动旋钮的接触点的刻度等于标准电池的电动势（1.0186）。即 *E* 和 $E^+$ 间连上一个 101.86Ω 的电阻。调节

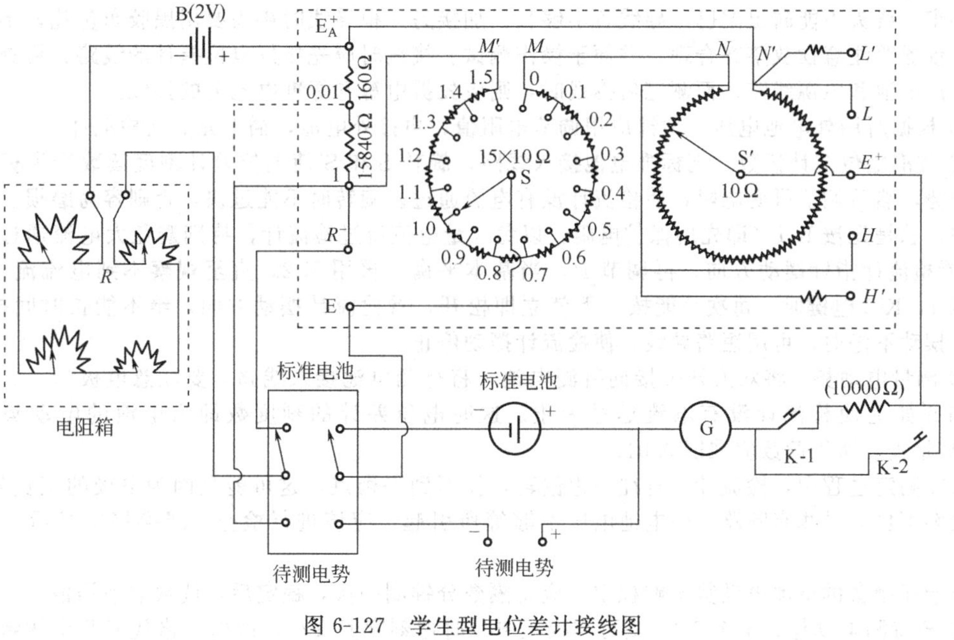

图 6-127　学生型电位差计接线图

电阻箱 $R$，按下电钮 K，当电流计 $G$ 指示无电流通过时，这时流过电阻丝的电流恰好为 0.010000A。即

$$I=\frac{V}{R}=\frac{1.0186(\mathrm{V})}{101.86(\Omega)}=0.010000\ (\mathrm{A})$$

不再变动电阻箱的阻值，将双刀开关转向测定电动势的方向，联入待测电池，转动 S 及 S′，按下按钮 K，使检流计没有电流通过，此时 S 及 S′上所指的刻度就是电池的电动势。

为了在全部测量过程中保持电流稳定，经过一段时间后需要将双刀开关转向标准电池，调整一次 $R$。

学生型电位差计的精确度是 0.1～0.2mV，有时欲测电势很小，当位差计用标准电池校正后，可以把导线从接线柱 1 换到 0.01 的位置，即在 $MM'$ 和 $NN'$ 上串联一个 15840Ω 的电阻，总电阻变为 16000Ω。流过 $MM'$ 和 $NN'$ 上的电流为原来的 1/100，即 0.0001A，这样每 10Ω 的电阻的电位降只有 0.001V，电位差计表面上的刻度的读数，只相当于伏特数的 0.01 倍。

外电池 $B$ 可采用直流稳压电源，亦可用铅蓄电池。调节电阻 $R$ 的大小，视外电池电压决定，不过电阻箱中最小一档电阻单位不能大于 0.1Ω。

由于电动势的测量一定要在可逆的条件下进行，为了避免发生极化等不可逆现象，线路接通的时间应该极短，绝不能采用一般的电开关，在线路中有两个电键和一个保护电阻。按键的时间要极短。加入保护电阻的原因，是在未接近平衡时防止通过标准电池或被测电池的电流太大。保护电阻一般用 10～20kΩ。接近平衡时不要用它，否则要降低测量的灵敏度。所用电流计的灵敏度从 $10^{-10}$～$10^{-6}$ A/mm。如果电路的总电阻小，应该用内阻小的电流计。当电流计有电流通过时，线圈往往摆动不停，这时可在线圈两端接并联的短路导线，起阻尼作用，使摆动很快停止。

学生型电位差右侧的滑线电阻可供单独使用（另备红色刻度 0～1000），主要可作交流惠斯登电桥的比率臂，以测定电阻。电位差计右边的五个接线柱，$E^+$ 为滑线接触点；$L$，$H$ 为滑线电阻；$L'$，$H'$ 为滑线两端各串联 45Ω 电阻后的接触端，以备作精密测量之用。

测量时，先接 $L$ 及 $H$，这时滑线两端无串联电阻，则所得的电阻 $R_x=AR_0/(1000-A)$，$A$ 的数值即可由红色刻度读出。

若将线接在 $L'$，$H'$ 上，精确度可以提高，调节滑线达到平衡，$R_x=(4500+A)R/(5500-A)$。

电位差计应经常保持清洁，定期检查并用涂有凡士林的软布擦滑线和接线柱。

(2) 电动势的测量方法　用被偿法测电动势的步骤如下。

① 按图 6-127 连好线路，要注意电源＋、－极。接线时线头一定要先拧成一股，顺着螺丝旋紧方向接牢，线头不能露出尾巴。导线若不够长，加接另一根导线时接头要用黑胶布包扎，不能裸露在外。仪器要注意摆放整齐合理，并便于操作测试。接线时应先接好电位差计的线路，检查无误后再接标准电池和电源线路；而测完后拆线时，则应先拆电源和标准电池上的接线。

② 根据所用外电池电压，估计应用调节电阻值，再接外电池，插上光点式检流计。

③ 校准电位差计读数　把标准电池接入线路，旋转 S 和 S′使电位差计刻度读数恰为标准电池的电动势，然后调节可变电阻，使检流计没有电流通过。旋转时不能过快，否则容易磨损。在调整过程中，总是先按 K-1（即先用保护电阻，以免大量电流流过检流计，特别避免大电流通过标准电池），看检流计指针摆动方向，再调节 $R$，当基本平衡，再用 K-2，直至观察不到电流流过为止。在用 K-1，K-2 电键时，每次只能按一下就立即松开，看检流计摆动方向，绝不能长时间按下去。检流计摆动不停时，可用短路导线，使检流计摆动停止。

④ 测量电动势　将双刀开关接向待测电池，将待测电池接入线路，要注意电极的＋、－。旋转 S 和 S′如上使检流计没有电流通过为止。这时电位差计的刻度数即为电池的电动势。若用 0.016V 量程，所得读数应乘以 0.01。

若在测定过程中，检流计一直往一边偏转，找不到平衡点，这可能是因为电极的正负号接错，线路接触不良，导线有断路，外电池电压不够等所引起。应该进行检查，或换接电极后重新进行实验。

由于新制备的电池电动势不够稳定，应每隔数分钟测一次，稳定后，读数取平均值。

⑤ 若待测电动势大于 1.6V，则可在校正电位时把刻度值放小，即以一格代表几个伏特，这时

流过电阻的电流放大，电位降也相应地增加。例如，标准电池的电压为 1.0186V，校准时将刻度放在 0.5093 处，这样表面刻度 1.6V 即可量出 3.2V。

2. 用精密电位计测定电动势

（1）原理 电池是由两个电极（半电池）组成，电池的电势是两个电极电势的差值（假设二电极溶液互相接触而产生的液接电势已经用盐桥消除掉）。设左方电极的电极电势为 $\varepsilon_{左}$，右方为 $\varepsilon_{右}$。规定 $\varepsilon_{电池}=\varepsilon_{左}-\varepsilon_{右}$。一定温度下电极电势的大小决定于电极的性质和溶液中有关离子的活度。由于电极电势的绝对值不能测量，所以电极电势是以某一电极电势为标准而求出的相对值。通常使氢电极中氢气压力为 $1.013\times10^5$Pa、溶液中氢离子活度 $\alpha_{H^+}=1$ 时的电极电势定为零，称为标准氢电极。将待测电极与标准氢电极组成一电池，把待测电极写在左方，标准氢电极写在右方，如

$$X|X^+||H^+(\alpha_{H^+}=1),H_2(1.013\times10^5\text{Pa})|Pt$$

这样测得的电池电动势数值即为该电池的电极电势。由于使用氢电极较麻烦，故常用其他可逆电极作为参考电极来代替氢电极。常用的参考电极有甘汞电极、氯化银电极等。

将待测电极与饱和甘汞电极组成如下的电池

$$M|M^{n+}(\alpha_{\pm})||KCl(饱和溶液)|Hg_2Cl_2|Hg$$

其电动势 $\varepsilon$ 为

$$\varepsilon=\varepsilon_{左}-\varepsilon_{右}=\varepsilon^0_{M/M^{n+}}+\frac{RT}{nF}\ln\alpha_{M^{n+}}-\varepsilon_{甘汞}$$

式中已设液接电势为零。$\varepsilon^0$ 为金属电极的标准电极电势。因此通过实验测定 $\varepsilon$ 值，再根据 $\varepsilon_{甘汞}$ 和溶液中金属离子的活度即可求得该金属的标准电极电势 $\varepsilon^0$。

（2）仪器及试剂

①pH 计、离子活度计、精密数字电位计或学生型电位差计［包括检流计、电阻箱、标准电池、直流稳压电源（或蓄电池）、双刀开关、电键等］，四种仪器之一种；②半电池管；③饱和甘汞电极；④Zn 电极；⑤$ZnSO_4$；⑥饱和 KCl 盐桥；⑦Zn-Pb 电池；⑧保温瓶。

（3）操作步骤

① 测量电动势，若使用 pH 计、离子活度计、数字电位计，其使用方法见各自说明书。

② 准备下列几种电极（半电池）。

参考电极

$$Hg\mid Hg_2Cl_2\mid KCl（饱和）（饱和甘汞电极）$$

被测电极

$$Zn\mid 0.1mol/L\ ZnSO_4；Zn\mid 0.01mol/L\ ZnSO_4$$

制作时，电极金属要加以处理，对于锌电极先进行汞齐化。以稀硫酸浸洗锌电极后，再将其浸入 $Hg_2(NO_3)_2$ 溶液中，片刻后取出。用滤纸擦亮其表面，然后用蒸馏水洗净。汞齐化的目的是消除金属表面机械应力不同的影响，使它获得重复性较好的电极电势。汞齐化时必须注意汞有剧毒，所用过的滤纸应丢在带水的盆中，绝不允许随便丢在地上。

取一个洁净的半电池管，插入已处理的电极金属，并塞紧封口使不漏气，然后由支管吸入所需的溶液即成。如图 6-128 所示。

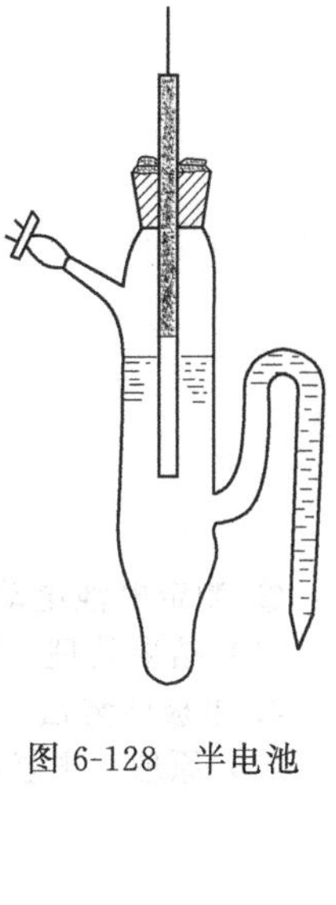

图 6-128 半电池

③ 以饱和 KCl 溶液为盐桥，测定下列的电池电势。

$Zn|0.1mol\cdot L^{-1}ZnSO_4||$饱和甘汞电极；

$Zn|0.01mol\cdot L^{-1}ZnSO_4||$饱和甘汞电极。

（4）结果处理 直接以精密电位计测得电池电动势数据，并以饱和甘汞电极的电极电势 $\varepsilon_{甘汞}$、离子平均活度系数 $\nu_{\pm}$ 及浓度数据计算锌的标准电极电势。25℃时，0.1mol/L 和 0.01mol/L $ZnSO_4$ 中 Zn 离子平均活度系数分别为 0.150 和 0.387。

3. 电极电势法——测定微溶盐溶度积和溶解度

（1）原理

$$Ag|AgNO_3(\alpha_1)||AgNO_3(\alpha_2)|Ag$$

饱和 $NH_4NO_3$

这是个用盐桥消除液接电势的浓差电池。其电动势为

$$\varepsilon=\frac{RT}{F}\ln\frac{\alpha_1}{\alpha_2}=\frac{RT}{F}\ln\frac{\nu_1 c_1}{\nu_2 c_2}$$

电池

$$Ag|KCl(0.01mol/L)与饱和AgCl液\|AgNO_3(0.01mol/L)|Ag$$

饱和 $NH_4NO_3$ 盐桥

令 0.01mol/L KCl 溶液中 $Ag^+$ 的活度为 $\alpha_{Ag^+}$，则

$$\varepsilon=\frac{RT}{F}\ln\frac{\alpha_{Ag^+}}{0.902\times0.01}$$

式中 0.902——25℃时 0.01mol/L $AgNO_3$ 的平均离子活度系数。

由于氯化银活度积 $K_{sp}=\alpha_{Ag^+}\cdot\alpha_{Cl^-}$，因此

$$\alpha_{Ag^+}=\frac{K_{sp}}{\alpha_{Cl^-}}$$

代入上式即得

$$\varepsilon=-\frac{RT}{F}\ln0.902\times0.01+\frac{RT}{F}\ln K_{sp}-\frac{RT}{F}\ln\alpha_{Cl^-}$$

所以

$$\lg K_{sp}=\lg0.902\times0.01+\lg\alpha_{Cl^-}+\frac{\varepsilon F}{2.303RT}$$

$$=\lg0.902\times0.01+\lg0.901\times0.01+\frac{\varepsilon F}{2.303RT}$$

在纯水中，AgCl 的溶解度很小，故活度积就是溶度积。因此 $[Ag^+]=[Cl^-]=\sqrt{K_{sp}}$，即 AgCl 在纯水中的溶解度为 $\sqrt{K_{sp}}$ mol/L。

（2）操作步骤

① 制备电极　银丝用浓氨水浸洗后，再用水洗净。然后浸入含有少量硝酸钠的硝酸中片刻。取出用水洗净。把处理好的二根银丝浸入同样浓度的 $AgNO_3$ 溶液，测其电池电势。如果电池电势不接近于 0（允许相差 1～2mV），则银丝必须重新处理。

按图 6-129 组成浓差电池。其中左方电极（半电池）的制备方法如下：将新制的 Ag 丝插入半电池管中，封好，吸入加有两滴 0.1mol/L $AgNO_3$（不能多加）的 0.01mol/L KCl 溶液即可。然后将它们插入饱和的 $NH_4NO_3$ 溶液中。

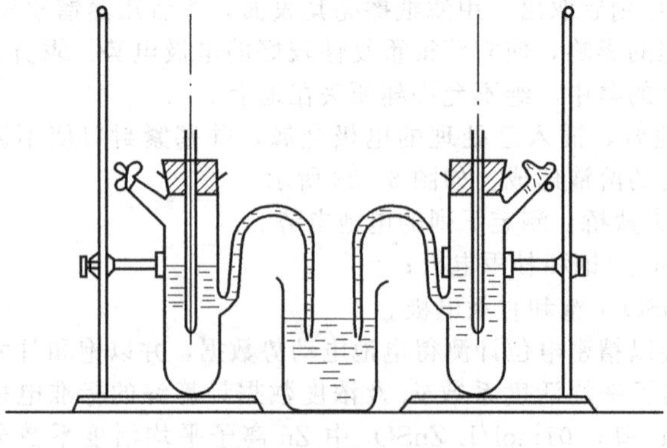

图 6-129　浓差电池

② 测定电池电动势

（3）结果处理　按照原理中的最后一个公式计算 AgCl 的溶度积和溶解度。

4. 电极电势法——测定化学反应的平衡常数

（1）原理　电极电势法测平衡常数，关键在于设计一个电池，使其中发生欲测的化学反应。在

此测下述反应的平衡常数。

$$H_2Q+2Ag^+ = Q+2Ag\downarrow+2H^+$$

式中，$H_2Q$ 表示对苯二酚 $C_6H_4(OH)_2$；Q 则表示醌 $C_6H_4O_2$。

上面反应可设计成下面电池，在二电极上进行下列两个反应

Pt|氢醌，0.1mol/L $HNO_3$||0.001mol/L $AgNO_3$|Ag

0.1mol/L $HNO_3$

Pt|氢醌，0.1mol/L $HNO_3$||0.1mol/L $HNO_3$|Ag

0.1mol/L $HNO_3$

左电极反应为

$$H_2Q = Q+2H^++2e$$

右电极反应为

$$2Ag^++2e = 2Ag\downarrow$$

电池反应为

$$H_2Q+2Ag^+ = Q+2H^++2Ag\downarrow$$

电池电势为

$$\varepsilon=\varepsilon^0+\frac{RT}{2F}\ln\frac{\alpha_{H^+}^2\alpha_Q}{\alpha_{Ag^+}^2\alpha_{H_2Q}}$$

$$\varepsilon^0=-\frac{RT}{2F}\ln K$$

式中 $K$——该电池反应的平衡常数。

可见，只要测出电池电势 $\varepsilon$ 及电池中各物质活度 $\alpha_{H^+}$、$\alpha_{Ag^+}$、$\alpha_{H_2Q}$、$\alpha_Q$ 就可以求出 $\varepsilon^0$。进一步算出平衡常数 $K$。

由于氢醌（$H_2Q\cdot Q$）为醌与对苯二酚的等分子化合物，在水溶液中依下式部分地溶解。

$$C_6H_4O_2\cdot C_6H_4(OH)_2 = C_6H_4O_2+C_6H_4(OH)_2$$

在酸性溶液中，对苯二酚的解离度极小，因此醌与对苯二酚的活度可以认为相同，即 $\alpha_Q=\alpha_{H_2Q}$。又因为在两半电池中的溶液离子强度近似相等，而 $H^+$ 和 $Ag^+$ 的价态一样，故可近似地认为这二离子的活度系数相同，因此上式可化成

$$\varepsilon=\varepsilon^0+\frac{RT}{F}\ln\frac{c_{H^+}}{c_{Ag^+}}$$

故只要知道电池中 $H^+$ 与 $Ag^+$ 的浓度，并测得电池电动势 $\varepsilon$，就能求出此反应的平衡常数。

(2) 操作步骤

① 银丝处理　以 Ag 丝（纯度为 99.98%，并事先在 400℃左右退火半小时）作为阳极，Pt 作为阴极，置于 0.1mol·$L^{-1}$ $HNO_3$ 溶液中进行电解。用电阻箱调节电流，维持电流强度 $I=2$mA，通电数分钟。取出后以水洗净即可。

直流电源可采用 2V 的蓄电池或直流稳压电源。电流大小用毫安表量度。

② 制备下列电极

氢醌电极　取一半电池管，洗净。加入少量氢醌（0.1g 即已足够，因氢醌在水中溶解度很小，约 1.1g/L），然后插入一铂电极，封好，吸入已知其准确浓度的硝酸溶液（约 0.1mol/L）摇动数分钟。

Ag|$Ag^+$ 电极　取一半电池管，插入一已处理好的银丝，封好。吸入已知其准确浓度（约 0.001mol/L）的 $AgNO_3$ 的硝酸溶液，硝酸浓度与氢醌电极中一样。

③ 以上述 $HNO_3$ 溶液为盐桥，组成电极，测电池电动势。

(3) 结果处理

① 根据电池电动势 $\varepsilon$ 和 $c_{H^+}$、$c_{Ag^+}$，代入原理中最后一个公式，求出 $\varepsilon^0$。

② 根据 $\varepsilon^0$ 算出电池反应的平衡常数 $K$。

5. 利用电动势与温度的关系测定反应热力学函数 $\Delta H$ 和 $\Delta S$

实验是测定不同温度下电池的电动势，并根据吉布斯-亥姆霍兹（Gibbs-Helmholhz）公式，求电池内化学变化的 $\Delta_rH_m$ 和 $\Delta_rS_m$。

(1) 原理 化学反应的热效应可以用量热计直接量度，也可用电化学方法来测量。由于电池的电动势可以测得很准，因此所得数据常较热化学方法所得的结果可靠。

在恒温、恒压可逆的操作条件下，电池所作的电功是最大有用功。利用对消法测定电池的电动势 $\varepsilon$，即可获得相应的电池反应的自由能的改变值

$$\Delta_r G_m = -n\varepsilon F \tag{6-184}$$

根据吉布斯-亥姆霍兹公式

$$\Delta_r G_m - \Delta_r H_m = T\left(\frac{\partial \Delta_r G_m}{\partial T}\right)_p = -T\Delta_r S_m \tag{6-185}$$

将式(6-184) 代入，得

$$\Delta_r H_m = -n\varepsilon F + nFT\left(\frac{\partial \varepsilon}{\partial T}\right)_p \tag{6-186}$$

$$\Delta_r S_m = nF\left(\frac{\partial \varepsilon}{\partial T}\right)_p \tag{6-187}$$

因此，按照化学反应设计成一个电池，测量各个温度下，电池的电动势，以温度对电动势作图，从曲线的斜率可以求得任一温度下的 $d\varepsilon/dT$ 值，利用上述公式，即可求得该反应的热力学函数 $\Delta_r G_m$、$\Delta_r H_m$、$\Delta_r S_m$ 等。对于下列反应

$$Zn(s) + PbSO_4(s) = ZnSO_4 + Pb(s)$$

为求此反应的热力学函数，可按照该反应设计成一个可逆的电池

$$\underset{(6\%Zn)}{Zn(Hg)} \left| \underset{(0.02mol \cdot L^{-1})}{ZnSO_4} \right\| \underset{(悬浮液)}{PbSO_4} \left| \underset{(6\%Pb)}{Pb(Hg)} \right.$$

此电池是一个无迁移的电池，不存在液体接界电势，因而其电动势可以测准。若略去锌汞齐和铅汞齐的生成热，则根据不同温度下的电动势数据，就很容易计算出这一反应的热力学函数。

(2) 实验步骤

① 制备电池 电池的构造如图 6-130 所示，由 H 形管构成。管底焊接两根铂丝，作为电极的导线。管的两边分别装上锌汞齐和铅汞齐，在铅汞齐上部悬浮固体 $PbSO_4$，整个电池管中充满 $ZnSO_4$ 溶液。在 H 形管的横臂上放有磨砂玻璃片，或塞有洁净的玻璃毛，以防止悬浮的 $PbSO_4$ 固体玷污锌半电池管。在管口，塞以橡皮塞，并用封蜡密封，以便浸入恒温水槽中不致发生渗漏。将塞子之一钻个孔，接根玻璃管，使溶液在热膨胀时有伸缩余地。

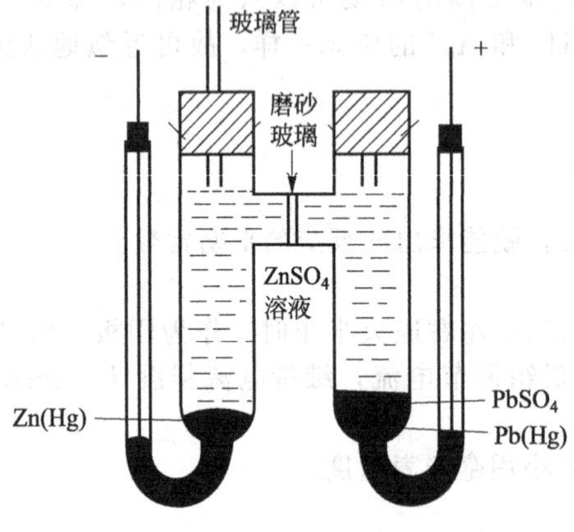


图 6-130 Zn-Pb 电池

a. 汞齐的制备 用称量法称准 6%（应为汞质量）的锌或铅，放在研钵中与汞一起研磨片刻，至铅粒或锌粒溶入之后，加入少量的稀硫酸（$0.5mol \cdot L^{-1}$）继续研磨。加酸的目的在于防止在表面上生成氧化物的浮渣，同时加快汞齐化。汞齐先用蒸馏水洗，再用 $ZnSO_4$ 溶液洗 3～4 次。所得的汞齐加入电池管中，要使铂丝全部能够浸没。如果锌汞齐表面形成较稠的淤渣，可以稍加温热而使其易于流动。

b. 配制 $0.02mol \cdot L^{-1}$ 的 $ZnSO_4$ 溶液，加到锌汞齐上。而铅汞齐上则加入带有悬浮的 $PbSO_4$ 颗粒的 $ZnSO_4$ 溶液。为此，取 100mL $0.02mol \cdot L^{-1}$ $ZnSO_4$ 溶液，加入约 2g $PbSO_4$，剧烈地摇动，将此悬浮液加到铅汞齐上。加时要小心，不要让 $PbSO_4$ 跑到锌极上。

② 测定不同温度下电池的电动势 在 15～50℃温度范围之间，每隔 5～10℃测一次。为了测定不同温度的电动势，将上述电池置于保温瓶中，加入温水，浸入电池，在保温瓶盖上开两小孔，一孔插入 (1/10)℃的温度计，另一孔将电池的两个电极用导线引出，接至电势计上。电池在暖瓶内，充分地达到热平衡后，测量其电动势，并记录其温度。测定一个温度的电动势之后，用吸管吸去一部分保温瓶内热水，加入等量的冷水，调节至另一个温度。放入电池，待电池充分达到热平衡

后，测其电动势。每次测定时，都要使电动势准确到十分之几毫伏。5min 内，测量值变化在 1mV 内，即达稳定。

(3) 数据处理

① 将所得的电动势 $\varepsilon$ 与热力学温度 $T$ 作图，并由图上的曲线求取 18℃、25℃、35℃三个温度下的 $\varepsilon$ 和 $d\varepsilon/dT$ 数值。$d\varepsilon/dT$ 值是通过作曲线的切线，由切线的斜率求得。

② 利用方程式(6-184)～式(6-187) 计算 18℃、25℃、35℃时的 $\Delta_r G_m$、$\Delta_r H_m$ 与 $\Delta_r S_m$ 的数值。

③ 根据所得的 $\Delta_r G_m$ 值，计算该反应的平衡常数 $K$。

## 八、氢超电势的测定

1. 原理

一个电极，当没有电流通过时，它处于平衡状态。此时的电极电势称为可逆电极电势，用 $\phi_{可逆}$ 表示。在有明显的电流通过电极时，电极的平衡状态被破坏，电极电势偏离其可逆电极电势。通电情况下的电极电势称为不可逆电极电势，用 $\phi_{不可逆}$ 表示之。

某一电极的可逆电极电势与不可逆电极电势之差，称为该电极的超电势，超电势用 $\eta$ 表示。即：

$$\eta = |\phi_{可逆} - \phi_{不可逆}| \tag{6-188}$$

超电势的大小与电极材料、溶液组成、电流密度、温度、电极表面的处理情况有关。超电势由三倍分组成：电阻超电势、浓差超电势和活化超电势。分别用 $\eta_R$、$\eta_C$、$\eta_E$ 表示。

$\eta_R$ 是电极表面的氧化膜和溶液的电阻产生的超电势。

$\eta_C$ 是由于电极表面附近溶液的浓度与中间本体的浓度差而产生的。

$\eta_E$ 是由于电极表面化学反应本身需要一定的活化能引起的。对于氢电极 $\eta_R$ 和 $\eta_C$ 比 $\eta_E$ 小得多，在实验时，$\eta_R$ 和 $\eta_C$ 可设法减小到可忽略的程度，因此通过实验测得的是氢电极的活化超电势。图 6-131 为氢超电势与电流密度对数的关系。

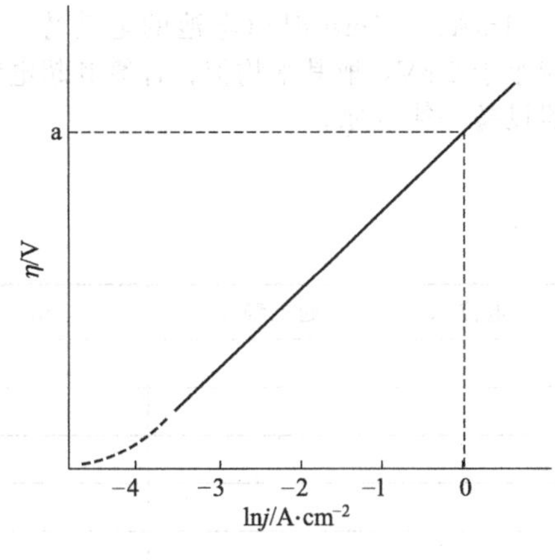


图 6-131　氢超电势与电流密度对数的关系图

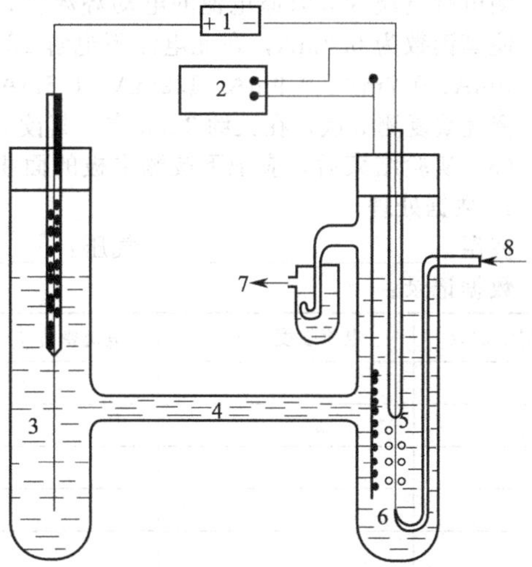


图 6-132　测定氢超电势的装置图

1—精密稳流电源；2—数字电压表；3—辅助电极；4—HCl 溶液；5—待测电极；6—参比电极；7,8—氢气

1905 年，塔菲尔总结了大量的实验结果，得出了在一定电流密度范围内，超电势与通过电极的电流密度 $j$ 的关系式，称为塔菲尔公式：

$$\eta = a + b\ln j \quad (或\ \eta = a + b'\lg j) \tag{6-189}$$

式中，$\eta$ 为电流密度为 $j$ 时的超电势；$a$、$b$ 为常数，单位均为 V。$a$ 的物理意义是在电流密度 $j$ 为 $1A \cdot cm^{-2}$ 时的超电势。$a$ 的大小与电极材料、电极的表面状态、电流密度、溶液组成和温度有关，它基本上表征着电极的不可逆程度。$a$ 值越大，在给定电流密度下氢的超电势也越大。铂电极属于低超电势金属，$a$ 值在 0.1～0.3V 之间。$b$ 为超电势与电流密度对数的线性方程式中的斜率，如图 6-131 所示。$b$ 值受电极性质的影响较小，对于大多数金属来说相差不多，在常温下接近于 0.05V。

理论和实验都已证实，电流密度 $j$ 很小时，$\eta$ 和 $\ln j$ 的关系不符合塔菲尔公式。

测量氢在光亮铂电极上的超电势。实验装置如图 6-132 所示。

待测电极 5 与辅助电极 3 构成一个电解池。可调节精密稳流电源来控制通过电解池的电流大小。当有不同的电流密度通过被测电极时，其电极电势具有不同的数值。

待测电极 5 与参比电极 6 构成一个原电池，借助于数学电压表 2 来测量此原电池的电动势。参比电极具有稳定不变的电极电势，而被测电极的电极电势则随通过其上的电流密度而改变。当通过被测电极的电流密度改变时，由数字电压表 2 所测得的原电池电动势的改变，表征着被测电极不可逆电极电势的改变。

2. 仪器与试剂

PZ8 型直流数字电压表 1 台，yp-2B 型精密稳流电源 1 台，氢气发生器装置 1 套，恒温槽装置 1 套，电极管，光亮铂电极，参比电极（Ag-AgCl 电极），辅助电极，电导水（重蒸馏水），$1mol\cdot L^{-1}$ HCl，浓 $HNO_3$（化学纯）。

3. 实验步骤

（1）将电极管中各电极取出，妥善放置（内有水银，切勿倒放），电极管先用水荡洗，再用蒸馏水、电导水各洗 2～3 遍，最后用电解液（$1mol\cdot L^{-1}$ HCl）洗 2～3 次（每次量要少），然后倒入一定量电解液，$H_2$ 出口处用电解液封住。

（2）将 Ag-AgCl 参比电极从 $1mol\cdot L^{-1}$ HCl 溶液中取出，插入电极管内。

光亮铂电极和辅助电极（都是铂丝）的处理：将上次用过的铂电极在浓硝酸中浸泡 2～3min，以蒸馏水、电导水依次冲洗之，即可用于测定。

（3）将电极管放入恒温槽内恒温（25～35℃）。并将 $H_2$ 发生器接通电源，以 3A 电流电解，产生 $H_2$，待 $H_2$ 压力达到一定程度后，调节旋夹，控制 $H_2$ 均匀放出。

（4）接好线路后，用数字电压表（使用方法见本书物理化学实验规范 PZ8 型数学电压表的使用）测电解电流为 0 时原电池的电动势数次，测定可逆电动势偏差在 1mV 以下，调节精密稳流电源，使其读数为 0.3mA，在此电流下电解 15min，测量原电池的电动势。用同样方法分别测定电流为 0.5mA、0.7mA、0.9mA、1.2mA、1.5mA、1.8mA、2.1mA、2.5mA 时原电池的电动势，每个电流密度重复测 3 次，在大约 3min 内，其读数平均偏差应小于 2mV，取其平均值，计算其超电势。

（5）实验结束后，应记下被测电极的面积，并使仪器设备一律复原。

4. 数据处理

室温：__________ 气压：__________

数据记录：

| 测定次数 | 电流强度 $I$/mA | 电流密度 $j/A\cdot cm^{-2}$ | 电位/V | 超电势 $\eta$/V | $\ln j$ |
|---|---|---|---|---|---|
| | | | | | |
| | | | | | |
| | | | | | |
| | | | | | |
| | | | | | |
| | | | | | |
| | | | | | |
| | | | | | |
| | | | | | |
| | | | | | |

电极面积＝　　$cm^2$　　$a$＝　　$b$＝

（1）计算不同电流密度 $j$ 的超电势 $\eta$ 值。

（2）将电流强度 $I$ 换算成电流密度 $j$，并取对数求 $\ln j$。

(3) 以 $\eta$ 对 $\ln j$ 作图，连结线性部分。

(4) 求出直线斜率 $b$，并将直线延长，在 $\ln j=0$ 时读取 $a$ 值［或将数据代入式(6-189)（塔菲尔公式）求算常数 $a$ 值］。写出超电势与电流密度的经验式。

5. 注意事项

① 被测电极在测定过程中，应始终保持浸在 $H_2$ 的气氛中，$H_2$ 气泡要稳定地、一个一个地吹打在铂电极上，并密切注意测定过程中铂电极的变化。如铂电极表面吸附一层小气泡，或变色或吸附了一层其他物质，应立即停止实验，重新处理电极，一切从头开始。产生这种情况的原因很可能是电极漏汞造成的，应及时处理。

② 产生 $H_2$ 的装置应使 $H_2$ 达到一定压力，方能保证 $H_2$ 均匀放出。做本实验前，进实验室应首先打开 $H_2$ 发生器的电源，让电解水的反应开始，然后，再按实验步骤做好准备工作。

## 九、铅蓄电池电极充放电曲线的测定

1. 酸电池工作原理

化学电源是把化学能转变为低压直流电能的装置。对化学电源的要求首先是可靠性要高，铅酸蓄电池正具有此优点，它不仅具有放电电压十分稳定，还具有价格低，可充性能好等特定，因此铅酸电池是长期以来应用最广泛的二次电池。铅酸电池即铅-二氧化铅电池，其中负极活性物质为海绵状的铅，正极活性物质为二氧化铅，电解液为硫酸的水溶液。电池表达式为

$$(-)Pb_{(s)}|H_2SO_{4(a)}|PbO_{2(s)}(+)$$

铅酸蓄电池两级的电极反应和电池反应如下：

负极 $$Pb+HSO_4^- \underset{充电}{\overset{放电}{\rightleftharpoons}} PbSO_4+H^+ +2e$$

正极 $$PbO_2+HSO_4^- +3H^+ +2e \underset{充电}{\overset{放电}{\rightleftharpoons}} PbSO_4+2H_2O$$

电池反应 $$Pb+2H_2SO_4+PbO_2 \underset{充电}{\overset{放电}{\rightleftharpoons}} 2PbSO_4+2H_2O$$

从上述反应可知，当铅酸电池放电时两个电极的放电产物都是难溶的硫酸铅，这个理论称为双极硫酸化理论。

蓄电池的容量是指在允许充、放电范围内，蓄电池能够积蓄并能重新放出电量的能力。通常用充电充足后的蓄电池连续放电直至端电压到放电结束时（一般指单格电压降为 1.70V），放电电流和放电时间的乘积表示。其单位为 A·h。

$$Q=It$$

2. 酸电池制造工艺

涂板 → 淋酸 → 生极板干燥 → 化成 → 熟极板干燥 → 极群组 → 电池装配

涂板所用铅膏是由铅粉（PbO 和 Pb）加入硫酸水溶液及添加剂（添加剂常用于负极）经搅拌制成的。铅膏中含有大量的三碱式硫酸铅。

淋酸是将一定密度的硫酸溶液喷淋到涂好膏的极板上，使表面生成一层 $PbSO_4$，防止极板表面出现裂纹。

固经过程可以增强极板的硬度和机械强度；将铅膏中残余的铅继续氧化；形成碱式硫酸铅；增加活性物质与筋条的结合力。

化成工序实质上是对电极板上的铅膏进行活化，使他们转变为活性物质。

3. 仪器与试剂

硫酸（A.R.），铅粉，板栅，ZF-3 恒电位仪，YP-2B 型精密稳流电源，数字万用表。

4. 实验步骤

(1) 生板的制作——和膏及涂板

① 配酸　配置相对密度为分别为 1.06、1.28 和 1.45 的硫酸溶液备用。

② 调膏　先添加部分水将铅粉和成膏状，然后在搅拌的条件下慢慢加入硫酸溶液（相对密度为 1.45），为保证铅膏的质量，一般正极铅膏的视密度控制在 3.97～4.03g·L$^{-1}$，负极铅膏视密度

控制在 4.27～4.39g·$L^{-1}$。在负极和膏时，加入一些活性炭作为添加剂。

③ 涂板　将静止 40min 后的铅膏均匀地涂在栅板上，压紧，然后将极板浸入硫酸溶液（相对密度为 1.06）中若干秒。

(2) 熟板的制成

① 固化　采取室温下 72h 自然晾干。

② 化成及充电性能曲线制作　将正负极板放在装有相对密度为 1.06 硫酸溶液的烧杯中，用精密稳流电源以 340mA 恒定电流（小样品）充电化成，同时用恒电位仪跟踪显示化成过程中正负极电位变化，此过程大概需要 12h。

极板化成完全与否可以通过以下参数来判断：从极板颜色变化来判断，化成完全时正极板由原来的灰白色变成黑褐色，负极板由原来的灰白色变成铅灰色；从槽电压来判断，槽电压 2.7V 以上且恒定数小时不变。

将刚化成完的电极用蒸馏水冲洗干净，再将负极板浸入饱和硼酸溶液中 10min，取出，晾干。

(3) 充电实验　在 1A 的稳定电流下，测定电池电位差随时间的变化趋势，并作图。

5. 实验数据处理

(1) 充电曲线

① 作化成槽电压随时间变化曲线；

② 作化成正极电位随时间变化曲线；

③ 作化成负极电位随时间变化曲线。

(2) 放电曲线　作在 1A 恒流下电池电压随时间变化曲线。

## 十、极谱分析方法

1. 极谱法概述

线性扫描极谱分析方法是伏安分析方法的早期形式。它从三个方面区别于普通的伏安分析方法。电极采用滴汞电极；电极表面仅有 Nernst 扩散层，没有对流层；电极体系为两电极体系，即三电极体系简化为两电极体系。我们知道，当伏安分析方法的三电极体系中的辅助电极的面积足够大时，电化学池中所发生的电化学反应主要集中在工作电极上。此时，辅助电极可以作为参比电极（图 6-133）。

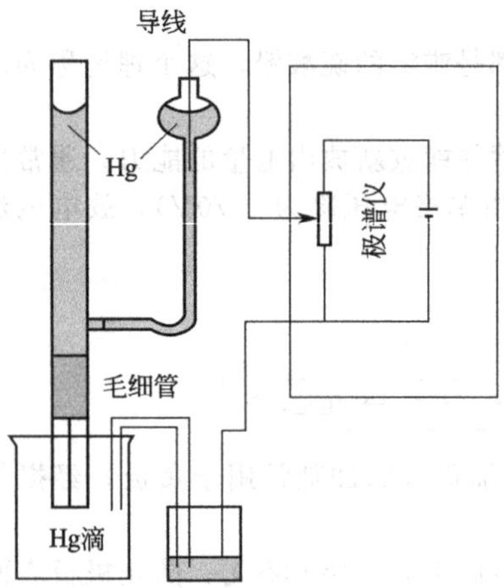

图 6-133　极谱分析的基本原理与装置

极谱电极为汞电极。作为汞电极其最大的优点为氢的超电位比较宽。换句话说阴极电化学窗口较宽。在酸性溶液中，外加电位可以加到－1.3V(vs. SCE)；在碱性溶液中外加电位可到－2V(vs. SCE)；在季铵盐及氢氧化物溶液中外加电位可以加到－2.7V(vs. SCE) 时，氢才开始析出。由于汞滴电极电极表面不断更新，可以获得很高的重现性。然而，汞作为环境的重要污染物对于人类是有害的。这也是极谱分析方法的使用受到较大的局限的重要原因。

如图所示，外加电压被施加于极谱仪的滴汞电极和甘汞电极上。随着外加电压的增加，达到被测物质的分解电压时，电极表面的反应粒子开始析出，同时出现极谱电流。由于滴汞电极的汞滴不断的滴落，因此，极谱电流随毛细管中的汞滴出现与滴下呈周期性的变化（图 6-134）。当汞滴从毛细管脱离时电流降低为零。然后又随着汞滴的出现迅速增加。这就是我们所看到的极谱图中的曲线与普通伏安图谱不同的原因。

图 6-135 给出两条典型的极谱曲线。曲线 $a$ 是铬离子的极谱曲线，曲线 $b$ 是背景的极谱曲线。对于曲线 $a$，其电极反应为

$$Cd^{2+} + 2e^- + Hg \longrightarrow Cd(Hg) \tag{6-190}$$

曲线 $a$，$b$ 都有相应的背景值，称为残余电流。曲线 $b$ 极化到 －1V 以后开始析氢；曲线 $a$ 在 －0.6V 时开始析出铬。与普通伏安法不同，扩散是极谱电极过程中唯一的传质过程。所以极谱电

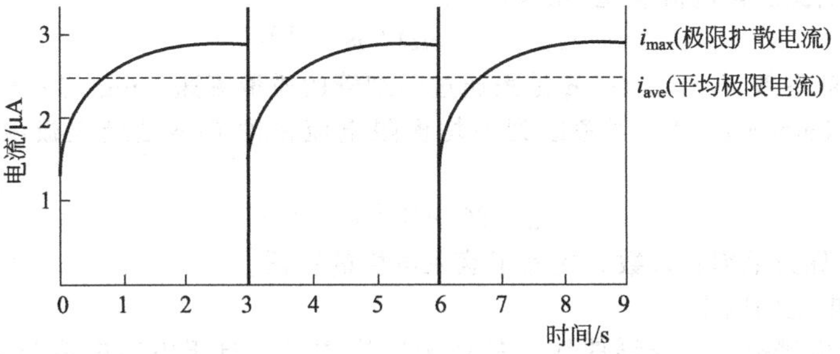


图 6-134 汞滴的生长对极谱电流的影响

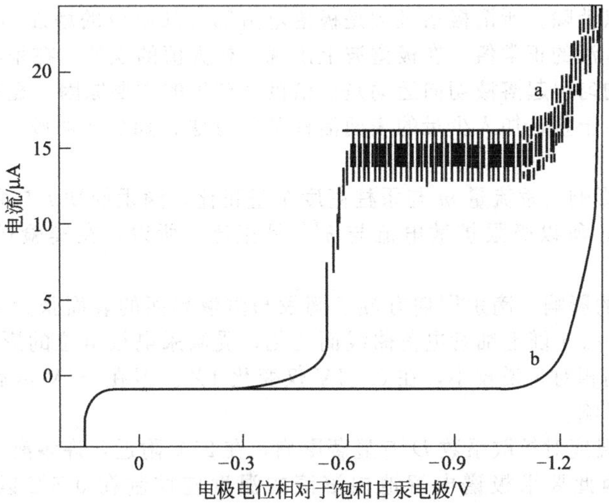


图 6-135 $Cd^{2+}$ ($5\times10^{-4}mol\cdot L^{-1}$) 在 $1mol\cdot L^{-1}$ HCl 溶液中的极谱曲线 (a) 及 $1mol\cdot L^{-1}$ HCl 溶液的极谱曲线 (b)

极过程中的极限扩散电流又称为扩散电流。半峰高的电位称为半波电位。对于可逆波来讲物质的氧化半波电位与该物质的还原半波电位是相同的。极谱图中的半波电位是极谱分析定性的基础。一个物质的半波电位与物质所处的状态不同而不同。当溶液中有络合剂时，半波电位要发生变化。表 6-39 列出一些物质在非络合状态及络合状态的极谱半波电位。

**表 6-39 一些物质的极谱半波电位**

| 离子 | 半波电位/V | | | |
|---|---|---|---|---|
| | 非络合介质中 | $1mol\cdot L^{-1}$ KCN | $1mol\cdot L^{-1}$ KCl | $1mol\cdot L^{-1}$ $NH_4Cl$ |
| $Cd^{2+}$ | −0.59 | | −0.64 | −0.81 |
| $Zn^{2+}$ | −1.0 | −1.18 | −1.00 | −1.35 |
| $Pd^{2+}$ | −0.4 | | −0.44 | −0.67 |
| $Ni^{2+}$ | | −0.72 | −1.20 | −1.10 |
| $Co^{2+}$ | | −1.36 | −1.20 | −1.29 |
| $Cu^{2+}$ | +0.02 | −1.45 | +0.04 | −0.24 |

若混合溶液中有几种被测离子，当外加电位加到某一被测物质的分解电位时，这种物质便在滴汞电极上还原，产生相应的极谱波。然后电极表面继续极化直到达到第二种物质的析出电位。如果溶液中几种物质的析出电位相差较大，就可以分别得到几个清晰的极谱波。

2. 极限扩散电流方程及其影响因素

(1) 极限扩散电流方程 当反应体系是可逆体系时，电极表面的反应粒子浓度迅速降低，极谱

电流达到极限扩散电流。该电流满足 Ilkovič 方程

$$i_{d,max}=706nD^{1/2}m^{2/3}t^{1/6}c \tag{6-191}$$

式中，$D$ 是扩散系数（$cm^2/s$）；$m$ 是汞通过毛细管的质量流速（mg/s）；$t$ 是汞滴的寿命（s），$c$ 是被测物的浓度（$mol\cdot L^{-1}$）。当考虑到平均极限电流密度而不是最大极限电流密度时，系数 706 变化 607，即：

$$i_{d,ave}=607nD^{1/2}m^{2/3}t^{1/6}c \tag{6-192}$$

式中，$m^{2/3}t^{1/6}$ 称为毛细管常数，代表了滴汞电极的特征。

（2）影响扩散电流的因素

① 残余电流与极谱极大　极谱曲线上的残余电流主要来自于电容电流与杂质的法拉第电流。电容电流在残余电流中占主要部分。大约为 $10^{-7}$A 的数量级，相当于 $10^{-5}\sim10^{-6}mol\cdot L^{-1}$ 的物质还原所产生的电流。所以电容电流是限制极谱检出限的主要因素。关于杂质的法拉第电流，可以通过实验前小心处理加以消除。所谓极谱极大是极谱电流随外加电位的增加而迅速增加达到极大值，随后恢复到极限扩散电流的正常值，在极谱波上出现一极大值的现象。在汞滴的颈部与底部不同部位由于界面张力的不均匀引起溶液切向运动是极谱极大产生的主要原因。显然极谱极大对半波电位及扩散电流的测量产生干扰，加入少量的表面活性剂的方法，如加入明胶、Triton-100 等，可以降低极谱极大。

② 毛细管特性的影响　汞流量 $m$ 与汞柱高度 $h$ 呈正比，滴汞周期 $t$ 与汞柱高度 $h$ 成正比，故 $m^{2/3}t^{1/6}$ 与 $h^{1/2}$ 呈正比，所以极限扩散电流与 $h^{1/2}$ 呈正比。所以，在实验过程中汞柱高度应保持一致。

③ 滴汞电极电位的影响　滴汞周期有赖于滴汞与溶液界面的表面张力 $g$。滴汞电极电位影响 $g$，从而影响滴汞周期 $t$。$t$ 随毛细管电荷曲线而变化，受滴汞电极电位的影响较大，而 $m^{2/3}t^{1/6}$ 值随滴汞电极电位的影响相对来说较小，在 0～1V 仅变化 1%。但在 −1V 以后，应该考虑毛细管特性和滴汞电极电位的影响。

④ 温度的影响　温度对扩散系数 $D$ 有显著影响，在 25℃附近，许多离子扩散系数的温度系数约为 1%～2%/℃。因此要求极谱电解池内溶液的温度应控制在 0.5℃以内。若温度系数大于 2%/℃，极谱电流便有可能不完全受扩散所控制。

⑤ 溶液组成的影响　溶液组成的改变引起溶液黏度的变化。扩散电流与溶液黏度系数成反比。极谱极大抑制剂加入量过小，起不到抑制极谱极大的作用；加入量过大，影响临界滴汞周期。滴汞周期小于 1.5s 时，滴汞速度过快，引起溶液的显著搅动，扩散过程受到破坏，从而影响扩散电流络合剂的存在形成络离子，不仅改变离子的扩散速度，而且也改变电子的交换速度。

3. 现代极谱方法

经典极谱法具有较大的局限性。主要表现在电容电流在检测过程中的不断变化，电位施加较慢以及极谱电流检测的速度较慢。为了克服这些局限性，一方面是改进和发展极谱仪器，主要表现在改进记录极谱电流的方法，如微分极谱法；另一方面改变施加极化电位的方法，如方法极谱、脉冲极谱等。阳极溶出伏安法及催化波极谱方法可以提高样品的有效利用率及提高检测灵敏度。

（1）导数极谱法　导数极谱仪的工作原理如图 6-136 所示。极谱电流是直流电流，不能通过大电容量的电容器 $C$。因此，系统记录的不是极谱电流，而是极谱电流随时间变化 $di/dt$。在导数极谱中，扫描电压是随时间线性变化的，极谱电流 $I$ 随时间的变化，相应于其随扫描电压 $E$ 的变化，即 $di/dt$ 相应于 $di/dE$。因此，就可以得到 $di/dt$-$E$ 导数极谱曲线。导数极谱波呈峰形，峰电位相应于经典极谱的 $E_{1/2}$，峰高与浓度成正比。

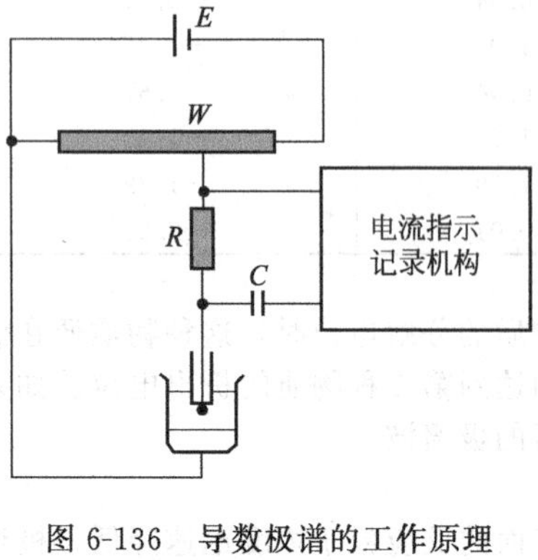

图 6-136　导数极谱的工作原理

导数极谱能有效地消除前波的影响，提高了分辨能力。它的检出限浓度可达到以 $10^{-7}mol\cdot L^{-1}$。

（2）单扫描示波极谱法　单扫描示波极谱法，是在一个滴汞生成的后期，在电解池两极上快速施加一锯齿波脉冲电压，用示波器记录在一个滴汞上所产生的整个电流-电压曲线。单

扫描示波极谱仪工作原理如图 6-137 所示。

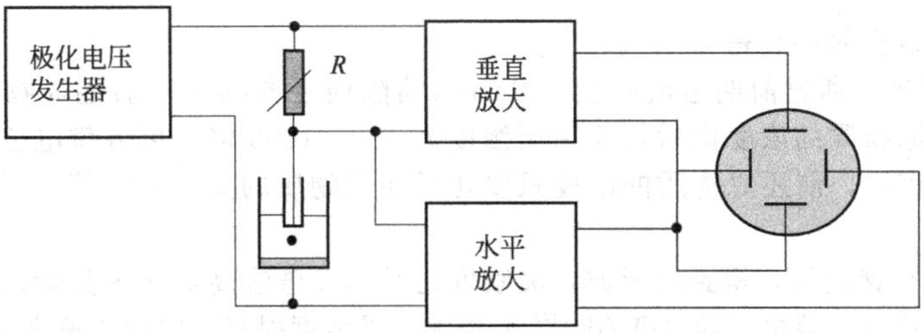


图 6-137 单扫描示波极谱仪工作原理图

由极化电压发生器产生的锯齿波脉冲扫描电压通过测量电阻 R 加到极谱电解池的两电极上，并经过放大后同时加到示波器的水平偏向板上。产生的极谱电流经过 R 产生电压降，后者经过放大后加到示波器的垂直偏向板上。示波器的水平轴代表施加的极化电压，垂直轴代表极谱电流的大小。因此，在示波器上可以直接观察到极谱波形图 6-138。

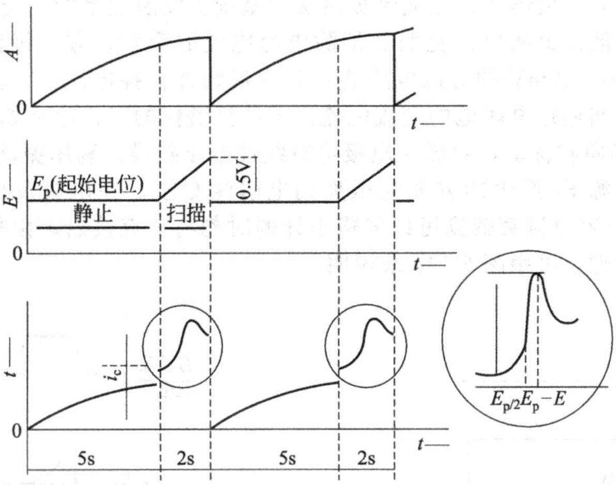


图 6-138 极化电压施加方式及对应的极谱图

由于极化电压是在滴汞生成后期电极面积变化率较小时施加于电解池两个电极上的，且施加极化电压速度很快，通常约为 0.25V/s（经典极谱法一般是 0.005V/s），电极表面的离子迅速还原，瞬时产生很大的极谱电流，又由于电极周围的离子来不及扩散到电极表面，使扩散层加厚，导致极谱电流又迅速下降。因此，单扫描示波极谱图呈峰形。峰电位 $E_p$ 与经典极谱波的半波电位 $E_{1/2}$ 之间的关系，对还原和氧化波分别为：

$$E_p=E_{1/2}-1.1\frac{RT}{nF}=E_{1/2}-\frac{28}{n}\ (\text{mV, }25℃)$$

和

$$E_p=E_{1/2}+1.1\frac{RT}{nF}=E_{1/2}+\frac{28}{n}\ (\text{mV, }25℃)$$

峰电流 $i_p$ 与被测物质浓度的关系，对可逆波为：

$$i_p=k'n^{3/2}D^{1/2}m^{2/3}t^{2/3}v^{1/2}C$$

对不可逆波为：

$$i_p=k''n(\alpha n_\alpha)^{1/2}D^{1/2}m^{2/3}t^{2/3}v^{1/2}C$$

式中，$k'$和 $k''$是比例常数。在 25℃时，

$$k'=2.69\times10^5,\ k''=2.56\times10^5$$

$v=\mathrm{d}V/\mathrm{d}t$ 是施加极化电压的速度，单位为 V/s。$\alpha$ 是转换系数，$\alpha<1$。$n_\alpha$ 是电极反应中决定速度

步骤的电子转移数。$C$ 是被测物质浓度，单位为 mol/mL。$i_p$ 是电流，单位为 A。其他参数的意义同尤考维奇方程。

单扫描示波极谱法的特点是：

① 极谱波是峰形。通过前期电流补偿方法可以消除前还原物质对后还原物质波的干扰。一般情况下可允许前还原物质的浓度比后还原物质浓度大 100～1000 倍。可分辨电位相差为 50mV 的两极谱波。而经典极谱法，前还原物质的浓度只要比后还原物质的大 5～10 倍，就会使后还原物质的测定变得困难。

② 施加极化电压速度快，得到峰形波，灵敏度比经典极谱法高约 2 个数量级，最低测定下限可达到 10～7mol/L。而且，峰电流随 $(dV/dt)^{1/2}$ 而增大，灵敏度提高。但扫描速度太快也是不利的，由于电容电流 $i_c$ 与 $dV/dt$ 成正比。这就是说，$i_c$ 比 $i_p$ 随 $dV/dt$ 增加更快，这对降低检测限是十分不利的。

③ 单扫描示波极谱法是在 $dA/dt$ 变化较小的滴汞生长后期快速施加极化电压的，因此，有利于减小因滴汞电极面积变化而引起的电容电流，也有利于加快分析速度。

④ 转换系数 $\alpha<1$，$n(\alpha n)^{1/2}<n^{3/2}$，不可逆过程的峰电流比可逆过程的峰电流小。过程不可逆程度越大，峰电流越小，对于完全不可逆过程，如氧在滴汞电极上的还原，甚至不出现峰，这样便可以在很大程度上以至完全消除氧波的干扰。

(3) 方波极谱法　方波极谱法是在交流极谱法的基础上发展起来的。交流极谱法的一个主要问题是电容电流较大，方波极谱法可以克服和消除电容电流的影响。方波极谱法是将一频率通常为 225～250Hz、振幅为 10～30mV 的方波电压叠加到直流线性扫描电压上，然后测量每次叠加方波电压改变方向前的一瞬间通过电解池的交流电流。方波极谱仪的工作原理如图 6-139 所示。

通过 R 的滑动触点向右移动，对极化电极进行线性电压扫描。利用振动子 $S_1$ 往复接通 a，b 而在一定的时间将方波电源 $E_1$ 产生的方波电压加到电解池 C 上。在电极反应过程中产生的极谱电流，通过振动子 $S_2$ 在电容电流衰减到可以忽略不计的时刻与 d 点接通，由检流计 G 检测。方波极谱法消除电容电流的原理，可用图 6-140 来说明。

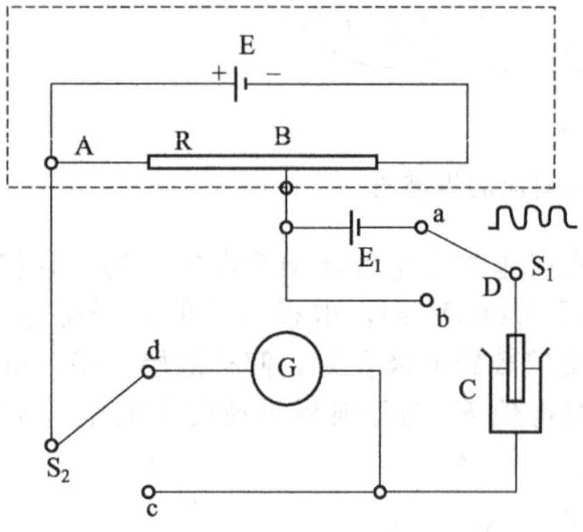


图 6-139　方波极谱仪的工作原理图

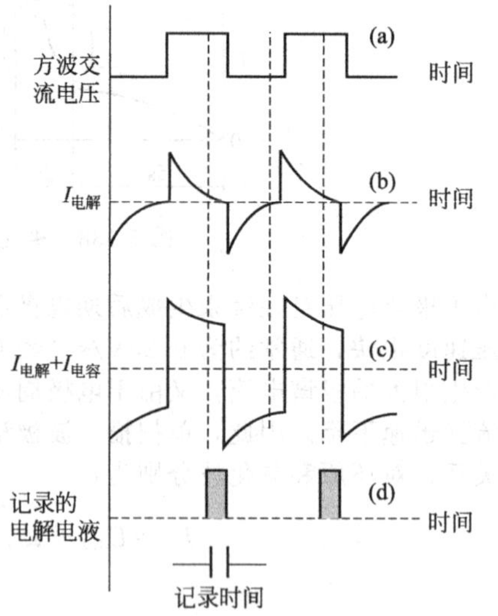


图 6-140　方波极谱法消除电容电流的原理

电容电流 $i_c$ 是随时间 $t$ 按指数衰减的

$$i_c=\frac{E_s}{R}e^{-\frac{t}{RC}}$$

式中，$E_s$ 是方波电压振幅；$C$ 是滴汞电极和溶液界面双电层的电容；$R$ 是包括溶液电阻在内的整个回路的电阻。$RC$ 称为时间常数。当 $t=RC$，

$$e^{-\frac{t}{RC}}=0.368$$

即此时的 $i_c$ 仅为初始时的 36.8%；若衰减时间为 5 倍的 $RC$，则 $i_c$ 只剩下初始值的 0.67%了。可

以忽略不计，见图 6-140 的（b）。而法拉第电流 $i_f$ 只随时间 $t^{-1/2}$ 衰减，比 $i_c$ 衰减慢，见图 6-140 的（c）。对于一般电极，$C=0.3\mu F$，$R=100\Omega$，时间常数 $RC=3\times10^{-5}s$。如果采用的方波频率为 225Hz，则半周期 $\tau=1/450=2.2\times10^{-3}s$。$\tau>5RC$，因此，在一方波电压改变方向前的某一时刻 $t$（$5RC<t<\tau$）记录极谱电流，就可以消除电容电流 $i_c$ 对测定的影响。

方波极谱法与交流极谱法相似，只有当直流扫描电压落在经典极谱波 $E_{1/2}$ 前后，叠加的方波电压才显示明显的影响。方波极谱法得到的极谱波亦呈峰形，峰电位 $E_p$ 和 $E_{1/2}$ 相同。峰电流

$$i_p=1.40\times10^7 n^2 E_s D^{1/2} AC$$

式中，$E_s$ 是方波电压振幅，单位为 V；$C$ 是被测物质浓度，单位为 mol/mL；其他符号意义见扩散电流方程。峰电流 $i_p$ 的单位为 A。

方波极谱法的特点：

① 分辨能力高，抗干扰能力强。可以分辨峰电位相差 25mV 的相邻两极谱波，在前还原物质量为后还原物质量的 $5\times10^4$ 倍时，仍可有效地测定痕量的后还原物质。

② 测定灵敏度高。方波极谱法的极化速度很快，被测物质在短时间内迅速还原，产生比经典极谱法大得多的电流，灵敏度高。而且，由于有效地消除了电容电流的影响。使检出限可以达到 $10^{-8}\sim10^{-9}$ mol/L。

③ 对于不可逆反应，如氧波，峰电流很小，因此分析含量较高的物质时，常常可以不需除氧。

④ 为了充分衰减 $I_c$，要求 $RC$ 要小，$R$ 必须小于 100Ω。为此，溶液中需加入大量支持电解质，通常在 1mol/L 以上。因此，在进行痕量组分测定时，对试剂的纯度要求很高。

⑤ 毛细管噪声电流较大，限制了检出限。汞滴下落时，毛细管中汞向上回缩，将溶液吸入毛细管尖端内壁，形成一层液膜。液膜的厚度和汞回缩高度对每一滴汞是不规则的，因此使体系的电流发生变化，形成噪声电流。噪声电流随方波频率增高而增大。

（4）脉冲极谱法　在方波极谱法中，方波电压是连续加入的，但方波持续时间短，只有 2ms，在每一滴汞上记录到多个方波脉冲的电流值。脉冲极谱法是在滴汞生长到一定面积时才在滴汞电极的直流扫描电压上叠加一次 10～100mV 的方波脉冲电压，但脉冲持续时间较长，为 4～100ms，在每一个滴汞上只记录一次由脉冲电压所产生的法拉第电流。依脉冲电压施加方式不同，脉冲极谱法分为常规脉冲极谱法和微分脉冲极谱法。常规脉冲极谱法所施加的方波脉冲幅度是随时间线性增加的，得到的每个脉冲的 $I$-$E$ 曲线与经典极谱法的 $I$-$E$ 曲线相似；微分脉冲极谱法是在直流线性扫描电压上叠加一个等幅方波脉冲，得到的极谱波呈峰形。

毛细管噪声电流 $i_N\propto t^{-n}$（$n>1/2$），比法拉第电流 $i_f$ 衰减速率快。由于在脉冲极谱法中，方波脉冲持续时间长，可在 $i_c$ 和 $i_N$ 充分衰减之后再记录 $i_f$，这样就可以消除 $i_c$ 和 $i_N$ 的影响。

脉冲极谱法的特点：

① 灵敏度高。由于 $i_c$ 和 $i_N$ 得以充分衰减，可以将衰减了的法拉第电流 $i_f$ 充分地放大，因此能达到很高的灵敏度。对可逆反应，检出限可达到 $10^{-8}\sim10^{-9}$ mol/L，最好可达到 $10^{-11}$ mol/L。

② 分辨能力高。可分辨半波电位或峰电位相差 25mV 的相邻两极谱波。前还原物质的量比被测物质高 $5\times10^4$ 倍也不干扰测定。因此，该法具有良好的抗干扰能力。

③ 由于脉冲持续时间长，在保证 $I_c$ 和充分衰减和前提下，可以允许 $R$ 增大 10 倍或更大些，这样只需使用 0.01～0.1mol/L 的支持电解质就可以了，从而可大大地降低空白值。

④ 由于脉冲持续时间长，对于电极反应速度缓慢的不可逆反应，也可以提高测定灵敏度，检出限可达到 $10^{-8}$ mol/L。这对许多有机化合物的测定、电极反应过程的研究等都是十分有利的。

（5）阳极溶出伏安法　是将电化学富集与测定方法有机地结合在一起的一种方法。先将被测物质通过阴极还原富集在一个固定的微电极上，再由负向正电位方向扫描溶出，根据溶出极化曲线来进行分析测定。

富集是一个控制阴极电位的电解过程。电积的分数 $x$ 与电积时间 $t_x$ 的关系是

$$t_x=-\frac{V\delta\lg(1-x)}{0.43DA}$$

式中，$V$ 是溶液体积；$\delta$ 是扩散层厚度；$A$ 是电极面积；$D$ 是扩散系数。增大电极面积，加快搅拌速度以减小扩散层厚度，可以缩短电积富集时间。电积分数与起始浓度无关。

富集效果可用富集因数 $K$ 表示。富集因数定义为被测物质电积到汞电极中的汞齐浓度 $C_H$ 与被测物质在溶液中的原始浓度 $C$ 之比，

$$k=C_H/C=V_x/V_H$$

式中，$V_H$ 是汞电极体积。

用于电解富集的电极有悬汞电极、汞膜电极和固体电极。悬汞电极的面积不能过大，大的悬汞易于脱落。用悬汞电极测定的灵敏度并不太高，但再现性好。汞膜电极面积大，同样的汞量做成厚度为几十至几百纳米的汞膜，其电极表面积比悬汞大得多，电积效率高。而且搅拌速度可以加快。因此，溶出峰尖锐，分辨能力高，灵敏度比悬汞电极高出 1～2 个数量级。汞膜电极的缺点是再现性不如悬汞电极。现已成功应用的汞膜电极有玻璃汞膜电极。测定 Ag、Au、Hg 需用固体电极。Ag、Au、Pt、C 等常用作固体电极，缺点是电极面积与电积金属的活性可能发生连续变化，表面氧化层的形成影响测定的再现性。

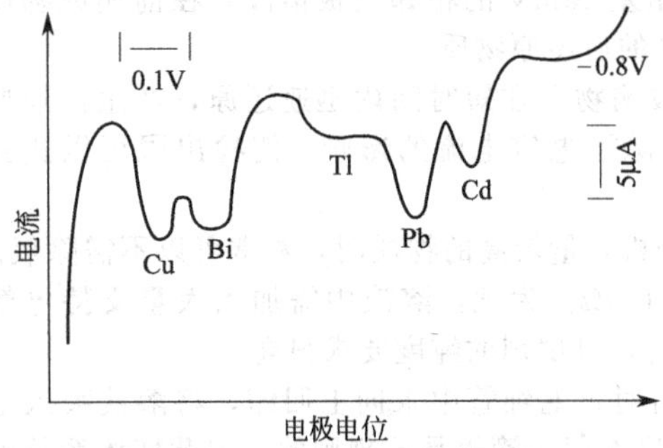

图 6-141 阳极溶出极化曲线

溶出时可在各种极谱仪上进行。溶出方法是以一定速度由负电位向正电位扫描电压，得到阳极溶出极化曲线，如图 6-141 所示。峰电位与经典极谱波 $E_{1/2}$ 相应。阳极溶出产生很大的氧化电流。对悬汞电极，峰电流为

$$i_p=Kn^{2/3}D_0^{2/3}\omega^{1/2}\eta^{-1/6}D_R^{1/2}rv^{1/2}C_0t$$

对汞膜电极，峰电流

$$i_p=Kn^2D_0^{2/3}\omega^{1/2}\eta^{-1/6}AvC_0t$$

式中，$n$ 是参与电极反应的电子数；$D_0$ 和 $D_R$ 分别是被测物质在溶液和汞内的扩散系数；$\omega$ 为电解富集时的搅拌速度；$\eta$ 是溶液的黏度；$r$ 是悬汞半径；$A$ 是汞膜电极表面积；$v$ 是扫描速度；$t$ 是电解富集时间；$C_0$ 是被测物质在溶液中的浓度。在实验条件一定时，$I_p$ 与 $C_0$ 成正比。

除阳极溶出伏安法之外，还有阴极溶出伏安法。阴极溶出伏安法常用银电极和汞电极。在正电位下，电极本身氧化溶解生成 $Ag^+$、$Hg^{2+}$，它们与溶液中的微量阴离子如 $Cl^-$、$Br^-$、$I^-$ 等生成难溶化合物薄膜聚附于电极表面，使阴离子得到富集。然后将电极电位向负方向移动，进行负电位扫描溶出，得到阴极溶出极化曲线。溶出峰对不同阴离子的难溶盐是特征的，峰电流正比于难溶盐的沉积量。阴极溶出法已用来测定 $Cl^-$、$Br^-$、$I^-$、$S^{2-}$、$WO_4^{2-}$、$MoO_4^{2-}$、$VO_3^-$ 等。

溶出伏安法最大的优点是灵敏度非常高，阳极溶出法检出限可达 $10^{-12}$ mol/L，阴极溶出法检出限可达 $10^{-9}$ mol/L。溶出伏安法测定精度良好，能同时进行多组分测定，且不需要贵重仪器，是很有用的高灵敏分析方法。

4. 极谱法应用实例——极谱法测定配合物的配位数和离解常数

金属配合物离子在电极上的反应，可以看作两步进行：第一步是配合物离子的解离

$$ML_p^{(z-pb)+} \rightleftharpoons M^{z+}+pL^{b-}$$

第二步是解离出来的 $M^{z+}$ 在滴汞电极上还原

$$M^{z+}+ze+Hg \rightleftharpoons M(Hg)$$

总反应为

$$ML_p^{(z-pb)+}+ze+Hg \rightleftharpoons M(Hg)+pL^{b-}$$

配合物离子的解离平衡，有

$$K_d=\frac{[M^{z+}]_s[L^{b-}]_s^p}{[ML_p^{(z-pb)+}]_s}$$

式中，$K_d$ 是配合物离子的离解常数；下标 s 是指汞滴表面。由于配合剂的浓度较大这些代入式 Nernst 方程，可得

$$\varphi=\varphi^{\ominus}+\frac{RT}{zF}\ln K_d+\frac{RT}{zF}\ln\frac{[ML_p^{(z-pb)+}]_s}{[L^{b-}]^p[M(Hg)]_s}$$

类似于简单金属离子的情况，根据 Ilkoviĉ 方程

$$i_c=k_c[ML_p^{(z-pb)+}]-[ML_p^{(z-pb)+}]_s$$

$$(i_d)_c = k_c[ML_p^{(z-pb)+}]$$

式中，$k_c = 607zD_c^{1/2}m^{2/3}t^{1/6}$，$D_c$ 是配合物离子的扩散系数。

$$[ML_p^{(z-pb)+}]_s = \frac{(i_d)_c - i_c}{k_c}$$

金属配合物离子与相应简单离子半波电位之差 $\Delta\varphi_{1/2}$ 为

$$\Delta\varphi_{1/2} = \frac{RT}{zF}\ln K_d + \frac{RT}{zF}\ln\left(\frac{D}{D_c}\right)^{1/2} - p\frac{RT}{zF}\ln[L^{b-}]$$

一般来说，简单离子和配合物离子的扩散系数近似相等，即 $D \approx D_c$。

$$\Delta\varphi_{1/2} = \frac{RT}{zF}\ln K_d - p\frac{RT}{zF}\ln[L^{b-}]$$

在不同配合剂浓度下测定 $\Delta\varphi_{1/2}$，用 $\Delta\varphi_{1/2}$ 对 $\lg[L^{b-}]$ 作图，得一直线，截距 $(RT/zF)\ln K_d$，斜率为 $-p(RT/zF)$。若已知 $z$，便可求得配合物离子的配位数 $p$ 与离解常数 $K_d$。

## 十一、毛细管电泳和毛细管电泳仪

电泳是指带电粒子在电场作用下作定向移动的现象，利用这种现象对物质进行分离分析的方法叫电泳法。

高效毛细管电泳（high performance capillary electrophoresis，HPCE）指以毛细管为分离通道，以高压直流电场为驱动力，溶质按其淌度差异进行高效、快速分离的新型电泳技术。由于毛细管能抑制溶液对流，具有良好的散热性，克服了传统电泳技术中的焦耳热现象，可在很高的电场下使用，极大地改善了分离效果。与传统电泳技术和 HPLC 相比，HPCE 具有样品用量少、操作简便、分离效率高、分析速度快、分析成本低、应用范围广等优点。

根据分离机制不同，毛细管电泳的分离模式可分为毛细管区带电泳、胶束电动毛细管色谱、毛细管凝胶电泳、毛细管电色谱、毛细管等速电泳、毛细管等电聚焦、亲和毛细管电泳等。

1. 基本原理

(1) 电泳和电泳淌度

电泳是在电场作用下带电粒子在缓冲溶液中的定向移动，其移动速度 $u_{ep}$ 由式(6-221) 决定：

$$u_{ep} = \mu_{ep}E \qquad (6\text{-}193)$$

式中 $u_{ep}$——带电粒子的电泳速度；

$E$——电场强度；

$\mu_{ep}$——粒子的电泳淌度，下标 ep 表示电泳（electrophoresis）。

所谓电泳淌度（electrophoresis mobility）是指溶质在给定缓冲溶液中单位时间和单位电场强度下移动的距离，也就是单位电场强度下带电粒子的平均电泳速度，简称淌度，表示为

$$\mu_{ep} = u_{ep}/E$$

淌度与带电粒子的有效电荷、形状、大小以及介质黏度有关，对于给定介质，溶质粒子的淌度是该溶质的特征常数，因此，电泳中常用淌度来描述带电粒子的电泳行为。

由式(6-193) 可以看出，溶质粒子在电场中的迁移速度决定于该粒子的淌度和电场强度的乘积。在同一电场中，由于粒子本身的电泳淌度不同，致使它们在电场中的迁移速度不同，使其彼此分离。可见，溶质粒子在电场中的差速迁移是电泳分离的基础，而不同粒子的淌度不同是电泳分离的内因。

电泳淌度是与物质所处环境有关。带电粒子在无限稀释溶液中的淌度叫做绝对淌度，用 $\mu_{ab}$ 表示。在实际工作中，人们不可能使用无限稀释溶液进行电泳，某种离子在溶液中不是孤立的，必然会受到其他离子的影响，使其形状、大小、所带电荷、离解度等发生变化，所表现的淌度会小于 $\mu_{ab}$，这时的淌度称为有效淌度，即物质在实际溶液中的淌度，用 $\mu_{ef}$ 表示。

$$\mu_{ef} = \sum a_i\mu_i$$

式中，$a_i$ 为物质 $i$ 的离解度；$\mu_i$ 为物质 $i$ 在离解状态下的绝对淌度。

物质的离解度与溶液的 pH 有关，而 pH 对不同物质的离解度影响不同，因此，可以通过调节溶液的 pH 来加大溶质间 $\mu_{ef}$ 的差异，提高电泳分离效果。

(2) 电渗和电渗流

电渗是一种物理现象，指在电场作用下，液体相对于带电荷的固体表面移动的现象。电渗现象中液体的整体移动叫做电渗流（electroosmotic flow，EOF）。

在 HPCE 中，所用毛细管大多为石英材料。当石英毛细管中充入 pH≥3 的缓冲溶液时，管壁的硅羟基（—SiOH）部分离解成—$SiO^-$，使管壁带负电。在静电引力作用下，把电解质中的阳离子吸引到管壁附近，并在一定距离内形成阳离子相对过剩的扩散双电层，见图 6-142。看上去就像带负电荷的毛细管内壁形成了一个圆筒形的阳离子塞流。见图 6-143。

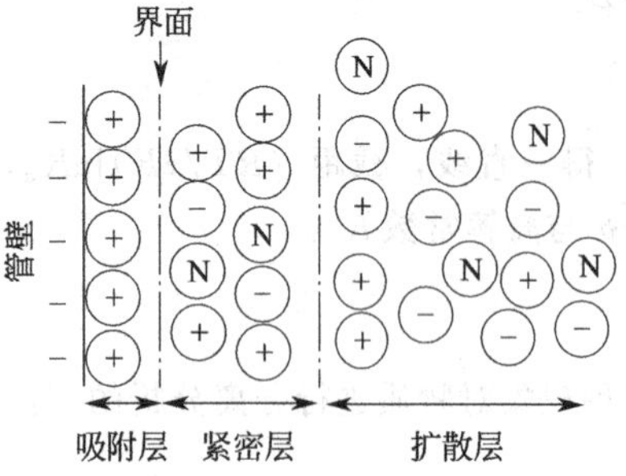


图 6-142 毛细管内壁的双电层

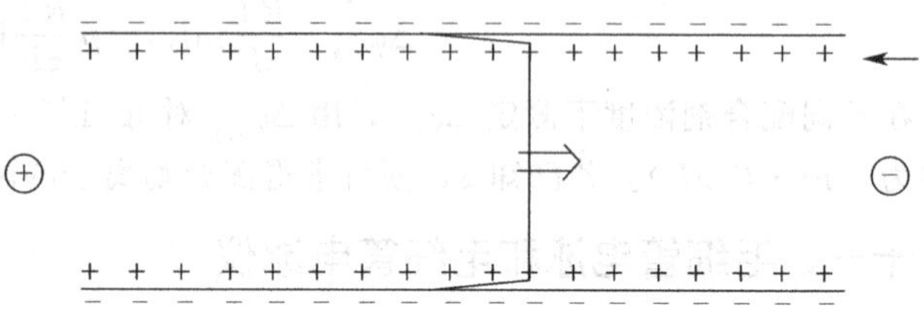

图 6-143 毛细管中的电渗

在外加电场作用下，带正电荷的溶液表面及扩散层的阳离子向阴极移动。由于这些阳离子是溶剂化的，当它们沿剪切面作相对运动时，将携带着溶剂一起向阴极移动。这就是 HPCE 中的电渗现象。在电渗力的驱动下，毛细管中整个液体的流动，叫 HPCE 中的电渗流。

① 电渗流的大小　电渗流的大小用电渗流速度表示。与电泳类似，电渗流速度 $u_{eo}$ 等于电渗淌度 $\mu_{eo}$ 与电场强度 $E$ 的乘积，即

$$u_{eo}=\mu_{eo}E$$

电渗流受双电层厚度、管壁的 Zeta 电势、介质黏度的影响。一般来说，双电层越薄，Zeta 电势越大；黏度越小，电渗流速度越大。通常情况下，电渗流速度是一般离子电泳速度的 5～7 倍。

② 电渗流的方向　电渗流的方向决定于毛细管内壁表面电荷的性质。一般情况下，石英毛细管内壁表面带负电荷，电渗流从阳极流向阴极。但如果将毛细管内壁表面改性，使其内表面带正电荷，则产生的电渗流的方向变为由阴极流向阳极。

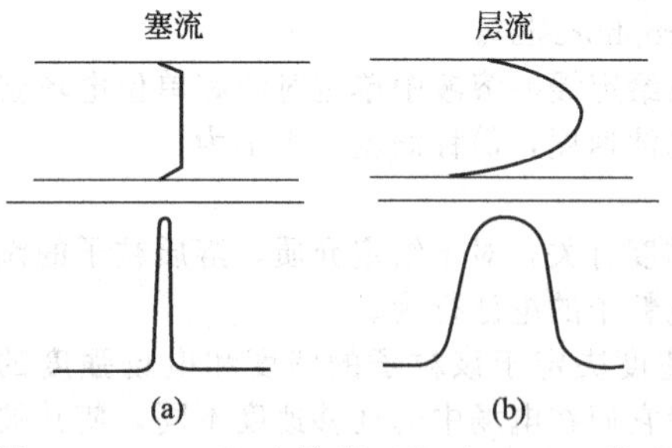


图 6-144 HPCE 电渗流（a）与 HPLC 流动相流型（b）以及由它们引起的谱带展宽

③ 电渗流的流型　在带负电荷的毛细管内壁表面附近，存在一个阳离子相对过剩的扩散双电层，由于扩散层内阳离子均匀分布，在外加电场作用下，毛细管内的整个流体会像一个塞子一样以均匀速度向前运动，即塞式流动，产生的电渗流为平流型。管内液体的流动速度除在管壁附近因摩擦力迅速减小到零以外，其余部分几乎处处相等。这与 HPLC 中靠泵驱动的流动相的流型完全不同。如图 6-144(a) 所示。

由图 6-144(b) 可见，HPLC 流动相的流型是抛物线形的层流，引起的谱带展宽显著，而 HPCE 中的电渗流是塞状的平流，几乎不引起谱带展宽。塞状的平流流型是 HPCE 的理想状态，也是导致 HPCE 能获得高效的原因。

④ 电渗流的作用　在毛细管电泳中，同时存在电泳流和电渗流，在不考虑相互作用的前提下，粒子在毛细管内的实际迁移速度是电渗流速度和其电泳速度的矢量和，表示为：

$$u_{ap}=u_{eo}+u_{ef}=(\mu_{eo}+\mu_{ef})E=\mu_{ap}E$$

$$\mu_{ap}=\mu_{eo}+\mu_{ef}$$

式中，$u_{ap}$ 为表观迁移速度；$\mu_{ap}$ 称为表观淌度。

样品中的阳离子向阴极迁移，与电渗流方向一致，迁移速度最快；阴离子向阳极迁移，与电渗流方向相反，但由于电渗流速度常大于电泳速度，其结果是阴离子缓慢移向阴极；中性分子与电渗

流速度相同，不能分离。当把样品从阳极一端注入到毛细管内时，各种粒子将按不同速度向阴极迁移，电渗流将所有的阳离子、中性分子、阴离子先后带至毛细管另一端（阴极端）并被检测。溶质粒子的出峰顺序是：阳离子→中性分子→阴离子。因不同离子的表观淌度不同，则它们的表观迁移速度不同，因而得以分离。不电离的中性分子总是与电渗流的速度相同，故可利用其出峰时间测定电渗流的大小。

因此，电渗流在 HPCE 的分离中起着非常重要的作用，改变电渗流的大小或方向，可改变分离效率和选择性。这是 HPCE 中优化分离的重要因素。电渗流还明显影响各溶质离子在毛细管中的迁移速度，电渗流的微小变化就会影响测定结果的重现性，故在 HPCE 分析中一定要维持电渗流的恒定。

(3) HPCE 的分析参数

毛细管电泳在功能和结果显示方式上与色谱法相似，因此可借鉴和引用了色谱法中一些参数和概念。

① 迁移时间 从加压开始电泳到溶质到达检测器所需的时间，用 $t_R$ 表示，表达式为

$$t_R=\frac{L_{ef}}{u_{ap}}=\frac{L_{ef}}{\mu_{ap}E}=\frac{L_{ef}L}{\mu_{ap}V}$$

式中 $L_{ef}$——毛细管的有效长度，即为进样口到检测器的距离；

$L$——毛细管的总长度；

$V$——外加电压。

中性分子的迁移时间为：

$$t_R=\frac{L_{ef}}{u_{eo}}=\frac{L_{ef}}{\mu_{eo}E}=\frac{L_{ef}L}{\mu_{eo}V}$$

利用该式可测定电渗流速度。

② 分离效率 HPCE 的分离效率用理论塔板数 $n$ 或理论塔板高度 $H$ 表示，可由电泳图求出，即

$$n=5.54\left(\frac{t_R}{W_{1/2}}\right)^2$$

$$n=16\left(\frac{t_R}{W_b}\right)^2$$

$$H=\frac{L_{ef}}{n}$$

式中，$t_R$ 为溶质迁移时间；$W_{1/2}$ 为溶质半峰宽；$W_b$ 为溶质基线宽度；$H$ 为理论塔板高度。

③ 分离度 分离度是指淌度相近的两组分分开的程度，用 $R$ 表示：

$$R=\frac{t_{R_2}-t_{R_1}}{\frac{1}{2}(W_{b_1}+W_{b_2})}$$

式中，下标 1 和 2 分别代表相邻的两个组分，$t_R$ 为其迁移时间，$W_b$ 为基线宽度。

(4) 谱带展宽及其影响因素

在毛细管电泳分离过程中同样存在谱带展宽现象。谱带展宽的程度直接影响分离效率。研究表明，引起谱带展宽的因素是多方面的，包括纵向扩散、焦耳热、溶质与毛细管壁间的吸附作用、进样等。这里主要讨论纵向扩散和焦耳热对谱带展宽的影响。

① 纵向扩散 在空心毛细管内，可用 Golay 方程来描述谱带展宽对柱效的影响

$$H=\frac{B}{u}+Cu$$

在毛细管电泳中，纵向扩散引起的谱带展宽表示为

$$H=\frac{2D}{u}$$

式中，$D$ 为溶质的扩散系数；$H$ 为理论塔板高度；$u$ 为流动相线速度；$B$ 为纵向扩散系数；$C$

为传质阻力。

可见，扩散系数越小，分离效率越高。由于大分子溶质的扩散系数小，在相同条件下电泳时，大分子可比小分子获得更高的分离效率，所以毛细管电泳特别适合分离生物大分子。

② 焦耳热　焦耳热是毛细管两端加电压后，毛细管中的缓冲溶液有电流通过时所产生的热量。焦耳热将导致谱带展宽，原因是焦耳热通过管壁向周围环境散热过程中，在毛细管内形成径向的温度梯度——管中心温度最高，由中心向管壁温度逐渐下降，导致管内缓冲溶液径向的黏度度梯度，使离子迁移速度径向分布不均匀，因而破坏了管内流体的平流流型，导致谱带展宽。

减小焦耳热的措施有：适当降低缓冲溶液浓度，采用低淌度的物质组成缓冲体系，采用细内径、厚管壁的毛细管，采用散热措施主动控温等。

2. 毛细管电泳主要分离模式

(1) 毛细管区带电泳

毛细管区带电泳（capillary zone electrophoresis，CZE）是毛细管电泳最基本且应用最广的一种操作模式，其特征是整个系统都用同一种电泳缓冲液充满。缓冲液由缓冲试剂、pH 调节剂、溶剂和添加剂组成。通电后，溶质在毛细管中按各自特定的速度迁移，形成一个一个独立的溶质带，溶质离子即依其淌度的差异而得到分离。

CZE 是 HPCE 中简单、应用最广的一种操作模式，是其他各种操作模式的基础。CZE 不仅可以分离小分子，而且能够分离那些生物大分子，如蛋白质、肽、糖等，但不能分离中性物质。毛细管经改性处理后，还可分离阴离子。近年来，由于毛细管电泳具有分析速度快、效率高、消耗低等特点，已逐渐成为分析小离子的常用方法。

(2) 胶束电动毛细管谱

胶束电动毛细管谱（micellar electrokinetic capillary chromatography，MECC 或 MEKC）是以胶束为假固定相的一种电动色谱，是电泳技术与色谱技术相结合的产物，其突出特点是将只能分离离子型化合物的电泳变成不仅可分离离子型化合物，而且也能分离中性分子，从而大大拓宽了电泳技术的应用范围。

MECC 是在电泳缓冲溶液中加入表面活性剂，如十二烷基硫酸钠（SDS），当溶液中表面活性剂浓度超过临界胶束浓度（*CMC*）时，它们就会聚集形成具有三维结构的胶束，疏水性烷基聚在一起指向胶束中心，带电荷的一端朝向缓冲溶液。由于 SDS 形成的胶束表面带负电荷，它会向阳极迁移，而强大的电渗流使缓冲溶液向阴极迁移。由于电渗流的速率高于胶束迁移速率，从而形成了快速移动的缓冲溶液水相和慢速移动的胶束相。这里胶束相的作用类似于色谱固定相，称为“准固定相”。当被测样品进入毛细管后，中性溶质按其亲水性的不同，在胶束相和缓冲液水相之间进行分配。亲水性弱的溶质，分配在胶束中的多，迁移时间长；亲水性强的溶质，分配在缓冲溶液的多，迁移时间短。从而使亲水性稍有差异的中性物质在电泳中得到分离。其分离过程如图 6-145 所示。可见，MECC 的分离基础是中性溶质在胶束相和缓冲液水相两相中分配系数的差异。

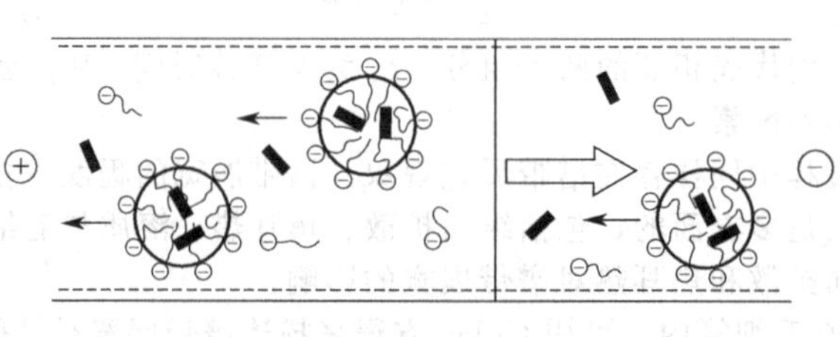

图 6-145　MECC 的分离过程

⊖～—阴离子表面活性剂；⇨—EOF；▬—溶质；←—电泳

在 MECC 中，“准固定相”作为独立的一相，对分离起着非常重要的作用。改变准固定相的种类，将改变分离选择性。目前常用的准固定相是表面活性剂，要求它们必须能在溶液中形成稳定的胶束，且和溶质缔合速度快。常用的表面活性剂有：十二烷基磺酸钠（SDS）、十六烷基三甲基溴化铵（CTAB）、胆汁盐、高分子量表面活性剂等。

（3）毛细管凝胶电泳

毛细管凝胶电泳（capillary gel electrophoresis，CGE）是指毛细管内充有凝胶与其他筛分介质，试样中各组分按照其相对分子量大小进行分离的电泳方法。CGE综合了毛细管电泳和平板凝胶电泳的优点，成为当今分离度极高的一种电泳技术。常用于蛋白质、寡聚核苷酸、核糖核酸、DNA片段的分离和测序及聚合酶链反应产物的分析。

在CGE中，毛细管内充有凝胶或其他筛分介质，它们起类似分子筛的作用。在电场力推动下，试样中各组分流经筛分介质时，其运动受到介质的阻碍。大分子受到的阻力大，在毛细管中迁移速度慢；小分子受到的阻力小，迁移快，从而使大小不同的分子得以分离。

筛分介质是CGE中的关键，也是毛细管电泳研究的热点问题之一。常用的筛分介质是交联聚丙烯酰胺凝胶、琼脂糖等。CGE的主要缺点是柱制备较困难，柱寿命较短。为解决这些难题，发展了“无胶筛分”技术，采用低黏度的线性聚合物溶液代替高黏度的交联聚丙烯酰胺。无胶筛分的特点是装柱比较容易，不会产生气泡。无胶筛分的介质有甲基纤维素及其衍生物、葡聚糖、聚乙二醇等。

（4）毛细管电色谱

毛细管电色谱（capillary electrochromatography，CEC）是在HPCE技术的不断发展和HPLC理论、技术进一步完善的基础上，于20世纪80年代末发展起来的一种新型分离分析技术。毛细管电色谱是HPCE和HPLC的有机结合，它包含了电泳和色谱两种机制，是用电渗流或电渗流结合压力流来推动流动相的微柱液相色谱，根据溶质在流动相和固定相中分配系数的不同以及它们自身电泳淌度的差异得以分离。CEC兼备了HPCE的高效和HPLC的高选择性，既能分离离子型化合物，又能分离电中性物质，对复杂的混合样品具有强大的分离能力。

根据毛细管柱的类型，CEC可分为填充柱毛细管电色谱和开管柱毛细管电色谱。

将HPLC填料用适当方法填入毛细管柱，用电渗流或电渗流结合压力流来推动流动相进行分离的分析技术，就叫填充柱毛细管电色谱。因电渗流驱动的流动相为塞式平流，谱带展宽小，柱效比HPLC高得多，理论塔板数可达15万～40万块/m。目前，填充柱毛细管电色谱存在的主要问题是：制备高分离效率的柱子比较困难；分离过程中易产生气泡，使分离失败。

将色谱固定相用物理或化学的方法涂渍在毛细管内壁，用电渗流或电渗流与压力一起驱动流动相的分离技术，叫开管柱毛细管电色谱。因把固定相交联或结合在毛细管柱内壁上，涂层稳定，不易被流动相冲掉。同时，因柱表面部分硅羟基被屏蔽，电渗流比毛细管区带电泳明显减小，所以开管柱毛细管电色谱分离度高，分离重现性好。

作为一种高效的微柱分离技术，毛细管电色谱自建立以来已有多方面应用研究的报道。例如，用CEC分离多环芳烃及药物中间体，用CEC进行样品富集和预浓缩，用手性毛细管电色谱柱或手性流动相进行手性分离等。研究表明，CEC不仅能高效、高速分离带电荷的旋光异构体，而且可以分离中性及疏水性光活性物质。

3. 毛细管电泳仪

毛细管电泳仪的基本组成是：高压电源、毛细管柱、缓冲溶液、检测器、记录/数据处理等部分。图6-146为毛细管电泳仪结构示意图。毛细管柱两端分别置于缓冲液池中，毛细管内充满相同的缓冲溶液。两个缓冲溶液池的液面应保持在同一水平面，柱两端插入液面下同一深度。毛细管柱一端为进样端，另一端连接在线检测器。高压电源供给铂电极5～30kV的电压，被测试样在电场作用下电泳分离。

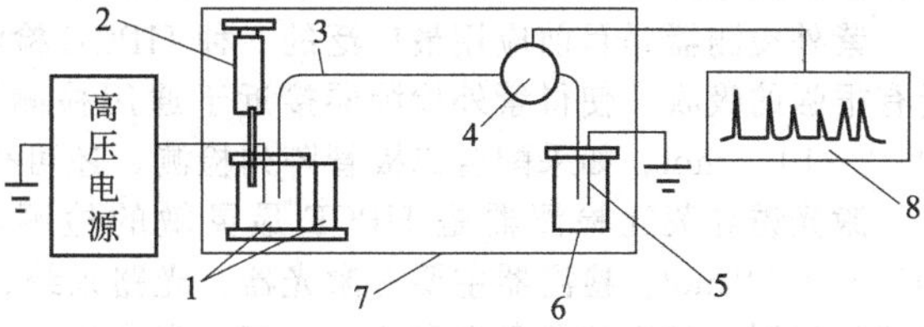


图6-146 毛细管电泳仪结构示意图

1—高压电极槽与进样系统；2—填灌清洗系统；3—毛细管；4—检测器；5—铂丝电极；6—低压电极槽；7—恒温系统；8—记录/数据处理

（1）高压电源

高压电源一般采用0～±30kV稳定、连续可调的直流电源，具有恒压、恒流和恒功率输出。为保证迁移时间的重现性，输出电压应稳定在±0.1%以内。为方便操作，电源极性要容易转换。

工作电压是影响柱效、分离度和分析时

间的重要参数，应合理选择。一般来讲，工作电压越大，柱效越高，分析时间越短。但升高电压的同时，柱内产生的焦耳热也增大，引起谱带展宽，使分离度下降。分离操作的最佳工作电压与缓冲溶液的组成、离子强度、毛细管内径及长度等许多因素有关。

为了尽可能使用高压电而不产生过多的焦耳热，可通过实验做欧姆定律曲线（*I-V* 曲线）来选择体系的最佳工作电压。在确定的分离体系中，改变外加电压测对应的电流，作 *I-V* 曲线，取线性关系中最大电压即为最佳工作电压。

(2) 毛细管柱

理想的毛细管柱应是化学和电惰性的，能透过紫外光和可见光，强度高，柔韧性好，耐用且便宜。

目前采用的毛细管柱大多为圆管形弹性熔融石英毛细管，柱外涂敷一层聚酰亚胺以增加柔韧性。降低毛细管内径，有利于减少焦耳热，但不利于对吸附的抑制，同时还会造成进样、检测和清洗上的困难。故毛细管的常规尺寸为：内径 20～75μm、外径 350～400μm，柱长一般不超过 1m。

毛细管柱尺寸的选择与分离模式和样品有关。CZE 多选用内径为 50μm 或 75μm 的毛细管，有效长度控制在 40～60cm 之间。进行大颗粒如红细胞的分离，则需要内径＞300μm 的毛细管。当使用开管柱毛细管电色谱时，毛细管内径应在 5～10μm 之间。

(3) 缓冲液池

缓冲液池中贮存缓冲溶液，为电泳提供工作介质。要求缓冲液池化学惰性，机械稳定性好。

(4) 进样

毛细管电泳所需进样量很小，一般为纳升级。为减小进样引起的谱带展宽，进样塞长度应控制在柱长 1%～2%以内，采用无死体积的进样方法。目前进样方式有以下三种：

① 电动进样　电动样样时将毛细管柱的进样端插入样品溶液，然后在准确时间内施加电压、试图因电迁移和电渗作用进入管内。电动进样的动力是电场强度，需通过控制电场强度和进样时间控制进样量。

电动进样结构简单，易于实现自动化，是商品仪器必备的进样方式。该法的缺点是存在进样偏向，即组分的进样量与其迁移速度有关。在同样条件下，迁移速度大的组分比迁移速度小的组分进样量大。这会降低分析结果的准确性和可靠性。

② 压力进样　压力进样也叫流动进样，它要求毛细管中的介质具有流动性。当将毛细管的两端置于不同压力环境中时，在压差作用下，管中溶液流动，将试样带入。使毛细管两端产生压差的方法有：在进样端加气压、在毛细管出口端抽真空、抬高进样端液面。压力进样没有进样偏向问题，但选择性较差，样品及其背景同时被引入管中，对后续分离可能产生影响。

③ 扩散进样　扩散进样是利用浓差扩散原理将样品引入毛细管。当把毛细管插入样品溶液时，样品分子因管口界面存在浓度差而向管内扩散，进样量由扩散时间控制。扩散进样具有双向性，即样品分子进入毛细管的同时，区带中的背景物质也向管外扩散，因此可以抑制背景干扰，提高分离效率。扩散与电迁移速度和方向无关，可抑制进样偏向，提高定性、定量结果的可靠性。

(5) 检测器

由于 HPCE 的进样量很小，所以对检测器灵敏度提出了很高的要求。为实现既能对溶质作灵敏检测，又不致使谱带展宽，通常采用柱上检测。目前，毛细管仪配备的几种主要检测器有：紫外检测器、激光诱导荧光检测器、电化学检测器等。

紫外检测器是目前应用最广泛的一种 HPCE 检测器。因多数有机分子和生物分子在 210nm 附近有很强的吸收，使得紫外检测器接近于通用检测器。该检测器结构简单，操作方便，检出限为 $10^{-15}$～$10^{-13}$mol。如果配合二极管阵列检测，还可得到有关溶质的光谱信息。

激光诱导荧光检测器是 HPCE 最灵敏的检测器之一，可以检出单个 DNA 分子，检出限为 $10^{-20}$～$10^{-18}$mol。检测器主要有激光器、光路系统、检测池、光电转换器等部件组成，可采用柱上或柱后检测。激光的单色性和相干性好、强度高，能有效提高信噪比，大幅度提高检测灵敏度。采用激光诱导荧光检测器时，样品常需进行衍生化。

电化学检测器也是 HPCE 中一类灵敏度高的检测器，分为安培检测器和电导检测器，其检出限分别为 $10^{-19}$～$10^{-18}$mol 和 $10^{-16}$～$10^{-15}$mol。电化学检测器尤其适用于那些吸光系数小的无机离子和有机小分子。应用最多的是安培检测器，采用碳纤维电极，测量电活性溶质在电极表面发生氧化或还原反应时产生的电流。安培检测器灵敏度高，选择性好，可实现对单个活细胞的检测，因而在微生物环境和活体分析中占据独特的优势，在生物医学研究中具有重要的应用前景。

随着科学技术的发展，将质谱仪用作 CE 检测器已成为可能。现在有许多关于 CE-MS 联用的报道。将具有极高分离能力的毛细管电泳与可提供组分结构信息的质谱联用，特别适合于复杂生物体系的分离鉴定，成为微生物样品分离分析的有力工具。CE-MS 联用技术也是当前的研究热点之一。

## 十二、胶体溶液的制备与纯化

利用不同的方法制备胶体溶液，并利用热渗析法进行纯化；了解胶体的光学性质和电学性质；研究电解质对憎液胶体稳定性的影响。

1. 溶胶的基本特征、制备方法与性质

固体以胶体分散程度分散在液体介质中即组成溶胶，溶胶的基本特征为：

① 它是多相体系，相界面很大。

② 胶粒大小在 1～100nm。

③ 它是热力学不稳定体系（要依靠稳定剂使其形成离子或分子吸附层，才能得到暂时的稳定）。

溶胶的制备方法可分为两类：

(1) 分散法　即把较大的物质颗粒变为胶体大小的质点。常用的分散法有：

① 机械作用法　如用胶体磨或其他研磨方法把物质分散；

② 电弧法　以金属为电极通电产生电弧，金属受高热变成蒸气，并在液体中凝聚成胶体质点；

③ 超声波法　利用超声波场的空化作用，将物质撕碎成细小的质点，它适用于分散硬度低的物质或制备乳状液；

④ 胶溶作用　由于溶剂的作用，使沉淀重新“溶解”成胶体溶液。

(2) 凝结法　即把物质的分子或离子聚合成胶体大小的质点。常用的凝聚法有：

① 凝结物质蒸气；

② 变换分散介质或改变实验条件（如降低温度），使原来溶解的物质变成不溶；

③ 在溶液中进行化学反应，生成一不溶解的物质。

制成的胶体溶液中常有其他杂质存在，而影响其稳定性，因此必须纯化，常用的纯化方法是半透膜渗析法。渗析时，以半透膜隔开胶体溶液和纯溶剂。胶体溶液中的杂质，如电解质及小分子能透过半透膜，进入溶剂中，而胶粒却不透过。如果不断更换溶剂，则可把胶体溶液中的杂质除去。要提高渗析速度，可用热渗析或电渗析的方法。

胶粒大小的分布随着制备条件和存放时间而异。不同大小的胶粒对光的散射性质不同，根据瑞利公式，若胶粒质点尺寸在 1～100nm 范围内，散射光强与入射光波长 4 次方成反比。当白光在溶胶中散射时，波长短的散射光强度大，散射光呈浅蓝色，透射光则呈浅红色。从散射光和透射光颜色的变化，可看出胶粒大小变化情况。由于胶粒能散射光，而真溶液散射光极弱，当一束光透过溶胶时，可看到“光路”，即丁达尔现象。根据此性质可判断一清亮溶液是胶体溶液还是真溶液。

胶粒是荷电的质点，带有过剩的负电荷或正电荷，这种电荷是从分散介质中吸附或解离而得。研究胶粒的电性，能深入了解胶粒形成过程和胶粒的结构。

胶体稳定的原因是胶体表面带有电荷以及胶粒表面溶剂化层的存在。憎水胶体的稳定性主要决定于胶粒表面电荷之多少。憎水溶胶在加入电解质后能聚沉，起聚沉作用的主要是与胶粒荷电相反的离子。一般说来，荷电相反的离子的聚沉能力是

$$三价>二价>一价$$

但不成简单的比例。聚沉能力的大小通常用聚沉值表示，聚沉值是使胶粒发生聚沉时需要电解质的最小浓度值，其单位为 $mmol \cdot L^{-1}$。正常电解质的聚沉值与胶粒电荷相反离子的价数 6 次方成反比。

亲液胶体（如动物胶、蛋白质等）的稳定性主要决定于胶粒表面的溶剂化层，因此加入少量盐类不会引起明显的沉淀。但若加入酒精等能与溶剂紧密结合的物质，则能使亲液胶体聚沉。亲液胶体的聚沉常常是可逆的，即当加入过多的酒精等物质时，聚沉的亲液溶胶又能自动地转变为胶体溶液。如果将亲液胶体加入憎液溶胶中，则在绝大多数情况下，可以增加憎液溶胶的稳定性。这一现象称为保护作用，保护作用可通过聚沉值的增加显示出来。

2. 胶体溶液的制备、纯化与聚沉作用

(1) 胶体溶液的制备

① 化学反应法

a. $Fe(OH)_3$ 溶胶（水解法） 在250mL烧杯中放95mL蒸馏水，加热至沸，慢慢地滴入5mL 10% $FeCl_3$ 溶液，并不断搅拌，加完后继续沸腾几分钟。水解后，得红棕色的氢氧化铁溶胶，其结构可用下式表示

$$\{m[Fe(OH)_3] \cdot nFeO^+ \cdot (n-x)Cl^-\}^{x+} \cdot xCl^-$$

b. 硫溶胶 取 $0.1mol \cdot L^{-1}$ $Na_2S_2O_3$ 溶液5mL放入试管中，再取 $0.1mol \cdot L^{-1}$ $H_2SO_4$ 溶液5mL，将两液体混合，观察丁达尔现象。同法配制混合液，在亮处仔细观察透射光和散射光颜色的变化；当浑浊度增加到盖住颜色时（约经5min），把溶胶冲稀1倍，继续观察颜色，记下透射光和散射光颜色随时间变化的情形。

c. AgI溶胶 AgI溶胶微溶于水（$9.7\times10^{-7}mol \cdot L^{-1}$），当硝酸银溶液与易溶于水的碘化物混合时，应析出沉淀。但是如果混合稀溶液并且取其中之一过剩，则不产生沉淀，而形成胶体溶液，胶体溶液的性质与过剩的是什么离子有关。此时，胶粒的电荷是由过剩的离子被AgI所吸附，在 $AgNO_3$ 过剩时，得正电性的胶团，其结构为

$$\{m[AgI]nAg^+(n-x)NO_3^-\}^{x+} \cdot xNO_3^-$$

在KI过剩时，得负电性的胶团

$$\{m[AgI]nI^-(n-x)K^+\}^{x-} \cdot xK^+$$

取30mL $0.01mol \cdot L^{-1}$ KI溶液注入100mL的锥形瓶中，然后用滴定管把 $0.01mol \cdot L^{-1}$ 的 $AgNO_3$ 溶液20mL慢慢地滴入，制得带负电性的AgI溶胶（A）。

按此法取30mL $0.01mol \cdot L^{-1}$ $AgNO_3$ 溶液，慢慢加20mL $0.01mol \cdot L^{-1}$ KI溶液，制得带正电性溶胶（B）。

② 改变分散介质和实验条件法

a. 硫溶胶 取少量硫黄置于试管中，注入2mL酒精，加热到沸腾（重复数次，使硫得到充分的溶解），在未冷却前把上部清液倒入盛有20mL水的烧杯中，搅匀。

b. 松香溶胶 以2%松香的酒精溶液逐滴地加入到50mL蒸馏水中，同时剧烈搅拌。

③ 胶溶法 $Fe(OH)_3$ 溶胶。取1mL 20% $FeCl_3$ 溶液放在小烧杯中，加水稀释到10mL。用滴管逐渐加入10% $NH_3 \cdot H_2O$ 到稍微过量时为止，过滤，用水洗涤数次。取下沉淀放在另一烧杯中，加水20mL，再加入20% $FeCl_3$ 约1mL，用玻璃棒搅动，并用小火加热，沉淀消失，形成透明的胶体溶液，利用溶胶的光性加以鉴定。

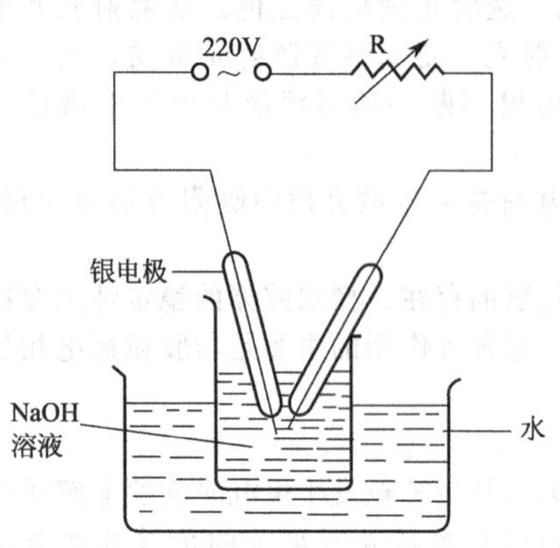

图6-147 电弧法制备胶体

④ 电弧法 银溶胶。仪器装置如图6-147所示，图中R为数百欧姆固定电阻（此处用电热丝），电源用220V交流电，在100mL烧杯中放入50mL的 $0.001mol \cdot L^{-1}$ NaOH溶液，烧杯用冷水冷却，把两根上部套橡皮管的银电极插入烧杯中，用手使两极接触立即分开，产生火花，连续数次，得银溶胶。

(2) 胶体溶液的纯化

① 半透膜的制备 选择一个100mL的短颈烧瓶，内壁必须光滑，充分洗净后烘干。在瓶中倒入几毫升的6%火棉胶溶液，小心转动烧瓶，使火棉胶在烧瓶上形成均匀薄层；倾出多余的火棉胶，倒置烧瓶于铁圈上，让剩余的火棉胶液流尽，并让乙醚蒸发，直至用手指轻轻接触火棉胶膜而

不黏着。然后加水入瓶内至满（注意加水不宜太早，因若乙醚未蒸发完，则加水后膜呈白色而不适用；但亦不可太迟，到膜变干硬后不易取出），浸膜于水中约几分钟，剩余在膜上的乙醚即被溶去。倒去瓶内之水，再在瓶口剥开一部分膜，在此膜和瓶壁间灌水至满，膜即脱离瓶壁。轻轻取出所成的袋，检验袋里是否有漏洞。若有漏洞，只需擦干有洞的部分，用玻璃棒醮火棉胶少许，轻轻接触漏洞，即可补好。也可用简便的玻璃纸代替火棉胶蒙在广口瓶口上，进行渗析。

② 溶胶的纯化　把制得的 $Fe(OH)_3$ 溶胶，置于半透膜袋内，用线拴住袋口，置于 400mL 烧杯内，用蒸馏水渗析，保持温度在 60～70℃，半小时换一次水，并取 1mL 检验其 $Cl^-$ 及 $Fe^{3+}$（分别用 $AgNO_3$ 溶液及 KSCN 溶液检验），直至不能检查出 $Cl^-$ 和 $Fe^{3+}$ 为止。也可通过测溶胶的电导率，来判断溶胶纯化的程度。一般实验室中简便的纯化方法可在广口瓶内装入溶胶，蒙上玻璃纸，倒悬于盛有蒸馏水的玻璃缸中，经常换水，在室温下保持 1 周以上即可。

(3) 溶胶的聚沉作用　用 10mL 移液管在 3 个干净的 50mL 锥形瓶中各注入 10mL 前面用水解法制备的 $Fe(OH)_3$ 溶胶（若条件许可应使用经渗析纯化过的溶胶），然后在每个瓶中分别用滴定管逐滴地慢慢加入 $0.5mol\cdot L^{-1}$ 的 KCl 溶液，$0.01mol\cdot L^{-1}$ 的 $K_2SO_4$ 溶液，$0.001mol\cdot L^{-1}$ 的 $K_3Fe(CN)_6$ 溶液，不断摇动。

## 十三、胶体体系电性的研究

胶粒表面由于电离或吸附粒子而带电荷，在胶粒附近的介质中必定分布着与胶粒表面电性相反而电荷数量相等的离子，因此胶粒表面和介质间就形成一定的电势差。胶粒周围有一定厚度的吸附层，称为溶剂化层，它与胶粒一起运动。由溶剂化层界面到均匀液相内部（此处电势等于 0）的电势差叫做电动电势或 $\zeta$ 电势。$\zeta$ 电势是表征胶粒特性的重要物理量之一，在研究胶体性质及实际应用中起着重要的作用。$\zeta$ 电势的数值和胶粒性质、介质成分及溶胶浓度等有关。

根据扩散双电层的物理图像，假设：

① 扩散双电层内外的液体性质皆相同，因而流体力学公式对双电层内外的液体皆适用；

② 液体流动（电渗）或胶体质点运动（电泳）的速率很慢，而且是流线型的；

③ 液体或胶粒的移动是外加电场与双电层的电场共同作用的结果；

④ 双电层的厚度远小于胶粒的曲率半径。

由此，可得到关于电渗、电泳的 $\zeta$ 电势（V）表达式

$$\zeta=\frac{4\pi\eta u}{\varepsilon E} \tag{6-194}$$

式中，$\zeta$ 为电动电势；$\eta$ 为介质的黏度（Pa·s）；$u$ 为液体（电渗）或胶粒（电泳）的相对移动速率；$\varepsilon$ 为介质的介电常数；$E$ 为电势梯度，即单位长度上的电势差。

由于电渗及电泳中所测的有关物理量不同，故公式(6-194) 在电渗及电泳的情况下分别化为具体的形式。

① 电渗

$$\zeta=\frac{4\pi\eta V\kappa}{It\varepsilon} \tag{6-195}$$

式中，$V$ 为在时间 $t$(s) 内流过的液体体积（$m^3$）；$\kappa$ 为液体介质的电导率；$I$ 为电流强度。

因此，在不同电流强度下测定不同时间的体积 $V$ 就可求出 $\zeta$ 值，因为 $\zeta$ 电势是胶体体系的性质，它与实验测定的情况无关。若保持 $V$ 不变时测定不同电流强度 $I$ 下的时间，则 $It$ 是个常数。

② 电泳

$$\zeta=\frac{4\pi\eta sl}{\varphi t\varepsilon} \tag{6-196}$$

式中，$s$ 为在时间 $t$(s) 内胶体与辅助界面移动的距离（m）；$l$ 为两电极间距离（m）；$\varphi$ 为两电极间的电势差（V）。

注意：式(6-196) 是根据溶胶与辅助液的电导率相等下得到的［实验近似地符合这条件，故利用式(6-196) 求 $\zeta$］。若溶胶的电导率 $\kappa$ 与辅助液的电导率 $\kappa$ 不同时式(6-196) 必须修正。

对一定的溶胶而言，若固定 $\varphi$ 及 $l$，测不同 $t$ 时的 $s$ 值，就可计算出 $\zeta$。

1. 素瓷片的电渗

实验是测定素瓷片带电符号及素瓷片对 0.01mol·L$^{-1}$ 的 KCl 溶液的 $\zeta$ 电势。用素瓷片作为膜片，它可看做由许多毛细管组成的。在毛细管与介质（KCl 溶液）两相界面上有双电层存在，当外加电场时，双电层中扩散层离子朝带相反电荷的电极运动。由于分子间的内聚力和内摩擦力存在，因而离子运动时带着毛细管中的液体一起走，故测定单位时间内流过薄片的液体体积就可求出 $\zeta$。

(1) 仪器药品　KCl 溶液（0.01mol·L$^{-1}$），$CuSO_4$ 溶液（10%）；250V 直流稳压电源，毫安表，电渗仪，烧杯，秒表。

(2) 实验步骤　仪器装置如图 6-148 所示。将毛细管与电渗仪顺次用蒸馏水及 0.01mol·L$^{-1}$ KCl 液洗净（薄素瓷片不能用洗液洗），并在其中注满 0.01mol·L$^{-1}$ 的 KCl 溶液，注意电渗仪内不能有气泡及漏气。按图接好线路并使毛细管水平，用滴管吸走毛细管右口多余的液体，经检查后才可接电源进行实验。

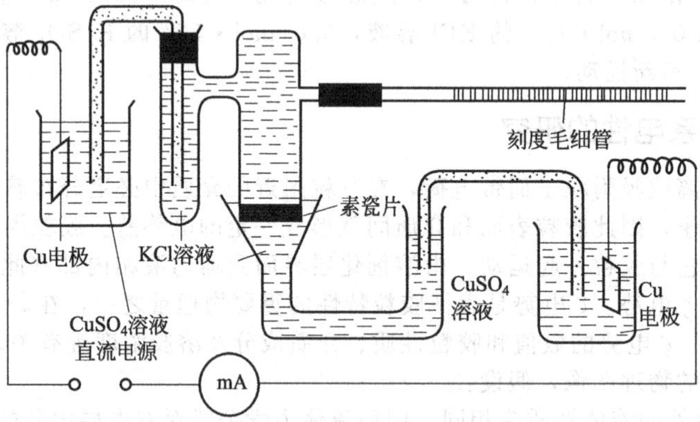


图 6-148　电渗仪器装置

实验要求电流强度恒定，故必须用稳压电源控制电流数值。用反向开关控制 Cu 电极的正负号。起初先使毛细管中的液体由右向左流动（即由薄素瓷片的上方向下方流动），待液面到毛细管中部后停电 4～5min，然后接通电源，调节稳压电源使电流固定在 4mA。用秒表记录液体流过 10 小格（体积是 0.01mL）的时间，切断电路，等待 1min。用反向开关接通电源，但是电流方向与上次相反，记录液体反向流过同样体积（10 小格）的时间，停止通电 1min。用同样操作再重复测定两个往返的时间。同法固定电流为 5mA 与 6mA，再进行测量。

(3) 数据处理

① 据电极符号及液体流动方向断定薄素瓷片带电的符号（即 $\zeta$ 电势的符号）。

② 由测得的电流强度 $I$，时间 $t$，液体流过的体积 $V$，利用公式(6-195) 求不同 $I$ 值下的 $\zeta$ 值，并求 $\zeta$ 平均值。将数据及处理结果列成表格。

利用公式(6-195) 求 $\zeta$ 时，$\eta$、$\varepsilon$ 皆用水的相应值代替。水的 $\eta$ 及 0.01mol·L$^{-1}$ KCl 的电导率值 $\kappa$ 见附录，水的 $\varepsilon$(F·m$^{-1}$) 按式

$$\varepsilon=80-0.4\left(\frac{T}{K}-293\right)$$

计算。$T$ 为实验时的热力学温度。

2. $Fe(OH)_3$ 溶胶的电泳

实验利用 U 形管电泳仪测定 $Fe(OH)_3$ 溶胶的胶粒带电符号及其 $\zeta$ 电势。

(1) 仪器药品　$Fe(OH)_3$ 溶胶，KCl 溶液（0.001mol·L$^{-1}$），饱和 $CuCl_2$ 溶液；250V 直流稳压电源，秒表，电泳仪，铜电极。

(2) 实验步骤

① 仪器装置　U 形管电泳仪如图 6-149 所示。管 1 上有刻度可以观察溶胶界面移动的距离，管上方用一带有活塞 4 的横管相连接，使装入溶胶后液面能保持水平，上端的弯管 5 是装电解液及插

电极用的，U 形管中部的活塞 2 及 3 其孔径等于 U 形管的内径。

使用电泳仪时应注意：

a. 仪器应保持清洁，有杂质，特别是电解质时，会影响 ζ 电势的数值；

b. 转动活塞 2 时，勿振动仪器或漏出溶胶。

② 胶粒带电符号的测定　将 U 形管先用蒸馏水，后用已渗析过的 $Fe(OH)_3$ 溶胶洗几次。再装 $Fe(OH)_3$ 溶胶至活塞 2、3 以上，关闭活塞 2、3，在活塞 2、3 下不能有气泡。将活塞 2、3 上部的溶胶倒掉，顺序用蒸馏水及辅助液（$0.001mol \cdot L^{-1}$ KCl）洗涤三次，然后装辅助液至支管口。把仪器固定在铁架上，用滴定管吸取饱和的 $CuCl_2$ 溶液注入两支管 5 中，加入量以 Cu 电极插入后，$CuCl_2$ 溶液不流入 U 形管为限，插好 Cu 电极后打开活塞 4，再装辅助液于 U 形管内，使液面达支管口上部并使两液面水平，这时 KCl 溶液与 $CuCl_2$ 溶液在管 5 内相接。将两电极与直流稳压电源相连，工作电压调至 150～200V 之间。关闭活塞 4，再小心地打开活塞 2、3，观察界面移动的方向，再根据电极的正负确定胶粒带电符号。切断电源，倒掉溶液，洗净仪器，进行下一步的测定。

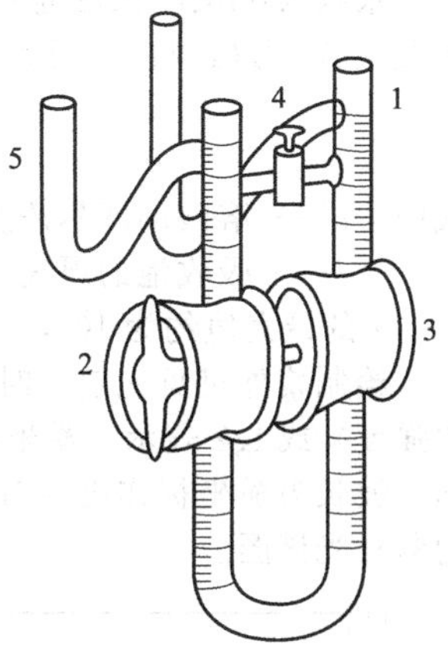

图 6-149　U 形管电泳仪

③ $Fe(OH)_3$ 溶胶的 ζ 电势测定　这步测定要求事先在一个活塞下装满辅助液，而在另一个活塞下装满 $Fe(OH)_3$ 溶胶，除这一点外，其他操作同步骤②中所述。

先打开一个活塞，装满辅助液，并关好。然后，用蒸馏水及 $Fe(OH)_3$ 溶胶分别洗电泳仪，再装溶胶至另一活塞以上，关闭这个活塞。以下步骤就按②中所述进行。注意，要根据胶粒带电符号连通电源，使装有溶胶的活塞一边的界面向上移动，这就保证了通电开始不久，在 U 形管两边都可以读出溶胶界面移动的距离。

接好线路，经检查无误后再接通电源，当 U 形管两边溶胶的界面清晰后，打开秒表，准确记录 U 形管两边界面各自移动 0.5cm，1cm，1.5cm，2cm 时所需的时间。测完后关闭电源，用细铜丝测量两电极间的距离 $l$。最后计算 ζ 电势。

(3) 数据处理

① 据电极符号及溶胶移动方向确定胶粒所带电荷的符号（即 ζ 电势的符号）。

② 由 U 形管的两边在时间 $t$ 内界面移动的距离 $s$ 值，求出 $s/t$，并取平均值。再按公式(6-196)计算 ζ 电势［用水的 $\eta$、$\varepsilon$ 值代入式(6-196)］。

# 第七节　紫外可见分光光度法

## 一、紫外可见分光光度法简介

1. 原理

紫外可见光谱是电子光谱，是研究分子中电子能级跃迁的光谱。紫外光谱（UV，或称近紫外光谱）是指波长在 200～400nm 的电磁波吸收光谱，可见光谱则是波长在 400～800nm 的电磁波吸收光谱。10～200nm 为远紫外区，又称真空紫外区。

真空紫外区在普通有机化合物结构分析上应用很少。普通紫外区和可见光区基本上没有多大分别，只是采用不同的光源，紫外光用氘灯，可见光用钨灯。普通紫外可见光谱仪观察的波长范围为 200～800nm。

有机化合物分子中的电子通常处在较低能级的分子轨道中，称为基态（以 $E_0$ 表示）。分子吸收光能后使某些处在基态的电子跃迁到较高能级的空轨道中去，称为激发态（$E_1$）。根据量子理论，电子跃迁吸收的能量不是连续的，而是量子化的，即吸收的光能等于两个能级的差值：$h\gamma = E_1 - E_0$。但一束光通过有机分子时，某一波长的光吸收很强，而对其他波长的光可能吸收很弱或根本不吸收。吸收强的部分出现峰，不吸收或弱吸收部分出现谷，将吸收过程记录下来就形成吸收光谱曲线。

根据Lambert-Beer定律，吸收强度$A$（又称光密度、消光值、吸光度）与入射光强度$I$有如下关系$A=\lg(I_0/I)$，而摩尔吸收强度$k$与吸收强度$A$之间关系可用下式表示。

$$k=\frac{A}{c\times l}$$

式中 $c$——溶液的摩尔浓度，mol/L；

$l$——吸收池的厚度，cm。

$k$的最大值约为$10^5$，当$k$值很大时，一般用$\lg k$表示。

绘制紫外可见光谱图时，纵坐标为吸收强度（$A$），也可以用摩尔吸收（消光）系数$k$（摩尔吸收强度）或$\lg k$表示。横坐标用波长（nm）表示。图6-150和图6-151分别是以吸收强度$A$为纵坐标，波长为横坐标作出的对甲基苯乙酮紫外吸收光谱图和以$\lg k$为纵坐标，波长为横坐标的香芹酮的紫外光谱图。

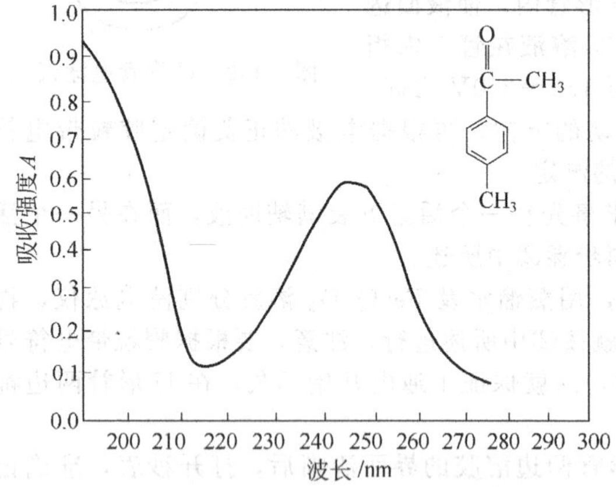


图6-150 对甲基苯乙酮的紫外吸收光谱

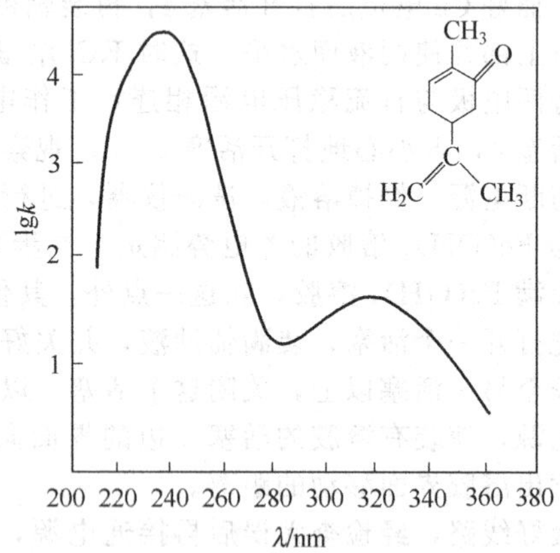


图6-151 香芹酮的紫外光谱

2. 影响紫外光谱吸收位置的主要因素

紫外光谱的吸收位置取决于电子跃迁能量的大小、分子结构和溶剂效应等因素。

在有机化合物分子中有三种电子：$\sigma$电子，$\pi$电子和未成键的$n$电子（p电子）。当分子吸收能量后，电子从成键轨道跃迁到反键轨道，即$\sigma\rightarrow\sigma^*$，$\pi\rightarrow\pi^*$，而未成键的$\pi$电子没有反键轨道，只能向$\sigma$和$\pi$的反键轨道跃迁，即$n\rightarrow\sigma^*$和$n\rightarrow\pi^*$。这几种跃迁需要的能量不同。见图6-152和附表。

从图6-152和附表可以看出以下几点。

(1) $\sigma\rightarrow\sigma^*$跃迁所需能量最大，必须吸收较短波长的紫外光。这种波长一般在190nm以下，落在远紫外区，不能为一般的紫外光谱仪所检测。对于饱和的脂肪族化合物分子中只存在$\sigma$成键电子，吸收紫外光后只能发生$\sigma\rightarrow\sigma^*$跃迁，因而，它们在近紫外区是透明的，常用作测定紫外光谱的溶剂。

(2) $\pi\rightarrow\sigma^*$跃迁所需能量小于$\sigma\rightarrow\sigma^*$跃迁，这是因为未成键的$n$电子比$\alpha$成键电子易于激发，因此，$n\rightarrow\alpha^*$跃迁发生在较长的波长。当化合物分子中含有—OH，—OR，$—NH_2$，—SH和卤素时，在大于190nm的波长可发生吸收（表6-40），常称这些基团为助色基团。

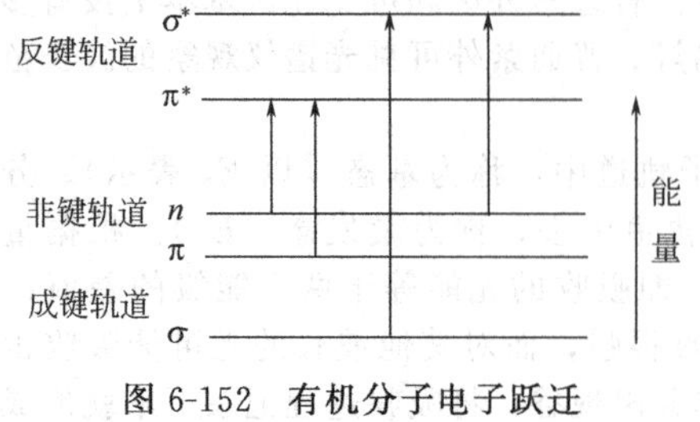


图6-152 有机分子电子跃迁

$\sigma\rightarrow\sigma^*$跃迁 $\pi\rightarrow\pi^*$跃迁 $n\rightarrow\pi^*$跃迁 $n\rightarrow\sigma^*$跃迁

**附表 各种电子跃迁、波长及相应能量**

| 跃迁类型 | 吸收波长/nm | 能量/kJ·mol$^{-1}$ |
|---|---|---|
| $\sigma\rightarrow\sigma^*$ | 150 | 3315 |
| $\pi\rightarrow\pi^*$ | 165 | 3019 |
| $n\rightarrow\pi^*$ | 250 | 1764 |

**表 6-40 不同的电子结构和吸收波长**

| 电子结构 | 实例 | 电子跃迁 | $\lambda_{max}$/nm | ε | 电子结构 | 实例 | 电子跃迁 | $\lambda_{max}$/nm | ε |
|---|---|---|---|---|---|---|---|---|---|
| $\sigma$ | 乙烷 | $\sigma\rightarrow\sigma^*$ | 135 | — | | | $n\rightarrow\pi^*$ | 315 | 14 |
| $n$ | 水 | $n\rightarrow\sigma^*$ | 167 | 7000 | 芳环 $\pi$ | 苯 | 芳环 $\pi\rightarrow\pi^*$ | 约 180 | 60000 |
| | 甲醇 | $n\rightarrow\sigma^*$ | 183 | 500 | | | 芳环 $\pi\rightarrow\pi^*$ | 约 200 | 8000 |
| | 1-己硫醇 | $n\rightarrow\sigma^*$ | 224 | 126 | | | 芳环 $\pi\rightarrow\pi^*$ | 255 | 215 |
| | $n$-碘丁烷 | $n\rightarrow\sigma^*$ | 257 | 486 | 芳环 $\pi$-$\pi$ | 苯乙烯 | 芳环 $\pi\rightarrow\pi^*$ | 244 | 12000 |
| $\pi$ | 乙烯 | $\pi\rightarrow\pi^*$ | 165 | 10000 | | | 芳环 $\pi\rightarrow\pi^*$ | 282 | 450 |
| | 乙炔 | $\pi\rightarrow\pi^*$ | 173 | 6000 | 芳环 $\pi$-$\sigma$(超共轭) | 甲苯 | 芳环 $\pi\rightarrow\pi^*$ | 208 | 2460 |
| $\pi$ 和 $n$ | 丙酮 | $\pi\rightarrow\pi^*$ | 约 150 | — | | | 芳环 $\pi\rightarrow\pi^*$ | 262 | 174 |
| | | $n\rightarrow\sigma^*$ | 188 | 1860 | 芳环 $\pi$-$\pi$ | 苯乙酮 | 芳环 $\pi\rightarrow\pi^*$ | 240 | 13000 |
| | | $n\rightarrow\pi^*$ | 279 | 15 | 和 $n$ | | 芳环 $\pi\rightarrow\pi^*$ | 278 | 1100 |
| $\pi$-$\pi$ | 1,3-丁二烯 | $\pi\rightarrow\pi^*$ | 217 | 21000 | | | $n\rightarrow\pi^*$ | 319 | 50 |
| | 1,3,5-己三烯 | $\pi\rightarrow\pi^*$ | 258 | 35000 | 芳环 $\pi$-$n$ | | 芳环 $\pi\rightarrow\pi^*$ | 210 | 6200 |
| $\pi$-$\pi$ 和 $n$ | 丙烯醛 | $\pi\rightarrow\pi^*$ | 210 | 11500 | （助色团） | 苯酚 | 芳环 $\pi\rightarrow\pi^*$ | 270 | 1450 |

（3）$n\rightarrow\pi^*$ 跃迁所需能量最小，在较长的波长发生吸收。例如丙酮在 280nm 有 $n\rightarrow\pi^*$ 跃迁的吸收峰，但强度很弱，这是因为禁阻跃迁所致。禁阻跃迁是由于非键电子的轨道与 $\pi$ 电子的轨道是垂直的。除羧基外，硝基和偶氮基均发生 $n\rightarrow\pi^*$ 跃迁。

（4）$\pi\rightarrow\pi^*$ 跃迁所需能量比 $n\rightarrow\pi^*$ 大，但比 $\sigma\rightarrow\sigma^*$ 小，而且强度大。当分子中含有不饱和基团时能发生这种跃迁。例如，>C=C< 、—C≡C— 、—C≡N 、>C=O 、—N=N— 和 —$NO_2$ 等，常称这些基团为发色基团。

由表同样可以看出，$\sigma\rightarrow\sigma^*$ 和 $\pi\rightarrow\pi^*$ 跃迁吸收的波长都在真空紫外部分，只有 $n\rightarrow\pi^*$ 跃迁是在近紫外光的范围内。但是，如有两个或两个以上共轭双键时，则 $\pi\rightarrow\pi^*$ 跃迁的能级便大为降低，从而使其最大的吸收波长出现在近紫外区。例如，共轭多烯化合物的吸收光谱与其共轭的双键个数 $n$ 的关系如下。

$H\text{-}(CH{=}CH)_n$ 的吸收波长（nm）

| | | | | |
|---|---|---|---|---|
| $n=$ | 1 | 2 | 3 | 4 |
| $\lambda_{max}=$ | 165 | 217 | 258 | 286 |

若把这些数据代入下列公式，就可以计算出相应的跃迁能级的能量了。

$$\Delta E=h\gamma=\frac{hc}{\lambda}=\frac{28600}{\lambda}\text{kJ/mol}$$

式中，$h$ 为普朗克常数；$\Delta E$ 为成键与反键轨道的能量差；$\gamma$ 和 $\lambda$ 分别为被吸收光子的频率和波长。

芳香族化合物也存在 $\pi\rightarrow\pi^*$ 跃迁。例如，苯有三个吸收峰：180nm，200nm 和 255nm，前面两个不易看到，在 255nm 的吸收强度弱，但可看得到精细结构，如图 6-153 所示。一些常见的有机化合物紫外最大吸收波长列入表 6-41 中。

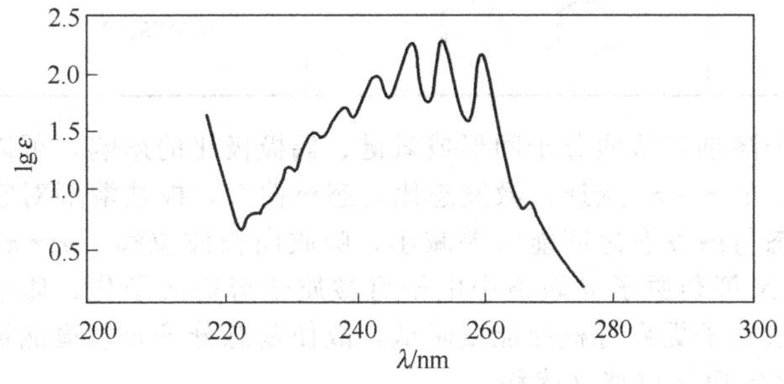


图 6-153 苯在环己烷中的紫外吸收光谱

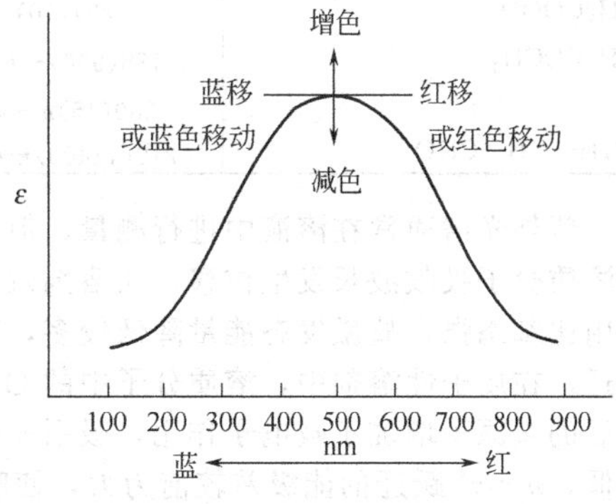


图 6-154 由发色基团上的取代基引起的红移、蓝移、增色和减色效应

取代基连接到发色基团上对 $\lambda_{max}$ 和吸收系数 $\varepsilon$ 值有四种可能的不同影响，如图 6-154 所示。

① 红移或者红色移动 $\lambda_{max}$ 的数值向较长波长移动。

② 蓝移或者蓝色移动 $\lambda_{max}$ 的数值向较短波长移动。

③ 增色效应 增加吸收强度或 $\varepsilon$ 的数值。

④ 减色效应 减少吸收强度或 $\varepsilon$ 的数值。

**表 6-41 一些常见有机化合物紫外最大吸收波长**

| 化 合 物 | $\lambda_{max}$/nm($\varepsilon$) | 化 合 物 | $\lambda_{max}$/nm($\varepsilon$) |
|---|---|---|---|
| $CH_2{=}CH_2$ | 171(15 530) |  | 315(26)$n\to\pi^*$ |
| 1,4-戊二烯 | 178 | $CH_3C(=O)CH{=}CH_2$ | 212(7100)$\pi\to\pi^*$ |
| 丁二烯 | 217(21000) |  |  |
| 1,3,5-己三烯 | 258(35000) |  | 320(27)$n\to\pi^*$ |
| 癸五烯 | 335(118000) |  |  |
| 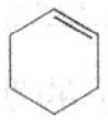 | 182(7600) |  | 255(230) |
|  | 239(3400) | 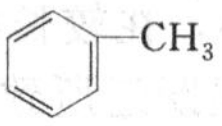 | 261(225) |
|  |  | 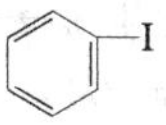 | 257(700) |
| $CH_2{=}C(CH_3){-}CH{=}CH_2$ | 220(2400) | 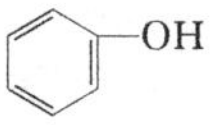 | 270(1450) |
| $CH_2{=}C(CH_3){-}C(CH_3){=}CH_2$ | 225(2000) | 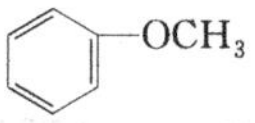 | 269(1480) |
| $CH_2{=}CH{-}C{\equiv}CH$ | 228(7800) | 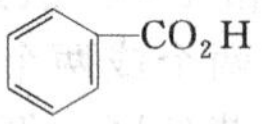 | 273(970) |
| $CH_3(CH_2)_5{-}C{\equiv}CH$ | 185(2000) |  |  |
| $CH_3CH{=}CH{-}CHO$ | 220(1500)$\pi\to\pi^*$<br>322(25)$n\to\pi^*$ | 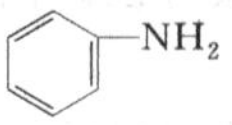 | 287(1430) |
|  | 256(8000) | 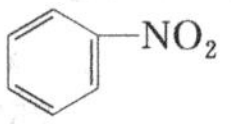 | 280(1000) |
| $CH_4$ | 125 |  |  |
| $CH_3Cl$ | 172 | 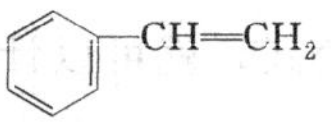 | 282(450) |
| $CH_3Br$ | 204(200) |  |  |
| $CH_3I$ | 258(365) | 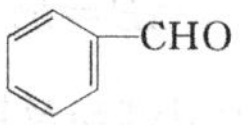 | 280(1500) |
| $CH_3OH$ | 183(150) |  |  |
| $CH_3(CH{=}CH)_3OH$ | 262 |  |  |
| $CH_3(CH{=}CH)_4OH$ | 310 | 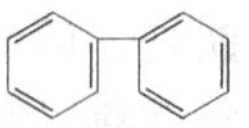 | 330(125) |
| $CH_3{-}CH{=}CH{-}COOH$ | 208(12200) |  |  |
| $CH_3CHO$ | 290(16) | 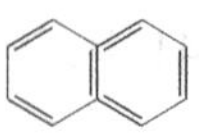 | 314(316) |
| $CH_3COOH$ | 204(60) |  |  |
| $CH_3COCH_3$ | 188(900)$\pi\to\pi^*$<br>280(15)$n\to\pi^*$ | 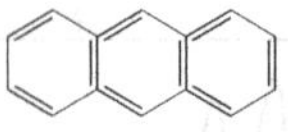 | 380(7900) |
| $CH_2{=}CH{-}CHO$ | 210(11400)$\pi\to\pi^*$ |  |  |

紫外光谱通常在溶液中进行测量，但由于溶剂与溶质分子间形成氢键、偶极极化的影响，可以使溶质分子吸收波长发生位移，叫溶剂效应。如 $\pi\to\pi^*$ 跃迁，激发态比基态极性大，极性溶剂对它作用比基态强，故激发态能量降低较多，基态与激发态之间能级差减小，吸收向长波位移。$n\to\pi^*$ 跃迁，在质子性溶剂中，溶质分子中的 O 或 N 等杂原子 $n$ 轨道中电子可被质子溶剂质子化，质子化后的杂原子增加了吸电子作用，吸引 $n$ 轨道电子更靠近核而能量降低，故使基态分子 $n$ 轨道能量降低，$n\to\pi^*$ 跃迁的能级差较前为大，使吸收向短波位移（蓝移）。

3. 紫外-可见分光光度计的一般结构和使用注意事项

紫外-可见分光光度计的光路简图如图 6-155 所示，由光源、单色器、样品池、检测器、记录装置等组成。

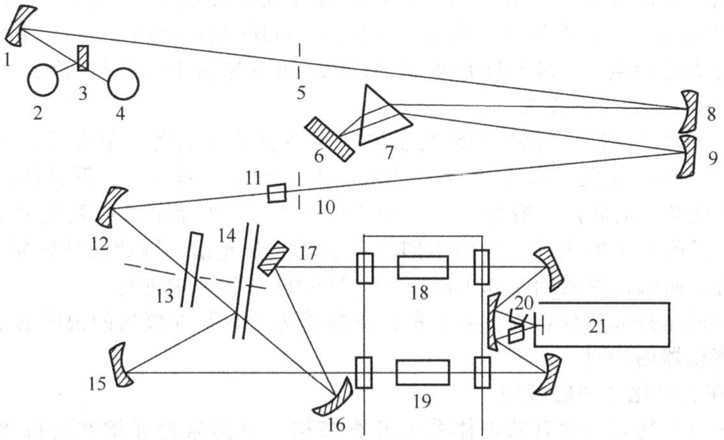


图 6-155 紫外-可见分光光度计光路

1,12,15,16—曲面镜；2—氘灯；3,17—平面反射镜；4—钨灯；5,10—狭缝；6—Littow 镜；7—棱镜或光栅（单色器）；8,9,20—凹面镜；11—圆柱形透镜；13—调节器面盘；14—斩波器；18—参比池；19—样品池；21—光电倍增管

(1) 光源 氘灯 2(185～395nm) 和钨灯 4(350～800nm)。经平面反射镜 3 反射到曲面镜 1。聚焦后通过狭缝与到达凹面镜 8。

(2) 单色器 由凹面镜 8 反射的光到达棱镜或光栅（单色器）7 色散后经 Littow 镜 6 按不同波长依次返回到 7，经凹面镜 9 反射通过狭缝 10 和圆柱形透镜 11，到达曲面镜 12 再次聚焦。

(3) 样品池 聚焦后的单色光经调节器面盘 13 斩波器 14 分成两束平行光，交替通过参比池 18 和样品池 19。紫外光区测试时，样品池需用石英容器，因普通玻璃吸收紫外光。

(4) 检测、记录 通过样品和参比后的两束光强度不同，经光电倍增管 21 检测，给出相应的电信号，驱动伺服电机记录谱图。

现代的紫外分光光度计的特点是自动化程度高，配有微型电子计算机，除可以自动描绘吸收曲线外，在一定波长下测量吸光度进行定量分析时，可以数字显示测量数据。有的还可以连接数字打印机直接报出分析结果。

使用紫外-可见分光光度计时一般应注意，以下问题。

① 校正分光光度计 分光光度计的波长吸收位置是否准确可以用标准溶液进行核验校正。常用的标准样品是溶在 0.005mol/L 硫酸中的重铬酸钾溶液，它的吸收峰位置是

| $\lambda$/nm | 235 | 257 | 313 | 350 |
|---|---|---|---|---|
| $E_{1cm}^{1\%}$ | 124.6 | 144.8 | 48.8 | 107.3 |

此外还可以用低压汞灯的发射谱线、氧化钬玻璃（溶液）吸收波长、氘灯、氢灯等进行波长校正。

② 选择溶剂 对有机化合物来说，紫外吸收光谱主要是用溶液测出的。因此选择的溶剂除考虑溶剂效应外，还要求溶剂必须在测量波段是透明的，否则会发生吸收造成干扰。表 6-42 列举了常用溶剂的使用最低波长极限，高于最低波长时溶剂是透明的，低于最低波长时则有吸收会发生干扰。

**表 6-42 各种常用溶剂的使用最低波长极限**

| 溶 剂 | 最低波长极限/nm | 溶 剂 | 最低波长极限/nm | 溶 剂 | 最低波长极限/nm |
|---|---|---|---|---|---|
| 氯仿 | 245 | 十二烷 | 200 | 异辛烷 | 210 |
| 环己烷 | 210 | 乙醇 | 210 | 异丙醇 | 215 |
| 十氢萘 | 200 | 乙醚 | 210 | 乙腈 | 210 |
| 1,1-二氯乙烷 | 235 | 庚烷 | 210 | 水 | 210 |
| 二氯甲烷 | 235 | 己烷 | 210 | 苯 | 280 |
| 1,4-二氧六环 | 225 | 甲醇 | 215 | 四氯化碳 | 265 |

溶剂在使用之前还必须检查其中是否含有干扰杂质。若有杂质存在，则需借精密分馏或其他方法除去。烷烃溶剂中往往含烯烃或芳烃杂质，可用硅胶吸附法或用下面操作除去。用浓硫酸（含1%发烟硫酸）洗摇放置24h，然后分去硫酸，依次用NaOH和水洗涤，$CaCl_2$干燥后蒸馏备用。乙醇中可能存在的醛类可借与1%NaOH加少量$AgNO_3$回流加热1h后蒸馏除去。氯仿中的稳定剂（乙醇）或光气可用浓硫酸洗涤除去。

③ 配制溶液　选好溶剂以后就要考虑配制浓度为多少的样液测量最合适。一般溶液的浓度最好使透射比在20%～65%之间，以$10^{-5}$～$10^{-2}$mol·$L^{-1}$为宜。对$\pi \rightarrow \pi^*$跃迁的摩尔消光系数ε很大，因此样品的浓度必须很低，一般是$10^{-5}$～$10^{-4}$mol·$L^{-1}$。如果酸性或碱性物质用水作溶剂，由于其离解的阴离子或阳离子的光谱与母体不同，会出现混合光谱，因此酸性物质应在0.1mol·$L^{-1}$ HCl水溶液中进行，而碱性物质则在0.1mol·$L^{-1}$ NaOH水溶液中进行。

各种不同类型的紫外光谱仪都有其各自的详细操作方法，写在仪器的说明书中，在使用仪器前应详细阅读和了解仪器的特点。

4. 紫外光谱在有机化学中的应用

(1) 鉴别一个有机物是否含有共轭体系或芳香结构　这是紫外光谱在有机化学中最重要的应用。一个有机物的红外光谱能告诉我们分子中存在着哪些官能团，而其紫外光谱则说明这些官能团之间的相互关系。例如几个官能团之间是否相互共轭，以及在共轭体系中取代基的位置、种类、数目等。尤其在确定天然有机物和新化合物的化学结构中，这是重要的一环。如果一个未知化合物在近紫外区是透明的（$\varepsilon<10$），不吸收紫外光，则说明不存在共轭系统、芳香结构或$n \rightarrow \pi^*$、$n \rightarrow \sigma^*$等易于跃迁的基团。如果有吸收光谱，则根据其图形，有些可以通过经验计算规则在各种可能的结构中推测是哪一种。有些则可与已发表的紫外光谱图相比较，观察与哪一类型的化合物相似，便可推测可能具有相同或相似的结构部分，氯霉素具有硝基苯结构，便是由它的紫外吸收光谱发现的。

通过对紫外吸收图谱的分析，可以推测出可能具有哪一类结构。例如

① 在220～700nm内无吸收，说明该化合物是脂肪烃、脂环烃或它们的简单衍生物（氯化物、醇、醚、羧酸类等），也可能是非共轭烯烃。

② 若在220～250nm范围内有强的吸收带（$\lg\varepsilon=3～4$），说明分子中存在两个共轭的不饱和键（共轭二烯或$\alpha$、$\beta$-不饱和醛酮）。

③ 200～250nm范围内有强吸收带（$\lg\varepsilon=3～4$），结合250～290nm范围的中等强度吸收带（$\lg\varepsilon=2～3$）或显示不同程度的精细结构，说明分子中有苯基存在。

④ 250～350nm有低强度或中等强度的吸收带，且峰形较对称，说明分子中含有醛、酮羰基或共轭羰基。

⑤ 300nm以上的高强度吸收，说明化合物分子中具有较大的共轭体系。若强度高并具有明显的精细结构，说明为稠环芳烃，稠杂环芳烃或其衍生物。

⑥ 若紫外吸收谱带对酸、碱性敏感，碱性溶液中$\lambda_{max}$红移，加酸性溶液恢复至中性介质中的$\lambda_{max}$（如210nm），表明酚羟基的存在；酸性溶液中$\lambda_{max}$蓝移，加碱可恢复至中性介质中的$\lambda_{max}$（230nm），表明分子中存在芳氨基。

(2) 鉴定化合物的纯度　紫外光谱的灵敏度很高，容易检验出化合物中所含的微量杂质。由于能吸收紫外光的物质其吸收系数ε很高，所以一些对近紫外光透明的溶剂或有机物，如果其中的杂质能吸收近紫外光，只要$\varepsilon>2000$，检出的灵敏度可达0.005%。如环己烷中常含有杂质苯，则在255nm外会出现苯的紫外吸收峰。有些高分子聚合物对单体纯度要求很高，如尼龙单体1,6-己二胺和1,6-己二酸中若含有微量不饱和或芳香性杂质，即可干扰直链高聚物的生成，从而影响其质量。但这两个单体本身在近紫外区是透明的。因此用这一方法检验单体中是否存在杂质是很方便和灵敏的。

(3) 判断某些化合物的构型和对部分有机物进行定量分析　根据不同构型的化合物在近紫外区的吸收不同，可以判断其构型。如顺、反肉桂酸的紫外最大吸收分别为$\lambda_{max}$顺式280nm($\varepsilon=13500$)，$\lambda_{max}$反式295nm($\varepsilon=27000$)。由于一般具有紫外光谱的化合物ε值都很高且重复性好，因此用作定量分析，要比红外光谱法灵敏和准确。

应当指出，紫外光谱主要用于鉴定共轭体系的有机物。但有时有机分子中某一部分变化较大，

而其紫外光谱改变不大，因此紫外光谱在应用上有很大局限性。尽管如此，它与红外光谱、核磁共振谱、质谱等相互补充，在有机化学中仍起很重要的作用。

## 二、紫外可见分光光度法的分析方法

1. 定量分析基本原理

（1）单组分分析

分光光度法是属于相对测量法，对于某一组分的定量分析，通常采用绘制工作曲线方法。首先选定测定波长，在无干扰情况下，一般选定吸光度最大波长 $\lambda_{max}$。其次配制一系列（5个左右）不同浓度的标准溶液，在溶液最大吸收波长下，逐一测它们的吸光度 $A$，然后在方格坐标纸上以溶液浓度（μg/mL）为横坐标，吸光度为纵坐标作图。若被测物质对光的吸收符合光吸收定律，得到一条通过原点的直线，即工作（标准）曲线。按同样方法配制样品溶液并测定其吸光度 $A$，在工作曲线上找出与此吸光度相应的浓度，即为样品溶液的浓度，再计算样品的组分含量。

（2）对两组分的测定

两种被测组分有下面四种情况：

① 两种被测定组分的吸收曲线相重合，且遵守贝尔-郎比定律，则可在两波长 $\lambda_1$ 及 $\lambda_2$ 时（$\lambda_1$、$\lambda_2$ 是两种组分单独存在时吸收曲线最大吸收峰波长）测定其总吸光度，然后换算成被测定物质的浓度。

根据贝尔-郎比定律，假定吸收槽的长度一定，则

对于单组分 A $\qquad A_{\lambda}^{A}=K_{\lambda}^{A}c^{A}$

对于单组分 B $\qquad A_{\lambda}^{B}=K_{\lambda}^{B}c^{B}$

设 $A_{\lambda_1}^{A+B}$、$A_{\lambda_2}^{A+B}$ 分别代表在 $\lambda_1$ 及 $\lambda_2$ 时混合溶液的总吸光度，则

$$A_{\lambda_1}^{A+B}=A_{\lambda_1}^{A}+A_{\lambda_1}^{B}=K_{\lambda_1}^{A}c^{A}+K_{\lambda_1}^{B}c^{B}$$

$$A_{\lambda_2}^{A+B}=A_{\lambda_2}^{A}+A_{\lambda_2}^{B}=K_{\lambda_2}^{A}c^{A}+K_{\lambda_2}^{B}c^{B}$$

式中，$A_{\lambda_1}^{A}$、$A_{\lambda_1}^{B}$、$A_{\lambda_2}^{A}$、$A_{\lambda_2}^{B}$ 分别代表 $\lambda_1$ 及 $\lambda_2$ 时组分 A 和 B 的吸光度。由前式可得

$$c_B=\frac{A_{\lambda_1}^{A+B}-K_{\lambda_1}^{A}c^{A}}{K_{\lambda_1}^{B}} \tag{6-197}$$

$$c_A=\frac{K_{\lambda_1}^{B}A_{\lambda_2}^{A+B}-K_{\lambda_2}^{B}A_{\lambda_1}^{A+B}}{K_{\lambda_2}^{A}K_{\lambda_1}^{B}-K_{\lambda_2}^{B}K_{\lambda_1}^{A}} \tag{6-198}$$

这些不同的 $K$ 值均可由纯物质求得，也就是说，在纯物质的最大吸收峰的波长 $\lambda$ 时，测定吸光度 $A$ 和浓度 $c$ 的关系。如果在该波长处符合贝尔-郎比定律，那么 $A$-$c$ 为直线，直线的斜率为 $K$ 值，$A_{\lambda_1}^{A+B}$、$A_{\lambda_2}^{A+B}$ 是混合溶液在 $\lambda_1$、$\lambda_2$ 时测得的总吸光度，因此根据上式即可计算混合溶液中组分 A 和组分 B 的浓度。

② 两种被测组分的吸收曲线彼此不相重合，这种情况很简单，就等于分别测定两种单组分溶液。

③ 两种被测组分的吸收曲线相互重合，且不遵守贝尔-郎比定律。

④ 混合溶液中含有未知组分的吸收曲线。

③与④两种情况由于计算及处理比较复杂，此处不讨论。

（3）多组分分析

多组分定量测量常采用测定吸收系数的方法。其依据是这些组分吸收同一波长的光，它们总的吸光度等于各个组分的吸光度之和，即：

$$A_{总}=\sum_{i=1}^{n}A_i=A_1+A_2+\cdots+A_n=(k_1c_1+k_2c_2+\cdots+k_nc_n)b$$

如果在几个波长下，分别测出几个吸光度 $A_{总}$，在事先测得每一组分在各波长处的摩尔吸光系数时，就可以写出几个线性方程，通过解线性方程就可求得样品中几个组分的浓度。一般测两个组分浓度。对于三组分以上的定量，由于紫外和可见吸收带的重叠，使用不多。

测定两组分时建立下列联立方程：

$$\begin{cases}A'=(\varepsilon'_M c_M+\varepsilon'_N c_N)b\\ A''=(\varepsilon''_M c_M+\varepsilon''_N c_N)b\end{cases}$$

四个摩尔吸光系数 $\varepsilon'_M$、$\varepsilon'_N$、$\varepsilon''_M$、$\varepsilon''_N$ 可事先由标准溶液测出，$A'$，$A''$ 由实验测出，$b$ 相同，因此混合物中的两个组分浓度 $c_M$，$c_N$ 可解上述两个方程求得。

分光光度法除了用于单组分、多组分的定量测定外，也是测定溶液中酸、碱的电离常数，络合物组成、络合比、络合常数的基本方法。

2. 示差分光光度法

分光光度法被广泛应用于微量分析，只适用于测定低含量的组分，对于高含量（或极低含量）组分，因测定误差太大而不适用。示差分光光度法就是采用适当的测量方法，对于高含量（或极低含量）组分也能获得较高准确度的分析技术。

示差分光光度法与一般分光光度法相比较，在于使用溶液调节透光度标尺读数“0”和“100”时的方法有所不同。有浓溶液示差法、稀溶液示差法和两个参比溶液示差法三种技术。其中应用最多的是浓溶液示差法。浓溶液示差法就是采用一个比试样浓度稍低一些的已知浓度的标准溶液，在同样条件下，显色后作为参比溶液，根据测得的吸光度计算出试样的含量。

示差分光光度法的基本原理如下。

设 $c_s$ 为参比溶液的标准溶液的浓度，$c_x$ 为被测试液的浓度，而且设 $c_x>c_s$。根据朗伯-比耳定律：

$$A_x=\varepsilon c_x b \quad A_s=\varepsilon c_s b$$

两式相减，得到：

$$\Delta A=A_x-A_s=\varepsilon b(c_x-c_s)=\varepsilon b\Delta c$$

用已知浓度的标准溶液作参比，调节透光度读数为100%（即 $A_s=0$），然后将被测试液推入光路中，在标尺上所读取的吸光度值即与试样溶液和参比溶液的浓度差 $\Delta c$ 成正比。

此外，在绘制工作曲线时，是以其中浓度最小的一个标准溶液调零，分别依次测量标准溶液的吸光度值，从而可用 $\Delta A$ 与对应的 $\Delta c$ 作图，即得示差分光光度法的工作曲线。当然，测定试样时所用的参比溶液，必须是同一个浓度的标准溶液。

用示差法测量溶液的吸光度，其准确度比一般光度法高，从图 6-156 中可以看出。

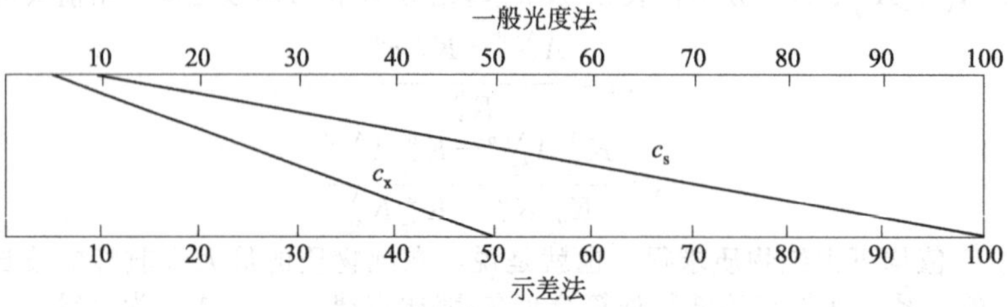


图 6-156 示差法标尺扩展原理

在普通光度法中，测量时比色皿放试剂空白作为参比溶液时，测量透射光的强度 $I_0$，以此强度调节仪器至透光度 $T=100\%$，然后在比色皿中改盛浓度为 $c_s$ 和 $c_x$ 的溶液，透光强度为 $I_s$ 和 $I_x$，假设分别为10%和5%，两者比值为2，读数仅差5%。而在示差法中，改用浓度为 $c_s$ 的溶液作参比，调节仪器透光率标尺读数为100%，那么浓度为 $c_x$ 的溶液透光度变50%，$c_s$ 与 $c_x$ 透光度读数相差变为50%。可见在两种测量方法中，两溶液的透光度比并未改变，但示差法相当于把刻度读数放大了10倍，从而使测量结果读数更为准确。

一般来说，参比溶液的吸光度越大越有利，但参比溶液越浓，透过溶液以后的光就越弱，相应的光电流也就越小。只有当光电池（或光电管）及光电流测定装置有足够的灵敏度时，才可能在这种情况下调到满刻度，所以示差法对仪器的灵敏度和稳定性要求较高。

3. 分光光度滴定法

以一定的标准溶液滴定待测物溶液，测定滴定中溶液的吸光度变化，通过作图法求得滴定终点，从而计算待测组分含量的方法称为分光光度滴定。一般有直接滴定法和间接滴定法两种。前者选择被滴定物、滴定剂或反应生成物之一摩尔吸光系数最大的物质的 $\lambda_{max}$ 为吸收波长进行滴定。滴定曲线有如下几种形式（图 6-157）。间接滴定法需使用指示剂。

光度滴定与通过指示剂颜色变化用肉眼确定滴定终点的普通滴定法相比，准确性、精密度及灵

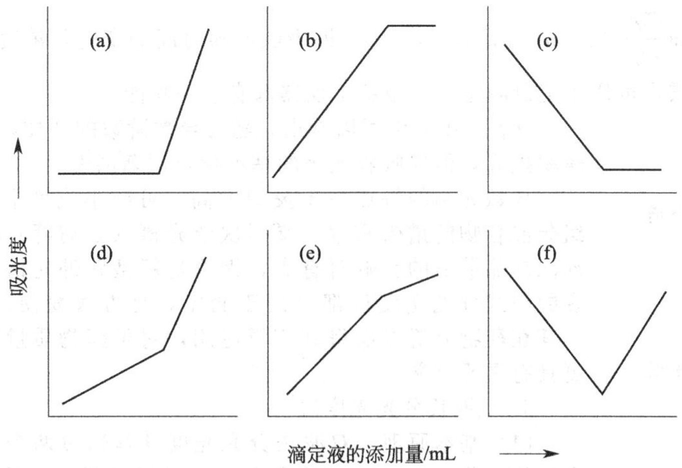


图 6-157　直接滴定法的滴定曲线形式

敏度都要高。光度滴定已用于酸碱滴定、氧化还原滴定、沉淀滴定和络合滴定。

4. 导数光谱法

导数光谱法也称微分光谱法，通过在分光光度法中引入微分技术，扩展了分光光度法的应用范围。导数光谱法具有加强光谱的精细结构和对复杂光谱辨析能力的特点，是解决光谱干扰的又一种技术。近年来主要应用于药物制剂的含量测定、质量控制等。

导数光谱法的基本原理与紫外吸收光谱吸光度（$A$）对波长（$\lambda$）的函数图类似，是吸收光谱关于波长的微分系数$\left(\frac{dA}{d\lambda}\right)$对波长（$\lambda$）的函数。零阶光谱（即通常的紫外光谱）中的$A=f(\lambda)$，当波长增加一个增量$\Delta\lambda$时，则$A$将增加$\Delta A$，因此：

$$A+\Delta A=f(\lambda+\Delta\lambda)$$

$$\Delta A=f(\lambda+\Delta\lambda)-A=f(\lambda+\Delta\lambda)-f(\lambda)$$

$$\frac{\Delta A}{\Delta\lambda}=\frac{f(\lambda+\Delta\lambda)-f(\lambda)}{\Delta\lambda}$$

吸光度（$A$）关于波长的导数$\frac{dA}{d\lambda}$就是当$\Delta\lambda$趋近于零时$\frac{\Delta A}{\Delta\lambda}$的极限，可用下式表示：

$$\frac{dA}{d\lambda}=\lim_{\Delta\lambda\to 0}\frac{\Delta A}{\Delta\lambda}=\lim_{\Delta\lambda\to 0}\frac{f(\lambda+\Delta\lambda)-f(\lambda)}{\Delta\lambda}$$

实际上，$\frac{dA}{d\lambda}$就是$A$关于在增量（$\Delta\lambda$）区间吸收度的平均变化率（即斜率）。

一阶导数光谱就是零阶光谱按一定的波长间隔（$\Delta\lambda$）测得变化率$\left(\frac{dA}{d\lambda}\right)$对应于波长而得的图谱。同理，有二阶导数光谱、三阶导数光谱等，理论上有$\frac{d^nA}{d^n\lambda}$（$n=1$，2，3，…），但实际目前仅有测四阶导数光谱的报道。随着阶数的增加，分辨率有所提高，而灵敏度却随着降低，通常以一阶和二阶导数光谱的应用较多。

导数光谱定量测定的基本原理也是根据比尔定律，即$A=\varepsilon cl$。其一阶导数$\frac{dA}{d\lambda}=cl$。即导数值与浓度成正比。同理，$\frac{d^nA}{d^n\lambda}\propto c$（$n=1$，2，3，…），即二阶、三阶……$n$阶导数值皆与浓度成正比。因此，由光学法获得的导数光谱可用于定量测定，通常为导数光谱中的波峰与波长垂直距离及待测物浓度成正比。

电子学法求导数光谱时，由于仪器设计采用微分线路直接产生导数光谱，实验选定分光光度计的扫描速度恒定，而$\frac{d^nA}{d^n\lambda}\propto c$（$n=1$，2，3，…），即吸收度随时间的变化与浓度成正比，故由电子学法扫描的导数光谱也可用于定量测定。一般新型仪器都有这一功能。

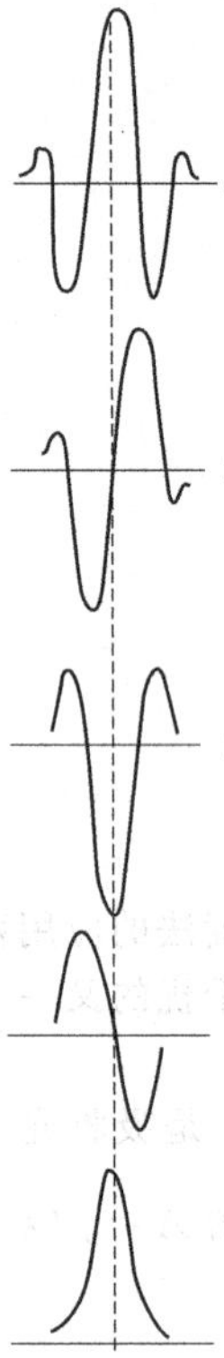


图 6-158 0～4 阶导数光谱示意

从图 6-158 中可以看出，随着导数阶数的增加，谱带变得尖锐，分辨率提高，但原吸收光谱的基本特点逐渐消失。

导数光谱的特点在于灵敏度高，可减小光谱干扰。因而在分辨多组分混合物的谱带重叠、增强次要光谱（如肩峰）的清晰度以及消除浑浊样品散射的影响时有利，无论是新型紫外光谱仪还是目前使用较多的旧式分光光度计都可用于测定，且方法简便、快速、灵敏准确，尤其在药物分析方面得到广泛应用，对于药物质量控制和临床药物监测具有重要意义。

5. 双波长分光光度法

（1）基本原理 双波长分光光度计是通过两个单色器分别将光源发出的光分成$\lambda_1$、$\lambda_2$两束单色光，经斩光器并束后交替通过同一吸收池。因此检测的是试样溶液对两波长光吸收后的吸光度差。

单波长时，以溶剂或试剂空白作参比，即$A_\lambda=-\lg I_\lambda/I_0=E_\lambda bc$。双波长测定时，若$\lambda_1$、$\lambda_2$两波长光通过吸收池后的透过光强分别为$I_1$、$I_2$，则：

$$A_{\lambda_1}=-\lg I_1/I_{0_1}=\varepsilon_{\lambda_1}bc+A_{s_1}$$
$$A_{\lambda_2}=-\lg I_2/I_{0_2}=\varepsilon_{\lambda_2}bc+A_{s_2}$$

式中，$A_{s_1}$、$A_{s_2}$为背景吸收，与波长关系不大，主要取决于样品的浑浊程度等；$I_{0_1}$、$I_{0_2}$表示两个波长处由于光源输出，单色器分光等不同产生的入射光强度的差别。一般情况下：

$$I_{0_1}=I_{0_2},A_{s_1}=A_{s_2}$$

因此，$\Delta A=A_{\lambda_2}-A_{\lambda_1}=-\lg I_2/I_2=(\varepsilon_{\lambda_2}-\varepsilon_{\lambda_1})bc$

即两束光通过吸收池后的吸光度差与待测组分浓度成正比。

（2）双波长分光光度法的特点

① 可用于悬浊液和悬浮液的测定，消除背景吸收。

因悬浊液的参比溶液不易配制，使用双波长分光光度法时，可固定$\lambda_1$为不受待测组分含量影响的等吸收点（于样品中依次加入待测组分，记录吸收光谱，得到的吸光度重叠的点为等吸收点），如图 6-159 所示，测定$\lambda_2$处的吸光度变化，可以抵消浑浊的干扰，提高测定精度（因为使用同一吸收池）。

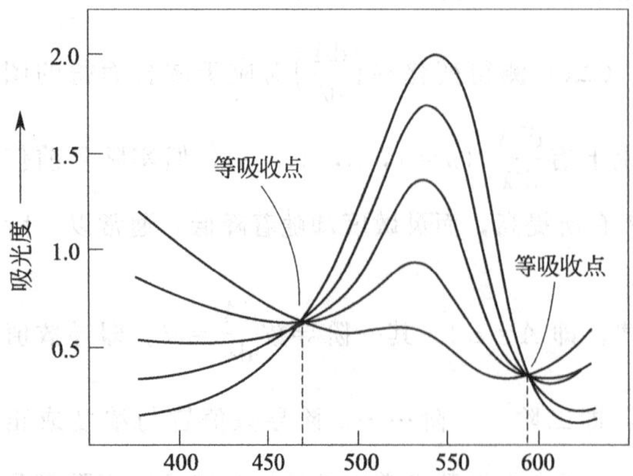


图 6-159 等吸收点示意

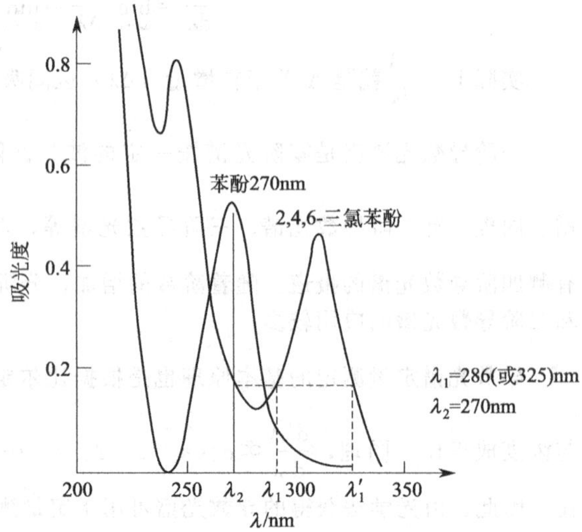


图 6-160 2,4,6-三氯苯酚存在下苯酚的测定

② 无需分离，可用于吸收峰相互重叠的混合组分的同时测定。

设有混合组分 $x$ 和 $y$：

$\lambda_1$：
$$A_1=\varepsilon_1^x bc^x+\varepsilon_1^y bc^y$$
$\lambda_2$：
$$A_2=\varepsilon_2^x bc^x+\varepsilon_2^y bc^y$$
$$\Delta A=A_2-A_1=(\varepsilon_2^x-\varepsilon_1^x)bc^x+(\varepsilon_2^y-\varepsilon_1^y)bc^y$$

选择 $\lambda_1$ 和 $\lambda_2$，使 $\varepsilon_2^y=\varepsilon_1^y$，即 $\lambda_1$ 和 $\lambda_2$ 是 $y$ 等吸收点的波长，则 $\Delta A=(\varepsilon_2^x-\varepsilon_1^x)bc^x$。

从而消除了 $y$ 的干扰。如果体系中不存在等吸收点，可以通过作图法选择干扰组分的等吸光点，如图 6-160 所示，也可以消除干扰。

③ 可测定导数谱。固定 $\lambda_1$ 和 $\lambda_2$ 两波长差为 1～2nm 进行波长扫描，得到一阶导数光谱（$\Delta A/\Delta\lambda$-$\lambda$）。有时仪器还带有测定二阶导数光谱的电路。

④ 可用于测定高浓度溶液中吸光度在 0.005 以下的痕量组分。

6. 动力学分光光度法

动力学分光光度法是利用反应速率参数测定待测物型体原始浓度的方法。设有一个反应速率较慢的显色反应，因催化剂 H 的存在而加速：

$$d\mathrm{D}+e\mathrm{E}\xrightleftharpoons{\mathrm{H}}f\mathrm{F}+g\mathrm{G}$$

若 F 为在紫外-可见区有吸收的化合物，则 F 的生成反应速率可表示为：

$$\frac{\mathrm{d}c_\mathrm{F}}{\mathrm{d}t}=k_\mathrm{f}c_\mathrm{D}^d c_\mathrm{E}^e c_\mathrm{H}$$

准零级法或初始速度法是指只在占完成反应总时间的 1%～2%的起始期间内测量速度数据，此时反应物 D、E 消耗不大，近似等于起始浓度 $[\mathrm{D}]_0$、$[\mathrm{E}]_0$，为常数。同时形成产物的量可以忽略不计。若逆反应可以不考虑，催化剂 H 的量也可视为不变。则上式可变为：

$$\frac{\mathrm{d}c_\mathrm{F}}{\mathrm{d}t}=k'c_\mathrm{H}$$

其中 $k'$为常数，积分得：

$$c_\mathrm{F}=k'c_\mathrm{H}t$$

因此，吸光度：

$$A=\varepsilon bc_\mathrm{F}=\varepsilon k'c_\mathrm{H}t=kc_\mathrm{H}t$$

上式为动力学分光光度法的基本关系式。

测定 $c_\mathrm{H}$ 的方法如下。

(1) 固定时间法　在催化反应进行一段固定时间（$t$=常数）后，用快速冷却、改变酸度、加入催化剂活性抑制剂等方法终止反应，测定体系吸光度。$t$ 为常数时，$A=k_1c_\mathrm{H}$。选择一系列 $c_\mathrm{H}$ 的标准溶液，并测定固定时间 $t$ 时的吸光度 $A$，绘制 $A$-$c_\mathrm{H}$ 工作曲线，由待测样在 $t$ 时的吸光度值求得 $c_\mathrm{H}$。

(2) 固定浓度法　测量显色产物 F 达到一定浓度（一定吸光度值）时所需的时间。$c_\mathrm{F}$ 为常数时，$c_\mathrm{H}=K/t$。配制一系列不同浓度 $c_\mathrm{H}$ 的标准溶液，测定达到一定吸光度 $A$ 时的时间 $t$，绘制 $c_{11}$-$1/t$ 工作曲线，由待测样经反应达到 $A$ 时所需要的时间 $t$ 求得 $c_{11}$。

(3) 斜率法　由吸光度 $A$ 随反应时间的变化速率 $\Delta A/\Delta t$ 来测定 $c_\mathrm{H}$。因为 $\Delta A/\Delta t=kc_\mathrm{H}$，配制标准溶液具有不同的 $c_\mathrm{H}$，分别测定 $A$-$t$ 曲线，求得曲线斜率 $\Delta A/\Delta t$，再绘制 $\Delta A/\Delta t$-$c_\mathrm{H}$ 工作曲线。对待测样也同样测定 $A$-$t$ 曲线，求得曲线斜率 $\Delta A/\Delta t$，从 $\Delta A/\Delta t$-$c_\mathrm{H}$ 工作曲线上求得 $c_\mathrm{H}$。斜率法实验数据多，准确度高。图 6-161 所示为催化反应测定痕量钨酸根的示意。

动力学分光光度法的特点是灵敏度高（$10^{-6}$～$10^{-9}$g/mL，有的可达 $10^{-12}$g/mL），但由于影响因素多，不易严格控制，测定误差较大。

## 三、分光光度法测定弱电解质(甲基红)的电离常数

(1) 原理　由于甲基红本身带有颜色，而且在有机溶剂中电离度很小，所以用一般的化学分析法或其他物理化学方法进行测定都有困难，但用分光光度法可不必将其分离，且同时能测定两组分的浓度。甲基红在有机溶剂中形成下列平衡。

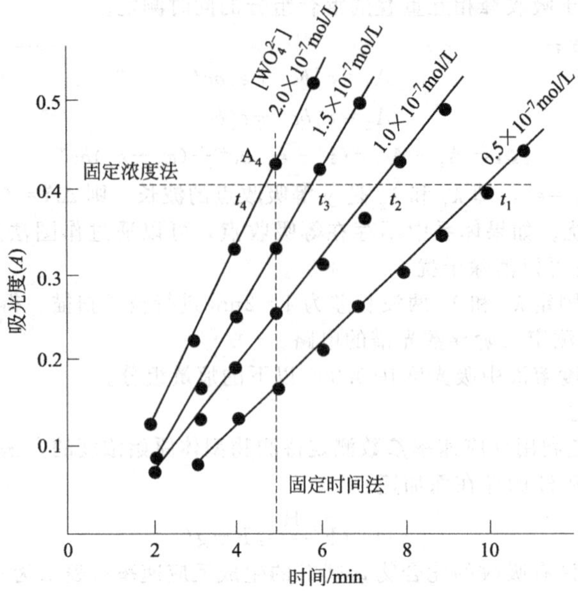


图 6-161 催化反应测定痕量钨酸根的示意

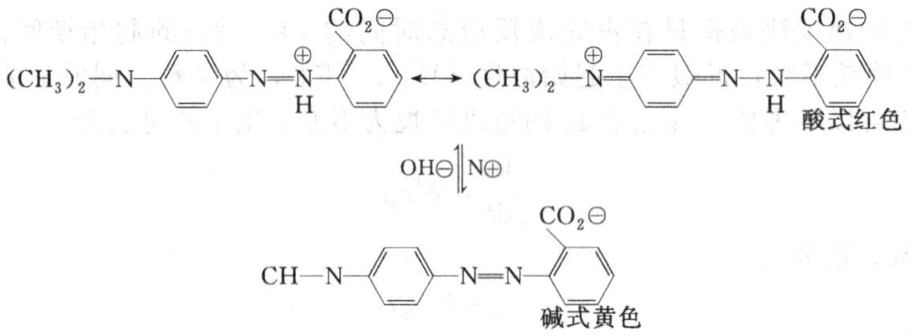


甲基红的电离常数

$$K=\frac{[H^+][c^B]}{[c^A]}$$

或

$$pK=pH-\lg\frac{[c^B]}{[c^A]}$$

由上式可知，只要测定溶液中［B］与［A］的浓度及溶液的 pH 值。由于本体系的吸收曲线属于上述讨论中的第一种类型，因此可用分光光度法求出［B］与［A］的浓度，即可求得甲基红的电离常数。

(2) 仪器与试剂　分光光度计，酸度计，实验室常用玻璃器皿。95%乙醇（化学纯），$0.1mol \cdot L^{-1}$ 盐酸，$0.01mol \cdot L^{-1}$ 盐酸，$0.01mol \cdot L^{-1}$ 乙酸钠，$0.04mol \cdot L^{-1}$ 乙酸钠，$0.02mol \cdot L^{-1}$ 乙酸，甲基红(固体)。

(3) 测定步骤

① 溶液制备

a. 甲基红溶液　将 1g 晶体甲基红加 300mL 95%乙醇，用蒸馏水稀释到 500mL。

b. 标准溶液　取 10mL 上述配好的溶液加 50mL 95%乙醇，用蒸馏水稀释到 100mL。

c. 溶液 A　将 10mL 标准溶液加 10mL $0.1mol \cdot L^{-1}$ HCl，用蒸馏水稀释至 100mL。

d. 溶液 B　将 10mL 标准溶液加 25mL $0.04mol \cdot L^{-1}$ NaAc，用蒸馏水稀释至 100mL。

② 测定吸收光谱曲线

a. 用 752 分光光度计测定溶液 A 和溶液 B 的吸收光谱曲线求出最大吸收峰的波长。波长从 360nm 开始，每隔 20nm 测定一次（每改变一次波长都要先用空白溶液校正），直至 620nm 为止。由所得的吸光度 $A$ 与 $\lambda$ 绘制 $A$-$\lambda$ 曲线，从而求得溶液 A 和溶液 B 的最大吸收峰波长 $\lambda_1$ 和 $\lambda_2$。

b. 求 $K_{\lambda_1}^{A}$、$K_{\lambda_2}^{A}$、$K_{\lambda_1}^{B}$、$K_{\lambda_2}^{B}$ 将 A 溶液用 0.01mol · $L^{-1}$ HCl 稀释至开始浓度的 0.75 倍、0.50 倍、0.25 倍。B 溶液用 0.01mol · $L^{-1}$ NaAc 稀释至开始浓度的 0.75 倍、0.50 倍、0.25 倍。并在溶液 A、溶液 B 的最大吸收峰波长 $\lambda_1$、$\lambda_2$ 处测定上述各溶液的吸光度。如果在 $\lambda_1$、$\lambda_2$ 处上述溶液符合贝尔-郎比定律，则可得到四条 $A$-$c$ 直线，由此可求出 $K_{\lambda_1}^{A}$、$K_{\lambda_2}^{A}$、$K_{\lambda_1}^{B}$、$K_{\lambda_2}^{B}$。

③ 测定混合溶液的总吸光度及其 pH 值

a. 配制四个混合液。

10mL 标准液＋25mL 0.04mol · $L^{-1}$ NaAc＋50mL 0.02mol · $L^{-1}$ HAc，加蒸馏水稀释至 100mL。

10mL 标准液＋25mL 0.04mol · $L^{-1}$ NaAc＋25mL 0.02mol · $L^{-1}$ HAc，加蒸馏水稀释至 100mL。

10mL 标准液＋25mL 0.04mol · $L^{-1}$ NaAc＋10mL 0.02mol · $L^{-1}$ HAc，加蒸馏水稀释至 100mL。

10mL 标准液＋25mL 0.04mol · $L^{-1}$ NaAc＋5mL 0.02mol · $L^{-1}$ HAc，加蒸馏水稀释至 100mL。

b. 用 $\lambda_1$、$\lambda_2$ 的波长测定上述四个溶液的总吸光度。

c. 测定上述四个溶液的 pH 值。

（4）数据处理

① 画出溶液 A、溶液 B 的吸收光谱曲线，并由曲线上求出最大吸收峰的波长 $\lambda_1$、$\lambda_2$。

② 将 $\lambda_1$、$\lambda_2$ 时溶液 A、溶液 B 分别测得的浓度与吸光度值作图，得四条 $A$-$c$ 直线。求出四个摩尔吸光系数 $K_{\lambda_1}^{A}$、$K_{\lambda_1}^{B}$、$K_{\lambda_2}^{A}$、$K_{\lambda_2}^{B}$。

③ 由混合溶液的总吸光度，根据式(6-197)、式(6-198)，求出混合溶液中 A、B 的浓度。

④ 求出各混合溶液中甲基红的电离常数。

（5）注意事项

① 若使用 722 型分光光度计时，电源部分需加一稳压电源。以保证测定数据稳定。

② 若使用 722 型分光光度计时，为了延长光电管的寿命，在不进行测定时，应将暗室盖打开。仪器连续使用时间不应超过 2h，如使用时间长，则中途需间歇 0.5h 再使用。

③ 比色槽经过校正后，不能随意与另一套比色槽个别的交换，需经过校正后才能更换，否则将引入误差。

④ pH 计应在接通电源 20～30min 后进行测定。

⑤ 本实验 pH 计使用的复合电极，在使用前复合电极需在 3mol/L KCl 溶液中浸泡一昼夜。复合电极的玻璃电极玻璃很薄，容易破碎，切不可与任何硬东西相碰。

## 四、分光光度法测定络合物的组成与稳定常数

1. 原理

溶液中金属离子 M 和配位体 L 形成 $ML_n$ 络合物。其反应式为

$$M + nL \rightleftharpoons ML_n$$

当达到络合平衡时

$$K = \frac{[ML_n]}{[M][L]^n}$$

式中　$K$——络合物稳定常数；

[M]——金属离子浓度；

[L]——配位体浓度；

$[ML_n]$——络合物浓度。

在维持金属离子及配位体浓度之和 [M]＋[L]不变的条件下，改变 [M] 及 [L]，则当 $\frac{[L]}{[M]}=$

$n$ 时，络合物浓度达到最大，即

$$\frac{d[ML_n]}{d[M]}=0$$

分光光度法是测定络合物组成与稳定常数最常用的方法之一。

如果在可见光某个波长区域，络合物 $ML_n$ 有强烈吸收，而金属离子 M 及配位体 L 几乎不吸收，则可用分光光度法测定络合物组成及络合物稳定常数。

根据朗布特-比耳定律，λ 射光 $I_0$ 与透射光强 $I$ 之间有下列关系

$$I=I_0 e^{-kcd}$$

$$\ln\frac{I_0}{I}=kcd$$

令

$$A=\lg\frac{I_0}{I}=kcd$$

式中 $A$——吸光度；

$k$——摩尔吸光系数，它是溶液的特性常数；

$d$——被测溶液的厚度；

$c$——样品浓度；

$\frac{I_0}{I}$——透光率。

在维持 [M]+[L] 不变条件下，配制一系列不同的 [L]/[M] 组成的溶液。测定 [M]=0，[L]=0 及 [L]/[M] 居中间数值的三种溶液的 $A$-λ（吸光度-波长）数据。找出 [L]/[M] 有最大吸收波长，而 [M]、[L] 几乎不吸收的波长 λ 值，则该 λ 值极接近于络合物 $ML_n$ 的最大吸收波长。然后固定在该波长下，测定一系列的 [M]/([M]+[L]) 组成溶液的吸光度，作 $A$-[M]/([M]+[L]) 的曲线图，则曲线必存在着极大值，而极大值所对应的溶液组成就是络合物的组成。如图 6-162 所示。但是由于金属离子 M 及配位体 L 实际上存在着一定程度的吸收，因此所测出的吸光度 $A$ 并不是完全由络合物 $ML_n$ 的吸收所引起，必须加以校正。其校正方法如下：

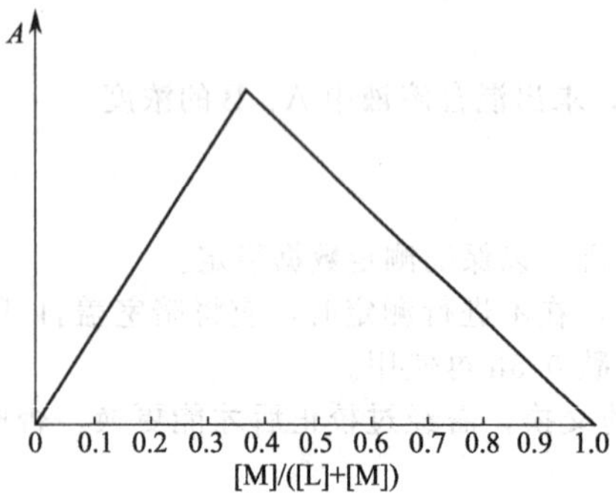


图 6-162 $A$-[M]/([M]+[L]) 曲线

在吸光度 $A$ 对 [M]/([M]+[L]) 的曲线图上，过 [M]=0 及 [L]=0 的两点作直线 MN，则直线上所表示的不同组成的吸光度数值可认为是由于 [M] 及 [L] 的吸收所引起的。因此，校正后的吸光度 $A$ 应等于曲线上的吸光度数值减去相应组成下直线上的吸光度数值，即 $A'=A-A_{校}$，如图 6-163 所示。

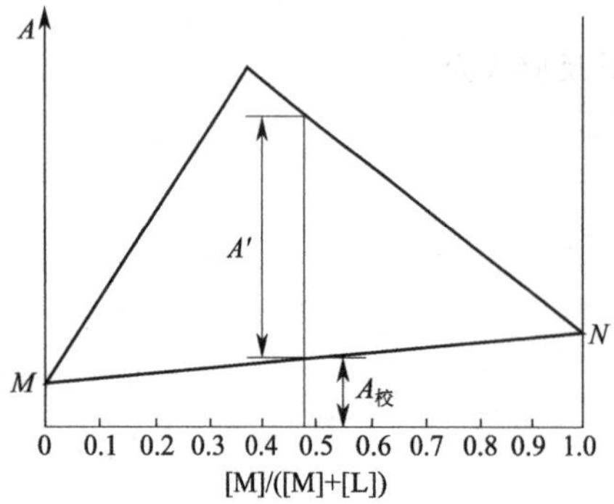


图 6-163 $A$-[M]/([M]+[L]) 校正曲线

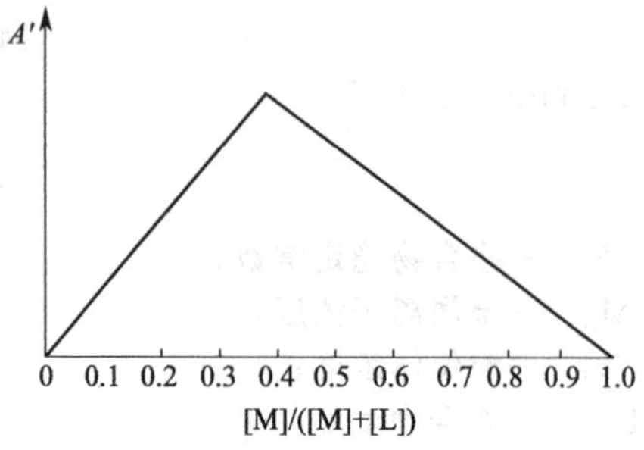


图 6-164 $A'$-[M]/([M]+[L]) 曲线

最后作校正后的吸光度 $A'$ 对 [M]/([M]+[L]) 的曲线，该曲线极大值所对应的组成才是络合物的实际组成。如图 6-164 所示。

设 $X_M$ 为曲线极大值所对应的组成，即

$$X_M=\frac{[M]}{[M]+[L]}$$

则配位数为

$$n=\frac{[L]}{[M]}=\frac{1-X_M}{X_M}$$

当络合物组成已经确定之后就可以根据下述方法确定络合物稳定常数。

设开始时金属离子 [M] 和配位体 [L] 浓度分别为 $a$ 和 $b$，而达到络合平衡时络合物浓度为 $x$，则

$$K=\frac{x}{(a-x)(b-nx)^n}$$

由于吸光度已经通过上述方法进行校正，因此可以认为校正后溶液吸光度正比于络合物的浓度。如果在两个不同的 [M]+[L] 总浓度下，作两条吸光度对 [M]/([M]+[L]) 的曲线。在这两条曲线上找出吸光度相同的两点，即在 $A'$ 约为 0.3 处，作横轴的平行线 $AB$ 交曲线Ⅰ、Ⅱ于 $C$、$D$ 两点，此两点所对应的溶液的络合物浓度 [$ML_n$] 应相同。设对应于两条曲线的起始金属离子浓度 [M] 及配位体浓度 [L] 分别为 $a_1$、$b_1$；$a_2$、$b_2$。如图 6-165 所示。

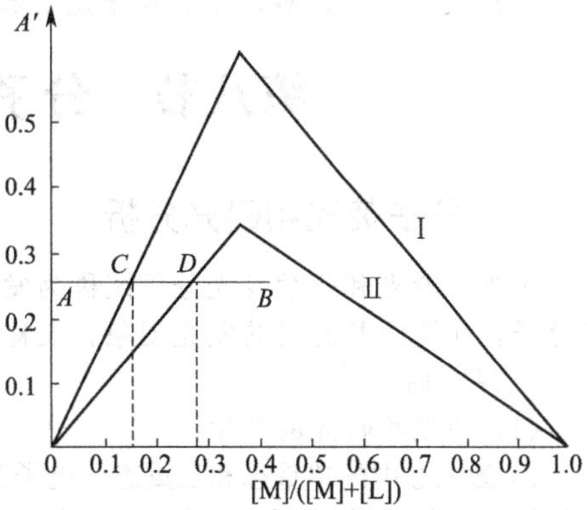

图 6-165 $A'$-[M]/([M]+[L]) 曲线

则

$$K=\frac{x}{(a_1-x)(b_1-nx)^n}=\frac{x}{(a_2-x)(b_2-nx)^n}$$

解上述方程可得到 $x$，然后由 $K=\frac{x}{(a-x)(b-nx)^n}$ 可计算络合物稳定常数 $K$。

2. 仪器与试剂

分光光度计，pH 计，0.005mol·L$^{-1}$ 硫酸铁铵溶液，0.005mol·L$^{-1}$ “试钛灵”（1,2-二羟基苯-3,5-二磺酸钠）溶液，pH 为 4.6 的缓冲溶液（每升溶液含有 100g 乙酸铵及足够量乙酸溶液）。

3. 测定步骤

（1）按 1L 溶液含有 100g 乙酸铵及 100mL 冰乙酸方法配制乙酸-乙酸铵缓冲溶液 250mL。

（2）用 0.005mol·L$^{-1}$ 硫酸铁铵溶液和 0.005mol·L$^{-1}$ “试钛灵”溶液，按下表制备 11 个待测溶液样品，然后依次将各样品加水稀释至 100mL。

| 溶液号数 | 1 | 2 | 3 | 4 | 5 | 6 | 7 | 8 | 9 | 10 | 11 |
|---|---|---|---|---|---|---|---|---|---|---|---|
| $Fe^{3+}$ 溶液/mL | 0 | 1 | 2 | 3 | 4 | 5 | 6 | 7 | 8 | 9 | 10 |
| “试钛灵”溶液/mL | 10 | 9 | 8 | 7 | 6 | 5 | 4 | 3 | 2 | 1 | 0 |
| 缓冲溶液/mL | 25 | 25 | 25 | 25 | 25 | 25 | 25 | 25 | 25 | 25 | 25 |

（3）把 0.005mol·L$^{-1}$ 硫酸铁铵溶液及 0.005mol·L$^{-1}$ “试钛灵”溶液分别稀释至 0.0025mol·L$^{-1}$，然后按上表制备第二组待测溶液样品。

（4）测定上述溶液 pH 值（不必所有溶液 pH 都测定，只选取其中任一样品即可）。

（5）用 3cm 比色皿测定络合物的最大吸收波长 $\lambda_{max}$。以蒸馏水为空白，用 6 号液测定其吸收曲线，即测定不同波长下的吸光度 $A$，找出最大吸光度所对应的波长 $\lambda_{max}$。在此波长下，1 号和 11 号溶液的吸光度应接近于零。在每次改变波长时，必须重新调分光光度计的零点。

（6）测定第一组和第二组溶液在 $\lambda_{max}$ 下的吸光度。

4. 数据处理

（1）作两组溶液的吸光度 $A$ 对 [M]/([M]+[L]) 的图。

(2) 对 $A$ 进行校正，求出各校正后的吸光度 $A'$。

(3) 作两组溶液的 $A'$-[M]/([M]+[L]) 图。

(4) 从上图 $A'\approx 0.3$ 处，作平行线交两曲线于两点。作两点所对应的溶液组成（即求出 $a_1$、$b_1$；$a_2$、$b_2$ 的值）。

(5) 从 $A'$-[M]/([M]+[L])曲线的最高点所对应的 $x_M$ 值，由 $n=\frac{[L]}{[M]}=\frac{1-x_M}{x_M}$ 求 $n$。

(6) 根据 $K=\frac{x}{(a_1-x)(b_1-nx)^n}=\frac{x}{(a_2-x)(b_2-nx)^n}$ 求出 $x$ 的数值。

(7) 从 $x$ 的数值算出络合物稳定常数。

# 第八节 分子荧光、磷光和化学发光

## 一、分子荧光和磷光分析

荧光、磷光和化学发光分析统称为发光分析（luminescence）。荧光和磷光是分子吸光成为激发态分子，在返回基态时的发光现象，又称光致发光分析（photoluminescence）。

1. 基本原理

(1) 荧光和磷光的产生

① 激发态中的单重态和三重态 电子激发态的多重度为 $M=2s+1$，$s$ 为电子自旋量子数的代数和，其数值为 0 或 1。如分子中所有轨道上的电子都是自旋配对的，则 $s=0$，$M=1$，该分子体系便处于单重态（S）。大多数有机物的分子的基态都是处于单重态的。分子吸收能量后，若电子在跃迁过程中不发生自旋方向的改变，$M=1$，分子处于激发的单重态。如果电子在自旋过程中伴随自旋的改变，$s=1$，$M=3$，此时分子处于激发的三重态（$T$）。三重态能量比相应的单重态能级略低（图 6-166 中 $T_1$）。

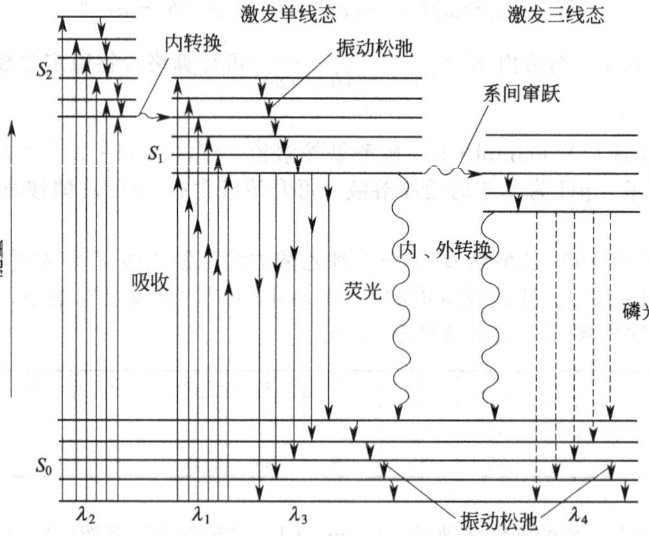


图 6-166 Jablonski 能级图

处于分子基态单重态中的电子对，其自旋方向相反，当其中一个电子被激发时，通常跃迁至第一激发态单重态轨道上，也可能跃迁至能级更高的单重态上。这种跃迁是符合光谱规律的，如果跃迁至第一激发三重态轨道上，则属于禁阻跃迁。单重态与三重态的区别在于电子自旋方向不同，激发三重态具有较低能级。

在单重激发态中，两个电子自旋方向相反，单重态分子具有抗磁性，其激发态的平均寿命大约为 $10^{-8}$s，而三重态分子具有顺磁性，其激发态的平均寿命为 $10^{-4}$～1s 以上。

② 电子从激发态回到基态的方式 处于激发态的电子，通常以辐射跃迁方式或无辐射跃迁方式再

回到基态。辐射跃迁主要涉及荧光、延迟荧光或磷光的发射：无辐射跃迁则是指以热的形式辐射其多余的能量，包括振动弛豫（VR）、内部转移（IR）、系间窜跃（IX）及外部转移（EC）等，各种跃迁方式发生的可能性及程度，与荧光物质本身的结构及激发时的物理和化学环境等因素有关。设处于基态单重态中的电子吸收波长为 $\lambda_1$ 和 $\lambda_2$ 的辐射光之后，分别激发至第二单重态 $S_2$ 及第一单重态 $S_1$。

ⓐ 振动弛豫　它是指在同一电子能级中，电子由高振动能级转至低振动能级，而将多余的能量以热的形式发出。发生振动弛豫的时间为 $10^{-12}$s 数量级。

ⓑ 内转移　指相同多重度等能态间的一种无辐射跃迁过程。当两个电子能级非常靠近以致其振动能级有重叠时，常发生电子由高能级以无辐射跃迁方式转移至低能级，内转移过程在 $10^{-13}\sim10^{-11}$s 时间内发生，通常比由高激发态直接发射光子的速度快得多。图 6-166 中指出，处于高激发单重态的电子，通过内转移及振动弛豫，均跃回到第一激发单重态的最低振动能级。

ⓒ 荧光发射　当分子处于单重激发态的最低振动能级时，将发射最长波长为 $\lambda_3$ 的荧光返回基态，这一过程称为荧光发射。由于弛豫跃迁效率很高，它在发射之前和之后都有可能发生。很明显，$\lambda_3$ 的波长较激发波长 $\lambda_1$ 或 $\lambda_2$ 都长，而且不论电子开始被激发至什么高能级，最终将只发射出波长 $\lambda_3$ 的荧光。荧光的产生在 $10^{-7}\sim10^{-9}$s 内完成。

ⓓ 系间窜跃　指不同多重态间的无辐射跃迁，它涉及受激电子自旋状态的改变。例如 $S_1\rightarrow T_1$ 就是一种系间窜跃，使原来两个自旋配对的电子不再配对，这种跃迁是禁阻的，但如果两个电子能态的振动能层有较大重叠时，可能通过自旋-轨道耦合等作用使其实现。有时，通过热激发，有可能发生 $T_1\rightarrow S_1$，然后由 $S_1$ 发生荧光。这是产生延迟荧光的机理。

ⓔ 磷光发射　电子由基态单重态激发至第一激发三重态的概率很小，因为这是禁阻跃迁。但是，由第一激发单重态的最低振动能级，有可能以系间窜跃方式转至第一激发三重态，再经过振动弛豫，转至其最低振动能级，由此激发态跃回至基态时，便发射磷光，这个跃迁过程（$T_1\rightarrow S_0$）也是自旋禁阻的，其发光速率较慢，约为 $10^{-4}\sim10$s。因此，这种跃迁所发射的光，在光照停止后，仍可持续一段时间。

ⓕ 外转移　指激发分子与溶剂分子或其他溶质分子的相互作用及能量转移，使荧光或磷光强度减弱甚至消失。这一现象称为“熄火”或“猝火”。荧光与磷光的根本区别：荧光是由激发单重态最低振动能层至基态各振动能层间跃迁产生的；而磷光是由激发三重态的最低振动能层至基态各振动能层间跃迁产生的。

（2）激发光谱和荧光、磷光光谱

任何荧光和磷光化合物都具有两个特征光谱：激发光谱和发射光谱，是定性和定量分析的基本参数和依据。图 6-167 表明吸收光谱与荧光光谱谱带间的关系。

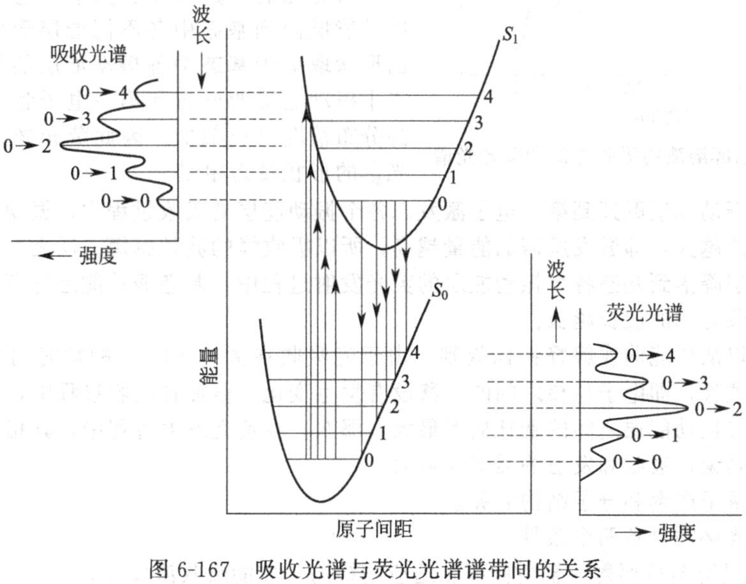


图 6-167　吸收光谱与荧光光谱谱带间的关系

① 激发光谱　用以确定合适的激发光波长。荧光和磷光均为光致发光，因此必须选择合适的激发光波长，可根据它们的激发光谱曲线来确定。绘制激发光谱曲线时，选择荧光（或磷光）最大发射波长为测量波长，然后改变激发波长，测量荧光（磷光）强度变化。根据所测得的荧光（磷光）强度与激发光波长的关系，即可绘制激发光谱曲线。

激发光谱的形状与吸收光谱的形状极为相似，事实上，物质分子吸收能量的过程就是其激发过程。

应该指出，激发光谱曲线与其吸收曲线可能相同，但激发光谱曲线是荧光强度与波长的关系曲线，吸收曲线则是吸光度与波长的关系曲线，两者在性质上是不同的。当然，在激发光谱曲线的最大波长处，处于激发态的分子数目是最多的，这可说明所吸收的光能量也是最多的，自然能产生最强的荧光。

② 发射光谱（简称为荧光与磷光光谱）　如果固定激发光波长为其最大激发波长，然后测定不同的波长时所发射的荧光或磷光强度，即扫描发射波长，即可绘制荧光或磷光光谱曲线。

在荧光和磷光的产生过程中，由于存在各种形式的无辐射跃迁，损失能量，所以它们的最大发射波长都向长波方向移动，以磷光波长的移动最多，而且它的强度也相对较弱。

③ 荧光发射光谱的特性

a. Stokes 位移　在溶液中，分子荧光的发射相对于吸收位移到较长的波长，称为 Stokes 位移。这是由于受激分子通过振动弛豫而失去转动能，也由于溶液中溶剂分子与受激分子的碰撞，也会有能量的损失。因此，在激发和发射之间产生了能量损失。

b. 荧光发射光谱的形状与激发波长无关　因为分子吸收了不同能量的光子可以由基态激发到几个不同的电子激发态，而具有几个吸收带。由于较高激发态通过内转换及转动弛豫回到第一电子激发态的概率较高，远大于由高能激发态直接发射光子的速度，故在荧光发射时，不论用哪一个波长的光辐射激发，电子都从第一电子激发态的最低振动能层返回到基态的各个振动能层，所以荧光发射光谱与激发波长无关。

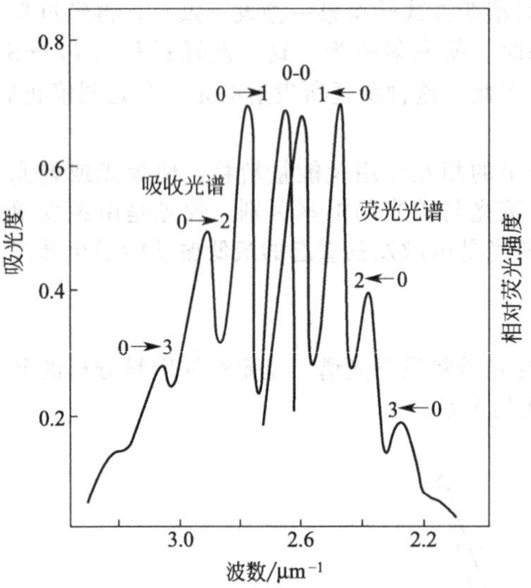


图 6-168　萘的乙醇溶液的吸收光谱和荧光光谱

c. 镜像规则　通常荧光发射光谱和它的吸收光谱呈镜像对称关系，图 6-168 为萘的乙醇溶液的吸收光谱和荧光光谱的镜像对称关系。

吸收光谱是物质分子由基态激发至第一电子激发态的各振动能层形成的。其形状决定于第一电子激发态中各振动能层的分布情况。

荧光光谱是激发分子从第一电子激发态的最低振动能层回到基态中各不同能层形成的，荧光光谱的形状取决于基态中各振动能层的分布情况，而基态中振动能层的分布和第一电子激发态中振动能层的分布情况是类似的。因此荧光光谱的形状和吸收光谱的形状极为相似。

由基态最低振动能层跃迁到第一电子激发态各个振动能层的吸收过程中，振动能层越高，两个能层之间的能量差越大，即激发所需的能量越高，所以吸收峰的波长越短。反之，由第一电子激发态的最低振动能层降落到基态各个振动能层的荧光发射过程中，基态振动能层越高，两个能层之间的能量差越小，荧光峰的波长越长。

另外，也可以从位能曲线解释镜像规则。由于光吸收在大约 $10^{-15}$ s 的短时间内发生，原子核没有发生明显的位移，即电子与核之间的位移没有发生变化。假如在吸收过程中，基态的零振动能层与激发态的第二振动能层之间的跃迁概率最大，那么，在荧光发射过程中，其相反跃迁的概率也应该最大。也就是说，吸收和发射的强度都最大。

(3) 荧光、量子产率和分子结构的关系

分子产生荧光必须具备两个条件：

a. 分子必须具有与所照射的辐射频率相适应的结构，才能吸收激发光；

b. 吸收了与其本身特征频率相同的能量之后，必须具有一定的荧光量子产率。

① 量子产率 荧光量子产率也叫荧光效率或量子效率，它表示物质发射荧光的能力，通常用下式表示

$$\varphi=发射荧光量子数/吸收光量子数$$

或

$$\varphi=发射荧光分子数/激发分子总数$$

许多吸光物质并不能发射荧光，在产生荧光的过程中，涉及许多辐射和无辐射跃迁过程，如荧光发射、内转移，系间窜跃和外转移等。很明显，荧光的量子产率，将与上述每一个过程的速率常数有关。

若用数学式来表达这些关系，得到

$$\varphi=k_f/(k_f+\sum k_i)$$

式中，$k_f$ 为荧光发射过程的速率常数；$\sum k_i$ 为其他有关过程的速率常数的总和。

凡是能使 $k_f$ 值升高而使其他 $k_i$ 值降低的因素，都可增强荧光。

实际上，对于高荧光分子，例如荧光素，其量子产率在某些情况下接近 1，说明 $\sum k_i$ 很小，可以忽略不计。一般来说，$k_f$ 主要取决于化学结构，而 $\sum k_i$ 则主要取决于化学环境，同时也与化学结构有关。

② 荧光与有机化合物的结构

a. 跃迁类型 实验证明，对于大多数荧光物质，首先经历 $\pi\rightarrow\pi^*$ 或 $n$（非键电子轨道）$\rightarrow\pi^*$ 激发，然后经过振动弛豫或其他无辐射跃迁，再发生 $\pi^*\rightarrow\pi$ 或 $\pi^*\rightarrow n$ 跃迁而得到荧光。在这两种跃迁类型中，$\pi^*\rightarrow\pi$ 跃迁常能发出较强的荧光（较大的量子产率）。这是由于 $\pi\rightarrow\pi^*$ 跃迁具有较大的摩尔吸光系数（一般比 $n\rightarrow\pi^*$ 大 100～1000 倍），其次，$\pi\rightarrow\pi^*$ 跃迁的寿命约为 $10^{-7}$～$10^{-9}$s，比 $n\rightarrow\pi^*$ 跃迁的寿命 $10^{-5}$～$10^{-7}$s 要短，$k_f$ 较大。在各种跃迁过程的竞争中，它是有利于发射荧光的。此外，在 $\pi^*\rightarrow\pi$ 跃迁过程中，通过系间窜跃至三重态的速率常数也较小（$S_1\rightarrow T_1$ 能级差较大），这也有利于荧光的发射，总之，$\pi\rightarrow\pi^*$ 跃迁是产生荧光的主要跃迁类型。

b. 共轭效应 实验证明，容易实现 $\pi\rightarrow\pi^*$ 激发的芳香族化合物容易发生荧光，能发生荧光的脂肪族和脂环族化合物极少（仅少数高度共轭体系化合物除外）。此外，增加体系的共轭度，荧光效率一般也将增大，荧光波长向长波方向移动。例如，在多烯结构中，$ph(CH=CH)_3ph$ 和 $ph(CH=CH)_2ph$ 在苯中的荧光效率分别为 0.68 和 0.28。

共轭效应使荧光增强的原因：体系 π 电子共轭度越大，其 π 电子非定域性越大，越容易被激发，荧光就越容易产生。表 6-43 为对苯基化和间苯基化作用对荧光效率及荧光波长的影响。表 6-44 为乙烯化作用对荧光效率及荧光波长的影响。

**表 6-43 对苯基化和间苯基化作用对荧光效率及荧光波长的影响**

| 化合物(在环己烷中) | φ | λ/nm | 化合物(在环己烷中) | φ | λ/nm |
|---|---|---|---|---|---|
| 苯 | 0.07 | 283 | 对-联四苯 | 0.89 | 366 |
| 联苯 | 0.18 | 316 | 1,3,5-三苯基苯 | 0.27 | 355 |
| 对-联三苯 | 0.93 | 342 | | | |

**表 6-44 乙烯化作用对荧光效率及荧光波长的影响**

| 化合物 | φ | λ/nm | 化合物 | φ | λ/nm |
|---|---|---|---|---|---|
| 联苯 | 0.18 | 316 | 蒽 | 0.36 | 402 |
| 4-乙烯基联苯 | 0.61 | 333 | 9-乙烯基蒽 | 0.76 | 432 |

c. 刚性平面结构 实验发现，多数具有刚性平面结构的有机分子具有强烈的荧光。因为这种结构可以减少分子的振动，使分子与溶剂或其他溶质分子的相互作用减少，也就减少了碰撞去活的可能性。

d. 取代基效应 芳香族化合物苯环上的不同取代基对该化合物的荧光强度和荧光光谱有很大的影响。

给电子基团，如—OH、—OR、—CN、$—NH_2$、$—NR_2$ 等，使荧光增强。因为产生了 p-π 共轭作用，增强了 π 电子共轭程度、使最低激发单重态与基态之间的跃迁概率增大。

吸电子基团，如—COOH、—NO、$—NO_2$、—C=O 、卤素等，会减弱甚至会猝灭荧光、如

硝基苯为非荧光物质，而苯酚、苯胺的荧光较苯强

卤素取代基随原子序数的增加而荧光降低，但磷光增强。这可能是由所谓“重原子效应”使系间跨越速率增加所致。在重原子中，能级之间的交叉现象比较严重，因此容易发生自旋轨道的相互作用，有利于电子自旋的改变，增大了系间蹿越的速度，从而使荧光减弱而磷光增强。

取代基的空间障碍对荧光也有影响。立体异构现象对荧光强度有显著的影响。

③ 金属螯合物的荧光　除过渡元素的顺磁性原子会发生线状荧光光谱外，大多数无机盐类金属离子，在溶液中只能发生无辐射跃迁，因而不产生荧光。但是，在某些情况下，金属螯合物却能产生很强的荧光，并可用于痕量金属元素分析。

a. 螯合物中配位体的发光　不少有机化合物虽然具有共轭双键，但由于不是刚性结构，分子处于非同一平面，因而不发生荧光。若这些化合物和金属离子形成螯合物，随着分子的刚性增强，平面结构的增大，常会发生荧光。如8-羟基喹啉本身有很弱的荧光，但其金属螯合物具有很强的荧光。

b. 螯合物中金属离子的特征荧光　这类发光过程通常是螯合物首先通过配位体的 $\pi\rightarrow\pi^*$ 跃迁激发，接着配位体把能量转给金属离子，导致 $d\rightarrow d^*$ 跃迁和 $f\rightarrow f^*$ 跃迁，最终发射的是 $d\rightarrow d^*$ 跃迁和 $f\rightarrow f^*$ 跃迁光谱。

(4) 溶液的荧光（或磷光）强度及其影响因素、荧光的猝灭

① 荧光强度与溶液浓度的关系　荧光强度 $I_f$ 正比于吸收的光量 $I_a$ 与荧光量子产率 $\varphi$。

$$I_f=\varphi I_a$$

式中，$\varphi$ 为荧光量子效率。又根据 Beer 定律

$$I_a=I_0-I_t=I_0(1-10^{-\varepsilon lc})$$

$I_0$ 和 $I_t$ 分别是入射光强度和透射光强度。代入上式得

$$I_f=\varphi I_0(1-10^{-\varepsilon lc})=\varphi I_0(1-e^{-2.3\varepsilon lc})$$

荧光强度和溶液浓度的关系整理得

$$I_f=2.3\varphi I_0\varepsilon lc$$

当入射光强度 $I_0$ 和 $l$ 一定时，得到

$$I_f=Kc$$

即荧光强度与荧光物质的浓度成正比，但这种线性关系只有在极稀的溶液中，当 $\varepsilon lc\leqslant 0.005$ 时才成立。对于较浓溶液，由于猝灭现象和自吸收等原因，使荧光强度和浓度不呈线性关系。

② 影响荧光强度的因素

a. 溶剂对荧光强度的影响　溶剂的影响可分为一般溶剂效应和特殊溶剂效应。一般溶剂效应指的是溶剂的折射率和介电常数的影响。特殊溶剂效应指的是荧光体和溶剂分子间的特殊化学作用，如氢键的生成和化合作用。

一般溶剂效应是普遍的，而特殊溶剂效应则决定于溶剂和荧光体的化学结构。特殊溶液效应所引起荧光光谱的移动值，往往大于一般溶剂效应所引起的影响。由于溶质分子与溶剂分子间的作用，使同一种荧光物质在不同的溶剂中的荧光光谱可能会有显著不同。

有的情况下，增大溶剂的极性，将使 $n\rightarrow\pi^*$ 跃迁的能量增大，$\pi\rightarrow\pi^*$ 跃迁的能量减小，而导致荧光增强，荧光峰红移。但也有相反的情况，例如，苯胺萘磺酸类化合物在戊醇、丁醇、丙醇、乙醇和甲醇中，随着醇的极性增大，荧光强度减小，荧光峰蓝移。因此荧光光谱的位置和强度与溶剂极性之间的关系，应根据荧光物质与溶剂的不同而异。

如果溶剂和荧光物质形成了化合物，或溶剂使荧光物质的电离状态改变，则荧光峰位和强度都会发生较大的变化。

b. 温度对荧光强度的影响　温度对荧光强度的影响较为敏感，荧光分析时控制温度十分重要。温度上升使荧光强度下降。其中一个原因是分子的内部能量转化作用。当激发分子接受额外热能时，有可能使激发能转换为基态的振动能量，随后迅速振动弛豫而丧失振动能量。另一个原因是温度上升使介质黏度减小，荧光物质与溶剂分子的碰撞频率增加，使外转换的去活概率增加。

c. 溶液 pH 值对荧光强度的影响　带有酸性或碱性官能团的大多数芳香族化合物的荧光与溶液

的 pH 有关。不同的 pH 值，化合物所处状态不同，不同的化合物或化合物的分子与其离子在电子构型上有所不同，因此，它们的荧光强度和荧光光谱就有一定的差别。例如苯胺只有在 pH 7～12 时才发生蓝色荧光，其他 pH 条件下以离子形式存在，都不发生荧光。

对于金属离子与有机试剂形成的发光螯合物，一方面 pH 会影响螯合物的形成，另一方面还会影响螯合物的组成，因而影响它们的荧光性质。

d. 内滤光作用和自吸收现象　溶液中若存在能吸收激发或荧光物质所发射光能的物质，就会使荧光减弱，这种现象称为“内滤光作用”。

内滤光作用的另一种情况是荧光物质的荧光发射光的短波长的一端与该物质的吸收光谱的长波长一端有重叠。在溶液浓度较大时，一部分荧光发射被自身吸收，产生“自吸收”现象而降低了溶液的荧光强度。

③ 溶液荧光的猝灭　荧光物质分子与溶剂分子或其他溶质分子的相互作用引起荧光强度降低的现象称为荧光猝灭。能引起荧光强度降低的物质称为猝灭剂。荧光猝灭的形式很多，机理也很复杂。导致荧光猝灭的主要类型：

a. 碰撞猝灭　碰撞猝灭是指处于激发单重态的荧光分子与猝灭剂分子相碰撞，使激发单重态的荧光分子以无辐射跃迁的方式回到基态，产生猝灭作用。

b. 静态猝灭（组成化合物的猝灭）　由于部分荧光物质分子与猝灭剂分子生成非荧光的配合物而产生的。此过程往往还会引起溶液吸收光谱的改变。

c. 转入三重态的猝灭　分子由于系间的跨越跃迁，由单重态跃迁到三重态。转入三重态的分子在常温下不发光，它们在与其他分子的碰撞中消耗能量而使荧光猝灭。

溶液中的溶解氧对有机化合物的荧光产生猝灭效应是由于三重态基态的氧分子和单重激发态的荧光物质分子碰撞，形成了单重激发态的氧分子和三重态的荧光物质分子，使荧光猝灭。

d. 发生电子转移反应的猝灭　某些猝灭剂分子与荧光物质分子相互作用时，发生了电子转移反应，因而引起荧光猝灭。

e. 荧光物质的自猝灭　在浓度较高的荧光物质溶液中，单重激发态的分子在发生荧光之前和未激发的荧光物质分子碰撞而引起的自猝灭，如蒽和苯的自猝灭。有些荧光物质分子在溶液浓度较高时会形成二聚体或多聚体，使它们的吸收光谱发生变化，也引起溶液荧光强度的降低或消失。

2. 荧光分析仪

用于测量荧光的仪器由激发光源、样品池、用于选择激发光波长和荧光波长的单色器以及检测器四部分组成。图 6-169 为荧光分析仪基本部件示意图。

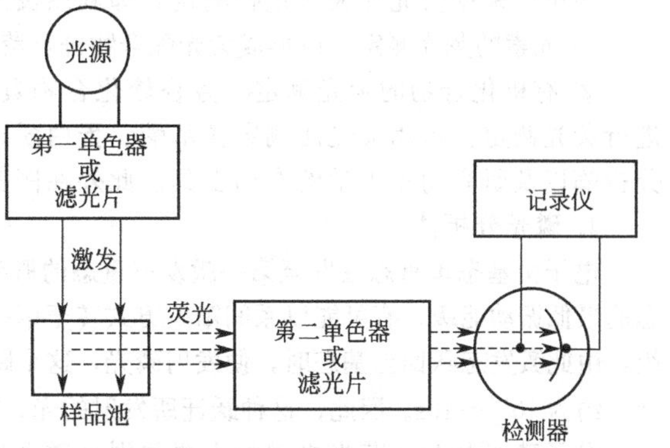

图 6-169　荧光分析仪基本部件示意图

（1）工作原理

由光源发射的光经第一单色器得到所需的激发光波长，通过样品池后，一部分光能被荧光物质所吸收，荧光物质被激发后，发射荧光。为了消除入射光和散射光的影响，荧光的测量通常在与激发光成直角的方向上进行。为消除可能共存的其他光线的干扰，如由激发所产生的反射光、Raman 光，以及为将溶液中杂质滤去，以获得所需的荧光，在样品池和检测器之间设置了第二单色器。荧光作用于检测器上，得到响应的电信号，经放大后记录下来。

（2）仪器组成

① 激发光源　在紫外-可见区范围，通常的光源是氙灯和高压汞灯。

② 样品池　荧光用的样品池必须用低荧光的材料制成，通常用石英，形状以方形和长方形为宜。

③ 单色器　较精密的均采用光栅，有两个，分别用于选择激发波长和分离出荧光发射波长。

④ 检测器　由光电管和光电倍增管作检测器，并与激发光成直角。

3. 分子荧光分析法及其应用

(1) 荧光分析方法的特点

① 灵敏度高　比紫外-可见分光光度法高 2～4 量级，测定下限 0.1～0.001μg/mL。通常可用相对灵敏度表示荧光法的灵敏度。

② 选择性强　荧光法既能依据特征发射，又能依据特征吸收来鉴定物质。加入某几个物质的发射光谱相似，可以从激发光谱的差异将它们区分开；而如果其吸收光谱相似，又可以根据发射光谱将其区分。

③ 试样量少和方法简单。

④ 提供比较多的生理参数　激光发射、发射光谱、荧光强度、荧光效率、荧光寿命，从不同角度提供被研究分子的信息。

荧光分析法的弱点是它的应用范围小。因为本身能发荧光的物质相对较少，用加入某种试剂的方法将非荧光物质转化为荧光物质进行分析，其数量也不多；另一方面，由于荧光分析的灵敏度高，测定对环境因素敏感，干扰因素较多。

(2) 定量分析方法

① 校准曲线法　荧光分析一般多采用校准曲线法，即用已知量的标准物质经过和试样一样的处理后，配成一系列标准溶液，在一定的仪器条件下测定这些溶液的荧光强度，做出校准曲线，然后在同样的仪器条件下，测定试样溶液的荧光强度，从校准曲线上查出它们的浓度。

② 比较法　如果已知某测定物质的荧光校准曲线的浓度线性范围，取已知量的荧光物质配成一标准溶液，测定其荧光强度，然后在同样条件下测定试样溶液的荧光强度，由标准溶液的浓度和两个溶液的荧光强度的比值，求得试样中荧光物质的含量。

(3) 应用

大多用于定量测定，由于自身发射荧光的化合物为数不多，因此往往利用有机试剂与荧光较弱或不显荧光的物质结合形成发荧光的配合物进行测量。

还可以采用荧光猝灭法进行测定，即利用荧光降低的程度测定元素的含量。

① 元素的荧光测定　以形成荧光配合物进行荧光分析的元素目前达到 60 多种，如稀土元素等。

② 有机化合物的荧光测定　芳香族化合物具有共轭的不饱和结构，多能发生荧光，可以直接进行荧光测定。可用荧光法测定氨基酸、蛋白质，用以研究蛋白质的结构。荧光法也是定性和定量分析酶以及研究酶动力学的有用工具。此外在医药领域也有较多应用。

4. 磷光分析法

电子由基态单重态激发至第一激发三重态的概率很小，因为这是禁阻跃迁。但是，由第一激发单重态的最低振动能级，有可能以系间窜跃方式转至第一激发三重态，再经过振动弛豫，转至其最低振动能级，由此激发态跃回至基态时，便发射磷光，这个跃迁过程（$T_1 \rightarrow S_0$）也是自旋禁阻的，其发光速率较慢，约为 $10^{-4}$～10s。因此，这种跃迁所发射的光，在光照停止后，仍可持续一段时间。

分子磷光与分子荧光光谱的主要差别是磷光是第一激发单重态的最低能层，经系间跨越跃迁到第一激发三重态，并经振动弛豫至最低振动能层，然后跃迁回到基态发生的。

(1) 磷光分析的特点

与荧光相比，磷光具有如下三个特点：

① 磷光辐射的波长比荧光长　因为分子的 $T_1$ 态能量比 $S_1$ 态低。

② 磷光的寿命比荧光长　由于荧光是 $S_1 \rightarrow S_0$ 跃迁产生的，这种跃迁是自旋许可的跃迁，因而 $S_1$ 态的辐射寿命通常在 $10^{-7}$～$10^{-9}$s；磷光是 $T_1 \rightarrow S_0$ 跃迁产生的，这种跃迁属自旋禁阻的跃迁，其速率常数要小，因而辐射寿命要长，大约为 $10^{-4}$～10s。

③ 磷光的寿命和辐射强度对于重原子和顺磁性离子敏感。

(2) 磷光分析法（低温磷光与室温磷光）

① 低温磷光　由于激发三重态的寿命长，使激发态分子发生 $T_1 \rightarrow S_0$ 跃迁，这种分子内部的内转化非辐射去活化过程以及激发态分子与周围的溶剂分子间发生碰撞和能量转移过程，或发生某些

光化学反应的概率增大，这些都将使磷光强度减弱，甚至完全消失。为减少这些去活化过程的影响，通常应在低温下测量磷光。

低温磷光分析中，液氮是最常用的合适的冷却剂。因此要求所使用的溶剂，在液氮温度（77K）下应具有足够的黏度并能形成透明的刚性玻璃体，对所分析的试样应具有良好的溶解特性。试样的刚性可减少荧光的碰撞猝灭。溶剂应易于提纯，以除去芳香族和杂环化合物等杂质。溶剂应在所研究的光谱区域内没有很强的吸收和发射。最常用的溶剂是EPA，它由乙醇、异戊烷和二乙醚按体积比为2∶5∶5混合而成。使用含有重原子的混合溶剂IEPA（由EPA∶碘甲烷＝10∶1组成），有利于系间跨越跃迁，可以增加磷光效应。

含重原子的溶剂，由于重原子的高核电荷引起或增强了溶质分子的自旋-轨函耦合作用，从而增大了 $S_0 \rightarrow T_1$ 吸收跃迁和 $S_1 \rightarrow T_1$ 系间跨越跃迁的概率，有利于磷光的发生和增大磷光的量子产率。这种作用称为外部重原子效应。当分子中引入重原子取代基，例如，当芳烃分子中引入杂原子或重原子取代基时，也会发生内部重原子效应，导致磷光量子效率的提高。

② 室温磷光 由于低温磷光需要低温实验装置，溶剂选择的限制等因素，从而发展了多种室温磷光法（RTP）。

a. 固体基质室温磷光法（SS-RTP） 此法基于测量室温下吸附于固体基质上的有机化合物所发射的磷光。所用的载体种类较多，有纤维素载体（如滤纸、玻璃纤维）、无机载体（如硅胶、氧化铝）以及有机载体（如乙酸钠、聚合物、纤维素膜）等。理想的载体是既能将分析物质牢固地束缚在表面或基质中以增加其刚性，并能减小三重态的碰撞猝灭等非辐射去活化过程，而本身又不产生磷光背景。

b. 胶束增稳的溶液室温磷光法（MS-RTP） 当溶液中表面活性剂的浓度达到临界胶束浓度后，便相互聚集形成胶束。由于这种胶束的多相性，改变了磷光团的微环境和定向的约束力，从而强烈影响了磷光团的物理性质，减小了内转化和碰撞能量损失等非辐射去活化过程的趋势，明显增加了三重态的稳定性，从而可以实现在溶液中测量室温磷光。利用胶束稳定的因素，结合重原子效应，并对溶液除氧，是MS-RTP的三个要素。

c. 敏化溶液室温磷光法（SS-RTP） 该法在没有表面活性剂存在的情况下获得溶液的室温磷光。分析物质被激发后并不发射荧光，而是经过系间跨越过程衰减变至最低激发三重态。当有某种合适的能量受体存在时，发生了由分析物质到受体的三重态能量转移，最后通过测量受体所发射的室温磷光强度而间接测定该分析物质。在这种方法中，分析物质本身并不发磷光，而是引发受体发磷光。

（3）磷光分析仪

在荧光分光光度计上配上磷光配件后，即可用于磷光测定。如将样品放在盛有液氮的石英杜瓦瓶内，即可用于低温磷光测定。图6-170为转筒式磷光镜（a）和转盘式磷光镜（b）。

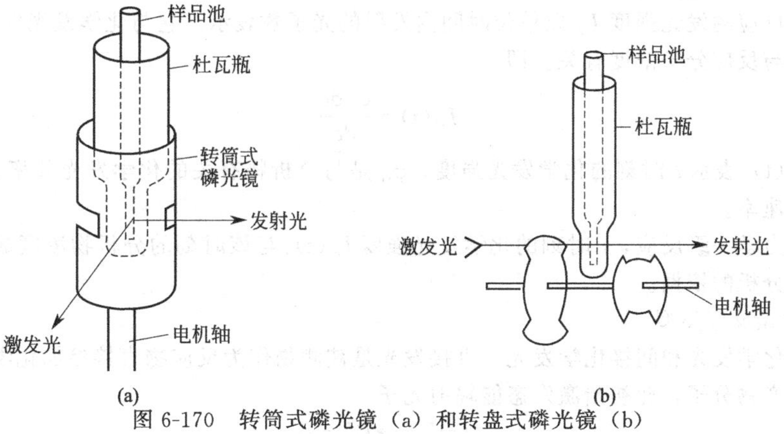


图6-170 转筒式磷光镜（a）和转盘式磷光镜（b）

（4）磷光分析应用

磷光分析主要用于测定有机化合物，如石油产品、多环芳烃、农药、药物等方面。一些有机化合物的磷光分析条件见表6-45。

表 6-45 一些有机化合物的磷光分析条件

| 化合物 | 溶剂 | $\lambda_{ex}$/nm | $\lambda_{em}$/nm | 化合物 | 溶剂 | $\lambda_{ex}$/nm | $\lambda_{em}$/nm |
|---|---|---|---|---|---|---|---|
| 腺嘌呤 | WM① | 278 | 406 | 吡啶 | EtOH | 310 | 440 |
| | RTP① | 290 | 470 | 吡哆素盐酸 | EtOH | 291 | 425 |
| 蒽 | EtOH | 300 | 462 | 水杨酸 | EtOH | 315 | 430 |
| | EPA | 240 | 380 | | RTP | 320 | 470 |
| 阿斯匹林 | EtOH | 310 | 430 | 磺胺二甲基嘧啶 | EtOH | 280 | 405 |
| 苯甲酸 | EPA | 240 | 400 | 磺胺 | EtOH | 297 | 411 |
| 咖啡因 | EtOH | 285 | 440 | | RTP | 267 | 426 |
| 可卡因盐酸 | EtOH | 240 | 400 | 磺胺吡啶 | EtOH | 310 | 440 |
| | RTP | 285 | 460 | 色氨酸 | EtOH | 295 | 440 |
| 可待因 | EtOH | 270 | 505 | | RTP | 280 | 448 |
| DDT | EtOH | 270 | 420 | 香草醛 | EtOH | 332 | 519 |

① WM 为水-甲醇；RTP 为室温磷光。

## 二、化学发光分析

某些物质在进行化学反应时，由于吸收了反应时产生的化学能，而使反应产物分子激发至激发态，受激分子由激发态回到基态时，便发出一定波长的光。这种吸收化学能使分子发光的过程称为化学发光。利用化学发光反应而建立起来的分析方法称为化学发光分析法。化学发光也发生于生命体系，这种发光称为生物发光。

1. 化学发光分析的基本原理

化学发光是吸收化学反应过程产生的化学能，而使反应产物分子激发所发射的光。任何一个化学发光反应都应包括化学激发和发光两个步骤，必须满足如下条件：

① 化学反应必须提供足够的激发能，激发能主要来源于反应焓。多为氧化还原反应。

② 要有有利的化学反应历程，使化学反应的能量至少能被一种物质所接受并生成激发态。容易生成激发态产物的通常是芳香化合物或羰基化合物

③ 激发态能释放光子或能够转移它的能量给另一个分子，而使该分子激发，然后以辐射光子的形式回到基态。能量不能以热的形式消耗。

化学发光反应效率 $\varphi_{cl}$，又称化学发光的总量子产率。它决定于生成激发态产物分子的化学激发效率 $\varphi_{ce}$ 和激发态分子的发射效率 $\varphi_{em}$。定义为：

$$\varphi_{cl}=\text{发射光子的分子数}/\text{参加反应的分子数}=\varphi_{ce}\varphi_{em}$$

化学反应的发光效率、光辐射的能量大小以及光谱范围，完全由参加反应物质的化学反应所决定。每个化学发光反应都有其特征的化学发光光谱及不同的化学发光效率。

化学发光反应的发光强度 $I_{cl}$ 以单位时间内发射的光子数表示。它与化学发光反应的速率有关，而反应速率又与反应分子浓度有关。即

$$I_{cl}(t)=\frac{\varphi_{cl}\mathrm{d}c}{\mathrm{d}t}$$

式中，$I_{cl}(t)$ 表示 $t$ 时刻的化学发光强度，$\varphi_{cl}$ 是与分析物有关的化学发光效率，$\mathrm{d}c/\mathrm{d}t$ 是分析物参加反应的速率。

如果是动力学一级反应，$t$ 时刻的化学发光强度 $I_{cl}(t)$ 与该时刻的分析物浓度成正比，以此可作为物质定量分析的依据。

2. 化学发光反应类型

(1) 直接化学发光和间接化学发光 直接发光是被测物作为反应物直接参加化学发光反应，生成电子激发态产物分子，此初始激发态能辐射光子。

$$A+B\longrightarrow C^{*}+D$$

$$C^{*}\longrightarrow C+h\nu$$

式中，A 或 B 是被测物，通过反应生成电子激发态产物 $C^{*}$，当 $C^{*}$ 跃迁回基态时，辐射光子。

间接发光是被测物 A 或 B，通过化学反应生成初始激发态产物 $C^{*}$，$C^{*}$ 不直接发光，而是将其

能量转移给 F，使 F 受激，$F^*$ 跃迁回基态，产生发光。

$$A+B \longrightarrow C^* +D$$
$$C^* +F \longrightarrow F^* +E$$
$$F^* \longrightarrow F+h\nu$$

式中，$C^*$ 为能量给予体；F 为能量接受体。

(2) 气相化学发光和液相化学发光　按反应体系的状态分类，如化学发光反应在气相中进行称为气相化学发光；在液相或固相中进行称为液相或固相化学发光；在两个不同相中进行则称为异相化学发光。液相化学发光在痕量分析中更为重要。

① 气相化学发光　主要有 $O_3$、NO、S 的化学发光反应，可用于监测空气中的 $O_3$、NO、$SO_2$、$H_2S$、CO、$NO_2$ 等。

臭氧与乙烯的化学发光反应，发光物质为激发态的甲醛。一氧化氮与臭氧的化学发光反应，发光物质为激发态的 $NO_2$。

② 液相化学发光　用于此类化学发光分析的发光物质有鲁米诺、光泽碱等。例如，利用发光物质鲁米诺，可测定痕量的 $H_2O_2$ 以及 Cu、Mn、Co、V、Fe、Cr、Ce 等金属离子。

3. 化学发光的测量装置

化学发光分析法的测量仪器主要包括：样品室、光检测器、放大器和信号输出装置。见图 6-171。

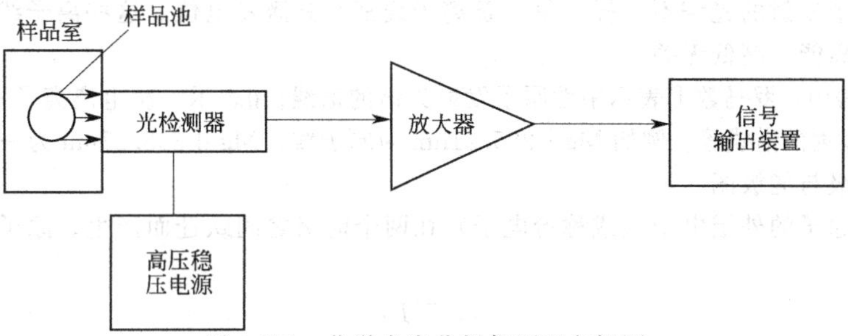


图 6-171　化学发光分析仪原理方框图

化学发光反应在样品室中进行，样品和试剂混合的方式有不连续取样体系，加样是间歇的。将试剂先加到光电倍增管前面的反应池内，然后用进样器加入分析物。这种方式简单，但每次都要重新换试剂，不能同时测定几个样品。另一种方法是连续流动体系，反应试剂和分析物是定时在样品池中汇合反应，且在载流推动下向前移动，被检测的光信号只是整个发光动力学曲线的一部分，而以峰高进行定量测量。

4. 化学发光分析的应用

(1) 环境监测　气相化学发光反应广泛应用于空气中有害物质的监测。

(2) 其他领域　医学、生物学、生物化学等。

# 第九节　原子光谱法

## 一、原子发射光谱法

原子发射光谱法是根据处于激发态的待测元素原子回到基态时发射的特征谱线对待测元素进行分析的方法。

原子发射光谱法包括了三个主要的过程，即：

① 由光源提供能量使样品蒸发，形成气态原子，并进一步使气态原子激发，在跃迁回基态时产生光辐射；

② 将原子发出的光辐射（复合光）经单色器分解成按波长顺序排列的谱线，形成光谱；

③ 用检测器检测光谱中谱线的波长和强度。

由于待测元素原子的能级结构不同，因此发射谱线的特征也不同，据此可对样品进行定性分析；而根据待测元素原子的浓度不同时发射强度不同，可实现元素的定量测定。

该方法可对约70种元素（金属元素及磷、硅、砷、碳、硼等非金属元素）进行分析。对物质发射光谱的观察和分析，还帮助人们认识了组成物质的原子结构。在元素周期表中，有不少元素是借助发射光谱发现或通过光谱法鉴定而被确认的。

1. 原子发射光谱基本原理

（1）原子发射光谱的产生

原子的外层电子由高能级向低能级跃迁，能量以电磁辐射的形式发射出去，这样就得到发射光谱。原子发射光谱是线状光谱。

一般情况下，原子处于基态，通过电致激发、热致激发或光致激发等激发光源作用下，原子获得能量，外层电子从基态跃迁到较高能态变为激发态，约经$10^{-8}$s，外层电子就从高能级向较低能级或基态跃迁，多余的能量的发射可得到一条光谱线。$\Delta E=h\nu$

原子中某一外层电子由基态激发到高能级所需要的能量称为激发能，对应于一定的激发电位。原子光谱中每一条谱线的产生各有其相应的激发电位。由第一激发态向基态跃迁所发射的谱线称为第一共振线。第一共振线具有最小的激发电位，因此最容易被激发，为该元素最强的谱线。

离子也可能被激发，其外层电子跃迁也发射光谱。由于离子和原子具有不同的能级，所以离子发射的光谱与原子发射的光谱不一样。每一条离子线都有其激发电位。这些离子线的激发电位大小与电离电位（电离能）高低无关。

在原子谱线表中，罗马数Ⅰ表示中性原子发射光谱的谱线；Ⅱ表示一次电离离子发射的谱线；Ⅲ表示二次电离离子发射的谱线等。例如MgⅠ285.21nm为原子线，MgⅡ208.27nm为一次电离离子线。

（2）原子能级与能级图

原子光谱是原子的外层电子（或称价电子）在两个能级之间跃迁而产生。原子的能级通常用光谱项符号表示：

$$n^{2S+1}L_J$$

核外电子在原子中存在的运动状态，可以用四个量子数$n$、$l$、$m$、$m_s$来规定。

主量子数$n$决定电子的能量和电子离核的远近。

角量子数$l$决定电子角动量的大小及电子轨道的形状，在多电子原子中也影响电子的能量。

磁量子数$m$决定磁场中电子轨道在空间的伸展方向不同时，电子运动角动量分量的大小。

自旋量子$m_s$数决定电子自旋的方向。

有多个价电子的原子，它的每一个价电子都可能跃迁而产生光谱。同时各个价电子间还存在相互作用，光谱项用$n$，$L$，$S$，$J$四个量子数描述。

$n$为主量子数；

$L$为总角量子数，其数值为外层价电子角量子数$l$的矢量和，即

$$L=\sum l_i$$

两个价电子耦合所得的总角量子数$L$与单个价电子的角量子数$l_1$、$l_2$有如下的关系

$$L=(l_1+l_2),\ (l_1+l_2-1),\ (l_1+l_2-2),\ \cdots,\ |l_1-l_2|$$

其值可能：$L=0$，1，2，3，…，相应的谱项符号为$S$，$P$，$D$，$F$，…，若价电子数为3时，应先把2个价电子的角量子数的矢量和求出后，再与第三个价电子求出其矢量和，就是3个价电子的总角量子数。

$S$为总自旋量子数，自旋与自旋之间的作用也较强的，多个价电子总自旋量子数是单个价电子自旋量子数$m_s$的矢量和。

$$S=\sum m_{s,i}$$

其值可取0，±1/2，±1，±3/2，…

$J$为内量子数，是由于轨道运动与自旋运动的相互作用即轨道磁矩与自旋量子数的相互影响而得出的，它是原子中各个价电子组合得到的总角量子数$L$与总自旋量子数$S$的矢量和。

$$J=L+S$$

$J$ 的求法为

$$J=(L+S),\ (L+S-1),\ (L+S-2),\ \cdots,\ |L-S|$$

光谱项符号左上角的（2S+1）称为光谱项的多重性。

$J$ 的求法为 $J=(L+S)$，$(L+S-1)$，$(L+S-2)$，…，$|L-S|$。若 $L\geqslant S$，则 $J$ 值从 $J=L+S$ 到 $L-S$，可有（$2S+1$）个值。若 $L<S$，则 $J$ 值从 $J=S+L$ 到 $S-L$ 可有（$2L+1$）个值。

**例 1**：钠原子基态的电子结构是 $(1s)^2(2s)^2(2p)^6(3s)^1$。

当用光谱项符号 $3^2s_{1/2}$ 表示钠原子的能级时，表示钠原子的电子处于 $n=3$，$L=0$，$S=1/2$，$J=1/2$ 的能级状态，这是钠原子的基态光谱项，$3^2P_{3/2}$ 和 $3^2P_{1/2}$ 是钠原子的两个激发态光谱项符号（相当于有两个支项）。

由于一条谱线是原子的外层电子在两个能级之间跃迁产生的，故原子的能级可用两个光谱项符号表示。例如，钠原子的双线可表示为：

Na 588.996nm $3^2s_{1/2}$—$3^2p_{3/2}$

Na 589.593nm $3^2s_{1/2}$—$3^2p_{1/2}$

把原子中所有可能存在状态的光谱项、能级及能级跃迁用图解的形式表示出来，称为能级图。钠原子的能级图见图 6-172。通常用纵坐标表示能量 $E$，基态原子的能量 $E=0$，以横坐标表示实际存在的光谱项。

一般将低能级光谱项符号写在前，高能级写在后。

根据量子力学的原理，电子的跃迁不能在任意两个能级之间进行，而必须遵循一定的“选择定则”，这个定则是：

① $\Delta n=0$ 或任意正整数；

② $\Delta L=\pm1$，跃迁只允许在 $S$ 项和 $P$ 项，$P$ 项和 $S$ 项或 $D$ 项之间，$D$ 项和 $P$ 项或 $F$ 项之间等；

③ $\Delta S=0$，即单重项只能跃迁到单重项，三重项只能跃迁到三重项等；

④ $\Delta J=0$，$\pm1$。但当 $J=0$ 时 $\Delta J=0$ 的跃迁是禁阻的。

也有个别例外的情况，这种不符合光谱选律的谱线称为禁戒跃迁线。该谱线一般产生的机会很少，谱线的强度也很弱。

此外，当有外加磁场的作用时，光谱支项还会进一步分裂，每一光谱支项包含 $2J+1$ 种能量状态。$g=2J+1$ 称为统计权重，与谱线强度有密切的关系。

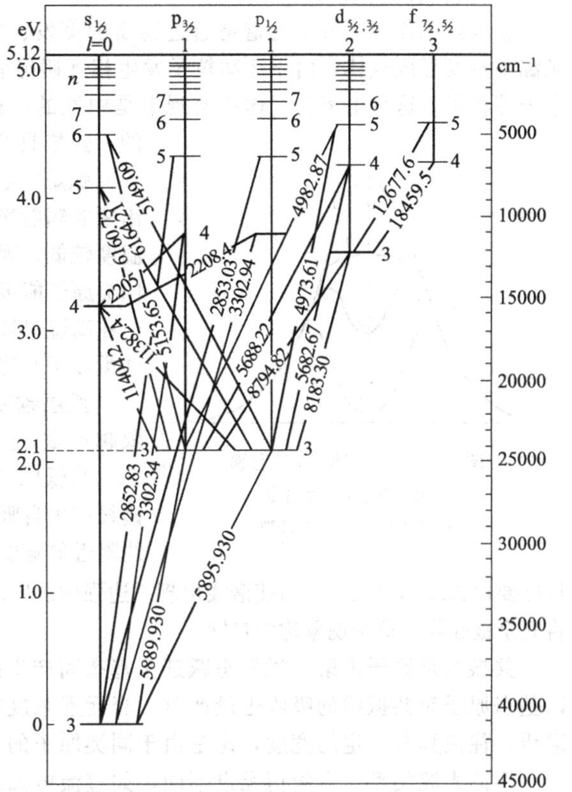


图 6-172 钠原子的能级图

（3）谱线强度

若激发是处于热力学平衡的状态下，分配在各激发态和基态的原子数目 $N_i$、$N_0$，应遵循统计力学中麦克斯韦-玻兹曼分布定律：

$$N_i=N_0g_i/g_0e^{(-E_i/kT)}$$

式中，$N_i$ 为单位体积内处于激发态的原子数；$N_0$ 为单位体积内处于基态的原子数；$g_i$，$g_0$ 为激发态和基态的统计权重；$E_i$ 为激发电位；$k$ 为玻耳兹曼常数；$T$ 为激发温度。

设 $i$、$j$ 两能级之间的跃迁所产生的谱线强度用 $I_{ij}$ 表示，则

$$I_{ij}=N_iA_{ij}h\nu_{ij}$$

式中，$N_i$ 为单位体积内处于高能级 $i$ 的原子数；$A_{ij}$ 为 $i$、$j$ 两能级间的跃迁概率；$h$ 为普朗克常数；$\nu_{ij}$ 为发射谱线的频率。

$$I_{ij}=g_i/g_0A_{ij}h\nu_{ij}N_0e^{(-E/kT)}$$

（4）影响谱线强度的因素

① 统计权重　谱线强度与激发态和基态的统计权重之比成正比。

② 跃迁概率　谱线强度与跃迁概率成正比。跃迁概率是一个原子在单位时间内两个能级之间跃迁的概率，可通过实验数据计算。

③ 激发电位　谱线强度与激发电位成负指数关系。在温度一定时，激发电位越高，处于该能量状态的原子数越少，谱线强度越小。激发电位最低的共振线通常是强度最大的线。

④ 激发温度　温度升高，谱线强度增大。但温度升高，电离的原子数目也会增多，而相应的原子数减少，致使原子谱线强度减弱，离子的谱线强度增大。不同谱线有其最合适的激发温度，对应于最大谱线强度。

⑤ 基态原子数　谱线强度与基态原子数成正比。在一定的条件下，基态原子数与试样中该元素浓度成正比。因此，在一定的条件下谱线强度与被测元素浓度成正比，这是光谱定量分析的依据。

（5）谱线的自吸与自蚀

在实际工作中，发射光谱是通过物质的蒸发、激发、迁移和射出弧层而得到的。首先，物质在光源中蒸发形成气体，由于运动粒子发生相互碰撞和激发，使气体中产生大量的分子、原子、离子、电子等粒子，这种电离的气体在宏观上是中性的，称为等离子体。在一般光源中，是在弧焰中产生的，弧焰具有一定的厚度，见图 6-173。

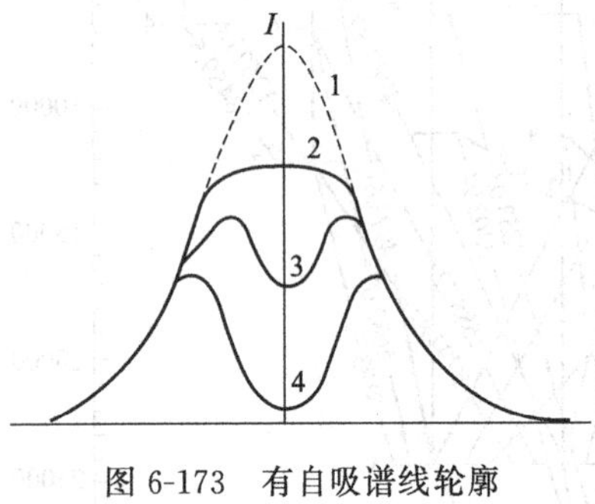

图 6-173　有自吸谱线轮廓

1—无自吸；2—有自吸；3—自蚀；4—严重自蚀

弧焰中心的温度最高，边缘的温度较低。由弧焰中心发射出来的辐射光，必须通过整个弧焰才能射出，由于弧层边缘的温度较低，因而这里处于基态的同类原子较多。这些低能态的同类原子能吸收高能态原子发射出来的光而产生吸收光谱。原子在高温时被激发，发射某一波长的谱线，而处于低温状态的同类原子又能吸收这一波长的辐射，这种现象称为自吸现象。

弧层越厚，弧焰中被测元素的原子浓度越大，则自吸现象越严重。

当低原子浓度时，谱线不呈现自吸现象；原子浓度增大，谱线产生自吸现象，使其强度减小。由于发射或吸收谱线在基线附近的宽度一般大于峰顶处的宽度，所以，谱线中心的吸收程度要比边缘部分大，因而使谱线出现“边强中弱”的现象。当自吸现象非常严重时，谱线中心的辐射将完全被吸收，这种现象称为自蚀。

共振线是原子由第一激发态跃迁至基态而产生的。由于这种迁移及激发所需要的能量最低，所以基态原子对共振线的吸收也最严重。当元素浓度很大时，共振线呈现自蚀现象。自吸现象严重的谱线，往往具有一定的宽度，这是由于同类原子的互相碰撞而引起的，称为共振变宽。

不同光源类型，自吸情况也不同，如直流电弧蒸气云厚度大，自吸现象比较明显。

由于自吸现象严重影响谱线强度，所以在光谱定量分析中是一个必须注意的问题。

2. 原子发射光谱仪

原子发射光谱法仪器分为三部分：光源、光谱仪和检测器。

（1）光源

光源具有使试样蒸发、解离、原子化、激发、跃迁产生光辐射的作用。光源对光谱分析的检出限、精密度和准确度都有很大的影响。

目前常用的光源有直流电弧、交流电弧、电火花及电感耦合高频等离子体（ICP）。在此着重介绍 ICP 光源。

等离子体是一种电离度大于0.1%的电离气体，由电子、离子、原子和分子所组成，其中电子数目和离子数目基本相等，整体呈现中性。

最常用的等离子体光源是直流等离子焰（DCP）、电感耦合高频等离子体（inductively coupled plasma，ICP）、容耦微波等离子炬（CMP）和微波诱导等离子体（MIP）等。

① 直流等离子焰　经惰性气体压缩的大电流直流弧光放电，可获得一股高速喷射的等离子“火焰”。这股等离子“火焰”称为直流等离子焰。

一般的直流弧光在电流增加时，弧柱随之增大，电流密度和有效能量几乎没有增加，所以弧温不能提高。直流等离子焰形成时，惰性气体由冷却的喷口喷出，使弧柱外围的温度降低，弧柱收缩，电流密度和有效能量增加，所以激发温度有明显的提高。这种低温气流使弧柱收缩的现象，称为热箍缩效应。

另外，在等离子焰放电时，带电粒子沿着一定的方向运动，产生电流，形成磁场，从而导致弧柱收缩，提高了等离子焰的温度和能量，这种电磁作用引起的弧柱收缩的现象，称为

磁箍缩效应。总之，直流等离子焰的温度比直流弧光高的原因主要是放电时的热箍缩效应和磁箍缩效应使等离子体受到压缩。此外，等离子焰的稳定性也比直流弧光高。

直流等离子焰不仅采用粉末进样，而且可以采用溶液进样。弧焰呈蓝色，它的温度比直流弧光高（5000～10000K）。这种等离子焰，对难激发元素具有较好的检出限。

等离子焰的温度不仅受工作气体和电流强度的影响，而且与气体流量、喷样速度有关。氩或其他惰性气体喷焰的温度，比氮或空气喷焰的温度高。等离子焰的激发温度随着电流强度的增加而升高，虽可使谱线强度增加，但背景也随之增大，因而不能改善线背比，不利于元素检出限提高。气体流量和喷样速度对谱线强度的影响也很大，而且对原子线和离子线的影响各不相同。

② 电感耦合高频等离子体（ICP）　它的形成和结构见图6-174 ICP形成原理图。

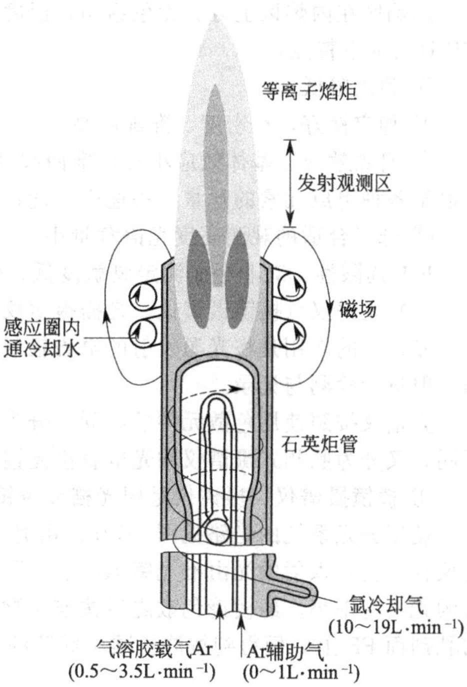


图6-174　ICP形成原理图

ICP光源是高频感应电流产生的类似火焰的激发光源，装置由高频发生器和感应圈、等离子炬管、雾化器三部分组成。高频发生器的作用是产生高频磁场以供给等离子体能量。应用最广泛的是利用石英晶体压电效应产生高频振荡的他激式高频发生器，其频率和功率输出稳定性高。频率多为27～50MHz，最大输出功率通常是2～4kW。

感应线圈一般为2～5匝水冷空心铜管。

等离子炬管由三层同心石英管组成。外管通冷却气Ar的目的是避免等离子体烧毁石英管。采用切向进气，其目的是利用离心作用在炬管中心产生低气压通道，以利于进样。中层石英管出口做成喇叭形，通入Ar气维持等离子体的作用，有时也可以不通Ar气。内层石英管内径约为1～2mm，载气载带试样气溶胶由内管注入等离子体内。试样气溶胶由气动雾化器或超声雾化器产生。用Ar做工作气的优点是，Ar为单原子惰性气体，不与试样组分形成难解离的稳定化合物，也不会像分子那样因解离而消耗能量，有良好的激发性能，本身的光谱简单。

当有高频电流 $I$ 通过线圈时，炬管内产生轴向交变磁场，这时若用高频点火装置产生火焰，炬管内气体电离，形成的载流子（离子与电子）在电磁场作用下，与原子碰撞并使之电离，形成更多的载流子，当载流子多到足以使气体有足够的电导率时，在垂直于磁场方向的截面上就会感生出流经闭合圆形

路径的涡流，强大的电流产生高热又将气体加热，瞬间使气体形成最高温度可达10000K的稳定的等离子炬。感应线圈将能量耦合给等离子体，在管口形成火炬状的稳定的等离子焰炬。当载气载带试样气溶胶通过等离子焰炬时，被后者加热至6000～7000K以上，并被原子化和激发产生发射光谱。

等离子焰炬的外观像火焰，但并不是化学燃烧火焰而是气体放电，焰炬明显地分为三个区域：焰心区、内焰区和尾焰区。

焰心区呈白色，不透明，是高频电流形成的涡流区，等离子体主要通过这一区域与高频感应线圈耦合而获得能量。该区温度高达10000K，电子密度很高，由于黑体辐射、离子复合等产生很强的连续背景辐射。试样气溶胶通过这一区域时被预热、挥发溶剂和蒸发溶质，因此，这一区域又称为预热区。

内焰区位于焰心区上方，一般在感应圈以上10～20mm左右，略带淡蓝色，呈半透明状态。温度约为6000～8000K，是分析物原子化、激发、电离与辐射的主要区域。光谱分析就在该区域内进行，因此，该区域又称为测光区。

尾焰区在内焰区上方，无色透明，温度较低，在6000K以下，只能激发低能级的谱线。因此，ICP具有如下特点：

ⓐ 检出限低；

ⓑ 稳定性好，精密度、准确度高；

ⓒ 自吸效应、基体效应小；标准曲线线性范围宽，在较短时间内可测出一个样品中从高含量至痕量各种组成元素的含量，快速而准确；

ⓓ 选择合适的观测高度光谱背景小。

ICP局限性：对非金属测定灵敏度低，仪器价格昂贵，维持费用较高。

（2）光谱仪（棱镜摄谱仪、光栅摄谱仪与光电直读光谱仪）

光谱仪的作用是将光源发射的电磁辐射经色散后，得到按波长顺序排列的光谱，并对不同波长的辐射进行检测与记录。

光谱仪按照使用色散元件的不同，分为棱镜光谱仪和光栅光谱仪；按照光谱记录与测量方法的不同，又分为照相式摄谱仪和光电直读光谱仪。

① 棱镜摄谱仪　摄谱仪是用光栅或棱镜做色散元件，用照相法记录光谱的原子发射光谱仪器。

棱镜分光系统的光路见图6-175。由光源Q来的光经三透镜$K_Ⅰ$、$K_Ⅱ$、$K_Ⅲ$照明系统聚焦在入射狭缝S上，入射的光由准光镜$K_1$变成平行光束，投射到棱镜P上。波长短的光折射率大，波长长的光折射率小，经棱镜色散之后按波长顺序被分开，再由照明物镜$K_2$分别将它们聚焦在感光板的乳剂面FF′上，便得到按波长顺序展开的光谱。得到的每一条谱线都是狭缝的像。

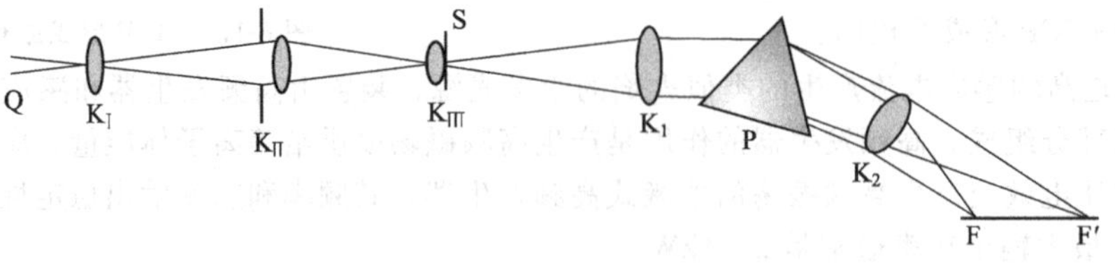


图6-175　棱镜分光系统的光路图

② 光栅摄谱仪　图6-176示出了国产WSP-1型平面光栅摄谱仪的光路图。

由光源B来的光经三透镜L及狭缝S投射到反射镜$P_1$上，经反射之后投射到凹面反射镜M下方的准光镜$O_1$上，变为平行光，再射至平面光栅G上。波长长的光，衍射角大；波长短的光，衍射角小。复合光经过光栅色散之后，便按波长顺序被分开。不同波长的光由凹面反射镜上方的物镜$O_2$聚焦于感光板的乳剂面F上，得到按波长顺序展开的光谱。转动光栅台D，改变光栅角度，可以调节波长范围和改变光谱级次。

利用光栅摄谱仪进行定性分析十分方便，且该类仪器的价格较便宜，测试费用也较低，而且感光板所记录的光谱可长期保存，因此目前应用仍十分普遍。

③ 光电直读光谱仪　光电直读光谱仪是利用光电测量方法直接测定光谱线强度的方法。由于

ICP光源的广泛使用，光电直读光谱仪得到了大规模的应用。

光电直读光谱仪分为多道直读光谱仪、单道扫描光谱仪和全谱直读光谱仪三种。前两种仪器采用光电倍增管作为检测器，后一种采用固体检测器。

a. 多道直读光谱仪　摄谱仪的色散系统只有入射狭缝而没有出射狭缝，而光电光谱仪中，一个出射狭缝和一个光电倍增管构成一条光的通道（可安装多个固定的出射狭缝和光电倍增管）。

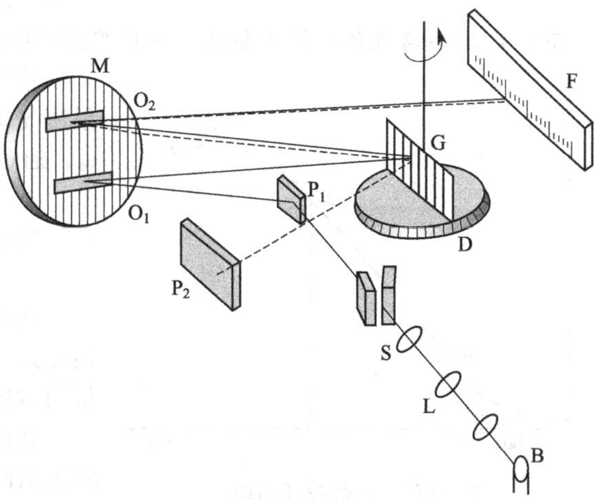


图 6-176　国产 WSP-1 型平面光栅摄谱仪

从光源发出的光经透镜聚焦后，在入射狭缝上成像并进入狭缝。进入狭缝的光投射到凹面光栅上，凹面光栅将光色散，聚焦在焦面上，焦面上安装有一组出射狭缝，每一狭缝允许一条特定波长的光通过，投射到狭缝后的光电倍增管上进行检测，最后经计算机进行数据处理。多道直读光谱仪的优点是分析速度快，准确度优于摄谱法；光电倍增管对信号放大能力强，可同时分析含量差别较大的不同元素；适用于较宽的波长范围。但由于仪器结构限制，多道直读光谱仪的出射狭缝间存在一定距离，使利用波长相近的谱线有困难。

多道直读光谱仪适合于固定元素的快速定性、半定量和定量分析。如这类仪器目前在钢铁冶炼中常用于炉前快速监控 C、S、P 等元素。

b. 单道扫描光谱仪　从光源发出的光穿过入射狭缝后，反射到一个可以转动的光栅上，该光栅将光色散后，经反射使某一条特定波长的光通过出射狭缝投射到光电倍增管上进行检测。光栅转动至某一固定角度时只允许一条特定波长的光线通过该出射狭缝，随光栅角度的变化，谱线从该狭缝中依次通过并进入检测器检测，完成一次全谱扫描。

和多道光谱仪相比，单道扫描光谱仪波长选择更为灵活方便，分析样品的范围更广，适用于较宽的波长范围，但由于完成一次扫描需要一定时间，因此分析速度受到一定限制。

c. 全谱直读光谱仪　光源发出的光通过两个曲面反光镜聚焦于入射狭缝，入射光经抛物面准直镜反射成平行光，照射到中阶梯光栅上使光在 X 向上色散，再经另一个光栅（Schmidt 光栅）在 Y 向上进行二次色散，使光谱分析线全部色散在一个平面上，并经反射镜反射进入面阵型 CCD 检测器检测。由于该 CCD 是一个紫外型检测器，对可见区的光谱不敏感，因此，在 Schmidt 光栅的中央开一个孔洞，部分光线穿过孔洞后经棱镜进行 Y 向二次色散，然后经反射镜反射进入另一个 CCD 检测器对可见区的光谱（400～780nm）进行检测。

这种全谱直读光谱仪不仅克服了多道直读光谱仪谱线少和单道扫描光谱仪速度慢的缺点，而且所有的元件都牢固地安置在机座上成为一个整体，没有任何活动的光学器件，因此具有较好的波长稳定性。

（3）检测器

在原子发射光谱法中，常用的检测方法有：目视法、摄谱法和光电法。

① 目视法　用眼睛来观测谱线强度的方法称为目视法（看谱法）。这种方法仅适用于可见光波段。常用的仪器为看谱镜。看谱镜是一种小型的光谱仪，专门用于钢铁及有色金属的半定量分析。

② 摄谱法　摄谱法是用感光板记录光谱。将光谱感光板置于摄谱仪焦面上，接受被分析试样的光谱作用而感光，再经过显影、定影等过程后，制得光谱底片，其上有许多黑度不同的光谱线。然后用映谱仪观察谱线位置及大致强度，进行光谱定性及半定量分析。用测微光度计测量谱线的黑度，进行光谱定量分析。

感光板上谱线的黑度与作用其上的总曝光量有关。曝光量等于感光层所接受的照度和曝光时间的乘积；

$$H=Et$$

式中，$H$ 为曝光量；$E$ 为照度（与光的强度成正比）；$t$ 为时间。

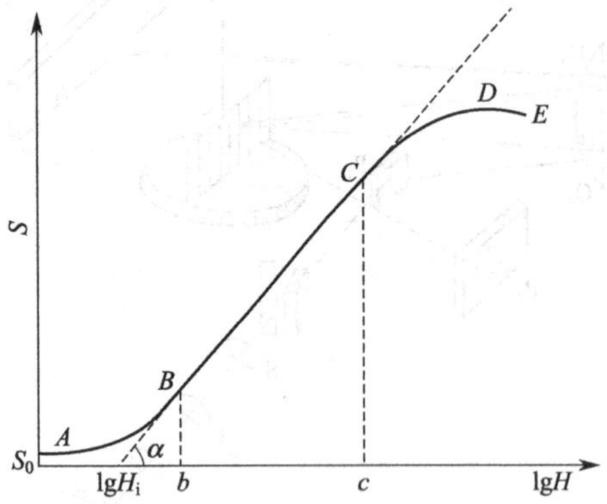

图 6-177 乳剂特征曲线

感光板上谱线黑度，一般用测微光度计测量。设测量用光源强度为 $a$，通过感光板上没有谱线部分的光强 $i_0$，通过谱线部分的光强为 $i$，则透过率 $T$ 为

$$T=i/i_0$$

黑度 $S$ 定义为透过率倒数的对数，故

$$S=\lg 1/T=\lg i_0/i$$

感光板上感光层的黑度 $S$ 与曝光量 $H$ 之间的关系很复杂。通常用图解法表示。若以黑度为纵坐标，曝光量的对数为横坐标，得到的实际的乳剂特征曲线。

乳剂特征曲线是表示曝光量 $H$ 的对数与黑度 $S$ 之间关系的曲线，见图 6-177。

乳剂特征曲线可分为四部分：$AB$ 部分为曝光不足部分，$BC$ 部分正常曝光部分，$CD$ 为曝光过量部分，$DE$ 为负感部分（黑度随曝光量的增加而降低部分）。

在光谱定量分析中，通常需要利用乳剂特征曲线的正常曝光部分 $BC$，因为此时黑度和曝光量 $H$ 的对数之间可用简单的数学公式表示：

$$S=\gamma(\lg H-\lg H_i)=\gamma\lg H-i$$

$H_i$ 是感光板乳剂的惰延量，可从直线 $BC$ 延长至横轴上的截距求出。$\lg H_i$ 决定感光片的灵敏度，$i$ 代表 $\gamma\lg H_i$。$H_i$ 越大，越不灵敏（实际与最低检出限相关）。

$\gamma$ 为相应直线的斜率，称为“对比度”或“反衬度”。它表示感光板在曝光量改变时，黑度改变的快慢程度，$\gamma$ 值越大，表明黑度随曝光量改变越显著。光谱定量分析常选用反衬度较高的紫外Ⅰ型感光板，定量分析用的感光板，$\gamma$ 值应在 1 左右。

定性分析则选用灵敏度较高的紫外Ⅱ型感光板。

③ 光电法　用光电倍增管来接收和记录谱线的方法称为光电直读法。光电倍增管既是光电转换元件，又是电流放大元件。

光电倍增管的外壳由玻璃或石英制成，内部抽真空，阴极涂有能发射电子的光敏物质，如 Sb-Cs 或 Ag-O-Cs 等，在阴极 C 和阳极 A 间装有一系列次级电子发射极，即电子倍增极 $D_1$、$D_2$…。阴极 C 和阳极 A 之间加有约 1000V 的直流电压，当辐射光子撞击光阴极 C 时发射光电子，该光电子被电场加速落在第一倍增极 $D_1$ 上，撞击出更多的二次电子，依次类推，阳极最后收集到的电子数将是阴极发出的电子数的 $10^5$～$10^8$ 倍。

CCD 检测器（Charge-Coupled Devices，中文译名是电荷耦合器件）是一种新型固体多道光学检测器件，它是在大规模硅集成电路工艺基础上研制而成的模拟集成电路芯片。由于其输入面空域上逐点紧密排布着对光信号敏感的像元，因此它对光信号的积分与感光板的情形颇相似。但是，它可以借助必要的光学和电路系统，将光谱信息进行光电转换、储存和传输，在其输出端产生波长-强度二维信号，信号经放大和计算机处理后在末端显示器上同步显示出人眼可见的图谱，无须感光板那样的冲洗和测量黑度的过程。目前这类检测器已经在光谱分析的许多领域获得了应用。

在原子发射光谱中采用 CCD 的主要优点是这类检测器的同时多谱线检测能力，和借助计算机系统快速处理光谱信息的能力，它可极大地提高发射光谱分析的速度。如采用这一检测器设计的全谱直读等离子体发射光谱仪可在 1min 内完成样品中多达 70 种元素的测定；此外，它的动态响应范围和灵敏度均有可能达到甚至超过光电倍增管，加之其性能稳定、体积小、比光电倍增管更结实耐用，因此在发射光谱中有广泛的应用前景。

3. 分析方法

(1) 光谱定性分析

由于各种元素的原子结构不同，在光源的激发作用下，试样中每种元素都发射自己的特征光谱。

光谱定性分析一般多采用摄谱法。

试样中所含元素只要达到一定的含量，都可以有谱线摄谱在感光板上。摄谱法操作，价格便宜，快速。它是目前进行元素定性检出的最好方法。

① 元素的分析线与最后线　每种元素发射的特征谱线有多有少（多的可达几千条）。当进行定性分析时，只需检出几条谱线即可。

进行分析时所使用的谱线称为分析线。如果只见到某元素的一条谱线，不可断定该元素确实存在于试样中，因为有可能是其他元素谱线的干扰。

检出某元素是否存在必须有两条以上不受干扰的最后线与灵敏线。

灵敏线是元素激发电位低、强度较大的谱线，多是共振线。

最后线是指当样品中某元素的含量逐渐减少时，最后仍能观察到的几条谱线。它也是该元素的最灵敏线。

② 分析方法

a. 铁光谱比较法　是目前最通用的方法，它采用铁的光谱作为波长的标尺，来判断其他元素的谱线。

铁光谱作标尺有如下特点：谱线多，在 210～660nm 范围内有几千条谱线；谱线间距离都很近。

在上述波长范围内均匀分布。对每一条谱线波长，人们都已进行了精确的测量。在实验室中有标准光谱图对照进行分析。

标准光谱图是在相同条件下，在铁光谱上方准确地绘出 68 种元素的逐条谱线并放大 20 倍的图片。

铁光谱比较法实际上是与标准光谱图进行比较，因此又称为标准光谱图比较法。

在进行分析工作时将试样与纯铁在完全相同条件下并列并且紧挨着摄谱，摄得的谱片置于映谱仪（放大仪）上；谱片也放大 20 倍，再与标准光谱图进行比较。

比较时首先须将谱片上的铁谱与标准光谱图上的铁谱对准，然后检查试样中的元素谱线。若试样中的元素谱线与标准图谱中标明的某一元素谱线出现的波长位置相同，即为该元素的谱线。

判断某一元素是否存在，必须由其灵敏线决定。铁谱线比较法可同时进行多元素定性鉴定。

b. 标准试样光谱比较法　将要检出元素的纯物质或纯化合物与试样并列摄谱于同一感光板上，在映谱仪上检查试样光谱与纯物质光谱。若两者谱线出现在同一波长位置上，即可说明某一元素的某条谱线存在。这种方法多用于不常见元素的分析。

（2）光谱半定量分析

光谱半定量分析可以给出试样中某元素的大致含量。若分析任务对准确度要求不高，多采用光谱半定量分析。例如钢材与合金的分类、矿产品位的大致估计等，特别是分析大批样品时，采用光谱半定量分析，尤为简单而快速。

光谱半定量分析常采用摄谱法中比较黑度法，这个方法须配制一个基体与试样组成近似的被测元素的标准系列。

在相同条件下，在同一块感光板上标准系列与试样并列摄谱，然后在映谱仪上用目视法直接比较试样与标准系列中被测元素分析线的黑度。黑度若相同，则可做出试样中被测元素的含量与标准样品中某一个被测元素含量近似相等的判断。

例如，分析矿石中的铅，即找出试样中灵敏线 283.3nm，再以标准系列中的铅 283.3nm 线相比较，如果试样中的铅线的黑度介于 0.01%～0.001%之间，并接近于 0.01%，则可表示为 0.01%～0.001%。

（3）光谱定量分析

① 光谱定量分析的关系式　光谱定量分析主要是根据谱线强度与被测元素浓度的关系来进行的。当温度一定时谱线强度 $I$ 与被测元素浓度 $c$ 成正比，即

$$I=ac$$

当考虑到谱线自吸时，有如下关系式

$$I=ac^{b}$$

此式为光谱定量分析的基本关系式。式中 $b$ 为自吸系数。$b$ 随浓度 $c$ 增加而减小，当浓度很小，无自吸时，$b=1$。

$a$ 值受试样组成、形态及放电条件等的影响，在实验中很难保持为常数，故通常不采用谱线的绝对强度来进行光谱定量分析，而是采用“内标法”。

② 内标法　采用内标法可以减小前述因素对谱线强度的影响，提高光谱定量分析的准确度。内标法是通过测量谱线相对强度来进行定量分析的方法。

具体做法：在分析元素的谱线中选一根谱线，称为分析线；再在基体元素（或加入定量的其他元素）的谱线中选一根谱线，作为内标线。这两条线组成分析线对。然后根据分析线对的相对强度与被分析元素含量的关系式进行定量分析。

此法可在很大程度上消除光源放电不稳定等因素带来的影响，因为尽管光源变化对分析线的绝对强度有较大的影响，但对分析线和内标线的影响基本是一致的，所以对其相对影响不大，这就是内标法的优点。

设分析线强度 $I$，内标线强度 $I_0$，被测元素浓度与内标元素浓度分别为 $c$ 和 $c_0$，$b$ 和 $b_0$ 分别为分析线和内标线的自吸系数。

$$I=ac^{b}$$

$$I_0=a_0c^{b_0}$$

分析线与内标线强度之比 $R$ 称为相对强度

$$R=\frac{I}{I_0}=\frac{ac^{b}}{a_0c_0^{b_0}}$$

式中，内标元素 $c_0$ 为常数，实验条件一定时

$A=\frac{a}{a_0c_0^{b_0}}$ 为常数，则

$$R=\frac{I}{I_0}=Ac^{b}$$

取对数，得

$$\lg R=b\lg c+\lg A$$

此式为内标法光谱定量分析的基本关系式。

内标元素与分析线对的选择：金属光谱分析中的内标元素，一般采用基体元素。如钢铁分析中，内标元素是铁。但在矿石光谱分析中，由于组分变化很大，又因基体元素的蒸发行为与待测元素也多不相同，故一般都不用基体元素作内标，而是加入定量的其他元素。

加入内标元素符合下列几个条件：

ⓐ 内标元素与被测元素在光源作用下应有相近的蒸发性质；

ⓑ 内标元素若是外加的，必须是试样中不含或含量极少可以忽略的；

ⓒ 分析线对选择需匹配，如两条原子线或两条离子线；

ⓓ 分析线对两条谱线的激发电位相近。若内标元素与被测元素的电离电位相近，分析线对激发电位也相近，这样的分析线对称为“匀称线对”；

ⓔ 分析线对波长应尽可能接近。分析线对两条谱线应没有自吸或自吸很小，并不受其他谱线的干扰；

ⓕ 内标元素含量一定的。

③ 定量分析方法

a. 校准曲线法　在确定的分析条件下，用三个或三个以上含有不同浓度被测元素的标准样品与试样在相同的条件下激光光谱，以分析线强度 I 或内标分析线对强度比 $R$ 或 $\lg R$ 对浓度 $c$ 或 $\lg c$ 做校准曲线。再由校准曲线求得试样被测元素含量。

ⓐ 摄谱法　将标准样品与试样在同一块感光板上摄谱，求出一系列黑度值，由乳剂特征曲线求出 $\lg I$，再将 $\lg R$ 对 $\lg c$ 做校准曲线，求出未知元素含量。

分析线与内标线的黑度都落在感光板正常曝光部分，可直接用分析线对黑度差 $\Delta S$ 与 $\lg c$ 建立校

准曲线。选用的分析线对波长比较靠近，此分析线对所在的感光板部位乳剂特征相同。

若分析线对黑度 $S_1$，内标线黑度 $S_2$，则

$$S_1=\gamma_1 \lg H_1-i_1 \qquad S_2=\gamma_2 \lg H_2-i_2$$

因分析线对所在部位乳剂特征基本相同，故

$$\gamma_1=\gamma_2=\gamma \qquad i_1=i_2=i$$

由于曝光量与谱线强度成正比，因此

$$S_1=\gamma \lg I_1-i$$

$$S_2=\gamma \lg I_2-i$$

黑度差 $\Delta S=S_1-S_2=\gamma \lg(I_1-I_2)=\gamma \lg I_1/I_2=\gamma \lg R$

$$\Delta S=\gamma b \lg c+\gamma \lg A$$

上式为摄谱法定量分析内标法的基本关系式。

分析线对黑度值都落在乳剂特征曲线直线部分，分析线与内标线黑度差 $\Delta S$ 与被测元素浓度的对数 $\lg c$ 呈线性关系。

ⓑ 光电直读法　ICP 光源稳定性好，一般可以不用内标法，但由于有时试液黏度等有差异而引起试样导入不稳定，也采用内标法。ICP 光电直读光谱仪商品仪器上带有内标通道，可自动进行内标法测定。

光电直读法中，在相同条件下激发试样与标样的光谱，测量标准样品的电压值 $U$ 和 $U_r$，$U$ 和 $U_r$ 分别为分析线和内标线的电压值；再绘制 $\lg U-\lg c$ 或 $\lg(U/U_r)-\lg c$ 校准曲线；最后，求出试样中被测元素的含量。

b. 标准加入法　当测定低含量元素时，找不到合适的基体来配制标准试样时，一般采用标准加入法。

设试样中被测元素含量为 $C_x$，在几份试样中分别加入不同浓度 $C_1$、$C_2$、$C_3$…的被测元素；在同一实验条件下，激发光谱，然后测量试样与不同加入量样品分析线对的强度比 $R$。在被测元素浓度低时，自吸系数 $b=1$，分析线对强度 $R\propto c$，$R$-$c$ 图为一直线，将直线外推，与横坐标相交截距的绝对值即为试样中待测元素含量 $C_x$。

④ 背景的扣除　光谱背景是指在线状光谱上，叠加着由于连续光谱和分子带状光谱等所造成的谱线强度（摄谱法为黑度）。

a. 光谱背景来源

ⓐ 分子辐射　在光源作用下，试样与空气作用生成的分子氧化物、氮化物等分子发射的带状光谱。如氰化物、硅、铝氧化物等分子化合物解离能很高，在电弧高温中发射分子光谱。

ⓑ 连续辐射　在经典光源中炽热的电极头，或蒸发过程中被带到弧焰中去的固体质点等炽热的固体发射的连续光谱。

ⓒ 谱线的扩散　分析线附近有其他元素的强扩散性谱线（即谱线宽度较大），如 Zn、Sb、Pb、Bi、Mg 等元素含量较高时，会有很强的扩散线。

电子与离子复合过程也会产生连续背景。轫致辐射是由电子通过荷电粒子（主要是重粒子）库仑场时受到加速或减速引起的连续辐射。这两种连续背景都随电子密度的增大而增大，是造成 ICP 光源连续背景辐射的重要原因，火花光源中这种背景也较强。

光谱仪器中的杂散光也造成不同程度的背景。杂散光是指由于光谱仪光学系统对辐射的散射，使其通过非预定途径，而直接达到检测器的任何所不希望的辐射。

b. 背景的扣除

ⓐ 摄谱法　测出背景的黑度 $S_B$，然后测出被测元素谱线黑度为分析线与背景相加的黑度 $S_{(L+B)}$。由乳剂特征曲线查出 $\lg I_{(L+B)}$ 与 $\lg I_B$，再计算出 $I_{(L+B)}$ 与 $I_B$，两者相减，即可得出 $I_L$，同样方法可得出内标线谱线强度 $I_{(IS)}$。

注意：背景的扣除不能用黑度直接相减，必须用谱线强度相减。

ⓑ 光电直读光谱仪　由于光电直读光谱仪检测器在将谱线强度积分的同时也将背景积分，因

此需要扣除背景。ICP 光电直读光谱仪中都带有自动校正背景的装置。

⑤ 光谱定量分析工作条件的选择

a. 光谱仪 一般多采用中型光谱仪，但对谱线复杂的元素（如稀土元素等）则需选用色散率大的大型光谱仪。

b. 光源 可根据被测元素的含量、元素的特征及分析要求等选择合适的光源。例如分析含量低的元素应选择灵敏度高的光源，如 ICP 光源或低压交流电弧，而痕量元素的分析时，可用直流电弧，因其绝对灵敏度高，但不适用于高浓度的定量分析，因自吸严重。

c. 狭缝 在定量分析中，为了减少由乳剂不均匀所引入的误差，宜使用较宽的狭缝，一般可达 20$\mu$m。

d. 内标元素和内标线，如前所述。

e. 光谱缓冲剂 试样组分影响弧焰温度，弧焰温度又直接影响待测元素的谱线强度。这种由于其他元素存在而影响待测元素谱线强度的作用称为第三元素的影响。对于成分复杂的样品，第三元素的影响往往非常显著，并引起较大的分析误差。

为了减少试样成分对弧焰温度的影响，使弧焰温度稳定，试样中加入一种或几种辅助物质，用来抵偿试样组成变化的影响，这种物质称为光谱缓冲剂。

常用的缓冲剂有：碱金属盐类用作挥发元素的缓冲剂；碱土金属盐类用作中等挥发元素的缓冲剂，碳粉也是缓冲剂常见的组分。

此外，缓冲剂还可以稀释试样，这样可减少试样与标样在组成及性质上的差别。在矿石光谱分析中，缓冲剂的作用是不可忽视的。

f. 光谱载体 进行光谱定量分析时，在样品中加入一些有利于分析的高纯度物质称为光谱载体。它们多为一些化合物、盐类、碳粉等。

载体的作用主要是增加谱线强度，提高分析的灵敏度，并且提高准确度和消除干扰等。

ⓐ 控制试样中的蒸发行为 通过化学反应，使试样中被分析元素从难挥发性化合物（主要是氧化物）转化为低沸点、易挥发的化合物，使其提前蒸发，提高分析的灵敏度。

载体量大可控制电极温度，从而控制试样中元素的蒸发行为并可改变基体效应。基体效应是指试样组成和结构对谱线强度的影响，或称元素间的影响。

ⓑ 稳定与控制电弧温度 电弧温度由电弧中电离电位低的元素控制，可选择适当的载体，以稳定与控制电弧温度，从而得到对被测元素有利的激发条件。

ⓒ 电弧等离子区中大量载体原子蒸气的存在，阻碍了被测元素在等离子区中自由运动范围，增加它们在电弧中的停留时间，提高谱线强度。

ⓓ 稳定电弧，减少直流电弧的漂移，提高分析的准确度。

## 二、原子吸收光谱法

原子吸收光谱法是基于被测元素基态原子在蒸气状态对其原子共振辐射的吸收进行元素定量分析的方法。

原子吸收光谱法具有以下特点：

① 检出限低，灵敏度高。火焰原子吸收法的检出限可达到$\times10^{-9}$（ppb）级，石墨炉原子吸收法的检出限可达到$10^{-10}\sim10^{-14}$g。

② 分析精度好。火焰原子吸收法测定中等和高含量元素的相对标准差可$<1\%$，其准确度已接近于经典化学方法。石墨炉原子吸收法的分析精度一般约为 3%～5%。

③ 分析速度快。原子吸收光谱仪在 35min 内，能连续测定 50 个试样中的 6 种元素。

④ 应用范围广。可测定的元素达 70 多个，不仅可以测定金属元素，也可以用间接原子吸收法测定非金属元素和有机化合物。

⑤ 仪器比较简单，操作方便。

⑥ 原子吸收光谱法的不足之处是多元素同时测定尚有困难，有相当一些元素的测定灵敏度还

不能令人满意，如钨、铌、锆等。

1. 基本原理

(1) 原子吸收光谱的产生

当有辐射通过自由原子蒸气，且入射辐射的频率等于原子中的电子由基态跃迁到较高能态（一般情况下都是第一激发态）所需要的能量频率时，原子就要从辐射场中吸收能量，产生共振吸收，电子由基态跃迁到激发态，同时伴随着原子吸收光谱的产生。原子吸收光谱位于光谱的紫外和可见区。

(2) 基态原子数与激发态原子数的关系

在通常的原子吸收测定条件下，原子蒸气中基态原子数近似等于总原子数。在原子蒸气中（包括被测元素原子），可能会有基态与激发态存在。根据热力学的原理，在一定温度下达到热平衡时，基态与激发态的原子数的比例遵循 Boltzman 分布定律。

$$N_i/N_0=g_i/g_0\exp(-E_i/kT)$$

式中，$N_i$ 与 $N_0$ 分别为激发态与基态的原子数；$g_i/g_0$ 为激发态与基态的统计权重，它表示能级的简并度；$T$ 为热力学温度；$k$ 为 Boltzman 常数；$E_i$ 为激发能。

从上式可知，温度越高，$N_i/N_0$ 值越大，即激发态原子数随温度升高而增加，而且按指数关系变化；在相同的温度条件下，激发能越小，吸收线波长越长，$N_i/N_0$ 值越大。尽管有如此变化，但是在原子吸收光谱中，原子化温度一般小于 3000K，大多数元素的最强共振线都低于 600nm，$N_i/N_0$ 值绝大部分在 $10^{-3}$ 以下，激发态和基态原子数之比小于千分之一，激发态原子数可以忽略。因此。基态原子数 $N_0$ 可以近似等于总原子数 $N$。

(3) 原子吸收光谱轮廓（宽度）与谱线变宽

原子吸收光谱线有相当窄的频率或波长范围，即有一定宽度。

一束不同频率强度为 $I_0$ 的平行光通过厚度为 $l$ 的原子蒸气，一部分光被吸收，透过光的强度 $I_\nu$ 服从吸收定律

$$I_\nu=I_0\exp(-k_\nu l)$$

式中，$k_\nu$ 是基态原子对频率为 $\nu$ 的光的吸收系数。不同元素原子吸收不同频率的光，透过光强度对吸收光频率作图，见图 6-178 和图 6-179。

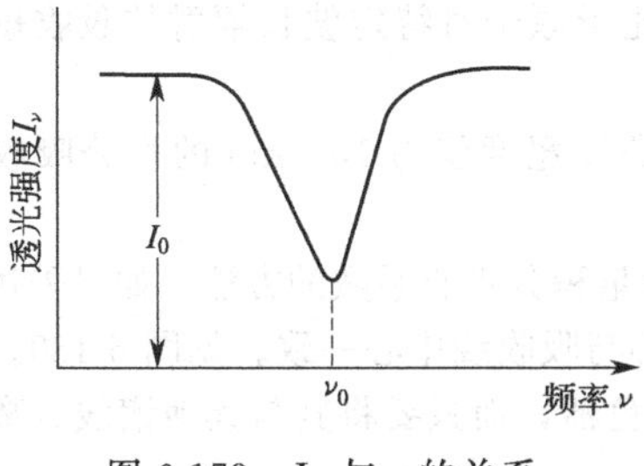


图 6-178　$I_\nu$ 与 $\nu$ 的关系

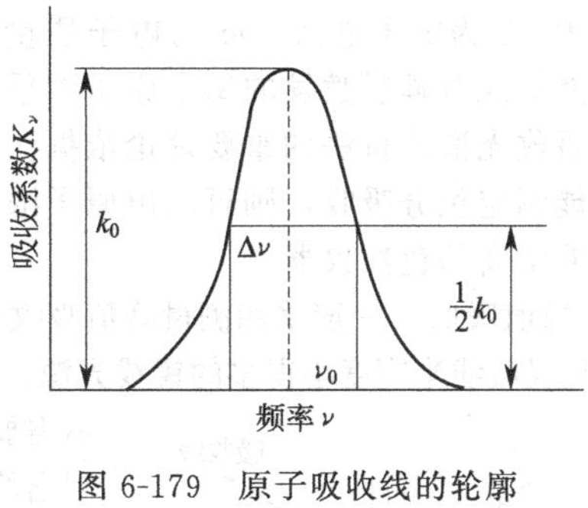


图 6-179　原子吸收线的轮廓

由图 6-178 可知，在频率 $\nu_0$ 处透过光强度最小，即吸收最大。若将吸收系数对频率作图，所得曲线为吸收线轮廓。见图 6-179 原子吸收线轮廓以原子吸收谱线的中心频率（或中心波长）和半宽度表征。中心频率由原子能级决定。半宽度是中心频率位置，吸收系数极大值一半处，谱线轮廓上两点之间频率或波长的距离。

谱线具有一定的宽度，主要有两方面的因素：一类是由原子性质所决定的，例如，自然宽度；另一类是外界影响所引起的，例如，热变宽、碰撞变宽等。

① 自然宽度　没有外界影响，谱线仍有一定的宽度称为自然宽度。它与激发态原子的平均寿命有关，平均寿命越长，谱线宽度越窄。不同谱线有不同的自然宽度，多数情况下约为 $10^{-5}$nm 数量级。

② 多普勒变宽　多普勒宽度是由于原子热运动引起的。从物理学中已知，从一个运动着的原子发出的光，如果运动方向离开观测者，则在观测者看来，其频率较静止原子所发的光的频率

低；反之，如原子向着观测者运动，则其频率较静止原子发出的光的频率为高，这就是多普勒效应。

原子吸收分析中，对于火焰和石墨炉原子吸收池，气态原子处于无序热运动中，相对于检测器而言，各发光原子有着不同的运动分量，即使每个原子发出的光是频率相同的单色光，但检测器所接受的光则是频率略有不同的光，于是引起谱线的变宽。

谱线的多普勒变宽 $\Delta\nu_D$ 可由式(6-199) 决定：

$$\Delta\nu_D=\frac{2\nu_0}{c}\sqrt{\frac{2\ln 2RT}{M}}=7.162\times10^{-7}\nu_0\sqrt{\frac{T}{M}} \tag{6-199}$$

式中，$R$ 为气体常数；$c$ 为光速；$M$ 为原子量；$T$ 为热力学温度（K）；$\nu_0$ 为谱线的中心频率。

由上式可见，多普勒宽度与元素的原子量、温度和谱线频率有关。随温度升高和原子量减小，多普勒宽度增加。

③ 压力变宽　由于辐射原子与其他粒子（分子、原子、离子和电子等）间的相互作用而产生的谱线变宽，统称为压力变宽。压力变宽通常随压力增大而增大。

在压力变宽中，凡是同种粒子碰撞引起的变宽叫 Holtzmark（赫尔兹马克）变宽，随压力增大和温度升高而增大；凡是由异种粒子引起的变宽叫 Lorentz（罗伦兹）变宽，只有在被测原子浓度高时才起作用。

④ 自吸变宽　由自吸现象而引起的谱线变宽称为自吸变宽。空心阴极灯发射的共振线被灯内同种基态原子所吸收产生自吸现象，从而使谱线变宽。灯电流越大，自吸变宽越严重。

此外，在外电场或带电粒子、离子形成的电场及磁场作用下，能引起能级的分裂，从而导致谱线变宽，这种变宽称为场致变宽。

(4) 原子吸收光谱的测量

① 积分吸收　在吸收线轮廓内，吸收系数的积分称为积分吸收系数，简称为积分吸收，它表示吸收的全部能量。从理论上，积分吸收与原子蒸气中吸收辐射的原子数成正比。数学表达式为：

$$\int K_\nu \mathrm{d}\nu=\frac{\pi e^2}{mc}N_0 f \tag{6-200}$$

式中，$e$ 为电子电荷；$m$ 为电子质量；$c$ 为光速；$N_0$ 为单位体积内基态原子数；$f$ 为振子强度，即能被入射辐射激发的每个原子的平均电子数，它正比于原子对特定波长辐射的吸收概率。这是原子吸收光谱分析法的重要理论依据。

若能测定积分吸收，则可求出原子浓度。但是，测定谱线宽度仅为 $10^{-3}$nm 的积分吸收，需要分辨率非常高的色散仪器。

② 峰值吸收　一般采用测量峰值吸收系数的方法代替测量积分吸收系数的方法。如果采用发射线半宽度比吸收线半宽度小得多的锐线光源，并且发射线的中心与吸收线中心一致。见图 6-180。这样就不需要用高分辨率的单色器，而只要将其与其他谱线分离，就能测出峰值吸收系数。

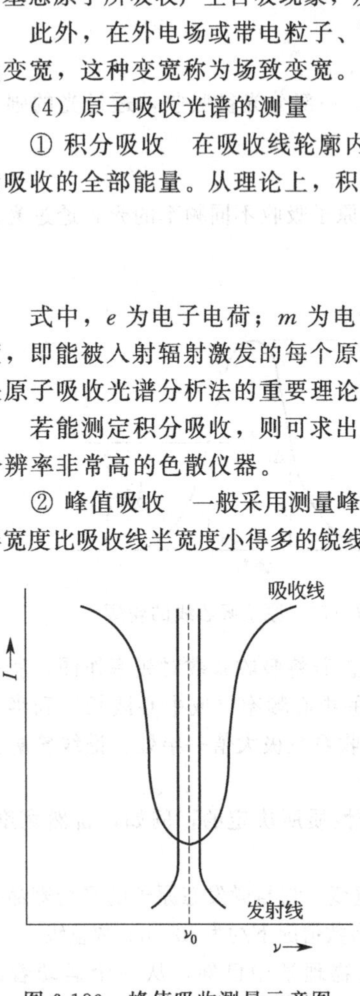

图 6-180　峰值吸收测量示意图

在一般原子吸收测量条件下，原子吸收轮廓取决于 Doppler（热变宽）宽度，

$$K_\nu=K_0\exp\{-[2(\nu-\nu_0)(\ln 2)^{1/2}/\Delta\nu_D]^2\}$$

积分得：

$$\int K_\nu \mathrm{d}\nu=1/2(\pi/\ln 2)^{1/2}K_0\Delta\nu_D$$

通过运算可得峰值吸收系数与基态原子数 $N_0$ 之间存在如下关系

$$K_0=\frac{2\sqrt{\pi\ln 2}}{\Delta\nu_D}\times\frac{e^2}{mc}N_0 f \tag{6-201}$$

在温度不太高的稳定火焰条件下，峰值吸收系数与火焰中被测元素的原子浓度也成正比。只要能测出 $K_0$ 就可得出 $N_0$。

③ 锐线光源 它是发射线半宽度远小于吸收线半宽度的光源，如空心阴极灯。在使用锐线光源时，光源发射线半宽度很小，并且发射线与吸收线的中心频率一致。这时发射线的轮廓可看作一个很窄的矩形，即峰值吸收系数 $K_0$ 在此轮廓内不随频率而改变，吸收只限于发射线轮廓内。这样，一定的 $K_0$ 即可测出一定的原子浓度。

④ 实际测量 当频率为 $\nu$、强度为 $I_\nu$ 的平行辐射垂直通过均匀的原子蒸气时，原子蒸气对辐射产生吸收，符合朗伯（Lambert）定律，即

$$I_\nu = I_{0\nu} e^{-k_\nu L} \tag{6-202}$$

式中，$I_{0\nu}$ 为入射辐射强度；$I_\nu$ 为透过原子蒸气吸收层的辐射强度；$L$ 为原子蒸气吸收层的厚度；$k_\nu$ 为吸收系数。

当在原子吸收线中心频率附近一定频率范围 $\Delta\nu$ 测量时，则

$$I_0 = \int_0^{\Delta\nu} I_{0\nu} \mathrm{d}\nu \tag{6-203}$$

$$I = \int_0^{\Delta\nu} I_\nu \mathrm{d}\nu = \int_0^{\Delta\nu} I_{0\nu} e^{-k_\nu L} \mathrm{d}\nu$$

当使用锐线光源时，$\Delta\nu$ 很小，可以近似地认为吸收系数在 $\Delta\nu$ 内不随频率 $\nu$ 而改变，并以中心频率处的峰值吸收系数 $k_0$ 来表征原子蒸气对辐射的吸收特性，则吸光度 $A$ 为

$$A = \lg \frac{I_0}{I} = \lg \frac{\int_0^{\Delta\nu} I_{0\nu} \mathrm{d}\nu}{\int_0^{\Delta\nu} I_{0\nu} e^{-K_\nu L} \mathrm{d}\nu} = \lg \frac{\int_0^{\Delta\nu} I_{0\nu} \mathrm{d}\nu}{\mathrm{e}^{-K_\nu L} \int_0^{\Delta\nu} I_{0\nu} \mathrm{d}\nu} = 0.43 k_0 L \tag{6-204}$$

将式(6-201) 代入式(6-202) 得到

$$A = 0.43 \times \frac{2\sqrt{\pi \ln 2}}{\Delta\nu_{\mathrm{D}}} \times \frac{e^2}{mc} N_0 f L \tag{6-205}$$

在通常的原子吸收测定条件下，原子蒸气相中基态原子数 $N_0$ 近似地等于总原子数 $N$。

当实验条件一定时，各有关参数为常数，式(6-205) 可以简写为

$$A = kC$$

此式为原子吸收测量的基本关系式。

2. 原子吸收光谱仪的结构

原子吸收光谱仪又称原子吸收分光光度计，由光源、原子化器、单色器和检测器等四部分组成。见图 6-181。

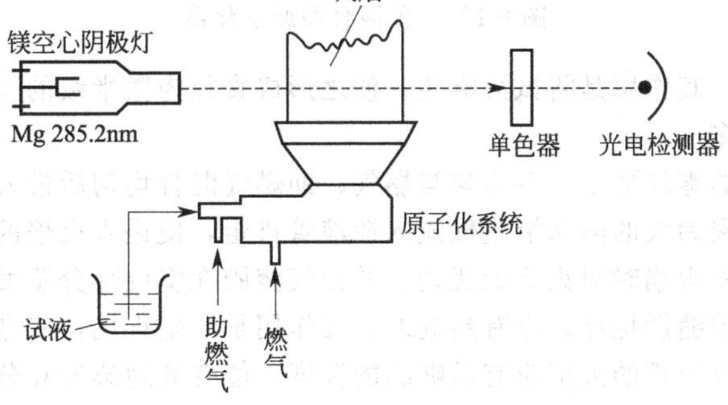


图 6-181 原子吸收分析示意图

(1) 光源

空心阴极放电灯有一个可将被测元素材料镶上或熔入其中的圆筒形的空心阴极和一个由钛、

锆、钽或其他有吸气性能金属材料制作的阳极。阴极和阳极封闭在带有由石英或玻璃制成的光学窗口的硬质玻璃管内，管内充有压强为0.27～1.33kPa的惰性气体氖或氩，其作用是产生离子撞击阴极，使阴极材料发光。

空心阴极灯放电是一种特殊形式的低压辉光放电，放电集中于阴极空腔内。当在两极之间施加几百伏电压时，便产生辉光放电。在电场作用下，电子在飞向阳极的途中，与载气原子碰撞并使之电离，放出二次电子，使电子与正离子数目增加，以维持放电。正离子从电场获得动能。如果正离子的动能足以克服金属阴极表面的晶格能，当其撞击在阴极表面时，就可以将原子从晶格中溅射出来。除溅射作用之外，阴极受热也要导致阴极表面元素的热蒸发。溅射与蒸发出来的原子进入空腔内，再与电子、原子、离子等发生第二类碰撞而受到激发，发射出相应元素的特征的共振辐射。

（2）原子化器

原子化器的功能是提供能量，使试样干燥、蒸发和原子化。在原子吸收光谱分析中，试样中被测元素的原子化是整个分析过程的关键环节。实现原子化最常用的方法有两种：

ⓐ 火焰原子化法。是原子光谱分析中最早使用的原子化方法，至今仍在广泛地应用；

ⓑ 非火焰原子化法。其中应用最广的是石墨炉电热原子化法。

① 火焰原子化器

a. 火焰原子化器结构　火焰原子化法是由化学火焰提供能量，使被测元素原子化。该方法应用最早，并沿用至今。

常用的是预混合型原子化器，它是由雾化器、雾化室和燃烧器三部分组成。见图6-182。

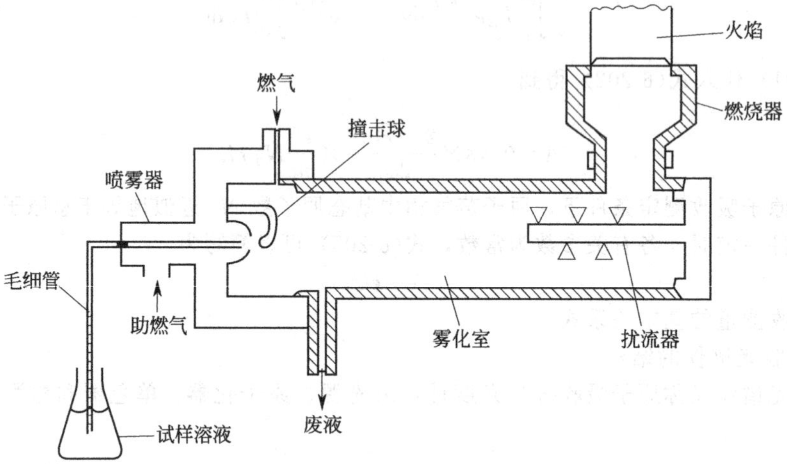


图6-182　预混合型原子化器

雾化器是关键部件，其作用是将试液雾化，使之形成直径为微米级的气溶胶。雾滴越小，火焰中形成的基态原子就越多。

雾化室可使气溶胶的雾粒更小，并均匀与燃气、助燃气混合均匀后进入燃烧器。雾化室还可使较大的气溶胶在室内凝聚为大的溶珠沿室壁流入泄液管排走，使进入火焰的气溶胶在混合室内充分混合均匀以减少它们进入火焰时对火焰的扰动。并让气溶胶在室内部分蒸发脱溶。

燃烧器最常用的是单缝燃烧器，也有叁缝的，其作用是产生火焰，使进入火焰的气溶胶蒸发和原子化。因此，原子吸收分析的火焰应有足够高的温度，能有效地蒸发和分解试样，并使被测元素原子化。此外，火焰应该稳定、背景发射和噪声低、吸收光程长、燃烧安全。

b. 火焰的基本特性

ⓐ 燃烧速度　指由着火点向可燃烧混合气其他点传播的速度。它影响火焰的安全操作和燃烧的稳定性。要使火焰稳定，可燃混合气体的供应速度应大于燃烧速度。但供气速度过大，会使火焰

离开燃烧器，变得不稳定，甚至吹灭火焰；供气速度过小，将会引起回火。

ⓑ 火焰温度　不同类型的火焰，其温度不同。

ⓒ 火焰的燃气和助燃气比例　按比例的不同，可将火焰分为三类：化学计量火焰、富燃火焰和贫燃火焰。

化学计量火焰　由于燃气与助燃气之比与化学反应计量关系相近，又称其为中性火焰。此火焰温度高、稳定、干扰小、背景低。

富燃火焰　燃气大于化学计量的火焰。又称还原性火焰。火焰呈黄色，层次模糊，温度稍低，火焰的还原性较强，适合于易形成难离解氧化物元素的测定。干扰较多，背景较高。

贫燃火焰　又称氧化性火焰，即助燃比大于化学计量的火焰。氧化性较强，火焰呈蓝色，温度较低，适于易离解、易电离元素的原子化，如碱金属等。

选择适宜的火焰条件是一项重要的工作，可根据试样的具体情况，通过实验或查阅有关的文献确定。一般，选择火焰的温度应使待测元素恰能分解成基态自由原子为宜。若温度过高，会增加原子电离或激发，而使基态自由原子减少，导致分析灵敏度降低。

选择火焰时，还应考虑火焰本身对光的吸收。烃类火焰在短波区有较大的吸收，而氢火焰的透射性能则好得多。对于分析线位于短波区的元素的测定，在选择火焰时应考虑火焰透射性能的影响。

乙炔-空气火焰　是原子吸收测定中最常用的火焰，该火焰燃烧稳定，重现性好，噪声低，温度高，对大多数元素有足够高的灵敏度，但它在短波紫外区有较大的吸收。

氢-空气火焰　是氧化性火焰，燃烧速度较乙炔-空气火焰高，但温度较低，优点是背景发射较弱，透射性能好，适合于共振线在短波区的元素。

乙炔-一氧化二氮火焰　它的优点是火焰温度高，可达3000℃，而燃烧速度并不快，适用于难原子化元素的测定，用它可测定70多种元素。

表6-46为几种常用火焰的燃烧特性。

**表6-46　几种常用火焰的燃烧特性**

| 燃　气 | 助燃气 | 最高燃烧速度 /cm·s$^{-1}$ | 最高火焰温度 /℃ | 燃　气 | 助燃气 | 最高燃烧速度 /cm·s$^{-1}$ | 最高火焰温度 /℃ |
|---|---|---|---|---|---|---|---|
| 乙炔 | 空气 | 160 | 2500 | 氢气 | 氧气 | 1400 | 2933 |
| 乙炔 | 氧气 | 1140 | 3160 | 氢气 | 氧化亚氮 | 390 | 2880 |
| 乙炔 | 氧化亚氮 | 160 | 2990 | 丙烷 | 空气 | 82 | 2198 |
| 氢气 | 空气 | 310 | 2318 | | | | |

② 石墨炉原子化器　常用的是管式石墨炉原子化器，其结构如图6-183所示。

石墨炉的基本结构包括：石墨管（杯）、炉体（保护气系统）、电源等三部分组成。工作是经历干燥、灰化、原子化和净化等四个阶段，即完成一次分析过程。

a. 炉体　石墨炉炉体的设计、改进是分析学者主攻的对象。因为炉体的结构与待测元素原子化状态密切相关。

HGA系列石墨炉：炉体中包括有一根长28mm，直径为8mm的石墨管，管中央开有一个向上小孔，直径为2mm，是液体试样的进样口及保护气体的出气口，进样时用精密微量注射器注入，每次几微升到20$\mu$L或50$\mu$L以下，固体试样从石英窗（可卸式）一侧，用专门的加样器加进石墨管中央，每根石墨管可使用约50～200次。

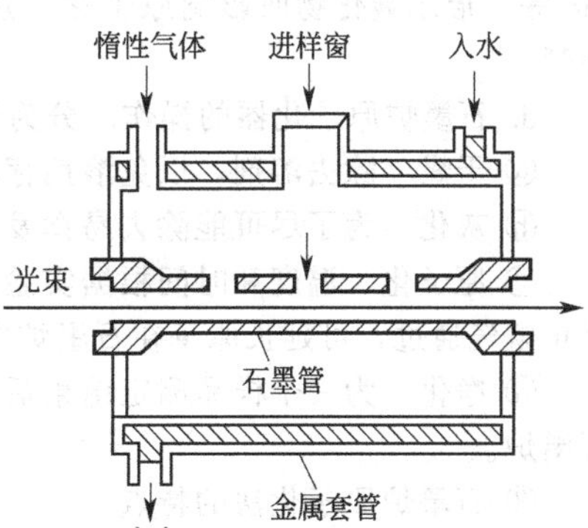

图6-183　管式石墨炉原子化器

石墨管两端的电极接到一个低压、大电流的电源上，这一电源可以给出3.6kW功率于管壁处。炉体周围有一金属套管作为冷却水循环用。因为在完成一个样品的原子化器需要迅速冷却至室温。

惰性气体（氩气）通过管的末端流进石墨管，再从样品入口处逸出。这一气流保证了在灰化阶段所生成的基体组分的蒸气出来而产生强的背景信号。石墨管两端的可卸石英窗可以防止空气进入，为了避免石墨管氧化，在金属套管左上方另通入惰性气体使它在石墨管的周围（在金属套管内）流动，保护石墨管。

炉体的结构对石墨炉原子分析法的性能有重要的影响，因此要求：

ⓐ 接触良好　石墨管（杯）与炉座间接触应十分吻合，而且要有弹性伸缩，以适应石墨管热胀伸缩的位置。

ⓑ 惰性气体保护　为防止石墨的高温氧化作用，减少记忆效应，保护已热解的原子蒸气不再被氧化，可及时排泄分析过程中的烟雾，因此在石墨炉加热过程中（除原子化阶段内内气路停气之外）需要有足量（1～2L/min）的惰性气体作保护。通常使用的惰性气体主要是氩气。氮气亦可以，但对某些元素测定其背景值增大，而且灵敏度不如用氮气高。

石墨炉的气路分为外气路和内气路且单独控制方式，外气路用于保护整个炉体内腔的石墨部件，是连续进气的。内气路从石墨管两端进气，由加样孔出气，并设置可控制气体流量和停气等程序。

ⓒ 水冷保护　石墨炉在2～4s内，可使温度上升到3000℃，有些稀土元素，甚至要更高的温度。但炉体表面温度不能超过60～80℃。因此，整个炉体有水冷却保护装置，如水温为200℃时，水的流量1～2L/min，炉子切断电源停止加热，在20～30s内，即可冷却到室温。

水冷和气体保护都设有“报警”装置。如果水或气体流量不足，或突然断水、断气，即发出“报警”信号，自动切断电源。

b. 石墨炉电源　石墨炉电源是一种低压（8～12V）大电流（300～600A）而稳定的交流电源。设有能自动完成干燥、灰化、原子化、净化阶段的操作程序。

石墨管温度取决于流过的电流强度。石墨管在使用过程中，石墨管本身的电阻和接触电阻会发生改变，从而导致石墨管温度的变化。因此电路结构应有“稳流”装置。

c. 石墨管　分为普通石墨管（GT）与热解石墨管（PGT）。

目前商品石墨炉主要使用普通石墨管和热解石墨管，普通石墨管升华点低（3200℃），易氧化，使用温度必须低于2700℃。

热解石墨管（PGT）是在普通石墨管中通入甲烷蒸气（10%甲烷与90%氩气混合），在低压下热解，使热解石墨（碳）沉积在石墨管（棒）上，沉积不断进行，结果在石墨管壁上沉积上一层致密坚硬的热解石墨。

热解石墨具有很好的耐氧化性能，升华温度高，可达3700℃。致密性能好，不渗透试液，对热解石墨其渗气速度是$10^{-6}$cm/s。热解石墨还具有良好的惰性，因而不易与高温元素（如V、Ti、Mo等）形成碳化物而影响原子化。热解石墨具有较好的机械强度，使用寿命明显地优于普通石墨管。

d. 石墨炉原子化器的操作　分为干燥、灰化、原子化和净化四步，由微机控制实行程序升温。

ⓐ 干燥　除去溶剂，以免溶剂存在导致灰化和原子化过程飞溅；

ⓑ 灰化　为了尽可能除去易挥发的基体和有机物；干燥与灰化时间约20～60s；

ⓒ 原子化　温度和时间根据实验选择，温度2500～3000℃，时间3～10s。在原子化阶段，应停止氩气通过，可延长原子在石墨炉中的停留时间；

ⓓ 净化　为一个样品测定结束后，用比原子化阶段稍高的温度加热，以除去样品残渣，净化石墨炉。

③ 石墨炉原子化法的特点

a. 灵敏度高、检测限低　因为试样直接注入石墨管内，样品几乎全部蒸发并参与吸收。试样原子化是在惰性气体保护下，还原性气的石墨管内进行的，有利于难熔氧化物的分解和自由原子的形成，自由原子在石墨管内平均滞留时间长，因此管内自由原子密度高，绝对灵敏度达$10^{-12}$～$10^{-15}$g。

b. 用样量少 通常固体样品为0.1～10mg，液体试样为5～50μL。因此石墨炉原子化特别适用于微量样品的分析，但由于非特征背景吸收的限制，取样量少，相对灵敏度低，样品不均匀性的影响比较严重，方法精密度比火焰原子化法差，通常约为2%～5%。

c. 试样直接注入原子化器，从而减少溶液一些物理性质对测定的影响，也可直接分析固体样品。

d. 排除了火焰原子化法中存在的火焰组分与被测组分之间的相互作用，减少了由此引起的化学干扰。

e. 可以测定共振吸收线位于真空紫外区的非金属元素I、P、S等。

f. 石墨炉原子化法所用设备比较复杂，成本比较高。但石墨炉原子化器在工作中比火焰原子化系统安全。

g. 石墨炉产生的总能量比火焰小，因此基体干扰较严重，测量的精密度比火焰原子化法差。

④ 低温原子化法 低温原子化法又称化学原子化法，其原子化温度为室温至摄氏数百度。常用的有汞低温原子化法及氢化物原子化法。

a. 汞低温原子化法 汞在室温下，有一定的蒸气压，沸点为357℃。只要对试样进行化学预处理还原出汞原子，由载气（Ar或$N_2$）将汞蒸气送入吸收池内测定。

b. 氢化物原子化法 适用于Ge、Sn、Pb、As、Sb、Bi、Se和Te等元素。在一定的酸度下，将被测元素还原成极易挥发与分解的氢化物，如$AsH_3$、$SnH_4$、$BiH_3$等。这些氢化物经载气送入石英管后，进行原子化与测定。氢化物法可将被测元素从大量溶剂中分离出来，其检出限比火焰法低1～3个数量级，且选择性好，干扰也少。

（3）单色器

单色器由入射和出射狭缝、反射镜和色散元件组成，其作用是将所需要的共振吸收线分离出来。分光器的关键部件是色散元件，现在商品仪器都是使用光栅。因采用锐线光源，谱线比较简单，原子吸收光谱仪对分光器的分辨率要求不高，曾以能分辨开镍三线Ni230.003nm、Ni231.603nm、Ni231.096nm为标准，后采用Mn279.5nm和279.8nm代替Ni三线来检定分辨率。光栅放置在原子化器之后，以阻止来自原子化器内的所有不需要的辐射进入检测器，也可避免光电倍增管疲劳。

（4）检测器

原子吸收光谱法中检测器通常使用光电倍增管。光电倍增管的工作电源应有较高的稳定性。如工作电压过高、照射的光过强或光照时间过长，都会引起疲劳效应。

（5）仪器的类型

按光束分为单光束与双光束型原子吸收分光光度计；

按调制方法分为直流与交流型原子吸收分光光度计；

按波道分为单道、双道和多道型原子吸收分光光度计。

3. 原子吸收光谱法干扰及消除方法

原子吸收光谱法的主要干扰有物理干扰、化学干扰、电离干扰、光谱干扰和背景干扰等。

（1）物理干扰及消除方法

物理干扰是指试液与标准溶液物理性质有差异而产生的干扰。如黏度、表面张力或溶液的密度等的变化，影响样品的雾化以及气溶胶到达火焰的传送等，会导致原子吸收强度的变化而引起的干扰。

消除办法：配制与被测试样组成相近的标准溶液或采用标准加入法。若试样溶液的浓度高，还可采用稀释法。

（2）化学干扰及消除方法

化学干扰是由于被测元素原子与共存组分发生化学反应生成稳定的化合物，影响被测元素的原子化，而引起的干扰。消除化学干扰的方法有以下4种：

① 选择合适的原子化方法 提高原子化温度，减小化学干扰。使用高温火焰或提高石墨炉原

子化温度，可使难离解的化合物分解。如高温火焰中磷酸根不干扰钙的测定。

采用还原性强的火焰与石墨炉原子化法，可使难离解的氧化物还原、分解。

② 加入释放剂　释放剂的作用是它与干扰物质能生成比被测元素更稳定的化合物，使被测元素释放出来。例如，磷酸根干扰钙的测定，可在试液中加入镧盐、锶盐、镧、锶与磷酸根首先生成比钙更稳定的磷酸盐，就相当于把钙释放出来。加入镧盐或锶盐，也可防止铝对镁测定的干扰。释放剂的应用比较广泛。

③ 加入保护剂　保护剂是可与被测元素生成易分解的或更稳定的配合物，防止被测元素与干扰组分生成难离解的化合物。保护剂一般是有机配合剂。例如EDTA、8-羟基喹啉。

④ 加入基体改进剂　对于石墨炉原子化法，在试样中加入基体改进剂，使其在干燥或灰化阶段与试样发生化学变化，其结果可以增加基体的挥发性或改变被测元素的挥发性，以消除干扰。例如测定海水中的Cd，为使Cd在背景信号出现前原子化，可加入EDTA来降低原子化温度，消除干扰。

如果用上述方法都不能消除化学干扰，只好采用化学分离的方法，如溶剂萃取、离子交换等方法。

(3) 电离干扰及消除方法

在高温条件下，原子会电离，使基态原子数减少，吸光度下降，这种干扰称为电离干扰。

消除电离干扰的方法是加入过量的消电离剂。消电离剂是比被测元素电离电位低的元素，相同条件下消电离剂首先电离，产生大量的电子，抑制被测元素的电离。例如，测钙时可加入过量的KCl溶液消除电离干扰。钙的电离电位为6.1eV，钾的电离电位为4.3eV。由于K电离产生大量电子，使钙离子得到电子而生成原子。

(4) 光谱干扰及消除方法

① 吸收线重叠　共存元素吸收线与被测元素分析线波长很接近时，两谱线重叠或部分重叠，会使结果偏高。不过这种谱线重叠不是很多，另选分析线进行分析即可。

② 光谱通带内存在的非吸收线　非吸收线可能是被测元素的其他共振线与非共振线，也可能是光源中杂质的谱线。一般通过减小狭缝宽度与灯电流或另选谱线消除非吸收线干扰。

③ 原子化器内直流发射干扰　由于原子化器中被测原子对辐射的吸收和发射同时存在，同时火焰组分也会发射带状光谱。这些来自原子化器的辐射发射干扰检测，发射干扰都是直流信号。为消除辐射的发射干扰，必须对光源进行调制。可用机械调制，在光源后加一扇形切光器，将光源发出的辐射调制成具有一定频率的辐射，检测器接收的是交流信号。采用交流放大器将直流信号分离掉；此外，可对空心阴极灯光源脉冲供电，可消除发射的干扰，还可提高光源的发光强度与稳定性，降低噪声等。

(5) 背景干扰及消除方法

背景干扰也是一种光谱干扰。分子吸收与光散射是形成光谱背景的主要因素。

① 分子吸收与光散射　分子吸收是指在原子化过程中生成的分子对辐射的吸收。分子吸收是带状光谱，会在一定的波长范围内形成干扰。例如，碱金属卤化物在紫外区有吸收；不同的无机酸会产生不同的影响，在波长小于250nm时，$H_2SO_4$和$H_3PO_4$有很强的吸收带，而$HNO_3$和HCl的吸收很小。因此，原子吸收光谱分析中多用$HNO_3$和HCl配制溶液。

光散射是指原子化过程中产生的微小的固体颗粒使光发生散射，造成透过光减小，吸收值增加。

背景干扰会使吸收值增加，产生正误差。尤其以石墨炉原子化法背景吸收的干扰更为严重，有时不予以扣除将不能进行测定。

② 背景校正方法　一般采用仪器校正背景方法，有邻近非共振线、连续光源、Zeeman效应等校正方法。

a. 邻近非共振线校正法　背景吸收是宽带吸收。分析线测量的是原子吸收与背景吸收的总吸光度$A_T$，在分析线邻近选一条非共振线，非共振线不会产生共振吸收，此时测出的吸收为背景吸

收 $A_B$。两次测量吸光度相减，所得吸光度值即为扣除背景后的原子吸收吸光度值 $A$。

$$A_T = A + A_B,\ A = A_T - A_B = kc$$

本法适用于分析线附近背景吸收变化不大的情况，否则准确度较差。

b. 连续光源背景校正法　目前原子吸收分光光度计上一般都配有连续光源自动扣除背景装置。连续光源用氘灯在紫外区；碘钨灯、氙灯在可见区扣除背景。

氘灯校正背景是商品仪器使用最普通的技术，为了提高背景扣除能力，从电路和光路设计上都有许多改进，自动化程度越来越高。

此法的缺点在于氘灯是一种气体放电灯，而空心阴极灯属于空心阴极溅射放电灯。两者放电性质不同，能量分布不同，光斑大小不同，再加上不易使两个灯的光斑完全重叠。急剧的原子化，又引起石墨炉中原子和分子浓度在时间和空间上分布不均匀，因而造成背景扣除的误差。

c. Zeeman 效应背景校正法　Zeeman 效应是指在磁场作用下简并的谱线发生分裂的现象。Zeeman 效应分为正常 Zeeman 效应和反常 Zeeman 效应。

在正常 Zeeman 效应中，每条谱线分裂为三条分线，中间一条为 $\pi$ 组分，其频率不受磁场的影响；其他两条称为 $\sigma^{\pm}$ 组分，其频率与磁场强度成正比。在反常 Zeeman 效应中，每条谱线分裂为三条分线或更多条分线，这是由谱线本身的性质所决定的。反常 Zeeman 效应是原子谱线分裂的普遍现象，而正常 Zeeman 效应仅仅是假定电子自旋动量矩为零，原子只有轨道动量矩时所有的特殊现象。

Zeeman 效应校正法是磁场将吸收线分裂为具有不同偏振方向的组分，利用这些分裂的偏振成分来区别被测元素与背景的吸收。

利用塞曼效应校正背景的方法可分为两大类：光源调制法和吸收线调制法。前者将磁场加在光源上，后者将磁场加在原子化器上，其中后者应用较广。

4. 分析方法

(1) 测量条件的选择

① 分析线　通常选择元素的共振线作为分析线。在分析被测元素浓度较高试样时，可选用灵敏度较低的非共振线作为分析线。

② 狭缝宽度　狭缝宽度影响光谱通带与检测器接收辐射的能量。狭缝宽度的选择要能使吸收线与邻近干扰线分开。当有干扰线进入光谱通带内时，吸光度值将立即减小。不引起吸光度减小的最大狭缝宽度为应选择的合适的狭缝宽。

原子吸收分析中，谱线重叠的概率较小，因此，可以使用较宽的狭缝，以增加光强与降低检出限。在实验中，也要考虑被测元素谱线复杂程度，碱金属、碱土金属谱线简单，可选择较大的狭缝宽度；过渡元素与稀土元素等谱线比较复杂，要选择较小的狭缝宽度。

③ 灯电流　空心阴极灯的发射特性取决于工作电流。灯电流过小，放电不稳定，光输出的强度小；灯电流过大，发射谱线变宽，导致灵敏度下降，灯寿命缩短。选择灯电流时，应在保持稳定和有合适的光强输出的情况下，尽量选用较低的工作电流。

测量条件的选择：一般商品的空心阴极灯都标有允许使用的最大电流与可使用的电流范围，通常选用最大电流的 1/2～2/3 为工作电流。实际工作中，最合适的电流应通过实验确定。空心阴极灯使用前一般必须预热 10～30min。

④ 原子化条件

a. 火焰原子化法　火焰的选择与调节是影响原子化效率的重要因素。

对于低温、中温火焰，适合的元素可使用乙炔-空气火焰；在火焰中易生成难离解的化合物及难溶氧化物的元素，宜用乙炔-氧化亚氮高温火焰；分析线在 220nm 以下的元素，可选用氢气-空气火焰。火焰类型选定以后，必须调节燃气与助燃气比例，以得到所需特点的火焰。易生成难离解氧化物的元素，用富燃火焰；氧化物不稳定的元素，宜用化学计量火焰或贫燃火焰。合适的燃助比应通过实验确定。燃烧器高度是控制光源光束通过火焰区域的。由于在火焰区内，自由原子的空间分布不均匀，随火焰条件而变化。因此必须调节燃烧器的高度，使测量光束从自由原子浓度大的区域内通过，可以得到较高的灵敏度。

b. 石墨炉原子化法　石墨炉原子化法要合理选择干燥、灰化、原子化及净化等阶段的温度和时间。干燥一般在105～125℃的条件下进行。灰化要选择能除去试样中基体与其他组分而被测元素不损失的情况下，尽可能高的温度。原子化温度选择可达到原子吸收最大吸光度值的最低温度。净化或称清除阶段，温度应高于原子化温度，时间仅为3～5s，以便消除试样的残留物产生的记忆效应。

⑤ 进样量　进样量过小，信号太弱；过大，在火焰原子化法中，对火焰会产生冷却效应；在石墨炉原子化法中，会使除残产生困难。在实际工作中，通过实验测定吸光度值与进样量的变化，选择合适的进样量。

(2) 分析方法

① 校准曲线法　配制一组含有不同浓度被测元素的标准溶液，在与试样测定完全相同的条件下，按浓度由低到高的顺序测定吸光度值。绘制吸光度对浓度的校准曲线。测定试样的吸光度，在校准曲线上用内插法求出被测元素的含量。

② 标准加入法　分取几份相同量的被测试液，分别加入不同量的被测元素的标准溶液，其中一份不加被测元素的标准溶液，最后稀释至相同体积，使加入的标准溶液浓度为0、$C_s$、$2C_s$、$3C_s$，然后分别测定它们的吸光度，绘制吸光度对浓度的校准曲线，再将该曲线外推至与浓度轴相交。交点至坐标原点的距离$C_x$即是被测元素经稀释后的浓度。

根据吸收定律：

$$A_x = kC_x$$

$$A_s = k(C_s + C_x)$$

$$C_x = A_x \frac{C_s}{A_s - A_x}$$

使用标准加入法，被测元素的浓度应在通过原点的标准曲线线性范围内，标准加入法应进行空白试剂的扣除，也必须用标准加入法进行扣除，不能用校准曲线法求得的试剂空白值来扣除。

标准加入法消除了分析中的基体干扰，但不能消除背景干扰，使用标准加入法时，一定要考虑消除背景的干扰。

# 第十节　红外光谱和拉曼光谱

## 一、红外光谱

1. 红外吸收光谱的产生与分子振动

(1) 红外吸收光谱的产生　红外光谱亦称为分子振动光谱，因为它主要是来源于分子振动、分子转动。

分子的振动频率不仅与键本身有关，而且还受到全分子的影响。一定频率的红外线照射分子时，如果分子中某一个键的振动频率和红外线的频率相同，这个键就吸收红外线而增加能量，键的振动就会加强；如果分子中没有同样频率的振动，红外线不会被吸收。因此，用红外线照射样品时，若连续改变红外的频率，则通过样品吸收池的红外线的部分能量被吸收，而使有些区域的光吸收较多，有些区域吸收较少，这样就产生了红外吸收光谱。

分子要产生红外吸收作用，必须满足两个条件。第一，辐射能必须与分子的激发态和基态之间的能量差相当，这样辐射能才会被分子吸收，用来增强它的自然振动；第二，分子的振动必须引起分子偶极矩的净变化。

（2）伸缩振动和变形振动　分子的振动可分为伸缩振动和变形振动两大类。沿着原子之间连续方向发生的振动，即键角不变，键长改变的振动，称为伸缩振动，其符号为 $\nu$。同一基团的伸缩振动，需要改变键长，需要能量较高，常在高频率端出现吸收，伸缩振动又分为对称伸缩振动和不对称伸缩振动，分别以符号 $\nu_s$ 和 $\nu_{as}$ 表示。通常不对称伸缩振动比对称伸缩振动的频率高。

变形振动也称为变角振动，是基团键角发生周期变化的振动，通常以 $\delta$ 表示。同一基团的变角振动的频率都出现在其伸缩振动的低频率端，它对环境变化较为敏感，所以一般不把它作为基团频率处理。根据其振动的特点，又可分为面内变形振动和面外变形振动两种。面内变形振动又分为剪式振动和平面振动。面外变形振动也可分为非平面振动和扭曲振动等。

红外光谱常以波数或波长来表征光的频率的单位。波数是指每厘米中所含光波的数目，其符号为 $\bar{\nu}$；单位为 $cm^{-1}$。波长是指光波的运动中，两个相邻波的波峰（或波谷）之间的直线距离。一般用符号 $\lambda$ 表示，单位常用 $\mu m$ 表示。波数与波长的关系如下

$$\text{波数}\ \bar{\nu}(cm^{-1})=\frac{10000}{\text{波长}\ \lambda}$$

（3）红外光谱的谱带强度与分子振动的关系　红外光谱的谱带强度的大小与分子振动时偶极矩的变化大小有关。分子振动时对称性越小，偶极矩变化越大，红外谱带吸收强度越大。一般来说，极性较大的分子或基团在振动时偶极矩变化较大。因此，它们的红外吸收峰较强。如羰基（$>C=O$）、氨基（—$NH_2$）、羟基（—OH）、硝基（—$NO_2$）等。反之，极性较弱的分子或非极性的化学键振动的红外吸收峰的强度较弱，如碳-碳键（C—C）、碳-氢键（C—H）及氮-氮（N≡N）键等。红外吸收峰的强度常定性地用 VS(很强)、S(强)、M(中等)、W(弱)、VW(很弱)、WM(弱到中等)等表示。

（4）红外区域的划分　红外光谱吸收波长范围约为 0.75～1000$\mu m$。根据仪器技术和应用不同，习惯又将红外区分为三个区域：波长为 25～1000$\mu m$ 的为远红外区；波长为 2.5～25$\mu m$ 的为中红外区；波长为 0.75～2.5$\mu m$ 的为近红外区。

其中远红外区的吸收谱带主要是由气体分子的纯转动能级的跃迁，变角振动、骨架振动等引起的，常用于异构体、金属有机化合物、氢键吸附等方面的研究。近红外区主要是由低能电子的跃迁，含有氢原子团伸缩振动的倍频吸收等引起的，在该区主要用于研究稀土和过渡金属的水合物，适用于水、醇、某些高分子化合物及含氢原子团化合物的定量。中红外区是绝大多数有机化合物和少量的无机离子的基频吸收谱带区，由于基频振动是红外光谱中吸收最强的振动吸收，所以该区最适于进行红外光谱的定性和定量分析，是最常用的红外光谱区，通常说的红外光谱就是指该区的红外光谱。部分化合物红外光谱见第一章第六节三、8。

表 6-47 列出了红外光谱的波长范围与仪器部件的关系。

**表 6-47　红外光谱的波长范围与仪器部件**

| 项　目 | 电磁波谱区 | | |
|---|---|---|---|
| | 近红外 | 中红外 | 远红外 |
| 波数/$cm^{-1}$ | 12500～4000 | 4000～200 | 200～10 |
| 波长/$\mu m$ | 0.8～2.5 | 2.5～50 | 50～1000 |
| 辐射源 | 钨丝灯 | 能斯特灯(氧化锆白炽灯)，碳硅棒、镍铬丝圈 | 高压汞弧灯 |
| 光学系统 | 一个或两个石英棱镜或棱镜与光栅双单色器 | 2～4 个平面衍射光栅，带一前极棱镜单色器或红外滤波器 | 双光束光栅仪器，(最高到 700$\mu m$)，干涉光谱仪（最高到 1000$\mu m$） |
| 检测器 | 硫化铅光导管 | 热电偶(电阻)测辐射热计，高莱探测器 | 高莱探测器(红外气动检测器、热电检测器) |

2. 有机物的特征吸收谱带和基团频率

物质的红外光谱是分子结构的反映。谱图中的吸收谱带与分子中各基团的振动形式相对应，具有较强的特征性。多原子分子的红外光谱与结构的关系，一般是通过实验手段得到的。就是通过比较大量已知化合物的红外光谱，从中总结出各种基团的吸收规律。实验表明，组成分子的各种基团，如 —H 、N—H 、C—H 、C═C 、C═O 等都有其特定的红外吸收光谱带，可作为基团的特征，称之为特征吸收谱带。分子的其他部分对其吸收谱带位置影响较小，通常把这种能代表基团存在，并具有较高强度的吸收谱带的极大值的波数，称为基团频率（又称特征吸收峰或特征频率）。主要基团的红外光谱特征吸收峰参见第一章第六节、三、7。

（1）官能团区和指纹区　通常把中红外光谱的整个范围分成 $4000\sim1300cm^{-1}$ 与 $1300\sim600cm^{-1}$ 两个波段。

$4000\sim1300cm^{-1}$ 波段的峰是由伸缩振动产生的吸收带，基团的特征吸收谱带一般位于此波段，并且在该波段内吸收峰比较稀疏，它是基团鉴定工作最有价值的波段，称为官能团区。

在 $1300\sim600cm^{-1}$ 波段中，除单键的伸缩振动外，还有因变形振动而产生的复杂光谱，当分子结构稍有不同时，该波段的吸收谱带就有细微的差异。这种情况像人的指纹一样，每个人有每个人的特征指纹，因而称为指纹区。指纹区对于区别结构类似的化合物很有帮助。

通常又把官能团区分为三个子区。

① $4000\sim2500cm^{-1}$ 波段　称为 O—H 、 N—H 、 C—H 的伸缩振动区。在这个波段有吸收峰，说明化合物中含有氢原子的官能团存在；如O—H($3700\sim3200cm^{-1}$) COO—H($3600\sim2500cm^{-1}$)、N—H($3500\sim3300cm^{-1}$) 等。氢键的存在使频率降低，谱带变宽，它是判断有无醇、酚和有机酸的重要依据。C—H伸缩振动分饱和不饱和烃两种。饱和烃C—H伸缩振动在 $3000cm^{-1}$ 以下；不饱和烃C—H伸缩振动（包括烯烃、炔烃、芳香烃的C—H伸缩振动）在 $3000cm^{-1}$ 以上。因此，波数 $3000cm^{-1}$ 是区分饱和烃与不饱和烃的分界线。

② $2500\sim2000cm^{-1}$ 波段　称为叁键和累积双键区。该区红外谱带较少。主要包括—C≡C—、—C≡N等三键的伸缩振动和—C═C═C—、—C═C═O等累积双键的反对称伸缩振动。

③ $2000\sim1500cm^{-1}$ 波段　称为双键伸缩振动区。该区主要包括C═O 、 C═C、C═N、N═O等的伸缩振动。所有的羰基化合物，例如醛、酮、羧酸、酯、酰卤、酸酐等在该区均有强的吸收峰，并且往往是谱图中第一强峰，非常有特征。因此，C═O的伸缩振动吸收带是判断有无羰基存在的主要依据。

苯的衍生物在 $2000\sim1667cm^{-1}$ 波段出现 C—H 面外变形振动的倍频或组合频的吸收谱带，但因强度弱，仅在加大样品浓度时才能呈现。通常可依据该区的吸收情况，确定苯环的取代类型。

指纹区可分为两个波段。

① $1300\sim900cm^{-1}$ 波段　包括C—O、C—N、C—F、C—P、C—S、P—O、Si—O等单键的伸缩振动和C═S、 S═O、P═O等双键的伸缩振动吸收。

② $900\sim600cm^{-1}$ 波段　该区的吸收峰是很有用的。例如可以指示 $—(CH_2)_n—$ 的存在。实验证明，当 $n\geqslant4$ 时。 $—CH_2—$ 的平面摇摆振动的吸收峰出现在 $722cm^{-1}$，随着 $n$ 的减小，逐渐移向高波数。此区域内的吸收峰还可以为鉴别烯烃的取代程度和构型提供信息。例如烯烃为 $RCH═CH_2$ 结构时，在 $990\sim910cm^{-1}$ 出现两个强峰，为 RC═CRH 结构时，其顺、反异构分别在 $690cm^{-1}$ 和 $970cm^{-1}$ 出现吸收。此外，利用本波段中苯环的 C—H 面外变形振动吸收峰及 $2000\sim1667cm^{-1}$ 波段苯的倍频或组合频吸收峰，可以共同配合来确定苯环的取代类型。

（2）常见基团谱带的一般规律　对于常见基团的主要谱带有以下几条规律。

① 不同分子中相同基团的特征频率大都出现在特定的波段内。基团的特征谱带大多集中在 $4000\sim1300cm^{-1}$ 波段，故称之为基团的特征吸收区。而 $1300\sim650cm^{-1}$ 波段称为指纹区。

② 一个基团可能有几个振动形式。因而一个基团振动产生的吸收峰有一组的相关峰。如

$-CH_3$ 基团除在 $2960cm^{-1}$ 和 $2870cm^{-1}$ 处有伸缩振动吸收峰外，在 $1460cm^{-1}$ 处有反对称变形振动及 $1370\sim1380cm^{-1}$ 波段的对称变形振动吸收峰。用一组相关峰可更正确地鉴别基团。特别是官能团，这是应用红外光谱进行定性分析的一个重要原则。

③ 对同一基团，由于伸缩振动，要改变键长，所需能量较高，键力常数就大；而变形振动，不改变键长，所需能量较低，键力常数小。因此，伸缩振动的吸收波数高于变形振动。

④ 价键愈强，则键力常数愈大，吸收波数就愈高。例如，C—C 键，从单键、双键到三键，其键的强度依次增加，其伸缩振动吸收波数也按 $1500\sim700cm^{-1}$、$1800\sim1600cm^{-1}$ 和 $2500\sim2000cm^{-1}$ 波数递增。

⑤ 与同一键连接的原子愈轻，其振动吸收的波数愈高。例如O—H键和O—D(氘) 键的键强度是一样的。但由于 D 原子量比氢重一倍，所以O—H键的伸缩振动吸收谱带出现在 $3600cm^{-1}$，而O—D键则位移至 $2630cm^{-1}$。

⑥ 分子中基团的极性越大，吸收峰强度越强。反之强度减弱。例如碳-氧键(C═O) 的吸收峰较碳-碳(C—C) 键的吸收峰强得多。

⑦ 同一原子（如氢）其连接的原子的电负性逐渐增大，其伸缩振动的频率也依次增大。例如，其振动频率顺序为O—H>N—H>C—H。

⑧ 同一物质，在不同的仪器上测得的红外光谱的吸收强度不同，而光谱中各峰的强弱顺序都应相同。

(3) 主要基团的特征吸收峰　用红外光谱来确定化合物是否存在某官能团时，首先应该注意在官能团区它的特征峰是否存在。同时也应找到它们相关峰作为旁证。

振动的类型和形式及其表示符号参见表 1-98，主要基团的红外特征吸收峰参见表 1-99。

(4) 影响基团频率的因素　影响基团频率的因素可分为内部因素与外部因素两类。

① 分子结构的内部影响因素

a. 取代基的诱导效应　由于取代基具有不同的电负性，通过静电诱电效应，引起分子中电子分布的变化，改变了键力常数，使键或基团的特征频率发生位移。元素的电负性越强，诱导效应越强，吸收峰向高波数段移动的程度越显著。

b. 共轭效应　共轭效应的结果使共轭体系的电子云密度平均化，双键略有伸长，单键略有缩短，单键具有双键特性，双键具有单键特性。双键的吸收频率往低波数方向位移。

c. 氢键效应　氢键的形成往往使基团的吸收频率降低，谱带变宽。

d. 振动耦合　振动耦合是指当两个化学键振动的频率相等或相近并具有一个公共原子时，由于一个键的振动，通过公共原子使另一个键的长度发生变化，产生一个“微扰”，从而形成了强烈的振动相互作用。结果，使振动频率发生变化，一个向高波数移动，一个向低波数移动。

e. 费米共振　当弱的倍频峰位于某强的基频吸收峰附近时，它们的吸收峰强度常常随之增加；或者发生谱峰分裂，这种倍频与基频之间的振动耦合，称为费米共振。

② 外部影响因素　外部影响因素主要指测定时物质的状态，以及溶剂效应等因素。

同一物质在不同的状态时，分子间相互作用力不同，所得的红外光谱也不同。物质在气态时，分子相互作用力很弱，振动频率最高，此时，可以观察到伴随振动光谱的转动精细结构。液态和固态分子间的作用力较强，在极性基团存在时，可能发生分子间的缔合或形成氢键，导致特征吸收带频率、强度和形状有较大的改变。在溶液中测定光谱时，由于溶剂的种类、溶剂的浓度和测定时的温度等不同，同一物质所测得的光谱也不相同。通常在极性溶剂中，溶质分子的极性基团的伸缩振动频率随溶剂极性的增加而向低波数方向移动，并且强度增大。因此，在红外光谱测定中，尽量采用非极性溶剂。

3. 红外光谱仪的结构

现行的红外光谱仪有多种型号（表 6-48），分辨率亦不相同。根据其原理不同，主要有两大类，一类是色散型有自动记录的双光束分光光度计，主要结构包括红外光源、单色器、检测器、放大器和记录仪等部分。其工作原理如图 6-184 所示。另一类是傅里叶变换红外光谱仪（简称 FT-IR），主要由红外光源、迈克尔逊干涉仪、试样池、检测器和计算机等部件组成，其工作原理如图 6-185 所示。

**表 6-48　部分红外光谱仪特性**

| 生产厂商 | 型　号 | 波长范围 $/cm^{-1}$ | 分辨率 $/(cm^{-1}/1000cm^{-1})$ | 其他特性 |
|---|---|---|---|---|
| 天津光学仪器厂 | WFD-3 型<br>WFD-7 型 | 4000～650 | | 硅碳棒辉光灯、热电或测辐射热电偶、萤石棱镜或光栅、自动记录 |
| | WFD-13 型 | 5000～300 | 1.5 | 波数精度 $\pm 2cm^{-1}$，透过率精度 ±1%，杂散光<2%、微机控制，具有多种光谱数据处理功能、峰值打印、光谱平滑、微分光谱、基线校正、光谱合成、差光谱、自动扩展、自检、查询等功能 |
| | WFD-14 型 | 4000～650 | 2.6 | 仪器扫描和走纸分别由步进电机推动、自动记录 |
| 上海分析仪器厂 | 7400 型 | 4000～400 | 1.5 | 波数精度 $\pm 2cm^{-1}$，透过率精度<1.5%，杂散光<1.5%，自动记录光谱 |
| | 7650 型 | 4000～650 | 3.0 | 波数精度 $\pm 3cm^{-1}$，透过率精度<1.5%，杂散光<1%，自动记录光谱 |
| 日立（日本） | U-4000 型 | 240～2600nm | | 紫外、可见、近红外分光光度计、棱镜、光栅双单色器、冷却型 PbS 检测器 |
| | 270-30 型 | 4000～400 | 1.5～6 | 双光束立特罗衍射光栅、线圈光源、双重窗式真空热电偶 |
| | 270-50 型 | 4000～250 | | 微机控制及数据处理系统、显示器、热敏图表打印机 |
| 岛津（日本） | FT-IR-4100 | 4000～400 | 2 | 波长精度 $\pm 0.01cm^{-1}$，单光束、双光束、镀锗 KBr 分束器、扫描空气轴承干涉仪、热电检测器、He-Ne 激光、彩显、打印机、数据处理系统、自动诊断功能等 |
| 北京瑞利分析仪器公司（北京第二光学仪器厂） | WQF400 FT-IR | 4000～400<br>7800～400 | 0.65 | 波数精度 $0.01cm^{-1}$，扫描速度为 0.2～1.5cm/s，信噪比为 10000：1，DTGS 与液氮制冷 MOT 检测器，KBr 基片镀锗分束器、高空气冷却红外光源，微机控制与数据处理、彩色显示器、多笔彩色绘图仪、打印机。具有常规分析软件、谱图检索软件、11 种专业谱库、中国药典委员会药品红外谱库、通用 4 万张红外谱库、多组分定量分析软件、傅里叶自动积分软件等<br>附有：红外显微镜、GC/IR 联用接口、漫反射/镜面反射、光声光谱附件等 |
| | WQF-300 FT-IR | 4000～400 | 2 | 除分辨率为 $2cm^{-1}$，其他技术指标与 WQF-400 相近 |

续表

| 生产厂商 | 型号 | 波长范围 /$cm^{-1}$ | 分辨率 /($cm^{-1}$/1000$cm^{-1}$) | 其他特性 |
|---|---|---|---|---|
| NiCOlet(美国尼高力公司) | 400型 FT-IR 普及型 | | 1 | EverGlo光源，微机控制及数据处理、多种软件包(标准软件包、多组分定量分析、谱图解析、应用文献数据、程控等软件、FT-IR标准图库) |
| | 550/750 FT-IR | | | 全光谱范围(近、中、远红外光谱)，专利干涉仪、专利EverGlo光源、专利反射镜、双检测器系统、专利双光束。数据处理系统及多种软件，可与GC、TGA红外显微镜、发射光谱、光声光谱等联用 |
| Perkin-Elmer(美国P.E公司) | 1725-1760型 FT-IR | 15000～30 | 0.5 | 无摩擦电磁驱动的迈克逊干涉仪，双向收集数据，自动调准干涉仪、密封干燥光路、镀锗KBr分束器及$C_5I$近红外分束器、恒温陶瓷光源、DTGS和MCT检测器、信噪比3000∶1，扫描速度0.2～2cm/s。能与红外显微镜、GC、TG、光声光谱等联用，有多种软件 |
| | 1600系列 FT-IR | 7800～350 | 2或4 | 单光束扫描迈克尔逊干涉仪、密封干燥光路，镀锗KBr分束器、加热线圈光源。计算机控制与常规数据处理、光谱检索、信噪比72600∶1，1610型1620型使用钽酸锂($LiTaO_3$)检测器、1640型、1650型使用恒温氘化硫酸三甘肽(DTGS)检测器 |
| BiO-RAD(美国) | FTS7 FT-IR | 中红外区 | 2 | 快速扫描迈克尔逊干涉仪、密封干燥光路、KBr与CsI分束器、DTGS与MCT检测器、彩显、绘图仪、打印机、数据处理系统、并有多种软件 |
| BRUKER(德国布鲁克公司) | EQUINOX型 FT-IR | 近红外-中红外 | 0.5～0.1 | 波数精度0.0035～0.0008$cm^{-1}$，实现了中红外、近红外、远红外、发射光源等测量的全部自动化，采用步进扫描技术，5ms的时间分辨，真空型与密封干燥型。可与GC、TGA、TLC、Raman、红外显微镜、拉曼显微镜等联用，486PC微机控制红外操作系统软件，多任务操作系统 |

注：1. DTGS—氘化硫酸三甘肽检测器；MCT—汞镉锑检测器；GC—气相色谱仪；TGA—热重分析；TLC—薄层色谱；Raman—拉曼光谱；FT—傅里叶变换；IR—红外。

2. 英Unican SP1000型，Hilger Watts H的1200型；日立215型，岛津450型；日本分光IRA-1型，P. E700型，Beckrnan IR-33型等红外分光光度仪均属中红外光栅分光-微机的红外光谱仪。

对于色散型有自动记录的双光束分光光度计，由光源发出的光束对称地分为两束，一束为样品光束，透过样品池；另一束为参比光束，透过参比（考）池，两光束经半圆扇形镜（又称斩光器、斩波器）调制后进入单色器（其主要元件是棱镜或光栅），再交替地投射到检测器上。当两束光强度不等时，将在检测器上产生与光强度差成正比的交流电压信号，该信号的电压经放大、检波等进入记录器。

傅里叶变换红外光谱仪多采用迈克尔逊干涉仪实现干涉调制分光。从光源发生的光，经准

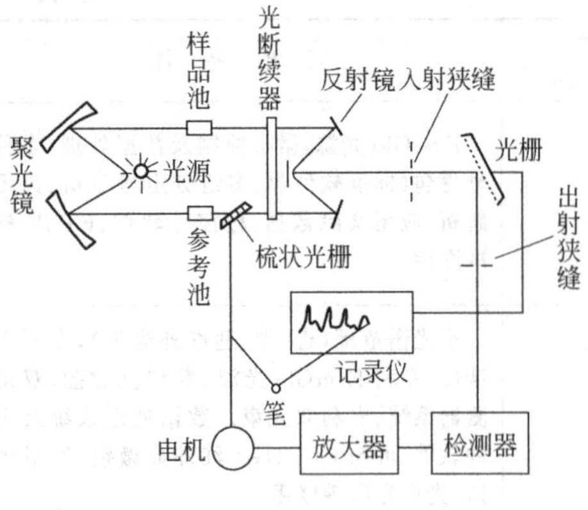


图 6-184 双光束红外光谱仪结构

直镜后变为平行光，平行光被分束器分成两路，分别到达固定平面反射镜和移动反射镜，经反射后又原路返回、产生干涉，并由接收器接受。在连续改变光路差的同时，记录中央干涉条纹的光强变化，即得到含有样品光谱信息的干涉图。但是这种干涉图是时域函数，人们难于对它解析。因而必须进一步把这种干涉图数字化，由计算机进行快速傅里叶变换，最后得到随频率（波数）而变化的红外吸收光谱图。

由于傅里叶变换红外光谱仪具有以下特点，所以傅里叶变换红外光谱仪应用得越来越广泛。

① 分辨率高 傅里叶变换红外光谱仪在整个红外光谱范围内可达到 0.1～0.005$cm^{-1}$ 的分辨率。而棱镜式红外光谱仪分辨率很难达到 1$cm^{-1}$，光栅式红外光谱仪分辨率仅为 0.2$cm^{-1}$。

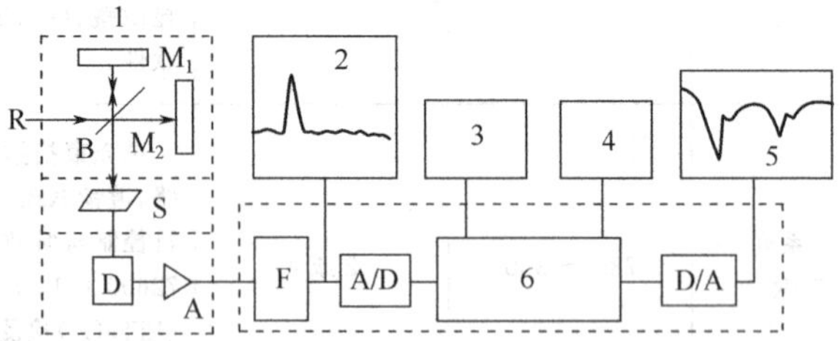


图 6-185 傅里叶变换红外光谱仪工作原理

R—红外光源；$M_1$—定镜；$M_2$—动镜；B—分束器；S—样品；D—检测器；A—放大器；
F—滤光器；A/D—模数转换器；D/A—数模转换器；
1—干涉仪；2—干涉图；3—键盘；4—外部设备；5—光谱；6—计算机

② 波数准确度高 由于傅里叶变换红外光用 He-Ne 激光测定动镜的位置，因而波数测定精度可达 0.01$cm^{-1}$。

③ 扫描速度快 傅里叶变换红外光谱仪可在一秒钟之内完成全波段范围的扫描。而棱镜或光栅或红外光谱仪则需要 3～5min。

④ 灵敏度高 傅里叶变换红外光谱仪在单位时间内能测量全部的（$M$ 个）光谱元。达到探测器的光流量是一般仪器的 $M$ 倍。信-噪比就提高 $\sqrt{M}$ 倍（通常 $\sqrt{M}$ 值大于 100）。因此，使测量的灵敏度大大提高，使其能测量 $10^{-9}$g 数量级的样品。

⑤ 杂散光小 通常在全光谱范围内杂散光小于 0.3%。

⑥ 光谱范围宽 只需改变分束器和光源，用一台傅里叶变换红外光谱仪就能研究 10000～10$cm^{-1}$ 的红外光谱段。

4. 红外光谱的制样技术

化合物样品必须经过适当处理才可用以制作红外光谱图，处理的方法有多种，可根据样品的具体情况作具体的选择。正确处理样品可使所得图谱清晰准确，达到仪器的最佳分辨效果。

(1) 气体样品的处理 气体样品是装在气体吸收池中测定其红外光谱的。气体样品吸收池是一个两端装有透光窗片的圆筒形容器，其光程长度最短的为 5cm，最长的为 40m。但一般红外光谱仪只能容纳 10cm 长的吸收池。因此，更长的光程是通过反复多次反射的光学系统来实现的。被检测的气体样品在进入吸收池之前需经过净化和干燥处理（例如用冷冻等手段），吸收池必须先抽成真空。关闭抽气活塞，充入气体样品，关闭进气活塞，再抽成真空，再重新充入气体样品。反复数次直至吸收池中的气体全为气体样品。

也可以用气相法测定一些低沸点液体的红外吸收，这时吸收池需附设有可以适当加热的装置。但总的说来由于大多数化合物在常温下蒸气压太低，使气相技术的应用受到限制。

(2) 液体样品和溶液样品的处理　液体样品可直接测定，也可制成溶液测定。

只要被测液体的沸点不太低，一般都可直接夹在两块 NaCl 盐窗片之间形成液膜进行测定。操作时先用镜头纸蘸取丙酮或乙醇将盐片擦净，再滴上 1～2 滴待测液体，盖上另一块同样的盐片，将其放在液样固定架中间，轻轻旋上螺母，使松紧适宜即可测定。此法也适合于黏糊状液体，但不适合于水或其他对 NaCl 盐片有溶蚀作用的液体。

溶液或沸点较低的液体的红外光谱大都是装在液体吸收池（也叫液体槽）中测定的。液体吸收池一般由 NaCl 晶体制成。若被测液体对 NaCl 有溶蚀作用，则应使用 AgCl 晶片制作的吸收池。液体吸收池有固定厚度、可变厚度可拆（使用间隔片）等形式，其光程为 0.1～1mm。市售最小的吸收池光程 0.05mm，容量 0.8μL。

溶液样品由于可以选择溶剂、控制浓度及光程，故往往可以获得更好的谱图。溶液的质量百分浓度一般在 20%以下，对溶剂的要求主要是：对样品有较大溶解度；对样品不发生很强的溶剂效应；对红外光透明；不溶蚀吸收池。常用的溶剂有 $CCl_4$、$CS_2$、$CHCl_3$、、$CH_2Cl_2$ 等。但实际上所有这些溶剂对红外光都不是完全透明的，而只是在某些波段透明（见表 6-49）。当使用双光束红外光谱仪测定时，可将纯溶剂放在参比池中以抵消溶液中溶剂的吸收谱带，但若吸收带太强，也往往不能完全抵消。所以要得到一张完全的谱图，有时需要使用几种溶剂，分别观察透明区的吸收谱带以作比较。

**表 6-49　常用溶剂的红外透明波段**

| 溶剂名称 | 透明波段/$cm^{-1}$ | 溶剂名称 | 透明波段/$cm^{-1}$ |
|---|---|---|---|
| 二硫化碳 | 4000～2400，1350～625 | 环已烷 | 4000～3050，2950～1550，1430～900，820～650 |
| 四氯化碳 | 4000～1630，1450～830 | 六氯丁二烯 | 4000～1700，1500～1200 |
| 四氯乙烯 | 4000～1300，1250～1120，1100～950 | 氟煤油 | 4000～1200 |
| 氯仿 | 4000～3700；3000～1340，1200～930，910～833 | 苯 | 4000～3050，2850～1810，1785～1500，1420～1050，1000～760 |

(3) 固体样品的处理

① 压片法　将固体样品与金属卤化物如 KBr、NaCl、KCl、CsI、KI 等一起粉碎研匀，在专门的模具中压成薄片进行测定。其中以 KBr 的应用最为普遍，所以压片法也叫溴化钾压片法。其操作方法如下。

a. 将光谱纯的溴化钾置于真空烘箱或马弗炉中在 200℃干燥约 3h。然后用玛瑙研钵或微型球磨机磨成细粉，粒度<2μm。

b. 将 1～2mg 干燥的固体样品放在玛瑙研钵中，加入约 100 倍质量的 KBr 粉末，一起研磨混匀。KBr 的具体用量也应适当考虑样品的分子量，如果分子量较大，则同样质量的样品中所含样品的分子总数较少，即相同类型的化学键数目较少，吸收较弱，应适当加大样品的质量比以使吸收峰具有适当的强度。反之，若样品分子量较小，则应适当减少样品所占的质量比。

c. 称取上述的混合物 150～200mg，装入特制模具的槽中使其摊布均匀。

d. 将模具移至油压机下并与真空系统相连，先抽真空，然后在继续抽气的情况下逐步加压至约 $7.85\times10^9$Pa，并保持压力约 5min。

e. 解除压力，停止抽气，小心取出压片，装在固体样品架上测定。

压片法制得的样品薄片厚度容易控制，样品易于保存，图谱清晰，无干涉条纹，再现性良好，凡可粉碎的固体都适用，因而广为采用。

② 糊状法　是将固体样品粉末分散或悬浮在液体介质中。常用的液体为石蜡油、全氟丁二烯等。具体操作如下：将 1～3mg 固体样品先在玛瑙钵中研细，再滴加 1～2 滴石蜡油与之混合，继

续研磨成均匀的糊状；然后将糊状物刮出夹在两块盐片之间，使之呈均匀的薄层，再固定好两块盐窗片即可测试。

此法适用于大多数固体，操作迅速、方便。缺点是石蜡油本身在 $2900cm^{-1}$、$1465cm^{-1}$、$1380cm^{-1}$ 处有 $\nu_{C-H}$ 吸收峰，解析图谱时须将这几个峰划去。

③ 粉末法 是把固体样品研磨至粒度小于 $2\mu m$，加入易挥发的液体，使形成悬浮液。再将悬浮液滴到可拆式液体样品槽的窗片上。当溶剂挥发后，样品在窗片上形成一层均匀的薄层，即可进行测量。

④ 薄膜法 就是将固体样品制成透明薄膜进行测定。制备方法有如下两种。

a. 直接压膜。将样品直接加热到熔融，然后再涂制或压制成膜。此法适用于熔点较低、熔融时又不分解、不升华和不发生其他化学变化的物质。

b. 间接制膜。将样品溶于挥发性溶剂中，然后将溶液滴在玻璃板上，使溶剂慢慢挥发，成膜后再用红外灯或干燥箱烘干。此法多用于高聚物膜的制备和测定。本法的缺点是溶剂除不干净将会产生溶剂干扰。

⑤ 制备固体样品时器具的清洗 每次测量后，用脱脂棉或纱布沾上易挥发的溶剂，轻轻地擦拭窗片、压片模具等。常用的溶剂有 $CCl_4$、$CS_2$、$CHCl_3$ 等。将器具擦洗干净后，再用干燥空气或氮气吹干或用红外灯烘干，放入保干器内保存，以免受到腐蚀。

乙醇等溶剂一般含水量较多，不宜使用。

5. 使用红外光谱仪应注意的问题

(1) 红外光谱仪的性能检查 不同类型的红外光谱仪均有一定的性能指标，使用时应注意选择最佳条件，按其说明书进行如下性能检查：①分辨率；②波长（或波数）准确度；③波长（或波数）的重复性。对①和②两项性能可用 0.05mm 厚的聚苯乙烯薄膜扫描并将图谱与标准图谱对照，对③可将同一样品重复扫描整个红外区。三项性能检查如不符合要求需调试合格后再使用。

(2) 测试样品必须干燥 样品中游离水分的存在不仅干扰试样的吸收谱图，而且会腐蚀仪器的棱镜、窗片、样品池等机件。

(3) 红外光谱仪的操作和维护 红外光谱仪是集光、电、机械于一体联合动作的贵重精密仪器，因此必须按仪器说明书的使用要求和操作规程操作，一旦发现异常，应立即切断电源，待专业人员检查维修，其他人员不经许可，不得随意拆装。

6. 红外光谱的应用

红外光谱对有机和无机化合物的定性分析具有显著的特征性。每一功能团和化合物都具有其特征的光谱。其谱带的数目、频率、形状和强度均随化合物及其聚集状态的不同而不同。化合物的光谱，就如同人的指纹一样，通过其光谱可辨认各化合物及其官能团，能容易地分辨同分异构体、位变异构体、互变异构体。具有分析时间短、需要试样量少、不破坏试样、测定方便等优点。

(1) 已知物及其纯度的定性鉴定 已知物定性鉴定方法比较简单，同时是红外光谱重要的应用领域。通常将已知物（被鉴定物）和已知物的标准物质（标准样品）在完全相同的条件下，测绘二者的红外光谱。如果两张谱图各吸收峰的位置和形状完全相同，峰的相对强度一样，就可认为样品是该种已知物。如果两谱图图形不一样，或者峰位不对，或者相对强度不一样，只要有微小的差别，则说明两者不是同一物，或者样品不纯含有杂质。

已知物的鉴定在不可能得到已知物标准样品时，可用已知化合物的红外标准谱图相比较来进行鉴定。但要注意测试的样品的物态和标准谱图的物态是否相同；物质的结晶状态是否一样；使用的溶剂是否一致；在处理样品时是否引入杂质（如 $H_2O$、$CO_2$ 等）；以及使用的仪器的分辨率及测试参数是否相同等的影响。

最常见的红外标准图谱有“萨特勒标准红外光谱集”和“API”红外光谱资料等。

(2) 未知物结构的测定 测定未知物的结构，是红外光谱法定性分析的另一个重要用途。对于简单的化合物，根据所提供的分子式，利用红外谱图就可定出结构式；对于比较复杂的化合物，只用红外光谱很难确定其结构式，需要与核磁共振、有机质谱、紫外光谱等分析手段配合，才能定出其结构式。

测得未知物的红外光谱图后，就要对谱图进行解析。谱图的解析是非常复杂的。一方面要根据红外光谱的基本原理和经验规律；另一方面还得依靠亲身经历的大量的实际经验。

① 根据谱图的初步分析，确定化合物的类型。

a. 有机物与无机物的判别。观察在 $3000cm^{-1}$ 附近有无饱和与不饱和的—CH 基团的吸收峰。若有，则是有机物。无机物在红外光谱中的吸收峰数目较少，且峰较宽；一般只有 3～10 个峰，有机物的峰数较多。

b. 饱和烃与不饱和峰的判别。以 $3000cm^{-1}$ 为界，低于 $3000cm^{-1}$ 附近有—CH 基团吸收峰，而高于 $3000cm^{-1}$ 附近无吸收峰，则为饱和烃。若在 $3000cm^{-1}$ 两侧均有—CH 基团吸收，则该化合物既含有饱和碳原子，又含有不饱和碳原子。

c. 脂肪族化合物与芳香族化合物的区别。芳香族化合物含有苯环，在 $1600\sim1450cm^{-1}$ 波段有表征苯环的特征峰，就可进行初步判断。再考虑在 $2000\sim1650cm^{-1}$ 波段与取代类型有关的倍频峰及高于 $3000cm^{-1}$ 附近苯环上 CH 基团的吸收峰作进一步验证。

② 推断化合物中可能存在的基团或官能团　通常是从特征频率区入手，发现某基团后，再根据指纹区的吸收谱带，进一步验证该基团与其他基团的结合方式。例如，在试样谱图 $1740cm^{-1}$ 处出现强吸收峰，则表示可能有羰基（>C=O）存在。随后，在指纹区的 $1300\sim1000cm^{-1}$ 波段处发现有 C—O 伸缩振动强吸收，则可进一步得到肯定。若在 $1700\sim1600cm^{-1}$ 出现较尖的中弱吸收，可能含有 >C=C< 基团，如果在 $1000\sim650cm^{-1}$ 波段有很强的 C—H 变形振动吸收峰，基本上可确定有 >C=C< 基团。若在 $2200cm^{-1}$ 附近有很尖锐的吸收谱带，可能含有 —C≡C— 或 —C≡N 基团。

若在谱图上缺少某基团的特征吸收谱带，则是该分子中无此基团的象征，这样就可否定该基团的存在，用这种方法可以大大缩小对谱图的分析范围。

③ 不饱和度的计算　计算化合物的不饱和度，对于推断未知物的结构是非常有帮助的。不饱和度表示有机分子中碳原子不饱和的程度。计算不饱和度 $\mu$ 的经验公式如下。

$$\mu=1+n_4+\frac{1}{3}(n_3-n_1)$$

式中，$n_1$、$n_3$ 和 $n_4$ 分别为分子式中一价、三价和四价原子的数目。根据提供的分子式，计算出化合物的不饱和度。当 $\mu=0$，表示分子是饱和的，$\mu=1$ 时，表示分子中有一个双键或一个环；$\mu=2$ 时，表示分子有一个三键；$\mu=4$ 为苯环化合物。

分子式通常可用有机元素分析仪获得分子中各元素的比值来求得。

在解析谱图前，收集试样的有关资料和数据，对试样有较透彻的了解。例如，试样的纯度、外观、来源、分子式及其他物理性质（如分子量、沸点、熔点等），这样都能大大节省解析谱图的时间。

（3）红外光谱的定量分析　红外光谱法定量分析是根据物质组分的吸收峰强度的大小来进行的。红外谱带较多，选择余地较大，所以能较方便地对单组分或多组分进行定量分析。但红外光谱的摩尔吸收系数小于 $10^3$，灵敏度较低，只适用于常量组分分析，而不适于微量组分的测定。红外光谱法定量分析的依据与紫外、可见吸收光谱法一样，也是基于朗伯-比尔定律。红外光谱法定量分析可测定气体、液体和固体试样。但定量分析中干扰因素较多，分析结果的误差较大，一般为5%左右，并且因红外光谱在绘制时变数较多，吸光系数不宜采用文献值，而应实际测定。

吸光度的测定大多是借助于测定吸收峰尖处的吸光度，即峰高来进行，可分为一点法和基线法两种。

其定量方法通常有标准曲线法、联立方程式求解法、补偿法（即差示法）、吸收强度比法等。

## 二、激光拉曼光谱法

1928 年，印度物理学家拉曼（Raman）发现光通过透明溶液时，有一部分光被散射，其频率与入射光不同，为 $\nu\pm\Delta\nu$，频率位移 $\Delta\nu$ 与发生散射的分子结构有关。这种散射称为拉曼散射，频率位移 $\Delta\nu$ 称为拉曼位移。

Raman 光谱是分子的散射光谱，因 Raman 效应太弱而影响其在分子结构研究中的应用。20 世纪 60 年代将激光作为光源引入，在配以高质量的单色器和高灵敏度的光电检测系统后，激光 Raman 光谱得以快速发展。

由红外光谱及拉曼光谱可以获得分子结构的直接信息，仪器分辨率高。采用显微测定等手段可以进行非破坏、原位测定以及时间分辨测定等。

1. 拉曼光谱的基本原理

(1) 光的散射现象　Raman 散射：一束单色光通过透明介质，在透射和反射方向以外出现的光称为散射光。当散射的粒子为分子大小时，发生瑞利（Rayleigh）散射，其频率与入射光频率相同，强度与入射光波长的四次方成反比。而与入射光频率不同的散射光称为 Raman 散射，它对称地分布于 Rayleigh 线的两侧，其中频率较低者称为 Stokes 线，而频率较高者称为反 Stokes 线。

(2) Raman 散射效应的量子理论解释　图 6-186 中显示 Rayleigh 散射线的形成和 Raman 散射形成：光子与物质分子发生非弹性碰撞，其间产生能量交换。光子不但发生了方向的改变，而且能量会减少或增加。当入射光子（$h\nu_0$）把处于 $E_2$ 能级的分子激发到 $E_2+h\nu_0$ 能级，因这种能态不稳而跃回 $E_1$ 能级，其净结果是分子获得了 $E_1$ 与 $E_2$ 的能量差，光子损失的就是这部分能量，使散射光频率小于入射光频率，此即 Stokes 线，与此类似，可产生反 Stokes 线。Stokes 线和反 Stokes 线的频率与入射光频率之差 $\Delta\nu$ 称为 Raman 位移。

室温时处于振动激光态的概率不足 1%，因此 Stokes 线的强度比反 Stokes 线强得多。

同一种物质分子，随着入射光频率的改变，Raman 线的频率也改变，但 Raman 位移 $\Delta\nu$ 始终保持不变，即 Raman 位移与入射光频率无关，它与物质分子的振动和转动能级有关。

Raman 光谱图：以 Raman 位移（波数）为横坐标，强度为纵坐标，以激发光的波数为零，略去反 Stokes 带，得到类似红外的 Raman 光谱图。如图 6-187 所示为 $CCl_4$ 的拉曼光谱。

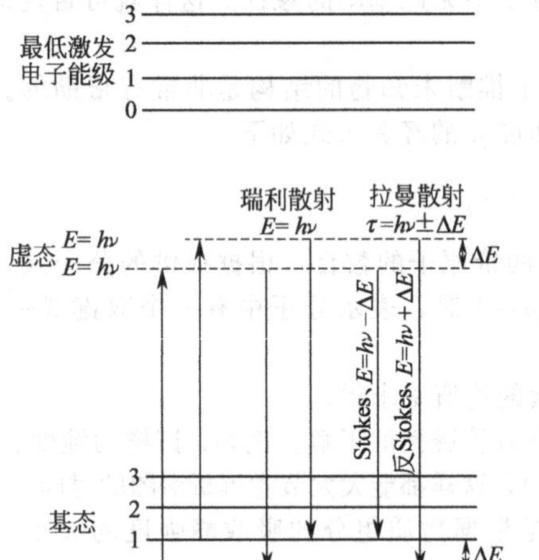


图 6-186　瑞利和拉曼散射产生示意图

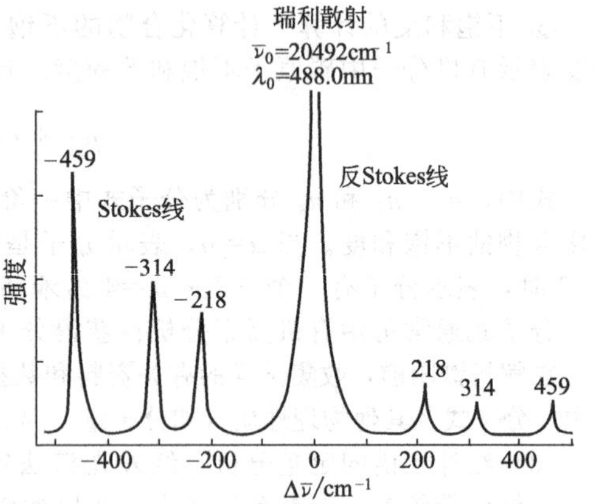


图 6-187　$CCl_4$ 的拉曼光谱

(3) Raman 活性与红外活性的比较

① 机理　两者都是研究分子的振动，但其产生的机理截然不同。红外光谱是极性基团和非对称分子，在振动过程中吸收红外辐射后，发生偶极矩的变化而形成；而 Raman 光谱则产生于分子诱导偶极的变化。

非极性基团或全对称分子，本身没有偶极矩，当分子中的原子在平衡位置附近振动时，由于入射光子的外电场的作用，使分子的电子壳层发生形变，分子的正负电荷中心发生了相对移动，形成诱导偶极矩，即产生了极化现象

$$\mu_1=\alpha E$$

式中，$\mu_1$ 为诱导偶极矩；$\alpha$ 为极化率；$E$ 为入射光子的电场。

$\alpha$ 与分子内部的振动无关时，为 Rayleigh 散射；$\alpha$ 随分子内部的振动变化时，为 Raman 散射。

② 判别分子 Raman 或红外活性的一般规则：

a. 凡具有对称中心的分子，红外和 Raman 活性是互相排斥的；

b. 不具有对称中心的分子，其红外和 Raman 活性是并存的，两种谱图各峰之间的强度比可能有所不同；

c. 少数分子的振动其红外和 Raman 都是非活性的。

③ 红外光谱与 Raman 光谱　大多数有机化合物具有不完全的对称性，因此它们的振动方式对于红外和 Raman 都是活性的，并且在 Raman 光谱中观察到的 Raman 位移与红外光谱中观察到的吸收峰的频率也大致相同。N—H、C—H、C═C 及叁键等伸缩振动在红外和 Raman 光谱上基本一致，只是对应峰的强弱有所不同。如果一些振动只具红外活性，另一些仅有 Raman 活性，那么，为获得更完备的分子振动的信息，通常需要 Raman 和红外光谱的补充。

(4) 去偏振度及其测定　一般的光谱只有两个基本参数，即频率（波长、波数）和强度，但 Raman 光谱还具有一个去偏振度，以其衡量分子振动的对称性，增加了有关分子结构的信息。

拉曼光谱的入射光为激光，激光是偏振光。设入射激光沿 $xz$ 平面向 O 点传播，O 处放样品。激光与样品分子作用时可散射不同方向的偏振光，若在检测器与样品之间放一偏振器，便可分别检测与激光方向平行的平行散射光 $I_{/\!/}$（$yz$ 平面）和与激光方向垂直的垂直散射光 $I_{\perp}$（$xy$ 平面），如图 6-188 所示。

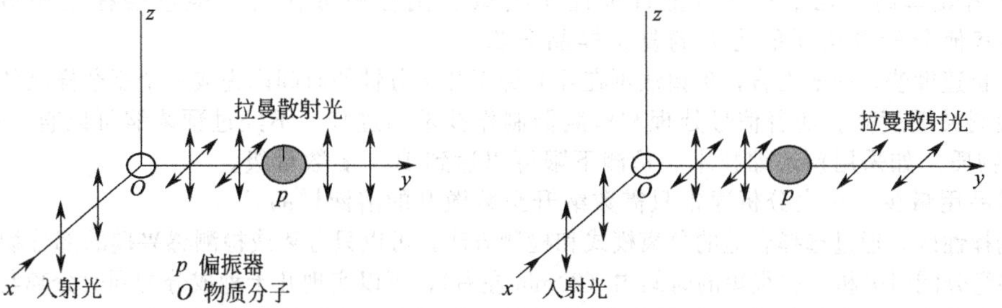


图 6-188　样品分子对激光的散射与去偏振度的测量

2. 拉曼光谱仪

光谱仪的基本组成有激光光源、样品池、单色器和检测记录系统四部分，并配有微机控制仪器操作和数据处理。

(1) 激光光源　多用连续气体激光器，使用波长较短的激光可获得较大的散射强度（和 Rayleigh 散射一样，强度反比于波长的四次方）。

(2) 样品池　常用微量毛细管以及常量的液体池、气体池和压片样品架。

(3) 单色器　是激光 Raman 光谱仪的核心，要求最大限度低降低杂散光且色散性能好。常用光栅分光，并采用双单色器增强效果。为检测 Raman 位移为很低波数（离激光波数很近）的 Raman 散射，可在双单色器的出射狭缝处安置第三单色器。

(4) 检测器　可见光谱区的 Raman 散射光，可用光电倍增管作为检测器。通常以光子计数进行检测，现代光子计数器的动态范围可达到几个数量级。

3. 拉曼光谱的应用

(1) 有机物结构分析　红外光谱与拉曼光谱都反映了有关分子振动的信息，但由于它们产生的机理不同，红外与拉曼活性常有很大差异。两种方法互相配合、互相补充可以更好地解决分子结构的测定问题。

① 拉曼光谱对一些红外吸收弱的振动表现出较强特征性；

② 拉曼光谱对碳链或环的骨架振动，具有较强的特征性；

③ 拉曼光谱测定范围宽，可确定分子对称性；

④ 拉曼光谱较红外简单。

(2) 高分子聚合物的研究　激光 Raman 光谱特别适合于高聚物碳链骨架或环的测定，并能很好地区分各种异构体，如单体异构、位置异构、几何异构、顺反异构。对含有黏土、硅藻土等无机填料的高聚物，可不经分离而直接上机测定。

(3) 生物大分子的研究　水的 Raman 散射很弱，因此 Raman 光谱对水溶液的生物化学研究具有突出的意义。激光光束可聚焦至很小范围，测定中样品用量可低至几微克，并在接近于自然状态的极稀浓度下测定生物分子的组成、构象和分子间的相互作用等问题。Raman 技术已应用于测定如氨基酸、糖、胰岛素、激素、核酸、DNA 等生化物质。

(4) 定量分析　Raman 谱线的强度与入射光的强度和样品分子的浓度成正比。当实验条件一定时，Raman 散射的强度与样品的浓度呈简单的线性关系。Raman 光谱的定量分析常用内标法测定，检出限在 μg/μL 数量级，可用于有机化合物和无机阴离子的分析。

# 第十一节　气相色谱法

在分析化学领域，色谱法是一个相对年轻的分支学科。早期的色谱技术只是一种分离技术而已，与萃取、蒸馏等分离技术不同的是其分离效率高得多。当这种高效的分离技术与各种灵敏的检测技术结合在一起后，才使得色谱技术成为最重要的一种分析方法，几乎可以分析所有已知物质，在所有学科领域都得到了广泛的应用。

(1) 色谱法的优点

① 分离效率高。几十种甚至上百种性质类似的化合物可在同一根色谱柱上得到分离，能解决许多其他分析方法无能为力的复杂样品分析。

② 分析速度快。一般而言，色谱法可在几分钟至几十分钟的时间内完成一个复杂样品的分析。

③ 检测灵敏度高。随着信号处理和检测器制作技术的进步，不经过预浓缩可以直接检测 $10^{-9}$g 级的微量物质。如采用预浓缩技术，检测下限可以达到 $10^{-12}$g 数量级。

④ 样品用量少。一次分析通常只需数纳升至数微升的溶液样品。

⑤ 选择性好。通过选择合适的分离模式和检测方法，可以只分离或检测感兴趣的部分物质。

⑥ 多组分同时分析。在很短的时间内（20min 左右），可以实现几十种成分的同时分离与定量。

⑦ 全自动化。现在的色谱仪器已经可以实现从进样到数据处理的全自动化操作。

(2) 色谱法的缺点　定性能力较差。为克服这一缺点，已经发展起来了色谱法与其他多种具有定性能力的分析技术的联用。

## 一、基本原理

1. 基本概念（保留时间、容量因子、分离度和选择性系数）

(1) 保留时间与容量因子　在整个色谱分离过程中，流动相始终是以一定的流速（或压力）在固定相中流动的，并将溶质带入色谱柱。溶质因分配、吸附等相互作用，进入固定相后，即在固定相表面与功能层分子作用，从而在固定相中保留。同时，溶质又被流动相洗脱下来，进入流动相。与固定相作用越强的溶质在固定相中的保留时间就越长。

从色谱柱流出的溶液（柱流出物）进入检测器连续测定，得到如图 6-189 所示的色谱图，即柱流出物中溶质浓度随时间变化的曲线，直线部分是没有溶质流出时流动相的背景响应值，称作基线（base line）。在基线平稳后，通常将基线响应值设定为零，再进样分析。溶质开始流出至完全流出所对应的峰型部分称色谱峰（peak），基线与色谱峰组成了一个完整的色谱图。

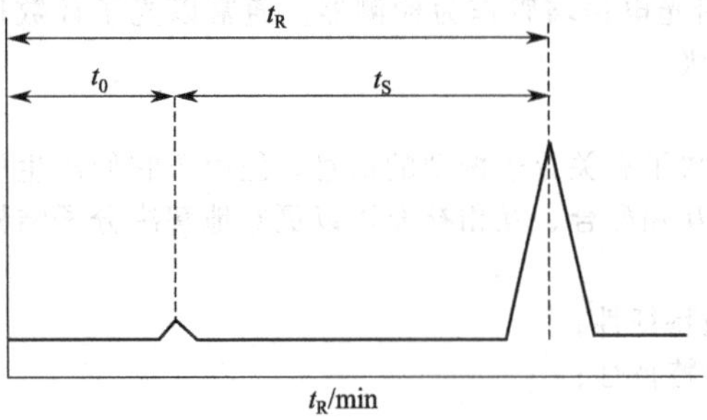

图 6-189　色谱的保留时间

① 死时间（dead time）　在色谱柱中无保留的溶质从进样器随流动相到达检测器所需要的时间，通常用 $t_0$ 表示。

② 溶质保留时间（solute retention time）　或称真实保留时间，是溶质因子与固定相作用在色谱柱中所停留的时间，它不包含死时间，通常用 $t_S$ 表示。

③ 保留时间（retention time）　是 $t_S$ 与 $t_0$ 之和，通常用 $t_R$ 表示，即

$$t_R = t_0 + t_S$$

④ 容量因子（capacity factor） 对于有效的色谱分离，色谱柱必须具有保留溶质的能力，而且还能使不同溶质之间达到足够大的分离。色谱柱的容量因子 $k'$ 是溶质离子与色谱柱填料相互作用强度的直接量度，由式(6-206)定义

$$k'=\frac{t_R-t_0}{t_0}=\frac{t_S}{t_0}=\frac{V_R-V_0}{V_0} \qquad (6\text{-}206)$$

式中，$V_R$ 和 $V_0$ 分别为总保留体积和空保留体积。

(2) 分离度 色谱分离度和选择性系数的计算参见图 6-190。

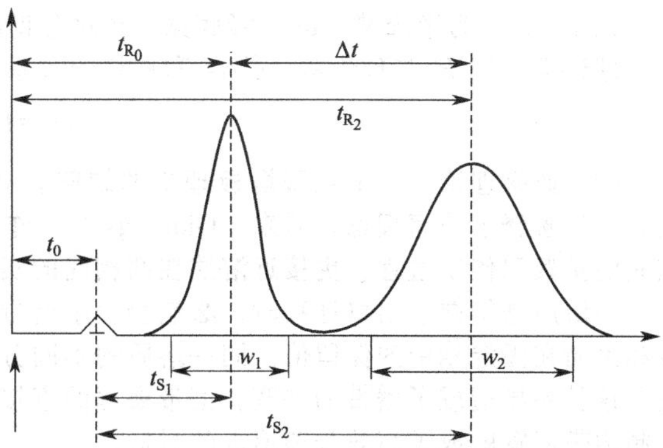

图 6-190 色谱分离度和选择性系数的计算

色谱分析的目标就是要将混合物中的各组分分离，两个相邻色谱峰的分离度 $R$（resolution）定义为两峰保留时间差与两峰峰底宽平均值之商，即

$$R=\frac{t_{R_2}-t_{R_1}}{\frac{w_1+w_2}{2}}=\frac{2\Delta t_R}{w_1+w_2}$$

式中，$t_{R_1}$ 和 $t_{R_2}$ 分别为峰 1 和峰 2 的保留时间；$t_{S_1}$ 和 $t_{S_2}$ 分别为峰 1 和峰 2 的调整保留时间，$w_1$ 和 $w_2$ 分别为峰 1 和峰 2 在峰底（基线）的峰宽，即通过色谱峰的变曲点（拐点）所作三角形的底边长度。

如果色谱峰呈高斯分布，则分离度 $R=2$（相当于 $8\sigma$ 分离），即可完全满足定量分析的需要。因为在基线位置的峰宽 $w$ 为 $4\sigma$，$R=2$ 时，两个峰完全达到了基线分离。通过调节色谱条件还可获得更高的 $R$ 值，不过这时的代价将是分析时间增加。如果两组分浓度相差不是太大，分离度 $R=0.5$ 时，仍然可以看得出两个峰的峰顶是分开的。

(3) 选择性系数 两个组分达到分离的一个决定性参数就是两组分的相对保留值，将其定义为两个色谱峰真实保留时间之比，称作选择性系数 $\alpha$，即

$$\alpha=\frac{t_{S_2}}{t_{S_1}}=\frac{t_{R_2}-t_0}{t_{R_1}-t_0}$$

计算选择性系数 $\alpha$ 所需参数也可以从色谱图中获得。选择性系数 $\alpha$ 主要由固定相的性质所决定，在高效液相色谱（HPLC）中，选择性系数 $\alpha$ 也受流动相组成的影响。当选择性系数 $\alpha=1$ 时，则说明在给定的色谱条件下，两组分不存在热力学上的差异，无法实现相互分离。

2. 色谱过程动力学（塔板理论和速率理论）

色谱过程动力学研究物质在色谱过程中的运动规律，如解释色谱流出曲线的形状、谱带展宽的机理，从而为选择色谱分离条件提供理论指导。用严格的数学公式表述色谱理论需要根据溶质在柱内的迁移过程及影响这一过程的各种因素，列出相应的偏微分方程组，求出描述色谱谱带运动的方程式。其数学处理相当复杂，方程组的求解也非常困难。在实际研究中，通常要进行适当的条件假设并作简化的数学处理。在此仅作简单介绍。

(1) 塔板理论 塔板理论把气液色谱柱当作一个精馏塔，沿用精馏塔中塔板的概念描述溶质在两相间的分配行为，并引入理论塔板数（the number of theoretical plates）$N$ 和理论塔板高度（theoretical plate height）$H$ 作为衡量柱效的指标。

根据塔板理论，溶质进入柱入口后，即在两相间进行分配。对于正常的色谱柱，溶质在两相间达到分配平衡的次数在数千次以上，最后，“挥发度”最大（保留最弱）的溶质最先从“塔顶”（色谱柱出口）逸出（流出），从而使不同“挥发度”（保留值）的溶质实现相互分离。

理论塔板数 $N$ 可以从色谱图中溶质色谱峰的有关参数计算，常用的计算公式有以下两式

$$N=5.54\left(\frac{t_R}{b_{1/2}}\right)^2$$

$$N=16\left(\frac{t_R}{w}\right)^2$$

式中，$b_{1/2}$ 为半峰宽；$w$ 为峰底宽（经过色谱峰的拐点所作三角形的底边宽）。

理论塔高度 $H$ 与理论塔板数 $N$ 和柱长的关系如下

$$H=L/N$$

（2）速率理论　为了克服塔板理论的缺陷，Van Deemter 等在 Martin 等人工作的基础上，比较完整地解释了速率理论。后来，Giddings 等又作了进一步的完善。速率理论充分考虑了溶质在两相间的扩散和传质过程，更接近溶质在两相间的实际分配过程。

当溶质谱带向柱出口迁移时，必然会发生谱带展宽。谱带的迁移速率的大小决定于流动相线速度和溶质在固定相中的保留值。同一溶质的不同分子在经过固定相时，它们的迁移速率是不同的，正是这种差异造成了谱带的展宽。谱带展宽的直接后果是影响分离效率和降低检测灵敏度，所以，抑制谱带展宽就成了高效分离追求的目标。

引起谱带展宽的主要因素有涡流扩散（eddy diffusion）、纵向扩散（longitudinal diffusion）和两相中传质阻力（resistance to mass transfer）引起的扩散。

如果色谱条件已经确定，只有流速是变量时，表示 $H$ 与 $v$ 关系的 Van Deemter 方程式可以用式(6-207) 描述

$$H=A+\frac{B}{v}+Cv \tag{6-207}$$

式中，$v$ 为流动相线速度；$A$ 与流速无关，表征涡流扩散引起的谱带展宽；$B/v$ 表示溶质分子纵向扩散引起的谱带展宽，流速越快，纵向扩散引起的谱带展宽越小；$Cv$ 为流动相和固定相中传质阻力引起的谱带展宽。

## 二、气相色谱仪器

1. 气相色谱仪流程

气相色谱仪流程见图 6-191。

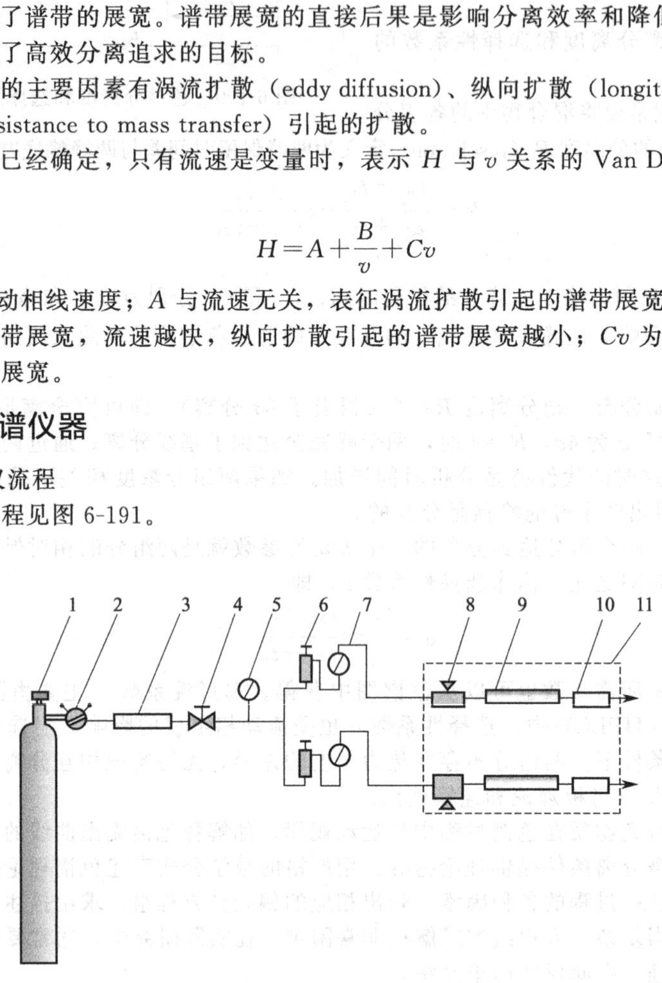


图 6-191　双气路气相色谱仪流程图

1—高压气瓶（载气）；2—减压阀（氢气表或氧气表）；3—净化器；4—稳压阀；5，7—压力表；6—针阀或稳流阀；8—汽化室；9—色谱柱；10—检测器；11—恒温箱

气相色谱仪是一个载气连续运行、气密的气体流路系统。气路系统的气密性、载气流速的稳定性及测量的准确性，都影响色谱仪的稳定性和分析结果。图是常用的双气路气相色谱仪的流程图。

高压钢瓶中的载气（气源）经减压阀减低至 0.2～0.5MPa，通过装有吸附剂（分子筛）的净化气除去载气中的水分和杂质，到达稳压阀，维持气体压力稳定。样品在汽化室变成气体后被载气带至色谱柱，各组分在柱中达到分离后依次进入检测器。

2. 进样器

（1）阀进样器——气体样品的进样　通常用六通阀进样器，其结构如图 6-192 所示。在采样位

置时，载气经 1 流入，直接从 2 流出，到达色谱柱，气体样品从进样口 5 流入到接在通道 3 和 6 上的定量管 7 中，并从通道 4 流出。当六通阀从采样位置旋转 60°至进样位置时，载气经 1 和 6 通道与定量管 7 连通，将定量管中的样品从通道 3 和 2 带至色谱柱中。

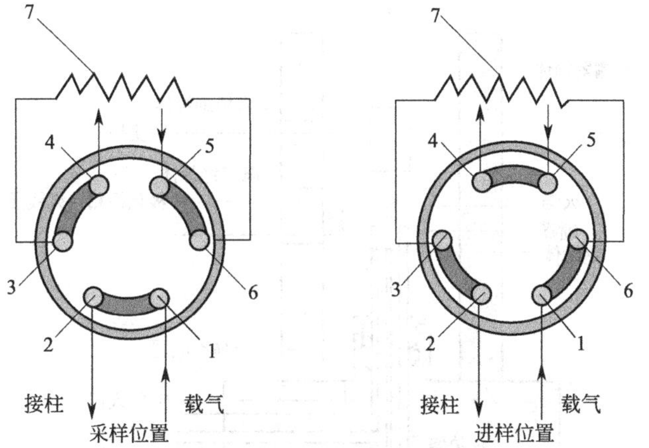


图 6-192 六通阀工作原理示意图

(2) 隔膜进样器——填充柱液体样品的进样 液体样品通过汽化室转化为气体后被载气带入色谱柱。色谱柱的一端插入汽化室中，汽化室的另一端有一个硅橡胶隔膜，注射器穿透隔膜将样品注入汽化室。

(3) 分流进样器——毛细管柱液体样品的进样 由于毛细管柱样品容量在纳升级，直接导入如此微量样品很困难，通常采用分流进样器，进入汽化室的载气与样品混合后只有一小部分进入毛细管柱，大部分从分流气出口排出，分流比可通过调节分流气出口流量来确定，常规毛细管柱的分流比在 1∶50～1∶500。

3. 检测器

(1) 热导检测器（TCD） 基于载气和样品的热导率的差异，并用惠斯登电桥检测。

检测器是由一个金属块和装在通气室中的热敏元件组成，热敏元件是具有较大温度系数的金属丝（如铂丝、铼钨丝），TCD 一般有四个通气室，各通气室中的金属丝的电阻完全相同。

将四支热丝组成一个惠斯登电桥，如图 6-193 所示，往 A 和 C 室通纯载气，往 B 和 D 室通含样品的载气。由于 A、C 室和 B、D 室的电阻变化造成惠斯登电桥的不平衡，从而有输出电压，电压（或电流）的大小与样品的浓度成正比。

(2) 氢火焰离子化检测器（FID） 含碳有机物在氢火焰中燃烧时，产生化学电离，发生下列反应

$$CH + O \longrightarrow CHO^{+} + e$$

$$CHO^{+} + H_2O \longrightarrow H_3O^{+} + CO$$

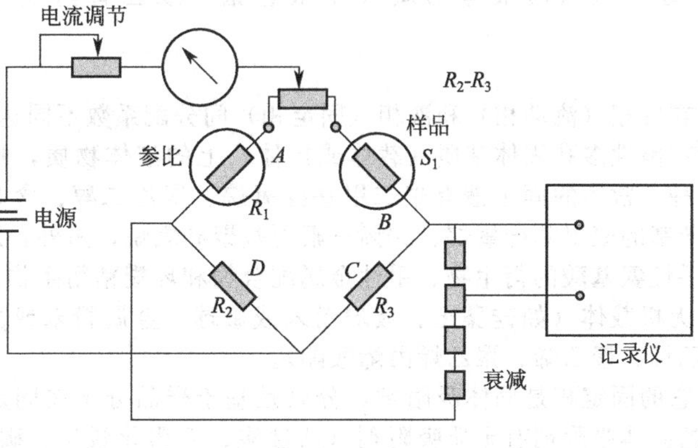


图 6-193 热导检测器的桥式电路示意图

在电场作用下，正离子被收集到负极，产生电流。

检测器结构如图 6-194 所示，在喷嘴上加一极化电压，氢气从管道进入喷嘴，与载气混合后由喷嘴逸出进行燃烧，助燃空气由管道进入，通过空气扩散器均匀分布在火焰周围进行助燃，补充气从喷嘴管道底部通入。

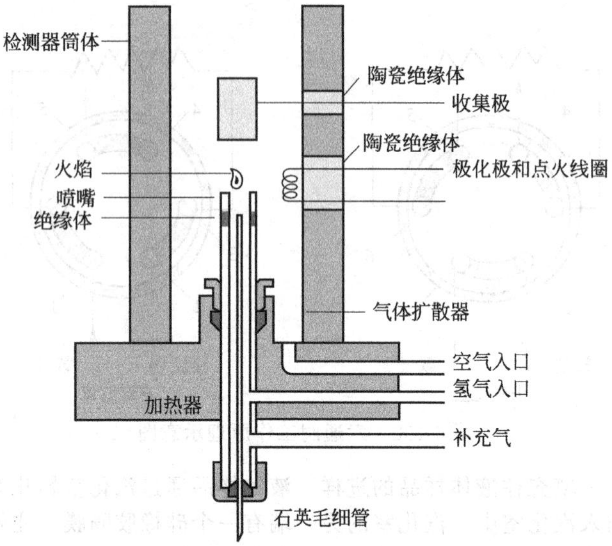


图 6-194 氢火焰离子化检测器结构示意图

(3) 电子捕获检测器（ECD） 以 $^{63}Ni$ 或 $^{3}H$ 作放射源，当载气（如 $N_2$）通过检测器时，受放射源发射的射线的激发与电离，产生一定数量的电子和正离子，在一定强度电场作用下形成一个背景电流（基流）。在此情况下，如载气中含有电负性强的样品，则电负性物质就会捕捉电子，从而使检测室中的基流减小，基流的减小与样品的浓度成正比。

检测器的池体用作阴极，圆筒内侧装有放射源，阳极与阴极之间用陶瓷或聚四氟乙烯绝缘。在阴阳极之间施加恒流或脉冲电压。

## 三、气相色谱技术

气相色谱的流动相种类很少，主要是惰性气体氮气或氦气，有时也用氩气或氢气。样品在固定相中的保留主要是吸附和分配机理。根据固定相（色谱柱）和样品汽化方式的不同，气相色谱主要有以下几种分析技术。

1. 填充柱气相色谱

填充柱气相色谱的柱管通常为长 1～3m，内径的不锈钢管 2～3mm，为节省柱温箱空间而将柱管弯成环状。在管内壁涂渍液体物质（气-液色谱）或在管内填充固体吸附剂（气-固色谱）。

(1) 气-液色谱

① 原理 各溶质在气相（流动相）和液相（固定相）间分配系数不同达到分离。

② 固定相 涂渍在惰性多孔固体基质（载体或担体）上的液体物质，常称固定液。使用过的气-液色谱固定液上千种，常用的固定液有聚二甲基硅氧烷、聚乙二醇、含 5% 或 20% 苯基的聚甲基硅氧烷、含氰基和苯基的聚甲基硅氧烷、50% 三氟丙基聚硅氧烷，另外，用于分离手性异构体的手性固定相则主要有手性氨基酸的衍生物、手性金属配合物和环糊精衍生物。

③ 常用的基质 无机载体（如硅藻土、玻璃粉末或微球、金属粉末或微球、金属化合物）和有机载体（如聚四氟乙烯、聚乙烯、聚乙烯丙烯酸酯）。

(2) 气-固色谱 它的固定相是固体吸附剂，分离是基于样品分子在固定相表面的吸附能力的差异而实现的。常用的固体吸附剂有碳质吸附剂（活性炭、石墨化炭黑、碳分子筛）、氧化铝、硅胶、无机分子筛和高分子小球。

气-固色谱不如气-液色谱应用广泛，主要用于永久气体和低沸点烃类的分析，在石油化工领域应用很普遍。

2. 毛细管气相色谱

(1) 毛细管柱　是用熔融二氧化硅拉制的空心管，也叫弹性石英毛细管。柱内径通常为 0.1～0.5mm，柱长 30～50cm，绕成直径 20cm 左右的环状。用这样的毛细管作分离柱的气相色谱称为毛细管气相色谱或开管柱气相色谱，其分离效率比填充柱要高得多。

① 填充毛细管柱　是在毛细管中填充固定相而成，也可先在较粗的厚壁玻璃管中装入松散的载体或吸附剂，然后拉制成毛细管。如果装入的是载体，使用前在载体上涂渍固定液，使其成为填充毛细管柱气-液色谱柱。如果装入的是吸附剂，就是填充毛细管柱气-固色谱柱。这种毛细管柱近几年已不多用。

② 开管型毛细管柱

a. 壁涂毛细管柱　在内径为 0.1～0.3mm 的中空石英毛细管的内壁涂渍固定液。这是目前使用最多的毛细管柱。

b. 载体涂层毛细管柱　先在毛细管内壁附着一层硅藻土载体，然后再在载体上涂渍固定液。

c. 小内径毛细管柱　内径小于 0.1mm 的毛细管柱，主要用于快速分析。

d. 大内径毛细管柱　内径在 0.3～0.5mm 的毛细管，往往在其内壁涂渍 5～8μm 的厚液膜。

(2) 毛细管柱气相色谱分析体系　现在的气相色谱仪大都既可做填充柱气相色谱，又可做毛细管柱气相色谱。但在仪器设计上考虑了毛细管气相色谱的特殊要求。

① 进样系统　毛细管气相色谱的发展主要取决于毛细管柱的制作和进样系统。现在多采用分流进样技术。一般气相色谱的汽化室体积为 0.5～2mL，而毛细管色谱分离的载气流量只有 0.5～2mL/min，载气将样品全部冲洗到色谱柱中需要 0.25～4min，这样会导致严重的峰展宽，影响分离效果。而且毛细管柱的柱容量低，通常只能进样几个 nL 的样品，用微量注射器无法准确进样，分流进样器就是为毛细管气相色谱进样而专门设计的。

② 色谱柱连接　为了减小色谱系统的死体积，毛细管柱和进样器的连接应将色谱柱伸直，插入分流器的分流点。色谱柱出口直接插入检测器内。

③ 尾吹　由于毛细管柱载气流速低，进入检测器后发生突然减速，会引起色谱峰展宽，为此，在色谱柱出口加一个辅助尾吹气，以加速样品通过检测器。当检测池体积较大时，尾吹更是必要的。

④ 检测器　各种气相色谱检测器都可使用，不过最常用的为灵敏度高、响应速度和死体积小的氢火焰离子化检测器。也可和各种微型化的气相色谱检测器匹配。

3. 程序升温气相色谱

现代气相色谱仪都装有程序升温控制系统，是解决复杂样品分离的重要技术。恒温气相色谱的柱温通常恒定在各组分的平均沸点附近。如果一个混合样品中各组分的沸点相差很大，采用恒温气相色谱就会出现低沸点组分出峰太快，相互重叠，而高沸点组分则出峰太晚，使峰形展宽和分析时间过长。程序升温气相色谱就是在分离过程中逐渐增加柱温，使所有组分都能在各自的最佳温度下洗脱。

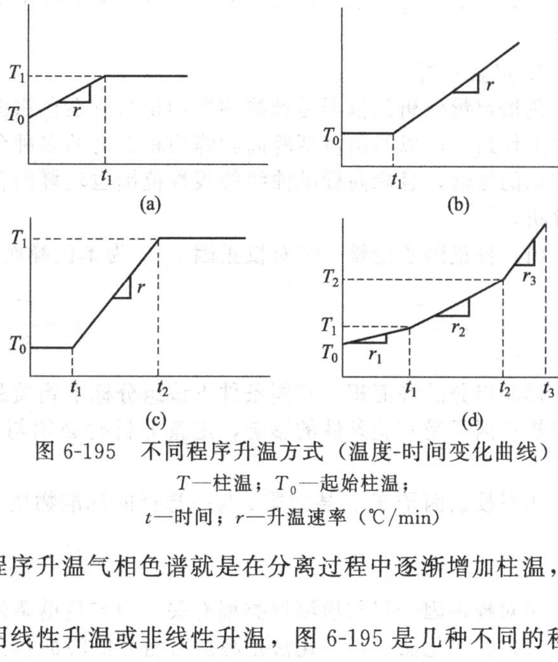


图 6-195　不同程序升温方式（温度-时间变化曲线）
$T$—柱温；$T_0$—起始柱温；
$t$—时间；$r$—升温速率（℃/min）

程序升温方式可根据样品组分的沸点采用线性升温或非线性升温，图 6-195 是几种不同的程序升温方式。

## 四、气相色谱定性与定量分析方法

各种色谱分析方法的定性与定量分析的基本方法都是一样的。

1. 色谱定性分析

(1) 保留时间定性　在一定的色谱系统和操作条件下，每种物质都有一定的保留时间，如果在相同色谱条件下，未知物的保留时间与标准物质相同，则可初步认为它们为同一物质。为了提高定性分析的可靠性，还可进一步改变色谱条件（分离柱、流动相、柱温等）或在样品中添加标准物质，如果被测物的保留时间仍然与标准物质一致，则可认为它们为同一物质。图 6-196 为醇溶液定性分析的色谱图。

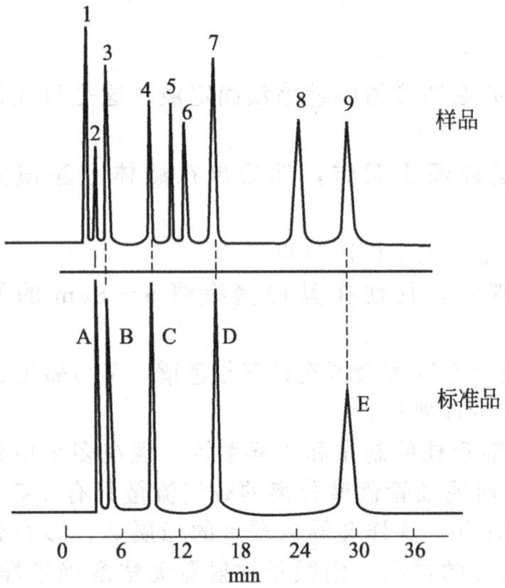


图 6-196　醇溶液定性分析的色谱图

标准品：A—甲醇；B—乙醇；C—正丙醇；D—正丁醇；E—正戊醇

(2) 利用不同检测方法定性　同一样品可以采用多种检测方法检测，如果待测组分和标准物在不同的检测器上有相同的响应行为，则可初步判断两者是同一种物质。在液相色谱中，还可通过二极管阵列检测器比较两个峰的紫外或可见光谱图。

(3) 保留指数定性　在气相色谱中，可以利用文献中的保留指数数据定性。保留指数随温度的变化率还可用来判断化合物的类型，因为不同类型化合物的保留指数随温度的变化率不同。

(4) 柱前或柱后化学反应定性　在色谱柱后装 T 型分流器，将分离后的组分导入官能团试剂反应管，利用官能团的特征反应定性。也可在进样前将被分离化合物与某些特殊反应试剂反应生成新的衍生物，于是，该化合物在色谱图上的出峰位置或峰的大小就会发生变化甚至不被检测。由此得到被测化合物的结构信息。

(5) 与其他仪器联用定性　将具有定性能力的分析仪器如质谱（MS）、红外（IR）、原子吸收光谱（AAS）、原子发射光谱（AES，ICP-AES）等仪器作为色谱仪的检测器即可获得比较准确的定性信息。

2. 定量分析

色谱定量分析的依据是被测物质的量与它在色谱图上的峰面积（或峰高）成正比。数据处理软件（工作站）可以给出包括峰高和峰面积在内的多种色谱数据。因为峰高比峰面积更容易受分析条件波动的影响，且峰高标准曲线的线性范围也较峰面积的窄，因此，通常情况是采用峰面积进行定量分析。

(1) 校正因子定量　绝对校正因子 $f_i$ 为单位峰面积所对应的被测物质的浓度（或质量），即

$$f_i=\frac{C}{A}$$

样品组分的峰面积与相同条件下该组分标准物质的校正因子相乘，即可得到被测组分的浓度。绝对校正因子受实验条件的影响，定量分析时必须与实际样品在相同条件下测定标准物质的校正因子。

相对校正因子 $f'$：某物质 $i$ 与一选择的标准物质 S 的绝对校正因子之比。即

$$f'=\frac{f_i}{f_S}$$

相对校正因子只与检测器类型有关，而与色谱条件无关。

(2) 归一化法　归一化法是将所有组分的峰面积分别乘以它们的相对校正因子后求和，即所谓“归一”，被测组分 X 的含量可以用下式求得

$$X\% = \frac{A_z f_z}{\sum_{i=1}^{n} A_i f_i}$$

采用归一化法进行定量分析的前提条件是样品中所有成分都要能从色谱柱上洗脱下来，并能被检测器检测。归一化法主要在气相色谱中应用。

(3) 外标法

a. 直接比较法　将未知样品中某一物质的峰面积与该物质的标准品的峰面积直接比较进行定量。通常要求标准品的浓度与被测组分浓度接近，以减小定量误差。

b. 标准曲线法　将被测组分的标准物质配制成不同浓度的标准溶液，经色谱分析后制作一条标准曲线，即物质浓度与其峰面积（或峰高）的关系曲线。根据样品中待测组分的色谱峰面积（或峰高），从标准曲线上查得相应的浓度。标准曲线的斜率与物质的性质和检测器的特性相关，相当于待测组分的校正因子。

(4) 内标法　是将已知浓度的标准物质（内标物）加入到未知样品中去，然后比较内标物和被测组分的峰面积，从而确定被测组分的浓度。由于内标物和被测组分处在同一基体中，因此可以消除基体带来的干扰。而且当仪器参数和洗脱条件发生非人为的变化时，内标物和样品组分都会受到同样影响，这样消除了系统误差。当对样品的情况不了解、样品的基体很复杂或不需要测定样品中所有组分时，采用这种方法比较合适。

内标物应满足的要求：

① 在所给定的色谱条件下具有一定的化学稳定性；

② 在接近所测定物质的保留时间内洗脱下来；

③ 与两个相邻峰达到基线分离；

④ 物质特有的校正因子应为已知的或者可测定；

⑤ 与待测组分有相近的浓度和类似的保留行为；

⑥ 具有较高的纯度。

为了进行大批样品的分析，有时需建立校正曲线。具体操作方法是用待测组分的纯物质配制成不同浓度的标准溶液，然后在等体积的这些标准溶液中分别加入浓度相同的内标物，混合后进行色谱分析。以待测组分的浓度为横坐标，待测组分与内标物峰面积（或峰高）的比率为纵坐标建立标准曲线（或线性方程）。在分析未知样品时，分别加入与绘制标准曲线时同样体积的样品溶液和同样浓度的内标物，用样品与内标物峰面积（或峰高）的比值，在标准曲线上查出被测组分的浓度或用线性方程计算。

(5) 标准加入法　可以看作是内标法和外标法的结合。具体操作是取等量样品若干份，加入不同浓度的待测组分的标准溶液进行色谱分析，以加入的标准溶液的浓度为横坐标，峰面积为纵坐标绘制如图 6-197 所示的工作曲线。样品中待测组分的深度即为工作曲线在横坐标延长线上的交点到坐标原点的距离。由于待测组分以及加入的标准溶液处在相同的样品基体中，因此，这种方法可以消除基体干扰。但是，由于对每一个样品都要配制三个以上的、含样品溶液和标准溶液的混合溶液，因此，这种方法不适于大批样品的分析。

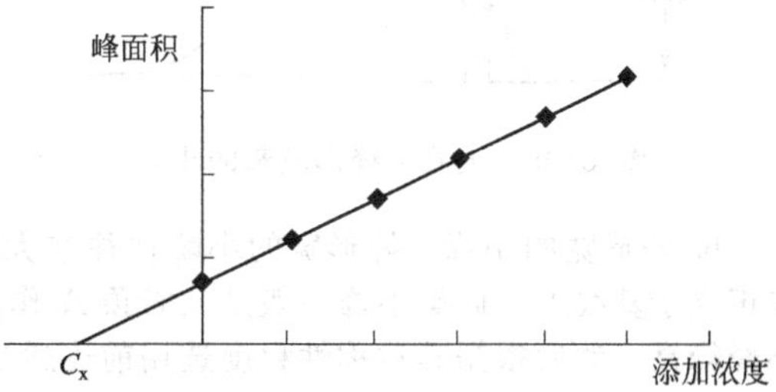

图 6-197　标准加入法的工作曲线

(6) 色谱峰面积的测量

色谱峰的测量方法，早期有剪纸称重法、求积仪测峰面积法等。随着微处理机的迅速发展，目前气相色谱已普遍配有电子积分仪或微处理机。

① 对称峰面积的测量

a. 峰高乘半高峰宽法　峰高乘半高峰宽法测量峰面积是最方便的常用方法。当色谱峰为对称峰时，可把色谱峰近似看作一个等腰三角形，利用等腰三角形面积的计算方法，来计算色谱峰的面积。

$$A=hY_{1/2}$$

式中 $A$——色谱峰面积；

$h$——峰高；

$Y_{1/2}$——峰高一半处的峰宽（半宽度）。

理论计算表明这样计算出来的峰面积只有真实峰面积的 0.94。在相对计算中该系数可以约去，不影响定量结果。在绝对测量时，如计算色谱仪的灵敏度就应乘上校正值 1.065。此时色谱峰面积应为：

$$A=1.065hY_{1/2}$$

b. 峰高乘保留时间法　对同系物样品，其色谱峰的半高峰宽和保留时间成线性关系，即有：

$$Y_{1/2}=bt_R \qquad A=hbt_R$$

式中 $b$——斜率，在作相对测量时可约去。

所以可用峰高与保留时间的乘积表示色谱峰面积。这种方法最适用于测量比较窄的色谱峰面积，因为测定色谱峰的保留值比测量半高峰宽误差要小。

② 不对称峰面积的测量

不对称峰面积一般可用峰高乘平均峰宽法来计算。取 $0.15h$ 处和 $0.85h$ 处所对应的峰宽 $Y_{0.15}$ 和 $Y_{0.85}$ 的平均值乘峰高来近似计算峰面积。

$$A=\frac{h}{2}(Y_{0.15}+Y_{0.85})$$

③ 大峰上的小峰面积的测量

a. 峰形锐的小峰　峰形锐的小峰往往在大峰前沿位置上流出，故该小峰的峰形较窄，而且大多正立于基线上，如图 6-198 所示。一般从峰顶 A 作基线的垂线交大峰轨迹线于 $B$，以 $AB$ 为小峰峰高，然后按峰高乘半高峰宽法近似计算其峰面积。

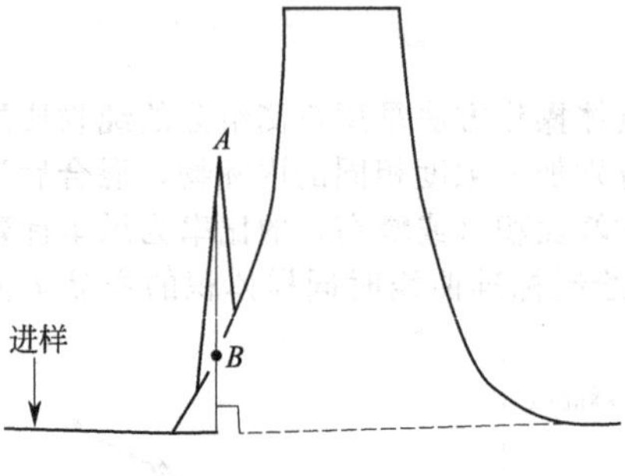


图 6-198　大峰上峰形较窄的小峰

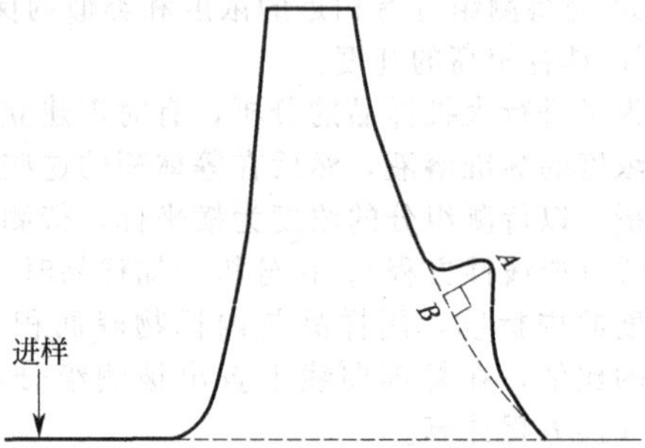


图 6-199　变挡漂移基线的确定

b. 峰形宽的小峰　峰形宽的小峰往往在大峰拖尾位置上流出，故小峰的峰形较宽，而且大多非正立于基线上。此类小峰一般是从峰顶 $A$ 作大峰轨迹的垂线交于 $B$，如图 6-199 所示。以 $AB$ 为小峰峰高，然后根据其对称性程度选用前述适当的方法近似计算该小峰面积。

④ 基线漂移时峰面积的测量

基线漂移时，一般从峰顶作漂移基线的垂线得其峰高，然后根据峰形的对称性选用前述适当的方法，近似计算该漂移基线上色谱峰的峰面积。

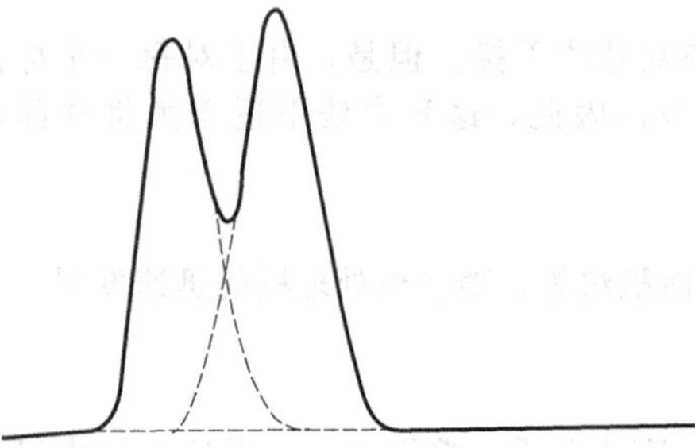

图 6-200　未完全分离色谱峰面积的测量

⑤ 未完全分离色谱峰面积的测量

在色谱分析中，一般要求相邻两色谱峰的分离度大于 0.5，这时，通常可直接用峰高乘半峰宽等方法近似计算其峰面积。

如果样品复杂，很难达到分离度大于 0.5 时，则可按图 6-200 所示的方法，作出其对称峰边后，再按峰高乘半高峰宽等方法近似计算其峰面积。

经校正的峰面积来计算物质的含量。

## 五、气相色谱的应用

20 世纪 70 年代至 90 年代初期，GC 是最有效和应用最广泛的分析技术，现在，液相色谱技术的飞速发展，使 GC 不能分析的样品和相当一部分原来需用 GC 分析的样品，都可以很方便地用液相色谱分析，因此，GC 的地位已经让位于液相色谱。尽管如此，对于那些具有挥发性的天然复杂样品以及需要高检测灵敏度的样品，GC 仍然是最佳选择，尤其是 GC 与质谱的联用分析。GC 的仪器不仅本身价格便宜，而且保养与使用成本也很低，仪器易于自动化，可以在很短的分析时间内获得准确的分析结果。GC 的分离度和检测灵敏度比液相色谱高。正是因为 GC 的这些优势，才使得它在石油、化工、环境等许多应用领域仍然发挥着重要作用。表 6-50 是 GC 的应用情况。

**表 6-50 GC 在各领域的主要应用**

| 应用领域 | 分析对象举例 |
| --- | --- |
| 环境 | 水样中芳香烃、杀虫剂、除草剂、水中锑形态 |
| 石油 | 原油成分、汽油中各种烷烃和芳香烃 |
| 化工 | 喷气发动机燃料中烃类、石蜡中高分子烃 |
| 食品、水果、蔬菜 | 植物精炼油中各种烯烃、醇和酯、亚硝胺、香料中香味成分、人造黄油中的不饱和十八酸、牛奶中饱和和不饱和脂肪酸 |
| 生物 | 植物中萜类、微生物中胺类、脂肪酸类、脂肪酸酯类 |
| 医药 | 血液中汞形态、中药中挥发油 |
| 法医学 | 血液中酒精、尿中可卡因、安非他命、奎宁及其代谢物、火药成分、纵火样品中的汽油 |

# 第十二节 高效液相色谱法

气相色谱只适合分析较易挥发、且化学性质稳定的有机化合物，而高效液相色谱法（high performance liquid chromatography，HPLC）则适合于分析那些用气相色谱难以分析的物质，如挥发性差、极性强、具有生物活性、热稳定性差的物质。现在，HPLC 的应用范围已经远远超过气相色谱，位居色谱法之首。

## 一、高效液相色谱的类型

广义地讲，固定相为平面状的纸色谱法和薄层色谱法也是以液体为流动相，也应归于液相色谱法。不过通常所说的液相色谱法仅指所用固定相为柱型的柱液相色谱法。

通常将液相色谱法按分离机理分成吸附色谱法、分配色谱法、离子色谱法和凝胶色谱法四大类。其实，有些液相色谱方法并不能简单地归于这四类。表 6-51 列举了一些液相色谱方法。按分离机理，有的相同或部分重叠。但这些方法或是在应用对象上有独特之处，或是在分离过程上有所不同，通常被赋予了比较固定的名称。

**表 6-51 HPLC 按分离机理的分类**

| 类型 | 主要分离机理 | 主要分析对象或应用领域 |
| --- | --- | --- |
| 吸附色谱 | 吸附能，氢键 | 异构体分离、族分离、制备 |
| 分配色谱 | 疏水分配作用 | 各种有机化合物的分离、分析与制备 |
| 凝胶色谱 | 溶质分子大小 | 高分子分离、分子量及其分布的测定 |
| 离子交换色谱 | 库仑力 | 无机离子、有机离子分析 |
| 离子排斥色谱 | Donnan 膜平衡 | 有机酸、氨基酸、醇、醛分析 |
| 离子对色谱 | 疏水分配作用 | 离子性物质分析 |
| 疏水作用色谱 | 疏水分配作用 | 蛋白质分离与纯化 |
| 手性色谱 | 立体效应 | 手性异构体分离、药物纯化 |
| 亲和色谱 | 生化特异亲和力 | 蛋白、酶、抗体分离，生物和医药分析 |

## 二、液相色谱仪

1. 液相色谱仪流程

现在的液相色谱仪一般都做成一个个单元组件，然后根据分析要求将各所需单元组件组合起来。最基本的组件是高压输液泵、进样器、色谱柱、检测器和数据系统（记录仪、积分仪或色谱工作站）。此外，还可根据需要配置流动相在线脱气装置、梯度洗脱装置、自动进样系统、柱后反应系统和全自动控制系统等。图 6-201 是具有基本配置的液相色谱仪的流程图。

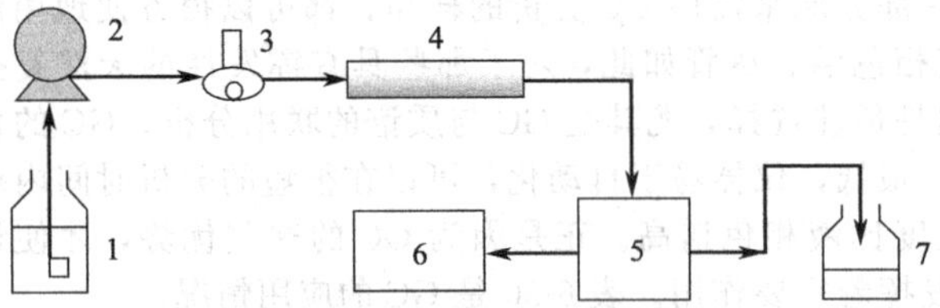


图 6-201 液相色谱仪的流程图

1—流动相容器；2—高压输液泵；3—进样器；4—色谱柱；5—检测器；6—工作站；7—废液瓶

液相色谱仪的工作过程：输液泵将流动相以稳定的流速（或压力）输送至分析体系，在色谱柱之前通过进样器将样品导入，流动相将样品带入色谱柱，在色谱柱中各组分因在固定相中的分配系数或吸附力大小的不同而被分离，并依次随流动相流至检测器，检测到的信号送至数据系统记录、处理或保存。

2. 输液泵

高压输液泵是液相色谱仪的关键部件，其作用是将流动相以稳定的流速或压力输送到色谱系统。对于带在线脱气装置的色谱仪，流动相先经过脱气装置再输送到色谱柱。输液泵的稳定性直接关系到分析结果的重复性和准确性。

3. 脱气装置

流动相溶液往往因溶解有氧气或混入了空气而形成气泡。气泡进入检测器后会在色谱图上出现尖锐的噪声峰。小气泡慢慢聚集后会变成大气泡，大气泡进入流路或色谱柱中会使流动相的流速变慢或出现流速不稳定，致使基线起伏。气泡一旦进入色谱柱，排出这些气泡则很费时间。在荧光检测中，溶解氧还会使荧光猝灭。溶解气体还可能引起某些样品的氧化或使溶液 pH 值发生变化。

目前，液相色谱流动相脱气使用较多的是离线超声波振荡脱气、在线惰性气体鼓泡吹扫脱气和在线真空脱气。

4. 梯度洗脱装置

在进行多成分的复杂样品的分离时，经常会碰到前面的一些成分分离不完全，而后面的一些成分分离度太大，且出峰很晚和峰形较差。为了使保留值相差很大的多种成分在合理的时间内全部洗脱并达到相互分离，往往要用到梯度洗脱技术。

在液相色谱中流速（压力）梯度和温度梯度效果不大，而且还会带来一些不利影响，因此，液相色谱中通常所说的梯度洗脱是指流动相梯度，即在分离过程中改变流动相的组成或浓度。

（1）线性梯度　在某一段时间内连续而均匀增加流动相强度。

（2）阶梯梯度　直接从某一低强度的流动相改变为另一较高强度的流动相。

梯度洗脱时，流动相的输送就是要将几种组成的溶液混合后送到分离系统，因此，梯度洗脱装置就是解决溶液的混合问题，其主要部件除高压泵外，还有混合器和梯度程序控制器。根据溶液混合的方式可以将梯度洗脱分为高压梯度和低压梯度。

（3）高压梯度　一般只用于二元梯度，即用两个高压泵分别按设定的比例输送 A 和 B 两种溶液至混合器，混合器是在泵之后，即两种溶液是在高压状态下进行混合的，高压梯度系统的主要优点是，只要通过梯度程序控制器控制每台泵的输出，就能获得任意形式的梯度曲线，而且精度很高，易于实现自动化控制。其主要缺点是使用了两台高压输液泵，使仪器价格变得更昂贵，故障率也相对较高，而且只能实现二元梯度操作。

（4）低压梯度　只需一个高压泵，与等度洗脱输液系统相比，就是在泵前安装了一个比例阀，混合就在比例阀中完成。因为比例阀是在泵之前，所以是在常压（低压）下混合，在常压下混合往往容易形成气泡，所以低压梯度通常配置在线脱气装置。来自于四种溶液瓶的四根输液管分别与真空脱气装置的四条流路相接，经脱气后的四种溶液进入比例阀，混合后从一根输出管进入泵体。多元梯度泵的流路可以部分空置。

5. 进样器

进样器是将样品溶液准确送入色谱柱的装置，分手动和自动两种方式。

进样器要求密封性好，死体积小，重复性好，进样时引起色谱系统的压力和流量波动要很小。现在的液相色谱仪所采用的手动进样器几乎都是耐高压、重复性好和操作方便的六通阀进样器，其原理与气相色谱中所介绍的相同。

6. 色谱柱

(1) 色谱柱的构成

① 色谱柱　也称固定相，是将色谱填料填充到色谱柱管中所构成的，是实现分离的核心部件，要求柱效高、柱容量大和性能稳定。柱性能与柱结构、填料特性、填充质量和使用条件有关。

② 色谱填料　经过制备处理后，用于填充色谱柱的物质颗粒，通常是5～10μm粒径的球形颗粒。

③ 色谱柱管　内部抛光的不锈钢管。典型的液相色谱分析柱尺寸是内径4.6mm，长250mm。

(2) 色谱柱的填充

① 干法填充　在硬台面上铺上软垫，将空柱管上端打开，垂直放在软垫上，用漏斗每次灌入50～100mg填料，然后垂直台面墩10～20次。

② 湿法填充　又称淤浆填充法，使用专门的填充装置。

(3) 填料的结构　是由基质和功能层两部分构成。

① 基质　又常称作载体（旧称担体），通常制备成数微米至数十微米粒径的球形颗粒，它具有一定的刚性，能承受一定的压力，对分离不起明显的作用，只是作为功能基团的载体。常用来作基质的有硅胶和有机高分子聚合物微球。

② 功能层　是通过化学或物理的方法固定在基质表面的、对样品分子的保留起实质作用的有机分子或功能团。功能层如冠醚分子吸附或键合在硅胶基质的表面。

填料的物理结构：分为微孔型（或凝胶型）、大孔型（全多孔型）、薄壳型和表面多孔型四种类型。

7. 检测技术

检测器是用来连续监测经色谱柱分离后的流出物的组成和含量变化的装置。

检测器利用溶质的某一物理或化学性质与流动相有差异的原理，当溶质从色谱柱流出时，会导致流动相背景值发生变化，从而在色谱图上以色谱峰的形式记录下来。几种主要检测器的基本特性列于表6-52中。

**表6-52　液相色谱带的检测器及其特性**

| 检测器 | 检测下限 /g·mL$^{-1}$ | 线性范围 | 选择性 | 梯度淋洗 | 主要特点 |
|---|---|---|---|---|---|
| 紫外-可见光 | $10^{-10}$ | $10^3 \sim 10^4$ | 有 | 可 | 对流速和温度变化敏感；池体积可制作得很小；对溶质的响应变化大 |
| 荧光 | $10^{-12} \sim 10^{-11}$ | $10^3$ | 有 | 可 | 选择性和灵敏度高；易受背景荧光、消光、温度、pH和溶剂的影响 |
| 化学发光 | $10^{-13} \sim 10^{-12}$ | $10^3$ | 有 | 困难 | 灵敏度高；发光试剂受限制；易受流动相组成和脉动的影响 |
| 电导 | $10^{-8}$ | $10^3 \sim 10^4$ | 有 | 不可 | 是离子性物质的通用检测器；受温度和流速影响；不能用于有机溶剂体系 |
| 电化学 | $10^{-10}$ | $10^4$ | 有 | 困难 | 选择性高；易受流动相pH值和杂质的影响；稳定性较差 |
| 蒸发光散射 | $10^{-9}$ | | 无 | 可 | 可检测所有物质 |

续表

| 检测器 | 检测下限 /g·mL$^{-1}$ | 线性范围 | 选择性 | 梯度淋洗 | 主要特点 |
|---|---|---|---|---|---|
| 示差折光 | $10^{-1}$ | $10^4$ | 无 | 不可 | 可检测所有物质；不适合微量分析；对温度变化敏感 |
| 质谱 | $10^{-10}$ |  | 无 | 可 | 主要用于定性和半定量 |
| 原子吸收光谱 | $10^{-10}\sim10^{-13}$ |  | 有 | 可 | 选择性高 |
| 等离子体发射光谱 | $10^{-8}\sim10^{-10}$ |  | 有 | 可 | 可进行多元素同时检测 |
| 火焰离子化 | $10^{-12}\sim10^{-13}$ | $10^4$ | 有 | 可 | 柱外峰展宽 |

8. 数据处理系统与自动控制单元

（1）数据处理系统　又称色谱工作站。它可对分析全过程（分析条件、仪器状态、分析状态）进行在线显示，自动采集、处理和储存分析数据。一些配置了积分仪或记录仪的老型号液相色谱仪在很多实验室还在使用，但近年新购置的色谱仪，一般都带有数据处理系统，使用起来非常方便。

（2）自动控制单元　将各部件与控制单元连接起来，在计算机上通过色谱软件将指令传给控制单元，对整个分析实现自动控制，从而使整个分析过程全自动化。也有的色谱仪没有设计专门的控制单元，而是每个单元分别通过控制部件与计算机相连，通过计算机分别控制仪器的各部分。

## 三、其他色谱方法

除气相色谱和液相色谱之外，还有以电场、激光或超临界流体为驱动力（或流动相）的色谱。

1. 超临界流体色谱

（1）超临界流体　指高于临界压力和临界温度时的一种物质状态，它既不是气体，也不是液体，但它兼具气体的低黏度和液体的高密度以及介于气体和液体之间的较高扩散系数等特征。

超临界流体色谱　以超临界流体作流动相，以固体吸附剂（如硅胶）或键合在载体（或毛细管壁）上的有机高分子聚合物作固定相的色谱方法。

（2）常用流动相　超临界状态下的二氧化碳、氧化亚氮、乙烷、三氟甲烷等。$CO_2$ 最常用，因为它的临界温度低（31℃）、临界压力适中（7.29MPa）、无毒、便宜，但其缺点是极性太低，对一些极性化合物的溶解能力较差，所以，通常要用另一台输液泵往流动相中添加1%～5%的甲醇等极性有机改性剂。

（3）色谱柱　液相色谱的填充柱和气相色谱的毛细管柱都可以使用，但由于超临界流体的强溶解能力，所使用的毛细管填充柱的固定相必须交联。

（4）应用　从理论上讲，SFC既可以像液相色谱一样分析高沸点和难挥发样品，也可像气相色谱一样分析挥发性成分。不过，超临界流体色谱更重要的应用是用来作分离和制备，即超临界流体萃取。

2. 亲和色谱

（1）亲和色谱　利用蛋白质或生物大分子等样品与固定相上生物活性配位体之间的特异亲和力进行分离的液相色谱方法。

（2）固定相　将具有生物活性的配位体以共价键结合到不溶性固体基质上制得。

（3）生物活性配位体　常用的有酶（如底物及其类似物）、辅酶（如类固醇）、抗体（植物激素）、激素（如糖和多糖）、抗生素（核苷酸）等。

（4）基质　通常为凝胶，许多无机和有机聚合物都可形成凝胶，如琼脂糖衍生物、多孔玻璃。

（5）分离过程　亲和色谱是吸附色谱的发展，在分离过程中涉及疏水相互作用、静电力、范德华力和立体相互作用。在键合了某类配体的亲和色谱柱上加入含生物活性大分子的样品，只有那些与该柱中配位体表现出明显亲和性的生物大分子才会被吸附，这些被吸附的生物分子只有在改变流动相（缓冲溶液）的组成时才会被洗脱。

（6）应用　亲和色谱主要用于蛋白质和生物活性物质的分离与制备。

3. 激光色谱

（1）原理 以激光的辐射压力为驱动力，将待分离组分（或物质颗粒）按几何尺寸大小予以分离的一种色谱分离技术。

（2）分离过程 欲分离的粒子随流动相（粒子溶液本身）以一定的流速流经一个内径为200μm左右的毛细管，将一定功率的激光束聚焦于毛细管的出口（流动相流出口），激光束的入射方向与粒子的在流动相中的流动方向相反，但都与毛细管同轴。这时，溶质粒子同时受到流动相的推动力和与之相反的激光束辐射压力的作用。由于溶质粒子的折射率大于溶剂的折射率，因此溶质粒子受激光辐射压力作用而聚焦于激光束的中心线上，当溶质粒子受到的激光辐射压力大于流动相推力时，溶质粒子就会发生反转并获得一定加速度，沿激光束中心线运动，直至所受到的流动相阻力与激光辐射压力相等时，溶质才会停留。因为不同几何尺寸的溶质粒子受到激光辐射的作用力不同，它们在毛细管中的停留位置也就不同，从而达到分离。

（3）检测 可以用配有显微物镜的电视摄像机记录分离结果。

（4）应用 激光色谱是1995年刚刚提出的新的色谱方法，尽管尚无商品仪器，但可预言其在生命科学领域将发挥重要作用，如分离高分子聚合物微球、生物细胞、生物大分子、肽、DNA、线粒体。从理论上讲，可以实现单个蛋白质分子的检测。

## 四、液相色谱的应用

1. 液相色谱的应用

HPLC几乎在所有学科领域都有广泛应用，可以用于绝大多数物质成分的分离分析，它和气相色谱都是应用最广泛的仪器分析技术，HPLC在部分领域的主要分析对象物质列于表6-53。

**表6-53 HPLC在各领域的主要应用**

| 应用领域 | 分析对象 |
|---|---|
| 环境 | 常见无机阴离子和阳离子、多环芳烃、多氯联苯、硝基化合物、有害重金属及其形态、除草剂、农药、酸沉降成分 |
| 农业 | 土壤矿物成分、肥料、饲料添加剂、茶叶等农产品中无机和有机成分 |
| 石油 | 烃类族组成、石油中微量成分 |
| 化工 | 无机化工产品、合成高分子化合物、表面活性剂、洗涤剂成分、化妆品、染料 |
| 材料 | 液晶材料、合成高分子材料 |
| 食品 | 无机阴离子和阳离子、有机酸、氨基酸、糖、维生素、脂肪酸、香料、甜味剂、防腐剂、人工色素、病原微生物、霉菌毒素 |
| 生物 | 氨基酸、多肽、蛋白质、核糖核酸、生物胺、多糖、酶、天然高分子化合物 |
| 医药 | 人体化学成分、各类合成药物成分、各种天然植物和动物药物化学成分 |

2. 液相色谱分离模式的选择

分离方式是按固定相的分离机理分类的，选定了固定相（色谱柱）基本上就确定了分离方式。当然，即使同一根色谱柱，如果所用流动相和其他色谱条件不同，也可能成为不同的分离方式。选择分离方式大体上可以参照图6-202。

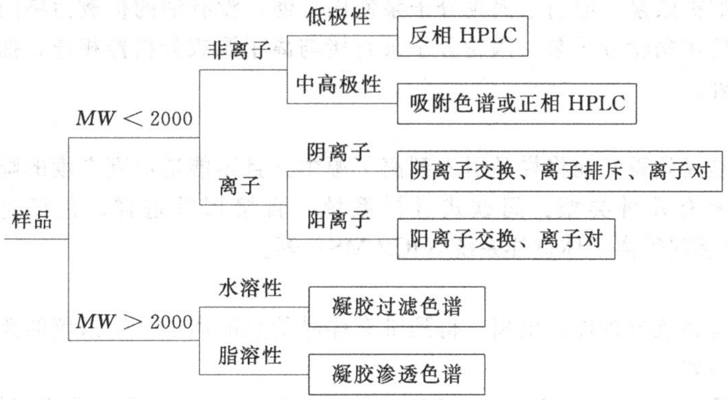


图6-202 分离方式的选择原则

# 第十三节 质谱法及质谱联用法

质谱法是通过将样品转化为运动的气态离子并按质荷比（$m/z$）大小进行分离记录的分析方法。所获得结果即为质谱图（亦称质谱）。根据质谱图提供的信息可以进行多种有机物及无机物的定性和定量分析、复杂化合物的结构分析、样品中各种同位素比的测定及固体表面的结构和组成分析等。

质谱仪早期主要用于原子量的测定和定量测定某些复杂烃类混合物中的各组分等。1960 年以后，才开始用于复杂化合物的鉴定和结构分析。质谱法独特的电离过程及分离方式，提供的信息反映化学本性，直接与其结构相关，可用来阐明各种物质的分子结构。实验证明，质谱法是研究有机化合物结构的有力工具。

## 一、质谱仪的工作原理与结构、性能指标

1. 工作原理

质谱仪是利用电磁学原理，使带电的样品离子按质荷比进行分离的装置。离子电离后经加速进入磁场中，其动能与加速电压及电荷 $z$ 有关，即

$$zeU=1/2mv^2 \tag{6-208}$$

式中，$z$ 为电荷数；$e$ 为单电子电荷（$e=1.60\times10^{-19}$C）；$U$ 为加速电压；$m$ 为离子的质量；$v$ 为离子被加速后的运动速度。

具有速度 $v$ 的带电粒子进入质谱分析器的电磁场中，根据所选择的分离方式，最终实现各种离子按 $m/z$ 进行分离。

质谱分析法主要是通过对样品的离子的质荷比的分析而实现对样品进行定性和定量的一种方法。因此，质谱仪都必须有电离装置把样品电离为离子，由质量分析装置把不同质荷比的离子分开，经检测器检测之后可以得到样品的质谱图。由于有机样品、无机样品和同位素样品等具有不同形态、性质和不同的分析要求，因此所用的电离装置、质量分析装置和检测装置有所不同。但是，不管是哪种类型的质谱仪，其基本组成是相同的。都包括进样系统、离子源、质量分析器、检测器、显示记录和真空系统。

2. 真空系统

为了保证离子源中灯丝的正常工作，保证离子在离子源中和分析器中正常运行，消减不必要的离子碰撞、散射效应、复合反应和离子-分子反应，减小本底与记忆效应，质谱仪的离子源和分析器都必须处在优于 1mPa($10^{-5}$mbar) 的真空中才能工作。也就是说，质谱仪都必须有真空系统。一般真空系统由机械真空泵和扩散泵或涡轮分子泵组成。机械真空泵能达到的极限真空度为 100mPa（$10^{-3}$mbar），不能满足要求，必须依靠高真空泵。扩散泵是常用的高真空泵，其性能稳定可靠，缺点是启动慢，从停机状态到仪器能正常工作所需时间长；涡轮分子泵则相反，仪器启动快，但使用寿命不如扩散泵。但由于涡轮分子泵使用方便，没有油的扩散污染问题，因此，近年来生产的质谱仪大多使用涡轮分子泵。涡轮分子泵直接与离子源或分析器相连，抽出的气体再由机械真空泵排到体系之外。

3. 进样系统

进样系统目的是高效重复地将样品引入到离子源中并且不能造成真空度的降低。

常用的进样装置有几种类型：间歇式进样系统、直接探针进样、色谱进样系统（GC-MS、HPLC-MS）和高频感耦等离子体进样系统（ICP-MS）等。

4. 离子源

离子源的作用是将欲分析样品电离，得到带有样品信息的离子。质谱仪的离子源种类很多，现将主要的离子源介绍如下。

(1) 电子电离源（electron ionization，EI） 电子电离源又称 EI 源，是应用最为广泛的离子源，它主要用于挥发性样品的电离。图 6-203 是电子电离源的原理图，由 GC 或直接进样杆进入的样品，

以气体形式进入离子源，由灯丝 F 发出的电子与样品分子发生碰撞使样品分子电离。一般情况下，灯丝 F 与接收极 T 之间的电压为 70eV，所有的标准质谱图都是在 70eV 下做出的。在 70eV 电子碰撞作用下，有机物分子可能被打掉一个电子形成分子离子，也可能会发生化学键的断裂形成碎片离子。由分子离子可以确定化合物分子量，由碎片离子可以得到化合物的结构。对于一些不稳定的化合物，在 70eV 的电子轰击下很难得到分子离子。为了得到分子量，可以采用 10～20eV 的电子能量，不过此时仪器灵敏度将大大降低，需要加大样品的进样量。而且，得到的质谱图不再是标准质谱图。

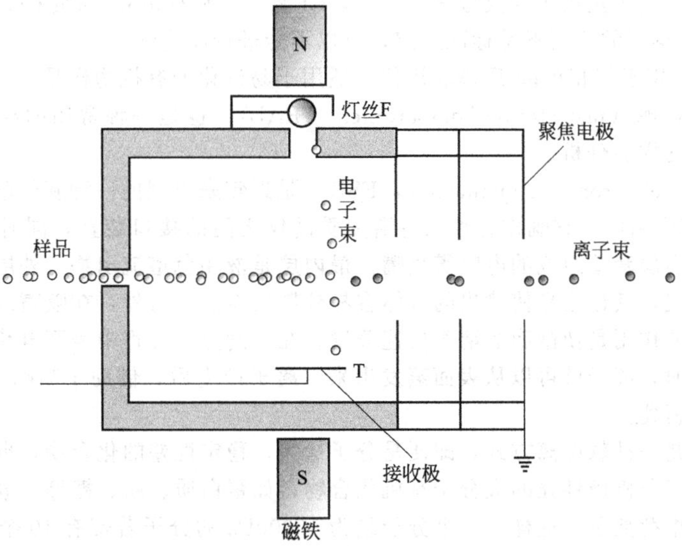


图 6-203　电子电离源原理图

离子源中进行的电离过程是很复杂的过程，有专门的理论对这些过程进行解释和描述。在电子轰击下，样品分子可能有四种不同途径形成离子：

a. 样品分子被打掉一个电子形成分子离子；

b. 分子离子进一步发生化学键断裂形成碎片离子；

c. 分子离子发生结构重排形成重排离子；

d. 通过分子离子反应生成加合离子。

此外，还有同位素离子。这样，一个样品分子可以产生很多带有结构信息的离子，对这些离子进行质量分析和检测，可以得到具有样品信息的质谱图。

电子电离源主要适用于易挥发有机样品的电离，GC-MS 联用仪中都有这种离子源。其优点是工作稳定可靠，结构信息丰富，有标准质谱图可以检索。缺点是只适用于易汽化的有机物样品分析，并且，对有些化合物得不到分子离子。

(2) 化学电离源（chemical ionization，CI）　有些化合物稳定性差，用 EI 方式不易得到分子离子，因而也就得不到分子量。为了得到分子量可以采用 CI 电离方式。CI 和 EI 在结构上没有多大差别。或者说主体部件是共用的。其主要差别是 CI 源工作过程中要引进一种反应气体。反应气体可以是甲烷、异丁烷、氨等。反应气的量比样品气要大得多。灯丝发出的电子首先将反应气电离，然后反应气离子与样品分子进行离子-分子反应，并使样品气电离。现以甲烷作为反应气，说明化学电离的过程。在电子轰击下，甲烷首先被电离：

$$CH_4 + e \longrightarrow CH_4^+ + CH_3^+ + CH_2^+ + CH^+ + C^+ + H^+$$

甲烷离子与分子进行反应，生成加合离子：

$$CH_4^+ + CH_4 \longrightarrow CH_5^+ + CH_3^+$$

$$CH_3^+ + CH_4 \longrightarrow C_2H_5^+ + H_2$$

加合离子与样品分子反应：

$$CH_5^+ + XH \longrightarrow XH_2^+ + CH_4$$

$$C_2H_5^+ + XH \longrightarrow X^+ + C_2H_6$$

生成的$XH_2^+$和$X^+$比样品分子XH多一个H或少一个H，可表示为$(M+1)^+$，称为准分子离子。事实上，以甲烷作为反应气，除$(M+1)^+$之外，还可能出现$(M+17)^+$，$(M+29)^+$等，同时还出现大量的碎片离子。化学电离源是一种软电离方式，有些用EI方式得不到分子离子的样品，改用CI后可以得到准分子离子，因而可以求得分子量。对于含有很强的吸电子基团的化合物，检测负离子的灵敏度远高于正离子的灵敏度，因此，CI源一般都有正CI和负CI，可以根据样品情况进行选择。由于CI得到的质谱不是标准质谱，所以不能进行库检索。

EI和CI源主要用于气相色谱-质谱联用仪，适用于易汽化的有机物样品分析。

(3) 快原子轰击源（fast atomic bombardment，FAB） 也是一种常用的离子源，它主要用于极性强、分子量大的样品分析。

(4) 电喷雾源（electron spray ionization，ESI） 是近年来出现的一种新的电离方式。它主要应用于液相色谱-质谱联用仪。它既作为液相色谱和质谱仪之间的接口装置，同时又是电离装置。它的主要部件是一个多层套管组成的电喷雾喷嘴。最内层是液相色谱流出物，外层是喷射气，喷射气常采用大流量的氮气，其作用是使喷出的液体容易分散成微滴。另外，在喷嘴的斜前方还有一个补助气喷嘴，补助气的作用是使微滴的溶剂快速蒸发。在微滴蒸发过程中表面电荷密度逐渐增大，当增大到某个临界值时，离子就可以从表面蒸发出来。离子产生后，借助于喷嘴与锥孔之间的电压，穿过取样孔进入分析器。

电喷雾电离源是一种软电离方式，即便是分子量大，稳定性差的化合物，也不会在电离过程中发生分解，它适合于分析极性强的大分子有机化合物，如蛋白质、肽、糖等。电喷雾电离源的最大特点是容易形成多电荷离子。这样，一个分子量为10000Da的分子若带有10个电荷，则其质荷比只有1000Da，进入了一般质谱仪可以分析的范围之内。根据这一特点，目前采用电喷雾电离，可以测量分子量在300000Da以上的蛋白质。

(5) 大气压化学电离源（atmospheric pressure chemical ionization，APCI） 大气压化学电离源主要用来分析中等极性的化合物。有些分析物由于结构和极性方面的原因，用ESI不能产生足够强的离子，可以采用APCI方式增加离子产率，可以认为APCI是ESI的补充。APCI主要产生的是单电荷离子，所以分析的化合物分子量一般小于1000Da。用这种电离源得到的质谱很少有碎片离子，主要是准分子离子。

以上两种电离源主要用于液相色谱-质谱联用仪。

(6) 激光解吸源（laser description，LD） 是利用一定波长的脉冲式激光照射样品使样品电离的一种电离方式。被分析的样品置于涂有基质的样品靶上，激光照射到样品靶上，基质分子吸收激光能量，与样品分子一起蒸发到气相并使样品分子电离。激光电离源需要有合适的基质才能得到较好的离子产率。它比较适合于分析生物大分子，如肽、蛋白质、核酸等。得到的质谱主要是分子离子、准分子离子。碎片离子和多电荷离子较少。

5. 质量分析器

质量分析器（mass analyzer）的作用是将离子源产生的离子按$m/z$顺序分开并排列成谱。用于有机质谱仪的质量分析器有磁式双聚焦分析器、四极杆分析器、离子阱分析器、飞行时间分析器、回旋共振分析器等。

(1) 磁分析器 最常用的分析器类型之一就是扇形磁分析器。

离子束经加速后飞入磁极间的弯曲区，由于磁场作用，飞行轨道发生弯曲，此时离子受到磁场施加的洛仑兹力（$Bzev$）作用，并且离子的离心力$mv^2r^{-1}$也同时存在，当两力平衡时，离子才能飞出弯曲区，即

$$Bzev = mv^2/r \tag{6-209}$$

式中，$B$为磁感应强度；$ze$为电荷；$v$为运动速度；$m$为质量；$r$为曲率半径。调整后可得

$$v = Bzer/m \tag{6-210}$$

又根据

$$zeU = \frac{1}{2}mv^2 \tag{6-211}$$

式中，$U$ 为加速电压。

$$m/z = B^2 r^2 e/2U \tag{6-212}$$

通过改变 $B$、$r$、$U$ 这三个参数中的任一个并保持其余两个不变的方法来获得质谱图。

现代质谱仪一般是保持 $U$、$r$ 不变，通过电磁铁扫描磁场而获得质谱图，故 $r$ 即是扇形磁场的曲率半径；而使用感光板记录的质谱仪中，$B$、$U$ 一定，$r$ 是变化的。

① 单聚焦分析器（single focusing analyzer）　它的主体是处在磁场中的扁形真空腔体。离子进入分析器后，由于磁场的作用，其运动轨道发生偏转改作圆周运动。

图 6-204 是单聚焦质量分析器原理图，这种单聚焦分析器可以是 180°的，也可以是 90°或其他角度的，其形状像一把扇子，因此又称为磁扇形分析器。单聚焦分析结构简单，操作方便但其分辨率很低。不能满足有机物分析要求，目前只用于同位素质谱仪和气体质谱仪。单聚集质谱仪分辨率低的主要原因在于它不能克服离子初始能量分散对分辨率造成的影响。在离子源产生的离子当中，质量相同的离子应该聚在一起，但由于离子初始能量不同，经过磁场后其偏转半径也不同，而是以能量大小顺序分开，即磁场也具有能量色散作用。这样就使得相邻两种质量的离子很难分离，从而降低了分辨率。

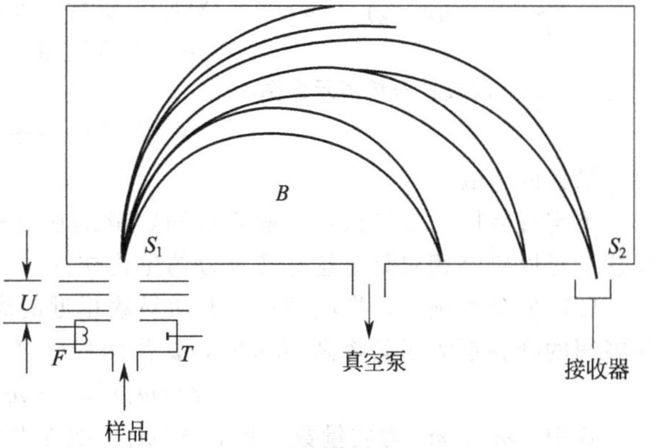

图 6-204　单聚焦质量分析器原理图

② 双聚焦分析器（double focusing analyzer）　为了消除离子能量分散对分辨率的影响，通常在扇形磁场前加一扇形电场，扇形电场是一个能量分析器，不起质量分离作用。质量相同而能量不同的离子经过静电电场后会彼此分开。即静电场有能量色散作用。如果设法使静电场的能量色散作用和磁场的能量色散作用大小相等方向相反，就可以消除能量分散对分辨率的影响。只要是质量相同的离子，经过电场和磁场后可以汇聚在一起。另外质量的离子汇聚在另一点。改变离子加速电压可以实现质量扫描。这种由电场和磁场共同实现质量分离的分析器，同时具有方向聚焦和能量聚焦作用，叫双聚焦质量分析器（见图 6-205）。双聚焦分析器的优点是分辨率高，缺点是扫描速度慢，操作、调整比较困难，而且仪器造价也比较昂贵。

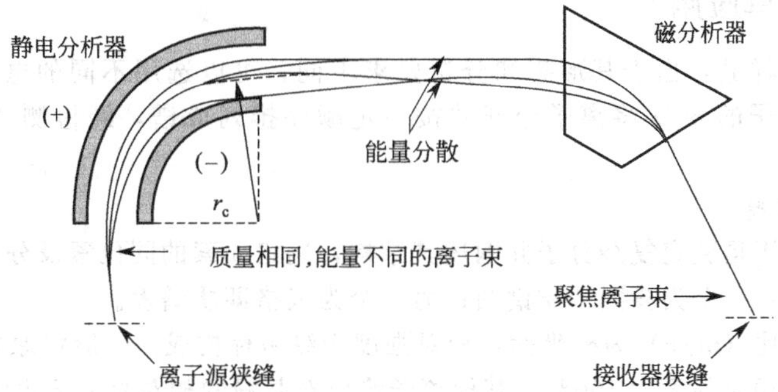

图 6-205　双聚焦质量分析器原理图

(2) 四极杆分析器　由四根棒状电极组成。电极材料是镀金陶瓷或钼合金。相对两根电极间加有电压（$V_{dc}+V_{rf}$），另外两根电极间加有$-(V_{dc}+V_{rf})$。其中 $V_{dc}$ 为直流电压，$V_{rf}$ 为射频电压。四个棒状电极形成一个四极电场。见图 6-206。

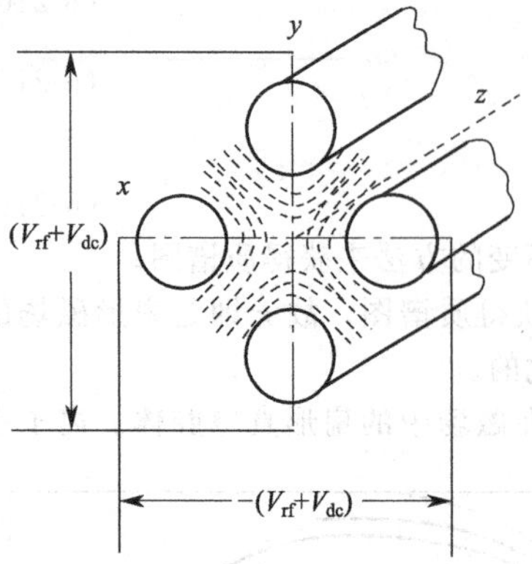

图 6-206 四极杆分析器示意图

6. 检测与记录

质谱仪常用的检测器有法拉第杯、电子倍增器及闪烁计数器、照相底片等。

现代质谱仪一般都采用较高性能的计算机对产生的信号进行快速接收与处理，同时通过计算机可以对仪器条件等进行严格的监控，从而使精密度和灵敏度都有一定程度的提高。

7. 质谱仪主要性能指标

(1) 质量测定范围 表示质谱仪所能进行分析的样品的相对原子质量（或相对分子质量）范围，通常采用原子质量单位（$u$）进行度量。

$$1u=\text{一个处于基态的}^{12}\text{C中性原子质量的}1/12$$

常采用原子核的质量数表示质量的大小，其数值等于其相对质量数的整数。

测定气体用的质谱仪，一般质量测定范围在 2～100，而有机质谱仪一般可达几千，现代质谱仪甚至可以研究相对分子量达几十万的生化样品。

(2) 分辨本领 是指质谱仪分开质量数相近的离子的能力。即：对两个相等强度的相邻峰，当两峰间的峰谷不大于其峰高 10%时，认为两峰已经分开，其分辨率为

$$R=m_1/(m_2-m_1)=m_1/\Delta m \tag{6-213}$$

式中，$m_1$、$m_2$ 为质量数，且 $m_1<m_2$，故在两峰质量数相差越小，要求仪器分辨率越大。

在实际工作中，有时很难找到相邻的且峰高相等的两个峰，同时峰谷又为峰高的 10%。在这种情况下，可任选一单峰，测其峰高 5%处的峰宽 $W_{0.05}$，即可当作上式中的 $\Delta m$，此时的分辨率定义为

$$R=m/W_{0.05} \tag{6-214}$$

如果该峰是高斯型的，上述两式计算结果是一样的。

质谱仪的分辨本领由几个因素决定：离子通道的半径；加速器与收集器狭缝宽度；离子源的性质。分辨率在 500 左右的质谱仪可满足一般分析的要求。

(3) 灵敏度 质谱仪的灵敏度有绝对灵敏度、相对灵敏度和分析灵敏度等几种表示方法。

① 绝对灵敏度是指仪器可以检测到的最小样品量；

② 相对灵敏度是指仪器可以同时检测的大组分与小组分含量之比；

③ 分析灵敏度则是指输入仪器的样品量与仪器输出的信号之比。

## 二、质谱图及其应用

一个有机化合物样品，由于其形态和分析要求不同，可以选用不同的电离方式使其离子化，再由质量分析器按离子的 $m/z$ 将离子分开并按一定顺序排列成谱，经检测器检测即得到样品的质谱。

1. 质谱图与质谱表

质谱法的主要应用是鉴定复杂分子并阐述其结构，确定元素的同位素及分布等。一般的质谱给出的数据有两种形式：一个为棒图即质谱图；另一个为表格即质谱表。

质谱图是以质荷比（$m/z$）为横坐标，相对强度为纵坐标构成。一般将原始质谱图上最强的离子峰设为基峰并定为相对强度为 100%，其他离子峰以对基峰的相对百分值表示。

图 6-207 是 $\alpha$-紫罗酮的质谱图。质谱图的横坐标是质荷比 $m/z$，纵坐标是各离子的相对强度。通常把最强的离子的强度定为 100，称为基峰（图 6-207 中为 $m/z=121$），其他离子的强度以基峰为标准来决定。对于一定的化合物，各离子间的相对强度是一定的，因此，质谱具有化合物的结构特征。

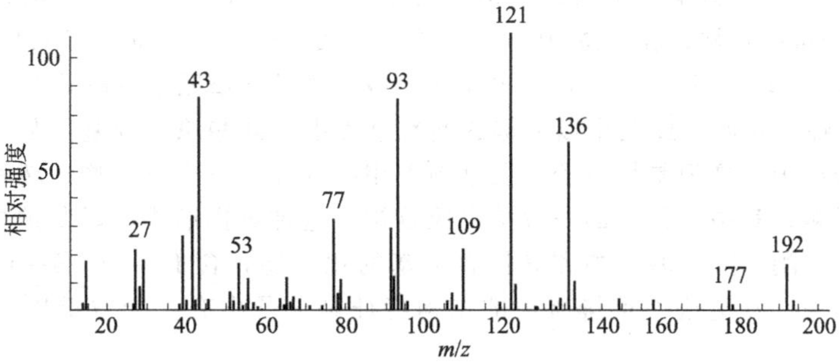


图 6-207 α-紫罗酮的质谱图

质谱表是用表格形式表示的质谱数据。质谱表中有两项即质荷比和相对强度。从质谱图上可以直观地观察整个分子的质谱全貌，而质谱表则可以准确地给出精确的 $m/z$ 值及相对强度值，有助于进一步分析。

2. 离子峰

分子在离子源中可以产生各种电离，即同一种分子可以产生多种离子峰，主要有分子离子峰、碎片离子峰、亚稳离子峰和同位素离子峰等。

(1) 分子离子峰 试样分子在高能电子撞击下产生正离子，即：

$$M + e \longrightarrow M^+ + 2e$$

式中，M 为待测分子；$M^+$ 为分子离子或母体离子。

几乎所有的有机分子都可以产生可以辨认的分子离子峰。有些分子如芳香环分子可产生较强的分子离子峰，而高分子量的脂肪醇、醚及胺等则产生较弱的分子离子峰。若不考虑同位素的影响，分子离子应该具有最高质量。

(2) 碎片离子峰 分子离子产生后可能具有较高的能量，将会通过进一步碎裂或重排而释放能量，碎裂后产生的离子形成的峰称为碎片离子峰。

有机化合物受高能作用时产生各种形式的分裂，一般强度最大的质谱峰相应于最稳定的碎片离子。通过各种碎片离子相对峰高的分析，有可能获得整个分子结构的信息。因为 $M^+$ 可能进一步断裂或重排，因此要准确地进行定性分析最好与标准谱图进行比较。

(3) 亚稳离子峰 若质量为 $m_1$ 的离子在离开离子源受电场加速后，在进入质量分析器之前，由于碰撞等原因很容易进一步分裂失去中性碎片而形成质量 $m_2$ 的离子，即

$$m_1 \longrightarrow m_2 + \Delta m$$

由于一部分能量被中性碎片带走，此时的 $m_2$ 离子比在离子源中形成的 $m_2$ 离子能量小故将在磁场中产生更大的偏转，观察到的 $m/z$ 较小。这种峰称为亚稳离子峰，用 $m^*$ 表示。它的表观质量 $m^*$ 与 $m_1$、$m_2$ 的关系是：

$$m^* = (m_2)^2/m_1 \tag{6-215}$$

式中，$m_1$ 为母离子的质量；$m_2$ 为子离子的质量。

亚稳离子峰由于其具有离子峰宽大（约 2～5 个质量单位）、相对强度低、$m/z$ 不为整数等特点，很容易从质谱图中观察。

通过亚稳离子峰可以获得有关裂解信息，通过对 $m^*$ 峰的观察和测量，可找到相关母离子的质量与子离子的质量 $m_2$，从而确定裂解途径。

(4) 同位素离子峰 有些元素具有天然存在的稳定同位素，所以在质谱图上出现一些 M+1，M+2 的峰，由这些同位素形成的离子峰称为同位素离子峰。

在一般有机分子鉴定时，可以通过同位素峰统计分布来确定其元素组成，分子离子的同位素离子峰相对强度之比符合一定的统计规律。

例如，在 $CH_4$ 的质谱图中，有其分子离子峰 $m/z$=17、16，而其相对强度之比 $I_{17}/I_{16}$=0.011。而

在丁烷中，出现一个$^{13}C$的概率是甲烷的 4 倍，则分子离子峰 $m/z=59$、58 的强度之比 $I_{59}/I_{58}=4\times0.011\times1^3=0.044$；同样，在丁烷中出现一个 M+2（$m/z$）同位素峰的概率为 $6\times0.011\times0.011\times1^2=0.0007$；即 $I_{59}/I_{58}=0.0007$，非常小，故在丁烷质谱图中一般看不到（M+2)+峰。

（5）重排离子峰　在两个或两个以上键的断裂过程中，某些原子或基团从一个位置转移到另一个位置所生成的离子，称为重排离子。质谱图上相应的峰为重排离子峰。转移的基团常常是氢原子重排的类型很多，其中最常见的一种是麦氏重排。这种重排形式可以归纳如下：可以发生这类重排的化合物有：酮、醛、酸、酯和其他含羰基的化合物，含 P═O、S═O 的化合物以及烯烃类和苯类化合物等。发生这类重排所需的结构特征是分子中有一个双键以及在 γ 位置上有氢原子。

3. 质谱定性分析

一张化合物的质谱包含着有关化合物的很丰富的信息。在很多情况下，仅依靠质谱就可以确定化合物的分子量、分子式和分子结构。而且，质谱分析的样品用量极微，因此，质谱法是进行有机物鉴定的有力工具。当然，对于复杂的有机化合物的定性，还要借助于红外光谱、紫外光谱、核磁共振等分析方法。

（1）分子量确定　分子离子的质荷比就是化合物的分子量。因此，在解释质谱时首先要确定分子离子峰，通常判断分子离子峰的方法如下：

① 分子离子峰一定是质谱中质量数最大的峰，它应处在质谱的最右端；

② 分子离子峰应具有合理的质量丢失；

③ 分子离子应为奇电子离子，它的质量数应符合氮规则。

如果某离子峰完全符合上述三项判断原则，那么这个离子峰可能是分子离子峰；如果三项原则中有一项不符合，这个离子峰就肯定不是分子离子峰。

如果经判断没有分子离子峰或分子离子峰不能确定，则需要采取其他方法得到分子离子峰，常用的方法有：

① 降低电离能量　可采用 12eV 左右的低电子能量，虽然总离子流强度会大大降低，但有可能得到一定强度的分子离子峰。

② 制备衍生物　有些化合物不易挥发或热稳定性差，这时可以进行衍生化处理。

③ 采取软电离方式　软电离方式很多，有化学电离源、快原子轰击源、场解吸源及电喷雾源等。

（2）分子结构的确定　化合物分子电离生成的离子质量与强度，与该化合物分子的本身结构有密切关系。也就是说，化合物的质谱带有很强的结构信息，通过对化合物质谱的解释，可以得到化合物的结构。下面就质谱解释的一般方法做一说明。

① 质谱的高质量端确定分子离子峰，求出分子量，初步判断化合物类型及是否含有 Cl、Br、S 等元素。

② 根据分子离子峰的高分辨数据，给出化合物的组成式。

③ 由组成式计算化合物的不饱和度，即确定化合物中环和双键的数目。

④ 研究低质量端离子峰，寻找不同化合物断裂后生成的特征离子和特征离子系列。常见的离子失去碎片的情况有：M-15($CH_3$)、M-16(O,$NH_2$)、M-17(OH,$NH_3$)、M-18($H_2O$)、M-19(F)、M-26($C_2H_2$)、M-27(HCN,$C_2H_3$)、M-28(CO,$C_2H_4$)、M-29(CHO,$C_2H_5$)、M-30(NO)、M-31($CH_2OH$,$OCH_3$)、M-32(S,$CH_3OH$)、M-35(Cl)、M-42($CH_2CO$,$CH_2N_2$)、M-43($CH_3CO$,$C_3H_7$)、M-44($CO_2$,$CS_2$)、M-45($OC_2H_5$,COOH)、M-46($NO_2$,$C_2H_5OH$)、M-79(Br)、M-127(I)……

例如，正构烷烃的特征离子系列为 $m/z$15、29、43、57、71 等，烷基苯的特征离子系列为 $m/z$91、77、65、51、39 等。根据特征离子系列可以推测化合物类型。

⑤ 通过上述各方面的研究，提出化合物的结构单元。再根据化合物的分子量、分子式、样品来源、物理化学性质等，提出一种或几种最可能的结构。必要时，可根据红外和核磁数据得出最后

结果。

⑥ 验证所得结果。验证的方法有：将所得结构式按质谱断裂规律分解，看所得离子和所给未知物谱图是否一致；查该化合物的标准质谱图，看是否与未知谱图相同；寻找标样，做标样的质谱图，与未知物谱图比较等各种方法。

4. 质谱定量分析

质谱检出的离子流强度与离子数目成正比，因此通过离子流强度可进行定量分析。

（1）同位素测量　同位素离子的鉴定和定量分析是质谱发展起来的原始动力，至今稳定同位素测定依然十分重要，只不过不再是单纯的元素分析而已。分子的同位素标记对有机化学和生命化学领域中化学机理和动力学研究十分重要，而进行这一研究前必须测定标记同位素的量。质谱法是常用的方法之一。

（2）无机痕量分析　火花源的发展使质谱法可应用于无机固体分析，成为金属合金、矿物等分析的重要方法，它能分析周期表中几乎所有元素，灵敏度极高，可检出或半定量测定 $10^{-9}$ 范围内的浓度。由于其谱图简单且各元素谱线强度大致相当，应用十分方便。

电感耦合等离子光源引入质谱后（ICP-MS），有效地克服了火花源的不稳定、重现性差、离子流随时间变化等缺点，使其在无机痕量分析中得到了广泛应用。

（3）混合物的痕量分析　利用质谱峰可进行各种混合物组分分析。早期质谱的应用很多是对石油工业中挥发性烷烃的分析。

在进行分析的过程中，保持通过质谱仪的总离子流恒定，以使用于得到每张质谱或标样的量为固定值，记录样品和样品中所有组分的标样的质谱图，选择混合物中每个组分的一个共有的峰，样品的峰高假设为各组分这个特定 $m/z$ 峰峰高之和，从各组分标样中测得这个组分的峰高，解数个联立方程，以求得各组分浓度。

用上述方法进行多组分分析费时费力，且容易引入计算和测量误差，故现在一般采用将复杂组分分离后再引入质谱仪进行分析，常用的分离方法是色谱法。

5. 质谱技术的应用

近年来质谱技术发展很快。随着质谱技术的发展，质谱技术的应用领域也越来越广。由于质谱分析具有灵敏度高，样品用量少，分析速度快，分离和鉴定同时进行等优点，因此，质谱技术广泛地应用于化学、化工、环境、能源、医药、运动医学、刑侦科学、生命科学、材料科学等各个领域。

质谱仪种类繁多，不同仪器应用特点也不同，一般来说，在 300℃左右能汽化的样品，可以优先考虑用 GC-MS 进行分析，因为 GC-MS 使用 EI 源，得到的质谱信息多，可以进行库检索。毛细管柱的分离效果也好。如果在 300℃左右不能汽化，则需要用 LC-MS 分析，此时主要得分子量信息，如果是串联质谱，还可以得一些结构信息。如果是生物大分子，主要利用 LC-MS 和 MALDI-TOF 分析，主要得分子量信息。对于蛋白质样品，还可以测定氨基酸序列。质谱仪的分辨率是一项重要技术指标，高分辨质谱仪可以提供化合物组成式，这对于结构测定是非常重要的。双聚焦质谱仪、傅立叶变换质谱仪、带反射器的飞行时间质谱仪等都具有高分辨功能。

质谱分析法对样品有一定的要求。进行 GC-MS 分析的样品应是有机溶液，水溶液中的有机物一般不能测定，必须进行萃取分离变为有机溶液，或采用顶空进样技术。有些化合物极性太强，在加热过程中易分解，例如有机酸类化合物，此时可以进行酯化处理，将酸变为酯再进行 GC-MS 分析，由分析结果可以推测酸的结构。如果样品不能汽化也不能酯化，那就只能进行 LC-MS 分析了。进行 LC-MS 分析的样品最好是水溶液或甲醇溶液，LC 流动相中不应含不挥发盐。对于极性样品，一般采用 ESI 源，对于非极性样品，采用 APCI 源。

## 三、气质联用法

质谱仪是一种很好的定性鉴定用仪器，对混合物的分析无能为力。色谱仪是一种很好的分离用仪器，但定性能力很差，二者结合起来，则能发挥各自专长，使分离和鉴定同时进行。因此，早在20世纪60年代就开始了气相色谱-质谱联用技术的研究，并出现了早期的气相色谱-质谱联用仪。在70年代末，这种联用仪器已经达到很高的水平。同时开始研究液相色谱-质谱联用技术。在80年代后期，大气压电离技术的出现，使液相色谱-质谱联用仪水平提高到一个新的阶段。目前，在有机质谱仪中，除激光解吸电离-飞行时间质谱仪和傅立叶变换质谱仪之外，所有质谱仪都是和气相色谱或液相色谱组成联用仪器。这样，使质谱仪无论在定性分析还是在定量分析方面都十分方便。同时，为了增加未知物分析的结构信息，增加分析的选择性，采用串联质谱法（质谱-质谱联用），也是目前质谱仪发展的一个方向。也就是说，目前的质谱仪是以各种各样的联用方式工作的。

1. 气相色谱-质谱联用仪

GC-MS（gas chromatography-mass spectrometer）主要由三部分组成：色谱部分、质谱部分和数据处理系统。色谱部分和一般的色谱仪基本相同，包括有柱箱、汽化室和载气系统，也带有分流/不分流进样系统，程序升温系统、压力、流量自动控制系统等，一般不再有色谱检测器，而是利用质谱仪作为色谱的检测器。在色谱部分，混合样品在合适的色谱条件下被分离成单个组分，然后进入质谱仪进行鉴定。

色谱仪是在常压下工作，而质谱仪需要高真空，因此，如果色谱仪使用填充柱，必须经过一种接口装置——分子分离器，将色谱载气去除，使样品气进入质谱仪。如果色谱仪使用毛细管柱，则可以将毛细管直接插入质谱仪离子源，因为毛细管载气流量比填充柱小得多，不会破坏质谱仪真空。

GC-MS的质谱仪部分可以是磁式质谱仪、四极质谱仪，也可以是飞行时间质谱仪和离子阱。目前使用最多的是四极质谱仪。离子源主要是EI源和CI源。

GC-MS的另外一个组成部分是计算机系统。由于计算机技术的提高，GC-MS的主要操作都由计算机控制进行，这些操作包括利用标准样品（一般用FC-43）校准质谱仪，设置色谱和质谱的工作条件，数据的收集和处理以及库检索等。这样，一个混合物样品进入色谱仪后，在合适的色谱条件下，被分离成单一组成并逐一进入质谱仪，经离子源电离得到具有样品信息的离子，再经分析器、检测器即得每个化合物的质谱。这些信息都由计算机储存，根据需要，可以得到混合物的色谱图、单一组分的质谱图和质谱的检索结果等。根据色谱图还可以进行定量分析。因此，GC-MS是有机物定性、定量分析的有力工具。

作为GC-MS联用仪的附件。还可以有直接进样杆和FAB源等。但是FAB源只能用于磁式双聚焦质谱仪。直接进样杆主要是分析高沸点的纯样品，不经过GC进样，而是直接送到离子源，加热汽化后，由EI电离。另外，GC-MS的数据系统可以有几套数据库，主要有NIST库、Willey库、农药库、毒品库等。

2. GC-MS分析方法

(1) GC-MS分析条件的选择　在GC-MS分析中，色谱的分离和质谱数据的采集是同时进行的。为了使每个组分都得到分离和鉴定，必须设置合适的色谱和质谱分析条件。

色谱条件包括色谱柱类型（填充柱或毛细管柱）、固定液种类、汽化温度、载气流量、分流比、温升程序等。设置的原则是：一般情况下均使用毛细管柱，极性样品使用极性毛细管柱，非极性样品采用非极性毛细管柱，未知样品可先用中等极性的毛细管柱，试用后再调整。当然，如果有文献可以参考，就采用文献所用条件。

质谱条件包括电离电压、电子电流、扫描速度、质量范围，这些都要根据样品情况进行设定。为了保护灯绿和倍增器，在设定质谱条件时，还要设置溶剂去除时间，使溶剂峰通过离子源之后再打开灯绿和倍增器。

在所有的条件确定之后，将样品用微量注射器注入进样口，同时启动色谱和质谱，进行GC-MS分析。

(2) GC-MS数据的采集　有机混合物样品用微量注射器由色谱仪进样口注入，经色谱柱分离后进入质谱仪离子源，在离子源被电离成离子。离子经质量分析器，检测器之后即成为质谱信号并输入计算机。样品由色谱柱不断地流入离子源，离子由离子源不断的进入分析器并不断地得到质谱，只要设定好分析器扫描的质量范围和扫描时间，计算机就可以采集到一个个的质谱。如果没有样品进入离子源，计算机采集到的质谱各离子强度均为0。当有样品进入离子源时，计算机就采集到具有一定离子强度的质谱。并且计算机可以自动将每个质谱的所有离子强度相加。显示出总离子强度，总离子强度随时间变化的曲线就是总离子色谱图，总离子色谱图的形状和普通的色谱图是相一致的。它可以认为是用质谱作为检测器得到的色谱图。

质谱仪扫描方式有两种：全扫描和选择离子扫描。全扫描是对指定质量范围内的离子全部扫描并记录，得到的是正常的质谱图，这种质谱图可以提供未知物的分子量和结构信息。可以进行库检索。质谱仪还有另外一种扫描方式叫选择离子监测（select ion monitoring，SIM）。这种扫描方式是只对选定的离子进行检测，而其他离子不被记录。它的最大优点：一是对离子进行选择性检测，只记录特征的、感兴趣的离子，不相关的干扰离子统统被排除；二是选定离子的检测灵敏度大大提高。在正常扫描情况下，假定1s扫描2～500个质量单位，那么，扫过每个质量所花的时间大约是1/500s，也就是说，在每次扫描中，有1/500s的时间是在接收某一质量的离子。在选择离子扫描的情况下，假定只检测5个质量的离子，同样也用1s；那么，扫过一个质量所花的时间大约是1/5s。也就是说，在每次扫描中，有1/5s的时间是在接收某一质量的离子。因此，采用选择离子扫描方式比正常扫描方式灵敏度可提高大约100倍。由于选择离子扫描只能检测有限的几个离子，不能得到完整的质谱图，因此不能用来进行未知物定性分析。但是如果选定的离子有很好的特征性，也可以用来表示某种化合物的存在。选择离子扫描方式最主要的用途是定量分析，由于它的选择性好，可以把由全扫描方式得到的非常复杂的总离子色谱图变得十分简单。消除其他组分造成的干扰。

(3) GC-MS得到的信息

① 总离子色谱图　计算机可以把采集到的每个质谱的所有离子相加得到总离子强度，总离子强度随时间变化的曲线就是总离子色谱图，总离子色谱图的横坐标是出峰时间，纵坐标是峰高。图6-208为某样品的总离子色谱图。图中每个峰表示样品的一个组分，由每个峰可以得到相应化合物的质谱图；峰面积和该组分含量成正比，可用于定量。由GC-MS得到的总离子色谱图与一般色谱仪得到的色谱图基本上是一样的。只要所用色谱柱相同，样品出峰顺序就相同。其差别在于：总离子色谱图所用的检测器是质谱仪，而一般色谱图所用的检测器是氢焰、热导等。两种色谱图中各成分的校正因子不同。

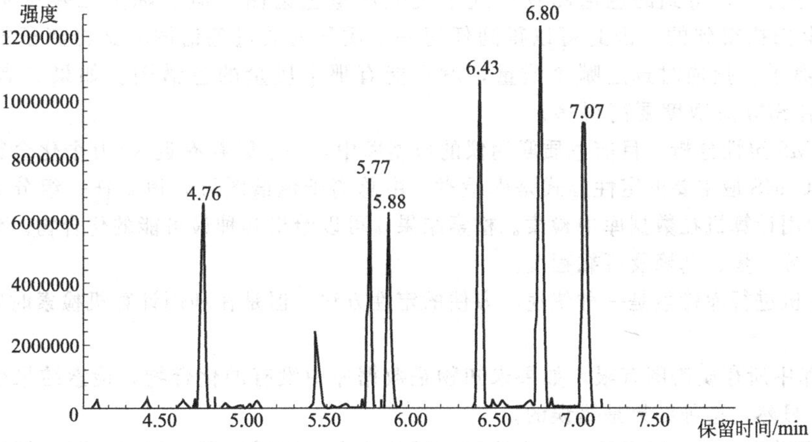


图6-208　某样品的总离子色谱图

② 质谱图　由总离子色谱图可以得到任何一个组分的质谱图。一般情况下，为了提高信噪比。通常由色谱峰峰顶处得到相应质谱图。但如果两个色谱峰有相互干扰，应尽量选择不发生干扰的位

置得到质谱。或通过扣本底消除其他组分的影响。

③ 库检索　得到质谱图后可以通过计算机检索对未知化合物进行定性。检索结果可以给出几个可能的化合物。并以匹配度大小顺序排列出这些化合物的名称、分子式、分子量和结构式等。使用者可以根据检索结果和其他的信息，对未知物进行定性分析。目前的 GC-MS 联用仪有几种数据库。应用最为广泛的有 NIST 库和 Willey 库，前者目前有标准化合物谱图 13 万张，后者有近 30 万张。此外还有毒品库、农药库等专用谱库。

④ 质量色谱图（或提取离子色谱图）　总离子色谱图是将每个质谱的所有离子加合得到的。同样，由质谱中任何一个质量的离子也可以得到色谱图，即质量色谱图。图 6-209 是利用质量色谱图分开重叠峰。质量色谱图是由全扫描质谱中提取一种质量的离子得到的色谱图，因此，又称为提取离子色谱图。假定做质量为 $m$ 的离子的质量色谱图，如果某化合物质谱中不存在这种离子，那么该化合物就不会出现色谱峰。一个混合物样品中可能只有几个甚至一个化合物出峰。利用这一特点可以识别具有某种特征的化合物，也可以通过选择不同质量的离子做质量色谱图，使正常色谱不能分开的两个峰实现分离，以便进行定量分析。由于质量色谱图是采用一种质量的离子做色谱图。

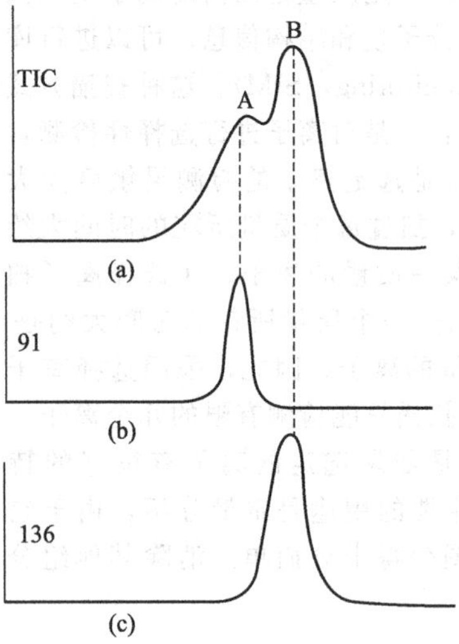


图 6-209　利用质量色谱图分开重叠峰
(a) 总离子流色谱图；
(b) 以 $m/z$ 91 所做的质量色谱图；
(c) 以 $m/z$ 136 所做的质量色谱图

因此，进行定量分析时也要使用同一离子得到的质量色谱图测定校正因子。

⑤ 选择离子监测（selection monitoring，SIM）　一般扫描方式是连续改变 $V_{rf}$ 使不同质荷比的离子顺序通过分析器到达检测器。而选择离子监测则是对选定的离子进行跳跃式扫描。采用这种扫描方式可以提高检测灵敏度。由于这种方式灵敏度高，因此适用于量少且不易得到的样品分析。利用选择离子方式不仅灵敏度高，而且选择性好，在很多干扰离子存在时，利用正常扫描方式得到的信号可能很小，噪声可能很大；但用选择离子扫描方式，只选择特征离子，噪声会变得很小，信噪比大大提高。在对复杂体系中某一微量成分进行定量分析时，常常采用选择离子扫描方式。由于选择离子扫描不能得到样品的全谱。因此，这种谱图不能进行库检索，利用选择离子扫描方式进行 GC-MS 联用分析时，得到的色谱图在形式上类似质量色谱图。但实际上二者有很大差别。质量色谱图是全扫描得到的，因此可以得到任何一个质量的质量色谱图；选择离子扫描是选择了一定 $m/z$ 的离子。扫描时选定哪个质量，就只能有那个质量的色谱图。如果二者选择同一质量，那么，用 SIM 灵敏度要高得多。

(4) GC-MS 定性分析　目前色质联用仪的数据库中，一般贮存有近 30 万个化合物的标准质谱图。因此，GC-MS 最主要的定性方式是库检索。由总离子色谱图可以得到任一组分的质谱图，由质谱图可以利用计算机在数据库中检索。检索结果，可以给出几种最可能的化合物。包括化合物名称、分子式、分子量、基峰及可靠程度。

利用计算机进行库检索是一种快速、方便的定性方法。但是在利用计算机检索时应注意以下几个问题：

① 数据库中所存质谱图有限，如果未知物是数据库中没有的化合物，检索结果也给出几个相近的化合物。显然，这种结果是错误的。

② 由于质谱法本身的局限性，一些结构相近的化合物其质谱图也相似。这种情况也可能造成检索结果的不可靠。

③ 由于色谱峰分离不好以及本底和噪声影响，使得到的质谱图质量不高，这样所得到的检索结果也会很差。

因此，在利用数据库检索之前，应首先得到一张很好的质谱图，并利用质量色谱图等技术判断质谱中有没有杂质峰；得到检索结果之后，还应根据未知物的物理、化学性质以及色谱保留值、红外、核磁谱等综合考虑，才能给出定性结果。

（5）GC-MS 定量分析　类似于色谱法定量分析。由 GC-MS 得到的总离子色谱图或质量色谱图，其色谱峰面积与相应组分的含量成正比，若对某一组分进行定量测定，可以采用色谱分析法中的归一化法、外标法、内标法等不同方法进行。这时，GC-MS 法可以理解为将色谱仪作为色谱仪的检测器。其余均与色谱法相同。与色谱法定量不同的是，GC-MS 法可以利用总离子色谱图进行定量之外，还可以利用质量色谱图进行定量。这样可以最大限度的去除其他组分干扰。值得注意的是，质量色谱图由于是用一个质量的离子做出的，它的峰面积与总离子色谱图有较大差别，在进行定量分析过程中，峰面积和校正因子等都要使用质量色谱图。

为了提高检测灵敏度和减少其他组分的干扰，在 GC-MS 定量分析中质谱仪经常采用选择离子扫描方式。对于待测组分，可以选择一个或几个特征离子，而相邻组分不存在这些离子。这样得到的色谱图，待测组分就不存在干扰，同时有很高的灵敏度。用选择离子得到的色谱图进行定量分析，具体分析方法与质量色谱图类似。但其灵敏度比利用质量色谱图会高一些，这是 GC-MS 定量分析中常采用的方法。

## 四、液质联用法

1. 液质联用仪及接口装置

液相色谱-质谱联用仪（liquid chromatography mass spectrometer，LC-MS）主要由高效液相色谱、接口装置（同时也是电离源）、质谱仪组成。高效液相色谱与一般的液相色谱相同，其作用是将混合物样品分离后进入质谱仪。此处从略。仅介绍接口装置和质谱仪部分。

（1）LC-MS 接口装置　LC-MS 联用的关键是 LC 和 MS 之间的接口装置。接口装置的主要作用是去除溶剂并使样品离子化。早期曾经使用过的接口装置有传送带接口、热喷雾接口、粒子束接口等十余种，这些接口装置都存在一定的缺点，因而都没有得到广泛推广。20 世纪 80 年代，大气压电离源用作 LC 和 MS 联用的接口装置和电离装置之后，使得 LC-MS 联用技术提高了一大步。目前，几乎所有的 LC-MS 联用仪都使用大气压电离源作为接口装置和离子源。大气压电离源（atmosphere pressure ionization，API）包括电喷雾电离源（electrospray ionization，ESI）和大气压化学电离源（atmospheric pressure chemical ionization，APCI）两种，二者之中电喷雾源应用最为广泛。电喷雾电离源的原理与特点已作介绍。

除了电喷雾和大气压化学电离两种接口之外，极少数仪器还使用粒子束喷雾和电子轰击相结合的电离方式，这种接口装置可以得到标准质谱，可以库检索、但只适用于小分子，应用也不普遍。此外，还有超声喷雾电离接口。

（2）质谱仪部分　由于接口装置同时就是离子源，因此质谱仪部分只介绍质量分析器。作为 LC-MS 联用仪的质量分析器种类很多，最常用的是四极杆分析器（简写为 Q），其次是离子阱分析器（Trap）和飞行时间分析器（TOF）。因为 LC-MS 主要提供分子量信息，为了增加结构信息，LC-MS 大多采用具有串联质谱功能的质量分析器，串联方式很多，如 Q-Q-Q，Q-TOF 等。

2. LC-MS 分析方法

（1）分析条件的选择

① LC 分析条件的选择　要考虑两个因素：使分析样品得到最佳分离条件并得到最佳电离条件。如果二者发生矛盾，则要寻求折中条件。LC 可选择的条件主要有流动相的组成和流速。在 LC 和 MS 联用的情况下，由于要考虑喷雾雾化和电离，因此，有些溶剂不适合用作流动相。不适合的溶剂和缓冲液包括无机酸、不挥发的盐（如磷酸盐）和表面活性剂。不挥发性的盐会在离子源内析出结晶，而表面活性剂会抑制其他化合物电离。在 LC-MS 分析中常用的溶剂和缓冲液有水、甲醇、甲酸、乙酸、氢氧化铵和乙酸铵等。对于选定的溶剂体系，通过调整溶剂比例和流量以实现好的分

离。值得注意的是对于LC分离的最佳流量，往往超过电喷雾允许的最佳流量，此时需要采取柱后分流，以达到好的雾化效果。

② 质谱条件的选择　主要是为了改善雾化和电离状况，提高灵敏度。调节雾化气流量和干燥气流量可以达到最佳雾化条件，改变喷嘴电压和透镜电压等可以得到最佳灵敏度。对于多级质谱仪，还要调节碰撞气流量和碰撞电压及多级质谱的扫描条件。

在进行LC-MS分析时，样品可以利用旋转六通阀通过LC进样，也可以利用注射泵直接进样，样品在电喷雾源或大气压化学电离源中被电离，经质谱扫描，由计算机可以采集到总离子色谱和质谱。

(2) LC-MS数据的采集和处理　与GC-MS类似，LC-MS也可以通过采集质谱得到总离子色谱图（图6-210）。此时得到的总离子色谱图与由紫外检测器得到的色谱图可能不同。因为有些化合物没有紫外吸收，用普通液相色谱分析不出峰，但用LC-MS分析时会出峰。由于电喷雾是一种软电离源，通常很少或没有碎片，谱图中只有准分子离子，因而只能提供未知化合物的分子量信息，不能提供结构信息。很难用来做定性分析。

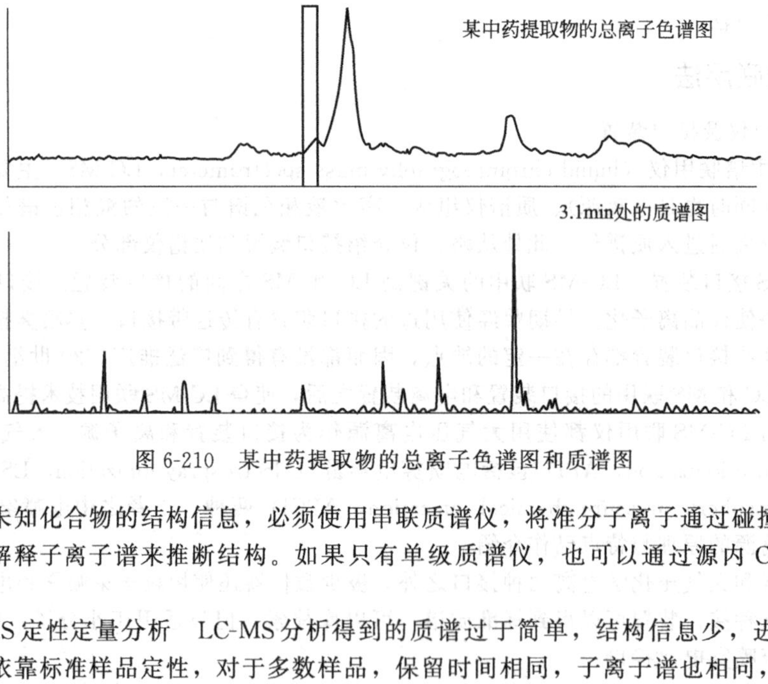


图6-210　某中药提取物的总离子色谱图和质谱图

为了得到未知化合物的结构信息，必须使用串联质谱仪，将准分子离子通过碰撞活化得到其子离子谱，然后解释子离子谱来推断结构。如果只有单级质谱仪，也可以通过源内CID得到一些结构信息。

(3) LC-MS定性定量分析　LC-MS分析得到的质谱过于简单，结构信息少，进行定性分析比较困难，主要依靠标准样品定性，对于多数样品，保留时间相同，子离子谱也相同，即可定性，少数同异构体例外。

用LC-MS进行定量分析，其基本方法与普通液相色谱法相同。即通过色谱峰面积和校正因子（或标样）进行定量。但由于色谱分离方面的问题，一个色谱峰可能包含几种不同的组分，给定量分析造成误差。因此，对于LC-MS定量分析，不采用总离子色谱图，而是采用与待测组分相对应的特征离子得到的质量色谱图或多离子监测色谱图，此时，不相关的组分将不出峰，这样可以减少组分间的互相干扰，LC-MS所分析的经常是体系十分复杂的样品，比如血液、尿样等。样品中有大量的保留时间相同、分子量也相同的干扰组分存在。为了消除其干扰，LC-MS定量的最好办法是采用串联质谱的多反应监测（MRM）技术。即，对质量为$m_1$的待测组分做子离子谱，从子离子谱中选择一个特征离子$m_2$。正式分析样品时，第一级质谱选定$m_1$，经碰撞活化后，第二级质谱选定$m_2$。只有同时具有$m_1$和$m_2$特征质量的离子才被记录。这样得到的色谱图就进行了三次选择：LC选择了组分的保留时间，第一级MS选择了$m_1$，第二级MS选择了$m_2$，这样得到的色谱峰可以认为不再有任何干扰。然后，根据色谱峰面积，采用外标法或内标法进行定量分析。此方法适用于待测组分含量低，体系组分复杂且干扰严重的样品分析。比如人体药物代谢研究、血样、尿样中违禁药品检验等。图 6-211 是采用 MRM 技术分析的例子，上图为样品的总离子色谱图，下图为选定特征离子 $m/z$309 和 $m/z$241 后，利用 MRM 得到的色谱图。

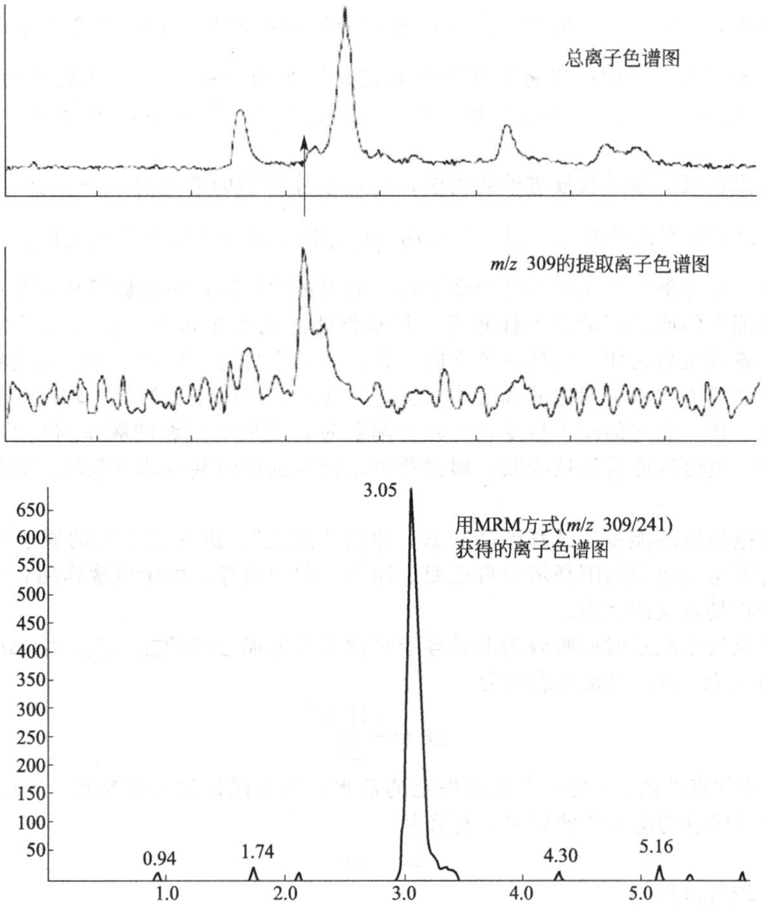


图 6-211　MRM 技术用于定量分析

# 第十四节　核磁共振波谱法

核磁共振（nuclear magnetic resonance，NMR）用于测定结构、鉴定基团、区分异构体等方面，常可提供比红外光谱和紫外光谱更为详细清楚的信息，可以更有效地排解疑难问题。氢的核磁共振（$^1$HNMR）发展最早、应用最广，在此只介绍氢的核磁共振问题。氢核即质子，氢的核磁共振也叫质子磁共振（proton magnetic resonance，PMR）。

## 一、核磁共振和核磁共振仪

原子核都带有电荷。当原子核自旋时，核电荷也会围绕核轴旋转。旋转的核电荷的角动量用自旋量子数 $I$ 来描述。自旋量子数与核的质量数、原子序数间有如下关系。

| 质量数 | 原子序数 | 自旋量子数 $I$ |
|---|---|---|
| 奇数 | 奇数或偶数 | 半整数，如$\frac{1}{2}$、$\frac{3}{2}$、$\frac{5}{2}$… |

| | | |
|---|---|---|
| 偶数 | 偶数 | 0 |
| 偶数 | 奇数 | 整数，如 1、2、3… |

自旋量子数 $I=0$ 表示无磁性，不能产生核磁共振，$^{12}C$ 和 $^{16}O$ 属于这种情况。$I>0$ 的原子核在自旋中会产生磁场，其中 $I=\frac{1}{2}$ 的核，其电荷分布为均匀的球状，旋转时会产生磁偶极，$^{1}H$、$^{19}F$、$^{13}C$ 和 $^{31}P$ 属于这种情况，因而可以将这样的核看成是微小的磁铁。$I\geqslant 1$ 的核电荷分布不是球状，这种不对称性（可用电四极矩表示）使吸收讯号成为宽阔的谱带，不能用于化合物的结构鉴定。

如果把带有磁偶极的原子核放进外磁场中，它对于外磁场的取向有 $2I+1$ 种。对于质子来说，因为 $I=\frac{1}{2}$，所以只能有两种取向，即与外磁场方向相同，或与外磁场方向相反。与外磁场方向相同的称为低能态，与外磁场方向相反的为高能态。如果放进外磁场中的原子核不是一个，而是一大批，则处于两种能态的原子核数目大体相等，只是低能态的稍稍过量一点（约过量 0.001%）。低能态原子核的小磁场虽然大体上与外磁场方向一致，但其中也有一些由于热运动而稍稍偏离外磁场方向。这些与外磁场方向稍有偏差的核会作“旋进”运动，就像陀螺的旋转轴一旦偏离重力方向就会产生摇头运动一样。旋进的原子核受到电磁波辐射时，如果电磁波的频率与核的旋进频率相等，则产生核磁共振，电磁波能量被核吸收，用仪器可以记录到核磁共振的吸收峰。如果效率不同，则不能被吸收。

原子核吸收电磁波的能量后迁移到高能态，称为“跃迁”。进入高能态的原子核会通过适当的非辐射的途径将能量传递给周围环境而再返回低能态，称为弛豫。由于弛豫作用，才能维持低能态原子核始终处于稍稍过量的状态。

低能态原子核发生跃迁时所吸收的能量等于高能态与低能态间的能量差，用 $\Delta E$ 表示。它与外加磁场的磁场强度 $H_0$ 间的关系可表示为

$$\Delta E=\frac{rH_0h}{2\pi} \tag{6-216}$$

式中，$h$ 为普朗克常数；$r$ 是一个由核决定的常数，称为磁回比或磁旋比（magnatogyric ratio）。同时 $\Delta E$ 又可用所吸收的电磁波的频率 $\nu$ 表示为

$$\Delta E=h\nu$$

将以上两式相比较可以得到

$$\nu=\frac{r}{2\pi}H_0 \tag{6-217}$$

这就是发生核磁共振时所用电磁波的频率与外磁场强度间的关系式。事实上各种型号的核磁共振仪的设计都必须符合这种关系。

核磁共振仪的型号很多，按研究对象可分为 $^{1}H$、$^{13}C$ 或多核的类别；按磁铁种类可分为永久磁铁、电磁铁和超导磁铁（用液氮冷却）三类；按扫描频率则有 60MHz、80MHz、90MHz、100MHz、200MHz、220MHz、300MHz、360MHz、400MHz 的机型，按扫描方式则可分为连续波和脉冲傅里叶变换两类。

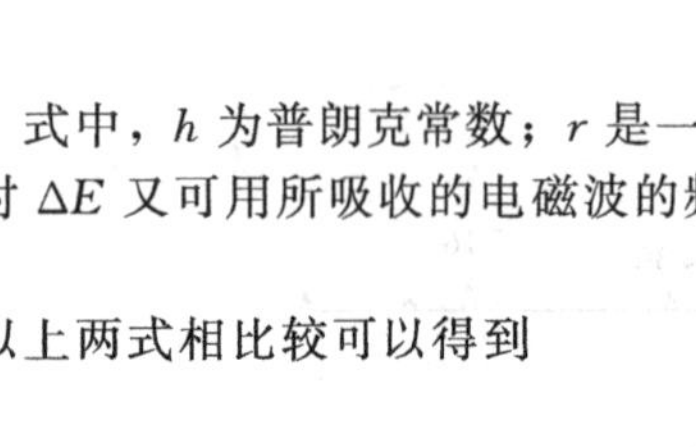

图 6-212 核磁共振仪

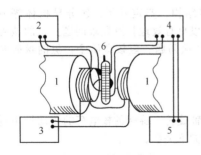

1—磁铁；2—射频振荡器；3—扫描发生器；4—射频检测器；5—记录仪；6—样品管

核磁共振仪的一般结构如图 6-212 所示，其主要部件包括以下几部分。

① 磁铁 用以提供外磁场。

② 射频振荡器 其线圈围绕在样品管外围，用以产生电磁波。其电磁波的频率可以是固定的，也可以是能够连续改变的。若将外磁场的强度固定，靠改变电磁波的频率来产生核磁共振，称为“扫频”。

③ 扫描发生器 它的线圈缠绕在磁铁上，用以改变外磁

场的强度。固定电磁波的频率，而靠改变外磁场强度来产生核磁共振的方法称为“扫场”。扫场比扫频方便，应用也更广泛。

④ 射频检测器　也叫射频接收器，用以检出被吸收的电磁波的能量强弱。

⑤ 记录仪　用以记录检出的讯号。

⑥ 样品管　用以装盛被测定的样品溶液。样品管装在管座中，外部围绕着射频振荡器和射频检测器的线圈。管座为样品管提供恒温并使样品管旋转。

除以上部件外，较新型的共振仪还附有去偶仪、异核射频振荡器及电子计算机等。

## 二、化学位移

1. 化学位移及其产生原因

所有的质子都具有相同的磁回比 $r$ 值。粗看起来，若采用扫场的方法，似乎所有的质子都将在同一磁场强度$\left(H_2=\dfrac{2\pi}{r}\nu\right)$下产生核磁共振；同样，若采用扫频的方法，所有的质子也将在同一频率$\left(\nu=\dfrac{r}{2\pi}H_0\right)$下产生核磁共振。这样，记录仪就只能记下一个吸收峰，这个峰是由各质子的吸收相叠加而成，它对于鉴定化合物结构毫无用途。所幸事实并非如此。1950 年人们发现，质子的磁共振频率不仅由外磁场决定，而且还受到周围环境（分子结构）的影响。有机化合物中的质子总是被电子包围着，当电子在与外磁场方向垂直的平面内环流时，会产生与外磁场方向相反的感生磁场，如图 6-213 所示。感生磁场抵消了一部分外磁场的作用，使质子实际感受到的外磁场强度略低于外磁场的真实强度，因而需要提供比计算值更高一些的外磁场才能使质子发生核磁共振。这种由于核外电子的影响而使质子的磁共振吸收位置发生改变的作用称为屏蔽效应。核外电子云密度越高，屏蔽效应越强，发生共振所需的外磁场强度也越高；反之，若核周围的电子云密度甚低，则只要使外磁场强度稍稍高于计算值即会发生核磁共振。有机化合物中不同结构环境下的质子具有不同密度的核外电子云，因而具有不同的屏蔽效应，其核磁共振吸收讯号在谱图中出现的位置也就不同，这种位置的差异叫做化学位移。

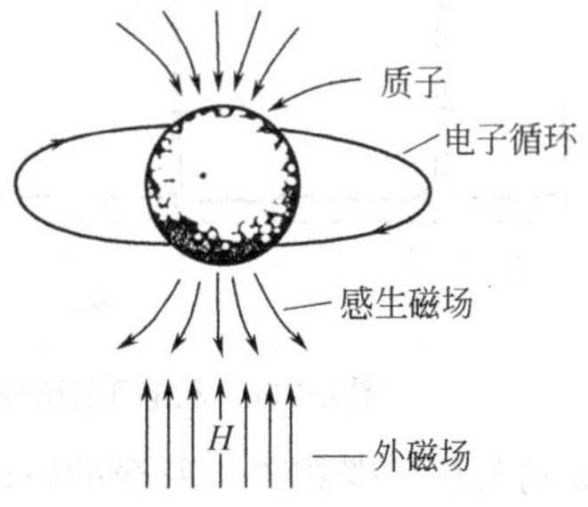

图 6-213　电子对质子的屏蔽作用

2. 化学位移的表示方法

(1) 内标的选择　化学位移的绝对值是很小的，无论用磁场强度单位（高斯，G）或频率单位（Hz）来表示，在实际工作中都是不方便的。例如当使用 60MHz 的核磁共振仪作图时，最大化学位移只有 750Hz 左右，而确定有机物的结构则要求精确到数 Hz，这在实际工作中很难做到，而测定不同类型质子化学位移的相对大小却比较容易。所以在实际工作中都是选取一个合适的化合物，以它的质子的化学位移值为基准来测定其他类型质子化学位移值的相对大小。这个被选定的化合物称为内标。最常用的内标是四甲基硅烷（tetra methylsilane），记为 TMS。其主要特征是能给出尖锐的单峰，出峰位置的场强高于大多数类型质子出峰位置的场强，因而不易与样品的吸收峰重叠或混淆，且沸点低，易回收，易溶于大多数有机溶剂，不与样品或溶剂发生分子缔合。

(2) 化学位移的单位　质子磁共振的频率因外加磁场强度的不同而不同，因而同一类型的质子使用不同型号的共振仪作图，其出峰位置是不同的。所以必须选取一种与外加磁场强度（或外加射频频率）无关的参数作为化学位移的单位。对于任何一类给定的质子来说，其化学位移值（以 Hz 为单位）除以所用共振仪的外加射频值（以 Hz 为单位）所得的商是一个定值，它不因共振仪型号不同而改变，但它的绝对值太小，使用不便，所以实际工作中是将这个商值乘以 $10^6$ 作为化学位移的单位。这是一种无因次单位，实际上就是“百万分之一”，记为 ppm（parts per million）。

(3) 化学位移的表示法　化学位移有两种表示方法。第一种是用 $\delta$ 表示，即规定内标物质

TMS的出峰位置为零，在它左边出现的峰的化学位移被规定为正值，在它右边出现的峰的化学位移被规定为负值。第二种是用$\tau$表示，即规定内标物质TMS的出峰位置为$10\times10^{-6}$，在它左边10ppm处被规定为零。$\tau$与$\delta$的关系是$\tau=10-\delta$。例如某类质子的吸收峰出现于TMS吸收峰左侧$3.4\times10^{-6}$处，可用$\delta=3.4\times10^{-6}$或$\delta_{ppm}=3.4$；也可以用$\tau$表示为$\tau=6.6\times10^{-6}$或$\tau_{ppm}=6.6$。

3. 影响化学位移的因素

图6-214为乙酸苄酯的核磁共振谱，乙酸苄酯中$CH_3$、$CH_2$及苯环上的氢各自环境不同，在谱图的不同位置上显出不同吸收峰。$CH_3$基的三个H的环境相同，就在谱图的同一位置上出现吸收峰。同样，$CH_2$基的两个H和苯环的五个H也分别在同一位置上出现吸收峰。三个吸收峰面积之比反映出H原子数之比。吸收峰的面积可用积分仪绘出积分高度来表示。积分高度可用米尺测量，也可用谱图中的格数计算，在图6-214中$CH_3$、$CH_2$和苯环上H的积分高度为3∶2∶5，反映了它们的H原子数之比。它们的化学位移以$\delta$值表示分别为1.94、4.98和7.28，相应的$\tau$值为8.06、5.02和2.72，峰的归属自右向左依次为甲基、亚甲基和苯环。亚甲基上质子的吸收峰为什么出现在甲基质子吸收峰的左侧而不在其右侧？这主要是因为亚甲基与羧基氧原子相连，氧原子的电负性很强，其吸电子诱导作用使亚甲基上质子外部的电子云密度降低，屏蔽作用较弱，质子可在较低的磁场强度下发生核磁共振。相反，甲基则与羧基碳相连，所受的吸电子诱导效应比较弱，其质子外部的电子云密度较大，受到的屏蔽效应较强，因而甲基质子的吸收峰出现在磁场强度较高的右侧。从这个意义上讲，凡使质子周围电子云密度降低的因素原则上都使质子的吸收峰位置向左移动。吸收峰位置向左移动称为向低磁场移动或顺磁性位移，它是由去屏蔽效应造成的。相反，吸收峰位置向右移动称为向高磁场移动或抗磁性移动，它是由屏蔽效应造成的。

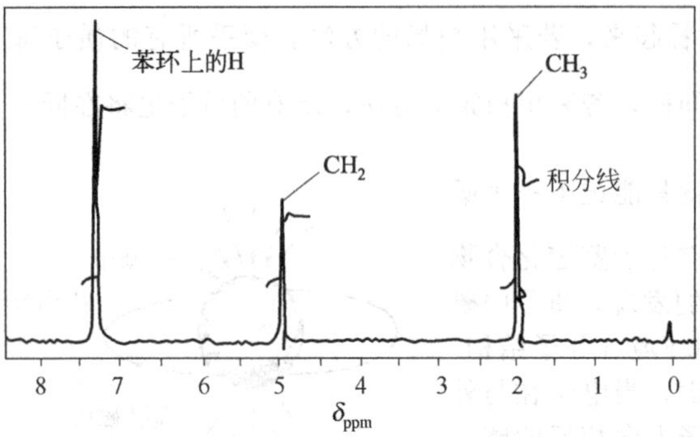

图6-214 乙酸苄酯的核磁共振谱

除了电子云的密度之外，电子云的形状也极大地影响质子的化学位移。这种影响被称为各向异性。

此外，还有范德瓦耳斯效应、溶剂效应及氢键等都影响质子的化学位移，其影响的程度亦各不相同，有时是几种因素同时起作用，有协同，有制约。这些影响既为估算化学位移的大小增加了麻烦，但也为分析化合物的结构细节提供了重要的信息。

## 三、自旋-自旋耦合

在有机化合物分子中，具有相邻近氢核结构时，在高分辨核磁共振谱上，经常可显示出吸收峰的精细结构。图6-215是1,1,2-三氯己烷的核磁共振谱，在$\delta_{3.95}$和$\delta_{5.77}$处出现二组峰，前者为$CH_2$质子的信号，被裂分为二重峰，后者为CH质子的信号，被裂分为三重峰。这些裂分都是由于相邻近氢核自旋的互相干扰所致。这种相邻近氢核之间的干扰作用称为自旋-自旋耦合。自旋耦合效应反映在核磁共振谱上，就显示为多重的裂分峰。

由于自旋-自旋耦合作用使质子吸收峰发生裂分的现象称为自旋裂分。自旋裂分所形成的峰称为次峰或裂分峰。如果质子所在碳的邻位碳原子共有$n$个氢核，则该质子的吸收峰将被裂分成$n+1$个次峰，这些次峰以质子的化学位移位置为中心左右对称地分布，各个次峰的面积之比大体上等于二项式$(a+b)^n$的展开式中各项系数之比。例如在1,1,2-三氯乙烷中，亚甲基邻位碳原子上有1个氢核，亚甲基质子的吸收峰就被裂分成两个次峰，其积之比为1∶1，而次甲基邻位碳上有两个氢核，次甲基质子的吸收峰就被裂分为三个次峰，其面积之比为1∶2∶1，依此类推。

仔细考察图6-215就会发现$\delta_{ppm}=3.95$处的二重峰中的两个次峰的面积和高度只是近似相等而不完全相等，表现为左高右低；同样，在$\delta_{ppm}=5.77$处三重峰中两个较小的次峰也不完全相等，而是左低右高。即互相耦合的两组峰都是从最外面的次峰开始逐渐向上倾斜。这种情况是普遍的，称

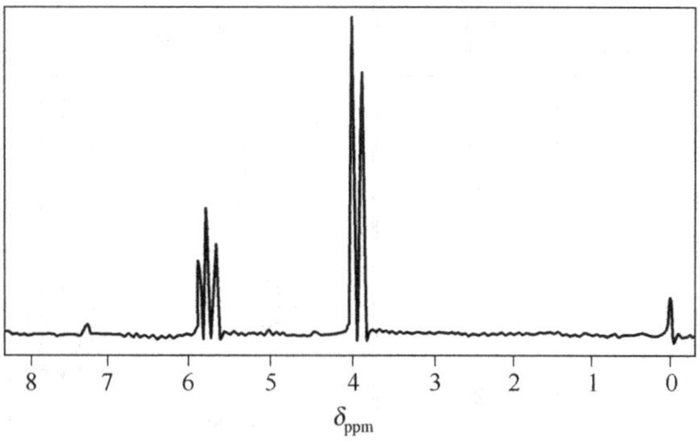


图 6-215　1,1,2-三氯己烷核磁共振谱

为向心律。向心律有助于确认两组质子是否处于相邻碳原子上，因而有利于推断化合物的结构细节。

在二重或多重峰中，相邻次峰间的频率差值称为耦合常数，用 $J$ 表示，单位为赫（Hz）。耦合常数与质子间的耦合程度成正比，而与磁场强度无关，即无论在高磁场中还是在低磁场中，耦合常数都是一样的。不同环境中的质子相耦合，一般都有其自己的耦合常数。例如在C═C 双键上处于顺位的两个质子间的耦合常数和处于反位的两个质子间的耦合常数是不相同的。因此，耦合常数也反映了化合物的结构细节。表 6-54 列出了几类质子间的耦合常数范围，可供解析谱图时参考。

实验证明，自旋耦合作用是通过成键电子传递的。在饱和烃类化合物中，自旋耦合效应一般只能传递三个单键。当超过三个单键时，$J$ 值趋近于零。在少数情况下，自旋耦合效应也有超过三个单键而发生作用的，称为远程自旋耦合效应。在共轭系统中，自旋耦合效应可以沿共轭键传递得很远。

在识别自旋裂分峰时，如果在同一碳原子上的所有质子都等价（磁性环境相同），在附近没有手性中心，而且化学位移的差值与耦合常数 $J$ 的比值大于 6（若比值小于 6，则情况复杂，需参看有关专著），则可用下述简单规律来判断吸收峰的耦合情况。

① 当邻近碳原子上的氢核总数为 $n$ 时，质子吸收峰被裂分为 $n+1$ 个次峰。

② 次峰以该质子的化学位移值为中心，左右对称地分布。

③ 次峰的面积之比近似地等于二项式 $(a+b)^n$ 的展开式的各项系数之比。

④ 次峰的高度符合向心率。

**表 6-54　质子的自旋-自旋耦合常数**（绝对值）

| 类　型 | $J_{ab}$ /Hz | $J_{ab}$(典型的) /Hz | 类　型 | $J_{ab}$ /Hz | $J_{ab}$(典型的) /Hz |
|---|---|---|---|---|---|
| 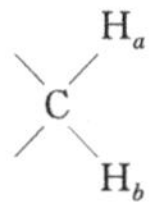 | 0～30 | 12～15 | 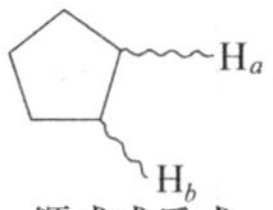<br>顺式或反式 | 0～7 | 4～5 |
| $CH_a$—$CH_b$(自由旋转) | 6～8 | 7 | | | |
| $CH_a$—C—$CH_b$ | 0～1 | 0 | | | |
| 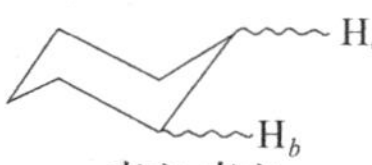<br>直立-直立<br>直立-平展<br>平展-平展 | 6～14<br>0～5<br>0～5 | 8～10<br>2～3<br>2～3 | 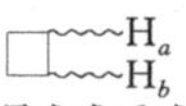<br>顺式或反式 | 6～10 | 8 |
| | | | 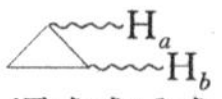<br>顺式或反式 | | 3～5 |

续表

| 类 型 | $J_{ab}$ /Hz | $J_{ab}$(典型的) /Hz |
|---|---|---|
| 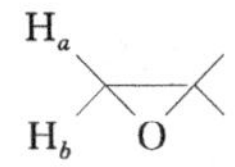 | | 6 |
| 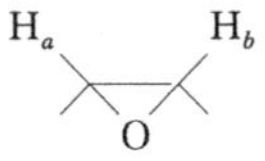 | | 4 |
| 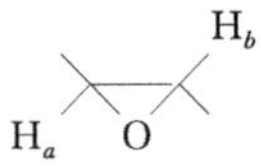 | | 2.5 |
| 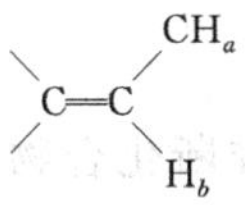 | 4～10 | 7 |
| 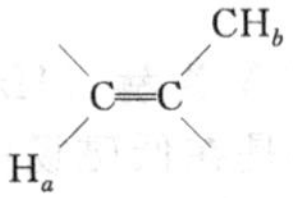 | 0～3 | 1.5 |
| 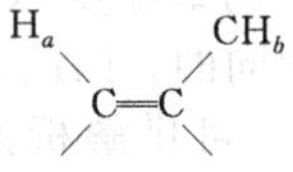 | 0～3 | 2 |
| $C{=}CH_a{-}CH_b{=}C$ | 9～13 | 10 |
| $CH_a{-}C{\equiv}CH_b$ | 2～3 | |
| $-CH_a{-}C{\equiv}C{-}CH_b-$ | 2～3 | |
| $CH_a{-}CH_b$(没有交换) | 4～10 | 5 |
| 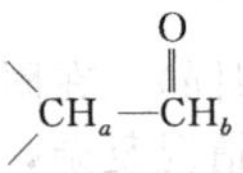 | 1～3 | 2～3 |
| 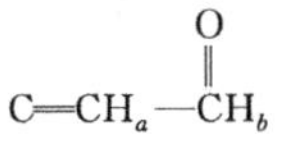 | 5～8 | 6 |
| 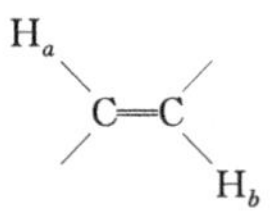 | 12～18 | 17 |
| 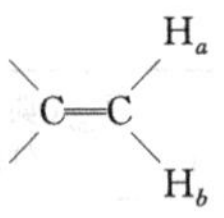 | 0～3 | 0～2 |
| 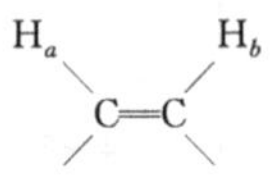 | 6～12 | 10 |
| 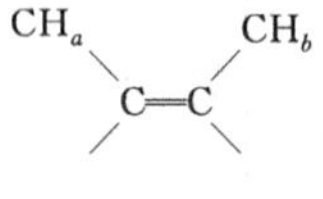 | 0～3 | 1～2 |
| 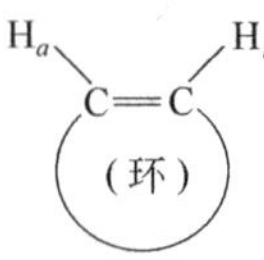 三元 | 0.5～2.0 | |
| 四元 | 2.5～4.0 | |
| 五元 | 5.1～7.0 | |
| 六元 | 8.8～11.0 | |
| 七元 | 9～13 | |
| 八元 | 10～13 | |

| 类 型 | | $J_{ab}$ /Hz | $J_{ab}$(典型的) /Hz |
|---|---|---|---|
| 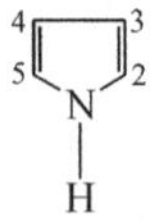 | J(1-2) | 2～3 | |
| | J(1-3) | 2～3 | |
| | J(2-3) | 2～3 | |
| | J(3-4) | 3～4 | |
| | J(2-4) | 1～2 | |
| | J(2-5) | 1.5～2.5 | |
| 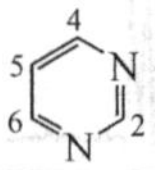 | J(4-5) | 4～6 | |
| | J(2-5) | 1～2 | |
| | J(2-4) | 0～1 | |
| | J(4-6) | ? | |
| 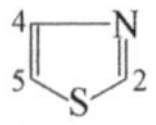 | J(4-5) | 3～4 | |
| | J(2-5) | 1～2 | |
| | J(2-4) | ～0 | |
| 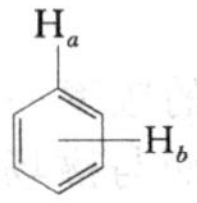 | J(邻) | 6～10 | 9 |
| | J(间) | 1～3 | 3 |
| | J(对) | 0～1 | 约 0 |
| 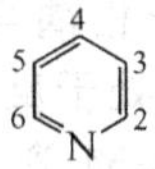 | J(2-3) | 5～6 | 5 |
| | J(3-4) | 7～9 | 8 |
| | J(2-4) | 1～2 | 1.5 |
| | J(3-5) | 1～2 | 1.5 |
| | J(2-5) | 0～1 | 1 |
| | J(2-6) | 0～1 | 约 0 |
| 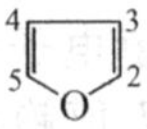 | J(2-3) | 1.3～2.0 | 1.8 |
| | J(3-4) | 3.1～3.8 | 3.6 |
| | J(2-4) | 0～1 | 约 0 |
| | J(2-5) | 1～2 | 1.5 |
| 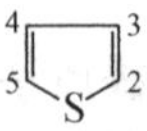 | J(2-3) | 4.9～6.2 | 5.4 |
| | J(3-4) | 3.4～5.0 | 4.0 |
| | J(2-4) | 1.2～1.7 | 1.5 |
| | J(2-5) | 3.2～3.7 | 3.4 |
| 质子-氟原子 | | | |
| 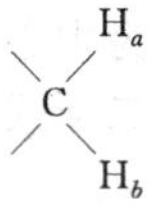 | | | 44～81 |
| 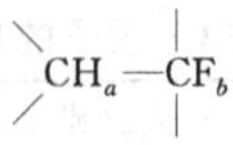 | | | 3～25 |
| 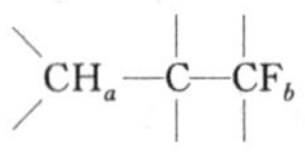 | | | 0 |
| 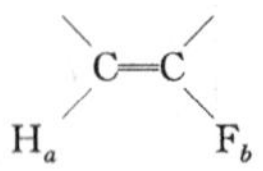 | | | 1～8 |
| 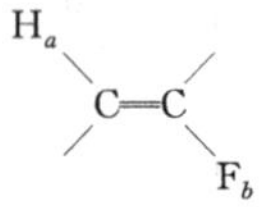 | | | 12～40 |
| 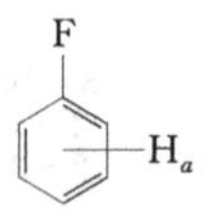 | | | o 6～10<br>m 5～6<br>p 2 |

⑤ 相互耦合的两组质子具有相同的耦合常数 $J$。

⑥ 磁性等价（即环境完全相同）的质子间也有耦合，但不裂分。

## 四、化学位移表和化学位移值的近似计算

化合物分子中不同位置上的质子受到不同程度的屏蔽效应而产生不同的化学位移，因而在核磁共振谱图的不同位置上出现吸收峰。故可以根据吸收峰出现的位置（即化学位移的大小）来推测质子的周围环境，判断质子所归属的基团。将各种质子的化学位移值汇集起来，即构成化学位移表。化学位移表是经验的总结，也是解析谱图的主要依据之一。其形式和种类很多，表 6-55 即为其中的一种。

**表 6-55 各种氢核化学位移的近似值范围**

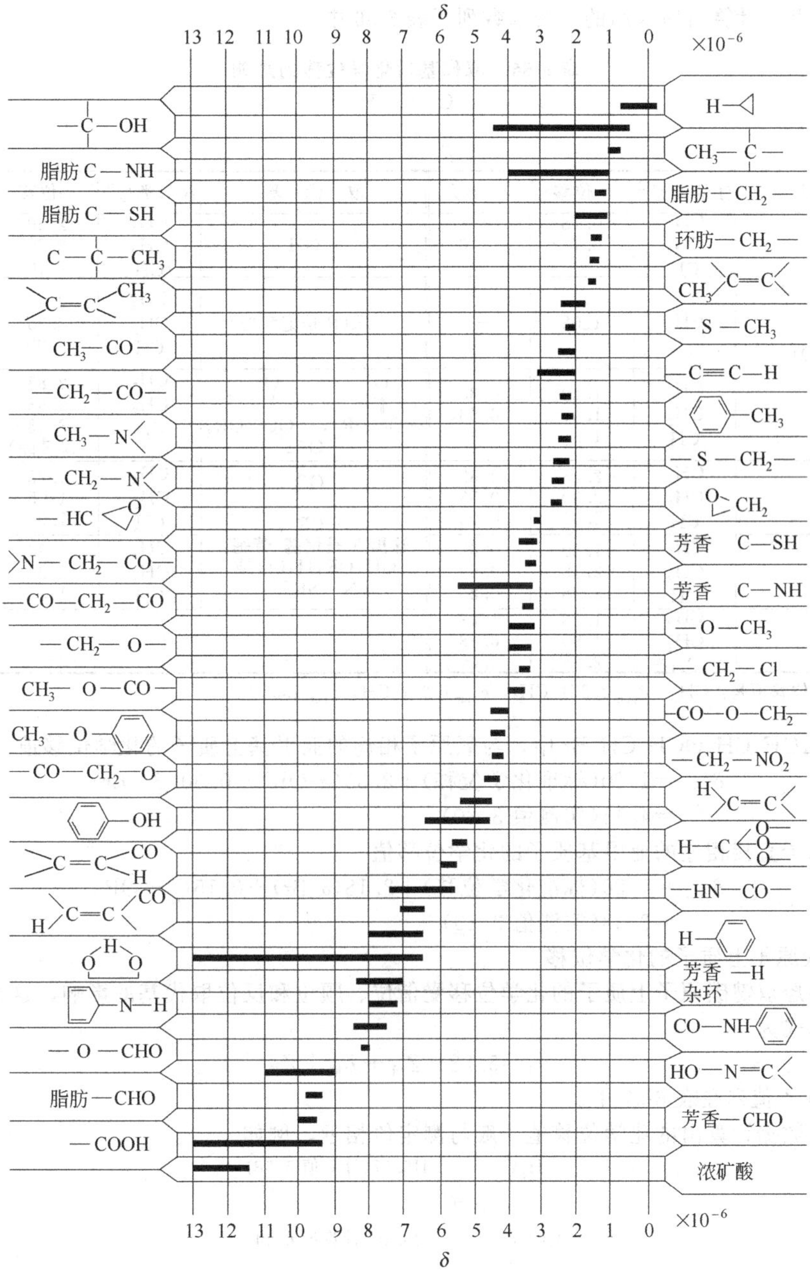

虽然对于化学位移的理论研究已相当深入，在原则上已可作理论计算。但有机化合物的种类毕竟太多了，质子所处的具体环境千差万别，不但化学位移表不可能全部列出，即使作理论计算也难于将各种影响因素全都考虑在内，所以往往不能预先提供精确的定量计算值。对于常见基团中质子的化学位移，人们在大量实践的基础上总结出一些经验规律和经验公式，用以计算化学位移，计算结果与实验值颇为接近，因而对判断质子归属、推断结构十分有用。以下略举数种。

1. 甲基、亚甲基、次甲基上质子的化学位移

这些类型质子的化学位移已有多种计算方法，此处仅介绍 T. J. Curphey 的计算方法。在该方法中，甲基、亚甲基和次甲基上质子的标准化学位移值被分别规定为 $\delta_{ppm}$0.87、$\delta_{ppm}$1.20 和 $\delta_{ppm}$1.55。而一个具体质子的化学位移值等于其标准化学位移值加上各取代基影响之和。取代基的影响则有 $\alpha$ 位和 $\beta$ 位之分。与被计算的质子连在同一碳原子上的取代基称为 $\alpha$ 取代基，连在相邻碳原子上的取代基称为 $\beta$ 取代基。计算时所采用的一套参数列于表 6-56 中。

**表 6-56 取代基对化学位移的影响**

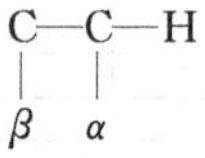


| 取代基 | H 的类型[①] | $\alpha$-位移 | $\beta$-位移 | 取代基 | H 的类型[①] | $\alpha$-位移 | $\beta$-位移 |
|---|---|---|---|---|---|---|---|
| —C═C— | $CH_3$ | 0.78 | — | —OH | $CH_3$ | 2.50 | 0.33 |
| | $CH_2$ | 0.75 | 0.10 | | $CH_2$ | 2.30 | 0.13 |
| | CH | — | — | | CH | 2.20 | — |
| —C═C—C(═X)—R (X=C 或 O) | $CH_3$ | 1.08 | — | —OR(R 是饱和的) | $CH_3$ | 2.43 | 0.33 |
| | | | | | $CH_2$ | 2.35 | 0.15 |
| | | | | | CH | 2.00 | — |
| 芳基 | $CH_3$ | 1.40 | 0.35 | —OC(═O)—R，—OC(═O)—OR，—OAr | $CH_3$ | 2.88 | 0.38 |
| | $CH_2$ | 1.45 | 0.53 | | $CH_2$ | 2.98 | 0.43 |
| | CH | 1.33 | — | | CH | 3.43 (仅是酯) | — |
| —Cl | $CH_3$ | 2.43 | 0.63 | —C(═O)R， | $CH_3$ | 1.23 | 0.18 |
| | $CH_2$ | 2.30 | 0.53 | | $CH_2$ | 1.05 | 0.31 |
| | CH | 2.55 | 0.03 | | CH | 1.05 | — |
| —Br | $CH_3$ | 1.80 | 0.83 | 这里 R 是烷基、芳基，OH，OR，H，CO 或 N—NRR′ | $CH_3$ | 1.30 | 0.13 |
| | $CH_2$ | 2.18 | 0.60 | | $CH_2$ | 1.33 | 0.13 |
| | CH | 2.68 | 0.25 | | CH | 1.33 | — |
| —I | $CH_3$ | 1.28 | 1.23 | | | | |
| | $CH_2$ | 1.95 | 0.58 | | | | |
| | CH | 2.75 | 0.00 | | | | |

① 标准化学位移值是：$CH_3$，$\delta_{ppm}$0.87；$CH_2$，$\delta_{ppm}$1.20；CH，$\delta_{ppm}$1.55。

例如在 $BrCH_2CH_2OCH_2CH_2Br$ 中，与氧原子相连的亚甲基上质子的化学位移值

$$\delta_{ppm}=1.20(\text{标准化学位移})+2.35(\alpha\text{-OR})+0.60(\beta-\text{Br})=4.15(\text{实测值 }3.80)$$

而与溴原子直接相连的亚甲基质子的化学位移值

$$\delta_{ppm}=1.20(\text{标准化学位移})+2.18(\alpha\text{-Br})+0.15(\beta-\text{OR})=3.53(\text{实测值 }3.40)$$

2. 双键碳原子上质子的化学位移

脂肪族烯烃双键碳原子上质子的化学位移受偕位、顺位和反位取代基的影响，这些影响也有加和性。其计算式为

$$\delta_H=5.28+Z_{偕}+Z_{顺}+Z_{反}$$

各种取代基的 $Z$ 值列在表 6-57 中。

依据表中数据计算出的化学位移值一般与测定值相近，例如

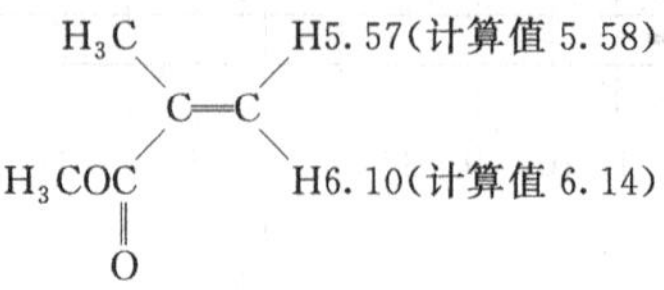


但也有少数情况偏差较大。

3. 苯环上质子的化学位移

一般说来，吸电子取代基使苯氢核的吸收峰左移，推电子取代基则使之右移。同一取代基处于氢核的邻、间、对位时，其影响各不相同，这些影响亦有加和性，可用通式 $\delta_H=7.27-\sum\alpha$ 来计算。式中 7.27 是未取代苯氢核的 $\delta$ 值；$\sum\alpha$ 是各取代基影响之和。不同取代基在邻、间、对位时的 $\delta$ 值见表 6-58。

**表 6-57　取代的乙烯类（在 $CCl_4$ 中）的化学位移取代基常数（$Z$）**

| 取代基 R | Z 偕式 | Z 顺式 | Z 反式 | 取代基 R | Z 偕式 | Z 顺式 | Z 反式 |
|---|---|---|---|---|---|---|---|
| —H | 0 | 0 | 0 | —C(H)=O | 1.03 | 0.97 | 1.21 |
| 烷基 | 0.44 | −0.26 | −0.29 | —C(N)=O | 1.37 | 0.93 | 0.35 |
| 烷基环① | 0.71 | −0.33 | −0.30 | —C(Cl)=O | 1.10 | 1.41 | 0.99 |
| $—CH_2O$，$—CH_2$ | 0.67 | −0.02 | −0.07 | —OR，R：脂肪族的 | 1.18 | −1.06 | −1.28 |
| $—CH_2S$ | 0.53 | −0.15 | −0.15 | —OR，R：共轭的 | 1.14 | −0.65 | −1.05 |
| $—CH_2Cl$，$—CH_2Br$ | 0.72 | 0.12 | 0.07 | —OCOR | 2.09 | −0.40 | −0.67 |
| $—CH_2N$ | 0.66 | −0.05 | −0.23 | —芳香族的 | 1.35 | 0.37 | −0.10 |
| —C≡C | 0.50 | 0.35 | 0.10 | —Cl | 1.00 | 0.19 | 0.03 |
| —C≡N | 0.23 | 0.78 | 0.58 | —Br | 1.04 | 0.14 | 0.55 |
| —C═C | 0.98 | −0.04 | −0.21 | —N(R)R　R：脂肪族的 | 0.69 | −1.19 | −1.31 |
| —C═C 共轭的② | 1.26 | 0.08 | −0.01 | —N(R)R　R：共轭的② | 2.30 | −0.73 | −0.81 |
| —C═O | 1.10 | 1.13 | 0.81 | —SR | 1.00 | −0.24 | −0.04 |
| —C═O 共轭的② | 1.06 | 1.01 | 0.95 | $—SO_2$ | 1.58 | 1.15 | −0.95 |
| —COOH | 1.00 | 1.35 | 0.74 | | | | |
| —COOH 共轭的② | 0.69 | 0.97 | 0.39 | | | | |
| —COOR | 0.84 | 1.15 | 0.56 | | | | |
| —COOR 共轭的② | 0.68 | 1.02 | 0.33 | | | | |

① 烷基环表明双键是环的一部分：。

② 当取代基或双键进一步与其他基团共轭时，使用共轭取代基的 $Z$ 因子。

据此，可计算出取代苯氢核的 $\delta$ 近似值（括号内为计算值），例如

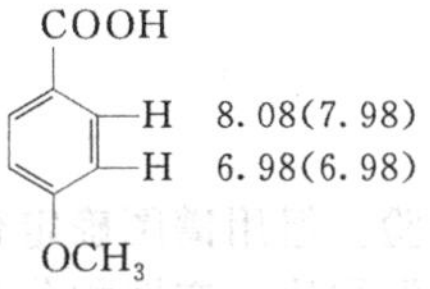


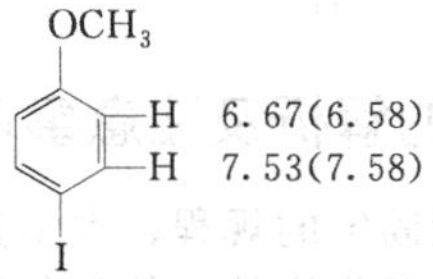


**表 6-58　取代基对苯氢核 $\delta$ 值的影响（$\delta$ 值 $\times10^{-6}$）**

| 取代基 | 邻位 | 间位 | 对位 | 取代基 | 邻位 | 间位 | 对位 |
|---|---|---|---|---|---|---|---|
| $NO_2$ | −0.95 | −0.17 | −0.33 | $C(CH_3)_3$ | −0.01 | 0.10 | 0.24 |
| CHO | −0.58 | −0.21 | −0.27 | $CH_2OH$ | 0.1 | 0.1 | 0.1 |
| COCl | −0.83 | −0.61 | −0.3 | $CH_2NH_2$ | 0.0 | 0.0 | 0.0 |
| COOH | −0.8 | −0.14 | −0.2 | F | 0.30 | 0.02 | 0.22 |
| $COOCH_3$ | −0.74 | −0.07 | −0.20 | Cl | −0.02 | 0.06 | 0.04 |
| $COCH_3$ | −0.64 | −0.09 | −0.3 | Br | −0.22 | 0.13 | 0.03 |
| CN | −0.27 | −0.11 | −0.3 | I | −0.40 | 0.26 | 0.03 |
| Ph | −0.18 | −0.00 | −0.08 | $OCH_3$ | 0.43 | 0.09 | 0.37 |
| $CCl_3$ | −0.8 | −0.2 | −0.2 | $OCOCH_3$ | 0.21 | 0.02 | — |
| $CHCl_2$ | −0.1 | −0.06 | −0.1 | OH | 0.50 | 0.14 | 0.4 |
| $CH_2Cl$ | 0.0 | 0.01 | 0.0 | $O—SO_2—P—C_6H_4—Me$ | 0.26 | 0.05 | — |
| $CH_3$ | 0.17 | 0.09 | 0.18 | $NH_2$ | 0.75 | 0.24 | 0.63 |
| $CH_2CH_3$ | 0.15 | 0.06 | 0.18 | $SCH_3$ | 0.03 | 0.0 | — |
| $CH(CH_3)_2$ | 0.14 | 0.09 | 0.18 | $N(CH_3)_2$ | 0.60 | 0.10 | 0.62 |

4. 杂环及稠环化合物的质子化学位移

若干最常见的稠环及杂环化合物的化学位移值如下所示。

(1) 脂肪族碳环

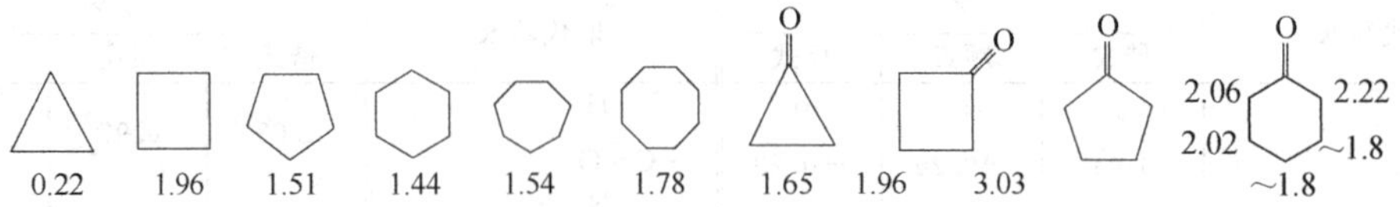


(2) 脂肪族杂环

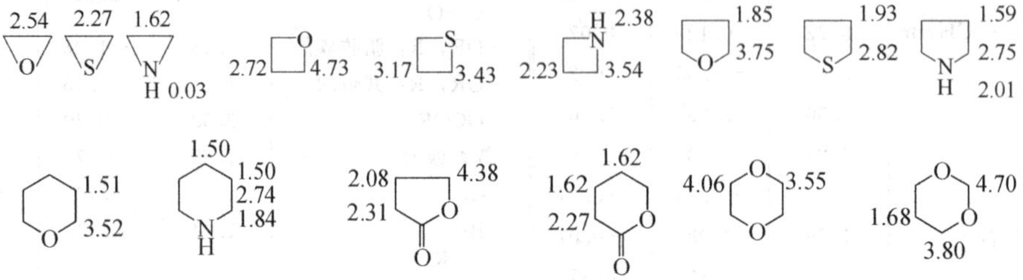


(3) 稠环

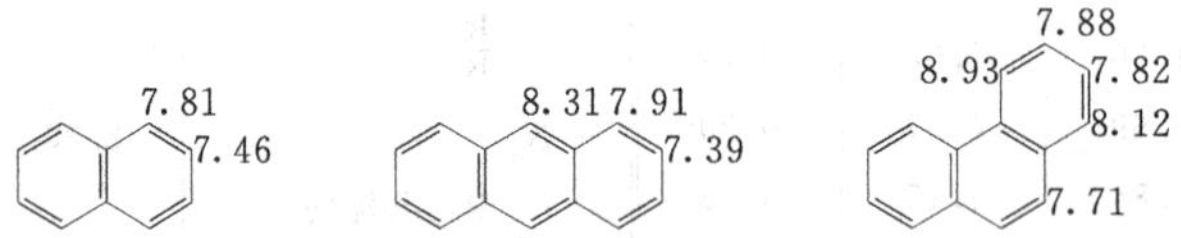


(4) 芳香族杂环

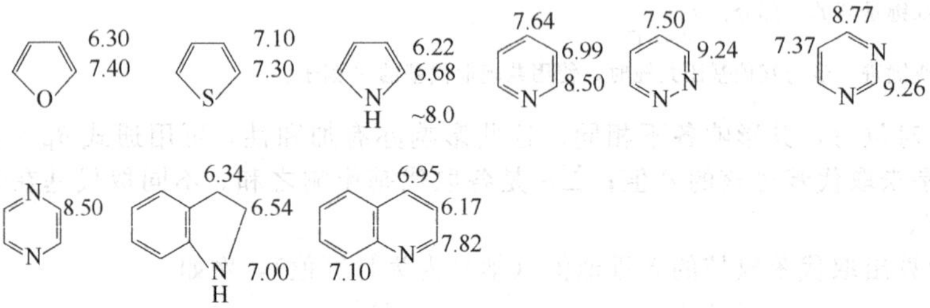


## 五、核磁共振谱图的解析及注意事项

解析核磁共振谱图并无固定的规程，大多是凭经验。但用谱图确定化合物的结构不外乎以下三个方面：①化学位移值；②吸收峰的组数和各组峰的面积比（亦即积分高度比，它等于各组峰的质子数目之比）；③自旋耦合情况，包括裂分峰的数目、形状和耦合常数等。

1. 已知化合物的谱图解析

对于已知化合物，最简单的办法就是找出标准谱图相比较。对于未知物则应先用其他分析方法确定其分子量。如果找不到标准谱图或样品为未知物，常按下述次序解析。

(1) 首先察看基线是否水平，内标峰位置是否正好处于零位，噪声峰是否可能掩盖信号峰，积分线的无信号区是否水平。如有问题，最好调整仪器重新作图。

(2) 数出吸收峰的组数，根据各组峰的积分线高度确定各组质子的数目之比，再对照分子量计算出各组质子的具体数目。

(3) 确认孤立的甲基（如—$OCH_3$、>N—$CH_3$、—C(=O)—$CH_3$、$C_6H_5$—$CH_3$ 等）和孤立的亚甲基（如 —C(=O)—$CH_2$—$C_6H_5$、—C(=O)—$CH_2$—N< 等）的吸收峰，因为它们不与其他质子耦合，信号为单峰，较

易辨认。

(4) 计算分子的不饱和度，推测其中是否可能含有苯环（或其他芳环），若有，先鉴别出来。苯环质子的化学位移在 $\delta_{ppm}$ 7.2 左右，若苯环上连有给电子取代基，则吸收峰稍向右移，若连有拉电子取代基则吸收峰稍向左移。苯环质子吸收峰在低分辨率谱仪所作的谱图上常表现为单峰，在高分辨率谱仪所作的谱图上常表现为多重峰（俗称稻草峰）。

(5) 若分子中可能存在醛基，常可以方便地检出醛基质子的吸收峰，它出现在 $\delta_{ppm}$ 8～11 处，峰的面积相当于一个质子，较易辨认。

(6) 辨认活泼氢（如—OH、—$NH_2$、>NH、—COOH、—SH 等）的吸收峰。方法是在样品溶液中加几滴重水摇振后重新作图，活泼氢的吸收峰将会消失（有氢键生成者除外）。

(7) 由低磁场到高磁场逐个辨认各组峰的归属。先根据其化学位移值并对照化学位移表（或计算的近似值）初步推断其可能的归属，再根据裂分峰数目、形状及耦合常数推断其周围环境的细节，最后综合确认。如峰太小，难于辨认其裂分情况，可在共振仪上作局部放大。

(8) 对难以判断的情况可参考红外光谱、紫外光谱、质谱和元素分析等手段综合认定。

2. 复杂化合物的谱图解析

解析谱图是复杂细致的工作，特别是对于复杂化合物的谱图解析，往往还需查阅更为深细的专门著作或请教专职人员。解析谱图时需要注意的共同性问题如下所述。

(1) 溶剂的影响　固态化合物如直接测定，则质子吸收峰很宽，所以凡固态化合物都是制成溶液测定的，溶液的浓度约为 0.1～0.5mol/L，用量约为 0.4～0.5mL。所用溶剂最好是无质子的，如 $CCl_4$、$CS_2$ 等。如果这些溶剂对样品的溶解性能较差而不能满足要求，则需使用氘代溶剂。但无论使用何种溶剂都要注意：a. 任何溶剂对于质子的化学位移都是有影响的，因此需注明所用溶剂。b. 氘代溶剂的氘代作用一般都是不完全的，常见的纯度为 98%～99.8%，残留的质子仍然会出峰，但这些峰通常很小，掩埋在噪声中，不会干扰图谱的解析。在某些情况下可能形成干扰时则应排除。常见氘代溶剂中残留质子的化学位移值见表 6-59。c. 样品中如含有结晶水、结晶醇或其他结晶溶剂，则谱图中也会出现这些结晶溶剂的吸收峰，解析谱图时应予排除。

**表 6-59　商品氘代溶剂中残留质子的化学位移**

| 溶　剂 | 同位素纯度②（D 的原子百分含量） | 残留氢的 δ 值 | 溶　剂 | 同位素纯度②（D 的原子百分含量） | 残留氢的 δ 值 |
|---|---|---|---|---|---|
| 乙酸-$D_4$ | 99.5% | $CH_3$:2.05; OH:11.53 | 乙醇(无水)-$D_4$ | 98% | $CH_3$:1.17; $CH_2$:3.59; |
| 丙酮-$D_6$ | 99.5% | $CH_3$:2.05 | | | HO:2.60* |
| 乙腈-$D_3$ | 98% | $CH_3$:1.95 | 甲醇-$D_4$ | 99% | $CH_3$:3.35; |
| 苯-$D_6$ | 99.5% | CH:7.20 | | | HO:4.84* |
| 氯仿-D | 99.8% | CH:7.25 | 甲基环己烷-$D_{14}$ | 99% | $CH_3$:0.92; $CH_2$:1.54; |
| 环己烷-$D_{12}$ | 99% | $CH_2$:1.40 | | | CH:1.65 |
| 重水 | 99.8% | HO:4.75① | 二氯甲烷-$D_2$ | 99% | $CH_2$:5.35 |
| 1,2-二氯乙烷-$D_4$ | 99% | $CH_2$:3.69 | | | |
| 乙醚-$D_{10}$ | 98% | $CH_3$:1.16; $CH_2$:3.36 | 吡啶-$D_5$ | 99% | α-H:8.70; β-H:7.20; γ-H:7.58 |
| 二甲基甲酰胺-$D_7$ | 98% | $CH_3$:2.76; $CH_3$:2.94; HCO:8.05 | 四氢呋喃-$D_8$ | 98% | α-$CH_2$:3.60; β-$CH_2$:0.75 |
| 二甲亚砜-$D_6$ | 99.5% | $CH_3$:2.50 | 四亚甲基砜-$D_8$ | 98% | α-$CH_2$:2.92; β-$CH_2$:2.16 |
| 对-二氧六环-$D_8$ | 98% | $CH_2$:3.55 | | | |

① 数据因溶质不同会有较大幅度变化。

② 已有 100%同位素纯度的溶剂出售。

(2) 杂质的影响　样品不纯净或溶剂不纯净都会出现杂质的吸收峰。如果谱图中出现无法解析的多重峰或面积不满一个质子的吸收峰，就要考察其是否为杂质的吸收信号。若有标准谱图相对照就很容易识别出杂质的吸收峰。在没有标准谱图时可将样品进一步提纯后重新作图，杂质的吸收峰将会减弱或消失。

(3) 旋转边峰　核磁共振仪的外加磁场只是大体均匀而不可能绝对均匀。所以在作图过程中，样品管始终处于快速旋转状态，以增加样品实际经历的有效磁场的均匀性。如果旋转速度不适宜，就会在主要吸收峰（强峰）的两侧产生两对小峰，这些峰称为旋转边峰，也叫自旋边峰或边带峰。旋转边峰以主要吸收峰为对称轴左右对称，各峰间的距离与样品管的旋转速度有关。在旋转速度适宜时，旋转边峰很小，不会干扰谱图解析。若旋转速度不适宜，旋转边峰较大，产生干扰，在解析谱图时需要排除。识别旋转边峰的方法除了它的对称性之外，还可以调整样品管的旋转速度重新作图，旋转边峰的出现位置也会随之改变。

(4) 手性中心及类似情况的影响　与手性中心直接相连的亚甲基上的两个质子所受屏蔽效应不同，有不同的化学位移值。这两个质子除了互相耦合之外，还各自与其相邻的其他质子相耦合，因而有各自的吸收峰。在单键的旋转受到阻碍的情况下，也会产生与手性中心类似的影响，例如 *N*,*N*-二甲基乙酰胺中，氮原子与羰基碳原子间的单键具有某种程度的双键性质（可表示为 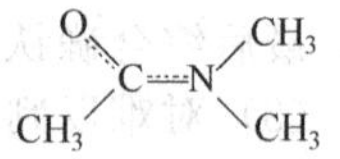


），不能自由旋转，故氮原子上的两个甲基有不同的吸收峰。即使在单键可以旋转的情况下，如果各种构象体的比率不同，也会产生类似情况。对于互变异构体，则各种异构体的吸收峰都会出现。

# 第七章

# 分离和富集方法

## 一、分离富集在化学中的应用

分离和富集方法在化学中是非常重要的。因为要分析的样品绝大多数是复杂的混合物，在以下几种情况下，一般都必须采用适当的分离富集方法，才能保证获得准确可靠的分析结果：

① 样品中存在干扰物质；

② 待测组分在样品中分布不均匀；

③ 待测痕量组分的含量低于测定方法的检测限；

④ 没有合适的标准参考物质；

⑤ 样品的物理、化学状态不适于直接进行测定；

⑥ 样品本身剧毒或具有强放射性等。

无论是进行定性还是定量分析，一个好的分离或富集方法，是确保分析质量的前提。在化学中，分离和富集有以下几方面的作用：

① 获得纯物质　在化学工作中需要纯物质，如基准物、分光光度和色谱法的标准物，有一些可从相关的部门或供应商处获得，有的则需要自行纯化制备。为了确定未知的混合物的组成，常常需要将样品用各种分离和富集的方法，得到其中各单一的化合物，进而用红外光谱、核磁共振、质谱等方法来确定其结构。

② 消除干扰物质　当样品中的干扰物质用控制酸度、加入掩蔽剂等手段仍然不能满足消除干扰的要求时，就必须采取分离的方法排除干扰，提高方法的准确度。

③ 富集微量及痕量待测组分　当待测痕量组分的含量低于测定方法的检测限时，需要用富集方法将痕量组分从大量基本物质中集中到一个较小体积的溶液中，以提高检测灵敏度。

## 二、分离富集方法

不同物质之所以能相互分离，是基于各物质的物理、化学或生物学性质的差异。表 7-1 列出了通常用于分离的物质性质，表 7-2 列出了化学中常用的分离及富集方法，表 7-3 列出了常见分离方法的分离特征。

**表 7-1　通常用于分离的物质性质**

| | | |
|---|---|---|
| 物理性质 | 力学性质 | 密度、摩擦因素、表面张力、尺寸、质量 |
| | 热力学性质 | 熔点、沸点、临界点、蒸气压、溶解度、分配系数、吸附 |
| | 电磁性质 | 电导率、介电常数、迁移率、电荷、淌度、磁化率 |
| | 输送性质 | 扩散系数、分子飞行速度 |
| 化学性质 | 热力学性质 | 反应平衡常数、化学吸附平衡常数、离解常数、电离电势 |
| | 反应速率 | 反应速率常数 |
| 生物学性质 | | 生物亲和力、生物吸附平衡、生物学反应速率常数 |

表 7-2 几种常用的分离及富集方法

| 方法 | 原理 | 方法 | 原理 |
|---|---|---|---|
| 蒸馏、汽化和升华 | 相对挥发度不同 | 离子交换 | 离子在离子交换剂上的亲和力不同 |
| 沉淀 | 溶度积不同 | 膜分离 | 不同大小的分子在膜中扩散速率不同 |
| 液-液萃取 | 在两种互不相溶的液体中的分配系数不同 | 离心 | 相对分子质量或密度不同 |
| 吸附 | 组分在吸附剂上的吸附力不同 | 浮选 | 待分离物质吸附或吸着在气泡表面随气泡上浮到液面实现分离 |
| 色谱 | 在固定相和流动相中的作用力不同 | | |

表 7-3 常见分离方法的分离特征

| 分离方法 | 适应性 | | | 选择性 | | | | | 分数容量 | 负载容量 | 速度 | 方便性 |
|---|---|---|---|---|---|---|---|---|---|---|---|---|
| | | | | | 官能基 | | | | | | | |
| | 挥发 | 不挥发 | 大分子 | 分子量 | 物理 | 化学 | 形状 | 异构体 | | | | |
| 蒸馏 | ++ | | | ++ | + | | | | 10 | g～kg | — | — |
| 气液色层 | ++ | | | ++ | | | | | 100 | mg～g | ++ | + |
| 溶剂萃取 | | ++ | ++ | + | ++ | ++ | | | 2 | g～kg | ++ | ++ |
| 液-液柱色层 | + | ++ | + | + | ++ | ++ | | | 10～20 | mg～g | + | + |
| 液-液纸色层 | | ++ | + | + | ++ | ++ | | | 10 | μg～mg | + | ++ |
| 分级结晶 | | ++ | | | + | | ++ | | 2 | g～kg | — | — |
| 沉淀 | | ++ | + | | | ++ | | | 2 | g～kg | ++ | ++ |
| 离子交换色层 | | ++ | + | | | ++ | | | 10～100 | mg～g | + | + |
| 液-固柱色层 | + | ++ | | | ++ | + | + | ++ | 10～100 | mg～g | + | + |
| 液-固薄层色层 | | | | | ++ | + | + | ++ | 10～50 | mg～g | ++ | ++ |
| 气-固色层 | + | | | ++ | ++ | + | | + | 10～50 | mg | ++ | + |
| 泡沫分级 | | ++ | ++ | + | | ++ | + | | 2 | mg | — | — |
| 分子筛 | ++ | | | | + | | ++ | | 2 | g | — | + |
| 摈斥 | | + | ++ | ++ | | | ++ | | 2 | | — | — |
| 笼形包含 | ++ | ++ | | | | | ++ | | 2 | | — | — |
| 渗析 | | + | ++ | ++ | | | + | | 2 | mg～g | — | + |
| 渗透 | | + | | ++ | | | | | 2 | mg～g | + | + |
| 超滤 | | + | ++ | ++ | | | + | | 2 | mg～g | + | + |
| 电泳 | | + | ++ | + | | | | | 10～50 | mg | + | — |
| 超离心 | | | ++ | ++ | | | + | | 5 | mg | — | — |
| 区域熔融 | | ++ | + | ++ | + | + | | | 2 | g～kg | — | — |
| 热扩散 | ++ | | | + | | | ++ | | 2～5 | g | — | — |
| 质谱 | ++ | | | ++ | | | | | 1000 | μg | ++ | + |

注：1. “+”表示特征一般；“++”表示特征较强；“—”表示特征较弱。

2. 分数容量是在一次简单操作的分离中，被分离出的最大组分数。

## 三、分离和富集方法的评价

选择和评价分离和富集方法，常用以下三个量来衡量。

1. 回收率

回收率（$R_T$）定义为分离后待测组分测得的量（$Q_T$）与分离前待测组分的量（$Q_T^0$）之比，用下式表示：

$$R_T = \frac{Q_T}{Q_T^0} \times 100\%$$

由于分离过程中待测组分的挥发、分解、器皿的吸附或人为因素引起待测组分的损失，$R_T$ 通常小于 1。对于含量 1%以上的组分，回收率应在 99%以上即可，对于微量组分，要求回收率大于 95%即可。某些痕量分析方法，例如放射化学分析法允许其回收率更低些。

2. 富集倍数

富集倍数（$F$）或称预浓缩系数等于待测痕量组分的回收率与基体的回收率（$R_M$）之比，用下式表示：

$$F = \frac{R_T}{R_M}$$

如果痕量待测组分能定量回收，而基体的回收很少，则富集倍数便高。

3. 分离系数

为了将物质 A 与物质 B 分离开来，则希望两者分离得越完全越好，其分离效果可用分离系数

$S_{B/A}$ 表示。

$$S_{B/A}=\frac{Q_B/Q_A}{Q_B^0/Q_A^0}=\frac{Q_B/Q_B^0}{Q_A/Q_A^0}=\frac{R_B}{R_A}$$

$S_{B/A}$ 表示分离的完全程度，是可能分开两组分的内在容量。在分离过程中，$S_{B/A}$ 越小，分离效果越好。对常量组分的分析，一般要求 $S_{B/A}\leqslant 10^{-3}$；对痕量组分的分析，一般要求 $S_{B/A}=10^{-6}$ 左右。

除以上三个量外，选择分离富集方法还要考虑以下几点：

① 除去干扰物好；

② 方法的特效性或选择性好；

③ 操作简便，分离后的样品便于下一步处理；

④ 成本低，对人体和环境污染小；

⑤ 能处理适量的样，取样量一般为 0.1～10g 固体或 10～1000mL 液体（稀贵样品应采用微量技术）。

## 四、分离和富集方法的选择

分离和富集方法的选择有十项准则，基本按其重要性递减次序排列。前四项是样品本身的特性，而后六项是分析的要求。前八项列于表 7-4 中，它们可作为主要分离方法分类的准则。表中“A”或“B”表示这个分离方法适用的类型（对应于“标准”栏），“X”表示两种类型（或两类样品）均可应用，或者说这种分离方法适应性较广。最后两个选择准则是“分析成本与速度”和“个人习惯与可能得到的设备”。十项分析方法的选择准则需认真权衡。

由于分离过程所反映的是欲分离物质的宏观性质上的差别，这些性质往往与分子性质及其结构相关，需全面考虑以选择之。对复杂样品应用几种方法进行分离。

**表 7-4 主要分离方法的选择**

| 标准 | | 分离方法① | | | | | | | | | | | | |
|---|---|---|---|---|---|---|---|---|---|---|---|---|---|---|
| A | B | LLE | D | GC | LSC | LLC | IEC | GPC | PC | E | DL | P | IC | M |
| 1.亲水的 | 疏水的 | X | B | B | B | B | A | X | X | A | A | A | X | A |
| 2.离子的 | 非离子的 | X | B | B | B | B | A | B | X | A | X | A | B | X |
| 3.挥发的 | 非挥发的 | B | A | A | B | B | B | B | B | B | B | B | X | B |
| 4.简单的 | 复杂的 | A | A | B | B | B | B | B | A | A | A | A | A | A |
| 5.定量的 | 定性的 | A | B | A | A | A | A | A | B | B | B | A | A | A |
| 6.个别的 | 一组的 | X | A | A | X | A | A | X | B | X | B | B | X | X |
| 7.回收 | 纯化 | X | A | B | B | B | B | B | B | B | A | A | B | B |
| 8.分析的 | 制备的 | X | B | A | A | A | A | A | A | A | B | X | B | X |

① LLE—液-液萃取；D—蒸馏；GC—气相色谱；LSC—液固色谱；LLC—液液色谱；IEC—离子交换色谱；GPC—凝胶渗透色谱；PC—平板色谱；E—电泳；DL—渗析；P—沉淀；IC—包含物；M—掩蔽。

## 五、分离和富集中应注意的问题

（1）在考虑所提出的分析任务和选用何种测定方法的同时，还应考虑样品的分解、分离和富集问题，应将整个分析作为一个整体考虑，即要有全局的观点，才能得到最好的效果。

（2）应考虑所采用的方法能否定量分离及所加试剂能否影响以后的测定。

（3）在进行痕量成分的分离和富集时所用试剂纯度应有较严格的要求（至少不应含有欲测定的成分以及以后测定中有干扰的成分，否则应事先提纯才能使用），所用仪器也不能引入有害杂质。

（4）在不影响分离和富集的效果条件下，应使用最少的步骤来完成，以免杂质引入和欲测定成分损失，以达到多、快、好、省的目的。

（5）分离后干扰物质除去得越完全越好，但也有一定的限度，即只要剩下的干扰成分不影响分析结果的准确度即可。

（6）对一些分离比较困难的组分，一般分离后还不能消除干扰。实际工作中常将分离和掩蔽结合起来。

（7）以分析为目的的分离富集，除要求分离程度的完全性和定量分离外，还要求简单、快速和分离结果有良好的再现性。

# 第一节 重结晶、升华、沉淀与共沉淀、挥发与蒸馏、离心、冷冻浓缩

## 一、重结晶

1. 原理

固体物质在溶剂中的溶解度与温度有密切关系，一般是随着温度的升高溶解度增大。如果把固体物质溶解在热的溶剂中并达到饱和，那么当冷却时，由于溶解度降低固体物就会从溶液中结晶析出。利用溶剂对样品和杂质的溶解度不同，使样品从过饱和溶液中以结晶析出，而杂质则留在溶液里，达到分离纯化的目的。

2. 溶剂的选择

显然，要对固体物进行重结晶，选择合适溶剂是关键。理想的重结晶溶剂必须具备下列条件。

(1) 不与被纯化物质起化学反应。

(2) 在较高温度时能溶解较多的被纯化物质，在室温或更低温度时只能溶解很少量。

(3) 当杂质的溶解度大时，可使杂质留在母液中；当杂质的溶解度小时，可用热过滤把杂质滤掉。

(4) 溶剂本身容易挥发，易与结晶分离除去，能给出较好的结晶。

(5) 无毒或毒性很小，便于操作，回收率高，价廉易得。

常用重结晶溶剂见表 7-5。

当几种溶剂都合适时，应根据结晶的回收率、操作的难易、溶剂的毒性、易燃性和价格来选择。

**表 7-5 常用重结晶溶剂**

| 溶剂 | 沸点/℃ | 冰点/℃ | 密度/g·mL$^{-1}$ | 与水的混溶性① | 易燃性② |
|---|---|---|---|---|---|
| 水 | 100 | 0 | 1.0 | + | ○ |
| 甲醇 | 64.96 | <0 | 0.7914 | + | + |
| 95%乙醇 | 78.1 | <0 | 0.804 | + | ++ |
| 冰乙酸 | 117.9 | 16.7 | 1.05 | + | + |
| 丙酮 | 56.2 | <0 | 0.79 | + | +++ |
| 乙醚 | 34.5 | <0 | 0.71 | − | ++++ |
| 石油醚 | 30～60 | <0 | 0.64 | − | ++++ |
| 氯仿 | 61.7 | <0 | 1.48 | − | ○ |
| 乙酸乙酯 | 77.06 | <0 | 0.90 | − | ++ |
| 苯 | 80.1 | 5 | 0.88 | − | ++++ |
| 四氯化碳 | 76.54 | <0 | 1.59 | − | ○ |

① 此栏中+表示混溶；−表示不混溶；② 此栏中○表示不燃；+号的个数表示易燃程度。

当一种物质在一些溶剂中的溶解度非常大（这些溶剂被称为良溶剂），而在另一些溶剂中的溶解度又非常小（这些溶剂被称为不良溶剂），不能选择到一种合适的溶剂时，常可使用混合溶剂来得到满意的结果。具体操作如下：先将待纯化物质在接近良溶剂的沸点时溶于良溶剂中，若有不溶物，趁热过滤；若有色，则稍冷后加入活性炭，煮沸脱色后再趁热过滤。然后，在此热滤液中小心地加入热的不良溶剂，直至所呈现的浑浊不再消失，再加入少量良溶剂或稍加热使之恰好澄清。最后，冷至室温，结晶析出。有时也可将两种溶剂先混合，然后按单一溶剂重结晶的方法进行重结晶。表 7-6 列出了一些能互溶的溶剂，表 7-7 列出了常用的重结晶混合溶剂。

**表 7-6 一些能互溶的溶剂**

| 溶剂 | 能互溶的溶剂 |
|---|---|
| 丙酮 | 苯，丁醇，四氯化碳，氯仿，环己烷，乙醇，乙酸乙酯，乙腈，石油醚，水 |
| 苯 | 丙酮，丁醇，四氯化碳，氯仿，环己烷，乙醇，乙腈，石油醚，吡啶 |
| 四氯化碳 | 环己烷 |
| 氯仿 | 乙酸，丙酮，苯，乙醇，乙酸乙酯，己烷，甲醇，吡啶 |

续表

| 溶剂 | 能互溶的溶剂 |
| --- | --- |
| 环己烷 | 丙酮,苯,四氯化碳,乙醇,乙醚 |
| 乙醚 | 丙酮,环己烷,乙醇,甲醇,乙腈,戊烷,石油醚 |
| DMF | 苯,乙醇,醚 |
| 二甲亚砜 | 丙酮,苯,氯仿,乙醇,乙醚,水 |
| 二氧六环 | 苯,四氯化碳,氯仿,乙醇,乙醚,石油醚,吡啶,水 |
| 乙醇 | 乙酸,丙酮,苯,氯仿,环己烷,二氧六环,乙醚,戊烷,甲苯,水 |
| 乙酸乙酯 | 丙酮,丁醇,氯仿,甲醇 |
| 己烷 | 苯,氯仿,乙醇 |
| 甲醇 | 氯仿,乙醚,甘油,水 |
| 戊烷 | 乙醇,乙醚 |
| 石油醚 | 乙酸,丙酮,苯,乙醚 |
| 吡啶 | 丙酮,苯,氯仿,二氧六环,石油醚,甲苯,水 |
| 甲苯 | 乙醇,乙醚,吡啶 |
| 水 | 乙酸,丙酮,乙醇,甲醇,吡啶 |

**表 7-7 常用的重结晶混合溶剂**

| | | |
| --- | --- | --- |
| 乙醇-水 | 苯-石油醚 | 苯-无水乙醇 |
| 丙醇-水 | 丙酮-石油醚 | 苯-环己烷 |
| 乙酸-水 | 氯仿-石油醚 | 丙酮-水 |
| 甲醇-乙醚 | 氯仿-醇 | 氯仿-醚 |
| 甲醇-二氯甲烷 | 丙酮-乙醚 | 乙醇-乙醚-乙酸乙酯 |
| 二氯甲烷-石油醚 | 二氯甲烷-正己烷 | 四氢呋喃-正己烷 |

3. 重结晶操作

重结晶操作步骤是：选择合适的重结晶溶剂→加热溶解→趁热过滤→结晶→抽滤→干燥。具体操作方法与注意事项见表 7-8，抽滤装置的组装见图 7-1。

**表 7-8 重结晶操作方法与注意事项**

| 操作步骤[①] | 操作要点 | 简要说明 | 现象 | 注意事项 |
| --- | --- | --- | --- | --- |
| 加热溶解 | 将待重结晶的固体物质加到锥形瓶或烧杯中<br>加入少量溶剂<br>水浴上加热到沸腾<br>逐渐添加溶剂，使固体样品在沸腾状态下全部溶解 | 1. 如果使用高沸点溶剂,可采用直接加热法<br>2. 若溶液中无不溶性杂质,则可直接进行第四步<br>3. 如果溶液中含有有色杂质,可采用活性炭脱色。方法是:待溶液冷却至沸点以下,在不断搅拌下加入活性炭,然后加热煮沸数分钟 | 溶液澄清或有不溶性杂质 | 1. 如使用易挥发或易燃溶剂重结晶,为避免溶剂挥发和引起火灾,应在装有回流冷凝器的锥形瓶中加热溶解<br>2. 添加易燃溶剂时,为避免火灾,必须先熄灭加热用火(或停止电炉加热并移去),然后再把溶剂从冷凝管上端加入<br>3. 活性炭用量不可太多(一般为重结晶物质质量的1%～5%),否则将吸附样品,使产率降低<br>4. 加活性炭时,为防止暴沸,一定要待溶液冷至沸点以下 |
| 趁热过滤 | 将预先烘热的玻璃漏斗从烘箱中取出<br>放上折叠好的滤纸，并用少许热溶剂润湿<br>将沸腾的溶液迅速滤到烧杯内 | 1. 若有热浴漏斗,则可用其保持漏斗温度,而不必烘烤<br>2. 玻璃漏斗应选颈短且粗的,使过滤速度加快<br>3. 将溶液滤到烧杯内的目的是便于下一步取出结晶 | 滤液澄清 | 整个操作过程要迅速,否则漏斗一凉,结晶在滤纸上和漏斗颈部析出,操作将无法进行 |

续表

| 操作步骤① | 操作要点 | 简要说明 | 现象 | 注意事项 |
|---|---|---|---|---|
| 结晶 | 将滤液静置，使其慢慢冷却 | 1. 慢慢冷却得到的晶体颗粒大而均匀，纯度好；迅速冷却并搅拌得到的晶体颗粒细而不均匀，纯度差<br>2. 对不易析出结晶的过饱和溶液，可采用玻璃棒摩擦容器内壁或投入"晶种"的方法 | 结晶析出 | |
| 抽滤 | 如图 7-1 安装好抽滤装置<br>布氏滤斗中铺一块直径比漏斗内径略小的圆形滤纸<br>用少许溶剂润湿滤纸<br>打开水泵，将滤纸吸紧<br>借助玻璃棒将液体和晶体分批倒入漏斗中<br>用溶剂洗涤晶体2～3次 | 1. 粘在烧杯上的晶体要用滤液洗出<br>2. 洗涤晶体时用的溶剂一般为重结晶溶剂。洗涤时应先停止抽气，再加洗涤溶剂，用玻璃棒小心搅动，使所有晶体润湿，静置片刻，再抽气<br>3. 如果所用重结晶溶剂的沸点较高，用其洗涤1～2次后，改用低沸点溶剂(此溶剂必须能和重结晶溶剂互溶，而对晶体不溶或微溶)洗涤1～2次，使最后产品易于干燥 | 结晶与溶液分离 | 1. 图 7-1 中连接抽滤瓶和安全瓶、安全瓶和水泵所用的橡胶管必须为耐压橡胶管<br>2. 洗涤用的溶剂量应尽可能少，以避免晶体大量溶解损失<br>3. 为避免水泵中的水倒流入抽滤瓶中，在停止抽气前，一定要先将安全瓶上的二通活塞打开，接通大气后，再关水泵 |
| 干燥 | 将晶体从布氏漏斗中转移到表面皿上<br>干燥 | 常用的干燥方法有三种：<br>1. 自然干燥　将晶体在表面皿上铺成薄薄一层，盖上一张滤纸，室温下放置<br>2. 烘干　对热稳定的化合物，可在低于其熔点的温度下在烘箱中或红外线灯下烘干<br>3. 干燥器中干燥　在干燥器中，放入适当的干燥剂，将盛有晶体的表面皿放入干燥器内，盖上盖，静置。必要时还可使用真空干燥器在减压状态下进行干燥 | 干燥的结晶 | 1. 烘干时，必须小心注意温度，并不断翻动，以避免熔化<br>2. 重结晶后的晶体，应在干燥后测定其熔点，以观察重结晶效果。如果熔点不合格，应再一次进行重结晶<br>3. 干燥不彻底的晶体，熔点也会降低，熔程增长 |

① 选择重结晶溶剂的操作请参见本节一。

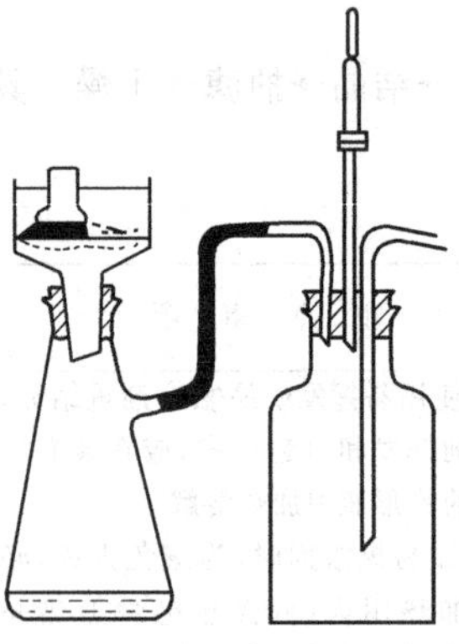

图 7-1　抽滤装置

一般重结晶只适用于纯化杂质含量在5%以下的固体有机化合物。对有机反应的粗产物，应先采用其他方法进行初步提纯，例如萃取、水蒸气蒸馏、减压蒸馏等，然后再用重结晶提纯。

## 二、升华

升华是纯化固体物质的一种方法，但只有在熔点以下就具有较高(一般需大于2.7kPa)蒸气压的固体物质，才适于用升华方法纯化。

### 1. 升华原理

升华，本是指物质自固态不经液态而直接转化为蒸气的现象。但在实际应用中，重要的却是指物质蒸气不经液态而直接转化为固态的这一过程，因为这样常可得到高纯度的物质。因此，在分离操作中，不论物质蒸气是由固态直接气化而来，还是由液态蒸发产生的，只要其蒸气能不经液态而直接变为固态，都称为升华。

利用升华操作可以除去不挥发性杂质，或分离挥发度不同的固体混合物，从而得到纯度较高的产物。但其缺点是，操作时间长，样品损失也较大。通常在实验室中只对较少量(1～2g)的物质进行升华纯化。

化合物的升华温度与气压的关系见表 7-9。气压越低，升华温度越低。为了降低升华温度可采用减压升华或真空升华。利用升华法分离提纯实例见表 7-10。

**表 7-9　气压对升华温度的影响**

| 化合物 | 熔点/℃ | 升华温度/℃ | | 化合物 | 熔点/℃ | 升华温度/℃ | |
|---|---|---|---|---|---|---|---|
| | | 气压 $1.01\times10^5$Pa | 气压 68～133Pa | | | 气压 $1.01\times10^5$Pa | 气压 68～133Pa |
| 蒽 | 215 | 77～79 | 28～31 | 萘 | 79 | 36～38 | 25 |
| 脲 | 131 | 59～61 | 49～52 | 苯甲酸 | 120 | 43～45 | 25 |
| 碘仿 | 119 | 43～45 | 30～34 | β-萘酚 | 122 | 43～45 | 33～35 |

**表 7-10 可利用升华法分离（提纯）的物质**

| | | |
|---|---|---|
| 有机物 | 常压下 | 苯、蒽、苯甲酸、水杨酸、樟脑、$\beta$-萘酚、六氯乙烷、糖精、乙酰苯胺（退热冰）、DL-丙氨酸及许多$\alpha$-氨基酸、脲、咖啡碱、碘仿、六亚甲基四胺（乌洛托品）、奎守、香豆素、二乙基丙二酰脲（巴比妥）、胆甾醇、乙酰水杨酸（阿司匹林）、阿托品、邻苯二酸酐、月桂酸、肉豆蔻酸（十四烷酸）、软脂酸（十六烷酸）、硬脂酸、某些醌 |
| | 减压下 | 1-羟基蒽醌（130℃，1.2Pa 与 2-羟基蒽醌分离、180℃升华）<br>苯甲酸（50℃，133Pa）<br>糖精（150℃，133Pa） |
| 无机物 | 常压下 | $I_2$、S、As、$As_2O_3$、$HgCl_2$、$MgCl_2$、$CaCl_2$、$CdCl_2$<br>$ZnCl_2$、AgCl、$MnCl_2$、LiCl、$AlCl_3$、铵盐（加 HCl） |
| | 真空升华 | $TaCl_5$（150℃）、$NbOCl_3$（230℃）、$NbBr_5$（220℃）<br>$TaBr_5$（300℃）、$TaI_5$（540℃）<br>铍盐（加 HCOOH，200℃，与 $Al^{3+}$、$Fe^{3+}$ 等分离） |

2. 升华操作

升华操作分为常压升华和减压升华两类。常压升华主要用于熔点以下具有较高蒸气压的物质，如六氯乙烷（$t_{mp}=186$℃，$p=104$kPa），樟脑（$t_{mp}=179$℃，$p=49$kPa），无机物如单质硫、碘等。减压升华则可用于在熔点以下具有一定蒸气压的物质，如苯甲酸（$t_{mp}=122$℃，$p=0.8$kPa），萘（$t_{mp}=80$℃，$p=0.9$kPa）。

最简单的常压升华装置如图 7-2 所示。少量物质的减压升华装置如图 7-3 所示。

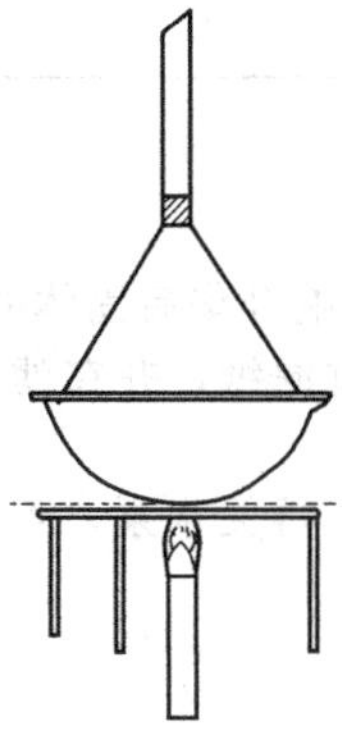

图 7-2 常压升华装置

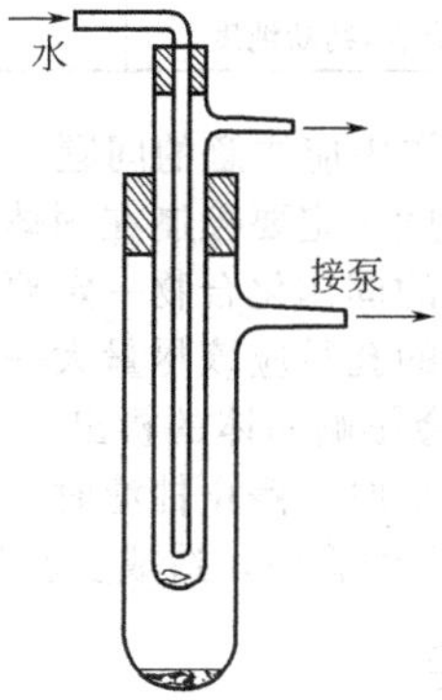


图 7-3 减压升华装置

常压升华和减压升华操作及注意事项分别见表 7-11 和表 7-12。

**表 7-11 常压升华操作程序及注意事项**

| 操作步骤 | 操作要点 | 简要说明 | 现象 | 注意事项 |
|---|---|---|---|---|
| 准备 | 将待升华样品放到蒸发皿中，盖一张穿有许多小孔的滤纸<br>将一玻璃漏斗倒盖在上面，漏斗的颈部塞些玻璃毛或棉花团 | 1. 覆盖多孔滤纸时，最好先在蒸发皿的边缘放置一个石棉纸窄圈，用以支持此滤纸<br>2. 漏斗颈部塞玻璃毛或棉花团，为的是减少蒸气的逃逸 | | 1. 塞玻璃毛或棉花团时，不要填塞的太紧密，以致不通气<br>2. 本实验应在通风橱中进行 |
| 加热升华 | 在石棉网下慢慢加热蒸发皿，控制温度，使样品逐渐升华 | | 蒸气上升，凝结的结晶出现 | 1. 加热时要小心调节火焰，控制样品温度低于其熔点，切忌加热温度太高太快<br>2. 必要时漏斗外壁可用湿布冷却，以促使结晶迅速形成 |
| 结束 | 停止加热<br>仪器基本冷却后，取下玻璃漏斗和滤纸，小心将结晶收集起来<br>测定其熔点，以判断纯度 | 升华样品所需的时间较长，少则数小时，多则数十小时 | 蒸气减少，凝结速度显著降低 | 升华时切勿操之过急，否则样品会严重损失 |

表 7-12 减压升华操作程序及注意事项

| 操作步骤 | 操作要点 | 简要说明 | 现象 | 注意事项 |
| --- | --- | --- | --- | --- |
| 准备 | 如图 7-3 所示，将待升华物质放到吸滤管中<br>将装有冷凝管的橡皮塞紧密地塞住管口<br>利用水泵或油泵减压<br>接通冷凝水 | 冷凝水的接法如图 7-3 所示 | | ①样品切勿加得过多，"冷凝管"与样品层之间要留有一定的距离<br>②与水泵或油泵连接处一定要安装一个安全瓶 |
| 加热升华 | 将吸滤管浸在油浴中加热到被升华物质的沸点左右，使之升华 | 在减压状态下，样品可在远远低于其正常沸点的温度下沸腾，故无需把加热温度升得太高 | 固体熔化为液体，液体近沸腾，结晶凝结在"冷凝管"上 | ①加热温度切忌太高，以免汽化了的样品不凝为固体<br>②冷凝水的流量要尽量大些 |
| 结束 | 停止加热<br>待仪器冷却后，打开安全瓶上的二通活塞，使系统接通大气<br>关掉水泵或油泵<br>取下冷凝管，小心地将结晶收集起来<br>测定其熔点，判断纯度 | 减压升华所需时间较长，且样品损失也大 | 蒸气减少，凝结速度显著下降 | |

3. 升华操作中应注意的问题

① 升华温度一定要控制在固体化合物熔点以下。

② 被升华的固体化合物一定要干燥，如果有溶剂存在，则会影响升华后固体的凝结。

③ 滤纸上的孔径应该尽量大一些，以便于蒸气上升时顺利通过滤纸，并在滤纸的上面和漏斗中结晶，否则会影响晶体的析出。

④ 减压升华时，停止抽滤时一定要先打开安全瓶上的放空阀，再关水泵，否则循环水泵里的水会倒吸进入吸滤管中，造成实验失败。

## 三、沉淀

沉淀分离是根据物质溶解度的不同，利用沉淀反应使被测组分与其他组分分离的一种方法。

作为分离方法，对沉淀有如下要求：

(1) 溶解度小　沉淀应尽可能不溶，低溶解度无疑有利于分离完全。

(2) 易于分离、过滤　理想的沉淀应尽可能地避免被母液中杂质及沉淀剂离子污染；沉淀粒子足够大，易于过滤、洗涤。

(3) 纯度高　沉淀在形成过程中应尽量少地被杂质玷污（如吸附、包藏、形成混晶、继沉淀等），淀淀形成之后，应当具有用水或某些溶液洗去杂质的性质。

洗涤沉淀时，必须仔细考虑洗涤介质对沉淀的效应，它不仅必须有洗去杂质离子的性质，还必须不造成沉淀的损失，而且过量洗涤剂在沉淀的随后处理过程中（如干燥、灼烧）易于除尽。

(4) 灼烧性　分离获得的沉淀如果是用称量法测定，沉淀应能以其析出形式进行干燥，或能在高温灼烧时转化为具有一定已知组成的其他形式。例如：AgCl 可在 110℃被烘干；$BaSO_4$ 在 900℃以下灼烧而不分解；$Ca_2C_2O_4$ 通常在 550℃灼烧时转化为 $CaCO_3$，若在 900℃灼烧，则转化为 CaO。

1. 使用无机沉淀剂

(1) 生成氢氧化物沉淀

利用生成氢氧化物沉淀进行分离，是分析化学中应用得较多的分离方法之一。除了碱金属和碱土金属氢氧化物外，绝大多数金属离子能生成氢氧化物沉淀。同时，某些非金属元素和某些略带酸性的金属元素在一定条件下，常以水合氧化物形式沉淀析出，如 $SiO_2 \cdot nH_2O$、$WO_3 \cdot nH_2O$、

$Ta_2O_5 \cdot nH_2O$ 等，这些水合氧化物实际上是其难溶的含氧酸，即硅酸、钨酸、钽酸等。常用控制溶液 pH 值分离的方法有三种。

① NaOH 法 用强碱 NaOH 作沉淀剂，可使两性元素与非两性元素分离，见表 7-13。

**表 7-13 用氨水（在铵盐存在下）或氢氧化钠沉淀金属离子**

| 试 剂 | 可定量沉淀的离子 | 沉淀不完全的离子 | 留在溶液中的离子 |
|---|---|---|---|
| 氨水（在铵盐存在下）① | $Al^{3+}$、$Be^{2+}$、$Bi^{3+}$、$Ce^{4+}$、$Cr^{3+}$、$Fe^{3+}$、$Ga^{3+}$、$Hf^{4+}$、$Hg^{2+}$、$In^{3+}$、$Mn^{4+}$、$Nb^{5+}$、$Sb^{3+}$、$Sn^{4+}$、$Ta^{5+}$、$Th^{4+}$、$Ti^{4+}$、$Tl^{3+}$、$UO_2^{2+}$、$V^{4+}$、$Zr^{4+}$、稀土元素离子 | $Mn^{2+}$（加 $Br_2$ 或 $H_2O_2$ 使氧化后可析出沉淀），$Pb^{2+}$（有 $Fe^{3+}$、$Al^{3+}$ 时可共沉淀析出），$Fe^{2+}$（氧化后可沉淀析出） | $[Ag(NH_3)_2]^+$、$[Cd(NH_3)_4]^{2+}$、$[Co(NH_3)_6]^{2+}$（土黄色）、$[Cu(NH_3)_4]^{2+}$（深蓝色）、$[Ni(NH_3)_4]^{2+}$（蓝色）、$[Zn(NH_3)_4]^{2+}$ |
| 氢氧化钠（过量）② | $Ag^+$、$Au^+$、$Bi^{3+}$、$Cd^{2+}$、$Co^{2+}$、$Cu^{2+}$、$Fe^{3+}$、$Hf^{4+}$、$Hg^{2+}$、$Mg^{2+}$、$Ni^{2+}$、$Th^{4+}$、$Ti^{4+}$、$UO_2^{2+}$、$Zr^{4+}$、稀土元素离子 | $Ca^{2+}$、$Sr^{2+}$ 和 $Ba^{2+}$ 的碳酸盐沉淀。$Nb^{5+}$ 和 $Ta^{5+}$ 部分溶解 | $Al^{3+}$、$Cr^{3+}$、$Zn^{2+}$、$Pb^{2+}$、$Sn^{2+,4+}$、$Be^{2+}$、$Ge^{4+}$、$Ga^{3+}$（以上两性元素的含氧酸根离子）、$SiO_3^{2-}$、$WO_4^{2-}$、$MoO_4^{2-}$ 等 |

① 通常加入 $NH_4Cl$，其作用为：a. 可使溶液的 pH 值控制在 8～10，避免 $Mg(OH)_2$ 沉淀的部分溶解；b. 减少氢氧化物沉淀对其他金属离子的吸附，利用小体积沉淀法更有利减少吸附；c. 有利于胶体的凝聚。

② 必须加过量 NaOH；也可采用小体积沉淀法。

② 氨水法 在铵盐存在下，用氨水调节溶液的 pH 值为 8～9，可使高价金属离子（如 $Fe^{3+}$、$Al^{3+}$ 等）与大部分一、二价金属离子分离，见表 7-13。

③ 有机碱法 六亚甲基四胺、吡啶、苯肼和苯甲酸铵等有机碱，可以控制溶液的 pH 值，使某些金属离子析出氢氧化物沉淀，见表 7-14。

**表 7-14 用有机碱产生氢氧化物沉淀的条件**

| 试 剂 | 沉 淀 条 件 | 可达到的 pH 值 |
|---|---|---|
| 吡啶① | 在中性试液中加 $NH_4Cl$，加热至沸，加吡啶至甲基红变色，再加过量吡啶，加热 | 5～6.5 |
| 六亚甲基四胺 | 将试液（pH＝2～4）加热至 30℃，加 $NH_4Cl$，加过量六亚甲基四胺 | 5～5.8 |
| 苯肼 | 将试液加热，加苯肼 | 约 5 |
| 苯甲酸铵 | 将试液中和至以甲基橙指示中性，加 $CH_3COOH$、苯甲酸铵，加热并煮沸 | 约 6 |

① 某些金属离子能与吡啶形成络合物，故不能在此 pH 条件下使之析出氢氧化物沉淀，如 $Cu^{2+}$、$Zn^{2+}$、$Cd^{2+}$、$Co^{2+}$、$Ni^{2+}$ 等。

表 7-15 列出了某些金属离子的氢氧化物沉淀和溶解所需 pH 值。

**表 7-15 某些金属离子的氢氧化物沉淀和溶解时所需的 pH 值**

| 氢氧化物 | 开始沉淀 | | 沉淀完全（残留离子浓度 ≤$10^{-5}$mol/L） | 沉淀开始溶解 | 沉淀完全溶解 |
|---|---|---|---|---|---|
| | 原始浓度 1mol/L | 原始浓度 0.01mol/L | | | |
| $Ag_2O$ | 6.2 | 8.2 | 11.2 | | |
| $Al(OH)_3$ | 3.3 | 4.0 | 5.2 | 7.8 | 10.8 |
| $Be(OH)_2$ | 5.2 | 6.2 | 8.8 | 10.9 | 13.5 |
| $Bi(OH)_3$ | 3.9 | 4.5 | 5.2 | | |
| $Cd(OH)_2$ | 7.2 | 8.2 | 9.7 | | |
| $Ce(OH)_4$ | 0.3 | 0.8 | 1.5 | | |
| $Co(OH)_2$ | 6.6 | 7.6 | 9.2 | | |
| $Co(OH)_3$ | 约 0 | 0.1 | 1.1 | | |
| $Cr(OH)_3$ | 3.8 | 4.9 | 6.8 | 12 | 14 |
| $Cu(OH)_2$ | 4.2 | 5.2 | 6.7 | | |

续表

| 氢氧化物 | 开始沉淀 | | 沉淀完全（残留离子浓度 $\leqslant 10^{-5}$ mol/L） | 沉淀开始溶解 | 沉淀完全溶解 |
|---|---|---|---|---|---|
| | 原始浓度 1mol/L | 原始浓度 0.01mol/L | | | |
| $Fe(OH)_2$ | 6.5 | 7.5 | 9.7 | | |
| $Fe(OH)_3$ | 1.6 | 2.2 | 3.2 | | |
| $Ga(OH)_3$ | 2.5 | 2.9 | 3.9 | 9.7 | |
| $H_2MoO_4$ | 约0 | 约0 | | 约8 | 约9 |
| $H_2WO_4$ | 约0 | 约0 | 约0 | 约8 | 约9 |
| HgO | 1.3 | 2.4 | 5.0 | | |
| $In(OH)_3$ | 2.9 | 3.6 | 4.6 | 14 | |
| $La(OH)_3$ | 7.8 | 8.4 | 9.4 | | |
| $Mg(OH)_2$ | 9.4 | 10.4 | 12.4 | | |
| $Mn(OH)_2$ | 7.8 | 8.6 | 10.4 | | |
| $Ni(OH)_2$ | 6.7 | 7.7 | 9.5 | | |
| $Nb_2O_5 \cdot nH_2O$ | 约0 | 约0 | | | |
| $Pb(OH)_2$ | 6.4 | 7.2 | 8.7 | 10 | 13 |
| $Sc(OH)_3$ | 4 | 4.7 | 5.6 | | |
| $Sn(OH)_2$ | 0.9 | 2.1 | 4.7 | 10 | 13.5 |
| $Sn(OH)_4$ | 0 | 0.5 | 1.0 | 11 | 14 |
| $Ta_2O_5 \cdot nH_2O$ | | <0 | | 约14 | |
| $Th(OH)_4$ | 2.5 | 4.5 | | | |
| $TiO(OH)_2$ | 0 | 0.5 | 2.0 | | |
| $Tl(OH)_3$ | | 0.6 | 约1.6 | | |
| $U(OH)_4$ | 2.8 | 3.3 | 4 | | |
| $UO_2(OH)_2$ | 2.3 | 3.6 | 5.1 | | |
| $Y(OH)_3$ | 6.7 | 7.3 | 8.3 | | |
| $Zn(OH)_2$ | 5.4 | 6.4 | 8.0 | 10.5 | 12～13 |
| $ZrO(OH)_2$ | 1.3 | 2.3 | 3.8 | | |
| 稀土 | | 6.8～8.5 | 9.5 | | |

氢氧化物沉淀法的选择性较差，因为在某一 pH 值范围内进行沉淀时，往往有许多金属离子同时析出沉淀。为了提高分离的选择性，可结合采用 EDTA、三乙醇胺等掩蔽剂。另外，氢氧化物是无定形沉淀，共沉淀现象较为严重。为了改善沉淀性能，沉淀应在较浓的热溶液中进行，使生成的沉淀含水分较少，结构较紧密，体积较小，吸附的杂质减少。同时，沉淀时加入大量没有干扰作用的盐类，以减少沉淀对其他组分的吸附。沉淀完毕后加入适量热水稀释，使吸附的杂质离开沉淀表面转入溶液，从而获得较纯的沉淀。

(2) 生成硫化物沉淀

常用硫化物沉淀剂是 $H_2S$，常温常压下 $H_2S$ 饱和水溶液的浓度约为 0.1mol/L。溶液中 $[S^{2-}]$ 与 $[H^+]^2$ 成反比，通过控制溶液的酸度，即可调节 $[S^{2-}]$，从而达到沉淀分离硫化物的目的。表 7-16 列出了常见阳离子硫化物的沉淀条件和溶解条件。

**表 7-16　常见阳离子硫化物的沉淀条件和溶解条件**

| 硫化物 | 沉淀时的 pH 值 | 硫化物沉淀条件和溶解条件 |
|---|---|---|
| MnS,FeS | ≥7 | 在中性或碱性溶液中沉淀，易溶于稀 HCl |
| $SnS_2$ | 0.00 | 在 2mol/L HCl 溶液中沉淀，溶于浓 HCl 及碱金属硫化物和多硫化物 |
| SnS | 0.85 | 在 0.25mol/L HCl 溶液中沉淀，溶于 5mol/L HCl 溶液中及多硫化铵溶液中 |
| PbS | 0.10 | 在 1.5mol/L HCl 溶液中沉淀，溶于 4mol/L HCl 溶液中形成 $[PbCl_3]^-$ |
| $Sb_2S_3$,$Sb_2S_5$ | −0.16 | 在 6～5mol/L HCl 溶液中沉淀，溶于 9mol/L HCl |
| $As_2S_3$,$As_2S_5$ | −0.69 | 在 12mol/L HCl 溶液中沉淀，不溶于浓 HCl，溶于 $HNO_3$、$(NH_4)_2CO_3$ 及碱土金属和铵的硫化物和多硫化物溶液 |
| CuS | −0.42 | 在 6～3mol/L HCl 溶液中沉淀，溶于浓 HCl |
| HgS | −0.42 | 在<6mol/L HCl 溶液中沉淀，不溶于浓 HCl，溶于王水及碱金属硫化物溶液，形成络离子 |
| CoS,NiS | 3.50～4.80 | 在乙酸缓冲溶液及碱性溶液中沉淀，沉淀放置后不溶于 2mol/L HCl 溶液中 |
| ZnS | 2.50 | 在乙酸溶液(2mol/L)及甲酸溶液中沉淀，溶于 0.3mol/L HCl 溶液 |
| CdS | 0.70 | 在 0.3mol/L HCl 溶液中沉淀，溶于 3mol/L HCl 溶液中 |

硫化物沉淀分离法的选择性不高。硫化物沉淀大多呈胶状沉淀，其共沉淀现象较严重，还存在后沉淀现象，使分离效果不理想。为此，目前常用硫代乙酰胺（$CH_3CSNH_2$）代替 $H_2S$ 气体作沉淀剂，不仅可改善沉淀性能，而且可避免 $H_2S$ 气体的恶臭味和毒性。

硫化乙酰胺易溶于水，水溶液比较稳定，水解极慢，能放置 2～3 周不变。它在酸性溶液中水解生成硫化氢，在碱性溶液中则生成硫化铵，反应式如下。

$$CH_3CSNH_2+2H_2O \xlongequal{H^+} CH_3COO^-+NH_4^++H_2S$$

$$CH_3CSNH_2+3OH^- \xlongequal{} CH_3COO^-+NH_3+H_2O+S^{2-}$$

由于沉淀剂是在溶液中逐渐均匀地生成的，避免了直接加入沉淀剂时发生局部过浓的现象，因此得到的沉淀性质较好，易于洗涤和过滤。

用硫代乙酰胺作沉淀剂时要注意以下几点。

① 在加入硫代乙酰胺以前，氧化性物质应预先除去，以免部分硫代乙酰胺中的硫被氧化成 $SO_4^{2-}$；

② 硫代乙酰胺的用量应适当过量，使水解后溶液中有足够的 $H_2S$，以保证硫化物沉淀完全；

③ 沉淀作用应在沸水浴中加热进行，并且应该在沸腾的温度下经过适当长的时间，以促进硫代乙酰胺的水解，保证硫化物沉淀完全。

（3）生成硫酸盐沉淀

用 $H_2SO_4$ 作沉淀剂可将 $Ca^{2+}$、$Sr^{2+}$、$Ba^{2+}$、$Ra^{2+}$、$Pb^{2+}$ 沉淀出来，从而与其他金属离子分离。其中 $CaSO_4$ 的溶解度较大，加入适量乙醇可降低其溶解度。必须注意，$H_2SO_4$ 的浓度不能太高，否则由于形成 $M(HSO_4)_2$ 而使溶解度增大。

（4）生成其他沉淀

其他沉淀生成条件见表 7-17。

2. 利用有机沉淀剂进行分离

有机沉淀剂是一些能与无机离子作用，生成难溶于水但易溶于有机溶剂的螯合物或离子缔合物沉淀。有机试剂的特点是品种多，性质各异，具有良好的选择性；沉淀的溶解度一般很小；沉淀对

**表 7-17 其他沉淀生成条件**

| 沉淀物 | 沉淀剂 | 被沉淀离子 | 沉淀条件 | 注意事项 |
|---|---|---|---|---|
| 氟化物 | HF 或 $NH_4F$ | $Ca^{2+}$、$Sr^{2+}$、$Mg^{2+}$、$Th^{4+}$、稀土元素 | | |
| 磷酸盐 | $PO_4^{3-}$ | Zr、Hf | $(1+9)H_2SO_4$ | 加 $H_2O_2$ 可防止 Ti 沉淀 |
| | | $Bi^{3+}$ | $(1+75)HNO_3$ | |
| 氯化物 | $Cl^-$ | $Ag^+$、$Hg_2^{2+}$、$Pb^{2+}$ | | $PbCl_2$ 溶解度较大，可溶于热稀乙酸溶液 |
| 冰晶石 | NaF | $Al^{3+}$ | pH=4.5 | 天然的 $Na_3AlF_6$ 称为冰晶石 |

无机杂质的吸附能力小，易于获得纯净的沉淀，且沉淀几乎都是晶形结构，易于过滤和洗涤；沉淀的分子量大，被测组分在称量形式物质中占的百分比小，有利于提高分析的准确度；有机沉淀物组成恒定，经烘干后即可称量。有机沉淀剂进行沉淀分离的效果和选择性远优于无机沉淀剂，所生成的内络盐也大都具有颜色，因此目前被广泛应用于实验分析中。

有机沉淀剂与金属离子形成的沉淀有三种类型，即螯合物沉淀、缔合物沉淀和三元配合物沉淀。

(1) 形成螯合物沉淀

具有—COOH、—OH、=NOH、—SH、—$SO_3H$ 等官能团的有机沉淀剂，这些官能团中的 $H^+$ 可被金属离子置换，而沉淀剂中另外的官能团有能与金属离子形成配位键的原子。因而，这种沉淀剂可与金属离子形成具有五元环或六元环的稳定的螯合物。例如，8-羟基喹啉与镁离子反应生成 8-羟基喹啉镁沉淀

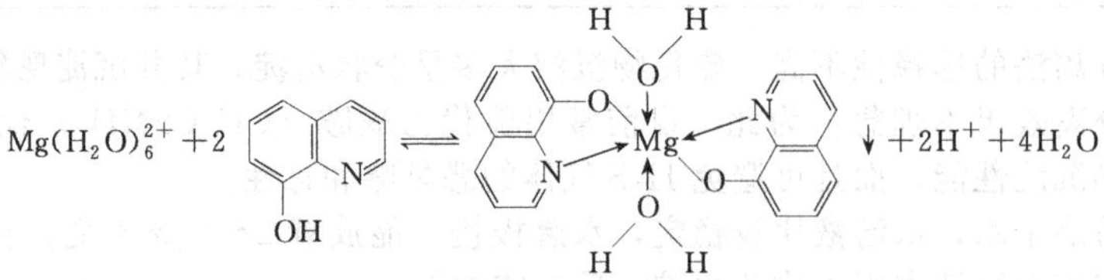

生成的螯合物 8-羟基喹啉镁不带电荷，又有疏水基团——萘基，故微溶于水，易溶于适当的有机溶剂，能被该有机溶剂萃取。所以有机沉淀剂往往又是萃取剂。

(2) 形成缔合物沉淀

此类有机沉淀剂在水溶液中离解成带电荷的大体积离子，与带不同电荷的金属离子或金属配位离子缔合，成为不带电荷的难溶于水的中性分子而沉淀。例如，四苯硼钾形成沉淀的反应如下：

$$B(C_6H_5)_4^- + K^+ = KB(C_6H_5)_4 \downarrow$$

(3) 形成三元配合物沉淀

被沉淀组分与两种不同的配位体形成三元混配合物和三元离子缔合物。例如，在 HF 溶液中，硼与 $F^-$ 和二安替比林甲烷及其衍生物生成三元离子缔合物。

常用的有机沉淀剂见表 7-18。

**表 7-18 常用的有机沉淀剂**

| 试剂名称 | 结构式或分子式 | 溶液的酸碱性 | 被沉淀离子 | 备注 |
|---|---|---|---|---|
| 丁二酮肟 | $CH_3-C=NOH$<br>$CH_3-C=NOH$ | pH>5 或氨性溶液范围到 0.5mol/L HCl 范围 | …$Ni^{2+}$<br>…$Pd^{2+}$ | $Pt^{2+}$ 和 $Bi^{3+}$（pH 为 8.5）也生成沉淀。与 $Cu^{2+}$、$Co^{2+}$、$Zn^{2+}$ 等所成螯合物可溶于水 |
| 二乙基二硫代氨基甲酸钠 | 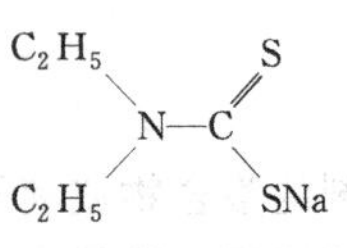 | 各种 pH 值 | $Ag^+$、$Hg^{2+}$、$Pb^{2+}$、$Bi^{3+}$、$Cd^{2+}$、$Cu^{2+}$、$As^{3-}$、$Sb^{3+}$ | |

续表

| 试剂名称 | 结构式或分子式 | 溶液的酸碱性 | 被沉淀离子 | 备注 |
|---|---|---|---|---|
| 二苦胺 | 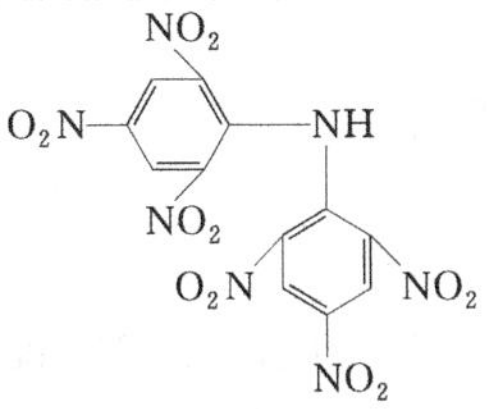 | | $K^+$ | 多种金属离子也沉淀。用于与 $Na^+$ 分离 |
| 水杨醛肟 | 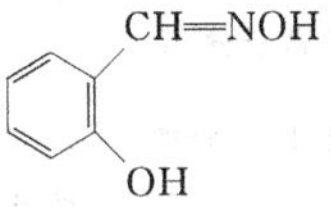 | pH 值为 5.1～5.3(乙酸盐) | $Bi^{3+}$ | 与 $Sb^{3+}$ 分离 |
| | | pH 值为 2.5～3 | $Cu^{2+}$、$Pd^{2+}$ | $Ag^+$、$Pb^{2+}$、$Co^{2+}$、$Zn^{2+}$、$Fe^{2+}$ 不沉淀,如小心进行可与 $Ni^{2+}$ 分离,$Fe^{3+}$ 被共沉淀 |
| | | 酸性 | $Pd^{2+}$、$Pb^{2+}$ | 与 $Pt^{2+}$、$Ag^+$、$Zn^{2+}$、$Cd^{2+}$ 分离 |
| 丹宁(鞣酸) | $C_{14}H_{10}O_9$ | 形成相应的含水氧化物的 pH | $Nb^{5+}$ 和 $Ta^{5+}$ 可相互分离,并与 $Zn^{2+}$、$Th^{4+}$、$Al^{3+}$ 分离;$Ti^{4+}$ 与 $Zn^{2+}$ 分离;$UO_2^{2+}$ 与 $Nb^{5+}$、$Ta^{5+}$、$Ti^{4+}$ 分离;$Al^{3+}$ 与 $Be^{2+}$ 分离;$Ga^{3+}$ 与 $Zn^{2+}$、$Ni^{2+}$、$Be^{2+}$、$Th^{4+}$ 等分离;$Zr^{4+}$ 与 $UO_2^{2+}$、$VO_3^-$、$Th^{4+}$ 分离 | 利用丹宁的带阴电胶体与 Nb、Ta 等带阳电的含水氧化物的凝聚作用 |
| 四苯硼酸钠 | $Na^+B(C_6H_5)_4^-$ | <0.1mol/L(无机酸)或乙酸酸性 | $K^+$ | 也可沉淀 $NH_4^+$、$Rb^+$、$Cs^+$、$Cu^+$、$Hg^+$、$Ag^+$ 和 $Tl^+$ |
| 2-安息香酮肟 | 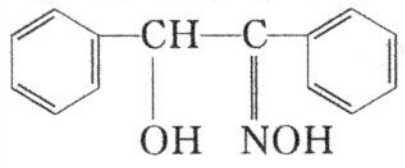 | 氨性溶液 2mol/L($H_2SO_4$) | $Cu^{2+}$<br>$MoO_4^{2-}$、$WO_4^{2-}$ | |
| 连苯三酚 | 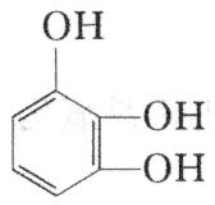 | 无机酸 | $Sb^{3+}$,$Bi^{3+}$ | 没食子酸可用于将 $Bi^{3+}$ 与 $Pb^{2+}$、$Cu^{2+}$、$Fe^{3+}$ 等分离,$Sb^{3+}$、$Sn^{2+}$,$Sn^{4+}$、$Hg^{2+}$、$Ag^+$ 有干扰 |
| 辛可宁 | | 无机酸 | 定量沉淀钨酸 | |
| 1-亚硝基-2-萘酚 | 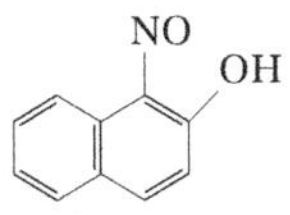 | 微酸性(无机酸) | $Co^{2+}$、$Fe^{3+}$、$Cr^{3+}$、$WO_4^{2-}$、$UO_2^{2+}$、$VO_3^-$、$Sn^{4+}$、$Ti^{4+}$、$Ag^+$、$Bi^{3+}$、$Cu^{2+}$、$Pd^{2+}$ 等 | 用于分离 $Co^{2-}$ |
| 杏仁酸(苦杏仁酸、苯乙醇酸) | 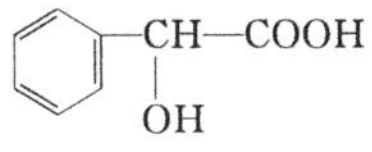 | 强酸性(HCl) | $Zr^{4+}$、$Hf^{4+}$、$Sc^{4+}$、$Pb^{2+}$、$Pu^{4+}$ | 与大多数金属离子(如 $Fe^{3+}$、$Ti^{4+}$、$Al^{3+}$、$V^{5+}$、$Sn^{4+}$、$Bi^{3+}$、$Sb^{3+}$、$Ba^{2+}$、$Ca^{2+}$、$Cr^{3+}$、$Cu^{2+}$、$Ce^{4+}$ 等)分离,也可沉淀 $Pu^{4+}$、$Sc^{4+}$ 和稀土元素离子。也可用对溴杏仁酸 |
| *N*-苯甲酰-*N*-苯胲(钽试剂) | 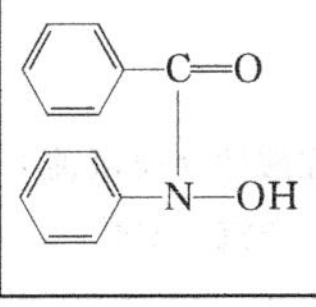 | 各种 pH 值 | $Al^{3+}$、$Be^{2+}$、$Bi^{3+}$、$Ce^{3+}$、$Ce^{4+}$、$Co^{2+}$、$Cu^{2+}$、$Ga^{3+}$ | |

续表

| 试剂名称 | 结构式或分子式 | 溶液的酸碱性 | 被沉淀离子 | 备注 |
|---|---|---|---|---|
| 苯并三唑 | 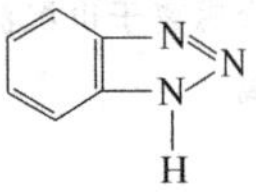 | pH 值为 7～8.5(酒石酸盐-乙酸盐) | $Cu^{2+}$、$Cd^{2+}$、$Co^{2+}$、$Fe^{2+}$、$Ni^{2+}$、$Ag^{+}$、$Zn^{2+}$ 部分或完全沉淀 | |
| | | 氨性,EDTA | $Ag^{+}$ | |
| | | HAc-$Ac^{-}$ | $Os^{4+}$、$Pd^{2+}$ | |
| 苯胂酸 | 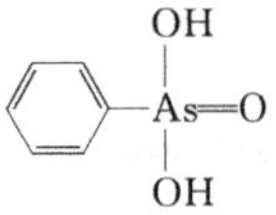 | 1mol/L HCl | $Zr^{4+}$ | 与 $Al^{3+}$、$Bi^{3+}$、$Be^{2+}$、$Cu^{2+}$、$Fe^{3+}$、$Mn^{2+}$、$Ni^{2+}$、$Zn^{2+}$ 及稀土元素离子分离 |
| | | 1mol/L HCl+水 | $Zr^{4+}$ | 与 $Ti^{4+}$ 分离 |
| | | 乙酸盐缓冲液 | $Ti^{4+}$、$Zr^{4+}$、$Hf^{4+}$ | 与 $Al^{3+}$、$Cr^{3+}$、稀土元素离子分离 |
| | | pH 值为 5.1～5.3,加 $CN^{-}$ | $Bi^{3+}$ | 与 $Co^{2+}$、$Cd^{2+}$、$Cu^{2+}$、$Ag^{+}$、$Ni^{2+}$、$Hg^{2+}$ 分离 |
| 邻氨基苯甲酸 | 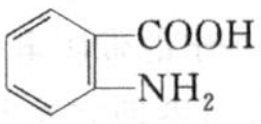 | 弱酸 | $Cd^{2+}$、$Co^{2+}$、$Cu^{2+}$、$Fe^{2+}$、$Fe^{3+}$、$Pb^{2+}$、$Mn^{2+}$、$Hg^{2+}$、$Ni^{2+}$、$Ag^{+}$、$Zn^{2+}$ | |
| 8-羟基喹啉 | 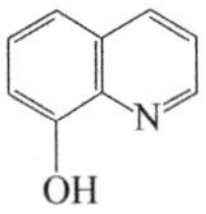 | 各种 pH 值 | $Cu^{2+}$、$Be^{2+}$、$Mg^{2+}$、$Zn^{2+}$、$Ca^{2+}$、$Sr^{2+}$、$Ba^{2+}$、$Al^{3+}$、$In^{3+}$、$Ca^{3+}$、$Ti^{4+}$、$Sn^{2+}$、$Pb^{2+}$ | |
| 硫氰酸盐与有机碱 | | | $Zn^{2+}$、$Cd^{2+}$、$Cu^{2+}$ 及其他二价金属 | 与吡啶、喹啉、异喹啉、联苯联、乙二胺及其他有机碱和硫氰酸钾(或钠)生成 $ML_n(SCN)_2$ 沉淀,如仅用硫氰酸钾(或钠)则只沉淀 $Cu^{2+}$ |
| 硫脲 | 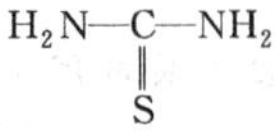 | 酸性 | $Pd^{2+}$、$Cd^{2+}$、$Tl^{+}$ 等 | |
| 巯乙酰基-2-萘胺 | 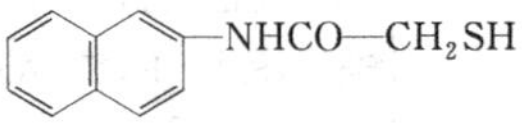 | 0.1mol/L HCl | $Sb^{3+}$、$As^{3+}$、$Sn^{4+}$、$Bi^{3+}$、$Cu^{2+}$、$Hg^{2+}$、$Ag^{+}$、$Au^{3+}$ 及铂族金属离子 | 作用似 $H_2S$,易氧化 |
| | | 酒石酸盐用 $Na_2CO_3$ 碱化 | $Au^{3+}$、$Cu^{2+}$、$Hg^{2+}$、$Cd^{2+}$、$Tl^{+}$ | |
| | | 氰化碱-酒石酸盐 | $Au^{3+}$、$Tl^{+}$、$Sn^{4+}$、$Pb^{2+}$、$Sb^{3+}$、$Bi^{3+}$ | |
| | | NaOH-氰化物-酒石酸盐 | $Tl^{+}$ | |
| α-巯基乙酰苯胺氨基甲酸酯 | 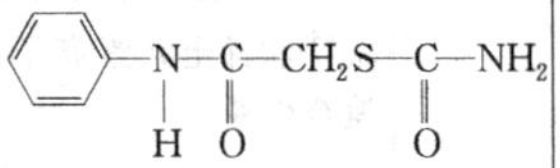 | 柠檬酸铵 | $Co^{2+}$、$Sb^{3+}$、$Cu^{2+}$ | 可用于分离 $Co^{2+}$,但 $Ni^{2+}$ 和 $Fe^{3+}$ 部分被沉淀 |
| 巯基苯并噻唑 | 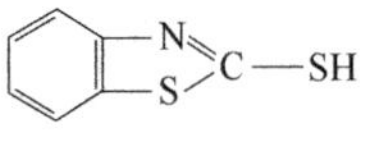 | 弱酸或氨性 | 许多金属离子 | 先在酸性介质沉淀 $Cu^{2+}$,继在氨性介质沉淀 $Cd^{2+}$ |

续表

| 试剂名称 | 结构式或分子式 | 溶液的酸碱性 | 被沉淀离子 | 备注 |
|---|---|---|---|---|
| 8-巯基喹啉 | 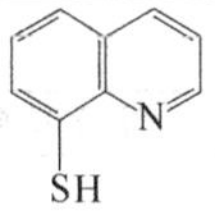 | 各种 pH 值 | $Ag^+$、$Cu^{2+}$、$An^{3+}$、$Zn^{2+}$、$Cd^{2+}$、$Hg^{2+}$、$Hg_2^{2+}$、$Ti^{3+,4+}$、$Pb^{2+}$、$As^{3+,5+}$、$Sb^{3+,5+}$、$Bi^{3+}$、$V^{4+,5+}$、$MoO_4^{2-}$、$WO_4^{2-}$、$Fe^{2+,3+}$、$Co^{2+}$、$Ni^{2+}$、$Mn^{2+}$ | |
| 联苯胺 | 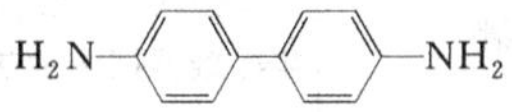 | | $SO_4^{2-}$ | 沉淀为 $C_{12}H_{12}N_2 \cdot H_2SO_4$<br>4-氯-4′-氨基联苯与 $SO_4^-$ 形成的沉淀溶解度较联苯胺的小 |
| 5,6-苯并喹啉 | 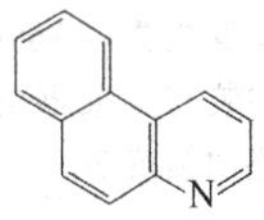 | 弱酸性<br>强酸性 | $MoO_4^{2-}$<br>$WO_4^{2-}$ | 用以分离 $MoO_4^{2-}$ 和 $WO_4^{2-}$，试剂的 $RH^+$ 离子可与 $Bi^{3+}$、$Cd^{2+}$、$Cu^{2+}$、$Fe^{3+}$、$Hg^{2+}$、$UO_2^{2+}$ 和 $Zn^{2+}$ 的卤素和硫氰酸络离子形成沉淀，$Cd^{2+}$ 以络碘离子沉淀 |
| 硝酸试剂 | 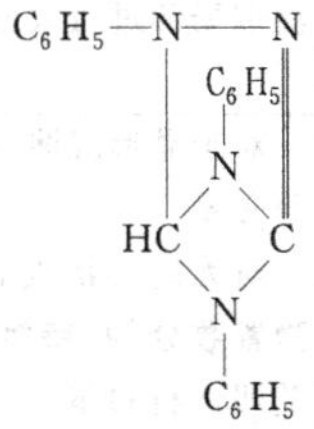 | | $NO_3^-$、$ClO_4^-$、$ReO_4^-$、$WO_4^{2-}$ | 沉淀成 $C_{20}H_{16}N_4 \cdot HNO_3$ 形式，$Br^-$、$I^-$、$SCN^-$ 等有干扰 |
| 喹哪啶酸 | 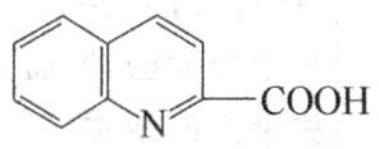 | 弱酸性 | $Cu^{2+}$、$Cd^{2+}$、$Zn^{2+}$ 及 $Co^{2+}$、$Fe^{2+,3+}$、$Pb^{2+}$、$Hg^{2+}$、$MoO_4^{2-}$、$Ni^{2+}$、$Pd^{2+}$、$Ag^+$、$W^{6+}$、$Al^{3+}$、$Th^{4+}$ 等 | 调节 pH 值可在 $Cd^{2+}$、$Ni^{2+}$、$Co^{2+}$ 和 $Pb^{2+}$ 等离子存在下沉淀 $Cu^{2+}$，在硫脲存在下可在 $Cu^+$、$Hg^{2+}$、$Ag^+$ 等离子存在时沉淀 $Zn^{2+}$ |
| 喹啉-8-羧酸 |  | | $Cu^{2+}$ 及其他二价金属离子 | |
| 氯化四苯钟 | $(C_6H_5)_4AsCl$ | HCl | $ClO_4^-$、$ReO_4^-$、$MoO_4^{2-}$、$WO_4^{2-}$、$HgCl_4^{2-}$、$SnCl_6^{2-}$、$CdCl_4^{2-}$、$ZnCl_4^{2-}$、$AuCl_4^-$ 等 | 为阴离子沉淀剂，沉淀形式为四苯钟盐，例如 $[(C_6H_6)_4As]_2HgCl_4$ |
| 铋试剂Ⅱ | 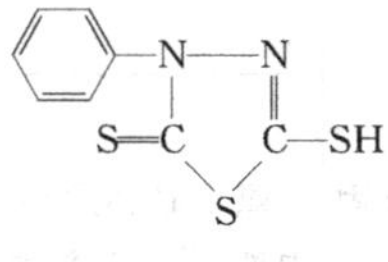 | 0.1mol/L HCl 弱酸性和中性 | $Bi^{3+}$、$As^{3+,5+}$、$Sb^{3+,5+}$，许多重金属离子 | |
| 铜铁试剂 | 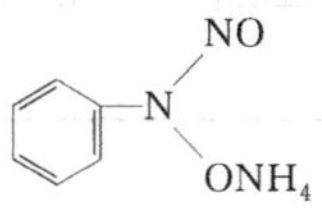 | 0.6～2mol/L HCl 或 1.8～2mol/L $\left(\frac{1}{2}H_2SO_4\right)$ | $Nb^{5+}$、$Ta^{5+}$、$Zr^{4+}$、$Ti^{4+}$、$Sn^{4+}$、$Ce^{4+}$、$WO_4^{2-}$、$VO_3^-$、$Fe^{3+}$、$Ga^{3+}$、$U^{4+}$ | 与 $Al^{3+}$、$Co^{2+}$、$Ni^{2+}$、$Mn^{2+}$、$UO_2^{2+}$、$Cr^{3+}$ 分离 |
| 靛红-β-肟 | | 乙酸盐缓冲液或酒石酸盐溶液 | $U^{4+}$ | 与 $Mg^{2+}$、$Mn^{2+}$、$Zn^{2+}$、$Cd^{2+}$、$Ni^{2+}$、$Co^{2+}$ 分离 |

3. 沉淀分离操作

沉淀分离操作见表7-19。

**表7-19 沉淀分离操作**

| 步骤 | 仪器 | 操作要点 | 简要说明 | 现象 | 注意事项 |
|---|---|---|---|---|---|
| 选择沉淀剂 | | 无机物根据溶解度<br>有机物要考虑选择性 | 选用无机沉淀剂时首要考虑的是残留在沉淀中的沉淀剂要易于除去 | | |
| 选择溶剂 | | 无机物一般用水作溶剂,并可根据具体情况调pH<br>有机物根据样品和沉淀性质选择 | 沉淀反应一般宜在稀溶液中进行,但过稀了沉淀溶解过多损失太大 | 溶液要澄清 | 若用有机溶剂为避免溶剂挥发损失,甚至引发事故,应装冷凝器回流加热溶解 |
| 溶解样品 | 锥形瓶、烧杯玻璃棒 | 1. 样品置于烧杯中<br>2. 加适量溶剂在搅拌下加热溶解 | 一般在稀溶液中进行,但也不宜太稀,以免沉淀溶解过多,故溶剂要适量 | 溶解至溶液完全清亮透明 | 若使用有机溶剂,为避免溶剂挥发损失、甚至引发事故,应在装有冷凝器的锥形瓶中回流加热溶解 |
| 沉淀 | 锥形瓶、烧杯、玻璃棒 | 在不断搅拌下将沉淀剂溶液逐滴加到样品溶液中 | 1. 沉淀剂要用同样溶剂先配制成稀溶液<br>2. 沉淀要在稀溶液中进行,可减少对杂质的吸附,有利于形成较大颗粒沉淀 | 有沉淀生成 | 为使沉淀纯净,一定要在不断搅拌下滴加沉淀剂,防止沉淀剂局部过量太多 |
| 陈化 | | 将沉淀在母液中静置一段时间 | 1. 陈化过程可使沉淀晶形完整、纯净,使微小晶体溶解,大粒晶体长大<br>2. 加热、搅拌可加速陈化过程 | | 对于晶形沉淀、陈化过程十分必要<br>对无定形沉淀,不必陈化,静置数分钟,待沉淀下沉后,随即进行过滤。这类沉淀放置时间过长会失去水分聚集得十分紧密,反而不易洗涤除去吸附的杂质 |
| 过滤与洗涤 | 多孔滤器,抽滤瓶、水减压泵、玻璃棒 | 1. 安装好抽滤装置<br>2. 漏斗中平铺一张滤纸,其直径略小于漏斗<br>3. 用少量溶剂润湿滤纸,抽气将其吸紧<br>4. 借助玻璃棒将沉淀与母液分批转移至漏斗中,减压抽滤至干<br>5. 用溶剂洗涤沉淀2～3次 | 1. 粘在烧杯上的沉淀要用滤液洗至漏斗中<br>2. 洗涤沉淀的溶剂一般就用溶解样品时的溶剂,或是用沉淀饱和了的溶剂<br>3. 也可用倾析法过滤、洗涤,最后再转至漏斗中<br>4. 在漏斗洗涤时要先停止抽气、通大气,加入洗涤剂后小心将沉淀物搅动至全部润湿,静置片刻后再减压抽干 | | 洗涤时溶剂宜少量多次,每次抽干后再加第二次<br>在漏斗中洗涤沉淀时,可用玻璃棒搅动沉淀,一定要小心操作,不要搅破滤纸 |
| 干燥 | 表面皿、干燥器、红外灯、烘箱 | 1. 将沉淀连用滤纸从漏斗中取出,置于表面皿上<br>2. 干燥——晾、烘或在干燥器中干燥 | 若沉淀物为分离除去的杂质,则弃去<br>若沉淀为待纯化物,则根据沉淀性质采用不同方法干燥,以获得纯品 | 干燥的固态纯品 | 烘干时必须小心监控加热温度,并不断翻动,以免熔化 |

4. 共沉淀分离

共沉淀对于沉淀分离属于不利因素，但是它可以用于微量组分的分离。在待测沉淀的微量组分试液中，加入某些其他离子和该离子的沉淀剂时，使之生成沉淀（称为载体或称共沉淀剂），并使微量组分定量地共沉淀下来。再将沉淀溶解在少量的溶剂之中，以达到分离目的，这种方法称为共沉淀分离法。

在共沉淀分离中所用的共沉淀剂要满足以下几个要求：

① 所产生的沉淀溶解度小，沉淀速度快；

② 对欲富集的痕量组分回收率高；

③ 沉淀便于与母液分离，洗涤；

④ 能够很方便地消除或本身对待测元素的后续测定不产生影响；

⑤ 根据单元素或多元素同时分离选择载体；

⑥ 尽量减少载体用量。

共沉淀剂可以是无机物也可以是有机物。

(1) 用无机共沉淀剂进行共沉淀分离

对于微量的重金属离子，可以利用 $Fe(OH)_3$、$Al(OH)_3$、$MnO(OH)_2$、PbS、$SnS_2$ 等难溶氢氧化物或硫化物作载体，进行共沉淀分离。例如，在含微量 $UO_2^{2+}$ 的试液中加入 $Fe^{3+}$，用氨水使 $Fe^{3+}$ 以 $Fe(OH)_3$ 沉淀析出。由于吸附层为 $OH^-$，使沉淀带有负电荷，试液中的 $UO_2^{2+}$ 作为抗衡离子被 $Fe(OH)_3$ 吸附后，随 $Fe(OH)_3$ 共沉淀下来，从而达到 $UO_2^{2+}$ 的分离目的。

如果待分离的微量组分 M 与载体 NL 沉淀中的 N 的半径相似、电荷相同并且 NL 和 ML 晶型相同时，则 ML 可以以混晶形式与 NL 共沉淀下来。例如，用 $BaSO_4$ 作载体，使微量 $Ra^{2+}$ 形成 $BaSO_4$-$RaSO_4$ 混晶共沉淀出来，达到 $Ra^{2+}$ 的分离目的。

表 7-20 列出了一些氢氧化物和硫酸盐共沉淀剂。

**表 7-20　一些氢氧化物和硫酸盐共沉淀剂**

| 无机共沉淀剂 | 沉淀条件 | 可富集的元素 |
|---|---|---|
| $Fe(OH)_3$ | pH=5.8～8.0 | 微量 Al |
| | pH=8～9 | 定量富集微量 As |
| | pH=7.9～9.5 | 完全回收微量 Co |
| | pH=4～6,30～80℃ | 定量富集 Se、Te(形成硒酸铁和碲酸铁沉淀) |
| | pH>3.2,5mol/L $NH_4NO_3$ | 定量回收毫克原子量级的 Ti |
| | pH=2.0～2.8 | 从 Sc 中定量分离 Ti |
| | 1mol/L $KNO_3$,80～90℃ | |
| | pH=7～9 | $UO_2^{2+}$ |
| $Zr(OH)_4$ | pH=7～7.5 | 微量 Al(与 Mg 和碱土金属分离) |
| | pH=8～13,$KNO_3$,$NaClO_4$ | 定量富集微量 Co |
| | pH=9.0(氨性溶液) | 定量富集微克量的 Pb、Cu |
| | pH=4～9 | Ca(与 In,Tl 分离) |
| $Al(OH)_3$ | pH=8 | 定量富集微量 Be |
| | pH=8.2 | 微量 Bi |
| | pH=5.9 | Co(毫克量 Ni、Cu、Pb、Mn、Cr 存在下) |
| | pH=5～12 | Zn、Ru |
| | pH=7 | 微量 Ga |
| $Mg(OH)_2$ | | 痕量 Mn(从海水和 NaOH 中) |
| $Sn(OH)_4$ | pH=4～8 | 微克量 Fe、Co、Cu、Zn、Cd |
| $MnO(OH)_2$ | $[H^+]$=1.5mol/L | 定量富集 Sb(且与 Cu 完全分离) |
| (水合 $MnO_2$) | $[H^+]$=0.008mol/L,有 $Pb^{2+}$ 存在 | 富集 Sb、Sn |
| $BaSO_4$ | pH=7～7.5 有 $Ba^{2+}$ 存在 | 富集 0.0025 微克 P |
| $SrSO_4$ | pH=3.3～3.7 有 $Pb^{2+}$ | 富集 0.0025 微克 P |
| $PbSO_4$ | pH=1～3($H_2SO_4$) | 分离微克量 Se |

一般而言，无机共沉淀法的选择性不高，并且无机共沉淀剂挥发性较差，分离后常引入大量载体。

(2) 用有机共沉淀剂进行共沉淀分离

在微量组分的分离中常使用有机共沉淀剂。例如，欲分离溶液中微量 $Zn^{2+}$，可在酸性条件下加入大量的 $SCN^-$ 和甲基紫（MV）。在酸性介质中 MV 质子化成带正电荷的 $MVH^+$，与 $SCN^-$ 形成难溶的缔合物 $MVH^+ \cdot SCN^-$，该沉淀作为载体可将 $Zn(SCN)_4^{2-}$ 与 $MVH^+$ 形成的缔合物 $Zn(SCN)_4^{2-}(MVH^+)_2$ 共沉淀下来。

与无机共沉淀剂相比，有机共沉淀剂具有以下优点。

① 选择性好。在共沉淀过程中几乎不会吸附不相干的离子。

② 可以从很稀的溶液中把微量组分载带下来。欲分离的组分含量可低至 $10^{-10}$g/mL 或更低仍可得到满意结果。

③ 易于纯制。所得到的沉淀，只需经灼烧即可将有机部分除去，便于测定。

常用有机共沉淀剂及其共沉淀的离子列于表 7-21 中。

**表 7-21 常用有机共沉淀剂及其共沉淀的离子**

| 共沉淀剂 | 被共沉淀的离子 | 共沉淀剂 | 被共沉淀的离子 |
|---|---|---|---|
| 甲基紫-$SCN^-$ | $Cu^{2+}$、$Zn^{2+}$、Mo(Ⅵ)等 | 8-羟基喹啉-β-萘酚 | $Ag^+$、$Cd^{2+}$、$Co^{2+}$、$Ni^{2+}$ |
| 甲基紫-丹宁 | $Be^{2+}$、$TiO^{2+}$、$Sn^{4+}$、$Ce^{4+}$、$Th^{4+}$、$Zr^{4+}$、$Hf^{4+}$、Nb(Ⅴ)、Ta(Ⅴ)、Mo(Ⅵ)、W(Ⅵ) | 双硫腙-2,4-二硝基苯胺 | $Ag^+$、$Cn^{2+}$、$Au^{3+}$、$Zn^{2+}$、$Pb^{2+}$、$Ni^{2+}$、$Co^{2+}$、$Sn^{2+}$、$In^{3+}$ |
| | | 四苯硼酸铵 | $K^+$ |

5. 均匀沉淀法

为了减少其他元素的共沉淀以及改善沉淀的物理性质，可采用均匀沉淀法。

均匀沉淀法又称均相沉淀法。是通过在溶液中加入能产生沉淀剂的化学试剂，使得通过化学反应均匀而缓慢地、有控制地产生出沉淀剂，进而缓慢均匀地产生沉淀的方法。这样就完全避免了沉淀剂局部过浓现象，可获得较粗大的晶粒，减少表面吸附的杂质，不需陈化，易于过滤和洗涤。

均匀沉淀法按沉淀途径的不同可以分成四类：

(1) 逐渐改变溶液的 pH 值，使欲沉淀物质的溶解度缓慢地降低，渐渐沉淀析出；

(2) 利用适当的反应，在溶液中缓缓地产生出沉淀剂；

(3) 将溶液与沉淀剂在某种能与水混溶的溶剂中混合，再慢慢蒸去溶剂，使之在缓冲条件下实现均相沉淀；

(4) 破坏可溶性的络合物，使产生不溶解的物质。

均匀沉淀法可用于以下几个方面：

(1) 发展和改善重量分析的方法；

(2) 作为主要成分的分离方法；

(3) 分离化学性质相近似的物质，如 Zr 与 Hf 的分离、稀土元素的分离等；

(4) 研究共沉淀现象。

表 7-22 列出了某些均匀沉淀类型及其应用。

**表 7-22 某些均匀沉淀类型及其应用**

| 沉淀类型 | 试剂 | 被沉淀离子 |
|---|---|---|
| 氢氧化物和碱式盐 | 尿素 | $Al^{3+}$,$Ca^{2+}$,$Fe^{3+}$,$Ga^{3+}$,Sb(Ⅱ,Ⅳ),$Th^{4+}$,$Zn^{2+}$,Zr(Ⅳ),$RE^{3+}$ |
| | 乙酰胺 | $Ti^{4+}$ |
| | EDTA | $Fe^{3+}$ |
| | 六亚甲基四胺 | $Bi^{3+}$,$Cd^{2+}$,$Cu^{2+}$,$Pb^{2+}$,$Th^{4+}$ |
| | 安息香酸胺 | $Fe^{3+}$ |
| | 氧化锌悬浊液 | $Fe^{3+}$ |
| 草酸盐 | 草酸二甲酯 | $Al^{3+}$,$Ca^{2+}$,$Ce^{4+}$,$RE^{3+}$,$U^{4+}$ |
| | 草酸二乙酯 | $Ca^{2+}$,$Mg^{2+}$,$Th^{4+}$,$Zn^{2+}$,$RE^{3+}$ |
| | 尿素,草酸盐 | $Ca^{2+}$ |
| | EDTA,草酸盐 | $Ce^{3+}$,$Th^{4+}$,$Y^{3+}$ |
| 磷酸盐 | 磷酸三甲酯 | Zr(Ⅳ) |
| | 磷酸三乙酯 | Hf(Ⅳ),Zr(Ⅳ) |
| | 焦磷酸四乙酯 | Zr(Ⅳ) |
| | 偏磷酸 | Zr(Ⅳ) |
| 硫酸盐 | 硫酸二甲酯 | $Ba^{2+}$,$Ca^{2+}$,$Sr^{2+}$,$Pb^{2+}$ |
| | 尿素,硫酸盐 | $Al^{3+}$,$Ga^{3+}$,Sn(Ⅳ),$Th^{4+}$ |
| | 氨基磺酸 | $Ba^{2+}$ |
| | 硫酸甲酯-钾盐 | $Ba^{2+}$ |
| | EDTA,过硫酸铵 | $Ba^{2+}$ |

续表

| 沉淀类型 | 试剂 | 被沉淀离子 |
|---|---|---|
| 硫化物 | 硫代乙酰胺 | As(Ⅲ,Ⅴ), $Bi^{3+}$, $Cd^{2+}$, $Cu^{2+}$, Fe(Ⅱ,Ⅲ), $Hg^{2+}$, $Mn^{2+}$, Mo(Ⅵ), $Pb^{2+}$, Sn(Ⅱ,Ⅳ) |
| | 硫脲 | W(Ⅵ), $Cd^{2+}$, $Cu^{2+}$, $Hg^{2+}$, $Pb^{2+}$ |
| | 硫代硫酸铵 | $Cd^{2+}$, $Cu^{2+}$, $Bi^{3+}$, $Pb^{2+}$ |
| | 巯基乙酸 | $Cd^{2+}$, $Cu^{2+}$, $Bi^{3+}$, $Pb^{2+}$ |
| | 三硫代碳酸($H_2CS_3$) | $Cu^{2+}$, $Zn^{2+}$, Mo(Ⅵ) |
| | 硫代甲酰胺 | As(Ⅲ,Ⅴ), $Cu^{2+}$, $Ir^{3+}$, $Pd^{2+}$, Pt(Ⅱ,Ⅳ), $Rh^{3+}$ |
| 碳酸盐 | 三氯乙酸 | $La^{3+}$, $Ce^{3+}$, $Pr^{3+}$, $Nd^{3+}$, $Sm^{3+}$ |
| 氯化物 | 氯化物,乙酸-2-羟基乙酯 | $Ag^{+}$ |
| 砷酸盐 | 亚砷酸盐,硝酸 | Zr(Ⅳ) |
| | 砷酸盐 | As(Ⅲ,Ⅴ), Hf(Ⅳ), Zr(Ⅳ) |
| 碘酸盐和高碘酸盐 | 碘,氯酸盐 | $Th^{4+}$, Zr(Ⅳ) |
| | 高碘酸盐,乙酰胺 | $Fe^{3+}$, $Th^{4+}$, Zr(Ⅳ) |
| | 高碘酸盐,乙酸-2-羟基乙酯 | $Th^{4+}$, $Fe^{3+}$ |
| | 高碘酸盐,二乙酸亚乙酯 | $Th^{4+}$ |
| | 酒石酸,过氧化氢,高碘酸钾 | $Ce^{4+}$ |
| | 溴酸盐,碘酸钾 | |
| 溴酸盐 | 溴化物,溴酸 | $Bi^{3+}$ |
| 铬酸盐 | 尿素,重铬酸盐或铬酸盐 | $Ba^{2+}$ |
| | 溴酸盐,$Cr^{3+}$ | $Pb^{2+}$ |
| 苦杏仁酸盐 | 苦杏仁酸 | Zr(Ⅳ), $RE^{3+}$ |
| 四氯邻苯二甲酸 | 四氯邻苯二甲酸 | $Th^{4+}$ |
| 螯合物 | 丁二肟 | $Ni^{2+}$ |
| | 苯并三唑 | $Ag^{+}$, $Cu^{2+}$ |
| | 1-亚硝基-2-萘酚 | $Co^{2+}$ |

6. 盐析法

在溶液中加入中性盐使固体溶质沉淀析出的过程称为盐析。许多生物物质的制备过程都可以用盐析法进行沉淀分离，如蛋白质、多肽、多糖、核酸等。盐析法在蛋白质的分离中应用最为广泛。因为共沉淀的影响，盐析法的分辨率不高，但由于它成本低，操作简单安全，对许多生物活性物质有稳定作用，在生化分离中仍十分有用。

用于盐析的中性盐有硫酸盐、磷酸盐、氯化物等，其中硫酸铵、硫酸钠用得最多，尤其适用于蛋白质的盐析。盐析条件通过改变离子强度（盐的浓度）、pH 值和温度来选定。

7. 等电点沉淀法

两性电解质分子在电中性时溶解度最低，利用不同的两性电解质分子具有不同的等电点而进行分离的方法称为等电点沉淀法。氨基酸、核苷酸和许多同时具有酸性和碱性基团的生物小分子以及蛋白质、核酸等生物大分子都是两性电解质，控制在等电点的 pH 值，加上其他的沉淀因素，可使其以沉淀析出。此法常与盐析法、有机溶剂和其他沉淀剂一起使用，以提高分离能力。

## 四、挥发与蒸馏

挥发与蒸馏分离法是利用化合物挥发性的差异来进行分离的方法。通常，以气态形式挥发除掉干扰组分的方法称为挥发分离法；把挥发的被测组分用适当的方式收集起来的方法称为蒸馏分离法。

1. 挥发分离法

挥发分离法的主要依据是不同物质具有不同的挥发性，挥发方法实质上都是基于加热。为了实现挥发分离，有些是直接加热，有些则需要加入适宜试剂。实际上，有些挥发分离过程就是测量过程。

表 7-23 列出了常用的挥发分离法应用实例。

**表 7-23 挥发分离法应用实例**

| 测定项目 | 条件、反应 | 注 |
| --- | --- | --- |
| 蒸发残渣 | 样品置于在105℃±2℃烘至质量恒定的蒸发皿中，在适当温度的水浴上蒸干，并于105℃±2℃烘至质量恒定 | GB 9740<br>本法适用于在沸水浴温度下可以挥发并除去主体的化学试剂蒸发残渣的测定 |
| 灼烧残渣 | 样品置于已在650℃±50℃灼烧至质量恒定的坩埚中，缓缓加热，直至样品完全挥发或炭化，冷却，加0.5mL硫酸润湿残渣，继续加热至硫酸蒸气逸尽，在650℃±50℃灼烧至质量恒定 | GB 9741<br>本法适用于能够升华或炭化并在650℃或800℃除去主体的化学试剂灼烧残渣的测定<br>必要时灼烧温度可视需要而定 |
| 水分 | 1. 表面吸附水(如煤中含水量——挥发法)<br>在特殊的通风烘箱中于45～50℃干燥8h，冷至室温，称量。置于通风处(温度20℃，相对湿度65%)，自然干燥8h，再称量、两次称量之差不超过0.3%。否则再风干8h | 煤中水分为游离水和化合水两类，游离水又有表面水和内在水之分，虽然都是用挥发法测定，但条件不同 |
| | 2. 有机物中的水(如谷物中的水——共沸蒸馏法)<br>将谷物置于与水不混溶的液体如苯中，加热蒸馏，水和苯一起蒸出，收集后自然分层，测量水层的量 | 水-苯混合物的沸点为69.13℃，低于苯和水各自的沸点，即可在比水的沸点低很多的温度下，将水与苯同时蒸馏分离出来。本法适用于在高温时容易分解变质的有机物中水分的测定 |
| | 3. 结晶水(如 $BaCl_2 \cdot 2H_2O$ 中水——挥发法)<br>在仅高于水的沸点的温度下烘干，可测吸附水；如在850℃灼烧，则可测结晶水：<br>$BaCl_2 \cdot 2H_2O \xlongequal{} BaCl_2 + 2H_2O\uparrow$ | 如在更高温度长时间加热，则从 $BaCl_2$ 中放出 $Cl_2$ 并转化为氧化钡：<br>$2BaCl_2 + O_2 \xlongequal{} 2BaO + 2Cl_2\uparrow$ |
| 二氧化碳或碳 | 1. 石灰石中的 $CO_2$<br>①900℃灼烧<br>$CaCO_3 \xlongequal{} CaO + CO_2\uparrow$<br>②加酸微沸<br>$CaCO_3 + 2HClO_4 \xlongequal{} Ca^{2+} + 2ClO_4^- + H_2O + CO_2\uparrow$ | 生成的 $CO_2$ 可用苏打石灰吸收<br>不能用 HCl，$HNO_3$——也挥发<br>不能用 $H_2SO_4$——生成 $CaSO_4$，覆盖于表面，难以全部反应 |
| | 2. 铸铁或钢中的碳<br>将样品加热到1150～1250℃，试样中的碳在氧气流中燃烧生成 $CO_2$<br>$C + O_2 \xlongequal{} CO_2\uparrow$<br>$4Fe_3C + 13O_2 \xlongequal{} 6Fe_2O_3 + 4CO_2\uparrow$<br>$Mn_3C + 3O_2 \xlongequal{} Mn_3O_4 + CO_2\uparrow$ | 在专用钢铁定碳仪中用气体容量法测定 $CO_2$<br>先测量生成的 $CO_2$ 和过量 $O_2$ 的总体积；即使此混合气体通过 KOH 溶液吸收除去 $CO_2$，再测剩余的 $O_2$ 的体积<br>钢铁中 S 的测定，也与 C 类似，但因转化难完全，必须用标样对照 |
| | 3. 有机物中的碳<br>如蔗糖在氧气流中燃烧：<br>$C_{12}H_{22}O_{11} + 12O_2 \xlongequal{} 12CO_2 + 11H_2O$ | |
| 氮 | 1. 有机物中的氮<br>先用硫酸对样品进行消化；<br>含氮(N)化合物 + $H_2SO_4 \longrightarrow (NH_4)_2SO_4 + \cdots\cdots$ 将溶液碱化，蒸馏分离 $NH_3$：<br>$(NH_4)_2SO_4 + 2NaOH \xlongequal{} Na_2SO_4 + 2H_2O + 2NH_3\uparrow$<br>用硼酸溶液吸收 $NH_3$，用 HCl 滴定 | GB 5009.5 凯氏定氮法<br>消化时需加接触剂粉：<br>$m(Se) : m(CuSO_4 \cdot 5H_2O) : m(K_2SO_4) = 0.5 : 1 : 20$ |
| 氮 | 2. 无机总氮<br>样品溶液在 NaOH 条件下与定氮合金反应，各种状态的无机氮被还原为 $NH_3$ 蒸馏分离，用比色法测定<br>$NO_3^- + Al + OH^- + H_2O \longrightarrow NH_3 + AlO_2^-$<br>$NO_2^- + Al + OH^- + H_2O \longrightarrow NH_3 + AlO_2^-$ | GB 609<br>无机氮包括 $NO_3^-$、$NO_2^-$、$NH_4^+$ 状态的氮<br>定氮合金为铜、铝、锌合金其 $w(Cu) = 50\%$ $w(Al) = 45\%$ $w(Zn) = 5\%$<br>Zn 的反应亦类同 |
| 砷 | 化学试剂中的微量砷：<br>在酸性介质中用 KI 和 $SnCl_2$ 将 As(Ⅴ)还原为 As(Ⅲ)<br>$As(V) + SnCl_2 \longrightarrow As(III) + Sn(IV)$<br>再用 Zn+HCl 生成的新生态氢还原 $As(III) + Zn + H^+ \longrightarrow AsH_3\uparrow + Zn^{2+}$ 挥发分离的 $AsH_3$ 与 $HgBr_2$ 试纸作用，比色测定 | GB 610 |

2. 无机物的挥发与蒸馏分离

在无机分析中，挥发和蒸馏分离法主要用于非金属元素和少数几种金属元素的分离。例如 Ge、As、Sb、Sn、Se 等的氯化物和 Si 的氟化物都有挥发性，可借控制蒸馏温度的办法把它们从试样中分出。

表 7-24 列出了挥发性元素的挥发形式。表 7-25 为某些元素的挥发和蒸馏分离条件。

**表 7-24 挥发性元素的挥发形式**

| 挥发物 | 元素或离子① |
|---|---|
| 单质 | 惰性气体、氢、氧、卤素(Na、Zn、Hg、Se、Po) |
| 氧化物 | C(Ⅳ)、N(Ⅱ)、S(Ⅳ)、Re(Ⅶ)、Tc(Ⅶ)、Ru(Ⅳ)、Os(Ⅷ)、Se(Ⅳ)、$Mn^{2+}$、Ir(Ⅳ) |
| 氢化物 | N(Ⅲ)、P(Ⅲ)、As(Ⅲ)、Sb(Ⅲ)、O、S、Se、Te、F、Cl、Br、I、($Ge^{4-}$) |
| 氟化物 | B(Ⅲ)、Si(Ⅳ)、[Ge(Ⅳ)] |
| 氯化物 | $Au^{2+}$、$Hg^{2+}$、Ge(Ⅳ)、$Sn^{4+}$、$As^{3+}$、$Sb^{3+}$、$Se^{2+}$、Se(Ⅳ)、Se(Ⅵ)、$Te^{2+}$、Te(Ⅳ)、$TeO_4^{2-}$、(Al、Si、Zr、P、Ta、Fe、Mo) |
| 溴化物 | $Cd^{2+}$、$Sn^{4+}$、Ge(Ⅳ)、$As^{3+}$、$Sb^{3+}$、Se(Ⅳ)、Te(Ⅳ)、(Bi) |
| 碘化物 | $Bi^{3+}$ |
| 挥发性含氧酸或非含氧酸(氢化物) | B(Ⅲ)、C(Ⅳ)、N(Ⅲ)、N(Ⅴ)、$P^{3-}$、$S^{2-}$、S(Ⅳ)、$Se^{2+}$、Se(Ⅳ)、$Te^{2+}$、Te(Ⅳ)、卤素 |
| 挥发性酯等有机物 | B(例如 $CH_3BO_2$)、(Po、$Al^{3+}$) |
| 氯化铬酰 $CrO_2Cl_2$ | Cr(Ⅵ) |

① 在括弧内所注的符号，系指其单质或某些化合物较难挥发的元素。

**表 7-25 某些元素的挥发和蒸馏分离条件**

| 组分 | 挥发性物质 | 分离条件 | 应用 |
|---|---|---|---|
| B | $B(OCH_3)_3$ | 酸性溶液中加甲醇 | B 的测定或去 B |
| C | $CO_2$ | 1100℃通氧燃烧 | C 的测定 |
| Si | $SiF_4$ | $HF+H_2SO_4$ | 去 Si |
| S | $SO_2$ | 1300℃通氧燃烧 | S 的测定 |
| | $H_2S$ | $HI+H_3PO_4$ | S 的测定 |
| Se、Te | $SeBr_4$、$TeBr_4$ | $H_2SO_4+HBr$ | Se、Te 的测定或去 Se、Te |
| F | $SiF_4$ | $SiO_2+H_2SO_4$ | F 的测定 |
| $CN^-$ | HCN | $H_2SO_4$ | $CN^-$的测定 |
| Ge | $GeCl_4$ | HCl 溶液 | Ge 的测定 |
| As | $AsCl_3$、$AsBr_3$、$AsBr_5$ | HCl 溶液或 $HBr+H_2SO_4$ | 去 As |
| As | $AsH_3$ | $Zn+H_2SO_4$ | 微量 As 的测定 |
| Sb | $SbCl_3$、$SbBr_3$、$SbBr_5$ | HCl 或 $HBr+H_2SO_4$ | 去 Sb |
| Sn | $SnBr_4$ | $HBr+H_2SO_4$ | 去 Sn |
| Cr | $CrO_2Cl_2$ | HCl 溶液$+HClO_4$ | 去 Cr |
| Os、Ru | $OsO_4$、$RuO_4$ | $KMnO_4+H_2SO_4$ | 痕量 Os、Ru 的测定 |
| Mo | $MoCl_3$ | HCl 气流中，250～300℃加热蒸馏 | 与 W 分离 |
| 铵盐 | $NH_3$ | NaOH | 氨态氮的测定 |

3. 有机物的挥发与蒸馏分离

在有机分析中，蒸馏是分离和纯化液体有机物的最常用方法。通过蒸馏不仅可以把挥发性的物质与不挥发的物质分离开来，而且可以把沸点不同的液体混合物分离开来。

(1) 常压蒸馏法

常压下将液体加热至沸腾，使液体变为蒸气，然后再使蒸气冷却凝结为液体进到另一容器中，这一过程称为常压蒸馏。当被蒸馏物质的沸点不是很高，而且受热后不会发生分解时，多采用此法。

一般纯的液体有机物，在大气压力下有确定的沸点，如果在蒸馏过程中，沸点发生变动，那就说明该物质不纯。为了得到纯的物质，就必须控制沸程。需要注意的是，具有固定沸点的液体也不一定都是纯的物质，因为某些有机物常常和其他组分形成二元或三元共沸混合物，它们也有固定的沸点。

常见的共沸混合物见表 7-26。

**表 7-26 几种常见的共沸混合物**

| 组 成（沸点/℃） | | 共沸混合物 | |
|---|---|---|---|
| | | 各组分含量/% | 沸点/℃ |
| 二元共沸混合物 | 水(100)-乙醇(78.5) | 4.4+95.6 | 78.2 |
| | 水(100)-苯(80.1) | 8.9+91.1 | 69.4 |
| | 乙醇(78.5)-苯(80.1) | 32.4+67.6 | 67.8 |
| | 水(100)-氯化氢(−83.7) | 79.8+20.2 | 108.6 |
| | 丙酮(56.2)-氯仿(61.2) | 20.0+80.0 | 64.7 |
| 三元共沸混合物 | 水(100)-乙醇(78.5)-苯(80.1) | 7.4+18.5+74.1 | 64.6 |
| | 水(100)-丁醇(117.7)-乙酸丁酯(126.5) | 29.0+8.0+63.0 | 90.7 |

① 常压蒸馏装置 常压蒸馏装置主要包括蒸馏烧瓶、冷凝管和接受器三大部分，如图 7-4 所示。可以买到全玻璃成套蒸馏装置，也可以自己组装。

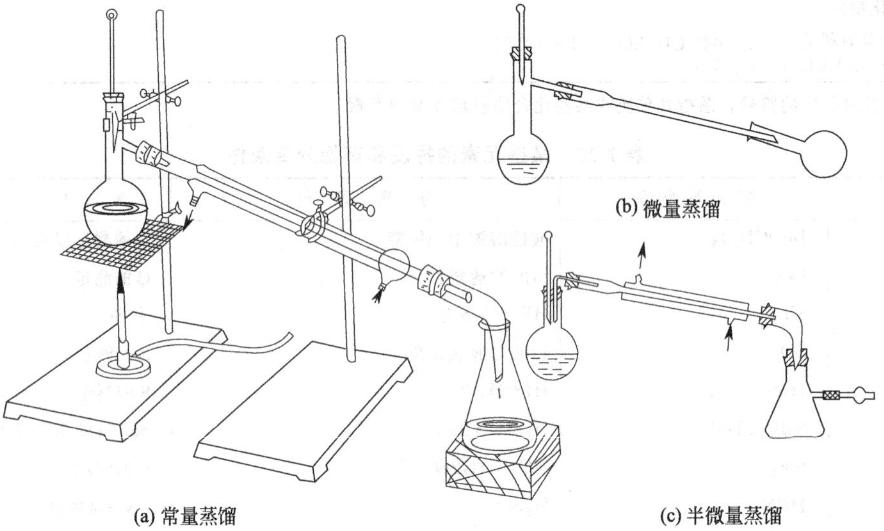

(a) 常量蒸馏　(b) 微量蒸馏　(c) 半微量蒸馏

图 7-4 常压蒸馏装置

蒸馏瓶是蒸馏时最常用的容器。应根据蒸馏物的量选择大小合适的蒸馏瓶，一般是使蒸馏物的体积不超过瓶体积的 2/3，也不少于 1/3。如果装入的液体量过多，当加热到沸腾时液体可能冲出，或者液体飞沫被蒸气带出，混入馏出液中；反之，在蒸馏结束时，相对会有较大部分的液体残留在瓶内不容易蒸出来。安装时，温度计应通过木塞插入瓶颈中央，其水银球上限应和蒸馏瓶支管的下限在同一水平线上。蒸馏瓶的支管通过木塞和冷凝管相连。支管口应伸出木塞 2～3cm。用水冷凝管时，其外套中通水（冷凝管下端的进水口用橡皮管接至自来水龙头，上端的出水口以橡皮管导入排入槽），上端的出水口应向上，以保证套管中充满水，使蒸气在冷凝管中冷凝成为液体。冷凝管的下端通过木塞和接受液体的导管（接液管）相连。接液管下端伸入作为接受馏液用的锥形瓶中，接液管和锥形瓶之间不可用塞子塞住，而应与外界大气相通。蒸馏低沸点、易燃、易吸潮的液体时，应用图 7-4(c) 的接受装置，并将接受瓶在冰水浴中冷却。

蒸馏瓶用万能铁夹垂直夹好。安装冷凝管时，应先调整它的位置，使之与蒸馏瓶支管同轴，然后松开冷凝管万能铁夹，使冷凝管沿此轴移动和蒸馏瓶相连，这样才不致折断蒸馏瓶支管。各万能夹不应夹得太紧或太松，以夹住后稍用力尚能转动为宜。万能铁夹内要垫以橡皮等软性物质，以免夹破仪器。整个装置要求装配准确端正，无论从正面或侧面观察，全套仪器中各个仪器的轴线都要在同一平面内。所有的万能铁夹和铁架都应尽可能整齐地放在仪器的背部。

② 蒸馏操作及注意事项见表 7-27。

**表 7-27 常压蒸馏操作及注意事项**

| 操作步骤 | 操作要点 | 简要说明 | 现象 | 注意事项 |
| --- | --- | --- | --- | --- |
| 加料 | 通过玻璃漏斗，将待蒸馏液体小心地倒入蒸馏瓶，加入几粒沸石或毛细管塞上带温度计的橡皮塞 | 加沸石是为了消除液体在加热过程中出现的过热现象，保证沸腾的平稳，防止跳动暴沸 | | 切勿将待蒸馏液体倒入蒸馏烧瓶的支管内，以免污染馏出液 |
| 调整仪器 | 接通冷凝水<br>检查仪器各连接处是否紧密，不漏气 | 冷凝管下口为进水口，上口为出水口 | | 为避免意外事故发生，蒸馏液体的沸点高于 140℃时，应使用空气冷凝管；沸点低于 140℃时，应使用直形水冷凝管 |
| 加热 | 选择合适的热浴<br>最初用小火，慢慢增大火力加热 | 热浴方式应根据待蒸馏液体的沸点来选择。沸点在 100℃以下者，必须采用沸水浴；沸点在 100～250℃者，应采用油浴；沸点再高者，可采用砂浴；如果被蒸馏物系不燃物，也可在蒸馏瓶下放置一块石棉网，直接用火加热 | 蒸气逐渐上升 | 加热时切勿对未被液体浸盖的蒸馏烧瓶壁加热，否则沸腾的液体将产生过热蒸气，使温度计所示温度高于沸点温度 |
| 沸腾 | | 当蒸馏液体沸腾，蒸气到达温度计水银球部位时，温度计指示会急剧上升 | 蒸馏液体沸腾，温度计指示迅速上升 | |
| 蒸馏 | 调小火焰或调节加热电炉的电压，使加热速度略为下降<br>调节加热速度使蒸馏以每秒钟蒸出 1～2 滴的速度进行<br>记下第一滴馏出液的温度<br>接收前馏分，同时观察温度计指示<br>待达到所需馏分的温度时，记下此温度，同时换另一接收容器进行接收 | ⓐ降低加热速度是为了让水银球上凝聚的液滴和蒸气在温度上达到平衡<br>ⓑ前馏分也称馏头，是指那部分沸点比所需馏分沸点低的物质 | 温度计指示趋于稳定 | ⓐ蒸馏速度不能太慢，否则水银球周围的蒸气会短时间中断，致使温度指示发生不规则的变动，影响读数的准确性。蒸馏速度也不宜太快，否则温度计响应较慢，同样也易使读数不准确；同时由于蒸气带有较多的微小液滴，会使馏出液组成不纯<br>ⓑ若馏出液的沸点较低，为避免挥发应将接收容器放在冷水浴或冰水浴中冷却<br>ⓒ沸点高于 140℃时，应使用空气冷凝管 |
| 蒸馏结束 | 当所需沸程的液体都蒸出后，记下此温度<br>停止加热，撤去热浴<br>按安装仪器的相反顺序拆除仪器 | ⓐ纯物质的沸程一般不超过 1～2℃<br>ⓑ当所需馏分蒸出后，若依然维持原来的加热温度，就不会再有馏分蒸出，温度计指示会骤然下降；若继续升高加热温度，因尚有高沸点杂质存在，温度计指示会显著上升 | 温度计指示骤然下降 | ⓐ为防止温度计因骤冷发生炸裂，拆下的热温度计不要直接放到桌面上，而应放在石棉网上<br>ⓑ切记，即使高沸点杂质含量极少，也不要蒸干，以免发生意外事故 |

(2) 减压蒸馏法

液体的沸点是指它的蒸气压等于外界大气压时的温度，所以液体沸腾的温度是随外界压力的降低而降低的。如果用真空泵连接盛有液体的容器，使液体表面上的压力降低，便可降低液体的沸点。这种在较低压力下进行的蒸馏操作称为减压蒸馏（又称真空蒸馏）。减压蒸馏特别适用于那些在常压蒸馏时未达到沸点就已受热分解、氧化或聚合的物质，或者是那些沸点甚高不易蒸馏的物质。

① 减压蒸馏装置 减压蒸馏装置主要包括蒸馏、抽气以及安全保护和测压装置三部分，如图7-5所示。

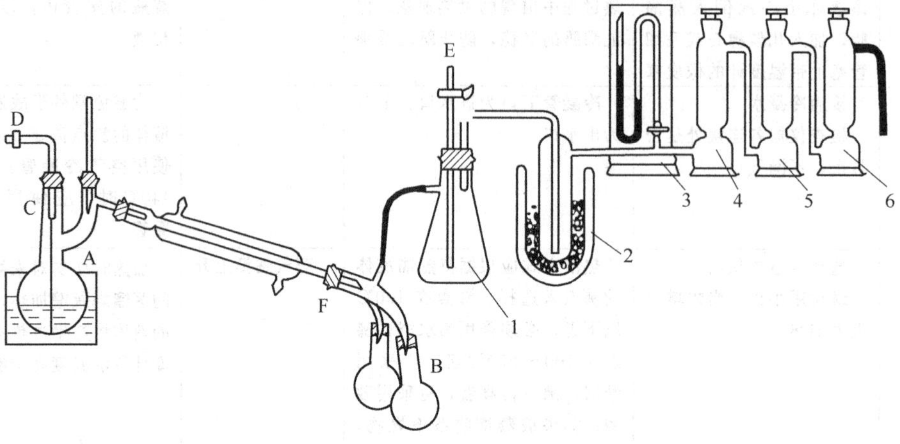


图 7-5 减压蒸馏装置

1—安全瓶；2—冷却阱；3—压力计；4—氯化钙；5—氢氧化钠；6—石蜡片；
A—减压蒸馏瓶；B—接受器；C—毛细管；D—螺旋夹；E—放气活塞；F—接液管

a. 蒸馏部分。图7-5中A是减压蒸馏瓶（又称克氏蒸馏瓶），瓶上有两个颈，它可避免减压蒸馏时瓶内液体由于沸腾而冲入冷凝管中。瓶的一个颈插有温度计，温度计水银球的上限和支管的下限在同一水平线上；另一个颈插有一根毛细管C，其长度恰好使其下端距瓶底1～2mm。毛细管上端连有一段带螺旋夹D的橡皮管，螺旋夹用以调节进入的空气量，使有极少量的空气进入液体呈微小气泡冒出，作为液体沸腾的气化中心，使蒸馏平稳进行。接受器B用圆底烧瓶。蒸馏时若要收集不同的馏分，而又不中断蒸馏，则可用两尾或多尾接液管（图7-5中F）。多尾接液管的几个分支管用橡皮塞和作为接受器的圆底烧瓶（或厚壁试管），但不可用平底烧瓶或锥形瓶连接起来。转动多尾接液管，就可使不同的馏分流入指定的接受器中。E为放气活塞。

根据蒸出液体的沸点不同，选择合适的热浴和冷凝管。热浴的温度应比蒸馏液体的沸点高20～30℃；沸点高的蒸馏液体应使用空气冷凝管，而且最好用石棉绳或石棉布包裹蒸馏瓶的两颈，以减少散热。

b. 抽气部分。实验室常用水泵或机械泵进行抽气减压。水泵系用玻璃或金属制成，其效能与其构造、水压及水温有关。水泵所能达到的最低压力为当时室温下的水蒸气压。机械泵的真空度可达1Pa。蒸馏时如果有挥发性的有机溶剂产生，其蒸气被泵中油吸收后，就会增加油的蒸气压，影响真空效能；若有酸性蒸气产生，则会腐蚀油泵的机件；若有水蒸气产生，当水蒸气凝结后，会与油形成浓稠的乳浊液，破坏油泵的正常工作。因此使用机械泵时必须十分注意对它的保护。一般使用机械泵时，真空系统的压力常控制在650～1300Pa间。

c. 安全保护及测压装置部分。当用水泵减压时，应在水泵之前安装一个安全瓶，以免发生倒吸。用机械泵抽气减压时，为了保护机械泵及实验的顺利进行，应在机械泵之前安装安全瓶、冷却阱、压力计、吸收塔等保护装置。在保护系统中，安全瓶主要用于调节系统的压力及放气；冷却阱可分离低沸点和易挥发的有机物，阱中采用的冷却剂可根据实际需要选用冰-水、冰-盐、干冰等；封闭式压力计用于测量系统的实际压力。吸收塔通常设有三个：第一个装无水氯化钙或硅胶，可用于吸收微量水分；第二个装粒状氢氧化钠，可用于吸收酸蒸气；第三个装石蜡片，可用于吸烃类气体。

减压蒸馏时整个系统必须保证密封，并且不漏气。因此选用的橡皮塞的大小及钻孔的大小都要十分合适。所用的橡皮管最好用真空橡皮管。各磨口玻璃塞处都应仔细地涂好真空脂。

② 减压蒸馏操作及注意事项　减压蒸馏操作及注意事项按表 7-28 进行。

**表 7-28　减压蒸馏操作及注意事项**

| 操作步骤 | 操作要点 | 简要说明 | 现象 | 注意事项 |
| --- | --- | --- | --- | --- |
| 前处理 | 常压蒸馏 | 如果被蒸馏物中含有低沸点杂质，应先进行常压蒸馏，以除去低沸点物质 | | 如果准备用油泵进行减压蒸馏，最好先用水泵减压蒸去低沸点物质，以免损坏油泵 |
| 加料 | 将待蒸馏的液体通过玻璃漏斗加到克氏蒸馏瓶中 | 液体的量不要超过克氏蒸馏瓶容积的 1/2 | | 注意，液体量过多，在蒸馏时可能冲出或液体飞沫被蒸气带出 |
| 调整仪器 | 塞上带有毛细管的塞子<br>使仪器各部位连接紧密如图 7-5 | | | 为避免发生意外事故，在减压蒸馏状态下，沸点高于 140℃者，用空气冷凝管；沸点低于 140℃者，用直形水冷凝管 |
| 减压 | 旋紧螺旋夹 D<br>打开安全瓶上的二通活塞 E<br>开泵抽气 | 如果用水泵抽气时，应将水开至最大流量 | | |
| 检漏 | 逐渐关闭 E，同时从压力计上观察系统所能达到的真空度<br>检查系统各连接处是否漏气 | 若漏气，应采取相应措施使各连接部位紧密 | 系统压力降低 | 若系统达不到所需真空度，也应检查是否由于水泵或油泵本身的效率所限 |
| 调压 | 如果超过所需真空度，可小心调节二通活塞 E，使少量空气进入<br>调节螺旋夹 D，使液体中有连续平稳的小气泡冒出<br>接通冷凝水 | ⓐ如真空度适宜，则不必调节二通活塞 E<br>ⓑ调节 D 的作用是让连续平稳的小气泡作为蒸馏时的沸腾中心，与常压蒸馏时沸石所起作用相同 | 液体中有气泡冒出 | 切勿彻底关闭螺旋夹 D，以免发生暴沸或其他意外事故 |
| 加热 | 选择合适的热浴<br>开始加热<br>调节浴液温度，比蒸馏液体的沸点高约 20～30℃ | 热浴方式应根据减压状态，物质沸点在 100℃以下的，采用沸水浴；沸点在 100～250℃的，采用油浴；沸点更高的，可采用砂浴，或者在克氏蒸馏瓶下放置一块石棉网，用直接火加热 | 浴温逐渐升高 | ⓐ克氏蒸馏瓶的圆球部位至少应有 2/3 浸入浴液中，以保证受热均匀<br>ⓑ加热时切勿对未被液体浸盖的烧瓶壁或烧瓶颈加热，否则沸腾的液体将产生过热蒸气，使温度计所示温度高于沸点温度 |
| 沸腾 | | 当蒸馏液体沸腾，蒸汽到达温度计水银球部位时，温度计指示急剧上升 | 温度计指示急剧上升 | |
| 蒸馏 | 调小火焰或调节加热电炉电压，使加热速度略微下降<br>调节加热速度使蒸馏以每秒钟蒸出 1～2 滴的速度进行<br>记下第一滴馏出液的温度和压力<br>接收前馏分，同时观察压力和温度的变化<br>当达到所需馏分的沸点温度时，转动多尾接液管，换另外一个容器接收<br>记下此时的温度和压力 | ⓐ降低加热速度是为了使水银球上凝聚的液滴和蒸气在温度上达到平衡<br>ⓑ前馏分也称馏头，是指那部分沸点比所需馏分沸点低的物质<br>ⓒ如使用普通接液管，当达到所需馏分的沸点温度时，应先移去热源，取下热浴，待系统稍冷后，渐渐打开二通活塞 E，使系统与大气相通，然后松开螺旋夹 D，卸下接收容器，装上另一接收容器，从操作步骤的第四步重新操作 | 温度计指示趋于稳定 | ⓐ蒸馏速度不能太慢，否则水银球周围的蒸气会短时间中断，致使温度指示发生不规则的变化，影响读数的准确性；蒸馏速度也不能过快，否则温度计响应较慢，同样也易使读数不准确，同时由于蒸气带有较多的液体飞沫，会使馏出液组成不纯<br>ⓑ在整个蒸馏过程中，要密切注意温度和压力的变化，以防漏气 |

续表

| 操作步骤 | 操作要点 | 简要说明 | 现象 | 注意事项 |
| --- | --- | --- | --- | --- |
| 蒸馏结束 | 当所需沸程的液体都蒸出后，记下此温度和压力<br>停止加热，撤去热浴<br>待系统稍冷后，渐渐打开二通活塞 E，使系统与大气相通；松开螺旋夹 D，系统内压与大气压平衡后，关闭水泵或油泵<br>按照安装仪器的相反顺序拆除仪器 | ⓐ在压力不变的情况下，纯液体的沸程一般不超过 1～2℃<br>ⓑ当所需馏分蒸出后，若依然维持原来的加热温度，就不会再有馏分蒸出，温度计指示骤然下降；若继续升高加热温度，因尚有高沸点杂质存在，温度计指示就显著上升 | 温度计指示骤然下降 | ⓐ切记，即使高沸点杂质含量极少，也不要蒸干，以免发生意外事故<br>ⓑ关闭水泵或油泵之前，一定要先打开二通活塞 E，解除真空，否则，由于系统中压力较低，水泵中的水或油泵中的油，会倒流入系统中<br>ⓒ为防止温度计骤冷发生炸裂，拆下的热温度计不要直接放到桌面上，而应放在石棉网上 |

(3) 分馏法

当液体混合物中各组分的沸点相差不太大，用普通蒸馏法难以精确分离时，用分馏柱使它们分离开的方法称为分馏法。精密的分馏设备能将沸点相差 1～2℃的混合物分开。

分馏的原理，实际上是被蒸馏的混合液在分馏柱内进行多次汽化和冷凝，上升的蒸气与下降的冷凝液互相接触发生热量交换，上升的蒸气部分冷凝放出的热量使下降的冷凝液部分汽化，而每一次汽化和冷凝将使蒸气中低沸点的组成增加一次，因此蒸气在分馏柱内上升的过程中，等于经过反复多次的简单蒸馏，不断增加蒸气中低沸点的组分。其结果是上升蒸气中低沸点组分增加，而下降的冷凝液中高沸点组分增加。当分馏柱的效率足够高时，开始从分馏柱顶部出来的几乎是纯净的低沸点组分，而最后留在烧瓶里的液体，几乎是纯净的高沸点组分，这样就可将沸点不同的物质分离开来。

分馏的关键在于选择适当的分馏柱，一般对分馏柱的要求不是愈高愈好，而是应该选择适当。通常把分馏柱的分馏能力和效率用“理论塔板值”来表示，一个理论塔板值相当于一次简单的蒸馏。被分馏液中各组分之间的沸点相差越大，对分馏柱的要求越低；反之要求越高。另外，在分馏的时候，要求回流液（内含高沸点物质较多）的滴数与馏出液的滴数之比，即回流比有一个恰当的比例，才能将不同沸点的组分分离完全。一般回流比大体上应与分馏柱的理论塔板值相等。

分馏装置与蒸馏装置基本相同，分馏装置仅在蒸馏装置的蒸馏瓶上方加一个分馏柱。其他部分二者皆相同。

分馏柱常用的有填充式分馏柱和刺形分馏柱。填充式分馏柱柱内有填料以增加表面积，填料常用的有玻璃珠、玻璃管、陶瓷管、金属片、金属丝、金属环等。

分馏操作和蒸馏操作大致相同。将待分馏的混合物放入圆底烧瓶中，加入沸石，装上分馏柱，插上温度计。分馏柱的支管和冷凝管相连。蒸馏液收集在锥形瓶中。柱的外围用石棉绳包住，以减少柱内热量的散发，减少风和室温的影响。选用合适的热浴加热，液体沸腾后要注意调节浴温，使蒸气慢慢升入分馏柱，约 10～15min 后蒸气到达柱顶。在有馏出液滴出后，调节浴温使得蒸出液体的速率控制在每二三秒钟一滴，这样可以得到比较好的分馏效果。待低沸点组分蒸完后，再渐渐升高温度，当第二个组分蒸出时会产生沸点的迅速上升。分馏时必须注意下列几点。

① 分馏一定要缓慢进行，要控制好恒定的蒸馏速度。

② 要选择合适的回流比。

③ 必须尽量减少分馏柱的热量失散和温度波动。分馏的热源应保持稳定，才能保持所需要的回流比。过快地加热不但分馏效率差，还会使分馏柱内的液体凝结过多，堵住蒸气上升的通道；如果加热太慢，分馏柱便会变成回流冷凝器，根本蒸不出任何物质来。

(4) 水蒸气蒸馏法

水蒸气蒸馏特别适用于分离那些在其沸点附近易分解的物质，也适用于从不挥发物质或不需要的树脂状物质中分离出所需的组分，其效果较一般蒸馏或重结晶为好。使用这种方法时，被提纯物质应该具备下列条件：不溶或几乎不溶于水；在沸腾下与水长时间共存不起化学变化；在100℃左右时必须具有一定的蒸气压，一般不小于1300Pa。

① 原理 当与水不相混溶的物质和水一起存在时，整个体系的蒸气压应为各组分蒸气压之和。当混合物中各组分蒸气压总和等于外界大气压时，混合物开始沸腾，此时的温度即为混合液的沸点。这时的沸点必定比任一个组分的沸点都低。蒸出的蒸气中两组分的含量与其蒸气压成比例。

$$\frac{m_A}{m_{H_2O}}=\frac{M_A p_A}{M_{H_2O} p_{H_2O}}$$

即在馏出物中，随水蒸气一起蒸馏出的组分质量 $m_A$ 与水的质量 $m_{H_2O}$ 之比，等于两者的分压（组分分压 $p_A$ 与水的分压 $p_{H_2O}$）分别和两者相对分子质量（组分的相对分子质量 $M_A$ 与水的相对分子质量 $M_{H_2O}$）的乘积之比。

② 蒸馏装置 如图7-6所示。

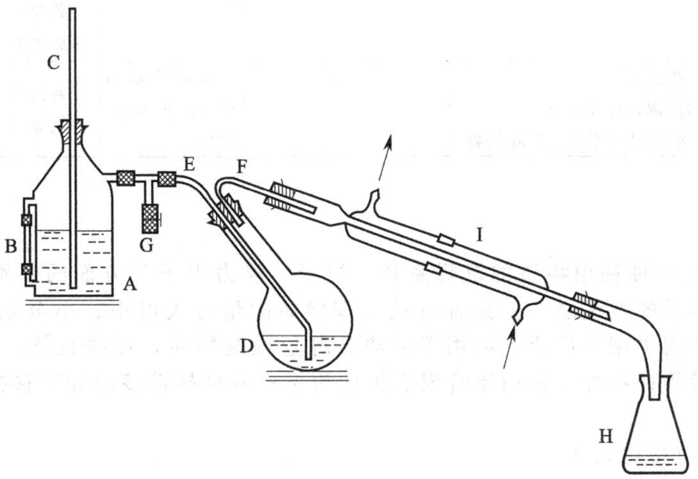


图7-6 水蒸气蒸馏装置

A—水蒸气发生器；B—玻璃管（液面计）；C—安全管；D—长颈圆底烧瓶；E—水蒸气导管；F—馏出液导管；G—螺旋类；H—接受瓶；I—冷凝管

③ 蒸馏操作及注意事项 见表7-29。

**表7-29 水蒸气蒸馏操作及注意事项**

| 操作步骤 | 操作要求 | 简要说明 | 现象 | 注意事项 |
|---|---|---|---|---|
| 加料 | 将被蒸馏物与少量水一起放入蒸馏瓶D中，其量约为蒸馏瓶容量的1/3 | 为防止D中液体因跳溅而冲入冷凝管I内，将烧瓶D的位置向水蒸气发生器方向倾斜45° | | |
| 调整仪器 | 水蒸气发生器A的盛水量为其容积的3/4<br>安全玻管C几乎插到A的底部<br>蒸气导入管E的末端应弯曲，使之垂直地正对瓶底中央并伸入到接近瓶底<br>接通冷凝水<br>检查仪器各连接处是否紧密，不漏气<br>打开螺旋夹G | ①若盛水过多，沸腾时水将冲至烧瓶<br>②由B可观察A内水面高度 | | 如果系统中发生了堵塞，则C管中水位将迅速升高，此时应立即打开螺旋夹G，然后移去热源 |

续表

| 操作步骤 | 操作要求 | 简要说明 | 现象 | 注意事项 |
|---|---|---|---|---|
| 加热 | 加热 A，直至有大量稳定的蒸气从 G 管逸出，将 G 夹紧 | 为了使蒸气不致在 D 中冷凝而积聚过多，必要时可在 D 下置一石棉网，小火加热 | 水蒸气均匀进入圆底烧瓶 | |
| 蒸馏 | 控制加热速度，使蒸气能全部在冷凝管中冷凝下来 | ①一般控制馏出液的速度约为每秒钟 2～3 滴<br>②接受器 H 可用冷水浴冷却 | 安全管 C 中液面上下跳动表示蒸馏平稳进行 | 如果随水蒸气挥发的物质具有较高的熔点，在冷凝后易于析出固体，则应调小冷凝水的流速，使它冷凝后仍保持液态。若已有固体析出并接近阻塞时，可暂时停止冷凝水的流通。当重新通入冷凝水时，要小心而缓慢，以免冷凝管因骤冷而破裂<br>若要中断蒸馏，一定要先打开螺旋夹 G |
| 蒸馏完毕 | 打开 G，使通大气<br>移去 A 的热源，停止加热<br>与安装仪器的顺序相反，拆除仪器 | | 蒸馏烧瓶 D 中几乎无油状物 | 若先停止加热，则 D 中液体会倒吸到 A 中 |

## 五、离心

（超）离心法是一种利用物质的沉降系数、质量、浮力因子等方面的差别，用强离心力分离、浓缩、提纯物质的方法之一。这种方法处理样品的量可大可小，小至 0.2mL 以下，大至数千升。应用的范围也相当广泛，可用于分离各种亚细胞物质，如线粒体、微粒体、染色体、溶酶体、肿瘤病毒等；各种与蛋白质合成有关的酶系；各种核糖核酸和转移核糖核酸以及脱氧核糖核酸。

各种离心机及其应用如下。

1. 桌式临床离心机

这种离心机最简单、经济，常用于收集能快速沉降的少量物质，如红细胞、粗沉淀物和酵母细胞。转速在每分钟 3000 转以下。

2. 高速离心机

这种离心机的速度在每分钟 20000～25000 转。适用于大体积的制备性应用，通常装有冷冻设备，用来冷却转子室。这类离心机分两种。

第一种是较简单的高容量连续流动的离心机，由快速电动机带动，转子是长管形的，其主要应用是从大量培养液中（5～500L）收集酵母和细菌。当培养液从旋转的转子底口进入，并向转子上口移动时，微生物即沉降在转子壁上，而澄清的培养液则从上口流出。如果培养液是冷的，则无须冷冻。

第二种高速离心机容量较低。大多用于一般的生化实验室中。转子温度要保持在 0～4℃。速度控制要比桌式临床离心机精密得多。装有大小不同的离心管和转头，以适应不同的制备量。这种离心机常用来收集微生物、细胞碎片、细胞、大细胞器、硫铵沉淀和免疫沉淀等，但它不能产生足够的离心力来沉降病毒、小细胞器（如核糖体）或单个分子。

3. 超速离心机

这类离心机主要由四个基本部分组成：①动力和速度控制；②温度控制；③真空系统；④转子。它的转速可达每分钟 75000 转。这种离心机的出现开创了一个完全崭新的研究领域。它能分级只有用电子显微镜才能看见的亚细胞细胞器，这样，就能对它的酶成分进行分析。它甚至能分辨只有 N 原子上不同（一种含 $^{15}N$，一种含 $^{14}N$）的两类 DNA 分子。

4. 梯度的制备和取出

离心法中，密度梯度有两种，连续的和不连续的。

(1) 不连续的或者分层的密度梯度是把密度逐渐降低的溶液一层一层地放到离心管中。要分离的样品可以直接以一个很窄的带放到这个不连续梯度的顶层，即密度最低的一层，然后离心。这个梯度的优点是容许增加梯度的容量，而且人为地使分离了的颗粒的分布更加集中。

(2) 连续密度梯度是通过一种特殊的称为梯度形成器的装置制成的。这个装置与离子交换层析中所使用的梯度混合装置十分类似，产生不同梯度形状（如线性、凸形、凹形）的原理也相同。

要想用密度梯度离心法成功地分离特定的分子和亚细胞细胞器，必须注意用来确定梯度的材料、离子强度、黏度、渗透性质以及梯度的斜率、pH值、稳定剂等问题。

(3) 用来确定梯度的最常用材料是蔗糖。它便宜、纯度高，其溶液密度可达$1.28g/cm^3$。甘油与蔗糖有类似的性质，但它的使用密度只能在$1.15g/cm^3$以下。这两种化合物的缺点是：当其密度大于$1.10\sim1.15g/cm^3$时，就变得很黏；而且即使在浓度很低的情况下，其渗透效应也很强。这两个缺点促使人们去寻找新的化合物：它们应当具有类似的密度范围，而且是惰性的和非离子化的，还要有较低的黏度和渗透效应。现在，有五种材料可以满足这些要求。它们是：Renografin、Urograffin、Ludox、Ficoll 和 Metrizamide。目前，后三种经常使用。Ludox 是杜邦公司生产的胶态二氧化硅的商品名称。用40%Ludox溶液与多聚糖（如葡聚糖）结合制成的密度梯度，可用来分离各种类型的整细胞，如红、白细胞。Ficoll 也是商品名，它是由蔗糖和表氯醇聚合起来的高分子量聚合物。Metrizamide 是新产品，潜力很大，因为其密度可高达$1.45g/cm^3$的密度。其梯度的形成可用梯度混合器来完成，也可以通过离心其均一溶液来完成。

虽然上述化合物形成的梯度适用于分离蛋白质和整细胞，但不适于用来分离核酸，以及主要由核酸构成的病毒等。于是又用氯化铯来制备密度梯度。其最高密度可达$1.70g/cm^3$。离心氯化铯和要分离样品的均一溶液，由于铯离子的质量大，因此，在离心管中就自动形成一个密度梯度。除了能得到高密度以外，氯化铯梯度还有一个额外的优点，当DNA分子在这个梯度中沉降时，在各种DNA的漂浮密度和它们的鸟苷加胞嘧啶的量之间几乎呈线性关系。但是，用硫酸铯代替氯化铯则没有这种关系。硫酸铯也有它的优点，它形成的梯度范围可以是氯化铯的两倍，因此，可用于漂浮密度很不相同的DNA的分离和沉降RNA分子。用铯盐产生密度梯度的实际问题是它们很贵，而且容易被吸放紫外光的物质污染。

还要注意密度梯度的组成对最后结果的影响。例如，有两种物质A、B，当它们在梯度C中时，A的密度比B大；当它们在梯度D中时则相反，B的密度比A大。有时，在梯度中加入少量无机盐就能改变欲分离物的密度。这种改变有时是有害的，如两个本来密度不同的物质，经过这种改变后，密度相同了，因此不能达到分离的目的；有时又是有利的，如两个本来很难分开的物质，经过适当的处理改变了它们的密度，因此，能明显地将它们分离开。

(4) 梯度溶液的取出。在完成离心和分离了各个组分之后，为了把已分离物质的各条带分开，必须取出梯度溶液。从离心管中取出梯度溶液有好多种方法。常用的是取代法。另一种常用的方法是在离心管底部用针穿一小孔，然后，管中的梯度溶液借重力或蠕动泵的作用，从管流到部分收集器中。

梯度溶液分步收集在各个试管之后，就要对它们进行分析，如用紫外吸收，放射性标记、酶活力测定等，以找出所需要部分的分布情况。最后根据所得结果作图。图7-7说明了线性梯度的制备以及在速度区带离心中的应用。

5. 制备性离心

用（超）离心法分离纯化生物大分子及亚细胞物质时，常采用两类方法：沉降速度法和沉降平衡法。在制备离心中，颗粒在均匀溶液中的移动常被机械振动、温度梯差和对流所扰动。因此，可利用密度梯度来消除或减轻这种现象。密度梯度是由在离心管中能迅速扩散的物质，如蔗糖、甘油、氯化铯等形成的，管中溶液的密度由管底到管顶逐渐降低，形成一个平滑的梯度。沉降速度法主要是根据各种被分离物沉降系数的不同来分离物质的，它所用的密度梯度范围小，即梯度中的最

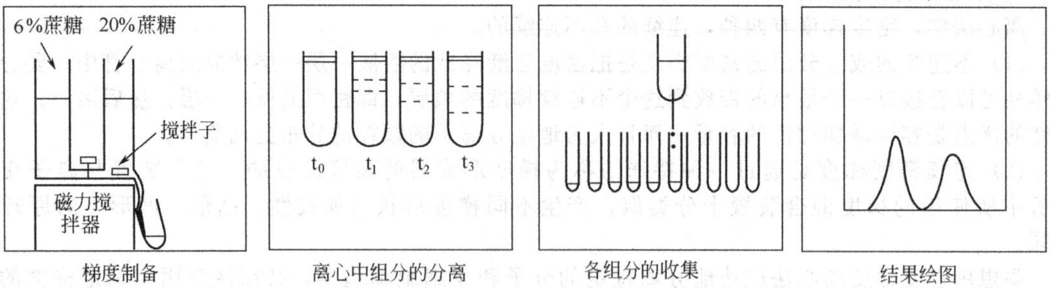


图 7-7 线性梯度离心的实际过程

大密度小于沉降样品的最小密度。此法适用于分离密度相近，但大小不同的物质。制备性沉降速度法的离心特点是短时间，低速度，使样品不完全沉降。相反，沉降平衡法是根据欲分离物的密度的不同来进行分离的。它所用的密度梯度范围大，即梯度的最大密度大于沉降样品的最大密度。此法适用于分离大小相近，但密度不同的物质。沉降平衡法的离心特点是高速长时间离心，以使样品完全沉降在平衡位置。

(1) 沉降速度法

① 差速离心法。此法的特点是逐步增加离心力。每一步的离心力要选择到能使一种特殊类型的物质在预定的离心时间内沉降，从而得到一个沉淀。然后分离出沉淀。逐步增加离心力，进一步离心上清液，使中等颗粒沉降，最后使大小和密度最小的颗粒沉降。必须注意，每次得到的沉淀，必须经过几次洗涤后，反复悬浮和离心，才能得到比较纯的部分。差速离心最常用于从组织匀浆液中分离细胞器。但用此法分离得到的组分绝不是均一的。用密度梯度法可以得到更好的分离。

② 速度-区带离心法。此法有时也叫沉降系数-区带离心法。它是将样品放在一个连续的液体密度梯度上。注意，此密度梯度的最大密度值应小于沉降样品的最小密度值。这时的密度梯度只是为了防止形成的区带由于对流而引起的混合。然后，进行离心，直至达到所需要的分离，即各种颗粒在梯度中形成了不连续的区带。但应注意，在重的组分到达管底之前要停止离心。或者所用的密度梯度包括了所要研究的颗粒的密度范围，这时要离心到颗粒完全沉降之前，但又足以使各种欲分离物在梯度中形成明显区带为止。这时，所需要的部分没有达到它的等密度位置。这种方法已用于分离 RNA-DNA 混合物，核蛋白体亚单位和其他细胞成分的分离。用此法分离密度相同，大小（即分子量）不同的物质相当成功。如果两个蛋白质的密度相同，但分子量相差三倍，那么用此法可以很容易将它们分离。相反，对于亚细胞器，如线粒体、溶酶体、过氧化物酶体（它们具有很不同的密度，但大小类似），用此法则不能得到明显的分离。这时就要采用沉降平衡法。

(2) 沉降平衡法

① 等密度离心法。此法可用密度梯度或不用密度梯度来进行。不用密度梯度时，先用差速离心法除去较重的颗粒，然后把含有所需颗粒的样品悬浮在一个与被分离部分具有相等密度的介质中，再离心，直至所需要的物质沉降为止。密度低于所需物质的颗粒则漂浮在上面。

另一种情况是，人为地在离心管中造成一个连续的密度梯度，然后将样品放到这个连续密度梯度的顶部。注意，这个密度梯度包括了所要研究的颗粒的密度范围。然后进行离心，样品则在离心管中沿梯度运动，直到样品密度和梯度中的密度相等时为止。这时样品不会继续沉降，而是排列成带状。因为这时它漂浮在密度大于它的液面上。因此，这种方法也叫做等密度区带离心，它所使用的密度梯度范围较大。梯度密度的最大值必须比密度最大的样品还要大。为了使样品的所有组分都能达到它们的平衡密度，需要连续长时间的高速离心。此法适用于分离沉降系数很接近，但密度不同的物质。因为大多数蛋白质几乎具有相同的密度，因此分离蛋白质一般不采用此法。但此法可用于分离核酸，亚细胞的细胞器，如线粒体、乙醛酸循环体，溶酶体等。

② 平衡等密度离心法。此法是利用一种能在离心场自行形成密度梯度，并在一定时间内保持此梯度相对稳定的物质——氯化铯作为欲分离物的密度平衡溶液。样品和氯化铯的浓溶液均匀地混合，离心，则氯化铯浓溶液自行产生一个密度梯度。然后样品分子在梯度中进行分配。由于离心力的作用把样品分子赶到一定的区域内，在这个区域中，溶液的密度等于样品本身的漂浮密度。

总之，沉降速度法是一种动力学的方法，关键在于选择适合于各分离物的离心力；而沉降平衡法则是一种测定颗粒漂浮密度的静力学方法，关键在于选择合适的密度梯度溶液。

## 六、冷冻浓缩

冷冻浓缩是将稀溶液中的水冻结并分离冰晶从而使溶质增浓的操作。浓缩过程中，由于溶液中水分的排除不是采用加热蒸发的方法，而是靠溶液到冰晶的相际传递，所以对热敏性物料的浓缩特别有利。

1. 冷冻浓缩的基本原理

冷冻浓缩涉及液-固系统的相平衡，如图 7-8 所示。坐标平面内任一点即表示此物系的一种状态。相图中有两条平衡曲线，低浓度区的平衡曲线 DE 为溶液的冰点曲线（冻结曲线），稀溶液的冰点随溶质浓度的增加而降低，即溶液的冰点要低于纯水的冰点，D 点代表纯水。高浓度区的平衡曲线 D′E 为溶解度曲线，两曲线的交点 E 为低共熔点。

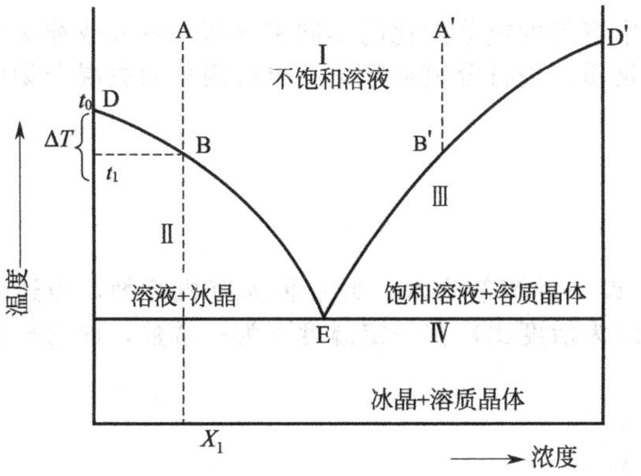


图 7-8 冷冻浓缩过程的相图

图中，A 点代表浓度为 $X_1$，稀溶液的冰点 $t_1$ 低于纯水的冰点 $t_0$，此即溶液的冰点下降，以 $\Delta T$ 表示。使状态为 A 的溶液冷却，开始时浓度 $X_1$ 不变，冷却到 B 点以后，溶液中开始有冰的晶核（冰种）形成，若继续冷却，将使一部分水结晶析出，剩余溶液的溶质浓度上升，过程沿冰点曲线 DE 进行到 E 点，溶液浓度达到其共晶浓度，温度降到其共晶温度（低共熔点）。同理，使状态 A′的溶液冷却，到达 B′后先析出溶质，再沿溶解度曲线 D′E，一边析出溶质晶体，一边降温，直至共晶点 E 才全部冻结。

当溶液中溶质浓度高于低共熔点 E 所对应的浓度时，过饱和溶液冷却的结果是溶质结晶析出，而溶液变得更稀。这种操作不仅不会提高溶液中溶质的浓度，相反却会降低溶质的浓度；当溶液中所含溶质的浓度低于低共熔点 E 所对应的浓度时，其冷却结果则表现为溶剂（水分）成晶体（冰晶）析出。随着溶剂的结晶析出，余下的溶液中溶质的浓度不断提高。

所以，只有当水溶液的浓度低于低共熔点 E 时，冷却的结果才是冰晶析出而溶液被浓缩。冷冻浓缩是以冰点曲线为基础所进行的液固平衡分离操作。

2. 冷冻浓缩的结晶与分离

冷冻浓缩过程中的结晶为溶剂的结晶。同常规的溶质结晶操作一样，被浓缩的溶液中的水分也是利用冷却除去结晶热的方法使其结晶析出的。冷冻浓缩过程中，要求冰晶有适当的大小，冰晶的大小不仅与结晶方式有关，而且也与此后的分离有关。最终晶体数量和粒度可利用结晶操作的条件来控制。

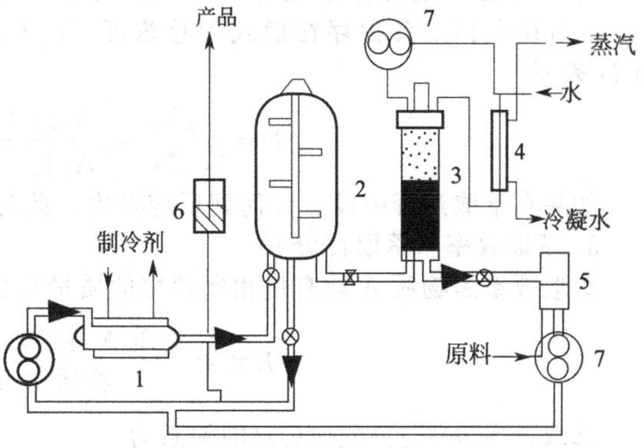


图 7-9 单级冷冻浓缩装置系统示意图

1—旋转刮板式结晶器；2—混合罐；3—洗涤塔；4—熔冰装置；5—贮罐；6—成品罐；7—泵

分离的原理主要是悬浮过滤的原理。对于冰晶浓缩液的过滤分离，过滤床层为冰晶床，滤液即为浓缩液。通常浓缩液透过冰晶床的流动为层流。在分离操作过程中，生产能力与浓缩液的黏度成反比，与冰晶粒度的平方成正比。

3. 冷冻浓缩的装置系统

冷冻浓缩装置系统主要由结晶设备和分离设备两部分构成。结晶设备包括管式、板式、搅拌夹套式、刮板式等热交换器，以及真空结晶器、内冷转鼓式结晶器、带式冷却结晶器等设备；分离设备有压滤机、过滤式离心机、洗涤塔，以及由这些设备结合而成的分离装置等。

图 7-9 为采用洗涤塔分离方式的单级冷冻浓缩装置系统示意图。

4. 冷冻浓缩的应用

在冷冻浓缩过程中，由于物料未受加热，因此色、香、味等方面均可得到最大限度的保留。但由于操作成本高，加之受到浓缩极限的制约，冷冻浓缩现多用于高档果汁、生物制品、药物、调味品等的浓缩。冷冻浓缩制品有的作为冷冻干燥的半成品，有的直接作为产品。

# 第二节 萃取分离

萃取是利用物质在两种不互溶（或微溶）溶剂中溶解度或分配比的不同来分离、提取或纯化物质。它既可从固体或液体混合物中提取出所需要的物质，进行分离或富集；也可用来除去混合物中少量杂质。

## 一、基本原理

1. 分配系数

当溶质 A 溶于两种共存的互不相混的溶剂时，设一种溶剂为水，另一种为有机溶剂，当达到平衡时，A 在这两种溶剂中的浓度的比值（严格说应为活度比）在一定温度下为一常数，称为分配系数，用 $K_D$ 表示。

$$K_D=\frac{[A_{有}]}{[A_{水}]}$$

式中 $[A_{有}]$——溶质 A 在有机相中的平衡浓度；

$[A_{水}]$——溶质 A 在水相中的平衡浓度。

上述规律称为分配定律，它是萃取分离的基本定律。分配系数 $K$ 值越大，越容易用萃取法分离。

2. 分配比

分配系数仅适用于被萃取的溶质在两种溶剂中存在形式相同的情况。在实际中遇到的情况是很复杂的，溶质在溶液中往往因参与其他化学过程（如离解、缔合、络合等）而在两相中以多种形式存在，这时分配定律就不适用了。通常，把溶质在有机相中各种存在形式的总浓度 $(c_A)_{有}$ 与在水相中各种存在形式的总浓度 $(c_A)_{水}$ 之比称为分配比（又称萃取常数、萃取系数），用 $D$ 表示。

$$D=\frac{(c_A)_{有}}{(c_A)_{水}}=\frac{[A_1]_{有}+[A_2]_{有}+\cdots+[A_n]_{有}}{[A_1]_{水}+[A_2]_{水}+\cdots+[A_n]_{水}}$$

如果在萃取过程中没有任何副反应发生，此时分配系数 $K_D$ 与分配比 $D$ 相等：$K_D=D$。

3. 萃取效率（萃取百分率）

萃取效率是物质 A 被有机相所萃取的质量百分数，常用 $E$ 表示

$$E\%=\frac{物质\text{ A }在有机相中的含量}{物质\text{ A }的总量}\times 100\%$$

萃取效率($E$)与分配比($D$)的关系为

$$E\%=\frac{D}{D+\frac{V_{水}}{V_{有}}}\times 100\%$$

式中 $V_{水}$——水相的体积；

$V_{有}$——有机相的体积。

若物质 A 在有机相中的溶解度比在水相中大，则可将溶质 A 从水相萃取到有机相（相反的过程称为反萃取）。然而当分配比不高时，一次萃取是不可能将全部有机物质都转移到有机相中去的，因此需要进行连续多次萃取。萃取时，若在水溶液中先加入一定量的电解质（如氯化钠）或酸类，利用盐析效应可以降低有机物在水中的溶解度，从而提高萃取效率。

4. 分离因数（分离系数）

为了达到分离的目的，不但萃取效率要高，而且还要考虑共存组分间的分离效率要好。一般用分离因数 $\beta$ 表示分离效率。

$$\beta=\frac{D_A}{D_B}$$

式中 $D_A$——组分 A 的分配比；

$D_B$——组分 B 的分配比。

如果 $D_A$ 与 $D_B$ 数值相差很大，两种组分可以定量分离；如果 $D_A$ 和 $D_B$ 相差不多，则 $\beta$ 值接近于 1，此时两种组分就难于定量分离。

5. 萃取常数

对螯合物萃取体系

$$M^{n+}_{水}+n\mathrm{HL}_{有}\longrightarrow \mathrm{MR}_{n有}+n\mathrm{H}^+_{水}$$

反应的平衡常数，即萃取平衡常数 $K_{ex}$ 为

$$K_{ex}=\frac{[\mathrm{ML}_n]_{有}[\mathrm{H}^+]^n_{水}}{[\mathrm{M}^{n+}]_{水}[\mathrm{HL}]^n_{有}}=\frac{K_{D(\mathrm{ML}_n)}\beta_n}{(K_{D(\mathrm{HL})}K^{\mathrm{H}}_{\mathrm{HL}})^n}$$

式中 $K_{D(\mathrm{ML}_n)}$、$K_{D(\mathrm{HL})}$ ——螯合物 $ML_n$、螯合剂 HL 的分配系数；

$\beta_n$——螯合物累积形成常数；

$K^{\mathrm{H}}_{\mathrm{HL}}$——螯合剂的质子化常数（即 $1/k_a$）。

6. 半萃取 pH 值

当两相体积相等时，被萃取物有 50% 被萃取时的 pH 值称为该体系的半萃取 pH 值，以 $pH_{1/2}$ 表示。此数值对于形成金属螯合物类型的萃取来说，是表征各种金属离子萃取曲线的特性，对二价金属离子而言，$pH_{1/2}$ 的差值至少有两个 pH 单位才能一次分离完全；对三价金属离子来说，$pH_{1/2}$ 之差可以小些。

## 二、萃取体系分类与常用萃取剂

1. 萃取体系的分类

(1) 螯合物萃取体系　是有机弱酸或有机弱碱的螯合剂，它们与金属离子形成中性分子的螯合物，能被有机溶剂萃取。

(2) 离子缔合物萃取体系　大分子有机金属阳离子或金属络阴离子通过静电引力相结合而形成电中性的疏水性的离子缔合物，能被有机溶剂萃取。或大分子的有机胺离子与金属络阴离子形成离子缔合物而被萃取。

(3) 溶剂化合物的萃取体系　某些溶剂（中性络合萃取剂）分子通过其配位原子与无机化合物中的金属离子相键合，形成溶剂化合物，从而被有机溶剂萃取。

(4) 无机共价化合物萃取体系　某些无机化合物如 $I_2$、$Cl_2$、$Br_2$、$OsO_4$、$GeCl_4$ 等是稳定的共价化合物，它们在水溶液中主要以分子形式存在，不带电荷，可用惰性溶剂如 $CHCl_3$、苯等萃取。

表 7-30 列出了萃取体系的主要类型。

**表 7-30 萃取体系的主要类型**

| 分 类 | 典型试剂 | | 分 类 | 典型试剂 | |
|---|---|---|---|---|---|
| | 名 称 | 结构(或分子式) | | 名 称 | 结构(或分子式) |
| 螯合物体系 | | | 2. 亚硝基萘酚 | 1-亚硝基-2-萘酚 | 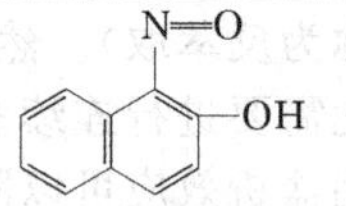 |
| A. 形成四原子环 | 二乙基二硫代氨基甲酸钠 | 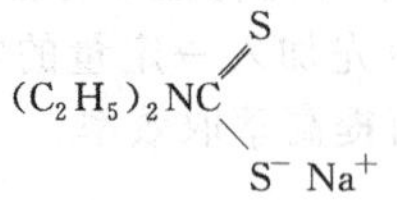 | 3. 肟 | 水杨醛肟 | 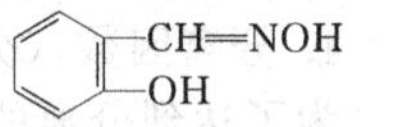 |
| | 乙基黄原酸钾 | 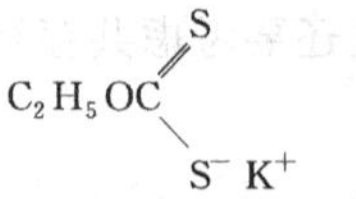 | D. 多配位基试剂 | PAN[1-(2-吡啶偶氮基)2-萘酚] | 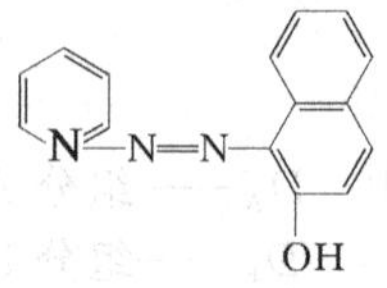 |
| B. 形成五原子环 | *N*-苯甲酰-*N*-苯胺 | 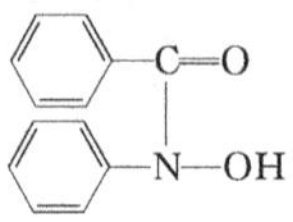 | | | |
| | 邻苯二酚 | 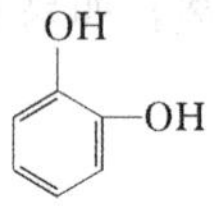 | 离子缔合物体系 | | |
| | 铜铁灵(*N*-亚硝基苯胺铵) | 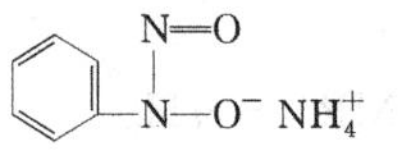 | A. 金属位于离子对中的阳离子部分 | | |
| | 丁二肟(和其他 α-二肟等) | 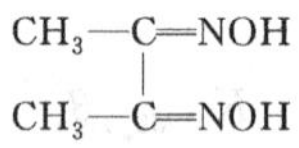 | 1. 二烷基磷酸 | 二正丁基磷酸 | 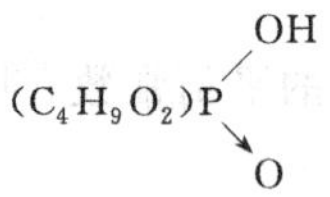 |
| | 双硫腙 | 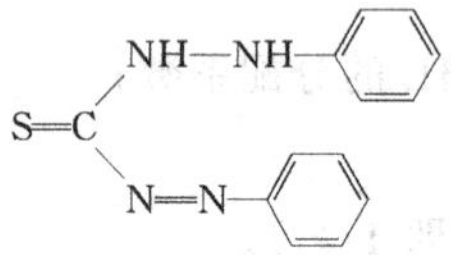 | 2. 羧酸 | 丁酸 | $C_3H_7COOH$ |
| | | | 3. 阳离子螯合物 | | |
| | 8-羟基喹啉(和各种卤代衍生物) | 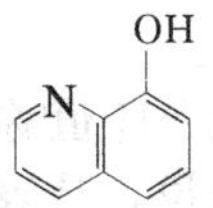 | (1)偶氮杂菲 | 1,10-邻偶氮杂菲 | 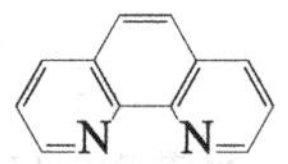 |
| | | | (2)多氮苯 | 二氮苯 | 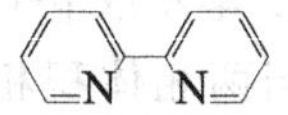 |
| C. 形成六原子环 | | | 4. 高分子量胺类 | 三正辛胺 | $N[-CH_2(CH_2)_6CH_3]_3$ |
| 1. β-二酮类和羟基羟基化合物 | 乙酰丙酮 | 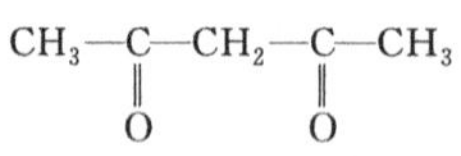 | 5. 三烷基氧化膦 | TOPO(三正辛基氧化膦) | $(C_8H_{17})_3P\rightarrow O$ |
| | 桑色素 | 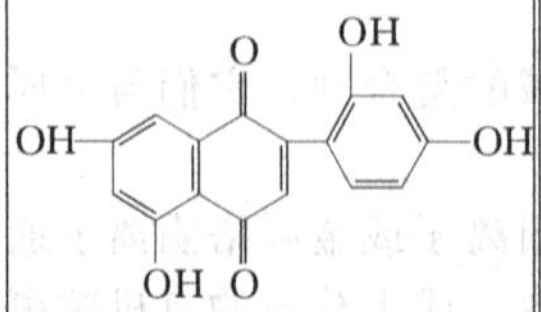 | B. 金属位于离子对中阴离子部分 | | |
| | | | 1. 阴离子螯合物 | 亚硝基-R 盐(试钴铁灵) | 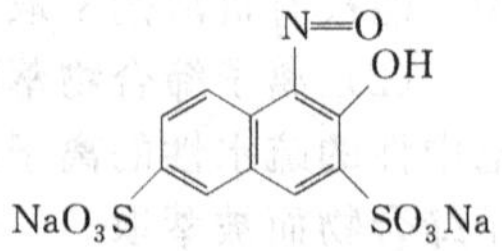 |
| | 醌茜素 | 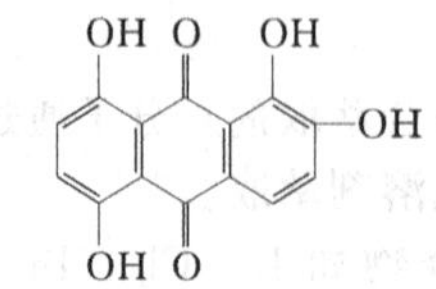 | 2. 卤化物 | 氢卤酸 | HF,HCl,HBr,HI |
| | | | 3. 硫氰化物 | 硫氰化铵 | $NH_4SCN$ |
| | TTA(噻吩甲酰三氟丙酮) | 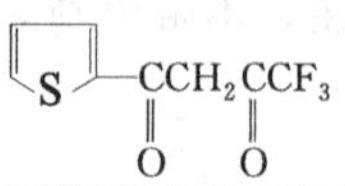 | 4. 与含氧金属阴离子缔合试剂 | 氯化四苯钾(与 $MoO_4^-$,$ReO_4^-$,$IO_4^-$ 等缔合) | $(C_6H_5)_4$-AsCl |

2. 常用萃取剂

选择萃取剂的基本原则：①溶剂纯度要高，减小因溶剂而引入杂质；②沸点宜低，便于分离后浓缩；③被萃取物质在萃取剂中溶解度要大，而杂质在其中的溶解度要小；④密度大小适宜，易于两相分层；⑤性质稳定、毒性小。

表 7-31 列出了常用萃取剂及其应用范围。表 7-32 列出了主要萃取剂及其可萃取离子。

**表 7-31　常用萃取剂及其应用范围**

| 萃取剂 | 萃取过程 | 萃取原理 | 可萃取物质 |
|---|---|---|---|
| 乙醚、石油醚、氯仿、二氯甲烷、苯、乙酸乙酯、己烷 | 把有机物从水溶液中萃取到有机相中 | 利用分配系数 | 在有机相中溶解度大，在水中溶解度小的有机化合物 |
| 5%氢氧化钠水溶液、5%或10%碳酸钠水溶液、5%或10%碳酸氢钠水溶液 | 把有机物从有机相中萃取到水相中 | 利用化学反应，使被萃取物成盐而溶于水 | 酚类、有机酸类 |
| 稀盐酸、稀硫酸 | 把有机物从有机相中萃取到水相中 | 利用化学反应，使被萃取物成盐而溶于水 | 有机碱类 |
| 浓硫酸 | 把有机物从有机相中萃取到浓硫酸相中 | 利用化学反应 | 可从饱和烃中除去不饱和烃，可从卤代烃中除去醇和醚等杂质 |

**表 7-32　主要萃取剂及其可萃取离子**

| 萃取剂类型 | | 萃取剂名称 | 商品名或简称 | 分子式 | 稀释剂和水相组成 | 可萃取的元素① |
|---|---|---|---|---|---|---|
| 中性络合萃取剂 | 醚 | 乙醚 | $Et_2O$ | $C_2H_5OC_2H_5$ | HF | Sn(Ⅱ，Ⅳ)，[As(Ⅲ，Ⅴ)，$MoO_4^{2-}$，Nb(Ⅴ)，$ReO_4^-$，Ta(Ⅴ)，Te(Ⅳ)，$V^{3+}$] |
| | | | | | HCl | $Au^{3+}$，$Fe^{3+}$，$Ga^{3+}$，$Tl^{3+}$，[$As^{3+}$，Ge(Ⅳ)，$In^{3+}$，Sn(Ⅱ，Ⅳ)，Te(Ⅳ)] |
| | | | | | HBr | $Au^{3+}$，$Fe^{3+}$，$Ga^{3+}$，$In^{3+}$，Sb(Ⅴ)，$Tl^{3+}$，[$As^{3+}$，$Sb^{3+}$，$SeO_3^{2-}$，Sn(Ⅱ，Ⅳ)，$MoO_4^{2-}$，$WO_4^{2-}$] |
| | | | | | HI 或 KI+$H_2SO_4$ | $Au^{3+}$，$Cd^{2+}$，$Hg^{2+}$，$In^{3+}$，$Sb^{3+}$，Sn(Ⅱ，Ⅳ) $Tl^{+,3+}$，[$As^{3+}$，$Bi^{3+}$，Sb(Ⅴ)，$Zn^{2+}$] |
| | | | | | $NH_4SCN$ | $Au^{3+}$，$Ga^{3+}$，Mo(Ⅴ)，Sn(Ⅳ)，$Zn^{2+}$，[$Al^{3+}$，$Co^{2+}$，$Fe^{3+}$，$In^{3+}$，$Sc^{3+}$，$Tl^{3+}$，Ti(Ⅳ)，$UO_2^{2+}$，$V^{4+}$] |
| | | | | | $HNO_3$ 或 $HNO_3+NO_3^-$ | $AmO_2^{2+}$，$Au^{3+}$，$Ce^{4+}$，$UO_2^{2+}$，[$AsO_4^{3-}$，$CrO_4^{2-}$，$NpO_2^{2+}$，$PO_4^{3-}$，$Sc^{3+}$，$Th^{4+}$] |
| | | 2，2′-二氯乙醚 | | $ClCH_2CH_2OCH_2CH_2Cl$ | HCl | $Fe^{3+}$，$PaO_2^+$ |
| | | 二异丙醚 | | $(CH_3)_2CHOCH(CH_3)_2$ | HCl | As(Ⅴ)，$Fe^{3+}$，Sb(Ⅴ)，[$MoO_4^{2-}$，$VO_3^-$，$Ga^{3+}$] |

续表

| 萃取剂类型 | | 萃取剂名称 | 商品名或简称 | 分子式 | 稀释剂和水相组成 | 可萃取的元素① |
|---|---|---|---|---|---|---|
| 中性络合萃取剂 | 醇 | 辛醇 | | $CH_3(CH_2)_7OH$ | $SCN^-$ | $[Fe^{3+}]$ |
| | | 戊醇 | | $CH_3(CH_2)_3CH_2OH$ | $SCN^-$ | $[Al^{3+}, Be^{2+}]$ |
| | | 异戊醇 | | $(CH_3)_2CHCH_2CH_2OH$ | $SCN^-$ | Nb(Ⅴ), Ta(Ⅴ), $[Fe^{3+}]$ |
| | 酮 | 甲基异丁酮 | MIBK | 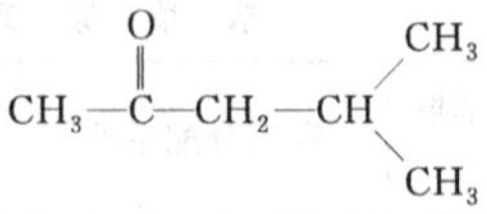 | HF 或 $H_2SO+NH_4F$ | Nb(Ⅴ), Ta(Ⅴ), $[MoO_4^{2-}, WO_4^{2-}]$ |
| | | | | | HCl | $CrO_4^{2-}, Cr_2O_7^{2-}, Fe^{3+}$ |
| | | | | | $KI+H_2SO_4$ | $Pd^{2+}$ |
| | | | | | $SCN^-$ | Nb(Ⅴ), $[Ce^{4+}, NpO_2^{2+}$, Ti(Ⅳ)] |
| | | 2-戊酮(甲异丙酮) | | | — | $CrO_4^{2-}$ 或 $CrO_7^{2-}$ (HCl), $Co^{2+}(SCN^-), Pb^{2+}$(HI) |
| | | | | | HBr | $In^{3+}, Tl^{3+}, [Cd^{2+}, Fe^{3+}, Pb^{2+}, Sn^{2+}, Zn^{2+}]$ |
| | 醛 | 糠醛 | | 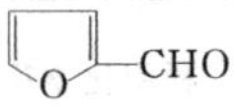 | $CHCl_3^-$ $SCN^-$ | V(Ⅴ), Nb(Ⅴ) |
| | 五节杂环化合物 | α-甲基四氢呋喃 | | 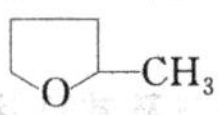 | | |
| | 六节杂环化合物 | 四氢吡喃 | |  | | |
| | 四氯化碳 | 四氯化碳 | | $CCl_4$ | HCl | $Ge^{4+}$ |
| | 苯 | 苯 | | $C_6H_6$ | HCl | $As^{3+}, Ge^{4+}$ |
| 螯合型萃取剂 | β-二酮 | 乙酰丙酮 | HAA | 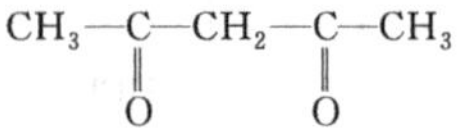 | | $Al^{3+}, Be^{2+}, Co^{2+}, Cr^{3+}, Fe^{3+}, Ga^{3+}, In^{3+}, MoO_4^{2-}, UO_2^{2+}, V^{3+}, [Cu^{2+}, Bi^{3+}, Mn^{2+}, Pb^{2+}$, Ti(Ⅳ), $V^{4+}, Zn^{2+}$, Zr(Ⅳ)] |
| | | 三氟乙酰丙酮 | | 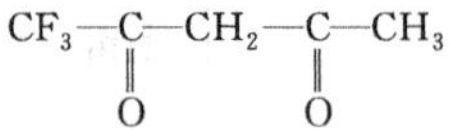 | $CHCl_3$ 或 $CCl_4$ | $Ac^{3+}, Am^{3+}, Cm^{3+}, Cu^{2+}, Zn^{2+}, Hf^{3+}, Sc^{3+}, Eu^{3+}$ |
| | | | | | 苯 | $Sc^{3+}, Zr^{4+}$ |
| | | 苯甲酰丙酮 | HBA | 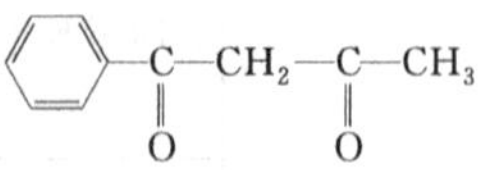 | 苯 | $Al^{3+}, Be^{2+}, Ca^{2+}, Cd^{2+}, Co^{2+}, Cu^{2+}, Er^{3+}, Eu^{3+}, Ga^{3+}, Gd^{3+}, Hg^{2+}, In^{3+}, La^{3+}, Mg^{2+}, Mn^{2+}, Ni^{2+}, Ni^{3+}, Pd^{2+}, Sc^{3+}, Th^{4+}, Ti^{3+}, Zn^{2+}$ |
| | | 苯甲酰三氟丙酮 | | 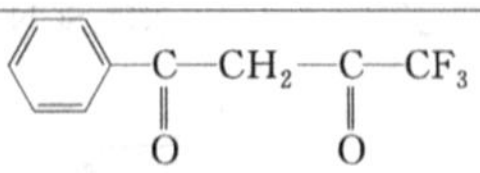 | — | $Co^{2+}, Eu^{3+}, Lu^{3+}, UO_2^{2+}, Zn^{2+}, Hf^{4+}, Zr^{4+}$ |
| | | 二苯甲酰乙酮 | HDM | 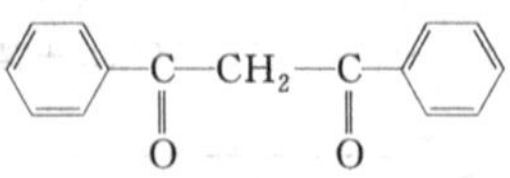 | 苯 | $Al^{3+}, Be^{2+}, Ca^{2+}, Cd^{2+}, Co^{2+}, Cu^{2+}, Fe^{3+}, Ga^{3+}, Hg^{2+}, In^{3+}, La^{3+}, Lu^{3+}, Mg^{2+}, Mn^{2+}, Pb^{2+}, Pd^{2+}, Sc^{3+}, Sr^{2+}, Th^{4+}, Ti^{4+}, Tl^{3+}, UO_2^{2+}, Zn^{2+}, Zr^{3+}$ |
| | | 呋喃甲酰三氟丙酮 | HETA | 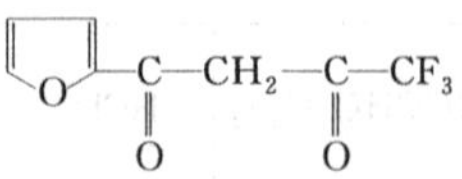 | 苯 | $Al^{3+}, Ca^{2+}, Be^{2+}, Co^{2+}, Cu^{2+}, Fe^{2+}, Mg^{2+}, Pb^{2+}, Th^{4+}, Sr^{2+}, Zn^{2+}, Zr^{3+}$ |

续表

| 萃取剂类型 | | 萃取剂名称 | 商品名或简称 | 分 子 式 | 稀释剂和水相组成 | 可萃取的元素[①] |
|---|---|---|---|---|---|---|
| 螯合型萃取剂 | β-二酮 | 噻吩甲酰三氟丙酮 | HTTA | 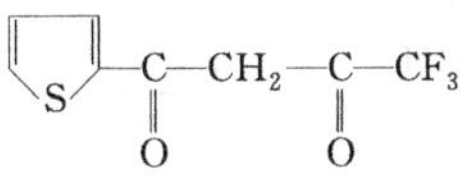 | 苯 | $Ac^{3+}$，$Al^{3+}$，$Am^{3+}$，$Bc^{2+}$，$Bi^{3+}$，$Bk^{3+}$，$Ca^{2+}$，$Cf^{3+}$，$Cm^{3+}$，$Cr^{3+}$，$Cu^{2+}$，$Es^{4+}$，$Fe^{3+}$，$Fm^{3+}$，Hf(Ⅳ)，$In^{3+}$，$La^{3+}$，$PaO_2^+$，$Pb^{2+}$，$Po^{4+}$，$Pu^{4+}$，$Sr^{2+}$，$Th^{4+}$，$Tl^{+,3+}$，$UO_2^{2+}$，$Y^{3+}$ |
| | | | | | 甲苯 | $Eu^{3+}$，$Yb^{3+}$ |
| | | | | | 二甲苯 | $Np^{4+}$，$Sc^{3+}$，Zr(Ⅳ)，[$Ce^{3+}$] |
| | | | | | 硝基苯或硝基甲烷 | $Cs^+$，[$Na^+$] |
| | | | | | 四氯化碳 | $Th^{4+}$ |
| | | | | | 丁醇 | $VO_3^-$ |
| | | | | | 2-甲基-2-戊酮 | $Al^{3+}$，$Y^{3+}$ |
| | | | | | 丙酮+苯 | $Co^{2+}$，$Mn^{2+}$，$Ni^{2+}$ |
| | | 1-苯基-3-甲基-4-苯甲酰基吡唑酮 | PMBP | 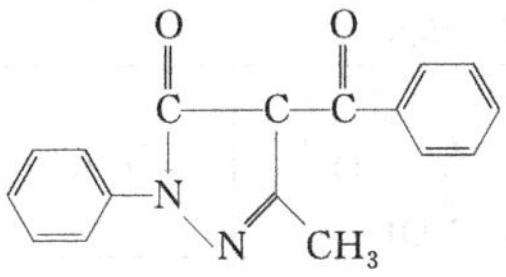 | 苯 | $Ac^{3+}$，$Co^{2+}$，$Fe^{3+}$，Hf(Ⅳ)，$Mn^{2+}$，Nb(Ⅴ)，$Np^{4+}$，$PaO_2^+$，$Pu^{4+}$，$RE^{3+}$，$Sc^{3+}$，$Th^{4+}$，Ti(Ⅳ)，$V^{4+}$，$Y^{3+}$，$Zn^{2+}$，Zr(Ⅳ) |
| | | | | | 环己烷 | $Eu^{3+}$，$Gd^{3+}$ |
| | | | | | 三氯甲烷 | $Cd^{2+}$，$Co^{2+}$，$Cr^{3+}$，$Cu^{2+}$，$Er^{3+}$，$Fe^{3+}$，$Gd^{3+}$，$Nd^{3+}$，$Ni^{2+}$，$Np^{4+}$，$Th^{4+}$，Ti(Ⅳ) |
| | | | | | 异戊醇 | $Ca^{2+}$，$Co^{2+}$，$Cu^{2+}$，$Eu^{3+}$，$Ho^{3+}$，$Mg^{2+}$，$Zn^{2+}$ |
| | | | | | 乙酸丁酯 | $Gd^{3+}$，$Ho^{3+}$，$Y^{3+}$ |
| | | | | | 2-甲基-2-戊酮 | $Ca^{2+}$ |
| | | | | | 二甲苯 | $Ce^{3+}$，$Mn^{2+}$，$MoO_4^{2-}$，Nb(Ⅴ)，$Ni^{2+}$，$Np^{4+}$，$V^{4+}$，$Y^{3+}$，Zr(Ⅳ) |
| | 8-羟基喹啉及其衍生物 | 8-羟基喹啉 | $HO_x$ | 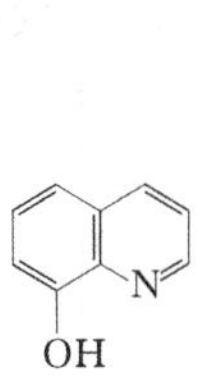 | 三氯甲烷 | $Al^{3+}$，$Ba^{2+}$，$Ca^{2+}$，$Co^{2+}$，$Ga^{3+}$，$Hg^{2+}$，$In^{3+}$，$Mn^{2+,3+}$，$MoO_4^{2-}$，$Ni^{2+}$，$Pb^{2+}$，$Pd^{2+}$，$Sc^{3+}$，Sn(Ⅱ，Ⅳ)，$Sr^{2+}$，$UO_2^{2+}$，$VO_3^-$，$WO_4^{2-}$，$Y^{3+}$，$Zn^{2+}$，$RE^{3+}$，[$Cd^{2+}$，$Ce^{3+}$，$Cr^{3+}$，$Cu^{2+}$，$Fe^{3+}$，Nb(Ⅳ)，$Th^{4+}$，Ti(Ⅳ)] |
| | | | | | 苯 | $Fe^{3+}$，$Sc^{3+}$ |
| | | | | | 丁胺+三氯甲烷 | $Be^{2+}$，$Cd^{2+}$，$Mg^{2+}$，$Ni^{2+}$，$Sr^{2+}$，$Zn^{2+}$ |
| | | | | | 乙酸乙酯 | $Co^{2+}$，[$Ce^{3+}$，$Cr^{3+}$，$Cu^{2+}$] |
| | | 5,7-二卤代-8-羟基喹啉 | | 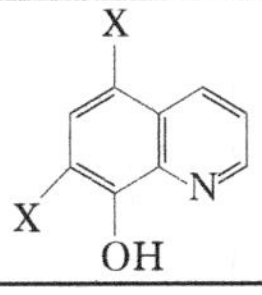 (X=Cl、Br、I) | $CHCl_3$ | $Fe^{3+}$，$Co^{2+}$ |

续表

| 萃取剂类型 | | 萃取剂名称 | 商品名或简称 | 分子式 | 稀释剂和水相组成 | 可萃取的元素① |
|---|---|---|---|---|---|---|
| 螯合型萃取剂 | 8-羟基喹啉及其衍生物 | Kelex 100 和 120 | | 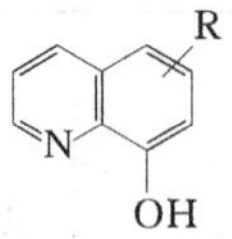 | $CHCl_3$ | $Fe^{3+}$, $Co^{2+}$ |
| | | 5,7-二硝基-8-羟基喹啉 | | 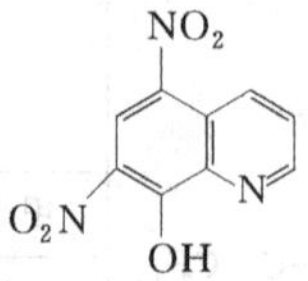 | $CHCl_3$ | $Fe^{3+}$, $Co^{2+}$ |
| | | 5-硝基-8-羟基喹啉 | | 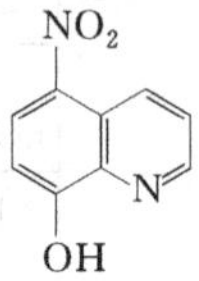 | $CHCl_3$ | $Fe^{3+}$, $Co^{2+}$ |
| | | 2-甲基-8-羟基喹啉(8-羟基喹哪啶) | | 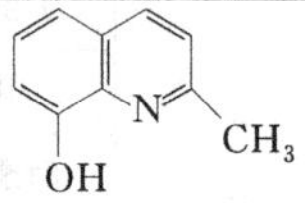 | $CHCl_3$ | $Be^{2+}$, $Bi^{3+}$, $Ce^{4+}$, $Co^{2+}$, $Cr^{3+}$, $Cu^{2+}$, $Fe^{3+}$, $Ga^{3+}$, $In^{3+}$, $Mo^{6+}$, $Ni^{2+}$, $Pb^{2+}$, $Ti^{3+}$, $Tl^{3+}$, $VO_2^+$ |
| | | 5-甲基-8-羟基喹啉 | | 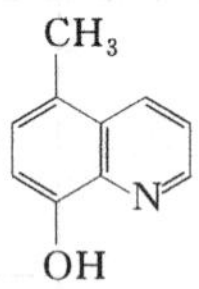 | $CHCl_3$ | $Th^{4+}$, $Cu^{2+}$, $Fe^{2+}$, $Fe^{3+}$, $Mg^{2+}$, $UO_2^{2+}$, $Zn^{2+}$ |
| | 肟 | 丁二肟(二甲基乙二肟) | | 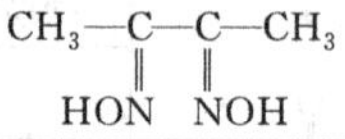 | $CHCl_3$ | [$Ni^{2+}$], $Pd^{2+}$ |
| | | α-糠偶酰二肟 | | 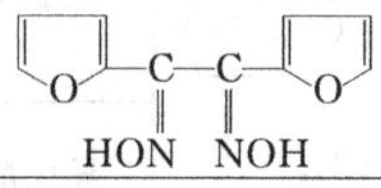 | $CHCl_3$ | $Ni^{2+}$, $Pd^{2+}$ |
| | | α-苯偶酰二肟 | | 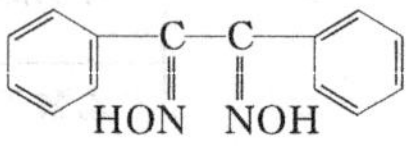 | $CHCl_3$ | $Ni^{2+}$, $Pd^{2+}$ |
| | | 水杨醛肟 | | 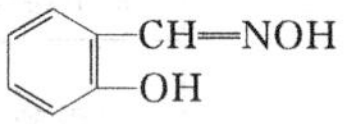 | $CHCl_3$ | $Pd^{2+}$ |
| | | | | | MIBr | $Cu^{2+}$, $Co^{2+}$, $Ni^{2+}$, $Pb^{2+}$, $Mg^{2+}$, $Mn^{2+}$, $Ni^{2+}$ |
| | | α-二苯乙醇肟 | | 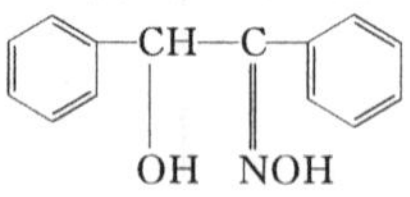 | $CHCl_3$ | $Cu^{2+}$ |
| | 羟肟 | | Li×63 | 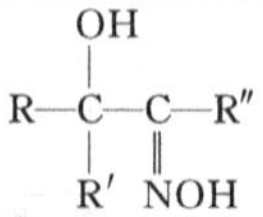 | | |
| | | | Li×64 | 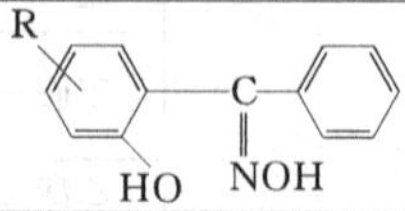 | | |
| | | | Li×64N<br>Li×70 | Li×63＋Li×64<br>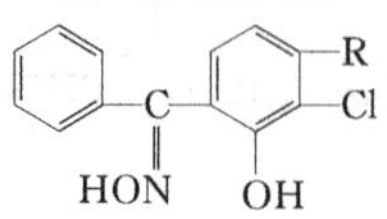 | | |

续表

| 萃取剂类型 | | 萃取剂名称 | 商品名或简称 | 分子式 | 稀释剂和水相组成 | 可萃取的元素① |
|---|---|---|---|---|---|---|
| 螯合型萃取剂 | 铜铁试剂及其类似物 | 铜铁试剂（*N*-亚硝基苯胲胺） | | 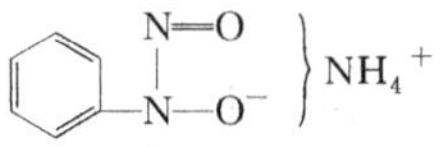 | 三氯甲烷 | $Al^{3+}$，$Cu^{2+}$，$Fe^{3+}$，$Hg^{2+}$，$In^{3+}$，$MoO_4^{2-}$，$Ni^{2+}$，$Sb^{3+}$，Ti(Ⅳ)，$VO_3^-$，[Nb(Ⅴ)] |
| | | | | | 苯 | $Hg^{2+}$，$In^{3+}$，$MoO_4^{2-}$ |
| | | | | | 2-甲基戊酮-2 | $Al^{3+}$，Hf(Ⅳ)，$VO_3^-$ |
| | | | | | 2-甲基戊酮-2＋柠檬酸＋EDTA | $Be^{2+}$，Nb(Ⅴ)，$Sn^{2+}$，Ta(Ⅴ)，Ti(Ⅳ)，$U^{4+}$，$VO_3^-$，Zr(Ⅳ)，$RE^{3+}$ |
| | | | | | 乙酸乙酯 | $Co^{2+}$，$Fe^{3+}$，Nb(Ⅴ)，Sn(Ⅳ)，$Th^{4+}$，$VO_3^-$，$WO_4^{2-}$，Ti(Ⅳ)，[Zr(Ⅳ)] |
| | | | | | 乙醚 | $Cd^{2+}$，$Co^{2+}$，$Th^{4+}$，$U^{4+}$，$VO_3^-$，[$Zn^{2+}$] |
| | | *N*-苯甲酰-苯胲 | BPH | 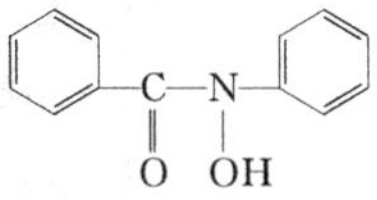 | 三氯甲烷 | $Al^{3+}$，$Be^{2+}$，$Bi^{3+}$，$Ce^{3+,4+}$，$Co^{2+}$，$Cr^{3+}$，$Cu^{2+}$，$Fe^{3+}$，$Ga^{3+}$，Hf(Ⅳ)，$In^{3+}$，$La^{3+}$，$MoO_4^{2-}$，Nb(Ⅴ)，$Nd^{3+}$，$Ni^{2+}$，$PaO_2^+$，$Pb^{2+}$，$Pd^{2+}$，$Pr^{3+}$，$Pu^{4+}$，Sb(Ⅲ，Ⅴ)，$Sc^{3+}$，$Sm^{3+}$，$Sn^{2+}$，$Th^{4+}$，Ti(Ⅳ)，$Tl^+$，$Tl^{3+}$，$UO_2^{2+}$，$VO_3^-$，$WO_4^{2-}$，$Y^{3+}$，$Zn^{2+}$，Zr(Ⅳ)，[$Cd^{2+}$，Sn(Ⅳ)，Ta(Ⅴ)] |
| | | | | | 苯 | $Al^{3+}$，$PaO_2^+$ |
| | | | | | 正丁醇 | $Be^{2+}$ |
| | | | | | 异戊醇 | $Sc^{3+}$，$Th^{4+}$ |
| | | *N*-2-噻吩甲酰苯胲 | TPHA | 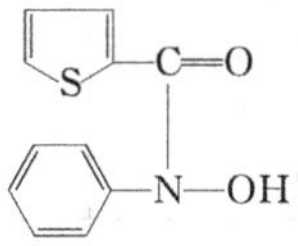 | | |
| | | 羟肟酸 | | 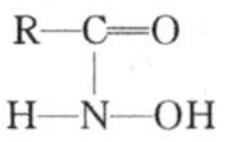 | | |
| | 酚 | 1-亚硝基-2-萘酚 | | 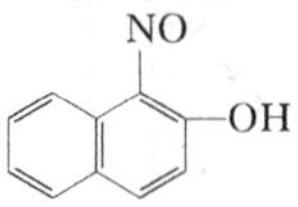 | $CHCl_3$<br>苯 | $Fe^{3+}$，$Fe^{2+}$ |
| | | 2-亚硝基-1-萘酚 | | 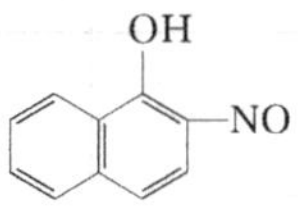 | $CHCl_3$ | $Th^{4+}$，$Pd^{2+}$，$Fe^{2+}$，$Fe^{3+}$ |
| | | 1-(2-吡啶偶氮)-2-萘酚 | PAN | 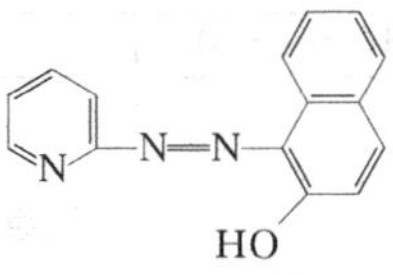 | 三氯甲烷 | $Cd^{2+}$，$Co^{2+,3+}$，$Cu^{2+}$，$Eu^{3+}$，$Fe^{3+}$，$Ga^{3+}$，$Gd^{3+}$，$Hg^{2+}$，$In^{3+}$，$Ir^{4+}$，$Mn^{2+}$，$Pb^{2+}$，$Pd^{2+}$，$Rh^{3+}$，$UO_2^{2+}$，$VO_3^-$ |
| | | | | | 苯 | $Fe^{3+}$ |
| | | | | | 乙醚 | $Mn^{2+}$，$Y^{3+}$，$Yb^{3+}$ |

续表

| 萃取剂类型 | | 萃取剂名称 | 商品名或简称 | 分子式 | 稀释剂和水相组成 | 可萃取的元素① |
|---|---|---|---|---|---|---|
| 螯合型萃取剂 | 含硫化合物 | 双硫腙 | | 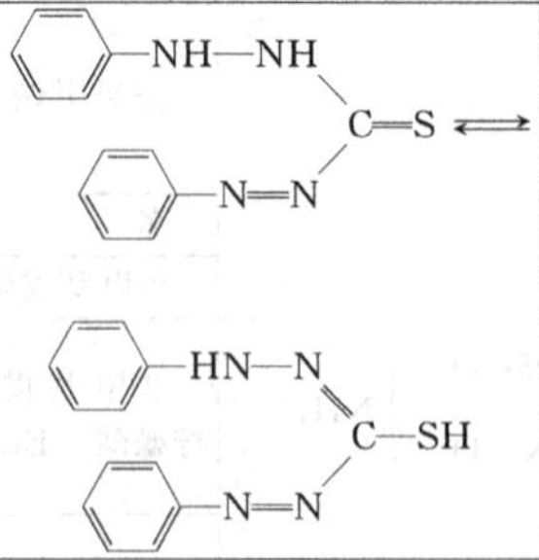 | 三氯甲烷 | $Bi^{3+}$, $Cd^{2+}$, $Cu^{2+}$, $Hg_2^{2+}$, $Ni^{2+}(CN^-)$, $Hg^{2+}$, $Zn^{2+}$ |
| | | | | | 四氯化碳 | $Ag^+$, $Au^{3+}$, $Co^{2+}$, $Fe^{3+}$, $Hg_2^{2+}$, $Hg^{2+}$ (EDTA), $Ni^{2+}$, $Po^{4+}$, Te(Ⅳ), $Tl^{+,3+}$ |
| | | | | | | |
| | | 二乙氨基二硫代甲酸钠 | NaD-DTC | 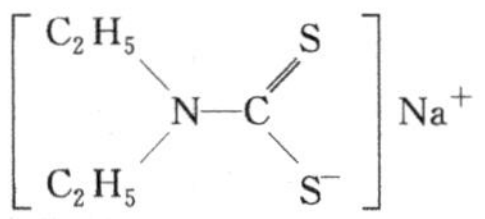 | 四氯化碳 | $Ag^+$, $As^{3+}$, $Au^{3+}$, $Bi^{3+}$, $Cd^{2+}$, $Co^{2+}$, $Cu^{2+}$, $Fe^{2+,3+}$, $Hg^{2+}$, $In^{3+}$, $Mn^{2+}$, Nb(Ⅴ), $Ni^{2+}$, $Pb^{2+}$, $Pd^{2+}$, $Sb^{3+}$, $SeO_3^{2-}$, Sn(Ⅳ), Te(Ⅳ), $Tl^+$, $VO_3^-$, $Zn^{2+}$, [$CrO_4^{2-}$, $CrO_7^{2-}$, $Ga^{3+}$, $Os^{4+}$, $Pt^{4+}$] |
| | | | | | 三氯甲烷 | $Bi^{3+}$, $CrO_4^{2-}$, $Cr_2O_7^{2-}$, $Cu^{2+}$, $Fe^{3+}$, $Ni^{2+}$, Te(Ⅳ), $UO_2^{2+}$ |
| | | | | | 苯 | Te(Ⅳ), $UO_2^{2+}$ |
| | | | | | 乙酸乙酯 | $Ag^+$, $Cd^{2+}$, $Ga^{3+}$, $Hg^{2+}$, $In^{3+}$, $Mn^{2+}$, $MoO_4^{2-}$, $Pb^{2+}$, $PuO_2^{2+}$ |
| | | | | | 乙酸戊酯 | $UO_2^{2+}$ |
| | | | | | 乙醚 | $Bi^{3+}$, $UO_2^{2+}$ |
| | | | | | 戊醇 | $PuO_2^{2+}$ |
| | | 二乙基二硫代氨基甲酸二乙胺盐 | DDDC | 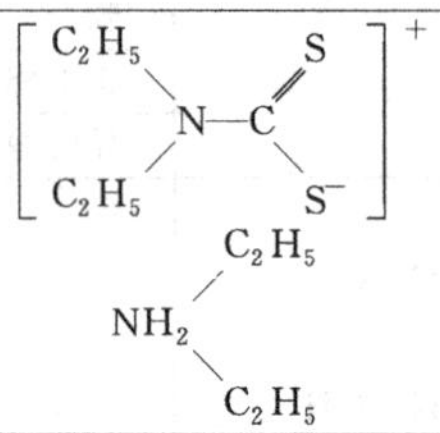 | | |
| | | 乙基黄原酸钾 | | 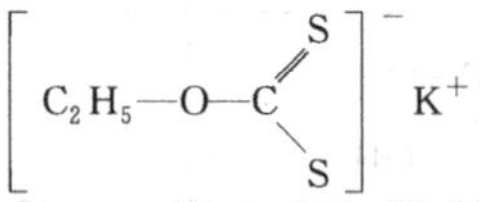 | | |
| | | 苄基黄原酸钾 | | 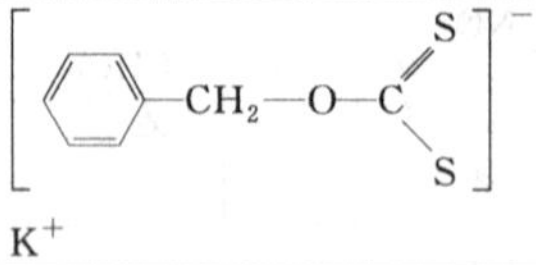 | | |
| | | 3,4-二巯基甲苯 | | 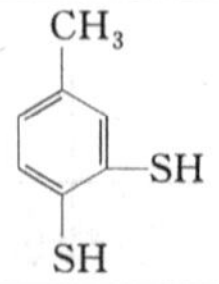 | | |
| 羧酸类萃取剂 | 羧酸 | 脂肪羧酸 | | $C_nH_{2n+1}COOH(n=7\sim8)$ | | |
| | | 环烷酸 | | 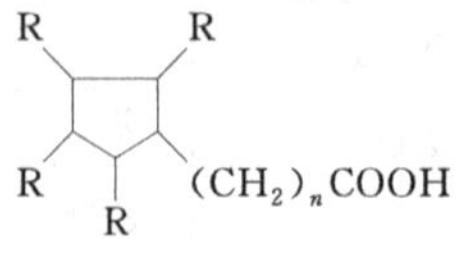 | 煤油＋乙醚 | $Ga^{3+}$, $Ce^{3+}$, $Cr^{3+}$, $Co^{2+}$, $Mn^{2+}$, $Sr^{2+}$, $Cs^{3+}$ |

续表

| 萃取剂类型 | | 萃取剂名称 | 商品名或简称 | 分子式 | 稀释剂和水相组成 | 可萃取的元素[①] |
|---|---|---|---|---|---|---|
| 羧酸类萃取剂 | 羧酸 | α-溴代月桂酸 | | $CH_3(CH_2)_9$—CH(Br)—COOH | | |
| | 叔碳羧酸 | | Versatic 911 | 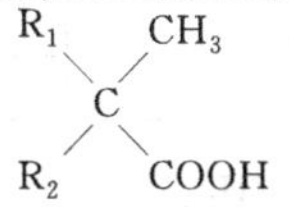 | 苯 | $Zr^{4+}$,$Ce^{4+}$,$Th^{4+}$ |
| | | | Versatic 9 | 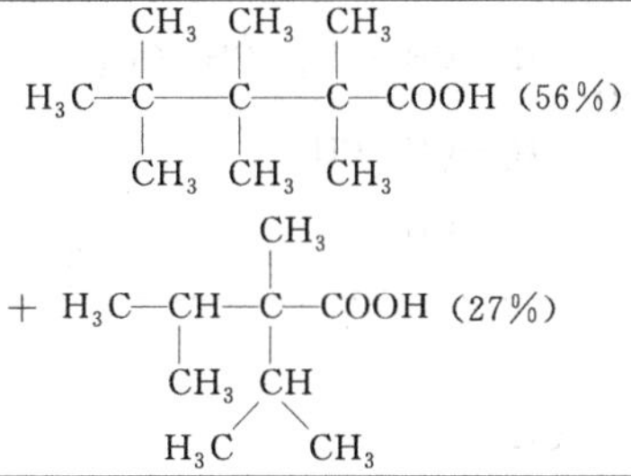 | 苯 | $Zr^{4+}$,$Ce^{4+}$,$Th^{4+}$ |
| | | | Versatic 10 13 15 19 SRS-100 | 具有类似结构,带有高支链的叔碳羧酸 | $SCN^-$ | $Fe^{3+}$ |
| | | | | | 苯 | $Ce^{4+}$,$Th^{4+}$,$Zr^{4+}$ |
| 高分子胺萃取剂 | 伯胺 | 辛胺 | | $CH_3(CH_2)_6CH_2NH_2$ | 三氯甲烷-HCl | $Be^{2+}$,$Bi^{3+}$ |
| | | | | | 芳烃-$SO_4^{2-}$ | $Th^{4+}$ |
| | | 1-(3-乙基戊基)-4-乙基辛胺 | Amine 21F 81 | 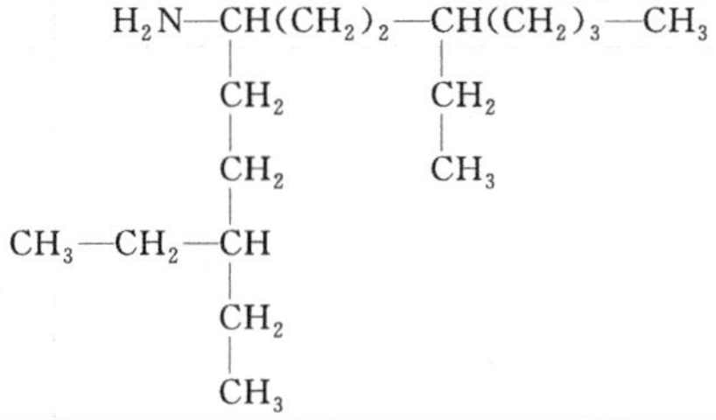 | | |
| | | 三烷基甲胺 | Primene JM-T | $H_2N$—C(R)(R′)(R″)<br>R+R′+R″=17～23个碳原子 | 二甲苯-$H_2SO_4$ | $Pu^{4+}$ |
| | | | | | 煤油+三癸醇 | $Th^{4+}$ ($SO_4^{2-}$ + $PO_4^{3-}$) |
| | | 三烷基甲胺 | Primene JM-T | 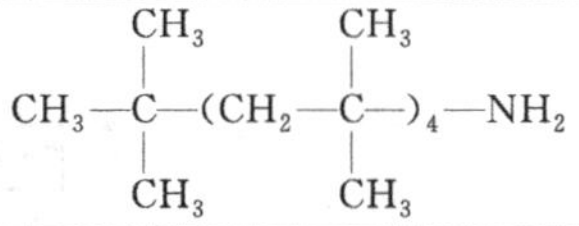 | | |
| | | 三烷基甲胺 | Primene 81-R | $H_2N$—C(R)(R′)(R″)<br>(相对分子质量在185～213之间) | | |
| | 仲胺 | N-十二烯(三烷基甲基)胺 | Amberlite LA-1 | 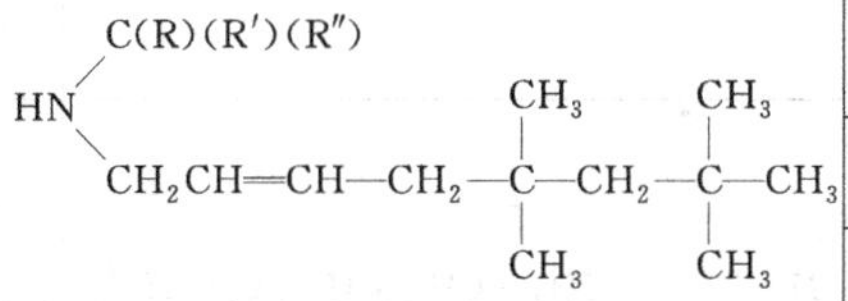<br>含有24～27个碳原子的不饱和胺 | 二甲苯-HCl | $Ag^+$, $As^{3+}$, $Cd^{2+}$, $Co^{2+}$,$CrO_4^{2-}$,Ge(Ⅳ), $Hg^{2+}$, $In^{3+}$, $Pb^{2+}$, Sb(Ⅲ, Ⅴ), $SeO_3^{2-}$, Sn(Ⅳ),$VO_3^-$,$TeO_4^{2-}$ |
| | | | | | 二甲苯-HBr | $Bi^{3+}$,$Cd^{2+}$,$Fe^{3+}$ |
| | | | | | 二甲苯-KI+$H_2SO_4$ | $Cd^{2+}$,$Ir^{4+}$,$Ga^{3+}$ |
| | | | | | 苯-$H_2SO_4$ | $Th^{4+}$ |
| | | | | | 煤油-HCl | $UO_2^{2+}$ |
| | | | | | 四氯化碳-$NH_2SCN$ | $Co^{2+}$ |

续表

| 萃取剂类型 | 萃取剂名称 | 商品名或简称 | 分子式 | 稀释剂和水相组成 | 可萃取的元素① |
|---|---|---|---|---|---|
| 高分子胺萃取剂 仲胺 | N-月桂(三烷基甲基)胺 | Amberlite LA-2 | 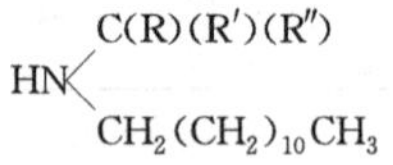 | 二甲苯-HCl | Ge(Ⅳ), $Sn^{2+}$, $TeO_4^{2-}$ |
| | | | | 二甲苯-HBr | $Fe^{3+}$ |
| | | | | 苯-HF | Ta(Ⅴ) |
| | 二(1-异丁基-3,5-二甲基己基)胺 | Amine S-24 | 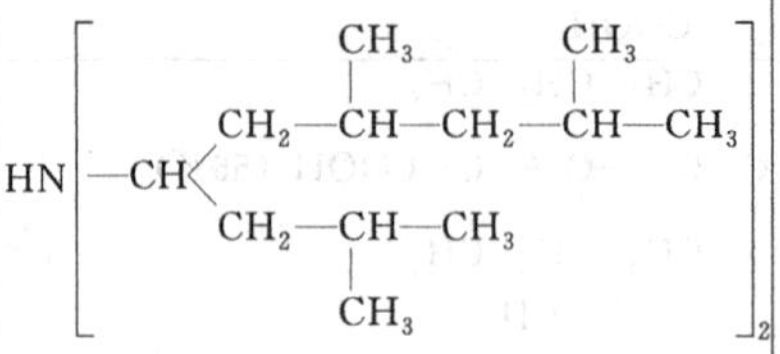 | | |
| | N-苄基-1-(3-乙基戊基)-4-乙基辛胺 | NBHA | 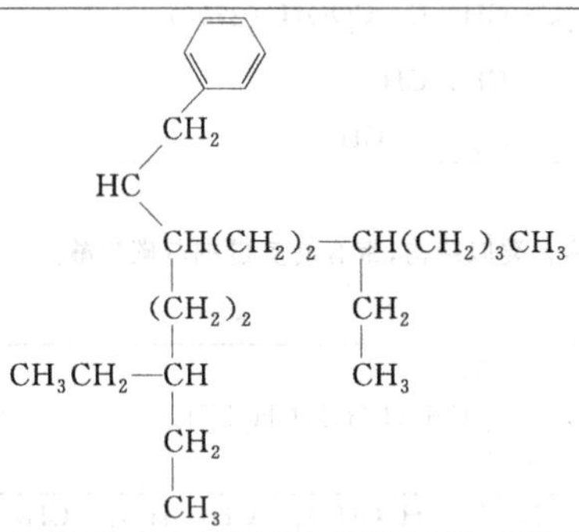 | | |
| 高分子胺萃取剂 叔胺 | 三正辛胺 | TNOA(或TOA) | $N-[CH_2(CH_2)_6CH_3]_3$ | 二甲苯-HCl | $Am^{3+}$, $Cd^{2+}$, $Cu^{2+}$, $Mn^{2+}$, $Np^{4+}$, $NpO_2^{2+}$, $Pu^{4+}$, $PuO_2^{2+}$, $UO_2^{2+}$, Zr(Ⅳ) |
| | | | | 二甲基-$HNO_3$ | $Np^{4+}$, $NpO_2^{2+}$, $Pu^{4+}$, $PuO_2^{2+}$, $Bi^{3+}$(HBr), Ta(Ⅴ)(HF) |
| | | | | 甲苯 | $Pt^{4+}$(HCl), $Th^{4+}$($HNO_3$) |
| | | | | 甲苯-$NaNO_2$ | $Pt^{4+}$, $Pd^{2+}$, $Ru^{3+}$ |
| | | | | 苯-HCl | $CrO_4^{2-}$($H_2O_2$), $Pd^{2+}$($SnCl_2$), $Rh^{3+}$($SnCl)_2$, $UO_2^{2+}$, Zr(Ⅳ) |
| | | | | 苯-$HNO_3$ | $Th^{4+}$, $UO_2^{2+}$($NH_4NO_3$) |
| | | | | 煤油 | $MnO_4^{2+}$, $UO_2^{2+}$($H_3PO_4$) [Nb(Ⅴ)(酒石酸或草酸)] |
| | | | | 煤油+癸醇-$H_2SO_4$ | Hf(Ⅳ), Zr(Ⅳ) |
| | | | | 四氯化碳 | $Co^{2+}$($NH_4SCN$), $Fe^{3+}$(HCl), $UO_2^{2+}$($HNO_3$) |
| | 三异辛胺 | TIOA(Adogen 381) | $N-(CH_2-CH_2-CH(CH_3)-CH_2-CH(CH_3)CH_3)_3$ | 二甲苯-HCl | $Am^{3+}$(LiCl), $Cr_2O_7^{2-}$, $Fe^{3+}$, Hf(Ⅳ), Nb(Ⅴ), $PuO_2^{2+}$, $Th^{4+}$(LiCl), $UO_2^{2+}$, $Zn^{2+}$, Zr(Ⅳ) |
| | | | | 二甲苯-$HNO_3$ | $Np^{4+}$, $Th^{4+}$[Al$(NO_3)_3$或$H_3PO_4$], $UO_2^{2+}$ |
| | | | | 甲苯或苯 | $Th^{4+}$($HNO_3$) |

续表

| 萃取剂类型 | | 萃取剂名称 | 商品名或简称 | 分子式 | 稀释剂和水相组成 | 可萃取的元素① |
|---|---|---|---|---|---|---|
| 高分子胺萃取剂 | 叔胺 | 三异辛胺 | TIOA (Adogen 381) | $N-[CH_2-CH_2-CH(CH_3)-CH_2-CHCH_3(CH_3)]_3$ | 四氯化碳 | $Ta(V)(HNO_3+HF)$ |
| | | | | | 二氯甲烷-HCl | $TcO_4^-$, $Eu^{3+}$(LiCl) |
| | | | | | 三氯甲烷 | $Be^{2+}(H_2C_2O_4)$ |
| | | | | | 煤油 | $Co^{2+}$(HCl) |
| | | 甲基二正辛胺 | MDOA | $CH_3-N[CH_2(CH_2)_6CH_3]_2$ | 三氯甲烷 | $CrO_4^{2-}$, $Hg^{2+}$ ($SO_4^{2-}$, $SeO_4^{2-}$ 或 $C_2O_4^{2-}$), $PaO_2^+$ |
| | | | | | 三氯乙烯-HCl | $Ag^+$ (HCl + LiCl), $Co^{2+}$, $Fe^{3+}$, $Zn^{2+}$ ($Cu^{2+}$) |
| | | | | | 三氯乙烯-$H_2SO_4$ | Nb(Ⅴ), $PaO_2^+$, Zr(Ⅳ) |
| | | | | | 三氯乙烯-$H_3PO_4$ | Nb(Ⅴ), $PaO_2^+$ |
| | | | | | 二甲苯-HCl | Hf(Ⅳ), Nb(Ⅴ), $PaO_2^+$, $Po^{4+}$, $Zn^{2+}$(抗坏血酸), Zr(Ⅳ) |
| | | | | | 二甲苯-HAcO | $UO_2^{2+}$ |
| | | 三苄胺 | TBA | 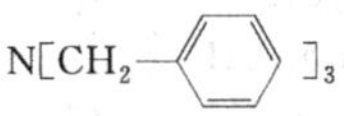 | 三氯甲烷-HCl | $CrO_7^{2-}$, $Fe^{3+}$, Nb(Ⅴ), $Po^{4+}$, $Pu_2^{2+}$, Sb(Ⅴ), $UO_2^{2+}$, $Zr^{2+}$ |
| | | | | | 二氯乙烷 | $Cd^{2+}$ (HBr), Ta(Ⅴ) ($H_2SO_4$) |
| | | | | | 苯 | $Cd^{2+}$(HCl) |
| | | 二烷基甲胺 | N1923 | $R_2NCH_3$(R 为 $C_9\sim C_{14}$ 的烷基) | 三氯甲烷-$H_2SO_4$ 或烃类-HCl | $Fe^{3+}$, $RE^{3+}$, $Sc^{3+}$, Ti(Ⅳ), $Th^{4+}$, Zr(Ⅳ), $Rh^{3+}$, $Pd^{2+}$, $Pt^{4+}$ |
| | | 三月桂胺 | TLA | $N[CH_2(CH_2)_{10}CH_3]_3$ | $HNO_3$ | Zr(Ⅳ) |
| | | 三癸胺 | TNDA | $N[CH_2(CH_2)_8CH_3]_3$ | | |
| | | 三异癸胺 | TIDA | $N-[CH_2(CH_2)_6-CN(CH_3)(CH_3)]_3$ | | |
| | | 三(2-乙基己基)胺 | | $N[CH_2-CH(C_2H_5)(CH_2)_3CH_3]_3$ | | |
| | | 三烷基胺 | Alamine 336 (或 TCA) | $N[CH_2(CH_2)_6-10CH_3]_3$ | | |
| | | 三烷基胺 | Adogen 364 | 60%辛基　33%癸基 | 氢卤酸 | $Ga^{3+}$, $In^{3+}$, $Al^{3+}$ |
| | | 三烷基胺 | Adogen 368 | 40%辛基　25%癸基, 30%十二烷基 | | |
| | | 三烷基胺 | *N*-235 | $R_3N$(R 主要为辛基) | 二甲苯 | $Bi^{3+}$(HI), $Co^{2+}$(亚硝基 R 盐或 $SCN^-$), $Fe^{3+}$ ($SCN^-$), $Pb^{2+}$ (HBr 或 HI), $Zn^{2+}$(HCl 或 HBr) |

续表

| 萃取剂类型 | 萃取剂名称 | 商品名或简称 | 分子式 | 稀释剂和水相组成 | 可萃取的元素[1] |
|---|---|---|---|---|---|
| 高分子胺萃取剂 叔胺 | 二(十二烯基)正丁胺 | Amberlite XE204 | 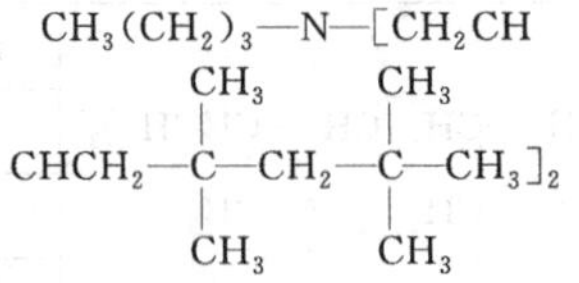 | | |
| | | Amine 9D-178 | 叔胺的混合物 | | |
| 季铵盐 | 氯化三烷基甲胺 | Aliquat 336(或MTC,或336-S) | $\{CH_3N[(CH_2)_{7\sim11}CH_3]_3\}^+ Cl^-$ | 二甲苯 | $As^{3+}$, $PO_4^{3-}$ |
| | | | | 三氯甲烷 | $CrO_4^{2-}$($H_2O_2$), Re(Ⅳ), $TcO_4^-$ |
| | | | | 烃类 | $Ce^{4+}$($SO_4^{2-}$) |
| | 氯化三烷基甲胺 | Adogen 464 | R=$C_8$—$C_{10}$ (含季铵盐92%以上) | | |
| | 氯化二(十二烯基)二甲铵 | B104 | 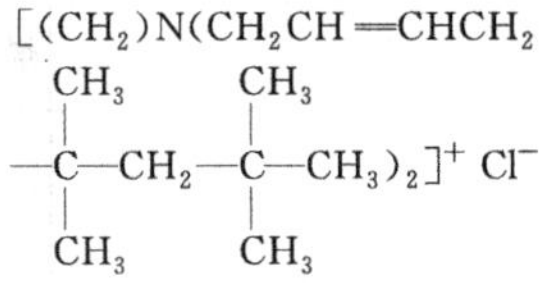 | | |
| | 氯化二烷基二甲胺 | Arquad 2C | $[R_2N(CH_3)_2]^+Cl^-$ R平均含16个碳原子(为75%的异丙醇溶液) | | |
| | 硝基季丁铵 | TBAN | $[N—(CH_2CH_2CH_2CH_3)_4]^+NO_3^-$ | | |
| | 氯化十六烷基二甲基苄铵 | CDMBA | 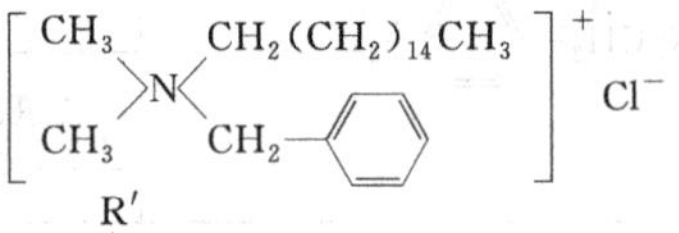 | | |
| | 氯化甲基三烷基铵 | *N*-263 | 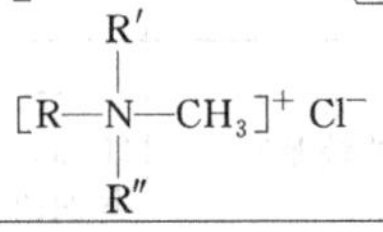 | | |
| 烷基磷(膦)酸类 烷基磷酸 | 2-乙基己基磷酸 | $H_2MEHP$ | 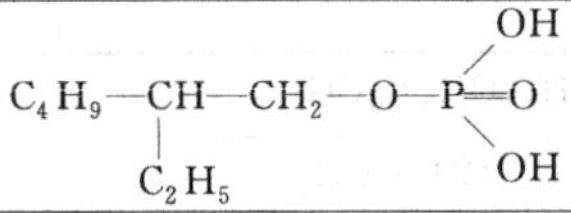 | 甲苯 | $Zr^{4+}$, $Sc^{3+}$, $Ti^{3+}$, 稀土元素 |
| | 二(2-乙基己基)磷酸 | $D_2EHPA$ (HDEHP) (N204) | 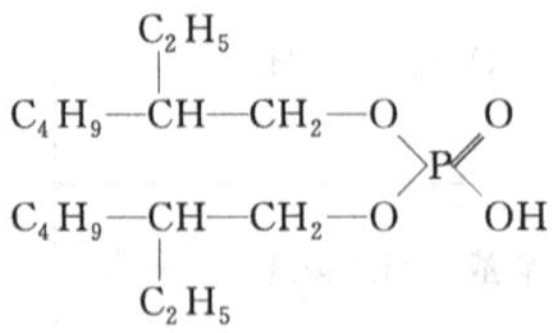 | 纯萃取剂 | $Ce^{3+}$, $Dy^{3+}$, $Ho^{3+}$ |
| | | | | 甲苯 | $Ac^{3+}$, $Am^{3+}$, $Be^{2+}$, $Cm^{3+}$, $Cf^{3+}$, $Er^{3+}$, $Fe^{3+}$, $Ga^{3+}$, $In^{3+}$, $La^{3+}$, $Lu^{3+}$, $Mn^{2+}$, $MoO_4^{2+}$, $Nd^{3+}$, $Np^{4+}$, $NpO_2^{2+}$, $PaO_2^+$, $Os^{4+}$, $Pb^{2+}$, $Pm^{2+}$, $Pr^{3+}$, $Sb^{3+}$, $Sc^{3+}$, $Sr^{2+}$, $Th^{4+}$, Ti(Ⅳ), $Tm^{3+}$, $UO_2^{2+}$, $Y^{3+}$, $Yb^{3+}$, $Zn^{2+}$, Zr(Ⅳ)[$Ag^+$, $Bk^{3+}$, $Cd^{2+}$, $Cu^{2+}$, $Hg^{2+}$, $Mg^{2+}$, Nb(Ⅴ), $NpO_2^+$, $Sn^{2+}$, Ta(Ⅴ), $VO_2^-$, $WO_4^{2-}$] |
| | | | | 二甲苯 | $Ca^{2+}$ |
| | | | | 庚烷 | $Ac^{3+}$, $Ce^{4+}$($KBrO_3$), $In^{3+}$(HBr), $Tl^{3+}$ |
| | | | | 癸烷 | $Pu^{4+}$, $UO_2^{2+}$ |
| | | | | 煤油 | $Al^{3+}$, $PaO_2^+$, $Sc^{3+}$, $UO_2^{2+}$ |

续表

| 萃取剂类型 | | 萃取剂名称 | 商品名或简称 | 分子式 | 稀释剂和水相组成 | 可萃取的元素① |
|---|---|---|---|---|---|---|
| 烷基磷(膦)酸类 | 烷基磷酸 | 异辛基磷酸异辛酯 | | 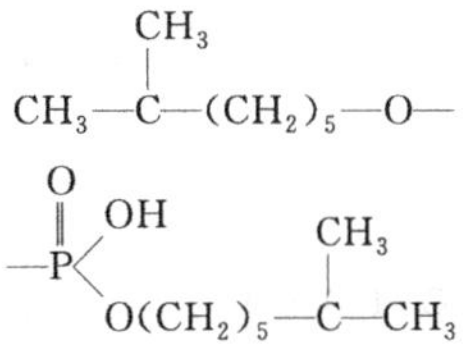 | 甲苯 | RE, $Ce^{4+}$, $Zr^{4+}$ |
| | | 二丁基磷酸 | | 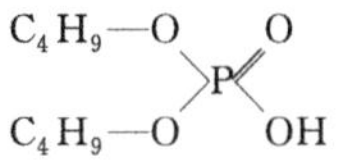 | 甲苯(酸性) | RE, $Sc^{3+}$, $Ti^{3+}$, $Zr^{4+}$ |
| | | 二乙基单硫代磷酸 | | 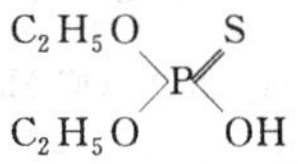 | 甲苯(酸性) | RE, $Sc^{3+}$, $Ti^{3+}$, $Zr^{4+}$ |
| | 磷酸酯 | 磷酸三丁酯 | TBP | $(C_4H_9O)_3PO$ | 100%—$HNO_3$ | $Ce^{3+}$ ($H_2SO_4$ 或 $NH_4NO_3$), $La^{3+}$ ($LiNO_3$ + EDTA), $Sc^{3+}$, $Y^{3+}$, Zr(Ⅳ)[$Pd^{2+}$] |
| | | | | | —HF | Nb(Ⅴ), Ta(Ⅴ), $Y^{3+}$ |
| | | | | | —HCl | $Ag^{+}$ (NaCl), $Al^{3+}$, $Be^{2+}$ (LiCl), $Co^{2+}$ (LiCl), $Cu^{2+}$, $Cu^{2+}$ (LiCl), $Fe^{3+}$, $MoO_4^{2-}$, Nb(Ⅴ), $Pd^{2+}$, $Pt^{4+}$, $PuO_2^{2+}$, $Sc^{3+}$, $Th^{4+}$, $Tl^{3+}$, $UO_2^{2+}$, $WO_4^{2-}$ |
| | | | | | —$HNO_3$+KI | $Bi^{3+}$, $Cd^{2+}$, $In^{3+}$ |
| | | | | | —$SCN^-$ | $Pd^{2+}$, $Pt^{4+}$, $UO_2^{2+}$ ($NH_4NO_3^+$)+抗坏血酸 |
| | | | | | 正己烷 | $Am^{3+}$ ($SCN^-$), $Pd^{2+}$ ($I^-$), $UO_2^{2+}$ (氨基磺酸亚铁) |
| | | | | | 正辛烷或正癸烷 | $Tl^{3+}$ |
| | | | | | 苯 | $CrO_4^{2-}$ ($H_2O_2$), $Ga^{3+}$, $UO_2^{2+}$ |
| | | | | | 四氯化碳 | $Fe^{3+}$ ($SCN^-$), $Np^{4+}$, $Th^{4+}$, Ti(Ⅳ), $UO_2^{2+}$, Zr(Ⅳ) |
| | | | | | 三氯甲烷 | $MoO_4^{2-}$, $Sc^{3+}$ ($SCN^-$), $UO_2^{2+}$, ($SCN^-$), Zr(Ⅳ) |
| | | | | | 甲苯 | Zr(Ⅳ) |
| | | 二丁基亚磷酸丁酯 | DBBP | $(C_4H_9O)(C_4H_9)_2PO$ | 甲苯 | Zr(Ⅳ) |
| | 膦氧化物 | 三丁基氧化膦 | TBPO | $(C_4H_9)_3PO$ | 苯 | $UO_2^{2+}$, Zr(Ⅳ) |
| | | 三辛基氧化膦 | TOPO | $(C_8H_{17})_3PO$ | 纯萃取剂 | $Au^{3+}$, $Ce^{4+}$, $Ga^{3+}$, $Np^{4+}$, $Pu^{4+}$, Ti(Ⅳ), [Ta(Ⅴ)] |

续表

| 萃取剂类型 | | 萃取剂名称 | 商品名或简称 | 分子式 | 稀释剂和水相组成 | 可萃取的元素① |
|---|---|---|---|---|---|---|
| 烷基磷(膦)酸类 | 膦氧化物 | 三辛基氧化膦 | TOPO | $(C_8H_{17})_3PO$ | 环己烷 | $Bi^{3+}$，$CrO_4^{2-}$，$Fe^{3+}$，Hf(Ⅳ)，$MoO_4^{2-}$，Nb(Ⅴ)(酒石酸或乳酸)，Pu(Ⅳ，Ⅵ)，Sb(Ⅲ，Ⅴ)($AlCl_3$)，Sn(Ⅱ，Ⅳ)，$TcO_4^-$($H_3PO_4$)，$Th^{4+}$，$UO_2^{2+}$，$Zn^{2+}$，Zr(Ⅳ)，[$Am^{3+}$，$As^{3+}$] |
| | | | | | 癸烷 | $TcO_4^-$ |
| | | | | | 苯 | $UO_2^{2+}$ |
| | 焦磷酸酯 | 焦磷酸四丁酯 | | $(C_4H_9O)_2P(O)O(O)P(OC_4H_9)_2$ | 苯 | $Ga^{3+}$ |
| | 双膦酸酯 | 亚甲基双膦酸四丁酯 | | $(C_4H_9O)P(O)(CH_2)P(O)(OC_4H_9)_2$ | HCl | $Th^{4+}$，$UO_2^{2+}$ |
| | 磷硫化物 | 三丁基硫化膦 | | $(C_4H_9)_3PS$ | HCl | $UO_2^{2+}$ |
| | 砜 | 二烷基亚砜 | | $R_2SO$ | HCl | $UO_2^{2+}$，$Zr^{4+}$，$Pu^{4+}$ |
| 离子缔合类 | | 乙酸乙酯 | | $CH_3C(=O)-O-CH_2CH_3$ | HCl | $Au^{3+}$，[As(Ⅴ)，$Hg^{2+}$] |
| | | | | | $SCN^-$ | Nb(Ⅴ)，Ta(Ⅴ)，[Ti(Ⅳ)] |
| | | 乙酸戊酯 | | $CH_3C(=O)-O-(CH_2)_4CH_3$ | HCl | $MoO_4^{2-}$ |
| | | 四苯钾离子 | | $(C_6H_5)_4As^+$ | 三氯甲烷 | $ClO_3^-$，$ClO_4^-$，$CrO_4^{2-}$ 或 $Cr_2O_7^{2-}$，$BrO_3^-$，$I^-$，$MnO_4^-$，$NO_3^-$，$ReO_4^-$，$SCN^-$，[$Cl^-$，$Br^-$，$NO_2^-$] |
| | | 四苯鏻离子 | | $(C_6H_5)_4P^+$ | 三氯甲烷 | $ClO_3^-$，$ClO_4^{2-}$，$CrO_4^{2-}$，$I^-$，$MnO_4^-$，$ReO_4^-$，$SCN^-$，[$Br^-$，$NO_3^-$] |
| | | 三苯锍离子 | | $(C_6H_5)_3S^+$ | 三氯甲烷 | $ClO_4^-$，$CrO_4^{2-}$，$I^-$，$MnO_4^-$，$ReO_4^-$，[$SCN^-$] |
| | | 三苯锡离子 | | $(C_6H_5)_3Sn^+$ | 三氯甲烷 | $Br^-$，$Cl^-$，$I^-$，$NO_2^-$，$PO_4^{3-}$，$SCN^-$，$SeO_3^{2-}$，[$AsO_4^{3-}$，$P_2O_7^{4-}$] |
| | | $Fe(phen)_3^{2+}$② | | | 硝基苯 | $AuCl_4^-$，$I^-$，$PtCl_6^{2-}$ |
| | | | | | 正丁腈 | $ClO^-$，$PF_6^-$，$BF_4^-$ |
| | | | | | 1,2-二氯乙烷 | $TlCl_4^-$ |
| | | $Fe(dipy)_3^{2+}$③ | | | 1,2-二氯乙烷 | $CdI_4^{2-}$，$HgI_4^{2-}$ |
| | | 溴邻苯三酚红 | | $C_{19}H_{10}Br_2O_8S$ | — | $Ag(phen)_2^+$ |
| | | 四氯四碘荧光素 | | $C_{20}H_8I_4O_5$ | — | $Co(phen)_2^{2+}$，$Cu(phen)_2^{2+}$，$Mn(phen)_2^{2+}$，$Ni(phen)_2^{2+}$，$Pb(phen)_2^{2+}$，$Pd(phen)_2^{2+}$，$Zn(phen)_2^{2+}$， |

续表

| 萃取剂类型 | 萃取剂名称 | 商品名或简称 | 分子式 | 稀释剂和水相组成 | 可萃取的元素① |
|---|---|---|---|---|---|
| 离子缔合类 | 四丁铵硝酸盐 | | $(C_4H_9)_4N^+ \cdot NO_3^-$ | 苯或甲苯 | $Pu^{4+}$ |
| | | | | 2-甲基-2-戊酮 | $UO_2^{2+}$[$Al(NO_3)_3$] |
| 协同萃取 | PMBP+TBP | | | 苯 | $Np^{4+}$($H_3PO_4$),$Pr^{3+}$,$Ra^{2+}$ |
| | | | | 二甲苯 | $Ac^{3+}$,$Ba^{2+}$,$Bi^{3+}$,$Ce^{3+}$,$Sr^{2+}$,$Th^{4+}$ |
| | | | | 环己烷 | $Am^{3+}$ |
| | | | | 异戊醇 | $Sr^{2+}$ |
| | PMBP+TOPO | | | 苯 | $Bk^{4+}$,$Cf^{3+}$,$Cm^{3+}$ |
| | TBP+HTTA | | | 苯 | $Ce^{3+}$($HNO_3+H_2O_2$) |
| | | | | 环己烷 | $Co^{2+}$ |
| | TBP+$N_{235}$ | | | 磺化煤油 | $Co^{2+}$(HCl) |

① 方括号内的元素或离子只能部分被萃取，其萃取率一般小于90%。

② phen为邻菲罗啉。

③ dipy为联吡啶。

## 三、萃取分离应用实例

表7-33列出了各种元素的萃取分离条件。

**表7-33 各种元素的萃取分离条件**

| 元素 | 水相 | 有机相 | 分离对象 |
|---|---|---|---|
| Ag | ①pH=2,EDTA | $H_2Dz$-$CCl_4$ | Cu等 |
| | ②pH=4~5,EDTA | $H_2Dz$-$CCl_4$ 用20%NaCl-0.3mol/L HCl反萃Ag | Hg等 |
| | ③中性介质($CH_3COONH_4$),EDTA、邻二氮菲、$NaNO_3$ | 硝基苯 | Au(Ⅲ)、$CN^-$、$SCN^-$、$I^-$等 |
| | ④pH=4~7($CH_3COONH_4$),EDTA、邻二氮菲、曙红 | 丙酮-$CHCl_3$(1+3) | 10倍的Sn(Ⅳ)、Ga(Ⅳ)等存在下测Ag |
| | ⑤pH=11,EDTA、DDTC | $CCl_4$ | 测定Cu及其合金、矿石中Ag |
| Al | ①pH=5~6.6或8.5~11.5,1%4-磺基苯甲酸 | 1%$HO_x$-$CHCl_3$ | 与Be、Ca、Cr、Mg、Th、W、Mn、RE分离 |
| | ②pH=5.5 | 0.02mol/L HTTA-苯 | Ca、Cu、Fe、Sr、Y、Zn |
| | ③pH=4 | HAA | Ga、In |
| As | ①1.8mol/L $HNO_3$,$(NH_4)_2MoO_4$ | 正丁醇-$CHCl_3$ | Cu |
| | ②$(NH_4)_2MoO_4$、$H_2SO_4$ | 异丁醇 | 从As(Ⅲ)中分离As(Ⅴ) |
| | ③pH=4~5.8,DDTC | $CCl_4$ | Ge、P、Si |
| | ④10mol/L HCl,DDTC | $CHCl_3$ | Se |
| | ⑤6mol/L HCl或5mol/L $H_2SO_4$,$SnCl_2$、KI、Zn | AgDDTC-吡啶 | |
| | ⑥9~10mol/L HCl | 苯、甲苯 | Sb(Ⅲ)、Se(Ⅳ)、Te(Ⅳ)、Au(Ⅲ)、Fe(Ⅲ) |
| | ⑦HI、KI、0.5mol/L $TiCl_3$ | 苯 | 铸铁、碳素钢 |
| | ⑧1.2mol/L HBr、7.5mol/L $HClO_4$ | 苯 | 黄铜 |
| Au(Ⅲ) | ①0.5mol/L $H_2SO_4$(有Pd用$SCN^-$掩蔽) | $H_2D_z$-$CCl_4$ | Hg、Ag可用2% KI-0.01mol/L $H_2SO_4$反萃分离 |
| | ②pH=4.0,LiCl | HTTA-二甲苯 | |
| | ③10mol/L HCl | $Cu(DDTC)_2$-$CHCl_3$ | 高纯Pb |
| | ④1~2mol/L HCl | TBP-甲苯 | Pt、Cu |
| | ⑤2.5~3mol/L HBr | 异丙醚 | Pd、Pt、Ir、Ru、Cu、Cd等 |
| | ⑥6.9mol/L HI | 乙醚 | Bi、In、Te、Zn |

续表

| 元素 | 水相 | 有机相 | 分离对象 |
|---|---|---|---|
| B | ①$AlCl_3$、HCl | 乙醚 | $F^-$ |
| | ②pH=2～3,$H_2SO_4$ | 甲醇-异丙醚 | Si |
| | ③$NH_4HF_2$、HF、$H_2O_2$ | 0.01mol/L$(C_6H_5)_4AsCl$-$CHCl_3$ | Si |
| | ④HF、亚甲基蓝 | 二氯乙烷 | Si |
| Be | ①pH=8.0,$HMO_x$ | $CHCl_3$ | Al |
| | ②pH=6～7 | 0.02mol/L HTTA-苯 | Al、Sr、Y |
| | ③pH=5～7,EDTA | HAA-苯 | 大多数金属元素 |
| | ④pH=9.3～9.5,丁酸、EDTA、KCl | $CHCl_3$ | Al、Cu、Fe |
| Bi | ①pH=9.4～10.2,柠檬酸盐、KCN | $H_2D_z$-$CHCl_3$ | Cu、Ti、Zr、Th、V、Nb、Ta、Cr、Mo、W、Fe,少量Pb和Tl |
| | ②pH=11～12,酒石酸、EDTA、KCN、DDTC | $CCl_4$ | Nb、V等 |
| | ③pH=4.0～5.2 | 1%$HO_x$-$CHCl_3$ | Co、Ni |
| | ④pH>2 | 0.25mol/L HTTA-苯 | Pb |
| | ⑤pH=1,$HNO_3$ | 硫脲-$CHCl_3$ | Pb、Sn |
| | ⑥pH=5.5～6.0 | DDDC-$CHCl_3$ | U |
| | ⑦0.5mol/L HBr、$HNO_3$ | Amberlite LA-1,TOA-二甲苯 | Zn、Sn(Ⅳ)、In、Pb |
| $Br^-$ | $HNO_3$、$KMnO_4$ | $CCl_4$ | Cl、U |
| Ca | ①pH=11.3 | $HO_x$-丁基溶纤剂-$CHCl_3$ | 碱金属,铵盐 |
| | ②$NH_3$ | $HO_x$-正丁醇 | 碱金属卤化物 |
| Cd | ①pH=5.5～10 | 0.1mol/L $HO_x$-$CHCl_3$ | |
| | ②pH=7.6～8.6 | $HO_x$-$CHCl_3$ | Zn |
| | ③$NH_3$、柠檬酸盐、碳酸盐 | $H_2D_z$-$CHCl_3$,$CCl_4$ | Be、U及其他元素 |
| | ④0.1～0.5mol/L HBr | (Amberlite LA-1)-二甲苯 | |
| | ⑤6.9mol/L HI | 乙醚 | Bi、Zn、In、Mo |
| | ⑥pH=5,KSCN、乙酸盐 | $CHCl_3$-吡啶(20+1) | In、Th |
| Ce(Ⅳ) | ①pH=5.4 | HTTA-苯 | 多种元素 |
| | ②1mol/L $H_2SO_4$、$K_2Cr_2O_7$ | 0.5mol/L HTTA-二甲苯 | |
| | ③pH>4,EDTA | HAA | 多种元素 |
| | ④pH=4～5,铜铁试剂 | $CHCl_3$ | |
| | ⑤8mol/L $HNO_3$、$NaBrO_3$ | TBP | 金属Ni |
| Ce(Ⅲ) | ①pH9.9～10.5,酒石酸铵 | 3%$HO_x$-$CHCl_3$-丙酮 | Al、Cr、Co、Pb、Mo、Ni、Zn |
| | ②硝酸盐 | TBP-苯 | Th、Ra |
| Co | ①pH=8 | $H_2D_z$-$CCl_4$ | Cr、Fe(Ⅲ)、Ti、V |
| | ②pH=3～4,1-亚硝基-2-萘酚 | $CHCl_3$ | Th |
| | ③HAc、$NaNO_2$、柠檬酸、$Na_2HPO_4$ | HTTA-二甲苯 | Ni、其他元素 |
| | ④0.05mol/L$(C_6H_5)_4AsCl$、KSCN、$NH_4F$ | $CHCl_3$ | Cu、Fe、U |
| | ⑤4.5mol/L HCl或0.85mol/L $CaCl_2$ | α-辛醇 | Ni |
| | ⑥10mol/L HCl | 0.1mol/L TOA或TIOA | Ni |
| | ⑦HCl | TBP | Ni |
| Cr(Ⅲ) | ①1mol/L HCl | 己酮 | Cu、Fe、Ni、U |
| | ②<3mol/L HCl | MIBK | V |
| | ③1～8mol/L HCl | 0.2mol/L TOPO-苯 | 许多金属 |
| | ④1～3mol/L酸性 | HAA-$CHCl_3$ | Al、Fe、V、Mo、Ti |
| | ⑤pH=5～6 | 0.15mol/L HTTA-苯 | Al、Fe、U、Th、Zr |
| | ⑥pH=6～8 | $HO_x$-$CHCl_3$ | |
| | ⑦$H_2O_2$,pH1.7,$H_2SO_4$ | 乙酸乙酯 | V |

续表

| 元素 | 水相 | 有机相 | 分离对象 |
|---|---|---|---|
| Cr(Ⅵ) | ①$(C_6H_5)_3Se$盐 | $CH_2Cl_2$ | 铁、钢 |
| | ②$H_2SO_4$ | TBP-苯 | |
| | ③1～2mol/L $H_2SO_4$ | 10%(Amberlite LA-1)-二甲苯 | Ti、Al、V、Fe |
| | ④1～6mol/L HCl | (Amberlite LA-1)-二甲苯 | Cr(Ⅲ)、V(Ⅴ)、Ti |
| Cs | ①pH=8.7～9.0,EDTA,LiOH,$Na_2CO_3$ | 0.5mol/L HTTA,硝基甲烷或硝基苯 | 多种元素 |
| | ②pH=6.6,$1\times10^{-3}$mol/L $NaB(C_6H_5)_4$ | 硝基苯 | |
| Cu | ①CaEDTA,pH=6.5 | 1%$HO_x$-$CHCl_3$ | Al、Co、Fe、Mn、Ni |
| | ②CaEDTA,pH=9 | $H_2D_z$-$CCl_4$ | Bi、Cd、Co、Ni、Pb、Tl、Zn |
| | ③pH=6,$Ac^-$、KCl | 0.04mol/L $HO_x$-$CHCl_3$ | Cd |
| | ④pH=8.5,柠檬酸铵、EDTA、DDTC | $CHCl_3$ | 许多元素 |
| | ⑤pH=8.5,柠檬酸铵-DDDC | $CHCl_3$ | 许多干扰元素 |
| | ⑥pH=6,KBr、$NH_2OH$、吡啶 | $CHCl_3$ | 许多干扰元素 |
| | ⑦pH=2 | HAA | Ni、Zn |
| | ⑧pH=6.3～10.3 | 5%己酸-乙酸乙酯或丁酸-苯 | 许多干扰元素 |
| | ⑨$KH_2PO_4$ | $H_2D_z$-苯 | Fe |
| | ⑩乙酸、$CN^-$、$P_2O_7^{4-}$ 吡啶 | $CCl_4$ | 贵金属 |
| | ⑪$NH_4SCN$、吡啶 | $CHCl_3$ | Fe |
| F | 微酸性$[(C_6H_5)_4Sb]HSO_4$ | $CCl_4$ 或 $CHCl_3$ | |
| Fe | ①pH=1.0 | HAA-$CHCl_3$(1+1) | Al、Co、Mg、Ni、Zn |
| | ②6mol/L HCl | $HO_x$-MIBK | Ti、Cu、Mg |
| | ③pH=2.5～12.5 | 1%$HO_x$-$CHCl_3$ | Al、Mn、Mo、Ni、Sn |
| | ④pH=5.3 | $HO_x$-$CHCl_3$ | Al、Ti |
| | ⑤5.5～7mol/L HCl | MIBK | Cu、Ni、Zn |
| | ⑥7.75～8.0mol/L HCl | 异丙醚 | Al、Co、Cr、Cu、Mn、Ni、Ti、V(Ⅳ)、Zn |
| | ⑦pH=3～6,$Ac^-$、$NH_2OH$、2,2'-联吡啶、磺酸戊酯钠 | $CHCl_3$ | U |
| | ⑧4～5mol/L HBr | 乙醚 | 许多元素 |
| | ⑨HBr-$NH_4Br$ | MIBK | Al、Co、Mn、Ni |
| | ⑩1-亚硝基-2-萘酚(丙酮) | $CHCl_3$ | Al、Mg |
| | ⑪KSCN、$(NH_4)_2SO_4$ | TBP | Al |
| | ⑫$NH_4SCN$、三丁胺 | 乙酸戊酯 | 许多元素 |
| Ga | ①pH=1.2 | HAA | Al、In |
| | ②HCl,PAN | 乙醚 | |
| | ③6.5mol/L HCl,$TiCl_3$ | 异丙醚 | Fe |
| | ④0.5mol/L HCl,3～7mol/L $NH_4SCN$ | 乙醚 | 许多金属 |
| | ⑤>6mol/L HCl | TBP | |
| | ⑥6mol/L HCl、罗丹明 B | 苯 | Al、In、Sb、Tl、W |
| | ⑦HBr | 乙醚 | 许多金属 |
| Ge | ①9mol/L HCl | 苯 | As(Ⅴ)、Hg、Sb |
| | ②铜铁试剂 | MIBK | |
| Hf | ①pH=8.9,氟化物、酒石酸盐、丙酮 | $HO_x$-$CHCl_3$ | |
| | ②2mol/L $HClO_4$ | 0.1mol/L HTTA-苯 | Zr、U以外一些元素 |
| Hg | ①pH=1.5,NaCl、EDTA | $H_2D_z$-$CCl_4$ | Ag、Cu |
| | ②pH=11,EDTA、DDTC | $CCl_4$ | Ag、Bi、Cu、Pd、Tl以外的所有金属离子 |
| | ③中性,$Br^-$ | 乙醚 | 许多金属 |
| | ④1.5mol/L HI | 乙醚 | Al、Be、Fe、Mo、W |
| | ⑤6.9mol/L HI | 乙醚 | Pt、Pd、Ir、Os、Ru |
| | ⑥pH=5,$(C_6H_5)_3SeCl$ | $CH_2Cl_2$ | Fe、Al、Co、Ni、Mn、Cu |

续表

| 元素 | 水相 | 有机相 | 分离对象 |
|---|---|---|---|
| I | 0.2mol/L HCl，$H_2O_2$ | TBP | Te |
| Ir | ①0.1mol/L HCl<br>②3～7mol/L HCl<br>③pH=5.1，乙醇 | TIOA<br>TBP<br>PAN-$CHCl_3$ | Rh、Fe、Co、Ni<br>Rh(Ⅲ) |
| In | ①pH=3<br>②pH=5.5<br>③1mol/L $H_2SO_4$、$H_2O_2$，1.2mol/L $(NH_4)_2SO_4$<br>④pH=3<br>⑤$CN^-$、$NH_3$<br>⑥pH=9，NaCN、DDTC<br>⑦HBr、$TiCl_3$<br>⑧5mol/L HBr<br>⑨0.5～6mol/L HBr<br>⑩1.5mol/LKI、0.75mol/L $H_2SO_4$<br>⑪0.5mol/L NaI、1mol/L $HClO_4$<br>⑫0.5mol/L HCl、2～3mol/L $NH_4SCN$ | 1%$HO_x$-$CHCl_3$<br>$HO_x$-$CHCl_3$<br>$HO_x$-0.6mol/L HDBP-丁醚<br>HAA-$CHCl_3$(1+1)<br>$H_2D_z$-$CHCl_3$<br>$CCl_4$<br>乙醚<br>乙酸丁酯<br>乙醚或异丙醚<br>乙醚<br>己酮<br>乙醚 | Al<br>Be<br>Al、Ga<br>Cu<br>Cu、Fe<br>Fe<br>Ga<br>Al、Ga、Tl、Zn 等<br>Al、Be、Bi、Fe、Ga、Mo、W<br>Th<br>许多金属 |
| La | ①pH=7<br>②pH=8<br>③pH=5(乙酸缓冲液)<br>④水杨酸(肉桂酸或 3,5-二硝基苯甲酸) | 0.1mol/L BPHA-$CHCl_3$<br>5,7-二氯-8-羟基喹啉-$CHCl_3$<br>0.1mol/L HTTA-己酮<br>$CHCl_3$ 或 MIBK | K、Na |
| Li | $I_3^-$ | 硝基甲烷-苯 | |
| Mg | ①pH=10.5～13.6 丁胺<br>②pH>6.5，铜铁试剂 | 0.1%$HO_x$-$CHCl_3$<br>$CHCl_3$ | Ca、Sr、Ba |
| Mn | ①pH=7.5～8.0 或 pH=8.2～8.6 的柠檬酸盐，DDTC<br>②2mol/L $H_3PO_4$、0.5mol/L $H_2SO_4$-0.3mol/L $NaBrO_3$<br>③pH=6.7～8<br>④pH=9～10，甲醇-PAN<br>⑤酒石酸铵、$CN^-$<br>⑥pH=12.5<br>⑦pH=4.5，$SCN^-$、柠檬酸 | $CHCl_3$<br>0.5mol/L HTTA-二甲苯<br>0.15mol/L HTTA-丙酮-苯<br>$CHCl_3$<br>PAN-$CHCl_3$<br>1%$HO_x$-$CHCl_3$<br>TBP-煤油 | Ce、U<br>Fe<br>高纯金属<br>Ni、Al<br>Fe |
| Mo | ①3mol/L $H_2SO_4$<br>②柠檬酸、HCl<br>③硫酸盐<br>④稀 HCl<br>⑤弱酸性<br>⑥HCl、DDTC<br>⑦HTD、$N_2H_4\cdot H_2SO_4$<br>⑧HTD、柠檬酸、$H_3PO_4$<br>⑨6mol/L HCl、0.4mol/L HF<br>⑩HCl、$H_3PO_4$<br>⑪KSCN、$Hg_2(NO_3)_2$<br>⑫KSCN、$NaNO_2$、$SnCl_2$ | HAA-$CHCl_3$<br>HAA-$CHCl_3$<br>$HO_x$-$CHCl_3$<br>铜铁试剂-$CHCl_3$<br>铜铁试剂-MIBK<br>$CHCl_3$<br>$CCl_4$<br>轻石油<br>己酮<br>乙醚<br>乙醚<br>乙醚-轻石油(2+1) | Cu、Fe、Cr、W、Al<br>W<br>U、Be、Th、Zr、Ti<br>Cu 矿石<br>钢铁<br>U<br>W<br>Ag、Al、As、Cr、Cu、Fe、Hg、Pb、Pu、Ti、Tl、U、Zn、Zr<br>W<br>Re<br>U |

续表

| 元素 | 水相 | 有机相 | 分离对象 |
|---|---|---|---|
| Nb | ①pH=2.5,乙酸 | HAA-$CHCl_3$ | |
| | ②7mol/L HCl | HTTA-二甲苯 | 多种元素 |
| | ③$H_2SO_4$、铜铁试剂 | $CHCl_3$ | |
| | ④pH=4~6,$H_2SO_4$ | BPHA-$CHCl_3$ | Ta |
| | ⑤6~7.5mol/L $H_2SO_4$ | BPHA-$CHCl_3$ | Zr |
| | ⑥pH=10~10.5 | $HO_x$-$CHCl_3$ | Zr-Nb 合金 |
| | ⑦柠檬酸 | $HO_x$-$CHCl_3$ | Ta |
| | ⑧柠檬酸铵 | $HO_x$-$CHCl_3$ | Mo、W |
| | ⑨NaOH、$H_2D_z$ | $CHCl_3$ | W、$WO_3$、各种金属 |
| | ⑩10mol/L KF,2.2mol/L $NH_4F$,6mol/L $H_2SO_4$ | MIBK | Al、Fe、Ga、Mn、Ti、V、Zr |
| | ⑪10mol/L HCl、$H_2O_2$ | TBP-$CHCl_3$ | Ti |
| | ⑫HCl(>9mol/L) | 甲基二辛胺-二甲苯 | Ta |
| | ⑬KSCN、4mol/L HCl | 乙醚 | Zr |
| Ni | ①pH=7.5,柠檬酸钠、丁二酮肟(乙醇) | $CHCl_3$(用0.5mol/L 氨水洗涤除Cu,0.5mol/L HCl 反萃 Ni) | |
| | ②KCN、碱性介质、丁二酮肟 | $CHCl_3$、$CCl_4$ | Co 等 |
| | ③$NH_3$、α-苯偶酰二肟 | $CHCl_3$ | 除 Co 以外的元素 |
| | ④pH=2.2,DDTC | $CHCl_3$ | Al、Fe、Ti |
| | ⑤pH=4.5~9.5 | $HO_x$-$CHCl_3$ | Mn |
| | ⑥邻苯二酚 | 正丁醇 | Nb、Ta |
| | ⑦pH=5.5~8.0 | HTTA-苯、丙酮 | 各种元素 |
| | ⑧pH=8.5~10.7,铜铁试剂 | $CHCl_3$ | |
| | ⑨pH=6.5~8.9 | $H_2D_z$-$CHCl_3$ | Cu |
| | ⑩pH=8,柠檬酸钠、盐酸羟胺、乙醇 | $H_2D_z$-$CHCl_2$ | Ag 合金 |
| | ⑪pH=5~6,$KIO_4$、$Na_4P_2O_7$ | PAN-$CHCl_3$ | Co |
| Os | ①NaOH、麻黄碱 | $CCl_4$ | Pt、Rh |
| | ②浓 HCl、$(C_6H_5)_4AsCl$ | $CHCl_3$ | Ru |
| | ③HCl、$SnCl_2$ | 10%HAA-$CHCl_3$ | Ti(Ⅳ)、Ni、Cu、W、As、Sb、Hg、Sn、Pb、Ag、In、Rh |
| | ④pH=4~5.5,$NH_2OH$ | HTTA-苯 | |
| P | $(NH_4)_2MoO_4$,1mol/L $HNO_3$ | 正丁醇-$CHCl_3$ | As、Cr、Cu、Mn、Si、V |
| Pb | ①pH=9~9.5,$NH_3$、$CN^-$、柠檬酸 | $H_2D_z$-$CCl_4$ | 多种元素 |
| | ②KI、5%HCl | MIBK | |
| | ③1.5mol/L HCl、DDDC | $CHCl_3$ | Bi、Tl |
| | ④pH=11,NaCN、DDTC | $CCl_4$ | Bi、Cd、Ti 以外的金属 |
| | ⑤pH=6~10 | 0.1mol/L $HO_x$-$CHCl_3$ | |
| Pd | ①pH=0 | 0.1mol/L HAA-苯 | |
| | ②pH=4 | HTTA-异戊醇 | Pt、Tl、Cd、Sb、Bi、Pb、Zr、Fe、U、Ce、Rh、Ir |
| | ③pH=0~10 | 0.01mol/L $HO_x$-$CHCl_3$ | |
| | ④2mol/L $H_2SO_4$ | $H_2D_z$-$CHCl_3$ | Rh |
| | ⑤HCl | $HTO_x$-$CHCl_3$ | Fe |
| | ⑥硫脲 | $HTO_x$-$CHCl_3$ | Pt |
| | ⑦KI | TBP | Rh、Ir、其他金属 |
| | ⑧水杨醛、$NH_2OH$、弱酸性 | 苯 | Co、Cu、Fe、Ir、Ni、Pt(Ⅳ) |
| | ⑨pH=11,EDTA、DDTC | $CCl_4$ | 多种金属 |

续表

| 元素 | 水　相 | 有　机　相 | 分　离　对　象 |
| --- | --- | --- | --- |
| Pt | ①1mol/L $HNO_3$ | HTTA-苯 | Ag、Mn、Cu、Ni、Pb、Cr |
| | ②3mol/L HCl、$SnCl_2$ | 乙酸乙酯或乙酸戊酯 | La、Bi、Th、U(Ⅳ)、Ir |
| | ③KI | TBP-己烷 | Ir、Rh |
| | ④pH=2～2.5,KSCN、吡啶 | MIBK | Rh |
| Rb | ①pH=6.6 | $NaB(C_6H_5)_4$-硝基乙烷 | |
| | ②$I_3^-$ | 硝基甲烷-苯 | |
| Re | ①7～9mol/L $H_2SO_4$ | HTTA-苯-(3-甲基-1-丁醇) | 多种金属 |
| | ②pH=9,HAc-$HO_x$ | $CHCl_3$ | 钼酸盐及其他矿物 |
| | ③6mol/L HCl、4-羟基-3-巯基-甲苯 | $CHCl_3$-异丁醇 | Mo |
| | ④pH=9,$(C_6H_5)_4AsCl$ | $CHCl_3$ | Mo、W |
| | ⑤$SCN^-$、Sn(Ⅱ) | 异丙醚 | |
| Rh | ①$HClO_4$ | HTTA-二甲苯 | |
| | ②pH=3～11 | $HO_x$-$CHCl_3$ | |
| | ③pH=8,DDTC | MIBK | 合金 |
| | ④pH=5.1,PAN | $CHCl_3$ | Ir |
| | ⑤HCl、$SnCl_2$ | TIOA-甲苯 | Pt、Pd |
| | ⑥HBr,42% $HClO_4$、$SnBr_2$ | 异戊醇 | Ir |
| | ⑦KSCN、3～4mol/L HCl | MIBK | |
| Ru | ①pH=4 | HTTA | |
| | ②2mol/L HCl、KSCN、吡啶 | MIBK | |
| | ③5mol/L HCl、$SnCl_2$ | TBP | Cs |
| | ④$HNO_3$ | TBP | |
| Sc | ①HCl、BPHA | 苯,$CHCl_3$ | RE |
| | ②pH=4.5～10 | 0.1mol/L $HO_x$-$CHCl_3$ | |
| | ③pH=1.5 | 0.5mol/L HTTA-苯 | |
| | ④$H_2O_2$、HCl | TBP | Al、Be、Cr、Ti、RE |
| | ⑤6mol/L HCl | TBP | Al、Ca、Mg、Na、Y、RE |
| | ⑥0.5mol/L HCl、7mol/L KSCN | 乙醚 | 多种元素 |
| Sb | ①pH=9.2～9.5,EDTA、KCN、DDTC | $CCl_4$ | Bi、Ti 可在 pH=11～12 先萃除 |
| | ②$H_2SO_4$(1+9)、铜铁试剂 | $CHCl_3$ | As |
| | ③安替吡啉 | $CHCl_3$ | As(Ⅲ)、Bi、Co、Cr、Hg、Ni、Sn(Ⅳ)、Zn |
| | ④6.9mol/L HF | 乙醚 | Bi、In、Mo、Zn、Te |
| | ⑤6.5～8.5mol/L HCl | 异丙醚 | Sb(Ⅴ)同 Sb(Ⅲ)分离 |
| | ⑥1～2mol/L HCl、柠檬酸、$H_2C_2O_4$ | 乙酸乙酯 | Cu、Cd、Fe、Ge、Pb、Sn、Te |
| | ⑦5mol/L HBr | 乙醚 | Bi、Cd、Co、Cu、Te、Tl、Hg |
| | ⑧6.9mol/L HI | 乙醚 | Bi、In、Mo、Te、Zn |
| | ⑨7mol/L HCl | 0.1mol/L TOPO-环己烷 | 许多元素 |
| | ⑩HCl、尿素、$SnCl_2$、$NaNO_2$、结晶紫 | 二甲苯 | Pb |
| Se | ①pH=5～6,DDTC、EDTA | $CCl_4$ | 许多元素 |
| | ②0.1mol/L HCl、DDTC | TBP | Se(Ⅵ) |
| | ③pH=6～7,EDTA、3,3′-二氨基联苯胺 | 甲苯 | Cu、Fe、Te |
| | ④HCl | $H_2D_z$-$CCl_4$ | |
| | ⑤7mol/L HCl | $CHCl_3$ | Cu |
| Si | 稀 $HNO_3$、$(NH_4)_2MoO_4$ | 戊醇 | Ni |

续表

| 元素 | 水相 | 有机相 | 分离对象 |
|---|---|---|---|
| Sn | ①pH=6～9 | $H_2D_z$-$CCl_4$ | Cd、Pb、Tl、Zn |
| | ②pH=1.5 | $H_2D_z$-丁醇 | Sn、Sb、Pb 合金 |
| | ③pH=5.5,DDTC、酒石酸盐 | $CHCl_3$ | 矿石 |
| | ④pH=2.5～6.0 | 1%$HO_x$-$CHCl_3$ | Mn、Ni、Al |
| | ⑤1.5mol/L $H^+$、铜铁试剂 | 苯-$CHCl_3$ | |
| | ⑥4mol/L HBr | 乙醚 | 许多金属 |
| | ⑦6.9mol/L HI | 乙醚 | |
| | ⑧1.5mol/L KI,0.75mol/L $H_2SO_4$ | 乙醚 | Al、Be、Fe、Ga、Mo、W |
| | ⑨1～7mol/L $NH_4SCN$、0.5mol/L HCl | 乙醚 | 许多金属 |
| Sr | ①pH>10 | HTTA-苯 | |
| | ②pH=11.3 | 1mol/L $HO_x$-$CHCl_3$ | Co |
| | ③pH=4～5,EDTA | HDEHP-己烷 | |
| Ta | ①$HClO_4$、BPHA | $CHCl_3$ | 钢铁、Nb |
| | ②pH=3,20%邻苯二酚、草酸铵 | 正丁醇 | Nb、Ti |
| | ③HCl、HF | 己酮 | Cr、Ga、Nb、Sb、Ti |
| | ④HF、$H_2SO_4$ | 环己烷 | Nb、Zr |
| | ⑤HF、$HNO_3$、$(NH_4)_2SO_4$ | 丙酮-异丁醇 | Nb、Zr |
| | ⑥0.4mol/L HF、6mol/L $H_2SO_4$ | MIBK | 除 Nb 以外的金属 |
| | ⑦10mol/L HF、6mol/L $H_2SO_4$、2.2mol/L $NH_4F$ | MIBK | Al、Fe、Mn、Sn、Ti、U、Zr |
| | ⑧$H_2SO_4$、HCl、NaF、$H_2C_2O_4$ | $(C_6H_5)_4AsCl$-$CHCl_3$ | 高纯 Ni |
| | ⑨$Br^-$、0.3mol/L $H_2SO_4$ | TBP | Nb |
| Te(Ⅳ) | ①pH=8.5～8.8,EDTA、NaCN、DDTC | $CCl_4$ | Se、其他金属 |
| | ②pH=1 | $H_2D_z$-$CCl_4$ | |
| | ③4.5～6mol/L HCl | MIBK | Al、Bi、Cr、Co、Cu、Ni、Fe、钢铁 |
| | ④0.6mol/L HCl、KI | MIBK | |
| | ⑤0.6mol/L NaI、1mol/L HCl | 乙醚-正戊醇 | 许多元素 |
| | ⑥HCl、$SnCl_2$ | 乙酸乙酯 | Bi、Cd、Cu |
| Th(Ⅳ) | ①pH=5 | $HO_x$-苯或 $CHCl_3$ | Ce |
| | ②pH=1.4～1.5 | 0.5mol/L HTTA-二甲苯 | |
| | ③pH=2 | 0.1mol/L BPHA-$CHCl_3$ | La、U(Ⅵ) |
| | ④pH=0.3～0.8,铜铁试剂 | 苯-异戊醇 | 二价阳离子 |
| | ⑤pH=1.5～2.0,磺基水杨酸、抗坏血酸 | 0.01mol/L PMBP-苯 | |
| | ⑥$HNO_3$、$LiNO_3$ | 异亚丙基丙酮 | Al |
| | ⑦0.3mol/L $HNO_3$、6mol/L $NH_4NO_3$ | 乙醚-二丁氧基四乙烯二醇 | Sc、Y、RE |
| Ti(Ⅳ) | ①pH=2.2,$H_2O_2$ | $HO_x$-$CHCl_3$ | Al |
| | ②pH=8～9,EDTA | $HO_x$-$CHCl_3$ | 许多元素 |
| | ③pH=5.3,2-甲基-8-羟基喹啉 | $CHCl_3$ | Fe、Al |
| | ④HCl(1+9)、铜铁试剂 | $CHCl_3$ | Al、Cr、Ga、V |
| | ⑤pH=5,酒石酸铵、铜铁试剂 | 异戊醇 | Nb、Ta |
| | ⑥pH=5.3,水杨醛肟、硫脲 | 异丁醇 | Cu |
| | ⑦pH=1.6 | HAA-$CHCl_3$ | Co、Ni、Zn |
| | ⑧pH=5,$H_2O_2$、PAN | 正丁醇 | |
| | ⑨11mol/L $H_2SO_4$ | TBP-$CHCl_3$ | Zr |

续表

| 元素 | 水相 | 有机相 | 分离对象 |
|---|---|---|---|
| Tl | ①pH=6.5～7.0 | $HO_x$-$CHCl_3$ | |
| | ②pH=11，NaCN、EDTA、DDTC | $CCl_4$ | 除 Bi 以外的干扰元素 |
| | ③pH=7～8 | 0.25mol/L HTTA-苯 | |
| | ④pH=10，$CN^-$ | $H_2D_z$-$CHCl_3$ | Sb、Au、Fe、W |
| | ⑤HCl | 乙酸乙酯 | Al、Ga、In |
| | ⑥1～6mol/L HBr | 乙醚 | 许多元素 |
| | ⑦0.6mol/L HBr、灿烂绿(亮绿) | 乙酸异戊酯 | Hg |
| | ⑧1～2mol/L HCl、罗丹明 B | 苯 | 许多元素 |
| | ⑨0.5mol/L HI | 乙醚 | |
| U | ①pH=7，EDTA | $HO_x$-己酮 | Bi、Th |
| | ②pH=3.5 | 0.1mol/L BPHA-$CHCl_3$ | La |
| | ③1-亚硝基-2-萘酚 | 异戊醇 | Fe、V |
| | ④4.7mol/L $HNO_3$ | TBP-乙醚 | Bi |
| | ⑤pH=0～3，$Al(NO_3)_3$ | MIBK | Co、Cr、Cu、Fe、Mn、Mo |
| | ⑥pH=7，$Ca(NO_3)_2$、EDTA | 二苄基甲烷-乙酸乙酯 | 除 Be 以外的干扰元素 |
| | ⑦0.5～1mol/L HAc | 20%TIOA-二甲苯 | 许多元素 |
| | ⑧pH=2，$NaNO_3$、EDTA | $(C_6H_5)_4AsCl$-$CHCl_3$ | Fe、Bi、Zn、Th、Co |
| | ⑨5mol/L HCl | TOA-二甲苯 | Th、Zr |
| V | ①pH=2.5～4.1 | HTTA-正丁醇 | Fe、Cr、Ti、Zr、As、Co、Ni、Nb、Ce、Mo |
| | ②pH=4，EDTA | $HO_x$-$CHCl_3$ | U 矿石，硅酸盐 |
| | ③pH=5.0，CaEDTA | $HO_x$-$CHCl_3$ | 许多元素 |
| | ④pH=3.8～4.5，NaF | $HO_x$-异戊醇 | Al、Co、Cr、Fe、Mn、Ni |
| | ⑤pH=3.4～4.5，PAN | $CHCl_3$ | 铁合金、矿石 |
| | ⑥pH=4.5～5.0，DDTC | $CHCl_3$ | Ti |
| | ⑦pH=0.4～5.0，酒石酸、DDTC | $CHCl_3$ | U |
| W | ①pH=2 | $HO_x$-$CHCl_3$ | 钢铁 |
| | ②1～8mol/L HCl | BPHA-$CHCl_3$ | |
| | ③1～1.8mol/L HCl，铜铁试剂 | $CHCl_3$ | 硅酸盐岩石 |
| | ④0.15mol/L KSCN、6mol/L HCl | 乙醚 | |
| | ⑤8～9mol/L HCl、$SnCl_2$，$(C_6H_5)_4AsCl$、KSCN | $CHCl_3$ | Mo |
| Y | ①pH=6～9 | 0.1mol/L HTTA-苯 | Sr、RE |
| | ②pH=9～10，PAN | 乙醚 | La、Ce、Sc |
| Zn | ①pH=6.5 | $HO_x$-$CHCl_3$ | |
| | ②KCN、酒石酸盐 | $H_2D_z$-$CCl_4$ | 许多元素 |
| | ③2mol/L HCl | TOA-二甲苯 | Al、Cr、Cu、Ni、Mn |
| | ④1～1.5mol/L HCl | $N_{235}$-二甲苯 | Cu、Pb、Cd、Bi、Ni、Co |
| | ⑤1～7mol/L $NH_4SCN$、0.5mol/L HCl | 乙醚 | Cd |
| Zr | ①pH=3～8，HAc | HAA-$CHCl_3$ | Nb |
| | ②0.025～0.05mol/L $H_2SO_4$ | BPHA-$CHCl_3$ | Nb |
| | ③pH=1.5～4 | 0.1mol/L $HO_x$-$CHCl_3$ | |
| | ④$HNO_3$、$H_2O_2$ | TBP | Ti |

注：$H_2D_z$—双硫腙；DDTC—二乙氨基苯二硫代甲酸钠；$HO_x$—8-羟基喹啉；HTTA—噻吩甲酰三氟丙酮；TBP—磷酸三丁酯；HAA—乙酰丙酮；DDDC—二乙基二硫代氨基甲酸二乙胺盐；Amberlite LA-1—*N*-十二烯（三烷基甲基）胺；TOA—三正辛胺；TIOA—三异辛胺；MIBK—甲基异丁基酮；TOPO—三辛基氧化膦；PAN—1-(2-吡啶偶氮)-2-萘酚；HDBP—磷酸二丁酯；BPHA—*N*-苯甲酰-*N*-苯基羟胺；HDEHP—二(2-乙基己基)磷酸；PMBP—1-苯基-3-甲基-4-苯甲酰-5-吡唑酮；$HO_x$—8-巯基喹啉。

## 四、萃取技术及注意事项

1. 溶液中物质的萃取

溶液中物质萃取的具体操作步骤及注意事项见表 7-34。

**表 7-34 萃取操作及注意事项**

| 操作步骤 | 操作要点 | 简要说明 | 现象 | 注意事项 |
|---|---|---|---|---|
| 准备 | 选择较萃取剂和被萃取溶液总体积大一倍以上的分液漏斗。检查分液漏斗的盖子和旋塞是否严密 | 检查分液漏斗是否泄漏的方法，通常先加入一定量的水，振荡，看是否泄漏 | | ①不可使用有泄漏的分液漏斗，以保证操作安全<br>②盖子不能涂油 |
| 加料 | 将被萃取溶液和萃取剂分别由分液漏斗的上口倒入，盖好盖子 | 萃取剂的选择要根据被萃取物质在此溶剂中的溶解度而定，同时要易于和溶质分离开，最好用低沸点溶剂。一般水溶性较小的物质可用石油醚萃取；水溶性较大的可用苯或乙醚；水溶性极大的用乙酸乙酯 | 液体分为两相 | 必要时要使用玻璃漏斗加料 |
| 振荡 | 振荡分液漏斗，使两相液层充分接触 | 振荡操作一般是把分液漏斗倾斜，使漏斗的上口略朝下 | 液体混为乳浊液 | 振荡时用力要大，同时要绝对防止液体泄漏 |
| 放气 | 振荡后，让分液漏斗仍保持倾斜状态，旋开旋塞，放出蒸气或产生的气体，使内外压力平衡 | | 气体放出 | 切记放气时分液漏斗的上口要倾斜朝下，而下口处不要有液体 |
| 重复振荡 | 再振荡和放气数次 | | | 操作和现象均与振荡和放气相同 |
| 静置 | 将分液漏斗放在铁环中，静置 | 静置的目的是使不稳定的乳浊液分层。一般情况须静置 10min 左右，较难分层者须更长时间静置 | 液体分为清晰的两层 | 在萃取时，特别是当溶液呈碱性时，常常会产生乳化现象，影响分离。破坏乳化的方法有：<br>①较长时间静置<br>②轻轻地旋摇漏斗，加速分层<br>③若因两种溶剂(水与有机溶剂)部分互溶而发生乳化，可以加入少量电解质(如氯化钠)，利用盐析作用加以破坏；若因两相密度差小而发生乳化，也可以加入电解质，以增大水相的密度<br>④若因溶液呈碱性而产生乳化，常可加入少量的稀盐酸或采用过滤等方法消除<br>根据不同情况，还可以加入乙醇、磺化蓖麻油等消除乳化 |
| 分离 | 液体分成清晰的两层后，就可进行分离。分离液层时，下层液体应经旋塞放出，上层液体应从上口倒出 | 如果上层液体也从旋塞放出，则漏斗旋塞下面颈部所附着的残液就会把上层液体沾污 | 液体分为两部分 | |
| 合并萃取液 | 分离出的被萃取溶液再按上述方法进行萃取，一般为 3～5 次。将所有萃取液合并，加入适量的干燥剂进行干燥 | 萃取次数多少，取决于分配系数的大小 | | 萃取不可能一次就萃取完全，故须较多次地重复上述操作。第一次萃取时使用溶剂量常较以后几次多一些，主要是为了补足由于它稍溶于水而引起的损失 |
| 蒸馏 | 将干燥了的萃取液加到蒸馏瓶中，蒸去溶剂，即得到萃取产物 | | 分别得到萃取溶剂和产物 | 对易于热分解的产物，应进行减压蒸馏 |

在蒸掉溶剂和进一步提纯所萃取物质之前，常常需要用干燥剂从有机层除去水分。表 7-35 列出了各类有机物常用的干燥剂。

表 7-35 各类有机物常用的干燥剂

| 有机物 | 干燥剂 |
|---|---|
| 醇类 | 无水碳酸钾、无水硫酸镁、无水硫酸钙、生石灰 |
| 卤代烷、芳卤烃化物 | 无水氯化钙、无水硫酸钠、无水硫酸镁、无水硫酸钙、五氧化二磷 |
| 醚类、烷烃、芳香烃 | 无水氯化钙、无水硫酸钙、金属钠、五氧化二磷 |
| 醛类 | 无水硫酸钠、无水硫酸镁、无水硫酸钙 |
| 酮类 | 无水硫酸钠、无水硫酸镁、无水硫酸钙、无水碳酸钾 |
| 酯类 | 无水硫酸钠、无水硫酸镁、无水硫酸钙 |
| 有机碱(胺类) | 固体氢氧化钾或氢氧化钠、生石灰、氧化钡 |
| 有机酸 | 无水硫酸钠、无水硫酸镁、无水硫酸钙 |

2. 连续萃取

萃取是利用物质在不同溶剂中溶解度的差异进行分离。常用的有间歇式萃取（又称分批萃取、多次萃取）和连续萃取。间歇式萃取用分液漏斗进行，仪器简单，操作方便，为实验室常用，具体操作见本节四、1。但除非分配比很大，一般不可能通过一次萃取操作就将待萃取物质全部转移到萃取剂中，因为操作一次只利用了一次溶解度差异，若要重复几次，则很费时费事，且增大了萃取剂总用量，加大了后续操作的工作量。因此，对于分配比较小的体系，常采用连续萃取的方式。

连续萃取是将含有被分离物质的水相与有机相多次接触以提高萃取效率的萃取操作方式。连续萃取是利用图 7-10 和图 7-11 的仪器，使溶剂在进行提取后，自动流入加热器中，蒸发成为气体，遇冷凝器复成液体，再进行提取，如此循环，即能提出绝大部分的物质。连续萃取效率较高，溶剂用量很少。但不适用于因受热分解或变色的物质。

有机溶剂的密度比水重和比水轻两种情况下所用的连续萃取装置是有差异的。

图 7-10 是有机溶剂比水轻时的两种连续萃取装置。图 7-10(a) 是赫柏林（Heberling）等设计的连续萃取器。萃取容器 5 的底部是样品溶液，烧瓶 1 中的有机溶剂经加热蒸馏后形成循环，经冷凝器 2 冷凝，收集于细长的玻璃漏斗管 3，由重力所形成的压力使溶剂通过细空玻璃板 4 分散成细滴流进样品中，萃取容器上层溶剂积累到一定高度就溢入烧瓶中。图 7-10(b) 是施玛尔（Schmall）式连续萃取器。此萃取器适合有机溶剂不易蒸馏循环的场合。先将样品水溶液加入锥形瓶 1 中，使水位低于导出管 5 的出口。搅拌开始后（锥形瓶 1 中放入磁子 2），将盛有机溶剂的分液漏斗 4 放在分液柱 3 上，缓慢地将溶剂加入锥形瓶中，萃入样品的有机相经导出管 5 收集于另一锥形瓶中。

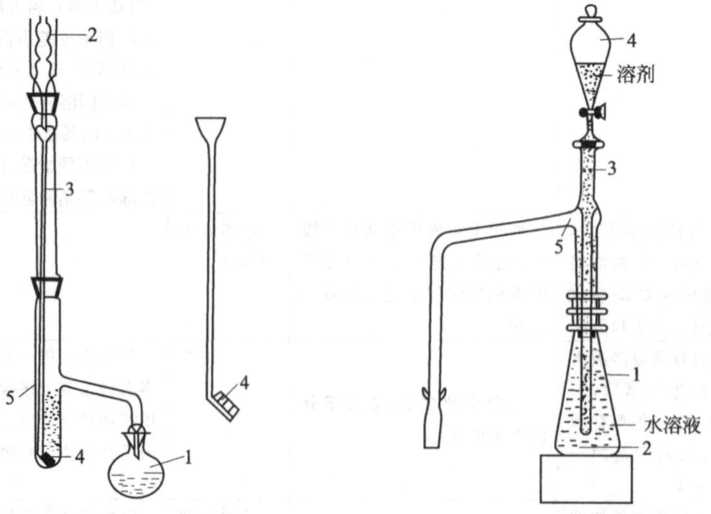


(a) 赫柏林式连续萃取器 (b) 施玛尔式连续萃取器

图 7-10 有机溶剂比水轻时的连续萃取装置

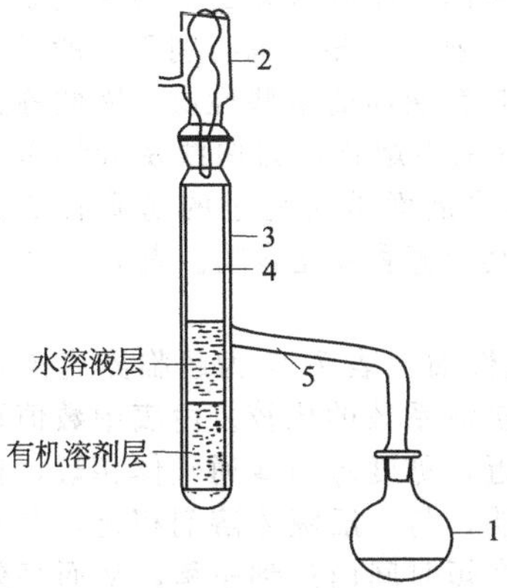


(a) 玻筒式连续萃取器

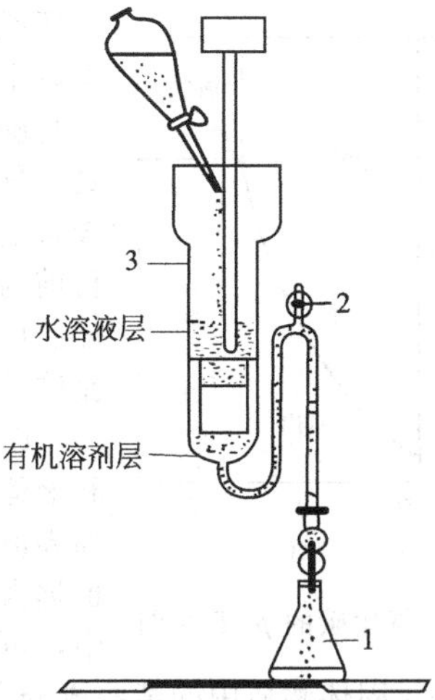


(b) 储器式连续萃取器

图 7-11　有机溶剂比水重时的连续萃取装置

图 7-11 是有机溶剂比水重时的连续萃取装置。图 7-11(a) 是玻筒式连续萃取器，它与赫柏林式连续萃取器类似，只是将赫柏林式连续萃取器中的细长漏斗管改成了玻璃柱管 4，将其装在萃取器 3 中。较重的有机溶剂冷凝后，流经样品水相层，沉至底部，从底部经玻璃柱管与萃取器的夹层溢入烧瓶 1 中。图 7-11(b) 是适合有机溶剂不易蒸馏情况下的储器式连续萃取器。有机溶剂从萃取器 3 上部边搅拌边加入，沉至萃取容器下部的有机溶剂经阀 2 放入锥形瓶 1 中。

3. 固体物质的萃取——索氏提取

固体物质的萃取，通常是用长时间浸出法或采用索氏提取器（脂肪提取器）。

索氏提取器（如图 7-12 所示）是利用溶剂回流及虹吸原理，使固体物质每一次都能为纯的溶剂所萃取，效率较高。

首先将固体物质研细以增加液体浸溶面积，再将滤纸卷成与提取器大小相适应的纸筒，装入研细的被提取物质，轻轻压实并在上面盖上一薄层脱脂棉，置于提取器中。按图 7-12 装好装置，接通冷凝水，开始加热。当溶剂沸腾时，蒸气通过玻管 3 上升到冷凝管 2 中，冷凝后成为液体，滴入滤纸筒 1 中。当液面超过虹吸管 4 的最高处时，溶剂与已被提取出的物质一起被虹吸流回烧瓶，再行蒸发溶剂，循环不止，最后几乎将所有被提取物都富集到下面烧瓶里。通过溶剂回流，固体每次都浸在纯净的溶剂中，使提取效率增高，且节省溶剂。然后用其他方法将萃取到的物质从溶液中分离出来。

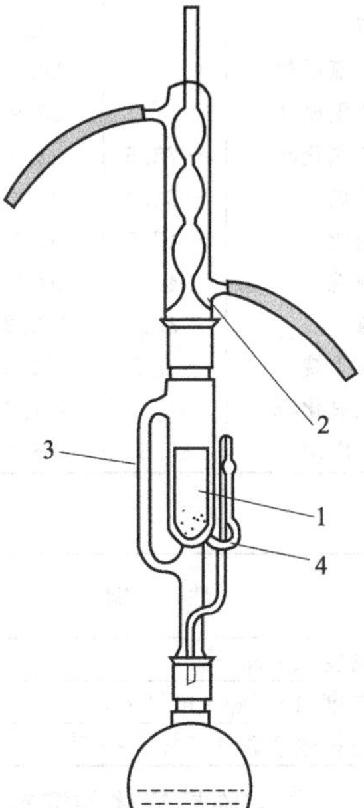


图 7-12　索氏提取器
1—滤纸筒；2—冷凝管；
3—蒸馏玻璃管；4—虹吸管

## 五、与萃取有关的新的分离方法

1. 超临界流体萃取

超临界流体萃取在有些文献中又被称为压力流体萃取、超临界气体萃取、临界溶剂萃取等，它利用超临界流体作为萃取剂从液体和固体中提取出某种高沸点的成分，以达到分离或提纯的目的。

(1) 超临界流体的性质

超临界流体是处于临界温度和压力以上的流体。在这种条件下，流体即使处于很高的压力下，也不会凝缩为液体。图 7-13 为二氧化碳的 $p$-$T$ 相图，图中的蒸汽压曲线从三相点 $T_r$ 开始

[$T_{Tr}=(216.58\pm0.01)$K, $p_{Tr}=(5.185\pm0.005)\times10^5$Pa]，在三相点，三相呈平衡状态而共存。蒸汽压线终止于临界点C($T_c=304.20$k, $p_c=73.858\times10^5$Pa)。在临界点以上，液、气形成连续的流体相区（即图上用虚线划出的区域）。此超临界流体相既不同于一般的液相，也有别于一般的气相。它既具有气体的某些性质，也具有液体的某些性质，因此称其为流体比较合适。图中ls及gs线分别为熔化压力曲线及升华压力曲线。到目前为止，已作为这类萃取剂而被研究过的物质有二氧化碳、乙烯、丙烷、丙烯及甲苯和其他芳香族化合物。表7-36为一些超临界流体萃取剂的临界参数。

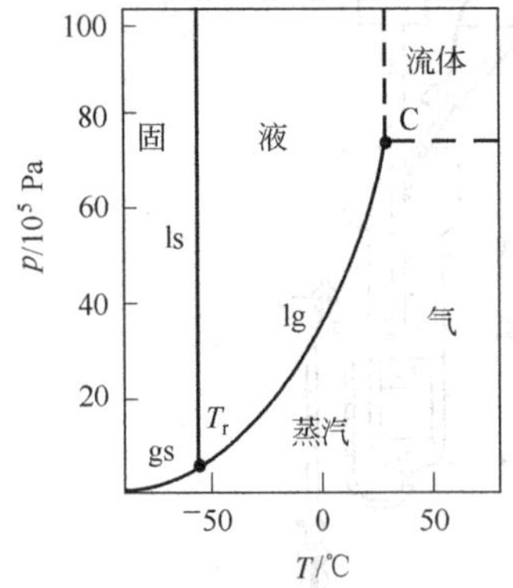


图 7-13 二氧化碳的 $p$-$T$ 相图

① 超临界流体的传递性质 表7-37为超临界流体与一般气体和液体的密度、黏度和自扩散系数的比较。由表中数值可看出，超临界流体的密度与液体相近，黏度却与普通气体相近，自扩散系数也远大于一般液体。这表明，与一般液体溶剂相比，在超临界流体中，可更快地进行传质，在短时间内达到平衡，从而高效地进行分离。尤其是对固体物质中的某些成分进行提取时，由于溶剂的扩散系数大，黏度小，渗透性能好，因此可以简化固体粉碎的预处理过程。

**表 7-36 某些超临界流体萃取剂的临界参数**

| 物质 | 沸点/℃ | 临界温度 $T_c$/℃ | 临界压力 $p_c$/MPa | 临界密度 $\rho_c$/(g/cm³) | 物质 | 沸点/℃ | 临界温度 $T_c$/℃ | 临界压力 $p_c$/MPa | 临界密度 $\rho_c$/(g/cm³) |
|---|---|---|---|---|---|---|---|---|---|
| 氙 | | −122.4 | 4.86 | 0.530 | 氟里昂-11 | | 198.1 | 4.41 | |
| 甲烷 | −164.0 | −83.0 | 4.64 | 0.160 | 异丙醇 | 82.5 | 235.2 | 4.76 | 0.273 |
| 氪 | | −63.8 | 5.50 | 0.920 | 甲醇 | | 240.5 | 8.10 | 0.272 |
| 乙烯 | −103.7 | 10.0 | 5.12 | 0.217 | 正己烷 | 69.0 | 234.2 | 2.97 | 0.243 |
| 氙 | | 16.7 | 5.89 | 1.150 | 乙醇 | 78.2 | 243.4 | 6.30 | 0.276 |
| 三氟甲烷 | | 26.2 | 4.85 | 0.620 | 正丙醇 | | 263.4 | 5.17 | 0.275 |
| 氟里昂-13 | | 28.9 | 3.92 | 0.580 | 丁醇 | | 275.0 | 4.30 | 0.270 |
| 二氧化碳 | −78.5 | 31.0 | 7.38 | 0.468 | 环己烷 | | 280.3 | 4.07 | |
| 乙烷 | −88.0 | 32.4 | 4.88 | 0.203 | 苯 | 80.1 | 288.1 | 4.89 | 0.302 |
| 丙烯 | −47.7 | 92.0 | 4.67 | 0.288 | 乙二胺 | | 319.9 | 6.27 | 0.290 |
| 丙烷 | −44.5 | 97.2 | 4.24 | 0.220 | 甲苯 | 110.6 | 320.0 | 4.13 | 0.292 |
| 氨 | −33.4 | 132.2 | 11.39 | 0.236 | 对二甲苯 | | 343.0 | 3.52 | |
| 正丁烷 | −0.5 | 152.0 | 3.80 | 0.228 | 吡啶 | | 347.0 | 5.63 | 0.310 |
| 二氧化硫 | | 157.6 | 7.88 | 0.525 | 水 | 100.0 | 374.1 | 22.06 | 0.326 |
| 正戊烷 | 36.5 | 196.6 | 3.37 | 0.232 | | | | | |

**表 7-37 超临界流体与气体、液体传递性能的比较**

| 性能 | 气体(常温,常压) | 超临界流体 | | 液体(常温,常压) |
|---|---|---|---|---|
| | | ($T_c$,$p_c$) | ($T_c$,4$p_c$) | |
| 密度/g·cm$^{-3}$ | 0.006～0.002 | 0.2～0.5 | 0.4～0.9 | 0.6～1.6 |
| 黏度/10$^{-5}$kg·m$^{-1}$·s$^{-1}$ | 1～3 | 1～3 | 3～9 | 20～300 |
| 自扩散系数/10$^{-4}$m$^2$·s$^{-1}$ | 0.1～0.4 | 0.7×10$^{-3}$ | 0.2×10$^{-3}$ | (0.2～2)×10$^{-5}$ |

② 超临界流体的溶解性能 由表7-37可知，超临界流体的密度接近于普通液体的密度，故可想而知，超临界流体对液体、固体的溶解度也与液体相接近。由于超临界流体的溶解能力与密度有很大关系，因此温度和压力的变化会大大改变其溶解能力。图7-14给出了萘在$CO_2$中的溶解度与压力的关系。萘在$CO_2$中的溶解度随着压力的上升而急剧上升，如在$70\times10^5$Pa时，溶解度尚极小，但当压力为$250\times10^5$Pa时，溶解度已近$7\times10^{-2}$kg/L，即质量百分数为10%。温度对萘在$CO_2$中的溶解度也有很大的影响。由图7-15可看出，当压力大于$150\times10^5$Pa时，随着温度的升高，萘的溶解度也逐渐加大。但当压力较小时，如小于$100\times10^5$Pa，则情况相反，在温度升高的同时，溶解度却急剧地下降。这是由于溶剂$CO_2$的密度急剧减小的缘故。如在80℃，$80\times10^5$Pa

附近，只要温度上升几度，萘的溶解度就会降至1/10。这种在临界点附近，当温度和压力稍有变化时，超临界流体的溶解能力发生很大变化的现象，在多种体系中都可以看到。

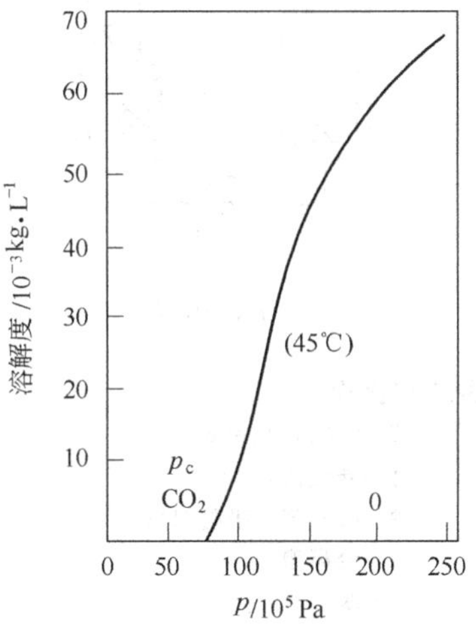


图 7-14 萘在 $CO_2$ 中的溶解度与压力的关系

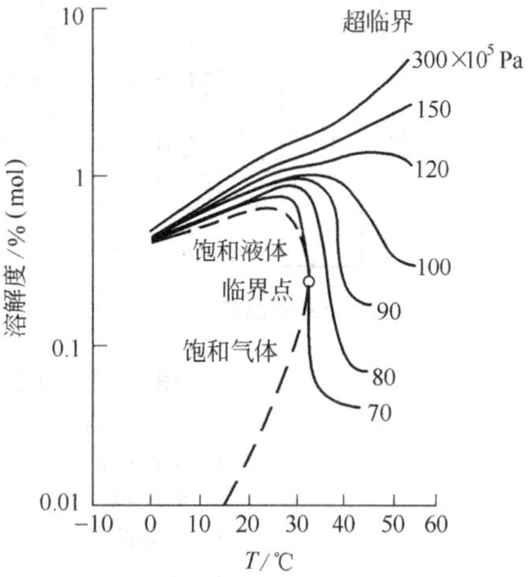


图 7-15 萘在 $CO_2$ 中的溶解度与温度的关系

再如在常压和15℃时，对碘氯苯在乙烯气相中的溶解度仅为 $1\times10^{-5}$kg/L，而当乙烯的压力提高到 $100\times10^5$Pa 时，对碘氯苯在乙烯的浓度上升至 $5\times10^{-2}$kg/L。

在实际应用中，除要求超临界流体具有良好的溶解性能外，还要求有良好的选择性以有效地去除杂质。提高溶剂选择性的基本原则是：①操作温度与超临界流体的临界温度相近；②超临界流体的化学性质与被萃取物质的化学性质相近。如基本符合上述两原则，则分离效果一般较好。

到目前为止，作为超临界萃取剂的主要有乙烷、乙烯、丙烷、丙烯、苯、氨、二氧化碳等。其中二氧化碳具有无毒、不易燃、不易爆、价廉易得、临界温度接近常温、临界压力较低、溶解能力好等优点，是常用的超临界萃取剂。

(2) 超临界萃取的典型流程

超临界流体萃取过程基本上由萃取阶段和分离阶段组成。图 7-16 中给出了三种典型流程。

① 等温法 图 7-16(a) 是等温法示意图，即变压分离流程。这是最方便的一种流程。被萃取物质在萃取器中被萃取。经过膨胀阀后，由于压力下降，被萃取物质在超临界流体中的溶解度降低，因而在分离器中被析出。被萃物从分离器下部取出，萃取剂由压缩机压缩并返回萃取器循环使用。例如以 $CO_2$ 萃取萘为例，若萃取器的操作条件为 $3\times10^7$Pa，55℃，分离器的条件为 $9\times10^6$Pa，43℃，则萘在 $CO_2$ 中的溶解度由5%左右降至0.2%。变压法的另一种情况是萃取器的操作条件控制在临界点附近，而分离器的操作条件则在临界点以下，这时萃取剂变成气体，因此被萃物质也就在分离器中析出。显然，在分离器中的过程相当于液-液萃取中的反萃，然而却比一般的反萃容易得多。

② 变温法（即等压法） 图 7-16(b) 是变温法（即等压法）示意图。在不太高的压力下被萃物被萃取，而在分离器中加热升温，使溶剂与被萃物质分离。有时由于操作压力的不同，可能是在升温下萃取，而在降温时把溶剂与被萃物质分离。分离后的流体经压缩和调温后循环使用。

③ 吸附法 图 7-16(c) 为吸附法示意图。在分离器内放置有仅吸附被萃物的吸附剂，被萃物质在分离器内因被吸附而与萃取剂分离，后者可循环使用。

(3) 影响超临界流体萃取的因素

① 压力 压力是影响超临界流体萃取的关键因素之一。尽管压力对不同化合物的溶解度影响大小不同，但随着压力的增加，所有物质的溶解度都显著增加。增加压力将提高超临界流体的密度，超临界流体的溶解能力是随其密度的增加而增加的，特别是在临界点附近，压力的影响最为显著。超过一定的压力后，压力的继续增加对密度的影响变缓，相应的溶解度增加效应也变得缓慢多了。

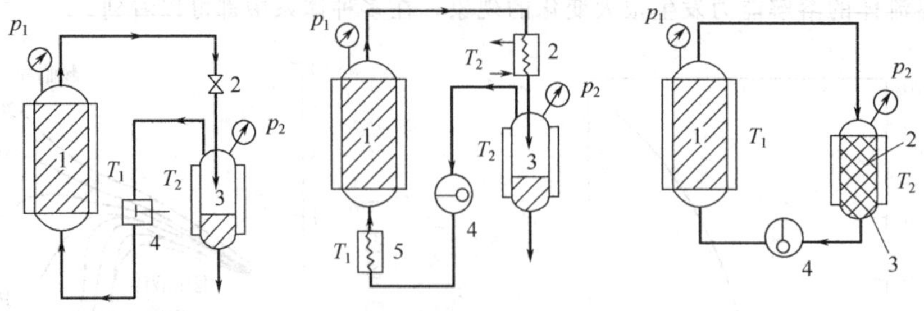


(a) 等温法　　(b) 等压法　　(c) 吸附法

图 7-16　超临界气体萃取的三种典型流程

| | | |
|---|---|---|
| $T_1=T_2$，$p_2>p_2$ | $T_1<T_2$，$p_1=p_2$ | $T_1=T_2$，$p_1=p_2$ |
| 1—萃取槽； | 1—萃取槽； | 1—萃取槽； |
| 2—膨胀阀； | 2—加热器； | 2—吸收剂（吸附剂）； |
| 3—分离槽； | 3—分离槽； | 3—分离槽； |
| 4—压缩机 | 4—泵； | 4—泵 |
| | 5—冷却器 | |

② 温度　与压力相比，温度对超临界流体溶解能力的影响要复杂得多。超临界流体的溶解能力随温度的升高先降低而后增加。

③ 超临界流体物质与被萃取物质的极性　通常是非极性超临界流体对非极性溶质的溶解性好，而极性超临界流体对极性溶质的溶解性好。

④ 提携剂　非极性的超临界 $CO_2$ 对极性物质的萃取能力明显不够，如果在 $CO_2$ 流体中加入极性溶剂（如甲醇），则可使超临界 $CO_2$ 对极性物质的萃取能力大大增强。这种加入的极性溶剂就称为提携剂或改性剂。常用的提携剂有甲醇、乙醇、丙酮、乙腈、乙酸乙酯等。

⑤ 超临界流体的流量、样品颗粒的粒度、提取时间都是需要通过实验优化的重要参数。

(4) 超临界流体萃取的特点及其分类

超临界流体萃取具有速度快、萃取效率高、方法准确度高、节省溶剂等特点。同时还易于自动化，可以和许多分析仪器实现在线联用，能直接分析测定全部提取物，从而提高测定的灵敏度。已有的联用技术包括：超临界流体萃取-高效液相色谱；超临界流体萃取-气相色谱；超临界流体萃取-质谱；超临界流体萃取-超临界流体色谱等。

超临界流体萃取可以分为动态和静态萃取。动态超临界萃取就是连续不断地用超临界流体冲洗样品，流速一般控制在 0.1～4mL/min 范围内，而且必须仔细选择最佳流速，通过改变温度和压力即改变流体密度才能对样品实现组分分馏。此法既适用于离线操作，还更常用于在线操作。静态超临界萃取不如动态超临界萃取应用广泛，但在溶解度测定和动态超临界萃取条件的选择时却非常有用。

(5) 超临界流体萃取的应用

由于超临界流体可以在常温或者在不太高的温度下选择性地溶解某些相当难挥发的物质，同时由于被萃物与萃取剂的分离较容易，故所得的产物无残留毒性，因此很适用于提取热敏性物质及易氧化物质。此外，超临界萃取中的能量消耗也较少。所以超临界流体萃取在食品工业、精细化工、医药等行业都有广泛的应用，见表 7-38。

表 7-39 列出了超临界流体萃取中草药有效成分。

**表 7-38　超临界流体萃取的应用**

| | | | |
|---|---|---|---|
| 医药工业 | 酶、维生素等的精制 | 食品工业 | 植物油脂的萃取（大豆、棕榈、可可豆、咖啡……） |
| | 动植物体内药物成分的萃取（如生物碱、生育酚、挥发性芳香植物油） | | 动物油的萃取（鱼油、肝油……） |
| | 医药品原料的浓缩、精制、脱溶剂、脂肪类混合物的分离精制（如磷脂、脂肪酸、甘油酯等） | | 食品的脱脂、茶脱咖啡因、酒花的萃取 |
| | 酵母、菌体生成物的萃取 | | 植物色素的萃取 |
| | | | 酒精饮料的软化脱色、脱臭 |

续表

| | | | |
|---|---|---|---|
| 化妆品香料工业 | 天然香料的萃取<br>合成香料的分离、精制<br>烟叶的脱尼古丁<br>化妆品原料的萃取、精制 | 化学工业 | 烃类的分离<br>链烷烃与芳香烃、环烷烃的分离<br>α-烯烃的分离<br>正烷烃和异烷烃的分离<br>有机合成原料的分离(羧酸、脂等)<br>有机溶剂水溶剂的脱水(醇、酮)<br>恒沸混合物的分离<br>作为反应的稀释剂(如自聚合反应链烷烃的异构化)<br>高分子物质的分离 |
| 其他 | 煤中石蜡、杂酚油、焦油的萃取<br>煤液化油的萃取和脱尘<br>石油残渣油的脱沥青、脱重金属原油或重质油的软化<br>用于分析的超临界色谱 | | |

**表 7-39 超临界流体萃取中草药有效成分**

| 原料 | 萃取溶剂 | 萃取物及形态 | 收率/% |
|---|---|---|---|
| 白芍 | $CO_2$+95%乙醇 | 含芍药苷浸膏 | 2.5 |
| 白芷 | $CO_2$ | 浸膏 | 0.9 |
| 薄荷草 | $CO_2$ | 薄荷油 | 4.8 |
| 丹参 | $CO_2$+95%乙醇 | 丹参酮 | 2.1 |
| 草珊瑚 | $CO_2$+95%乙醇 | 浸膏 | 2.3 |
| 苍耳子 | $CO_2$ | 油状物 | 6.5 |
| 柴胡 | $CO_2$ | 油状物 | 1.9 |
| 穿心莲 | $CO_2$+95%乙醇 | 穿心莲内酯 | 8.3 |
| 川芎 | $CO_2$ | 浸膏 | 5.6 |
| 当归 | $CO_2$ | 油状物 | 2.5 |
| 丁香 | $CO_2$ | 油状物 | 20 |
| 杜仲 | $CO_2$+60%乙醇 | 桃叶珊瑚苷等 | — |
| 莪术 | $CO_2$ | 浸膏 | 6.0 |
| 防风草 | $CO_2$ | 浸膏 | 3.5 |
| 蜂蜡 | $CO_2$ | 蜡状物 | 2～6 |
| 广藿香 | $CO_2$ | 浸膏 | 2.9 |
| 虎杖 | $CO_2$+夹带剂 | 白藜芦醇等 | 2～3.5 |
| 苦参 | $CO_2$+表面活性剂 | 苦参碱 | 1.2 |
| 苦马豆 | $CO_2$ | 油状物 | 6.8 |
| 苦楝皮 | $CO_2$+夹带剂 | 膏状物 | 3.1 |
| 红花 | $CO_2$ | 浸膏 | 2.4 |
| 黄花蒿 | $CO_2$ | 青蒿素 | 2.8 |
| 厚朴 | $CO_2$ | 浸膏 | 5.2 |
| 藿香 | $CO_2$ | 浸膏 | 约1 |
| 茴香 | $CO_2$ | 油状物 | 1.3 |
| 木香 | $CO_2$ | 油状物 | 2.5 |
| 辣椒 | $CO_2$ | 含辣椒碱油状物 | 3 |
| 连翘 | $CO_2$ | 浸膏 | 3 |
| 葡萄籽 | $CO_2$ | 油状物 | 18 |
| 肉豆蔻 | $CO_2$ | 浸膏 | 15 |
| 秋水仙根 | $CO_2$+95%乙醇 | 含秋水仙碱浸膏 | — |
| 砂仁 | $CO_2$ | 油状物 | — |
| 生姜粉 | $CO_2$ | 姜油 | 5.3 |
| 珊瑚姜 | $CO_2$ | 油状物 | 10.2 |
| 石菖蒲 | $CO_2$ | 油状物 | 1.5 |
| 蛇麻籽 | $CO_2$ | 油状物 | 10 |
| 威灵仙 | $CO_2$ | 浸膏 | 0.4 |
| 五味子 | $CO_2$ | 油状物 | 4 |
| 杏仁 | $CO_2$ | 油状物 | 33 |

续表

| 原料 | 萃取溶剂 | 萃取物及形态 | 收率/% |
|---|---|---|---|
| 鱼腥草 | $CO_2$ | 油状物 | 0.17 |
| 月苋草籽 | $CO_2$ | 月苋草油 | 24 |
| 紫草籽 | $CO_2$ | 油状物 | 28 |
| 紫草根 | $CO_2$ | 膏状紫草色素 | 2.3 |
| 紫苏籽 | $CO_2$ | 油状物 | 23~40 |
| 沙棘籽 | $CO_2$ | 油状物 | 17 |
| 灵芝孢子 | $CO_2$ | 油状物 | 2.5 |

2. 胶体（胶团）萃取

胶体或胶团萃取是指被萃物以胶体或胶团形式被萃取。如金属或其化合物可以生成疏水性胶体粒子而进入有机相，形成溶胶、胶体溶液或悬浮体。但由于这方面的应用并不广，主要限于氯仿或四氯化碳萃取胶体金，乙醚或氯仿萃取胶体金，乙醚或氯仿萃取胶体银或硫酸钡等。近年来，随着生物化工技术的发展，一项新的分离技术得到了重视，这就是反向微胶团（也有人称之为逆胶束）萃取技术。

对于生物产品的分离，有一点是十分重要的，即在分离过程中不能破坏产品的生物机能。由于这个特殊要求，一些常用的化工单元操作，如精馏、蒸馏、蒸发、干燥等常不能采用，因为它们常在高温条件下操作。同时由于生物产品一般具有相当大的黏度，过滤和超滤等方法的应用也会有困难。液-液萃取由于没有上述问题似乎很适合于此项工作。可是因为大多数蛋白质是亲水憎油的，一般仅微溶于有机溶剂，而且如果蛋白质直接与有机溶剂相接触，会导致蛋白质的变性，使其丧失生物功能，因此在生物物质的萃取中所用的溶剂必须既能溶解蛋白质并能与水分相，又不破坏蛋白质的生物功能。反相微胶团萃取技术正是应这种需要而产生的。

（1）影响胶体萃取分离的主要因素

① 表面活性剂和溶剂的种类　现在多数采用 AOT 为表面活性剂。AOT 是琥珀酸二(2-乙基己基)酯磺酸钠或丁二酸二异辛酯磺酸钠（Aerosol OT），其分子式为

$$
\begin{array}{l}
\qquad\qquad\qquad\quad CH_3 \\
\qquad\qquad\qquad\quad | \\
\qquad\quad O \qquad\quad CH_2 \\
\qquad\quad \| \qquad\qquad | \\
CH_2—COCH_2—CH—CH_2—CH_2—CH_2—CH_3 \\
| \\
CH—COCH_2—CH—CH_2—CH_2—CH_2—CH_3 \\
| \qquad \| \qquad\qquad | \\
SO_3^- \quad O \qquad\quad CH_2 \\
| \qquad\qquad\qquad\qquad | \\
Na^+ \qquad\qquad\qquad\quad CH_3
\end{array}
$$

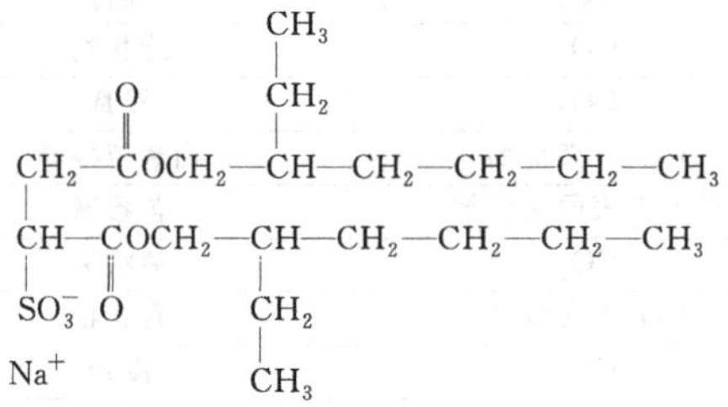

溶剂则常用异辛烷（2,2,4-三甲基戊烷）。AOT 能迅速地溶于有机物中，它也能溶于水中，并形成微胶团，但不是球状而是液晶态。AOT 作为反相微胶团的表面活性剂是由于它具有两个优点：一个是所形成的反相微胶团的含水量较大；另一个是形成反相微胶团时，不需要助表面活性剂。

② 水相的 pH 值　蛋白质是一种两性物质，各种蛋白质具有确定的等电点（PI），当溶液的 pH 值小于等电点时，蛋白质的表面带正电，反之则带负电。图 7-17 表明了在较低浓度的 KCl（0.1mol/L）时，pH 值对几种蛋白质的溶解度的影响。显然，如果溶液中存在有几种蛋白质，只要它们的 PI 不同，就可以利用控制 pH 值而达到分离它们的目的。

③ 离子强度　离子强度是反相微胶团萃取中的另一重要参数。图 7-18 表明离子强度对蛋白质的溶解百分率的影响。

④ 其他影响因素　除上述影响因素之外，还有温度 $T$、含水量 $w_0$、阳离子类型、溶剂结构、表面活性剂含量等。例如 $w_0$ 太小，微胶团过小，则蛋白质无法进入，溶解率也就下降。表面活性剂太少，则微胶团难以形成，溶解度也必然下降。图 7-19 为 $w_0$ 和表面活性剂的含量与蛋白质溶解百分率的关系。

（2）分离过程

① 反向微胶团的制备　制备含蛋白质的反向微胶团有下述三种方法。

ⓐ 相转移法。即将含蛋白质的水相与含表面活性剂的有机相接触，在缓慢的搅拌下，部分蛋

白质转入（萃入）有机相中。此过程较慢，但最终的体系是处于热力学平衡状态的，而且所得的含蛋白质的微胶团的有机相是稳定的。图 7-20(a) 中表示的是此过程，下层为水相，上层为有机相。

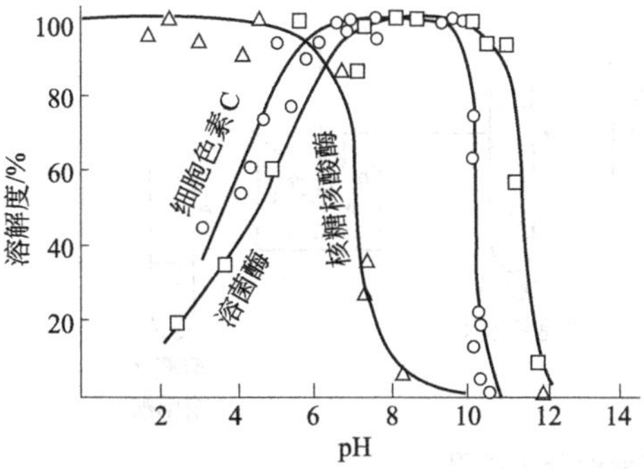


图 7-17 pH 值对蛋白质溶解度的影响

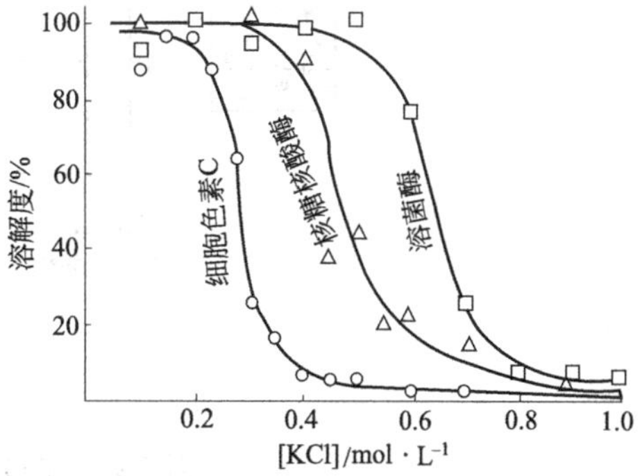


图 7-18 离子强度对蛋白质溶解的影响

ⓑ 注入法。向含表面活性剂的有机相中注入蛋白质的水溶液［图 7-20(b)］。此过程较快也较简单。

ⓒ 溶解法。上述二法只适用于水溶性蛋白质，对水不溶性蛋白质则可用溶解法。将含水（如 $w_0=3\sim30$）的反相微胶团的有机溶液与蛋白质固体粉末一齐搅拌，如图 7-20(c) 所示，所得到的含蛋白质的反向微胶团也是稳定的。它表明了在微胶团中的水的性质与一般的水是有区别的。

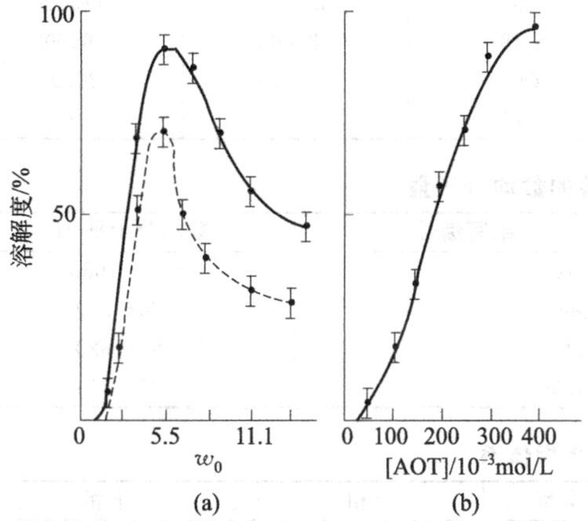


图 7-19 溶解率与 $w_0$ 及［AOT］的关系

(a) 溶解率与 $w_0$ 的关系，实线为 0.3mol/L AOT；虚线为 0.2mol/L AOT

(b) 溶解率与 AOT 浓度的关系 $w_0=5.56$

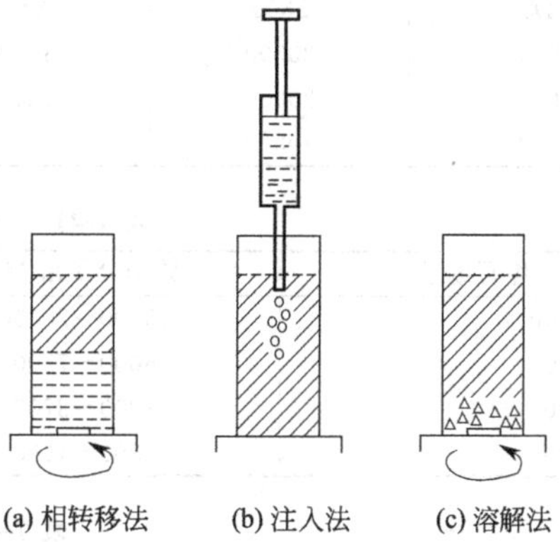


图 7-20 三种制备含蛋白质的反相微胶团的方法

② 分离过程　图 7-21 表示一种蛋白质混合溶液的分离过程。在 pH＝9 时，核糖核酸酶不溶，而其他两种酶可溶，故在 pH＝9，［KCl］＝0.1mol/L 时，核糖核酸酶留在水相中，而溶菌酶和细胞色素 C 则完全溶于反相微胶团中。再将这种有机相与 0.5mol/L KCl 的水相接触，细胞色素 C 转入水相。最后将含有溶菌酶的有机相与含 2.0mol/L KCl，pH＝11.5 的水溶液混合，就可将溶菌酶转入到水相中，这样就达到了三种蛋白质分离的目的。

3. 双水相萃取

前面所讨论的各种萃取体系中，均有一个共同点，即一相是水相，而另一相是有机相。但下面要叙述的是被萃物在两个水相之间的分配。

(1) 常用的双水相体系　许多高聚物都能形成双水相体系，如非离子型高聚物聚乙二醇（PEG）、葡聚糖（dextran，又称右旋糖酐）、聚丙二醇、聚乙烯醇、甲氧基聚乙二醇、聚乙烯吡咯烷酮、羟丙基葡聚糖、乙基羟乙基纤维素和甲基纤维素、聚电解质葡聚糖硫酸钠、羧甲基葡聚糖钠、羧甲基纤维素钠和 DEAE 葡聚糖盐酸盐。其中，最常使用的是聚乙二醇和葡聚糖。各种葡聚糖的数均分

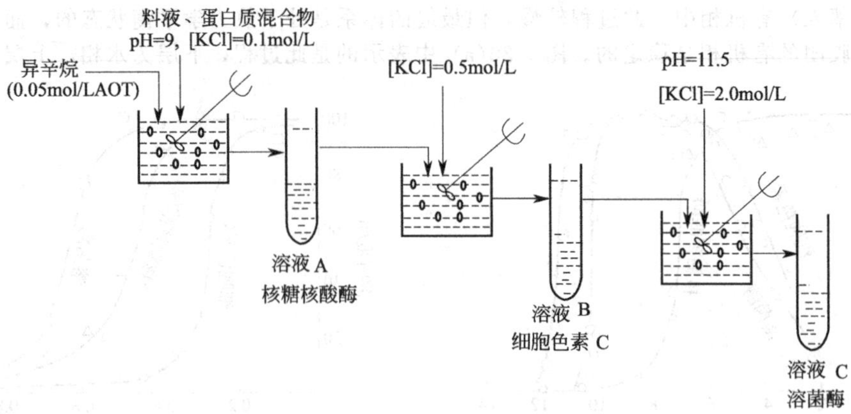


图 7-21 蛋白质混合溶液的分离过程

子量和重均分子量详见表 7-40。各类聚乙二醇的数均分子量见表 7-41。某些高聚物和无机盐也能形成双水相体系，常用的无机盐有磷酸钾、硫酸铵、氯化钠等。

表 7-42 列出了几种双水相体系。

**表 7-40 葡聚糖的数均分子量和重均分子量**

| 缩写编号 | 数均分子量 $M_n$ | 重均分子量 $M_w$ | 缩写编号 | 数均分子量 $M_n$ | 重均分子量 $M_w$ |
|---|---|---|---|---|---|
| D5 | 2300 | 3400 | D37 | 83000 | 179000 |
| D17 | 23000 | 30000 | D48 | 180000 | 460000 |
| D19 | 20000 | 42000 | D68 | 280000 | 2200000 |
| D24 | 40500 | — | D70 | 73000 | — |

**表 7-41 各类聚乙二醇的数均分子量**

| 缩写编号 | 数均分子量 $M_n$ | 缩写编号 | 数均分子量 $M_n$ |
|---|---|---|---|
| PEG20000 | 15000～20000 | PEG1000 | 950～1050 |
| PEG6000 | 6000～7500 | PEG600 | 570～630 |
| PEG4000 | 3000～3700 | PEG400 | 380～620 |
| PEG1540 | 1300～1600 | PEG300 | 285～315 |

**表 7-42 几种双水相体系**

| 类型 | 上相 | 下相 | 类型 | 上相 | 下相 |
|---|---|---|---|---|---|
| 非离子型高聚物/非离子型高聚物/水 | 聚丙二醇 | 甲氧基聚乙二醇 | 聚电解质/非离子型高聚物/水 | 葡聚糖硫酸钠 | 聚丙二醇 |
| | | 聚乙二醇 | | | 甲氧基聚乙二醇-NaCl |
| | | 聚乙烯醇 | | | 聚乙二醇-NaCl |
| | | 聚乙烯吡咯烷酮 | | | 聚乙烯醇-NaCl |
| | | 羟丙基葡聚糖 | | | 聚乙烯吡咯烷酮-NaCl |
| | | 葡聚糖 | | | 甲基纤维素-NaCl |
| | 甲基纤维素 | 羟丙基葡聚糖 | | | 乙基羟乙基纤维素-NaCl |
| | | 葡聚糖 | | | 羟丙基葡聚糖-NaCl |
| | 聚乙二醇 | 聚乙烯醇 | | | 葡聚糖-NaCl |
| | | 聚乙烯吡咯烷酮 | | 羧甲基葡聚糖钠 | 甲氧基聚乙二醇-NaCl |
| | | 葡聚糖 | | | 聚乙二醇-NaCl |
| | 聚乙烯醇 | 甲基纤维素 | | | 聚乙烯醇-NaCl |
| | | 羟丙基葡聚糖 | | | 聚乙烯吡咯烷酮-NaCl |
| | | 葡聚糖 | | | 甲基纤维素-NaCl |
| | 聚乙烯吡咯烷酮 | 甲基纤维素 | | | 乙基羟乙基纤维素-NaCl |
| | | 葡聚糖 | | | 羟丙基葡聚糖-NaCl |
| | 乙基羟乙基纤维素 | 葡聚糖 | | 羧甲基纤维素钠 | 聚丙二醇-NaCl |
| | 羟丙基葡聚糖 | 葡聚糖 | | | 甲氧基聚乙二醇-NaCl |

| 类型 | 上相 | 下相 |
|---|---|---|
| 聚电解质/非离子型高聚物/水 | 羧甲基纤维素钠 | 聚乙二醇-NaCl<br>聚乙烯醇-NaCl<br>聚乙烯吡咯烷酮-NaCl<br>甲基纤维素-NaCl<br>乙基羟乙基纤维素-NaCl<br>羟丙基葡聚糖-NaCl |
| | DEAE 葡聚糖盐酸 | 聚丙二醇-NaCl<br>聚乙二醇-$Li_2SO_4$<br>甲基纤维素-NaCl<br>聚乙烯醇-NaCl |

| 类型 | 上相 | 下相 |
|---|---|---|
| 聚电解质/聚电解质/水 | 葡聚糖硫酸钠 | 羧甲基葡聚糖钠<br>羧甲基纤维素钠 |
| | 羧甲基葡聚糖钠 | DEAE 葡聚糖盐酸-NaCl |
| 高聚物/无机盐/水 | 聚乙二醇 | 磷酸钾<br>硫酸铵 |
| | 聚丙二醇 | 磷酸钾 |
| | 聚乙烯吡咯烷酮 | 磷酸钾 |
| | 甲氧基聚乙二醇 | 磷酸钾 |

(2) 双水相萃取的流程和应用　图 7-22 给出了双水相萃取提取酶的流程图。表 7-43 列出了双水相萃取分离的典型应用实例。表 7-44 列举了应用双水相萃取从微生物的破碎细胞提取多种酶的例子。

聚合物的组成和浓度、体系的 pH 值及体系中盐的种类和浓度对被萃物的分配均有很大的影响。

(3) 双水相体系的优点

① 由于体系中水含量高达 70%～90%，同时组成双水相的高聚物如 PEG（聚乙二醇）和葡聚糖及某些无机物对生物活性物质无伤害，因此不会引起生物物质失活或变性，有时还有保护作用。

② 可直接从含有菌体的发酵液和培养液中提取所需的蛋白质，还能不经破碎直接提取细胞内酶，省略了破碎或过滤等操作。

③ 双水相萃取处理量可以较大。

萃取后，被萃物与聚合物的分离可采取若干方法，如超滤、电泳、色层分离等。

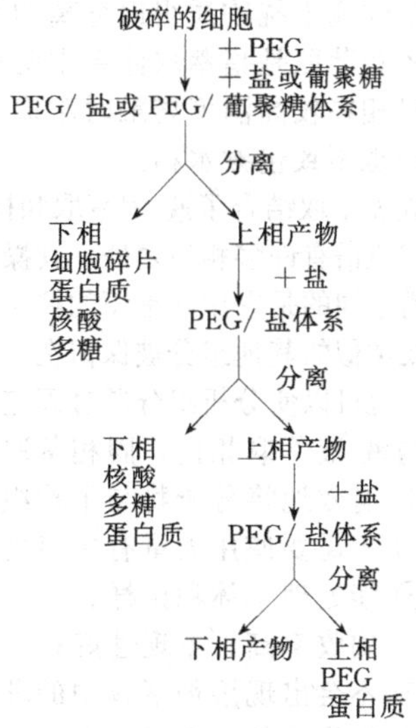


图 7-22　双水相萃取提取酶的原则流程

**表 7-43　双水相萃取分离的典型应用实例**

| 应用体系 | 提取物质 | 双水相系统 | 分配系数(纯化因子) | 收率/% |
|---|---|---|---|---|
| 湿菌体胞内酶提取 | 胞内酶 | PEG/盐 | 1～8 | 90～100 |
| 重组活性核酸 DNA 分离 | 核酸 | PEG/Dextran | — | — |
| 人生长激素的纯化 | 生长激素 | PEG-4000/磷酸盐 | 6.4～8.5 | 81 |
| β-干扰素提取 | β-干扰素 | PEG-磷酸酯/盐 | 350 | 97 |
| 脊髓病毒和线病毒 | 病毒 | PEG-6000/NaDS | — | 90 |
| 含胆碱受体细胞分离 | 组织细胞 | PEG-三甲胺/Dextran | 3.64 | 57 |

注：表中 NaDS 为硫酸葡聚糖。

**表 7-44　应用双水相萃取从微生物的破碎细胞提取多种酶的例子**

| 酶 | 菌　种 | 相分离系统 | 收率/% | 分配系数 | 富集因子 | 细胞浓度/% |
|---|---|---|---|---|---|---|
| 延胡索酸酶 | 产氨短杆菌 | PEG/盐 | 83 | 3.3 | 7.5 | 20 |
| 天冬氨酸酶 | 大肠杆菌 | PEG/盐 | 96 | 5.7 | 6.6 | 25 |
| 异亮氨酰-tRNA 合成酶 | 大肠杆菌 | PEG/盐 | 93 | 3.6 | 2.3 | 20 |
| 青霉素酰基转移酶 | 大肠杆菌 | PEG/盐 | 90 | 2.5 | 8.2 | 20 |
| 延胡索酸酶 | 大肠杆菌 | PEG/盐 | 93 | 3.2 | 3.4 | 25 |
| β-半乳糖苷酶 | 大肠杆菌 | PEG/盐 | 87 | 62 | 9.3 | 12 |
| 亮氨酸脱氢酶 | 球形芽孢杆菌 | PEG/粗制葡聚糖 | 98 | 9.5 | 2.4 | 20 |
| 葡糖-6-磷酸脱氢酶 | 明串珠菌 | PEG/盐 | 94 | 6.2 | 1.3 | 35 |

续表

| 酶 | 菌种 | 相分离系统 | 收率/% | 分配系数 | 富集因子 | 细胞浓度/% |
|---|---|---|---|---|---|---|
| 乙醇脱氢酶 | 面包酵母 | PEG/盐 | 96 | 8.2 | 2.5 | 30 |
| 甲醛脱氢酶 | 博伊丁假丝酵母 | PEG/粗制葡聚糖 | 94 | 11 | 未定 | 20 |
| 葡糖异构酶 | 链霉菌 | PEG/盐 | 86 | 3.0 | 2.5 | 20 |
| L-2-羟-异己酸脱氢酸 | 干酪乳杆菌 | PEG/盐 | 93 | 6.5 | 17 | 20 |

注：PEG 为聚乙二醇。

4. 固相萃取和固相微处理

固相萃取是利用被萃取物质在液-固两相间的分配作用进行样品前处理的一种分离方法，在被测物基体或干扰物质得以分离的同时，往往也使被测物得到了富集。

固相萃取是指萃取体系中两相之一在室温时为固态而在较高温度时为液态的萃取方法。其特点是有机相在较高温度熔融时萃取，冷至室温后则两相自行定量分离，倾泌，水层，无须分液漏斗，固相中也不致包藏水相。

固相萃取结合了液-固萃取和柱液相色谱两种技术。固相萃取的分离机理、固定相、溶剂选择与高效液相色谱有许多相似之处，其操作与柱色谱类似。固相萃取采用高效、高选择性的固定相，与高效液相色谱不同的是它用的是短的柱床和大的填料粒径（>40μm）。当样品通过固相萃取柱时，一般，被测组分及类似的其他组分被保留在柱上，不需要的组分用溶剂洗出，然后用适当的溶剂洗脱被测组分。有时候，也可以使分析组分通过固定相，不被保留，干扰组分保留在固定相上而实现分离。

与液-液萃取相比，固相萃取有如下优点：

① 有效地将分析物与干扰组分分离，减小测定时的杂质干扰；

② 不需要使用大量有机溶剂，减少对环境的污染；

③ 能处理小体积试样；

④ 回收率高，重现性好；

⑤ 不会出现溶剂萃取中的乳化现象；

⑥ 操作简单、省时、省力、易于自动化；

⑦ 可同时处理大批量样品。

(1) 固相萃取装置

固相萃取（SPE）操作既可离线，也可作为后续分析仪器的在线样品预处理系统。离线固相萃取的仪器既有简单的手工辅助操作的固相萃取仪，也有复杂昂贵的全自动固相萃取仪。

固相萃取的分离介质（萃取器）有柱形、针头形和膜盘，见图 7-23。

固相萃取小柱通常是体积在 1～6mL 的塑料管，在两片筛板之间装填 0.1～2g 填料（固定相）。固相萃取小柱的柱管由医用级聚丙烯制成，也可以是聚乙烯、聚四氟乙烯等塑料或玻璃制成。筛板材料主要为聚丙烯、不锈钢和钛合金。自制小柱可用玻璃棉代替筛板。

样品通过固定相的方法有三种——抽真空、加压（用注射器或氮气）及将萃取小柱放入离心管中离心。

图 7-24 是真空度比较高的固相萃取（SPE）真空装置。

(2) 固相萃取的固定相及应用

固相萃取法的吸附剂选择原则为

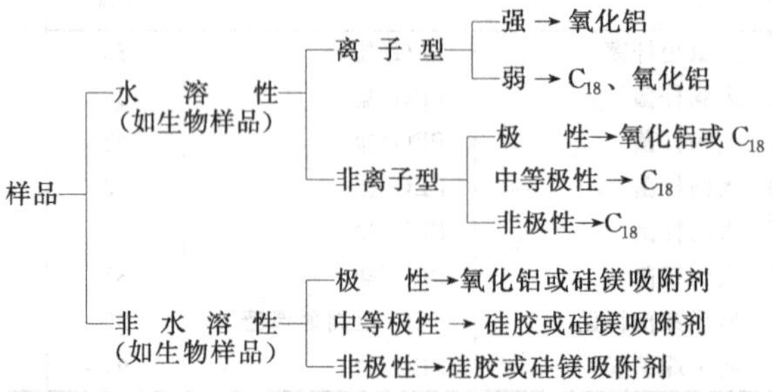

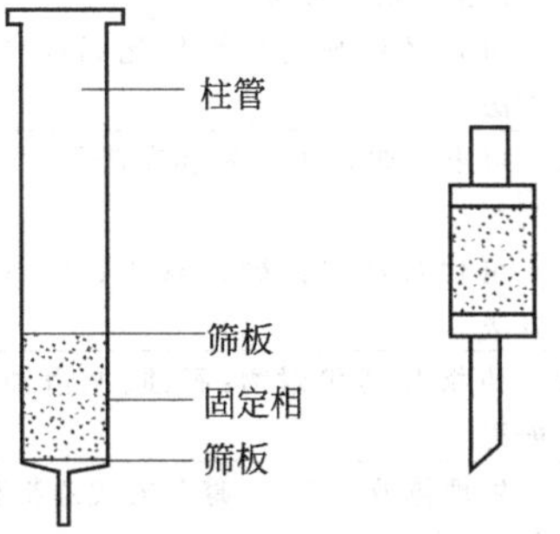

(a) 固相萃取小柱　(b) 针头型小柱

图 7-23　固相萃取器

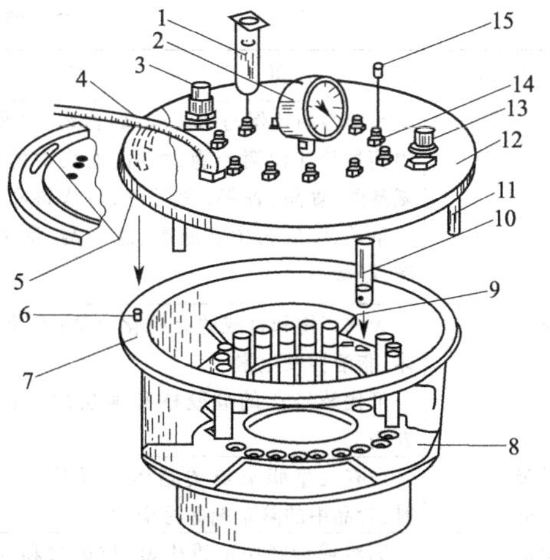

图 7-24　SPE 真空装置

1—SPE 柱；2—真空表；3—安全阀；4—抽空橡皮管；5—定位槽；6—定位轴；7—缸体；8—下支架；9—上支架；10—试管（24 支）；11—支脚；12—上盖；13—放空阀；14—插管头（12 个）；15—封堵头（12 个）

氧化铝 A、B、N 分别为氧化铝（酸性）、氧化铝（碱性）、氧化铝（中性）。

固相萃取常用的吸附剂的类型及用途见表 7-45。

固相萃取剂的特性及其应用见表 7-46～表 7-49。

**表 7-45　固相萃取常用的吸附剂**

| 固定相 | 简称 | 应用 |
|---|---|---|
| 十八烷基硅烷 | ODS, $C_{18}$ | 反相萃取,适合非极性到中等极性化合物 |
| 丙氰基硅烷 | CN | 反相或正相萃取 |
| 二醇基硅烷 | Diol | 正相萃取,适用于极性化合物 |
| 丙氨基硅烷 | $NH_2$ | 正相萃取,适用于极性化合物;弱阴离子交换萃取,适用于碳水化合物,弱酸性阴离子和有机酸 |
| 硅胶上接卤化季铵盐 | SAX | 强阴离子交换萃取,适用于阴离子、有机酸、核酸等 |
| 硅胶上接磺酸盐 | SCX | 强阳离子交换萃取,适用于阳离子,药物,有机碱,氨基酸等 |
| 硅胶 | Si | 吸附萃取,适用于极性化合物 |
| 三氧化二铝 | $Al_2O_3$ | 极性化合物吸附萃取或离子交换,如维生素 |
| 硅酸镁 | | 极性化合物的吸附萃取 |
| 石墨碳 | Cab | 极性和非极性化合物的吸附萃取 |
| 苯乙烯-二乙烯基苯树脂 | Chromp | 极性芳香化合物的萃取,如从水中萃取苯酚 |

**表 7-46　固相萃取剂的基本特性**

| 固相填料 | 硅胶、氧化铝硅镁吸附剂 | $C_{18}$ 及氰基填料 | 氨基填料 |
|---|---|---|---|
| 极性 | 高 | 低 | 高 |
| 典型的溶剂负载范围 | 低至中 | 中到高 | 高 |
| 典型的样品负载溶剂 | 己烷、甲苯、二氯甲烷 | 水、缓冲液 | 水、缓冲液 |
| 典型的洗脱溶剂 | 乙酸乙酯 | 水/乙腈 | 缓冲液、盐溶液 |
| | 丙酮、乙腈 | 水/乙醇 | |
| 样品洗脱顺序 | 极性低的物质先被洗脱 | 极性高的物质先被洗脱 | 最弱的离子物质先被洗脱 |
| 洗脱仍保留在柱上物质的溶剂 | 增强溶剂极性 | 降低溶剂极性 | 增加离子强度或增加 pH(阴离子)或降低 pH(阳离子) |

**表 7-47 固相萃取填料的适用范围**

| 固相萃取剂 | 可适用范围 | 固相萃取剂 | 可适用范围 |
|---|---|---|---|
| $C_{18}$ 硅胶 | 水溶性的环保与生物样品；血清、血浆和尿中药物及其代谢产物；血清、血浆中的肽类、氨基酸；食品、香料、食用色素；饮料和酒类；中草药、中成药中黄酮类、蒽醌类、皂类生物碱、胆酸等 | 氧化铝（中性） | 石油、合成原油的分馏制品；食品添加剂；合成的有机化合物<br>可代替经典的中性氧化铝或 TLC 净化方法 |
| | | 氧化铝（碱性） | 可乐型饮料中的糖和咖啡因；农药、除草剂等<br>可代替经典的碱性氧化铝或 TLC 净化方法 |
| 硅胶 | 天然产物和合成的有机化合物；农药；类脂体；脂溶性维生素<br>可代替经典的硅胶柱和薄层层析的净化方法 | 氨基填料 | 药物及其代谢物；石油、润滑油分馏物；糖类 |
| 硅镁吸附剂（Florisil） | 含有大量脂类或类脂体的样品；农药、饲料、食品中的除草剂等污染物 | 氰基填料 | 生理体液中药物；霉菌的代谢物和发酵产品；农药 |
| 氧化铝（酸性） | 饲料或饲料中的维生素；抗菌素和饲料中的添加剂；低容量的阴离子交换<br>可代替经典的酸性氧化铝或 TLC 净化方法 | 大孔吸附树脂 | 血浆、尿中药物及其代谢物；中草药、中成药中成分；农药、除草剂；食品中添加剂、色素等 |

**表 7-48 固体萃取预处理短柱的应用实例**

| 测试组分 | 萃取柱 | 分析方法① | 参考文献 |
|---|---|---|---|
| **化妆品** | | | |
| 亚硝胺、亚硝基二乙醇胺 | $C_{18}$ | HPLC | Drug and Cosmetics Ind, 1978; 123(5): 56 |
| 抑菌剂 | $C_{18}$ | RP/HPLC | J. Am. Oil. Chem. Soc., 1980; 57(3): 131 |
| 亚硝基二乙醇胺 | $C_{18}$ | 示差脉冲极谱 | J. AOAC, 1982; 65(4): 850 |
| **能源、环保** | | | |
| 蒽、蒽酚、多环芳烃 | $C_{18}$ | RP/HPLC | American Society for Testing and Materials, 1981; 720: 142 |
| 酚类 | 硅胶 | HPLC | J. Chromatogr. Sci., 1982; 20(9): 436 |
| 多环芳烃 | $C_{18}$ | GC-EC | J. Chromatogr., 1984; 312: 247 |
| 二氯联苯胺 | $C_{18}$ | HPLC | Anal. Chem., 1979; 51(2): 216 |
| 草酸 | $C_{18}$ | HPLC | J. Chromatogr., 1981; 210: 540 |
| 多溴代联苯 | $C_{18}$, Florisil | GC-EC | J. Chromatogr., 1982; 241(2): 419 |
| 硫苯 | $C_{18}$ | HPLC | Liquid Chromatogr., 1984; 2(2): 122 |
| 氯酚 | 硅胶 | LSC | J. Chromatogr., 1984; 310: 41 |
| Mg、Fe、Zn、Co 等金属 | 硅胶 | HPLC | Marine Chem., 1985; 16: 105 |
| 有机化合物 | | | |
| 苯并吡喃酮 | 硅胶 | RP-HPLC | J. AOAC, 1985; 68(5): 935 |
| 有机铜、锌络合物 | $C_{18}$ | LSC, AAS | Marine Chem., 1986; 18: 85 |
| **食品、蔬菜** | | | |
| 组胺 | $C_{18}$ | RP/HPLC | J. Chromatogr., 1978; 166: 310 |
| 类胡萝卜素 | 硅胶 | TLC | J. Chem. Educ., 1979; 56(10): 676 |
| 赤微素 | $C_{18}$ | RP/HPLC | J. Chromatogr., 1980; 198: 449 |
| 维生素 $D_3$ | 硅胶 | HPLC | J. AOAC, 1980; 63(5): 1158 |
| 果糖、葡萄糖等 | $C_{18}$ | HPLC | J. AOAC, 1980; 63(3): 476 |
| 维生素 $D_2$ | 硅胶、$C_{18}$ | HPLC | J. Liq. Chromatogr., 1981; 4(1): 155 |
| T-2 毒素 | $C_{18}$ | RIA | J. AOAC, 1981, 64(1): 156 |
| T-2 毒素 | 硅胶 | GC/MS | J. Chromatogr., 1982; 237: 107 |
| 微量有机酸 | $C_{18}$ | RP/HPLC | J. Aqric. Food Chem., 1981; 29(5): 984 |
| 红甜菜素 | $C_{18}$ | TLC, HPLC | Naren-Chomicus, 1982; 12: 193 |
| 咖啡因 | 硅胶 | HPLC | J. Liq. Chromatogr., 1982; 5(3): 585 |
| 柠碱 | $C_{18}$ | HPLC | J. Food, Sci., 1984; 49(4): 1216 |
| 木糖 | $C_{18}$ | PC | J. Chromatogr. Sci., 1984; 22: 478 |
| 色素 | $C_{18}$ | TLC | J. AOAC, 1984; 67(5): 1022 |

续表

| 测试组分 | 萃取柱 | 分析方法① | 参 考 文 献 |
|---|---|---|---|
| 维生素 A、维生素 D | $C_{18}$ | HPLC | Analyst,1984;109:489 |
| 维生素 C | $C_{18}$ | HPLC | J. Chromatogr. Sci. ,1984;22:485 |
| 维生素 $D_3$ | 硅胶 | HPLC | J. AOAC,1984;67(2):271 |
| **生命科学** | | | |
| 核苷酸 | 硅胶 | AEC | Clin. Chem. ,1980;26(10):1430 |
| 胆汁酸 | $C_{18}$ | HPLC | J. Liq. Chromatogr. ,1980;3(7):991 |
| 胆汁酸(9 种) | $C_{18}$ | HPLC | Clin. Chim. Acta,1982;119(1～2):41 |
| 神经节苷脂 | $C_{18}$ | TLC | J. Neuro Chem. ,1980;35(1):266 |
| 卵巢肽松弛激素 | $C_{18}$ | GFC | |
| 肽 | $C_{18}$ | RP/HPLC | J. Chromatogr. Biomed. Appl. ,1981;224:472 |
| D. L-甲状腺素 | 硅胶 | CGC、GC/MS | J. Chromatogr. Biomed. Appl. ,1981;226:383 |
| 前列腺素 | $C_{18}$,硅胶 | HPLC | J. Chromatogr. Biomed. Appl. ,1981;226(2):450 |
| 雌激素 | $C_{18}$ | GC、GC/MS | Clin. Chem. ,1981;27(7):1186 |
| 垂体肽 | $C_{18}$ | RP/HPLC | Tth Am. Peptide Symp. ,1981:785 |
| 道诺红菌素 | $C_{18}$ | RP/HPLC | Cancer Chemother Pharmacol. ,1982;9:45 |
| 松弛肽 | $C_{18}$ | AAA、HPLC | Endocrinology,1981;108(2):726 |
| 新蝶呤 | $C_{18}$ | HPLC | J. Chromatogr. Biomed. Appl. ,1982;227:61 |
| 毒扁豆碱 | $C_{18}$ | HPLC | J. Liq. Chromatogr. ,1982;5(9):1619 |
| 脱落酸 | $C_{18}$ | RP/HPLC | J. Liq. Chromatogr. ,1982;5(1):81 |
| 降(血)钙素 | $C_{18}$ | HPLC、TLC | Biochim. Biophys. Acta,1982;707(1):59 |
| 类固醇(10 余种) | $C_{18}$ | GPC、GC/MS | Steroids,1983;41(4):549 |
| | $C_{18}$ | HPLC | Anal. Biochem. ,1983;134(2):309 |
| | 硅胶、氧化铝 | | J. Chromatogr. ,1985;325(1):323 |
| 催产素 | $C_{18}$ | RIA | Acta Endocrinol,1983;103(2):180 |
| **药物** | | | |
| 青霉素 | $C_{18}$ | HPLC | J. Chromatogr. ,1985;345:379 |
| 维生素 pp | $C_{18}$ | RP/HPLC | J. Chromatogr. Biomed. Appl. ,1980;221:161 |
| 苯丙氨酸氮芥 | $C_{18}$ | RP/HPLC | J. Chromatogr. Biomed. Appl. ,1981;224:338 |
| 氯奎 | $C_{18}$ | HPLC | J. Chromatogr. ,1981;225:139 |
| 头孢菌素 | $C_{18}$ | RP/HPLC | J. Chromatogr. Biomed. Appl. ,1983;275:133 |
| 丝裂霉素 | $C_{18}$ | TLC、UV | Therapeutic Drug Montoring,1984;6(1):173 |
| 前列腺素 | $C_{18}$、硅胶 | RIA | J. Chromatogr. Biomed. Appl. ,1984;311:39 |
| 类固醇激素 | 硅胶、氧化铝 | | J. Chromatogr. ,1985;325(1):323 |
| 叶酸、3-葡糖苷酸 | $C_{18}$ | HPLC | J. Chromatogr. Biomed. Appl. ,1985;345:241 |
| 链霉素 | $C_{18}$ | HPLC | J. Chromatogr. Biomed. Appl. ,1985;343:379 |
| 地塞米松 | $C_{18}$ | | J. Chromatogr. Biomed. Appl. ,1985;343:231 |
| 牡荆葡基黄酮 | $C_{18}$ | RP/HPLC | J. Chromatogr. ,1986;357:233 |

① 该栏中各分析方法的缩写符号的含意为：AEC—亲和交换色谱法；AAA—氨基酸分析法；AAS—原子吸收光谱法；CGC—毛细管气相色谱法；GC—气相色谱法；GC/MS—气相色谱-质谱联用；GC-EC—气相色谱-电子捕获检定器；GFC—凝胶过滤色谱法；GPC—凝胶渗透色谱法；HPLC—高效液相色谱法；LSC—液体闪烁计数法；PC—纸色谱法；RIA—放射免疫测定法；RP/HPLC—反相高效液相色谱；TLC—薄层色谱法；UV—紫外光谱法。

**表 7-49 某些药物在 $C_{18}$ 萃取柱上的吸附率、洗脱率、水中溶解度和离解常数**

| 药 物 | | 吸附率/% | 洗脱率/% | 溶解度 | $pK_a$ 或 $pK_b$ |
|---|---|---|---|---|---|
| 分 类 | 药 名 | | | $S/g\cdot L^{-1}$ | |
| 弱酸性和中性 | 磺胺甲基异噁唑 | 0 | 99 | 0.5 | 5.6 |
| | 巴比妥 | 3 | 98 | 7.3 | 7.4 |
| | 磺胺二甲嘧啶 | 17 | 100 | 1.5 | 7.4 |
| | 茶碱 | 79 | 100 | 8.3 | 8.8 |
| | 苯巴比妥 | 95 | 97 | 1.2 | 7.3 |
| | 咖啡因 | 100 | 101 | 22 | 14 |
| | 苯妥英 | 100 | 95 | 几乎不溶 | — |

续表

| 药物 | | 吸附率/% | 洗脱率/% | 溶解度 $S/g \cdot L^{-1}$ | $pK_a$ 或 $pK_b$ |
|---|---|---|---|---|---|
| 分类 | 药名 | | | | |
| 很弱的碱性 | 硝基安定 | 100 | 99 | 几乎不溶 | — |
| | 安眠酮 | 100 | 100 | 0.03 | 11.46 |
| | 三唑安定 | 100 | 100 | — | — |
| 弱碱性及含弱碱性基团 | 川芎嗪 | 100 | 57 | — | — |
| | 奎尼丁 | 100 | 0 | 0.5 | 5.4 |
| | 心得安 | 100 | 0 | — | — |
| | 氟哌啶醇 | 100 | 0 | 0.014 | 5.7 |
| | 四环素 | 100 | 0 | 1.7 | — |

(3) 固相萃取的操作

固相萃取操作包括四个步骤，即预处理、加样、洗去干扰物和回收分析物。在加样和洗去干扰物步骤中，部分分析物有可能穿透固相萃取柱造成损失，在回收分析物步骤中，分析物可能不被完全洗脱，仍有部分残留在柱上。因此，除了掌握基本操作外，还应该通过加标回收试验测定回收率。下面以 $C_{18}$ 固相萃取柱为例说明。

① 柱预处理　柱预处理有两个目的：

ⓐ 除去填料中可能存在的杂质。

ⓑ 用溶剂润湿吸附剂，使分析物有适当的保留值。预处理的方法是使几倍柱床体积的甲醇通过萃取柱，再用水或缓冲液冲洗萃取柱，除去多余的甲醇。

② 加样　将样品溶于适当溶剂，加入到固相萃取柱中，并使其通过萃取柱。通常流速为 2～4mL/min。

③ 淋洗除去干扰杂质　用淋洗溶剂淋洗萃取柱，洗去干扰组分。

④ 分析物的洗脱和收集　将分析物从固定相上洗脱，洗脱溶剂用量一般是每 100mg 固定相 0.5～0.8mL。选择适宜强度的洗脱溶剂，溶剂太强，一些更强保留的杂质被洗脱出来，溶剂太弱，洗脱液的体积较大。洗脱液可直接进样或作进一步处理。

(4) 固相萃取的自动化

采用固相萃取能够实现样品预处理的自动化。固相萃取用于样品的净化和浓缩能满足气相气谱、高效液相色谱、质谱、核磁共振、分光光度及原子吸收等多种仪器分析方法样品制备的需要。例如：以固相萃取小柱为预柱与高效液相色谱分析柱在线连接就是常用的方法。有多种在线预处理的仪器，在线预处理往往采用高压切换阀实现柱切换操作。切换方法多种多样，如图 7-25 所示，是一典型的正冲式单阀双泵切换示意图。处理样品时，先对小柱进行预处理，进样并以适当溶剂洗涤预柱除去弱保留杂质。被萃取组分被保留在预柱上，溶剂和杂质作为废液排出。进行分离时通过阀切换以高效液相色谱流动相将被萃取组分冲洗至已用流动相平衡好的分析柱上，而强保留杂质仍保留在预柱上。然后再将阀切换到原来位置，用强溶剂清洗强保留杂质后，重新平衡预柱以便再用。如果不重复使用，仪器就自动换上另一小柱。

(5) 固相微萃取

固相微萃取是在固相萃取基础上结合顶空分析建立起来的一种新的萃取分离技术。它与固相萃取相比，操作简单、样品量小、无需萃取溶剂、使用成本低、回收率提高、重现性好，适于分析挥发性与非挥发性物质，更方便与后续分析仪器在线连接。固相微萃取通常与色谱分析在线联用，集萃取、浓缩、进样功能于一体。

固相微萃取装置外形如一支微量注射器，如图 7-26 所示。固相微萃取装置的关键部件是萃取头。萃取头是一根 1cm 长涂有不同色谱固定相或吸附剂的熔融石英纤维接在不锈钢丝上，外套细不锈钢管（保护石英纤维不被折断），纤维头在钢管内可伸缩，细不锈钢管可穿透橡胶或塑料垫片取样或进样。

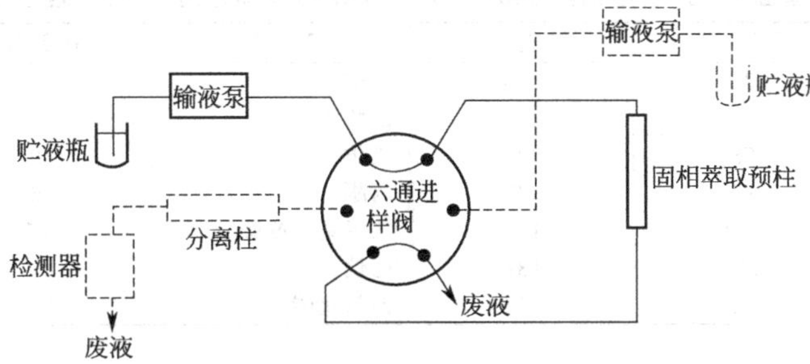


(a) 预富集

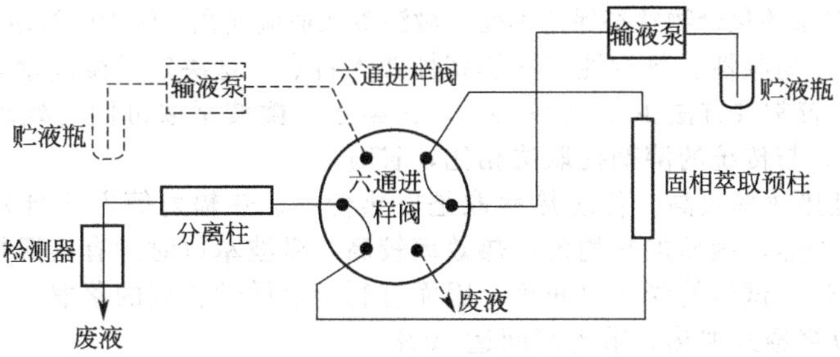


(b) 正冲式进入分离柱进行分离

图 7-25　在线样品预处理正冲式单阀双泵切换示意图

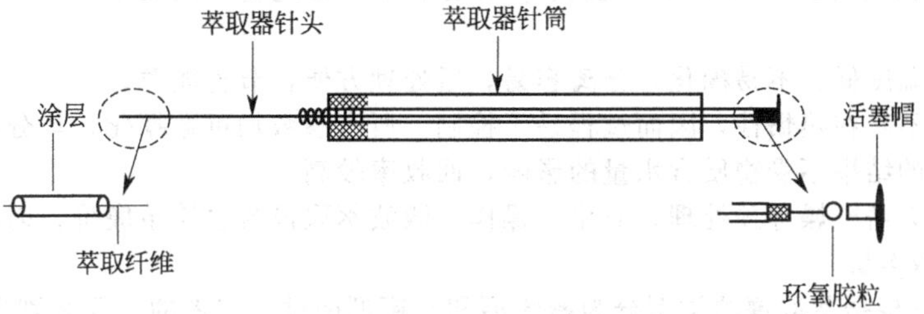


图 7-26　固相微萃取器的结构示意图

固相微萃取按萃取操作可以分为直接固相微萃取法和顶空固相微萃取法。

直接固相微萃取法是将针管刺透样品瓶隔垫，插入样品瓶中，推出萃取头，将萃取头浸入样品，进行萃取。萃取时间大约 2～30min，使分析物达到吸附平衡，缩回萃取头，拔出针管。用于气相色谱时，将针管插入气相色谱仪的进样器，推手柄杆，伸出纤维头，热脱附样品进入色谱柱。用于液相色谱时，将针管插入固相微萃取-高效液相色谱接口解吸池，流动相通过解吸池洗脱分析物，将分析物带入色谱柱。直接固相微萃取法适用于气态样品和较为洁净的液态样品。

顶空固相微萃取法是将萃取头置于样品上部空间进行萃取，其余操作同直接固相微萃取法。顶空固相微萃取法适用于液体和固体样品中的挥发、半挥发性有机化合物的萃取。

固相微萃取集萃取、浓缩、进样于一体，装置体积小、携带方便，通常可测定 ng/kg 级的浓度。可广泛应用于环境、食品、药物、生理和毒理学等领域。

5. 微波萃取

微波是指频率在 300MHz～3000GHz 之间或波长在 1m～0.1mm 之间的无线电波。微波的能量通常在 $10^{-6}$～$10^{-3}$eV，它能深入物质内部与其产生相互作用，水、含水化合物及有机溶剂对微波有吸收作用，可进行选择性加热。微波加热具有速度快，加热均匀，易实现自动控制，微波加热的效果见表 7-50。

表 7-50 室温下 50mL 溶剂经 560W，2.45GHz 微波场作用 1min 所能达到的温度

| 溶 剂 | 温度/℃ | 沸点/℃ | 溶 剂 | 温度/℃ | 沸点/℃ |
|---|---|---|---|---|---|
| 水 | 81 | 100 | 乙酸 | 110 | 119 |
| 甲醇 | 65 | 65 | 乙酸乙酯 | 73 | 77 |
| 乙醇 | 78 | 78 | 氯仿 | 49 | 61 |
| 1-丙醇 | 97 | 97 | 丙酮 | 56 | 56 |
| 1-丁醇 | 109 | 119 | 二甲基甲酰胺 | 131 | 153 |
| 1-戊醇 | 106 | 137 | 己烷 | 25 | 68 |
| 1-己醇 | 92 | 158 | 四氯化碳 | 28 | 77 |

(1) 微波萃取的特点

微波萃取是利用微波能强化溶剂萃取的效率，使固体或半固体试样中的某些有机物成分与基体有效地分离，并能使分析对象的化合物状态保持不变。微波萃取适应面宽，较少受被萃取物极性的限制。

微波具有波动性、高频性、热特性和非热特性四大特点，这决定了微波萃取具有以下特点。

① 试剂用量少，较常规方法少 50%～90%，污染小。微波萃取可同时处理多份试样，处理批量较大，萃取效率高，与传统的溶剂提取法相比，省时。

② 加热均匀，且热效率较高。传统热萃取是以热传导、热辐射等方式自外向内传递热量，而微波萃取是内外同时加热，因而加热均匀，热效率较高。微波萃取时没有高温热源，因而可消除温度梯度，且加热速度快，试样的受热时间短，因而有利于热敏性物质的萃取。

③ 由于微波可以穿透式加热，节省时间达 90%。

④ 微波能有超常的提取能力，同样的试样用常规方法需 2～3 次提净，在微波场下可一次提净。

⑤ 微波萃取的选择性较好。由于微波可对萃取物质中的不同组分进行选择性加热，因而可使目标组分与基体直接分离开来，从而可提高萃取效率和产品纯度。微波萃取可水提、醇提、脂提，适用广泛。

⑥ 微波萃取温度低，不易糊化，分离容易，后处理方便，节省能源。

⑦ 微波萃取不存在热惯性，因而过程易于控制。所有参数均可数据化，与分析现代化接轨。

⑧ 微波萃取的结果不受物质含水量的影响，回收率较高。

⑨ 微波萃取无需干燥等预处理，简化了操作。微波萃取设备也简单廉价，因而很有推广价值。

(2) 微波萃取装置

微波萃取装置根据萃取罐的类型分为密闭型和开罐型两种。二者的主要区别在于一个是分批处理，另一个是以连续方式工作。

密闭型微波萃取装置的基本结构如图 7-27 所示。萃取罐 (b) 是密闭的，可实现控温控压萃取。其优点是目标成分不易损失，压力可控。当压力增大时，溶剂的沸点也相应提高，有利于目标物从基体中萃取出来。

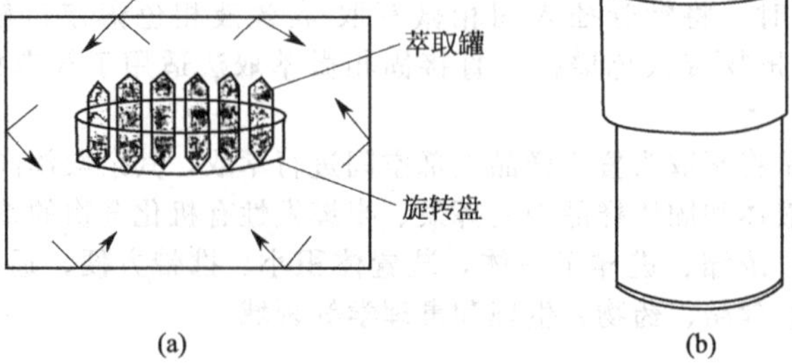


图 7-27 密闭型微波萃取装置的基本结构

图 7-28 是开罐型微波萃取装置的基本结构，通过一根波导管将微波聚焦于萃取体系上，萃取罐是开放式的，与大气连通，只能实现温度控制。该方式沿袭了索氏萃取的优点；其不足之处是同时处理的样品数较少。

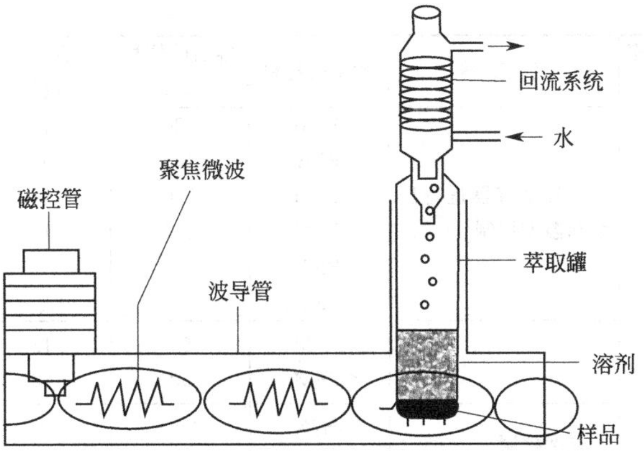


图 7-28 开罐型微波萃取装置的基本结构

微波萃取容器的材料有：石英、聚四氟乙烯（PTFE）和全氟代烷氧乙烯（Teflon PFA）、玻璃等。微波萃取容器材料的性能见表 7-51。

**表 7-51 微波萃取容器材料的性能**

| 材料名称 | 最高工作温度/℃ | 对以下试剂抗化学腐蚀能力差 |
|---|---|---|
| 硼硅玻璃 | 600 | 氢氟酸、浓磷酸、氢氧化钠(钾)溶液 |
| 高硅玻璃 | 900 | 氢氟酸、浓磷酸、氢氧化钠(钾)溶液 |
| 石英 | 1100 | 氢氟酸、浓磷酸、氢氧化钠(钾)溶液 |
| 铂 | 1500 | 王水 |
| 玻璃碳 | 600 | 无 |
| 聚乙烯 | 80 | 有机溶剂、浓硝酸、浓硫酸 |
| 聚丙烯 | 130 | 有机溶剂、浓硝酸、浓硫酸、氢氧化钠(钾)溶液 |
| Teflon PFA | 306 | 无 |
| PTFE | 250 | 无 |

微波萃取系统有家用微波炉和专用微波炉两种。家用微波炉的缺点在于消解功率较大，不同隔挡之间功率差别较大，难以精确控制微波消解的合适功率，而且在样品消解过程中产生的酸雾对微波炉的电子系统有很大的损伤。实验室专用的微波系统，具有大流量的排风和炉腔氟塑料涂层，可以防止酸雾腐蚀设备。商品化的微波炉及其主要性能列于表 7-52。

**表 7-52 商品化的微波炉及其主要的性能**

| 型号(制造商) | 最大功率/W | 传感器 | 容器的材料 | 容器的体积/mL | 容器的数目 | 最大压力/$10^5$Pa(bar) | 最高温度/℃ |
|---|---|---|---|---|---|---|---|
| MES 1000(CEM, UK) | 1000 | 通过光纤维温度探针监测温度，通过内置的压力控制系统监测压力 | PTFE<br>Teflon PFA | 100 | 12<br>12 | 200psi<br>200psi | 200 |
| MDS 2000(CEM, USA) | 950 | 通过荧光温度探针监测温度，通过内置的压力控制系统监测压力 | Teflon PFA | 110 | 12 | 175psi | 200 |
| MES 1000(CEM, USA) | 950 | 温度或压力控制 | PTFE | | 12 | | |
| Multiwave(Anton Parr Gmbh, Austria) | 1000 | 对每个容器进行压力控制和红外温度测量 | TFM/陶瓷<br>TFM/陶瓷<br>TFM/陶瓷<br>石英<br>石英 | 100<br>100<br>50<br>50<br>20 | 12<br>6<br>6<br>6<br>6 | 70<br>70<br>130<br>130<br>130 | 230<br>260<br>260<br>300<br>300 |
| MARS-5 (CEM, USA) | 1500 | 红外温度测量 | TFM<br>TFM | 100<br>100 | 14<br>12 | 35<br>100 | 300<br>300 |

续表

| 型号<br>(制造商) | 最大功率<br>/W | 传感器 | 容器的材料 | 容器的体积<br>/mL | 容器的<br>数目 | 最大压力<br>/$10^5$Pa(bar) | 最高温度<br>/℃ |
|---|---|---|---|---|---|---|---|
| Ethos 900/1600<br>(Mile-stone,USA) | 1600 | 对每个容器进行压力和温度控制 | TFM<br>PFA<br>TFM<br>TFM<br>PFA<br>TFM | 120<br>120<br>120<br>120 | 10<br>6<br>12<br>10 | 30<br>100<br>30<br>100 | 240<br>280<br>240<br>280 |
| Model 7195(O. I. Corp.,USA) | 950 | | TFM<br>TFM | 90<br>90 | 12<br>12 | 13<br>40 | 200<br>200 |
| Soxwave 100/3.6<br>(Prolabo,France) | 300 | 温度控制 | 石英<br>石英 | 250<br>250或100 | 1<br>6 | 敞口<br>容器 | 敞口<br>容器 |
| MK-1(新科微波技术应用研究所,上海) | 600 | 通过光纤维探针进行压力控制 | PTFE | 60 | 9 | 4MPa | |

注：1psi=6894.76Pa。PTFE—聚四氟乙烯；PFA—全氟代烷氧乙烯；TFM—改性聚四氟乙烯。

(3) 微波萃取的操作

微波萃取操作一般包括以下步骤。

① 预处理　将试样粉碎，使之充分吸收微波能。

② 萃取　将试样与萃取溶剂混合，置于微波萃取装置中，进行微波萃取。

③ 分离、除渣　通过过滤，把残渣从萃取溶剂中分离出去。

④ 浓缩　回收萃取溶剂，获得目标产物。

图7-29为微波萃取的流程。

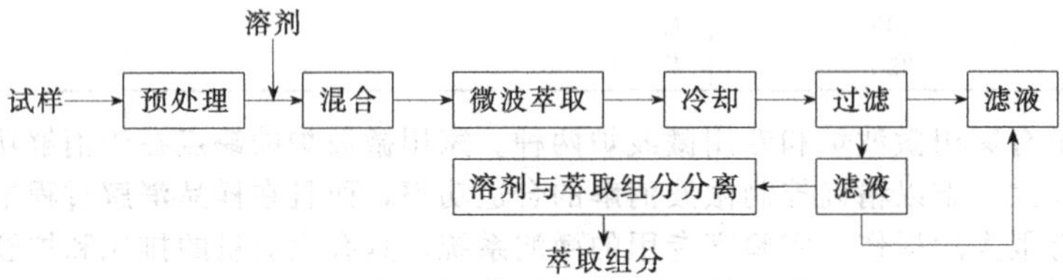


图7-29　微波萃取流程

(4) 影响微波萃取的因素

① 破碎度　与传统提取方法一样，试样经过适当破碎，可以增大接触面积，有利于微波萃取的进行。

② 分子极性　在微波场中，极性分子受微波的作用较强。若目标组分为极性分子，则比较容易扩散。在天然产物中，完全非极性的分子是比较少的，物质的分子或多或少会存在一定的极性，绝大多数天然产物的分子都会受到微波电磁场的作用，因而均可用微波萃取。

③ 溶剂　溶剂的选用十分重要，适宜的溶剂可提取出所需要的组分，若溶剂选用不当，则不一定能获得理想的萃取效果。通常是以“相似相溶”方式进行选择。即极性试样采用极性溶剂，非极性试样采用非极性溶剂，有时用混合溶剂比单一溶剂可以得到更为理想的效果。常用的溶剂有：甲醇、乙醇、异丙酸、丙酮、二氯甲烷、四氯甲烷、正己烷、异辛烷、苯、甲苯、2,2,4-三甲基戊烷、四甲基铵等有机溶剂和硝酸、盐酸、氢氟酸、磷酸等无机溶剂以及己烷-丙酮体系、二氯甲烷-甲醇体系、水-甲苯体积等混合溶剂。

④ 温度　萃取温度下高于溶剂沸点。在微波萃取过程中，由于存在微波作用下的分子运动，因而温度不需要与传统方法一样高。此外，微波萃取的时间很短，因而可降低被萃取成分因受热而发生破坏的危险，并可降低能耗。

⑤ 萃取时间　一般微波萃取照射时间在10～100s之间。对于不同的物质，最佳萃取时间不同。累计照射时间对提高萃取效率只是在刚开始时有利，经过一段时间后萃取效率便不再增加，因

此每次照射时间不宜过长，以免溶剂沸腾损失试样。应增加照射次数以提高萃取效率，一般为 5～7 次。

⑥ 溶液的 pH　溶液的 pH 值也会对微波萃取的效率产生一定的影响，针对不同的萃取样品，溶液有一个最佳的用于萃取的酸碱度。

⑦ 试样中的水分或湿度　水是介电常数较大的物质，可以有效吸收微波能转化为热能，所以试样含水量的多少对萃取效率影响很大。对含水量较少的试样，一般采用再湿的方法使之有效吸收所需的微波能。含水量的多少对萃取时间也有很大影响。

（5）微波萃取的应用

微波萃取分离法应用很广。例如，提取土壤和沉积物中的多环芳烃、杀虫剂、除草剂、多种酚类化合物和其他中性、碱性有机污染物；提取沉积物中的有机锡化合物、磷酸三烷基酯；提取食品中的某些有机物成分，植物种子和鼠粪中的某些生物活性物质及肉食品中的药物残留；从植物和鱼组织中提取芳香油和其他油类，从薄荷、海鸥芹、雪松叶和大蒜中提取天然产物等。

表 7-53～表 7-57 给出了一些微波萃取分离法的应用实例。

**表 7-53　微波萃取分离法萃取环境样品中的杀虫剂和除草剂**

| 待测化合物 | 样品基体 | 萃取条件 | 回收率/% | 消解装置[①] | 消解容器 | 分离方法 | 测定方法 |
|---|---|---|---|---|---|---|---|
| 有机氯 | 标准土壤和沉积物 | 5g 土壤，30mL 正己烷-丙酮（1＋1），115℃，475W，10min | | MDS 2000 密闭微波系统，950W，CEM | Teflon PFA | GC | ECD |
| | 海底沉积物 | 2～10g 沉积物，6～30mL 甲苯，1mL 水，726W，6min | 100～103 | Moulinex 型家用微波炉，1100W | 密闭 PTFE 容器 | GC | ECD |
| 有机磷 | 加标土壤 | 5g 样品，30mL 正己烷-丙酮（1＋1），115℃，950W，10min | | MES 1000 密闭消解系统，950W，CEM | Teflon PFA | GC | NPD |
| 三嗪类化合物 | 加标土壤和未加标土壤 | 10g 土壤，50mL 水分两次萃取阿特拉津；0.35mol/L 盐酸萃取其代谢物，950W，95～98℃ | 50～115 | MDS 2100 密闭微波系统，CEM | PTFE | HPLC | PDA |
| | 新加标土壤和老化土壤 | 10g 土壤，40mL 二氯甲烷-甲醇（9＋1），115℃，950W，20min，689kPa | 72～105 | MES 1000 密闭微波萃取系统，950W，CEM | PTFE | GC | NPD |
| | 新加标土壤和老化一年的土壤 | 1～4g 土壤，25～30mL 水，0.5MPa，150℃，600W，4min | 加标回收率：87.6～91.5 | MK-1 密闭微波系统 | PTFE′ | GC | NPD |
| | 加标土壤 | 7g 土壤于纤维素柱体（cellulose cartridge）中，1.5mL 水，30mL 二氯甲烷，100W 微波照射，每次 15s，共 10 次 | 88.5～136 | Microdigest 301 型敞口聚焦微波系统，200W，Prolabo | 纤维素柱体 | GC | ECD |
| 磺酰脲类化合物 | 新加标土壤和老化土壤 | 10g 土壤，20mL 二氯甲烷-甲醇（9＋1），60℃，475W，10min，689kPa | 新加标：78～102；老化：62～91 | MES 1000 密闭微波萃取系统，950W，CEM | PTFE | RPLC | UV，226nm |
| 咪唑啉酮类化合物 | 加标和老化土壤 | 20g 土壤，20mL 0.1mol/L 乙酸铵/氨水，pH＝10，125℃，3min | 85～104 | MES 1000 密闭消解系统，950W，CEM | PTFE | GC | MS |

① CEM 为全球最大的微波化学仪器生产商，美国公司；Prolabo 为法国公司。

**表 7-54 微波萃取分离法萃取环境样品中的酚类化合物**

| 样品基体 | 萃取条件 | 回收率/% | 消解装置 | 消解容器 | 分离方法 | 测定方法 |
|---|---|---|---|---|---|---|
| 标准土壤和沉积物 | 5g 样品，30mL 正己烷-丙酮(1+1)，115℃，475W，10min | 18～89 | MDS 2000 密闭微波系统，950W，CEM | Teflon PFA | GC | FID |
| 加标土壤、沙子和有机堆肥 | 5g 样品，30mL 正己烷-丙酮(1+1)，115℃，1000W，10min | | MES 1000 密闭消解系统，1000W，CEM | Teflon 容器 | GC | FID 或 MS |
| 老化 25 天土壤 | 1～5g 土壤，10mL 正己烷-丙酮(1+4)，950W，10min，130℃ | 104.4 | MES 1000 密闭消解系统，950W，CEM | Teflon 容器 | GC | FID |

**表 7-55 微波萃取分离法萃取环境样品中的多环芳烃类化合物**

| 样品基体 | 萃取条件 | 回收率/% | 消解装置 | 消解容器 | 分离方法 | 测定方法 |
|---|---|---|---|---|---|---|
| 污染土壤 | 2g 土壤，70mL 二氯甲烷，297W，20min | 64～125.6 | Soxwave-100 敞口聚焦微波系统，300W，Prolabo | 石英萃取瓶 | GC | FID |
| 污染土壤 | 2g 土壤，40mL 丙酮，120℃，300W，20min | | MES 1000 密闭微波系统，1000W，CEM | PTFE 容器 | GC | MS |
| 海底沉积物 | 0.3～10g 沉积物，30%水分，30mL 二氯甲烷，30W，10min | 89 | Soxwave-100 敞口聚焦微波系统，300W，Prolabo | 石英器皿 | GC | MS |
| 污染土壤 | 5g 土壤，40mL 二氯甲烷-丙酮(1+1)，30W，10min | 70.8～128.1 | Soxwave-100 敞口聚焦微波系统，Prolabo | 石英器皿 | GC | |
| 标准土壤和沉积物 | 5g 土壤，30mL 正己烷-丙酮(1+1)，115℃，475W，10min | 49～150 | MDS 2000 密闭微波系统，950W，CEM | Teflon PFA | GC | MS |
| 海底沉积物 | 2～10g 沉积物，6～30mL 甲苯，1mL 水，726W，6min | 99～107 | Moulinex 型家用微波炉，1100W | 密闭 PTFE 容器 | GC | FID |

**表 7-56 微波萃取分离法萃取环境样品中的多氯联苯类化合物**

| 样品基体 | 萃取条件 | 回收率/% | 消解装置 | 消解容器 | 分离方法 | 测定方法 |
|---|---|---|---|---|---|---|
| 加标自来水和海水 | 10mL 丙酮，100℃，475W，7min | 71.2～93.2 | MES 1000 密闭消解系统，CEM，能同时处理 12 个样品 | PTFE 容器 | GC | ECD |
| 海洋哺乳动物的脂肪组织和加标猪油组织 | 0.5g 组织中加入 10mL 正己烷，一盘 Weflon®，1000W，30s，5min 冷却，循环 7 次加热 | 95.5～101.1 | MLS 1200 密闭消解系统 | 石英管 | GC | ECD |
| 土壤和沉积物 | 5g 样品，30mL 正己烷-丙酮(1+1)，115℃，1000W，10min | 62～100，72～92 | MES 1000 密闭消解系统，1000W，CEM | Teflon PFA | GC | ECD |
| 海底沉积物 | 2～10g 沉积物，6～30mL 甲苯，1mL 水，726W，6min | 98～100 | Moulinex 型家用微波炉，1100W | 密闭 PTFE 容器 | GC | MS |
| 污水淤泥 | 1g 样品，30mL 正己烷-丙酮(1+1)，30W，10min | 88～105 | Soxwave-100 敞口聚焦微波系统，300W，Prolabo | 石英器皿 | GC | MS |

**表 7-57　微波萃取分离法在有机金属化合物形态分析样品前处理中的应用**

| 测定形态 | 样品基体 | 萃 取 条 件 | 消解装置 | 消解容器 | 分离方法 | 测定方法 |
|---|---|---|---|---|---|---|
| 一丁基锡、二丁基锡、三丁基锡、一苯基锡、二苯基锡和三苯基锡 | 沉积物 | 10mL 0.5mol/L 乙酸(溶于甲醇)，70W，3min | A 301 型聚焦微波系统，Prolabo | 圆底敞口硅硼玻璃消解容器，50mL | GC | FPD |
| 丁基锡 | 沉积物，生物样品 | 50% 乙酸，60W，3min；25% TMAH，60W，3min | Microdigest A 301 型聚焦微波系统，200 W，Prolabo | 敞口硅硼玻璃消解容器，50mL，带冷凝器 | GC | MIP-AES |
| 一丁基锡、二丁基锡、三丁基锡和三苯基锡 | 生物样品 | 5mL 浓乙酸，1mL 壬烷，3mL 2%(质量体积分数)四乙基硼化钠，用水稀释至 8mL，40W，2min | Microdigest A 301 型聚焦微波系统，200W，Prolabo | Pyrex 萃取管，25mL | GC | FPD |
| 砷甜菜碱(AsB)、一甲基胂酸(MMAA)、二甲基胂酸(DMAA)和无机砷 | 生物样品 | 5%过硫酸钾(溶于 3.4% 氢氧化钠)，50W，23s | Microdigest 301 型聚焦微波系统，200W，Prolabo | PTFE 管，9m×0.5mm | HPLC | HG-AAS |
| DMAA，MMAA；As(Ⅲ)，As(Ⅴ)，DMAA，MMAA；As(Ⅲ)，As(Ⅴ)，DMAA，MMAA | 沉积物 | 15mL $HNO_3$+HCl (1+2)，20W，12min；0.3mol/L (pH = 1.3)或 0.9mol/L 正磷酸，20W，10min；0.3mol/L 草酸铵(pH=3) | MDS-81D 微波萃取装置，CEM | PTFE 罐 | HPLC | ICP-MS |
| 砷甜菜碱(AsB) | 罐装加工海产品 | 1%(质量体积分数)过硫酸钾[溶于 2.5%(质量体积分数)氢氧化钠]，1100W，12s | Moulinex Super Crousty 家用微波炉，1100W | PTFE 管，1.6m×0.5mm | HPLC | HG-AAS |
| 砷酸盐、亚砷酸盐、一甲基胂酸(MMAA)和二甲基胂酸(DMAA) | 土壤和沉积物 | 50mL 1mol/L 磷酸，40W，20min | M301 型敞口聚焦微波系统，Prolabo | 敞口消解烧瓶 | HPLC | ICP-MS |
| 砷甜菜碱(AsB) | 贻贝 | 甲醇/水(55/45)，40W，4min，总萃取效率达 85% | A 301 型聚焦微波系统，200W，Prolabo | 敞口玻璃容器，带回流装置 | HPLC | ICP-MS |
| 一甲基胂酸、二甲基胂酸、砷酸、三甲基氧化胂和砷甜菜碱 | 食用蘑菇 | 甲醇/水(10/90)，75W，8min，70℃，循环四次加热，萃取效率达 68%～85% | Maxidigest MX 350 聚焦微波萃取系统，300W，Prolabo | 10mL 具塞离心管 | HPLC | ICP-MS |
| 砷甜菜碱(AsB)、一甲基胂酸(MMAA)、二甲基胂酸(DMAA)、砷酸盐、亚砷酸盐和砷胆碱(AsC) | 鱼 | 甲醇/水(80/20)，65℃，4min，萃取效率达 100% | MES 1000 微波萃取系统，CEM | Teflon PFA | HPLC | ICP-MS |

续表

| 测定形态 | 样品基体 | 萃取条件 | 消解装置 | 消解容器 | 分离方法 | 测定方法 |
|---|---|---|---|---|---|---|
| 一甲基胂酸(MMAA) | 土壤和沉积物 | 10mL 10%(体积分数)盐酸+丙酮(1+1)，1000W（160℃，1103kPa)，15min | Questron Q-max 4000型微波萃取装置，Mercerville，NJ，1000W | 密闭PTFE罐 | HPLC | HG-ICP/MS |
| MMC(甲基汞) | 水系沉积物 | 4mL 6mol/L盐酸和5mL苯，100%功率(120℃)萃取10min | MES-1000密闭微波萃取装置，CEM | 密闭Teflon萃取容器，同时处理12个样品 | GC | ECD |
| MMC和MC(二氯甲烷) | 鱼 | 25% TMAH，20W，20min | Microdigest 301型敞口聚焦微波系统，Prolabo | 自设计的玻璃器皿 | GC | MIP/AES |
| MMC(甲基汞) | 沉积物 | 10mL 2mol/L盐酸，40～60W，3～4min | Microdigest A 301型敞口聚焦微波系统，200W，Prolabo | 圆底敞口硅硼玻璃消解容器，50mL，带冷凝器 | GC | CVAAS |
| MMC(甲基汞) | 鱼组织 | 0.4mL 6mol/L盐酸和10mL苯，100℃，萃取10min | MES 1000微波萃取系统，CEM | 密闭Teflon PFA消解容器 | GC | ECD |
| MMC(甲基汞) | 鱼 | 25mL 0.05%(质量体积分数)L-半胱氨酸和0.05%(质量体积分数)2-巯基乙醇，60℃，2min | Star System 2微波消解系统，CEM | Teflon消解容器，250mL | HPLC | ICP-MS |
| MMC(甲基汞) | 生物样品 | 25%氢氧化钾/甲醇溶液，80～90W，1min | MDS-81D微波萃取装置，600W，CEM | 具塞玻璃试管，22mL | HPLC | CVAFS |
| Se(Ⅳ)，Se(Ⅵ) | 生物样品 | 硝酸和双氧水分三步消解，40～60W，20～40min | Microdigest 301型敞口微波系统，200W，Prolabo | 敞口硅硼玻璃消解容器 | 微波消解后在线还原 | FI-CSV |
| 无机硒、硒代蛋氨酸、硒代氨基酸和硒代乙硫氨酸 | 人尿 | HBr-$HBrO_3$，15%功率消解约1min | Microdigest M301型聚焦微波系统，Prolabo | PTFE管，4m×0.8mm | HPLC | FAAS<br>ICP-MS<br>ICP-AES |
| Se(Ⅳ)，Se(Ⅵ) | 水溶液 | 6mol/L盐酸，120W，2min | A 301型聚焦微波系统，Prolabo | 敞口硅硼玻璃消解容器，50mL，带回流冷凝器 | 不同的还原条件 | HG/FI-ICP/MS |

# 第三节　柱色谱法

色层分析（离）法也叫层析法，是色谱法的一大分支，大致有如图7-30所示的几类。

柱色谱法是把固定相的吸附剂，如离子交换树脂、氧化铝、硅胶等装入柱内，然后在柱顶滴入要分离的样品溶液（设含A、B两个组分），使它们首先吸附在柱的上端，形成一个环带。当样品完全加入后，再选适当的洗脱剂（流动相）进行洗脱。随着洗脱剂逐步向下流动，A、B两组分分离，形成两个分开的环带分别流出，收集后进行分析鉴定。色谱柱如图7-31所示。

- 色谱法
  - 柱色谱法
    - 吸附色谱法
    - 分配色谱法
    - 离子交换色谱法
    - 凝胶色谱法
  - 纸色谱法
  - 薄层色谱法
  - 电泳色谱法

图7-30　色谱法的类别

## 一、吸附色谱法

1. 原理

在吸附色谱法中，溶质在固定相（吸附剂）和流动相中进行差速迁移，它既能进入固定相又能进入流动相，这一过程又称分配过程，其进行的程度可用分配系数$K$判断：

$$K=\frac{\text{溶质在固定相中的浓度}}{\text{溶质在流动相中的浓度}}$$

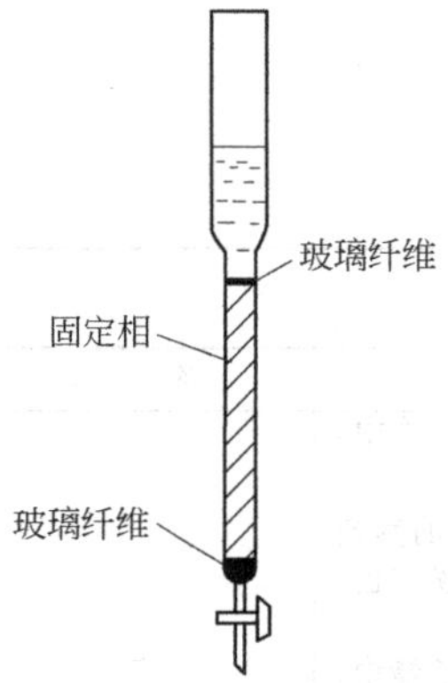

图7-31　色谱柱

$K$在低浓度及一定温度下是常数。当吸附剂一定时，$K$值的大小仅取决于溶质的性质。$K$值大表示该物质在柱内被吸附的程度大、牢固，移动速度就慢，因而该组分在固定相中停留时间就长，不易被洗脱下来；$K$值小的组分在固定相内吸附不牢，移动速度快，容易被洗脱下来；$K=0$则表示该组分不进入固定相。因此，混合物中各组分之间的分配系数$K$值相差越大分离效果越好。根据被分离物质的结构性质选择适当的固定相和流动相，使分配系数适当即可实现定量分离。所以，吸附剂及洗脱剂的选择是吸附色谱法的关键。

2. 吸附剂

(1) 对吸附剂的要求

① 有大的表面积和足够的吸附能力。

② 对不同组分有不同的吸附量。

③ 在所选用的溶剂及洗脱剂中不溶解。

④ 在试样中的各组分、溶剂及洗脱剂不起化学作用。

⑤ 颗粒均匀、并有一定强度，在整个过程中不会碎裂。

(2) 选择吸附剂应考虑的问题是吸附剂的吸附能力。而吸附剂的吸附能力应从被分离物质的分子结构的性质、官能团及吸附剂的类型来考虑。一般来讲，极性（亲水性）吸附剂可选择性地吸附不饱和的、芳香族的和其他极性分子，如醇、胺和酸等；非极性吸附剂（如活性炭、硅藻土等）则对极性分子无吸附能力。

(3) 极性吸附剂的吸附能力的顺序为：蔗糖＜纤维素＜淀粉＜柠檬酸镁＜碳酸钠＜碳酸钾＜碳酸钙＜硫酸钙＜磷酸钙＜硫酸镁＜氧化钙＜硅酸＜硅酸镁＜活性炭＜氧化镁＜氧化铝＜漂白土。不过，这顺序也会随吸附化合物的性质差异及存在的平衡水量的不同而改变。

(4) 常用吸附剂　常用吸附剂见表7-58。

常用吸附剂的制备和处理见表7-59。

硅胶或其他极性吸附剂可加入适当的附加剂而改善其性质。例如浸渍过硝酸银溶液的硅胶，对于烯烃与饱和烃的分离效果大为提高。一般来说，将1%～10%附加剂的水溶液或丙酮溶液与吸附剂调成浆状，然后将浆状物在玻片上铺开，在110℃烘干即可使用。吸附剂的附加剂如表7-60所示。

(5) 氧化铝和硅胶活性的测定　层析用氧化铝和硅胶的活性分为五级，活性级数越大，吸附性能越小。活性大小与含水量有很大关系，见表 7-61。

表 7-58 常用吸附剂

| 吸附剂名称 | 吸附能力 | 分离对象 | 注意事项 |
| --- | --- | --- | --- |
| 碱性氧化铝(pH=9～10) | 根据含水量来确定 | 碱性(如生物碱，胺)和中性化合物 | ①使用中性洗脱剂无法分离酸性化合物<br>②碱性氧化铝有时能对被吸附物质产生不良反应。例如引起醛酮的缩合、酯和内酯的水解、醇羟基的脱水、乙酰糖的脱乙酰化作用 |
| 中性氧化铝(pH=7.5) | 根据含水量来确定 | 生物碱、挥发油、萜类、甾类、蒽醌以及在酸碱中不稳定的苷类、酯类、内酯类等化合物 | 凡是能在酸性或碱性氧化铝上被分离的物质，都能被中性氧化铝分离 |
| 酸性氧化铝(pH=5～4) | 根据含水量来确定 | 酸性化合物以及对酸稳定的中性化合物 | |
| 硅胶 | 根据含水量来确定 | 酸性化合物以及中性化合物 | 当硅胶含水量很高时，可作为分配层析的载体 |
| 二氧化镁 | 中 | 烃、醇、酮、醚及硝基化合物 | |
| 碳酸钙 | 中 | 叶绿素 | |
| 硫酸钙 | 中 | 花色苷，维生素 $K_1$、脂肪酸、油脂 | |
| 硅藻土 | 中 | 叶绿素、糖 | |
| 滑石粉 | 弱 | 有机酸、酚、2,4-二硝基苯腙 | |

表 7-59 常用吸附剂的制备和处理

| 吸附剂 | 适用范围示例 | 制备和处理法 | 备注 |
| --- | --- | --- | --- |
| 中性氧化铝 | 中性氧化铝用以分离生物碱类、挥发油、萜类、油脂、树脂、皂苷、强心苷、甾体、有机酸类及三萜化合物等的分离 | 取工业纯氢氧化铝[$Al(OH)_3$]，在 300～400℃(马弗炉中)加热 3h，可得氧化铝<br>取用上法制成的氧化铝 1g 于试管内，加入 2 倍量的蒸馏水，1 滴酚酞指示剂，振摇，如水溶液或氧化铝表面呈粉红色，表明氧化铝内含有碱性杂质，可用下法除去<br>将 500g 氧化铝加入 1000mL 预先以水饱和的乙酸乙酯中，充分振摇，放置两天后，过滤(滤出的乙酸乙酯可重蒸回收)，使氧化铝吸着的乙酸乙酯挥发除去。然后加 1000mL 甲醇浸泡或加热处理，过滤，再用蒸馏水将氧化铝洗涤至中性，在室温干燥后，于 105℃烘烤 4h，过筛，收集 80～200 目的颗粒，在 200℃活化 4h，可得Ⅰ～Ⅱ级中性氧化铝(小于 200 目的氧化铝可供薄层层析用) | |
| 酸性氧化铝 | 有机酸类、某些二羧酸氨基酸、酸性多肽类以及酯类等的分离 | 将工业氧化铝或活性氧化铝 500g，用 1000mL 1%盐酸浸泡 24h，多次振摇，过滤。将氧化铝用蒸馏水洗至 pH=4～5，先在室温放置干燥，再在 105℃烘烤 4h，过筛，最后在 180℃活化 3h | |
| 硅胶 | 有机酸类、挥发油、萜类、皂苷、甾体、三萜化合物、黄酮类、氨基酸等的分离 | 方法 1：<br>取市售的水玻璃(偏硅酸钠)，用三倍量的水稀释，然后在剧烈搅拌下，缓缓加入 10mol/L 盐酸，溶液开始时缓慢地形成悬浮液，然后迅速地转变成粥状，继续搅拌至所有的碎片消失，当混合物呈酸性后，停止加酸。静置 3h 后，用细孔磁漏斗过滤。用水洗涤，勿使沉淀干裂。然后将凝胶悬浮于 0.2mol/L 盐酸中，在室温陈化两天后，过滤，用蒸馏水洗至中性。压碎凝胶，过 80 目筛，在 105℃干燥，得不纯的硅胶。将此硅胶 100g，用 500mL 20%乙酸溶液浸泡两天后，用细孔磁漏斗过滤。先用 500mL 20%乙酸溶液洗，然后用热水洗至 pH 为 6，在 105℃干燥 6h，得层析用硅胶<br>方法 2：<br>将用于干燥剂的无色大颗粒硅胶粉碎，过筛，取 80～160 目的颗粒硅胶 50g 悬浮于 300mL 浓盐酸中，放置过夜，倾去上层黄色清液，加新的浓盐酸，搅动后再放置，再倾去上层清液、如此反复处理直至上层清液无色为止。然后用砂心漏斗吸滤，将沉淀物悬浮于水中，用倾注法以水洗至无氯离子后，过滤，再用 200mL 95%乙醇洗涤。在室温让乙醇挥发后，在 100℃干燥 24h，得层析用硅胶 | 也可用作分配柱层析的支持剂。对分离一些酸性或中性成分较好 |

续表

| 吸附剂 | 适用范围示例 | 制备和处理法 | 备注 |
| --- | --- | --- | --- |
| 活性炭 | 糖类、氨基酸、脂肪酸等的分离 | 将炭磨碎过筛，加5～10倍量的20%乙酸溶液煮沸数分钟以除去含氮杂质，趁热离心，用热水洗涤多次后备用 | 用活性炭柱层析时，往往不易将吸附成分完全洗下。如用于分离比较容易氧化的化合物（如维生素丙等），也需经特殊处理 |
| 聚酰胺 | 分离含酚基和羧酸基的成分，如黄酮及其苷类、蒽醌类、有机酸类、酚类、鞣质等 | 取卡普隆（聚己内酰胺）或尼龙（己二酸己二胺缩聚物）100g，加到600mL加热至50℃的冰乙酸中，继续加热至90℃，不断搅拌，直至溶解为止，然后逐渐降温，并不断搅拌以防止聚酰胺结块。搅拌至成细粉后，用布氏漏斗减压过滤，并用蒸馏水充分洗涤至无乙酸为止。在室温放置干燥后，通过40目筛。于60℃烘箱干燥2h后，根据需要再过60～200目筛。（柱层析时常用60～100目粉末）。将此粉末放入色层管内，用1∶1的氯仿∶甲醇混合液洗涤至洗液无色，让溶剂挥发后，于105℃干燥 | |
| 纤维素 | 羟基类、胡萝卜素、叶绿素，酚类、氨基酸及季胺等的分离 | 取脱脂棉或滤纸，加适量5%盐酸，在电炉上加热煮沸3h，冷却后过滤，用蒸馏水洗至无氯离子后，再用95%乙醇洗三次，乙醚洗一次，让溶剂挥发后，根据需要过80～200目筛，于105℃干燥2h | |

**表 7-60 吸附剂的附加剂**

| 附加剂 | 对下列物质有选择性 | 附加剂 | 对下列物质有选择性 |
| --- | --- | --- | --- |
| 0.1～0.5mol/L的酸或碱 | 对pH灵敏的化合物 | 亚硫酸氢钠 | 醛类 |
| 硝酸银 | 烯属或炔属物料 | 氯化铁 | 8-羟基喹啉 |
| 硼酸、硼砂、亚砷酸钠、碱性乙酸钠、偏钒酸钠、钼酸钠 | 多羟基化合物 | 硫酸铜 | 胺类 |
| | | 亚铁氰化锌 | 磺胺 |
| 咖啡碱、2,4,7-三硝基芴、苦味酸、三硝基苯 | 多核芳香烃 | | |

**表 7-61 氧化铝、硅胶的含水量与活性之间的关系**

| 氧化铝含水量/% | 活性级数 | 硅胶含水量/% | 氧化铝含水量/% | 活性级数 | 硅胶含水量/% |
| --- | --- | --- | --- | --- | --- |
| 0 | Ⅰ | 0 | 10 | Ⅳ | 25 |
| 3 | Ⅱ | 5 | 15 | Ⅴ | 38 |
| 6 | Ⅲ | 15 | | | |

由此可知，在一定温度下，加热烘烤除去氧化铝和硅胶中所含的水分，即可增加吸附能力，降低活性级数。反之，在氧化铝和硅胶中加入一定量的水分，可使其吸附能力减弱并使活性级数升高。

活性级数一般可采用勃劳克曼测定法，其测定方法如下。在下列六种染料中分别取相邻两种各20mg，溶于10mL纯的无水苯中，再用无水石油醚稀释至50mL，配成五种溶液。六种染料为：偶氮苯（甲）、对甲基偶氮苯（乙）、苏丹黄（丙）、苏丹红（丁）、对氮基偶氮苯（戊），对羟基偶氮苯（己）。五种溶液为：甲＋乙；乙＋丙；丙＋丁；丁＋戊；戊＋己。

在内径1.5cm的色谱柱底部放入一小团脱脂棉，将要测定活性的氧化铝填至5cm高，氧化铝上面用圆形滤纸覆盖。倒入染料溶液10mL，待液面流至滤纸时，加入20mL苯和石油醚的混合溶液（体积比为1∶4）洗脱。洗脱完毕，根据各染料的位置，由表7-62查出相应的活性等级。

不含黏合剂的硅胶的活性的测定方法与氧化铝类似，洗脱剂用四氯化碳。

3. 洗脱剂

(1) 对洗脱剂的要求

① 对样品组分的溶解度大。

表 7-62　氧化铝活性等级

| 活性等级 | | Ⅰ | Ⅱ | | Ⅲ | | Ⅳ | | Ⅴ | | 活性等级 | Ⅰ | Ⅱ | Ⅲ | Ⅳ | Ⅴ |
|---|---|---|---|---|---|---|---|---|---|---|---|---|---|---|---|---|
| 溶液代号 | | a | a | b | b | c | c | d | d | e | 洗脱出的溶液 | | 甲 | 乙 | 丙 | 丁 |
| 层析柱中染料位置 | 上层 | 乙 | | 丙 | | 丁 | | 戊 | | 己 | 氧化铝含水量/% | 0 | 3 | 6 | 10 | 15 |
| | 下层 | 甲 | 乙 | 乙 | 丙 | 丙 | 丁 | 丁 | 戊 | 戊 | | | | | | |

② 黏度小、流动性好（使洗脱过程不致太慢）。

③ 对样品及吸附剂无化学作用。

④ 纯度应合格。

(2) 洗脱剂的选择　选择洗脱剂时，应考虑吸附剂吸附能力的强弱和被分离物质的极性。一般讲，用吸附能力小的吸附剂来分离极性强的物质时，选用极性强的洗脱剂容易洗脱下来；用吸附能力大的吸附剂分离极性弱的物质组分，应选用极性小的洗脱剂。不过，还要通过实验验证。

(3) 常用洗脱剂极性大小顺序　石油醚＜环己烷＜四氯化碳＜甲苯＜苯＜二氯甲烷＜氯仿＜乙醚＜乙酸乙酯＜乙醇＜甲醇＜水＜吡啶＜乙酸。

## 二、离子交换色谱法

利用离子交换树脂与溶液中的离子发生交换反应，再把交换在树脂上的离子用适当的淋洗剂（洗脱剂）依次洗脱，使之相互分开的分离方法称为离子交换色谱分离法，简称离子交换法。

离子交换法是应用最广和最重要的分离方法之一，它可用于所有无机离子的分离，同时也能用于许多结构复杂、性质相近的有机化合物的分析分离。常用于实验室中微量及超微量物质的分离、分析、纯化、浓缩等工作中。

1. 离子交换树脂分类

离子交换树脂可分成两大类：一类是无机离子交换树脂；另一类为有机离子交换树脂，这类主要是用人工合成的带有离子交换官能团的高分子有机聚合物，如图 7-32 所示。

- 离子交换树脂
  - 无机离子交换树脂
    - 天然产物（黏土、沸石等）
    - 水合氧化物（$ZrO_2 \cdot H_2O$ 等）
    - 多价金属酸性盐（磷酸盐、砷酸盐、硅酸盐、草酸盐等）
    - 杂多酸盐
    - 铝硅酸盐
    - 不溶性亚铁氰化物
  - 有机离子交换树脂
    - 苯乙烯-二乙烯苯共聚物
    - 甲基丙烯酸-二乙烯苯共聚物
    - 酚醛树脂

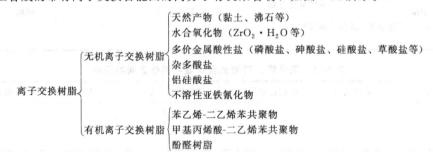

图 7-32　离子交换树脂的类别

理想的离子交换树脂应不溶于水、酸及碱中；化学性质稳定；即基本上不与有机溶剂、氧化剂及其他试剂作用；结构上也应稳定，这样当将它们装入色谱柱中不致影响待分离物质溶液与淋洗的流动相的性质；此外，交换基团应该是单一的，且交换容量要大。

2. 有机离子交换树脂的结构、交联度、分类与性能

(1) 有机离子交换树脂的结构　任何交换树脂从化学结构上都可以认为是两部分组成的：一部分是骨架（也称基体）；另一部分是连接在骨架上的官能团。离子交换官能团也称活性基团，它对离子交换性质有决定性的作用。官能团（功能团）大致有阳离子交换官能团、阴离子交换官能团、螯合型离子交换官能团及其他特种离子交换官能团。所以根据离子交换官能团可分成：阳离子交换树脂；阴离子交换树脂；螯合型交换树脂以及其他特种离子交换树脂等。

离子交换树脂的骨架可以是有机高分子聚合物，也可以是无机高分子聚合物，但以有机高分子聚合物为骨架的应用最为广泛。

有机离子交换树脂最常用的骨架有苯乙烯-二乙烯苯的单体聚合而成的共聚物；甲基丙烯酸与二乙烯苯的共聚物；苯酚和甲醛经缩合反应得到的酚醛树脂（这是最早的人工合成树脂）。

苯乙烯和二乙烯苯交联所得的树脂就是聚苯乙烯树脂，它是不溶于水的高渗透物质，具有三维网状结构，如图7-33所示，其骨架中的二乙烯苯称为交联剂。

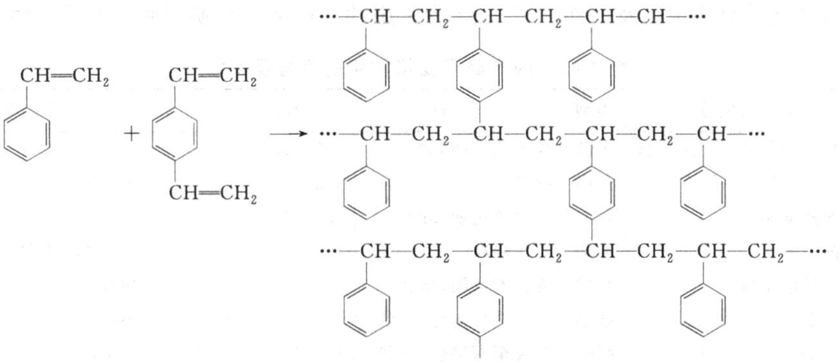

图7-33 聚苯乙烯树脂的结构

(2) 交联度 离子交换树脂中含二乙烯苯的重量百分率称为交联度。交联度的大小直接影响树脂的孔隙度和基体网状结构的紧密程度。交联度大的树脂结构紧密、网眼小，大离子难进入这类树脂内，交换反应的速度慢，但选择性高；交联度小的树脂加水后膨胀性大，网状结构的网眼大，交换反应快。实际工作中交联度的选择决定于分离对象及要求。一般讲，只要不影响分离效果总是尽可能把交联度选大些，这样可以提高离子交换树脂的选择性。

交联度在1%～4%的交换树脂一般有以下几个特征：①高度渗透性；②含有大量水分；③交换容量低；④平衡速率高；⑤物理稳定性低；⑥选择性较低，但可透过较大的离子。交联度在12%～16%时，特征与上述相反，平均交联度在8%左右。例如，在离子交换柱上分离氨基酸时，一般采用交联度为4%的离子交换树脂，像Dowex-50-$X_4$ 等，以连续变化的pH和离子强度的洗涤剂分离出50个合成的混合氨基酸化合物。对于氨基酸和二肽，采用交联度为8%的离子交换树脂最合适，而较高的肽类需要用2%～4%交联度的为好。选择时，只要不影响分离条件总是选用尽可能高交联度的树脂。在交联度为16%的离子交换树脂上分离氨基酸时，只能得到分离度很差的区带，因为这种树脂的孔度太小，氨基酸分子不能快速进入树脂颗粒内。

(3) 阳离子交换树脂 典型的阳离子交换树脂由苯乙烯和二乙烯苯经磺化得到的聚合物，它们大都含有活性基团—$SO_3H$、—OH、—COOH等。这类阳离子交换树脂中的 $H^+$ 可被阳离子交换。它们的化学性质稳定，在100℃时也不受强酸、强碱及氧化剂、还原剂的影响。

由于其中的磺酸基团是高度极性的，所以，可使聚合物有高度的亲水性，当树脂颗粒与水接触时，磺酸基等可电离如下。

$$R—SO_3H + H_2O \longrightarrow R—SO_3^- + H_3O^+$$

$$R—NH_2 + H_2O \longrightarrow R—NH_3 \cdot OH^-$$

或

$$R—SO_3H + Na^+ \longrightarrow R—SO_3Na + H^+$$

$$R—NH_3OH + Cl^- \longrightarrow R—NH_3Cl + OH^-$$

与普通电解质不同，它们的阴离子连接在固定的聚合物基体上，不能平移，且被与之等价的反离子如 $H_3O^+$ 所平衡，而这些反离子能和外面液相中的其他离子进行化学计量的交换。

(4) 阴离子交换树脂 当碱性基团引入到聚合物中时就可形成阴离子交换树脂，一种常用的阴离子交换树脂是含季铵基［—$N(CH_3)_3X$］的强碱型阴离子交换树脂

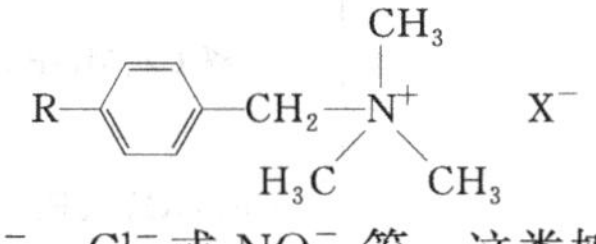

其中，X为阴离子，可以是 $OH^-$、$Cl^-$ 或 $NO_3^-$ 等。这类树脂的活性基团是碱性的，其中的X可以和其他阴离子交换。

(5) 离子交换树脂的分类 离子交换树脂可以根据树脂中活性基团的性质分类。阳离子交换树脂的活性基团是酸性的，依酸性的强弱，可以分为强酸型（含—$SO_3H$基团），弱酸型树脂（含

—COOH基或—OH基），阴离子交换树脂的活性基团是碱性的，其中含季铵基团$—NR_3^+$的称为强碱型的，而含氨基$(—NH_2)$的则为弱碱型的阴离子交换树脂。

（6）常用的离子交换树脂及性能　表7-63为常用的国产离子交换树脂的牌号及性能。

**表7-63　国产离子交换树脂的牌号及性能**

| 树脂编号 | 名称及型号 | 类型 | 外　观 | 粒度/nm | 功　能　团 |
|---|---|---|---|---|---|
| 1 | 强酸1号阳离子交换树脂 | 强酸 | 淡黄色透明，球状 | 0.3～1.2 | $—SO_3H$ |
| 2 | 华东强酸阳42号 | 强酸 | 棕色 | 0.3～1.2 | $—SO_3H$、—OH |
| 3 | 上葡强酸阳 | 强酸 | 金黄色透明，球状 | 0.3～1.0 | $—SO_3H$ |
| 4 | 信谊强酸 | 强酸 | 黑色颗粒 | | $—SO_3H$、—OH |
| 5 | 多孔强酸1号 | 强酸 | 乳白不透明，球状 | | $—SO_3H$ |
| 6 | 732号强酸1×7 | 强酸 | 淡黄至深褐色，球状 | 16～50目>95% | $—SO_3H$ |
| 7 | 717号强碱2.1×7 | 强碱 | 淡黄至深褐色，球状 | 16～50目>95% | $—N(CH_3)_3^+$ |

| 树脂编号 | 交换量/mmol | 膨胀率/% | 水分/% | 允许温度/℃ | 树脂母体及其原料 |
|---|---|---|---|---|---|
| 1 | 4.5 | | 45～55 | | 苯乙烯，二乙烯苯及硫酸 |
| 2 | 2.0～2.2 | | 39～32 | 40$(—H^+)$ | 酚醛型树脂 |
| 3 | 4.5～5.0 | | 40～45 | | 交联聚苯乙烯型 |
| 4 | 1.8～2.0 | | 25 | 100$(—H^+)$ | 酚醛型树脂 |
| 5 | 4～4.5 | | | | 交联聚苯乙烯型 |
| 6 | ≥4.5 | 水溶液中22.5% | 46～52 | | 交联聚苯乙烯型 |
| 7 | ≥3 | 水溶液中22.5% | 41～50 | | 交联聚苯乙烯型 |

（7）螯合型离子交换树脂及冠醚树脂　螯合型离子交换树脂是将有机试剂引入到树脂的骨架中，使树脂具有高选择性的交换能力。它们的化学结构及作用原理往往与其相应的螯合萃取剂或沉淀剂相似，对无机离子的分离和浓集十分有用。

螯合型树脂按其含有功能团的类别，大致可分成亚氨二乙酸、偶氮、偶氮胂、8-羟基喹啉、水杨酸、葡萄糖等型树脂，见表7-64。这类树脂的选择性较好。

**表7-64　某些螯合树脂的结构及应用**

| 树　脂　功　能　团　及　代　号 | 应　用　举　例 |
|---|---|
| Chelex 100；DowexA-1 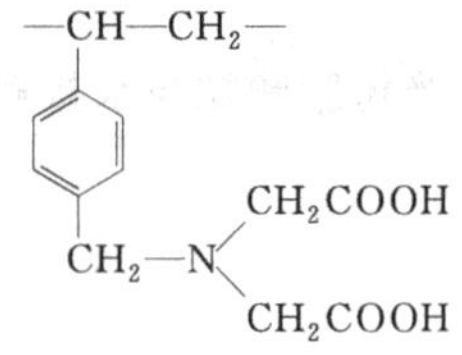 | 从海水中预浓集铀，然后用中子活化法分析测定；从海水中浓集Cd、Zn、Pb、Cu、Fe、Mn、Co、Cr、Ni，然后用石墨炉原子吸收光谱法测定 |
| PDTA-4树脂 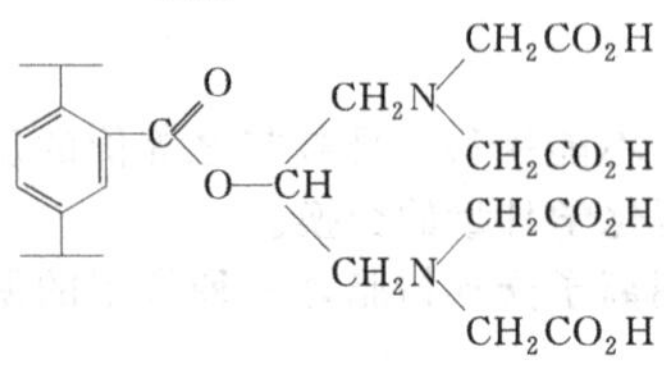 | 分离U-Th-Zr、Mn、Ni、Cd、Zn、Co、Pb-Cu；测定矿样中U、Th；海水中浓集Zn、Mn、U、Fe、Cr等 |
| 含酮胺羧酸基团树脂 $—COCH_2N[(CH_2)_mCOOH]_2$ | 分离Ca、Mg-Pb、La-Th等 |
| δ-羟基喹啉树脂 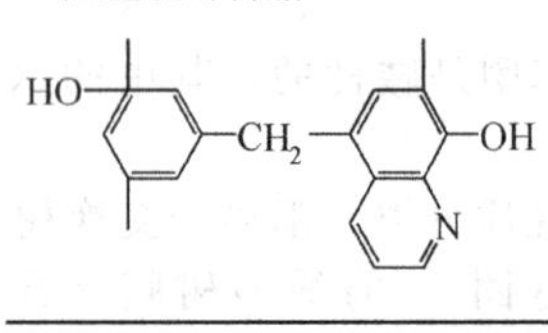 | Cu、$UO_2^{2+}$、Fe、Al、Ni等分离；从裂变产物和镎中分离铀；分离$^{106}Ru$-$^{95}Zr$-U-$^{144}Ce$ |

续表

| 树脂功能团及代号 | 应用举例 |
| --- | --- |
| 聚苯乙烯-azo-PAR 树脂<br>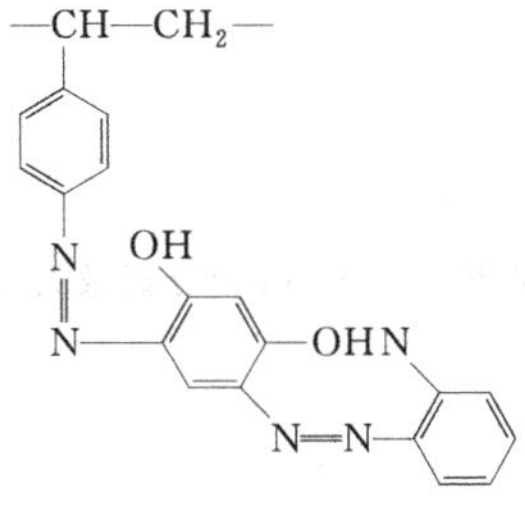 | 对 Cu、Fe、V、U 有选择吸附性能 |
| 含偶氮胂-Ⅰ树脂<br>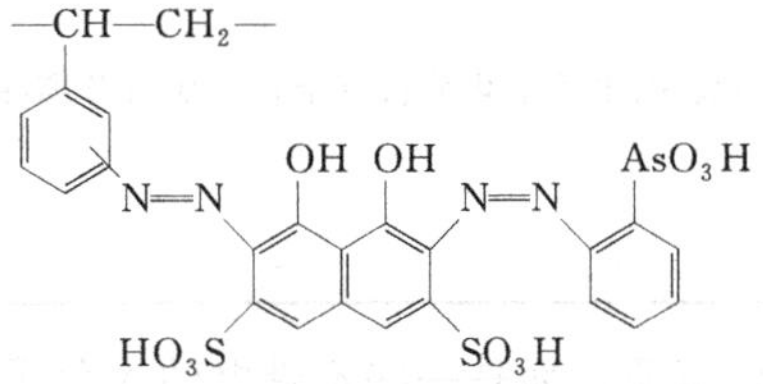 | 从 Pu、Np 中分离浓集 Am、Cm；从海水及矿泉水中浓集测定微量铀 |
| 含水杨酸基团树脂 | 对 Cu、Al、$UO_2^{2+}$ 有选择性测定 Fe、Cu 等 |
| 硼树脂<br>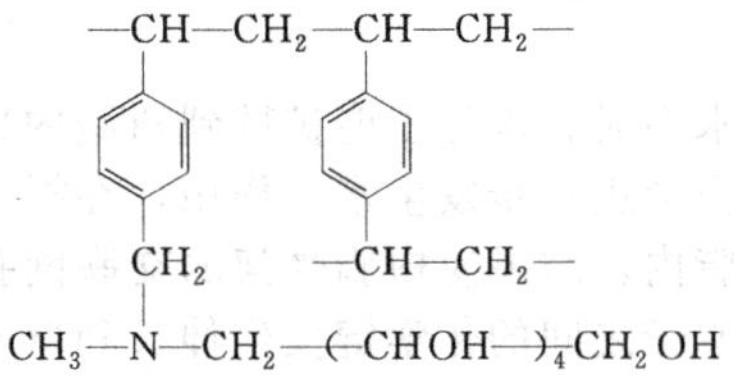 | 硼分析，反应堆回路水纯化 |
| 含双硫腙基团树脂<br>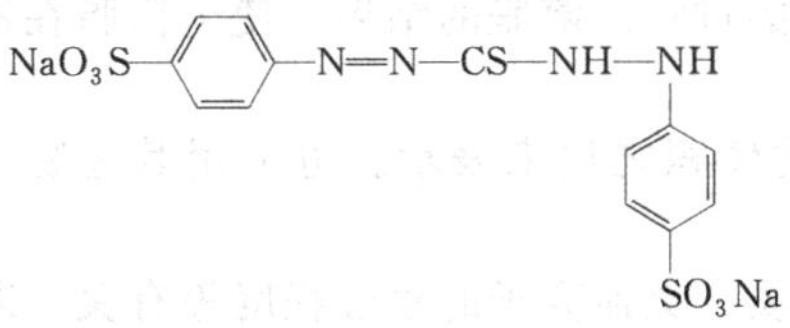 | 对 Hg(Ⅱ)有选择性 |
| 含二硫代氨基甲酸基团树脂<br>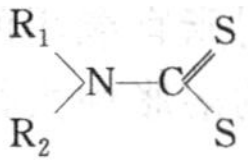 | 可定量提取 $Ag^+$、$Hg^{2+}$、$Cu^{2+}$、$Sb^{2+}$、$Pb^{2+}$、$Cd^{2+}$、$Ni^{2+}$、$Zn^{2+}$、$Co^{2+}$ 等 |
| 含 2-羟基乙硫醇基团树脂<br>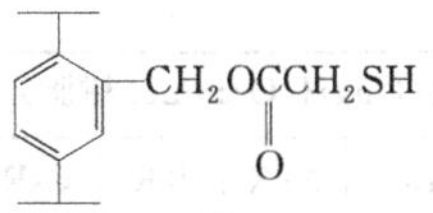 | 分离 $Zn^{2+}$、$Cd^{2+}$、$Pb^{2+}$；$Pb^{2+}$、$Bi^{3+}$、$Hg^{2+}$；$Sb^{3+}$、$Sn^{2+}$、$As^{3+}$；可吸附 Ag(Ⅰ)、Bi(Ⅲ)、Sn(Ⅳ)、Sb(Ⅲ)、Hg(Ⅱ)、Au(Ⅲ)等 |
| 含硫脲基团树脂<br>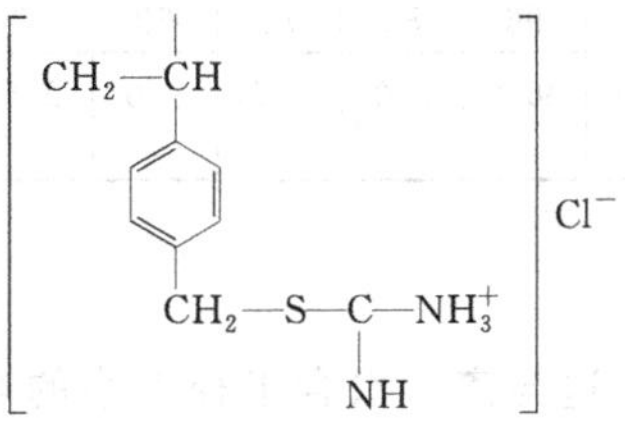 | 对贵金属有选择性，用于中子活化法分析陨石中的 Pd、Au、Pt、Os、Ru、Ir、Ag |
| 含酰胺基团树脂 | 对 U、Th、Zr 以及某些贵金属分离测定 |

续表

| 树脂功能团及代号 | 应用举例 |
|---|---|
| 含羟肟基团树脂<br>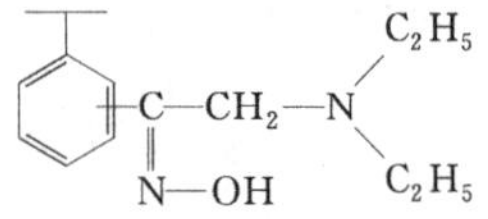 | 对 Cu(Ⅱ)选择性吸附；回收 Cu |
| XMC—8—4X<br>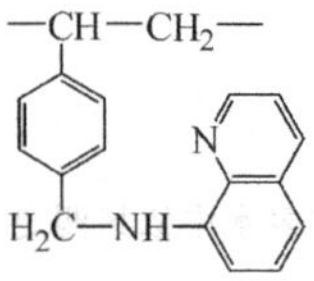 | 对 Pd、Pt 有选择性吸附；从毫克量 Pd、Pt、Au 中分离微克量 Rh 和 Ir |
| 3926I<br>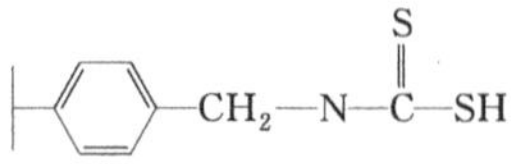 | 对贵金属有选择性吸附；中子活化分析测定贵金属时分离除去大量贱金属 |

冠醚化合物（环状聚醚类），这些交换剂不是微溶性的多聚电解质，而是一些不带电的大分子，用这些大分子来交换被束缚在阴离子上（即盐类）的阳离子而生成一些聚醚络合物。聚醚络合物的稳定性取决于阳离子、对应的阴离子、溶剂（流动相）和聚醚环的大小。

3. 离子交换树脂的基本性能

(1) 溶胀性　干燥的含氢型磺酸基团的阳离子交换树脂浸入水中时，水分子能扩散到树脂内部的网状结构中，树脂内的磺酸基会在水中解离，磺酸根和氢离子都会进一步发生水合作用，在树脂内形成浓溶液。在渗透压的作用下，外界的水分子不断地进入树脂内，结果使树脂骨架的交联网孔扩大，但水分子不断渗入的结果，又会使树脂骨架中碳链上的碳原子之间的化学键发生伸长和弯曲形变，形变的结果反过来又对渗入树脂内的水分子产生排斥的压力，从而使水分子不再能渗入树脂内部，直到最后这两个相反的过程达到平衡，这就是树脂溶胀的过程。溶胀的结果，使干树脂在浸入溶液后发生体积膨胀。

树脂的溶胀性可用膨胀率来表示，即用树脂在浸泡前后的体积之比来表示。也可用其他物理量，如单位质量树脂的含水量或单位质量树脂的湿体积等来表示。

树脂的溶胀性主要与树脂骨架的交联度、交换官能团的性质、交换离子的水合程度等有关。若树脂的交联度越低，含交换官能团的数目越多、交换官能团水合程度越强，外界溶液的离子浓度越低，交换离子价态越低，形成水合离子的半径越大，则树脂的溶胀程度也越大。如果树脂官能团的离解越完全则树脂的溶胀性也越大。因此，强酸和强碱型树脂要比弱酸及弱碱型树脂的溶胀性大得多。表 7-65 为强酸型树脂在水中的溶胀性。

**表 7-65　强酸型树脂在水中的溶胀性**

| 交联度 DVB/%① | 溶胀性/($mgH_2O$/mmol 树脂) | | | | | 交联度 DVB/%① | 溶胀性/($mgH_2O$/mmol 树脂) | | | | |
|---|---|---|---|---|---|---|---|---|---|---|---|
| | HR | LiR | NaR | KR | CsR | | HR | LiR | NaR | KR | CsR |
| 2 | 943 | 625 | 513 | 500 | 345 | 16 | 128 | 119 | 99 | 95 | 86 |
| 4 | 417 | 357 | 303 | 294 | 233 | 24 | 96 | 80 | 71 | 69 | 59 |
| 8 | 219 | 196 | 172 | 167 | 144 | 水合阳离子半径/$10^{-10}$m | 9.0 | 6.0 | 4.2 | 3.0 | 2.5 |
| 12 | 145 | 130 | 115 | 112 | 100 | | | | | | |

① DVB 表示二乙烯苯。

从表 7-65 可见强酸型树脂的溶胀性随交联度增加而减少。

一价阳离子对树脂溶胀性的顺序为 $H^+ > Li^+ > Na^+ > K^+ > Cs^+$，这与离子水合半径大小的顺序一致。

不同价态的阳离子对树脂的溶胀性随离子价态，增加而降低，即溶胀性 $H^+ > Mg^{2+} > Cr^{3+} > Th^{4+}$。

树脂的溶胀性还与溶剂的极性有关，在极性越大的溶剂中树脂的溶胀性也越大。因此，树脂在非水溶液或水-有机混合溶液中的溶胀性就较小。

(2) 交换容量　一定量树脂内含有可交换的离子量叫做交换容量。有全交换容量及工作交换容量两种表示方式，全交换容量用树脂中所含交换官能团的总量表示，这是树脂所能达到的最高交换容量。但实际工作中交换容量还与操作条件有关，即与料液的离子浓度、树脂床高度、树脂粒径、交换基团型式及流速等有关，所以，一般都用工作交换容量来表示，也称为有效交换容量。

交换容量的表示法有两种：①单位质量干树脂所能交换的离子的毫摩尔质量[mmol/g(干树脂)]；②单位体积溶胀后湿树脂所交换的离子的毫摩尔质量[mmol/mL(湿树脂)]。一般阳离子交换树脂是指干燥的氢型树脂的交换容量，而阴离子交换树脂则以干燥的氯型树脂来表示。

但应该注意到交换容量还与 pH 值有关，强酸及强碱型树脂适用的 pH 值范围较广，而弱酸及弱碱型树脂的交换容量则会显著地受 pH 影响，为此，大大限制了它的应用。

交换容量的测定方法是：用过量的酸将一定量的干树脂中的交换官能团全部转成 $H^+$ 型，再用水洗去过量的酸。滤干后称取一定量的树脂，向其中加入过量的标准氢氧化钠与之平衡，然后用标准酸滴定与树脂平衡后的碱液，从下式即可计算出树脂的交换容量。

$$\text{交换容量}=\frac{\text{阳离子交换量(mmol)}}{\text{转成 }H^+\text{ 型的干树脂的质量(g)}}=\frac{\text{标准氢氧化钠量(mmol)}-\text{标准酸量(mmol)}}{\text{树脂质量(g)}}$$

(3) 稳定性　离子交换树脂的稳定性（化学稳定性、物理稳定性及辐照稳定性）决定树脂的使用寿命。树脂的不可逆吸附或沉淀形成等会使树脂“中毒”而影响到它的使用寿命。

① 物理稳定性(机械强度及热稳定性)　树脂的机械强度主要决定于骨架的结构。交联度大的树脂的机械强度和耐磨性都比较好。

在较高的温度下，骨架的交联度易受到破坏，交换官能团也会受到损害。因此，有机离子交换树脂在高温时的热稳定性都比较差，交换容量也下降，使用中应该注意它所允许的受热温度。

② 化学稳定性(抗化学作用能力)　化学稳定性与骨架的结构类型有关，聚苯乙烯骨架的树脂几乎不与一般化学试剂起作用，其化学稳定性比酚醛树脂类更好。

不同型式的树脂有不同的化学稳定性，例如，阳离子交换树脂中 $Na^+$ 型要比 $H^+$ 型稳定；$OH^-$ 型的强碱阴离子交换树脂会发生不可逆的降解作用，而使季铵官能团逐渐转变成叔胺、仲胺，以致最后失去交换能力。由此可见，阴离子交换树脂长期放在强碱性溶液中是有害的。

在强氧化剂如高锰酸钾、重铬酸钾及大于 2.5mol/L 的热硝酸溶液中，树脂的稳定性也较差。氧化剂的作用是使树脂骨架的交联度降低，从而增加了树脂的溶胀性，而当存在铁和铜离子时更加严重。

树脂的交联度越低，树脂的稳定性也越差。

③ 辐照稳定性　当树脂受到 $2.58\times10^4$C/kg($10^8$R) 以上剂量照射后，树脂的外形、酸碱性、交换容量、溶胀性、溶解度、机械强度、离子交换平衡速度、选择性等许多性质都会发生不同程度的变化。

4. 离子交换平衡及影响交换速率的因素

(1) 离子交换反应及平衡常数　离子交换树脂在溶液中溶胀后，交换官能团所解离出来的离子可在树脂网状结构内部的水中自由移动，并能在树脂与溶液中存在的离子间发生等量的离子交换。这是一个可逆的过程，两相间都保持电中性，最后交换反应达到平衡。例如，当样品溶液从交换柱上端加入后，它的前沿不断地进入到树脂床，溶液中阳离子与阳离子交换树脂上的阳离子可以发生下列交换反应。

$$R^-{-}H_r^+ + M_s^+ \longrightarrow R^-{-}M_r^+ + H_s^+$$

式中　r——树脂相；

s——溶液相；

R——树脂基体。

随着溶液的不断下移，上述交换反应将不断进行下去并遵从质量作用定律，直到经过一段时间后就能达到平衡，上述反应的平衡常数为

$$K=\frac{[H_s^+][M_r^+]}{[M_s^+][H_r^+]}$$

式中省去了与树脂连接的部分，仅写可交换离子。推广到一般情况，在树脂和溶液间发生带正电荷分别为 $n_1$ 和 $n_2$ 的阳离子 $M_1$ 和 $M_2$ 之间的离子交换平衡反应为

$$n_2 M_{1(r)}^{n_1+} + n_1 M_{2(s)}^{n_2+} \rightleftharpoons n_2 M_{1(s)}^{n_1+} + n_1 M_{2(r)}^{n_2+}$$

$$K=\frac{[M_{2(r)}]^{n_1}[M_{1(s)}]^{n_2}}{[M_{1(r)}]^{n_2}[M_{2(s)}]^{n_1}}$$

式中为简化略去电荷符号，[ ] 表示活度。

如果不考虑活度系数，可以把一价阳离子的平衡常数改写成

$$K_{M_2/M_1}=\frac{[M_{2(r)}][M_{1(s)}]}{[M_{1(r)}][M_{2(s)}]}$$

即

$$K_{M_2/M_1}=\frac{[M_{2(r)}]/[M_{2(s)}]}{[M_{1(r)}]/[M_{1(s)}]}$$

式中，$K_{M_2/M_1}$ 称为离子的交换反应的选择系数，它实际上反映了树脂对于 $M_1$ 和 $M_2$ 的亲和力的大小。

当 $K_{M_2/M_1}=1$ 时，表示树脂对两种离子的亲和力相等，即有

$$\frac{[M_{2(r)}]}{[M_{2(s)}]}=\frac{[M_{1(r)}]}{[M_{1(s)}]}$$

当 $K_{M_2/M_1}>1$ 时，有 $\frac{[M_{2(r)}]}{[M_{2(s)}]}>\frac{[M_{1(r)}]}{[M_{1(s)}]}$ 表示树脂对 $M_2$ 的亲和力大于对 $M_1$ 的亲和力。

(2) 分配系数和分离因子(分离因素) 用分配系数 $K_d$ 来表示树脂对不同离子的亲和力要比选择系数更为方便。$K_d$ 是以离子交换达到平衡时，离子在树脂相和溶液相的浓度之比来表示的，即

$$K_d=\frac{[M_r]}{[M_s]}$$

式中 $[M_r]$——每克干树脂中 M 离子的量；

$[M_s]$——每毫升溶液中 M 离子的量。

$K_d$ 与平衡常数关系

$$K_d=\frac{[M_{2(r)}]}{[M_{2(s)}]}=K\times\frac{[M_{1(r)}]\nu_{1(r)}\nu_{2(s)}}{[M_{1(s)}]\nu_{2(r)}\nu_{1(s)}}$$

式中 $\nu$——活度系数。

用分离因子 $\alpha$ 来表示树脂对两种离子的分离能力要更为方便些。两种离子的分配系数之比称为分离因子。

$$\alpha=\frac{K_{d_2}}{K_{d_1}}$$

如果分离因子 $\alpha\approx1$，表示两种离子被树脂吸附的能力相同，因此，它们难以为该种树脂分离；分离因子 $\alpha$ 如果偏离 1，则偏离越大，越易分离它们。

表 7-66 列出几种树脂在不同 pH 值时 Eu 的分配系数和 Pm 与 Eu 的分离因子。

**表 7-66 几种树脂对 Eu 的分配系数和 Pm 与 Eu 的分离因子**

| Dowex-50 树脂 | | | Dowex-30 树脂 | | | Duolite-C 树脂 | | | Amberlite IR-1 树脂 | | |
|---|---|---|---|---|---|---|---|---|---|---|---|
| pH | $K_{dEu}$ | $K_{dPm}/K_{dEu}$ | pH | $K_{dEu}$ | $K_{dPm}/K_{dEu}$ | pH | $K_{dEu}$ | $K_{dPm}/K_{dEu}$ | pH | $K_{dEu}$ | $K_{dPm}/K_{dEu}$ |
| 2.9 | 92 | 1.45 | 2.61 | 118 | 1.56 | 2.40 | 230 | 165 | 2.42 | 39 | 1.32 |
| 3.08 | 18.8 | 1.44 | 2.82 | 13 | 1.57 | 2.55 | 85 | 1.60 | 2.58 | 19 | 1.24 |
| 3.25 | 5.2 | 1.41 | | | | 2.80 | 27 | 1.62 | 2.83 | 8.3 | 1.30 |
| | | | | | | 3.00 | 3.1 | 1.52 | | | |

(3) 离子交换树脂对离子亲和力的经验关系 离子在离子交换树脂上的选择性系数和分配系数都反映树脂对离子亲和力的大小，它与交换离子本身性质、树脂性质及溶液组成等许多因素有关，大致有下列几条经验关系。

① 树脂的交联度越大，则选择系数越大，见表 7-67。

**表 7-67 某些离子在阳离子交换树脂上的选择系数**

| 阳离子 | 交联度 | | | 阳离子 | 交联度 | | | 阳离子 | 交联度 | | |
|---|---|---|---|---|---|---|---|---|---|---|---|
| | 4% | 8% | 12% | | 4% | 8% | 12% | | 4% | 8% | 12% |
| $Li^+$ | 1.00 | 1.00 | 1.00 | $Ag^+$ | 4.73 | 8.51 | 22.9 | $Cd^{2+}$ | 3.37 | 3.88 | 4.95 |
| $H^+$ | 1.32 | 1.27 | 1.47 | $Tl^+$ | 6.71 | 12.4 | 28.5 | $Ni^{2+}$ | 3.45 | 3.93 | 4.06 |
| $Na^+$ | 1.58 | 1.98 | 2.37 | $UO_2^{2+}$ | 2.36 | 2.45 | 3.34 | $Ca^{2+}$ | 4.15 | 5.16 | 7.27 |
| $NH_4^+$ | 1.90 | 2.55 | 3.34 | $Mg^{2+}$ | 2.95 | 3.29 | 3.51 | $Sr^{2+}$ | 4.70 | 6.51 | 10.1 |
| $K^+$ | 2.27 | 2.90 | 4.50 | $Zn^{2+}$ | 3.13 | 3.47 | 3.78 | $Pb^{2+}$ | 6.56 | 9.91 | 18.0 |
| $Rb^+$ | 2.46 | 3.16 | 4.62 | $Co^{2+}$ | 3.23 | 3.74 | 3.81 | $Ba^{2+}$ | 7.47 | 11.5 | 20.8 |
| $Cs^+$ | 2.67 | 3.25 | 4.66 | $Cu^{2+}$ | 3.29 | 3.85 | 4.46 | | | | |

② 离子的原子价越高，树脂对离子的吸附越强，如对氢型阳离子交换树脂，某些离子的选择性顺序为：$Th^{4+}>Ce^{3+}>Ca^{2+}>Na^+$；对碱金属和碱土金属原子序数越大，吸附交换亲和力越强；而镧系元素中则相反，即原子序数越大，交换吸附能力越弱；重金属阳离子的选择性差别比较小。

③ 在稀溶液中，相同价态的选择性系数随着水合离子半径的减小而增加（水合作用降低亲和力）。在相同实验条件下，离子的选择系数大致有以下顺序。

一价阳离子：$Tl^+>Ag^+>Cs^+>Rb^+>K^+>NH_4^+>Na^+>Li^+$；

二价阳离子：$Ba^{2+}>Pb^{2+}>Sr^{2+}>Ca^{2+}>Ni^{2+}>Cd^{2+}>Cu^{2+}>Co^{2+}>Zn^{2+}>Mg^{2+}>UO_2^{2+}$；

三价阳离子：$La^{3+}>Ce^{3+}>Pr^{3+}>Eu^{3+}>Y^{3+}>Sc^{3+}>Al^{3+}$；

阴离子：$Cit^{3-}>SO_4^{2-}>C_2O_4^{2-}>I^->NO_3^->CrO_4^{2-}>Br^->SCN^->Cl^->COO^->Ac^->F^-$。

对于 $H^+$ 的选择顺序，如果是强酸性树脂，$Na^+>H^+>Li^+$；对弱酸性树脂，$H^+$ 接近 $Tl^+$。$OH^-$ 在强碱性树脂中介于 $Ac^-$ 与 $F^-$ 之间；对弱碱性树脂则与官能团的碱性强弱有关。

应该注意，以上为经验规律，仅适用于稀溶液，当溶液浓度增高时，这个顺序会有变化。其原因可由离子水合的理论来解释。在稀溶液中离子可以充分水合，当溶液浓度增加时，离子的水合程度降低，而选择性则主要由离子的晶体半径起作用。晶体半径的大小顺序又恰与水合半径大小相反；非水溶剂及水与有机溶剂混合的溶液中有不同规律，有时也可以利用加入有机溶剂的方式来提高分离因素，其原因也可用改变离子水合程度来解释。

进行离子交换时，如果溶液中离子的浓度相等，则亲和力大的先交换上去，亲和力小的后交换上去。

(4) 离子交换的历程　由于离子交换反应发生在液相与固相之间，因此是一种反应速度比较慢的交换反应，反应的速率就会影响到分离效率。当溶液中存在的 A 离子与树脂中的 B 离子发生交换反应时，一般要有以下历程。

① 膜扩散过程。A 离子通过扩散，穿过附着在树脂颗粒周围的相对静止液膜达到树脂表面。静止液膜的厚度与流动相的流速及树脂颗粒的半径有关，其厚度一般在 $10^{-3}\sim10^{-2}$ cm；

② 粒扩散过程。A 离子从树脂表面通过经溶胀的树脂，扩散到树脂颗粒内部；

③ 化学交换反应过程。进入树脂颗粒内部的 A 离子与树脂中的 B 离子发生交换反应；

④ 粒扩散过程。与 A 离子交换后的 B 离子从树脂颗粒内部扩散到树脂表面；

⑤ 膜扩散过程（B 离子的膜扩散过程）。B 离子从树脂表面扩散，穿过树脂颗粒周围的静止液膜层进入外界溶液。

按照电中性原理，以上几步必定以相同的速度进行。所以，离子交换的过程可以看成是由膜扩散过程、粒扩散过程及化学交换反应过程三部分组成，其中以化学交换反应速率最快。因而，离子交换反应的速度实际上由膜扩散过程及粒扩散过程决定，如果树脂的交换官能团的交换容量越高，交联度越低，树脂颗粒越细，溶液浓度越低，搅拌速度越慢，则膜扩散过程是决定交换速率的步骤。反之，则粒扩散过程是决定性的步骤。

(5) 影响离子交换反应的主要因素

① 树脂颗粒大小　颗粒越细，交换反应速率越快；

② 树脂的交联度　交联度越小反应速率越慢，它会减小树脂内离子的扩散系数，使总的交换反应速率变慢；

③ 温度　增加温度有利于提高粒扩散程度、膜扩散过程，对交换反应速率也有加快的作用。

所以，温度可以加快交换反应的速率；

④ 溶液的浓度（流动相） 在稀溶液中，如在 0.01mol/L 以下时，交换反应的速率主要决定于膜扩散过程。浓度增加时，粒扩散过程将主要决定反应速度。不过，交换反应速度有极限值；

⑤ 其他因素 如溶液的搅拌速度、树脂类型、溶剂的极性等也会影响交换反应的速度。在非水介质中特别在非极性的溶剂中，离子交换反应的速度一般是很慢的，有时甚至仅为水中的千分之一。其原因是在非极性溶剂中树脂的溶胀性很小，或者可能由于在非极性溶剂中，可交换的离子仍被键合在树脂内的官能团上，而不能进行自由扩散运动。

5. 离子交换分离过程及操作

(1) 离子交换树脂的预处理 根据需要选用合适类型和粒度的离子交换树脂。粒度小的树脂比表面积大，分离效率高，但流速慢，分析中常用的离子交换树脂为 80～100 目筛或 100～120 筛目。

由于分析中所用的离子交换树脂必须十分纯净，所以市售树脂在使用前应预先溶胀和净化并转化至所需形态（如阳树脂转至氢型，阴树脂转至氯型）。预处理的一般过程是：先用水浸泡 12h 左右，使其溶胀再用水漂洗多次除去杂物。对于强酸型阳离子交换树脂再用 3～5mol/L HCl 浸洗以除杂质并转为氢型，再用水洗至中性。对于 $OH^-$ 型强碱性阴离子交换树脂依次用 1mol/L HCl、$H_2O$、0.5mol/L NaOH 和 $H_2O$ 处理。若需要氯型树脂，最后用 HCl 和水处理至中性。所有树脂最后用水浸泡备用。

(2) 装柱 离子交换分离法通常是在交换柱上进行的，典型的离子交换柱如图 7-34 所示，实验室中也可以用滴定管代替。

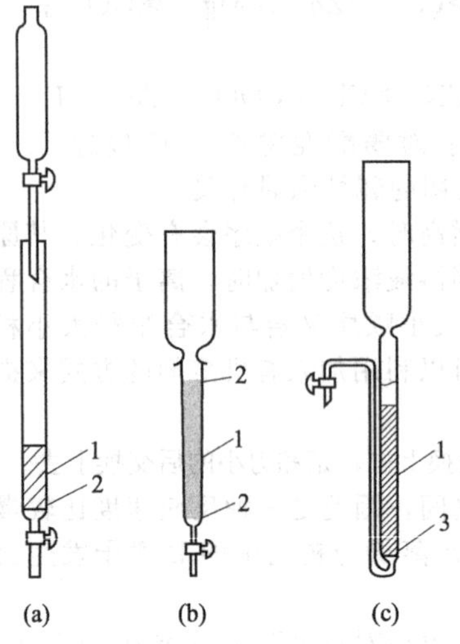


图 7-34 几种典型的离子交换柱

1—树脂层；2—玻璃毛；3—烧结玻璃板

柱子的长短和粗细可根据需要确定。

树脂装柱的一般方法：在空柱下方填一层玻璃毛（或装一烧结玻璃板）防止树脂流出，再注入占柱容积一半以上的蒸馏水，打开柱下口旋塞，使水以较慢速度流出并将玻璃毛内部残留气泡带出。在柱内水未流尽时将预处理过的树脂连同水（一般水与树脂的体积比为 2∶1）一起倒入柱中，随着水从柱下口流出，树脂在柱中沉积成一定高度的、均匀又无气泡的树脂柱层，树脂顶层应保留一定厚度的液体，以防止树脂层内进入空气和干裂。为保证做到这一点，在典型的交换柱下口连有一高于树脂顶端的玻璃弯管［见图 7-34 中的 (c)］。树脂层的顶端用玻璃毛或滤纸片盖上，防止上层树脂漂浮移动。

(3) 离子交换 试液由上部以一定的（较慢）速度流入柱内（流速用下口控制）并与树脂自上而下呈“动态”接触，进行离子交换。如 NaCl 试液流过磺酸型阳离子交换树脂柱时，试液首先接触到上层的新鲜树脂，$Na^+$ 与树脂上的 $H^+$ 交换，$Na^+$ 留在柱子的最上层。

$$R—SO_3H + Na^+ \xlongequal{} R—SO_3Na + H^+$$

继续流入 NaCl 试液，$Na^+$ 不断被较下层的树脂交换。当试液中有多种阳离子存在时，亲和力大的离子先行交换，亲和力小的后行交换。继续流入试液则已被交换了的亲和力小的离子还会被亲和力大的离子交换出来，然后再与更下层树脂交换。这种往复地交换，结果使亲和力大的离子集中在较上层，亲和力小的离子集中在较下层，但离子之间并未完全分离开来，各种离子分布区域之间仍有交叉，亲和力越接近的离子交叉越厉害。

(4) 洗涤 交换完成后，用蒸馏水或空白液自上而下冲洗，以除去残留在柱中的试液和从树脂上交换下来的离子。

(5) 洗脱 洗脱也称为淋洗。洗脱是将交换在树脂上的离子从交换柱上解脱出来，是交换过程的逆过程。在分离工作中洗脱是十分重要的。

如果试液中只有一种阳离子，如上述 $Na^+$ 被交换在阳离子交换柱上层，可以用 0.1mol/L HCl 作洗脱液（也称淋洗液），流入洗脱液后由于［$H^+$］增大，交换到树脂的 $Na^+$ 重新被 $H^+$ 取代下来，随洗脱液下流，当遇到下层新鲜树脂又有可能交换，接着又被继续流下的洗脱液洗脱。如此反复交换-洗脱，最后流出交换柱。若随时检测流出液中［$Na^+$］便可得到图 7-35 所示的洗脱曲线

（也称为淋洗曲线）。根据洗脱曲线，接取 $V_1 \sim V_2$ 段流出液便可测得 $Na^+$ 的总含量。

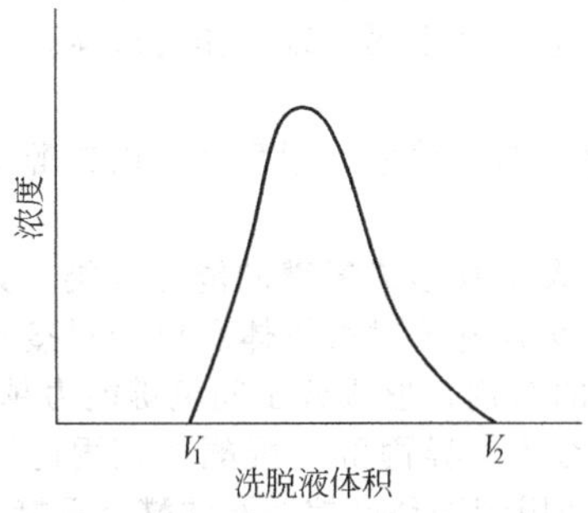


图 7-35 洗脱曲线

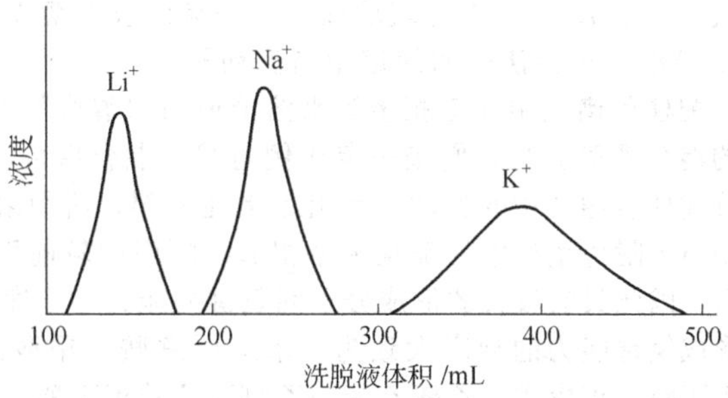


图 7-36 $Li^+$、$Na^+$、$K^+$ 的洗脱曲线

如果试液中含有多种离子同时被交换在柱上，洗脱过程实际就是分离过程。若洗脱液选用得当，当其流经交换柱时，由于各离子都经过洗脱-交换的反复过程，亲和力大的离子向柱下移动的速度慢，亲和力小的离子往下移动的速度快，只要交换柱足够长，就可将各离子按亲和力从小到大的顺序，依次流出交换柱，达到分离目的。例如欲分离 $Li^+$、$Na^+$、$K^+$ 的中性混合试液，先将它们交换在强酸型阳离子交换树脂柱上，然后用 0.1mol/L HCl 洗脱，通过对流出液的检测可得图 7-36 所示洗脱曲线。

为了得到好的分离效果，可以选用某种络合剂做洗脱液或多种洗脱液依次洗脱等多种洗脱形式。

（6）再生 使经过交换-洗脱后的树脂恢复到未交换时的形态的过程叫做树脂的再生。上述强酸型阳离子交换树脂在以 HCl 洗脱的过程中，树脂也就再生了。但有些情况则需采用适当的方法才能使树脂再生。

## 三、分配色谱法

1. 分配系数

分配柱色谱法是利用被分离物质中各组分在两种不相混溶的液体之间的分配（即溶解度）不同而达到分离的方法。

当某物质的溶液与不相混的溶剂振荡时，溶质可以分布在两相中，当达到平衡时，可用分配系数 $K$ 来表示。

$$K=\frac{\text{A 溶剂中的浓度}}{\text{B 溶剂中的浓度}}$$

2. 移动速率

在色谱法中，常以 $R_f$ 表示物质的移动速率，其定义为

$$R_f=\frac{\text{色带中心的移动距离}}{\text{洗脱剂前沿的移动距离}}=\frac{\text{原点至组分中心的距离}}{\text{原点至洗脱剂前沿的距离}}$$

色带移动速率 $R_f$ 值又称为比移值，它代表物质的移动速率，可用来比较组分的移动速度，作为定性分析的依据。$R_f$ 值随色谱柱内的装填情况与成分不同而变，它决定于被分离物质在两相间的分配系数 $K$ 值及两相间的体积比，即

$$R_f=\frac{A_1}{A_1+KA_s}$$

式中 $A_1$——流动相占有的柱截面积；

$A_s$——固定相占有的柱截面积；

$K$——分配系数。

由于两相体积比 $A_1/A_s$ 在同一试验中是常数，故 $R_f$ 主要决定于分配系数，可作为定性分析的依据。

3. 分配柱色谱的载体（支持体）

载体（支持体）在分配色谱法中是用来吸着固定相用的。对载体的要求是：①惰性；②没有吸附能力；③能吸留较大量的固定相液体。

常用作载体的物质有两种类型：①多孔性物质。载体的整个结构是多孔的，具有很大的表面积，如硅藻土、硅胶及多孔硅珠等；②表面多孔或多孔薄层。它们由不可渗透的中心和多孔薄壳表面所组成，像 Iipa$x$（内为玻璃核心，外涂硅胶的薄壳型载体），近年来也用纤维素作为载体。

4. 分配柱色谱法中的固定相与流动相

分配柱色谱法中固定相多为水溶液或与水混合的液体，如水、缓冲溶液、甲酰胺、丙二醇以及它们的混合液等。将它们按一定比例与载体混合后装填色谱柱。

分配柱色谱法中的流动相常用疏水性溶剂，所用溶剂按极性大小及形成氢键的能力分类，其排列顺序与吸附色谱柱中的洗脱顺序相似。顺序中较前面的溶剂，兼有电子对给予体和电子对接受体的性质，因此具有较大的形成分子间氢键的能力。顺序中越靠后的溶剂，形成分子间氢键能力越弱。溶剂形成氢键能力的顺序大致为：水＞甲酰胺＞甲醇＞乙酸＞乙醇＞异丙醇＞丙酮＞正丙醇＞苯酚＞正丁醇＞正戊醇＞乙酸乙酯＞乙醚＞乙酸正丁酯＞氯仿＞苯＞甲苯＞环己烷＞石油醚＞石蜡油。

固定相与流动相的选择主要依据样品组分在两相间的溶解度，即依分配系数而定。

## 四、凝胶色谱法

1. 原理

凝胶色谱法又分凝胶过滤色谱法、凝胶渗透色谱法、分子筛色谱法等。

凝胶色谱法的分离过程是在装有多孔物质（交联聚苯乙烯、多孔玻璃、多孔硅胶等）作为填粒的柱子中进行的。填粒的颗粒有许多不同尺寸的孔，这些孔对溶剂分子而言是很大的，故它们可以自由扩散出入。如果溶质分子也足够小，则可以不同程度地往孔中扩散。大的溶质分子只能占有数量比较少的大孔，较小的溶质分子则可以进入一些尺寸较小的孔中，所以溶质的分子越小，可以占有的孔体积就越大。当具有一定分子量分布的高聚物溶液通过凝胶柱时，较小尺寸的分子在柱中停留的时间比大分子停留的时间长，所以整个样品就按分子的大小分开了，最先淋出的是大的分子，如图 7-37 所示。

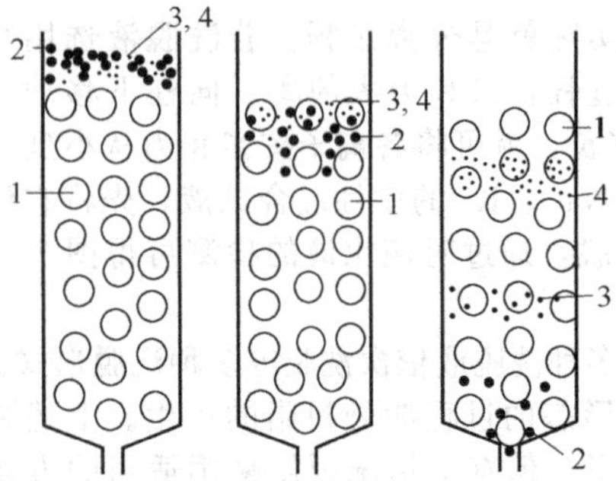


图 7-37 凝胶色谱分离过程
1—凝胶颗粒；2—高分子物质；3—较低分子量物质；4—低分子物质

如以 $V_R$ 表示溶质的保留体积，则有

$$V_R = V_0 + KV_S$$

式中 $V_0$——柱内颗粒间的体积；
$V_S$——凝胶微孔内的孔体积；
$K$——分配系数。

$$K = V_{S,有效}/V_S$$

$V_{S,有效}$为溶质分子能够进入的有效孔体积。如果溶质分子过大，根本不能进入凝胶微孔，$K=0$，所以，这样的分子都在 $V_R=V_0$ 时流出；如果分子非常小，可以进入凝胶颗粒的所有微孔，则$K=1$，故它们将在 $V_R=V_0+V_S$ 时流出；如果所有分子都处于$K=0$ 或 $K=1$，则分离是不可能的；只有被分离的分子在 $0<K<1$ 的范围，它们的分离才能实现。

2. 凝胶色谱柱填料的种类

凝胶是凝胶色谱法的核心，是产生分离的基础。要达到分离的要求必须选择合适的凝胶。对凝胶的要求是：①化学惰性；②含离子基团少；③网眼和颗粒大小均匀；④凝胶颗粒大小和网眼大小合适，可选择的范围宽；⑤机械强度好。

凝胶的种类很多，按照其使用的强度可分为刚性材料、半刚性材料和软性凝胶三种。刚性凝胶如硅胶、多孔玻璃等；半刚性凝胶如聚苯乙烯凝胶；软性凝胶如多聚葡萄糖，网状交联的聚丙烯酰胺等。

根据凝胶对溶剂的适用范围可分为亲水性（如聚丙烯酰胺凝胶）、亲油性（如羟基丙酸酯衍生物凝胶）以及两性凝胶。亲水性凝胶主要用于分离生物化学体系的样品；亲油性凝胶主要用于分离高分子材料；两性凝胶对于水和有机溶剂均适用。表 7-68 是某些国产凝胶的性能。

**表 7-68　某些国产凝胶的性能**

| 凝　胶 | 牌　号 | 有机胶①<br>无机胶② | 软胶①<br>半硬胶②<br>硬胶③ | 亲油性胶①<br>亲水性胶②<br>两性胶③ | 凝　胶 | 牌　号 | 有机胶①<br>无机胶② | 软胶①<br>半硬胶②<br>硬胶③ | 亲油性胶①<br>亲水性胶②<br>两性胶③ |
|---|---|---|---|---|---|---|---|---|---|
| 交联聚苯乙烯 | NGX，NGW | ① | ①② | ① | 羟丙基化交联葡聚糖 | 交联葡聚糖凝胶 LH-20 | ① | ① | ③ |
| 多孔硅胶 | NDG，NWG | ② | ③ | ①② | 琼脂糖凝胶 | 珠状琼脂糖 | ① | ① | ② |
| 交联葡聚糖 | 交联葡聚糖凝胶 | ① | ① | ② | 多孔玻璃 | CPG(美国产品) | ② | ③ | ① |

3. 凝胶色谱柱的选择

在凝胶色谱法中分离效率的好坏主要取决于柱填料，故选择柱填料十分重要。选择凝胶柱填料主要考虑两个方面：①凝胶的孔径及其分布应与待测样品分子的大小相匹配；②凝胶应与选择的流动相相适应。在这些因素中凝胶孔径是考虑的主要参数，孔径小的填料只适用于分离小分子的物质。若待测样品分子量分布范围较窄，通常使用单一孔径的柱子即可；若待测样品分子量分布范围较宽，应选择分布范围较宽的柱子。

凝胶孔径选择后，可将两个或更多个柱子串联起来使用；可增加塔板数、提高分离度。但分离的分子量的范围是相同的。

4. 流动相的选择

凝胶色谱法虽然不需要用流动相的改变来控制分离度，但是流动相对分离还是有影响的。如凝胶的性能可以受到流动相的影响，有些溶剂能使凝胶的孔径略有变化。故凝胶色谱要求组成流动相的溶剂具备下列性能。

① 对待测样品应具有充分的溶解能力。

② 在分离温度下具有较低的黏度。黏度低有利于降低色谱柱的压力降。

③ 流动相应与柱填料相匹配。如聚苯乙烯作柱填料时，不能使用强极性溶剂（如水、丙酮、乙醇、二甲基亚砜等）。对于非极性的刚性凝胶填料，流动相必须加盐以保持恒定的离子强度。对于硅胶填料，使用含水流动相时，必须保持 pH 值在 2～8 的范围之内，否则硅胶将产生降解。

④ 流动相应能够消除样品与固定相之间的作用力。如有的凝胶中含有少量的羧基官能团，在溶剂中有时会产生阳离子交换作用。这时需要调整流动相，使其中离子强度达到 0.05～0.1mol/L 即可消除离子交换作用。若组分与羧酸官能团的作用太强时，需要用 0.1mol/L 的无机酸作流动相，以抑制羧酸的解离。

常用的凝胶色谱法流动相见表 7-69。

**表 7-69　常用的凝胶色谱法流动相**

| 溶　剂 | 沸点/℃ | 动力黏度/mPa·s | 折射率(20℃) | 使用温度/℃ | 典型的分析应用(聚合物) |
|---|---|---|---|---|---|
| 氯仿 | 61.7 | 0.58 | 1.446 | 室温 | 硅聚酯，*N*-乙烯吡咯烷酮聚合物、环氧树脂、脂芳族聚合物、纤维素 |
| 间甲酚 | 202.8 | 20.8 | 1.544 | 30～135 | 聚酯、聚酰胺、聚亚胺酯 |
| 十氢萘 | 191.7 | 2.42 | 1.4758 | 135 | 聚烯烃 |
| 二甲基甲酰胺 | 153.0 | 0.90 | 1.4280 | 室温～85 | 聚丙烯腈、一些聚苯并咪唑、纤维素、聚亚胺酯 |
| 六氟异丙醇 | | | | 室温～40 | 聚酯、聚酰胺 |
| 1,1,2,2-四氯乙烷 | | | | 室温～100 | 低分子量聚硫化物 |
| 四氢呋喃 | 66 | 0.55 | 1.4072 | 室温～45 | 一般聚合物(聚氯乙烯、聚苯乙烯)、聚丙烯酸酯、聚芳醚、环氧树脂、纤维素 |
| 甲苯 | 110.6 | 0.59 | 1.4969 | 室温～70 | 高弹体和橡胶、聚乙烯基酯 |
| 1,2,4-三氯苯 | 213 | 1.89(25℃) | 1.5717 | 130～160 | 聚烯烃 |
| 三氟乙醇 | 73.6 | 1.20(38℃) | 1.291 | 室温～40 | 聚酰胺 |
| 水(及缓冲液) | 100 | 1.00 | 1.3330 | 室温～65 | 生物物质、生物聚合物、聚电解质、如聚乙烯酯 |

5．应用

凝胶色谱法主要用在以下几个方面。

（1）分子量及其分布的测定　凝胶色谱法应用最多的是测定分子量。适用于分离分析分子量 $M_W>2000$ 的高分子化合物，特别是非离子型化合物。常用于测定聚合物分子量的分布。

（2）生物化学方面的应用　在生物化学领域内，许多物质适合采用凝胶色谱法分离分析。如对于蛋白质、核酸以及酶等的分离不仅可以定量洗脱，而且酶不会失活。另外，对于血清、肽的混合物、多糖混合物等也有较好的分离效果。

## 五、萃取色谱法

1．萃取色谱法的特点

随着溶剂萃取和离子交换技术的发展，促使人们试图把溶剂萃取的高选择性和色谱技术的高效率这两个特点结合起来，因此研究出了一种新的色谱分离技术——无机反相分配色谱，现已广泛地用于无机和放射化学的分离和分析中。

无机反相分配色谱是将有机溶剂吸附在惰性支持体（载体）上作为固定相，以水溶液作为流动相的色层。无机反相分配色层又称为萃取色层。

萃取色谱法有如下特点。

（1）萃取色谱以有机萃取剂为固定相，水溶液为流动相，故可选择合适的水相组分，使萃取分离的最佳条件有效地用于萃取色谱。如以 $P_{204}$ 为色层柱固定相，用不同条件的水溶液为流动相，可很好地分离 $^{137}Cs$-$^{90}Sr$-$^{144}Ce$-$^{147}Pm$-$^{90}Y$-$^{53}Fe$-$UO_2^{2+}$（见图 7-38）。

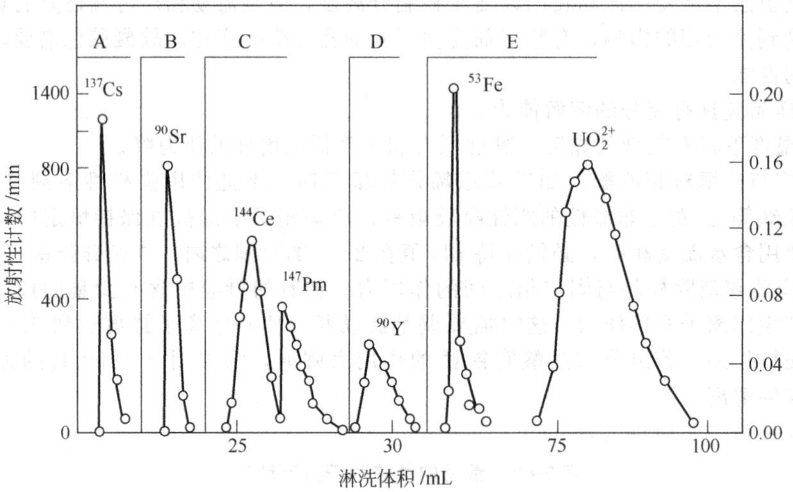


图 7-38　$^{137}Cs$-$^{90}Sr$-$^{144}Ce$-$^{147}Pm$-$^{90}Y$-$^{53}Fe$-$UO_2^{2+}$ 的分离

色层柱：0.3cm$^2$×15cm；色层粉：1mol/L HDEHP/煤油-聚氯乙烯粉；

流速：0.2mL/min；淋洗液：A—0.25mol/L $NaNO_3$；B—0.1mol/L HCl；

C—0.3mol/L HCl；D—2mol/L HCl；E—6mol/L HCl

（2）在萃取色谱法中，可用作固定相的萃取剂的种类很多，各种萃取剂和混合萃取剂均已使用，例如用冠醚为固定相分离碱金属离子已取得良好的结果，见图 7-39，其纵坐标为放射性相对值。

（3）萃取色谱法相当于级数很高的多级萃取，分离效率高，方法简便，故能分离性质相似的元素以及放射性很强的或含量极少的放射性核素。

（4）萃取色谱法与溶剂萃取相比，因萃取剂被固定在惰性支持体上，用量很少，故一般不出现乳化现象，而且色谱柱可以反复使用。

萃取色谱法的主要缺点是容量小。

萃取色谱法的特点在于把溶剂萃取对金属离子的选择性用于色谱分离。用萃取色谱法根据流出峰的保留体积算出的分离系数与用溶剂萃取法根据分配比算出的分离系数是一致的。这样就可以从

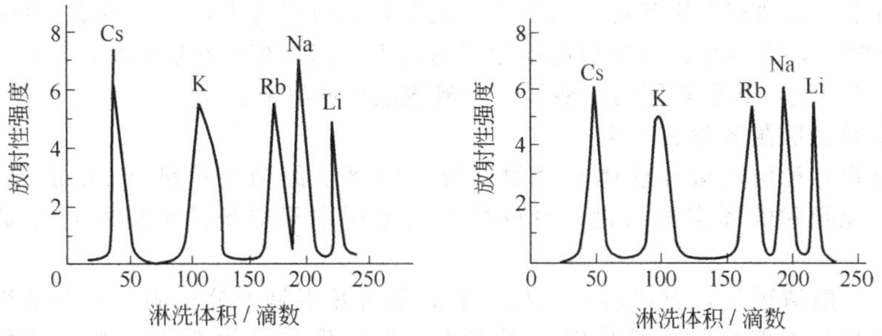


(a) 用二苯基-18-冠-6为固定相　(b) 用二环己基-18-冠-6为固定相；碱金属为放射性同位素

图 7-39 用二苯基-18-冠-6（DBC）和二环己基-18-冠-6（DCHC）为固定相的萃取色层分离碱金属

稀释剂：1,3,5-三甲基苯；淋洗剂：0.01mol/L NaSCN，pH=7；温度：40℃

已知的溶剂萃取分配比数据选择萃取色层的合适的固定相和流动相；反过来，用萃取色谱法研究金属离子的萃取平衡，可以帮助筛选萃取剂及寻找萃取分离的最佳水相条件。

2. 萃取色谱的载体

对载体有如下要求：①能保留较多的萃取剂，并且在淋洗过程中不被流动相带走；②载体有良好的化学惰性，即要求既不能被固定相（有机萃取剂）所溶解，或产生明显的溶胀现象，又不能为流动相（各种无机酸）所侵蚀；③要有良好的耐热和耐辐射性能；④要有良好的物理稳定性；⑤价格低廉，使用方便。

常用的载体见表 7-70。在使用硅胶、硅藻土或玻璃粉等无机物为载体时，要事先把它们硅烷化，使其表面具有憎水性。

**表 7-70 萃取色谱中常用的载体**

| 类型 | 载体 | 商品举例 |
|---|---|---|
| 含硅无机物 | 硅胶 | 色层硅胶，憎水性硅胶，Porasil Bio-silA(美)，Mercko-gel(前联邦德国)，Whatman Silica gel SG32(英) |
| | 硅藻土 | 白硅藻土，红硅藻土，Celite，Hyflo Super-Cel，Chromosorb W，Kieselgulr，Diatoport W |
| | 玻璃粉 | 多孔玻璃小球；Bio-glass 200，500，1000(数目表示微孔直径，单位 $10^{-10}$m)；Zipax，Corning Code 7930，7935 |
| 含氟塑料 | 聚四氟乙烯<br>聚三氟氯乙烯<br>聚偏氟乙烯 | Teflon，Diaflon，Hostaflon TF，Fluon，Floroplast-4，Polyflon<br>Kel-F，Fluorothene，Polyfluoron，Voltalef-300 |
| 其他塑料 | 聚乙烯 | 微孔聚乙烯，Microthene-710 |
| | 聚氯乙烯 | Vipla，Poly-vinyl Chloride |
| | 聚氯乙烯-醋酸乙烯共聚物 | Corvic |
| 树脂类 | 苯乙烯-二苯乙烯树脂 | Chromosorb 101，102；Polysorb-1 |
| | 萃淋树脂 | CL-5208 萃淋树脂，Lewatit oc 1023(TBP)，Lewafit oc 1026(HDEHP) |
| 纤维素 | 纸纤维素粉<br>醋酸纤维素粉 | |

3. 萃取色谱的固定相和流动相

几乎各种萃取剂都可作为固定相使用，如 TBP、P204、胺类、TOPO、冠醚等，但有些在溶剂萃取中常用的萃取剂如 8-羟基喹啉、双硫腙等却很少使用，因为它们在流动相中溶解度较大，用它们作为固定相的分离寿命较短。

在萃取色谱中的流动相常用各种浓度的无机酸及其相应的盐类，较少使用各种水溶性的有机配合试剂、无机碱溶液，因为它们可能引起固定相的损失。当用螯合萃取剂作固定相时，流动相常用不同 pH 值的缓冲溶液，其中常用的是醋酸——醋酸钠缓冲溶液。

4. 萃取色谱柱的吸附容量和再生

色谱柱的吸附容量用每毫升柱体积吸附一价金属离子的物质的量（mmol）来表示。它既取决于支持体最多能吸附的固定相的量，也取决于固定相中萃取剂的浓度及对金属萃取的最大负载量。

如前所述，一般情况下，有机溶剂在载体上的吸附并不是十分牢固的，在淋洗过程中总有流失。尤其是在用高分子聚合物为载体时，固定相流失的现象更为严重。如聚三氟氯乙烯对 TBP 的吸附容量很高，1g 可吸附 1.33mL，但是在用 1L 水溶液淋洗后，即有 380mg 的流失，因此一只新装的柱子只能用 30 次左右。由此可见，再生是必需的，用稍过量的新鲜有机溶剂缓慢地流过色谱柱，即可使柱子再生。为了减少色谱柱内固定相的流失，可用事先饱和了有机相的水溶液淋洗色谱柱，如以 P204-聚氯乙烯色谱柱为例，当用 4000mL 未经有机相饱和的水相淋洗柱时，吸附容量将减少 90%左右，而用事先与有机相平衡的 3000mL 水相淋洗，其吸附容量就很少变化。

萃取色谱法在无机和放射化学分离和分析中应用很广泛。如用于铀和钍，超铀元素、裂变产物的分离和分析，以及环境和生物样品中测定放射性核素等。

图 7-40 及图 7-41 为萃取色谱应用的另外两个例子。

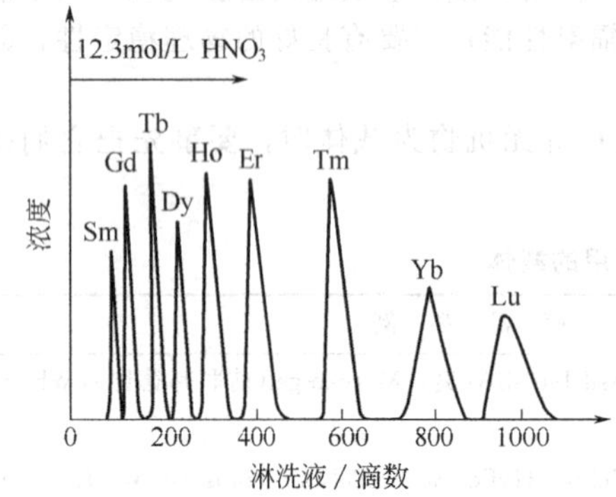


图 7-40 TBP 萃取色谱柱分离重稀土元素

支持体：憎水硅藻土；色谱柱：$\phi$3mm×110mm；流动相：12.3mol/L 的 $HNO_3$；流速：0.03mL/min

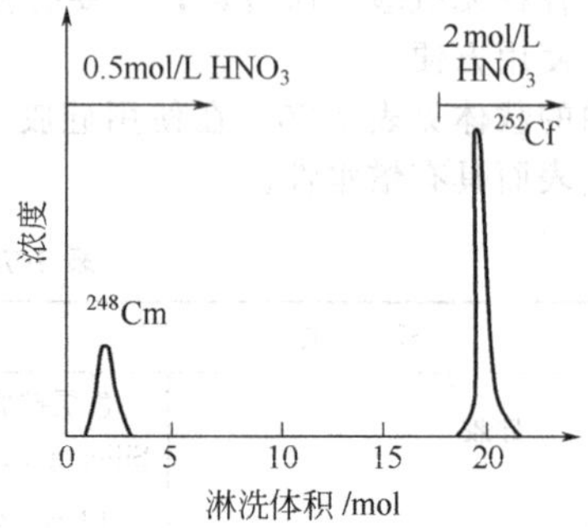


图 7-41 萃取色谱法分离 $^{248}Cm$ 和 $^{252}Cf$

色层柱：HDEHP-憎水玻璃粉（400mg/g）；流速：3mL/(cm² · min)

## 六、亲和色谱法

1. 亲和色谱法的原理

亲和色谱法是利用生命现象中生物分子之间非常特异的相互作用，对一些生物物质进行十分巧妙而有效的分离。

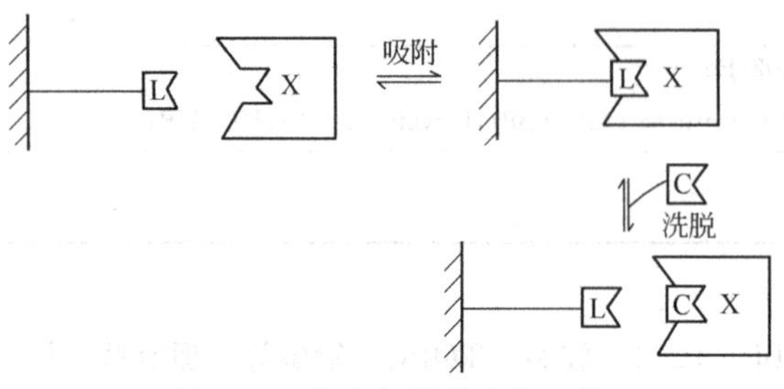


图 7-42 亲和色谱的基本过程

生物体内某些生物分子间的亲和力是非常特异的，具有专一性，有时称这种特异相互作用为“锁钥关系”。酶与底物、酶与抑制剂、酶与变构效应剂、酶与辅酶、激素与细胞受体、维生素与结合蛋白、基因与核酸、抗体与抗原、外源凝集素与红细胞表面上的抗原等，都具有这种特异亲和的关系。亲和色层就是利用这些物质间可逆亲和反应的原理建立和发展起来的。

亲和色谱的基本过程如图 7-42 所示。

（1）将与纯化对象 X 能专一地相互作用的配基 L 连接在不溶于水的载体上，制得固定化配基，称为亲和吸附剂。

（2）将亲和吸附剂装填到柱中。

（3）亲和吸附 含有纯化对象 X 的溶液，在有利于 X 与配基 L 形成配合物的条件下进入色谱柱。在柱中只有 X 能被吸附到吸附剂上，其余物质流出吸附柱。用缓冲溶液洗涤吸附柱，进一步除去杂质。

（4）解吸 用另一种与 X 有亲和力的 C 溶液或改变反应条件，促使 X 与配基形成的配合物解离而使 X 释出。

（5）柱再生 柱经过充分洗涤后可再生重复使用。

亲和色谱法具有简单快速的优点，回收率也高，甚至能从粗抽提液中只经一步分离便能获得成百上千的纯化系数。亲和色谱法对分离生物体内微量物质非常有效，可用以纯化酶、酶的抑制剂、抗体、抗原、各种结合蛋白、激素和药物受体、核酸、基因以至于细胞。亲和色谱法还为研究体内生物分子间的相互作用提供了手段。

2. 亲和色谱法的载体

作为亲和色层的载体，要求亲水而不溶于水，具有一定硬度，具有易为大分子渗透的网状结构。由于需要把配基连接（称为偶联）到载体上去，载体必须具有供偶联反应的基团。载体本身应不具有吸附能力，以防止非专一吸附。目前较好的载体有琼脂糖凝胶、交联葡聚糖凝胶、聚丙烯酰胺凝胶和多孔玻璃。其中以琼脂糖凝胶用得最多。

琼脂糖是一种直链多糖，凝胶态的琼脂糖链呈平行螺旋状，中间由氢键维系，这些多糖链纵横交错形成了多孔网状结构。珠状琼脂糖凝胶商品名为 Sepharose 或 Bio-gel A，依其中琼脂糖含量不同又分为 2B、4B、6B 等型号。Sepharose 4B 是各项性能适中，用得较多的一种。用多种反应可使琼脂糖发生交联，交联的凝胶更为坚实，且富有弹性，适用 pH 值范围由原来的 4～9 扩大到 3～12，耐热可至 100℃，但渗透性稍低。

葡聚糖凝胶商品名 Sephadex，是右旋糖苷经环氧氯丙烷交联而成的珠状凝胶。

聚丙烯酰胺凝胶商品名 Bio-gel P，呈干粉状，加水后溶胀为凝胶。结构较紧密、孔小，有些大分子不易渗入。

多孔玻璃作为无机载体具有稳定性高的优点，但表面带的电荷常会引起非专一吸附。

3. 亲和色谱法的配基

生物学中存在着很多的配对系统，每个系统中的一方都可作为它天然伙伴的配基。亲和色谱中用到的配基有酶底物和底物类似物、抑制剂、效应剂、辅因子、核酸、核苷酸、植物激素、甾体、抗生素及疏水性配基等。

配基不但要与分离对象具有特有的亲和力，而且还应有可与载体连接的化学基团，一般，配基经固定化后不应影响其亲和活力，但有些配基具有两个或两个以上的可用化学基团。例如核苷酸配基，当它用磷酸根与载体偶联时得吸附剂Ⅰ，用嘌呤或嘧啶碱基偶联时得吸附剂Ⅱ。如果配基是腺嘌呤核苷酸，则醇脱氢酶、甘油激酶和 3-磷酸甘油醛脱氢酯都是它的互补蛋白，但这三者中前两种只被吸附剂Ⅰ吸附，后一种则被吸附剂Ⅱ吸附。两种吸附剂的结构如图 7-43 所示。

配基中有一类是能与纯化对象形成共价饱和的，它可以专一地与互补蛋白活性基团生成共价化

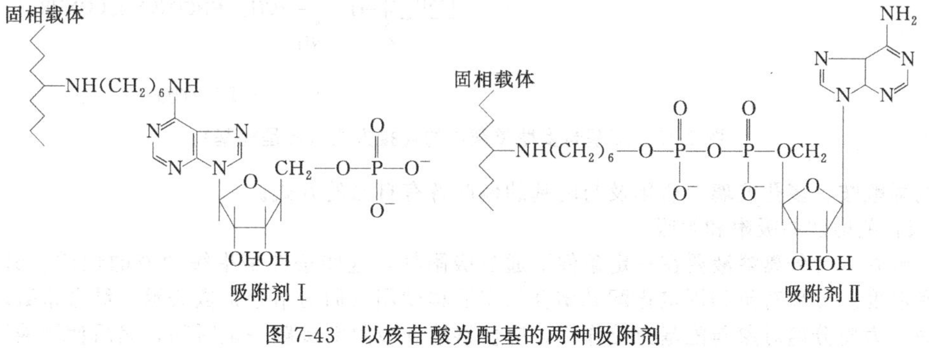


图 7-43 以核苷酸为配基的两种吸附剂

合物，如含巯基的配基可与某些蛋白的活泼巯基生成二硫键。在解吸时需要使这种共价键破裂。

4. 亲和色谱法的偶联

配基与载体偶联才能成为亲和吸附剂。载体不同，活化和偶联方式也不同。

首先是载体的活化，活化后的载体便于偶联配基。多糖类载体活化最常用的是溴化氰法。溴化氰与多糖在碱性条件下反应，当有连位羟基时便形成活泼的亚氨碳酸盐。亚氨碳酸盐对化合物的氨基的亲和反应十分敏感，生成取代异脲、*N*-取代亚氨硫酸酯和 *N*-取代氨基甲酸酯等衍生物。这一反应过程如图 7-44 所示。

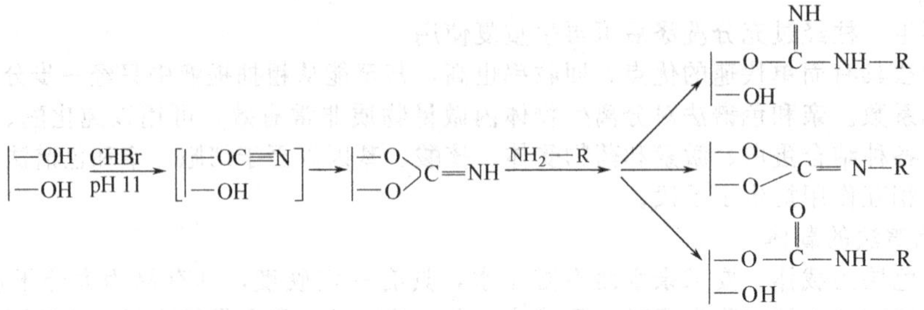


图 7-44 溴化氰活化多糖与氨基化合物的反应

配基的偶联可有多种方式。

(1) 大分子的配基可以直接偶联到载体上，如图 7-45 中的第一种。但小分子的配基若直接连于载体，由于位阻关系往往不能有效发挥作用，严重时完全没有亲和力。补救方法是在配基和载体间引入一个“手臂”。对于那些亲和力较弱的体系，“手臂”的作用更显得重要。用作手臂的大都是二胺类化合物 $NH_2(CH_2)_xNH_2$，式中 $x$ 可为 2～12。“手臂”也可以是末端氨基的羧酸，如 ε-氨基酸 $NH_2(CH_2)_5COOH$。

(2) 在大多数情况下，先将“手臂”引到载体表面上，再将配基偶联于“手臂”末端，如图 7-40 的第二种方式。

(3) 假如需要一个较长的“手臂”，可以在二胺基化合物上接琥珀酸酐，最后连接带氨基的配基，如图 7-45 的第三种方式。

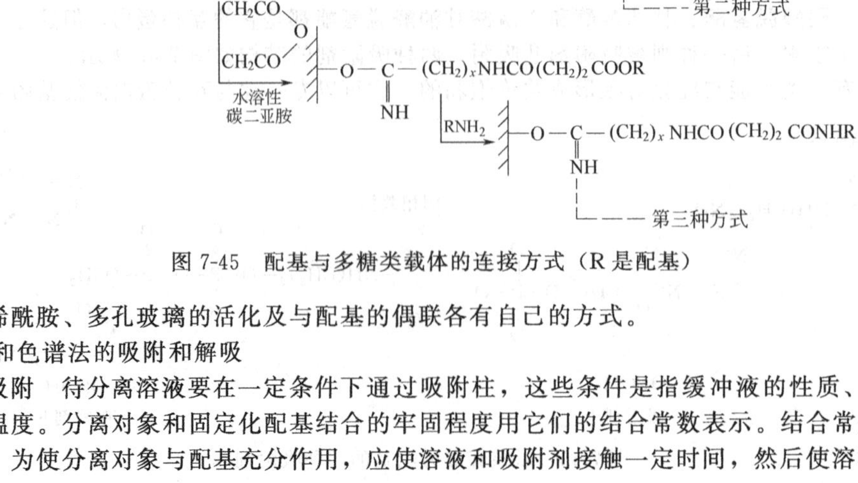

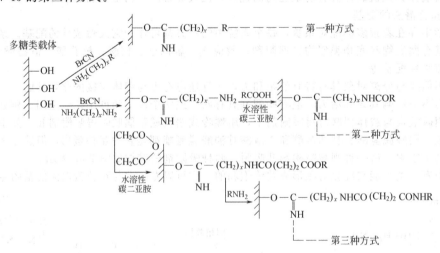


图 7-45 配基与多糖类载体的连接方式（R 是配基）

聚丙烯酰胺、多孔玻璃的活化及与配基的偶联各有自己的方式。

5. 亲和色谱法的吸附和解吸

(1) 吸附 待分离溶液要在一定条件下通过吸附柱，这些条件是指缓冲液的性质、pH 值、离子强度和温度。分离对象和固定化配基结合的牢固程度用它们的结合常数表示。结合常数较大或杂质较多时，为使分离对象与配基充分作用，应使溶液和吸附剂接触一定时间，然后使溶液流出，用平衡缓冲液或较高离子强度的溶液洗涤以除去非专一吸附的杂质。

（2）解吸　在解吸时，比较温和的方法是洗涤后继续大量通过平衡缓冲液，便可得到部分纯的产物，但这只对那些亲和力小的物质有效。

改变溶液条件常可达到解吸目的。条件的改变会使生物分子的结构变形，从而降低结合常数。有时用0.1mol/L乙酸或0.1mol/L氢氧化铵解吸，往往能使小体积的纯化对象被洗脱出来。

大的生物分子往往吸附较紧密，解吸需用强度更大些的酸或碱，或在溶液中添加尿素或盐酸胍等能够破坏蛋白质结构的试剂。为避免使生物分子失活，解吸后的溶液应立即中和，稀释或透析，以恢复分子的天然构型。

使用特异配基也是常用方法。较高浓度的配基溶液可将紧密吸附的大分子洗脱。这种配基（如酶的抑制剂或底物）可以与固定在载体上的配基相同，也可以不同。使用具有更强亲和力的配基使解吸更有效。

## 七、柱色谱法的操作

柱色谱法操作的一般步骤为：选择色谱柱⟶选固定相(如吸附剂)⟶填装色谱柱⟶选洗脱剂⟶柱淋洗⟶加样⟶洗脱⟶再生。见表7-71。

**表7-71　柱色谱法的操作**

| 操作步骤及要点 | 简要说明 | 注意事项 |
| --- | --- | --- |
| 选择色谱柱<br>①选适宜长度、口径的玻璃管，一端做成紧缩的斜口，或取一支滴定管作层析柱，洗净<br>②柱底加少许脱脂棉或玻璃毛<br>③将柱子垂直固定在铁支台上 | ①色谱柱的尺寸由吸附剂的用量确定，直柱长与柱直径之比应为10∶1为好<br>②固定相的用量根据样品量、柱容量及色谱法分离的目的而定 | ①色谱柱的内径要均匀<br>②若色谱柱底部有活塞，不应涂抹润滑油，以免玷污分离产物 |
| 选择固定相<br>根据被分离物质的性质选固定相，一般分离极性大的物质选吸附力小的固定相，分离极性小的物质，应选用吸附力强的固定相。离子型物质选离子交换树脂 | 常用固定相和氧化铝、硅胶、离子交换树脂等见本章各表 | 对固定相要求见本章有关部分 |
| 装填层析柱<br>湿法装柱时：<br>①将色谱柱用溶剂装满<br>②称取适量的固定相<br>③用溶剂调和固定相<br>④装调好的固定相入柱中，让其慢慢地沉降<br>⑤打开下端，让溶剂缓慢流出使固定相装填均匀<br>⑥装好柱后在固定相上层盖上少量脱脂棉或玻璃毛 | ①固定相量一般为被分离量的50倍<br>②调和固定相的溶剂可选溶解样品的溶剂、洗脱剂或其他溶剂<br>③调好的固定相不能过黏，应有一定的流动性 | ①不得让柱中的溶剂低于固定相上端表面，至少应高出1mm，以免空气进入吸附剂中影响分离效果<br>②若用离子交换树脂，固定相要先用水浸泡，再用盐酸浸泡并洗至中性，将阳(阴)离子树脂转成$H^+$($Cl^-$)型，再装柱<br>③装柱时，应边装边敲打柱身，以使装填的柱均匀，紧密 |
| 选择洗脱剂<br>①取选好的固定相少许，按薄层色谱法的干铺法铺在载玻片上<br>②用毛细玻璃管滴加少许欲分离的混合物在载玻片上<br>③用不同溶剂进行展开，观察分离情况，选取理想的洗脱剂 | 选洗脱剂原则<br>①分离极性大的物质，选吸附能力较弱的固定相及极性较大的溶剂为洗脱剂<br>②分离极性小的物质，选吸附能力较强的固定相和极性较小的溶剂为洗脱剂<br>③单一溶剂洗脱不理想时，可加入极性更大或更小的溶剂调节洗脱剂的极性，以达最佳分离效果 | ①洗脱剂选择可参考相关文献，采用别人用过的同样条件的洗脱剂最为简便，否则应进行筛选实验<br>②用薄层色谱法筛选洗脱剂时，应采用干铺制板法，湿法制板的实验结果与柱色谱法的差异较大 |
| 清洗色谱柱<br>①湿法装好柱后即可装选好洗脱剂加到柱中<br>②控制流速在1～4滴/s<br>③连续不断加入洗脱剂以保持柱顶不干 | ①清洗柱的目的是尽可能除去残留柱中的空气，使固定相均匀和紧密；同时又可洗去柱和固定相中含有的可洗脱杂质，利于分离得到理想效果<br>②清洗柱的步骤应尽可能多些，以保证此步操作的效果 | |

续表

| 操作步骤及要点 | 简要说明 | 注意事项 |
|---|---|---|
| 加样<br>①使柱顶端留有1mm高的洗脱剂<br>②将欲分离的混合物用适量溶剂溶解成溶液，加入柱中<br>③以1～4s一滴流速让洗脱剂流出<br>④使混合物溶液全部吸附在固定相顶端形成很狭的谱带 | ①溶解混合物的溶剂可以是洗脱剂，也可以是其他溶剂<br>②柱顶预留的洗脱剂不可太多，否则谱带变宽 | ①溶解混合物的溶剂量应尽可能少，而且一定要溶解成溶液，否则分离效果不佳<br>②操作中，一定要注意防止空气进入<br>③淋洗速度最好根据柱大小，分离因子色谱法分离的目的等通过实验选择 |
| 洗脱<br>①加入洗脱剂<br>②保持原来的洗脱速度<br>③分别收集流出的各个组分 | ①若分离混合物有色，则可根据在色谱柱上的色带分别接收<br>②若分离物无色，则需在分离接收过程中用化学或物理方法对接收液进行鉴别，也可采用分份接收，待层析结束后，再统一鉴别<br>③洗脱时极性小的物质先流出，极性大的物质后流出 | ①洗脱的整个过程中应始终保持不露出固定相，以免空气进入，影响分离结果<br>②若为离子交换柱，则应在洗脱完成后，马上用再生溶液使树脂再生备用 |

## 八、部分有机物柱色谱体系

表7-72为部分有机物柱色谱体系。

**表7-72 部分有机物柱色谱体系**

| 被分析的物质 | 吸附剂或支持体[①] | 溶剂(或洗脱剂) |
|---|---|---|
| 烃类 | | |
| 脂肪烃和环烷烃 | 硅胶(苯胺) | 异丙醇或苯 |
| 脂肪烃 | | |
| 链烷烃 | 漂白土(Floridin) | 石油醚 |
| 正链烷烃和异链烷烃 | 活性炭 | 石油醚 |
| 三甲基丁烷和三甲基戊烷 | 硅胶 | 石油醚 |
| 天然生物链烷烃(不能皂化的) | 氧化铝或氧化镁 | 石油醚 |
| 石油馏分 | 氧化铝、活性炭或硅胶 | 石油醚 |
| 胡萝卜素 | 氧化铝 | 石油醚 |
| | 石灰 | 石油醚 |
| | | 石油醚+苯甲醚 |
| | 氧化镁 | 石油醚+丙酮 |
| | | 四氯化碳 |
| 胡萝卜素的顺、反异构体 | 石灰或氧化镁 | 石油醚 |
| 萜烯 | 氧化铝、活性炭、氧化镁或硅胶 | 石油醚 |
| 芳香烃 | | |
| 低分子芳香烃 | 氧化铝 | 石油醚 |
| | 硅胶 | 戊烷 |
| 稠环的芳香烃 | 氧化铝或活性炭 | 石油醚 |
| 芳香烃的立体异构体 | 氧化铝 | 石油醚 |
| | 硅胶 | 石油醚+苯 |
| 取代的乙烯(顺、反异构体) | 氧化铝 | 石油醚 |
| 醇类 | | |
| 脂肪醇 | (另见酯类) | |
| 一元醇 | 氧化铝 | 石油醚 |
| | 硅胶(用水浸渍过) | 四氯化碳+氯仿+乙酸(分步洗脱) |
| 一元醇转化成黄原酸酯后 | 纸 | 正丁醇+氢氧化钾 |
| 二醇 | Celite(NaOH水溶液) | 苯 |
| 乙二醇($C_2$～$C_4$) | 硅胶-Celite(用水浸渍过) | 正丁醇+氯仿(分步洗脱法) |
| 多元醇 | 氧化铝 | 石油醚 |

续表

| 被分析的物质 | 吸附剂或支持体[①] | 溶剂(或洗脱剂) |
|---|---|---|
| | 活性炭 | 水 |
| 羟基类胡萝卜素 | (另见酯类) | |
| 叶黄素 | 氧化铝 | 石油醚+苯 |
| | 氧化镁 | 1,2-二氯乙烷 |
| | | 石油醚+丙酮 |
| | 糖 | 石油醚+正丙醇 |
| | 碳酸锌或碳酸钙 | 苯 |
| | 纤维素柱或纸 | 石油醚+正丙醇 |
| 环烷醇 | | |
| 一羟基或多羟基化合物 | 纸 | 丙酮+水 |
| 酚类 | 纸 | 丙酮+水 |
| | 硅胶(用水浸渍过) | 异辛烷或环己烷 |
| 醛类和酮类 | | |
| 脂肪族的 | | |
| 同系物 | 硅胶 | 苯 |
| | 氧化铝 | 石油醚+苯 |
| 酮类胡萝卜素 | | |
| 叶黄素 | 糖 | 石油醚+(正丙醇) |
| 芳香族的 | 硅酸镁 | 石油醚+苯 |
| | 氧化铝 | 石油醚+苯 |
| 转化成2,4-二硝基苯腙后 | 硅胶+Celite | 石油醚+乙醚 |
| | 硅胶 | 石油醚+乙醚+苯 |
| | | 用水饱和的苯 |
| | 皂土(膨润土)+Celite | 乙醚+丙酮 |
| | 滑石 | 石油醚 |
| | 纸 | 异丙醇+水(3+1) |
| 羧酸 | | |
| 脂肪酸 | 硅胶(氢氧化钠的甲醇溶液) | 异辛烷 |
| 一元脂肪酸 | Celite(在0.25mol/L硫酸中浸渍过) | 氯仿+丁醇+乙醚 |
| $C_6$～$C_{12}$脂肪酸 | Hyflo Super Cel(聚硅酮) | 氯仿-SkellysolveB-水-甲醇 |
| 二元脂肪酸 | 硅胶(在0.5mol/L硫酸中浸渍过) | 叔丁醇+氯仿 |
| 芳香酸 | 硅胶(甲醇-水-硫酸) | Skellysolve B |
| 酯类 | | |
| 单酯 | | |
| 脂肪族的 | 氧化铝 | 石油醚 |
| 芳香族的 | 氧化铝 | 石油醚+苯 |
| 维生素A酯 | 氧化镁 | 石油醚+丙酮 |
| 叶黄素酯 | 氧化铝或氧化镁 | 石油醚 |
| 多元酯 | | |
| 脂肪 | 氧化铝 | 石油醚+苯 |
| | 硅胶 | 石油醚+乙醚十三氯乙烯 |
| 醚类 | | |
| 脂肪醚 | 氧化铝或氧化镁 | 石油醚 |
| 芳香醚 | 硅胶 | 石油醚 |
| 硝基化合物 | | |
| 二甲基硝基氨基苯糖苷 | 氧化铝 | 甲醇+水+吡啶 |
| 硝基苯胺 | 石灰 | 石油醚 |
| 胺类 | | |
| 酰化以后 | 氧化铝 | 苯 |
| 芳香胺 | 硅胶+Celite | 石油醚(含20%乙醚) |
| 杂环胺 | 氧化镁 | 石油醚 |
| 含硝基的芳香胺 | 石灰或氧化铝 | 石油醚 |
| 季铵盐 | 纸 | 乙醇+氨水 |

续表

| 被分析的物质 | 吸附剂或支持体[①] | 溶剂(或洗脱剂) |
|---|---|---|
| 氨基酸 | | |
| 酸性氨基酸 | 酸性氧化铝 | 稀盐酸 |
| 碱性氨基酸 | 硅胶 | 稀盐酸 |
| 各种氨基酸 | 活性炭 | 水+丙酮 |
| | | 水+苯酚+乙酸 |
| | | 吡啶+乙酸 |
| | 硅胶(水) | 正丁醇+氯仿 |
| | 纤维素(水) | 醇类 |
| | 纸 | 乙醇+乙酸 |
| | 淀粉(水) | 正丁醇+苄醇 |
| | 橡胶粉(正丁醇) | 缓冲液(用正丁醇饱和) |
| 蛋白质 | 氧化铝、碳酸钙或磷酸钙 | 水 |
| | 硅胶或 Celite | 水+盐 |
| 碳水化合物 | | |
| 糖类的偶氮苯羧酸酯 | 硅胶 | 石油醚+苯 |
| 醋酸纤维素 | 活性炭 | 石油醚+丙酮 |
| 游离糖 | 天然漂白土 | 醇+水 |
| | 纸 | 低级醇 |
| 其他 | | |
| 生物碱 | 高岭土 | 水 |
| | 氧化铝 | 苯或乙醚 |
| 类胡萝卜素 | 石灰、氧化铝、氧化镁或纸 | 石油醚 |
| 叶绿素(a,a′,b,b′,c,d,d′等) | 糖、淀粉或纤维素 | 石油醚+正丙醇(或苯) |
| 脂溶性维生素(A、D、E、K) | 氧化铝 | 石油醚+苯 |
| 甾醇 | 氧化铝 | 石油醚+苯+氯仿+甲醇 |
| 类甾醇 | 氧化铝 | 石油醚+苯+氯仿 |
| 酮类甾醇 | 硅胶(甲醇-水中浸渍过) | 苯+氯仿,氯甲烷、石油醚(用梯度洗脱法) |
| 煤焦油染料 | 氧化铝或白垩 | 水 |
| | 纸 | 乙醇+水 |

① 该栏括号中的液体为分配层析的固定相，Celite 为一种白色硅藻土。

表 7-73 为常用的柱色谱法溶剂和洗脱剂。

**表 7-73　常用的柱色谱法溶剂和洗脱剂**

| 溶剂和洗脱剂 | | 适于洗脱的物质 |
|---|---|---|
| 饱和烃 | 石油醚、正戊烷、正己烷、正庚烷、环己烷 | 烃、醇、醛、酮及其 2,4-二硝基苯腙、醚、酯、胺(芳香胺、杂环胺)、叶黄素、胡萝卜素、类胡萝卜素、666 等 |
| 不饱和烃 | 戊烯、苯、甲苯 | 醛、酮、生物碱、胺(酰化后) |
| 卤代烃 | 四氯化碳、氯仿、二氯乙烷、二氯乙烯 | 低级醇($C_1$～$C_2$)、某些脂肪酸(用与丁醇的混合溶剂)、叶黄素、类甾醇(混合溶剂) |
| 醚 | 二乙醚、二异丙醚、苯甲醚 | 生物碱、醛和酮的 2,4-二硝基苯腙 |
| 醇、酚 | 甲醇、乙醇、丙醇、正丁醇、苯酚 | 季铵盐、游离糖、链霉素 |
| 酮 | 丙酮、甲乙酮、苯乙酮 | 某些氨基酸、维生素 D |
| 酸 | 乙酸、丙酸、丁酸 | 青霉素、维生素 C、某些氨基酸 |
| 酯 | 乙酸乙酯、乙酸丙酯 | 某些氨基酸如亮氨酸 |
| 水 | | 某些氨基酸、生物碱、多元醇 |
| 酸、碱、盐及缓冲溶液 | | 无机离子、酸性氨基酸 |

# 第四节 薄层色谱法

薄层色谱法（TLC）也叫薄层层析法，薄层色谱法通常将吸附剂（载体）铺在光洁的表面上（如玻璃板、金属或塑料等），形成均匀的薄层。然后以流动相展开，样品中的组分不断地被吸附剂（固定相）吸附，又被流动相溶解（解吸）而向前移动。由于吸附剂对不同组分有不同的吸附能力，流动相有不同的解吸能力，因此，在流动相向前流动的过程中，不同组分移动的距离不同，因而得到分离。

薄层色谱法的优点是：①装置简单、操作简便，价格便宜，在一般化学实验室都可以进行；②展开耗时短，一般 20～30min 即可上行十几厘米，与纸色谱及柱色谱相比，分离速度快，效率高；③薄层色谱的斑点扩散少，检出灵敏度高（是纸色谱的 10～100 倍）；④在同一张薄层板上可用多种试剂显斑，且可供选择的显色剂种类多；⑤薄层色谱对样品的负荷量比纸色谱大许多，甚至可以高达 50mg 样品；⑥定量方法也有多种选择。因此，薄层色谱法是色谱中应用最普遍的方法之一。

## 一、主要类型

1. 薄层色谱法的分类

与液相色谱法相似，薄层色谱按机理也可分成吸附、分配、离子交换和凝胶渗透等类。但以吸附薄层法与分配薄层法最有用，其中分配薄层法又可因移动相与固定相的相对极性的差异分为正相分配薄层法和反相分配薄层法两种。在正相分配薄层色谱中，固定相的极性强于移动相的极性，即在正相分配薄层色谱中，极性大的样品组分有较低的迁移率（较小的 $R_f$ 值），极性较小的组分则有较高的迁移率（较大的 $R_f$ 值）；在反相薄层色谱中溶剂组分和吸附剂的作用以及样品组分的迁移率都与正相薄层色谱相反，在展开过程中，溶剂中的非极性组分和吸附剂的作用大，对极性物质迁移的阻力小，因此，极性化合物在反相薄层法中有较大的 $R_f$ 值。

在分配薄层中层材也是吸附剂，不过在这里吸附剂主要起载体的作用。常用的吸附剂有粉末状纤维素、无活性硅胶或者是两者的混合物。

吸附薄层法是以吸附剂（固定相）和被分离物质之间的吸附作用为基础进行样品分离的薄层形式。主要吸附剂有硅胶和氧化铝，它们都有强烈的活性。依靠这些层材的毛细管作用使移动相运动，当样品中的一种组分比另一组分更强烈地被固定相吸附时，得到分离。分离的程度与吸附剂的表面积有关，一般讲，吸附剂表面积大时有利于分离。

2. 吸附薄层法和分配薄层法的主要特点

表 7-74 列举了吸附薄层法与分配薄层法的主要特点。

**表 7-74 吸附薄层法与分配薄层法的主要特点**

| 方 法 | 吸附薄层法 | 正相分配薄层法 | 反相分配薄层法 |
|---|---|---|---|
| 主要分离对象 | 疏水(亲脂)弱极性或中等极性有机化合物 | 亲水无机物、亲水极性有机物 | 相似的疏水物质 |
| 薄层类型 | 活性吸附剂 | 含水、缓冲液或极性很强的有机液体的吸附剂，无活性 | 含非极性固定液的吸附剂，无活性 |
| 移动相 | 多种有机溶剂 | 用水或缓冲液饱和的有机溶剂 | 极性溶剂 |
| 常用层材料 | 硅胶、氧化铝 | 纤维素、无活性硅胶 | 纤维素、硅烷化硅胶 |
| 展开距离为 10cm 时所需平均时间/min | 20～45 | 60～90 | 60～90 |

## 二、条件的选择

1. 薄层色谱法对固定相和载体的要求

影响薄层色谱法有效分离混合物的因素很多，但主要有三点：①混合物的性质；②固定相种类；③展开剂的性质等。其中决定的因素是混合物组分的性质，针对要分离的组分考虑选择固定相及展开剂，正确地选择固定相及展开剂才能得到有效地分离。

(1) 薄层色谱法对固定相的要求

① 大的表面积和足够大的吸附能力，一般是多孔的颗粒状、纤维状物质；

② 在所用的溶剂及展开剂中不溶解，与展开剂及样品没有化学作用；

③ 有可逆的吸附性，即既能吸附样品组分，吸附后又易被溶剂解吸；

④ 颗粒均匀，在使用过程中不会变性和碎裂；

⑤ 最好为白色固体，这样可便于观察结果。

(2) 常用的固定相

① 硅胶 硅胶（$SiO_2 \cdot nH_2O$）为多孔性物质，在其网状多孔结构的分子内可以吸附多量的水分，这部分水称为“结构水”。在活化时，如果加热温度过高即可失去结构水，使网状结构破坏而失去活性。

硅胶表面吸附的水称为“自由水”或“游离水”。硅胶的活性决定于自由水的含量，自由水多时，活性低；反之则活性高；加热到100℃左右时，自由水即被可逆除去，当自由水达17%以上时，吸附能力极低，此时只可用作分配色谱法的支持体。

硅胶能吸附脂溶性物质，也能吸附水溶性物质。由于它是带酸性的吸附剂，因此，适于分离酸性及中性物质。国内生产的薄层色谱法用的硅胶的粒度为200～250目，纯度较高。

② 氧化铝 氧化铝的吸附能力比硅胶强，它略带碱性，适于分离碱性物质或硅胶不能分离的中性物质。层析用的氧化铝一般为200～300目，黏合力强，可制软板及硬板。

③ 聚酰胺 聚酰胺（尼龙）是一种用途广泛的有机吸附剂。其优点是吸附能力极大，适于带羟基化合物的分离。用于薄层色谱法的聚酰胺粉末，其颗粒大小为0.1～0.2mm，即70～140目。如将聚酰胺用水、缓冲液及甲酰胺处理，则可作为分配薄层的支持体。

④ 其他 其他固定相还有硅酸镁、滑石粉、氧化钙（镁）、淀粉、氢氧化钙（镁）、蔗糖等，用得较少。

活性炭的吸附性太强，且为黑色，所以很少在薄层色谱法中应用。

常用的吸附剂及载体见表7-75。纤维素预制薄层板见表7-76。硅胶预制薄层板见表7-77。聚酰胺预制薄层板见表7-78。

(3) 分配色谱对载体的要求

① 表面积大；

② 与展开剂及样品组分不起化学反应或分解作用；

③ 对固定液应具有惰性，对样品组分应无吸附性或有弱吸附性。

(4) 常用的载体有纤维素和硅藻土，纤维素有天然纤维素及微晶纤维素两种。天然纤维素既能作吸附剂又可作支持体；微晶纤维素只能作支持体，颗粒为70～140目。近年来还发展了离子交换纤维素和葡聚糖凝胶等制成的薄层板，这类预制板在生化上应用较多，如分离蛋白质、核酸、酶、糖等物质。硅藻土的粒度为200目左右，适用于分离水溶性物质。

2. 选择固定相的原则

样品的溶解性（水溶性、脂溶性）、酸碱性、极性以及与固定相有无化学变化等是选择固定相应考虑的主要因素。

(1) 一般不论样品的溶解性如何都可以在吸附薄层上分离，所以任何类型的化合物都可首先试用硅胶或氧化铝薄层。但当样品为水溶性化合物，在吸附薄层上分离不好时，可试用纤维素或硅藻土的分配薄层法，当脂溶性化合物在吸附薄层上分离不成功时，则可试用反相分配薄层法。

(2) 硅胶是多孔网状结构的中性及微酸性吸附剂，适于酸性及中性物质的分离；碱性物质能与硅胶作用，造成展开时拖尾或根本无法展开而达不到分离的目的。

(3) 氧化铝一般呈碱性（也可处理后制成酸性和中性，例如1∶1的硅胶掺和时可得到中性的化合物)，可用于碱性或中性化合物的分离，而不经酸化处理时，对酸性物质的分离效果不好。

(4) 样品的极性是由分子中所含官能团的极性及分子结构决定的，极性越大的物质，硅胶及氧化铝对它们的吸附越牢。

某些化合物的极性顺序大致为：饱和烃＜不饱和烃＜羟基化合物＜酸、碱。由此可见，含双键、三键的烃类化合物比饱和烃类易被吸附；含羟基及羧基的化合物比烃和醚易吸附。但吸附太牢时分离效果也不好，此时常采用掺入不同比例的硅藻土的方法降低吸附性。

**表 7-75 柱色谱法常用的吸附剂及载体**

| 吸附剂 | 型号 | 成分 | 生产厂代号① |
|---|---|---|---|
| 硅胶 | 硅胶 H | 不含黏合剂 | 1 |
| | 硅胶 G | 含煅石膏 | 1 |
| | 硅胶 GF254 | 含煅石膏及荧光剂 | 1 |
| | 硅胶 H | 不含黏合剂 | 2 |
| | 硅胶 G | 含煅石膏 | 2 |
| | 硅胶 GF254 | 含煅石膏及荧光剂 | 2 |
| | 150 | 不含黏合剂 | 5 |
| | 150G | 含 15%煅石膏黏合剂 | 5 |
| | 150S | 含 15%淀粉黏合剂 | 5 |
| | 150LS254 | 含无机荧光剂 | 5 |
| | 150G/LS254 | 含煅石膏及荧光剂 | 5 |
| | 150S/LS254 | 含淀粉及荧光剂 | 5 |
| | silica gel 7 | 不含黏合剂的中性硅胶 | 6 |
| | silica gel 7G | 含煅石膏的中性硅胶 | 6 |
| | adsorbsil-1 | 含 10%石膏的硅胶 | 7 |
| | adsorbsil-2 | 硅胶 | 7 |
| | adsorbsil-3 | 含 10%硅酸镁的硅胶 | 7 |
| | adsorbsil-4 | 超高纯的 adsorbsil-3 | 7 |
| | adsorbsil-5 | 具有最坚韧结合的特性硅胶 | 7 |
| | adsorbsil-ADN | 用 $AgNO_3$ 浸渍过的硅胶 | 7 |
| | adsorbsil-GA | 含 10%煅石膏 | 7 |
| | adsorbsil-HA | 无黏合剂 | 7 |
| | reversil-3 | 用二甲基二氯硅烷处理的 | 7 |
| | MN-silica gel G | 含煅石膏 | 8 |
| | MN-silica gel N | 不含黏合剂 | 8 |
| | MN-silica gel S | 含淀粉 | 8 |
| | MN-silica gel G/UV254 | 含煅石膏及荧光剂 | 8 |
| | MN-silica gel G/HR | 含煅石膏的高纯硅胶 | 8 |
| | Bio-Sil A | 无黏合剂或含 5%黏合剂 | 9 |
| | 1500 | 耐酸硅胶 | 5 |
| | 1500LS254 | 含荧光物质 | 5 |
| | 1500S | 含淀粉 | 5 |
| | 1500S/LS254 | 含荧光剂及淀粉 | 5 |
| | 6061-silica gel | 含黏合剂 | 10 |
| | 6060-silica gel | 含荧光剂 | 10 |
| | silica gel | 硅胶 | 11 |
| | silica gel F | 含荧光剂 | 11 |
| | silica gel G | 含煅石膏 | 11 |
| | silica gel GF | 含煅石膏及荧光剂 | 11 |
| 氧化铝 | alumium oxide 9F | 含荧光剂的碱性氧化铝 | 6 |
| | alumium oxide GA | 含 10%煅石膏氧化铝 | 7 |
| 氧化铝 | alumium oxide HA | 无黏合剂氧化铝 | 7 |
| | alumium oxide G | 含煅石膏氧化铝 | 8 |
| | alumium oxide/UV254 | 含煅石膏及荧光剂 | 8 |
| | alumium oxide N | 不含黏合剂 | 8 |
| | alumium oxide N/UV254 | 含荧光剂 | 8 |
| | 6062-alumina | 含黏合剂 | 10 |
| | 6063-alumina F | 含黏合剂及荧光剂 | 10 |
| | alumina, acid | 酸性氧化铝 | 11 |
| | alumina, basic | 碱性氧化铝 | 11 |
| | alumina, neutral | 中性氧化铝 | 11 |
| | alumina G | 含煅石膏氧化铝 | 11 |
| | ALOXN | 氧化铝 | 8 |
| | ALOXN/UV254 | 含荧光剂氧化铝 | 8 |
| | 4466 | 含惰性黏合剂 | 6 |
| | 4467 | 含荧光剂及黏合剂 | 6 |
| 层析氧化铝片 | | 预制氧化铝薄层板 | 4 |
| 聚酰胺 | polyamide-6 | 聚己内酰胺 | 6 |
| | polyamide-11 | 聚氨基十一酸 | 6 |
| | polyamide TLC66 | 聚己二胺-己二酸为原料 | 8 |
| | polyamide TLC66/UV254 | 含荧光剂的 poly. TLC66 | 8 |
| | polyamide TLC66AC | 乙酰化的 poly. TLC66 | 8 |
| | polyamide TLC6 | 聚己内酰胺为原料 | 8 |
| | polyamide TLC11 | 聚氨基十一酸为原料 | 8 |
| | 1600 | 含淀粉黏合剂 | 5 |
| | 6066-polyamide | 聚酰胺 | 10 |
| 聚酰胺 | 6067-polycarbonate | 聚碳酸酯 | 10 |
| 多孔玻璃 | adsorbosil G-1 | 含 13%煅石膏的多孔玻璃 | 7 |
| | adsorbosil G-2 | 无黏合剂的多孔玻璃 | 7 |
| 硅酸镁 | adsorbosil M-1 | 含黏合剂的硅酸镁 | 7 |
| | adsorbosil M-2 | 无黏合剂的硅酸镁 | 7 |
| 硅藻土 | MN-kieselguhr N | 不含黏合剂的硅藻土 | 8 |
| | MN-kieselguhr G | 含煅石膏的硅藻土 | 8 |
| 离子交换纤维素 | CM-cellulose | 羧甲基纤维素 | 6 |
| | DEAE-cellulose | 二乙氨基乙基纤维素 | 6 |
| | ECTEOLA-cellulose | ECTEOLA④纤维素 | 6 |
| | PEI-cellulose | 聚乙烯亚胺纤维素 | 6 |
| | MN-300P② | 磷酸化的纤维素 | 8 |
| | MN-300CM② | 羧甲基纤维素 | 8 |
| | MN-Poly-P② | 多磷酸盐浸渍的纤维素 | 8 |

续表

| 吸附剂 | 型号 | 成分 | 生产厂代号[①] | 吸附剂 | 型号 | 成分 | 生产厂代号[①] |
|---|---|---|---|---|---|---|---|
| 纤维素 | MN-300DEAE[③] | 二乙氨基乙基纤维素 | 8 | 纤维素粉 | cellulose Ac-10 | 含10%乙酰化纤维素 | 6 |
| | MN-300PEI[③] | 聚乙烯亚胺浸渍纤维素 | 8 | | Microcrystalline cellulose | 微晶纤维素 | 6 |
| | MN-ECTEOLA[③] | ECTEOLA[④]纤维素 | 8 | | MN-300 | 天然纤维状纤维素 | 8 |
| | Cellex D | 二乙氨基乙基纤维素 | 9 | | MN-300UV254 | 含荧光剂的MN-300 | 8 |
| | Cellex E | ECTEOLA[④]纤维素 | 9 | | MN-300HR | 高纯的MN-300 | 8 |
| | Cellex PEI | 聚乙烯亚胺纤维素 | 9 | | MN-300Ac/Ca 10% | 含10%乙酰化纤维素 | 8 |
| | Cellex CM | 羧甲基纤维素 | 9 | | | | |
| | Cellex P | 磷酸纤维素 | 9 | | MN-300Ac/Ca 20% | 含20%乙酰化纤维素 | 8 |
| | No. 66 | 二乙氨基乙基纤维素 | 4 | | | | |
| | No. 67 | ECTEOLA[④]纤维素 | 5 | | MN-300Ac/Ca 30% | 含30%乙酰化纤维素 | 8 |
| | No. 68 | 羧甲基纤维素 | 5 | | | | |
| | No. 69 | 磷酸酯化纤维素 | 5 | | MN-300Ac/Ca 40% | 含40%乙酰化纤维素 | 8 |
| 纤维素粉 | 142dg | 二次酸洗的纤维素粉 | 5 | | | | |
| | 144 | 纯结晶纤维素细粉 | 5 | | Avicel | 微晶纤维素 | 8 |
| | 144LS254 | 含3%无机发光物质的纤维素粉 | 5 | 纤维素 | Cellex N-1 | 纤维素 | 9 |
| | | | | | Cellex MX | 微晶纤维素 | 9 |
| | 144/6ac | 含6%乙酰化纤维素 | 5 | | 6064-cellulose | 纤维素 | 10 |
| | 144/21ac | 含21%乙酰化纤维素 | 5 | | 6065-cellulose-F | 含荧光剂纤维素 | 10 |
| | 144/45ac | 含45%乙酰化纤维素 | 5 | | | | |

① 生产吸附剂或载体的部分厂家代号为：1—青岛海洋化工厂；2—北京化工厂；3—烟台地区化工研究所；4—浙江黄岩化学试验厂；5—Schleicher & Schuell Co.（美国）；6—J. T. Baker Chem. Co.（美国）；7—Applied Science Laboratories, Inc.（美国）；8—Machery-Nagel & Co.（德国）；9—Bio Rad Lab.（美国）；10—Distillation Products Industries（美国）；11—Waters Associates（美国）。

② 阳离子交换剂。

③ 阴离子交换剂。

④ 表氯醇三乙醇胺。

**表 7-76 纤维素预制薄层板**

| 型号 | 成分 | 生产厂代号[①] | 型号 | 成分 | 生产厂代号[①] |
|---|---|---|---|---|---|
| 4468 | 纤维素 | 6 | 1440/K5 | 含5%Dowex 50w-X8(阳离子交换剂)的纤维素 | 5 |
| 4469 | 含荧光剂纤维素 | 6 | | | |
| 4472 | 含10%乙酰化纤维素 | 6 | 1440/K10 | 含10%Dowex 50w-X8的纤维素 | 5 |
| 4473 | 聚乙烯亚胺纤维素 | 6 | | | |
| 4474 | 含荧光剂的聚乙烯亚胺纤维素 | 6 | 1440PEI | 聚乙烯亚胺纤维素 | 5 |
| 4477 | 二乙氨基乙基纤维素 | 6 | CEL300 | 天然纤维状纤维素 | 8 |
| 4478 | ECTEOLA纤维素 | 6 | CEL300UV254 | 含荧光剂天然纤维素 | 8 |
| 4479 | 羧甲基纤维素 | 6 | CEL400 | 微晶纤维素 | 8 |
| 4480 | 微晶纤维素 | 6 | CEL400UV254 | 含荧光剂的微晶纤维素 | 8 |
| 4481 | 含荧光剂微晶纤维素 | 6 | CEL300Ac-10 | 含10%乙酰化纤维素的天然纤维素 | 8 |
| 1440 | 144纤维素 | 5 | | | |
| 14402 | 10条7mm宽的色谱条144纤维素 | 5 | CEL300Ac-30 | 含30%乙酰化纤维素的天然纤维素 | 8 |
| 1440LS254 | 含荧光剂的144纤维素 | 5 | CEL300PEI | 聚乙烯亚胺浸渍的天然纤维素 | 8 |
| 1440/21ac | 含21%乙酰化纤维素 | 5 | | | |
| 1440/45ac | 含45%乙酰化纤维素 | 5 | CEL300PEI/UV254 | 含荧光剂的CEL300PEI | 8 |
| 1440/A5 | 含5%Dowex-2X8(阴离子交换剂)的纤维素 | 5 | CEL300DEAE | 二乙氨基乙基天然纤维素 | 8 |
| | | | CEL300ECTEOLA | ECTEOLA天然纤维素 | 8 |
| 1440/A10 | 含10%Dowex-2X8的纤维素 | 5 | CEL300CM | 羧甲基天然纤维素 | 8 |

① 生产厂家代号参见表7-75。

**表 7-77 硅胶预制薄层板**

| 型 号 | 成 分 | 生产厂代号① | 型 号 | 成 分 | 生产厂代号① |
|---|---|---|---|---|---|
| 硅胶 G | 含煅石膏 | 1 | 4448 | 200μm 厚度含惰性黏合剂 | 6 |
| 硅胶 HF254 | 含荧光剂 | 1 | 4449 | 含荧光剂的 4448 | 6 |
| 硅胶 GF254 | 含煅石膏及荧光剂 | 1 | 4462 | 含惰性黏合剂 | 6 |
| 高效硅胶板 | | | 4463 | 含荧光剂的 4462 | 6 |
| HSGF254 | 含煅石膏及荧光剂的高效板 | 3 | 4464 | 含淀粉黏合剂 | 6 |
| SGF254 | 含煅石膏及荧光剂 | 3 | 4465 | 含荧光剂的 4464 | 6 |
| HSG | 含煅石膏高效板 | 3 | SILN-HR | 高纯硅胶 N | 8 |
| SG | 含煅石膏 | 3 | SILN-HR/UV254 | 含荧光剂高纯硅胶 N | 8 |
| 层析硅胶片 G | 含煅石膏 | 4 | SILS-HR | 含淀粉高纯硅胶 | 8 |
| 层析硅胶片 GF254 | 含煅石膏及荧光剂 | 4 | SILS-HR/UV254 | 含荧光剂及淀粉的高纯硅胶 | 8 |

① 生产厂家代号参见表 7-75。

**表 7-78 聚酰胺预制薄层板**

| 型 号 | 成 分 | 生产厂代号① | 型 号 | 成 分 | 生产厂代号① |
|---|---|---|---|---|---|
| 层析聚酰胺片 | | 4 | Polyamide-11 | 尼龙 11 聚酰胺 | 8 |
| 4470 | 以聚酰胺-11 制成 | 6 | Polyamide UV254 | 含荧光剂的尼龙 11 | 8 |
| 447 | 含荧光剂的 4470 | 6 | Polyamide-6 | 尼龙 6 聚酰胺 | 8 |
| 4475 | 以聚酰胺-6 制板 | 6 | Polyamide UV254 | 含荧光剂尼龙 6 | 8 |
| 4476 | 含荧光剂的 4475 | 6 | | | |

① 生产厂家代号参见表 7-75。

3. 薄层色谱中展开剂的选择原则

展开剂的选择是薄层层析的关键因素之一。可供选择的展开剂种类很多，主要为一些低沸点的有机溶剂，而且除单一溶剂以外，还可配成各种比例的混合溶剂。选择展开剂的主要要求是能最大限度地将样品组分分离。

对吸附薄层法主要应考虑展开剂的极性（被分离化合物的溶解度也会影响分离效果）；对分配薄层法则根据化合物在固定相及流动相之间的溶解度来选定。

展开剂最好用单一溶剂，或者可用简单的混合溶剂。

单一溶剂的极性次序：石油醚<环己烷<二硫化碳<四氯化碳<苯<甲苯<二氯甲烷<氯仿<乙醚<乙酸乙酯<丙酮<正丙醇<乙醇<甲醇<吡啶<酸。

被分离物质的极性、固定相的吸附活度和展开剂的极性既相互关联又互相制约，只有处理好这三者的关系，才能使样品组分得到很好的分离效果。

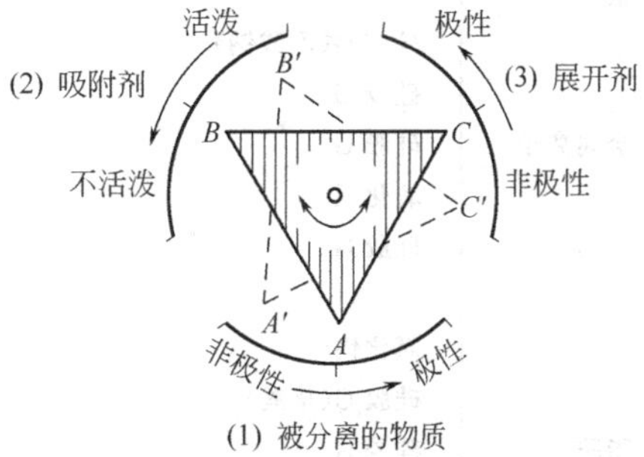


图 7-46 展开剂极性、吸附剂活泼性和被分离物质极性三者关系

图 7-46 中（1）为被分离化合物的极性；（2）为固定相的活度；（3）为展开剂极性，三个因素各占圆周的 1/3。可根据图形正中三角形转动时三个角的指向作选择的参考。具体做法是：先固定三角形的一个顶点指向被分离化合物的极性，然后根据其他两个顶端所指的部位，决定选择吸附剂的活性及展开剂的极性。

薄层色谱法分离各类化合物的吸附剂（载体）及展开剂见表 7-79。

薄层色谱法分离糖、氨基酸、黄曲霉素、核苷酸、有机磷、有机氯等的吸附剂、展开剂及显色剂可参考表 7-80。

表 7-79 薄层色谱法分离各类化合物的吸附剂（载体）及展开剂

| 化合物 | 吸附剂(载体) | 展开剂 |
|---|---|---|
| 叶绿素 | 硅胶及聚酰胺 | 异辛烷-丙酮-乙醚(3+1+1) |
| | 纤维素 | 石油醚-苯-氯仿-丙酮-异丙醇(50+35+10+5+0.17) |
| | 氧化铝 | 石油醚-丙酮(4+6) |
| | 硅胶 G-氢氧化钙(1+4)用石蜡油处理 | 石蜡油饱和的甲醇 |
| 醛、酮的 2,4-二硝基苯腙 | 硅胶 | 己烷-乙酸乙酯(4+1 或 3+2) |
| | 氧化铝 | 苯或氯仿或乙醚 |
| | | 苯-己烷(1+1) |
| 生物碱 | 硅胶 | 苯-乙醇(9+1)或氯仿-丙酮-二乙胺(5+4+1) |
| | 氧化铝 | 氯仿，乙醇 |
| | | 环己烷-氯仿(3+7)加 0.05%二乙胺 |
| | 甲酰胺处理的纤维素 | 苯-正庚烷-氯仿-二乙胺(6+5+1+0.02) |
| 胺 | 硅胶 | 乙醇(95%)-氨(25%)(4+1) |
| | 氧化铝 | 丙酮-正庚烷(1+1) |
| | 硅藻土 G | 丙酮-水(99+1) |
| 糖 | 硅胶(硼酸缓冲液) | 苯-乙酸-甲醇(1+1+3) |
| | 硅胶 G | 正丙醇-浓氨水(6+2+1) |
| | 纤维素 | 丁醇-吡啶-水(6+4+3) |
| | | 乙酸乙酯-吡啶-水(2+1+2) |
| | 硅藻土 G(0.02mol/L 乙酸钠溶液) | 乙酸乙酯-异丙醇-水(65+24+12)或(5+2+0.5) |
| 羧酸 | 硅胶 | 苯-甲醇-乙酸(45+8+8) |
| | 聚酰胺 | 甲醇、乙醇、乙醚 |
| 磺胺 | 硅胶 G | 氯仿-乙醇-正庚烷(1+1+1) |
| 食用染料 | 硅胶 G | 丁酮-乙酸-甲醇(40+5+5) |
| | 氧化铝 | 丁醇-乙醇-水(9+1+1;8+2+1;7+3+3;6+4+4 或 5+5+5) |
| | 纤维素 | 枸橼酸钠水溶液(2.5%～25%氨水)(4+1) |
| 挥发油 | 硅胶 G | 苯-氯仿(1+1) |
| 黄酮及香豆素 | 聚酰胺 | 甲醇-水(8+2 或 6+4) |
| | 硅胶 G(乙酸钠) | 甲苯-*N*-乙基甲酰胺-甲酸(5+4+1) |
| | 硅胶 G | 石油醚-乙酸乙酯(2+1) |
| 金属离子 | 硅胶 G | 丙酮-浓盐酸-2,5-己二酮(100+1+0.5) |
| | 氧化铝 | 甲醇 |
| 农药 | 硅胶 G | 环己烷-己烷(1+1) |
| | | 四氯化碳-乙酸乙酯(8+2) |
| | 氧化铝 | 己烷 |
| | 硅胶 G(草酸) | 氯仿 |
| 脂肪 | 硅胶 G | 石油醚-乙醚-乙酸(90+10+1 或 70+20+4) |
| | 氧化铝 | 石油醚-二乙胺(95+5) |
| | 硅胶 | 氯仿-甲醇-水(80+25+3) |
| 脂肪酸 | 硅胶 G | 石油醚-乙醚-乙酸(70+30+1 或 2) |
| | 硅藻土(用十一烷处理) | 乙酸-乙腈(1+1) |
| 甘油酯 | 硅胶 G(用硝酸银处理) | 氯仿-乙酸(99.5+0.5) |
| | 硅胶 G | 氯仿-苯(7+3) |
| 糖脂(glycolipids) | | 正丙醇-12%氨水(4+1) |

续表

| 化合物 | 吸附剂(载体) | 展开剂 |
|---|---|---|
| 磷脂 | 硅胶G | 氯仿-甲醇-水(60+35+8或65+25+4) |
| 核苷酸 | 纤维素 | 硫酸铵饱和水溶液-1mol/L乙酸钠-异丙醇(80+18+2) |
| | DEAE-纤维素 | 0.02～0.04mol/L盐酸水溶液 |
| | DEAE-葡聚糖凝胶 | 梯度洗脱:开始用1mol/L甲酸慢慢加入0.2mol/L甲酸铵的10mol/L甲酸溶液 |
| | PEI-纤维素 | 1.0～1.6mol/L氯化锂溶液 |
| 酚 | 硅酸-硅藻土(1+1) | 二甲苯,氯仿或二甲苯-氯仿(1+1,3+1或1+3) |
| | 氧化铝(乙酸) | 苯 |
| | 硅胶(草酸) | 己烷-乙酸乙酯(4+1或3+2) |
| | 硅胶G(硼酸) | 乙醇-水(8+3)含4%硼酸及2%乙酸钠 |
| | 聚酰胺 | 四氯化碳-乙酸(9+1)或环己烷-乙酸(93+7) |
| 氨基酸 | 硅胶G | 正丁醇-乙酸-水(3或4+1+1) |
| | | 酚-水(75+25) |
| | | 正丙醇-34%氨水(67+33) |
| | 纤维素 | 正丁醇-乙酸-水(4+1+1) |
| | 氧化铝 | 正丁醇-乙酸-水(3+1+1) |
| | | 吡啶-水(1+1) |
| 多肽及蛋白质 | 硅胶G | 氯仿-甲醇或丙酮(9+1) |
| | 聚酰胺结合羟基磷灰石 | pH=6.5磷酸钾缓冲液 |
| | 葡聚糖凝胶G-25 | 水或0.05mol/L氨水 |
| | DEAE葡聚糖凝胶A-25 | 磷酸缓冲液 |
| 甾体及甾醇 | 硅胶G | 苯或苯-乙酸乙酯(9+1或2+1) |
| | 氧化铝 | 氯仿-乙醇(96+4) |
| | 硅胶-硅藻土(1+1) | 环己烷-庚烷(1+1) |
| | 硅胶(氢氧化钠) | 苯-异丙醇 |
| 萜 | 氧化铝 | 苯或苯-石油醚或乙醇混合液 |
| | 硅胶G | 异丙醚或异丙醚-丙酮(5+2或9+1) |
| 维生素 | 氧化铝 | 甲醇,四氯化碳,二甲苯,氯仿或石油醚 |
| | 硅胶G | 甲醇,丙酮或氯仿 |
| | 硅胶(石蜡油) | 丙酮-石蜡油(水饱和)(9+1) |
| 巴比妥 | 硅胶 | 氯仿-正丁醇-25%氨水(70+40+5) |
| 洋地黄化合物 | 硅胶 | 氯仿-吡啶(6+1) |
| 多环芳烃 | 氧化铝 | 四氯化碳 |
| 嘌呤 | 硅胶 | 丙酮-氯仿-正丁醇-25%氨水(3+3+4+1) |

**表7-80 薄层色谱法用的吸附剂、展开剂及显色剂**

| 化合物 | 吸附剂或支持体 | 展开剂 | 显色剂 |
|---|---|---|---|
| 糖 | 浸润0.02mol/L乙酸钠的硅藻土G | ①乙酸乙酯+65%异丙醇=65+35<br>②乙酸乙酯+异丙醇+水=18+1+1 | ①茴香醛-硫酸溶液:0.5mL茴香醛,加50mL冰乙酸,再加1mL浓硫酸,不同糖出现不同颜色,此试剂宜新鲜配制<br>②其他显色剂见纸上色谱法 |
| | 0.1mol/L $\frac{1}{3}H_3BO_3$ 浸润的硅胶G | ①苯+甲醇+冰乙酸=1+3+1<br>②丁酮+甲醇+冰乙酸=3+1+1 | |
| | 纤维素 | ①乙酸乙酯+吡啶+水=2+1+2<br>②饱和了水的酚加1%氨<br>③异丙醇+吡啶+乙酸+水=8+8+1+4 | |

续表

| 化合物 | 吸附剂或支持体 | 展开剂 | 显色剂 |
|---|---|---|---|
| 氨基酸 | 硅胶 G | 双向展开：<br>①{氯仿+甲醇+17%氨水=2+2+2<br>酚+水=75+25<br>②{正丁醇+乙酸+水=60+20+20<br>酚+水=75+25 | 溶液Ⅰ：<br>0.2g 茚三酮溶于 50mL 无水乙醇中，加入 10mL 冰乙酸和 2mL2,4,6-三甲基吡啶<br>溶液Ⅱ：<br>0.1g 硝酸铜[$Cu(NO_3)_2 \cdot 3H_2O$]溶于 10mL 无水乙醇中<br>用溶液Ⅰ+溶液Ⅱ=50+3 的混合液喷雾，在 100℃干燥 10min，出现蓝紫色斑点 |
| | 纤维素 | 正丁醇+乙酸+水=4+1+5 | |
| | 氧化铝 | 分离氨基酸的钠盐用：异丁醇+乙醇+水=6+4+4 | |
| 黄曲霉素 | 硅胶 G | 氯仿+丙酮=8+2 | 在 365nm 波长的紫外线下显荧光 |
| 核苷酸 | 纤维素 | 正丁醇+丙酮+乙酸+5%氨水+水=45+15+10+10+20 | 在 260nm 波长的紫外线下呈现暗斑 |
| 有机磷 | 硅胶 G | 己烷+丙酮=4+1 | 荧光素-溴溶液：<br>溶液Ⅰ：60mg 荧光素溶于 3.6mL 0.1mol/L 氢氧化钾溶液中，加入 180mL 乙醇<br>溶液Ⅱ：50%(体积)溴的四氯化碳溶液<br>用溶液Ⅰ喷雾，晾干后置于溶液Ⅱ的溴蒸气中数秒钟，在粉红色的背景上出现黄绿色的斑点 |
| | 氧化铝 | 苯+乙醇=10+0.8 | |
| 有机氯 | 氧化铝 G：用 0.1% 或 0.4% 的硝酸银调制 | ①含 1%丙酮的正己烷<br>②含 1%丙酮的石油醚 | 硝酸银显色剂：<br>取 0.1g 硝酸银及 20mL 苯氧乙醇，溶于丙酮中，定容至 200mL，立即加入 30%过氧化氢 3 滴，混合均匀，喷雾后于紫外线下照射 10min，在浅棕色底上呈现棕紫色斑点 |

## 三、操作步骤

1. 薄层板的分类与制备

薄层板的制备是薄层色谱法中重要的步骤。首先应把吸附剂均匀地涂布在玻璃板上，使其成为厚度一致的薄层，这个过程叫做铺层（涂布）。只有当分离和比较用的几块薄层板厚度一致时，展开同一化合物的 $R_f$ 值才能保持恒定。因此，要求玻璃板的质量较好，表面光滑、平整。在使用前应该用洗液或洗涤剂浸泡，然后再用自来水、蒸馏水洗净、烘干，不能留有油渍。为此在涂布前要用乙醇脱脂棉擦净后再涂布，否则会影响吸附剂的黏合牢固程度。

(1) 薄层板的分类　薄层板可分为硬板（湿板）及软板（干板）两种。在吸附剂或支持剂中加入黏合剂（如煅石膏、淀粉、羧甲基纤维素钠盐）制成的板称为硬板；不加黏合剂的板称为软板。硬板中的吸附剂或支持剂被粘牢在玻璃板上，在喷显色剂时不会被冲散，而且还可用直立方式展开。不含黏合剂的软板易被风吹散，只能放在近水平的场合展开。

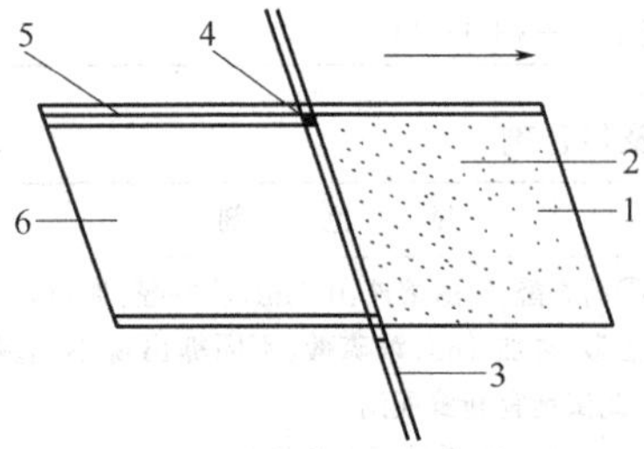


图 7-47　薄层涂布方法

1—玻璃板；2—吸附剂；3—玻璃棒；4—防止玻璃棒滑动的胶布；5—调节薄层厚度的橡皮胶布；6—涂好的薄层

(2) 薄层的涂布方法　涂布方法有干法涂布及湿法涂布两种。

① 干法涂布　薄层涂布的方法如图 7-47 所示。

② 湿法涂布（硬板制备）　在加入黏合剂的吸附剂或支持剂的干粉中加水或其他溶剂，调成糊状，涂布于玻璃板上经干燥后备用。操作步骤是先调浆后涂布。

调浆是制板的重要环节，加水量及调浆时间不仅关系到浆料的黏稠性，也影响到薄层的厚度。使吸附剂与蒸馏水用量之比在 1∶2～1∶2.5 为宜。浆料要调和均匀，不可用力过猛，产生气泡，影响涂布的均匀性。下面举个实例。

取硅胶 G 或氧化铝 10g，加水 15mL，在研钵中研匀，然后再加水 3～5mL，再次研匀后立即涂布；如材料是纤维素则应取 15g，加水 90mL，搅匀后涂布，一般不加黏合剂。

在某些特定的要求下，为了保持薄层有恒定的 pH 值，可用缓冲溶液代替水调制涂板。有时为减少显色手续，在制板时可加入显色剂或荧光指示剂。

常用薄层涂布的方法有五种。

① 浸涂法　将玻璃板在调好的浆液中浸一下，使浆液在玻璃板上形成薄的涂层。

② 喷涂法　用喷雾器将浆液均匀地喷在玻璃板上，使形成薄层。

③ 推铺法　同干法涂布法的操作。如图 7-47 中，两手握住卷有防滑橡皮胶布玻璃棒的两端。把已活化处理过的固定相均匀地铺在干净的玻璃板上，将玻璃棒压在玻璃板上，用力均衡、匀速地向箭头所指的方向推进。防滑的橡皮胶布圈可用塑料布或孔径合适的塑料管制作。

通常用于鉴定或定量分离时，薄层的厚度在 0.25～0.5mm；而小量制备时其厚度可大些，大约 1～2mm。固定相的粒度以 150～200 目为宜。

湿法涂布的关键是推进时两手一定要用力均匀，并且中途不可停顿，否则厚度不会均匀一致，影响分离的效果。

④ 倾斜法　为得到性能良好的薄层层析板，必须按照下法操作：用一根宽口吸管，取调好的浆液注在玻璃板上，然后将玻璃板前后左右倾斜使浆液流满整个玻璃板，再轻轻敲玻璃板，使薄层均匀。

⑤ 涂布器涂布法　用特制的涂布器涂布。

薄层涂好后，平放，在室温下干燥，不能烘干，以免发生龟裂。薄层的厚度一般为 0.25～0.30mm，当分析高含量的样品时，可厚达 0.4～0.5mm，但不能太薄，否则影响分离效果。

涂布板质量的检查。将板对光观察，板面应均匀一致，表面光滑，清洁无痕并无气泡点；喷雾时，吸附剂不应脱落。

(3) 薄层板的活化　涂布好的吸附薄层板在使用前要进行活化。其目的是使其失去水分子，且有一定的吸附能力。活化方法是先将涂布好并经自然干燥的薄层板放入干燥箱中干燥，活化条件应视薄层的厚度和所需活度而异，所选用的溶剂及活化条件见表 7-81。

**表 7-81　制备不同吸附薄层时选用的溶剂及活化条件**

| 吸附剂 | 选用溶剂 | 吸附剂∶溶剂 | 活化条件 |
|---|---|---|---|
| 硅胶 G | 蒸馏水 | 1∶2 | 110～130℃,1h |
| 氧化铝 G | 蒸馏水 | 1∶(1～3) | 80℃,30min |
| 硅藻土 G | 蒸馏水 | 1∶2 | 110℃,30min |
| 纤维素 | 95%乙醇或丙酮 | 1∶(5～6) | 空气干燥后在 100℃下活化 3～5min |
| 聚酰胺 | 甲醇 | 1∶(4～10) | 60～70℃,1h;或空气中干燥 30min |

应该注意的是含有煅石膏的薄层板活化温度不可超过 128℃，否则又会再进一步脱水而影响活性。

已活化的薄层板，应存放在盛有无水氯化钙或变色硅胶的干燥器中，供一周内使用，超过一周则必须再次活化。

分配薄层板则不需活化，一般在经过 12h 的自然干燥后即可使用。如果用甲酰胺作固定相时，在使用前才能在薄层上喷上甲酰胺的丙酮溶液，待丙酮挥发后立即使用，不能存放。

(4) 活性的测定　吸附剂的活性影响被分离物质在薄层上的分离效果及 $R_f$ 值。因此，活性应适中，不可太强或太弱。使用前应对活性进行测定。

① 硅胶薄层活性的测定　称取奶油黄、苏丹红、靛蓝三种色素各 40mg，溶于 100mL 苯中，将此混合液点于薄层板上，用苯展开，在 30～40min 内溶剂前沿上升到 10cm 时，三种色素的 $R_f$ 值分别为 0.58、0.10、0.08 时，表示薄层的活性合格。

② 氧化铝薄层活性的测定　称取偶氮苯 30mg、对甲氧基偶氮苯、苏丹黄、苏丹红及对氨基偶

氮苯各 20mg，分别溶于 50mL 重蒸的四氯化碳中。取 20mL 点于氧化铝薄层上，用四氯化碳展开，溶剂上升至 10cm 时根据表 7-82 所列的 $R_f$ 值，确定活性的级别，氧化铝的活性分为五级：Ⅰ＞Ⅱ＞Ⅲ＞Ⅳ＞Ⅴ，一般Ⅱ、Ⅲ级为宜。

**表 7-82 氧化铝活性级别测定表（$R_f$ 值）**

| 色素 | Ⅱ级 | Ⅲ级 | Ⅳ级 | Ⅴ级 | 色素 | Ⅱ级 | Ⅲ级 | Ⅳ级 | Ⅴ级 |
|---|---|---|---|---|---|---|---|---|---|
| 偶氮苯 | 0.59 | 0.74 | 0.85 | 0.95 | 苏丹红 | 0.00 | 0.10 | 0.33 | 0.56 |
| 对甲氧基偶氮苯 | 0.16 | 0.49 | 0.69 | 0.89 | 对氨基偶氮苯 | 0.00 | 0.03 | 0.08 | 0.19 |
| 苏丹黄 | 0.01 | 0.25 | 0.57 | 0.78 | | | | | |

在实际工作中最可靠的办法是用标准物质在同一块薄层板展开的方式作对照，这样就可以免去活性试验这一步。

(5) 变性薄层板和反相薄层板　制备薄层板时以酸、碱或缓冲溶液代替水来涂布，可得到具有一定酸碱度的薄层的变性薄层板。例如，要制备酸性薄层板时，可用 0.5mol/L 的 $\frac{1}{2}H_2C_2O_4$ 或 0.1mol/L 的 $\frac{1}{3}H_3BO_3$ 溶液；碱性薄层板可用 0.5～1.0mol/L 的氢氧化钠；缓冲溶液可用 0.2mol/L 的磷酸缓冲溶液。

在分配薄层色谱法分离脂溶性物质时，可采用反相薄层色谱法。此时以极性强的溶剂为流动相，以极性弱的溶剂为固定相。

反相薄层板是在上述方法制好并干燥的薄层板上，再以硅酮、十一烷、十四烷、液体石蜡、石油馏分（沸点 240℃）、硅油等浸渍，其操作是将薄层板小心地浸没在含 5%～10%上述化合物的乙醚或石油醚溶液中，数分钟后取出干燥，除去溶剂。乙醚在室温下挥发除去；以石油醚为溶剂时在 120℃加热 25min，即可使用。

2. 点样

在点样前，样品一般都应经过预处理。液体样品可直接萃取，固体样品应粉碎后萃取，或经离子交换法除去杂质后点样。

先将薄层板修整一下，因为涂布好的薄层板往往四周的厚度不匀，影响展开效果。所以，在点样前应将从干燥器内取出的薄层板修整，刮去边缘约 5mm 宽的涂层。在薄层板底端约 1.0～1.5cm 处刮出点样线（原线）。然后用针或铅笔在每隔 1～2cm 处轻轻做一标记作为点样处。

将纯化处理过的样品用合适的溶剂溶解（一般用氯仿、乙醇或其他挥发性溶剂），不宜用水，因为水会降低吸附剂的活性，斑点也易扩散不集中，浓度应控制在 0.01%～1.0%。

点样量因组分含量而异。一般在定性鉴定时，点样量由显色剂的灵敏度决定，在几至十几微克之间，体积在$(0.5\sim5)\times10^{-12}$L，高性能薄层可多到$(50\sim500)\times10^{-9}$L；定量测定时，点样量在几十到几百微克，制备分离时可点到几十毫克。用稀溶液多次点样时可大些，点样量太少，会使斑点模糊或不显色，太多的样品量，则会造成拖尾或相近 $R_f$ 值的组分分离效果欠佳。

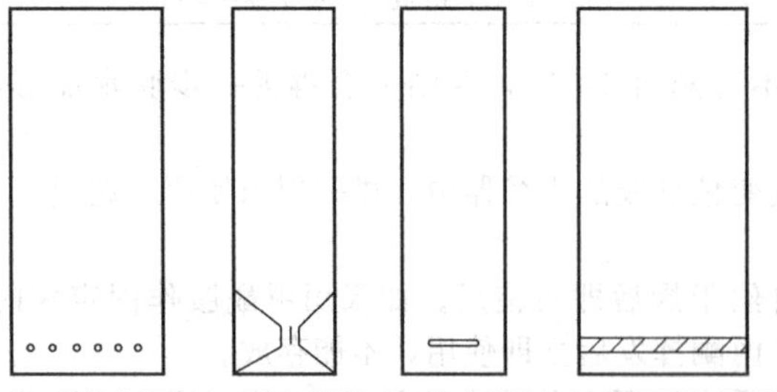

(a) 一般点样　(b) 径向薄层　(c) 点成条状　(d) 样品填入沟槽

图 7-48　点样方式

点样时不能触破薄层，最好在较密闭的器皿中进行。如在空气中点样，则速度越快越好，以免薄层吸湿而改变活性。

对大体积稀溶液点样时，可采用条状点样方式，这种点样方式可以提高薄层的载量。如图 7-48(c) 所示。

点式点样（定量）时，点样体积应该相同。如要求样品量不同时，则应采用相同浓度的标准溶液校正。

一批样品与标准溶液应该用相同的点样工具，常用工具为 10μL 的微量吸管或微量注射器，并点在同一块薄层板上。

3. 展开

薄层的展开需在密闭的容器中进行。色谱缸可用标本缸或长方形的玻璃缸，如采用单一的溶剂展开，且所用的玻璃缸体积较小，则溶剂蒸气易达饱和，展开时间短。如果展开时用多元溶剂系统，其中极性较弱、沸点较低的溶剂在薄层板的边缘较易挥发，因此，它在薄层两边的浓度要小于中部，即在薄层的两边比中部含有更多的极性较大或沸点较高的溶剂，使位于薄层两边的 $R_f$ 值要比中间的高，即有所谓的“边缘效应”。为了减轻或消除边缘效应，可在色谱缸内壁贴上浸湿了展开剂的滤纸，使色谱缸内溶剂的蒸气的饱和度增加。

薄层色谱的展开方式有上升法、下降法、水平法等，其中以上升法最为常用。

色谱缸的体积以能容纳薄层板为宜，缸可用立式或卧式。在卧式装置中，缸内外用木块垫起10°～30°的角，使展开剂浸入薄层约0.3～0.5cm，点样处切不可浸入展开剂中。对于不加黏合剂的薄层板只能采用近水平的展开方式，板与水平面成10°～20°角。采用立式装置时，由于空间容积较大，溶剂蒸气不易饱和，为了防止边缘效应，必须在色谱缸内壁贴上用展开剂润湿的滤纸。当展开剂上升至一定距离（一般10～15cm）时，可以认为展开完成，取出薄层板，晾干。

展开后组分的 $R_f$ 值应为0.15～0.8，最好是0.4～0.5左右，否则应改选其他更合适的展开溶剂。

为了增加分离效果，往往采用多次展开或双向展开技术。对成分复杂和化学结构相似的混合物，常用双向展开法。当多次展开时，如果每次展开的流动相不同，则这种技术又称为分段展开技术，这在被测物质中含有极性不同的组分时尤为适用。

使用薄层展开剂，应注意的问题是：①溶剂的纯度必须有保证，有些厂家在氯仿或乙醚中掺入痕量乙醇作保护剂，在薄层展开时，如不经蒸馏提纯则不会得到重现的结果；②溶剂中的水分会因保存条件不同产生差别，特别是那些亲水性的溶剂，最好应存放在干燥器中；③混合溶剂还应注意是否有相互作用和分层现象。单组分溶剂，只要不受污染都可以重复使用，而混合溶剂因挥发性不同，只能使用一次。

4. 薄层显色

欲使无色化合物显色，可采用物理及化学两种方法。

物理显色是用紫外光照射法；化学显色可采用喷洒显色法和浸渍显色法。直接喷洒时雾粒要细而均匀，不应有液滴，同时要注意防止将吸附剂吹散而导致实验失败，以采用在展开剂尚未挥发尽时立即喷显色剂的做法较好。

显色剂因被分离组分的不同而异，例如被分离物质中含有羧酸时则可喷指示剂溴甲酚绿等；当含氨基酸时可喷茚三酮显色；含酚羟基时可喷三氯化铁、铁氰化钾试剂。理想的显色剂应符合以下要求：①至少可以使微克级物质显色；②能给出明确的显示区域，即与本底有明显反差；③显示区域有一定的稳定性，并便于定量。

常用于有机化合物的显色剂见表7-83，用于无机离子的显色剂见表7-84。

**表7-83 有机化合物的显色剂**

| 化合物类别 | 显色剂 |
|---|---|
| 烃类 | |
| 脂肪烃、芳香烃、不饱和烃、卤代烃、多环芳烃 | 四氯邻苯二甲酸酐、荧光素-溴、硝酸银-过氧化氢、甲醛-硫酸 |
| 醇类 | |
| 脂肪醇、芳香醇、乙二醇 | 硝酸铈铵、3,5-二硝基苯酰氯、二苯基苦基偕肼、香草醛-硫酸 |
| 羰基化合物 | |
| 醛类、酮类 | 品红-亚硫酸、邻联茴香胺、2,4-二硝基苯肼、亚甲蓝、绕丹宁 |
| 有机酸 | 溴甲酚绿-溴酚蓝-高锰酸钾、2,6-二氯酚-靛酚钠、过氧化氢 |
| 胺类 | 茜素、丁二酮单肟-氯化镍、对氨基苯磺酸、硫氰酸钴(Ⅱ)、对二甲氨基苯甲醛-盐酸、1,2-萘醌-4-磺酸钠、葡萄糖-磷酸 |
| 含氮化合物 | |
| 脂肪族氮化物(氨基氰、胍、脲与硫脲)、含氮杂环 | Ehrlich 试剂(对二甲氨基苯甲醛)、4-甲基伞形酮、硝普钠-铁氰化钠 |

续表

| 化合物类别 | 显色剂 |
|---|---|
| 酚类 | 氯化铁、4-氨基安替比林-铁氰化钾、2,6-二溴苯醌氯亚胺、重氮化联苯胺 |
| 硝基与亚硝基化合物 | α-萘胺、二苯胺-氯化钯、对氨基苯磺酸-α-萘胺 |
| 氨基酸与肽类 | 靛红-乙酸锌、1,2-萘醌-4-磺酸钠、茚三酮、2,4-二硝基氟苯 |
| 甾族化合物 | 乙酸酐-硫酸、氯磺酸-乙酸、三氯化锑、对甲苯磺酸、香草醛-磷酸、三氟乙酸 |
| 含硫化合物 | 硝普钠、硝普钠-羟胺、靛红-硫酸、叠氮化碘 |
| 生物碱 | 改良碘化铋钾、四苯硼钠、硫酸高铈铵-硫酸、硫酸高铈铵、碘-碘化钾、碘铂酸钾 |
| 糖类 | 邻氨基联苯-磷酸、苯胺-磷酸、联苯胺-三氯乙酸、α-萘酚-硫酸、苯胺-二苯胺-磷酸(还原糖)、蒽酮(酮糖)、双甲酮-磷酸 |
| 类脂化合物 | 罗丹明 6G、α-环糊精(直链)、溴百里酚蓝 |

**表 7-84 无机离子的显色剂**

| 显色剂 | 检出离子 |
|---|---|
| 茜素 | 许多阳离子如 $Ba^{2+}$、$Ca^{2+}$、$Mg^{2+}$、$Al^{3+}$、$Fe^{3+}$、$Zn^{2+}$、$Ti^{4+}$、$Th^{4+}$、$Zr^{4+}$、$Se^{4+}$、$Li^{+}$、$NH_4^{+}$、$Ag^{+}$、$Hg^{2+}$、$Pb^{2+}$、$Cu^{2+}$、$Cd^{2+}$、$Mn^{2+}$、$Bi^{3+}$、$Cr^{3+}$、$Ga^{3+}$、$In^{3+}$、$Co^{2+}$、$Ni^{2+}$、$Be^{2+}$、$Pd^{2+}$、$Sc^{3+}$、$Pt^{4+}$、稀土及 U |
| 番木鳖碱 | $BrO_3^-$、$NO_3^-$、$ClO_3^-$ |
| 乙二醛-双(2-羟基苯胺) | 阳离子 |
| 8-羟基喹啉-曲酸 | $Al^{3+}$、$Mg^{2+}$、$Ca^{2+}$、$Sr^{2+}$、$Ba^{2+}$、$Bi^{3+}$、$Cd^{2+}$ |
| 硝酸银 | 许多阴离子,包括卤素(氟除外)、含硫阴离子、砷酸盐、亚砷酸盐、磷酸盐、亚磷酸盐 |
| 辛可宁-碘化钾 | $Bi^{3+}$、$Ag^{+}$、$Hg^{2+}$、$Pb^{2+}$、$Sb^{3+}$、$V^{2+}$、$Tl^{+}$、$Cu^{2+}$、$Pt^{4+}$ |
| 二苯卡巴肼 | $Ni^{3+}$、$Co^{3+}$、$Ag^{+}$、$Pb^{2+}$、$Cu^{2+}$、$Sn^{4+}$、$Mn^{2+}$、$Zn^{2+}$、$Ca^{2+}$ |
| 亚铁氰化钾 | $Cu^{2+}$、$Fe^{3+}$、$MoO_4^{2-}$、$UO_2^{2+}$、$VO^{2+}$、$WO_4^{2-}$ |
| 钼酸铵/氯化锡(Ⅱ) | 磷酸盐,亚磷酸盐(蓝色斑) |
| 硫化铵 | Ag、Hg、Co、Ni(黑色);Au、Pd、Pt、Pb、Bi、Cu、V、Ti、(棕色);Cd、As、Sb(黄色);Sb(橙色) |
| 金精三羟酸 | Al、Cr、Li |
| 联苯胺 | Au(Ⅰ)、Ti(Ⅲ)、$CrO_4^{2-}$、Mn(Ⅳ) |
| 溴甲酚紫 | 除氟化物外的卤化物 |
| 二甲氧基马钱子碱/2mol/L NaOH | 溴酸盐(深红色)、硝酸盐(红色/黄色)、氯酸盐(红-棕色/红色) |
| 醌茜素/KI | Bi(橙色);Ag、Hg、Pb、Sb、V、Te(黄色);Cu(棕色);Pt(粉红色) |
| 硫酸铜/氯化汞/硫氰酸铵 | Zn(红色/紫色)、Cu(黄色)、Fe(Ⅲ)(红色)、Au(橙色)、Co(蓝色) |
| 丁二酮肟 | Ni(红色) |
| 二苯卡巴肼 | Ni(蓝色);Co(橙-棕色);Ag、Pb、Cu、Sn、Mn(橙色);Zn(紫色) |
| 硫氰酸钾 | Au(橙色);Pt、Mo(橙-红色);Hg(Ⅰ)(黑色);Bi、U(黄色);V、Co(蓝色);Fe(深红色);Cr(紫色);Cu(绿色-黑色) |
| 焦儿茶酚紫 | 有机锡化合物(淡蓝色) |
| 紫尿酸 | Li(红色-紫色)、Na(紫色-红色)、K(紫色)、Be(黄色-绿色)、Mg(黄色-橙色)、Ca(橙色)、Sr(红色-紫色)、Ba(鲜红色)、Co(绿色-黄色)、Cu(黄色-棕色) |

## 四、定性方法和定量方法

1. 定性方法

样品经色谱法分离后，可用组分的比移值 $R_f$ 与文献值比较的办法定性，或与标准物质的 $R_f$ 值比较（实验条件应相同）。也可采用相对比移值 $R_m$ 代替 $R_f$ 值来定性。

$$R_m=\frac{\text{化合物的 }R_f\text{ 值}}{\text{参照标准物的 }R_f\text{ 值}}$$

2. 定量方法

可在薄层上用专门的仪器直接定量，或者将分离后的化合物洗脱下来，再选用适当的方式定量。直接法定量有目测法及测面积法。

(1) 目测法　将色谱法显色得到的色点的大小、颜色深浅与标准参照物在相同条件下得到的色点，用目视比较法。此法误差较大，只能粗略地定量。

(2) 测面积法　基于在一定范围内，物质的质量的对数（$\lg\bar{w}$）与斑点面积的平方根（$\sqrt{A}$）成正比的关系。用一张透明的绘图纸覆盖在薄层上，描出斑点的面积，再移到坐标纸上读出斑点所占的格数，与标准参照物的 $\lg\bar{w}\sim\sqrt{A}$ 的工作曲线上查出含量。这种方法必须有相同实验条件的标准参照物的 $\lg\bar{w}\sim\sqrt{A}$ 的工作曲线，比较麻烦。而采用在同一块色谱板上同时点上等容量的样品、标准品、样品稀释液三个斑点，同时展开的方法可免去作图的麻烦。可采用下列计算法定量。

$$\lg\bar{w}=\lg\bar{w}_s+\frac{\sqrt{A}-\sqrt{A_s}}{\sqrt{A_d}-\sqrt{A}}\lg d$$

式中　$\bar{w}$——稀释前样品溶液的溶质质量；

$\bar{w}_s$——标准溶液中溶质的质量；

$A$——样品溶液中溶质斑点的面积；

$A_s$——标准品斑点的面积；

$A_d$——稀释溶液斑点的面积；

$d$——稀释倍数的倒数。

(3) 光密度计法及薄层扫描仪法　这两种方法随着近代仪器的发展，已成为薄层色谱定量的主要方法，具有简单、快速、准确的优点。

根据扫描定量的原理和方法不同大致可以分为吸收测定法和荧光测定法两大类，如图 7-49 所示。

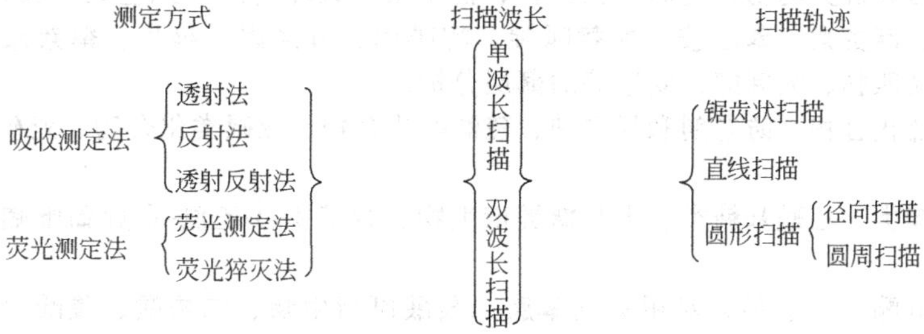


图 7-49　薄层扫描仪功能分类

① 吸收测定法。由于薄层是由许多细小颗粒状的半透明物体组成的，当薄层扫描仪的光照射到薄层表面时，除透射光及反射光以外，还存在相当多不规则的散射光。与光照射透明溶液不同，样品组分浓度与测量的光密度值之间不遵守比耳定律。样品组分浓度与光密度之间的关系曲线是弯曲的，当浓度高时弯曲更为严重，不便于定量。在低浓度时，可选用曲线的直线部分进行定量，也可利用非线性方程的方法进行定量。

② 荧光测定法。样品组分本身有荧光或者经过某种处理能产生荧光，则可用荧光法进行定量。荧光测定法的灵敏度是吸收测定法的 100～1000 倍，最低可测出 10～50pg。但是，荧光测定中干扰因素较多。

(4) 洗脱测定法　将吸附剂的色点部分取下，用适当溶剂将化合物洗脱后进行比色法、分光光度法、极谱法、库仑法、荧光法等定量测定方法定量。

洗脱测定法比薄层直接定量法操作步骤多些，测定所需的时间也长些，但这种方法不要薄层扫描仪等仪器设备，而且测定结果的准确度也较好，因此，还是目前常用的一种方法。

## 五、影响因素

薄层色谱法 $R_f$ 值的精密度与吸附剂的性质、展开条件、薄层涂布方法、点样等诸多因素有关，分别论述如下。

(1) 吸附剂的性质　不同厂家生产的同一型号的吸附剂，其湿度、粒度、孔径分布及 pH 值都有所不同，即使同一厂家生产的不同批号吸附剂之间也会有差异，使用时要注意记录和选取。

(2) 展开槽的气氛　展开槽的蒸气的饱和程度，展开槽温度的变化以及污染程度都会引起 $R_f$ 值的改变；以同一流动相展开不同薄层板时，槽的饱和程度是很重要的因素。

槽温增加，可加大流动相的流速及蒸发速度，改变流动相中溶质的溶解度，还会影响吸附剂和流动相相互作用的性质等。一般温度增加，$R_f$ 值变大，不过温度变化不太大时，这种影响不显著。

(3) 其他因素　薄层板上薄层的厚度不同，$R_f$ 也有差别，如厚度不均匀，则 $R_f$ 值重现性差。

## 六、实验记录

薄层色谱法的实验记录及谱图的保持方法有一定的特殊性，大致应记录以下内容：实验日期；谱图编号；点到薄层上的物质（样品号、名称、浓度等）；点样量；薄层板用吸附剂的种类、厂商、批号、制板方式、薄层厚度、板的尺寸；流动相种类；展开槽类型、尺寸、展开距离及形式；温度及干燥方法；检测结果及评价。

谱图用以下方法保存：①在薄层板上盖以透明材料后，用透明纸描下，保存；②盖上透明材料放好。

## 七、应用

(1) 醇类　醇类及衍生物、醇类、多元醇类化合物等的薄层分析。

(2) 生物碱　托品类化合物的薄层分析。

(3) 胺类　烷基胺及芳香胺、胺类及亚胺类、芳香胺、肾上腺素及其有关化合物等的薄层分析。

(4) 氨基酸　氨基酸和肽类、苯氧羰基衍生物、氨基酸和有关化合物、硫代氨基酸及其衍生物等的薄层分析。

(5) 药物　甾族抗炎药物、抗高血压药物、抗生素、大环内酯类抗生素、其他药物如噌啉酚、噌啉酮、阿托品、麻黄素、苯乙胺、酞替呱啶、咖啡因、海洛因、鸦片、罂粟碱、奎宁、马钱子碱、巴比妥、阿司匹林、大麻醇、安宁等的薄层分析。

(6) 有机含硫化合物　防老剂和促进剂、硫醚类化合物、亚砜类化合物、亚硫酰苯胺类化合物等的薄层分析。

(7) 糖类　糖类、乙酰基糖类、甲基糖类衍生物、芳基 4-O-乙酰-右旋葡吡喃糖苷衍生物等的薄层分析。

(8) 羧酸及其酯　脂肪酸、对甲氧基苯胺二羧酸酐衍生物、二羧酸、羧酸甲酯化合物、苯甲酸、苯酚及其取代物、氨基苯甲酸酯和氨基水杨酸酯、酚酸类化合物、酚二羧酸、羧酸钠盐、羧酸酯防老剂、增塑剂和软化剂等的薄层分析。

(9) 染料　花青染料、偶氮染料、脂溶性染料、合成食用色素等的薄层分析。

(10) 烃类　芳香烃、多环芳烃、蒽类衍生物、萜类等的薄层分析。

(11) 类脂化合物　胆甾醇及其脂肪酸甲酯的薄层分析。

(12) 含氮杂环化合物　吡啶类化合物、吲哚类化合物、吲哚类化合物及 2,4-二硝基苯衍生物、咪唑类化合物等的薄层分析。

(13) 核苷酸　核苷酸和低聚核苷酸等的薄层分析。

(14) 有机碘化合物的薄层分析。

(15) 有机过氧化物的薄层分析。

(16) 有机锡化合物的薄层分析。

(17) 二硫腙有机汞化合物的薄层分析。

(18) 羰基化合物　芳香醛、1,2-二酮肟的衍生物、苯醌及其衍生物、天然醌、氨基蒽醌类化合物、多核环状羰基化合物等的薄层分析。

(19) 含氧杂环化合物　花青苷和花青素、苯并邻氧芑酮类化合物等的薄层分析。

(20) 农药　艾氏剂、六六六、三硫磷、氯杂嘌、氯丹、滴滴涕、二氯苯醌、狄氏剂、敌菌灵、硫丹、七氯、六氯代苯、林丹、皮蝇磷、草克死、毒杀芬、毒虫畏、稻丰散、蝇毒磷、内吸磷、敌敌畏、乐果、双硫磷、杀螟松、安果、氯胺磷、莠灭净、莠去津、扑灭通、扑草净、除虫菊酯、异除虫菊酯、增效醚、白脱黄、西草净等的薄层分析。

(21) 酚类的薄层分析。
(22) 色素 类胡萝卜素的薄层分析。
(23) 甾族化合物的薄层分析。
(24) 萜烯酯类化合物的薄层分析。
(25) 维生素、脂溶性维生素的薄层分析。
(26) 含氮化合物、爆炸物的薄层分析。
(27) 无机物金属离子的薄层分析。
(28) 贵金属离子、重金属离子的薄层分析。
(29) 无机阴离子的薄层分析。
(30) 磷酸盐的薄层分析。

# 第五节 纸色谱法

纸色谱(纸层析)法,属于平面液上色谱法,它不仅具有设备简单、便宜、操作方便、分离效果好等优点,而且检出灵敏度也较高。纸色谱法是以纸为载体的液相色谱法,滤纸中约20%的水分可看作是固定相,与水不相混溶的有机溶剂作流动相。由于有机溶剂在滤纸上的渗透展开(使物质在两相中作无数次重复抽提、溶解的过程,称为展开),滤纸谱图上组分质点的移动可以看作是固定相和流动相之间的连续作用,因分配系数不同而达到分离的目的。纸色谱法可以有效地分离许多物质。

## 一、条件的选择

1. 层析纸的一般要求

① 纸质必须均一,厚薄均匀,且应平整无折痕,否则会使流动相流速不均匀,影响分离效果。

② 纸纤维的紧密程度适中,过松斑点会扩散;过紧密则流速过慢,使分离时间加长。

③ 有适当的厚度,这样可以保证溶剂有适当的流动速度。太厚的纸流速变慢,耗时太长;太薄的纸流速又过快,分离效果欠佳。

④ 纸应有一定的机械强度,不易断裂。一般以做成圆筒状被溶剂湿润后能站立不倒者为合格品。

⑤ 纸质纯度要高,不含填充剂,灰分在0.01%以下。常见的金属离子杂质如铁、铜、钙、镁等的含量不得过高,否则有时这些金属离子会与某些组分结合,影响分离效果或出现不相干的斑点。

2. 层析纸的种类及性能

按溶剂在滤纸上的流速不同,可将滤纸分为快速、中速及慢速三种,此外,还有厚纸和薄纸之分。

表7-85列出了国内新华纸厂的滤纸型号与性能。

**表7-85 新华滤纸的型号与性能**

| 型号 | 标重/g·m$^{-2}$ | 厚度/mm | 吸水性(30min内水上升mm数) | 灰分/g·m$^{-2}$ | 展开速度 | 注 | 型号 | 标重/g·m$^{-2}$ | 厚度/mm | 吸水性(30min内水上升mm数) | 灰分/g·m$^{-2}$ | 展开速度 | 注 |
|---|---|---|---|---|---|---|---|---|---|---|---|---|---|
| 1 | 90 | 0.17 | 120～150 | 0.08 | 快 | 相当于Whatman 1号 | 4 | 180 | 0.34 | 120～150 | 0.08 | 快 | 相当于Whatman 3号 |
| 2 | 90 | 0.16 | 90～120 | 0.08 | 中 | | 5 | 180 | 0.32 | 90～120 | 0.08 | 中 | |
| 3 | 90 | 0.15 | 60～90 | 0.08 | 慢 | | 6 | 180 | 0.30 | 60～90 | 0.08 | 慢 | |

国外的色谱用纸有美国Whatman 1号、2号、4号滤纸,德国的Schleicher and Sohnell滤纸及日本的东洋滤纸等。

3. 层析纸的选择

① 应根据色谱法的具体要求选择层析纸。快速滤纸纸质疏松,展开速度快,但斑点易扩散,适于分离$R_f$值差别较大的样品,或在希望很快得到定性分析的结果时选用。慢速滤纸,展开速度慢,斑点紧密,适于较难分离的样品及定量分析时选用。此外,有时还要根据所选用的溶剂性

质来确定，如果流动相是黏度大的有机溶剂，如丁醇等，宜用快速滤纸或较薄的滤纸。对黏度小的有机溶剂如己烷、氯仿等，可选用较厚的滤纸或慢速滤纸。

② 选择色谱用纸时还应注意厂家及牌号，由于生产方法及条件不尽相同，使纸的质量、吸水性等造成差异，有时 pH 值也不相同，甚至同一厂家不同批号的滤纸其性质也可能略有不同，必须在使用中加以注意。

③ 裁纸时要注意方向性，溶剂在纸的纵横两个方向有不同的流速，一般纵向流速快，单向展开时，以纵向裁开为宜。

④ 滤纸都应保存在洁净的环境中，并应避免和各种化学物质及烟雾等接触，吸附在纸上而造成滤纸变性，影响结果的准确性。

## 二、操作步骤

1. 从 $R_f$ 值选择适当的滤纸条长度

如图 7-50 所示，在某一溶剂体系中，A 元素的 $R_f=0.40$，B 元素的 $R_f=0.50$，为将它们分开，若两斑点的直径为 1cm，要求相隔为 1cm（即两斑点中心的距离为 2cm）。设前沿移动 $c$cm，A 斑点移动 $a$cm，B 斑点移动 $b$cm，根据 $R_f$ 值的定义可以有

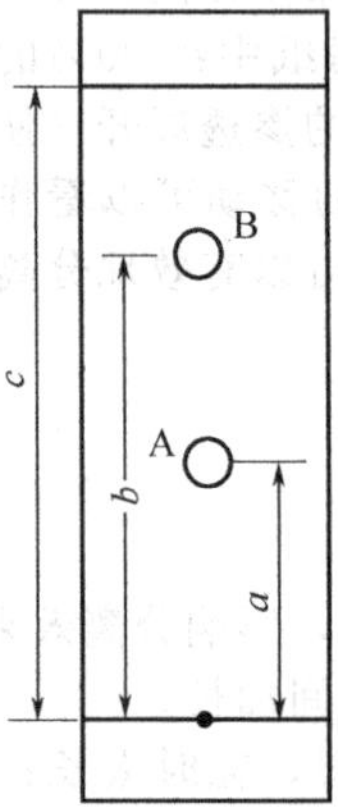


图 7-50 从 $R_f$ 值计算纸条的长度

A 斑的 $R_f=\frac{a}{c}=0.40$ B 斑的 $R_f=\frac{b}{c}=0.50$

则 $a=0.40c$，$b=0.50c$

要求两斑点中心相隔 2cm 时，则有

$b-a=2$，即 $0.50c-0.40c=2$

$\therefore\ c=20$ (cm)

即要达到上述分离要求，前沿至少应上升 20cm，这样就可以知道纸条的长度。在纸色谱中原点还应离纸条下端 4～5cm 的间隔，前沿也应离条上端 2～3cm 的空间，所以滤纸的长度至少有 27cm 左右。

2. 点样

将滤纸按分离要求裁好，用铅笔在纸边 2～3cm 处划一直线（又称原线），在线上每隔 2cm 处标一个点（称为原点），用点样器（定性分析时可用普通毛细管，定量分析时要用血球计数器或微量注射器）蘸取样品溶液，轻轻点在纸上，点的直径以 0.3～0.5cm 为宜。

点样时必须保持纸的洁净，手勿触及滤纸，并应在洁净的玻璃板上进行操作，切不可将滤纸划毛。

点样量应根据纸的长短、展开时间以及待分离物质的性质决定，通常为 10～30μg。因此，样品的浓度要合适。太浓时斑点易有拖尾现象，降低分辨率；太稀则使斑点模糊不清，难于检出。稀的样品可采用多次点样的办法，不过每点一次都必须用冷风或湿热的风吹干后再点第二次，但也不能吹得过干，以免样品吸附在滤纸上造成层析变形或拖尾。多次点样时还应注意点样点的重合性，以防出现斑点畸形。点样量还与纸的类型、厚薄及显色剂的灵敏度有关，样品量可从 ng 到 mg 级不等。

溶解样品的溶剂选择也要注意，应避免用水作溶剂，以免造成斑点扩散和挥发不易。一般选用甲醇、乙醇、丙酮、氯仿等挥发性有机溶剂，且与展开剂极性相近的为最好。

样品与标准必须同时点在一张滤纸条上。

3. 展开及展开剂

(1) 展开前 应将滤纸与色谱缸用溶剂的蒸气饱和，这过程又称为平衡。如果色谱缸内空气中的水汽不足，滤纸也未为水汽饱和，展开时滤纸就会从溶剂中吸收水分，使溶剂的组成发生变化。而色谱缸如未用溶剂的蒸气饱和则在展开时溶剂就会从滤纸表面挥发，溶剂系统中极性较弱的较低沸点的组分更容易挥发，致使溶剂的组成发生变化，严重时会在滤纸上出现几个溶剂前沿，即所谓的“相析离”现象，造成失败。

(2) 展开时的操作 将溶剂加入色谱缸内，层析缸必须放平，放入缸内的滤纸不可触及溶剂。然后密闭容器进行平衡，平衡 1～12h，新缸或较大的容器平衡时间应长一些。平衡结束后，将滤

纸的一端浸入溶剂中，使溶剂的液面距原线 1cm 左右，此时即进行展开。当溶剂的前沿到达滤纸的另一端 0.5～1cm 时，取出滤纸，用铅笔在溶剂前沿处划一条直线，晾干（或用冷风吹干）。

如果采用饱和溶液系统为展开剂时，如酚水饱和溶液，正丁醇＋乙醇＋水＝4＋1＋5 等，使用前应先将溶剂的各组分放在分液漏斗中充分混合，然后静置分层。上层为水饱和了的溶剂，下层为溶剂饱和过的水。操作时，以下层为“平衡溶剂”，上层为展开剂，两种溶剂同时放入展开缸中进行平衡。

(3) 展开方法　上行法（上升法）中将滤纸的下端浸入溶剂中，溶剂因毛细管现象自下而上运动。此法操作简单，重现性好，最为常用，但展开时间较长。

下行法（下降法）中在色谱缸上部有一个盛展开剂的液槽，将滤纸点样的一端浸入槽中，溶剂主要依靠重力作用自上而下地在滤纸上流动，展开速度较上升法快一倍，但 $R_f$ 值的重现性较差，斑点也易扩散。

水平法（环行法或圆形滤纸法）是取一张直径 9～11cm 的圆形滤纸，由中心向圆周处切成与半径相平行，宽约 3mm 的纸条，在中央约 2cm 的圆周上分别点上样品及标准溶液。将切开的纸条折成与滤纸相垂直状，然后放在盛有展开剂的小培养皿上，使纸条尾部浸入溶剂中约 1cm，盖上一个大培养皿进行展开。此时，溶剂自纸条尾部上升到滤纸中心，再由中心向四周水平方向流动。由于溶剂流动时向周围扩散，所以展开后的图谱呈弧形，其展开速度介于上升法与下降法之间。

如果展开法（水平）在离心场中进行，即滤纸在展开时不断地绕中心转动。由于离心力的作用，可使展开时间缩短到几十分钟，这种方法称为离心色谱法。

(4) 当待分离物质种类较多时，可采用“双向展开法”。即在一张方形滤纸的一角点样，先用一种溶剂展开，然后将滤纸转 90°，用另一种溶剂做第二向展开。

(5) 纸色谱法展开溶剂往往不是单一的，常常用二种、三种或三种以上的溶剂按一定比例配制成多元溶剂系统，其中三元溶剂系统最为常用。在多元系统中，各组分按其性能可分为三类：第一类是对被分离物质的溶解能力很小（溶解度很小）的溶剂；第二类是对被分离物质的溶解能力很大（溶解度很大）的溶剂；第三类溶剂是用来调节各组分之间的比例或调节整个溶剂系统的 pH 值的。一般讲，在一个溶剂系统中，第一类溶剂的量应占主要地位，第二类溶剂的量取决于被分离物质，如果该类溶剂含量过多，则会使被分离物质的 $R_f$ 值都趋于 1，太少时则使 $R_f$ 值都很小而不易分开。因此，第二类溶剂的量要注意适当，使各个被分离的物质能较均匀地分布在纸上。

纸色谱分离某些化合物的固定相及展开剂见表 7-86。

**表 7-86　纸色谱分离某些化合物的固定相及展开剂**

| 化合物 | 固定相 | 展开剂 |
|---|---|---|
| 碳氢化合物类 | 1.5mol/L 氨水-0.75mol/L 碳酸铵(1+1) | 正丁醇 |
| | N,N-二甲基甲酰胺 | 己烷 |
| 醇类 | 5%液体石蜡 | 二甲基甲酰胺-甲醇-水(4+1+1) |
| | 2%甲酰胺 | 己烷-苯(2+3) |
| | | 氯仿-乙醇(8+2) |
| 酚类 | 硼酸、乙酸钠 | 正丁醇用水饱和 |
| | 甲酰胺 | 环己烷 |
| | 液体石蜡 | 甲醇-水(4+1) |
| | | 环己烷-氯仿-乙醇(6+24+0.6) |
| | | 丁醇-29%-氨水(4+1) |
| 含氧环状化合物类 | | 乙酸-37%盐酸-水(30+3+10) |
| | | 酚用水饱和 |
| | | 间甲酚-乙酸-水(50+2+48) |
| | 0.1mol/L 磷酸氢二钠溶液 | 正丁醇-乙酸-水(4+1+5) |
| 含氧化合物类 | 正十一烷 | 二甲基甲酰胺-甲酰胺(10+4) |
| | 0.05mol/L 四硼酸钠溶液 | 苯-水(1+1) |
| 糖类 | | 酚用水饱和,加 1%氨水 |
| | | 乙酸乙酯-吡啶-水(2+1+5) |
| | | 正丁醇-乙酸-水(4+1+5) |

续表

| 化 合 物 | 固 定 相 | 展 开 剂 |
|---|---|---|
| 有机酸类 | | 正丁醇-1.5mol/L 氨水(1+1) |
| | 25%甲酰胺 | 环己烷-苯(21+1) |
| | 正十一烷 | 丙酮-乙酸-水(80+10+20) |
| | 硅油 | 四氢呋喃-水(3+1) |
| | | 正丁醇-吡啶-二氧六环-水(14+4+1+1) |
| 有机过氧化物及过氧酸类 | 20%乙二醇 | 乙醚-石油醚(5+95) |
| | 乙酰化纸 | 乙酸乙酯-二氧六环-水(20+45+46) |
| 甾类 | | 苯-甲醇-水(2+1+1) |
| | | 己烷-叔丁醇-甲醇-水(100+45+45+40) |
| | 甲酰胺 | 苯-氯仿(6+4) |
| 萜类 | | 石油醚-甲苯-甲醇-水(5+5+8+2) |
| | 氢氧化铝 | 苯 |
| 脂肪及芳香胺类 | 甲酰胺 | 己烷-苯(4+1) |
| | | 氯仿 |
| | | 正丙醇-5%碳酸氢盐(2+1) |
| 硝基化合物 | | 乙醇-乙酸-水(20+1+14) |
| 氨基酸类 | | 双向 Ⅰ. 酚用水饱和(氨气)<br>Ⅱ. 正丁醇-乙酸-水(4+1+5) |
| 肽及蛋白质类 | | 酚用0.3%氨水饱和 |
| | | 酚-正丁醇-乙酸-水(3+3+2+4) |
| | | 吡啶-水(4+1) |
| 嘌呤、嘧啶、核苷酸类 | | 甲醇-盐酸-水(7+2+1) |
| | | 丁醇-乙酸-水(4+1+5) |
| | | 酚-叔丁醇-乙酸-水(42+3+5+50) |
| | | 正丁醇用0.1mol/L 氨水饱和 |
| 生物碱类 | | 乙酸乙酯-25%甲酸(4+3) |
| | 0.2mol/L 乙酸缓冲液,pH=5.7 | 叔戊醇-乙酸缓冲液(1+1) |
| | 甲酰胺 | 甲苯-氯仿(6+4) |
| | | 正丁醇-乙酸-水(4+1+5) |
| | | 庚烷-丁酮(1+1) |
| 其他环状含 | | 乙醇-氨水-水(20+1+4) |
| 氮化合物类 | | 正丁醇-甲酸-水(3+1+1) |
| 有机硫化合物类 | 4%碳酸氢钠溶液 | 正丙醇-5%氨水(2+1) |
| | | 正丁醇-乙醇-二乙胺-水(90+10+0.1+97) |
| 有机磷化合物类 | | 甲醇-乙酸-水(16+3+1) |
| | 甲酰胺 | 正丁醇-乙酸-水(4+1+5) |
| 维生素类 | | 正丁醇-酚-水(30+160+100) |
| | | 异丁醇-吡啶-水-乙酸(33+33+33+1) |
| | | 正丁醇-乙酸-水(4+1+5) |
| 抗生素类 | 0.3mol/L 磷酸缓冲液,pH=3 | 正丁醇用pH=3的磷酸饱和 0.1mol/L EDTA 二钠盐液-正丁醇-氨水(4+1+5) |
| 农药 | 20%冰乙酸溶液 | 己烷 |
| | 25%二甲基甲酰胺 | 石油醚 |
| 色素 | 5%橄榄油甲苯液 | 乙酸-水(1+1) |
| | 溴代萘 | 吡啶-水(1+1) |
| | 石蜡油 | 乙醇-水(1+1) |
| | | 异戊醇-乙醇-氨水-水(4+4+1+2) |

纸色谱法分离时，温度对分离影响较大，因为分配系数受温度影响较大，所以，纸色谱法展开时，展开槽最好放在恒温室或恒温箱中。

4. 显色

滤纸展开后，样品混合物已被分离，但在多数情况下，被分离物质本身不带颜色，因此必须进行显色。

显色的通常做法是用喷雾器将适当的显色剂喷在已展开的色谱纸上，使检出的离子显出色斑，显斑后的滤纸称为色谱图。从斑点判断确定后就可以进行定量测定。其方法是将斑点剪下，用适当的溶剂将该组分溶出并洗脱下来，再选适当的定量测定它们的方法。最常用的定量方法是分光光度法或极谱法，也可用荧光法进行测定。近来由于光密度仪器的发展已不必将斑点洗脱下来，采用薄层扫描仪直接测出斑点的吸光度或荧光值。

纸色谱法常用显色剂及显色方法见表 7-87。纸色谱法中某些阳离子的显色剂见表 7-88。纸色谱法中某些阴离子的显色剂见表 7-89。

**表 7-87　纸色谱法常用显色剂及显色方法**

| 物　质 | 显　色　剂 | 显　色　方　法 |
|---|---|---|
| 氨基酸 | ①0.1%～0.5%茚三酮丙酮溶液<br>②1%吲哚醌乙醇乙酸溶液：<br>1g 吲哚醌溶于 100mL 乙醇及 10mL 冰乙酸中底色褪色剂<br>100mL 20%碳酸钠中加入 40～60g 硅酸钠($Na_2SiO_3 \cdot 9H_2O$)，在 60～70℃水浴上加热，搅拌至溶液较为清澈为止 | ①将滤纸于 105℃加热 5～10min，呈现紫色斑点，此试剂灵敏度高，要求滤纸十分洁净<br>②滤纸喷射吲哚醌溶液后，于 100℃加热 5～15min，各种氨基酸呈现不同颜色，然后用底色褪色剂褪去底色 |
| 糖类与多元醇 | ①氨-硝酸银溶液：<br>0.1mol/L 硝酸银溶液加等量的 5mol/L 氨水<br>②苯胺-邻苯二甲酸溶液：<br>0.93g 苯胺，1.66g 邻苯二甲酸溶于 100mL 水饱和的正丁醇溶液中<br>③联苯胺-高碘酸钠溶液：<br>a. 0.1%高碘酸钠溶液<br>b. 0.8g 联苯胺，用 80mL 96%乙醇溶解，用 70mL 水，30mL 丙酮，1.5mL 盐酸 | ①将滤纸于 105℃加热 5～10min，呈现褐色斑点。此法灵敏度高，适用于还原糖，但对非还原糖与多元醇也能显色。此溶液不宜久储，否则会生成爆炸性的银重氮化合物<br>②将滤纸于 105℃加热 15min，不同糖类呈现不同颜色。本试剂具有荧光，也可进行紫外线显示法。此法适用于还原糖<br>③先喷溶液 a，再喷溶液 b，蓝色的纸上呈现白色斑点。此试剂对还原糖、多元醇、非还原糖、有机酸都能显色 |
| 核苷酸类物质 | 紫外线显示法 | 在紫外线照射下，选用 260nm 滤色片，纸上呈现暗斑 |
| 有机酸 | ①0.04%溴甲酚紫乙醇溶液，用 0.1mol/L 氢氧化钠溶液调至 pH 值为 7～8<br>②0.04%甲基红乙醇溶液，用 0.1mol/L 氢氧化钠溶液调至 pH 值为 7.5<br>③甲基红-溴酚蓝溶液：<br>25mg 甲基红，75mg 溴酚蓝，溶于 200mL 95%乙醇中，用 0.1mol/L 氢氧化钠溶液调至 pH 值为 7.0<br>④1%溴甲酚绿无水乙醇溶液 | ①紫色的纸上呈现黄色斑点<br>②黄色的纸上呈现红色斑点<br>③蓝色的纸上呈现黄色斑点<br>④蓝色的纸上呈现黄色斑点 |

5. 纸色谱法的定性方法

由于 $R_f$ 是定性分析的依据，因此样品经展开显色后从组分在色谱图上的位置就可以计算出 $R_f$ 值，进行定性鉴定。但应注意所有的 $R_f$ 值都是在一定条件下测定的。

在表 7-90～表 7-95 中列出了某些常见金属离子、氨基酸、核苷酸类物质、不挥发性有机酸、挥发性脂肪酸铵盐、糖类的 $R_f$ 值。

**表 7-88 纸色谱法中某些阳离子的显色剂**

| 阳离子 | 显色剂 | 斑点的颜色 | 阳离子 | 显色剂 | 斑点的颜色 |
|---|---|---|---|---|---|
| $Ag^+$ | 单宁酸 | 深棕色 | $Ca^{2+}$ | 8-羟基喹啉 | 蓝-绿色荧光(紫外) |
| $Al^{3+}$ | 8-羟基喹啉 | 黄-绿色荧光(紫外) | $Cd^{2+}$ | 8-羟基喹啉 | 黄色荧光(紫外) |
| $As^{3+}$ | $Na_2S_2O_4$(连二亚硫酸钠) | 橙-棕色 | $Co^{2+}$ | 红氨酸 | 棕色 |
| | | | $Cr^{3+}$ | 茜素 | 红-紫色 |
| $As^{5+}$ | $Na_2S_2O_4$ | 黄色 | Cr(Ⅵ) | 茜素 | 红-紫色 |
| $Au^{3+}$ | $SnCl_2$ | 紫-黑色 | $Cs^+$ | 钴(Ⅲ)来硝酸铅 | 橙-棕色 |
| $Ba^{2+}$ | 玫棕酸①(环己烯二醇四酮) | 橙-红色 | $Cu^{2+}$ | 红氨酸 | 橄榄绿色 |
| | | | $Fe^{2+}$ | $K_3Fe(CN)_6$ | 蓝色 |
| $Be^{2+}$ | 茜素红 S | 红-紫色 | $Fe^{3+}$ | $K_3Fe(CN)_6$ | 绿色 |
| $Bi^{3+}$ | $Na_2S_2O_4$ | 暗棕色 | $Ge^{4+}$ | 8-羟基喹啉 | 黄色荧光(紫外) |
| $Hg_2^{2+}$ | 二苯卡巴腙 | 蓝色 | $Rb^+$ | 钴(Ⅲ)亚硝酸铅 | 暗棕色 |
| $Hg^{2+}$ | 二苯卡巴腙 | 蓝色 | Rh | $SnCl_2$+KI | 棕色 |
| Ir | 氯水 | 棕色 | Ru | 硫脲 | 蓝色 |
| $K^+$ | 钴(Ⅲ)亚硝酸铅 | 灰-棕色 | $Sb^{3+}$ | $Na_2S_2O_4$ | 橙-棕色 |
| $La^{3+}$ | 8-羟基喹啉 | 绿色荧光(紫外) | $Sb^{5+}$ | $Na_2S_2O_4$ | 橙-棕色 |
| $Li^+$ | 乙酸铀酰锌 | 海绿色荧光(紫外) | $Sn^{2+}$ | 二噻茂 | 粉红色 |
| $Mg^{2+}$ | 8-羟基喹啉 | 绿色荧光(紫外) | $Sn^{4+}$ | 二噻茂 | 粉红色 |
| $Mn^{2+}$ | 水杨醛 | 暗黑斑(紫外) | $Sr^{2+}$ | 玫棕酸 | 红-橙色 |
| Mo(Ⅴ) | 二噻茂(dithiole) | 紫-棕色 | $Th^{4+}$ | 茜素 S | 红-紫色 |
| Mo(Ⅵ) | 二噻茂 | 绿色 | $Ti^{4+}$ | 槲皮苷(Quercitrin) | 棕-橙色 |
| $NH_4^+$ | 钴(Ⅲ)亚硝酸盐 | 灰色 | $U^{4+}$ | 槲皮苷 | 棕色 |
| $Na^+$ | 乙酸铀酰锌 | 海绿色荧光(紫外) | $U^{6+}$($UO_2^{2+}$) | 槲皮苷 | 棕色 |
| $Ni^{2+}$ | 红氨酸 | 蓝色 | $V^{4+}$ | 槲皮苷 | 黄-棕色 |
| Os | 硫脲 | 红色 | $V^{5+}$ | 槲皮苷 | 黄-棕色 |
| $Pb^{2+}$ | 玫棕酸 | 用 $NH_3$ 处理粉红色背景上呈无色斑 | W(Ⅵ) | 二噻茂 | 蓝色 |
| Pd | 红氨酸 | 红-紫色 | $Yb^{3+}$ | 8-羟基喹啉 | 黄色,在紫外光下为暗黑斑点 |
| Pt | 红氨酸 | 红-紫色 | | | |

① 又称玫瑰红酸。

**表 7-89 纸色谱法中某些阴离子的显色剂**

| 阴离子 | 显色剂 | 斑点的颜色 |
|---|---|---|
| $AsO_2^-$ | 氨性 $AgNO_3$ 溶液 | 黄色 |
| $AsO_4^{3-}$ | 氨性 $AgNO_3$ 溶液 | 棕色 |
| $Br^-$ | $AgNO_3$,然后紫外光或$(NH_4)_2S$ | 暗棕色 |
| $BrO_3^-$ | 2mol/L HCl 中的 KI(冷) | 棕色 |
| $Cl^-$ | $AgNO_3$,然后紫外光或$(NH_4)_2S$ | 暗棕色 |
| $ClO_3^-$ | 2mol/L HCl 中的 KI(温热) | 棕色 |
| $CrO_4^{2-}$ | 氨性 $AgNO_3$ 溶液 | 砖红色 |
| $F^-$ | 锆-茜素 | 紫色背景上的黄斑 |
| $[Fe(CN)_6]^{3-}$ | 1mol/L $H_2SO_4$ 中的 $FeSO_4$ | 蓝色 |
| $[Fe(CN)_6]^{4-}$ | $CuSO_4$ | 棕色 |
| $I^-$ | $H_2O_2$ | 棕色 |
| $IO_3^-$ | 2mol/L HCl 中的 KI(冷) | 棕色 |
| $IO_4^-$ | 2mol/L HCl 中的 KI(冷) | 棕色 |
| $NO_2^-$ | 2mol/L HCl 中的 KI(冷) | 棕色 |
| $PO_4^{3-}$ | $(NH_4)_2MoO_4$-$HNO_3$-$HClO_4$,然后紫外光 | 黄色→蓝色 |
| $S^{2-}$ | 氨性 $AgNO_3$ 溶液 | 黑色 |
| $SCN^-$ | 2mol/L HCl 中的 $FeCl_3$ | 血红色 |
| $SO_3^{2-}$ | 1mol/L $H_2SO_4$ 中的 $K_2Cr_2O_7$ | 橙色背景上的淡绿斑 |
| $S_2O_3^{2-}$ | 温热 $SbCl_3$ 溶液 | 橙-红色 |

**表 7-90 常见金属离子的 $R_f$ 值**

| 金属离子 | 1mol/L HCl 饱和丁醇 A | 1mol/L HCl 饱和丁醇 B | 2mol/L HCl 饱和丁醇 | 3mol/L HCl 饱和丁醇 | 2mol/L $HNO_3$ 饱和丁醇 | 丁醇[②] 50 乙酸 10 乙酸乙酯 5 水 35 | 异丙醇含 10% 3mol/L HCl | 乙醇含 10% 5mol/L HCl | 丙酮含 10% 浓盐酸 | 74% 异戊醇 26% 浓盐酸 |
|---|---|---|---|---|---|---|---|---|---|---|
| $Ag^+$ | 0.0 | 0.0 | 0.0 | 0.0 | 0.13 | 0.10 | 0.06 | 0.02 | 0T | 0.01 |
| $Hg_2^{2+}$ | — | 0.97 | 0.93 | 0.95 | — | 0.09 | 0.05 | 0.08T | 1.0 | 0.84 |
| $Pb^{2+}$ | 0T[①] | 0T | 0T | 0.0 | 0.08 | 0.18 | 0.03 | 0.16 | 0.6T | 0.20 |
| $Hg^{2+}$ | 1.05 | 0.75 | 0.75 | 0.82 | — | 0.84 | 1.0 | 1.0 | 1.0 | 0.84 |
| $Bi^{3+}$ | 0.65 | 0.43 | 0.56 | 0.69 | 0.20 | 0.34 | 0.84 | 0.94 | 0.94 | 0.55 |
| $Cu^{2+}$ | 0.10 | 0.07 | 0.17 | 0.30 | 0.12 | 0.65 | 0.28 | 0.47 | 0.72 | 0.37 |
| $Cd^{2+}$ | 0.60 | 0.33 | 0.61 | 0.78 | 0.12 | 0.29 | 0.84 | 1.0 | 0.93 | 0.82 |
| $As^{3+}$ | 0.70 | 0.43 | 0.53 | 0.65 | 0.48 | 0.17 | 0.66 | 0.50 | 0.72 | 0.79 |
| $Sb^{3+}$ | 0.8T | 0.60 | 0.62 | 0.78 | — | 0.16 | 0.77 | 0.85 | 0.94 | 0.80 |
| $Sn^{2+}$ | 0.95 | 0.65 | 0.67 | 0.82 | 0.77 | 0.16 | 0.88 | 0.97 | 0.94 | — |
| $Sn^{4+}$ | — | 0.63 | 0.67 | 0.82 | 0.70 | 0.18 | — | — | 0.94 | 0.91 |
| $Al^{3+}$ | 0.07 | 0.07 | 0.07 | 0.21 | 0.06 | 0.17 | 0.35 | 0.37 | 0T | 0.07 |
| $Cr^{3+}$ | 0.07 | 0.05 | 0.09 | 0.24 | 0.08 | 0.64 | 0.28 | 0.47 | 0T | 0.09 |
| $Fe^{3+}$ | 0.12 | 0.08 | 0.19 | 0.45 | 0.08 | 0.73 | 0.35 | 0.56 | 0.97 | 0.94 |
| $Zn^{2+}$ | 0.76 | 0.54 | 0.62 | 0.76 | 0.09 | 0.30 | 0.87 | 0.93 | 0.89 | 0.80 |
| $Mn^{2+}$ | 0.09 | 0.07 | 0.11 | 0.27 | 0.10 | 0.23 | 0.37 | 0.36 | 0.40 | 0.11 |
| $Co^{2+}$ | 0.07 | 0.07 | 0.10 | 0.26 | 0.09 | 0.22 | 0.27 | 0.32 | 0.59 | 0.16 |
| $Ni^{2+}$ | 0.07 | 0.07 | 0.09 | 0.26 | 0.08 | 0.22 | 0.23 | 0.34 | 0 | 0.09 |
| $Ca^{2+}$ | 0.03 | 0.05 | 0.05 | 0.12 | 0.07 | 0.20 | — | — | 0 | 0.08 |
| $Sr^{2+}$ | 0 | 0.03 | 0.05 | 0.10 | 0.06 | 0.18 | 0.11 | 0.11 | 0 | 0.04 |
| $Ba^{2+}$ | 0 | 0.03 | 0.03 | 0.09 | 0.06 | 0.16 | 0.05 | 0.04 | — | 0.02 |
| $Mg^{2+}$ | 0.11 | — | — | — | 0.09 | 0.20 | 0.23 | 0.33 | — | 0.10 |
| $Na^+$ | 0.07 | — | — | — | 0.08 | 0.23 | — | — | — | — |
| $K^+$ | 0.08 | — | — | — | 0.08 | 0.25 | 0.15 | 0.08 | — | 0.04 |

① 数值后的 T 表示斑点有曳尾。

② 此栏为混合溶剂的百分配比。

**表 7-91 氨基酸的 $R_f$ 值[①]**

| 氨基酸＼溶剂系统 | 酚[②] 7 水 3 | 水饱和三甲基吡啶 | 正丁醇[③] 4 乙酸 1 水 2 | 水饱和正丁醇 | 氨基酸＼溶剂系统 | 酚[②] 7 水 3 | 水饱和三甲基吡啶 | 正丁醇[③] 4 乙酸 1 水 2 | 水饱和正丁醇 |
|---|---|---|---|---|---|---|---|---|---|
| 甘氨酸 | 0.40 | 0.33 | 0.32 | 0.05 | 酪氨酸 | 0.66 | 0.54 | 0.56 | 0.28 |
| 丙氨酸 | 0.60 | 0.41 | 0.39 | 0.32 | 羟脯氨酸 | 0.66 | 0.42 | 0.30 | 0.08 |
| 缬氨酸 | 0.74 | 0.35 | 0.53 | 0.45 | 天冬氨酸 | 0.12 | 0.14 | 0.26 | 0.00 |
| 亮氨酸 | 0.86 | 0.65 | 0.73 | 0.58 | 谷氨酸 | 0.20 | 0.16 | 0.32 | 0.26 |
| 异亮氨酸 | 0.87 | 0.62 | 0.70 | 0.45 | 胱氨酸 | 0.13 | 0.20 | 0.11 | 0.00 |
| 苯丙氨酸 | 0.90 | 0.67 | 0.65 | 0.43 | 蛋氨酸 | 0.83 | 0.61 | 0.56 | 0.26 |
| 脯氨酸 | 0.89 | 0.41 | 0.42 | 0.12 | 组氨酸 | 0.50 | 0.24 | 0.25 | 0.04 |
| 丝氨酸 | 0.35 | 0.37 | 0.28 | 0.05 | 精氨酸 | 0.48 | 0.15 | 0.14 | 0.01 |
| 苏氨酸 | 0.47 | 0.42 | 0.35 | 0.07 | 赖氨酸 | 0.43 | 0.14 | 0.12 | 0.00 |

① 东洋滤纸 50 号，25℃，上升法；② 体积比 酚＋水（7＋3）；③ 体积比 正丁醇＋乙酸＋水（4＋1＋2）。

**表 7-92 核苷酸类物质的 $R_f$ 值**[①]

| 溶剂系统[②] / 核苷酸类物质 | 异丙醚 5<br>正丁醇 3<br>88%甲酸 2 | 正丁醇 40<br>正丙醇 40<br>乙醇 10<br>25%氨水 45<br>水 75 | 80%(体积分数)甲酸 25<br>正丁醇 40<br>正丙醇 20<br>丙酮 25<br>3%(质量浓度)三氯乙酸 15 | 甲醇 45<br>异丙醇 20<br>25%氨水 15<br>水 10 |
|---|---|---|---|---|
| 腺嘌呤 | 0.34 | 0.46 | 0.74 | 0.55 |
| 鸟嘌呤 | 0.12 | 0.29 | 0.45 | 0.43 |
| 黄嘌呤 | 0.19 | 0.33 | 0.38 | 0.51 |
| 次黄嘌呤 | 0.23 | 0.43 | 0.52 | 0.62 |
| 胞嘧啶 | 0.31 | 0.51 | 0.73 | 0.64 |
| 尿嘧啶 | 0.38 | 0.48 | (0.60) | 0.70 |
| 胸腺嘧啶 | 0.52 | 0.56 | 0.71 | 0.72 |
| 腺苷 | 0.17 | 0.54 | 0.59 | 0.54 |
| 鸟苷 | 0.10 | 0.30 | 0.41 | 0.53 |
| 黄苷 | 0.35 | 0.31 | 0.33 | 0.62 |
| 肌苷 | 0.12 | 0.42 | 0.36 | 0.66 |
| 胞苷 | 0.14 | 0.46 | 0.58 | 0.65 |
| 尿苷 | 0.18 | 0.40 | 0.46 | 0.72 |
| 胸苷 | 0.42 | 0.53 | 0.67 | 0.77 |
| 脱氧腺苷 | 0.31 | 0.63 | 0.66 | 0.64 |
| 脱氧尿苷 | 0.29 | 0.45 | 0.51 | 0.73 |
| 脱氧肌苷 | 0.20 | 0.49 | 0.47 | 0.69 |
| 脱氧胞苷 | 0.22 | 0.56 | 0.66 | 0.73 |
| 脱氧鸟苷 | 0.18 | 0.41 | 0.48 | 0.55 |
| 腺苷酸 | 0.17 | 0.26 | 0.38 | 0.17 |
| 鸟苷酸 | 0.12 | 0.08 | 0.26 | 0.10 |
| 肌苷酸 | 0.14 | 0.10 | 0.42 | 0.10 |
| 胞苷酸 | 0.15 | 0.13 | 0.36 | 0.22 |
| 尿苷酸 | 0.22 | 0.15 | 0.36 | 0.26 |
| 胸苷酸 | 0.36 | 0.17 | 0.50 | 0.32 |
| 脱氧腺苷酸 | 0.26 | 0.18 | 0.50 | 0.22 |
| 脱氧鸟苷酸 | 0.17 | 0.09 | 0.36 | 0.13 |
| 脱氧胞苷酸 | 0.22 | 0.15 | 0.48 | 0.28 |

① Whatman 1 号，上升法；② 此栏右侧数字表示溶剂配方（体积比）。

**表 7-93 不挥发性有机酸的 $R_f$ 值**

| 溶剂系统[①] / 有机酸 | 正丁醇 10<br>甲酸 2<br>水 15 | 正戊醇 1<br>5mol/L 甲酸 1 | 乙醚 5<br>88%甲酸 2<br>水 1 | 乙醇 80<br>浓氨水 5<br>水 15 |
|---|---|---|---|---|
| 乳酸 | 0.77 | 0.62 | 0.80 | 0.48 |
| 丙酮酸 | 0.63 | 0.65 | 0.83 | — |
| 草酸 | 0.05 | 0.14 | 0.18 | 0.02 |
| 琥珀酸 | 0.72 | 0.61 | 0.79 | 0.14 |
| 顺丁烯二酸 | 0.46 | 0.53 | 0.78 | 0.13 |
| 反丁烯二酸 | 0.86 | 0.79 | — | 0.17 |
| 衣康酸 | — | 0.71 | 0.82 | — |
| 苹果酸 | 0.44 | 0.32 | 0.55 | 0.09 |
| 酒石酸 | 0.23 | 0.14 | 0.33 | 0.06 |
| 草酰乙酸 | 0.61 | — | — | — |
| α-铜戊二酸 | 0.56 | 0.48 | 0.69 | 0.08 |
| 乌头酸 | 0.78 | 0.66 | — | 0.02 |
| 柠檬酸 | 0.37 | 0.23 | 0.46 | 0.02 |

① 此栏右侧数字表示溶剂配方（体积比）。

表 7-94 挥发性脂肪酸铵盐的 $R_f$ 值

| 溶剂系统 / 脂肪酸(铵盐) | 95%乙醇 100①<br>浓氨水 1 | 正丁醇以 1.5mol/L<br>氨水饱和 | 溶剂系统 / 脂肪酸(铵盐) | 95%乙醇 100①<br>浓氨水 1 | 正丁醇以 1.5mol/L<br>氨水饱和 |
|---|---|---|---|---|---|
| 甲酸 | 0.31 | 0.10 | 己酸 | 0.68 | 0.53 |
| 乙酸 | 0.33 | 0.11 | 庚酸 | 0.72 | 0.62 |
| 丙酸 | 0.44 | 0.19 | 辛酸 | 0.76 | 0.65 |
| 丁酸 | 0.54 | 0.29 | 壬酸 | — | 0.67 |
| 戊酸 | 0.60 | 0.41 | | | |

① 95%乙醇+浓氨水=100+1（体积比）。

表 7-95 糖类的 $R_f$ 值

| 溶剂系统① / 糖类 | 酚 5<br>水 2 | 正丁醇 5<br>乙醇 3<br>水 2 | 溶剂系统① / 糖类 | 酚 5<br>水 2 | 正丁醇 5<br>乙醇 3<br>水 2 |
|---|---|---|---|---|---|
| 2-脱氧核糖 | 0.73 | 0.46 | 甘露糖 | 0.43 | 0.21 |
| 核酮糖 | 0.65 | 0.33 | 纤维二糖 | 0.27 | 0.04 |
| 木酮糖 | 0.59 | 0.37 | 乳糖 | 0.31 | 0.02 |
| 阿拉伯糖 | 0.53 | 0.22 | 麦芽糖 | 0.32 | 0.06 |
| 果糖 | 0.65 | 0.21 | 异麦芽糖 | 0.20 | 0.03 |
| 鼠李糖 | 0.61 | 0.36 | 蜜二糖 | 0.25 | 0.04 |
| 山梨糖 | 0.41 | 0.18 | 蔗糖 | 0.36 | 0.09 |
| 半乳糖 | 0.42 | 0.14 | 棉子糖 | 0.25 | 0.02 |
| 葡萄糖 | 0.36 | 0.15 | | | |

① 此栏右侧数字表示溶剂配方（体积比）。

6. 影响 $R_f$ 值的因素

影响 $R_f$ 值的因素很多，原因也十分复杂，但大致有以下几个方面。

(1) 滤纸种类 用不同型号、批号的滤纸分析同一物质时，其 $R_f$ 值不同。

(2) 溶剂系统 以不同溶剂系统的展开剂展开同一物质时有不同的 $R_f$ 值；溶剂系统中各组分的比例不同时，$R_f$ 值也不同。要获得重现的 $R_f$ 值，必须采用同一比例组分的溶剂系统为展开剂。

(3) 温度 温度可影响物质在两相中的溶解度及纸纤维的水合作用，使纸的横截面上的固定相发生量的变化；在多元溶剂系统的展开剂中，温度对其中含水量的影响十分显著，这些都使得温度对 $R_f$ 值有很大影响。

对同一溶剂系统，$R_f$ 值的恒定主要取决于含水量的恒定，有些对温度很敏感的溶剂系统，在温度稍低时就会析出水滴，因此，必须严格控制恒温，温度波动应在±0.5℃以内。

(4) pH 值 溶剂、样品及滤纸的 pH 值都会影响 $R_f$ 值及分离得到的斑点形状。为了防止 pH 值的影响，可将滤纸和溶剂用缓冲溶剂处理，使其保持一定的 pH 值，或在溶剂中加入足够量的酸、碱或调节样品溶液的 pH 值，使 pH 值恒定。

(5) 展开方式 同一种物质用不同的展开方式层析时，即使其他条件完全相同，所得 $R_f$ 值也不相同。

(6) 点样的位置 在展开过程中，滤纸上流动相的量上下并不一致，距离液面越远，流动相的量越少，因此，点样位置越高，$R_f$ 值越小。

(7) 样品溶液中杂质的影响 样品中的杂质干扰 $R_f$ 值的测定，使得物质在纯体系时与混合物中的同一物质的 $R_f$ 值之间有偏差。

(8) 其他因素 样品溶液的浓度、展开距离的长短、溶剂蒸气的饱和程度等对 $R_f$ 值都有不同程度的影响。

7. 纸色谱法的定量方法

(1) 斑点面积定量法 实验证明，在一定浓度范围内，圆形或椭圆形斑点的面积与物质的量的对数成正比，因此，可用测量斑点的方法来定量。

(2) 稀释法 配制一系列不同浓度的标准溶液，对标准系列进行纸色谱法。当斑点显色后，求出该物质能被检出的最低浓度（界限浓度）。然后，取样品溶液按上述方法操作，求出界限浓度，从界限浓度时样品溶液的稀释倍数，即可求得该物质的浓度。不过，这种方法的误差较大，只能作半定量用。

(3) 直接比色法与荧光法 用特制的分光光度计、荧光计或薄层扫描仪测量滤纸上斑点的颜色的强度或荧光强度，从工作曲线上求出含量。

(4) 剪洗法 剪下滤纸上的斑点，用适当的溶剂洗脱，测出洗脱液的吸光度或荧光强度，从工作曲线上求出含量。

### 三、应用

纸色谱法已广泛用于下列物质的分离。

①无机阳离子：不同价态的金属离子如 As、Co、Cr、Cu、Fe、Hg、Mo、Tl、U、V 的分离；②无机阴离子：如卤素阴离子分离；磷酸盐、锑酸盐、硼酸盐及硅酸盐的分离；硒和硫含氧酸的分离；③氨基酸：如蛋白质和脲氨基酸的分离；其他氨基酸的分离；含硫氨基酸的分离；④胺类；⑤脂肪族多元胺和氨基醇类；⑥芳香族胺类；⑦胍类及其取代物和有关化合物；⑧酚类：如酚类及其衍生物的分离；萘酚（萘胺）的分离；⑨羰基（碳酰）化合物；⑩脂肪酸：如脂肪酸类和某些卤代衍生物的分离；酚酸类的分离；酮酸类的分离；⑪糖类：如氨基糖类及其 *N*-乙酰衍生物的分离；⑫甾酮类；⑬咪唑类（2,3-二氮茂类）；⑭氮杂环化合物及吲哚类和有关化合物；⑮核苷酸类、核苷类及碱类；⑯嘌呤、嘧啶、核苷酸及有关化合物；⑰生物碱。

## 第六节 电泳分析法

### 一、电泳的分类

电泳是指荷电物质在外加电场的作用下能向异性电极移动的现象。

电泳常可分为界面电泳（又称自由电泳）和区域电泳（又称分段电泳）两类。

(1) 界面电泳是在无支持介质溶液中的电泳，所以，也可称为“自由电泳”，这类电泳一般只作胶体纯度的鉴定及电泳速度的测定，由于仪器较复杂，操作又烦琐，故应用不广。

(2) 区域电泳用纸等支持介质来稳定电泳区域，电泳后混合物各组分形成明显的带状区间而达到分离，设备简单、操作方便、分辨率较好、样品量可多可少，应用较广，但由于存在支持介质，准确度不及自由电泳法高，而且还会引入某些新的影响电泳的因素。

区域电泳按支持介质种类可分成以下几类：①纸上电泳，以滤纸为支持介质；②纤维素电泳，以玻璃纤维、聚氯乙烯为支持介质；③粉末电泳，以纤维素粉、淀粉、玻璃粉等为支持介质；④凝胶电泳，以交联葡萄糖凝胶、琼脂糖凝胶、聚丙烯胺凝胶、淀粉凝胶等为支持介质；⑤薄膜电泳，以乙酸纤维薄膜、离子交换膜等为支持介质；⑥薄层电泳，以硅胶、氧化铝、硅藻土为支持介质。

按仪器装置形式可分为以下几类：①平板电泳，将支持介质铺在长方形的玻璃板或有机玻璃板上进行电泳，此法最为常用；②垂直板电泳，将支持介质铺在平板上，作垂直装置后再进行电泳；③垂直柱形电泳；④连续液流电泳；⑤盘状电泳。

本节主要介绍区域电泳中设备简单、分离效果好、重复性好、应用较广泛的纸上电泳、薄层电泳和毛细管电泳。

### 二、纸上电泳

1. 纸上电泳的原理

纸上电泳是以电解质溶液浸湿的滤纸为支持介质。接通电源，在一定的电压下，使带电的颗粒或离子，在纸上因电场作用而移向异性电极。其移动速度与荷电物质的性质有关，因此，在通电一段时间后，混合物中的不同组分可得到分离。然后按纸色谱的操作方式，将各组分用适当的显色剂显色，再进行定量分析。

离子电泳移动的距离与离子的迁移率有关，如果支持介质（纸或其他材料）的长度为 $L$，电解质离子的半径为 $r$，当外加电场为 $E$ 时，该离子的迁移率 $m$ 可按下式计算。

$$m=\frac{v}{E/L} \qquad m=\frac{q^{\pm}}{6\pi r\eta}$$

式中 $L$——两电极间距离，cm；

$E/L$——电位梯度，V/cm；

$v$——离子移动速度，cm/s；

$q^{\pm}$——该离子的电荷；

$r$——离子半径；

$\eta$——溶剂黏度。

当迁移距离为 $s$，电泳时间为 $t$ 时，离子的迁移速度为

$$v=\frac{s}{t}$$

$$\therefore \qquad m=\frac{SL}{Et} \qquad S=\frac{mEt}{L}$$

对 A、B 两种带电离子，是否分离良好，可用它们分离的距离 $\Delta S$ 为依据

$$\Delta S=S_A-S_B=(m_A-m_B)\frac{Et}{L}=\Delta m\frac{Et}{L}$$

为了得到良好的分离，$\Delta S$ 值要大，也就是说，要求两种离子的迁移率差 $\Delta m$ 要大，电泳时间 $t$ 要长，电位梯度 $E/L$ 要大。在同一体系中，当溶剂黏度小时，离子的迁移率大，电泳的时间可以短些，为此，两种离子的半径要相差大些，离子的电荷相差也要大些，分离的效果就较好。

$\Delta m$ 除决定于离子本性外，还与介质有关。介质条件一定时，$\Delta m$ 为定值。由于离子的迁移率一般相差不大，因此，为了在一定条件下（即一定的 $t$、$E$、$L$ 值）使离子分离完全，尤其为了能有效地分离那些性质相近的元素，必须设法增加 $\Delta m$ 值。常用加入某种络合剂，利用形成络合能力的差异造成离子在带电性质及粒子大小方面的变化。

2. 影响纸上电泳分离的因素

（1）电解质支持体　电泳所用的滤纸必须纸质均匀，吸附力小。如果纸质不均匀，则电场强度不均匀，电泳速度受到影响而得不到好的分离效果；如果吸附力大，会造成拖尾现象，影响分离效果。因此，纸必须是专用的滤纸，同时要注意生产厂家不同引起的纸质差别。

（2）外加电场的电位梯度　电位梯度指每厘米的平均电压降，即 $E/L$，当 $L$ 一定时，两极间所加电压越高，电泳分离耗时越短，分离效果也越好。

为缩短分离时间和提高分离效率，常可采用高压电泳的方式，其电位梯度可在 40～50V/cm 以上，有的甚至可高达 200V/cm。但高压电泳又会增加其他问题，例如，必须有稳定高压的设备及冷却系统等。

（3）电泳时间　一般讲，增加电泳时间可以增大离子迁移距离，有利于分离。但是，随着离子迁移距离增加，电泳的带宽也会增加，也不利于分离，故应在实验中加以选择。

（4）电解液组成　电解液的组成及 pH 值，决定组分的溶液中的状态，带电粒子（离子或络合离子）的大小、所带电荷的性质和数目等对电泳分离的结果影响较大，因此，要恒定电解液的组成及 pH 值等。

（5）离子强度　溶液的离子强度是影响带电粒子移动速度的一个重要因素。离子强度越大，电泳速度越慢；反之，则越快。适宜的离子强度为 0.02～0.2，但应用中还要通过实验确定。溶液的离子强度 $I$ 可用下式计算。

$$I=\frac{1}{2}\sum CZ^2$$

式中　$C$——离子的摩尔浓度；

$Z$——离子的价数。

3. 纸上电泳的仪器装置

纸上电泳有高压及常压两类。高压电泳速度快，适于分子量较小的物质的分离鉴定。如氨基酸、多肽、糖类、核苷酸等；常压电泳的电场强度一般在 50V/cm 以下，设备简单，适于高分子量物质的分离鉴定，如蛋白质等。常压电泳应用较广，现叙述如下。

纸上电泳仪包括电源及电泳器两部分。电源为直流稳压电源，在 100～600V 范围内可调，最大电流为 100mA，即可满足一般要求。电泳时，电场强度与滤纸长度有关，电流则与滤纸的宽度及缓冲溶液的导电能力有关，实验中根据要求进行调整。电泳器的形式很多，平卧式电泳器最常用，一般用有机玻璃制作，基本形状如图 7-51 所示。

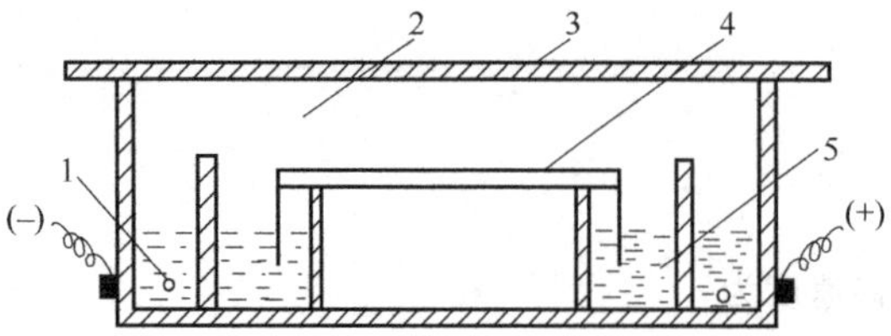


图 7-51 电泳器

1—电源；2—电泳室；3—盖；4—滤纸；5—缓冲液

4. 缓冲溶液的选择

(1) 根据样品的性质选择缓冲溶液的 pH 值。例如，测定蛋白质或多肽的氨基酸组成，多数用 pH 为 2 左右的缓冲溶液；对碱性氨基酸，像精氨酸和赖氨酸的分离，则用 pH 为 6.3 的缓冲溶液。缓冲溶液应尽可能选用挥发性的，在烘干过程中即可除去，并且还可避免缓冲溶液对显色剂及紫外吸收带的影响。

(2) 常用的挥发性缓冲溶液见表 7-96。

(3) 低离子强度缓冲溶液的配制见表 7-97。

(4) 某些物质电泳时常用的缓冲溶液见表 7-98。

**表 7-96 常用的挥发性缓冲溶液**

| pH 值 | 配制方法 | pH 值 | 配制方法 |
|---|---|---|---|
| 1.85 | 80%甲酸+冰乙酸+水=2.5+7.8+89.7 | 3.2 | 吡啶+冰乙酸+水=1+9+90 |
| 1.9 | 80%甲酸+冰乙酸+水=15+10+75 | 3.6 | 吡啶+冰乙酸+水=1+10+90 |
| 2.0 | 80%甲酸+冰乙酸+水=5+15+80 | 4.5 | 吡啶+冰乙酸+水=5+5+90 |
| 2.0 | 1.5mol/L 甲酸+2mol/L 乙酸=1+1 | 5.3 | 吡啶+冰乙酸+水=8+2+90 |
| 2.0 | 0.75mol/L 乙酸 | 5.8 | 吡啶+冰乙酸+水=9+1+90 |
| 2.25 | 0.75mol/L 甲酸+1mol/L 乙酸=1+1 | 6.0 | 吡啶+冰乙酸+水=10+1+59 |
| 2.3 | 1.0mol/L 乙酸 | 6.5 | 吡啶+冰乙酸+水=10+0.4+90 |
| 2.3 | 吡啶+冰乙酸+水+80%甲酸=1+10+89+13.5 | 7.0 | 三甲基吡啶+1mol/L 乙酸+水=0.36+1.85+38.6 |
| 2.75 | 0.2mol/L 乙酸 | 7.0 | 三甲基胺+水=5+95 以二氧化碳饱和 |

**表 7-97 低离子强度缓冲溶液的配制**

| pH 值 | A/mL | B/mL | pH 值 | A/mL | B/mL | pH 值 | A/mL | B/mL |
|---|---|---|---|---|---|---|---|---|
| 2.55 | 0 | 0.00 | 5.50 | 14.35 | 18.90 | 8.50 | 13.10 | 9.95 |
| 2.75 | 5.70 | 20.00 | 5.75 | 14.30 | 17.90 | 8.75 | 13.20 | 9.70 |
| 3.00 | 10.70 | 29.40 | 6.00 | 14.25 | 17.10 | 9.00 | 13.35 | 9.45 |
| 3.25 | 12.60 | 33.00 | 6.25 | 14.20 | 16.20 | 9.25 | 13.40 | 9.00 |
| 3.50 | 13.60 | 33.10 | 6.50 | 14.10 | 15.40 | 9.50 | 13.45 | 8.55 |
| 3.75 | 14.35 | 32.00 | 6.75 | 14.00 | 14.50 | 9.75 | 13.40 | 8.30 |
| 4.00 | 14.70 | 30.70 | 7.00 | 13.80 | 13.65 | 10.00 | 13.30 | 8.10 |
| 4.25 | 14.70 | 28.50 | 7.25 | 13.55 | 12.80 | 10.25 | 13.15 | 7.85 |
| 4.50 | 14.70 | 25.70 | 7.50 | 13.30 | 11.95 | 10.50 | 12.95 | 7.60 |
| 4.75 | 14.60 | 23.40 | 7.75 | 13.10 | 11.10 | 10.75 | 12.65 | 7.20 |
| 5.00 | 14.50 | 21.70 | 8.00 | 13.00 | 10.50 | 11.00 | 12.60 | 6.35 |
| 5.25 | 14.40 | 20.20 | 8.25 | 13.05 | 10.20 | | | |

注：A 为 1mol/L 氢氧化钠溶液；B 为乙酸-磷酸-硼酸混合溶液，每种酸浓度均为 0.4mol/L；使用时按 A 和 B 的量混合，加水定容至 1000mL。

**表 7-98 某些物质电泳时常用的缓冲溶液**

| 物质 | 缓冲溶液 | |
|---|---|---|
| 蛋白质 | ①巴比妥缓冲溶液 | pH=8.8 离子强度 0.05 |
| | ②巴比妥缓冲溶液 | pH=8.6 离子强度 0.075 |
| | ③硼酸盐缓冲溶液 | pH=8.6 |
| | ④硼酸盐缓冲溶液 | pH=9.0 |
| | ⑤磷酸盐缓冲溶液 | pH=7.4 |
| | ⑥巴比妥-乙酸盐缓冲溶液 | pH=8.6 (0.1mol/L) |

续表

| 物 质 | 缓 冲 溶 液 | |
|---|---|---|
| 氨基酸 | ①邻苯二甲酸盐缓冲溶液 | pH=5.9 |
| | ②乙酸溶液 | 0.25～5mol/L |
| | ③磷酸盐缓冲溶液 | pH=7.2$\left(\frac{1}{15}\text{mol/L}\right)$ |
| | ④巴比妥缓冲溶液 | pH=8.6 |
| 糖及其衍生物 | ①硼酸钠缓冲溶液 | pH=10.0(0.2mol/L) |
| | ②乙酸盐缓冲溶液 | pH=5.0(0.1mol/L) |
| | ③磷酸盐缓冲溶液 | pH=6.7(0.1mol/L) |
| 核苷酸类物质 | ①柠檬酸盐缓冲溶液 | pH=2～3 |
| | ②巴比妥-乙酸盐缓冲溶液 | pH=2.5 |
| | ③巴比妥缓冲溶液 | pH=8.6 |
| | ④硼酸盐缓冲溶液 | pH=9.0 (0.05mol/L) |
| | ⑤乙酸缓冲溶液 | pH=3.1 |
| | ⑥乙酸缓冲溶液 | pH=5.0 (0.05mol/L) |

5. 纸的选择

应选纸质优良、均匀、吸附力小的滤纸，见本章第五节。

6. 操作步骤

(1) 点样 将滤纸裁成长条，每个样品纸宽为 2～3cm。纸的长度根据电源输出最高电压及所需电场强度来估计。在一定电源输出电压下，所需的电场强度较大，则纸应裁得短些，但由于纸较短而分离不良时，则可增加电压或延长时间，这样可以保证一定的电泳距离。

对未知样品，应将样品点在纸中央，或取两条滤纸分别将样品点在纸的两端，使样品在两条滤纸上移动方向相反，这样可以避免区带丢失；对已知样品，原点位置根据经验选择，但必须距缓冲溶液液面 5cm 以上，并在滤纸两端注明正、负极，原点形状一般为星条状，其分离效果可好些，样品少时，点成圆点，以便显色。

点样量由滤纸的厚度、原点宽度、样品溶解度、显色剂的灵敏度以及样品中各组分电泳速度的差别来定。对于未知样品要先做不同点样量的实验，选出最佳量。

点样方式有湿点样法与干点样法两种。

① 湿点样法是先将滤纸用喷雾器均匀地喷上缓冲溶液，或将滤纸浸于缓冲溶液中，浸透后取出，夹在两层滤纸中轻压，以吸去多余的缓冲溶液。然后将样品点在纸上（可用毛细管或微量注射点样）。点样时，将滤纸的点样部位用玻璃架架起，注意不要刮伤纸面，点的次数不可太多，如样品浓度低，最好事先浓缩。湿点样法的优点是能保持样品的天然状态。

② 干点样法与纸色谱法相似。将样品点在滤纸上，每次点完后要用热风吹干（对热不稳定的样品用冷风吹干），多次点样直到样品量足够。然后用缓冲溶液将滤纸喷湿，在点样处最后喷。干点样法的优点是在多次点样过程中有浓缩作用，但点样次数过多会使纸面受损，样品也易干坏。

(2) 电泳 先将电泳器放平，将等量缓冲液分别加入电泳室内，两液在槽内的液面应保持同一水平，以避免虹吸现象。特点好样的滤纸条平整地放在电泳器的滤纸架上，将滤纸两端下垂浸入槽中的缓冲溶液内。盖紧电泳器盖，以防缓冲液蒸发，盖子最好有一定倾斜度，以防冷凝水珠滴落在电泳纸上。接通电源，调节电压，达符合要求的电场强度进行电泳。

纸上电泳还有双向纸上电泳法和连续纸上电泳法等。

(3) 显色 电泳完成后，关闭电源，用镊子将纸条取出，烘干或吹干。显色方法与纸色谱法相同，见本章第五节。

(4) 定性和定量 与纸上层析法相同，见本章第五节。

7. 纸上电泳的不正常现象及防止方法

(1) 滤纸变干不能导电 因为纸电泳时电流通过滤纸，产生一定热量而使滤纸变干影响导电效果，为此，要在密闭系统中进行，以防止水分蒸发。

(2) 分离组分产生拖尾现象 拖尾现象一般是由吸附现象引起的。其解决方法是：①选用纤维组织均匀、质量高的滤纸；②将滤纸条预先用稀酸或相应的络合剂洗涤，以减少吸附性，检查电渗作用（纸上羧基中的 $H^+$）。

(3) 迁移率重现性不好，迁移速度慢　检查溶液的 pH 值，因为 pH 值影响分离的效果，特别对蛋白质，氨基酸等类化合物。为此，最好选用缓冲容量大的电解液，当电解液的离子强度大时，迁移速度变慢，这时要注意改变电解液的离子强度，尽可能选用离子强度小的电解液，检查电压的稳定性。

(4) 电渗速率的校正　电渗作用是带有正电荷的液体在表面带有负（或正）电荷的容器或其他物体上流过时产生的现象，它能使中性物质或两性物质在电场中移动。纸电泳的电渗作用源于滤纸上羧基解离出的 $H^+$，$H^+$ 在向阴极移动中产生电渗电流的同时使纸上带有负电荷。因此，在电场中带正电的质点向阴极移动时，迁移率是质点的电泳及电渗速率之和，当质点带负电荷时则迁移率为质点的电泳与电渗速率之差。所以，实验值不是单纯电泳的迁移率，要测定真正的电泳迁移率必须对电渗速率进行校正。校正的方法是在被测物质的旁边放上一滴中性物质（如淀粉、葡萄糖等），然后根据移动情况加以校正。

8. 纸电泳法分离无机离子

表 7-99 为纸电泳法分离无机离子。

**表 7-99　纸电泳法分离无机离子**

| 分离的元素 | 电解质溶液或缓冲液组成 | 电压或电场强度电流密度等 | 分离时间 | 纸 | 分离情况或移动距离/mm |
|---|---|---|---|---|---|
| 碱金属和碱土金属（取用阳离子的总物质的量为 0.05mol/L 左右） | 0.05mol/L 柠檬酸二铵 pH=5.2 | 5V/cm | 3h | Eaton-Dikeman Co. 级 301 | $Ca^{2+}$，$Sr^{2+}$，$Ba^{2+}$，$Li^+$，$Na^+$ 能有效分离 |
| $Cs^+$，$Rb^+$ | ①钨酸铵（以 0.001～0.005mol/L 的钨计）溶液<br>②0.035mol/L $K_4[Fe(CN)_6]$和 0.052mol/L $KNO_3$ | 8.5V/cm | 30min | | 能完全分离 $Cs^+$ 和 $Rb^+$ |
| $Ag^+$，$Ni^{2+}$，$Cu^{2+}$（用量 0.001～0.01 mol/L，50μL） | ①在 0.2%氨基三乙酸中的 4mol/L $NH_3$<br>②0.2% 氨基三乙酸+2%三乙醇胺中的 1mol/L $NH_3$<br>③0.5%草酸铵中的 1mol/L $NH_3$<br>④0.2%氨基三乙酸中的 2%的三乙醇胺 | 160～400V 或 5～13V/cm | 2～4h | Eaton-Dikeman Co. 级 301 | 在 1,2,3 号电解质溶液中，三种离子均移向负端，并能加以分离<br>在 4 号电解质溶液中，三者均移向正端，也能分离 |
| $Ag^+$，$Ni^{2+}$，$Cu^{2+}$ 和 $Fe^{3+}$（用量 0.005 mol/L，0.01mL） | 4mol/L $NH_4OH$ 中的 0.01mol/L 酒石酸二铵和 0.01mol/L 草酸铵 | 160V>100mA | | Filpac No. 046 或 Eaton-Dikeman Co. 级 320 | 用连续分离法能加以分离 |
| $Ni^{2+}$ 和 $Cu^{2+}$（用量 0.005mol/L，0.01mL） | 15mol/L $NH_4OH$ 中的 0.01mol/L $NH_4OAc$ | 200V 约 35mA | 20min | Filpac No. 046 或 Eaton-Dikeman Co. 级 320 | 能加以分离 |
| $Cu^{2+}$，$Cd^{2+}$，$Bi^{3+}$，$Hg^{2+}$ | ①0.1mol/L HCl | 3.9V/cm | 30min | | $Cu^{2+}$(+27)①，$Cd^{2+}$(+14)<br>$Bi^{3+}$(−4)，$Hg^{2+}$(−12) |
| | ②0.5mol/L HCl | 3.9V/cm | 30min | | $Cu^{2+}$(+44)，$Cd^{2+}$(+4)<br>$Bi^{3+}$(−30)，$Hg^{2+}$(−50) |
| | ③1.0mol/L HCl | 3.9V/cm | 30min | | Cu(+16)，$Cd^{2+}$(−17)<br>$Bi^{3+}$(−40)，$Hg^{2+}$(−50) |

续表

| 分离的元素 | 电解质溶液或缓冲液组成 | 电压或电场强度电流密度等 | 分离时间 | 纸 | 分离情况或移动距离/mm |
|---|---|---|---|---|---|
| $Cd^{2+}$,$Pb^{2+}$,$Cu^{2+}$,$Bi^{3+}$,$Hg^{2+}$（用量0.005～0.05mol/L,10～50μL)采用两向电泳 | 首先在0.1mol/L乳酸溶液中电泳;然后纸带经氨水洗涤,外加电场改变方向 | 160～400V | 15～30min | Eaton-Di-keman Co. 级301或级320 | 第一次电泳,$Cd^{2+}$,$Pb^{2+}$,$Cu^{2+}$三者相互有小部分重合,而$Bi^{3+}$和$Hg^{2+}$完全重合,第二次电泳(电场方向与第一次垂直),$Cd^{2+}$,$Pb^{2+}$,$Cu^{2+}$、$Bi^{3+}$,$Hg^{2+}$能完全加以分离 |
| 铈族稀土和其他元素 | 1%柠檬酸溶液 | 300V | 45min | | $Sc^{3+}$(−5),$Th^{4+}$(−5),$Fe^{3+}$(−5),$Sm^{3+}$(−26),$Nd^{3+}$(−30),$Y^{3+}$(−30),$Ce^{3+}$(−37),$La^{3+}$(−46),Ac(−60),$Al^{3+}$(−30),$Zn^{2+}$(−47),$Bi^{3+}$(−5),$Pb^{2+}$(−40),$Cu^{2+}$(−29) |
| $Ti^{4+}$,V(Ⅴ),Mo(Ⅵ) | 含有10% $H_2O_2$的0.5mol/L HCl | 110V | 50min | | 橙色钛区带(−13),红色钒区带(−3),黄色钼区带(+11) |
| $Nb^{5+}$,$Ta^{5+}$ | 柠檬酸和柠檬酸钾混合液,离子强度为0.4,pH=3.42 | 220V 4mA | 4h<br>8h | W1②宽3cm长30cm | 分离效果好<br>4h:Ta(+68)<br>Nb(+98)<br>8h:Ta(+160)<br>Nb(+225) |
| Se和Te以$SeO_3^{2-}$和$TeO_3^{2-}$形态存在(用量分别为20μg和10μg) | 0.01=EDTA,并以苯二甲酸氢钾和盐酸或氢氧化钠的配制成pH=3～6的缓冲液 | 24V/cm<br>2.5～2.9mA/cm③ | 15min | W1 21×2$cm^2$ | 能很好分离$SeO_3^{2-}$(+37)<br>$TeO_3^{2-}$(0) |
| Mo(Ⅵ)和Re(Ⅶ)(用量微克级) | 0.3mol/L HCl | 13V/cm<br>10mA/cm | 10min | 国产新华纸25×1.5$cm^2$ | 在Mo和Re各为5μg时,Mo(−8),Re(+33)能完全分离;在两者为400∶1时,Mo(−1),Re(+29)仍可加以分离 |
| 铂族元素<br>1. $Pd^{2+}$,$Pt^{4+}$④<br>2. $Pd^{2+}$,$Pt^{4+}$,$Au^{3+}$④ | 2mol/L HCl,30%丙酮<br>2mol/L HCl,30%丙酮<br>2mol/L HCl,30%丙酮 | 40V120～340cm | 6h | 长30～40cm,宽3～30cm | $Pd^{2+}$(+23),$Pt^{4+}$(+16)能分离<br>能完全分离<br>能完全分离 |
| 3. $Pd^{2+}$,$Pt^{4+}$,$Rh^{3+}$④<br>4. $Pt^{2+}$,$Ir^{4+}$,$Rh^{3+}$⑤<br>5. $Pd^{2+}$,$Pt^{4+}$,$Ir^{4+}$,$Au^{3+}$,$Ru^{3+}$,$Os^{4+}$⑤<br>6. $Pd^{2+}$,$Pt^{4+}$,$Ir^{4+}$,$Rh^{3+}$,$Au^{3+}$,$Os^{4+}$⑤ | 1mol/L KI<br>1mol/L $Na_2CO_3$<br>1mol/L $NH_4Ac$ | 150V | 5h | W2 44×1$cm^2$ | $Pt^{4+}$(+79),$Ir^{4+}$(−77),$Rh^{3+}$(−16),能分离<br>$Pd^{2+}$(+60),$Pt^{4+}$(+141)$Ir^{4+}$(−4),$Au^{3+}$(+2),$Ru^{3+}$(−25),$Os^{4+}$(+10),其中$Pd^{2+}$,$Pt^{4+}$,$Ru^{3+}$,$Os^{4+}$能分离<br>$Pd^{2+}$(−121),$Pt^{4+}$(+80),$Ir^{4+}$(−66),$Rh^{3+}$(+8),$Os^{4+}$(+13),$Au^{3+}$(0)其中,$Pd^{2+}$,$Pt^{4+}$,$Ir^{4+}$,$Au^{3+}$或$Rh^{3+}$或$Os^{4+}$能分离 |

续表

| 分离的元素 | 电解质溶液或缓冲液组成 | 电压或电场强度电流密度等 | 分离时间 | 纸 | 分离情况或移动距离/mm |
|---|---|---|---|---|---|
| 放射性元素 | 0.1mol/L 乳酸溶液 | 5V/cm | 6h | 长 59cm | 迁移率递降顺序为：$Cs^{137}$ + $Rb^{85}$，Tl，Ra + Ba + $Sr^{90}$ + $Ca^{45}$，Cd，$Co^{5+}$，Ni + Zn，Pb，$Cu^{54}$，$Y^{90}$，$Y^{91}$ + Nd，$Ce^{144}$ + Pm + Pr + Eu，Sc，$U^{233}$，Th，Bi，Po；用两向电泳能实现一系列放射性元素的分离 |
| 放射性稀土元素 | ①0.1mol/L 乳酸溶液（元素注入点于阳极端）<br>②0.25mol/L 乳酸溶液（元素注入点于阳极端）<br>③0.35mol/L 酒石酸和 0.015mol/L 酒石酸铵（元素注入点于纸带中点） | 5V/cm | 48h | Eaton-Dikeman Co. 级 301，长 60cm | Ce(Pm，Pr)⑥，$Y^{91}$(Nd)，Sc 能分离<br>Ce(Pm，Pr)，$Y^{91}$(Nd)，Sc 能分离<br>Pm，Eu(移向阳极)，Ce(移向阴极)能完全分离 |

① 括号内的"+""－"号及数值分别表示离子向阳极端和阴极端移动的距离（mm）。

② Whatman 1 号纸；W2 则为 Whatman 2 号纸。

③ 以纸条宽度除电流所得的电流密度。

④ 用量为 0.005～0.01mL 含有 0.005～10μg 的各被测元素。

⑤ 用量的总体积为 0.01mL 其中被测元素各为 μg 量级。

⑥ 括号的元素表示斑点区重合。

9. 有机物的纸上电泳

(1) 氨基酸及胺类　氨基酸的相对迁移见表 7-100。胺类的相对迁移值见表 7-101。

(2) 醇、羧基化合物及羧酸类

① 醇、有机酸及醛酮等　环己六醇各种同分异构体的 $M_G$ 值见表 7-102。有机酸的迁移率（$m$）对离解常数（$K$）的依从性见表 7-103。各种醛、酮类在 0.1mol/L 亚硫酸氢盐中的相对迁移值见表 7-104。甾酮化合物的相对迁移值见表 7-105。

**表 7-100　氨基酸的相对迁移值①**

| 化合物 | 相对迁移值 | 化合物 | 相对迁移值 |
|---|---|---|---|
| 牛磺酸(氨基乙磺酸) | 0.14 | 苏氨酸 | 1.08 |
| 磷酸乙醇胺 | 0.19 | 白氨酸(亮氨酸) | 1.12 |
| 色氨酸(β-吲哚基丙氨酸) | 0.70 | 异白氨酸 | 1.15 |
| 羟基脯氨酸 | 0.78 | 缬氨酸(α-氨基异戊酸) | 1.18 |
| 酪氨(3-对羟苯基丙氨酸) | 0.83 | 丝氨酸 | 1.21 |
| 门冬氨酸(丁氨二酸) | 0.88 | 丙氨酸 | 1.44 |
| 胱氨酸(双巯丙氨酸) | 0.89 | 甘氨酸 | 1.69 |
| 苯基丙氨酸 | 0.93 | β-氨基-异丁酸 | 2.04 |
| 脯氨酸(吡咯烷-2-羧酸) | 0.95 | 组氨酸 | 2.06 |
| 谷氨酸(2-氨基戊二酸) | 0.97 | 1-甲基组氨酸 | 2.06 |
| 谷酰胺(戊氨二酸一酰胺) | 1.00 | 精氨酸 | 2.10 |
| 蛋氨酸(甲硫基丁氨酸) | 1.02 | γ-氨基-丁酸 | 2.16 |
| 瓜氨酸 | 1.02 | 赖氨酸 | 2.25 |
| 门冬酰胺(α-氨基丁二酸一酰胺) | 1.04 | 鸟氨酸 | 2.30 |

① 氨基酸的相对迁移是将其和谷酰胺的移动距离比较而得；谷酰胺的平均速度是 1.71mm/min。测定氨基酸的相对迁移用 pH=2.25，1+1 的 0.75mol/L 甲酸和 1mol/L 乙酸的混合液作为电解质缓冲液，在此种 pH 值下，所有氨基酸均带正电荷，纸电泳时向同一方向移动；这种缓冲液的另一优点是具有挥发性，因而只要将纸条加以干燥即可完全除去。

表 7-101 胺类的相对迁移值①

| 化合物 | 相对迁移值 | 化合物 | 相对迁移值 | 化合物 | 相对迁移值 |
|---|---|---|---|---|---|
| 尿素 | 0 | 鸟氨酸 | 0.28 | 尸胺 | 0.64 |
| 甘氨酸 | 0.04 | 酪胺 | 0.29 | 腐胺 | 0.67 |
| 墨斯卡灵②(mescaline) | 0.24 | 麻黄碱 | 0.32 | 乙胺 | 0.72 |
| 精氨酸 | 0.25 | 肌酸 | 0.37 | 二乙胺 | 0.81 |
| 组氨酸 | 0.26 | 苯乙胺 | 0.41 | 甲胺 | 0.92 |
| 赖氨酸 | 0.26 | 组胺 | 0.58 | $NH_4^+$,$K^+$ | 1.0 |
| 芦竹碱(又称克胺 gramine) | 0.27 | 丙胺 | 0.61 | | |

① 是当 10V/cm，以 $NH_4^+$，$K^+$ 在柠檬酸缓冲液中的移动速度为 1 与之相比而求得的；柠檬酸缓冲液为每 L10.5g 柠檬酸，用氢氧化钠溶液调节到 pH=3.8。

② 即 3,4,5-三甲氧苯乙胺(3,4,5-trimethoxyphenthyl amine)。

表 7-102 环己六醇各种同分异构体的 $M_G$ 值①

| 化合物 | $M_G$ 值 | 缓冲液 | 化合物 | $M_G$ 值 | 缓冲液 |
|---|---|---|---|---|---|
| 青蟹环己六醇(无顺式—OH 基) | 0.05 | 硼酸盐溶液 | 别环己六醇(1∶3∶3∶4∶5 顺式—OH 基) | 0.73 | 硼酸盐溶液 |
| 内消旋环己六醇(1∶2∶3 顺式—OH 基) | 0.51 | | 表环己六醇(1∶2∶3∶4∶5∶6 顺式—OH 基) | 0.88 | |
| (+)或(−)环己六醇(1∶2∶5∶6 顺式—OH 基) | 0.63 | | 黏环己六醇(1∶2∶4∶5 顺式—OH 基) | 0.96 | |

① 与 D-葡萄糖真实移动距离比较而得，D-葡萄糖的 $M_G$ 值为 1。$M_G=\frac{\text{物质的真实移动距离}}{\text{D-葡萄糖的真实移动距离}}$。

表 7-103 纸上电泳①中有机酸的迁移率（$m$）对离解常数（$K$）的依从性

| 酸 | $K\times10^4$ | $m\times10^5$ | 酸 | $K\times10^4$ | $m\times10^5$ |
|---|---|---|---|---|---|
| 草酸 | 650 | 9 | 柠檬酸 | 8.3 | 1.9 |
| 二氯乙酸 | 330 | 6.5 | 苹果酸 | 3.8 | 1.4 |
| 马来酸 | 120 | 6.7 | 甘油酸 | 2.3 | 1.2 |
| 丙酮酸 | 30 | 3.7 | 衣康酸 | 1.5 | 0.7 |
| 一氯乙酸 | 15 | 2.9 | 乳酸 | 1.4 | 0.7 |
| 乌头酸 | 15 | 2.4 | 琥珀酸 | 0.64 | 0.2 |
| 延胡索酸 | 10 | 2.2 | 戊二酸 | 0.47 | 0.1 |
| 酒石酸 | 9.8 | 2.3 | | | |

① 介质为 0.5mol/L 甲酸，pH=2，10℃时。

表 7-104 各种醛、酮类在 0.1mol/L 亚硫酸氢盐中的相对迁移值①

| 化合物 | 相对迁移值 | 化合物 | 相对迁移值 | 化合物 | 相对迁移值 |
|---|---|---|---|---|---|
| 丁二酮 | 0.69 | 藜芦醛 | 1.03 | 肉桂醛 | 1.18 |
| 水杨醛 | 0.95 | 正香草醛 | 1.10 | 呋喃醛 | 1.29 |
| 正-庚醛 | 0.98 | 环己酮 | 1.14 | 柠檬醛 | 1.36 |
| 香草醛 | 1.00 | 苯甲醛 | 1.16 | 环己烷-1,3-二酮 | 1.78 |
| 原儿茶醛 | 1.00 | 间羟基苯甲醛 | 1.16 | | |

① 相对于香草醛=1 的移动作用。被分开的化合物的检定可将其和茴香胺—HCl 或 $AgNO_3$—$NaOC_2H_5$ 加热以检出还原的羰基化合物，与二硝基苯肼—HCl 加热以检出所有的羰基化合物。羰基化合物和苯磺酰羟肟酸（Benzsulfhvdroxamic acid）反应，只有醛类转变成异羟肟酸盐，它可用纸上电泳分开，并在喷洒以 $Fe^{3+}$ 盐后检出。

表 7-105 甾酮化合物的相对迁移值

| 化合物 | 相对迁移 | 注解 |
|---|---|---|
| 雌酮 | 0.73 | 1. 电泳时是将甾酮化合物与 Girard 试剂作用转化成腙后进行的：腙的制备是 2.5mg 的甾酮和 7mg(Girard 试剂)在 2mL10%甲醇的乙酸中回流 2h<br>2. 电泳条件，200V 电压，1.5mA/h 电流，0.5mol/L 硼酸钠溶液中电泳 18h<br>3. 相对迁移是将它们和孕甾酮的移动距离比较而得 |
| 睾丸甾酮 | 0.75 | |
| 乙基甾酮 | 0.75 | |
| 甲基睾丸甾酮 | 0.77 | |
| 脱氧皮质甾酮 | 0.83 | |
| 雄甾酮 | 0.85 | |
| 孕甾酮 | 1.00 | |

② 糖类　某些糖在1%硼酸溶液中的移动距离见表7-106。某些己糖醇的移动距离见表7-107。糖类在20℃不同pH值的硼酸盐缓冲液中于Whatman 1号滤纸上的迁移率见表7-108。各种多糖在0.06mol/L二乙基巴比土酸缓冲液（pH=8.5）中的迁移率见表7-109。

**表7-106　某些糖在1%硼酸溶液中的移动距离①**　　单位：mm

| 糖 | 移动距离 | 糖 | 移动距离 | 糖 | 移动距离 |
|---|---|---|---|---|---|
| 木　糖 | −63 | 阿戊糖 | +21 | 核　糖 | +57 |
| 鼠李糖 | +3 | 山梨糖 | +46 | 果　糖 | +67 |
| 甘露糖 | +21 | 葡萄糖 | +56 | 半乳糖 | +84 |

① 电压500V，12.5V/cm，1.6mA/cm，电泳时间4h。

**表7-107　某些己糖醇的移动距离①**　　单位：mm

| 己　糖　醇 | 在硼酸盐中 | 在亚砷酸盐中 | 在乙酸铅中 |
|---|---|---|---|
| 山梨醇 | +128 | +93 | −46 |
| 甘露醇 | +141 | +75 | −28 |
| 卫矛醇 | +157 | +63 | −36 |

① 17V/cm，电泳2h。

**表7-108　糖类在20℃不同pH值的硼酸盐缓冲液中于Whatman 1号滤纸上的迁移率①**　　单位：$10^{-5}cm^2\cdot V^{-1}\cdot s^{-1}$

| 糖 类 | pH=7.0 | pH=8.0 | pH=8.6 | pH=9.2 | pH=9.7 | 糖 类 | pH=7.0 | pH=8.0 | pH=8.6 | pH=9.2 | pH=9.7 |
|---|---|---|---|---|---|---|---|---|---|---|---|
| 纤维二糖 | 0.5 | 0.5 | 1.5 | 3.2 | 4.5 | 半乳糖 | 2.8 | 5.8 | 9.6 | 13.0 | 13.1 |
| 棉籽糖 | 0.5 | 0.9 | 1.7 | 3.6 | 4.8 | 阿拉伯糖 | 3.2 | 6.5 | 10.3 | 13.3 | 13.9 |
| 鼠李糖 | 1.3 | 2.4 | 4.4 | 7.1 | 7.8 | 核糖 | 7.0 | 9.1 | 10.2 | 10.9 | 11.0 |
| 葡萄糖 | 2.4 | 6.5 | 11.4 | 14.5 | 14.6 | 果糖 | 8.2 | 9.7 | 11.4 | 12.5 | 13.1 |
| 甘露糖 | 2.6 | 4.9 | 7.8 | 9.8 | 10.0 | 山梨糖 | 8.7 | 10.4 | 12.2 | 14.1 | 14.3 |

① 电位差310V（约每厘米10V），电泳时间3～4h，可以看出所有糖随着pH值的升高，迁移率也升高，虽然其升高的程度不同：这就可以对pH值范围加以选择，使在此pH值范围内某些单糖可以有效分离。各种糖可用苯胺氢酞酸盐在纸上显层，然后将它在100～110℃加热几分钟，最后在紫外光下检定。

**表7-109　各种多糖在0.06mol/L二乙基巴比土酸缓冲液（pH=8.5）中的迁移率②**　　单位：$10^{-5}cm^2\cdot V^{-1}\cdot s^{-1}$

| 物　　质 | 迁移率 | 物　　质 | 迁移率 |
|---|---|---|---|
| 直链淀粉 | 0.0 | DNP①-软骨素硫酸盐(trachea) | −11.1 |
| 葡聚糖 | 0.0 | DNP-软骨素硫酸盐(Septa) | −11.6 |
| 肺炎球菌Ⅱ型多糖 | −3.4 | 牛类-软骨素硫酸盐(Septa) | −11.9 |
| 肺炎球菌Ⅲ型多糖 | −8.3 | 藻朊酸 | −12.9 |
| 肺炎球菌Ⅰ型多糖 | −9.1 | DNP-肝素 | −13.5 |
| 根瘤菌属Radicicolum多糖 | −9.7 | 肝素 | −13.8 |
| 牛类-软骨素硫酸盐(trachea) | −10.7 | | |

① DNP为2,4-二硝基苯肼的缩写符号。
② 电压120V，电泳时间6～12h。

(3) 含氮杂环类　核酸有关的化合物（核苷酸类、核苷及碱类等）的$M_G$值见表7-110。生物碱类的移动距离见表7-111。

## 三、薄层电泳法及其应用

薄层电泳法是用硅胶G，氧化铝G，硅藻土等为支持物或吸附剂制成薄层板进行电泳，方法原理与纸电泳法相似，它的优点是通过吸附剂的选择能避免纸电泳法中的一些干扰效应，已用于分离血红素和血清蛋白的降解产物，脱氧核糖核酸单元及染料等。表7-112是用薄层电泳法分离各类物质的条件。

**表 7-110 与核酸有关的化合物的 $M_G$ 值**

| 类别 | 化合物 | $M_G$ | 缓冲液 |
|---|---|---|---|
| 核糖核苷 | 腺(嘌呤核)苷 | 0.60 | pH=9.2 硼酸盐缓冲液 |
| | 胞(嘧啶核)苷 | 0.64 | |
| | 鸟(嘌呤核)苷 | 0.94 | |
| | 尿(嘧啶核)苷 | 1.05 | |
| 脱氧核糖核苷 | 脱氧-胞(嘧啶核)苷 | 0.00 | pH=9.2 硼酸盐缓冲液 |
| | 脱氧-腺苷 | 0.06 | |
| | 脱氧-胸腺嘧啶核苷 | 0.51 | |
| | 脱氧-鸟(嘌呤核)苷 | 0.59 | |
| | 脱氧-尿(嘧啶核)苷 | 0.67 | |
| 嘌呤和嘧啶碱 | 胞嘧啶 | 0.00 | pH=9.2 硼酸盐缓冲液 |
| | 腺嘌呤 | 0.35～0.56 | |
| | 胸腺嘧啶 | 0.42～0.59 | |
| | 鸟嘌呤 | 0.68 | |
| | 尿嘧啶 | 0.95 | |
| 腺苷磷酸 | 3′-腺苷磷酸 | 1.02 | pH=10 硼酸盐缓冲液 |
| | 2′-腺苷磷酸 | 1.06 | |
| | 5′-腺苷磷酸 | 1.24 | |

**表 7-111 生物碱类①在 5mol/L 乙酸中的移动距离②** 单位：mm

| 生物碱 | 移动距离 | 生物碱 | 移动距离 | 生物碱 | 移动距离 |
|---|---|---|---|---|---|
| 咖啡碱 | 5 | 天仙子碱 | 46 | 金雀花碱 | 76 |
| 乌头碱 | 32 | 马钱子碱 | 48 | 辛可宁 | 80 |
| 茄碱 | 34 | 番木鳖碱 | 50 | 烟碱 | 99 |
| 颠茄碱 | 35 | 麻黄碱 | 52 | 毒芹碱 | 105 |
| 山梗碱 | 36 | 奎宁 | 74 | | |

① 碱的检定通常用喷洒改良的 Dragendorff 试剂（碘化铋钠溶于乙酸乙酯-冰乙酸-$H_2O$ 中）。

② 750V，18.75V/cm，0.4mA/cm，电泳 2h。

**表 7-112 薄层电泳法分离各类物质的条件**

| 物质类 | 缓冲液组成 | pH 值 | 电压或电场强度 | 薄层 |
|---|---|---|---|---|
| 胺类；氨基酸类 | 2mol/L 乙酸-0.6mol/L 甲酸(1+1)<br>吡啶-乙酸-水(1+10+90)<br>柠檬酸钠缓冲液(0.1mol/L) | 2.0<br>3.6<br>3.8 | 460V<br><br>440V | 硅胶，硅藻土<br>氧化铝 G |
| 氨基酸类；DNP-氨基酸类；肽类；血清朊类 | 0.02mol/L 磷酸盐缓冲液(含有 0.2mol/L NaCl) | 7.0 | | 葡聚糖凝胶 $G_{25}$，$G_{50}$，$G_{75}$，$G_{100}$ |
| 氨基酸类；色氨酸；血红素朊和卵白朊的降解产物 | 吡啶-乙酸-水(20+9.5+970) | 5.2 | 60V/cm | 硅胶 H 纤维素 MN300 |
| 氨基酸类；胺类；肽类；血清朊类；蛋白质水解产物；生物磷酸酯化合物 | 0.075mol/L 佛罗那(二乙基巴比土酸)缓冲液 | 8.6 | 20V/cm | 淀粉 纤维素 |
| 酯酶类 | 0.025mol/L 硼酸盐缓冲液 | 8.55 | 15V/cm | 淀粉凝胶 |
| 血清蛋白类；乳酸脱氢酶-同功异构酶类 | Tris-缓冲液①：9.3g Tris+1.2g Na-EDTA+0.71g 硼酸/L | 9.0 | 300V | 丙烯酰胺凝胶 |
| 血清朊类；血红素朊 | 0.1mol/L Tris，0.0067mol/L 柠檬酸，0.04mol/L 硼酸，0.016mol/L 氢氧化钠 | 8.65 | 4～5V/cm | 淀粉凝胶 |
| 脱氧核糖核酸单元(碱类，核苷酸类，核苷) | 甲酸铵缓冲液(0.05mol/L) | 3.4 | | 纤维素 MN300 |

续表

| 物质类 | 缓冲液组成 | pH值 | 电压或电场强度 | 薄层 |
|---|---|---|---|---|
| 酚类；酚羧酸类；萘酚类 | 80mL 乙醇+30mL 水+4g 硼酸+2g 乙酸钠(含结晶水的) | 4.5 | 20V/cm | 硅胶 |
| | 用乙酸调节 pH 值 | 5.5 | | 硅藻土 |
| | 用氢氧化钠调节 pH 值 | 7.8 | | |
| 染料类 | 用氢氧化钠调节 pH | 12.0 | | 硅胶 G |
| 无机阳离子及阴离子 | 0.05mol/L 乳酸<br>0.1mol/L 氢氧化钠 | | 13～46V/cm<br>13～45V/cm | 硅胶<br>硅藻土 |
| 碘酸盐-过碘酸盐 | 0.05mol/L 碳酸铵 | | 400V | 石膏 |
| 焦油染料 | 0.05mol/L 硼砂 | 9.18 | 200V | 硅藻土<br>硅胶<br>氧化铝 |

① Tris 为三羟甲基氨基甲烷［tris(hydnxy methylamino)methane］的简称。

## 四、毛细管电泳

毛细管电泳（CE）又称高效毛细管电泳（HPCE）或毛细管电分离法（CESM），是一类以毛细管为分离通道、以高压直流电场为驱动力的新型液相分离分析技术，它迅速发展于 20 世纪 80 年代中后期。毛细管电泳实际上包含电泳、色谱及其交叉内容，它使分析得以从微升水平进入纳升水平，并使单细胞分析以致单分子分析成为可能。长期困扰我们的生物大分子如蛋白质的分离分析也因此有了新的转机。

1. 毛细管电泳基本原理

(1) 电泳基本原理　电泳是指溶液中带电粒子（离子）在电场中定向移动的现象，电泳迁移速度 $v$ 为

$$v=\mu E=\frac{\mu U}{L}$$

式中　$\mu$——电泳迁移率（电泳淌度）；

$E$——电场强度；

$U$——毛细管柱两端施加的电压；

$L$——毛细管柱总长。

分离组分在毛细管中运行时间 $t$（从进样端到检测窗口）为

$$t=\frac{l}{v}=\frac{Ll}{\mu U}$$

式中　$l$——毛细管柱进样端至检测窗口的距离（有效长度）。

实验中，溶质的电泳迁移率可以通过上式算出。

电泳设备简单，操作方便。图 7-52 是区带电泳设备的示意。在左右两边的电解质储槽中，放入合适的电解质溶液，载体架于两槽之间。电解液通常是一种缓冲液，浓度约 0.1mol/L。电解液体积要大，以防止电解产物扩散至载体上，最好在浸入载体的电解液与插入电极的电解液之间有一隔板。载体上所加电压梯度为每厘米数十伏。高电压可以加速迁移、缩短分析时间，但电压梯度须增至每厘米数百伏。可将样品加入其载体一端的起始点，在各组分分离之后，用合适的方法，如喷洒显色剂、紫外光照射等，使组分斑点出现，然后进行定性和定量分析。

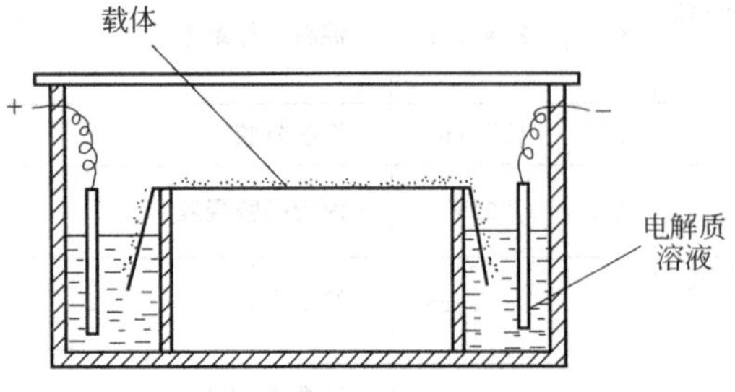


图 7-52　区带电泳设备

(2) 电渗流迁移率　毛细管电泳分离的一个重要特性是毛细管内存在电渗流。电渗流的形成如

图 7-53 所示。当缓冲液的 pH 值在 4 以上时，石英管壁上的硅醇基(≡Si—OH)离解生成阴离子(≡Si—$O^-$)，使表面带负电荷，它又会吸引溶液中的正离子，形成双电层，从而在管内形成一个个紧挨的“液环”。在强电场作用下，它自然向阴极移动，形成电渗流。电渗流迁移率大小与缓冲液的 pH 值高低及离子强度有密切关系。pH 值越高，电渗流迁移率越大；离子强度越高，电渗流迁移率反而变小；在 pH 为 9 的 20mmol/L 的硼酸盐缓冲液中，电渗流迁移率的典型值约为 2mm/s。pH 值越小，硅醇基带的电荷越少，电渗流迁移率越小；pH 值越大，管壁负电荷密度越高，电渗流迁移率越大。若在管内壁涂上合适的物质或进行化学改性，可以改变电渗流的迁移率。例如蛋白质带有许多正电荷取代基，会紧紧地被束缚于带负电荷的石英管壁上，为消除这种情况，可将一定浓度的二氨基丙烷加入到电解质溶液中，此时以离子状态存在的$^+H_3NCH_2CH_2CH_2NH_3^+$起到中和管壁电荷的作用。也可通过硅醇基与不同取代基发生键合反应，使管壁电性改变。

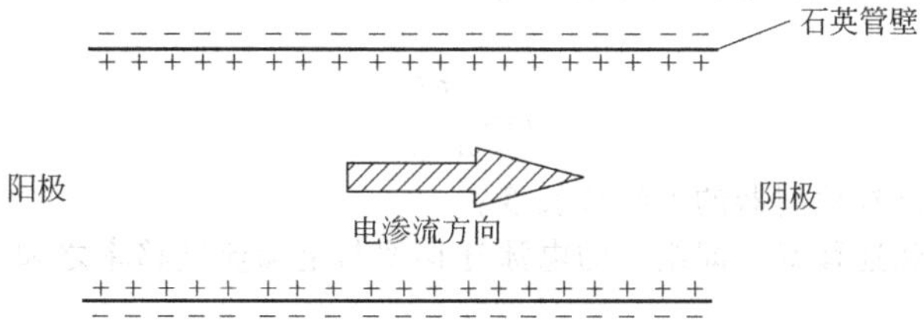


图 7-53　电渗流的形成

在外加强电场之后，正离子向阴极迁移，与电渗流方向一致，但移动速度比电渗流更快。负离子应向阳极迁移，但由于电渗流迁移率大于负离子的电泳迁移率，因此负离子慢慢移向阴极。中性分子则随电渗流迁移。可见正离子、中性分子、负离子先后到达检测器。实验证明，不电离的中性溶剂也在管内流动，因此利用中性分子的出峰时间可以测定电渗流迁移率的大小。

2. 影响分离的因素

(1) 影响选择性的因素

① 离子迁移率　离子迁移率决定于离子的电荷。通常，电荷相同的两种离子 A 和 B 的分离距离 $\Delta d$ 可表示为

$$\Delta d = d_A - d_B = (\mu_A - \mu_B)\frac{tU}{L}$$

式中　$\mu_A$，$\mu_B$——电荷相同的两种离子 A 和 B 的离子迁移率；

$U$——加在长度为 $L$ 的毛细管两端的电压；

$t$——迁移时间。

为了得到良好的分离，离子的迁移率差别要大，电压梯度要大，迁移时间要长。显然，溶剂的黏度低会有利于迁移速率的增加和分离时间缩短。电解质浓度越高，离子强度越大，离子迁移率变小。离子电荷增加，半径减小，其迁移率增大。

② 组分电离度　被分离组分的电离度影响迁移速率。电泳时，所用溶剂常常是一种缓冲溶液，其 pH 值是一定的。在此 pH 值下，对 $pK_a$ 不同的组分，离子形式与分子形式所占的比例不会相同，它们在电场下的迁移速率也就不同。例如谷氨酸具有酸碱二重性。它的结构式如下。

$NH_2$—CH—COOH　　($pK_{a_1}$ 2.30，$pK_{a_2}$ 4.18)
　　　|
　　$CH_2$—$CH_2$—COOH

当缓冲溶液 pH＝2.30 时，谷氨酸分子与其阳离子各占一半；当 pH＝4.18 时，则分子与阴离子各占一半。但在 pH 处于 $pK_{a_1}$ 与 $pK_{a_2}$ 之间的某一值时，谷氨酸一定全部以分子形式存在，没有净电荷，在电场下不迁移，此 pH 值称为等电点。谷氨酸的等电点在 pH＝3.3 处。因此用电泳法分离弱酸时，可以选择合适 pH 值的缓冲溶液，使不同组分之间的电离度和迁移率差别最大。

③ 选择合适配体　通过形成合适的配合物以改变分子或离子的电性，达到分离目的。

(2) 影响柱效的因素。由于在高效毛细管电泳中，没有固定相，消除了来自涡流扩散和固定相的传质阻力。而且很细的管径，也使流动相传质阻力降至次要地位。因此纵向分子扩散成了制约提

高柱效的主要因素。

分离柱效按色谱柱效理论表示为

$$n=\frac{L^2}{\sigma^2} \tag{7-1}$$

式中 $n$——分离柱效；

$L$——毛细管长度；

$\sigma$——以标准偏差表示的区带展宽。

若只考虑纵向分子扩散，由此引起的方差可表示为

$$\sigma=\sqrt{2Dt} \tag{7-2}$$

式中 $D$——组分的扩散系数；

$t$——从组分注入到检测器的组分迁移时间。

$t$ 又可表示为

$$t=\frac{L^2}{\mu_{\text{app}}U} \tag{7-3}$$

式中 $L$——样品注入口到检测器的毛细管长度；

$\mu_{\text{app}}$——组分的表观迁移率，即组分的电泳迁移率与电渗流迁移率之和；

$U$——外加电压。

将式(7-3) 和式(7-2) 代入式(7-1) 得

$$n=\frac{\mu_{\text{app}}U}{2D} \tag{7-4}$$

可见，高电压可获得高柱效。在恒定的高电压下，柱效与柱长无关，但是，使用长柱有利于施加高电压。但所加电压的极限值又受毛细管热效应的限制。

在毛细管电泳中，采用较低电流，可使毛细管内产生的焦耳热大大减小。焦耳热正比于 $I^2R$，$I$ 为通过毛细管的电流，$R$ 为溶液电阻。所产生的焦耳热可通过窄径毛细管壁迅速传递给周围空气或用来冷却的液体介质，因此有的毛细管加有冷却套管。如果毛细管的表面积与体积之比不足够大，散热就不够良好。由于管壁与管中心的温差，使溶液黏度改变，使正常的电渗流流型受到扰动，而向流体动力学流型转变，使峰展宽，见图 7-54。

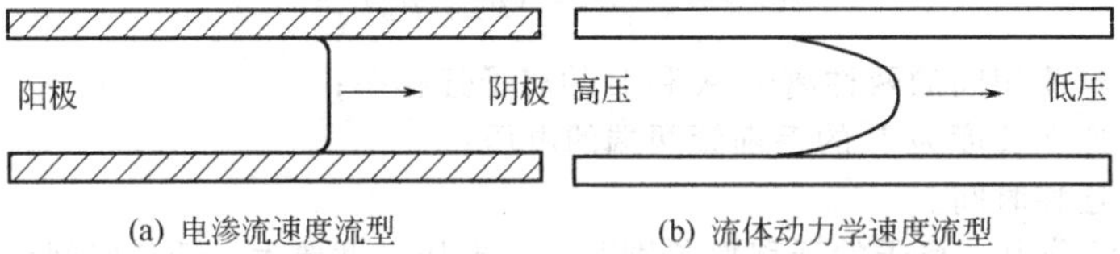


图 7-54 电渗流速度流型和流体动力学速度流型

在毛细管电泳中，还有一些其他因素使峰展宽，如所加入样品的初始带宽，组分在管壁上的吸附效应，组分与缓冲剂离子的迁移率以及样品浓度与电解质浓度的不相匹配而偏离理想的电泳行为等。

3. 高效毛细管电泳装置

毛细管电泳仪装置如图 7-55 所示。

(1) 高压电源供给 Pt 电极上的电压高达 5～30kV。典型毛细管长约 10～100cm，内径为 25～100μm，其材料常用熔融石英。有时为了分离需要，也可采用预先经化学或物理吸附改性的石英毛细管。一般使用加压到电解质缓冲剂容器中或在毛细管出口减压，强使溶液通过毛细管。两端电极室的缓冲剂必须定期更换，这是由于在实验过程中，离子不断地被消耗，阴极和阳极缓冲液 pH 值的升高或降低。

(2) 毛细管电泳中常用的进样方法有两种。一是压力（正压力、负压力或虹吸）法，如把毛细管一端浸没在样品溶液中，将此溶液提升，超过另一端缓冲液液面约 10cm，使样品进入毛细管。二是电动进样，即在数秒钟内，加 5kV 的短脉冲，由于电渗流的作用，使 5～50μL 的样品进入毛

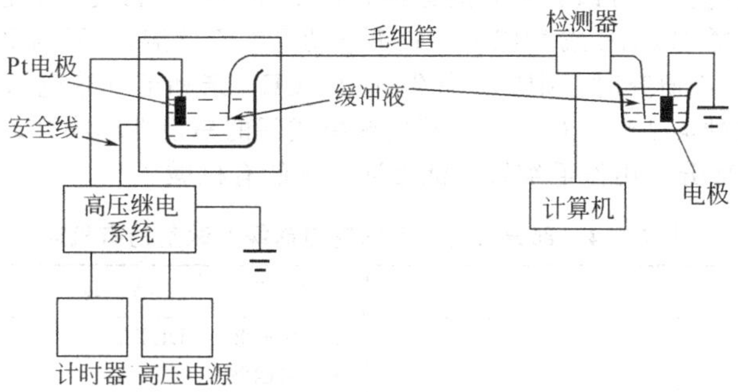


图 7-55 毛细管电泳仪装置

细管。

(3) 分离系统是毛细管电泳仪器重要组成部分，其中毛细管的制备是关键的技术。蛋白质等生物大分子由于具有很小的分子扩散系数，在毛细管电泳体系中分离时可能达到上百万的理论塔板数($m$)。由于毛细管内壁对蛋白质的吸附作用，实际的分离柱效很难达到理论预测的高度。对于碱性蛋白质，是常出现谱带拖尾，分离度变差，吸附严重，甚至测不出信号。为了克服毛细管壁对蛋白质的吸附作用，人们研究采用以下三种方法。①在两极端使用合适 pH 值的缓冲溶液。②加入无机或有机添加剂的方法。当缓冲液中含有高浓度的中性盐或有机添加剂（如二胺类、两性电解质等）时，都能有效地抑制蛋白质的吸附。③对毛细管内壁进行改性。这是指采用物理涂敷或化学键合以及交联等方法，在毛细管壁形成单分子层或交联的涂层，通过涂层阻止蛋白质与毛细管壁的相互作用，以达到减小蛋白质吸附的目的。比较而言，第三种方法最为有效。

理想的涂层应该具备以下条件：①在较宽的酸度范围内能长时间保持稳定；②与被分离的物质不发生化学反应；③具有一定的亲水性并能够有效地抑制蛋白质的吸附；④能够保持一定的电渗流，以便于同时分离酸碱性蛋白质，或者将电渗流完全抑制用于等电聚焦和无胶筛分等分离模式；⑤制柱方法要简单易操作，而且制柱重现性要好。

(4) 常用的检测器有紫外吸收检测器（二极管阵列检测器）、荧光检测器、采用碳纤维的安培检测器、电导检测器及质谱检测器等。

4. 毛细管电泳的模式

毛细管电泳有许多不同的模式，因而在分离样品前必须很好地选择分离模式，以达到最佳的分离结果。表 7-113 为毛细管电泳的部分模式。

**表 7-113 毛细管电泳的部分模式**

| 名　称 | 缩写 | 管内填充物 | 说　明 |
|---|---|---|---|
| 毛细管区带电泳 | CZE | pH 缓冲的自由电解质溶液，可含有一定功能的添加成分 | 属自由溶液电泳型，但可通过加添加剂引入色谱机理 |
| 电动空管色谱 | EOTC | 管内壁键合固定相，充填 CZE 载体 | 属 CZE 扩展的色谱型，管内径<10μm，最佳内径<2μm |
| 毛细管电动色谱 | CEKC | CZE 载体＋带电荷的胶束（准固定相） | 属 CZE 载体扩展的色谱型 |
| 毛细管离子交换电动色谱 | CIEEKC | CZE 载体＋带电高分子准固定相 | 略同于 CEKC，但更有利于分析同分异构体 |
| 毛细管等电聚焦 | CIEF | pH 梯度载体，常用溶液，亦可用凝胶 | 按等电点分离，属电泳型，要求完全抑制电渗流动 |
| 毛细管等速电泳 | CITP | 前导电解质溶液 | 属不连续介质电泳，即需要前导和终末两种载体 |
| 毛细管凝胶电泳 | CGE | 各种电泳用凝胶，可含添加剂 | 属非自由溶液电泳，可含有“分子筛”效应 |
| 毛细管电色谱 | CEC | CZE 载体＋液相色谱固定相 | 属非自由溶液色谱型，CZE 载体可用其他色谱淋洗液代替 |

毛细管电泳模式的选择，可以有不同的原则，比如简单性、目的性、选择性、样品特异性等。如测定样品的尺寸，就需选 CGE 或 MEKC（胶束电动毛细管色谱）；要测定样品的等电点，则应选用 CIEF；在进行亲和作用研究时，则应当首先选用 ACE（亲和毛细管电泳）等。分离模式的选择是可变的和灵活的。这种灵活性恰好与毛细管电泳模式间的易换性相吻合。

表 7-114 中列出了部分可用作毛细管电泳缓冲试剂的有机碱。

**表 7-114 部分可用作毛细管电泳缓冲试剂的有机碱**

| 名称 | 缩写 | $pK_a$ | 名称 | 缩写 | $pK_a$ |
|---|---|---|---|---|---|
| 乙醇胺 | EA | 9.5 | 二乙烯三胺 | DETA | 4.43;9.13;9.94 |
| 二乙醇胺 | DEA | 9.0 | 三乙烯四胺 | TETA | 3.32;6.61;9.20;9.92 |
| 三乙醇胺 | TEA | 7.9 | 四乙烯五胺 | TEPA | 2.65;4.25;7.86;9.08;9.92 |
| 乙二胺 | EDA | 6.86;9.90 | | | |

5. 毛细管电泳的基本操作与区带浓缩技术

(1) 基本操作　毛细管电泳的基本操作包括毛细管的安装、洗涤或缓冲液灌入、进样和分离等。毛细管的安装视不同仪器结构以及管中是否填充凝胶或其他固性介质而定。

毛细管的洗涤，视管内有无填充物而定，空管常用 0.1～1mol/L NaOH、水和缓冲液顺序冲洗 1～5min，液体可通过压力、真空等办法灌入毛细管。当使用相同缓冲液进行重复分离时，除非样品有吸附性，各次分离之间只用缓冲液冲洗 1～2min 便可。缓冲液至少每分离五次应更换一次。各次分离之间，若电流和检测基线变化严重，可进行反向空白电泳至稳定。

毛细管电泳主要采用瞬间升压的恒电压分离方式。电压极性与电渗的方向有关，电渗流向负极（通常情况）时，进样端加正压，反之亦然。毛细管电泳也可采用恒电流、恒功率或程序电压等分离方式。恒电流或恒功率分离有利于提高毛细管电泳，特别是毛细管凝胶电泳 CGE 分离的重现性。

(2) 区带浓缩技术　初始区带对分离与检测有重要影响，初始区带越窄，浓度越高，越有利于检测与分离。单纯的进样技术不能达到要求，需采用下列浓缩技术。

① 柱头吸附浓缩法。在毛细管进样端填充一小段吸附（色谱）填料或涂布一层色谱固定液，使样品浓集，一定时间之后再进行电泳分离。此法可提高检测灵敏度近百倍，但需要较长时间的进样，操作较麻烦。

② pH 聚焦法。利用单位电场迁移速度 $\mu$ 与 pH 有关的现象，可以把区带聚焦在某一 pH 突变界面上。

③ 电场聚焦法。上述浓集方法只适用于自由溶液毛细管电泳，对于毛细管凝胶电泳等非自由溶液情况，目前尚无理想的浓缩方法。

6. 毛细管区带电泳实验条件的选择

毛细管区带电泳是毛细管电泳 CE 中最简单而应用面最广的一种基本分离方式。其条件选择与控制也是其他分离模式的基础。需要考虑的因素有缓冲液组成与 pH 值、电渗控制、电场强度、温度等。

(1) 缓冲液　毛细管区带电泳使用均一的、具 pH 缓冲能力的自由溶液为分离介质。这种介质称为电泳缓冲液、简称缓冲液，它由缓冲试剂、pH 调节剂、溶剂和添加剂组成。缓冲试剂的选择主要由 pH 决定。若样品的物化常数（解离级数、解离度、活度系数、无限稀释条件下的淌度）已知，可直接计算出最佳 pH 值，使组分间 $\mu$ 差别最大，然后选出 $pK_a$=pH±1、$\mu$ 与样品接近且紫外吸收弱的缓冲试剂。如样品的解离常数等未知，可用磷酸缓冲试剂测试 pH=2～13 的分离情况，选定 pH 后，再进一步选出更好的缓冲试剂。

毛细管电泳中常用的缓冲试剂见表 7-115。

在多数情况下，仅由缓冲试剂和 pH 调节剂组成的缓冲液就可达到分离要求。若分离不很理想时可考虑更换缓冲试剂或调节剂，或加入添加剂。最简单的添加剂是无机电解质如 NaCl、KCl 等。另一类添加剂是非电解质高分子如纤维质、聚乙烯醇、多糖等。

缓冲液一般用水配制，改用水-有机混合溶剂，常常能有效改善分离度或分离选择性。并使许多水难溶的样品得以用毛细管电泳分析。常用的有机溶剂主要是挥发性较小的极性有机物，如甲醇、乙醇、乙腈、丙酮、甲酰胺等。

**表 7-115 毛细管电泳中常用的缓冲试剂**

| 试剂① | $pK_a$③(25℃) | $\mu_e \times 10^8/m^2 \cdot V^{-1} \cdot s^{-1}$② | 试剂① | $pK_a$③(25℃) | $\mu_e \times 10^8/m^2 \cdot V^{-1} \cdot s^{-1}$② |
|---|---|---|---|---|---|
| 磷酸 | 2.14,7.10,13.3 | — | TAPSO | 7.56 | — |
| 柠檬酸 | 3.06,4.74,5.40 | — | HEPPSO | 7.9 | −2.19 |
| 甲酸 | 3.75 | — | EPPS | 7.9 | — |
| 琥珀酸 | 4.19,5.57 | — | POPSO | 7.9 | — |
| 乙酸 | 4.75 | — | Tricine | 8.05 | — |
| MES | 6.13 | −2.70 | Tris | 8.1 | — |
| ACES | 6.75 | −3.12 | GlyGly | 8.2 | — |
| MOPSO | 6.79 | −2.35 | Bicine | 8.25 | — |
| BES | 7.16 | −2.40 | TAPS | 8.4 | −2.48 |
| MOPS | 7.2 | −2.45 | 硼酸 | 9.14 | — |
| DIPSO | 7.5 | — | CHES | 9.55 | — |
| HEPES | 7.51 | −2.20 | CAPS | 10.4 | — |

① MES—2-(*N*-吗啡啉)乙磺酸；ACES—2-[(2-氨基-2-氧代乙基)氨基]乙磺酸；MOPSO—3-(*N*-吗啡啉)丙磺酸；BES—2-[*N*,*N*-二(2-羟乙基)氨基]乙磺酸；MOPS—3-(*N*-吗啡啉)丙磺酸；DIPSO—2-羟基-3-[*N*,*N*-二(2-羟乙基)氨基]丙磺酸；HEPES—*N*-(2-羟乙基)哌嗪-*N'*-(乙磺酸)；TAPSO—2-羟基-3-[*N*-三(羟甲基)甲氨基]丙磺酸；HEPPSO—*N*-(2-羟乙基)哌嗪-*N'*-(2-羟丙磺酸)；EPPS—*N*-(2-羟乙基)哌嗪-*N'*-(丙磺酸)；POPSO—哌嗪-*N*,*N'*-二(乙磺酸)；Tricine—*N*-三(羟甲基)甲基甘氨酸；Tris—缓血酸胺；GlyGly—二聚甘氨酸；Bicine—*N*,*N*-二(2-羟乙基)甘氨酸；TAPS—3-[*N*-三(羟甲基)甲氨基]丙磺酸；CHES—2-(环己氨基)乙磺酸；CAPS—3-(环己氨基)丙磺酸。

② 测定于 25℃，以 5mmol/L 磷酸钠为缓冲液，以甲醇为电渗标记物。

③ $K_a$ 为解离常数。

(2) 电渗控制　控制电渗的目的在于提高分析速度和改善分离重现性。控制电渗的方法有以下几种。①在缓冲液中加入添加剂，例如加入纤维素可增加缓冲液的黏度，使电渗减少或消失；加入二胺可对管壁进行动态涂布，改变管壁的电荷数量以至符号，进而改变电渗大小和方向；加入两性添加剂，可以增加电渗。②对管壁进行化学修饰，修饰的方法视所用的修饰剂而定。③在管截面方向上施加可控电场，在 pH<6 时，改变电场的方向与强度，可以有效控制电渗的大小与方向。

(3) 电场强度　增加电场强度是提高分析速度有效途径。高电场也增加电泳效率。对分离度的贡献有限，要使分离度增加一倍，电压必须增加四倍。毛细管电泳仪的最高输出电压一般不超过 30kV，想通过加电压来提高分离度存在仪器上的困难。增加电压会使电热效应迅速上升，导致电泳效率下降。

(4) 温度　分离温度一般控制在 20～35℃之间。温度影响分离度和紫外检测器灵敏度。通常低温能增加峰高并降低检测器的基线的噪声和漂移，低温允许使用更高的分离电压，有利于提高分离度。但是，有些样品却需要高温才能获得分离。提高温度能降低许多有机缓冲体系的背景吸收，从而提高检测灵敏度。温度的选择依具体的样品和缓冲体系而定。

7. 毛细管凝胶电泳与非胶筛分介质电泳

(1) 毛细管凝胶电泳　它是以凝胶为支持介质的区带电泳。样品按从小到大的顺序分开。所用的凝胶主要是聚丙烯酰胺和琼脂糖凝胶。使用凝胶做支持介质，除上述毛细管区带电泳 CZE 的选择条件外，还应考虑凝胶孔径的大小。在分离 DNA 小片断或 DNA 测序时，通常使用 5%～10%的交联或线性聚丙烯酰胺凝胶。使用此凝胶时，电泳温度、电场强度和 pH 值应分别控制在 20～30℃、150～400V/cm 和 6～9（最好在 pH=8.3 左右），否则会大大缩短毛细管的寿命。毛细管凝胶电泳除用于 DNA 测序外，也适用于蛋白质、氨基酸同聚物、寡糖等物质的尺寸分析。

表 7-116 为毛细管凝胶电泳中常用的缓冲液组成。

(2) 非胶筛分介质　由于在毛细管中灌制凝胶介质有很大的难度，近年来，国际上出现了新的筛分介质，即非胶筛分介质。它们主要是一些亲水线性或枝状高分子，如线性聚丙烯酰胺、甲基纤维素、烃丙基甲基纤维素、聚乙烯醇等。这些物质溶解于水中后，当浓度大到一定值时会自动形成动态网络，将不同聚合度的聚乙烯醇进行组合，能够构建成适合于 DNA 测序用的介质。结合使用 SDS（十二烷基硫酸钠或十二烷基磺酸钠），利用不同浓度的纤维素组合，可以进行蛋白质分子量的测定。关于非胶介质体系的选择，目前还无明确的规律，只能通过对不同种类、浓度和配比效果

表 7-116 毛细管凝胶电泳中常用的缓冲液组成

| 名称或缩写 | 组成 | 分析对象 |
|---|---|---|
| TBE | 50～200mmol/L Tris<br>100～300mmol/L 硼酸<br>0～1mmol/L EDTA，pH＝7.0～8.0 | DNA<br>糖<br>蛋白质，聚氨基酸 |
| TPE | 20～100mmol/L Tris-磷酸<br>2mmol/L EDTA，pH＝8.0 | DNA |
| TAE | 20～100mmol/L Tris-乙酸<br>1mmol/L EDTA，pH＝4.0～8.0 | DNA |
| TTE | 50～200mmol/L Tricine-Tris<br>1～2mmol/L EDTA，pH＝7.5～8.5 | 蛋白质 |

的实验确定。

8. 胶束电动毛细管色谱

胶束电动毛细管色谱（MEKC）用普通的毛细管电泳方法无法分离中性分子，因为它们只随电渗流而迁移，其迁移速率与电渗流迁移速率相同。而 MEKC 既可以分离离子，更重要的是又可以分离中性分子。

将一种离子表面活性剂，如十二烷基磺酸钠加入到毛细管电泳的缓冲溶液中，当表面活性剂分子的浓度超过临界胶束浓度（即形成胶束的最低浓度）时，它们就会聚集形成具有三维结构的胶束。所形成的胶束有这样的特点：疏水尾基都指向中心，而带电荷的首基则指向表面。由十二烷基磺酸钠形成的胶束是一种阴离子胶束，它必然向阳极迁移，而强大的电渗流使缓冲液向阴极迁移。由于电渗流速度高于以相反方向迁移的胶束迁移率，从而形成了快速移动的缓冲液水相和慢速移动的胶束相，后者相对前者来说，移动极慢，或视作“不移动”，因此把胶束相称为“准固定相”。当被分析的中性化合物从毛细管一端注入后，就在水相与胶束相两相之间迅速建立分配平衡，一部分分子与胶束结合，随胶束相慢慢迁移，而另一部分则随电渗流迅速迁移。由于不同的中性分子在水相与胶束相之间的分配系数有差异，经过一定距离的差速移行后便得到分离（如图 7-56 所示）。出峰的次序一般决定于被分析物的疏水性。越是疏水性物质，与胶束中心的尾基作用越强，迁移时间越长；反之，越是亲水物质，迁移时间越短。若不同的离子与胶束的带电荷首基之间的作用强弱不同，从而使不同离子的分离选择性也可以提高。

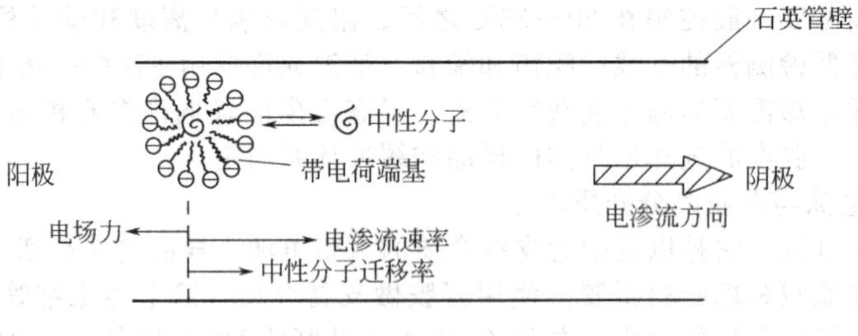


图 7-56 胶束电动毛细管色谱原理

表面活性剂的种类、性质及浓度是 MEKC 条件选择的关键之一。

（1）表面活性剂选择原则 表面活性剂可分为阴离子型、阳离子型、两性离子型和中性分子等不同种类。原则上凡能在水或极性有机溶剂中形成胶束的物质，都可用于 MEKC。但在实际工作中，由于毛细管电泳分离及其检测等方面的限制，可选的表面活性剂数量相当有限，目前比较常用的几种表面活性剂见表 7-117。

表面活性剂的选择应考虑以下几点。是否经济易得；以水溶性高者为佳；紫外吸收背景越低越好；不与样品发生破坏性作用；所形成的胶束需有足够的稳定性；中性样品需选择离子型表面活性剂。

（2）表面活性剂选择方法 根据上述原则，碳链较短的阴离子表面活性剂为优先选择对象。在

表 7-117 胶束电动毛细管色谱（MEKC）中常用的表面活性剂

| 名称（中文） | 名称（英文） | 缩写符号 | CMC① | 分子聚集数目 | 温度/℃ |
|---|---|---|---|---|---|
| 阴离子 | | | | | |
| 癸烷磺酸钠 | Sodium Decanesulfonate | — | 40 | 40 | — |
| 十二烷基硫酸钠 | Sodium Dodecylsulfate | SDS | 8.2 | 62 | 16 |
| 十二烷基磺酸钠 | Sodium Dodecanesulfonate | SDS | 7.2 | 54 | 37.5 |
| 十四烷基硫酸钠 | Sodium Tetradecylsulfate | STS | 2.1② | 138③ | 32 |
| 聚氧乙烯十二烷醚硫酸钠 | Sodium Polyoxyyethylene Dodecyl Ether Sulfate | — | 2.8 | 66 | — |
| *N*-月桂酰-*N*-甲基牛磺酸钠 | Sodium *N*-Lauroyl-*N*-Methyltaurate | SLMT | 8.7 | — | <0 |
| *N*-十二烷基-*L*-缬氨酸钠 | Sodium *N*-Dodecyl-*L*-Valinate | SDVal | 5.7④ | — | — |
| 胆酸 | CholicAcid | ChA | 14 | 2～4 | — |
| 脱氧胆酸 | Deoxylcholic Acid | DChA | 5 | 4～10 | — |
| 牛磺胆酸 | Taurocholic Acid | TChA | 10～15 | 4 | — |
| 全氟庚酸钾 | Potassium Perfluoroheptanoate | PPH | 26 | — | 25.6 |
| 阳离子 | | | | | |
| 十二烷基三(甲基)氯化铵 | Dodecyltrimethylammonium Chloride | DTAC | 16⑤ | — | — |
| 十二烷基三(甲基)溴化铵 | Dodecyltrimethylammonium Bromide | DTAB | 14 | 50 | — |
| 十四烷基三(甲基)溴化铵 | Tetradecyltrimethylammonium Bromide | TTAB | 3.5 | 75 | — |
| 十六烷基三(甲基)溴化铵 | Cetyltrimethylammonium Bromide | CTAB | 1.3 | 78 | — |
| 两性离子 | | | | | |
| 胆酰胺丙基二(甲基)氨基丙磺酸 | 3-[(3-Cholamidopropyl)-Dimethylammonio]-Propanesulfonate | CHAPS | 8 | 10 | — |
| 胆酰胺丙基二(甲基)氨基-2-羟基丙磺酸 | 3-[(3-Cholamidopropyl)-Dimethylammonio]-2-Hydroxy-1-Propanesulfonate | CHAPSO | 8 | 11 | — |
| 中性分子 | | | | | |
| 辛基葡萄糖苷 | Octylglucoside | OGS | — | — | — |
| 十二烷基-*β*-*D*-麦芽糖苷 | Dodecyl-*β*-*D*-Maltoside | DMS | 0.16 | — | — |
| Triton X-100 | Triton X-100 | — | 0.24 | 140 | — |

① CMC 为临界胶束浓度（mmol/L）；② 50℃；③ 在 0.10mol/L NaCl 溶液中；④ 40℃；⑤ 30℃。

实际工作中，由于SDS容易获得且紫外吸收较低，通常被首先选用。当其效果不好时，再换用具有不同碳链长度或结构的其他阴离子表面活性剂。若还得不到好的结果，就应该考虑使用其他类型的表面活性剂了。

必须注意，阳离子表面活性剂可能会改变电渗方向，即从负极流向正极，此时需要反方向进样电泳，在正极一端检测，得出峰顺序相反的谱图。

(3) 胶束修饰及其他 通过添加重金属离子可以改变胶束表面的电荷数量，进而改变分离选择性；使用混合表面活性剂，可以调节分离度或峰分布；在表面活性剂中加入手性中心，则可对光学活性分子进行选择分离。除表面活性剂所形成的胶束相外，还可以设法增加其他的作用相，比如另一种胶束（不同于由混合表面活性剂所形成的单相胶束）。胶束电动毛细管色谱（MEKC）中比较经常采用的多相体系是水-胶束-环糊精，这一体系容纳了相分配和超分子化学原理，在分离光学异构体以及两亲性分子时很有用处。

9. 毛细管电泳的应用

由于毛细管电泳的分离模式多样化，毛细管内壁的修饰方法及流动的缓冲液中的添加剂的不同，以及新检测技术的发展，使毛细管电泳的应用非常广泛。将各种高效液相色谱柱的制备技术移植到毛细管电泳中，就产生了毛细管电泳（色谱）。它可用来分离、检测土壤及水等环境中的多环芳烃；分离多种阴离子和阳离子；获得不同价态或形态的无机离子的信息。毛细管电泳的另一个重要应用是在药物及临床方面，并已成为研究中不可缺少的手段。它可用于几百种药物中主要成分、所含杂质的定性及定量分析。在临床诊断中，可用于检测药物及其在体内的代谢过程的研究。在生命科学中，毛细管电泳技术更显出它的优越性，因而应用更广。它可用来测定 DNA 的各种形式及其序列。用毛细管胶束电动色谱可以分离碱基、核苷酸等。毛细管电泳在生物大分子蛋白和肽的研究中应用十分广泛。它可用来检测纯度，如可以检测出多肽链上的单个氨基酸的差异；若与质谱联用，可以推断蛋白质的分子结构。采用最新技术，甚至可以检测单细胞、单分子，如监测钠离子和钾离子在胚胎组织膜内外的传送。单细胞的检测为在分子水平上研究细胞的行为提供了极为重要的工具，而单分子的检测为在单分子水平上开展动力学研究开拓了广阔的前景。由于目前有多种手性选择剂可以使用，因此具有高分离能力的毛细管电泳在手性分离中极为重要。将合适的手性选择剂加入缓冲剂中，其分离效率优于高效液相色谱法。

毛细管电泳能用于许多难分离的金属离子间的分离分析，如以长 40mm、内径 10mm 的聚四氟乙烯管为预分离柱，长 150mm、内径 0.5mm 氟化乙烯-丙烯共聚物管为主分离柱，把主分离管接到预分离管上，以含有 45%（体积）丙酮的 10mmol/L HCl 作前导电解质，5mmol/L EDTA 作终端电解质，在 75μA 恒定电流下进行电泳，十三个镧系元素与 EDTA 形成络阴离子的迁移顺序是：镥＞镱＞铥＞铒＞钬＞镝＞铽＞钆＞铕＞钐＞镨＞铈＞镧，电泳一段时间后，这十三个元素被分离开来。把 pH＝3.7 的 0.38mmol/L 硫酸喹哼-0.29mmol/L $H_2SO_4$ 缓冲液注入长 82.3cm、内径 18μm 的毛细管中，在 40kV 电压下，把含有 $K^+$、$Ca^{2+}$、$Na^+$、$Mg^{2+}$、$Li^+$ 的样品溶液注入含缓冲液的毛细管中，在 40kV 电压下进行电泳 18min，这几个离子被分离开来，它们迁移的顺序是：$K^+$、$Ca^{2+}$、$Na^+$、$Mg^{2+}$、$Li^+$。

与离子色谱相比，CE 在小离子分离分析上具有许多优势，它能在数分钟内分离出四五十个离子组分，而且不需要任何复杂的操作程序。CE 测定使用水溶液，用量少，干净无毒。毛细管即使被污染，也容易冲洗，可以反复使用，成本低。

表 7-118 列出毛细管电泳在分离上的应用实例。

**表 7-118 毛细管电泳在分离上的应用实例**

| 支持体 | 支持电解质 | 驱动电流 | 所加电压 | 被分离的物质 |
|---|---|---|---|---|
| 60mm×1mm 聚四氟乙烯管为预分离柱，100mm×0.5mm 氟化乙烯-丙烯管为主分离柱 | 5mmol/L HCl-3 mmol/L 氨基丙酸-45%丙酮水溶液作前导电解质；5mmol/L 柠檬酸作终端电解质 | 预分离驱动电流为 200μA；主分离驱动电流为 50μA | | Fe(Ⅲ)、Co(Ⅱ)、In(Ⅲ)、Bi(Ⅲ)、Al(Ⅲ)、Cr(Ⅲ)、Ga(Ⅲ)彼此分离 |
| 250mm×0.2mm 聚四氟乙烯管 | 0.02mol/L $Na^+$ 的羟基异丁酸溶液为前导电解质；0.005mol/L $H^+$ 的醋酸盐缓冲液作终端电解质 | 60μA | | 环境样品中 Cu、Fe、Ni、Cd、Zn、Pb、Co 互相分离 |
| 200mm×0.5mm 聚四氟乙烯管 | 0.027mol/L KOH-0.015mol/L 羟基异丁酸-0.0025%聚乙烯醇为前导电解质；氨基丙酸为终端电解质 | 225μA | | $Li^{3+}$、$Ce^{3+}$、$Pr^{3+}$、$Nd^{3+}$、$Sm^{3+}$、$Eu^{3+}$、$Gd^{3+}$、$Tb^{3+}$、$Dy^{3+}$、$Ho^{3+}$、$Er^{3+}$、$Tm^{3+}$、$Yb^{3+}$、$Lu^{3+}$ 彼此分离 |
| 220mm×0.45nm 聚四氟乙烯管 | 含有 0.7% 18-冠王醚的 0.01mol/L HCl 作前导电解质；0.01mol/L 三羟基甲基甲烷为终端电解质 | 30μA | | 血注中 $K^+$、$Na^+$、$Ca^{2+}$、$Mg^{2+}$ 互相分离 |

续表

| 支持体 | 支持电解质 | 驱动电流 | 所加电压 | 被分离的物质 |
|---|---|---|---|---|
| 长 70cm、内径 75μm 的毛细管 | pH=6.1 的吗啉代乙烷磺酸缓冲溶液 | | 25kV | 血清中 $K^+$、$Na^+$、$Li^+$ 被分离 |
| 长 74cm、内径 50μm 石英毛细管 | 4mmol/L 甲基氨基酚硫酸盐+少量丙酮 | | 30kV | $Ca^{2+}$ 与 $Sr^{2+}$ 分离 |
| 长 60cm、内径 75μm 石英毛细管 | 5mmol/L 试钛灵+20mmol/L 环状糊精 | | 25kV | $Cl^-$ 与 $I^-$ 分离 |
| 长 60cm、内径 50μm 石英毛细管 | pH=8 铬酸钠溶液 | | 20kV | 尿样中 $Cl^-$、$Br^-$、$SO_4^{2-}$、$NO_3^-$、$NO_2^-$、$F^-$ 彼此分离 |
| 长 47cm、内径 50μm 石英毛细管 | 0.075mol/L 硼砂缓冲液 | | 16.5kV | 工业产品中乙二醇、山梨醇、甘露醇的分离 |
| 长 45cm、内径 50μm 石英毛细管 | 0.02mol/L $KH_2PO_4$-0.05mol/L $Na_2B_9O_7$ | | 12.4kV | 水溶性维生素中 $VB_3$，$VB_6$ |

# 第七节 膜分离

## 一、膜的定义和分类

1. 膜的定义

广义地说，膜是分隔两相的中间相，用于膜分离过程中的膜是有分离作用的，称之为分离膜，通常简称为膜。分离膜是以特定的方式限制两相间的物质传递，使之以不同的速度透过膜，以实现对物质分离的目的。如图 7-57 所示。

2. 膜的分类

常见的膜分类方式见表 7-119。

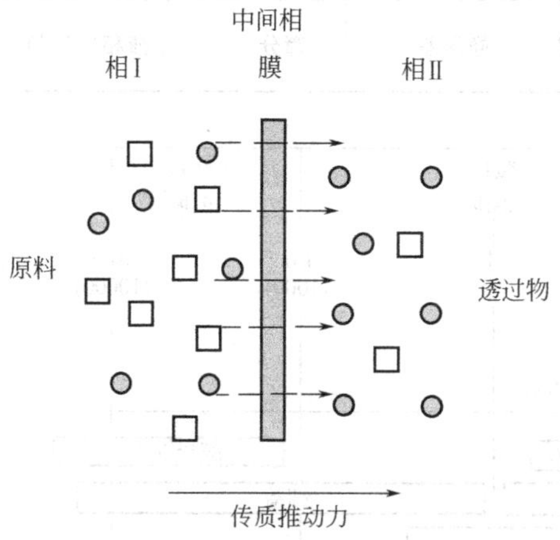


图 7-57 膜（分隔两相的中间相）的分离作用

**表 7-119 常见的膜分类方式**

| 分类依据 | 分类 |
|---|---|
| 来源 | 天然膜、合成膜 |
| 状态 | 固体膜、液膜、气膜 |
| 材料 | 有机膜、无机膜 |
| 结构 | 对称膜（微孔膜、均质膜）、非对称膜、复合膜 |
| 电性 | 非荷电膜、荷电膜 |
| 形状 | 平板膜、管式膜、中空纤维膜 |
| 制备方法 | 烧结膜、延展膜、径迹刻蚀膜、相转换膜、动力形成膜 |
| 分离体系 | 气-气、气-液、气-固、液-液、液-固分离膜 |
| 分离机理 | 吸附性膜、扩散性膜、离子交换膜、选择渗透膜、非选择性膜 |
| 分离过程 | 反渗透膜、超滤膜、微滤膜、气体分离膜、电渗析膜、渗析膜、渗透蒸发膜等 |

## 二、膜分离过程及其特性

膜分离过程是指在一定的传质推动下，利用膜对不同物质的透过性差异，对混合物进行分离的过程。几种已在工业中使用的膜分离过程及其特性见表 7-120。其应用范围见图 7-58。

## 三、膜的材料、结构与制备

1. 膜的材料

主要的膜材料及其应用见表 7-121。

表 7-120 工业化膜分离过程及其特性

| 分离过程 | 分离目的 | 截流物性质（尺寸） | 透过物性质 | 推动力 | 传递选择机理 | 原料、透过物相态 |
|---|---|---|---|---|---|---|
| 气体分离（Gas Separation） | 气体的浓缩或净化 | 大分子或低溶解性气体 | 小分子或高溶解性气体 | 浓度梯度（分压差） | 溶解扩散 | 气相 |
| 渗透蒸发（Pervaporation） | 液体的浓缩或提纯 | 大分子或低溶解性物质 | 小分子或高溶解性或高挥发性物质 | 浓度梯度、温度梯度 | 溶解扩散 | 进料：液相<br>透过物：气相 |
| 渗析（Dialysis） | 大分子溶液脱除低分子溶质，或低分子溶液脱除大分子溶质 | >0.02μm，血液透析中>0.005μm | 低分子和小分子溶剂 | 浓度梯度 | 筛分、阻碍扩散 | 液相 |
| 电渗析（Electrodialysis） | 脱除溶液中的离子或浓缩溶液中的离子成分 | 大尺寸离子和水 | 小分子离子 | 电势梯度 | 反离子传递 | 液相 |
| 反渗透（Reverse Osmosis） | 溶剂脱除所有溶质或溶质浓缩 | >0.1～1nm的溶质 | 溶剂 | 静压差 | 溶解-扩散、优先吸附/毛细管流 | 液相 |
| 纳滤（Nanofiltration） | 脱除低分子有机物或浓缩低分子有机物 | >200～3000相对分子质量 | 溶剂和无机物及相对分子质量小于200的物质 | 静压差 | 溶解扩散及筛分 | 液相 |
| 超滤（Ultrafiltration） | 溶液脱除大分子或大分子与小分子溶质分离 | >1～20nm的物质 | 低分子 | 静压差 | 筛分 | 液相 |
| 微滤（Microfiltration） | 脱除或浓缩液体中的颗粒 | >0.02～10μm的物质 | 溶液或气体 | 静压差 | 筛分 | 液相或气相 |

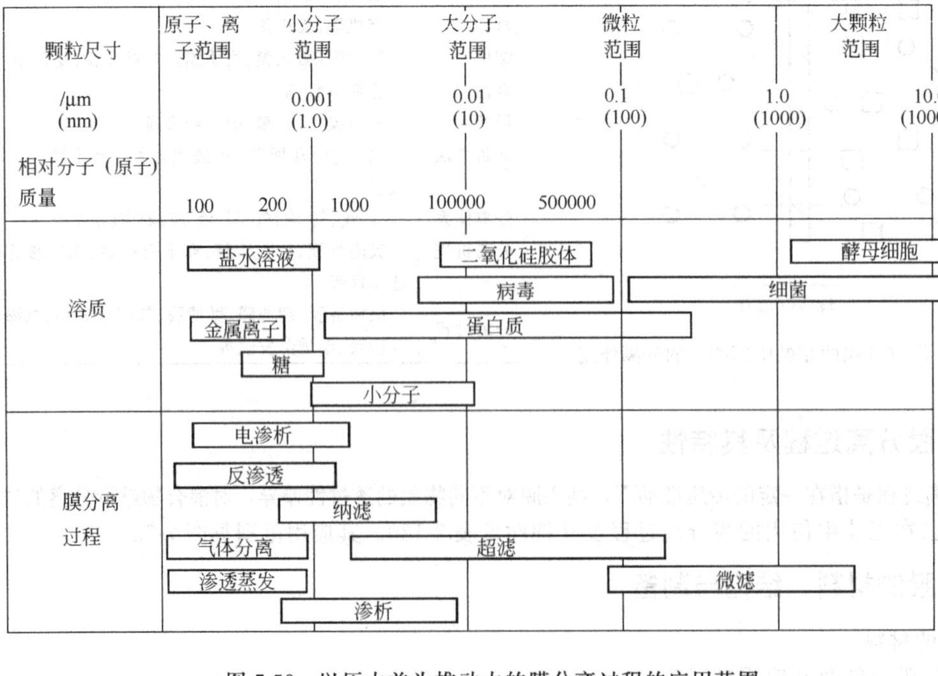


图 7-58 以压力差为推动力的膜分离过程的应用范围

**表 7-121 主要的膜材料及其应用**

| 膜材料 | 缩写 | 应用 | 膜材料 | 缩写 | 应用 |
|---|---|---|---|---|---|
| 醋酸纤维素 | CA | MF，UF，RO，D，G | 聚砜 | PS | MF，UF，D，G |
| 三醋酸纤维素 | CTA | MF，UF，RO，G | 聚苯醚 | PPO | UF，G |
| CA-CTA 混合纤维素 | | RO，D，G | 聚碳酸酯 | | MF |
| 硝酸纤维素 | | MF | 聚醚 | | MF |
| 再生纤维素 | | MF | 聚四氟乙烯 | PTFE | MF |
| 明胶 | | MF | 聚偏氟乙烯 | PVFE | UF，MF |
| 芳香聚酰胺 | | MF，OF，RO，D | 聚丙烯 | PP | MF |
| 聚酰亚胺 | | UF，RO，G | 聚电解质配合物 | | UF |
| 聚苯并咪唑 | PBI | RO | 聚甲基丙烯酸甲酯 | PMMA | UF，D |
| 聚苯并咪唑酮 | PBIL | RO | 聚二甲基硅烷 | PDMA | G |
| 聚丙烯腈 | PAN | UF，D | 玻璃 | | UF，MF |
| 聚丙烯腈-聚氯乙烯共聚物 | PAN-PVC | MF，UF | 金属 | | MF |
| | | | 金属氧化物 | | MF，UF |
| 聚丙烯腈-甲基丙烯基磺酸酯共聚物 | | D | 碳分子筛 | | G |
| | | | 沸石 | | G |

注：MF—微滤；UF—超滤；RO—反渗透；D—渗析；G—气体分离。

2. 膜的结构与测定

膜常用的形态结构有：①均相膜和异相膜；②对称膜和非对称膜；③致密膜和多孔膜；④复合膜。

不同结构的膜有不同的应用。均相膜可进行膜材料性能的表征。对称的多孔膜主要应用于微滤、超滤、甚至气体分离等膜分离过程。非对称膜主要应用于反渗透、纳滤、气体分离、渗透蒸发和超滤等过程。复合膜主要应用于反渗透、气体分离、渗透蒸发等过程。

主要膜结构参数的测量方法见表 7-122。

**表 7-122 主要膜结构参数的测量方法**

| 参数 | | 测量或计算方法 | 参数 | | 测量或计算方法 |
|---|---|---|---|---|---|
| 膜厚 | 整体厚度 | 排水法，显微镜，千分尺 | 孔径及孔径分布 | 几何孔径 | 透射电子显微镜，扫描电子显微镜 |
| | 某层次厚度 | 电子显微镜，离子蚀刻 | | | |
| 孔隙率 | | 通过测量干、湿膜质量差计算，通过测量膜的宏观密度和膜材料的本征密度计算 | | 物理孔径 | 压汞法，泡压法，气相吸附-BET法，滤速法，截留分子量法，微粒截留法 |

3. 膜的制备

膜的主要制备方法见表 7-123。

**表 7-123 膜的主要制备方法**

| 膜 | 制备方法 | 制备要点 |
|---|---|---|
| 高分子均质膜 | 溶液浇注法 | 15%～20%的高分子溶液(铸膜液)，在铸膜板上用刮刀刮膜后，使溶液蒸发 |
| | 熔融挤压法 | 加热高分子材料至熔点以上温度，并以两块平行板施以 10～40MPa 的压力，挤压至所需厚度 |
| 高分子对称多孔膜 | 核径迹法 | 以荷电粒子照射高聚物均质膜，留下敏感径迹，以适当的化学试剂刻蚀，可形成垂直通孔，孔径可为 0.01～12μm，孔密度可达到 $2\times10^{8}$ 个/$cm^2$ |
| | 拉伸法 | 熔点附近挤压成定向结晶膜，沿机械方向拉伸，破坏结晶结构，产生裂缝状，孔隙在 0.1～3μm 之间 |
| | 溶出法 | 将膜材料中掺入可溶性组分，制成均质膜后，用溶剂将可溶性组分溶出，最小孔径约 5nm |
| | 烧结法 | 将膜材料粉末压制成膜，在一定温度下焙烧，使颗粒间界面消失，膜孔径可在 0.01～10μm 之间，但孔隙率较低，一般在 10%～20% |
| | 相转换法 | 详见本节三 3 的描述 |

续表

| 膜 | 制备方法 | 制备要点 |
| --- | --- | --- |
| 无机膜 | 溶剂-凝胶法 | 将膜材料制成溶胶层，改变条件使之凝胶，再经焙烧等处理，可制得孔分布很窄的膜，孔径可在1～100nm之间 |
| | 分相法(化学蚀刻法) | 处理固体无机膜材料(如高温、阳极氧化、核辐射等)使之分相，其中一相用化学蚀刻剂提取(蚀刻)出去，剩下的另一相在膜内部相互连接形成多孔无机膜 |
| | 高温分解法 | 将热固性聚合物制成的膜在惰性气体中加热裂解，释放出小的气体分子，得到高度多孔的碳分子筛膜，适用于气体分离 |
| | 烧结法 | 无机粉粒，加适当的胶黏剂，制成悬浮液，成型，焙烧，使颗粒间烧结连接形成多孔 |
| 复合膜 | 浸涂法 | 将基膜浸入聚合物稀溶液(质量分数＜1%)中，取出阴干或加热，使聚合物交联固化 |
| | 界面聚合 | 将基膜浸入一种单体的水溶液中，取出后，再浸入另一种单体的有机溶液(与水不互溶)中，两种单体在界面聚合，形成厚度小于50nm的致密层 |
| | 就地聚合 | 将基膜浸入含有催化剂的单体溶液中，取出滴干，加热，在基膜上催化聚合 |
| | 等离子体聚合 | 将某些能进行等离子体聚合反应的有机或无机小分子直接沉积在多孔的基膜表面，可形成50nm的复合层 |
| | 动态(动力)形成 | 加压循环使有机或无机胶体溶液通过微孔基膜，部分胶体粒子附着沉积在膜表面 |
| | 水上展开法 | 将高分子溶液全部展开在水面上，形成超薄膜，将其覆盖在基膜上 |
| 荷电法 | 热压成型法 | 离子交换树脂与黏合剂等混炼、拉片、热压成膜 |
| | 浸涂法 | 将非织造布浸入离子交换材料的乳液中，取出加热固化成膜 |
| | 含浸法 | 将底膜浸入单体、交联剂和引发剂的溶液中，溶胀后加热交联，导入离子交换基团 |
| | 涂浆法 | 将成膜组分的黏液涂于增强布上，再以覆盖材料包在表面，加热聚合，导入离子交换基团 |
| | 直接成膜 | 由荷电材料采用适当的制膜方法直接成膜 |
| | 吸浸法 | 将多孔膜进入含有荷电材料的溶液中，吸入一定量后，设法使之交联固化 |
| | 表面改性 | 对非荷电膜进行表面改性，如磺化等 |

相转换法是指用溶剂、溶胀剂和高分子材料制成溶液，刮制成膜后，设法使澄清的高聚物溶液沉淀转换成两相。一相为固相——高聚物富相，形成膜的网络结构；另一相为液相——高聚物贫相，形成膜孔。一般情况下，沉淀速度越快，形成孔的液滴越小；反之，沉淀速度越慢，形成的孔就越大。由于膜表面溶液沉淀速度可以较膜内部快，于是可形成较致密的表皮层和较大孔的支撑层，形成非对称膜。若初始沉淀速度较慢，则形成对称膜。

利用以上这些制备方法，可制备出不同形状的膜。常见的有平板式、管式、毛细管式和中空纤维式。

## 四、膜分离器

分离膜只有组装成膜分离器，并与机泵、过滤器、阀、仪表、管路等装配成流程才能完成分离任务。

主要的膜分离器有五种：板框式、管式、螺旋卷式、毛细管式和中空纤维式。前两种开发得较早，但成本相对较高，正在被后三种所代替。

膜分离器的主要特性如表7-124所示。

## 五、反渗透和纳滤

1. 渗透、渗透压与反渗透的概念

用一张只能透过溶剂而不能透过溶质的理想膜将容器中的纯溶剂和溶有溶质的溶液隔开［如

表 7-124　各种形式膜分离器的主要特性

| 形　　式 | 中空纤维式 | 毛细管式 | 螺旋卷式 | 板框式 | 管　　式 |
|---|---|---|---|---|---|
| 成本/US$ · $m^{-2}$ | 5～20 | 20～100 | 30～100 | 100～300 | 50～200 |
| 填装密度 | 高 | 中 | 中 | 低 | 低 |
| 抗污染能力 | 差 | 好 | 中 | 好 | 很好 |
| 流动阻力 | 高 | 中 | 中 | 中 | 低 |
| 高压操作 | 适合 | 一般 | 适合 | 困难 | 困难 |
| 膜成型限制 | 有 | 有 | 无 | 无 | 无 |

图 7-59(a) 所示]，则溶剂侧的溶剂自发地穿过膜进入溶液一侧，这种现象叫渗透。随着渗透不断进行，溶液侧的液面将不断升高，最后当两侧液面差为 $H$ 时，溶剂将停止透过膜，体系处于平衡状态，如图 7-59(b) 所示。$H$ 高度溶液所产生的压力，称为该溶液的渗透压 $\pi$，$\pi=\rho g H$。若在图 7-59(a) 容器的溶液上方加一个外压力 $P$，且 $P>\pi$，如图 7-59(c) 所示，则溶液中的溶剂透过膜向纯溶剂侧流动。由于此时溶剂的渗透方向同渗透相反，所以这一现象称为反渗透。

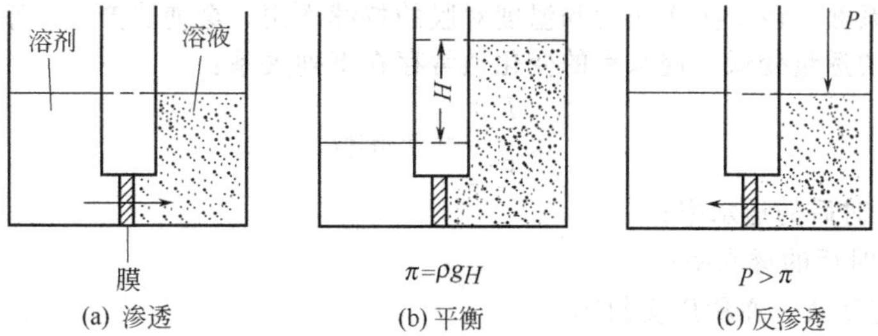


图 7-59　渗透与反渗透

渗透压是溶液的物理性质之一，只同溶液的种类、浓度、温度等参数有关，而与膜无关。一些常见水溶液的渗透压可从图 7-60 中查出。

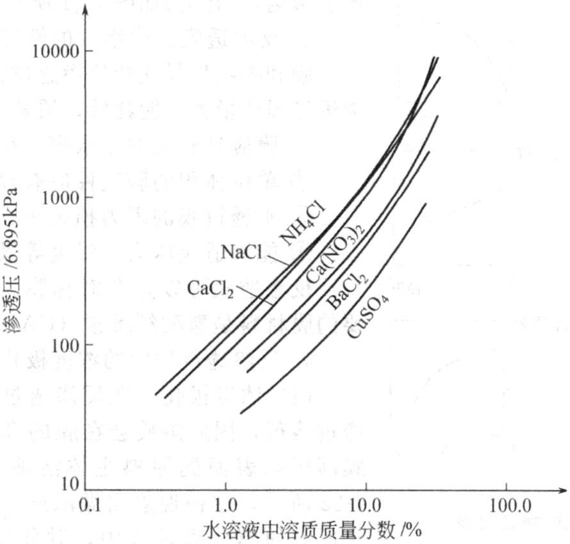


图 7-60　部分常见水溶液的渗透压

2. 反渗透过程的主要性能参数

(1) 膜的透水率　膜的透水率 $F_W$ 是反渗透的一个重要参数，是单位时间内通过单位膜面积的溶剂的量。取决于膜的特性（如膜材料、膜结构等）、分离体系的性质以及操作条件（如操作温度、压力等）。当膜、分离体系和温度一定时，$F_W$ 只是压力的函数。

(2) 膜的透盐率　膜的透盐率 $F_S$ 是单位时间内通过单位膜面积的溶质的量。同样取决于膜的特性、分离体系的性质及操作条件，但不同的是对一定的膜分离体系和操作温度，$F_S$ 几乎与操作压力无关，与膜两侧溶质的浓度差成正比。对于反渗透过程，一般希望 $F_S$ 越小越好。

(3) 溶质的截留率　溶质的截留率 $R$ 亦称脱盐率，是评价反渗透过程的最主要的指标，定义为

$$R=1-\frac{C_p}{C_f}$$

式中　$C_p$——产品溶液中溶质的含量；

$C_f$——进料溶液中溶质的含量。

(4) 反渗透系统的回收率　反渗透系统的回收率定义为

$$回收率=\frac{N_p}{N_f}$$

式中　$N_p$——产品溶液的流量；

$N_f$——进料溶液的流量。

(5) 膜的压密系数　由于操作压力和温度对膜的持续作用，会使膜产生一系列的物理变化，比如孔隙率变小、水的透量变低。透水率的变化通常存在下列关系：

$$\lg\frac{F_{W_t}}{F_{W_1}}=-m\lg t$$

式中　$F_{W_1}$——1 小时后的透水率；

$F_{W_t}$——$t$ 小时后的透水率；

$m$——压密系数，亦称压实斜率。

$m$ 可以通过实验测出，是描述膜寿命的参数之一，$m$ 越小，膜的寿命越长。对于反渗透过程，$m$ 值一般应小于 0.3。

(6) 操作参数对反渗透过程分离性能的影响　操作过程参数，如原料液的温度、压力及溶剂的回收率，都会对最终分离性能，即膜的透量、产品的质量产生影响，归纳为如图 7-61 所示内容。

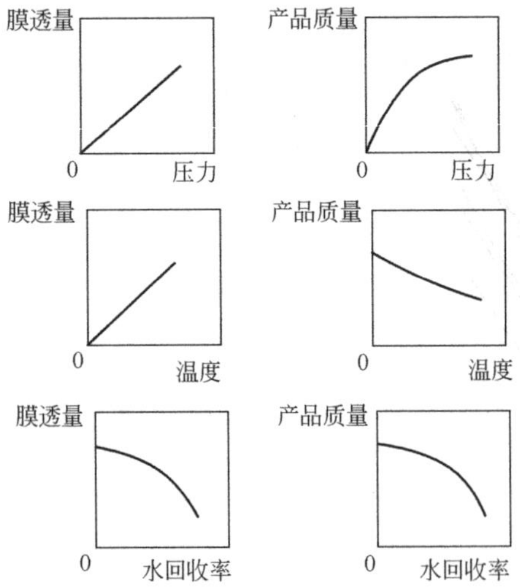


图 7-61　操作条件对膜透量及产品质量的影响

3. 反渗透膜、膜组件的性能

膜和膜组件是完成反渗透过程的决定因素，为了使反渗透过程产量大、能耗低，须满足下列条件：

① 膜应具有大的透水率，小的透盐率；

② 单位体积的膜组件应有较大的膜面积；

③ 水透过膜的阻力损失小；

④ 能够适应压力、温度等操作条件。

反渗透膜可以是非对称膜、均质膜或者复合膜，主要的膜材料是醋酸纤维素（CA）、芳香聚酰胺。

4. 反渗透过程中的浓度极化和膜污染

(1) 浓度极化　在反渗透过程中，由于膜优先选择透过溶剂，因此溶质会在膜的高压侧积累，造成溶质由膜高压侧表面到原料主体溶液之间的浓度梯度，如图 7-62 所示，这种现象叫做浓度极化。浓度极化几乎存在于所有的膜分离过程中，对分离产生一系列不利影响。如在反渗透过程中加快了溶质通过膜的速度，即加大了透盐率，使产品水的质量下降；使膜高压侧表面的渗透压增加，减少了反渗透过程的推动力；易在高压侧膜表面形成沉淀。

由于膜的选择渗透性，膜分离过程中的浓度极化是无法根除的。但浓度极化可以通过改变操作条件加以控制。

① 增加原料液的流速，使靠近高压侧膜表面的滞留层减薄，加大湍流程度，使主体流同膜表面液体混合均匀，减小浓度差，使浓度极化程度减轻。

② 适当提高操作温度，增大溶质在溶液中的扩散系数，以利于膜高压侧膜表面上积累的溶质在浓度差推动下扩散回主体流中，减轻浓度极化。

(2) 膜的污染　由于原料液中杂质的存在，在操作一定时间后，膜表面被不溶的沉积物所覆盖，使膜的性能下降，这种现象叫做膜的污染。

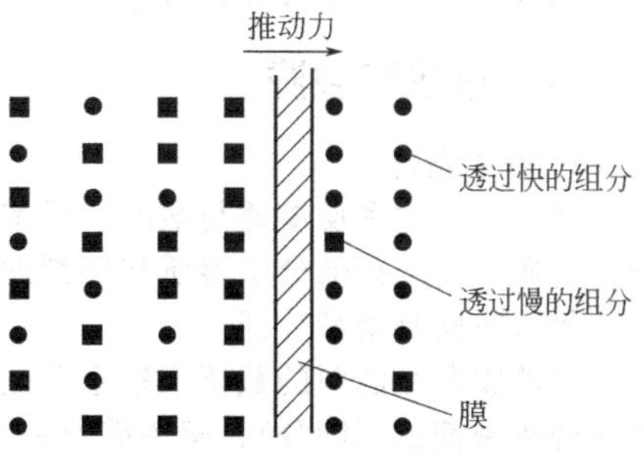


图 7-62　浓度极化

在反渗透过程中，膜的寿命主要由膜污染所决定。膜污染主要是由于原料液处理不当所造成的。

预防膜污染，必须对原料水进行严格的预处理。预处理的方法和步骤一般包括凝胶、沉淀、过滤等除去悬浮物；加入氯除去细菌；加入酸防止结垢等。

一般来说，出现下列情况就需要对膜进行清洗：透量减少 10%以上；膜组件阻力降增大 15%以上；透盐率明显增大；进料压力需增加 10%以上；膜表面污染结垢。

5. 反渗透过程的应用

反渗透过程的主要应用见表 7-125。

**表 7-125　反渗透过程的主要应用**

| 状态 | 工业 | 应用 | 状态 | 工业 | 应用 |
|---|---|---|---|---|---|
| 成熟阶段 | 脱盐 | 饮料水生产，海水、苦咸水淡化，城市废水再生 | 初始阶段 | 食品 | 乳酪、糖液浓缩，果汁、饮料生产，酒和啤酒生产，废水处理 |
| | 超纯水 | 半导体制造，制药、医疗用水 | | 纺织 | 印染化学物质的回收和水的再利用 |
| 成长阶段 | 公用事业和发电 | 锅炉用水，冷却塔循环水 | | 生物技术和制药 | 发酵产品的回收和净化 |
| | 民用 | 家庭用水 | | 分析 | 溶质和颗粒的离析、浓缩和鉴定 |
| 初始阶段 | 化工 | 工艺水生产和再利用，废水处理和再利用，水与有机液体的分离，有机液体混合物分离 | | 有毒物质脱除 | 从地表和地下水中除去污染物 |
| | 金属和金属加工 | 采矿废水处理，镀液冲洗水的再利用和金属回收 | | | |

6. 纳滤过程

纳滤过程与反渗透过程极为相近。在纳滤过程中使用的膜也几乎与反渗透膜相同，只是膜的结构较为疏松，使纳滤膜对 $Na^+$、$Cl^-$ 等一价离子的截留率较低，但对 $Ca^{2+}$、$CO_3^{2-}$ 等二价离子以及相对分子质量超过 200 的有机物，如糖类、染料、除草剂、杀虫剂等仍有较高的截留率。其与反渗透分离性能的比较见表 7-126。正如其名称所显示的那样，纳滤膜能够拦截纳米数量级的分子。

**表 7-126　反渗透与纳滤分离性能的比较**

| 溶质 | 截留率 | | 溶质 | 截留率 | |
|---|---|---|---|---|---|
| | 反渗透 | 纳滤 | | 反渗透 | 纳滤 |
| 一价离子($Na^+$,$K^+$,$Cl^-$,$NO_3^-$) | >98% | <50% | 溶质(相对分子质量>100) | >90% | >50% |
| 二价离子($Ca^{2+}$,$Mg^{2+}$,$SO_4^{2-}$,$CO_3^{2-}$) | >99% | >90% | 溶质(相对分子质量<100) | 0～99% | 0～50% |
| 病毒和细菌 | >99% | >99% | | | |

纳滤可以用于脱除水溶液中的杂质和有机物，印染废水的脱色，饮用水的预处理，水的软化，食物的部分脱盐，食品溶液、饮料的浓缩，酶制品的浓缩和地下水脱盐等。

同反渗透过程相比，纳滤过程的优势在于水透量大、操作压力低、成本低，将会有相当好的应用前景。

纳滤膜通常是复合膜，可以是荷电膜或非荷电膜。

## 六、超滤和微滤

1. 基本概念

超滤、微滤和反渗透与纳滤一样都是以压力为推动力的膜分离过程。一般来说，超滤是截留大分子溶质，而允许低分子溶质和溶剂通过，从而将大分子与小分子物质分开；微滤是将胶体或更大尺寸的微粒同真溶液分开。

超滤膜和微滤膜的截留机理主要是物质在膜表面及微孔内的吸附、在孔内的停留（阻塞）、膜表面的机械截留（筛分）、架桥截留和膜内部网络截留，如图 7-63 所示。

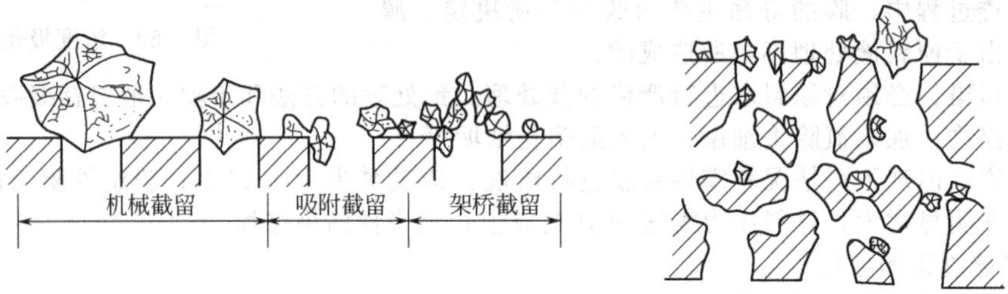


(a) 膜表面层截留　　(b) 膜内部网络截留

图 7-63　超滤膜和微滤膜的截留机理

2. 超滤、微滤与反渗透的原理与操作性能等方面的比较

超滤、微滤与反渗透的比较见表 7-127。

3. 超滤与微滤的应用

(1) 超滤过程的主要工业应用见表 7-128。

**表 7-127　超滤、微滤与反渗透的比较**

| 项　目 | 反　渗　透 | 超　滤 | 微　滤 |
|---|---|---|---|
| 使用的膜 | 表层致密的非对称性膜、复合膜 | 非对称性膜，表层有微孔 | 微孔膜，核孔膜 |
| 操作压差/MPa | 2～10 | 0.1～0.5 | 0.01～0.2 |
| 分离的物质 | 相对分子质量小于 500 的小分子物质 | 相对分子质量大于 500 的大分子和细小胶体微粒 | 粒径大于 0.1μm 的粒子 |
| 分离机理 | 非简单筛分，膜物化性能起主要作用 | 筛分，膜表面的物化性质有一定影响 | 筛分，膜的物理结构起决定性作用 |
| 水的渗透通量 $/m^3 \cdot d^{-1}$ | 0.1～2.5 | 0.5～5 | 10～20 |

**表 7-128　超滤过程的主要工业应用**

| 应　用 | 工　业 | 主要供应商 |
|---|---|---|
| 电泳漆和电镀废水的处理和回收 | 汽车、设备制造 | Koch，Rhone-Poulenc，Asahi，Romicon，Nitto |
| 从乳清中回收蛋白，牛奶超滤增产乳酪 | 乳品 | Koch，DDS |
| 处理含油脂废水，减少污染 | 金属、罐头、洗染 | Koch，Rhone-Poulenc，Romicon |
| 制备高纯水 | 电子 | Asahi，Nitto，Osmonics，Romicon |
| 热源体的脱除 | 制药、葡萄糖 | Asahi，Romicon |
| 浆液回收 | 纺织 | Koch |
| 酶回收 | 酶、生物技术 | DDS，Koch，Romicon |
| 胶浓缩 | 食品 | Koch |
| 果汁的澄清、浓缩 | 饮料 | Koch，Romicon，Alcoa |
| 药品的浓缩与精制 | 制药 | DDS，Koch，Rhone-Poulenc |
| 乳浆的浓缩 | 化工（如制 PVC、SBR） | Koch，Kalle |
| 家庭废水处理 | 居民区、旅馆、办公楼 | Rhone-Poulenc，Nitto |
| 小规模装置 | 实验室 | Amicon，Millipore |

(2) 微滤过程的部分应用见表 7-129。

**表 7-129 微滤过程的部分应用**

| 应用领域 | 处理对象 | 浓缩物 | 透过物 | 目的 | 应用领域 | 处理对象 | 浓缩物 | 透过物 | 目的 |
|---|---|---|---|---|---|---|---|---|---|
| 奶酪 | 牛奶 | 脂肪，酪蛋白 | 乳清 | 浓缩 | 饮料 | 酒/醋 | 酵母/细菌 | 酒 | 防止二次发酵 |
| | | 细菌 | 牛奶 | 冷消毒 | | | 胶体 | 酒 | 冷稳定 |
| | 乳清 | 脂肪蛋白 | 清乳清 | 脱脂，澄清 | | | 霉菌产品 | 酒 | 冷消毒 |
| | | 细菌 | 乳清 | 冷消毒 | | | 酒糟 | 酒 | 剩余酒的回收，无菌过滤 |
| | | 脂肪球 | 乳清 | 脱脂 | | 啤酒 | 酵母/细菌 | 啤酒 | 剩余啤酒回收 |
| | 盐水 | 细菌 | 盐水 | 冷消毒 | | 苹果酒，葡萄酒，梨酒，菠萝酒 | 胶体/蛋白质 | 酒 | 精细澄清 |
| | 浓盐水 | 胶体 | 盐水 | 澄清 | | 曼橘酒 | 纤维 | 酒 | 澄清 |
| 蔬菜 | 蔬菜汁 | 纤维 | 糖化物 | 浓缩 | | | | | |
| | 蘑菇水 | 芳香族物 | 水 | 香料浓缩 | | | | | |

## 七、电渗析

1. 渗析与渗透

渗析是指用膜把一容积隔成两部分，膜的一侧是溶液，另一侧是纯水，小分子溶质透过膜向纯水侧移动，同时，纯水也可能透过膜向溶液侧移动的过程；或者膜的两侧是浓度不同的溶液时，溶质从浓度高的一侧透过膜扩散到浓度低的一侧的过程。但如果仅仅是纯水透过膜向溶液侧移动，使溶液变淡或者仅仅是低浓溶液中的溶剂透过膜进入浓度高的溶液，而溶质不透过膜，则此过程称之为渗透。

2. 电渗析基本原理

电渗析是指在直流电场的作用下，溶液中的带电离子选择性地透过离子交换膜的过程。

如图 7-64 所示，在正、负两电极之间交替地平行放置阳离子交换膜（简称阳膜，以符号 C 表示）和阴离子交换膜（简称阴膜，以符号 A 表示）。阳膜通常含有带负电荷的酸性活性基团，能选择性地使溶液中的阳离子透过，而溶液中的阳离子则因受阳膜上所带负电荷基团的同性相斥作用不能透过阳膜。阴膜通常含有带正电荷的碱性活性基团，能选择性地使阴离子透过，而溶液中的阳离子则因受阴膜上所带正电荷基团的同性相斥作用不能透过阴膜。阴、阳离子交换膜之间用特制的隔板隔开，组成浓缩（浓缩室）和脱盐（淡化室）两个系统。

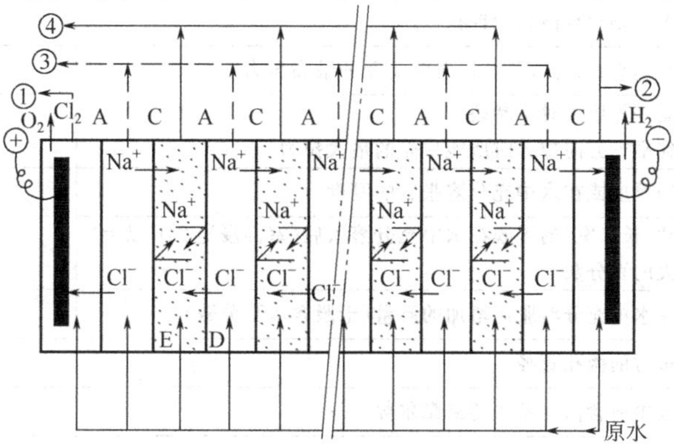


图 7-64 电渗析器

A—阴膜；C—阳膜；⊕—阳极；⊖—阴极；

①—阳极水；②—阴极水；③—淡化水；④—浓缩水

当向电渗析器各室引入含有 NaCl 等电解质的盐水并通入直流电时，阳极室和阴极室即分别发生氧化和还原反应。阳极室产生氯气、氧气和次氯酸等。阳极电化反应为

$$Cl^- - e \longrightarrow [Cl] \longrightarrow \frac{1}{2}Cl_2 \uparrow$$

$$H_2O \rightleftharpoons H^+ + OH^-$$

$$2OH^- - 2e \longrightarrow [O] + H_2O$$

$$[O] \longrightarrow \frac{1}{2}O_2 \uparrow$$

可见阳极水呈现酸性，并产生新生态氧和氯，通常在阳极室加一张惰性多孔膜或阳膜以保护电极。

阴极室产生氢气和氢氧化钠。阴极电化反应为

$$H_2O \rightleftharpoons H^+ + OH^-$$

$$2H^+ + 2e \longrightarrow H_2 \uparrow$$

$$Na^+ + OH^- = NaOH$$

可见阴极水呈碱性。当溶液中存在其他杂质时，还会发生相应的副反应，如 $Ca^{2+}$、$Mg^{2+}$ 之类的离子存在时就会生成 $Mg(OH)_2$ 和 $CaCO_3$ 等水垢。电极反应消耗的电能为定值，与电渗析器中串联多少对膜关系不大，所以两电极间往往采用很多膜对串联的结构，通常有 200～300 对膜，甚至多达 1000 对。下面介绍这些膜对之间的各隔室中的离子迁移情况。在直流电场作用下，在淡化室（如 D）中，带正电荷的阳离子（如 $Na^+$）向阴极方向移动并透过阳膜进入右侧的浓缩室，带负电荷的阴离子（如 $Cl^-$）向阳极方向移动并透过阴膜进入左侧的浓缩室。这样此淡化室中的电解质（NaCl）浓度逐渐减小，最终被除去。在浓缩室（如 E）中，阳离子，包括从左侧淡水室中透过阳膜进来的阳离子，在电场作用下趋向阴极时，立即受到阴膜的阻挡留在此浓缩室中；阴离子，包括从右侧淡水室中透过阴膜进来的阴离子，趋向阳极时立即受到阳膜的阻挡也留在此浓缩室中。这样，此浓缩室中的电解质（NaCl）浓度逐渐增加而被浓集。将诸淡化室互相连通引出即得到淡化水；将诸浓缩室互相连通引出即得到浓盐水。

电渗析过程和所有膜分离过程一样，存在浓度极化和膜污染的问题。

3. 离子交换膜

(1) 离子交换膜的结构　离子交换膜分基膜和活性基团两大部分。基膜即具有立体网状结构的高分子化合物；活性基团是由具有交换作用的阳（或阴）离子和与基膜相连的固定阴（或阳）离子所组成。

(2) 离子交换膜的性能　表 7-130 列出了离子交换膜的性能。

**表 7-130　离子交换膜的性能**

| 膜的性能 | | 内 容 及 要 求 | 单　位 |
|---|---|---|---|
| 物理性能 | 外观 | 要求膜平整，光滑(洁)，无针孔 | |
| | 爆破强度 | 湿膜在受到垂直方向压力时，所能耐受的最高压力 | Pa |
| | 耐折强度 | 要求膜受外界压力时不断裂 | 曲折度和折叠次数 |
| | 抗拉强度 | 膜在受到平行方向拉力时所能耐受的最大拉力 | Pa |
| | 厚度 | 干态膜的厚度或在水中充分溶胀后的厚度 | cm 或 mm |
| | 溶胀度 | 一定尺寸(长×宽)的干膜在水中充分溶胀后(室温浸泡 24h 以上)膜尺寸增大的百分数 | % |
| | 水分 | 干膜经在水中充分溶胀后增加的质量(干膜含水百分数) | % |
| | 最大孔径 | 膜在湿态时的微孔直径 | μm |
| 化学性能 | 交换容量 | 每克干膜中所含活性基团的毫摩尔数 | mmol/g |
| | 耐酸碱性 | 根据需要进行耐酸、碱试验 | |
| | 抗氧化性 | 根据需要进行抗氧化性试验 | |
| 电化学性能 | 膜电导 | 湿膜在电解质溶液中的导电能力。可用电阻率、电导率或面电阻表示 | 电阻率 Ω·cm<br>电导率 $S \cdot m^{-1}$<br>面电阻 $\Omega \cdot cm^2$ |
| | 选择透过度 | 湿膜对阴(或阳)离子选择透过的百分数，通过测定膜电位(mV)计算 | % |

4. 电渗析过程的应用

(1) 电渗析多用于海水、苦咸水和普通自然水的纯化，用以制造饮用水、初级纯水等。

(2) 用电渗析法浓缩海水制盐，具有占地少、投资省、劳动力省以及不受地理气候条件限制等优点。

(3) 医药、食品工业中的应用。

① 医药工业中生产葡萄糖、甘露醇、氨基酸、维生素C等溶液的脱盐。食品工业中牛乳、乳清食糖的脱盐以及酒类产品中脱除酒石酸钾等。

② 果汁中引起酸味的过量柠檬酸的去除。

(4) 用电渗析处理某些工业废水。

(5) 应用离子膜电解盐类水溶液可以制得相应的酸和碱。目前最重要的应用是电解食盐制造氢氧化钠。

## 八、其他膜过程简介

1. 气体膜分离

气体膜分离在所有膜分离过程中占有重要地位。它能耗低、占地小、投资少、无污染、操作灵活方便、易移动，已成为低温精馏、吸收、变压吸附等气体分离方法的有力竞争者。

气体膜分离是气体混合物在膜两侧分压差的作用下，各组分气体以不同渗透速率透过膜，使混合气体得以分离或浓缩的过程。

气体分离膜可以是均质的、微孔的、非对称的或者是复合的。归纳起来气体通过膜有两种路径，膜的孔和均质高分子膜材料，不同的路径有不同的机理。

气体膜分离过程的应用与发展见表7-131。表中$\alpha$为分离系数，PSA为变压吸附法。

**表7-131 气体膜分离过程的应用与发展**

| 混合气体 | 应用 | 备注 |
|---|---|---|
| $H_2/N_2$ | 合成氨施放气回收$H_2$ | 成功，需除掉可凝结的$H_2O$或$NH_3$ |
| $H_2/CH_4$ | 加氢过程，回收$H_2$ | 成功，但可凝性烃对膜是致命的 |
| $H_2/CO$ | 合成气调比 | 成功，需除掉可凝结的甲醇 |
| $O_2/N_2$ | 富氮保护气 | 需提高选择性，使$N_2\%>98\%$仍可同PSA竞争 |
| | 家庭医用富氧 | 市场小，高温炉需要设计 |
| | 富氧炉气 | |
| | 高富氧(>90%) | 需要$\alpha>60°$的膜 |
| 酸性气体/烃 | 生物气回收$CO_2$ | 成功，需除可凝结的有机物 |
| | 促进采油回收$CO_2$ | 成功，需除可凝结的有机物 |
| | 天然气脱$H_2S$ | 尚未有工业设备，前景好 |
| $H_2O$/烃 | 天然气干燥 | 有效 |
| $H_2O$/空气 | 空气去湿 | 中等露点有效 |
| 烃/空气 | 控制污染和回收溶剂 | 成功，氯烃回收 |
| 烃($CH_4$)/$N_2$ | 提高气体等级 | 选择性不足，甲烷损失 |
| He/烃 | 回收氦 | 低浓度氦原料需多级操作，市场小 |
| $He/N_2$ | 从潜水的气体混合物中回收氦 | 可行，市场小 |

2. 渗透蒸发(汽化)

渗透蒸发过程在膜的原料侧是液体混合物，膜的另一侧为气相真空(负压)操作，混合物的各组分在分压差的作用下，以不同的速率从膜的一侧蒸发并渗透到膜的另一侧，从而达到分离浓缩的目的。

渗透蒸发过程的突出优点是分离系数高，可达几十、几百甚至上千，混合物经一次渗透蒸发就可达到很高的分离程度；缺点是渗透通量小，一般不超过$1000g/(m^2 \cdot h)$；渗透蒸发区别于其他膜过程的重要特点就是透过物有相变，需要提供汽化热。因此适用于难分离的近沸、恒沸、同分异构体及热敏混合物的分离，还可以与其他分离方法配合使用，可得到很好的效果。

渗透蒸发可应用在以下三个方面。

(1) 有机溶剂脱水。如从乙醇水的恒沸物中制取质量分数为99%左右的乙醇产品。渗透蒸发还可以对其他有机溶剂进行脱水，如乙二醇、异丙醇、二氯乙烷等。

(2) 水的净化与低浓度有机溶剂回收。

(3) 有机混合物的分离。如乙苯和石油馏分、乙二酸和环己烷、间二甲苯和邻二甲苯等有机物的分离。

3. 液膜分离

液膜是很薄的一层液体，这层液体可以是水溶液也可以是有机溶液。它能把两个互溶的组成不同的溶液隔开，并通过这层液膜的选择性渗透作用实现分离。显然当被隔开的两个溶液是水溶液时，液膜应该是油型，而被隔开的两个溶液是非极性有机溶液时，液膜则应该是水型。

由于液体膜可以比固体膜做得更薄，组分在液体中的扩散速率也要比在固体中大得多，因此液膜有比固膜大得多的传递速率，有非常高的分离效率。

液膜一般可分为三种类型，单滴型、乳化型和支撑型，后两者具有实际意义。

乳化型液膜的示意图如图7-65所示，回收液与液膜溶液充分乳化制成W/O（油包水型乳液），然后使乳液分散在原液（料液）中，形成W/O/W（水包油包水）型多相乳液。通常，内相微粒直径为数微米，而W/O乳液滴直径为0.1～1mm，膜的有效厚度为1～10μm，因而单位体积内膜的总面积可以非常大。

为了使乳化型液膜重新使用，必须将已形成的并已经过分离操作的乳液破坏，即为破乳，从中分出膜相和内相，以分别进行处理，破乳是整个乳化型液膜分离过程中的关键步骤。破乳的方法通常有化学法、静电法、离子法及加热法等。迄今为止效果最好的是静电法。

支撑型液膜，如图7-66所示。液膜支撑主要采用惰性多孔膜，液膜溶液借助微孔的毛细管力浸于孔内。支撑液膜的性能与支撑体材料、膜厚度及微孔的大小关系密切，膜厚一般为25～50μm，微孔直径为0.02～1μm。通常孔径越小，液膜越稳定，但孔径过小会导致孔隙率的下降，从而降低透过速度。

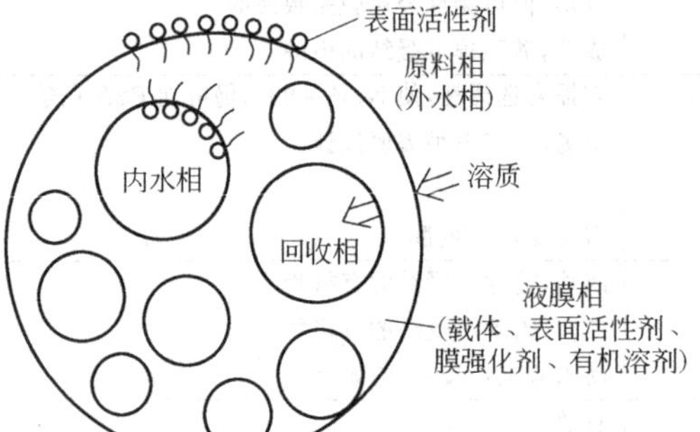


图7-65 W/O/W乳化型液膜

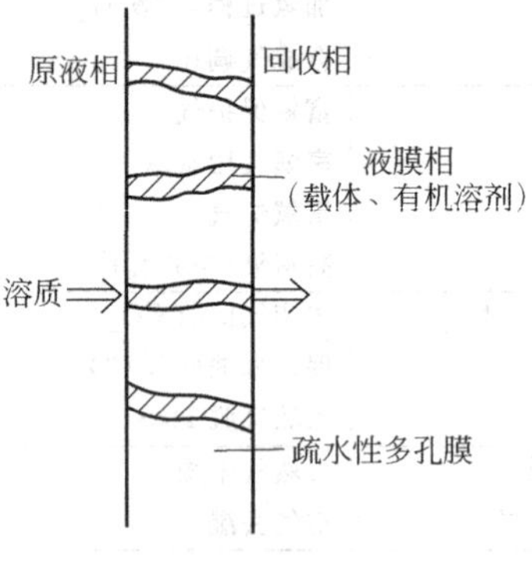


图7-66 支撑型液膜

由于液膜过程的高选择性、高透过性等突出优点，液膜过程可以应用于气体分离、金属分离、生物分离、废水处理等过程。

4. 膜蒸馏、膜萃取和膜分相

膜蒸馏、膜萃取和膜分相等是新发展的膜过程，尚处于研究阶段。

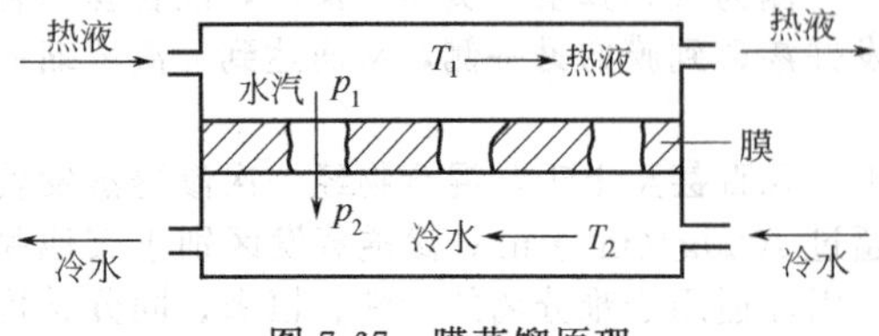


图7-67 膜蒸馏原理

(1) 膜蒸馏　膜蒸馏是膜技术与蒸发过程相结合的新型膜分离过程，应用的是疏水微孔膜，孔径一般为0.1～0.4μm，膜的一侧是热的（40～50℃）非挥发性物质的水溶物，膜的另一侧是冷水或不被水蒸气饱和的干气体，如图7-67所示。因为膜是疏水微孔膜，所以热水溶液与冷水均不能进入膜孔内，膜孔中充满气体，膜孔的热液侧面水的饱和蒸气压高，冷水侧面的水蒸气压低，由于水蒸气的压差，热侧水汽化，水汽通过膜孔扩散到冷侧冷凝。这样水便从热的水溶液中分离出来，热水溶液得到浓缩。膜蒸馏的冷侧也可以是空气，只要空气中的水蒸气分压低于热溶液中水的饱和蒸气压，水就能从热溶液中汽化，透过膜进入空气，实现水溶液中水的分离。显然膜蒸馏过程的推动力是膜两侧的水蒸气分压差，在一定条件下也可以说是温度差。

可见膜蒸馏的特点是过程在常压和低于溶液沸点下进行，热侧溶液也可以在较低温度（如40～50℃）下操作，因而过程简单，设备要求低，并可以使用低温热源或废热，这一特点又使其特别适用于热敏性物质。过程中溶液浓度变化所造成的影响也较小，所以膜蒸馏是一种颇具吸引力的制取纯水和溶液脱水浓缩的膜分离方法。而且实验证明膜蒸馏过程可以把溶液浓缩到饱和甚至允许出现结晶。

膜蒸馏实际是一种充气膜过程，即依靠不被液体浸润的充满气体的微孔膜，膜一侧溶液中的挥发性物质汽化，扩散通过膜到膜的另一侧，然后用冷凝、吸收、惰性气体携带等方法带走这些挥发性物质。所以不仅可以用上述膜蒸馏方法分离非挥发性物质水溶液中的水，也可以用一种吸收剂，通过充气膜将生物转化过程反应液中对生化过程起抑制作用的挥发性代谢产物除去（如 $NH_3$ 等），使生物转化过程得以连续进行。用硫酸通过充气膜可以提取氨水中的氨也是一例。

渗透膜蒸馏是又一种形式的膜蒸馏，其膜的下游侧不是冷水而是盐的浓溶液，过程的推动力是由浓的盐溶液的较低的水蒸气压所形成的膜两侧的蒸气压差，因此它的优点是料液侧的温度可以更低（如室温），更适合于热敏性物质的水溶液浓缩。

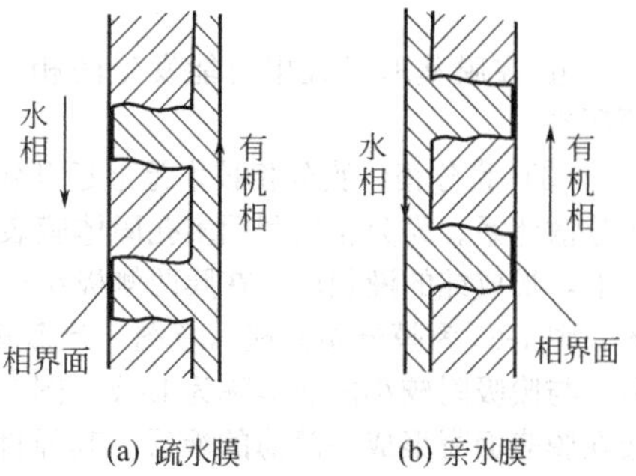

图 7-68 膜萃取

(2) 膜萃取 膜萃取是膜技术与萃取过程相结合的新型膜分离技术，又称固定膜界面萃取。与通常的液-液萃取中一液相以细小液滴形式分散在另一液相中进行两相接触传质的情况不同，膜萃取过程中，萃取剂与料液分别在膜两侧流动，传质过程是在分隔两液相的微孔膜表面进行的，没有相分散行为发生，如图 7-68 所示。与通常的萃取比较其主要特点如下。

① 由于膜萃取过程没有相的分散和聚结，所以可减少因液滴分散在另一液相中而引起的夹带现象和随之产生的溶剂损失。

② 由于膜萃取过程没有直接接触的液-液两相流动，因此在选择萃取剂时对其物性（如密度、黏度、界面张力）的要求可以大大放宽。

③ 由于膜萃取过程中两相分开流动，可以避免在一般逆流萃取柱中严重影响传质效果的轴向返混现象。

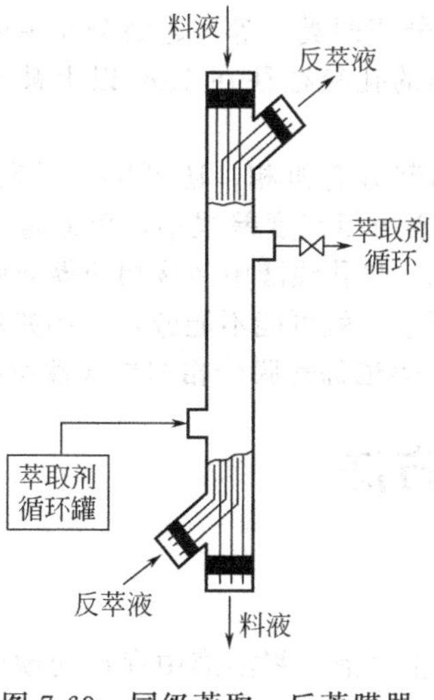

图 7-69 同级萃取、反萃膜器

④ 由于膜萃取过程可以实现同级萃取、反萃及采用萃合物载体促进迁移，因此可以提高萃取过程的传质推动力。如图 7-69 所示，两组疏水性中空纤维膜管束相互交错平行排列封于同一壳体内，中空纤维间及中空纤维管壁孔内充满萃取剂，料液从一组中空纤维膜管内通过，反萃液从另一组中空纤维膜管内逆向通过，这样通过两组中空纤维管束间的萃取剂的传递作用实现了被萃组分直接从料液转移到反萃液中的同级萃取、反萃过程。

⑤ 与一般萃取比较，膜萃取的缺点是增加了一层膜的阻力，被萃组分需经下述三个步骤。a. 由料液水相主体到膜面；b. 扩散通过膜；c. 由膜的另一面到萃取有机相主体才能完成总传质过程。膜阻使过程的总阻力增大，总传质系数下降。这一缺点可以通过适当选择膜材料部分加以克服。

理论分析与实验研究表明，对于萃取分配系数比较大、被萃组分在有机相中溶解度较大的体系，因其以水相阻力为主，所以可采用疏水膜，有利于减小膜阻的影响，如图 7-70(a) 所示。对于被萃组分在有机相中溶解度较小的体系，因其以有机相阻力为主，所以可采用亲水膜有利于减小膜阻的影响，如图 7-70(b) 所示。中空纤维膜器因可使膜萃取具有很大的传质比表面，也可起到一定的减少膜阻的作用。

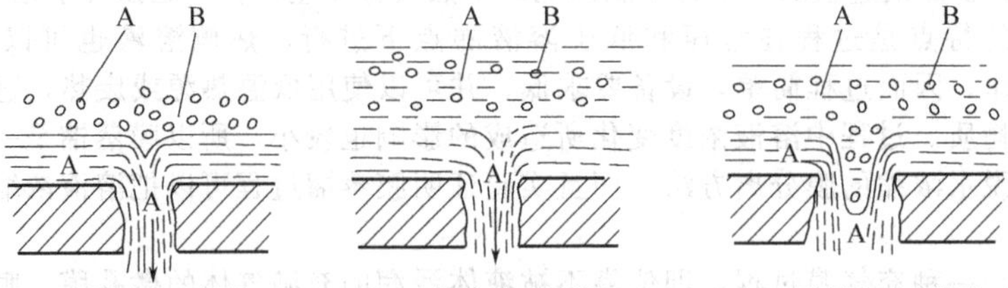


图 7-70　膜分相原理示意

⑥ 在膜萃取过程中可能发生的相互渗透、膜的溶胀及由此影响膜器寿命等也是其工业化的问题所在。

(3) 膜分相　膜分相技术是最近几年发展起来的一种新型分离技术，其分离对象为油-水混合料液的分散体系。膜分相是利用多孔固体膜表面与乳浊液中两相的物化作用不同，其中一相优先吸附在膜表面上，形成纯的液相层，在膜两侧极小压差作用下，此相优先通过分相膜的孔，从而达到两相分离的目的。图 7-65 为膜分相原理示意图。当膜表面与一乳浊液接触时，与膜有较大吸附力的液相称为 A 液，另一与膜吸附较小的液体称为 B 液。图 7-70(a) 代表亲膜的 A 液为分散相的情况，此时亲膜的分散相 A 液在膜表面凝聚成一薄薄的液层，其厚度 ($t$) 取决于固液界面张力差、液体的黏度差、密度差、液液界面张力、水力学条件及 A 液在乳浊液中的浓度等。这 A 液层在一定压差的作用下穿过膜，而疏膜的连续相 B 液则不靠近膜，外层的分散相 A 液不断向膜面的 A 液层补充，从而实现分相。图 7-70(b) 代表的是亲膜的 A 液为连续相的情况，这时疏膜的分散相 B 液始终与膜保持一定的距离。这样，可利用一对分相膜（各与乳浊液中的一种液体亲和）就可以使乳浊液分成两相。值得注意的是，有研究指出，膜孔径和两侧压差是分相是否完全的重要控制因素。图 7-70(c) 表明当膜孔径 $d_m$ 过大（大于 A 液层厚度 $t$ 的两倍，即 $d_m>2t$）时，疏膜的 B 液在力的作用下就可能进入孔内，这时膜孔中的 B 液被 A 液包围，并不与膜直接接触，其前锋呈半球形，这时如果压力差所产生的力 $F_p$ 小于 A、B 液-液界面张力 $\delta_{AB}$ 所产生的力 $F_\delta$ 时，B 液可能不深入到膜孔内部而穿过膜，分相尚可完全，但当 $F_p>F_\delta$ 时，B 液就能穿过膜孔，使分相失败。该研究还提出，最大分相压差可近似为

$$\Delta p_{max}=\frac{4}{d_{m,max}}\delta_{AB}$$

式中，$d_{m,max}$ 为最大表观膜孔直径。

由于膜孔径不同，膜分相可分为静压超滤膜分相和混合过滤膜分相两类。静压超滤分相膜的孔径一般在 0.1μm 以下，超滤压差为 200～400kPa；混合过滤分相膜的孔径往往在 1μm 以上甚至达几十微米，过滤压差只有几帕到几十帕不等。

膜分相可应用于处理含油废水，也可用于从萃取乳液中分离出部分有机相，还可用一对亲水、疏水膜使萃取乳浊液超滤分相。膜分相尤其对那些分散相液滴很小或两相密度差很小，单靠重力或离心力难以分相的体系更能显示其威力。但是由于最大分相压差 $\Delta p_{max}$ 与乳浊液中两液相的界面张力 $\delta_{AB}$ 成正比，所以当 $\delta_{AB}$ 很小时，$\Delta p_{max}$ 也很小，这样在流量所需的压差下就可能不能分相，例如对用表面活性剂稳定的体系，膜分相就难以实现。此外，膜堵塞、膜寿命等也都是膜分相的局限性所在。

# 第八节　其他分离和富集方法

## 一、浮选分离法

浮选分离法是在一定的条件下，向试液鼓入空气或氮气使之产生气泡，将溶液中存在的欲分离富集的微量组分（分子、离子、胶体或固体颗粒）吸着或吸附在其上面并随着气泡浮到液面，从而

与母液分离，收集后即达到分离和富集的目的。本身没有表面活性的物质，经加入表面活性剂后可变为有活性的物质，亦可用此法分离。

浮选分离法的特点是使用简单的装置能迅速处理大量试液，操作方便，分离效果好，富集系数通常达 $10^4$。依作用机理，浮选分离法可分为离子浮选、沉淀浮选和溶剂浮选三大类。

1. 浮选分离法的装置和操作

浮选分离法的装置非常简单，如图 7-71 所示。图中(a) 用于离子浮选；(b)、(c) 用于沉淀浮选；(d) 用于溶剂浮选。

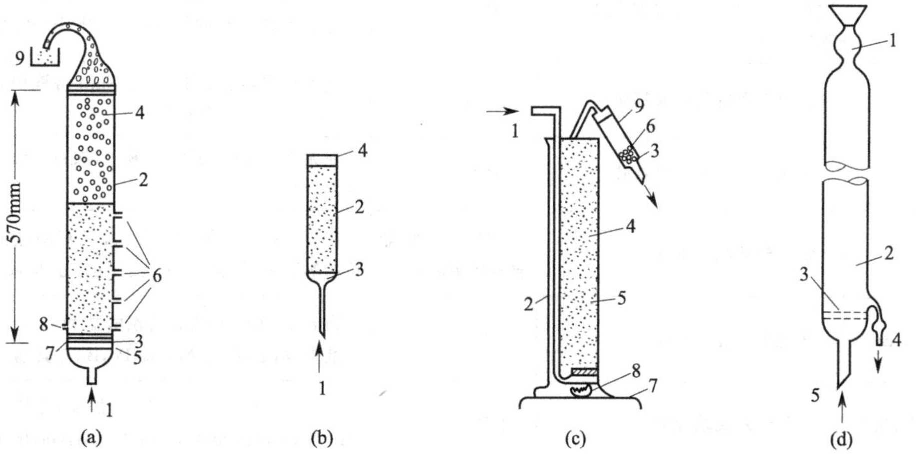


1—进气口；2—浮选池；3—聚乙烯过滤器（孔径 30μm）；4—泡沫；5—法兰盘；6—试样、试剂溶液导入口；7—硅橡胶；8—排出口；9—接收器

1—进气口；2—浮选池；3—烧结玻璃板；4—浮渣

1—进气口；2—浮选池；3—烧结玻璃片；4—气泡；5—试样溶液；6—浮渣或泡沫；7—磁力搅拌器；8—搅拌子；9—采样管

1—有机溶剂；2—试液；3—G4 玻砂滤板；4—溶液出口；5—氮气入口

图 7-71 浮选分离装置

在进行浮选时，一般通过微孔玻璃砂芯或塑料筛板送入氮气或空气等气体，使其产生气泡流，含有待测组分的疏水性物质被吸附在气/液界面上，随着气泡的上升，浮至溶液表面形成稳定的浮渣（沉淀＋泡沫）或泡沫层，从而分离出来。离子浮选时，如图 7-71(a) 所示，将泡沫层捕集在盛有消泡剂的接收器中，常用的消泡剂有乙醇、正丁醇等。沉淀浮选时，如图 7-71(c) 所示，用浮渣采取器或玻璃刮勺等捕集。当浮渣或沉淀通不过微孔筛板时，如图 7-71(b) 所示，也可通过浮选池下端的出口将母液排放掉。溶剂浮选时，由于待测物质被气泡带入与水溶液不相混溶的有机溶剂中，静置分层后，或溶于有机溶剂中形成真溶液或不溶而形成第三相，如图 7-71(d) 所示，把下部的水相放掉或弃去水相后再把第三相放出即可。

2. 离子浮选法

在含有待分离的金属离子溶液中，加入适当的络合剂，调至一定酸度，使之形成稳定的络离子，再加入与络离子带相反电荷的表面活性剂，使其形成离子缔合物。通入气泡后，它被吸附在气泡表面而上浮至溶液表面，微量被分离物就被浓集于液面上泡沫层中，将其与母液分开后便可达到分离的目的。

在无机酸或络合剂溶液中离子浮选分离的应用见表 7-132。

在有机试剂中离子浮选分离的应用见表 7-133。

3. 沉淀浮选法

用少量无机沉淀剂（或有机沉淀剂或控制 pH 值的方法）将欲分离离子发生沉淀、共沉淀或形成胶体，然后加入与沉淀或胶粒带相反电荷的表面活性剂，使其亲水基团定向于沉淀表面而增加沉淀的疏水性，通入气泡后，沉淀黏附在气泡表面浮升至液面而与母液分离，称为沉淀浮选分离。沉淀浮选分离法简便快速，特别适用于从大体积极稀溶液中富集痕量元素。

**表 7-132 在无机酸或络合剂溶液中离子浮选分离的应用**

| 分离元素 | 表面活性剂(sf) | 介 质 | 要 点 |
|---|---|---|---|
| Au | 氯化十六烷基三甲基胺 | $HCl,Cl^-$ | 在 0.01～3.0mol/L HCl-0.01mol/L $Cl^-$ 溶液中，加 sf，浮选 Au，与 Hg，Cd，Zn 分离 |
| Au，Hg | 氯化十六烷基三甲基胺 | $Cl^-$ | 在 0.5mol/L $Cl^-$ 溶液中，加 sf，浮选 Au，Hg，与 Cd，Zn 分离 |
| Au，Pt，Pd | 氯化十六烷基吡啶、氯化十四烷基苄基二甲基胺或氯化十六烷基三甲基胺 | HCl | 在 0.02～3mol/L HCl 溶液中，加入 sf，浮选 Au，Pt，Pd，浮选率为 94%～98%，Rh，Ir，Ru 极少浮选 |
| Au，Pt，Pd | 溴化十六烷基三丙基胺 | NaCl | 在大于或等于 0.3mol/L NaCl 溶液中，加 sf，浮选 Au，Pt，Pd，与 Ir，Rh 分离 |
| Au，Pt，Ir | 溴化十六烷基三丙基胺 | HCl | 在大于 2mol/L HCl 溶液中，加 sf，浮选 Au，Pt，Ir，与 Pd 分离 |
| Au，Ag，Cu | 氯化苄基烷基季胺 | $CN^-$、草酸盐或硫代硫酸盐 | 在 pH 3～13，含 $Cl^-$ 及 $CN^-$、草酸盐或硫代硫酸盐的溶液中，加 sf，浮选 Au，Ag，Cu，与基体元素分离 |
| Au，Ag，Pd，Bi | 氯化十六烷基吡啶 | $SCN^-$ | 在 $8.5\times10^{-4}$mol/L 硫氰酸盐和 0.5mol/L 硝酸铵溶液中，加 sf，浮选 Au，Ag，Pd，Bi，与其他元素分离 |
| Au，Pt，Pd，Hg | 氯化十六烷基吡啶 | HBr | 在 0.1mol/L HBr 溶液中，加 sf，浮选 Au，Pt，Pd，Hg，与 Cu，Zn，Ni，Co，Mn，Fe，Al，Ga，In，Cr，Sn 分离 |
| Bi | 氯化十六烷基三甲基胺或氯化十六烷基吡啶 | HCl | 在 0.35～2.0mol/L(或 0.35～3.4mol/L) HCl 溶液中，加 sf，浮选 Bi，回收率为 100% |
| Cd，Pb，Bi，Sn，Sb | 氯化十六烷基吡啶、氯化十四烷基二甲基苄基胺或溴化十六烷基三甲基胺 | HBr | 在 0.01～3.7mol/L HBr 溶液中，加 sf，浮选 Cd，Pb，Bi，Sn，Sb，与 Ni，Co，Cu，Mn，Al，Ga，Cr 分离 |
| Hg，Pt，Pd | 氯化十六烷基吡啶、氯化十四烷基二甲基苄基胺或溴化十六烷基三甲基胺 | HBr | 在 HBr 溶液中，加 sf，浮选 Hg，Pt，Pd，回收率 94%～99.5% |
| Hg | 氯化十六烷基三甲基胺或氯化十六烷基吡啶 | NaCl | 在 0.1～4.0mol/L NaCl 溶液中，加 sf，浮选 Hg，回收率分别为 98%和 95% |
| Ir | 溴化十六烷基吡啶 | HCl | 在 1.0mol/L HCl 溶液中，加 Sf，浮选 Ir，Ru 不被浮选 |
| Ir，Rh | 氯化十四烷基二甲基苄基胺 | HCl | 在 0.4mol/L HCl 溶液中，加 sf，浮选 Ir，Rh，石墨炉 AAS 测定，可用于铂中 Ir，Rh 的测定 |
| Pt | 溴化十六烷基三丙基胺 | $NH_4OH$ | 在 0.1mol/L $NH_4OH$ 溶液中，加 sf，浮选 Pt(以 $[PtCl_6]^{2-}$ 存在)，与 Pd[以 $Pd(NH_3)_4^{2+}$ 存在]分离 |
| Pt | 溴化十六烷基三丁基胺 | HCl | 在 0.1mol/L HCl 中，加盐酸羟胺，使铱保持 $IrCl_6^{2-}$ 形态，加 sf，浮选 Pt，与 Ir 分离 |
| Ir | 溴化十六烷基三丙基胺或溴化十六烷基三丁基胺 | HCl | 在 pH2，往溶液中加入 $Ce^{4+}$ 盐溶液，使铱呈 $IrCl_6^{2-}$ 形态存在，加 sf，浮选 Ir，可与 Rh 分离 |
| Ru | 油酸钠 | $H_2SO_4$ | 在含 $H_2SO_4$ 溶液中，加 sf，浮选 Ru，可用于回收水笔尖磨削废料中的钌 |
| Sb | 氯化十六烷基吡啶 | HCl | 在 1～5mol/L HCl 溶液中，加 sf，浮选 Sb，回收率为 97% |

**表 7-133 有机试剂中的离子浮选分离应用**

| 分离元素 | 有机试剂 | 表面活性剂(sf) | 要点 |
|---|---|---|---|
| Cu | 丁基黄原酸钾 | 溴化十六烷基三甲基胺 | 在 pH 9 溶液中，加正丁基黄原酸钾、sf，浮选 Cu，AAS 测定 |
| 甲基汞 | 丁基黄原酸钾 | 溴化十六烷基三甲基胺 | 在 pH 9 溶液中，加正丁基黄原酸钾、sf，浮选 Hg |
| U | 偶氮胂Ⅲ | 氯化十四烷基二甲基苄胺 | 在 pH 3.5 的海水中，加入偶氮胂Ⅲ、sf，浮选 $U^{6+}$，回收率约 100%，偶氮胂Ⅲ光度法或中子活化法测定 |
| Th | 偶氮胂Ⅲ | 氯化十四烷基二甲基苄胺 | 在 0.3mol/L HCl 溶液中，加入偶氮胂Ⅲ、sf，浮选 Th，富集倍数可达 200，以偶氮胂Ⅲ光度法测定 |
| Zr | 偶氮胂Ⅲ | 氯化十四烷基二甲基苄胺 | 在酸性介质中，加偶氮胂Ⅲ、sf，浮选 Zr，分离系数在 $10^3$ 以上，富集倍数为 100，回收率为 99%，偶氮胂Ⅲ光度法测定，用于分离和测定镍合金中的锆 |
| Cr | 二苯卡巴肼 | 十二烷基磺酸钠 | 在海水中加入 $H_2SO_4$ 至 0.1mol/L，加入二苯卡巴肼、sf，浮选 Cr，泡沫加 0.5mL 正丁醇消泡，稀释，光度法测定铬 |
| Cr | 二苯卡巴肼 | | 用二苯卡巴肼饱和的泡沫处理水样，定性或半定量测定水中微量铬 |
| Cr | 二苯卡巴肼 | 十二烷基磺酸钠 | 在 HCl 溶液中，加二苯卡巴肼、sf，浮选 $Cr^{6+}$，加入少量丙酮消泡，光度法测定 Cr |
| Cr | 二苯卡巴肼 | 十二烷基磺酸钠 | 在 pH 1～2 溶液中，加二苯卡巴肼、sf，浮选 Cr，除去水相，加丁醇，光度法测定，用于水分析 |
| Cr | 二苯卡巴肼 | 十二烷基磺酸钠 | 在 $8\times10^{-3}$mol/L $H_2SO_4$ 溶液中，加二苯卡巴肼、sf，振荡浮选，分去下层清液，加乙醇消泡，于 540nm 处，测量吸光值，可用于水分析 |
| S | *N*,*N*-二甲基对苯二胺 | 十二烷基磺酸钠 | 在 pH 1(0.18mol/L) $H_2SO_4$ 溶液中，加 *N*,*N*-二甲基对苯二胺、sf，浮选 S，光度法测定，用于水分析 |
| Fe | 邻二氮菲 | 十二烷基磺酸钠 | 在 HCl 溶液中，加盐酸羟胺、邻二氮菲、sf，浮选 Fe，泡沫加丙酮，在 510nm 处光度测定，可用于水分析 |
| $NO_2^-$ | 对氨基苯磺酸钠-盐酸萘乙二胺 | 十二烷基磺酸钠 | 在 pH 1.43(或 0.24mol/L HCl)溶液中，加对氨基苯磺酸钠、盐酸萘乙二胺与 $NO_2^-$ 形成偶氮染料，加 sf，浮选，加丙酮消泡，光度法测定，可用于水分析 |

常用的沉淀剂见表 7-134。其用量通常为 100～1000mL，试样溶液用 10～100mg。

**表 7-134 常用的沉淀剂**

| 类别 | 化合物 |
|---|---|
| 无机化合物 | $Fe(OH)_3$，$Al(OH)_3$，$Cr(OH)_3$，$Ti(OH)_4$，$Zr(OH)_4$，$Mg(OH)_2$，$Sn(OH)_4$，$Bi(OH)_3$，$In(OH)_3$，$Fe(OH)_2$，$Co(OH)_2$，$Ni(OH)_2$，$Cu(OH)_2$，$Zn(OH)_2$，$Sb(OH)_3$，$Th(OH)_4$，CdS，PbS |
| 有机化合物 | 巯萘剂、双硫腙、4-二甲氨基亚苄基罗丹宁、1-亚硝基-2-萘酚、2-巯基苯并噻唑、2-巯基苯并咪唑、*α*-安息香肟 |

无机沉淀剂沉淀浮选分离的应用见表 7-135。

不溶于水的有机沉淀剂先溶于与水混溶的有机溶剂（如乙醇等）中，再将其加到水溶液中使用有机沉淀析出，吸附或共沉淀待分离痕量元素，或在含待分离元素的溶液中加入有机试剂生成沉淀，然后通气浮选。

有机沉淀剂沉淀浮选分离的应用见表 7-136。

4. 溶剂浮选法

在一定条件下，金属离子与某些有机配位剂形成疏水性的沉淀，通气鼓泡，可浮升于液面上。有

**表 7-135 无机沉淀剂沉淀浮选分离应用**

| 分离元素 | 沉淀剂 | 表面活性剂(sf) | 要点 |
|---|---|---|---|
| Ag | CdS | 硬脂烷酰胺 | 在 pH 2 的溶液中，以硫化镉沉淀，加 sf，沉淀浮选 $Ag^{+}$，可用于海水中分离富集银，富集倍数为 500 |
| As | $Fe(OH)_3$ | 油酸钠、十二烷基磺酸钠 | 在 pH 8～9 溶液中，$Fe(OH)_3$ 沉淀吸附 As，加 sf，沉淀浮选 As，溶于 HCl，AAS 测定，可用于海水、天然水中分离富集 As |
| As，Mo，U，V，Se，W | $Fe(OH)_3$ | 十二烷基磺酸钠 | 在 pH 5.7±0.2 溶液中，$Fe(OH)_3$ 沉淀，加 sf，沉淀浮选 As(Ⅴ)，Mo(Ⅵ)、U(Ⅵ)、V(Ⅴ)、Se(Ⅳ)、W(Ⅵ)，中子活化法测定 |
| Bi，Sb，Sn | $Zr(OH)_4$ | 油酸钠 | 在 pH 9.1 溶液中，$Zr(OH)_4$ 沉淀，加 sf，沉淀浮选 Bi、Sb、Sn、AAS 测定 |
| Cd，Pb | $Fe(OH)_3$ | 十二烷基磺酸钠 | 在 pH 9.5 溶液中，$Fe(OH)_3$ 沉淀，加 sf，沉淀浮选 Cd，Pb，溶于 HCl，AAS 法测定 |
| Cd，Co，Cr，Mn，Ni，Pb | $In(OH)_3$ | 油酸钠，十二烷基磺酸钠 | $In(OH)_3$ 与水样中 Cd，Co，Cr(Ⅲ)，Mn(Ⅱ)，Ni，Pb 共沉淀，加 sf，沉淀浮选，ICP-AES 测定。可用于水样分析，富集倍数为 240 |
| Cd，Co，Cu，Cr，Fe，Mn，Ni，Pb，Zn | $Al(OH)_3$ | 油酸钠 | 在 pH 9.5 溶液中，痕量元素与 $Al(OH)_3$ 共沉淀，加 sf，沉淀浮选，溶于 $HNO_3$，AAS 测定。可用于水中测定 Cd，Co，Cu，Cr，Fe，Mn，Ni，Pb，Zn |
| Co，Cu，Mn，Ni | $Fe(OH)_3$ | 氯化十二烷基胺、曲通 X-100 | pH>9 溶液中，$Fe(OH)_3$ 沉淀，加 sf，沉淀浮选，溶于 HCl-$HNO_3$ 中，AAS 测定。可用于锰铁结核中 Co，Cu，Mn，Ni 的测定 |
| Cr | $Fe(OH)_3$ 或 $Al(OH)_3$ | 十二烷基磺酸钠 | $Cr^{3+}$ 或 $CrO_4^{2-}$ 被还原成 $Cr^{2+}$，被 $Fe(OH)_3$ 或 $Al(OH)_3$ 沉淀吸附，加 sf，沉淀浮选，可用于除去电镀废液中的铬 |
| Cu，Zn | $Fe(OH)_3$ | 十二烷基磺酸钠 | 以 $Fe(OH)_3$ 共沉淀 Cu，Zn，加 sf，沉淀浮选。可用于分离富集海水中 Cu，Zn，回收率为 94%～95% |
| F | $Al(OH)_3$ | 十二烷基磺酸钠 | 在 pH 7.3～7.8 溶液中，$Al(OH)_3$ 沉淀，加 sf，沉淀浮选 F，水中 F 由 $15.7\times10^{-6}$ 降至 0，$Cl^{-}$ 基本上不干扰 |
| Mo | $Fe(OH)_3$ | 十二烷基磺酸钠 | 在 pH 4 溶液中，$Fe(OH)_3$ 沉淀吸附 Mo，加 sf，沉淀浮选，回收率为 95%。可用于海水中 Mo 的分离富集 |
| P | $Al(OH)_3$ | 十二烷基磺酸钠 | 在 pH 8.5 溶液中，P 被 $Al(OH)_3$ 吸附，加 sf，沉淀浮选 P |
| Sb | $Fe(OH)_3$ | 十二烷基磺酸钠，油酸钠 | 在 pH 4 溶液中，Sb(Ⅲ，Ⅴ)被 $Fe(OH)_3$ 吸附，加 sf，沉淀浮选 Sb，AAS 法测定 |
| Sc | $Fe(OH)_3$ | 油酸钠 | 在 pH 7 溶液中，$Fe(OH)_3$ 沉淀，加 sf，沉淀浮选 Sc，HCl 溶解，分离除去 Fe，偶氮胂Ⅲ光度法测定。可用于水分析 |
| Sn | $Fe(OH)_3$ | | 先使 Sn(Ⅳ)与 $Fe(OH)_3$ 共沉淀，加热的石蜡乙醇溶液，沉淀浮选，可用于纯锌中分离 $10^{-9}$ 级的锡 |
| Te | $Fe(OH)_3$ | 十二烷基磺酸钠、油酸钠 | 在 pH 8.9 溶液中，Te(Ⅳ)与 $Fe(OH)_3$ 共沉淀，加 sf，沉淀浮选，溶于 HCl，AAS 测定 Te |
| U | $Th(OH)_4$ | 十二烷基磺酸钠 | 在 pH 5.7 溶液中，$Th(OH)_4$ 沉淀，加 sf，沉淀浮选 U。可用于海水中铀的测定 |
| V | $Fe(OH)_3$ | 十二烷基磺酸钠 | 在 pH 5 溶液中，$Fe(OH)_3$ 沉淀，加 sf，沉淀浮选 V，AAS 测定。可用于水分析 |

**表 7-136 有机沉淀剂沉淀浮选分离应用**

| 分离元素 | 沉淀剂 | 表面活性剂(sf) | 要点 |
|---|---|---|---|
| Mo | 二乙基二硫代氨基甲酸钠 | 油酸钠 | 在含有二乙基二硫代氨基甲酸钠和 sf 溶液中，浮选 Mo，AAS 测定 |
| Cd，Co，Mn，Ni，Pb，Cr，Ti，Sn，V | 二乙基二硫代氨基甲酸钠 | 十二烷基磺酸钠 | 在 pH 6～8 溶液中，加入 DDTC 和 sf，浮选重金属元素，排除清液，溶于 $HNO_3$，ICP-AES 测定 |
| Cu，Ni | 二乙基二硫代氨基甲酸钠或水杨醛肟 | 氯化十六烷基三甲基胺、曲通 X-100 | 在 pH 3～7 溶液中，加 DDTC(或水杨醛肟)，sf，浮选 Cu，Ni，可用于分离锰结核中的 Cu，Ni |

续表

| 分离元素 | 沉淀剂 | 表面活性剂(sf) | 要 点 |
|---|---|---|---|
| As,Cd,Co,Cu,Hg,Mo,Sn,Sb,Te,Ti,U,V,W | 1-吡咯烷二硫代羧酸胺、$Fe(OH)_3$ | 油酸钠、十二烷基磺酸钠 | 在有Fe(Ⅲ)和1-吡咯烷二硫代羧酸胺存在的溶液中，调pH为5.8±1，加入sf，浮选，中子活化测定 |
| Ag,Au | 双硫腙 | | 在0.1mol/L硝酸溶液中，加双硫腙沉淀，以甲基溶纤剂捕集，浮选，可用于从高纯铅、锌中分离$<0.1\times10^{-6}$的Ag(Ⅰ),Cu(Ⅱ) |
| Ag | 4-二甲氨基亚苄基罗丹宁 | 十二烷基磺酸钠 | 在0.1～1mol/L $HNO_3$中，以对-二甲氨基苄叉罗丹宁沉淀，加sf，浮选Ag，可用于从高纯铜溶液中分离$10^{-9}$级Ag |
| Ag | 2-巯基苯并噻唑 | | 在0.1mol/L $HNO_3$中，以2-巯基苯并噻唑沉淀Ag，浮选，灰化后测定，可用于水分析 |
| Co | 1-亚硝基-2-萘酚 | | 在弱酸性溶液中，加入1-亚硝基-2-萘酚的乙醇溶液沉淀Co，浮选，可用于从高纯锌中分离富集$10^{-9}$级钴 |
| Cu | 松香 | 油酸钠 | 在pH 8.0溶液中，加松香乙醇溶液，sf，浮选Cu(Ⅱ) |
| Cd,Cu,Mn,Pb,Zn | 松香 | 油酸钠 | 在pH 9.0±0.2溶液中，加松香乙醇溶液，sf，浮选分离Cd,Cu,Mn,Pb,Zn |
| Pd | 丁二肟 | | 在pH 1～2溶液中，加丁二肟沉淀Pd(Ⅱ)，浮选Pd(Ⅱ)，可写Fe,Ni,Pt,Co,Au分离 |

些可溶于上层有机溶剂中形成真溶液，有些则因不溶而形成第三相。弃去水相，分出有机相或第三相，待测物就被分离富集，称为溶剂浮选法。又因这一方法兼有离子浮选和三相萃取的性质，故又称萃取浮选。它与溶剂萃取法的区别在于浮选物与浮选溶剂不起溶剂化作用，不涉及萃取的分配比问题。所以比溶剂萃取的分离量大、选择性高、分离效果好，可测定μg/L级痕量组分，回收率大于90%。溶剂浮选加入的有机溶剂量不受母液影响，没有乳化问题。由于试液表层的有机溶剂有消泡作用，可使浮选加速，尤其适用于泡沫不稳定的情况。

从操作过程来看，溶剂浮选可分为通气浮选和振荡浮选两类。

(1) 通气浮选　将一层有机溶剂加在待分离物质试液的表面，该溶剂应具有能很好地溶解被浮选捕集成分，挥发性低，与水不相混溶，比水密度小等特点。当某种惰性气体（一般为氮气）通过试液，借助微细气体分散器（通常为$G_3$或$G_4$玻璃砂芯滤板）发泡，形成扩展的气-液界面，疏水的中性螯合物或离子缔合物便吸附于气-液界面，随气泡上浮，并溶入有机层形成真溶液，如有机相有颜色，便可用光度法测定有机相中被浮选富集的成分。其应用见表7-137。

**表7-137　溶于有机溶剂的溶剂浮选分离应用**

| 分离元素 | 有机试剂 | 有机溶剂 | 要 点 |
|---|---|---|---|
| As | 钼酸铵-结晶紫 | 环己酮-甲苯 | 在1mol/L $HNO_3$溶液中，溶剂浮选Mo(Ⅵ)-As(Ⅴ)-结晶紫离子缔合物，浮选物溶于上层环己酮-甲苯中，于582nm处测量吸光度 |
| Au | 次甲基蓝 | 苯 | 在1.8mol/L HCl溶液中，溶剂浮选Au(Ⅲ)-$SCN^-$-次甲基蓝离子缔合物，浮选物溶于上层苯，在660nm处测量吸光度 |
| Co | 孔雀绿 | 甲苯 | 在pH 5溶液中，溶剂浮选Co(Ⅲ)-$SCN^-$-孔雀绿离子缔合物，浮选物溶于上层甲苯中，于640nm处测量吸光度，富集倍数为40 |
| Cu | 孔雀绿 | 甲苯 | 在pH 7溶液中，溶剂浮选Co(Ⅲ)-$SCN^-$-孔雀绿离子缔合物，浮选物溶于上层甲苯中，于650nm处测量吸光度 |
| Cu | 丁基黄原酸钾 | 十六烷基三甲基胺、正丁醇 | 在pH 9溶液中，加丁基黄原酸钾、十六烷基三甲基胺，浮选水相中Cu(Ⅱ)，富集于上层正丁醇中，在360nm处测量吸光度 |
| Cu | 3-(2-吡啶)-5,6-二苯基-1,2,4-三吖嗪 | 十二烷基磺酸钠、异戊醇-乙酸乙酯 | 在pH 9.0～9.2溶液中，浮选Cu(Ⅱ)-PDT-SDS离子对，浮选物溶入上层异戊醇-乙酸乙酯中，测量吸光度。可用于水中铜的测定 |

续表

| 分离元素 | 有机试剂 | 有机溶剂 | 要点 |
|---|---|---|---|
| Cu | 二乙基二硫代氨基甲酸钠 | 异戊醇 | 在 pH 6.0～6.4 的含 EDTA、酒石酸溶液中，浮选 Cu(Ⅱ)-DDTC，浮选物溶入上层异戊醇中，于 430nm 处测量吸光度 |
| Cu | 2，9-二甲基-1，10-二氮菲 | 十二烷基磺酸钠、甲基异丁基酮-二氯乙烷 | 在 pH 4.6～8.0 溶液中，浮选 Cu(Ⅱ)-2，9-二甲基-1，10-二氮菲-SDS 离子对，浮选物溶入上层甲基异丁基酮-二氯乙烷中，测量吸光度。可用于血清中铜的测定 |
| Fe | 3-(2-吡啶)-5，6-二苯基-1，2，4-三吖嗪 | 十二烷基磺酸钠、甲基异丁基酮-二氯乙烷 | 在 pH 2.9～3.3，浮选 Fe(Ⅱ)-PDT-SDS 离子对，溶入上层甲基异丁基酮-二氯乙烷中，测量吸光度。可用于血清中铁的测定 |
| Fe | 3-(2-吡啶)-5，6-二苯基-1，2，4-三吖嗪 | 十二烷基磺酸钠、异戊醇 | 在 pH 3.0～3.2，盐酸羟胺将 Fe(Ⅲ)还原成 Fe(Ⅱ)，浮选 Fe(Ⅱ)-PDT-SDS，溶于上层异戊醇中，分离后，加乙醇于 555nm 处光度测定 $10^{-9}$ 级 Fe |
| Zn | 孔雀绿 | 甲苯 | 在 pH 5 溶液中，浮选 Zn(Ⅱ)-$SCN^-$-孔雀绿离子缔合物，浮选物溶入上层甲苯中，于 636nm 处测量吸光度。可用于自来水中 Zn 的测定 |

(2) 振荡浮选　在一定条件下，金属离子与某些有机配位剂形成既疏水又疏有机相的结构复杂的离子缔合物沉淀。浮选时，在两相界面形成第三相，或者黏附在容器壁上。它有一定组成，溶入极性有机溶剂后即可进行光度测定。其操作与普通萃取一样，可在分液漏斗中进行，十分方便。其应用见表 7-138。

**表 7-138　形成第三相的溶剂浮选分离应用**

| 分离元素 | 有机试剂 | 有机溶剂 | 要点 |
|---|---|---|---|
| As | 钼酸盐、丁基罗丹明 | 乙醚 | 在 0.1～0.2mol/L $H_2SO_4$ 溶液中，钼砷酸盐与丁基罗丹明形成离子缔合物，能被乙醚浮选，形成第三相，然后将沉淀溶于丙酮，用光度法或荧光光度法测定砷 |
| Au | 次甲基蓝 | 环己烷 | 在 0.5mol/L HCl 溶液中，以环己酮溶剂浮选 Au(Ⅲ)-$I^-$-次甲基蓝离子缔合物，甲醇溶解，于 655nm 处测量吸光度。可用于铜中金的测定 |
| Cd | 结晶紫 | 异丙醚或苯 | 在 $H_2SO_4$ 介质中，以异丙醚或苯溶剂浮选 Cd(Ⅱ)-$I^-$-结晶紫离子缔合物，浮选物溶于丙酮或乙醇，光度法测定。可用于污水中微量 Cd 的测定 |
| Ge | 茜素氟蓝、罗丹明 6G | $CCl_4$-$CHCl_3$ | 在 pH 5～6，以 $CCl_4$-$CHCl_3$ 溶剂浮选 Ge(Ⅳ)-茜素氟蓝-罗丹明 6G 离子缔合物，沉淀溶于乙醇或丙酮中，于 520nm 处光度法测定。可用于工艺物料中锗的测定 |
| Ir | 罗丹明 6G | 异丙醚 | 在 2.4～2.7mol/L HCl 溶液中，以异丙醚溶剂浮选 Ir-Sn(Ⅱ)-罗丹明 6G 离子缔合物，浮选物溶于丙酮，在 530nm 处测量吸光度 |
| Os | 次甲基蓝 | 苯 | 在 pH 1.8～0.25mol/L $H_2SO_4$ 中，以苯用振荡法溶剂浮选 Os(Ⅳ)-$SCN^-$-次甲基蓝离子缔合物，浮选物溶于丙酮，光度法测定。可用于阳极泥、矿石、粗精矿中 Os 的测定 |
| P | 结晶紫、钼酸铵 | 苯 | 在 0.5mol/L HCl 溶液中，以苯溶剂浮选 P-Mo-结晶紫离子缔合物，浮选物溶于丙酮，在 590nm 处光度法测定 |
| Pd | 罗丹明 6G | 苯 | 在 pH 1.5～3.5，以苯振荡溶剂浮选 Pd(Ⅱ)-$Br^-$-罗丹明 6G 离子缔合物，浮选物溶于 *N*，*N*-二甲基甲酰胺，在 530nm 处测量吸光度。可用于高纯铂中钯的测定 |
| Pt | 罗丹明 B | 异丙醚 | 在 0.9mol/L HCl 溶液中，以异丙醚用振荡法溶剂浮选 Pt(Ⅱ)-Sn(Ⅱ)-罗丹明 B 离子缔合物，浮选物以丙酮溶解，在 555nm 处测量吸光度，可用于纯镍中铂的测定 |
| Rh | 罗丹明 6G | 异丙醚 | 在 2.0mol/L HCl 中，以异丙醚溶剂浮选 Rh-Sn(Ⅱ)-罗丹明 6G 离子缔合物，浮选物溶于丙酮中，在 530nm 处测量吸光度 |

续表

| 分离元素 | 有机试剂 | 有机溶剂 | 要点 |
|---|---|---|---|
| Ru | 次甲基蓝 | 苯 | 在 0.025～0.1mol/L $H_2SO_4$ 中，以苯用振荡法溶剂浮选 Ru(Ⅱ)-$SCN^-$-次甲基蓝离子缔合物，浮选物溶于丙酮，光度法测定。可用于阳极泥、矿石、粗精矿中钌的测定 |
| Si | 钼酸铵、罗丹明 B | 异丙醚 | 在 0.5mol/L $HNO_3$ 中，以异丙醚溶剂浮选硅钼酸盐-罗丹明 B 离子缔合物，浮选物溶于乙醇，在 555nm 处测量吸光度 |
| Sn | 茜素紫 | 甲苯 | 在 pH 1～2 溶液中，以甲苯溶剂浮选 Sn(Ⅳ)-茜素紫-A(A 为 $Cl^-$ 或 $NO_3^-$)离子缔合物，浮选物以乙醇溶解，在 490nm 处测量吸光度 |
| Te | 罗丹明 6G | 甲苯 | 在 4.8mol/L $H_2SO_4$ 中用甲苯溶剂浮选 Te(Ⅳ)-$Br^-$-罗丹明 6G 离子缔合物，浮选物以乙醇溶解，光度法测定。可用于废水和湿法冶金产品中碲的测定 |
| Zr | Eriochome Aurol B | 石油醚 | 在 pH 5.2，以石油醚溶剂浮选锆与 Eriochome Aurol B，浮选物溶于 0.1mol/L NaOH，在 600nm 处测量吸光度。可用于钢中锆的测定 |

## 二、热色谱分离法

热色谱分离法是在气相色谱法的基础上发展起来的一种分离方法，主要用于无机物的分离（见表 7-139）。

**表 7-139 在 25～950℃之间能形成挥发性单质或化合物的元素**

| | |
|---|---|
| 氯化物 | Al,As,Au,Bi,Cd,Ce,Cr,Fe,Ga,Ge,Hf,Hg,In,Mn,Mo,Nb,Os,P,Pb,Po,Re,Ru,S,Sb,Se,Si,Sn,Ta,Tc,Ti,Tl,V,W,Zn,Zr |
| 氧化物 | As,Cd,Hg,Mo,Os,Po,Re,Ru,S,Se,Te,Tc,W,Zn |
| 单质 | As,Bi,Cd,Cs,Fr,Hg,K,Li,N,Na,O,P,Pb,Po,Rb,S,Sb,Se,Sn,Te,Tl,Zn,卤素,惰性气体 |
| 与气态 $AlCl_3$ 形成挥发性化合物 | Ba,Ca,Co,Cu,Fe,Ni,Pa,Pd,Ra,Sr,锕系,镧系 |

目前常用的热色谱分离是以一根具有温度梯度的色谱管（常为石英管）壁作固定相。在加热和反应气体作用下，样品中各元素生成挥发性无机化合物。当它们随载气方向移动时，在管壁上不断进行吸附-解吸作用。利用其在吸附-解吸能力的差异而形成在色谱管中的差速迁移，加之石英管的温度随载气移动方向有一个下降梯度，使移动着的各种无机化合物将依其挥发性能的不同在管壁上以一定次序沉积出来而在不同温度部位逐个形成沉积带。热色谱分离法的装置见图 7-72。

挥发性无机化合物在管壁的沉积温度除决定于其沸点（见表 7-140）外，还与沉积材料、分离元素的量、载气流速、加热速率等有关。

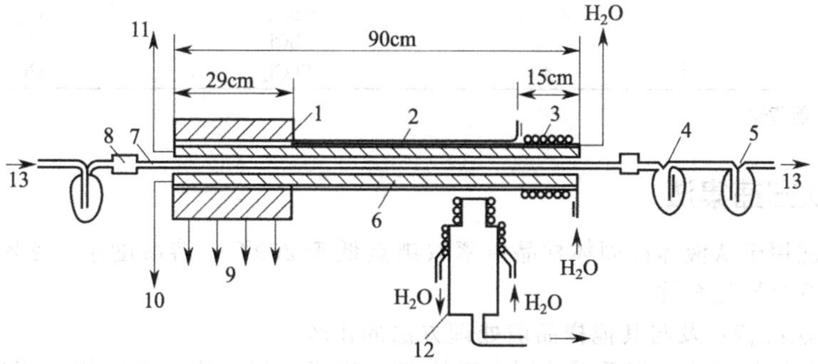


图 7-72 具有温度梯度的热色谱装置

1—电炉；2—绝缘体；3—水冷却套；4—保护瓶；5—洗瓶；6—铜管；7—石英管；8—塑料接管；9—电炉电源；10,11—温控电偶；12—γ 闪烁探头；13—载气/反应气体热色谱分离法的特色：

① 采用高温挥发技术，使低挥发性的元素化合物能得以分离；

表 7-140 一些金属氯化物的沸点

| 金属氯化物 | 沸点/℃ | 金属氯化物 | 沸点/℃ | 金属氯化物 | 沸点/℃ |
|---|---|---|---|---|---|
| $CeCl_3$ | 1700 | $HfCl_4$ | 316 | $SeCl_3$ | 967 |
| $CmCl_3$ | 1700 | $InCl_3$ | 498 | $SiCl_4$ | 113 |
| $DyCl_3$ | 1570 | NaCl | 1465 | $TbCl_3$ | 1550 |
| $GdCl_3$ | 1580 | $NbCl_5$ | 246 | $VCl_4$ | 164 |

② 除载气外，还必须有能与样品元素形成挥发性化合物的反应气体。也有同时采用多种反应气体以生成不同的挥发性化合物；

③ 可用于热色谱分离的固定相基本是一些在高温下比较稳定的碱金属卤化物，或直接用色谱管壁作为固定相。

无机化合物在热色谱法分离后的检测较为困难。除具有较强放射性的元素可用管壁外的 γ 闪烁探头直接测定外，通常只能在分离结束后截开石英管再分段测定。表 7-141 列出了一些放射性元素在石英管壁上的特征沉积温度。

表 7-141 一些放射性元素在石英管壁上的特征沉积温度①

| 放射性元素 | 特征沉积温度/℃ | 沉积形式 | 载气或反应气体 |
|---|---|---|---|
| $^{223}Ac(MsTh_2)$ | 850 | $AcCl_3$ | $Cl_2+CCl_4$ |
| $^{241}Am$ | 550 | $AmCl_3$ | $Cl_2+CCl_4$ |
| $^{144}Ce$ | 445 | $CeCl_4$① | $Cl_2+CCl_4$ |
| $^{244}Cm$ | 550 | $CmCl_3$ | $Cl_2+CCl_4$ |
| $^{137}Cs$ | 350 | CsCl | $Cl_2$ |
| Eu(以$^{152,154}Eu$示踪) | 620 | $EuCl_3$ | $Cl_2+CCl_4$ |
| Fe(以$^{59}Fe$示踪) | 160 | $FeCl_3$ | $Cl_2$ |
| $^{195}Hg$ | 20 | Hg | Ar |
| $^{130,131}I$ | 100 | $I_2$ | $O_2$ |
| Ir(以$^{192}Ir$示踪) | 550 | $IrCl_3$ | $Cl_2$ |
| La(以$^{140}La$示踪) | 665 | $LaCl_3$ | $Cl_2+CCl_4$ |
| Lu(以$^{177}Lu$示踪) | 520 | $LuCl_3$ | $Cl_2+CCl_4$ |
| Nd(以$^{147}Nd$示踪) | 650 | $NdCl_3$ | $Cl_2+CCl_4$ |
| $^{185}Os$ | 60 | $OsCl_4$ | $Cl_2$ |
| $^{233}Pa$ | 95 | $PaCl_5$ | $Cl_2+CCl_4$ |
| $^{149}Pm$ | 620 | $PmCl_3$ | $Cl_2+CCl_4$ |
| $^{210}Po$ | 300 | $PoCl_2$① | $O_2$ |
| $^{143}Pr$ | 625 | $PrCl_3$ | $Cl_2+CCl_4$ |
| $^{210,213}Pt$ | 100 | | $O_2$ |
| Pt(以$^{197}Pt$示踪) | 275 | $PtCl_4$ | $Cl_2$ |
| $^{183}Re$ | 10 | $ReCl_5$ | $Cl_2$ |
| Sb(以$^{126}Sb$示踪) | 40～70 | $SbCl_5$ | $Cl_2$ |
| Tb(以$^{160}Eu$示踪) | 520 | $TbCl_3$ | $Cl_2+CCl_4$ |
| $^{223}Th(uxl)$ | 400 | $ThCl_4$ | $Cl_2+CCl_4$ |

① 沉积形式尚不能肯定。

## 三、低温吹扫捕集法

吹扫捕集法适用于从液体或固体样品中萃取沸点低于 200℃、溶解度小于 2%的挥发性或半挥发性有机物、有机金属化合物。

1. 吹扫捕集法的特点及与其他样品前处理方法的比较

吹扫捕集法对样品的前处理无需使用有机溶剂，对环境不造成二次污染，而且具有取样量少、富集效率高、受基体干扰小及容易实现在线检测等优点。但是吹扫捕集法易形成泡沫，使仪器超载。此外伴随有水蒸气的吹出，不利于下一步的吸附，给非极性气相色谱分离柱的分离带来困难，并且水对火焰类检测器也具有淬灭作用。

表 7-142～表 7-144 列出了吹扫捕集法与其他前处理方法的比较。

**表 7-142 吹扫捕集法与其他无需或少用溶剂样品前处理方法的比较**

| 前处理方法 | 原理 | 分析方法 | 分析对象 | 萃取相 | 缺点 |
|---|---|---|---|---|---|
| 吹扫捕集 | 利用待测物的挥发性 | 利用载气尽量吹出样品中待测物后用低温捕集或吸附剂捕集的方法收集待测物 | 挥发性有机物 | 气体 | 易形成泡沫，仪器超载 |
| 超临界流体萃取 | 利用超临界流体密度高、黏度小和对压力变化敏感的特性 | 在超临界状态下萃取待测样品，通过减压、降温或吸附收集后分析 | 烃类及非极性化合物，以及部分中等极性化合物 | $CO_2$、氨、乙烷、乙烯、丙烯及水等 | 萃取装置昂贵，不适合分析水样 |
| 膜萃取 | 膜对待测物质的吸附作用 | 由高分子膜萃取样品中的待测物，然后再用气体或液体萃取出膜中的待测物 | 挥发及半挥发性物质 | 高分子膜，中空纤维 | 膜对待测物浓度变化有滞后性，待测物受膜限制大 |
| 固相萃取 | 固相吸附剂对待测物的吸附作用 | 先用吸附剂吸附，再用溶剂洗脱待测物 | 各种气体、液体及可溶的固体 | 盘状膜、过滤片及固体吸附剂 | 固体吸附剂容易被堵塞 |
| 固相微萃取 | 待测物在样品及萃取涂层之间的分配平衡 | 将萃取纤维暴露在样品或其顶空中萃取 | 挥发及半挥发性有机物 | 具有选择吸附性涂层 | 萃取涂层易磨损，使用寿命有限 |

**表 7-143 吹扫捕集法与静态顶空法的比较**

| 比较项目 | 吹扫捕集法 | 静态顶空法 | 比较项目 | 吹扫捕集法 | 静态顶空法 |
|---|---|---|---|---|---|
| 高挥发性化合物 | 能 | 能 | 重复样品 | 不需要 | 需要 |
| 低挥发性化合物 | 能 | 不能 | 方法的线性范围 | 宽 | 有限 |
| 方法检测限 | 1μg/L | 10～100μg/L | 目标化合物数目 | <80 | 40～50 |

**表 7-144 常用挥发性及半挥发性有机化合物前处理方法比较**

| 项目 | | 吹扫捕集 | 顶空 | 固相微萃取 | 固相萃取 | 超临界流体萃取 | 微波辅助萃取 | 液液萃取 | 超声振荡 | 索氏萃取 | 凝胶渗透色谱 |
|---|---|---|---|---|---|---|---|---|---|---|---|
| 分析物 | 挥发性有机化合物 | √ | √ | √ | | | | | | | |
| | 半挥发性有机化合物 | | | √ | √ | √ | √ | √ | √ | √ | √ |
| | 非挥发性有机化合物 | | | | √ | √ | √ | √ | √ | √ | √ |
| 样品基体 | 固体 | √ | √ | | | √ | √ | | √ | √ | |
| | 准固体 | √ | √ | | √ | √ | √ | √ | √ | √ | |
| | 液体 | √ | √ | √ | √ | | √ | √ | √ | | √ |
| | 气体 | | | √ | | | | | | | |
| | 萃取完全 | √ | | | √ | √ | √ | √ | √ | √ | √ |

2. 吹扫捕集的原理及操作步骤

吹扫捕集法和静态顶空法都属于气相萃取范畴，它们的共同点是用氮气、氦气或其他惰性气体将被测物从样品中抽提出来。但吹扫捕集法与静态顶空法不同，它使气体连续通过样品，将其中的挥发组分萃取后在吸附剂或冷阱中捕集，再进行分析测定，因而是一种非平衡态的连续萃取。因此，吹扫捕集法又称为动态顶空浓缩法。

吹扫捕集法的过程是用氮气、氦气或其他惰性气体以一定的流量通过液体或固体进行吹扫，吹出所要分析的痕量挥发性组分后，被冷阱中的吸附剂所吸附，然后加热脱附进入气相色谱系统进行分析。由于气体的吹扫，破坏了密闭容器中气、液两相的平衡，使挥发组分不断地从液相进入气相而被吹扫出来，也就是说，在液相顶部的任何组分的分压为零，从而使更多的挥发性组分逸出到气相，所以吹扫捕集法比静态顶空法能测量更低的痕量组分。图 7-73 为吹扫捕集气相色谱法的分析流程。

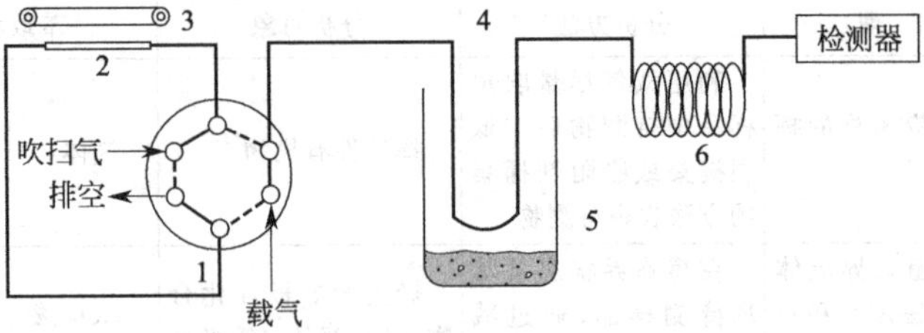


图 7-73 吹扫捕集气相色谱法分析流程

1—六通阀；2—吸附剂管；3—管式电炉；4—冷柱头；5—杜瓦瓶；6—分析柱

吹扫捕集气相色谱法操作步骤如下：

① 取一定量的样品加入到吹扫瓶中；

② 将经过硅胶、分子筛和活性炭干燥净化的吹扫气，以一定流量通入吹扫瓶，以吹脱出挥发性组分；

③ 吹脱出的组分被保留在吸附剂或冷阱中；

④ 打开六通阀，把吸附管置于气相色谱的分析流路；

⑤ 加热吸附管进行脱附，挥发性组分被吹出并进入分析柱；

⑥ 进行色谱分析。

3. 影响吹扫捕集吹扫效率的因素

影响吹扫效率的因素主要有吹扫温度、样品溶解度、吹扫气的流速及流量、捕集效率和解吸温度及时间等。不同的化合物，其吹扫效率也稍有不同。表 7-145 列出水中一些挥发性有机物的吹扫效率。

**表 7-145 水中一些挥发性有机物的吹扫效率**

| 有机化合物 | 吹扫效率/% | 有机化合物 | 吹扫效率/% |
|---|---|---|---|
| 苯 | 98 | 对氯甲苯 | 90 |
| 溴苯 | 90 | 二溴氯甲烷 | 87 |
| 二溴甲烷 | 88 | 2-溴-1-氯丙烷 | 92 |
| 间二氯苯 | 96 | 邻二氯苯 | 96 |
| 对二氯苯 | 94 | 氯仿 | 71 |
| 一氯甲烷 | 85 | 正丁基苯 | 88 |
| 二叔丁基苯 | 88 | 二氯二氟甲烷 | 100 |
| 四氯化碳 | 87 | 氯苯 | 89 |
| 一氯环己烯 | 96 | 氯乙烷 | 90 |

(1) 吹扫温度　提高吹扫温度，相当于提高蒸气压，因此吹扫效率也会提高。蒸气压是吹扫时施加到固体或液体上的压力，它依赖于吹扫温度和蒸气相与液相之比。在吹扫含有高水溶性的组分时，吹扫温度对吹扫效率影响更大。但是温度过高带出的水蒸气量增加，不利于下一步的吸附，给非极性的气相色谱分离柱的分离也带来困难，水对火焰类检测器也具有淬灭作用，所以一般选取50℃为常用温度。对于高沸点强极性组分，可以采用更高的吹扫温度。

(2) 样品溶解度　溶解度越高的组分，其吹扫效率越低。对于高水溶性组分，只有提高吹扫温度才能提高吹扫效率。盐效应能够改变样品的溶解度，通常盐的含量大约可加到 15%～30%，不同的盐对吹扫效率的影响也不同。

(3) 吹扫气的流速及吹扫时间　吹扫气的体积等于吹扫气的流速与吹扫时间的乘积。通常用控制气体体积来选择合适的吹出效率。气体总体积越大，吹出效率越高。但是总体积太大，对后面的捕集效率不利，会将捕集在吸附剂或冷阱中的被分析物吹落。因此，一般控制在 400～500mL 之间。

(4) 捕集效率　吹出物在吸附剂或冷阱中被捕集，捕集效率对吹扫效率影响也较大，捕集效率越高，吹扫效率越高。冷阱温度直接影响捕集效率，选择合适的捕集温度可以得到最大的捕集效率。

(5) 解吸温度及时间 一个快速升温和重复性好的解吸温度是吹扫捕集气相色谱分析的关键，它影响整个分析方法的准确度和重复性。较高的解吸温度能够更好地将挥发物送入气相色谱柱，得到窄的色谱峰。因此，一般都选择较高的解吸温度，对于水中的有机物（主要是芳烃和卤化物），解吸温度通常采用200℃。在解吸温度确定后，解吸时间越短越好，从而得到好的对称的色谱峰。

4. 吹扫捕集法的应用

吹扫捕集法广泛应用于食品、环境监测、临床化验等方面。具体应用见表7-146和表7-147。

**表7-146 美国国家环保局几种标准方法**

| 样品类型 | 样品前处理 | 被分析物数目 | 线性范围/(μg/L) | 检测器 |
|---|---|---|---|---|
| 饮用水 | 吹扫捕集 | 60 | 0.5～50 | 光离子化检测器或电解传导检测器 |
| 饮用水 | 吹扫捕集 | 84 | 0.5～50 | 质谱 |
| 废水 | 吹扫捕集 | 31 | 10～200 | 质谱 |
| 液体或固体废弃物 | 吹扫捕集 | 60 | 2～200 | 光离子化检测器或电解传导检测器 |
| 液体或固体废弃物 | 吹扫捕集 | 58 | 2～200 | 质谱 |
| 水、底泥土壤 | 直接注射<br>吹扫捕集<br>溶剂萃取 | 34 | 10～200 | 质谱 |

**表7-147 日本关于挥发性有机物的新国家标准**

| 项目 | | 标准值/(mg/L) | | 检测方法 |
|---|---|---|---|---|
| | | 饮用水 | 环境水 | |
| 水质量项目 | 四氯化碳 | <0.002 | 0.002 | 吹扫捕集-气相色谱-质谱/气相色谱<br>顶空-气相色谱-质谱/气相色谱<br>液液萃取-气相色谱 |
| | 1,2-二氯乙烷 | <0.004 | 0.004 | 吹扫捕集-气相色谱-质谱 |
| | 1,1-二氯乙烯 | <0.02 | 0.02 | 吹扫捕集-气相色谱-质谱/气相色谱<br>顶空-气相色谱-质谱/气相色谱 |
| | 二氯甲烷 | <0.02 | <0.02 | 吹扫捕集-气相色谱-质谱/气相色谱<br>顶空-气相色谱-质谱/气相色谱 |
| | 顺-1,2-二氯乙烯 | <0.04 | 0.04 | 吹扫捕集-气相色谱-质谱/气相色谱<br>顶空-气相色谱-质谱/气相色谱 |
| | 四氯乙烯 | <0.01 | 0.01 | 吹扫捕集-气相色谱-质谱/气相色谱<br>顶空-气相色谱-质谱/气相色谱<br>液液萃取-气相色谱 |
| | 1,1,2-三氯乙烷 | <0.006 | 0.006 | 吹扫捕集-气相色谱-质谱 |
| | 三氯乙烯 | <0.03 | <0.03 | 吹扫捕集-气相色谱-质谱/气相色谱<br>顶空-气相色谱-质谱/气相色谱<br>液液萃取-气相色谱 |
| | 苯 | <0.01 | 0.01 | 吹扫捕集-气相色谱-质谱/气相色谱<br>顶空-气相色谱-质谱/气相色谱 |
| | 三氯甲烷 | <0.06 | <0.06 | 吹扫捕集-气相色谱-质谱/气相色谱<br>顶空-气相色谱-质谱/气相色谱 |
| | 二溴一氯甲烷 | <0.1 | | 吹扫捕集-气相色谱-质谱/气相色谱<br>顶空-气相色谱-质谱/气相色谱 |
| | 二氯一溴甲烷 | <0.03 | | 吹扫捕集-气相色谱-质谱/气相色谱<br>顶空-气相色谱-质谱/气相色谱 |
| | 三溴甲烷 | <0.09 | | 吹扫捕集-气相色谱-质谱/气相色谱<br>顶空-气相色谱-质谱/气相色谱 |
| | 总三氯甲烷 | <0.01 | | 吹扫捕集-气相色谱-质谱/气相色谱<br>顶空-气相色谱-质谱/气相色谱 |
| | 1,3-二氯丙烷 | <0.002 | 0.002 | 吹扫捕集-气相色谱-质谱 |
| | 1,1,1-三氯乙烷 | <0.3 | 1 | 吹扫捕集-气相色谱-质谱/气相色谱<br>顶空-气相色谱-质谱/气相色谱<br>液液萃取-气相色谱 |

续表

| 项目 | | 标准值/(mg/L) | | 检测方法 |
|---|---|---|---|---|
| | | 饮用水 | 环境水 | |
| 监测项目 | 反-1,2-二氯乙烯 | <0.04 | 0.04 | 吹扫捕集-气相色谱-质谱/气相色谱<br>顶空-气相色谱-质谱/气相色谱 |
| | 甲苯 | <0.6 | 0.6 | 吹扫捕集-气相色谱-质谱/气相色谱<br>顶空-气相色谱-质谱/气相色谱 |
| | 乙苯 | <0.4 | 0.4 | 吹扫捕集-气相色谱-质谱/气相色谱<br>顶空-气相色谱-质谱/气相色谱 |
| | 对二甲苯 | <0.3 | 0.3 | 吹扫捕集-气相色谱-质谱/气相色谱<br>顶空-气相色谱-质谱/气相色谱 |
| | 1,2-二氯丙烷 | <0.06 | 0.06 | 吹扫捕集-气相色谱-质谱/气相色谱<br>顶空-气相色谱-质谱/气相色谱 |

## 四、流动注射分析

流动注射分析（FIA）是将一定体积的试样溶液注入到无空气分隔的载流溶液中，试样液在载流中与试剂发生化学反应，经过受控制的分散过程，形成高度重视的试样带，并输送到检测器，检测其连续变化的物理或化学信号的方法。流动注射分析是在非平衡状态下检测，反应并不完全，但分散状态高度重视，即使反应产物不稳定的反应也可用于流动注射分析。

流动注射分析的主要特点如下：

① 广泛的适应性　流动注射分析可以与多种检测手段联用，既可以完成简单的进样过程，又可在线完成溶剂萃取、柱分离、在线消化等较为复杂的溶液自动化操作，同时它还是一种比较理想的进行自动检测与过程分析的手段。

② 高分析速度　采用流动注射进样方式，一般 5～20s 内可得到一次结果，一般情况下每小时可分析 120～150 个样品，最高可达 700 样品/h。如果包括较为复杂的前处理，如萃取、富集分离、在线消解在内，每小时也可以分析 40～60 个样品。

③ 高分析精度　一般流动注射分析的测定的相对标准偏差可达 0.5%～1%，多数情况都优于手工操作。即使是对于那些很不稳定的反应产物，或经过很复杂的在线处理的程序，测定的相对标准偏差仍可达 1.5%～3%。

④ 节省试剂和样品　流动注射分析是一种良好的微量分析技术，一般每次测定仅需样品溶液 10～100μL，试剂消耗约为 100～300μL。它可在常规条件下进行微量分析，并能获得高精度的分析结果。与传统的手工操作相比，可节约试样或试剂 90%～99%，这对于临床检验、生化检验和其他使用贵重试剂的分析尤其重要。

⑤ 分析系统封闭，利于环境保护　由于样品与试剂用量甚微，又在封闭系统中完成测定，因此大大减轻了环境污染，减少了对人体的危害。试剂与样品在管道中进行化学反应不与大气接触，不受空气中 $CO_2$ 和 $O_2$ 等的影响，对某些特殊分析极为有利。

⑥ 仪器简单、操作方便　可利用常规仪器自行组装，设备简单价廉。流动注射分析可省去大量器皿的洗涤、加试剂及混匀等手工操作，极大地减轻了劳动强度。

⑦ 容易实现自动化　新的流动注射分析方法的建立实际上是一种在线自动分析仪的理论基础。

流动注射分析的主要缺点是不适宜处理较慢的化学反应，在处理需在高温高压下进行的反应时，也有较大的局限性。

1. 流动注射分析原理

(1) 流动注射分析流路　一台蠕动泵泵入载流（试剂），流过反应管和检测器，进样阀把一定体积的试样注入载流中，在反应管道与试剂混合，发生化学反应，反应产物流经带流通池的检测器检测。

图 7-74 是最简单的流动注射分析流路。图 7-75 是双试剂，并进行溶剂萃取的流动注射分析流路。试样溶液在反应器进行萃取（用聚四氟乙烯膜），需要的萃取相流经检测器检测，另一相在进入检测器前排掉。

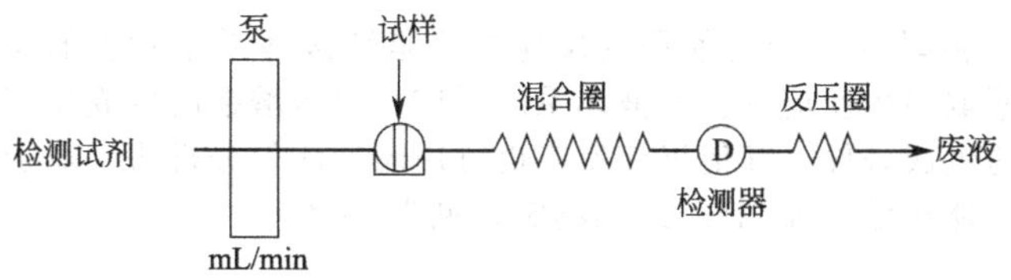


图 7-74 单流路 FIA 系统

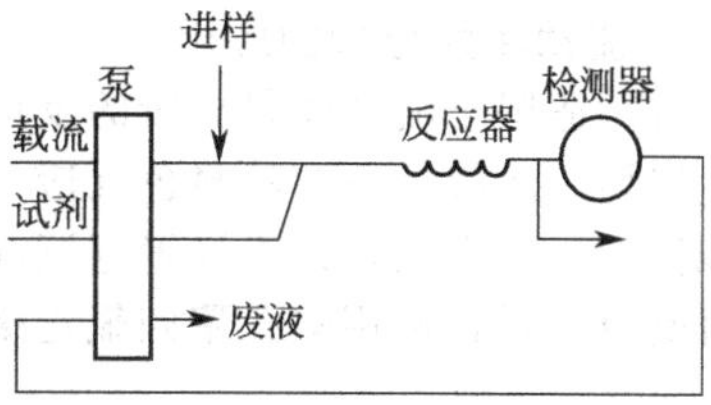


图 7-75 FIA 流路（带萃取）

(2) 流动注射分析的原理 流动注射分析的过程包括物理过程、化学反应动力学过程以及能量转换过程。

物理过程即分散过程，它基于载流、试样溶液和试剂溶液三者间相互扩散和对流。样品注入载流，载流、试样溶液和试剂溶液三者之间逐渐相互渗透，样品带分散，待测物沿管道的浓度分布逐渐成为峰形，峰宽随着流过距离的延长而增大，峰高逐渐降低，在流动注射分析中样品和试剂混合无法完全，但流速固定，重现性非常好。

影响扩散和对流的因素有载流流速、管道内径、反应时间、试样和试剂分子的扩散系数等。在实际分析样品时，这些条件常常通过实验来确定。

化学反应动力学过程也就是试剂溶液与试样溶液进行化学反应的过程。在流动注射分析中，试样组分和试剂反应并未达到平衡，在分析样品时，必须通过调节反应管长度使反应达到最佳状态，以使测定的灵敏度最高。

能量转换过程是将反应产物特性转换为电信号并在仪器上显示的过程。能量转换是通过检测器来完成的。当试样带通过检测器时连续检测并记录。记录下来的瞬间信号为峰形，常用峰高作为测定参数。峰高直接与检测器的响应相关。峰高与待测组分的浓度呈线性关系。

2. 流动注射分析的装置

最简单的流动注射分析仪是由输液泵、进样阀、反应管路、检测器和数据处理部分组成。

(1) 输液泵 流动注射分析中一般用蠕动泵输液。高温反应或反应管路太长时，用柱塞泵。

蠕动泵由泵头、压盖、调压体、泵管、驱动电机组成。一般为层状压片式，转轮为滚柱，8～12 根。压盖由压片组成，每片可压一根泵管，压紧程度可调。泵速可切换。转速恒稳，输送载流脉动小。

泵管是蠕动泵的重要组成部分，它直接影响流速的稳定。一般的泵管是加入适当增塑剂的聚氯乙烯管。也有经过加工的氯乙烯管。流动注射分析中的流速和泵管的内径是密切相关的。泵管的内径一般为 0.3～3mm，流量 0.1～1mL/min。长时间的运转，泵管可能疲劳和变形，流速会发生变化。

(2) 进样阀 进样阀由聚氯乙烯或聚四氟乙烯制成，以往一般为三通阀或六通阀，目前较常用的是十六孔八通阀（见图 7-76）。进样阀配有定量环，进样体积可通过定量环的大小来调节。

(3) 反应管路 反应管路是流动注射分析中的管式反应器。管材为聚四氟乙烃，内径一般为 0.5～1mm，根据实验选择最佳管长，管长范围 10～230cm，通常盘卷起来。样品与载流在此混合或进行化学反应。

(4) 检测器 流动注射技术实际上可以与任何类型的检测器相匹配，这也是流动注射分析取得很大成功的原因之一。例如紫外可见分光光度计、荧光光度计、原子吸收分光光度计、化学发光仪、折射仪、离子选择电极电位检测器、安培检测器等。

当采样环中确定体积的试样溶液被注入到连续流动的载流中，与载流或试剂流在一定程度上混合，进行化学反应，产物流经检测器，得到一个近似正态分布的峰形信号。在流动注射分析中，一般以峰高为读出信号绘制校正曲线及计算分析结果。

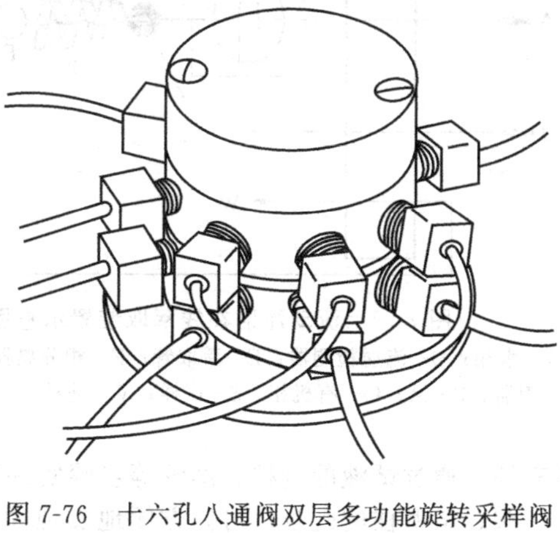

图 7-76 十六孔八通阀双层多功能旋转采样阀

3. 流动注射分析的应用

(1) 适用于流动注射分析的反应类型　流动注射分析使用的反应主要是液液体系中发生的反应，如均一溶液体系中的显色反应、液液萃取显色反应等。固液体系的反应，以硫酸钡的生成反应（测定 $SO_4^{2-}$）为例，只要设置好沉淀反应的生成条件，其他沉淀反应也可用流动注射分析法。对于气固反应体系，利用多孔聚四氟乙烯膜让气体扩散，如 $NH_3$-N 的测定，见表 7-148。

**表 7-148　适用于 FIA 的反应类型**

| 反应类型 | 适用示例 | 检测方法 |
|---|---|---|
| L-L | 均一溶液的显色反应<br>液液萃取显色反应<br>滴定反应、酶反应<br>(酸碱、配位滴定) | 吸光光度法、荧光光度法<br>原子吸收、ICP 法<br>电化学检测器<br>(离子电极等) |
| G-L | $NH_3$ 的蒸馏分析<br>气体分析<br>酶传感器(有机物) | 吸光光度法、电位法<br>安培法 |
| S-L | 比浊分析($SO_4^{2-}$)<br>浊度法<br>沉淀反应(固定试剂) | 吸光光度法等 |

注：L—液体；G—气体；S—固体。

(2) 流动注射在线分离体系分类　流动注射在线分离体系的分类中常以其传质界面类型为主要依据，即液-液，液-气，液-固界面。流动注射分离体系也可以其分离的物理化学机理以及分离介质或装置作为分类依据。有关体系分类见表 7-149。

**表 7-149　FI 在线分离体系分类**

| 传质界面 | 分离机理 | 分离介质 | 传质界面 | 分离机理 | 分离介质 |
|---|---|---|---|---|---|
| 液-液界面 | 溶剂萃取 | 膜分离，重力分离，吸着分离 | 液-固界面 | 离子交换 | 填充柱分离 |
| | | | | 吸附 | 填充柱分离，编结反应器分离 |
| | 渗析 | 平膜分离，膜管分离 | | | |
| 液-气-液界面 | 气体扩散 | 膜分离，等温蒸馏 | | 沉淀与共沉淀 | 滤过分离，编结反应器分离 |
| 液-气界面 | 气体膨胀 | 气体膨胀分离器，膜分离 | | 电沉积 | |

(3) 在线预分离富集体系　流动注射分析具有强大的溶液自动化处理功能，使人们可以利用流动注射技术建立自动化的在线试样预分离富集技术。到目前为止，比较成功的有在线溶剂萃取、在线固相萃取和在线渗析等。

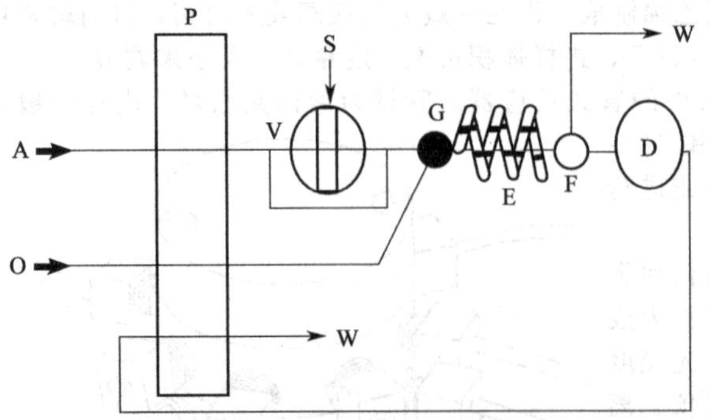

图 7-77　流动注射在线萃取装置示意图

A—水相；D—流通检测器；E—萃取管；F—相分离器；G—相分割器；P—泵；O—有机相；S—试样；V—进样阀；W—废液

① 在线溶剂萃取　流动注射溶剂萃取的流路见图 7-77。进样分析时，一定体积的试样水溶液注入到水相载流 A 中，试样带被载流带到相分割器 G 处，被汇入的有机溶剂“分割”成水相和有机相间隔的小段，然后进入萃取管 E。在萃取盘管中，试样溶液中的疏水性化合物越过相界面进入有机相。当水相和有机相间隔片段流过相分离器 F 时，有机相和水相得以分离，富含分析物的有机相被引入检测器进行测定，而水相与少量未被分离的有机相则排入废液。

② 在线固相萃取　以表面吸附、溶解、离子交换等为基础的固相萃取一般采用一根填充柱，通过试液的过柱、淋洗等步骤实现待测组分的预分离富集。采用流动注射技术，借助于泵、阀、微型柱的配合，可以方便地实现固相萃取的自动化、在线化。图 7-78 是一种典型的流动

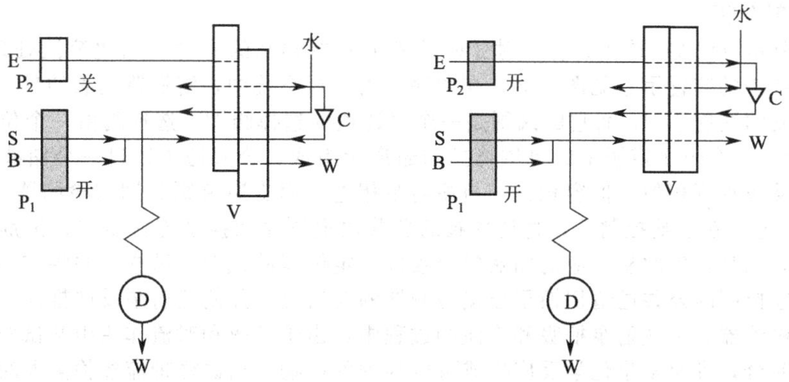


(a) 试样过柱　　　　(b) 洗脱与测定

图 7-78　流动注射在线固相萃取预分离富集-火焰原子吸收测定联用系统的流路

B—试剂溶液；C—充有吸附剂的微柱；D—火焰原子吸收检测器；

E—洗脱剂；$P_1$，$P_2$—蠕动泵；S—试样；V—切换阀；W—废液

注射在线固相萃取预分离富集-火焰原子吸收测定联用系统的流路。以测定海水中痕量的铅为例，整个在线分离富集和测定过程分两步完成。第一步为试液过柱，多功能阀 V 切换到洗脱位［图 7-78(a)］。此时，泵 1（$P_1$）驱动试样溶液 S 与试剂溶液 B 汇合，待测组分 $Pb^{2+}$ 与试剂混合后，与其中的螯合剂 DDTC 反应生成疏水的 DDTC-Pb 螯合物，该螯合物流经填有固体萃取剂（如 $C_{18}$ 改性硅胶）微型柱 C 时，被保留在柱子上，而海水中大量的 NaCl 等组分，由于不会与 DDTC 反应生成疏水性化合物而直接流出微柱进入废液瓶。这一步所经历的时间越长，通过微柱的试样体积越大，微柱上保留的待测组分就越多。第二步为洗脱，阀 V 切换到洗脱位［图 7-78(b)］，泵 2（$P_2$）驱动洗脱剂 E 流经微型柱 C 时，将保留在柱子上的待测组分洗脱并直接运送至火焰原子吸收光度计的原子化器 D 中，测得原子吸收信号。由于洗脱剂常是一种高洗脱强度的溶剂，几百微升的洗脱剂即可将保留在微柱上的待测组分完全洗脱，因此洗脱液中待测物的浓度往往比试样溶液中高几十甚至上百倍，而完成一次循环所需的时间往往只要 1.3min，消耗的试样一般只需几毫升。

③ 在线渗析　在线渗析采样与液相色谱或毛细管电泳联用成为体内药物分析的一种先进的自动分析技术。渗析分离的基础是一定孔径的半透膜可以让体积小于其孔径的小分子（如药物分子）从膜一侧的供体相透过膜进入膜另一侧的受体相，而大分子（如蛋白质分子）则不能透过膜进入膜受体相。典型的流动注射渗析分离的流路如图 7-79 所示。试液 S 注入载流 C 后，由载流携带通过渗析池 X 的供体相一侧（虚线上侧），待测组分透过渗析膜（用虚线表示）后扩散进入受体相 A，再与试剂 B 反应后进入紫外或荧光检测器 D 测定，或直接导入液相色谱的六通阀采样后再经色谱分离和测定。若将渗析池做成微渗析探针，植入动物的静脉或皮下，则可以进行活体采样在线分析。

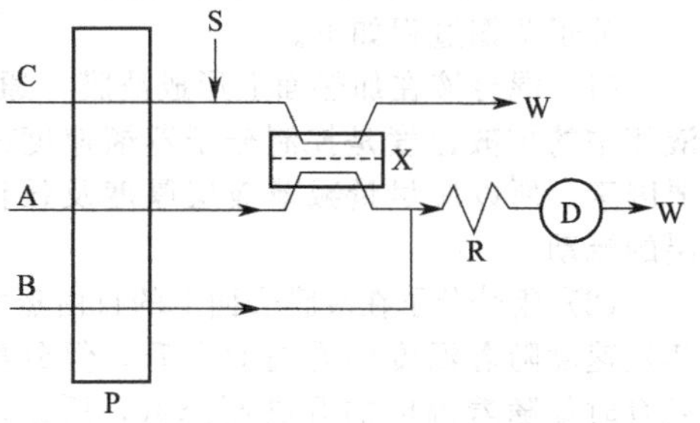


图 7-79　流动注射渗析分离的典型流路示意

A—受体相；B—试剂；D—检测器；

C—载流；R—反应盘管；S—试样；

W—废液；X—渗析池

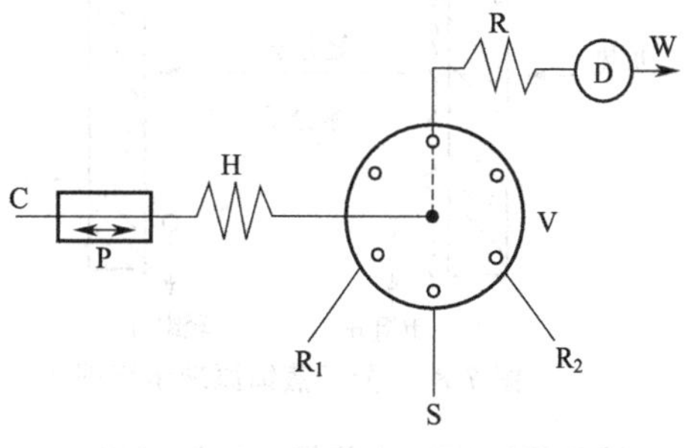


图 7-80　顺序注射分析系统的装置示意

C—载流；D—流通检测器；H—储液管；P—注射泵；

R—反应管；$R_1$，$R_2$—试剂；S—试样；

V—选择阀；W—废液

4. 顺序注射分析

顺序注射分析（SIA）是在流动注射分析基础上发展起来的一种自动化溶液处理与分析方法。顺序注射分析系统的装置示意见图 7-80。在顺序注射分析系统中，溶液驱动靠的是一个由注射器和步进电机所组成的注射泵 P，而它的阀则是一个多通道的选择阀 V。选择阀由一个位于转子上的中央公共通道和 6～8 个位于定子上的可供选择的通道所组成。公共通道通过一个储液管 H（与流动注射分析中的反应盘管相似，但容积大）与注射泵相连，而支通道则分别与检测器 D、试样 S、试剂 $R_1$、$R_2$ 等相连。在电脑控制下，将选择阀的公共通道顺序切换至连接试样、试剂的支通道，同时协调注射泵的抽吸，依次从相应的储液瓶中吸取一定体积的试剂、试样，并将它们储存在储液管中。然后，将选择阀的公共通道切换至连接检测器的支通道，并使注射泵反向推注，将试剂、试样溶液区带推至检测器。在注射泵抽吸和推注的过程中，由于扩散和对流作用引起试样区带和试剂区带相互渗透和混合，进而发生化学反应生成可以检测的产物，当试样带流经检测器时，产生与流动注射分析相似的峰形信号。

与流动注射进样相比，顺序注射进样系统具有以下优点：系统硬件简单可靠，液流无脉动，长期和短期的稳定性都很好；耐强酸，强碱和有机溶剂的能力强；样品和试剂的混合程度、反应时间在内的操作可完全由微机控制，分析过程易于自动化、智能化；可用同一装置完成不同项目的分析，而无需改变流路设置，因而特别适用于过程分析和复杂的分析操作；试样和试剂的消耗很小，适用于长期监测和试剂或试样昂贵或来源受到限制的分析。产生的废液少，便于回收和处理。

其缺点是由于需要吸入载流的步骤，与流动注射相比分析速度偏低。可利用的通道数目少，流速受注射器筒制约，其机动灵活性比蠕动泵差。此外，由于采用单道流路，试样与试剂混合不完全，一般难以进行有多种试剂参与或有多个反应步骤的测定。

## 五、分子蒸馏

分子蒸馏又称短程蒸馏，是一种在高真空度（压强一般小于 5Pa）条件下进行非平衡分离操作的连续蒸馏过程，它是以液相中逸出的气相分子依靠气体扩散为主体的分离过程。常规蒸馏是基于不同物质的沸点差异进行的分离。分子蒸馏是基于不同物质分子运动的平均自由程的差异而实现的分离。一个分子在相邻两次分子碰撞之间所经历的路程称为分子运动自由程。

1. 原理

分子蒸馏是利用不同种类分子逸出液面后直线飞行的距离不同这一性质来实现物质分离的。液体混合物为了达到分离的目的，首先进行加热，能量足够的分子逸出液面。轻分子的平均自由程大，重分子的平均自由程小。若在离液面小于轻分子自由程而大于重分子自由程的地方设置一冷凝面，使得轻分子落在冷凝面上被冷凝，而重分子则因达不到冷凝面，而返回原来的液面，这样就将混合物分离了。

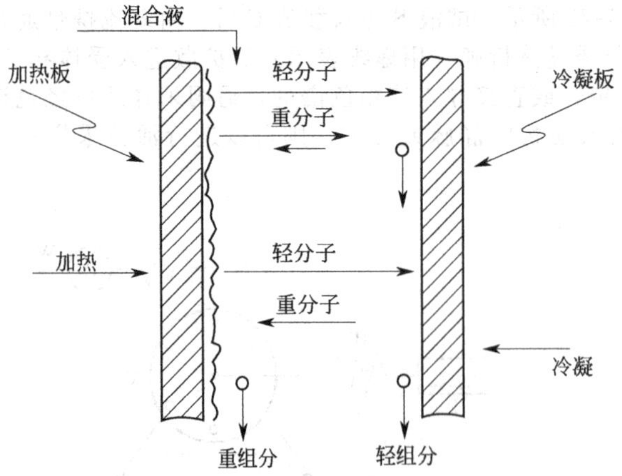

图 7-81 分子蒸馏原理示意图

图 7-81 为分子蒸馏原理示意图。

分子蒸馏过程如下。

（1）混合液在加热面上形成液膜　通常，液相中的扩散速度是控制分子蒸馏速度的主要因素，所以应尽量减薄液层厚度及强化液层的流动。

（2）组分分子在液膜表面上的自由蒸发　蒸发速度随着温度的升高而上升，但分离因素有时却随着温度的升高而降低，所以，应以混合液的热稳定性为前提，选择经济合理的蒸馏温度。

（3）组分分子从加热面（即蒸发面）向冷凝面的运动　蒸气分子从蒸发面向冷凝面运动的过程中，可能彼此相互碰撞，也可能和残存于两面之间的空气分子发生碰撞。由于蒸发分子远重于空气分子，且大都具有相同的运动方向，所以它们自身碰撞对运动方向和蒸发速度影响不大。而残气分子在两面间呈杂乱无章的热运动状态，故残气分子数目的多少是影响运动方向和蒸发速度的主要因素。

(4) 组分分子在冷凝面上的冷凝 只要保证冷热两面间有足够的温度差（一般为70～100℃），冷凝表面的形式合理且光滑，则冷凝步骤可以在瞬间完成。

(5) 馏出物和残留物的收集 通常，冷凝液从馏出口流出，不挥发成分从残留口流出，不凝性气体从真空口排出，所以，目的产物既可以是易挥发的成分，也可以是难挥发的成分。

2. 分子蒸馏的特点

由分子蒸馏原理可知，分子蒸馏操作必须满足三个必要条件：轻、重组分的分子运动平均自由程要有差别；蒸发面与冷凝面的距离要小于轻组分的分子运动平均自由程：必须有极高真空度。

分子蒸馏是一种非平衡状态下的蒸馏，其原理与常规蒸馏完全不同，它具有许多常规蒸馏方法不具有的优点。

(1) 蒸馏压力低 为了获得足够大的分子运动平均自由程，必须降低蒸馏压力。由于分子蒸馏装置的冷热面间的间距小于轻分子的平均自由程，轻分子几乎没有压力降就达到冷凝面，使蒸发面的实际操作真空度比传统真空蒸馏的操作真空度高出几个数量级，常规真空蒸（精）馏装置由于存在填料或塔板的阻力，其真空度只能达到5kPa左右。分子蒸馏真空度可达0.1～100Pa。有利于组分在更低的温度下分离。

(2) 蒸馏温度低 分子蒸馏是利用不同组分的分子逸出液面后的平均自由程不同的性质来实现分离的，不需要将溶液加热至沸点，可在远低于沸点的温度下进行蒸馏操作。更有利于节约能源。

(3) 物质受热时间短 分子蒸馏装置加热面与冷凝面的距离小于轻分子的平均自由程，从液面逸出的轻分子几乎未经碰撞就到达冷凝面，所以受热时间很短，在蒸馏温度下停留时间可减少到0.1～1s。常规真空蒸馏受热时间为分钟级。

(4) 分离效率高 分子蒸馏常常用来分离常规蒸馏难以分离的混合物。即使两种方法都能分离的混合物，分子蒸馏的分离程度更高。

(5) 没有沸腾鼓泡现象 分子蒸馏是液层表面上的自由蒸发。在低压力下进行。液体中无溶解的空气。因此在分子蒸馏过程中不能使整个液体沸腾。没有鼓泡现象。

(6) 产品收率和品质高 由于分子蒸馏过程操作温度低，被分离的组分不易氧化分解或聚合：受热停留的时间短，被分离的组分可避免热损伤。因此，分子蒸馏不仅产品收率高，而且产品的品质也高。

(7) 无毒、无害、无污染、无残留，可得到纯净安全的产物。且操作工艺简单。设备少。

3. 分子蒸馏的应用

分子蒸馏的原理和特点决定了它所适用分离的对象物质。分子蒸馏的适用范围如下：

(1) 分子蒸馏适用于不同物质分子量差别较大的液体混合物系的分离，特别是同系物的分离，分子量必须要有一定差别。

(2) 分子蒸馏也可用于分子量接近但性质差别较大的物质的分离，如沸点差较大、分子量接近的物系的分离。

(3) 分子蒸馏特别适用于高沸点、热敏性、易氧化（或易聚合）物质的分离。

(4) 分子蒸馏不适宜于同分异构体的分离。互为同分异构体，其相对分子质量相同，分子平均自由程相近，采用分子蒸馏法难以实现分离。

表7-150列出了分子蒸馏的主要应用领域。

**表7-150 分子蒸馏的主要应用领域**

| 应用领域 | 分离对象物质举例 |
|---|---|
| 天然产物 | β-胡萝卜素的提取；维生素E、维生素A的提取以及浓缩分离；鱼油中提取二十碳五烯酸、二十二碳六烯酸；辣椒红色素的提取；亚麻酸的提取，螺旋藻成分的分离 |
| 中药 | 广藿香油的纯化；当归脂溶性成分的分离；独活成分的分离 |
| 医药工业 | 氨基酸、葡萄糖衍生物等的制备 |
| 食品 | 鱼油精制脱酸脱臭；混合油脂的分离；油脂脱臭；大豆油脱酸 |
| 香料香精 | 桂皮油、玫瑰油、桉叶油、香茅油等的精制 |
| 石油化工 | 制取高黏度润滑油 |
| 农药 | 氯菊酯、增效醚、氧化乐果等农药的纯化 |
| 塑料工业 | 磷酸酯类的提纯；酚醛树脂中单体酚的脱除；环氧树脂的分离提纯；塑料稳定剂脱臭 |

# 参 考 文 献


[1] 夏玉宇主编．化验员实用手册．第三版．北京：化学工业出版社，2012.
[2] 陈欢林主编．新型分离技术．北京：化学工业出版社，2013.
[3] 李华昌，符斌编著．实用化学手册．北京：化学工业出版社，2006.
[4] 赵天宝编．化学试剂化学药品手册．第二版．北京：化学工业出版社，2006.
[5] 戈克尔，张书圣著．有机化学手册．第二版．北京：化学工业出版社，2004.
[6] 庄继华编．物理化学实验．第三版．北京：高等教育出版社，2004.
[7] 华彤文，陈景祖等编著．普通化学原理．第三版．北京大学出版社，2005.
[8] 北京大学化学学院物理化学教学组编．物理化学实验．第四版．北京：北京大学出版社，2002.
[9] 北京大学化学学院有机化学研究所编．有机化学实验．第二版．北京：北京大学出版社，2002.
[10] 郑传明，吕桂琴编．物理化学实验．北京：北京理工大学出版社，2005.
[11] 夏海涛主编．物理化学实验．南京：南京大学出版社，2006.
[12] 北京大学化学学院仪器分析教学组编．仪器分析教程．北京：北京大学出版社，2002.
[13] 魏福祥主编．仪器分析及应用．北京：中国石化出版社，2007.
[14] 北京大学化学学院普通化学教研室编．普通化学实验．第二版．北京：北京大学出版社，2000.
[15] 李炳奇，廉宜君主编．天然产物化学实验技术．北京：化学工业出版社．2012.
[16] 王振宇，卢卫红主编．天然产物分离技术．北京：中国轻工业出版社．2012.
[17] 徐任生，赵维民，叶阳主编．天然产物活性成分分析．北京：科学出版社．2012.
[18] 白小红，胡爽，陈璇著．液相微萃取．北京：化学工业出版社．2013
[19] 李洲，秦炜编著．液液萃取．北京：化学工业出版社．2013.
[20] 罗川男主编．分离科学基础．北京：科学出版社．2012.
[21] 赵德明主编．分离工程．杭州：浙江大学出版社．2011.
[22] 符斌，李华昌编著．分析化学实验手册．北京：化学工业出版社．2012.
[23] 毛丹弘主编．误差与数据处理．北京：化学工业出版社．2008.
[24] 王永军，石香玉主编．分离富集．北京：化学工业出版社．2009.
[25] 刘建平，郑玉斌主编．高分子材料工程实验．北京：化学工业出版社．2005.
[26] 冯开才等编．高分子物理实验．北京：化学工业出版社，2004.
[27] J. A. 迪安主编．兰氏化学手册．北京：科学出版社，1991.
[28] 杭州大学化学系分析化学教研室编．分析化学手册．第一分册第二版．北京：化学工业出版社，1997.
[29] 杭州大学化学系分析化学教研室编．分析化学手册．第二分册第二版．北京：化学工业出版社，1997.
[30] 刘光启，马连湘，刘杰主编．化学化工物性数据手册．北京：化学工业出版社，2002.
[31] 张铁垣主编．化验工作实用手册．第二版．北京：化学工业出版社，2008.
[32] 李岩，夏玉宇主编．商品检验技术手册：商品检验概论．北京：化学工业出版社，2003.
[33] 靳敏，夏玉宇主编．商品检验技术手册：食品检验技术．北京：化学工业出版社．2003.
[34] 朱燕，夏玉宇主编．商品检验技术手册：饲料品质检验．北京：化学工业出版社．2003.
[35] 夏玉宇编著．食品卫生质量检验与督察．北京：北京工业大学出版社．1993.
[36] 张寒琦主编．实用化学手册．北京：科学出版社，2001.
[37] 朱良漪主编．分析仪器手册．北京：化学工业出版社，1997.
[38] 韩永志主编．标准物质手册．北京：中国计量出版社，2000.
[39] 金浩主编．标准物质及其应用技术．北京：中国标准出版社．
[40] 俞志明主编．化学危险品实用手册．北京：化学工业出版社．
[41] 周春山主编．化学分离富集方法及应用．长沙：中南工业大学出版社，1997.
[42] 蒋维均，余立新编著．新型传质分离技术．北京：化学工业出版社，2006.
[43] 江桂斌等编著．环境样品前处理技术．北京：化学工业出版社，2004.
[44] 何锡文主编．近代分析化学教程．北京：高等教育出版社，2005.
[45] 孙毓庆主编．仪器分析选论．北京：科学出版社，2005.
[46] 丁明玉编著．现代分离方法与技术．第二版．北京：化学工业出版社，2012.
[47] 孙毓庆主编．现代色谱法及其在医药中的应用．北京：人民卫生出版社，1998.
[48] 朱自强主编．超临界流体技术原理和应用．北京：化学工业出版社，2000.
[49] 方肇伦等著．流动注射分析法．北京：科学出版社，1999.
[50] 陈兴国，王克太编著．微波流动注射分析．北京：化学工业出版社，2004.
[51] 龚茂初，王健礼，赵明主编．物理化学实验．北京：化学工业出版社．2010.
[52] 刘振海，徐国华，张洪林等编．热分析与量热仪及其应用．第二版．化学工业出版社．2011.

[53] 白云山，李世荣等．凝固点减低测定物质摩尔质量实验装置的改进 [J]. 大学化学，2010 (8)：60-62.
[54] 高桂丽，李大勇等．液体粘度测定方法及装置研究现状与发展趋势简述 [J]. 化工自动化及仪表，2006，33 (2)：65-70.
[55] 庞承新，唐文芳等．微机控制溶解热的测定研究 [J]. 广西释放学院学报（自然科学版），2005 (6)：39-42.
[56] 赵喆，王齐放．表面活性剂临界胶束浓度测定方法研究进展 [J]. 农用药物与临床，2010，13 (2)：140-144.
[57] 易均辉，龚福忠．“燃烧热的测定”的改进及用 Origin 软件处理实验数据 [J]. 化工技术与开发，2012 (5)：8-11.

# 元素周期表

IUPAC 2013

氧化态(单质的氧化态为0，未列入；常见的为红色) — +2 +3 +4 +5 +6
95 — 原子序数
Am — 元素符号(红色的为放射性元素)
镅▲ — 元素名称(注▲的为人造元素)
$5f^7 7s^2$ — 价层电子构型
以 $^{12}C$=12为基准的原子量(注✦的是半衰期最长同位素的原子量) — 243.06138(2)✦

s区元素　p区元素　d区元素　ds区元素　f区元素　稀有气体

| 族 / 周期 | 1 IA | 2 IIA | 3 IIIB | 4 IVB | 5 VB | 6 VIB | 7 VIIB | 8 | 9 VIIIB(VIII) | 10 | 11 IB | 12 IIB | 13 IIIA | 14 IVA | 15 VA | 16 VIA | 17 VIIA | 18 VIIIA(0) | 电子层 |
|---|---|---|---|---|---|---|---|---|---|---|---|---|---|---|---|---|---|---|---|
| 1 | −1 +1<br>1 H 氢 $1s^1$ 1.008 | | | | | | | | | | | | | | | | | 2 He 氦 $1s^2$ 4.002602(2) | K |
| 2 | +1<br>3 Li 锂 $2s^1$ 6.94 | +2<br>4 Be 铍 $2s^2$ 9.0121831(5) | | | | | | | | | | | +3<br>5 B 硼 $2s^2 2p^1$ 10.81 | −4 +2 +4<br>6 C 碳 $2s^2 2p^2$ 12.011 | −3 −2 −1 +1 +2 +3 +4 +5<br>7 N 氮 $2s^2 2p^3$ 14.007 | −2 −1<br>8 O 氧 $2s^2 2p^4$ 15.999 | −1<br>9 F 氟 $2s^2 2p^5$ 18.998403163(6) | 10 Ne 氖 $2s^2 2p^6$ 20.1797(6) | L K |
| 3 | −1 +1<br>11 Na 钠 $3s^1$ 22.98976928(2) | +2<br>12 Mg 镁 $3s^2$ 24.305 | | | | | | | | | | | +3<br>13 Al 铝 $3s^2 3p^1$ 26.9815385(7) | −4 +2 +4<br>14 Si 硅 $3s^2 3p^2$ 28.085 | −3 −2 +1 +3 +5<br>15 P 磷 $3s^2 3p^3$ 30.973761998(5) | −2 +2 +4 +6<br>16 S 硫 $3s^2 3p^4$ 32.06 | −1 +1 +3 +5 +7<br>17 Cl 氯 $3s^2 3p^5$ 35.45 | 18 Ar 氩 $3s^2 3p^6$ 39.948(1) | M L K |
| 4 | −1 +1<br>19 K 钾 $4s^1$ 39.0983(1) | +2<br>20 Ca 钙 $4s^2$ 40.078(4) | +3<br>21 Sc 钪 $3d^1 4s^2$ 44.955908(5) | −1 0 +2 +3 +4<br>22 Ti 钛 $3d^2 4s^2$ 47.867(1) | 0 ±1 +2 +3 +4 +5<br>23 V 钒 $3d^3 4s^2$ 50.9415(1) | −3 0 ±1 ±2 +3 +4 +5 +6<br>24 Cr 铬 $3d^5 4s^1$ 51.9961(6) | −2 0 ±1 +2 ±3 +4 +5 +6 +7<br>25 Mn 锰 $3d^5 4s^2$ 54.938044(3) | −2 0 ±1 +2 +3 +4 +5 +6<br>26 Fe 铁 $3d^6 4s^2$ 55.845(2) | 0 ±1 +2 +3 +4 +5<br>27 Co 钴 $3d^7 4s^2$ 58.933194(4) | 0 ±1 +2 +3 +4<br>28 Ni 镍 $3d^8 4s^2$ 58.6934(4) | +1 +2 +3 +4<br>29 Cu 铜 $3d^{10} 4s^1$ 63.546(3) | +1 +2<br>30 Zn 锌 $3d^{10} 4s^2$ 65.38(2) | +1 +3<br>31 Ga 镓 $4s^2 4p^1$ 69.723(1) | +2 +4<br>32 Ge 锗 $4s^2 4p^2$ 72.630(8) | −3 +3 +5<br>33 As 砷 $4s^2 4p^3$ 74.921595(6) | −2 +2 +4 +6<br>34 Se 硒 $4s^2 4p^4$ 78.971(8) | −1 +1 +3 +5 +7<br>35 Br 溴 $4s^2 4p^5$ 79.904 | +2 +4<br>36 Kr 氪 $4s^2 4p^6$ 83.798(2) | N M L K |
| 5 | −1 +1<br>37 Rb 铷 $5s^1$ 85.4678(3) | +2<br>38 Sr 锶 $5s^2$ 87.62(1) | +3<br>39 Y 钇 $4d^1 5s^2$ 88.90584(2) | +1 +2 +3 +4<br>40 Zr 锆 $4d^2 5s^2$ 91.224(2) | 0 ±1 +2 +3 +4 +5<br>41 Nb 铌 $4d^4 5s^1$ 92.90637(2) | 0 ±1 ±2 +3 +4 +5 +6<br>42 Mo 钼 $4d^5 5s^1$ 95.95(1) | 0 ±1 +2 +3 +4 +5 +6 +7<br>43 Tc 锝▲ $4d^5 5s^2$ 97.90721(3)✦ | 0 ±1 ±2 +3 +4 +5 +6 +7 +8<br>44 Ru 钌 $4d^7 5s^1$ 101.07(2) | 0 ±1 +2 +3 +4 +5 +6<br>45 Rh 铑 $4d^8 5s^1$ 102.90550(2) | 0 +1 +2 +3 +4<br>46 Pd 钯 $4d^{10}$ 106.42(1) | +1 +2 +3<br>47 Ag 银 $4d^{10} 5s^1$ 107.8682(2) | +1 +2<br>48 Cd 镉 $4d^{10} 5s^2$ 112.414(4) | +1 +3<br>49 In 铟 $5s^2 5p^1$ 114.818(1) | +2 +4<br>50 Sn 锡 $5s^2 5p^2$ 118.710(7) | −3 +3 +5<br>51 Sb 锑 $5s^2 5p^3$ 121.760(1) | −2 +2 +4 +6<br>52 Te 碲 $5s^2 5p^4$ 127.60(3) | −1 +1 +3 +5 +7<br>53 I 碘 $5s^2 5p^5$ 126.90447(3) | +2 +4 +6 +8<br>54 Xe 氙 $5s^2 5p^6$ 131.293(6) | O N M L K |
| 6 | −1 +1<br>55 Cs 铯 $6s^1$ 132.90545196(6) | +2<br>56 Ba 钡 $6s^2$ 137.327(7) | 57~71 La~Lu 镧系 | +1 +2 +3 +4<br>72 Hf 铪 $5d^2 6s^2$ 178.49(2) | 0 ±1 +2 +3 +4 +5<br>73 Ta 钽 $5d^3 6s^2$ 180.94788(2) | 0 ±1 ±2 +3 +4 +5 +6<br>74 W 钨 $5d^4 6s^2$ 183.84(1) | 0 ±1 +2 +3 +4 +5 +6 +7<br>75 Re 铼 $5d^5 6s^2$ 186.207(1) | 0 +1 +2 +3 +4 +5 +6 +7 +8<br>76 Os 锇 $5d^6 6s^2$ 190.23(3) | 0 +1 +2 +3 +4 +5 +6<br>77 Ir 铱 $5d^7 6s^2$ 192.217(3) | 0 +2 +3 +4 +5 +6<br>78 Pt 铂 $5d^9 6s^1$ 195.084(9) | +1 +2 +3 +5<br>79 Au 金 $5d^{10} 6s^1$ 196.966569(5) | +1 +2 +3<br>80 Hg 汞 $5d^{10} 6s^2$ 200.592(3) | +1 +3<br>81 Tl 铊 $6s^2 6p^1$ 204.38 | +2 +4<br>82 Pb 铅 $6s^2 6p^2$ 207.2(1) | −3 +3 +5<br>83 Bi 铋 $6s^2 6p^3$ 208.98040(1) | −2 +2 +4 +6<br>84 Po 钋 $6s^2 6p^4$ 208.98243(2)✦ | ±1 +5 +7<br>85 At 砹 $6s^2 6p^5$ 209.98715(5)✦ | +2<br>86 Rn 氡 $6s^2 6p^6$ 222.01758(2)✦ | P O N M L K |
| 7 | +1<br>87 Fr 钫▲ $7s^1$ 223.01974(2)✦ | +2<br>88 Ra 镭 $7s^2$ 226.02541(2)✦ | 89~103 Ac~Lr 锕系 | 104 Rf 𬬻▲ $6d^2 7s^2$ 267.122(4)✦ | 105 Db 𬭊▲ $6d^3 7s^2$ 270.131(4)✦ | 106 Sg 𬭳▲ $6d^4 7s^2$ 269.129(3)✦ | 107 Bh 𬭛▲ $6d^5 7s^2$ 270.133(2)✦ | 108 Hs 𬭶▲ $6d^6 7s^2$ 270.134(2)✦ | 109 Mt 鿏▲ $6d^7 7s^2$ 278.156(5)✦ | 110 Ds 𫟼▲ 281.165(4)✦ | 111 Rg 𬬭▲ 281.166(6)✦ | 112 Cn 鿔▲ 285.177(4)✦ | 113 Nh 鿭▲ 286.182(5)✦ | 114 Fl 𫓧▲ 289.190(4)✦ | 115 Mc 镆▲ 289.194(6)✦ | 116 Lv 𫟷▲ 293.204(4)✦ | 117 Ts 鿬▲ 293.208(6)✦ | 118 Og 鿫▲ 294.214(5)✦ | Q P O N M L K |

| | | | | | | | | | | | | | | | |
|---|---|---|---|---|---|---|---|---|---|---|---|---|---|---|---|
| ★ 镧系 | +3<br>57 La★ 镧 $5d^1 6s^2$ 138.90547(7) | +2 +3 +4<br>58 Ce 铈 $4f^1 5d^1 6s^2$ 140.116(1) | +3 +4<br>59 Pr 镨 $4f^3 6s^2$ 140.90766(2) | +2 +3 +4<br>60 Nd 钕 $4f^4 6s^2$ 144.242(3) | +3<br>61 Pm 钷▲ $4f^5 6s^2$ 144.91276(2)✦ | +2 +3<br>62 Sm 钐 $4f^6 6s^2$ 150.36(2) | +2 +3<br>63 Eu 铕 $4f^7 6s^2$ 151.964(1) | +3<br>64 Gd 钆 $4f^7 5d^1 6s^2$ 157.25(3) | +3 +4<br>65 Tb 铽 $4f^9 6s^2$ 158.92535(2) | +3 +4<br>66 Dy 镝 $4f^{10} 6s^2$ 162.500(1) | +3<br>67 Ho 钬 $4f^{11} 6s^2$ 164.93033(2) | +3<br>68 Er 铒 $4f^{12} 6s^2$ 167.259(3) | +2 +3<br>69 Tm 铥 $4f^{13} 6s^2$ 168.93422(2) | +2 +3<br>70 Yb 镱 $4f^{14} 6s^2$ 173.045(10) | +3<br>71 Lu 镥 $4f^{14} 5d^1 6s^2$ 174.9668(1) |
| ★ 锕系 | +3<br>89 Ac★ 锕 $6d^1 7s^2$ 227.02775(2)✦ | +3 +4<br>90 Th 钍 $6d^2 7s^2$ 232.0377(4) | +3 +4 +5<br>91 Pa 镤 $5f^2 6d^1 7s^2$ 231.03588(2) | +2 +3 +4 +5 +6<br>92 U 铀 $5f^3 6d^1 7s^2$ 238.02891(3) | +3 +4 +5 +6 +7<br>93 Np 镎 $5f^4 6d^1 7s^2$ 237.04817(2)✦ | +3 +4 +5 +6 +7<br>94 Pu 钚 $5f^6 7s^2$ 244.06421(4)✦ | +2 +3 +4 +5 +6<br>95 Am 镅▲ $5f^7 7s^2$ 243.06138(2)✦ | +3 +4<br>96 Cm 锔▲ $5f^7 6d^1 7s^2$ 247.07035(3)✦ | +3 +4<br>97 Bk 锫▲ $5f^9 7s^2$ 247.07031(4)✦ | +2 +3 +4<br>98 Cf 锎▲ $5f^{10} 7s^2$ 251.07959(3)✦ | +2 +3<br>99 Es 锿▲ $5f^{11} 7s^2$ 252.0830(3)✦ | +2 +3<br>100 Fm 镄▲ $5f^{12} 7s^2$ 257.09511(5)✦ | +2 +3<br>101 Md 钔▲ $5f^{13} 7s^2$ 258.09843(3)✦ | +2 +3<br>102 No 锘▲ $5f^{14} 7s^2$ 259.1010(7)✦ | +3<br>103 Lr 铹▲ $5f^{14} 6d^1 7s^2$ 262.110(2)✦ |